# plurall

Parabéns!
Agora você faz parte do **Plurall**, a plataforma digital do seu livro didático!
Acesse e conheça todos os recursos e funcionalidades disponíveis para as suas aulas digitais.

Baixe o aplicativo do **Plurall** para Android e IOS ou acesse **www.plurall.net** e cadastre-se utilizando o seu código de acesso exclusivo:

**AASMPRAYU**

Este é o seu código de acesso Plurall.
Cadastre-se e ative-o para ter acesso aos conteúdos relacionados a esta obra.

CB123928

@plurallnet

@plurallnetoficial

SOMOS EDUCAÇÃO

conecte LIVE

# Química

JOÃO USBERCO
Bacharel em Ciências Farmacêuticas pela Universidade de São Paulo.
Professor de Química na rede privada de ensino de São Paulo.

PHILIPPE SPITALERI (PH)
Bacharel em Química pela Universidade de São Paulo.
Professor de Química na rede privada de ensino de São Paulo.

EDGARD SALVADOR
Licenciado em Química pela Universidade de São Paulo.
Professor de Química do Anglo Vestibulares de São Paulo.

2

Editora Saraiva

Editora Saraiva

**Direção geral:** Guilherme Luz
**Direção editorial:** Luiz Tonolli e Renata Mascarenhas
**Gestão de projeto editorial:** Viviane Carpegiani
**Gestão e coordenação de área:** Isabel Rebelo Roque
**Edição:** Daniela Nardi, Erich Golçalves da Silva, Lucas Augusto Jardim e Kamille Ewen de Araújo
**Gerência de produção editorial:** Ricardo de Gan Braga
**Planejamento e controle de produção:** Paula Godo, Roseli Said e Marcos Toledo
**Revisão:** Hélia de Jesus Gonsaga (ger.), Kátia Scaff Marques (coord.), Rosângela Muricy (coord.), Ana Curci, Ana Maria Herrera, Ana Paula C. Malfa, Brenda T. M. Morais, Carlos Eduardo Sigrist, Célia Carvalho, Celina I. Fugyama, Cesar G. Sacramento, Daniela Lima, Diego Carbone, Gabriela M. Andrade, Heloísa Schiavo, Hires Heglan, Lilian M. Kumai, Luís M. Boa Nova, Luiz Gustavo Bazana, Patrícia Travanca, Paula T. de Jesus, Raquel A. Taveira, Ricardo Miyake, Rita de Cássia C. Queiroz, Vanessa P. Santos; Amanda Teixeira Silva e Bárbara de M. Genereze (estagiárias)
**Arte:** Daniela Amaral (ger.), André Gomes Vitale (coord.) e Filipe Dias (edição de arte)
**Diagramação:** Setup
**Iconografia:** Sílvio Kligin (ger.), Roberto Silva (coord.) e Claudia Balista (pesquisa iconográfica)
**Licenciamento de conteúdos de terceiros:** Thiago Fontana (coord.), Flavia Zambon (licenciamento de textos), Erika Ramires, Luciana Pedrosa Bierbauer, Luciana Cardoso Sousa e Claudia Rodrigues (analistas adm.)
**Tratamento de imagem:** Cesar Wolf e Fernanda Crevin
**Ilustrações:** Conceitograf, Hélio Senatore, João Anselmo, Lápis 13B, Lettera Studio, Luis Moura, Luiz Fernando Rubio, Paulo César Pereira, Sérgio Furlani, Setup
**Design:** Gláucia Correa Koller (ger.), Erika Yamauchi Asato, Filipe Dias (proj. gráfico) e Adilson Casarotti (capa)
**Composição de capa:** Segue Pro
**Foto de capa:** PowerUp/Shutterstock, Raisa Kanareva/Shutterstock, Artistdesign29/Shutterstock

**Todos os direitos reservados por Saraiva Educação S.A.**
Avenida das Nações Unidas, 7221, 1º andar, Setor A – Espaço 2 – Pinheiros – SP – CEP 05425-902
SAC 0800 011 7875
www.editorasaraiva.com.br

**Dados Internacionais de Catalogação na Publicação (CIP)**
**(Câmara Brasileira do Livro, SP, Brasil)**

Usberco, João
Química 2 : conecte live / João Usberco, Edgard Salvador, Philippe Spitaleri. -- 3. ed. -- São Paulo : Saraiva, 2018.

Suplementado pelo manual do professor.
Bibliografia.
ISBN 978-85-472-3407-2 (aluno)
ISBN 978-85-472-3408-9 (professor)

1. Química (Ensino médio) I. Salvador, Edgard. II. Spitaleri, Philippe. III. Título.

18-17602 CDD-540.7

**Índices para catálogo sistemático:**

1. Química : Ensino médio 540.7
Maria Alice Ferreira – Bibliotecária – CRB-8/7964

2023
Código da obra CL 800858
CAE 628213 (AL) / 628214 (PR)
3ª edição
10ª impressão

CÓPIA NÃO AUTORIZADA É CRIME
ABDR
RESPEITE O DIREITO AUTORAL

**Impressão e acabamento:** EGB Editora Gráfica Bernardi Ltda.

Uma publicação SOMOS EDUCAÇÃO

# Apresentação

A Química está presente em todas as atividades humanas. Ela não se resume às avançadas pesquisas de laboratório e à produção industrial. Na verdade, mesmo que não percebamos, ela é parte integrante do nosso cotidiano.

Quando preparamos os alimentos, por exemplo, estamos fazendo uso de conceitos e transformações químicas. Da mesma forma, ao lavarmos as mãos ou escovarmos os dentes, estamos colocando em prática reações e transformações que a Química explica.

Nesta edição de *Conecte Química*, reformulada e atualizada, pretendemos levar a você, estudante, essa visão de que a Química não é uma área da ciência separada da "vida real". Ela está por trás de cada produto (e sua embalagem) que você vê exposto nas prateleiras dos supermercados, das farmácias, das padarias. São os estudos realizados por ela, em conjunto com diversas outras ciências, que permitem aos veículos automotivos circularem pelas cidades. São esses estudos, também, que têm tornado possível buscar soluções para os crescentes problemas ambientais do planeta e melhorar a qualidade de vida das populações.

Pretendemos que esta obra sirva para que você amplie seus horizontes, perceba a inter-relação da Química com outras ciências e com sua vida e, assim, obtenha uma compreensão mais construtiva e menos distanciada desse campo da ciência.

Esperamos que, ao fazer uso desta obra, você desenvolva uma posição cada vez mais crítica e participativa sobre os avanços tecnológicos, avaliando seus benefícios e também buscando esclarecer seu possível impacto negativo no ser humano e no ambiente.

Antes de começar os seus estudos, convidamos você a ler, nas páginas 4 e 5, a seção *Conheça seu livro*, que explica como a obra está estruturada e ajudará no melhor aproveitamento do conteúdo deste livro, da coleção e das aulas.

Durante seus estudos, conte sempre com a ajuda do(a) professor(a).

Ele(a) poderá orientar seu trabalho, esclarecer dúvidas, auxiliar pesquisas e, principalmente, trocar ideias sobre os temas em estudo e sobre suas implicações na vida de cada um de vocês.

Bom estudo!

*Os autores*

# Conheça seu livro

» Os volumes da coleção estão organizados em **unidades** que reúnem capítulos com temas relativos a elas. A unidade se inicia sempre com um texto que explora algum aspecto interessante do que será estudado, uma imagem e uma questão, que propõe a você algumas reflexões.

» Os **capítulos** agrupados dentro das unidades detalham os conceitos, os relacionam com aqueles previamente discutidos e preparam o fundamento para os que virão a ser trabalhados. As imagens complementam e enriquecem o texto. Seções variadas, em pequenos boxes laterais, mantêm uma constante conversa com você.

» Diversos **boxes** conversam com você para complementar informações, propor pesquisas ou reflexões, fazer alertas, sugerir ampliações, etc.

**Questões** pouco convencionais que estimulam a pensar sobre a Química de uma maneira diferente e a observar o mundo e os fenômenos sob outras perspectivas.

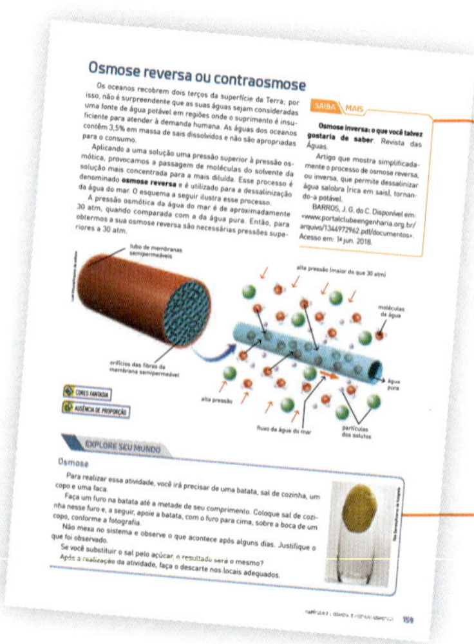


» Os boxes **Saiba mais** apresentam sugestões de *sites*, livros, artigos, filmes, etc., que poderão auxiliar na compreensão de diversos conteúdos estudados ao longo desta coleção.

As atividades da seção **Explore seu mundo** trazem experimentos muito simples de investigação.

» Ao longo dos capítulos, você vai encontrar a seção **Conexão**, com textos acompanhados de atividades que exploram a relação entre a Química e os mais variados campos de interesse por meio de temas variados, dialogando de modo interdisciplinar com as demais ciências da natureza e com os temas transversais saúde, ambiente, cidadania, pluralidade cultural. O objetivo é que você desenvolva um olhar mais completo sobre cada tema e perceba quanto a Química depende das outras ciências.

» Na seção **Atividade prática**, por meio de procedimentos simples, são propostos experimentos e observações que tornam mais concretos alguns aspectos da Química.

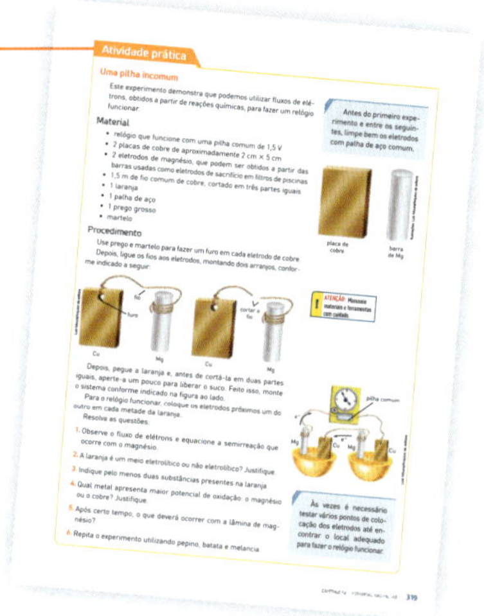

» Para pôr em prática e consolidar seu aprendizado, você tem, ao longo dos capítulos, as seções **Fundamentando seus conhecimentos**, **Desenvolvendo seus conhecimentos** e **Desafiando seus conhecimentos**.

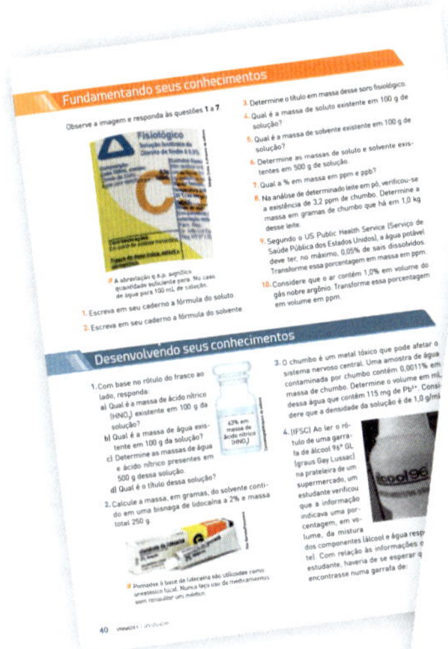

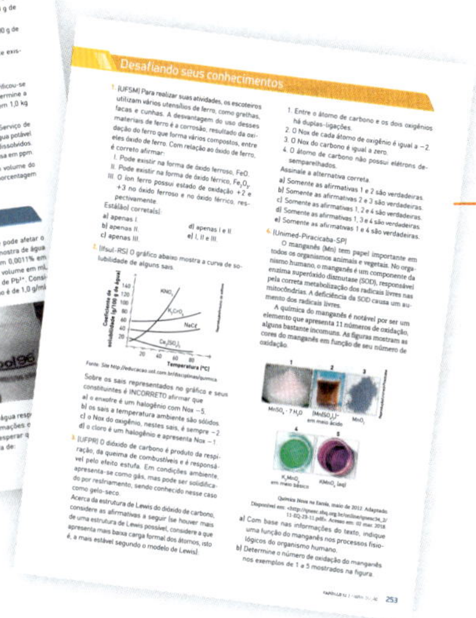

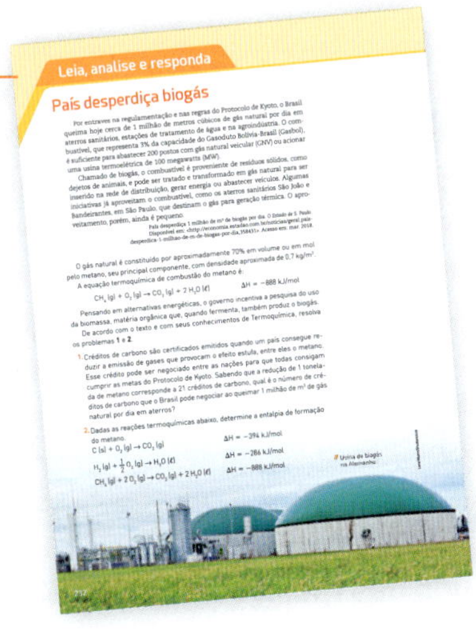

» Com o intuito de ampliar os assuntos tratados em algumas unidades, a seção **Complemento** apresenta conceitos complementares aos trabalhados ao longo do capítulo, trazendo teorias e exercícios que possibilitam aprofundar seus conhecimentos em Química.

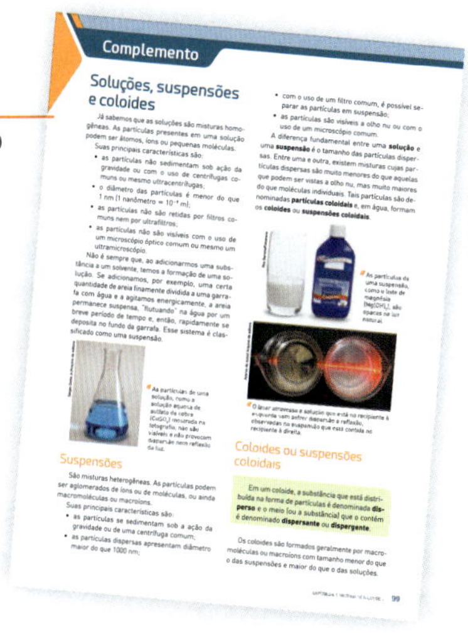

» A seção **Leia, analise e responda** é outro momento do livro que explora a interdisciplinaridade, com textos sucintos que enfatizam o caráter interdisciplinar da Química.

# Sumário

## Parte I – Geral



## Parte II – Geral

# Sumário – Parte I

## Sumário

UNIDADE 1

# Dissolução

A banda Titãs gravou uma canção chamada *Flores*. Um dos trechos dessa canção é “O soro tem gosto de lágrimas”. Qual órgão sensorial foi utilizado para fazer essa afirmação? A qual soro se referem? O soro e a lágrima são substâncias puras ou soluções? Caso você tenha respondido soluções, quais seriam pelo menos dois componentes presentes?

## Por que o soro tem gosto de lágrima?

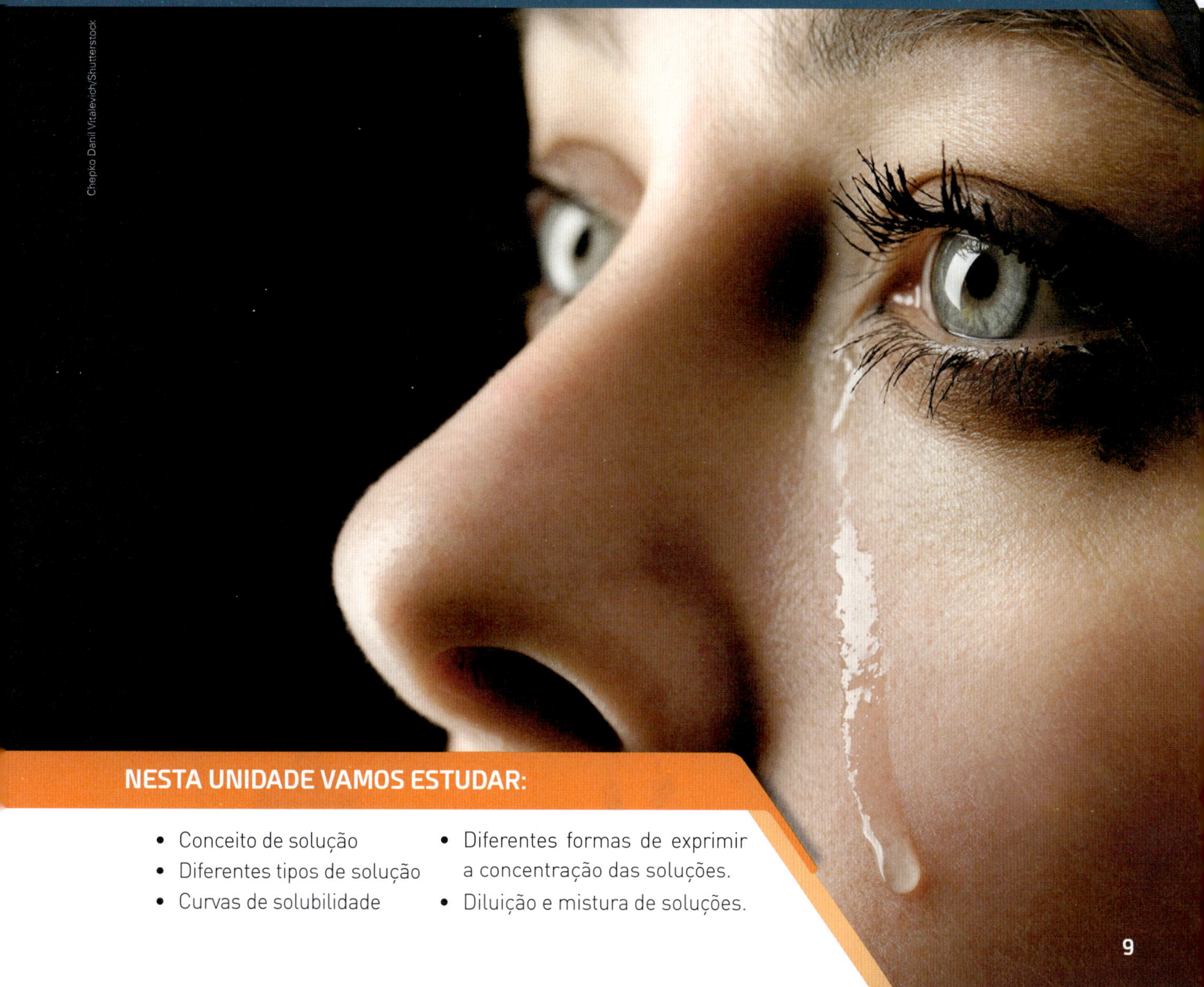

Chepko Danil Vitalevich/Shutterstock

### NESTA UNIDADE VAMOS ESTUDAR:

- Conceito de solução
- Diferentes tipos de solução
- Curvas de solubilidade
- Diferentes formas de exprimir a concentração das soluções.
- Diluição e mistura de soluções.

CAPÍTULO

# 1 Soluções

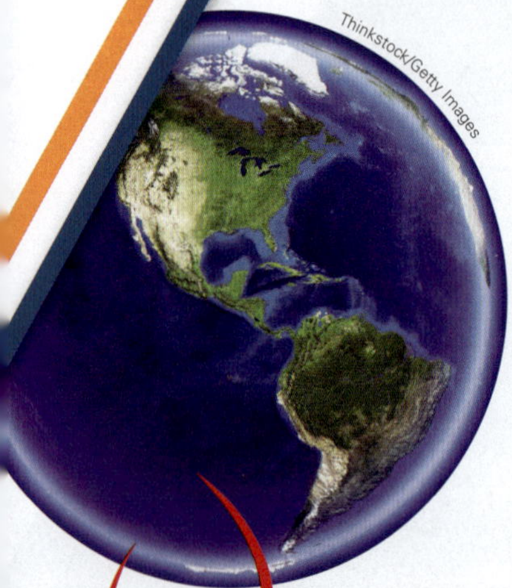

Thinkstock/Getty Images

A água dos oceanos é uma solução líquida na qual encontramos vários sais dissolvidos, como o $NaC\ell$, o $MgC\ell_2$ e o $MgSO_4$, além de vários gases, como o oxigênio ($O_2$).

O ar que envolve a Terra é uma solução formada, principalmente, pelos gases $N_2$ e $O_2$.

## Introdução

Na natureza raramente encontramos substâncias puras. O mundo que nos cerca é constituído por sistemas formados por mais de uma substância: as misturas.

As misturas homogêneas são denominadas soluções.

**Soluções**: misturas de duas ou mais substâncias que apresentam aspecto uniforme.

Pelo exemplo da fotografia, podemos perceber que as soluções são sistemas homogêneos formados por uma ou mais substâncias dissolvidas (**solutos**) em outra substância, presente em maior proporção na mistura (**solvente**).

Nos laboratórios, nas indústrias e em nosso dia a dia, as soluções de sólidos em líquidos são as mais comuns. Um exemplo muito conhecido é o soro fisiológico (água + $NaC\ell$).

Nesses tipos de solução, a água é o solvente mais utilizado, sendo conhecida por **solvente universal**. Essas soluções são denominadas **soluções aquosas**.

## Tipos de solução

### Solução sólida

Os componentes desse tipo de solução, à temperatura ambiente, encontram-se no estado sólido. Essas soluções são denominadas **ligas.**

Veja alguns exemplos abaixo: uma estátua feita de bronze e um par de brincos confeccionados em ouro 18 quilates.

O bronze (utilizado na estatueta ao lado) é uma solução de estanho (Sn) dissolvida em cobre (Cu), e o ouro 18 quilates (utilizado nos brincos) é formado por uma mistura de 75% de ouro (Au) e 25% de outros metais, como o cobre.

SK Herb/Shutterstock

Claudine Van Massenhove/Shutterstock

# Solução gasosa

Os componentes desse tipo de solução encontram-se no estado gasoso. Toda mistura de gases é uma solução.

A solução gasosa mais comum é o ar atmosférico, cujos principais componentes são nitrogênio ($N_2$) (78% do volume total), oxigênio ($O_2$) (21% do volume total), argônio (Ar) e gás carbônico ($CO_2$).

# Solução líquida

Nesse tipo de solução, pelo menos um dos componentes deve estar no estado líquido. Quando pensamos em uma solução líquida, geralmente nos vem à mente uma substância sólida dissolvida em água. Essa ideia, porém, é restrita, uma vez que existem vários tipos de solução líquida.

Veja, a seguir, algumas delas.

## Soluções formadas por gás e líquido

Em nosso cotidiano, encontramos soluções de gases dissolvidos em líquidos, como água mineral com gás, refrigerantes e bebidas gaseificadas em geral.

A solubilidade de gases em líquidos depende de três fatores: a pressão exercida sobre o gás, a temperatura do líquido e a reatividade do gás.

A seguir, vamos estudar esses fatores.

### Influência da pressão

O efeito da pressão na solubilidade de gases, conhecido como lei de Henry, foi estudado pelo químico britânico William Henry (1775-1836).

Uma aplicação prática dessa propriedade se dá na fabricação de refrigerantes: o gás carbônico é injetado no líquido a uma pressão de aproximadamente 5,0 atm, bem superior à pressão atmosférica.

A lei de Henry pode ser representada pela expressão:

$$S = K_H \cdot P$$

solubilidade — constante de Henry — pressão parcial do gás

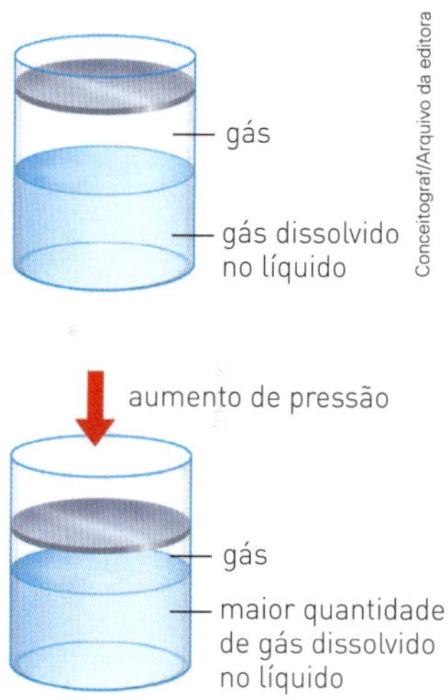


À medida que aumentamos a pressão sobre o gás, um número maior de moléculas desse gás se dissolve no líquido.

**Lei de Henry:** a solubilidade de um gás em um líquido é diretamente proporcional à pressão do gás sobre o líquido.

A constante de Henry depende do gás, da temperatura e do solvente.

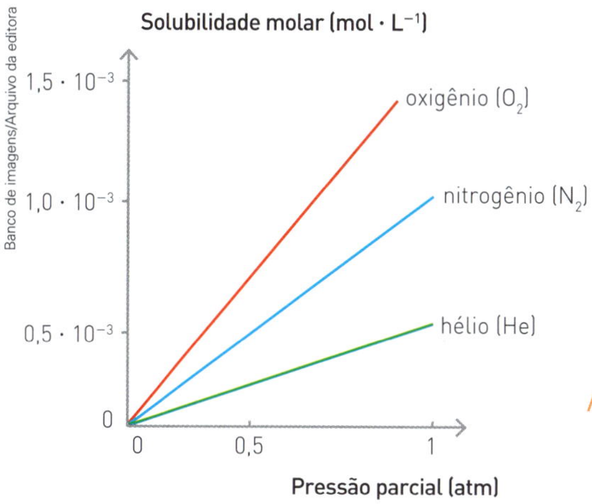


A solubilidade de um gás é proporcional à pressão parcial.

Paulo César Pereira/Arquivo da editora

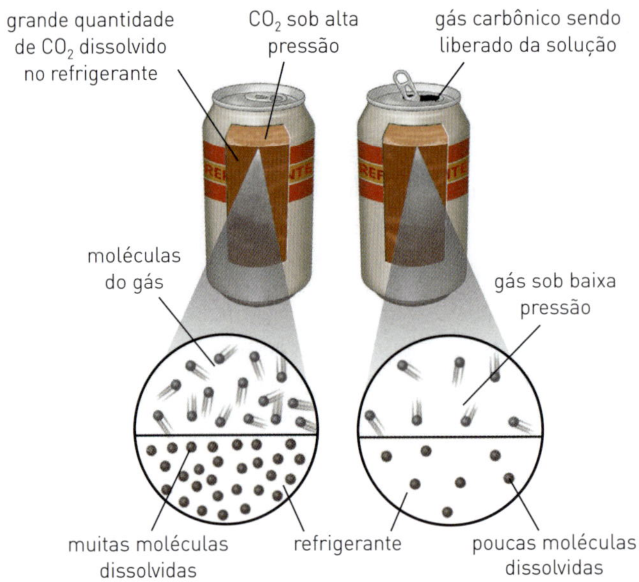


// Quando abrimos uma lata de refrigerante, o gás carbônico, que foi introduzido a uma pressão maior que a atmosférica, tende a escapar para o meio ambiente, formando bolhas. Na ilustração, fora de escala e em cores fantasia, cada esfera representa uma molécula de gás carbônico.

## Influência da temperatura

A solubilidade de um gás em um líquido é inversamente proporcional à sua temperatura, isto é, quanto maior a temperatura, menor a solubilidade do gás.

Isso pode ser percebido quando colocamos em dois copos refrigerantes iguais que estão em temperaturas diferentes, como mostrado abaixo.

Rita Barreto/Fotoarena

// Quanto maior a temperatura do refrigerante, menor a solubilidade do gás. Por isso, forma-se grande quantidade de bolhas no copo à direita, cuja bebida foi mantida à temperatura ambiente.

## Influência da reatividade

Para um mesmo solvente, sob mesma pressão e temperatura, gases diferentes apresentam solubilidades diferentes.

Os gases que reagem com o líquido apresentam solubilidade maior do que aqueles que não reagem. Veja alguns exemplos da solubilidade de gases a 0 °C e 1,0 atm em 1 litro de água:

| Gás | Solubilidade (litros do gás em 1,0 L de $H_2O$) | Reatividade |
|---|---|---|
| $N_2$ | 0,020 | Não reage. |
| $O_2$ | 0,040 | Não reage. |
| $CO_2$ | 1,7 | $CO_2\,(g) + H_2O\,(\ell) \rightleftharpoons H_2CO_3\,(aq)$ |
| $C\ell_2$ | 8,1 | $C\ell_2\,(g) + H_2O\,(\ell) \rightleftharpoons HC\ell\,(aq) + HC\ell O\,(aq)$ |
| $SO_2$ | 80 | $SO_2\,(g) + H_2O\,(\ell) \rightleftharpoons H_2SO_3\,(aq)$ |
| $NH_3$ | 1130 | $NH_3\,(g) + H_2O\,(\ell) \rightleftharpoons NH_4OH\,(aq)$ |

# Conexão Meio ambiente

## Solubilidade do gás oxigênio na água

Os peixes absorvem o gás oxigênio ($O_2$) dissolvido na água. Em um aquário, podemos manter a quantidade de oxigênio adequada à sobrevivência deles borbulhando ar e controlando a temperatura do sistema.

Na natureza, a quantidade adequada de $O_2$ é providenciada pelo próprio ambiente. No entanto, o descaso e o não tratamento das águas utilizadas, tanto nas indústrias como em nossas casas, são responsáveis pela introdução de grandes quantidades de resíduos em rios e lagos. Esses resíduos podem reagir com o gás oxigênio ou favorecer o desenvolvimento de bactérias aeróbias, que provocam a diminuição da quantidade de oxigênio na água, o que pode causar a mortandade de peixes.

Uma das maneiras de abrandar a ação desses poluentes consiste em manter a água desses rios e lagos sob constante e intensa agitação. Dessa maneira, obtém-se maior contato da água com o ar e, consequentemente, maior oxigenação dessa água, possibilitando a respiração de peixes e outros seres vivos.

Esse método de aeração da água também pode ser utilizado para amenizar os estragos causados pelo despejo de líquidos aquecidos em rios e lagos, pois o aumento da temperatura da água também provoca a diminuição do oxigênio nela dissolvido.

Turbina de água para aeração de lago.

### Reflita

1. A mistura de gás oxigênio e água pode ser classificada como:
   a) mistura heterogênea líquida.
   b) solução gasosa.
   c) solução líquida.
   d) mistura heterogênea sólida.
   e) mistura homogênea gasosa.

2. Analise o gráfico ao lado e responda ao que se pede. A 15 °C, qual é o número de mol de gás oxigênio dissolvido em 2 litros de água? Justifique sua resposta.
   **Dado:** MM do elemento oxigênio = 16 g/mol.

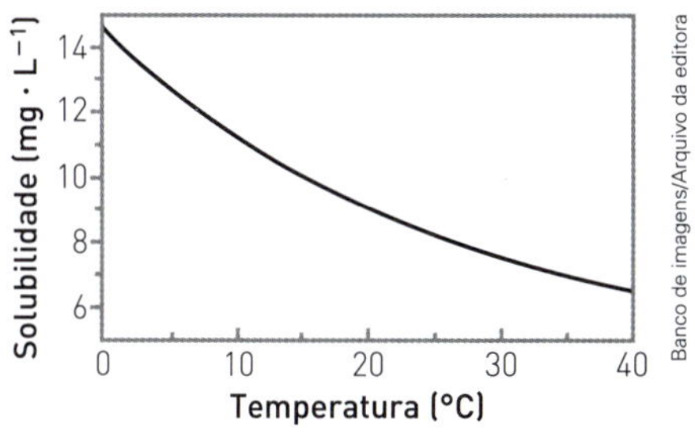


3. Além de interferir na concentração de gás oxigênio no meio aquático, a poluição afeta também a entrada de luz, prejudicando o fitoplâncton, uma imensa "floresta" marinha composta de plantas microscópicas. Embora também seja afetado pela poluição das águas, o zooplâncton, diferentemente do fitoplâncton, não depende da luz no meio aquático, pois é composto de minúsculos organismos heterótrofos que vivem nos mares, rios ou lagos, como pequenos crustáceos, moluscos, entre outros.
   Considerando a existência, no mar, de fitoplânctons, zooplânctons, peixes pequenos, médios e grandes, e ainda a existência do ser humano, que se alimenta desses peixes, esquematize uma possível cadeia alimentar marinha com os organismos citados e explique como a ausência de luz afeta essa cadeia.

4. Pesquise na biblioteca de sua escola ou cidade, na internet ou nas prefeituras o número de parques com lagos na capital de seu estado. Procure saber se é feito algum tipo de tratamento da água desses lagos.

Será que é conveniente controlar a temperatura da água do aquário? Por quê?

Tony Stock/Shutterstock

## Soluções formadas por líquidos

Em nosso cotidiano, encontramos muitas soluções contendo líquidos dissolvidos em líquidos. Veja dois exemplos:

- a água oxigenada é uma solução de peróxido de hidrogênio ($H_2O_2$) e água;
- o álcool comercializado em farmácias, supermercados ou mesmo em postos de combustíveis é uma solução formada por álcool etílico e água.

## Soluções formadas por sólidos e líquidos

Nos laboratórios, nas indústrias e em nosso dia a dia, as soluções de sólidos em líquidos são as mais comuns.

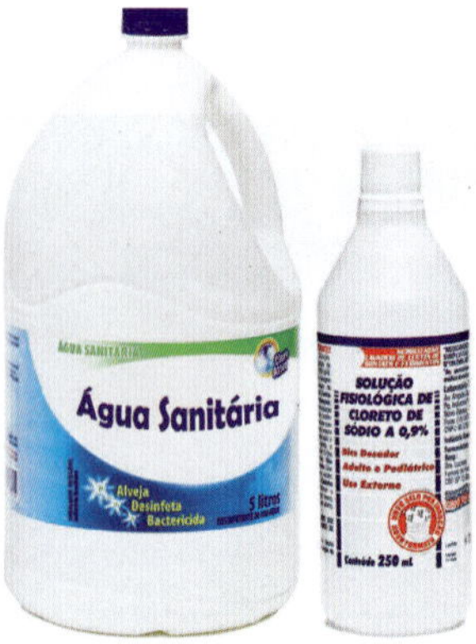


Fotos: Rita Barreto/Fotoarena

Tanto no soro fisiológico como na água sanitária, o solvente é a água, e os sólidos dissolvidos nessas soluções são, respectivamente, cloreto de sódio ($NaC\ell$) e hipoclorito de sódio ($NaC\ell O$).

# Solubilidade e curvas de solubilidade

Ao preparar uma solução, isto é, ao dissolver um soluto em determinado solvente, as moléculas ou os íons do soluto separam-se, permanecendo dispersos no solvente.

Podemos estabelecer uma relação entre diferentes solutos e as características de suas soluções aquosas por meio de experimentos bem simples, feitos à mesma temperatura. Observe as situações abaixo.

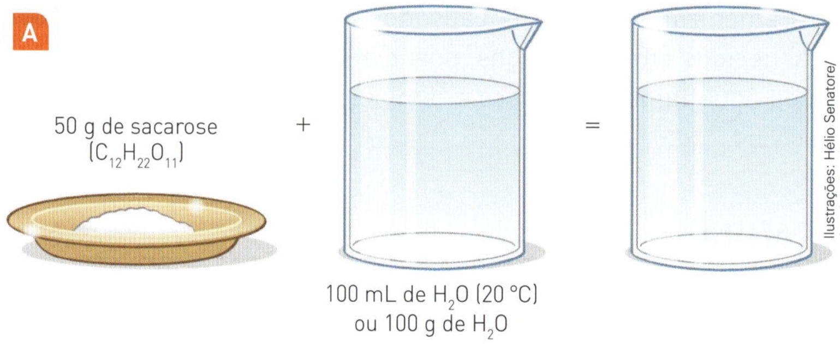


Ilustrações: Hélio Senatore/Arquivo da editora

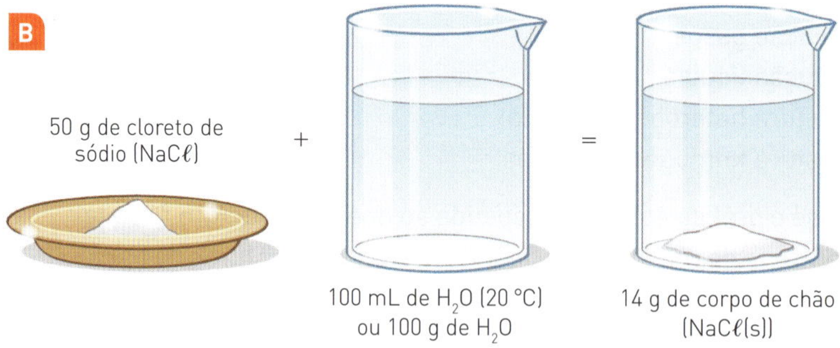


Ao compararmos as soluções resultantes em A e B, notamos que o sal é menos solúvel que o açúcar e, partindo desse fato, podemos generalizar:

- substâncias diferentes dissolvem-se em quantidades diferentes, em uma mesma quantidade de solvente, à mesma temperatura;
- a quantidade máxima de sal ($NaC\ell$) que se dissolve em 100 g de $H_2O$ a 20 °C é 36 g (50 g − 14 g). Essa solução é denominada solução saturada.

**Solução saturada:** solução que contém a máxima quantidade de soluto em dada quantidade de solvente, a determinada temperatura; a relação entre a quantidade máxima de soluto e a quantidade de solvente é denominada **coeficiente de solubilidade**.

Logo, o coeficiente de solubilidade do NaCℓ obtido nas condições da situação B é:

36 g de NaCℓ/100 g de água a 20 °C

Ilustrações: Hélio Senatore/Arquivo da editora

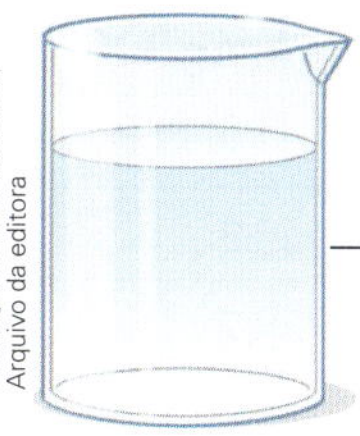


Uma solução com quantidade de soluto inferior ao coeficiente de solubilidade é denominada **solução não saturada** ou **insaturada**.

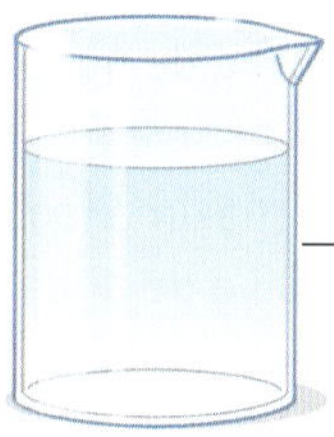


Se submetermos a aquecimento, sob agitação, o sistema formado por 100 mL de água ao qual se adicionam 50 g de cloreto de sódio (NaCℓ), conseguiremos dissolver o sal totalmente. Deixando o novo sistema esfriar, em repouso absoluto, até a temperatura inicial (20 °C), teremos uma solução que contém maior quantidade de soluto (50 g) que a respectiva solução saturada (36 g). Essa solução é denominada **supersaturada** e é muito instável.

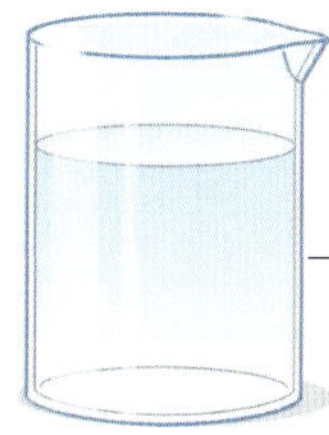


Agitando-a ou adicionando-se a ela um pequeno cristal de soluto, ocorrerá a precipitação de 14 g do sal, que é exatamente a quantidade dissolvida acima da possível para saturação (36 g).

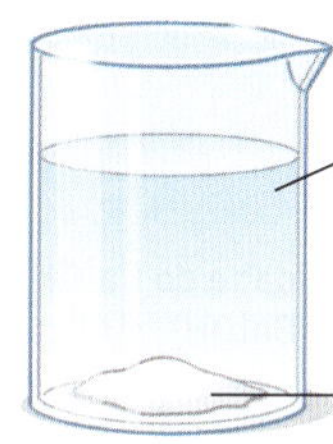


A sequência de imagens a seguir nos mostra este tipo de precipitação, envolvendo uma solução de acetato de sódio ($CH_3COONa$).

Fotos Sérgio Dotta Jr./Arquivo da editora

A precipitação, ou seja, a formação de cristais do soluto em excesso pela adição de um cristal (gérmen de cristalização) é visualmente muito interessante quando trabalhamos com uma solução supersaturada de acetato de sódio.

Ao adicionarmos um pequeno cristal à solução supersaturada de acetato de sódio, surgem cristais em formato de agulhas. Esse processo continua até que todo o soluto em excesso se cristalize.

Pelas situações já estudadas, pode-se perceber que a solubilidade de uma substância em uma massa fixa de solvente depende da temperatura. Em função desse fato, podem-se construir tabelas que relacionam a solubilidade de uma substância em diferentes temperaturas.

A tabela a seguir mostra a solubilidade do cloreto de amônio ($NH_4C\ell$) em 100 g de água em diferentes temperaturas.

| Variação de solubilidade do cloreto de amônio em água | |
|---|---|
| Temperatura (°C) | Massa de $NH_4C\ell$ (em g/100 g de $H_2O$) |
| 20 | 37,2 |
| 40 | 45,8 |
| 60 | 55,2 |
| 80 | 65,6 |

A maneira mais adequada de interpretar os dados fornecidos pela tabela é a seguinte:

- a 20 °C, a quantidade máxima (solubilidade) de $NH_4C\ell$ que se dissolve em 100 g de água é 37,2 g, originando uma solução saturada;
- a 80 °C, a quantidade máxima (solubilidade) de $NH_4C\ell$ que se dissolve em 100 g de água é 65,6 g, originando uma solução saturada.

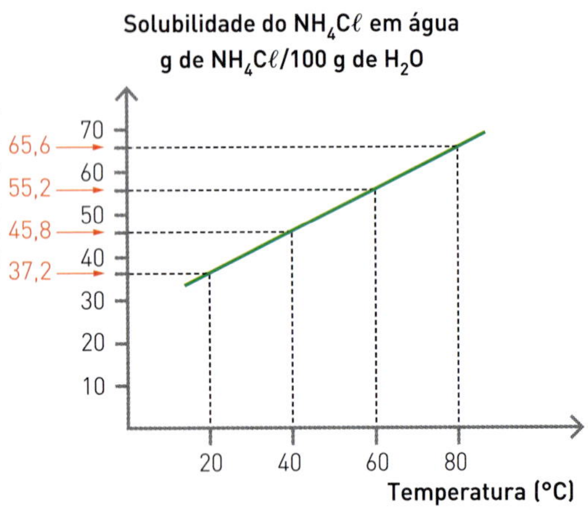


Banco de imagens/Arquivo da editora

A partir dos dados da tabela, pode-se construir um diagrama que relaciona a solubilidade do $NH_4C\ell$ em 100 g de água a diferentes temperaturas.

Note que a solubilidade do $NH_4C\ell$ aumenta com a elevação da temperatura (curva ascendente), dissolução endotérmica, fato que se verifica com a maioria das substâncias não voláteis.

Porém, existem substâncias sólidas que, ao serem dissolvidas em água, têm a sua solubilidade diminuída com a elevação da temperatura, dissolução exotérmica. Um exemplo desse comportamento é a variação da solubilidade do hidróxido de cálcio [$Ca(OH)_2$ (s)] em água, mostrada no gráfico e na tabela abaixo.

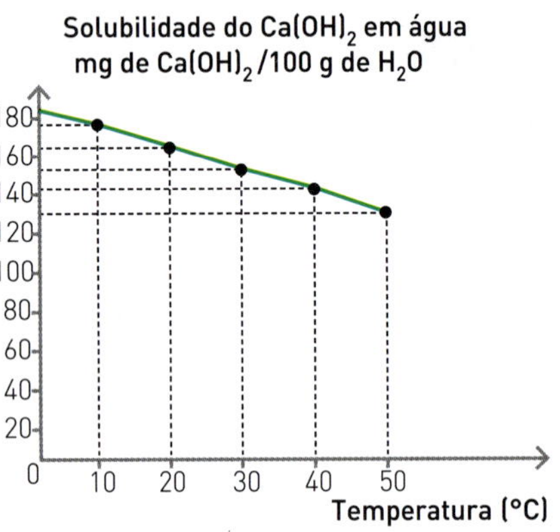


Banco de imagens/Arquivo da editora

| Variação da solubilidade do hidróxido de cálcio em água | |
|---|---|
| Temperatura (°C) | Massa de $Ca(OH)_2$ (em mg/100 g de $H_2O$) |
| 0 | 185 |
| 10 | 176 |
| 20 | 165 |
| 30 | 153 |
| 40 | 141 |
| 50 | 128 |

Substâncias sólidas, como o hidróxido de cálcio, cujas solubilidades diminuem com a elevação da temperatura, apresentam uma curva de solubilidade descendente.

Convém ressaltar que, como substâncias diferentes apresentam solubilidades diferentes, essa propriedade pode ser utilizada para separar os componentes de uma solução contendo solutos diferentes. Esse processo é denominado **cristalização fracionada**.

## A solubilidade de sais hidratados (sal · x $H_2O$)

Alguns sais apresentam, em sua constituição, determinado número de moléculas de água agregadas, denominadas **águas de cristalização**.

Um exemplo é o cloreto de cálcio hexa-hidratado ($CaC\ell_2 \cdot 6\ H_2O$), que, quando dissolvido em água, sofre uma alteração no número de moléculas de água de cristalização, à medida que aumenta a temperatura. Isso acarreta uma alteração na sua solubilidade, ocasionando a formação de pontos de inflexão na curva de solubilidade, o que pode ser observado pelo gráfico ao lado.

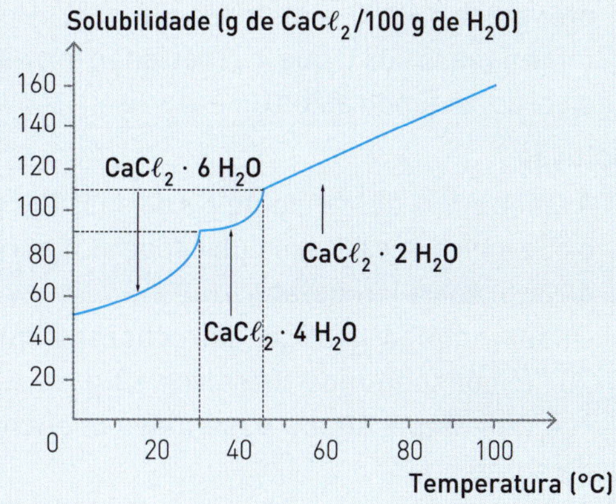


Banco de imagens/Arquivo da editora

## Exercícios resolvidos

**1.** (UnB-DF) Examine a tabela abaixo, com dados sobre a solubilidade da sacarose ($C_{12}H_{22}O_{11}$), do sulfato de sódio ($Na_2SO_4$) e do clorato de potássio ($KC\ell O_3$) em água, a duas temperaturas diferentes, e julgue os itens seguintes:

| Substância | Solubilidade em água (g/L) | |
|---|---|---|
| | 40 °C | 60 °C |
| $C_{12}H_{22}O_{11}$ | 2381 | 2873 |
| $Na_2SO_4$ | 488 | 453 |
| $KC\ell O_3$ | 12 | 22 |

(0) A solubilidade de uma substância em determinado solvente independe da temperatura.

(1) Uma solução aquosa de sulfato de sódio, de concentração 488 g/L, deixa de ser saturada quando aquecida a 60 °C.

(2) A uma dada temperatura, a quantidade limite de um soluto que se dissolve em determinado volume de solvente é conhecida como solubilidade.

(3) Nem todas as substâncias são mais solúveis a quente.

Quais desses itens são corretos?

**Solução**

- Item (0) – Esse item está errado, pois, de acordo com a tabela, para todas as substâncias mencionadas, uma mudança de temperatura acarretará uma alteração na solubilidade.
- Item (1) – Esse item está errado, pois quando uma solução de $Na_2SO_4$, que contém 488 g/L, atingir a temperatura de 60 °C, ela conterá 453 g/L e será saturada, apresentando um corpo de chão de 35 g de $Na_2SO_4$ (s).
- Item (2) – Esse item está correto, podendo ser considerado a própria definição de solubilidade.
- Item (3) – Esse item está correto, conforme podemos observar analisando as solubilidades do $Na_2SO_4$ presentes na tabela.

**2.** O gráfico abaixo representa as curvas de solubilidade das substâncias A, B, C e D. Com base no diagrama, responda:

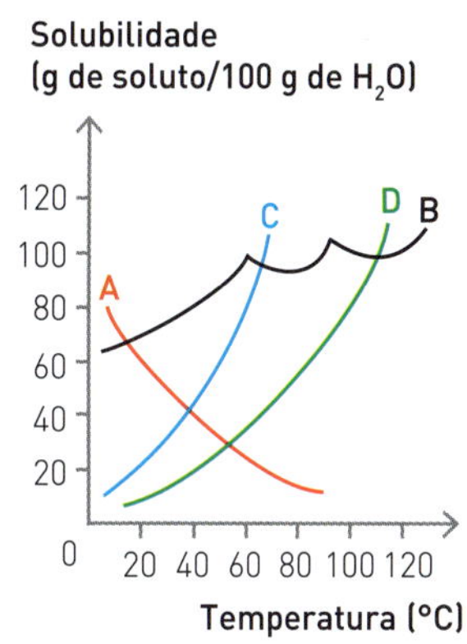


Banco de imagens/Arquivo da editora

a) Qual das substâncias tem a sua solubilidade diminuída com a elevação da temperatura?

b) Qual é a máxima quantidade de A que conseguimos dissolver em 100 g de $H_2O$ a 20 °C?

c) Considerando-se apenas as substâncias C e D, qual delas é a mais solúvel em água?

d) Considerando-se apenas as substâncias A e C, qual delas é a mais solúvel em água?

e) Qual das curvas de solubilidade representa a dissolução de um sal hidratado?

f) Qual é a massa de D que satura 500 g de água a 100 °C? Indique a massa da solução obtida (massa do soluto + massa do solvente).

g) Uma solução saturada de C com 100 g de água, preparada a 60 °C, é resfriada até 20 °C. Determine a massa de C que irá precipitar, formando o corpo de fundo a 20 °C.

**Solução**

a) A única curva descendente é a da substância A, o que indica que a sua solubilidade diminui com a elevação da temperatura.

b) Observando o gráfico, percebemos que a 20 °C conseguimos dissolver 60 g de A em 100 g de água, sendo esse o seu coeficiente de solubilidade.

c) Em qualquer temperatura, a substância C é a mais solúvel (a curva de C está sempre acima da curva de D).

d) As curvas de A e C se cruzam aproximadamente em 40 °C, indicando que, nessa temperatura, essas substâncias apresentam a mesma solubilidade. Para temperaturas inferiores a 40 °C, a solubilidade de A é maior que a de C; enquanto em temperaturas superiores a 40 °C, a solubilidade de C é maior que a de A.

e) A curva B é a única com pontos de inflexão, o que caracteriza a dissolução de um sal hidratado.

f) O coeficiente de solubilidade de D a 100 °C é:

$$80 \text{ g de D} \xrightarrow{\text{saturam}} 100 \text{ g de } H_2O$$
$$x \text{ ——— } 500 \text{ g de } H_2O$$
$$x = 400 \text{ g de D}$$

Essa solução contém 500 g de $H_2O$ e 400 g de D; portanto, sua massa é igual 900 g.

g) A 60 °C, conseguimos dissolver 80 g de C em 100 g de $H_2O$, enquanto a 20 °C a quantidade máxima de C dissolvida em 100 g de $H_2O$ é 20 g. Portanto, se resfriarmos uma solução saturada de C a 60 °C até 20 °C em 100 g de água, ocorrerá uma precipitação de 60 g de C.

**3.** (Uema) Um aluno do ensino médio, ao utilizar argumento criativo para classificar uma solução com base em seu coeficiente de solubilidade, apresentou a seguinte resposta:

"Solução insaturada – limonada com pouco açúcar.

Solução saturada – açúcar na medida certa, sente-se um suco de limão adocicado.

Solução supersaturada – uma limonada em que não se sente mais o gosto do limão, só do açúcar".

A professora explicou que o coeficiente de solubilidade varia de acordo com o soluto, com a quantidade de solvente e com a temperatura em que se encontra a solução, fazendo uso do gráfico abaixo, cuja curva mostra a quantidade máxima de soluto dissolvido para uma dada temperatura.

Fonte: Disponível em: <https://br.answers.yahoo.com/question/index?qid=20090217092126AAVruYV>. Acesso em: 18 set. 2014.

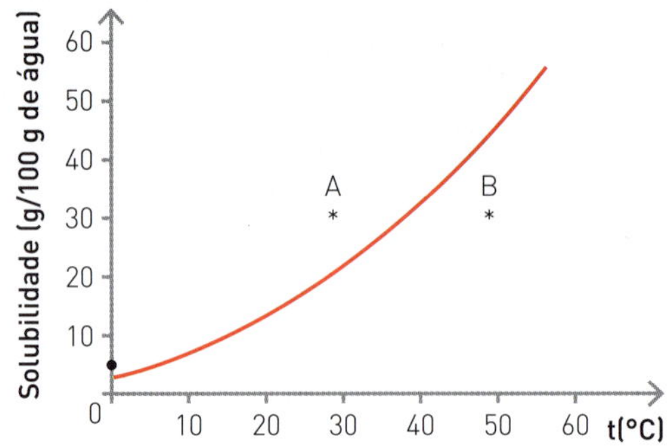


Reprodução/Arquivo da editora

Analise o gráfico utilizado pela professora e explique, com base no conceito do aluno, as situações representadas pelas soluções A e B. Justifique cada situação.

**Solução**

Observando o gráfico, você deve entender que qualquer ponto sobre a curva de saturação indicará a quantidade de soluto que satura 100 g de água numa dada temperatura.

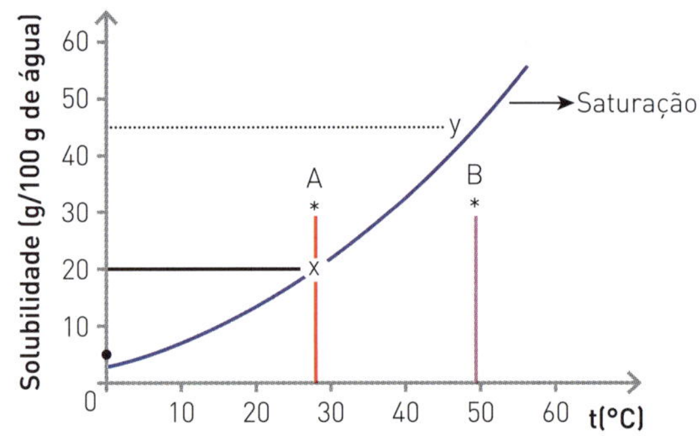


Banco de imagens/Arquivo da editora

No ponto x, a aproximadamente 30 °C, 20 g de soluto saturam 100 g de água.

Na mesma temperatura, o ponto A indica uma quantidade de soluto dissolvida superior a 20 g, (aproximadamente 30 g), isto é, uma quantidade superior à saturação, logo temos uma solução supersaturada.

No ponto y, a aproximadamente 50 °C, 45 g de soluto saturam 100 g de água.

Na mesma temperatura, o ponto B indica uma quantidade de soluto dissolvida inferior a 45 g, (aproximadamente 30 g), isto é, uma quantidade inferior à saturação, logo temos uma solução insaturada.

A partir do gráfico, conclui-se que A equivale à solução supersaturada (temperatura próxima aos 30 °C) "Uma limonada em que não se sente mais o gosto do limão, só do açúcar". B equivale à solução insaturada (temperatura próxima aos 50 °C) "Limonada com pouco açúcar".

## Fundamentando seus conhecimentos

**1.** Existem algumas espécies de peixes que, para respirar, necessitam de maior concentração de gás oxigênio dissolvido na água. Explique por que os salmões são peixes típicos de regiões frias.

Considere as informações a seguir e responda às questões **2** e **3**.

O brometo de potássio apresenta a seguinte tabela de solubilidade:

| Temperatura (°C) | 30 | 50 | 70 |
|---|---|---|---|
| g de brometo de potássio/100 g de água | 70 | 80 | 90 |

**2.** Qual é a massa de brometo de potássio necessária para saturar:

a) 100 g de água a 50 °C?

b) 200 g de água a 70 °C?

**3.** Uma solução foi preparada, a 30 °C, dissolvendo-se 40 g de brometo de potássio em 100 g de água. Essa solução é saturada?

Analise o preparo de três soluções de brometo de potássio, a seguir, a 50 °C, e responda às questões **4** a **6**.

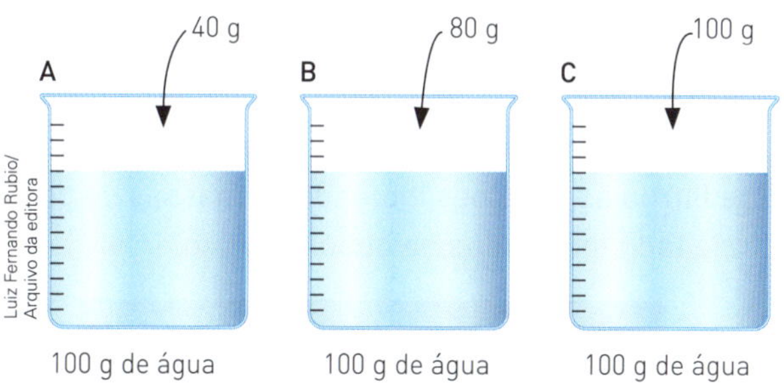


**4.** Classifique em saturada ou não saturada cada solução analisada (A, B e C).

**5.** Apenas uma das soluções está saturada e apresenta corpo de fundo. Identifique-a e calcule a massa desse corpo de fundo.

**6.** Qual das três soluções encontra-se mais diluída (menos concentrada)?

Observe o diagrama a seguir, que mostra a solubilidade de duas substâncias, e responda às questões **7** a **12**.

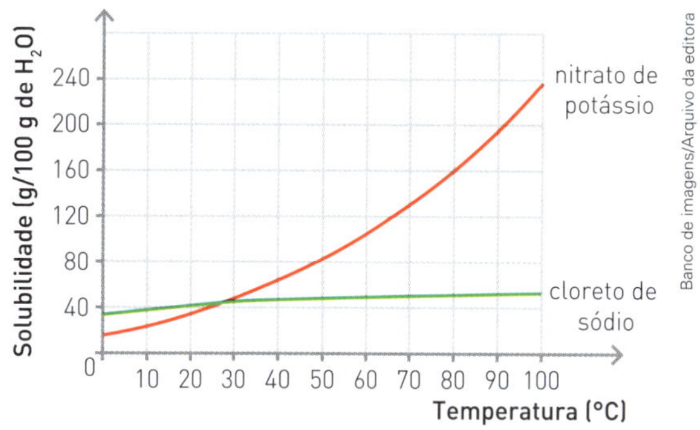


**7.** Qual substância é mais solúvel a 10 °C?

**8.** Qual substância é mais solúvel a 60 °C?

**9.** Qual quantidade de cloreto de sódio devemos adicionar a 100 g de água a 30 °C para obter uma solução saturada?

**10.** Uma solução contendo 10 g de nitrato de potássio em 100 g de água a 40 °C é saturada ou não saturada? Justifique sua resposta.

**11.** Explique como a temperatura influi na solubilidade do nitrato de potássio.

**12.** O que acontece com a quantidade do corpo de fundo de uma solução saturada de nitrato de potássio quando submetida a um aquecimento? Justifique sua resposta.

## Desenvolvendo seus conhecimentos

**1.** (Unicamp-SP) "Os peixes estão morrendo porque a água do rio está sem oxigênio, mas nos trechos de maior corredeira a quantidade de oxigênio aumenta." Ao ouvir essa informação de um técnico do meio ambiente, um estudante que passava pela margem do rio ficou confuso e fez a seguinte reflexão: "Estou vendo a água no rio e sei que a água contém, em suas moléculas, oxigênio; então como pode ter acabado o oxigênio do rio?".

a) Escreva a fórmula das substâncias mencionadas pelo técnico.

b) Qual é a confusão cometida pelo estudante em sua reflexão?

**2.** O processo de dissolução do oxigênio do ar na água é fundamental para a existência de seres vivos que habitam os oceanos, rios e lagos. Esse processo pode ser representado pela equação:

$$O_2 (g) + aq^* \rightleftharpoons O_2 (aq)$$

aq* = quantidade muito grande de água

Algumas espécies de peixe necessitam, para sobrevivência, de taxas relativamente altas de oxigênio dissolvido na água. Peixes com essas exigências teriam maiores chances de sobrevivência:

I. em um lago de águas a 10 °C do que em um lago a 25 °C, ambos à mesma altitude.

II. em um lago no alto da cordilheira dos Andes do que em um lago situado na base da cordilheira, desde que a temperatura da água fosse a mesma.

III. em lagos cujas águas tivessem qualquer temperatura, desde que a altitude fosse elevada.

Qual(is) afirmação(ões) é(são) *correta(s)*?

**3.** (Furg-RS)

Um refrigerante contém água, gás carbônico, corantes, ácidos e diversas substâncias responsáveis pela aparência e pelo sabor. As pessoas costumam colocar uma colher no gargalo da garrafa com a intenção de evitar a perda de gás. Será que isso evita mesmo a perda de gás? José Atílio Vanin, do Instituto de Química da USP, responde: "Não evita!".

Ele explica: "O gás do refrigerante é o gás carbônico. A 30 °C é possível dissolver cerca de 0,6 L desse gás em um litro de água pura; a 10 °C dissolve-se 1,2 L do gás por litro d'água; e 1,7 L a 0 °C. Assim, o que evita a perda do gás é o ato de colocar o refrigerante na geladeira. Não existe nenhum efeito físico-químico de superfície ligado à colher."

(Adaptado do livro *Interações e transformações I*. GEPEQ/IQ-USP, 1998. p. 56.)

A compreensão do texto anterior, em suas informações e significados do ponto de vista da Química, permite afirmar que:

I. o refrigerante é, na verdade, uma solução aquosa resultante da mistura de várias substâncias.

II. a introdução da colher no gargalo oferece uma superfície lisa que resiste à fuga do gás, aprisionando-o.

III. fora da geladeira, quanto mais baixa a temperatura menor a perda do gás carbônico pelo gargalo da garrafa do refrigerante.

Das afirmativas, somente está(ão) correta(s):

a) I e II.
b) II.
c) III.
d) I.
e) I e III.

**4.** (UCS-RS) Os refrigerantes possuem dióxido de carbono dissolvido em água, de acordo com a equação química e a curva de solubilidade representadas abaixo.

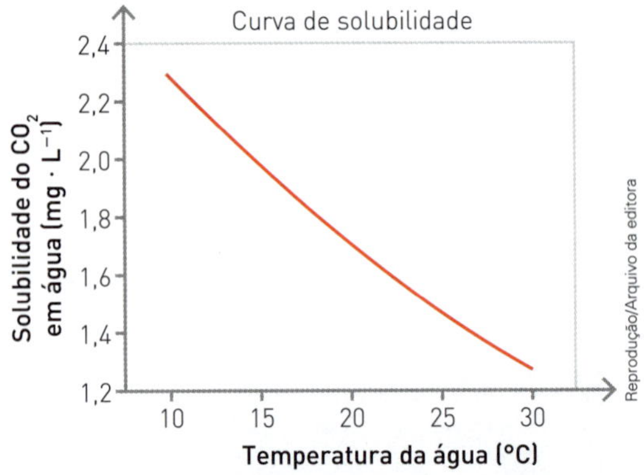


No processo de fabricação dos refrigerantes,

a) o aumento da temperatura da água facilita a dissolução do $CO_2$ (g) na bebida.
b) a diminuição da temperatura da água facilita a dissolução do $CO_2$ (g) na bebida.
c) a diminuição da concentração de $CO_2$ (g) facilita sua dissolução na bebida.
d) a dissolução do $CO_2$ (g) na bebida não é afetada pela temperatura da água.
e) o ideal seria utilizar a temperatura da água em 25 °C, pois a solubilidade do $CO_2$ (g) é máxima.

**5.** (UFRGS-RS) Um estudante analisou três soluções aquosas de cloreto de sódio, adicionando 0,5 g deste mesmo sal em cada uma delas. Após deixar as soluções em repouso em recipientes fechados, ele observou a eventual presença de precipitado e filtrou as soluções, obtendo as massas de precipitado mostradas no quadro abaixo.

| Solução | Precipitado |
|---|---|
| 1 | Nenhum |
| 2 | 0,5 g |
| 3 | 0,8 g |

O estudante concluiu que as soluções originais 1, 2 e 3 eram, respectivamente,

a) não saturada, não saturada e saturada.
b) não saturada, saturada e supersaturada.
c) saturada, não saturada e saturada.
d) saturada, saturada e supersaturada.
e) supersaturada, supersaturada e saturada.

**6.** (PUC-MG) Considere o gráfico de solubilidade de vários sais em água, em função da temperatura.

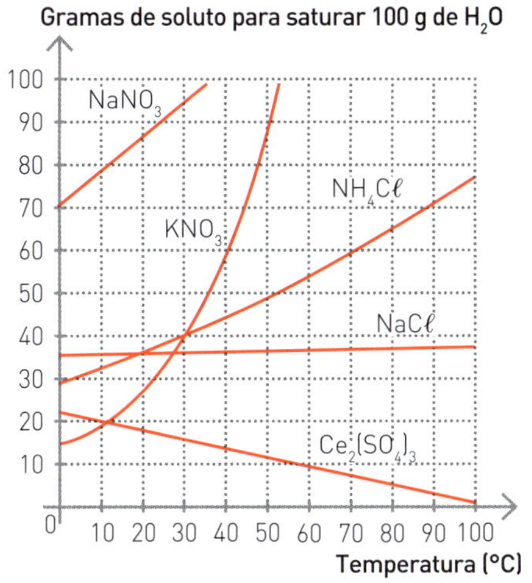


Reprodução/Arquivo da editora

Baseando-se no gráfico e nos conhecimentos sobre soluções, é *incorreto* afirmar que:

a) a solubilidade do $Ce_2(SO_4)_3$ diminui com o aumento da temperatura.

b) o sal nitrato de sódio é o mais solúvel a 20 °C.

c) a massa de 80 g de nitrato de potássio satura 200 g de água a 30 °C.

d) dissolvendo-se 60 g de $NH_4C\ell$ em 100 g de água, a 60 °C, obtém-se uma solução insaturada.

**7.** (PUC-RJ) Observe o gráfico.

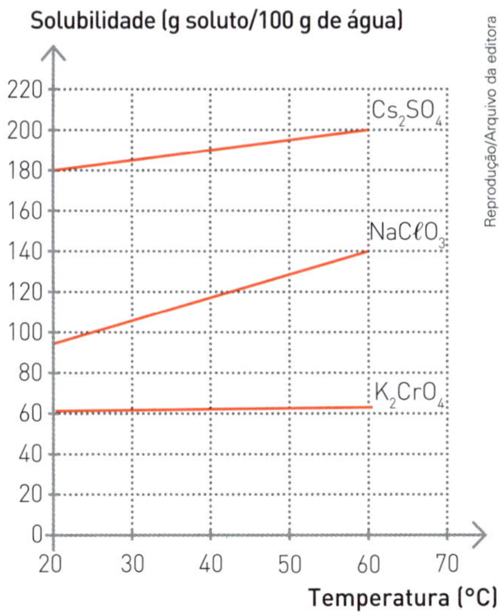


Reprodução/Arquivo da editora

A quantidade de clorato de sódio capaz de atingir a saturação em 500 g de água na temperatura de 60 °C, em gramas, é aproximadamente igual a:

a) 70.

b) 140.

c) 210.

d) 480.

e) 700.

O gráfico a seguir representa as curvas de solubilidade de várias substâncias. Com base nele, responda às questões **8** a **12**.

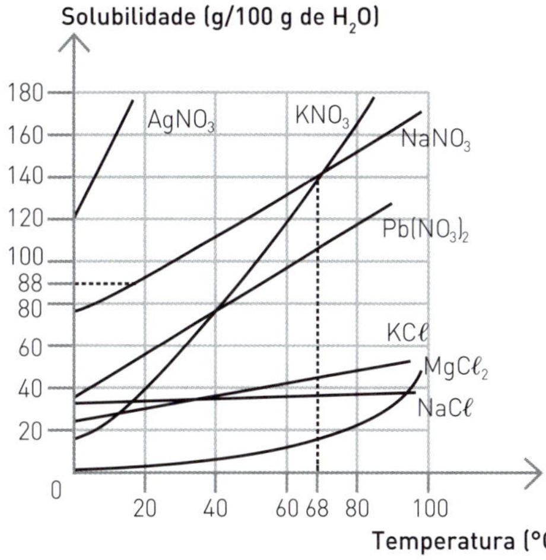


Reprodução/Arquivo da editora

**8.** Considerando apenas as substâncias $NaNO_3$ e $Pb(NO_3)_2$, qual delas é a mais solúvel em água, a qualquer temperatura?

**9.** Aproximadamente em qual temperatura a solubilidade do $KC\ell$ e a do $NaC\ell$ são iguais?

**10.** Qual das substâncias apresenta maior aumento de solubilidade com o aumento da temperatura?

**11.** Compare as solubilidades das substâncias $KNO_3$ e $NaNO_3$ a 68 °C, abaixo e acima dessa temperatura.

**12.** Qual a massa de uma solução saturada de $NaNO_3$ a 20 °C obtida a partir de 500 g de $H_2O$?

**13.** (UFRRJ) A curva do gráfico ao lado mostra a solubilidade de um certo soluto em água. Responda às perguntas a seguir, justificando sua resposta.

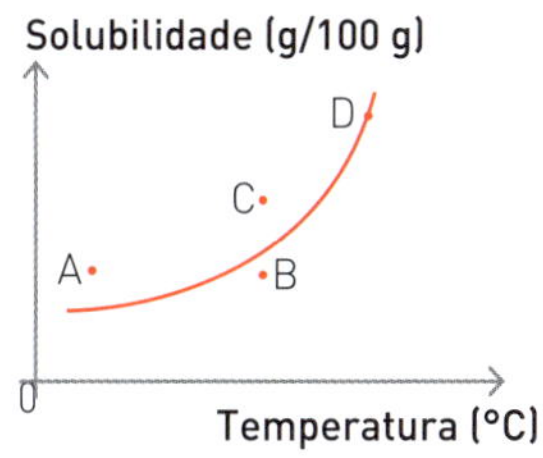


Reprodução/Arquivo da editora

I. Qual ou quais dos pontos do gráfico representa(m) uma solução saturada homogênea?

II. Indique em que pontos do gráfico existem soluções saturadas heterogêneas.

III. Através do conceito de solução insaturada, aponte no gráfico o(s) ponto(s) onde essa situação ocorre.

IV. Que procedimentos podem ser utilizados para precipitar (cristalizar) parte do soluto da solução D, sem alterar as quantidades do solvente e do soluto da referida solução?

**14.** (Uerj) O gráfico a seguir, que mostra a variação da solubilidade do dicromato de potássio na água em função da temperatura, foi apresentado em uma aula prática sobre misturas e suas classificações. Em seguida, foram preparadas seis misturas sob agitação enérgica, utilizando dicromato de potássio sólido e água pura em diferentes temperaturas, conforme o esquema:

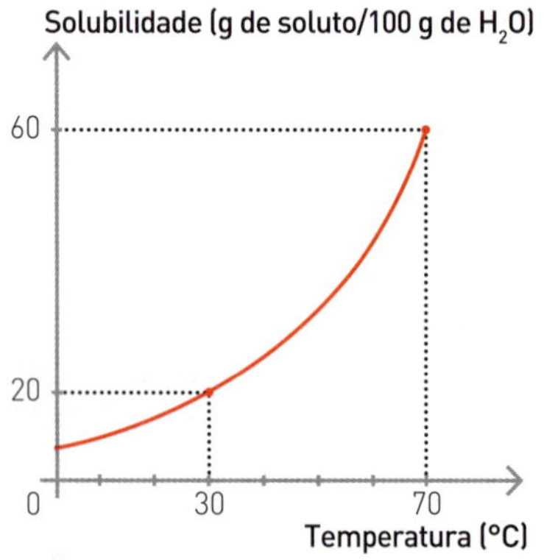


Reprodução/Arquivo da editora

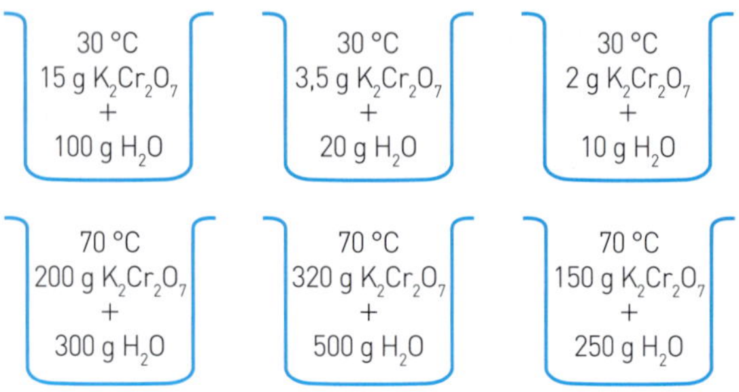


Após a estabilização dessas misturas, o número de sistemas homogêneos e o número de sistemas heterogêneos formados correspondem, respectivamente, a:

a) 5 – 1.
b) 4 – 2.
c) 3 – 3.
d) 1 – 5.

**15.** (UPM-SP) A solubilidade do cloreto de potássio ($KC\ell$) em 100 g de água, em função da temperatura é mostrada na tabela abaixo:

| Temperatura (°C) | Solubilidade (g de $KC\ell$ em 100 g de água) |
|---|---|
| 0 | 27,6 |
| 10 | 31,0 |
| 20 | 34,0 |
| 30 | 37,0 |
| 40 | 40,0 |
| 50 | 42,6 |

Ao preparar-se uma solução saturada de $KC\ell$ em 500 g de água, a 40 °C e, posteriormente, ao resfriá-la, sob agitação, até 20 °C é correto afirmar que:

a) nada precipitará.
b) precipitarão 6 g de $KC\ell$.
c) precipitarão 9 g de $KC\ell$.
d) precipitarão 30 g de $KC\ell$.
e) precipitarão 45 g de $KC\ell$.

**16.** (Udesc) A tabela a seguir refere-se à solubilidade de um determinado sal nas respectivas temperaturas:

| Temperatura (°C) | Solubilidade do sal (g/100 g de $H_2O$) |
|---|---|
| 30 | 60 |
| 50 | 70 |

Para dissolver 40 g desse sal a 50 °C e 30 °C, as massas de água necessárias, respectivamente, são:

a) 58,20 g e 66,67 g.
b) 68,40 g e 57,14 g.
c) 57,14 g e 66,67 g.
d) 66,67 g e 58,20 g.
e) 57,14 g e 68,40 g.

**17.** (Fuvest-SP) O rótulo de um frasco contendo determinada substância X traz as seguintes informações:

| Propriedade | Descrição ou valor |
|---|---|
| Cor | Incolor |
| Inflamabilidade | Não inflamável |
| Odor | Adocicado |
| Ponto de fusão | –23 °C |
| Ponto de ebulição | 77 °C |
| Densidade a 25 °C | 1,59 g/cm³ |
| Solubilidade a 25 °C | 0,1 g/100 g de $H_2O$ |

a) Considerando as informações apresentadas no rótulo, qual é o estado físico da substância contida no frasco, a 1 atm e 25 °C? Justifique.
b) Em um recipiente, foram adicionados, a 25 °C, 56,0 g da substância X e 200,0 g de água. Determine a massa da substância X que não se dissolveu em água. Mostre os cálculos.
c) Complete o esquema a seguir, representando a aparência visual da mistura formada pela substância X e água quando, decorrido certo tempo, não for mais observada mudança visual. Justifique.

**Dado:** densidade da água a 25 °C = 1,00 g/cm³

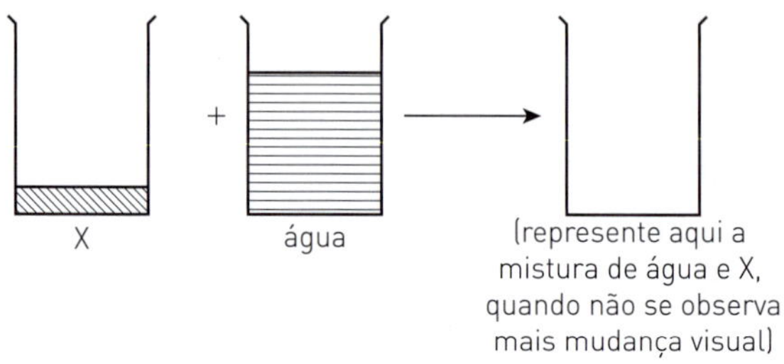


Reprodução/Arquivo da editora

## Desafiando seus conhecimentos

**1.** (Fuvest-SP) Descargas industriais de água pura aquecida podem provocar a morte de peixes em rios e lagos porque causam:

a) o aumento do nitrogênio dissolvido.
b) o aumento do gás carbônico dissolvido.
c) a diminuição do hidrogênio dissolvido.
d) a diminuição do oxigênio dissolvido.
e) a alteração do pH do meio aquático.

**Obs.:** o pH nos indica a acidez ou a basicidade de um meio aquoso.

**2.** (Fuvest-SP) Um rio nasce numa região não poluída, atravessa uma cidade com atividades industriais, das quais recebe esgoto e outros efluentes, e desemboca no mar após percorrer regiões não poluidoras. Qual dos gráficos a seguir mostra o que acontece com a concentração de oxigênio ($O_2$) dissolvido na água, em função da distância percorrida desde a nascente?

Considere que o teor de oxigênio no ar e a temperatura sejam praticamente constantes em todo o percurso.

a)
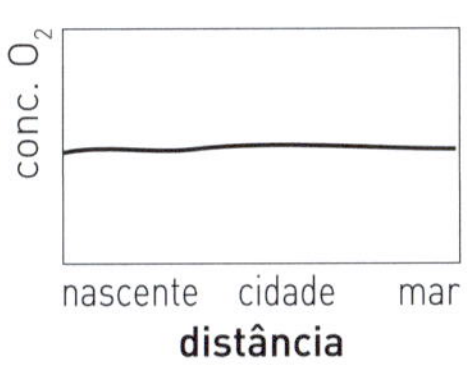


d)
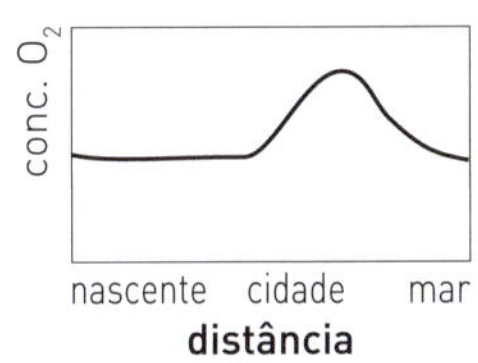


b)
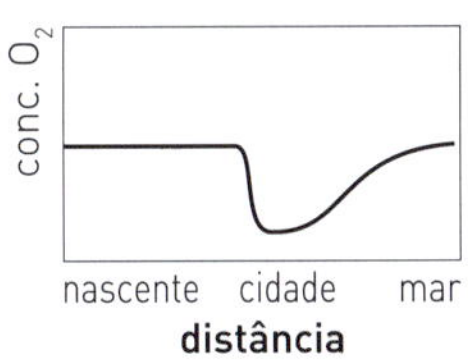


e)
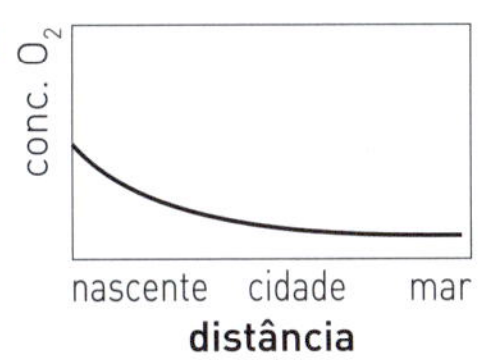


c)
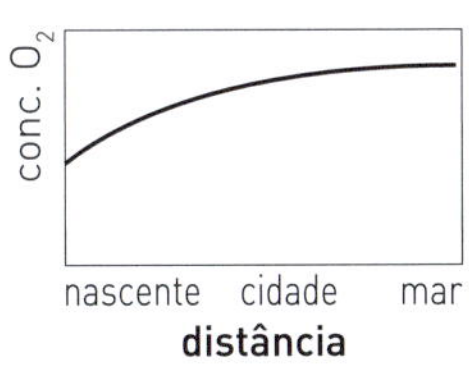


Reprodução/Arquivo da editora

**3.** Pela lei de Henry, a solubilidade de um gás é diretamente proporcional à sua pressão parcial a dada temperatura, o que pode ser expresso por:

$$\text{solubilidade} = \text{constante} \cdot \text{pressão parcial}$$

$$S = K_H \cdot P$$

Em um lago localizado a uma altitude de 3 000 m, a pressão parcial do gás oxigênio é de 0,13 atm. Calcule a solubilidade desse gás a 20 °C.

Dado: $K_H$ oxigênio a 20 °C $= 1{,}3 \cdot 10^{-3}$ mol $\cdot$ L$^{-1}$ $\cdot$ atm$^{-1}$

**4.** O esquema a seguir mostra uma aparelhagem utilizada para o recolhimento de gás.

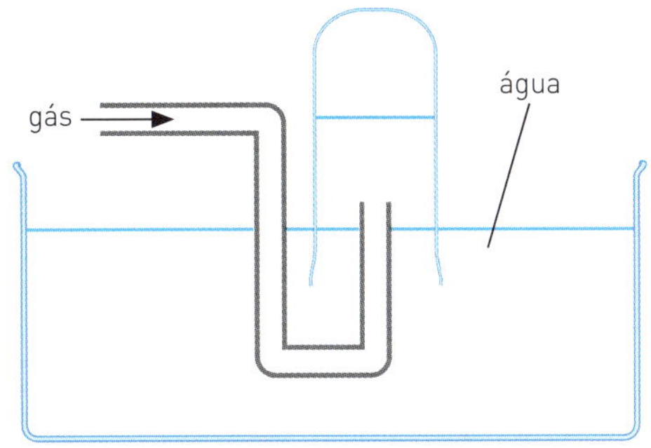


Luiz Fernando Rubio/Arquivo da editora

Essa aparelhagem não é a mais adequada para o recolhimento de todos os gases. Considere que ela seja utilizada para recolher os seguintes gases: metano ($CH_4$), amônia ($NH_3$) e cloro ($C\ell_2$).

| Gás | Massa molar (g/mol) | Solubilidade em água |
|---|---|---|
| metano | 16 | desprezível |
| amônia | 17 | alta |
| cloro | 71 | alta |

Para qual(is) desses gases essa aparelhagem é a mais adequada? Justifique sua resposta.

**5.** (Cefet-MG) Sobre soluções, pode-se afirmar que

I. as supersaturadas são formadas por soluto, solvente e corpo de fundo.
II. as líquidas são obtidas somente quando solvente e soluto se encontram no estado líquido.
III. as gasosas formam-se somente quando solvente e soluto estão no estado gasoso.
IV. as diluídas possuem a quantidade de soluto muito inferior ao grau de saturação do mesmo.
V. as iônicas são sistemas homogêneos cujos solutos correspondem a substâncias que se comportam como eletrólitos.

São corretas apenas as afirmativas:

a) I, II e III.
b) I, II e IV.
c) I, III e V.
d) II, IV e V.
e) III, IV e V.

**6.** (PUC-MG) Determinadas substâncias são capazes de formar misturas homogêneas com outras substâncias. A substância que está em maior quantidade é denominada solvente e a que se encontra em menor quantidade é denominada soluto. O cloreto de sódio ($NaC\ell$) forma solução homogênea com a água, em que é possível solubilizar, a 20 °C, 36 g de NaCℓ em 100 g de água. De posse dessas informações, uma solução em que 545 g de NaCℓ estão dissolvidos em 1,5 L de água a 20 °C sem corpo de fundo, é:

a) insaturada.
b) concentrada.
c) supersaturada.
d) diluída.

**7.** (Unicid-SP) O gráfico apresenta as solubilidades dos sais A, B, C, D, E e F em função da temperatura.

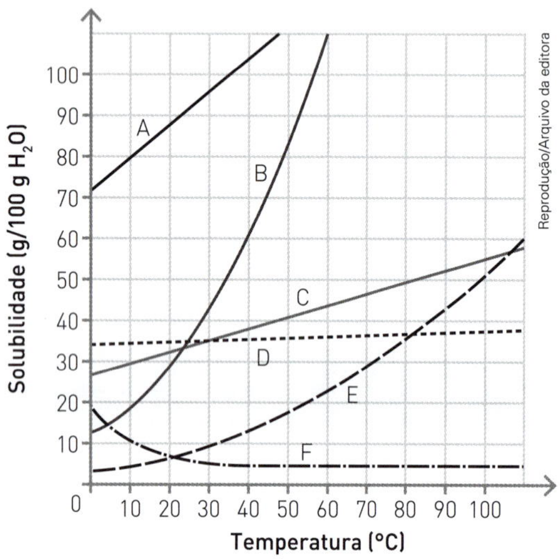


a) Indique o sal cuja solubilidade em água é menos afetada pelo aumento de temperatura.
b) Considere uma solução preparada com 33 g do sal B em 50 g de água, a 40 °C. A mistura resultante apresenta corpo de fundo? Justifique sua resposta.

**8.** (UFMS) Considere as massas atômicas fornecidas e o gráfico solubilidade X temperatura a seguir.

| Elemento | O | Na | S | Cℓ | Ce |
|---|---|---|---|---|---|
| Massa atômica | 16 | 23 | 32 | 35 | 140 |

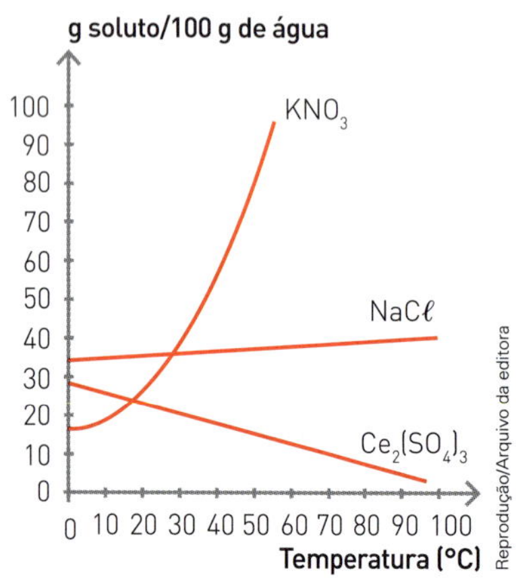


Com base nas informações, é correto afirmar:

01) O aumento da temperatura faz com que a solubilidade de todos os sais aumente.
02) A 20 °C, uma solução preparada com 10 g de $KNO_3$ em 100 g de $H_2O$ é insaturada.
04) A 10 °C, o NaCℓ é mais solúvel que o $KNO_3$.
08) A 90 °C, é possível dissolver 1 mol de NaCℓ em 100 g de água.
16) A 70 °C, uma mistura de 30 g de $Ce_2(SO_4)_3$ e 100 g de $H_2O$ é heterogênea.

Dê como resposta a soma dos números associados às afirmações corretas.

**9.** Observe o diagrama a seguir e responda.

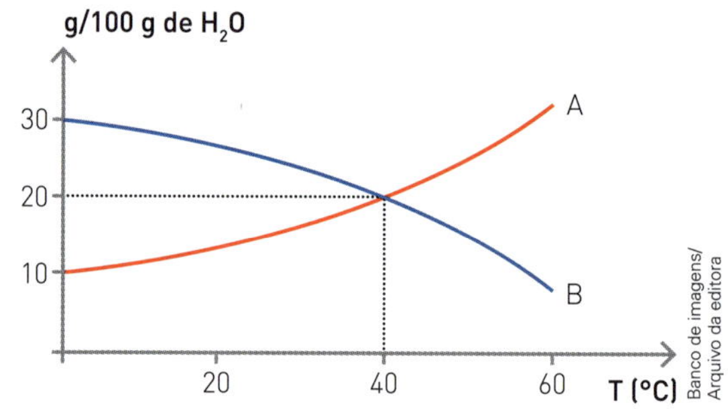


Se todo soluto está dissolvido na ilustração 1, como o aquecimento ou o resfriamento da solução causam cada uma das seguintes mudanças:

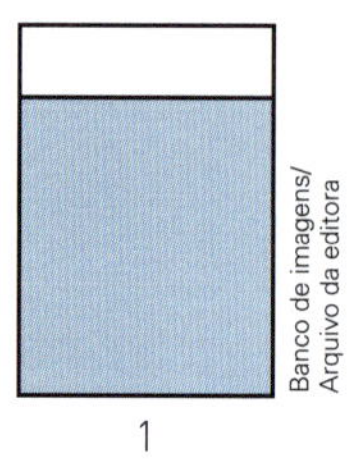


a) 2 para 3 (substância B)?
b) 2 para 1 (substância A)?

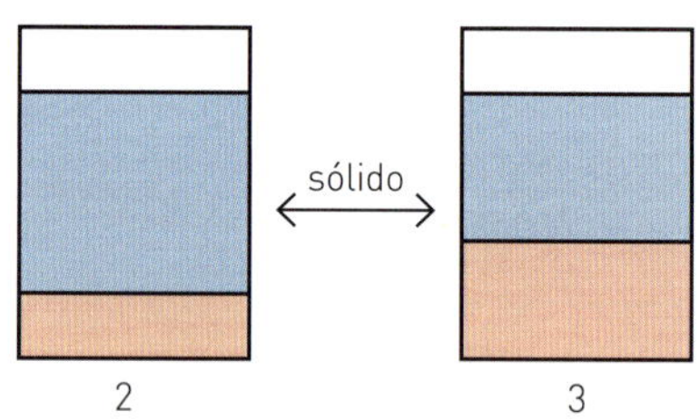


**10.** (Unifesp) A lactose, principal açúcar do leite da maioria dos mamíferos, pode ser obtida a partir do leite de vaca por uma sequência de processos. A fase final envolve a purificação por recristalização em água. Suponha que, para essa purificação, 100 kg de lactose foram tratados com 100 L de água, a 80 °C, agitados e filtrados a essa temperatura. O filtrado foi resfriado a 10 °C.

Solubilidade da lactose, em kg/100 L de $H_2O$:

a 80 °C ——— 95
a 10 °C ——— 15

A massa máxima de lactose, em kg, que deve cristalizar com esse procedimento é, aproximadamente:

a) 5.
b) 15.
c) 80.
d) 85.
e) 95.

**11.** (Acafe-SC) O cloreto de potássio é um sal que adicionado ao cloreto de sódio é vendido comercialmente como "sal light", com baixo teor de sódio. Dezoito gramas de cloreto de potássio estão dissolvidos em 200 g de água e armazenados em um frasco aberto sob temperatura constante de 60 °C.

Dados: Considere a solubilidade do cloreto de potássio a 60 °C igual a 45 g/100 g de água.

Qual a massa mínima e aproximada de água que deve ser evaporada para iniciar a cristalização do soluto?

a) 160 g
b) 120 g
c) 40 g
d) 80 g

**12.** (Uerj) Um laboratorista precisa preparar 1,1 kg de solução aquosa saturada de um sal de dissolução exotérmica, utilizando como soluto um dos três sais disponíveis em seu laboratório: X, Y e Z. A temperatura final da solução deverá ser igual a 20 °C.

Observe as curvas de solubilidade dos sais, em gramas de soluto por 100 g de água:

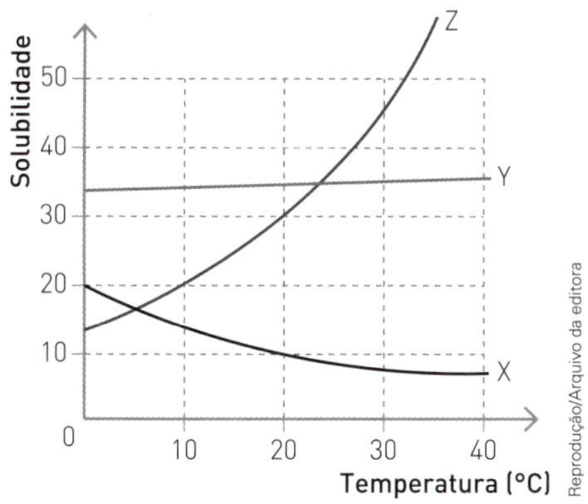


A massa de soluto necessária, em gramas, para o preparo da solução equivale a:

a) 100.
b) 110.
c) 300.
d) 330.

**13.** (Fuvest-SP) O gráfico a seguir mostra a solubilidade (S) de $K_2Cr_2O_7$ sólido em água, em função da temperatura (t). Uma mistura constituída de 30 g de $K_2Cr_2O_7$ e 50 g de água, a uma temperatura inicial de 90 °C, foi deixada esfriar lentamente e com agitação. A que temperatura aproximada deve começar a cristalizar o $K_2Cr_2O_7$?

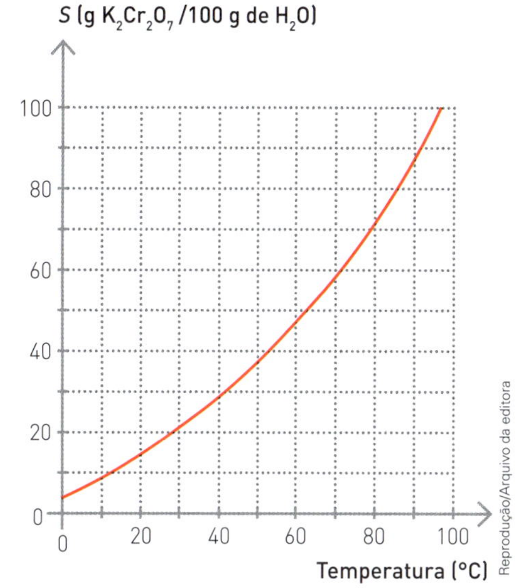


a) 25 °C
b) 45 °C
c) 60 °C
d) 70 °C
e) 80 °C

**14.** (UFRJ) Os frascos ao lado contêm soluções saturadas de cloreto de potássio ($KC\ell$) em duas temperaturas diferentes. Na elaboração das soluções foram adicionados, em cada frasco, 400 mL de água e 200 g de $KC\ell$.

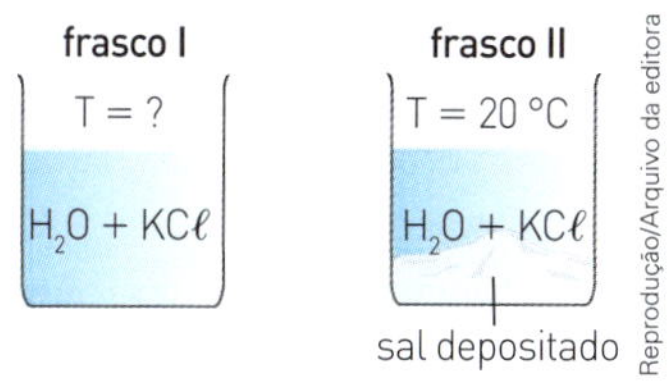


O diagrama a seguir representa a solubilidade do $KC\ell$ em água, em gramas de soluto/100 mL de $H_2O$, em diferentes temperaturas.

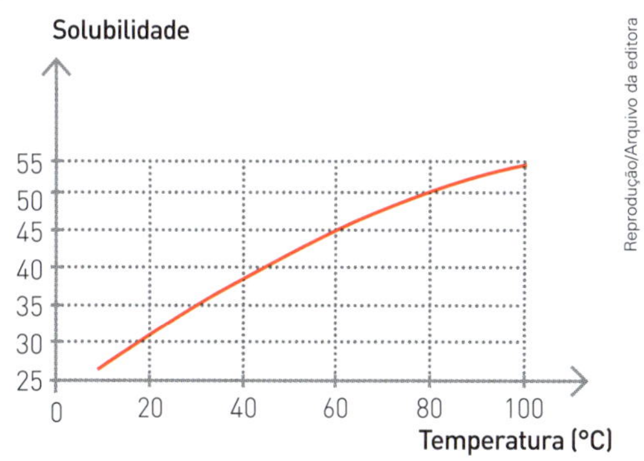


a) Determine a temperatura da solução do frasco I.
b) Sabendo que a temperatura do frasco II é de 20 °C, calcule a quantidade de sal ($KC\ell$) depositado no fundo do frasco.

**15.** (Unifesp) As solubilidades dos sais $KNO_3$ e $NaC\ell$, expressas em gramas do sal por 100 gramas de água, em função da temperatura, estão representadas no gráfico a seguir.

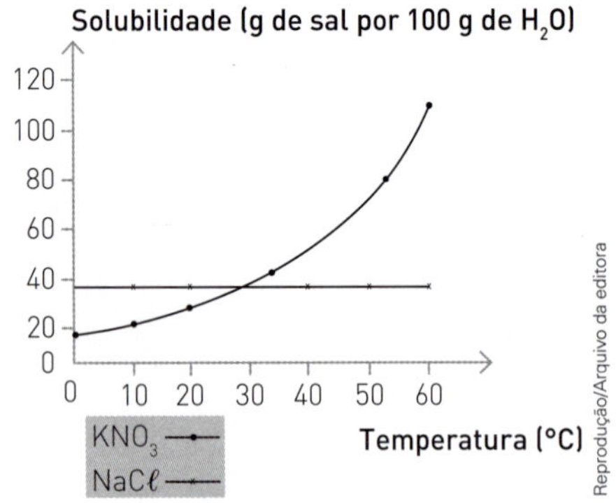


Com base nas informações fornecidas, pode-se afirmar corretamente que:

a) a dissolução dos dois sais em água são processos exotérmicos.

b) quando se adicionam 50 g de $KNO_3$ em 100 g de água a 25 °C, todo o sólido se dissolve.

c) a solubilidade do $KNO_3$ é maior que a do NaCℓ para toda a faixa de temperatura abrangida pelo gráfico.

d) quando se dissolvem 90 g de $KNO_3$ em 100 g de água em ebulição e em seguida se resfria a solução a 20 °C, recupera-se cerca de 30 g do sal sólido.

e) a partir de uma amostra contendo 95 g de $KNO_3$ e 5 g de NaCℓ, pode-se obter $KNO_3$ puro por cristalização fracionada.

**16.** (Ufscar-SP) O cloreto de potássio é solúvel em água e a tabela a seguir fornece os valores de solubilidade desse sal em g/100 g de água, em função da temperatura.

| Solubilidade (g/100 g de $H_2O$) | 31,0 | 34,0 | 37,0 | 40,0 |
|---|---|---|---|---|
| Temperatura (°C) | 10 | 20 | 30 | 40 |

Preparou-se uma solução de cloreto de potássio a 40 °C dissolvendo-se 40,0 g do sal em 100 g de água. A temperatura da solução foi diminuída para 20 °C e observou-se a formação de um precipitado.

a) Analisando a tabela de valores de solubilidade, explique por que houve formação de precipitado e calcule a massa de precipitado formado.

b) A dissolução do cloreto de potássio em água absorve ou libera calor? Justifique sua resposta.

**17.** (UFPR) A solubilidade das substâncias é um parâmetro muito importante no preparo de soluções e permite comparar a natureza de dissolução de diversos solutos. A solubilidade pode variar com a temperatura, conforme mostra o gráfico a seguir. Dados: Massa molar (g/mol): Na = 23; Rb = 86; Li = 7; K = 39; N = 14; O = 16; Cℓ = 35.

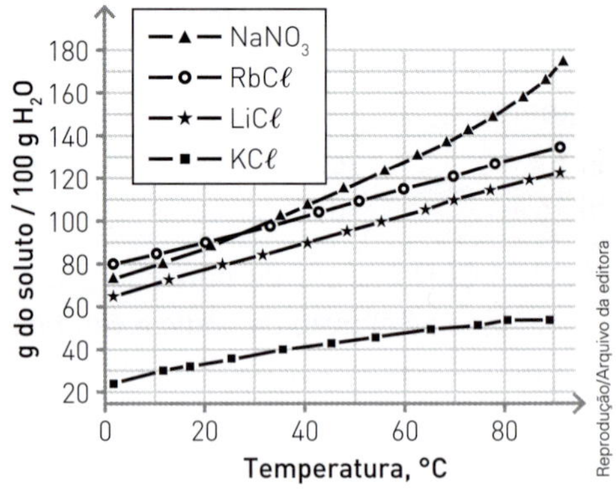


Suponha que você possui um recipiente contendo 100 g de solução saturada de LiCℓ a 70 °C. Se essa solução for resfriada a 40 °C, qual a massa de precipitado que ficará depositada no fundo?

**18.** (UFTM-MG) A tabela fornece valores aproximados da solubilidade em água do bicarbonato de sódio em várias temperaturas.

| Temperatura (°C) | Solubilidade (g/100 g de água) |
|---|---|
| 0 | 6,5 |
| 10 | 7,5 |
| 20 | 8,5 |
| 30 | 10,0 |
| 40 | 11,0 |
| 50 | 12,5 |
| 60 | 13,5 |
| 70 | 15,0 |
| 80 | 16,5 |

a) Na malha quadriculada a seguir, construa um gráfico com os valores fornecidos, relacionando a solubilidade (eixo das ordenadas) com a temperatura (eixo das abscissas).

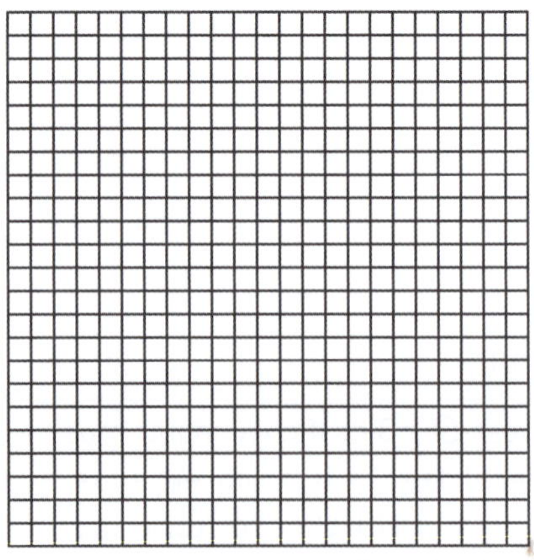

b) A partir do gráfico construído, decida se a adição de 1,5 g de bicarbonato de sódio a 10 g de água a 35 °C apresentará ou não corpo de fundo. Justifique.

CAPÍTULO

2

# Aspectos quantitativos das soluções

## Preparo de soluções

Em um laboratório, para prepararmos, por exemplo, soluções aquosas em geral, precisamos de:

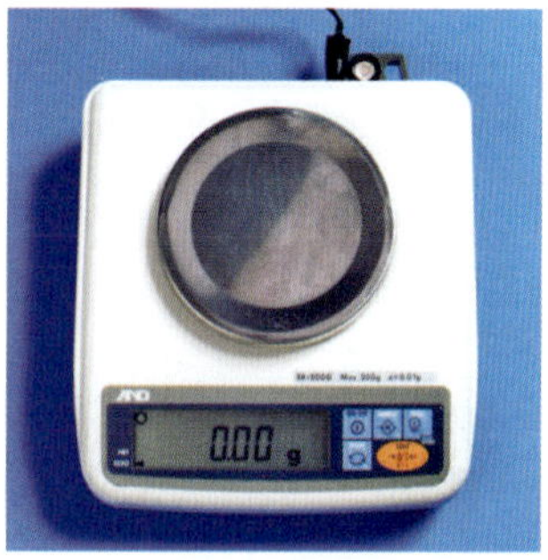

Martin F. Chillmaid/SPL/LatinStock

Balança para medir a massa dos solutos.

Sérgio Dotta Jr./Arquivo da editora

Béquer para manusear o solvente, neste caso, a água.

Sérgio Dotta Jr./Arquivo da editora

Pisseta plástica para completar o volume do solvente.

Sérgio Dotta Jr./Arquivo da editora

Balão volumétrico para indicar o volume da solução.

A preparação de uma solução aquosa, em que o soluto é um sólido, segue as etapas abaixo:

a) determina-se a massa de soluto a ser dissolvida e coloca-se essa massa em um balão volumétrico;
b) adiciona-se uma pequena quantidade de água e submete-se o sistema à agitação; esse procedimento deve ser repetido até que se consiga dissolver todo o soluto;
c) finalmente, adiciona-se água até atingir o volume indicado no balão.

Fotos: Sérgio Dotta Jr./Arquivo da editora

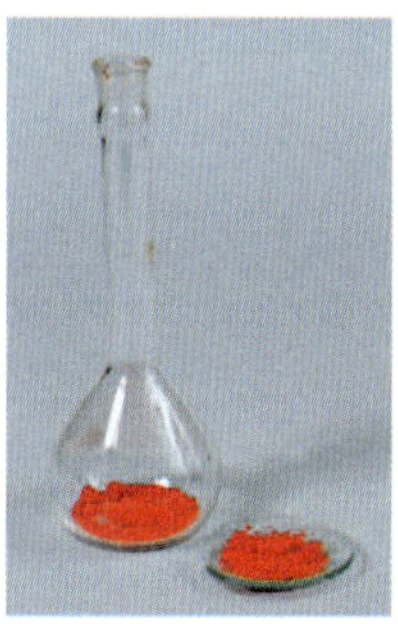

Coloca-se o soluto sólido no balão volumétrico.

→ adição de água com a pisseta

Submete-se o sistema à agitação.

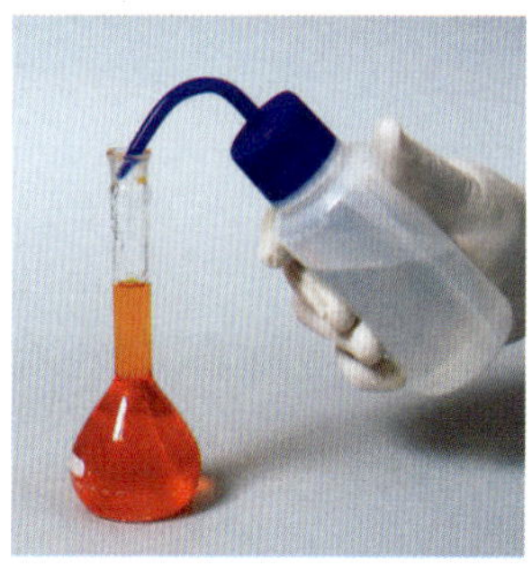

Adiciona-se água para completar o volume indicado no balão volumétrico.

Ao se preparar uma solução aquosa de acordo com esse procedimento, são previamente conhecidas algumas características dessa solução:

- a massa do soluto;
- o volume final da solução;
- o volume de água adicionado – esse dado é obtido pela diferença entre o volume de água inicialmente disponível e o volume de água não utilizado na preparação da solução;

- a massa de água (solvente) – admitindo que a densidade da água seja 1 g/mL no local de trabalho e conhecendo o volume de água utilizado na preparação da solução, podemos determinar a sua massa da seguinte maneira: cada 1 mL de água corresponde a 1 g;
- a massa da solução – esse dado é obtido somando-se a massa do soluto e a massa do solvente (água).

Quando se prepara uma solução utilizando uma pequena quantidade de soluto sólido, verifica-se que o **volume da solução** é praticamente **igual ao volume de água** adicionado.

A relação entre a quantidade de soluto dissolvido em certa quantidade de solução é chamada de concentração da solução. A quantidade de soluto pode ser expressa, por exemplo, em gramas, mililitros ou mols; e a quantidade de solução pode ser expressa em gramas, mols, mililitros ou litros.

$$\text{concentração da solução} = \frac{\text{quantidade do soluto}}{\text{quantidade de solução}}$$

Veja como esses tipos de relação fazem parte do nosso dia a dia.

Vamos analisar as informações do rótulo de uma embalagem de refresco:

| Tabela nutricional | |
|---|---|
| **Cada 100 mL contém:** | |
| calorias | 24 kcal |
| carboidratos | 6 g |
| proteínas | 0 g |
| lipídios | 0 g |
| sódio | 45 mg |
| potássio | 12 mg |
| cloreto | 42 mg |
| fibra alimentar | 0 g |

Observando a quantidade de carboidrato (soluto), notamos que existem 6 g em cada 100 mL do refresco (solução). Assim, temos que a concentração comum é igual a 6 g/100 mL = 0,06 g/mL.

Se desejarmos calcular a concentração em g/L, podemos estabelecer a relação:

0,06 g de carboidrato ——— 1 mL

x ——— 1000 mL (1 L)

x = 60 g em 1 L de solução. Logo, a concentração é 60 g/L.

Tanto a massa como o volume podem ser expressos em diferentes unidades:
m = g, kg, mg, ...
V = L, mL, $cm^3$, $m^3$ ...

Logo, se bebermos 1,0 L desse refresco, estaremos ingerindo 60 g de carboidratos e, como há 24 kcal em cada 100 mL de refresco, teremos um ganho calórico de 240 kcal.

# Água no corpo

Em média, em um adulto, a água corresponde a 60% de sua massa corpórea e, em crianças, a 75%. Por ser um excelente solvente, a água é essencial à vida. No interior das células, ela constitui um meio perfeito, que permite a mobilidade e a migração de moléculas. A água transporta para o interior das células moléculas como a glicose ($C_6H_{12}O_6$) e íons como o sódio ($Na^+$), o potássio ($K^+$) e o cálcio ($Ca^{2+}$), essenciais ao funcionamento do nosso corpo. Ela também transporta para fora da célula substâncias não desejáveis: as substâncias tóxicas produzidas nos processos metabólicos se dissolvem na água e podem ser eliminadas do organismo.

Patrik Giardino/Getty Images

Durante a transpiração, ocorre perda de água e sais minerais.

Outra função da água é a regulação da temperatura corpórea, feita por meio da transpiração. Diariamente, perdemos de 1 500 mL a 3 000 mL de água, por meio do exercício de diversas funções do nosso organismo: dos rins, na forma de urina; dos pulmões, pela respiração; da pele, pela transpiração; e do aparelho digestório, pelo trato gastrointestinal.

A água perdida deve ser continuamente reposta pela ingestão de líquidos e de alimentos. (Os processos metabólicos também produzem água nas células do nosso corpo.)

A perda de 10% do total de água do corpo humano causa uma desidratação séria, que pode ser fatal se chegar a 20%.

Veja, nas fotografias, a porcentagem de água existente em alguns alimentos.

**Balanço da água em 24 horas**

| Ganho | Perda |
|---|---|
| líquidos: 1 000 mL | urina: 1 500 mL |
| alimentos: 1 200 mL | transpiração: 300 mL |
| metabolismo: 300 mL | respiração: 600 mL |
| | fezes: 100 mL |
| **Total: 2 500 mL** | **Total: 2 500 mL** |

Fonte: TIMBERLAKE, K. C. *An introduction to general, organic and biological chemistry*. 12. ed. Upper Saddle River: Prentice Hall, 2015.

Thinkstock/Getty Images

Morango: 90% de água.

Thinkstock/Getty Images

Hambúrguer: 60% de água.

Thinkstock/Getty Images

Leite: 87% de água.

## Reflita

1. Qual desses alimentos (morango, hambúrguer e leite) possui a maior porcentagem de água? E qual a massa de água em 200 g do alimento com menor porcentagem de água, admitindo que a densidade da água seja de 1 g/mL?

2. De acordo com a tabela, qual a porcentagem da água perdida pelo corpo em 24 h representa a água perdida pela urina?

3. A membrana plasmática, além de individualizar a célula e separar seu interior do meio externo, também permite trocas de substâncias do interior da célula com o meio intersticial (entre células). Sem essas trocas, a célula não é capaz de se manter viva. Um dos mecanismos de troca entre os meios é a bomba de sódio e potássio, que permite manter em quantidades adequadas os íons de sódio e potássio, fora e dentro das células. Pesquise na biblioteca de sua escola ou cidade, na internet ou em seus livros de Biologia e responda: Qual é a importância desses íons na membrana celular?

# Relações entre as quantidades de soluto, de solvente e de solução

Ao trabalhar com soluções, além de conhecer seus componentes, é fundamental relacionar a quantidade de soluto à quantidade de solvente e de solução. Essas relações numéricas são genericamente denominadas **concentração da solução** e podem ser expressas de diferentes maneiras, como veremos a seguir.

## Relação massa/volume

### Concentração comum

A concentração comum é um dos tipos da relação massa/volume.

Veja como calcular a concentração comum de uma solução.

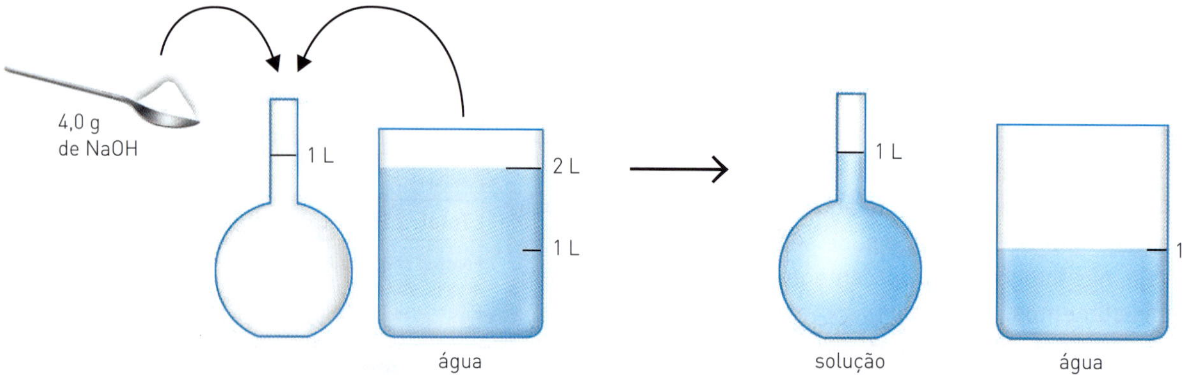


Ilustrações: Conceitograf/ Arquivo da editora

massa do soluto ——— $m_1$ = 4,0 g

volume da solução ——— V = 1,0 L

Para facilitar nosso trabalho, adotaremos o índice **1** para indicar o soluto, o índice **2** para indicar o **solvente**, e os dados relacionados à solução não conterão índices:

| Massa | Representação |
|---|---|
| soluto | $m_1$ |
| solvente | $m_2$ |
| solução | m |

Ou seja, em 1,0 L dessa solução existem dissolvidos 4,0 g do soluto.

Se dividíssemos essa solução em dois frascos, cada um deles conteria o volume de 0,5 L. Podemos calcular a massa de soluto em cada um dos frascos da seguinte maneira:

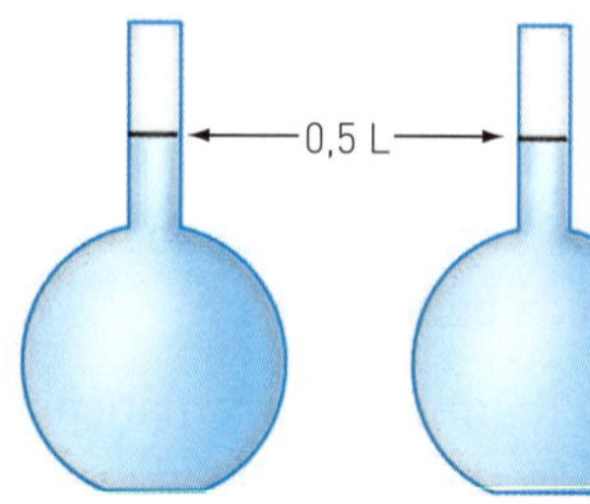


Conceitograf/Arquivo da editora

$$\left.\begin{array}{l}1{,}0 \text{ L de solução} \text{ ——— } 4{,}0 \text{ g de NaOH} \\ 0{,}5 \text{ L de solução} \text{ ——— } x\end{array}\right\}$$

x = 2,0 g de NaOH

Utilizando o mesmo raciocínio, podemos determinar o volume de solução que conteria 0,5 g de NaOH dissolvido:

$$\left.\begin{array}{r} 1{,}0 \text{ L de solução} \text{ ——— } 4{,}0 \text{ g de NaOH} \\ x \text{ ——— } 0{,}5 \text{ g de NaOH} \end{array}\right\} x = 0{,}125 \text{ L}$$

Em 0,125 L (ou 125 mL) dessa solução existe 0,5 g de NaOH.

Comparando as relações vistas, temos:

$$\frac{4{,}0 \text{ g de soluto}}{1{,}0 \text{ L de solução}} = \frac{2{,}0 \text{ g de soluto}}{0{,}5 \text{ L de solução}} = \frac{0{,}5 \text{ g de soluto}}{0{,}125 \text{ L de solução}}$$

A razão entre todas as situações é igual a 4,0 g de soluto/1,0 L de solução.

Dizemos, então, que esse valor corresponde à **concentração comum** (C) da solução.

Para calcular esses valores, costuma-se usar a expressão:

$$C = \frac{\text{massa do soluto}}{\text{massa da solução}}$$

ou

$$C = \frac{m_1}{V}$$

Podemos ainda estabelecer outra relação massa/volume, relacionando a massa de soluto em gramas em 100 mL de solução, mas em porcentagem.

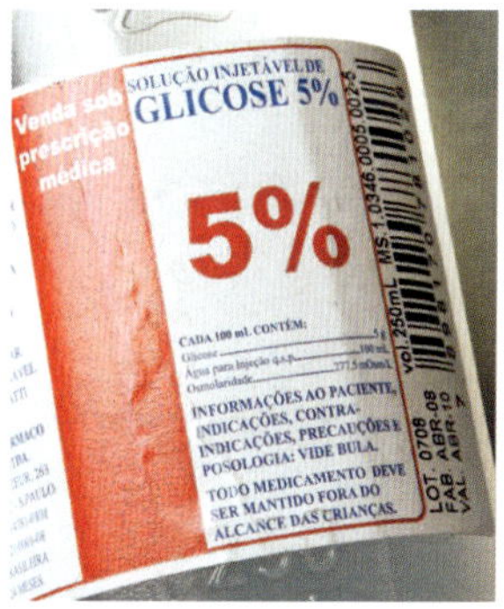

Sérgio Dotta Jr./Arquivo da editora

O soro glicosado, que é administrado por via endovenosa, contém 5 g de glicose em cada 100 mL de soro (5%).

$$\begin{array}{l} 4{,}0 \text{ g de soluto} \text{ ——— } 1{,}0 \text{ L} \text{ ——— } 1\,000 \text{ mL de solução} \\ x \text{ ——————————— } 100 \text{ mL de solução} \\ x = 0{,}40 \text{ g} \end{array}$$

Esta mesma relação poderia ser obtida por:

$$\text{massa/volume (em porcentagem)} = \frac{\text{gramas do soluto}}{\text{mililitros da solução}} \cdot 100\%$$

Utilizando os dados anteriores teremos:

$$\text{massa/volume (em porcentagem)} = \frac{0{,}4 \text{ g}}{100 \text{ mL}} \cdot 100\% = 0{,}40\ \%$$

?

A água dos rios é denominada doce, e a dos oceanos, salgada; ambas são exemplos de soluções. Será que os solutos são diferentes?

Wilyam Bradberry/Shutterstock

# Bebidas energéticas

Os energéticos são bebidas de alta popularidade entre o público jovem, sendo consumidos amplamente em festas e baladas noturnas, e também são utilizados para aumentar a disposição e o rendimento associado a práticas esportivas.

Essas bebidas são soluções que apresentam uma série de substâncias em sua composição. No rótulo de um desses produtos, temos a seguinte descrição em relação aos ingredientes e suas respectivas concentrações (quando pertinente):

> Ingredientes: água gaseificada, sacarose, glucose, taurina (1 000 mg/250 mL), cafeína (80 mg/250 mL), glucoronolactona (60 mg/250 mL), inositol (50 mg/ 250mL), vitaminas (B3, B5, B6, B2 e B12), acidulante ácido cítrico, reguladores de acidez: citrato de sódio e carbonato de magnésio, aromatizantes, corante caramelo.

Além da presença de carboidratos (glucose), as principais substâncias relacionadas aos efeitos prometidos da bebida são a cafeína, a taurina, a guaranina e a glucoronolactona.

**Cafeína:** cafeína é a substância de caráter estimulante mais utilizada no mundo. Ela está presente amplamente em grão de café, no fruto do guaraná, nas sementes de cacau e também nas folhas de chá-mate.

Em relação ao consumo da substância, quando em doses moderadas, provoca maior grau de atenção e melhoria da sensação de bem-estar. Doses muito elevadas podem causar aumento da frequência cardíaca e até mesmo quadros convulsivos e delirantes.

**Taurina:** a taurina (ácido 2-amino-etano-sulfônico) é um pseudoaminoácido abundante no corpo humano. São encontradas elevadas concentrações dessa substância nos tecidos constituintes do coração, no sistema musculoesquelético, no sistema nervoso central e também nas células da retina. Essa substância apresenta uma série de funções relacionadas ao sistema nervoso central, por exemplo, regulação da resposta cardiorrespiratória, alteração na duração do sono, propriedades anticonvulsivas, manutenção da função cerebral, termorregulação e ação antitremores. O mecanismo real de atuação da taurina e o efeito da concentração da substância nesses processos ainda não são totalmente compreendidos.

Billion Photos/Shutterstock

**Guaranina:** componente principal do guaraná, a guaranina é quimicamente idêntica à cafeína, apresentando, portanto, função de estimulante do sistema nervoso central. Vale ressaltar que a semente do guaraná apresenta teores de cafeína superiores até mesmo aos grãos de café e outras fontes, como o cacau.

**Glucoronolactona:** a glucoronolactona é uma substância que pode ser encontrada no vinho tinto, na maçã, nos cereais e nas peras. Trata-se de um produto de metabolização da glicose no corpo. Acredita-se que a função fisiológica dessa substância esteja relacionada à eliminação de toxinas, contribuindo, assim, para a desintoxicação do corpo.

Du Zuppani/Pulsar Imagens

Fruto do guaraná.

As bebidas energéticas são utilizadas em baladas, muitas vezes associadas ao consumo de álcool. A cafeína e outros compostos estimulantes presentes nos energéticos atuam de modo a diminuir o efeito do álcool como depressor do sistema nervoso central. Assim, a associação de bebida energética com álcool pode ser perigosa, uma vez que pode "mascarar" os efeitos da embriaguez, como sono e perda de sensibilidade das reações motoras. A fim de evitar esse modo de consumo, existe um alerta nas latas das bebidas energéticas.

> ! **ATENÇÃO:** Não é recomendado o consumo de bebidas energéticas misturadas a bebidas alcoólicas!

Novos estudos estão sendo realizados para compreender totalmente as interações entre as substâncias presentes nas bebidas energéticas e o álcool.

## Reflita

A Anvisa (Agência Nacional de Vigilância Sanitária) estabelece os seguintes valores máximos permitidos para algumas das substâncias encontradas nos energéticos.

**Legislação**

— Inositol: máximo 20 mg/100 mL

— Glucoronolactona: máximo 250 mg/100 mL

— Taurina: máximo 400 mg/100 mL

— Cafeína: máximo 35 mg/100 mL

Considerando uma lata de 250 mL de energético que apresente a seguinte quantidade desses ingredientes:

- taurina (1 000 mg/250 mL);
- cafeína (80 mg/250 mL);
- glucoronolactona (60 mg/250 mL);
- inositol (50 mg/250 mL).

As concentrações estão dentro do valor máximo permitido por lei? Justifique.

---

Referências:
CARVALHO, Joelia Marques de; MAIA, Geraldo Arraes; SOUSA, Paulo H. M.; RODRIGUES, Sueli, *Perfil dos principais componentes em bebidas energéticas: cafeína, taurina, guaraná e glucoronolactona*. Rev. Inst. Adolfo Lutz, 65(2):78-85, 2006.
Disponível em: <www2.unifesp.br/dpsicobio/drogas/cafe.htm> e <http://sncsalvador.com.br/inositol-e-glucoronolactona/>. Acesso em: 7 mar. 2018.

## Fundamentando seus conhecimentos

Observe a solução aquosa de sulfato de níquel e responda às questões **1** a **6**. Esta solução possui diversas aplicações industriais e também é útil na agricultura tradicional e na hidropônica. Há evidências de que sua aplicação na agricultura da soja melhora a fixação de nitrogênio pela planta.

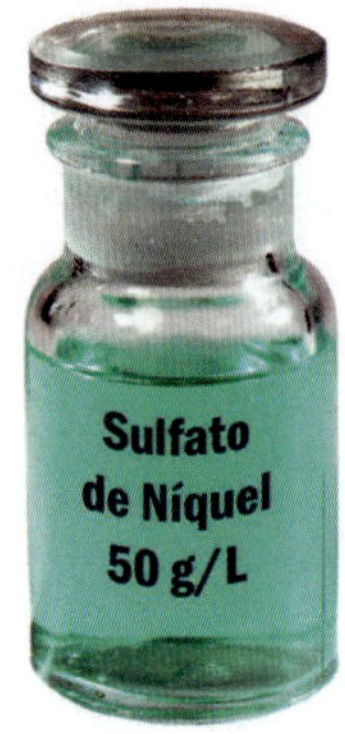

Sérgio Dotta Jr./Arquivo da editora

1. Indique o nome e a fórmula do soluto.
2. Escreva o nome e a fórmula do solvente.
3. Qual a massa do soluto em 1,0 L de solução?
4. Considerando que o volume da solução contida no frasco seja igual a 400 mL (0,4 L), calcule a massa de soluto contida no frasco.
5. Calcule a massa de soluto necessária para preparar 10 L de uma solução de igual concentração.
6. Calcule a relação massa/volume em %.
7. (Uniube/PIAS-MG) Uma pessoa cujo sangue apresenta taxa de colesterol elevada apresenta ainda sintomas de osteoporose. Seu médico prescreveu um tratamento e aconselhou-a a introduzir na sua alimentação normal 3 copos de 300 mL de leite por dia. Analisando a composição do leite desnatado e a do leite integral de uma das marcas disponíveis no mercado (ver tabela), responda às questões a seguir.

| Informação nutricional – porção de 200 mL (1 copo) | | Informação nutricional – porção de 200 mL (1 copo) | |
|---|---|---|---|
| **Leite desnatado** | **Porção** | **Leite integral** | **Porção** |
| valor calórico | 70 kcal | valor calórico | 120 kcal |
| carboidratos | 10,0 g | carboidratos | 10,0 g |
| proteínas | 6,0 g | proteínas | 6,0 g |
| gorduras totais | 2,2 g | gorduras totais | 6,2 g |
| colesterol | 0 mg | colesterol | 20,0 mg |
| fibra alimentar | 0 g | fibra alimentar | 0 g |
| cálcio | 248,0 mg | cálcio | 236,0 mg |
| ferro | 0,2 mg | ferro | 0,2 mg |
| sódio | 100,0 mg | sódio | 90, 0 mg |

I. Qual elemento presente no leite pode contribuir para a prevenção da osteoporose? Qual é a quantidade em mg desse elemento, em um copo de 300 mL, no leite integral e no leite desnatado?

II. Levando em conta que o paciente está com a taxa de colesterol elevada, qual é o leite mais indicado para ele? Justifique, fazendo os cálculos matemáticos para 3 copos de 300 mL.

III. O leite apresenta vários componentes conforme as informações do rótulo. Nas condições em que ele é servido, após a imediata retirada da embalagem, pode ser considerado uma solução ou uma mistura heterogênea? Justifique.

IV. Um dos componentes indicados no rótulo é o cálcio. Explique se essa espécie química está na forma de elemento químico ou na forma de íon.

# Desenvolvendo seus conhecimentos

**1.** (Enem) Os acidentes de trânsito, no Brasil, em sua maior parte são causados por erro do motorista. Em boa parte deles, o motivo é o fato de dirigir após o consumo de bebida alcoólica. A ingestão de uma lata de cerveja provoca uma concentração de aproximadamente 0,3 g/L de álcool no sangue. A tabela abaixo mostra os efeitos sobre o corpo humano provocados por bebidas alcoólicas em função de níveis de concentração de álcool no sangue.

| Concentração de álcool no sangue (g/L) | Efeitos |
|---|---|
| 0,1 — 0,5 | Sem influência aparente, ainda que com alterações clínicas |
| 0,3 — 1,2 | Euforia suave, sociabilidade acentuada e queda da atenção |
| 0,9 — 2,5 | Excitação, perda de julgamento crítico, queda da sensibilidade e das reações motoras |
| 1,8 — 3,0 | Confusão mental e perda da coordenação motora |
| 2,7 — 4,0 | Estupor, apatia, vômitos e desequilíbrio ao andar |
| 3,5 — 5,0 | Coma e morte possível |

(*Revista Pesquisa FAPESP*, nº 57, setembro 2000)

Uma pessoa que tenha tomado três latas de cerveja provavelmente apresenta:

a) queda de atenção, de sensibilidade e das reações motoras.

b) aparente normalidade, mas com alterações clínicas.

c) confusão mental e falta de coordenação motora.

d) disfunção digestiva e desequilíbrio ao andar.

e) estupor e risco de parada respiratória.

**2.** Observe o rótulo e responda:

**INFORMAÇÃO NUTRICIONAL**
Porção 200 ml

| Quantidade por porção | | %VD |
|---|---|---|
| Valor Calórico | 90 kcal | 3,6% |
| Carboidratos | 21 g | 5,6% |
| Proteínas | 0 g | 0% |
| Gorduras Totais | 0 g | 0% |
| Sódio | 45 mg | 1,9% |

VD: Valor diário de referência tendo como base uma dieta de 2.500 kcal.

Eduardo Santaliestra/Arquivo da editora

a) Qual a concentração de carboidratos em g/L?

b) Qual o ganho calórico se for feita a ingestão de 500 mL do produto?

**3.** (Imed-RS) Em um laboratório de química foi encontrado um frasco de 250 mL com a seguinte informação: contém 1,5 g de Sulfato Ferroso. Assinale a alternativa que apresenta a concentração em g/L de Sulfato Ferroso nesse frasco.

a) 0,3 g/L
b) 0,6 g/L
c) 3 g/L
d) 4,75 g/L
e) 6 g/L

**4.** Uma solução A contendo 14 g de NaCℓ dissolvidos em 200 mL de solução aquosa foi submetida a uma evaporação de 160 mL de água, originando uma solução B.

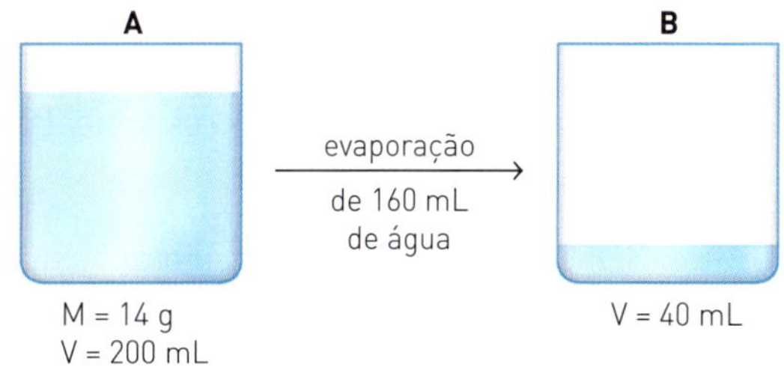


Conceitograf/Arquivo da editora

Determine a concentração em g/mL da solução A e a concentração em g/L da solução B.

**5.** Têm-se três recipientes (A, B e C) contendo soluções aquosas de nitrato de potássio com as características vistas a seguir.

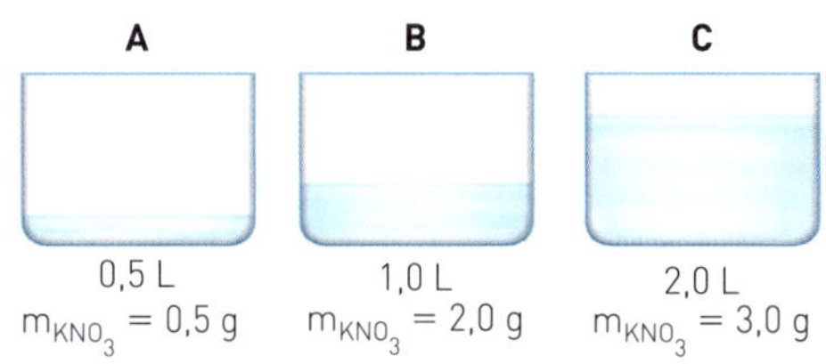


Conceitograf/Arquivo da editora

Com base nessas informações, responda aos itens abaixo.

a) Em qual dos frascos a massa de soluto dissolvido é maior?

b) Calcule a concentração em g/L da solução mais diluída.

c) Calcule a concentração em g/L da solução mais concentrada.

d) Considere que as três soluções sejam misturadas em um único frasco. Qual a massa total de soluto presente nessa nova solução?

e) Calcule a concentração em g/L da solução obtida no item d.

6. (UFG-GO) As instruções da bula de um medicamento usado para reidratação estão resumidas no quadro.

| Modo de usar: dissolva o conteúdo do envelope em 500 mL de água. | |
|---|---|
| **Composição: cada envelope contém** | |
| cloreto de potássio | 75 mg |
| citrato de sódio di-hidratado | 145 mg |
| cloreto de sódio | 175 mg |
| glicose | 10 mg |

a) Calcule a concentração de potássio, em mg/L, na solução preparada segundo as instruções da bula.

b) Quais são as substâncias do medicamento que explicam a condução elétrica da solução do medicamento? Justifique sua resposta. Dados: MM: K = 39 g/mol; Cℓ = 35,5 g/mol.

7. (UEG-GO) Considere 5 L de uma solução aquosa contendo 146 g de cloreto de sódio que será utilizada como solução de partida para outras de mais baixa concentração. Uma quantidade de 2 mL dessa solução contém uma massa de soluto, em miligramas, de aproximadamente:

a) 3.
b) 29.
c) 58.
d) 73.
e) 292.

8. Um paciente, em um hospital, foi diagnosticado como um caso de desidratação devido a uma intoxicação alimentar. Na prescrição médica recomenda-se a administração de 500 mL de uma solução fisiológica.

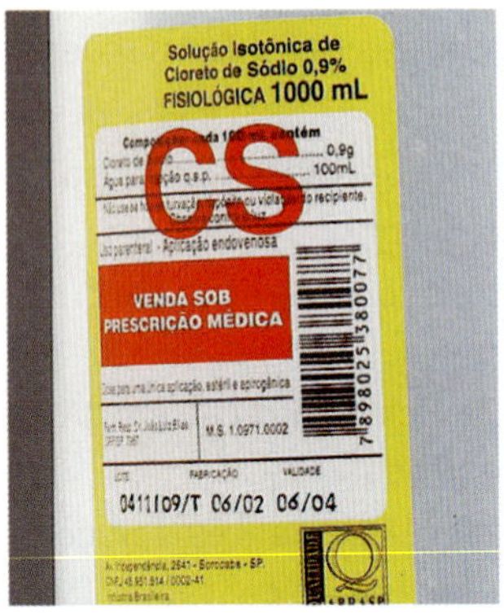


Paulo Schlick/Acervo do fotógrafo

Determine a massa de cloreto de sódio administrada ao paciente.

9. (Fuvest-SP) Considere duas latas do mesmo refrigerante, uma na versão "diet" e outra na versão comum. Ambas contêm o mesmo volume de líquido (300 mL) e têm a mesma massa quando vazias.

A composição do refrigerante é a mesma em ambas, exceto por uma diferença: a versão comum contém certa quantidade de açúcar, enquanto a versão "diet" não contém açúcar (apenas massa desprezível de um adoçante artificial).

Pesando-se duas latas fechadas do refrigerante, foram obtidos os seguintes resultados:

| Amostra | Massa (g) |
|---|---|
| lata com refrigerante comum | 331,2 |
| lata com refrigerante "diet" | 316,2 |

Por esses dados, pode-se concluir que a concentração, em g/L, de açúcar no refrigerante comum é de, aproximadamente:

a) 0,020.
b) 0,050.
c) 1,1.
d) 20.
e) 50.

10. (Enem)

> Para cada litro de etanol produzido em uma indústria de cana-de-açúcar são gerados cerca de 18 L de vinhaça que é utilizada na irrigação das plantações de cana-de-açúcar, já que contém teores médios de nutrientes N, P e K iguais a 357 mg/L, 60 mg/L e 2 034 mg/L, respectivamente.
>
> SILVA. M. A. S.; GRIEBELER. N. P.; BORGES, L. C. Uso de vinhaça e impactos nas propriedades do solo e lençol freático. *Revista Brasileira de Engenharia Agrícola e Ambiental*. n. 1, 2007 (adaptado).

Na produção de 27 000 L de etanol, a quantidade total de fósforo, em kg, disponível na vinhaça será mais próxima de:

a) 1.
b) 29.
c) 60.
d) 170.
e) 1 000.

## Densidade da solução

A densidade de uma solução é a relação entre a massa da solução (m) e o seu volume (V).

Observe o preparo de uma solução representado ao lado.

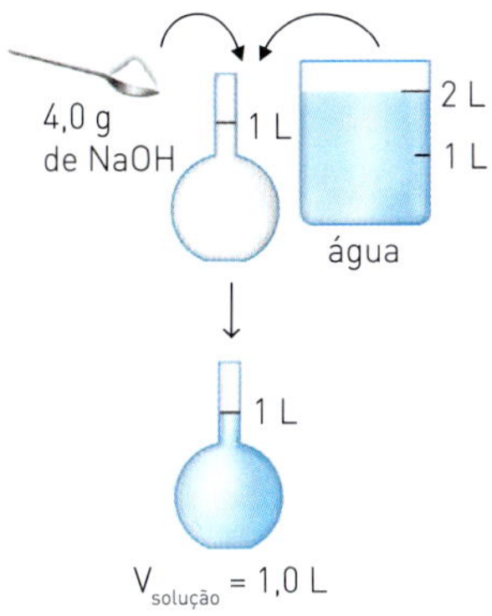


Conceitograf/Arquivos da editora

- massa do soluto: $m_1 = 4,0$ g de NaOH
- massa da solução: m = massa do soluto + massa do solvente

$$\begin{cases} m = m_1 + m_2 \\ m_1 = 4,0 \text{ g} \\ \text{como a densidade da água nessas condições é igual a} \\ 1,0 \text{ g/L, a massa do solvente é:} \\ m_2 = 1000 \text{ g} \end{cases}$$

$\therefore$ m = 4,0 g + 1000 g

m = 1004 g

Com esses valores de massa, podemos calcular a densidade da solução:

$$d = \frac{\text{massa da solução}}{\text{volume da solução}} \Rightarrow d = \frac{1004 \text{ g}}{1,0 \text{ L}} \Rightarrow d = 1004 \text{ g/L}$$

> Como a densidade é uma relação entre massa e volume, ela pode apresentar várias unidades, tais como: g/L; $g/cm^3$; g/mL; kg/L; $kg/m^3$, etc.
>
> No entanto, densidade não é forma de concentração.

## Fundamentando seus conhecimentos

Observe o frasco contendo uma solução aquosa de ácido acético e responda às questões **1** a **5**.

**1.** Qual é o soluto?

**2.** Qual é o solvente?

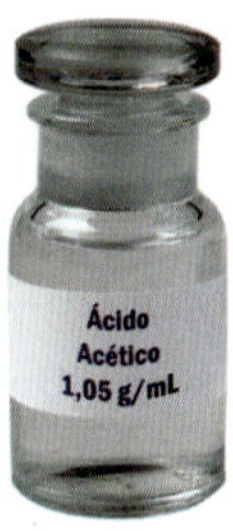


Sérgio Dotta Jr./arquivo da editora

Solução aquosa de $C_2H_4O_2$.

**3.** Indique a massa de solução presente em 1,0 mL de solução.

**4.** Calcule a massa de solução contida em 1000 mL (1,0 L) de solução.

**5.** Considere que o volume da solução de ácido acético no frasco seja igual a 400 mL e determine a massa dessa solução.

## Desenvolvendo seus conhecimentos

**1.** (Unicamp-SP) Uma receita de biscoitinhos *petit-four* de laranja leva os ingredientes ao lado.

A densidade aparente da "massa" recém-preparada e antes de ser assada é de 1,10 $g/cm^3$. Entende-se por densidade aparente a relação entre a massa da "massa" ou do ingrediente, na "forma" em que se encontra, e o respectivo volume ocupado.

a) Qual o volume ocupado pela "massa" recém-preparada, correspondente a uma receita?

b) Como se justifica o fato de a densidade aparente da "massa" ser diferente da média ponderada das densidades aparentes dos constituintes?

| Ingrediente | Quantidade (gramas) | Densidade aparente ($g/cm^3$) |
|---|---|---|
| farinha de trigo | 360 | 0,65 |
| carbonato ácido de amônio | 6 | 1,5 |
| sal | 1 | 2,0 |
| manteiga | 100 | 0,85 |
| açúcar | 90 | 0,90 |
| ovo | 100 (2 ovos) | 1,05 |
| raspas de casca de laranja | 3 | 0,50 |

# Relação massa/massa

## Título ($\tau$), porcentagem em massa

Observe o preparo da solução a seguir.

Note que existem 10 g de soluto em 100 g de solução.

A relação que se estabelece entre a massa do soluto e a massa da solução é denominada **título**, representado pela letra grega $\tau$ (lê-se **tau**).

A expressão que permite calcular o título é:

$$\tau = \frac{\text{massa do soluto}}{\text{massa da solução}} = \frac{m_1}{m}$$

Na massa da solução, temos: $\begin{cases} \text{massa do soluto} = 10\text{ g} \\ \text{massa da solução} = 100\text{ g} \end{cases}$

Assim, o título será: $\tau = \dfrac{10\ \not{g}}{100\ \not{g}} = 0{,}10$

Em nosso exemplo, temos 10 g de soluto em 100 g de solução, o que corresponde à seguinte porcentagem: 10 para cada 100, ou seja, 10/100 ou, simplesmente, 10%, o que corresponde à **porcentagem em massa**.

O título ($\tau$) multiplicado por 100% indica a porcentagem em massa do soluto presente na solução. Em nosso exemplo:

$$\tau \cdot 100\% = \text{porcentagem em massa}$$
$$0{,}10 \cdot 100\% = 10\%$$

## Partes por milhão (ppm) e partes por bilhão (ppb)

Atualmente, para indicar concentrações extremamente pequenas, principalmente de poluentes do ambiente, usamos a unidade **partes por milhão**, representada por **ppm**, ou ainda a unidade **partes por bilhão**, representada por **ppb**.

> **ppm:** indica a quantidade, em gramas, do soluto presente em um milhão ($10^6$) de gramas da solução;
>
> **ppb:** indica a quantidade, em gramas, do soluto presente em um bilhão ($10^9$) de gramas da solução.

Assim, temos:

- uma solução de 20 ppm contém 20 g de soluto em $10^6$ g de solução;
- uma solução de 5 ppb contém 5 g de soluto em $10^9$ g de solução.

Esses termos são frequentemente usados para soluções muito diluídas, nas quais a massa da solução é praticamente igual à massa do solvente.

Veja um exemplo prático da utilização do ppm:

De acordo com a padronização internacional, a água potável não pode conter mais do que $5{,}0 \cdot 10^{-5}$ mg de chumbo (Pb) por grama de água. Essa quantidade máxima permitida de Pb pode ser expressa em ppm da maneira a seguir.

Lembrando que: $1{,}0\ g$ ——— $1000\ mg$

$x$ ——— $5{,}0 \cdot 10^{-5}\ mg$

$x = 5{,}0 \cdot 10^{-8}$ g de Pb

Logo, temos: $5{,}0 \cdot 10^{-8}$ g de Pb ——— 1 g de água

$x$ ——— $10^6$ g de água

$x = 5{,}0 \cdot 10^{-2}$ ppm

$x = 0{,}05$ ppm

A partir de 1º de janeiro de 2012, a Petrobras disponibilizou o Diesel S-50 em postos de combustíveis para uso em veículos leves e pesados movidos a diesel.

A denominação S-50 indica que esse diesel apresenta teor de enxofre máximo de 50 ppm, ou seja, 50 gramas de enxofre a cada um milhão de gramas de diesel. Entretanto, pouco depois, a Petrobras anunciou a substituição gradual de todo o Diesel S-50 por Diesel S-10 a partir de 1º de janeiro de 2013.

Fernando Favoretto/Arquivo da editora

Pesquise os motivos dessa substituição e compartilhe com seus colegas as informações obtidas.

## Relação volume/volume

Em soluções nas quais tanto o soluto como o solvente são líquidos, podemos estabelecer uma relação entre o volume do soluto e o volume da solução, denominada título em volume($\tau_V$):

$$\tau_V = \frac{\text{volume do soluto}}{\text{volume da solução}}$$

Tomemos como exemplo uma solução aquosa de álcool etílico, usada como antisséptico e desinfetante, preparada pela adição de 70 mL de álcool puro à água suficiente para completar um volume de 100 mL de solução. Assim, temos:

$$\tau = \frac{70\ \cancel{mL}}{100\ \cancel{mL}} = 0{,}7$$

Logo, podemos perceber que existem 70 mL de álcool em 100 mL de solução, o que corresponde a uma porcentagem em volume de 70%. Temos:

$$\tau_V \cdot 100\% = \text{porcentagem em volume}$$

No exemplo citado: $0{,}7 \cdot 100\% = 70\%$ em volume.

1. No Brasil, para indicar a quantidade de etanol nas soluções alcoólicas comercializadas, também costuma-se usar a unidade % P (porcentagem de álcool em massa ou grau alcoólico INPM).

2. A gasolina brasileira deve conter 27% em volume de álcool anidro em sua versão comum e 25% em sua versão premium, ou seja, amostras de 100 mL das misturas de gasolina comum e premium devem registrar 27 mL e 25 mL, respectivamente, de álcool anidro (resolução de 16 mar. 2015).

Também podemos relacionar a porcentagem em volume com ppm e ppb. Por exemplo:

Uma solução que apresenta 0,2% em volume apresentará uma concentração em ppm igual a

0,2% ——— 0,2 mL de soluto ——— 100 mL de solução

$x$ ——— $10^6$ mL de solução

$x = 2000$ ppm

## Fundamentando seus conhecimentos

Observe a imagem e responda às questões **1** a **7**.

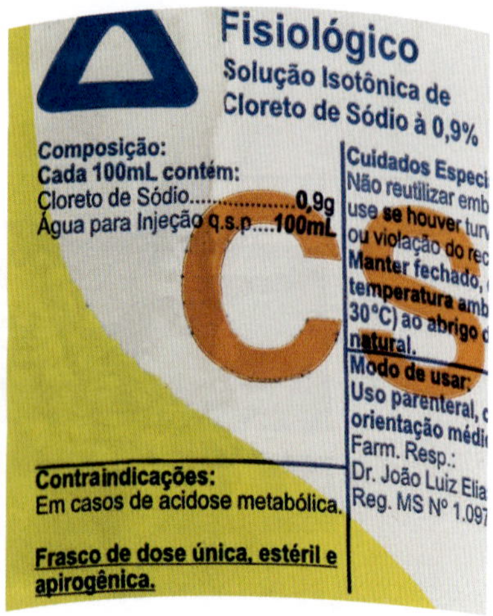


Sérgio Dotta Jr./Arquivo da editora

A abreviação q.s.p. significa quantidade suficiente para. No caso, de água para 100 mL de solução.

**1.** Escreva em seu caderno a fórmula do soluto.

**2.** Escreva em seu caderno a fórmula do solvente.

**3.** Determine o título em massa desse soro fisiológico.

**4.** Qual é a massa de soluto existente em 100 g de solução?

**5.** Qual é a massa de solvente existente em 100 g de solução?

**6.** Determine as massas de soluto e solvente existentes em 500 g de solução.

**7.** Qual a % em massa em ppm e ppb?

**8.** Na análise de determinado leite em pó, verificou-se a existência de 3,2 ppm de chumbo. Determine a massa em gramas de chumbo que há em 1,0 kg desse leite.

**9.** Segundo o US Public Health Service (Serviço de Saúde Pública dos Estados Unidos), a água potável deve ter, no máximo, 0,05% de sais dissolvidos. Transforme essa porcentagem em massa em ppm.

**10.** Considere que o ar contém 1,0% em volume do gás nobre argônio. Transforme essa porcentagem em volume em ppm.

## Desenvolvendo seus conhecimentos

**1.** Com base no rótulo do frasco ao lado, responda:

a) Qual é a massa de ácido nítrico ($HNO_3$) existente em 100 g da solução?

b) Qual é a massa de água existente em 100 g da solução?

c) Determine as massas de água e ácido nítrico presentes em 500 g dessa solução.

d) Qual é o título dessa solução?

Conceitograf/Arquivo da editora

**2.** Calcule a massa, em gramas, do solvente contido em uma bisnaga de lidocaína a 2% e massa total 250 g.

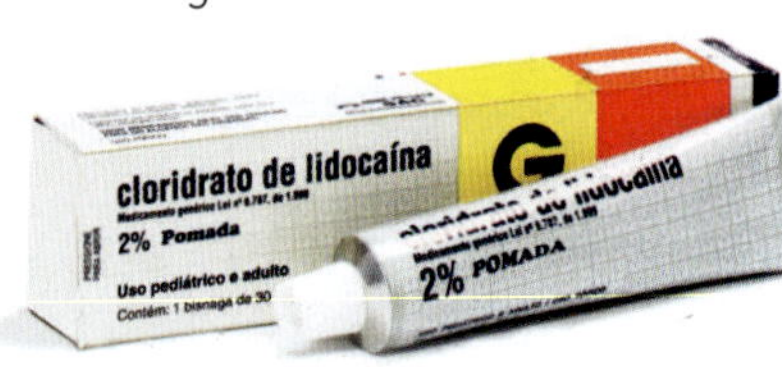


Rita Barreto/Fotoarena

Pomadas à base de lidocaína são utilizadas como anestésico local. Nunca faça uso de medicamentos sem consultar um médico.

**3.** O chumbo é um metal tóxico que pode afetar o sistema nervoso central. Uma amostra de água contaminada por chumbo contém 0,0011% em massa de chumbo. Determine o volume em mL dessa água que contém 115 mg de $Pb^{2+}$. Considere que a densidade da solução é de 1,0 g/mL.

**4.** (IFSC) Ao ler o rótulo de uma garrafa de álcool 96° GL (graus Gay Lussac) na prateleira de um supermercado, um estudante verificou que a informação indicava uma porcentagem, em volume, da mistura dos componentes (álcool e água respectivamente). Com relação às informações obtidas pelo estudante, haveria de se esperar que o mesmo encontrasse numa garrafa de:

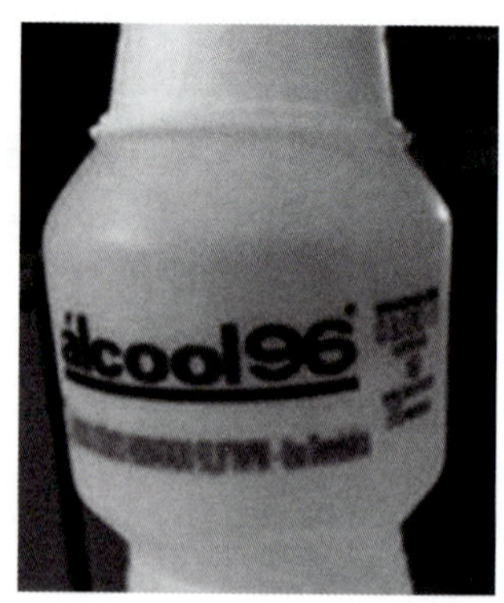


Reprodução/UFSC, 2014.

a) 0,5 L a mistura de 480 mL de álcool com 20 mL de água.

b) 1 L a mistura de 96 mL de álcool com 4 mL de água.

c) 100 mL a mistura de 960 mL de álcool com 40 mL de água.

d) 1 000 mL a mistura de 960 g de álcool e 40 g de água.

e) 10 mL a mistura de 4,8 mL de álcool e 0,2 mL de água.

**5.** (UEA-AM) Em uma aula experimental para determinação do teor de etanol na gasolina, foi utilizada uma proveta de 100 mL com tampa. Inicialmente, foram transferidos para a proveta 50 mL de gasolina e, na sequência, o volume da proveta foi completado até 100 mL com água destilada contendo NaCℓ dissolvido. Após a agitação dos líquidos, a proveta foi deixada em repouso, conforme indicação na figura.

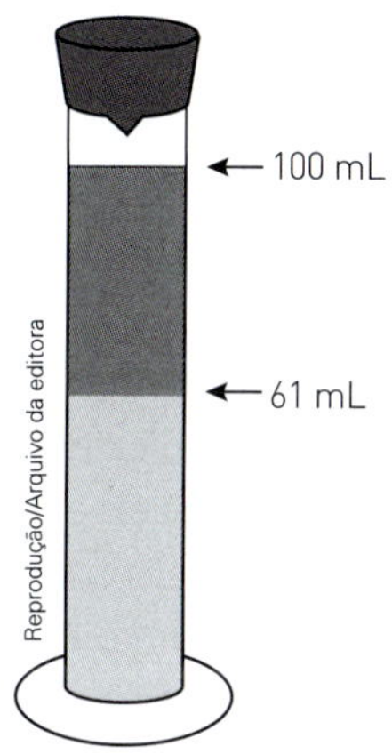

Reprodução/Arquivo da editora

O teor percentual de álcool na gasolina testada é:

a) 61%.

b) 39%.

c) 28%.

d) 22%.

e) 11%.

**6.** (Unicamp-SP) É muito comum o uso de expressões no diminutivo para tentar "diminuir" a quantidade de algo prejudicial à saúde. Se uma pessoa diz que ingeriu 10 latinhas de cerveja (330 mL cada) e se compara a outra que ingeriu 6 doses de cachacinha (50 mL cada), pode-se afirmar corretamente que, apesar de em ambas as situações haver danos à saúde, a pessoa que apresenta maior quantidade de álcool no organismo foi a que ingeriu:

Dados:

teor alcoólico na cerveja = 5% v/v

teor alcoólico na cachaça = 45% v/v

a) as latinhas de cerveja, porque o volume ingerido é maior neste caso.

b) as cachacinhas, porque a relação entre o teor alcoólico e o volume ingerido é maior neste caso.

c) as latinhas de cerveja, porque o produto entre o teor alcoólico e o volume ingerido é maior neste caso.

d) as cachacinhas, porque o teor alcoólico é maior neste caso.

**7.** (UFF-RJ) Dissolveram-se 4,6 g de NaCℓ em 500 g de água "pura", fervida e isenta de bactérias. A solução resultante foi usada como soro fisiológico na assepsia de lentes de contato. Indique a opção que apresenta o valor aproximado da percentagem, em peso, de NaCℓ existente nessa solução.

a) 0,16%

b) 0,32%

c) 0,46%

d) 0,91%

e) 2,30%

**8.** O flúor tem um papel importante na prevenção e no controle da cárie dentária. Suponha que o teor de flúor em determinada água de consumo seja 0,9 ppm (partes por milhão) em massa. Considerando a densidade da água 1 g/mL, responda:

I. Qual é a massa em gramas de flúor presente em $10^6$ g dessa água?

II. Qual é a massa em gramas de flúor presente em 1000 g dessa água?

III. Qual é a massa em gramas de flúor presente em 1,0 L dessa água?

IV. Se você ingerir 2,0 L dessa água por dia, qual será a massa em gramas de flúor ingerida após 30 dias?

**9.** No rótulo de um tubo de pasta de dente consta "1450 ppm de flúor". Considerando que o tubo possui massa total de 200 g, qual a massa de flúor contida em seu interior?

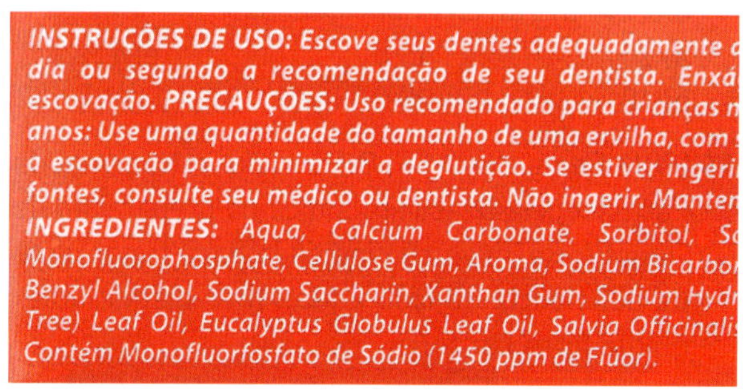

Carlos Luvizari/Acervo da editora

**10.** (Uerj) Certos medicamentos são preparados por meio de uma série de diluições. Assim, utilizando-se uma quantidade de água muito grande, os medicamentos obtidos apresentam concentrações muito pequenas. A unidade mais adequada para medir tais concentrações é denominada ppm: 1 ppm corresponde a 1 parte de soluto em 1 milhão de partes de solução. Considere um medicamento preparado com a mistura de 1 g de um extrato vegetal e 100 kg de água pura. A concentração aproximada desse extrato vegetal no medicamento, em ppm, está indicada na seguinte alternativa:

a) 0,01.
b) 0,10.
c) 1,00.
d) 10,00.

**11.** (Puccamp-SP) A dispersão dos gases $SO_2$, $NO_2$, $O_3$, CO e outros poluentes do ar fica prejudicada quando ocorre a inversão térmica. Considere que numa dessas ocasiões a concentração do CO seja de 10 volumes em $1 \cdot 10^6$ volumes de ar (10 ppm = = 10 partes por milhão). Quantos $m^3$ de CO há em $1 \cdot 10^3$ $m^3$ do ar?

a) 100
b) 10,0
c) 1,00
d) 0,10
e) 0,010

**12.** (FGV-SP) Dizer que uma solução desinfetante "apresenta 1,5% de cloro ativo" é equivalente a dizer que a concentração de cloro ativo nessa solução é:

a) $1,5 \cdot 10^6$ ppm.
b) $1,5 \cdot 10^{-2}$ ppm.
c) 150 ppm.
d) 1,5 ppm.
e) 1 500 ppm

**13.** (Unifesp) A contaminação de águas e solos por metais pesados tem recebido grande atenção dos ambientalistas, devido à toxicidade desses metais ao meio aquático, às plantas, aos animais e à vida humana. Dentre os metais pesados há o chumbo, que é um elemento relativamente abundante na crosta terrestre, tendo uma concentração ao redor de 20 ppm (partes por milhão). Uma amostra de 100 g da crosta terrestre contém um valor médio, em mg de chumbo, igual a:

a) 20.
b) 10.
c) 5.
d) 2.
e) 1.

**14.** (FCM Santa Casa-SP) O Formulário Nacional da Farmacopeia Brasileira indica na preparação do "lugol forte", solução indicada para tratamento da deficiência de iodo e hipertireoidismo, a seguinte formulação:

| Componentes | Fórmula química | Quantidade |
|---|---|---|
| iodo ressublimado | $I_2$ | 5 g |
| iodeto de potássio | KI | 10 g |
| água purificada q.s.p. | $H_2O$ | 100 mL |

Fonte: www.anvisa.gov.br (Adaptado)

Considere que "q.s.p." seja a "quantidade suficiente para", isto é, a quantidade de solvente até que se atinja o volume final da solução; que o teor de iodo no iodeto de potássio seja 75%; e que 1,0 mL da solução de "lugol forte" = 20 gotas = 1,0 g.

A quantidade total de iodo contida em 1 gota de "lugol forte" é:

a) 3,75 mg.
b) 2,50 mg.
c) 7,50 mg.
d) 6,25 mg.
e) 5,00 mg.

**15.** (Enem) A toxicidade de algumas substâncias é normalmente representada por um índice conhecido como $DL_{50}$ (dose letal mediana). Ele representa a dosagem aplicada a uma população de seres vivos que mata 50 % desses indivíduos e é normalmente medido utilizando-se ratos como cobaias. Esse índice é muito importante para os seres humanos, pois ao se extrapolar os dados obtidos com o uso de cobaias, pode-se determinar o nível tolerável de contaminação de alimentos, para que possam ser consumidos de forma segura pelas pessoas. O quadro apresenta três pesticidas e suas toxicidades. A unidade mg/kg indica a massa da substância ingerida pela massa da cobaia.

| Pesticidas | $DL_{50}$ (mg/kg) |
|---|---|
| Diazinon | 70 |
| Malation | 1 000 |
| Atrazina | 3 100 |

Sessenta ratos, com massa de 200 g cada, foram divididos em três grupos de vinte. Três amostras de ração, contaminadas, cada uma delas com um dos pesticidas indicados no quadro, na concentração de 3 mg por grama de ração, foram administradas para cada grupo de cobaias. Cada rato consumiu 100 g de ração.

Qual(ais) grupo(s) terá(ão) uma mortalidade mínima de 100 ratos?

a) O grupo que se contaminou somente com atrazina.
b) O grupo que se contaminou somente com diazinon.
c) Os grupos que se contaminaram com atrazina e malation.
d) Os grupos que se contaminaram com diazinon e malation.
e) Nenhum dos grupos contaminados com atrazina, diazinon e malation.

## Conexão Meio ambiente

Lucas Lacaz Ruiz/Folhapress

Um grande número de compostos químicos danosos, como o DDT, a dioxina e os bifenilos policlorados (PCBs), pode estar presente em águas que são despejadas de atividades industriais, emissões atmosféricas, substâncias utilizadas na agricultura e até mesmo em despejos domésticos. Podem ocorrer ainda casos de contaminação de gado e peixes, uma vez que, através do consumo de água contaminada, esses animais podem acumular esses compostos no corpo.

O consumo de água contaminada com esses produtos químicos por humanos pode levar ao desenvolvimento de um grande número de doenças e a vários efeitos adversos na saúde, como aumento do risco de câncer, danos no fígado e até mesmo danos no sistema nervoso central.

Governos ao redor do mundo têm unido forças para banir a produção de uma série desses produtos químicos, que são denominados também de poluentes orgânicos persistentes (POPs).

O tratado original entre os governos listava doze substâncias que foram apelidadas de "Dúzia Suja".

| A "Dúzia Suja" | |
|---|---|
| 1. Aldrina – inseticida | 7. Furano – subproduto industrial |
| 2. Clordano – inseticida | 8. Heptacloro – inseticida |
| 3. DDT – inseticida | 9. Hexaclorobenzeno – fungicida, subproduto industrial |
| 4. Dieldrina – inseticida | 10. Mirex – inseticida, retardante de fogo |
| 5. Dioxina – subproduto industrial | 11. Bifenilos policlorados (PCBs) – isoladores elétricos |
| 6. Eldrina – inseticida | 12. Toxafeno – inseticida |

Um problema comum a todas essas substâncias é que elas são persistentes no meio ambiente. Esses compostos são bastante estáveis e não são facilmente degradados nas condições ambientais mais comuns. Uma vez que chegam ao meio ambiente, tendem a permanecer lá por um longo tempo.

Um segundo problema relacionado a essas substâncias é que elas contribuem para um problema denominado bioamplificação. Devido ao seu caráter não polar, essas substâncias são armazenadas e concentram-se no tecido adiposo dos animais que as consomem. Nas cadeias alimentares, os organismos maiores tendem a consumir um maior número dos organismos menores, de modo a amplificar a acumulação e o armazenamento dessas substâncias. O resultado, portanto, é o aumento da concentração dessas substâncias conforme seguem as cadeias alimentares, resultando, assim, no efeito da bioamplificação.

Nos Estados Unidos, a presença desses contaminantes nos suprimentos de água é monitorada por agências de proteção ambiental. Uma das funções dessas agências é estabelecer os limites que são considerados seguros para cada uma dessas substâncias na água potável e nos alimentos.

Observe abaixo as concentrações limites para algumas das doze substâncias mencionadas acima.

| Nível de Contaminante Máximo (NCM) para alguns químicos da "Dúzia Suja" | |
|---|---|
| Clordano | 0,002 ppm |
| Dioxina | 0,00000003 ppm |
| Heptacloro | 0,0004 ppm |
| Hexaclorobenzeno | 0,001 ppm |

Referência: TRO, Nivaldo J. *Chemistry*: a molecular approach. 4. ed. p. 590. Boston: Pearson, 2017. Traduzido pelo autor.

## Reflita

**1.** As poluições de água, solo e ar são consideradas críticas devido principalmente à capacidade de difusão dos poluentes por esses meios. Considerando que a concentração limite de hexaclorobenzeno nas águas (0,001 ppm) também pode ser considerada como referência para a contaminação dos solos, discuta se uma porção de 200 g de solo com a presença de 1 mg de hexaclorobenzeno está dentro do limite considerado aceitável para essa substância.

**2.** Em 1976 um grave acidente envolvendo uma fábrica em Seveso, ao norte da Itália, acabou por provocar a liberação de grande quantidade de dioxina. Esse acidente provocou sérios danos, por exemplo, cerca de 3 000 animais mortos (aves e coelhos) diretamente no acidente, e dois anos após o ocorrido, em 1978, cerca de 80 000 animais tiveram de ser sacrificados por causa da contaminação. Cerca de quinze crianças foram hospitalizadas com inflamações e lesões na pele. Não houve registros de mortes diretas de pessoas devido ao acidente, no entanto, nos anos posteriores ao acidente, a região de Seveso apresentou um aumento do índice de vítimas de doenças cardíacas e vasculares, ocorrência de leucemia, tumores cerebrais e doenças de pele.

Dino Fracchia/Alamy/FotoArena

Fonte: <www.dw.com/pt-br/1976-explos%C3%A3o-provoca-vazamento-de- dioxina-em-seveso/a-871315> e <http://sindiracoes.org.br/wp-content/uploads/2017/01/rubia_dioxin_toxicology.pdf>. Acesso em: 8 mar. 2018.

Considerando que a dose letal de dioxina para um indivíduo é de cerca de 1 μg/kg, qual seria a massa de dioxina, em gramas, que levaria à morte um indivíduo de 80 kg? A massa de dioxina corresponderia a qual porcentagem da massa total do indivíduo?

# Relação número de mol/volume

Uma das formas mais comuns de exprimir a concentração de uma solução relaciona o número de mol de soluto e o volume da solução em litros, sendo denominada **concentração em mol/L** ou ainda concentração em quantidade de matéria/L.

Observe o preparo da solução a seguir.

Note que foram utilizados 4,0 g de NaOH e que a massa molar do NaOH é igual a 40 g/mol. Logo, temos:

Ilustrações: Conceitograf/Arquivo da editora

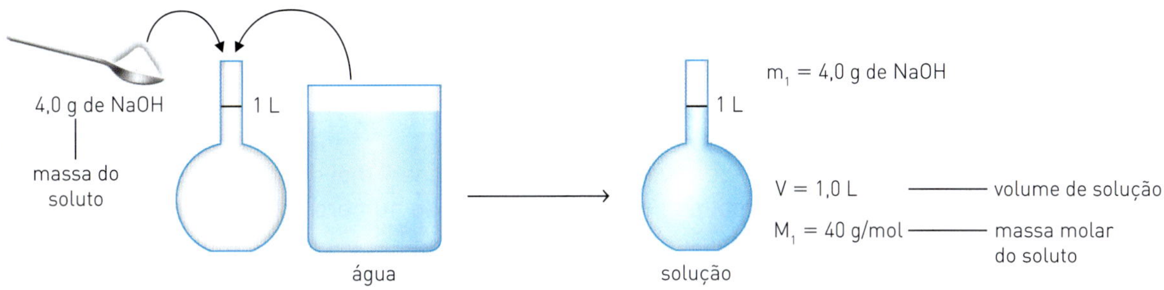


$$\begin{aligned} 1 \text{ mol de NaOH} &\text{ ——— } 40 \text{ g} \\ x &\text{ ——— } 4{,}0 \text{ g} \\ x &= 0{,}1 \text{ mol de NaOH} \end{aligned}$$

Assim, em nossa solução existe 0,1 mol de NaOH em 1,0 L de solução, isto é, 0,1 mol/L.

Esse valor corresponde à concentração em quantidade de matéria ou mol/L da solução e indica o número de mol do soluto por litro da solução. Essa concentração é normalmente representada pela letra $\mathcal{M}$.

A expressão para calcular a concentração em mol/L ($\mathcal{M}$) é:

$$\mathcal{M} = \frac{\text{número de mol do soluto}}{\text{volume da solução (L)}} \quad \text{ou} \quad \mathcal{M} = \frac{n_1}{V\text{ (L)}}$$

Aplicando essa fórmula ao nosso exemplo, temos:

$$\mathcal{M} = \frac{0{,}1 \text{ mol de NaOH}}{1{,}0 \text{ L}} = 0{,}1 \text{ mol/L}$$

> Em alguns exames de seleção, como os vestibulares, a concentração em mol/L era denominada molaridade ou ainda concentração molar e era representada por M. Assim: 0,1 mol/L era representada por 0,1 M ou 0,1 molar.

Vejamos outro exemplo. Em cada 100 mL (0,10 L) de suco gástrico produzido pelo estômago durante o processo de digestão, existe 0,0010 mol de $HC\ell$, e a concentração dessa solução em mol/L pode ser determinada da seguinte maneira:

$$\begin{cases} 0{,}10 \text{ L ——— } 0{,}0010 \text{ mol de } HC\ell \\ 1 \text{ L ——— } x \end{cases}$$
$$x = 0{,}010 \text{ mol de } HC\ell/\text{L}$$

Ou, ainda, aplicando a fórmula:

$$\mathcal{M} = \frac{0{,}0010 \text{ mol de } HC\ell}{0{,}10 \text{ L}} = 0{,}010 \text{ mol/L}$$

CORES FANTASIA

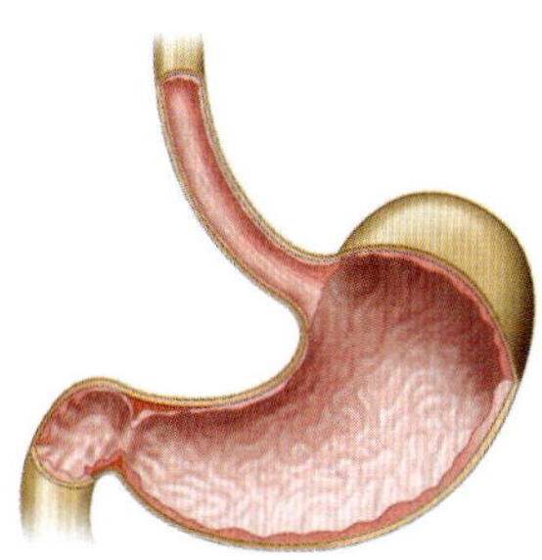

Paulo César Pereira/Arquivo da editora

Os íons $H^+$ e $C\ell^-$ compõem o suco gástrico. Representação em corte de estômago para visualização do seu interior.

## Concentração em mol/L dos íons

Algumas substâncias originam íons quando dissolvidas em água.

Se conhecermos as fórmulas das substâncias dissolvidas em água e a concentração em mol/L de suas soluções, teremos condições de determinar as concentrações em mol/L dos íons presentes nessas soluções. Veja, a seguir, alguns exemplos.

- **1º exemplo**

Determinação das concentrações em mol/L dos íons $H^+$ e $C\ell^-$ em uma solução aquosa 0,01 mol/L de $HC\ell$.

Considerando que o $HC\ell$ se ioniza totalmente, segundo a equação:

$$\underset{1\ \text{mol}}{1\ HC\ell\ (aq)} \longrightarrow \underset{1\ \text{mol}}{1\ H^+\ (aq)} + \underset{1\ \text{mol}}{1\ C\ell^-\ (aq)}$$

podemos perceber que 1 mol de $HC\ell$ origina 1 mol de $H^+$ e 1 mol de $C\ell^-$; assim, o número de mol de $H^+$ e de $C\ell^-$ é igual ao número de mol de $HC\ell$ com que foi preparada a solução.

Como a solução de $HC\ell$ tem concentração 0,01 mol/L, em 1 litro dela foi dissolvido 0,01 mol de $HC\ell$, que originou 0,01 mol de $H^+$ e 0,01 mol de $C\ell^-$. Portanto, as concentrações dos íons $H^+$ e $C\ell^-$ são iguais a 0,01 mol/L.

Esquematicamente, temos:

| | $1\ HC\ell(aq)$ | $\longrightarrow$ | $1\ H^+\ (aq)$ | $+$ | $1\ C\ell^-\ (aq)$ |
|---|---|---|---|---|---|
| proporção | 1 mol | | 1 mol | | 1 mol |
| solução | 0,01 mol/L | | 0,01 mol/L | | 0,01 mol/L |

A concentração em mol/L dos íons presentes na solução é proporcional ao número de mol de cada íon, ou seja, é proporcional aos seus respectivos coeficientes na equação de ionização ou de dissociação.

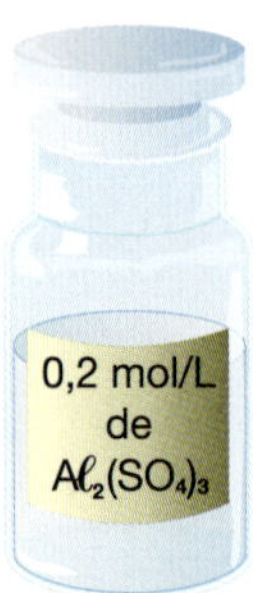


Luiz Fernando Rubio/ Arquivo da editora

- **2º exemplo**

Determinação das concentrações em mol/L dos íons $A\ell^{3+}$ e $SO_4^{2-}$ em uma solução aquosa 0,2 mol/L de $A\ell_2(SO_4)_3$.

| | $A\ell_2(SO_4)_3\ (aq)$ | $\longrightarrow$ | $2\ A\ell^{3+}\ (aq)$ | $+$ | $3\ SO_4^{2-}\ (aq)$ |
|---|---|---|---|---|---|
| proporção | 1 mol | | 2 mol | | 3 mol |
| solução | 0,2 mol/L | | 0,4 mol/L | | 0,6 mol/L |
| | $[A\ell_2(SO_4)_3] = 0,2$ mol/L | | $[A\ell]^{3+} = 0,4$ mol/L | | $[SO_4]^{2-} = 0,6$ mol/L |

## Fundamentando seus conhecimentos

**1.** Prepararam-se quatro soluções conforme a ilustração:

| 1 mol de soluto em 1 L de solução | 1 mol de soluto em 500 cm³ de solução | 2 mol de soluto em 250 cm³ de solução | 0,3 mol de soluto em 250 cm³ de solução |
|---|---|---|---|
| 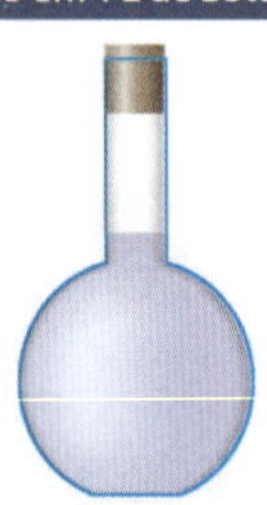 |  |  |  |
| Concentração **a** mol/L | Concentração **b** mol/L | Concentração **c** mol/L | Concentração **d** mol/L |

Ilustrações: Conceitograf/Arquivo da editora

Determine os valores de a, b, c e d.

2. Foram adicionados 3,42 g de $C_{12}H_{22}O_{11}$ em água, originando uma solução de 500 mL.

(Massas atômicas: C = 12; H = 1; O = 16.)

Com base nessas informações, responda:

I. Qual é o valor da massa do soluto?

II. Qual é o valor da massa molar do soluto?

III. Qual é o volume da solução em litros?

IV. Qual é o valor da concentração da solução em mol/L?

3. Determine a massa em gramas de KOH necessária para preparar 2,0 L de solução 0,25 mol/L. (Massa molar do KOH = 56 g/mol.)

4. Uma solução aquosa de ácido sulfúrico ($H_2SO_4$) 0,01 mol/L contém 9,8 g de $H_2SO_4$. Determine o volume em litros dessa solução. (Massa molar do $H_2SO_4$ = 98 g/mol.)

5. Calcule a concentração em mol/L dos íons $Ca^{2+}$ e $C\ell^-$ em uma solução 0,02 mol/L de $CaC\ell_2$.

## Desenvolvendo seus conhecimentos

1. O banho de permanganato de potássio é muito antigo e indicado como germicida no tratamento de feridas cutâneas infeccionadas, por exemplo, nas coceiras causadas pela catapora e também para problemas vaginais como corrimentos. Essas soluções eram comercializadas em frascos contendo 0,316 g do sal dissolvidos em 500 mL de solução.
A respeito dessas soluções aquosas, responda aos itens.

a) Qual a sua concentração em g/mL?

b) Qual a sua concentração em g/L?

c) Qual a sua concentração em mol/L?

Dado: massa molar do $KMnO_4$ = 158 g/mol.

2. (UPF-RS) Mediu-se a massa de 0,5 g de um ácido orgânico de massa molar 100 g · $mol^{-1}$, colocou-se em um balão volumétrico de capacidade 500 mL e completou-se com água. Qual a concentração em mol · $L^{-1}$ dessa solução?

a) 0,0001 mol · $L^{-1}$

b) 0,025 mol · $L^{-1}$

c) 0,001 mol · $L^{-1}$

d) 0,01 mol · $L^{-1}$

e) 0,5 mol · $L^{-1}$

3. (UFRGS-RS) O trióxido de arsênio, $As_2O_3$, é utilizado como quimioterápico no tratamento de alguns tipos de leucemia mieloide aguda. O protocolo de um determinado paciente indica que ele deva receber uma infusão intravenosa com 4, 95 mg de trióxido de arsênio, diluídos em soro fisiológico até o volume final de 250 mL.
A concentração em mol/L de trióxido de arsênio na solução utilizada nessa infusão é:

**Dado:** Massa Molar $As_2O_3$ = 198 g/mol

a) $1,0 \cdot 10^{-1}$.

b) $2,5 \cdot 10^{-2}$.

c) $1,0 \cdot 10^{-4}$.

d) $2,5 \cdot 10^{-5}$.

e) $1,0 \cdot 10^{-6}$.

4. (Uerj) Para evitar a proliferação do mosquito causador da dengue, recomenda-se colocar, nos pratos das plantas, uma pequena quantidade de água sanitária de uso doméstico. Esse produto consiste em uma solução aquosa diluída de hipoclorito de sódio, cuja concentração adequada, para essa finalidade, é igual a 0,1 mol/L.
Para o preparo de 500 mL da solução a ser colocada nos pratos, a massa de hipoclorito de sódio necessária é, em gramas, aproximadamente igual a: ($NaC\ell O$ = 74,5 g/mol)

a) 3,7.

b) 4,5.

c) 5,3.

d) 6,1.

5. (IFBA) Problemas e suspeitas vêm abalando o mercado do leite longa vida há alguns anos. Adulterações com formol, álcool etílico, água oxigenada e até soda cáustica no passado não saem da cabeça do consumidor precavido. Supondo que a concentração do contaminante formol ($CH_2O$) no leite "longa vida integral" é cerca de 3,0 g por 100 mL do leite. Qual será a concentração em mol de formol por litro de leite?

a) 100,0 mol/L

b) 10,0 mol/L

c) 5,0 mol/L

d) 3,0 mol/L

e) 1,0 mol/L

6. (Enem-PPL) A cafeína é um alcaloide, identificado como 1,3,7-trimetilxantina (massa molar igual a 194 g/mol) cuja estrutura química contém uma unidade de purina, conforme representado a seguir.

Esse alcaloide é encontrado em grande quantidade nas sementes de café e nas folhas de chá-verde. Uma xícara de café contém, em média, 80 mg de cafeína.

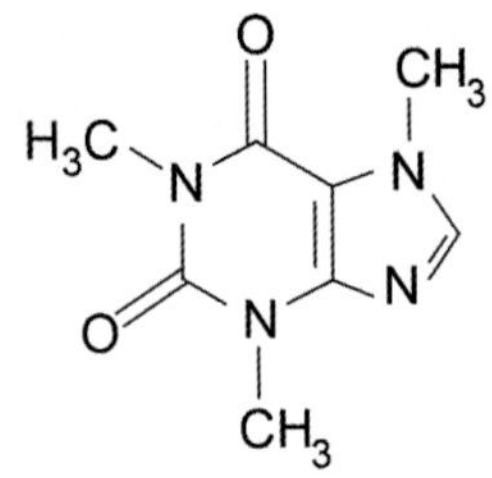


MARIA, C. A. B.; MOREIRA, R. F. A. Cafeína: revisão sobre métodos de análise. **Química Nova**, n. 1, 2007 (adaptado).

Considerando que a xícara descrita contém um volume de 200 mL de café, a concentração, em mol/L, de cafeína nessa xícara é mais próxima de:

a) 0,0004.
b) 0,002.
c) 0,4.
d) 2.
e) 4.

**7.** (Imed-RS) Um aluno precisa preparar 0,50 L de uma solução 2 mol/L de Nitrato de Prata. Assinale a alternativa que apresenta a massa de $AgNO_3$ necessária para preparar essa solução.

a) 17 g de $AgNO_3$.
b) 34 g de $AgNO_3$.
c) 154 g de $AgNO_3$.
d) 170 g de $AgNO_3$.
e) 340 g de $AgNO_3$.

**8.** (IFPE) O ácido bórico ($H_3BO_3$) ou seus sais, como borato de sódio e borato de cálcio, são bastante usados como antissépticos, inseticidas e como retardantes de chamas. Na medicina oftalmológica, é usado como água boricada, que consiste em uma solução de ácido bórico em água destilada.

Sabendo-se que a concentração em quantidade de matéria (mol/L) do ácido bórico, nessa solução, é 0,5 mol/L, assinale a alternativa correta para a massa de ácido bórico, em gramas, que deve ser pesada para preparar 200 litros desse medicamento.

Dados: Massas molares, em g/mol: H = 1; B = 11; O = 16.

a) 9 500
b) 1 200
c) 6 200
d) 4 500
e) 3 900

**9.** (Uepa) As informações destacadas abaixo foram retiradas do rótulo de um refrigerante "zero açúcar":

Ingredientes:

Água gaseificada, extrato de noz de cola, cafeína, aroma natural, corante, caramelo IV, acidulante ácido fosfórico, edulcorantes artificiais: ciclamato de sódio (24 mg), acessulfame de potássio (5 mg) e aspartame (12 mg por 100 mL) conservador, benzoato de sódio, regulador de acidez, citrato de sódio. Prazo de validade/lote: vide marcação. Aut. CCI/RJ Ind. Brasileira.

A água gaseificada apresenta o seguinte equilíbrio químico:

$$CO_2(aq) + 2\,H_2O(\ell) \rightleftharpoons HCO_3^-\,(aq) + H_3O^+\,(aq)$$

E ainda estão presentes acidulantes utilizados para realçar o sabor e para inibir o desenvolvimento de microrganismos. Os acidulantes, comumente usados pela indústria alimentícia, são os ácidos cítrico ($C_6H_8O_7$) e fosfórico ($H_3PO_4$). Para regular a acidez do meio usa-se o citrato de sódio ($C_6H_7O_7Na$) e para substituir o açúcar usa-se o aspartame ($C_{14}H_{18}N_2O_5$) e o ciclamato de sódio ($NaC_6H_{12}SNO_3$).

Em 100 mL do refrigerante, exposto no texto, a concentração em mol/L de ciclamato de sódio ($NaC_6H_{12}SNO_3$), conforme o rótulo, é:

Dados: considere a massa molar do ciclamato de sódio = 201 g/mol.

a) $5{,}0 \cdot 10^{-4}$ mol/L.
b) $1{,}2 \cdot 10^{-3}$ mol/L.
c) $3{,}5 \cdot 10^{-3}$ mol/L.
d) $4{,}7 \cdot 10^{-3}$ mol/L.
e) $5{,}5 \cdot 10^{-3}$ mol/L.

**10.** (UFPA) Devido à toxicidade do íon lítio, a concentração máxima desse íon no sangue deve ser de 1,0 $mmol^{-1}$. Considerando que um adulto tenha 5 litros de sangue, a massa total (em mg) de íons lítio no sangue desse adulto deve ser de aproximadamente:

Dado: Massa molar Li ($g \cdot mol^{-1}$) = 6,94

1 mmol = 1 milimol = 0,001 mol

a) 6,9.
b) 13,9.
c) 20,8.
d) 27,8.
e) 34,7.

## Relações entre concentração comum, título, densidade e concentração em mol/L

Observe as relações a seguir:

$$\left.\begin{array}{l} C = \dfrac{m_1\,(g)}{V\,(L)} \\ \tau = \dfrac{m_1}{m} \end{array}\right\rangle \underbrace{m_1}_{g} = \underbrace{C \cdot V}_{\frac{g}{L} \cdot L} = \tau \cdot \underbrace{m}_{g}$$

$$\left.\begin{array}{l} C = \dfrac{m_1}{V\,(L)} \\ \tau = \dfrac{m_1}{m} \end{array}\right\rangle m_1 = C \cdot V = \tau \cdot m$$

$$C = \tau \cdot \frac{m}{V} \Rightarrow C = \tau \cdot d$$

$$\mathcal{M} = \frac{m}{M_1 \cdot V} \Rightarrow \mathcal{M} \cdot M_1 = C$$

Assim, temos:

$$C = \tau \cdot d = \mathcal{M} \cdot M_1$$

### Exercício resolvido

(Unifesp) O ácido nítrico é um dos ácidos mais utilizados na indústria e em laboratórios químicos. É comercializado em diferentes concentrações e volumes, como frascos de 1 litro de solução aquosa, que contêm 60% em massa de $HNO_3$ (massa molar 63 g/mol).

Por se tratar de ácido forte, encontra-se totalmente na forma ionizada quando em solução aquosa diluída. É um líquido incolor, mas adquire coloração castanha quando exposto à luz, devido à reação de fotodecomposição.

Nessa reação, o ácido nítrico decompõe-se em dióxido de nitrogênio, gás oxigênio e água.

Escreva as equações químicas, devidamente balanceadas, da reação de fotodecomposição do ácido nítrico e da ionização do ácido nítrico em meio aquoso.

A 20 °C, a solução aquosa de ácido nítrico descrita apresenta concentração 13,0 mol/L. Qual é a densidade dessa solução nessa mesma temperatura? Apresente os cálculos efetuados.

**Solução**

A decomposição do ácido nítrico origina dióxido de nitrogênio, gás oxigênio e água. A equação balanceada que representa a reação é:

$$4\,HNO_3 \longrightarrow 4\,NO_2 + O_2 + 2\,H_2O$$

A sua ionização pode ser representada simplificadamente por:

$$HNO_3 \xrightleftharpoons{\text{água}} H^+ + NO_3^-$$

ou mais detalhadamente por:

$$HNO_3\,(aq) + H_2O\,(\ell) \rightleftharpoons H_3O^+\,(aq) + NO_3^-\,(aq)$$

Esse item pode ser resolvido de duas maneiras:

**1ª maneira**: Inicialmente, escreveremos os dados.

Volume da solução: 1 L

60% em massa de $HNO_3$ (t = 0,6)

Massa molar = 63 g $\cdot$ mol$^{-1}$

M = 13,0 mol/L

d = ?

A densidade da solução é a razão entre a massa da solução e o volume da solução:

$$d = \frac{\text{massa da solução}}{\text{volume da solução}}$$

Vamos trabalhar com **1,0 L de solução** e, a partir disso, determinar a massa da solução.
Sabemos que a concentração em mol/L:

1,0 L de solução ——— 3 mol de $HNO_3$

1,0 L de solução ——— 13 mol $\left(\frac{63\text{ g}}{\text{mol}}\right)$

1,0 L de solução ——— 819 g de $HNO_3$

A porcentagem em massa de $HNO_3$ é 60%:

60 % ——— 819 g

100 % ——— x

Massa da solução x = 1 365 g

Assim, a densidade da solução será 1 365 g/L.

**2ª maneira**:

Utilizando as fórmulas:

$$d \cdot \tau = \mathfrak{m} \cdot M_1$$

$$d \cdot 0{,}6 = 1{,}3 \cdot \frac{\cancel{\text{mol}}}{\text{L}} \cdot 63\,\frac{\text{g}}{\cancel{\text{mol}}}$$

$$d = \frac{819}{0{,}6}\text{ g/L}$$

$$d = 1\,365\text{ g/L}$$

## Fundamentando seus conhecimentos

Observe as informações contidas no frasco abaixo e responda às questões **1** a **4**.

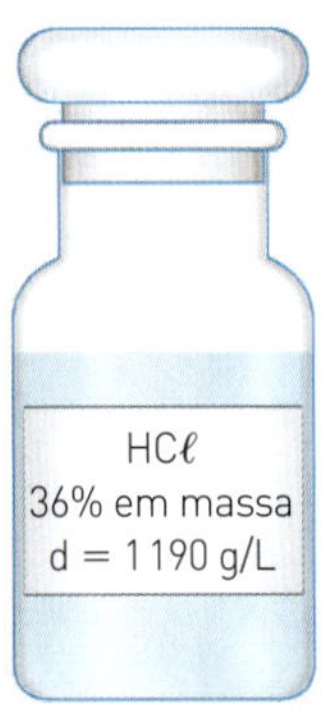


Conceitograf/Arquivo da editora

**1.** Qual é a massa de HCℓ em 100 g de solução?

**2.** Qual é a massa de 1,0 L de solução?

**3.** Qual é o valor do título dessa solução?

**4.** Determine a concentração em g/L dessa solução.

**5.** Determine o título de uma solução aquosa de $H_2SO_4$ de concentração 500 g/L e densidade igual a 1250 g/L.

**6.** Uma solução aquosa 1,5 mol/L de ácido acético apresenta qual concentração em g/L? (Massa molar do ácido acético = 60 g/mol.)

**7.** (UEM-PR) Qual é a molaridade de uma solução aquosa de hidróxido de sódio que apresenta C = = 80 g/L? (H = 1; Na = 23; O = 16)

**8.** (PUC-MG) Uma solução aquosa de $CuBr_2$ (M = 224 g/mol) tem concentração igual a 22,4 g/L e densidade praticamente igual a 1 g/mL. A concentração mol/L dessa solução é igual a, aproximadamente:

a) 0,10.
b) 0,16.
c) 0,22.
d) 1,00.
e) 2,26.

## Desenvolvendo seus conhecimentos

**1.** (Fuvest-SP) Uma dada solução aquosa de hidróxido de sódio contém 24% em massa de NaOH. Sendo a densidade da solução 1,25 g/mL, sua concentração, em g/L, será aproximadamente igual a:

a) 300.
b) 240.
c) 125.
d) 80.
e) 19.

**2.** (UFRGS-RS) O formol é uma solução aquosa de metanal (HCHO) a 40%, em massa, e possui densidade de 0,92 g/mL.

Essa solução apresenta:

a) 920 g de metanal em 1 L de água.
b) 40 g de metanal em 100 mL de água.
c) 4 g de metanal em 920 g de solução.
d) 4 g de metanal em 10 g de solução.
e) 9,2 g de metanal em 100 mL de água.

**3.** (Enem) O soro fisiológico é uma solução aquosa de cloreto de sódio ($NaC\ell$) comumente utilizada para higienização ocular, nasal, de ferimentos e de lentes de contato. Sua concentração é 0,90% em massa e densidade igual a 1,0 g/mL. Qual massa de $NaC\ell$, em grama, deverá ser adicionada à água para preparar 500 mL desse soro?

a) 0,45
b) 0,90
c) 4,50
d) 9,00
e) 45,00

**4.** (UPF-RS) O rótulo de uma garrafa indica que a concentração de íons cálcio ($Ca^{2+}$ (aq)) da água mineral nela contida é de 40,08 mg · $L^{-1}$. Considerando que uma pessoa ingere 1 litro dessa água, assinale a alternativa que indica **corretamente** a quantidade de íons $Ca^{2+}$ (aq) consumida por ela.

Dado: Ca = 40,08

a) 0,1 mol · $L^{-1}$
b) 1 mol · $L^{-1}$
c) 0,001 mol · $L^{-1}$
d) 0,01 mol · $L^{-1}$
e) 10 mol · $L^{-1}$

**5.** (Fasm-SP)

A Anvisa não registra alisantes capilares conhecidos como "escova progressiva" que tenham como base o formol (metanal) em sua fórmula. A substância só tem uso permitido em cosméticos nas funções de conservante com limite máximo de 0,2% em massa, solução cuja densidade é 0,92 g/L.

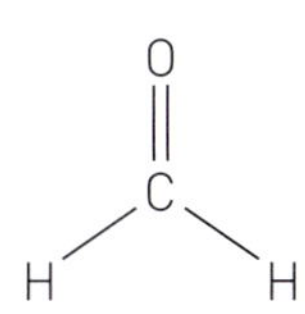

metanal

(www.anvisa.gov.br. Adaptado.)

a) Escreva a fórmula molecular do formol. Sabendo-se que a constante de Avogadro é $6 \cdot 10^{23}$ $mol^{-1}$, calcule o número de moléculas contidas em 1 g dessa substância, cuja massa molar é igual a 30 g/mol.
b) Calcule a concentração, em g/L da solução de formol citada no texto. Apresente os cálculos.

**6.** (Uerj) Em condições ambientes, o cloreto de hidrogênio é uma substância molecular gasosa de fórmula $HC\ell$. Quando dissolvida em água, ioniza-se e passa a apresentar caráter ácido.

Admita uma solução aquosa saturada de $HC\ell$ com concentração percentual mássica de 36,5% e densidade igual a 1,2 kg · $L^{-1}$.

Calcule a concentração dessa solução, em mol · $L^{-1}$, e nomeie a força intermolecular existente entre o $HC\ell$ e a água.

**7.** (UEPB)

**Seca na Paraíba**

A Paraíba, bem como todo o Nordeste, passa pela pior seca dos últimos cinquenta anos. A situação hídrica está em nível crítico, com mais da metade dos mananciais monitorados abaixo de 20% da capacidade de armazenamento da água. Esta diminuição do volume de água armazenada impede que seja utilizada para consumo humano. Além disso, as águas de poços artesianos que ainda resistem também têm concentração elevada de sais. Com a finalidade de classificar as águas quanto a seus usos, de acordo com a quantidade presente de determinadas substâncias, o Conselho Nacional do Meio Ambiente (CONAMA) resolveu editar Resolução 357, de 17 de março de 2005.

Sabendo que para que uma água seja classificada como doce deve ter uma salinidade não maior que 0,05% (g/100 g de água), qual a máxima concentração em quantidade de matéria de sal em termos de hidrogenocarbonato de potássio para que uma amostra de água seja considerada doce? Considere a densidade da água igual a 1 g/mL.

a) $5,00 \cdot 10^{-4}$ mol/L
b) $5,95 \cdot 10^{-3}$ mol/L
c) 0,05 mol/L
d) 0,0595 mol/L
e) $5,00 \cdot 10^{-3}$ mol/L

# Água oxigenada: uma solução aquosa

A água oxigenada, normalmente comercializada em farmácias, é uma solução aquosa de peróxido de hidrogênio [$H_2O_2$ (aq)], em cujo rótulo aparecem indicações do tipo "10 volumes", "20 volumes", etc.

É uma solução líquida, incolor e transparente que pode apresentar aspecto viscoso em altas concentrações (100 volumes), sendo usada, nesse caso, em laboratórios e indústrias. Na concentração de 10 volumes, ela é utilizada como agente bactericida nos ferimentos externos e em gargarejos, por ter ação antisséptica. Em outras concentrações, também é utilizada como alvejante de tecidos, pele de animais, pelos e cabelos.

Entre seus muitos usos, pode-se citar ainda seu emprego:

- na indústria alimentícia, como conservante;
- na agricultura, como bactericida e fungicida de sementes;
- na restauração de pinturas a óleo, para regenerar as cores brancas que escurecem pela ação de alguns poluentes atmosféricos.

A decomposição do peróxido de hidrogênio pode ser representada pela equação:

$$H_2O_2(aq) \longrightarrow H_2O(\ell) + \frac{1}{2}\,O_2(g)$$

Você já deve ter notado que a água oxigenada é vendida em frascos escuros ou em plásticos opacos. Isso se deve ao fato de a luz ser um dos fatores responsáveis pela sua decomposição (fotólise), na qual ocorre a liberação de gás oxigênio. Por esse motivo, as concentrações das soluções de água oxigenada são definidas em função do volume de $O_2$ (g) liberado (medido nas CNTP) por unidade de volume da solução.

Dessa maneira, a água oxigenada de concentração 10 volumes libera 10 litros de $O_2$ (g) por litro de solução. Para obtermos 1 litro de uma solução de água oxigenada a 10 volumes, devemos dissolver uma massa ($m_1$) de $H_2O_2$ em água, que irá liberar, em sua decomposição, 10 litros de $O_2$, medidos nas CNTP.

A determinação da massa ($m_1$) é feita da seguinte maneira, conhecendo-se a massa molar do $H_2O_2$, que é 34 g · mol$^{-1}$.

1 mol ——— 0,5 mol

34 g ——— 11,2 L (CNTP)

$m_1$ ——— 10 L

$$m_1 = \frac{34\ \text{g} \cdot 10\ \cancel{\text{L}}}{11{,}2\ \cancel{\text{L}}} \Rightarrow m_1 = 30{,}3\ \text{g de } H_2O_2$$

Assim, a massa $m_1$ = 30,3 g de $H_2O_2$ é a necessária para produzir 1,0 litro de solução de água oxigenada a 10 volumes.

Sérgio Dotta Jr./Arquivo da editora

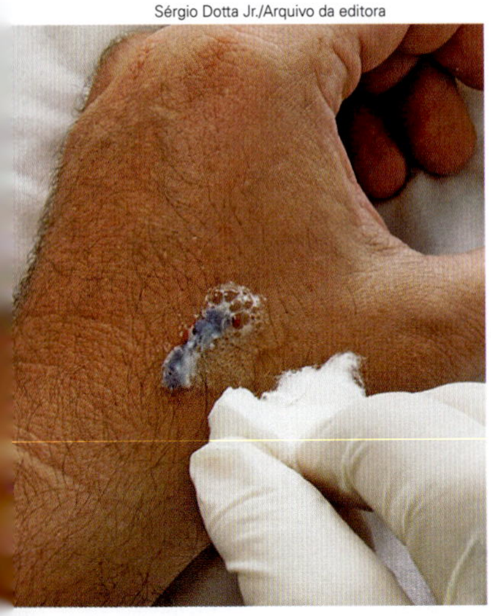

Água oxigenada sendo aplicada em ferimento.

## Exercícios resolvidos

**1.** (Ence-Uerj-Cefet-UFRJ) Para a prevenção de cáries, em substituição à aplicação local de flúor nos dentes, recomenda-se o consumo de "água fluoretada". Sabendo que a porcentagem, em massa, de fluoreto de sódio na água é de $2 \cdot 10^{-4}\%$, um indivíduo que bebe 1 litro dessa água, diariamente, terá ingerido uma massa desse sal igual a: (Densidade da água fluoretada: 1,0 g/mL.)

a) $2 \cdot 10^{-3}$ g.
b) $3 \cdot 10^{-3}$ g.
c) $4 \cdot 10^{-3}$ g.
d) $5 \cdot 10^{-3}$ g.
e) $6 \cdot 10^{-3}$ g.

**Solução**

O valor da porcentagem em massa indica que existem:

$2 \cdot 10^{-4}$ g de NaF ——— 100 g de solução

Como a densidade da solução é 1,0 g/mL, ou seja, 1 000 g/L, se um indivíduo ingerir 1 L, ele estará ingerindo 1 000 gramas dessa solução. Então:

100 g de solução ——— $2 \cdot 10^{-4}$ g de NaF
1000 g de solução ——— x

$$x = \frac{1000 \text{ g de solução} \cdot 2 \cdot 10^{-4} \text{ g de NaF}}{100 \text{ g de solução}} \Rightarrow$$

$\Rightarrow x = 2 \cdot 10^{-3}$ g de NaF

Outra maneira de resolvermos essa questão é pela aplicação da fórmula de título ($\tau$):

$$\left.\begin{aligned} \tau \cdot 100\% &= \%\text{ em massa} \\ \frac{m_1}{m} \cdot 100\% &= \%\text{ em massa} \end{aligned}\right\} \text{onde } m_1 = ?$$

$m = 1000$ g

% em massa $= 2 \cdot 10^{-4}\%$

$$\frac{m_1}{1000 \text{ g}} \cdot 100\% = 2 \cdot 10^{-4}\%$$

$$m_1 = \frac{2 \cdot 10^{-4}\% \cdot 1000 \text{ g}}{100\%} \Rightarrow m_1 = 2 \cdot 10^{-3} \text{ g de NaF}$$

**2.** Um alimento contendo mais de 0,05 ppm de $Pb^{2+}$ é impróprio para o consumo. A análise de uma amostra de morangos acusou $2 \cdot 10^{-5}\%$ em massa de $Pb^{2+}$.

a) A amostra de morangos deve ou não ser confiscada? Justifique por meio de cálculos.
b) Quantos mol de $Pb^{2+}$ uma pessoa ingere ao comer 100 g desses morangos? Utilize o valor 200 g/mol para a massa molar do chumbo.

**Solução**

a) Como a análise da amostra acusou uma porcentagem de $2 \cdot 10^{-5}\%$ em massa de $Pb^{2+}$, temos:

$2 \cdot 10^{-6}$ g de $Pb^{2+}$ ——— 100 g da amostra
x ——— $10^6$ g da amostra

$$x = \frac{2 \cdot 10^{-6} \text{ g de } Pb^{2+} \cdot 10^6 \text{ g da amostra}}{100 \text{ g da amostra}}$$

$x = 2 \cdot 10^{-2}$ g de $Pb^{2+}$ = 0,02 ppm

Como esse valor é inferior ao máximo permitido, que é 0,05 ppm, a amostra não deve ser confiscada.

b) Se uma pessoa ingerir 100 g desses morangos, estará ingerindo $2 \cdot 10^{-6}$ g de $Pb^{2+}$, como foi visto no item a.

Assim, o número de mol de chumbo existente nessa massa é:

$$n = \frac{m_1}{M_1} \Rightarrow n = \frac{2 \cdot 10^{-6} \text{ g}}{200 \text{ g} \cdot \text{mol}^{-1}} \Rightarrow 10^{-8} \text{ mol de } Pb^{2+}$$

**3.** Uma solução aquosa contém os seguintes íons nas concentrações indicadas:

$Na^+$ ——— 9,2 g/L
$Mg^{2+}$ ——— 3,00 g/L
$A\ell^{3+}$ ——— 2,25 g/L
$NO_3^-$ ——— 31,0 g/L
$SO_4^{2-}$ ——— x g/L

Sabendo que esses são os únicos íons da solução, qual é o valor de x?
(Na = 23; Mg = 24; Aℓ = 27; N = 14; O = 16; S = 32.)

**Solução**

Inicialmente, vamos calcular a concentração em mol/L dos íons:

$$[Na^+] = \frac{9{,}20}{23} = 0{,}40 \text{ mol/L}$$

$$[Mg^{2+}] = \frac{3{,}00}{24} = 0{,}125 \text{ mol/L}$$

$$[A\ell^{3+}] = \frac{2{,}25}{27} = \frac{0{,}25}{3} \text{ mol/L}$$

$$[NO_3^-] = \frac{31{,}0}{62} = 0{,}50 \text{ mol/L}$$

Em qualquer solução, a carga total é igual a zero, isto é, o número total de mol de cargas positivas é igual ao número total de mol de cargas negativas.

$[Na^+] = 1\ carga^+ = 0{,}40\ mol = 0{,}40\ mol^+$

$[Mg^{2+}] = 2\ cargas^+ = 0{,}125\ mol = 0{,}25\ mol^+$

$[A\ell^{3+}] = 3\ cargas^+ = \frac{0{,}25}{3}\ mol = 0{,}25\ mol^+$

$\Sigma = 0{,}90\ mol^+$

$[NO_3^-] = 1\ carga^- = 0{,}50\ mol = 0{,}50\ mol^-$

Logo, devem existir 0,40 mol⁻.

$[SO_4^{2-}] = 2\ cargas^- = x\ mol \qquad 2x = 0{,}40\ mol^-$

$x = 0{,}20\ mol$

Na solução, existe 0,20 mol/L de $SO_4^{2-}$.

Para determinarmos a concentração de $SO_4^{2-}$ em g/L, vamos fazer a relação:

massa molar do $SO_4^{2-} = 96\ g \cdot mol^{-1}$

Assim,

1 mol $SO_4^{2-}$ ——— 96 g

0,2 mol $SO_4^{2-}$ ——— x

x = 19,2 g de $SO_4^{2-}$

Logo, a concentração em g/L será 19,2 g/L de $SO_4^{2-}$.

# Desafiando seus conhecimentos

## Relação massa/volume (concentração comum)

**1.** (UEPG-PR) Analisando as cinco soluções de $NaC\ell$ apresentadas na tabela abaixo, assinale o que for correto.

| Solução | Volume da amostra (mL) | Massa de $NaC\ell$ (g) |
|---|---|---|
| 1 | 200 | 50 |
| 2 | 500 | 20 |
| 3 | 500 | 100 |
| 4 | 1 000 | 100 |
| 5 | 1 000 | 200 |

01) A solução 1 é a mais concentrada.
02) A solução 2 é a menos concentrada.
04) A solução 3 corresponde à metade da concentração da solução 4.
08) A solução 3 possui a mesma concentração que a solução 5.
16) Ao acrescentar 1 000 mL à solução 4, tem-se a mesma concentração da solução 2.

**2.** (PUC-RJ) Considere as seguintes informações:

I. A quantidade de sais dissolvidos no Mar Morto é da ordem de $40 \cdot 10^9$ t.
II. O volume de água no Mar Morto é $122 \cdot 10^9\ m^3$ com os sais dissolvidos.
III. A massa de 1,00 L de água do Mar Morto é 1,24 kg.
IV. A massa de 1,00 L de água doce é 1,03 kg.

a) Calcule a concentração de sais dissolvidos, em g/L nas águas do Mar Morto.
b) Calcule o volume de água do Mar Morto que tem massa equivalente à de 1,0 L de água doce.

**3.** (Enem) A utilização de processos de biorremediação de resíduos gerados pela combustão incompleta de compostos orgânicos tem se tornado crescente, visando minimizar a poluição ambiental. Para a ocorrência de resíduos de naftaleno, algumas legislações limitam sua concentração em até 30 mg/kg para solo agrícola e 0,14 mg/L para água subterrânea. A quantificação desse resíduo foi realizada em diferentes ambientes, utilizando-se amostras de 500 g de solo e 100 mL de água, conforme apresentado no quadro.

| Ambiente | Resíduo de naftaleno (g) |
|---|---|
| Solo I | $1{,}0 \cdot 10^{-2}$ |
| Solo II | $2{,}0 \cdot 10^{-2}$ |
| Água I | $7{,}0 \cdot 10^{-6}$ |
| Água II | $8{,}0 \cdot 10^{-6}$ |
| Água III | $9{,}0 \cdot 10^{-6}$ |

O ambiente que necessita de biorremediação é o(a):

a) solo I.
b) solo II.
c) água I.
d) água II.
e) água III.

**4.** (Vunesp-SP)

Soro de Ringer é uma solução isotônica composta de $NaC\ell$, $KC\ell$ e $CaC\ell_2 \cdot 2\,H_2O$ dissolvidos em água destilada, nas concentrações, em m/v, de 0,86%, 0,03% e 0,033% respectivamente.

(www.latinoamerica.baxter.com. Adaptado.)

a) Calcule as massas, em g, de cloreto de sódio, cloreto de cálcio di-hidratado e cloreto de potássio, necessárias para a preparação de 350 mL de soro de Ringer.

b) Represente os íons encontrados no soro de Ringer.

**5.** (FGV-SP)

A cachaça é um produto genuinamente brasileiro reconhecido internacionalmente e registrado na Organização Mundial de Comércio. A produção artesanal, com a utilização de alambiques de cobre, atinge 300 milhões de litros por ano. Os apreciadores avaliam que o produto artesanal tem melhor qualidade e sabor do que o produzido em alambiques de aço inoxidável; entretanto a cachaça artesanal apresenta o teor de cobre residual que deve obedecer ao limite máximo de 5 mg/L

(http://www.scielo.br/pdf/qn/v32n4/v32n4a04.pdf. Adaptado)

A quantidade máxima de cobre, em quilogramas, que pode ser encontrada no volume considerado de cachaça artesanal produzida durante um ano no Brasil e que respeita o limite máximo de cobre nessa bebida é:

a) $1,5 \cdot 10^2$.

b) $1,5 \cdot 10^3$.

c) $1,5 \cdot 10^4$.

d) $1,5 \cdot 10^5$.

e) $1,5 \cdot 10^6$.

**6.** (Cefet-MG) Um dos motivos da crescente contaminação das águas por hormônios presentes nos anticoncepcionais é o fato de que, 24 h após a ingestão de um comprimido contendo, em média, $35 \cdot 10^{-3}$ mg de etinilestradiol, 90% é excretado pela urina de forma inalterada e somente 10% é metabolizado. Considerando-se que uma mulher ingere um comprimido de anticoncepcional por dia e que o volume diário de urina é de 1,5 L a concentração média de etinilestradiol na urina dessa mulher, em g/L, é igual a:

a) $35,0 \cdot 10^{-6}$.

b) $31,5 \cdot 10^{-6}$.

c) $30,0 \cdot 10^{-6}$.

d) $23,0 \cdot 10^{-6}$.

e) $21,0 \cdot 10^{-6}$.

**7.** (Udesc) A Organização Pan-Americana e a Organização Mundial da Saúde recomendam a fluoretação das águas de abastecimento público como medida da mais alta prioridade para prevenção e controle da cárie dentária. De acordo com a Portaria nº 2914, do Ministério da Saúde de 2011, o valor máximo permitido de fluoreto presente na água de abastecimento público é de $1,5\ mg \cdot L^{-1}$. Considerando um reservatório com capacidade de 1,50 milhões de metros cúbicos, assinale a alternativa que corresponde à massa de fluoreto de sódio que deve ser adicionada ao reservatório, para que a concentração final de fluoreto seja a máxima permitida.

Dado: $1\ m^3 = 1000\ L$

a) $5 \cdot 10^3$ g

b) 2,25 t

c) 4,97 t

d) $1,50 \cdot 10^6$ g

e) $42,0 \cdot 10^6$ g

**8.** (Unicamp-SP) Quando uma pessoa ingere bebida alcoólica, cerca de 90% do álcool ingerido é absorvido no trato digestivo, na primeira hora. Esse álcool passa para a corrente sanguínea e é metabolizado no fígado. Sua eliminação, no entanto, leva muito mais tempo e é isso que torna ilegal uma pessoa dirigir nessa condição.

O gráfico abaixo mostra a concentração média de álcool no sangue em função do tempo, após um consumo rápido de 1, 2, 3 e 4 doses de destilado.

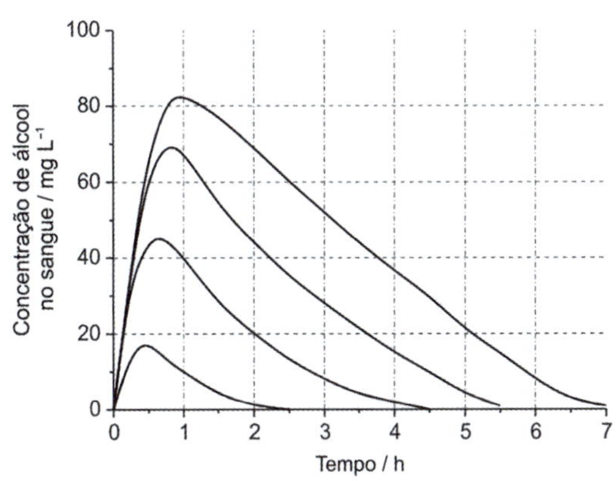


Reprodução/UNICAMP, 2014

a) De acordo com o gráfico, se uma pessoa ingere 4 doses de destilado, após quanto tempo a velocidade de metabolização do álcool será maior que a velocidade da absorção para a corrente sanguínea? Explique.

b) Um teste do bafômetro realizado duas horas após a ingestão de destilado acusou a presença de 0,019 miligramas de álcool por litro de ar expirado por um condutor.
Considerando essas informações, e as contidas no gráfico, determine quantas doses de destilado o condutor havia ingerido. Justifique.
Dado: A proporção entre as concentrações de álcool (sangue: ar expirado) é de 2300:1.

## Relação massa/massa e volume/volume (título, ppm e ppb)

**9.** (Fatec-SP)

O uso de flúor é eficaz no combate à cárie dentária. Por isso, foram estabelecidos protocolos de utilização do flúor na área de saúde bucal como a adição de flúor na água de abastecimento público e em pastas dentais. A escovação dental é considerada um dos métodos mais eficazes na prevenção da cárie, ao aliar a remoção da placa à exposição constante ao flúor.

Todavia, a exposição excessiva pode causar alguns malefícios à saúde. Para isso, foram estabelecidos níveis seguros de consumo do flúor, quando este oferece o máximo benefício sem risco à saúde. As pastas de dentes apresentam uma concentração de flúor que varia entre 1100 e 1500 ppm.

É importante ressaltar que as pastas de dentes com flúor devem ser utilizadas durante a escovação e não ingeridas.

(http://tinyurl.com/ovrxl8b. Acesso em: 29.08.2014. Adaptado)

A concentração máxima de flúor presente nas pastas de dentes mencionada no texto, em porcentagem em massa, corresponde a:

a) 0,0015%.
b) 0,015%.
c) 0,15%.
d) 1,5%.
e) 15%.

**10.** O benzeno é uma substância carcinogênica (causa câncer). Uma amostra de água contaminada com benzeno contém 0,000037% em massa de benzeno. Calcule o volume em litros de água que contém 175 mg de benzeno.
Considere que a densidade da solução é de 1,0 g/mL.

**11.** Em uma garagem, constatou-se a presença de 0,8 g de $CO_2$ para cada 80 kg de ar. Calcule a concentração em ppm e em ppb.

**12.** O Ministério da Saúde recomenda, para prevenir as cáries dentárias, 1,5 ppm como limite máximo de fluoreto em água potável. Em estações de tratamento de água de pequeno porte, o fluoreto é adicionado sob forma do sal flúor silicato de sódio ($Na_2SiF_6$); MM = 188 g/mol).
Se um químico necessita fazer o tratamento de 10 000 L de água, qual será a massa do sal, em gramas, que ele deverá adicionar para obter a concentração de fluoreto indicada pela legislação?

**13.** Na análise de uma amostra de 250 g de sardinha, constatou-se a presença de 0,52 ppm de mercúrio. Determine a massa, em gramas, de Hg presente na amostra.

**14.** No rótulo de uma garrafa de água mineral lê-se, entre outras informações:
Conteúdo: 1,5 litro.
Nitrato de sódio: 6,0 ppm.
Qual será a massa de nitrato de sódio ingerida por uma pessoa que bebeu um copo de 300 mL dessa água?

**15.** (Uerj) Numa certa região oceânica, os níveis de mercúrio na água e nos peixes são, respectivamente, de 0,05 e 200 ppb. Sabe-se que 1 ppb corresponde a 1 mg por tonelada. Comparando-se pesos iguais de peixes e de água, o fator que expressa a relação entre as massas de mercúrio nos peixes e na água é:

a) $4,0 \cdot 10^3$.
b) $2,5 \cdot 10^{-4}$.
c) $2,5 \cdot 10^3$.
d) $4,0 \cdot 10^{-4}$.

**16.** (FGV-SP) O nível medicinalmente aceito de chumbo (peso atômico 207) no sangue é de $200\ \mu g \cdot L^{-1}$. Isso é igual a aproximadamente:

a) 200 ppm (ppm = parte por milhão).
b) 200 ppb (ppb = parte por bilhão).
c) 200 mol/L.
d) $2 \cdot 10^{-5}$ mol/L.
e) 1 μmol/L.

**17.** (FGV-SP) No Brasil, o transporte de cargas é feito quase que totalmente em rodovias por caminhões movidos a diesel. Para diminuir os poluentes atmosféricos, foi implantado desde 2009 o uso do diesel 50S (densidade média $0,85\ g \cdot cm^{-3}$), que tem o teor máximo de 50 ppm (partes por milhão) de enxofre.
A quantidade máxima de enxofre, em gramas, contida no tanque cheio de um caminhão com capacidade de 1 200 L, abastecido somente com diesel 50S, é:

a) 5,1.
b) $5,1 \cdot 10^{-1}$.
c) $5,1 \cdot 10^{+1}$.
d) $5,1 \cdot 10^{+3}$.
e) $5,1 \cdot 10^{+4}$.

**18.** (UFRGS-RS) Na combustão do diesel, o enxofre presente é convertido em dióxido de enxofre ($SO_2$), que é uma das principais causas de chuva ácida. Até o fim de 2013, o diesel S1800, que contém 1800 ppm de enxofre (ppm = partes por milhão expressa em massa), será totalmente abolido no país. Atualmente, o diesel mais vendido é o diesel S500 (500 ppm de enxofre).

A emissão de $SO_2$, por tonelada de diesel, para S500 e S1800, é, respectivamente, de:

a) 500 g e 1 800 g.
b) 640 g e 900 g.
c) 1000 g e 3600 g.
d) 1600 g e 3200 g.
e) 2000 g e 7200 g.

**19.** (Unifesp) Na queima do cigarro, há a liberação dos gases CO, $CO_2$ e de outras substâncias tóxicas como alcatrão, nicotina, fenóis e amônia ($NH_3$). Para a conscientização sobre a toxicidade do cigarro, a campanha antifumo do estado de São Paulo mostrava o uso do monoxímetro, "bafômetro do cigarro", que mede a concentração de monóxido de carbono, em ppm (partes por milhão), no ar exalado dos pulmões do indivíduo. A figura representa o resultado da aplicação do teste.

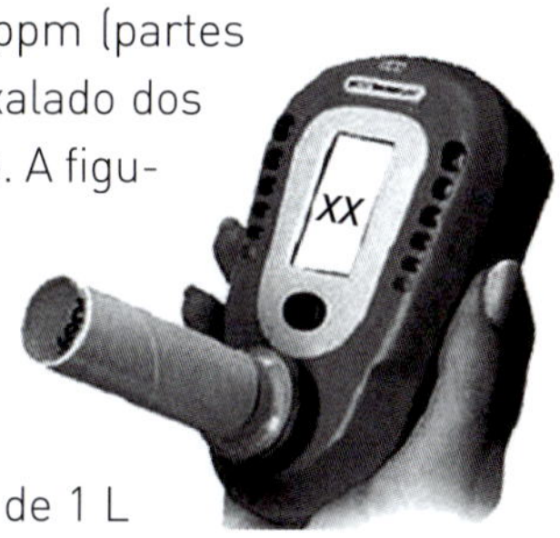

Reprodução/Unifesp, 2010.

Dado que 1 ppm de CO refere-se ao teor de 1 L de CO em $10^6$ L de ar e que a densidade do CO é 1,145 g/L nas condições do teste, qual deve ser o valor de XX, indicado no visor do monoxímetro, se dois litros de ar exalado por aquele indivíduo contêm $4,58 \cdot 10^{-2}$ mg de monóxido de carbono?

**20.** (Enem-PPL) O álcool utilizado como combustível automotivo (etanol hidratado) deve apresentar uma taxa máxima de água em sua composição para não prejudicar o funcionamento do motor. Uma maneira simples e rápida de estimar a quantidade de etanol em misturas com água é medir a densidade da mistura. O gráfico mostra a variação da densidade da mistura (água e etanol) com a fração percentual da massa de etanol ($f_e$), dada pela expressão $f_e = 100 \cdot \dfrac{m_e}{(m_e + m_a)}$, em que $m_e$ e $m_a$ são as massas de etanol e de água na mistura, respectivamente, a uma temperatura de 20 °C.

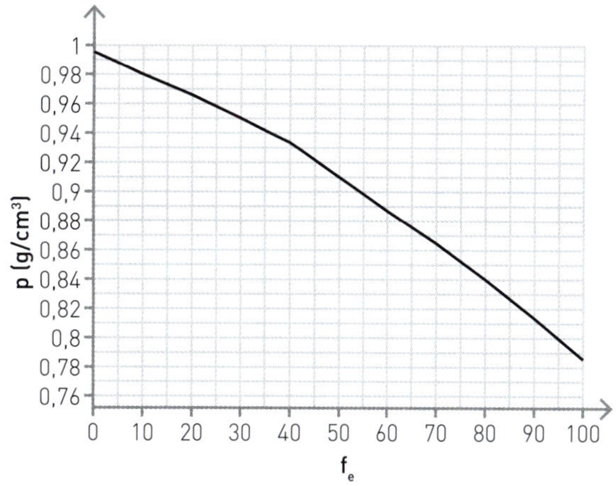

Reprodução/Arquivo da editora

Suponha que, em uma inspeção de rotina realizada em determinado posto, tenha-se verificado que 50,0 cm³ de álcool combustível tenham massa igual a 45,0 g. Qual é a fração percentual de etanol nessa mistura?

a) 7 %
b) 10 %
c) 55 %
d) 90%
e) 93%

## Relação número de mol/volume

**21.** (FGV-SP) O rótulo da embalagem de uma marca de leite integral comercializada na cidade de São Paulo apresenta a informação nutricional seguinte: 1 copo (200 mL) contém 248 mg de cálcio. A concentração de cálcio nesse leite integral, em mol/L, é:

Dado: Ca = 40.

a) $3,1 \cdot 10^{-1}$.
b) $3,1 \cdot 10^{-2}$.
c) $3,1 \cdot 10^{-3}$.
d) $8,2 \cdot 10^{-2}$.
e) $8,2 \cdot 10^{-3}$.

**22.** (Uespi) Em uma tinturaria, 250 g de hipoclorito de sódio, $NaC\ell O$, foram dissolvidos em um volume de água suficiente para preparar 5,0 L de solução alvejante. Calcule a concentração em mol/L dessa solução.

(Dados: Massas molares em g/mol: O = 16; Na = 23; $C\ell$ = 35,5).

a) 0,21
b) 0,35
c) 0,44
d) 0,67
e) 0,89

**23.** (IFPE) Bebidas isotônicas são desenvolvidas com a finalidade de prevenir a desidratação, repondo líquidos e sais minerais que são eliminados através do suor durante o processo de transpiração. Considere um isotônico que apresenta as informações no seu rótulo:

| Tabela nutricional cada 200 mL contém | |
|---|---|
| Energia | 21,1 kcal |
| Glucídios | 6,02 g |
| Proteínas | 0,0 g |
| Lipídios | 0,0 g |
| Fibra alimentar | 0,0 g |
| Sódio | 69 mg |
| Potássio | 78 mg |

Assinale a alternativa que corresponde à concentração, em quantidade de matéria (mol/L), de sódio e potássio, respectivamente, nesse recipiente de 200 mL.

São dadas as massas molares, em g/mol: Na = 23 e K = 39.

a) 0,020 e 0,02.
b) 0,015 e 0,01.
c) 0,22 e 0,120.
d) 0,34 e 0,980.
e) 0,029 e 0,003.

Texto para a questão **24**.

Com as chuvas intensas que caíram na cidade do Rio de Janeiro em março de 2013, grande quantidade de matéria orgânica se depositou na lagoa Rodrigo de Freitas. O consumo biológico desse material contribuiu para a redução a zero do nível de gás oxigênio dissolvido na água, provocando a mortandade dos peixes.

**24.** (Uerj) O volume médio de água na lagoa é igual a $6,2 \cdot 10^{-6}$ L. Imediatamente antes de ocorrer a mortandade dos peixes, a concentração de gás oxigênio dissolvido na água correspondia a $2,5 \cdot 10^{-4}$ mol/L.

Ao final da mortandade, a quantidade consumida, em quilogramas, de gás oxigênio dissolvido foi igual a:

Dado: O = 16.

a) 24,8.
b) 49,6.
c) 74,4.
d) 99,2.

**25.** (UFRGS-RS) Apesar da pequena quantidade de oxigênio gasoso ($O_2$) dissolvido na água, sua presença é essencial para a existência de vida aquática. Sabendo-se que na água de um lago há uma molécula de oxigênio ($O_2$) para cada 0,2 milhão de moléculas de água e considerando-se que em 1 litro de água há 55,55 mols de moléculas de água, a concentração em mol/L do oxigênio na água desse lago será de:

a) $0,2 \cdot 10^{-4}$.
b) $5,0 \cdot 10^{-4}$.
c) $2,4 \cdot 10^{-4}$.
d) $2,8 \cdot 10^{-4}$.
e) $3,3 \cdot 10^{-4}$.

**26.** (UEL-PR) Cada um dos béqueres representados a seguir contém soluções aquosas com partículas de um determinado soluto. O soluto é o mesmo em todos os béqueres.

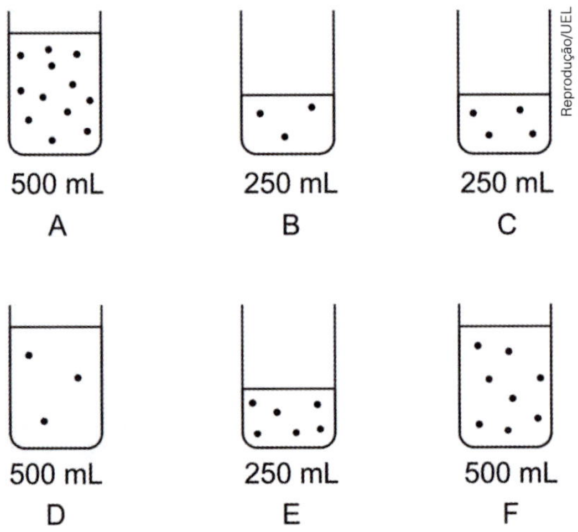


Com base nos conhecimentos sobre concentração de soluções, responda aos itens a seguir.

a) Quais soluções são as mais concentradas? Explique.
b) Quando as soluções B e E são combinadas, a solução resultante terá a mesma concentração da solução contida no béquer A? Explique.

Com base nas informações abaixo, responda às questões **27** a **29**.

Em um estudo, foram avaliados 20 adolescentes do sexo masculino, de uma equipe de futebol da cidade de São Paulo, com idades entre 13 e 14 anos. Os alunos foram submetidos a dois testes de glicemia. Os resultados obtidos demonstraram que os atletas se alimentam corretamente no período pré-treino.

**Gráfico comparativo da glicemia pré e pós-treino**

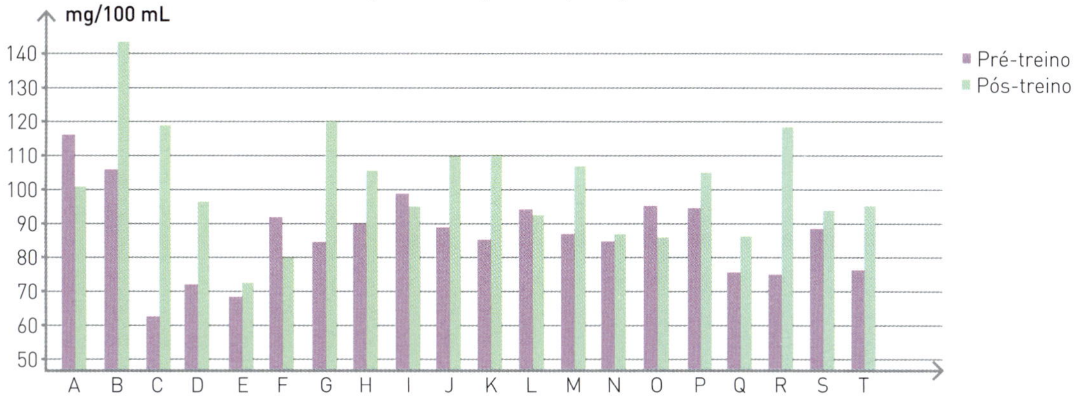


Banco de imagens/Arquivo da editora

Fonte: POLITO, Luis Felipe Tubagi et al. Taxa glicêmica em adolescentes no período pré e pós-treino. Disponível em: <http://www.efdeportes.com/efd128/taxa-glicemica-em-adolescentes-no-periodo-pre-e-pos-treino.htm>. Acesso em: 8 mar. 2018.

**27.** Qual dos jovens, identificados pelas letras A, B, C..., apresenta a maior concentração de glicose no pré-treino e qual é o valor aproximado dessa concentração em mg/100 mL?

**28.** Qual dos jovens apresenta a maior concentração de glicose no pós-treino e qual é o valor aproximado dessa concentração em mg/100 mL?

**29.** Calcule a concentração da glicose em mol/L do jovem F no pré-treino.
Dado: massa molar da glicose = 180 g/mol.

**30.** A glicose é um monossacarídeo que pode ser encontrado no sangue e na urina. Os valores de sua concentração são utilizados para diagnóstico de inúmeras doenças. Um dos métodos para a determinação desses valores é o método colorimétrico. O gráfico apresenta concentrações de glicose na urina variando de acordo com a intensidade de sua cor.
Dado: massa molar da glicose ($C_6H_{12}O_6$) = = 180 g/mol.

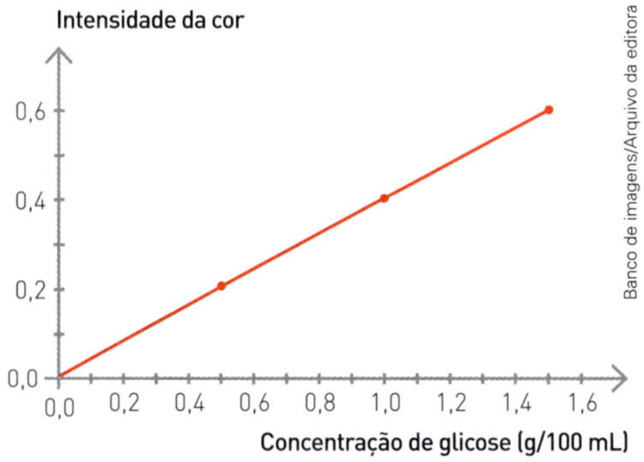


Banco de imagens/Arquivo da editora

Calcule a concentração aproximada em mol/L quando a intensidade da cor for igual a 0,2.

**31.** (UFJF-MG) O ibuprofeno ($C_{13}H_{18}O_2$) é um fármaco bem conhecido e amplamente utilizado, pertencente à classe dos anti-inflamatórios não esteroidais. Cerca de 90% do ibuprofeno ministrado diariamente é excretado pela urina. Sabendo que um paciente ingeriu cerca de 2400 mg de ibuprofeno/dia, qual a concentração (em mol/L) deste fármaco presente na urina de 24 horas cujo volume total foi de aproximadamente 2 L?

a) $6,0 \cdot 10^{-3}$
b) $3,2 \cdot 10^{-3}$
c) $2,5 \cdot 10^{-3}$
d) $1,1 \cdot 10^{-3}$
e) $5,2 \cdot 10^{-3}$

Leia o texto para responder à questão a seguir:

A luz branca é composta por ondas eletromagnéticas de todas as frequências do espectro visível. O espectro de radiação emitido por um elemento, quando submetido a um arco elétrico ou a altas temperaturas, é descontínuo e apresenta uma de suas linhas com maior intensidade, o que fornece "uma impressão digital" desse elemento. Quando essas linhas estão situadas na região da radiação visível, é possível identificar diferentes elementos químicos por meio dos chamados testes de chama.

A tabela apresenta as cores características emitidas por alguns elementos em teste de chama:

| Elemento | Cor |
|---|---|
| sódio | laranja |
| potássio | violeta |
| cálcio | vermelho-tijolo |
| cobre | azul-esverdeada |

**32.** (Vunesp-SP) Uma estudante preparou 10,0 mL de uma solução 1,00 mol · $L^{-1}$ de cloreto de um dos metais apresentados na tabela do texto anterior a fim de realizar um teste de chama em laboratório. No teste de chama houve liberação de luz vermelha intensa. A partir das informações contidas no texto e utilizando a classificação periódica dos elementos, assinale a alternativa que apresenta a massa do sal utilizado pela estudante, em gramas, e a sua fórmula.

Dados: Ca = 40,1; Cℓ = 35,5.

a) 1,11 e $CaC\ell_2$.
b) 7,56 e CaCℓ.
c) 11,1 e $CaC\ell_2$.
d) 0,756 e CaCℓ.
e) 0,111 e $CaC\ell_2$.

Para resolver a questão a seguir considere o texto retirado do *website* da Universidade Federal de São Paulo (Unifesp).

"[...] Junho de 2003. Um erro em uma indústria farmacêutica provoca intoxicação em dezenas de pessoas. Há uma morte confirmada e outras 15 suspeitas. A causa: um veneno chamado carbonato de bário. O Celobar, medicamento que causou a tragédia, deveria conter somente sulfato de bário. Mas, na tentativa de transformar o carbonato em sulfato, algum erro fez com que quase 15% da massa do Celobar comercializado fosse de carbonato de bário.

Pacientes tomam sulfato de bário para que os órgãos de seu sistema digestório fiquem visíveis nas radiografias. É o chamado contraste. O problema é que os íons bário são muito tóxicos. Quando absorvidos causam vômito, cólicas, diarreia, tremores, convulsões e até a morte. Cerca de 0,5 g é dose fatal. Mas, se a toxicidade é do bário, por que o sulfato de bário não é perigoso e o carbonato de bário sim?

É que o sulfato de bário praticamente não se dissolve na água. Sua solubilidade em água é de apenas 1,0 · $10^{-5}$ mol/L (sob temperatura de 25 °C). O que os pacientes ingerem é uma suspensão aquosa desse sal em que a maior parte dele não está dissolvida. Sem dissolução, não há, praticamente, dissociação do sal. É por isso que os íons bário não são liberados para serem absorvidos pelo organismo. Não há perigo.

Ainda assim, só para garantir, essa suspensão costuma ser preparada em uma solução de sulfato de potássio, um sal bastante solúvel em água. A função desse sal é aumentar a concentração de íons sulfato. Desse modo, o equilíbrio da dissociação do sal é bem deslocado para a esquerda, diminuindo ainda mais a presença de íons bário na suspensão.

Com o carbonato de bário é diferente. Apesar de pouco solúvel em água, ele reage com o ácido clorídrico do nosso estômago, formando um sal solúvel, o cloreto de bário. Ao se dissolver, esse sal se dissocia, liberando íons bário para o organismo. O corpo absorve esses íons, e a intoxicação acontece. Triste é saber que uma simples gota de ácido clorídrico, misturada ao Celobar, teria evitado a tragédia. Essa gota produziria bolhas de gás carbônico, o que evidenciaria a presença do veneno no medicamento [...]".

http://www2.unifesp.br/reitoria/residuos//curiosidades/casocelobar (data do acesso: 12/04/2016).

**33.** (Acafe-SC) Baseado nas informações fornecidas e nos conceitos químicos, assinale a alternativa que contém o número de íons bário presente em 250 mL de uma solução aquosa saturada de $BaSO_4$ (sob temperatura de 25 °C).

Dado: número de Avogadro: 6 · $10^{23}$ entidades.

a) 1,5 · $10^{28}$ íons
b) 6 · $10^{18}$ íons
c) 1,5 · $10^{18}$ íons
d) 1,5 · $10^{23}$ íons

Leia o texto para responder à questão a seguir:

O valor da Constante de Avogadro é determinado experimentalmente, sendo que os melhores valores resultam da medição de difração de raios X de distâncias reticulares em metais e em sais. O valor obtido mais recentemente e recomendado é 6,02214 · $10^{23}$ $mol^{-1}$.

Um modo alternativo de se determinar a Constante de Avogadro é utilizar experimentos de eletrólise. Essa determinação se baseia no princípio enunciado por Michael Faraday (1791-1867), segundo o qual a quantidade de produto formado (ou reagente consumido) pela eletrólise é diretamente proporcional à carga que flui pela célula eletrolítica.

Observe o esquema que representa uma célula eletrolítica composta de dois eletrodos de zinco metálico imersos em uma solução 0,10 mol · $L^{-1}$ de sulfato de zinco ($ZnSO_4$). Os eletrodos de zinco estão conectados a um circuito alimentado por uma fonte de energia (CC), com corrente contínua, em série com um amperímetro (Amp) e com um resistor (R) com resistência ôhmica variável.

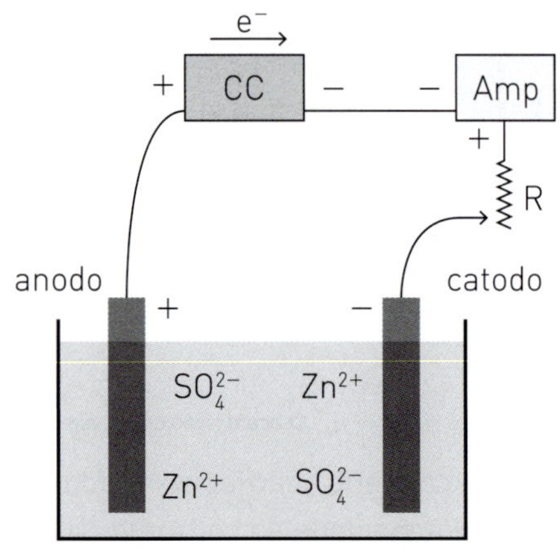


Reprodução/Arquivo da editora

**34.** (Vunesp-SP) Calcule a massa de sulfato de zinco ($ZnSO_4$) necessária para se preparar 300 mL da solução utilizada no experimento e escreva a equação que representa a dissociação deste sal em água.

Dados: Massas molares, em $g \cdot mol^{-1}$: Zn = 65,4; S = 32,1; O = 16,0.

**35.** (Uerj) Em um exame clínico, monitorou-se a concentração de um hormônio no sangue de um paciente, das 14 h de um dia às 10 h do dia seguinte. Os resultados do monitoramento, organizados em períodos de quatro horas, estão apresentados no gráfico abaixo.

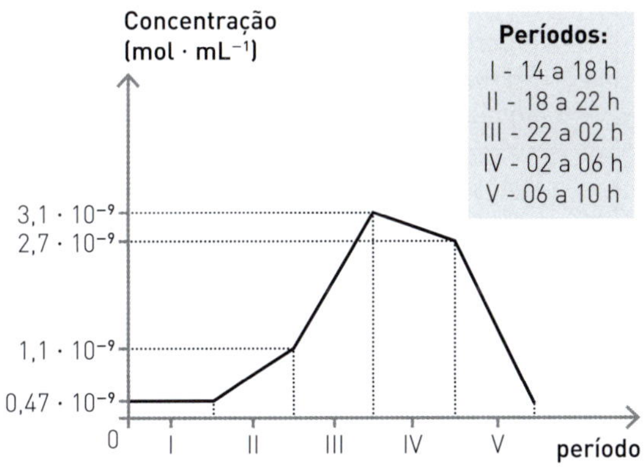


Reprodução/Arquivo da editora

A maior taxa de produção do hormônio, em $mol \cdot mL^{-1} \cdot h^{-1}$, verificada em um dos cinco períodos do exame, corresponde a:

a) $1{,}0 \cdot 10^{-10}$.
b) $2{,}0 \cdot 10^{-10}$.
c) $4{,}0 \cdot 10^{-10}$.
d) $5{,}0 \cdot 10^{-10}$.

**36.** (Uerj) Para diferenciar os hidrocarbonetos etano e eteno em uma mistura gasosa, utiliza-se uma reação com bromo molecular: o etano não reage com esse composto, enquanto o eteno reage de acordo com a seguinte equação química:

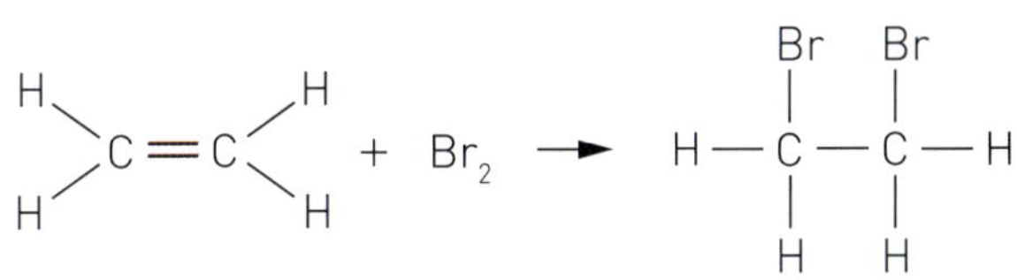

Considere um cilindro de capacidade igual a 10 L contendo apenas esses hidrocarbonetos em uma mistura com massa igual a 200 g. Ao se adicionar bromo em excesso à mistura, todo o eteno reagiu, formando 940 g de 1,2-dibromoetano.

A concentração inicial de etano, em $mol \cdot L^{-1}$, no interior do cilindro, corresponde a:

a) 0,1.
b) 0,2.
c) 0,3.
d) 0,4.

**37.** (Fuvest-SP) Um estudante utilizou um programa de computador para testar seus conhecimentos sobre concentração de soluções. No programa de simulação, ele deveria escolher um soluto para dissolver em água, a quantidade desse soluto, em mol, e o volume da solução. Uma vez escolhidos os valores desses parâmetros, o programa apresenta, em um mostrador, a concentração da solução. A tela inicial do simulador é mostrada a seguir.

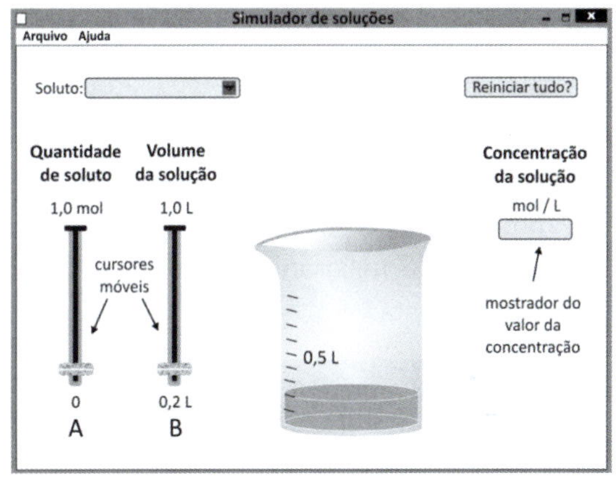


Reprodução/FUVEST, 2015.

O estudante escolheu um soluto e moveu os cursores A e B até que o mostrador de concentração indicasse o valor 0,50 mol/L. Quando esse valor foi atingido, os cursores A e B poderiam estar como mostrado em:

a)
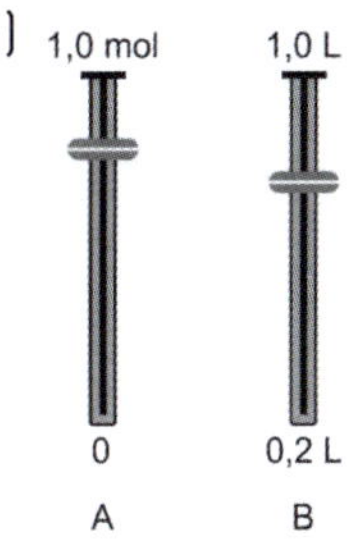


b)
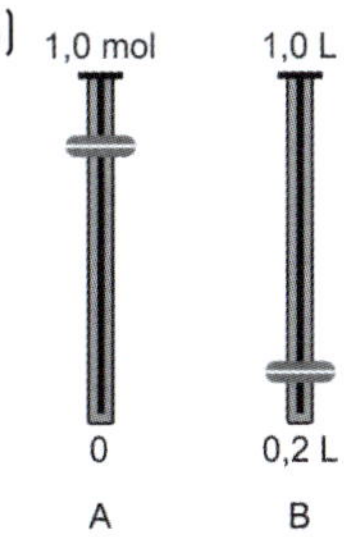


c)
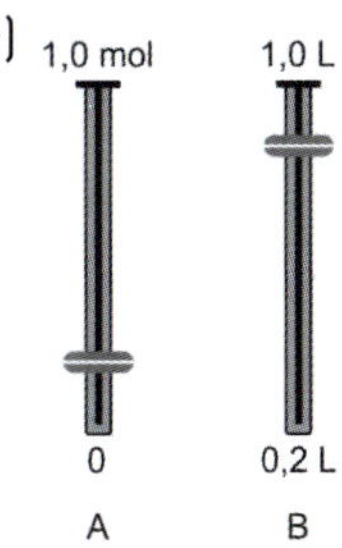


d)
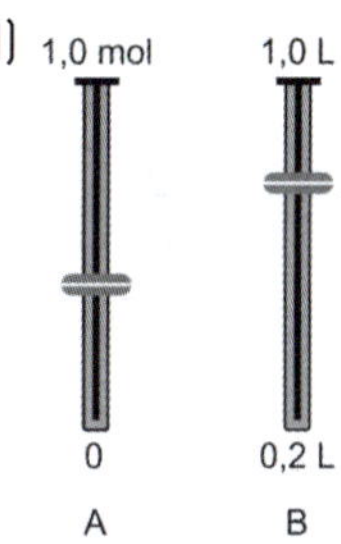


e)
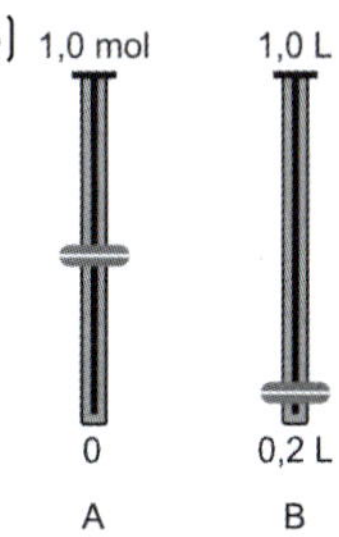


Ilustrações: Reprodução/FUVEST, 2015

38. (Unicamp-SP) Entre os produtos comerciais engarrafados, aquele cujo consumo mais tem aumentado é a água mineral. Simplificadamente, pode-se dizer que há dois tipos de água mineral: a gaseificada e a não gaseificada. A tabela abaixo traz informações simplificadas sobre a composição de uma água mineral engarrafada.

a) Na coluna relativa à quantidade não está especificada a respectiva unidade. Sabe-se, no entanto, que o total de cargas positivas na água é igual ao total de cargas negativas. Levando em conta essa informação e considerando que apenas os íons da tabela estejam presentes no produto, você escolheria, como unidade de quantidade, miligramas ou milimol? Justifique sua resposta.

| Íon | Quantidade |
|---|---|
| hidrogenocarbonato | 1,200 |
| cálcio | 0,310 |
| magnésio | 0,100 |
| sódio | 0,380 |

b) Levando em conta os dados da tabela e sua resposta ao item a, identifique o sal em maior concentração nessa amostra de água mineral, dando seu nome e fórmula. Justifique sua resposta.

## Relação entre concentração comum, título, densidade e concentração em mol/ L

39. (PUC-MG) A tabela apresenta a composição química de uma água mineral.

| Substância | Concentração ($mg \cdot L^{-1}$) |
|---|---|
| Bicarbonato ($HCO_3^-$) | 6 100 |
| Bário ($Ba^{2+}$) | 412 |
| Cálcio ($Ca^{2+}$) | 200 |
| Dióxido de carbono ($CO_2$) | 1 100 |
| Fluoreto ($F^-$) | 19 |
| Magnésio ($Mg^{2+}$) | 729 |
| Potássio ($K^+$) | 390 |
| Sódio ($Na^+$) | 460 |

É incorreto afirmar que um litro dessa água possui:

Dados: H = 1; C = 22; Ba = 137; Ca = 40; O = 16; F = 19; Mg = 24; K = 39; Na = 23.

a) 0,1 mol de bicarbonato e 0,05 mol de cálcio.
b) 0,025 mol de dióxido de carbono e 0,01 mol de fluoreto.
c) 0,01 mol de potássio e 0,02 mol de sódio.
d) 0,03 mol de bário e 0,003 mol de magnésio.

### EXPLORE SEU MUNDO

Observe o rótulo desta água mineral e responda:

a) Escreva a fórmula do ânion que apresenta a maior concentração em g/L.
b) Escreva a fórmula do cátion que apresenta a maior concentração em g/L.
c) A solução é eletrolítica? Justifique.
d) Qual é o valor da carga elétrica da solução? Justifique.

Carlos Luvizari/Acervo da editora

| Composição Química | (mg/L) |
|---|---|
| Bicarbonato | 169,14 |
| Cálcio | 31,000 |
| Magnésio | 16,500 |
| Cloreto | 10,85 |
| Nitrato | 5,15 |
| Sódio | 4,180 |
| Potássio | 3,990 |
| Sulfato | 1,11 |
| Fluoreto | 0,11 |
| Brometo | 0,062 |
| Estrôncio | 0,025 |

Branislav Nenin/Shutterstock

40. (Feevale-RS) O soro fisiológico pode ser utilizado em diversos procedimentos caseiros, como para limpar feridas e machucados, para higiene nasal ou para limpeza de lentes de contato. Normalmente é uma solução a 0,9% de cloreto de sódio em água. Em caso de necessidade, pode ser feito em casa, fervendo-se previamente a água utilizada para fazer soro. Foi necessário preparar 0,5 litro dessa solução.

Marque a alternativa que apresenta respectivamente a quantidade de cloreto de sódio necessária para essa preparação e a concentração molar dessa solução.

a) 4,5 g e 0,308 $mol \cdot L^{-1}$.
b) 0,154 g e 4,5 $mol \cdot L^{-1}$.
c) 0,154 g e 9,0 $mol \cdot L^{-1}$.
d) 9,0 g e 0,154 $mol \cdot L^{-1}$.
e) 4,5 g e 0,154 $mol \cdot L^{-1}$.

41. (UFSM-RS)

**Sal, vilão ou mocinho?**

Substância imprescindível ao equilíbrio das funções orgânicas, o cloreto de sódio pode produzir efeitos indesejados se consumido em excesso. A demanda natural desse composto fez com que ele superasse o ouro como valor estratégico e fosse base para remunerar o trabalho. Tanto os íons $Na^+$ como os $C\ell^-$ são essenciais para a manutenção da vida animal, controlando o volume de líquidos e a manutenção da pressão arterial.

Fonte: *Scientific American Brasil*, Ano II, n. 16, p. 50, 2013. (adaptado)

O sal apresenta inúmeras utilidades, sendo considerado o mais antigo aditivo alimentar. Dentre os usos do $NaC\ell$, destaca-se o soro fisiológico, uma solução 0,9% de cloreto de sódio.

Com base nessas informações, é correto afirmar que a solução é do tipo:

a) eletrolítica e a concentração do sal é de 0,015 $mol \cdot L^{-1}$.
b) não eletrolítica e a concentração do sal é de 0,900 $mol \cdot L^{-1}$.
c) eletrolítica e a concentração do sal é de 0,900 $mol \cdot L^{-1}$.
d) não eletrolítica e a concentração do sal é de 0,154 $mol \cdot L^{-1}$.
e) eletrolítica e a concentração do sal é de 0,154 $mol \cdot L^{-1}$.

42. (UFPR) Antes de consumir frutas com casca e também verduras e hortaliças cruas, é recomendada a higienização desses alimentos deixando-os de molho em soluções à base de cloro ativo, ou água sanitária. Para a solução de molho, a proporção recomendada pelo Ministério da Saúde é de uma colher de sopa de água sanitária para 1 litro de água. O teor de cloro ativo presente na água sanitária especifica a porcentagem de hipoclorito de sódio e o seu valor típico é 2,0%.

Dados: M ($g \cdot mol^{-1}$): $C\ell = 35,5$; Na = 23; O = 16. 1 colher de sopa equivale a 10 mL. Densidade da água sanitária = 1 $g \cdot mL^{-1}$.

a) Qual característica química do "cloro ativo" é responsável pela higienização?
b) Qual o valor da concentração (em $mol \cdot L^{-1}$) de hipoclorito de sódio na solução recomendada pelo Ministério da Saúde para higienização?

43. (Uece) O magnésio subministrado na forma de cloreto de magnésio tem papel importante para o fortalecimento dos músculos e nervos, função imunológica, reforça a estrutura óssea, regula os níveis de pressão arterial e o açúcar do sangue, etc. A título experimental, um estudante de bioquímica preparou uma solução de cloreto de magnésio utilizando 200 g de água e 20 g de cloreto de magnésio que passou a ter densidade de 1,10 g/mL. Para essa solução, a concentração em quantidade de matéria é, aproximadamente:

a) 1,05 mol/L.
b) 1,20 mol/L.
c) 1,30 mol/L.
d) 1,50 mol/L.

44. (Enem-PPL) O vinagre vem sendo usado desde a Antiguidade como conservante de alimentos, bem como agente de limpeza e condimento. Um dos principais componentes do vinagre é o ácido acético (massa molar 60 g/mol) cuja faixa de concentração deve se situar entre 4% e 6% (m/V). Em um teste de controle de qualidade foram analisadas cinco marcas de diferentes vinagres, e as concentrações de ácido acético, em mol/L, se encontram no quadro.

| Amostra | Concentração de ácido acético (mol/L) |
|---|---|
| 1 | 0,007 |
| 2 | 0,070 |
| 3 | 0,150 |
| 4 | 0,400 |
| 5 | 0,700 |

RIZZON, L. A. Sistema de produção de vinagre. Disponível em: www.sistemasdeproducao.cnptia.embrapa.br. Acesso em: 14 ago. 2012 (adaptado).

A amostra de vinagre que se encontra dentro do limite de concentração tolerado é a:

a) 1.
b) 2.
c) 3.
d) 4.
e) 5.

**45.** (Cefet-MG) Um técnico de laboratório necessita preparar 500 mL de uma solução de $HNO_3$ que tenha a concentração igual a 0,5 mol · $L^{-1}$. No estoque do laboratório, há uma solução concentrada desse ácido a 63% m/m, com uma densidade aproximadamente igual a 1,5 g · $mL^{-1}$. O volume aproximado, da solução concentrada, que o técnico deve medir, em mL, para preparar a solução de ácido nítrico, é:

a) 7.
b) 11.
c) 17.
d) 25.
e) 67.

**46.** (UFRGS-RS) Com o avanço dos recursos tecnológicos, vem crescendo a importância das simulações computacionais como metodologia auxiliar à química experimental. Nas simulações, podem-se descrever os detalhes microscópicos de um sistema, como, por exemplo, o número exato de moléculas de cada espécie.

Se, em uma simulação de solução aquosa de ureia, há 1 molécula de ureia para cada 111 moléculas de água, a concentração correspondente da ureia em mol · $L^{-1}$, nessa solução, é:

Dado: $d_{água}$ = 1 g/mL

a) 0,0009.
b) 0,09.
c) 0,11.
d) 0,5.
e) 1,11.

**47.** (FMJ-SP)

A taxa normal de ureia no sangue deve ser de $3,6 \cdot 10^{19}$ moléculas · $dL^{-1}$ a $8,3 \cdot 10^{19}$ moléculas · · $dL^{-1}$. Quando acima do valor máximo, considera-se um quadro de hiperuremia e, quando abaixo do valor mínimo, considera-se um quadro de hipouremia. A taxa de ureia no sangue é determinada por fatores como hábitos alimentares, hidratação corporal, sedentarismo e o próprio metabolismo.

(www.infoescola.com. Adaptado.)

a) Sabendo que a ureia pode ser obtida a partir da reação entre o $CO_2$ e o $NH_3$, indique as forças intermoleculares que mantêm unidas as moléculas presentes em cada uma das substâncias reagentes.

b) Considere a constante de Avogadro igual a $6 \cdot 10^{23}$ $mol^{-1}$, a massa molar da ureia sendo de 60 g · $mol^{-1}$ e que um indivíduo apresente 2,4 mg · $dL^{-1}$ de ureia em seu sangue. Com relação à taxa de ureia no sangue, qual é o diagnóstico do indivíduo? Apresente os cálculos efetuados.

**48.** (Enem-PPL) Em um caso de anemia, a quantidade de sulfato de ferro(II) ($FeSO_4$, massa molar igual a 152 g/mol) recomendada como suplemento de ferro foi de 300 mg/dia. Acima desse valor, a mucosa intestinal atua como barreira, impedindo a absorção de ferro. Foram analisados cinco frascos de suplemento, contendo solução aquosa de $FeSO_4$, cujos resultados encontram-se no quadro.

| Frasco | Concentração de sulfato de ferro(II) (mol/L) |
|---|---|
| 1 | 0,02 |
| 2 | 0,20 |
| 3 | 0,30 |
| 4 | 1,97 |
| 5 | 5,01 |

Se for ingerida uma colher (10 mL) por dia do medicamento para anemia, a amostra que conterá a concentração de sulfato de ferro (II) mais próxima da recomendada é a do frasco de número:

a) 1.
b) 2.
c) 3.
d) 4.
e) 5.

**49.** (Vunesp-SP)

O gluconato de cálcio (massa molar = 430 g/mol) é um medicamento destinado principalmente ao tratamento da deficiência de cálcio. Na forma de solução injetável 10%, ou seja, 100 mg/mL, este medicamento é destinado ao tratamento da hipocalcemia aguda.

(www.medicinanet.com.br. Adaptado.)

Reprodução/UNESP 2017

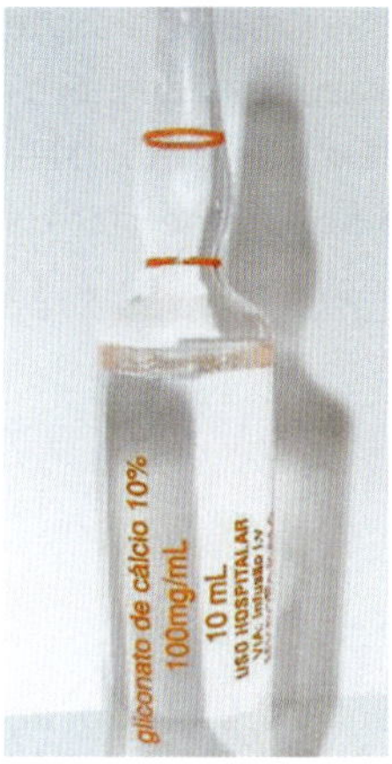


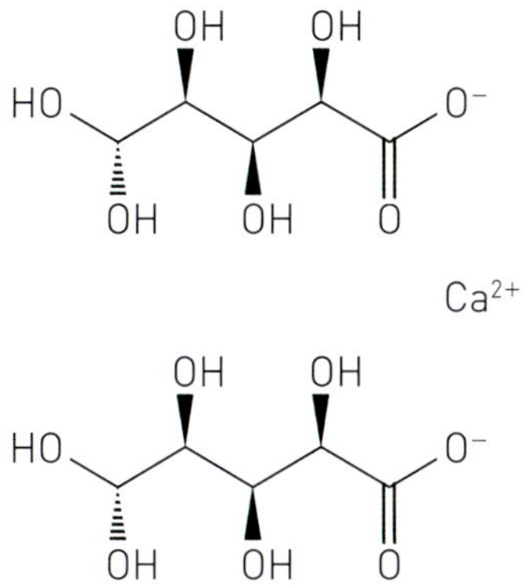

gluconato de cálcio

Considere que a constante de Avogadro seja $6,0 \cdot 10^{23}$ mol$^{-1}$ e que uma pessoa receba uma dose de 10 mL de uma solução injetável de gluconato de cálcio a 10%. O número total de íons $Ca^{2+}$ que entrará no organismo dessa pessoa após ela receber essa dose será:

a) $7,1 \cdot 10^{22}$
b) $1,0 \cdot 10^{23}$
c) $5,5 \cdot 10^{25}$
d) $1,4 \cdot 10^{21}$
e) $4,3 \cdot 10^{24}$

**50.** (Acafe-SC) A Portaria 2914, de 12 de dezembro de 2011, do Ministério da Saúde, dispõe sobre procedimentos de controle e vigilância da qualidade da água para consumo humano e seu padrão de potabilidade. Em seu artigo 39, parágrafo segundo, diz "[...] Recomenda-se que o teor máximo de cloro residual livre em qualquer ponto do sistema de abastecimento seja de 2 mg/L [...]".

Utilizando-se de técnicas apropriadas, uma amostra de água do sistema de abastecimento foi analisada e apresentou concentração de cloro residual livre de $4 \cdot 10^{-5}$ mol/L.

Dados: Considere que o cloro residual livre corresponda à espécie química $C\ell_2$.

Massa molar do $C\ell = 35,5$ g/mol.

O teor de cloro residual livre na amostra analisada está:

a) abaixo do valor máximo permitido, apresentando uma concentração de cloro residual livre de 1,42 mg/L.
b) acima do valor máximo permitido, apresentando uma concentração de cloro residual livre de 2,84 mg/L.
c) acima do valor máximo permitido, apresentando uma concentração de cloro residual livre de 4 mg/L.
d) abaixo do valor máximo permitido, apresentando uma concentração de cloro residual livre de 0,284 mg/L.

Leia o texto para responder à questão a seguir:

A salinidade da água é um fator fundamental para a sobrevivência dos peixes. A maioria deles vive em condições restritas de salinidade, embora existam espécies, como o salmão, que conseguem viver em ambientes que vão da água doce à água do mar. Há peixes que sobrevivem em concentrações salinas adversas, desde que estas não se afastem muito das originais.

Considere um rio que tenha passado por um processo de salinização. Observe na tabela suas faixas de concentração de cloreto de sódio.

| Trecho do rio | Concentração de $NaC\ell$ ($mol \cdot L^{-1}$) |
|---|---|
| W | < 0,01 |
| X | 0,1 – 0,2 |
| Y | 0,4 – 0,5 |
| Z | $\geq$ 0,6* |

*isotônica à água do mar

**51.** (Uerj) Um aquário com 100 L de solução aquosa de $NaC\ell$ com concentração igual a $2,1 \text{ g} \cdot L^{-1}$ será utilizado para criar peixes que vivem no trecho Z do rio. A fim de atingir a concentração mínima para a sobrevivência dos peixes, deverá ser acrescentado $NaC\ell$ à solução, sem alteração de seu volume.

A massa de cloreto de sódio a ser adicionada, em quilogramas, é igual a:

a) 2,40.
b) 3,30.
c) 3,51.
d) 3,72.

**52.** (PUC-PR) A tabela apresentada a seguir representa parte das informações interpretativas de um exame de sangue:

| Teste de tolerância à glicose oral | |
|---|---|
| **Nível de glicose** | **Significado** |
| De 70 a 99 mg/dL | Glicemia em jejum normal |
| De 100 a 125 mg/dL (5,6 a 6,9 mmol/L) | Glicemia em jejum alterada (pré-diabetes) |
| 126 mg/dL ou mais em pelo menos dois exames | Diabetes |

Supondo um paciente que possua diabetes, a molaridade de glicose ($C_6H_{12}O_6$) em seu sangue, em mol/L, considerando o nível inicial, será aproximadamente:

Dados: C = 12; H = 1; O = 16.

a) 0,7.
b) 7.
c) $7 \cdot 10^{-2}$.
d) $7 \cdot 10^{-3}$.
e) $7 \cdot 10^{-5}$.

**53.** (UPE) O glifosato ($C_3H_8NO_5P$) é bastante utilizado no cultivo da soja, um dos pilares do agronegócio mundial. Em 2015, a Organização Mundial de Saúde (OMS) classificou o produto como "provavelmente cancerígeno para seres humanos", o que causou eventual efervescência no mercado e interferiu na legislação dos países. No Brasil, o limite de glifosato aceito é de 10 ppm. As concentrações de glifosato, informadas nos rótulos de três produtos comercializados para a cultura da soja, estão indicadas no quadro a seguir:

| Produto | Concentração de glifosato |
|---|---|
| I | 480 g/L |
| II | $2,80 \cdot 10^{-4}$ M |
| III | 0,9 g/mL |

Considerando que todos os produtos recomendam diluição de 1 para 100 L antes da aplicação na lavoura da soja, está(ão) de acordo com a legislação atual apenas:

Dados: C = 12 g/mol; H = 1 g/mol; N = 14 g/mol; O = 16 g/mol; P = 31 g/mol.

a) I.
b) II.
c) III.
d) I e II.
e) II e III.

**54.** (Fac. Albert Einstein-SP) O náilon 6,6 e o poliestireno são polímeros que apresentam diversas aplicações na indústria. Um técnico misturou inadvertidamente amostras desses polímeros.

Dados:

- densidade do náilon 6,6 = $1,14 \text{ g} \cdot \text{cm}^{-3}$.
- densidade do poliestireno = $1,05 \text{ g} \cdot \text{cm}^{-3}$.
- massa molar do $NaC\ell$ = $58,5 \text{ g} \cdot \text{mol}^{-1}$.

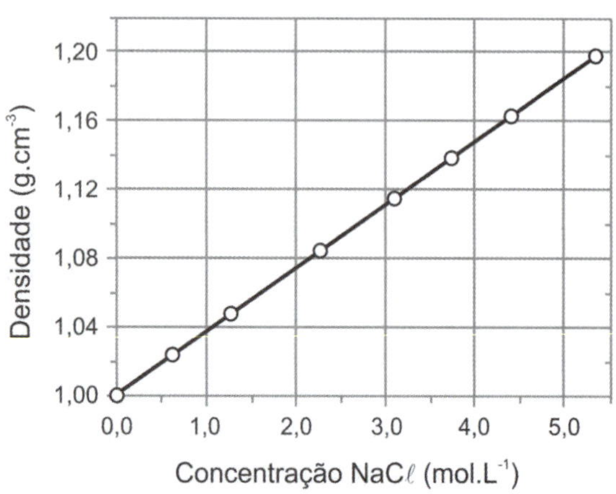


Reprodução/ FAEinstein, 2016.

Conhecendo a densidade desses materiais, ele decidiu preparar uma solução aquosa de cloreto de sódio ($NaC\ell$) para separar as amostras. Para tanto, ele utilizou um balão volumétrico de 5,0 L. A massa de $NaC\ell$ adequada para essa preparação é:

a) 120 g.
b) 300 g.
c) 600 g.
d) 1300 g.

**55.** (PUC-RJ) Um químico dissolveu 0,040 g de NaOH em água formando 1000 mL de solução, cuja densidade é $1,00 \text{ g} \cdot \text{mL}^{-1}$. A informação que o químico não poderia colocar no rótulo dessa solução é:

a) Solução de NaOH $0,040 \text{ mg} \cdot \text{mL}^{-1}$.
b) Solução de NaOH $4 \cdot 10^{-3}$ de NaOH por 100 mL.
c) Solução com 40 partes por milhão de NaOH.
d) Solução 0,0040%, em massa, de NaOH.
e) Solução de NaOH $4,0 \cdot 10^{-3} \text{ mol} \cdot \text{L}^{-1}$.

**56.** (Unicamp-SP) O processo de condenação por falsificação ou adulteração de produtos envolve a identificação do produto apreendido. Essa identificação consiste em descobrir se o produto é aquele informado e se os componentes ali contidos estão na quantidade e na concentração indicadas na embalagem.

a) Considere que uma análise da ANVISA tenha descoberto que o comprimido de um produto apresentava $5,2 \cdot 10^{-5}$ mol do princípio ativo citrato de sildenafila. Esse produto estaria ou não fora da especificação, dado que a sua embalagem indicava haver 50 mg dessa substância em cada comprimido? Justifique sua resposta.

b) Duas substâncias com efeitos terapêuticos semelhantes estariam sendo adicionadas individualmente em pequenas quantidades em energéticos. Essas substâncias são o citrato de sildenafila e a tadalafila. Se uma amostra da substância adicionada ao energético fosse encontrada, seria possível diferenciar entre o citrato de sildenafila e a tadalafila, a partir do teor de nitrogênio presente na amostra? Justifique sua resposta.

Dados: Citrato de sildenafila ($C_{22}H_{30}N_6O_4S \cdot C_6H_8O_7$) = $= 666,7 \text{ g} \cdot \text{mol}^{-1}$ e tadalafila ($C_{22}H_{19}N_3O_4$) = $389,4 \text{ g} \cdot \text{mol}^{-1}$.

# Complemento

Existem outras formas de exprimir a concentração das soluções, que vamos estudar a seguir.

Atualmente essas formas não são cobradas na maioria dos exames de seleção.

## Fração em quantidade de matéria ou fração molar (x)

**Fração molar** é a relação entre a quantidade de matéria, em número de mol, dos componentes de uma solução; portanto, pode ser definida tanto para o soluto quanto para o solvente.

O cálculo das frações em mol é feito relacionando-se o número de mol do soluto ($n_1$) ou o número de mol do solvente ($n_2$) com o número de mol da solução (n).

O número de mol da solução (n) é a soma do número de mol do soluto ($n_1$) com o número de mol do solvente ($n_2$):

$$n = n_1 + n_2$$

Assim, temos:

Fração em mol do soluto ($x_1$):

$$x_1 = \frac{n_1}{n_1 + n_2} = \frac{n_1}{n}$$

Fração em mol do solvente ($x_2$):

$$x_2 = \frac{n_2}{n_1 + n_2} = \frac{n_2}{n}$$

Observe um fato interessante:

$$x_1 + x_2 = \frac{n_1}{n_1 + n_2} + \frac{n_2}{n_1 + n_2} = \frac{n_1 + n_2}{n_1 + n_2} = 1$$

Ou seja, a soma das frações em mol dos componentes de uma solução sempre será igual a 1.

Tome-se, como exemplo, a solução a seguir.

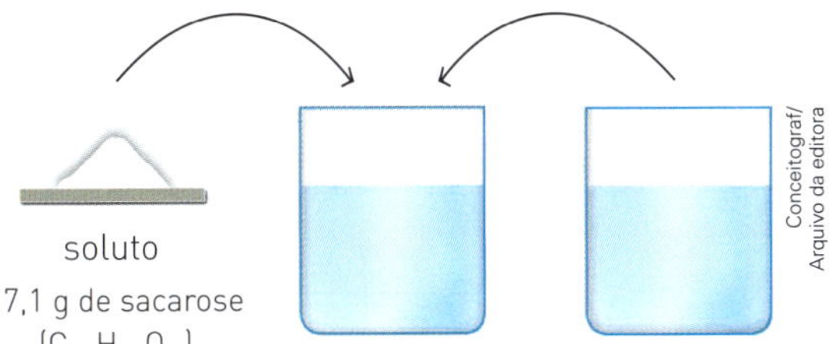


soluto
17,1 g de sacarose
($C_{12}H_{22}O_{11}$)
(massa molar: 342 g · mol$^{-1}$)

solução

solvente
17,1 mL de água ($H_2O$)
d = 1 g/mL
(massa molar: 18 g · mol$^{-1}$)

Para determinar as frações molares do soluto e do solvente, devemos inicialmente calcular seus respectivos números de mol:

$$n_1 = \frac{m_1}{M_1} = \frac{17{,}1\,\cancel{g}}{342\,\cancel{g} \cdot mol^{-1}} = 0{,}05 \text{ mol}$$

$$n_2 = \frac{m_2}{M_2} = \frac{17{,}1\,\cancel{g}}{18\,\cancel{g} \cdot mol^{-1}} = 0{,}95 \text{ mol}$$

Assim, as frações molares podem ser calculadas pelas expressões:

$$x_1 = \frac{n_1}{n_1 + n_2} = \frac{0{,}05}{0{,}05 + 0{,}95} = 0{,}05$$

$$x_2 = \frac{n_2}{n_1 + n_2} = \frac{0{,}95}{0{,}05 + 0{,}95} = 0{,}95$$

Observe que $x_2$ poderia ter sido determinado de outra maneira, pois também era conhecido o valor de $x_1 = 0{,}05$ e que:

$$x_1 + x_2 = 1$$

$$0{,}05 + x_2 = 1 \Rightarrow x_2 = 0{,}95$$

Uma relação que podemos estabelecer nesse exemplo é que:

$$x_{soluto} \Rightarrow x_1 = 0{,}05 \Rightarrow 5\% \text{ em mol do soluto}$$

$$x_{solvente} \Rightarrow x_2 = 0{,}95 \Rightarrow 95\% \text{ em mol do solvente}$$

Assim, no número total de mol dessa solução existem 5% de mol do soluto e 95% de mol do solvente.

# Molalidade (W)

Essa outra maneira de indicar a concentração de uma solução relaciona a quantidade de matéria do soluto ($n_1$) dissolvida em 1 kg do solvente.

Assim, temos:

$$W = \frac{n_1}{m_2}\left(\frac{mol}{kg}\right)$$

Veja o exemplo de uma solução de ácido nítrico ($HNO_3$), cuja massa molar é 63 g/mol, e água (densidade = 1,0 g/mL):

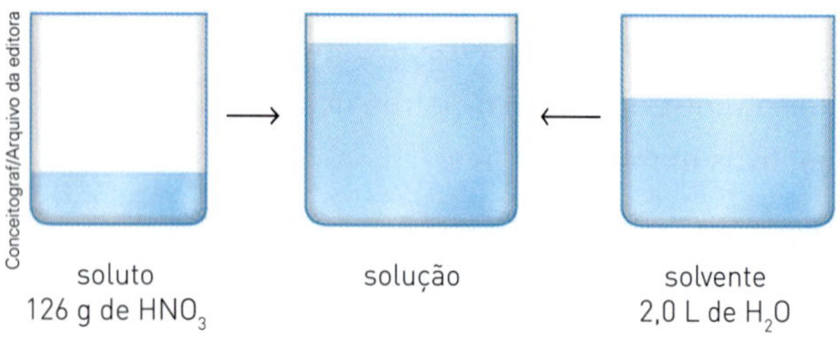


Para determinarmos a molalidade da solução, devemos calcular inicialmente o número de mol do soluto ($n_1$):

$$n_1 = \frac{m_1}{M_1} = \frac{126\ \not{g}}{63\ \not{g} \cdot mol^{-1}} = 2\ mol$$

E, a seguir, precisamos determinar a massa do solvente ($m_2$) em quilogramas (kg):

$$1\ mL\ \text{de água} \text{ ——— } 1\ g\ \text{de água}$$
$$2L = 2\,000\ mL\ \text{de água} \text{ ——— } x$$
$$x = 2\,000\ g\ \text{de água} = 2\ kg\ \text{de água}$$

Assim, essa solução é formada por 2 mol de soluto dissolvidos em 2 kg de solvente; portanto, contém 1 mol do soluto para 1 kg do solvente. Sendo assim, a solução é considerada 1 molal. Na expressão, temos:

$$W = \frac{n_1}{m_2} = \frac{2\ mol}{2\ kg} = 1\frac{mol}{kg} = 1\ molal$$

A molalidade é muito útil quando trabalhamos com soluções cuja temperatura pode variar, pois, para calculá-la, não utilizamos medidas de volume que variam com a temperatura. Concentrações expressas em molalidade, fração em mol, porcentagem em massa e título são independentes da temperatura.

Um fato experimental que convém ser ressaltado é que, nas soluções aquosas diluídas que contêm quantidade igual ou inferior a 0,1 mol de soluto por 1 litro de água, as concentrações expressas em mol/L ($\mathcal{m}$) e molalidade (W) são aproximadamente iguais numericamente.

Assim, uma solução aquosa 0,1 molal pode ser considerada 0,1 mol/L. Isso se deve ao fato de que 1 kg de água apresenta volume de 1,0 L.

## Exercícios

### Fração molar

**1.** (Fuern-RN) Uma solução preparada tomando-se 1 mol de glicose ($C_6H_{12}O_6$) e 99 mol de água ($H_2O$) apresenta frações molares de soluto e solvente, respectivamente, iguais a:

a) 0,18 e 0,82.
b) 0,82 e 0,18.
c) 0,90 e 0,10.
d) 0,10 e 0,90.
e) 0,01 e 0,99.

**2.** Uma solução aquosa de NaOH apresenta a fração em mol do soluto igual a 0,3. Determine o número de mol da água, sabendo-se que o número de mol do NaOH é 0,3 mol.

**3.** (UFF-RJ) Uma solução contém 18,0 g de glicose ($C_6H_{12}O_6$), 24,0 g de ácido acético ($C_2H_4O_2$) e 81,0 g de água ($H_2O$). Qual a fração molar de ácido acético na solução? (Massas molares: $H_2O$ = 18 g · mol$^{-1}$; $C_6H_{12}O_6$ = 180 g · mol$^{-1}$; $C_2H_4O_2$ = 60 g · mol$^{-1}$.)

**4.** A fração molar do KOH em uma solução aquosa é igual a 0,05. Se o número total de mol da solução é igual a 10, determine a massa do KOH e de $H_2O$ presentes nessa solução. (Massas molares: KOH = 56 g · mol$^{-1}$; $H_2O$ = 18 g · mol$^{-1}$.)

**5.** (Uece) Determine a concentração em quantidade de matéria (molaridade) e a fração em quantidade de matéria (fração molar) do soluto em

uma solução de hidróxido de sódio cujo título é 40% e cuja densidade é 1800 g/L.
Dado: massa molar do NaOH = 40 g · $mol^{-1}$.

**6.** Em uma solução aquosa de ureia $[CO(NH_2)_2]$, a massa de ureia é igual a $\frac{1}{3}$ da massa de água. Calcule a fração molar da ureia. (Dados: massa molar do $CO(NH_2)_2$ = 60 g/mol; $H_2O$ = 18 g/mol.)

**7.** Calcule a fração em mol do NaOH em uma solução aquosa contendo 28% em massa de NaOH.
(Dados: MA do Na = 23; do O = 16; do H = 1.)

**8.** A fração em mol do LiOH em uma solução aquosa é igual a 0,2. Calcule a concentração em mol/L, sabendo que a densidade dessa solução é igual a 1,20 g/$cm^3$.
(Dados: MA do Li = 7; do O = 16; do H = 1.)

**9.** A fração em mol do NaF em uma solução aquosa é igual a 0,15. Calcule a concentração em g/L, sabendo que a densidade da solução é igual a 1250 g/L.
(Dados: MA do Na = 23; do F = 19; do O = 16; do H = 1.)

## Molalidade

**10.** Uma solução aquosa 2 molal de $NaNO_3$ apresenta ____________ mol do soluto para cada kg de solvente. Assim, se desejarmos preparar uma solução de igual molalidade utilizando 10 kg do solvente, necessitaremos de ____________ mol de soluto.
Identifique os valores que completam corretamente as lacunas.

**11.** (PUC-MG) Uma solução aquosa 2 molal de $H_3PO_4$ contém:

a) 2 mol de $H_3PO_4$ dissolvidos em 1 mol de água.
b) 2 mol de $H_3PO_4$ dissolvidos em 1000 g de água.
c) 2 mol de $H_3PO_4$ dissolvidos em água suficiente para 1 L de solução.
d) 2 mol de $H_3PO_4$ dissolvidos em 1 L de água.
e) 2 mol de $H_3PO_4$ dissolvidos em água para originar 1000 g de solução.

**12.** Calcule a molalidade (W) de uma solução aquosa obtida pela dissolução de 24,5 gramas de ácido sulfúrico em 1000 gramas de água.
(Massa molar do $H_2SO_4$ = 98 g · $mol^{-1}$.)

**13.** Uma solução 0,2 molal de glicose foi preparada utilizando-se 500 gramas de água. Qual a massa de glicose presente nessa solução?
(Massa molar da glicose = 180 g · $mol^{-1}$.)

**14.** Determine a molalidade (W) e a concentração em mol/L de uma solução obtida pela dissolução de 3,65 gramas de gás clorídrico ($HC\ell$) em 1000 gramas de água, originando 1,0 L de solução. (Massa molar do $HC\ell$ = 36,5 g · $mol^{-1}$.)

**15.** (PUC-MG) Quando 39,2 g de ácido sulfúrico são dissolvidos em 200 mL de água, obtém-se uma solução de volume igual a 220 mL. A molalidade (W) e a molaridade ($\mathcal{M}$) dessa solução são iguais a:

a) 0,5 molar e 0,5 molal.
b) 1,0 molal e 2,0 molar.
c) 1,0 molar e 2,0 molal.
d) 2,0 molar e 1,8 molal.
e) 2,0 molal e 1,8 molar.

**16.** Qual é a molalidade de uma solução aquosa com 60% em massa de $MgSO_4$?
(Dados: MA do Mg = 24; do S = 32; do O = 16.)

**17.** 254,0 g de $I_2$ dissolvidos em 1000 L de solvente forneceram 1054 L de solução. Foram feitas as seguintes afirmações sobre essa solução.

I. A solução será 0,95 molar e 1,00 molal se o solvente for a água, admitindo o iodo solúvel na água.
II. A solução será 0,95 molar e 1,25 molal se o solvente for o álcool etílico.
III. A solução será 0,95 molar e $\frac{2}{3}$ molal se o solvente for o clorofórmio.
IV. A solução será 0,95 molar e 0,95 molal se o solvente tiver densidade igual a 1054 g/mL.

Sabendo que as densidades do álcool etílico e do clorofórmio são iguais a 0,800 g/mL e 1,50 g/mL, respectivamente, quais das afirmações acima são corretas?
Dado: I = 127.

CAPÍTULO

3

# Diluição de soluções

## A diluição no cotidiano

Xarope de groselha e suco de frutas concentrado, por exemplo, não são consumidos na forma como são comercializados. Para serem ingeridos, devem sofrer acréscimo de água, de acordo com instruções contidas nas embalagens.

Fotos: Rita Barreto/Fotoarena

1 medida de suco de laranja concentrado + 3 medidas de água = suco de laranja em quantidade equivalente a 4 medidas

1. Considerando que o suco na lata é chamado de concentrado, qual o nome do processo de acrescentar água ao suco?
2. Quais as mudanças que podem ser observadas no aspecto do suco antes e depois da mistura com a água?
3. De forma geral, como você definiria algo concentrado e algo diluído?

CORES FANTASIA

AUSÊNCIA DE PROPORÇÃO

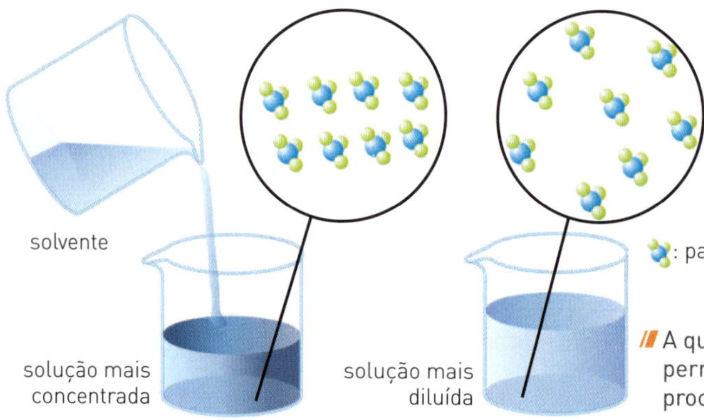


: partícula de soluto

A quantidade de soluto permanece constante nos processos de diluição.

Ilustrações: Luiz Fernando Rubio/Arquivo da editora

Note que, nesses exemplos de diluição, o procedimento foi o mesmo, ou seja, adição de certa quantidade de água (solvente) à solução inicial, obtendo-se uma nova solução **menos concentrada** ou **mais diluída**.

Independentemente de a diluição ser perceptível ou não, a quantidade do soluto presente na solução inicial será a mesma após a diluição; contudo, a adição de mais solvente acarretará um aumento na massa da solução, bem como em seu volume. Geralmente, o volume final corresponde à soma do volume da solução inicial com o volume do solvente adicionado.

Você sabe por que não faz bem ingerir líquidos quando nos alimentamos? Quando nos alimentamos, o suco gástrico entra em cena para auxiliar a digestão. Ao ingerirmos algum líquido, acabamos por diluir esse suco gástrico, fazendo com que o processo seja comprometido.

# A diluição em laboratório

As diluições executadas em nosso dia a dia também são um procedimento habitual em laboratórios e indústrias. Isso se deve ao fato de as substâncias utilizadas em laboratório serem comercializadas em soluções padronizadas, que, por meio da diluição, possibilitam a obtenção de soluções menos concentradas, de acordo com a necessidade.

Em uma diluição, a quantidade de soluto nunca se altera, isto é, a quantidade inicial de soluto será sempre igual à quantidade final de soluto.

Assim, podemos relacionar as formas de concentração antes e depois de uma diluição.

| | Inicial | Final | Relação |
|---|---|---|---|
| Concentração comum | $C = \frac{m_1}{V}$ | $C' = \frac{m_1}{V'}$ | $CV = C'V'$ |
| Concentração em mol/L Concentração molar (molaridade) | $\mathcal{M} = \frac{n_1}{V}$ | $\mathcal{M}' = \frac{n_1}{V'}$ | $\mathcal{M}V = \mathcal{M}'V'$ |
| Título | $\tau = \frac{m_1}{m}$ | $\tau' = \frac{m_1}{m'}$ | $\tau m = \tau' m'$ |

Nas dissoluções em laboratórios, utilizam-se equipamentos como os mostrados acima.

Vejamos um exemplo de dissolução.

Suponha que os técnicos de uma empresa que comercializa ácido clorídrico diluído a partir de uma solução padrão, com as características identificadas na ilustração ao lado, precisem preparar 1,0 L de uma solução de $HC\ell$ (aq) 0,60 mol/L.

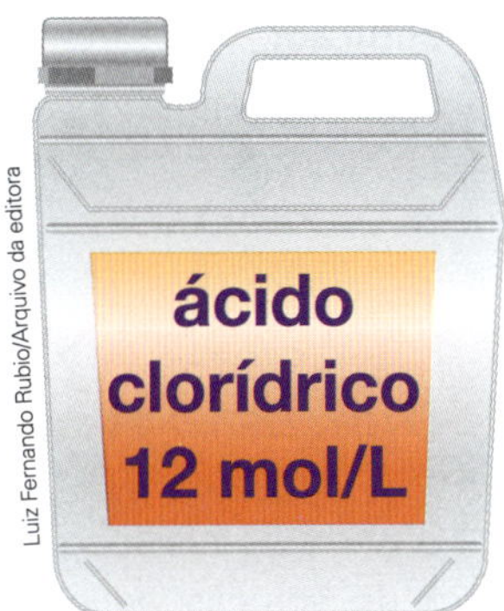


$$\underset{\text{12 mol de HC}\ell\text{ em 1,0 L}}{\underbrace{\text{solução padrão}}_{\text{12 mol/L}}} \longrightarrow \underset{\text{0,60 mol de HC}\ell\text{ em 1,0 L}}{\underbrace{\text{solução diluída}}_{\text{0,60 mol/L}}}$$

Para preparar 1,0 L da solução diluída, necessitamos de 0,6 mol de ácido clorídrico. Então, inicialmente devemos determinar o volume da solução padrão, que contém 0,6 mol de $HC\ell$:

$$\begin{cases} \text{1,0 L da solução padrão} \text{ ——— } \text{12 mol de HC}\ell \\ x \text{ ——— } \text{0,60 mol de HC}\ell \end{cases}$$
$$x = \text{0,050 L da solução padrão}$$

Portanto, devemos usar 0,05 L da solução padrão e adicionar água até completar o volume de 1,0 L.

Esses cálculos também poderiam ser feitos utilizando-se a expressão matemática:

$$\mathcal{M}V = \mathcal{M}'V'$$
$$12\ \text{mol/L} \cdot V = 0{,}60\ \text{mol/L} \cdot 1{,}0\ \text{L}$$
$$V = \frac{0{,}60\ \cancel{\text{mol/L}} \cdot 1{,}0\ \text{L}}{12\ \cancel{\text{mol/L}}}$$
$$V = 0{,}050\ \text{L}$$

Para produzir 1,0 L dessa nova solução, deveríamos adicionar 0,950 L de água:

$$V_{final} - V_{inicial} = \text{volume de água adicionado}$$
$$1{,}0\ \text{L} - 0{,}050\ \text{L} = 0{,}950\ \text{L}$$

## Exercício resolvido

(Unioeste) A espectrofotometria na região do ultravioleta-visível (UV-vis) é uma técnica muito útil na determinação quantitativa, pois existe uma relação linear, dada pela Lei de Beer, entre a concentração de um analito (c) e a absorbância do mesmo (A). Esta relação é dada pela expressão matemática $A = \varepsilon \cdot b \cdot c$ onde $\varepsilon$ é uma constante denominada absortividade molar, b é o caminho óptico, em cm e c a concentração em $mol \cdot L^{-1}$.

De uma amostra, retirou-se uma alíquota de 1 mL, que foi diluída a 100 mL. Desta solução, retirou-se uma alíquota cuja absorbância lida no equipamento foi de 0,4. Determine a concentração da amostra inicial, em $mol \cdot L^{-1}$, considerando-se que o caminho óptico foi de 1 cm e $\varepsilon = 4 \cdot 10^4\ L \cdot cm^{-1} \cdot mol^{-1}$.

a) $1 \cdot 10^{-1}$

b) $1 \cdot 10^{-2}$

c) $1 \cdot 10^{-3}$

d) $1 \cdot 10^{-4}$

e) $1 \cdot 10^{-5}$

**Solução:**

A partir das informações do enunciado da questão:

$A = \varepsilon \cdot b \cdot c$

A ⇒ absorbância lida no equipamento foi de 0,4

$A = 0{,}4$

b é o caminho óptico, e foi de 1 cm

$b = 1\ cm$

$\varepsilon = 4 \cdot 10^4\ L \cdot cm^{-1} \cdot mol^{-1}$

Utilizando esses dados podemos determinar a concentração em mol/L (c):

$A = \varepsilon \cdot b \cdot c$

$0{,}4 = 4 \cdot 10^{-4}\ L\ \cancel{cm^{-1}}\ mol^{-1} \cdot 1\ \cancel{cm} \cdot c_{final}$

$c_{final} = 10^{-5}\ mol/L$

O volume inicial, pelos dados, era de 1 mL e o volume final, de 100 mL.

Como a concentração (mol/L) final era de $10^{-5}$ mol/L, temos:

$10^{-5}\ mol/L$ ——— 100 mL ——— 0,1 L

x ——— 1 mL ——— 0,01 L

$x = 10^{-3}\ mol/L$

Ou utilizando as fórmulas de diluição:

$c_{inicial} \cdot V_{inicial} = c_{final} \cdot V_{final}$

$c_{inicial} \cdot 1\ mL = 10^{-5}\ mol/L \cdot 100\ mL$

$c_{inicial} = 10^{-3}\ mol/L$

## Fundamentando seus conhecimentos

Observe as informações do rótulo de uma embalagem de solução aquosa e responda às questões **1** a **11**.

| Tabela nutricional | |
|---|---|
| **Cada 100 mL contém:** | |
| calorias | 24 kcal |
| carboidratos | 6,0 g |
| proteínas | 0,0 g |
| lipídios | 0,0 g |
| sódio | 45,0 mg |
| potássio | 12,0 mg |
| cloreto | 42,0 mg |
| fibra alimentar | 0,0 g |

**1.** Foram mencionados dois metais. Consulte a tabela periódica e identifique os seus símbolos e a que família pertencem.

**2.** O rótulo indica a presença de carboidratos, substâncias que podem ser representadas pela fórmula geral $C_x(H_2O)_x$. Sabendo que alguns açúcares podem ser expressos por essa fórmula geral, dê o nome e a fórmula molecular de um açúcar que segue essa fórmula.

**3.** O sódio presente na solução indicada está na forma $Na^0$ ou $Na^+$?

**4.** O potássio encontra-se na forma $K^0$, $K^+$ ou $K^{2+}$?

**5.** O cloreto está presente na solução como $C\ell_2$, $C\ell^+$ ou $C\ell^-$?

6. Calcule a massa, em gramas, de sódio presente em 1,0 mL de solução.

7. Calcule a massa, em gramas, de potássio presente em 0,50 L de solução.

8. Calcule a concentração, em mg/mL, para o potássio.

9. Calcule a concentração, em g/L, do cloreto.

10. Você dispõe de 100 mL da solução e a ela adiciona água até completar 1 L. Quais são as massas, em mg, de sódio, de potássio e de cloreto nessa nova solução?

11. Determine a concentração, em g/L, do sódio, do potássio e do cloreto para a nova solução obtida no exercício anterior.

12. Observe a ilustração a seguir, na qual não foram indicadas as partículas do soluto após a diluição:

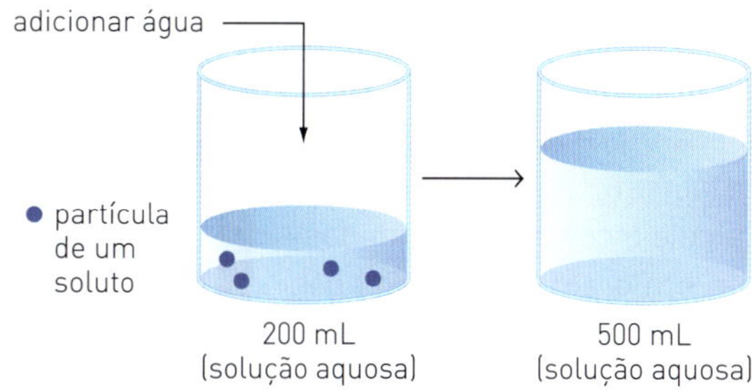


Luiz Fernando Rubio/Arquivo da editora

I. O que aconteceu com:

a) o volume da solução?

b) a massa da solução?

c) a massa do soluto?

d) a massa do solvente?

e) o número de partículas do soluto?

II. Determine a relação $\frac{\text{número de partículas do soluto}}{\text{volume da solução em litros}}$ antes e após a adição de água.

## Desenvolvendo seus conhecimentos

Leia o texto para responder à questão.

**Experiência – Escrever uma mensagem secreta no laboratório**

**Materiais e Reagentes Necessários**

– Folha de papel
– Pincel fino
– Difusor
– Solução de fenolftaleína
– Solução de hidróxido de sódio 0,1 mol/L ou solução saturada de hidróxido de cálcio

**Procedimento Experimental**

Utilizando uma solução incolor de fenolftaleína, escreva com um pincel fino uma mensagem numa folha de papel.

A mensagem permanecerá invisível.

Para revelar essa mensagem, borrife a folha de papel com uma solução de hidróxido de sódio ou de cálcio, com o auxílio de um difusor.

A mensagem aparecerá magicamente com a cor vermelha.

**Explicação**

A fenolftaleína é um indicador que fica vermelho na presença de soluções básicas, nesse caso, uma solução de hidróxido de sódio ou de cálcio.

<http://tinyurl.com/o2vav8v>. Acesso em: 31.08.15. Adaptado.

1. (Fatec-SP) Um aluno da Fatec foi ao laboratório de Química para realizar esse experimento. Lá ele encontrou apenas uma solução aquosa de NaOH de concentração 0,5 mol/L.

Para realizar a experiência na concentração descrita no texto, a partir da solução que ele encontrou, deverá realizar uma

a) diluição com água.

b) evaporação de água.

c) dissolução de NaOH sólido.

d) titulação de precipitação de NaOH.

e) mistura com uma solução de NaCℓ.

2. Observe a ilustração e responda.

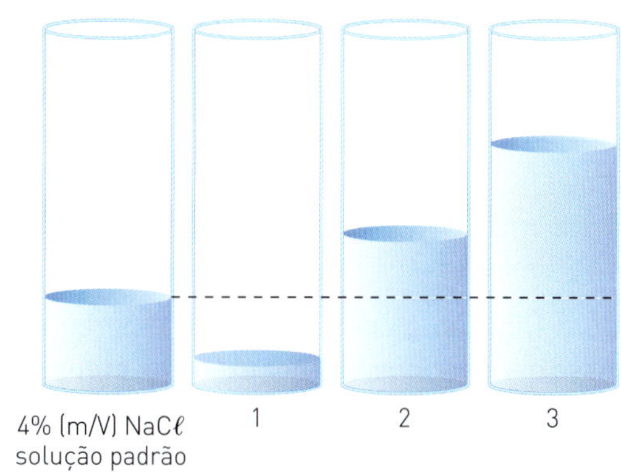


Luiz Fernando Rubio/Arquivo da editora

I. Qual recipiente representa uma solução diluída a 2% (m/V) obtida a partir da solução padrão?

II. Qual recipiente representa uma solução diluída a 1% (m/V) obtida a partir da solução padrão?

**3.** O rótulo de uma solução contendo fertilizante concentrado indica a presença de 8,0 g de fosfato em 100 mL de solução. Calcule a concentração de fosfato em gramas por litro após adicionarmos água aos 5,0 L do fertilizante concentrado, até completarmos um volume de 100 L.

V = 5,0 L

Luiz Fernando Rubio/ Arquivo da editora

**4.** (Vunesp-SP) O volume final, em L, de suco diluído obtido a partir de 300 mL de suco de tangerina de alto teor de polpa, seguindo rigorosamente a sugestão de preparo, é:

a) 0,9.
b) 1,0.
c) 1,5.
d) 1,8.
e) 2,3.

Luiz Fernando Rubio/Arquivo da editora

**5.** Em 200 mL de solução aquosa de iodeto de potássio de concentração 10 g/L, adicionou-se água suficiente para completar 5,0 L de solução. Determine a concentração em g/L da nova solução.

**6.** (UnB-DF) A partir de uma solução de hidróxido de sódio na concentração de 25 g/L, deseja-se obter 125 mL dessa solução na concentração de 10 g/L. Calcule, em mililitros, o volume da solução inicial necessário para esse processo.
Despreze a parte fracionária de seu resultado, caso exista.

**7.** (Udesc) Assinale a alternativa que corresponde ao volume de solução aquosa de sulfato de sódio, a 0,35 mol/L, que deve ser diluída por adição de água, para se obter um volume de 650 mL de solução a 0,21 mol/L.

a) 500 mL
b) 136 mL
c) 227 mL
d) 600 mL
e) 390 mL

**8.** (Uerj) Diluição é operação muito empregada no nosso dia a dia, quando, por exemplo, preparamos um refresco a partir de um suco concentrado. Considere 100 mL de determinado suco em que a concentração do soluto seja de 0,4 mol/L. O volume de água, em mL, que deverá ser acrescentado para que a concentração do soluto caia para 0,04 mol/L, será de:

a) 1 000.
b) 900.
c) 500.
d) 400.

**9.** (Ifsul-RS) Observe, conforme figura ao lado, que, em um laboratório, tem-se o álcool A e deseja-se preparar 1000 mL do álcool B.

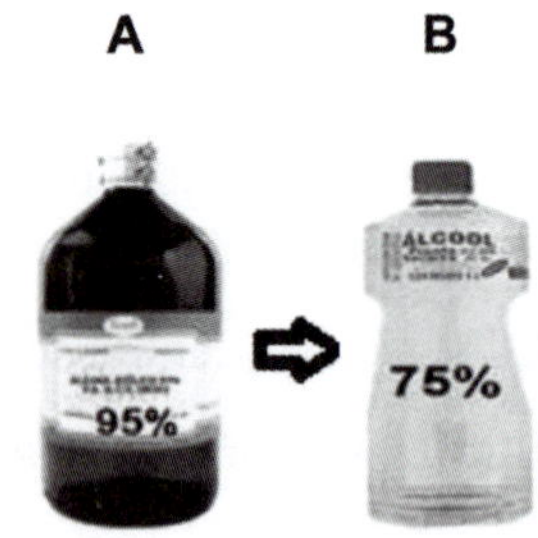

Reprodução/IFSUL, 2017.

Qual volume de água (em mL) deve ser adicionado à quantidade de álcool retirada do frasco A para atingir esse objetivo?

a) 150 mL
b) 210 mL
c) 750 mL
d) 950 mL

**10.** (UFRRJ) Antigamente, o açúcar era um produto de preço elevado e utilizado quase exclusivamente como medicamento calmante. No século XVIII, com a expansão das lavouras de cana-de-açúcar, esse cenário mudou. Hoje a sacarose é acessível à maior parte da população, sendo utilizada no preparo de alimentos e bebidas. Um suco de fruta concentrado de determinada marca foi adoçado com 3,42 g de açúcar (sacarose: $C_{12}H_{22}O_{11}$) em 200 mL de solução. Com este suco, foi preparado um refresco, adicionando-se mais 800 mL de água. A concentração em mol/L de sacarose no **suco** e a concentração em g/L de sacarose no **refresco** são, respectivamente:
**Dado:** Massa molar ($C_{12}H_{22}O_{11}$ = 342 g/mol).

a) 0,05 mol/L e 34,2 g/L.
b) 0,05 mol/L e 3,42 g/L.
c) 0,5 mol/L e 3,42 g/L.
d) 0,5 mol/L e 34,2 g/L.
e) 0,05 mol/L e 342 g/L.

**11.** (Enem) A hidroponia pode ser definida como uma técnica de produção de vegetais sem necessariamente a presença de solo. Uma das formas de implementação é manter as plantas com suas raízes suspensas em meio líquido, de onde retiram os nutrientes essenciais. Suponha que um produtor de rúcula hidropônica precise ajustar a concentração de íon nitrato ($NO_3^-$) para 0,009 mol/L em um tanque de 5000 litros e, para tanto, tem em mãos uma solução comercial nutritiva de nitrato de cálcio 90 g/L. As massas molares dos elementos N, O e Ca são iguais a 14 g/mol, 16 g/mol e 40 g/mol respectivamente.
Qual o valor mais próximo do volume da solução nutritiva, em litros, que o produtor deve adicionar ao tanque?

a) 26
b) 41
c) 45
d) 51
e) 82

# Desafiando seus conhecimentos

**1.** (UEMG) Um desodorante vendido comercialmente nas farmácias traz a seguinte descrição do produto:

Lysoform Primo Plus - desodorante corporal que previne e reduz os maus odores, deixando uma agradável sensação de limpeza e frescor. Insubstituível na higiene diária, garante o bem-estar e a tranquilidade para o convívio social.

**Finalidade**: Desodorizar e higienizar o corpo.

**Modo de Usar**: Usar uma solução contendo 8 tampas (32 mL) de Lysoform Primo Plus e água suficiente para cada 1 litro.

Seguindo as orientações do fabricante, uma pessoa que preparar uma solução do produto com 250 mL terá que adicionar quantas tampas da solução de Lysoform?

a) 1
b) 2
c) 3
d) 4

**2.** (Fasm-SP) Em uma aula experimental de Química, os alunos testaram uma amostra incolor de vinagre, solução de ácido acético de concentração 0,05 mol/L e pH = 3, com os dois indicadores ácido-base relacionados na tabela.

| Indicador | Cor | Faixa de transição (pH) | Cor |
|---|---|---|---|
| Vermelho de metila | Vermelho | 4,8 – 6,0 | Amarelo |
| Púrpura de cresol | Vermelho | 1,2 – 2,8 | Amarelo |

(Daniel C. Harris. Análise química quantitativa, 2001.)

Em seguida, 1,0 mL do vinagre foi diluído em água destilada, obtendo-se 100 mL de solução. No final do experimento, os alunos apresentaram um relatório com as informações obtidas.

a) Quais foram as cores obtidas com cada indicador no teste da amostra de vinagre antes da diluição?

b) Determine a concentração, em mol/L, da solução de vinagre diluída. Apresente os cálculos efetuados.

**3.** (Uerj) Os esquemas a seguir ilustram três experimentos envolvendo diluição seguida de evaporação de soluções de NaCℓ, cujas concentrações iniciais são iguais. As soluções resultantes desse processo, em cada um dos experimentos, têm suas concentrações, em quantidade de matéria, identificadas por **1**, **2** e **3**.

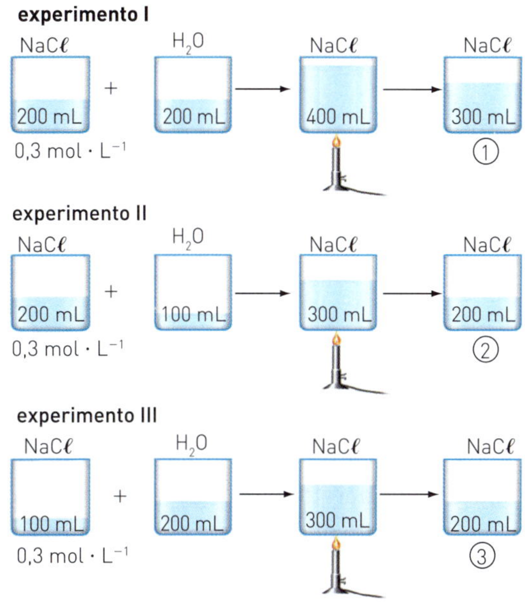


Reprodução/Arquivo da editora

As concentrações das soluções resultantes obedecem à seguinte relação:

a) 2 > 1 > 3.
b) 1 > 2 > 3.
c) 1 > 3 > 2.
d) 3 > 2 > 1.

**4.** (Enem-PPL) O álcool comercial (solução de etanol) é vendido na concentração de 96% em volume. Entretanto, para que possa ser utilizado como desinfetante, deve-se usar uma solução alcoólica na concentração de 70% em volume. Suponha que um hospital recebeu como doação um lote de 1000 litros de álcool comercial a 96% em volume, e pretende trocá-lo por um lote de álcool desinfetante.

Para que a quantidade total de etanol seja a mesma nos dois lotes, o volume de álcool a 70% fornecido na troca deve ser mais próximo de:

a) 1042 L.
b) 1371 L.
c) 1428 L.
d) 1632 L.
e) 1700 L.

**5.** (Uerj) Um medicamento, para ser administrado a um paciente, deve ser preparado com uma solução aquosa de concentração igual a 5%, em massa, de soluto. Dispondo-se do mesmo medicamento em uma solução a 10%, esta deve ser diluída com água, até atingir o percentual desejado.

As massas de água na solução mais concentrada, e naquela obtida após a diluição, apresentam a seguinte razão:

a) $\frac{5}{7}$.

b) $\frac{5}{9}$.

c) $\frac{9}{19}$.

d) $\frac{7}{15}$.

**6.** (UFPE) Os médicos recomendam que o umbigo de recém-nascidos seja limpo, usando-se álcool a 70%. Contudo, no comércio, o álcool hidratado é geralmente encontrado na concentração de 96% de volume de álcool para 4% de volume de água. Logo, é preciso realizar uma diluição. Qual o volume de água pura que deve ser adicionado a 1 litro (1 L) de álcool hidratado 80% v/v, para obter-se uma solução final de concentração 50% v/v?

a) 200 mL
b) 400 mL
c) 600 mL
d) 800 mL
e) 1 600 mL

**7.** (FGV-SP) O Brasil é um grande produtor e exportador de suco concentrado de laranja. O suco *in natura* é obtido a partir de processo de prensagem da fruta que, após a separação de cascas e bagaços, possui 12% em massa de sólidos totais, solúveis e insolúveis. A preparação do suco concentrado é feita por evaporação de água até que se atinja o teor de sólidos totais de 48% em massa.

Quando uma tonelada de suco de laranja *in natura* é colocada em um evaporador, a massa de água evaporada para obtenção do suco concentrado é, em quilograma, igual a:

a) 125.
b) 250.
c) 380.
d) 520.
e) 750.

**8.** (Enem) A varfarina é um fármaco que diminui a agregação plaquetária e, por isso, é utilizada como anticoagulante, desde que esteja presente no plasma, com uma concentração superior a 1,0 mg/L. Entretanto, concentrações plasmáticas superiores a 4,0 mg/L podem desencadear hemorragias. As moléculas desse fármaco ficam retidas no espaço intravascular e dissolvidas exclusivamente no plasma, que representa aproximadamente 60% do sangue em volume. Em um medicamento, a varfarina é administrada por via intravenosa na forma de solução aquosa, com concentração de 3,0 mg/mL. Um indivíduo adulto, com volume sanguíneo total de 5,0 L, será submetido a um tratamento com solução injetável desse medicamento.

Qual é o máximo volume da solução do medicamento que pode ser administrado a esse indivíduo, pela via intravenosa, de maneira que não ocorram hemorragias causadas pelo anticoagulante?

a) 1,0 mL
b) 1,7 mL
c) 2,7 mL
d) 4,0 mL
e) 6,7 mL

**9.** (UEG-GO) Uma solução estoque de hidróxido de sódio (NaOH) foi preparada pela dissolução de 4 g do soluto em água, obtendo-se ao final 100 mL e, posteriormente, determinado volume foi diluído para 250 mL obtendo-se uma nova solução de concentração igual a 0,15 mol · L$^{-1}$. O volume diluído, em mL, da solução estoque é, aproximadamente:

Dado: Massa molar NaOH = 40 g/mol

a) 26.
b) 37.
c) 50.
d) 75.

**10.** (IFPE) O permanganato de potássio ($KMnO_4$) é uma substância vendida nas farmácias, sendo utilizado como antisséptico que possui ação antibacteriana em feridas, o que facilita a cicatrização das mesmas. O permanganato de potássio é encontrado no mercado na forma de comprimidos de 100 mg e seu modo de preparo é o seguinte: para cada 25 mg do permanganato, completa-se com água para 1 litro de solução, nesse caso, a concentração será 25 mg/L. Admita que um médico recomende para um indivíduo preparar uma solução de permanganato de potássio para utilizar em seus ferimentos e, na hora da preparação, em vez de o paciente colocar um comprimido e completar com água para 4 litros de solução, acabou adicionando três comprimidos de permanganato de potássio, de 100 mg cada, e completou com água para 4 litros de solução. Admitindo que, para ajustar a concentração da solução de permanganato de potássio, deve-se acrescentar água, assinale a única alternativa que indica corretamente o volume de água, em litros, que deve ser acrescentado à solução já preparada para chegar à concentração correta, ou seja, 25 mg/L.

a) 5
b) 14
c) 10
d) 8
e) 3

**11.** (UFRGS-RS) Um estudante realizou uma diluição, conforme mostrado na figura.

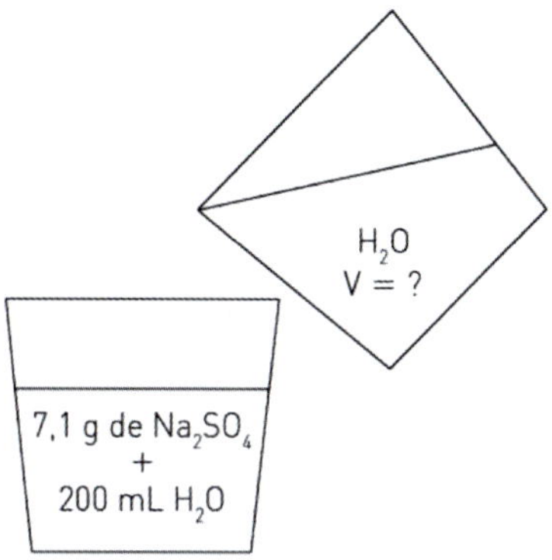

Reprodução/UFRGS, 2012

Supondo-se que a densidade da água, bem como da solução inicial, seja de 1,0 g/mL, qual será o volume de água a ser adicionado para que a solução passe a ter concentração de 0,2 mol/L?

a) 25 mL
b) 50 mL
c) 100 mL
d) 200 mL
e) 250 mL

**12.** (Unicamp-SP) Um dos grandes problemas das navegações do século XVI referia-se à limitação de água potável que era possível transportar numa embarcação. Imagine uma situação de emergência em que restaram apenas 300 litros (L) de água potável (considere-a completamente isenta de eletrólitos). A água do mar não é apropriada para o consumo, devido à grande concentração de NaCℓ (25 g/L), porém o soro fisiológico (10 g de NaCℓ/L) é. Se os navegantes tivessem conhecimento da composição do soro fisiológico, poderiam ter usado a água potável para diluir água do mar de modo a obter soro e assim teriam um volume maior de líquido para beber.

a) Que volume total de soro seria obtido com a diluição, se todos os 300 litros de água potável fossem usados para esse fim?
b) Considerando-se a presença de 50 pessoas na embarcação e admitindo-se uma distribuição equitativa do soro, quantos gramas de NaCℓ teriam sido ingeridos por cada pessoa?
c) Uma maneira que os navegantes usavam para obter água potável adicional era recolher água de chuva. Considerando-se que a água da chuva é originária, em grande parte, da água do mar, como se explica que ela possa ser usada como água potável?

**13.** (UFMG) Uma criança precisa tomar 15 gotas de um antitérmico diluídas em água. Considere desprezível, na solução formada, o volume das gotas adicionadas à água. Todas as seguintes afirmativas referentes a essa solução estão corretas, exceto:

a) A concentração de 15 gotas do medicamento diluído para 20 mL de solução equivale ao dobro da concentração das mesmas 15 gotas para 40 mL de solução.
b) A concentração de 15 gotas do medicamento diluído para 20 mL de solução é três vezes maior que a concentração de 5 gotas diluídas para o mesmo volume de solução.
c) A concentração do medicamento em uma gota antes da diluição em água é menor que a concentração em 15 gotas, também antes da diluição em água.
d) A quantidade de medicamento ingerido independe do volume de água utilizado na diluição.

**14.** (UEPG-PR) O mercúrio é um metal tóxico que pode ser absorvido pelos animais por via gastrointestinal e cuja excreção é lenta. O limite máximo de mercúrio permitido em águas doces é de 0,002 mg/L. A análise da água de um rio próximo de um garimpo revelou uma concentração de $5 \cdot 10^{-5}$ mol/L de mercúrio. Sobre o sistema proposto, assinale o que for correto.

Dados: Hg = 201 g/mol; Cℓ = 35,5 g/mol. Solubilidade do Hg elementar = 2 μg/L a 30 °C.

01) A concentração de mercúrio na água do rio, próximo do garimpo, está acima do limite permitido.
02) Um garimpeiro que bebe um copo de 250 mL da água do rio ingere aproximadamente 2,5 mg de mercúrio.
04) A diluição de 1 mL da água do rio em 1 L de água destilada produz uma solução $5 \cdot 10^{-8}$ mol/L de mercúrio.
08) A água contaminada com mercúrio até a concentração limite permitida a 30 °C apresenta uma única fase e é classificada como solução.
16) A dissolução de 136 g de $HgC\ell_2$ em 1 L de água produz uma solução 0,5 mol/L de mercúrio.

**15.** (PUC-MG) O íon hipoclorito, chamado também de cloro ativo, é responsável pela ação clareadora e desinfetante da água sanitária. Considerando-se que o teor de cloro ativo na água sanitária é aproximativamente 2,5% p/p e que, para desinfecção de água potável, a concentração deste íon deve ser 12500 vezes menor, é **CORRETO** afirmar que, para higienizar 1000 kg de água, precisa-se adicionar aproximativamente:

a) 2 kg de água sanitária.
b) 2 kg de cloro ativo.
c) 2 g de água sanitária.
d) 2 g de cloro ativo.

**16.** (UFJF-MG) Ácido muriático é o nome comercial do ácido clorídrico. Ele pode ser utilizado para limpeza de calçamentos em geral. A pessoa encarregada da limpeza recebeu 1,0 L de uma solução desse ácido, na concentração de 2,0 mol/L, e a orientação para diluí-la na proporção 1:100. Qual será a concentração da solução preparada para limpeza em g/L?

a) 0,02
b) 2,0
c) 3,65
d) 0,365
e) 0,73

**17.** (UFMG) Uma mineradora de ouro, na Romênia, lançou 100 000 $m^3$ de água e lama contaminadas com cianeto, $CN^-$ (aq), nas águas de um afluente do segundo maior rio da Hungria. A concentração de cianeto na água atingiu, então, o valor de 0,0012 mol/litro. Essa concentração é muito mais alta que a concentração máxima de cianeto que ainda permite o consumo doméstico da água, igual a 0,01 miligrama/litro. Considerando-se essas informações, para que essa água pudesse servir ao consumo doméstico, ela deveria ser diluída, aproximadamente:

a) 32 000 vezes.
b) 3 200 vezes.
c) 320 vezes.
d) 32 vezes.

**18.** (Ufes) Uma solução de sulfato de sódio ($Na_2SO_4$) 1 mol/L é diluída até o dobro do seu volume inicial. A concentração de íons sódio (em mol/L) na solução diluída é:

a) $1,0 \cdot 10^{-3}$.
b) $2,0 \cdot 10^{-3}$.
c) $2,5 \cdot 10^{-1}$.
d) $5,0 \cdot 10^{-1}$.
e) 1,0.

**19.** (Unigranrio-RJ) O estudo da concentração de soluções aquosas faz-se necessário em muitos ramos da indústria química onde há necessidade de quantidades exatas de componentes químicos reacionais. Entre os ramos da indústria química que utilizam conhecimentos de concentrações podem ser citados o de tratamento de água e efluentes e a indústria cosmética. Um volume de 50,00 mL de uma solução de $MgC\ell_2$ a 2,0 mol/L é diluído até 1 litro de volume final. Sabendo que soluções diluídas de $MgC\ell_2$ são totalmente solúveis e dissociáveis ($\alpha = 1$), podemos afirmar que a concentração, em mol/L, de íons cloreto na nova solução após a diluição será de:

a) 0,1.
b) 0,2.
c) 1,0.
d) 2,0.
e) 4,0.

**20.** (ITA-SP) Para preparar 80 L de uma solução aquosa 12% (massa/massa) de KOH (massa específica da solução = 1,10 g/$cm^3$) foram adicionados x litros de uma solução aquosa 44% (massa/massa) de KOH (massa específica da solução = = 1,50 g/$cm^3$) e y litros de água deionizada (massa específica = 1,00 g/$cm^3$). Os valores de x e y são, respectivamente:

a) 12 L e 68 L.
b) 16 L e 64 L.
c) 30 L e 50 L.
d) 36 L e 44 L.
e) 44 L e 36 L.

**21.** (UFC-CE) Em média, 90% das pessoas cujo exame de sangue apresenta concentração de etanol, $C_2H_5O$, de 0,0030 g/mL de sangue, demonstram sinais óbvios de intoxicação. A concentração fatal é estimada em 0,0070 g/mL de sangue.

Supondo que todo o álcool vai direto para o sangue e que a densidade do etanol é de 0,80 g/mL, responda qual é a opção em que o volume de uísque (40% de etanol por volume) corresponde à diferença entre a intoxicação e a dose fatal para uma pessoa cujo volume de sangue é de 6,0 litros:

a) 12 mL.
b) 22 mL.
c) 30 mL.
d) 75 mL.
e) 120 mL.

CAPÍTULO 4

# Mistura de soluções

Fotos: Cristina Xavier/ Arquivo da editora

Tanto o suco do limão como o chá são soluções; o mesmo é válido para o adoçante e o café. Nos dois casos, ocorre uma mistura de soluções.

A mistura de soluções é feita frequentemente em algumas situações da nossa vida.

Em laboratórios e nas indústrias, a mistura de soluções é um procedimento muito comum e importante; nesses casos, é fundamental a determinação da concentração dos componentes das misturas obtidas.

## Mistura de soluções com o mesmo solvente e o mesmo soluto

Quando misturamos duas soluções formadas pelo mesmo solvente e pelo mesmo soluto, podemos verificar dois fatos:

- na solução final, a quantidade (número de mol ou massa) do soluto é igual à soma das quantidades de soluto presentes nas soluções iniciais;
- o volume da solução final corresponde, de maneira geral, à soma dos volumes das soluções iniciais.

> Experimentalmente, verifica-se que na preparação de algumas soluções ocorre uma contração de volume, devido a interações intensas entre as moléculas do solvente e do soluto. O volume final de uma solução deve ser sempre determinado experimentalmente.

Vamos considerar a seguinte situação, na qual será feita a mistura de duas soluções aquosas de hidróxido de sódio (NaOH).

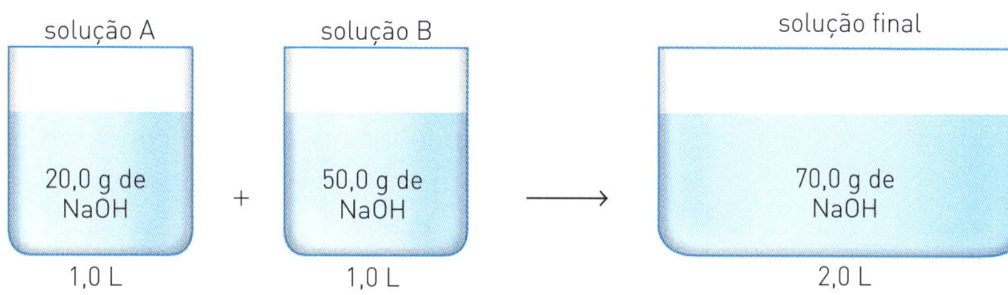


Conceitograf/ Arquivo da editora

Getty Images/iStockphoto

Para fabricar determinado perfume, é necessário misturar várias essências, e cada uma delas é uma solução.

Como podemos notar pelo exemplo, na solução final a quantidade de soluto, a massa e o volume da solução correspondem às somas de seus valores nas soluções iniciais.

Para a solução final, temos:

$$\left.\begin{matrix} m_1 = 70\text{ g de NaOH} \\ V = 2{,}0\text{ L} \end{matrix}\right\} C = \frac{70\text{ g}}{2{,}0\text{ L}} = 35\text{ g/L}$$

O valor da concentração de uma mistura formada pelo mesmo soluto e pelo mesmo solvente pode ser determinado através de uma expressão matemática, deduzida da seguinte maneira:

solução A: $m_1 = 20$ g $\quad C_A = \dfrac{m_1}{V_A}$

$V_A = $ L $\quad \Downarrow$

$m_1 = C_A V_A$

solução B: $m_1 = 50$ g $\quad C_B = \dfrac{m_1}{V_B}$

$V_B = 1$ L $\quad \Downarrow$

$m_1 = C_B V_B$

solução final = (mistura): $m_1 = m_1 + m_1$

$$m_1 = C_A V_A + C_B V_B$$

$$C = \frac{m_1}{V}$$

$$m_1 = CV$$

$$C_A V_A + C_B V_B = CV$$

Substituindo os valores:

$$C_A V_A + C_B V_B = CV$$

$$\frac{20\text{ g}}{1\text{ L}} \cdot 1\text{L} + \frac{50\text{ g}}{1\text{ L}} \cdot 1\text{L} = C \cdot 2\text{L}$$

$$C = 35\text{ g/L}$$

Note que a concentração de NaOH na mistura apresenta um valor intermediário entre os valores das soluções A e B.

| Concentração em g/L | | |
|---|---|---|
| **Solução A** | **Mistura** | **Solução B** |
| 20 g/L < | 35 g/L < | 50 g/L |

Esse tipo de fórmula, para a concentração em g/L, pode ser deduzida analogamente para outras formas de exprimir as concentrações:

$$C_A V_A + C_B V_B + ... = CV$$

$$\mathfrak{m}_A V_A + \mathfrak{m}_B V_B + ... = \mathfrak{m} V$$

$$\tau_A V_A + \tau_B V_B + ... = \tau V$$

# Mistura de soluções com o mesmo solvente e solutos diferentes

Nesse tipo de mistura de soluções pode ou não ocorrer uma reação química, dependendo dos solutos presentes nas soluções misturadas. Vamos estudar essas duas possibilidades separadamente.

## Sem ocorrência de reação química

Neste caso, quando se misturam duas soluções, ocorre a diluição de cada um dos solutos, pois suas quantidades permanecem constantes, porém dispersas em um volume maior. As concentrações finais dos dois solutos são menores que as iniciais.

Vamos analisar a seguinte mistura:

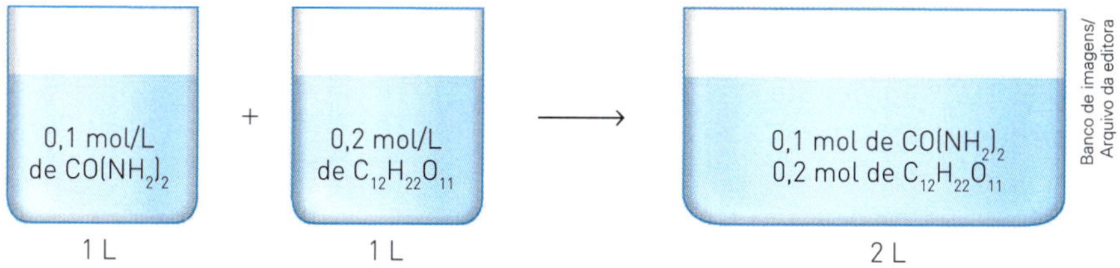


Na solução final:

para o $CO(NH_2)_2$: $\mathcal{M} = \dfrac{n_1}{V} = \dfrac{0{,}1 \text{ mol}}{2 \text{ L}} = 0{,}05 \text{ mol/L}$

para o $C_{12}H_{22}O_{11}$: $\mathcal{M} = \dfrac{n_1}{V} = \dfrac{0{,}2 \text{ mol}}{2 \text{ L}} = 0{,}1 \text{ mol/L}$

Também poderíamos determinar as concentrações em mol/L do $CO(NH_2)_2$ e do $C_{12}H_{22}O_{11}$ após a mistura, utilizando a fórmula de diluição.

$$\mathcal{M} \cdot V = \mathcal{M}' \cdot V'$$

Assim:

$CO(NH_2)_2$

$$\mathcal{M} \cdot V = M' \cdot V'$$

$$\frac{0{,}1 \text{ mol}}{\cancel{L}} \cdot 1 \cancel{L} = M' \cdot 2 \text{ L}$$

$$\mathcal{M}' = 0{,}05 \text{ mol/L}$$

$C_{12}H_{22}O_{11}$

$$\mathcal{M} \cdot V = \mathcal{M}' \cdot V'$$

$$\frac{0{,}2 \text{ mol}}{\cancel{L}} \cdot 1 \cancel{L} = \mathcal{M}' \cdot 2 \text{ L}$$

$$\mathcal{M}' = 0{,}1 \text{ mol/L}$$

Nesses exemplos, efetuamos os cálculos com a concentração em mol/L; porém, podemos aplicar o mesmo raciocínio para as outras formas de concentração.

## Exercícios resolvidos

**1.** Misturando-se 200 mL de uma solução aquosa 0,20 mol/L de $AgNO_3$ com 800 mL de uma solução aquosa de $Ca(NO_3)_2$ 0,10 mol/L, quais serão as concentrações em mol/L dos íons $Ag^+$, $Ca^{2+}$ e $NO_3^-$ presentes na solução final?

**Solução**

Inicialmente vamos determinar o número de mol do soluto e dos íons em cada solução.

$$AgNO_3 \begin{cases} V = 200 \text{ mL} = 0{,}20 \text{ L} \\ 0{,}20 \text{ mol/L} \end{cases}$$

1,0 L de solução ——— 0,20 mol de $AgNO_3$

0,20 L ——— x

x = 0,040 mol de $AgNO_3$

Na dissociação, temos:

$$\underset{0{,}040 \text{ mol}}{AgNO_3} \longrightarrow \underset{0{,}040 \text{ mol}}{Ag^+} + \underset{0{,}040 \text{ mol}}{NO_3^-}$$

$$Ca(NO_3)_2 \begin{cases} V = 800 \text{ mL} = 0{,}80 \text{ L} \\ 0{,}10 \text{ mol/L} \end{cases}$$

1,0 L de solução ——— 0,10 mol de $Ca(NO_3)_2$

0,80 L ——— x

x = 0,080 mol de $Ca(NO_3)_2$

Na dissociação, temos:

$$\underset{0{,}080 \text{ mol}}{Ca(NO_3)_2} \longrightarrow \underset{0{,}080 \text{ mol}}{Ca^{2+}} + \underset{0{,}160 \text{ mol}}{2\ NO_3^-}$$

Para calcularmos a concentração em mol/L dos íons na solução final devemos considerar o volume final igual a 1,0 L:

$$Ag^+ = \frac{0{,}040 \text{ mol}}{1{,}0 \text{ L}} = 0{,}040 \text{ mol/L}$$

$$Ca^{2+} = \frac{0{,}080 \text{ mol}}{1{,}0 \text{ L}} = 0{,}080 \text{ mol/L}$$

$$NO_3^- = \frac{0{,}040 \text{ mol} + 0{,}160 \text{ mol}}{1{,}0 \text{ L}} = 0{,}20 \text{ mol/L}$$

**2.** (Fuvest-SP) Uma enfermeira precisa preparar 0,50 L de soro que contenha $1{,}5 \cdot 10^{-2}$ mol de $KC\ell$ e $1{,}8 \cdot 10^{-2}$ mol de $NaC\ell$, dissolvidos em uma solução aquosa de glicose. Ela tem à sua disposição soluções aquosas de $KC\ell$ e $NaC\ell$, de concentrações, respectivamente, 0,15 g/mL e $0,60 \cdot 10^{-2}$ g/mL. Para isso, terá de utilizar x mL da solução de $KC\ell$, e y mL da solução de $NaC\ell$, e completar o volume, até 0,50 L, com a solução aquosa de glicose. Os valores de x e y devem ser, respectivamente,

a) 2,5 e $0,60 \cdot 10^2$
b) 7,5 e $1,2 \cdot 10^2$
c) 7,5 e $1,8 \cdot 10^2$
d) 15 e $1,2 \cdot 10^2$
e) 15 e $1,8 \cdot 10^2$

Dados (massa molar em g/mol): $KC\ell = 75$; $NaC\ell = 59$.

**Solução**

Inicialmente devemos transformar as concentrações de g/mL para mol/L.

Para o $KC\ell = 0,15$ g/mL:

1 mL de solução ——— 0,15 g de $KC\ell$
1,0 L = 1 000 mL ——— x
x = 150 g de $KC\ell$ em 1,0 L de solução

1 mol de $KC\ell$ ——— 75 g
x ——— 150 g
x = 2 mol de $KC\ell$ em 1,0 L de solução

Para o $NaC\ell = 0,60 \cdot 10^{-2}$ g/mL:

1 mL de solução ——— $0,60 \cdot 10^{-2}$ g de $NaC\ell$
1,0 L = 1 000 mL ——— x
x = 6,0 g de $NaC\ell$ em 1,0 L de solução

1 mol de $NaC\ell$ ——— 59 g
x ——— 6,0 g
x = 0,1 mol de $NaC\ell$ em 1,0 L de solução

Como a enfermeira necessita preparar uma solução contendo $1,5 \cdot 10^{-2}$ mol de $KC\ell$ e $1,8 \cdot 10^{-2}$ mol de $NaC\ell$, devemos calcular o volume de cada uma das soluções que contenha o número de mol necessário.

$KC\ell$

2,0 mol de $KC\ell$ ——— 1,0 L de solução
$1,5 \cdot 10^{-2}$ mol de $KC\ell$ ——— x
x = $0,75 \cdot 10^{-2}$ L de solução

1,0 L ——— 1000 mL
$0,75 \cdot 10^{-2}$ L ——— x
x = 7,5 mL de solução de $KC\ell$

$NaC\ell$

0,1 mol de $NaC\ell$ ——— 1,0 L de solução
$1,8 \cdot 10^{-2}$ mol de $NaC\ell$ ——— y
y = $1,8 \cdot 10^{-1}$ L de solução

1,0 L ——— 1000 mL
$1,8 \cdot 10^{-1}$ L ——— y
y = $1,8 \cdot 10^2$ mL de solução de $NaC\ell$

## Fundamentando seus conhecimentos

Considere as seguintes informações a respeito de dois sucos de laranja, a e b, e responda às questões **1** a **3**.

8 g de $C_{12}H_{22}O_{11}$ dissolvidos. Volume do suco = 200 mL.

16 g de $C_{12}H_{22}O_{11}$ dissolvidos. Volume do suco = 300 mL.

Fotos: Sérgio Dotta Jr./Arquivo da editora

**1.** Qual dos dois sucos é mais "doce"? Justifique sua resposta.

**2.** Calcule a concentração em g/L do açúcar comum em cada suco.

**3.** Calcule a concentração em g/L do açúcar comum na solução obtida com a mistura dos dois copos de suco.

**4.** Foram preparadas duas soluções aquosas, A e B:

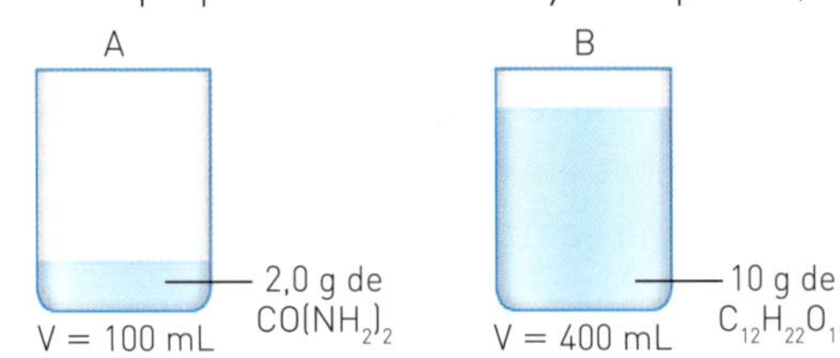


Conceitograf/Arquivo da editora

Com base nessas informações, calcule, em g/L:

a) a concentração do $CO(NH_2)_2$ na solução A;
b) a concentração do $C_{12}H_{22}O_{11}$ na solução B;
c) a concentração do $CO(NH_2)_2$ e a do $C_{12}H_{22}O_{11}$ na solução resultante da mistura das soluções A e B.

**5.** (UEL-PR) Misturam-se 200 mililitros de solução de hidróxido de potássio de concentração 5 g/L com 300 mililitros de solução de concentração 4 g/L da mesma base. A concentração final da mistura será:

a) 0,5 g/L.
b) 1,1 g/L.
c) 2,2 g/L.
d) 3,3 g/L.
e) 4,4 g/L.

# Desenvolvendo seus conhecimentos

**1.** Observe as ilustrações que representam duas soluções aquosas.

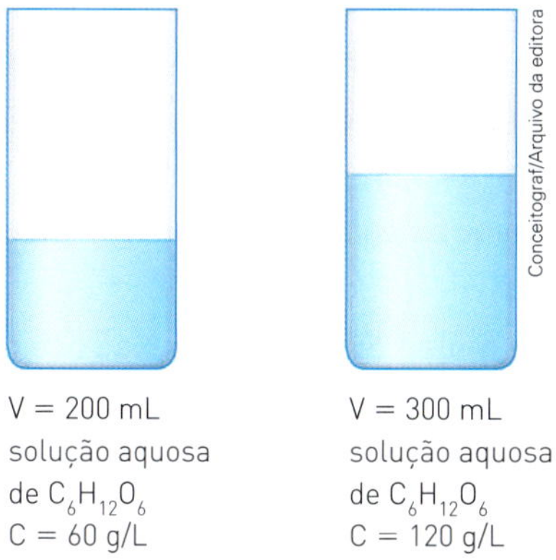


Qual a concentração em g/L da solução resultante da mistura dessas duas soluções?

**2.** Para originar uma solução de concentração igual a 120 g/L, qual é o volume, em litros, de uma solução aquosa de $CaC\ell_2$ de concentração 200 g/L que deve ser misturado a 200 mL de outra solução aquosa de $CaC\ell_2$ de concentração igual a 100 g/L?

**3.** As duas soluções representadas são inicialmente misturadas.

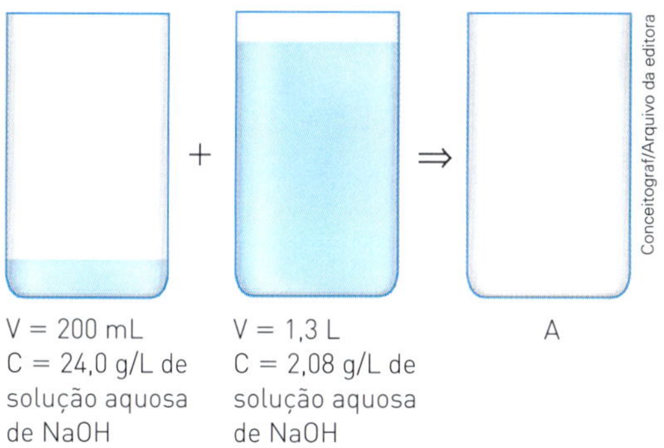


A seguir, a solução obtida (A) é diluída até um volume final de 2,5 L.

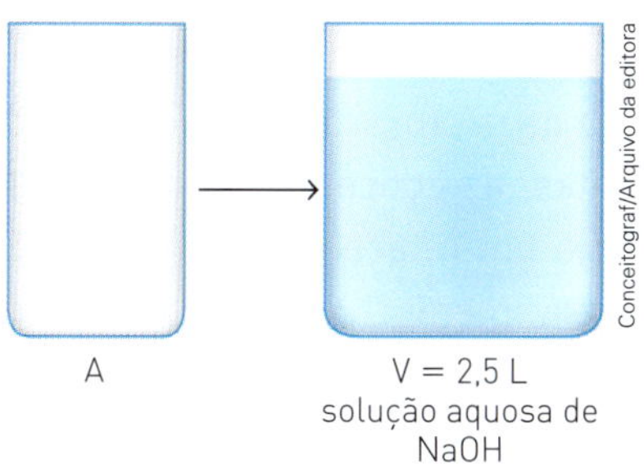


Com base nessas informações, calcule a concentração em g/L da solução final.

**4.** Calcule o volume em litros de uma solução aquosa 1,50 mol/L de KOH que deve ser misturada a 0,60 L de uma solução aquosa 1,0 mol/L da mesma base, com a mesma concentração, para preparar uma solução aquosa 1,20 mol/L de KOH.

**5.** (PUC-RJ) A concentração de $HC\ell$, em quantidade de matéria, na solução resultante da mistura de 20 mL de uma solução 2,0 mol/L com 80 mL de uma solução 4,0 mol/L desse soluto e água suficiente para completar 1,0 L é:

a) 0,045 mol/L.
b) 0,090 mol/L.
c) 0,18 mol/L.
d) 0,36 mol/L.
e) 0,72 mol/L.

**6.** (Uneb-BA) O "soro caseiro" consiste em uma solução aquosa de cloreto de sódio (3,5 g/L) e de sacarose (11 g/L); respectivamente, a massa de cloreto de sódio e a de sacarose necessárias para preparar 500 mL de soro caseiro são:
Dados: Massas molares: Cloreto de sódio = 58,5 g/mol e Sacarose = 342 g/mol.

a) 17,5 g e 55 g.
b) 175 g e 550 g.
c) 1 750 mg e 5 500 mg.
d) 17,5 mg e 55 mg.
e) 175 mg e 550 mg.

**7.** (PUC-RJ) A um balão volumétrico de 250,00 mL foram adicionados 50,00 mL de solução aquosa de $KMnO_4$ 0,10 $mol \cdot L^{-1}$ e 50,00 mL de solução aquosa de $NaMnO_4$ 0,20 $mol \cdot L^{-1}$. A seguir avolumou-se com água destilada até a marca de referência 250,00 mL seguido de homogeneização da mistura. Levando em conta a dissociação iônica total dos sais no balão, a concentração da espécie iônica permanganato, em quantidade de matéria ($mol \cdot L^{-1}$), é igual a:

a) 0,060.
b) 0,030.
c) 0,090.
d) 0,12.
e) 0,18.

**8.** (UFRGS-RS) Misturando-se 250 mL de solução 0,600 mol/L de $KC\ell$ com 750 mL de solução 0,200 mol/L de $BaC\ell_2$, obtém-se uma solução cuja concentração de íon cloreto, em mol/L, é igual a:

a) 0,300.
b) 0,400.
c) 0,450.
d) 0,600.
e) 0,800.

# Desafiando seus conhecimentos

**1.** (UA-AM) Uma solução de 2,0 litros de NaOH, com concentração 40 g/L, é misturada com 3 litros de solução de KOH de concentração 60 g/L. Suas concentrações finais de mol/L, após a mistura, são, respectivamente:
(Dados: Na= 23 g/mol, O = 16 g/mol, H=1 g/mol, K= 39 g/mol.)

a) 1,0 e 1,32.
b) 0,4 e 0,66.
c) 0,4 e 0,4.
d) 0,55 e 0,66.
e) 0,4 e 1,32.

**2.** (Ufes) Misturando-se 60,0 mL de solução de $HC\ell$ de concentração 2,0 mol/L com 40,0 mL de solução de $HC\ell$ de concentração 4,5 mol/L, obtém-se uma solução de $HC\ell$, de concentração, em gramas por litro (g/L), igual a:
(Dados: $HC\ell = 36,5$ g/mol)

a) 3,0.
b) 10,5.
c) 36,5.
d) 109,5.
e) 365,0.

**3.** (UEG-GO) Em um laboratório, encontram-se duas soluções aquosas A e B de mesmo soluto, com concentrações de 1,2 e 1,8 mol/L, respectivamente.
De posse dessas informações, determine:

a) o número de mols do soluto presente em 200 mL da solução A;
b) a concentração final de uma solução obtida pela mistura de 100 mL de solução A com 300 mL da solução B.

**4.** (UPM-SP) Adicionando-se 600 mL de uma solução 0,25 mol/L de KOH a um certo volume (v) de solução 1,5 mol/L de mesma base, obtém-se uma solução 1,2 mol/L.
O volume (v) adicionado de solução 1,5 mol/L é de:

a) 1 900 mL.
b) 2 700 mL.
c) 100 mL.
d) 1 500 mL.
e) 3 000 mL.

**5.** (UFC-CE) No recipiente A, temos 50 mL de uma solução 1 mol/L de $NaC\ell$. No recipiente B, há 300 mL de uma solução que possui 30 g de $NaC\ell$ por litro de solução. Juntou-se o conteúdo dos recipientes A e B, e o volume foi completado com água até formar 1 litro de solução.
Determine a concentração final da solução obtida em g/L.
(Massa molar, em g/mol, do $NaC\ell = 58,5$)

**6.** (PUC-PR) Hoje, tão importante quanto cuidar de uma casa é o cuidado com tanques e outros componentes que retenham água.
Uma empresa foi chamada para fazer a limpeza e o controle de um pequeno tanque artesanal. A água do tanque foi tratada colocando-se o cloreto de sódio, dentre outros componentes. Para isso, mediu-se a concentração da salinidade da água em função do cloreto de sódio, encontrando-se o valor de 2,92 g/L em 0,03 $m^3$ de água do tanque. Adicionou-se 6 $dm^3$ de uma solução 0,7 M ao volume contido no tanque. Qual a concentração final utilizada em quantidade de matéria e em g/L, respectivamente, de cloreto de sódio neste tanque?
Dados: Na = 23; $C\ell = 35,5$.

a) 0,9 e 9,6.
b) 0,15 e 8,8.
c) 1,1 e 10.
d) 1,2 e 11.
e) 1,4 e 12.

**7.** (Uece) Um recipiente contém 150 mL de solução de cloreto de potássio 4,0 mol/L, e outro recipiente contém 350 mL de solução de sulfato de potássio 3,0 mol/L.
Depois de misturarmos as soluções dos dois recipientes, as concentrações em quantidade de matéria em relação aos íons $K^+$ e $SO_4^{2-}$ serão, respectivamente:

a) 4,2 mol/L e 2,1 mol/L.
b) 4,2 mol/L e 3,6 mol/L.
c) 5,4 mol/L e 2,1 mol/L.
d) 5,4 mol/L e 3,6 mol/L.

**8.** (UFRRJ) Misturando-se 100 mL de solução aquosa 0,1 molar de $KC\ell$ com 100 mL de solução aquosa 0,1 molar de $MgC\ell_2$, as concentrações de íons $K^+$, $Mg^{2+}$ e $C\ell^-$ na solução resultante serão, respectivamente:

a) $0{,}05 \text{ mol} \cdot L^{-1}$; $0{,}05 \text{ mol} \cdot L^{-1}$ e $0{,}1 \text{ mol} \cdot L^{-1}$.
b) $0{,}04 \text{ mol} \cdot L^{-1}$; $0{,}04 \text{ mol} \cdot L^{-1}$ e $0{,}12 \text{ mol} \cdot L^{-1}$.
c) $0{,}05 \text{ mol} \cdot L^{-1}$; $0{,}05 \text{ mol} \cdot L^{-1}$ e $0{,}2 \text{ mol} \cdot L^{-1}$.
d) $0{,}1 \text{ mol} \cdot L^{-1}$; $0{,}15 \text{ mol} \cdot L^{-1}$ e $0{,}2 \text{ mol} \cdot L^{-1}$.
e) $0{,}05 \text{ mol} \cdot L^{-1}$; $0{,}05 \text{ mol} \cdot L^{-1}$ e $0{,}15 \text{ mol} \cdot L^{-1}$.

**9.** (UFMG) O quadro abaixo apresenta as quantidades utilizadas na preparação de três soluções aquosas de permanganato de potássio ($KMnO_4$).

| Solução | Massa de $KMnO_4$ (g) | Volume de solução (mL) |
|---|---|---|
| I | 4 | 100 |
| II | 6 | 300 |
| III | 12 | 200 |

Analise o quadro quanto às concentrações das soluções e assinale a alternativa correta.

a) Se adicionarmos a solução II à solução III, a concentração final será menor que a da solução I.
b) Se adicionarmos 100 mL de água à solução I, a concentração final será a mesma da solução III.
c) A solução mais concentrada é a que tem o menor volume.
d) A solução mais diluída é a que tem a maior massa de soluto.

**10.** (Cefet-MG) A figura a seguir ilustra um recipiente onde foram misturados volumes iguais de duas soluções, cujas densidades valem $1{,}100 \text{ g} \cdot mL^{-1}$ e $1{,}020 \text{ g} \cdot mL^{-1}$.

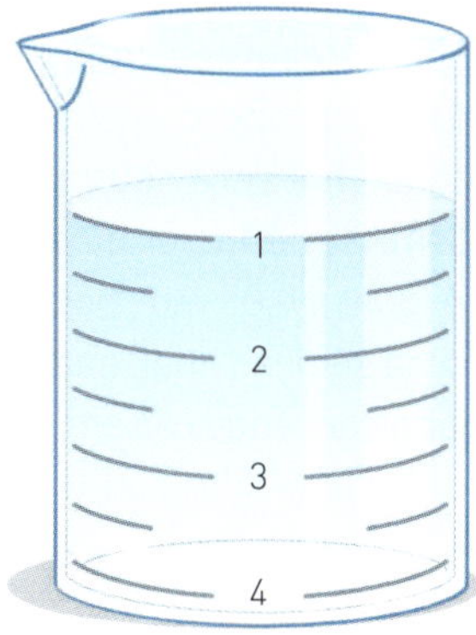


Reprodução/Arquivo da editora

Ao mergulharmos uma esfera de massa 300 mg e volume $0{,}5 \text{ cm}^3$ no recipiente, ela se posicionará no ponto:

a) 1.
b) 2.
c) 3.
d) 4.

**11.** (UFG-GO) Um analista necessita de 100 mL de uma solução aquosa de $NaC\ell$, 0,9% (m/v). Como não dispõe do sal puro, resolve misturar duas soluções de $NaC\ell$ (aq): uma de concentração 1,5% (m/v) e outra de 0,5% (m/v). Calcule o volume de cada solução que deverá ser utilizado para o preparo da solução desejada.

**12.** (UPE) O volume de água destilada que deve ser adicionado a uma mistura contendo 100,0 mL de hidróxido de sódio 0,5 mol/L, com 25,0 g de solução do mesmo hidróxido a 40% em massa e densidade 1,25 g/mL, de modo a se obter uma solução 0,25 mol/L, é:

**Dado:** massa molar do hidróxido = 40 g/mol.

a) 1 200,0 mL.
b) 108,0 mL.
c) 1 080,0 L.
d) 1,08 L.
e) 1,2 mL.

**13.** (ITA-SP) Considere duas soluções, X e Y, de um mesmo soluto genérico. A solução X tem 49% em massa do soluto, enquanto a solução Y possui 8% em massa do mesmo soluto.
Quer-se obter uma terceira solução, que tenha 20% em massa deste soluto, a partir da mistura de um volume $V_X$ da solução X com um volume $V_Y$ da solução Y. Considerando que todas as soluções envolvidas exibem comportamento ideal, assinale a opção que apresenta a razão $\frac{V_X}{V_Y}$ **CORRETA**.

a) $\frac{12}{29}$

b) $\frac{29}{12}$

c) $\frac{19}{12}$

d) $\frac{12}{19}$

e) $\frac{8}{49}$

# Mistura de soluções com ocorrência de reação química

Em laboratórios ou indústrias, a maioria das reações é realizada utilizando reagentes em soluções. Para misturar soluções em que ocorre reação, é preciso saber equacionar a reação e conhecer a proporção em número de mol na qual ela ocorre. Veja dois exemplos.

**1º exemplo**

Quando misturamos 0,5 L de uma solução aquosa 0,1 mol/L de $H_2SO_4$ a 0,5 L de uma solução aquosa 0,2 mol/L de NaOH, ocorre uma reação em que são produzidos sal e água. Essa reação é representada pela equação:

$$H_2SO_4 + 2\ NaOH \longrightarrow Na_2SO_4 + 2\ H_2O$$

Os coeficientes dos participantes de uma reação indicam a proporção em número de mol dos reagentes e dos produtos.

Para determinar o caráter — ácido, básico ou neutro — da mistura (solução final), além de conhecermos a equação, devemos determinar e relacionar o número de mol do ácido e da base:

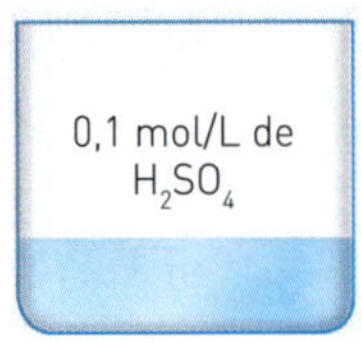


0,5 L

$$n_{H_2SO_4} = \mathcal{M}_{H_2SO_4} \cdot V_{H_2SO_4}$$
$$n_{H_2SO_4} = 0,1\ mol/\not{L} \cdot 0,5\ \not{L}$$
$$n_{H_2SO_4} = 0,05\ mol\ de\ H_2SO_2$$

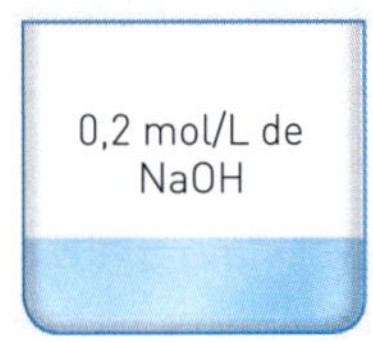


0,5 L

$$n_{NaOH} = \mathcal{M}_{NaOH} \cdot V_{NaOH}$$
$$n_{NaOH} = 0,2\ mol/\not{L} \cdot 0,5\ \not{L}$$
$$n_{NaOH} = 0,10\ mol\ de\ NaOH$$

Ilustrações: Conceitograf/ Arquivo da editora

Conhecendo-se o número de mol dos solutos, o próximo passo será relacioná-los com a equação:

| | $H_2SO_4$ | + | 2 NaOH | $\longrightarrow$ | $Na_2SO_4$ | + | $2\ H_2O$ |
|---|---|---|---|---|---|---|---|
| proporção: | 1 mol | | 2 mol | | 1 mol | | |
| nº de mol dos solutos: | 0,05 mol | | 0,10 mol | | | | |

Como podemos observar, os reagentes estão presentes em quantidade estequiométrica, ou seja, o número de mol obedece à proporção dada pela equação balanceada. Isso permite concluir que a solução final será neutra, pois não ocorre excesso do ácido nem da base, consumidos totalmente, originando sal e água.

O número de mol de sal formado ($Na_2SO_4$) é igual a 0,05 mol, pois obedece à proporção estequiométrica e permanece dissolvido na solução final, que apresenta volume de 1,0 L. Com esses dados, podemos calcular a concentração em mol/L desse sal:

$$\mathcal{M}_{sal} = \frac{n_{sal}}{V(L)_{final}} = \frac{0,05\ mol}{1,0\ L} = 0,05\ mol \cdot L^{-1}$$

**2º exemplo**

Considere a mistura das soluções aquosas de HCℓ e de NaOH ao lado.

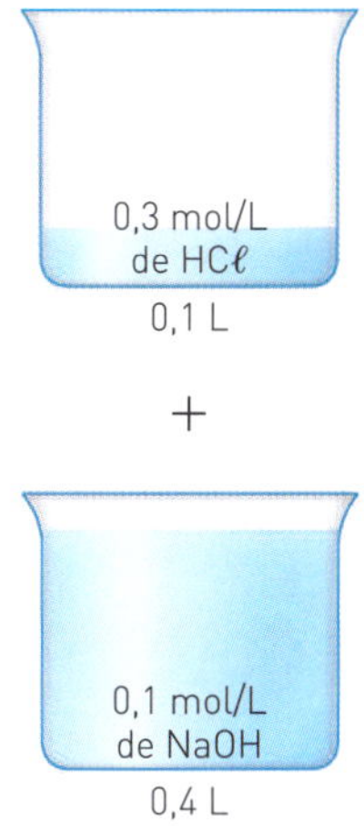


Ilustrações: Conceitograf/ Arquivo da editora

Utilizando o mesmo processo do exemplo anterior, podemos estabelecer o caráter e outras características da solução final e, para isso, vamos determinar inicialmente o número de mol do ácido e da base:

$$n_{HC\ell} = \mathcal{M}_{HC\ell} \cdot V_{HC\ell}$$
$$n_{HC\ell} = 0{,}3\ mol/\cancel{L} \cdot 0{,}1\ \cancel{L}$$
$$n_{HC\ell} = 0{,}03\ mol\ de\ HC\ell$$

$$n_{NaOH} = \mathcal{M}_{NaOH} \cdot V_{NaOH}$$
$$n_{NaOH} = 0{,}1\ mol/\cancel{L} \cdot 0{,}4\ \cancel{L}$$
$$n_{NaOH} = 0{,}04\ mol\ de\ NaOH$$

Quando misturamos as duas soluções, ocorre a reação entre o ácido e a base, que pode ser representada pela equação balanceada a seguir:

| | 1 HCℓ | + | 1 NaOH | ⟶ | 1 NaCℓ | + | 1 $H_2O$ |
|---|---|---|---|---|---|---|---|
| proporção: | 1 mol | | 1 mol | | 1 mol | | 1 mol |
| nº de mol dos solutos: | 0,03 mol | | 0,04 mol (excesso = 0,01 mol) | | 0,03 mol | | |

O número de mol do sal formado (NaCℓ) é igual a 0,03 mol, de acordo com a proporção estequiométrica, e permanece dissolvido na solução final que apresenta volume de 0,5 L. Através dos dados conhecidos, podemos determinar a concentração em mol/L do NaCℓ:

$$\mathcal{M}_{NaC\ell} = \frac{n_{sal}}{V(L)_{final}} = \frac{0{,}03\ mol}{0{,}5\ L} = 0{,}06\ mol \cdot L^{-1}$$

Como existe excesso de 0,01 mol de NaOH, a solução final será básica.

Se desejarmos calcular a concentração em mol/L do NaOH na solução final, devemos proceder da seguinte maneira:

$$\mathcal{M}_{NaOH\ (excesso)} = \frac{n_{1\ (excesso)}}{V(L)_{final}} = \frac{0{,}01\ mol}{0{,}5\ L} = 0{,}02\ mol \cdot L^{-1}$$

# Titulação

Uma aplicação frequente desses fundamentos teóricos em laboratórios é a determinação da concentração desconhecida de uma solução através de uma técnica chamada **titulação**.

A titulação é muito usada no estudo das **reações ácido-base**, com a ajuda de **indicadores**.

Para exemplificar, veja como se determina a concentração desconhecida de uma solução aquosa de HCℓ, com o auxílio de uma solução aquosa de NaOH de concentração conhecida e do indicador fenolftaleína.

Fotos: Sérgio Dotta Jr./Arquivo da editora

Solução de HCℓ de concentração desconhecida (x).

Solução de NaOH de concentração conhecida (0,1 mol/L).

O procedimento para a titulação consiste fundamentalmente de três etapas:

Fotos: Sérgio Dotta Jr./Arquivo da editora

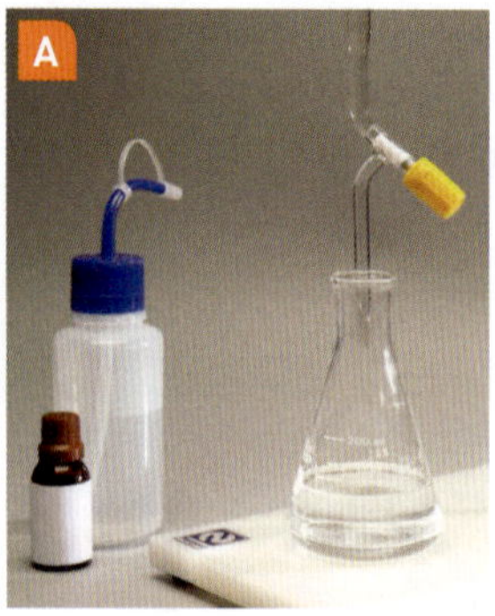


// Lentamente, gota a gota, adiciona-se a base armazenada na bureta à solução ácida de concentração desconhecida, contida no erlenmeyer, misturada previamente com o indicador fenolftaleína, sob constante agitação.

// À medida que se aproxima o ponto final da titulação, forma-se uma coloração rosa-claro, quando a base é adicionada ao ácido. Essa coloração desaparece com a agitação. Essa situação indica que a titulação está próxima de seu final. Mantém-se o gotejamento e agita-se constantemente o erlenmeyer.

// No ponto final ou ponto de equivalência da titulação, isto é, quando o número de mol da base se iguala ao número de mol do ácido (reagentes em proporção estequiométrica), a cor rósea se estende e permanece mesmo sob agitação.

Para entender quantitativamente esse procedimento, vamos analisar um exemplo.

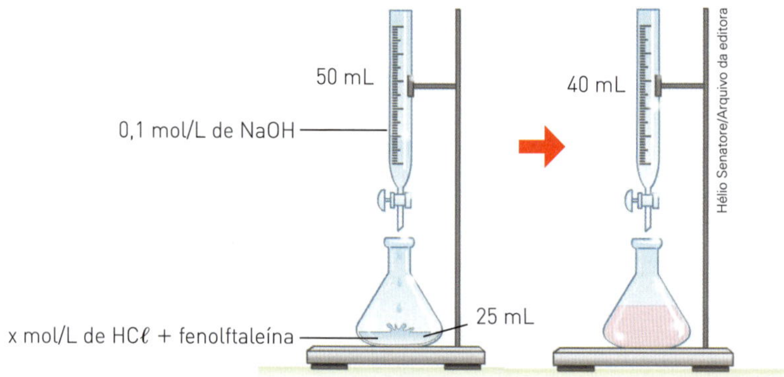


$$\text{Para o NaOH} \begin{cases} V_{\text{gasto na titulação}} = 10 \text{ mL} = 10^{-2} \text{ L} \\ \mathcal{m} = 0{,}1 \text{ mol/L} \\ n_{NaOH} = \mathcal{m} \cdot V = 0{,}1 \cdot 10^{-2} = 10^{-3} \text{ mol de NaOH} \end{cases}$$

A reação que ocorre pode ser representada por:

| | NaOH | + | HCℓ | ⟶ | NaCℓ | + | $H_2O$ |
|---|---|---|---|---|---|---|---|
| proporção: | 1 mol | | 1 mol | | 1 mol | | |
| nº de mol dos solutos: | $10^{-3}$ mol | | $10^{-3}$ mol | | $10^{-3}$ mol | | |

Para neutralizar $10^{-3}$ mol de NaOH, devemos ter $10^{-3}$ mol de HCℓ na solução de ácido.

$$\text{Para o HC}\ell \begin{cases} n = 10^{-3} \text{ mol} \\ V = 25 \text{ mL} = 25 \cdot 10^{-3} \text{ L} \\ \mathcal{m}_{HC\ell} = \dfrac{n_1}{V(L)} = \dfrac{10^{-3} \text{ mol}}{25 \cdot 10^{-3} \text{ L}} = 0{,}04 \text{ mol/L} \end{cases}$$

Assim, a concentração em mol/L da solução de HCℓ é 0,04 mol/L.

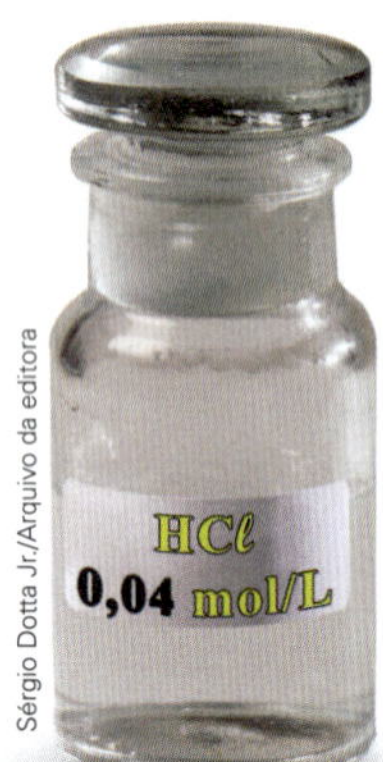


// Pela titulação, foi possível determinar a concentração da solução de HCℓ.

# Exercícios resolvidos

**1.** Uma amostra impura de NaOH, de massa igual a 8,0 g, foi dissolvida até obterem-se 200 mL de solução aquosa. Uma alíquota (amostra líquida) de 25 mL dessa solução foi neutralizada totalmente quando titulada com 40 mL de $H_2SO_4$ 0,25 mol/L. Admitindo que as impurezas não reagem com o ácido, determine o teor de pureza do NaOH. (Dado: massa molar do NaOH = $40\ g \cdot mol^{-1}$)

**Solução**

Inicialmente vamos determinar o número de mol de $H_2SO_4$ consumidos.

$$\begin{cases} V = 40\ mL = 40 \cdot 10^{-3}\ L \\ 0{,}25\ mol/L\ de\ H_2SO_4 \end{cases}$$

$$0{,}25\ mol\ de\ H_2SO_4 \text{ ——— } 1{,}0\ L$$
$$x \text{ ——— } 40 \cdot 10^{-3}\ L$$
$$x = 0{,}25 \cdot 40 \cdot 10^{-3}$$
$$x = 10^{-2}\ mol\ de\ H_2SO_4$$

A reação que ocorre na neutralização total pode ser representada pela equação:

$$1\ H_2SO_4 + 2\ NaOH \longrightarrow Na_2SO_4 + 2\ H_2O$$

1 mol  2 mol

Como a proporção é de 1 $H_2SO_4$ : 2 NaOH, temos:

$$1\ mol\ de\ H_2SO_4 \text{ ——— } 2\ mol\ de\ NaOH$$
$$10^{-2}\ mol\ de\ H_2SO_4 \text{ ——— } x$$

$x = 2 \cdot 10^{-2}$ mol de NaOH presente na amostra titulada

Assim, a massa de NaOH presente na amostra de 25 mL é:

$$1\ mol\ de\ NaOH \text{ ——— } 40\ g$$
$$2 \cdot 10^{-2}\ mol\ de\ NaOH \text{ ——— } x$$
$$x = 0{,}8\ g\ de\ NaOH$$

Como a solução preparada apresentava um volume de 200 mL, temos:

$$0{,}8\ g\ de\ NaOH \text{ ——— } 25\ mL$$
$$x \text{ ——— } 200\ mL$$
$$x = 6{,}4\ g\ de\ NaOH$$

A massa de 6,4 g de NaOH é a parte pura na amostra de 8,0 g. Assim:

$$8{,}0\ g \text{ ——— } 100\%$$
$$6{,}4\ g \text{ ——— } x$$
$$x = 80\%\ de\ pureza$$

**2.** (Fuvest-SP) Em solução aquosa, íons de tálio podem ser precipitados com íons cromato. Forma-se o sal pouco solúvel, cromato de tálio, $T\ell_x(CrO_4)_y$. Tomaram-se 8 tubos de ensaio. Ao primeiro, adicionaram-se 1 mL de solução de íons tálio (incolor) na concentração de 0,1 mol/L e 8 mL de solução de íons cromato (amarela), também na concentração de 0,1 mol/L. Ao segundo tubo, adicionaram-se 2 mL da solução de íons tálio e 7 mL da solução de íons cromato. Continuou-se assim até o oitavo tubo, no qual os volumes foram 8 mL da solução de íons tálio e 1 mL da solução de íons cromato. Em cada tubo, obteve-se um precipitado de cromato de tálio. Os resultados foram os da figura.

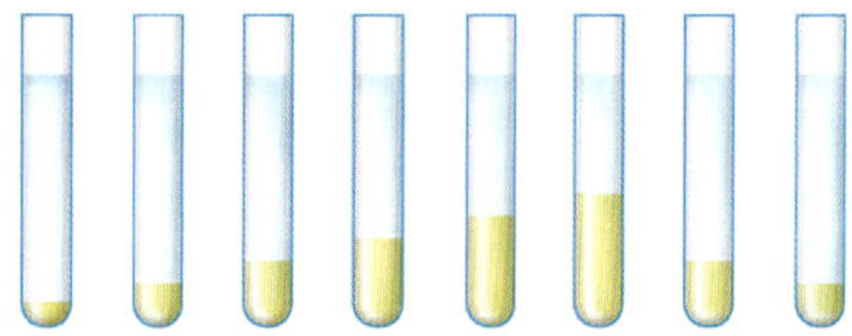

Reprodução/Arquivo da editora

A coloração da solução sobrenadante diminui da esquerda para a direita.

precipitado

Os valores de x e y, na fórmula $T\ell_x(CrO_4)_y$, são, respectivamente:

a) 1 e 1.
b) 1 e 2.
c) 2 e 1.
d) 2 e 3.
e) 3 e 2.

**Solução**

Admitindo que no tubo 6, contendo maior massa de precipitado, não exista excesso de reagente, temos:

Quantidades iniciais:

| | Volume | Conc. Molar | Quantidades |
|---|---|---|---|
| $T\ell^{y+}$ | 6 mL | 0,1 mol/L | $n = \mathcal{M} \cdot V =$ $= (0{,}1\ mol/L) \cdot (6 \cdot 10^{-3}\ L) =$ $= 0{,}6 \cdot 10^{-3}\ mol$ |
| $CrO_4^{x-}$ | 3 mL | 0,1 mol/L | $n = \mathcal{M} \cdot V =$ $= (0{,}1\ mol/L) \cdot (3 \cdot 10^{-3}\ L) =$ $= 0{,}3 \cdot 10^{-3}\ mol$ |

Assim:

$$x\ T\ell^{y+} + y\ CrO_4^{x-} \longrightarrow T\ell_x(CrO_4)_y$$

x mol  y mol  1 mol

$0{,}6 \cdot 10^{-3}$  $0{,}3 \cdot 10^{-3}$

$$\frac{x}{0{,}6 \cdot 10^{-3}} = \frac{y}{0{,}3 \cdot 10^{-3}} \Rightarrow \frac{x}{y} = \frac{2}{1}$$

Logo, os valores de x e y na fórmula do sal serão:

x = 2  y = 1

## Fundamentando seus conhecimentos

O esquema a seguir representa a mistura de soluções aquosas.

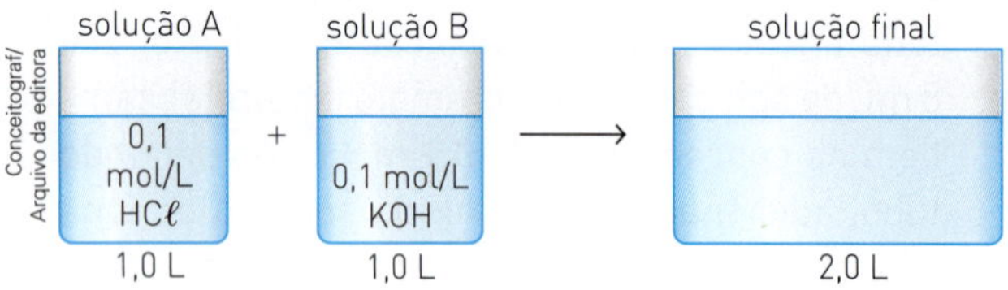


A reação pode ser representada pela equação:

$$HC\ell + KOH \longrightarrow KC\ell + H_2O$$

Com base nessas informações, responda às questões **1** a **6**.

**1.** Determine o número de mol de HC$\ell$.

**2.** Determine o número de mol de KOH.

**3.** Algum dos reagentes estava em excesso? Justifique.

**4.** A solução final será ácida, básica ou neutra?

**5.** Qual o número de mol de KC$\ell$ formado?

**6.** Calcule a concentração em mol/L de KC$\ell$ na solução final.

Observe a mistura de soluções esquematizada a seguir e responda às questões **7** a **12**.

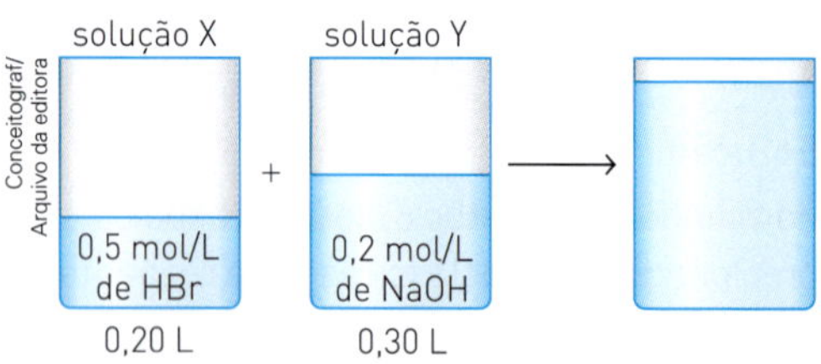


A reação que ocorre com a mistura das soluções pode ser representada por:

$$HBr + NaOH \longrightarrow NaBr + H_2O$$

**7.** Determine o número de mol de HBr na solução X.

**8.** Determine o número de mol de NaOH na solução Y.

**9.** Algum dos reagentes está em excesso? Justifique.

**10.** A solução final será ácida, básica ou neutra?

**11.** Calcule a concentração em mol/L do sal formado.

**12.** Calcule a concentração em mol/L do excesso, caso exista.

Considere o esquema a seguir e responda às questões **13** a **16**.

| 0,40 L de uma solução aquosa de NaOH 0,25 mol/L | + | 0,10 L de uma solução aquosa de $H_2SO_4$ 1 mol/L |
|---|---|---|

V = 0,50 L

A equação da reação ocorrida após a mistura das soluções pode ser representada por:

$$2\ NaOH + 1\ H_2SO_4 \longrightarrow 1\ Na_2SO_4 + 2\ H_2O$$

**13.** A solução final será ácida, básica ou neutra?

**14.** Determine o número de mol de $H_2SO_4$ na solução final.

**15.** Calcule a concentração de $H_2SO_4$, em mol/L, na solução final.

**16.** Calcule a concentração do sal, em mol/L, na solução final.

O esquema a seguir representa a mistura de duas soluções aquosas de ácido fosfórico e hidróxido de potássio, onde ocorre uma reação. Com base nesses dados, responda às questões **17** a **21**.

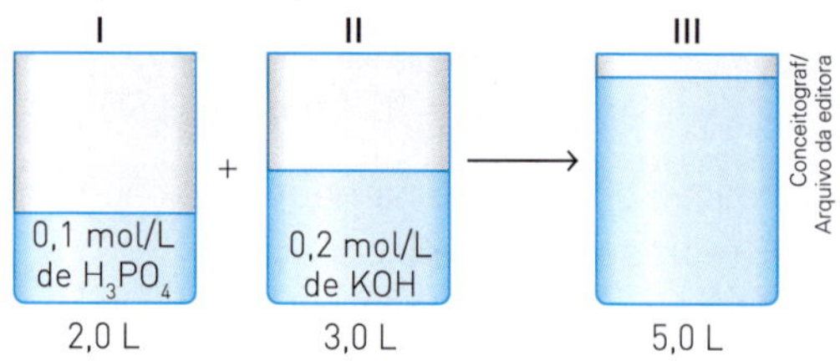


**17.** Equacione a reação de neutralização total entre o ácido fosfórico e o hidróxido de potássio.

**18.** Determine o número de mols de $H_3PO_4$ no frasco I.

**19.** Determine o número de mols de KOH no frasco II.

**20.** Determine o número de mols do sal no frasco III.

**21.** Calcule a concentração em mol/L do sal no frasco III.

A respeito do esquema a seguir, que mostra a mistura das soluções de $AgNO_3$ e cloreto de sódio, responda às questões **22** a **26**.

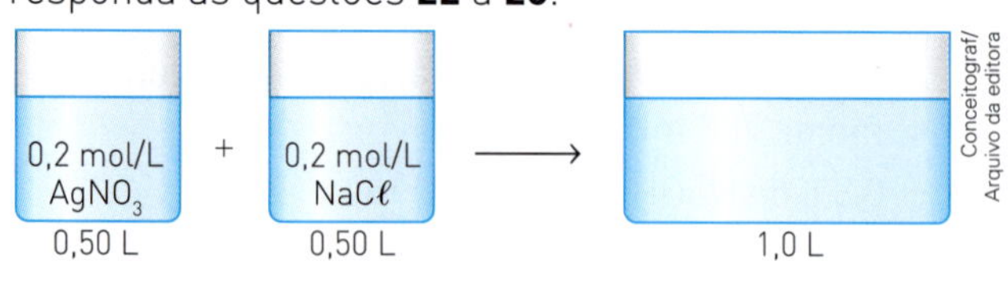


**22.** Equacione a reação entre $AgNO_3$ e NaC$\ell$.

**23.** Qual o número de mols do precipitado formado?

**24.** Qual o número de mols do sal solúvel presente na solução final?

**25.** Calcule a concentração em mol/L do $NaNO_3$ na solução final.

**26.** A concentração em mol/L do $NO_3^-$ na solução final é maior, menor ou igual a sua concentração na solução inicial?

# Desenvolvendo seus conhecimentos

**1.** (UEL-PR) Em uma residência, é possível encontrar vários objetos cujas utilidades variam de acordo com a forma, por exemplo: copo, xícara e cálice. Em um laboratório químico, não é diferente, existindo vidrarias com formas distintas que são utilizadas em procedimentos laboratoriais específicos. Analise as imagens a seguir.

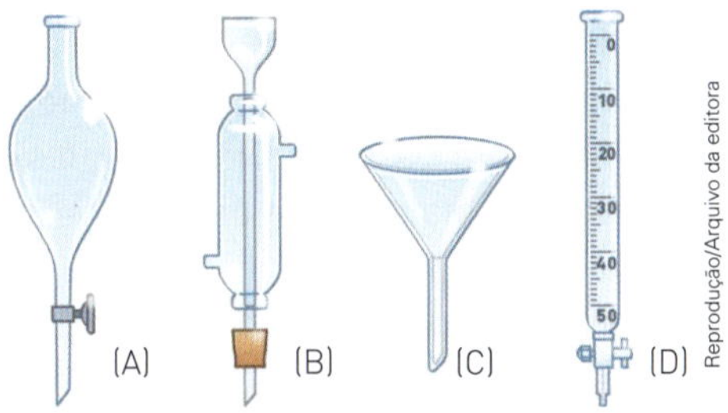


Com base nas imagens e nos conhecimentos sobre vidrarias de laboratório, considere as afirmativas a seguir.

I. A vidraria (A) é utilizada para separar os componentes de uma mistura constituída por dois líquidos miscíveis.

II. Para separar a água dos demais componentes da água do mar, sem a areia, é utilizada a vidraria (B).

III. Ao passar uma solução aquosa de sulfato de cobre (azul) e sem corpo de fundo pelo aparato (C), com papel de filtro, o filtrado resultante será incolor.

IV. A vidraria (D) é utilizada na determinação da concentração de uma solução ácida.

Estão corretas apenas as afirmativas:

a) I e II.
b) I e III.
c) II e IV.
d) I, III e IV.
e) II, III e IV.

**2.** (UEM-PR) Qual será o volume, em mililitros (mL), de uma solução aquosa de hidróxido de sódio 0,10 mol/L necessário para neutralizar 25 mL de uma solução aquosa de ácido clorídrico 0,30 mol/L?
(Na = 23; O = 16; H=1; Cℓ = 35,5)

$$HC\ell + NaOH \longrightarrow NaC\ell + H_2O$$

**3.** (Unifimes-GO) Considere que 400 mL de uma solução de $HNO_3$ 0,10 mol/L sejam misturados com 200 mL de $Ca(OH)_2$ 0,175 mol/L, a 25 °C, ocasionando a seguinte reação:

$$2\ HNO_3(aq) + Ca(OH)_2(aq) \longrightarrow Ca(NO_3)_2(aq) + 2\ H_2O\ (\ell)$$

Calcule a concentração de $Ca(NO_3)_2$, em mol/L, na solução final.

**4.** (PUC-RJ) O volume de solução aquosa de ácido sulfúrico 1,0 mol/ L necessário para neutralizar completamente 0,2 L de uma solução aquosa de hidróxido de potássio de concentração 1,0 mol /L (ver reação a seguir) será:

$$H_2SO_4\,(aq) + 2\ KOH\,(aq) \longrightarrow K_2SO_4\,(aq) + 2\ H_2O\ (\ell)$$

a) 0,2 L.
b) 0,4 L.
c) 100 mL.
d) 200 $dm^3$.
e) nenhuma das alternativas anteriores.

**5.** (Unicamp-SP) *Indicadores* são substâncias que apresentam a propriedade de mudar de cor em função da acidez ou basicidade do meio em que se encontram. Em três experimentos diferentes, misturou-se uma solução aquosa de HCℓ com uma solução aquosa de NaOH. As soluções de ambos os reagentes apresentavam a mesma concentração (mol/L). Após a mistura acrescentou-se um determinado indicador, obtendo-se os seguintes resultados:

| | Experimento 1 | Experimento 2 | Experimento 3 |
|---|---|---|---|
| Reagentes | 2 mL de HCℓ + 1 mL de NaOH | 2 mL de HCℓ + 2 mL de NaOH | 2 mL de HCℓ + 3 mL de NaOH |
| Cor do indicador | amarelo | verde | azul |

a) Considerando esses três experimentos, que cor esse indicador apresentará em contato com o suco de limão, que possui uma apreciável concentração de substâncias ácidas? Justifique.

b) Que cor apresentará o indicador se misturarmos os reagentes do experimento 1 com os reagentes do experimento 3? Justifique.

**6.** (UPM-SP) Na neutralização de 30 mL de uma solução de soda cáustica (hidróxido de sódio comercial), foram gastos 20 mL de uma solução 0,5 mol/L de ácido sulfúrico, até a mudança de coloração de um indicador ácido-base adequado para a faixa de pH do ponto de viragem desse processo. Desse modo, é correto afirmar que as concentrações molares da amostra de soda cáustica e do sal formado nessa reação de neutralização são, respectivamente:

a) 0,01 mol/L e 0,20 mol/L.
b) 0,01 mol/L e 0,02 mol/L.
c) 0,02 mol/L e 0,02 mol/L.
d) 0,66 mol/L e 0,20 mol/L.
e) 0,66 mol/L e 0,02 mol/L.

**7.** (PUC-RJ) O volume de 25,00 mL de uma amostra aquosa de ácido oxálico ($H_2C_2O_4$) foi titulado com solução padrão 0,020 mol · $L^{-1}$ de KOH.

$$H_2C_2O_4\ (aq) + 2\,OH^-\ (aq) \longrightarrow C_2O_4^{2-}\ (aq) + 2\,H_2O\ (\ell)$$

A titulação alcançou o ponto de equivalência com 25,00 mL de solução titulante; assim, a concentração, em mol · $L^{-1}$, de ácido oxálico na amostra original é igual a:

a) $1,0 \cdot 10^{-3}$.
b) $2,0 \cdot 10^{-3}$.
c) $1,0 \cdot 10^{-2}$.
d) $2,0 \cdot 10^{-2}$.
e) $1,0 \cdot 10^{-1}$.

**8.** (Espcex/Aman) Em análises quantitativas, por meio do conhecimento da concentração de uma das espécies, pode-se determinar a concentração e, por conseguinte, a massa de outra espécie. Um exemplo é o uso do nitrato de prata ($AgNO_3$) nos ensaios de determinação do teor de íons cloreto, em análises de água mineral. Nesse processo ocorre uma reação entre os íons prata e os íons cloreto, com consequente precipitação de cloreto de prata ($AgC\ell$) e de outras espécies que podem ser quantificadas. Analogamente, sais que contêm íons cloreto, como o cloreto de sódio ($NaC\ell$), podem ser usados na determinação quantitativa de íons prata em soluções de $AgNO_3$, conforme descreve a equação:

$$AgNO_3 + NaC\ell \longrightarrow AgC\ell + NaNO_3$$

Para reagir estequiometricamente, precipitando na forma de $AgC\ell$, todos os íons prata presentes em 20,0 mL de solução 0,1 mol · $L^{-1}$ de $AgNO_3$, (completamente dissociado), a massa necessária de cloreto de sódio será de:

Dados:
Massas atômicas: Na = 23 u; $C\ell$ = 35,5 u; Ag = 108 u; N = 14 u; O = 16 u.

a) 0,062 g.
b) 0,117 g.
c) 0,258 g.
d) 0,567 g.
e) 0,644 g.

**9.** (Furg-RS) Sabendo-se que:

I. 10 mL de uma solução ácida A foi diluída a 100 mL em balão volumétrico. A seguir, retirou-se uma alíquota de 10 mL e gastaram-se 8 mL de NaOH 0,1 mol/L para neutralizar o ácido contido, usando fenolftaleína como indicador do ponto final.
II. 25 mL de uma solução ácida B foi diluída a 50 mL em balão volumétrico. A seguir, retirou-se uma alíquota de 10 mL e gastaram-se 2,5 mL de NaOH 0,2 mol/L para neutralizar o ácido contido, usando fenolftaleína como indicador do ponto final. Pode-se afirmar que a razão entre a concentração da solução ácida A em relação à concentração da solução ácida B é de:

Dados: Considerar o ácido monoprótico.

a) 8.
b) 6.
c) 7.
d) 4.
e) 1,6.

**10.** (Fuvest-SP) Para se determinar o conteúdo de ácido acetilsalicílico ($C_9H_8O_4$) num comprimido analgésico, isento de outras substâncias ácidas,1,0 g do comprimido foi dissolvido numa mistura de etanol e água. Essa solução consumiu 20 mL de solução aquosa de NaOH, de concentração 0,10 mol/L, para reação completa. Ocorreu a seguinte transformação química:

$$C_9H_8O_4\ (aq) + NaOH\ (aq) \longrightarrow NaC_9H_7O_4\ (aq) + H_2O\ (\ell)$$

Logo, a porcentagem em massa de ácido acetilsalicílico no comprimido é de, aproximadamente:

Massa molar do $C_9H_8O_4$ = 180 g/mol

a) 0,20%.
b) 2,0%.
c) 18%.
d) 36%.
e) 55%.

**11.** (Fuvest-SP) Um dos parâmetros que determinam a qualidade do azeite de oliva é sua acidez, normalmente expressa na embalagem na forma de porcentagem, e que pode ser associada diretamente ao teor de ácido oleico em sua composição. Uma amostra de 20,00 g de um azeite comercial foi adicionada a 100 mL de uma solução contendo etanol e etoxietano (dietiléter), 1:1 em volume, com o indicador fenolftaleína. Sob constante agitação, titulou-se com uma solução etanólica contendo KOH 0,020 mol/L até a ______________ total. Para essa amostra, usaram-se 35,0 mL de base, o que permite concluir que se trata de um azeite tipo ______________. As palavras que completam corretamente as lacunas são:

a) oxidação; semifino.

b) neutralização; virgem fino.

c) oxidação, virgem fino.

d) neutralização; extravirgem.

e) neutralização, semifino.

**Note e adote:**

Classificação de azeites por acidez (em %, massa do ácido oleico por 100 g de azeite):

| Tipo | Acidez |
|---|---|
| Extravirgem | Menor que 0,8% |
| Virgem fino | De 0,8% até 1,5% |
| Semifino | Maior que 1,5% até 3,0% |
| Refinado | Maior que 3,0% |

Ácido oleico (ácido octadec-9-enoico)
Fórmula: $C_{18}H_{34}O_2$
Massa molar = 282,5 g $\cdot$ mol$^{-1}$

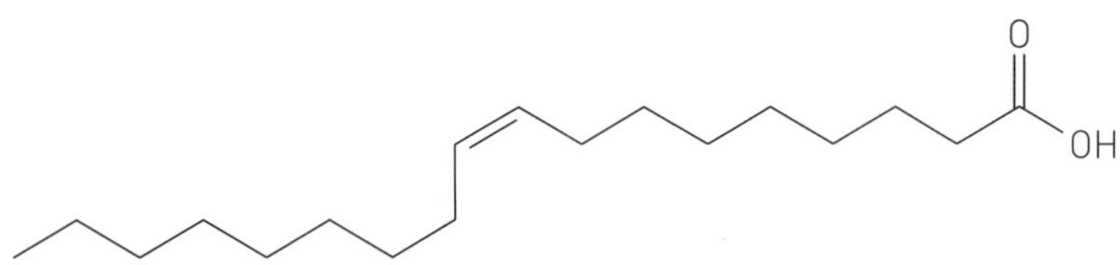

**12.** (Uerj) Segundo a legislação brasileira, o vinagre é uma solução aquosa que deve conter entre 0,9 e 1,8 mol/L de ácido etanoico. A análise de 10 mL de uma amostra de determinada marca desse produto indicou que foram necessários 20 mL de solução de hidróxido de sódio, com concentração igual a 0,2 mol/L, para a neutralização de todo o ácido etanoico presente. Calcule a concentração em quantidade de matéria, mol/L, do ácido etanoico da amostra e classifique-a como adequada ou não à legislação brasileira.

$$H_3CCOOH + NaOH \longrightarrow H_3CCOONa + H_2O$$

**13.** (UFG-GO) Barrilha, que é o carbonato de sódio impuro, é um insumo básico da indústria química.
Uma amostra de barrilha de 10 g foi totalmente dissolvida em 800 mL de ácido clorídrico 0,2 mol/L. O excesso de ácido clorídrico foi neutralizado com 250 mL de NaOH 0,1 mol/L.
Qual o teor de carbonato de sódio, em porcentagem de massa, na amostra de barrilha?
Dados: massas molares em g/mol: Na = 23; C = 12; O = 16.

## Desafiando seus conhecimentos

1. (UPM-SP) 200 mL de uma solução aquosa de ácido sulfúrico de concentração igual a 1 mol · $L^{-1}$ foram misturados a 300 mL de uma solução aquosa de hidróxido de sódio de concentração igual a 2 mol · $L^{-1}$. Após o final do processo químico ocorrido, é correto afirmar que:

$$H_2SO_4 + 2\,NaOH \longrightarrow 2\,H_2O + Na_2SO_4$$

a) a concentração do ácido excedente, na solução final, é de 0,4 mol · $L^{-1}$.
b) a concentração da base excedente, na solução final, é de 0,4 mol · $L^{-1}$.
c) a concentração do sal formado, na solução final, é de 0,2 mol · $L^{-1}$.
d) a concentração do sal formado, na solução final, é de 0,1 mol · $L^{-1}$.
e) todo ácido e toda base foram consumidos.

2. (UFRJ) Soluções aquosas de hidróxido de sódio (NaOH) podem ser utilizadas como titulantes na determinação da concentração de soluções ácidas. Qual seria o volume de solução de NaOH 0,1 mol/L gasto na neutralização de 25 mL de uma solução aquosa de um ácido monoprótico fraco (HA) com concentração 0,08 mol/L?

3. (UFPE) Considere que uma solução aquosa com 60 g de NaOH é misturada com uma solução aquosa com 54 g de $HC\ell$. Admitindo-se que essa reação ocorre de forma completa, qual seria a concentração molar do sal formado, se o volume final dessa solução for 100 mL?
Considere as massas molares (g/mol): H = 1; O = 16; Na = 23; e $C\ell$ = 35.

4. (Vunesp-SP) A soda cáustica (hidróxido de sódio) é um dos produtos utilizados na formulação dos limpa-fornos e desentupidores de pias domésticas, tratando-se de uma base forte. O ácido muriático (ácido clorídrico com concentração de 12 mol/L) é muito utilizado na limpeza de pisos e é um ácido forte. Ambos devem ser manuseados com cautela, pois podem causar queimaduras graves se entrarem em contato com a pele.
a) Escreva a equação química para a neutralização do hidróxido de sódio com ácido clorídrico, ambos em solução aquosa.
b) Dadas as massas molares, em g/ mol: H = 1; O = 16 e Na = 23, calcule o volume de ácido muriático necessário para a neutralização de 2 L de solução de hidróxido de sódio com concentração de 120 g/L. Apresente seus cálculos.

5. (UPM-SP) Foram misturados 100 mL de solução aquosa de cloreto de sódio 0,1 mol · $L^{-1}$ com 200 mL de solução aquosa de nitrato de prata 0,2 mol · $L^{-1}$. Considerando que as condições sejam favoráveis à ocorrência da reação, é **INCORRETO** afirmar que:
a) o cloreto formado é insolúvel em meio aquoso.
b) o cloreto de sódio será totalmente consumido.
c) haverá excesso de 0,03 mol de nitrato de prata.
d) ocorrerá a precipitação de 0,01 mol de cloreto de prata.
e) a concentração do nitrato de prata na solução final é de 0,03 mol · $L^{-1}$.

6. (UFF-RJ) O teor do íon $C\ell^-$ existente nos fluidos corporais pode ser determinado através de uma análise volumétrica do íon $C\ell^-$ com o íon $Hg^{2+}$.

$$Hg^{2+} + 2\,C\ell^- \longrightarrow HgC\ell_2\,(aq)$$

Quando a reação se completa, há um excesso de $Hg^{2+}$ em solução, e esse excesso é detectado pela difenilcarbazona, usada como indicador capaz de formar um complexo azul-violeta com o $Hg^{2+}$.
A solução de nitrato de mercúrio é padronizada com solução de $NaC\ell$ que contém 147,0 mg de $NaC\ell$ em 25,00 mL de água destilada. São necessários 28,00 mL da solução de nitrato mercúrico para que o ponto final da reação seja alcançado. Quando a solução de nitrato mercúrico é utilizada na determinação do teor de cloreto em 2,000 mL de amostra de urina, gasta-se 23,00 mL da solução. Sendo assim, dê:
a) concentração em mol/L do $Hg^{2+}$ na solução;
b) a $[C\ell^-]$ em (mg/mL) na urina.

7. (UFJF-MG) O controle de qualidade para amostras de vinagre, que contém ácido acético ($H_3CCOOH$), é feito a partir da reação deste com hidróxido de sódio. Sabendo-se que, de um modo geral, os vinagres comercializados possuem 3 g de ácido

acético a cada 100,0 mL de vinagre, qual seria o volume, em litros, de NaOH 0,5 mol/L gasto para neutralizar 100,0 mL desse vinagre?

a) 1,0
b) 0,5
c) 0,1
d) 0,2
e) 0,25

**8.** (PUC-RJ) Uma solução aquosa de nitrato de prata ($0{,}050\ mol \cdot L^{-1}$) é usada para se determinar, por titulação, a concentração de cloreto em uma amostra aquosa. Exatos 10,00 mL da solução titulante foram requeridos para reagir com os íons $C\ell^-$ presentes em 50,00 mL de amostra. Assinale a concentração, em $mol \cdot L^{-1}$, de cloreto, considerando que nenhum outro íon na solução da amostra reagiria com o titulante.

Dado: $Ag^+(aq) + C\ell^-(aq) \rightarrow AgC\ell(s)$

a) 0,005
b) 0,010
c) 0,025
d) 0,050
e) 0,100

**9.** (Uerj) O fenômeno da "água verde" em piscinas pode ser ocasionado pela adição de peróxido de hidrogênio em água contendo íons hipoclorito. Esse composto converte em cloreto os íons hipoclorito, eliminando a ação oxidante e provocando o crescimento exagerado de microrganismos. A equação química abaixo representa essa conversão:

$$H_2O_2(aq) + NaC\ell O(aq) \longrightarrow NaC\ell(aq) + O_2(g) + H_2O(\ell)$$

Para o funcionamento ideal de uma piscina com volume de água igual a $4 \cdot 10^7$ L, deve-se manter uma concentração de hipoclorito de sódio de $3 \cdot 10^{-5}\ mol \cdot L^{-1}$.

Calcule a massa de hipoclorito de sódio, em quilogramas, que deve ser adicionada à água dessa piscina para se alcançar a condição de funcionamento ideal.

Admita que foi adicionada, indevidamente, nessa piscina, uma solução de peróxido de hidrogênio na concentração de $10\ mol \cdot L^{-1}$. Calcule, nesse caso, o volume da solução de peróxido de hidrogênio responsável pelo consumo completo do hipoclorito de sódio.

Dados: Na = 23; Cℓ = 35,5; O = 16; H = 1.

**10.** (Fepar-PR) Com nome derivado do francês *vin aigre* (vinho ácido), o vinagre é resultado de atividade bacterial, que converte líquidos alcoólicos, como vinho, cerveja, cidra, em uma fraca solução de ácido acético. De baixo valor calórico, o vinagre tem substâncias antioxidantes em sua composição, além de ser um coadjuvante contra a hipertensão. Uma amostra de 20,0 mL de vinagre (densidade igual a 1,02 g/mL) necessitou de 60,0 mL de solução aquosa de NaOH $0{,}20\ mol \cdot L^{-1}$ para completa neutralização.

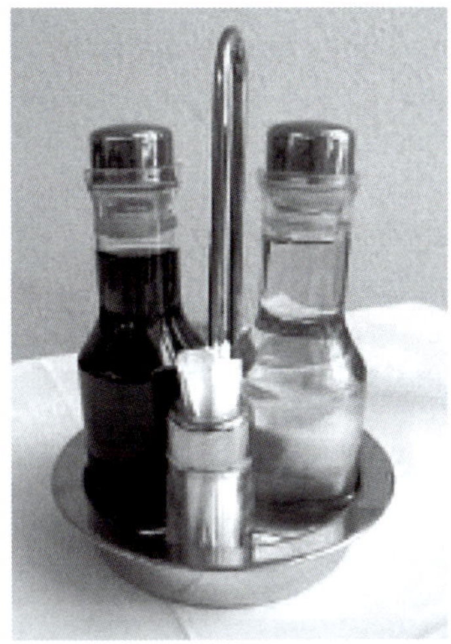

Reprodução/ FEPAR, 2017.

Dados: $C = 12\ g \cdot mol^{-1}$; $H = 1\ g \cdot mol^{-1}$; $O = 16\ g \cdot mol^{-1}$.

Com base nas informações, faça o que se pede. Apresente a resolução.

a) Determine a porcentagem em massa de ácido acético no vinagre.
b) Determine o volume de KOH $0{,}10\ mol \cdot L^{-1}$ que contém quantidade de íons $OH^-$ equivalente à encontrada nos 60 mL de solução aquosa de NaOH $0{,}20\ mol \cdot L^{-1}$.

**11.** (Udesc) Considere a determinação da capacidade antiácida de um medicamento cujo princípio ativo é carbonato de sódio, que pode ser feita pela reação com ácido clorídrico. Um comprimido de 1,86556 g foi triturado e dissolvido em água, necessitando de 22,0 mL de HCℓ $0{,}4000\ mol \cdot L^{-1}$ para ser completamente neutralizado. Assinale a alternativa que corresponde à porcentagem em massa de carbonato de sódio no comprimido.

a) 12,50%
b) 19,57%
c) 25,00%
d) 14,15%
e) 50,00%

**12.** (UFTM-MG) Diz a bula de determinado medicamento antiácido que este contém 350 mg de hidróxido de magnésio em cada 5 mL de suspensão aquosa.

a) Que quantidade em mol de hidróxido de magnésio há nesses 5 mL de suspensão?

b) Caso as informações da bula estejam corretas, que volume de HC$\ell$ 1 mol/L deve ser utilizado na titulação de uma alíquota de 5 mL dessa suspensão?

(UEL-PR) Analise os experimentos e responda às questões **13** e **14**.

De um modo geral, a atividade humana sempre gerou alguma forma de resíduo, alguns deles nocivos ao meio ambiente e, por conseguinte, ao próprio homem. O íon cádmio gerado em aulas experimentais é um exemplo. Um estudante de Química, a fim de diminuir a quantidade de solução de cloreto de cádmio armazenada como resíduo de aula, realizou 5 experimentos. Transferiu para 5 béqueres as quantidades, conforme indicadas na tabela. Um precipitado amarelo é formado em cada béquer. Os precipitados foram filtrados, secados e pesados.

| Experimento | Volume (mL de solução) de cloreto de cádmio 1,00 mol/L | Volume (mL de solução) de sulfeto de potássio 0,500 mol/L |
|---|---|---|
| I | 100 | 50,0 |
| II | 100 | 100 |
| III | 100 | 150 |
| IV | 100 | 200 |
| V | 100 | 250 |

Dados: massas molares (g/mol): Cd = 112; C$\ell$ = 35,5; K = 39; S = 32.

**13.** Indique a alternativa que mostra a equação química da reação de formação do precipitado amarelo.

a) $K^+ (aq) + C\ell^- (aq) \longrightarrow KC\ell (s)$

b) $Cd^{2+} (aq) + SO_3^{3-} (aq) \longrightarrow CdSO_3 (s)$

c) $Cd^{2+} (aq) + S^{2-} (aq) \longrightarrow CdS (s)$

d) $2\ K^+ (aq) + S^{2-} (aq) \longrightarrow K_2SO_3 (s)$

e) $Cd^{2+} (aq) + 2\ C\ell^- (aq) \longrightarrow CdC\ell_2 (s)$

**14.** Indique a alternativa que representa a massa de precipitado nos béqueres I, II, III, IV e V no gráfico:

a)
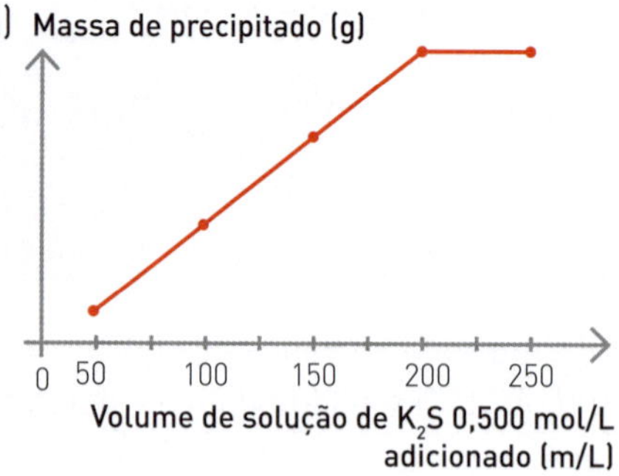


b)
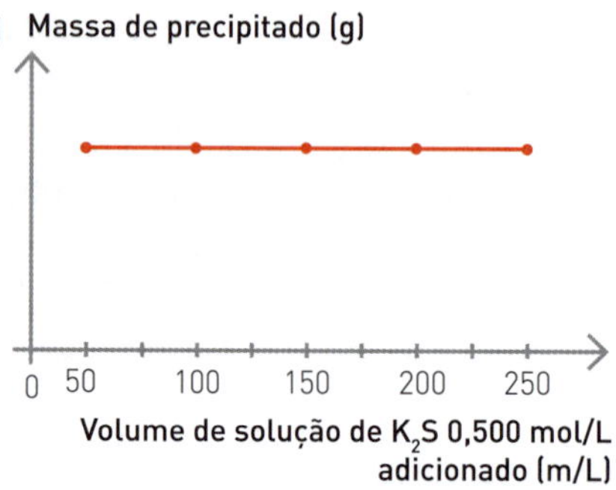


c)
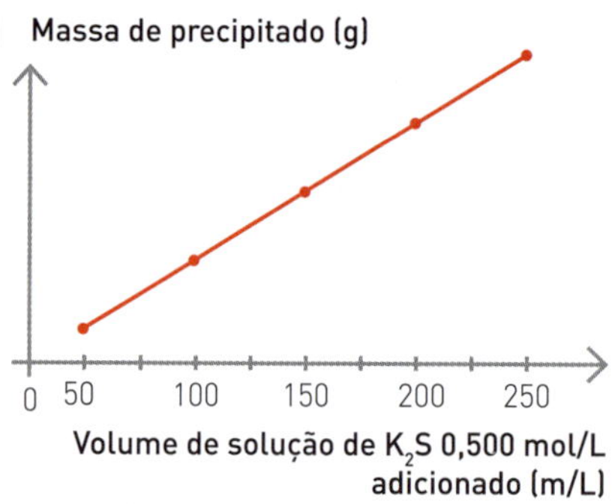


d)
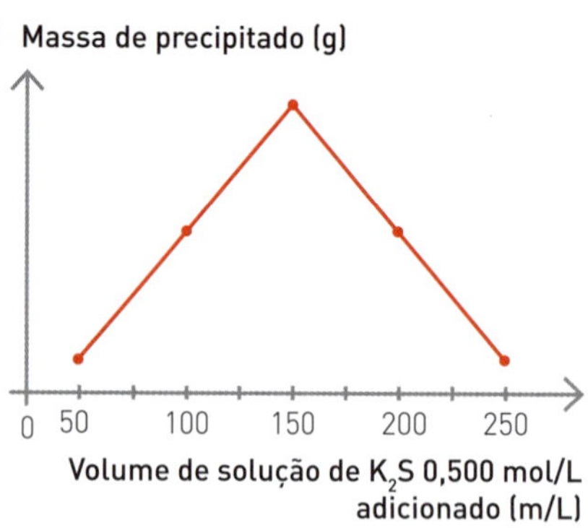


e)
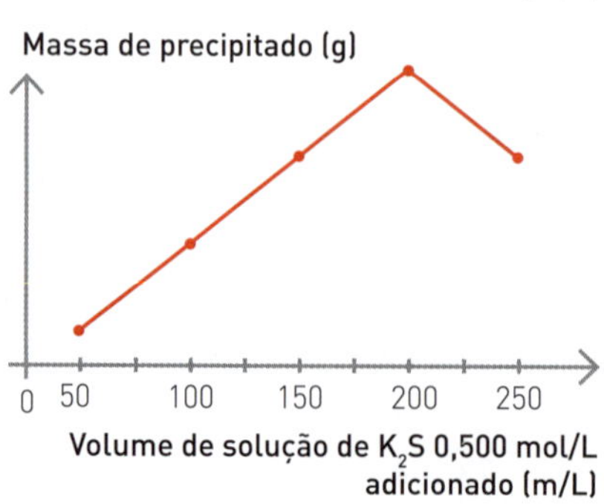


Ilustrações: Banco de imagens/Arquivo da editora

**15.** (UFRRJ) Uma indústria precisa determinar a pureza de uma amostra de hidróxido de sódio (NaOH).

Sabendo que 4,0 g da amostra foram neutralizados com 40 mL de ácido clorídrico 2 mol/L e que as impurezas presentes na amostra não reagem com o ácido clorídrico, calcule a porcentagem de pureza da base.

**16.** (Fac. Albert Einstein-SP) Para determinar a pureza de uma amostra de ácido sulfúrico ($H_2SO_4$), uma analista dissolveu 14,0 g do ácido em água até obter 100 mL de solução.

A analista separou 10,0 mL dessa solução e realizou a titulação, utilizando fenolftaleína como indicador.

A neutralização dessa alíquota foi obtida após a adição de 40,0 mL de uma solução aquosa de hidróxido de sódio (NaOH) de concentração 0,5 mol · $L^{-1}$.

O teor de pureza da amostra de ácido sulfúrico analisado é, aproximadamente:

a) 18,0%.
b) 50,0%.
c) 70,0%.
d) 90,0%.

**17.** (Uerj) Em um laboratório, duas torneiras enchem dois recipientes, de mesmo volume V, com diferentes soluções aquosas.

Observe os dados da tabela:

| Recipiente | Solução | Tempo de enchimentos (s) |
|---|---|---|
| R1 | ácido clorídrico | 40 |
| R2 | hidróxido de sódio | 60 |

O gráfico abaixo mostra a variação do volume do conteúdo em cada recipiente em função do tempo.

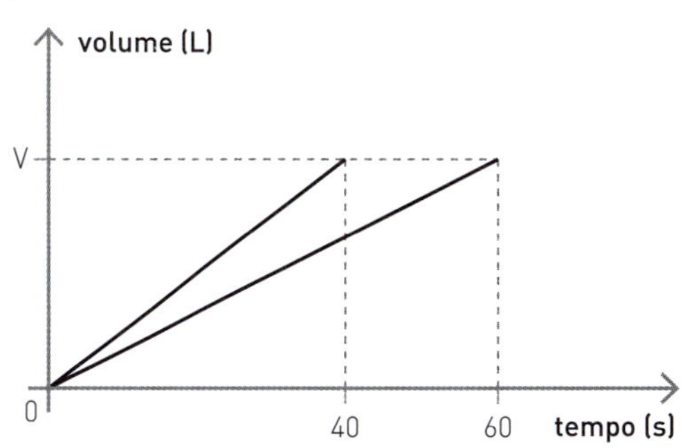


Banco de imagens/Arquivo da editora

Admita que as soluções depositadas em R1 e R2 até o instante t = 40 s tenham sido misturadas em um novo recipiente, formando uma solução neutra. Sabendo que a concentração inicial da solução ácida é igual a 0,10 mol/L, a concentração inicial da solução básica, em mol/L, corresponde a:

a) 0,10.
b) 0,15.
c) 0,20.
d) 0,25.

**18.** (Uerj) A água sanitária é um produto de limpeza obtido a partir do borbulhamento de cloro gasoso em solução aquosa de NaOH, conforme apresentado nas equações químicas consecutivas a seguir.

Equação A: $C\ell_2(g) + NaOH(aq) \rightarrow HC\ell O(aq) + NaC\ell(aq)$

Equação B: $HC\ell O\,(aq) + NaOH\,(aq) \rightleftharpoons NaC\ell O\,(aq) + H_2O\,(\ell)$

Em uma fábrica, a produção de água sanitária é iniciada com a dissolução de $C\ell_2$ e NaOH em água, nas concentrações de 0,20 e 0,34 mol · $L^{-1}$ respectivamente. Ao final do processo de produção, o $C\ell_2$ foi consumido por completo, restando 80% do $HC\ell O$ formado na equação A.

Calcule, em mol · $L^{-1}$, a concentração de NaOH no produto final.

**19.** (Espcex/Aman) Um químico trabalhando em seu laboratório resolveu preparar uma solução de hidróxido de sódio (NaOH) numa concentração adequada, para posterior utilização em análises titulométricas. Consultando seu estoque verificou a existência de uma solução de NaOH de concentração 0,01 mol · $L^{-1}$, inadequada a seus propósitos. Para a preparação da solução de NaOH na concentração adequada, pipetou dez mililitros (10 mL) dessa solução aquosa de NaOH estocada e, em seguida, transferiu o volume pipetado para um balão volumétrico de 1000 mL de capacidade, completando seu volume com água pura. Considerando que o experimento ocorreu nas condições de 25 °C e 1 atm e que o hidróxido de sódio se encontrava completamente dissociado, o pH dessa solução resultante final preparada pelo químico será:

a) 1
b) 2
c) 8
d) 9
e) 10

## Conexão Indústria

# A titulação aplicada à saúde

O soro fisiológico é uma solução de cloreto de sódio e água destilada usada em grandes quantidades em hospitais. Sua administração geralmente é feita por via endovenosa. A solução deve apresentar, então, uma concentração adequada; caso contrário, pode provocar a morte de células.

Na indústria, é preparada pela mistura de uma quantidade conhecida de $NaC\ell$ a um volume apropriado de água destilada, a fim de se obter uma solução de concentração conveniente.

Para a segurança máxima no uso da solução, costuma-se determinar a sua concentração exata através da titulação. Assim, é retirada uma amostra da solução preparada, sendo seu volume determinado da maneira mais precisa possível. Em seguida, essa amostra é titulada, utilizando-se uma solução padronizada de nitrato de prata ($AgNO_3$) 0,10 mol/L.

Nessa titulação, ocorre a seguinte reação:

$$NaC\ell(aq) + AgNO_3(aq) \longrightarrow AgC\ell(s) + NaNO_3(aq)$$

Pela equação, percebemos que ocorre a precipitação do cloreto de prata ($AgC\ell$ (s)).

O aparecimento de uma cor salmão, causado pelo indicador, aponta-nos o final da titulação.

A partir do volume de nitrato de prata consumido, determinamos o seu número de mol.

Como, na reação, a proporção é de 1:1, o número de mol de $NaC\ell$ também será determinado e, como o volume da amostra é conhecido, é possível saber sua concentração em mol/L exata.

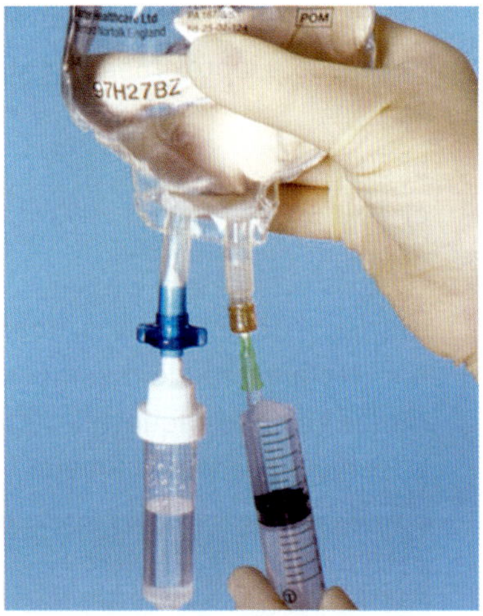


SPL/Latinstock

Bolsa de soro fisiológico para administração por via endovenosa.

## Reflita

**1.** Para descobrir a concentração de uma solução aquosa de ácido sulfúrico, podemos, em um laboratório, colocar um volume conhecido dessa solução ácida, junto com o indicador fenolftaleína, para ser titulado com uma quantidade de soda cáustica (hidróxido de sódio) de volume e concentração conhecidos. Sobre isso, responda aos itens.

a) Qual o nome da vidraria de laboratório usada em titulação?

b) Escreva a reação do ácido sulfúrico com a soda cáustica.

c) Qual seria a coloração da solução obtida após a completa titulação do ácido, admitindo-se que, por um descuido, o laboratorista tenha deixado cair dez gotas da base além das necessárias para a neutralização do ácido?

**2.** Uma alíquota de 10 mL de uma solução aquosa de cloreto de sódio consumiu 15,5 mL da solução aquosa de nitrato de prata 0,10 mol/L. Qual a concentração da solução de cloreto de sódio em g/L?
Dados: densidade da solução de cloreto de sódio = 1,0 g/mL; Massas molares: Na = 23 g/mol; $C\ell = -35{,}5$ g/mol.

## Complemento

# Soluções, suspensões e coloides

Já sabemos que as soluções são misturas homogêneas. As partículas presentes em uma solução podem ser átomos, íons ou pequenas moléculas.

Suas principais características são:

- as partículas não sedimentam sob ação da gravidade ou com o uso de centrífugas comuns ou mesmo ultracentrífugas;
- o diâmetro das partículas é menor do que 1 nm (1 nanômetro = $10^{-9}$ m);
- as partículas não são retidas por filtros comuns nem por ultrafiltros;
- as partículas não são visíveis com o uso de um microscópio óptico comum ou mesmo um ultramicroscópio.

Não é sempre que, ao adicionarmos uma substância a um solvente, temos a formação de uma solução. Se adicionamos, por exemplo, uma certa quantidade de areia finamente dividida a uma garrafa com água e a agitamos energicamente, a areia permanece suspensa, "flutuando" na água por um breve período de tempo e, então, rapidamente se deposita no fundo da garrafa. Esse sistema é classificado como uma suspensão.

Sérgio Dotta Jr./Arquivo da editora

As partículas de uma solução, como a solução aquosa de sulfato de cobre ($CuSO_4$) mostrada na fotografia, não são visíveis e não provocam dispersão nem reflexão da luz.

## Suspensões

São misturas heterogêneas. As partículas podem ser aglomerados de íons ou de moléculas, ou ainda macromoléculas ou macroíons.

Suas principais características são:

- as partículas se sedimentam sob a ação da gravidade ou de uma centrífuga comum;
- as partículas dispersas apresentam diâmetro maior do que 1000 nm;
- com o uso de um filtro comum, é possível separar as partículas em suspensão;
- as partículas são visíveis a olho nu ou com o uso de um microscópio comum.

A diferença fundamental entre uma **solução** e uma **suspensão** é o tamanho das partículas dispersas. Entre uma e outra, existem misturas cujas partículas dispersas são muito menores do que aquelas que podem ser vistas a olho nu, mas muito maiores do que moléculas individuais. Tais partículas são denominadas **partículas coloidais** e, em água, formam os **coloides** ou **suspensões coloidais**.

Rita Barreto/Fotoarena

As partículas de uma suspensão, como o leite de magnésia ($Mg(OH)_2$), são opacas na luz natural.

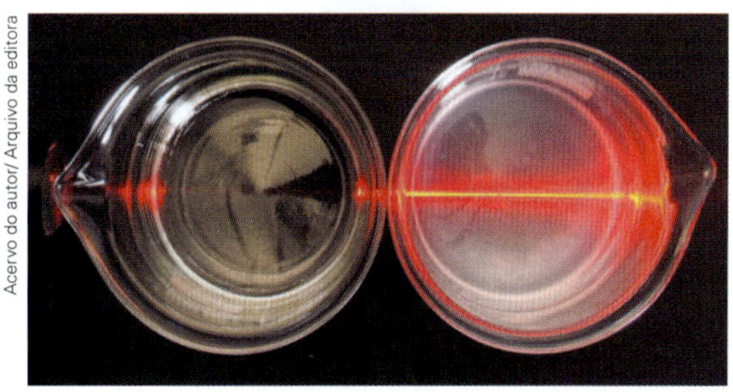

Acervo do autor/ Arquivo da editora

O *laser* atravessa a solução que está no recipiente à esquerda sem sofrer dispersão e reflexão, observadas na suspensão que está contida no recipiente à direita.

## Coloides ou suspensões coloidais

Em um coloide, a substância que está distribuída na forma de partículas é denominada **disperso** e o meio (ou a substância) que o contém é denominado **dispersante** ou **dispergente**.

Os coloides são formados geralmente por macromoléculas ou macroíons com tamanho menor do que o das suspensões e maior do que o das soluções.

Suas principais características são:

- a sedimentação das partículas só é obtida por meio de ultracentrífugas;
- as partículas dispersas apresentam diâmetro maior do que 1 nm e menor do que 1000 nm*;
- as partículas das substâncias dispersas podem ser separadas por meio de um ultrafiltro;
- as partículas não são visíveis com microscópio comum, mas podem ser vistas com o auxílio de um microscópio eletrônico.

Nos coloides, o diâmetro das partículas é suficiente para refletir e dispersar a luz.

John Howard/SPL/LatinStock

Devido ao efeito Tyndall, os coloides, quando observados a olho nu, apresentam-se translúcidos, com um aspecto nebuloso, opaco.

Essa dispersão da luz é conhecida pelo nome de **efeito Tyndall**. Quando um feixe de luz, em uma sala escura, incide sobre um frasco que contenha coloide ou sobre uma suspensão, sua trajetória fica visível.

Esse efeito é perceptível em algumas situações do dia a dia: por exemplo, quando os raios de sol atravessam as frestas de uma janela em um quarto com poeira suspensa no ar ou quando o feixe de luz emitido pelo projetor, em um cinema, passa através do ar que contenha fumaça ou poeira.

Quando um coloide é examinado em um microscópio comum, observamos vários pontos luminosos movimentando-se rápida e aleatoriamente. Esse movimento é denominado **movimento browniano**.

Natural History Museum/SPL/Latinstock

Em 1827, o botânico escocês Robert Brown (1773-1858), usando um microscópio comum, observou que partículas de pólen suspensas na água agitavam-se constantemente, formando linhas poligonais (zigue-zague). A seguir, verificou que esse fenômeno ocorre com quaisquer partículas cujo diâmetro varie entre $10^2$ nm e $10^3$ nm. Em sua homenagem, esse movimento típico das partículas dispersas em um coloide recebeu o nome de movimento browniano.

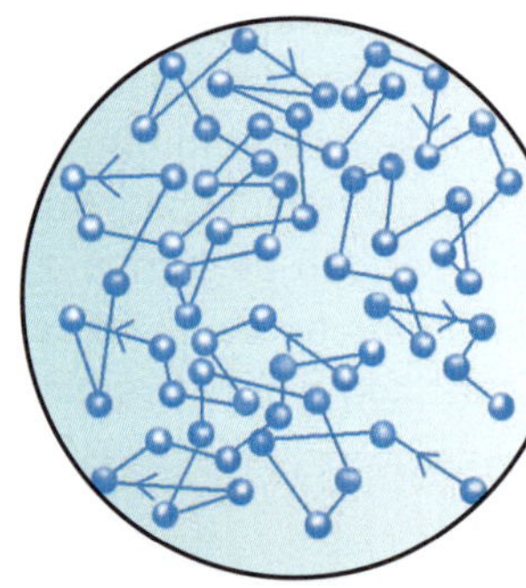

Conceitograf/Arquivo da editora

Coloide: movimentos rápidos e em zigue-zague.

CORES FANTASIA

AUSÊNCIA DE PROPORÇÃO

## Classificação dos coloides

Os coloides são característicos de muitos processos importantes, relacionados com a vida, que ocorrem na natureza e, também, em um grande número de produtos industrializados.

Muitos dos fluidos presentes em nosso organismo são coloides formados por proteínas ou outras moléculas grandes dispersas em água. A célula individual de uma bactéria é uma partícula coloidal, assim como as algas verdes presentes em águas paradas ou contaminadas.

Em função do estado físico dos componentes (disperso e dispersante), os coloides podem ser classificados da seguinte maneira:

* Valores citados em: O mundo dos coloides, revista *Química Nova na Escola*, n. 9, maio 1999. Disponível em: <http://qnesc.sbq.org.br/online/qnesc09/quimsoc.pdf>. Acesso em: 12 mar. 2018.

| Tipo de coloide | Disperso | Dispersante | Exemplo |
|---|---|---|---|
| aerossol sólido | sólido | gás | **fumaça**, poeira  Thinkstock/Getty Images |
| aerossol líquido | líquido | gás | **neblina**, desodorante  Thinkstock/Getty Images |
| espuma sólida | gás | sólido | pedra-pomes, **maria-mole**  Fernando Favoretto/Criar Imagem |
| espuma | gás | líquido | **creme de leite batido** (*chantilly*)  Volkan sengor/E+/Getty Images |
| emulsão sólida | líquido | sólido | sorvete de massa  Thinkstock/Getty Images |
| emulsão | líquido | líquido | **maionese**, manteiga  Rita Barreto/Fotoarena |
| gel | líquido | sólido | sílica, queijos, **gelatina**, geleias  Thinkstock/Getty Images |

| Tipo de coloide | Disperso | Dispersante | Exemplo |
|---|---|---|---|
| sol sólido | sólido | sólido | **pérola**, rubi e safira  Imagebroker/Alamy/Glow Images |
| sol | sólido | líquido | goma-arábica, **creme dental**  Thinkstock/Getty Images |

Fonte: CHANG, Raymond. *Chemistry*. 9. ed. New York: McGraw-Hill, 2007.

Os coloides são de importância fundamental em muitas indústrias e, portanto, na nossa vida.

Vamos detalhar as caraterísticas do sol e do gel:

- **Sol** — são coloides formados por um sólido disperso em líquido. O plasma sanguíneo é formado por grandes moléculas orgânicas dispersas em água. A goma-arábica é um sol composto de uma resina extraída de uma planta da família das leguminosas (*Acacia vera*), dispersa em água.
- **Gel** — é um coloide formado por um líquido disperso em sólido. Em um sol, a eliminação gradativa do dispergente líquido permite que as partículas sólidas do disperso formem um retículo contínuo, de estrutura aberta e semirrígida. Assim, um sol pode ser transformado em um gel.

## Observação

Muitas vezes, é necessária a presença de uma substância capaz de impedir que os componentes (disperso e dispersante) de uma emulsão se separem. Essas substâncias são denominadas **agentes emulsificantes**.

No caso do leite, o agente emulsificante é uma proteína, a caseína, que mantém unidas a gordura e a água.

As emulsões de óleo em água são estabilizadas pela adição de agentes emulsificantes, como a gelatina e a goma-arábica. Os sabões são constituídos de moléculas que apresentam uma parte apolar e uma polar. A parte apolar pode dissolver sujeiras gordurosas de, por exemplo, uma peça de roupa. Ao mesmo tempo, a parte polar liga-se às moléculas de água, retirando a sujeira gordurosa da roupa a ser limpa, formando uma emulsão. Assim, os sabões são agentes emulsificantes.

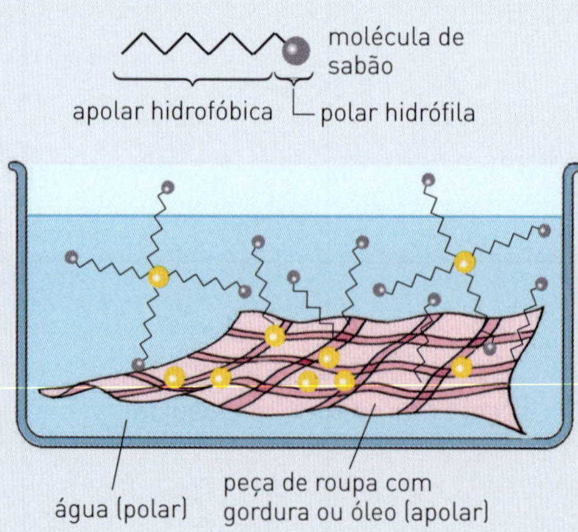


Banco de imagens/Arquivo da editora

## Exercícios

1. (Cesgranrio-RJ) Considere o quadro a seguir:

| Propriedade | Dispersão A | Dispersão B | Dispersão C |
|---|---|---|---|
| natureza da molécula | átomos, íons ou pequenas moléculas | macromoléculas ou grupo de moléculas | partículas visíveis a olho nu |
| efeito da gravidade | não sedimenta | não sedimenta | sedimenta rapidamente |
| uniformidade | homogênea | não tão homogênea | heterogênea |
| separabilidade | não pode ser separada por filtração | pode ser separada somente por membranas especiais | pode ser separada por filtro de papel |

Logo, podemos afirmar que:

a) A = solução verdadeira; B = suspensão; C = solução coloidal.
b) A = suspensão; B = solução coloidal; C = solução verdadeira.
c) A = solução coloidal; B = solução verdadeira; C = suspensão.
d) A = solução coloidal; B = suspensão; C = solução verdadeira.
e) A = solução verdadeira; B = solução coloidal; C = suspensão.

2. Cite duas maneiras que permitam diferenciar uma suspensão de uma solução.

3. Coloque em ordem crescente de tamanho as partículas que constituem as suspensões, as soluções e os coloides.

4. (Unifor-CE) Dentre os seguintes materiais:

I. maionese
II. iogurte
III. azeite de oliva
IV. refrigerante

podem ser classificados como dispersões coloidais:

a) I e II.
b) I e III.
c) II e III.
d) II e IV.
e) III e IV.

5. (Unifor-CE) Maionese e mistura de sal e óleo constituem, respectivamente, exemplos de sistemas:

a) coloidal e coloidal.
b) homogêneo e heterogêneo.
c) coloidal e homogêneo.
d) homogêneo e homogêneo.
e) coloidal e heterogêneo.

6. (Unirio-RJ)

A Coreia do Sul é citada à exaustão como exemplo de milagre econômico operado pela alta tecnologia. Na década de 1960, era tão pobre quanto as nações miseráveis da África. (...) Os coreanos viraram especialistas em celulares, computadores e carros. Mas, quando o assunto é tecnologia agroindustrial, eles vêm buscar as lições no Brasil. (...) Os visitantes estavam interessados em parcerias em energia renovável, como álcool e biodiesel.

Revista Época, 2007.

Suponha que o álcool combustível, também conhecido como álcool etílico hidratado, seja uma solução aquosa contendo 93,0% de álcool etílico. Em relação a essa solução, pode-se dizer que:

a) forma um coloide com a água.
b) é uma suspensão aquosa entre etanol, biodiesel e gasolina.
c) é uma mistura homogênea de etanol e água.
d) apresenta duas fases distintas, etanol e água.
e) possui 93 gramas de etanol em 1 litro de água.

## Atividades práticas

### I. Preparando coloides

Como sabemos, água e óleo não se misturam, mesmo quando submetidos a intensa agitação, pois a água apresenta moléculas polares e os óleos são substâncias apolares. Ao cessarmos a agitação, em pouco tempo as pequenas partículas de óleo obtidas durante esse processo se unem e formam uma lâmina que flutua sobre a água, porque o óleo tem densidade menor do que a água.

Se pudéssemos impedir que as gotículas de óleo se unissem novamente, poderíamos mantê-las dispersas na água, ou seja, obteríamos uma mistura de dois líquidos imiscíveis.

Os agentes emulsificantes são substâncias que têm a propriedade de estabilizar uma mistura de líquidos imiscíveis, pois apresentam moléculas com uma porção polar e outra apolar. Dois desses agentes são comuns em nosso dia a dia: gema de ovo e sabão.

#### Material

- 1 gema de ovo
- 1 colher (sopa) de suco de limão ou vinagre
- 1 xicara de óleo comestível

Siga as orientações de segurança do laboratório

#### Procedimento

Misture a gema de ovo com o suco de limão em um liquidificador, em velocidade baixa. Depois, adicione o óleo lentamente. Deixe o liquidificador ligado durante dois minutos.

Lápis 13B/Arquivo da editora

**1.** Com base no experimento, responda às seguintes questões.

a) Observando a mistura obtida, você é capaz de reconhecê-la? Qual é o nome comercial desse coloide?

b) Qual é a substância dispersante e qual é a substância que constitui o disperso?

**2.** Qual é a finalidade de utilizarmos a gema de ovo?

**3.** Observe como a gema de ovo foi representada:

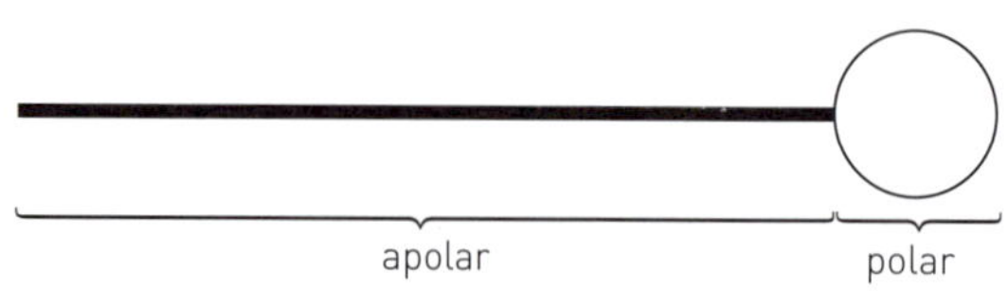

Banco de imagens/Arquivo de editora

Faça um esquema indicando o papel dessas estruturas na união do dispersante com o disperso.

**4.** Como esse coloide pode ser classificado?

**5.** Qual é a diferença entre esse coloide e um aerossol, uma espuma e um gel?

## II. Efeito Tyndall

### Material

- 1 caixa de papelão
- 3 copos lisos de vidro transparente
- 1 colher de chá
- farinha de trigo
- sal de cozinha
- lanterna
- tesoura

1.

### Procedimento

1. Com o auxílio da tesoura, faça um furo arredondado em uma das laterais da caixa. A altura do furo deve corresponder à metade da altura do copo.
2. Na lateral oposta, faça um furo quadrado, com aproximadamente 2 cm de lado. O centro desse quadrado deve estar alinhado com o furo arredondado.
3. Coloque água em um dos copos até atingir $\frac{3}{4}$ da altura do copo.
4. Depois, coloque o copo dentro da caixa, de modo que seu centro esteja alinhado com os centros dos dois furos, e feche a caixa.
5. Acenda a lanterna próximo ao furo arredondado e observe o copo através do furo oposto.

> **!** **ATENÇÃO:** O uso de tesouras e de outros instrumentos perfurocortantes pode ser perigoso.

6. Substitua esse copo por outro contendo uma colher de chá de sal dissolvido em $\frac{3}{4}$ de água. Observe-o.
7. Depois, substitua esse copo por outro contendo uma colher de chá de farinha dissolvida, sob agitação, em $\frac{3}{4}$ de água. Observe-o.

2.

3.

4.

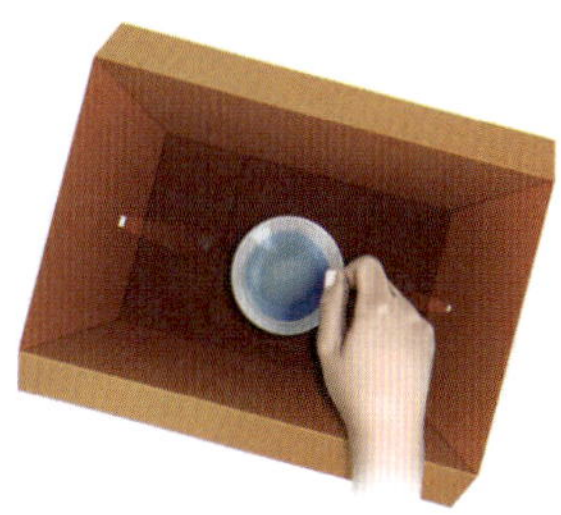

7.

6.

5.

Ilustrações: Lápis 13B/ Arquivo da editora

Agora responda às questões abaixo.

1. A mistura água + farinha de trigo é uma solução ou uma suspensão?
2. A mistura água + sal de cozinha é uma solução ou uma suspensão?
3. Classifique os sistemas em homogêneos ou heterogêneos.
4. O efeito Tyndall é observado em soluções ou suspensões?

# Coloides e soluções no corpo humano

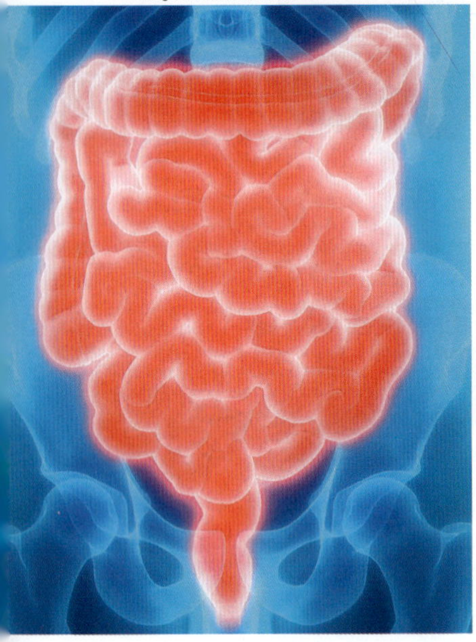

Magic mine/Shutterstock

As partículas em solução passam para o sangue e para o sistema linfático através das paredes intestinais.

Em nosso organismo, os coloides são separados das soluções por membranas semipermeáveis. Por exemplo, as paredes intestinais permitem que as partículas em solução passem para o sangue e para o sistema linfático. Entretanto, as partículas coloidais dos alimentos são muito grandes para atravessar essas paredes e, por isso, elas permanecem no interior do intestino.

O processo de digestão promove a quebra das grandes partículas coloidais de proteínas e amido, produzindo aminoácidos e glicose, os quais conseguem atravessar as paredes e chegar ao sistema circulatório.

Certos alimentos, como as fibras vegetais, não são quebrados em nosso processo digestivo; eles atravessam intactos o nosso intestino.

As membranas celulares também separam íons presentes em soluções e coloides. Por exemplo, as enzimas (estruturas proteicas) são produzidas no interior das células e lá permanecem. No entanto, muitos nutrientes celulares, como oxigênio, aminoácidos, eletrólitos e glicose, atravessam as membranas. Isso também ocorre com muitos produtos excretados pelas células, tais como ureia e gás carbônico.

Fonte: TIMBERLAKE, Karen C. *Chemistry*. Harper Collins College Publishers. Traduzido pelos autores.

Nishihama/Shutterstock

As fibras vegetais não são quebradas no processo digestivo.

## Reflita

1. Qual característica do coloide permite que ele seja separado das soluções coloidais por membranas semipermeáveis?

2. A hidrólise catalítica do amido origina um produto que atravessa a parede do intestino, chegando ao sangue. Sobre esse produto, responda aos itens:
   a) Qual o produto da hidrólise catalítica do amido?
   b) Por que ele é importante para nosso organismo?
   c) Comparativamente, qual o tamanho das moléculas do produto em relação às moléculas de amido?

3. Pesquise na internet ou na biblioteca de sua escola ou cidade três alimentos que, quando ingeridos, podem ser fonte de substâncias coloidais para seu organismo.

# Propriedades coligativas

UNIDADE **2**

Se você já assistiu a algum filme sobre o naufrágio de um navio, deve saber que o maior problema de um sobrevivente é a falta de água adequada ao consumo. Apesar de estar na imensidão do mar, não é possível utilizar essa água para beber.

**Qual é o processo pelo qual a água do mar pode se tornar potável?**

FOX 2000 Pictures/Album Cinema/Latinstock

Como ter sede cercado por tanta água?

**NESTA UNIDADE VAMOS ESTUDAR:**

- Pressão máxima de vapor.
- Tonoscopia.
- Ebulioscopia.
- Crioscopia.
- Osmometria.

CAPÍTULO

5

# Algumas propriedades físicas das substâncias

Antes de abordarmos o tema central desta unidade — as propriedades coligativas —, é importante que você retome alguns conhecimentos do 1º ano do Ensino Médio, relacionados às mudanças de estado físico das substâncias, e conheça alguns conceitos novos, que serão desenvolvidos neste capítulo. Vamos a eles!

## Diagrama de fases de uma substância

Entre as propriedades físicas que caracterizam uma substância, temos as temperaturas nas quais ocorrem as mudanças de estado:

- **fusão e solidificação**: sólido $\rightleftarrows$ líquido;
- **ebulição e liquefação**: líquido $\rightleftarrows$ vapor;
- **sublimação**: sólido $\rightleftarrows$ vapor.

Durante uma mudança de estado, há equilíbrio entre as fases envolvidas, e a temperatura permanece constante.

Sob diferentes pressões, as mudanças de fase ocorrem em diferentes temperaturas. Sob determinadas condições de pressão e temperatura, os três estados físicos podem coexistir, em equilíbrio, conforme esquema a seguir.

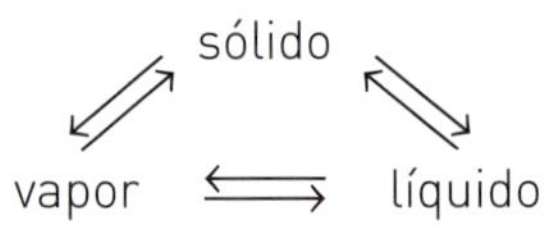


Essa é a situação em que ocorre o que chamamos de **ponto triplo**, que é característico de cada substância. A uma dada temperatura e variando-se as pressões, pode-se determinar o estado físico em que a substância se encontra a uma dada pressão, usando um sistema fechado.

Repetindo o processo com diferentes temperaturas, obtemos os dados necessários para construir o **diagrama de fases** da substância.

Cada substância apresenta um diagrama de fases característico. No entanto, o diagrama de diferentes substâncias assemelha-se ao formato mostrado ao lado.

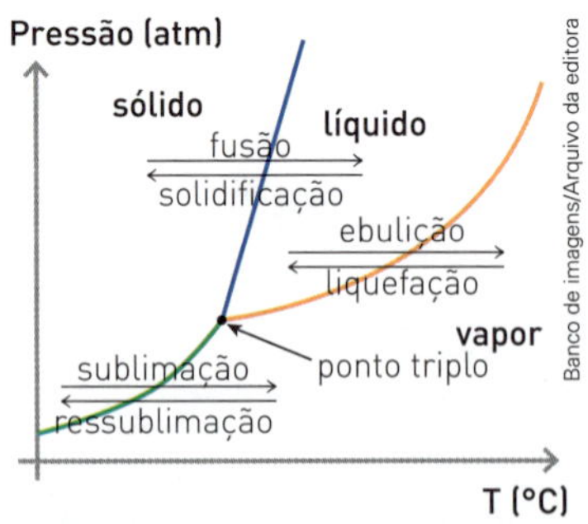


Cada uma das curvas do diagrama indica as condições de pressão e temperatura nas quais **duas fases** estão em equilíbrio.

As áreas delimitadas por essas linhas representam as condições de pressão e temperatura nas quais uma substância existe em um único estado físico.

O ponto determinado pela intersecção das três linhas é o **ponto triplo**, que indica uma condição única de pressão e temperatura na qual as três fases encontram-se em equilíbrio.

Para melhor compreensão do significado de um diagrama de fases e das mudanças de estado, vamos estudar, como exemplo, o diagrama de fases da água ao longo de uma linha com pressão constante de 760 mmHg e cuja temperatura varia.

| Ponto | Estado físico |
|---|---|
| A | sólido |
| B | sólido $\rightleftharpoons$ líquido |
| C | líquido |
| D | líquido $\rightleftharpoons$ vapor |
| E | vapor |

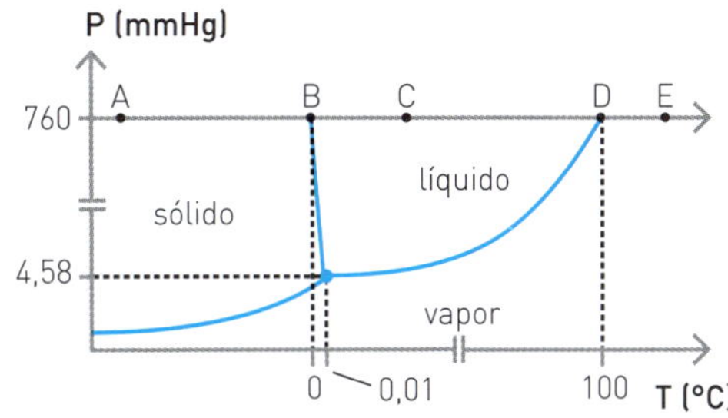


Banco de imagens/Arquivo da editora

A panela de pressão é um utensílio cujo manuseio exige cuidados, pois há risco de explosões. Vegetais e carnes têm seu tempo de cozimento muito reduzido quando preparados nela. Como funciona esse tipo de panela? Com base no que você pensou, elabore uma explicação para a diferença entre o tempo de cozimento da panela de pressão e o de uma panela comum e compartilhe-a com os colegas.

Fernando Favoretto/Arquivo da editora

Agora, façamos uma análise semelhante, no mesmo diagrama, de uma amostra de água cuja temperatura é mantida constante a 0 °C e cuja pressão varia.

| Ponto | Estado físico |
|---|---|
| F | vapor |
| G | sólido $\rightleftharpoons$ vapor |
| H | sólido |
| I | sólido $\rightleftharpoons$ líquido |
| J | líquido |

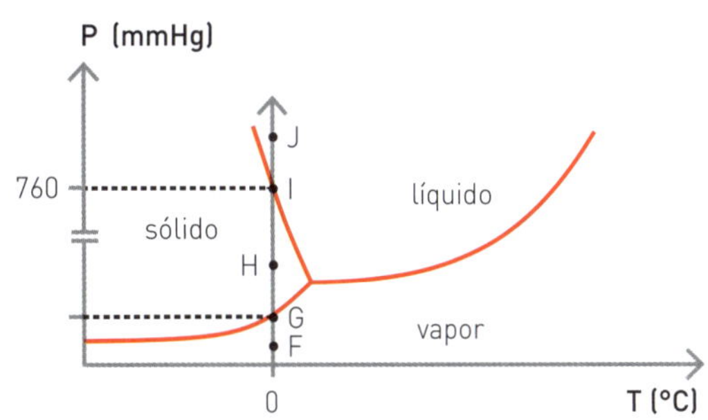


Banco de imagens/Arquivo da editora

## Ponto crítico

Outro dado importante disponível nos diagramas de fases é o **ponto crítico**.

Para valores de pressão e temperatura superiores aos do ponto crítico, não há mais os estados líquido e vapor, e sim uma única fase que preenche todo o recipiente: a do gás.

A forma gasosa da matéria não pode ser liquefeita somente por um aumento de pressão ou uma diminuição de temperatura.

De acordo com o diagrama de fases da água, ao lado, o ponto crítico está situado à temperatura de 374 °C (temperatura crítica) e à pressão de 218 atm (pressão crítica).

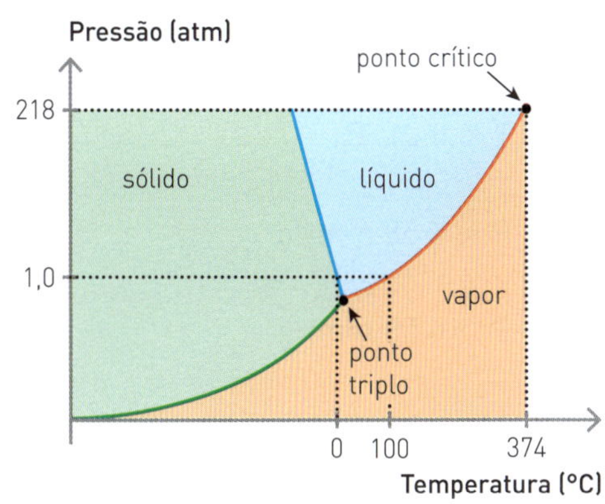


Banco de imagens/Arquivo da editora

## Exercício resolvido

(Unicamp-SP) Observe o diagrama de fases do dióxido de carbono. Considere uma amostra de dióxido de carbono a 1 atm de pressão e temperatura de −50 °C e descreva o que se observa quando, mantendo-se a temperatura constante, a pressão é aumentada lentamente até 10 atm.

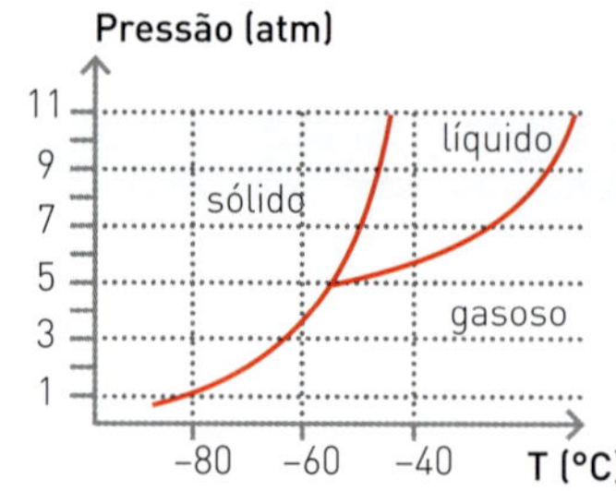


**Solução**

A −50 °C e 1 atm, o dióxido de carbono encontra-se no estado gasoso. Mantendo-se a temperatura constante e elevando-se a pressão, temos que:

- ao redor de 5 atm, ele passa para o estado líquido;
- ao redor de 8 atm, ele passa para o estado sólido.

Portanto, a −50 °C e 10 atm ele está no estado sólido.

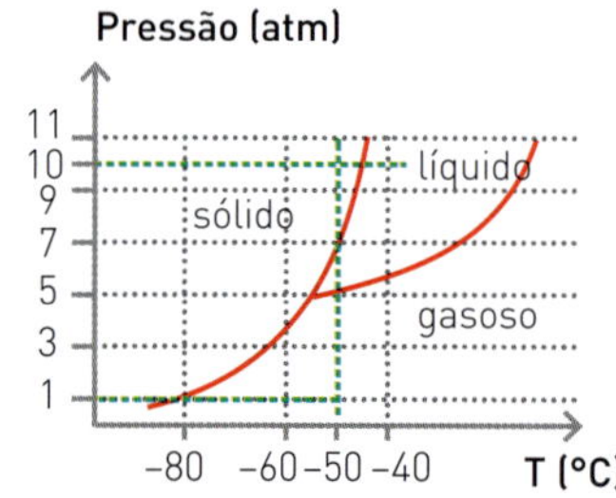


Ilustrações: Banco de imagens/Arquivo da editora

## Fundamentando seus conhecimentos

**1.** Faça a associação entre os itens das colunas a seguir, que se referem ao gráfico abaixo.

I. Ponto 1
II. Ponto 2
III. Ponto 3
IV. Ponto 4
V. Ponto 5
VI. Ponto 6
VII. Ponto 7

(A) Sólido
(B) Líquido
(C) Vapor
(D) Sólido $\rightleftarrows$ Líquido
(E) Líquido $\rightleftarrows$ Vapor
(F) Sólido $\rightleftarrows$ Vapor
(G) Sólido $\rightleftarrows$ Líquido $\rightleftarrows$ Vapor

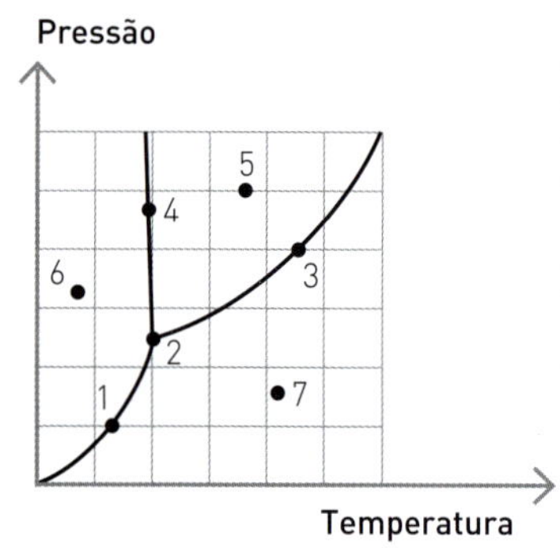


Banco de imagens/Arquivo da editora

**2.** Com base nas informações do gráfico, faça a correspondência correta entre os itens a seguir.

I. T = 0,01 °C, P < 4,58 mmHg
II. T < 0,01 °C, P = 4,58 mmHg
III. T > 0,01 °C, P = 4,58 mmHg
IV. T > 0,01 °C
V. T < 0,01 °C
VI. P < 4,58 mmHg
VII. P > 4,58 mmHg
VIII. T = 0,01 °C, P > 4,58 mmHg

(A) Gelo, obrigatoriamente.
(B) Água (líquida), obrigatoriamente.
(C) Vapor-d'água, obrigatoriamente.
(D) Gelo ou água, dependendo de P.
(E) Gelo, água ou vapor, dependendo de P.
(F) Água ou vapor, dependendo de T.
(G) Gelo ou vapor, dependendo de P.
(H) Gelo, água ou vapor, dependendo de T.

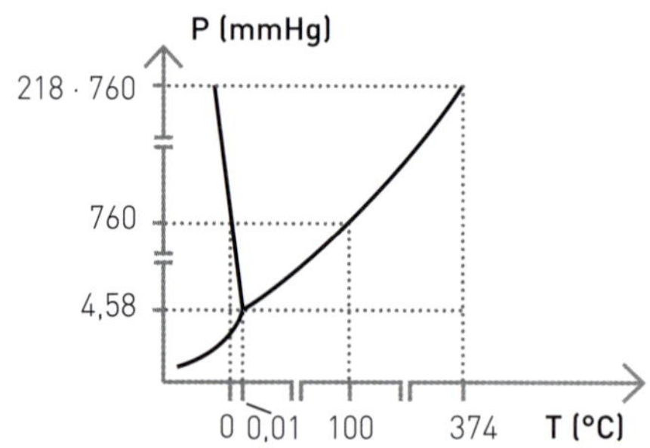


Banco de imagens/Arquivo da editora

**3.** Observe as imagens a seguir.

Fotos: Sérgio Dotta Jr./Arquivo da editora

Roger Ressmeyer/Corbis/Getty Images

Com o auxílio do diagrama de fases da água do exercício anterior, responda aos itens seguintes.

I. Qual é a mudança de estado que ocorre devido ao aumento da pressão exercida pelo sistema de arame com pesos sobre o bloco de gelo, em temperatura constante?

II. Como você pode explicar o fato de, na imagem 2, o arame se encontrar no meio do bloco de gelo?

III. Se o arame atravessar completamente o bloco de gelo, este será dividido em duas partes? Explique.

IV. Com base nas imagens 1 e 2, explique o que acontece com o rastro dos patins durante a patinação sobre o gelo.

## Desenvolvendo seus conhecimentos

Considere o diagrama de fases do dióxido de carbono ($CO_2$) a seguir e responda às questões **1** a **5**.

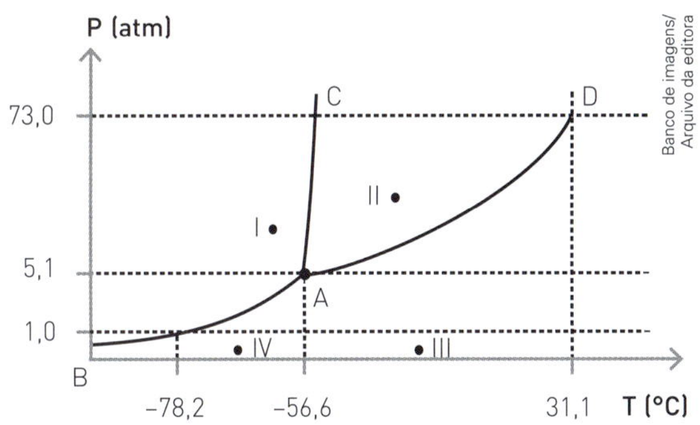


Banco de imagens/Arquivo da editora

**1.** Em que estado físico se encontra o dióxido de carbono nos pontos I, II, III e IV?

**2.** Quais os estados físicos presentes nas curvas B—A, C—A e D—A?

**3.** Indique a temperatura (°C) e a pressão (atm) em que o $CO_2$ existe simultaneamente nos três estados físicos e dê o nome do ponto indicado pela letra A.

**4.** O $CO_2$, no estado sólido, é comercializado com o nome de gelo-seco. Contudo, nas condições ambientes, é um gás. Explique por quê.

**5.** Por que não é possível conservar o $CO_2$ sólido em geladeiras ou *freezers* comuns?

**6.** (Fuvest-SP) Acredita-se que os cometas sejam "bolas de gelo" que, ao se aproximarem do Sol, volatilizam-se parcialmente à baixa pressão do espaço. Qual das flechas do diagrama abaixo corresponde à transformação citada?

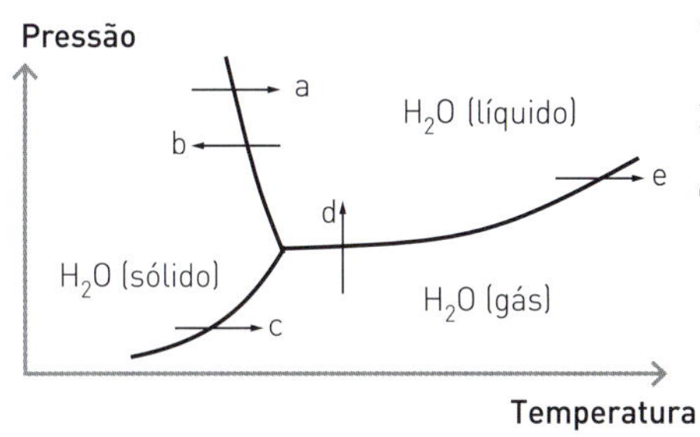


Banco de imagens/Arquivo da editora

Dennis di Cicco/Corbis/Latinstock

Representação artística do cometa Hale-Bopp, que passou próximo à Terra em 13 de março de 1997.

**7.** (Unimontes-MG) As figuras a seguir mostram os diagramas de fases da água (a) e do gás carbônico (b).

a

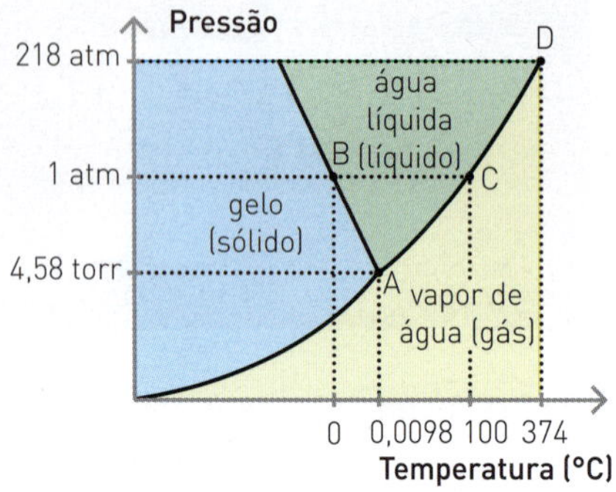


Ilustrações: Reprodução/Arquivo da editora

b

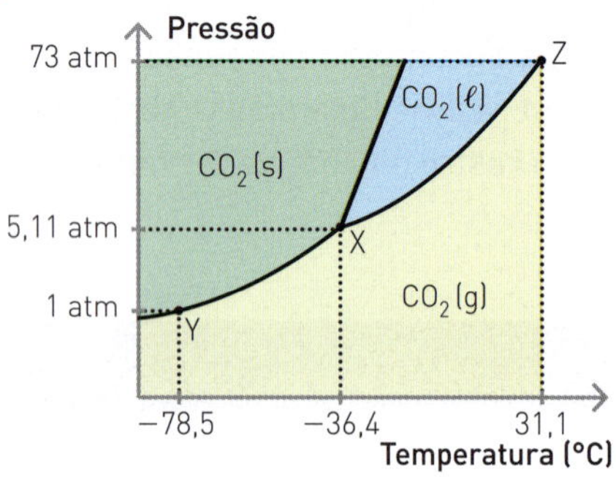


Para evidenciar algumas características, os eixos estão fora de escala nos dois diagramas.

Em análise dos diagramas é **incorreto** afirmar que:

a) o ponto de fusão do gás carbônico aumenta com o aumento da pressão.
b) o ponto triplo da água se encontra a uma pressão inferior à do gás carbônico.
c) a água (gelo) sofre sublimação a uma pressão de vapor inferior a 4,58 torr.
d) o gás carbônico apresenta um ponto de fusão normal igual a −78,5 °C.

**8.** Observe os diagramas de fases e de mudança de estado de uma substância pura.

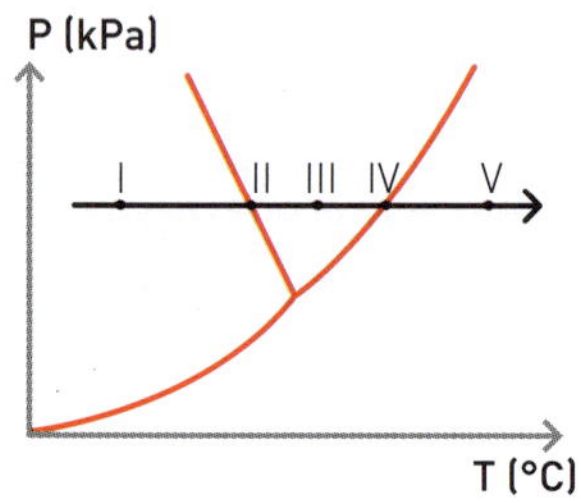


A passagem de I a V ocorre a pressão constante.

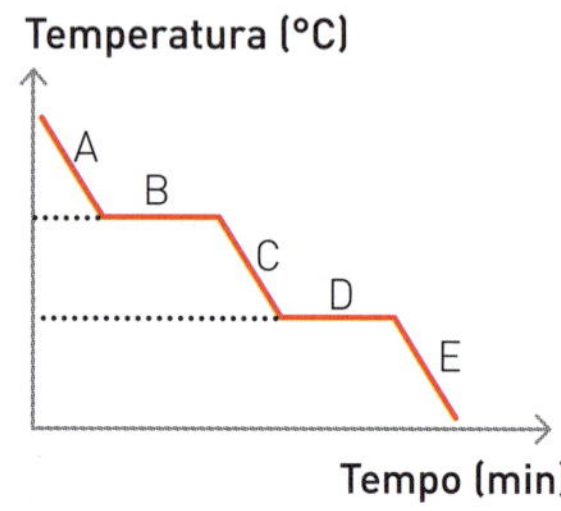


Diagrama construído a pressão constante.

Ilustrações: Banco de imagens/Arquivo da editora

Faça uma associação entre I, II, III, IV e V e A, B, C, D e E indicando os estados físicos e os nomes relacionados às mudanças de estado.

## Desafiando seus conhecimentos

**1.** (Ufes) Sobre o diagrama de fases do $CO_2$, apresentado a seguir, pode-se afirmar:

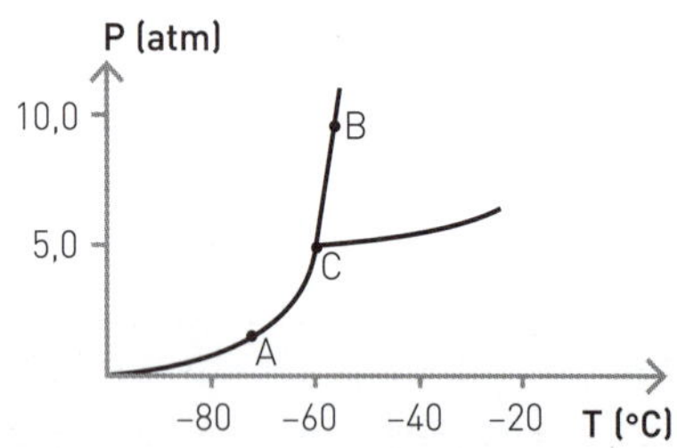


Reprodução/Arquivo da editora

a) À pressão de 8 atm e −40 °C de temperatura, o $CO_2$ é um gás.
b) No ponto A, há um equilíbrio sólido-líquido.
c) À pressão de 1 atm e 25 °C de temperatura, o $CO_2$ sólido se sublima.
d) O ponto B pode ser chamado ponto de ebulição.
e) O ponto C representa um sistema monofásico.

**2.** (UFSC) Considere o diagrama de fases do dióxido de carbono, representado a seguir. Assinale qual(is) a(s) proposição(ões) correta(s):

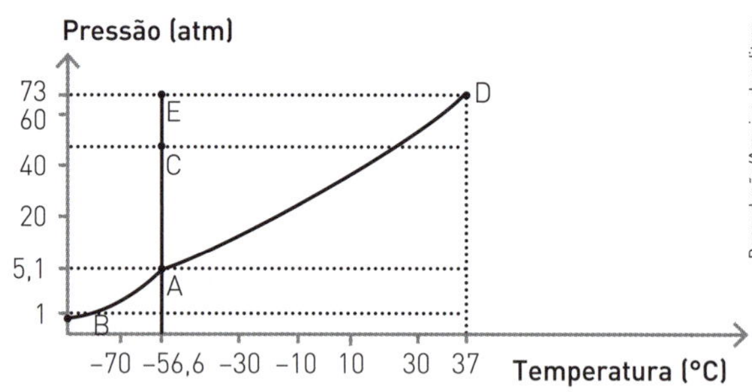


Reprodução/Arquivo da editora

01) À pressão de 73 atm, o dióxido de carbono é líquido na temperatura de 25 °C e é sólido na temperatura de −60 °C, mantendo a mesma pressão.
02) Os valores de pressão e temperatura correspondentes à linha A–C–E representam o equilíbrio entre os estados sólido e vapor.
04) Esse composto é um gás nas condições ambientes.
08) A −56,6 °C e 5,1 atm, tem-se o ponto triplo, no qual o dióxido de carbono se encontra em equilíbrio nos três estados físicos.

16) No ponto C do diagrama, estão em equilíbrio as fases sólida e vapor.

32) O gelo-seco sublima quando mantido a 1 atm; portanto, não é possível conservá-lo em freezers comuns, a −18 °C.

Dê como resposta a soma dos números associados às proposições corretas.

**3.** (UFRGS-RS) Considere os seguintes diagramas de fase para dióxido de carbono e água.

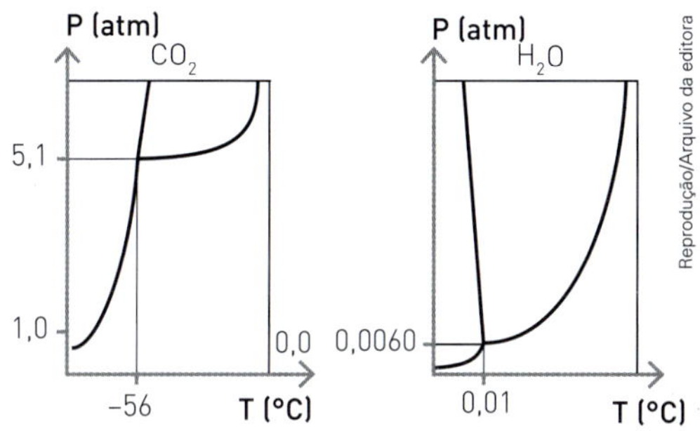


Um estudante, ao analisar esses diagramas, formulou as seguintes afirmações:

I. Não é possível encontrar $CO_2$ vapor abaixo de −56 °C.

II. Existe possibilidade de se encontrar $CO_2$ sólido em temperaturas acima de −56 °C, desde que a pressão seja suficientemente alta.

III. A 0,0060 atm e 0,01 °C coexistem em equilíbrio água líquida, vapor e gelo.

IV. Não é possível encontrar água líquida em temperaturas inferiores a 0,01 °C.

Qual(is) está(ão) correta(s)?

a) Apenas III
b) Apenas I e II
c) Apenas II e III
d) Apenas II e IV
e) I, II, III e IV

**4.** (UFG-GO) O diagrama de fases da água é representado abaixo.

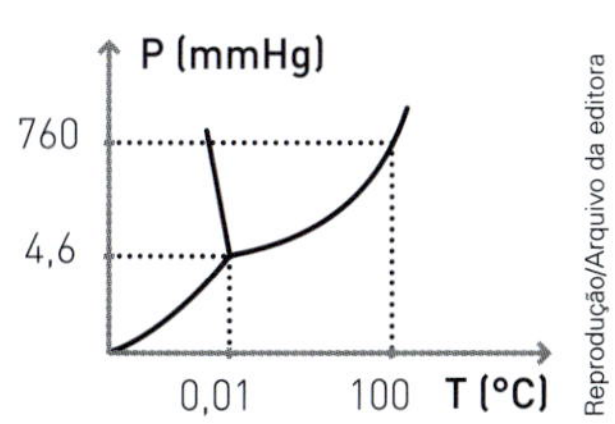


As diferentes condições ambientais de temperatura e pressão de duas cidades, A e B, influenciam nas propriedades físicas da água. Essas cidades estão situadas ao nível do mar e a 2400 m de altitude, respectivamente. Sabe-se, também, que a cada aumento de 12 m na altitude há uma mudança média de 1 mmHg na pressão atmosférica. Sendo a temperatura em A de −5 °C e em B de −35 °C, responda:

a) Em qual das duas cidades é mais fácil liquefazer a água por compressão? Justifique.

b) Quais são as mudanças esperadas nos pontos de fusão e ebulição da água na cidade B com relação a A?

**5.** (UFRJ) A produção de energia nas usinas de Angra 1 e Angra 2 é baseada na fissão nuclear de átomos de urânio radioativo, $_{238}U$. O urânio é obtido a partir de jazidas minerais, na região de Caetité, localizada na Bahia, onde é beneficiado até a obtenção de um concentrado bruto de $U_3O_8$, também chamado de *yellowcake*.

O concentrado bruto de urânio é processado através de uma série de etapas até chegar ao hexafluoreto de urânio, composto que será submetido ao processo final de enriquecimento no isótopo radioativo $_{238}U$, conforme o esquema a seguir (fig. 1). O diagrama esquemático de equilíbrio de fases do $UF_6$ é apresentado a seguir (fig. 2):

1

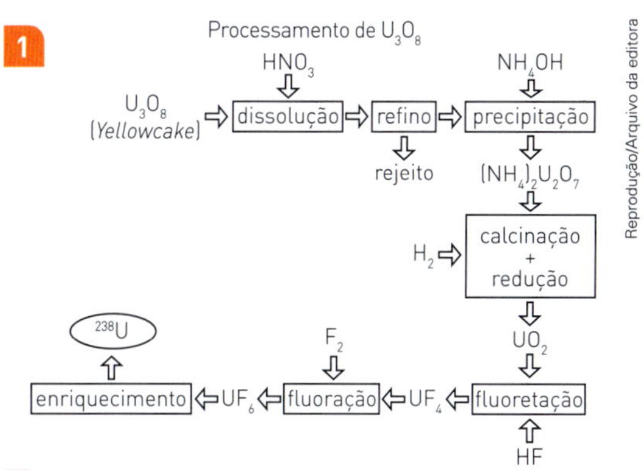


2

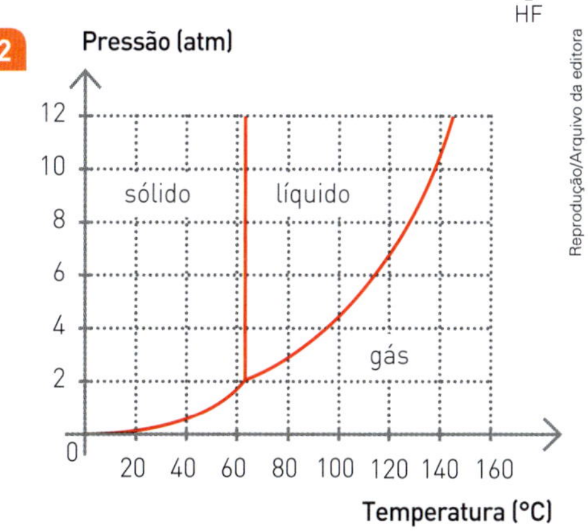


a) Apresente a temperatura de ebulição do $UF_6$ a 10 atm.

b) Indique a temperatura e a pressão em que as três fases (liquida, sólida e gasosa) estejam simultaneamente em equilíbrio.

# Pressão máxima de vapor

Thinkstock/Getty Images

Uma das propriedades físicas com a qual mais comumente convivemos, e que é facilmente perceptível, é a **volatilidade** de diferentes substâncias. É senso comum que substâncias diferentes apresentam diferentes volatilidades, ou seja, têm maior ou menor facilidade de passar do estado líquido para o estado gasoso.

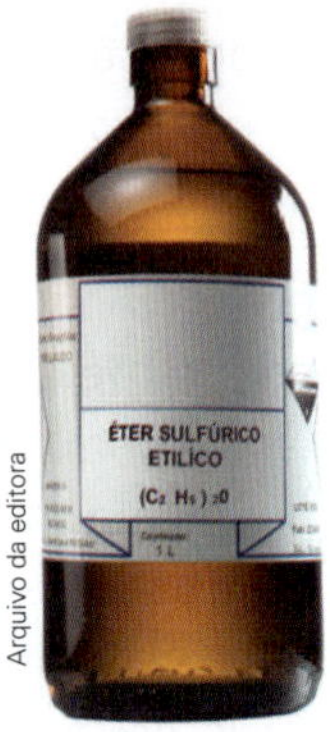


Eduardo Santaliestra/Arquivo da editora

Fernando Favoretto/Arquivo da editora

Ao remover esmalte das unhas utilizando acetona, a manicure fecha de imediato o frasco após ter embebido o algodão, pois ela sabe que a acetona evapora muito facilmente. O mesmo ocorre quando utilizamos éter. No entanto, não há esse tipo de preocupação quando usamos óleo ou azeite para temperar salada, pois essas substâncias são pouco voláteis e seus recipientes podem permanecer abertos até termos consumido todo o seu conteúdo.

Podemos comparar a volatilidade de três substâncias — álcool comum, éter e água — no mesmo ambiente, colocando volumes iguais desses líquidos em três frascos idênticos dispostos sobre uma mesa.

Luiz Fernando Rubio/Arquivo da editora

Após certo tempo, verificamos que o frasco contendo éter está vazio e que o volume do álcool diminuiu de maneira considerável, enquanto o volume de água apresenta apenas uma pequena diminuição. Logo, podemos concluir que, das três substâncias, o éter é a mais volátil, ao passo que a água é a menos volátil.

Se realizarmos um experimento semelhante a esse, com recipientes fechados providos de um manômetro para medir a pressão interna do sistema, teremos o seguinte:

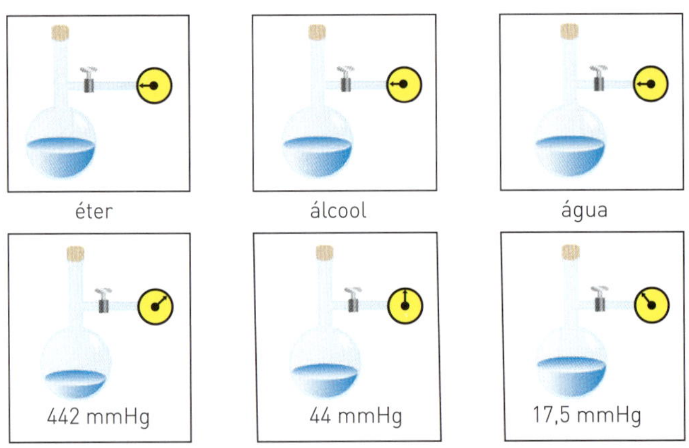


Luiz Fernando Rubio/Arquivo da editora

As pressões indicadas pelos manômetros correspondem àquelas exercidas pelos vapores em uma situação de equilíbrio, em que a velocidade de vaporização é igual à velocidade de liquefação:

$$\text{líquido} \underset{\text{liquefação}}{\overset{\text{vaporização}}{\rightleftharpoons}} \text{vapor}$$

No equilíbrio, à temperatura constante, a concentração das moléculas no estado de vapor não varia com o tempo. Dessa forma, a pressão exercida pelo vapor sobre o líquido permanece constante. A pressão de vapor em equilíbrio com seu líquido é denominada **pressão máxima de vapor ($P_v$)**.

**Pressão máxima de vapor ($P_v$):** pressão exercida pelo vapor quando existe um equilíbrio entre as fases líquida e de vapor em uma dada temperatura.

Líquidos diferentes, em uma mesma temperatura, apresentam diferentes pressões máximas de vapor, as quais dependem da intensidade das forças intermoleculares da substância no estado líquido. Pelos dados obtidos no exemplo, temos:

| Pressão máxima de vapor ($P_v$) a 20 °C | |
|---|---|
| água (ℓ) $\rightleftarrows$ água (v) | 17,5 mmHg |
| álcool (ℓ) $\rightleftarrows$ álcool (v) | 44 mmHg |
| éter (ℓ) $\rightleftarrows$ éter (v) | 442 mmHg |

O fato de o éter apresentar a maior pressão máxima de vapor significa que as interações entre suas moléculas, no estado líquido, são mais fracas; consequentemente, ele é mais volátil.

Na água, existem interações intermoleculares mais intensas, por esse motivo ela é a substância menos volátil e que apresenta menor pressão máxima de vapor.

Verifica-se experimentalmente que a pressão máxima de vapor de um líquido, em uma mesma temperatura, não depende do volume desse líquido nem do formato do frasco no qual ele está contido.

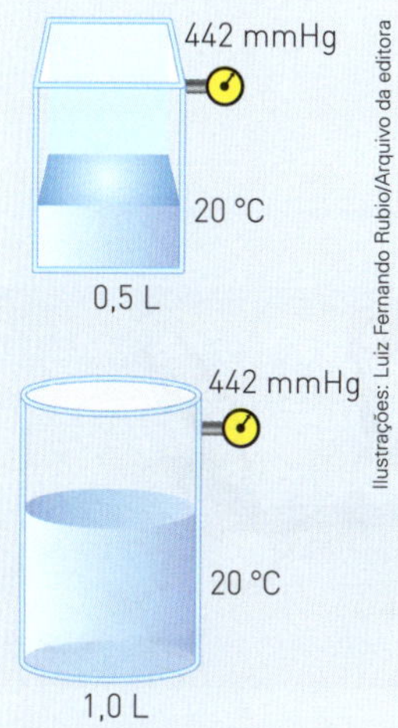


As substâncias puras apresentam uma pressão máxima de vapor constante a cada temperatura.

## Influência da temperatura na pressão máxima de vapor

Somente uma fração das moléculas de um líquido tem energia cinética suficiente para passar para o estado de vapor.

Quando um líquido é aquecido, a energia cinética média de suas moléculas aumenta, o que facilita a passagem para o estado de vapor. Como consequência, há um aumento do número de moléculas no estado de vapor, isto é, aumenta a pressão máxima de vapor da substância.

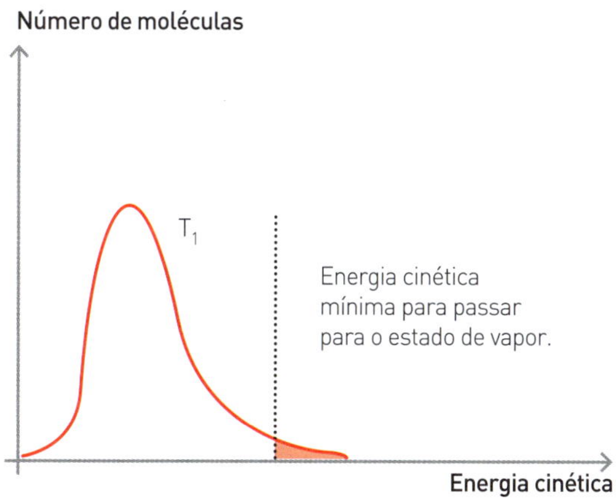


A área colorida indica a fração de moléculas com energia cinética suficiente para passar para o estado de vapor.

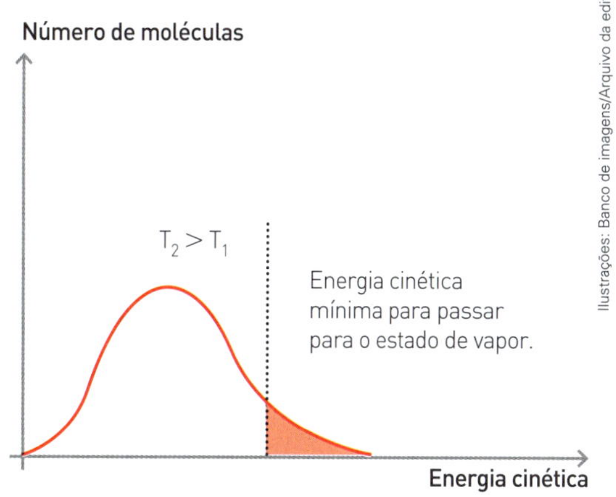


Em uma temperatura maior, existe uma quantidade maior de moléculas com energia suficiente para passar para o estado de vapor.

Vamos considerar, por exemplo, a água em diferentes temperaturas.

Essas medidas de pressão máxima de vapor demonstram que, quanto maior é a temperatura de um líquido, maior é sua pressão máxima de vapor.

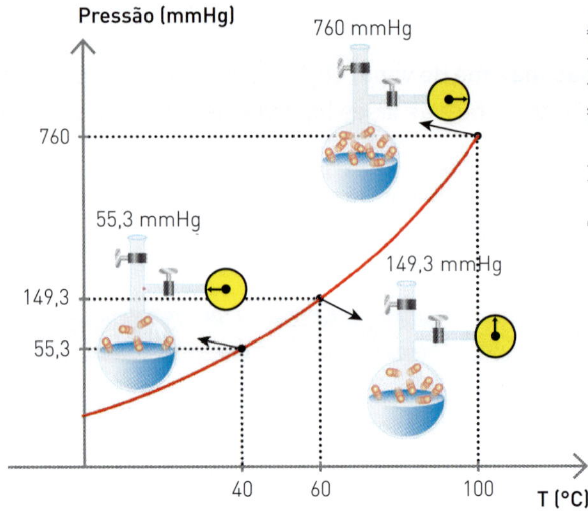


A partir de dados obtidos em experimentos nos quais foram utilizadas diferentes substâncias em diferentes temperaturas, podemos construir um gráfico (abaixo) relacionando as pressões máximas de vapor e a temperatura.

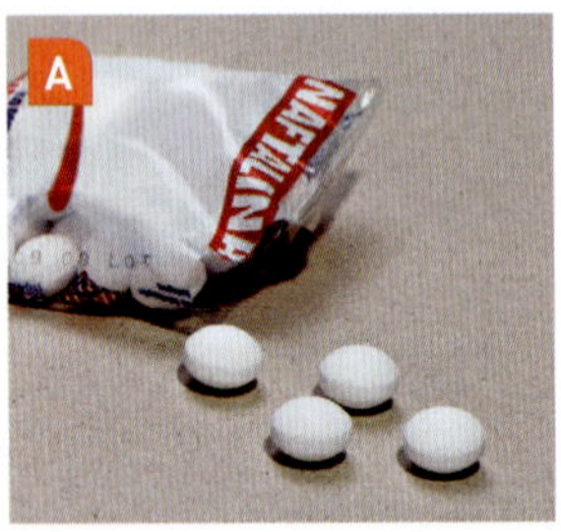
Rita Barreto/Fotoarena

Thinkstock/Getty Images

**A.** A naftalina, mesmo sendo um sólido, apresenta considerável pressão máxima de vapor. Devido à sua volatilidade, é muito usada em banheiros para dissimular odores desagradáveis. Essa aplicação, no entanto, é desaconselhável, pois a inalação dos vapores da naftalina está associada a certos tipos de câncer.

**B.** É comum o uso de gelo em mictórios masculinos de restaurantes. O gelo diminui a temperatura da urina e, dessa forma, reduz a volatilidade das substâncias que exalam cheiro desagradável.

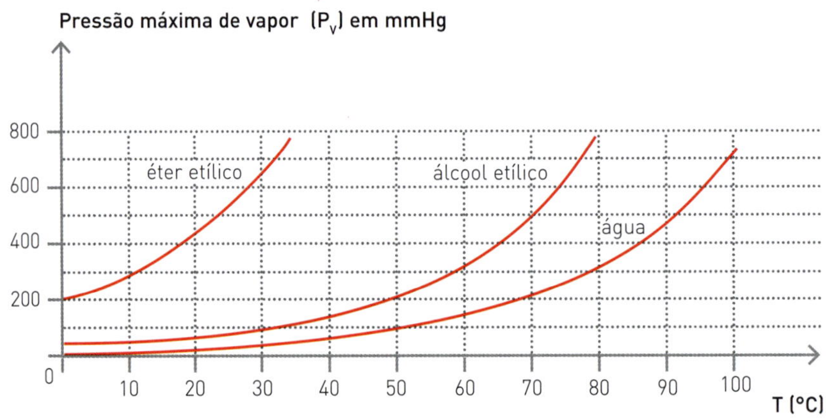


A análise do gráfico permite concluir que:

- a uma mesma temperatura, líquidos diferentes apresentam diferentes pressões máximas de vapor;
- a pressão máxima de vapor de um líquido aumenta com a elevação da temperatura.

Essas conclusões referem-se à pressão máxima de vapor no equilíbrio liquido-vapor; porém, vale ressaltar que alguns sólidos (gelo-seco, naftalina, iodo, cânfora, mentol, etc.) sofrem sublimação, ou seja, passam diretamente do estado sólido para o gasoso. Nessa situação, há um equilíbrio entre esses dois estados:

$$\text{sólido} \xrightleftharpoons{\text{equilíbrio}} \text{vapor}$$

Nesse sistema, a velocidade de transformação — tanto do sólido para o vapor quanto do vapor para o sólido — é a mesma, em uma dada temperatura.

No entanto, para a maioria dos sólidos, devido à grande intensidade das ligações intermoleculares, a pressão máxima de vapor é considerada desprezível.

# A pressão máxima de vapor e a temperatura de ebulição

Quando um líquido é aquecido em recipiente aberto, inicialmente se observa, no fundo do recipiente (onde ocorre o fornecimento de calor), a formação de bolhas constituídas pelo ar que estava dissolvido no líquido.

À medida que ele é aquecido, parte das moléculas adquire, a uma dada temperatura, energia suficiente para que ocorra a mudança de estado do líquido, que sofre vaporização, acarretando a formação de grandes bolhas em toda a sua extensão.

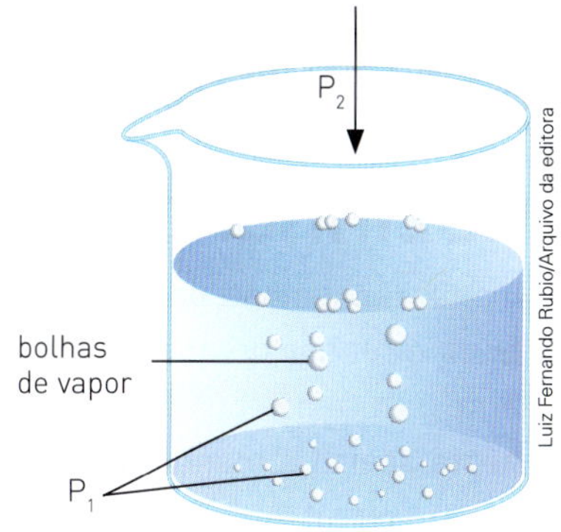


Um líquido entra em ebulição quando a pressão máxima de vapor no interior das bolhas ($P_1$) se iguala à pressão exercida sobre elas ($P_2$).

Essas bolhas são formadas pelo vapor do líquido cercado por uma película do próprio líquido. Para que elas se formem, subam para a superfície e se rompam, escapando do líquido, é necessário que a pressão de vapor no interior da bolha seja, no mínimo, igual à pressão atmosférica.

Assim, concluímos que:

Um líquido ferve (entra em ebulição) à temperatura na qual a pressão máxima de vapor se iguala à pressão exercida sobre sua superfície, ou seja, à pressão atmosférica.

Se a ebulição ocorrer ao nível do mar, onde a pressão atmosférica é igual a 1 atm (760 mmHg), o líquido só ferverá quando a sua pressão máxima de vapor for igual a 760 mmHg, que é denominada **temperatura de ebulição normal**.

O gráfico a seguir relaciona a pressão máxima de vapor ($P_v$) e a temperatura (T) de algumas substâncias. A partir dele, podemos determinar as temperaturas de ebulição (TE) dessas substâncias em diferentes pressões atmosféricas.

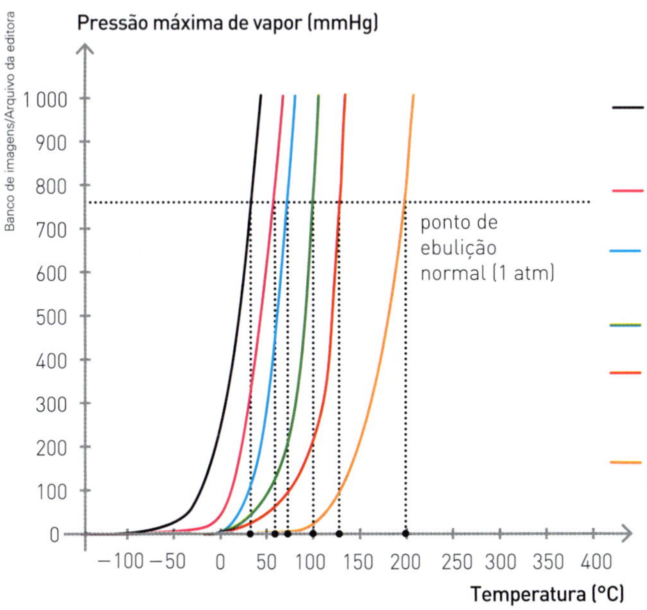


Fonte: Gilbert et al. *Chemistry*. 2. ed. New York: W. W. Norton & Co, 2008.

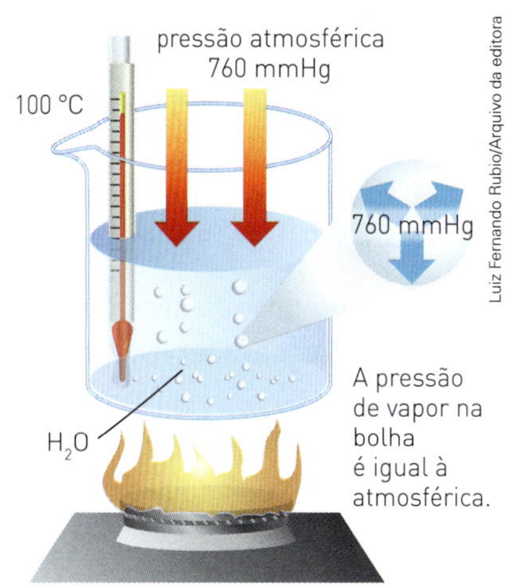


A água entra em ebulição (ferve) ao nível do mar quando a pressão máxima de vapor atinge o valor de 760 mmHg.

Pela análise do gráfico, podemos perceber que a temperatura de ebulição de cada um dos líquidos varia à medida que ocorre a mudança da pressão exercida sobre eles, ou seja, da pressão atmosférica. Assim, a TE de um líquido pode ser diminuída pela redução da pressão exercida sobre ele.

# Cozinhando alimentos

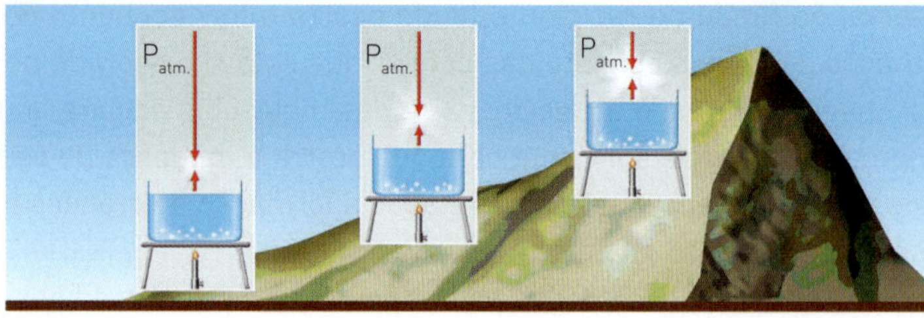


Conceitograf/Arquivo da editora

Nas montanhas, onde a pressão atmosférica é menor do que ao nível do mar, a temperatura de ebulição da água em recipiente aberto é menor do que 100 °C. No monte Everest (Ásia), por exemplo, cujo pico está 8882 metros acima do nível do mar e a pressão atmosférica é de 244 mmHg, a água entra em ebulição a 71 °C.

Na cidade de São Paulo, onde a pressão atmosférica é de aproximadamente 700 mmHg, a TE da água é de aproximadamente 98 °C.

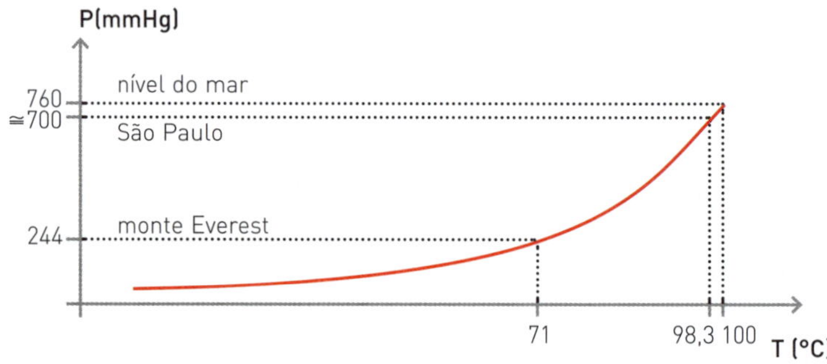


Banco de imagens/Arquivo da editora

O fato de o ponto de ebulição ser alterado pela variação da pressão exercida sobre o líquido é observado com frequência em nosso dia a dia. Um aumento de pressão provoca um aumento na temperatura de ebulição, que, por sua vez, acelera as mudanças físicas e químicas que ocorrem durante o cozimento de alimentos, como carnes, ovos e legumes. Esse aumento da pressão é obtido quando utilizamos a panela de pressão. Nesse utensílio, a pressão atinge valores superiores a 1 atm (760 mmHg), o que provoca a ebulição da água a temperaturas superiores a 100 °C.

## Reflita

**1.** Na cidade de Recife e na cidade de La Paz, espera-se que a temperatura de ebulição da água seja respectivamente:

a) maior que 100 °C em ambas.

b) menor que 71 °C em ambas.

c) 100 °C e maior que 71 °C e menor que 93 °C.

d) entre 71 °C e 98,3 °C em ambas.

**2.** Suponha que, ao nível do mar, um recipiente contendo 10 mL de água pura e outro com 1000 mL foram colocados para ferver. Ambos foram submetidos à mesma fonte de calor.
Responda:

a) Qual a temperatura de ebulição da água em cada um dos recipientes?

b) Em qual dos dois recipientes a água ferverá primeiro? Por quê?

**3.** Pesquise na internet, em livros de Geografia ou na biblioteca de sua escola ou cidade: Qual a altitude da cidade de São Paulo em relação ao nível do mar? Compare-a com a altitude encontrada no pico do monte Everest e responda: Em qual das duas localidades deve-se conseguir ferver mais depressa uma mesma quantidade de água submetida a uma mesma fonte térmica?

**4.** De acordo com o Laboratório de Química do Estado Sólido, da Unicamp, a vantagem de se utilizar a panela de pressão no preparo dos alimentos reside apenas na redução do tempo de cozimento. Visite a página <http://lqes.iqm.unicamp.br/canal_cientifico/lqes_news/lqes_news_cit/lqes_news_2012/lqes_news_novidades_1683.html> na internet e, depois de ler seu conteúdo, discuta com os colegas: Como aproveitar melhor os nutrientes dos alimentos preparados na panela de pressão? (Acesso em: 21 mar. 2018.)

# Exercício resolvido

(UFU-MG) O gráfico a seguir representa a variação da pressão de vapor da acetona em função da temperatura. Se acetona líquida for colocada no interior de um recipiente e este for submetido a vácuo até a pressão de 100 mmHg, será observado, a 25 °C:

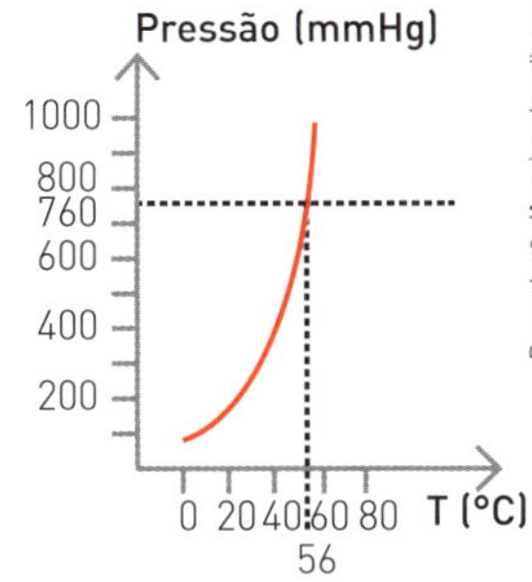

Reprodução/Arquivo da editora

a) Acetona líquida em uma temperatura inferior à inicial.

b) O volume de acetona líquida permanece inalterado.

c) Toda a acetona se encontrará na fase de vapor.

d) Acetona líquida em equilíbrio com a fase de vapor.

e) Desprendimento de bolhas de ar da acetona líquida.

**Solução**

Pela análise do gráfico, podemos verificar que, a 760 mmHg, a acetona entra em ebulição a 56 °C.

Nessas condições ocorre mudança de estado:

líquido $\rightleftarrows$ vapor

Assim, podemos inserir as seguintes informações no diagrama:

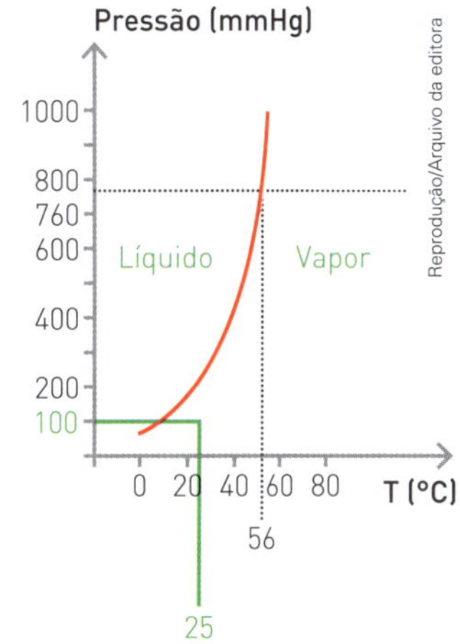

Reprodução/Arquivo da editora

Sendo possível concluir que, nas condições de 25 °C e 100 mmHg, a acetona estará no estado de vapor.

Alternativa correta: c.

# Fundamentando seus conhecimentos

Considere os três frascos, que contêm acetona às mesmas condições de temperatura e pressão, e responda às questões **1** e **2**.

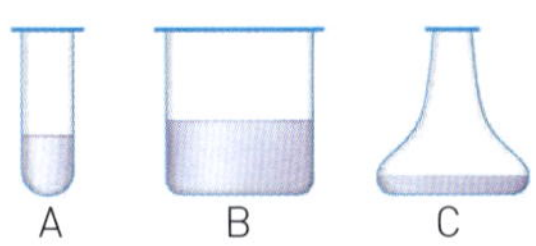

Conceitograf/Arquivo da editora

**1.** Em qual(is) frasco(s) teremos acetona na forma de vapor?

**2.** Em qual(is) frasco(s) a pressão de vapor da acetona é maior? Justifique sua resposta.

As informações a seguir devem ser utilizadas para responder às questões **3** a **6**.

Líquidos diferentes apresentam diferentes pressões máximas de vapor sob uma mesma temperatura. Quanto mais volátil o líquido, menor sua temperatura de ebulição e maior sua pressão máxima de vapor:

↑ Volatilidade ⇒ ↓ Temperatura de ebulição ⇒ ↑ Pressão máxima de vapor

A tabela a seguir apresenta as pressões máximas de vapor ($P_V$) de três substâncias à mesma temperatura.

| Substâncias | Pressão máxima de vapor ($P_V$) em mmHg |
|---|---|
| I | 100 |
| II | 140 |
| III | 200 |

**3.** Qual das substâncias é a mais volátil?

**4.** Qual delas apresenta a maior temperatura de ebulição?

**5.** Associe as três substâncias com as curvas A, B e C.

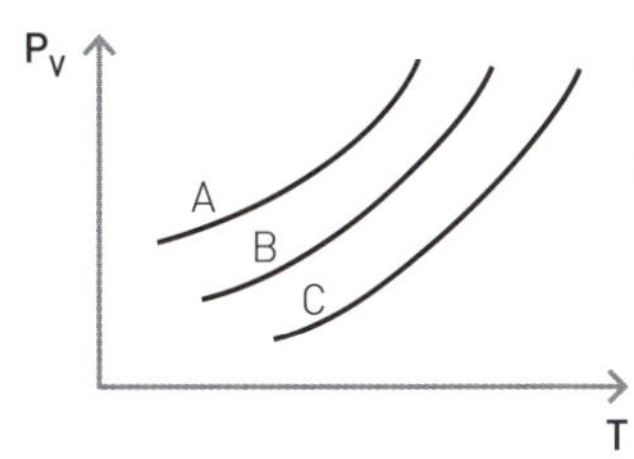

Banco de imagens/Arquivo da editora

**6.** Em qual das substâncias as ligações intermoleculares no estado líquido são mais intensas?

## Desenvolvendo seus conhecimentos

**1.** (Enem) Um líquido, num frasco aberto, entra em ebulição a partir do momento em que a sua pressão de vapor se iguala à pressão atmosférica. Identifique a opção correta, considerando a tabela, o gráfico e os dados apresentados sobre as seguintes cidades:

- Natal (RN): nível do mar.
- Campos do Jordão: 1628 m.
- Pico da Neblina (RR): 3014 m.

Pressão de vapor da água em mmHg

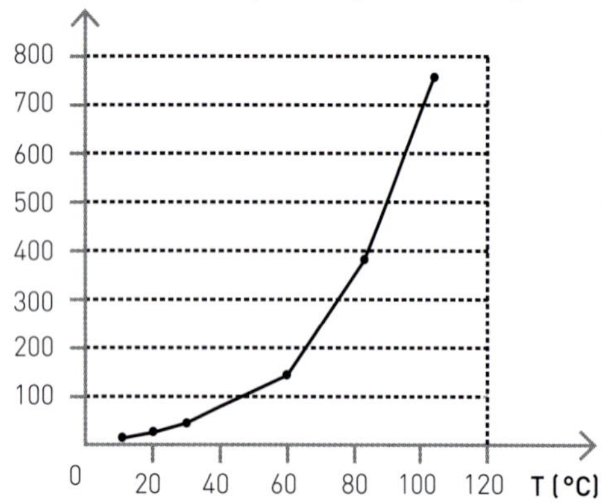


Reprodução/Arquivo da editora

| Altitude (km) | Pressão atmosférica (mmHg) |
|---|---|
| 0 | 760 |
| 1 | 600 |
| 2 | 480 |
| 4 | 300 |
| 6 | 170 |
| 8 | 120 |
| 10 | 100 |

A temperatura de ebulição será:

a) maior em Campos do Jordão.

b) menor em Natal.

c) menor no Pico da Neblina.

d) igual em Campos do Jordão e Natal.

e) não dependerá da altitude.

**2.** (ITA-SP) Explique por que água pura exposta à atmosfera e sob pressão de 1,0 atm entra em ebulição em uma temperatura de 100 °C, enquanto água pura exposta a pressão atmosférica de 0,7 atm entra em ebulição em uma temperatura de 90 °C.

**3.** (Unicamp-SP) No Rio de Janeiro (ao nível do mar), uma certa quantidade de feijão demora 40 minutos em água fervente para ficar pronta. A tabela a seguir fornece o valor da temperatura de fervura da água em função da pressão atmosférica, enquanto o gráfico fornece o tempo de cozimento dessa quantidade de feijão em função da temperatura. A pressão atmosférica ao nível do mar vale 760 mmHg e ela diminui 10 mmHg para cada 100 m de altitude.

| Temperatura de fervura da água em função da pressão | |
|---|---|
| P (mmHg) | T (°C) |
| 600 | 94 |
| 640 | 95 |
| 680 | 97 |
| 720 | 98 |
| 760 | 100 |
| 800 | 102 |
| 840 | 103 |
| 880 | 105 |
| 920 | 106 |
| 960 | 108 |
| 1 000 | 109 |
| 1 040 | 110 |

Tempo de cozimento × temperatura

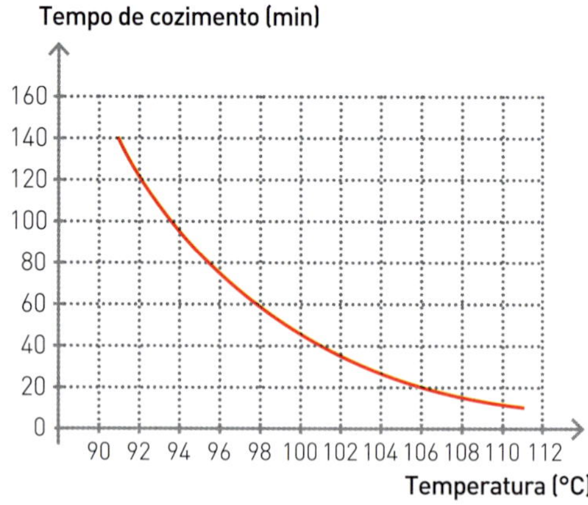


Reprodução/Arquivo da editora

a) Se o feijão fosse colocado em uma panela de pressão a 880 mmHg, em quanto tempo ele ficaria pronto?

b) Em uma panela aberta, em quanto tempo o feijão ficará pronto na cidade de Gramado (RS) na altitude de 800 m?

c) Em que altitude o tempo de cozimento do feijão (em uma panela aberta) será o dobro do tempo de cozimento ao nível do mar?

**4.** (Unimontes-MG) A altitude de alguns locais e as respectivas pressões atmosféricas são dadas na tabela.

| Local | Altitude (m) | Pressão (mmHg) |
|---|---|---|
| Cidade do México | 2 240 | 585 |
| Cidade de La Paz | 3 632 | 484 |
| Monte Aconcágua | 6 960 | 413 |
| Monte Everest | 8 880 | 235 |

A partir desses dados, pode-se dizer que:

a) os alimentos são cozidos mais demoradamente no monte Everest.

b) a temperatura de ebulição da água pura é maior que 100 °C na Cidade do México.

c) a água pura entra em ebulição à mesma temperatura nesses locais.

d) as interações nas moléculas de água se tornam mais fracas em baixas pressões.

**5.** (UFSC) Dois amigos, Carlos e Eduardo, viajam de carro da cidade de Urubici, localizada na serra catarinense a 927 metros de altitude em relação ao nível do mar, para a cidade de Florianópolis. Os rapazes estão se preparando para o vestibular e várias situações ocorrem durante a viagem, nas quais seus conhecimentos de Química são testados por eles mesmos, conforme se pode verificar na questão a seguir.

Chegando ao apartamento dos pais em Florianópolis, Carlos resolve fazer um café. Coloca água para ferver e aguarda. Algum tempo depois comenta: "— Essa água parece que demora mais para ferver aqui do que em Urubici!".

Com base nas propriedades físicas das substâncias, é CORRETO afirmar que:

01) Numa altitude menor a camada de ar sobre o local é maior, logo a temperatura de ebulição da água é maior.

02) A pressão de vapor de um líquido não é dependente da temperatura.

04) Devido às forças intermoleculares, o ponto de ebulição da água é maior que o do $H_2S$.

08) Um líquido entra em ebulição quando sua pressão de vapor é menor que a pressão atmosférica.

16) Uma mistura de água tem ponto de ebulição maior que a água pura.

32) O Mar Morto, na Jordânia, localiza-se a uma altitude de –395 metros, assim, o ponto de ebulição da água neste local deve ser maior que 100 °C.

**6.** (UEG-GO) As propriedades físicas dos líquidos podem ser comparadas a partir de um gráfico de pressão de vapor em função da temperatura,

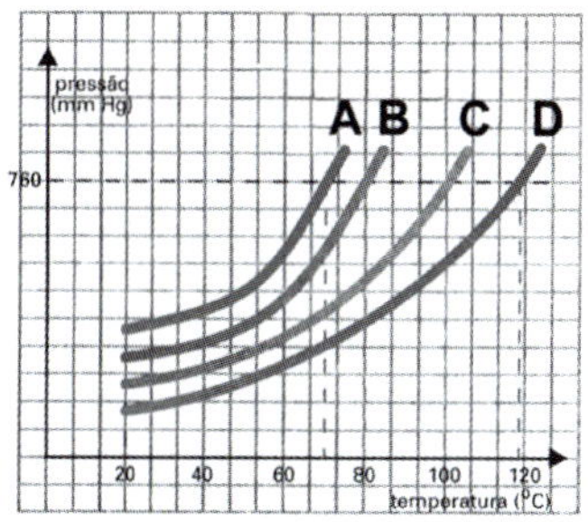


Reprodução/ UEG-GO, 2015.

como mostrado no gráfico hipotético acima para as substâncias A, B, C e D.

Segundo o gráfico, o líquido mais volátil será a substância:

a) A. b) B. c) C. d) D.

**7.** (Fuvest-SP) As curvas de pressão de vapor de éter dietílico (A) e etanol (B) são dadas a seguir.

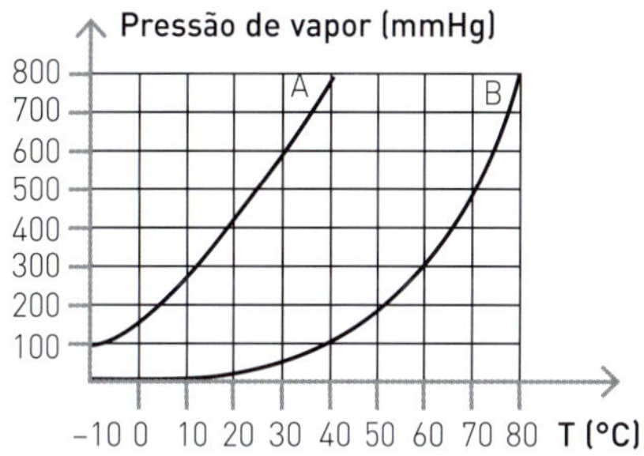


Reprodução/Arquivo da editora

a) Quais os pontos de ebulição destas substâncias na cidade de São Paulo? (Pressão atmosférica = = 700 mmHg)

b) A 500 mmHg e 50 °C, qual é o estado físico de cada uma dessas substâncias? Justifique.

**8.** (Ufop-MG) Considere o gráfico a seguir, que mostra a variação da pressão de vapor de dois líquidos, A e B, com a temperatura.

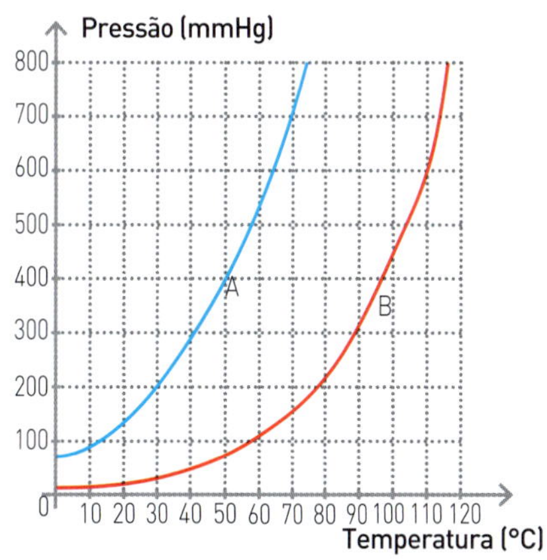


Reprodução/Arquivo da editora

I. Qual a pressão de vapor do líquido A a 70 °C?

II. A que temperatura o líquido B tem a mesma pressão de vapor do líquido A a 70 °C?

III. Explique, com base nas forças intermoleculares, qual dos dois líquidos é o mais volátil.

## Desafiando seus conhecimentos

1. (Unicamp-SP) Muito se ouve sobre ações em que se utilizam bombas improvisadas. Nos casos que envolvem caixas eletrônicos, geralmente as bombas são feitas com dinamite (TNT-trinitrotolueno), mas nos atentados terroristas geralmente são utilizados explosivos plásticos, que não liberam odores. Cães farejadores detectam TNT em razão da presença de resíduos de DNT (dinitrotolueno), uma impureza do TNT que tem origem na nitração incompleta do tolueno. Se os cães conseguem farejar com mais facilidade o DNT, isso significa que, numa mesma temperatura, esse composto deve ser:
   a) menos volátil que o TNT, e portanto tem uma menor pressão de vapor.
   b) mais volátil que o TNT, e portanto tem uma menor pressão de vapor.
   c) menos volátil que o TNT, e portanto tem uma maior pressão de vapor.
   d) mais volátil que o TNT, e portanto tem uma maior pressão de vapor.

2. (Cefet-MG) O esquema a seguir representa um método de separação de uma mistura formada por água ($T_{ebulição}$ à 100 °C) e acetona ($T_{ebulição}$ à 56 °C) à pressão de 1 atm.

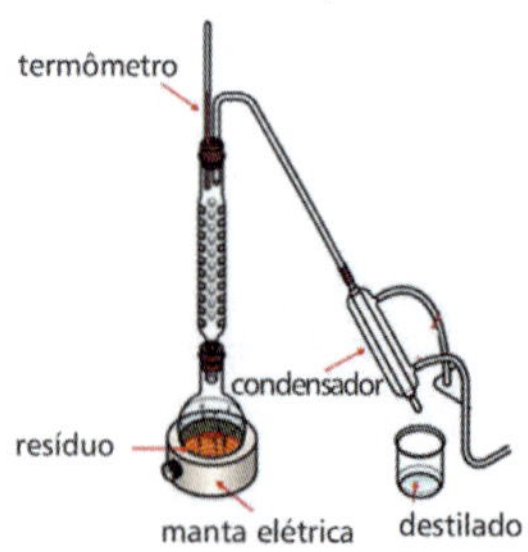


Reprodução/ Celet-MG, 2014.

Considerando-se a possibilidade de se retirarem amostras do resíduo e do destilado durante o processo de separação, é correto afirmar que a:
   a) pressão de vapor do resíduo é maior que a do destilado nas amostras recolhidas.
   b) temperatura de ebulição do destilado é maior que a do resíduo ao final da destilação.
   c) pressão de vapor das amostras do resíduo torna-se menor no término da destilação.
   d) temperatura de ebulição das amostras do destilado sofre alteração, à medida que a destilação prossegue.
   e) temperatura de ebulição do destilado se iguala à do resíduo nas primeiras amostras removidas após o início da destilação.

3. (UPM-SP) Quando um líquido puro, contido em um recipiente aberto, entra em ebulição:
   a) a pressão externa é maior que a pressão máxima de vapor desse líquido.
   b) a temperatura vai aumentando à medida que o líquido vaporiza.
   c) a pressão máxima de seus vapores é igual ou maior que a pressão atmosférica.
   d) a temperatura de ebulição tem sempre o mesmo valor, independentemente da altitude do lugar onde se realiza o aquecimento.
   e) a energia cinética de suas moléculas diminui.

4. (UFU-MG) O arroz branco, um cereal refinado, cozinha a 372,15 K em Santos, próximo à praia. Que procedimento deve ser tomado para cozinhar o mesmo arroz em La Paz, na Bolívia, que possui 3 657 m de altitude?
   Dado: em La Paz, a pressão atmosférica é de aproximadamente 62 kPa (1 atm = 101,325 kPa).

5. (UEL-PR) Um estudante do Ensino Médio fez a seguinte pergunta ao professor: "É possível fazer a água entrar em ebulição em temperatura inferior à sua temperatura de ebulição normal 100 °C?" Para responder ao aluno, o professor colocou água até a metade em um balão de fundo redondo e o aqueceu até a água entrar em ebulição. Em seguida, retirou o balão do aquecimento e o tampou com uma rolha, observando, após poucos segundos, o término da ebulição da água. Em seguida, virou o balão de cabeça para baixo e passou gelo na superfície do balão, conforme a figura ao lado.

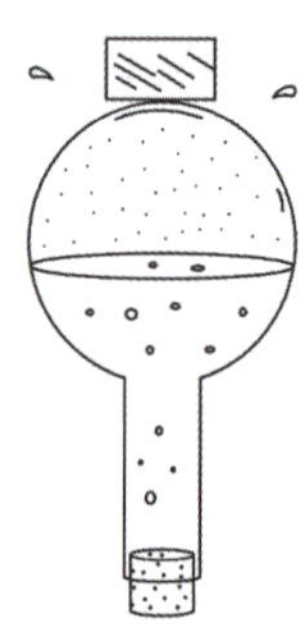

Reprodução/ UEL-PR, 2015.

Após alguns segundos, a água entrou em ebulição com o auxílio do gelo. O aluno, perplexo, observou, experimentalmente, que sua pergunta tinha sido respondida.
   a) A partir do texto e da figura, explique o que provocou a ebulição da água com o auxílio do gelo.
   b) O professor, mediante o interesse do aluno, utilizou o mesmo balão para fazer outro experimento. Esperou o balão resfriar até a temperatura de 25 °C e acrescentou uma quantidade de um sal ao balão até saturar a solução, sem corpo de fundo. A massa da solução aquosa salina foi de 200 g e, com a evaporação total da solução, obteve-se um resíduo salino no fundo do balão de 50 g.

A partir do texto, determine a solubilidade do sal em g/100 g de $H_2O$, na mesma temperatura analisada.

6. (Fasm-SP) Analise a tabela que apresenta a pressão de vapor a 100 °C para três diferentes substâncias.

| Substância | Pressão de vapor (mmHg) |
|---|---|
| butan-2-ol | 790 |
| hexan-2-ol | 495 |
| água | 760 |

a) Esboce, no gráfico abaixo, as curvas de pressão de vapor relativas aos álcoois apresentados na tabela. Qual dos dois álcoois é o mais volátil?

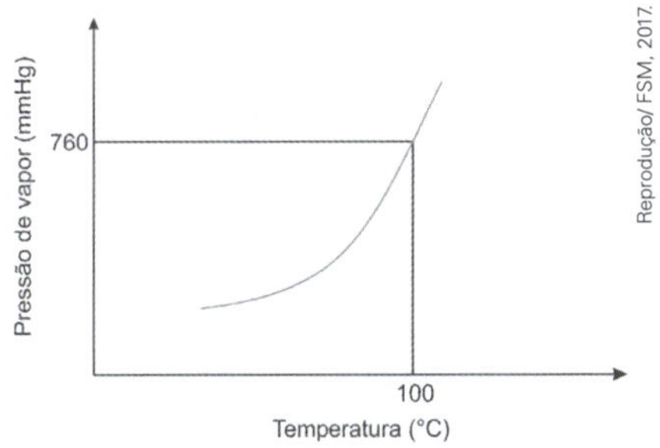


b) Explique, de acordo com a relação entre as forças intermoleculares e os pontos de ebulição, por que o butan-2-ol apresenta maior pressão de vapor que o hexan-3-ol à mesma temperatura.

7. (Fuvest-SP) O gráfico a seguir traz as curvas de pressão de vapor em função da temperatura do éter dietílico, da água e do 1-butanol.

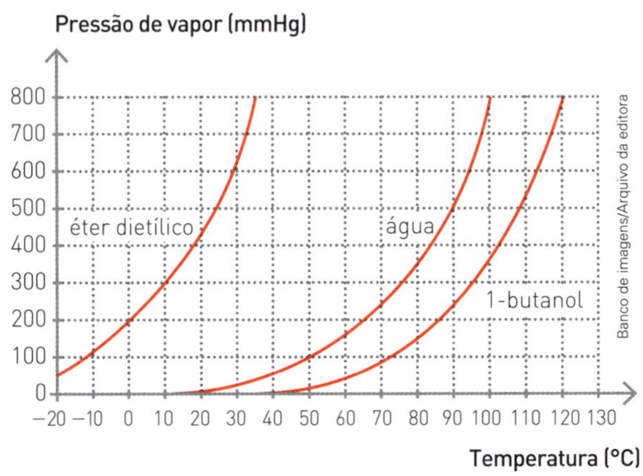


a) No topo do monte Everest a água entra em ebulição a 76 °C. Consultando o gráfico, qual deve ser o ponto de ebulição do éter dietílico no mesmo local? Justifique.

b) Pelos dados do gráfico, pode-se afirmar que, sob uma mesma pressão, o ponto de ebulição do 1-butanol é maior do que o do éter dietílico. Explique esse comportamento com base na estrutura desses compostos.

8. (UCS-RS) Gases apresentam a propriedade de dissolver uma quantidade máxima de vapor de água, de acordo com a temperatura em que se encontram. Ao atingir esse limite máximo, o gás fica saturado de vapor de água; a partir desse ponto, a água passará a se condensar formando pequenas gotículas de líquido. O ar atmosférico, por exemplo, pode dissolver uma quantidade máxima de vapor de água, expressa a cada temperatura e em unidades de pressão, conforme está apresentado no quadro abaixo.

| Temperatura (°C) | Pressão máxima de vapor de água no ar atmosférico (mmHg) |
|---|---|
| 10 | 9,2 |
| 20 | 17,5 |
| 30 | 31,8 |
| 40 | 55,3 |

A umidade relativa (UR) é um termo utilizado com frequência pelos meteorologistas para indicar a quantidade de vapor de água presente no ar atmosférico. Em uma mesma temperatura, a UR pode ser obtida pela razão entre a pressão parcial de vapor de água presente no ar e a pressão máxima de vapor de água. Assim, um local onde a temperatura encontra-se a 20 °C e a pressão parcial de vapor de água é igual a 10,5 mmHg terá uma UR, em termos percentuais, de:

a) 50.
b) 60.
c) 75.
d) 80.
e) 95.

9. (UFU-MG) O gráfico ao lado relaciona as pressões máximas de vapor e a temperatura para o éter etílico, álcool etílico e água. Em nível do mar, onde a pressão atmosférica é igual a 760 mmHg, sabe-se que os pontos de ebulição para o éter etílico, álcool etílico e água são 34,6 °C, 78,3 °C e 100 °C, respectivamente.

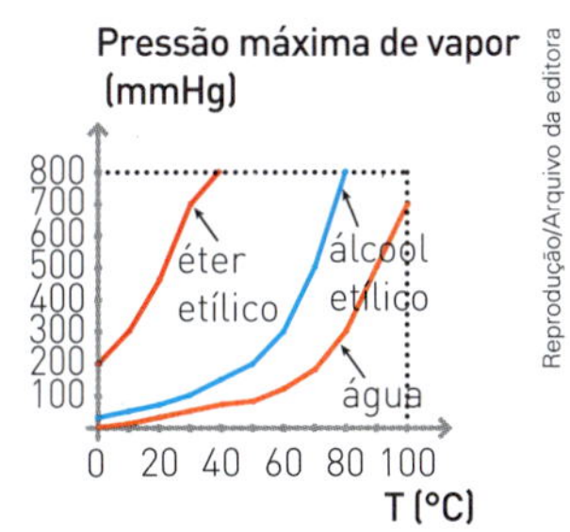


A esse assunto, é incorreto afirmar que:

a) o álcool etílico encontra-se no estado líquido sob pressão de 760 mmHg e sob temperaturas menores que 78,3 °C.

b) o aumento da temperatura acarreta um aumento na pressão de vapor para os líquidos exemplificados.

c) o éter é o mais volátil dessas substâncias, pois apresenta maior pressão máxima de vapor devido a suas interações intermoleculares serem mais fortes.

d) a pressão máxima de vapor de uma substância, em uma mesma temperatura, não depende do volume dessa substância.

**10.** (UFRJ) As substâncias puras tetracloreto de carbono, n-octano, n-hexano e isopropanol encontram-se em frascos identificados apenas pelas letras A, B, C e D.

Para descobrir as substâncias contidas nos frascos, foram realizados dois experimentos:

- No primeiro experimento, foi adicionada uma certa quantidade de água nos frascos A e B, observando-se o comportamento mostrado na figura 1.

Figura 1

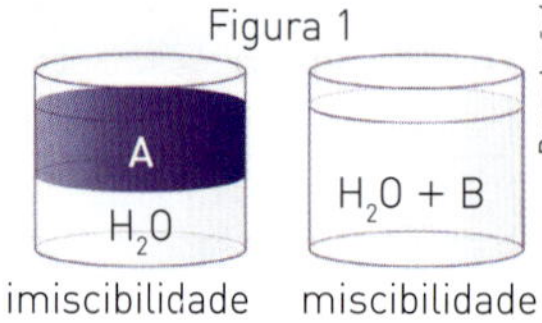


Reprodução/Arquivo da editora

- No segundo experimento, determinou-se que a substância do frasco C foi aquela que apresentou a menor pressão de vapor à temperatura ambiente (25 °C).

Usando conceitos de polaridade das moléculas e a tabela de propriedades (figura 2), identifique os compostos A, B, C e D.

| Substância | Temperatura normal de ebulição (°C) | Densidade (g/mL) |
|---|---|---|
| tetracloreto de carbono | 77 | 1,6 |
| isopropanol | 82 | 0,8 |
| n-octano | 126 | 0,70 |
| n-hexano | 69 | 0,66 |

**11.** (Ufscar-SP) As curvas A, B, C e D, mostradas no gráfico a seguir, apresentam as variações das pressões de vapor em função da temperatura de quatro substâncias puras.

A tabela apresenta as fórmulas e massas molares das quatro substâncias associadas às curvas A, B, C e D, porém não necessariamente nessa ordem.

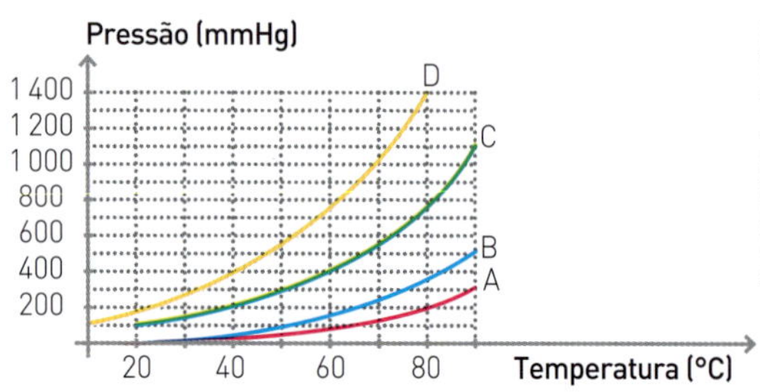


Reprodução/Arquivo da editora

| Substância | Massa molar (g/mol) |
|---|---|
| $H_2O$ | 18 |
| $CH_3COOH$ | 60 |
| $H_3CC\ell_3$ | 119 |
| $CC\ell_4$ | 154 |

a) Considere que cada substância foi aquecida, isoladamente, até 70 °C, sob pressão de 760 mmHg. Quais das curvas (A, B, C ou D) representam as substâncias que estão no estado gasoso nessas condições? Justifique sua resposta.

b) Identifique qual curva de pressão de vapor em função da temperatura (A, B, C ou D) corresponde àquela da substância $CC\ell_4$. Justifique sua resposta.

**12.** (UFSC) A química é uma ciência capaz de explicar diversos fenômenos do cotidiano. Sendo assim, o conhecimento dos princípios químicos é uma ferramenta essencial para entender o mundo e os fenômenos que nos cercam.

Sobre o assunto, é correto afirmar que:

01) a conversão de carboidratos em lipídios para armazenamento de energia, que é comum no organismo humano, caracteriza um fenômeno químico.

02) a formação de gotículas de água na superfície externa de uma garrafa plástica contendo refrigerante alguns minutos após ter sido removida da geladeira é proveniente da lenta passagem da água pelos poros do material polimérico que a constitui.

04) o odor exalado pela mistura de cebola e alho aquecidos em frigideira é decorrente do aumento da pressão de vapor de substâncias que compõem esses vegetais, resultando na transferência de moléculas para a fase gasosa, as quais então chegam aos sensores olfativos.

08) o som produzido pelo bater das asas de um besouro ao passar próximo ao ouvido humano caracteriza um fenômeno químico.

16) o cozimento acelerado de vegetais em uma panela de pressão colocada sobre uma chama ocorre devido à substituição das interações dipolo-dipolo nas moléculas de carboidratos por ligações de hidrogênio em função do rompimento de ligações covalentes nas moléculas constituintes desses alimentos.

32) a liquefação da manteiga ao ser inserida em uma frigideira quente é explicada pela diminuição na pressão de vapor dos lipídios que a constituem, resultando no rompimento das ligações de hidrogênio que unem as moléculas lipídicas em fase condensada.

# O vapor de água na atmosfera

A ilustração abaixo mostra o ciclo da água na natureza. A evaporação da água forma massas de ar úmido que, quando resfriadas, originam nuvens. A água, então, volta à terra como chuva, alimentando as fontes subterrâneas de água (lençóis freáticos), rios, lagos, etc. antes de evaporar novamente, fechando o ciclo.

Sérgio Furlani/Arquivo da editora

A atmosfera normalmente apresenta certa quantidade de vapor de água (umidade) proveniente do ciclo da água, da queima de combustíveis, do ar expirado. A quantidade de vapor de água existente no ar, expressa em g de $H_2O/m^3$ de ar, é denominada **Umidade Absoluta do Ar (UAA)**.

Contudo, a maneira mais comum de indicar essa quantidade considera a porcentagem de vapor de água existente no ar em relação à máxima quantidade em que nele pode ser encontrado, na mesma temperatura. Essa forma de indicá-la, denominada **Umidade Relativa do Ar (URA)**, compara a pressão parcial de vapor de água ($P_{V\,(água)}$) existente no ar com a pressão máxima de vapor ($P_V$) da água a uma dada temperatura:

$$\left.\begin{array}{l} P_V \longrightarrow 100\%\ \text{umidade} \\ P_{V\,(água)} \longrightarrow \text{URA} \end{array}\right\}\ \text{URA} = \frac{P_{V\,(água)}}{P_V} \cdot 100\%$$

Usando o gráfico que mostra os valores da $P_V$ da água entre 0 °C e 30 °C e supondo que a $P_{V\,(água)}$ em um dado instante, a 25 °C, é de 18 mmHg, temos:

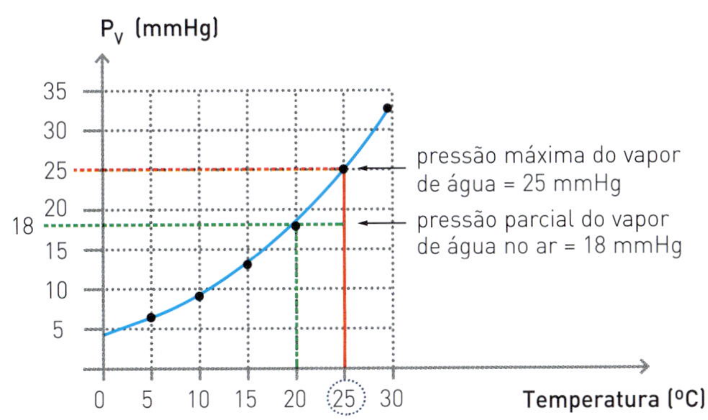


Banco de imagens/Arquivo da editora

Fotos: Siegfried Kramer/Imagebroker/Easypix Brasil

Aplicando a expressão já vista, podemos determinar a URA.

$$\left.\begin{array}{l} 25\ \text{mmHg} \longrightarrow 100\%\ \text{umidade} \\ 18\ \text{mmHg} \longrightarrow \text{URA} \end{array}\right\} \Rightarrow \text{URA} = \frac{18\ \cancel{\text{mmHg}}}{25\ \cancel{\text{mmHg}}} \cdot 100\% = 72\%$$

Se a $P_{V\,(água)}$ permanecesse constante e a temperatura ambiente diminuísse, a $P_V$ diminuiria e a URA aumentaria. Assim, a 20 °C, a URA seria de 100%, e poderia ultrapassar esse valor a temperaturas inferiores. Nessas condições, o ar estaria supersaturado de vapor de água, o que levaria a uma situação de instabilidade.

Assim, uma parte do vapor de água se condensaria na forma de pequenas gotas: o orvalho.

A maior temperatura na qual pode ocorrer a condensação do vapor de água é denominada **ponto de orvalho**.

Se o ponto de orvalho corresponder a uma temperatura menor que a da solidificação da água (0 °C), o vapor de água passa direto para o estado sólido: é o fenômeno da geada.

**A.** O orvalho é formado na condensação do vapor de água na atmosfera.
**B.** A geada ocorre quando o vapor de água se solidifica (sublimação).

## Reflita

**1.** Relacione a umidade relativa do ar à secagem de roupas em um varal.

**2.** A geada queima flores, frutos e folhas das plantações, causando um grande prejuízo econômico. Argumente com seus colegas como esse fenômeno climático influencia no preço dos alimentos.

**3.** Noel Rosa, consagrado sambista brasileiro, morreu aos 26 anos de idade, vítima de tuberculose. Foi compositor de grandes sucessos, como "Com que roupa?" (1931), "Palpite infeliz" (1935) e "Feitiço da Vila" (1934), os dois últimos sambas gravados como resposta a uma rixa musical entre ele e Wilson Batista.

**Cursou Medicina, mas do curso só levou o samba "Coração" (1932):**

[...] Coração
Grande órgão propulsor
Transformador do sangue venoso em arterial
Coração
Não és sentimental
Mas entretanto dizem
Que és o cofre da paixão [...]

Essa música ficou conhecida como "samba anatômico", apesar de trazer algumas imprecisões, como o fato de ser o pulmão que transforma o sangue venoso em arterial, e não o coração, como escrito pelo sambista.

Em 1933, escreveu "O orvalho vem caindo", cujo trecho da letra foi reproduzido abaixo.

[...] O orvalho vem caindo
Vai molhar o meu chapéu
E também vão sumindo
As estrelas lá no céu [...]

Responda aos itens.

**a)** Que é o orvalho? O sambista usou o termo "orvalho" com exatidão em sua música?

**b)** Qual a diferença entre o orvalho e a geada?

**4.** Pesquise na internet, em bibliotecas ou com seu professor de Geografia e descubra qual estado brasileiro possui o maior índice anual de umidade relativa do ar.

CAPÍTULO

6

# Tonoscopia, ebulioscopia e crioscopia

Várias propriedades das soluções são aplicadas em nosso dia a dia. Um exemplo é a adição do etilenoglicol à água usada nos sistemas de refrigeração dos motores de automóveis.

**!** **CUIDADO:** os anticongelantes automotivos em geral, e o etilenoglicol em especial, são tóxicos.

Joe Belanger/Alamy/Fotoarena

O superaquecimento é relativamente comum em veículos que não apresentam um eficiente sistema de refrigeração do motor ou não utilizam o etilenoglicol.

Thinkstock/Getty Images

A adição de etilenoglicol aumenta a temperatura de ebulição da água do radiador.

Clark Brennan/Alamy/Fotoarena

Em outras situações, como nos países onde o inverno é muito rigoroso, o etilenoglicol tem a propriedade de diminuir a temperatura de solidificação (congelamento) da água no radiador dos automóveis, sendo chamado anticongelante.

Soluções aquosas do etilenoglicol e de outras substâncias têm propriedades diferentes do solvente puro, no caso a água, tais como:

- diminuição da pressão máxima de vapor (tonoscopia);
- elevação da temperatura de ebulição (ebulioscopia);
- diminuição da temperatura de solidificação (crioscopia);
- aumento da pressão osmótica (osmometria).

Essas propriedades são denominadas **propriedades coligativas**.

A intensidade com que essas alterações ocorrem depende unicamente da quantidade de partículas (moléculas ou íons) provenientes do soluto não volátil presente na solução.

Esses fenômenos podem ser explicados pelas interações que ocorrem entre as partículas do soluto e as moléculas do solvente. Essas interações dificultam a passagem do solvente para o estado de vapor, assim como seu congelamento.

## Tonoscopia ou tonometria

Por volta de 1886, o químico francês François Marie Raoult (1830-1901) verificou que a pressão de vapor de um solvente, quando em uma solução de um soluto não volátil e não eletrolítico, depende da fração molar do solvente na solução.

Chamando

$P_{solução}$ = pressão de vapor do solvente na solução

$X_{solvente}$ = fração molar do solvente

$$X_{solvente} = \frac{\text{número de mol do solvente}}{\text{número de mol do soluto + número de mol do solvente}}$$

essa relação é conhecida por Lei de Raoult e pode ser expressa matematicamente por:

$$P_{solução} = X_{solvente} \cdot P_{solvente\ puro}$$

Um exemplo da aplicação da Lei de Raoult pode ser dado considerando-se uma solução formada por 0,10 mol de etilenoglicol, um soluto não eletrolítico e considerado não volátil, quando comparado com a água, e 0,90 mol de água.

Inicialmente, vamos calcular a fração molar do solvente.

$$X_{H_2O} = \frac{0{,}90}{0{,}10 + 0{,}90} = 0{,}90$$

Se essa solução foi preparada a 20 °C, temperatura na qual a pressão de vapor da água pura é 17,54 mmHg, a pressão de vapor da água na solução pode ser calculada por:

$$P_{solução} = X_{solvente} \cdot P_{solvente\ puro} \Rightarrow P_{solução} = 0{,}90 \cdot 17{,}54 \Rightarrow P_{solução} \cong 15{,}79 \text{ mmHg}$$

Comparando os valores da pressão de vapor do solvente puro (17,54 mmHg) e da pressão de vapor do solvente na solução (15,79 mmHg), podemos perceber que a adição de um soluto não volátil provocou uma diminuição na pressão de vapor do solvente.

Esse efeito coligativo pode ser assim definido:

**Tonoscopia** ou **tonometria** é o estudo da diminuição da pressão máxima de vapor de um solvente, provocada pela adição de um soluto não volátil.

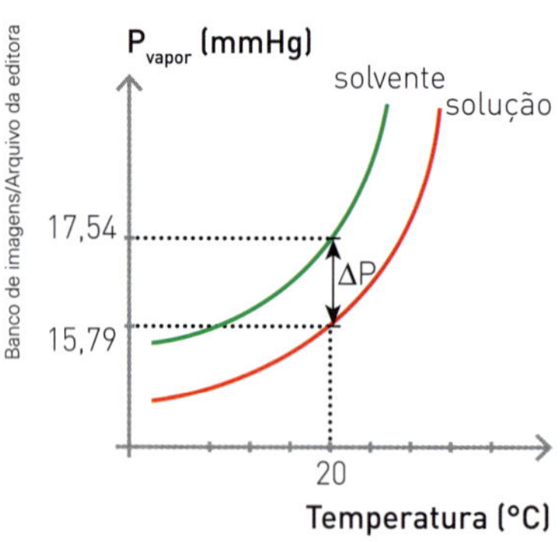


A diferença entre os valores das pressões de vapor (ΔP) é conhecida por diminuição da pressão máxima de vapor ou efeito tonoscópico, e pode ser calculada pela expressão:

$$\Delta P = P_{solvente\ puro} - P_{solução}$$

No exemplo estudado, temos:

$$\Delta P = 17{,}54 \text{ mmHg} - 15{,}79 \text{ mmHg}$$
$$\Delta P = 1{,}75 \text{ mmHg}$$

Raoult verificou que essas relações não eram válidas para as soluções de substâncias eletrolíticas.

O abaixamento da pressão de vapor em soluções eletrolíticas começou a ser entendido após a publicação da Teoria da dissociação iônica por Arrhenius e, mais recentemente, com a comprovação experimental* de que os efeitos coligativos estão relacionados com o número de mol de soluto dissolvidos em 1 000 g do solvente.

* Essa descoberta experimental pode ser provada termodinamicamente de acordo com Peter Atkins e Loretta Jones (*Princípios de Química*) e Darrell D. Ebbing e Stevan D. Gammon (*General Chemistry*).

## Características do soluto e o número de partículas na solução

O número de partículas do soluto em uma solução depende do fato de o soluto sofrer ou não dissociação ou ionização.

Veja alguns exemplos.

- Solutos como glicose ($C_6H_{12}O_6$), sacarose ($C_{12}H_{22}O_{11}$), ureia ($CO(NH_2)_2$), etc., quando dissolvidos em água, não originam íons.
  Assim:

$$1 \text{ mol de } C_6H_{12}O_6 \text{ (s)} \xrightarrow{\text{água}} 1 \text{ mol de } C_6H_{12}O_6 \text{ (aq)}$$
$$1 \text{ mol de } C_{12}H_{22}O_{11} \text{ (s)} \xrightarrow{\text{água}} 1 \text{ mol de } C_{12}H_{22}O_{11} \text{ (aq)}$$

- Solutos como $NaC\ell$, $CaC\ell_2$, $A\ell_2(SO_4)_3$, etc., quando dissolvidos em água, se dissociam, originando íons.

$$1 \text{ mol de } NaC\ell \text{ (s)} \xrightarrow{\text{água}} \underbrace{1 \text{ mol de } Na^{+} \text{ (aq)} + 1 \text{ mol de } C\ell^{-} \text{ (aq)}}_{2 \text{ mol de íons}}$$
$$1 \text{ mol de } CaC\ell_2 \text{ (s)} \xrightarrow{\text{água}} \underbrace{1 \text{ mol de } Ca^{2+} \text{ (aq)} + 2 \text{ mol de } C\ell^{-} \text{ (aq)}}_{3 \text{ mol de íons}}$$
$$1 \text{ mol de } A\ell_2(SO_4)_3 \text{ (s)} \xrightarrow{\text{água}} \underbrace{2 \text{ mol de } A\ell^{3+} \text{ (aq)} + 3 \text{ mol de } SO_4^{2-} \text{ (aq)}}_{5 \text{ mol de íons}}$$

## Relação entre pressão de vapor e número de partículas do soluto na solução

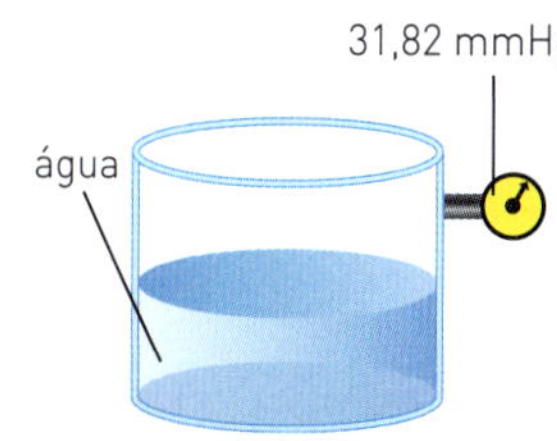


Ilustrações: Luiz Fernando Rubio/Arquivo da editora

Essa relação pode ser constatada através das medidas das pressões máximas de vapor das várias soluções à temperatura constante de 30 °C. A pressão de vapor da água a 30 °C é igual a 31,82 mmHg.

| | Composição da solução | Número de partículas do soluto na solução | Pressão de vapor (mmHg) |
|---|---|---|---|
| **Solução I** |  1 mol de $C_6H_{12}O_6$<br>1 000 g de $H_2O$ | 1 mol de $C_6H_{12}O_6$ (aq) | 31,26 |
| **Solução II** |  1 mol de $C_{12}H_{22}O_{11}$<br>1 000 g de $H_2O$ | 1 mol de $C_{12}H_{22}O_{11}$ (aq) | 31,26 |
| **Solução III** | 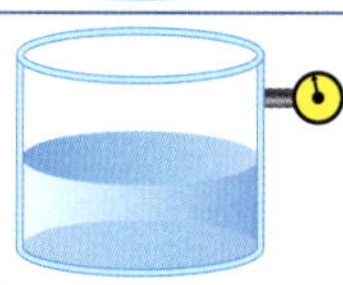 2 mol de $C_6H_{12}O_6$<br>1 000 g de $H_2O$ | 2 mol de $C_6H_{12}O_6$ (aq) | 30,70 |
| **Solução IV** |  1 mol de $NaC\ell$<br>1 000 g de $H_2O$ | 2 mol de íons<br>{1 mol de $Na^{+}$ (aq)<br>{1 mol de $C\ell^{-}$ (aq) | 30,70 |
| **Solução V** | 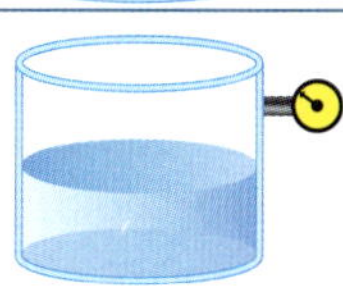 1 mol de $CaC\ell_2$<br>1 000 g de $H_2O$ | 3 mol de íons<br>{1 mol de $Ca^{2+}$ (aq)<br>{2 mol de $C\ell^{-}$ (aq) | 30,14 |

## Observações

- Quando trabalhamos com soluções aquosas com concentração superior a 0,2 mol/L, para efetuar os cálculos de variação de TE, TF e pressão máxima de vapor, é mais apropriado utilizar a molalidade como tipo de concentração, para obtermos valores mais próximos dos obtidos experimentalmente.
- As descrições matemáticas para as propriedades coligativas são rigorosamente válidas somente para **soluções ideais**, com concentração baixa do soluto, com tamanhos moleculares do soluto e do solvente próximos e com o mesmo tipo de atrações intermoleculares no soluto e no solvente.

Os dados presentes na tabela, obtidos experimentalmente, permitem tirarmos algumas conclusões:

- A adição de solutos não voláteis sempre provoca uma diminuição na pressão máxima de vapor do solvente.
- Uma mesma quantidade de partículas de soluto dissolvidas sempre resulta em um mesmo valor de pressão de vapor, conclusão obtida pelas comparações das soluções I, II, III e IV.
- Quanto maior o número de partículas de soluto dissolvidas na solução, menor será a pressão de vapor, conclusão obtida comparando a solução V com as demais.

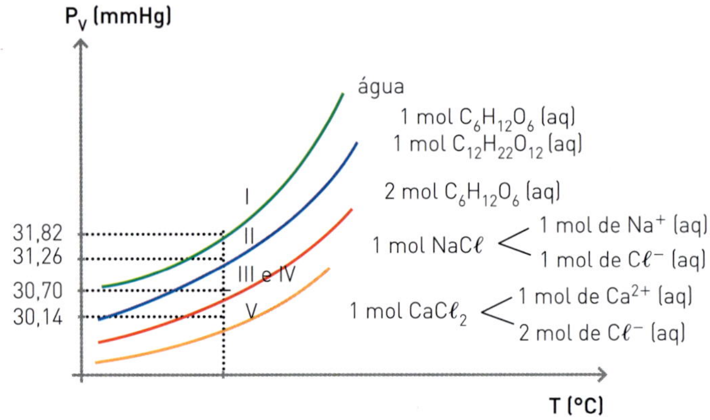


Banco de imagens/Arquivo da editora

## Exercício resolvido

(UFC-CE) Dadas as seguintes soluções aquosas:

I. $2 \cdot 10^{-2}$ mol/L de $C_{12}H_{22}O_{11}$
II. $2 \cdot 10^{-2}$ mol/L de HCℓ
III. $2 \cdot 10^{-2}$ mol/L de $C_6H_{12}O_6$
IV. $2 \cdot 10^{-2}$ mol/L de $KNO_3$
V. $2 \cdot 10^{-2}$ M de $(NH_4)_2SO_4$

qual apresenta a menor pressão máxima de vapor?

a) I
b) II
c) III
d) IV
e) V

**Solução**

Inicialmente, devemos classificar as soluções em iônicas ou moleculares:

- soluções moleculares — I e III;
- soluções iônicas — II, IV e V.

Como já sabemos que, quanto maior o número de partículas do soluto presentes na solução, menor será a $P_V$, em seguida vamos determinar o número de mol de partículas do soluto, considerando 1 litro de cada solução.

- soluções moleculares (não há ionização)

I. $2 \cdot 10^{-2}$ mol/L de $C_{12}H_{22}O_{11}$ ($2 \cdot 10^{-2}$ mol de partículas)
III. $2 \cdot 10^{-2}$ mol/L de $C_6H_{12}O_6$ ($2 \cdot 10^{-2}$ mol de partículas)

- soluções iônicas ($\alpha = 100\%$)

Admitindo-se que o HCℓ esteja totalmente ionizado:

II. $1\ HCℓ \longrightarrow \underbrace{1\ H^+ + 1\ Cℓ^-}$

$2 \cdot 10^{-2}$ mol/L de HCℓ $\longrightarrow$ $4 \cdot 10^{-2}$ mol de partículas

IV. $1\ KNO_3 \longrightarrow \underbrace{1\ K^+ + 1\ NO_3^-}$

$2 \cdot 10^{-2}$ mol/L de HCℓ $\longrightarrow$ $4 \cdot 10^{-2}$ mol de partículas

V. $1\ (NH_4)_2SO_4 \longrightarrow \underbrace{2\ (NH_4)^+ + 1\ SO_4^{2-}}$

$2 \cdot 10^{-2}$ mol/L de HCℓ $\longrightarrow$ $6 \cdot 10^{-2}$ mol de partículas

Podemos observar que a solução V apresenta o maior número de partículas por volume de solução, portanto apresenta a menor pressão de vapor ($P_V$).

## Fundamentando seus conhecimentos

Para estudar a variação da pressão máxima de vapor, foi feito o seguinte experimento.

Ilustrações: Conceitograf/Arquivo da editora

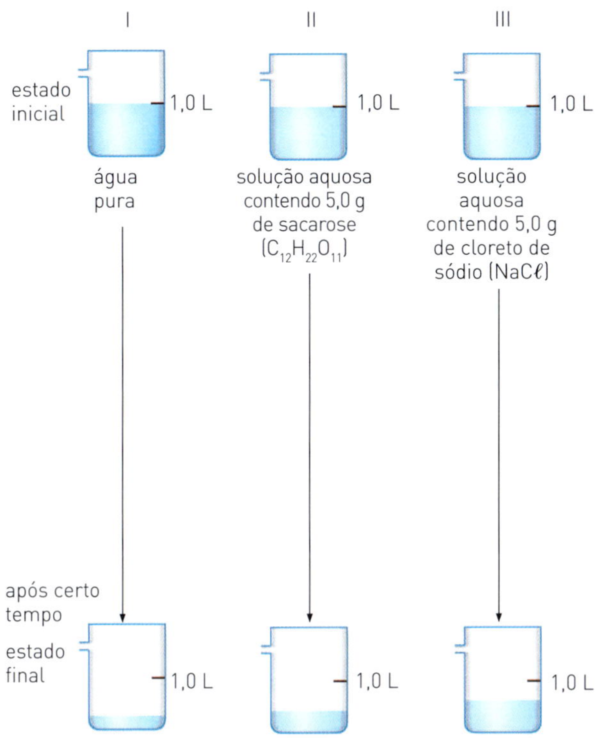


Com base nesse experimento, responda às questões **1** a **9**.

1. O que causou a diminuição de volume do conteúdo dos frascos?
2. Em qual dos frascos esse fenômeno ocorreu com maior facilidade?
3. Classifique os solutos em iônicos ou em moleculares.
4. Sem efetuar cálculos numéricos e conhecendo as massas molares dos solutos ($C_{12}H_{22}O_{11}$ = = 342 g · mol$^{-1}$; NaCℓ = 58,5 g · mol$^{-1}$), explique em qual frasco foi adicionada uma quantidade maior de mol de soluto.
5. Qual dos frascos contém uma solução eletrolítica?
6. Por que a diminuição do volume do frasco que continha somente água foi maior?
7. Por que no frasco com NaCℓ, ocorreu menor diminuição de volume?
8. Coloque em ordem crescente as pressões máximas de vapor da água nos três frascos.
9. Esboce um gráfico que mostre as curvas de pressão máxima de vapor, representando nas abscissas a temperatura (°C) e nas ordenadas a pressão máxima de vapor (atm).

## Desenvolvendo seus conhecimentos

1. (Vunesp-SP) A variação das pressões de vapor do $CHCℓ_3$ e $C_2H_5Cℓ$ com a temperatura é mostrada no gráfico ao lado.
   Considerando a pressão de 1 atmosfera:
   a) A que temperatura cada substância entrará em ebulição?
   b) Qual é o efeito da adição de um soluto não volátil sobre a pressão de vapor das substâncias?

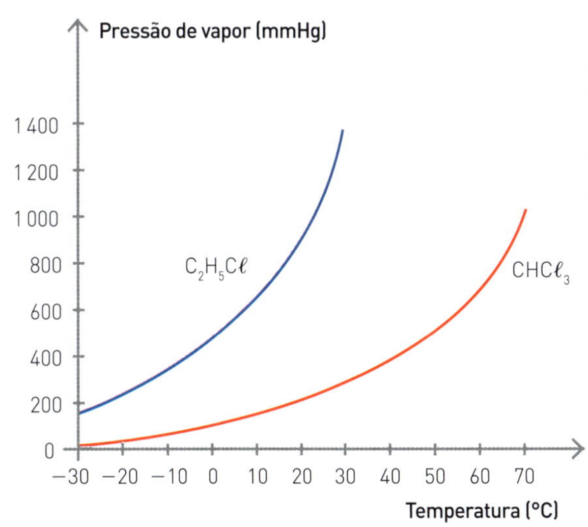


Reprodução/Arquivo da editora

2. (PUC-RS) Quando se compara a água do mar com a água destilada, pode-se afirmar que a primeira, em relação à segunda, tem menor ____________, mas maior ________________.
   a) densidade – ponto de ebulição
   b) condutividade elétrica – densidade
   c) pressão de vapor – condutividade elétrica
   d) concentração de íons – ponto de ebulição
   e) ponto de congelação – facilidade de vaporização do solvente

3. (UFRGS-RS) Assinale a alternativa que completa corretamente as lacunas do enunciado abaixo, na ordem em que aparecem.

Uma sopa muito salgada é aquecida numa panela aberta. Nessas condições, a sopa deve entrar em ebulição numa temperatura __________ 100 °C. Assim, à medida que a água da sopa evapora, a temperatura da sopa __________

a) acima de — aumenta
b) acima de — diminui
c) abaixo de — aumenta
d) igual a — permanece constante
e) igual a — aumenta

4. Considere os seguintes sistemas:

I. água pura;
II. solução aquosa 0,1 mol/L de glicose;
III. solução aquosa 0,2 mol/L de sacarose.

Resolva:

a) Associe cada um dos sistemas a uma das curvas $P_V$ do gráfico a seguir:

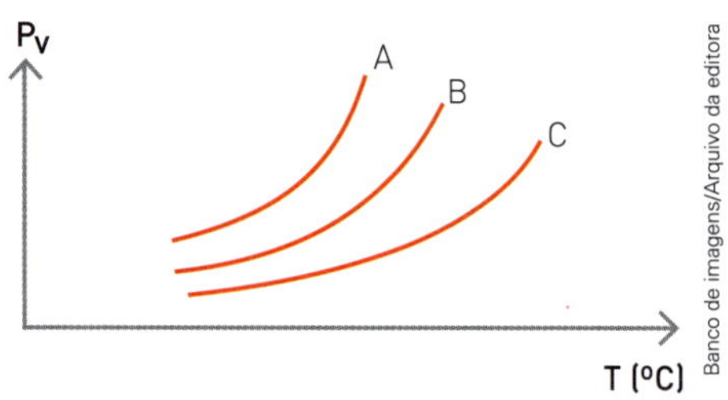


b) Em uma mesma temperatura, qual dos sistemas apresenta a menor pressão de vapor?
c) Para um mesmo valor de $P_V$, qual dos sistemas se encontra em uma temperatura maior?
d) A adição de um soluto não volátil aumenta ou diminui a pressão máxima de vapor de um solvente? Justifique.

5. (UFPE) O gráfico abaixo representa a pressão de vapor (eixo das ordenadas), em atm, em função da temperatura (eixo das abscissas), em °C, de três amostras, I, II e III. Se uma dessas amostras for de água pura e as outras duas de água salgada, podemos afirmar que:

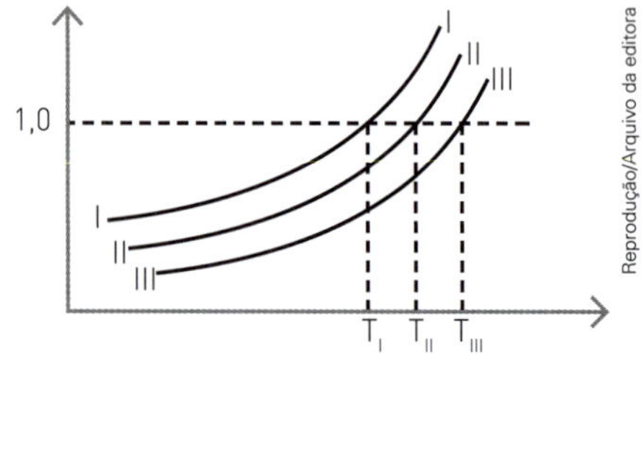


a) a amostra I é a amostra de água salgada.
b) a amostra I é a mais volátil.
c) a amostra II é mais concentrada que a amostra III.
d) a amostra I é a menos volátil.
e) na temperatura $T_{III}$, a 1 atm, a amostra II ainda não entrou em ebulição.

6. (FMJ-SP) Considere os sistemas 1, 2 e 3 numa mesma temperatura e o comportamento de cada um desses sistemas representados no gráfico.

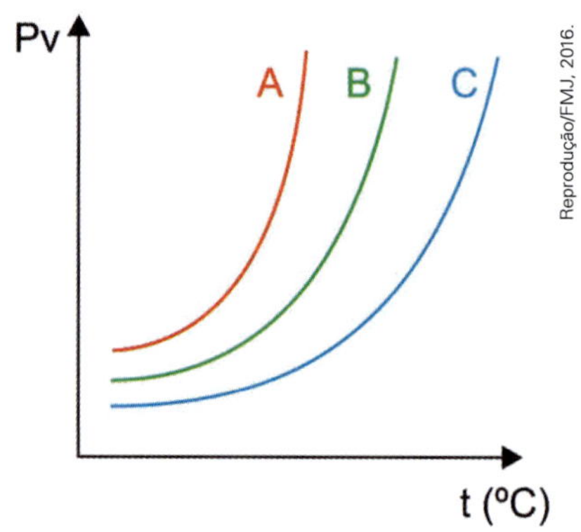


1. Água pura.
2. Solução aquosa 0,5 mol · $L^{-1}$ de glicose.
3. Solução aquosa 0,5 mol · $L^{-1}$ de $KC\ell$.

a) Associe cada um dos sistemas (1, 2 e 3) a cada uma das curvas (A, B e C) e indique qual o sistema mais volátil.
b) A adição de um soluto não volátil aumenta ou diminui a pressão máxima de vapor de um solvente? Justifique sua resposta.

7. (UFRN) Gabriel deveria efetuar experimentos e analisar as variações que ocorrem nas propriedades de um líquido, quando solutos não voláteis são adicionados. Para isso, selecionou as amostras a seguir indicadas.

- Amostra I: água ($H_2O$) pura.
- Amostra II: solução aquosa 0,5 mol/L de glicose ($C_6H_{12}O_6$).
- Amostra III: solução aquosa 1,0 mol/L de glicose ($C_6H_{12}O_6$).
- Amostra IV: solução aquosa 1,0 mol/L de cloreto de cálcio ($CaC\ell_2$).

A amostra que possui maior pressão de vapor é:

a) I.
b) II.
c) III.
d) IV.

**8.** (Udesc) A pressão de vapor de um solvente líquido diminui devido à presença de um soluto não volátil (efeito tonoscópico), afetando a temperatura de fusão (efeito crioscópico) e a temperatura de vaporização do solvente (efeito ebulioscópico). Faz-se uso destes fenômenos, por exemplo, nos anticongelantes utilizados nos radiadores de automóveis e nos sais empregados para fundir gelo em regiões onde há ocorrência de neve. Os líquidos A, B, C e D, listados a seguir, estão a 1 atm e a 25 °C e apresentam, respectivamente, pressões de vapor $P_A$, $P_B$, $P_C$ e $P_D$.

- Líquido A: 100 mL de solução 0,01 mol/L de $NaC\ell$ em água.
- Líquido B: 100 mL de água.
- Líquido C: 100 mL de solução 0,01 mol/L de glicose em água.
- Líquido D: 50 mL de água.

Assinale a alternativa correta com relação à pressão de vapor dos líquidos A, B, C e D.

a) $P_D = P_B > P_C > P_A$
b) $P_A > P_C > P_B > P_D$
c) $P_A = P_C > P_D > P_B$
d) $P_D > P_B > P_A = P_C$
e) $P_D > P_A = P_C > P_B$

## Desafiando seus conhecimentos

**1.** Considere os três manômetros de mercúrio (X, Y e Z) a seguir.

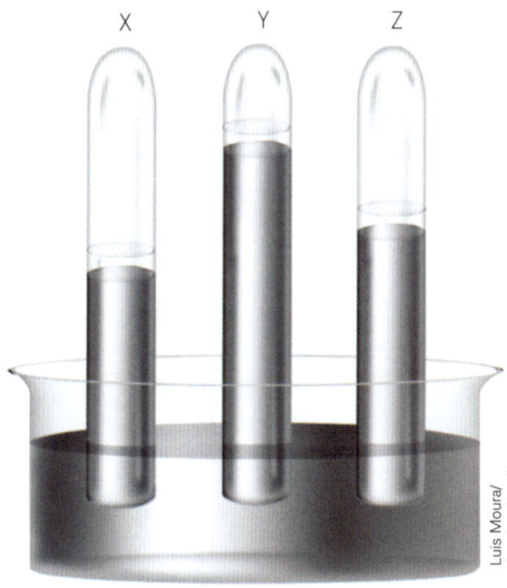

Luis Moura/Arquivo da editora

Um deles contém 1,0 mL de água no topo da coluna de mercúrio, o outro contém 1,0 mL de solução aquosa 0,10 mol/L de ureia no topo da coluna de mercúrio, e o terceiro tubo contém 1,0 mL de uma solução aquosa 0,10 mol/L de cloreto de sódio no topo da coluna de mercúrio.

Associe cada manômetro (X, Y e Z) com a água e as duas soluções.

Justifique sua resposta.

**2.** (Ufscar-SP) Um líquido puro e a solução de um soluto não volátil neste líquido têm suas pressões de vapor em função da temperatura representadas pelas curvas contidas no gráfico.

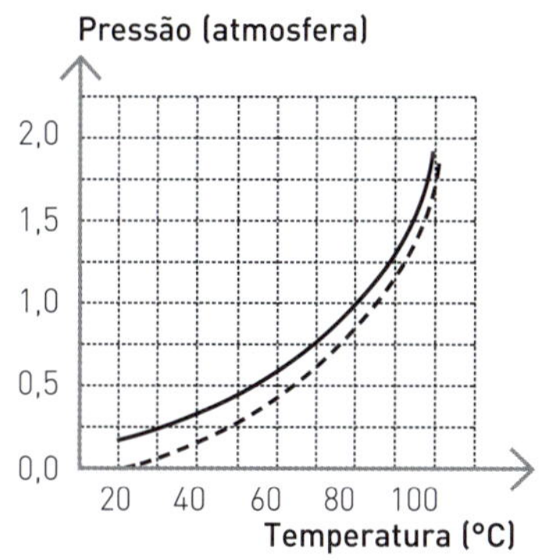

Banco de imagens/Arquivo da editora

a) Associe as curvas do gráfico (linhas contínua ou tracejada) com o líquido puro e a solução. Justifique.
b) Determine o ponto de ebulição aproximado (±1 °C) do líquido puro ao nível do mar. Justifique.

**3.** (UFRJ) O gráfico a seguir representa, de forma esquemática, curvas de pressão de vapor em função da temperatura de três líquidos puros — água, etanol, éter dietílico — e de uma solução aquosa de ureia. Identifique as curvas 1, 2 e 3 representadas no gráfico. Justifique a sua resposta.

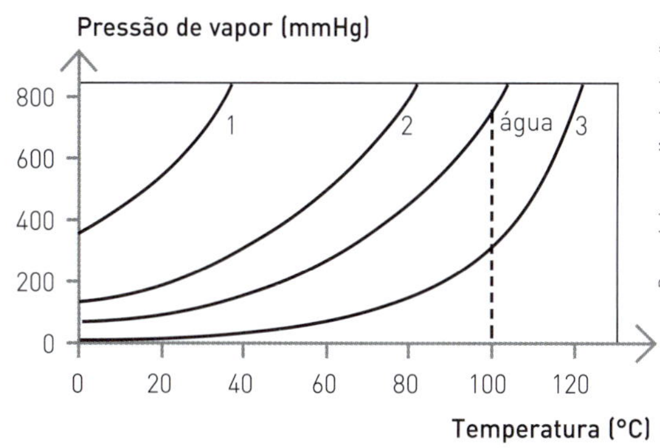

Banco de imagens/Arquivo da editora

**4.** (UFRGS-RS) Considere o gráfico a seguir, que representa as variações das pressões máximas de vapor da água pura (A.P.) e duas amostras líquidas A e B, em função da temperatura.

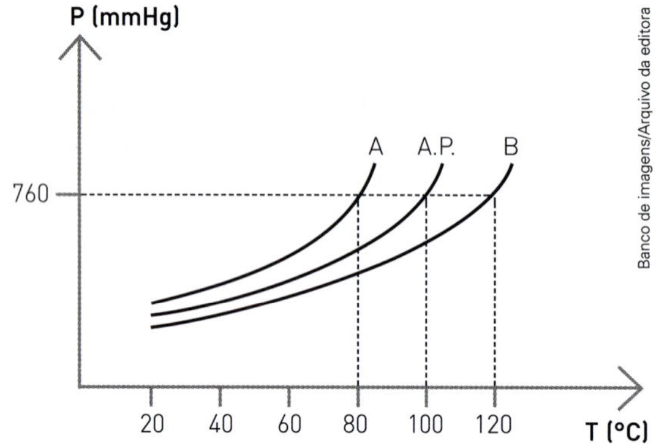


Banco de imagens/Arquivo da editora

Pode-se concluir que, em temperaturas iguais:

a) a amostra A constitui-se de um líquido menos volátil que a água pura.

b) a amostra B pode ser constituída de uma solução aquosa de cloreto de sódio.

c) a amostra B constitui-se de um líquido que evapora mais rapidamente que a água pura.

d) a amostra A pode ser constituída de solução aquosa de sacarose.

e) as amostras A e B constituem-se de soluções aquosas preparadas com solutos diferentes.

**5.** (ITA-SP) Considere as seguintes afirmações relativas aos sistemas descritos a seguir, sob pressão de 1 atm:

I. A pressão de vapor de uma solução aquosa de glicose 0,1 mol/L é menor do que a pressão de vapor de uma solução de cloreto de sódio 0,1 mol/L a 25 °C.

II. A pressão de vapor do n-pentano é maior do que a pressão de vapor do n-hexano a 25 °C.

III. A pressão de vapor de substâncias puras como: acetona, éter etílico, etanol e água, todas em ebulição, tem o mesmo valor.

IV. Quanto maior for a temperatura, maior será a pressão de vapor de uma substância.

V. Quanto maior for o volume de um líquido, maior será a sua pressão de vapor.

Dessas afirmações, estão corretas:

a) apenas I, II, III e IV.

b) apenas I, II e V.

c) apenas I, IV e V.

d) apenas II, III e IV.

e) apenas III, IV e V.

**6.** (UFRGS-RS) Considerando as três soluções do desenho, pode-se prever que a relação entre as pressões de vapor das mesmas é:

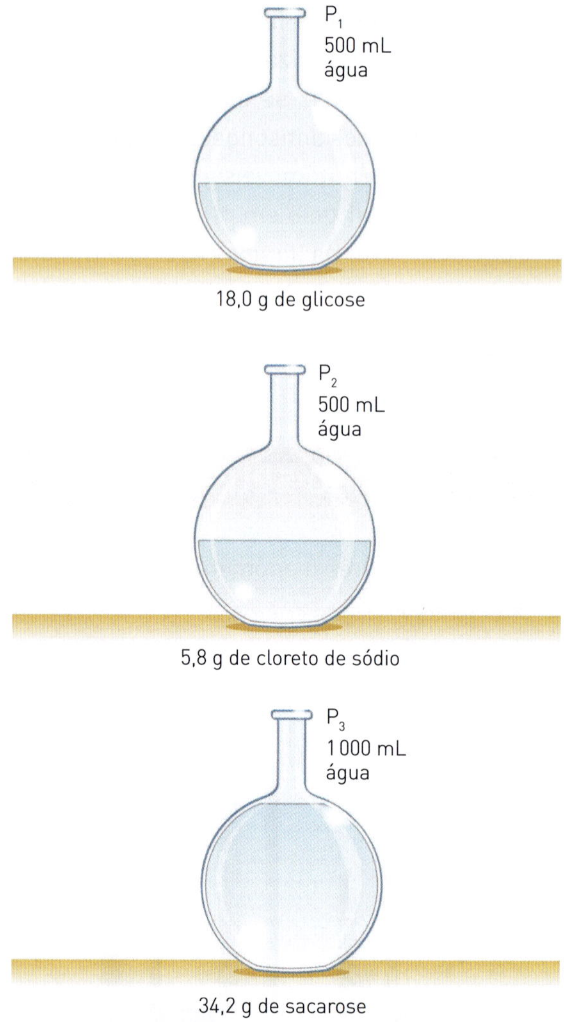


Reprodução/Arquivo da editora

(Massas molares: glicose, $C_6H_{12}O_6 = 180\ g \cdot mol^{-1}$; cloreto de sódio, $NaC\ell = 58,5\ g \cdot mol^{-1}$; sacarose, $C_{12}H_{22}O_{11} = 342\ g \cdot mol^{-1}$)

a) $P_1 > P_2 > P_3$.

b) $P_2 > P_3 > P_1$.

c) $P_1 > P_3 > P_2$.

d) $P_3 > P_1 > P_2$.

e) $P_2 > P_1 > P_3$.

**7.** (PUC-MG) Sejam dadas as seguintes soluções aquosas:

- X – 0,25 mol/L de glicose ($C_6H_{12}O_6$);
- Y – 0,25 mol/L de carbonato de sódio ($Na_2CO_3$);
- Z – 0,50 mol/L de ácido nítrico ($HNO_3$);
- W – 0,50 mol/L de sacarose ($C_{12}H_{22}O_{11}$).

Das soluções acima, indique a opção que representa a maior pressão de vapor:

a) X.

b) Y.

c) Z.

d) W.

8. (UnB-DF) Um aluno, interessado em estudar as propriedades de soluções, colocou em uma caixa dois copos contendo volumes iguais de soluções aquosas de um mesmo soluto não volátil, fechando-a hermeticamente, conforme ilustra a figura a seguir:

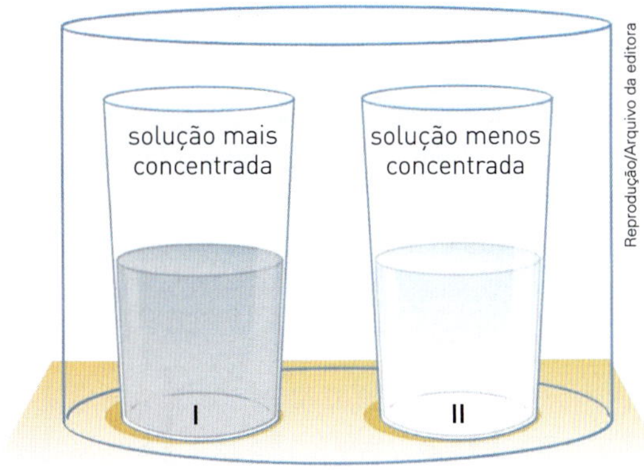


Reprodução/Arquivo da editora

A solução contida no copo I era mais concentrada que a contida no copo II. A temperatura externa à caixa permaneceu constante durante o experimento. Acerca das observações que poderiam ser feitas a respeito desse experimento, julgue verdadeiro (V) ou falso (F) cada um dos itens seguintes:

a) Após alguns dias, o volume da solução contida no copo I diminuirá.
b) As concentrações das soluções nos dois copos não se alterarão com o tempo porque o soluto não é volátil.
c) O ar dentro da caixa ficará saturado de vapor-d'água.
d) Após alguns dias, as duas soluções ficarão com a mesma pressão de vapor.

9. (UFMG) A figura a seguir mostra dois termômetros — A e B —, cujos bulbos estão dentro de uma caixa fechada e isolada termicamente:

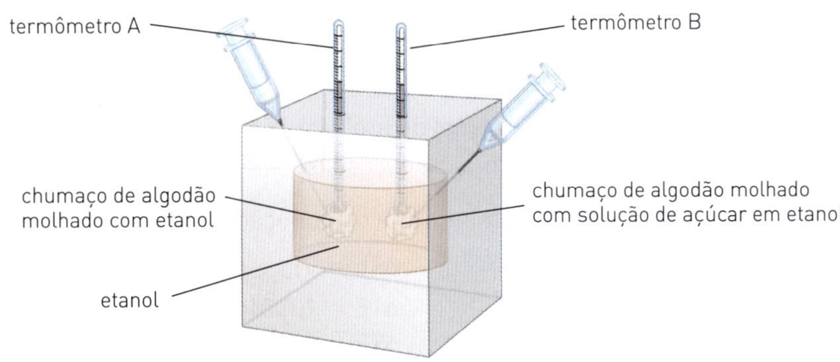


Reprodução/Arquivo da editora

Os bulbos e os chumaços de algodão dos termômetros A e B estão em contato com a atmosfera saturada de vapor de etanol e todo o sistema está a 25 °C. Usando-se as seringas mostradas na figura, molha-se o chumaço de algodão preso no bulbo do termômetro A com etanol puro e, simultaneamente, o chumaço de algodão preso no bulbo do termômetro B com uma solução de açúcar em etanol.

a) Indique se, no momento em que ambos os chumaços de algodão são molhados pelos respectivos líquidos, à mesma temperatura, a pressão de vapor do etanol no algodão do termômetro A é menor, igual ou maior que a pressão de vapor da solução no algodão do termômetro B. Justifique sua resposta.
   Depois de os chumaços terem sido molhados com os respectivos líquidos, observa-se um aumento da quantidade de líquido que molha o algodão no termômetro B.
b) Indique se a temperatura no termômetro B diminui, permanece constante ou aumenta. Justifique sua indicação, comparando a velocidade de evaporação e condensação do solvente sobre o líquido no termômetro B.
c) Indique se a temperatura do termômetro A, após ser molhado com etanol, diminui, permanece constante ou aumenta.

# Ebulioscopia e crioscopia

Experimentalmente, verifica-se que, para uma solução de um soluto não volátil, a sua temperatura de ebulição é maior que a do solvente puro e a sua temperatura de congelamento é menor que a do solvente puro.

Inicialmente, vamos estudar a elevação da temperatura de ebulição.

Essa propriedade coligativa, chamada **ebulioscopia** ou **ebuliometria**, pode ser constatada por meio da comparação das temperaturas de ebulição da água e de algumas soluções aquosas de soluto não volátil à pressão de 1,0 atm.

Veja os dados experimentais.

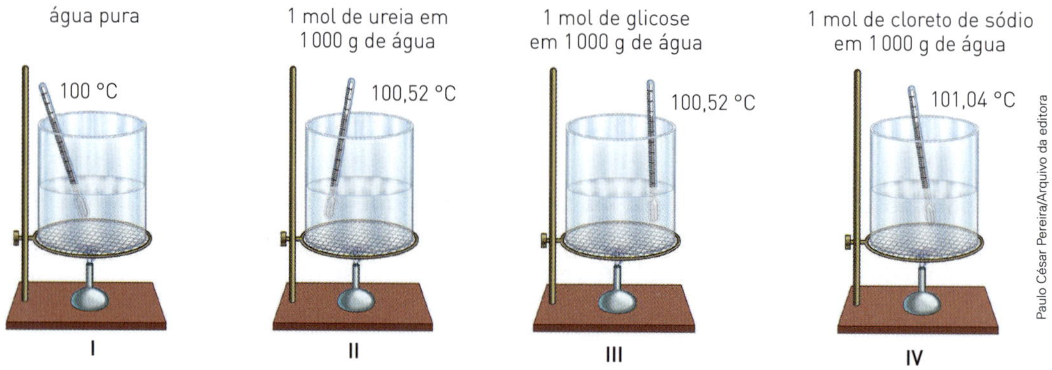


Observe que a adição de 1 mol de ureia ou de 1 mol de glicose provocou uma elevação de 0,52 °C, que pode ser calculada pela expressão:

$$\Delta TE = TE_{\text{solução}} - TE_{\text{solvente puro}}$$
$$\Delta TE = 100{,}52\ °C - 100{,}0\ °C$$
$$\Delta TE = 0{,}52\ °C$$

A elevação da temperatura de ebulição das soluções II e III foi a mesma porque ambas apresentam o mesmo número de partículas do soluto dissolvidas.

$$1{,}0 \text{ mol de ureia (s)} \xrightarrow{\text{água}} 1{,}0 \text{ mol de ureia (aq)}$$
$$1{,}0 \text{ mol de glicose (s)} \xrightarrow{\text{água}} 1{,}0 \text{ mol de glicose (aq)}$$

A elevação da temperatura de ebulição observada na solução IV foi de 1,04 °C.

$$\Delta TE = TE_{\text{solução}} - TE_{\text{solvente puro}}$$
$$\Delta TE = 101{,}04\ °C - 100{,}0\ °C$$
$$\Delta TE = 1{,}04\ °C$$

Essa elevação na temperatura de ebulição é o dobro da ocorrida nas soluções II e III, porque nessa solução existe o dobro de partículas do soluto dissolvidas, isso devido à dissociação do cloreto de sódio.

$$1 \text{ mol de NaC}\ell\text{ (s)} \xrightarrow{\text{água}} \underbrace{1 \text{ mol de Na}^{+}\text{ (aq)} + 1 \text{ mol de C}\ell^{-}\text{ (aq)}}_{\text{2 mol de íons}}$$

O aumento da temperatura de ebulição ( $\Delta TE$ ) pode ser justificado pela diminuição da pressão máxima de vapor, que é devida à presença das partículas do soluto. Para que ocorra a ebulição da solução, é necessário que esta seja aquecida até que sua pressão de vapor se iguale à pressão atmosférica em seu sistema aberto.

**Ebulioscopia** ou **ebuliometria**: estudo da elevação da temperatura de ebulição do solvente em uma solução.

O abaixamento da temperatura de congelamento de uma solução contendo um soluto não volátil pode ser percebido por um experimento bastante simples, mostrado ao lado.

Essa propriedade coligativa, chamada **crioscopia** ou **criometria**, pode ser constatada por meio da comparação das temperaturas de congelamento da água pura e de algumas soluções aquosas de solutos não voláteis.

Os dados mostrados a seguir foram obtidos à pressão de 1,0 atm, submetendo os sistemas a um resfriamento.

Sérgio Dotta Jr./Arquivo da editora

Dois potes — um com água (à esquerda) e outro com uma mistura de água com soluto não volátil (um anticongelante automotivo) — foram mantidos durante certo tempo dentro de um congelador, à mesma temperatura. A presença de um soluto não volátil impediu o congelamento da água no pote à direita.

| | Solvente | Soluções aquosas | | |
|---|---|---|---|---|
| | água | 1 mol de ureia em 1000 g de água | 1 mol de glicose em 1000 g de água | 1 mol de cloreto de sódio em 1000 g de água |
| **Nº de partículas de soluto presentes na solução** | — | 1 mol de ureia (aq) | 1 mol de glicose (aq) | 2 mol de íons: 1 mol de $Na^+$ (aq); 1 mol de $C\ell^-$ (aq) |
| **Temperatura de congelamento (TC)** | 0 °C | −1,86 °C | −1,86 °C | −3,72 °C |

Note que a presença de 1,0 mol de partículas do soluto na solução provoca um abaixamento de 1,86 °C na temperatura de congelamento da água, ao passo que a presença de 2,0 mol de partículas de soluto na solução provoca o dobro do abaixamento, ou seja, 3,72 °C.

Esquematicamente, temos:

$\Delta TC = 1,86\ °C \Rightarrow$ 1,0 mol de partículas

−3,72 °C  −1,86 °C  0 °C água pura

$\Delta TC = 3,72\ °C \Rightarrow$ 2,0 mol de partículas

Qualitativamente, o abaixamento na temperatura de congelamento pode ser explicado pelo fato de que o congelamento envolve a passagem do estado líquido (desorganizado) para o estado sólido (organizado). Para que isso aconteça, é necessário que a energia seja retirada do sistema. Como a solução é um sistema mais desorganizado que o solvente puro, é necessária a retirada de maior quantidade de energia, o que provoca maior diminuição na temperatura de congelamento.

**Crioscopia** ou **criometria**: estudo da diminuição da temperatura de congelamento de um solvente em uma solução.

Esses dois efeitos coligativos — ebulioscópico e crioscópico — podem ser visualizados no gráfico ao lado, que mostra as temperaturas de fusão e de ebulição, ao nível do mar, da água pura e de uma solução aquosa contendo 1 mol de ureia em 1000 g de água.

Observando o gráfico, podemos concluir que a temperatura de fusão (congelamento) da solução é igual a −1,86 °C e que sua temperatura de ebulição é de 100,52 °C.

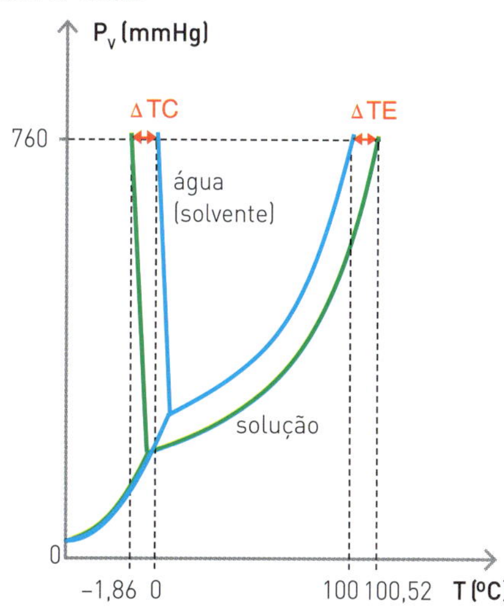


Banco de imagens/Arquivo da editora

Tanto a temperatura de ebulição como a temperatura de congelamento de uma solução correspondem à temperatura na qual se inicia o processo.

Na ebulição, a temperatura não se mantém constante porque, devido ao aquecimento, o solvente evapora, acarretando um aumento na concentração da solução e consequentemente um aumento na sua temperatura de ebulição.

Nos processos de congelamento de uma solução, ocorre somente o congelamento do solvente, que então se separa da solução. Assim, a solução resultante fica mais concentrada, o que torna necessário um abaixamento maior da temperatura para que o congelamento continue ocorrendo.

Directphoto.org/Alamy/Fotoarena

Em países onde no inverno a neve é frequente, o cloreto de cálcio e o cloreto de sódio são espalhados nas rodovias para abaixar o ponto de congelamento da água, dificultando a formação de gelo.

Para que ocorra a elevação na temperatura de ebulição de uma solução, é necessário que o soluto seja não volátil. Essa restrição não se aplica ao abaixamento do ponto de congelamento: solutos voláteis podem provocar uma diminuição da temperatura de congelamento. Como exemplo, podemos citar a adição de metanol, um líquido volátil (TE = 65 °C a 1 atm), à gasolina em países onde no inverno a temperatura é muito baixa.

Resumindo, podemos concluir que:

Quanto maior o número de partículas (nº de mol) do soluto não volátil na solução, temos:

- maior elevação da temperatura de ebulição do solvente (maior $\Delta$TE);
- maior abaixamento da temperatura de congelamento do solvente (maior $\Delta$TC).

Bickwinkel/Alamy/Fotoarena

Na formação dos *icebergs*, a partir da água do mar, ocorre o congelamento somente da água. *Icebergs* são constituídos de água pura sólida, e, quando se formam, a concentração dos sais da água do mar ao seu redor aumenta. A água do mar permanece líquida mesmo abaixo de 0 °C.

## Conexão Biologia

# Rã dos bosques

A rã dos bosques (*Rana sylvatica*) consegue sobreviver nos invernos frios, parcialmente congelada. Nesse estado, suas atividades fisiológicas são extremamente pequenas, entrando em um estado de hibernação. Para sobreviver em condições de temperaturas muito baixas, ela produz e libera no sangue, e no interior das células, quantidades de glicose.

Quando a temperatura ambiente cai abaixo do ponto de congelamento, os fluidos extracelulares, como os da cavidade abdominal, congelam. Porém, os fluidos intracelulares e o sangue não congelam, permanecendo líquidos devido à elevada concentração de glicose, que provoca um abaixamento da temperatura de congelamento. A glicose age como um anticongelante. Podemos dizer que essa rã se mantém viva, no inverno, devido a um efeito crioscópico.

TRO, Nivaldo J. *Introdutory Chemistry*. 3. ed. New Jersey: Pearson/Prentice Hall, 2008. (Traduzido pelos autores.)

W. Perry Conway/Corbis/Getty Images

O congelamento do fluido extracelular retira água das células e do sangue, o que provoca um aumento da concentração dos fluidos internos.

## Reflita

**1.** Qual das alternativas abaixo melhor caracteriza as rãs?

a) São animais de sangue quente e pertencem à classe dos répteis.

b) São anfíbios hectotérmicos.

c) São animais de sangue frio, da mesma classe dos peixes.

d) São répteis homeotérmicos.

e) As rãs, os peixes e os répteis são todos animais com pele úmida, capaz de absorver uma grande quantidade de oxigênio.

**2.** O que se pode falar sobre a concentração dos fluidos extracelulares em relação à concentração do sangue?

**3.** O que acontece com a pressão de vapor da água presente no sangue depois de receber glicose? Justifique.

**4.** As rãs, como os sapos e as pererecas, pertencem à ordem dos anuros, uma das que compõem a classe dos anfíbios. Segundo o relatório de 2009 da União Internacional para a Conservação da Natureza e dos Recursos Naturais, os anfíbios são os animais que sofrem maior risco de extinção. Das 47,6 mil espécies analisadas por essa entidade, 18 mil podem ser extintas. Pesquise os fatores que tornam esses animais tão vulneráveis. Pesquise também dados sobre espécies brasileiras sob ameaça de extinção.

## Exercício resolvido

Uma solução 0,5 mol de glicose ($C_6H_{12}O_6$) em 1000 g de água a 1 atm ferve a 100,26 °C e congela a −0,93 °C. Determine a TE e a TF das soluções aquosas 0,5 mol de $NaC\ell$ em 1000 g de água e 0,5 mol de $A\ell_2(SO_4)_3$ em 1000 g de água a 1 atm.

**Solução**

Analisando os dados, temos:

| | Nº de mol de partículas do soluto (kg de água) | TE (°C) | ΔTE (°C) | TF (°C) | ΔTC (°C) |
|---|---|---|---|---|---|
| água | – | 100 | – | 0 | – |
| glicose | 0,5 | 100,26 | 0,26 | −0,93 | 0,93 |

Podemos perceber que 0,5 mol de partícula provoca:

$\Delta TE = 0{,}26\ °C$ e $\Delta TC = 0{,}93\ °C$

No $NaC\ell$ temos:

$$\underset{0{,}5\ mol}{NaC\ell} \longrightarrow \underbrace{\underset{0{,}5\ mol}{Na^+} + \underset{0{,}5\ mol}{C\ell^+}}_{1{,}0\ mol}$$

No $A\ell_2(SO_4)_3$ temos:

$$\underset{0{,}5\ mol}{A\ell_2(SO_4)_3} \longrightarrow \underbrace{\underset{1{,}0\ mol}{2\ A\ell^{3+}} + \underset{1{,}5\ mol}{3\ SO_4^{2-}}}_{2{,}5\ mol}$$

Assim, concluímos que:

| | Nº de mol de partículas do soluto (kg de água) | TE (°C) | ΔTE (°C) | TF (°C) | ΔTC (°C) |
|---|---|---|---|---|---|
| $NaC\ell$ | 1,0 | 100,52 | 0,52 | −1,86 | 1,86 |
| $A\ell_2(SO_4)_3$ | 2,5 | 101,30 | 1,30 | −4,65 | 4,65 |

## Fundamentando seus conhecimentos

Considere as seguintes informações:

**Compostos moleculares**

- Os únicos compostos moleculares que se ionizam em água são os ácidos e a amônia.
- Os demais compostos moleculares não se ionizam em água, isto é, não originam íons. Por exemplo: sacarose ($C_{12}H_{22}O_{11}$); glicose ($C_6H_{12}O_6$); ureia [$CO(NH_2)_2$], etc.

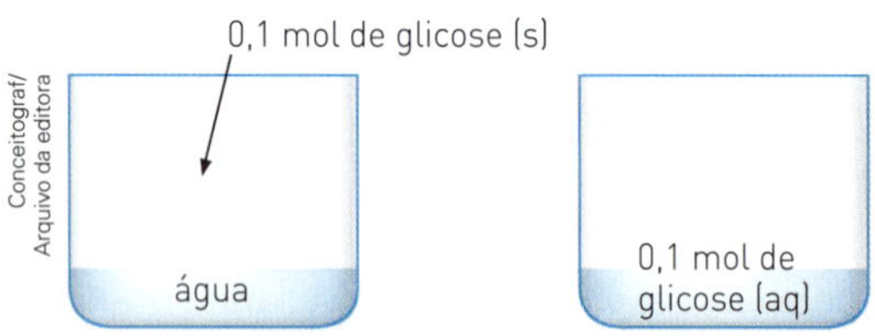


**Compostos iônicos**

Os compostos iônicos solúveis em água sofrem dissociação, originando íons livres.

Por exemplo:

$$1\ mol\ de\ NaC\ell\ (s) \xrightarrow{H_2O}$$
$$\xrightarrow{H_2O} \underbrace{1\ mol\ de\ Na^+\ (aq) + 1\ mol\ de\ C\ell^-\ (aq)}_{2\ mol\ de\ íons}$$

$$1\ mol\ de\ CaC\ell_2\ (s) \xrightarrow{H_2O}$$
$$\xrightarrow{H_2O} \underbrace{1\ mol\ de\ Ca^{2+}\ (aq) + 2\ mol\ de\ C\ell^-\ (aq)}_{3\ mol\ de\ íons}$$

**Efeitos coligativos**

Esses efeitos dependem da quantidade de partículas do soluto não volátil presentes na solução.

Assim, quanto maior for o número de partículas, teremos:

- menor pressão máxima de vapor;
- maior temperatura de ebulição;
- menor temperatura de congelamento.

Agora, responda às questões **1** a **5** sobre as seguintes soluções:

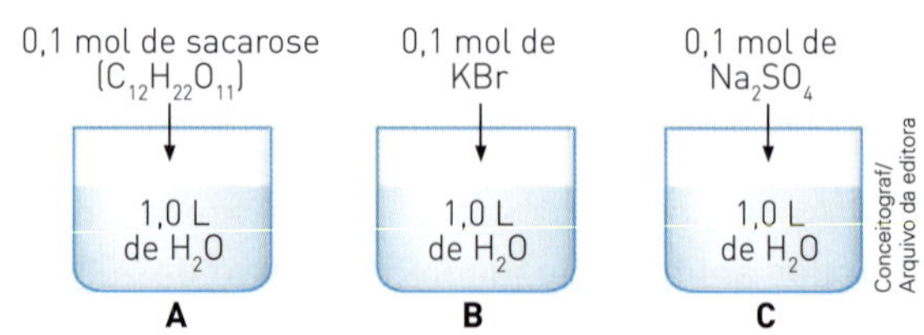


**1.** Em qual(is) solução(ões) há íons provenientes do soluto?

2. Indique o número total de mol de partículas presente em cada solução.

3. Indique a solução que apresenta a menor pressão máxima de vapor. Justifique sua resposta.

4. Coloque as soluções em ordem crescente de temperatura de início de ebulição.

5. Coloque as soluções em ordem crescente da temperatura de início de congelamento.

## Desenvolvendo seus conhecimentos

1. O banho-maria é uma técnica de cozimento em que se fornece calor de modo indireto ao alimento, como caldas, pudim ou bebidas. Quando um pudim é cozido em banho-maria, em um conjunto semelhante ao mostrado na imagem, podemos afirmar que:

Fernando Favoretto/Criar Imagem

a) só a massa do pudim entra em ebulição.
b) só a massa do pudim e a água do banho-maria entram em ebulição.
c) só o banho-maria entra em ebulição.
d) só o banho-maria entra em ebulição a uma temperatura menor que a da água pura.
e) a massa do pudim entra em ebulição a uma temperatura menor que a da água pura.

2. (Cefet-MG) As figuras a seguir representam dois sistemas A e B em aquecimento. Após iniciar a ebulição, um termômetro foi introduzido em cada recipiente e, depois de medidas, as temperaturas foram registradas como $T_A$ e $T_B$. Continuando o aquecimento, as temperaturas foram medidas novamente como $T_A'$ e $T_B'$.

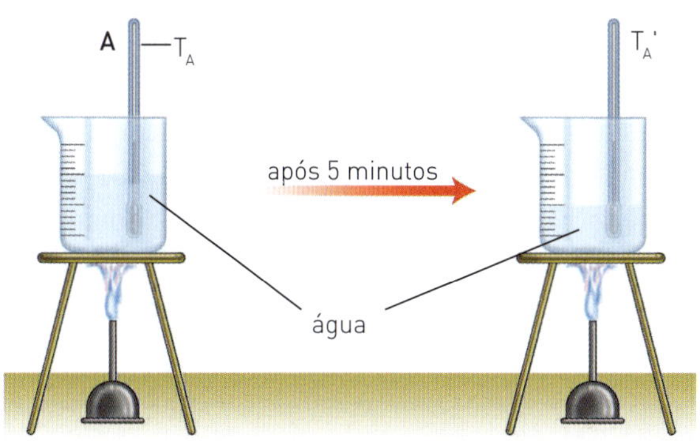


Paulo César Pereira/Arquivo da editora

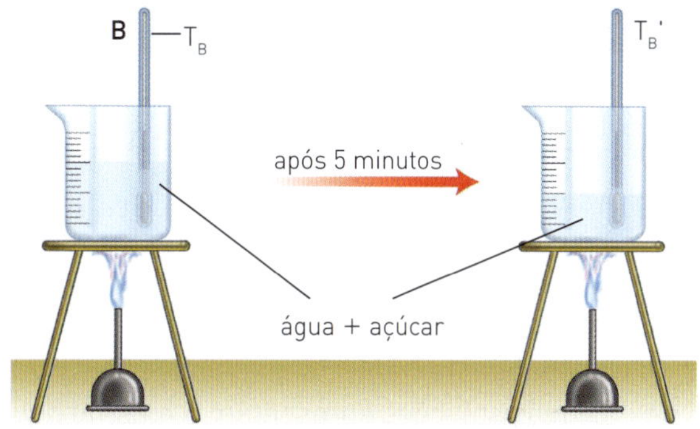


Paulo César Pereira/Arquivo da editora

Em relação aos sistemas observados, é *correto* afirmar que:

a) $T_A = T_A'$ e $T_B < T_B'$.
b) $T_A = T_A'$ e $T_B = T_B'$.
c) $T_A > T_A'$ e $T_B = T_B'$.
d) $T_A < T_A'$ e $T_B > T_B'$.

3. (UFMG) Dois recipientes abertos contêm: um, água pura (I) e, o outro, água salgada (II). Esses dois líquidos são aquecidos até a ebulição e, a partir desse momento, mede-se a temperatura do vapor desprendido.
Considerando essas informações, indique a alternativa cujo gráfico melhor representa o comportamento da temperatura em função do tempo durante a ebulição.

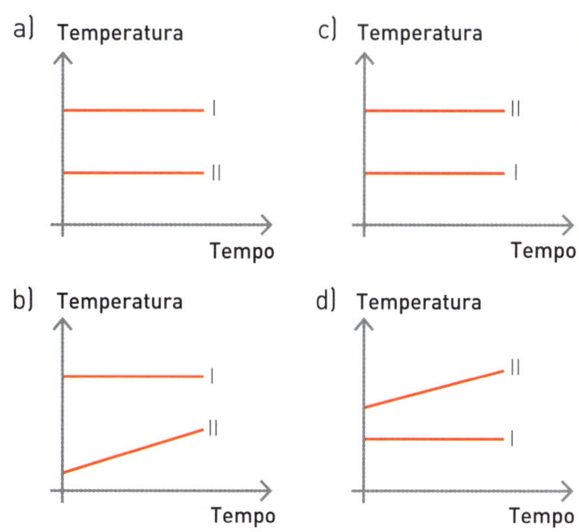


Ilustrações: Reprodução/Arquivo da editora

**4.** (UEL-PR) A adição de um soluto não volátil a um solvente dificulta sua ebulição e seu congelamento. Isto pode ser útil na prática quando, por exemplo, se pretende cozinhar um ovo mais rápido ou então quando é necessário evitar o congelamento da água do radiador de carros em países muito frios. Considere as duas soluções aquosas de NaCℓ, conforme o quadro, e analise as afirmativas a seguir.

| Solução | Massa de soluto (g) | Volume de água |
|---|---|---|
| A | 117 | 1,0 |
| B | 234 | 1,0 |

I. A solução B tem pressão de vapor menor que a da solução A, na mesma temperatura.
II. As soluções A e B apresentam pontos de ebulição menores que o da água pura.
III. Independentemente da quantidade de soluto, as duas soluções apresentam o mesmo ponto de ebulição.
IV. A solução B entra em ebulição a uma temperatura mais alta que a solução A.

Estão corretas apenas as afirmativas:

a) I e IV.
b) II e IV.
c) II e III.
d) I, II e III.
e) I, III e IV.

**5.** (UFRN) Considere três recipientes abertos, contendo líquido em ebulição contínua. Em (1), tem-se água pura; em (2), uma solução aquosa de glicose $10^{-3}$ mol/L; em (3), uma outra solução aquosa de glicose $10^{-1}$ mol/L, conforme ilustrado a seguir. Indique a opção cujo gráfico representa a variação das temperaturas dos líquidos anteriores em função do tempo.

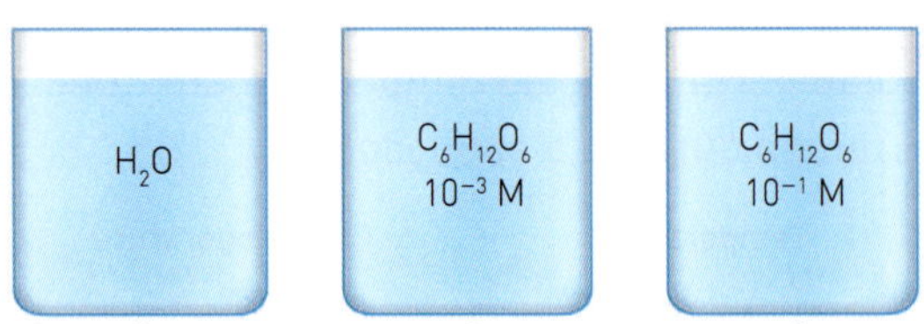


1 2 3

Reprodução/Arquivo da editora

a) 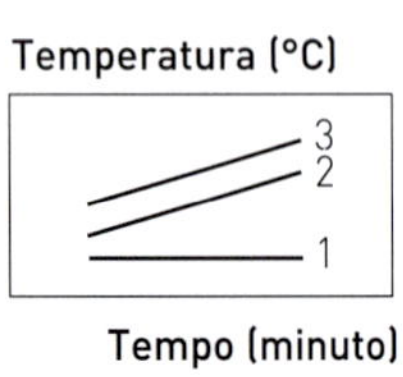


c) 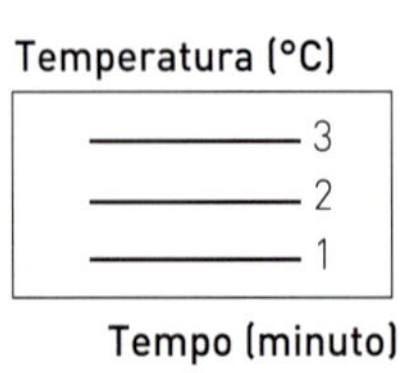


b) 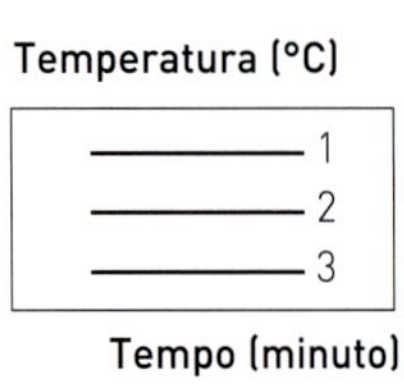


d) 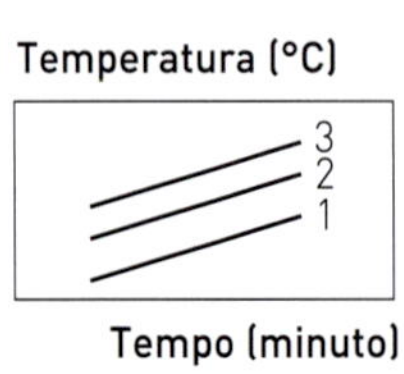


Reprodução/Arquivo da editora

**6.** (Vunesp-SP) A solução aquosa que apresenta menor ponto de congelação é a de:

a) $CaBr_2$ de concentração 0,10 mol/L.
b) KBr de concentração 0,20 mol/L.
c) $Na_2SO_4$ de concentração 0,10 mol/L.
d) glicose ($C_6H_{12}O_6$) de concentração 0,50 mol/L.
e) $HNO_3$ de concentração 0,30 mol/L.

**7.** (UFRJ) Certas propriedades físicas de um solvente, tais como temperatura de ebulição e de solidificação, são alteradas quando nele dissolvemos um soluto não volátil. Para verificar esse fato, quatro sais distintos foram dissolvidos em frascos contendo a mesma quantidade de água, como indica o esquema a seguir:

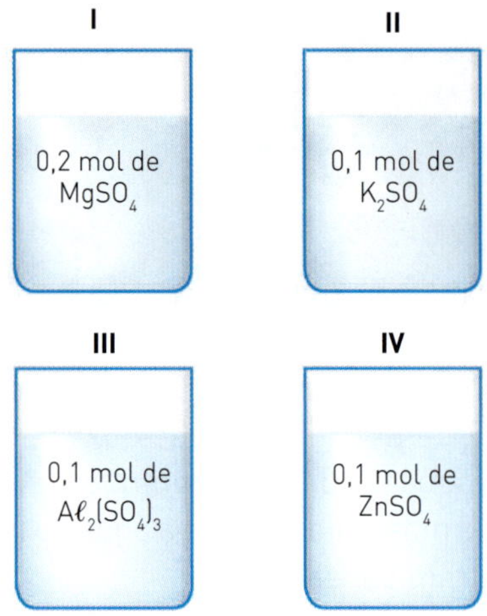


Reprodução/Arquivo da editora

a) Coloque as soluções I, II, III e IV em ordem crescente de abaixamento da temperatura de solidificação que ocorre devido à adição do soluto.
b) sabendo que o volume final da solução do frasco II é de 3 litros, calcule a concentração de $K_2SO_4$, em g/L.

(Dado: $K_2SO_4$ = 174 g/mol)

**8.** (UPE/SSA) Dia de churrasco! Carnes já temperadas, churrasqueira acesa, cervejas e refrigerantes no freezer. Quando a primeira cerveja é aberta, está quente! Sem desespero, podemos salvar a festa. Basta fazer a mistura frigorífica. É simples: colocar gelo em um isopor, com dois litros de água, meio quilo de sal e 300 mL de etanol (46° GL). Em três minutos, as bebidas (em lata) já estarão geladinhas e prontas para o consumo. Basta se lembrar de lavar a latinha antes de abrir e consumir. Ninguém vai querer beber uma cervejinha ou um refrigerante com gosto de sal, não é?

Reprodução/ UPE-SSA, 2017.

Sobre a mistura frigorífica, são feitas as seguintes afirmações:

I. O papel da água é aumentar a superfície de contato da mistura, fazendo todas as latinhas estarem imersas no mesmo meio.

II. O sal é considerado um soluto não volátil, que, quando colocado em água, abaixa o ponto de fusão do líquido. Esse efeito é denominado crioscopia.

III. Ocorre uma reação química entre o sal e o álcool, formando um sal orgânico. O processo é endotérmico, portanto o sistema se torna mais frio.

IV. O sal pode ser substituído por areia, fazendo a temperatura atingida pela mistura se tornar ainda mais baixa.

V. Na ausência de álcool, outro líquido volátil, por exemplo, a acetona, pode ser utilizado.

Estão corretas:

a) I, II e III.
b) I, II e V.
c) II, III e V.
d) I, II e IV.
e) III, IV e V.

**9.** (Fuvest-SP) A adição de um soluto à água altera a temperatura de ebulição desse solvente. Para quantificar essa variação em função da concentração e da natureza do soluto, foram feitos experimentos, cujos resultados são apresentados abaixo. Analisando a tabela, observa-se que a variação de temperatura de ebulição é função da concentração de moléculas ou íons de soluto dispersos na solução.

| Volume de água (L) | Soluto | Quantidade de matéria de soluto (mol) | Temperatura de ebulição (°C) |
|---|---|---|---|
| 1 | – | – | 100,00 |
| 1 | $NaC\ell$ | 0,5 | 100,50 |
| 1 | $NaC\ell$ | 1,0 | 101,00 |
| 1 | sacarose | 0,5 | 100,25 |
| 1 | $CaC\ell_2$ | 0,5 | 100,75 |

Dois novos experimentos foram realizados, adicionando-se 1,0 mol de $Na_2SO_4$ a 1 L de água (experimento A) e 1,0 mol de glicose a 0,5 L de água (experimento B). Considere que os resultados desses novos experimentos tenham sido consistentes com os experimentos descritos na tabela. Assim sendo, as temperaturas de ebulição da água, em °C, nas soluções dos experimentos A e B, foram, respectivamente, de:

a) 100,25 e 100,25.
b) 100,75 e 100,25.
c) 100,75 e 100,50.
d) 101,50 e 101,00.
e) 101,50 e 100,50.

## Desafiando seus conhecimentos

**1.** (UFPR) Considere dois procedimentos distintos no cozimento de feijão. No procedimento A, foi usada uma panela de pressão contendo água e feijão, e no procedimento B foi usada uma panela de pressão contendo água, feijão e sal de cozinha.

Com relação a esses procedimentos, é correto afirmar:

a) o cozimento será mais rápido no procedimento A, devido ao aumento do ponto de ebulição da solução B.

b) o cozimento será mais rápido no procedimento B, devido ao aumento do ponto de ebulição da solução B.

c) o cozimento será mais rápido no procedimento A, devido à sublimação sofrida pelo sal de cozinha.

d) o cozimento será mais rápido no procedimento B, devido à sublimação sofrida pelo sal de cozinha.

e) o tempo de cozimento será o mesmo nos procedimentos A e B.

**2.** (Uerj) O mar Morto apresenta uma concentração salina de 280 g/L, enquanto nos demais mares e oceanos essa concentração é de 35 g/L.

Considere as três amostras a seguir, admitindo que as soluções salinas apresentadas contenham os mesmos constituintes:

- amostra A: água pura;
- amostra B: solução salina de concentração idêntica à do mar Morto;
- amostra C: solução salina de concentração idêntica à dos demais mares e oceanos.

Indique a amostra que apresenta a maior temperatura de ebulição, justificando sua resposta. Em seguida, calcule o volume da amostra B a ser adicionado a 7 L da amostra A para formar uma nova solução salina que apresente a mesma concentração da amostra C.

**3.** (Cefet-MG) O Mar Morto corresponde a uma grande extensão de águas localizadas entre Israel e a Jordânia e apresenta alto teor salino, em torno de 300 g de sal por litro de água, inviabilizando a vida marinha. Essa característica é responsável pelo fato de suas propriedades serem distintas daquelas pertencentes à água pura, como, por exemplo:

a) maior pressão de vapor.
b) menor pressão osmótica.
c) maior temperatura de fusão.
d) menor condutibilidade elétrica.
e) maior temperatura de ebulição.

**4.** (Unicamp-SP) O etilenoglicol é uma substância muito solúvel em água, largamente utilizado como aditivo em radiadores de motores de automóveis, tanto em países frios como em países quentes.

Considerando a função principal de um radiador, pode-se inferir corretamente que:

a) a solidificação de uma solução aquosa de etilenoglicol deve começar a uma temperatura mais elevada que a da água pura e sua ebulição, a uma temperatura mais baixa que a da água pura.
b) a solidificação de uma solução aquosa de etilenoglicol deve começar a uma temperatura mais baixa que a da água pura e sua ebulição, a uma temperatura mais elevada que a da água pura.
c) tanto a solidificação de uma solução aquosa de etilenoglicol quanto a sua ebulição devem começar em temperaturas mais baixas que as da água pura.
d) tanto a solidificação de uma solução aquosa de etilenoglicol quanto a sua ebulição devem começar em temperaturas mais altas que as da água pura.

**5.** (UPM-SP) Ao investigar as propriedades coligativas das soluções, um estudante promoveu o congelamento e a ebulição de três soluções aquosas de solutos não voláteis (A, B e C), ao nível do mar. O resultado obtido foi registrado na tabela abaixo.

| Solução | Ponto de congelamento (°C) | Ponto de ebulição (°C) |
|---|---|---|
| A | −1,5 | 101,5 |
| B | −3,0 | 103,0 |
| C | −4,5 | 104,0 |

Após a análise dos resultados obtidos, o estudante fez as seguintes afirmações:

I. a solução A é aquela que, dentre as soluções analisadas, apresenta maior concentração em $mol \cdot L^{-1}$.
II. a solução B é aquela que, dentre as soluções analisadas, apresenta menor pressão de vapor.
III. a solução C é aquela que, dentre as soluções analisadas, apresenta menor volatilidade.

De acordo com os dados fornecidos e com seus conhecimentos, pode-se dizer que apenas:

a) a afirmação I está correta.
b) a afirmação II está correta.
c) a afirmação III está correta.
d) as afirmações I e II estão corretas.
e) as afirmações II e III estão corretas.

**6.** (UEMG) Ebulioscopia é a propriedade coligativa, relacionada ao aumento da temperatura de ebulição de um líquido, quando se acrescenta a ele um soluto não volátil.

Considere as três soluções aquosas a seguir:

- Solução A = $NaC\ell$ 0,1 mol/L
- Solução B = sacarose 0,1 mol/L
- Solução C = $CaC\ell_2$ 0,1 mol/L

As soluções foram colocadas em ordem crescente de temperatura de ebulição em:

a) C, A, B.
b) B, A, C.
c) A, B, C.
d) C, B, A.

**7.** (Uerj) Um processo industrial é realizado com o emprego de uma solução aquosa. Quanto maior a temperatura de ebulição da solução empregada, maior a eficiência do processo.

Admita que uma empresa disponha de duas soluções aquosas, uma de fluoreto de potássio e outra de metanal ($CH_2O$), ambas na concentração de 0,1 mol · $L^{-1}$.

Identifique a solução disponível mais eficiente, a ser utilizada, justificando sua resposta. Em seguida, apresente a fórmula estrutural plana do metanal e nomeie sua geometria molecular.

**8.** (PUC-RS) Para responder à questão, analise o texto e as afirmativas que seguem.

Uma forma de gelar bebidas rapidamente consiste em preparar um recipiente com gelo e água e adicionar sal grosso ou álcool. A mistura assim produzida é denominada mistura refrigerante, pois atinge temperaturas abaixo de 0 °C e proporciona um excelente meio de gelar as latas e garrafas colocadas dentro dele.

Sobre esse processo, afirma-se:

I. Uma mistura de gelo, água e açúcar pode ser usada como mistura refrigerante.
II. A temperatura de congelamento de uma mistura de gelo, água e areia é de cerca de 0 °C.
III. Uma mistura de gelo, água e álcool tem duas fases e três componentes.
IV. A adição de sal grosso ao gelo com água proporciona temperaturas mais baixas do que a adição de sal fino na mesma quantidade.

De acordo com as informações acima, são corretas apenas as afirmativas

a) I e II.
b) I e III.
c) II e III.
d) II e IV.
e) III e IV.

**9.** (UFRGS-RS) As figuras a seguir representam a variação da temperatura, em função do tempo, no resfriamento de água líquida e de uma solução aquosa de sal.

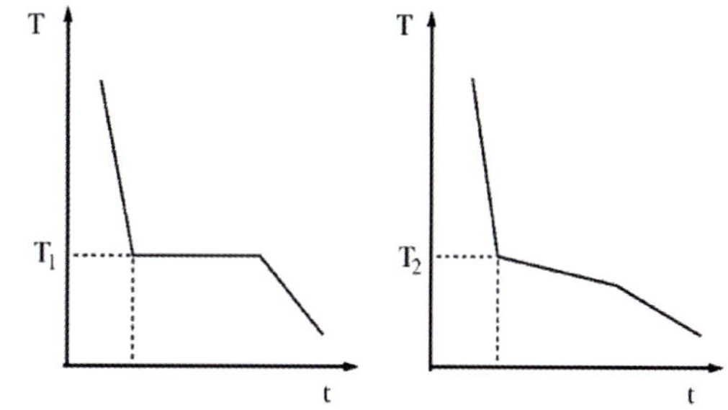

Reprodução/ UFRGS, 2017.

Considere as seguintes afirmações a respeito das figuras.

I. A curva da direita representa o sistema de água e sal.
II. $T_1 = T_2$
III. $T_2$ é inferior a 0 °C

Quais estão corretas?

a) Apenas I.
b) Apenas II.
c) Apenas III.
d) Apenas I e III.
e) I, II e III.

**10.** (PUC-MG) Analise as soluções aquosas a seguir.

I. solução de sulfato de cobre ($CuSO_4$) 0,2 mol/L.
II. solução de cloreto de bário ($BaC\ell_2$) 0,1 mol/L.
III. solução de sulfato de sódio ($Na_2SO_4$) 0,05 mol/L.
IV. solução de sacarose ($C_{12}H_{22}O_{11}$) 0,1 mol/L.

Assinale a afirmativa incorreta, considerando que as espécies iônicas estão 100% ionizadas.

a) O ponto de congelação da solução II é o mais baixo de todas as soluções dadas.
b) A pressão de vapor da solução III é mais alta que a pressão de vapor da solução I.
c) O ponto de ebulição da solução IV é o mais baixo de todas as soluções dadas.
d) A solução III tem ponto de congelação mais baixo do que o ponto de congelação da solução IV.

**11.** (UFG-GO) Observe o gráfico a seguir.

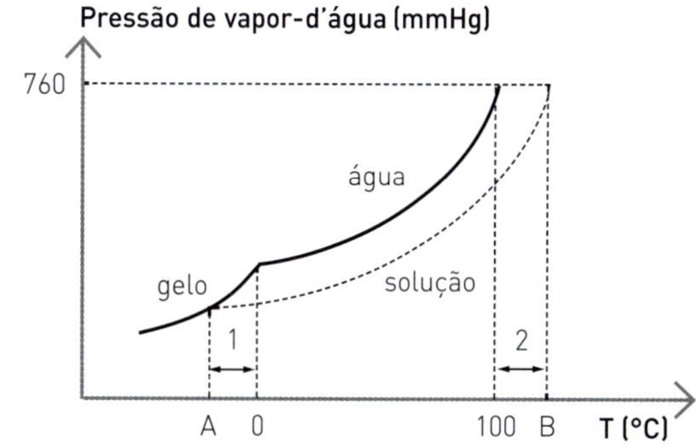

Reprodução/Arquivo da editora

(1) abaixamento do ponto de congelamento
(2) elevação do ponto de ebulição

Com relação às propriedades químicas indicadas nesta figura, identifique os itens corretos:

I. O abaixamento da pressão de vapor bem como a elevação do ponto de ebulição são propriedades coligativas.

II. Um soluto não volátil aumenta o ponto de congelamento de um solvente.

III. soluções aquosas congelam abaixo de 0 °C e fervem acima de 100 °C.

IV. O abaixamento da pressão de vapor, em soluções diluídas, é diretamente proporcional à concentração do soluto.

V. A elevação do ponto de ebulição é uma consequência direta do abaixamento da pressão de vapor do solvente pelo soluto.

VI. soluções aquosas concentradas evaporam mais lentamente do que a água pura.

**12.** (UFRGS-RS) O gráfico a seguir representa os diagramas de fases da água pura e de uma solução aquosa de soluto não volátil.

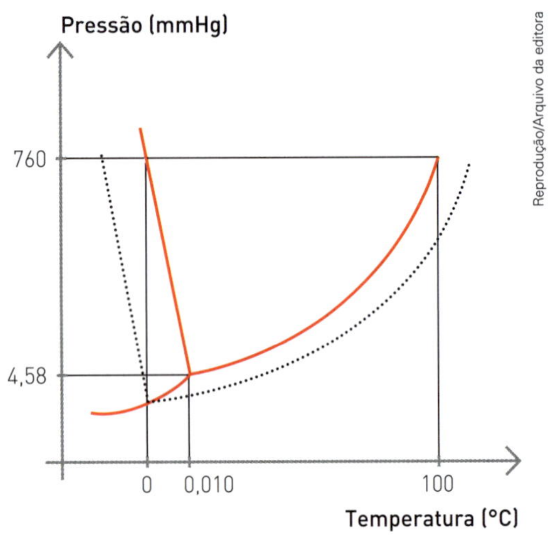


Considere as seguintes afirmações a respeito do gráfico.

I. As curvas tracejadas referem-se ao comportamento observado para a solução aquosa.

II. Para uma dada temperatura, a pressão de vapor do líquido puro é maior que a da solução aquosa.

III. A temperatura de congelação da solução é menor que a do líquido puro.

IV. A 0,010 °C e 4,58 mmHg, o gelo, a água líquida e o vapor-d'água podem coexistir.

V. A temperatura de congelação da solução aquosa é de 0 °C.

Quais estão corretas?

a) Apenas I e II.

b) Apenas I, IV e V.

c) Apenas II, III e V.

d) Apenas I, II, III e IV.

e) Apenas II, III, IV e V.

**13.** (UFSC)

Em 22 de julho de 2013, a presença de uma massa de ar polar na Região Sul do Brasil abaixou a temperatura, provocando geadas e neve nas regiões tradicionalmente mais frias. O registro de neve mais surpreendente foi no Morro do Cambirela, em Palhoça, na Grande Florianópolis. Algumas rodovias de Santa Catarina ficaram cobertas de neve e a Polícia Militar Rodoviária realizou a Operação Neve na Pista 2013, na qual uma equipe monitorava as estradas e, nos trechos mais críticos da serra catarinense, depositou sal (cloreto de sódio) para evitar a formação de gelo.

Disponível em: <http://g1.globo.com/sc/santa-catarina/noticia/2013/07/devido-ao-frio-intenso-pmrv-realiza-operacao-neve-na-pista-2013.html> [Adaptado] Acesso em: 14 ago. 2013.

Assinale a(s) proposição(ões) correta(s).

01) No ponto de solidificação de um líquido puro, a pressão de vapor na fase líquida é maior que a pressão de vapor na fase sólida.

02) A propriedade coligativa que estuda o abaixamento do ponto de solidificação do solvente causado pela adição de um soluto não volátil é a crioscopia.

04) O abaixamento da temperatura de solidificação é menor em uma solução 1 mol/L de cloreto de sódio ($NaC\ell$) do que em uma solução 0,5 mol/L de cloreto de cálcio ($CaC\ell_2$).

08) A adição de cloreto de sódio sobre a neve diminui a pressão de vapor da fase líquida.

16) Uma solução 1 mol/L de glicose ($C_6H_{12}O_6$) congela em temperatura mais alta que uma solução 1 mol/L de cloreto de sódio ($NaC\ell$).

32) As propriedades coligativas dependem do número de partículas de um soluto não volátil dissolvido em um solvente.

64) O cloreto de sódio aumenta a temperatura de solidificação da água, acelerando o processo de degelo da neve.

Complemento

# Aspectos quantitativos das propriedades coligativas

## Tonoscopia

No século XIX, vários cientistas verificaram que a adição de um soluto não volátil a um dado solvente provocava diminuição da pressão máxima de vapor. Essa variação ($\Delta P$) é denominada **abaixamento absoluto da pressão máxima de vapor $\Delta P = P_2 - P$**.

Em que:

$P_2$ = pressão de vapor do solvente puro

$P$ = pressão de vapor do solvente na solução

$\Delta P$ = variação da pressão máxima de vapor ou ainda abaixamento absoluto da pressão máxima de vapor

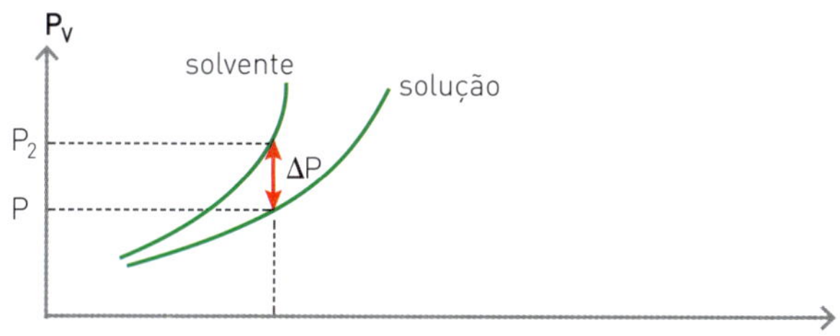


Banco de imagens/Arquivo da editora

A relação entre o número de partículas do soluto não volátil e o abaixamento da pressão máxima de vapor ($\Delta P$) também pode ser expressa pela Lei de Raoult.

O abaixamento absoluto da pressão máxima de vapor ($\Delta P$) é igual ao produto da pressão máxima de vapor do solvente ($P_2$) e da fração molar do soluto ($x_1$).

Matematicamente: $\Delta P = x_1 P_2$ ou $\dfrac{\Delta P}{P_2} = x_1$, sendo essa relação denominada **abaixamento relativo da pressão máxima de vapor**.

Outra maneira de calcular o efeito tonoscópico é relacionando-o à molalidade da solução:

$\dfrac{\Delta P}{P_2} = K_t \cdot W$, em que $K_t$ = constante tonoscópia

$$K_t = \frac{\text{massa molecular do solvente}}{100}$$

- A Lei de Raoult é válida para soluções moleculares de soluto não volátil, de concentrações inferiores a 1 mol de soluto por litro de solução.
- Em soluções aquosas diluídas, a molalidade (W) pode ser considerada igual à concentração em mol/L. Assim, a Lei de Raoult também pode ser expressa por: $\dfrac{\Delta P}{P_2} = K_t \cdot \mathcal{m}$

Nas soluções moleculares, o número de partículas presentes na solução (moléculas) é igual ao número de partículas dissolvidas (moléculas). Nas soluções iônicas, porém, devido ao fenômeno da dissociação ou ionização, o número de partículas presentes na solução (moléculas e íons) é maior do que o número de partículas dissolvidas, o que provoca aumento no efeito coligativo. Por esse motivo, nas soluções iônicas devemos introduzir um fator de correção. Esse fator, representado pela letra *i*, foi proposto pela primeira vez por Jacobus H. Van't Hoff, no final do século XIX:

i = fator de Van't Hoff

Assim, para soluções iônicas, devemos utilizar as expressões:

$$\frac{\Delta P}{P_2} = K_t \cdot \mathcal{m} \cdot i \qquad \frac{\Delta P}{P_2} = x_1 \cdot i$$

Vamos ver agora como se determina o fator de Van't Hoff.

Para soluções moleculares, *i* deve ser considerado igual a 1; porém, para soluções iônicas onde ocorreu dissociação ou ionização total ($\alpha = 100\%$), o valor de i é igual ao número de íons produzidos por fórmula do soluto que se dissociou.

Veja os exemplos:

$$1\ CaC\ell_2 \longrightarrow 1\ Ca^{2+} + 2\ C\ell^-$$

$$1\ \text{mol} \longrightarrow \underbrace{1\ \text{mol} + 2\ \text{mol}}_{3\ \text{mol} \rightarrow i\, =\, 3}$$

$$1\ A\ell_2(SO_4)_3 \longrightarrow 2\ A\ell^{3+} + 3\ SO_4^{2-}$$
$$1\ \text{mol} \longrightarrow \underbrace{2\ \text{mol} + 3\ \text{mol}}_{5\ \text{mol} \rightarrow i\ =\ 5}$$

Como nem sempre ocorre uma ionização total ($\alpha$ = 100%) do soluto, nesses casos, devemos calcular o número de partículas (íons e moléculas) presentes na solução. Veja um exemplo:

$$K_3PO_4 \Rightarrow \alpha = 90\%$$
$$\underbrace{1\ K_3PO_4}_{1\ \text{fórmula}} \rightarrow \underbrace{3\ K^+ + 1\ PO_4^{3-}}_{4\ \text{íons}}$$

Então, se: $\alpha$ = 100% $\Rightarrow$ i = 4

Mas: $\alpha$ = 90%

Devemos considerar que 100 fórmulas de $K_3PO_4$ foram dissolvidas, mas apenas 90% se dissociaram.

Assim, temos na solução:

100 fórmulas de $K_3PO_4$:
- 90% se dissociam → $3\ K^+ + 1\ PO_4^{3-}$: $\underbrace{90(3) + 90(1)}_{360\ \text{íons}}$
- 10% não se dissociam → $\underbrace{10\ K_3PO_4}_{10\ \text{fórmulas}}$

→ 370 partículas

Como 100 fórmulas de $K_3PO_4$ produzem 370 partículas: 100 · i = 370 $\Rightarrow$ i = 3,7.

Van't Hoff deduziu uma expressão matemática que relaciona o grau de dissociação ($\alpha$) e o número de íons produzidos por fórmula de soluto ($\alpha$) para a determinação do i:

$$i = 1 + 0{,}9\ (4 - 1) \Rightarrow i = 3{,}7$$

## Exercício resolvido

A pressão de vapor de uma solução aquosa molecular que contém 30 g de soluto dissolvidos em 270 g de água a 100 °C é 750 mmHg. Determine a massa molar do soluto.

(Dados: $K_t$ = 0,018 g/mol; $P_V$ da água a 100 °C = = 760 mmHg.)

**Solução**

$m_1 = 30\ g$

$m_2 = 270\ g$

$P_1 = 750\ mmHg$

$P_2 = 760\ mmHg$

$K_t = 0{,}018\ g \cdot mol^{-1}$

Para determinar a massa molar do soluto ($M_1$), substituímos esses valores na expressão a seguir:

$$\frac{\Delta P}{P_2} = K_t \cdot W \Rightarrow \frac{\Delta P}{P_2} = K_t \cdot \frac{n_1}{m_2(kg)}$$

$$\frac{P_2 - P}{P_2} = K_t \cdot \frac{m_1}{M_1 \cdot m_2\ (kg)}$$

$$\frac{P_2 - P}{P_2} = K_t \cdot \frac{m_1 \cdot 1\,000}{M_1 \cdot m_2\ (kg)}$$

$$\frac{760\ mmHg - 750\ mmHg}{760\ mmHg} = 0{,}018\ g \cdot mol^{-1} \cdot \frac{30\ g \cdot 1000}{M_1 \cdot 270\ g}$$

$$M_1 \cdot \frac{10\ \cancel{mmHg}}{760\ \cancel{mmHg}} = 0{,}018\ g \cdot mol^{-1} \cdot \frac{30\,000\ \cancel{g}}{270\ \cancel{g}}$$

$$M_1 = 152\ g \cdot mol^{-1}$$

## Exercícios

1. Uma solução aquosa foi preparada dissolvendo-se 100 g de glicose ($C_6H_{12}O_6$) em 500 g de água. Sabendo que a pressão máxima de vapor-d'água no local é igual a 700 mmHg a uma dada temperatura, calcule:
   a) o abaixamento relativo da pressão máxima de vapor;
   b) o abaixamento absoluto da pressão máxima de vapor;
   c) a pressão máxima de vapor da solução na mesma temperatura.
   (Massas molares: $H_2O = 18\ g \cdot mol^{-1}$; $C_6H_{12}O_6 = 180\ g \cdot mol^{-1}$)

2. (IME-RJ) Determine o abaixamento relativo da pressão de vapor do solvente quando 3,04 g de cânfora ($C_{10}H_{16}O$) são dissolvidos em 117,2 mL de etanol a 25 °C.

   (Dados: cânfora: massa molar $= 152\ g \cdot mol^{-1}$; etanol ($C_2H_6O$): massa molar $= 46\ g \cdot mol^{-1}$; $d = 785\ g/L$)

3. Uma solução foi preparada a partir da dissolução de 20,0 g de $Fe_2(SO_4)_3$ em 225 g de água a 22 °C. Determine:
   a) o abaixamento relativo da pressão de vapor;
   b) o abaixamento absoluto da pressão máxima de vapor;
   c) a pressão máxima de vapor da solução.
   ($K_t = 18 \cdot 10^{-3}\ g \cdot mol^{-1}$; massa molar do $Fe_2(SO_4)_3 = 400\ g \cdot mol^{-1}$; $\alpha$ do $Fe_2(SO_4)_3 = 100\%$; pressão máxima de vapor da água a 22 °C = 20 mmHg.)

4. (ITA-SP) A 20 °C, a pressão de vapor da água em equilíbrio com uma solução aquosa de açúcar é igual a 16,34 mmHg. Sabendo que a 20 °C a pressão de vapor da água pura é igual a 17,54 mmHg, indique a opção com a concentração correta da solução aquosa de açúcar.
   a) 7% (m/m)
   b) 93% (m/m)
   c) $0{,}93\ mol \cdot L^{-1}$
   d) A fração molar do açúcar é igual a 0,07.
   e) A fração molar do açúcar é igual a 0,93.

5. (ITA-SP) Prepara-se, a 25 °C, uma solução por meio da mistura de 25 mL de n-pentano e 45 mL de n-hexano.
   Dados: massa específica do n-pentano = 0,63 g/mL; massa específica do n-hexano = 0,66 g/mL; pressão de vapor do n-pentano = 511 torr; pressão de vapor do n-hexano = 150 torr.
   Determine os seguintes valores, mostrando os cálculos efetuados:
   a) Fração molar do n-pentano na solução.
   b) Pressão de vapor da solução.

6. (ITA-SP) Em dois recipientes ligados entre si, são colocadas as substâncias conforme indicado na figura abaixo:

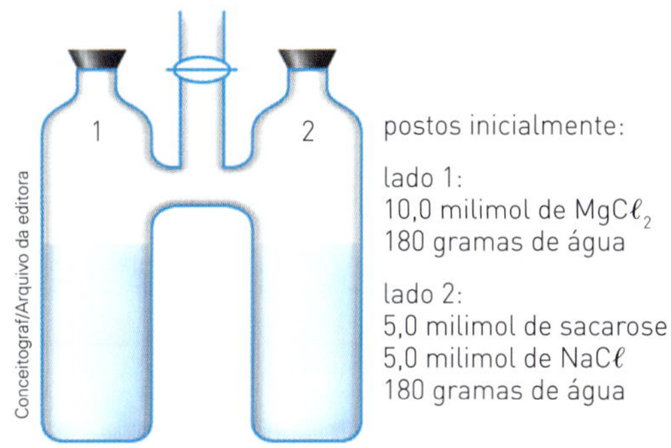


   Após a introdução dos solutos e das porções de solvente indicadas, são fechadas as duas tampas e o ar é removido por sucção através da torneira. Uma vez removido o ar, a torneira é fechada. Dessa forma, o espaço dentro do recipiente acima das soluções contém apenas vapor de água. O recipiente carregado e fechado é mantido sob temperatura constante. Em face dos princípios físico-químicos em questão, num dos lados o volume da solução aumenta e no outro ele diminui até que seja atingido o equilíbrio. Vamos supor que $MgC\ell_2$ e $NaC\ell$ estejam 100% dissociados e que a quantidade de água na forma de vapor seja desprezível em relação aos (180 + 180) gramas postos.

   Dadas essas informações, pedem-se respostas justificadas para as seguintes perguntas:
   a) Em que lado a quantidade de água vai aumentar?
   b) Quais serão as massas de água no lado 1 e no lado 2 quando o equilíbrio for atingido?

## Ebulioscopia e crioscopia

A elevação do ponto de ebulição (ΔTE) e o abaixamento do ponto de congelamento (ΔTC) são diretamente proporcionais à quantidade de partículas do soluto por unidade de massa do solvente (molalidade) e não dependem de sua natureza.

Além disso, dependem das características do solvente. Cada solvente apresenta uma constante ebulioscópica ($K_E$) e uma constante crioscópica ($K_C$).

Assim, se relacionarmos o número de partículas do soluto presente em uma solução com as constantes ebulioscópica e crioscópica do solvente, poderemos determinar o ΔTE e o ΔTC da solução:

$$\Delta TE = K_E \cdot W \cdot i \qquad e \qquad \Delta TC = K_C \cdot W \cdot i$$

A tabela a seguir nos mostra os valores de $K_E$ e $K_C$ de alguns solventes.

| CONSTANTE EBULIOSCÓPIA ($K_E$) E CONSTANTE CRIOSCÓPICA ($K_C$) | | | | | |
|---|---|---|---|---|---|
| Solvente | Fórmula | TE (°C) | TC (°C) | $K_E$ (°C/m) | $K_C$ (°C/m) |
| ácido acético | $CH_3COOH$ | 118,5 | 16,60 | 3,80 | 3,59 |
| benzeno | $C_6H_6$ | 80,2 | 5,455 | 2,61 | 5,065 |
| cânfora | $C_{10}H_{16}O$ | — | 179,5 | — | 40 |
| dissulfeto de carbono | $CS_2$ | 46,3 | — | 2,40 | — |
| cicloexano | $C_6H_{12}$ | 80,74 | 6,55 | 2,79 | 20,0 |
| etanol | $C_2H_5OH$ | 78,3 | — | 1,07 | — |
| água | $H_2O$ | 1000,000 | 0,000 | 0,512 | 1,858 |

Fonte: EBBING, Darrel D.; GAMMON, Steven O. *General Chemistry*. 9. ed. Boston: Houghton Mifflin Company, 2008, p. 500.

## Exercícios resolvidos

**1.** Calcule a temperatura de congelamento e a de ebulição de uma solução contendo 13 g de etilenoglicol ($C_2H_6O_2$) em 200 g de água, ao nível do mar. (Dados: $K_E$ = 0,52 °C · molal$^{-1}$; $K_C$ = 1,86 °C · molal$^{-1}$; massa molar do $C_2H_6O_2$ = 62 g · mol$^{-1}$)

**Solução**

$$\Delta TC = K_C \cdot W \Rightarrow \Delta TC = K_C \cdot \frac{m_1 \cdot 1000}{M_1 \cdot m_2}$$

$$\Delta TC = 1{,}86\ °C \cdot \cancel{molal^{-1}} \cdot \frac{13 \cdot 1000}{62 \cdot 200}\ \cancel{molal}$$

$$\Delta TC = 1{,}95\ °C$$

$$\Delta TE = K_E \cdot W \Rightarrow \Delta TE = K_E \cdot \frac{m_1 \cdot 1000}{M_1 \cdot m_2}$$

$$\Delta TE = 0{,}52\ °C \cdot \cancel{molal^{-1}} \cdot \frac{13 \cdot 1000}{62 \cdot 200}\ \cancel{molal}$$

$$\Delta TE = 0{,}54\ °C$$

Ao nível do mar, a água congela a 0 °C; como o ΔTC é de 1,95 °C, a temperatura de congelamento da solução é −1,95 °C.

Como a temperatura de ebulição é 100 °C e o ΔTE é 0,54 °C, a temperatura de ebulição da solução é 100,54 °C.

A temperatura de ebulição que acabamos de determinar corresponde, na verdade, à temperatura na qual se inicia a ebulição da solução. Essa temperatura não se mantém constante, pois, durante o aquecimento contínuo de uma solução, o solvente evapora, acarretando um aumento na concentração da solução e, consequentemente, um aumento na sua temperatura de ebulição.

**2.** Considere as seguintes soluções aquosas, ao nível do mar:

I. Solução 1 molal de ureia [$CO(NH_2)_2$]

II. Solução 1 molal de sulfato de alumínio [$A\ell_2(SO_4)_3$] ($\alpha = 80\%$)

Determine o ponto de início da ebulição de cada solução.

(Dados: $K_E = 0,52\ °C \cdot molal^{-1}$; $TE_{água} = 100\ °C$)

**Solução**

I. $\Delta TE = K_E \cdot W \Rightarrow$

$\Rightarrow \Delta TE = 0,52\ °C \cdot \cancel{molal}^{-1} \cdot 1\ \cancel{molal} \Rightarrow$

$\Rightarrow \Delta TE = 0,52\ °C$

A temperatura de início da ebulição da ureia será 100,52 °C.

II. $A\ell_2(SO_4)_3 \rightarrow 2\ A\ell^{3+} + 3\ SO_4^{2-} \qquad q = 5$

$i = 1 + \alpha\ (q - 1) \Rightarrow i = 1 + 0,85\ (5 - 1) \Rightarrow$

$\Rightarrow i = 4,2$

$\Delta TE = K_E \cdot W \cdot i$

$\Delta TE = 0,52\ °C \cdot \cancel{molal}^{-1} \cdot \cancel{molal} \Rightarrow$

$\Rightarrow \Delta TE = 2,18\ °C$

A temperatura de início da ebulição do sulfato de alumínio será 102,18 °C.

## Exercícios

**1.** (UEL-PR) Uma solução aquosa de glicose apresenta concentração 0,50 molal. Calcular a elevação do ponto de ebulição da água, em graus Celsius (constante ebulioscópica molal da água = = 0,52 °C/molal).

a) 5,2.
b) 2,6.
c) 0,52.
d) 0,26.
e) 0,13.

**2.** (FEI-SP) A temperatura de solidificação de uma solução que contém dissolvido 0,5 mol de um composto molecular em 1 500 g de benzeno é:

a) 0 °C.
b) 1,7 °C.
c) −1,7 °C.
d) 3,8 °C.
e) 7,2 °C.

(Dados: temperatura de solidificação do benzeno: 5,5 °C; constante crioscópica do benzeno: 5,1 °C · $molal^{-1}$)

**3.** (Fatec-SP) Sob pressão normal, uma dada solução, contendo 9,0 g de uma substância A dissolvida em 400 g de água, entra em ebulição a 100,26 °C. Qual a massa molecular da substância A?

**4.** (UFPR) Sob pressão normal, uma solução contendo 50,7 g de uma substância X, sólido molecular não volátil, dissolvidos em 400,0 g de água, entra em ebulição a 100,36 °C. Nessas condições, a água entra em ebulição a 100,0 °C.

(Dados: $K_{eb} = 0,513\ °C \cdot kg \cdot mol^{-1}$; M ($g \cdot mol^{-1}$): C = 12; H = 1; O = 16.)

a) Calcule a massa molecular da substância X.

b) De acordo com a resposta do item a e sabendo que %C = 40,0, %H = 6,7, %O = 53,3, dê a fórmula molecular do composto X.

**5.** (Unifei-MG) Para se determinar a massa molecular do fósforo branco, foram feitas uma experiência criométrica e uma ebuliométrica. O resultado da criometria foi 122 g/mol. A ebuliometria foi realizada com 0,266 g de fósforo em 15,6 g de dissulfeto de carbono, resultando uma elevação no ponto de ebulição de 0,3 K. Quantos átomos compõem a molécula de fósforo branco? Qual das determinações, criométrica ou ebuliométrica, forneceu a massa molecular mais próxima do valor correto?

(Constante ebuliométrica do dissulfeto de carbono = = 2,34 K/molal. Massa atômica do fósforo = 31.)

N.A.: O cálculo da porcentagem de erro é fornecido pela reação:

$$E\% = \frac{|\text{valor aproximado} - \text{valor correto}|}{\text{valor correto}} \cdot 100$$

**6.** (UPE) Dissolvem-se 171,0 g de sacarose em 930,0 g de água, obtendo-se um abaixamento da temperatura de congelação de 1 °C. A massa de etanol que se deve adicionar na mesma quantidade de água para se obter um abaixamento de 6 °C é:

(Dados: constante crioscópica molal da água = = 1,96 °C; massas molares (g/mol): sacarose ($C_2H_{22}O_{11}$) = 342; etanol ($C_2H_5OH$) = 46.)

a) 1,38 g.
b) 13,8 g.
c) 12,8 g.
d) 138,0 g.
e) 1 380,0 g.

**7.** (UPE) Uma solução aquosa de um ácido monoprótico é diluída com água destilada até que a solução resultante contenha 10% em massa do ácido. O grau de dissociação do ácido monoprótico é 5%. A temperatura de congelamento da solução é, aproximadamente:
(Dados: $K_C$ = 1,86 °C · kg/mol; massa molar do ácido = 60 g/mol.)
a) −3,6 °C.
b) −4,6 °C.
c) −1,8 °C.
d) −2,8 °C.
e) −28,6 °C.

**8.** (Ufes) Uma solução de 5,00 g de ácido acético em 100 g de benzeno congela a 3,37 °C. Uma solução de 5,00 g de ácido acético em 100 g de água congela a −1,49 °C.
a) Encontre a massa molar de ácido acético a partir do experimento em água.
b) Encontre a massa molar do ácido acético a partir do experimento em benzeno e, sabendo que a fórmula molecular do ácido acético é $C_2H_4O_2$, explique o resultado encontrado nesse experimento.

| Dados | | |
|---|---|---|
| solvente | $K_{pC}$ (°C · kg · mol$^{-1}$) | $T_C$ (°C) |
| benzeno | −5,12 | 5,5 |
| água | −1,86 | 0,0 |

$K_{pC}$ é a constante do ponto de congelamento (crioscópica) e $T_C$, a temperatura de congelamento.

**9.** (IME-RJ) Uma solução com 102,6 g de sacarose ($C_{12}H_{22}O_{11}$) em água apresenta concentração de 1,2 molar e densidade 1,0104 g/cm³. Os diagramas da fase dessa solução e da água pura estão representados a seguir.

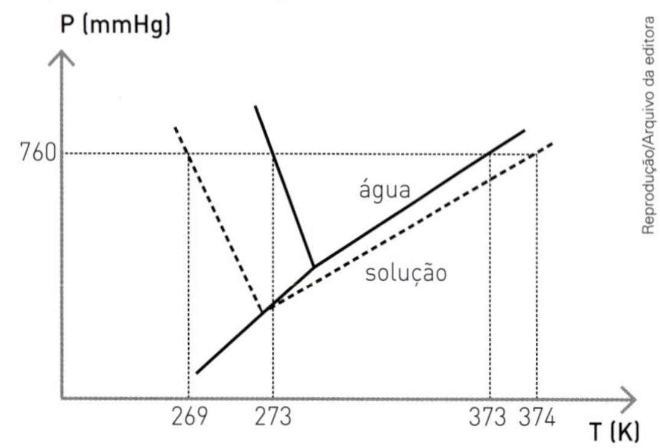


Reprodução/Arquivo da editora

Com base nos efeitos coligativos observados nesses diagramas, calcule as constantes molal ebuliométrica ($K_E$) e criométrica ($K_C$) da água (H = 1; C = 12; O = 16).

**10.** Dois frascos com água, com capacidade de 500 mL cada um, foram colocados no congelador de um refrigerador doméstico. Em um, dissolveu-se 175,0 g de sal de cozinha. Por falha na vedação térmica da porta, a temperatura mínima obtida no congelador é de −5 °C. Considerando que a constante do ponto de congelamento da água ($K_C$) é de $K_C$ = 1,86 °C · kg/mol, pergunta-se: os líquidos dos dois frascos irão solidificar? Justifique.

**11.** (ITA-SP) O abaixamento da temperatura de congelamento da água numa solução aquosa com concentração molal de soluto igual a 0,100 mol · · kg$^{-1}$ é 0,55 °C. Sabe-se que a constante crioscópica da água é igual a 1,86 °C · kg/mol. Qual das opções abaixo contém a fórmula molecular correta do soluto?
a) $[Ag(NH_3)]C\ell$
b) $[Pt(NH_3)_4C\ell_2]C\ell_2$
c) $Na[A\ell(OH)_4]$
d) $K_3[Fe(CN)_6]$
e) $K_4[Fe[Fe(CN)_6]$

**12.** (ITA-SP) Considere as duas soluções aquosas seguintes, ambas na mesma temperatura.
Solução I — contém 1,0 milimol de glicose e 2,0 milimol de cloreto de cálcio, $CaC\ell_2$ por quilograma de água.
Solução II — contém apenas sulfato férrico dissolvido em água.
Supondo soluções ideais e eletrólitos completamente dissociados, as duas soluções terão os mesmos valores para suas propriedades coligativas se a solução II contiver, por quilograma de água, a seguinte quantidade de $Fe_2(SO_4)_3$:

a) $\frac{6,0}{5}$ milimol.

b) $\frac{3,0}{1}$ milimol.

c) $\frac{4,0}{5}$ milimol.

d) $\frac{7,0}{5}$ milimol.

e) $\frac{5,0}{7}$ milimol.

# Atividades práticas

## I. Estudando a temperatura de congelamento

### Material

- 1 frasco de vidro de 500 mL;
- 1 fôrma de gelo;
- 4 tubos de ensaio;
- 200 g de sal de cozinha;
- 2 g de sal de cozinha ($NaC\ell$);
- água destilada;
- 2 g de glicose ($C_6H_{12}O_6$);
- seringa;
- 2 g de sacarose ($C_{12}H_{22}O_{11}$).

### Procedimento

Com o auxílio da seringa, coloque 20 mL de água destilada em cada um dos tubos de ensaio. Em um deles acrescente a amostra de 2 g de sal de cozinha, agite até obter a dissolução total e rotule. Repita o procedimento com os outros dois tubos, usando a glicose e a sacarose, mantendo o último apenas com água pura.

No frasco de vidro, prepare um banho refrigerante, com todo o gelo e os 200 g de sal, e coloque os quatro tubos de ensaio contendo os sistemas líquidos.

Observe os tubos, sem tocá-los, através do vidro, até que se estabeleça um equilíbrio térmico no sistema. A seguir, resolva as seguintes questões:

Ilustrações: Estúdio 13B/Arquivo da editora

1. Em qual dos tubos ocorre primeiro o congelamento?
2. Em qual solução ocorre primeiro o congelamento?
3. Conhecendo as massas molares a seguir,
   $NaC\ell = 58{,}5\ g \cdot mol^{-1}$
   $C_6H_{12}O_6 = 180{,}0\ g \cdot mol^{-1}$
   $C_{12}H_{22}O_{11} = 342{,}0\ g \cdot mol^{-1}$
   a massa de cada uma dessas substâncias e considerando a densidade da água igual a 1,0 g/mL, determine as molalidades das três soluções.
4. Sabendo que a constante crioscópica da água é 1,86 °C · kg · mol$^{-1}$, calcule o valor do abaixamento da temperatura de congelamento da água para cada solução.
5. Os valores obtidos na questão 4 estão de acordo com os fatos observados?
6. Como você pode explicar que massas iguais (2 g) dos solutos provoquem diferentes abaixamentos na temperatura de congelamento das soluções?
7. Se considerássemos soluções com o mesmo número de mol de $NaC\ell$, $C_{12}H_{22}O_{11}$ e $C_6H_{12}O_6$, em qual delas teríamos o maior efeito crioscópico?

## II. Estudando a temperatura de ebulição

### Material

- 1 frasco de vidro pequeno;
- 1 panela com água;
- 1 pedaço de arame;
- sal de cozinha.

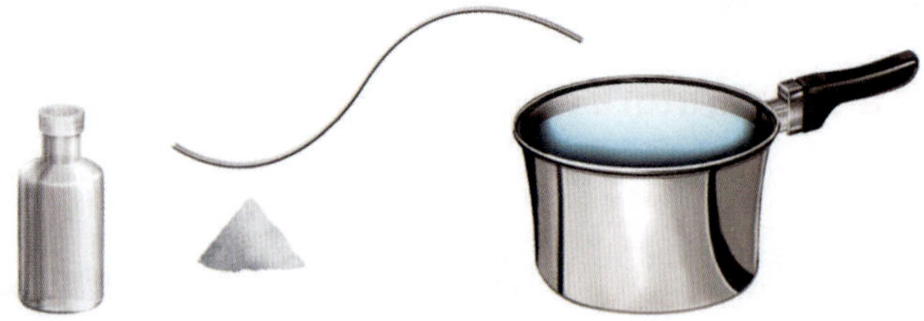

### Procedimento

Amarre o arame na boca do frasco (A) e prenda-o na panela com água até a metade (B). Em seguida, coloque água no frasco até atingir o nível da água na panela.

Leve o sistema ao fogo e observe-o. Quando iniciar a ebulição da água da panela, pare o aquecimento e a seguir adicione uma colher (chá) de sal à água contida no frasco (C). Aqueça novamente o sistema até o início da ebulição da água da panela (D). Observe durante 2 minutos e cesse o aquecimento.

A

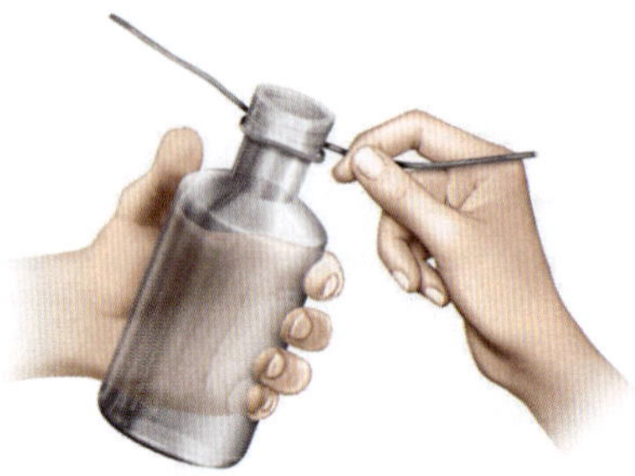

B

C

D

Ilustrações: Estúdio 13B/Arquivo da editora

Com base em suas observações, responda às seguintes questões:

1. Na primeira etapa do experimento, a água do frasco também entrou em ebulição? A temperatura de ebulição das duas amostras de água — do frasco e da panela — é igual? Por quê?
2. Na segunda etapa do experimento, a água do frasco também entrou em ebulição? Explique por quê.
3. Se tivéssemos colocado somente meia colher (chá) de sal, a água do frasco entraria em ebulição? Por quê?
4. O que provocaria maior efeito ebulioscópico: a adição de um mesmo número de mol de sal ($NaC\ell$) ou de sacarose ($C_{12}H_{22}O_{11}$) em mesma massa de água?

CAPÍTULO

7

# Osmose e pressão osmótica

A ilustração a seguir representa um fenômeno espontâneo relacionado à pressão máxima de vapor.

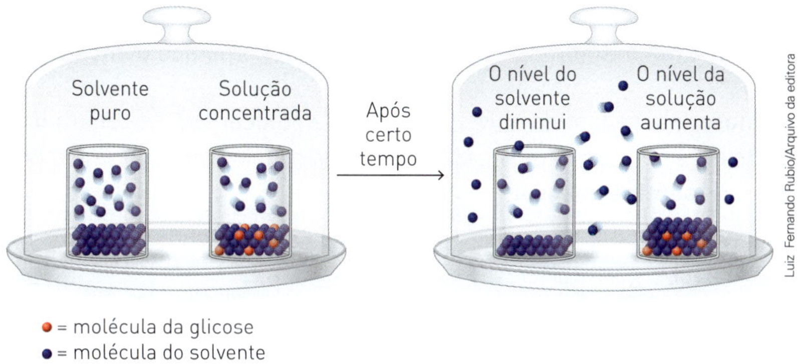


No estado inicial, temos dois frascos: um contendo água destilada e o outro contendo uma solução aquosa concentrada de glicose.

Nos dois frascos ocorrem simultaneamente a evaporação e a condensação da água.

Devido ao fato de a pressão de vapor da água destilada ser maior do que a pressão de vapor da água na solução, a evaporação ocorre mais intensamente no frasco com água pura. Como a velocidade de condensação da água é a mesma, na solução a velocidade de condensação é maior do que a velocidade de evaporação, o que aumenta o nível da solução. Ao final do experimento, toda a água destilada passa para a solução.

Esse experimento mostra uma tendência espontânea, relacionada à diferença de pressão de vapor, de os líquidos migrarem de uma região de maior pressão de vapor para uma região de menor pressão de vapor.

Outro experimento que mostra essa tendência espontânea da água é representado na ilustração a seguir.

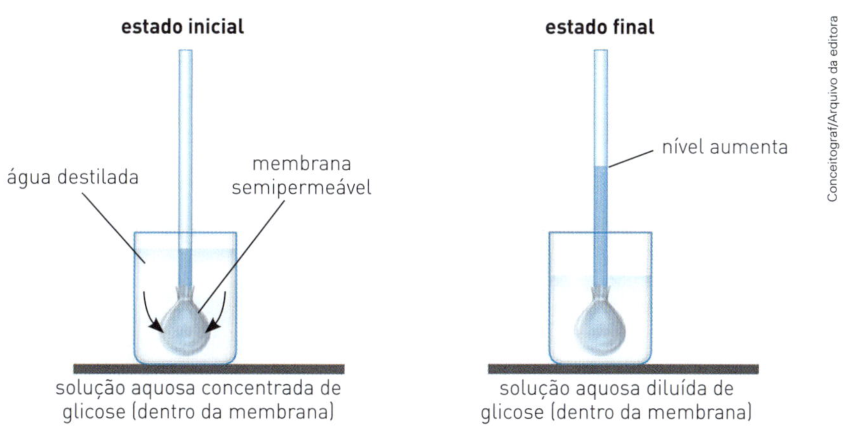

No estado inicial, temos um tubo com extremidade superior aberta e um saco de celofane, contendo uma solução aquosa concentrada de glicose, amarrado na extremidade inferior. Esse conjunto está imerso em um recipiente que contém água destilada.

O papel celofane, a bexiga de porco, as paredes das células de organismos são exemplos de membranas consideradas semipermeáveis, que permitem espontaneamente apenas a passagem de água através delas.

De maneira semelhante ao experimento anterior, a água passa da região de maior pressão de vapor (água destilada) para a região de menor pressão de vapor (solução aquosa concentrada de glicose); consequentemente, o volume da solução aumenta e sua concentração diminui.

Esse fenômeno, em que ocorre somente a passagem de moléculas do solvente através de uma membrana semipermeável, é denominado **osmose**.

**Osmose**: passagem do solvente para uma solução ou passagem do solvente de uma solução diluída para outra mais concentrada, por meio de uma membrana **semipermeável**.

Luis Moura/Arquivo da editora

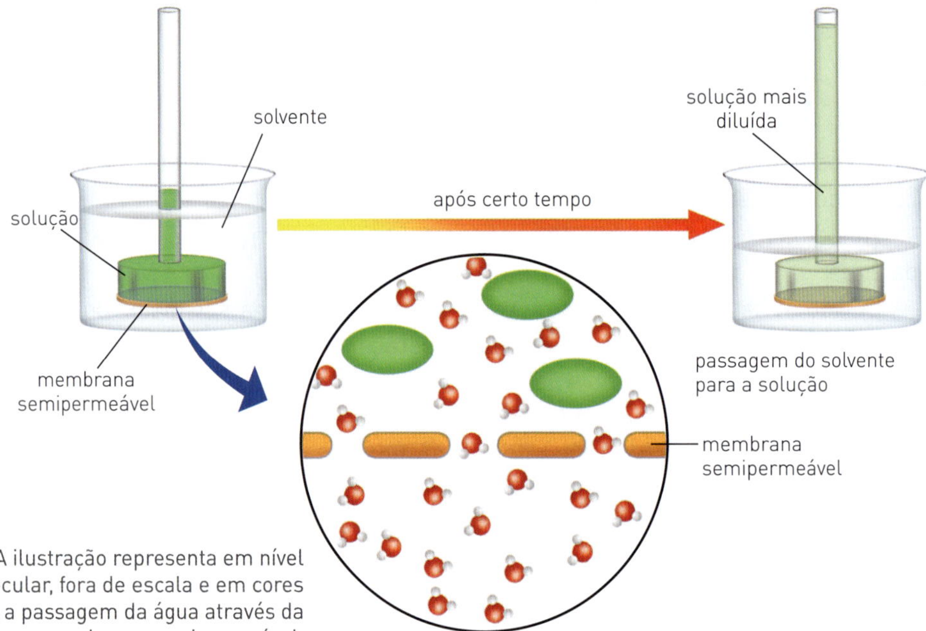


A ilustração representa em nível molecular, fora de escala e em cores fantasia, a passagem da água através da membrana semipermeável.

Outro experimento que serve para comprovar a ocorrência da osmose consiste em mergulhar um pepino em um frasco com uma solução concentrada de salmoura ($NaC\ell + H_2O$), durante alguns dias, como mostram as fotografias a seguir. Esse experimento permite concluir que a osmose também ocorre entre soluções de diferentes concentrações.

Após alguns dias, o pepino passa a apresentar um volume menor e um aspecto enrugado e murcho. Isso ocorre devido à passagem das moléculas de água das células do pepino para a salmoura, através das membranas celulares. Assim, pode-se concluir que a concentração da salmoura é maior do que a concentração da solução contida no interior das células do pepino.

Fotos: Sérgio Dotta Jr./Arquivo da editora

# Pressão osmótica

Para estudar o fenômeno da osmose, vamos considerar o experimento:

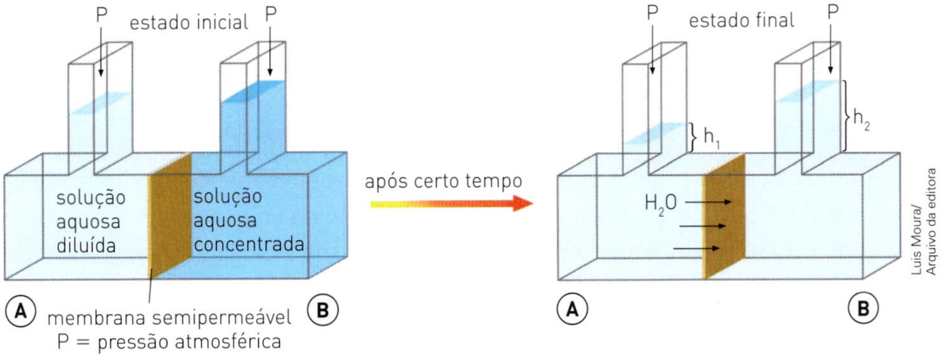


Após certo tempo, observamos um desnível entre os dois tubos, devido à passagem predominante do solvente — no caso, a água — da solução diluída para a solução concentrada. Isso ocorre até que seja estabelecido um equilíbrio. Nesse equilíbrio, a diferença de altura entre as duas colunas $(h_2 - h_1)$ exerce uma pressão suficiente — chamada **pressão osmótica** $(\pi)$ — para impedir a passagem do solvente do frasco A para o frasco B (figura I).

I

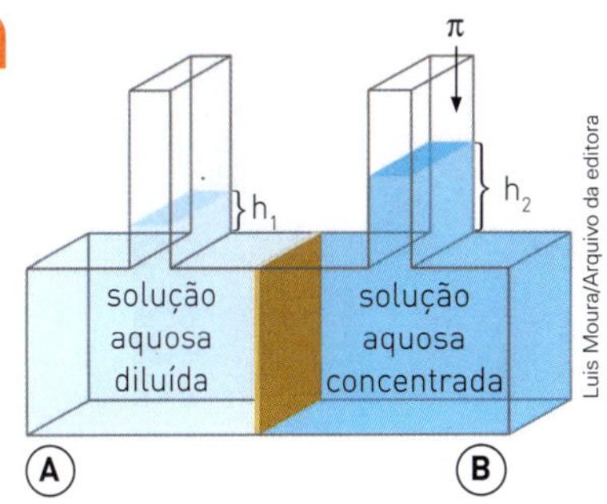


**Pressão osmótica $(\pi)$**: pressão externa que deve ser aplicada a uma solução concentrada para evitar a osmose.

O cálculo da pressão osmótica $(\pi)$ pode ser feito utilizando-se a expressão:

$$\pi = d \cdot g \cdot (h_2 - h_1)$$

d = densidade da solução
g = aceleração da gravidade

Experimentalmente, verifica-se que, se quisermos impedir a passagem de água da solução diluída (A) para a solução concentrada (B), deveremos exercer a mesma pressão $(\pi)$ sobre essa solução, a fim de evitar a sua diluição, ou seja, a osmose (figura II).

II

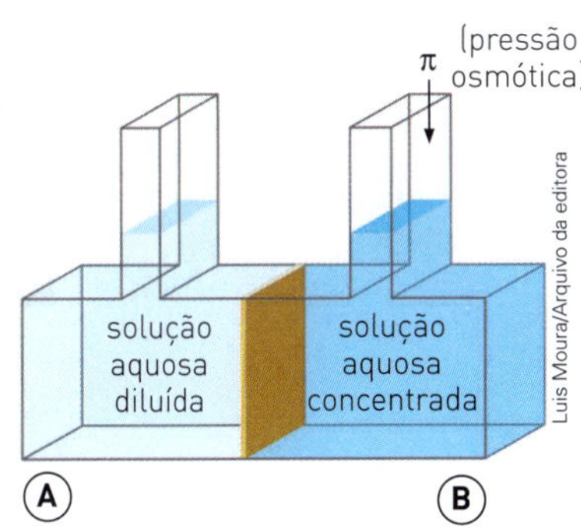


Quanto maior for a concentração da solução, mais acentuado será o fenômeno da osmose. Portanto, para impedir a sua ocorrência, uma pressão osmótica maior deve ser exercida sobre a solução mais concentrada. Em 1885, analisando dados experimentais sobre a pressão osmótica, Jacobus Henricus Van't Hoff (1852-1911) notou uma grande semelhança entre os comportamentos de uma solução e de um gás ideal; a partir dessa observação, propôs a determinação da pressão osmótica $(\pi)$ por meio da equação dos gases ideais:

$$PV = nRT$$

$$\pi = \frac{n}{V}RT \Rightarrow \pi = \mathcal{M} \cdot R \cdot T$$

Ralph A. Clevenger/Corbis/Getty Images

A pressão osmótica é o principal mecanismo de transporte de água para as regiões mais altas de uma árvore. Como as folhas perdem água por meio da transpiração, a concentração da solução no interior das folhas aumenta e, consequentemente, a pressão osmótica também aumenta. A água presente na seiva, que possui concentração menor do que a das folhas, flui das raízes para as folhas por meio dos vasos condutores, para diminuir a concentração da solução no interior das folhas.

na qual:

- R = constante universal dos gases perfeitos:

  $0{,}082 \text{ atm} \cdot \text{L} \cdot \text{mol}^{-1} \cdot \text{K}^{-1}$; $62{,}3 \text{ mmHg} \cdot \text{L} \cdot \text{mol}^{-1} \cdot \text{K}^{-1}$ ou $8{,}31 \text{ kPa} \cdot \text{L} \cdot \text{mol}^{-1} \cdot \text{K}^{-1}$;

- T = temperatura absoluta (em kelvin);
- $\mathcal{M}$ = concentração em mol/L de partículas (íons ou moléculas).

Como as outras propriedades coligativas, a pressão osmótica não depende da natureza das partículas, mas, sim, da concentração da solução.

A osmose é muito importante em vários processos biológicos. As paredes das células do nosso organismo, por exemplo, atuam como membranas semipermeáveis.

Os glóbulos vermelhos (hemácias) do sangue, assim como todas as células vivas do organismo, são afetados por diferenças de pressão osmótica. Observe o experimento a seguir.

Fotos: David M. Phillips/Photo Researchers/Latinstock

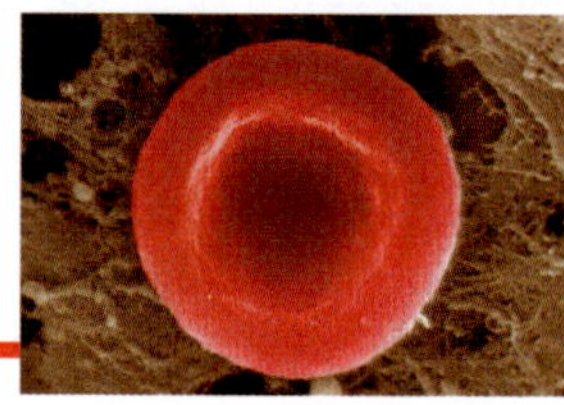

Hemácia vista ao microscópio eletrônico (ampliação de 15 000 vezes).

Conceitograf/Arquivo da editora

As moléculas de água se difundem para o interior da hemácia, fazendo com que ela "inche", podendo até estourar (hemólise).

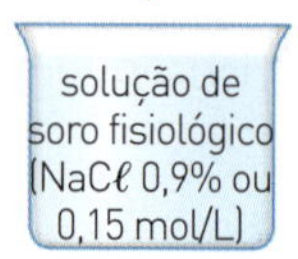


As moléculas de água se difundem com a mesma facilidade para dentro e para fora da hemácia, sem acarretar nenhuma alteração.

As moléculas de água se difundem para fora da hemácia, fazendo com que ela "murche" e "enrugue".

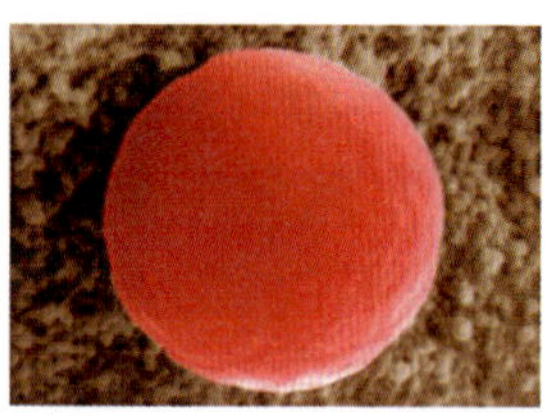

Como a concentração da água é menor do que a da hemácia, dizemos que a água é um **meio hipotônico**.

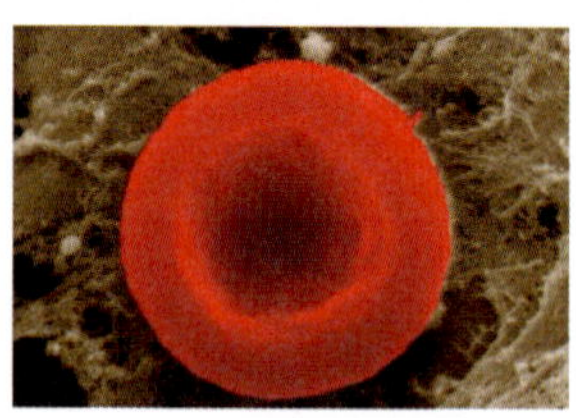

Dizemos, então, que o soro fisiológico e as hemácias são **meios isotônicos**.

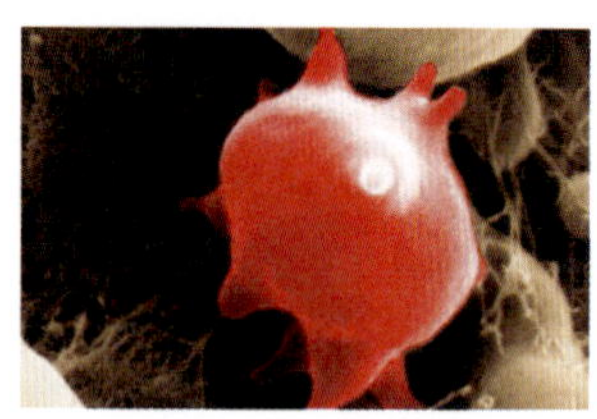

Como a concentração da solução de NaCℓ é maior que a da hemácia, dizemos que essa solução é um **meio hipertônico**.

Assim, temos que:

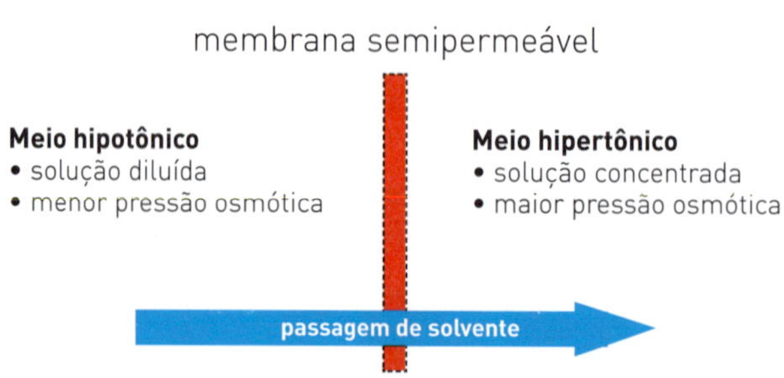


Banco de imagens/Arquivo da editora

# Osmose reversa ou contraosmose

Os oceanos recobrem dois terços da superfície da Terra; por isso, não é surpreendente que as suas águas sejam consideradas uma fonte de água potável em regiões onde o suprimento é insuficiente para atender à demanda humana. As águas dos oceanos contêm 3,5% em massa de sais dissolvidos e não são apropriadas para o consumo.

Aplicando a uma solução uma pressão superior à pressão osmótica, provocamos a passagem de moléculas do solvente da solução mais concentrada para a mais diluída. Esse processo é denominado **osmose reversa** e é utilizado para a dessalinização da água do mar. O esquema a seguir ilustra esse processo.

A pressão osmótica da água do mar é de aproximadamente 30 atm, quando comparada com a da água pura. Então, para obtermos a sua osmose reversa são necessárias pressões superiores a 30 atm.

**SAIBA MAIS**

**Osmose inversa: o que você talvez gostaria de saber**. Revista das Águas.

Artigo que mostra simplificadamente o processo de osmose reversa, ou inversa, que permite dessalinizar água salobra (rica em sais), tornando-a potável.

BARROS, J. G. do C. Disponível em: <www.portalclubeengenharia.org.br/arquivo/1344972962.pdf/documentos>. Acesso em: 1º jun. 2018.

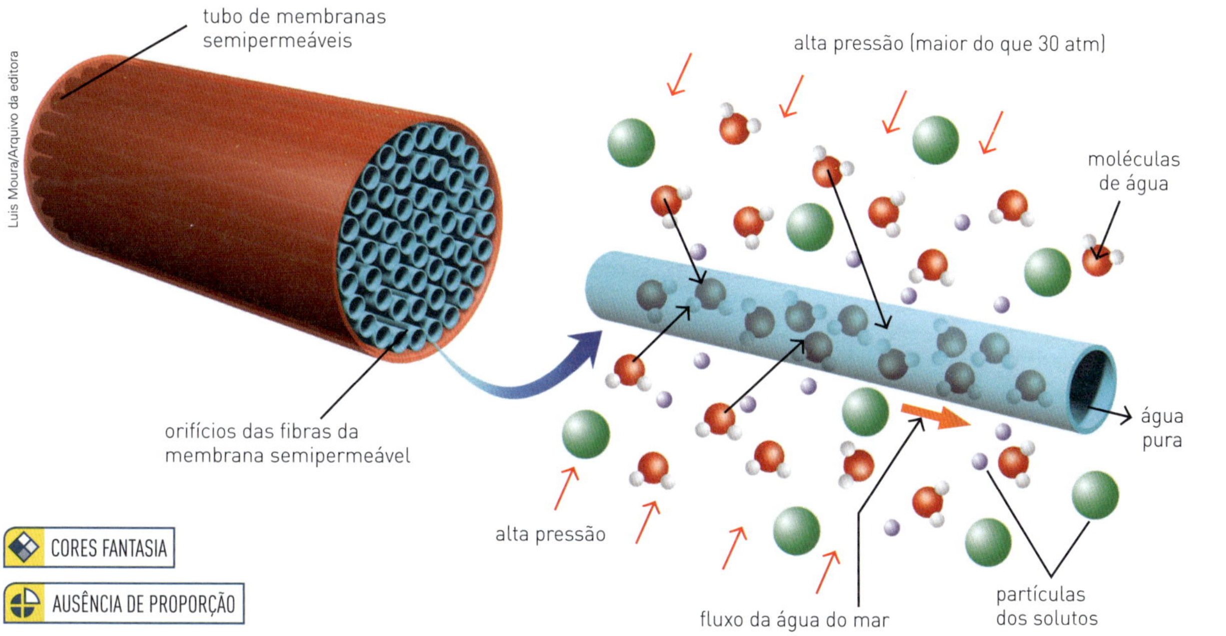

Luis Moura/Arquivo da editora

## EXPLORE SEU MUNDO

### Osmose

Para realizar essa atividade, você irá precisar de uma batata, sal de cozinha, um copo e uma faca.

Faça um furo na batata até a metade de seu comprimento. Coloque sal de cozinha nesse furo e, a seguir, apoie a batata, com o furo para cima, sobre a boca de um copo, conforme a fotografia.

Não mexa no sistema e observe o que acontece após alguns dias. Justifique o que foi observado.

Se você substituir o sal pelo açúcar, o resultado será o mesmo?

Após a realização da atividade, faça o descarte nos locais adequados.

Rita Barreto/Acervo da fotógrafa

| Íons presentes no sal marinho | |
|---|---|
| Íons | Concentração em g/kg de água do mar* |
| cloro ($C\ell^-$) | 19,35 |
| sódio ($Na^+$) | 10,76 |
| sulfato ($SO_4^{2-}$) | 2,71 |
| magnésio ($Mg^{2+}$) | 1,29 |
| cálcio ($Ca^{2+}$) | 0,41 |
| potássio ($K^+$) | 0,39 |
| bicarbonato ($HCO_3^-$) | 0,14 |

* A água do mar tem uma concentração média de 3,5% em massa.

# Água potável a partir da água do mar

Existe muito mais água nos oceanos e mares do que em rios, lagos e geleiras.

Estima-se que o volume da água dos oceanos seja de aproximadamente $1,5 \cdot 10^{21}$ L. No entanto, o ser humano não pode usar essa água para beber ou mesmo para outras finalidades devido à existência de muitos sais dissolvidos nela. A tabela ao lado mostra os íons componentes de aproximadamente 99% desses sais.

Para obtermos água potável a partir da água do mar, existem três métodos comuns. Cada um deles apresenta vantagens e desvantagens referentes ao custo, ao equipamento ou ao consumo de energia.

Acabamos de estudar um dos processos mais modernos de dessalinização da água do mar: a osmose reversa. Os outros dois métodos mais comuns são a destilação e o congelamento.

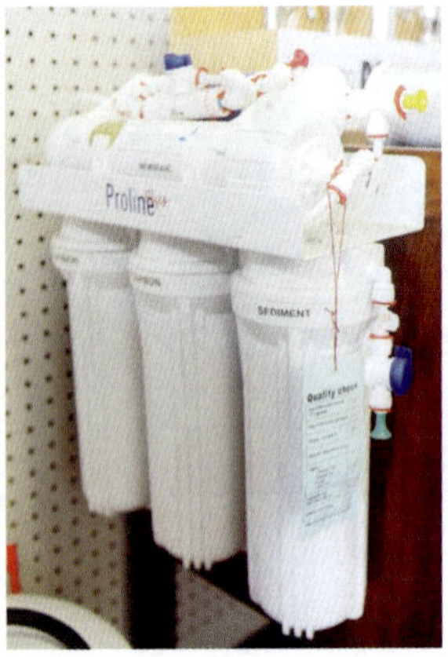


Adolphe Pierre-Louis/Albuquerque Journal/ZUMA Press/Fotoarena

Com o desenvolvimento teórico e tecnológico da produção de membranas semipermeáveis, a osmose reversa tende a ser o melhor método para a dessalinização da água do mar em larga escala. Atualmente existem, em alguns países, aparelhos de osmose reversa destinados a obter água potável em nível doméstico, como o mostrado na fotografia.

## Osmose reversa

Por não necessitar de mudanças de estado físico da água e, portanto, de consumo de energia térmica, esse é o processo ideal atualmente.

A principal dificuldade para a utilização desse método é o desenvolvimento de membranas semipermeáveis, que permitam somente a passagem da água e impeçam a passagem dos solutos, as quais possam ser usadas em larga escala e por longos períodos sem que sejam danificadas pelas grandes pressões a que são submetidas.

Chris Howes/Wild Places Photography/Alamy/Fotoarena

Uma das maiores instalações de dessalinização da água do mar por osmose reversa está localizada na ilha de Malta (Mediterrâneo) e purifica 16 milhões de litros de água por dia.

## Congelamento

Outro processo de dessalinização que envolve o conhecimento das propriedades coligativas é o congelamento da água do mar.

Quando diminuímos a temperatura de uma solução, no caso a água do mar, parte da água congela e se separa do restante da solução. Os cristais de gelo são removidos e, após passarem por uma fusão, podem ser usados como água potável.

A principal vantagem desse método é um consumo de energia menor do que o necessário para a destilação. O calor de vaporização da água é 40,79 kJ · $mol^{-1}$, ao passo que o calor de fusão é somente 6,01 kJ · $mol^{-1}$.

Michael Nolan/Easypix Brasil

Alguns cientistas propõem que uma solução parcial para a falta de água em algumas regiões do Oriente Médio seria o transporte de *icebergs* do polo Ártico.

Atualmente, não existem equipamentos que permitam o congelamento da água do mar em larga escala, com interesse econômico.

Esse processo apresenta duas desvantagens:

- é lento e, portanto, a formação de cristais de gelo seria demorada;
- o aumento gradual da concentração de sais na água do mar determinaria o uso de temperaturas cada vez menores para obter o congelamento da água.

## Destilação

É o mais antigo e o mais usado dos processos que permitem obter água potável a partir da água do mar. Na destilação, o consumo de energia, para provocar a vaporização da água, é maior do que nos dois métodos anteriores.

Paulo César Pereira/ Arquivo da editora

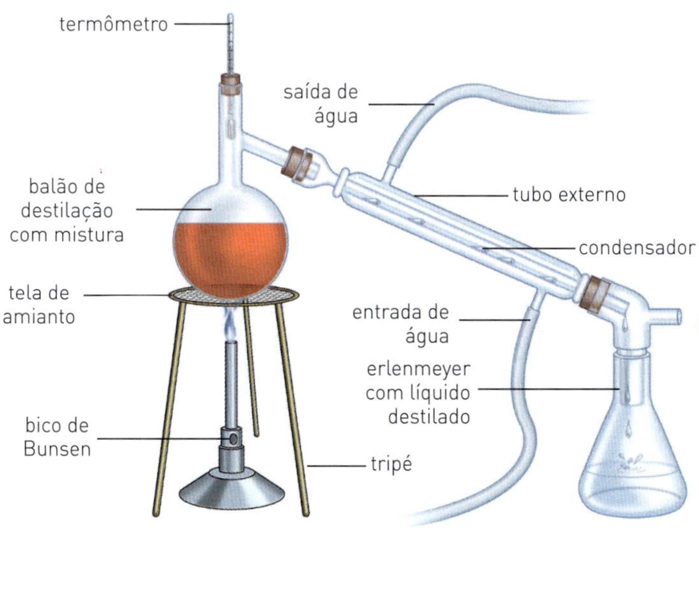


Na destilação simples de sólidos dissolvidos em líquidos, a mistura é aquecida, e os vapores produzidos no balão de destilação passam pelo condensador, no qual são resfriados pela passagem de água corrente no tubo externo, condensam-se e são recolhidos no erlenmeyer. A parte sólida da mistura, por não ser volátil, não evapora e permanece no balão de destilação.

Atualmente, para se obter a destilação com um custo menor, pensa-se em usar o Sol como fonte de energia em equipamentos semelhantes ao mostrado na ilustração abaixo, porém ainda não existem equipamentos desse tipo em operação para a produção de água potável em larga escala.

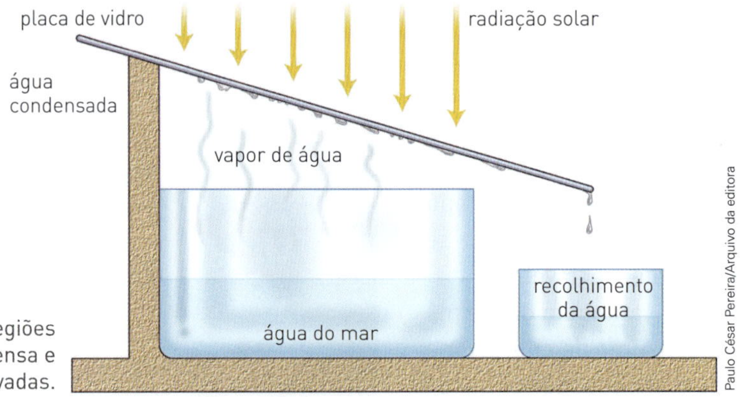


Este equipamento é mais viável em regiões onde a iluminação solar é mais intensa e as temperaturas médias são elevadas.

## Reflita

1. Tanto na solidificação quanto na destilação, a água é separada do soluto por uma diferença entre a temperatura de congelamento e a de ebulição do solvente e do soluto. Explique como essa diferença favorece a separação.

2. Além da radiação solar, a umidade relativa do ar poderia ajudar na produção de água pura na destilação. Justifique a afirmação.

3. A obtenção de água doce é uma preocupação constante quando se pensa na manutenção da vida humana. No planeta Terra, somente cerca de 3% de toda a água existente é doce. Desses 3% apenas 1% é potável. Para disponibilizar mais água potável, os países têm investido bastante em tecnologias, como os aparelhos dessalinizadores, capazes de transformar a água do mar em água doce.
   Em todo o mundo há por volta de 4700 dessalinizadores. Desses, cerca de 600 estão no Brasil. Entretanto, tal tecnologia ainda é muito cara, o que inviabiliza sua utilização em grande escala.
   Com base no texto e em seu conhecimento prévio, responda às questões abaixo.
   a) Por que a água salgada é imprópria para o consumo?
   b) Levando em consideração os aparelhos dessalinizadores e os três métodos de purificação da água citados no texto, compare as principais limitações desses métodos.
   c) A osmose reversa não envolve mudança de estado físico. Qual variável deve ser controlada para que a osmose reversa seja realizada com sucesso?

Os dessalinizadores, como o da fotografia ao lado, retiram o excesso de sais da água por meio da osmose reversa, transformando-a em água potável.

## Exercícios resolvidos

**1.** Foi preparada uma solução pela adição de 1,0 grama de hemoglobina em água suficiente para produzir 0,10 L de solução. Sabendo que a pressão osmótica (π) dessa solução é 2,75 mmHg, a 20 °C, calcule a massa molar da hemoglobina.
$(R = 62{,}3\ mmHg \cdot L \cdot mol^{-1} \cdot K^{-1})$

**Solução**

$$\pi = \mathcal{M} RT \Rightarrow \pi = \frac{m_1}{M_1 \cdot V(L)} RT \Rightarrow M_1 = \frac{m_1}{\pi \cdot V(L)} RT$$

$$M_1 = \frac{1{,}0\ g \cdot 62{,}3\ \cancel{mmHg} \cdot \cancel{L} \cdot \cancel{K^{-1}} \cdot mol^{-1} \cdot 293\ \cancel{K}}{2{,}75\ \cancel{mmHg} \cdot 0{,}10\ \cancel{L}} \Rightarrow$$

$$\Rightarrow \quad M_1 = 6{,}7 \cdot 10^4\ g \cdot mol^{-1}$$

**2.** (PUC -SP) O enxofre coloidal apresenta micelas formadas pela reunião de um número elevado de moléculas $S_8$. Preparam-se 100 mL de um sistema que contém 10,4065 g de enxofre disperso em água. A pressão osmótica a 27 °C de tal sistema coloidal é igual a 0,0100 atm. Pede-se o número de unidades $S_8$ que formam a micela do coloide.
Dados: $R = 0{,}082\ atm \cdot L \cdot mol^{-1} \cdot K^{-1}$; massa molar do $S_8 = 256\ g/mol$.

**Solução**

Substituindo os dados na expressão $\pi = \mathcal{M} RT$, descobriremos a massa molar da micela (conjunto de moléculas de $S_8$, onde $(S_8)_n$ = micela).

$$\pi = \frac{m_1}{M_1 \cdot V(L)} RT$$

onde

$$M_1 = \text{massa de micela} = \frac{m_1 RT}{V(L) \cdot \pi}$$

$$M_1 = \frac{10{,}4065\ g \cdot 0{,}082\ \cancel{atm} \cdot \cancel{L} \cdot mol^{-1} \cdot \cancel{K^{-1}} \cdot 300\ \cancel{K}}{0{,}1\ \cancel{L} \cdot 0{,}01\ \cancel{atm}} \Rightarrow$$

$$\Rightarrow M_1 = 256\ 000\ g/mol$$

$$\left.\begin{array}{rl} 1 \text{ unidade de } S_8 & \text{———— } 256\ g \\ n & \text{———— } 256\ 000\ g \end{array}\right\} \Rightarrow$$

$$\Rightarrow n = 1\,000 \text{ unidades de } S_8$$

**3.** A pressão osmótica (π) de uma solução corresponde à pressão externa necessária para garantir o equilíbrio entre a solução e o solvente puro separados por uma membrana semipermeável. Considere as quatro soluções representadas a seguir:

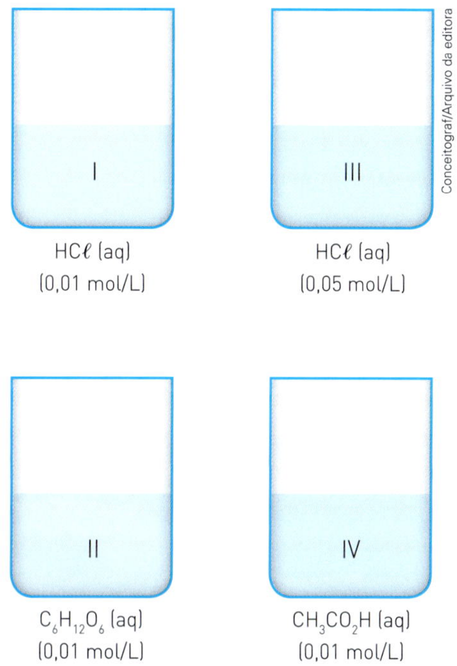


Indique a alternativa que melhor relaciona a pressão osmótica das quatro soluções.

a) $\pi_I < \pi_{II} < \pi_{III} < \pi_{IV}$

b) $\pi_I = \pi_{II} = \pi_{IV} < \pi_{III}$

c) $\pi_{II} < \pi_I = \pi_{IV} < \pi_{III}$

d) $\pi_I < \pi_{II} < \pi_{III} < \pi_{IV}$

e) $\pi_{II} < \pi_{IV} < \pi_I < \pi_{III}$

**Solução**

I. HCℓ (aq) 0,01 mol/L

Considerando uma ionização total ($\alpha = 100\%$)

$$\underset{0{,}01\ mol/L}{HC\ell} \rightleftharpoons \underbrace{\underset{0{,}01\ mol/L}{H^+} + \underset{0{,}01\ mol/L}{C\ell^-}}_{0{,}02\ mol/L}$$

II. A glicose não sofre ionização

$$\underbrace{C_6H_{12}O_6\ (aq)}_{0{,}01\ mol/L} \longrightarrow \underbrace{C_6H_{12}O_6\ (aq)}_{0{,}01\ mol/L}$$

III. Considerando $\alpha = 100\%$

$$\underset{0{,}05\ \text{mol/L}}{HC\ell} \rightleftharpoons \underbrace{\underset{0{,}05\ \text{mol/L}}{H^+} + \underset{0{,}05\ \text{mol/L}}{C\ell^-}}_{0{,}10\ \text{mol/L}}$$

IV. Ácido fraco $\alpha < 5\%$

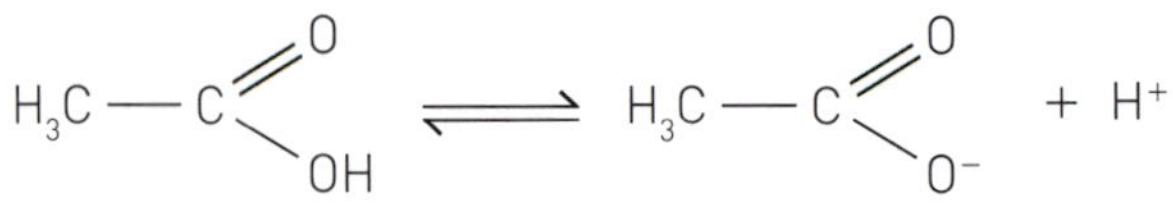

0,01 mol/L

a concentração de partículas dissolvidas está entre 0,01 mol/L e 0,02 mol/L

Como a pressão osmótica depende da concentração de íons na solução, temos:

$$\pi_I < \pi_{II} < \pi_{III} < \pi_{IV}$$

Resposta: Alternativa d.

## Fundamentando seus conhecimentos

**1.** A preparação do bacalhau é feita recobrindo-se o peixe fresco com sal ($NaC\ell$).

Niels Poulsen DK/Alamy/Fotoarena

Bacalhau.

Thinkstock/Getty Images

Bacalhau salgado.

Responda aos itens:

I. O que acontece com a carne do bacalhau ao ser salgada?

II. E com bactérias e fungos que se depositam sobre a carne salgada do bacalhau?

**2.** A ilustração mostra o estado final de um sistema que contém no meio uma membrana semipermeável.

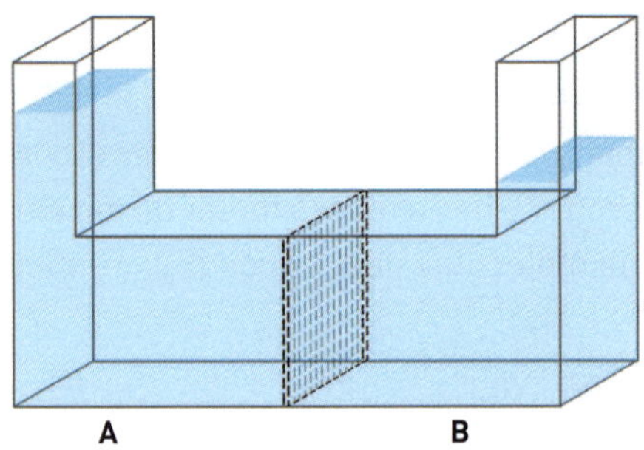


Luis Moura/Arquivo da editora

Quais das situações a seguir estariam de acordo com a ilustração no início do experimento?

I. água em A e água com açúcar em B;

II. água com açúcar em A e água em B;

III. solução aquosa 1 mol/L de $NaC\ell$ em A e solução aquosa 0,1 mol/L de $C_{12}H_{22}O_{11}$ em B;

IV. solução aquosa 0,1 mol/L de $C_{12}H_{22}O_{11}$ em A e solução aquosa 0,1 mol/L de $NaC\ell$ em B;

V. solução aquosa 0,1 mol/L de $NaC\ell$ em A e solução aquosa 0,1 mol/L de $CaC\ell_2$ em B;

VI. solução aquosa 0,1 mol/L de $CaC\ell_2$ em A e solução aquosa 0,1 mol/L de $NaC\ell$ em B.

## Desenvolvendo seus conhecimentos

**1.** (Enem) Uma das estratégias para a conservação de alimentos é o salgamento, adição de cloreto de sódio ($NaC\ell$), historicamente utilizado por tropeiros, vaqueiros e sertanejos para conservar carnes de boi, porco e peixe.

O que ocorre com as células presentes nos alimentos preservados com essa técnica?

a) O sal adicionado diminui a concentração de solutos em seu interior.

b) O sal adicionado desorganiza e destrói suas membranas plasmáticas.

c) A adição de sal altera as propriedades de suas membranas plasmáticas.

d) Os íons $Na^+$ e $C\ell^-$ provenientes da dissociação do sal entram livremente nelas.

e) A grande concentração de sal no meio extracelular provoca a saída de água de dentro delas.

**2.** (Uece) Os nossos ancestrais descobriram que a carne, quando era tratada com cloreto de sódio, ficava preservada do ataque bacteriano. Esse processo primitivo de conservação é usado até hoje e a conservação é por:

a) oxidorredução.

b) anticatálise.

c) ação bactericida.

d) osmose.

**3.** (UPE) Julgue os itens a seguir:

00 Um exame clínico realizado em um náufrago, que permaneceu à deriva em um bote salva-vidas por alguns dias, no mar, revelou sintomas graves de desidratação; é possível que a ingestão de água do mar tenha agravado o quadro clínico do náufrago.

11 Uma boa prática médica, especialmente levando-se em conta os aspectos econômicos, é hidratar um paciente por via intravenosa, com água destilada, isenta de sais minerais, já que os resultados são mais rápidos que por via oral.

22 A ascensão da seiva vegetal nos troncos das árvores é favorecida pela evaporação de água nas folhas das árvores.

33 Uma folha de alface em contato com molho de salada e vinagre torna-se cada vez mais fresca e viçosa, permanecendo por vários dias com um bom aspecto, mesmo fora da geladeira.

44 Células vermelhas do sangue, imersas em uma solução salina isotônica, não crescerão nem murcharão.

**4.** (Udesc) A pressão osmótica no sangue humano é de aproximadamente 7,7 atm e os glóbulos vermelhos (hemácias) possuem aproximadamente a mesma pressão; logo, pode-se afirmar que estas são isotônicas em relação ao sangue. Sendo assim, o soro fisiológico, que é uma solução aquosa de cloreto de sódio utilizada para repor o líquido perdido por uma pessoa em caso de desidratação, também deve possuir a mesma pressão osmótica para evitar danos às hemácias.

Em relação à informação, assinale a alternativa correta.

a) A pressão osmótica do soro não é afetada quando a concentração de cloreto de sódio é modificada.

b) A injeção de água destilada no sangue provoca a desidratação e, consequentemente, a morte das hemácias.

c) O uso de uma solução aquosa saturada de cloreto de sódio não afeta a pressão osmótica do sangue.

d) A injeção de água destilada no sangue provoca uma absorção excessiva de água pelas hemácias, provocando um inchaço e, consequentemente, a morte das hemácias.

e) A injeção de uma solução aquosa saturada de cloreto de sódio provoca uma absorção excessiva de água pelas hemácias, causando um inchaço e, consequentemente, a morte das hemácias.

**5.** (PUC-SP) Os medicamentos designados por A, B, C e D são indicados para o tratamento de um paciente. Adicionando-se água a cada um desses medicamentos, obtiveram-se soluções que apresentaram as seguintes propriedades.

| | Soluções de |
|---|---|
| Solúveis no sangue | A, B, C |
| Iônicas | A, B |
| Moleculares | C, D |
| Pressão osmótica igual à do sangue | A, C |
| Pressão osmótica maior que a do sangue | B, D |

Assinale a alternativa que só contém os medicamentos que poderiam ser injetados na corrente sanguínea sem causar danos.

a) A, B, C e D
b) A, B e D
c) B, C e D
d) B e D
e) A e C

**6.** (PUC-PR) Volumes iguais de duas soluções, sendo uma de glicose (solução X) e outra de sacarose (solução Y), são postos em contato através de uma membrana semipermeável (permeável à água e não permeável à glicose e sacarose).

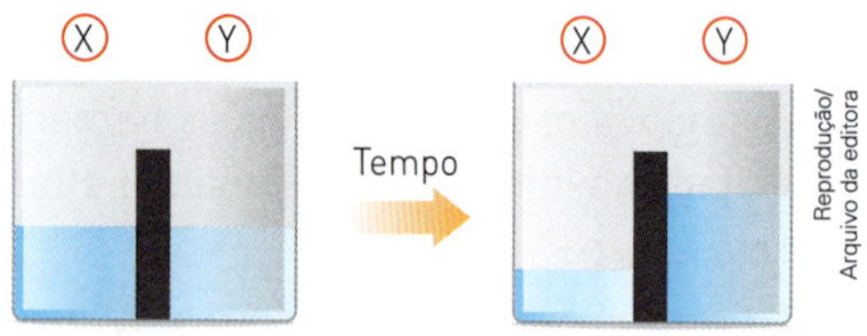


Com o passar do tempo, houve alteração no nível de líquido dos compartimentos conforme mostrado nos esquemas acima. Com base nessas informações podemos afirmar que:

a) a solução Y é hipotônica em relação a X.
b) a solução Y é mais diluída que X.
c) a solução Y tem maior pressão osmótica que X.
d) a solução X é hipertônica em relação a Y.
e) a solução X tem maior pressão osmótica que Y.

**7.** (UFRGS-RS) A figura a seguir representa um sistema de dois compartimentos separados por uma membrana semipermeável (msp).

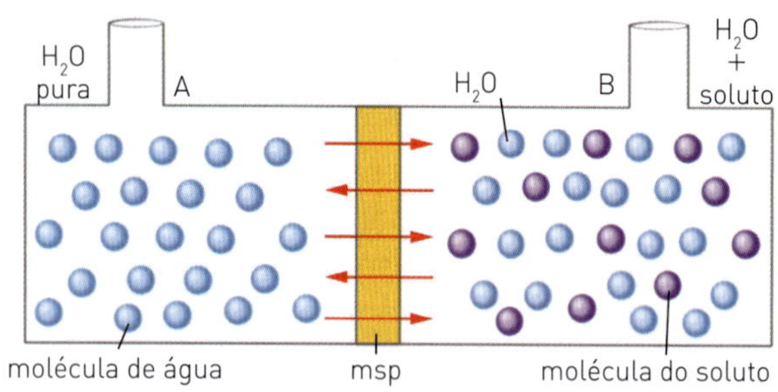


Com relação à figura, é correto afirmar que:

01) A e B contêm soluções isotônicas à mesma temperatura.
02) A passagem de moléculas do compartimento A para o B, através de msp, é denominada osmose.
04) msp permite a passagem de A para B e de B para A tanto de moléculas de $H_2O$ quanto das de soluto.
08) Aplicando-se uma pressão externa em B e supondo que nesse compartimento contenha água do mar, haverá um aumento de moléculas de $H_2O$ no compartimento A.

Dê como resposta a soma dos números associados às afirmações corretas.

**8.** (Enem) Osmose é um processo espontâneo que ocorre em todos os organismos vivos e é essencial à manutenção da vida. Uma solução 0,15 mol/L de NaCℓ (cloreto de sódio) possui a mesma pressão osmótica das soluções presentes nas células humanas.

A imersão de uma célula humana em uma solução 0,20 mol/L de NaCℓ tem, como consequência, a:

a) absorção de íons $Na^+$ sobre a superfície da célula.
b) difusão rápida de íons $Na^+$ para o interior da célula.
c) diminuição da concentração das soluções presentes na célula.
d) transferência de íons $Na^+$ da célula para a solução.
e) transferência de moléculas de água do interior da célula para a solução.

**9.** (Puccamp-SP) Comparando-se as seguintes soluções aquosas, à mesma temperatura e todas de igual concentração em mol/L:

I. glicose;
II. sacarose;
III. cloreto de sódio;
IV. cloreto de cálcio.

Pode-se dizer que são isotônicas (exercem igual pressão osmótica) **somente**:

a) I e II.
b) I e III.
c) I e IV.
d) II e III.
e) III e IV.

**10.** (Ufal) Têm-se três soluções aquosas à mesma temperatura:

- solução aquosa 0,30 mol/L de glicose ($C_6H_{12}O_6$);
- solução aquosa 0,15 mol/L de cloreto de sódio (NaCℓ);
- solução aquosa 0,10 mol/L de dicromato de potássio ($K_2Cr_2O_7$).

a) O que se pode afirmar em relação à pressão osmótica dessas soluções quando cada uma delas é posta em contato, através de membrana semipermeável, com o solvente puro? Justifique sua resposta.

b) Sob pressão de 1 atm essas soluções fervem a temperaturas diferentes da água pura, ou seja, 100 °C? Justifique sua resposta.

**11.** Uma solução aquosa, de um soluto não iônico, tem pressão osmótica igual a 16,4 atm, a 47 °C. Pergunta-se:

a) Qual é a concentração em mol/L da solução?

b) Qual é a sua concentração, em g/L, sabendo-se que a massa molecular do soluto é igual a 200?

**12.** Uma solução contendo 9 g de glicose (M = 180 g) em 200 mL de solução é isotônica de uma solução aquosa de ureia (M = 60 g). Qual a concentração da solução de ureia?

**13.** Uma injeção endovenosa deve ser isotônica em relação ao sangue para não lesar os glóbulos vermelhos. Se o sangue possui pressão osmótica igual a 7,65 atm a 37 °C, que massa de glicose ($C_6H_{12}O_6$) deve ser utilizada para reparar 10 mL de uma injeção endovenosa?

a) 0,45 g
b) 0,54 g
c) 23,7 g
d) 4,54 g
e) 5,4 g

**14.** (PUC-PR) 100mg de nitrato de cálcio [$Ca(NO_3)_2$] foram dissolvidos em 50 $cm^3$ de água, à temperatura de 50 °C. Assinale a alternativa CORRETA, a qual traz a pressão a ser aplicada para impedir a osmose. Dado: MA (g/mol): Ca = 40; N = 14; O = 16. R = 0,082 atm · L/mol · K.

a) 0,78 atm
b) 0,5 atm
c) 1,25 atm
d) 0,969 atm
e) 0,87 atm

## Desafiando seus conhecimentos

**1.** (UFRGS-RS) Assinale a alternativa que preenche corretamente as lacunas do enunciado abaixo, na ordem em que aparecem.

Uma solução injetável foi preparada de modo inadequado, pois, ao entrar na corrente sanguínea, promoveu o inchamento e a ruptura dos glóbulos vermelhos. A solução é portanto ______________ em relação ao soro sanguíneo, e a concentração de soluto é ______________ àquela que deveria ter sido preparada.

a) hipotônica – superior
b) hipotônica – inferior
c) isotônica – superior
d) hipertônica – superior
e) hipertônica – inferior

**2.** (UPE/SSA)

A sardinha vem sendo utilizada na pesca industrial de atum. Quando jogados ao mar, os cardumes de sardinha atraem os cardumes de atuns, que se encontram em águas profundas. Porém, estudos têm mostrado que o lambari, conhecido no Nordeste como piaba, é mais eficiente para essa atividade. O lambari se movimenta mais na superfície da água, atraindo os atuns com maior eficiência. Apesar de ser um peixe de água doce, o lambari não causa nenhum prejuízo ao ecossistema. Ao ser colocado no oceano, ele sobrevive por cerca de 30 minutos, no máximo.

Adaptado de: http://revistagloborural.globo.com/

No uso dessa tecnologia pesqueira, os lambaris morrem porque:

a) são tipicamente hiposmóticos e não sobrevivem em concentrações isosmóticas.

b) desidratam, pois estavam em um ambiente isotônico onde a salinidade variava muito.

c) passam para um ambiente aquático hipertônico, apresentando uma contínua perda de água por osmose.

d) absorvem muita água e não têm como eliminá-la dos seus organismos, por isso incham até explodir.

e) passam para um ambiente aquático hipotônico, apresentando uma contínua absorção de água por osmose.

**3.** (Udesc) As características físico-químicas, que dependem somente da quantidade de partículas presentes em solução e não da natureza destas partículas, são conhecidas como propriedades coligativas.

Sobre as propriedades coligativas, analise as proposições.

I. A alface, quando colocada em uma vasilha contendo uma solução salina, murcha. Esse fenômeno pode ser explicado pela propriedade coligativa, chamada pressão osmótica, pois ocorre a migração de solvente da solução mais concentrada para a mais diluída.

II. Em países com temperaturas muito baixas ou muito elevadas, costuma-se adicionar etilenoglicol à água dos radiadores dos carros para evitar o congelamento e o superaquecimento da água. As propriedades coligativas envolvidas, nestes dois processos, são a crioscopia e a ebulioscopia, respectivamente.

III. Soluções fisiológicas devem possuir a mesma pressão osmótica que o sangue e as hemácias. Ao se utilizar água destilada no lugar de uma solução fisiológica ocorre um inchaço das hemácias e a morte delas. A morte das hemácias por desidratação também ocorre ao se empregar uma solução saturada de cloreto de sódio. Nas duas situações ocorre a migração do solvente (água) do meio menos concentrado para o meio mais concentrado.

Assinale a alternativa correta.

a) Somente as afirmativas I e II são verdadeiras.
b) Somente as afirmativas II e III são verdadeiras.
c) Somente a afirmativa III é verdadeira.
d) Somente a afirmativa II é verdadeira.
e) Somente as afirmativas I e III são verdadeiras.

**4.** (PUC-RS) Tanto distúrbios intestinais graves quanto a disputa em uma maratona podem levar a perdas importantes de água e eletrólitos pelo organismo. Considerando que essas situações exigem a reposição cuidadosa de substâncias, um dos modos de fazê-lo é por meio da ingestão de soluções isotônicas. Essas soluções:

a) contêm concentração molar de cloreto de sódio igual àquela encontrada no sangue.
b) contêm massa de cloreto de sódio igual à massa de sacarose em dado volume.
c) têm solvente com capacidade igual à do sangue para passar por uma membrana semipermeável.
d) apresentam pressão osmótica igual à pressão atmosférica.
e) apresentam pressão osmótica igual à da água.

**5.** (Fuvest-SP) A porcentagem em massa de sais no sangue é de aproximadamente 0,9%. Em um experimento, alguns glóbulos vermelhos de uma amostra de sangue foram coletados e separados em três grupos. Foram preparadas três soluções, identificadas por X, Y e Z, cada qual com uma diferente concentração salina. A cada uma dessas soluções foi adicionado um grupo de glóbulos vermelhos.

Para cada solução, acompanhou-se, ao longo do tempo, o volume de um glóbulo vermelho, como mostra o gráfico.

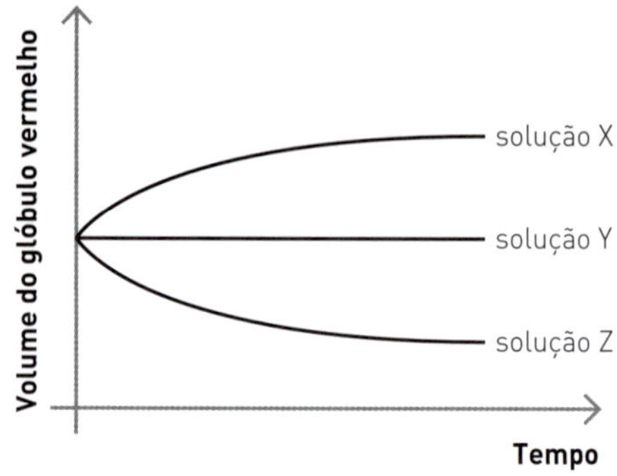


Reprodução/Arquivo da editora

Com base nos resultados desse experimento, é correto afirmar que:

a) a porcentagem em massa de sal, na solução Z, é menor do que 0,9%.
b) a porcentagem em massa de sal é maior na solução Y do que na solução X.
c) a solução Y e a água destilada são isotônicas.
d) a solução X e o sangue são isotônicos.
e) a adição de mais sal à solução Z fará com que ela e a solução X fiquem isotônicas.

**6.** Os medicamentos de ação prolongada, conhecidos por *time-release*, liberam o princípio ativo no organismo a uma velocidade constante. Assim, a qualquer instante a concentração do princípio ativo liberado não é tão elevada a ponto de causar danos nem tão baixa a ponto de ser ineficiente. O esquema abaixo representa uma pílula desse tipo de medicamento.

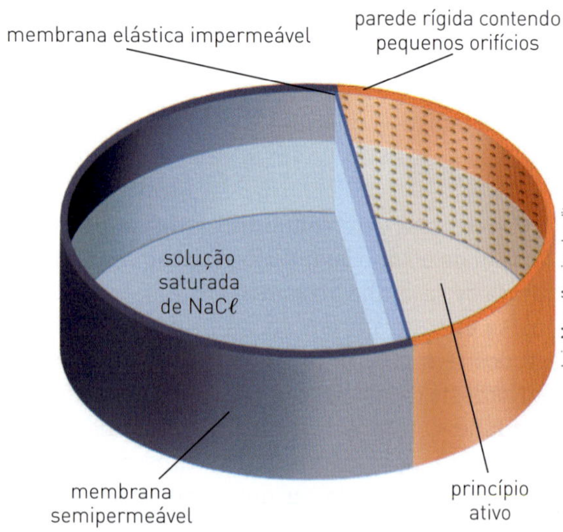


Luis Moura/Arquivo da editora

Considerando que, após a ingestão, essa pílula estava em meio aquoso, explique o funcionamento desse tipo de medicamento.

**7.** (UFPB) A escassez de água própria para o consumo humano tem provocado a busca pelo aproveitamento das águas de oceanos e mares. Para aproveitamento da água salgada, foram desenvolvidos equipamentos de dessalinização que se baseiam na aplicação da osmose reversa. Esses equipamentos têm permitido que bilhões de litros de água potável sejam produzidos anualmente no mundo inteiro. Por definição, a osmose é a passagem de um solvente através de uma membrana semipermeável (MS). Os processos de osmose e osmose reversa estão representados na figura abaixo. Considerando essas informações e observando a figura, verifica-se:

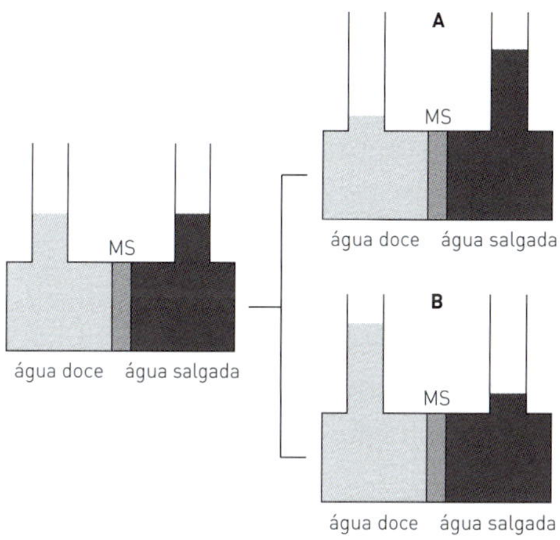

Reprodução/Arquivo da editora

a) Em A e B, os sais conseguem atravessar a membrana semipermeável.
b) Em A, o fluxo através da membrana ocorreu no sentido da água salgada para a água doce.
c) Em A, a concentração de sais na água salgada foi aumentada.
d) Em B, o fluxo de água, no sentido da água salgada para agua doce, exigiu aplicação de pressão externa.
e) Em A, está representado o processo que ocorre nos dessalinizadores.

**8.** (Enem) Alguns tipos de dessalinizadores usam o processo de osmose reversa para obtenção de água potável a partir da água salgada. Nesse método, utiliza-se um recipiente contendo dois compartimentos separados por uma membrana semipermeável: em um deles coloca-se água salgada e no outro recolhe-se a água potável. A aplicação de pressão mecânica no sistema faz a água fluir de um compartimento para o outro. O movimento das moléculas de água através da membrana é controlado pela pressão osmótica e pela pressão mecânica aplicada.

Para que ocorra esse processo é necessário que as resultantes das pressões osmótica e mecânica apresentem:

a) mesmo sentido e mesma intensidade.
b) sentidos opostos e mesma intensidade.
c) sentidos opostos e maior intensidade da pressão osmótica.
d) mesmo sentido e maior intensidade da pressão osmótica.
e) sentidos opostos e maior intensidade da pressão mecânica.

**9.** (Udesc) Quando um soluto não volátil é adicionado a um determinado solvente puro, uma solução é formada e suas propriedades físico-químicas podem ser alteradas. Este fenômeno é denominado efeito coligativo das soluções.

Considere estes efeitos e analise as proposições.

I. O abaixamento da pressão máxima de vapor de um líquido faz com que este tenha um maior ponto de ebulição. Tal fato é possível quando uma colher de sopa de açúcar (sacarose) é adicionada a uma panela contendo 1 litro de água, por exemplo. Este fenômeno é conhecido como ebulioscopia ou ebuliometria.

II. Uma tática interessante para acelerar o resfriamento de bebidas consiste na adição de sal de cozinha ao recipiente com gelo em que elas estão imersas. Neste caso, o efeito crioscópico está presente. Considerando um número idêntico de mols de cloreto de sódio e brometo de magnésio em experimentos distintos, o efeito coligativo resultante será o mesmo, pois este independe da natureza da substância utilizada.

III. A pressão osmótica do sangue humano é da ordem de 7,8 atm devido às substâncias nele dissolvidas. Desta forma, é fundamental que, ao se administrar uma determinada solução contendo um medicamento via intravenosa, a pressão osmótica deste último seja hipotônica em relação à da corrente sanguínea, sob o risco de que as hemácias possam se romper ao absorverem um excesso de partículas administradas.

Assinale a alternativa correta.

a) Somente a afirmativa I é verdadeira.
b) Somente as afirmativas I e III são verdadeiras.
c) Somente as afirmativas I e II são verdadeiras.
d) Somente as afirmativas II e III são verdadeiras.
e) Somente a afirmativa III é verdadeira.

**10.** (Uerj) Para evitar alterações nas células sanguíneas, como a hemólise, as soluções utilizadas em alimentação endovenosa devem apresentar concentrações compatíveis com a pressão osmótica do sangue. Foram administradas a um paciente, por via endovenosa, em diferentes períodos, duas soluções aquosas, uma de glicose e outra de cloreto de sódio, ambas com concentração igual a 0,31 mol/L a 27 °C.

Considere que:

- a pressão osmótica do sangue, a 27 °C, é igual a 7,62 atm;
- a solução de glicose apresenta comportamento ideal;
- o cloreto de sódio encontra-se 100 % dissociado.

a) Calcule a pressão osmótica da solução de glicose e indique a classificação dessa solução em relação à pressão osmótica do sangue.

b) As curvas de pressão de vapor ($P_v$) em função da temperatura (t) para as soluções de glicose e de cloreto de sódio são apresentadas no gráfico a seguir. Aponte a curva correspondente à solução de glicose e justifique sua resposta.

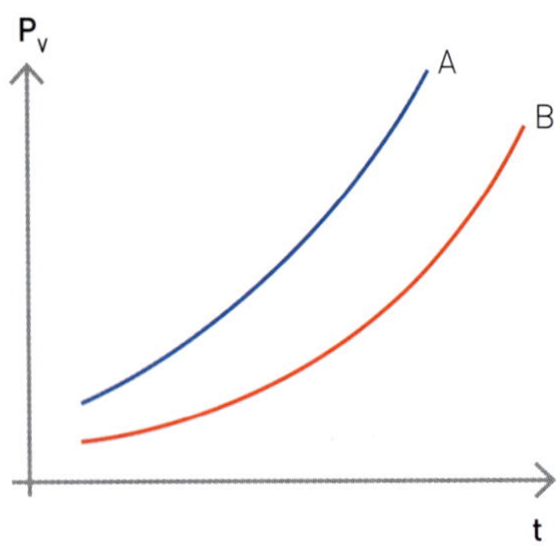


Reprodução/Arquivo da editora

**11.** (Uece) A descoberta do fenômeno da osmose foi atribuída a René Joachim Henri Dutrochet (1776-1847), físico e botânico francês, autor do termo "osmose". Sua pesquisa teve fundamental importância para explicar o processo da respiração celular. A pressão osmótica utilizada para interromper a osmose de uma determinada solução de glicose ($C_6H_{12}O_6$) contendo 10 g/L a 15 °C é

Dado: $R = 0,082 \text{ atm} \cdot L \cdot mol^{-1} \cdot K^{-1}$

a) 2,62 atm.  
b) 1,83 atm.  
c) 2,92 atm.  
d) 1,31 atm.

**12.** (Unifesp) Os polímeros fazem parte do nosso cotidiano e suas propriedades, como temperatura de fusão, massa molar, densidade, reatividade química, dentre outras, devem ser consideradas na fabricação e aplicação de seus produtos. São apresentadas as equações das reações de obtenção dos polímeros polietileno e náilon 66.

$$n\,CH_2{=}CH_2 \rightarrow (-CH_2-CH_2-)_n$$

etileno → polietileno

$$H-\underset{\displaystyle H}{\underset{|}{N}}-(CH_2)_6-\underset{\displaystyle H}{\underset{|}{N}}-H + HOOC-(CH_2)_4-COOH \rightarrow$$

diamina + diácido

$$\rightarrow \ldots-NH-(CH_2)_6-NH-OC-(CH_2)_4-CO-\ldots + H_2O$$

náilon-66

A medida experimental da massa molar de um polímero pode ser feita por osmometria, técnica que envolve a determinação da pressão osmótica ($\pi$) de uma solução com uma massa conhecida de soluto. Determine a massa molar de uma amostra de 3,20 g de polietileno (PE) dissolvida em um solvente adequado, que em 100 mL de solução apresenta pressão osmótica de $1,64 \cdot 10^{-2}$ atm a 27 °C.

Dados:

$\pi = iRTM$, onde i (fator de Van't Hoff) = 1  
$R = 0,082 \text{ atm} \cdot L \cdot K^{-1} \cdot mol^{-1}$  
T = temperatura Kelvin  
M = concentração em $mol \cdot L^{-1}$

**13.** (Unicamp-SP) As informações contidas na tabela a seguir foram extraídas de rótulos de bebidas chamadas "energéticas", muito comuns atualmente.

| Cada 500 mL contém | |
|---|---|
| valor energético | 140 cal |
| carboidratos (sacarose) | 35 g |
| sais minerais | 0,015 mol* |
| proteínas | 0 g |
| lipídios | 0 g |

* Valor calculado a partir do rótulo

A pressão osmótica ($\pi$) de uma solução aquosa de íons e/ou de moléculas pode ser calculada por $\pi = \mathcal{M} \cdot R \cdot T$. Essa equação é semelhante àquela dos gases ideais. $\mathcal{M}$ é a concentração, em mol/L, de partículas (íons e moléculas) presentes na solução. O processo de osmose que ocorre nas células dos seres vivos, inclusive nas do ser humano, deve-se, principalmente, à existência da pressão osmótica. Uma solução aquosa 0,15 mol/L de NaCℓ é chamada de isotônica em relação às soluções contidas nas células do homem, isto é, apresenta o mesmo valor de pressão osmótica que as células do corpo humano. Com base nessas informações e admitindo $R = 8,3 \text{ kPa} \cdot L/mol \cdot K$:

(Nota do autor: kPa é o símbolo para quilopascal.)

a) Calcule a pressão osmótica em uma célula do corpo humano onde a temperatura é 37 °C.
b) A bebida do rótulo é isotônica em relação às células do corpo humano? Justifique. Considere que os sais adicionados são constituídos apenas por cátions e ânions monovalentes.

**14.** (Unicamp-SP) A população humana tem crescido inexoravelmente, assim como o padrão de vida. Consequentemente, as exigências por alimentos e outros produtos agrícolas têm aumentado enormemente e hoje, apesar de sermos mais de seis bilhões de habitantes, a produção de alimentos na Terra suplanta nossas necessidades.
Embora um bom tanto de pessoas ainda morra de fome e um outro tanto morra pelo excesso de comida, a solução da fome passa, necessariamente, por uma mudança dos paradigmas da política e da educação.
Não tendo, nem de longe, a intenção de aprofundar nessa complexa matéria, essa prova simplesmente toca, de leve, em problemas e soluções relativos ao desenvolvimento das atividades agrícolas, mormente aqueles referentes à Química. Sejamos críticos no trato dos danos ambientais causados pelo mau uso de fertilizantes e defensivos agrícolas, mas não nos esqueçamos de mostrar os muitos benefícios que a Química tem proporcionado à melhoria e continuidade da vida.
No mundo do agronegócio, a criação de camarões, no interior do Nordeste brasileiro, usando águas residuais do processo de dessalinização de águas salobras, tem-se mostrado uma alternativa de grande alcance social. A dessalinização consiste num método chamado de osmose inversa, em que a água a ser purificada é pressionada sobre uma membrana semipermeável, a uma pressão superior à pressão osmótica da solução, forçando a passagem de água pura para o outro lado da membrana. Enquanto a água dessalinizada é destinada ao consumo de populações humanas, a água residual (25% do volume inicial), em que os sais estão concentrados, é usada para a criação de camarões.

a) Supondo que uma água salobra que contém inicialmente 10 000 mg de sais por litro sofra a dessalinização conforme descreve o texto, calcule a concentração de sais na água residual formada em mg/L.
b) Calcule a pressão mínima que deve ser aplicada, num sistema de osmose inversa, para que o processo referente ao item *a* anterior tenha início. A pressão osmótica $\pi$ de uma solução pode ser calculada por uma equação semelhante à dos gases ideais, onde *n* é o número de mols de partículas por litro de solução. Para fins de cálculos, suponha que todo o sal dissolvido na água salobra seja cloreto de sódio e que a temperatura da água seja de 27 °C. Dado: constante dos gases, R = 8 314 kPa · L/mol · K.
c) Supondo que toda a quantidade (em mol) de cloreto de sódio no item *b* tenha sido substituída por uma quantidade igual (em mol) de sulfato de sódio, pergunta-se: a pressão a ser aplicada na osmose à nova solução seria maior, menor ou igual à do caso anterior? Justifique sua resposta.

**15.** (ITA-SP) Na figura abaixo, o balão A contém 1 litro de solução aquosa 0,2 mol/L em KBr, enquanto o balão B contém 1 litro de solução aquosa 0,1 mol/L de $FeBr_3$. Os dois balões são mantidos na temperatura de 25 °C. Após a introdução das soluções aquosas de KBr e de $FeBr_3$, as torneiras $T_A$ e $T_B$ são fechadas, sendo aberta a seguir a torneira $T_C$.

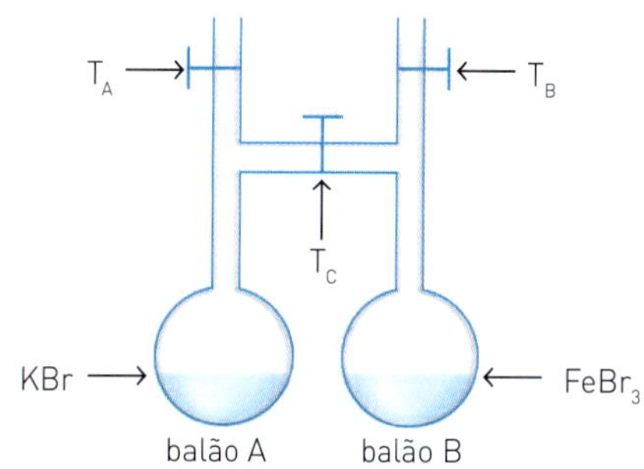

Reprodução/Arquivo da editora

As seguintes afirmações são feitas a respeito do que será observado após o estabelecimento do equilíbrio.

I. A pressão osmótica das duas soluções será a mesma.
II. A pressão de vapor da água será igual nos dois balões.
III. O nível do líquido no balão A será maior do que o inicial.
IV. A concentração da solução aquosa de $FeBr_3$ no balão B será maior do que a inicial.
V. A molaridade do KBr na solução do balão A será igual à molaridade do $FeBr_3$ no balão B.

Qual das opções abaixo contém apenas as afirmações corretas?

a) I e II.
b) I, III e IV.
c) I, IV e V.
d) II e III.
e) II, III, IV e V.

Conexão Saúde

# Bebidas esportivas

Em 1965, o time de futebol americano da Universidade da Flórida, chamado de Gators, participou de um programa de pesquisas científicas para testar uma nova bebida esportiva que continha uma mistura de carboidratos e eletrólitos. A bebida era utilizada para prevenir casos de desidratação muito intensos causados pelo clima quente da Flórida. O sucesso do time naquele ano foi, em parte, atribuído à utilização da bebida esportiva.

Durante exercícios moderados e de alta intensidade, o glicogênio, um carboidrato de reserva energética, pode ser totalmente consumido no intervalo de 60 até 90 minutos. Isso ocorre pois, com a queda do nível de açúcar no sangue, o glicogênio passa a ser utilizado pelo corpo, assim como ocorre o aumento da concentração de ácido láctico, um produto da metabolização da glicose no organismo. O acúmulo de ácido láctico nos músculos pode levar à fadiga muscular.

Durante a realização dos exercícios físicos, os músculos liberam grandes quantidades de calor, que precisa ser dissipado de alguma forma. A água presente no corpo, uma substância de alto calor específico, é o meio utilizado para dissipar o calor liberado pelos músculos.

O suor e a evaporação, utilizados como método de resfriamento do corpo, auxiliam a manter a temperatura constante, no entanto, isso tem um custo elevado.

Durante atividades físicas intensas em dias muito quentes, pode-se perder de um até três litros de água através da transpiração. A perda de mais de 2% de sua massa corporal através da transpiração pode provocar grande estresse no músculo cardíaco, aumentar a temperatura corporal e diminuir consideravelmente a performance.

O suor excessivo resulta ainda em grandes perdas de sódio e potássio, dois íons importantes presentes nos eletrólitos que compõem os fluidos intra e extracelulares.

Todas as bebidas esportivas contêm três ingredientes principais, carboidratos, na forma de açúcares simples, como por exemplo glicose e frutose. Eletrólitos, como por exemplo os íons sódio e potássio e água.

Assim, ao repor as principais substâncias que são perdidas através da transpiração, as bebidas esportivas prometem melhorar a performance dos atletas.

Mas qual é realmente a eficácia dessas bebidas?

Estudos mais recentes confirmaram que atletas que têm uma dieta balanceada e bebem bastante água apresentam performances equivalentes aos que utilizam bebidas esportivas.

Uma vantagem das bebidas esportivas, apresentadas pelos próprios atletas, é que elas apresentam um sabor melhor do que a água, pelo menos para a maioria deles. Um melhor sabor estimula o consumo das bebidas, mantendo assim o corpo hidratado.

Uma vez que a maior parte das bebidas esportivas apresentam os mesmos ingredientes em concentrações similares, o sabor pode ser um fator de escolha dos atletas por uma marca de preferência. No entanto, no lugar da utilização das bebidas esportivas, os atletas podem simplesmente manter uma dieta balanceada e tomar bastante água, de modo a manter sempre uma performance de qualidade e um alto nível de hidratação.

ZUMDAHL e ZUMDAHL. Traduzido pelos autores. 9. ed. p. 537.

Ekkamai Chaikanta/Shutterstock

## Reflita

1. As bebidas esportivas são também chamadas de bebidas isotônicas.
   a) Por qual motivo essas bebidas recebem essa denominação? Como esse fato auxilia a função dessas bebidas no organismo?
   b) Seria possível consumir bebidas hipertônicas ou hipotônicas em relação à concentração de fluidos corpóreos no lugar das isotônicas? Explique o que ocorreria em cada caso.

UNIDADE

# 3

# Termoquímica

A queima da madeira na fogueira da foto de abertura da unidade é um exemplo de reação química chamada combustão. Nesse tipo de reação, ocorre liberação de energia na forma de luz e de calor.

**Será que todas as reações químicas liberam energia? Será que algum tipo de reação química absorve energia do meio?**

weintel/Shutterstock

## NESTA UNIDADE VAMOS ESTUDAR:

- O poder calorífico dos alimentos.
- A energia utilizada para a manutenção da vida.
- O que são calorias e como determiná-las.
- O que é IMC.
- O que é entalpia e como calcular o $\Delta H$ de um processo.
- Como expressar uma equação termoquímica.
- Poder calorífico dos combustíveis.
- Energia de ligação.
- Lei de Hess.

CAPÍTULO

8

# Poder calorífico dos alimentos

Maximilian Stock/Stockfood/Latinstock

Carboidratos = 17 kJ/g ou 4,0 kcal/g.

Photolibrary/Getty Images

Proteínas = 17 kJ/g ou 4,0 kcal/g.

Rita Barreto/Fotoarena

Gorduras = 38 kJ/g ou 9,0 kcal/g.

Em uma dieta balanceada, a quantidade de energia obtida através da ingestão de alimentos deve ser equivalente à quantidade de energia necessária para a manutenção do nosso organismo. Portanto, os processos químicos envolvidos na digestão dos alimentos fornecem a energia necessária para manter os processos vitais, a temperatura corpórea, os movimentos musculares, a produção de novas células, etc. Se ingerirmos uma quantidade de alimento superior à necessária, este excesso será transformado em tecido gorduroso (adiposo), provocando aumento de "peso".

Os valores energéticos dos alimentos são estimados em função das suas porcentagens de **carboidratos**, **proteínas** e **gorduras**.

A energia consumida pelo organismo pode ser dividida, de maneira rudimentar, em duas categorias:

- **Energia metabólica** — É a responsável pela manutenção da vida. Para uma pessoa com 70 kg, de 20 anos de idade e do sexo masculino, o valor estimado é de 7 500 kJ/dia.
- **Atividade muscular** — Dependendo do modo de vida, a energia consumida em atividades musculares varia de 50 a 100% do valor da energia metabólica. Se a única atividade de um indivíduo é o estudo, ele consome o equivalente a 50% do valor da energia metabólica.

Para manter o "peso", a quantidade de energia ingerida nos alimentos deve ser 700 kJ, aproximadamente, maior do que a consumida pelo organismo. Essa diferença refere-se à energia necessária para manter os fluidos do corpo em movimento e recebe o nome de **balanço energético**. Uma dieta balanceada deve ser constituída por alimentos ricos em carboidratos, proteínas e gorduras, os quais devem ser consumidos em diferentes proporções.

Nossas necessidades diárias de proteínas são de aproximadamente 0,8 g por quilograma de massa corpórea, ou seja, uma pessoa de 70 kg deve ingerir 56 g diários desses compostos. Um bife médio, por exemplo, contém aproximadamente 20 g de proteínas.

Nosso corpo também precisa de gorduras (lipídios), que correspondem a cerca de 25% das necessidades diárias de calorias. Uma pessoa de 70 kg necessita consumir aproximadamente 72 g diários de gorduras, as quais são obtidas a partir de diversos alimentos, como carnes, ovos, leite, queijos e óleos comestíveis.

Os carboidratos, por sua vez, são responsáveis por cerca de 60% da energia necessária ao bom funcionamento do nosso organismo. Em média, uma pessoa precisa consumir, diariamente, 660 g desses compostos. Pães, bolachas, frutas, massas e açúcar são alguns exemplos de alimentos ricos em carboidratos.

**SAIBA MAIS**

- **Guia alimentar para a população brasileira: promovendo a alimentação saudável. Ministério da Saúde, 2008**. Um extenso material de consulta sobre alimentação saudável, aspectos sanitários etc. Disponível em: <http://bvsms.saude.gov.br/bvs/publicacoes/guia_alimentar_populacao_brasileira_2008.pdf>.
- **Guia alimentar: como ter uma alimentação saudável. Ministério da Saúde, 2013.** Disponível em: <http://bvsms.saude.gov.br/bvs/publicacoes/guia_alimentar_alimentacao_saudavel_1edicao.pdf>.

Acesso em: 20 mar. 2018.

Conexão Saúde

# É preciso repor a energia gasta

A prática de qualquer esporte, além de ser fundamental para manter uma boa saúde, implica consumo (gasto) de energia.

Nem sempre é fácil avaliar a quantidade de energia consumida em determinada prática esportiva. Só para você ter uma ideia, vai aqui um exemplo: para levantar um peso de massa igual a 1,0 kg até a altura de 1 m acima do solo, um halterofilista gasta uma energia correspondente a 10 J.

Há um diferente consumo de energia na prática de cada tipo de esporte, durante determinado tempo. Eis alguns exemplos da energia aproximada que é gasta em alguns esportes:

- caminhada: 1 100 kJ/h;
- voleibol: 1 400 kJ/h;
- tênis: 1 900 kJ/h;
- futebol: 2 200 kJ/h;
- corrida: 2 600 kJ/h.

Duomo/Corbis/Latinstock

No halterofilismo, o levantamento de peso resulta em um grande gasto calórico.

## Reflita

1. Pesquise em seu livro de Física, na internet ou na biblioteca de sua escola ou cidade os conceitos de:
   a) energia cinética.
   b) energia potencial.
   c) energia elástica.
   d) constante gravitacional.

2. O texto afirma que "para levantar um peso de massa igual a 1,0 kg até a altura de 1 m acima do solo, um halterofilista gasta uma energia correspondente a 10 J". Justifique esse valor e diga a qual energia ele se refere. Para isso, utilize as informações que você pesquisou na questão anterior e as fórmulas, fornecidas abaixo, das energias cinética, potencial e elástica, respectivamente:

$$E_c = \frac{m \cdot v^2}{2}$$

$$E_p = m \cdot g \cdot h$$

$$E_{P_{elástica}} = \frac{k \cdot x^2}{2}$$

Dado: $1\ J = 1\ kg \cdot m^2/s^2$.

# Como medir a quantidade de calor

**Calor:** é a energia em transferência de um corpo a outro, devido à diferença de temperatura entre eles.

Uma das maneiras de determinar a quantidade de energia (medida em calorias) fornecida pela digestão de um alimento consiste no emprego de uma aparelhagem denominada calorímetro, que mede a quantidade de energia térmica absorvida por determinada quantidade de água após a queima (combustão) de uma amostra de alimento, o que, considerando um sistema sem perdas de energia, pode ser considerado como quantidade de calor.

A amostra é colocada em uma câmara com oxigênio, chamada câmara de combustão, e, através de uma descarga elétrica, provocamos sua ignição. O calor liberado na combustão é absorvido na forma de energia térmica pela água contida no calorímetro, a qual sofre aumento de temperatura. Conhecendo o aumento (variação) da temperatura e a massa da água, podemos calcular a quantidade de energia liberada na queima da amostra de alimento. Uma das unidades mais comuns é a caloria (cal).

**1 caloria (cal):** quantidade de calor necessária para elevar em 1 °C a temperatura de 1,0 g de água.

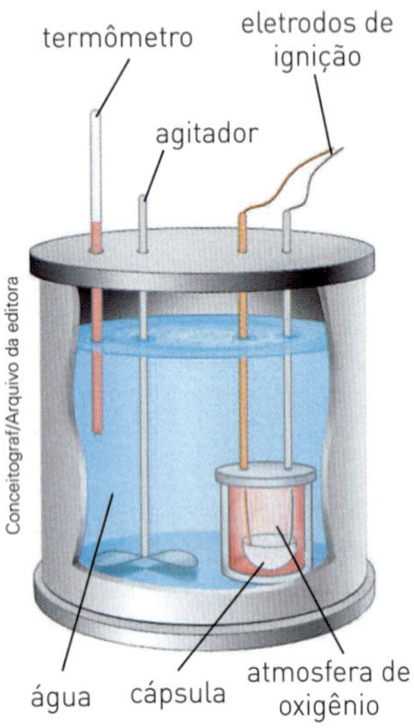


Calorímetro de água.

Vamos considerar como exemplo a queima de 1,0 g de açúcar ($C_{12}H_{22}O_{11}$) em um calorímetro que contenha 1 000 g de água a uma temperatura inicial de 20 °C, sendo que, após a reação, a temperatura (final) da água é de 24 °C. Admitindo que todo calor liberado na combustão foi absorvido na forma de energia térmica pela água, a qual teve a sua temperatura elevada em 4 °C, temos:

elevar em 1 °C $\longrightarrow$ 1 cal por grama de água

elevar em 4 °C $\longrightarrow$ 4 cal por grama de água

Logo: 1 g de água $\xrightarrow{\text{absorve}}$ 4 cal

Como a massa total de água no calorímetro é de 1 000 g, a energia total absorvida pela água é de 4 000 cal ou 4,0 kcal. Assim, a queima de 1,0 g de açúcar liberou 4 000 cal ou 4,0 kcal; logo, o **valor energético** dessa massa de açúcar é de 4,0 kcal:

Valor energético do açúcar ($C_{12}H_{22}O_{11}$) = 4,0 kcal/g

Esse valor também pode ser calculado por:

$$Q = m \cdot c \cdot \Delta t$$

Nessa expressão:

- Q = quantidade de calor envolvido no processo;
- m = massa de água (em gramas);
- c = calor específico da água = $1\ cal \cdot g^{-1} \cdot °C^{-1}$;
- $\Delta t$ = variação da temperatura ($t_{final} - t_{inicial}$).

No exemplo, temos:

- $m_{água} = 1\,000\ g$
- $c = 1\ cal \cdot g^{-1} \cdot °C^{-1}$
- $\Delta t = (24 - 20)\ °C = 4\ °C$

$$Q = 1\,000\,\cancel{g} \cdot 1\ \text{cal} \cdot \cancel{g^{-1}} \cdot \cancel{°C^{-1}} \cdot 4\,\cancel{°C}$$

$$Q = 4\,000\ \text{cal ou } 4{,}0\ \text{kcal}$$

O Sistema Internacional de Unidades recomenda que se utilize o joule (J) ou o quilojoule (kJ) como unidade de medida da energia liberada ou absorvida em uma reação. A relação entre cal e joule é dada por:

$$1\ \text{cal} \rightarrow 4{,}18\ \text{J ou } 1\ \text{kcal} \rightarrow 4{,}18\ \text{kJ}$$

Assim:

Valor energético do açúcar ($C_{12}H_{22}O_{11}$) $\rightarrow$ 16,72 kJ/g

## EXPLORE SEU MUNDO

Observe as imagens dos rótulos das bebidas ao lado.

Um copo de suco de laranja apresenta mais nutrientes do que um copo de um refrigerante. No entanto, caso desejássemos calcular quantas calorias a digestão de um copo de cada uma dessas bebidas fornecerá, qual apresentará um maior valor calórico, para um mesmo volume?

INFORMAÇÃO NUTRICIONAL
Porção de 200 ml (1 copo)

| QUANTIDADE POR PORÇÃO | | %VD (*) |
|---|---|---|
| VALOR ENERGÉTICO | 100 kcal = 419 kJ | 5 |
| CARBOIDRATOS, DOS QUAIS: | 24 g | 8 |
| AÇÚCARES | 21 g | ** |
| FIBRA ALIMENTAR | 2,5 g | 10 |
| SÓDIO | 23 mg | 1 |
| VITAMINA C | 14 mg | 31 |

NÃO CONTÉM QUANTIDADE SIGNIFICATIVA DE PROTEÍNAS, GORDURAS TOTAIS, GORDURAS SATURADAS E GORDURAS *TRANS*.

Carlos Luvizari/Acervo da editora

Rótulo de suco de laranja.

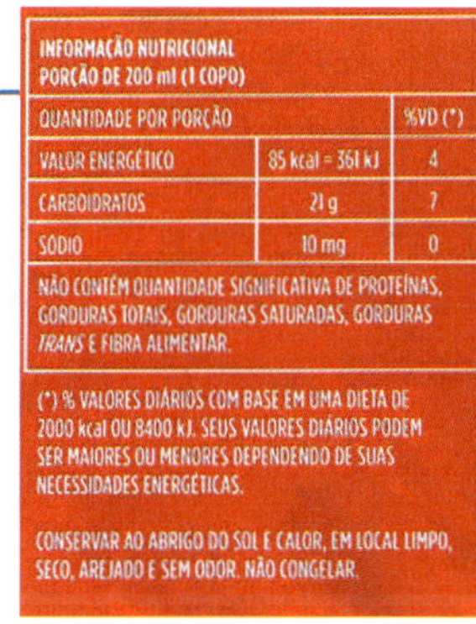

INFORMAÇÃO NUTRICIONAL
PORÇÃO DE 200 ml (1 COPO)

| QUANTIDADE POR PORÇÃO | | %VD (*) |
|---|---|---|
| VALOR ENERGÉTICO | 85 kcal = 361 kJ | 4 |
| CARBOIDRATOS | 21 g | 7 |
| SÓDIO | 10 mg | 0 |

NÃO CONTÉM QUANTIDADE SIGNIFICATIVA DE PROTEÍNAS, GORDURAS TOTAIS, GORDURAS SATURADAS, GORDURAS *TRANS* E FIBRA ALIMENTAR.

(*) % VALORES DIÁRIOS COM BASE EM UMA DIETA DE 2000 kcal OU 8400 kJ. SEUS VALORES DIÁRIOS PODEM SER MAIORES OU MENORES DEPENDENDO DE SUAS NECESSIDADES ENERGÉTICAS.

CONSERVAR AO ABRIGO DO SOL E CALOR, EM LOCAL LIMPO, SECO, AREJADO E SEM ODOR. NÃO CONGELAR.

Carlos Luvizari/Acervo da editora

Rótulo de refrigerante.

## Exercícios resolvidos

**1.** (UEL-PR) No rótulo de uma garrafa de vinho encontramos as informações a seguir:

Informação nutricional (porção de 100 mL):

- Valor energético – 75,0 kcal
- Proteína – 0,375 g
- Carboidrato – 6,00 g
- Gordura – 0,00 g

Considerar que o carboidrato e a proteína fornecem, cada um, 4,00 kcal/g, o álcool fornece 7,00 kcal/g e que nenhum outro componente calórico está presente.

Dado: densidade do álcool é 0,790 g/mL.

Com base nas informações e nos conhecimentos, analise as afirmações.

I. O conteúdo de álcool em 100 mL de vinho fornece 49,5 kcal.

II. A quantidade de álcool em 1 000 mL de vinho fornece 66% do valor energético do vinho.

III. A massa de álcool em 1 000 mL de vinho é 7,07 g.

IV. O volume de álcool em 100 mL de vinho é 8,95 mL.

Indique a alternativa que contém todas as afirmativas corretas.

a) I e IV
b) II e III
c) III e IV
d) I, II e III
e) I, II e IV

MaraZe/Shutterstock

**Solução**

$$\underbrace{\text{volume de vinho}}_{\substack{\text{valor energético} \\ 75{,}0\ \text{kcal}}} \begin{cases} 0{,}375 \text{ de proteína} \\ 6{,}00\ \text{g de carboidrato} \\ \text{álcool} \end{cases}$$

Vamos calcular o valor energético de cada componente.

1,0 g de proteína ou carboidrato —— 4,00 kcal

6,375 g —— x

x = 25,5 kcal

Como o valor energético total de 100 mL de vinho é igual a 75,0 kcal, subtraindo 25,5 kcal teremos o valor energético do álcool.

75,0 kcal − 25,5 kcal = 49,5 kcal

O valor 49,5 kcal corresponde ao valor energético do álcool, que é igual a 66%.

Sabemos que:

1,0 g de álcool $\xrightarrow{\text{fornece}}$ 7,0 kcal

x ——— 49,5 kcal

Portanto, x = 7,07 g de álcool presentes em 100 mL de vinho.

Para determinarmos o volume de álcool no vinho, aplicamos o conceito de densidade.

d = 0,79 g/mL

1 mL de álcool ——— 0,79 g de álcool

x ——— 7,07 g de álcool

x = 8,95 mL de álcool em 100 mL de vinho

Alternativa correta: e.

**2.** (Vunesp-SP) O esquema representa um calorímetro utilizado para a determinação do valor energético dos alimentos.

A tabela nutricional de determinado tipo de azeite de oliva traz a seguinte informação: "Uma porção de 13 mL (1 colher de sopa) equivale a 108 kcal."

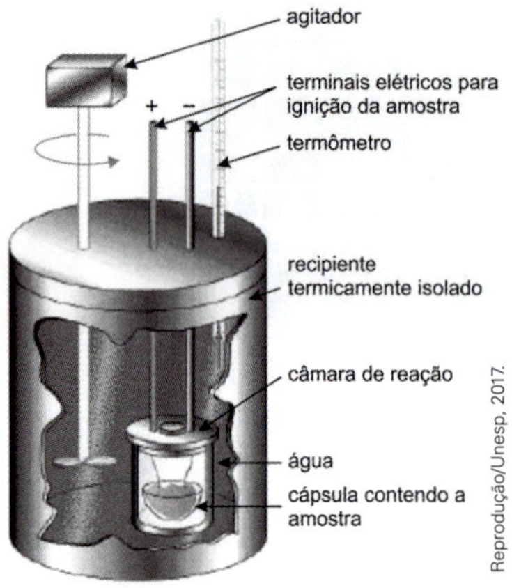


Reprodução/Unesp, 2017.

Considere que o calor específico da água seja 1 kcal · kg$^{-1}$ · °C$^{-1}$ e que todo o calor liberado na combustão do azeite seja transferido para a água. Ao serem queimados 2,6 mL desse azeite, em um calorímetro contendo 500 g de água inicialmente a 20,0 °C e à pressão constante, a temperatura da água lida no termômetro deverá atingir a marca de:

a) 21,6 °C.
b) 33,2 °C.
c) 45,2 °C.
d) 63,2 °C.
e) 52,0 °C.

**Solução**

Calculando inicialmente a quantidade de calor (kcal) liberada na queima de 2,6 mL de azeite temos:

108 kcal ——— 13 mL (1 colher de sopa de azeite)

Q ——— 2,6 mL

$$Q = \frac{108\ \text{kcal} \cdot 2{,}6\ \text{mL}}{13\ \text{mL}} = 21{,}6\ \text{kcal}$$

Assim, a partir dos dados apresentados:

c = 1 kcal · kg$^{-1}$ · °C$^{-1}$

m = 500 g = 0,5 kg

$T_{final}$ = 20,0 °C

A temperatura atingida pela massa de água pode ser calculada por:

$Q = m \cdot c \cdot \Delta t$

$21{,}6 = 0{,}5 \cdot 1 \cdot (T_{final} - 20{,}0)$

$T_{final}$ = 63,2 °C

Assim, a temperatura final da água corresponde a 63,2 °C. A resposta é alternativa d.

## Fundamentando seus conhecimentos

As tabelas a seguir devem ser utilizadas para a resolução dos exercícios **1** a **4**.

| Valor energético aproximado de alguns alimentos comuns | |
|---|---|
| **Alimento** | **kJ/g** |
| vegetais verdes | 1,0 |
| cerveja | 1,3 |
| frutas cítricas | 1,5 |
| leite integral | 2,2 |
| iogurte | 3,0 |
| frango grelhado | 6,0 |
| pão | 10,0 |
| sorvete | 11,0 |
| bife grelhado | 14,0 |
| arroz | 15,0 |
| açúcar comum | 17,0 |
| batata frita | 24,0 |
| manteiga | 30,0 |

| Energia consumida aproximada | |
|---|---|
| **Tipo de exercício** | **kJ/g** |
| caminhada | 1 100 |
| voleibol | 1 400 |
| tênis | 1 900 |
| futebol | 2 200 |
| corrida | 2 600 |

**1.** Considere que, durante um almoço, você ingeriu:

- 100 g de verduras verdes;
- 100 g de arroz;
- 50 g de batatas fritas;
- 50 g de frango grelhado;
- 2 fatias de abacaxi (com 20 g cada uma).

Calcule o valor energético (calórico), em kJ e em kcal, fornecido por esse almoço.

**2.** Em relação ao exercício 1, determine quantos minutos você teria de caminhar para consumir a mesma quantidade de energia fornecida pelo almoço.

**3.** Uma pessoa, logo ao acordar, foi correr durante meia hora, consumindo certa quantidade de energia. No café da manhã, ela resolve repor a mesma quantidade de energia consumida na corrida, comendo pão com manteiga (1 pão de 50 g + 5,0 g de manteiga). Calcule a quantidade de pão com manteiga que ela deverá ingerir.

**4.** Uma pessoa seguia uma dieta alimentar de 6 000 kJ diários. Durante uma refeição, ela ingeriu alimentos cujo valor energético era de 9 000 kJ. Para consumir o excesso energético, ela resolveu jogar futebol. Determine quantos minutos ela deverá jogar.

**5.** Uma amostra de 2,0 g de um alimento, ao ser queimada em um calorímetro com 2,0 kg de água, elevou a temperatura da água de 15 °C para 20 °C ($c$ = calor específico da água = $4\ kJ \cdot °C^{-1} \cdot kg^{-1}$)

Calcule:

I. a quantidade de energia térmica liberada na forma de calor, em kJ, na queima desse alimento;

II. o valor energético desse alimento em kJ/g e em kcal/g.

**6.** (Ufla-MG) Um adulto gasta, em média, 8 000 kJ de energia por dia, executando atividades normais. Sabendo-se que cada 100 g de carboidratos fornece 1 700 kJ de energia útil, qual a porcentagem da necessidade diária de energia é fornecida pela ingestão de 320 g de carboidratos?

a) 68%
b) 50%
c) 47%
d) 85%
e) 25%

## Desenvolvendo seus conhecimentos

**1.** (UEG-GO) Uma pessoa consome diariamente 5 copos de 200 mL de água a uma temperatura de 16 °C por 30 dias e, por vias metabólicas, o organismo deve manter a temperatura corporal a aproximadamente 36 °C. Nesse período, supondo um caso ideal, para elevar a temperatura da água até a temperatura corporal, o total de energia consumida pelo organismo, em kcal, será de aproximadamente:

Dados para a água: calor específico = 1 cal/g °C; densidade = 1 g/mL

a) 20.
b) 80.
c) 120.
d) 350.
e) 600.

**2.** Conhecendo as composições do hambúrguer e do pão, dadas na tabela abaixo, e utilizando os valores energéticos a seguir:

| Hambúrguer (100 g) | Pão (25 g) |
|---|---|
| — | 12,50 g de carboidrato |
| 24 g de proteína | 2,50 g de proteína |
| 20 g de gordura | 1,25 g de gordura |
| 56 g de água | 8,75 g de água |

**Valores Energéticos:** Carboidrato – 17 kJ/g;
Proteína – 17 kJ/g;
Gordura – 38 kJ/g.

a) calcule o valor energético obtido pela ingestão de um pão de 25 gramas e de um hambúrguer de 100 gramas;

b) determine quanto tempo (minutos) uma pessoa deveria caminhar para consumir a energia obtida na ingestão do lanche mencionado no item *a*, sabendo que uma hora de caminhada consome 1 100 kJ.

**3.** (Enem) Arroz e feijão formam um "par perfeito", pois fornecem energia, aminoácidos e diversos nutrientes. O que falta em um deles pode ser encontrado no outro. Por exemplo, o arroz é pobre no aminoácido lisina, que é encontrado em abundância no feijão, e o aminoácido metionina é abundante no arroz e pouco encontrado no feijão. A tabela a seguir apresenta informações nutricionais desses dois alimentos.

| | Arroz (1 colher de sopa) | Feijão (1 colher de sopa) |
|---|---|---|
| Calorias | 41 kcal | 58 kcal |
| Carboidratos | 8,07 g | 10,6 g |
| Proteínas | 0,58 g | 3,53 g |
| Lipídios | 0,73 g | 0,18 g |
| Colesterol | 0 g | 0 g |

Silva, R. S. Arroz e feijão, um par perfeito. Disponível em: <http://www.correpar.com.br>. Acesso em: 1 fev. 2009.

A partir das informações contidas no texto e na tabela, conclui-se que:

a) os carboidratos contidos no arroz são mais nutritivos que os do feijão.

b) o arroz é mais calórico que o feijão por conter maior quantidade de lipídios.

c) as proteínas do arroz têm a mesma composição de aminoácidos que as do feijão.

d) a combinação de arroz com feijão contém energia e nutrientes e é pobre em colesterol.

e) duas colheres de arroz e três de feijão são menos calóricas que três colheres de arroz e duas de feijão.

**4.** (UFJF/PISM-MG) Os alimentos, ao serem consumidos, são digeridos e metabolizados liberando energia química. Uma barra de cereal *light* de avelã com chocolate, que contém 77% de carboidratos, 4% de proteínas e 7% de lipídios, é um dos alimentos utilizados para adquirir energia, uma vez que a energia de combustão das proteínas e dos carboidratos é de $4\ kcal \cdot g^{-1}$ e, dos lipídios é de $9\ kcal \cdot g^{-1}$.

Com base nisso, calcule a quantidade de energia fornecida a um indivíduo que consome uma unidade de 22 gramas dessa barra de cereal.

a) 3,87 kcal
b) 7,37 kcal
c) 162,1 kcal
d) 85,1 kcal
e) 387,0 kcal

**5.** (UFPE) O rótulo de um produto alimentício contém as seguintes informações nutricionais:

| Porção 150 g | | |
|---|---|---|
| **Quantidade por porção** | | **% VD(*)** |
| carboidratos | 6 g | 2 |
| proteínas | 1 g | 2 |
| gorduras totais | 1 g | 3 |
| sódio | 50 mg | 2 |

(*) Valor diário (para satisfazer as necessidades de uma pessoa). Percentual com base em uma dieta de 2 000 cal diárias.

Com base nessa tabela, avalie as afirmativas abaixo.

(0-0) O percentual, em massa, de carboidratos neste alimento é de $6/150 \cdot 100$.

(1-1) Na dieta de 2 000 cal, são necessários 50 g de proteínas diariamente.

(2-2) A tabela contém somente 10% dos ingredientes que compõem este alimento.

(3-3) Para satisfazer as necessidades diárias de sódio, somente com este produto, uma pessoa deveria ingerir 7,5 kg desse produto.

(4-4) Este produto contém um percentual em massa de proteína igual ao de carboidratos.

## Desafiando seus conhecimentos

**1.** (UFPR) Chamamos de energéticos ou calóricos os alimentos que, quando metabolizados, liberam energia química aproveitável pelo organismo. Essa energia é quantificada através da unidade física denominada caloria, que é a quantidade de energia necessária para elevar, em um grau, um grama de água. A quantidade de energia liberada por um alimento pode ser quantificada quando se usa a energia liberada na sua combustão para aquecer uma massa conhecida de água contida num recipiente isolado termicamente (calorímetro de água). Em um experimento, para se determinar a quantidade de calorias presente em castanhas e nozes, obtiveram-se os resultados apresentados na tabela a seguir.

| Amostra | Massa da amostra | Massa de água (g) | Temperatura inicial da água (°C) | Temperatura final da água (°C) |
|---|---|---|---|---|
| noz | 2,50 | 100 | 15,0 | 75,0 |
| castanha | 4,00 | 120 | 15,0 | 90,0 |

Com base no exposto no texto e na tabela e sabendo que o calor específico da água é igual a $1{,}0\ cal/\ g \cdot °C$, é correto afirmar:

a) Esses resultados indicam que se uma pessoa ingerir 1,0 grama de nozes terá disponível 2 400 calorias, enquanto se ingerir a mesma quantidade de castanha terá disponível 2 250 calorias.

b) A castanha é duas vezes mais calórica do que a noz.

c) A quantidade de energia liberada na queima da noz é de 9 000 calorias, e na queima da castanha é de 6 000 calorias.

d) Um indivíduo que gasta cerca de 240 calorias em uma caminhada deve ingerir 10 g de castanha ou 225 gramas de nozes para repor as calorias consumidas.

e) A razão entre a quantidade de calorias liberadas na queima da castanha em relação à da queima da noz corresponde a 2,5.

**2.** (UFRJ) De acordo com a Coordenadoria Municipal de Agricultura, o consumo médio carioca de coco verde é de 8 milhões de frutos por ano, mas a produção do Rio de Janeiro é de apenas 2 milhões de frutos.

Dentre as várias qualidades nutricionais da água de coco, destaca-se ser ela um isotônico natural.

A tabela a seguir apresenta resultados médios de informações nutricionais por 100 mL de uma bebida isotônica comercial e da água de coco.

| | Valor energético* | Potássio | Sódio |
|---|---|---|---|
| isotônico comercial | 102 kcal | 10 mg | 45 mg |
| água de coco | 68 kcal | 200 mg | 60 mg |

* Calor de combustão dos carboidratos

Uma função importante das bebidas isotônicas é a reposição de potássio após atividades físicas de longa duração; a quantidade de água de um coco verde (300 mL) repõe o potássio perdido em duas horas de corrida.

Calcule o volume, em litros, de isotônico comercial necessário para repor o potássio perdido em 2 h de corrida.

3. (Unicamp-SP) Os alimentos, além de nos fornecerem as substâncias constituintes do organismo, são também fontes de energia necessária para nossas atividades. Podemos comparar o balanço energético de um indivíduo após um dia de atividades da mesma forma que comparamos os estados final e inicial de qualquer processo químico. O gasto total de energia (em kJ) por um indivíduo pode ser considerado como a soma de três usos corporais de energia:

1. gasto metabólico de repouso (4,2 kJ/kg por hora).
2. gasto energético para digestão e absorção dos alimentos, correspondente a 10% da energia dos alimentos ingeridos.
3. atividade física, que para uma atividade moderada representa 40% do gasto metabólico de repouso.

Qual seria o gasto energético total de um indivíduo com massa corporal de 60 kg, com atividade moderada e que ingere o equivalente a 7 600 kJ por dia?

4. (UFPA) Considere que uma pessoa de 70 kg necessita de 400 kJ de energia para caminhar 2 km e que essa energia é obtida pelo corpo somente pela "queima" completa da glicose ($C_6H_{12}O_6$). Da energia produzida por essa reação, somente 40% é utilizada para se movimentar, pois os outros 60% são utilizados nas mais diversas funções do organismo. Assumindo que a energia para essa caminhada venha exclusivamente da ingestão de um alimento com conteúdo total de glicose de 40% em massa, a massa, em gramas, desse alimento que deve ser ingerido é de aproximadamente:

Dado: Energia liberada pela "queima" completa de 1 g de $C_6H_{12}O_6$ = 16 kJ.

a) 312.
b) 156.
c) 100.
d) 62,5.
e) 25.

5. (UFSC) Em 2001 a Agência Nacional de Vigilância Sanitária (Anvisa) regulamentou a rotulagem nutricional obrigatória de alimentos e bebidas. No entanto, o que se observa, ainda hoje, são rótulos com diferentes padrões unitários (kcal, cal, Cal, kJ), muitas vezes com informações contraditórias. A tabela abaixo apresenta as informações nutricionais impressas na embalagem de um refrigerante, com valores arredondados.

Indique a(s) proposição(ões) correta(s).

| Informação nutricional – porção de 200 ml (1 copo) | | |
|---|---|---|
| Quantidade por porção | | % VD(*) |
| valor calórico (kcal) | 100 | 4 |
| carboidratos (sacarose) | 25 g | 6 |
| sódio | 46 mg | 2 |

(*) Valores diários de referência com base em uma dieta de 2 500 calorias.

Massas molares: C = 12 g/mol; H = 1,0 g/mol; O = 16 g/mol.

01) Caloria é a unidade de energia do Sistema Internacional de Unidades (SI).

02) Se a informação na tabela acima sobre o valor calórico diário de referência estivesse correta, 1 copo de 200 mL do refrigerante seria suficiente para fornecer energia ao organismo por 40 dias.

04) A concentração do íon $Na^+$ numa porção desse refrigerante é $2 \cdot 10^{-2} \cdot mol \cdot dm^{-3}$.

08) A massa molar do único carboidrato presente, a sacarose (açúcar comum, $C_{12}H_{22}O_{11}$), é $342 \ g \cdot mol^{-1}$.

16) Pelo rótulo podemos concluir que a bebida é um meio eletrolítico.

6. (Olimpíada Brasileira de Química) Nas condições ambiente, ao inspirar, puxamos para nossos pulmões aproximadamente 0,5 L de ar, então aquecido na temperatura ambiente de 25 °C até a temperatura do corpo de 36 °C. Fazemos isso cerca de $16 \cdot 10^3$ vezes em 24 horas. Se, nesse tempo, recebermos $1,0 \cdot 10^7$ J de energia por meio da alimentação, a porcentagem aproximada dessa energia que será gasta para aquecer o ar inspirado será de: (Ar atmosférico nas condições ambiente: densidade = 1,2 g/L, calor especifico = $1,0 \ J \cdot g^{-1} \cdot °C^{-1}$.)

a) 3,0%.
b) 2,0%.
c) 1,0%.
d) 10,0%.
e) 15,0%.

# Obesidade

A ingestão excessiva de alimentos pode acarretar na formação de uma maior quantidade de tecido adiposo, levando a um excesso de peso.

A porcentagem de tecido adiposo em um indivíduo pode ser calculada de diferentes maneiras:

**1.** Adipômetro

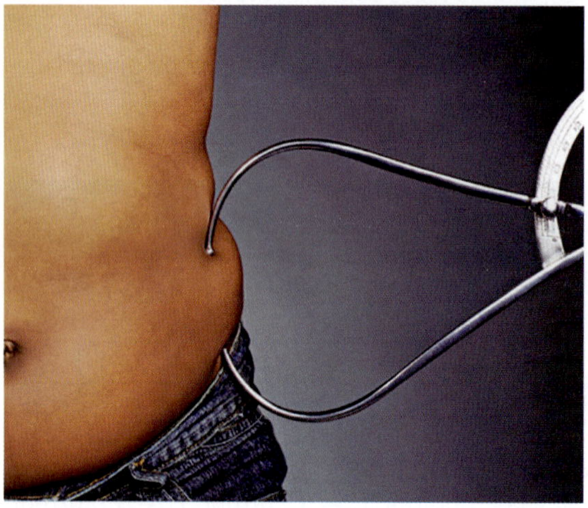

Conely Jay/SPL/Latinstock

É a maneira mais comum e mais simples. O adipômetro mede a espessura da pele e permite calcular a taxa de gordura corporal.

**2.** Bioimpedância

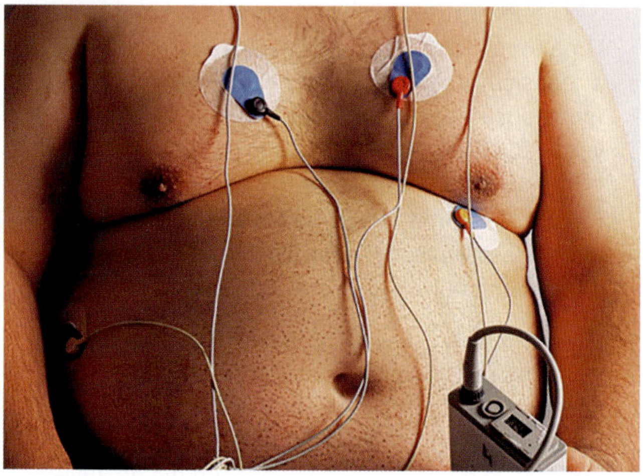

Mauro Fermariello/SPL/Latinstock

Nesse procedimento, uma corrente elétrica indolor (500 μA) passa pelo corpo, medindo a resistência ao fluxo de energia. Quanto maior a quantidade de tecido adiposo, menor a quantidade de energia que atravessa o corpo.

**3.** Densidade corpórea

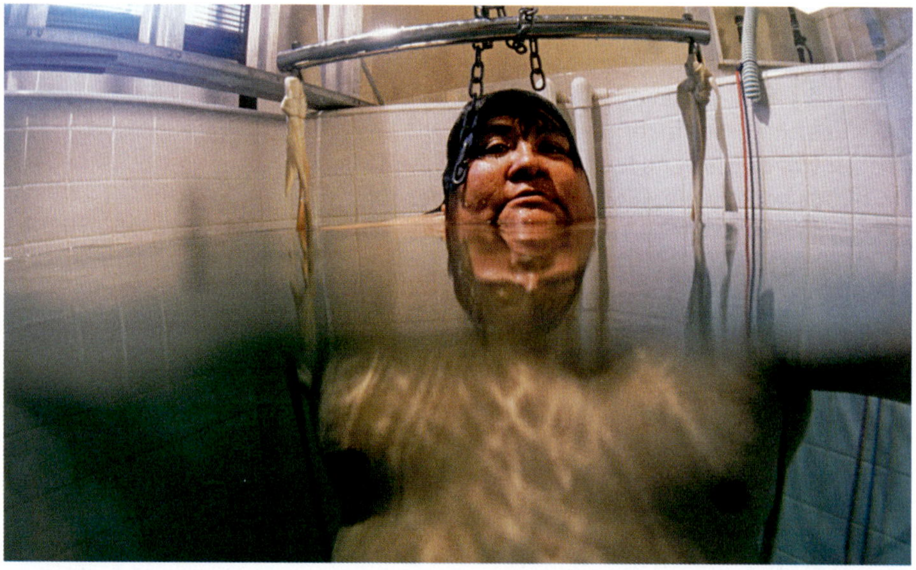

Peter Menzel/SPL/Latinstock

A partir da massa, determinada com o auxílio de uma balança, e do volume, determinado pela imersão do corpo em um tanque de água, podemos determinar a densidade do corpo. A comparação do valor obtido com valores em tabelas já existentes permite avaliar a porcentagem de tecido adiposo.

A quantidade de tecido adiposo em um homem de estatura mediana é por volta de 16% em massa, e em uma mulher de estatura mediana é por volta de 25%. Nos obesos, esse valor pode chegar a 50%.

No corpo dos homens e das mulheres, a gordura se acumula em regiões diferentes. Nos homens, a gordura se acumula na parte superior do corpo e na região do abdome; já nas mulheres, o acumulo ocorre nos quadris e nas coxas.

# Diagnóstico da obesidade

Uma das maneiras mais utilizadas para iniciar o diagnóstico da obesidade é adotar uma relação matemática denominada Índice de Massa Corpórea (IMC), calculada pela expressão:

$$IMC = \frac{\text{peso (kg)}}{(\text{altura})^2\ (m^2)}$$

Os valores obtidos são interpretados de acordo com a tabela ao lado.

Por exemplo, uma pessoa com 90 kg e 1,70 m de altura tem seu IMC calculado desta forma:

$$IMC = \frac{90\ (kg)}{(1{,}70)^2\ m^2} = 31{,}4\ \frac{kg}{m^2}$$

De acordo com a tabela, essa pessoa pode ser classificada como obesa de classe I, ou seja, uma obesidade considerada leve; entretanto, esse diagnóstico deve ser conduzido por um profissional da saúde, como, por exemplo, endocrinologistas e nutricionistas.

| Classificação de IMC ($kg/m^2$) | |
|---|---|
| baixo peso | $< 18{,}5$ |
| normal | 18,5 – 24,9 |
| pré-obeso | 25 – 29,9 |
| obesidade classe I (leve) | 30 – 34,9 |
| obesidade classe II (moderada) | 35 – 39,99 |
| obesidade classe III (grave, mórbida) | $\geq 40$ |

# Fatores que levam à obesidade

A ocorrência da obesidade está associada a diversos fatores:

- **Genéticos**: em que pais obesos muitas vezes geram filhos obesos ou com tendência à obesidade.
- **Psicológicos**: em que a ansiedade pode levar algumas pessoas a ingerir quantidade exagerada de alimentos.
- **Culturais**: em que o tipo de alimentação, por exemplo, é determinado pela região ou pela cultura local.

Thinkstock/Getty Images

Nos Estados Unidos, é muito frequente o consumo abusivo de alimentos pouco saudáveis, o que, somado ao sedentarismo, explica o grande número de pessoas obesas naquele país.

Ian Hooton/SPL/Latinstock

Embora muitos acreditem que a obesidade indica que uma criança seja saudável, essa associação entre peso elevado e saúde é equivocada.

## Reflita

1. Uma pessoa com 1,75 m e 70 kg pode ser considerada obesa, de acordo com o Índice de Massa Corpórea (IMC)? Justifique sua resposta.

2. Calcule o seu IMC.

3. Pessoas obesas podem apresentar predisposição para algumas doenças. Cite algumas delas.

4. Constantemente revistas encontradas em bancas de jornal trazem fórmulas mágicas para o emagrecimento rápido. São sugestões de dietas rigorosas, séries exaustivas de exercícios e até a indicação de produtos e remédios que prometem fazer emagrecer em tempos recordes.
   a) Qual é a sua opinião a respeito desses métodos de emagrecimento?
   b) Discuta com seus colegas sobre os possíveis benefícios e prejuízos da perda de peso em curto espaço de tempo.
   c) Qual é a melhor maneira de manter um peso adequado para seu organismo?

## Leia, analise e responda

# Conteúdo energético dos macronutrientes

**Hidrocarboneto:** classe de substâncias que constituem os principais combustíveis (gasolina, óleo diesel etc.) e cujas moléculas são formadas somente por carbono e hidrogênio.

Podemos comparar o corpo humano a um motor, que, de acordo com as leis da Física, usa energia para realizar trabalho e manter-se em funcionamento.

Da mesma maneira que os hidrocarbonetos fornecem energia para os motores, os alimentos fornecem energia para o nosso corpo, o que é feito mediante uma série de reações químicas, denominadas **metabolismo**.

Em uma dieta balanceada, a quantidade de energia obtida através dos alimentos ingeridos deve ser igual à quantidade necessária para a manutenção de todas as atividades do nosso organismo.

$$\text{energia introduzida} = \text{energia gasta} + \text{energia armazenada}\begin{pmatrix}\text{reservas}\\ \text{energéticas}\end{pmatrix}$$

Os valores energéticos dos alimentos são estimados de acordo com as quantidades de macronutrientes que contêm — carboidratos, proteínas e gorduras. Observe a figura ao lado da tabela.

Rótulos de alimentos industrializados costumam fornecer informações nutricionais do produto oferecido ao consumidor.

Veja, por exemplo, as informações impressas no rótulo de determinado creme de amendoim.

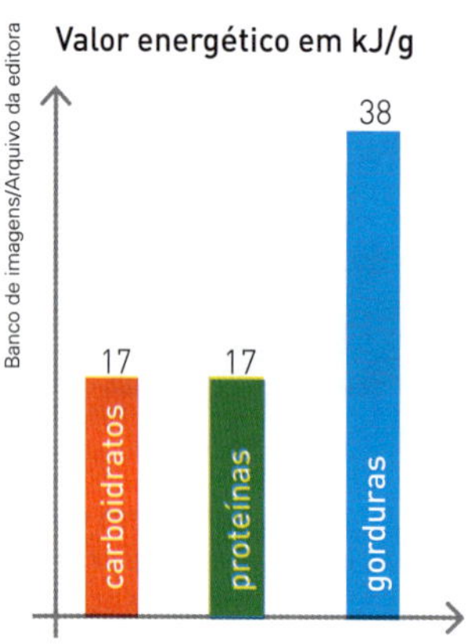


Banco de imagens/Arquivo da editora

M.Botarelli/Shutterstock

| Cada 100 g do produto contém | | | | | |
|---|---|---|---|---|---|
| energia | | 2570 kJ | **Vitaminas** | | **% R.D.**** |
| lipídios | | 49 g | A | 3000 U.I. | 60 |
| proteínas | | 20 g | D | 240 U.I. | 60 |
| carboidratos | | 23 g | E | 8 mg | 80 |
| **Sais minerais** | | **% R.D.**** | niacina ($B_3$) | 21 mg | 100 |
| ferro | 9 mg | 60 | $B_{12}$ | 1,8 µg | 60 |
| fósforo | 200 mg | 20 | $B_1$ | 0,1 mg | 5 |
| cálcio | 200 mg | 25 | | | |

** Indica os percentuais da recomendação diária (R.D.) contidos em 100 g do produto (Resolução CNNPA 12/46 de 1978 — MS). Por exemplo, os 9 mg de ferro presentes em 100 g do produto equivalem a 60% do total de ferro recomendado diariamente.

1. Veja no gráfico abaixo a porcentagem aproximada de gordura existente em vários tipos de alimentos comuns no nosso dia a dia:

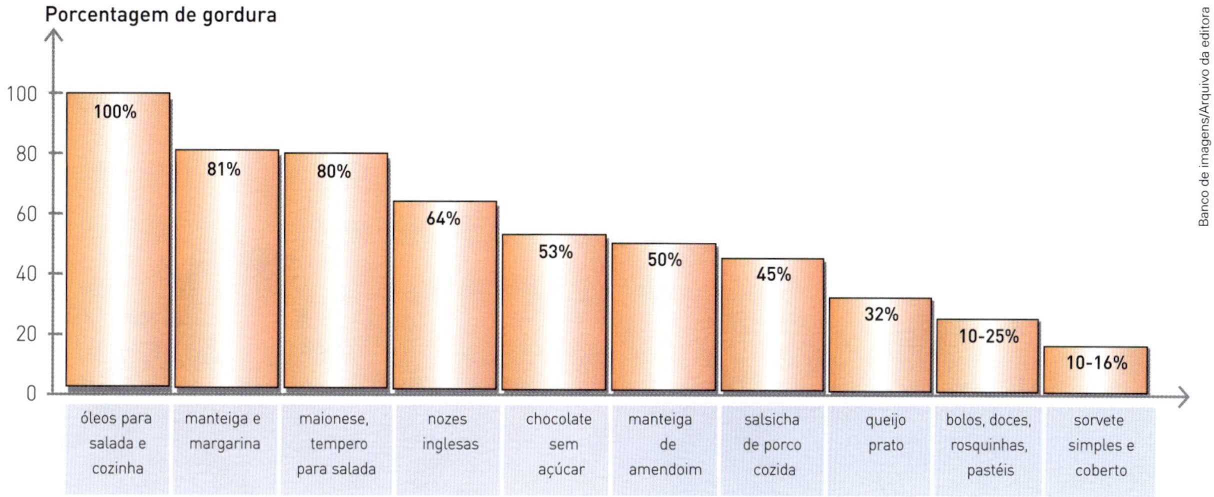


Fonte: Calloway, D. H.; Carpenter, K. O. Nutrition and Health. Philadelphia: Saunders College Publishing, 1981.

a) Calcule a quantidade, em gramas, de gordura armazenada em um frasco contendo 500 g de maionese, bem como a quantidade de energia produzida na "queima" dessa gordura.

b) Qual massa de queijo prato contém a mesma quantidade de gordura encontrada em 100 g de nozes inglesas?

2. Qual a quantidade de energia, em kJ, fornecida pela ingestão de:

a) 10 g de amido, um tipo de carboidrato?

b) 10 g de carne de peixe, admitindo-se que essa carne contenha apenas proteínas?

3. Um lanche constituído de um hambúrguer e um pão fornece um total de 1 970 kJ, assim divididos:

- 425 kJ provenientes de carboidratos;
- 595 kJ provenientes de proteínas;
- 950 kJ provenientes de gorduras.

Sabendo-se que o lanche apresenta 75 g de água, que não tem valor energético, e que 1 hora de caminhada consome 1 100 kJ, calcule a massa total em gramas do lanche e o tempo de caminhada necessário para consumir a quantidade de energia fornecida por esse lanche.

4. Para suprir sua necessidade diária de ferro, qual massa de creme de amendoim você deve ingerir diariamente?

5. Qual anomalia é provocada pela deficiência de ferro?

6. Calcule a quantidade de energia fornecida pelos lipídios, pelas proteínas e pelos carboidratos presentes em 100 g de creme de amendoim.

7. Durante o sono, o organismo humano consome aproximadamente 4,2 kJ/min. Quantas horas você deveria dormir para consumir a energia proveniente da ingestão de 200 g de creme de amendoim?

CAPÍTULO

9

# Termoquímica

Philip Kramer/Getty Images

As reações de combustão ocorrem com liberação de energia na forma de luz e calor.

Tanto os fenômenos físicos, como as mudanças de estado, quanto as reações químicas ocorrem com a absorção ou a liberação de energia térmica na forma de calor.

Neste capítulo, vamos estudar, de maneira mais detalhada, as trocas de energia, na forma de calor, envolvidas nas reações químicas e nas mudanças de estado físico das substâncias.

## Processos exotérmicos e endotérmicos

São dois os processos em que há troca de energia na forma de calor: o processo exotérmico e o processo endotérmico.

**Processo exotérmico:** ocorre com a liberação de energia térmica, com fluxo de calor do sistema para o meio.

- **Fenômeno químico exotérmico:**

A combustão completa de 1,0 mol de metano libera 889,5 kJ. A reação termoquímica que representa esse fenômeno é:

$$CH_4\ (g) + 2\ O_2\ (g) \rightarrow CO_2(g) + 2\ H_2O\ (v) + 889{,}5\ kJ$$

Na imagem ao lado temos a queima do metano armazenado no *permafrost* (solo das regiões árticas que se mantém congelado). O gás fica preso na estrutura cristalina do gelo e pode escapar quando essa estrutura é rompida.

A combustão do metano é um processo exotérmico, liberando grandes quantidades de energia térmica na forma de calor.

Johner RF/Getty Images

Combustão do metano armazenado no *permafrost*.

- **Fenômeno físico exotérmico:**

Quando 1,0 mol de água líquida se solidifica transformando-se em 1,0 mol de água sólida, ocorre a liberação de 7,3 kJ. Esse fenômeno pode ser representado pela equação:

$$H_2O\ (\ell) \rightarrow H_2O\ (s) + 7{,}3\ kJ$$

Os processos exotérmicos podem ser representados da seguinte maneira:

> substâncias no estado inicial → substâncias no estado final + energia térmica na forma de calor

Radharc Images/Alamy/Glow Images

A solidificação da água pode originar a neve.

> **Processo endotérmico:** ocorre com a absorção de energia térmica, com fluxo de calor no sentido do meio para o sistema.

- **Fenômeno químico endotérmico:**

A transformação de 1,0 mol de hematita ($Fe_2O_3$) em ferro metálico ocorre com a absorção de 491,5 kJ e pode ser representada pela equação:

$$Fe_2O_3\ (s) + 3\ C\ (s) + 491{,}5\ kJ \rightarrow 2\ Fe\ (s) + 3\ CO\ (g)$$

Ugo Ambroggio/Alamy/Fotoarena

A obtenção de ferro, a partir da hematita ($Fe_2O_3$), nos altos-fornos demanda o fornecimento de uma grande quantidade de energia térmica na forma de calor.

- **Fenômeno físico endotérmico:**

Quando 1,0 mol de água líquida absorve 44 kJ do ambiente, transforma-se em água no estado de vapor.

$$H_2O\ (\ell) + 44\ kJ \rightarrow H_2O\ (v)$$

Os processos endotérmicos podem ser representados da seguinte maneira:

> substâncias no estado inicial + energia térmica na forma de calor → substâncias no estado final

Thinkstock/Getty Images

A roupa molhada pendurada em um varal seca mais rapidamente em dias quentes e secos.

# Relação entre quantidades de matéria e de calor

A quantidade de energia térmica liberada ou absorvida na forma de calor é sempre proporcional à quantidade das substâncias envolvidas. Veja, abaixo, a representação da transformação do gás ozônio em gás oxigênio.

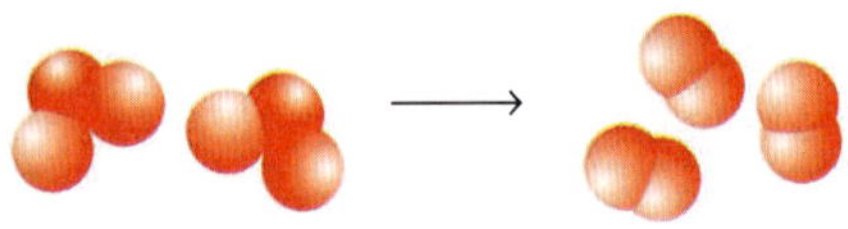

Banco de imagens/Arquivo da editora

Essa reação pode também ser representada pela equação:

$$2\ O_3\ (g) \longrightarrow 3\ O_2\ (g) + 426{,}9\ kJ$$

Podemos concluir que, na transformação de 2 mol de $O_3$ (g), são produzidos 3 mol de $O_2$ (g) e são liberados 426,9 kJ. A partir dessa relação podemos calcular a energia térmica liberada na forma de calor para quaisquer outras quantidades, por exemplo, a transformação de 20 mol de $O_3$.

$$2\ O_3\ (g) \longrightarrow 2\ O_2\ (g) + 426{,}9\ kJ$$

2 mol ——liberam—— 426,9 kJ

20 mol ———— x

x = 4 269 kJ

## Fundamentando seus conhecimentos

A montagem a seguir representa mudanças de estado da água.

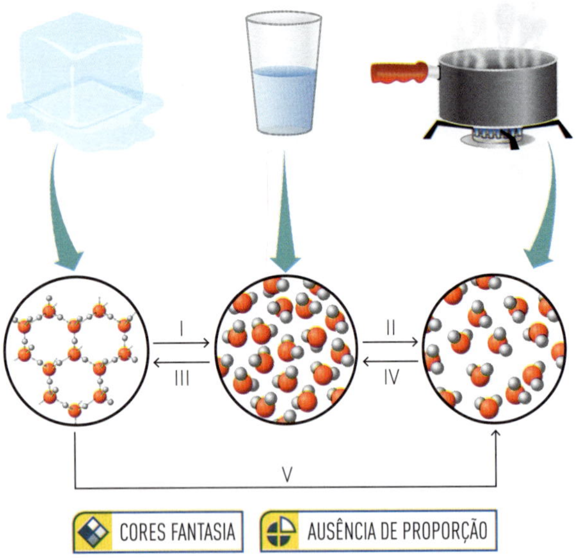


Luiz Fernando Rubio/Arquivo da editora

Com base nessa montagem, responda às questões **1** e **2**.

1. Dê o nome de cada mudança de estado.
2. Classifique cada mudança de estado em exotérmica ou endotérmica.

As questões **3** a **9** devem ser respondidas com base nas informações a seguir.

Os isqueiros geralmente têm como combustível o butano ($C_4H_{10}$). Abaixo, estão representadas duas situações.

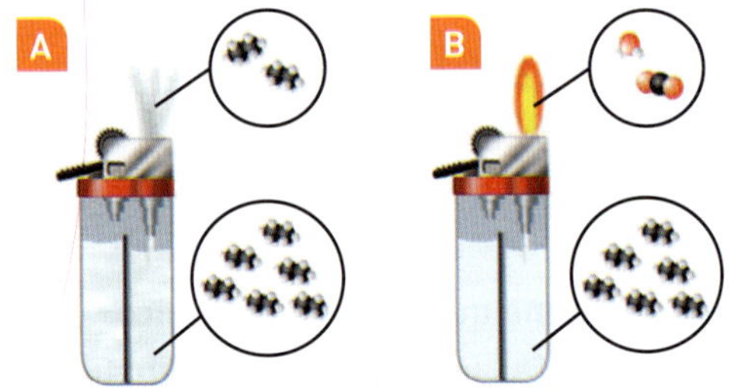


Luis Moura/Arquivo da editora

3. Em qual situação ocorreu um fenômeno físico?
4. Esse fenômeno físico é endotérmico ou exotérmico?
5. Em qual situação ocorreu um fenômeno químico?
6. Esse fenômeno químico é endotérmico ou exotérmico?
7. O gás butano, ao reagir com o gás oxigênio ($O_2$), produz gás carbônico ($CO_2$) e vapor de água ($H_2O$). Equacione a reação devidamente balanceada.
8. Na combustão completa de 1 mol de $C_4H_{10}$ são liberados 2 658 kJ. Calcule a energia térmica liberada na forma de calor na queima de 5 mol de $C_4H_{10}$.
9. Sabendo que a massa molar do $C_4H_{10}$ é igual a 58 g · mol$^{-1}$, calcule a energia térmica liberada na forma de calor na queima de 29 g de $C_4H_{10}$.

# Desenvolvendo seus conhecimentos

**1.** (Enem)

O ciclo da água é fundamental para a preservação da vida no planeta. As condições climáticas da Terra permitem que a água sofra mudanças de fase e a compreensão dessas transformações é fundamental para se entender o ciclo hidrológico. Numa dessas mudanças, a água ou a umidade da terra absorve o calor do sol e dos arredores. Quando já foi absorvido calor suficiente, algumas das moléculas do líquido podem ter energia necessária para começar a subir para a atmosfera.

Disponível em: <http://www.keroagua.blogspot.com>. Acesso em 30 mar. 2009 (adaptado).

A transformação mencionada no texto é a:

a) fusão.
b) liquefação.
c) evaporação.
d) solidificação.
e) condensação.

**2.** (Ifsul-RS) Que alternativa contém apenas fenômenos endotérmicos ou apenas fenômenos exotérmicos?

a) Queima de carvão – combustão em motores de automóveis – evaporação de líquidos.
b) Secagem de roupas – ebulição da água – derretimento de gelo.
c) Combustão em motores de automóveis – formação de geada – evaporação dos lagos.
d) Evaporação de líquidos – secagem de roupas – explosão de fogos de artifício.

**3.** (UPE/SSA)

Um fenômeno raro no Nordeste chamou a atenção de moradores de Ouricuri, no Sertão do Estado. No final da tarde da última terça-feira de 2014, caiu granizo na localidade, por cerca de dez minutos. Quando o dia amanheceu, foi possível observar vapores sendo formados do granizo depositado no chão.

Disponível em: http://www.jornaldecaruaru.com.br/2014/12/ Acesso em: junho 2015.

Considerando as informações dessa notícia, o que ocorria com o granizo ao amanhecer?

a) Um processo exotérmico.
b) Um processo endotérmico.
c) Um processo isotérmico.
d) Uma reação química endotérmica.
e) Uma reação química exotérmica.

**4.** (Enem) O aquecimento de um material por irradiação com micro-ondas ocorre por causa da interação da onda eletromagnética com o dipolo elétrico da molécula. Um importante atributo do aquecimento por micro-ondas é a absorção direta da energia pelo material a ser aquecido. Assim, esse aquecimento é seletivo e dependerá, principalmente, da constante dielétrica e da frequência de relaxação do material.

O gráfico mostra a taxa de aquecimento de cinco solventes sob irradiação de micro-ondas.

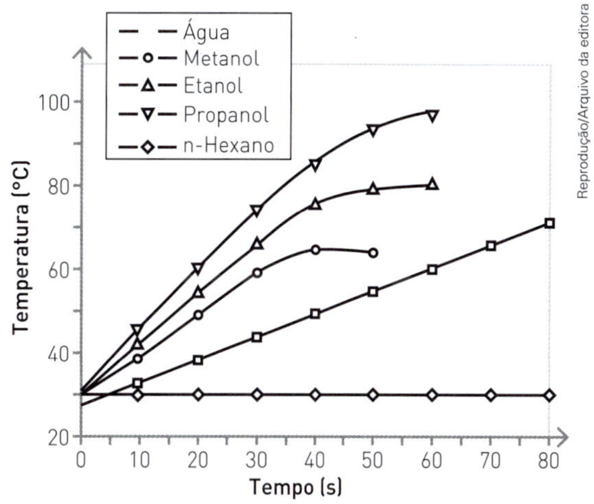


BARBOZA, A. C. R. N. et al. Aquecimento em forno de micro-ondas. Desenvolvimento de alguns conceitos fundamentais. *Química Nova*. n. 6. 2001 (adaptado).

No gráfico, qual solvente apresenta taxa média de aquecimento mais próxima de zero, no intervalo de 0 s a 40 s?

a) água
b) metanol
c) etanol
d) propanol
e) n-Hexano

**5.** (UFRGS-RS) Considere as seguintes afirmações sobre termoquímica.

I. A vaporização do etanol é um processo exotérmico.
II. Os produtos de uma reação de combustão têm entalpia inferior aos reagentes.
III. A reação química da cal viva (óxido de cálcio) com a água é um processo em que ocorre absorção de calor.

$$CaO + H_2O \rightarrow Ca(OH)_2 + 65\ kJ$$

Quais estão corretas?

a) Apenas I.
b) Apenas II.
c) Apenas III.
d) Apenas I e II.
e) I, II e III.

Para as questões **6** a **8**, considere as informações abaixo.

Combustão completa do álcool comum (etanol):

$1\ C_2H_5OH + 3\ O_2 \rightarrow 2\ CO_2 + 3\ H_2O \quad \Delta H = -1373\ kJ$

Massa molar: $C_2H_5OH = 46$ g/mol.

**6.** Qual é a quantidade de energia liberada ou absorvida na forma de calor na queima de 5 mol de $C_2H_5OH$?

**7.** Se ocorresse a formação de 1 mol de $CO_2$ na reação, qual seria a quantidade de energia liberada ou absorvida na forma de calor?

**8.** Calcule a quantidade de energia liberada ou absorvida na forma de calor na queima de 460 g de $C_2H_5OH$.

**9.** (Unicamp-SP) A síntese de alimentos no ambiente marinho é de vital importância para a manutenção do atual equilíbrio do sistema Terra. Nesse contexto, a penetração da luz na camada superior dos oceanos é um evento fundamental. Ela possibilita, por exemplo, a fotossíntese, que leva à formação do fitoplâncton, cuja matéria orgânica serve de alimento para outros seres vivos. A equação química abaixo, não balanceada, mostra a síntese do fitoplâncton. Nessa equação, o fitoplâncton é representado por uma composição química média.

$CO_2 + NO_3^- + HPO_4^{2-} + H_2O + H^+ \rightarrow$

$\rightarrow C_{106}H_{263}O_{110}N_{16}P + 138\ O_2$

a) Reescreva essa equação química balanceada.

b) De acordo com as informações do enunciado, a formação do fitoplâncton absorve ou libera energia? Justifique sua resposta.

c) Além da produção de alimento, que outro benefício a formação do fitoplâncton fornece para o sistema Terra?

## Desafiando seus conhecimentos

**1.** (UFRGS-RS) Em nosso cotidiano ocorrem processos que podem ser endotérmicos (absorvem energia) ou exotérmicos (liberam energia). Indique a alternativa que contém apenas fenômenos exotérmicos ou apenas fenômenos endotérmicos.

a) explosão de fogos de artifício – combustão em motores de automóveis – formação de geada.

b) secagem de roupas – formação de nuvens – queima de carvão.

c) combustão em motores de automóveis – formação de geada – evaporação dos lagos.

d) evaporação de água dos lagos – secagem de roupas – explosão de fogos de artifício.

e) queima de carvão – formação de geada – derretimento de gelo.

**2.** (UFMG) Um béquer aberto, contendo acetona, é mergulhado em outro béquer maior, isolado termicamente, o qual contém água, conforme mostrado na figura.

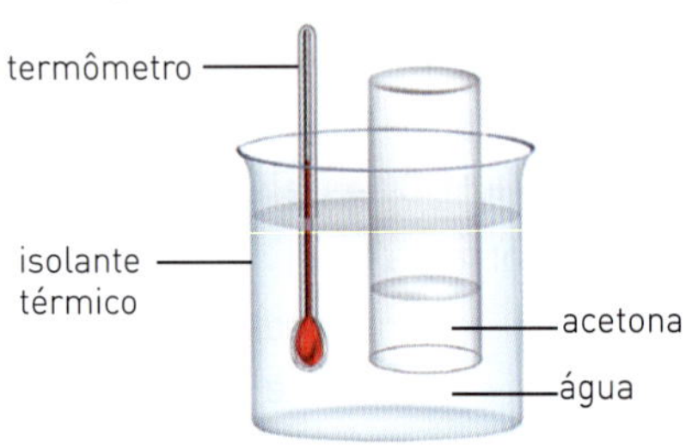


Reprodução/ Arquivo da editora

A temperatura da água é monitorada durante o processo de evaporação da acetona, até que o volume desta se reduz à metade do valor inicial. Indique a alternativa cujo gráfico descreve qualitativamente a variação da temperatura registrada pelo termômetro mergulhado na água, durante esse experimento:

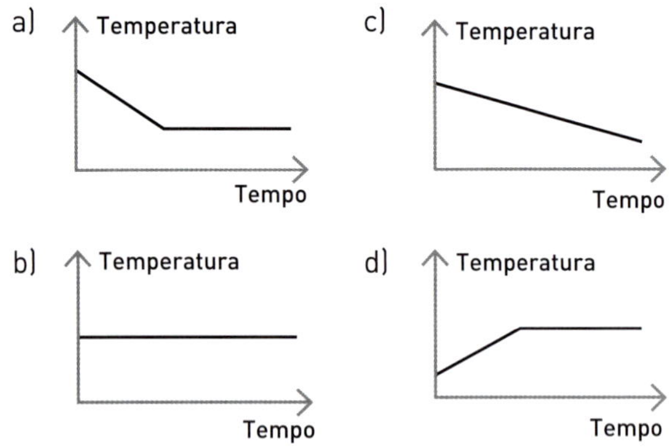


Reprodução/Arquivo da editora

**3.** (Fatec-SP) Fazer a mala para uma viagem poderá ser tão simples como pegar algumas latas de *spray*, que contenham uma mistura de polímero coloidal, para fazer suas próprias roupas "*spray-on*". Tanto faz se é uma camiseta ou um traje noturno, o tecido "*spray-on*" é uma novidade para produzir uma variedade de tecidos leves. A fórmula consiste em fibras curtas interligadas com polímeros e um solvente que produz o tecido em forma líquida. Esse tecido provoca uma sensação fria ao ser pulverizado no corpo, mas adquire a temperatura corporal em poucos segundos. O material é pulverizado diretamente sobre a pele nua de uma pessoa, onde seca quase instantaneamente.

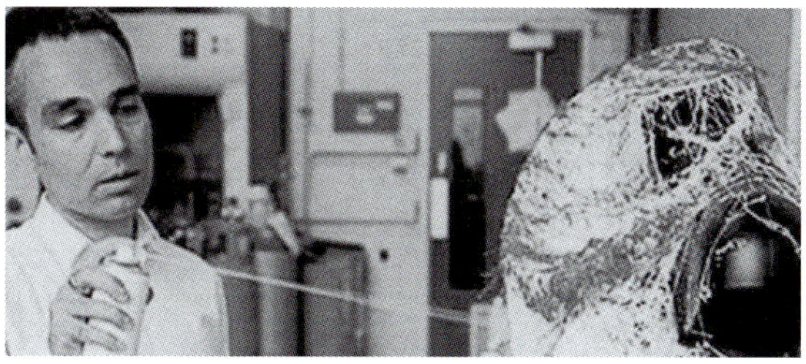

Reprodução/ FATEC, 2015.

http://tinyurl.com/qermcv6. Acesso em 29.08.2014. Adaptado. Original colorido.

A sensação térmica provocada pelo tecido "*spray-on*", quando pulverizado sobre o corpo, ocorre porque o solvente

a) absorve calor do corpo, em um processo endotérmico.
b) absorve calor do corpo, em um processo exotérmico.
c) condensa no corpo, em um processo endotérmico.
d) libera calor para o corpo, em um processo exotérmico.
e) libera calor para o corpo, em um processo endotérmico.

4. (UPF-PR) A termoquímica estuda a energia que é liberada ou absorvida, sob a forma de calor, em pressão constante, em processos como mudanças de fases e reações químicas. Sobre a termoquímica, analise as afirmações a seguir e marque V para verdadeiro e F para falso.

( ) Uma reação de combustão é uma reação exotérmica, na qual a variação de entalpia tem sinal negativo.
( ) Quando uma reação endotérmica ocorre, o sistema formado pelos participantes dessa reação absorve calor das vizinhanças.
( ) Derramando-se gotas de propanona (acetona) na pele, é provocada uma sensação de frio, justificada em razão de a evaporação ser um processo exotérmico.
( ) A dissolução do $H_2SO_4$ concentrado em água é um processo exotérmico, que pode ser confirmado pela diminuição da temperatura.
( ) O processo de fusão do gelo absorve calor da vizinhança, assim, a variação de entalpia tem sinal negativo.

A sequência correta de preenchimento dos parênteses, de cima para baixo, é:

a) V – F – V – F – V.
b) V – V – V – F – F.
c) F – V – V – F – V.
d) V – V – F – F – F.
e) F – V – F – V – V.

5. (IFBA) As reações químicas da fotossíntese e da respiração são representadas, respectivamente, pelas equações abaixo:

**Fotossíntese:**

$$6\ CO_2 + 6\ H_2O + \text{energia} \rightarrow C_6H_{12}O_6 + 6\ O_2$$

**Respiração:**

$$C_6H_{12}O_6 + 6\ O_2 \rightarrow 6\ CO_2 + 6\ H_2O + \text{energia}$$

Com base nas reações químicas, pode-se afirmar que:

a) ambas são exotérmicas.
b) ambas são endotérmicas.
c) ambas são combustões completas.
d) os reagentes da fotossíntese são os mesmos da respiração.
e) os reagentes da fotossíntese são os produtos da respiração.

6. (Fuvest-SP) A oxidação de açúcares no corpo humano produz ao redor de 4,0 quilocalorias por grama de açúcar oxidado. A oxidação de um décimo de mol de glicose ($C_6H_{12}O_6$) vai produzir aproximadamente:

Massas atômicas: H = 1,0; C = 12; O = 16.

a) 40 kcal.
b) 50 kcal.
c) 60 kcal.
d) 70 kcal.
e) 80 kcal.

7. (UFMG) A energia que um ciclista gasta ao pedalar uma bicicleta é cerca de 1800 kJ/hora acima de suas necessidades metabólicas normais. A sacarose, $C_{12}H_{22}O_{11}$ (massa molar = 342 g/mol), fornece aproximadamente 5400 kJ/mol de energia. A alternativa que indica a massa de sacarose que esse ciclista deve ingerir para obter a energia extra necessária para pedalar 1 h é:

a) 1026 g.
b) 114 g.
c) 15,8 g.
d) 3,00 g.
e) 0,333 g.

8. (Fuvest-SP)

$$CH_4 + 2\ O_2 \rightarrow CO_2 + 2\ H_2O + 2{,}1 \cdot 10^2\ \text{kcal/mol de } CH_4$$

$${}^{7}_{3}Li + {}^{1}_{1}H \rightarrow 2\ {}^{4}_{2}He + 4{,}0 \cdot 10^8\ \text{kcal/mol de } {}^{7}_{3}Li$$

Para se ter a mesma quantidade de energia que é liberada na produção de 1 mol de hélio, calcule a massa de metano ($CH_4$) que deve ser queimada. (Massas molares: C = 12 g/mol; H = 1 g/mol.)

9. (ITA-SP) A 25 °C e pressão de 1 atm, a queima completa de um mol de hexano produz dióxido de carbono e água no estado gasoso e libera 3883 kJ, enquanto a queima completa da mesma quantidade de heptano produz as mesmas substâncias no estado gasoso e libera 4498 kJ.

a) Escreva as equações químicas, balanceadas, para as reações de combustão em questão.

b) Utilizando as informações fornecidas no enunciado desta questão, faça uma estimativa do valor do calor de combustão do decano. Deixe claro o raciocínio utilizado na estimativa realizada.

(Fórmulas moleculares: hexano = $C_6H_{14}$; heptano = $C_7H_{16}$; decano = $C_{10}H_{22}$.)

# Entalpia

Thinkstock/Getty Images

Durante a queima de um palito de fósforo, as substâncias na madeira reagem com o oxigênio do ar, ocorrendo a liberação de energia.

A imagem ao lado mostra uma reação de combustão que pode ser representada, simplificadamente, por:

madeira + oxigênio $\rightarrow$ gás carbônico + água + energia

Nessa reação, assim como em todas as combustões, ocorre liberação de energia. Uma pergunta interessante sobre a reação é: de onde veio essa energia?

A energia estava contida nos reagentes e foi liberada quando ocorreu a formação dos produtos. Isso permite concluir que cada substância deve apresentar certa quantidade de energia, a qual é denominada **energia interna**, representada pela letra **U**, e pode ser interpretada como a soma das energias cinética e potencial das partículas que compõem a substância.

Para determinar a quantidade de energia liberada ou absorvida pela reação quando há troca de energia térmica (calor), utilizamos a **entalpia** (**H**), uma grandeza que corresponde à energia que é trocada por um sistema a pressão constante, está associada à energia interna (U) desse sistema (reagentes + produtos) e caracteriza uma propriedade extensiva da matéria, isto é, depende da quantidade de cada substância do sistema.

Como a entalpia é definida para processos que ocorrem a pressão constante e a maioria das reações ocorre em um recipiente aberto, ou seja, com pressão constante de, aproximadamente, 1 atm, podemos utilizá-la para determinar a quantidade de calor envolvido nessas reações.

Não é conhecida uma maneira de determinar a entalpia (H) de uma única substância. Na prática, o que conseguimos medir é a variação da entalpia (ΔH) de um processo, utilizando um calorímetro. Essa variação corresponde à quantidade de energia liberada ou absorvida durante o processo, desde que realizado a pressão constante, considerando que não há perdas de energia.

O cálculo da variação da entalpia é dado pela expressão genérica:

$$\Delta H = H_{final} - H_{inicial} \quad \text{ou} \quad \Delta H = H_{produtos} - H_{reagentes}$$

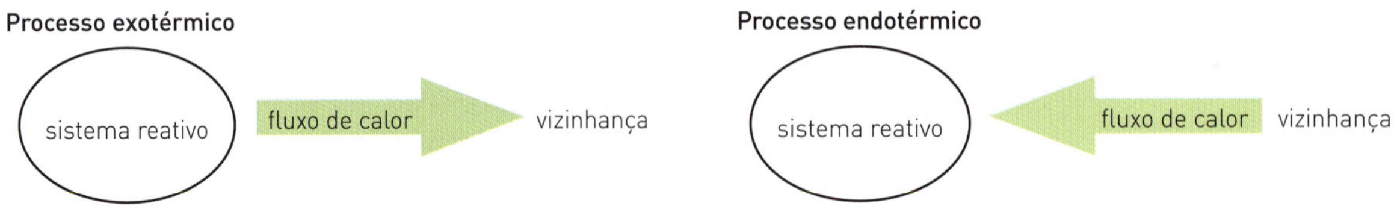


Banco de imagens/Arquivo da editora

Em um processo endotérmico, a entalpia do sistema reativo aumenta, enquanto em um processo exotérmico ela diminui.

# Variação da entalpia (ΔH) em reações endotérmicas

Nas reações endotérmicas, como ocorre **absorção** de energia na forma de calor, a entalpia dos produtos ($H_P$) é **maior** do que a entalpia dos reagentes ($H_R$).

- Genericamente, temos:

$$\text{reagente} + \text{energia} \longrightarrow \text{produto}$$

$$\underbrace{X}_{H_x} + \text{energia} \longrightarrow \underbrace{Y}_{H_y}$$

$$H_x < H_y$$

$$\Delta H = H_{produto} - H_{reagente}$$

$$\Delta H = H_y - H_x$$

$$\Delta H > 0$$

- Graficamente, temos:

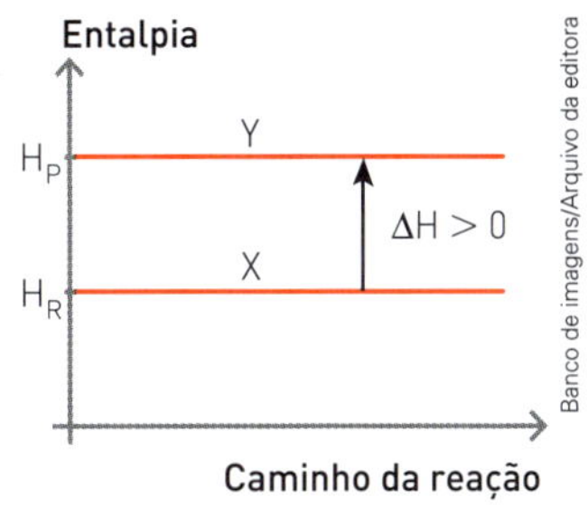


Considere, como exemplo, a decomposição térmica da amônia ($NH_3$), na qual são produzidos os gases $N_2$ e $H_2$. O processo pode ser representado por:

$$2\ NH_3\ (g) + 92{,}2\ kJ \rightarrow N_2\ (g) + 3\ H_2\ (g)$$

No entanto, a representação mais adequada indica a variação da entalpia (ΔH), que será positiva, pois a reação é endotérmica.

$$2\ NH_3\ (g) \rightarrow N_2\ (g) + 3\ H_2\ (g) \qquad \Delta H = +92{,}2\ kJ$$

- Graficamente, temos a representação:

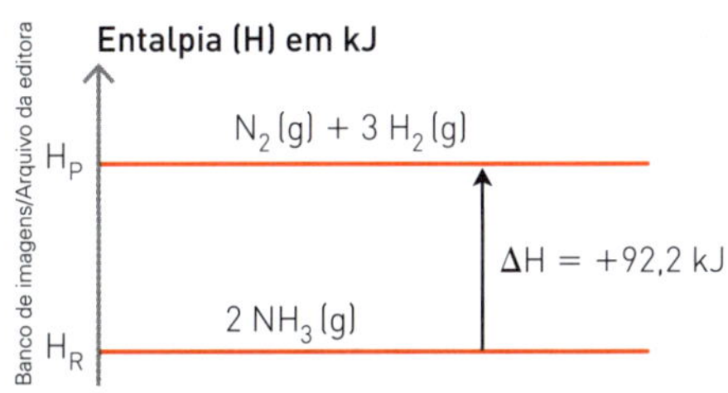


Analisando as equações ou o diagrama, devemos entender que, quando 1 mol de gás nitrogênio ($N_2$) reage com 3 mol de gás hidrogênio ($H_2$), produzindo 2 mol de gás amônia ($NH_3$), ocorre a liberação de 92,2 kJ. Pelas equações ou pelo diagrama, devemos entender que, na decomposição de 2 mol de gás amônia, produzindo 1 mol de gás nitrogênio e 3 mol de gás hidrogênio, são absorvidos 92,2 kJ.

# Variação da entalpia (ΔH) em reações exotérmicas

Nas reações exotérmicas, como há **liberação** de energia na forma de calor, a entalpia dos produtos ($H_P$) é **menor** do que a entalpia dos reagentes ($H_R$).

- Genericamente, temos:

$$\text{reagente} \longrightarrow \text{produto} + \text{energia}$$

$$\underbrace{A}_{H_A} \longrightarrow \underbrace{B}_{H_B} + \text{energia}$$

$$H_A > H_B$$

$$\Delta H = H_{produto} - H_{reagente}$$

$$\Delta H = H_B - H_A$$

$$\Delta H < 0$$

- Graficamente, temos:

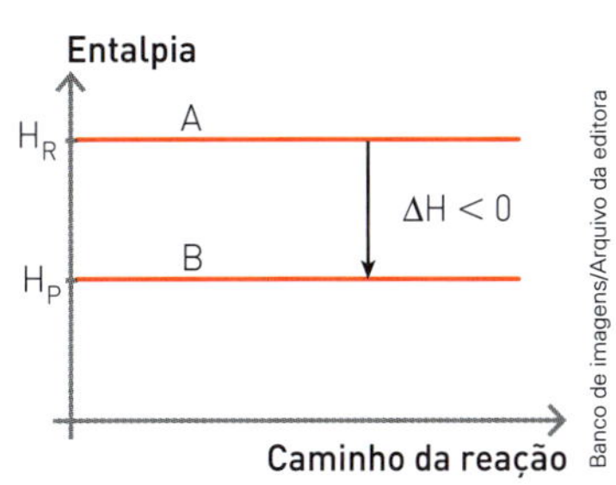

Considere como exemplo o processo industrial de produção de amônia ($NH_3$), denominado Haber-Bosch, feito a partir de $N_2$ (g) e $H_2$ (g). A equação que representa o processo é:

$$N_2\,(g) + 3\,H_2\,(g) \longrightarrow 2\,NH_3\,(g) + 92{,}2\text{ kJ}$$

No entanto, a representação mais adequada é feita indicando-se a variação da entalpia ($\Delta H$), que será negativa, pois essa reação é exotérmica.

$$N_2\,(g) + 3\,H_2\,(g) \longrightarrow 2\,NH_3\,(g) \quad \Delta H = -\,92{,}2\text{ kJ}$$

- Graficamente, temos a representação:

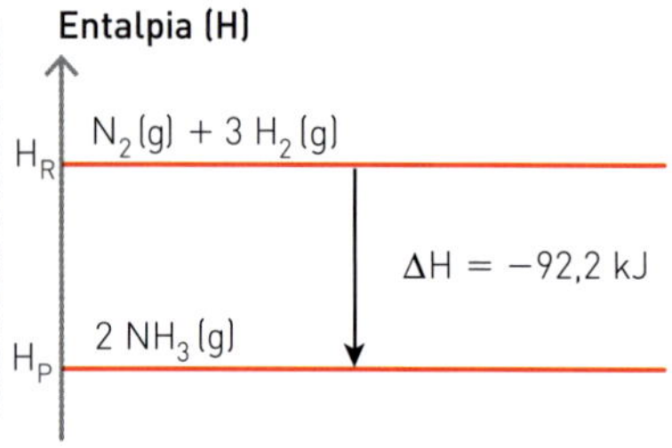

Banco de imagens/Arquivo da editora

A partir dos dois exemplos apresentados – síntese e decomposição da amônia –, podemos perceber que a quantidade de energia envolvida é a mesma, isto é, a quantidade de energia liberada na síntese da amônia é numericamente igual à quantidade de energia absorvida na sua decomposição, em valores absolutos.

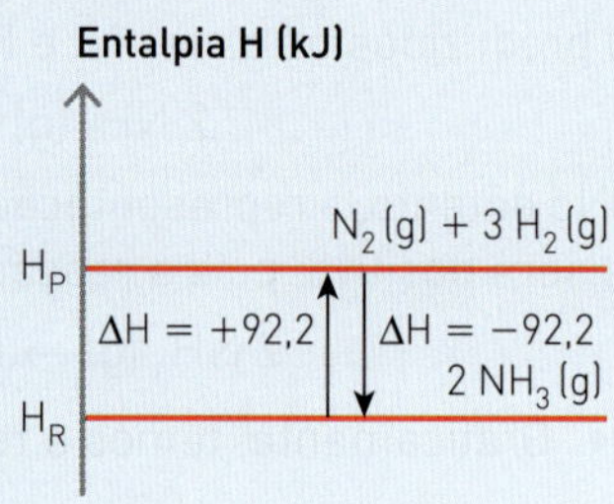

Banco de imagens/Arquivo da editora

# ΔH nas mudanças de estado físico

As mudanças de estado ocorrem com absorção ou liberação de energia térmica na forma de calor.

A quantidade de energia necessária para provocar a fusão de 1 mol de uma substância, a pressão constante, é denominada **calor** ou **entalpia de fusão**. As quantidades de energia térmica envolvidas nas demais mudanças de estado são denominadas de maneira análoga.

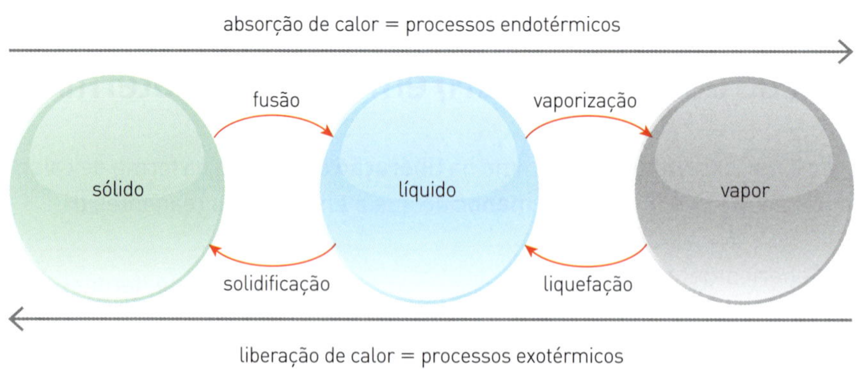

Conceitograf/Arquivo da editora

Vamos estudar os $\Delta H$ envolvidos nas mudanças de estado para a água. A fusão do gelo e a vaporização da água líquida ocorrem por meio de absorção de energia térmica na forma de calor. Podemos representar a absorção de calor na fusão da água sólida por:

$$H_2O\,(s) \longrightarrow H_2O\,(\ell) \quad \Delta H = +7{,}3\text{ kJ}$$

A quantidade de calor necessária para provocar a fusão de 1 mol de $H_2O$ (s) é denominada **calor** ou **entalpia de fusão** e equivale a 7,3 kJ/mol.

Na vaporização da água líquida, temos:

$$H_2O\ (\ell) \longrightarrow H_2O\ (v) \quad \Delta H = +44\ kJ$$

A quantidade de energia na forma de calor necessária para provocar a vaporização de 1 mol de $H_2O$ ($\ell$) é denominada **calor** ou **entalpia de vaporização** e equivale a 44 kJ/mol.

Se considerarmos os processos inversos, teremos, respectivamente:

$$H_2O\ (\ell) \longrightarrow H_2O\ (s) \quad \Delta H = -7{,}3\ kJ$$

Portanto, a **entalpia de solidificação** da água líquida é −7,3 kJ/mol.

$$H_2O\ (v) \longrightarrow H_2O\ (\ell) \quad \Delta H = -44\ kJ$$

Portanto, a **entalpia de liquefação** (**condensação**) da água no estado de vapor é −44 kJ/mol.

Essas mudanças de estado podem ser representadas graficamente:

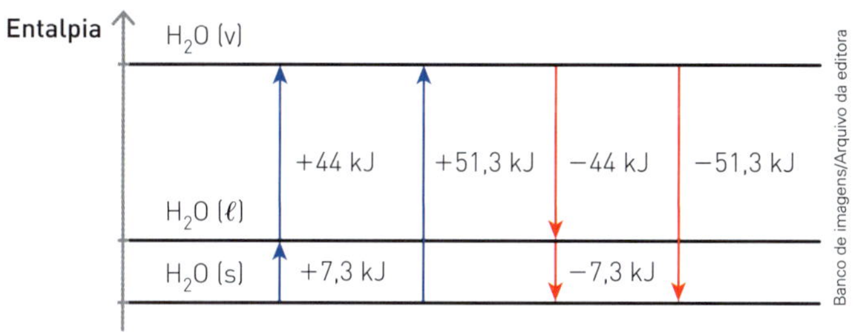


> **?** Por que 1 mol de água absorve mais energia durante a sua vaporização do que durante a sua fusão?

Pela análise do gráfico podemos notar que:

$$1\ mol\ H_2O\ (s) \xrightarrow[7{,}3\ kJ]{absorve} 1\ mol\ H_2O\ (\ell) \xrightarrow[44\ kJ]{absorve} 1\ mol\ H_2O\ (v)$$

(1 mol $H_2O$ (s) → 1 mol $H_2O$ (v): absorve 51,3 kJ)

O mesmo raciocínio pode ser utilizado no processo inverso.

## Fundamentando seus conhecimentos

A indústria automobilística tem se empenhado no desenvolvimento de motores que utilizam combustíveis alternativos, como GNV (Gás Natural Veicular), álcool, biodiesel e gás hidrogênio.

Veículo movido a hidrogênio.

Entre esses, o gás hidrogênio é considerado o combustível "limpo", que não causa poluição.

O gráfico abaixo representa a combustão do gás hidrogênio.

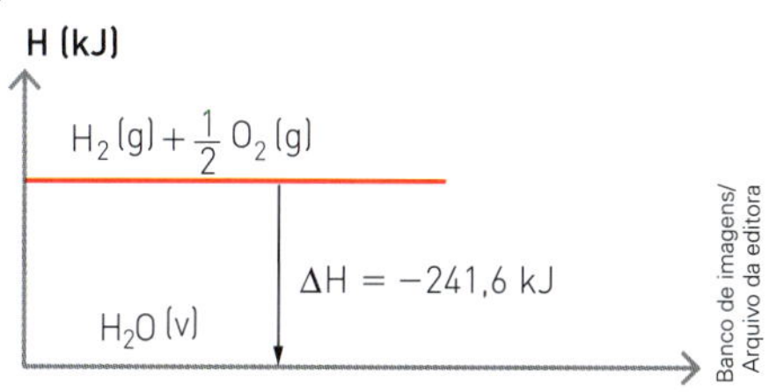


Com base nessas informações, responda às questões **1** a **5**.

1. A reação indicada no gráfico é exotérmica ou endotérmica?

**2.** Calcule o calor envolvido na formação de 5,0 mol de $H_2O$ (v).

**3.** Calcule o calor envolvido na formação de 1,8 kg de $H_2O$ (v).
(Massa molar da água = 18 g/mol.)

**4.** Na decomposição da $H_2O$ (v) ocorre absorção ou liberação de energia?

**5.** Calcule o calor envolvido na decomposição de 9,0 g de $H_2O$ (v).

O texto a seguir deve ser utilizado para responder às questões **6** a **8**.

Raios e relâmpagos produzem na atmosfera várias substâncias, entre elas o monóxido de nitrogênio gasoso. Na formação de 1,0 mol desse óxido são absorvidos 90,0 kJ.

**6.** Equacione a reação que permite obter 1,0 mol do óxido e o ΔH da reação.

**7.** Quais substâncias deveriam ser representadas nas posições A e B para completar corretamente o diagrama abaixo, da produção de 1,0 mol do óxido?

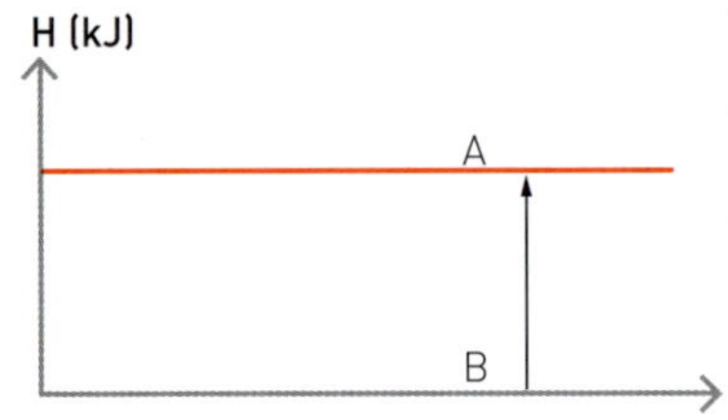


Banco de imagens/Arquivo da editora

**8.** Calcule o calor envolvido na produção de 270 g desse óxido.
(Massas atômicas: N = 14; O = 16.)

## Desenvolvendo seus conhecimentos

A reação entre o metal estanho e o gás oxigênio pode ser representada pela equação:

$$Sn\ (s) + O_2\ (g) \rightarrow SnO_2\ (s) \qquad \Delta H = -580\ kJ$$

Essa informação deve ser usada para resolver as questões **1** a **3**.

**1.** Construa um diagrama de entalpia indicando a posição dos reagentes e do produto e o ΔH da reação.

**2.** Calcule o calor envolvido na reação de 4 mol de Sn.

**3.** Calcule o calor envolvido na formação de 1,51 kg de $SnO_2$.
Dado: massa molar $SnO_2$ = 151 g/mol.

**4.** Classifique as transformações em endotérmicas ou exotérmicas.

I. $Au\ (s) \rightarrow Au\ (v)$ $\Delta H = +370$ kJ/mol

II. $C_{grafita} \rightarrow C_{diamante}$ $\Delta H = +2{,}09$ kJ/mol

III. $C_6H_{12}O_6\ (s) + 6\ O_2\ (g) \rightarrow 6\ CO_2\ (g) + 6\ H_2O\ (v)$ $\Delta H = -2813$ kJ/mol

IV. $H_2O\ (s) \rightarrow H_2O\ (\ell)$ $\Delta H = +7{,}3$ kJ/mol

V. $SiO_2\ (s) + 4\ HF\ (g) \rightarrow SiF_4\ (s) + 2\ H_2O\ (v)$ $\Delta H = -176$ kJ/mol

**5.** (Cefet-SC) As bolsas térmicas consistem, geralmente, de dois invólucros selados e separados, onde são armazenadas diferentes substâncias químicas. Quando a camada que separa os dois invólucros é rompida, as substâncias neles contidas misturam-se e ocorre o aquecimento ou o resfriamento. A seguir, estão representadas algumas reações químicas que ocorrem após o rompimento da camada que separa os invólucros com seus respectivos $\Delta H^0$. Analise as reações e os valores correspondentes de $\Delta H^0$ e indique a alternativa que correlaciona, corretamente, as reações com as bolsas térmicas quentes ou frias:

I. $CaO\ (s) + SiO_2\ (s) \rightarrow CaSiO_3\ (s)$
$\Delta H^0 = -89{,}5$ kJ/mol

II. $NH_4NO_3\ (s) + H_2O\ (\ell) \rightarrow NH_4^+\ (aq) + NO_3^-\ (aq)$
$\Delta H^0 = +25{,}69$ kJ/mol

III. $CaC\ell_2\ (s) + H_2O\ (\ell) \rightarrow Ca^{2+}\ (aq) + 2\ C\ell^-\ (aq)$
$\Delta H^0 = -82{,}80$ kJ/mol

a) (I) é fria; (II) é quente; (III) é fria.
b) (I) é quente; (II) é fria; (III) é quente.
c) (I) é fria; (II) é fria; (III) é fria.
d) (I) é quente; (II) é quente; (III) é fria.
e) (I) é quente; (II) é quente; (III) é quente.

**6.** (UFRRJ) Desde a pré-história, quando aprendeu a manipular o fogo para cozinhar seus alimentos e se aquecer, o homem vem percebendo sua dependência cada vez maior das várias formas de energia. A energia é importante para uso industrial e doméstico, nos transportes etc. Existem reações químicas que ocorrem com liberação ou absorção de energia, sob a forma de calor, denominadas, respectivamente, exotérmicas e endotérmicas. Observe o gráfico a seguir e indique a alternativa correta:

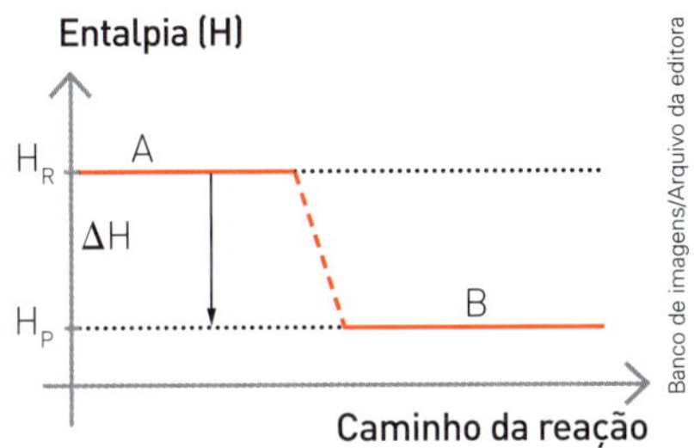


a) O gráfico representa uma reação endotérmica.
b) O gráfico representa uma reação exotérmica.
c) A entalpia dos reagentes é igual à dos produtos.
d) A entalpia dos produtos é maior que a dos reagentes.
e) A variação de entalpia é maior que zero.

**7.** (Acafe-SC) O nitrato de amônio pode ser utilizado na fabricação de fertilizantes, herbicidas e explosivos. Sua reação de decomposição está representada abaixo:

$NH_4NO_3\ (s) \rightarrow N_2O\ (g) + 2\ H_2O\ (g) \quad \Delta H = -37\ kJ$

A energia liberada (em módulo) quando 90 g de água é formada por essa reação é:

Dados: H: 1 g/mol; O: 16 g/mol; N: 14 g/mol.

a) 74 kJ.
b) 92,5 kJ.
c) 185 kJ.
d) 41,6 kJ.

**8.** (Unicamp-SP) Em 12 de maio de 2017 o Metrô de São Paulo trocou 240 metros de trilhos de uma de suas linhas, numa operação feita de madrugada, em apenas três horas. Na solda entre o trilho novo e o usado empregou-se uma reação química denominada térmita, que permite a obtenção de uma temperatura local de cerca de 2 000 °C. A reação utilizada foi entre um óxido de ferro e o alumínio metálico. De acordo com essas informações, uma possível equação termoquímica do processo utilizado seria:

a) $Fe_2O_3 + 2\ A\ell \rightarrow 2\ Fe + A\ell_2O_3$
$\Delta H = +852\ kJ \cdot mol^{-1}$.

b) $FeO_3 + A\ell \rightarrow Fe + A\ell O_3$
$\Delta H = -852\ kJ \cdot mol^{-1}$.

c) $FeO_3 + A\ell \rightarrow Fe + A\ell O_3$
$\Delta H = +852\ kJ \cdot mol^{-1}$.

d) $Fe_2O_3 + 2\ A\ell \rightarrow 2\ Fe + A\ell_2O_3$
$\Delta H = -852\ kJ \cdot mol^{-1}$.

## Desafiando seus conhecimentos

Dadas as equações químicas abaixo, responda à questão **1**.

I. Metano + Ar $\xrightarrow{E}$ produtos
$\Delta H^0 = -802$ (kJ/mol)

II. $HC\ell$ + KOH $\longrightarrow$ produtos
$\Delta H^0 = -55$ (kJ/mol)

III. $CaCO_3 \xrightarrow{\Delta}$ produtos
$\Delta H^0 = +178{,}2$ (kJ/mol)

**1.** (UEPB) Julgue os itens a seguir relativos às reações químicas dadas.

I. As reações I e II são exotérmicas.
II. Todas as reações liberam energia na forma de calor.
III. A reação II é endotérmica.
IV. Para promover a reação III, a reação I é mais eficiente que a II, pois libera mais calor.

Estão corretas:

a) Apenas II e III.
b) Apenas I e II.
c) Apenas I e IV.
d) Apenas III e IV.
e) Todas.

**2.** (Unicamp-SP) *Hot pack* e *cold pack* são dispositivos que permitem, respectivamente, aquecer ou resfriar objetos rapidamente e nas mais diversas situações. Esses dispositivos geralmente contêm substâncias que sofrem algum processo quando eles são acionados. Dois processos bastante utilizados nesses dispositivos e suas respectivas energias estão esquematizados nas equações 1 e 2 apresentadas a seguir.

1. $NH_4NO_3\ (s) + H_2O\ (\ell) \rightarrow (NH_4)^+\ (aq) + (NO_3)^-\ (aq)$
$\Delta H = 26\ kJ \cdot mol^{-1}$

2. $CaC_2$ (s) + $H_2O$ (ℓ) → $Ca^{2+}$ (aq) + 2 $Cℓ^-$ (aq)
$\Delta H = -82 \text{ kJ} \cdot \text{mol}^{-1}$

De acordo com a notação química, pode-se afirmar que as equações 1 e 2 representam processos de:

a) dissolução, sendo a equação 1 para um *hot pack* e a equação 2 para um *cold pack*.
b) dissolução, sendo a equação 1 para um *cold pack* e a equação 2 para um *hot pack*.
c) diluição, sendo a equação 1 para um *cold pack* e a equação 2 para um *hot pack*.
d) diluição, sendo a equação 1 para um *hot pack* e a equação 2 para um *cold pack*.

**3.** (Unicid/MED-SP) Analise o diagrama de uma reação química:

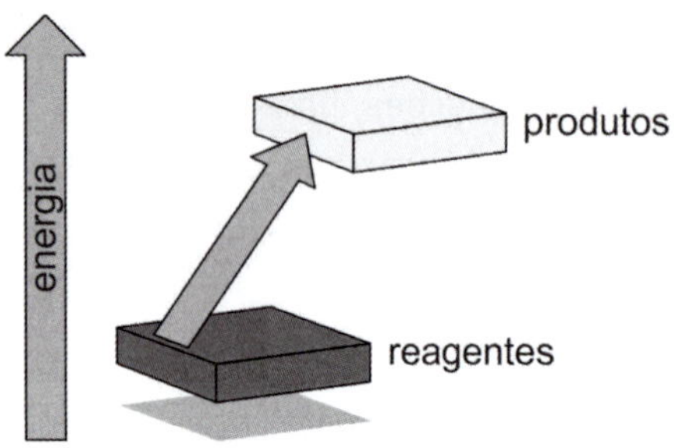

Reprodução/ Unicid, 2016.

a) O processo representado pelo diagrama é endotérmico ou exotérmico? Justifique sua resposta.
b) Considere as equações:

| | |
|---|---|
| C (s) + 2 S (s) → $CS_2$ (ℓ) | $\Delta H = +92\text{kJ}$ |
| C (s) + $O_2$ (g) → $CO_2$ (g) | $\Delta H = -393 \text{ kJ}$ |
| $N_2$ (g) + $O_2$ (g) → 2 NO (g) | $\Delta H = +180 \text{ kJ}$ |
| $H_2$ (g) + $\frac{1}{2}$ $O_2$ (g) → $H_2O$ (ℓ) | $\Delta H = -286 \text{ kJ}$ |

Selecione as reações químicas que podem ser usadas como exemplos para o diagrama. Justifique sua resposta.

**4.** (UEG-GO) O gráfico a seguir representa a variação de entalpia para uma reação genérica que pode levar à formação dos produtos $P_1$ e $P_2$ a partir do reagente R.

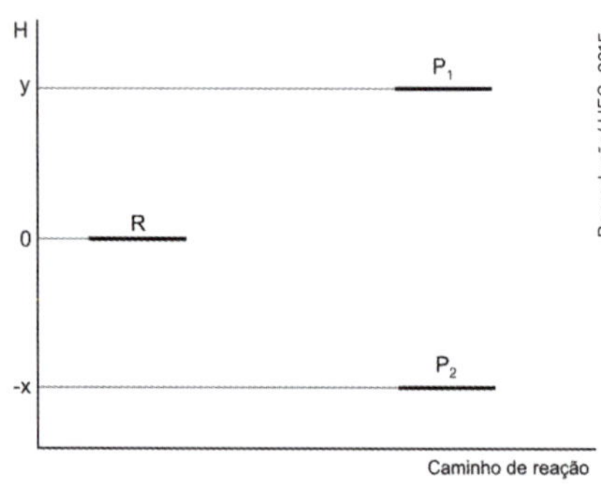

Reprodução/ UEG, 2015.

A análise do gráfico permite concluir que a:

a) reação libera energia para produção de $P_1$.
b) produção de $P_2$ é um processo endotérmico.
c) variação de entalpia para formação de $P_1$ é y.
d) reação que leva a $P_2$ ocorre com absorção de calor.

**5.** (Vunesp-SP) Considerando a utilização do etanol como combustível para veículos automotores, escreva a equação química balanceada da sua combustão no estado gasoso com $O_2$ (g), produzindo $CO_2$ (g) e $H_2O$ (g). Dadas para o etanol $CH_3CH_2OH$ (g) a massa molar (g/mol) igual a 46 e a densidade igual a 0,80 g/cm³, calcule a massa, em gramas, de etanol consumida por um veículo com eficiência de consumo de 10 km/L, após percorrer 115 km, e o calor liberado em kJ, sabendo-se que o calor de combustão do etanol $CH_3CH_2OH$ (g) é igual a −1 277 kJ/mol.

$CH_3CH_2OH$ (g) + 3 $O_2$ (g) → 2 $CO_2$ (g) + 3 $H_2O$ (v)
$\Delta H = -1\,277 \text{ kJ/mol}$

**6.** (PUC-RJ) A combustão completa do etino (mais conhecido como acetileno) é representada na equação abaixo.

$C_2H_2$ (g) + 2,5 $O_2$ (g) → 2 $CO_2$ (g) + $H_2O$ (g)
$\Delta H = -1\,255 \text{ kJ}$

Assinale a alternativa que indica a quantidade de energia, na forma de calor, que é liberada na combustão de 130 g de acetileno, considerando o rendimento dessa reação igual a 80%.

a) −12 550 kJ
b) −6 275 kJ
c) −5 020 kJ
d) −2 410 kJ

**7.** (USCS/MED-SP) Quando usada para tratar um corte na pele, a água oxigenada, a 25 °C e pressão de 1 atm sofre decomposição, formando água e liberando oxigênio gasoso, de acordo com a equação:
2 $H_2O_2$ (ℓ) → 2 $H_2O$ (ℓ) + $O_2$ (g) + 200 kJ
Dados: H = 1; O = 16.

a) Calcule a quantidade de energia liberada para a decomposição de 34 g de água oxigenada a 25 °C e pressão de 1 atm.
b) Nessas condições e considerando a constante universal dos gases como sendo igual a 0,082 atm · L · mol⁻¹ · K⁻¹, calcule o volume de oxigênio formado na decomposição de 34 g de água oxigenada.

**8.** (PUC-RJ) O mercúrio tem número atômico igual a 80 e é o único metal líquido na temperatura ambiente. O mercúrio pode ser produzido a partir da decomposição do seu óxido HgO que tem massa molar igual a 216,6 g $mol^{-1}$ A decomposição de uma quantidade de HgO liberou 40 kJ de energia. Considerando o mercúrio e a reação de decomposição de seu óxido indicada abaixo, faça o que se pede.

$HgO\ (s) \rightarrow Hg\ (\ell) + \frac{1}{2} O_2\ (g) \qquad \Delta H = -200\ kJ$

Dado: $R = 0{,}082\ atm\ L\ mol^{-1}\ K^{-1}$.

a) Calcule a massa de HgO que se decompôs.

b) Calcule o volume que $O_2$ (g) produzido ocupa a 1 atm e 25 °C.

c) Indique o número de nêutrons do isótopo $^{200}Hg$.

**9.** (UFSM-RS) Em dispositivos de primeiros socorros, os sais têm sido empregados para o tratamento de problemas musculares em atletas. Esses dispositivos instantâneos funcionam por meio de reações químicas exotérmicas ou endotérmicas. Em geral, para compressas quentes, utiliza-se cloreto de cálcio e, para compressas frias, nitrato de amônio. As reações envolvidas são:

$CaC\ell_2\ (s) + H_2O\ (\ell) \rightarrow Ca^{2+}\ (aq) + 2\ C\ell^-\ (aq)$

$\Delta H = -83\ kJ \cdot mol^{-1}$

$NH_4NO_3\ (s) + H_2O\ (\ell) \rightarrow (NH_4)^+\ (aq) + (NO_3)^-\ (aq)$

$\Delta H = +26\ kJ \cdot mol^{-1}$

Considerando $4{,}15 J \cdot g^{-1} \cdot °C^{-1}$ o calor específico da água e $1\ g \cdot mL^{-1}$ a densidade, qual será a variação da temperatura, em °C, se forem adicionados 55,5 g de cloreto de cálcio a 100 mL de água, a 20 °C?

a) 70

b) 80

c) 90

d) 100

e) 110

**10.** (Unicamp-SP) Água potável pode ser obtida a partir da água do mar basicamente através de três processos. Um desses processos é a osmose reversa; os outros dois envolvem mudanças de fases da água. No processo denominado **MSFD**, a água do mar é aquecida, vaporizada e em seguida liquefeita. No outro, denominado **FM**, a água do mar é resfriada, solidificada e em seguida fundida. Nesses dois processos, a água líquida passa para outro estado de agregação e dessa forma se separa dos solutos presentes na água do mar.

a) Considere a afirmação: "Os processos industriais **MSFD** e **FM** são análogos a fenômenos naturais ao promoverem a separação e purificação da água; no entanto, nos processos **MSFD** e **FM** essa purificação necessita de energia, enquanto nos fenômenos naturais essa energia não é necessária". Responda inicialmente se concorda totalmente, concorda parcialmente ou discorda totalmente e só depois justifique sua escolha.

b) Suponha que uma mesma quantidade de água dessalinizada fosse obtida por esses dois processos industriais até a primeira mudança de fase, a partir de água do mar a 25 °C. Em qual dos dois processos, **MSFD** ou **FM**, a quantidade de energia envolvida seria maior? Justifique sua resposta.
Dados: $H_2O\ (\ell) \rightarrow H_2O\ (s)\ \Delta H_{fus} = -6\ kJ\ mol^{-1}$;
$H_2O\ (\ell) \rightarrow H_2O\ (g)\ \Delta H_{vap} = 42\ kJ\ mol^{-1}$.
Considerar que os processos **MSFD** e **FM** se baseiam nas transições de fases da água pura, em condições padrão, e que o calor específico da água do mar é constante em toda a faixa de temperatura.

**11.** (ITA-SP) Considere que a radiação de comprimento de onda igual a 427 nm seja usada no processo de fotossíntese para a produção de glicose. Suponha que esta radiação seja a única fonte de energia para este processo. Considere também que o valor da variação de entalpia padrão da reação de produção de glicose, a 25 °C seja igual a $+2\,808\ kJ \cdot mol^{-1}$.

a) Escreva a equação que representa a reação química de produção de um mol de glicose pelo processo de fotossíntese.

b) Calcule a variação de entalpia envolvida na produção de uma molécula de glicose, via fotossíntese, a 25°C.

c) Calcule a energia de um fóton de radiação com comprimento de onda de 427 nm.
Dados: $1\ nm = 10^{-9}\ m$.
$\vartheta_{fóton} = 3{,}0 \cdot 10^8\ m/s$
h (constante de Planck) $= 6{,}626 \cdot 10^{-34}\ m^{-2} \cdot kg \cdot s^{-1}$

d) Quantos destes fótons (427 nm) no mínimo, são necessários para produzir uma molécula de glicose?

CAPÍTULO

# 10 Equações termoquímicas

## Entalpia padrão

Como vimos, devido à impossibilidade de determinar diretamente a entalpia das substâncias, trabalhamos com a variação de entalpia ($\Delta H$). Porém, a variação de entalpia de uma reação depende da temperatura, da pressão, do estado físico, do número de mols e da variedade alotrópica das substâncias envolvidas. Por esse motivo, foi criado um referencial para comparações: a **entalpia padrão**. Dessa maneira, as entalpias serão sempre avaliadas em relação à mesma condição (condição padrão ou estado padrão).

O **estado padrão de uma substância** corresponde à sua forma pura, a 1,0 bar e 298,15 K. (1,0 bar = $10^5$ Pa = 0,987 atm)

O estado padrão de um soluto em solução líquida corresponde à concentração de 1,0 mol/L.

A **entalpia padrão** de uma substância é indicada por $H^0$.

As reações nas quais tanto os produtos quanto os reagentes se encontram no estado padrão têm a sua variação de entalpia indicada por $\Delta H^0$. Os valores de $\Delta H^0$ usados nas tabelas referem-se às reações efetuadas a 25 °C (298,15 K).

Por convenção, foi estabelecido que toda **substância simples**, no estado padrão e na sua forma alotrópica mais estável (mais comum), tem entalpia (H) igual a zero.

Como você já viu, a temperatura é uma grandeza relacionada ao grau de agitação das partículas que constituem determinado material. Você lembra o valor da temperatura de fusão da água ao nível do mar? Na escala Celsius o valor é 0 °C. Embora seja comum associarmos o valor numérico zero à ausência ou inexistência de algo, você acha que 0 °C indica ausência de agitação das moléculas, isto é, que elas não têm movimento?

## Entalpia de algumas substâncias no estado padrão

- A substância pura simples hidrogênio ($H_2$), a 25 °C e 1,0 bar, encontra-se no estado gasoso; assim, o $H_2$ (g), nessas condições, apresenta entalpia $H^0 = 0$. Logo, em qualquer outra condição, o hidrogênio terá entalpia $H \neq 0$.
- A substância pura simples mercúrio (Hg), a 25 °C e 1,0 bar, encontra-se no estado líquido; assim, o Hg ($\ell$), nessas condições, apresenta entalpia $H_0 = 0$.
- A substância pura simples ferro (Fe), a 25 °C e 1,0 bar, encontra-se no estado sólido; assim, o Fe (s), nessas condições, apresenta entalpia $H^0 = 0$.
- Para os elementos que apresentam o fenômeno da alotropia, ou seja, formam diferentes substâncias puras simples, foi atribuído o valor **zero** para a variedade alotrópica mais comum, mais estável a 1,0 bar e 25 °C.

Os casos mais comuns de alotropia são:

- **Carbono**

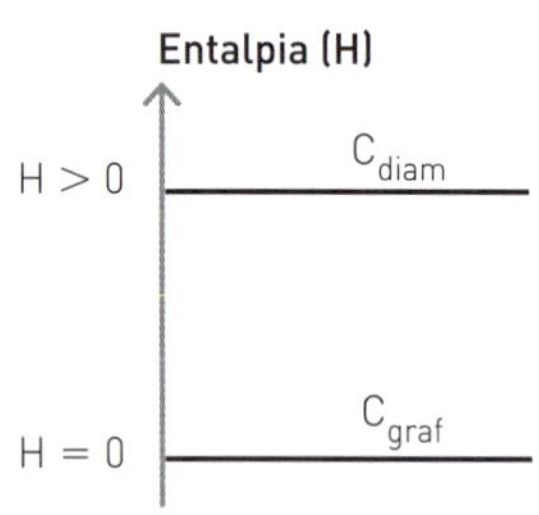


Banco de imagens/Arquivo da editora

Joel Arem/Photo Researchers/Latinstock

Grafite; $C_{graf}$, $H^0 = 0$.

Thinkstock/Getty Images

Diamante; $C_{diam}$, $H^0 \neq 0$.

- **Oxigênio**

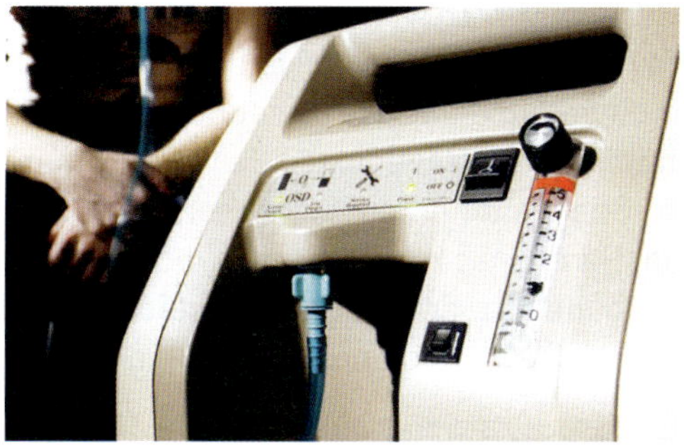

Julian Claxton/Phototake/Easypix Brasil

/// Ozônio; $O_3$, $H^0 \neq 0$.

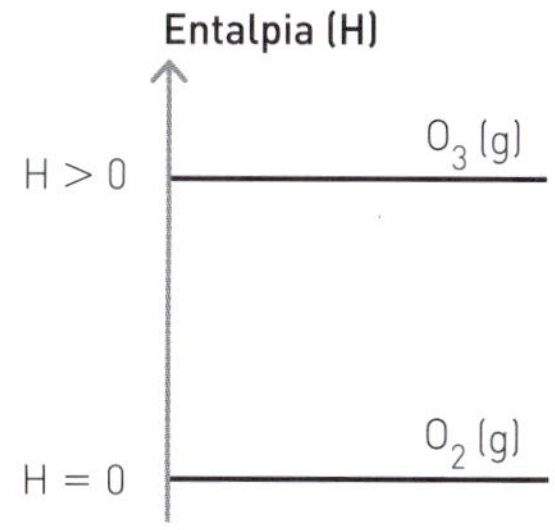


Ilustrações: Banco de imagens/Arquivo da editora

- **Enxofre**

Dirk Wiersma/SPL/Latinstock

/// Rômbico; $S_{rômb}$, $H^0 = 0$.

Andrew Lambert/SPL/Latinstock

/// Monoclínico; $S_{mono}$, $H^0 \neq 0$.

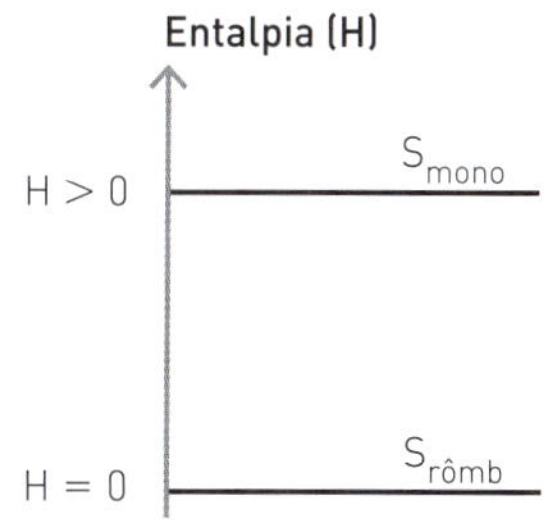


# Equação termoquímica

A entalpia de um elemento ou de uma substância varia de acordo com o estado físico, a pressão, a temperatura e a variedade alotrópica desse elemento. Logo, em uma equação termoquímica, devemos indicar:

- a variação de entalpia ($\Delta H$);
- os estados físicos de todos os participantes e as variedades alotrópicas, caso existam;
- a temperatura e a pressão nas quais a reação ocorreu;
- os coeficientes estequiométricos das substâncias puras participantes.

Veja dois exemplos e suas respectivas interpretações:

**1º exemplo:**

$$1\ C_{graf} + 1\ O_2\ (g) \rightarrow CO_2\ (g) \qquad \Delta H = -394\ kJ \text{ a } 25\ °C \text{ e } 1\ bar$$

A interpretação dessa equação termoquímica é: 1 mol de carbono grafita ($C_{graf}$) reage com 1 mol de gás oxigênio ($O_2$), produzindo 1 mol de gás carbônico ($CO_2$) e liberando 394 kJ, a 25 °C e 1 bar.

Geralmente, não são indicadas a pressão e a temperatura em que a reação se realizou, pois se admite que ela ocorreu no estado padrão, ou seja, sob pressão constante de 1 bar e a 25 °C.

**2º exemplo:**

$$1\ NH_3\ (g) \rightarrow \frac{1}{2}\ N_2\ (g) + \frac{3}{2}\ H_2\ (g) \qquad \Delta H = +46{,}1\ kJ \text{ a } 25\ °C \text{ e } 1\ bar$$

A interpretação dessa equação é: 1 mol de gás amônia ($NH_3$) se decompõe, originando $\frac{1}{2}$ mol de gás nitrogênio ($N_2$) e $\frac{3}{2}$ mol de gás hidrogênio ($H_2$), absorvendo 46,1 kJ, a 25 °C e 1 bar.

# Calor ou entalpia das reações químicas

Utilizando como referência o conceito de entalpia no estado padrão, podemos determinar o valor da entalpia de diversas substâncias, além de calcular o valor da variação de entalpia em uma infinidade de reações químicas.

Em geral, essa variação de entalpia é denominada **calor de reação** ou simplesmente **entalpia**. Porém, é costume atribuir nomes específicos a alguns tipos de entalpia, tais como: de formação, de combustão, de neutralização, etc.

A seguir, vamos estudar alguns tipos de entalpia de reações.

## Entalpia de formação

São denominadas **reações de formação** aquelas em que ocorre a formação (síntese) de 1 mol de uma substância a partir de substâncias simples, no estado padrão.

A variação de entalpia ($\Delta H$) nessas reações pode receber os seguintes nomes: **entalpia de formação**, **calor de formação**, **$\Delta H$ de formação** ou **entalpia padrão de formação**.

> **Entalpia de formação:** calor envolvido na formação de 1 mol de uma substância a partir de substâncias simples, no estado padrão, com $H^0 = 0$.

Veja alguns exemplos de equações termoquímicas de formação:

- Água líquida — $H_2O\ (\ell)$

$$H_2\ (g) + \frac{1}{2} O_2\ (g) \rightarrow 1\ H_2O\ (\ell) \qquad \Delta H = -286\ kJ/mol$$

- Ácido sulfúrico líquido — $H_2SO_4\ (\ell)$

$$H_2\ (g) + S_{rômb}\ (g) + 2\ O_2\ (g) \rightarrow 1\ H_2SO_4\ (\ell) \qquad \Delta H = -813{,}8\ kJ/mol$$

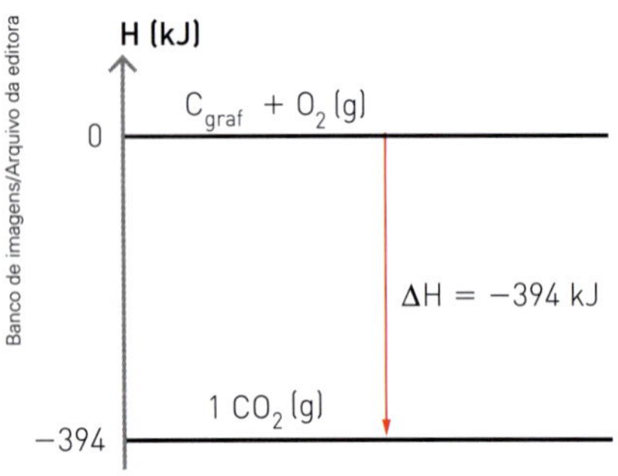

Banco de imagens/Arquivo da editora

Conhecendo a equação de formação de uma substância, o valor do $\Delta H$ dessa reação, e sabendo que, por convenção, a entalpia dos reagentes no estado padrão é igual a zero, podemos determinar a entalpia da substância formada a 25 °C e 1 bar.

Veja um exemplo: o gás carbônico ($CO_2$) pode ser obtido a partir da combustão do $C_{graf}$, e a variação da entalpia da reação foi determinada a 25 °C e 1 bar.

$$C_{graf}\ (g) + O_2\ (g) \rightarrow CO_2\ (g) \qquad \Delta H = -394\ kJ$$

Aplicando a expressão: $\Delta H = H_P - H_R$

podemos calcular a entalpia do $CO_2$ ($H_{CO_2}$) nessa reação, considerando que, por convenção, sabemos que para substâncias simples no estado padrão $H = 0$:

$$\Delta H = [H_{CO_2}\ (g)] - \underbrace{[H_{C_{graf}} + H_{O_2}\ (g)]}_{\text{substâncias simples no estado padrão } H\,=\,0}$$

Logo:

$$\Delta H = H_{CO_2}\ (g)$$

$$-394\ kJ = H_{CO_2}\ (g) \Rightarrow H_{CO_2}\ (g) = -394\ kJ$$

Assim, podemos concluir que a entalpia do $CO_2$ ($H_{CO_2}$) é igual ao seu $\Delta H$ de formação.

$$\Delta H_{\text{formação do } CO_2} = H_{CO_2} \Rightarrow \text{entalpia de formação de } CO_2 = -394\ kJ/mol$$

Generalizando, temos:

> entalpia de formação = entalpia da substância

- O resultado negativo não significa que o $CO_2$ (g) tem "energia negativa", mas sim que seu conteúdo energético (entalpia) é menor do que as entalpias do $C_{graf}$ e do $O_2$ (g), as quais, por convenção, são iguais a zero.
- Qualquer outra reação em que ocorra a formação de $CO_2$ (g), de modo diferente do que foi apresentado, não indica a entalpia de formação do $CO_2$ (g). Por exemplo:

$$C_{diam} + O_2\,(g) \rightarrow CO_2\,(g) \qquad \Delta H = -395{,}9 \text{ kJ/mol}$$

- Note que o $\Delta H$ (−395,9 kJ/mol) dessa reação é diferente do $\Delta H$ de formação (−394 kJ/mol).

Vamos analisar agora o $\Delta H$ envolvido na formação do NO (g) (monóxido de nitrogênio). A equação que representa a reação de formação do NO (g) é:

$$\frac{1}{2}N_2\,(g) + \frac{1}{2}O_2\,(g) \rightarrow 1\,NO\,(g) \qquad \Delta H = +90{,}4 \text{ kJ/mol}$$

Essa reação também pode ser representada pelo gráfico ao lado:

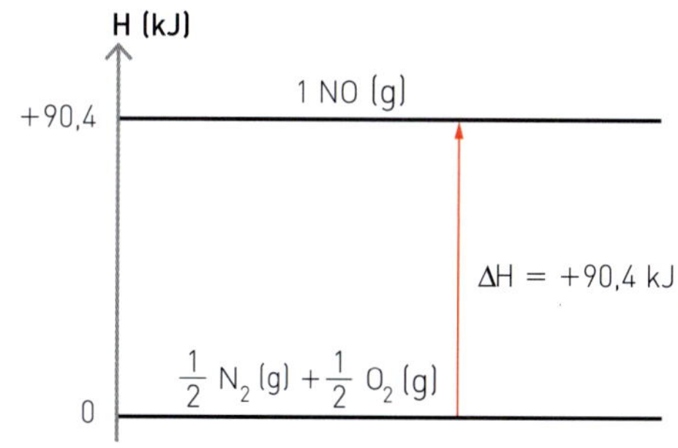

Banco de imagens/Arquivo da editora

Logo, podemos concluir que:

$$\Delta H_{\text{formação do NO}} = H_{NO} = +90{,}4 \text{ kJ/mol}$$

Os valores das entalpias padrão de formação geralmente são apresentados em tabelas.

**Entalpias padrão de formação, $\Delta H^0$, a 298 K**

| Substância | Fórmula | $\Delta H_f^0$ (kJ/mol) | Substância | Fórmula | $\Delta H_f^0$ (kJ/mol) |
|---|---|---|---|---|---|
| acetileno | $C_2H_2$ (g) | 226,7 | etanol | $C_2H_5OH$ (ℓ) | −277,7 |
| água | $H_2O$ (ℓ) | −285,8 | etileno | $C_2H_4$ (g) | 52,30 |
| amônia | $NH_3$ (g) | −46,19 | fluoreto de hidrogênio | HF (g) | −268,6 |
| benzeno | $C_6H_6$ (ℓ) | 49,0 | glicose | $C_6H_{12}O_6$ (s) | −1 273 |
| bicarbonato de sódio | $NaHCO_3$ (s) | −947,7 | iodeto de hidrogênio | HI (g) | 25,9 |
| brometo de hidrogênio | HBr (g) | −36,23 | metano | $CH_4$ (g) | −74,8 |
| carbonato de sódio | $Na_2CO_3$ (s) | −1 130,9 | metanol | $CH_3OH$ (ℓ) | −238,6 |
| cloreto de hidrogênio | HCℓ (g) | −92,30 | monóxido de carbono | CO (g) | −110,5 |
| cloreto de prata | AgCℓ (s) | −127,0 | óxido de cálcio | CaO (s) | −653,5 |
| cloreto de sódio | NaCℓ (s) | −410,9 | propano | $C_3H_8$ (g) | −103,85 |
| diamante | C (s) | 1,88 | sacarose | $C_{12}H_{22}O_{22}$ (s) | −2 221 |
| dióxido de carbono | $CO_2$ (g) | −393,5 | vapor de água | $H_2O$ (g) | −241,8 |
| etano | $C_2H_6$ (g) | −84,68 | | | |

Fonte: BROWN, Theodore L. et al. *Química*. A ciência central. 9. ed. São Paulo: Pearson/Prentice Hall, 2005.

Esse tipo de tabela é muito útil, pois permite calcular a entalpia de muitas outras substâncias, assim como o $\Delta H$ de inúmeras reações. Para efetuar corretamente esses cálculos, devemos lembrar que:

$\Delta H$ de formação = H da substância $\qquad \Delta H = H_P - H_R$

## Determinação da entalpia de formação de uma substância a partir de uma equação termoquímica

A equação de decomposição do mármore pode ser representada por:

$$CaCO_3\ (s) \rightarrow CaO\ (s) + CO_2\ (g) \qquad \Delta H = +177{,}5\ kJ/mol$$

Na tabela, encontramos as entalpias:

$$H_{CaO\ (s)} = -635{,}5\ kJ/mol \text{ e } H_{CO_2\ (g)} = -393{,}5\ kJ/mol$$

No entanto, nela não encontramos a entalpia de $CaCO_3$ (s), que pode ser determinada da seguinte maneira:

$$CaCO_3\ (s) \rightarrow CaO\ (s) + CO_2\ (g) \qquad \Delta H = +177{,}5\ kJ/mol$$

$$\underbrace{H_{CaCO_3\ (s)} = ?}_{H_R} \qquad \underbrace{(-635{,}5)\ (-393{,}5)}_{H_P}$$

$$\Delta H = H_P - H_R = \left[(H_{CaO\ (s)}) + (H_{CO_2\ (g)})\right] - \left[(H_{CaCO_3\ (s)})\right]$$

$$+177{,}5 = \left[(-635{,}5) + (-393{,}5)\right] - H_{CaCO_3\ (s)}$$

$$+177{,}5 = \left[635{,}5 - 393{,}5\right] - H_{CaCO_3\ (s)}$$

$$H_{CaCO_3\ (s)} = -1\,029 - 177{,}5 = -1\,206{,}5\ kJ/mol$$

Stock Connection Blue/Alamy/Glow Images

// O gás hidrogênio é utilizado como combustível em ônibus espaciais.

## Entalpia de combustão

**Entalpia de combustão:** energia liberada na combustão completa de 1 mol de uma substância no estado padrão.

São classificadas como **reações de combustão** aquelas em que uma substância, denominada **combustível**, reage com o gás oxigênio ($O_2$), denominado **comburente**. Por serem sempre exotérmicas, essas reações apresentam $\Delta H < 0$.

Veja alguns exemplos:

- **Combustão completa do gás hidrogênio ($H_2$)**

$$\underset{1\ mol}{1\ H_2\ (g)} + \frac{1}{2}\ O_2\ (g) \rightarrow 1\ H_2O\ (\ell) \qquad \Delta H = -286\ kJ/mol$$

Essa equação indica que na combustão completa de 1 mol de $H_2$ (g) ocorre a liberação de 286 kJ:

entalpia de combustão do $H_2$ (g) = −286 kJ/mol

Kzenon/Shutterstock

// O etanol é o álcool presente nas bebidas alcoólicas, utilizadas, por exemplo, na preparação de alimentos flambados.

- **Combustão completa do álcool etílico ($C_2H_6O$)**

$$C_2H_6O\ (\ell) + 3\ O_2\ (g) \rightarrow 2\ CO_2\ (g) + 3\ H_2O\ (\ell) \qquad \Delta H = -1\,368\ kJ/mol$$

Pela equação, podemos concluir que na combustão completa de 1 mol de $C_2H_6O$ ($\ell$) ocorre a liberação de 1 368 kJ:

entalpia de combustão do $C_2H_6O$ ($\ell$) = −1 368 kJ/mol

Quando os combustíveis são formados por carbono, hidrogênio e oxigênio, os produtos das reações (combustões completas) serão sempre $CO_2$ (g) e $H_2O$ ($\ell$).

A variação de entalpia na combustão completa pode ser denominada **entalpia de combustão**, **ΔH de combustão**, **calor de combustão** ou **entalpia padrão de combustão**.

# Poder calorífico

O poder calorífico de um combustível, simplificadamente, corresponde à quantidade de energia liberada por unidade de massa (geralmente adota-se como referência a quantidade de 1 g ou ainda 1 kg do combustível). Observe a tabela abaixo que apresenta a energia liberada na queima de vários combustíveis.

| Combustível | Energia liberada (kJ/g) |
|---|---|
| hidrogênio | 142 |
| gasolina | 48 |
| petróleo cru | 43 |
| carvão | 29 |
| papel | 20 |
| biomassa seca | 16 |
| madeira seca ao ar | 15 |

Kotz – Tradução da 5ª edição americana – Tabela adaptada.

A partir dos dados da tabela, podemos comparar a energia liberada na queima de 1 kg de gás hidrogênio e de gasolina. Assim, temos:

**Gás hidrogênio**

142 kJ liberados ———— 1 g de gás hidrôgênio

Q ———— 1 000 g de gás hidrôgênio (1 kg)

Q = 142 000 kJ liberados

**Gasolina**

48 kJ liberados ———— 1 g de gasolina

Q ———— 1 000 g de gasolina (1 kg)

Q = 48 000 kJ liberados

Assim, para uma mesma quantidade em massa, o gás hidrogênio libera cerca de 3 vezes mais calor do que a gasolina.

$$\frac{142\,000}{48\,00} = 2{,}96 \cong 3$$

A queima completa de combustíveis que contêm carbono libera gás carbônico ($CO_2$) para a atmosfera. Esse gás é um dos principais responsáveis pela intensificação do efeito estufa, por isso o aumento da sua concentração na atmosfera deve ser evitado. Caso desejássemos, para os combustíveis apresentados abaixo, classificar em ordem crescente a energia liberada por mol de combustível e por mol de $CO_2$ produzido pelo combustível, as ordens obtidas seriam as mesmas?

| Combustível | Fórmula molecular | $\Delta H^o$ (kJ/mol) |
|---|---|---|
| Carbono (carvão) | C (s) | −393,5 |
| Metano (gás natural) | $CH_4$ (g) | −802 |
| Propano (componente do gás de cozinha) | $C_3H_8$ (g) | −2 220 |
| Butano (componente do gás de cozinha) | $C_4H_{10}$ (s) | −2 878 |
| Octano (componente da gasolina) | $C_8H_{18}$ ($\ell$) | −5 471 |
| Etino (acetileno, usado em maçarico) | $C_2H_2$ (g) | −1 300 |
| Etanol | $C_2H_5OH$ ($\ell$) | −1 368 |

Disponível em: <www.usp.br/qambiental/combustao_energia.html#Energia>. Acesso em: 23 mar. 2018.

## Exercícios resolvidos

1. (PUC-SP) **Vida é energia**

A vida é um fenômeno que requer energia, pois se constitui de um conjunto de processos que envolve trabalho. Os seres vivos necessitam de energia para se manter, se desenvolver e se reproduzir, e as formas de obtenção dessa energia são diversas. Os animais, por exemplo, obtêm energia dos alimentos que consomem. Apesar de os carboidratos serem considerados o principal "combustível" celular, proteínas e gorduras também são importantes fontes energéticas, como indicado na tabela a seguir:

| Macronutriente | Valor energético (kcal/g) |
|---|---|
| carboidrato | 4,0 |
| proteína | 4,0 |
| lipídio | 9,0 |

Esses macronutrientes desempenham também outras funções importantes no organismo e devem estar presentes em quantidades adequadas na dieta. Para um adolescente, a dieta adequada deve conter entre 60% e 70% de carboidratos, 20% e 25% de gorduras e 10% e 15% de proteínas.

Um rapaz de 16 anos e 60 kg de massa, cuja atividade física pode ser classificada como moderada, teve a quantidade diária de nutrientes ingerida registrada durante um mês.

A tabela a seguir apresenta os valores médios diários obtidos ao final do período.

| Macronutriente | Massa consumida (g) (média diária) |
|---|---|
| carboidrato | 200 |
| proteína | 150 |
| lipídio | 150 |

a) Determine o valor energético de sua dieta e a proporção média de cada nutriente ingerido. Indique se a dieta está adequada. Justifique sua resposta.

b) Escreva a equação de combustão completa da glicose ($C_6H_{12}O_6$).

c) A partir dos dados da tabela de valores energéticos, determine a entalpia de combustão de um mol dessa substância. A partir das entalpias de formação do gás carbônico e da água, determine a entalpia de formação da glicose.

Massas molares: $M_{glicose} = 180$ g/mol; C = 12 g/mol; H = 1 g/mol; O = 16 g/mol.

$C\ (s) + O_2\ (g) \rightarrow CO_2\ (g)$

$\Delta H_{formação} = -95$ kcal/mol de $CO_2$

$H_2\ (g) + \frac{1}{2} O_2\ (g) \rightarrow H_2O\ (\ell)$

$\Delta H_{formação} = -90$ kcal/mol de $H_2O$

**Solução**

a) Valor energético da dieta:

Consumo médio de carboidratos = 200 g/dia

1,0 g de carboidrato ——— 4,0 kcal

200 g de carboidrato ——— x

x = 800 kcal

Consumo médio de proteínas = 150 g/dia

1,0 g de proteína ——— 4,0 kcal

150 g de proteína ——— x

x = 600 kcal

Consumo médio de lipídios = 150 g/dia

1,0 g de lipídio ——— 9,0 kcal

150 g de lipídio ——— x

x = 1 350 kcal

Valor total = 800 + 600 + 1 350 = 2 750 kcal

O valor energético diário recomendado para rapazes entre 15 e 18 anos é igual a 45 kcal/kg.

O rapaz de 16 anos e 60 kg deveria ingerir:

1 kg ——— 45 kcal

60 kg ——— x

x = 2 700 kcal

A proporção média em massa de cada nutriente ingerido é:

| | carboidrato | | proteína | | lipídio |
|---|---|---|---|---|---|
| | $\frac{200\ g}{50}$ | | $\frac{150\ g}{50}$ | | $\frac{150\ g}{50}$ |
| proporção | 4 | : | 3 | : | 3 |
| % em massa | 40 | | 30 | | 30 |

Em termos energéticos, a dieta está um pouco acima do valor adequado:

- 2 750 kcal → ingerido;
- 2 700 kcal → adequado.

Em termos nutricionais, a dieta está inadequada, pois:

| Quantidade adequada | Quantidade ingerida |
|---|---|
| 60% a 70% de carboidratos | 40% |
| 20% a 25% de gorduras (lipídios) | 30% |
| 10% a 15% de proteínas | 30% |

b) Equação de combustão completa da glicose:

$1\ C_6H_{12}O_6\ (s) + 6\ O_2\ (g) \rightarrow 6\ CO_2\ (g) + 6\ H_2O\ (\ell)$

c) A entalpia de combustão da glicose corresponde à energia liberada na queima de 1 mol (180 g) de glicose:

1,0 g ——— 4,0 kcal

180 g ——— x

x = 720 kcal

Logo, $\Delta H = -720$ kcal/mol.

A entalpia de formação da glicose pode ser calculada pela equação

$$\underbrace{\underset{x}{C_6H_{12}O_6\ (s)} + \underset{zero}{6\ O_2\ (g)}}_{H_i = x} \rightarrow \underbrace{\underset{6(-95\ kcal)}{6\ CO_2\ (g)} + \underset{6(-70\ kcal)}{6\ H_2O\ (\ell)}}_{H_f = -990\ kcal}$$

$\Delta H = -720$ kcal

$\Delta H = H_f - H_i$

$-720 = (-990) - (x)$

A entalpia de formação da glicose é igual a $-270$ kcal/mol.

2. (Fuvest-SP) O biogás, produzido por digestão anaeróbia de resíduos orgânicos, contém principalmente metano e dióxido de carbono, além de outros gases em pequenas quantidades, como é o caso do sulfeto de hidrogênio. Para que o biogás seja utilizado como combustível, é necessário purificá-lo, aumentando o teor de metano e eliminando os demais componentes, que diminuem o seu poder calorífico e causam danos às tubulações.

Considere uma amostra de biogás cuja composição, em massa, seja 64,0% de metano ($CH_4$), 32,0% de dióxido de carbono ($CO_2$) e 4,0% de sulfeto de hidrogênio ($H_2S$).

a) Calcule a energia liberada na combustão de um quilograma dessa amostra de biogás.

b) Calcule o ganho de energia, por quilograma, se for utilizado biogás totalmente isento de impurezas, em lugar da amostra que contém os outros gases.

c) Além de aumentar o poder calorífico, a purificação do biogás representa uma diminuição do dano ambiental provocado pela combustão. Explique por quê.

d) Em aterros sanitários ocorre a formação de biogás, que pode ser recolhido. Em um aterro sanitário, tubos foram introduzidos para captação dos gases em duas diferentes profundidades, como é mostrado na figura.

Em qual dos tubos, A ou B, é recolhido biogás com maior poder calorífico? Explique.

Note e adote:

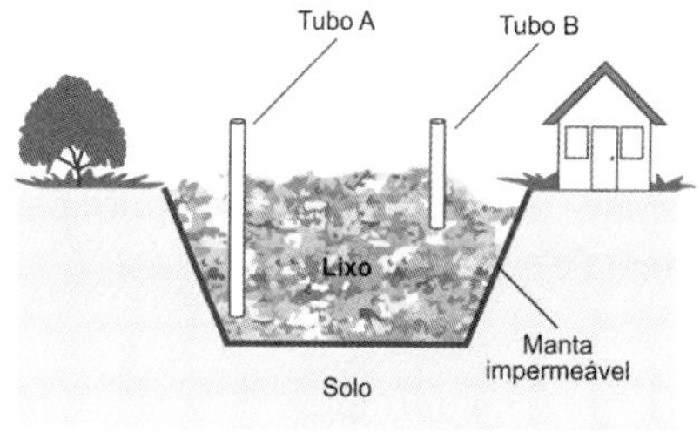


Reprodução/ FUVEST, 2017.

Calor de combustão (kJ/kg):

$CH_4 = 55 \cdot 10^3$

$H_2S = 15 \cdot 10^3$

**Solução**

a) Levando em consideração que o $CO_2$ não é um gás combustível, portanto não será queimado no processo, a energia liberada na combustão de 1 kg da amostra do biogás pode ser determinada por:

$$\begin{matrix}1\ \text{kg do} \\ \text{biogás}\end{matrix}\begin{cases}64\%\ \text{de}\ CH_4 \Rightarrow m_{CH_4} = 0{,}64\ \text{kg} \\ 32\%\ \text{de}\ CO_2 \Rightarrow m_{CO_2} = 0{,}32\ \text{kg} \\ 4\%\ \text{de}\ H_2S \Rightarrow m_{H_2S} = 0{,}04\ \text{kg}\end{cases}$$

$CO_2 \Rightarrow$ gás não combustível

$$CH_4 \Rightarrow \begin{cases}1\ \text{kg} \text{ ——— libera } 55 \cdot 10^3\ \text{kJ} \\ 0{,}64\ \text{kg} \text{ ——— } x\end{cases}$$

$x = 35{,}2 \cdot 10^3$ kJ

$$H_2S \Rightarrow \begin{cases}1\ \text{kg} \text{ ——— libera } 15 \cdot 10^3\ \text{kJ} \\ 0{,}04\ \text{kg} \text{ ——— } y\end{cases}$$

$y = 0{,}6 \cdot 10^3$ kJ

1 kg desse biogás libera $(35{,}2 \cdot 10^3 + 0{,}6 \cdot 10^3) = 35{,}8 \cdot 10^3$ kJ

b) Caso o biogás fosse 100% puro, teríamos 1 kg de $CH_4$: logo, a energia liberada por quilograma seria $55 \cdot 10^3$ kJ.

O ganho de energia seria $55 \cdot 10^3 - 35{,}8 \cdot 10^3$, o que equivale a $19{,}2 \cdot 10^3$ kJ.

c) Ao purificar o biogás, é eliminado o $H_2S$ que, após a queima, gera $SO_2$. Esse óxido é um dos principais responsáveis pela formação da chuva ácida; portanto, a remoção do $H_2S$ do biogás representa uma diminuição da geração de poluentes.

d) Tubo A.

O biogás é produzido pela decomposição anaeróbica (ausência de $O_2$) de material orgânico. Desse modo, em regiões mais profundas teremos uma menor quantidade de $O_2$ presente no solo, o que promoverá a produção de uma maior quantidade de $CH_4$, ou seja, um biogás com maior poder calorífico.

## Fundamentando seus conhecimentos

1. Equacione as reações termoquímicas de formação das substâncias $HC\ell$ (g), $C_2H_2$ (g), $HNO_3$ ($\ell$), NaOH (s) e $C_6H_{12}O_6$ (s).

2. Considere as equações termoquímicas e indique o $\Delta H$ do $CS_2$ ($\ell$) e o do $NaC\ell O_3$ (s).

   I. $C_{graf} + 2\,S_{rômb} \rightarrow CS_2\,(\ell)$
   
   $\Delta H = +79{,}6$ kJ/mol

   II. $Na\,(s) + \frac{1}{2}\,C\ell_2\,(g) + \frac{3}{2}\,O_2\,(g) \rightarrow NaC\ell O_3\,(s)$
   
   $\Delta H = -359$ kJ/mol

3. Um dos componentes do GLP (gás liquefeito do petróleo) é o propano, $C_3H_8$, cuja entalpia de combustão é igual a 2 044 kJ/mol. Escreva em seu caderno a equação termoquímica de combustão completa do $C_3H_8$ (g).

Observe a ilustração a seguir, que mostra uma representação molecular da utilização de um dos componentes da gasolina: o octano ($C_8H_{18}$). Em seguida, responda às questões **4** a **8**.

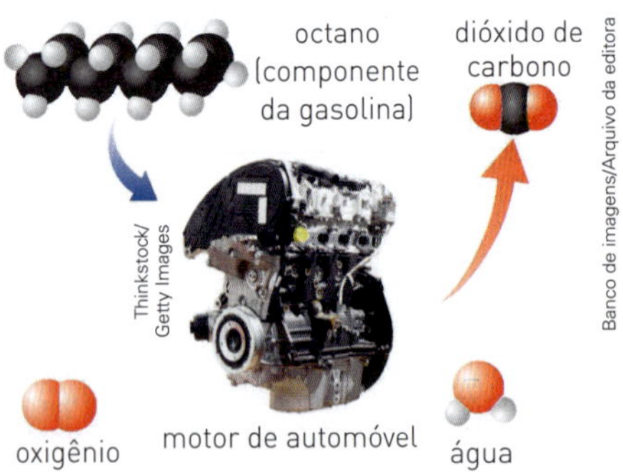


4. O esquema ilustra uma reação de formação ou de combustão?

5. Equacione a reação termoquímica de formação do octano líquido, do gás carbônico e da água líquida.

6. Equacione a reação termoquímica de combustão completa do octano líquido.

7. Calcule o calor envolvido na combustão completa de 5 mol de $C_8H_{18}$ ($\ell$) ($\Delta H$ de combustão do $C_8H_{18}$ ($\ell$) = 5520 kJ/mol).

8. Conhecendo o $\Delta H$ de combustão do $C_8H_{18}$ ($\ell$), o $\Delta H$ de formação do $CO_2$ (g), −394 kJ, e o $\Delta H$ de formação da $H_2O$ ($\ell$), −285,5 kJ, calcule o $\Delta H$ de formação do $C_8H_{18}$ ($\ell$).

9. (UFMG) A queima de metano na presença de oxigênio pode produzir duas substâncias distintas que contêm carbono:
   - monóxido de carbono, produzido pela combustão incompleta do metano; e
   - dióxido de carbono.

   As equações químicas dessas reações são:

   Reação I $\quad CH_4\,(g) + \frac{3}{2}\,O_2\,(g) \rightarrow 2\,H_2O\,(g) + CO\,(g)$

   Reação II $\quad CH_4\,(g) + 2\,O_2\,(g) \rightarrow 2\,H_2O\,(g) + CO_2\,(g)$

   Considerando-se essas reações, é correto afirmar que:

   a) ambas são exotérmicas e a quantidade de calor liberado em I é menor que em II.
   b) ambas são endotérmicas e a quantidade de calor absorvido em I é menor que em II.
   c) ambas são endotérmicas e a quantidade de calor absorvido em II é menor que em I.
   d) ambas são exotérmicas e a quantidade de calor liberado em II é menor que em I.

## Desenvolvendo seus conhecimentos

1. A etapa fotoquímica da fotossíntese, conhecida como "reação de claro", é assim chamada por ocorrer somente na presença de luz.

   A reação da fotossíntese pode ser representada simplificadamente por:

   $6\,CO_2\,(g) + 6\,H_2O\,(v) \rightarrow C_6H_{12}O_6\,(s) + 6\,O_2\,(g)$

   Conhecendo as entalpias padrão de formação das substâncias abaixo, calcule o $\Delta H$ da reação de fotossíntese.

   $CO_2$ (g): $\Delta H = -393$ kJ/mol
   
   $H_2O$ (v): $\Delta H = -241$ kJ/mol
   
   $C_6H_{12}O_6$ (s): $\Delta H = -991$ kJ/mol

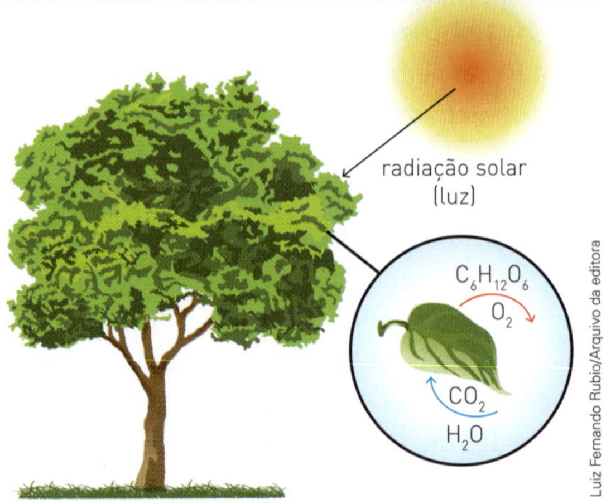

**2.** Considere as entalpias de formação em kJ/mol no estado padrão.

$$MgO\ (s) = -600$$
$$A\ell_2O_3\ (s) = -1\,670$$

Calcule a variação da entalpia (ΔH) da reação representada pela equação:

$$3\ MgO\ (s) + 2\ A\ell\ (s) \rightarrow 3\ Mg\ (s) + A\ell_2O_3\ (s)$$

**3.** Calcule o ΔH da reação de combustão completa do benzeno, sendo:

$$C_6H_6\ (\ell) + \frac{15}{2}\ O_2\ (g) \rightarrow 6\ CO_2\ (g) + 3\ H_2O\ (g)$$

| Substância | ΔH de formação (a 25 °C em kJ/mol) |
|---|---|
| $C_6H_6\ (\ell)$ | +80 |
| $CO_2\ (g)$ | −400 |
| $H_2O\ (g)$ | −240 |

**4.** (Udesc) A indústria siderúrgica utiliza-se da redução de minério de ferro para obter o ferro fundido, que é empregado na obtenção de aço. A reação de obtenção do ferro fundido é representada pela reação:

$$Fe_2O_3 + 3\ CO \rightarrow 2\ Fe + 3\ CO_2$$

A entalpia de reação ($\Delta H^0_R$) a 25 °C é:

Dados: Entalpia de formação ($\Delta H^0_f$) a 25°C, kJ/mol.

| | $Fe_2O_3$ | Fe | CO | $CO_2$ |
|---|---|---|---|---|
| $\Delta H^0_f$, kJ/mol | −824,2 | 0 | −110,5 | −393,5 |

a) 24,8 kJ/mol.
b) −24,8 kJ/mol.
c) 541,2 kJ/mol.
d) −541,2 kJ/mol.
e) 1 328,2 kJ/mol.

**5.** (Espcex/Aman) Reações conhecidas pelo nome de termita são comumente utilizadas em granadas incendiárias para destruição de artefatos, como peças de morteiro, por atingir temperaturas altíssimas devido à intensa quantidade de calor liberada e por produzir ferro metálico na alma das peças, inutilizando-as. Uma reação de termita muito comum envolve a mistura entre alumínio metálico e óxido de ferro III, na proporção adequada, e gera como produtos o ferro metálico e o óxido de alumínio, além de calor, conforme mostra a equação da reação:

$$2\ A\ell\ (s) + Fe_2O_3\ (s) \rightarrow 2\ Fe\ (s) + A\ell_2O_3\ (s) + \text{calor}$$

Reação de termita

Dados:

Massas atômicas: Aℓ = 27 u; Fe = 56 u; O = 16 u.

Entalpia padrão de formação:

$\Delta H^0_f\ A\ell_2O_3 = -1\,675{,}7\ kJ \cdot mol^{-1}$;

$\Delta H^0_f\ Fe_2O_3 = -824{,}2\ kJ \cdot mol^{-1}$;

$\Delta H^0_f\ A\ell^0 = 0\ kJ \cdot mol^{-1}$; $\Delta H^0_f\ Fe^0 = 0\ kJ \cdot mol^{-1}$

Considerando a equação de reação de termita apresentada e os valores de entalpia (calor) padrão das substâncias componentes da mistura, a variação de entalpia da reação de termita é:

a) $\Delta H^0_f = +2\,111{,}2$ kJ.
b) $\Delta H^0_f = -1\,030{,}7$ kJ.
c) $\Delta H^0_f = -851{,}5$ kJ.
d) $\Delta H^0_f = -332{,}2$ kJ.
e) $\Delta H^0_f = -1\,421{,}6$ kJ.

**6.** (UFSM-RS) O álcool etílico é considerado um desinfetante e antisséptico, com finalidade de higienização das mãos, para prevenir a gripe H1N1. Esse álcool pode ser obtido pela fermentação de açúcares, como a glicose:

$$C_6H_{12}O_6\ (s) \rightarrow 2\ C_2H_5OH\ (\ell) + 2\ CO_2\ (g)$$
$$\Delta H = -68\ kJ \cdot mol^{-1}$$

| Entalpia padrão de formação de um mol da substância na temperatura de 25 °C e 1 atm | |
|---|---|
| **Substância** | **$\Delta H^0_f\ (kJ\ mol^{-1})$** |
| $C_6H_{12}O_6\ (s)$ | −1 275 |
| $CO_2\ (g)$ | −394 |

A entalpia padrão de formação de um mol de álcool etílico, em $kJ \cdot mol^{-1}$, é, aproximadamente:

a) −950.
b) −556.
c) −278.
d) −68.
e) −34.

**7.** (Unifesp) Sob a forma gasosa, o formol ($CH_2O$) tem excelente propriedade bactericida e germicida. O gráfico representa a variação de entalpia na queima de 1 mol de moléculas de formol durante a reação química.

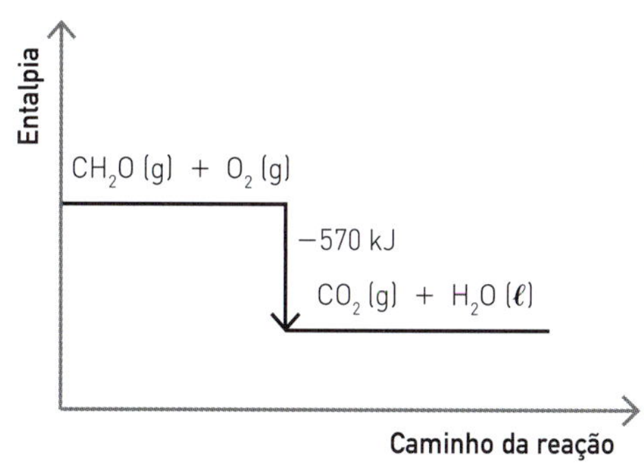


Reprodução/ Arquivo da editora

a) Escreva a fórmula estrutural do formol.
b) Dadas as entalpias padrão de formação do $H_2O\ (\ell) = -286$ kJ/mol e $CO_2\ (g) = -394$ kJ/mol, calcule a entalpia padrão de formação do formol.

**8.** (Enem-PPL) A escolha de uma determinada substância para ser utilizada como combustível passa pela análise da poluição que ela causa ao ambiente e pela quantidade de energia liberada em sua combustão completa. O quadro apresenta a entalpia de combustão de algumas substâncias. As massas molares dos elementos H, C e O são, respectivamente, iguais a 1 g/mol, 12 g/mol e 16 g/mol.

| Substância | Fórmula | Entalpia de combustão (kJ/mol) |
|---|---|---|
| Acetileno | $C_2H_2$ | −1 298 |
| Etano | $C_2H_6$ | −1 558 |
| Etanol | $C_2H_5OH$ | −1 366 |
| Hidrogênio | $H_2$ | −242 |
| Metanol | $CH_3OH$ | −558 |

Levando-se em conta somente o aspecto energético, a substância mais eficiente para a obtenção de energia, na combustão de 1 kg de combustível, é o:

a) etano.
b) etanol.
c) metanol.
d) acetileno.
e) hidrogênio.

**9.** (Enem) Um dos problemas dos combustíveis que contêm carbono é que sua queima produz dióxido de carbono. Portanto, uma característica importante, ao se escolher um combustível, é analisar seu calor de combustão ($\Delta H^0_C$), definido como a energia liberada na queima completa de um mol de combustível no estado padrão. O quadro seguinte relaciona algumas substâncias que contêm carbono e seu $\Delta H^0_C$.

| Substância | Fórmula | Entalpia de combustão (kJ/mol) |
|---|---|---|
| benzeno | $C_6H_6$ (ℓ) | −3 268 |
| etanol | $C_2H_5OH$ (ℓ) | −1 368 |
| glicose | $C_6H_{12}$ (s) | −2 808 |
| metano | $CH_4$ (g) | −890 |
| octano | $C_8H_{18}$ (ℓ) | −5 471 |

Neste contexto, qual dos combustíveis, quando queimado completamente, libera mais dióxido de carbono no ambiente pela mesma quantidade de energia produzida?

a) Benzeno
b) Metano
c) Glicose
d) Octano
e) Etanol

# Desafiando seus conhecimentos

**1.** (UFPR) Policlorobifenila, conhecida como PCB, é uma classe de compostos sintéticos aromáticos que foi extensivamente utilizada em fluidos refrigerantes para transformadores, capacitores e motores elétricos, devido à excelente propriedade dielétrica e estabilidade química. O descarte inapropriado de PCB no meio ambiente causa diversos problemas, em função da alta toxicidade e longevidade no ambiente. Os PCBs são agentes carcinogênicos para humanos e animais. A remediação de solos contaminados com PCB é bastante difícil, devido à alta estabilidade desses compostos. A incineração desses solos em temperaturas inferiores a 700 °C produz compostos voláteis perigosos, como as dioxinas. Dioxinas são ainda mais tóxicas e são agentes carcinogênicos e teratogênicos. A equação a seguir corresponde à reação de oxidação de 1,1′-bifenila-2,2′,3,3′-tetracloro ($\Delta H^0_f = 73{,}2$ kJ · mol$^{-1}$) em 2,3,7,8-tetraclorodibenzo-p-dioxina ($\Delta H^0_f = 114{,}4$ kJ · mol$^{-1}$).

A entalpia de formação da água nas condições de reação é ($\Delta H^0_f = -241{,}8$ kJ · mol$^{-1}$).

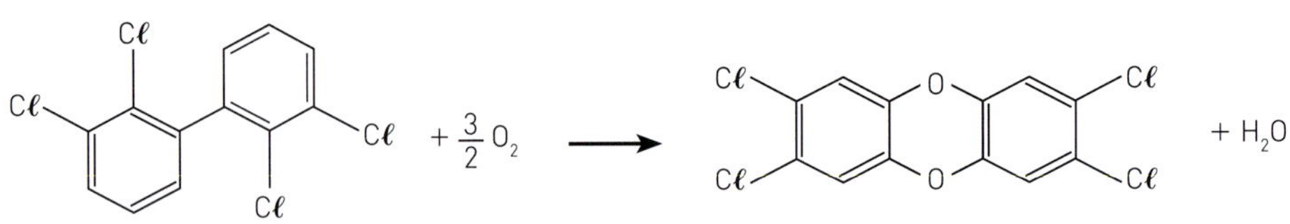


a) Calcule a entalpia da reação ilustrada. Mostre como chegou ao valor.
b) Essa reação é endotérmica? Explique como se chega a tal conclusão.

**2.** (FSM/MED-PB) No processo de produção de ferro metálico (Fe), ocorre a redução do óxido ferroso (FeO) com monóxido de carbono (CO) de acordo com a equação representativa da reação:

$$FeO\ (s) + CO\ (g) \rightarrow Fe\ (s) + CO_2\ (g)$$

Considere os seguintes dados:

| Substância | $\Delta H_f^o$ (kJ mol) |
|---|---|
| FeO (s) | −272,0 |
| CO (g) | −110,5 |
| $CO_2$ (g) | −394,0 |

a) Indique o tipo de ligação química envolvida em cada substância química reagente deste processo.

b) Calcule o valor, em kJ/mol do calor envolvido na produção do ferro metálico a partir do óxido ferroso.

**3.** (Uece) Durante a Segunda Guerra Mundial, o monóxido de carbono foi usado como combustível alternativo nos veículos para suprir a falta de gasolina. O monóxido de carbono era obtido em equipamentos conhecidos como gasogênios, pela combustão parcial da madeira. Nos motores dos automóveis, o monóxido de carbono era convertido em gás carbônico ao reagir com o oxigênio, e liberava 57,0 kcal/mol. Sabendo-se que a entalpia do produto dióxido de carbono é −94,0 kcal pode-se afirmar corretamente que a entalpia de formação do monóxido de carbono é:

$$1\ CO + \frac{1}{2}\ O_2 \rightarrow 1\ CO_2$$

a) −37,0 kcal/mol.
b) −151,0 kcal/mol.
c) +37,0 kcal/mol.
d) +151,0 kcal/mol.

**4.** (UFPR) Fulerenos são compostos de carbono que podem possuir forma esférica, elipsoide ou cilíndrica. Fulerenos esféricos são também chamados *buckyballs*, pois lembram a bola de futebol. A síntese de fulerenos pode ser realizada a partir da combustão incompleta de hidrocarbonetos em condições controladas.

a) Escreva a equação química balanceada da reação de combustão de benzeno a $C_{60}$.

b) Fornecidos os valores de entalpia de formação na tabela a seguir, calcule a entalpia da reação padrão do item a.

| Espécie | $\Delta H_f^o$ (kJ · mol$^{-1}$) |
|---|---|
| $H_2O$ (ℓ) | −286 |
| $C_6H_6$ (ℓ) | 49 |
| $C_{60}$ (s) | 2327 |

**5.** (Fatec-SP) O aumento da demanda de energia é uma das principais preocupações da sociedade contemporânea.

A seguir, temos equações termoquímicas de dois combustíveis muito utilizados para a produção de energia.

I. $CH_3 - CH_2 - OH\ (\ell) + 3\ O_2\ (g) \rightarrow 2\ CO_2\ (g) + 3\ H_2O\ (\ell)$
$\Delta H = -1366,8\ kJ$

II. 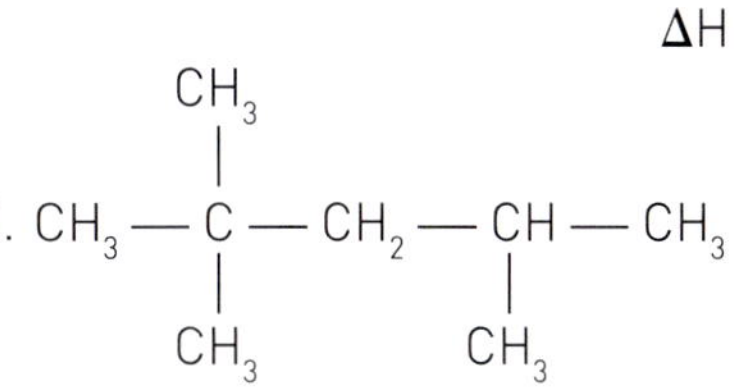 (ℓ) +

$+ \frac{25}{2}\ O_2\ (g) \rightarrow 8\ CO_2\ (g) + 9\ H_2O\ (\ell)$
$\Delta H = -5461,0\ kJ$

Dadas as entalpias de formação dos compostos:

$CO_2\ (g)\ \Delta H_f = -393\ kJ/mol$

$H_2O\ (\ell)\ \Delta H_f = -286\ kJ/mol$

conclui-se, corretamente, que a entalpia de formação do combustível presente em I é, em kJ/mol:

a) −107,5.
b) +107,5.
c) −277,2.
d) +277,2.
e) +687,7.

**6.** (Enem) Vários combustíveis alternativos estão sendo procurados para reduzir a demanda por combustíveis fósseis, cuja queima prejudica o meio ambiente devido à produção de dióxido de carbono (massa molar igual a 44 g mol$^{-1}$). Três dos mais promissores combustíveis alternativos são o hidrogênio, o etanol e o metano. A queima de 1 mol de cada um desses combustíveis libera uma determinada quantidade de calor, que estão apresentadas na tabela a seguir.

| Combustível | Massa molar (g · mol$^{-1}$) | Calor liberado na queima (kJ · mol$^{-1}$) |
|---|---|---|
| $H_2$ | 2 | 270 |
| $CH_4$ | 16 | 900 |
| $C_2H_5OH$ | 46 | 1350 |

Considere que foram queimadas massas, independentemente, desses três combustíveis, de forma tal que em cada queima foram liberados 5400 kJ. O combustível mais econômico, ou seja, o que teve a menor massa consumida, e o combustível mais poluente, que é aquele que produziu a maior massa de dióxido de carbono (massa molar igual a 44 g mol$^{-1}$), foram, respectivamente:

a) o etanol, que teve apenas 46 g de massa consumida, e o metano, que produziu 900 g de $CO_2$.

b) o hidrogênio, que teve apenas 40 g de massa consumida, e o etanol, que produziu 352 g de $CO_2$.

c) o hidrogênio, que teve apenas 20 g de massa consumida, e o metano, que produziu 264 g de $CO_2$.

d) o etanol, que teve apenas 96 g de massa consumida, e o metano, que produziu 176 g de $CO_2$.

e) o hidrogênio, que teve apenas 2 g de massa consumida, e o etanol, que produziu 1 350 g de $CO_2$.

**7.** (Enem) Nas últimas décadas, o efeito estufa tem-se intensificado de maneira preocupante, sendo esse efeito muitas vezes atribuído à intensa liberação de $CO_2$ durante a queima de combustíveis fósseis para geração de energia. O quadro traz as entalpias padrão de combustão a 25 °C ($\Delta H^0_{25}$) do metano, do butano e do octano.

| Composto | Fórmula molecular | Massa molar (g/mol) | $\Delta H^0_{25}$ (kJ/mol) |
|---|---|---|---|
| metano | $CH_4$ | 16 | −890 |
| butano | $C_4H_{10}$ | 58 | −2878 |
| octano | $C_8H_{18}$ | 114 | −5471 |

À medida que aumenta a consciência sobre os impactos ambientais relacionados ao uso da energia, cresce a importância de se criar políticas de incentivo ao uso de combustíveis mais eficientes. Nesse sentido, considerando-se que o metano, o butano e o octano sejam representativos do gás natural, do gás liquefeito de petróleo (GLP) e da gasolina, respectivamente, então, a partir dos dados fornecidos, é possível concluir que, do ponto de vista da quantidade de calor obtido por mol de $CO_2$ gerado, a ordem crescente desses três combustíveis é:

a) gasolina, GLP e gás natural.

b) gás natural, gasolina e GLP.

c) gasolina, gás natural e GLP.

d) gás natural, GLP e gasolina.

e) GLP, gás natural e gasolina.

**8.** (Enem) No que tange à tecnologia de combustíveis alternativos, muitos especialistas em energia acreditam que os álcoois vão crescer em importância em um futuro próximo. Realmente, álcoois como metanol e etanol têm encontrado alguns nichos para uso doméstico como combustíveis há muitas décadas e, recentemente, vêm obtendo uma aceitação cada vez maior como aditivos, ou mesmo como substitutos para gasolina em veículos.

Algumas das propriedades físicas desses combustíveis são mostradas no quadro seguinte.

| Álcool | Densidade a 25 °C (g/mL) | Calor de combustão (kJ/mol) |
|---|---|---|
| Metanol ($CH_3OH$) | 0,79 | −726,0 |
| Etanol ($CH_3CH_2OH$) | 0,79 | −1367,0 |

Dados: Massas molares em g/mol: H = 1,0; C = 12,0; O = 16,0.

Considere que, em pequenos volumes, o custo de produção de ambos os álcoois seja o mesmo. Dessa forma, do ponto de vista econômico, é mais vantajoso utilizar:

a) metanol, pois sua combustão completa fornece aproximadamente 22,7 kJ de energia por litro de combustível queimado.

b) etanol, pois sua combustão completa fornece aproximadamente 29,7 kJ de energia por litro de combustível queimado.

c) metanol, pois sua combustão completa fornece aproximadamente 17,9 MJ de energia por litro de combustível queimado.

d) etanol, pois sua combustão completa fornece aproximadamente 23,5 MJ de energia por litro de combustível queimado.

e) etanol, pois sua combustão completa fornece aproximadamente 33,7 MJ de energia por litro de combustível queimado.

**9.** (UEL-PR) A tabela, a seguir, mostra as entalpias padrão de formação $\Delta H^0_f$ a 25 °C.

| Substância | Fórmula | $\Delta H^0_f$ kJ/mol |
|---|---|---|
| Metanol | $CH_3OH$ (ℓ) | −238,6 |
| Etanol | $C_2H_5OH$ (ℓ) | −277,7 |
| Gás carbônico | $CO_2$ (g) | −393,5 |
| Água | $H_2O$ (v) | −241,8 |

O metanol já foi usado como combustível na fórmula Indy, com o inconveniente de produzir chama incolor e ser muito tóxico. Atualmente, utiliza-se etanol, proveniente da fermentação do caldo na cana-de-açúcar, o mesmo utilizado em automóveis no Brasil.

a) Compare a quantidade de energia liberada (kJ) pela combustão de 1,00 g de metanol com a produzida por 1,00 g de etanol. Justifique sua resposta.

b) Se um automóvel da fórmula Indy gastar 5 litros de etanol (d = 0,80 g/mL) por volta em um determinado circuito, calcule a energia liberada (kJ) pelo seu motor em cada volta.

# Energia de ligação

Em todas as reações químicas ocorrem quebra das ligações existentes nos reagentes e formação de novas ligações que darão origem aos produtos.

Para que ocorra **quebra de ligação** nos reagentes, é necessário que ocorra absorção de energia; logo, estamos diante de um processo **endotérmico**.

Assim, temos:

$$A_2 \longrightarrow 2\,A \qquad \Delta H = x\ kJ$$

Representação pelo modelo "pau e bola".

Na reação inversa, ou seja, na formação da ligação, a partir dos átomos, ocorre a liberação da mesma quantidade de energia.

$$2\,A \longrightarrow A_2 \qquad \Delta H = -x\ kJ$$

A energia absorvida na quebra de uma ligação é numericamente igual à energia liberada na sua formação. No entanto, a energia de ligação é definida para a quebra de ligações e, por isso, sempre terá o valor positivo.

Observe ao lado uma possível representação gráfica para essas reações.

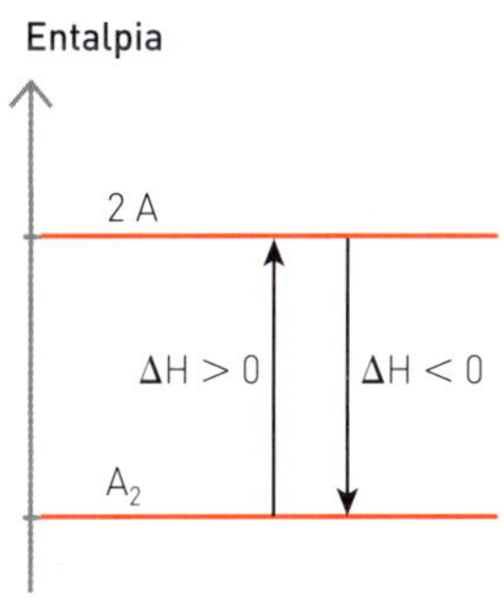


Banco de imagens/Arquivo da editora

**Energia de ligação:** energia absorvida na quebra de 1 mol de ligações, no estado gasoso.

Veja alguns casos:

a) $1\ H — H\ (g) \rightarrow H\ (g) + H\ (g) \qquad \Delta H = +436\ kJ$

A quebra de 1 mol de ligações H — H (g) absorve 436 kJ; dizemos, então, que: energia de ligação H — H (g) = +436 kJ/mol

b) $1\ C\ell — C\ell\ (g) \rightarrow C\ell\ (g) + C\ell\ (g) \qquad \Delta H = +242{,}6\ kJ$

energia de ligação Cℓ — Cℓ (g) = +242,6 kJ/mol

c) $1\ H — C\ell\ (g) \rightarrow H\ (g) + C\ell\ (g) \qquad \Delta H = +431{,}8\ kJ$

energia de ligação H — Cℓ (g) = +431,8 kJ/mol

d)
```
       H
       |
1 H — C — H → 1 C (g) + 4 H (g)      ΔH = +1 652 kJ
       |
       H
```

Nesse caso, temos a quebra de 4 mol de ligações (C — H). Como a energia de ligação é expressa por mol de ligação, temos:

energia média da ligação C — H = +413,4 kJ/mol

Nas moléculas poliatômicas, as interações entre os átomos variam para compostos diferentes que tenham a mesma ligação. Nesses casos, são utilizados valores de energias de ligações médias.

A energia de um mesmo tipo de ligação, em uma mesma molécula, varia conforme cada etapa de quebra de ligação.

| Etapas de quebra | Energia necessária (kJ/mol) (valores aproximados) |
|---|---|
| $CH_4 \rightarrow CH_3 + H$ | 435 |
| $CH_3 \rightarrow CH_2 + H$ | 453 |
| $CH_2 \rightarrow CH + H$ | 425 |
| $CH \rightarrow C + H$ | 339 |
| | 1 652 |
| energia de ligação média = 413 | |

Fonte: GILBERT, Thomas R. et al. *Chemistry. The science in context*. London/New York: W. W. Norton, 2009.

Para determinar a variação de entalpia (ΔH) de uma reação química, devemos determinar quais ligações serão quebradas nos reagentes, originando átomos isolados, e quais átomos assim obtidos formarão novas ligações, resultando nos produtos.

A seguir, veremos dois exemplos para a determinação do ΔH, usando valores de energia de ligação. Apenas para facilitar o cálculo desta variação, imagine que os reagentes tenham todas as suas ligações quebradas e que todas as ligações dos produtos sejam formadas no momento da reação.

- **1º exemplo:**

$$H_2\ (g) + C\ell_2\ (g) \longrightarrow 2\ HC\ell\ (g) \quad \Delta H = ?$$

energia **absorvida** na quebra da ligação

energia **liberada** na formação da ligação

Para romper 1 mol de ligação:
H — H = 436 kJ e
Cℓ — Cℓ = 242,6 kJ.
Ou seja:
energia total absorvida = 678,6 kJ

H — Cℓ = 431,8 kJ
Como são formados 2 mol de HCℓ, temos:
2 H — Cℓ = 863,6 kJ
energia total liberada = 863,6 kJ

Como a energia liberada é maior que a energia absorvida, essa reação é **exotérmica** (ΔH < 0). O valor absoluto pode ser calculado pela diferença entre o maior e o menor valor de energia. No caso:

$$\underset{\text{valor maior}}{863{,}6} - \underset{\text{valor menor}}{678{,}6} = 185\ kJ$$

Assim:

$$H_2\ (g) + C\ell_2\ (g) \rightarrow 2\ HC\ell\ (g) \qquad \Delta H = -185\ kJ$$

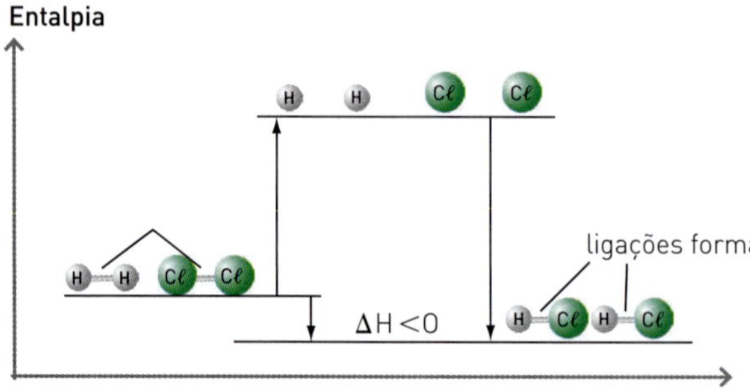


Banco de imagens/Arquivo da editora

- **2º exemplo:**

$$CH_4\,(g) + 3\,C\ell_2\,(g) \rightarrow HCC\ell_3\,(g) + 3\,HC\ell\,(g) \qquad \Delta H = ?$$

Considerando, para facilitar os cálculos, que todas as ligações dos reagentes sejam quebradas, temos:

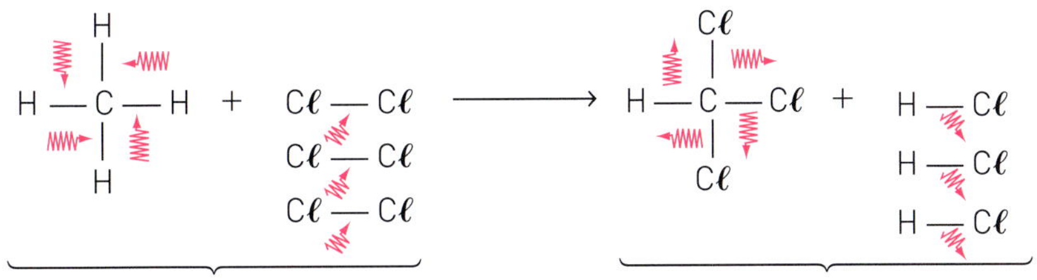

energia **absorvida** nas quebras de ligações

$4\ C—H = 4\ (413,4) = 1\,653,6\ kJ$

$3\ C\ell—C\ell = 3\ (242,6) = 727,8\ kJ$

energia total absorvida = 2 381,4 kJ

energia **liberada** nas formações das ligações

$1\ C—H = 1\ (413,4) = 413,4\ kJ$

$3\ C—C\ell = 3\ (327,2) = 981,6\ kJ$

$3\ H—C\ell = 3\ (431,8) = 1\,285,4\ kJ$

energia total liberada = 2 690,4 kJ

Como a energia liberada é maior do que a absorvida, a reação será **exotérmica**, e o seu valor absoluto:

$$\underset{\text{valor maior}}{2\,690,4} - \underset{\text{valor menor}}{2\,381,4} = 309\ kJ$$

Assim:

$$CH_4\,(g) + 3\,C\ell_2\,(g) \rightarrow HCC\ell_3\,(g) + 3\,HC\ell\,(g) \qquad \Delta H = -309\ kJ$$

| Entalpias de ligação médias, $kJ \cdot mol^{-1}$ | |
|---|---|
| **Ligação** | **Entalpia de ligação média** |
| C — H | 413 |
| C — C | 348 |
| C ═ C | 614 |
| C ≡ C | 839 |
| C — O | 358 |
| C ═ O | 743* |
| C — N | 293 |
| C — F | 485 |
| C — Cℓ | 328 |
| C — Br | 276 |
| C — I | 238 |
| N — H | 388 |
| N — N | 163 |
| N ═ N | 418 |
| N — O | 201 |
| N ═ O | 607 |
| N — F | 195 |
| N — Cℓ | 381 |
| O — H | 463 |
| O — O | 146 |

* No $CO_2$ a energia da ligação C ═ O é 799 kJ/mol.

Fonte: GILBERT, Thomas R. et al. *Chemistry. The science in context*. London/New York: W. W. Norton, 2009.

| Entalpias de ligação de moléculas diatômicas, $kJ \cdot mol^{-1}$ | |
|---|---|
| **Molécula** | **ΔH** |
| $H_2$ | 436 |
| $N_2$ | 941 |
| $O_2$ | 495 |
| CO | 1 072 |
| $F_2$ | 155 |
| $C\ell_2$ | 243 |
| $Br_2$ | 193 |
| $I_2$ | 151 |
| HF | 567 |
| HCℓ | 431 |
| HBr | 366 |
| HI | 299 |

Fonte: GILBERT, Thomas R. et al. *Chemistry. The science in context*. London/New York: W. W. Norton, 2009.

## Exercício resolvido

(Fuvest-SP) Pode-se conceituar energia de ligação química como sendo a variação de entalpia (ΔH) que ocorre na quebra de 1 mol de uma dada ligação.

Assim, na reação representada pela equação:

$$NH_3\ (g) \rightarrow N\ (g) + 3\ H\ (g)$$
$$\Delta H = 1\,170\ kJ/mol\ de\ NH_3$$

são quebrados 3 mol de ligação N — H, sendo, portanto, a energia de ligação N — H igual a 390 kJ/mol.

Sabendo-se que na decomposição:

$$N_2H_4\ (g) \rightarrow 2\ N\ (g) + 4\ H\ (g)$$
$$\Delta H = 1\,720\ kJ/mol\ de\ N_2H_4$$

são quebradas ligações N — N e N — H, qual o valor, em kJ/mol, da energia de ligação N — N?

**Solução**

Sabendo que a energia da ligação N — H é igual a 390 kJ/mol, vamos escrever a fórmula estrutural do $N_2H_4$ e fazer a sua decomposição:

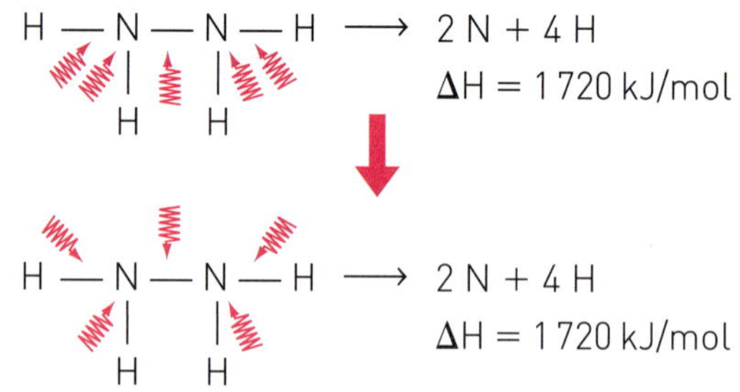


São rompidas:

| Ligações rompidas | Energia fornecida (kJ) | Energia total (kJ) |
|---|---|---|
| 4 ligações N — H | 4 · (390) = 1 560 | (1 560 + x) |
| 1 ligação N — N | 1 · x | |

Como o ΔH da reação é 1 720 kJ/mol, o valor de x pode ser calculado por:

ΔH = 1 560 + x

1 720 = 1 560 + x

x = 160 kJ/mol

## Fundamentando seus conhecimentos

**1.** Observe os seguintes diagramas:

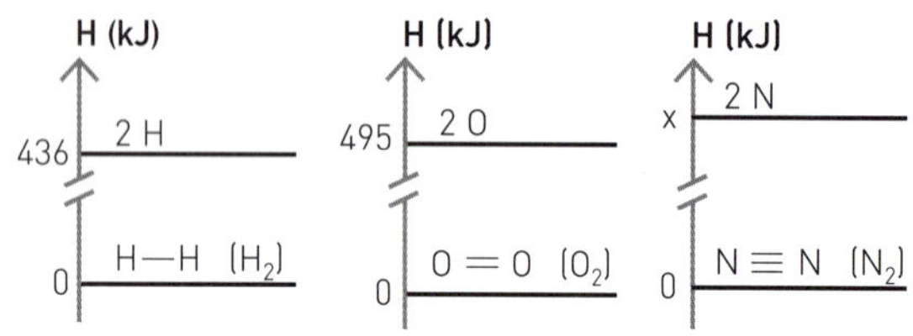


Banco de imagens/Arquivo da editora

Faça uma previsão para o valor de x e justifique a sua resposta.

**2.** Os diagramas seguintes representam as energias de ligação dos hidretos da família dos halogênios:

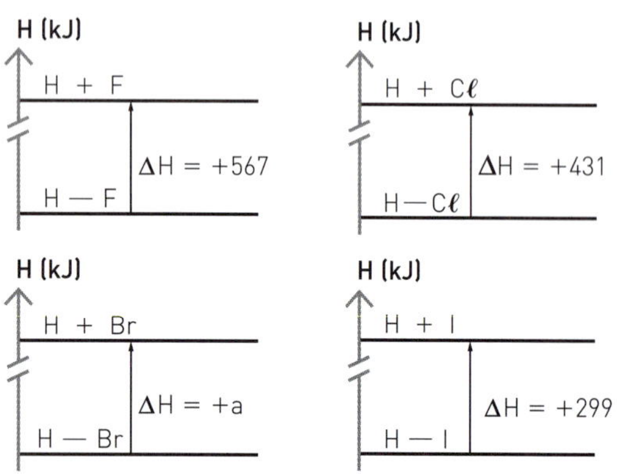


Banco de imagens/Arquivo da editora

Com base nos conceitos de polaridade de ligações e da fila de eletronegatividade de Pauling, faça uma previsão para o valor de a e justifique a sua resposta.

Observe a reação de bromação do eteno, aí representado pelo modelo "pau e bola":

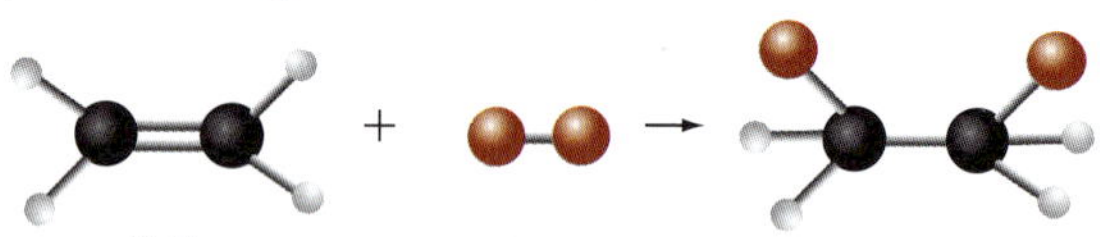

$C_2H_4$ (eteno) + $Br_2$ (bromo) → $C_2H_4Br_2$ (1,2-dibromoetano)

Banco de imagens/Arquivo da editora

Responda às questões **3** a **12**, dadas as energias de ligação em kJ/mol$^{-1}$.

- C = C → 614
- C — H → 413
- C — Br → 276
- Br — Br → 193
- C — C → 348

**3.** Calcule a quantidade de energia que deve ser fornecida para quebrar todas as ligações em 1 mol de $C_2H_4$.

**4.** Calcule a quantidade de energia que deve ser fornecida para quebrar todas as ligações em 1 mol de $Br_2$.

**5.** Qual é a energia total absorvida nas quebras das ligações?

**6.** Calcule a energia liberada na formação de 4 mol de ligações C — H.

**7.** Calcule a energia liberada na formação de 2 mol de ligações C — Br.

**8.** Calcule a energia liberada na formação de 1 mol de ligação C — C.

**9.** Qual é a energia total liberada nas formações das ligações?

**10.** Classifique a reação em endotérmica ou exotérmica. Justifique sua resposta.

**11.** Calcule o "saldo" energético.

**12.** Indique o $\Delta H$ da reação.

## Desenvolvendo seus conhecimentos

**1.** (UEL-PR) A transformação representada por $N_2\ (g) \rightarrow 2\ N\ (g)$ é:

a) endotérmica, pois envolve ruptura de ligações intramoleculares.
b) endotérmica, pois envolve ruptura de ligações intermoleculares.
c) endotérmica, pois envolve formação de ligações intramoleculares.
d) exotérmica, pois envolve ruptura de ligações intramoleculares.
e) exotérmica, pois envolve formação de ligações intermoleculares.

**2.** (UFRGS-RS) Com base no seguinte quadro de entalpias de ligação, assinale a alternativa que apresenta o valor da entalpia de formação da água gasosa.

| Ligação | Entalpia (kJ · mol$^{-1}$) |
|---|---|
| H — O | 464 |
| H — H | 436 |
| O ═ O | 498 |
| O — O | 134 |

$$H_2 + \frac{1}{2} O_2 \rightarrow H_2O$$

$$H—H + \frac{1}{2} O{=}O \rightarrow H—O—H$$

a) $-243$ kJ · mol$^{-1}$
b) $-134$ kJ · mol$^{-1}$
c) $+243$ kJ · mol$^{-1}$
d) $+258$ kJ · mol$^{-1}$
e) $+1\,532$ kJ · mol$^{-1}$

**3.** (Unirio-RJ) O gás cloro ($C\ell_2$), amarelo-esverdeado, é altamente tóxico. Ao ser inalado, reage com a água existente nos pulmões, formando ácido clorídrico ($HC\ell$) — um ácido forte, capaz de causar graves lesões internas, conforme a seguinte reação:

$$C\ell - C\ell + H - O - H \rightarrow H - C\ell + H - O - C\ell$$

$$C\ell_2\ (g) + H_2O\ (g) \rightarrow HC\ell\ (g) + HC\ell O\ (g)$$

| Ligação | Energia de ligação (kJ/mol; 25 °C e 1 atm) |
|---|---|
| Cℓ — Cℓ | 243 |
| H — O | 464 |
| H — Cℓ | 431 |
| Cℓ — O | 205 |

Utilizando os dados constantes na tabela anterior, marque a opção que contém o valor correto da variação de entalpia verificada, em kJ/mol.

a) $+104$
b) $+71$
c) $+52$
d) $-71$
e) $-104$

**4.** (UCS-SP)

O 1,2-dicloroetano ocupa posição de destaque na indústria química americana. Trata-se de um líquido oleoso e incolor, de odor forte, inflamável e altamente tóxico. É empregado na produção do cloreto de vinila que, por sua vez, é utilizado na produção do PVC, matéria-prima para a fabricação de dutos e tubos rígidos para água e esgoto.

A equação química que descreve, simplificadamente, o processo de obtenção industrial do 1,2-dicloroetano, a partir da reação de adição de gás cloro ao eteno, encontra-se representada abaixo.

$$C_2H_4\ (g) + C\ell_2\ (g) \rightarrow C_2H_4C\ell_2\ (\ell)$$

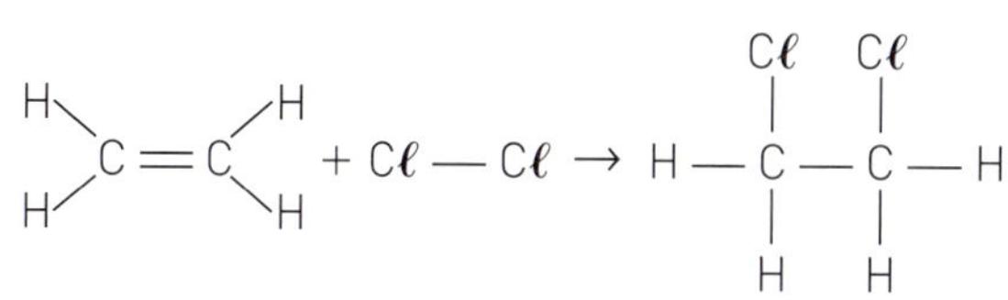

Disponível em: <http://laboratorios.cetesb.sp.gov.br/wp-content/uploads/sites/47/2013/11/dicloroetano.pdf>. Acesso em: 3 set. 15. (Adaptado.)

| Ligação | Energia de ligação (kJ/mol) |
|---|---|
| C — H | 413,4 |
| C — Cℓ | 327,2 |
| C — C | 346,8 |
| C ═ C | 614,2 |
| Cℓ — Cℓ | 242,6 |

A variação de entalpia da reação anterior é igual a:

a) −144,4 kJ/mol.

b) −230,6 kJ/mol.

c) −363,8 kJ/mol.

d) +428,2 kJ/mol.

e) +445,0 kJ/mol.

**5.** (Unigranrio/MED-RJ) Cálculos de entalpias reacionais são em alguns casos efetuados por meio das energias de ligação das moléculas envolvidas, onde o saldo de energias de ligação rompidas e refeitas é considerado nesse procedimento. Alguns valores de energia de ligação entre alguns átomos são fornecidos no quadro abaixo:

| Ligação | Energia de ligação (kJ/mol) |
|---|---|
| C — H | 413 |
| O ═ O | 494 |
| C ═ O | 804 |
| O — H | 463 |

Considere a reação de combustão completa do metano representada na reação a seguir:

$$CH_4\ (g) + 2\ O_2\ (g) \rightarrow CO_2 + 2\ H_2O\ (v)$$

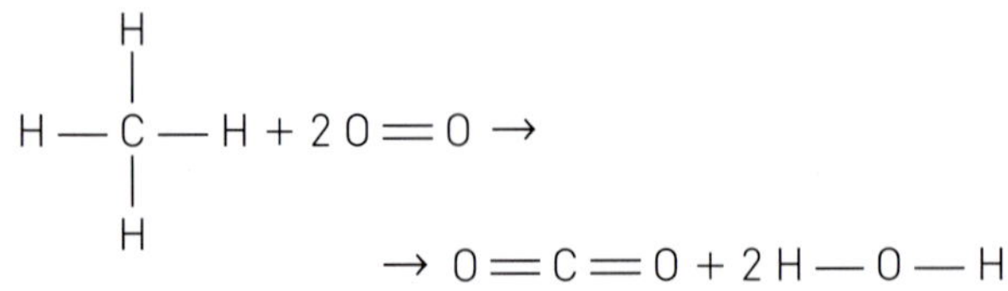

A entalpia reacional, em kJ/mol, para a combustão de um mol de metano segundo a reação será de:

a) −820.

b) −360.

c) +106.

d) +360.

e) +820.

**6.** (Unifesp) Com base nos dados da tabela

| Ligação | Energia média de ligação (kJ/mol) |
|---|---|
| O — H | 460 |
| H — H | 436 |
| O ═ O | 490 |

pode-se estimar que o ΔH da reação representada por

$$2\ H_2O\ (g) \rightarrow 2\ H_2\ (g) + O_2\ (g)$$

dado em kJ por mol de $H_2O$ (g), é igual a:

a) +239.

b) +478.

c) +1 101.

d) −239.

e) −478.

**7.** (UPE) A energia de ligação (H — N) em kJ/mol é igual a:

| | | ΔH |
|---|---|---|
| Reação | $3\ H_2\ (g) + N_2\ (g) \rightarrow 2\ NH_3\ (g)$ | −78 kJ/mol |
| Energia de ligação | H — H | 432 kJ/mol |
| | N ≡ N | 942 kJ/mol |

a) 772.

b) 360.

c) 386.

d) 1 080.

e) 260,5.

## Desafiando seus conhecimentos

**1.** (Unicamp-SP) No funcionamento de um motor, a energia envolvida na combustão do n-octano promove a expansão dos gases e também o aquecimento do motor. Assim, conclui-se que a soma das energias envolvidas na formação de todas as ligações químicas é:

a) maior que a soma das energias envolvidas no rompimento de todas as ligações químicas, o que faz o processo ser endotérmico.

b) menor que a soma das energias envolvidas no rompimento de todas as ligações químicas, o que faz o processo ser exotérmico.

c) maior que a soma das energias envolvidas no rompimento de todas as ligações químicas, o que faz o processo ser exotérmico.

d) menor que a soma das energias envolvidas no rompimento de todas as ligações químicas, o que faz o processo ser endotérmico.

**2.** (UFG-GO) A tabela a seguir apresenta os valores de energia de ligação para determinadas ligações químicas.

| Ligação | Energia (kJ/mol) |
|---|---|
| C — C | 83 |
| C — H | 100 |
| C — O | 85 |
| O — H | 110 |

etanol 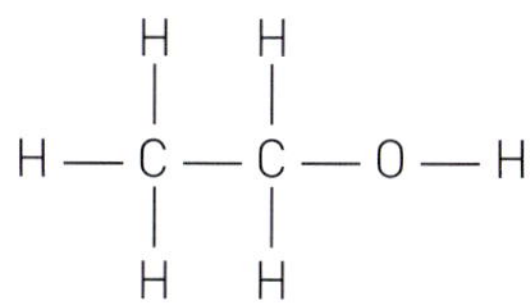

butanol 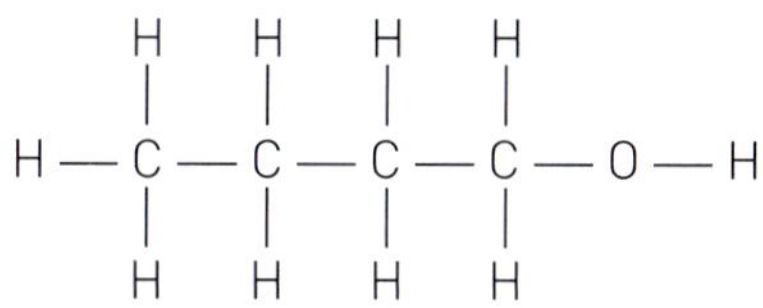

Para as moléculas de etanol e butanol, os valores totais da energia de ligação (em kcal/mol) destas moléculas são respectivamente iguais a:

a) 861 e 1454.
b) 668 e 1344.
c) 668 e 1134.
d) 778 e 1344.
e) 778 e 1134.

**3.** (Espcex/Aman) Considerando os dados termoquímicos empíricos de energia de ligação das espécies, a entalpia da reação de síntese do fosgênio é:

Dados:

| Energia de ligação | |
|---|---|
| C ═ O | 745 kJ/mol |
| C ≡ O | 1080 kJ/mol |
| C — Cℓ | 328 kJ/mol |
| Cℓ — Cℓ | 243 kJ/mol |

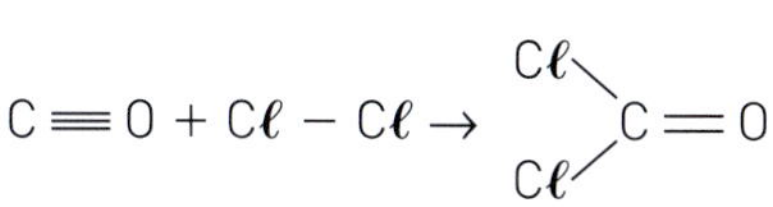

a) +522 kJ.
b) −78 kJ.
c) −300 kJ.
d) +100 kJ.
e) −141 kJ.

**4.** (UFSM-RS) Uma alimentação saudável, com muitas frutas, traz incontáveis benefícios à saúde e ao bem-estar. Contudo, a ingestão de fruta verde deixa um sabor adstringente na boca. Por isso, o gás eteno é utilizado para acelerar o amadurecimento das frutas, como a banana.
Industrialmente, o eteno é obtido pela desidrogenação do etano, em altas temperaturas (500 °C) e na presença de um catalisador (óxido de vanádio), conforme mostrado na reação a seguir.

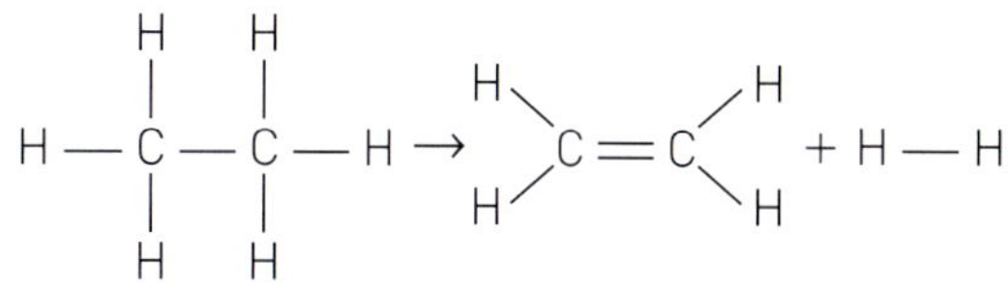

$\Delta H = +124 \text{ kJ mol}^{-1}$

| Energia de ligação ($kJ \cdot mol^{-1}$) | |
|---|---|
| **Ligação** | **Energia** |
| C — H | 412 |
| C — C | 348 |
| C ═ C | 612 |

O valor absoluto da energia de ligação H — H em $kJ \cdot mol^{-1}$ é, aproximadamente:

a) 124.
b) 436.
c) 684.
d) 872.
e) 1368.

**5.** (Uerj) O ciclopropano, anestésico, e o 2,4,6-trimetil-s-trioxano, sedativo, cuja estrutura é apresentada a seguir, são dois compostos químicos utilizados como medicamentos.

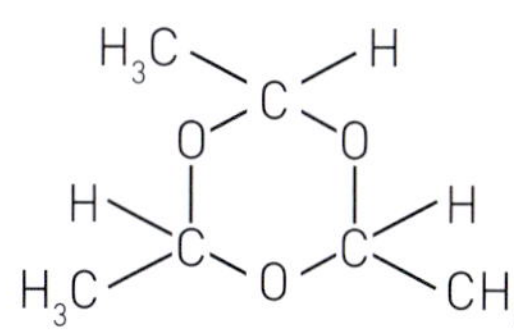

A reação de combustão completa do ciclopropano tem, como produtos finais, dióxido de carbono e água. Na tabela a seguir são apresentados os valores médios de energia de ligação envolvidos nesse processo, nas condições padrão.

| Ligação | Energia de ligação ($kcal \cdot mol^{-1}$) |
|---|---|
| C — C | 83 |
| C — H | 99 |
| C ═ O | 178 |
| H — O | 111 |
| O ═ O | 119 |

a) Determine a fórmula mínima do 2,4,6-trimetil-s-trioxano.

b) Calcule a entalpia padrão de combustão do ciclopropano.

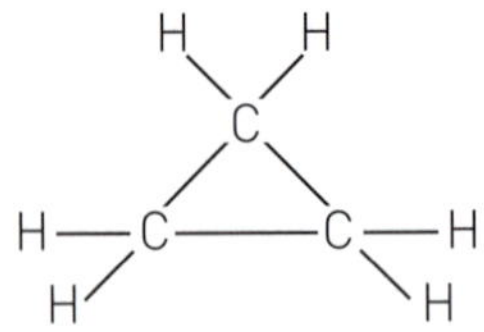

$+ \frac{9}{2}\, O{=}O \rightarrow$

$\rightarrow 3\, O{=}C{=}O + 3\, H{-}O{-}H$

**6.** (Unicamp-SP) A hidrazina ($H_2N-NH_2$) tem sido utilizada como combustível em alguns motores de foguete. A reação de combustão que ocorre pode ser representada, simplificadamente, pela seguinte equação:

$$H_2N-NH_2\,(g) + O_2\,(g) \rightarrow N_2\,(g) + 2\,H_2O\,(g)$$

A variação de entalpia dessa reação pode ser estimada a partir dos dados de entalpia das ligações químicas envolvidas. Para isso, considera-se uma absorção de energia quando a ligação é rompida e uma liberação de energia quando a ligação é formada. A tabela a seguir apresenta dados de entalpia por mol de ligações rompidas.

| Ligação | Entalpia ($kJ \cdot mol^{-1}$) |
|---|---|
| H — H | 436 |
| H — O | 464 |
| N — N | 163 |
| N ═ N | 514 |
| N ≡ N | 946 |
| C — H | 413 |
| N — H | 389 |
| O ═ O | 498 |
| O — O | 134 |
| C ═ O | 799 |

a) Calcule a variação de entalpia para a reação de combustão de 1 mol de hidrazina.

b) Calcule a entalpia de formação da hidrazina, sabendo-se que a entalpia de formação da água no estado gasoso é de $-242\ kJ \cdot mol^{-1}$.

**7.** (Unicamp-SP) A Lei Periódica observada por Mendeleyev permitiu prever propriedades macroscópicas de elementos e de compostos desconhecidos. Mais tarde verificou-se que propriedades como comprimento e entalpia de ligações covalentes também são propriedades relacionadas com a periodicidade. A seguir estão, parcialmente tabelados, os comprimentos e as energias de ligações das moléculas dos haletos de hidrogênio:

| Haleto de hidrogênio | Comprimento da ligação em pm (picômetros) | Entalpia de ligação (kJ/mol) |
|---|---|---|
| H — F | 95 | - |
| H — Cℓ | 127 | 431 |
| H — Br | 141 | - |
| H — I | 161 | 299 |

Com base nos valores tabelados, estime as energias de ligação do H — F e do H — Br mostrando claramente como você procedeu.

**8.** (FGV-SP) Na tabela são dadas as energias de ligação (kJ/mol) a 25 °C para algumas ligações simples, para moléculas diatômicas entre H e os halogênios (X).

| | H | F | Cℓ | Br | I |
|---|---|---|---|---|---|
| H | 432 | 568 | 431 | 366 | 298 |
| F | | 158 | 254 | 250 | 278 |
| Cℓ | | | 243 | 219 | 210 |
| Br | | | | 193 | 175 |
| I | | | | | 151 |

O cloreto de hidrogênio é um gás que, quando borbulhado em água, resulta numa solução de ácido clorídrico. Esse composto é um dos ácidos mais utilizados nas indústrias e laboratórios químicos. A energia para a formação de 2 mol de cloreto de hidrogênio, em kJ, a partir de seus elementos é igual a:

a) +862.

b) +187.

c) −187.

d) −244.

e) −862

**9.** (Fuvest-SP) Sob certas condições, tanto o gás flúor quanto o gás cloro podem reagir com hidrogênio gasoso, formando, respectivamente, os haletos de hidrogênio HF e HCℓ gasosos. Pode-se estimar a variação de entalpia (ΔH) de cada uma dessas reações, utilizando-se dados de energia de ligação. A tabela apresenta os valores de energia de ligação dos reagentes e produtos dessas reações a 25 °C e 1 atm.

| Molécula | $H_2$ | $F_2$ | $C\ell_2$ | HF | $HC\ell$ |
|---|---|---|---|---|---|
| Energia de ligação (kJ/mol) | 435 | 160 | 245 | 570 | 430 |

Com base nesses dados, um estudante calculou a variação de entalpia ($\Delta H$) de cada uma das reações e concluiu, corretamente, que, nas condições empregadas:

a) a formação de HF (g) é a reação que libera mais energia.

b) ambas as reações são endotérmicas.

c) apenas a formação de $HC\ell$ (g) é endotérmica.

d) ambas as reações têm o mesmo valor de $\Delta H$.

e) apenas a formação de $HC\ell$ (g) é exotérmica.

**10.** (Uerj) O formol, uma solução de metanal, frequentemente utilizado em cosméticos, vem sendo substituído pelo ácido glioxílico. No entanto, a decomposição térmica desse ácido também acarreta a formação de metanal, de acordo com a seguinte equação:

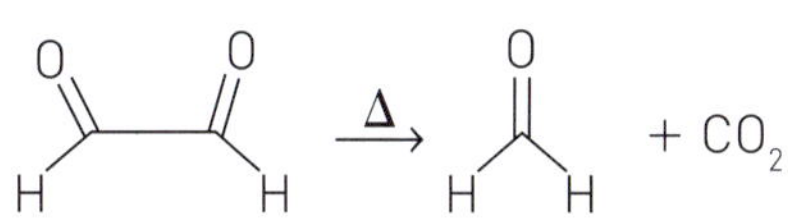

ácido glioxílico metanal

Veja, a seguir, as energias das ligações nas moléculas participantes da reação:

| Ligação | Energia de ligação ($kJ \cdot mol^{-1}$) |
|---|---|
| C — C | 348 |
| C ═ O | 744 |
| C — H | 413 |
| C — O | 357 |
| O — H | 462 |

Considere a decomposição de 1,0 L de uma solução aquosa de ácido glioxílico, na concentração de 0,005 mol/L. Assumindo que todo o ácido glioxílico foi decomposto, calcule, em quilojoules, a energia absorvida nesse processo.

**11.** (Espcex/Aman) Quantidades enormes de energia podem ser armazenadas em ligações químicas e a quantidade empírica estimada de energia produzida numa reação pode ser calculada a partir das energias de ligação das espécies envolvidas. Talvez a ilustração mais próxima deste conceito no cotidiano seja a utilização de combustíveis em veículos automotivos. No Brasil alguns veículos utilizam como combustível o Álcool Etílico Hidratado Combustível, conhecido pela sigla AEHC (atualmente denominado comercialmente apenas por *ETANOL*).

Considerando um veículo movido a AEHC com um tanque de capacidade de 40 L completamente cheio, além dos dados de energia de ligação química fornecidos e admitindo-se rendimento energético da reação de 100% densidade do AEHC de 0,80 $g/cm^3$ e que o AEHC é composto, em massa, por 96% da substância etanol e 4% de água, a quantidade aproximada de calor liberada pela combustão completa do combustível deste veículo será de:

Dados: massas atômicas: C = 12 u; O = 16 u; H = 1 u.

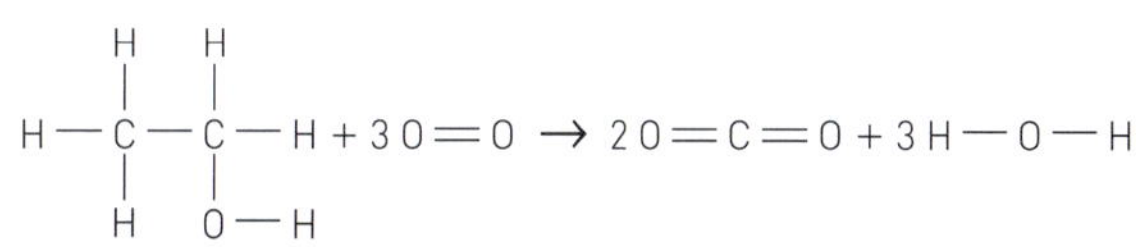

| Energia de ligação ($kJ \cdot mol^{-1}$) | | | |
|---|---|---|---|
| Tipo de ligação | Energia ($kJ \cdot mol^{-1}$) | Tipo de ligação | Energia ($kJ \cdot mol^{-1}$) |
| C — C | 348 | H — O | 463 |
| C — H | 413 | O ═ O | 495 |
| C ═ O | 799 | C — O | 358 |

a) $2,11 \cdot 10^5$ kJ.

b) $3,45 \cdot 10^3$ kJ.

c) $8,38 \cdot 10^5$ kJ.

d) $4,11 \cdot 10^4$ kJ.

e) $0,99 \cdot 10^4$ kJ.

Conexão **Meio ambiente**

# Amazônia: o "pulmão do mundo"?

Os vegetais são seres vivos autótrofos. Eles fazem fotossíntese, na qual a energia obtida da luz do Sol, a água e o $CO_2$ do ar são combinados quimicamente, produzindo carboidratos e $O_2$. Mas as plantas também respiram, ou seja, retiram $O_2$ do ar e liberam $CO_2$, gerando energia e usando os carboidratos resultantes da fotossíntese para crescer e proliferar. Ou seja, os vegetais, assim como os animais, produzem $CO_2$. Entretanto, a quantidade de $O_2$ liberada pelas plantas é muito maior do que a que elas usam na respiração. O $O_2$ restante permanece na atmosfera e é utilizado na respiração dos seres vivos heterótrofos.

Então, árvores da Amazônia absorvem $CO_2$ e liberam $O_2$. Mas, afinal, por que é errado dizer que a Amazônia é o "pulmão do mundo"? Porque há outros ecossistemas e espécies que também realizam fotossíntese intensamente. Estamos falando do fitoplâncton marinho, composto por seres microscópicos fotossintetizantes como cianobactérias e algas e que é o grande liberador de gás oxigênio na atmosfera.

As cianobactérias já foram chamadas de algas azuis, mas o nome caiu em desuso por se tratar, na realidade, de bactérias fotossintetizantes, e não algas. Esses seres unicelulares existem em grandes quantidades e são os principais elementos do fitoplâncton.

Portanto, a floresta Amazônica contribui retirando $CO_2$ do ar e liberando $O_2$, mas não é a única nem a principal a fazer isso, não merecendo o título de "pulmão do mundo".

Fontes: <www.ufmg.br>; <http://revistas.jatai.ufg.br>. Acesso em: 20 mar. 2013.

## Reflita

1. Se a Amazônia não é o "pulmão do mundo", por que ela é tão importante? Se precisar, pesquise mais sobre o assunto para responder.
(Sugestão para pesquisa: <http://ipam.org.br/cartilhas-ipam/a-importancia-das-florestas-em-pe/>. Acesso em: 22 mar. 2018.)

2. Se o verdadeiro "pulmão do mundo" é o fitoplâncton marinho e se os oceanos ocupam mais de 70% da superfície da Terra, então não temos com o que nos preocupar. Você concorda com essa afirmação? Pesquise a respeito de possíveis ameaças ao fitoplâncton e, depois, discuta com seus colegas.

M.I. Walker/Dorling Kindersley/Getty Images

Filamentos de cianobactérias do gênero *Oscillatoria*. Diâmetro do filamento: 5 μm (1 μm = $10^{-6}$ m).

CAPÍTULO 11

# Lei de Hess

Imagine uma situação na qual um objeto de massa **m** deve ser levado do chão até determinada altura **h** em relação ao solo.

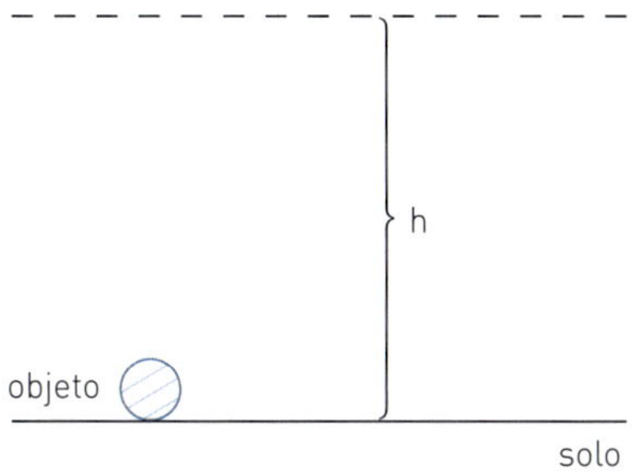


O percurso até a altura pretendida pode ser realizado de diversas maneiras, podendo ser realizado em uma ou mais etapas.

**I. Uma única etapa**

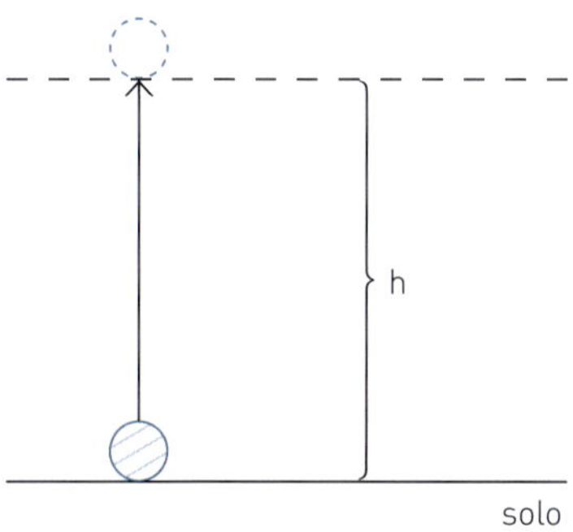


**II. Mais de uma etapa**

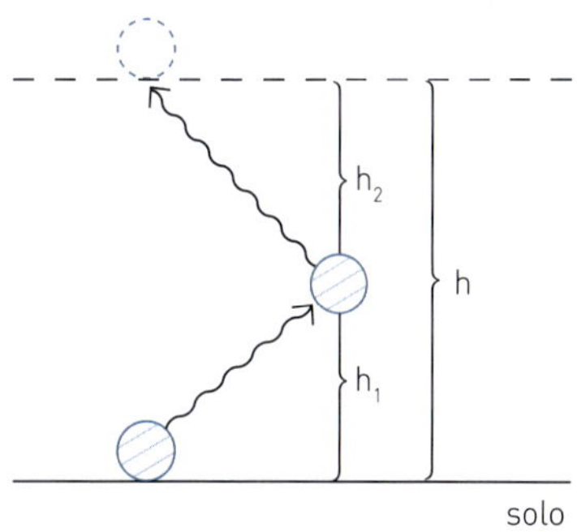


Ilustrações: Banco de imagens/Arquivo da editora

A distância percorrida nos casos apresentados é diferente, pois os trajetos realizados pelo objeto são distintos, no entanto a variação de altura (h) é a mesma em ambas as situações, uma vez que $\mathbf{h = h_1 + h_2}$. Assim, a variação de altura depende somente da posição inicial e final do objeto.

Caso desejássemos calcular a variação da energia potencial gravitacional associada ao objeto ($\mathbf{E_{pg} = m \cdot g \cdot h}$), ela seria a mesma em ambos os casos, independentemente se o processo ocorreu em uma ou várias etapas.

$$E_{pg}\,(I) = E_{pg}\,(II) = mg(h_1 + h_2) = mgh$$

De modo análogo ao apresentado, a variação de entalpia ($\Delta H$) de uma reação depende somente dos estados inicial e final e independe dos estados intermediários.

**Lei de Hess:** em uma reação química, a variação da entalpia é sempre a mesma, quer ela ocorra em uma única etapa ou em várias etapas. A variação da entalpia depende somente dos estados inicial e final.

Reprodução/Coleção Edgar Fahs Smith, Pensilvânia, EUA.

Germain Henri Hess (1802-1850), cientista suíço, formulou a lei de conservação da energia em termos das grandezas da Termoquímica.

A lei de Hess estabelece que a variação de entalpia da reação que ocorre em uma única etapa é igual à soma das variações de entalpia das etapas nas quais ela pode ocorrer.

$$\Delta H = \Delta H_1 + \Delta H_2$$

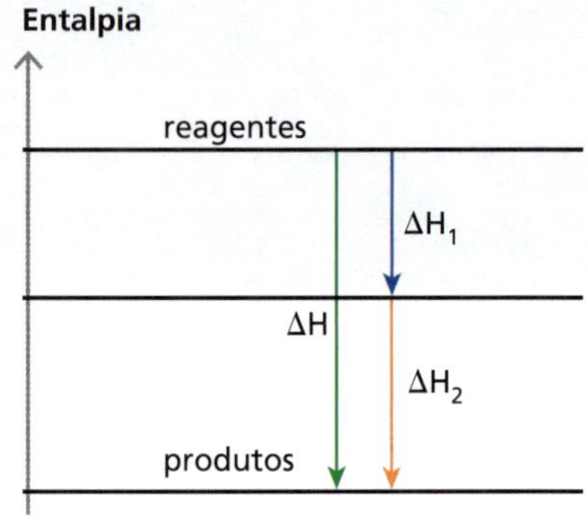


Banco de imagens/Arquivo da editora

O diagrama representa graficamente um exemplo da lei de Hess.

Um exemplo simples da aplicação da lei de Hess consiste na passagem de 1 mol de $H_2O$ (ℓ) para o estado gasoso nas condições do estado padrão. Isso pode ser feito em uma única etapa:

$$H_2O\ (\ell) \longrightarrow H_2O\ (g) \qquad \Delta H = +44\ kJ$$

Poderíamos também obter $H_2O$ (g) em duas etapas:

a) decomposição de 1 mol de $H_2O$ (ℓ):

$$H_2O\ (\ell) \longrightarrow H_2\ (g) + \frac{1}{2}\ O_2\ (g) \qquad \Delta H = +286\ kJ$$

b) formação de 1 mol de $H_2O$ (g):

$$H_2\ (g) + \frac{1}{2}\ O_2\ (g) \longrightarrow H_2O\ (g) \qquad \Delta H = -242\ kJ$$

Como a reação global corresponde à soma dessas duas reações, o ΔH da reação global também corresponde à soma dos ΔH das reações envolvidas:

$$H_2O\ (\ell) \longrightarrow \cancel{H_2\ (g)} + \cancel{\frac{1}{2}\ O_2}\ (g) \qquad \Delta H = +286\ kJ$$

$$\cancel{H_2\ (g)} + \cancel{\frac{1}{2}\ O_2}\ (g) \longrightarrow H_2O\ (g) \qquad \Delta H = -242\ kJ \quad +$$

$$H_2O\ (\ell) \longrightarrow H_2O\ (g) \qquad \Delta H = +44\ kJ$$

Graficamente, as três equações podem ser representadas da seguinte maneira:

Existem casos em que as etapas propostas para a ocorrência de uma reação não são possíveis de serem realizadas em laboratório.

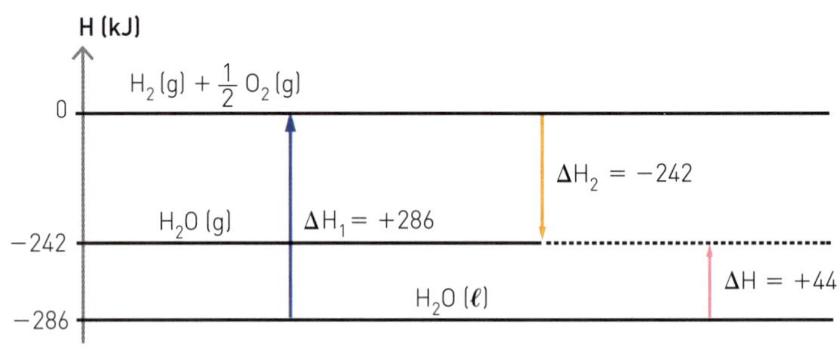


Banco de imagens/Arquivo da editora

## Por que usamos a lei de Hess?

Nem sempre é possível calcular diretamente o ΔH de uma reação, por vários motivos:

- muitos compostos não podem ser sintetizados a partir de seus elementos;
- algumas reações são extremamente lentas;
- algumas reações são explosivas;
- em várias reações são formados produtos indesejáveis.

Nesses casos, o ΔH pode ser determinado de maneira indireta, com base na lei de Hess.

Vamos ver outro exemplo da aplicação da lei de Hess.

Considere a equação:

$$2\ C_{graf} + 3\ H_2\ (g) + \frac{1}{2}\ O_2\ (g) \longrightarrow C_2H_6O\ (\ell) \qquad \Delta H = ?$$

O valor do $\Delta H$ dessa reação pode ser determinado a partir de outras três equações:

- **Equação I** — combustão completa do $C_{graf}$:

  $$1\ C_{graf} + 1\ O_2\ (g) \longrightarrow 1\ CO_2\ (g) \qquad \Delta H = -394\ kJ/mol$$

- **Equação II** — combustão do hidrogênio, $H_2\ (g)$:

  $$1\ H_2\ (g) + \frac{1}{2}\ O_2\ (g) \longrightarrow 1\ H_2O\ (\ell) \qquad \Delta H = -286\ kJ/mol$$

- **Equação III** — combustão completa do álcool comum, $C_2H_6O$:

  $$1\ C_2H_6O\ (\ell) + 3\ O_2\ (g) \longrightarrow 2\ CO_2\ (g) + 3\ H_2O\ (\ell) \qquad \Delta H = -1\,368\ kJ/mol$$

Vamos trabalhar com as equações I, II e III, de modo que a soma delas nos permita obter a equação termoquímica de formação do álcool comum. Para isso, devemos:

a) ter 2 mol de $C_{graf}$ no lado dos reagentes. O $C_{graf}$ está presente na equação I, na quantidade de 1 mol. Como a entalpia é uma propriedade extensiva, isto é, depende da quantidade de substância, e precisamos de 2 mol de $C_{graf}$, essa equação (I) e o valor do seu $\Delta H$ devem ser multiplicados por 2:

$$2\ C_{graf} + 2\ O_2\ (g) \longrightarrow 2\ CO_2\ (g) \qquad \Delta H = -788\ kJ$$

b) ter 3 mol de $H_2$ (g) do lado dos reagentes. O $H_2$ (g) está presente na equação II, na quantidade de 1 mol. Como precisamos de 3 mol de $H_2$ (g), a equação II e o valor de seu $\Delta H$ devem ser multiplicados por 3:

$$3\ H_2\ (g) + \frac{3}{2}\ O_2\ (g) \longrightarrow 3\ H_2O\ (\ell) \qquad \Delta H = -858\ kJ$$

c) ter 1 mol de $C_2H_6O$ ($\ell$) no lado dos produtos. O $C_2H_6O$ ($\ell$) está presente na equação III, do lado dos reagentes.

$$1\ C_2H_6O\ (\ell) + 3\ O_2\ (g) \longrightarrow 2\ CO_2\ (g) + 3\ H_2O\ (\ell) \Delta H = -1\,368\ kJ/mol$$

Para o $C_2H_6O$ ($\ell$) ser o produto, a reação deve ocorrer de maneira inversa; para isso, devemos inverter a equação III.

Essa equação é exotérmica, porém, no sentido inverso, ela é endotérmica; assim, devemos também inverter o sinal do valor do $\Delta H$.

$$2\ CO_2\ (g) + 3\ H_2O\ (\ell) \longrightarrow 1\ C_2H_6O\ (\ell) + 3\ O_2\ (g) \qquad \Delta H = +1\,368\ kJ$$

Somando essas três equações, agora devidamente adaptadas, obteremos a equação desejada e, também, o valor de $\Delta H$ para a formação do $C_2H_6O$:

$$2\ C_{graf} + \cancel{2\ O_2\ (g)} \rightarrow \cancel{2\ CO_2\ (g)} \qquad \Delta H = -788\ kJ$$

$$3\ H_2\ (g) + \cancel{\tfrac{3}{2}\ O_2\ (g)} \rightarrow \cancel{3\ H_2O\ (\ell)} \qquad \Delta H = -858\ kJ \quad +$$

$$\cancel{2\ CO_2\ (g)} + \cancel{3\ H_2O\ (\ell)} \rightarrow 1\ C_2H_6O\ (\ell) + \cancel{3\ O_2\ (g)} \qquad \Delta H = +1\,368\ kJ$$

---

$$2\ C_{graf} + 3\ H_2\ (g) + \frac{1}{2}\ O_2\ (g) \rightarrow 1\ C_2H_6O\ (\ell) \qquad \Delta H = -278\ kJ$$

A aplicação da lei de Hess permitiu determinar a entalpia de formação do $C_2H_6O$ ($\ell$) apesar de a reação não ocorrer dessa maneira em um laboratório.

**1.** (Unicamp-SP) Uma das grandes novidades em comunicação é a fibra óptica. Nesta, a luz é transmitida por grandes distâncias sem sofrer distorção ou grande atenuação. Para fabricar fibra óptica de quartzo, é necessário usar sílica de alta pureza, que é preparada industrialmente usando uma sequência de reações cujas equações (não balanceadas) estão representadas a seguir:

I. $SiO_2\,(s) + C\,(s) \rightarrow Si\,(s) + CO_2\,(g)$

II. $Si\,(s) + C\ell_2\,(g) \rightarrow SiC\ell_4\,(g)$

III. $SiC\ell_4\,(g) + O_2\,(g) \rightarrow SiO_2\,(s) + C\ell_2\,(g)$

a) Na obtenção de um tarugo de 300 g de sílica pura, qual a quantidade de energia (em kJ) envolvida? Considere a condição padrão.
Dados de entalpia padrão de formação em $kJ \cdot mol^{-1}$: $SiO_2\,(s) = -910$; $CO_2\,(g) = -394$; $SiC\ell_4\,(g) = -657$.

b) Com a sílica produzida (densidade $= 2{,}2\ g \cdot cm^{-3}$), foi feito um tarugo que, esticado, formou uma fibra de 0,06 mm de diâmetro. Calcule o comprimento da fibra esticada, em metros.

**Solução**

a) $\underbrace{\underset{-910\ kJ}{SiO_2\,(s)} + \underset{zero}{C\,(s)}}_{H_f = -910\ kJ} \rightarrow \underbrace{\underset{zero}{Si\,(s)} + \underset{-394\ kJ}{CO_2\,(g)}}_{H_f = -394\ kJ}$

I. $\Delta H = (-394) - (-910)$

$\Delta H = +516\ kJ$

$\underbrace{\underset{zero}{Si\,(s)} + \underset{zero}{2\,C\ell_2\,(g)}}_{H_f = zero} \rightarrow \underbrace{\underset{-657\ kJ}{SiC\ell_4\,(g)}}_{H_f = -657\ kJ}$

II. $\Delta H = (-657) - (zero)$

$\Delta H = -657\ kJ$

$\underbrace{\underset{-657\ kJ}{SiC\ell_4\,(g)} + \underset{zero}{O_2\,(g)}}_{H_f = -657\ kJ} \rightarrow \underbrace{\underset{-910\ kJ}{SiO_2\,(s)} + \underset{zero}{2\,C\ell_2\,(g)}}_{H_f = -910\ kJ}$

III. $\Delta H = (-910) - (-657)$

$\Delta H = -253\ kJ$

$SiO_2\,(s) + \underset{impuro}{C\,(s)} \rightarrow \cancel{Si\,(s)} + CO_2\,(g) \quad \Delta H = +516\ kJ$

$\cancel{Si\,(s)} + \cancel{2\,C\ell_2\,(g)} \rightarrow \cancel{SiC\ell_4\,(g)} \quad \Delta H = -657\ kJ$

$\cancel{SiC\ell_4\,(g)} + O_2\,(g) \rightarrow \underset{puro}{SiO_2\,(s)} + \cancel{2\,C\ell_2\,(g)} \quad \Delta H = -253\ kJ$

---

$SiO_2\,(s) + \underset{impuro}{C\,(s)} + O_2\,(g) \rightarrow \underset{puro}{SiO_2\,(s)} + CO_2\,(g) \quad \Delta H = -394\ kJ$

Para a obtenção de 1,0 mol de $SiO_2$ (s) puro são liberados 394 kJ.

$SiO_2$: massa molar = 60 g/mol

1 mol de $SiO_2$ = 60 g ——— 394 kJ

300 g ——— x

x = 1 970 kJ liberados

b) m = 300 g de $SiO_2$

$d = 2{,}2\ g \cdot cm^{-3}$

Diâmetro da fibra = 0,06 mm

r = 0,03 mm = 0,003 cm

h = comprimento da fibra

$$d = \frac{m}{V} \Rightarrow V = \frac{m}{d} \Rightarrow V = \frac{300\ g}{2{,}2\ g \cdot cm^{-3}} = 136{,}36\ cm^3$$

$V = \pi r^2 h$

$$h = \frac{V}{\pi r^2} \Rightarrow h = \frac{136{,}36\ cm^3}{3{,}14 \cdot (0{,}003)^2\ cm^2} \Rightarrow$$

$$\Rightarrow h = 4{,}82 \cdot 10^6\ cm \Rightarrow h = 4{,}82 \cdot 10^4\ m$$

**2.** (UEPG-PR) Com base nas informações e no diagrama a seguir, relacionados com a combustão completa do propano, a qual resulta em dióxido de carbono e água, responda o que for correto (dê como resposta a soma dos itens corretos).

Entalpias de formação:

$\Delta H(CO_2\,(g)) = -394\ kJ \cdot mol^{-1}$;

$\Delta H(H_2O\,(\ell)) = -286\ kJ \cdot mol^{-1}$

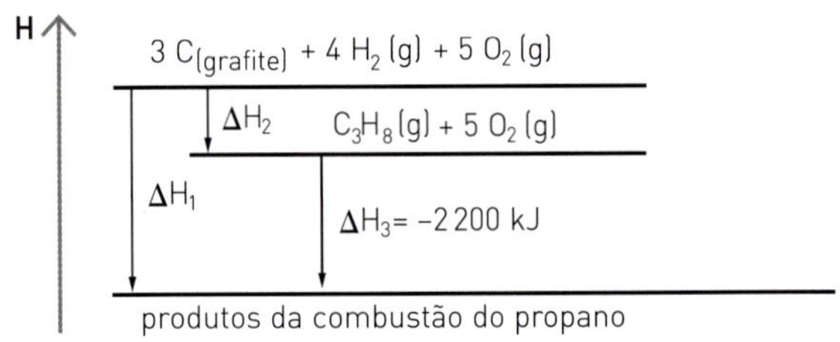


01) $\Delta H_1$ é igual a −680 kJ.

02) A combustão de um mol de propano produz um mol de gás carbônico e um mol de água.

04) A entalpia de formação do propano é igual a −126 kJ.

08) A combustão do propano é um processo exotérmico.

16) $\Delta H_2$ é igual a −126 kJ.

**Solução**

Inicialmente, vamos determinar o $\Delta H_1$ usando os estados inicial e final:

$$\underbrace{3\,C_{graf} + 4\,H_2\,(g) + 5\,O_2\,(g)}_{\substack{zero\ +\ zero\ +\ zero \\ H_i = zero}} \rightarrow \underbrace{3\,CO_2\,(g) + 4\,H_2O\,(\ell)}_{\substack{3(-394)\ +\ 4(-286) \\ H_f = -2326}}$$

$\Delta H = H_f - H_i$

$\Delta H = -2326\ kJ$

O valor do $\Delta H_1$ é $-2\,326$ kJ.

Sabendo que $\Delta H_1 = \Delta H_2 + \Delta H_3$, conseguiremos determinar o $\Delta H_2$:

$-2\,326 = \Delta H_2 + (-2\,200)$

$\Delta H = -126$ kJ = entalpia do $C_3H_8$ (g)

Os itens corretos são: 04 + 08 + 16 = 28.

**3.** (UFG-GO) A variação de entalpia ($\Delta H$) é uma grandeza relacionada à variação de energia que depende apenas dos estados inicial e final de uma reação. Analise as seguintes equações químicas:

I. $C_3H_8\ (g) + 5\ O_2\ (g) \rightarrow 3\ CO_2\ (g) + 4\ H_2O\ (\ell)$

$\Delta H^0 = -2\,220$ kJ

II. $C(grafite) + O_2\ (g) \rightarrow CO_2\ (g)$

$\Delta H^0 = -394$ kJ

III. $H_2\ (g) + \frac{1}{2}\ O_2\ (g) \rightarrow H_2O\ (\ell)$

$\Delta H^0 = -286$ kJ

Ante o exposto, determine a equação global de formação do gás propano e calcule o valor da variação de entalpia do processo.

**Solução**

A equação de formação do gás propano não foi fornecida no exercício, de modo que devemos equacioná-la. Nessa equação deve ser representada a formação de 1 mol de gás propano ($C_3H_8$) a partir de substâncias simples em sua forma alotrópica mais estável (estado padrão), assim, temos:

$$3\ C\ (grafite) + 4\ H_2\ (g) \rightarrow 1\ C_3H_8\ (g)$$

A partir das equações apresentadas devemos obter a equação acima, desse modo, as seguintes operações devem ser realizadas a partir dos dados fornecidos:

I. $C_3H_8\ (g) + 5\ O_2\ (g) \rightarrow 3\ CO_2\ (g) + 4\ H_2O\ (\ell)$

$\Delta H^0 = -2\,220$ kJ (inverter)

II. $C(grafite) + O_2\ (g) \rightarrow CO_2\ (g)$

$\Delta H^0 = -394$ kJ $(\cdot\ 3) = -1\,182$ kJ

III. $H_2\ (g) + \frac{1}{2}\ O_2\ (g) \rightarrow H_2O\ (\ell)$

$\Delta H^0 = -286$ kJ $(\cdot\ 4) = -1\,144$ kJ

Aplicando as operações, temos:

I. $\cancel{3\,CO_2\ (g)} + \cancel{4\,H_2O\ (\ell)} \rightarrow C_3H_8\ (g) + \cancel{5\,O_2\ (g)}$ $\quad \Delta H^0 = +2\,220$ kJ

II. $3\ C\ (grafite) + \cancel{3\,O_2\ (g)} \rightarrow \cancel{3\,CO_2\ (g)}$ $\quad \Delta H^0 = -1\,182$ kJ

III. $4\ H_2\ (g) + \cancel{2\,O_2\ (g)} \rightarrow \cancel{4\,H_2O\ (\ell)}$ $\quad \Delta H^0 = -1\,144$ kJ

$3\ C\ (grafite) + 4\ H_2\ (g) \rightarrow 1\ C_3H_8\ (g) \quad \Delta H = -106$ kJ

$$\Delta H = -106 \text{ kJ}$$

Desse modo, a variação de entalpia para a formação do propano corresponde a $\Delta H = -106$ kJ.

## Fundamentando seus conhecimentos

**1.** A partir do diagrama, calcule o $\Delta H$ da reação:

$C_{graf} + \frac{1}{2}\ O_2\ (g) \rightarrow CO\ (g)$

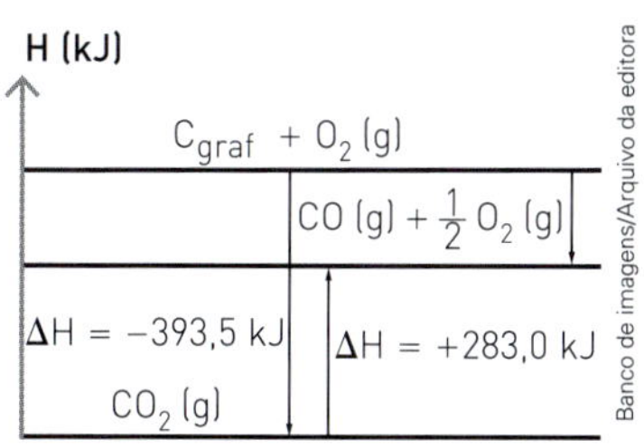


O esquema a seguir deve ser utilizado para responder às questões **2** a **6**.

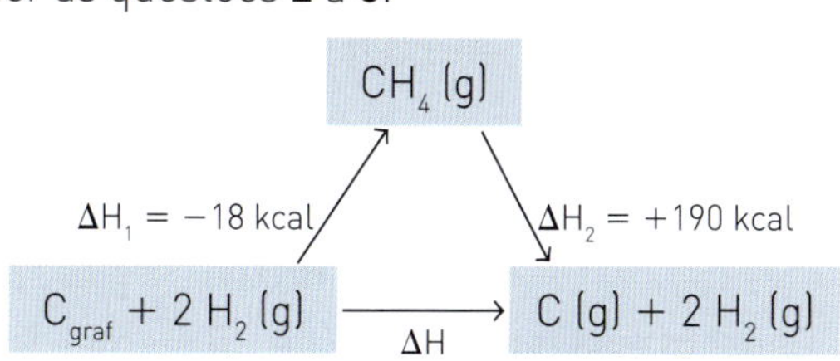


**2.** Determine o $\Delta H$ da reação de vaporização do carbono grafite: $C_{graf} \rightarrow C\ (g)$

**3.** Indique as substâncias que devem ocupar as posições I e II do diagrama:

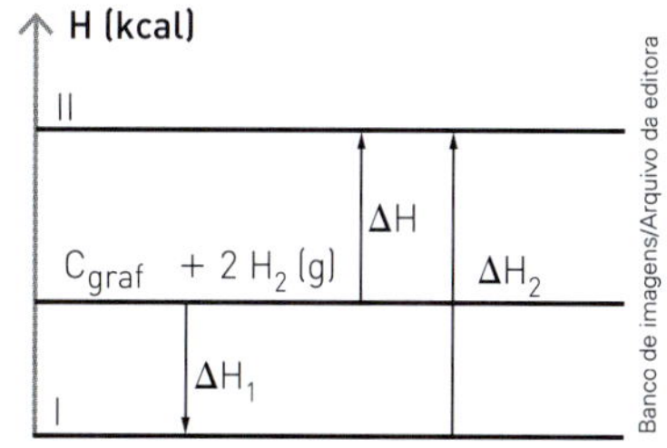


**4.** Indique os valores $\Delta H_1$, $\Delta H_2$ e $\Delta H$.

**5.** Determine o calor liberado ou absorvido na vaporização de 5 mol de $C_{graf}$.

**6.** Calcule o calor envolvido na vaporização de 120 g de $C_{graf}$. (Dado: massa molar do C = 12 g · $mol^{-1}$.)

**7.** O enxofre é um sólido amarelo encontrado livre na natureza (estado nativo) na forma alotrópica de enxofre rômbico.

Para sua extração nas minas, ele é inicialmente liquefeito e, nessa forma, é extraído e lançado no ambiente, onde se solidifica.

Sua reação com o oxigênio ($O_2$) forma dois óxidos ($SO_2$ e $SO_3$), e as equações termoquímicas são:

$S_{rômb} + O_2\ (g) \rightarrow SO_2\ (g) \qquad \Delta H = -71\ kcal/mol$

$SO_2\ (g) + \frac{1}{2} O_2\ (g) \rightarrow SO_3\ (g) \quad \Delta H = -23{,}4 kcal/mol$

Determine o $\Delta H$ da reação:

$$S_{rômb} + \frac{3}{2} O_2\ (g) \rightarrow SO_3\ (g)$$

## Desenvolvendo seus conhecimentos

**1.** (UFRGS-RS) Considere o diagrama abaixo, que representa equações termoquímicas genéricas.

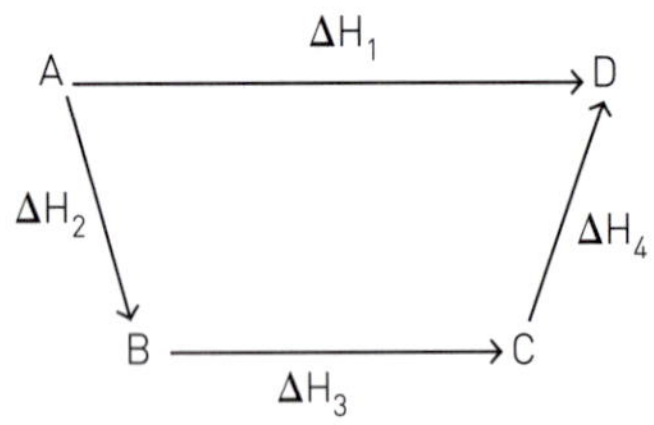


Reprodução/Arquivo da editora

Segundo a Lei de Hess, a relação matemática correta entre os $\Delta H$ é dada pela expressão:

a) $\Delta H = \Delta H_1 + \Delta H_2 + \Delta H_3 + \Delta H_4$.

b) $\Delta H_1 = \Delta H_2 = \Delta H_3 + \Delta H_4$.

c) $\Delta H_1 = \Delta H_2 + \Delta H_3 + \Delta H_4$.

d) $\Delta H_1 + \Delta H_2 + \Delta H_3 + \Delta H_4 = 0$.

e) $\Delta H_1 + \Delta H_2 + \Delta H_3 = \Delta H_4$.

**2.** A queima do carbono grafita pode originar o monóxido de carbono e o dióxido de carbono.

$C_{graf} + \frac{1}{2} O_2\ (g) \rightarrow CO\ (g) \qquad \Delta H = -110 kJ$

$C_{graf} + O_2\ (g) \rightarrow CO_2\ (g) \qquad \Delta H = -394\ kJ$

Com base nas informações, calcule a entalpia da transformação de CO (g) em $CO_2$ (g) representada pela equação a seguir.

$$CO\ (g) + \frac{1}{2} O_2\ (g) \rightarrow CO_2\ (g)$$

Observe o diagrama que representa as mudanças de estado para a água. Com base nele, responda às questões **3** a **6**.

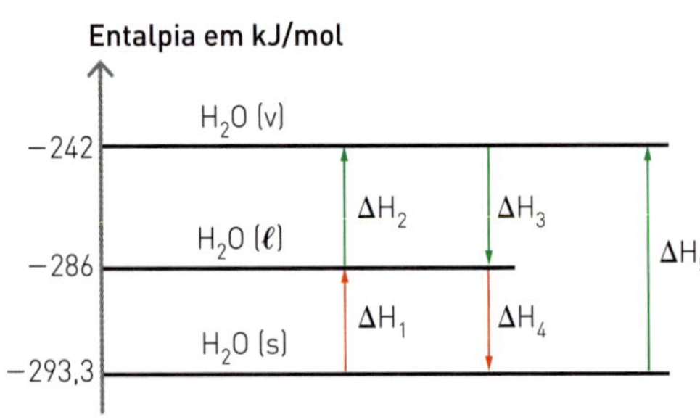


Banco de imagens/Arquivo da editora

**3.** Calcule o valor do $\Delta H$ para a mudança de estado:

$$H_2O\ (s) \rightarrow H_2O\ (\ell)$$

**4.** Calcule o valor do $\Delta H$ para a mudança de estado:

$$H_2O\ (\ell) \rightarrow H_2O\ (v)$$

**5.** Calcule o valor do $\Delta H$ para a mudança de estado:

$$H_2O\ (s) \rightarrow H_2O\ (v)$$

**6.** Considere as mudanças de estado:

$H_2O\ (s) \rightarrow H_2O\ (v) \qquad \Delta H_1$

$H_2O\ (\ell) \rightarrow H_2O\ (v) \qquad \Delta H_2$

Calcule o valor do $\Delta H$ para a mudança.

$$H_2O\ (v) \rightarrow H_2O\ (s)$$

**7.** A reação do metal ferro (Fe) com o gás oxigênio pode originar dois óxidos diferentes. Essas reações, com seus respectivos valores de $\Delta H^0$, podem ser representadas pelas equações a seguir.

$Fe\ (s) + \frac{1}{2} O_2\ (g) \rightarrow FeO\ (s) \qquad \Delta H^0 = 267{,}5\ kJ/mol$

$2\ Fe\ (s) + \frac{3}{2} O_2\ (g) \rightarrow Fe_2O_3\ (s) \quad \Delta H^0 = 819{,}3\ kJ/mol$

Determine, nas condições padrão (25 °C e 1 bar), a quantidade de calor envolvida na transformação abaixo e indique se esta reação é exotérmica ou endotérmica.

$$2\ FeO\ (s) + \frac{1}{2} O_2\ (g) \rightarrow Fe_2O_3\ (s)$$

**8.** As reações a seguir representam a oxidação do gás hidrogênio.

$H_2\ (g) + 2\ O_2\ (g) \rightarrow H_2O\ (v) \qquad \Delta H^0 = -242\ kJ$

$H_2\ (g) + \frac{1}{2} O_2\ (g) \rightarrow H_2O\ (\ell) \qquad \Delta H^0 = -286\ kJ$

Com base nessas informações, calcule o calor envolvido na vaporização de 1,8 kg de água líquida.

$$H_2O\ (\ell) \rightarrow H_2O\ (v)$$

Dado: massa molar de $H_2O = 18\ g \cdot mol^{-1}$.

**9.** (Enem) O benzeno, um importante solvente para a indústria química, é obtido industrialmente pela destilação do petróleo. Contudo, também pode ser sintetizado pela trimerização do acetileno catalisada por ferro metálico sob altas temperaturas, conforme a equação química:

$$3\ C_2H_2\ (g) \rightarrow C_6H_6\ (\ell)$$

A energia envolvida nesse processo pode ser calculada indiretamente pela variação de entalpia das reações de combustão das substâncias participantes, nas mesmas condições experimentais:

I. $C_2H_2\ (g) + \frac{5}{2}\ O_2\ (g) \rightarrow 2\ CO_2\ (g) + H_2O(\ell)$

$\Delta H^0_C = -310$ kcal/mol

II. $C_6H_6\ (\ell) + \frac{15}{2}\ O_2\ (g) \rightarrow 6\ CO_2\ (g) + 3\ H_2O(\ell)$

$\Delta H^0_C = -780$ kcal/mol

A variação de entalpia do processo de trimerização, em kcal para a formação de um mol de benzeno é mais próxima de:

a) −1 090.
b) −150.
c) −50.
d) +157.
e) +470.

**10.** (Uepa) O hidróxido de magnésio, base do medicamento vendido comercialmente como Leite de Magnésia, pode ser usado como antiácido e laxante. Dadas as reações abaixo:

I. $2\ Mg\ (s) + O_2 \rightarrow 2\ MgO\ (s)$
$\Delta H = -1\,203{,}6$ kJ

II. $Mg(OH)_2\ (s) \rightarrow MgO\ (s) + H_2O\ (\ell)$
$\Delta H = +37{,}1$ kJ

III. $2\ H_2\ (g) + O_2 \rightarrow 2\ H_2O\ (\ell)$
$\Delta H = -571{,}7$ kJ

Então, o valor da entalpia de formação do hidróxido de magnésio, de acordo com a reação $Mg\ (s) + H_2\ (g) + O_2\ (g) \rightarrow Mg(OH)_2\ (s)$, é:

a) −1 849,5 kJ.
b) +1 849,5 kJ.
c) −1 738,2 kJ.
d) −924,75 kJ.
e) +924,75 kJ.

**11.** (UEL-PR) Um dos maiores problemas do homem, desde os tempos pré-históricos, é encontrar uma maneira de obter energia para aquecê-lo nos rigores do inverno, acionar e desenvolver seus artefatos, transportá-lo de um canto a outro e para a manutenção de sua vida e lazer. A reação de combustão é uma maneira simples de se obter energia na forma de calor. Sobre a obtenção de calor, considere as equações a seguir.

$C_{(grafite)} + O_2\ (g) \rightarrow CO_2\ (g)$ $\quad \Delta H = -94{,}1$ kcal

$H_2O\ (\ell) \rightarrow H_2\ (g) + \frac{1}{2}\ O_2\ (g)$ $\quad \Delta H = +68{,}3$ kcal

$C_{(grafite)} + 2\ H_2\ (g) \rightarrow CH_4\ (g)$ $\quad \Delta H = -17{,}9$ kcal

Assinale a alternativa que apresenta, corretamente, o valor do calor de combustão (ΔH) do metano ($CH_4$) na equação a seguir.

$$CH_4\ (g) \rightarrow 2\ O_2\ (g) \rightarrow CO_2\ (g) + 2\ H_2O\ (\ell)$$

a) −212,8 kcal
b) −144,5 kcal
c) −43,7 kcal
d) +144,5 kcal
e) +212,8 kcal

**12.** (Unimontes-MG)

Reprodução/Universidade Cornell, Nova York, EUA.

Um inseto conhecido como besouro bombardeiro consegue afugentar seus predadores lançando sobre eles um "aerossol químico", um vapor na forma de fina névoa. Esse aerossol resulta de uma reação química entre as substâncias hidroquinona, $C_6H_4(OH)_2$, e o peróxido de hidrogênio, $H_2O_2$, catalisada por uma enzima. Além do efeito térmico da reação, a quinona, $C_6H_4O_2$, produzida atua como repelente contra outros insetos e animais. A reação de formação do aerossol químico pode ser representada pela equação:

$$C_6H_4(OH)_2\ (aq) + H_2O_2\ (aq) \rightarrow C_6H_4O_2\ (aq) + 2\ H_2O\ (\ell)$$

Considere as reações representadas pelas equações I, II e III:

I. $C_6H_4(OH)_2\ (aq) \rightarrow C_6H_4O_2\ (aq) + H_2\ (aq)$
$\Delta H^0 = 177$ kJ

II. $H_2O_2\ (aq) \rightarrow H_2O\ (\ell) + \frac{1}{2}\ O_2\ (g)$
$\Delta H^0 = -94{,}6$ kJ

III. $H_2\ (g) + \frac{1}{2}\ O_2\ (g) \rightarrow H_2O\ (\ell)$
$\Delta H^0 = -286$ kJ

Relacionando as equações I, II e III, pode-se afirmar que, para afugentar os predadores, o besouro bombardeiro libera uma quantidade de calor equivalente a:

a) 557,6 kJ.
b) 203,6 kJ.
c) 368,4 kJ.
d) 407,2 kJ.

**13.** (Fuvest-SP) A energia liberada na combustão do etanol de cana-de-açúcar pode ser considerada advinda da energia solar, uma vez que a primeira etapa para a produção do etanol é a fotossíntese. As transformações envolvidas na produção e no uso do etanol combustível são representadas pelas seguintes equações químicas:

$6\ CO_2\ (g) + 6\ H_2O\ (g) \rightarrow C_6H_{12}O_6\ (aq) + 6\ O_2\ (g)$

$C_6H_{12}O_6\ (aq) \rightarrow 2\ C_2H_5OH\ (\ell) + 2\ CO_2\ (g)$

$\Delta H = -70$ kJ/mol

$C_2H_5OH\ (\ell) + 3\ O_2\ (g) \rightarrow 2\ CO_2\ (g) + 3\ H_2O\ (g)$

$\Delta H = -1\,235$ kJ/mol

Com base nessas informações, podemos afirmar que o valor de $\Delta H$ para a reação de fotossíntese é:

a) −1 305 kJ/mol.
b) +1 305 kJ/mol.
c) +2 400 kJ/mol.
d) −2 540 kJ/mol.
e) +2 540 kJ/mol.

**14.** (Udesc) Considere as seguintes reações e suas variações de entalpia, em kJ/mol.

$CO\ (g) + H_2\ (g) \rightarrow C\ (s) + H_2O\ (g)$ $\Delta H = -150$ kJ/mol

$CO\ (g) + \frac{1}{2}\ O_2\ (g) \rightarrow CO_2\ (g)$ $\Delta H = -273$ kJ/mol

$H_2\ (g) + \frac{1}{2}\ O_2\ (g) \rightarrow H_2O\ (g)$ $\Delta H = -271$ kJ/mol

Pode-se afirmar que a variação de entalpia, para a combustão completa de 1 mol de C (s), formando $CO_2$ (g), é:

a) −654 kJ/mol.
b) −504 kJ/mol.
c) +504 kJ/mol.
d) +654 kJ/mol.
e) −354 kJ/mol.

## Desafiando seus conhecimentos

**1.** (Fuvest-SP) O monóxido de nitrogênio (NO) pode ser produzido diretamente a partir de dois gases que são os principais constituintes do ar atmosférico, por meio da reação representada por

$N_2\ (g) + O_2\ (g) \rightarrow 2\ NO\ (g)$ $\Delta H = +180$ kJ

O NO pode ser oxidado, formando o dióxido de nitrogênio ($NO_2$), um poluente atmosférico produzido nos motores a explosão:

$2\ NO\ (g) + O_2\ (g) \rightarrow 2\ NO_2\ (g)$ $\Delta H = -114$ kJ

Tal poluente pode ser decomposto nos gases $N_2$ e $O_2$:

$2\ NO_2\ (g) \rightarrow N_2\ (g) + 2\ O_2\ (g)$

Essa última transformação:

a) libera quantidade de energia maior do que 114 kJ.
b) libera quantidade de energia menor do que 114 kJ.
c) absorve quantidade de energia maior do que 114 kJ.
d) absorve quantidade de energia menor do que 114 kJ.
e) ocorre sem que haja liberação ou absorção de energia.

**2.** (UFG-GO) A variação de entalpia ($\Delta H$) é uma grandeza relacionada à variação de energia que depende apenas dos estados inicial e final de uma reação. Analise as seguintes equações químicas:

I. $C_3H_8\ (g) + 5\ O_2\ (g) \rightarrow 3\ CO_2\ (g) + 4\ H_2O\ (\ell)$
$\Delta H^0 = -2\,220$ kJ

II. $C_{(grafite)} + O_2\ (g) \rightarrow CO_2\ (g)$
$\Delta H^0 = -394$ kJ

III. $H_2\ (g) + \frac{1}{2}\ O_2\ (g) \rightarrow H_2O\ (\ell)$
$\Delta H^0 = -286$ kJ

Ante o exposto, determine a equação global de formação do gás propano e calcule o valor da variação de entalpia do processo.

$3\ C_{(grafite)} + 4\ H_2\ (g) \rightarrow C_3H_8\ (g)$

**3.** (Uespi) O $N_2O$ é conhecido como gás hilariante, pois age sobre o sistema nervoso central, provocando riso de forma histérica. Esse gás pode ser produzido pela decomposição térmica do nitrato de amônio, de acordo com a equação:

$NH_4NO_3\ (s) \rightarrow N_2O\ (g) + 2\ H_2O\ (g)$

Utilizando os dados termoquímicos abaixo, calcule a quantidade de calor liberada nesse processo de obtenção do gás hilariante.

$H_2\ (g) + \frac{1}{2}\ O_2\ (g) \rightarrow H_2O\ (g)$ $\Delta H = -241{,}8$ kJ

$N_2\ (g) + \frac{1}{2}\ O_2\ (g) \rightarrow N_2O\ (g)$ $\Delta H = 81{,}6$ kJ

$N_2\ (g) + 2\ H_2\ (g) + \frac{3}{2}\ O_2\ (g) \rightarrow NH_4NO_3\ (s)$ $\Delta H = -365{,}3$ kJ

a) 205,1 kJ
b) 36,7 kJ
c) 146,3 kJ
d) 95,4 kJ
e) 46,7 kJ

**4.** (UCS-SP) Considere as equações químicas abaixo.

$6\ C\ (s) + 6\ H_2\ (g) + 3\ O_2\ (g) \rightarrow C_6H_{12}O_6\ (aq)$

$\Delta H = -1\,263\ kJ \cdot mol^{-1}$

$C\ (s) + O_2\ (g) \rightarrow CO_2\ (g)$

$\Delta H = -413\ kJ \cdot mol^{-1}$

$H_2\ (g) + \frac{1}{2}\ O_2\ (g) \rightarrow H_2O\ (\ell)$

$\Delta H = -286\ kJ \cdot mol^{-1}$

As células usam glicose, um dos principais produtos da fotossíntese, como fonte de energia e como intermediário metabólico. Com base nas equações acima, qual é a energia envolvida ($kJ \cdot mol^{-1}$) na queima metabólica de 1 mol de glicose?

Considere a equação química dessa queima como $C_6H_{12}O_6\ (aq) + 6\ O_2\ (g) \rightarrow 6\ CO_2\ (g) + 6\ H_2O\ (\ell)$.

a) −3 931.
b) −2 931.
c) −1 931.
d) +1 931.
e) +2 931.

**5.** (Uece) Partindo das reações de combustão do acetileno e do benzeno, que produzem apenas gás carbônico e água, e cujas entalpias são, respectivamente, −310,7 kcal e −781,0 kcal, é correto afirmar que o valor da entalpia de trimerização do acetileno será:

$$3\ C_2H_2 \rightarrow C_6H_6$$

a) −151,1 kcal.
b) −121,3 kcal.
c) −141,5 kcal.
d) −131,2 kcal.

**6.** (UFTM-MG) O cloreto de cálcio é um composto que tem grande afinidade com água, por isso é utilizado como agente secante nos laboratórios químicos e como antimofo nas residências. Este sal pode ser produzido na reação de neutralização do hidróxido de cálcio com ácido clorídrico. A entalpia dessa reação pode ser calculada utilizando as seguintes equações termoquímicas:

$CaO\ (s) + 2\ HC\ell\ (aq) \rightarrow CaC\ell_2\ (aq) + H_2O\ (\ell) \qquad \Delta H^0 = -186\ kJ$

$CaO\ (s) + H_2O\ (\ell) \rightarrow Ca(OH)_2\ (s) \qquad \Delta H^0 = -65\ kJ$

$Ca(OH)_2\ (aq) \rightarrow Ca(OH)_2\ (aq) \qquad \Delta H^0 = -13\ kJ$

a) Calcule a entalpia da reação de neutralização da solução de hidróxido de cálcio com solução de ácido clorídrico.

b) Calcule a energia envolvida na neutralização de 280 g de óxido de cálcio sólido com solução de ácido clorídrico. Essa reação é endotérmica ou exotérmica?

**7.** (Enem) O aproveitamento de resíduos florestais vem se tornando cada dia mais atrativo, pois eles são uma fonte renovável de energia. A figura representa a queima de um bio-óleo extraído do resíduo de madeira, sendo $\Delta H_1$ a variação de entalpia devido à queima de 1 g desse bio-óleo, resultando em gás carbônico e água líquida, e $\Delta H_2$ a variação de entalpia envolvida na conversão de 1 g de água no estado gasoso para o estado líquido.

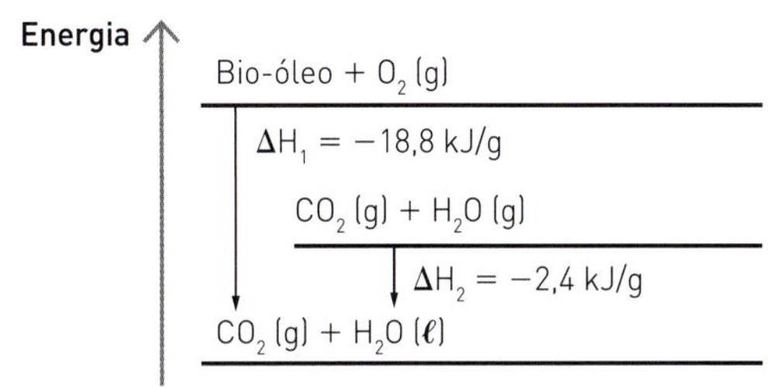


Reprodução/Arquivo da editora

A variação de entalpia, em kJ, para a queima de 5 g desse bio-óleo resultando em $CO_2$ (gasoso) e $H_2O$ (gasoso) é:

a) −106.
b) −94.
c) −82.
d) −21,2.
e) −16,4.

**8.** (Enem) O ferro é encontrado na natureza na forma de seus minérios, tais como a hematita ($\alpha$-$Fe_2O_3$), a magnetita ($Fe_3O_4$) e a wustita (FeO). Na siderurgia, o ferro-gusa é obtido pela fusão de minérios de ferro em altos-fornos em condições adequadas. Uma das etapas nesse processo é a formação de monóxido de carbono. O CO (gasoso) é utilizado para reduzir o FeO (sólido), conforme a equação química:

$$FeO\ (s) + CO\ (g) \rightarrow Fe\ (s) + CO_2\ (g)$$

Considere as seguintes equações termoquímicas:

$Fe_2O_3\ (s) + 3\ CO\ (g) \rightarrow 2\ Fe\ (s) + 3\ CO_2\ (g) \qquad \Delta H_r^0 = -25\ kJ/mol\ de\ Fe_2O_3$

$3\ FeO\ (s) + CO_2\ (g) \rightarrow Fe_3O_4\ (s) + CO\ (g) \qquad \Delta H_r^0 = -36\ kJ/mol\ de\ CO_2$

$2\ Fe_3O_4\ (s) + CO_2\ (g) \rightarrow 3\ Fe_2O_3\ (s) + CO\ (g) \qquad \Delta H_r^0 = +47\ kJ/mol\ de\ CO_2$

O valor mais próximo de $\Delta H_r^0$ em kJ/mol de FeO, para a reação indicada do FeO (sólido) com o CO (gasoso) é:

a) −14.
b) −17.
c) −50.
d) −64.
e) −100.

## Leia, analise e responda

# País desperdiça biogás

Por entraves na regulamentação e nas regras do Protocolo de Kyoto, o Brasil queima hoje cerca de 1 milhão de metros cúbicos de gás natural por dia em aterros sanitários, estações de tratamento de água e na agroindústria. O combustível, que representa 3% da capacidade do Gasoduto Bolívia-Brasil (Gasbol), é suficiente para abastecer 200 postos com gás natural veicular (GNV) ou acionar uma usina termoelétrica de 100 megawatts (MW).

Chamado de biogás, o combustível é proveniente de resíduos sólidos, como dejetos de animais, e pode ser tratado e transformado em gás natural para ser inserido na rede de distribuição, gerar energia ou abastecer veículos. Algumas iniciativas já aproveitam o combustível, como os aterros sanitários São João e Bandeirantes, em São Paulo, que destinam o gás para geração térmica. O aproveitamento, porém, ainda é pequeno.

País desperdiça 1 milhão de m³ de biogás por dia. *O Estado de S. Paulo*. Disponível em: <http://economia.estadao.com.br/noticias/geral,pais-desperdica-1-milhao-de-m-de-biogas-por-dia,358431>. Acesso em: mar. 2018.

O gás natural é constituído por aproximadamente 70% em volume ou em mol pelo metano, seu principal componente, com densidade aproximada de 0,7 kg/m³.

A equação termoquímica de combustão do metano é:

$$CH_4\,(g) + O_2\,(g) \rightarrow CO_2\,(g) + 2\,H_2O\,(\ell) \qquad \Delta H = -888\ kJ/mol$$

Pensando em alternativas energéticas, o governo incentiva a pesquisa do uso da biomassa, matéria orgânica que, quando fermenta, também produz o biogás.

De acordo com o texto e com seus conhecimentos de Termoquímica, resolva os problemas **1** e **2**.

**1.** Créditos de carbono são certificados emitidos quando um país consegue reduzir a emissão de gases que provocam o efeito estufa, entre eles o metano. Esse crédito pode ser negociado entre as nações para que todas consigam cumprir as metas do Protocolo de Kyoto. Sabendo que a redução de 1 tonelada de metano corresponde a 21 créditos de carbono, qual é o número de créditos de carbono que o Brasil pode negociar ao queimar 1 milhão de m³ de gás natural por dia em aterros?

**2.** Dadas as reações termoquímicas abaixo, determine a entalpia de formação do metano.

$$C\,(s) + O_2\,(g) \rightarrow CO_2\,(g) \qquad \Delta H = -394\ kJ/mol$$

$$H_2\,(g) + \frac{1}{2}\,O_2\,(g) \rightarrow H_2O\,(\ell) \qquad \Delta H = -286\ kJ/mol$$

$$CH_4\,(g) + 2\,O_2\,(g) \rightarrow CO_2\,(g) + 2\,H_2O\,(\ell) \qquad \Delta H = -888\ kJ/mol$$

Usina de biogás na Alemanha.

Lena Wurm/Shutterstock

# A quebra do ATP libera energia?

Todos os seres vivos precisam de energia para sobreviver. Essa energia pode ser obtida de diversas fontes, porém, em todos os casos, a molécula final que transportará essa energia é a **adenosina trifosfato** (**ATP**).

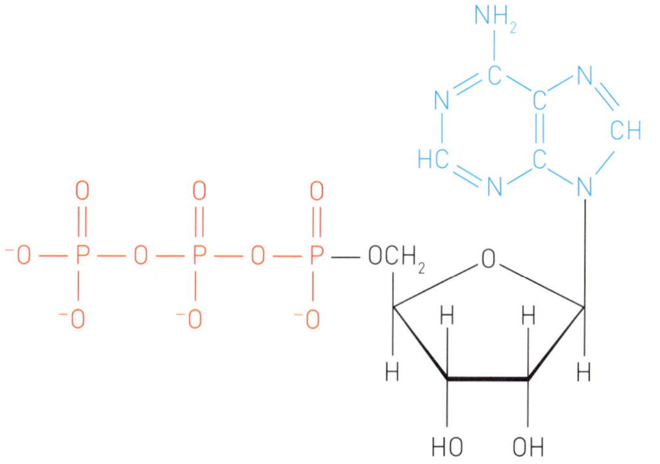


O ATP é formado por uma adenina (azul), uma ribose (preto) e três grupos fosfato (vermelho). Portanto, adenina + ribose = adenosina.

Os processos que necessitam de energia, como a síntese de macromoléculas (proteínas e glicogênio) e a locomoção (músculo ou flagelo), utilizam o ATP.

Em Química Orgânica e Bioquímica é comum representarmos uma reação química mostrando apenas as espécies relevantes. Dessa forma, é comum encontrarmos a seguinte equação que representa a liberação de energia pelo ATP:

Banco de imagens/Arquivo da editora

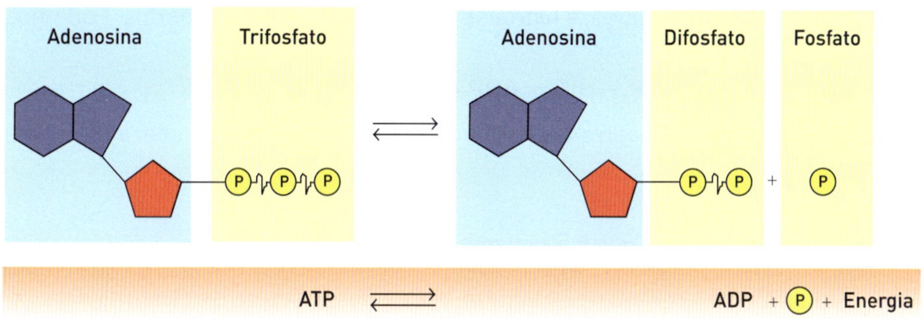


**Equação 1**

Essa equação nos leva a algumas incoerências, pois indica que é a quebra da ligação fosfato que libera energia. Porém, a quebra de uma ligação é um processo endotérmico e não exotérmico.

Para solucionarmos esse problema, temos de levar em conta outro reagente que na equação anterior foi omitido: a água.

A equação completa é: $ATP + H_2O = ADP + P +$ energia

**Equação 2**

O cálculo do calor liberado na hidrólise do ATP pode ser feito usando as energias das ligações. O esquema a seguir mostra as ligações quebradas (seta azul) e formadas (seta verde) com as respectivas energias envolvidas.

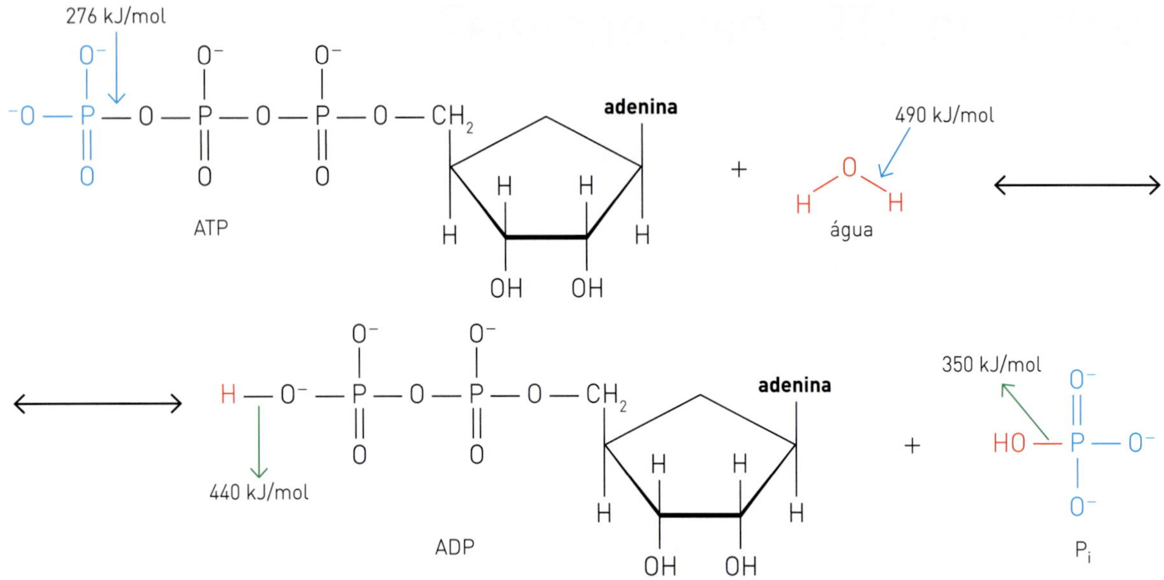


| Ligações quebradas (absorvem energia) | | Ligações formadas (liberam energia) | |
|---|---|---|---|
| Ligação fosfato do ATP | 276 kJ | Ligação H — ADP | 440 kJ |
| ligação H — O | 490 kJ | Ligação O — P | 350 kJ |
| **Total** | **766 kJ** | **Total** | **790 kJ** |

Para calcular a variação de entalpia, temos de comparar o total de energia absorvida e liberada nas ligações químicas. Nesse caso, mais calor é liberado (790 kJ) que absorvido (766 kJ).

Dessa forma, no processo global, mais calor é liberado. O saldo envolvendo estas ligações é de 24 kJ, logo, a hidrólise do ATP libera 24 kJ de energia. Podemos escrever:

$$ATP + H_2O = ADP + P_i \qquad \Delta H = -24\ kJ$$

O cálculo feito nos mostra a energia que a hidrólise do ATP libera na forma de calor.

## Processos espontâneos

**Processo espontâneo:** é aquele que pode acontecer sem influência externa.

Em processos espontâneos, a matéria e a energia tendem a ficar mais desordenadas. Essa tendência recebe o nome de **entropia (S)**.

Para exemplificar, podemos citar um metal quente que tende a perder calor para o meio e ficar à temperatura ambiente. Isso acontece porque a energia dos átomos do metal, que vibram vigorosamente, tende a se espalhar para os átomos da vizinhança. Nesse caso, a entropia aumenta, pois a energia que estava "acumulada" no metal agora está espalhada nos átomos da vizinhança.

Relacionando a variação de entalpia ($\Delta H$), a variação de entropia ($\Delta S$) e a temperatura, temos um indicador de espontaneidade de reação, a **energia de Gibbs**. Podemos calcular a energia de Gibbs (temperatura e pressão constante) com a seguinte expressão:

$$\Delta G = \Delta H - T\Delta S$$

Em reações espontâneas, o $\Delta G$ é menor que zero. Assim pode-se inferir que quanto mais negativo for o $\Delta H$ (mais exotérmico) e maior for a entropia, mais espontânea é a reação.

A hidrólise do ATP é exotérmica e a sua entropia aumenta; logo, podemos concluir que ela é uma reação espontânea. O $\Delta G$ da hidrólise do ATP é $-31$ kJ/mol. Essa energia pode ser usada para promover os processos celulares não espontâneos.

É importante ressaltar que o calor liberado em uma reação não pode ser utilizado para realizar trabalho celular; essa energia é dissipada para o meio.

Sendo assim, como o ATP é utilizado para promover reações ou processos que necessitam de energia? Observe o exemplo abaixo:

Uma célula precisa produzir o composto C a partir de A e B.

$$A + B \rightarrow C$$

Porém, A e B não reagem (a reação não é espontânea). Dessa forma, produzir C não pode ser feito reagindo A diretamente com B.

Para solucionar esse problema, a célula faz uso do ATP.

$$\begin{array}{rcl} A + ATP & \rightarrow & A - P_i + ADP \\ A + P_i + B & \rightarrow & C + P_i \qquad + \\ \hline A + B + ATP & \rightarrow & C + ADP + P_i \end{array}$$

O ATP ajudou na formação do C a partir do A e do B. Quando o ATP fornece o grupo fosfato ($P_i$) para o A, ele aumenta a energia do A, favorecendo sua reação com o B.

Por causa do $\Delta G$ negativo do ATP, a ligação ADP — fosfato foi chamada de **ligação fosfato de alta energia**. Esse termo significa que existe uma grande facilidade de uma reação ocorrer envolvendo essa ligação, e ele não deve ser confundido com o sentido químico de a ligação ser forte (alta energia de ligação).

Fonte: MARZZOCO, A.; TORRES, B. B. *Bioquímica básica*. 3. ed. Rio de Janeiro: Guanabara, 2007.
ALBERTY, R. A. *Thermodynamics of biochemical reactions*. New Jersey: John Wiley and Sons, 2003.

## Reflita

**1.** Usando os valores de entalpia de formação, calcule a energia liberada na hidrólise do ATP.

Dados:

- ATP = $-3\,619{,}21$ kJ/mol
- ADP = $-2\,626{,}54$ kJ/mol
- $P_i = -1\,299$ kJ/mol
- $H_2O = -285{,}5$ kJ/mol

**2.** A energia de Gibbs é uma função de estado, portanto podemos calcular o $\Delta G$ de uma reação sabendo as variações de energia de outras reações (lei de Hess). Sendo assim, calcule o $\Delta G$ da reação abaixo e responda se o processo é espontâneo ou não.

$$ATP + glicose = ADP + glicose - P_i$$

Dados:

$2\,P_i + 2$ glicose $= 2$ glicose $- P_i + 2\,H_2O \qquad \Delta G = +27{,}6$ kJ

$P_i + ADP = ATP + H_2O \qquad \Delta G = +30{,}5$ kJ

**3.** Podemos calcular a energia de Gibbs de uma reação usando as energias de Gibbs padrão de cada substância envolvida na reação. A forma de calcular é similar ao método de calcular o $\Delta H$ de uma reação por meio das entalpias de formação.

Calcule a energia de Gibbs padrão da água sabendo que, na hidrólise do ATP, o $\Delta G$ é igual a 231 kJ/mol.

| Energia de Gibbs padrão | |
|---|---|
| ATP | $-2\,768{,}10$ kJ/mol |
| ADP | $-1\,906{,}3$ kJ/mol |
| $P_i$ | $-1\,096{,}1$ kJ/mol |

# Complemento

# $\Delta H$ de neutralização e solução, entropia e energia livre

## Variação de entalpia ($\Delta H$) de neutralização

A neutralização é a reação que ocorre entre o íon $H^+$, proveniente de um ácido, e o íon $OH^-$, proveniente de uma base, formando $H_2O$. Genericamente, temos:

$$1\,H^+\,(aq) + 1\,OH^-\,(aq) \rightarrow 1\,H_2O\,(\ell) \qquad \Delta H_{neutro}$$

Na reação entre um **ácido e uma base fortes** — que estão totalmente dissociados —, verificamos experimentalmente que ocorre a liberação de 13,8 kcal (= 57,7 kJ) a cada 1 mol de $H_2O\,(\ell)$ formado.

**Entalpia de neutralização:** energia liberada na formação de 1 mol de $H_2O\,(\ell)$, a partir da reação entre 1 mol de $H^+$ (aq) e 1 mol de $OH^-$ (aq) nas condições padrão.

Considere, por exemplo, as duas reações a seguir:

a) 1 mol de $HC\ell$ (aq) + 1 mol de NaOH (aq):

$$1\,H^+\,(aq) + \cancel{1\,C\ell^-\,(aq)} + \cancel{1\,Na^+\,(aq)} + 1\,OH^-\,(aq) \rightarrow$$
$$\rightarrow \cancel{1\,Na^+\,(aq)} + \cancel{1\,C\ell^-\,(aq)} + 1\,H_2O\,(\ell)$$
$$1\,H^+\,(aq) + 1\,OH^-\,(aq) \rightarrow 1\,H_2O\,(\ell)$$
$$\Delta H = -57{,}7\ kJ$$

b) 1 mol de $HNO_3$ (aq) + 1 mol de KOH (aq):

$$1\,H^+\,(aq) + \cancel{1\,NO_3^-\,(aq)} + \cancel{1\,K^+\,(aq)} + 1\,OH^-\,(aq) \rightarrow$$
$$\rightarrow \cancel{1\,K^+\,(aq)} + \cancel{1\,NO_3^-\,(aq)} + 1\,H_2O\,(\ell)$$
$$1\,H^+\,(aq) + 1\,OH^-\,(aq) \rightarrow 1\,H_2O\,(\ell)$$
$$\Delta H = -57{,}7\ kJ$$

Nesse caso, como a reação que ocorre é sempre a mesma, o calor liberado será sempre igual a 57,7 kJ/mol de água formada, e o gráfico representativo da reação será sempre o mesmo.

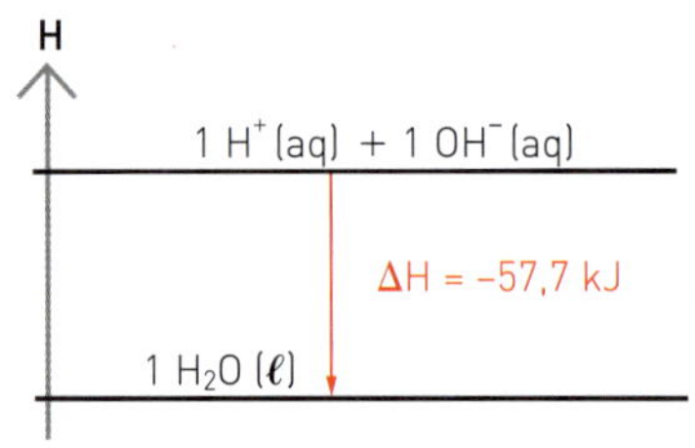


Banco de imagens/Arquivo da editora

- Nas reações de neutralização, sempre ocorre liberação de calor ($\Delta H_{neutro} < 0$); porém, o valor do $\Delta H_{neutro}$ só é constante na reação entre ácidos e bases fortes.
- Em outros casos de neutralização ocorre uma liberação de calor menor que 57,7 kJ/mol.

## Exercícios

**1.** A partir da equação:

$$1\,H^+\,(aq) + 1\,OH^-\,(aq) \rightarrow 1\,H_2O\,(\ell)$$
$$\Delta H = -57{,}7\ kJ/mol$$

reagimos 2 mol de $HC\ell$ e 2 mol de KOH, ambos eletrólitos fortes. Calcule o calor envolvido nessa reação.

**2.** (UFU-MG) A reação de neutralização entre um ácido forte e uma base forte libera uma quantidade de calor constante e igual a 58 kJ por mol de água formada.
Das reações representadas abaixo, a que apresenta $\Delta H = -58$ kJ/mol é:

a) HCN (aq) + KOH (aq) $\rightarrow$ KCN (aq) + $H_2O\,(\ell)$.

b) $NH_4OH$ (aq) + $HC\ell$ (aq) $\rightarrow$ $NH_4C\ell$ (aq) + $H_2O\,(\ell)$.

c) KOH (aq) + $HC\ell$ (aq) $\rightarrow$ $KC\ell$ (aq) + $H_2O\,(\ell)$.

d) $H_2SO_4$ (aq) + 2 NaOH (aq) $\rightarrow$
$\rightarrow$ $Na_2SO_4$ (aq) + 2 $H_2O\,(\ell)$.

**3.** (ITA-SP) Esta questão se refere à comparação do efeito térmico verificado ao se misturarem 100 cm³ de solução aquosa 0,10 molar de cada um dos ácidos com 100 cm³ de solução aquosa 0,10 molar de cada uma das bases listadas. A tabela a seguir serve para deixar clara a notação empregada para designar os calores desprendidos.

| Ácido / Base | $HC\ell$ | $HNO_3$ | Ácido acético |
|---|---|---|---|
| NaOH | $\lvert\Delta H_{11}\rvert$ | $\lvert\Delta H_{12}\rvert$ | $\lvert\Delta H_{13}\rvert$ |
| KOH | $\lvert\Delta H_{21}\rvert$ | $\lvert\Delta H_{22}\rvert$ | $\lvert\Delta H_{23}\rvert$ |
| $NH_4OH$ | $\lvert\Delta H_{31}\rvert$ | $\lvert\Delta H_{32}\rvert$ | $\lvert\Delta H_{33}\rvert$ |

Lembrando que o processo de dissociação de eletrólitos fracos é endotérmico, é correto esperar que:

a) $|\Delta H_{33}|$ seja o maior dos $|\Delta H|$ citados.

b) $|\Delta H_{11}| = |\Delta H_{13}|$.

c) $|\Delta H_{23}| = |\Delta H_{33}|$.

d) $|\Delta H_{31}| = |\Delta H_{32}|$.

e) $|\Delta H_{21}| > |\Delta H_{22}|$.

**4.** (Unifesp) Têm-se duas soluções aquosas de mesma concentração, uma de ácido fraco e outra de ácido forte, ambos monopróticos. Duas experiências independentes, I e II, foram feitas com cada uma dessas soluções:

I. Titulação de volumes iguais de cada uma das soluções com solução padrão de NaOH, usando-se indicadores adequados a cada caso.

II. Determinação do calor de neutralização de cada uma das soluções, usando-se volumes iguais de cada um dos ácidos e volumes adequados de solução aquosa de NaOH.

Explique, para cada caso, se os resultados obtidos permitem distinguir cada uma das soluções.

**5.** (PUC-RJ) Considere calor de neutralização como a variação de entalpia na reação de um mol de $H^+$ com um mol de $OH^-$, formando um mol de $H_2O$. Um experimento envolveu a reação de 2,00 g de NaOH contido em solução aquosa de hidróxido de sódio com $HC\ell$ suficiente para reação completa, contido em solução aquosa de ácido clorídrico, representada na equação a seguir.

$$HC\ell\ (aq) + NaOH\ (aq) \rightarrow NaC\ell\ (aq) + H_2O\ (\ell)$$

Um estudante, usando os valores obtidos no experimento e a expressão $Q = mc\Delta T$, encontrou para essa reação a liberação de 660 cal.

Sabendo-se que 1 cal equivale a 4,18 J, é correto afirmar que a variação de entalpia de neutralização, em $kJ \cdot mol^{-1}$, é, de acordo com os algarismos significativos dos valores medidos, igual a:

a) 13,2.
b) 26,4.
c) 55,2.
d) 110.
e) 330.

**6.** (UFJF-MG) O ácido sulfúrico é utilizado em muitos processos industriais. Uma das formas de medir o grau de desenvolvimento de um país é o consumo anual dessa substância. Os processos industriais à base de ácido sulfúrico geram efluentes ácidos (despejos industriais) que são nocivos ao meio ambiente.

a) Uma das formas de remediar parcialmente o problema é o tratamento do efluente com hidróxido de sódio, para a sua neutralização. Escreva a reação balanceada da neutralização completa de 1 mol de ácido sulfúrico para o tratamento do efluente.

b) Imagine que uma indústria gera efluente com concentração 0,005 mol/L de ácido sulfúrico e queira neutralizá-lo com hidróxido de sódio. Se o tratamento ocorrer em tanques contendo 50 000 litros do ácido, qual seria a massa, em kg, do hidróxido de sódio a ser adicionada?

c) Quanto de energia é liberado na forma de calor durante o tratamento do efluente, nas condições do item b, sabendo-se que:

$$H^+\ (aq) + OH^-\ (aq) \rightarrow H_2O\ (\ell)$$
$$\Delta H = -13{,}8\ kcal/mol.$$

d) O manuseio de soluções concentradas de $H_2SO_4$ para o preparo de soluções diluídas deve ser cuidadoso, pois a dissolução do mesmo em água gera calor. Em quantos graus aumentaria a temperatura de 100 g de água com a adição de 10,0 mL do ácido concentrado? Considere que a densidade do $H_2SO_4$ é 1,96 g/mL e ainda que 100 calorias são necessárias para aumentar 1 °C na temperatura de 100 g de água.

$$H_2SO_4\ (\ell) \xrightarrow{\text{água}} H_2SO_4\ (aq)$$
$$\Delta H = -20{,}2\ kcal/mol$$

## Variação de entalpia (ΔH) de solução

Basicamente, a dissolução de um sólido em um líquido, como a água, envolve duas etapas:

1) Separação das partículas que constituem o retículo cristalino do sólido.
Para que essa separação ocorra, o sistema deve receber certa quantidade de energia, denominada **energia reticular** ($\Delta H_{ret}$). Essa etapa constitui um processo endotérmico.

2) Interação entre as partículas do soluto e do solvente. Quando essa interação ocorre, é liberada certa quantidade de energia, denominada **energia de hidratação** ($\Delta H_{hid}$). Essa etapa constitui um processo exotérmico.
O saldo entre as energias envolvidas nas duas etapas indica se a dissolução é endotérmica ou exotérmica.

## Dissolução endotérmica

Neste caso, a energia absorvida pelo sistema ($\Delta H_{ret}$) é maior que a energia liberada ($\Delta H_{hid}$).

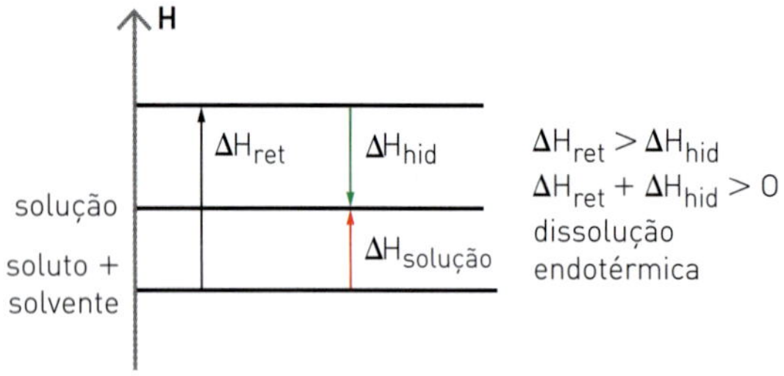


Banco de imagens/Arquivo da editora

Quando preparamos soluções desse tipo, há um abaixamento da temperatura do sistema. Como o processo total ocorre com recebimento de energia, o aumento da temperatura facilita a dissolução.

Veja abaixo o aspecto do gráfico de solubilidade para substâncias com esse comportamento.

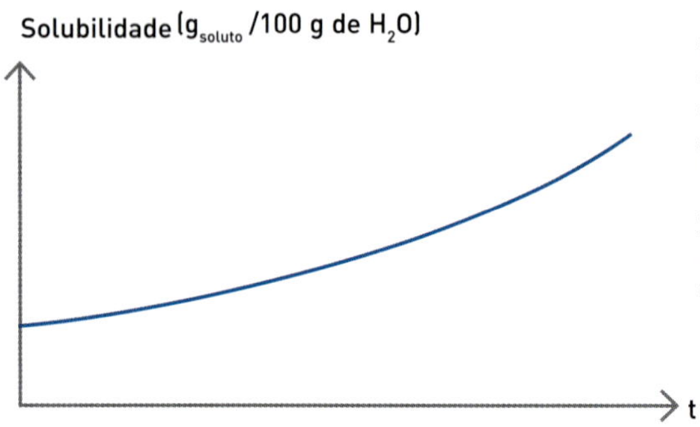


Banco de imagens/Arquivo da editora

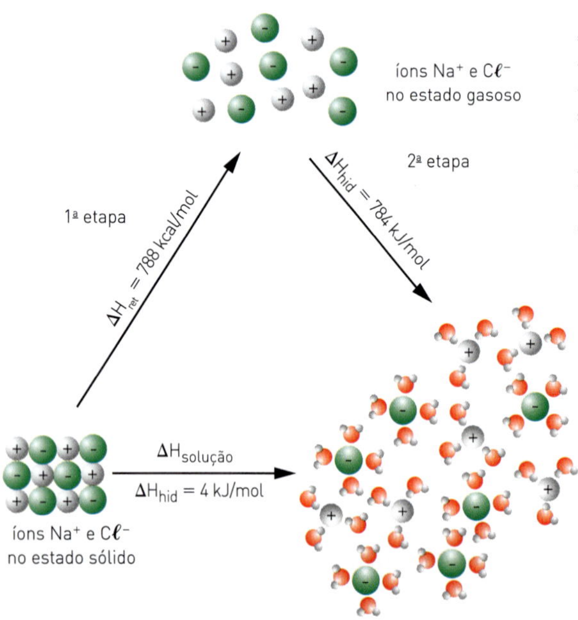


Banco de imagens/Arquivo da editora

Para fins de determinação da quantidade de energia envolvida neste processo, podemos considerar que a dissolução do $NaC\ell$ (s) em água ocorre em duas etapas: (1ª) separação dos íons presentes no retículo (energia reticular), passando-os para o "estado gasoso", e (2ª) hidratação dos íons (energia de hidratação).

## Dissolução exotérmica

Nessas dissoluções, a energia absorvida ($\Delta H_{ret}$) é menor que a energia liberada ($\Delta H_{hid}$), o que provoca um aumento de temperatura.

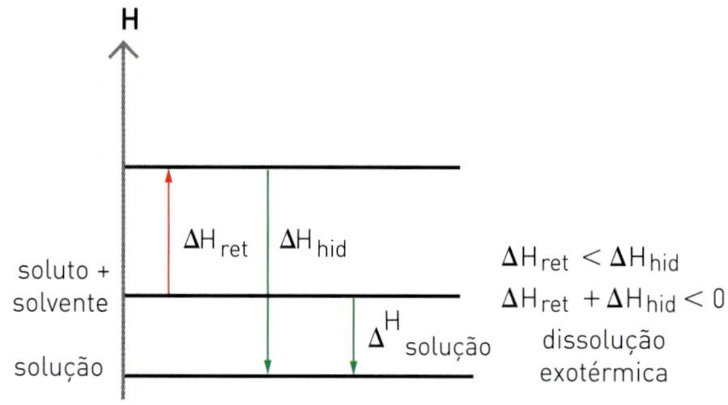


Banco de imagens/Arquivo da editora

Para substâncias com esse comportamento, a diminuição da temperatura provoca um aumento de sua solubilidade.

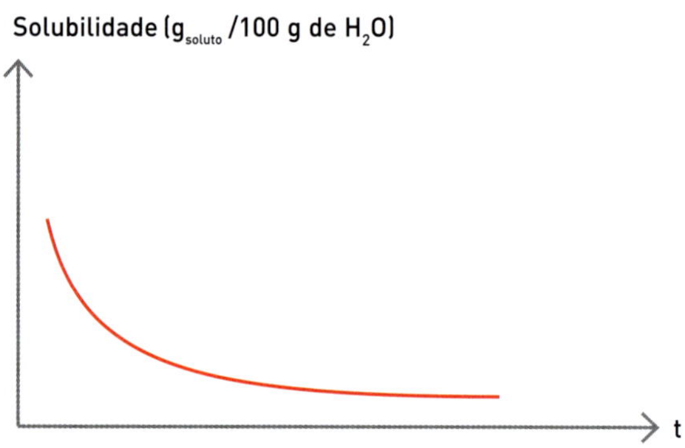


Banco de imagens/Arquivo da editora

Nos hospitais, em competições esportivas e mesmo no nosso dia a dia, a compressa quente instantânea substitui a tradicional bolsa de água quente.

O mecanismo de ativação dessa compressa é semelhante ao da compressa fria, diferenciando-se pelas substâncias envolvidas. A mistura de $CaC\ell_2$ (ou $MgSO_4$) e água provoca liberação de energia, a qual produz calor:

$$CaC\ell_2\ (s) \xrightarrow{H_2O} Ca^{2+}\ (aq) + 2\ C\ell^-\ (aq)$$

$$\Delta H_{solução} = -82{,}8\text{kJ}$$

Quando 40 g de $CaC\ell_2$ são dissolvidos em 100 mL de água a 20 °C, a temperatura alcança 90 °C.

## Exercícios

**1.** (UFPI)

Está chegando ao Brasil o café "hot when you want" (quente quando quiser). Basta apertar um botão no fundo da lata, esperar três minutos e pronto! Café quentinho (a 60 °C) por 20 minutos! Trata-se apenas de um compartimento no fundo da lata, que contém, separadamente, uma substância sólida de alto conteúdo energético e água. Ao apertar o botão no fundo da lata, a placa que separa essas duas substâncias se rompe, e a reação começa. O calor desprendido nesta é, então, aproveitado para aquecer o café na parte superior da lata... .

(Folha de S.Paulo, 15 ago. 2002.)

Com base no texto, analise as afirmativas abaixo:

I. A substância sólida possui elevado conteúdo energético, porque a variação de entalpia do reticulado é exotérmica.

II. O café aquece na reação da substância sólida com a água, porque a variação da entalpia de hidratação é exotérmica.

III. O café aquece, porque a variação de entalpia da reação de hidratação é maior do que a variação de entalpia do reticulado.

Qual das seguintes alternativas está correta?

a) Apenas I é verdadeira.
b) Apenas II é verdadeira.
c) Apenas III é verdadeira.
d) Apenas I e II são verdadeiras.
e) Apenas II e III são verdadeiras.

**2.** (Fuvest-SP) A dissolução de um sal em água pode ocorrer com liberação de calor, absorção de calor ou sem efeito térmico. Conhecidos os calores envolvidos nas transformações, mostradas no diagrama que segue, é possível calcular o calor da dissolução de cloreto de sódio sólido em água, produzindo $Na^+$ (aq) e $C\ell^-$ (aq).

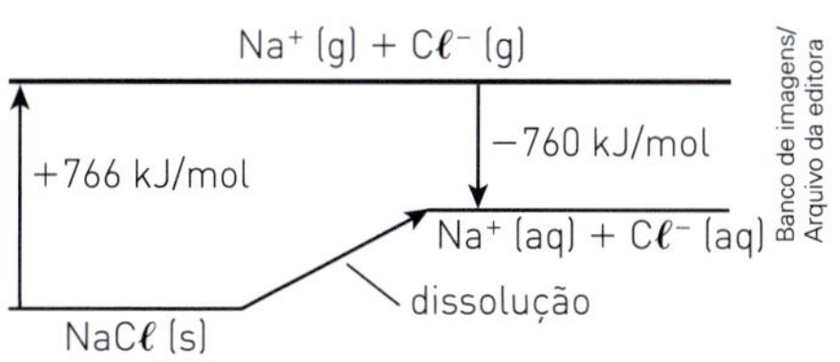


s = sólido aq = aquoso g = gasoso

Com os dados fornecidos, pode-se afirmar que a dissolução de 1 mol desse sal:

a) é acentuadamente exotérmica, envolvendo cerca de $10^3$ kJ.
b) é acentuadamente endotérmica, envolvendo cerca de $10^3$ kJ.
c) ocorre sem troca de calor.
d) é pouco exotérmica, envolvendo menos de 10 kJ.
e) é pouco endotérmica, envolvendo menos de 10 kJ.

**3.** Observe o gráfico (sem escala) da dissolução do NaOH (s) em água e responda às questões:

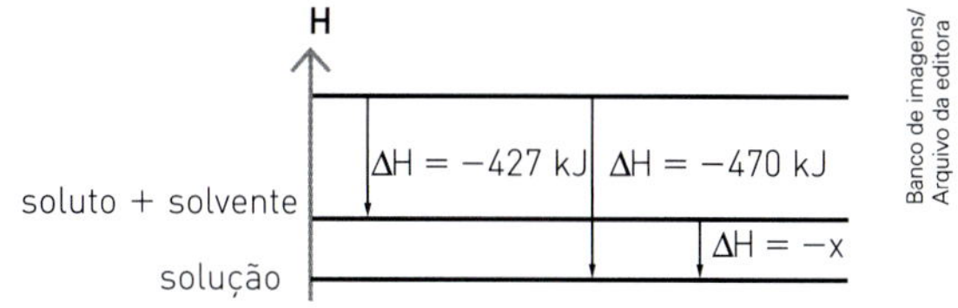


a) Qual o valor da energia reticular do NaOH (s)?
b) Qual o valor da energia de hidratação?
c) Qual o valor da entalpia de solução?

**4.** Dado o gráfico de entalpia, determine:

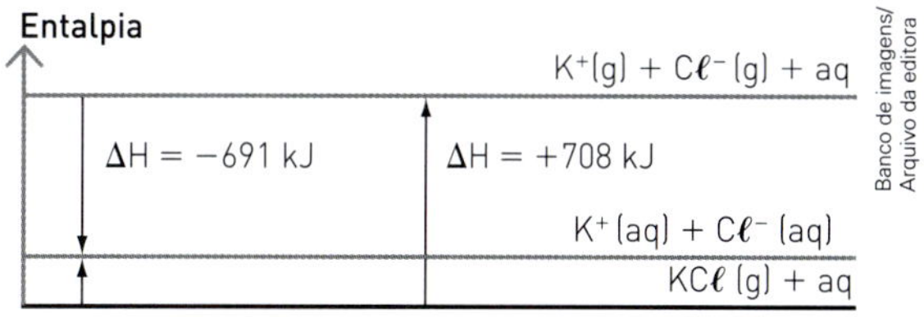


a) o valor da energia reticular do KCℓ (s);
b) o valor da entalpia de hidratação dos íons $K^+ + C\ell^-$;
c) o valor da entalpia de solução do KCℓ (s).

**5.** Dado o gráfico de entalpia, determine:

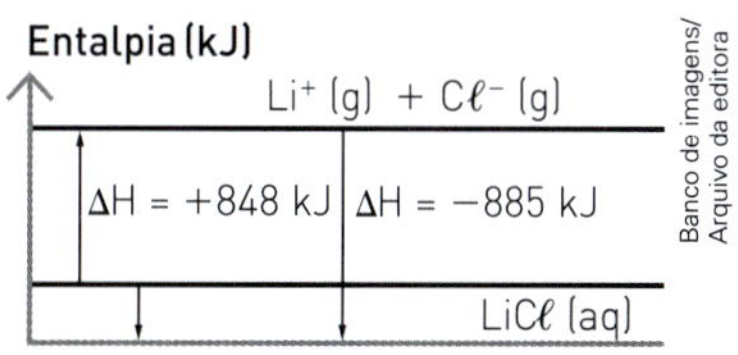


a) o calor absorvido na ruptura das ligações iônicas de 1 mol de LiCℓ (s);
b) o valor da entalpia de hidratação dos íons $Li^+ + C\ell^-$;
c) o valor da entalpia de solução do LiCℓ (s).

**6.** (UFPE) Quando $NH_4C\ell$ é dissolvido em um béquer contendo água e dissocia-se de acordo com a equação:

$$NH_4C\ell\ (s) + H_2O\ (\ell) \rightarrow NH_4^+\ (aq) + C\ell_2\ (aq)$$
$$\Delta H = +14{,}8\ kJ/mol$$

podemos concluir que:

0 – 0 o processo de dissolução é endotérmico.

1 – 1 os íons aquosos contêm mais energia que o $NH_4C\ell$ (s) e $H_2O$ ($\ell$) isolados.

2 – 2 14,8 kJ serão liberados na dissolução de 1 mol de $NH_4C\ell$ (s).

3 – 3 a dissolução do $NH_4C\ell$ (s) em $H_2O$ ($\ell$) provoca o esfriamento do líquido.

4 – 4 a temperatura do béquer permanecerá constante.

# Entropia e energia livre

A **entropia** (**S**) é uma grandeza termodinâmica relacionada ao grau de desordem do sistema. Quanto maior o grau de desordem (desorganização) de um sistema, maior será a entropia.

Assim, para uma mesma substância nos três estados físicos, temos a situação representada a seguir.

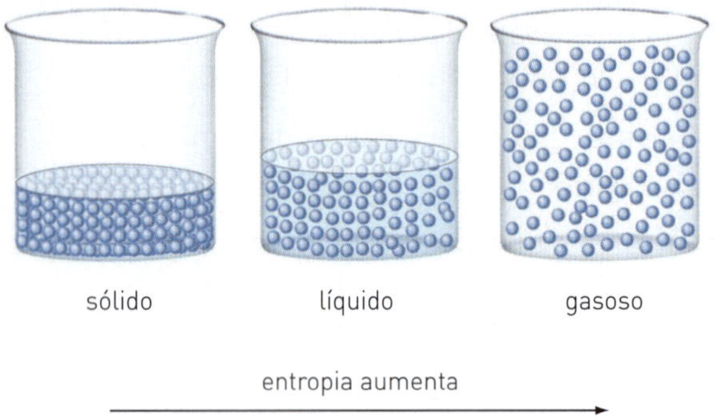

Luis Moura/Arquivo da editora

A variação da entropia ($\Delta S$) é dada por:

$$\Delta S = S_{final} - S_{inicial}$$

Logo:

- $\Delta S > 0 \Rightarrow$ entropia aumenta (aumento da desordem)
- $\Delta S < 0 \Rightarrow$ entropia diminui (diminuição da desordem)

Veja alguns exemplos envolvendo reações:

- $CaCO_3\ (s) \rightarrow CaO\ (s) + CO_2\ (g)$

A decomposição de **1 mol** de um sólido originou **1 mol** de um outro sólido e **1 mol** de gás.

A reação produziu um número de mol maior e uma substância gasosa; logo, a entropia aumentou ($\Delta S > 0$).

- $\underset{3\ mol\ (g)}{3\ C_2H_2\ (g)} \rightarrow \underset{1\ mol\ (g)}{1\ C_6H_6\ (g)} \qquad \Delta S < 0$

- $\underbrace{\underset{2\ mol}{2\ H_2\ (g)} + \underset{1\ mol}{O_2\ (g)}}_{3\ mol\ (g)} \rightarrow \underbrace{\underset{2\ mol}{2\ H_2O\ (\ell)}}_{2\ mol\ (\ell)} \qquad \Delta S < 0$

Os dois fatores responsáveis pela "força propulsora" de uma reação química são a entalpia (H) e a entropia (S). Sempre que uma reação química tende a **diminuir** a sua **entalpia** e a **aumentar** a sua **entropia**, o processo deve ocorrer **espontaneamente**.

As variações de entalpia e entropia relacionam-se com a **energia livre de Gibbs** (G).

**Energia livre:** energia de que o processo dispõe para realizar trabalho útil, à temperatura e pressão constantes.

$$\Delta G = \Delta H - T \cdot \Delta S$$

Em que:

$\Delta G$ = variação da energia livre de Gibbs

$\Delta H$ = variação da entalpia

T = temperatura em Kelvin

$\Delta S$ = variação da entropia

Assim, pela equação temos:

- $\Delta G < 0 \Rightarrow$ liberação de energia livre } reação espontânea;
- $\Delta G > 0 \Rightarrow$ absorção de energia livre } reação não espontânea;
- $\Delta G = 0 \Rightarrow$ equilíbrio.

Os valores do $\Delta G$ podem determinar a maior ou menor espontaneidade de uma reação. Quanto menor for o $\Delta G$, mais espontânea será a reação.

Resumindo:

| $\Delta H$ | $\Delta S$ | $T \cdot \Delta S$ | $\Delta G$ | Espontaneidade da reação |
|---|---|---|---|---|
| + | − | − | sempre > 0 | não espontânea |
| − | + | + | sempre < 0 | espontânea |
| + | + | + | se $\Delta H > T \cdot \Delta S \Rightarrow > 0$ | não espontânea |
| | | | se $\Delta H < T \cdot \Delta S \Rightarrow < 0$ | espontânea |
| − | − | − | se $\lvert\Delta H\rvert < \lvert T \cdot \Delta S\rvert \Rightarrow > 0$ | não espontânea |
| | | | se $\lvert\Delta H\rvert > \lvert T \cdot \Delta S\rvert \Rightarrow < 0$ | espontânea |

## Exercícios

**1.** (UFPI) A entropia é uma medida:

a) da velocidade de uma reação.

b) da não utilização da energia total de um sistema na realização de trabalho útil.

c) da energia livre da reação.

d) do "conteúdo calorífico" do sistema.

e) do grau de desorganização de um sistema.

**2.** (UEL-PR) Das alternativas adiante, qual representa a mudança de estado físico que ocorre em consequência do aumento da entropia do sistema?

a) $CO_2$ (g) → $CO_2$ (s)

b) $CO_2$ (ℓ) → $CO_2$ (g)

c) $CH_3OH$ (ℓ) → $CH_3OH$ (s)

d) $CH_3OH$ (g) → $CH_3OH$ (ℓ)

e) $H_2O$ (g) → $H_2O$ (ℓ)

**3.** (UFPE/UFRPE) A variação de entropia de processos físicos e químicos é importante para a espontaneidade dos mesmos. Indique quais dos processos a seguir apresentam variação positiva de entropia.

I – II

0 – 0 Cristalização de um sólido a partir da solução.

1 – 1 Evaporação do metanol.

2 – 2 Precipitação de AgCℓ a partir de uma solução aquosa de $AgNO_3$ e NaCℓ.

3 – 3 $CaCO_3$ (s) + 2 HCℓ (aq) →
→ $CaCℓ_2$ (aq) + $H_2O$ (ℓ) + $CO_2$ (g)

4 – 4 Fusão do sódio metálico.

**4.** (UFPE/UFRPE) A queima de combustível no interior de motores pode ocorrer de forma incompleta e produzir monóxido de carbono, um gás extremamente tóxico, ao invés de $CO_2$, que é produzido na queima completa. Para evitar a emissão desse gás, alguns automóveis são equipados com um catalisador que promove a queima do monóxido de carbono, convertendo-o em dióxido de carbono. Tomando-se como modelo de combustível o n-hexano ($C_6H_{14}$) para o qual o calor padrão de combustão é de −4 163 kJ/mol e sabendo-se que:

$$C_6H_{14}\ (\ell) + \frac{13}{2}\ O_2\ (g) \rightarrow 6\ CO\ (g) + 7\ H_2O\ (g)$$

$$\Delta H^0 = -2\,465\ \text{kJ/mol}$$

Pode-se afirmar que:

I – II

0 – 0 A conversão de CO em $CO_2$ é endotérmica.

1 – 1 O calor liberado na conversão de CO em $CO_2$ é menor que 300 kJ · $mol^{-1}$.

2 – 2 É esperado que a conversão de CO em $CO_2$ ocorra com um abaixamento de entropia.

3 – 3 A queima completa de n-hexano libera mais calor que a queima incompleta.

4 – 4 A combustão completa do n-hexano é exotérmica.

**5.** (UFSC) A termodinâmica propõe para o cálculo de ΔG a equação $\Delta G = \Delta H - T \cdot \Delta S$, válida para pressão e temperatura constantes. Em relação ao processo: $H_2O$ (ℓ) → $H_2O$ (v), temos ΔH = 9 713 cal/mol (1 atm) e ΔS = 26,04 cal/K · mol (1 atm). Determine a temperatura, em graus Celsius, a partir da qual a vaporização da água é espontânea nas condições ambientes (K = °C + 273).

**6.** (Uece) O conhecimento da energia livre é aplicado na indústria para a redução de gastos e otimização de alguns processos de produção. Considerando a reação:

$$COC\ell_2\ (g) \rightarrow CO\ (g) + C\ell_2\ (g)$$

e os valores ΔH = −108,28 kJ e ΔS = −131,63 J/K a °C, assinale a alternativa que indica a temperatura na qual a reação é espontânea.

a) 549 °C

b) 627 °C

c) 727 °C

d) 823 °C

As questões **7** a **12** são relativas aos gráficos a seguir, que representam a variação do ΔH e da energia de organização (T · ΔS) com a temperatura, em quatro processos diferentes.

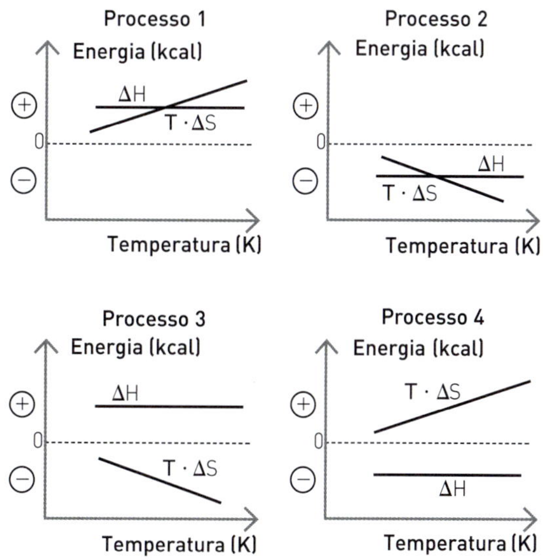


Ilustrações: Banco de imagens/Arquivo da editora

**7.** Qual dos processos é exotérmico e ocorre com aumento de entropia?

**8.** Qual dos processos é exotérmico e ocorre com diminuição de entropia?

**9.** Qual dos processos é endotérmico e ocorre com aumento de entropia?

**10.** Qual dos processos é endotérmico e ocorre com diminuição de entropia?

**11.** Qual(is) processo(s) é(são) espontâneo(s) em qualquer temperatura?

**12.** Qual(is) processo(s) pode(m) ser espontâneo(s) ou não espontâneo(s) dependendo da temperatura?

**13.** (UPE) A reação de obtenção do carbeto de cálcio ocorrerá teoricamente para temperaturas acima de:

$$CaO\ (s) + C_{(grafite)} \xrightarrow{\Delta} CaC_2\ (s) + CO\ (g)$$

Considere os dados hipotéticos abaixo:

| $H^0$ (CaO) = −150 kcal/mol | $S^0$ (CaO) = 24 cal/K · mol |
|---|---|
| $H^0$ (C) = 0 | $S^0$ (C) = 1,0 cal/K · mol |
| $H^0$ ($CaC_2$) = −30 kcal/mol | $S^0$ ($CaC_2$) = 20 cal/K · mol |
| $H^0$ (CO) = −70 kcal/mol | $S^0$ (CO) = 45 cal/K · mol |

O item correto é:

a) 1 315 K.
b) 1 250 °C.
c) 977 K.
d) 125 K.
e) 125 °C.

**14.** (UFPE/UFRPE) Compostos com ligações duplas C ═ C apresentam isomeria cis-trans, e a sua interconversão (isomerização) é uma reação importante, pois está relacionada, por exemplo, ao mecanismo da visão, que envolve uma etapa na qual o cis-retinol é convertido no trans-retinol, ou ainda na obtenção de gorduras trans no processo de hidrogenação natural ou industrial de ácidos graxos. A reação de hidrogenação de alquenos é acelerada na presença de metais, tais como: platina, paládio e níquel.

A partir das reações termoquímicas a seguir, relativas aos compostos citados, avalie as afirmações.

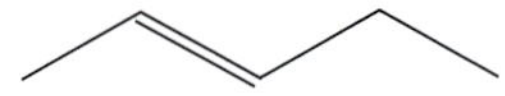 + $H_2$ (g) ⟶

trans-2-penteno

⟶ 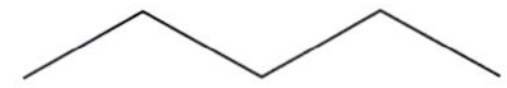

pentano

$\Delta H^0_r = -114$ kJ · mol$^{-1}$; $\Delta S^0_r = -124$ J · mol$^{-1}$ K$^{-1}$.

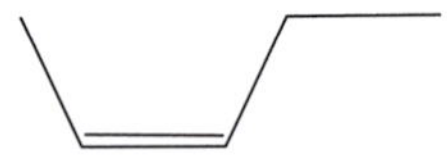 + $H_2$ (g) ⟶

cis-2-penteno

⟶ 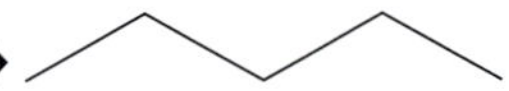

pentano

$\Delta H^0_r = -118$ kJ · mol$^{-1}$; $\Delta S^0_r = -126$ J · mol$^{-1}$ K$^{-1}$.

0 – 0 A reação de hidrogenação do trans-2-penteno libera mais calor que a reação de hidrogenação do isômero cis.

1 – 1 A entalpia padrão de formação do $H_2$ (g) não contribui para a variação de entalpia padrão das reações de hidrogenação.

2 – 2 A reação de isomerização cis-2-penteno--trans-2-penteno é exotérmica e tem o valor de $\Delta H^0_f = -4$ kJ · mol$^{-1}$.

3 – 3 A variação de entropia nas reações de hidrogenação favorece a formação dos produtos.

4 – 4 Na temperatura de 27 °C, essas reações de hidrogenação são espontâneas.

**15.** (IME-RJ) Uma fábrica que produz cal, $Ca(OH)_2$, necessita reduzir o custo da produção para se manter no mercado com preço competitivo para seu produto. A direção da fábrica solicitou ao departamento técnico o estudo da viabilidade de reduzir a temperatura do forno de calcinação de carbonato de cálcio, dos atuais 1 500 K para 800 K. Considerando apenas o aspecto termodinâmico, pergunta-se: o departamento técnico pode aceitar a nova temperatura de calcinação? Em caso afirmativo, o departamento técnico pode fornecer uma outra temperatura de operação que proporcione maior economia? Em caso negativo, qual é a temperatura mais econômica para se operar o forno de calcinação?
Dados:

| | $\Delta S^0$ (J · mol$^{-1}$ · K$^{-1}$) | $\Delta H^0$ (kJ · mol$^{-1}$) |
|---|---|---|
| $CaCO_3$ (s) | 92,9 | −1 206,9 |
| CaO (s) | 39,8 | −635,1 |
| $CO_2$ (g) | 213,6 | −393,5 |

Observação: desconsidere a variação das propriedades com a temperatura.

UNIDADE 4

# Oxirredução

O navio da imagem de abertura está coberto por ferrugem. Peças de ferro, quando expostas a grande umidade, sem o devido tratamento, reagem com o oxigênio do ar formando a ferrugem.

Você sabe o que existe em comum entre a formação da ferrugem, a fotossíntese, a nossa alimentação e uma indústria siderúrgica?

Christos Vladenidis/Shutterstock

**NESTA UNIDADE VAMOS ESTUDAR:**

- Determinação do número de oxidação.
- Identificação de uma reação de oxirredução.
- Caracterização de agentes oxidantes e redutores.
- Balanceamento de equações por oxirredução.

CAPÍTULO

# 12 Oxirredução

Gênio do Renascimento, Leonardo da Vinci (1452-1519) é conhecido como pintor, arquiteto, músico e engenheiro militar; porém, seu interesse se estendia por várias áreas das ciências. Mesmo sem conhecer o gás oxigênio, descoberto em 1774 por Joseph Priestley, percebeu uma importante propriedade dessa substância. Isso pode ser entendido pela análise de sua frase:

> Onde uma chama não pode arder, um animal que precisa respirar não pode viver.
>
> Angewandte Chemie International Edition, v. 39, WJP, p. 2.449-2.450, 2000.

Reprodução/Biblioteca Real, Turim, Itália.

Autorretrato de Leonardo da Vinci (entre 1512 e 1515).

**SAIBA MAIS**

Pinturas a óleo, como a famosa *Mona Lisa* (ou *La Gioconda*), de Leonardo da Vinci, são vulneráveis à ação oxidante do gás oxigênio e dos raios ultravioleta. Por isso, recebem acabamento com uma camada de verniz. Para conhecer melhor a obra de Da Vinci, incluindo suas máquinas, visite o *site* <www.mostredileonardo.com> (em italiano e em inglês). Acesso em: 26 mar. 2018.

Se tiver dúvidas, consulte um bom dicionário impresso ou *on-line*.

Além de fundamental para a vida e para as combustões, o oxigênio participa de muitas reações.

O termo oxidação era usado originalmente para descrever reações nas quais uma substância se combina com o oxigênio. O processo oposto, redução, era usado para indicar a remoção do oxigênio de uma substância.

Atualmente, usamos os termos **oxidação** e **redução** para indicar reações que ocorrem com a perda e o ganho de um ou mais elétrons por átomos, íons ou moléculas. Essas reações, que sempre ocorrem simultaneamente e, por isso, são chamadas reações de **oxirredução**, são muito comuns e importantes ao mundo que nos cerca.

Dois exemplos de oxirredução são a combustão do gás metano e a fotossíntese.

Shawn Hempel/Shutterstock

Combustão do gás metano ($CH_4$).

A combustão do metano pode ser representada por:

$$CH_4\ (g) + 2\ O_2\ (g) \rightarrow CO_2\ (g) + 2\ H_2O\ (\ell).$$

Tanto a fotossíntese, $6\ CO_2\ (g) + 6\ H_2O\ (\ell) \rightarrow \underset{\text{glicose}}{C_6H_{12}O_6}\ (aq) + 6\ O_2\ (g)$, como o metabolismo da glicose no organismo, $C_6H_{12}O_6\ (aq) + 6\ O_2\ (g) \rightarrow 6\ CO_2\ (g) + 6\ H_2O\ (\ell)$, são processos fundamentais para a manutenção da vida.

Charles D. Winter/Photo Researchers, Inc./Latinstock

As bolhas que se observam na fotografia são de oxigênio e estão sendo liberadas por uma planta aquática.

Qual o significado da frase: "Onde uma chama não pode arder, um animal que precisa respirar não pode viver"?

O processo de formação da ferrugem é responsável por grandes prejuízos:

$$2\ Fe\ (s) + \frac{3}{2}\ O_2\ (g) + 3\ H_2O\ (\ell) \longrightarrow \underbrace{2\ Fe(OH)_3\ (s)}_{\substack{\text{ferrugem} \\ Fe_2O_3 \cdot 3\ H_2O}}$$

Thinkstock/Getty Images

Estrutura de um barco que sofreu oxidação, formando a ferrugem.

As reações apresentadas ocorrem com a participação do oxigênio, mas existem muitas reações de oxirredução sem a presença desse gás.

Os ácidos atacam o ferro, produzindo gás hidrogênio. Veja, por exemplo, a reação do ferro com o ácido clorídrico:

$$Fe\ (s) + 2\ HC\ell\ (aq) \rightarrow FeC\ell_2\ (aq) + H_2\ (g)$$

Essa também é uma reação de oxirredução.

O processo de transferência de elétrons nas reações de oxirredução pode ser evidenciado por um experimento bastante simples.

Acervo do autor/Arquivo da editora

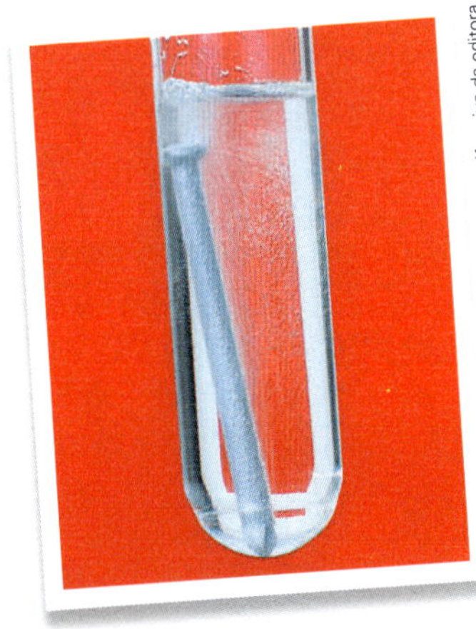

Prego de ferro imerso em uma solução de ácido clorídrico. As pequenas bolhas são constituídas de gás hidrogênio.

Ao introduzir um fio de cobre (Cu) em uma solução aquosa de nitrato de prata ($AgNO_3$), verificamos, após certo tempo, que ocorre a formação de um depósito de prata no fio e que a solução adquire coloração azul, característica da presença de íons $Cu^{2+}$ em concentração elevada.

AUSÊNCIA DE PROPORÇÃO

CORES FANTASIA

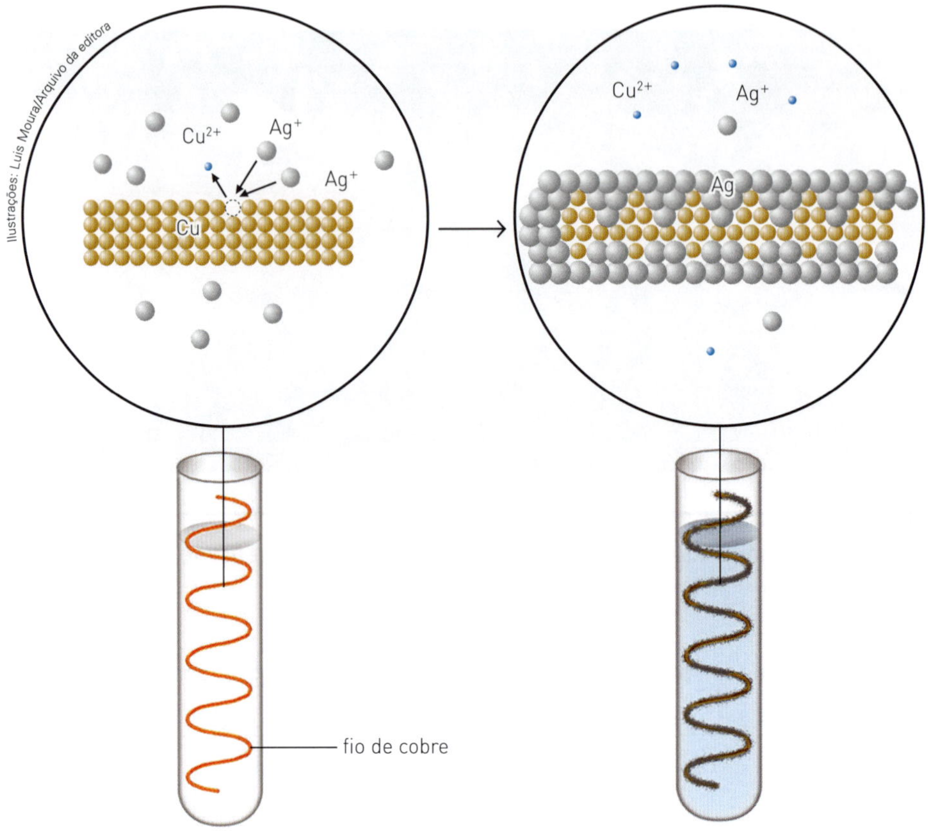


As reações envolvidas podem ser representadas pelas equações:

$$Cu^0 \longrightarrow Cu^{2+} + 2\,e^- \qquad \text{perda de elétrons}$$

$$2\,Ag^+ + 2\,e^- \longrightarrow 2\,Ag^0 \qquad \text{ganho de elétrons}$$

Nesse exemplo, cada reação é denominada **semirreação**.

Observe que ocorreram alterações nas cargas elétricas das espécies químicas. Assim:

$$Cu^0 \text{ (carga zero)} \longrightarrow Cu^{2+} \text{ (carga +2)}$$

$$Ag^+ \text{ (carga +1)} \longrightarrow Ag^0 \text{ (carga zero)}$$

Essas cargas elétricas são denominadas **números de oxidação** (**Nox**). Logo, temos:

$Cu^0$ Nox = zero
$Cu^{2+}$ Nox = +2
$Ag^+$ Nox = +1
$Ag^0$ Nox = zero

O conhecimento do número de oxidação é de grande importância para entender os processos de oxirredução.

Vamos agora estudar as maneiras de determiná-lo.

# Número de oxidação (Nox)

O Nox nos ajuda a entender como os elétrons estão distribuídos entre os átomos que participam de um composto iônico ou de uma molécula.

- **Compostos iônicos**

Vamos considerar a ligação iônica entre um átomo de sódio (Na) e um átomo de cloro ($C\ell$), originando o cloreto de sódio ($NaC\ell$).

Quando consideramos o caso particular em que dois átomos neutros isolados, ambos no estado gasoso, entram em contato, temos:

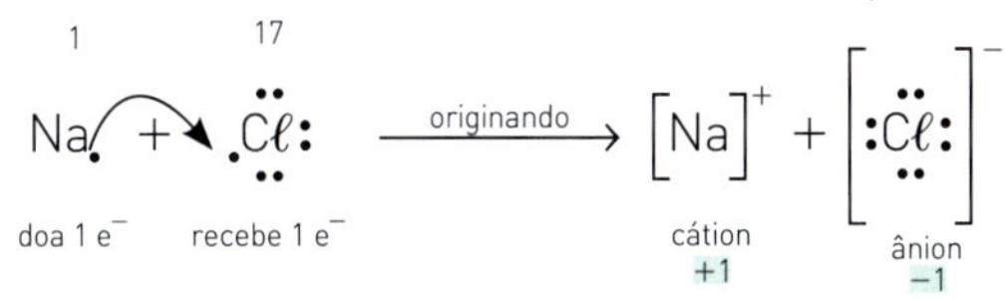


Nessa ligação ocorreu a transferência de um elétron do átomo de sódio para o átomo de cloro, originando um cátion sódio ($Na^+$) e um ânion cloreto ($C\ell^-$), que se unem por atração eletrostática. O cátion sódio ($Na^+$) apresenta carga +1; dizemos, então, que o seu Nox é igual a +1, enquanto o ânion cloreto ($C\ell^-$) apresenta Nox igual a −1.

> Nos compostos iônicos, o Nox corresponde à carga do íon de cada elemento. Essa carga equivale ao número de elétrons perdidos ou recebidos na formação do composto.

| Composto iônico | $Na^+C\ell^-$ | | $Ca^{2+}O^{2-}$ | | $A\ell^{3+}(F^-)_3$ | | $(Fe^{3+})_2(S^{2-})_3$ | |
|---|---|---|---|---|---|---|---|---|
| Nox | +1 | −1 | +2 | −2 | +3 | −1 | +3 | −2 |

- **Compostos moleculares**

Vamos considerar agora a ligação covalente entre um átomo de hidrogênio (H) e um átomo de cloro ($C\ell$), originando o cloreto de hidrogênio ($HC\ell$):

Na molécula de $HC\ell$, um par de elétrons é compartilhado pelos dois átomos. Como o átomo de cloro é mais eletronegativo que o átomo de hidrogênio, o par eletrônico compartilhado está acentuadamente deslocado no sentido do átomo de cloro:

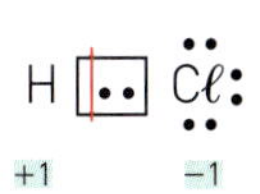


Devido a esse deslocamento, podemos "atribuir" esses elétrons ao átomo de cloro. Assim, o cloro possui um elétron "a mais" na sua camada de valência, passando a apresentar uma carga negativa −1. Logo, o Nox do cloro será igual a −1.

Usando o mesmo raciocínio, o átomo de hidrogênio, por possuir um elétron "a menos" na sua camada de valência, apresenta uma carga positiva +1, e seu Nox será igual a +1.

> Nos compostos moleculares, o Nox corresponde a uma carga elétrica hipotética atribuída a cada átomo nas substâncias, em função das diferenças de eletronegatividade.

Nos compostos moleculares, não existe transferência de elétrons. Assim, o Nox corresponde à carga elétrica que o átomo iria adquirir se a ligação fosse rompida. Desse modo, o átomo de maior eletronegatividade receberia os elétrons do outro átomo:

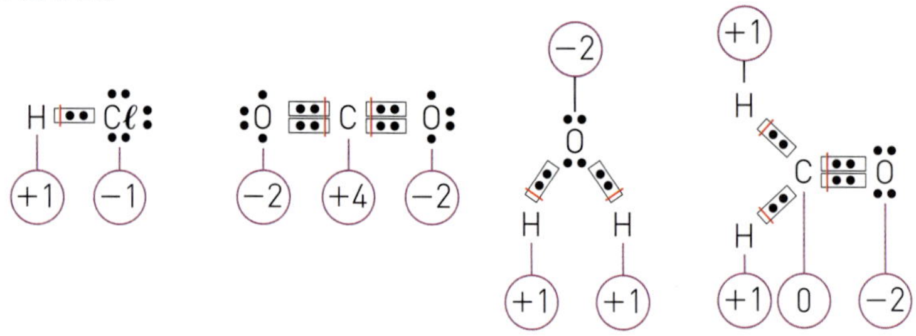


- O Nox deve ser determinado para cada átomo, isoladamente.
- Nos compostos iônicos, o Nox é a carga de cada íon.
- Nos compostos moleculares, o Nox é uma carga hipotética, e o Nox negativo é atribuído ao átomo de maior eletronegatividade.

## Regras para a determinação do Nox

Veremos a seguir um conjunto de regras que permitem a determinação dos números de oxidação de uma maneira bastante simples, sem que seja necessário construir as fórmulas eletrônicas dos compostos.

**1.** O Nox de cada átomo em uma substância simples é sempre **zero**.

Por exemplo, a molécula do gás hidrogênio ($H_2$):

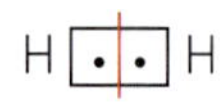


Nesse caso, como os átomos apresentam a mesma eletronegatividade, em uma eventual quebra da ligação nenhum deles perde ou ganha elétrons. Outros exemplos:

$O_2$, $O_3$, $P_4$, $S_8$, $C_{graf}$, $C_{diam}$

**2.** O Nox de um íon monoatômico é sempre igual à sua própria carga.

| $K^+$ | $Ba^{2+}$ | $F^-$ | $N^{3-}$ |
|---|---|---|---|
| +1 | +2 | −1 | −3 |

**3.** Existem elementos que apresentam Nox fixo em seus compostos.

| | Nox | Exemplos |
|---|---|---|
| Metais alcalinos (Li, Na, K, Rb, Cs, Fr) | +1 | $NaC\ell$ (Na: +1) $K_2SO_4$ (K: +1) |
| Metais alcalinoterrosos (Be, Mg, Ca, Sr, Ba, Ra) | +2 | $CaO$ (Ca: +2) $MgC\ell_2$ (Mg: +2) |
| Zinco (Zn) | +2 | $ZnSO_4$ (Zn: +2) $ZnO$ (Zn: +2) |
| Prata (Ag) | +1 | $AgC\ell$ (Ag: +1) $Ag_2SO_4$ (Ag: +1) |
| Alumínio (Aℓ) | +3 | $A\ell_2(SO_4)_3$ (Aℓ: +3) $A\ell_2O_3$ (Aℓ: +3) |

**4.** O Nox do elemento hidrogênio (H) nas substâncias compostas é, geralmente, +1.

| HBr | $H_2SO_4$ | $C_6H_{12}O_6$ |
|---|---|---|
| +1 | +1 | +1 |

Quando o hidrogênio estiver ligado a um metal, formando hidretos metálicos, seu Nox é $-1$.

$$\underset{-1}{\mathrm{NaH}} \qquad \underset{-1}{\mathrm{CaH_2}}$$

**5.** O Nox do elemento oxigênio (O), na maioria dos seus compostos, é $-2$.

$$\underset{-2}{\mathrm{CO}} \quad \underset{-2}{\mathrm{H_2O}} \quad \underset{-2}{\mathrm{H_2SO_4}} \quad \underset{-2}{\mathrm{C_6H_{12}O_6}}$$

No composto fluoreto de oxigênio ($OF_2$), como o flúor é mais eletronegativo, o Nox do oxigênio é $+2$:

$$\underset{+2}{\mathrm{OF_2}}$$

Nos **peróxidos**, **($O_2^{2-}$)**, o Nox do oxigênio é $-1$.

Veja a representação da fórmula eletrônica desse grupo:

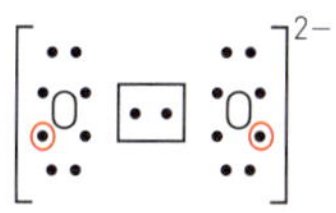

◉ = elétron recebido

Cada átomo de oxigênio recebeu um elétron e, por isso, o seu Nox é igual a $-1$.
Veja alguns exemplos desses compostos:

| | $H_2O_2$ | $Na_2O_2$ | $CaO_2$ |
|---|---|---|---|
| | $+1 \mid -1$ | $+1 \mid -1$ | $+2 \mid -1$ |
| | $+2 \mid -2$ | $+2 \mid -2$ | $+2 \mid -2$ |
| soma dos Nox: | zero | zero | zero |

**6.** Os halogênios apresentam Nox = $-1$ quando formam compostos binários (dois elementos), nos quais são mais eletronegativos.

$$\underset{-1}{\mathrm{HC\ell}} \qquad \underset{-1}{\mathrm{MnBr_2}} \qquad \underset{-1}{\mathrm{CF_4}}$$

**7.** A soma dos Nox de todos os átomos constituintes de um composto iônico ou molecular é sempre zero.

| | $NaC\ell$ | $HC\ell$ | $CaO$ | $CO$ |
|---|---|---|---|---|
| | $+1\ -1$ | $+1\ -1$ | $+2\ -2$ | $+2\ -2$ |
| soma dos Nox: | zero | zero | zero | zero |

Com o auxílio das regras anteriores, podemos atribuir o Nox dos átomos participantes de uma infinidade de substâncias moleculares e de compostos e agrupamentos iônicos.

- **Compostos moleculares**

Determinação do Nox do fósforo (P) no $H_3PO_4$:

$H_3PO_4$

| $H_3$ | $P$ | $O_4$ |
|---|---|---|
| $+1$ | $x$ | $-2$ |
| $+3$ | $x$ | $-8$ |

| Elemento | Atomicidade | Nox do átomo | Total |
|---|---|---|---|
| H | 3 | +1 | $3 \cdot (+1) = +3$ |
| P | 1 | x | $1 \cdot x = x$ |
| O | 4 | −2 | $4 \cdot (-2) = -8$ |

$(+3) + (x) + (8) = 0$

$x = +5$

O Nox do fósforo (P) é $+5$.

- **Compostos iônicos**

Determinação do Nox do enxofre (S) no $A\ell_2(SO_4)_3$.

A notação $(SO_4)_3$ indica a presença de 3 grupos $SO_4$, ou seja, 3 átomos de S e 12 átomos de O, o que equivale a $S_3O_{12}$:

$$A\ell_2(SO_4)_3 \Rightarrow A\ell_2S_3O_{12}$$

| +3 | x | −2 |
|---|---|---|
| +6 | 3x | −24 |

$(+6) + (3x) + (-24) = 0 \quad x = +6$

O Nox do enxofre (S) é +6.

- **Agrupamentos iônicos**

Determinação do Nox do crômio (Cr) no $(Cr_2O_7^{2-})$:

$Cr_2O_7^{2-}$

| $Cr_2$ | $O_7^{2-}$ |
|---|---|
| x | −2 |
| 2x | −14 |

| Elemento | Atomicidade | Nox do átomo | Total |
|---|---|---|---|
| Cr | 2 | x | 2 · x = 2x |
| O | 7 | −2 | 7 · (−2) = −14 |

$(2x) + (-14) = \boxed{-2}$ carga do íon

$x = +6$

O Nox do crômio (Cr) é: +6.

## Exercícios resolvidos

**1.** (UFRGS) Na reação representada por:

$$P_4 + 3\ NaOH + 3\ H_2O \rightarrow 3\ NaH_2PO_2 + PH_3$$

determine o Nox do elemento fósforo (P) nas três substâncias em que ele é um dos componentes.

**Solução**

- $P_4$ = substância simples = Nox = zero
- $NaH_2PO_2$

Nox conhecidos: Na = +1, H = +1, O = −2

| | Na | $H_2$ | P | $O_2$ |
|---|---|---|---|---|
| 1 átomo | +1 | +1 | x | −2 |
| número de átomos presentes | +1 | +2 | x | −4 |

$\Rightarrow (+1) + (+2) + (x) + (-4) = 0$

$x = +1$

- $PH_3$

Nox conhecido: H = +1

| | P | $H_3$ |
|---|---|---|
| 1 átomo | x | +1 |
| número de átomos presentes | x | +3 |

$\Rightarrow (x) + (+3) = 0$

$x = -3$

**2.** Determine o Nox dos átomos de nitrogênio no nitrato de amônio: $NH_4NO_3$.

**Solução**

Para determinar o Nox do nitrogênio, inicialmente devemos separar o cátion $NH_4^+$ do ânion $NO_3^-$.

$NH_4^+ \qquad NO_3^-$

Feita a separação, determine, separadamente, o Nox do nitrogênio em cada íon.

$NH_4^+$ Nox do N = − 3

| −3 | +1 |
|---|---|
| −3 | +4 |

$NO_3^-$ Nox do N = + 5

| +5 | −2 |
|---|---|
| +5 | −6 |

## Fundamentando seus conhecimentos

A decomposição da água pode ser representada por:

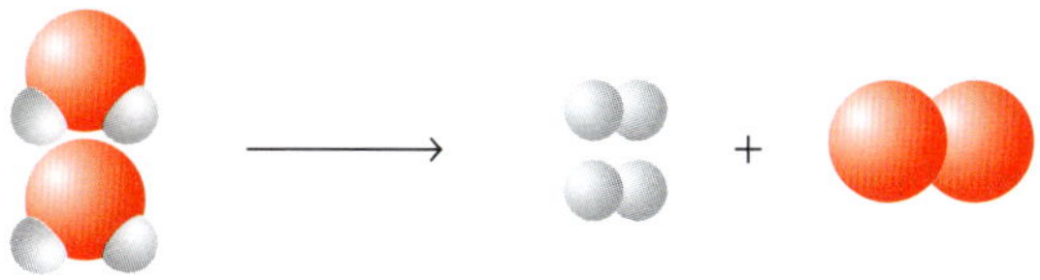

Banco de imagens/Arquivo da editora

Responda às questões **1** e **2**.

**1.** Escreva a equação da reação representada acima.

**2.** Indique o Nox do elemento:

I. hidrogênio na água e no gás hidrogênio.

II. oxigênio na água e no gás oxigênio.

**3.** O fósforo branco ($P_4$), quando exposto ao ar, sofre combustão:

$P_4 + 5\ O_2 \rightarrow P_4O_{10}$

Determine o Nox do fósforo e o do oxigênio em todas as espécies.

Sérgio Dotta Jr./Arquivo da editora

O fósforo branco deve ser guardado imerso em água, pois sofre combustão ao entrar em contato com o oxigênio presente no ar.

Com base nas informações a seguir, responda às questões **4** a **9**.

O magnésio reage com uma solução aquosa de ácido clorídrico, produzindo cloreto de magnésio e gás hidrogênio. As imagens abaixo mostram a reação no início e no final:

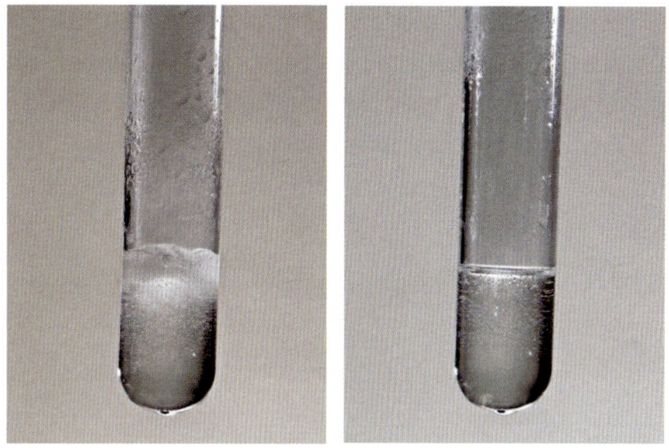

Fotos: Sérgio Dotta Jr./Arquivo da editora

Dois momentos da reação de uma amostra de magnésio com solução aquosa de ácido clorídrico.

**4.** Equacione a reação mencionada e faça seu balanceamento pelo método das tentativas.

**5.** O que aconteceu com o magnésio, Mg (s)?

**6.** Determine o Nox dos elementos magnésio e hidrogênio em cada espécie em que eles estão presentes.

**7.** Qual dos elementos teve aumento do Nox?

**8.** Qual dos elementos teve diminuição do Nox?

**9.** Ao final da transformação, é possível notar a presença de gotículas de água na parte superior interna do tubo de ensaio. Como você pode justificar esse fato?

**10.** Determine o Nox do elemento cloro nas espécies: $C\ell_2$, $NaC\ell$, $CaC\ell_2$, $HC\ell$, $HC\ell O$, $HC\ell O_2$, $HC\ell O_3$, $HC\ell O_4$, $C\ell_2O_7$ e $C\ell O_4^-$.

## Desenvolvendo seus conhecimentos

**1.** Determine o número de oxidação do enxofre nos compostos:

$S_8$; $H_2S$; $H_2SO_3$; $H_2SO_4$; $Na_2S_2O_3$ e $A\ell_2(SO_4)_3$.

**2.** Determine o Nox do crômio nos compostos $Cr_2O_3$; $Na_2Cr_2O_7$; $CaCrO_4$ e $Cr^{3+}$.

**3.** (Ifsul-RS) O ferro, na presença de ar úmido ou de água que contém gás oxigênio dissolvido, se transforma num produto denominado ferrugem que não tem fórmula conhecida, mas que contém a substância $Fe_2O_3$.

O número de oxidação do ferro do composto acima citado é:

a) 0.

b) +1.

c) +2.

d) +3.

**4.** (UFSM-RS) A ustulação é um passo comum na obtenção de metais a partir de seus minérios e consiste no aquecimento ao ar do minério, geralmente um sulfeto, para produzir um óxido. Se o óxido metálico é menos estável que o $SO_2$ o metal livre é obtido, como ocorre com o cobre. Como desvantagem desse processo, se o $SO_2$ é liberado na atmosfera, ele contribui para a poluição do ar e é uma fonte de chuva ácida.

As reações que ocorrem para a produção da chuva ácida são:

1. $\mathbf{S}O_2\,(g) + \frac{1}{2}\,O_2\,(g) \rightarrow SO_3\,(g)$

2. $\mathbf{S}O_3\,(g) + H_2O\,(\ell) \rightarrow H_2SO_4\,(aq)$

Os números de oxidação dos átomos de enxofre destacados nas equações 1 e 2 são, respectivamente:

a) zero e zero.
b) $-2$ e $-2$.
c) $+2$ e $+2$.
d) $+2$ e $+3$.
e) $+4$ e $+6$.

**5.** (Unirio-RJ) O cloro forma diversos compostos úteis e, em alguns cloretos metálicos, são empregados catalisadores como, por exemplo, o $A\ell C\ell_3$. O ácido hipocloroso ($HC\ell O$) é empregado na depuração de águas. O clorato de sódio ($NaC\ell O_3$) é empregado para o branqueamento do papel, e o clorito de sódio ($NaC\ell O_2$) é usado para produzir dióxido de cloro ($C\ell O_2$), usado como desinfetante. O ácido perclórico ($HC\ell O_4$) é um ácido oxidante, empregado na indústria de explosivos. Qual opção apresenta o menor número de oxidação para o cloro?

a) $HC\ell O_4$
b) $HC\ell O$
c) $NaC\ell O_3$
d) $A\ell C\ell_3$
e) $NaC\ell O_2$

**6.** (Cefet-PA) O manganês é considerado em oligoterapia um carro-chefe: ele é básico no tratamento da diátese alérgica. Em todo caso, sabe-se agora que a distribuição do manganês é grande nos tecidos e líquidos do organismo, notadamente onde a atividade dos mitocôndrios (centro respiratório das células) é maior. São conhecidos diversos compostos em que o manganês se faz presente.

Assinale a alternativa na qual esse elemento apresenta-se com menor valor para o seu Nox.

a) $KMnO_4$
b) $MnC\ell_2$
c) $MnO_2$
d) $Ca(MnO_3)_2$
e) $Mn_2O_3$

**7.** (UFMS) Considerando os íons: nitrato, $NO_3^-$, periodato, $IO_4^-$, dicromato, $Cr_2O_7^{2-}$, e pirofosfato, $P_2O_7^{4-}$, é correto afirmar que os números de oxidação dos respectivos elementos ligados ao oxigênio são:

a) +5; +7; +6; +5.
b) +7; +5; +6; +5.
c) +6; +7; +5; +5.
d) +7; +7; +5; +5.
e) +5; +5; +7; +6.

**8.** (Vunesp-SP) O nitrogênio pode existir na natureza em vários estados de oxidação. Em sistemas aquáticos, os compostos que predominam e que são importantes para a qualidade da água apresentam o nitrogênio com números de oxidação $-3$, 0, $+3$ ou $+5$. Assinale a alternativa que apresenta as espécies contendo nitrogênio com os respectivos números de oxidação, na ordem descrita no texto.

a) $NH_3$, $N_2$, $NO_2^-$, $NO_3^-$
b) $NO_2^-$, $NO_3^-$, $NH_3$, $N_2$
c) $NO_3^-$, $NH_3$, $N_2$, $NO_2^-$
d) $NO_2^-$, $NH_3$, $N_2$, $NO_3^-$
e) $NH_3$, $N_2$, $NO_3^-$, $NO_2^-$

**9.** (UFRJ) A análise da água de uma lagoa revelou a existência de duas camadas com composições químicas diferentes, como mostra o desenho a seguir:

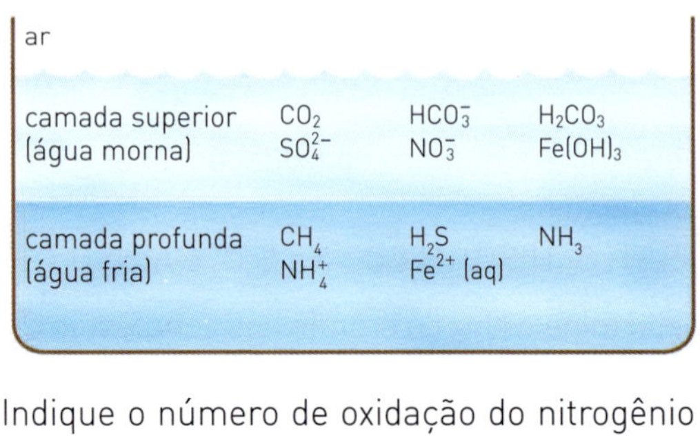


Reprodução/Arquivo da editora

Indique o número de oxidação do nitrogênio em cada uma das camadas da lagoa e apresente a razão pela qual alguns elementos exibem diferença de Nox entre as camadas.

# Desafiando seus conhecimentos

**1.** (UFSM) Para realizar suas atividades, os escoteiros utilizam vários utensílios de ferro, como grelhas, facas e cunhas. A desvantagem do uso desses materiais de ferro é a corrosão, resultado da oxidação do ferro que forma vários compostos, entre eles óxido de ferro. Com relação ao óxido de ferro, é correto afirmar:

I. Pode existir na forma de óxido ferroso, FeO.
II. Pode existir na forma de óxido férrico, $Fe_2O_3$.
III. O íon ferro possui estado de oxidação +2 e +3 no óxido ferroso e no óxido férrico, respectivamente.

Está(ão) correta(s):

a) apenas I.
b) apenas II.
c) apenas III.
d) apenas I e II.
e) I, II e III.

**2.** (Ifsul-RS) O gráfico abaixo mostra a curva de solubilidade de alguns sais.

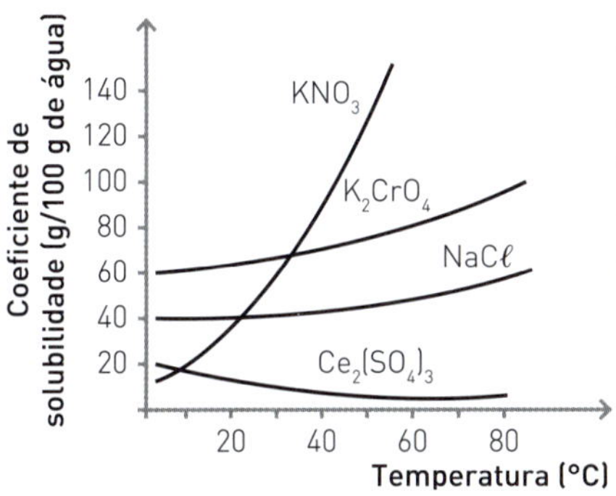


Reprodução/Arquivo da editora

Fonte: *Site* http://educacao.uol.com.br/disciplinas/quimica.

Sobre os sais representados no gráfico e seus constituintes é INCORRETO afirmar que

a) o enxofre é um halogênio com Nox −5.
b) os sais a temperatura ambiente são sólidos.
c) o Nox do oxigênio, nestes sais, é sempre −2.
d) o cloro é um halogênio e apresenta Nox −1.

**3.** (UFPR) O dióxido de carbono é produto da respiração, da queima de combustíveis e é responsável pelo efeito estufa. Em condições ambiente, apresenta-se como gás, mas pode ser solidificado por resfriamento, sendo conhecido nesse caso como gelo-seco.

Acerca da estrutura de Lewis do dióxido de carbono, considere as afirmativas a seguir (se houver mais de uma estrutura de Lewis possível, considere a que apresenta mais baixa carga formal dos átomos, isto é, a mais estável segundo o modelo de Lewis):

1. Entre o átomo de carbono e os dois oxigênios há duplas-ligações.
2. O Nox de cada átomo de oxigênio é igual a −2.
3. O Nox do carbono é igual a zero.
4. O átomo de carbono não possui elétrons desemparelhados.

Assinale a alternativa correta.

a) Somente as afirmativas 1 e 2 são verdadeiras.
b) Somente as afirmativas 2 e 3 são verdadeiras.
c) Somente as afirmativas 1, 2 e 4 são verdadeiras.
d) Somente as afirmativas 1, 3 e 4 são verdadeiras.
e) Somente as afirmativas 1 e 4 são verdadeiras.

**4.** (Unimed-Piracicaba-SP)

O manganês (Mn) tem papel importante em todos os organismos animais e vegetais. No organismo humano, o manganês é um componente da enzima superóxido dismutase (SOD), responsável pela correta metabolização dos radicais livres nas mitocôndrias. A deficiência da SOD causa um aumento dos radicais livres.

A química do manganês é notável por ser um elemento que apresenta 11 números de oxidação, alguns bastante incomuns. As figuras mostram as cores do manganês em função de seu número de oxidação.

Reprodução/Unimed-Piracicaba

1: $MnSO_4 \cdot 7\,H_2O$; 2: $[Mn(SO_4)_2]^-$ em meio ácido; 3: $MnO_2$; 4: $K_2MnO_4$ em meio básico; 5: $KMnO_4$ (aq)

*Química Nova na Escola*, maio de 2012. Adaptado.
Disponível em: <http://qnesc.sbq.org.br/online/qnesc34_2/11-EQ-23-11.pdf>. Acesso em: 02 mar. 2018.

a) Com base nas informações do texto, indique uma função do manganês nos processos fisiológicos do organismo humano.
b) Determine o número de oxidação do manganês nos exemplos de 1 a 5 mostrados na figura.

**5.** (Uema) Leia a notícia que trata do transporte e da expansão do manganês.

A VLI, empresa especializada em operações logísticas, além de incentivar por meio do projeto "Trilhos Culturais – Jovens multiplicadores" a difusão de diversos conhecimentos em comunidades que ficam às margens das linhas férreas brasileiras, a promoção e a participação social em ações educativas, incluiu em suas atividades o transporte de manganês, pelo corredor Centro Norte. Este metal apresenta vários estados de oxidação em diferentes espécies, como por exemplo, $MnCO_3$, $MnF_3$, $K_3MnO_4$ e $MnO_4^{2-}$.

O manganês é transportado da cidade paraense, Marabá, até o porto do Itaqui, passando pela estrada de ferro Carajás, e segue em navios para outras cidades do litoral brasileiro, como também, para a Europa, Ásia e Estados Unidos.

Jornal o Estado do Maranhão.

Os números de oxidação do manganês nas espécies relacionadas no texto, respectivamente, são:

a) +2, +3, +5 e +6.
b) +2, +5, +3 e +6.
c) +2, +6, +3 e +5.
d) +2, +3, +6 e +5.
e) +2, +5, +6 e +3.

**6.** (UFRGS-RS) Nos compostos $H_2SO_4$, KH, $H_2$, $H_2O_2$ e $NaHCO_3$, o número de oxidação do elemento hidrogênio é, respectivamente:

a) +1, −1, 0, +1, +1.
b) +1, +1, +1, 0, +1.
c) +1, −1, 0, +2, +1.
d) +1, −1, +1, +1, +1.
e) −1, +1, 0, +1, +2.

**7.** (UFRJ) O cientista John Dalton foi um dos pioneiros na tentativa de ordenar e definir propriedades dos elementos e das moléculas. Segundo sua Teoria atômica, apresentada em 1803, toda a matéria seria composta por pequenas partículas indivisíveis chamadas átomos. Átomos do mesmo elemento possuiriam as mesmas características, podendo se ligar entre si ou a outros elementos, formando moléculas. Como os símbolos dos antigos alquimistas não se ajustavam a sua teoria, Dalton propôs ainda a adoção de novos símbolos para representar os elementos e as moléculas. As figuras a seguir apresentam algumas moléculas representadas com os símbolos criados por Dalton.

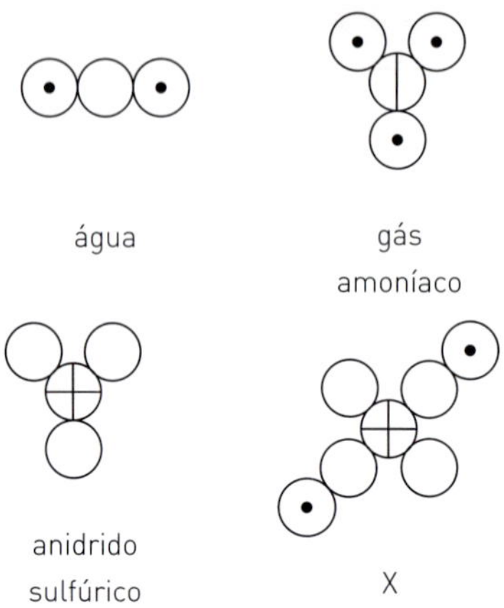


Reprodução/Arquivo da editora

a) Escreva a estrutura do ácido nítrico usando a representação de Dalton.
b) Apresente o Nox do elemento central da molécula X.

**8.** (UFRJ) A produção de energia nas usinas de Angra 1 e Angra 2 é baseada na fissão nuclear de átomos de urânio radioativo $^{238}U$. O urânio é obtido a partir de jazidas minerais, na região de Caetité, localizada na Bahia, onde é beneficiado até a obtenção de um concentrado bruto de $U_3O_8$, também chamado de *yellowcake*. O concentrado bruto de urânio é processado através de uma série de etapas até chegar ao hexafluoreto de urânio, composto que será submetido ao processo final de enriquecimento no isótopo radioativo $^{238}U$, conforme o esquema a seguir.

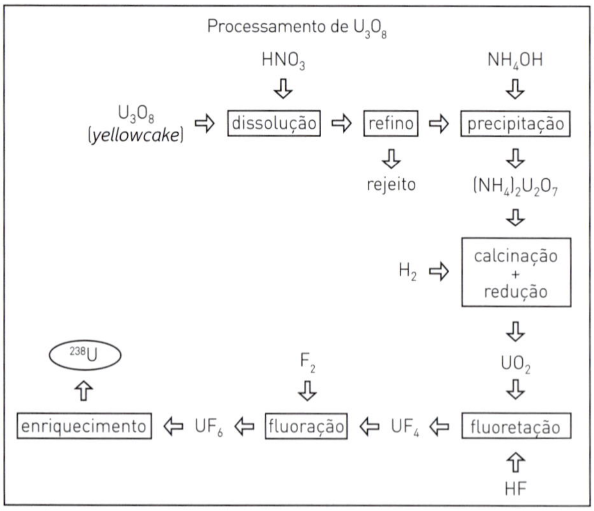


Reprodução/Arquivo da editora

Com base no esquema:

a) Apresente os nomes do oxiácido e da base utilizados no processo.
b) Indique os números de oxidação do átomo de urânio nos compostos $U_3O_8$ e $(NH_4)_2U_2O_7$

CAPÍTULO

13

# Reações de oxirredução

Introduzindo uma lâmina de zinco (Zn) em uma solução aquosa de sulfato de cobre ($CuSO_4$), que apresenta cor azul intensa característica da presença de grandes quantidades de íons $Cu^{2+}$ (aq), após certo tempo observamos o aparecimento de uma substância avermelhada (característica da presença de grandes quantidades de cobre metálico) sobre a lâmina e uma mudança de cor na solução, que vai se tornando incolor à medida que a reação ocorre.

Fotos: Sérgio Dotta Jr./Arquivo da editora

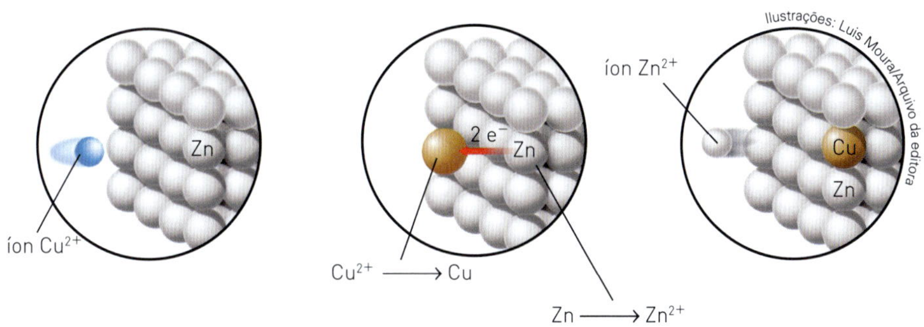


Ilustrações: Luis Moura/Arquivo da editora

CORES FANTASIA

AUSÊNCIA DE PROPORÇÃO

Nesse processo, ocorreu uma reação que pode ser representada por:

$$Zn\ (s) + \underbrace{CuSO_4\ (aq)}_{\text{solução azul intenso}} \longrightarrow \underbrace{Cu\ (s)}_{\text{depósito avermelhado}} + ZnSO_4\ (aq)$$

Uma maneira mais adequada de representar a reação seria escrevê-la na forma iônica, que mostra as espécies que participaram da reação.

$$Zn\ (s) + Cu^{2+}\ (aq) + SO_4^{2-}\ (aq) \longrightarrow Zn^{2+}\ (aq) + Cu\ (s) + SO_4^{2-}\ (aq)$$

Note que os íons sulfato, $SO_4^{2-}$, não sofreram alteração, por isso podemos concluir que eles não participaram da reação.

$$Zn\ (s) + Cu^{2+}\ (aq) + \cancel{SO_4^{2-}\ (aq)} \longrightarrow Zn^{2+}\ (aq) + Cu\ (s) + \cancel{SO_4^{2-}\ (aq)}$$

Portanto, a reação que ocorreu pode ser representada assim:

$$Zn\ (s) + Cu^{2+}\ (aq) \longrightarrow Zn^{2+}\ (aq) + Cu\ (s)$$

A transformação do Zn (s) em $Zn^{2+}$ (aq) ocorreu através da perda de 2 elétrons por átomo de Zn (s):

$$Zn\ (s) \longrightarrow Zn^{2+}\ (aq) + 2\ e^-$$

Essa transformação é denominada oxidação.

**Oxidação:** perda de elétrons.

À medida que os átomos de Zn (s) se oxidam, os íons $Cu^{2+}$ (aq) recebem 2 elétrons e se transformam em Cu (s):

$$Cu^{2+}\ (aq) + 2\ e^- \rightarrow Cu\ (s)$$

Essa transformação é denominada redução.

**Redução:** ganho de elétrons.

Esses processos, envolvendo perda e ganho de elétrons, ocorrem simultaneamente, ou seja, conforme uma espécie se oxida, outra se reduz. Essas reações são chamadas **reações de oxirredução**, e uma de suas características é que o número total de elétrons perdidos por uma espécie é igual ao número total de elétrons recebidos pela outra. Isso pode ser percebido em nosso exemplo, analisando conjuntamente as duas semirreações:

| | | | |
|---|---|---|---|
| semirreação de oxidação: | $Zn\ (s)$ | $\longrightarrow$ | $Zn^{2+}\ (aq) + \cancel{2\ e^-}$ |
| semirreação de redução: | $Cu^{2+}\ (aq) + \cancel{2\ e^-}$ | $\longrightarrow$ | $Cu\ (s)$ |
| reação global: | $Zn\ (s) + Cu^{2+}\ (aq)$ | $\longrightarrow$ | $Cu\ (s) + Zn^{2+}\ (aq)$ |

Outro exemplo de reação de oxirredução é a que ocorre quando mergulhamos uma fita de magnésio (Mg) em uma solução aquosa de ácido clorídrico [HCℓ (aq)].

Fotos: Sérgio Dotta Jr./Arquivo da editora

A efervescência ocorre pela liberação de gás hidrogênio produzido na reação entre o magnésio e o ácido clorídrico:

$$Mg\ (s) + 2\ HC\ell\ (aq) \longrightarrow MgC\ell_2\ (aq) + H_2 \nearrow\ (g)$$

A equação iônica que representa a reação é:

$$Mg\,(s) + 2\,H^+\,(aq) + \cancel{2\,C\ell^-\,(aq)} \longrightarrow Mg^{2+}\,(aq) + \cancel{2\,C\ell^-\,(aq)} + H_2\!\uparrow\,(g)$$
$$Mg\,(s) + 2\,H^+\,(aq) \longrightarrow Mg^{2+}\,(aq) + H_2\!\uparrow\,(g)$$

Nessa reação, ocorrem simultaneamente dois fenômenos:

Enquanto o Mg (s) se transforma em $Mg^{2+}$ (aq), ele perde 2 elétrons por átomo de magnésio (Mg); portanto, o Mg (s) sofre uma oxidação. Ao mesmo tempo, os dois íons $H^+$ (aq) se transformam em $H_2$ (g), ocorrendo um ganho de 2 elétrons; portanto, os íons $H^+$ sofrem uma redução.

| | | | |
|---|---|---|---|
| semirreação de oxidação: | $Mg\,(s)$ | $\longrightarrow$ | $Mg^{2+}\,(aq) + \cancel{2\,e^-}$ |
| semirreação de redução: | $2\,H^+\,(aq) + \cancel{2\,e^-}$ | $\longrightarrow$ | $H_2\,(s)$ |
| reação global: | $Mg\,(s) + 2\,H^+\,(aq)$ | $\longrightarrow$ | $Mg^{2+}\,(aq) + H_2\!\uparrow\,(g)$ |

**1.** Nas reações de oxirredução, o número total de elétrons permanece constante, porque:

nº de $e^-$ recebidos = n º de $e^-$ perdidos

**2.** Oxidação e redução são fenômenos que ocorrem simultaneamente.

# Agente redutor e agente oxidante

## Agente redutor

Quando uma espécie química perde elétrons, o seu Nox aumenta:

$$A^0 \longrightarrow A^{3+} + 3\,e^-$$
$$0 \xrightarrow{\text{oxidação}} +3$$

Isso permite que o estudo da oxidação seja feito sob dois aspectos:

- considerando a perda de elétrons;
- considerando o aumento algébrico do Nox.

Veja alguns exemplos:

$$Fe \longrightarrow Fe^{2+} + 2\,e^-$$
$$0 \xrightarrow{\text{oxidação}} +2$$

O Fe, ao se transformar em $Fe^{2+}$, perde 2 elétrons; por esse motivo, seu Nox passa de 0 para +2.

$$2\,C\ell^- \longrightarrow C\ell_2 + 2\,e^-$$
$$-1 \xrightarrow{\text{oxidação}} 0$$

Quando 2 $C\ell^-$ se transformam em $C\ell_2$, ocorre perda de 2 elétrons (um de cada $C\ell^-$); como consequência, o Nox de cada cloro aumenta algebricamente de −1 para 0.

Como o processo de oxidação ocorre simultaneamente ao de redução, os elétrons perdidos pela espécie que se oxida serão recebidos pela que sofre redução. Isso significa que a espécie oxidada provoca a redução da outra espécie; por esse motivo, ela é denominada **substância** ou **agente redutor**.

**Agente redutor:** é a substância que sofre oxidação e provoca redução.

Retomando os exemplos dados, temos:

agente redutor

$$\underset{0}{Fe} \xrightarrow{\text{oxidação}} \underset{+2}{Fe^{2+}} + 2\,e^-$$

Fe
- sofre oxidação (Nox aumenta)
- perde elétrons
- é o agente redutor

agente redutor

$$\underset{-1}{2\,C\ell^-} \xrightarrow{\text{oxidação}} \underset{0}{C\ell_2} + 2\,e^-$$

$C\ell^-$
- sofre oxidação (Nox aumenta)
- perde elétrons
- é o agente redutor

## Agente oxidante

Quando uma espécie química ganha elétrons, o seu Nox diminui:

$$\underset{0}{x^0} + 2\,e^- \xrightarrow{\text{redução}} \underset{-2}{x^{2-}}$$

Isso permite que o estudo da redução seja feito sob dois aspectos:

- considerando o ganho de elétrons;
- considerando a diminuição algébrica do Nox.

Veja alguns exemplos:

$$\underset{0}{Br^0} + 2\,e^- \xrightarrow{\text{redução}} \underset{-1}{2\,Br^-}$$

// O $Br_2$, ao se transformar em 2 $Br^-$, recebe 2 elétrons (um para cada Br); como consequência, o Nox de cada bromo passa de 0 para −1.

$$\underset{+1}{2\,H^+} + 2\,e^- \xrightarrow{\text{redução}} \underset{0}{H_2}$$

// Os dois íons $H^+$, ao receberem 2 $e^-$, transformam-se em $H_2$; como consequência, o Nox de cada hidrogênio passa de +1 para 0.

Como o processo de redução ocorre simultaneamente ao de oxidação, os elétrons recebidos pela espécie que se reduz são cedidos pela que sofre oxidação. Isso significa que a espécie reduzida provoca a oxidação da outra espécie; por esse motivo, ela é denominada **substância** ou **agente oxidante**.

**Agente oxidante:** é a substância que sofre redução e provoca oxidação.

Retomando os exemplos dados, temos:

agente oxidante

$$\underset{0}{Br^0} + 2\,e^- \xrightarrow{\text{redução}} \underset{-1}{2\,Br^-}$$

$Br_2$
- sofre redução (Nox diminui)
- ganha elétrons
- é o agente oxidante

agente oxidante

$$\underset{+1}{2\,H^+} + 2\,e^- \xrightarrow{\text{redução}} \underset{0}{H_2}$$

$H^+$
- sofre redução (Nox diminui)
- ganha elétrons
- é o agente oxidante

# Reconhecimento de uma reação de oxirredução

Na oxidação e na redução, ocorrem variações dos Nox das espécies envolvidas. Portanto, analisando o Nox das espécies participantes de uma reação, conseguimos identificar se ela é ou não de oxirredução. Veja alguns exemplos:

**1º exemplo**

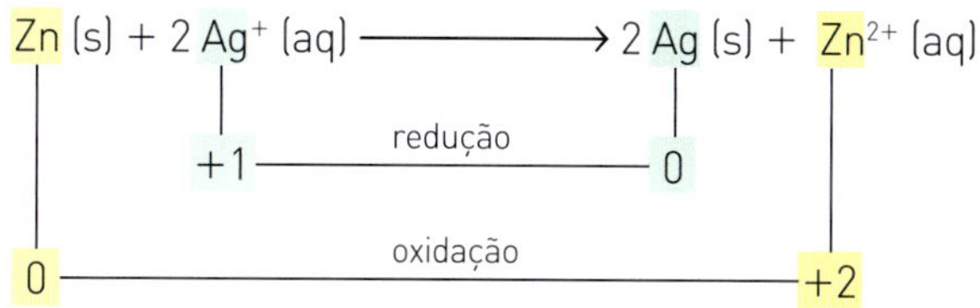


Nesta reação, temos:

Zn (s) {sofre oxidação; agente redutor}   $Ag^+$ (aq) {sofre redução; agente oxidante}

Como nem sempre podemos perceber a ocorrência da variação do Nox, é conveniente determinar o Nox dos átomos de todas as espécies participantes da reação.

**2º exemplo**

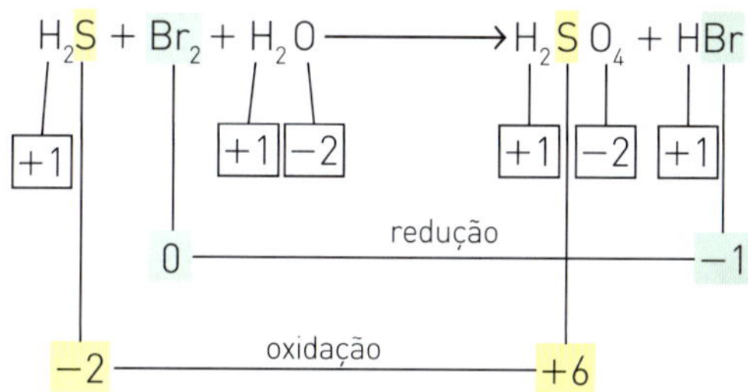


Como no $H_2S$ ocorre oxidação do S, o $H_2S$ é o agente redutor. Já o $Br_2$ sofre redução, portanto é o agente oxidante.

## Exercício resolvido

(Uece) Seja a equação química:

$$3\,As_2S_3 + 26\,HNO_3 + 4\,H_2O \rightarrow 9\,H_2SO_4 + 6\,H_3AsO_4 + 28\,NO$$

Indique a afirmativa correta:

a) O arsênio oxida-se; enxofre e nitrogênio reduzem-se.
b) Enxofre e nitrogênio oxidam-se; arsênio reduz-se.
c) Arsênio e enxofre oxidam-se; nitrogênio reduz-se.
d) O enxofre oxida-se; nitrogênio e hidrogênio reduzem-se.
e) O agente oxidante é o $As_2S_3$, e o agente redutor é o $HNO_3$.

**Solução**

Inicialmente, devemos calcular o Nox dos átomos presentes em todas as substâncias:

| $As_2$ | $S_3$ | H | N | $O_3$ | $H_2$ | O | $H_2$ | S | $O_4$ | $H_3$ | As | $O_4$ | N | O |
|---|---|---|---|---|---|---|---|---|---|---|---|---|---|---|
| +3 | −2 | +1 | +5 | −2 | +1 | −2 | +1 | +6 | −2 | +1 | +5 | −2 | +2 | −2 |
| +6 | −6 | +1 | +5 | −6 | +2 | −2 | +2 | +6 | −8 | +3 | +5 | −8 | | |

Podemos observar que ocorreu variação de Nox no **As**, no **N** e no **S**:

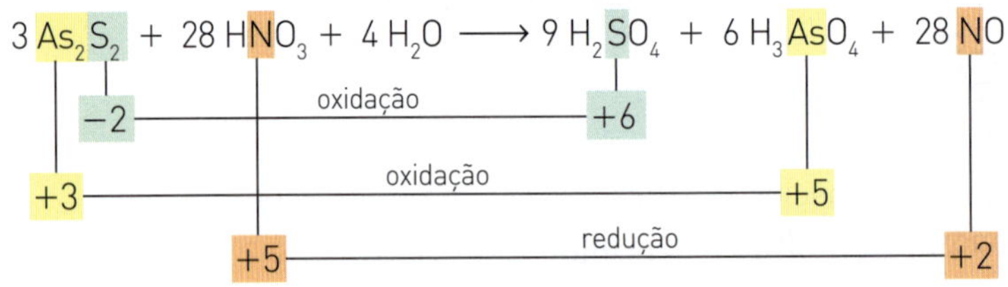


Assim:

- O arsênio (As) e o enxofre (S), presentes no $As_2S_3$, oxidaram-se; portanto, esse é o agente redutor.
- O nitrogênio (N), presente no $HNO_3$, reduziu-se; portanto, esse é o agente oxidante.

Resposta: alternativa c.

## EXPLORE SEU MUNDO

Acenda um fósforo e observe. Essa reação é de oxirredução? Caso você tenha respondido que sim, o gás oxigênio atua como oxidante ou redutor? Pelo que você observou, qual é o número de oxidação do carbono em um dos produtos formados?

# Fundamentando seus conhecimentos

Observe as ilustrações a seguir e responda às questões **1** a **7**:

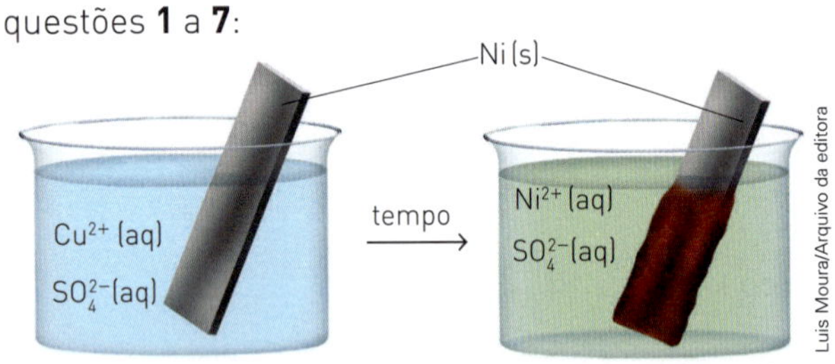


solução aquosa de $CuSO_4$ solução aquosa de $NiSO_4$

1. Qual é o íon responsável pela cor azul da primeira solução?
2. Qual é o íon responsável pela cor verde da segunda solução?
3. Qual metal é responsável pelo depósito avermelhado?
4. Escreva em seu caderno a semirreação de redução.
5. Escreva em seu caderno a semirreação de oxidação.
6. Escreva em seu caderno a reação global.
7. Indique os agentes oxidante e redutor.

# Desenvolvendo seus conhecimentos

1. (UFV-MG) A seguir são apresentadas as equações de quatro reações:
   I. $H_2 + C\ell_2 \rightarrow 2\ HC\ell$
   II. $SO_2 + H_2O \rightarrow H_2SO_3$
   III. $2\ SO_2 + O_2 \rightarrow 2\ SO_3$
   IV. $2\ A\ell(OH)_3 \rightarrow A\ell_2O_3 + 3\ H_2O$
   São reações de oxirredução:
   a) I e II.
   b) I e III.
   c) II e IV.
   d) I, II e III.
   e) II, III e IV.

2. (UFRGS-RS) Indique a alternativa que apresenta uma reação que pode ser caracterizada como processo de oxidação-redução.
   a) $Ba^{2-} + SO_4^{2-} \rightarrow BaSO_4$
   b) $H^+ + OH^- \rightarrow H_2O$
   c) $AgNO_3 + KC\ell \rightarrow AgC\ell + KNO_3$
   d) $PC\ell_5 \rightarrow PC\ell_3 + C\ell_2$
   e) $2\ NO_2 \rightarrow N_2O_4$

3. (PUC-RJ) Sobre a reação:

   $Zn\ (s) + 2\ HC\ell\ (aq) \rightarrow ZnC\ell_2\ (aq) + H_2\ (g)$,

   indique a alternativa correta.

a) O zinco sofre redução.
b) O cátion $H^-$ (aq) sofre oxidação.
c) O zinco doa elétrons para o cátion $H^+$ (aq).
d) O zinco recebe elétrons formando o cátion $Zn^{2+}$ (aq).
e) O íon cloreto se reduz formando $ZnC\ell_2$ (aq).

**4.** (UPF-PR) No ano de 2015, ocorreu o rompimento das barragens de Fundão e Santarém e o despejo de toneladas de rejeitos de minério de ferro no meio ambiente. Dentre esses rejeitos, encontra-se a hematita, um minério de ferro que apresenta fórmula molecular $Fe_2O_3$.

A equação geral que representa o processo de obtenção do ferro metálico a partir da hematita é:

$$3\,Fe_2O_3\,(s) + 9\,CO\,(g) \rightarrow 6\,Fe\,(s) + 9\,CO_2\,(g)$$

Acerca desse processo, complete as lacunas:

Na hematita, $Fe_2O_3$ (s) o íon ferro apresenta-se na forma de ______, com número de oxidação _____. Dessa maneira, uma das formas de obtenção de ferro metálico, a partir da hematita, consiste resumidamente em o íon ferro _______ elétrons, em um processo denominado _______.

A alternativa que completa corretamente, na sequência, as lacunas da frase é:

a) cátion, 2+, doar, oxidação.
b) ânion, 3+, receber, redução.
c) íon, 2+, receber, oxidação.
d) ânion, 2+, receber, redução.
e) cátion, 3+, receber, redução.

**5.** (UEG-GO) O escurecimento de talheres de prata pode ocorrer devido à presença de derivados de enxofre encontrados nos alimentos. A equação química de oxidação e redução que representa esse processo está descrita a seguir.

$$4\,Ag\,(s) + 2\,H_2S\,(g) + O_2\,(g) \rightarrow 2\,Ag_2S\,(s) + 2\,H_2O\,(\ell)$$

Nesse processo, o agente redutor é:

a) sulfeto de hidrogênio.
b) oxigênio gasoso.
c) sulfeto de prata.
d) prata metálica.
e) água.

**6.** (FMP-SC)

Arqueólogos franceses encontraram grandes quantidades de dióxido de manganês em resquícios de carvão e fuligem das fogueiras. Isso sugere que os Neandertais não gastavam tanta energia atrás desse composto químico só para pintar o corpo, como suspeitavam os pesquisadores, e, sim, para fazer fogueiras. Mas qual a relação desse mineral com fogo? Toda. Por ser um mineral muito abrasivo, quando moído e colocado sobre madeira, diminui a temperatura necessária para combustão – a centelha ideal para facilitar a vida dos nossos primos distantes.

Disponível em: <http://super.abril.com.br/ciencia/neandertais-usavam-quimica-para-acender-fogo>. Adaptado. Acesso em: 18 jul. 2016.

O dióxido de manganês, ao ser misturado à madeira, era lentamente aquecido em presença do ar, sofrendo decomposição com liberação de oxigênio e facilitando a combustão da madeira para acender as fogueiras, segundo a seguinte equação:

$$2\,MnO_2 \rightarrow Mn_2O_3 + \frac{1}{2}O_2$$

O dióxido de manganês é um poderoso agente

a) redutor, por oxidar o oxigênio, sofrendo oxidação.
b) redutor, por oxidar o oxigênio, sofrendo redução.
c) redutor, por reduzir o oxigênio, sofrendo oxidação.
d) oxidante, por oxidar o oxigênio, sofrendo redução.
e) oxidante, por reduzir o oxigênio, sofrendo oxidação.

**7.** (Uece) Pilhas de Ni-Cd são muito utilizadas em eletrodomésticos caseiros, como em rádios portáteis, controles remotos, telefones sem fio e aparelhos de barbear. A reação de oxirredução desse tipo de pilha é $Cd\,(s) + NiO_2\,(s) + 2\,H_2O\,(\ell) \rightarrow$ $\rightarrow Cd(OH)_2\,(s) + Ni(OH)_2\,(s)$.

Considere as seguintes afirmações a respeito dessa reação:

I. O cádmio se oxida.
II. O dióxido de níquel é o agente redutor.
III. O cádmio é o agente oxidante.
IV. O número de oxidação do níquel varia de +4 para +2.

Está correto o que se afirma em:

a) I, II e III apenas.
b) III e IV apenas.
c) I, II, III e IV.
d) I e IV apenas.

**8.** (Vunesp-SP)

Nas últimas décadas, o dióxido de enxofre ($SO_2$) tem sido o principal contaminante atmosférico que afeta a distribuição de liquens em áreas urbanas e industriais. Os liquens absorvem o dióxido de enxofre e, havendo repetidas exposições a esse poluente, eles acumulam altos níveis de sulfatos ($SO_4^{2-}$) e bissulfatos ($HSO_4^-$) o que incapacita os constituintes dos liquens de realizarem funções vitais, como fotossíntese, respiração e, em alguns casos, fixação de nitrogênio.

(Rubén Lijteroff et al. *Revista Internacional de contaminación ambiental*, maio de 2009. Adaptado.)

(http://portaldoprofessor.mec.gov.br)

Nessa transformação do dióxido de enxofre em sulfatos e bissulfatos, o número de oxidação do elemento enxofre varia de __________ para __________, portanto, sofre __________.

As lacunas desse texto são, correta e respectivamente, preenchidas por:

a) $-4$; $-6$ e redução.
b) $+4$; $+6$ e oxidação.
c) $+2$; $+4$ e redução.
d) $+2$; $+4$ e oxidação.
e) $-2$; $-4$ e oxidação.

**9.** (Vunesp-SP) De modo geral, em sistemas aquáticos a decomposição de matéria orgânica de origem biológica, na presença de oxigênio, se dá por meio de um processo chamado degradação aeróbica. As equações representam reações genéricas envolvidas na degradação aeróbica, em que "MO" = matéria orgânica contendo nitrogênio e enxofre.

$$(CH_2O)_n + n\ O_2 \rightarrow n\ CO_2 + n\ H_2O$$

$$MO(C, H, N, S) + n\ O_2 \rightarrow CO_2 + H_2O + NO_3^- + SO_4^{2-}$$

Analisando as equações apresentadas, é correto afirmar que no processo de degradação aeróbica ocorrem reações de:

a) decomposição, em que o oxigênio não sofre alteração em seu número de oxidação.
b) oxirredução, em que o oxigênio atua como agente redutor.
c) decomposição, em que o oxigênio perde elétrons.
d) oxirredução, em que o oxigênio sofre oxidação.
e) oxirredução, em que o oxigênio atua como agente oxidante.

**10.** (ITA-SP) Considere as reações envolvendo o sulfeto de hidrogênio representadas pelas equações seguintes:

I. $2\ H_2S\ (g) + H_2SO_3\ (aq) \rightarrow 3\ S\ (s) + 3\ H_2O\ (\ell)$
II. $H_2S\ (g) + 2\ H^+\ (aq) + SO_4^{2-}\ (aq) \rightarrow$
$\rightarrow SO_2\ (g) + S\ (s) + 2\ H_2O\ (\ell)$
III. $H_2S\ (g) + Pb\ (s) \rightarrow PbS\ (s) + H_2\ (g)$
IV. $2\ H_2S\ (g) + 4\ Ag\ (s) + O_2\ (g) \rightarrow$
$\rightarrow 2\ Ag_2S\ (s) + 2\ H_2O\ (\ell)$

Nas reações apresentadas pelas equações anteriores, o sulfeto de hidrogênio é agente redutor em:

a) apenas I.
b) apenas I e II.
c) apenas III.
d) apenas III e IV.
e) apenas IV.

**11.** (Unioeste-PR) A reação química, expressa a seguir, ocorre com um sal de estanho e outro de mercúrio:

$$SnC\ell_2 + 2\ HgC\ell_2 \rightarrow SnC\ell_4 + Hg_2C\ell_2$$

Assim, é CORRETO afirmar que:

a) a reação em questão é de combustão envolvendo a liberação de calor, ou seja, exotérmica.
b) a reação em questão é de oxirredução, pois o mercúrio participa dela e altera seu estado de oxidação de 2+ para 1+.
c) a reação em questão é de oxirredução, pois o mercúrio não participa da reação e mantém seu estado de oxidação 2+.
d) a reação em questão envolve a alteração de ligações metálicas para ligações covalentes.
e) na reação estão envolvidos quatro elétrons, sendo dois elétrons do estanho e dois elétrons do mercúrio.

**12.** (UFRJ) Cerca de 38% do consumo mundial de sódio metálico estão vinculados à produção do corante índigo usado no vestuário *jeans*. A produção de boridreto de sódio para o branqueamento de celulose responde por cerca de 20% do consumo desse metal alcalino. As demais aplicações se concentram na área da química fina. O fluxograma a seguir descreve algumas reações envolvidas nessas aplicações.

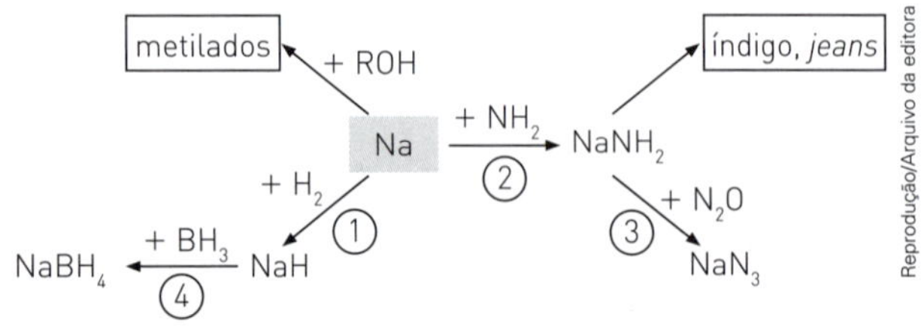


a) Na reação 1, dê o nome do produto e indique o composto que sofreu oxidação.
b) Identifique e classifique as ligações no produto da reação 2.

**13.** (UEMG) A figura a seguir mostra um pequeno sistema que coleta gás hidrogênio, $H_2$ (g). O funcionamento ocorre desta maneira: são colocados em quantidades estequiométricas, no frasco A, pedaços de magnésio metálico, Mg (s) e um volume de ácido clorídrico, $HC\ell$ (aq). Uma reação de oxidação-redução ocorre entre os dois reagentes, e o gás hidrogênio é produzido, como mostra a equação. Em seguida, o $H_2$ (g) passa por uma mangueira e é recolhido no frasco B.

$$Mg\ (s) + 2\ H^+\ (aq) \rightarrow H_2\ (g) + Mg^{2+}\ (aq)$$

Sobre o sistema e as espécies químicas presentes nele, é CORRETO afirmar que:

a) o Mg (s) oxida-se e migra para a solução na forma de cátion $Mg^{2+}$.

b) a densidade do gás hidrogênio é maior que a densidade da água líquida.

c) ao final da reação, restam apenas íons $C\ell^-$ na solução do frasco A.

d) os íons $H^+$ são os agentes redutores da reação fornecida.

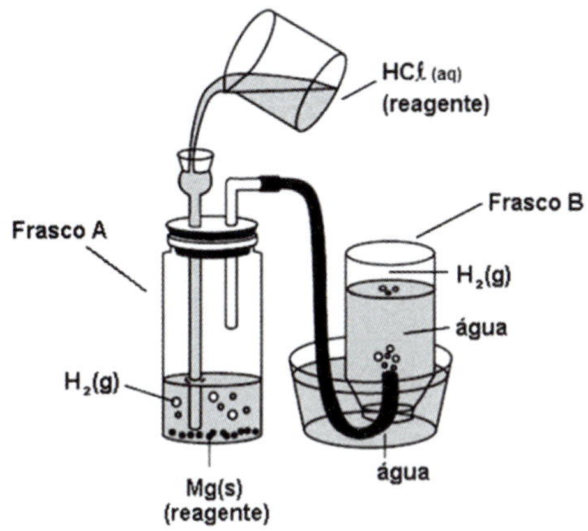


Reprodução/UEMG, 2014

## Desafiando seus conhecimentos

**1.** (PUC-RJ) A ocorrência da reação eletrolítica $Pb^{2+}\ (aq) + 2\ H_2O\ (\ell) \rightarrow PbO_2\ (s) + H_2\ (g) + 2\ H^+\ (aq)$ tem como consequência

a) a redução do $Pb^{2+}$.

b) a oxidação da água.

c) o grande aumento do pH da solução.

d) a manutenção do número de oxidação do Pb.

e) a redução da concentração de $Pb^{2+}$ na solução.

**2.** (Ulbra-SP) No capítulo Fedores e Explosões, Oliver Sacks descreve o seguinte experimento:

"Fizemos juntos um vulcão com dicromato de amônio, ateando fogo em uma pirâmide de cristais alaranjados que se inflamou furiosamente, avermelhou-se e cuspiu uma chuva de centelhas para todo lado, inflando-se prodigiosamente, como um minivulcão em erupção."

SACKS, O. Tio Tungstênio: memórias de uma infância química. São Paulo: Cia. das Letras, 2002.

$$(NH_4)_2Cr_2O_7 \rightarrow N_2 + Cr_2O_3 + H_2O$$

A frase "O processo descrito é uma reação redox, pois o __________ sofre redução e o __________ sofre oxidação" fica correta, quando os espaços em branco são completados, respectivamente, pelas palavras:

a) hidrogênio; oxigênio.

b) cromo; hidrogênio.

c) oxigênio; cromo.

d) cromo; nitrogênio.

e) nitrogênio; cromo.

**3.** (UFPR) Recentemente, foram realizados retratos genéticos e de habitat do mais antigo ancestral universal, conhecido como LUCA. Acredita-se que esse organismo unicelular teria surgido a 3,8 bilhões de anos e seria capaz de fixar $CO_2$ convertendo esse composto inorgânico de carbono em compostos orgânicos.
Para converter o composto inorgânico de carbono mencionado em metano ($CH_4$) a variação do NOX no carbono é de:

a) 1 unidade.

b) 2 unidades.

c) 4 unidades.

d) 6 unidades.

e) 8 unidades.

**4.** (Enem) A aplicação excessiva de fertilizantes nitrogenados na agricultura pode acarretar alterações no solo e na água pelo acúmulo de compostos nitrogenados, principalmente a forma mais oxidada, favorecendo a proliferação de algas e plantas aquáticas e alterando o ciclo do nitrogênio, representado no esquema. A espécie nitrogenada mais oxidada tem sua quantidade controlada por ação de microrganismos que promovem a reação de redução dessa espécie, no processo denominado desnitrificação.

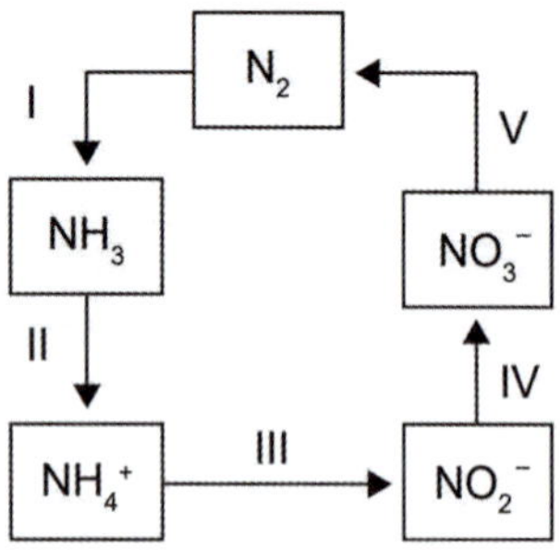


Reprodução/ENEM, 2014.

O processo citado está representado na etapa:

a) I.

b) II.

c) III.

d) IV.

e) V.

**5.** (Enem-PPL)

Os bafômetros (etilômetros) indicam a quantidade de álcool, $C_2H_6O$ (etanol), presente no organismo de uma pessoa através do ar expirado por ela. Esses dispositivos utilizam células a combustível que funcionam de acordo com as reações químicas representadas:

I. $C_2H_6O\ (g) \rightarrow C_2H_4O\ (g) + 2\ H^+\ (aq) + 2\ e^-$

II. $\frac{1}{2}\ O_2\ (g) + 2\ H^+\ (aq) + 2\ e^- \longrightarrow H_2O\ (\ell)$

BRAATHEN, P. C. Hálito culpado: o princípio químico do bafômetro. *Química Nova na Escola*, n. 5, maio 1997 (adaptado).

Na reação global de funcionamento do bafômetro, os reagentes e os produtos desse tipo de célula são

a) o álcool expirado como reagente; água, elétrons e $H^+$ como produtos.

b) o oxigênio do ar e $H^+$ como reagentes; água e elétrons como produtos.

c) apenas o oxigênio do ar como reagente; apenas os elétrons como produto.

d) apenas o álcool expirado como reagente; água, $C_2H_4O$ e $H^+$ como produtos.

e) o oxigênio do ar e o álcool expirado como reagentes; água e $C_2H_4O$ como produtos.

**6.** (Uerj) A mistura denominada massa de Laming, composta por $Fe_2O_3$, serragem de madeira e água, é utilizada para a remoção do $H_2S$ presente na composição do gás de hulha, um combustível gasoso. Observe a equação química que representa o processo de remoção:

$$Fe_2O_3 + 3\ H_2S \rightarrow 2\ FeS + S + 3\ H_2O$$

Calcule, em quilogramas, a massa de FeS formada no consumo de 408 kg de $H_2S$, considerando 100% de rendimento.

Em seguida, indique o símbolo correspondente ao elemento químico que sofre oxidação e o nome do agente oxidante.

Dados: H = 1; S = 32; Fe = 56.

**7.** (Fepar-PR) Quando mergulhamos uma placa de zinco em uma solução de sulfato de cobre II, nota-se que, com o passar do tempo, a cor cinza da lâmina de zinco é substituída por uma cor avermelhada na parte que ficou em contato com a solução; além disso, a solução, antes azul, vai clareando.

(Dados: Cu = 63,5 g · $mol^{-1}$; S = 32 g · $mol^{-1}$; O = 16 g · $mol^{-1}$)

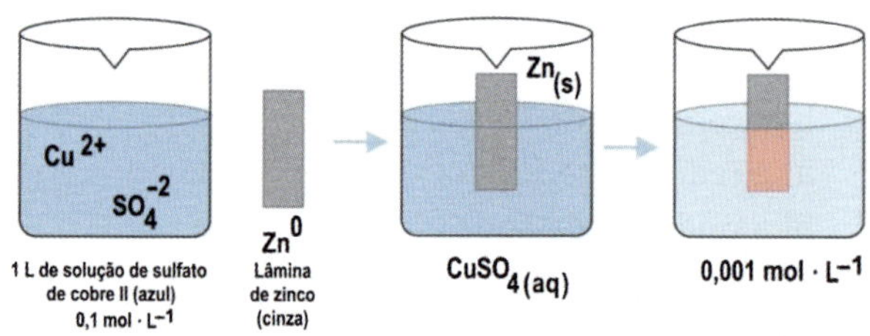


Reprodução/FEPAR, 2018.

A respeito do experimento apresentado, julgue as afirmativas.

( ) A cor avermelhada obtida sobre a lâmina de zinco deve-se à oxidação dos cátions de cobre, que se transformam em cobre metálico.

( ) A solução de sulfato de cobre II vai clareando porque o zinco perde elétrons, doando-os para os íons cobre que diminuem sua concentração em solução.

( ) Esse processo representa uma reação de oxirredução, pois envolve perda e ganho de elétrons; a espécie oxidada é chamada de agente redutor, porque provoca a redução da outra espécie.

( ) Nesse processo o agente oxidante tem número de oxidação +2.

( ) Considerando a concentração final da solução de sulfato de cobre II, a massa de sal que ainda existe em solução é de 1,595 g.

## Leia, analise e responda

# Pouco calórico, tomate tem ação antioxidante

Ele é o rei da versatilidade. Cru ou cozido, é utilizado em saladas, sopas, molhos, sucos e até sobremesas, marcando presença na culinária de vários países. Originário da América, o tomate (*Lycopersicum esculentum*) era cultivado por incas e astecas desde o século VIII, mas só chegou à Europa em meados de 1500, por meio dos colonizadores espanhóis.

A partir de Nápoles, onde ganhou o nome de "maçã de ouro" (*pomo d'oro*), espalhou-se pelo mundo. Durante séculos, o tomate foi considerado afrodisíaco e ainda hoje é símbolo de sorte no México e no Peru. Além de versátil, o tomate é benéfico à saúde — sua maior arma é o licopeno, um poderoso antioxidante que combate os radicais livres, retarda o envelhecimento e protege contra alguns tipos de câncer. Pesquisa da Universidade Harvard, nos Estados Unidos, mostrou que consumir a fruta ao menos duas vezes por semana reduz em 34% os riscos de câncer de próstata. O mesmo carotenoide é também responsável pela cor vermelha e pode ser encontrado em menor quantidade na melancia, na goiaba e no pimentão vermelho. Diferentemente do que acontece com outros componentes, o licopeno não perde sua ação quando o tomate é congelado ou cozido. "Pelo contrário, a disponibilidade e a concentração de licopeno aumentam", afirma a professora da Esalq (Escola Superior de Agricultura Luiz de Queiroz) Solange Canniatti Brazaca.

Rico em vitamina C, o tomate também contém potássio, cálcio, sódio e fósforo, além de vitaminas A e do complexo B — de acordo com a variedade. Quem conta calorias pode ficar tranquilo: com 95% de água, o tomate tem apenas 25 calorias a cada cem gramas. O maior inconveniente da fruta é a acidez elevada. "Pode causar azia em quem sofre de gastrite", explica Liliana Bricarello, nutricionista da Unifesp (Universidade Federal de São Paulo).

Fonte: BOTELHO, Rachel. *Folha de S.Paulo*, 2005. Disponível em: <www1.folha.uol.com.br/fsp/equilibrio/ eq0704200503.htm>. Acesso em: 27 mar. 2018.

Thinkstock/Getty Images

Com base no texto e em seus conhecimentos, realize as atividades propostas.

1. Pesquise o que são radicais livres e sua ação em nosso organismo.

2. O que pode ser feito para reduzir a produção de radicais livres em nosso corpo?

3. Outros alimentos também são muito úteis para o combate de inúmeras doenças. Entretanto, não é possível comer tudo todos os dias. Diante disso, o que os nutricionistas recomendam como uma alimentação saudável?

CAPÍTULO 14

# Balanceamento das equações de reações de oxirredução

Nas reações de oxirredução ocorre transferência de elétrons, por isso, para balanceá-las, devemos igualar o número de elétrons perdidos e recebidos. Para isso, inicialmente determinamos o número de elétrons perdidos ou recebidos para cada espécie química, que corresponde à variação do Nox (ΔNox).

A partir desse conhecimento, iremos determinar a quantidade necessária de cada espécie para obter a igualdade do número de elétrons. Veja alguns exemplos.

**1º exemplo**

Uma lâmina de alumínio ($A\ell$) foi mergulhada em uma solução aquosa de sulfato de cobre ($CuSO_4$) ocorrendo a formação de cobre metálico (Cu) e de sulfato de alumínio ($A\ell_2(SO_4)_3$):

Fotos: Sérgio Dotta Jr./Arquivo da editora

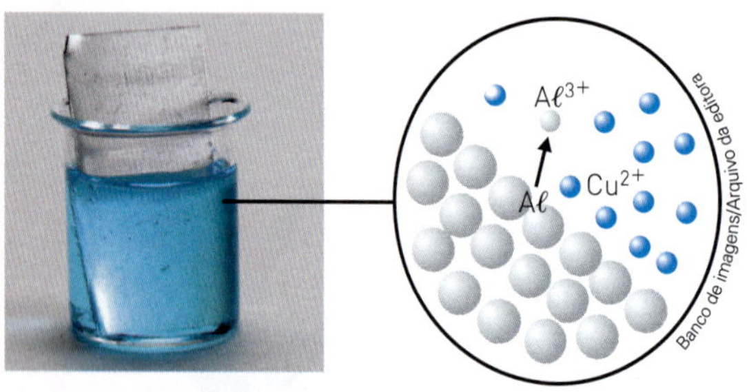


Lâmina de alumínio em solução aquosa de sulfato de cobre.

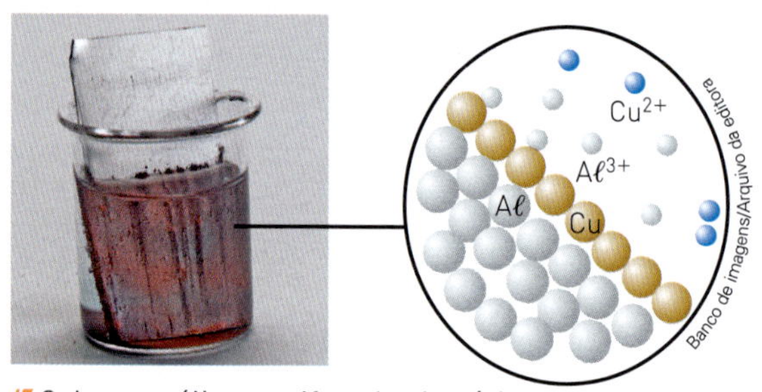


Cobre metálico e sulfato de alumínio.

Essa reação pode ser representada, na forma iônica, da seguinte maneira:

$$A\ell\ (s) + Cu^{2+}\ (aq) \longrightarrow A\ell^{3+}\ (aq) + Cu\ (s)$$

Inicialmente, determinamos o Nox de cada espécie e suas variações:

$$A\ell\ (s) + Cu^{2+}\ (aq) \longrightarrow A\ell^{3+}\ (aq) + Cu\ (s)$$

$A\ell$: 0 → $A\ell^{3+}$: +3 — oxidação: ΔNox = 3

$Cu^{2+}$: +2 → Cu: 0 — redução: ΔNox = 2

$$\text{cada } A\ell \text{ perde } 3\ e^- \Rightarrow \Delta Nox = 3$$
$$\text{cada } Cu^{2+} \text{ recebe } 2\ e^- \Rightarrow \Delta Nox = 2$$

A seguir, devemos igualar o número de elétrons. Para isso, multiplicamos o número de elétrons perdidos pelo número de elétrons recebidos, o que nos dá:

$$3\ e^- \text{ perdidos} \cdot 2\ e^- \text{ recebidos} = 6\ e^- \text{ transferidos}$$

Sabendo o número total de elétrons transferidos, devemos estabelecer quantos átomos ou íons são capazes de perder ou receber esta quantidade de elétrons. Neste caso:

$$1 \text{ átomo de } A\ell \text{ perde } 3\ e^- \Rightarrow 2 \text{ átomos de } A\ell \text{ perdem } 6\ e^-$$
$$1 \text{ íon de } Cu^{2+} \text{ recebe } 2\ e^- \Rightarrow 3 \text{ íons de } Cu^{2+} \text{ recebem } 6\ e^-$$

O número total de elétrons perdidos ou recebidos é igual ao produto do ΔNox da espécie pelo seu coeficiente (número de átomos ou íons):

nº total de $e^-$ (perdidos ou recebidos) = ΔNox · coeficiente

Veja o exemplo:

| | ΔNox · coeficiente | Nº total de $e^-$ |
|---|---|---|
| $A\ell$ | 3 · 2 | 6 |
| $Cu^{2+}$ | 2 · 3 | 6 |

Esses números de átomos correspondem aos coeficientes dessas espécies; a partir deles, determinamos os coeficientes das outras espécies, obtendo a equação balanceada:

$$2\ A\ell\ (s) + 3\ Cu^{2+}\ (aq) \longrightarrow 2\ A\ell^{3+}\ (aq) + 3\ Cu\ (s)$$

**2º exemplo**

Quando uma solução aquosa de permanganato de potássio, $KMnO_4$, de cor violeta, é gotejada sobre uma solução de ácido clorídrico, $HC\ell$, ela sofre descoloração, ou seja, torna-se incolor.

Essa reação pode ser representada por:

$$KMnO_4 + HC\ell \longrightarrow KC\ell + MnC\ell_2 + C\ell_2 + H_2O$$

Inicialmente, determinamos a variação do Nox, ΔNox, de cada elemento:

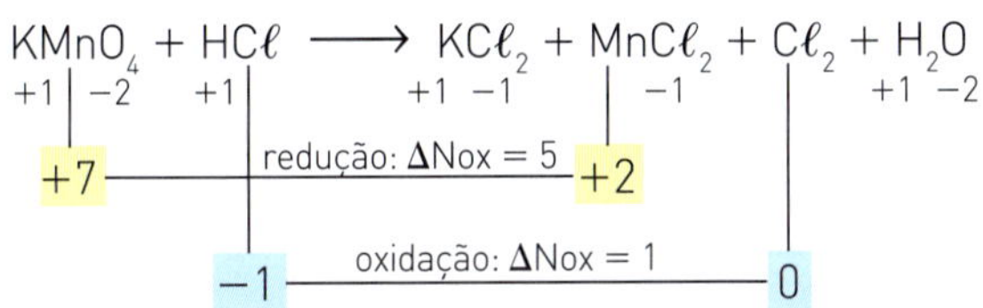


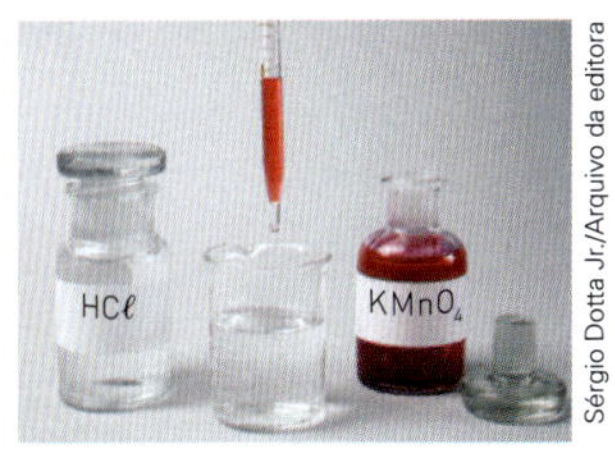


A cor violeta, característica das soluções que contêm grandes quantidades de íon permanganato, está relacionada com o Mn, com número de oxidação +7. Quando o permanganato reage com o ácido clorídrico, o número de oxidação do manganês se altera para +2. Por esse motivo, deixa de existir a coloração violeta.

Sérgio Dotta Jr./Arquivo da editora

Todo o manganês, Mn, presente no $KMnO_4$ se reduziu, originando o $MnC\ell_2$:

$$KMnO_4 \xrightarrow{\Delta Nox\,=\,5} MnC\ell_2$$

O cloro presente no $HC\ell$ originou $KC\ell$, $MnC\ell_2$ e $C\ell_2$, e somente uma parte dos seus átomos se oxidou, originando o $C\ell_2$, que é a parte que nos interessa:

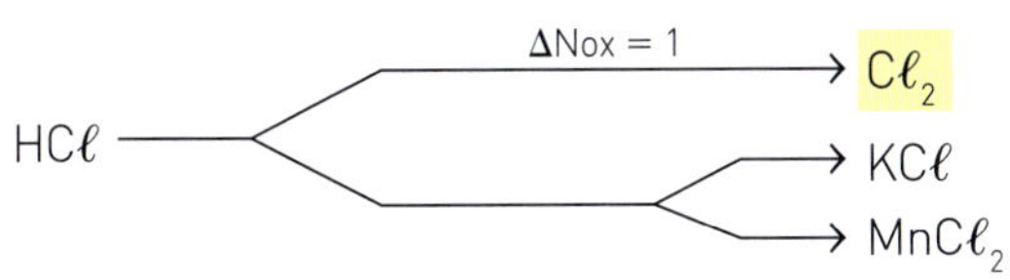


Relacionando o ΔNox com a quantidade de $C\ell_2$ formada, notamos que cada cloro que forma $C\ell_2$ perde 1 elétron; como são necessários 2 átomos de cloro para formar cada $C\ell_2$, nessa formação foram perdidos 2 elétrons. Assim, temos:

- $KMnO_4$ = ΔNox = 5;
- $C\ell_2$ = 2 · ΔNox = 2.

Em seguida, determinamos os coeficientes para cada espécie em que houve variação do Nox, atribuindo o ΔNox de uma espécie como coeficiente da outra espécie. Assim, temos:

- $KMnO_4$: ΔNox = 5 → 5 será o coeficiente do $C\ell_2$;
- $C\ell_2$: 2 · ΔNox = 2 → 2 será o coeficiente do $KMnO_4$.

Na equação, temos:

$$2\ KMnO_4 + HC\ell \longrightarrow KC\ell + MnC\ell_2 + 5\ C\ell_2 + H_2O$$

Observe que o número total de elétrons perdidos é igual ao número total de elétrons recebidos:

| $e^-$ perdidos | $e^-$ recebidos |
|---|---|
| $1\ C\ell_2 = 2\ e^-$ | $1\ KMnO_4 = 5\ e^-$ |
| $5\ C\ell_2 = 10\ e^-$ | $2\ KMNO_4 = 10\ e^-$ |

Agora, conhecendo os coeficientes do $KMnO_4$ e do $C\ell_2$, podemos determinar os outros pelo método das tentativas, e teremos a equação balanceada:

$$2\ KMnO_4 + 16\ HC\ell \longrightarrow 2\ KC\ell + 2\ MnC\ell_2 + 5\ C\ell_2 + 8\ H_2O$$

**3º exemplo**

Determinação dos coeficientes de uma equação iônica.

$$MnO_4^- + H^+ + C_2O_4^{2-} \longrightarrow Mn^{2+} + CO_2 + H_2O$$

Inicialmente, determinamos o Nox de cada espécie a fim de verificar quais delas apresentam variação, ou seja, quais se oxidaram e quais se reduziram:

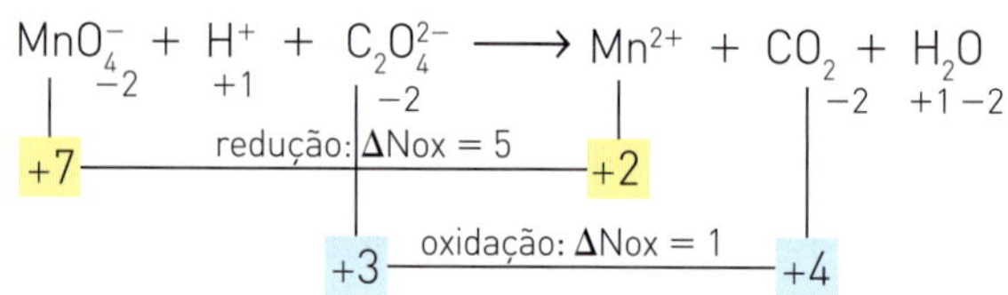


Percebe-se que:

- Todo manganês presente no $MnO_4^-$ reduziu-se, originando $Mn^{2-}$:

$$MnO_4^- \xrightarrow{\Delta Nox = 5} Mn^{2+}$$

- Todo carbono presente no $C_2O_4^{2-}$ oxidou-se, originando $CO_2$:

$$C_2O_4^{2-} \xrightarrow{\Delta Nox = 1} CO_2$$

- Cada carbono perdeu 1 elétron; como no $C_2O_4^{2-}$ existem 2 carbonos, o número total de elétrons perdidos é igual a 2:

$$C_2O_4^{2-} \Rightarrow 2 \cdot \Delta Nox = 2$$

Agora, determinamos os coeficientes de cada espécie em que houve variação do Nox: basta atribuir o ΔNox de uma espécie como coeficiente da outra espécie. Assim, temos:

- $MnO_4^- = \Delta Nox = 5 \Rightarrow 5$ será o coeficiente do $C_2O_4^{2-}$;
- $C_2O_4^{2-} = 2 \cdot \Delta Nox = 2 \Rightarrow 2$ será o coeficiente do $MnO_4^-$.

$$2\ MnO_4^- + H^+ + 5\ C_2O_4^{2-} \longrightarrow Mn^{2+} + CO_2 + H_2O$$

Os demais coeficientes são determinados a partir desses; temos, assim, a equação balanceada:

$$2\ MnO_4^- + 16\ H^+ + 5\ C_2O_4^{2-} \longrightarrow 2\ Mn^{2+} + 10\ CO_2 + 8\ H_2O$$

Nas reações iônicas, podemos verificar se o balanceamento está correto por meio da comparação do total de cargas no lado dos reagentes e no lado dos produtos.

Esse total deve ser o mesmo, tanto de um lado como do outro.

Observe essa comparação no exemplo estudado:

$$2\ MnO_4^{2-} + 16\ H^+ + 5\ C_2O_4^{2-} \longrightarrow 2\ Mn^{2+} + 10\ CO_2 + 8\ H_2O$$

$$2 \cdot (-1) + 16 \cdot (+1) + 5 \cdot (-2) = 2 \cdot (-2) + 10 \cdot (0) + 8 \cdot (0)$$

$$+4 = +4$$

# Descolorindo o cabelo

É frequente vermos pessoas com o cabelo descolorido. Normalmente a descoloração dos cabelos é feita por profissionais, em salões de beleza, usando a água oxigenada em concentrações apropriadas.

Quando a água oxigenada é aplicada, ela oxida a melanina, pigmento responsável pela cor escura dos cabelos.

A melanina oxidada perde sua cor e passa a apresentar um aspecto característico.

A água oxigenada, além da melanina, oxida também outros componentes do cabelo, como moléculas de proteínas que têm grupo —SH, transformando-as em moléculas com o grupo $SO_3H$, chamado ácido sulfônico.

Os grupos $—SO_3H$ são viscosos, fazendo com que o cabelo embarace mais facilmente, por isso recomenda-se às pessoas com cabelos descoloridos que usem condicionadores, produtos que formam finíssimas camadas ao redor dos fios de cabelo, permitindo que eles sejam penteados mais facilmente.

Voyagerix/Shutterstock

Uma das maneiras de clarear ou descolorir cabelos consiste na aplicação da água oxigenada, um agente oxidante. Uma das consequências de seu uso é a dificuldade em desembaraçar os fios, que podem se tornar ressecados e quebradiços.

## Reflita

1. A água oxigenada deve ser armazenada em frascos opacos para evitar sua reação de decomposição. Qual o nome dessa reação?

2. As moléculas de melanina, ao reagirem com água oxigenada, oxidam-se. Indique os agentes oxidantes e redutores dessa reação.

3. Água oxigenada, formol e amônia são algumas substâncias utilizadas em processos de descoloração, tinturas, relaxamentos e alisamentos do fio de cabelo. A aplicação desses produtos pode desnaturar as proteínas, constituintes essenciais do cabelo. Quais as consequências dessa desnaturação?

# Exercício resolvido

(PUC-SP) Sabe-se que cobre metálico reage com ácido nítrico diluído e produz óxido de nitrogênio II, água e um composto iônico no qual o cobre tem número de oxidação +2. Formule e ajuste a equação da reação entre cobre e ácido nítrico diluído.

**Solução**

Vamos equacionar a reação utilizando as informações do enunciado:

Reagentes:
- cobre metálico = Cu
- ácido nítrico = $HNO_3$

Produtos:
- óxido de nitrogênio II = $\underset{+2\,-2}{N\,O}$
- água = $H_2O$
- composto iônico com Cu +2 = o ânion desse composto provém o $HNO_3 \rightarrow (NO_3)^-$
- Assim, sua fórmula é $Cu(NO_3)_2$

Logo, a equação é:

$$Cu\,(s) + HNO_3\,(aq) \rightarrow Cu(NO_3)_2\,(aq) + NO\,(g) + H_2O\,(\ell)$$

Ao se adicionar uma moeda de cobre a uma solução de ácido nítrico concentrada, ocorre uma reação de oxirredução, com a formação de $NO_2$ (g) (gás de coloração castanha), devido à reação entre NO (g) (gás incolor) e $O_2$.

O balanceamento é feito da seguinte maneira:

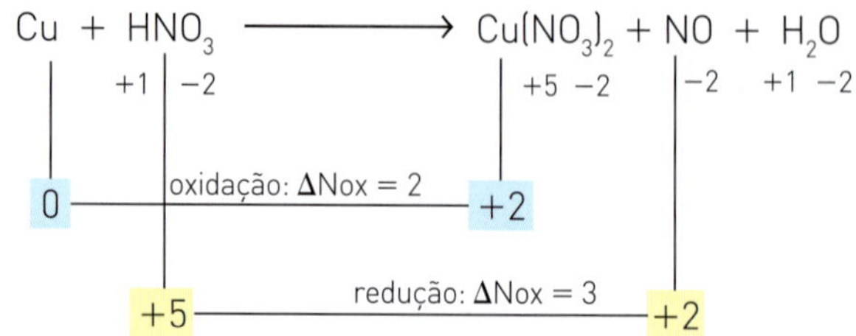


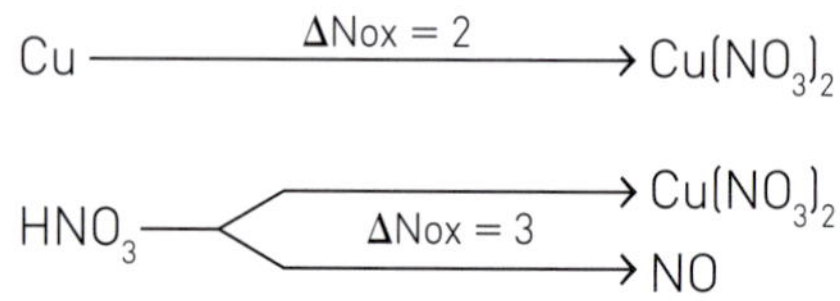


Só ocorreu redução com a parte do $HNO_3$ que produziu o NO; por isso, vamos relacionar o ΔNox com a quantidade de NO formada:

- Cu = ΔNox = 2 ⇒ 2 será o coeficiente do NO;
- NO = ΔNox = 3 ⇒ 3 será o coeficiente do Cu.

$$3\,Cu + HNO_3 \rightarrow Cu(NO_3)_2 + 2\,NO + H_2O$$

E, finalmente:

$$3\,Cu\,(s) + 8\,HNO_3\,(aq) \rightarrow 3\,Cu(NO_3)_2\,(aq) + 2\,NO\,(g) + 4\,H_2O\,(\ell)$$

# Fundamentando seus conhecimentos

O permanganato de potássio em meio ácido, um excelente agente oxidante, é usado no estudo dos solos para determinar a presença e a quantidade de $Fe^{2+}$.

Uma grande concentração de íons $Fe^{2+}$ atribui ao solo uma coloração esverdeada e, em solução aquosa, origina soluções de cor verde-pálida.

Uma reação envolvendo permanganato de potássio em meio ácido com um sal de ferro II pode ser representada pela equação:

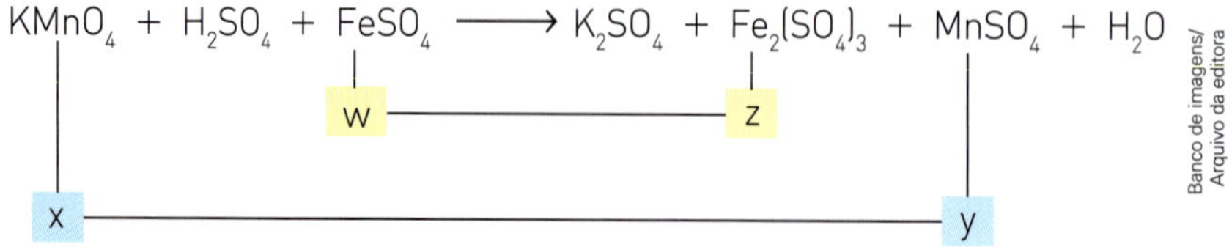

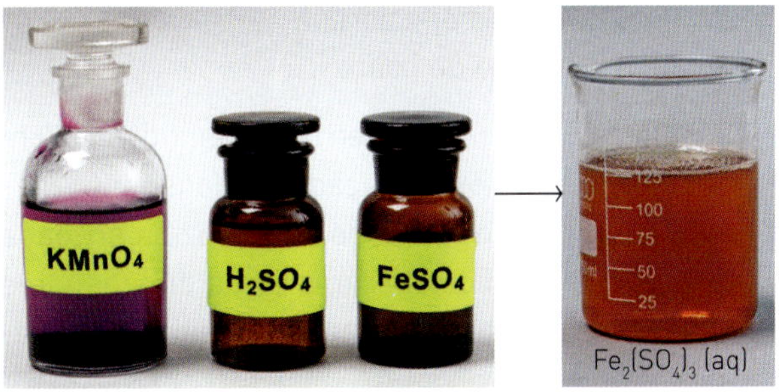


Fotos: Sérgio Dotta Jr./Arquivo da editora

Os responsáveis pela coloração violeta da solução aquosa de permanganato de potássio são os íons permanganato, nos quais o estado de oxidação do manganês é +7. Os responsáveis pela coloração marrom-alaranjada na solução resultante são os íons $Fe^{3+}$.

Fabio Colombini/Acervo do fotógrafo

A cor castanho-avermelhada do solo indica a presença de grande concentração de íons $Fe^{3+}$.

A respeito desse experimento, responda às questões **1** a **8**.

**1.** Que substância produzida nessa reação é responsável pela cor castanho-avermelhada?

**2.** Quais são os valores dos Nox indicados por x, y, w e z?

**3.** Que substância sofreu oxidação? E redução?

**4.** Qual o ΔNox do "ramal" oxidação?

**5.** Qual o ΔNox do "ramal" redução?

**6.** Qual número de elétrons recebeu cada átomo de manganês na transformação: $KMnO_4 \rightarrow MnSO_4$?

**7.** Qual número de elétrons perdeu cada átomo de ferro na transformação $FeSO_4 \rightarrow Fe_2(SO_4)_3$?

**8.** Faça o balanceamento da equação indicando a soma dos menores coeficientes inteiros.

**9.** (Olimpíada Brasileira de Química) Considere a equação química que representa a oxidação de cloreto por permanganato, em meio ácido:

$$MnO_4^- + H^+ + C\ell^- \rightarrow Mn^{2+} + C\ell_2 + H_2O$$

Após o balanceamento dessa equação, o coeficiente estequiométrico para o íon $MnO_4^-$ é 2 e para o $H^+$ será:

a) 4.
b) 8.
c) 10.
d) 14.
e) 16.

## Desenvolvendo seus conhecimentos

**1.** (Ifsul-RS) O cloro é empregado para potabilizar a água de consumo dissolvendo-o nela. Também é usado como oxidante, branqueador e desinfetante. É gasoso e muito tóxico (neurotóxico), foi usado como gás de guerra na Primeira e na Segunda Guerra Mundial. Ele pode ser obtido de acordo com a reação não balanceada:

$$MnO_2 + HC\ell \rightarrow MnC\ell_2 + H_2 + C\ell_2$$

Os coeficientes (menores números inteiros possíveis) que tornam a reação balanceada são, respectivamente, iguais a:

a) 1, 2, 1, 1, 1.
b) 1, 4, 1, 2, 1.
c) 2, 6, 2, 1, 1.
d) 2, 8, 2, 1, 2.

**2.** (FGV-SP) As fosfinas, $PH_3$, são precursoras de compostos empregados na indústria petroquímica, de mineração e hidrometalurgia. Sua obtenção é feita a partir do fósforo elementar, em meio ácido, sob elevada pressão, e a reação se processa de acordo com:

$$P_4 + H_2O \rightarrow PH_3 + H_3PO_4$$

A soma dos menores valores inteiros dos coeficientes estequiométricos dessa equação corretamente balanceada é igual a:

a) 10.
b) 11.
c) 15.
d) 22.
e) 24.

**3.** (PUC-MG) As estações de tratamento de esgotos conseguem reduzir a concentração de vários poluentes presentes nos despejos líquidos antes de lançá-los nos rios e lagos. Uma das reações que acontece é a transformação do gás sulfídrico ($H_2S$), que apresenta um cheiro muito desagradável, em $SO_2$. O processo pode ser representado pela equação:

$$H_2S\ (g) + O_2\ (g) \rightarrow SO_2\ (g) + H_2O\ (g)$$

Considerando-se essas informações e após o balanceamento dessa equação, é incorreto afirmar que:

a) o enxofre do gás sulfídrico é oxidado.
b) o gás oxigênio atua como agente redutor.
c) a soma dos coeficientes mínimos e inteiros das espécies envolvidas é igual a 9.
d) a variação do número de oxidação para cada átomo de enxofre é igual a 6.

**4.** (UEG-GO) Considere o processo de obtenção do fluoreto de potássio representado a seguir e responda ao que se pede.

$$KMnO_4 + HF \rightarrow KF + MnF_2 + H_2O + F_2$$

a) Pelo método de oxidação e redução, obtenha os coeficientes para os compostos da reação, de forma que ela fique devidamente balanceada.
b) Indique os agentes oxidante e redutor na reação.

**5.** (UFSC) Na seguinte equação química não balanceada:

$$Fe + CuSO_4 \rightarrow Fe_2(SO_4)_3 + Cu$$

01) O cobre sofre oxidação.
02) O número de oxidação do cobre no $CuSO_4$ é +2.
04) O átomo de ferro perde 2 elétrons.
08) Houve oxidação do ferro.
16) Temos uma reação de oxirredução.
32) Após o balanceamento, a soma dos menores números inteiros possíveis para os coeficientes é 9.
64) O ferro é o agente oxidante.

Dê como resposta a soma dos números associados às proposições verdadeiras.

**6.** (Espcex/Aman) O cobre metálico pode ser oxidado por ácido nítrico diluído, produzindo água, monóxido de nitrogênio e um sal (composto iônico). A reação pode ser representada pela seguinte equação química (não balanceada):

$Cu\ (s) + HNO_3\ (aq) \rightarrow H_2O\ (\ell) + NO\ (g) + Cu(NO_3)_2\ (aq)$

A soma dos coeficientes estequiométricos (menores números inteiros) da equação balanceada, o agente redutor da reação e o nome do composto iônico formado são, respectivamente:

a) 18, Cu, nitrato de cobre I.
b) 20, Cu, nitrato de cobre II.
c) 19, $HNO_3$, nitrito de cobre II.
d) 18, NO, nitrato de cobre II.
e) 20, Cu, nitrato de cobre I.

**7.** (Acafe-SC) Íons $Fe^{2+}$ podem ser quantificados em uma reação de oxirredução com íons $MnO_4^-$ padronizados em meio ácido. Uma vez balanceada a equação química abaixo, a soma dos menores coeficientes estequiométricos inteiros dos reagentes é:

$$MnO_4^-\ (aq) + Fe^{2+} + (aq) + H^+\ (aq) \rightarrow$$
$$\rightarrow Mn^{2+}\ (aq) + H_2O + Fe^{3+}\ (aq)$$

a) 10.
b) 3.
c) 14.
d) 5.

**8.** (UPM-SP) A respeito da equação iônica de oxirredução abaixo, não balanceada, são feitas as seguintes afirmações:

$$IO_3^- + HSO_3^- \rightarrow I_2 + SO_4^2 + H^+ + H_2O$$

I. a soma dos menores coeficientes inteiros possíveis para o balanceamento é 17.
II. o agente oxidante é o ânion iodato.
III. o composto que ganha elétrons sofre oxidação.
IV. o Nox do enxofre varia de +5 para +6.

Das afirmações acima, estão corretas somente:

a) II e III.
b) I e II.
c) I e III.
d) II e IV.
e) I e IV.

**9.** (Unicid/MED-SP)

O permanganato de potássio é altamente reativo e pode oxidar uma grande variedade de substâncias orgânicas e inorgânicas. Em um desses processos de oxidação, o $KMnO_4$ transforma-se em $MnO_2$. Devido a essa propriedade foi empregado ao longo de muitos anos, no tratamento de água para remoção de ferro ($Fe^{2+}$) que precipita como hidróxido de ferro (III). Uma das desvantagens desse tratamento é o risco de a água ficar com coloração rosa.

A equação não balanceada, escrita a seguir, representa a transformação do $KMnO_4$ em $MnO_2$ (s).

$Fe^{2+} + KMnO_4 + H_2O \rightarrow Fe(OH)_3\ (s) + MnO_2\ (s) +$
$+ K^+ + H^+$

(http://qnint.sbq.org.br)

a) Escreva a equação completa e balanceada da reação de eliminação de ($Fe^{2+}$) da água, descrita no texto.
b) Indique um processo físico que pode ser utilizado para separar o $KMnO_4$ de uma água residual rosa.

# Desafiando seus conhecimentos

1. (PUC-MG) Em um laboratório, um grupo de estudantes colocou um pedaço de palha de aço em um prato cobrindo-o com água sanitária. Após 10 minutos, eles observaram, no fundo do prato, a formação de uma nova substância de cor avermelhada, cuja fórmula é $Fe_2O_3$.

   A reação que originou esse composto ocorreu entre o ferro (Fe) e o hipoclorito de sódio ($NaC\ell O$), presente na água sanitária, e pode ser representada pela seguinte equação não balanceada:

   $$Fe\ (s) + NaC\ell O\ (aq) \rightarrow Fe_2O_3\ (s) + NaC\ell\ (aq)$$

   Considerando-se essas informações, é incorreto afirmar:

   a) O hipoclorito de sódio atua como o redutor.

   b) O ferro sofre uma oxidação.

   c) A soma dos coeficientes das substâncias que participam da reação é igual a 9.

   d) O átomo de cloro do hipoclorito de sódio ganhou 2 elétrons.

2. (UEG-GO)

Thinkstock/Getty Images; Rita Barreto/Fotoarena; Thinkstock/Getty Images

   Talheres de prata comumente apresentam manchas escuras em sua superfície, que consistem em sulfeto de prata ($Ag_2S$) formado pela reação da prata com compostos contendo enxofre encontrados em certos alimentos e no ar. Para limpar talheres escurecidos, basta colocá-los em uma panela de alumínio com água quente e uma solução de soda cáustica diluída e, em seguida, retirá-los e enxaguá-los em água limpa, o que devolve o brilho característico dos talheres, que ficam com o aspecto de novos.

   Esse processo consiste na reação do alumínio da panela com o sulfeto de prata, conforme a seguinte equação, não balanceada:

   $$Ag_2S + A\ell + NaOH + H_2O \rightarrow Ag + H_2S + NaA\ell O_2$$

   Sobre essa reação, pede-se:

   a) O agente oxidante e o agente redutor.

   b) A soma dos coeficientes da equação balanceada com os menores números inteiros possíveis.

3. (Espcex/Aman) O sódio metálico reage com água, produzindo gás hidrogênio e hidróxido de sódio, conforme a equação não balanceada:

   $$Na\ (s) + H_2O\ (\ell) \rightarrow NaOH\ (aq) + H_2\ (g)$$

   Baseado nessa reação, são feitas as seguintes afirmativas:

   I. O sódio atua nessa reação como agente redutor.

   II. A soma dos menores coeficientes inteiros que balanceiam corretamente a equação é 7.

   III. Os dois produtos podem ser classificados como substâncias simples.

   IV. Essa é uma reação de deslocamento.

   Das afirmativas feitas, estão corretas:

   a) Todas.

   b) apenas I, II e III.

   c) apenas I, II e IV.

   d) apenas I, III e IV.

   e) apenas II, III e IV.

4. (IFPE) Os óxidos de nitrogênio, importantes poluentes atmosféricos, são emitidos como resultado da combustão de qualquer substância que contenha nitrogênio e são introduzidos na atmosfera pelos motores de combustão interna, fornos, caldeiras, estufas, incineradores utilizados pelas indústrias químicas e pela indústria de explosivos. Os principais óxidos de nitrogênio são: NO (óxido nítrico); $NO_2$ (dióxido de nitrogênio). O NO (óxido nítrico) pode ser obtido na reação entre a prata metálica e o ácido nítrico ($HNO_3$), como mostra a reação abaixo, não equilibrada.

   $$Ag + HNO_3 \rightarrow AgNO_3 + NO + H_2O$$

   Em relação à obtenção do NO (óxido nítrico), assinale a alternativa correta.

   a) Na reação o agente oxidante é a prata.

   b) O $HNO_3$ é o agente oxidante.

   c) Na reação, o nitrogênio do $AgNO_3$ sofre oxidação.

   d) O número de oxidação do nitrogênio no $HNO_3$ é igual a 4+.

5. (Fuvest-SP) O cientista e escritor Oliver Sacks, em seu livro *Tio Tungstênio*, nos conta a seguinte passagem de sua infância:

   Ler sobre [Humphry] Davy e seus experimentos estimulou-me a fazer diversos outros experimentos eletroquímicos...

Devolvi o brilho às colheres de prata de minha mãe colocando-as em um prato de alumínio com uma solução morna de bicarbonato de sódio [$NaHCO_3$].

Pode-se compreender o experimento descrito, sabendo-se que:

- objetos de prata, quando expostos ao ar, enegrecem devido à formação de $Ag_2O$ e $Ag_2S$ (compostos iônicos);
- as espécies químicas $Na^+$, $A\ell^{3+}$ e $Ag^+$ têm, nessa ordem, tendência crescente para receber elétrons.

Assim sendo, a reação de oxirredução, responsável pela devolução do brilho às colheres, pode ser representada por:

a) $3\ Ag^+ + A\ell^0 \rightarrow 3\ Ag^0 + A\ell^{3+}$

b) $A\ell^{3+} + 3\ Ag^0 \rightarrow A\ell^0 + 3\ Ag^+$

c) $Ag^0 + Na^+ \rightarrow Ag^+ + Na^0$

d) $A\ell^0 + 3\ Na^+ \rightarrow A\ell^{3+} + 3\ Na^0$

e) $3\ Na^0 + A\ell^{3+} \rightarrow 3\ Na^+ + A\ell^0$

**6.** (Udesc) Muitas reações químicas presentes em nosso cotidiano acontecem por meio de transferência de elétrons, ou seja, são reações de oxirredução. Entre elas encontram-se:

I. Obtenção do Fe nos altos-fornos, pela redução da hematita:

$$Fe_2O_3\ (s) + CO\ (g) \rightarrow Fe\ (s) + CO_2\ (g)$$

II. Eliminação do excesso de cloro da água tratada, por meio de filtros contendo carvão ativo:

$$C\ell_2\ (g) + C\ (s) + H_2O\ (\ell) \rightarrow CO_2\ (g) + HC\ell\ (aq)$$

Para cada uma das reações, determine:

a) os coeficientes da reação.

b) o agente oxidante e o agente redutor.

**7.** (UFPE/UFRPE) A reação total da bateria de níquel-cádmio, usada em calculadoras de bolso, é:

$$x\ Cd\ (s) + x\ NiO_2\ (s) + y\ H_2O \rightarrow$$
$$\rightarrow x\ Cd(OH)_2\ (s) + x\ Ni(OH)_2\ (s)$$

Se $x = 26$, qual o valor de y?

**8.** (UFRJ) O arseneto de gálio (GaAs) é uma substância com excepcionais propriedades semicondutoras, sendo muito utilizado em células fotoelétricas e transistores.

Muitos cientistas acreditam que o arseneto de gálio deverá substituir o silício na fabricação da próxima geração de *chips* de computadores ultravelozes.

Sua obtenção industrial se dá através da reação:

$$As + H_2 + Ga_2O_3 \xrightarrow{600\ °C} GaAs + H_2O$$

a) Sabendo que o número de oxidação do gálio permanece inalterado, determine a variação do número de oxidação do arsênio na reação de produção do arseneto de gálio.

b) Ajuste a equação e determine a razão entre o número de átomos de H e de As que tomam parte na reação.

**9.** (UEM) O cromo é um metal pesado que apresenta dois estados de oxidação bastante comuns, $Cr^{3+}$ e $Cr^{6+}$. O cromo trivalente é natural no meio ambiente e considerado um nutriente essencial à manutenção da saúde humana; entretanto, o cromo hexavalente é produzido por processos industriais e reconhecido como um potente carcinogênico. Para as indústrias que produzem o cromo hexavalente como resíduo, espera-se que, ao final de seus processos, haja uma forma de transformar esse poluente na sua forma menos tóxica. Um exemplo é a reação química (não balanceada) mostrada adiante. Sobre essas informações, assinale o que for correto.

$$Cr_2O_7^{2-} + C\ell^- + H^+ \rightarrow Cr^{3+} + H_2O + C\ell_2$$

01) O íon cloreto ($C\ell^-$) é o agente redutor da reação.

02) O íon dicromato é um potente agente oxidante.

04) O balanceamento correto da reação química apresentada fornece os produtos da reação com os coeficientes estequiométricos 2, 7 e 3, em seus menores números inteiros, respectivamente.

08) Na oxidação do $Cr^{6+}$ a $Cr^{3+}$ há a perda de 3 elétrons.

**10.** (Espcex/Aman) Dada a seguinte equação iônica de oxidorredução:

$$CrI_3 + C\ell_2 + OH^{1-} \rightarrow IO_4^{1-} + CrO_4^{2-} + C\ell^{1-} + H_2O$$

Considerando o balanceamento de equações químicas por oxirredução, a soma total dos coeficientes mínimos e inteiros obtidos das espécies envolvidas e o(s) elemento(s) que sofre(m) oxidação são, respectivamente:

a) 215 e cloro.

b) 187, crômio e iodo.

c) 73, cloro e iodo.

d) 92, cloro e oxigênio.

e) 53 e crômio.

## Leia, analise e responda

# Escurecimento da prata

É muito frequente acontecer de, com o tempo, os objetos de prata perderem seu aspecto brilhante, tornando-se escuros. Isso ocorre porque os átomos de prata da superfície do objeto reagem com outras substâncias (por exemplo, derivados de enxofre, presentes em vários alimentos e no próprio ar), formando uma película escura de sulfeto de prata.

Essa película pode ser removida de duas maneiras diferentes:

- uso de produtos para limpeza da prata;
- redução do cátion prata presente nessa película, colocando o objeto em contato com uma peça de alumínio, o qual reagirá com a prata, transformando-se no cátion alumínio e regenerando a prata metálica.

Isso pode ser feito colocando-se o objeto escurecido em uma panela de alumínio contendo solução de bicarbonato de sódio, $NaHCO_3$, que é um meio básico e eletrolítico. Para tornar esse método mais rápido, aqueça o sistema.

Thales Trigo/Arquivo da editora

**1.** Considere que você decidiu utilizar um produto tipo "limpa-prata" para recuperar o brilho de uma corrente de prata que ficou escurecida com o passar dos anos. Após a limpeza, a massa da corrente será maior, menor ou igual à massa inicial?

**2.** Qual é a fórmula molecular da substância constituinte da película escura que recobre a prata?

**3.** Se colocarmos a corrente escurecida em um copo contendo água, a corrente continuará escurecida, sem brilho. Diante disso, o que se pode concluir a respeito do sal que a recobre?

**4.** Para recuperar o brilho da corrente de prata, podemos também colocá-la em uma panela de alumínio contendo água e bicarbonato de sódio. A utilização desse método de limpeza provoca alteração na massa da corrente? Por quê?

# Complemento

# Casos particulares de oxirredução

## Reações envolvendo água oxigenada ($H_2O_2$)

A água oxigenada ($H_2O_2$) pode se comportar como agente oxidante ou redutor, dependendo das reações em que participa.

### $H_2O_2$ como agente oxidante

Quando a água oxigenada age como um oxidante, a sua semirreação de redução é representada por:

$$H_2O_2\,(aq) + 2\,H^+\,(aq) + 2\,e^- \longrightarrow 2\,H_2O\,(\ell)$$

$-1$ ——— redução: $\Delta Nox = 1$ ——— $-2$

Quando adicionamos, por exemplo, uma solução de água oxigenada a uma solução contendo íons iodeto ($I^-$) em meio ácido, ocorre a formação de $I_2$ (s):

$$H_2O_2\,(aq) + I^-\,(aq) + H^+\,(aq) \longrightarrow H_2O\,(\ell) + I_2\,(s)$$

$-1$ ——— redução: $\Delta Nox = 1$ ——— $-2$

$-1$ ——— oxidação: $\Delta Nox = 1$ ——— $0$

- $H_2O_2 \xrightarrow{\Delta Nox = 1} H_2O$
- $I^- = \Delta Nox = 1$

Como temos dois oxigênios em cada $H_2O_2$:

- $H_2O_2 = 2 \cdot Nox = 2$
- $I^- \xrightarrow{\Delta Nox = 1} I_2$

Para a atribuição dos coeficientes, temos:

- $H_2O_2 = 2 \cdot Nox = 2 \Rightarrow 2$ será o coeficiente do $I^-$;
- $I^- = \Delta Nox = 1 \Rightarrow 1$ será o coeficiente do $H_2O_2$.

Assim, acertando os outros coeficientes, temos:

$$1\,H_2O_2 + 2\,I^- + 2\,H^+ \longrightarrow H_2O + I_2$$

### $H_2O_2$ como agente redutor

Quando na presença de um oxidante mais enérgico, a água oxigenada funciona como um redutor. Sua semirreação de oxidação pode ser representada assim:

$$H_2O_2\,(aq) \longrightarrow O_2\,(g) + 2\,H^+\,(aq) + 2\,e^-$$

$-1$ ——— oxidação: $\Delta Nox = 1$ ——— $0$

Isso significa que cada oxigênio perde 1 elétron e, então, para a formação de cada $O_2$, temos:

$$O_2 = 2 \cdot \Delta Nox = 2$$

Essas reações, em que a água oxigenada funciona como redutor, são caracterizadas pela produção de $O_2$. Como todo $O_2$ é proveniente da água oxigenada, as duas substâncias apresentam o mesmo coeficiente.

**Generalizando:** $H_2O_2$ agindo como redutor $\begin{cases} \text{sempre produz } O_2 \\ x\,H_2O_2 \rightarrow x\,O_2 \end{cases}$

Um exemplo desse tipo de reação — em que a água oxigenada é redutora — ocorre quando, em meio ácido, ela descora uma solução violeta de permanganato de potássio ($KMnO_4$).

Essa reação pode ser representada por:

$$H_2O_2\,(aq) + MnO_4^- + H^+ \longrightarrow O_2 + Mn^{2+} + H_2O$$

oxidação: $\Delta Nox = 1$ ($-1 \to 0$)

redução: $\Delta Nox = 5$ ($+7 \to +2$)

No balanceamento dessa reação, percebemos que todo manganês presente no $MnO_4^-$ se reduziu, originando $Mn^{2+}$:

$$MnO_4^- \xrightarrow{\Delta Nox = 5} Mn^{2+}$$

Notamos, também, que todo o $O_2$ é proveniente do $H_2O_2$, e usaremos o $\Delta Nox$ da água oxigenada para o balanceamento do $O_2$:

$$H_2O_2 \xrightarrow{\Delta Nox = 1} O_2$$

Como cada oxigênio perde 1 elétron, para originar o $O_2$ serão perdidos 2 elétrons.

Portanto: $O_2 = 2 \cdot \Delta Nox = 2$.

- $MnO_4^- \cdot \Delta Nox = 5 \Rightarrow 5$ será o coeficiente do $O_2$;
- $O_2 = 2 \cdot \Delta Nox = 2 \Rightarrow 2$ será o coeficiente do $MnO_4^-$.

Assim, temos:

$$H_2O_2 + 2\,MnO_4^- + H^+ \longrightarrow 5\,O_2 + Mn^{2+} + H_2O$$

e, acertando os coeficientes:

$$H_2O_2 + 2\,MnO_4^- + H^+ \longrightarrow 5\,O_2 + 2\,Mn^{2+} + H_2O$$

O $H_2O_2$ deverá ter o mesmo coeficiente do $O_2$.

Acertando os demais coeficientes, temos:

$$5\,H_2O_2 + 2\,MnO_4^- + 6\,H^+ \longrightarrow 5\,O_2 + 2\,Mn^{2+} + 8\,H_2O$$

## Exercícios

**1.** No início das transmissões radiofônicas, um pequeno aparelho permitia a recepção do sinal emitido por estações de rádio. Era o chamado rádio de galena, cuja peça central constituía-se de um cristal de galena, que é um mineral de chumbo, na forma de sulfeto, de cor preta. O sulfeto de chumbo também aparece em quadros de vários pintores famosos que usaram carbonato básico de chumbo como pigmento branco. Com o passar do tempo, este foi se transformando em sulfeto de chumbo pela ação do gás sulfídrico presente no ar, afetando a luminosidade da obra. Para devolver à pintura a luminosidade original que o artista pretendeu transmitir, ela pode ser tratada com peróxido de hidrogênio, que faz com que o sulfeto de chumbo transforme-se em sulfato, de cor branca.

a) Escreva em seu caderno os símbolos químicos do chumbo e do enxofre. Lembre-se de que os símbolos químicos desses elementos se originam de seus nomes latinos *plumbum* e *sulfur*.

b) Escreva em seu caderno a equação química que representa a transformação do sulfeto de chumbo em sulfato de chumbo pela ação do peróxido de hidrogênio.

c) Entre as transformações químicas citadas nesta questão, alguma delas corresponde a uma reação de oxirredução? Justifique sua resposta.

**2.** Faça o balanceamento das equações e indique os agentes oxidantes e redutores:

I. $FeC\ell_2 + H_2O_2 + HC\ell \rightarrow FeC\ell_3 + H_2O$

II. $Cr^{3+} + H_2O_2 + OH^- \rightarrow CrO_4^{2-} + H_2O$

**3.** (PUC-RJ) O fenômeno da oxirredução ocorre em reações com transferência de elétrons. Sobre a reação do permanganato de potássio com peróxido de hidrogênio em meio ácido, representada pela equação não balanceada a seguir, uma espécie doa elétrons, e a outra recebe esses elétrons de maneira espontânea, o que pode ser verificado pela variação do número de oxidação.

$KMnO_4\ (aq) + H_2O_2\ (aq) + H_2SO_4\ (aq) \rightarrow$

$\rightarrow MnSO_4\ (aq) + O_2\ (g) + H_2SO_4\ (aq) + H_2O\ (\ell)$

Sobre essa reação, é correto afirmar que:

a) o manganês no permanganato de potássio tem Nox 5+.

b) permanganato de potássio é a substância oxidante.

c) ácido sulfúrico é o agente redutor.

d) o oxigênio no peróxido de hidrogênio tem Nox médio 1+.

e) peróxido de hidrogênio é a substância que sofre redução.

**4.** (Ufal) Peróxido de hidrogênio ($H_2O_2$) em solução aquosa ácida ($H^+$ (aq)) reage com permanganato de potássio ($KMnO_4$). Há formação de $Mn^{2+}$ (aq) e liberação de $O_2$ (g).

Informação:

O peróxido de hidrogênio contém o grupo peróxido representado por (— O — O —).

Analise as afirmações a seguir.

- A equação que representa essa reação é: $5\ H_2O_2\ (aq) + 2\ (MnO_4)^-\ (aq) + 6\ H^+\ (aq) \rightarrow$ $\rightarrow 2\ Mn^2\ (aq) + 8\ H_2O\ (\ell) + 5\ O_2\ (g)$
- Nessa reação o permanganato de potássio age como um oxidante.
- Nessa reação o número de oxidação do manganês varia de −2 para +2.
- Na molécula de oxigênio produzido nessa reação o número de carga é igual a −2.
- Nessa reação a água oxigenada (solução aquosa de $H_2O_2$) atua como um redutor.

**5.** (UFMG)

a) A água oxigenada, $H_2O_2$, participa, como um dos reagentes, de muitas reações de oxirredução.

1) Escreva os coeficientes estequiométricos na frente de cada uma das espécies que participam das reações indicadas pelas equações químicas I e II, de modo que fiquem balanceadas.

2) Indique, em cada caso, se o $H_2O_2$ atua como agente oxidante ou redutor.

Balanceamento da equação I:

$$...\ H_2O_2 + ...\ I^- + ...\ H^+ \rightarrow ...\ H_2O + ...\ I_2$$

Indicação:

Balanceamento da equação II:

$$...\ MnO_4^- + ...\ H_2O_2 + ...\ H^+ \rightarrow ...\ Mn^{2+} + ...\ H_2O + ...\ O_2$$

Indicação:

b) A água oxigenada decompõe-se, como mostrado nesta equação:

$$2\ H_2O_2\ (aq) \rightarrow 2\ H_2O\ (\ell) + O_2\ (g)$$

Represente, por meio de equações balanceadas, a semirreação de oxidação e a semirreação de redução da reação de decomposição da água oxigenada, em meio ácido, envolvendo $H^+$ (aq).

**6.** (PUC-RS) Para verificar a presença de substâncias químicas usadas para mascarar o leite de má qualidade, são empregados testes de laboratório. Na análise da água oxigenada, por exemplo, são adicionadas de 2 a 3 gotas de solução de iodeto de potássio a 5 mL de leite, sob agitação. Na presença do contaminante, a solução fica amarelada, pois ocorre:

a) formação de iodo molecular pela presença de soda cáustica.

b) oxidação do $H_2O_2$ pelo iodeto de potássio.

c) redução do iodo a iodeto pela água oxigenada.

d) reação apresentada por $I^- \rightarrow 2\ I_2$, pela ação do oxigênio dissolvido no leite.

e) oxidação do íon iodeto a iodo pelo peróxido de hidrogênio.

# Reações com mais de uma oxidação e/ou redução

Em uma reação de oxirredução, o mais comum é que uma espécie se oxide e a outra se reduza. Porém, podem ocorrer casos com duas ou mais oxidações e apenas uma redução ou vice-versa. De qualquer maneira, para o balanceamento desse tipo de reação, o princípio é sempre o mesmo:

nº de elétrons perdidos = nº de elétrons recebidos

Veja um exemplo:

$$SnS + HC\ell + HNO_3 \longrightarrow SnC\ell_4 + S + NO + H_2O$$

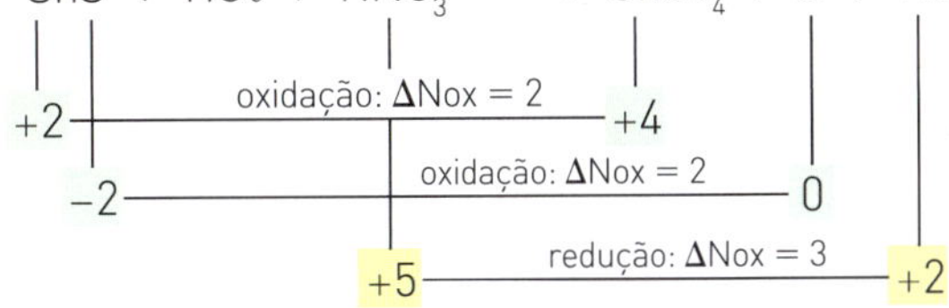


Nessa reação, ocorrem duas oxidações e, então, o total de elétrons perdidos será igual à soma dos ΔNox:

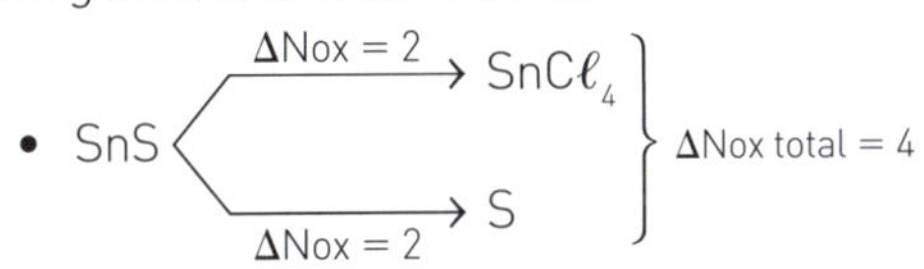


- $HNO_3 \xrightarrow{\Delta Nox\,=\,3} NO$

Assim, temos:

- SnS = ΔNox total = 4 ⇒ 4 será o coeficiente do $HNO_3$;
- $HNO_3$ = ΔNox = 3 ⇒ 3 será o coeficiente do SnS.

Na equação, acertando os outros coeficientes, temos:

$$3\,SnS + 12\,HC\ell + 4\,HNO_3 \rightarrow 3\,SnC\ell_4 + 3\,S + 4\,NO + 8\,H_2O$$

## Exercício

Faça o balanceamento das equações:

a) $Cu_2S + HNO_3 \rightarrow CuSO_4 + Cu(NO_3)_2 + NO + H_2O$

b) $FeS_2 + O_2 \rightarrow Fe_2O_3 + SO_2$

c) $As_2S_3 + HNO_3 + H_2O \rightarrow H_2SO_4 + H_3AsO_4 + NO$

d) $As_2S_3 + NH_4OH + H_2O_2 \rightarrow (NH_4)_3AsO_4 + (NH_4)_2SO_4 + H_2O$

# Reações de auto-oxirredução ou desproporcionamento

Nesse tipo de reação, o mesmo elemento se oxida e se reduz. Observe, na reação a seguir, o elemento nitrogênio (N):

$$NO_2^- + H^+ \longrightarrow NO_3^- + NO + H_2O$$

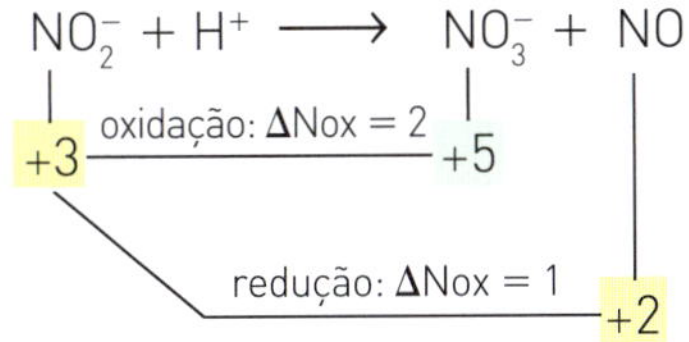

Parte do nitrogênio presente no $NO_2^-$ se oxida, e outra parte se reduz; então, os $\Delta$Nox devem ser relacionados aos coeficientes dos produtos:

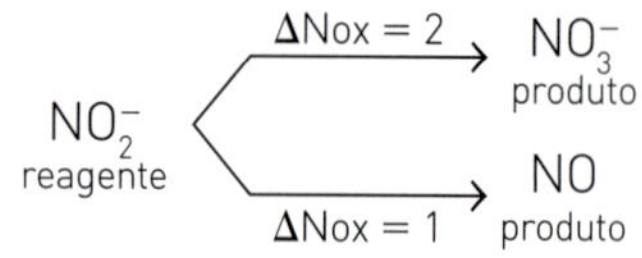


- $NO_3^- = \Delta Nox = 2 \Rightarrow 2$ será o coeficiente do NO;
- $NO^- = \Delta Nox = 1 \Rightarrow 1$ será o coeficiente do $NO_3^-$.

Na equação, temos:

$$NO_2^- + H^+ \rightarrow 1\ NO_3^- + 2\ NO + H_2O$$

A partir desses coeficientes, podemos determinar o coeficiente do $NO_2^-$:

$$3\ NO_2^- + H^+ \longrightarrow 1\ NO_3^- + 2\ NO + H_2O$$

Agora, para determinar os coeficientes do $H^+$ e do $H_2O$, devemos lembrar que a soma das cargas dos reagentes é igual à soma das cargas dos produtos.

Assim:

| Reagente | Carga individual | Carga total |
|---|---|---|
| $2\ NO_2^-$ | −1 | −3 |
| $x\ H^+$ | +1 | +x |
| | | x − 3 |

| Produto | Carga individual | Carga total |
|---|---|---|
| $1\ NO_3^-$ | −1 | −1 |
| 2 NO | 0 | 0 |
| $y\ H_2O$ | 0 | −1 |

Se a soma das cargas deve ser igual, então:

$$x - 3 = -1 \Rightarrow x = 2,$$

em que x é o coeficiente do $H^+$, e a partir dele obtemos o restante da equação balanceada:

$$3\ NO_2^- + 2\ H^+ \longrightarrow 1\ NO_3^- + 2\ NO + 1\ H_2O$$

## Exercícios

**1.** Faça o balanceamento das equações:

a) $C\ell_2 + NaOH \rightarrow NaC\ell + NaC\ell O_3 + H_2O$

b) $Br_2 + OH^- \rightarrow BrO_3^- + Br^- + H_2O$

c) $CrI_3 + OH^- + C\ell_2 \rightarrow CrO_4^{2-} + IO_4^- + C\ell^- + H_2O$

**2.** (Fuvest-SP) O esquema simplificado a seguir mostra como se pode obter ácido nítrico ($HNO_3$) a partir de ar e água:

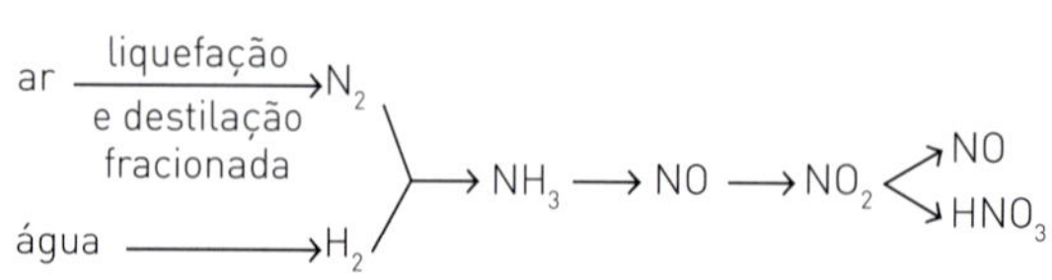


Nesse esquema, água, $NH_3$ e $NO_2$ sofrem, respectivamente:

a) redução, oxidação e desproporcionamento.

b) eletrólise, redução e desproporcionamento.

c) desproporcionamento, combustão e hidratação.

d) hidratação, combustão e oxidação.

e) redução, hidratação e combustão.

# Balanceamento de reações de oxirredução pelo método íon-elétron

Esse método deve ser utilizado quando a reação de oxirredução não está completa. Veja como aplicá-lo.

Ao misturar duas soluções aquosas de permanganato e cloreto em meio ácido, temos a produção de gás cloro e cátion manganês II:

$$MnO_4^- + C\ell^- + H^+ \longrightarrow Mn^{2+} + C\ell_2$$

- **Passo 1.** Determine os Nox das espécies que se oxidaram ou se reduziram:

$$MnO_4^- + C\ell^- + H^+ \longrightarrow Mn^{2+} + C\ell_2$$

$-1 \longrightarrow 0$ — oxidação: $\Delta = 1$

$+7 \longrightarrow +2$ — redução: $\Delta = 5$

- **Passo 2.** Escreva as semirreações de oxidação e redução:

oxidação $C\ell^- \longrightarrow C\ell_2$

redução $MnO_4^- \longrightarrow Mn^{2+}$

- **Passo 3.** Balanceie as semirreações acertando o número de átomos e o número de elétrons:

oxidação $2\,C\ell^- \longrightarrow C\ell_2 + 2\,e^-$ ($-1 \longrightarrow 0$; $\Delta = 1$)

redução $1\,MnO_4^- + 5\,e^- \longrightarrow 1\,Mn^{2+}$ ($+7 \longrightarrow +2$; $\Delta = 5$)

- **Passo 4.** Para balancear o oxigênio, acrescente $H_2O$ no lado da semirreação que apresenta menos oxigênio:

$$2\,C\ell^- \longrightarrow C\ell_2 + 2\,e^-$$
$$1\,MnO_4^- + 5\,e^- \longrightarrow 1\,Mn^{2+} + 4\,H_2O$$

- **Passo 5.** Para balancear o hidrogênio, acrescente $H^+$ no lado da semirreação que apresenta menos hidrogênio:

$$2\,C\ell^- \longrightarrow C\ell_2 + 2\,e^-$$
$$1\,MnO_4^- + 5\,e^- + 8\,H^+ \longrightarrow 1\,Mn^{2+} + 4\,H_2O$$

- **Passo 6.** Para que o número total de elétrons perdidos seja igual ao número total de elétrons recebidos, devemos multiplicar a primeira semirreação por 5, e a segunda, por 2. Então somamos as duas para obter a reação global:

$$10\,C\ell^- \longrightarrow 5\,C\ell_2 + \cancel{10\,e^-}$$
$$2\,MnO_4^- + \cancel{10\,e^-} + 16\,H^+ \longrightarrow 2\,Mn^{2+} + 8\,H_2O$$
$$\overline{2\,MnO_4^- + 10\,C\ell^- + 16\,H^+ \longrightarrow 2\,Mn^{2+} + 5\,C\ell_2 + 8\,H_2O}$$

## Exercício

Complete e faça o balanceamento das equações:

a) $Cr_2O_7^{2-} + C\ell^- \rightarrow Cr^{3+} + C\ell_2$

b) $C\ell O_3^- + Mn^{2+} \rightarrow MnO_2 + C\ell O_2$

c) $Cr_2O_7^{2-} + Fe^{2+} \rightarrow Cr^{3+} + Fe^{3+}$

d) $Cu + NO_3^- \rightarrow Cu^{2+} + NO_2$

e) $Mn^{2+} + BiO_3^- \rightarrow Bi^{3+} + MnO_4^-$

# Nox em estruturas complexas e Nox médio

Em muitos compostos, átomos de um mesmo elemento são encontrados estabelecendo ligações químicas de diferentes maneiras, ou com um mesmo elemento químico ou com elementos químicos diferentes. Nesses casos, o Nox dos átomos do elemento analisado apresentará valores diferentes.

Veja alguns exemplos:

- Glicose — $C_6H_{12}O_6$

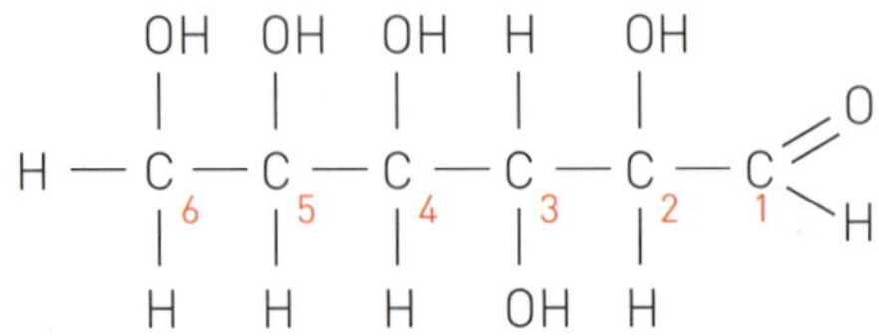

Podemos determinar o Nox de cada átomo do elemento que não apresenta valor fixo. Assim, vamos determinar na glicose os Nox dos diferentes átomos de carbono.

Pela fórmula estrutural, podemos observar que os carbonos 2, 3, 4 e 5 se apresentam ligados da mesma maneira:

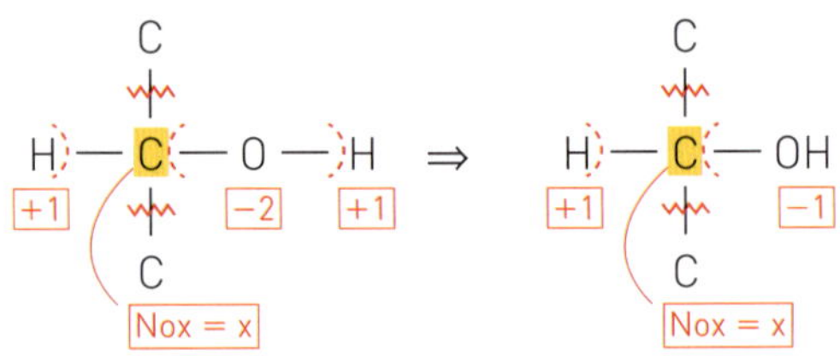


O carbono em destaque está ligado a dois outros átomos de carbono e, como eles apresentam a mesma eletronegatividade, no caso hipotético da quebra dessas ligações, nenhum ganha ou perde elétrons. Já na ligação entre **C** e **H**, como o carbono é mais eletronegativo, ele ganha 1 elétron do hidrogênio, enquanto na ligação entre **C** e **OH** ele perde 1 elétron.

Assim, considerando perdas e ganhos de elétrons derivados da quebra das ligações do carbono em estudo, verificamos que seu Nox é igual a **zero**.

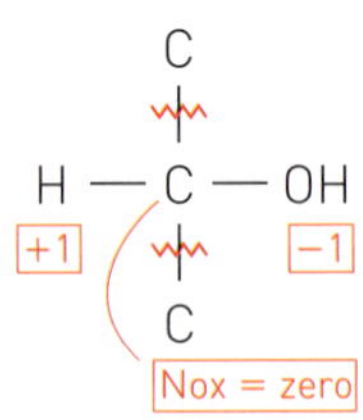


No caso do carbono 1, analisando a fórmula estrutural:

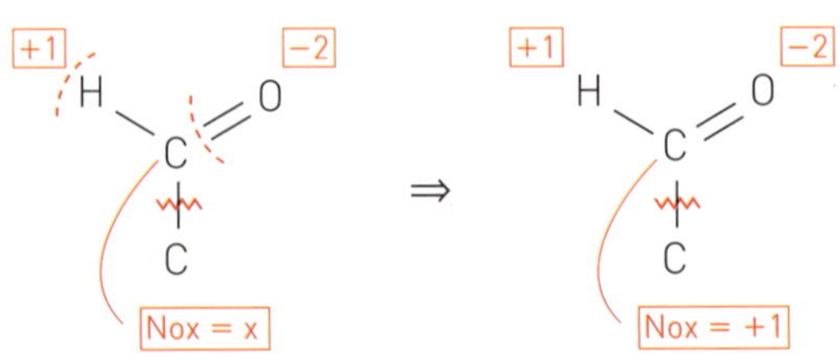


podemos perceber que ele ganha 1 elétron do átomo de hidrogênio e perde 2 elétrons para o átomo de oxigênio. Seu Nox, então, é igual a +1.

E, finalmente, o carbono 6 ganha 2 elétrons dos hidrogênios (um de cada H) e perde 1 elétron para o grupo OH. Seu Nox, então, é igual a −1.

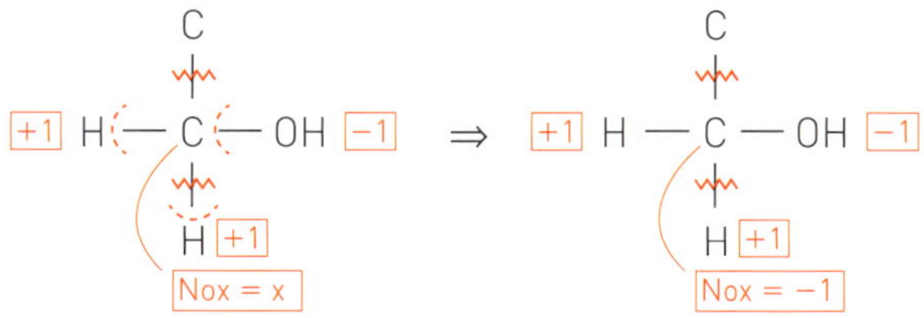


Assim, analisando as ligações que envolvem cada átomo de carbono na estrutura, determinamos o Nox de cada um deles. Isso só foi possível porque, nesse caso, conhecemos a fórmula estrutural da glicose. Já o **Nox médio** do carbono pode ser determinado a partir da fórmula molecular. Veja:

fórmula molecular

| $C_6$ | $H_{12}$ | $O_6$ |
|---|---|---|
| x | +1 | −2 |
| 6x | +12 | −12 |

$\Rightarrow 6x + 12 + (-12) = 0$

$x = 0$

O Nox médio do carbono na glicose também pode ser determinado pelo Nox de cada um dos carbonos, que foi obtido a partir do conhecimento da fórmula estrutural. Para isso, basta somar algebricamente o Nox de todos os carbonos e dividir o valor obtido pelo número de átomos de carbono presentes na estrutura da glicose. Vejamos:

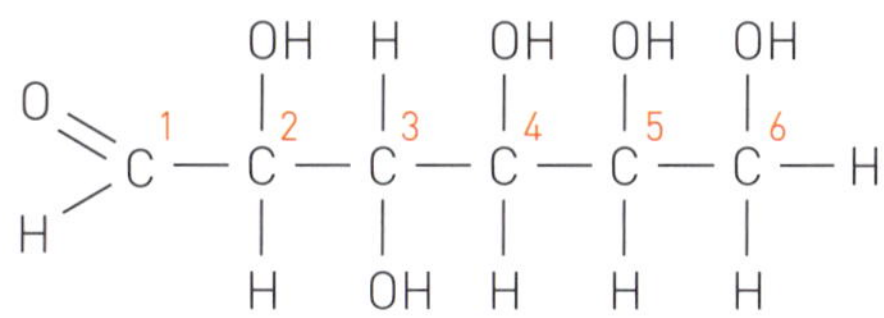

| Nox dos seis átomos de C: | 1 | 2 | 3 | 4 | 5 | 6 |
|---|---|---|---|---|---|---|
| | C | C | C | C | C | C |
| | +1 | 0 | 0 | 0 | 0 | −1 |

Nox médio: $\dfrac{(+1) + 4 \cdot (0) + (-1)}{6} = \text{zero}$

No exemplo da magnetita ($Fe_3O_4$), mesmo sem conhecer sua composição e fórmula estrutural, podemos determinar o Nox médio do ferro:

- Pedra-ímã natural (magnetita) — $Fe_3O_4$

$Fe_3O_4 \begin{cases} FeO \\ Fe_2O_3 \end{cases}$

| $Fe_3$ | $O_4$ |
|---|---|
| x | −2 |
| 3x | −8 |

$\Rightarrow 3x + (-8) = 0 \Rightarrow x = +\dfrac{8}{3}$

Perceba que o Nox fracionário não indica que ocorreu perda ou ganho de "frações" de elétrons, pois esse valor se refere à média aritmética dos Nox dos três átomos de ferro presentes na estrutura.

## Exercícios

**1.** Determine, nos compostos a seguir, o Nox de cada carbono e o Nox médio do elemento carbono:

I. Vinagre (ácido acético):

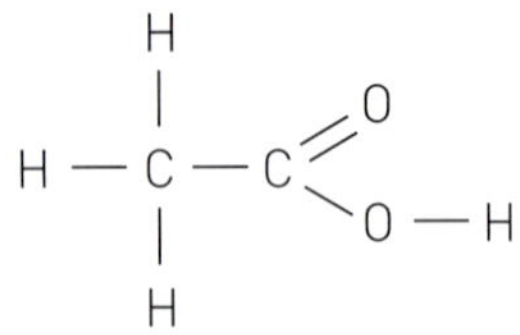

II. Anestésico (éter etílico):

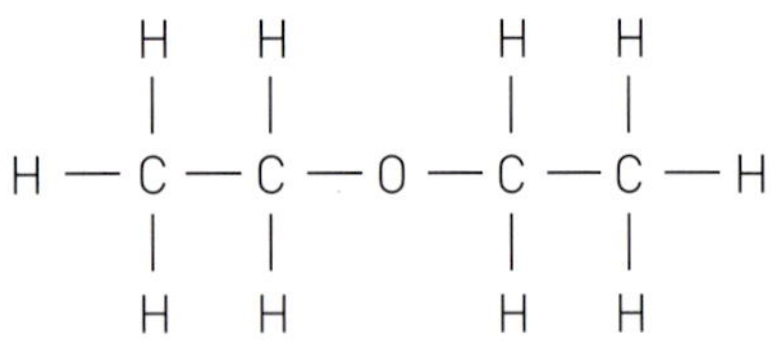

**2.** (Uerj) O formol, ou formalina, é uma solução aquosa de metanal, utilizada na conservação dos tecidos de animais e cadáveres humanos para estudos em Biologia e Medicina. Ele é oxidado a ácido fórmico, segundo a equação a seguir, para evitar que os tecidos animais sofram deterioração ou oxidação.

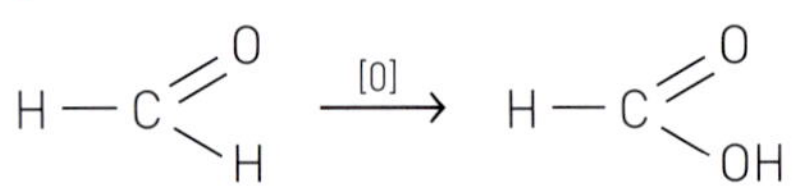

formol ácido fórmico

Nessa transformação, o número de oxidação do carbono sofreu uma variação de:

a) −4 para +4.
b) −3 para −2.
c) −2 para −1.
d) 0 para +2.

**3.** Determine o Nox de cada carbono e indique se são reações de oxirredução:

a) 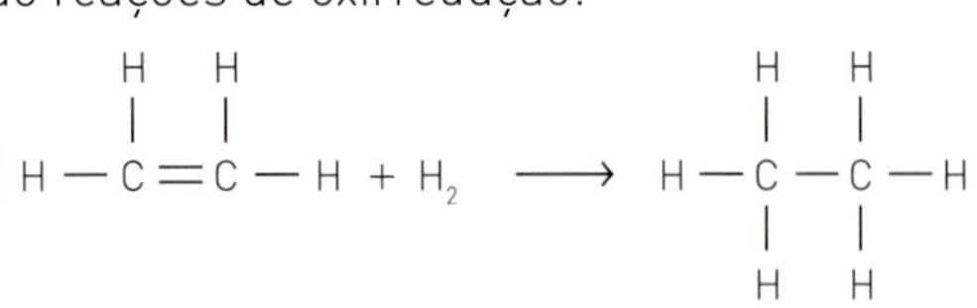

b) 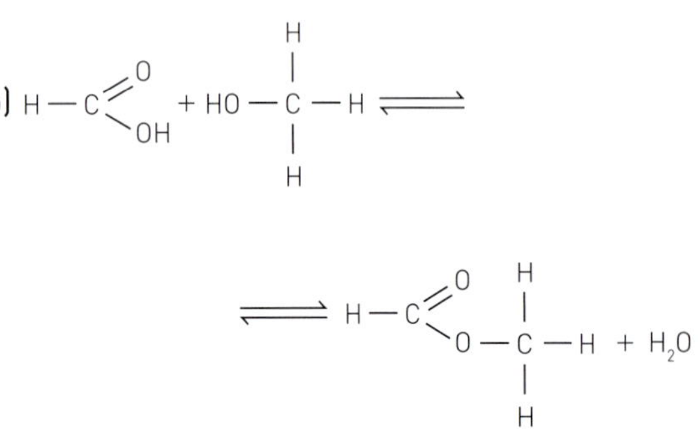

c) 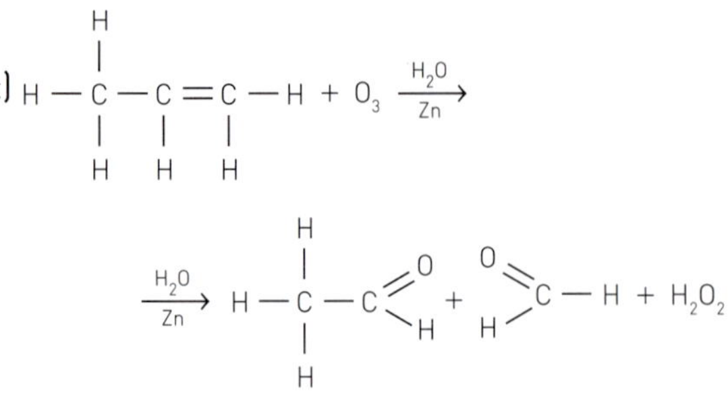

**4.** Determine o Nox médio do elemento chumbo no zarcão ($Pb_3O_4$).

**5.** (Fuvest-SP) O material cerâmico $YBa_2Cu_3O_7$, supercondutor a baixas temperaturas, é preparado por tratamento adequado da mistura $Y_2O_3$, $BaCO_3$ e CuO. Nesse supercondutor, parte dos átomos de cobre tem número de oxidação igual ao do cobre no CuO; a outra parte tem número de oxidação incomum.

a) Dê o número de oxidação do ítrio, do bário e do cobre nos compostos usados na preparação do material cerâmico.

b) Calcule os números de oxidação do cobre no composto $YBa_2Cu_3O_7$.

**6.** (Fuvest-SP) Dimetil-hidrazina e tetróxido de dinitrogênio foram usados nos foguetes do módulo que pousou na Lua nas missões Apollo. A reação, que ocorre pela simples mistura desses dois compostos, pode ser representada por:

$(CH_3)_2N - NH_2\ (\ell) + 2\ N_2O_4\ (\ell) \rightarrow$

$\rightarrow 3\ N_2\ (g) + 4\ H_2O\ (g) + 2\ CO_2\ (g)$

a) Entre os reagentes, identifique o oxidante e o redutor. Justifique sua resposta, considerando os números de oxidação do carbono e do nitrogênio.

b) Cite duas características da reação apresentada que tornam adequado o uso desses reagentes.

c) Qual a pressão parcial do gás nitrogênio quando a pressão da mistura gasosa liberada se iguala à pressão na superfície da Lua? Mostre os cálculos.

(Dados: número de oxidação do carbono na dimetil-hidrazina = −2; pressão na superfície lunar = $= 3 \cdot 10^{-10}$ Pa.)

UNIDADE 5

# Eletroquímica

O carro da imagem de abertura desta unidade é movido a hidrogênio. Esse tipo de veículo faz uso de uma tecnologia ainda pouco difundida, apesar das vantagens que propicia ao meio ambiente.

## Você sabe como o hidrogênio utilizado como combustível desse tipo de automóvel foi obtido?

Mario Anzuoni/Files/Reuters/Fotoarena

**NESTA UNIDADE VAMOS ESTUDAR:**

- Pilhas.
- Potencial padrão de redução.
- Espontaneidade de reação.
- Corrosão.
- Pilhas comerciais.
- Eletrólises.
- Obtenção de substâncias simples.

CAPÍTULO

# 15 Pilhas

Uma das modalidades de energia de grande importância em nossa vida é a energia elétrica.

A eletroquímica é a parte da Química que estuda não só os fenômenos envolvidos na produção de corrente elétrica a partir da transferência de elétrons, ocorrida em reações de oxirredução, mas também a utilização de corrente elétrica na produção dessas reações.

Cada um desses fenômenos ocorre em um tipo de dispositivo, chamado de célula (ou cela) eletroquímica. Em relação ao seu funcionamento, essas células são classificadas em galvânicas ou eletrolíticas.

**Célula galvânica:** dispositivo no qual reações espontâneas de oxirredução geram uma corrente elétrica.

Pilhas e baterias são células galvânicas.

**Célula eletrolítica:** dispositivo no qual a energia elétrica fornecida por uma fonte externa causa reações de oxirredução não espontâneas.

Neste capítulo vamos estudar as pilhas. As células eletrolíticas serão estudadas nos capítulos 20 e 21.

Fotos: Thinkstock/Getty Images

// Em nossa sociedade tecnológica, seria inimaginável viver sem a energia elétrica, seja ela proveniente de uma usina hidrelétrica, térmica ou nuclear, seja de pilhas e baterias usadas em vários equipamentos.

# Pilhas e baterias

**Pilhas e baterias:** dispositivos nos quais uma reação espontânea de oxirredução produz corrente elétrica.

Fotos: Sérgio Dotta Jr./Arquivo da editora

As pilhas recebem esse nome porque o primeiro dispositivo desse tipo era formado por discos metálicos empilhados. Usualmente um conjunto de pilhas é denominado bateria.

No interior da pilha ocorre uma reação de oxirredução que libera elétrons pelo polo negativo. A passagem de elétrons pelo filamento da lâmpada torna-o incandescente.

## Montagem de uma pilha

Quando introduzimos um fio de cobre (Cu) em uma solução aquosa de nitrato de prata, $AgNO_3$ (aq), incolor, verificamos que ocorre a formação de um depósito de prata metálica (Ag) e que a solução se torna azulada devido à presença de íons $Cu^{2+}$ (aq).

Fotos: Sérgio Dotta Jr./Arquivo da editora

Ilustrações: Luis Moura/Arquivo da editora

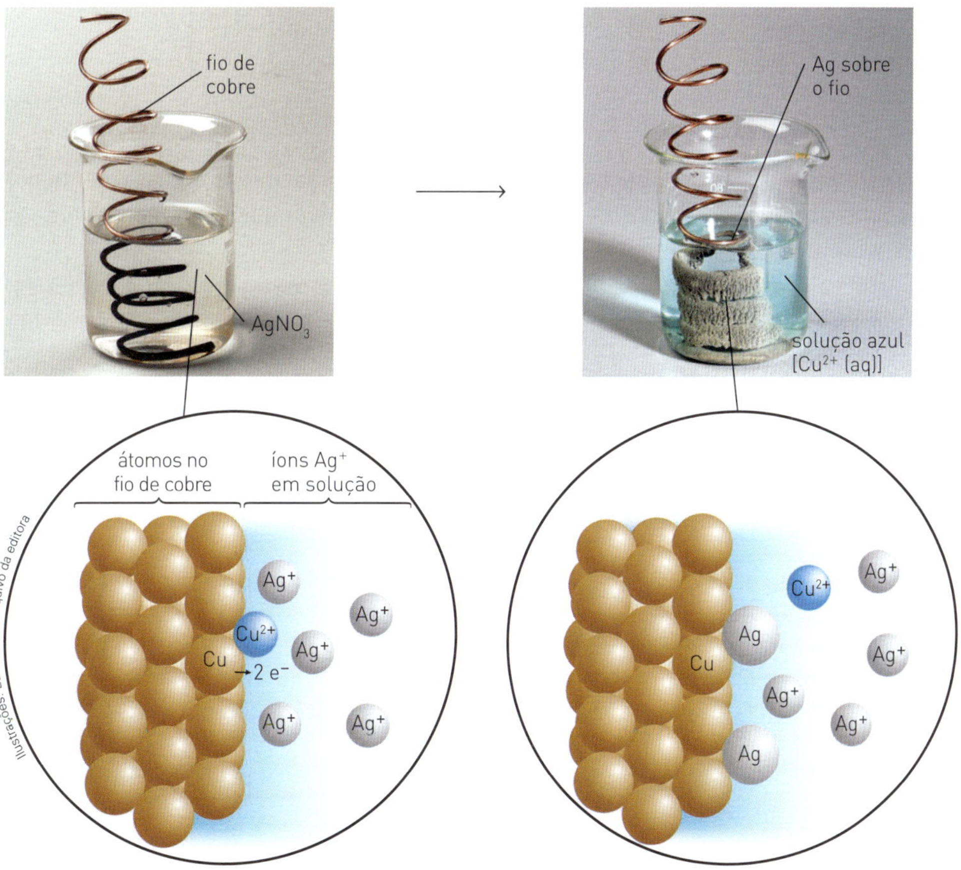


Oxidação:

$$Cu\ (s) \longrightarrow Cu^{2+}\ (aq) + 2\ e^-$$

Os átomos de cobre (Cu), ao perderem elétrons, originam íons $Cu^{2+}$, que passam para a solução, tornando-a azulada.

Redução:

$$Ag^+\ (aq) + e^- \longrightarrow Ag\ (s)$$

Os íons $Ag^+$ retiram elétrons dos átomos de cobre (Cu) e se transformam em prata metálica (Ag), que se deposita sobre o fio.

Reprodução/Coleção Edgar Fahs Smith, Pensilvânia, EUA.

Gravura de Gaetano Bonatti, do século XIX, representando o físico italiano Alessandro Volta. O cientista construiu o dispositivo chamado tradicionalmente de "pilha" de Volta. Em 1881, uma unidade elétrica, o volt, foi assim nomeada em sua homenagem.

A equação global pode ser obtida pela soma das semirreações:

$$
\begin{array}{rcl}
Cu\ (s) & \longrightarrow & Cu^{2+}\ (aq) + \cancel{2\,e^-} \\
2\,Ag^{+}\ (aq) + \cancel{2\,e^-} & \longrightarrow & 2\,Ag\ (s) \\
\hline
Cu\ (s) + 2\,Ag^{+}\ (aq) & \longrightarrow & Cu^{2+}\ (aq) + 2\,Ag\ (s)
\end{array}
$$

Nesse sistema, a transferência de elétrons não pode ser aproveitada para produzir corrente elétrica, que, no entanto, pode ser obtida se utilizarmos um condutor externo ligando a região onde ocorre a oxidação com a região onde ocorre a redução.

Esse procedimento foi utilizado pela primeira vez em 1800 pelo cientista italiano Alessandro Volta (1745-1827), que construiu a primeira pilha elétrica. Essa pilha era constituída por um conjunto de placas metálicas de zinco e cobre, colocadas alternadamente e separadas por algodão embebido em uma solução eletrolítica, ou seja, que conduz corrente elétrica. Cada uma das placas metálicas foi chamada de **eletrodo** (do grego: "percurso elétrico").

Essa descoberta foi aperfeiçoada em 1836 por John Frederic Daniell (1790-1845), que dividiu a cela eletrolítica de sua pilha em duas partes (duas semicelas ou semicélulas):

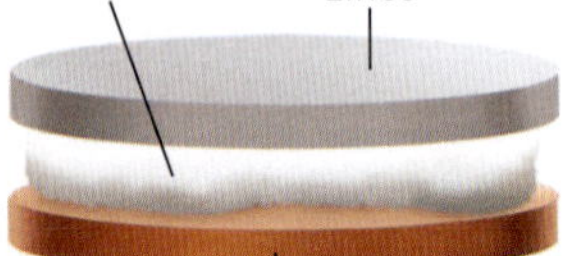


Lettera Studio/Arquivo da editora

Cada conjunto formado por um disco de zinco, algodão embebido em salmoura e um disco de cobre constitui uma célula galvânica.

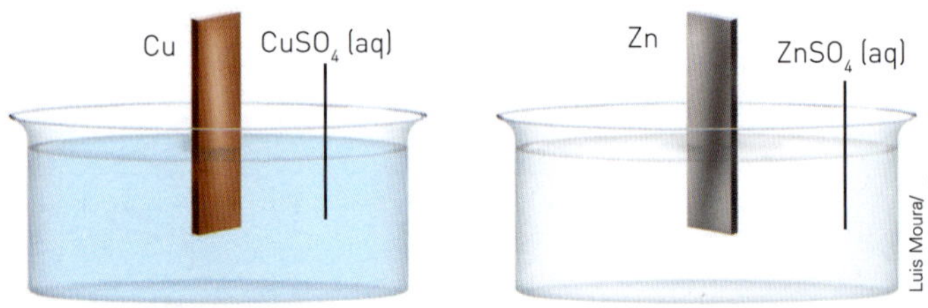


Luis Moura/Arquivo da editora

Na pilha de Daniell, os dois eletrodos metálicos são unidos externamente por um fio condutor, e as duas semicelas são unidas por uma ponte salina, contendo uma solução saturada de $K_2SO_4$ (aq).

Inicialmente, o sistema apresentava o aspecto da representação abaixo à esquerda. O fluxo de elétrons pelo fio condutor externo é o responsável por manter a lâmpada acesa.

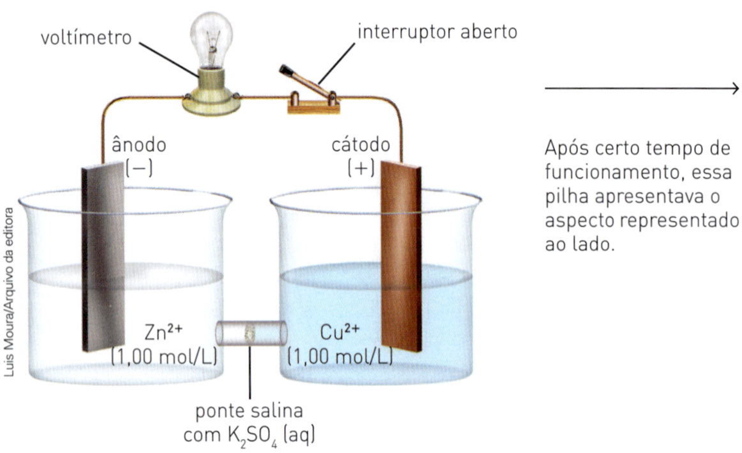


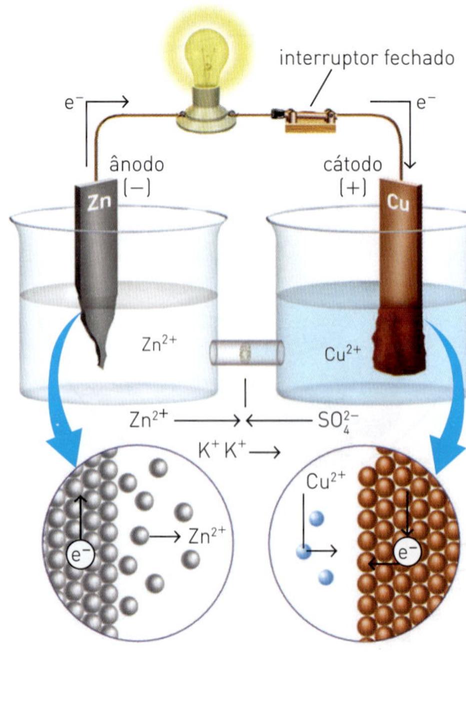


Luis Moura/Arquivo da editora

A seguir detalhamos as observações nas duas semicelas e explicamos as reações que ocorrem:

**Semicela de zinco**

Observação:

- corrosão do eletrodo de zinco. Esse fato pode ser explicado pela semirreação de oxidação:

$$\underset{\text{lâmina}}{Zn\ (s)} \longrightarrow \underset{\text{solução}}{Zn^{2+}\ (aq)} + 2\ e^-$$

O eletrodo onde ocorre a oxidação é o ânodo.

**Semicela de cobre**

Observações:

- espessamento do eletrodo de cobre;
- diminuição da intensidade da cor da solução.

Esses dois fatos podem ser explicados pela semirreação de redução:

$$\underset{\text{solução}}{Cu^{2+}\ (aq)} + 2\ e^- \longrightarrow \underset{\text{lâmina}}{Cu\ (s)}$$

O eletrodo onde ocorre a redução é o cátodo.

Pela análise dessas duas semirreações, podemos concluir que os elétrons fluem, no **circuito externo**, do eletrodo de zinco para o eletrodo de cobre, ou seja, **os elétrons, por apresentarem carga negativa, migram para o eletrodo positivo (polo positivo)**, que, nesse caso, é a lâmina de cobre.

Resumindo nossas observações sobre essa pilha:

- **Semicela de zinco**

Eletrodo de zinco

Polo negativo: ânodo
- $Zn\ (s) \longrightarrow Zn^{2+}\ (aq) + 2\ e^-$
- O Zn (s) sofre oxidação
- a massa da barra de zinco diminui

A concentração de $Zn^{2+}$ (aq) na solução aumenta.

- **Semicela de cobre**

Eletrodo de cobre

Polo positivo: cátodo
- $Cu^{2+}\ (aq) + 2\ e^- \longrightarrow Cu\ (s)$
- O $Cu^{2+}$ (aq) sofre redução
- a massa da barra de cobre aumenta

A concentração de $Cu^{2+}$ (aq) na solução diminui.

A equação global dos processos ocorridos nessa pilha pode ser obtida pela soma das duas semirreações:

$$\begin{array}{r} \text{ânodo: } Zn\ (s) \longrightarrow Zn^{2+}\ (aq) + \cancel{2\ e^-} \\ \text{cátodo: } Cu^{2+}\ (aq) + \cancel{2\ e^-} \longrightarrow Cu\ (s) \\ \hline \text{reação global: } Zn\ (s) + Cu^{2+}\ (aq) \longrightarrow Zn^{2+}\ (aq) + Cu\ (s) \end{array}$$

A representação esquemática recomendada pela IUPAC para essa pilha é:

$$Zn\ (s)\ |\ Zn^{2+}\ (aq)\ (1\ mol/L)\ ||\ Cu^{2+}\ (aq)\ (1\ mol/L)\ |\ Cu\ (s)\ (\text{a } 25\ °C)$$

Genericamente representam-se pilhas semelhantes a essa da seguinte maneira:

ânodo, onde ocorre a oxidação | cátodo, onde ocorre a redução

A (s) | $A^+$ (aq) (1 mol/L) || $B^+$ (aq) (1 mol/L) | B (s) (a 25 °C)

↑ barra que representa a separação das duas fases (sólida e aquosa) | ↑ ponte salina | ↑ barra que representa a separação das duas fases (aquosa e sólida)

As condições 25 °C e solução 1 mol/L são consideradas estado padrão, porém podem ser construídas pilhas utilizando-se outras concentrações e em outras temperaturas.

## Ponte salina

A finalidade da ponte salina é manter as duas semicelas eletricamente neutras pela migração de íons (corrente iônica).

Na semicela de zinco da pilha de Daniell, por causa da oxidação do Zn, a solução passa a apresentar excesso de cargas positivas, $Zn^{2+}$ (aq), o que é neutralizado pela migração dos íons negativos $SO_4^{2-}$ (aq), presentes na ponte salina, e de íons $Zn^{2+}$ (aq), da solução aquosa.

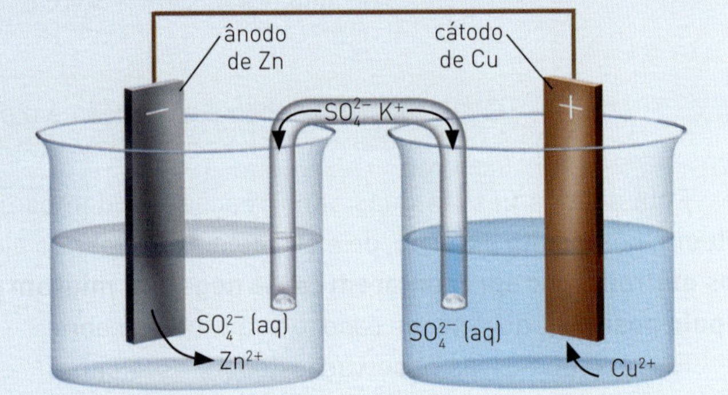


Na semicela de cobre, graças à diminuição de íons $Cu^{2+}$ (aq), a solução passa a apresentar excesso de cargas negativas $SO_4^{2-}$ (aq), o que é neutralizado pela migração de íons positivos $K^+$ (aq), presentes na ponte salina.

A ponte salina pode ser substituída por uma placa de porcelana porosa.

Vamos agora estudar outra pilha, que pode ser representada por:

$$Cu\ (s)\ |\ Cu^{2+}\ (aq)\ ||\ Ag^+\ (aq)\ |\ Ag\ (s)$$

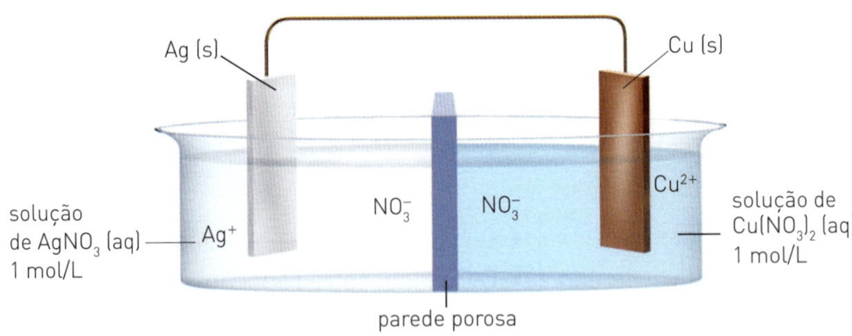


Ilustrações: Luís Moura/Arquivo da editora

Pela representação da pilha, podemos concluir que o cobre (Cu) sofre oxidação e a prata (Ag), redução. Por isso, os elétrons devem fluir, pelo circuito externo, da lâmina de cobre para a de prata.

| | |
|---|---|
| **Oxidação ânodo (polo negativo)** | Cu (s) (barra: diminui a massa) ⟶ $Cu^{2+}$ (aq) + 2 $e^-$ (solução: aumenta a concentração) |
| **Redução cátodo (polo positivo)** | $Ag^+$ (aq) (solução: diminui a concentração) + $e^-$ ⟶ Ag (s) (barra: aumenta a massa) |

Após certo tempo, o aspecto da pilha será:

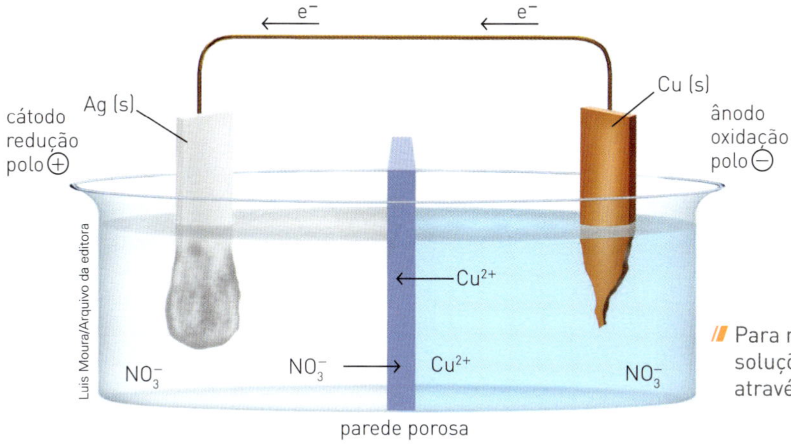


Para manter a neutralidade das soluções, existe um fluxo de íons através da parede porosa.

A representação da reação global da pilha é dada pela soma das semirreações, sempre considerando que o número de elétrons recebidos por uma espécie deve ser igual ao número de elétrons perdidos pela outra:

$$\begin{array}{rl} \text{ânodo:} & Cu \longrightarrow Cu^{2+} + \cancel{2\,e^-} \\ \text{cátodo:} & 2\,Ag^+ + \cancel{2\,e^-} \longrightarrow 2\,Ag \\ \hline \text{reação global:} & Cu + 2\,Ag^+ \longrightarrow Cu^{2+} + 2\,Ag \end{array}$$

Por que uma pilha para de funcionar?

## Exercício resolvido

(UFRJ) As manchas escuras que se formam sobre objetos de prata são, geralmente, películas de sulfeto de prata ($Ag_2S$) formadas na reação da prata com compostos que contêm enxofre e que são encontrados em certos alimentos e no ar. Para limpar a prata, coloca-se o objeto escurecido para ferver em uma panela de alumínio com água e detergente. O detergente retira a gordura da mancha e do alumínio, facilitando a reação do alumínio da panela com o sulfeto de prata, regenerando a prata, com o seu brilho característico.

a) Escreva a equação da reação de "limpeza da prata" referida no texto.

b) Com base no processo de "limpeza da prata" descrito, podemos construir uma pilha de alumínio e prata, de acordo com o esquema a seguir.

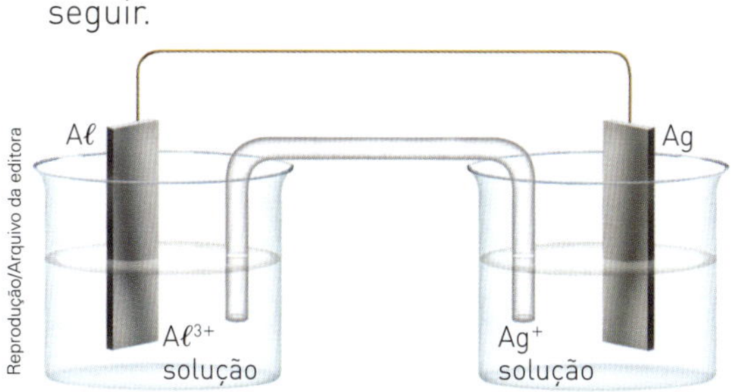


Escreva a semirreação que ocorre no cátodo.

**Solução**

a) A reação entre o alumínio da panela e o sulfeto de prata, que regenera a prata, é uma reação de oxirredução. Os íons $Ag^+$ se transformam em prata metálica (Ag), enquanto o alumínio metálico (Aℓ) se transforma em íons $Aℓ^{3+}$. Os íons sulfeto $S^{2-}$ não se alteram:

$$2\,Aℓ + 3\,Ag_2S \longrightarrow 6\,Ag + 1\,Aℓ_2S_3$$
$$2\,Aℓ + 6\,Ag^+ + \cancel{3\,S^{2-}} \longrightarrow 6\,Ag + 2\,Aℓ^{3+} + \cancel{3\,S^{2-}}$$
$$Aℓ + 3\,Ag^+ \longrightarrow 3\,Ag + Aℓ^{3+}$$

oxidação: 0 → +3

redução: +1 → 0

b) Como já vimos, o alumínio sofre oxidação, e a prata, redução. Assim, temos:

| Eletrodo de alumínio | Eletrodo de prata |
|---|---|
| Oxidação | Redução |
| ânodo | cátodo |
| polo negativo | polo positivo |
| $Aℓ \longrightarrow Aℓ^{3+} + 3\,e^-$ | $Ag^+ + e^- \longrightarrow Ag$ |

Nessa pilha, o fluxo de elétrons ocorre do eletrodo de alumínio para o de prata.

# Fundamentando seus conhecimentos

Para responder às questões **1** a **15**, considere o esquema referente à pilha a seguir.

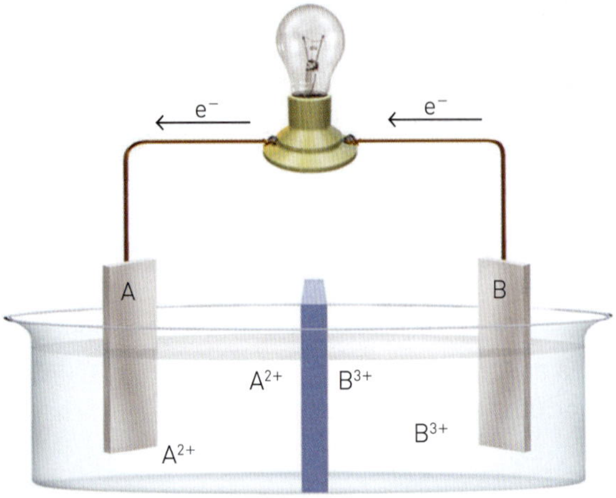


**1.** O eletrodo B está sofrendo uma oxidação ou uma redução?

**2.** O eletrodo B é denominado cátodo ou ânodo?

**3.** O eletrodo B é o polo positivo ou o negativo?

**4.** Escreva a semirreação que ocorre no eletrodo B.

**5.** A concentração (quantidade) de íons $B^{3+}$ aumenta ou diminui?

**6.** Ocorre deposição sobre o eletrodo B ou sua corrosão?

**7.** O eletrodo A está sofrendo uma oxidação ou uma redução?

**8.** O eletrodo A é denominado cátodo ou ânodo?

**9.** O eletrodo A é o polo positivo ou o negativo?

**10.** Escreva a semirreação que ocorre no eletrodo A.

**11.** A concentração (quantidade) de íons $A^{2+}$ aumenta ou diminui?

**12.** Ocorre deposição sobre o eletrodo A ou sua corrosão?

**13.** Escreva a equação que representa a reação global da pilha.

**14.** Qual é a notação oficial que representa a pilha?

**15.** A pilha é um processo espontâneo ou não espontâneo?

Observe os seguintes experimentos:

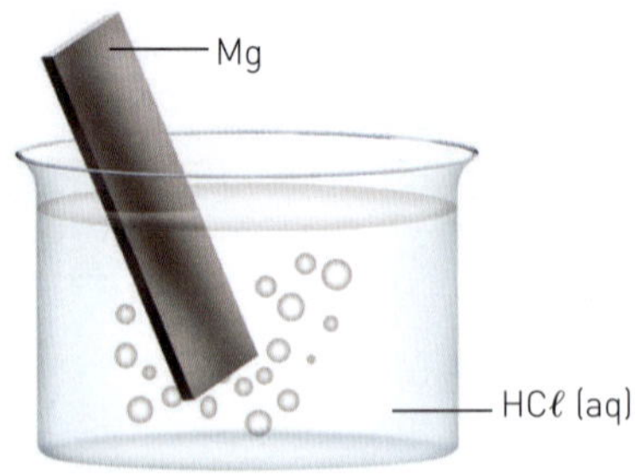


Ilustrações: Luis Moura/Arquivo da editora

$Mg + 2\,H^+ \longrightarrow Mg^{2+} + H_2$

O magnésio se oxida (perde elétrons) em presença de íons $H^+$.

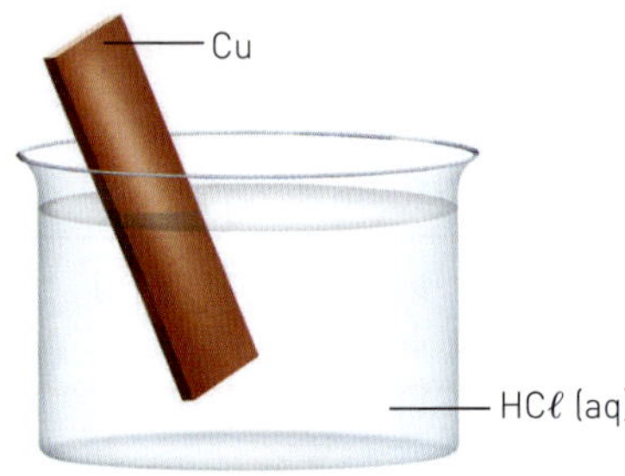


$Cu + H^+ \longrightarrow$ não ocorre reação.

O cobre não se oxida em presença de íons $H^+$.

Utilizando as informações dadas e o esquema da pilha a seguir, responda às questões **16** a **20**.

**16.** Qual metal se oxida?

**17.** Qual metal se reduz?

**18.** Qual eletrodo é o ânodo?

**19.** Qual eletrodo é o cátodo?

**20.** Indique o sentido dos elétrons.

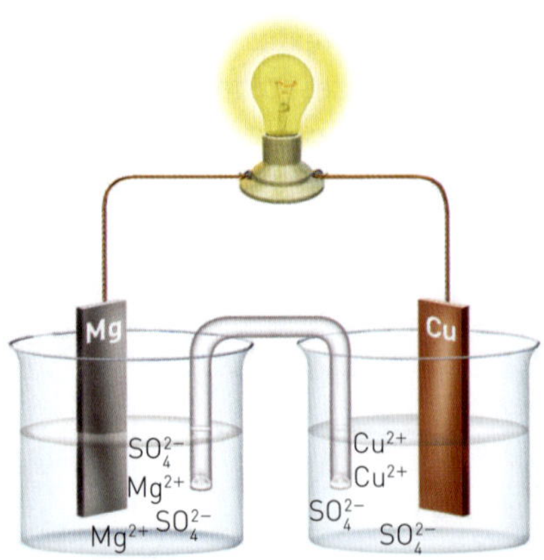

## Desenvolvendo seus conhecimentos

**1.** A reação global de uma pilha é representada pela equação:

$$Mg\ (s) + Cu^{2+}\ (aq) \longrightarrow Mg^{2+}\ (aq) + Cu\ (s)$$

Assinale a alternativa que representa corretamente o funcionamento dessa pilha.

a)

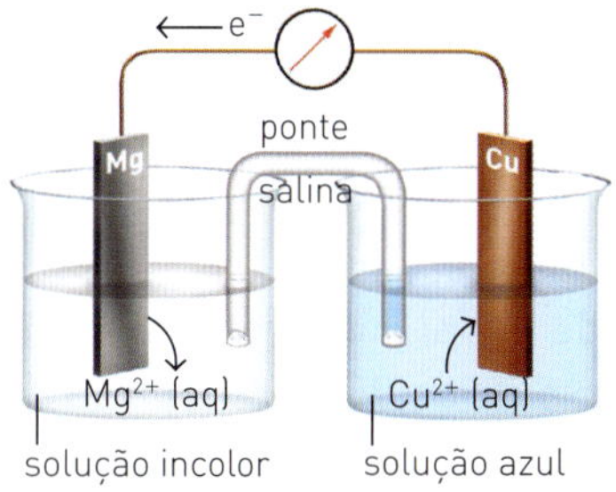


Ilustrações: Luis Moura/Arquivo da editora

b)

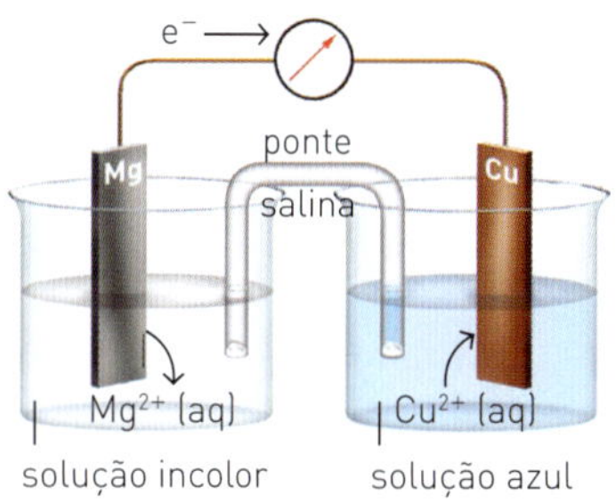


c)

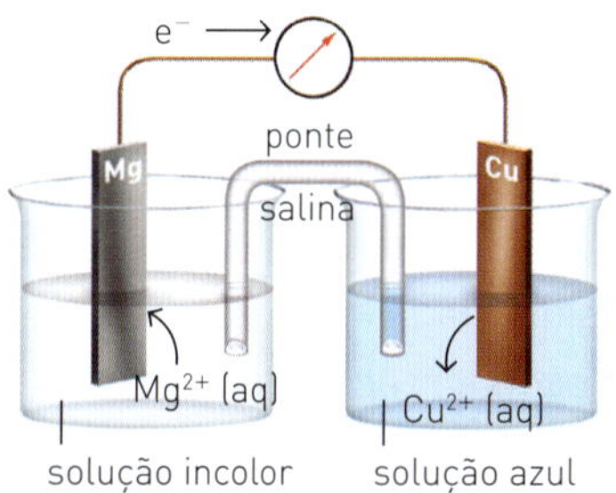


d)

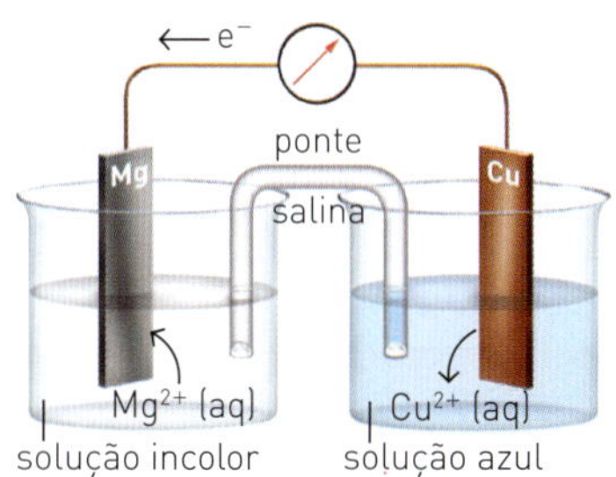


**2.** (Ifsul-RS) Observe o esquema a seguir, que representa uma pilha, em que ocorre a seguinte reação:

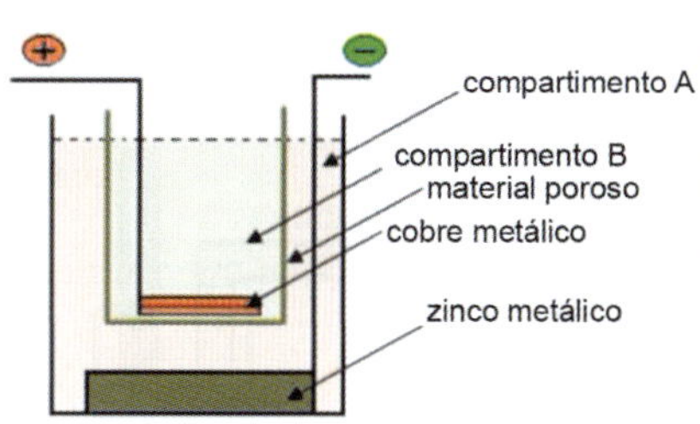


Reprodução/IFSUL-RS, 2017.

$$Zn\ (s) + Cu^{2+}\ (aq) \leftrightarrow Zn^{2+}\ (aq) + Cu\ (s)$$

Que substância, dissolvida em água, você escolheria para colocar no compartimento B a fim de que a pilha pudesse produzir eletricidade?

a) $CuSO_4$
b) $Na_2SO_4$
c) $H_2S$
d) $ZNC\ell_2$

**3.** Em uma pilha constituída de níquel e chumbo ocorrem as seguintes semirreações:

$$Ni\ (s) \longrightarrow Ni^{2+}\ (aq) + 2\ e^-$$
$$Pb^{2+}\ (aq) + 2\ e^- \longrightarrow Pb\ (s)$$

Essa pilha pode ser representada por:

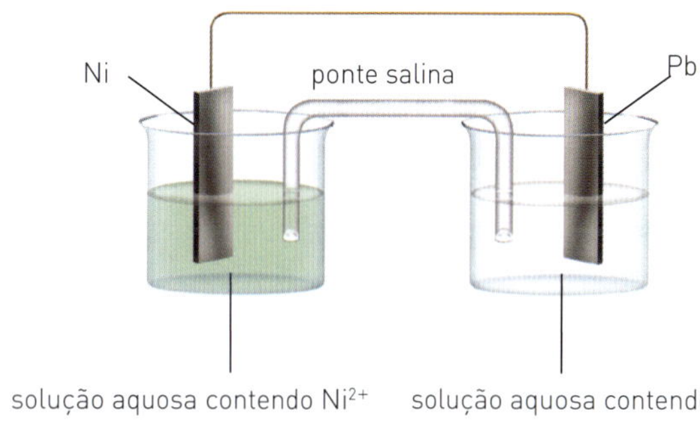


Banco de imagens/Arquivo da editora

Na pilha, representada pela figura, em que ocorre aquela reação global:

a) os cátions devem migrar para o eletrodo de níquel.
b) ocorre deposição de chumbo metálico sobre o eletrodo de níquel.
c) ocorre diminuição da massa do eletrodo de níquel.
d) os elétrons migram através da ponte salina do níquel para o chumbo.
e) o eletrodo de chumbo atua como ânodo.

**4.** A notação abaixo representa uma pilha.

$$Zn\ (s)\ |\ Zn^{2+}\ (aq)\ ||\ Ag^+\ (aq)\ |\ Ag\ (s)$$

A respeito dessa pilha, julgue os itens em verdadeiro ou falso.

I. O eletrodo de zinco é o ânodo.
II. Os elétrons migram do eletrodo de prata para o eletrodo de zinco.
III. O eletrodo de prata é o polo negativo.
IV. No eletrodo de zinco ocorre oxidação.
V. A solução de $AgC\ell$ tem sua concentração diminuída.

A reação entre uma barra de alumínio metálico e íons $Au^{3+}$ em solução aquosa, produzindo íons $A\ell^{3+}$ e ouro metálico, pode ser utilizada para montar uma pilha. A seu respeito, responda às questões **5** e **6**.

**5.** Escreva a equação devidamente balanceada da reação mencionada.

**6.** Veja abaixo um esquema que representa essa pilha.

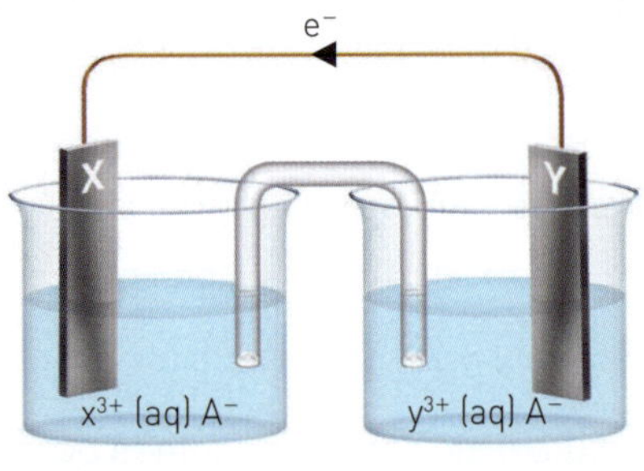


Luis Moura/Arquivo da editora

I. Identifique as espécies químicas representadas por X e Y.
II. Em qual eletrodo ocorre redução?
III. Qual eletrodo é o polo positivo?
IV. Qual eletrodo é o ânodo?
V. Qual das duas barras terá sua massa aumentada?

**7.** (UPF-RS) Na pilha de Daniell, ocorre uma reação de oxirredução espontânea, conforme representado esquematicamente na figura abaixo.

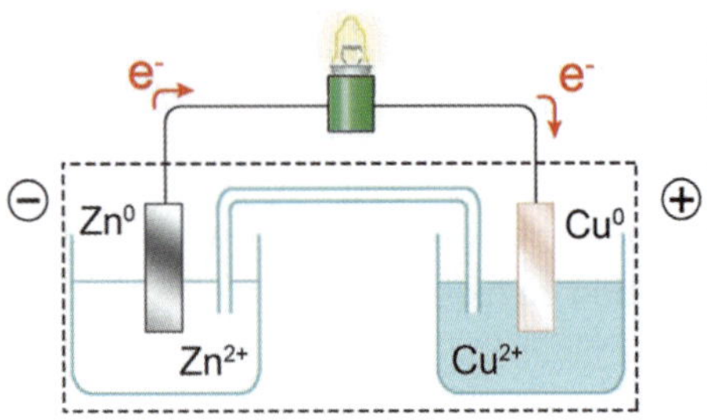


Pilha de Daniell

Reprodução/UPF, 2015.

Considerando a informação apresentada, analise as afirmações a seguir.

I. Na reação de oxirredução espontânea, representada na pilha de Daniell, a espécie que se oxida, no caso o Zn (s), transfere elétrons para a espécie que sofre redução, os íons $Cu^{2+}$ (aq).
II. O Zn (s) sofre redução, transferindo elétrons para os íons $Cu^{2+}$ (aq) que sofrem oxidação.
III. Para que ocorra a reação de oxirredução espontânea, a tendência em receber elétrons do eletrodo de cobre deve ser maior do que o do eletrodo de zinco.
IV. A placa de Zn (s) sofre corrosão, tendo sua massa diminuída, e sobre a placa de cobre ocorre depósito de cobre metálico.
V. A concentração de íons $Cu^{2+}$ (aq) aumenta, e a concentração de íons $Zn^{2+}$ (aq) diminui em cada um dos seus respectivos compartimentos.

Está **correto** apenas o que se afirma em:

a) I, III e IV.
b) II e V.
c) I, II e V.
d) III, IV e V.
e) II e III.

**8.** (UFPR) As pilhas são importantes produtos na sociedade de hoje. Sobre as pilhas eletroquímicas, indique a alternativa correta.

a) No eletrodo conhecido como cátodo ocorre a semirreação de oxidação.
b) O polo positivo da pilha é cátodo.
c) Para que ocorra reação química nas pilhas é necessário fornecer energia elétrica ao circuito.
d) O fluxo de elétrons pela parte do circuito externo da pilha ocorre do polo positivo para o negativo.
e) Nas pilhas ocorre a eletrólise.

## Desafiando seus conhecimentos

**1.** (Unifor-CE)

A pilha de Daniell é construída usando-se um eletrodo de zinco metálico, que é embebido numa solução de sulfato de zinco, e um eletrodo de cobre metálico, que é então embebido numa solução de sulfato cúprico. As duas soluções são postas em contato através de uma superfície porosa, de modo que não se misturem, mas íons possam atravessá-la. Alternativamente, uma ponte salina, que pode ser um tubo contendo em seu interior uma solução salina, tipo $NaC\ell$, fechado por material poroso, interligando as soluções de sulfato cúprico e de zinco.

http://www.eecis.udel.edu/~portnoi/academic/academic-files/daniellcell.html

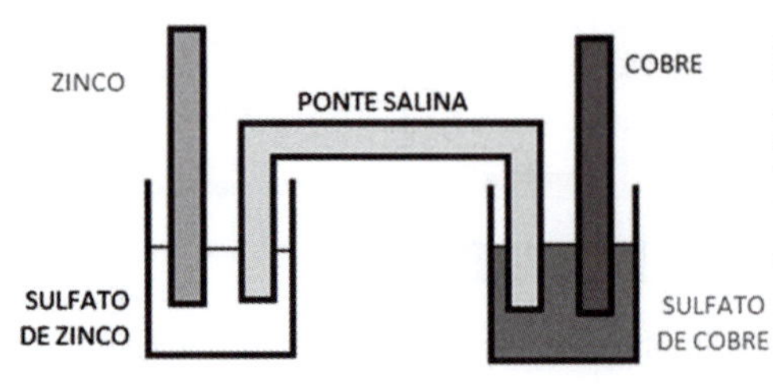


Reprodução/Unifor, 2014.

Na pilha de Daniell, há um processo de transferência espontânea de elétrons. No processo:

a) O Zn (s) sofre oxidação, perdendo elétrons sendo o agente redutor do processo, enquanto o $Cu^{2+}$ (aq) sofre redução, ganhando os elétrons cedidos pelo zinco metálico e agindo como oxidante no processo.
b) O Cu (s) sofre oxidação, perdendo elétrons sendo o agente redutor do processo, enquanto o $Zn^{2+}$ (aq) sofre redução, ganhando os elétrons cedidos pelo zinco metálico e agindo como oxidante no processo.
c) O Zn (s) sofre redução, perdendo elétrons sendo o agente redutor do processo, enquanto o $Cu^{2+}$ (aq) sofre oxidação, ganhando os elétrons cedidos pelo zinco metálico e agindo como oxidante no processo.
d) O Cu (s) sofre oxidação, perdendo elétrons sendo o agente redutor do processo, enquanto o $Zn^{2+}$ (aq) sofre redução, ganhando os elétrons cedidos pelo zinco metálico e agindo como oxidante no processo.
e) Ambos os metais em solução sofrem redução e os sólidos metálicos sofrem oxidação.

**2.** (UFMG) Na figura, está representado um circuito elétrico formado por uma bateria conectada a uma lâmpada. A bateria é construída com placas de zinco e de cobre, entre as quais são dispostas soluções aquosas de sulfato de zinco e de sulfato de cobre, embebidas em papel de filtro. Considerando-se o funcionamento dessa bateria, é **incorreto** afirmar que:

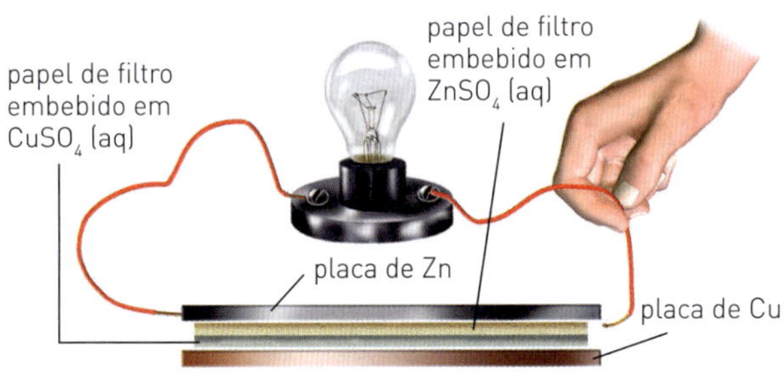


Reprodução/Arquivo da editora

a) durante o funcionamento da bateria, energia química é convertida em energia elétrica.
b) durante o funcionamento da bateria, íons são transformados em átomos neutros.
c) se o circuito elétrico externo for fechado sobre a placa de zinco, a lâmpada não se acenderá.
d) se o circuito elétrico externo for fechado sobre a placa de cobre, haverá passagem de íons $Cu^{2+}$ pelo fio.

**3.** (Fepar-PR)

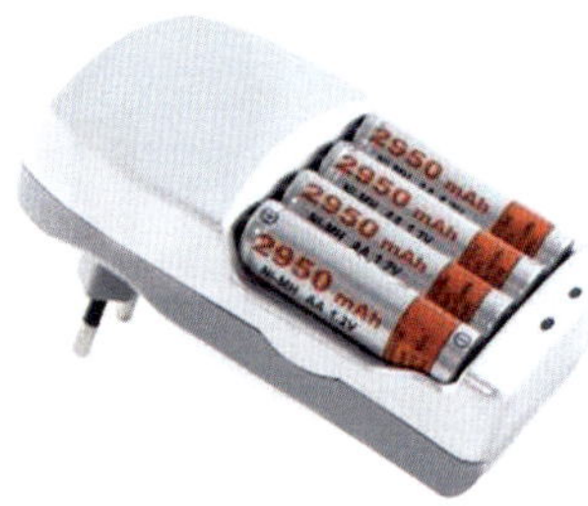


Reprodução/Fepar, 2016.

Uma das pilhas empregadas em aparelhos sem fio (câmeras de vídeo, barbeadores, telefones, ferramentas portáteis) é a pilha de níquel-cádmio. Essa pilha apresenta uma voltagem que se mantém constante até a descarga, demora mais tempo para se descarregar e pode ser recarregada até 4 000 vezes. A pilha de níquel-cádmio é baseada nas seguintes reações em meio alcalino (KOH):

$$Cd + 2\,OH^- \rightarrow Cd(OH)_2 + 2\,e^-$$
$$2\,NiO(OH) + 2\,H_2O + 2\,e^- \rightarrow 2\,Ni(OH)_2 + 2\,OH^-$$
$$\overline{Cd + 2\,NiO(OH) + 2\,H_2O \rightarrow Cd(OH)_2 + 2\,Ni(OH)_2}$$

Sobre o assunto, avalie as afirmativas.

( ) No polo positivo ocorre a reação de redução do níquel.
( ) O cádmio funciona como ânodo da pilha.
( ) O níquel tem menor tendência de sofrer redução do que o cádmio.
( ) O agente redutor da pilha é o níquel.
( ) No eletrodo de cádmio há ganho de elétrons.

**4.** (FGV-SP)

Baterias de lítio são o principal componente dos mais recentes carros elétricos ou híbridos com motor a gasolina, que já estão em testes em São Paulo.

(*Revista Pesquisa Fapesp*, n. 199. pág. 72. Adaptado)

Sobre o funcionamento da bateria de lítio na geração de energia elétrica, é correto afirmar que no ânodo ocorre a reação de:

a) redução; o polo positivo é o cátodo e a sua ddp é positiva.
b) redução; o polo negativo é o cátodo e a sua ddp é negativa.
c) oxidação; o polo negativo é o cátodo e a sua ddp é positiva.
d) oxidação; o polo positivo é o cátodo e a sua ddp é negativa.
e) oxidação; o polo positivo é o cátodo e a sua ddp é positiva.

**5.** Considere a seguinte pilha: $Cu^0 \mid Cu^{2+} \parallel Ag^+ \mid Ag^0$.

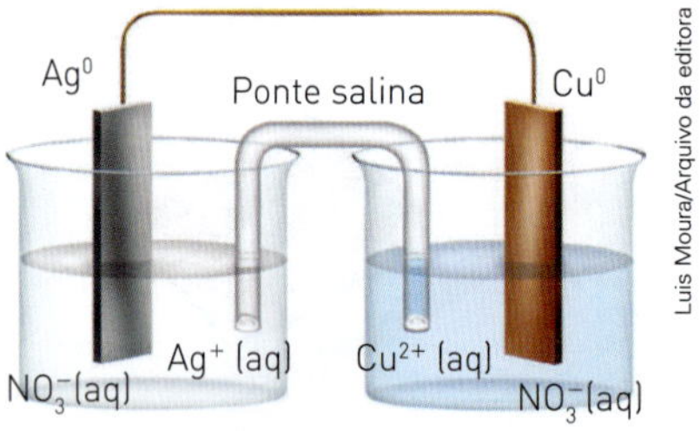


Sabendo que o cobre cede elétrons espontaneamente aos íons $Ag^+$, é correto afirmar que:

a) a concentração de íons $Ag^+$ na solução diminui.

b) a prata é o agente redutor.

c) o íon $Cu^{2+}$ sofre oxidação.

d) o eletrodo negativo ou ânodo terá a sua massa aumentada.

e) o fluxo de elétrons é: $Ag^+ \longrightarrow Ag^0$.

**6.** (Uema)

Somente quem tem restaurações dentárias sabe o infortúnio que é a sensação de tomarmos um choque ao tocar no dente obturado com um objeto metálico. Simplesmente porque forma-se uma pilha, dois metais diferentes em meio ácido. O alumínio transforma-se no polo negativo, e seus elétrons caminham através da saliva (que é levemente ácida) para a obturação, que recebe os elétrons.

Fonte: SUPERINTERESSANTE. Nº 7, ano 13, jul. 1999. São Paulo: Abril.

Com base nesse texto, responda:

a) por que o alumínio constitui o polo negativo da pilha?

b) qual a denominação dada ao polo negativo?

c) qual o papel assumido pela saliva nessa pilha?

d) qual a denominação dada à saliva?

**7.** (Fuvest-SP) Na década de 1780, o médico italiano Luigi Galvani realizou algumas observações, utilizando rãs recentemente dissecadas. Em um dos experimentos, Galvani tocou dois pontos da musculatura de uma rã com dois arcos de metais diferentes, que estavam em contato entre si, observando uma contração dos músculos, conforme mostra a figura a seguir.

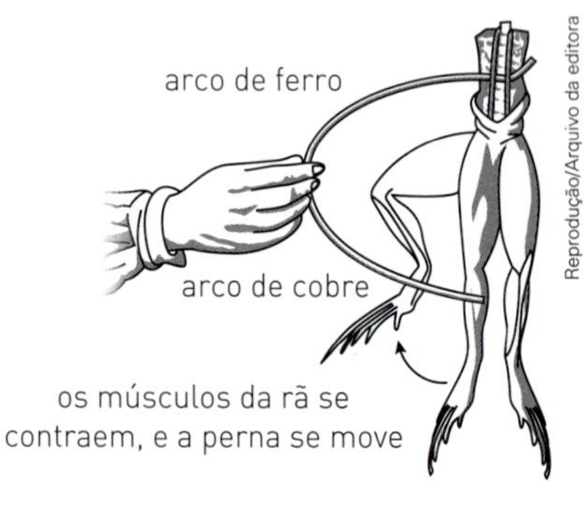


Interpretando essa observação com os conhecimentos atuais, pode-se dizer que as pernas da rã continham soluções diluídas de sais. Pode-se, também, fazer uma analogia entre o fenômeno observado e o funcionamento de uma pilha. Considerando essas informações, foram feitas as seguintes afirmações:

I. Devido à diferença de potencial entre os dois metais, que estão em contato entre si e em contato com a solução salina da perna da rã, surge uma corrente elétrica.

II. Nos metais, a corrente elétrica consiste em um fluxo de elétrons.

III. Nos músculos da rã, há um fluxo de íons associado ao movimento de contração.

Está correto o que se afirma em:

a) I, apenas.

b) III, apenas.

c) I e II, apenas.

d) II e III, apenas.

e) I, II e III.

**8.** (Uece) As pilhas de marca-passo precisam ser pequenas, confiáveis e duráveis, evitando algumas cirurgias para sua troca. Como não formam gases, elas podem ser hermeticamente fechadas. Sua duração é de aproximadamente 10 anos. Essas pilhas são formadas por lítio metálico e iodo (LiI). Assinale a alternativa que mostra as semirreações que ocorrem corretamente para formar o produto LiI.

a) cátodo: $2\ Li^0 \longrightarrow 2\ Li^+ + 2\ e^-$;
ânodo: $I_2 + 2\ e^- \longrightarrow 2\ I^-$.

b) cátodo: $2\ Li^0 + 2\ e^- \longrightarrow 2\ Li^+$;
ânodo: $I_2 \longrightarrow 2\ I^- + 2\ e^-$.

c) ânodo: $2\ Li^0 \longrightarrow 2\ Li^+ + 2\ e^-$;
cátodo: $I_2 + 2\ e^- \longrightarrow 2\ I^-$.

d) ânodo: $2\ Li^0 + 2\ e^- \longrightarrow 2\ Li^+$;
cátodo: $I_2 \longrightarrow 2\ I^- + 2\ e^-$.

**9.** (UFPE) Uma pilha de uso comercial é baseada na reação de óxido de prata ($Ag_2O$) com um ânodo de zinco, produzindo prata metálica e óxido de zinco (ZnO). Esta pilha funciona em meio alcalino, e apresenta as seguintes características:

( ) na reação da pilha, o $Ag_2O$ recebe elétrons.

( ) o zinco atua como agente oxidante.

( ) a prata tem seu estado de oxidação decrescido de 2 unidades.

( ) para cada mol de óxido de prata consumido, também são consumidos 2 mol de zinco.

( ) no óxido de zinco, o estado de oxidação do zinco é +1.

# As primeiras pilhas

Por volta de 1780, o anatomista italiano Luigi Galvani (1737-1798) observou que os músculos da coxa de rãs recém-dissecadas sofriam contrações quando em contato simultâneo com dois metais diferentes. Galvani concluiu que o fenômeno estava associado à presença de eletricidade, originária dos músculos (os metais serviam de condutores). Já o físico italiano Alessandro Volta interpretou o mesmo fato de maneira diferente. Ele julgou que a eletricidade tinha sua origem nos metais e, com base nisso, começou a realizar uma série de experimentos usando pares de diferentes metais. Os resultados desses experimentos logo comprovaram que ele tinha razão.

Em seus experimentos, Volta colocava um "condutor úmido" (solução aquosa salina) entre dois "condutores secos" (geralmente metais), ligando-os com um fio condutor. Assim, ele descobriu que se estabelece, segundo a força predominante, à direita ou à esquerda, uma corrente elétrica, uma circulação desse fluido, que cessa apenas ao se romper o circuito, e se restabelece logo, sempre que o circuito é religado.

Como podemos perceber, Volta já tinha, naquele momento, a ideia da pilha e também notado que o sentido do fluxo da corrente elétrica dependia dos metais que formavam cada par de "condutores secos". Hoje, sabemos que o metal que libera os elétrons sofre oxidação e é aquele que tem o maior potencial de oxidação, ou seja, menor potencial de redução.

Em 1800, em uma carta ao cientista inglês Joseph Banks (1743-1820), Volta relata a construção de sua primeira pilha:

> Coloco horizontalmente, sobre uma mesa ou uma base, um dos discos metálicos — de prata, por exemplo — e sobre ele disponho um segundo disco de zinco; sobre este coloco um dos discos de flanela embebido em salmoura; depois outro disco de prata, seguido imediatamente por outro de zinco, sobre o qual pouso outra vez um disco umedecido. Continuo então da mesma maneira... até formar, com vários desses estágios, uma coluna tão alta que possa ainda se sustentar a si mesma sem cair.
>
> Carta lida na Sociedade Real de Londres em 26 de junho de 1800 e publicada na revista *Philosophical Transactions*, n. 90, t. II, p. 403-31, 1800.

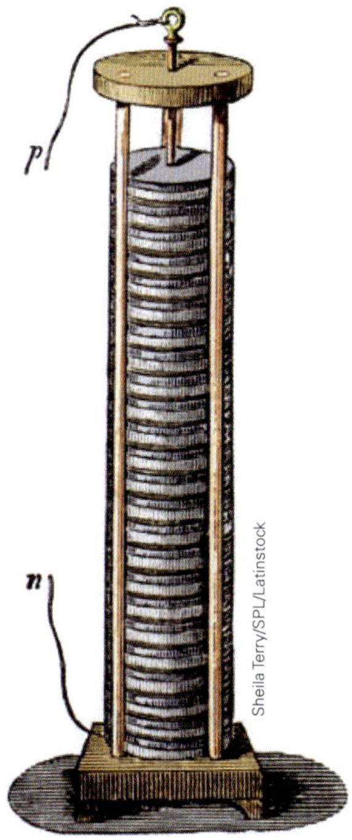


Representação de um dos primeiros modelos de pilha elétrica de zinco e prata.

Os discos terminais eram constituídos por metais diferentes e conectados por um fio condutor.

Volta realizou experimentos usando pares de diferentes metais e verificou que a quantidade de corrente elétrica variava em função dos metais utilizados. Além disso, foi o primeiro a utilizar soluções eletrolíticas entre os eletrodos. Ele criou um dispositivo, denominado coroa de copos, formado por vários copos contendo soluções eletrolíticas, ligados entre si por uma haste metálica cujas extremidades eram compostas de metais diferentes.

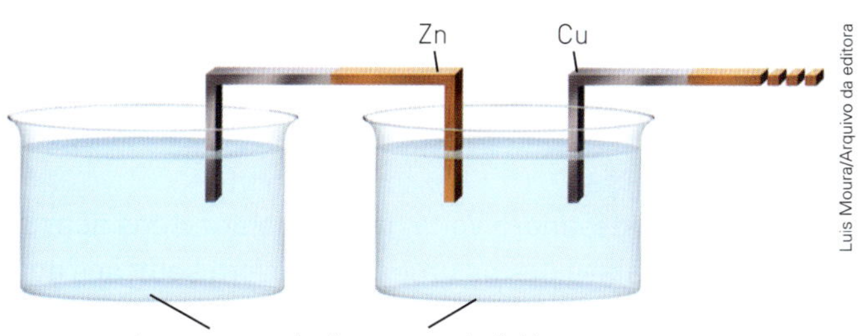


Esquema da coroa de copos de Volta.

SPL/Latinstock

Gravura da coroa de copos de Alessandro Volta (1800).

Embora Volta não compreendesse muito bem o papel do condutor líquido, ele percebeu que, quanto maior o número de "estágios" de uma mesma pilha, maior a quantidade de corrente elétrica produzida.

Galvani defendeu seu ponto de vista até o fim de sua vida, o que lhe trouxe vários dissabores. Além de suas discussões com a comunidade científica, ele sofreu muito com a morte de sua esposa e com a perda da posição de professor na Universidade de Bolonha, por ter-se recusado a jurar fidelidade ao governo invasor da Itália, de Napoleão Bonaparte. Galvani morreu na miséria.

Volta, por sua vez, indiferente aos problemas políticos, jurou fidelidade a Napoleão e, em 1801, realizou para ele uma demonstração de sua pilha na Academia de Ciências de Paris, tendo sido agraciado, em seguida, com uma medalha de ouro e com um prêmio de 2 000 escudos de ouro. Em 1810, Volta foi elevado à posição de senador do reino da Itália, com o título de conde.

The Bridgeman Art Library/Keystone Brasil/Coleção particular.

Alessandro Volta demonstra sua descoberta a Napoleão. Litografia do ano 1901.

## Reflita

**1.** Justifique por que a corrente elétrica variava em função dos metais utilizados nos discos.

**2.** Sobre o esquema de Alessandro Volta, responda aos itens abaixo.

a) Por que Volta intercalava discos umedecidos com soluções aquosas salinas entre os discos de metal?

b) Por que as soluções aquosas salinas são eletrolíticas?

CAPÍTULO 16

# Potencial das pilhas

## Potencial de redução e oxidação

Na pilha de Daniell, os eletrodos são de zinco (Zn) e de cobre (Cu). Tanto os íons $Zn^{2+}$ (aq) como os íons $Cu^{2+}$ (aq) têm certa tendência de receber elétrons; porém, os íons $Cu^{2+}$ (aq) são os que sofrem redução.

Podemos concluir, então, que a tendência do $Cu^{2+}$ (aq) em sofrer redução é maior que a do $Zn^{2+}$ (aq).

Assim, dizemos que os íons $Cu^{2+}$ têm **maior potencial de redução ($E_{red}$)**.

$$Cu^{2+}\,(aq) + 2\,e^- \longrightarrow Cu\,(s) \qquad E_{red}\,Cu^{2+} > E_{red}\,Zn^{2+}$$

Nessa pilha, como os íons $Cu^{2+}$ sofreram redução, o zinco sofrerá oxidação, o que nos permite concluir que ele apresenta **maior potencial de oxidação ($E_{oxi}$)**.

$$Zn\,(s) \longrightarrow Zn^{2+}\,(aq) + 2\,e^- \qquad E_{oxi}\,Zn > E_{oxi}\,Cu$$

Em uma pilha, a espécie que apresenta maior $E_{red}$ sofre redução e, portanto, a outra espécie, de maior $E_{oxi}$, sofre oxidação.

## Potencial de uma pilha

Nas pilhas, os elétrons fluem do eletrodo onde ocorre oxidação (ânodo) para o eletrodo onde ocorre redução (cátodo), através do fio externo. Se colocarmos nesse fio um aparelho denominado **voltímetro**, conseguiremos medir a **força eletromotriz** (**fem** ou **E**) da pilha.

O valor indicado pelo voltímetro, em volts (V), corresponde à força eletromotriz da pilha. Nas pilhas comuns, esse valor aparece indicado na embalagem externa da pilha.

Em Física, a equação característica de um gerador (pilha, bateria, etc.) é:

$$\mathbf{U = E - r \cdot i}$$

em que:

- U = diferença de potencial elétrico (ddp);
- E = força eletromotriz do gerador;
- r = resistência interna do gerador;
- i = intensidade da corrente elétrica.

Em Química, tratamos as pilhas como geradores ideais, isto é, aqueles cuja resistência interna é considerada desprezível em relação ao circuito elétrico que alimentam.

Assim, para geradores ideais, a equação característica se reduz a:

$$\mathbf{U = E}$$

ou seja, a fem da pilha é considerada igual à sua diferença de potencial ou ddp ($\Delta E$).

Thinkstock/Getty Images

O voltímetro é utilizado para medir a diferença de potencial entre dois pontos. Ele deve ser posicionado paralelamente ao trecho do circuito cuja tensão elétrica se quer medir. Para não interferir na medição, sua resistência interna deve ser muito maior do que as resistências do circuito.

A diferença de potencial ou ddp (ΔE) de uma pilha depende das espécies químicas envolvidas, das suas concentrações e da temperatura. Por esse motivo, o ΔE é medido na chamada **condição padrão**, que corresponde a espécies com concentração 1 mol/L e possíveis gases envolvidos com pressão de **1 bar** a 25 °C. Na condição padrão, a diferença de potencial da pilha será representada por $\Delta E^0$.

O $\Delta E^0$ de uma pilha corresponde à diferença entre os potenciais de redução das espécies envolvidas, e seu cálculo pode ser feito pela equação a seguir:

$$\Delta E^0 = E^0_{red} \text{ (cátodo)} - E^0_{red} \text{ (ânodo)}$$

Os potenciais de redução podem ser encontrados na tabela de potenciais padrão para algumas semicelas da página 302.

A força eletromotriz ou a diferença de potencial (ΔE) depende das semicelas. Não se consegue medir diretamente o potencial de redução de uma semicela, por isso tornou-se necessário estabelecer um padrão de referência. O padrão de referência escolhido arbitrariamente foi o eletrodo de hidrogênio, ao qual foi associado um $E^0_{red}$ = zero.

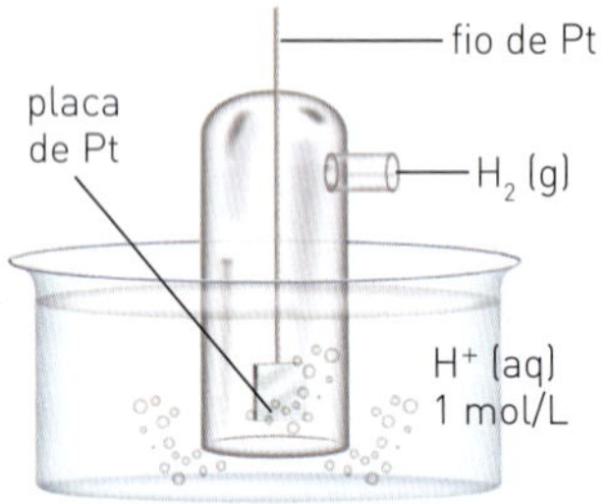


O eletrodo padrão de hidrogênio é usado como referência para a determinação dos potenciais de outras espécies.

O eletrodo de hidrogênio é formado por um fio de platina (Pt) ligado a uma placa de platina em contato com o gás hidrogênio ($H_2$), adsorvido sobre a platina, a 1 bar de pressão e a 25 °C, imerso em uma solução ácida com $[H^+] = 1$ mol/L.

Quando o fio de platina recebe elétrons provenientes do circuito externo, ele se comporta como cátodo, e na sua superfície os íons $H^+$ se transformam em $H_2$ (g).

A equação pode ser representada por:

$$2\,H^+ (aq) + 2\,e^- \longrightarrow H_2 (g)$$

Quando o eletrodo padrão de hidrogênio funciona como ânodo, o gás hidrogênio é oxidado, formando íons $H^+$ (aq), de acordo com a equação:

$$H_2 (g) \longrightarrow 2\,H^+ (aq) + 2\,e^-$$

A reação global da pilha pode ser obtida igualando o número total de elétrons perdidos e o número total de elétrons recebidos. Depois disso, basta somar as semirreações.

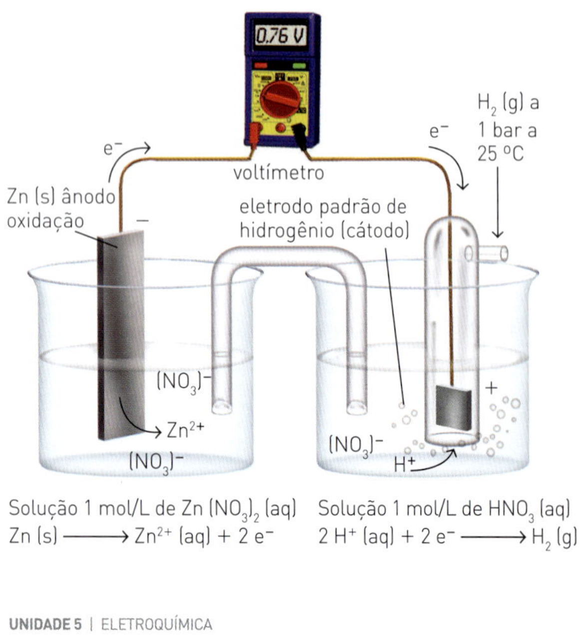


Vamos agora construir o esquema de algumas pilhas, em que um dos eletrodos será o de hidrogênio, e assim poderemos determinar os $E^0$ das outras espécies.

## Pilha de zinco e hidrogênio

Quando um eletrodo padrão de hidrogênio é acoplado a uma semicela com eletrodo de zinco, ele funciona como cátodo, onde ocorre redução.

O eletrodo de zinco é o ânodo, onde ocorre oxidação. Essa semirreação pode ser representada pela equação abaixo.

$$Zn (s) \longrightarrow Zn^{2+} (aq) + 2\,e^-$$

A semirreação que ocorre no eletrodo de hidrogênio é representada pela equação:

$$2\,H^+ (aq) + 2\,e^- \longrightarrow H_2 (g)$$

Somando as semirreações, temos:

$$
\begin{array}{rrcl}
\text{oxidação:} & \text{Zn (s)} & \longrightarrow & \text{Zn}^{2+}\text{ (aq)} + \cancel{2\,e^-} \\
\text{redução:} & 2\,\text{H}^+\text{ (aq)} + \cancel{2\,e^-} & \longrightarrow & \text{H}_2\text{ (g)} \\
\hline
\text{reação global:} & \text{Zn (s)} + 2\,\text{H}^+\text{ (aq)} & \longrightarrow & \text{Zn}^{2+}\text{ (aq)} + \text{H}_2\text{ (g)}
\end{array}
$$

Essa pilha pode ser representada por:

$$\text{Zn (s)} \mid \text{Zn}^{2+}\text{ (aq)} \parallel \text{H}^+\text{ (aq)} \mid \text{H}_2\text{ (g)} \mid \text{Pt (s)}$$

Como o hidrogênio ($H^+$) se reduziu, seu potencial de redução é maior que o do Zn; aplicando o $\Delta E^0$ indicado pelo voltímetro, temos:

$$\Delta E^0 = \underbrace{E^0_{red}\text{ cátodo}}_{\text{eletrodo padrão de hidrogênio}} - \underbrace{E^0_{red}\text{ ânodo}}_{\text{eletrodo de zinco}}$$

$$\Delta E^0 = E^0_{red\,(H^+ \mid H_2)} - E^0_{red\,(Zn^{2+} \mid Zn^0)}$$

$$0{,}76\text{ V} = 0 - E^0_{red\,(Zn^{2+} \mid Zn^0)}$$

$$E^0_{red\,(Zn^{2+} \mid Zn^0)} = -\,0{,}76\text{ V}$$

## Pilha de cobre e hidrogênio

Quando o eletrodo padrão de hidrogênio é acoplado a uma semicela com eletrodo de cobre, ele funciona como ânodo, onde ocorre oxidação.

O eletrodo de cobre é o cátodo, onde ocorre a redução.

A semirreação pode ser representada pela equação:

$$\text{H}_2\text{ (g)} \longrightarrow 2\,\text{H}^+\text{ (aq)} + 2\,e^-$$

Já a semirreação que ocorre no eletrodo de cobre é representada pela equação abaixo.

$$\text{Cu}^{2+}\text{ (aq)} + 2\,e^- \longrightarrow \text{Cu (s)}$$

A soma das semirreações, portanto, é:

$$
\begin{array}{rrcl}
\text{oxidação:} & \text{H}_2\text{ (g)} & \longrightarrow & 2\,\text{H}^+\text{ (aq)} + \cancel{2\,e^-} \\
\text{redução:} & \text{Cu}^{2+}\text{ (aq)} + \cancel{2\,e^-} & \longrightarrow & \text{Cu (s)} \\
\hline
\text{reação global:} & \text{Cu}^{2+}\text{ (aq)} + \text{H}_2\text{ (g)} & \longrightarrow & 2\,\text{H}^+\text{ (aq)} + \text{Cu (s)}
\end{array}
$$

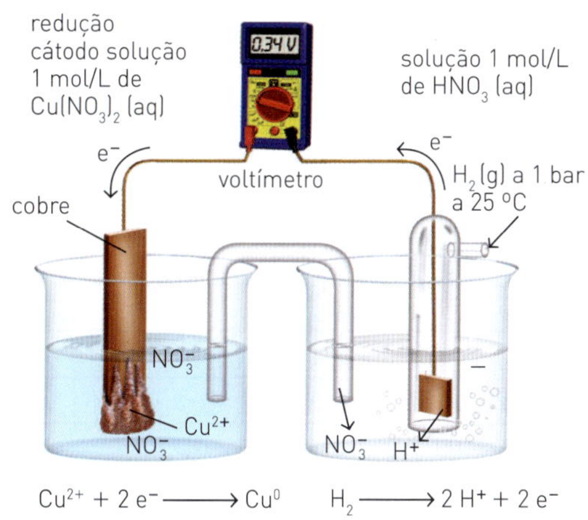

Luis Moura/Arquivo da editora

Essa pilha pode ser representada por:

$$\text{Pt (s)} \mid \text{H}_2\text{ (g)} \mid \text{H}^+\text{ (aq)} \parallel \text{Cu}^{2+}\text{ (aq)} \mid \text{Cu (s)}$$

Como o cobre ($Cu^{2+}$) se reduziu, seu potencial de redução é maior que o do $H_2$; aplicando à equação o valor de $\Delta E$ indicado pelo voltímetro, temos:

$$\Delta E^0 = \underbrace{E^0_{red}\text{ cátodo}}_{\text{eletrodo de cobre}} - \underbrace{E^0_{red}\text{ ânodo}}_{\text{eletrodo padrão de hidrogênio}}$$

$$\Delta E^0 = E^0_{red\,(Cu^{2+} \mid Cu^0)} - E^0_{red\,(H^+ \mid H_2)}$$

$$0{,}34\text{ V} = E^0_{red\,(Cu^{2+} \mid Cu^0)} - 0$$

$$E^0_{red\,(Cu^{2+} \mid Cu^0)} = +0{,}34\text{ V}$$

A partir de vários experimentos semelhantes a esses, foram determinados os potenciais de redução de várias espécies químicas.

A tabela a seguir mostra esses potenciais e as semirreações de redução correspondentes.

| Potenciais de redução ($E^0_{red}$) com solução aquosa 1 mol/L a 25 °C e 1 bar (em V) | | | |
|---|---|---|---|
| $Li^+$ (aq) + $e^-$ | $\rightleftharpoons$ | Li (s) | −3,05 |
| $K^+$ (aq) + $e^-$ | $\rightleftharpoons$ | K (s) | −2,95 |
| $Ba^{2+}$ (aq) + 2 $e^-$ | $\rightleftharpoons$ | Ba (s) | −2,91 |
| $Ca^{2+}$ (aq) + 2 $e^-$ | $\rightleftharpoons$ | Ca (s) | −2,87 |
| $Na^+$ (aq) + $e^-$ | $\rightleftharpoons$ | Na (s) | −2,71 |
| $Mg^{2+}$ (aq) + 2 $e^-$ | $\rightleftharpoons$ | Mg (s) | −2,37 |
| $A\ell^{3+}$ (aq) + 3 $e^-$ | $\rightleftharpoons$ | $A\ell$ (s) | −1,66 |
| $Ti^{2+}$ + 2 $e^-$ | $\rightleftharpoons$ | Ti (s) | −1,63 |
| $Mn^{2+}$ (aq) + 2 $e^-$ | $\rightleftharpoons$ | Mn (s) | −1,18 |
| $Zn^{2+}$ (aq) + 2 $e^-$ | $\rightleftharpoons$ | Zn (s) | −0,76 |
| $Cr^{3+}$ (aq) + 3 $e^-$ | $\rightleftharpoons$ | Cr (s) | −0,74 |
| $Fe^{2+}$ (aq) + 2 $e^-$ | $\rightleftharpoons$ | Fe (s) | −0,45 |
| $Cr^{2+}$ (aq) + $e^-$ | $\rightleftharpoons$ | $Cr^+$ (aq) | −0,41 |
| $Cd^{2+}$ (aq) + 2 $e^-$ | $\rightleftharpoons$ | Cd (s) | −0,40 |
| $PbSO_4$ (s) + 2 $e^-$ | $\rightleftharpoons$ | Pb (s) + $SO_4^{2-}$ (aq) | −0,36 |
| $Co^{2+}$ (aq) + 2 $e^-$ | $\rightleftharpoons$ | Co (s) | −0,28 |
| $Ni^{2+}$ (aq) + 2 $e^-$ | $\rightleftharpoons$ | Ni (s) | −0,26 |
| $Sn^{2+}$ (aq) + 2 $e^-$ | $\rightleftharpoons$ | Sn (s) | −0,14 |
| $Pb^{2+}$ (aq) + 2 $e^-$ | $\rightleftharpoons$ | Pb (s) | −0,13 |
| 2 $H^+$ (aq) + 2 $e^-$ | $\rightleftharpoons$ | $H_2$ (g) | 0,000 |
| $Sn^{4+}$ (aq) + 2 $e^-$ | $\rightleftharpoons$ | $Sn^{2+}$ (aq) | +0,15 |
| $SO_4^{2-}$ (aq) + 4 $H^+$ (aq) + 2 $e^-$ | $\rightleftharpoons$ | $SO_2$ (g) + 2 $H_2O$ | +0,15 |
| $Cu^{2+}$ (aq) + $e^-$ | $\rightleftharpoons$ | $Cu^+$ (aq) | +0,15 |
| $Cu^{2+}$ (aq) + 2 $e^-$ | $\rightleftharpoons$ | Cu (s) | +0,34 |
| $Cu^+$ (aq) + $e^-$ | $\rightleftharpoons$ | Cu (s) | +0,52 |
| $I_2$ (s) + 2 $e^-$ | $\rightleftharpoons$ | 2 $I^-$ (aq) | +0,53 |
| $Fe^{3+}$ (aq) + $e^-$ | $\rightleftharpoons$ | $Fe^{2+}$ (aq) | +0,77 |
| $Ag^+$ (aq) + $e^-$ | $\rightleftharpoons$ | Ag (s) | +0,80 |
| 2 $Hg^{2+}$ (aq) + 2 $e^-$ | $\rightleftharpoons$ | $Hg_2^{2+}$ (aq) | +0,80 |
| $Br_2$ ($\ell$) + 2 $e^-$ | $\rightleftharpoons$ | 2 $Br^-$ (aq) | +1,07 |
| $O_2$ (g) + 4 $H^+$ (aq) + 4 $e^-$ | $\rightleftharpoons$ | 2 $H_2O$ | +1,23 |
| $MnO_2$ (s) + 4 $H^+$ (aq) + 2 $e^-$ | $\rightleftharpoons$ | $Mn^{2+}$ (aq) + 2 $H_2O$ | +1,23 |
| $Cr_2O_7^{2-}$ (aq) + 14 $H^+$ (aq) + 6 $e^-$ | $\rightleftharpoons$ | 2 $Cr^{3+}$ (aq) + 7 $H_2O$ | +1,33 |
| $C\ell_2$ (g) + 2 $e^-$ | $\rightleftharpoons$ | 2 $C\ell^-$ (aq) | +1,36 |
| $Au^{3+}$ (aq) + 3 $e^-$ | $\rightleftharpoons$ | Au (s) | +1,40 |
| $MnO_4^-$ (aq) + 8 $H^+$ (aq) + 5 $e^-$ | $\rightleftharpoons$ | $Mn^{2+}$ (aq) + 4 $H_2O$ | +1,51 |
| $PbO_2$ (s) + $SO_4^{2-}$ (aq) + 4 $H^+$ (aq) + 2 $e^-$ | $\rightleftharpoons$ | $PbSO_4$ (s) + 2 $H_2O$ | +1,45 |
| $Co^{3+}$ (aq) + $e^-$ | $\rightleftharpoons$ | $Co^{2+}$ (aq) | +1,92 |
| $F_2$ (g) + 2 $e^-$ | $\rightleftharpoons$ | 2 $F^-$ (aq) | +2,87 |

aumento da força oxidante (↓)

aumento da força redutora (↑)

Fonte: GILBERT, Thomas R. et al. *Chemistry*: The science in context. 2. ed. New York: W. W. Norton & Company, Inc., 2009. p. A 26-27.

## Força de oxidantes e redutores

Pela análise da tabela, podemos perceber que o $Li^+$ (aq) apresenta o menor potencial de redução ($E^0 = -3{,}05$ V) e que o $F_2$ (g) apresenta o maior potencial de redução ($E^0 = +2{,}87$ V).

$$Li^+ (aq) + e^- \underset{}{\overset{\text{redução}}{\rightleftharpoons}} Li (s) \qquad E^0_{red} = -3{,}05 \text{ V}$$

$$F_2 (g) + 2e^- \overset{\text{redução}}{\rightleftharpoons} 2 F^- (aq) \qquad E^0_{red} = +2{,}87 \text{ V}$$

O fato de o $F_2$ (g) apresentar o maior potencial de redução nos permite concluir que o $F_2$ (g) apresenta a maior tendência em receber elétrons, isto é, se reduzir e, portanto, é o **melhor agente oxidante**.

Como a redução é um processo inverso à oxidação, quanto maior o $E^0_{red}$ de uma espécie, menor será sua facilidade em sofrer oxidação, ou seja, quanto maior o $E_{red}$, menor será o $E_{oxi}$.

> O $E_{oxi}$ é numericamente igual ao $E_{red}$; porém, com sinal contrário.

$$Li^+ (aq) + e^- \underset{\text{oxidação}}{\rightleftharpoons} Li (s) \qquad E^0_{red} = -3{,}05 \text{ V} \qquad E^0_{oxi} = +3{,}05 \text{ V}$$

$$F_2 (g) + 2e^- \underset{\text{oxidação}}{\rightleftharpoons} 2 F^- (aq) \qquad E^0_{red} = +2{,}87 \text{ V} \qquad E^0_{oxi} = -2{,}87 \text{ V}$$

Note que o Li (s) apresenta o maior potencial de oxidação, o que nos permite concluir que o Li (s) apresenta a maior tendência em perder elétrons, isto é, se oxidar e, portanto, ele é o **melhor agente redutor**.

## Cálculo da voltagem ($\Delta E^0$) das pilhas

O cálculo da diferença de potencial de uma pilha ($\Delta E$) pode ser feito conhecendo-se os potenciais padrão de redução.

Vamos calcular o $\Delta E^0$ de uma pilha Zn – Cu, conhecendo-se os potenciais de redução.

$$E_{red\ (Cu^{2+}\ |\ Cu)} = +0{,}34 \text{ V}$$

$$E_{red\ (Zn^{2+}\ |\ Zn)} = -0{,}76 \text{ V}$$

Como já vimos, o $\Delta E^0$ pode ser calculado pela expressão

$$\Delta E^0 = E_{cátodo} - E_{ânodo}$$

$$\Delta E^0 = E_{espécie\ que\ se\ reduz} - E_{espécie\ que\ se\ oxida}$$

$$\Delta E^0 = E_{espécie\ de\ maior\ potencial\ de\ redução} - E_{espécie\ de\ menor\ potencial\ de\ redução}$$

$$\Delta E^0 = (+0{,}34 \text{ V}) - (-0{,}76 \text{ V})$$

$$\Delta E^0 = +1{,}10 \text{ V}$$

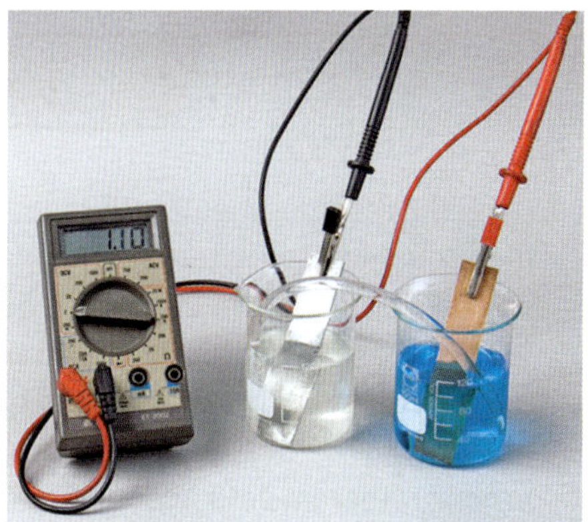

Sérgio Dotta Jr./Arquivo da editora

Pilha de Zn e Cu.

As reações envolvidas nessa pilha podem ser representadas pelas seguintes equações:

semirreações

$$Cu^{2+} (aq) + \cancel{2e^-} \longrightarrow Cu (s)$$

$$Zn (s) \longrightarrow Zn^{2+} (aq) + \cancel{2e^-}$$

$$\text{reação global: } Zn (s) + Cu^{2+} (aq) \longrightarrow Cu (s) + Zn^{2+} (aq)$$

Veja outro exemplo, uma pilha de Aℓ e Ag.

$$E_{red\ (Ag^+\ |\ Ag)} = +0{,}80 \text{ V}$$

$$E_{red\ (A\ell^{3+}\ |\ A\ell)} = -1{,}66 \text{ V}$$

Observando os potenciais, podemos perceber que a prata, por apresentar o maior potencial de redução, se reduz, e o eletrodo de **prata** será o **cátodo**.

O **alumínio**, por apresentar o menor potencial de redução, se oxida e constitui o **ânodo**.

$$\Delta E^0 = E_{red}\ \text{cátodo} - E_{red}\ \text{ânodo}$$
$$\Delta E^0 = (+0{,}80\ V) - (-1{,}66\ V)$$
$$\Delta E^0 = +2{,}46\ V$$

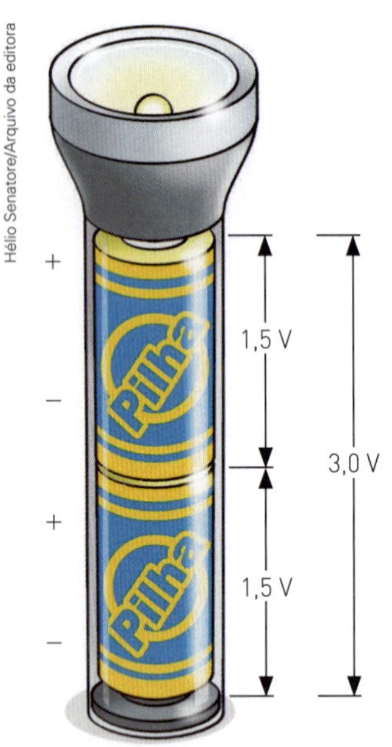


Quando pilhas são ligadas em série, a força eletromotriz total corresponde à soma de cada força eletromotriz.

Observando os dois exemplos nos quais foram calculados os $\Delta E^0$ das pilhas, verificamos que ambos apresentam um $\Delta E^0 > 0$, o que caracteriza a espontaneidade de uma reação.

O $\Delta E^0 > 0$ caracteriza o funcionamento espontâneo de uma pilha.

As semirreações dessa pilha podem ser representadas por:

- semirreação de redução: $Ag^+\ (aq) + 1\ e^- \rightarrow Ag\ (s)$
- semirreação de oxidação: $A\ell\ (s) \rightarrow A\ell^{3+}\ (aq) + 3\ e^-$

A equação global da pilha pode ser obtida pelo uso de coeficientes que igualem o número de elétrons cedidos e recebidos nas semirreações:

$$3\ Ag^+\ (aq) + \cancel{3e^-} \longrightarrow 3\ Ag\ (s)$$
$$A\ell\ (s) \longrightarrow A\ell^{3+}\ (aq) + \cancel{3e^-}$$
$$\overline{A\ell\ (s) + 3\ Ag^+\ (aq) \longrightarrow 3\ Ag\ (s) + A\ell^{3+}\ (aq)}$$

Note que os valores dos $E^0$ não dependem do número de mol das espécies envolvidas e são sempre constantes nas condições padrão para cada espécie.

## Exercícios resolvidos

**1.** (UFRJ) Um experimento utilizado no estudo de eletroquímica consiste em empilhar uma placa de cobre e uma placa de zinco, e duas placas de feltro, uma embebida em solução padrão de sulfato de cobre, e outra em solução padrão de sulfato de zinco. Esse experimento tem o objetivo de produzir energia para acender uma lâmpada de baixa voltagem.

Potenciais padrão de redução:

$Cu^{2+}/Cu^0 \quad E^0 = +0{,}34\ V$

$Zn^{2+}/Zn^0 \quad E^0 = -0{,}76\ V$

Com base no esquema apresentado a seguir, responda aos seguintes itens:

Esquema de montagem da pilha

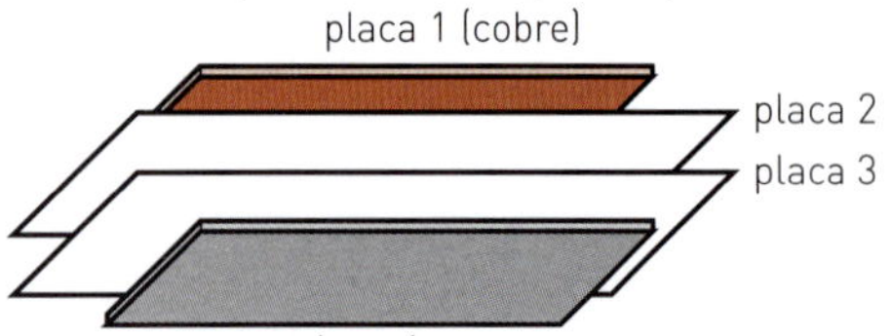


I. Indique a sequência de montagem da pilha, identificando as placas 2, 3 e 4.

II. Escreva a equação da semirreação correspondente ao eletrodo formado pela placa onde ocorre depósito metálico.

III. Identifique a placa onde será conectada a extremidade do fio correspondente ao polo positivo da pilha.

IV. Identifique a placa de feltro contendo a solução onde ocorre aumento da concentração de íons positivos.

V. Calcule a ddp da pilha.

**Solução**

I. As placas 1 e 4 devem ser os metais. Como a placa 1 é de cobre (Cu), a placa 4 deverá ser de zinco (Zn).

A placa 2 pode ser um feltro embebido em uma solução de sulfato de cobre ($CuSO_4$).

A placa 3 pode ser um feltro embebido em solução de sulfato de zinco ($ZnSO_4$).

II. Para ocorrer uma deposição, os íons da solução devem sofrer uma redução, e isso ocorre com aqueles que apresentam maior potencial de redução. No caso, com os íons $Cu^{2+}$:

$$Cu^{2+} + 2\,e^- \longrightarrow Cu$$

III. O polo (+) é o local para onde migram os elétrons, ou seja, em que ocorre a redução (cátodo). No caso, é a placa de cobre (1).

IV. Ocorre um aumento na concentração de íons na placa de feltro que está em contato com a placa do metal onde ocorre a oxidação. Como há oxidação na placa de Zn (4), a placa de feltro (3) terá sua concentração de íons $Zn^{2+}$ aumentada.

V. A ddp pode ser calculada pela expressão:

$$\Delta E = (E_{red\ maior}) - (E_{red\ menor})$$
$$\Delta E = (+0{,}34) - (-0{,}76)$$
$$\Delta E = 1{,}10\ V$$

**2.** (PUC-SP) Dado: todas as soluções aquosas citadas apresentam concentração 1 mol · $L^{-1}$ do respectivo cátion metálico.

A figura a seguir apresenta esquema da pilha de Daniell:

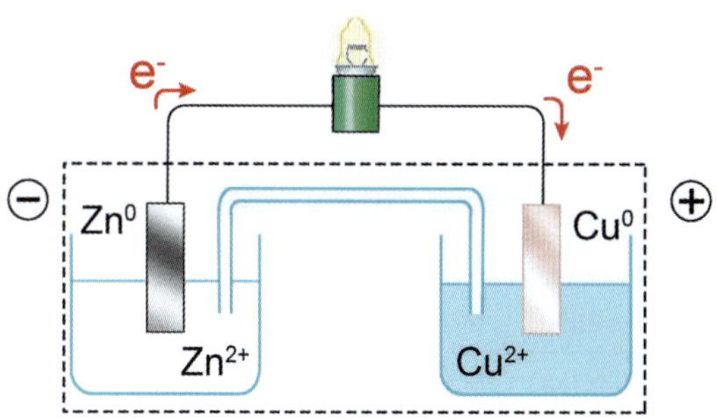


Reprodução/PUC-SP, 2014.

Pilha de Daniell

Nessa representação o par $Zn/Zn^{2+}$ é o ânodo da pilha, enquanto que o par $Cu^{2+}/Cu$ é o cátodo. A reação global é representada por:

$$Zn\ (s) + Cu^{2+}\ (aq) \rightarrow Zn^{2+}\ (aq) + Cu\ (s)$$
$$\Delta E = 1{,}10\ V$$

Ao substituirmos a célula contendo o par $Zn/Zn^{2+}$ por $A\ell/A\ell^{3+}$, teremos a equação

$$2\,A\ell\ (s) + 3\,Cu^{2+}\ (aq) \rightarrow 2\,A\ell^{3+}\ (aq) + 3\,Cu\ (s)$$
$$\Delta E = 2{,}00\ V$$

Uma pilha utilizando as células $A\ell/A\ell^{3+}$ e $Zn/Zn^{2+}$ é melhor descrita por:

| | ânodo | cátodo | ΔE (V) |
|---|---|---|---|
| a) | $Zn/Zn^{2+}$ | $A\ell^{3+}/A\ell$ | 3,10 |
| b) | $Zn/Zn^{2+}$ | $A\ell^{3+}/A\ell$ | 0,90 |
| c) | $A\ell/A\ell^{3+}$ | $Zn^{2+}/Zn$ | 3,10 |
| d) | $A\ell/A\ell^{3+}$ | $Zn^{2+}/Zn$ | 1,55 |
| e) | $A\ell/A\ell^{3+}$ | $Zn^{2+}/Zn$ | 0,90 |

**Solução**

Cálculo de variação do potencial de redução:

$$\Delta E = E^0_{\underset{maior}{red}} - E^0_{\underset{menor}{red}}$$

Como quem **sofre a redução** é o metal de **maior potencial** de redução, o cobre apresenta maior potencial de redução em ambas as pilhas.

1ª pilha:

$$Zn\ (s) + Cu^{2+}\ (aq) \rightarrow Zn^{2+}\ (aq) + Cu\ (s)$$
$$\Delta E = E^0_{\underset{cobre}{red}} - E^0_{\underset{zinco}{red}} \Rightarrow 1{,}1 = E^0_{\underset{cobre}{red}} - E^0_{\underset{zinco}{red}} \Rightarrow$$
$$\Rightarrow E^0_{\underset{zinco}{red}} = E^0_{\underset{cobre}{red}} - 1{,}1$$

2ª pilha:

$$2\,A\ell\ (s) + 3\,Cu^{2+}\ (aq) \rightarrow 3\,Cu\ (s) + 2\,A\ell^{3+}\ (aq)$$
$$\Delta E = E^0_{\underset{cobre}{red}} - E^0_{\underset{alumínio}{red}} \Rightarrow 2{,}0 = E^0_{\underset{cobre}{red}} - E^0_{\underset{alumínio}{red}} \Rightarrow$$
$$\Rightarrow E^0_{\underset{alumínio}{red}} = E^0_{\underset{cobre}{red}} - 2{,}0$$

Comparando os potenciais de redução do zinco e do alumínio para um mesmo potencial de redução do cobre, temos que $E^0_{\underset{zinco}{red}} > E^0_{\underset{alumínio}{red}}$.

Portanto,

$$2\,A\ell\ (s) + 3\,Zn^{2+}\ (aq) \rightarrow 2\,A\ell^{3+}\ (aq) + 3\,Zn\ (s)$$

ou $A\ell/A\ell^{3+}\ //\ Zn^{2+}/Zn$.

$$\Delta E = E^0_{\underset{zinco}{red}} - E^0_{\underset{alumínio}{red}} \Rightarrow$$
$$\Rightarrow \Delta E = E^0_{\underset{cobre}{red}} - 1{,}1 - (E^0_{\underset{cobre}{red}} - 2{,}0) \Rightarrow$$
$$\Rightarrow \Delta E = \cancel{E^0_{\underset{cobre}{red}}} - \cancel{E^0_{\underset{cobre}{red}}} - 1{,}1 + 2{,}0 \Rightarrow \Delta E = +0{,}9\ V$$

**3.** (Fuvest-SP) Um estudante realizou um experimento para avaliar a reatividade dos metais Pb, Zn e Fe. Para isso, mergulhou, em separado, uma pequena placa de cada um desses metais em cada uma das soluções aquosas dos nitratos de chumbo, de zinco e de ferro. Com suas observações, elaborou a seguinte tabela, em que (sim) significa formação de sólido sobre a placa e (não) significa nenhuma evidência dessa formação:

| Solução | Metal | | |
|---|---|---|---|
| | Pb | Zn | Fe |
| $Pb(NO_3)_2$ (aq) | (não) | (sim) | (sim) |
| $Zn(NO_3)_2$ (aq) | (não) | (não) | (não) |
| $Fe(NO_3)_2$ (aq) | (não) | (sim) | (não) |

A seguir, montou três diferentes pilhas galvânicas, conforme esquematizado.

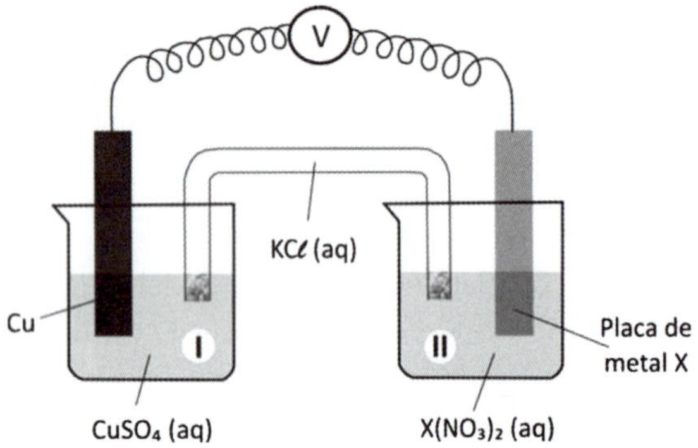

Reprodução/Fuvest, 2017.

Nessas três montagens, o conteúdo do béquer **I** era uma solução aquosa de $CuSO_4$ de mesma concentração, e essa solução era renovada na construção de cada pilha. O eletrodo onde ocorria a redução (ganho de elétrons) era o formado pela placa de cobre mergulhada em $CuSO_4$ (aq). Em cada uma das três pilhas, o estudante utilizou, no béquer **II**, uma placa de um dos metais X (Pb, Zn ou Fe) mergulhada na solução aquosa de seu respectivo nitrato.

O estudante mediu a força eletromotriz das pilhas, obtendo os valores: 0,44 V, 0,75 V e 1,07 V.

A atribuição correta desses valores de força eletromotriz a cada uma das pilhas, de acordo com a reatividade dos metais testados, deve ser:

| | Metal X | | |
|---|---|---|---|
| | Pb | Zn | Fe |
| a) | 0,44 | 1,07 | 0,75 |
| b) | 0,44 | 0,75 | 1,07 |
| c) | 0,75 | 0,44 | 1,07 |
| d) | 0,75 | 1,07 | 0,44 |
| e) | 1,07 | 0,44 | 0,75 |

**Solução**

A partir das informações fornecidas podemos montar o seguinte esquema genérico para a resolução da questão:

Luiz Rubio/Arquivo da editora

$$X\ (s) + Y^{2+}\ (aq) \rightarrow X^{2+}\ (aq) + Y\ (s)$$

A reação entre a barra de X (s) e os íons $Y^{2+}$ (aq) ocorre se $E^{red}_{Y^{2+}} > E^{red}_{X^{2+}}$.

Logo, pela análise da tabela, pode-se concluir que: $E^{red}_{Pb^{2+}} > E^{red}_{Fe^{2+}} > E^{red}_{Zn^{2+}}$.

Para as pilhas propostas, o eletrodo de cobre será sempre o cátodo (redução). Assim:

$$\Delta E = \underbrace{E^{red}_{maior}}_{\text{cátodo}} - \underbrace{E^{red}_{menor}}_{\text{ânodo}} = E^{red}_{Cu^{2+}} - E^{red}_{Y^{2+}}$$

Quanto maior o $E^{red}_{Y^{2+}}$, menor será a $\Delta E$.

Portanto, podemos atribuir $\Delta E = 0{,}44$ V para a pilha com Pb, $\Delta E = 0{,}75$ V para a pilha com Fe e $\Delta E = 1{,}07$ para a pilha com Zn.

Outra maneira mais direta para resolver esta questão é, simplesmente, analisar a tabela.

| Solução | Metal | | |
|---|---|---|---|
| | Pb | Zn | Fe |
| $Pb(NO_3)_2$ (aq) | (não) | (sim) | (sim) |
| $Zn(NO_3)_2$ (aq) | (não) | (não) | (não) |
| $Fe(NO_3)_2$ (aq) | (não) | (sim) | (não) |

1. Os metais Zn e Fe, ao serem mergulhados na solução de $Pb(NO_3)_2$, reagiram. Logo, podemos concluir que eles apresentam um potencial de oxidação maior que o Pb.

2. Ao mergulharmos o Pb e o Fe na solução de $Zn(NO_3)_2$, não ocorreu reação. Logo, podemos concluir que o Zn apresenta um potencial de oxidação maior que o Fe.

   Assim, temos:

   $E_{oxi}$ Zn > $E_{oxi}$ Fe > $E_{oxi}$ Pb ou

   $E_{red}$ Zn < $E_{red}$ Fe < $E_{red}$ Pb

## Fundamentando seus conhecimentos

Conhecendo os potenciais

$$Fe^{2+} + 2\,e^- \rightleftharpoons Fe \qquad -0{,}45 \text{ volt}$$

$$Co^{2+} + 2\,e^- \rightleftharpoons Co \qquad -0{,}28 \text{ volt}$$

responda às questões **1** a **7**.

**1.** Os potenciais indicados são de oxidação ou de redução?

**2.** Dê os valores dos potenciais:

$$Fe \rightleftharpoons Fe^{2+} + 2\,e^- \qquad E = ?$$

$$Co \rightleftharpoons Co^{2+} + 2\,e^- \qquad E = ?$$

**3.** Qual das espécies — Fe, $Fe^{2+}$, Co e $Co^{2+}$ — apresenta maior tendência em perder elétrons, ou seja, tem maior potencial de oxidação?

**4.** Qual das espécies — Fe, $Fe^{2+}$, Co e $Co^{2+}$ — apresenta maior tendência em ganhar elétrons, ou seja, tem maior potencial de redução?

**5.** Sabendo que a espécie que perde elétrons com maior facilidade apresenta maior potencial de oxidação, podemos afirmar que ela é o melhor agente oxidante ou o melhor agente redutor? Indique qual é essa espécie.

**6.** A espécie que ganha elétrons com maior facilidade (isto é, que tem maior potencial de redução) é o melhor agente oxidante ou o melhor redutor?

**7.** Considere o esquema da pilha abaixo e responda aos itens a seguir.

I. Indique o sentido dos elétrons.
II. Indique os polos positivo e negativo.
III. Qual eletrodo é o cátodo?
IV. Qual eletrodo é o ânodo?
V. Escreva em seu caderno as semirreações.
VI. Escreva em seu caderno a reação global.
VII. Calcule a força eletromotriz dessa pilha.

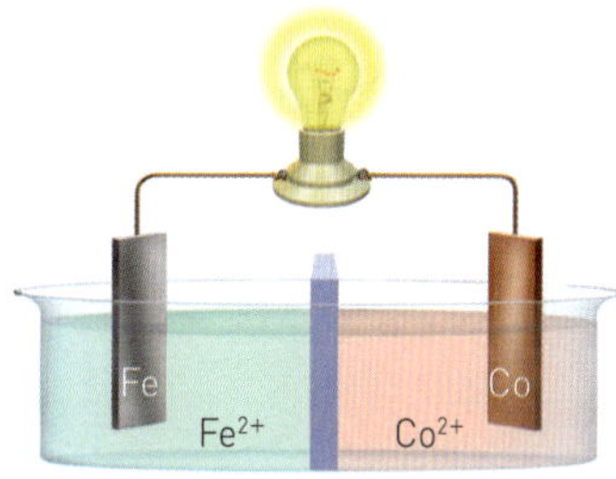


Luis Moura/Arquivo da editora

## Desenvolvendo seus conhecimentos

**1.** (PUC-MG) Uma pilha foi elaborada a partir das associações:

$$Fe^{2+}\,(aq) + 2\,e^- \rightarrow Fe\,(s) \qquad E^0_{red} = -0{,}45\ V$$

$$A\ell^{3+}\,(aq) + 3\,e^- \rightarrow A\ell\,(s) \qquad E^0_{red} = -1{,}66\ V$$

Qual das montagens a seguir representa corretamente a pilha funcionando?

a) 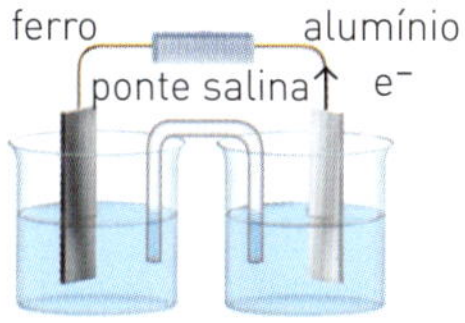


b) 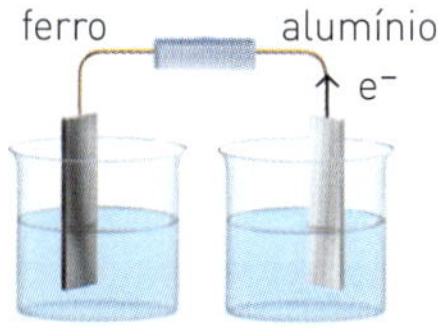


c) 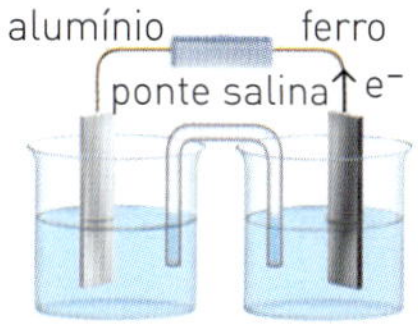


Ilustrações: Luis Moura/Arquivo da editora

d) 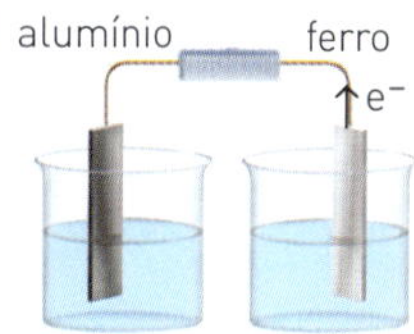


**2.** (PUC-MG) Uma pilha é realizada, nas condições padrões, a partir dos pares redox $Cu^{2+}/Cu$ ($E^0 = 0{,}34$ V) e $Cu^+/Cu$ ($E^0 = 0{,}52$ V). Sua força eletromotriz (fem) é:

a) 0,16 V.
b) 0,18 V.
c) 0,70 V.
d) 0,86 V.

**3.** (UEG-GO) Uma solução de 1 mol · $L^{-1}$ de $Cu(NO_3)_2$ é colocada em uma proveta com uma lâmina de cobre metálico. Outra solução de 1 mol · $L^{-1}$ de $SnSO_4$ é colocada em uma segunda proveta com uma lâmina de estanho metálico. Os dois eletrodos metálicos são conectados por fios a um voltímetro, enquanto as duas provetas são conectadas por uma ponte salina.

Considerando os potenciais padrão de redução listados a seguir, responda ao que se pede.

$$Cu^{2+}\ (aq) + 2\ e^- \rightarrow Cu\ (s) \qquad E^0 = +0{,}337\ V$$
$$Sn^{2+}\ (aq) + 2\ e^- \rightarrow Sn\ (s) \qquad E^0 = -0{,}140\ V$$

a) Dê o potencial registrado no voltímetro, justificando sua resposta.

b) Escreva em seu caderno a equação que representa o processo que ocorre nesse sistema e, em seguida, aponte o eletrodo que ganhará e aquele que perderá massa no decorrer da reação.

**4.** (Ifsul-RS) Considere a célula eletroquímica a seguir e os potenciais de redução das semirreações:

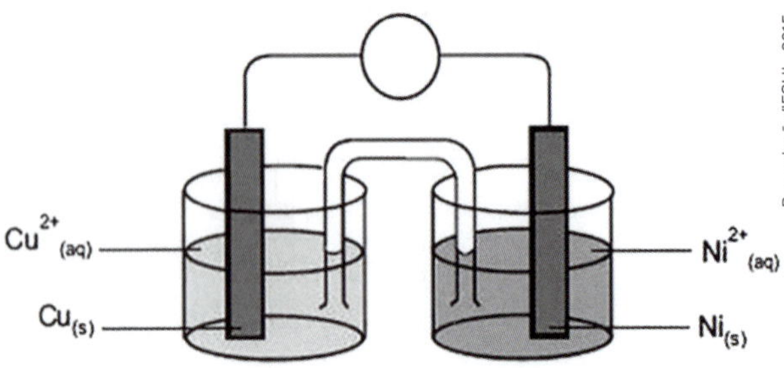


Reprodução/IFSUL, 2015.

$$Cu^{2+}\ (aq) + 2\ e^- \rightarrow Cu\ (s) \quad E^0 = +0{,}34 V$$
$$Ni^{2+}\ (aq) + 2\ e^- \rightarrow Ni\ (s) \quad E^0 = -0{,}25 V$$

Qual é a ddp da pilha?

a) 0,59 V.

b) 0,34 V.

c) 0,25 V.

d) 0,19 V.

**5.** (Ifsul-RS) Pilhas são dispositivos que transformam energia química em energia elétrica por meio de um sistema montado para aproveitar o fluxo de elétrons provenientes de uma reação química de oxirredução, conforme mostra o seguinte exemplo.

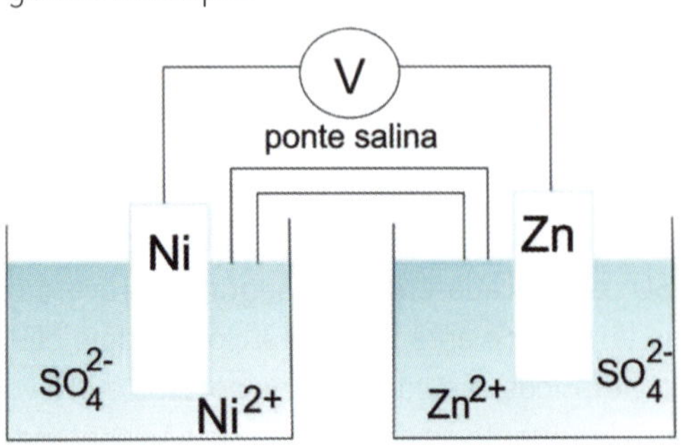


Reprodução/IFSUL, 2016.

Considerando que os Potenciais de redução do Níquel e do Zinco são, respectivamente, –0,25 V e –0,76 V é correto afirmar que

a) o níquel é oxidado e o zinco é reduzido.

b) o zinco é o ânodo e o níquel é o cátodo.

c) o níquel é o agente redutor e o zinco é o agente oxidante.

d) o níquel e o zinco geram uma força eletromotriz de –1,10 V nesta pilha.

**6.** (Unifesp) A figura representa uma pilha formada com os metais Cd e Ag, mergulhados nas soluções de $Cd(NO_3)_2$ (aq) e $AgNO_3$ (aq), respectivamente. A ponte salina contém solução de $KNO_3$ (aq).

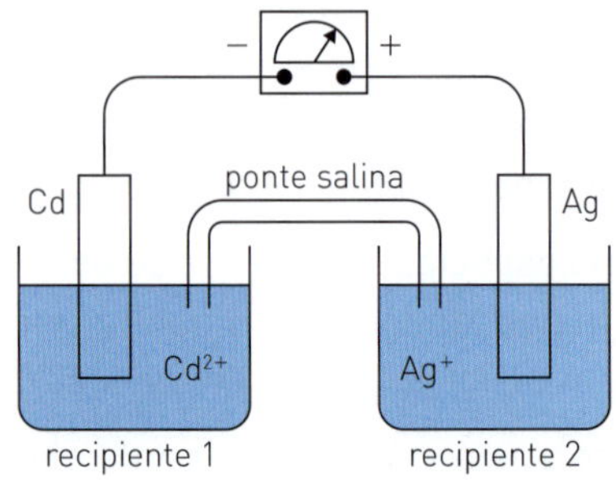


Reprodução/Arquivo da editora

a) Sabendo que a diferença de potencial da pilha, nas condições padrão, é igual a +1,20 V e que o potencial padrão de redução do cádmio é igual a –0,40 V, calcule o potencial padrão de redução da prata. Apresente seus cálculos.

b) Para qual recipiente ocorre migração dos íons $K^+$ e $NO_3^-$ da ponte salina? Justifique sua resposta.

**7.** (PUC-MG) Indique a alternativa que representa qualitativamente a evolução da concentração de $Cu^{2+}$, no béquer 1, nos minutos iniciais de funcionamento dessa pilha.

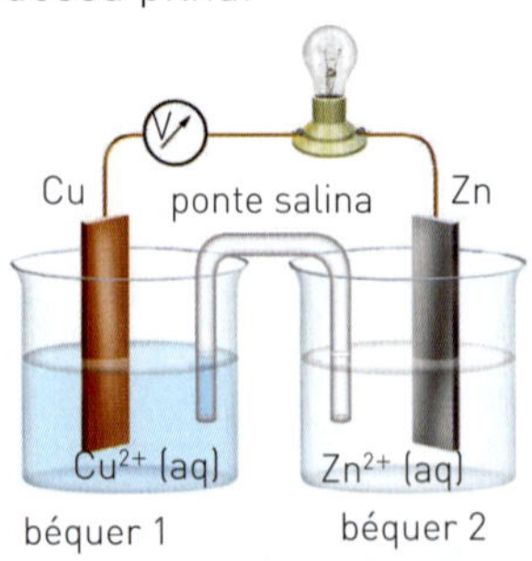


Reprodução/Arquivo da editora

| Potenciais padrão de redução, em solução a 298 K | |
|---|---|
| $Zn^{2+}/Zn$ | $Cu^{2+}/Cu$ |
| –0,76 V | +0,34 V |

a) 

b) 

c) 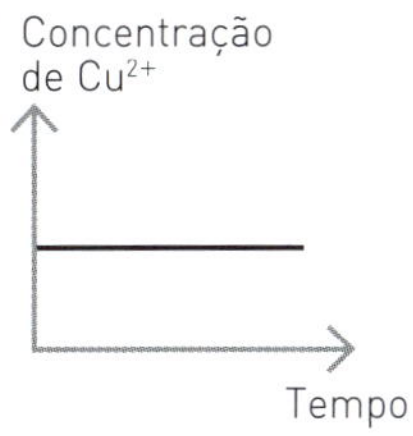


d) 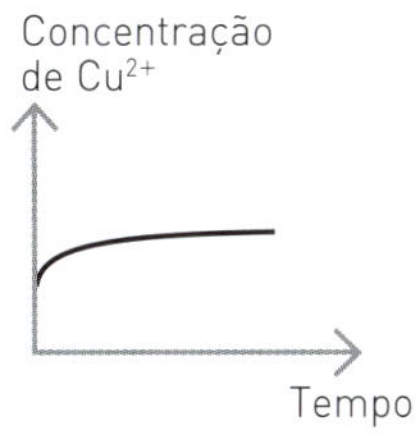


Ilustrações: Reprodução/Arquivo da editora

**8.** (UFRJ) O alumínio é o metal com maior índice de reciclagem de lixo urbano, e o Brasil é o campeão mundial de reciclagem de alumínio, recuperando mais de 96% das latas descartadas. Uma das aplicações mais interessantes para o alumínio é sua utilização em pilhas alumínio-oxigênio. Essas pilhas são muito compactas e têm grande capacidade de gerar energia, embora apresentem baixa eficiência de recarga.

Uma pilha alumínio-oxigênio é representada a seguir.

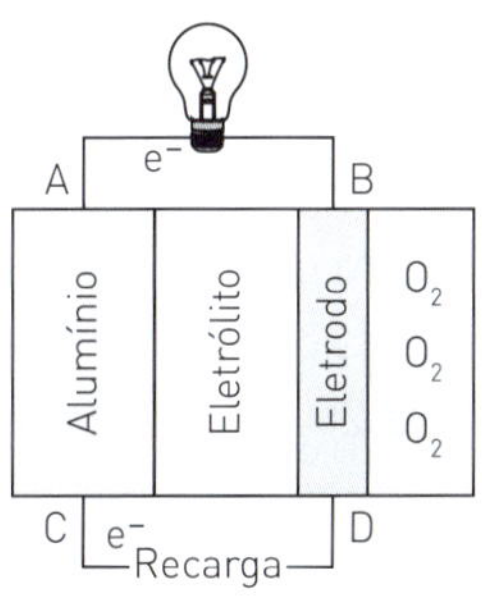


Reprodução/Arquivo da editora

Considere as semirreações de redução dadas a seguir:

$A\ell(OH)_3\ (s) + 3\ e^- \longrightarrow A\ell\ (s) + 3\ OH^- \quad -2{,}31\ V$

$O_2\ (g) + 2\ H_2O + 4\ e^- \longrightarrow 4\ OH^- \quad +0{,}40\ V$

a) Escreva a equação e calcule a força eletromotriz da pilha alumínio-oxigênio.

b) Indique o sentido do fluxo de elétrons durante a recarga da pilha. Justifique sua resposta.

**9.** (UFPR) Considere a seguinte célula galvânica.

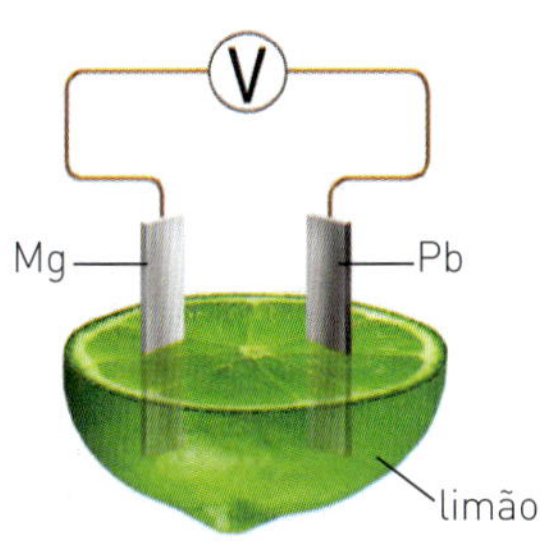


Reprodução/Arquivo da editora

Dados:

$Mg^{2+}\ (aq) + 2\ e^- \longrightarrow Mg\ (s) \quad E^0 = -2{,}37\ V$

$Pb^{2+}\ (aq) + 2\ e^- \longrightarrow Pb\ (s) \quad E^0 = -0{,}13\ V$

$2\ H^+\ (aq) + 2\ e^- \longrightarrow H_2\ (s) \quad E^0 = 0{,}00\ V$

Sobre essa célula, indique a alternativa **incorreta**.

a) A placa de magnésio é o polo positivo.

b) O suco de limão é a solução eletrolítica.

c) Os elétrons fluem da placa de magnésio para a placa de chumbo através do circuito externo.

d) A barra de chumbo é o cátodo.

e) No ânodo ocorre uma semirreação de oxidação.

**10.** (UPE) Analise a figura a seguir:

Reprodução/UPE, 2014.

(Disponível em: http://diariodebiologia.com.files/2010/12/papel_aluminio.jpg)

Considerando-se que a mulher possuía dentes obturados com amálgama (liga de prata, mercúrio, cobre e estanho), são feitas algumas afirmativas sobre o processo ocorrido.

I. Formou-se uma pilha ao se encostar o alumínio no amálgama da obturação, na presença de saliva.

II. A saliva é uma solução ácida e está em contato com o alumínio e a liga metálica da obturação.

III. O alumínio funciona como ânodo da pilha formada, perdendo elétrons, enquanto o amálgama é o cátodo da pilha.

IV. O processo gera uma corrente elétrica, que é conduzida ao cérebro a partir das terminações nervosas do dente.

Dados:

| | |
|---|---|
| $A\ell^{3+} + 3\,e^- \rightarrow A\ell$ | $E^0 = -1{,}66$ V |
| $Cu^{2+} + 2\,e^- \rightarrow Cu$ | $E^0 = +0{,}34$ V |
| $Ag^+ + e^- \rightarrow Ag$ | $E^0 = +0{,}80$ V |
| $Hg^{2+} + 2\,e^- \rightarrow Hg$ | $E^0 = +0{,}85$ V |
| $Sn^{2+} + 2\,e^- \rightarrow Sn$ | $E^0 = -0{,}14$ V |

Quais das afirmativas podem ser utilizadas para se construir uma explicação cientificamente **CORRETA** para o choque sentido ao morder o papel-alumínio?

a) I, III e IV, apenas.
b) I e IV, apenas.
c) II e IV, apenas.
d) I, II e IV, apenas.
e) I, II, III e IV.

**11.** (UFPR) Águas contaminadas podem infiltrar-se na terra e chegar até os lençóis freáticos, contaminando-os. O aproveitamento dessas águas subterrâneas exige a aplicação de processos de descontaminação. Um desses processos consiste em construir uma barreira permeável (figura abaixo) que contém ferro metálico granulado. Quando a água flui através da barreira, o ferro reage com alguns poluentes, sobretudo com compostos orgânicos halogenados.

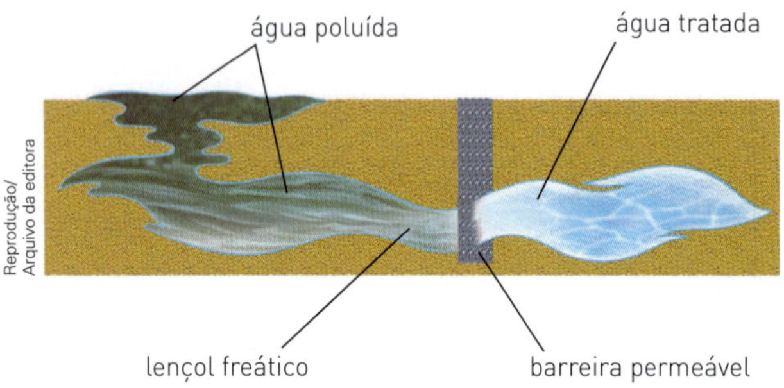


Considere como exemplo a contaminação da água com o tetracloreto de carbono. As equações I e II, a seguir, representam as transformações químicas que ocorrem com o tetracloreto de carbono sob a ação do ferro metálico.

I. $Fe \rightarrow Fe^{2+} + 2\,e^-$ $\quad E^0 = 0{,}44$ V
II. $CC\ell_4 + H^+ + 2\,e^- \rightarrow CHC\ell_3 + C\ell^-$ $\quad E^0 = 0{,}67$ V

O clorofórmio produzido não é degradado pelo ferro metálico, mas é mais facilmente biodegradado em comparação com o tetracloreto de carbono. Os íons de ferro produzidos e presentes na água tratada são eliminados por processos posteriores.

Eletronegatividades: C = 2,5; H = 2,1; C = 3,0.

Com base nas informações acima, é correto afirmar:

I. A equação II representa a reação de oxidação.
II. Com base nas equações I e II, a reação de oxirredução total é representada pela equação:

$$CC\ell_4 + H^+ + Fe \rightarrow CHC\ell_3 + C\ell^- + Fe^{2+}$$
$$E^0 = 1{,}11\text{V}$$

III. O agente oxidante é o tetracloreto de carbono.
IV. O estado de oxidação do carbono, no tetracloreto de carbono, é –4.
V. Durante a reação o hidrogênio é reduzido.
VI. O fato de as eletronegatividades do carbono e do cloro serem diferentes permite concluir que a molécula de $CC\ell_4$ é polar.

**12.** (UEM-PR) Considere uma pilha montada com duas barras metálicas, uma de magnésio e outra de prata, que são conectadas por um fio condutor e mergulhadas em um béquer contendo uma solução aquosa ácida com concentração de $H^+$ igual a 1,0 mol/litro, a 25 °C e 1 atm, e assinale o que for correto.

**Dados:**

$Mg^{2+}\,(aq) + 2\,e^- \rightarrow Mg^0\,(s)$ $\quad E^0_{red} = -2{,}36$ V
$2\,H^+\,(aq) + 2\,e^- \rightarrow H_2\,(g)$ $\quad E^0_{red} = 0{,}0$ V
$Ag^+\,(aq) + e^- \rightarrow Ag^0\,(s)$ $\quad E^0_{red} = +0{,}80$ V

01) A reação global na pilha é a seguinte: $2\,Ag^+\,(aq) + Mg^0\,(s) \rightarrow 2\,Ag^0\,(s) + Mg^{2+}\,(aq)$

02) O fluxo de elétrons é proveniente do eletrodo de magnésio.

04) Na barra de prata, ocorre a seguinte semirreação: $2\,Ag^+\,(aq) + 2\,e^- \rightarrow 2\,Ag^0\,(s)$

08) Na barra de magnésio, ocorre a seguinte semirreação: $Mg^{2+}\,(s) + 2\,e^- \rightarrow Mg^0\,(s)$

16) Se a barra de prata for substituída por uma barra de grafite, a pilha funcionará sem alteração alguma da força eletromotriz.

**13.** (Enem)

**Texto I**

Biocélulas combustíveis são uma alternativa tecnológica para substituição das baterias convencionais. Em uma biocélula microbiológica, bactérias catalisam reações de oxidação de substratos orgânicos. Liberam elétrons produzidos na respiração celular para um eletrodo, onde fluem por um circuito externo até o cátodo do sistema, produzindo corrente elétrica. Uma reação típica que ocorre em biocélulas microbiológicas utiliza o acetato como substrato.

AQUINO NETO, S. Preparação e caracterização de bioanodos para biocélula e combustível etanol/$O_2$. Disponível em: www.teses.usp.br. Acesso em: 23 jun. 2015 (adaptado).

**Texto II**

Em sistemas bioeletroquímicos, os potenciais padrão $E^{0'}$ apresentam valores característicos. Para as biocélulas de acetato, considere as seguintes semirreações de redução e seus respectivos potenciais:

$$2\,CO_2 + 7\,H^+ + 8\,e^- \rightarrow CH_3OO^- + 2\,H_2O \quad E^{0'} = -0{,}3\ V$$
$$O_2 + 4\,H^+ + 4\,e^- \rightarrow 2\,H_2O \quad E^{0'} = +0{,}8\ V$$

SCOTT, K.; YU, E. H. Microbial electrochemical and fuel cells: fundamentals and applications. *Woodhead Publishing Series in Energy*. n. 88, 2016 (adaptado).

Nessas condições, qual é o número mínimo de biocélulas de acetato, ligadas em série, necessárias para se obter uma diferença de potencial de 4,4 V?

a) 3
b) 4
c) 6
d) 9
e) 15

## Desafiando seus conhecimentos

**1.** (UFPB/PSS) É possível estudar Química de forma interessante e atraente. Por exemplo, se num copo contendo uma solução aquosa diluída de nitrato de prata, $AgNO_3$ (aq), for colocada uma árvore de fios de cobre descobertos, será observado que a solução antes incolor, aos poucos, vai ficando azul, conforme figuras a seguir.

Fotos: Sérgio Dotta Jr./Arquivo da editora

Analisando-se o que está acontecendo na solução e sabendo-se que $E^0$ $Ag^+/Ag$ = 0,80 V e $E^0$ $Cu^{2+}/Cu$ = 0,34 V.

É possível afirmar que este fenômeno ocorre porque:

I. os íons $Ag^+$, por serem oxidantes, provocam a oxidação do cobre para $Cu^{2+}$.

II. o cobre, por ser agente redutor, reduz os íons $Ag^+$ presentes em solução.

III. os íons $Ag^+$, por serem redutores, levam à redução do cobre para $Cu^{2+}$.

IV. o cobre, por ser oxidante, se oxida, e os íons $Ag^+$, por serem redutores, se reduzem.

Das afirmativas, está(ão) correta(s) apenas:

a) I.
b) III.
c) I e II.
d) IV.
e) III e IV.

**2.** (Ulbra-RS) No capítulo Linhas de Força, Sacks relembra suas experiências com eletroquímica, em especial sua predileção pela pilha de Daniell, conforme o trecho "Mas minha favorita continuou sendo a pilha de Daniell, e quando nos modernizamos e instalamos uma nova pilha seca para a campainha, eu me apropriei da de Daniell." (SACKS, O. Tio Tungstênio: Memórias de uma infância química. São Paulo: Cia. das Letras, 2002). A pilha de Daniell, citada no texto, está representada abaixo:

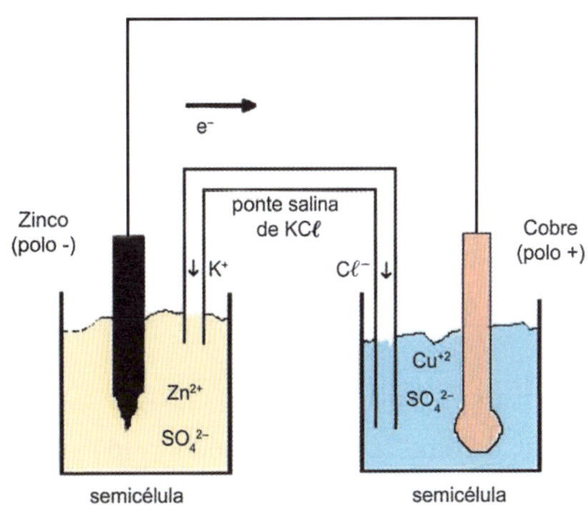


Reprodução/ULBRA, 2015.

As reações (ou semirreações) de oxidação e redução são:

$Zn \rightarrow Zn^{2+} + 2\,e^-$ Semirreação de oxidação no ânodo (polo –) $E^0 = -0{,}76$ V

$Cu^{2+} + 2\,e^- \rightarrow Cu$ Semirreação de redução no cátodo (polo +) $E^0 = +0{,}34$ V

O potencial padrão da pilha de Daniell, a partir das informações anteriores, é:

a) +1,10 V.
b) –1,10 V.
c) +0,42 V.
d) –0,42 V.
e) +0,26 V.

**3.** (Espcex/Aman) Uma pilha de zinco e prata pode ser montada com eletrodos de zinco e prata e representada, segundo a União Internacional de Química Pura e Aplicada (IUPAC), pela notação:

$Zn\,(s)/Zn^{2+}\,(aq)\ 1\,mol \cdot L^{-1}\ //\ Ag^{+}\,(aq)\ 1\,mol \cdot L^{-1}\ /Ag\,(s)$

As equações que representam as semirreações de cada espécie e os respectivos potenciais padrão de redução (25 °C e 1 atm) são apresentadas a seguir.

$Zn^{2+}\,(aq) + 2\,e^- \rightarrow Zn\,(s)$ $\quad E^0 = -0{,}76$ V
$Ag^{+}\,(aq) + 1\,e^- \rightarrow Ag\,(s)$ $\quad E^0 = +0{,}80$ V

Com base nas informações apresentadas são feitas as afirmativas abaixo.

I. No eletrodo de zinco ocorre o processo químico de oxidação.
II. O cátodo da pilha será o eletrodo de prata.
III. Ocorre o desgaste da placa de zinco devido ao processo químico de redução do zinco.
IV. O sentido espontâneo do processo será $Zn^{2+} + 2\,Ag^0 \rightarrow Zn^0 + 2\,Ag^+$
V. Entre os eletrodos de zinco e prata existe uma diferença de potencial padrão de 1,56 V.

Estão corretas apenas as afirmativas

a) I e III.
b) II, III e IV.
c) I, II e V.
d) III, IV e V.
e) IV e V.

**4.** (UPF-RS) A figura abaixo apresenta a representação de uma célula eletroquímica (pilha) e potenciais de redução das semirreações.

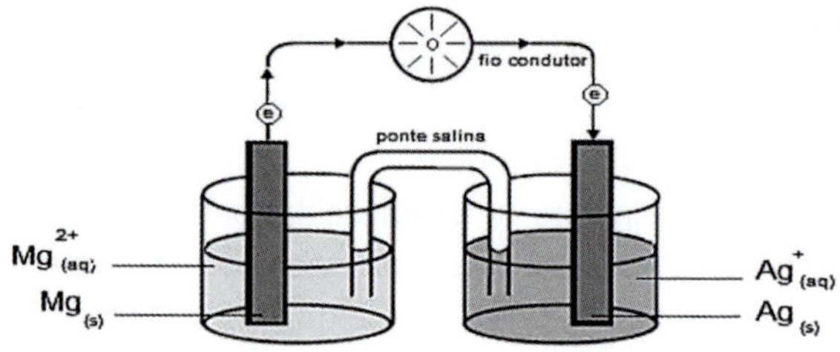

Reprodução/UPF-RS, 2017.

$Mg^{2+}\,(aq) + 2\,e^- \rightarrow Mg\,(s)$ $\quad E^0 = -2{,}37$ V
$Ag^{+}\,(aq) + e^- \rightarrow Ag\,(s)$ $\quad E^0 = +0{,}80$ V

Considerando-se a informação dada, analise as seguintes afirmações:

I. O eletrodo de prata é o polo positivo, no qual ocorre a redução.
II. O magnésio é o agente oxidante da pilha.
III. A diferença de potencial (ddp) da pilha representada na figura é de +3,17 V.
IV. O sentido do fluxo dos elétrons se dá do cátodo para o ânodo.

É **incorreto** apenas o que se afirma em:

a) I e II.
b) I e III.
c) II e III.
d) II e IV.
e) III e IV.

**5.** (Uerj) Os preços dos metais para reciclagem variam em função da resistência de cada um à corrosão: quanto menor a tendência do metal à oxidação, maior será o preço.

Na tabela, estão apresentadas duas características eletroquímicas e o preço médio de compra de dois metais no mercado de reciclagem.

| Metal | Semirreação de redução | Potencial-padrão de redução (V) | Preço (R$/kg) |
|---|---|---|---|
| cobre | $Cu^{2+}\,(aq) + 2\,e^- \rightarrow Cu^0\,(s)$ | +0,34 | 13,00 |
| ferro | $Fe^{2+}\,(aq) + 2\,e^- \rightarrow Fe^0\,(s)$ | –0,44 | 0,25 |

Com o objetivo de construir uma pilha que consuma o metal de menor custo, um laboratório dispõe desses metais e de soluções aquosas de seus respectivos sulfatos, além dos demais materiais necessários.

Apresente a reação global da pilha eletroquímica formada e determine sua diferença de potencial, em volts, nas condições-padrão.

$Cu^{2+}\,(aq) + Fe^0\,(s) \longrightarrow Cu^0\,(s) + Fe^{2+}\,(aq)$
$\Delta E = +0{,}78$ V

6. (UFC-CE) Visando a montagem de uma célula eletroquímica, cuja voltagem produzida seja suficiente para acender uma lâmpada de 1,0 V, um estudante dispõe no laboratório, além de um frasco contendo solução aquosa saturada de KCℓ, dos seguintes materiais:

| Eletrodo | Solução aquosa de | Potencial padrão de redução, $E^0$ (em V) |
|---|---|---|
| Te | $TeSO_4$ | −0,84 |
| Cd | $CdSO_4$ | −0,40 |
| Cu | $CuSO_4$ | +0,34 |

I. Baseado nas informações contidas na tabela, escreva em seu caderno as equações das semirreações de oxidação e de redução relativas a configuração de uma célula eletroquímica cuja voltagem produzida seja maior ou igual a 1,0 V. Justifique numericamente.

II. Identifique corretamente as soluções (a), (b) e (c), e os eletrodos (a) e (b) no diagrama da célula eletroquímica abaixo apresentado, considerando os materiais disponíveis (tabela e enunciado da questão) que satisfazem a solução do item (I):

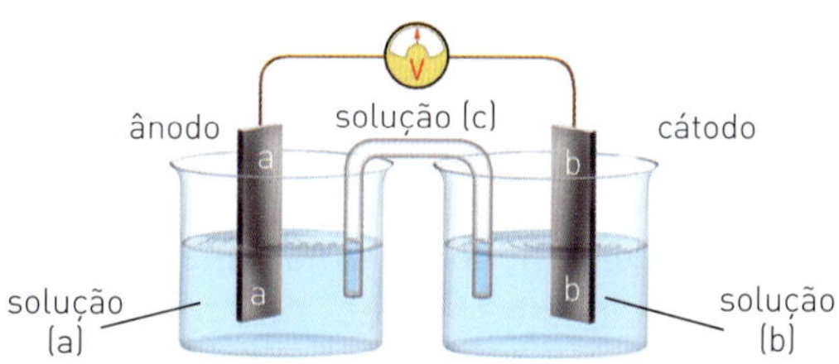

Reprodução/Arquivo da editora

7. (PUC-RJ) Considere as seguintes semicélulas e os respectivos potenciais-padrão de redução, numerados de I a VI.

I. $Mn^{2+}$ (aq)/Mn (s) $E^0 = -1,18$ V
II. $A\ell^{3+}$ (aq)/Aℓ (s) $E^0 = -1,66$ V
III. $Ni^{2+}$ (aq)/Ni (s) $E^0 = -0,25$ V
IV. $Pb^{2+}$ (aq)/Pb (s) $E^0 = -0,13$ V
V. $Ag^{+}$ (aq)/Ag (s) $E^0 = +0,80$ V
VI. $Cu^{2+}$ (aq)/Cu (s) $E^0 = +0,34$ V

As duas semicélulas que formariam uma pilha com maior diferença de potencial são:

a) I e III.
b) II e V.
c) II e IV.
d) IV e VI.
e) V e VI.

8. (UEMG) Pilhas são dispositivos que produzem corrente elétrica, explorando as diferentes capacidades das espécies de perderem ou de ganharem elétrons. A figura abaixo mostra a montagem de uma dessas pilhas:

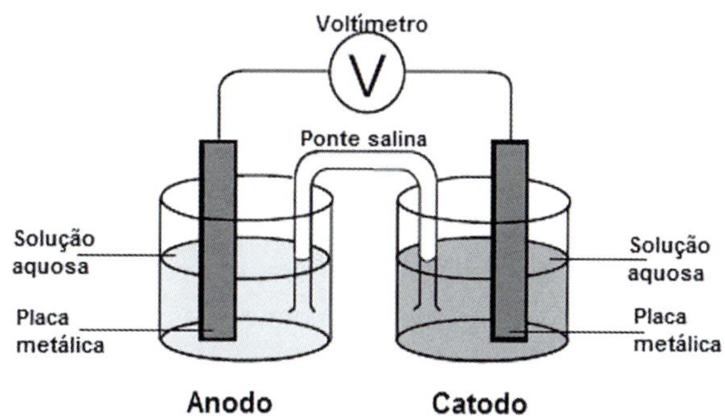

Reprodução/UEMG, 2015.

A seguir, estão representadas algumas semirreações e seus respectivos potenciais de redução, a 25 °C:

$A\ell^{3+}$ (aq) + 3 $e^-$ → Aℓ (s) $E^0 = -1,66$ V
$Ni^{2+}$ (aq) + 2 $e^-$ → Ni (s) $E^0 = -0,25$ V
$Mg^{2+}$ (aq) + 2 $e^-$ → Mg (s) $E^0 = -2,37$ V
$Fe^{2+}$ (aq) + 2 $e^-$ → Fe (s) $E^0 = -0,44$ V

A pilha de maior diferença de potencial (ddp) pode ser constituída no anodo e no catodo, respectivamente, pelos eletrodos de:

a) alumínio e magnésio.
b) magnésio e níquel.
c) alumínio e ferro.
d) ferro e níquel.

9. (Fasm-SP)

Nesta última década, assistiu-se a um aumento na demanda por pilhas e baterias cada vez mais leves e de melhor desempenho. Consequentemente, existe atualmente no mercado uma grande variedade de pilhas e baterias que utilizam níquel, cádmio, zinco e chumbo em suas fabricações. Usadas em automóveis, as baterias de chumbo, conhecidas como chumbo-ácido, apresentam um polo negativo, constituído de chumbo metálico, e um polo positivo, constituído de óxido de chumbo (IV).

Polo negativo:

$Pb\ (s) + (SO_4)^{-2}(aq) \rightarrow PbSO_4\ (s) + 2\ e^-$
$E^0 = +0,36$ V

Polo positivo:

$PbO_2\ (s) + (SO_4)^{-2}(aq) + 4\ H^+ + 2\ e^- \rightarrow$
$\rightarrow PbSO_4\ (s) + 2\ H_2O\ (\ell)$ $E^0 = +1,68$ V

(www.qnint.sbq.org.br. Adaptado.)

a) Baseando-se na localização dos elementos cádmio e zinco em seus estados mais estáveis na Classificação Periódica, indique qual desses elementos apresenta maior raio atômico. Justifique sua resposta.

b) Considerando os potenciais de redução padrão medidos a 25 °C e as semirreações nos eletrodos da bateria chumbo-ácido, indique o anodo e calcule, em volts, o valor da diferença de potencial da reação global.

**10.** (Vunesp-SP) Um estudante montou a célula eletroquímica ilustrada na figura, com eletrodos de Cu (s) e Ni (s) de massas conhecidas.

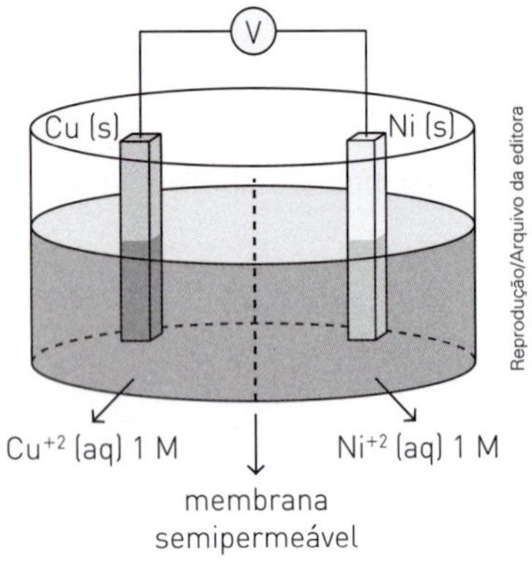


A 25 °C e 1 atm, quando as duas semicélulas foram ligadas entre si, a célula completa funcionou como uma célula galvânica com $\Delta E = 0{,}59$ V. A reação prosseguiu durante a noite e, no dia seguinte, os eletrodos foram pesados. O eletrodo de níquel estava mais leve e o eletrodo de cobre mais pesado, em relação às suas massas iniciais.

Considerando $Cu^{2+}$ (aq) + 2 e⁻ → Cu (s) e $E^0_{red} = 10{,}34$ V, escreva a equação da reação espontânea que ocorre na pilha representada na figura e calcule o potencial de redução da semicélula de $Ni^{2+}/Ni$. Defina qual eletrodo é o cátodo e qual eletrodo é ânodo.

**11.** (Uepa) A água oxigenada comercial é bastante utilizada para assepsia de ferimentos e descolorir cabelos, dependendo da concentração na qual é vendida. Para fins de controle de qualidade, esta solução é investigada através da reação do peróxido de hidrogênio ($H_2O_2$) com o permanganato de potássio ($KMnO_4$) em meio ácido. As semirreações que descrevem este processo são dadas abaixo:

$O_2$ (g) + 2 $H^+$ (aq) + 2 $e^-$ → $H_2O_2$ $\quad E^0 = +0{,}682$ V

$MnO_4^-$ (aq) + 8 $H^+$ (aq) + 5 $e^-$ →
→ $Mn^{2+}$ (aq) + 4 $H_2O$ (ℓ) $\quad E^0 = +1{,}510$ V

Em relação a este processo, é correto afirmar que:

a) o permanganato é o agente redutor.

b) a reação libera 2 mol de oxigênio gasoso.

c) a água oxigenada é um agente oxidante.

d) o potencial padrão da reação é igual a +0,828 V.

e) o potencial padrão da reação é igual a +2,19 V.

**12.** (UFRGS-RS) A tabela abaixo relaciona algumas semirreações e seus respectivos potenciais padrão de redução em solução aquosa.

| Semirreação | Potencial |
|---|---|
| $Li^+ + e^- \rightleftharpoons Li(s)$ | $E^0_{red} = -3{,}04$ V |
| $Zn^{2+} + 2e^- \rightleftharpoons Zn$ | $E^0_{red} = -0{,}76$ V |
| $2H^+ + 2e^- \rightleftharpoons H_2(g)$ | $E^0_{red} = 0{,}00$ V |
| $Ag^+ + e^- \rightleftharpoons Ag(s)$ | $E^0_{red} = +0{,}80$ V |
| $F_2 + e^- \rightleftharpoons 2F^-$ | $E^0_{red} = +2{,}89$ V |
| $K^+ + e^- \rightleftharpoons K(s)$ | $E^0_{red} = -2{,}94$ V |
| $Pb^{2+} + 2e^- \rightleftharpoons Pb(s)$ | $E^0_{red} = -0{,}13$ V |
| $Cu^{2+} + 2e^- \rightleftharpoons Cu(s)$ | $E^0_{red} = +0{,}34$ V |
| $C\ell_2 + 2e^- \rightleftharpoons 2C\ell^-$ | $E^0_{red} = +1{,}36$ V |

Considere as afirmações abaixo, sobre os dados da tabela.

I. O lítio metálico é um forte agente redutor.

II. O cátion prata pode oxidar o cobre metálico para $Cu^{2+}$.

III. O zinco é o ânodo em uma pilha com eletrodos de zinco e chumbo.

Quais estão corretas?

a) Apenas I.

b) Apenas II.

c) Apenas III.

d) Apenas I e II.

e) I, II e III.

**13.** (Espcex/Aman) A energia liberada em uma reação de oxidorredução espontânea pode ser usada para realizar trabalho elétrico. O dispositivo químico montado, pautado nesse conceito, é chamado de célula voltaica, célula galvânica ou pilha. Uma pilha envolvendo alumínio e cobre pode ser montada utilizando como eletrodos metais e soluções das respectivas espécies. As semirreações de redução dessas espécies são mostradas a seguir:

**Semirreações de Redução**

Alumínio: $A\ell^{3+}$ (aq) + 3 $e^-$ → $A\ell^0$ $\quad E^0_{red} = -1{,}66$ V

Cobre: $Cu^{2+}$ (aq) + 2 $e^-$ → $Cu^0$ $\quad E^0_{red} = +0{,}34$ V

Considerando todos os materiais necessários para a montagem de uma pilha de alumínio e cobre, nas condições-padrão (25 °C e 1 atm) ideais (desprezando-se qualquer efeito dissipativo) e as semirreações de redução fornecidas, a força eletromotriz (fem) dessa pilha montada e o agente redutor, respectivamente são:

a) 2,10 V e o cobre.
b) 2,00 V e o alumínio.
c) 1,34 V e o cobre.
d) 1,32 V e o alumínio.
e) 1,00 V e o cobre.

**14.** (UFSC) Tudo o que consumimos gera resíduos, e com os aparelhos eletroeletrônicos não é diferente. Do ponto de vista ambiental, a produção cada vez maior de novos eletroeletrônicos traz dois grandes riscos: o elevado consumo de recursos naturais empregados na fabricação e a destinação final inadequada. Se descartados sem tratamento específico, os metais encontrados nas pilhas e baterias podem trazer danos ao meio ambiente e à saúde humana. A reciclagem das pilhas e baterias no Brasil ainda não é satisfatória, pois não há consciência por parte do consumidor, postos de coleta nas lojas, fiscalização nos procedimentos de retirada por parte das empresas e, sobretudo, legislação que incentive a reciclagem. Além disso, o processo de reciclagem das pilhas e baterias é bastante complexo, envolvendo diversas etapas como reações em série de precipitação e técnicas de separação de misturas. A seguir, são fornecidos as semirreações e os valores de potencial padrão de redução (em volts, a 1 atm e 25 °C) de alguns constituintes das pilhas:

$Li^+ + e^- \rightleftharpoons Li \qquad E^0 = -3{,}045\ V$

$Mn^{2+} + 2\ e^- \rightleftharpoons Mn \qquad E^0 = -1{,}180\ V$

$Zn^{2+} + 2\ e^- \rightleftharpoons Zn \qquad E^0 = -0{,}760\ V$

$Cr^{2+} + 2\ e^- \rightleftharpoons Cr \qquad E^0 = -0{,}740\ V$

$Cu^{2+} + 2\ e^- \rightleftharpoons Cu \qquad E^0 = +0{,}337\ V$

$I_2 + 2\ e^- \rightleftharpoons 2\ I^- \qquad E^0 = +0{,}540\ V$

Sobre este assunto, é correto afirmar que:

01) a notação química de uma pilha formada pela interligação entre eletrodos de zinco e de cobre será $Zn / Zn^{2+} // Cu^{2+} / Cu$.
02) se uma placa metálica de cobre for imersa em uma solução aquosa de $MnSO_4$, haverá corrosão na placa metálica e redução dos íons $Mn^{2+}$.
04) o lítio metálico perde elétrons mais facilmente que o cromo metálico.
08) na pilha de lítio-iodo, desenvolvida para ser utilizada em aparelhos de marca-passo, o lítio ganha elétrons e o iodo perde elétrons.
16) na pilha alcalina de zinco-manganês ocorre, no anodo, oxidação do manganês e, no catodo, redução do zinco.
32) o manganês recebe elétrons mais facilmente que o zinco.
64) o lítio metálico é um agente redutor mais fraco que o cromo metálico.

**15.** (UFPR) O ácido ascórbico é uma das formas da vitamina C que apresenta propriedade antioxidante. Na indústria de alimentos, ele é largamente utilizado como aditivo para prevenir a oxidação. Uma maneira de analisar a quantidade de ácido ascórbico em bebidas é através de uma reação de oxirredução utilizando iodo. Com base nisso, foi montada uma pilha, conforme ilustração abaixo, contendo eletrodos inertes de platina ligados a um voltímetro. Foram mantidas condições padrão (298 K, 1 atm e 1 mol · $L^{-1}$) para o experimento, e no instante em que se fechou o circuito, conectando-se os fios ao voltímetro, o valor de potencial medido foi de 0,48 V.

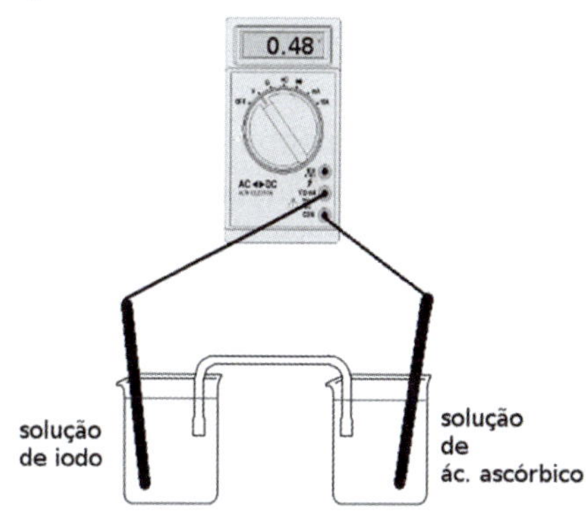


Reprodução/UFPR, 2017.

Sabendo que o potencial padrão de redução de iodo a iodeto é de $E_0 = 0{,}54$ V, o potencial padrão da reação abaixo é:

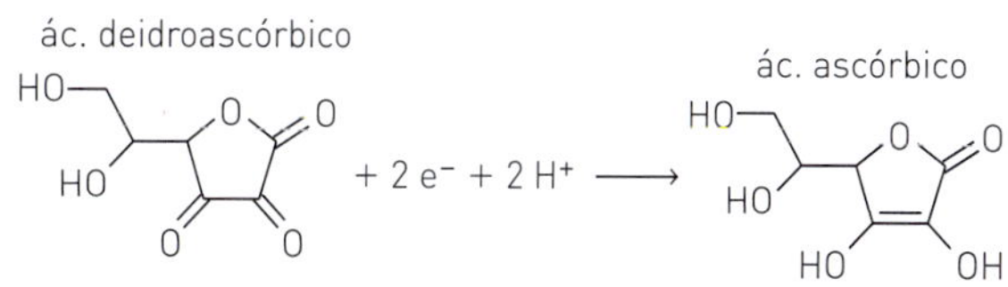


a) 0,03 V.
b) 0,06 V.
c) 0,24 V.
d) 0,48 V.
e) 1,02 V.

**16.** (PUC-SP) Dados: tabela de potenciais padrão de redução ($E^0_{red}$):

| | | | |
|---|---|---|---|
| $Zn^{2+}$ (aq) + 2 $e^-$ | $\rightleftharpoons$ | Zn (s) | −0,76 |
| $Fe^{2+}$ (aq) + 2 $e^-$ | $\rightleftharpoons$ | Fe (s) | −0,44 |
| $Cd^{2+}$ (aq) + 2 $e^-$ | $\rightleftharpoons$ | Cd (s) | −0,40 |
| $Co^{2+}$ (aq) + 2 $e^-$ | $\rightleftharpoons$ | Co (s) | −0,28 |
| $Sn^{2+}$ (aq) + 2 $e^-$ | $\rightleftharpoons$ | Sn (s) | −0,14 |
| $Pb^{2+}$ (aq) + 2 $e^-$ | $\rightleftharpoons$ | Pb (s) | −0,13 |
| 2 $H^+$ (aq) + 2 $e^-$ | $\rightleftharpoons$ | $H_2$ (g) | 0,00 |
| $Cu^{2+}$ (aq) + 2 $e^-$ | $\rightleftharpoons$ | Cu (s) | +0,34 |
| $Ag^+$ (aq) + $e^-$ | $\rightleftharpoons$ | Ag (s) | +0,80 |

Foram realizadas as seguintes observações experimentais a respeito da reatividade dos metais:

- O metal crômio (Cr) reage com solução aquosa contendo ferro (II), formando cátions crômio (III) em solução e ferro metálico.
- Ferro metálico (Fe) reage com solução contendo cátions níquel (II), formando níquel metálico (Ni) e cátions ferro (II).
- O metal cobre (Cu) não reage com solução contendo íons níquel (II).

Analisando a tabela de potenciais padrão de redução e os dados experimentais fornecidos, conclui-se que os melhores valores para os potenciais padrão de redução dos pares $Cr^{3+}/Cr$ e $Ni^{2+}/Ni$ são:

a) $E^0_{red}$ ($Cr^{3+}/Cr$) = +0,60 V;
$E^0_{red}$ ($Ni^{2+}/Cr$) = +0,20 V.

b) $E^0_{red}$ ($Cr^{3+}/Cr$) = −0,30 V;
$E^0_{red}$ ($Ni^{2+}/Cr$) = −0,25 V.

c) $E^0_{red}$ ($Cr^{3+}/Cr$) = −0,74 V;
$E^0_{red}$ ($Ni^{2+}/Cr$) = −0,50 V.

d) $E^0_{red}$ ($Cr^{3+}/Cr$) = −0,30 V;
$E^0_{red}$ ($Ni^{2+}/Cr$) = +0,50 V.

e) $E^0_{red}$ ($Cr^{3+}/Cr$) = −0,74 V;
$E^0_{red}$ ($Ni^{2+}/Cr$) = −0,25 V.

**17.** (Fuvest-SP) Foi montada uma pilha em que o polo positivo era constituído por um bastão de paládio, mergulhado numa solução de cloreto de paládio, e o polo negativo, por um bastão de níquel, mergulhado numa solução de sulfato de níquel. As semirreações que representam os eletrodos são:

$$Pd^{2+} + 2\,e^- \rightleftharpoons Pd$$

$$Ni^{2+} + 2\,e^- \rightleftharpoons Ni$$

a) Escreva em seu caderno a equação que representa a reação química que ocorre quando a pilha está funcionando (sentido espontâneo).

b) O que acontece com as concentrações de $Pd^{2+}$ e $Ni^{2+}$ durante o funcionamento da pilha? Explique.

| Experimento | $[Pb^{2+}]$ ($mol \cdot L^{-1}$) | $[Ni^{2+}]$ ($mol \cdot L^{-1}$) | E (V) |
|---|---|---|---|
| A | 1,00 | 0,100 | 1,27 |
| B | 1,00 | 1,00 | 1,24 |
| C | 0,100 | 1,00 | 1,21 |

**18.** (Enem) A invenção do LED azul, que permite a geração de outras cores para compor a luz branca, permitiu a construção de lâmpadas energeticamente mais eficientes e mais duráveis do que as incandescentes e fluorescentes. Em um experimento de laboratório, pretende-se associar duas pilhas em série para acender um LED azul que requer 3,6 volts para seu funcionamento. Considere as semirreações de redução e seus respectivos potenciais mostrados no quadro.

| Semirreação de redução | $E^0$ (V) |
|---|---|
| $Ce^{4+}$ (aq) + $e^-$ → $Ce^{3+}$ (aq) | +1,61 |
| $Cr_2O_7^{2-}$ (aq) + 14 $H^+$ (aq) + 6 $e^-$ → 2 $Cr^{3+}$ (aq) + 7 $H_2O$ (ℓ) | +1,33 |
| $Ni^{2+}$ (aq) + 2 $e^-$ → Ni (s) | −0,25 |
| $Zn^{2+}$ (aq) + 2 $e^-$ → Zn (s) | −0,76 |

Qual associação em série de pilhas fornece diferença de potencial, nas condições padrão, suficiente para acender LED azul?

a)

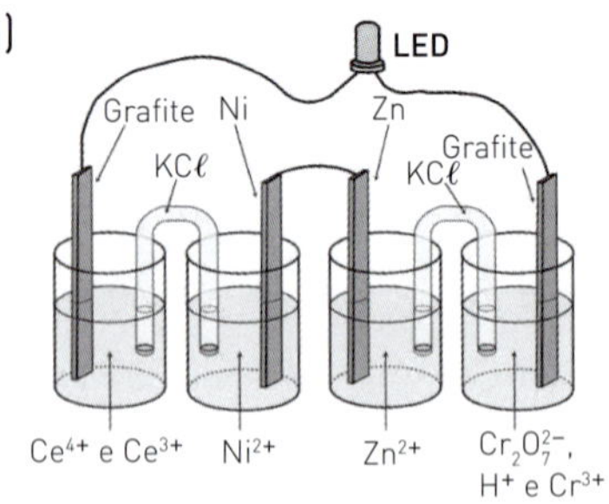


Ilustrações: Reprodução/Enem, 2017.

b)

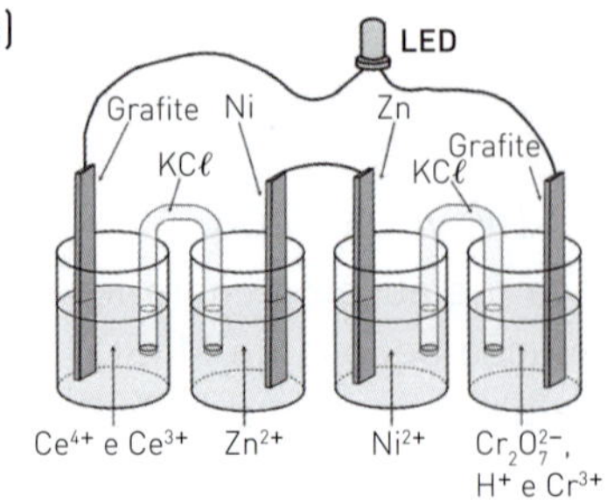

Ilustrações: Reprodução/Enem, 2017.

c)

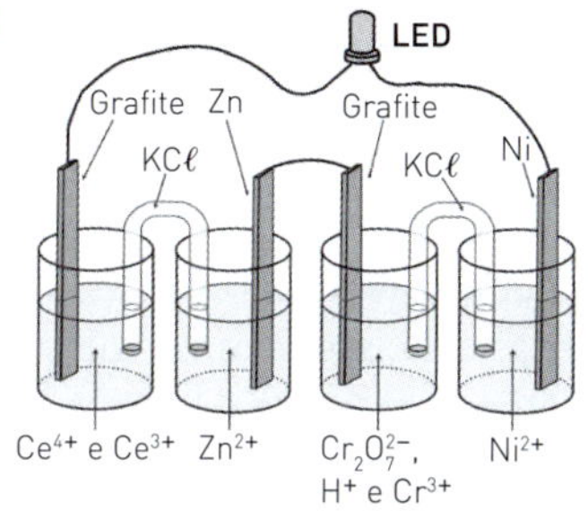


d)

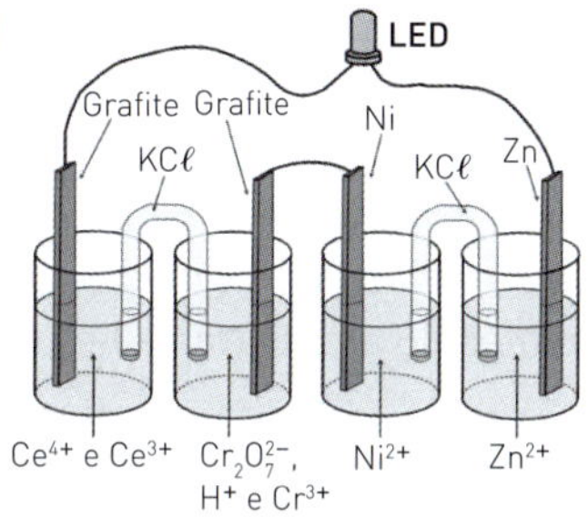


e)

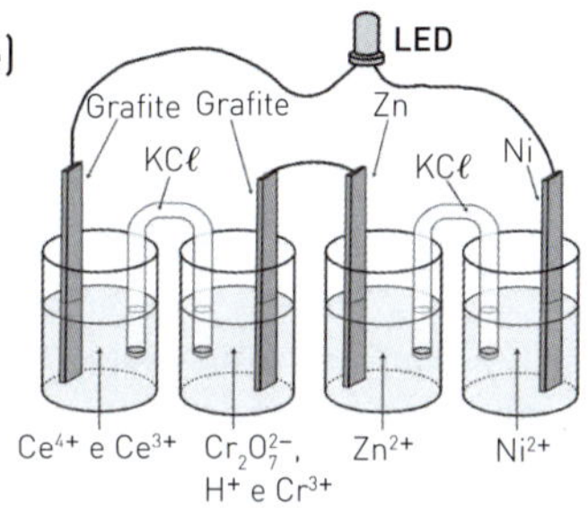


**19.** (Udesc) Analise as proposições em relação a um experimento de eletroquímica.

I. Em uma reação de oxirredução que ocorre espontaneamente, os elétrons são transferidos de uma espécie química com maior potencial de redução para outra com menor potencial de redução. Portanto, ao calcularmos a diferença de potencial da célula, chega-se a um valor positivo.

II. Uma medida de potencial eletroquímico considera o uso de um eletrodo padrão de hidrogênio (EPH). Se a semicela $H^+/H_2$ atuar como ânodo, a semirreação será a de oxidação de $H_2$ a $H^+$ e, se atuar como cátodo, será a de redução de $H^+$ a $H_2$.

III. Uma das formas de evitar o acúmulo de cargas elétricas nas soluções catódicas e anódicas é o uso de uma ponte salina. O excesso de ânions ou cátions gerados nas reações eletroquímicas é compensado pela migração de íons provenientes da ponte salina.

Assinale a alternativa correta.

a) Somente a afirmativa II é verdadeira.
b) Somente as afirmativas I e II são verdadeiras.
c) Somente as afirmativas I e III são verdadeiras.
d) Somente as afirmativas II e III são verdadeiras.
e) Todas as afirmativas são verdadeiras.

**20.** (Fuvest-SP) A figura abaixo ilustra as estabilidades relativas das espécies que apresentam estado de oxidação +2 e +4 dos elementos da mesma família: carbono, silício, germânio, estanho e chumbo.

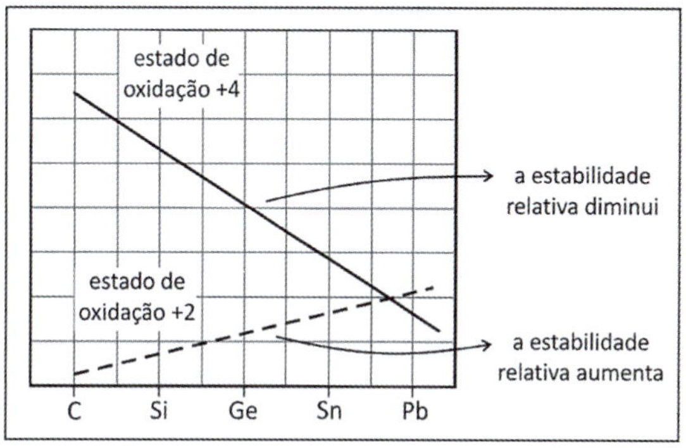


Reprodução/Fuvest, 2018.

As estabilidades relativas podem ser interpretadas pela comparação entre potenciais padrão de redução das espécies +4 formando as espécies +2 como representado a seguir para os elementos chumbo (Pb), germânio (Ge) e estanho (Sn):

$$PbO_2 + 4\,H^+ + 2\,e^- \rightleftharpoons Pb^{2+} + 2\,H_2O \qquad E_1^0$$

$$GeO_2 + 2\,H^+ + 2\,e^- \rightleftharpoons GeO + H_2O \qquad E_2^0$$

$$SnO_2 + 4\,H^+ + 2\,e^- \rightleftharpoons Sn^{2+} + 2\,H_2O \qquad E_3^0$$

Os potenciais padrão de redução dessas três semirreações, $E_1^0$, $E_2^0$ e $E_3^0$, foram determinados experimentalmente, obtendo-se os valores −0,12 V, −0,094 V e 1,5 V, não necessariamente nessa ordem. Sabe-se que, quanto maior o valor do potencial padrão de redução, maior o caráter oxidante da espécie química.

a) Considerando as informações da figura, atribua, na tabela a seguir, os valores experimentais aos potenciais padrão de redução $E_1^0$, $E_2^0$ e $E_3^0$.

| | $E_1^0$ | $E_2^0$ | $E_3^0$ |
|---|---|---|---|
| **Valor experimental em volt** | | | |

b) O elemento carbono pode formar óxidos, nos quais a proporção entre carbono e oxigênio está relacionada ao estado de oxidação do carbono. Comparando os óxidos CO e $CO_2$, qual seria o mais estável? Explique, com base na figura apresentada acima.

# Conexão Odontologia

Blurry Me/Shutterstock

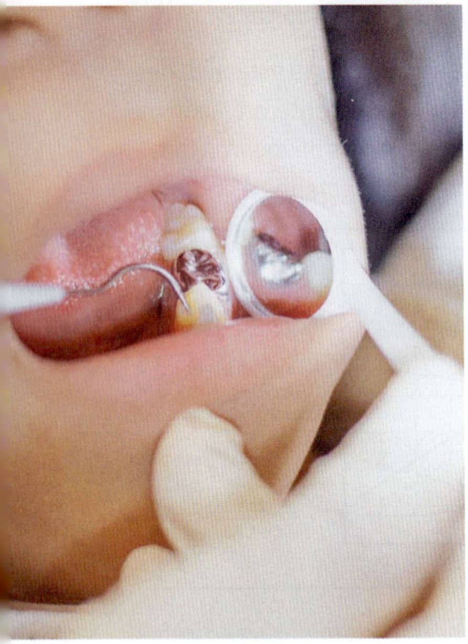

Cavidades dentais preenchidas por amálgama dentário.

## Uma pilha na boca

Um dos materiais mais usados para preencher as cavidades dentais causadas por cáries é o amálgama dentário. Esse material consiste de uma mistura, em quantidades praticamente iguais, de três substâncias: $Ag_2Hg_3$, $Ag_3Sn$ e $Sn_8Hg$.

Os potenciais-padrão de redução dessas espécies são:

- $Hg^{2+} \mid Ag_2Hg_3 = +0{,}85$ V;
- $Sn^{2+} \mid Ag_3Sn = -0{,}05$ V;
- $Sn^{2+} \mid Sn_8Hg = -0{,}13$ V.

O contato de uma folha de alumínio com uma obturação de amálgama cria uma célula eletroquímica na boca. Como o potencial-padrão de redução do alumínio é −1,66 V, menor do que os componentes do amálgama, ele funciona como ânodo da pilha formada.

A mistura dos componentes funciona como cátodo, e a saliva, como eletrólito.

Devido à formação dessa pilha, uma pequena corrente elétrica flui entre os eletrodos, causando uma sensação desagradável.

Os dentistas evitam fazer incrustações de ouro em dentes que possam entrar em contato com outro dente obturado com amálgama porque nessa situação pode formar-se outra pilha.

O potencial-padrão de redução do ouro é +1,40 V, maior que o dos componentes do amálgama. Nesse caso, o ouro funciona como cátodo, o amálgama, como ânodo, e a saliva, como eletrólito, além de formar-se uma corrente elétrica que causa desconforto.

Paulo César Pereira/Arquivo da editora

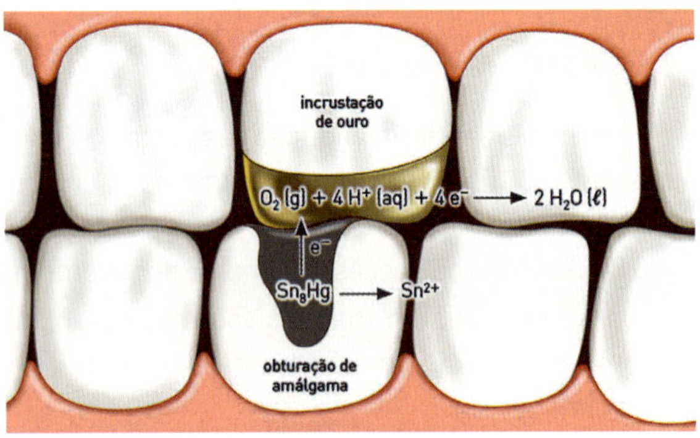


Corrosão de uma obturação pelo contato com o ouro.

Nesse caso, o $Sn_8Hg$, que tem o menor potencial de redução, sofre oxidação.

$$Sn \xrightarrow[\text{obturação}]{} Sn^{2+} + 2\,e^-$$

O $Sn^{2+}$ formado é transportado para toda a boca pela saliva, causando um sabor metálico. Como a quantidade de Sn na obturação diminuiria, dizemos que ocorre uma corrosão do amálgama, diminuindo sua massa na obturação.

Fonte: CHANG, Raymond. *Chemistry*. 9. ed. Nova York: McGraw-Hill, 2007. p. 853. Tradução dos autores.

### Reflita

**1.** Qual é a ddp entre o alumínio e o componente de maior potencial de redução do amálgama dentário?

**2.** Considerando que ocorra uma pilha entre o ouro e cada uma das ligas metálicas apresentadas, qual dessas pilhas apresentaria a maior força eletromotriz? Qual seria esse valor?

**3.** *Eletromotriz* é a força que tende a estabelecer corrente elétrica. Sabe-se que a corrente elétrica é um fluxo ordenado de elétrons que migram de um ponto para outro. Pesquise na internet, em dicionários ou na biblioteca da sua escola ou cidade o significado da palavra *motriz* e, relacionando-o à definição de eletromotriz, justifique a existência da corrente elétrica.

## Atividade prática

### Uma pilha incomum

Este experimento demonstra que podemos utilizar fluxos de elétrons, obtidos a partir de reações químicas, para fazer um relógio funcionar.

> Antes do primeiro experimento e entre os seguintes, limpe bem os eletrodos com palha de aço comum.

### Material

- relógio que funcione com uma pilha comum de 1,5 V
- 2 placas de cobre de aproximadamente 2 cm × 5 cm
- 2 eletrodos de magnésio, que podem ser obtidos a partir das barras usadas como eletrodos de sacrifício em filtros de piscinas
- 1,5 m de fio comum de cobre, cortado em três partes iguais
- 1 laranja
- 1 palha de aço
- 1 prego grosso
- martelo

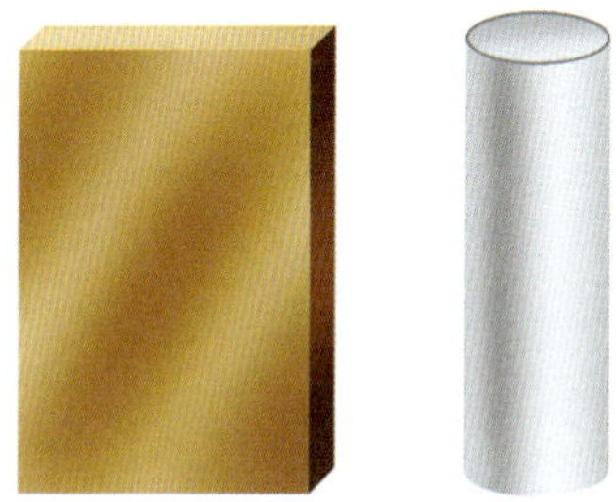


Ilustrações: Luis Moura/Arquivo da editora

### Procedimento

Use prego e martelo para fazer um furo em cada eletrodo de cobre.

Depois, ligue os fios aos eletrodos, montando dois arranjos, conforme indicado a seguir:

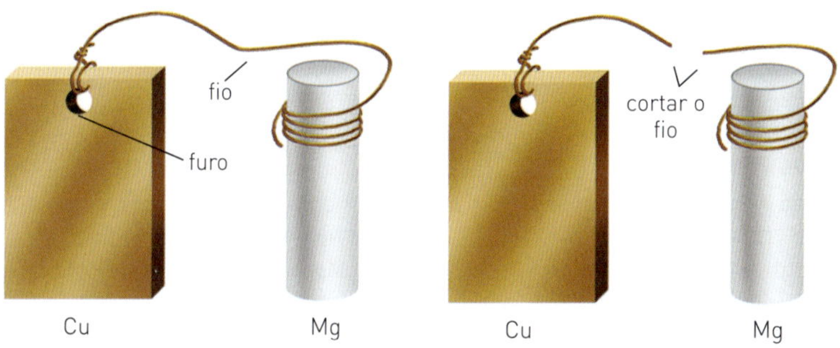


Luis Moura/Arquivo da editora

> **ATENÇÃO:** Manuseie materiais e ferramentas com cuidado.

Depois, pegue a laranja e, antes de cortá-la em duas partes iguais, aperte-a um pouco para liberar o suco. Feito isso, monte o sistema conforme indicado na figura ao lado.

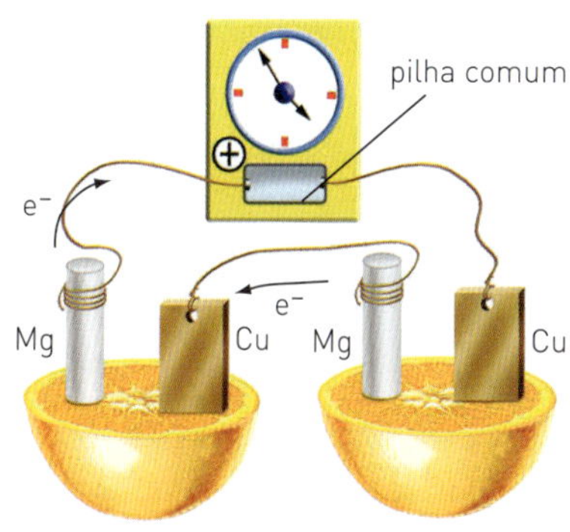


Luis Moura/Arquivo da editora

Para o relógio funcionar, coloque os eletrodos próximos um do outro em cada metade da laranja.

Resolva as questões:

1. Observe o fluxo de elétrons e equacione a semirreação que ocorre com o magnésio.
2. A laranja é um meio eletrolítico ou não eletrolítico? Justifique.
3. Indique pelo menos duas substâncias presentes na laranja.
4. Qual metal apresenta maior potencial de oxidação: o magnésio ou o cobre? Justifique.
5. Após certo tempo, o que deverá ocorrer com a lâmina de magnésio?
6. Repita o experimento utilizando pepino, batata e melancia.

> Às vezes é necessário testar vários pontos de colocação dos eletrodos até encontrar o local adequado para fazer o relógio funcionar.

CAPÍTULO

# 17 Espontaneidade de uma reação

Já vimos que todas as pilhas são processos espontâneos e, como qualquer reação espontânea, apresentam sempre um $\Delta E^0 > 0$. Vamos analisar duas situações e prever qual delas é um processo espontâneo.

Fotos: Sérgio Dotta Jr./Arquivo da editora

// Teoricamente, se essa reação ocorresse, ela poderia ser representada por:
$Mg\ (s) + Ni^{2+}\ (aq) \rightarrow Mg^{2+}\ (aq) + Ni\ (s)$

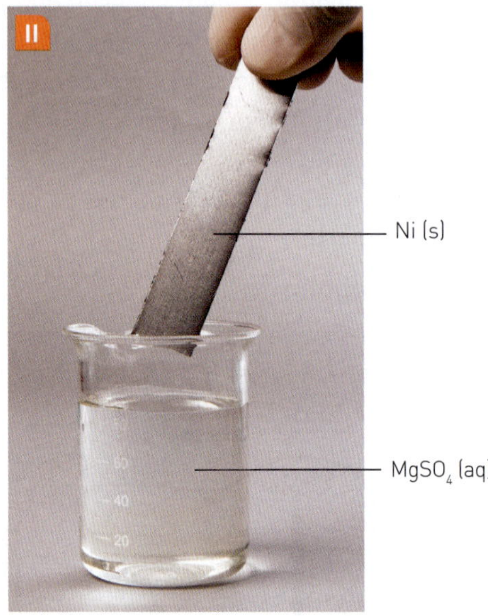


// Teoricamente, se essa reação ocorresse, ela poderia ser representada por:
$Ni\ (s) + Mg^{2+}\ (aq) \rightarrow Ni^{2+}\ (aq) + Mg\ (s)$

Para determinarmos qual dessas reações ocorre, devemos conhecer os potenciais padrão de redução:

$$\begin{array}{lll} & & \text{redução} \\ Mg^{2+}\ (aq) + 2\ e^- & \rightleftharpoons Mg\ (s) & E^0 = -2{,}37\ V \\ Ni^{2+}\ (aq) + 2\ e^- & \rightleftharpoons Ni\ (s) & E^0 = -0{,}26\ V \end{array}$$

Pelos valores dos potenciais padrão de redução devemos concluir que:

- O $Ni^{2+}$ (aq), por ter maior $E_{red}$, sofre redução.

$$Ni^{2+}\ (aq) + 2\ e^- \longrightarrow Ni\ (s)$$

- Nos processos de oxirredução, quando uma espécie sofre redução, a outra sofre oxidação; logo, o Mg (s) se oxida.

$$Mg\ (s) \longrightarrow Mg^{2+}\ (aq) + 2\ e^-$$

A soma das duas semirreações indica o processo espontâneo.

$$\begin{array}{rcl} Ni^{2+}\ (aq) + \cancel{2e^-} & \longrightarrow & Ni\ (s) \\ Mg\ (s) & \longrightarrow & Mg^{2+}\ (aq) + \cancel{2e^-} \\ \hline Mg\ (s) + Ni^{2+}\ (aq) & \longrightarrow & Mg^{2+}\ (aq) + Ni\ (s) \end{array}$$

Isso nos permite concluir que o processo I é espontâneo, e que a reação II não ocorre espontaneamente.

Outra maneira de determinar a espontaneidade das reações seria calcular seus $\Delta E^0$.

I. $Mg\ (s) + Ni^{2+}\ (aq) \longrightarrow Ni\ (s) + Mg^{2+}\ (aq)$

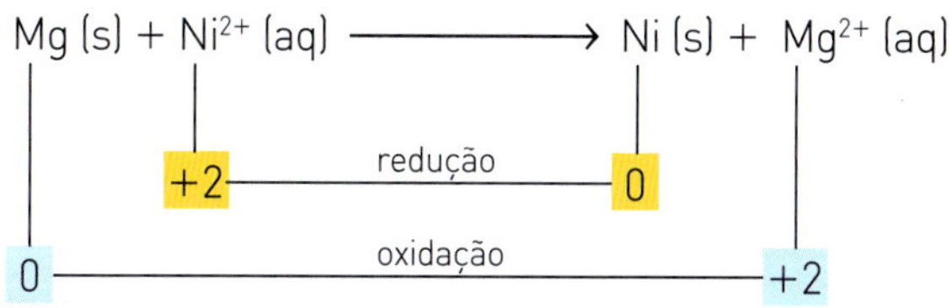


$\Delta E^0 = E^0_{red}$ (da espécie que se reduz) $- E^0_{red}$ (da espécie que se oxida)

$\Delta E^0 = (-0{,}26\ V) - (-2{,}37\ V)$

$\Delta E^0 = +2{,}11\ V$

Como o $\Delta E^0 > 0$, esse processo é espontâneo.

No processo II, teoricamente temos:

II. $Ni\ (s) + Mg^{2+}\ (aq) \longrightarrow Mg\ (s) + Ni^{2+}\ (aq)$

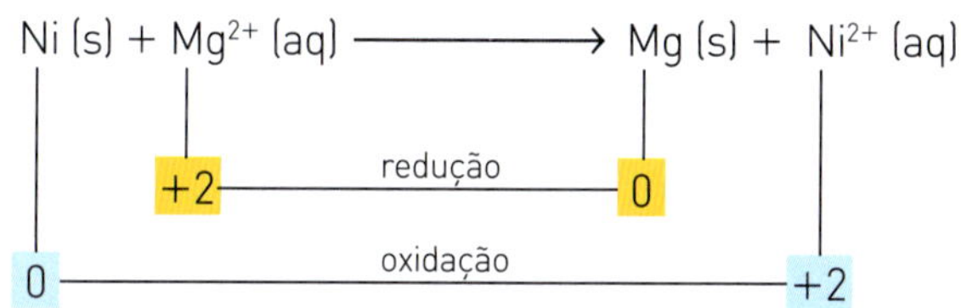


$\Delta E^0 = E^0_{red}$ (da espécie que se reduz) $- E^0_{red}$ (da espécie que se oxida)

$\Delta E^0 = (-2{,}37\ V) - (-0{,}26\ V)$

$\Delta E^0 = -2{,}11\ V$

Como o $\Delta E^0 < 0$, o processo não é espontâneo.

> **?** Quando entramos em um laboratório, notamos que os reagentes estão guardados em frascos de vidro ou plástico. Por que isso acontece?

## Exercícios resolvidos

**1.** Em uma prova prática foi solicitado a um aluno que escolhesse, entre três frascos metálicos de $A\ell$, Fe e Cu, qual(is) dele(s) poderia(m) ser usado(s) para guardar uma solução aquosa de ácido clorídrico. Diga qual seria a escolha mais acertada. Justifique sua resposta.

Dados:

$A\ell^{3+}\ (aq) + 3\ e^- \rightleftharpoons A\ell\ (s) \qquad E^0 = -1{,}68\ V$

$Fe^{2+}\ (aq) + 2\ e^- \rightleftharpoons Fe\ (s) \qquad E^0 = -0{,}41\ V$

$2\ H^+\ (aq) + 2\ e^- \rightleftharpoons H_2\ (g) \qquad E^0 = 0{,}00\ V$

$Cu^{2+}\ (aq) + 2\ e^- \rightleftharpoons Cu\ (s) \qquad E^0 = +0{,}34\ V$

**Solução**

O(s) frasco(s) escolhido(s) deve(m) ser aquele(s) no(s) qual(is) os íons $H^+$ (aq) provenientes do ácido não reajam produzindo $H_2$, ou seja, em que os íons $H^+$ (aq) não sofram redução. Para que essa redução não ocorra, o metal deve apresentar potencial de redução maior que o do hidrogênio.

Pelos dados, percebemos que o único frasco conveniente para guardar o ácido clorídrico é o de **cobre**. Nos outros frascos ocorrerão reações.

**2.** (Fuvest-SP) Três metais foram acrescentados a soluções aquosas de nitratos metálicos, de mesma concentração, conforme indicado na tabela. O cruzamento de uma linha com uma coluna representa um experimento. Um retângulo em branco indica que o experimento não foi realizado; o sinal (−) indica que não ocorreu reação e o sinal (+) indica que houve dissolução do metal acrescentado e precipitação do metal que estava na forma de nitrato.

| | Cd | Co | Pb |
|---|---|---|---|
| $Cd(NO_3)_2$ | | – | – |
| $Co(NO_3)_2$ | + | | – |
| $Pb(NO_3)_2$ | + | + | |

Cada um dos metais citados, mergulhado na solução aquosa de concentração 0,1 mol/L de seu nitrato, é um eletrodo, representado por $Me/Me^{2+}$, onde Me indica o metal e $Me^{2+}$, o cátion de seu nitrato. A associação de dois desses eletrodos constitui uma pilha. A pilha com **maior** diferença de potencial elétrico e polaridade correta de seus eletrodos, determinada com o voltímetro, é a representada por:

a) $\overset{\ominus}{Cd}|Cd^{2+}||Pb^{2+}|\overset{\oplus}{Pb}$

b) $\overset{\ominus}{Pb}|Pb^{2+}||Cd^{2+}|\overset{\oplus}{Cd}$

c) $\overset{\ominus}{Cd}|Cd^{2+}||Co^{2+}|\overset{\oplus}{Co}$

d) $\overset{\ominus}{Co}|Co^{2+}||Pb^{2+}|\overset{\oplus}{Pb}$

e) $\overset{\ominus}{Pb}|Pb^{2+}||Co^{2+}|\overset{\oplus}{Co}$

Observação:

|| significa ponte salina

⊕ significa polo positivo

⊖ significa polo negativo

**Solução**

Analisando as possíveis reações com $Cd(NO_3)_2$:

$$Co + Cd(NO_3)_2 \rightarrow \text{não ocorre}$$

Podemos concluir que:

- o cobalto não se oxidou

$$Co \rightarrow Co^{2+} + 2\,e^- \text{ (não ocorreu)}$$

- o cádmio não se reduziu

$$Cd^{2+} + 2\,e^- \rightarrow Cd \text{ (não ocorreu)}$$

Logo: $E^0_{red}\,Cd^{2+} < E^0_{red}\,Co^{2+}$.

Analisando as possíveis reações com $Pb(NO_3)_2$:

$$Cd + Pb(NO_3)_2 \longrightarrow Cd(NO_3)_2 + Pb$$

ou

$$Cd + Pb^{2+} + 2\cancel{(NO_3)^-} \longrightarrow Cd^{2+} + 2\cancel{(NO_3)^-} + Pb$$

$$Cd + Pb^{2+} \longrightarrow Cd^{2+} + Pb^0$$

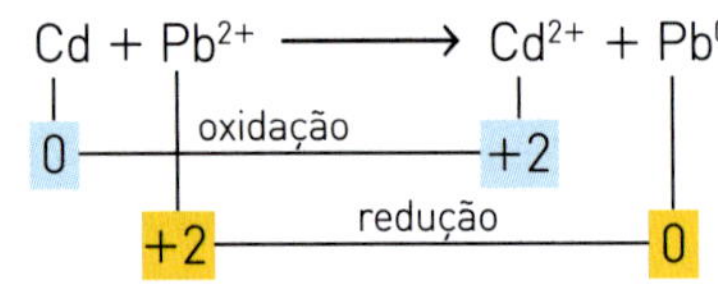


Como o $Pb^{2+}$ se reduziu:

$$E^0_{red}\,Pb^{2+} > E^0_{red}\,Co^{2+}$$

Concluindo:

$$E^0_{red}\,Pb^{2+} > E^0_{red}\,Co^{2+} > E^0_{red}\,Cd^{2+}$$

A pilha com maior ddp será formada entre chumbo e cádmio e suas semirreações.

| | | |
|---|---|---|
| redução: | $Pb^{2+} + 2\,e^- \rightarrow Pb$ | polo ⊕ cátodo |
| oxidação: | $Cd \rightarrow Cd^{2+} + 2\,e^-$ | polo ⊖ ânodo |
| | $Cd + Pb^{2+} \rightarrow Cd^{2+} + Pb$ | |

$$\overset{\ominus}{Cd}\,|\,Cd^{2+}\,||\,Pb^{2+}\,|\,\overset{\oplus}{Pb}$$

Resposta: alternativa a.

## Fundamentando seus conhecimentos

Se adicionarmos uma solução aquosa de ácido clorídrico a duas panelas, uma de cobre e outra de alumínio,

Hélio Senatore/Arquivo da editora

teoricamente podemos imaginar as reações:

I. $Cu\ (s) + 2\,H^+\ (aq) \rightarrow Cu^{2+}\ (aq) + H_2\ (g)$

II. $2\,A\ell\ (s) + 6\,H^+\ (aq) \rightarrow 2\,A\ell^{3+}\ (aq) + 3\,H_2\ (g)$

Conhecendo os potenciais de redução:

$$A\ell^{3+} + 3\,e^- \rightleftharpoons A\ell \qquad E^0 = -1,66\ V$$

$$2\,H^+ + 2\,e^- \rightleftharpoons H_2 \qquad E^0 = \text{zero}$$

$$Cu^{2+} + 2\,e^- \rightleftharpoons Cu \qquad E^0 = -0,34\ V$$

Responda às questões **1** a **7**.

1. Indique na equação I qual espécie se reduz e qual se oxida.

I. $Cu\ (s) + 2\ H^+\ (aq) \rightleftharpoons Cu^{2+}\ (aq) + H_2\ (g)$

2. Calcule o $\Delta E^0$ para a equação I.

$$\Delta E^0 = \underset{\text{da espécie que se reduz}}{E^0_{red}} - \underset{\text{da espécie que se oxida}}{E^0_{red}}$$

3. Esse processo é ou não espontâneo?

4. Indique na equação II qual espécie se reduz e qual se oxida.

II. $2\ A\ell\ (s) + 6\ H^+\ (aq) \rightleftharpoons 2\ A\ell^{3+}\ (aq) + 3\ H_2\ (g)$

5. Calcule o $\Delta E^0$ para a equação II.

$$\Delta E^0 = \underset{\text{da espécie que se reduz}}{E^0_{red}} - \underset{\text{da espécie que se oxida}}{E^0_{red}}$$

6. Esse processo é ou não espontâneo?

7. A panela de alumínio será corroída pelo ácido?

As ilustrações e as equações a seguir devem ser utilizadas para responder às questões **8** a **12**.

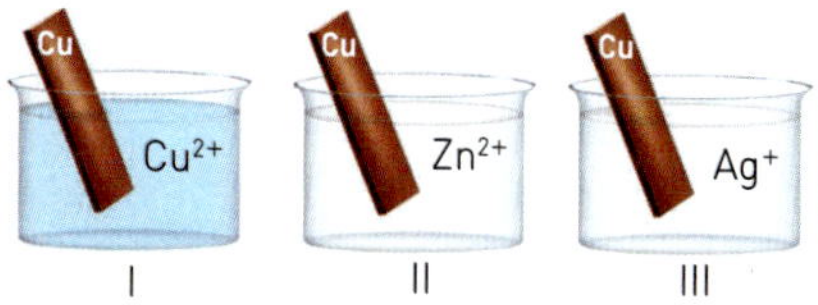

Luis Moura/ Arquivo da editora

$Zn^{2+} + 2\ e^- \rightleftharpoons Zn \quad -0{,}76\ V$

$Cu^{2+} + 2\ e^- \rightleftharpoons Cu \quad +0{,}34\ V$

$Ag^+ + e^- \rightleftharpoons Ag \quad +0{,}80\ V$

8. Ocorre reação no frasco I?

9. A reação teórica que poderia ocorrer em II é:

$Cu\ (s) + Zn^{2+}\ (aq) \rightarrow Cu^{2+}\ (aq) + Zn\ (s)$

Nessa equação, indique a espécie que se oxida e a que se reduz.

10. Calcule o $\Delta E^0$ para a equação acima e indique se ela é espontânea ou não.

11. A reação teórica que poderia ocorrer em III é:

$Cu\ (s) + 2\ Ag^+\ (aq) \rightarrow 2\ Ag\ (s) + Cu^{2+}\ (aq)$

Nessa equação, indique a espécie que se oxida e a que se reduz.

12. Calcule o $\Delta E^0$ para a equação do exercício 11 e indique se ela é espontânea ou não.

## Desenvolvendo seus conhecimentos

1. São conhecidos os seguintes potenciais normais de oxidação:

$Zn \rightarrow Zn^{2+} + 2\ e^- \quad E^0 = 0{,}76\ V$

$Cu \rightarrow Cu^{2+} + 2\ e^- \quad E^0 = -0{,}34\ V$

$Fe \rightarrow Fe^{2+} + 2\ e^- \quad E^0 = 0{,}44\ V$

$Ag \rightarrow Ag^+ + e^- \quad E^0 = -0{,}80\ V$

Considere as seguintes reações:

I. $Fe + Cu^{2+} \rightarrow Fe^{2+} + Cu$

II. $Zn^{2+} + Cu \rightarrow Zn + Cu^{2+}$

III. $2\ Ag + Cu^{2+} \rightarrow Cu + 2\ Ag^+$

IV. $Zn + 2\ Ag^+ \rightarrow Zn^{2+} + 2\ Ag$

Indique quais dessas reações são espontâneas.

2. (UPM-SP) A ilustração a seguir representa um experimento em que foi colocado uma barra metálica de zinco mergulhada em uma solução aquosa de sulfato de cobre (II).

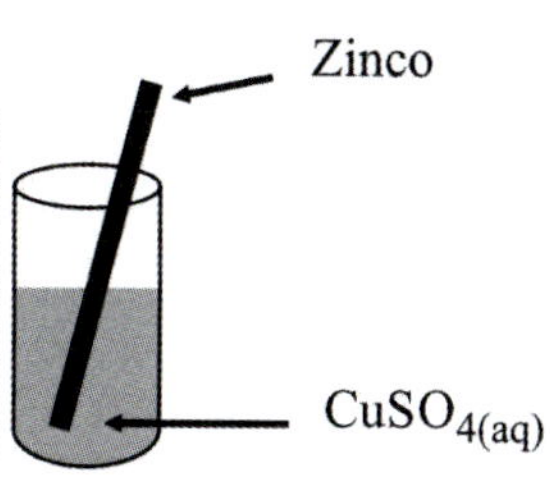

Reprodução/ Mackenzie, 2014.

De acordo com os valores dos $E^0$ de redução abaixo, pode-se afirmar que

$Zn^{2+}\ (aq)/Zn\ (s) \quad E^0 = -0{,}76\ V$

$Cu^{2+}\ (aq)/Cu\ (s) \quad E^0 = +0{,}34\ V$

a) o zinco sofre redução.

b) o processo não é espontâneo.

c) ocorre a formação de íons $Zn^{2+}$ (aq).

d) elétrons são transferidos do $Cu^{2+}$ (aq) para o Zn (s).

e) o Zn (s) é um excelente agente oxidante.

3. (UFU-MG) A estocagem de solução de sulfato de zinco em recipientes metálicos exige conhecimentos sobre possíveis processos de oxidação do zinco com o metal do recipiente, de modo a não danificá-lo. A semirreação de redução do zinco pode ser descrita como segue:

$Zn^{2+}\ (aq) + 2\ e^- \rightarrow Zn\ (s) \quad E^0_{red} = -0{,}76\ V$

Para auxiliar na decisão por diferentes recipientes que pudessem armazenar a referida solução, um químico utilizou os dados da tabela a seguir.

| Espécie química a ser reduzida | Número de elétrons envolvidos | Espécie formada | Potencial de redução padrão/V |
|---|---|---|---|
| $Fe^{2+}$ | 2 | Fe | −0,44 |
| $Ni^{2+}$ | 2 | Ni | −0,25 |
| $Cu^{2+}$ | 2 | Cu | +0,34 |

Assim, o químico concluiu que, para a armazenagem do sulfato de zinco, deverá utilizar um recipiente formado por

a) material que não sofra oxidação.
b) níquel que sofrerá oxidação na presença de $Zn^{2+}$.
c) ferro cuja reação com o $Zn^{2+}$ possui potencial negativo.
d) metais que se oxidam enquanto o íon zinco sofrer redução.

**4.** (UPE/SSA) Um fio de cobre foi retorcido em formato de uma "árvore de natal" e colocado dentro de um béquer. Em seguida, transferiu-se um volume de uma solução salina para a vidraria, o suficiente para cobrir o objeto metálico. Após determinado período, a solução ficou azulada, e pequenos cristais cobriram toda a superfície da árvore de natal.

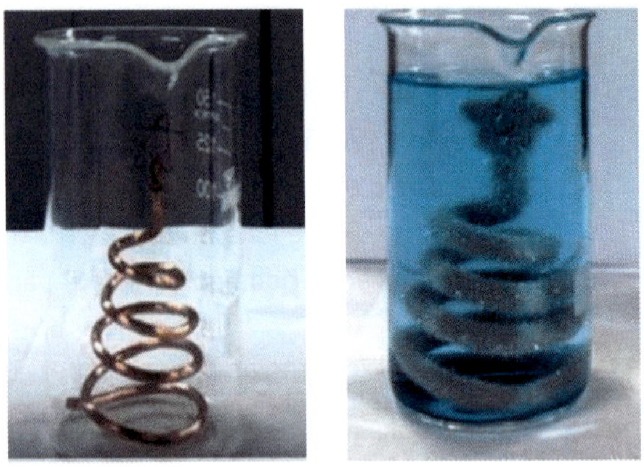
Reprodução/UPE, 2017.

Fonte: https://www.youtube.com/watch?v=9dYp97XcvtM

Dados:

$Na^+ + 1e \rightarrow Na^0$ $E^0_{red} = -2,71\,V$

$Mg^{++} + 2e \rightarrow Mg^0$ $E^0_{red} = -2,36\,V$

$Ag^+ + 1e \rightarrow Ag^0$ $E^0_{red} = +0,80\,V$

$Cu^{++} + 2e \rightarrow Cu^0$ $E^0_{red} = +0,34\,V$

$Ni^{++} + 2e \rightarrow Ni^0$ $E^0_{red} = -0,25\,V$

Qual é o sal presente na solução adicionada ao béquer?

a) $NaC\ell$
b) $MgC\ell_2$
c) $AgNO_3$
d) $Cu(NO_3)_2$
e) $N(NO_3)_2$

**5.** (UFRRJ) Usando as semirreações Zn (s)/$Zn^{2+}$ (aq) e $A\ell$ (s)/$A\ell^{3+}$ (aq), é possível construir uma célula galvânica.

Responda e/ou calcule:

Dados:

$A\ell^{3+}\,(aq) + 3\,e^- \rightarrow A\ell\,(s)$ $E^0 = -1,66\,V$

$Zn^{2+}\,(aq) + 2\,e^- \rightarrow Zn\,(s)$ $E^0 = -0,763\,V$

a) Quais são os agentes redutor e oxidante?
b) Escreva as reações que ocorrem, respectivamente, no ânodo e no cátodo.
c) A reação é espontânea? Justifique sua resposta com base no valor de $E^0$.

**6.** (PUC-RS) Para responder, considere os seguintes potenciais padrão de redução.

$Cu^{2+}/Cu^0 = +0,34\,V$ $Ni^{2+}/Ni^0 = -0,24\,V$

$Fe^{2+}/Fe^0 = -0,44\,V$ $Mg^{2+}/Mg^0 = -2,37\,V$

$Sn^{2+}/Sn^0 = -0,14\,V$ $Zn^{2+}/Zn^0 = -0,76\,V$

A reação $M^0 + N^{2+} \rightarrow M^{2+} + N^0$ será espontânea se $M^0$ for ________ e $N^{2+}$ for ________.

a) $Cu^0$ $Fe^{2+}$
b) $Sn^0$ $Zn^{2+}$
c) $Mg^0$ $Cu^{2+}$
d) $Sn^0$ $Ni^{2+}$
e) $Ni^0$ $Zn^{2+}$

**7.** (PUC-SP) Um aluno realizou uma série de testes envolvendo reações de oxirredução em solução aquosa. Em uma síntese de suas observações, o aluno anotou:

- O metal zinco (Zn) reage com solução diluída de $HC\ell$;
- O metal estanho (Sn) reage com solução aquosa de $HC\ell$;
- O metal prata (Ag) não reage com solução aquosa de $HC\ell$;
- O metal estanho (Sn) não reage com solução aquosa de íons $Zn^{2+}$.

Analisando os dados obtidos pelo aluno, a pilha de maior ddp que se pode obter a partir das espécies analisadas é:

| | Cátodo | Ânodo |
|---|---|---|
| a) | Pt, $H^+$ (1 mol/L)/$H_2$ | Sn/$Sn^{2+}$ (1 mol/L) |
| b) | $Zn^{2+}$ (1 mol/L)/Zn | Ag/$Ag^+$ (1 mol/L) |
| c) | $Sn^{2+}$ (1 mol/L)/Zn | Zn/ $Zn^{2+}$ (1 mol/L) |
| d) | $Ag^+$ (1 mol/L)/Ag | Sn/$Sn^{2+}$ (1 mol/L) |
| e) | $Ag^+$ (1 mol/L)/Ag | Zn/$Zn^{2+}$ (1 mol/L) |

**8.** (Fatec-SP) A ilustração refere-se a um experimento em que lâminas metálicas são imersas em soluções de solutos iônicos.

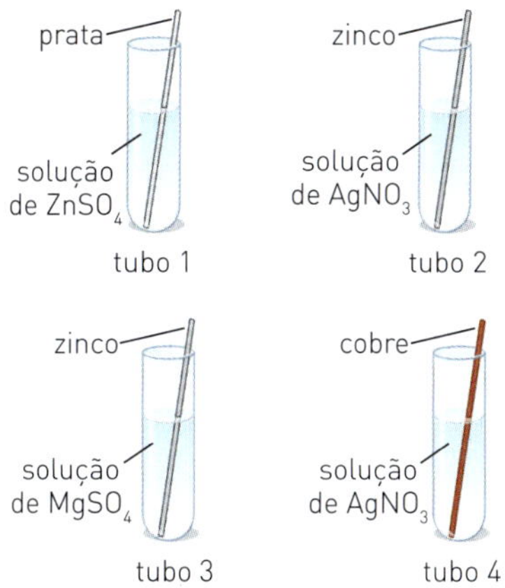


Reprodução/Arquivo da editora

Analisando-se os valores dos $E^0$ de redução:

$$E^0_{Cu^{2+}/Cu} = +0,34\ V$$
$$E^0_{Zn^{2+}/Zn} = -0,76\ V$$
$$E^0_{Ag^{+}/Ag} = +0,80\ V$$
$$E^0_{Mg^{2+}/Mg} = -2,37\ V$$

pode-se concluir que não serão observados sinais de transformação química:

a) no tubo 1.

b) nos tubos 2 e 3.

c) no tubo 2.

d) nos tubos 1 e 3.

e) no tubo 4.

**9.** (UEPG-PR) Analisando as semirreações apresentadas abaixo, assinale o que for correto.

I. $Mg^{2+}(aq) + 2\ e^- \rightleftharpoons Mg(s)$ $E^0 = -2,36\ V$

II. $Fe^{2+}(aq) + 2\ e^- \rightleftharpoons Fe(s)$ $E^0 = -0,44\ V$

III. $2\ H^{+}(aq) + 2\ e^- \rightleftharpoons H_2(g)$ $E^0 = 0,00\ V$

IV. $Cu^{2+}(aq) + 2\ e^- \rightleftharpoons Cu(s)$ $E^0 = +0,34\ V$

V. $Au^{3+}(aq) + 3\ e^- \rightleftharpoons Au(s)$ $E^0 = +1,42\ V$

01) A ordem crescente do caráter redutor é
$Au < Cu < H < Fe < Mg$.

02) A tendência em sofrer oxidação do magnésio é maior que a do cobre.

04) O metal cobre é mais nobre que o metal ferro.

08) Os íons $H^+$ podem oxidar apenas os metais magnésio e ferro.

**10.** (UFG-GO)

© 2005 Chris Browne/King Features Syndicate/Ipress

BROWNE, Dick. Hagar, o Horrível. *O Popular*, 30 jun. 2005, p. 6. Magazine.

Observando a tira, responda:

a) Após inúmeras chuvas, os cavaleiros ingleses terão dificuldade para abrir seus elmos de ferro. Utilizando equações químicas, explique por quê.

b) Suponha a seguinte situação: o elmo de um dos cavaleiros, o suserano, é adornado com rebites de ouro, enquanto o do outro, seu vassalo, com rebites de zinco. Curiosamente, após inúmeras chuvas, um dos elmos emperra mais que o outro. Explique o porquê.

| Potencial padrão de eletrodo | |
|---|---|
| $Zn^{2+} + 2\ e^- \rightleftharpoons Zn$ | $E = -0,76\ V$ |
| $Fe^{2+} + 2\ e^- \rightleftharpoons Fe$ | $E = 0,44\ V$ |
| $Au^{3+} + 3\ e^- \rightleftharpoons Au$ | $E = 1,50\ V$ |

# Desafiando seus conhecimentos

**1.** (UFPR) Analise a tabela a seguir e assinale a alternativa que contém uma reação redox espontânea nas condições padrão (298 K).

| Tabelas de potenciais padrão ($E^0$) a 298 K | |
|---|---|
| **Semirreação de redução** | **$E^0$** |
| $Ag^+ + e^- \rightarrow Ag$ | +0,80 V |
| $Cu^{2+} + 2\,e^- \rightarrow Cu$ | +0,34 V |
| $2\,H^+ + 2\,e^- \rightarrow H_2$ | 0,00 V |
| $Pb^{2+} + 2\,e^- \rightarrow Pb$ | −0,13 V |
| $Ni^{2+} + 2\,e^- \rightarrow Ni$ | −0,26 V |
| $Zn^{2+} + 2\,e^- \rightarrow Zn$ | −0,76 V |

a) $Pb^{2+} + 2\,Ag \rightarrow Pb + Ag^+$
b) $Ni^{2+} + Cu^- \rightarrow Ni + Cu^{2+}$
c) $Zn^{2+} + Ni^- \rightarrow Zn + Ni^{2+}$
d) $2\,Ag^+ + Cu \rightarrow 2\,Ag + Cu^{2+}$
e) $Cu + 2\,H^+ \rightarrow Cu^{2+} + H_2$

**2.** (Udesc) Reações de oxirredução estão presentes no dia a dia como na ação desinfetante da água sanitária, na geração de energia elétrica em baterias e na obtenção de metais a partir de seus minérios. Como exemplo destas reações considere uma folha de alumínio imersa em uma solução aquosa de sulfato de cobre. Sabendo-se que o potencial de redução do alumínio é −1,66 V e o potencial de redução do cobre é +0,34 V é correto afirmar que:
a) o alumínio é o agente oxidante.
b) ocorrerá redução do Cu (II).
c) o potencial de oxirredução da reação é de −1,32 V.
d) o sulfato de cobre é o agente redutor.
e) o estado de oxidação do enxofre no sulfato de cobre, $CuSO_4$ é −2.

**3.** (PUC-MG) O potencial padrão de redução de um par redox informa sobre a força oxidante desse par. Considere a tabela abaixo, que relata o comportamento de diferentes eletrodos quando mergulhados em certas soluções.

| Eletrodo | Solução | Observação |
|---|---|---|
| Zn | $NSO_4$ | Mudança da cor do eletrodo |
| Pb | $NSO_4$ | Nada aconteceu |
| Pb | $CuSO_4$ | Mudança da cor do eletrodo |

Numere a segunda coluna de acordo com a primeira, relacionando o potencial padrão de redução com seu par redox:

1. −0,25 V ( ) $Cu/Cu^{2+}$
2. −0,13 V ( ) $Zn/Zn^{2+}$
3. −0,76 V ( ) $Pb/Pb^{2+}$
4. +0,34 V ( ) $Ni/Ni^{2+}$

Assinale a sequência **CORRETA** encontrada.
a) 3 - 4 - 2 - 1
b) 4 - 3 - 2 - 1
c) 3 - 4 - 1 - 2
d) 4 - 2 - 1 - 3

**4.** (Ufscar-SP) Deseja-se armazenar uma solução de $NiC\ell_2$, cuja concentração é de 1 mol/L a 25 °C; para isso, dispõe-se de recipientes de:
I. cobre.
II. lata comum (revestimento de estanho).
III. ferro galvanizado (revestimento de zinco).
IV. ferro.

Dados os potenciais padrão de redução:

$Zn^{2+}\,(aq) + 2\,e^- \rightleftharpoons Zn\,(s)$ −0,76 V

$Fe^{2+}\,(aq) + 2\,e^- \rightleftharpoons Fe\,(s)$ −0,44 V

$Ni^{2+}\,(aq) + 2\,e^- \rightleftharpoons Ni\,(s)$ −0,25 V

$Sn^{2+}\,(aq) + 2\,e^- \rightleftharpoons Sn\,(s)$ −0,14 V

$Cu^{2+}\,(aq) + 2\,e^- \rightleftharpoons Cu\,(s)$ −0,34 V

a solução de $NiC\ell_2$ poderá ser armazenada, sem que haja a redução dos íons $Ni^{2+}$ da solução, nos recipientes
a) I e II, apenas.
b) I, II e IV, apenas.
c) III e IV, apenas.
d) I, III e IV, apenas.
e) I, II, III e IV.

**5.** (PUC-MG) Considere as seguintes reações espontâneas:

$$Cu^{2+} + Zn \rightarrow Cu + Zn^{2+}$$
$$Cr + Zn^{2+} \rightarrow Cr^{2+} + Zn$$
$$Hg^{2+} + Cu \rightarrow Cu^{2+} + Hg$$

A classificação crescente do poder redutor das espécies é:
a) Hg, Cu, Zn, Cr.
b) Cr, Zn, Cu, Hg.
c) Cu, Hg, Zn, Cr.
d) Cr, Zn, Hg, Cu.

**6.** (UFRJ) Os quatro frascos apresentados a seguir contêm soluções salinas de mesma concentração molar, a 25 °C.

Em cada frasco, encontra-se uma placa metálica mergulhada na solução.

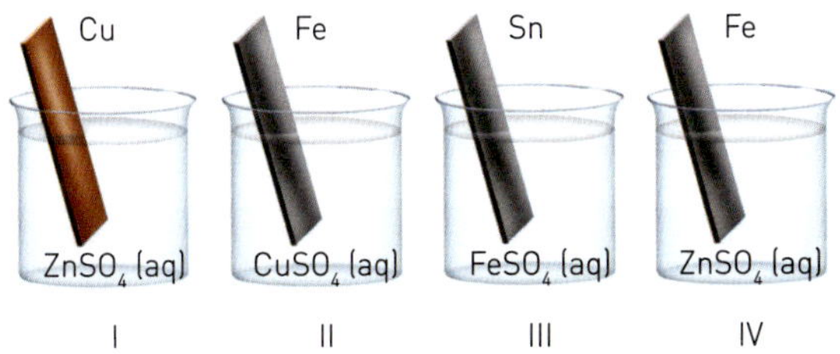


Reprodução/Arquivo da editora

| | $E^0_{red}$ (V) |
|---|---|
| $Zn^{2+} + 2\,e^- \rightarrow Zn$ | −0,76 |
| $Fe^{2+} + 2\,e^- \rightarrow Fe$ | −0,44 |
| $Sn^{2+} + 2\,e^- \rightarrow Sn$ | −0,14 |
| $Cu^{2+} + 2\,e^- \rightarrow Cu$ | +0,34 |

a) Identifique o frasco em que ocorre reação química espontânea e escreva a respectiva equação.

b) Sabendo que o frasco III contém 304 gramas de $FeSO_4$ em 2 litros de solução, determine a concentração, em g/L, da solução de $ZnSO_4$ no frasco I.

**7.** (UFJF-MG) O alumínio é um excelente agente redutor e, portanto, não pode ser utilizado na confecção de tanques para transporte e armazenagem de ácido clorídrico. Por outro lado, pode ser usado no transporte de ácido nítrico, uma vez que o alumínio é rapidamente oxidado formando uma camada protetora de óxido de alumínio que protege o metal de outros ataques.

| Semirreações: | $E^0$ |
|---|---|
| $A\ell^{3+}(aq) + 3\,e^- \rightleftharpoons A\ell(s)$ | −1,66 V |
| $2\,H^+(aq) + 2\,e^- \rightleftharpoons H_2$ | +0,00 V |
| $4\,H^+(aq) + 2\,(NO_3)^-(aq) + 2\,e^- \rightleftharpoons 2\,NO_2(g) + 2\,H_2O(\ell)$ | +0,80 V |
| $Cu^{2+}(aq) + 2\,e^- \rightleftharpoons Cu(s)$ | +0,34 V |
| $O_2(g) + 2\,H_2O(\ell) + 4\,e^- \rightleftharpoons 4\,OH^-(aq)$ | +0,40 V |

a) Por que o alumínio não pode ser usado no transporte de ácido clorídrico? Escreva a reação química para justificar sua resposta.

b) Com base nos potenciais padrão discuta a possibilidade de substituição do alumínio pelo cobre no transporte de ácido clorídrico.

c) O cobre pode ser usado no transporte de ácido nítrico? Escreva a reação química para justificar sua resposta.

d) O uso de tanques de cobre está sujeito ao processo de corrosão pelo oxigênio do ar formando uma camada esverdeada (mistura de óxidos e hidróxidos de cobre). Calcule o potencial padrão que representa este processo.

**8.** (UPF-RS)

O Brasil terminou os jogos olímpicos do Rio em 13º no ranking de medalhas, seu melhor resultado na história olímpica. Do total de 19 medalhas conquistadas, 7 foram de ouro, 6 de prata e 6 de bronze.

"As últimas medalhas feitas totalmente em ouro foram entregues nas Olímpiadas de 1912".

No caso da medalha de ouro, sua composição atual é de 98,8% de prata (Ag) e 1,2% de ouro (Au). Para as medalhas de prata (Ag) e bronze, 30% do material usado é reciclado e a medalha de bronze conta com 5% de zinco (Zn) na composição.

Reprodução/UPF, 2017.

(Disponível em: maquinadoesporte.uol.com.br. Adaptado. Acesso em 10 set. 2016)

Sobre a composição das medalhas, analise as afirmativas a seguir.

I. As medalhas de ouro e bronze são consideradas soluções ou sistemas homogêneos, assim como o latão e o aço.

II. Uma medalha de bronze que apresenta massa de 500 gramas tem, em sua composição, 25 g de zinco e 475 g de cobre.

III. Se uma medalha de bronze fosse colocada em um frasco contendo $HC\ell$ (a) de concentração 1 mol $L^{-1}$ a 25 °C ambos os metais iriam sofrer oxidação. [Considere os potenciais padrão:

$E^0_{redução}(Cu^{2+}|Cu^0) = +0,34$ V

$E^0_{redução}(Zn^{2+}|Zn^0) = -0,76$ V]

Está **correto** apenas o que se afirma em:

a) I e II.
b) I.
c) II.
d) III.
e) I e III.

Leia o texto a seguir para responder à questão **9**.

O gás ozônio, de fórmula molecular $O_3$, tem se tornado uma alternativa para o tratamento da água. O gás ozônio é produzido quando uma corrente alternada é descarregada na presença de oxigênio; entre suas aplicações estão a desinfecção de efluentes e a clarificação da água por remoção de metais em suspensão, como ferro e manganês. O $O_3$ é uma substância instável e o estudo da cinética de decomposição dessa substância resulta no gráfico de meia-vida a seguir.

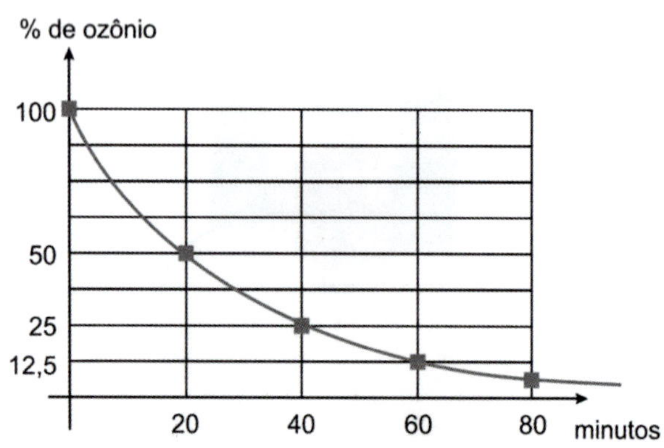


Reprodução/USCS, 2015.

**9.** (USCS-SP) A presença de íons $Mn^{2+}$ em solução pode causar uma turvação, a qual pode ser eliminada pela adição de $O_3$ ao sistema.
Considere os potenciais de redução:

$$MnO_2 + 4H^+ + 2e^- \rightarrow Mn^{2+} + 2H_2O \quad E^0 = +1,22 \text{ V}$$
$$O_3 + 2H^+ + 2e^- \rightarrow O_2 + H_2O \quad E^0 = +2,08 \text{ V}$$

a) Escreva a equação que representa a reação entre o ozônio e o manganês.
b) Indique o agente oxidante do processo e calcule o $\Delta E^0$ associado à remoção do $Mn^{2+}$ da solução.

**10.** (Enem)

A revelação das chapas de raios X gera uma solução que contém íons prata na forma de $[Ag(S_2O_3)_2]^{3-}$. Para evitar a descarga desse metal no ambiente, a recuperação de prata metálica pode ser feita tratando eletroquimicamente essa solução com uma espécie adequada. O quadro apresenta semirreações de redução de alguns íons metálicos.

| Semirreação de redução | $E^0$ (V) |
|---|---|
| $[Ag(S_2O_3)_2]^{3-}(aq) + e^- \rightleftharpoons Ag(s) + 2(S_2O_3)^{2-}(aq)$ | +0,02 |
| $Cu^{2+}(aq) + 2e^- \rightleftharpoons Cu(s)$ | +0,34 |
| $Pt^{2+}(aq) + 2e^- \rightleftharpoons Pt(s)$ | +1,20 |
| $A\ell^{3+}(aq) + 3e^- \rightleftharpoons A\ell(s)$ | −1,66 |
| $Sn^{2+}(aq) + 2e^- \rightleftharpoons Sn(s)$ | −0,14 |
| $Zn^{2+}(aq) + 2e^- \rightleftharpoons Zn(s)$ | −0,76 |

BENDASSOLLI, J. A. et al. "Procedimentos para a recuperação de Ag de resíduos líquidos e sólidos". *Química Nova*, v. 26, n. 4, 2003 (adaptado).

Das espécies apresentadas, a adequada para essa recuperação é:

a) Cu (s).
b) Pt (s).
c) $A\ell^{3+}$ (aq).
d) Sn (s).
e) $Zn^{2+}$ (aq).

**11.** (Enem)

A calda bordalesa é uma alternativa empregada no combate a doenças que afetam folhas de plantas. Sua produção consiste na mistura de uma solução aquosa de sulfato de cobre(II), $CuSO_4$, com óxido de cálcio, CaO, e sua aplicação só deve ser realizada se estiver levemente básica.

A avaliação rudimentar da basicidade dessa solução é realizada pela adição de três gotas sobre uma faca de ferro limpa. Após três minutos, caso surja uma mancha avermelhada no local da aplicação, afirma-se que a calda bordalesa ainda não está com a basicidade necessária.

O quadro apresenta os valores de potenciais padrão de redução ($E^0$) para algumas semirreações de redução.

| Semirreação de redução | $E^0$ (V) |
|---|---|
| $Ca^{2+} + 2e^- \rightarrow Ca$ | −2,87 |
| $Fe^{3+} + 3e^- \rightarrow Fe$ | −0,04 |
| $Cu^{2+} + 2e^- \rightarrow Cu$ | +0,34 |
| $Cu^{+} + e^- \rightarrow Cu$ | +0,52 |
| $Fe^{3+} + e^- \rightarrow Fe^{2+}$ | +0,77 |

MOTTA, I. S. *Calda bordalesa*: utilidades e preparo. Dourados: Embrapa, 2008 (adaptado).

A equação química que representa a reação de formação da mancha avermelhada é:

a) $Ca^{2+}(aq) + 2Cu^{+}(aq) \rightarrow Ca(s) + 2Cu^{2+}(aq)$

b) $Ca^{2+}(aq) + 2Fe^{2+}(aq) \rightarrow Ca(s) + 2Fe^{3+}(aq)$

c) $Cu^{2+}(aq) + 2Fe^{2+}(aq) \rightarrow Cu(s) + 2Fe^{3+}(aq)$

d) $3Ca^{2+}(aq) + 2Fe(s) \rightarrow 3Ca(s) + 2Fe^{3+}(aq)$

e) $3Cu^{2+}(aq) + 2Fe(s) \rightarrow 3Cu(s) + 2Fe^{3+}(aq)$

**12.** (UFPR)

A matéria “Holandeses inventam pavimento que absorve poluição”, veiculada na BBC Brasil em julho de 2013, mostra uma proposta de adicionar um catalisador na composição de pavimentos de modo a reduzir quantidade de poluentes da atmosfera, os quais são liberados pelos carros movidos a combustíveis fósseis.

Na proposta, os pesquisadores adicionaram óxido de titânio ($TiO_2$) na formulação do pavimento e monitoraram a redução de óxidos de nitrogênio ($NO_x$) da atmosfera onde os pavimentos foram instalados.

O $TiO_2$ é um semicondutor que absorve radiação UV do espectro solar, conforme mecanismo mostrado abaixo. O $TiO_2$* (excitado pela radiação) adquire +3,2 V adicionais no potencial de redução.

(Disponível em <http://www.bbc.co.uk/portuguese/videos_e_fotos/2013/07/130716_pavement_catalitico_rp.shtml>. Acesso em jul. 2013).

$$TiO_2 \xrightarrow{UV} TiO_2^*$$

$$TiO_2[Ti(IV)] \xrightarrow{E = -0,56\,V} Ti(III)$$

$$NO_3^- \xrightarrow{E = +0,80\,V} NO_2$$

a) O $TiO_2$ é capaz de oxidar o dióxido de nitrogênio na ausência de luz? Por quê?

b) Calcule a variação de potencial padrão para a reação de oxidação do dióxido de nitrogênio pelo $TiO_2$*.

**13.** (UFRGS-RS) Os potenciais padrão de redução, determinados mediante processos eletroquímicos, podem ser empregados para prever a espontaneidade de reações, mesmo quando essas não constituem pilhas ou baterias.

Observe o quadro a seguir.

| | |
|---|---|
| $Ag^+(aq) + e^- \rightleftharpoons Ag(s)$ | $E^0 = 0,80$ V |
| $Co^{2+}(aq) + 2e^- \rightleftharpoons Co(s)$ | $E^0 = -0,28$ V |
| $A\ell^{3+}(aq) + 3e^- \rightleftharpoons A\ell(s)$ | $E^0 = -1,66$ V |
| $Ba^{2+}(aq) + 2e^- \rightleftharpoons Ba(s)$ | $E^0 = -2,90$ V |

Com base no quadro, considere as reações abaixo.

I. $Ba(NO_3)_2 + 2Ag \rightarrow 2AgNO_3 + Ba$

II. $2A\ell(NO_3)_3 + 3Co \rightarrow 3Co(NO_3)_2 + 2A\ell$

III. $3AgNO_3 + A\ell \rightarrow A\ell(NO_3)_3 + 3Ag$

Quais reações serão espontâneas?

a) Apenas I.

b) Apenas II.

c) Apenas III.

d) Apenas I e III.

e) I, II e III.

**14.** (Uespi) Considere a tabela abaixo com os potenciais padrão de redução e analise as afirmações a seguir:

| Semirreação | Potenciais padrão de redução, $E^0$ (v) |
|---|---|
| $Cu^{2+} + 2e^- \rightleftharpoons Cu$ | 0,34 |
| $Pb^{2+} + 2e^- \rightleftharpoons Pb$ | −0,13 |
| $Ni^{2+} + 2e^- \rightleftharpoons Ni$ | −0,23 |

1. Quando uma placa de níquel é mergulhada numa solução aquosa contendo íons $Pb^{2+}$, ocorre deposição do chumbo metálico sobre a placa de níquel.
2. Quando um fio de cobre é mergulhado numa solução aquosa contendo íons $Pb^{2+}$, ocorre deposição do chumbo metálico sobre o fio de cobre.
3. Numa pilha montada com os pares $Ni^{2+}/Ni$ e $Cu^{2+}/Cu$, o eletrodo de cobre metálico funcionará como cátodo.

Está(ão) correta(s):

a) 1, 2 e 3.

b) 1 e 2 apenas.

c) 2 e 3 apenas.

d) 1 e 3 apenas.

e) 1 apenas.

CAPÍTULO 18

# Corrosão e proteção de metais

**Corrosão** é a deterioração de metais causada pelo processo eletroquímico que ocorre nas reações de oxirredução.

O processo de corrosão mais comum é o que ocorre com o ferro. Estima-se que aproximadamente 20% de todo o ferro produzido anualmente é utilizado para repor objetos de ferro corroídos.

As corrosões são comuns no nosso dia a dia: a formação de ferrugem em objetos de ferro, o escurecimento da prata, a formação do azinhavre (camada verde de carbonato de cobre sobre objetos de cobre), etc.

M Itani/Alamy/Glow Images

Thinkstock/Getty Images

A corrosão pode colocar em risco a vida de pessoas, uma vez que enfraquece estruturas internas de edifícios e de pontes, por exemplo.

isarescheewin/Shutterstock

# Corrosão do ferro

A corrosão do ferro, bem como a de outros metais, está relacionada com a capacidade que um metal tem de se oxidar (agente redutor) e com a capacidade de uma espécie, como o oxigênio ($O_2$), se reduzir (agente oxidante). A temperatura e as concentrações dos reagentes afetam as reações de corrosão.

Vamos considerar o experimento representado a seguir, em que um prego de ferro é introduzido em três tubos, cada qual contendo uma substância diferente: água, agente higroscópico (ou desidratante) e óleo, respectivamente.

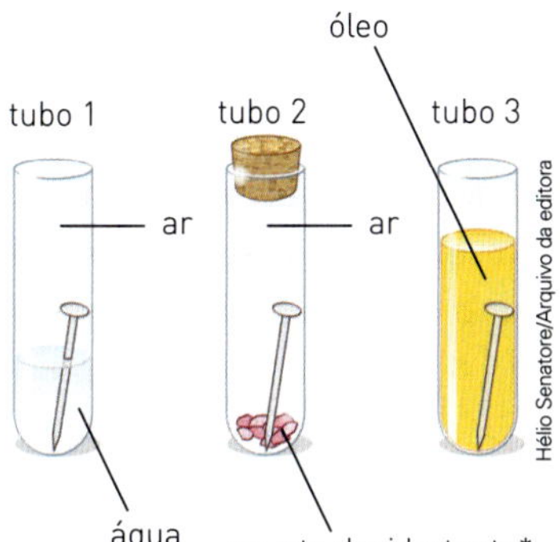


* Absorve o vapor de água.

Após certo tempo, notamos que:

- no tubo 1 ocorreu corrosão do prego;
- no tubo 2 não ocorreu alteração no prego (sem corrosão do prego);
- no tubo 3 não ocorreu alteração no prego (sem corrosão do prego).

Após o término dos experimentos, podemos concluir que, para que o prego de ferro sofra corrosão, é necessário que ele esteja na presença de ar ($O_2$) e água ($H_2O$).

As reações envolvidas na formação da ferrugem são:

oxidação do ferro (ânodo)

$$Fe\ (s) \longrightarrow Fe^{2+} + 2\ e^-$$

redução do oxigênio (cátodo)

$$O_2 + 2\ H_2O + 4\ e^- \longrightarrow 4\ OH^-$$

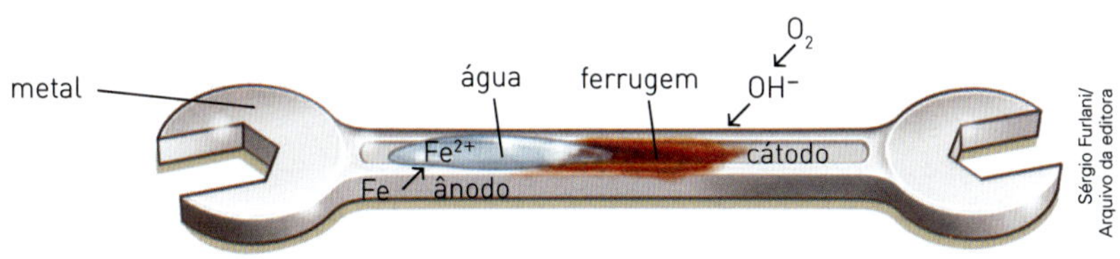


A presença de íons dissolvidos na água facilita o fluxo de elétrons pelo metal, favorecendo a formação da ferrugem. Isso explica por que em regiões litorâneas a ferrugem se forma mais rapidamente.

A reação global pode ser representada pela equação:

$$2\ Fe + O_2 + 2\ H_2O \longrightarrow 2\ Fe(OH)_2$$

O $Fe(OH)_2$ é normalmente oxidado a $Fe(OH)_3$:

$$4\ Fe(OH)_2 + O_2 + 2\ H_2O \longrightarrow 4\ Fe(OH)_3\ \text{(ferrugem)}$$

Muitas vezes, a ferrugem é representada por $Fe_2O_3 \cdot 3\ H_2O$; alguns autores a representam pela fórmula $Fe_2O_3 \cdot x\ H_2O\ (s)$.

# Proteção contra a corrosão

A ferrugem pode ser evitada utilizando-se revestimentos de proteção, como tintas, graxas, óleos, esmaltes ou alguns metais mais resistentes à corrosão. Podem ser usados também metais que, apesar de serem mais reativos que o ferro, quando se oxidam, formam um óxido que adere ao ferro, revestindo-o e protegendo-o.

Vladimir Mulder/Shutterstock

Tanque no qual ocorre o processo de galvanização.

## Revestimento do ferro com zinco

Uma maneira muito comum de proteger um metal da corrosão — normalmente ferro ou aço — é a aplicação de uma fina camada de outro metal para revestimento. O processo de revestimento feito com zinco sobre o ferro ou o aço é conhecido por **galvanização**.

O revestimento de zinco impede o contato direto do ferro com o ar e a água. Se o objeto galvanizado sofre algum "risco", o ferro fica exposto ao ar e se oxida:

$$Fe \longrightarrow Fe^{2+} + 2\,e^-$$

No entanto, imediatamente, o zinco do revestimento também se oxida, fazendo com que o íon $Fe^{2+}$ se reduza a Fe:

$$\begin{array}{rcl} Zn & \longrightarrow & Zn^{2+} + 2\,e^- \\ Fe^{2+} + 2\,e^- & \longrightarrow & Fe \\ \hline Zn + Fe^{2+} & \longrightarrow & Zn^{2+} + Fe \end{array}$$

Em contato com o ar e a água, o $Zn^{2+}$ origina o hidróxido de zinco, $Zn(OH)_2$, que se deposita sobre o ferro anteriormente exposto, impedindo que a corrosão do ferro prossiga.

O entendimento dessas reações pode ser feito pela análise dos potenciais de redução do ferro e do zinco representados pelas semirreações a seguir:

$$Fe^{2+} + 2\,e^- \longrightarrow Fe \qquad E^0_{red} = -0{,}44\ V$$
$$Zn^{2+} + 2\,e^- \longrightarrow Zn \qquad E^0_{red} = -0{,}76\ V$$

Podemos perceber que o zinco apresenta menor potencial de redução (−0,76 V); portanto, sua oxidação é mais fácil de ocorrer, ou seja, ele perde elétrons com mais facilidade que o ferro.

Still Images/Getty Images

As latas de ferro de vários alimentos são revestidas internamente com estanho.

## Revestimento do ferro com estanho

Esse tipo de revestimento é usado para a fabricação da **folha de flandres** ou **lata**.

A finalidade do revestimento com estanho é, simplesmente, proteger o ferro, impedindo-o de ficar exposto ao ar e à água. Se a lata é riscada ou amassada, e parte do revestimento de estanho se perde, o ferro exposto ao ar se oxida, sofrendo corrosão rapidamente.

Observando os potenciais $E^0_{red}$, temos:

$$Fe^{2+} + 2\,e^- \longrightarrow Fe \qquad E^0_{red} = -0{,}44\ V$$
$$Sn^{2+} + 2\,e^- \longrightarrow Sn \qquad E^0_{red} = -0{,}14\ V$$

Note que o potencial de redução do $Fe^{2+}$ é menor que o do $Sn^{2+}$. Assim, o potencial de oxidação do ferro é maior que o do estanho, ou seja, o ferro perde elétrons mais facilmente, o que acarreta sua corrosão.

? Por que não devemos comprar latas de conservas amassadas?

# Proteção com eletrodo ou com metal de sacrifício

Para proteger o ferro ou o aço da corrosão, podemos utilizar outro metal que apresenta uma tendência maior de perder elétrons (maior potencial de oxidação). Esse metal se oxida e evita a corrosão do ferro, sendo, por isso, chamado de **metal de sacrifício**.

Um metal normalmente utilizado com essa finalidade é o magnésio.

$$E^0_{oxi\ (Mg)} = +2{,}36\ V > E^0_{oxi\ (Fe)} = +0{,}44\ V$$

De acordo com a equação:

$$Mg\ (s) \longrightarrow Mg^{2+} + 2\ e^-$$

podemos perceber que o magnésio, quando se oxida, perde elétrons para o ferro, que permanece protegido. As placas de magnésio devem, portanto, ser substituídas por novas, esporadicamente.

Essa substituição é uma medida prática e econômica para proteger, por exemplo, uma tubulação de oleoduto, pois é bem mais barato colocar uma nova placa de magnésio do que substituir todo o oleoduto.

Além do magnésio, existem outros metais que podem ser utilizados como metais de sacrifício. A condição para que isso ocorra é que seu potencial de oxidação seja maior que o potencial de oxidação do metal a ser protegido.

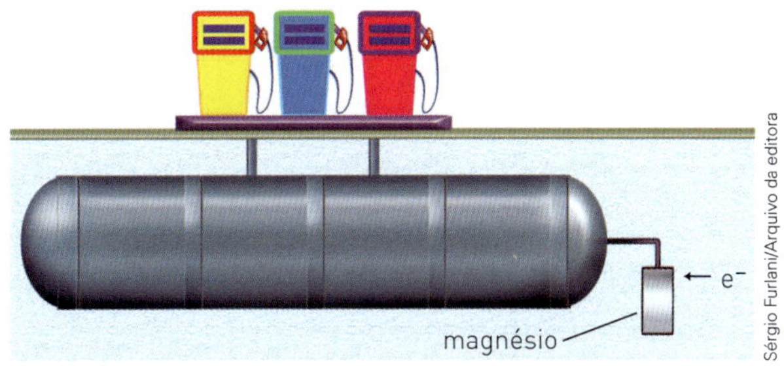


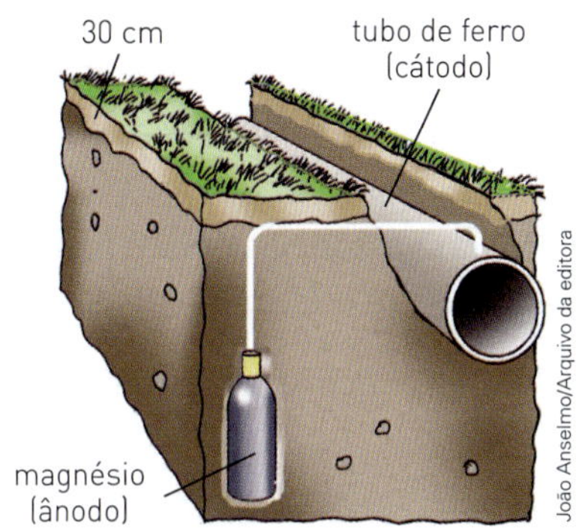


Tanques de aço contendo combustível apresentam placas de magnésio que os protegem. Isso também acontece em navios e oleodutos, por exemplo.

## Exercício resolvido

(FMTM-MG) Considerando a ampla utilização dos metais no mundo moderno, a corrosão do metal ferro é um problema de grande importância nos países industrializados.

Estudos realizados sobre o assunto mostram que o contato com certos metais pode retardar, impedir ou acelerar a formação de ferrugem.

Considere a ilustração a seguir e os potenciais-padrão de redução.

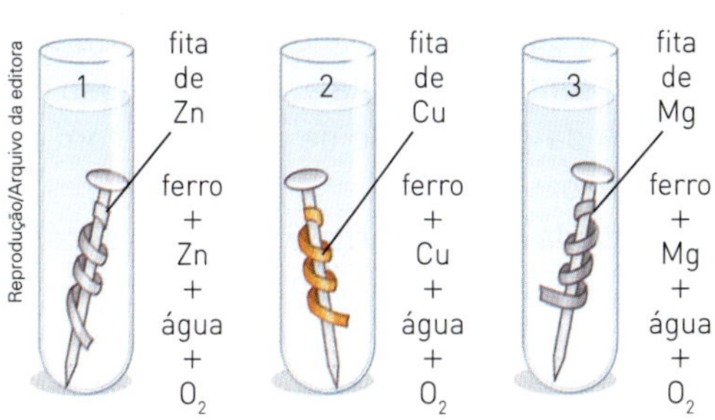


| Potenciais-padrão de redução | $E^0$ (T = 298,18 K) |
|---|---|
| $Mg^{2+}\ (aq) + 2\ e^- \rightarrow Mg\ (s)$ | −2,37 V |
| $Zn^{2+}\ (aq) + 2\ e^- \rightarrow Zn\ (s)$ | −0,76 V |
| $Fe^{2+}\ (aq) + 2\ e^- \rightarrow Fe\ (s)$ | −0,44 V |
| $Cu^{2+}\ (aq) + 2\ e^- \rightarrow Cu\ (s)$ | +0,34 V |
| $\frac{1}{2}\ O_2\ (g) + H_2O\ (\ell) + 2\ e^- \rightarrow 2\ OH^-\ (aq)$ | +0,41 V |

Ocorrerá corrosão do prego:

a) somente nos tubos 1 e 2.
b) somente no tubo 2.
c) somente nos tubos 1 e 3.
d) nos tubos 1, 2 e 3.
e) somente no tubo 1.

**Solução**

A corrosão do prego de ferro ocorre quando o potencial de oxidação do ferro é maior que o do metal presente na fita ou, ainda, quando o potencial de redução do ferro é menor que o do metal presente na fita. Analisando as três situações:

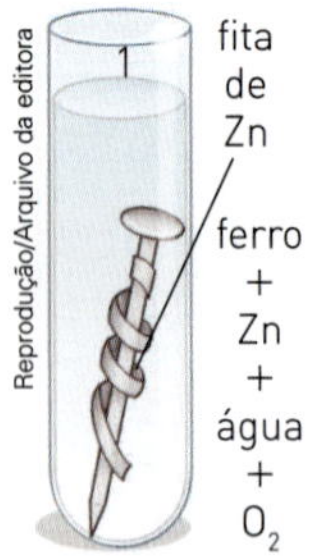


$E^0_{red}\ Fe^{2+} > E^0_{red}\ Zn^{2+}$

$-0,44 > -0,76\ V$

Não ocorre corrosão do ferro.

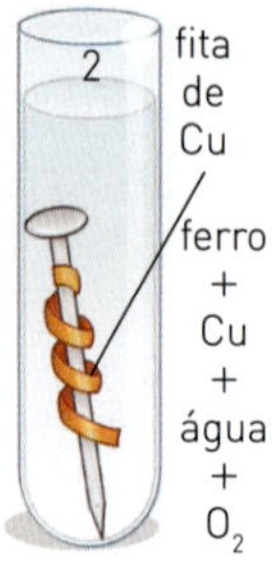


$E^0_{red}\ Fe^{2+} < E^0_{red}\ Cu^{2+}$

$-0,44 < +0,34\ V$

Ocorre corrosão do ferro.

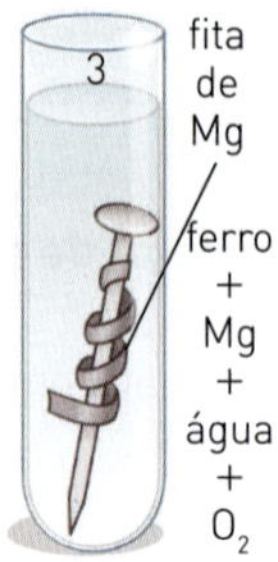


$E^0_{red}\ Fe^{2+} > E^0_{red}\ Mg^{2+}$

$-0,44 > -2,37\ V$

Não ocorre corrosão do ferro.

Resposta: Alternativa b.

## Fundamentando seus conhecimentos

**1.** A ferrugem pode ser representada pela fórmula $Fe_2O_3 \cdot 3\ H_2O$.
Quais substâncias devem reagir com o ferro para que ocorra a formação da ferrugem?

**2.** A palha de aço na imagem abaixo está enferrujada? Por quê?

**3.** Considere uma palha de aço seca e outra umedecida com água. Qual delas irá enferrujar mais rapidamente? Por quê?

**4.** A ilustração abaixo mostra blocos de um metal acoplados ao casco de ferro de um navio:

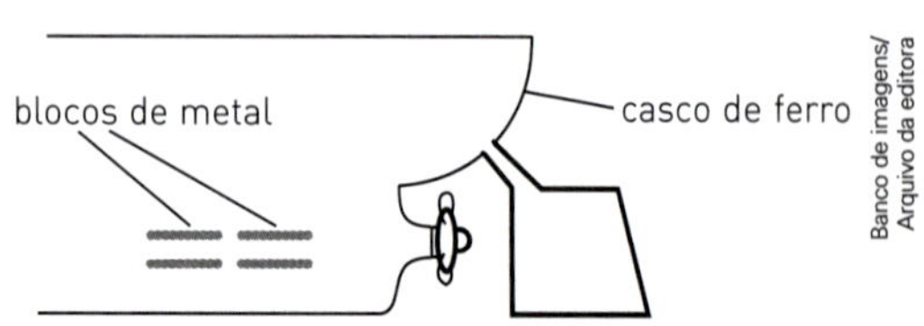


Esses blocos de metal se oxidam, evitando a corrosão das chapas de ferro do casco do navio. Utilizando os potenciais apresentados a seguir, indique qual(is) metal(is) pode(m) ser utilizado(s) para essa finalidade.

$$Mg^{2+} + 2\ e^- \rightleftharpoons Mg \qquad -2,36\ V$$
$$Zn^{2+} + 2\ e^- \rightleftharpoons Zn \qquad -0,76\ V$$
$$Fe^{2-} + 2\ e^- \rightleftharpoons Fe \qquad -0,44\ V$$
$$Cu^{2+} + 2\ e^- \rightleftharpoons Cu \qquad +0,34\ V$$

**5.** (PUC-RS) Em temperatura ambiente, colocou-se uma porção de palha de aço, previamente lavada com ácido acético para remoção de óxidos, no fundo de uma proveta. Imediatamente, colocou-se a proveta emborcada em um copo com água. Observou-se, após cerca de 30 minutos, que a água aumentou de volume dentro da proveta, conforme ilustração.

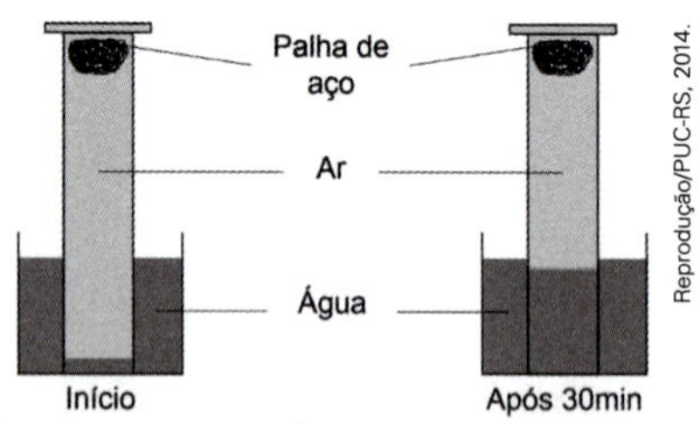


A hipótese mais provável para explicar o ocorrido é que

a) parte do ar dissolveu-se na água, fazendo com que a água ocupasse o lugar do ar dissolvido.

b) o ar contraiu-se pela ação da pressão externa.

c) 79% da quantidade de ar reagiu com a palha de aço.

d) parte da água vaporizou-se, pois o sistema está à temperatura ambiente.

e) o oxigênio presente no ar reagiu com o ferro da palha de aço, formando óxido de ferro.

## EXPLORE SEU MUNDO

Pegue dois pacotes de palha de aço. Deixe um aberto e um fechado. Após uma semana observe se ocorreu alguma modificação no conteúdo dos pacotes: caso exista alguma diferença entre o aspecto dos dois pacotes, como você pode explicar?

# Desenvolvendo seus conhecimentos

A formação da ferrugem, reação entre ferro, oxigênio e água, pode ser equacionada em duas etapas. Uma região na superfície do metal atua como ânodo, e nela ocorre a oxidação, que pode ser representada pela seguinte equação.

$$Fe\ (s) \longrightarrow Fe^{2+}\ (aq) + 2\ e^- \qquad E^0 = +0,41\ V$$

Uma outra região serve como cátodo, e nela o $O_2$ (g), em meio aquoso, captura os elétrons cedidos pelo ferro, que se reduzem.

$$O_2\ (g) + 2H_2O\ (\ell) + 4\ e^- \longrightarrow 4\ OH^-\ (aq) \quad E^0 = +1,25\ V$$

Com base nas informações, responda às questões **1** a **4**.

**1.** Classifique as reações indicadas em reações de oxidação ou redução.

**2.** O valor do potencial das semirreações mencionadas é de oxidação ou redução?

**3.** Escreva a equação da reação global.

**4.** Uma das maneiras de se proteger o ferro da oxidação é recobri-lo com uma camada de um outro metal, que irá se oxidar em seu lugar.
Dados:

$$Au^{3+} + 3\ e^- \rightleftharpoons Au \qquad E^0 = +1,40\ V$$
$$Ag^{+} + 1\ e^- \rightleftharpoons Ag \qquad E^0 = +0,80\ V$$
$$Cu^{2+} + 2\ e^- \rightleftharpoons Cu \qquad E^0 = +0,34\ V$$
$$Sn^{2+} + 2\ e^- \rightleftharpoons Sn \qquad E^0 = -0,14\ V$$
$$Fe^{2+} + 2\ e^- \rightleftharpoons Fe \qquad E^0 = -0,45\ V$$
$$Cr^{3+} + 3\ e^- \rightleftharpoons Cr \qquad E^0 = -0,75\ V$$
$$Zn^{2+} + 2\ e^- \rightleftharpoons Zn \qquad E^0 = -0,76\ V$$

Entre os metais indicados, quais poderiam ser utilizados para proteger o ferro? Justifique sua resposta.

**5.** (Uern) As latas de conserva de alimento são feitas de aço. Para não enferrujar em contato com o ar e não estragar os alimentos, o aço nelas contido é revestido por uma fina camada de estanho. Não se deve comprar latas amassadas, pois com o impacto, a proteção de estanho pode romper-se, o que leva à formação de uma pilha, de modo que a conserva acaba sendo contaminada. De acordo com esse fenômeno, é correto afirmar que:

a) o ferro serve como metal de sacrifício.
b) o polo positivo da pilha formada é o estanho.
c) ao amassar a lata, o estanho passa a perder elétrons.
d) quando a lata é amassada, o ferro torna-se o cátodo da reação.

**6.** (Fuvest-SP) Um método largamente aplicado para evitar a corrosão em estruturas de aço enterradas no solo, como tanques e dutos, é a proteção catódica com um metal de sacrifício. Esse método consiste em conectar a estrutura a ser protegida, por meio de um fio condutor, a uma barra de um metal diferente e mais facilmente oxidável, que, com o passar do tempo, vai sendo corroído até que seja necessária sua substituição.

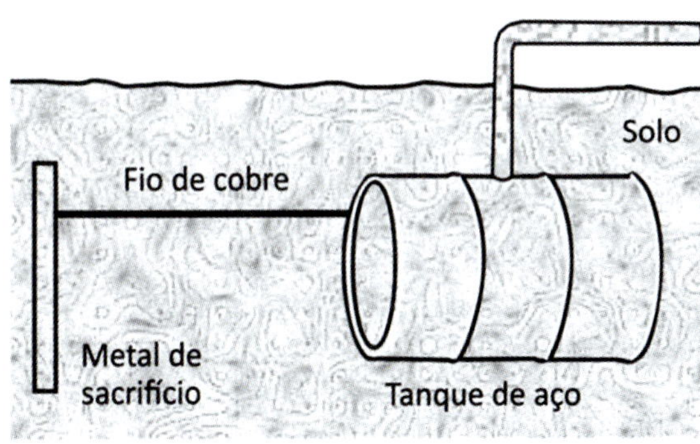


Reprodução/FUVEST, 2018.

Burrows, *et al. Chemistry*[3], Oxford, 2009. Adaptado.

Um experimento para identificar quais metais podem ser utilizados como metal de sacrifício consiste na adição de um pedaço de metal a diferentes soluções contendo sais de outros metais, conforme ilustrado, e cujos resultados são mostrados na tabela. O símbolo (+) indica que foi observada uma reação química e o (–) indica que não se observou qualquer reação química.

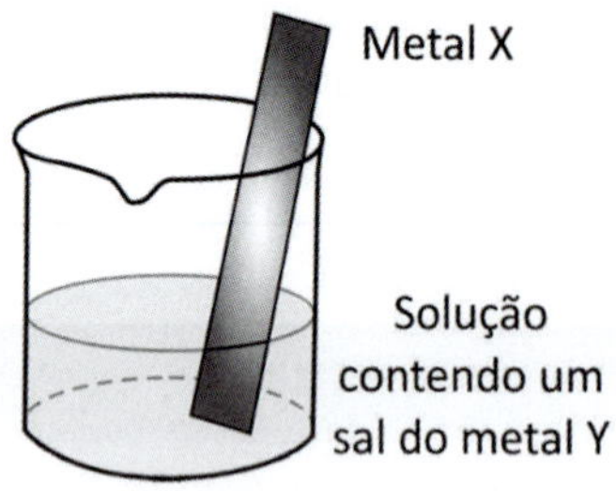


Reprodução/FUVEST, 2018.

| | Metal X | | | |
|---|---|---|---|---|
| **Soluções** | **Estanho** | **Alumínio** | **Ferro** | **Zinco** |
| $SnC\ell_2$ | | + | + | + |
| $A\ell C\ell_3$ | – | | – | – |
| $FeC\ell_3$ | – | + | | + |
| $ZnC\ell_3$ | – | + | – | |

Da análise desses resultados, conclui-se que pode(m) ser utilizado(s) como metal(is) de sacrifício para tanques de aço:

a) $A\ell$ e Zn.
b) somente Sn.
c) $A\ell$ e Sn.
d) somente $A\ell$.
e) Sn e Zn.

**7.** (Uece) Para preservar o casco de ferro dos navios contra os efeitos danosos da corrosão, além da pintura são introduzidas placas ou cravos de certo material conhecido como "metal de sacrifício". A função do metal de sacrifício é sofrer oxidação no lugar do ferro. Considerando seus conhecimentos de química e a tabela de potenciais de redução impressa abaixo, assinale a opção que apresenta o metal mais adequado para esse fim.

| Metal | Potencial de redução em volts |
|---|---|
| Cobre | $Cu^{2+} + 2e^- \rightarrow Cu^0$ $E^0 = +0{,}34$ |
| Ferro | $Fe^{2+} + 2e^- \rightarrow Fe^0$ $E^0 = -0{,}44$ |
| Magnésio | $Mg^{2+} + 2e^- \rightarrow Mg^0$ $E^0 = -2{,}37$ |
| Potássio | $K^+ + 1e^- \rightarrow K^0$ $E^0 = -2{,}93$ |
| Cádmio | $Cd^{2+} + 2e^- \rightarrow Cd^0$ $E^0 = -0{,}40$ |

a) Potássio
b) Cádmio
c) Cobre
d) Magnésio

## Desafiando seus conhecimentos

**1.** (Unicamp-SP) "Ferro Velho Coisa Nova" e "Compro Ouro Velho" são expressões associadas ao comércio de dois materiais que podem ser reaproveitados. Em vista das propriedades químicas dos dois materiais mencionados nas expressões, pode-se afirmar corretamente que:

a) nos dois casos as expressões são apropriadas, já que ambos os materiais se oxidam com o tempo, o que permite distinguir o "novo" do "velho".
b) nos dois casos as expressões são inapropriadas, já que ambos os materiais se reduzem com o tempo, o que não permite distinguir o "novo" do "velho".
c) a primeira expressão é apropriada, pois o ferro se reduz com o tempo, enquanto a segunda expressão não é apropriada, pois o ouro é um material inerte.
d) a primeira expressão é apropriada, pois o ferro se oxida com o tempo, enquanto a segunda expressão não é apropriada, pois o ouro é um material inerte.

**2.** (Udesc) A corrosão do ferro metálico tem grande impacto econômico e ocorre espontaneamente na presença de oxigênio e de água acidificada. A principal reação química que descreve o processo é dada abaixo:

$$2\,Fe\,(s) + O_2\,(g) + 4\,H^+\,(aq) \rightarrow$$

$$\rightarrow 2\,H_2O\,(\ell) + 2\,Fe^{2+}\,(aq)\ \ E^0 = +1{,}67\ V$$

Sabendo-se que o potencial padrão de redução do oxigênio, em meio ácido, é +1,23 V e com base nas informações e na reação química, assinale a alternativa **correta**.

a) O potencial padrão da semirreação de redução do ferro metálico é –1,45 V.
b) O potencial padrão da semirreação de redução do ferro metálico é –0,22 V.
c) O potencial padrão da semirreação de oxidação do ferro metálico é +0,44 V.
d) O potencial padrão da semirreação de oxidação do ferro metálico é –0,44 V.
e) O potencial padrão da semirreação de oxidação do ferro metálico é +2,90 V.

3. (Enem) Utensílios de uso cotidiano e ferramentas que contêm ferro em sua liga metálica tendem a sofrer processo corrosivo e enferrujar. A corrosão é um processo eletroquímico e, no caso do ferro, ocorre a precipitação do óxido de ferro (III) hidratado, substância marrom pouco solúvel, conhecida como ferrugem. Esse processo corrosivo é, de maneira geral, representado pela equação química:

$$4\,Fe\,(s) + 3\,O_2\,(g) + 2\,H_2O\,(\ell) \rightarrow \underbrace{2\,Fe_2O_3 \cdot H_2O\,(s)}_{\text{Ferrugem}}$$

Uma forma de impedir o processo corrosivo nesses utensílios é:

a) renovar sua superfície, polindo-a semanalmente.

b) evitar o contato do utensílio com o calor, isolando-o termicamente.

c) impermeabilizar a superfície, isolando-a de seu contato com o ar úmido.

d) esterilizar frequentemente os utensílios, impedindo a proliferação de bactérias.

e) guardar os utensílios em embalagens, isolando-os do contato com outros objetos.

4. (UEPG-PR) As latas de conserva são compostas pela chamada folha de flandres (liga de ferro e carbono), recoberta por uma camada de estanho, para a sua proteção. Deve-se evitar comprar latas amassadas, porque, com o impacto, a proteção de estanho pode romper-se, o que leva à formação de uma pilha, de modo que a conserva acaba sendo contaminada.

Dados:

$Fe^{2+} + 2\,e^- \longrightarrow Fe \qquad E^0 = -0{,}44\ V$

$Sn^{2+} + 2\,e^- \longrightarrow Sn \qquad E^0 = -0{,}14\ V$

A respeito desse assunto, assinale o que for correto.

01) A reação da pilha produz quatro elétrons.

02) O ferro da folha de flandres oxida mais facilmente que a camada de estanho.

04) Quando uma lata é amassada, o ferro torna-se cátodo da reação.

08) A reação da pilha é $Sn^{2+} + Fe \rightarrow Sn + Fe^{2+}$.

5. (UPM-SP) Em instalações industriais sujeitas à corrosão, é muito comum a utilização de um metal de sacrifício, o qual sofre oxidação mais facilmente que o metal principal que compõe essa instalação, diminuindo, portanto, eventuais desgastes dessa estrutura. Quando o metal de sacrifício encontra-se deteriorado, é providenciada sua troca, garantindo-se a eficácia do processo denominado proteção catódica.

Considerando uma estrutura formada predominantemente por ferro e analisando a tabela abaixo que indica os potenciais-padrão de redução ($E^0_{red}$) de alguns outros metais, ao ser eleito um metal de sacrifício, a melhor escolha seria:

| Metal | Equação da semirreação | Potenciais-padrão de redução ($E^0_{red}$) |
|---|---|---|
| Magnésio | $Mg^{2+}\,(aq) + 2\,e^- \rightleftharpoons Mg\,(s)$ | −2,38 V |
| Zinco | $Zn^{2+}\,(aq) + 2\,e^- \rightleftharpoons Zn\,(s)$ | −0,76 V |
| Ferro | $Fe^{2+}\,(aq) + 2\,e^- \rightleftharpoons Fe\,(s)$ | −0,44 V |
| Chumbo | $Pb^{2+}\,(aq) + 2\,e^- \rightleftharpoons Pb\,(s)$ | −0,13 V |
| Cobre | $Cu^{2+}\,(aq) + 2\,e^- \rightleftharpoons Cu\,(s)$ | +0,34 V |
| Prata | $Ag^{+}\,(aq) + e^- \rightleftharpoons Ag\,(s)$ | +0,80 V |

a) o magnésio.

b) o cobre.

c) o ferro.

d) o chumbo.

e) a prata.

6. (UFMG) Certos metais que se oxidam mais facilmente que o ferro podem ser usados na fabricação de eletrodos de sacrifício, que previnem a corrosão de objetos de ferro, como canos de água ou de esgoto. A proteção se baseia na oxidação preferencial desses metais no lugar do ferro. O quadro a seguir apresenta os potenciais padrão de redução para algumas semirreações (T = 25 °C):

| | |
|---|---|
| $Mg^{2+} + 2\,e^- \longrightarrow Mg$ | $E^0 = -2{,}37\ V$ |
| $Zn^{2+} + 2\,e^- \longrightarrow Zn$ | $E^0 = -0{,}76\ V$ |
| $Fe^{2+} + 2\,e^- \longrightarrow Fe$ | $E^0 = -0{,}44\ V$ |
| $Ni^{2+} + 2\,e^- \longrightarrow Ni$ | $E^0 = -0{,}25\ V$ |
| $Sn^{2+} + 2\,e^- \longrightarrow Sn$ | $E^0 = -0{,}14\ V$ |
| $Fe^{3+} + e^- \longrightarrow Fe^{2+}$ | $E^0 = +0{,}77\ V$ |
| $Ag^{+} + e^- \longrightarrow Ag$ | $E^0 = +0{,}80\ V$ |

a) Considerando-se que, numa primeira etapa da corrosão do ferro, ocorra a semirreação $Fe \rightarrow Fe^{2+} + 2\,e^-$, cite todos os metais do quadro apropriados para prevenir essa corrosão como eletrodo de sacrifício. Justifique a resposta.

b) Calcule o $\Delta E^0$ mais alto que se pode obter a partir da reação que envolve a redução do ferro (II) por um dos metais do quadro.

c) Escreva a equação química balanceada do processo.

**7.** (Enem) O boato de que os lacres das latas de alumínio teriam um alto valor comercial levou muitas pessoas a juntarem esse material na expectativa de ganhar dinheiro com sua venda. As empresas fabricantes de alumínio esclarecem que isso não passa de uma "lenda urbana", pois, ao retirar o anel da lata, dificulta-se a reciclagem do alumínio. Como a liga da qual é feito o anel contém alto teor de magnésio, se ele não estiver junto com a lata, fica mais fácil ocorrer a oxidação do alumínio no forno. A tabela apresenta as semirreações e os valores de potencial padrão de redução de alguns metais:

| Semirreação | Potencial-padrão de redução (V) |
|---|---|
| $Li^+ + e^- \rightarrow Li$ | −3,05 |
| $K^+ + e^- \rightarrow K$ | −2,93 |
| $Mg^{2+} + 2\,e^- \rightarrow Mg$ | −2,36 |
| $A\ell^{3+} + 3\,e^- \rightarrow A\ell$ | −1,66 |
| $Zn^{2+} + 2\,e^- \rightarrow Zn$ | −0,76 |
| $Cu^{2+} + 2\,e^- \rightarrow Cu$ | +0,34 |

Disponível em: www.sucatas.com. Acesso em: 28 fev. 2012 (adaptado).

Com base no texto e na tabela, quais metais poderiam entrar na composição do anel das latas com a mesma função do magnésio, ou seja, proteger o alumínio da oxidação nos fornos e não deixar diminuir o rendimento da sua reciclagem?

a) Somente o lítio, pois ele possui o menor potencial de redução.

b) Somente o cobre, pois ele possui o maior potencial de redução.

c) Somente o potássio, pois ele possui potencial de redução mais próximo do magnésio.

d) Somente o cobre e o zinco, pois eles sofrem oxidação mais facilmente que o alumínio.

e) Somente o lítio e o potássio, pois seus potenciais de redução são menores do que o do alumínio.

**8.** (PUC-RS) Para responder à questão, analise as informações a seguir.

Em embarcações pequenas com casco de aço, é comum e vantajoso evitar a corrosão pelo método da proteção catódica. Esse método consiste no emprego de placas de metais ou ligas metálicas, as quais, ao serem conectadas eletricamente ao casco, são capazes de gerar uma diferença de potencial suficiente para manterem o metal do casco reduzido. No aço, o principal processo de oxidação pode ser representado por:

$$Fe\,(s) \rightleftharpoons Fe^{2+}\,(aq) + 2\,e^- \qquad E^0 = +0{,}44\,V$$

Considerando as informações, a equação associada a um processo adequado de proteção catódica de um casco de aço é:

a) $2\,H^+\,(aq) + 2\,e^- \rightleftharpoons H_2\,(g) \qquad E^0 = 0{,}00\,V$.

b) $Cu^{2+}\,(aq) + 2\,e^- \rightleftharpoons Cu^0\,(s) \qquad E^0 = +0{,}34\,V$.

c) $A\ell^0\,(s) \rightleftharpoons A\ell^{3+}\,(aq) + 3\,e^- \qquad E^0 = +1{,}66\,V$.

d) $2\,C\ell^-\,(aq) \rightleftharpoons C\ell_2\,(g) + 2\,e^- \qquad E^0 = -1{,}36\,V$.

e) $Ag^0\,(s) \rightleftharpoons Ag^+\,(ag) + e^- \qquad E^0 = -0{,}80\,V$.

**9.** (Uece) Um estudante de química introduziu um chumaço de palha de aço no fundo de uma proveta e inverteu-a em uma cuba de vidro contendo água, conforme a figura abaixo.

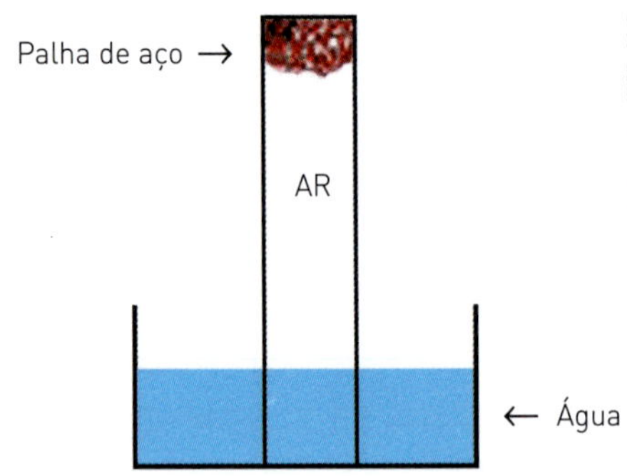


Reprodução/UECE, 2017.

Um dia depois, ao verificar o sistema, o estudante percebeu que o nível da água no interior da proveta havia subido e a palha de aço estava enferrujada. Assim, ele concluiu acertadamente que:

a) a elevação do nível da água da proveta é ocasionada pela pressão osmótica.

b) o metal da palha de aço ganhou elétrons, sofrendo redução.

c) não houve interferência da pressão externa no experimento.

d) o experimento permite calcular o percentual de oxigênio no ar atmosférico.

**10.** (UFMG) Para determinar a quantidade de $O_2$ (g) constituinte do ar atmosférico, um grupo de estudantes desenvolveu este experimento:

Um chumaço de palha de aço, embebido em vinagre, foi colocado no fundo de uma proveta. Em seguida, a proveta foi emborcada em um béquer contendo água, como indicado na figura 1.

Alguns minutos depois, a palha de aço apresentava sinais de oxidação e o nível da água no interior da proveta havia subido, como representado na figura 2.

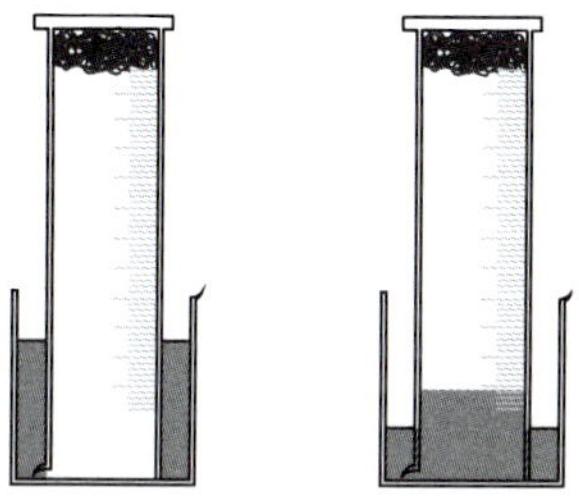

Figura 1 Figura 2

a) Considerando que a proveta tenha 25 cm de altura e que o nível da água em seu interior subiu 5 cm, calcule a porcentagem, em volume, de gás oxigênio contido no ar atmosférico. Suponha que o volume da palha de aço seja desprezível e que todo $O_2$ no interior da proveta tenha sido consumido.

Em presença de oxigênio e em meio ácido, a palha de aço, que é composta principalmente de ferro, sofre oxidação. Essa reação pode ser representada pela equação química:

$$2\ Fe\ (s) + O_2\ (g) + 4\ H^+\ (aq) \rightarrow 2\ Fe^{2+}\ (aq) + 2\ H_2O\ (\ell)$$

b) Calcule a massa, em gramas, de ferro oxidado na palha de aço, considerando a resposta ao item acima e sabendo, ainda, que:

- cada centímetro de altura da proveta corresponde a um volume de 7 $cm^3$;
- o volume molar de um gás a 25 °C e 1 atm é igual a 24,5 L.

O mesmo experimento pode ser realizado utilizando-se um pedaço de palha de aço umedecida somente com água. Nesse caso, o processo levará alguns dias para ocorrer completamente. Neste quadro estão apresentados os potenciais padrão de redução de três semirreações.

| Semirreações | $E^0$ (V) |
|---|---|
| $O_2\ (g) + 4\ OH^+\ (aq) + 4\ e^- \rightarrow 2\ H_2O\ (\ell)$ | +1,23 |
| $O_2\ (g) + 2\ H_2O\ (\ell) + 4\ e^- \rightarrow 4\ OH^-\ (aq)$ | +0,40 |
| $Fe^{2+} + 2\ e^- \rightarrow Fe\ (s)$ | −0,44 |

c) A partir dos dados desse quadro e de informações anteriormente fornecidas, escreva a equação química que representa a reação de oxidação do ferro sem a presença do ácido e calcule a diferença de potencial dessa reação.

**11.** (UPE/SSA) Analise a seguinte imagem:

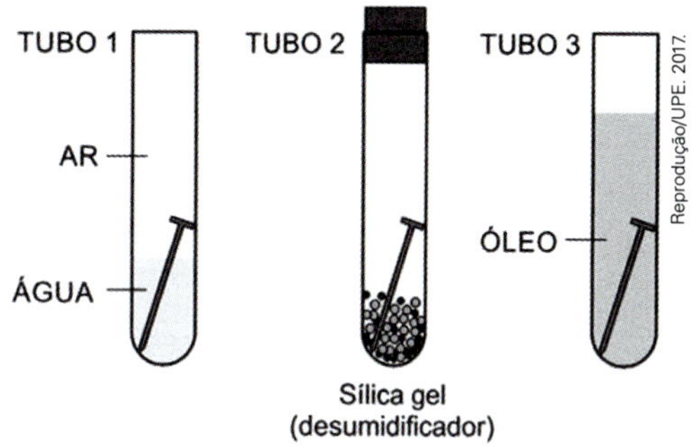


(Disponível em: http://www.seara.ufc.br/sugestoes/quimica/quimica003.htm) Adaptado.

O prego vai enferrujar, apenas,

a) no tubo 1.
b) no tubo 2.
c) no tubo 3.
d) nos tubos 1 e 2.
e) nos tubos 2 e 3.

**12.** (PUC-SP) Dados:

$$Fe^{3+}(aq) + 6^- \rightarrow Fe^{2+}(aq) \quad E^0 = -0{,}77\ V$$
$$Fe^{2+}(aq) + 2e^- \rightarrow Fe(s) \quad E^0 = -0{,}44\ V$$
$$Cu^{2+}(aq) + 2e^- \rightarrow Cu(s) \quad E^0 = +0{,}34\ V$$

A formação da ferrugem é um processo natural e que ocasiona um grande prejuízo. Estima-se que cerca de 25% da produção anual de aço é utilizada para repor peças ou estruturas oxidadas.

Um estudante resolveu testar métodos para evitar a corrosão em um tipo de prego. Ele utilizou três pregos de ferro, um em cada tubo de ensaio. No tubo I, ele deixou o prego envolto por uma atmosfera contendo somente gás nitrogênio e fechou o tubo. No tubo II, ele enrolou um fio de cobre sobre o prego, cobrindo metade de sua superfície. No tubo III, ele cobriu todo o prego com uma tinta aderente.

Após um mês o estudante verificou formação de ferrugem

a) em nenhum dos pregos.
b) apenas no prego I.
c) apenas no prego II.
d) apenas no prego III.
e) apenas nos pregos I e II.

**Conexão Saúde**

# Uma corrosão útil

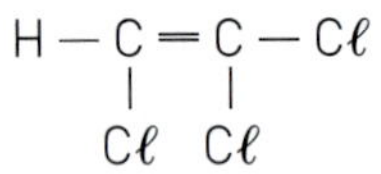

Fórmula estrutural do tricloroeteno.

Compostos formados por carbono, hidrogênio e cloro (hidrocarbonetos clorados) são os produtos, os subprodutos ou resíduos de muitos processos industriais.

Alguns desses compostos, como o tricloroeteno, são muito tóxicos. Em alguns processos industriais, eles são liberados no ar ou lançados no solo e acabam atingindo os lençóis freáticos, fontes de água para o consumo humano.

Essas substâncias organocloradas resistem à decomposição e permanecem na água durante longos períodos, contaminando-a e tornando-a imprópria para o consumo.

A descontaminação dessas águas tem sido um problema difícil de resolver há muitos anos.

Atualmente, um dos processos mais promissores é a construção de paredes porosas de ferro no trajeto dessas águas.

Quando a água contaminada com hidrocarbonetos clorados atravessa essas barreiras, ocorre uma reação de oxirredução, na qual são formados o cátion $Fe^{2+}$ ou $Fe^{3+}$ e o íon $C\ell^{-}$, que não alteram o ambiente e não são tóxicos.

Um inconveniente desse processo é que, com o tempo, devido à corrosão do Fe, essas barreiras devem ser repostas.

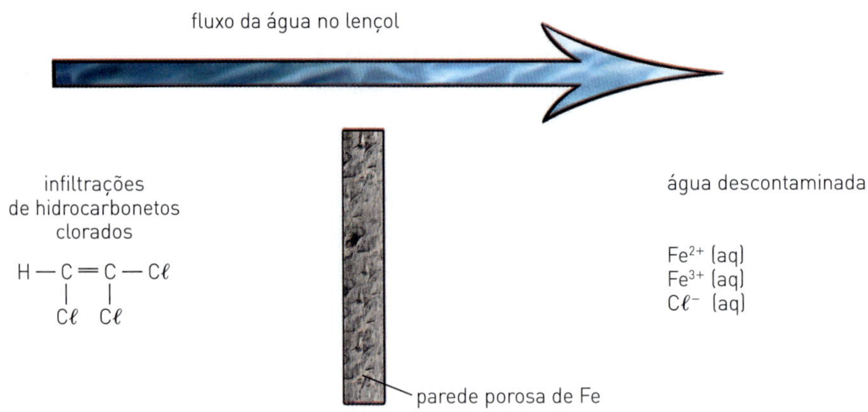


Sérgio Furlani/ Arquivo da editora

## Reflita

1. Dê as semirreações de oxidação que ocorrem com o ferro no processo descrito.
2. O que se pode afirmar a respeito do potencial de redução do ferro em relação ao do cloro?
3. Por que as paredes porosas de ferro devem ser repostas periodicamente?

John Keith/Shutterstock

A água potável deve ser isenta de qualquer tipo de contaminante.

CAPÍTULO

19

# Pilhas comerciais e baterias

Syda Productions/Shutterstock

Você sabia que existem vários tipos de pilhas e baterias? E que cada uma delas é indicada para algum uso específico?

Neste capítulo você irá estudar sobre os variados tipos de pilhas e baterias, quais são as reações químicas envolvidas, suas indicações de uso e o descarte correto.

## Pilhas comerciais

### Pilha seca comum

Este tipo de pilha foi inventado em 1866 pelo engenheiro elétrico francês George Leclanché (1839-1882) e é utilizado, atualmente, em rádios portáteis, brinquedos, relógios, lanternas, etc.

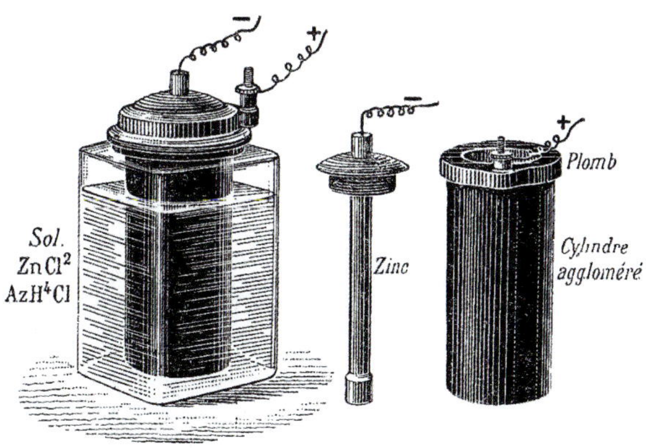

Gillard/Wikimedia Commons CC0 1.0

Pilha de Leclanché.

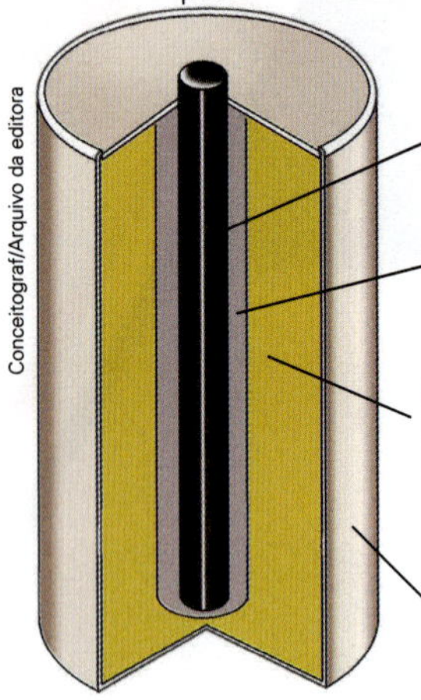


Esquema da pilha de Leclanché.

A pilha de Leclanché é formada por um invólucro de zinco, que funciona como o ânodo da cela e é separado das demais espécies químicas presentes na pilha por um papel poroso. O eletrodo central, o cátodo, é formado de grafita e está envolvido por uma camada de dióxido de manganês ($MnO_2$), por carvão em pó (C) e por uma pasta úmida contendo cloreto de amônio ($NH_4C\ell$), cloreto de zinco ($ZnC\ell_2$) e água ($H_2O$).

As reações que ocorrem quando o circuito está fechado são realmente complexas; porém, as mais prováveis são:

$$\text{ânodo: } Zn \rightarrow Zn^{2+} + 2\,e^-$$

$$\text{cátodo: } \begin{cases} 2\,NH_4^+ + 2\,e^- \longrightarrow 2\,NH_3 + \cancel{H_2} \\ \cancel{H_2} + 2\,MnO_2 \longrightarrow Mn_2O_3 + H_2O \\ \hline 2\,NH_4^+ + 2\,MnO_2 + 2\,e^- \longrightarrow 2\,NH_3 + Mn_2O_3 + H_2O \end{cases}$$

### Uso diário das pilhas comuns

Se você deixar uma pilha dentro de um aparelho, o invólucro de zinco poderá sofrer corrosão, acarretando vazamento da pasta úmida (eletrólito) e danificando o aparelho.

Quando você utiliza continuamente uma pilha, a amônia ($NH_3$) formada na semirreação do cátodo envolve o bastão de grafita, dificultando a descarga e, com isso, diminuindo a voltagem. Retirando essa pilha do aparelho, após certo tempo ela irá funcionar de novo relativamente bem, pois os íons $Zn^{2+}$ removem o $NH_3$:

$$Zn^{2+} + 4\,NH_3 \longrightarrow \underbrace{\left[Zn(NH_3)_4\right]^{2+}}_{\text{cátion tetra-amin-zinco}}$$

Colocando uma pilha já utilizada em um refrigerador, a diminuição da temperatura favorecerá a solubilidade da amônia que envolve a grafita na pasta úmida e, assim, a descarga ocorrerá mais facilmente, o que garante um melhor funcionamento temporário.

Essa pilha para de funcionar quando todo o dióxido de manganês ($MnO_2$) se transforma em óxido de manganês ($Mn_2O_3$), não sendo recarregável.

## Pilha alcalina

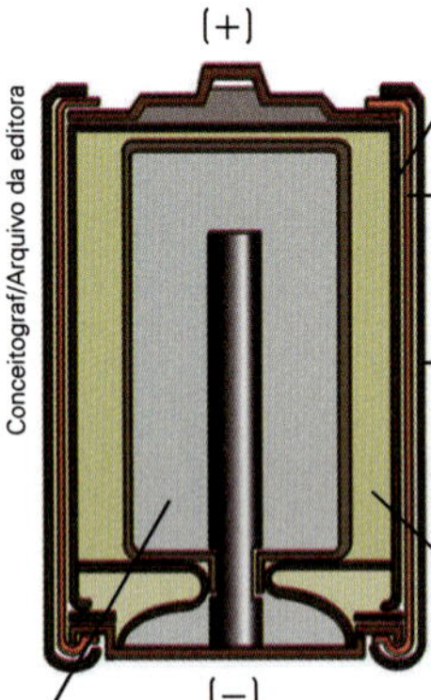


Esse tipo de pilha é semelhante à de Leclanché. A diferença é que a sua mistura eletrolítica contém hidróxido de potássio (KOH), uma base fortemente alcalina, que substitui o $NH_4C\ell$ das pilhas comuns.

As reações que ocorrem nesse tipo de pilha são:

$$\begin{array}{ll} \text{ânodo:} & Zn + \cancel{2\,OH^-} \longrightarrow ZnO + \cancel{H_2O} + \cancel{2\,e^-} \\ \text{cátodo:} & 2\,MnO_2 + \cancel{H_2O} + \cancel{2\,e^-} \longrightarrow Mn_2O_3 + \cancel{2\,OH^-} \\ \hline \text{reação global:} & Zn + 2\,MnO_2 \longrightarrow ZnO + Mn_2O_3 \end{array}$$

A pilha alcalina apresenta uma durabilidade maior que as pilhas comuns, mas também não é recarregável.

## Pilha de mercúrio

Acervo do autor/Arquivo da editora

Pilha de mercúrio e moeda de 1 centavo. Por serem pequenas, as pilhas de mercúrio podem ser usadas em relógios.

As pilhas de mercúrio são muito utilizadas em relógios, câmeras fotográficas, aparelhos para melhorar a audição, calculadoras, etc.

O ânodo desse tipo de pilha é constituído de zinco; o cátodo é o óxido de mercúrio II, HgO (s), e a solução eletrolítica é o hidróxido de potássio, KOH (aq).

A reação global que ocorre na pilha de mercúrio é representada por:

$$Zn\ (s) + HgO\ (s) \longrightarrow ZnO\ (s) + Hg\ (\ell)$$

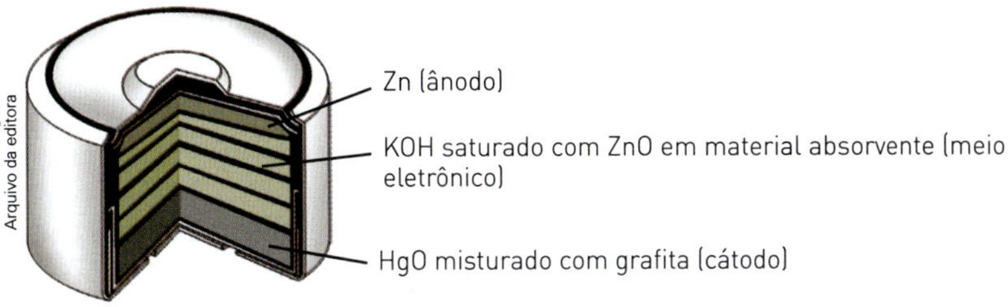


Conceitograf/Arquivo da editora

Esquema de pilha de mercúrio.

## Pilha de lítio/iodo

As pilhas de lítio são leves e originam uma grande voltagem (≅ 2,8 até 3,4 volts), sendo desenvolvida inicialmente para serem usadas em marca-passos.

O ânodo desse tipo de pilha é o lítio metálico, enquanto o cátodo pode ser uma mistura complexa de substâncias, entre elas o cloreto de sulfurila ($SOC\ell_2$) ou um complexo de iodo.

A reação global da pilha de lítio com o cátodo de $SOC\ell_2$ pode ser representada por:

$$4\ Li + 2\ SOC\ell_2 \longrightarrow 4\ Li^+ + 4\ C\ell^- + S + SO_2$$

E a reação global da pilha de lítio com o cátodo de complexo de iodo pode ser representada por:

$$2\ Li\ (s) + 1\ I_2\ (s) \longrightarrow 2\ LiI\ (s)$$

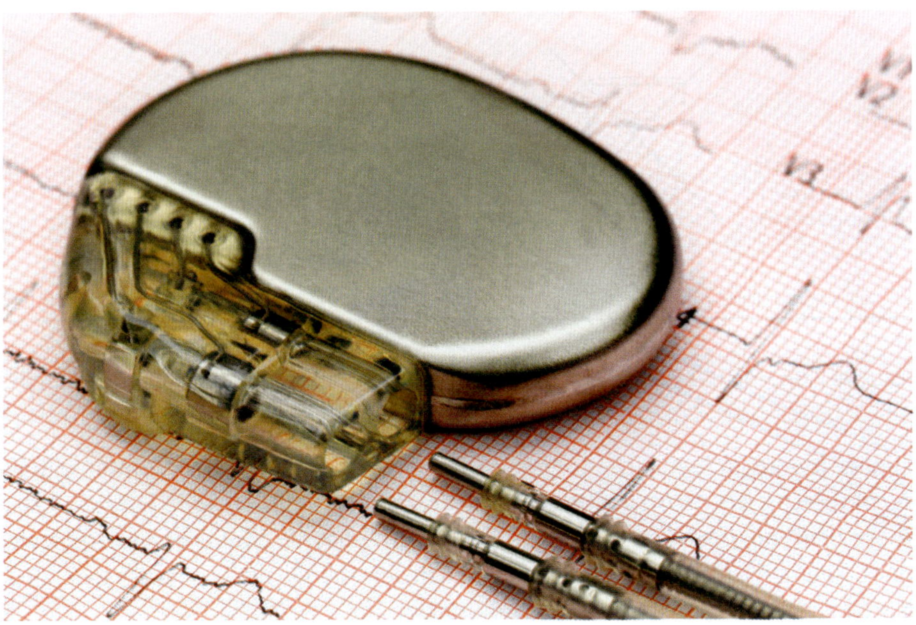

Swapan Photography/Shutterstock

Marca-passos são aparelhos que funcionam por meio de pilhas de lítio. Esses aparelhos são implantados no organismo e enviam impulsos elétricos ao coração, auxiliando o seu funcionamento adequado. O tamanho aproximado de um marca-passo é de 5 cm de comprimento.

# Conexão Meio ambiente

## Descarte responsável

Rogério Reis/Pulsar Imagens

Pilhas e baterias devem sempre ser descartadas em local adequado e específico.

O que você faz com as pilhas e as baterias velhas dos aparelhos elétricos que você tem em casa? Você costuma ler as informações das embalagens desses produtos?

Segundo dados de 2011, no Brasil são produzidas cerca de 800 milhões de pilhas comuns ao ano, cada uma delas com potencial de contaminação do solo por 50 anos.

Elementos como mercúrio, chumbo, níquel e cádmio, usados em pilhas e baterias, são altamente prejudiciais ao ambiente, aos seres humanos e a outros seres vivos. Alguns deles têm efeito cumulativo e permanecem por muito tempo nas cadeias alimentares.

É muito importante saber que existe uma legislação referente a isso. A Resolução Conama nº 401, de 4 de novembro de 2008, estabelece os limites máximos de chumbo, cádmio e mercúrio para pilhas e baterias comercializadas no país, sejam elas fabricadas aqui ou importadas. A resolução também define os critérios para coleta, reutilização, reciclagem, tratamento e descarte final desses dispositivos. Os revendedores têm a obrigação de manter postos de coleta à disposição do consumidor; os fabricantes têm a obrigação de cuidar das etapas seguintes até a destinação final.

E mais: em seu texto há instruções detalhadas sobre as informações que devem constar das embalagens de pilhas e baterias, para que o consumidor seja devidamente alertado sobre os riscos à sua saúde e ao ambiente e sobre a necessidade de encaminhar pilhas e baterias usadas aos revendedores e às assistências técnicas, para a devida coleta.

Quanto ao descarte, a resolução proíbe formas inadequadas de disposição ou destinação final das pilhas e baterias de **quaisquer tipos**, como lançamento a céu aberto ou em aterro não licenciado, queima a céu aberto ou incineração em instalações e equipamentos não licenciados, lançamento em rios, lagos, praias, manguezais, pântanos, terrenos baldios, poços, esgotos, áreas sujeitas a inundações, entre outros locais.

Da próxima vez que adquirir esses produtos, preste atenção nas informações da embalagem e siga as orientações.

Fontes: Resolução Conama nº 401/2008 (disponível em: <http://www.mma.gov.br/>; <http://super.abril.com.br/blogs/ideias-verdes/tag/pilhas-e-baterias/>) (dados numéricos citados no texto). Acesso em: 3 abr. 2014.

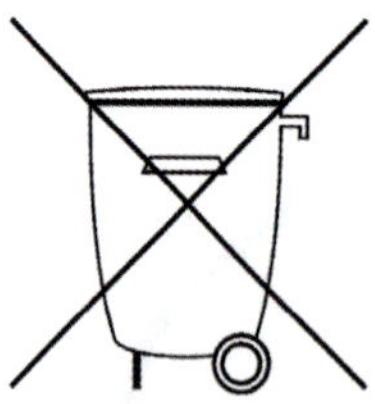

Não se deve descartar pilhas e baterias em lixeiras com esse símbolo.

Banco de imagens/Arquivo da editora

Símbolo da reciclagem.

### Reflita

1. Busque na internet a Resolução Conama citada no texto. Leia-a na íntegra e discuta os principais pontos com seus colegas.

2. Muitas pessoas, por desconhecimento da legislação ou por hábito, descartam no lixo comum as pilhas usadas. Com seus colegas, pesquise mais informações sobre: danos ambientais e à saúde humana causados pela contaminação por chumbo, mercúrio e cádmio; descarte responsável de eletroeletrônicos; postos de coleta e reciclagem. Reúnam o material pesquisado e organizem, com a ajuda do professor, uma campanha de esclarecimento na escola e, se for viável, na comunidade.

## Pilha de combustíveis

Este tipo de pilha utiliza combustíveis gasosos, como o gás hidrogênio ($H_2$) e o gás oxigênio ($O_2$), que irão reagir em um ambiente apropriado, podendo-se obter energia elétrica. É muito utilizado em veículos espaciais.

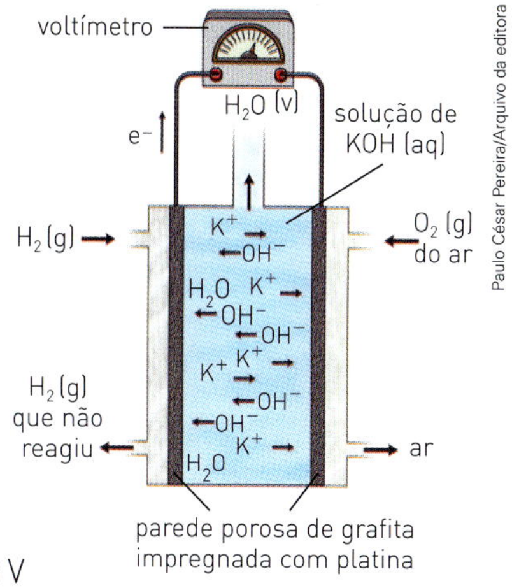


As pilhas de combustíveis apresentam três compartimentos, separados uns dos outros por eletrodos porosos e inertes. O $H_2$ é injetado em um compartimento, e o $O_2$ é injetado em outro. Esses gases se difundem pelos eletrodos e reagem com uma solução eletrolítica de caráter básico contida no compartimento central.

As semirreações que ocorrem são:

$$\text{ânodo: } 2\,H_2\,(g) + \cancel{4\,OH^-\,(aq)} \longrightarrow \cancel{4}\,H_2O\,(v) + \cancel{4\,e^-} \quad E^0 = +0{,}828\,V$$

$$\text{cátodo: } O_2\,(g) + \cancel{2}\,H_2O\,(\ell) + \cancel{4\,e^-} \longrightarrow \cancel{4\,OH^-\,(aq)} \quad E^0 = +0{,}401\,V$$

$$\text{reação global: } 2\,H_2\,(g) + O_2\,(g) \longrightarrow 2\,H_2O\,(\ell) \quad \Delta E^0 = +1{,}229\,V$$

Outra pilha de combustíveis, usada atualmente em veículos elétricos, utiliza gás hidrogênio e gás oxigênio proveniente do ar e apresenta uma membrana, entre os eletrodos, que permite a troca de prótons (íons $H^+$).

Nesse tipo de pilha, o gás hidrogênio, introduzido em uma câmara localizada ao lado do ânodo, passa através de uma parede porosa de platina, que irá acelerar a reação:

$$\text{reação anódica: } 2\,H_2\,(g) \longrightarrow 4\,H^+\,(aq) + 4\,e^- \quad E^0 = 0{,}0\,V$$

Os íons $H^+$ (aq) formados migram através da membrana de troca de prótons para o outro lado da célula onde ocorre a reação:

$$\text{reação catódica: } O_2\,(g) + 4\,H^+\,(aq) + 4\,e^- \longrightarrow 2\,H_2O\,(v) \quad E^0 = +0{,}68\,V$$

A reação global desse tipo de pilha pode ser representada pela equação:

$$2\,H_2\,(g) + O_2\,(g) \longrightarrow 2\,H_2O\,(v) \quad \Delta E = +0{,}68\,V$$

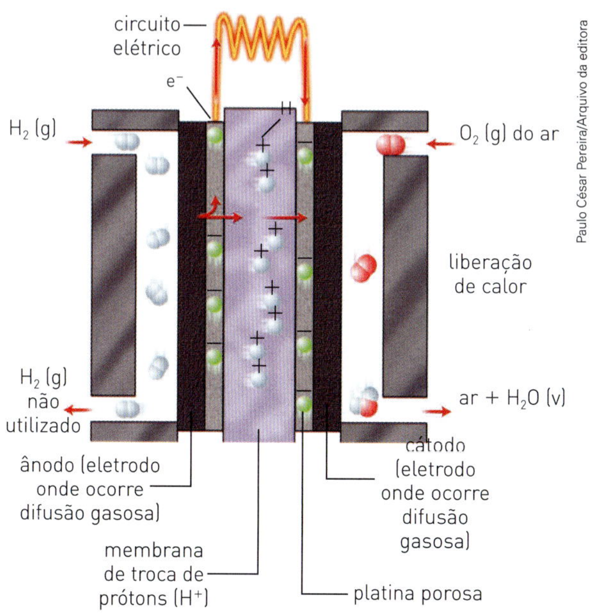


Diferentemente das pilhas estudadas até agora, as pilhas de combustíveis podem funcionar por longos períodos de tempo, desde que recebam continuamente os reagentes.

> ? Você sabe qual o significado da terminologia AA e AAA das pilhas vendidas comercialmente?

# Bafômetro e pilha de combustíveis

O bafômetro é um aparelho utilizado para medir a quantidade de álcool etílico na corrente sanguínea. É comumente utilizado em motoristas suspeitos de dirigir alcoolizados.

O bafômetro mede a quantidade de álcool presente no ar expirado, que é proporcional à quantidade de álcool presente na corrente sanguínea.

Um dos tipos mais modernos de bafômetro usa uma célula de combustível que tem dois eletrodos de platina.

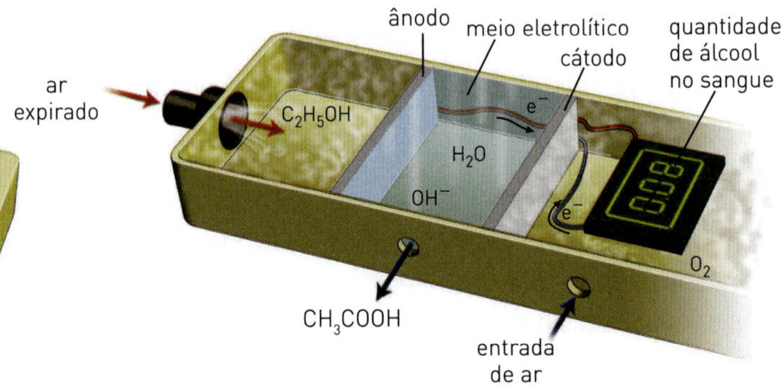


Ilustrações: Paulo César Pereira/Arquivo da editora

Quando uma pessoa assopra no bafômetro, introduz o álcool etílico, que é oxidado a ácido acético no ânodo. Essa semirreação pode ser representada por:

$$\underset{\text{álcool etílico}}{C_2H_5OH\,(v)} + 4\,OH^-\,(aq) \longrightarrow \underset{\text{ácido acético}}{H_3CCOOH\,(aq)} + 3\,H_2O\,(\ell) + 4\,e^-$$

No outro eletrodo, o cátodo, o gás oxigênio é reduzido:

$$O_2\,(g) + 2\,H_2O\,(\ell) + 4\,e^- \longrightarrow 4\,OH^-\,(aq)$$

A reação global que ocorre nesse bafômetro corresponde à soma das duas semirreações:

$$C_2H_5OH\,(v) + O_2\,(g) \longrightarrow H_3CCOOH\,(aq) + H_2O\,(\ell)$$

Quanto maior a quantidade de álcool no sangue, maior será a corrente elétrica produzida.

## Reflita

**1.** Observe abaixo a reação global que ocorre no bafômetro.

$$C_2H_5OH\,(v) + O_2\,(g) \longrightarrow H_3CCOOH\,(aq) + H_2O\,(\ell)$$

a) Quem são os agentes oxidantes e redutores?

b) Qual elemento recebe elétrons?

c) Qual elemento tem a maior variação de Nox?

d) Qual substância funciona como polo negativo?

e) Qual substância tem o maior número de elétrons?

**2.** Qual a massa de álcool etílico capaz de ser oxidada pelo oxigênio presente em um volume de 500 mL de ar, a 25 °C e 1 atm?
(Dados: volume de $O_2$ no ar = 20%; massa molar álcool etílico = 46 g/mol.)

## Baterias ou acumuladores de chumbo

A bateria comum de automóvel geralmente gera 6 ou 12 volts, dependendo do número de celas usadas em sua construção. Internamente, a bateria contém certo número de celas, ligadas em série, cada uma gerando 2 volts.

Nessa bateria o ânodo é feito de chumbo, e o cátodo, de óxido de chumbo IV, $PbO_2$, ambos mergulhados em uma solução aquosa de ácido sulfúrico, $H_2SO_4$ (aq), de concentração igual a 30% em massa, o que corresponde a uma densidade de 1,28 g/cm³.

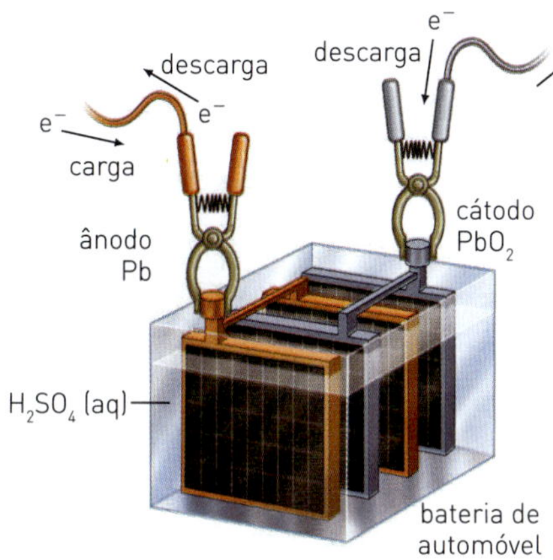


Paulo César Pereira/Arquivo da editora

Photoresearchers/Latinstock

Mede-se a densidade da solução ácida introduzindo o densímetro em um vaso central e retirando uma amostra. A boia interna do densímetro indica o valor da densidade.

Quando o circuito externo está completo e a bateria está em operação (descarregando), ocorrem as seguintes reações:

$$\begin{array}{lrcl} \text{ânodo:} & Pb + SO_4^{2-} & \longrightarrow & PbSO_4\,(s) + \cancel{2e^-} \\ \text{cátodo:} & \cancel{2e^-} + PbO_2 + 4\,H^+ + SO_4^{2-} & \longrightarrow & PbSO_4\,(s) + 2\,H_2O \\ \hline \text{reação global na descarga} & Pb + PbO_2 + 4\,H^+ + 2\,SO_4^{2-} & \longrightarrow & 2\,PbSO_4\,(s) + 2\,H_2O \end{array}$$

Note que o ácido sulfúrico está sendo consumido durante a descarga e que, com isso, a concentração da solução diminui gradativamente. Além disso, o $PbSO_4$ deposita-se, aos poucos, sobre os eletrodos. A recarga da bateria é feita pela aplicação de uma diferença de potencial de outra fonte, invertendo-se os polos. Desse modo, grande parte do $H_2SO_4$ consumido na descarga será regenerado, o que é feito pelo dínamo ou alternador do automóvel.

A reação global que apresenta a descarga e a carga da bateria pode ser representada pela equação:

$$Pb + PbO_2 + 4\,H^+ + 2\,SO_4^{2-} \underset{\text{carga}}{\overset{\text{descarga}}{\rightleftharpoons}} 2\,PbSO_4 + 2\,H_2O$$

Para estimar o grau de descarga de uma bateria, mede-se a densidade da solução ácida. Caso a bateria esteja descarregada, essa solução apresentará uma densidade inferior a 1,20 g/cm³. A medida da densidade pode ser feita com a utilização de um densímetro.

Quando a bateria está descarregada, ela pode ser recarregada usando-se uma corrente elétrica proveniente de uma fonte externa.

Lesterman/Shutterstock

// Para recarregar a bateria, pode-se recorrer a uma fonte externa de energia.

**FUNCIONAMENTO DA BATERIA DE CHUMBO**

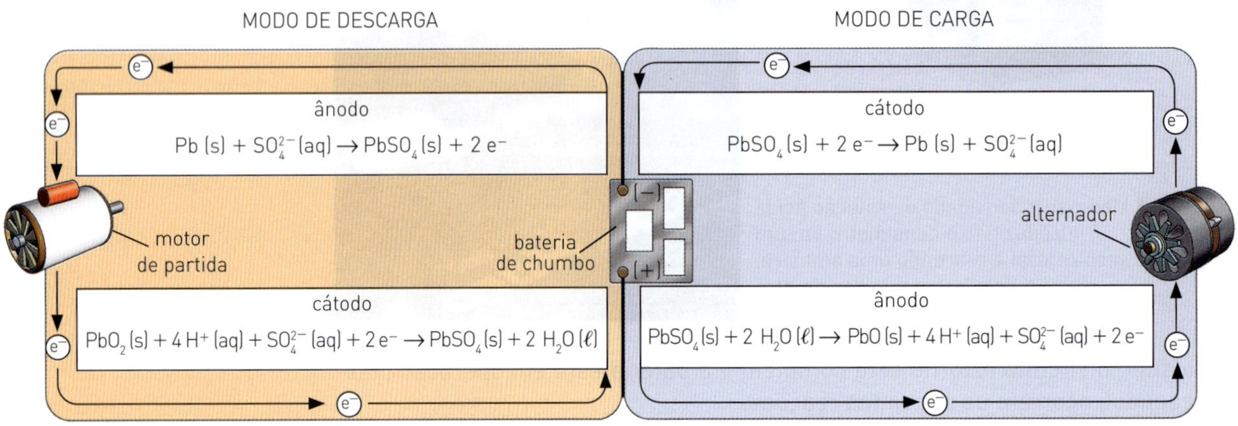


Banco de imagens/Arquivo da editora

Durante o funcionamento desse tipo de bateria, ocorre a decomposição de uma parte da água nos gases hidrogênio e oxigênio; por esse motivo, deve-se adicionar água destilada à bateria, para manter o nível e a concentração da solução adequados ao seu bom funcionamento.

## Bateria de níquel-cádmio

Este tipo de bateria é muito utilizado em filmadoras, *flashes*, aparelhos eletrônicos portáteis, telefones, etc.

O ânodo da bateria de níquel-cádmio é feito do metal cádmio (Cd), o cátodo contém hidróxido de níquel III e a solução eletrolítica é hidróxido de potássio. A reação global dessa bateria durante a sua descarga é:

$$1\ Cd\ (s) + 2\ NiO(OH)\ (s) + 2\ H_2O\ (\ell) \longrightarrow 1\ Cd(OH)_2\ (s) + 2\ Ni(OH)_2\ (s)$$

Como os hidróxidos de níquel e cádmio são insolúveis, eles acabam se depositando nos eletrodos. Quando isso ocorre, a bateria para de funcionar, mas, se fornecemos energia elétrica de uma fonte externa, a reação ocorre no sentido oposto, regenerando o cádmio e o níquel. Assim, a bateria volta a funcionar, isto é, ela é recarregável.

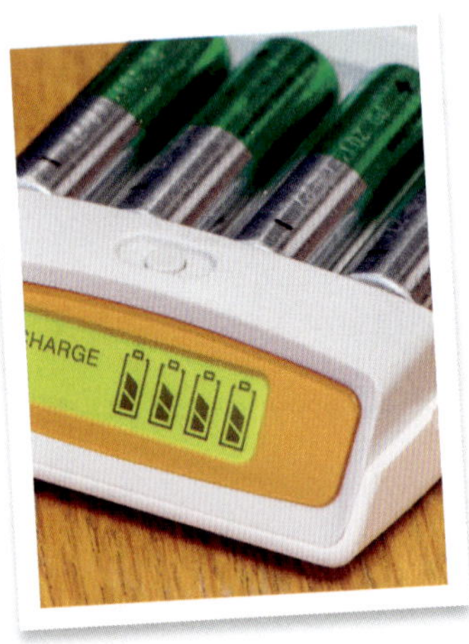


art_photo_sib/Shutterstock

// Baterias de níquel-cádmio recarregáveis e recarregador.

# Exercício resolvido

1. (UFSCar-SP) O Brasil é pioneiro na produção em escala comercial de veículos movidos por motor de combustão interna utilizando combustível renovável. Nesses veículos, a energia é fornecida pela reação de combustão do etanol, segundo a reação representada pela equação balanceada

$$C_2H_5OH + 3\,O_2 \longrightarrow 2\,CO_2 + 2\,H_2O$$

que se processa com rendimento energético global de 30%.

Em princípio, a mesma reação pode ser realizada numa célula de combustível, com a formação dos mesmos produtos. Na célula de combustível, a energia química armazenada no combustível é transformada diretamente em energia elétrica, com um rendimento energético de 50%. O esquema de uma célula de combustível baseada em membrana polimérica condutora de prótons é fornecido abaixo.

Em que:

M: membrana de eletrólito polimérico, permeável a íons $H^+$;

$R_1$ e $R_2$: recipientes contendo catalisadores adequados, onde se processam as semirreações.

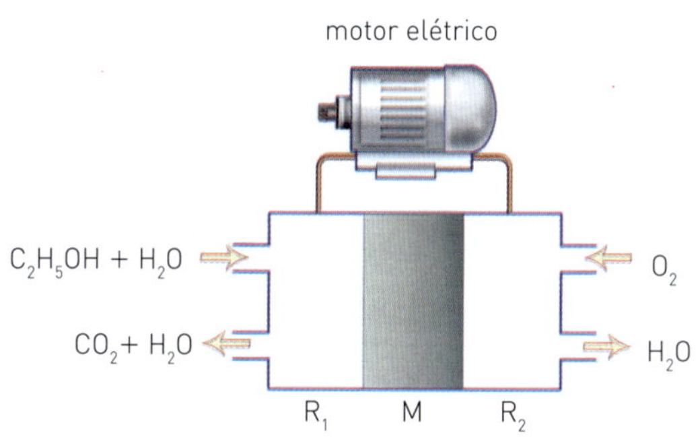


Reprodução/Arquivo da editora

a) Escreva as semirreações balanceadas que ocorrem no ânodo e no cátodo da célula de combustível.

b) Calcule a quantidade de $CO_2$, expressa em mol, que será formada para a produção de uma mesma quantidade de energia a partir do etanol, utilizando um motor de combustão interna e uma célula de combustível.

Sugestão: tome como base de cálculo a quantidade teórica de energia fornecida por um mol de etanol reagindo com $O_2$.

**Solução**

a) Inicialmente devemos escrever as semirreações devidamente balanceadas; para isso devemos saber os Nox dos elementos.

$C_2H_5OH = C_2\ H_6\ O$ $\qquad CO_2$

| $C_2$ | $H_6$ | $O$ |
|---|---|---|
| −2 | +1 | −2 |
| −4 | +6 | −2 |

| $C$ | $O_2$ |
|---|---|
| +4 | −2 |
| +4 | −4 |

$C_2H_5OH \longrightarrow 2\,CO_2$

−2 → +4 (oxidação, $\Delta = 6$)

$C_2H_5OH = 2 \cdot 6 = 12\ e^-$ perdidos

$C_2H_5OH \longrightarrow 2\,CO_2 + 12\,e^-$

Devemos acertar o oxigênio colocando $H_2O$:

$$C_2H_5OH + 3\,H_2O \longrightarrow 2\,CO_2 + 12\,e^-$$

Devemos acertar o hidrogênio colocando $H^+$:

$$C_2H_5OH + 3\,H_2O \longrightarrow 2\,CO_2 + 12\,e^- + 12\,H^+$$

Essa é a reação de oxidação, isto é, reação anódica.

Vamos escrever a reação que ocorre no cátodo ou reação catódica:

$O_2 \longrightarrow 2\,H_2O$

0 → −2 (redução, $\Delta = 2$)

$O_2 = 2 \cdot 2 = 4\ e^-$ recebidos

$O_2 + 4\,e^- \rightarrow 2\,H_2O$

Vamos acertar o hidrogênio colocando $H^+$:

$$O_2 + 4\,e^- \longrightarrow 4\,H^+ + 2\,H_2O$$

Essa é a reação de redução, isto é, reação catódica.

Para determinarmos a reação global, o número de elétrons cedidos deverá ser igual ao número de elétrons recebidos.

ânodo: $C_2H_5OH + \cancel{3}\,H_2O \rightarrow 2\,CO_2 + \cancel{12\,e^-} + \cancel{12\,H^+}$

cátodo: $3\,O_2 + \cancel{12\,e^-} + \cancel{12\,H^+} \rightarrow \cancel{6}^{\,3}\,H_2O$

reação global: $C_2H_5OH + 3\,O_2 \rightarrow 2\,CO_2 + 3\,H_2O$

b) Considerando $\Delta H$ de combustão do etanol igual a −E kJ/mol de etanol:

$$C_2H_5OH + 3\,O_2 \rightarrow 2\,CO_2 + 3\,H_2O \quad \Delta H = -E\ kJ$$

Motor de combustão interna: rendimento = 30% E

1 mol de etanol $\xrightarrow{\text{produz}}$ 2 mol de $CO_2$ $\xrightarrow{\text{liberam}}$ 0,3 E

x $\xrightarrow{\text{libera}}$ 1 E

$x = \dfrac{2}{0{,}3}$ mol de $CO_2$

Célula combustível: rendimento = 50% E

1 mol de etanol $\xrightarrow{\text{produz}}$ 2 mol de $CO_2$ $\xrightarrow{\text{liberam}}$ 0,5 E

y $\xrightarrow{\text{libera}}$ 1 E

$y = \dfrac{2}{0{,}5}$ mol de $CO_2$

## Fundamentando seus conhecimentos

O esquema abaixo é de uma pilha utilizada em relógios.

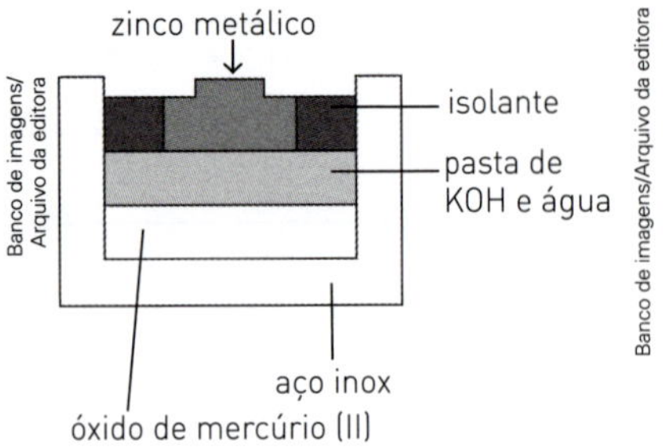


Banco de imagens/Arquivo da editora

As reações que ocorrem nessa pilha são:

I. $Zn(s) \rightleftharpoons Zn^{2+}(aq) + 2\ e^-$ $\Delta E^0 = +0{,}76\ V$

II. $HgO(s) + H_2O(\ell) + 2e^- \rightleftharpoons Hg(\ell) + 2OH^-(aq)$
$\Delta E^0 = +0{,}85\ V$

Com base nessas informações, responda às questões **1** a **7**.

**1.** A reação I é de oxidação ou de redução?

**2.** A reação II é de oxidação ou de redução?

**3.** Indique o agente oxidante e o redutor na reação global.

**4.** Escreva em seu caderno a reação global.

**5.** Determine o $\Delta E^0$ dessa reação.

**6.** De qual eletrodo partem os elétrons?

**7.** Com o funcionamento da pilha, indique se as quantidades das espécies Zn, HgO, Hg e $OH^-$ vão aumentar ou diminuir.

Com base nas informações abaixo, responda às questões **8** a **13**.

O diagrama representa, simplificadamente, uma pilha a combustível que envolve a reação entre os gases hidrogênio e oxigênio.

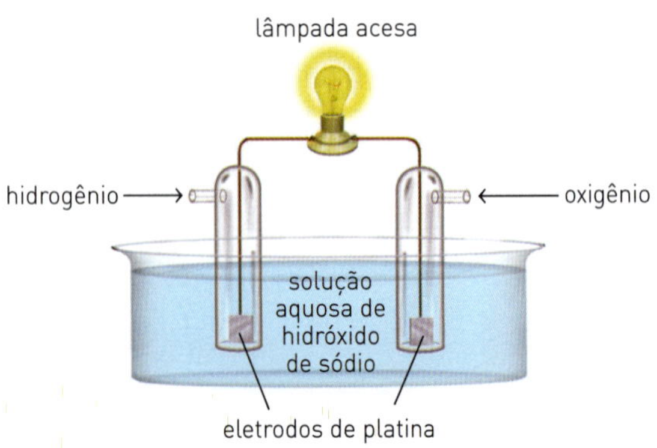


Luis Moura/Arquivo da editora

As semirreações dessa pilha são:

I. $2\ H_2(g) + 4\ OH^-(aq) \longrightarrow 4\ H_2O(\ell) + 4\ e^-$
$E^0 = 0{,}00\ V$

II. $O_2(g) + 2\ H_2O(\ell) + 4\ e^- \longrightarrow 4\ OH^-(aq)$
$E^0 = +1{,}23\ V$

**8.** A semirreação I é de oxidação ou de redução?

**9.** A semirreação II é de oxidação ou de redução?

**10.** A semirreação I ocorre no ânodo ou no cátodo?

**11.** A semirreação II ocorre no ânodo ou no cátodo?

**12.** O fluxo de elétrons ocorre no sentido da semirreação I para a semirreação II. Essa afirmação está correta? Justifique sua resposta.

**13.** Escreva a reação global e determine o seu $\Delta E^0$.

Uma bateria de carro é, fundamentalmente, formada por placas de chumbo (Pb) e de óxido de chumbo IV ($PbO_2$) mergulhadas em solução aquosa de $H_2SO_4$.

A equação abaixo representa o funcionamento de uma bateria.

$$\underset{0}{Pb}(s) + \underset{+4}{PbO_2}(s) + 2\ H^+(aq) + 2\ HSO_4^-(aq) \underset{\text{recarga}}{\overset{\text{descarga}}{\rightleftharpoons}} 2\ \underset{+2}{PbSO_4}(s) + 2H_2O(\ell)$$

Com base nessas informações, responda às questões **14** a **22**.

**14.** Na descarga, a transformação de Pb (s) em $PbSO_4$ (s) é uma oxidação ou uma redução?

**15.** Na descarga, a transformação de $PbO_2$ (s) em $PbSO_4$ (s) é uma oxidação ou uma redução?

**16.** Na descarga, indique a espécie que perde elétrons.

**17.** Na descarga, indique a espécie que ganha elétrons.

**18.** Na descarga, a quantidade de chumbo (Pb) aumenta ou diminui?

**19.** Na descarga, a quantidade de $PbSO_4$ (s) aumenta ou diminui?

**20.** Na descarga, a concentração de $H^+$ aumenta ou diminui?

**21.** Na recarga, a transformação de $PbSO_4$ (s) em Pb (s) é uma oxidação ou uma redução?

**22.** Na recarga, a quantidade de $PbO_2$ (s) aumenta ou diminui?

## Desenvolvendo seus conhecimentos

Uma célula eletroquímica zinco-óxido de prata, utilizada em aparelhos auditivos como gerador de energia, baseia-se nas seguintes semirreações:

oxidação:

$$Zn \rightleftharpoons Zn^{2+} + 2\,e^- \qquad E^0 = +0{,}76\ V$$

redução:

$$Ag_2O\ (s) + 2\ H_2O\ (\ell) + 2\,e^- \rightleftharpoons 2\ Ag + 2\ OH^- \qquad E^0 = +0{,}35\ V$$

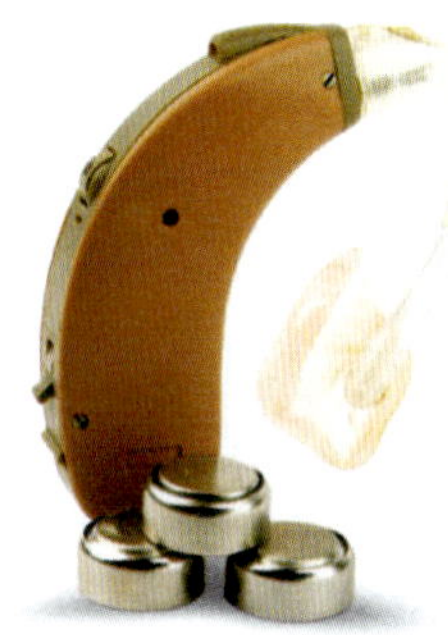

Julia Liang B Nielsen/ Shutterstock

Com base nessas informações, responda às questões **1** a **5**.

**1.** Escreva a reação global e calcule o $\Delta E$ da pilha.

**2.** Qual eletrodo é o ânodo?

**3.** Qual eletrodo é o cátodo?

**4.** Qual eletrodo é o polo positivo?

**5.** Qual eletrodo é o polo negativo?

**6.** (UFRJ) Em 1866, George Leclanché inventou a pilha seca (pilha comum) que é atualmente utilizada em brinquedos, relógios, lanternas etc.
As pilhas alcalinas são mais utilizadas, hoje em dia, devido ao seu rendimento ser de cinco a oito vezes maior que a pilha comum.

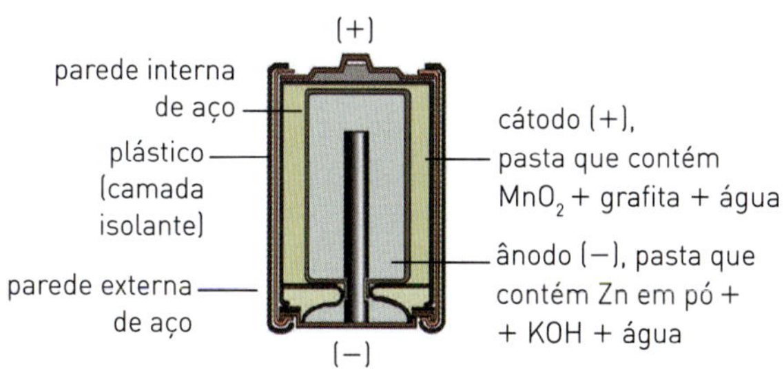


Reprodução/ Arquivo da editora

Na pilha alcalina de níquel-cádmio, ocorrem as seguintes reações:

$$Cd\ (s) + 2\ OH^-\ (aq) \longrightarrow Cd(OH)_2\ (aq) + 2\ e^-$$

$$NiO_2\ (aq) + 2\ H_2O\ (\ell) + 2\ e^-\ (aq) \longrightarrow Ni(OH)_2\ (aq) + 2\ OH^-$$

A partir das equações da pilha de níquel-cádmio, escreva a equação global e identifique a reação anódica.

**7.** (UFRJ) Na busca por combustíveis mais "limpos", o hidrogênio tem-se mostrado uma alternativa muito promissora, pois sua utilização não gera emissões poluentes. O esquema abaixo mostra a utilização do hidrogênio em uma pilha eletroquímica, fornecendo energia elétrica a um motor.
Com base no esquema:

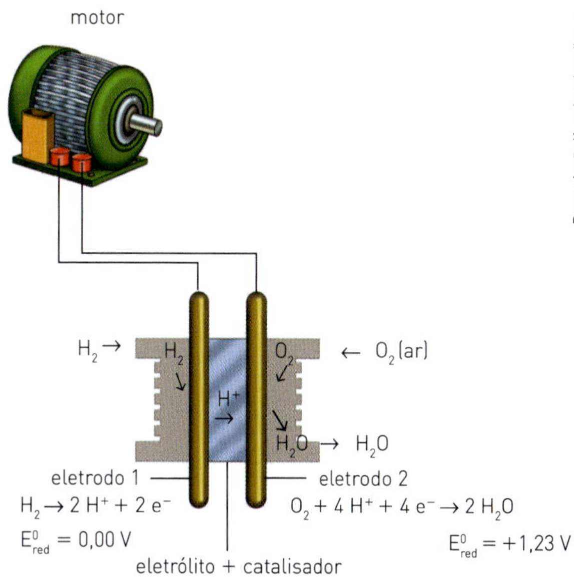


Reprodução/Arquivo da editora

a) Identifique o eletrodo positivo da pilha. Justifique sua resposta.

b) Usando as semirreações, apresente a equação da pilha e calcule sua força eletromotriz.

**8.** (IME-RJ) Considere que a reação abaixo ocorra em uma pilha.

$$2\ Fe^{3+} + Cu \longrightarrow Cu^{2+} + 2\ Fe^{2+}$$

Assinale a alternativa que indica o valor correto do potencial-padrão dessa pilha.

Dados:

$Fe^{2+} \longrightarrow Fe^{3+} + e^- \qquad E^0 = -0{,}77\ V$

$Cu^{2+} + 2\ e^- \longrightarrow Cu \qquad E^0 = +0{,}34\ V$

a) +1,20 V.

b) −0,43 V.

c) +1,88 V.

d) −1,20 V.

e) +0,43 V.

9. (UFRGS-RS) Célula a combustível é uma alternativa para a produção de energia limpa. As semirreações da célula são

$$H_2 \rightarrow 2\,H^+ + 2\,e^-$$

$$\frac{1}{2}\,O_2 + 2\,H^+ + 2\,e^- \rightarrow H_2O$$

Sobre essa célula, pode-se afirmar que:

a) $H_2$ é o gás combustível e oxida-se no cátodo.

b) eletrólise da água ocorre durante o funcionamento da célula.

c) $H_2C$ e $CO_2$ são produzidos durante a descarga da célula.

d) célula a combustível é um exemplo de célula galvânica (pilha).

e) $O_2$ é o gás comburente e reduz-se no ânodo.

10. (Fatec-SP) Os motores de combustão são frequentemente responsabilizados por problemas ambientais, como a potencialização do efeito estufa e da chuva ácida, o que tem levado pesquisadores a buscar outras tecnologias.

Uma dessas possibilidades são as células de combustíveis de hidrogênio que, além de maior rendimento, não poluem.

Observe o esquema:

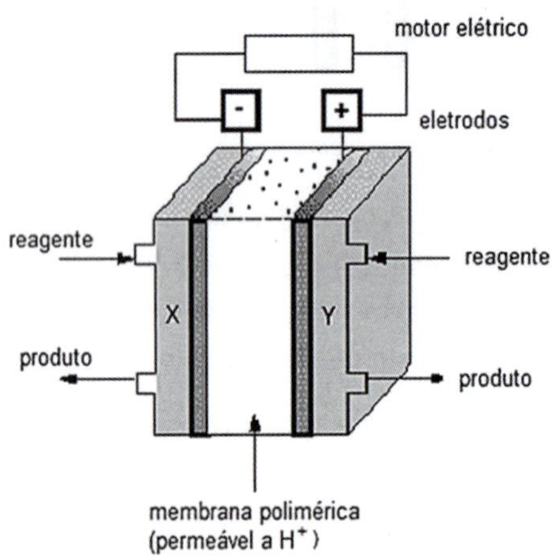


Reprodução/FATEC, 2014.

Semirreações do processo:

- ânodo: $H_2 \rightarrow 2\,H^+ + 2\,e^-$
- cátodo: $O_2 + 2\,H^+ + 2\,e^- \longrightarrow H_2O$

Sobre a célula de hidrogênio esquematizada, é correto afirmar que

a) ocorre eletrólise durante o processo.

b) ocorre consumo de energia no processo.

c) o ânodo é o polo positivo da célula combustível.

d) a proporção entre os gases reagentes é $2\,H_2 : 1\,O_2$.

e) o reagente que deve ser adicionado em *X* é o oxigênio.

11. (UPF-RS) O chumbo metálico e seus derivados foram importantes para a sociedade por milhares de anos. Sua produção e consumo aumentaram significativamente a partir da Revolução Industrial. Assim como os usos, os efeitos nocivos são vários e conhecidos desde a antiguidade. Contudo, em função do conjunto de características físico-químicas que apresentam, sua utilização ainda se faz presente em baterias que são utilizadas em automóveis, por exemplo.

A ilustração a seguir apresenta uma bateria ácido-chumbo.

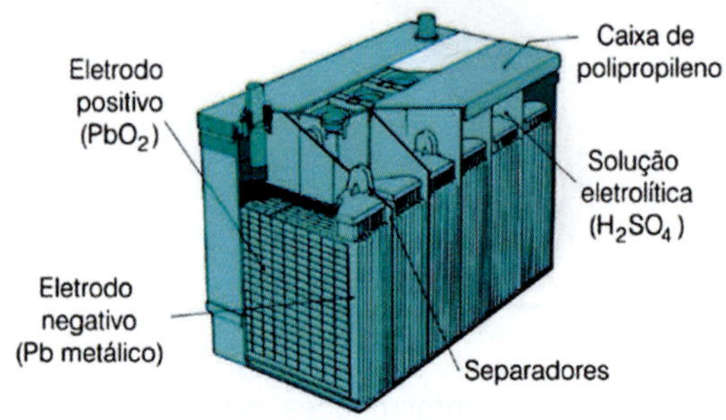


Reprodução/UPF, 2016.

(Disponível em: http://qnint.sbq.org.br. Acesso em 2 maio 2016)

Considere as seguintes afirmativas:

I. A bateria de ácido-chumbo é um dispositivo que, a partir de uma reação química, durante a descarga da bateria, produz energia elétrica, gerando uma quantidade de corrente elétrica por um certo período de tempo.

II. Na representação da equação global da bateria:

$$Pb\,(s) + PbO_2\,(s) + 2\,HSO_4^-\,(aq) + 2\,H_3O^+ \longrightarrow 2\,PbSO_4\,(s) + 4\,H_2O\,(\ell)$$

o metal chumbo é reduzido pelo agente redutor ácido sulfúrico, formando o sulfato de chumbo II.

III. O metal chumbo em um ambiente ácido e em presença de oxigênio se oxida facilmente ao cátion chumbo II, de acordo com a equação global representada:

$$2\,Pb\,(s) + O_2\,(g) + 4\,H_3O^+\,(aq) \rightleftharpoons 2\,Pb^{2+}(aq) + 6\,H_2O\,(\ell)$$

Está **correto** o que se afirma em:

a) I e III apenas.

b) II e III apenas.

c) II apenas.

d) I, II e III.

e) I e II apenas.

## Desafiando seus conhecimentos

1. Uma pilha desenvolvida recentemente utiliza zinco e oxigênio do ar. Na confecção dessa pilha, são utilizadas partículas de zinco metálico misturadas a uma solução de KOH. Essas partículas reagem com $O_2$.
As reações dessa pilha podem ser representadas pelas equações e seus potenciais de redução:

$$Zn\ (s) + 2\ OH^-\ (aq) \longrightarrow Zn(OH)_2\ (s) + 2\ e^- \qquad E^0 = -1{,}25\ V$$
$$O_2\ (g) + 2\ H_2O\ (\ell) + 4\ e^- \longrightarrow 4\ OH^-\ (aq) \qquad E^0 = +0{,}40\ V$$

Com base nas afirmações, classifique os itens em verdadeiros ou falsos.
I. A fem é o ânodo (polo −).
II. A reação global pode ser representada por:

$$2\ Zn\ (s) + O_2\ (g) + 2\ H_2O\ (\ell) \longrightarrow Zn(OH)_2\ (s)$$

III. O Zn (s) é o ânodo (polo −).
IV. O $O_2$ é o agente oxidante.
V. Os elétrons migram do eletrodo de $O_2$ (g) para o eletrodo de Zn (s).

2. (Unifesp) A bateria primária de lítio-iodo surgiu em 1967, nos Estados Unidos, revolucionando a história do marca-passo cardíaco.
Ela pesa menos que 20 g e apresenta longa duração, cerca de cinco a oito anos, evitando que o paciente tenha que se submeter a frequentes cirurgias para trocar o marca-passo. O esquema dessa bateria é representado na figura a seguir.

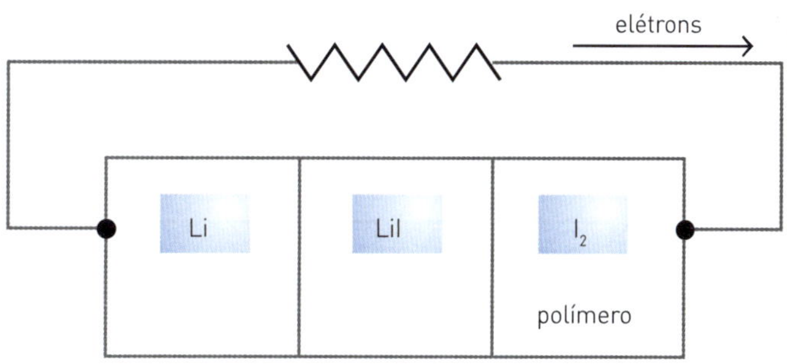

Reprodução/Arquivo da editora

Para essa pilha, são dadas as semirreações de redução:

$$Li^+ + e^- \longrightarrow Li \qquad E^0 = -3{,}05\ V$$
$$I_2 + 2\ e^- \longrightarrow I^- \qquad E^0 = +0{,}54\ V$$

São feitas as seguintes afirmações sobre essa pilha:
I. No ânodo ocorre a redução do íon $Li^+$.
II. A ddp da pilha é +2,51 V.
III. O cátodo é o polímero/iodo.
IV. O agente oxidante é o $I_2$.
São corretas as afirmações contidas apenas em:
a) I, II e III.
b) I, II e IV.
c) I e III.
d) II e III.
e) III e IV.

**3.** (UFPR) No passado, as cargas das baterias dos celulares chegavam a durar até uma semana, no entanto, atualmente, o tempo entre uma recarga e outra dificilmente ultrapassa 24 horas. Isso não se deve à má qualidade das baterias, mas ao avanço tecnológico na área de baterias, que não acompanha o aumento das funcionalidades dos smartphones. Atualmente, as baterias recarregáveis são do tipo íon-lítio, cujo esquema de funcionamento está ilustrado na figura abaixo.

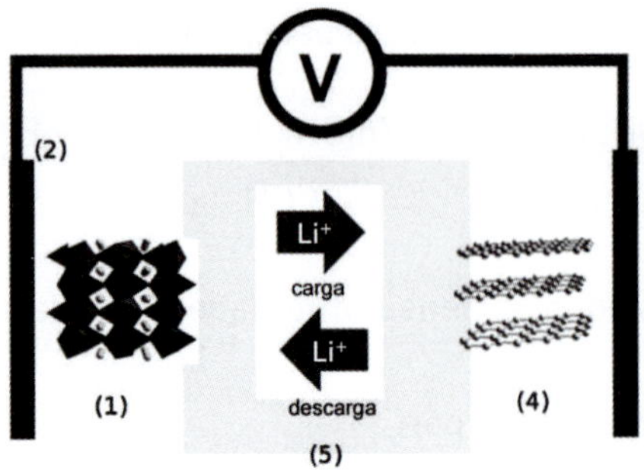

Reprodução/UFPR, 2015.

Quando a bateria está em uso (atuando como uma pilha), o anodo corresponde ao componente:

a) (1).
b) (2).
c) (3).
d) (4).
e) (5).

**4.** (UFSM-RS) Observe a figura:

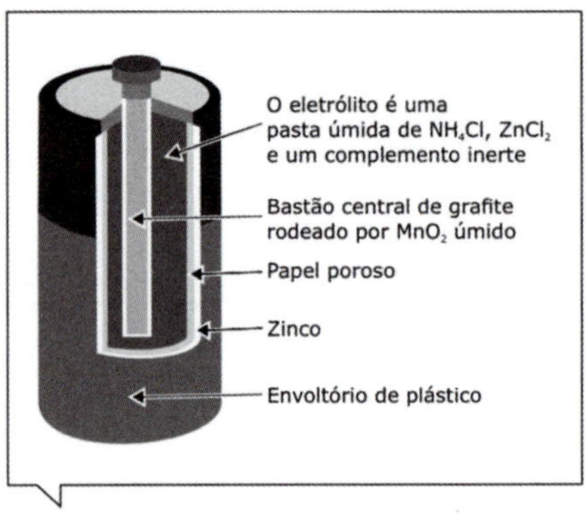

Reprodução/UFRM_RS, 2014.

Fonte: LEMBO, Antônio. *Química - Realidade e Contexto*. Vol. 2. São Paulo: Ática, 1999. p. 454.

A pilha seca comum, utilizada em rádios, lanternas e brinquedos eletrônicos, é uma adaptação da pilha de Leclanché e utiliza, como meio eletrolítico, uma pasta umedecida contendo sais, como o cloreto de amônio e o cloreto de zinco.

As semirreações para essa pilha são:

$$Zn^{2+}(aq) + 2e^- \longrightarrow Zn\ (s) \qquad E^0 = -0{,}76\ V$$

$$NH_4C\ell\ (aq) + MnO_2\ (s) + 1\ e^- \longrightarrow \frac{1}{2}\ Mn_2O_3\ (s) + \frac{1}{2}\ H_2O\ (\ell) + NH_3\ (aq) + C\ell^-\ (aq) \qquad E^0 = 0{,}74\ V$$

Então, é possível afirmar:

I. O Zn se reduz e o Mn se oxida.
II. A diferença de potencial da pilha é de 1,5 V.
III. A reação global que ocorre na pilha é:
$$2\ MnO_2\ (s) + 2\ NH_4C\ell\ (aq) + Zn\ (s) \longrightarrow Mn_2O_3\ (s) + H_2O\ (\ell) + 2\ NH_3\ (aq) + ZnC\ell_2\ (aq).$$
IV. À medida que a pilha vai sendo consumida (gasta), há aumento nas massas de dióxido de manganês e água.

Estão corretas

a) apenas I e II.
b) apenas I e III.
c) apenas II e III.
d) apenas II e IV.
e) apenas III e IV.

**5.** (UFPR) O uso de muitos equipamentos eletrônicos depende de pilhas recarregáveis. Uma pilha de níquel-cádmio é constituída por um polo contendo NiOOH, um polo contendo cádmio e um separador contendo um eletrólito básico.

Quando tal pilha é usada nos equipamentos, sofre uma descarga em que ocorrem reações eletroquímicas que podem ser representadas para cada polo como:

$$NiOOH + H_2O + e^- \longrightarrow Ni(OH)_2 + OH^-$$

$$Cd^0 + 2\,OH^- \longrightarrow Cd(OH)_2 + 2\,e^-$$

Sobre esse tipo de pilha, indique a alternativa correta.

a) Na pilha completamente carregada, o átomo de níquel está no estado de oxidação 2+, que passa para zero durante o processo de descarga.

b) Na reação de descarga da pilha, para cada mol de cádmio consumido, dois mol de NiOOH serão reduzidos a $Ni(OH)_2$.

c) O polo negativo da pilha contém os compostos de níquel, e o positivo, cádmio.

d) Quando se recarrega a pilha, forma-se $Ni(OH)_2$ e $Cd(OH)_2$ como produtos da reação eletroquímica.

e) Na reação de descarga da pilha, o agente redutor é o NiOOH, e o oxidante, Cd.

**6.** (UFC-CE) As pilhas alcalinas são compostas basicamente de grafite (carbono, C), pasta de dióxido de manganês ($MnO_2$) e zinco (Zn) em meio alcalino de hidróxido de potássio (KOH). Dados os potenciais-padrão de redução:

$$Zn(OH)_2 + 2\,e^- \longrightarrow Zn\,(s) + 2\,OH^-\,(aq) \qquad E^0 = -0{,}90\ V$$

$$2\,MnO_2\,(s) + H_2O\,(\ell) + 2\,e^- \longrightarrow Mn_2O_3\,(s) + 2\,OH^-\,(aq) \qquad E^0 = +0{,}60\ V$$

$$K^+\,(aq) + e^- \longrightarrow K\,(s) \qquad E^0 = -2{,}93\ V$$

indique a alternativa correta.

a) O dióxido de manganês funciona como cátodo.

b) A voltagem padrão da pilha é −0,30 V.

c) O hidróxido de potássio funciona como cátodo.

d) A grafite funciona como eletrodo de sacrifício.

e) O hidróxido de zinco funciona como cátodo.

**7.** (UFJF/Pism-MG) As pilhas alcalinas têm a base de funcionamento muito parecida com a pilha seca de Leclanché (pilha comum), uma vez que ambas usam o zinco metálico e o $MnO_2$ como polos. A grande diferença entre elas é o fato de que na pilha comum tem-se a presença de íon amônio, enquanto na pilha alcalina o íon amônio é substituído pelo íon hidróxido.

Dados:

| Semirreações | $E^0$/V |
|---|---|
| $Zn^{2+}\,(aq) + 2\,e^- \rightleftharpoons Zn\,(s)$ | −0,76 |
| $Zn(OH)_2\,(s) + 2\,e^- \rightleftharpoons Zn\,(s) + 2\,OH^-\,(aq)$ | −1,25 |
| $2\,MnO_2\,(s) + H_2O\,(\ell) + 2\,e^- \rightleftharpoons Mn_2O_3\,(s) + 2\,OH^-\,(aq)$ | 0,29 |
| $2\,MnO_2\,(s) + 2\,NH_4^+\,(aq) + 2\,e^- \rightleftharpoons Mn_2O_3\,(s) + 2\,NH_3\,(g) + H_2O\,(\ell)$ | 0,74 |

a) Escreva a reação global e calcule a diferença de potencial para a pilha **alcalina**.

b) A pilha alcalina tem uma durabilidade de 5 a 8 vezes maior que a pilha comum; essa característica está relacionada ao fato de que na pilha comum ocorre a produção de amônia. Escreva a reação global da pilha **comum** mostrando a formação da amônia.

c) Indique a espécie que atua como agente redutor nas duas pilhas.

d) Qual a direção do fluxo de elétrons na pilha **alcalina** e na pilha **comum**?

**8.** (Enem)

O Instituto Luiz Coimbra (UFRJ) lançou o primeiro ônibus urbano movido a hidrogênio do Hemisfério Sul, com tecnologia inteiramente nacional. Sua tração provém de três fontes de energia, sendo uma delas a pilha de combustível, na qual o hidrogênio, gerado por um processo eletroquímico, reage com o oxigênio do ar, formando água.

FRAGA, I. Disponível em: <http://cienciahoje.uol.com.br>. Acesso em: 20 jul. 2010 (adaptado).

A transformação de energia que ocorre na pilha de combustível responsável pelo movimento do ônibus decorre da energia cinética oriunda do(a):

a) calor absorvido na produção de água.

b) expansão gasosa causada pela produção de água.

c) calor liberado pela reação entre o hidrogênio e o oxigênio.

d) contração gasosa causada pela reação entre o hidrogênio e o oxigênio.

e) eletricidade gerada pela reação de oxirredução do hidrogênio com o oxigênio.

**9.** (Uece) A primeira bateria a gás do mundo, conhecida hoje como célula a combustível, foi inventada por sir Wiliam Robert Grove (1811-1896) que àquela época já se preocupava com as emissões de gases poluentes causadas pelo uso de combustíveis fósseis. O combustível básico da maioria das células a combustível é o hidrogênio, que reage com o oxigênio e produz água e eletricidade e calor, de acordo com as reações simplificadas abaixo representadas.

Reação 1: $2\ H_2\ (g) + 4\ H^+\ (aq) \rightarrow 4\ e^-$

Reação 2: $O_2\ (g) + 4\ H^+\ (aq) + 4\ e^- \rightarrow 2\ H_2O\ (\ell)$

Sobre células a combustível, marque a afirmação verdadeira.

a) A reação 1 é uma oxidação e ocorre no cátodo da célula.

b) A reação global da célula é o oposto da eletrólise.

c) A célula a combustível produz somente corrente alternada.

d) A célula a combustível é um conversor de energia termoiônica.

**10.** (Unicamp-SP) Uma proposta para obter energia limpa é a utilização de dispositivos eletroquímicos que não gerem produtos poluentes, e que utilizem materiais disponíveis em grande quantidade ou renováveis. O esquema abaixo mostra, parcialmente, um dispositivo que pode ser utilizado com essa finalidade.

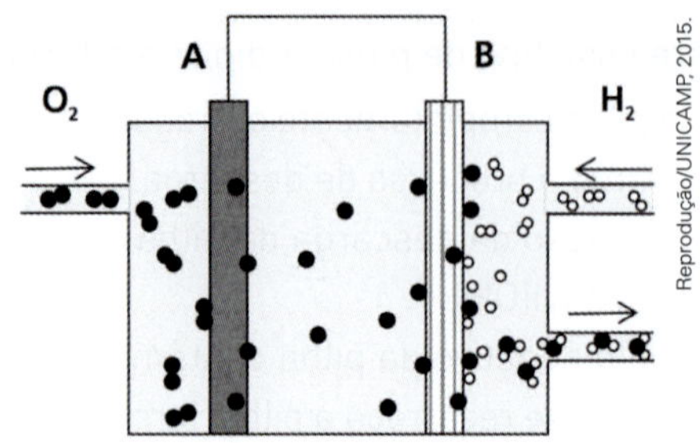


Nesse esquema, os círculos podem representar átomos, moléculas ou íons. De acordo com essas informações e o conhecimento de eletroquímica, pode-se afirmar que nesse dispositivo a corrente elétrica flui de

a) A para B e o círculo ● representa o íon $O^{2-}$.

b) B para A e o círculo ● representa o íon $O^{2+}$.

c) B para A e o círculo ● representa o íon $O^{2-}$.

d) A para B e o círculo ● representa o íon $O^{2+}$.

**11.** (Enem)

**Texto I**

Biocélulas combustíveis são uma alternativa tecnológica para substituição das baterias convencionais. Em uma biocélula microbiológica, bactérias catalisam reações de oxidação de substratos orgânicos. Liberam elétrons produzidos na respiração celular para um eletrodo, onde fluem por um circuito externo até o cátodo do sistema, produzindo corrente elétrica. Uma reação típica que ocorre em biocélulas microbiológicas utiliza o acetato como substrato.

AQUINO NETO. S. Preparação e caracterização de bioanodos para biocélula e combustível etanol/$O_2$ Disponível em: www.teses.usp.br. Acesso em: 23 jun. 2015 (adaptado).

**Texto II**

Em sistemas bioeletroquímicos, os potenciais padrão ($E^0$) apresentam valores característicos. Para as biocélulas de acetato, considere as seguintes semirreações de redução e seus respectivos potenciais:

$$2\,CO_2 + 7\,H^+ + 8e^- \rightarrow CH_3OO^- + 2\,H_2O \quad E^0 = -0{,}3\ V$$
$$O_2 + 4\,H^+ + 4e^- \rightarrow 2\,H_2O \quad E^0 = +0{,}8\ V$$

SCOTT, K.; YU, E. H. Microbial electrochemical and fuel cells: fundamentals and applications. *Woodhead Publishing Series in Energy*. n. 88, 2016 (adaptado).

Nessas condições, qual é o número mínimo de biocélulas de acetato, ligadas em série, necessárias para se obter uma diferença de potencial de 4,4 V?

a) 3.
b) 4.
c) 6.
d) 9.
e) 15.

**12.** (FGV-SP) Fontes alternativas de energia têm sido foco de interesse global como a solução viável para crescentes problemas do uso de combustíveis fósseis. Um exemplo é a célula *a* combustível microbiológica que emprega como combustível a urina. Em seu interior, compostos contidos na urina, como ureia e resíduos de proteínas, são transformados por micro-organismos que constituem um biofilme no anodo de uma célula eletroquímica que produz corrente elétrica.

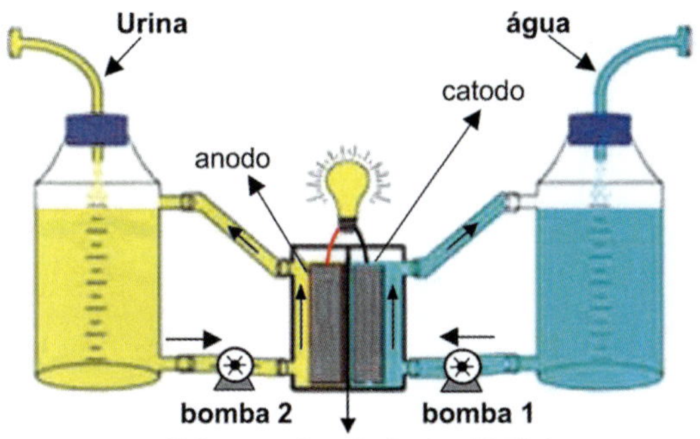

célula a combustível microbiológica

Reprodução/FGV, 2015.

(http://www.rsc.org/chemistryworld/News/2011/October/31101103.asp.Adaptado)

Sobre essa célula eletroquímica, é correto afirmar que, quando ela entra em operação com a geração de energia elétrica, o biofilme promove a:

a) oxidação, os elétrons transitam do anodo para o catodo, e o catodo é o polo positivo da célula.
b) oxidação, os elétrons transitam do catodo para o anodo, e o catodo é o polo positivo da célula.
c) oxidação, os elétrons transitam do anodo para o catodo, e o catodo é o polo negativo da célula.
d) redução, os elétrons transitam do anodo para o catodo, e o catodo é o polo positivo da célula.
e) redução, os elétrons transitam do catodo para o anodo, e o catodo é o polo negativo da célula.

**13.** (UFPR) Células a combustível são promissores dispositivos de conversão de energia. A célula de alimentação direta a metanol (DMFC), esquematizada, possui vantagens em relação à célula a hidrogênio, principalmente pela facilidade de manipulação do combustível. A DMFC baseia-se na oxidação de metanol sobre catalisador, de modo a formar dióxido de carbono. No processo, água é consumida no ânodo e produzida no cátodo. Os prótons são transportados pela membrana de Nafion. Os elétrons são transportados através de um circuito externo, fornecendo energia aos dispositivos conectados.

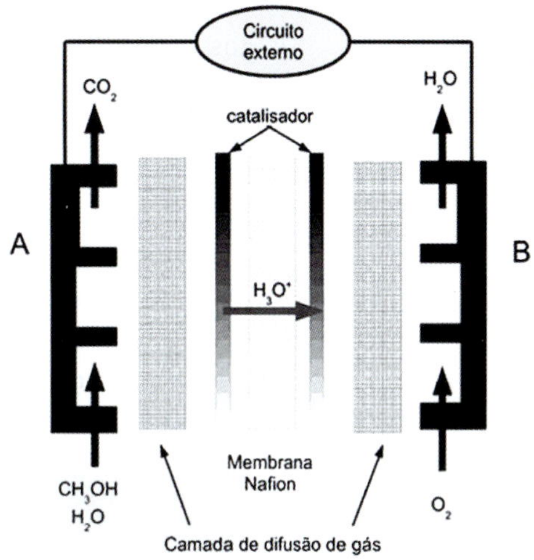


Reprodução/UFPR, 2015.

$$CH_3CH + \frac{3}{2}\ O_2 \rightarrow 2\ H_2O + CO_2$$

| | $E^0$ (V vs EPH*) |
|---|---|
| $CO_2/CH_3CH$ | 0,02 |
| $O_2/H_2O$ | 1,23 |

*EPH Eletrodo-padrão de hidrogênio

a) Escreva a semirreação que ocorre no ânodo.
b) Qual o valor da diferença de potencial-padrão dessa célula? Esse valor é maior ou menor que da célula a hidrogênio?

**14.** (ITA-SP) A hidrazina ($N_2H_4$) e o tetróxido de dinitrogênio ($N_2O_4$) são utilizados na propulsão líquida de foguete.

A equação química não balanceada que representa a reação global entre esses dois reagentes químicos é:

$$N_2H_4\ (\ell) + N_2O_4\ (\ell) \longrightarrow N_2\ (g) + H_2O\ (g)$$

Analisando essa reação do ponto de vista eletroquímico:

a) esquematize um dispositivo eletroquímico (célula de combustível) no qual é possível realizar a reação química representada pela equação do enunciado.
b) escreva as equações químicas balanceadas das semirreações anódica e catódica que ocorrem no dispositivo eletroquímico.

# Proteção catódica e proteção anódica

Olhando atentamente ao redor, notamos que a ferrugem está presente em diversos lugares, como nas grades de ferro, automóveis, eletrodomésticos, janelas, bicicletas, tubulações, etc. Basta que a gente se descuide e o que era um pontinho insignificante de ferrugem se alastra por todo o material, causando sua deterioração. O prejuízo muitas vezes é imensurável, desde pequenas perdas de objetos até prejuízos econômicos mais significativos, podendo inclusive colocar a vida de pessoas em risco – como no caso da corrosão de estruturas metálicas em construções.

Para evitar tais perdas, são realizados, em peças a serem protegidas, processos de revestimentos com inibidores de corrosão catódicos e anódicos.

Na **proteção catódica**, o metal a ser preservado é colocado em contato com outro metal com maior tendência a se oxidar.

Fotos: Ebbe Holsting/Acervo do fotógrafo

Proteção catódica de Zn em casco de navio.

Fernando Favoretto/Criar Imagem

Janela com esquadrias de alumínio anodizadas.

Por exemplo, a proteção catódica por ânodos de zinco é utilizada em navios, em que há a formação de uma pilha. Em função de seu maior potencial de oxidação (menor potencial de redução), o zinco atua como ânodo, protegendo o ferro do casco do navio.

A **proteção anódica**, por sua vez, baseia-se na deposição de uma película protetora sobre os materiais metálicos por meio da aplicação de corrente elétrica. Tais películas podem ser constituídas de óxidos, como no caso do alumínio anodizado, ou tintas à base de óxidos.

Com base na leitura e em seus conhecimentos em eletroquímica, responda às questões **1** a **3**:

1. Explique o que é a ferrugem e cite prováveis causas que contribuem para o seu aparecimento.

2. Para que o método de proteção contra a ferrugem seja eficiente, o que se deve esperar do potencial de redução da substância usada?

3. Utilizando uma tabela de potenciais de redução, escreva a reação química que ocorre entre o casco do navio e a proteção catódica e justifique, através do cálculo do potencial de redução, por que esse método pode ser usado para a proteção dos cascos de embarcações.

# Gabarito da Parte I

## Unidade 1 – Dissolução

### Capítulo 1 – Soluções

#### Fundamentando seus conhecimentos (p. 19)

2. a) 80 g de KBr.
   b) 180 g de KBr.
4. A: não saturada; B: saturada; C: saturada com corpo de fundo.
5. Béquer C: 20 g.
6. Béquer A.
7. Cloreto de sódio.
8. Nitrato de potássio.
9. 40 g.

#### Desenvolvendo seus conhecimentos (p. 19)

2. I.
3. e.
4. b.
5. b.
6. d.
7. e.
8. $NaNO_3$.
9. 40 °C.
10. $AgNO_3$.
12. 440 g de $NaNO_3$.
14. b.
15. d.
16. c.

#### Desafiando seus conhecimentos (p. 23)

1. d.
2. b.
3. $1{,}69 \cdot 10^{-4}$ mol · $L^{-1}$.
4. Apenas para o metano.
5. e.
6. c.
8. Soma = 02 + 04 + 16 = 22.
10. c.
11. a.
12. a.
13. e.
15. e.

### Capítulo 2 – Aspectos quantitativos das soluções

#### Fundamentando seus conhecimentos (p. 34)

1. Sulfato de níquel II ($NiSO_4$).
2. Água ($H_2O$).
3. 50 g.
4. 20 g.
5. 500 g.
6. 5%.

#### Desenvolvendo seus conhecimentos (p. 35)

1. a.
2. a) 125 g/L; b) 255 kcal.
3. e.
4. A: 0,07 g/mL; B: 350 g/L.
7. c.
8. 4,5 g.
9. e.
10. b.

#### Fundamentando seus conhecimentos (p. 37)

1. Ácido acético.
2. Água.
3. 1,05 g.
4. 1 050 g.
5. 420 g.

#### Fundamentando seus conhecimentos (p. 40)

1. NaCℓ.
2. $H_2O$.
3. 0,009.
4. 0,9 g.
5. 99,1 g.
6. Soluto: 4,5 g; Solvente: 495,5 g.
7. $x_1 = 9\,000$ ppm; $x_2 = 9 \cdot 10^6$ ppb.
8. $3{,}2 \cdot 10^{-3}$ g.
9. 500 g; 500 ppm.
10. $10^4$ ppm.

#### Desenvolvendo seus conhecimentos (p. 40)

2. 245 g.
3. 10 454,5 mL.
4. a.
5. d.
6. c.
7. d.
9. 0,29 g.
10. d.
11. e.
12. e.
13. a.
14. d.
15. d.

## Fundamentando seus conhecimentos (p. 46)

3. 28 g.
4. 10 L.
5. 0,02 mol/L de $Ca^{2+}$; 0,04 mol/L de $C\ell^{-}$.

## Desenvolvendo seus conhecimentos (p. 47)

2. d.
3. c.
4. a.
5. e.
6. b.
7. d.
8. c.
9. b.
10. e.

## Fundamentando seus conhecimentos (p. 50)

1. 36 g.
2. 1190 g.
3. 0,36.
4. 428,4 g/L.
5. 0,4.
6. 90 g/L.
7. 2 mol/L.
8. a.

## Desenvolvendo seus conhecimentos (p. 51)

1. a.
2. d.
3. c.
4. c.
7. e.

## Desafiando seus conhecimentos (p. 54)

1. 01, 02 e 08.
3. b.
5. b.
6. e.
7. c.
9. c.
10. 473 L.
11. 10 ppm; 10 000 ppb.
12. 24,7 g.
13. $1{,}3 \cdot 10^{-4}$ g.
14. $1{,}8 \cdot 10^{-3}$ g.
15. a.
16. b.
17. c.
18. c.
19. 20.
20. c.
21. b.
22. d.
23. b.
24. b.
25. d.
27. Jovem A.
28. Jovem B.
29. $5 \cdot 10^{3}$ mol/L.
30. $2{,}77 \cdot 10^{-2}$ mol/L.
31. e.
32. a.
33. c.
34. $ZnSO_4\ (s) \xrightarrow{H_2O} Zn^{2+}\ (aq) + SO_4^{2-}\ (aq)$
35. d.
36. b.
37. d.
39. d.
40. e.
41. e.
43. a.
44. e.
45. c.
46. d.
48. b.
49. d.
50. b.
51. b.
52. d.
53. b.
54. c.
55. e.

## Complemento – Fração em quantidade de matéria ou fração molar (x) / Molalidade (W) (p. 67)

### Exercícios (p. 68)

1. e.
2. 0,7 mol.
3. 0,08.
4. KOH: 28 g; $H_2O$: 171 g.
6. 0,09.
7. 0,15.

8. 1,25 mol/L.
9. 364,2 g/L.
11. b.
12. 0,25 molal.
13. 18 g.
14. 0,1 molal; 0,1 mol/L.
15. e.
16. 12,5 molal.
17. I, II e III.

## Capítulo 3 – Diluição de soluções

### Fundamentando seus conhecimentos (p. 72)

1. Sódio: Na; potássio: K. Família 1.
2. Glicose: $C_6(H_2O)_6$ ou $C_6H_{12}O_6$.
3. $Na^+$.
4. $K^+$.
5. $C\ell^-$.
6. $4,5 \cdot 10^{-4}$ g.
7. $60 \cdot 10^{-3}$ g.
8. 0,12 mg/mL.
9. $4,2 \cdot 10^{-2}$ g/L.

### Desenvolvendo seus conhecimentos (p. 73)

1. a.
2. I. Recipiente 2.
   II. Recipiente 3.
3. 4 g/L.
4. d.
5. 0,4 g/L.
6. 50 mL.
7. e.
8. b.
9. b.
10. b.
11. b.

### Desafiando seus conhecimentos (p. 75)

1. b.
3. a.
4. b.
5. c.
6. c.
7. e.
8. d.
9. b.
10. d.
11. b.
12. a) 500 L.
    b) 100 g.
    c) Apenas a água evapora.
13. c.
14. 01, 02, 04, 08 e 16.
15. d.
16. e.
17. b.
18. e.
19. b.
20. b.
21. d.

## Capítulo 4 – Mistura de soluções

### Fundamentando seus conhecimentos (p.82)

1. Suco II.
2. 53 g/L.
3. 48 g/L.
4. a) 20 g/L.
   b) 25 g/L.
   c) $CO(NH_2)_2$: 4 g/L; $C_{12}H_{22}O_{11}$: 20 g/L.
5. e.

### Desenvolvendo seus conhecimentos (p. 83)

1. 96 g/L.
2. 0,05 L.
3. 3,00 g/L.
4. 4 L.
5. d.
6. c.
7. a.
8. c.

### Desafiando seus conhecimentos (p. 84)

1. b.
2. d.
3. a) 0,24 mol; b) 1,65 mol/L.
4. a.
5. 11,925 g/L.
6. b.
7. c.
8. e.
9. a.
10. a.
12. d.
13. a.

### Fundamentando seus conhecimentos (p. 90)

1. 0,4 mol.
2. 0,1 mol.

3. 0,3 mol de HCℓ em excesso.
4. Ácida, pois há excesso de HCℓ.
5. 0,1 mol.
6. 0,05 mol/L.
7. 0,1 mol.
8. 0,06 mol.
9. 0,04 mol de HBr em excesso.
10. Ácida, pois há excesso de HBr.
11. 0,12 mol/L.
12. 0,08 mol/L.
13. Ácida, pois há excesso de $H_2SO_4$.
14. 0,05 mol.
15. 0,10 mol/L.
16. 0,10 mol/L.
17. $H_3PO_4 + 3\ KOH \rightarrow K_3PO_4 + 3\ H_2O$
18. 0,2 mol.
19. 0,6 mol.
20. 0,2 mol.
21. 0,03 mol/L.
22. $AgNO_3\ (aq) + NaC\ell\ (aq) \rightarrow AgC\ell\ (s) + NaNO_3\ (aq)$
23. Precipitado de AgCℓ (s) = 0,1 mol.
24. Sal solúvel, $NaNO_3$ (aq) = 0,1 mol.
25. 0,1 mol/L.
26. Menor.

### Desenvolvendo seus conhecimentos (p. 91)

1. c.
2. 75 mL.
3. 0,33 mol/L.
4. c.
5. a) Amarelo;
   b) Verde.
6. d.
7. c.
8. b.
9. a.
10. d.
11. b.
12. 0,4 mol/L; não está adequado.
13. 71,55%.

### Desafiando seus conhecimentos (p. 94)

1. b.
2. 20 mL.
3. 15 mol/L.
4. a) $NaOH + HC\ell \rightarrow NaC\ell + H_2O$
   b) 0,5 L.
5. e.
6. a) 0,045 mol/L. b) 3,2 mg/mL.
7. c.
8. b.
10. a) 3,5%. b) 120 mL.
11. c.
12. a) $6,03 \cdot 10^{-3}$ mol. b) 12,1 mL.
13. c.
14. a.
15. 80%.
16. c.
17. b.
18. $0,10\ mol \cdot L^{-1}$.
19. e.

### Complemento – Soluções, suspensões e coloides (p. 99)

### Exercícios (p. 103)

1. e.
4. a.
5. e.
6. c.

# Unidade 2 – Propriedades coligativas

## Capítulo 5 – Algumas propriedades físicas das substâncias

### Desenvolvendo seus conhecimentos (p. 111)

7. d.

### Desafiando seus conhecimentos (p. 112)

1. c.
2. Soma = 01 + 04 + 08 + 32 = 45.
3. c.
5. a) 140 °C.
   b) 60 °C e 2 atm.

### Fundamentando seus conhecimentos (p. 119)

1. Nos três recipientes.
3. III.
4. I.
5. A-III; B-II; C-I.
6. I.

### Desenvolvendo seus conhecimentos (p. 120)

1. c.
4. a.
5. 01, 04, 16 e 32.
6. a.

### Desafiando seus conhecimentos (p. 122)

1. d.
2. c.
3. c.
8. b.
9. c.
12. 01 e 04.

## Capítulo 6 – Tonoscopia, ebulioscopia e crioscopia

### Fundamentando seus conhecimentos (p. 131)

1. Evaporação da água.
2. I.
3. II: molecular; III: iônico.
5. III.
8. $P_{III} < P_{II} < P_{I}$.

### Desenvolvendo seus conhecimentos (p. 131)

2. c.
3. a.
5. b.
7. a.
8. a.

### Desafiando seus conhecimentos (p. 133)

4. b.
5. d.
6. d.
7. a.
8. F-F-V-V.
9. a) Maior.
   b) Aumenta.
   c) Permanece constante.

### Fundamentando seus conhecimentos (p. 140)

1. B e C.
2. A: 0,1 mol; B: 0,2 mol; C: 0,3 mol.
3. C.
4. A < B < C.
5. C < B < A.

### Desenvolvendo seus conhecimentos (p. 141)

1. c.
2. a.
3. d.
4. a.
5. a.
6. e.
8. b.
9. d.

### Desafiando seus conhecimentos (p. 143)

1. b.
3. e.
4. b.
5. c.
6. b.
8. a.
9. b.
10. a.
11. I, III, IV e V.
12. d.
13. 02, 08, 16 e 32.

## Complemento – Aspectos quantitativos das propriedades coligativas (p. 147)

### Exercícios – (p. 149)

1. a) 0,02.
   b) 14 mmHg.
   c) 686 mmHg.
2. 0,01.
3. a) 0,004.
   b) 0,08 mmHg.
   c) 19,92 mmHg.
4. d.
5. a) 0,40.
   b) 384 mmHg.

### Exercícios – (p. 151)

1. d.
2. d.
3. 44,3 g/mol.
4. a) 180 g/mol.
   b) $C_6H_{12}O_6$.
5. 4 átomos. Criométrica.
6. d.
7. a.
11. b.
12. d.

## Capítulo 7 – Osmose e pressão osmótica

### Desenvolvendo seus conhecimentos (p. 165)

1. e.
2. d.
3. V-F-V-F-V.
4. d.
5. e.
6. c.
7. Soma: 02 + 08 = 10.
8. e.
9. a.
11. a) 0,625 mol/L.
    b) 125 g/L.
12. 0,25 mol/L.
13. b.
14. d.

### Desafiando seus conhecimentos (p. 167)

1. b.
2. c.
3. b.
4. c.
5. b.
7. d.
8. e.
9. a.
11. d.
12. $4,8 \cdot 10^4$ g/mol.
15. a.

# Unidade 3 – Termoquímica

## Capítulo 8 – Poder calorífico dos alimentos

### Fundamentando seus conhecimentos (p. 178)

1. 756 kcal.
2. 172,4 min.
3. 2 pães com manteiga.
4. 81,8 min.
5. I. 40 kJ.
   II. 20 kJ/g; 4,78 kcal/g.
6. a.

### Desenvolvendo seus conhecimentos (p. 179)

1. e.
3. d.
4. d.
5. V-V-F-V-F.

### Desafiando seus conhecimentos (p. 180)

1. a.
2. 6 L.
4. b.
5. 02, 08 e 16.
6. c.

## Capítulo 9 – Termoquímica

### Fundamentando seus conhecimentos (p. 188)

3. Na situação A.
4. Endotérmico.
5. Na situação B.
6. Exotérmico.
7. $C_4H_{10} + \frac{13}{2} O \rightarrow 4\ CO_2 + 5\ H_2O$
8. 13 290 kJ.
9. 1 329 kJ.

### Desenvolvendo seus conhecimentos (p. 189)

1. c.
2. b.
3. b.
4. e.
5. b.
6. 6 865 kJ.
7. 686,5 kJ.
8. 13 730 kJ.

### Desafiando seus conhecimentos (p. 190)

1. a.
2. c.
3. a.
4. d.
5. e.
6. d.
7. b.
8. $1,5 \cdot 10^7$ g.

### Fundamentando seus conhecimentos (p. 195)

1. Exotérmica.
2. 1 208 kJ.
3. 24 160 kJ.
4. Absorção.
5. 120,8 kJ.
8. 810 kJ.

### Desenvolvendo seus conhecimentos (p. 196)

2. 2 320 kJ.
3. 5 800 kJ.
5. b.
6. b.
7. b.
8. d.

### Desafiando seus conhecimentos (p. 197)

1. c.
2. b.
4. c.
6. c.
7. a) 100 kJ.
   b) 12,2 L.
8. a) 43,32 g.
   b) 2,4 L.
   c) 120.
9. d.

## Capítulo 10 – Equações termoquímicas

### Fundamentando seus conhecimentos (p. 208)

2. I. +79,6 kJ/mol; II. −359 kJ/mol.
3. $C_3H_8 + 5\ O_2 \rightarrow 2\ CO_2 + 4\ H_2O$
4. Combustão.
6. $C_8H_{18}\ (\ell) + \frac{25}{2}\ O_2\ (g) \rightarrow 8\ CO_2\ (g) + 9\ H_2O\ (\ell)$
7. 27 600 kJ.
8. −201,5 kJ/mol.
9. a.

### Desenvolvendo seus conhecimentos (p. 208)

1. +2813 kJ.
2. +130 kJ.
3. −3 200 kJ.
4. b.
5. c.
6. c.
8. e.
9. c.

### Desafiando seus conhecimentos (p. 210)

1. a) $-429{,}4\ kJ \cdot mol^{-1}$. b) Não.
3. a.
4. a) $10\ C_6H_6(\ell) + 15\ O_2\ (g) \rightarrow 30\ H_2O(\ell) + C_{60}\ (s)$
   b) $-674{,}3\ kJ \cdot mol^{-1}$.
5. c.
6. b.
7. a.
8. d.

### Fundamentando seus conhecimentos (p. 216)

1. x > 495 kJ.
2. 299 < a < 431.
3. 2 266 kJ.
4. 193 kJ.
5. 2 459 kJ.
6. 1 652 kJ.
7. 552 kJ.
8. 348 kJ.
9. 2 552 kJ.
10. Exotérmica.
11. 93 kJ.
12. −93 kJ.

### Desenvolvendo seus conhecimentos (p. 217)

1. a.
2. a.
3. b
4. a.
5. a.
6. a.
7. c.

### Desafiando seus conhecimentos (p. 218)

1. c.
2. d.
3. b.
4. b
5. a) $C_2H_4O$.
   b) −355,5 kcal.
6. a) −585 kJ.
   b) 101 kJ/mol.
8. c.
9. a.
10. 0,05 kJ.
11. c.

## Capítulo 11 – Lei de Hess

### Fundamentando seus conhecimentos (p. 227)

1. −110,5 kJ.
2. −172 kcal.
5. Absorção de 860 kcal.
6. Absorção de 1 720 kcal.
7. −94,4 kcal.

### Desenvolvendo seus conhecimentos (p. 228)

1. c.
2. −284 kJ.
3. 7,3 kJ.
4. 44 kJ.
5. 51,3 kJ.
6. −36,7 kJ
7. 284,3 kJ.
8. $44 \cdot 10^3$ kJ.
9. b.
10. d.
11. a.
12. b.
13. e.
14. e.

### Desafiando seus conhecimentos (p. 230)

1. b.
2. −106 kJ.
3. b

4. b.
5. a.
6. a) −108 kJ.
   b) 930 kJ; exotérmica.
7. c.
8. b.

## Complemento – ΔH de neutralização e solução, entropia, energia livre (p. 236)

### Exercícios (p. 236)

1. −115,4 kJ.
2. c.
3. d.
5. c.

### Exercícios (p. 239)

1. e.
2. e.
3. a) +427 kJ.
   b) −470 kJ.
   c) −43 kJ.
4. a) +708 kJ.
   b) −691 kJ.
   c) +17 kJ.
5. a) +848 kJ.
   b) −885 kJ.
   c) −37 kJ.
6. 0-0, 1-1 e 3-3.

### Exercícios (p. 241)

1. e.
2. b.
3. 1-1, 3-3 e 4-4.
4. 1-1, 2-2, 3-3 e 4-4.
5. T > 373 K ou T > 100 °C.
6. a.
7. 4.
8. 2.
9. 1.
10. 3.
11. 4.
12. 1 e 2.
13. a.
14. 1-1, 2-2 e 4-4.

# Unidade 4 – Oxirredução

## Capítulo 12 – Oxirredução

### Fundamentando seus conhecimentos (p. 251)

1. $2\ H_2O \rightarrow 2\ H_2 + O_2$
4. $Mg\ (s) + 2\ HC\ell\ (aq) \rightarrow MgC\ell_2\ (aq) + H_2\ (g)$
5. Formou o sal solúvel $MgC\ell_2$.
7. Magnésio.
8. Hidrogênio.

### Desenvolvendo seus conhecimentos (p. 251)

3. d.
4. e.
5. d.
6. b.
7. a.
8. a.

### Desafiando seus conhecimentos (p. 253)

1. e.
2. a.
3. c.
5. a.
6. a.

## Capítulo 13 – Reações de oxirredução

### Fundamentando seus conhecimentos (p. 260)

1. $Cu^{2+}$ (aq)
2. $Ni^{2+}$ (aq)
3. $Cu^0$ (s)
4. $Cu^{2+}\ (aq) + 2\ e^- \rightarrow Cu^0\ (s)$
5. $Ni^0\ (s) \rightarrow Ni^{2+}\ (aq) + 2\ e^-$
6. $Ni^0\ (s) + Cu^{2+}\ (aq) \rightarrow Ni^{2+}\ (aq) + Cu^0\ (s)$
7. Oxidante: $Cu^{2+}$; redutor: $Ni^0$.

### Desenvolvendo seus conhecimentos (p. 260)

1. b.
2. d.
3. c.
4. e.
5. d.
6. d.
7. d.
8. b.
9. e.
10. b.
11. b.
13. a.

### Desafiando seus conhecimentos (p. 263)

1. e.
2. d.
3. e.
4. e.
5. e.
7. F-V-V-V-F.

## Capítulo 14 – Balanceamento das equações de reações de oxirredução

### Fundamentando seus conhecimentos (p. 270)

9. e.

### Desenvolvendo seus conhecimentos (p. 271)

1. b.
2. d.
3. b.
5. Soma = 02 + 08 + 16 + 32 = 58.
6. b.
7. c.
8. b.

### Desafiando seus conhecimentos (p. 273)

1. a.
3. c.
4. b.
5. a.
7. 52.
9. 01, 02 e 04.
10. b.

## Complemento – Casos particulares de oxirredução (p. 276)

### Exercícios (p. 277)

3. b.
4. V-V-F-F-V.
6. e.

### Exercícios (p. 280)

2. b.

### Exercícios (p. 284)

2. d.

# Unidade 5 – Eletroquímica

## Capítulo 15 – Pilhas

### Fundamentando seus conhecimentos (p. 292)

1. Oxidação.
2. Ânodo.
3. Negativo.
5. Aumenta.
6. Corrosão.
7. Redução.
8. Cátodo.
9. Positivo.
11. Diminui.
12. Deposição.
15. Espontâneo.
16. Mg.
17. $Cu^{2+}$.
18. Mg.
19. Cu.
20. $Mg \rightarrow Cu$

### Desenvolvendo seus conhecimentos (p. 293)

1. b.
2. a.
3. c.
4. V-F-F-V-V.
7. a.
8. b.

### Desafiando seus conhecimentos (p. 294)

1. a.
2. d.
3. V-V-F-F-F.
4. e.
5. a.
7. e.
8. c.
9. V-F-F-F-F.

## Capítulo 16 – Potencial das pilhas

### Fundamentando seus conhecimentos (p. 307)

1. Redução.
3. Fe, $Fe^{2+}$.
4. $Co^{2+}$, Co.
5. Agente redutor; Fe.
6. Agente oxidante; $Co^{2+}$.

## Desenvolvendo seus conhecimentos (p. 307)

1. a.
2. b.
4. a.
5. b.
7. b.
9. a.
10. e.
12. 02 e 16.
13. b.

## Desafiando seus conhecimentos (p. 311)

1. c.
2. a.
3. c.
4. d.
7. b.
8. b.
11. d.
12. e.
13. b.
14. 01, 04 e 16.
15. b
16. e.
18. c.
19. d.

# Capítulo 17 – Espontaneidade de uma reação

## Fundamentando seus conhecimentos (p. 322)

2. −0,34 V.
3. Não espontâneo.
5. +1,66 V.
6. Espontâneo.
7. Sim.
8. Não.
10. −1,10 V; não espontânea.
12. +0,46 V; espontânea.

## Desenvolvendo seus conhecimentos (p. 323)

1. I e IV.
2. c.
3. c.
4. c.
6. c.
7. e.
8. d.
9. 01, 02, 04 e 08.

## Desafiando seus conhecimentos (p. 326)

1. d.
2. b.
3. b.
4. a.
5. a.
8. a.
10. d.
11. e.
13. c.
14. d.

# Capítulo 18 – Corrosão e proteção de metais

## Fundamentando seus conhecimentos (p. 334)

1. $O_2$ e $H_2O$.
5. e.

## Desenvolvendo seus conhecimentos (p. 335)

5. b.
6. a.
7. d.

## Desafiando seus conhecimentos (p. 336)

1. d.
2. c.
3. c.
4. 02 e 08.
5. a.
7. e.
8. c.
9. d.
11. a.
12. c.

# Capítulo 19 – Pilhas comerciais e baterias

## Fundamentando seus conhecimentos (p. 350)

1. Oxidação.
2. Redução.
5. 1,61 V.
6. Zinco.
8. Oxidação.
9. Redução.
10. Ânodo.
11. Cátodo.
14. Oxidação.
15. Redução.
16. Pb.
17. $PbO_2$.
18. Diminui.
19. Aumenta.
20. Diminui.
21. Redução.
22. Aumenta.

## Desenvolvendo seus conhecimentos (p. 351)

2. O eletrodo de Zn.
3. O eletrodo de $Ag_2O$.
4. O cátodo.
5. O ânodo.
8. e.
9. d.
10. d.
11. a.

## Desafiando seus conhecimentos (p. 353)

1. F-V-V-V-F.
2. e.
3. d.
4. c.
5. b.
6. a.
8. e.
9. b
10. a.
11. b.
12. a.

CADERNO DE ESTUDOS

conecte LIVE

# Química

JOÃO USBERCO
Bacharel em Ciências Farmacêuticas pela Universidade de São Paulo.
Professor de Química na rede privada de ensino de São Paulo.

PHILIPPE SPITALERI (PH)
Bacharel em Química pela Universidade de São Paulo.
Professor de Química na rede privada de ensino de São Paulo.

EDGARD SALVADOR
Licenciado em Química pela Universidade de São Paulo.
Professor de Química do Anglo Vestibulares de São Paulo.

2

Editora Saraiva

Editora Saraiva

**Direção geral:** Guilherme Luz
**Direção editorial:** Luiz Tonolli e Renata Mascarenhas
**Gestão de projeto editorial:** Viviane Carpegiani
**Gestão e coordenação de área:** Isabel Rebelo Roque
**Edição:** Daniela Nardi, Erich Golçalves da Silva, Lucas Augusto Jardim e Kamille Ewen de Araújo
**Gerência de produção editorial:** Ricardo de Gan Braga
**Planejamento e controle de produção:** Paula Godo, Roseli Said e Marcos Toledo
**Revisão:** Hélia de Jesus Gonsaga (ger.), Kátia Scaff Marques (coord.), Rosângela Muricy (coord.), Ana Curci, Ana Paula C. Malfa, Brenda T. M. Morais, Celina I. Fugyama, Daniela Lima, Gabriela M. Andrade, Heloísa Schiavo, Hires Heglan, Lilian M. Kumai, Luís M. Boa Nova, Maura Loria; Amanda T. Silva e Bárbara de M. Genereze (estagiárias)
**Arte:** Daniela Amaral (ger.), André Gomes Vitale (coord.) e Filipe Dias (edição de arte)
**Diagramação:** Setup
**Iconografia:** Sílvio Kligin (ger.), Roberto Silva (coord.) e Claudia Balista (pesquisa iconográfica)
**Licenciamento de conteúdos de terceiros:** Thiago Fontana (coord.), Flavia Zambon (licenciamento de textos), Erika Ramires, Luciana Pedrosa Bierbauer, Luciana Cardoso Sousa e Claudia Rodrigues (analistas adm.)
**Tratamento de imagem:** Cesar Wolf e Fernanda Crevin
**Ilustrações:** Conceitograf, Hélio Senatore, João Anselmo, Luis Moura, Luiz Fernando Rubio, Paulo César Pereira
**Design:** Gláucia Correa Koller (ger.), Erika Yamauchi Asato, Filipe Dias (proj. gráfico) e Adilson Casarotti (capa)
**Composição de capa:** Segue Pro
**Foto de capa:** PowerUp/Shutterstock, Raisa Kanareva/Shutterstock, Artistdesign29/Shutterstock

**Todos os direitos reservados por Saraiva Educação S.A.**
Avenida das Nações Unidas, 7221, 1º andar, Setor A – Espaço 2 – Pinheiros – SP – CEP 05425-902
SAC 0800 011 7875
www.editorasaraiva.com.br

2023
Código da obra CL 800858
CAE 628213 (AL) / 628214 (PR)
3ª edição
10ª impressão

CÓPIA NÃO AUTORIZADA É CRIME
ABDR
RESPEITE O DIREITO AUTORAL

**Impressão e acabamento:** EGB Editora Gráfica Bernardi Ltda.

Uma publicação SOMOS EDUCAÇÃO

# Apresentação

Caro estudante,

Este material foi elaborado especialmente para você, estudante do Ensino Médio que está se preparando para ingressar no Ensino Superior.

Além de todos os recursos do Conecte LIVE, como material digital integrado ao livro didático, banco de questões, acervo de simulados e trilhas de aprendizagem, você tem à sua disposição este Caderno de Estudos que o ajudará a se qualificar para as provas do Enem e de diversos vestibulares brasileiros.

O material foi estruturado para que você consiga utilizá-lo autonomamente, em seus estudos individuais além do horário escolar, ou sob orientação de seu professor, que poderá sugerir atividades complementares às dos livros.

Para cada ano do Ensino Médio, há um Caderno de Estudos com uma revisão completa dos conteúdos correspondentes, atividades de aplicação imediata dos conceitos trabalhados e grande seleção de questões de provas oficiais que abordam esses temas.

No Caderno de Estudos do 3º ano, há ainda um material complementar. Quando terminar de se dedicar aos conteúdos destinados a este ano escolar, você poderá se planejar para uma retomada final do Ensino Médio! Revisões estruturadas de todos os conteúdos desse ciclo são acompanhadas de simulados, propostos para que você os resolva como se realmente estivesse participando de uma prova oficial de vestibular ou Enem, de maneira que consiga fazer um bom uso do seu tempo.

Desejamos que seus estudos corram bem e que você tenha sucesso **Rumo ao Ensino Superior**!

Equipe Conecte LIVE

# Conheça este Caderno de Estudos

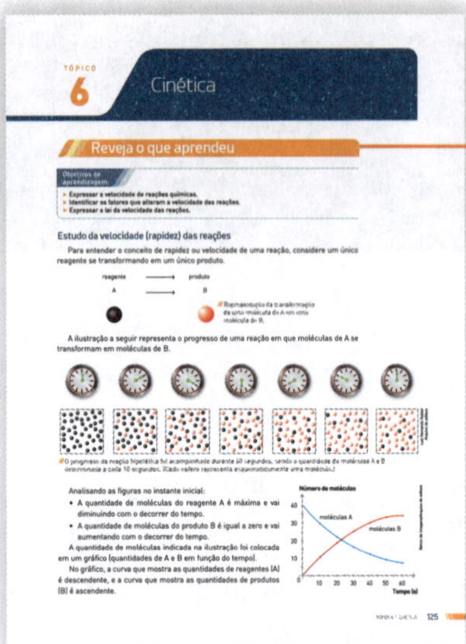


## Reveja o que aprendeu

Nesta seção, os principais conceitos de cada tópico de conteúdo do livro são apresentados de maneira resumida, para que você tenha a oportunidade de, sempre que desejar, retomar aprendizagens que vem sendo construídas ao longo do segundo ano do Ensino Médio.

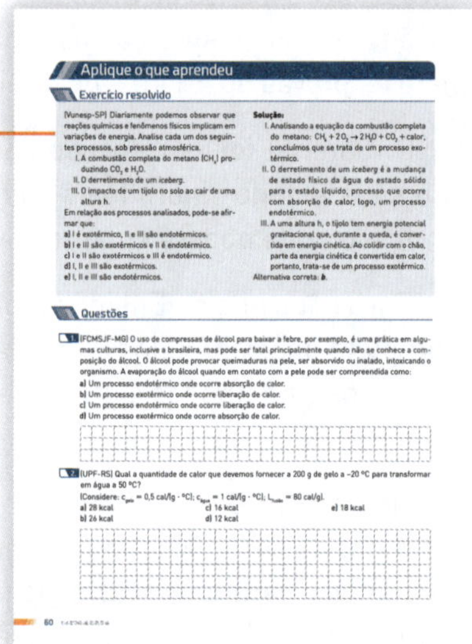


## Aplique o que aprendeu

Depois de retomar os conceitos no **Reveja o que aprendeu**, é o momento de aplicá-los resolvendo atividades. A seção se inicia com **Exercício resolvido**, que trará uma solução detalhada de uma atividade do Enem ou de algum vestibular. Em seguida, haverá uma seleção de atividades para você resolver. Ao final da seção, registre a quantidade de acertos que você teve em relação ao total de atividades. Se o seu desempenho estiver aquém de suas expectativas, verifique em quais páginas do seu livro-texto os conceitos são trabalhados e procure retomá-los, individualmente ou em grupos de estudo, dedicando mais tempo para se aprofundar neles.

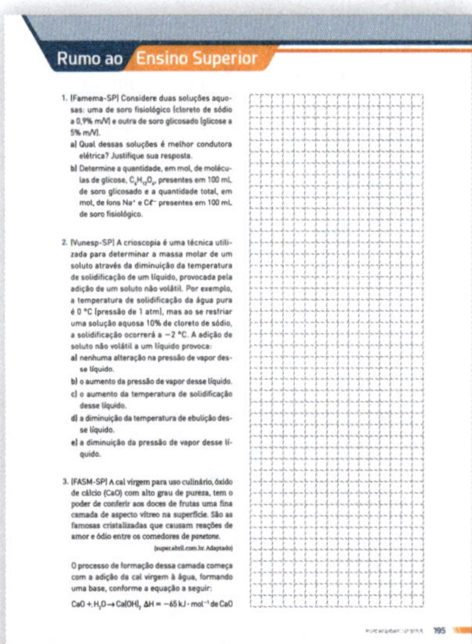


## Rumo ao Ensino Superior

Esta seção apresenta uma seleção de atividades que envolvem conteúdos estudados ao longo de todo o segundo ano do Ensino Médio. Você encontrará questões do Enem e de diferentes vestibulares do Brasil.

# Sumário

Já revi este conteúdo — Já apliquei este conteúdo

TÓPICO

# 1 Estudo das soluções

## Reveja o que aprendeu

**Objetivos de aprendizagem:**

- Reconhecer os diferentes tipos de solução.
- Utilizar as curvas de solubilidade para resolver problemas.
- Relacionar as diferentes formas de exprimir a concentração das soluções.
- Diferenciar diluição de mistura de soluções.
- Aplicar o conceito de titulação na resolução de problemas.

## Soluções

**Soluções:** misturas homogêneas, ou seja, apresentam aspecto uniforme. São formadas por uma ou mais substâncias que se encontram dissolvidas (**solutos**) em outra substância (**solvente**).
**Soluções aquosas:** misturas homogêneas que contêm água como solvente. A água é conhecida como solvente universal por ser o solvente mais utilizado para preparar soluções.

Claudine Van Massenhove/Shutterstock

Estátua de bronze.

### Tipos de solução

#### Solução sólida

Os componentes desse tipo de solução, à temperatura ambiente, encontram-se no estado sólido. Essas soluções são denominadas **ligas**.

O bronze é uma solução de estanho (Sn) dissolvida em cobre (Cu).

#### Solução gasosa

Toda mistura de gases é uma solução.

A solução gasosa mais comum é o ar atmosférico, cujos principais componentes são nitrogênio ($N_2$ – 78% do volume total), oxigênio ($O_2$ – 21% do volume total), argônio (Ar) e gás carbônico ($CO_2$).

#### Solução líquida

Soluções líquidas são formadas por, pelo menos, um componente no estado líquido; o outro componente poderá estar no estado sólido, líquido ou gasoso.

#### Soluções formadas por gás e líquido

A solubilidade de gases em líquidos depende de três fatores: a **pressão exercida sobre o gás**, a **temperatura do líquido** e a **reatividade do gás**.

- **Influência da pressão**

**Lei de Henry:** a solubilidade de um gás em um líquido é diretamente proporcional à pressão do gás sobre o líquido.
Quanto maior a pressão sobre o gás, maior o número de moléculas desse gás se dissolve no líquido.

$$S = K_H \cdot P$$

S: solubilidade; $K_H$: constante de Henry; P: pressão parcial do gás

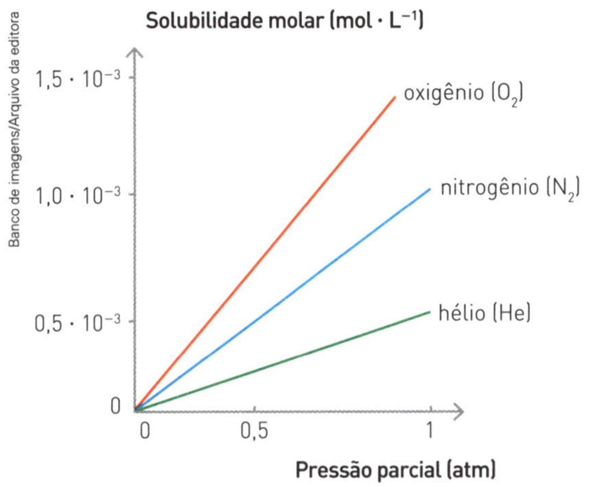


A solubilidade de um gás é proporcional à pressão parcial.

- **Influência da temperatura**

A solubilidade de um gás em um líquido é inversamente proporcional à sua temperatura, isto é, quanto maior a temperatura, menor a solubilidade do gás.

- **Influência da reatividade**

Para um mesmo solvente, sob mesma pressão e temperatura, gases diferentes apresentam solubilidades diferentes.

Os gases que reagem com o líquido, como o gás carbônico, apresentam maior solubilidade do que aqueles que não reagem, caso dos gases oxigênio e nitrogênio.

## Solubilidade e curvas de solubilidade

A solubilidade de uma substância em uma massa fixa de solvente depende da temperatura. Substâncias diferentes dissolvem-se em quantidades diferentes, em uma mesma quantidade de solvente, à mesma temperatura.

**Coeficiente de solubilidade:** exprime a relação entre a quantidade máxima de soluto e a quantidade de solvente. Assim, podemos classificar as soluções em **saturadas**, **insaturadas** e **supersaturadas**.

O coeficiente de solubilidade do $NaC\ell$ a 20 °C, por exemplo, é 36 g/100 g de água, ou seja, a quantidade máxima de $NaC\ell$ que se dissolve em 100 g de $H_2O$ a 20 °C é igual a 36 g.

**Solução saturada:** contém a máxima quantidade de soluto possível de se solubilizar em dada quantidade de solvente, a determinada temperatura (coeficiente de solubilidade).

Ilustrações: Hélio Senatore/ Arquivo da editora

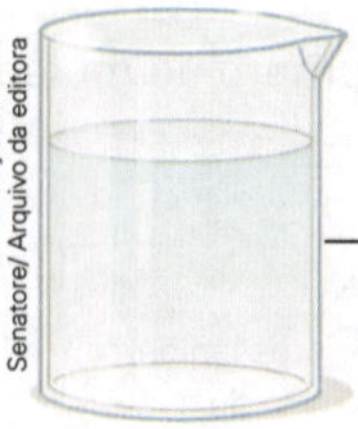


Solução saturada

**Solução não saturada ou insaturada:** contém quantidade de soluto inferior ao coeficiente de solubilidade, ou seja, em quantidade menor do que é possível de se solubilizar em dada quantidade de solvente, a determinada temperatura.

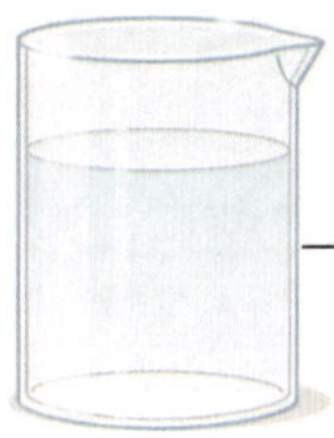


Solução insaturada

**Solução supersaturada:** contém maior quantidade de soluto dissolvido do que a respectiva solução saturada.

Se submetermos a aquecimento, sob agitação, o sistema formado por 100 mL de água a que se adicionam 50 g de cloreto de sódio, conseguiremos dissolver o sal totalmente. Deixando o novo sistema esfriar, em repouso absoluto, até a temperatura inicial (20 °C), teremos uma solução que contém maior quantidade de soluto (50 g) que a respectiva solução saturada (36 g). Essa solução é denominada supersaturada e é muito instável.

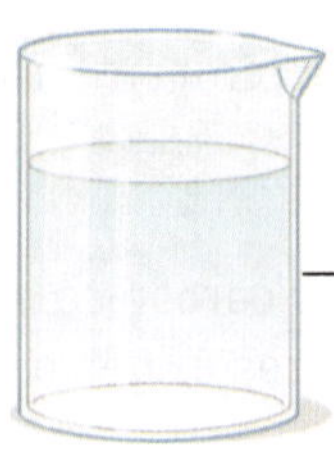


Solução supersaturada (instável)

A adição de um pequeno cristal de soluto ou agitação do sistema provocará a precipitação do excesso de sal.

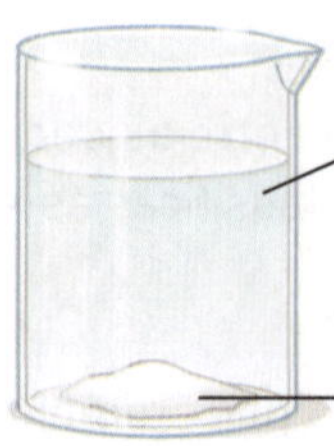

As **curvas de solubilidade** são diagramas que apresentam a variação da solubilidade das substâncias em diferentes temperaturas; são obtidas experimentalmente e relacionam à massa máxima da substância dissolvida em 100 g de água em diferentes temperaturas.

Veja um exemplo: curva de solubilidade do cloreto de amônio em água.

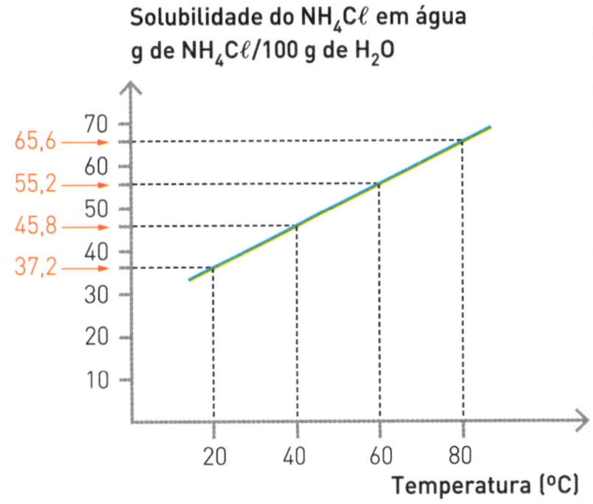


Banco de imagens/Arquivo da editora

A interpretação do gráfico é a seguinte:

- a 20 °C, a quantidade máxima (solubilidade) de $NH_4C\ell$ que se dissolve em 100 g de água é 37,2 g, originando uma solução saturada;
- a 80 °C, a quantidade máxima (solubilidade) de $NH_4C\ell$ que se dissolve em 100 g de água é 65,6 g, originando uma solução saturada;
- a 20 °C, a quantidade máxima (solubilidade) de $NH_4C\ell$ que se dissolve em 200 g de água é 74,4 g, originando uma solução saturada, conforme o cálculo abaixo:

37,2 g ———— 100 g de água
x ———— 200 g de água
x = 74,4 g

- qualquer ponto sobre a curva de saturação indicará a quantidade de soluto que satura 100 g de água numa dada temperatura;
- a solubilidade do $NH_4C\ell$ aumenta com a elevação da temperatura (curva ascendente), caracterizando uma **dissolução endotérmica**.

Existem substâncias sólidas que, ao serem dissolvidas em água, têm a sua solubilidade diminuída com a elevação da temperatura (curva descendente), caracterizando uma **dissolução exotérmica**.

## Aspectos quantitativos das soluções

### Preparo de soluções

Para preparar uma solução, devemos conhecer as quantidades de soluto e de solvente, que podem ser expressas em diversas unidades, como veremos a seguir.

**Concentração da solução:** relação entre a quantidade de soluto dissolvido em certa quantidade de solução. A quantidade de soluto pode ser expressa, por exemplo, em grama, mililitro ou mol; a quantidade de solução pode ser expressa em grama, mol, mililitro ou litro.

$$\text{concentração da solução} = \frac{\text{quantidade do soluto}}{\text{quantidade de solução}}$$

### Relações entre as quantidades de soluto, de solvente e de solução

As relações numéricas entre soluto e solução podem ser expressas de diferentes maneiras, como massa e volume, massa e massa e volume e volume.

Adotaremos índice 1 para indicar a quantidade de soluto ($m_1$, $V_1$, etc.) e índice 2 para o solvente ($m_2$, $V_2$, etc.); a solução não terá índice (m, V, etc.).

## Relação massa/volume

### Concentração comum

**Concentração comum (C):** relação entre a massa do soluto e o volume da solução.

$$C = \frac{\text{massa do soluto}}{\text{volume da solução}} \text{ ou } C = \frac{m_1}{V}$$

Por exemplo, dissolvendo-se 4 g de hidróxido de sódio em água suficiente para 1 litro de solução, a concentração será 4 g/L. Qualquer porção dessa solução terá a mesma concentração.

A relação massa/volume pode ser calculada em porcentagem, considerando 100 mL de solução:

4,0 g de soluto ——— 1,0 L ——— 1 000 mL de solução
x ——— 100 mL de solução
x = 0,40 g

Essa mesma relação poderia ser obtida pela relação:

$$\text{massa/volume (em porcentagem)} = \frac{\text{gramas do soluto}}{\text{mililitros da solução}} \cdot 100\%$$

Utilizando os dados anteriores teremos:

$$\text{massa/volume (em porcentagem)} = \frac{0{,}4 \text{ g}}{100 \text{ mL}} \cdot 100\% = 0{,}40\%$$

### Densidade da solução

**Densidade de uma solução:** relação entre a massa da solução (m) e o seu volume (V). **Não é considerada uma forma de concentração**.

## Relação massa/massa

### Título ($\tau$), porcentagem em massa

**Título ($\tau$):** relação entre a massa do soluto e a massa da solução.

$$\tau = \frac{\text{massa do soluto}}{\text{massa da solução}} = \frac{m_1}{m}$$

**Porcentagem em massa:** é o título ($\tau$) multiplicado por 100 e indica a porcentagem do soluto presente na solução.

Por exemplo: solução contendo 10 g de soluto em 100 g de solução tem $\tau = 0{,}1$ e porcentagem em massa igual a 10%.

### Partes por milhão (ppm) e partes por bilhão (ppb)

**Partes por milhão** (**ppm**) e **partes por bilhão** (**ppb**) são utilizadas para indicar concentrações extremamente pequenas.

**ppm:** indica a quantidade, em gramas, do soluto presente em um milhão ($10^6$) de gramas da solução. Exemplo: 10 ppm indica que a solução contém 10 g de soluto em $10^6$ g de solução.
**ppb:** indica a quantidade, em gramas, do soluto presente em um bilhão ($10^9$) de gramas da solução. Exemplo: 5 ppb indica que a solução contém 5 g de soluto em $10^9$ g de solução.

## Relação volume/volume

**Título em volume ($\tau_V$):** relação entre o volume do soluto e o volume da solução, sendo utilizado para soluções nas quais tanto o soluto como o solvente são líquidos.

$$\tau_V = \frac{\text{volume do soluto}}{\text{volume da solução}}$$

Também podemos relacionar a porcentagem em volume com ppm e ppb. Por exemplo, uma solução que apresenta 0,2% em volume apresentará uma concentração em ppm igual a 2 000 ppm:

0,2% ——— 0,2 mL de soluto ——— 100 mL de solução
x ——— $10^6$ mL de solução
x = 2 000 ppm

## Relação número de mol/volume

**Concentração em mol/L ou, ainda, concentração em quantidade de matéria/L:** relaciona o número de mols do soluto e o volume da solução em litros. Essa concentração é normalmente representada pela letra $\mathcal{M}$.

$$\mathcal{M} = \frac{\text{número de mols do soluto}}{\text{volume da solução (L)}} \quad \text{ou} \quad \mathcal{M} = \frac{n_1}{V\,(L)}$$

Por exemplo, uma solução 0,1 mol/L de hidróxido de sódio apresenta 0,1 mol de NaOH em 1 L de solução.

### Concentração em mol/L dos íons

**Concentração em mol/L dos íons presentes na solução:** é proporcional ao número de mols de cada íon, ou seja, é proporcional aos seus respectivos coeficientes na equação de ionização ou de dissociação. Conhecendo-se as fórmulas das substâncias dissolvidas em água e a concentração em mol/L de suas soluções é possível determinar as concentrações em mol/L dos íons presentes nessas soluções.

**EXEMPLO 1**

Determinar a concentração dos íons em uma solução aquosa 0,01 mol/L de $HC\ell$.

- Escrever a equação:

$$
\begin{array}{ccccc}
1\ HC\ell\ (aq) & \longrightarrow & 1\ H^{+}\ (aq) & + & 1\ C\ell^{-}\ (aq) \\
1\ \text{mol} & & 1\ \text{mol} & & 1\ \text{mol}
\end{array}
$$

- Determinar a concentração dos íons a partir da concentração 0,01 mol/L de $HC\ell$:

$$
\begin{array}{lccccc}
 & 1\ HC\ell\ (aq) & \longrightarrow & 1\ H^{+}\ (aq) & + & 1\ C\ell^{-}\ (aq) \\
\text{proporção} & 1\ \text{mol} & & 1\ \text{mol} & & 1\ \text{mol} \\
\text{solução} & 0{,}01\ \text{mol/L} & & 0{,}01\ \text{mol/L} & & 0{,}01\ \text{mol/L}
\end{array}
$$

**EXEMPLO 2**

Determinar a concentração dos íons presentes em uma solução aquosa 0,2 mol/L de $A\ell_2(SO_4)_3$.

$$
\begin{array}{lccccc}
 & A\ell_2(SO_4)_3\ (aq) & \longrightarrow & 2\ A\ell^{3+}\ (aq) & + & 3\ SO_4^{2-}\ (aq) \\
\text{proporção} & 1\ \text{mol} & & 2\ \text{mol} & & 3\ \text{mol} \\
\text{solução} & 0{,}2\ \text{mol/L} & & 0{,}4\ \text{mol/L} & & 0{,}6\ \text{mol/L} \\
 & [A\ell_2(SO_4)_3] = 0{,}2\ \text{mol/L} & & [A\ell^{3+}] = 0{,}4\ \text{mol/L} & & [SO_4^{2-}] = 0{,}6\ \text{mol/L}
\end{array}
$$

**Relações entre concentração comum, título, densidade e concentração em mol/L**

$$
\left.\begin{array}{l}
C = \dfrac{m_1\ (g)}{V\ (L)} \\
\tau = \dfrac{m_1}{m}
\end{array}\right\rangle \underbrace{m_1}_{g} = \underbrace{C \cdot V}_{\frac{g}{L} \cdot L} = \tau \cdot \underbrace{m}_{g}
$$

$$C = \tau \cdot \frac{m}{V}$$

$$C = \tau \cdot d$$

$$\mathcal{M} = \frac{m}{M_1 \cdot V}$$

$$\mathcal{M} \cdot M_1 = C$$

Assim, temos:

$$C = \tau \cdot d = \mathcal{M} \cdot M_1$$

### Fração em quantidade de matéria ou fração molar (X)

**Fração molar (X):** relação entre a quantidade de matéria do soluto ($n_1$) ou do solvente ($n_2$) e da solução ($n = n_1 + n_2$).

Fração em mol do soluto ($X_1$): $X_1 = \dfrac{n_1}{n_1 + n_2} = \dfrac{n_1}{n}$

Fração em mol do solvente ($X_2$): $X_2 = \dfrac{n_2}{n_1 + n_2} = \dfrac{n_2}{n}$

$\mathbf{X_1 + X_2 = 1}$**, sempre.**

### Molalidade (W)

**Molalidade (W):** relação entre a quantidade de matéria do soluto ($n_1$) e 1 kg de solvente ($m_2$).

$$W = \frac{n_1}{m_2}\left(\frac{mol}{kg}\right)$$

## Diluição de soluções

**Diluição:** adição de certa quantidade de água (solvente) à solução inicial, obtendo-se uma nova solução **menos concentrada** ou **mais diluída**.

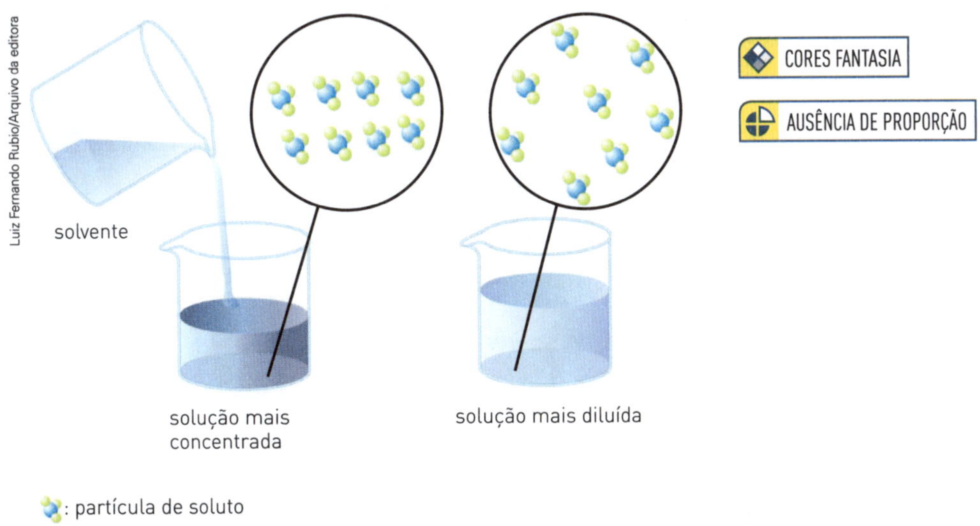


A quantidade de soluto permanece constante nos processos de diluição.

Em uma diluição, a quantidade de soluto nunca se altera, isto é, a quantidade inicial de soluto será sempre igual à quantidade final de soluto.

Assim, podemos relacionar as formas de concentração antes e depois de uma diluição.

| | Inicial | Final | Relação |
|---|---|---|---|
| Concentração comum | $C = \frac{m_1}{V}$ | $C' = \frac{m_1}{V'}$ | $CV = C'V'$ |
| Concentração em mol/L<br>Concentração molar (molaridade) | $\mathcal{M} = \frac{n_1}{V}$ | $\mathcal{M}' = \frac{n_1}{V'}$ | $\mathcal{M}V = \mathcal{M}'V'$ |
| Título | $\tau = \frac{m_1}{m}$ | $\tau' = \frac{m_1}{m'}$ | $\tau m = \tau' m'$ |

Vejamos um exemplo: preparar 1 L de solução 0,60 mol/L de ácido clorídrico a partir de uma solução padrão 12 mol/L.

- Determinar o volume da solução padrão que contém 0,6 mol de HCℓ:

$$\begin{cases} 1{,}0 \text{ L da solução padrão} \text{ ——— } 12 \text{ mol de HC}\ell \\ x \text{ ——— } 0{,}60 \text{ mol de HC}\ell \end{cases}$$

$$x = 0{,}050 \text{ L da solução padrão}$$

- Preparar a solução usando 0,050 L da solução padrão e adicionar água até completar o volume de 1,0 L.

## Mistura de soluções

### Mistura de soluções com o mesmo solvente e o mesmo soluto

Na mistura de duas soluções formadas pelo mesmo solvente e pelo mesmo soluto, a quantidade de soluto da mistura será a soma das quantidades de soluto das soluções iniciais ($m = m_1 + m_2$ ou $n = n_1 + n_2$), e o volume da solução final será a soma dos volumes das soluções iniciais ($V = V_1 + V_2$).

O valor da concentração de uma mistura (C, V, τ) pode ser determinado através de uma expressão matemática:

$$C_1V_1 + C_2V_2 + ... = CV$$
$$\mathcal{M}_1V_1 + \mathcal{M}_2V_2 + ... = \mathcal{M}V$$
$$\tau_1V_1 + \tau_2V_2 + ... = \tau V$$

### Mistura de soluções com o mesmo solvente e solutos diferentes

#### Sem ocorrência de reação química

Ao misturarmos duas soluções sem a ocorrência de reação, verifica-se a diluição de cada um dos solutos, pois suas quantidades permanecem constantes, porém dispersas em um volume maior. Podemos usar as expressões matemáticas de diluição para cada soluto da mistura.

#### Mistura de soluções com ocorrência de reação química

Nas misturas de soluções em que ocorre reação, é preciso equacionar a reação e estabelecer a proporção em número de mols na qual ela ocorre.

Veja um exemplo: Mistura de 0,5 L de uma solução aquosa 0,1 mol/L de $H_2SO_4$ com 0,5 L de uma solução aquosa 0,2 mol/L de NaOH.

- Determinar o número de mols do ácido e da base:

$n_{H_2SO_4} = m_{H_2SO_4} \cdot V_{H_2SO_4}$

$n_{H_2SO_4} = 0,1 \text{ mol/}\cancel{L} \cdot 0,5 \cancel{L}$

$n_{H_2SO_4} =$ **0,05 mol de $H_2SO_2$**

$n_{NaOH} = m_{NaOH} \cdot V_{NaOH}$

$n_{NaOH} = 0,2 \text{ mol/}\cancel{L} \cdot 0,5 \cancel{L}$

$n_{NaOH} =$ **0,10 mol de NaOH**

- Escrever a equação química e determinar a quantidade do produto formado, verificando se há excesso de algum reagente:

| $H_2SO_4$ | + 2 NaOH | ⟶ | $Na_2SO_4$ | + 2 $H_2O$ |
|---|---|---|---|---|
| 1 mol | 2 mol | | 1 mol | |
| 0,05 mol | 0,10 mol | | $n_{sal}$ | |

- Calcular a concentração em mol/L do sal ($n_{sal}$ = 0,05 mol e V = 0,5 + 0,5 = 1 L):

$$m_{sal} = \frac{n_{sal}}{V(L)_{final}} = \frac{0,05 \text{ mol}}{1,0 \text{ L}} = 0,05 \text{ mol} \cdot L^{-1}$$

Observação: se houver excesso de um dos reagentes, devemos utilizar o valor do reagente limitante.

## Titulação

**Titulação:** técnica para determinar a concentração desconhecida de uma solução. É um caso particular de mistura de soluções com ocorrência de reação. É muito usada no estudo das **reações ácido-base**, com a ajuda de **indicadores**.

Exemplo: Determinar a concentração de uma solução aquosa de HCℓ, usando uma solução aquosa de NaOH 0,1 mol/L e o indicador fenolftaleína.

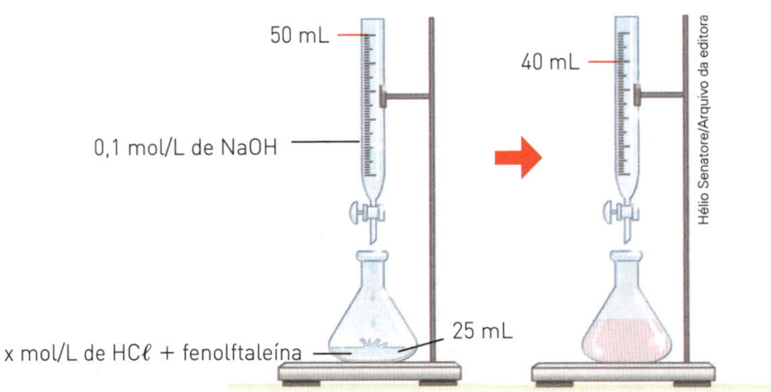

- Determinar a quantidade de NaOH consumido:

$$\text{Para o NaOH}\begin{cases} V_{\text{gasto na titulação}} = 10\ \text{mL} = 10^{-2}\ \text{L} \\ \mathcal{M} = 0{,}1\ \text{mol/L} \\ n_{\text{NaOH}} = \mathcal{M} \cdot V = 0{,}1 \cdot 10^{-2} = 10^{-3}\ \text{mol de NaOH} \end{cases}$$

- Escrever a equação química e calcular o número de mols do ácido clorídrico:

| | $NaOH$ | + | $HC\ell$ | ⟶ | $NaC\ell$ | + | $H_2O$ |
|---|---|---|---|---|---|---|---|
| proporção: | 1 mol | | 1 mol | | 1 mol | | |
| nº de mols dos solutos: | $10^{-3}$ mol | | $10^{-3}$ mol | | $10^{-3}$ mol | | |

- Determinar a concentração em mol/L da solução de $HC\ell$:

$$\text{Para o HC}\ell\begin{cases} n = 10^{-3}\ \text{mol} \\ V = 25\ \text{mL} = 25 \cdot 10^{-3}\ \text{L} \\ \mathcal{M}_{HC\ell} = \dfrac{n_1}{V(L)} = \dfrac{10^{-3}\ \text{mol}}{25 \cdot 10^{-3}\ \text{L}} = 0{,}04\ \text{mol/L} \end{cases}$$

# Aplique o que aprendeu

## Exercício resolvido

(FCMSJF-MG) Muitas vezes ao fazermos nossas compras nos supermercados não damos valor ao nosso suado dinheiro. Compramos muitos produtos pelo preço ou pela marca sem ao menos olhar o rótulo do produto. Um exemplo típico é a solução de hipoclorito de sódio (água sanitária) muitas vezes comercializada na dosagem de 2,5% em volume de 2,0 litros com preço médio de R$ 4,00. Entretanto, na dosagem de 5,0% no mesmo volume é comercializada a R$ 7,00. Uma dona de casa que está habituada a utilizar 4 litros de água sanitária a 2,5% deve adquirir para não levar prejuízo:

a) A água sanitária mais cara, comercializada no valor de R$ 7,00, e adicionar dois litros de água da torneira para obter seus quatro litros a um custo menor com mesma dosagem 2,5% de hipoclorito de sódio.
b) Duas embalagens de dois litros da água sanitária mais barata e de menor concentração de hipoclorito de sódio (2,5%), tendo um custo final de R$ 8,00.
c) Uma embalagem da água sanitária a 5,0% comercializada no valor de R$ 7,00 e outra da mais barata com dosagem de 2,5% de hipoclorito de sódio e misturar as duas fazendo quatro litros com custo médio de R$ 11,00.
d) A água sanitária mais barata comercializada no valor de R$ 4,00 e adicionar dois litros de água da torneira para obter seus quatro litros a um custo menor com mesma dosagem 2,5% de hipoclorito.

**Solução:**

a) Correta. Ao se adicionar mais 2 L de água, aos 2 L de solução de concentração 5%, a concentração cai pela metade, atingindo a concentração desejada de 2,5% e o volume esperado de 4 L com o custo de R$ 7,00.
b) Errada. Ao comprar 2 embalagens de 2 L ao custo de R$ 4,00 cada, a dona de casa terá um prejuízo de R$ 1,00 em relação à opção do item a.
c) Errada. Comprando uma embalagem de R$ 7,00 e outra de R$ 4,00, além de ser a mais cara das opções, não atingirá a concentração desejada. Nessa composição a dona de casa terá 4 L de solução de hipoclorito de sódio à 3,75%.
d) Errada. Ao comprar a embalagem mais barata e adicionar 2 L de água, a concentração da solução cairá pela metade, chegando a 1,25%.

Alternativa correta: ***a***.

## Questões

**1.** (CPS-SP)

A natureza apresenta diversas substâncias importantes para o dia a dia do ser humano. Porém, a grande maioria dessas substâncias encontra-se na forma de misturas homogêneas ou heterogêneas.
Por essa razão, ao longo dos anos, várias técnicas de separação de misturas foram desenvolvidas para que a utilização de toda e qualquer substância fosse possível.

<https://tinyurl.com/y8j567ag> Acesso em: 10.11.2017.

Assinale a alternativa que apresenta um exemplo de mistura homogênea.

a) água + gasolina

b) água + óleo de cozinha

c) gás nitrogênio + gás hélio

d) ar atmosférico + fuligem

e) areia + sal de cozinha

**2.** (Unicid-SP) Um grupo de estudantes está testando a eficiência de alguns antiácidos. Para simular o ambiente estomacal, tomaram como referência uma solução aquosa de $HC\ell$ 0,1 mol/L e estão testando antiácidos que agem por neutralização química do ácido clorídrico.

a) Em um teste, os estudantes utilizaram como antiácido o hidróxido de magnésio, $Mg(OH)_2$, de massa molar igual a 58 g. Calcule o volume, em mL, de suco gástrico que pode ser neutralizado por 0,12 g de hidróxido de magnésio.

b) O bicarbonato de sódio, $NaHCO_3$, é usado para combater a acidez estomacal. Escreva a equação que representa a reação do $NaHCO_3$ com o ácido estomacal.

**3.** (UFTM-MG) A fórmula representa a estrutura da vitamina C.

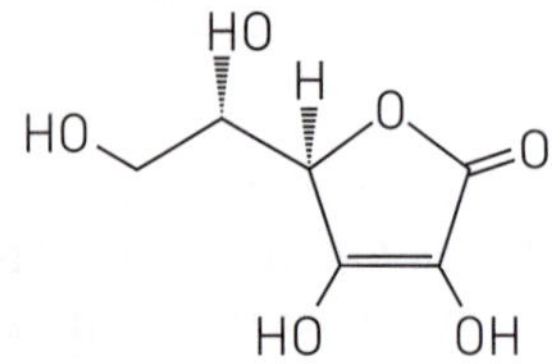

massa molar aproximada = $1,8 \cdot 10^2$ g/mol

Nas farmácias, a comercialização da vitamina C é feita principalmente na forma de comprimidos efervescentes, contendo, cada um, 1 g dessa vitamina.

a) Escreva a fórmula molecular da vitamina C.

b) Quando um comprimido efervescente é acrescentado a 200 mL de água ocorre a efervescência e, ao final da mesma, resta uma solução aquosa. Calcule a concentração em mol/L de vitamina C nessa solução.

**4.** (Vunesp-SP) A 20 °C, a solubilidade do açúcar comum ($C_{12}H_{22}O_{11}$; massa molar = 342 g/mol) em água é cerca de 2,0 kg/L, enquanto a do sal comum (NaCℓ; massa molar = 58,5 g/mol) é cerca de 0,35 kg/L. A comparação de iguais volumes de soluções saturadas dessas duas substâncias permite constatar que, em relação à quantidade total em mol de íons na solução de sal, a quantidade total em mol de moléculas de soluto dissolvidas na solução de açúcar é, aproximadamente:

a) a mesma.

b) 6 vezes maior.

c) 6 vezes menor.

d) a metade.

e) o triplo.

**5.** (Famerp-SP) A mistura conhecida como soro fisiológico é um exemplo de ________, na qual o ________ é a água e o ________ é o ________ de sódio.

As lacunas do texto são, correta e respectivamente, preenchidas por:

a) solução – solvente – soluto – cloreto.
b) solução – solvente – soluto – bicarbonato.
c) solução – soluto – solvente – cloreto.
d) suspensão – solvente – soluto – bicarbonato.
e) suspensão – soluto – solvente – cloreto.

**6.** (Unifesp) Um volume de 100 mL de solução aquosa de sulfato de ferro (II) passou por um processo de evaporação lento e completo, obtendo-se 2,78 g de cristais de $FeSO_4 \cdot 7\ H_2O$.

a) A solução aquosa de sulfato de ferro (II) é condutora de corrente elétrica? Justifique sua resposta.
b) Calcule a quantidade de sal hidratado, em mol, obtido após a evaporação. Determine a concentração inicial de $FeSO_4$ na solução, em mol/L, antes da evaporação.

**7.** (PUC-RS) Em uma aula de Ciências, no Ensino Fundamental, o professor adicionou uma colher de cloreto de sódio a um copo cheio de água à temperatura ambiente e agitou o sistema. Ao perguntar às crianças o que havia ocorrido, algumas responderam que o sal não estava mais no copo.

Levando em conta a situação apresentada, a correta explicação para o fenômeno é:

a) O sal desintegra em presença da água, não deixando vestígios no solvente.
b) O $NaC\ell$ reage com $H_2O$, formando um novo composto líquido, transparente e homogêneo.
c) O $NaC\ell$ se dissocia em água, formando íons, que vaporizam à temperatura ambiente.
d) O cloreto de sódio, apesar de invisível, fica no estado sólido, no fundo do copo.
e) As partículas de cloreto de sódio se dissociam, liberando íons, que são microscópicos.

8. (UEM-PR) Um estudante tem à sua disposição no laboratório água destilada e as seguintes soluções:

Frasco I – 300 mL de solução aquosa de NaOH a 5,0 mol/L.

Frasco II – 100 mL de solução aquosa de $H_2SO_4$ a 1,0 mol/L.

Frasco III – 100 mL de solução aquosa de $H_2SO_4$ a 3,0 mol/L.

Assinale os procedimentos realizados corretamente pelo estudante.

01) Para preparar 500 mL de solução aquosa de NaOH a 0,1 mol/L, ele colocou 10 mL da solução do frasco I em um balão volumétrico e completou os 500 mL com água destilada.

02) Para preparar 500 mL de uma solução aquosa de NaOH a 2 mol/L, ele colocou 200 mL de água destilada e completou os 500 mL com a solução do frasco I.

04) Para neutralizar totalmente 20 mL da solução do frasco I, ele adicionou 50 mL da solução do frasco II.

08) Para preparar uma solução de $H_2SO_4$ a 2 mol/L, ele misturou 100 mL da solução do frasco II com 100 mL da solução do frasco III.

16) Para preparar 100 mL de solução de concentração de íons $H^+$ a 1,5 mol/L, ele colocou 50 mL da solução do frasco III em um balão volumétrico e completou os 100 mL com água destilada.

**9.** (Uerj) Em análises metalúrgicas, emprega-se uma solução denominada nital, obtida pela solubilização do ácido nítrico em etanol.

Um laboratório de análises metalúrgicas dispõe de uma solução aquosa de ácido nítrico com concentração de 60% m/m e densidade de 1,4 kg/L. O volume de 2,0 mL dessa solução é solubilizado em quantidade de etanol suficiente para obter 100,0 mL de solução nital.

Com base nas informações, a concentração de ácido nítrico, em $g \cdot L^{-1}$, na solução nital é igual a:

a) 10, 5.
b) 14,0.
c) 16,8.
d) 21,6.

**10.** (Vunesp-SP) Considere as seguintes informações:

- O dióxido de enxofre ($SO_2$) é um aditivo utilizado como conservador em diversos tipos de produtos alimentícios industrializados, entre eles os sucos de frutas. De acordo com o Informe Técnico da ANVISA nº 58/2014, o suco de caju integral ou reconstituído pode conter esse aditivo até o limite de 0,02 g/100 mL.
- O teor de dióxido de enxofre presente em uma bebida pode ser determinado por reação com iodo, de acordo com a equação a seguir:

$$x\,SO_2\,(aq) + y\,I_2\,(aq) + z\,H_2O\,(\ell) \rightarrow SO_4^{2-}\,(aq) + 2\,I^-\,(aq) + 4\,H_3O^+\,(aq)$$

Calcule a concentração máxima permitida de $SO_2$, em mol/L, no suco de caju, dê os valores numéricos dos coeficientes x, y e z da equação apresentada e calcule a quantidade em mol de iodo necessária para reagir completamente com um volume de 10 mL de um suco de caju que contenha $SO_2$ no limite máximo permitido.
Dados: S = 32; O = 16.

**11.** (Fuvest-SP) Para investigar o efeito de diferentes poluentes na acidez da chuva ácida, foram realizados dois experimentos com os óxidos $SO_3$ (g) e $NO_2$ (g). No primeiro experimento, foram coletados 45 mL de $SO_3$ em um frasco contendo água, que foi em seguida fechado e agitado, até que todo o óxido tivesse reagido. No segundo experimento, o mesmo procedimento foi realizado para o $NO_2$. Em seguida, a solução resultante em cada um dos experimentos foi titulada com NaOH (aq) 0,1 mol/L, até sua neutralização.

As reações desses óxidos com água são representadas pelas equações químicas balanceadas:

$$H_2O\ (\ell) + SO_3\ (g) \rightarrow H_2SO_4\ (aq)$$
$$H_2O\ (\ell) + 2\,NO_2\ (g) \rightarrow HNO_2\ (aq) + HNO_3\ (aq)$$

a) Determine o volume de NaOH (aq) utilizado na titulação do produto da reação entre $SO_3$ e água. Mostre os cálculos.

b) Esse volume é menor, maior ou igual ao utilizado no experimento com $NO_2$ (g)? Justifique.

**Note e adote:**

Considere os gases como ideais e que a água contida nos frascos foi suficiente para a reação total com os óxidos.

Volume de 1 mol de gás: 22,5 L, nas condições em que os experimentos foram realizados.

**12.** (Vunesp-SP) A dipirona sódica mono-hidratada (massa molar = 351 g/mol) é um fármaco amplamente utilizado como analgésico e antitérmico. De acordo com a Farmacopeia Brasileira, os comprimidos desse medicamento devem conter de 95% a 105% da quantidade do fármaco declarada na bula pelo fabricante. A verificação desse grau de pureza é feita pela titulação de uma solução aquosa do fármaco com solução de iodo ($I_2$) a 0,050 mol/L, utilizando amido como indicador, sendo que cada mol de iodo utilizado na titulação corresponde a um mol de dipirona sódica mono-hidratada.

Uma solução aquosa foi preparada pela dissolução de um comprimido de dipirona sódica mono-hidratada, cuja bula declara conter 500 mg desse fármaco. Sabendo que a titulação dessa solução consumiu 28,45 mL de solução de iodo 0,050 mol/L, calcule o valor da massa de dipirona sódica mono-hidratada presente nesse comprimido e conclua se esse valor de massa está ou não dentro da faixa de porcentagem estabelecida na Farmacopeia Brasileira.

13. (IME-RJ) Uma solução aquosa A, preparada a partir de ácido bromídrico, é diluída com água destilada até que sua concentração seja reduzida à metade. Em titulação, 50 mL da solução diluída consomem 40 mL de uma solução hidróxido de potássio 0,25 mol/L.

Determine a concentração da solução A, em g/L.

14. (UEPG-PR) A titulação de uma amostra de calcário (carbonato de cálcio impuro), de massa 20 g, consome 100 mL de solução 72 g/L de ácido clorídrico. Sobre o assunto, assinale o que for correto.

Dados: H = 1 g/mol; Ca = 40 g/mol; C = 12 g/mol; O = 16 g/mol; Cℓ = 35 g/mol.

01) A fórmula do carbonato de cálcio é $CaCO_3$.

02) A concentração do ácido clorídrico em mol/L é 2.

04) A porcentagem de pureza do calcário é 50%.

08) O ácido clorídrico é um oxiácido considerado forte em meio aquoso.

TOTAL DE ACERTOS ____/14

TÓPICO
2
# Propriedades coligativas

## Reveja o que aprendeu

**Objetivos de aprendizagem:**

- Analisar diagramas de fases.
- Relacionar pressão máxima de vapor e temperatura de ebulição.
- Relacionar as propriedades coligativas com o número de partículas presente em uma solução.
- Explicar situações do cotidiano usando conceitos de propriedades coligativas.

### Diagrama de fases de uma substância

**Diagrama de fases:** gráfico de pressão em função da temperatura que indica as condições nas quais duas fases estão em equilíbrio.

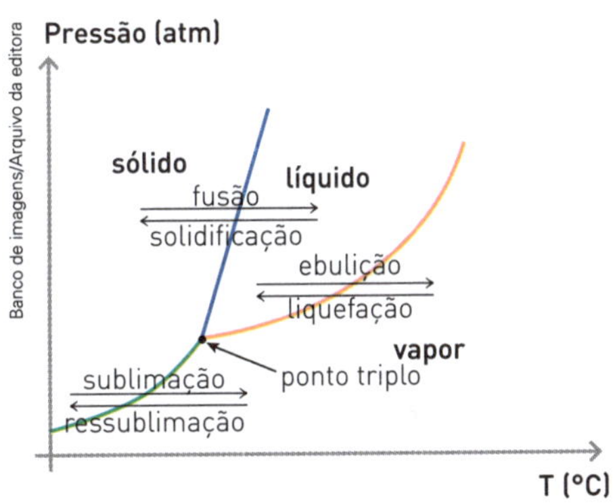


Apesar de cada substância apresentar um diagrama de fases característico, todos eles possuem formato semelhante ao mostrado acima.

Durante uma mudança de estado a temperatura permanece constante, pois há equilíbrio entre as fases envolvidas. Cada linha representa uma mudança de estado e mostra duas fases coexistindo. Assim, na curva de solidificação/fusão coexistem a fase sólida e a fase líquida.

As três regiões delimitadas por essas linhas representam as condições de pressão e temperatura nas quais uma substância existe em um único estado físico, sólido, líquido ou gasoso.

**Ponto triplo:** ponto determinado pela intersecção das três linhas e indica uma condição única de pressão e temperatura na qual as três fases se encontram em equilíbrio.

**Ponto crítico:** ponto do diagrama de fases que indica a temperatura e a pressão acima das quais a substância pode existir somente na forma de gás.

Acima desse ponto a substância gasosa não pode ser liquefeita somente por um aumento de pressão ou uma diminuição de temperatura.

No diagrama de fases da água o ponto crítico é definido pela temperatura crítica de 374 °C e pressão crítica de 218 atm, conforme ilustrado no gráfico.

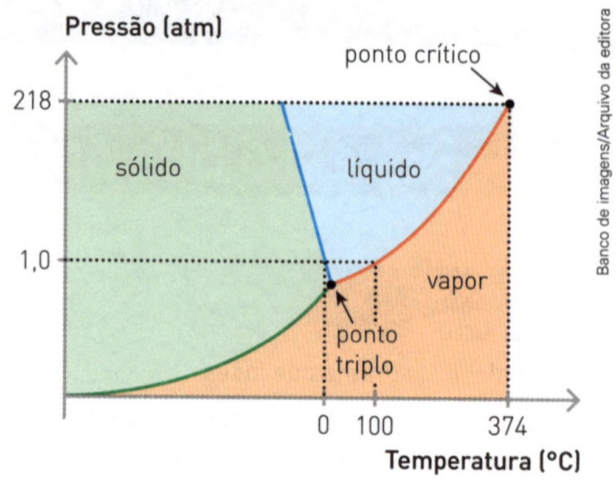


## Pressão máxima de vapor

**Volatilidade:** grandeza relacionada à facilidade de a substância passar do estado líquido ao gasoso, o que depende da intensidade das interações entre as moléculas. Assim, quanto mais volátil for um líquido, menos intensa será a interação entre suas moléculas e maior será a quantidade de vapor.

É possível comparar a volatilidade de líquidos determinando as pressões exercidas pelos vapores em uma situação de equilíbrio, em que a velocidade de vaporização é igual à velocidade de liquefação:

$$\text{líquido} \underset{\text{liquefação}}{\overset{\text{vaporização}}{\rightleftarrows}} \text{vapor}$$

No equilíbrio, à temperatura constante, a pressão exercida pelo vapor sobre o líquido permanece constante, pois a concentração das moléculas no estado de vapor não varia com o tempo.

Veja o experimento com éter, álcool e água, em recipientes fechados providos de um manômetro para medir a pressão interna do sistema:

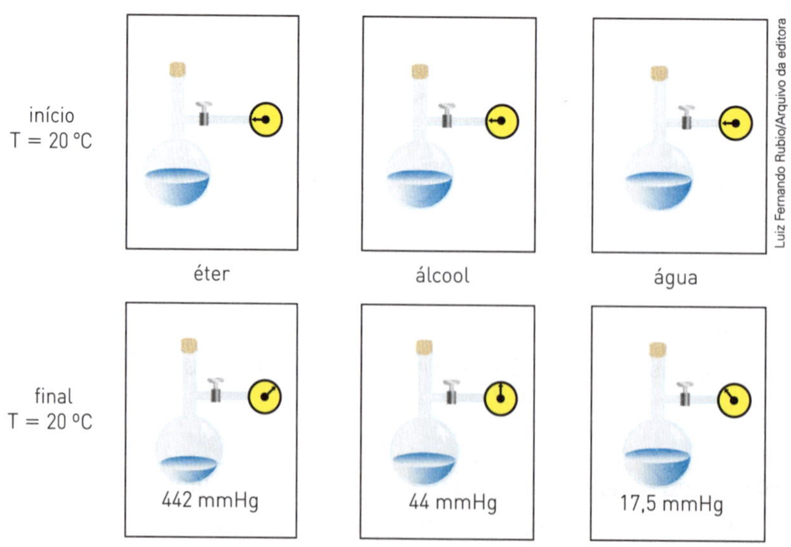

A análise do experimento permite concluir que líquidos diferentes, em uma mesma temperatura, apresentam diferentes pressões, chamadas de pressão máxima de vapor.

**Pressão máxima de vapor ($P_v$):** pressão exercida pelo vapor quando existe um equilíbrio entre as fases líquida e de vapor em uma dada temperatura.

A pressão máxima de vapor de um líquido, em uma mesma temperatura, depende da intensidade das forças intermoleculares da substância no estado líquido e não depende do volume desse líquido nem do formato do frasco no qual ele está contido.

O éter apresentou a maior pressão máxima de vapor (442 mmHg), significando que as interações entre suas moléculas, no estado líquido, são mais fracas, portanto, produz mais facilmente vapor, sendo o mais volátil.

A água apresentou menor pressão máxima de vapor (17,5 mmHg), indicando que as interações intermoleculares são mais intensas, sendo, portanto, a substância menos volátil.

## Influência da temperatura na pressão máxima de vapor

O aquecimento de um líquido provoca um aumento da energia cinética média de suas moléculas, facilitando a passagem para o estado de vapor. O maior número de moléculas no estado de vapor faz a pressão máxima de vapor da substância aumentar. Veja os gráficos a seguir:

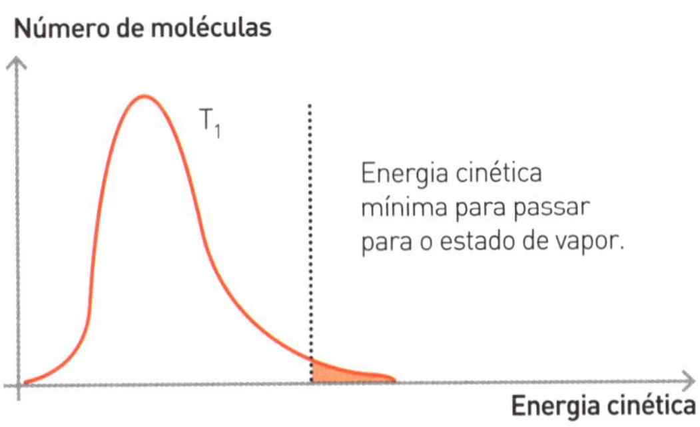


A área colorida indica a fração de moléculas com energia cinética suficiente para passar para o estado de vapor.

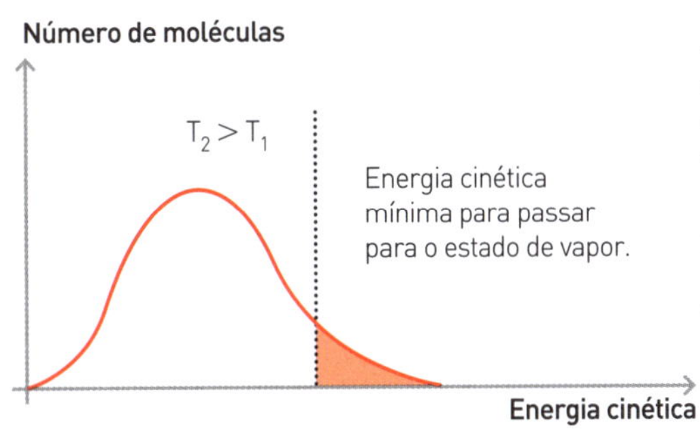


Em uma temperatura maior, existe uma quantidade maior de moléculas com energia suficiente para passar para o estado de vapor.

Banco de imagens/Arquivo da editora

A análise dos gráficos permite concluir que, quanto maior for a temperatura de um líquido, maior será a quantidade de moléculas com energia suficiente para passar ao estado de vapor, aumentando assim a sua pressão máxima de vapor.

A partir de dados obtidos experimentalmente com diferentes substâncias em diferentes temperaturas, podemos construir um gráfico relacionando as pressões máximas de vapor e a temperatura, como no exemplo:

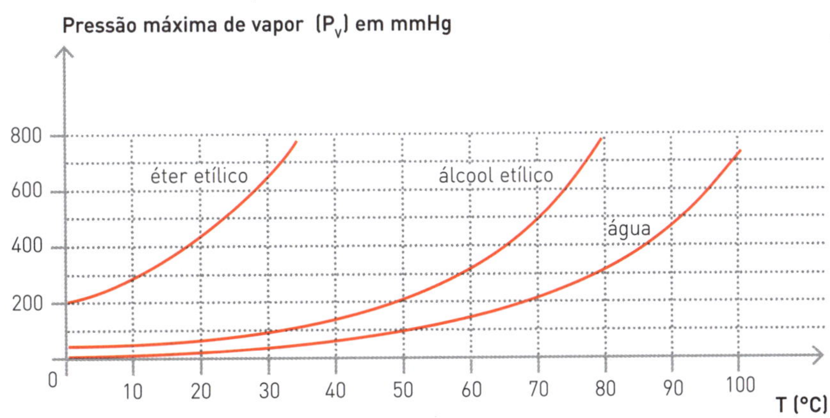


Banco de imagens/Arquivo da editora

A análise do gráfico permite concluir que:

- a uma mesma temperatura, líquidos diferentes apresentam diferentes pressões máximas de vapor;
- a pressão máxima de vapor de um líquido aumenta com a elevação da temperatura.

### A pressão máxima de vapor e a temperatura de ebulição

Um líquido entra em ebulição quando sua pressão máxima de vapor for igual à pressão exercida sobre sua superfície.

O aquecimento de um líquido em recipiente aberto provoca a formação de bolhas constituídas pelo vapor do líquido cercado por uma película do próprio líquido. Para que elas se formem, subam para a superfície e se rompam, escapando do líquido, é necessário que a pressão de vapor no interior da bolha seja, no mínimo, igual à pressão atmosférica.

**Temperatura de ebulição normal:** temperatura na qual ocorre a ebulição ao nível do mar, onde a pressão atmosférica é igual a 1 atm (760 mmHg).

A temperatura de ebulição depende da pressão exercida sobre a superfície líquida.

O gráfico a seguir relaciona a pressão máxima de vapor ($P_v$) e a temperatura (T) de algumas substâncias.

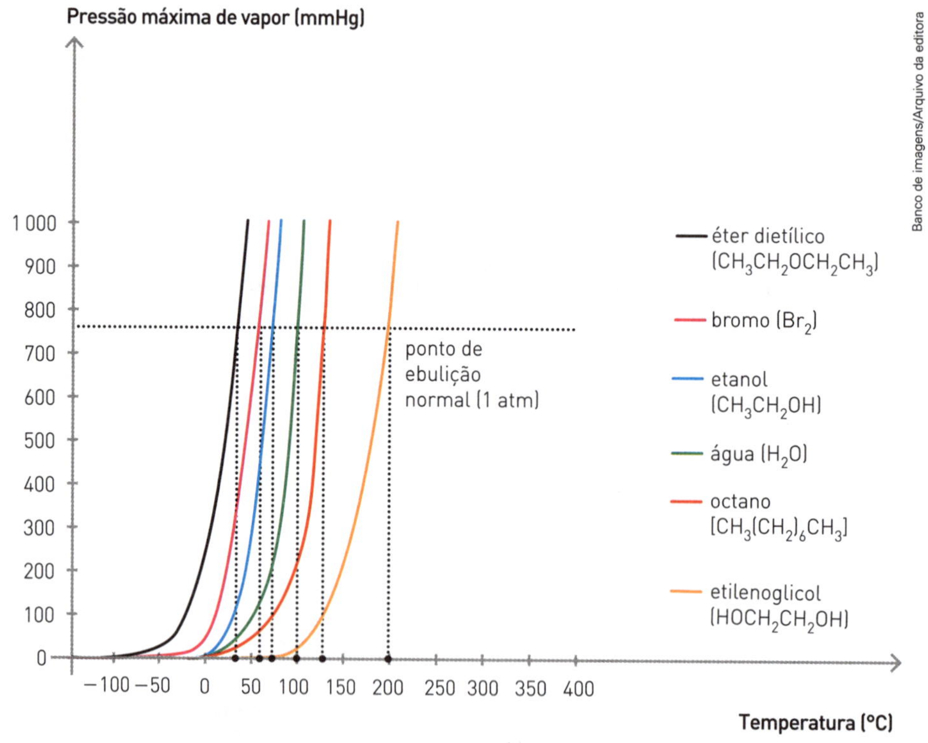


Fonte: Gilbert et al. *Chemistry*. 2. ed. New York: W. W. Norton & Co, 2008.

A partir dele, podemos determinar as temperaturas de ebulição (TE) dessas substâncias em diferentes pressões atmosféricas.

## Propriedades coligativas

As propriedades de uma solução são diferentes das propriedades do solvente puro.

**Propriedades coligativas:** propriedades do solvente que sofrem alterações na presença de um soluto não volátil. A intensidade com que essas alterações ocorrem depende unicamente da concentração de partículas (moléculas ou íons) provenientes do soluto não volátil presente na solução.

### Tonoscopia ou tonometria

**Tonoscopia ou tonometria:** estudo da diminuição da pressão máxima de vapor de um solvente, provocada pela adição de um soluto não volátil.

Por volta de 1886, o químico francês Raoult verificou que a pressão máxima de vapor de um solvente, quando em uma solução de um soluto não volátil e não eletrolítico, depende da fração molar do solvente na solução. Essa relação é conhecida por lei de Raoult e pode ser expressa matematicamente por:

$$P_{\text{solução}} = X_{\text{solvente}} \cdot P_{\text{solvente puro}}$$

$P_{\text{solução}}$ = pressão máxima de vapor do solvente na solução

$X_{\text{solvente}}$ = fração molar do solvente

$$X_{\text{solvente}} = \frac{\text{número de mol do solvente}}{\text{número de mol do soluto} + \text{número de mol do solvente}}$$

**Efeito tonoscópico ($\Delta P$):** diferença entre os valores das pressões máximas de vapor do solvente puro e da solução. É conhecido por **diminuição da pressão máxima de vapor** e pode ser calculado pela expressão:

$$\Delta P = P_{\text{solvente puro}} - P_{\text{solução}}$$

Veja um exemplo: Comparar a pressão máxima de vapor da água com a de uma solução formada por 0,10 mol de etilenoglicol, um soluto não eletrolítico e considerado não volátil, e 0,90 mol de água, a 20 °C. Dado: pressão máxima de vapor da água pura, a 20 °C:17,54 mmHg.

- Calcular a fração molar do solvente:

$$X_{H_2O} = \frac{0{,}90}{0{,}10 + 0{,}90} = 0{,}90$$

- Calcular a pressão máxima de vapor da água na solução:

$$P_{\text{solução}} = X_{\text{solvente}} \cdot P_{\text{solvente puro}}$$
$$P_{\text{solução}} = 0{,}90 \cdot 17{,}54$$
$$P_{\text{solução}} \cong 15{,}79 \text{ mmHg}$$

- Comparar os valores da pressão máxima de vapor do solvente puro (17,54 mmHg) e do solvente na solução (15,79 mmHg): a adição de um soluto não volátil provocou uma diminuição na pressão máxima de vapor do solvente.

- Calcular o efeito tonoscópico:

$\Delta P = 17{,}54\ mmHg - 15{,}79\ mmHg$

$\Delta P = 1{,}75\ mmHg$

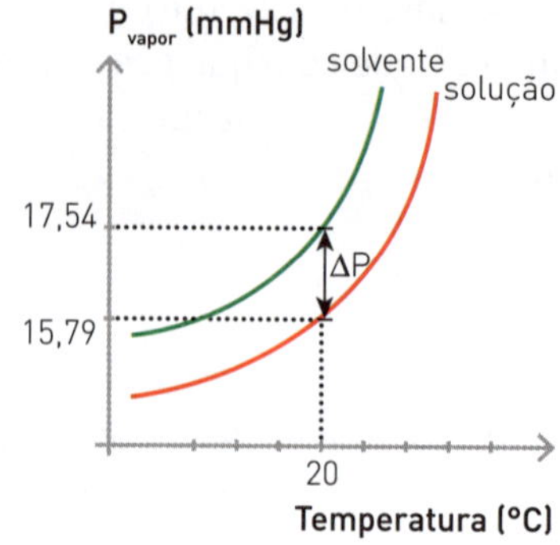

Banco de imagens/Arquivo da editora

## Características do soluto e o número de partículas na solução

O número de partículas do soluto dissolvido em água está relacionado ao fato de o soluto sofrer ou não dissociação ou ionização.

Solutos como a glicose ($C_6H_{12}O_6$) e a sacarose ($C_{12}H_{22}O_{11}$) — substâncias moleculares —, quando dissolvidos em água, não originam íons.

$$1\ mol\ de\ C_6H_{12}O_6\ (s) \xrightarrow{água} 1\ mol\ de\ C_6H_{12}O_6\ (aq)$$
$$1\ mol\ de\ C_{12}H_{22}O_{11}\ (s) \xrightarrow{água} 1\ mol\ de\ C_{12}H_{22}O_{11}\ (aq)$$

Solutos como o $NaC\ell$, o $CaC\ell_2$ e o $A\ell_2(SO_4)_3$ — substâncias iônicas —, quando dissolvidos em água, se dissociam, originando íons.

$$1\ mol\ de\ NaC\ell\ (s) \xrightarrow{água} \underbrace{1\ mol\ de\ Na^+\ (aq) + 1\ mol\ de\ C\ell^-\ (aq)}_{2\ mol\ de\ íons}$$
$$1\ mol\ de\ CaC\ell_2\ (s) \xrightarrow{água} \underbrace{1\ mol\ de\ Ca^{2+}\ (aq) + 2\ mol\ de\ C\ell^-\ (aq)}_{3\ mol\ de\ íons}$$
$$1\ mol\ de\ A\ell_2(SO_4)_3\ (s) \xrightarrow{água} \underbrace{2\ mol\ de\ A\ell^{3+}\ (aq) + 3\ mol\ de\ SO_4^{2-}\ (aq)}_{5\ mol\ de\ íons}$$

## Relação entre pressão de vapor e número de partículas do soluto na solução

Considere os seguintes dados experimentais de pressão máxima de vapor, a 30 °C:

- água: 31,82 mmHg.
- solução contendo 1 mol de glicose em 1000 g de água: 31,26 mmHg.
- solução contendo 1 mol de sacarose em 1000 g de água: 31,26 mmHg.
- solução contendo 2 mol de glicose em 1000 g de água: 30,70 mmHg.
- solução contendo 1 mol de cloreto de sódio em 1000 g de água: 30,70 mmHg.

Analisando as pressões obtidas, podemos concluir:

- A adição de solutos não voláteis sempre provoca uma diminuição na pressão máxima de vapor do solvente.
- A mesma quantidade de partículas de soluto dissolvidas sempre resulta em um mesmo valor de pressão máxima de vapor:
  1 mol de glicose ou 1 mol de sacarose geram 1 mol de partículas.
  2 mol de glicose ou 1 mol de cloreto de sódio geram 2 mol de partículas.
- Quanto maior o número de partículas de soluto dissolvidas na solução, menor será a pressão máxima de vapor.

Exemplo: Qual solução aquosa apresenta maior pressão máxima de vapor?

Solução I: $2 \cdot 10^{-2}$ mol/L de $C_{12}H_{22}O_{11}$

Solução II: $2 \cdot 10^{-2}$ mol/L de $(NH_4)_2SO_4$

- Calcular o número de mol de partículas do soluto em cada solução:

Solução I: $2 \cdot 10^{-2}$ mol/L de partículas, pois não ocorre ionização.

Solução II: $6 \cdot 10^{-2}$ mol/L de partículas, pois ocorre dissociação iônica:

$$\underbrace{1\,(NH_4)_2SO_4}_{2 \cdot 10^{-2}\ \text{mol/L de}\ (NH_4)_2SO_4} \longrightarrow \underbrace{2\,NH_4^+ + 1\,SO_4^{2-}}_{6 \cdot 10^{-2}\ \text{mol/L de partículas}}$$

- Identificar a solução com maior pressão máxima de vapor sabendo que, quanto maior for o número de partículas, menor será a pressão máxima de vapor.

A solução I apresenta maior pressão máxima de vapor, pois contém menor número de partículas.

## Ebulioscopia e crioscopia

**Ebulioscopia ou ebuliometria:** estudo da elevação da temperatura de ebulição do solvente em uma solução contendo um soluto não volátil.

As partículas do soluto provocam a diminuição da pressão máxima de vapor da solução, ocasionando um aumento da temperatura de ebulição ($\Delta TE$).

$$\Delta TE = TE_{\text{solução}} - TE_{\text{solvente puro}}$$

A elevação da temperatura de ebulição depende do número de partículas do soluto dissolvidas. Assim, a adição de 1 mol de ureia ou de 1 mol de glicose provoca uma elevação de 0,52 °C e na solução, 1 mol de cloreto de sódio, que tem o dobro de partículas, a elevação é de 1,04 °C.

$$1{,}0\ \text{mol de ureia (s)} \xrightarrow{\text{água}} 1{,}0\ \text{mol de ureia (aq)}$$
$$1{,}0\ \text{mol de glicose (s)} \xrightarrow{\text{água}} 1{,}0\ \text{mol de glicose (aq)}$$

$$1\ \text{mol de NaC}\ell\ \text{(s)} \xrightarrow{\text{água}} \underbrace{1\ \text{mol de Na}^+\ \text{(aq)} + 1\ \text{mol de C}\ell^-\ \text{(aq)}}_{2\ \text{mol de íons}}$$

Na ebulição, a temperatura não se mantém constante devido à evaporação do solvente, causando um aumento na concentração da solução e consequentemente um aumento na sua temperatura de ebulição. Por essa razão, a temperatura de ebulição de uma solução corresponde à temperatura na qual se inicia o processo.

**Crioscopia ou criometria:** estudo do abaixamento da temperatura de congelamento de uma solução contendo um soluto não volátil.

O congelamento envolve a passagem do estado líquido (desorganizado) para o estado sólido (organizado). Para que isso aconteça, é necessário que a energia seja retirada do sistema. Como a solução é um sistema mais desorganizado que o solvente puro, é necessária a retirada de maior quantidade de energia, o que provoca maior diminuição na temperatura de congelamento ($\Delta TC = TC_{\text{solvente puro}} - TC_{\text{solução}}$).

O número de partículas determina a intensidade do abaixamento da temperatura de congelamento; assim, 2 mol de partículas do soluto na solução provocam o dobro do abaixamento em relação a uma solução com 1 mol de partículas.

No congelamento de uma solução, somente o solvente congela, ocasionando um aumento na concentração da solução, e consequentemente, um abaixamento maior da temperatura de congelamento. Por essa razão, a temperatura de congelamento de uma solução corresponde à temperatura na qual se inicia o processo.

Esses dois efeitos coligativos — ebulioscópico e crioscópico — podem ser visualizados no gráfico a seguir, que mostra as temperaturas de fusão e de ebulição, ao nível do mar, da água pura e de uma solução aquosa contendo 1 mol de ureia em 1 000 g de água.

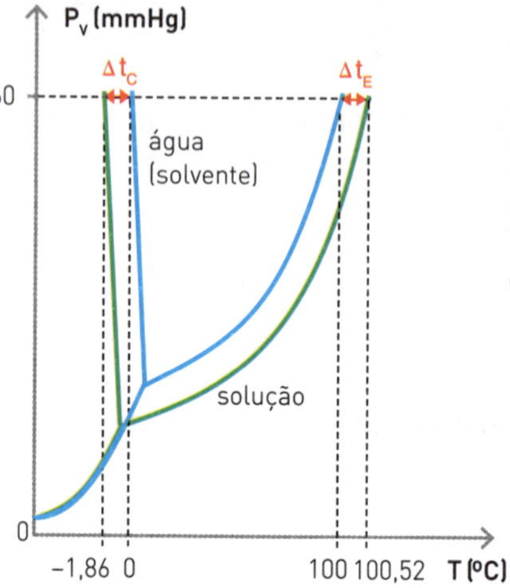


Banco de imagens/Arquivo da editora

## Osmose e pressão osmótica

**Osmose:** passagem do solvente para uma solução ou passagem do solvente de uma solução diluída para outra mais concentrada, por meio de uma **membrana semipermeável**.

**Membranas semipermeáveis:** aquelas que permitem, espontaneamente, somente a passagem de água através delas, como o papel celofane, a bexiga de porco e as membranas celulares.

Veja o experimento que mostra essa tendência espontânea da água, representado na ilustração a seguir.

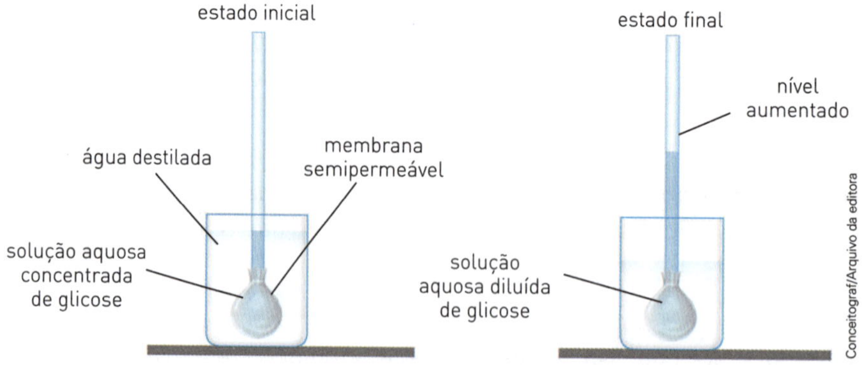


Conceitograf/Arquivo da editora

Observe que a água passa da região de maior pressão de vapor (água destilada) para a região de menor pressão de vapor (solução aquosa concentrada de glicose); consequentemente, o volume da solução aumenta e sua concentração diminui. Esse fenômeno, em que ocorre somente a passagem de moléculas do solvente através de uma membrana semipermeável, é denominado **osmose**.

## Pressão osmótica

**Pressão osmótica ($\pi$):** pressão externa que deve ser aplicada a uma solução concentrada para impedir a osmose.

A pressão osmótica pode ser medida por meio do experimento ilustrado abaixo:

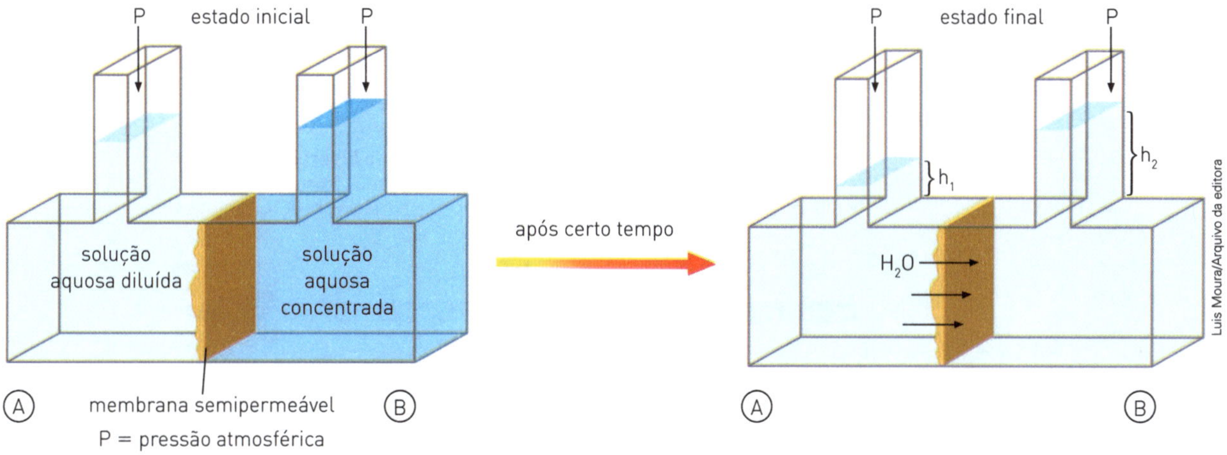


No estado inicial a altura das duas colunas é a mesma. Com o passar do tempo, devido à passagem de água da solução aquosa diluída para a solução aquosa concentrada, através da membrana semipermeável, observamos um desnível entre as duas colunas. Isso ocorre até que seja estabelecido um equilíbrio. Nesse equilíbrio, a diferença de altura entre as duas colunas ($h_2 - h_1$) exerce uma pressão suficiente — chamada **pressão osmótica** ($\pi$) — para impedir a passagem do solvente do frasco A para o frasco B.

O cálculo da pressão osmótica ($\pi$) pode ser feito utilizando-se a expressão:

$$\pi = d \cdot g \cdot (h_2 - h_1)$$

d = densidade da solução
g = aceleração da gravidade

A pressão osmótica, como as outras propriedades coligativas, não depende da natureza das partículas, mas depende do número de partículas na solução; portanto, quanto maior for a concentração da solução, maior será a pressão osmótica. Para impedir a osmose devemos aplicar uma pressão osmótica maior sobre a solução mais concentrada.

Em 1885, analisando dados experimentais sobre a pressão osmótica, Van't Hoff notou uma grande semelhança entre os comportamentos de uma solução e de um gás ideal; a partir dessa observação, propôs a determinação da pressão osmótica ($\pi$) por meio da equação dos gases ideais:

$$PV = nRT$$

$$\pi = \frac{n}{V}RT \Rightarrow \pi = \mathcal{M} \cdot R \cdot T$$

na qual:

- R = constante universal dos gases perfeitos: 0,082 atm · L · $mol^{-1}$ · $K^{-1}$, 62,3 mmHg · L · $mol^{-1}$ · $K^{-1}$ ou 8,31 kPa · L · $mol^{-1}$ · $K^{-1}$;
- T = temperatura absoluta (em kelvin);
- $\mathcal{M}$ = concentração em mol/L de partículas (íons ou moléculas).

Na osmose, os termos hipotônico, hipertônico e isotônico são usados para comparar soluções de concentrações diferentes quando estão separadas por uma membrana semipermeável.

**Meio hipotônico:** apresenta menor pressão osmótica e menor concentração de soluto.
**Meio hipertônico:** apresenta maior pressão osmótica e maior concentração de soluto.
**Meio isotônico:** apresenta a mesma concentração de soluto e a mesma pressão osmótica.

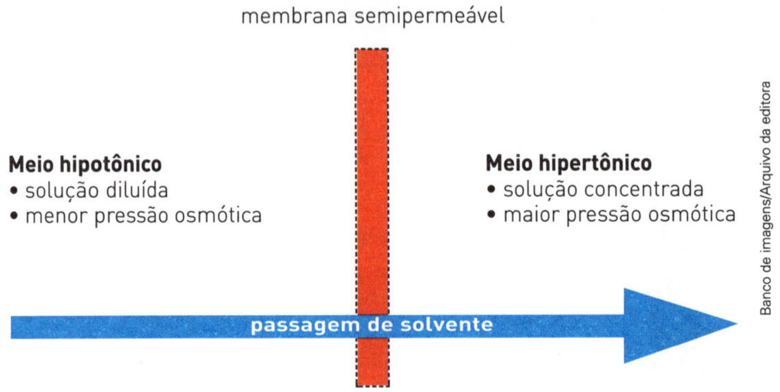


O solvente sempre se movimenta do meio hipotônico para o meio hipertônico.

### Osmose reversa ou contraosmose

**Osmose reversa:** processo de separação de mistura em que o solvente é separado do soluto pela aplicação de uma pressão superior à pressão osmótica no compartimento com maior concentração, provocando a passagem de moléculas de água da solução mais concentrada para a mais diluída, através de uma membrana semipermeável.

O esquema a seguir ilustra esse processo.

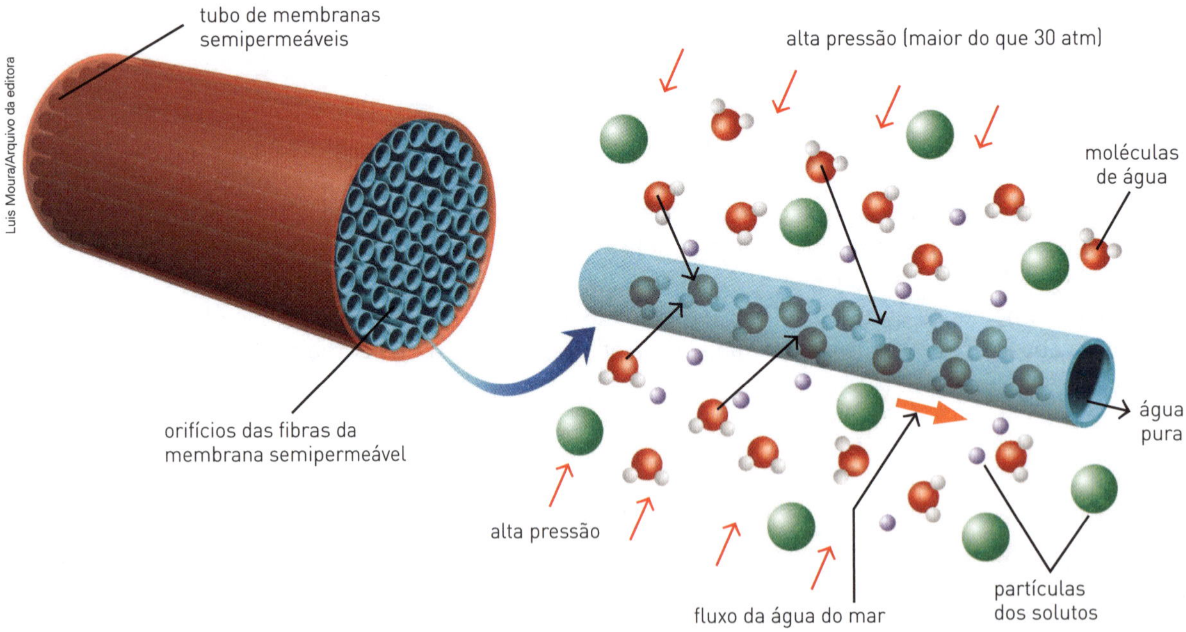


A pressão osmótica da água do mar é de aproximadamente 30 atm, quando comparada com a da água pura. Então, para obtermos a sua osmose reversa são necessárias pressões superiores a 30 atm.

# Aplique o que aprendeu

## Exercício resolvido

(UEG-GO) O gráfico abaixo mostra a pressão de vapor de dois sistemas diferentes em função da temperatura.

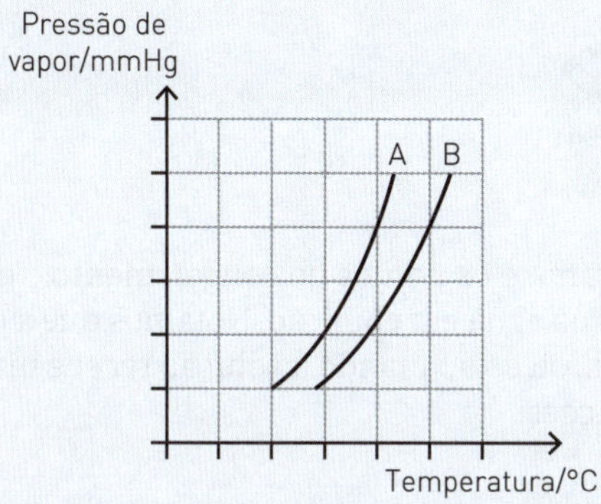


Reprodução/Arquivo da editora

Após a análise do gráfico, responda aos itens a seguir:

a) Se A e B forem compostos diferentes, explique qual deles é o mais volátil.

b) Se A e B forem soluções do mesmo solvente e soluto, em diferentes concentrações, explique o que irá acontecer se dois compartimentos idênticos contendo quantidade igual das duas soluções forem separados por uma membrana semipermeável.

**Solução:**

a) Analisando o gráfico, podemos observar que, para uma mesma temperatura qualquer (T), o composto A apresenta um valor de pressão de vapor maior do que o apresentado pelo composto B. Desse modo, podemos concluir que A é mais volátil.

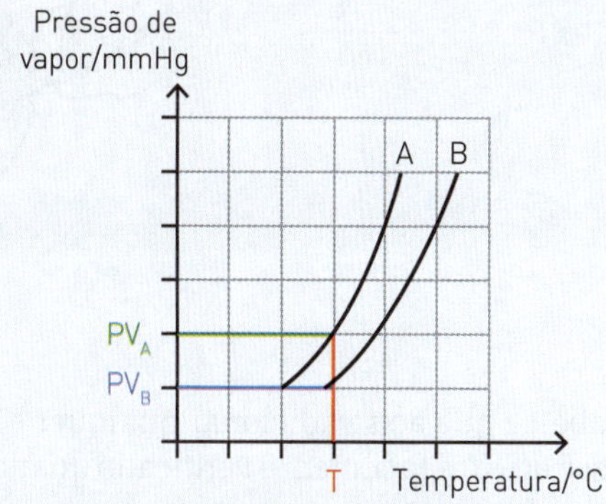


Reprodução/Arquivo da editora

Logo, $Pv_A > Pv_B$, para um mesmo valor de T (°C).

b) Considerando que as curvas representam soluções de um mesmo soluto em diferentes concentrações e que, para uma mesma temperatura (T), a solução B apresenta menor pressão de vapor que a solução A ($Pv_A > Pv_B$), podemos concluir que a solução B está mais concentrada (apresenta maior quantidade de partículas de soluto) que a A (tonoscopia).

No caso de as soluções serem acondicionadas em dois compartimentos idênticos, contendo quantidade igual de ambas e separados por uma membrana semipermeável, ocorrerá migração do solvente do meio de maior pressão de vapor (solução A) para o meio de menor pressão de vapor (solução B); portanto, osmose.

## Questões

**1.** (Vunesp-SP) Injeções endovenosas de glicose são aplicadas em pessoas que estão alcoolizadas. A solução de glicose, que é injetada nas veias desses pacientes, deve ser isotônica em relação ao sangue, para não lesar os glóbulos vermelhos. Considerando que o sangue humano possui uma pressão osmótica ($\pi$) da ordem de 7,8 atmosferas:

a) qual deve ser o valor da pressão osmótica da injeção endovenosa a ser aplicada no paciente alcoolizado?

b) demonstre através de cálculos que o soro fisiológico, utilizado nas injeções endovenosas, é solução com concentração C = 0,16 mol/L em cloreto de sódio ($NaC\ell$).

Considere: $R = 0{,}082\ atm\ L\ mol^{-1}\ K^{-1}$, $T = 298\ K$ e $\pi = i \cdot R \cdot T \cdot C$.

**2.** (IFSC)

Reprodução/IFSC, 2014.

Sabe-se que ao se adicionar qualquer soluto na água alteram-se os pontos de congelamento e ebulição. Esse efeito é facilmente verificado quando adicionamos sal na água em ebulição. Notamos que a ebulição cessa instantaneamente e só retorna após alguns segundos, ou seja, quando a solução recebe mais calor e aumenta a sua temperatura. Considere agora duas situações:

1) adição de 10 g de sal de cozinha em um litro de água;

2) adição de 10 g de açúcar em um litro de água.

Imagem disponível em: http://www.prof2000.pt/users/gracsantos/netmag/exper_ar_agua.htm. Acesso: 22 maio 2014

Com base no texto e nas situações acima, analise as seguintes proposições e indique a soma da(s) correta(s).

01) O efeito causado na temperatura de ebulição ou congelamento da água será o mesmo nos dois casos.

02) O efeito causado na temperatura de ebulição será maior com a adição do sal do que com a adição do açúcar.

04) O efeito causado na temperatura de congelamento devido à adição do açúcar será maior devido à adição do sal.

08) Em ambos os casos, não haverá alteração causada sobre as temperaturas de mudança de fase, pois as quantidades mencionadas não são significativas.

16) O efeito coligativo exercido pelo sal, na situação 1, será maior que o efeito coligativo exercido pelo açúcar, na situação 2, devido ao número de partículas adicionadas nos dois casos.

32) A temperatura de congelamento da solução preparada na situação 2 será maior que 0 °C.

**3.** (UFTM-MG) Considere duas soluções aquosas:

solução I: 500 mL de solução de cloreto de cálcio 0,1 mol · $L^{-1}$

solução II: 500 mL de solução de glicose 0,2 mol · $L^{-1}$

Na figura está representada a curva de pressão de vapor d'água em função da temperatura.

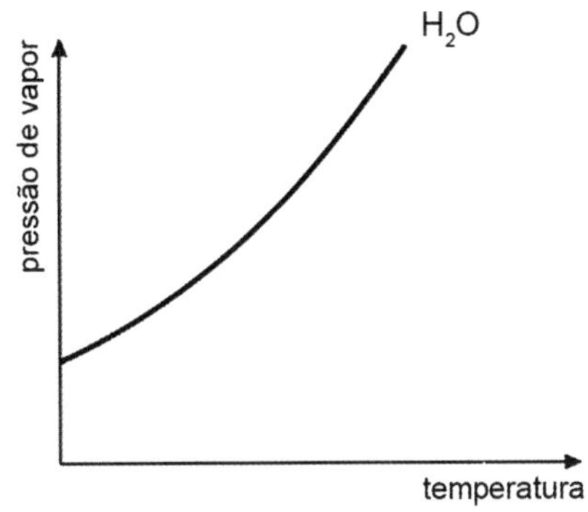


Reprodução/UFTM, 2012.

a) Calcule a massa de cloreto de cálcio utilizada na preparação da solução I.

b) Inclua no gráfico, representado no espaço destinado à resolução, mais duas curvas referentes às soluções I e II.

**4.** (Uesc-BA)

O diagrama representa o equilíbrio entre fases da água pura em função da temperatura.

A análise desse diagrama permite afirmar:

01) O ponto A representa o equilíbrio entre a fase sólida e a de vapor.

02) O ponto B representa a ebulição da água a 1,0 atm.

03) O ponto C representa o equilíbrio entre a fase líquida e a de vapor de água pura.

04) As ligações de hidrogênio predominam na fase de vapor da água.

05) A água na fase sólida sublima quando a temperatura atinge 0,0098 °C à pressão de 4,58 torr.

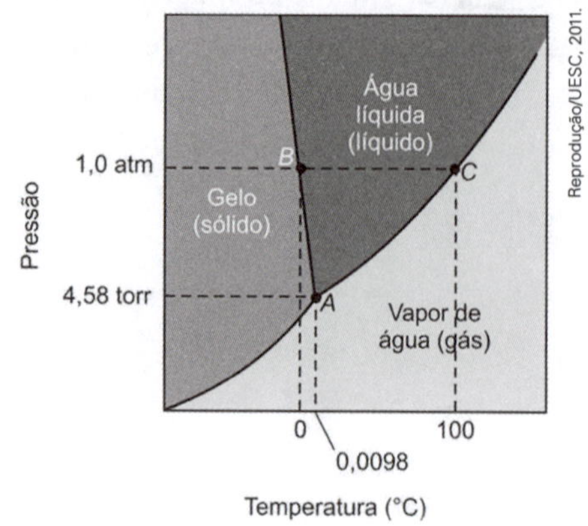


**5.** (UFPR) O etilenoglicol, ou etano-1,2-diol, é utilizado misturado com água como anticongelante e fluido de arrefecimento em motores resfriados à água nos automóveis. A principal propriedade da mistura com etilenoglicol é o abaixamento da temperatura de fusão e o aumento da temperatura de ebulição da mistura em comparação com a água pura. Na tabela a seguir, são fornecidos dados referentes ao etilenoglicol e à água, puros.

| | Etilenoglicol | Água |
|---|---|---|
| $M / g \cdot mol^{-1}$ | 62 | 18 |
| Temperatura de ebulição / °C (1 atm) | 197,3 | 100 |
| Temperatura de fusão / °C (1 atm) | −12,9 | 0 |
| Constante ebulioscópica $K_c$ / °C · kg · $mol^{-1}$ | 2,3 | 0,52 |

Dados: $\Delta T = Kc \cdot W$.

a) Escreva um texto explicando, em termos de interações químicas, de que maneira o etilenoglicol (ou etano-1,2-diol) atua, resultando nas mudanças mencionadas no texto. Que propriedade físico-química é alterada no líquido?

b) Considere uma mistura 40% em massa de etilenoglicol em água empregada como fluido de arrefecimento para automóveis. Calcule qual é a temperatura de ebulição dessa mistura à pressão de 1 atm. Mostre os cálculos.

**6.** (Uece) O ponto de ebulição do etanol em determinadas condições é 78,22 °C. Ao dissolver um pouco de fenol no etanol, um estudante de química produziu uma solução com ponto de ebulição 78,82 °C, nas mesmas condições. Sabendo-se que o etanol tem $K_E$ = 1,2 °C, pode-se afirmar corretamente que a molalidade da solução é:

a) 0,25 M. b) 0,30 M. c) 0,50 M. d) 0,60 M.

**7.** (UPE) Sobre as propriedades das soluções coligativas, são feitas as afirmativas abaixo. Assinale a CORRETA.

a) A fração mássica de um componente de uma solução líquida pode ser calculada, conhecendo-se a pressão parcial de vapor do componente na solução e sua pressão de vapor quando puro.
b) Duas soluções só podem coexistir em um estado de equilíbrio, quando, para uma dada temperatura, as suas pressões de vapor forem diferentes.
c) A constante molal de elevação do ponto de ebulição da água é 0,52 °C/mol. Isso significa que essa constante será numericamente igual a 0,104 °C, quando se dissolve 0,1 mol de um soluto não volátil e não iônico em 50 g de água.
d) Cada íon de uma solução muito diluída tem um efeito coligativo duplicado, quando comparado com o efeito coligativo que teria uma molécula nessa mesma solução.
e) Em uma solução iônica de cloreto de sódio não diluída, na qual as interações entre os íons são muito grandes, o fator de van't Hoff não poderá ser menor que 2.

**8.** (ITA-SP) No diagrama de fases da água pura, o ponto triplo ocorre à temperatura absoluta de 273,16 K e à pressão de 0,006037 atm. A temperatura de ebulição da água à pressão de 1 atm é 373,15 K. A temperatura crítica da água pura é de 647,096 K e sua pressão crítica é de 217,7 atm.

a) Esboce o diagrama de fases da água pura e indique neste diagrama o ponto triplo, o ponto de ebulição a 1 atm e o ponto crítico. No mesmo diagrama, usando linhas tracejadas, desenhe as curvas de equilíbrio sólido-líquido e líquido-gás quando se dissolve na água pura um soluto não volátil e não solúvel na fase sólida.

b) Esboce o diagrama de fases de uma substância que sublime à pressão ambiente, cuja temperatura crítica seja 216,6 K e cuja fase sólida seja mais densa do que a fase líquida.

**9.** (UFRN)

**Sorvete em cinco minutos.**

Uma receita rápida, prática e que parece mágica para o preparo de um sorvete de morango recomenda o seguinte procedimento:

Despeje o leite, o açúcar e a essência de morango num saco de plástico de 0,5 litro e certifique-se de que ele fique bem fechado. Coloque 16 cubos de gelo e 6 colheres de sopa de sal comum ($NaC\ell$) num outro saco plástico de 1 litro. Insira o saco de 0,5 litro dentro do saco de 1 litro e feche muito bem. Agite as bolsas de plástico por 5 minutos e, após esse tempo, remova o saco de 0,5 litro de dentro do outro. Em seguida, corte um dos bicos inferiores do saco de 0,5 litro e despeje o sorvete no recipiente de sua preferência.

O que parece mágica, ou seja, o congelamento do sorvete a uma temperatura (−20 °C) mais baixa que 0 °C, pela solução aquosa de $NaC\ell$, é explicado pela propriedade coligativa de diminuição da temperatura de início de solidificação.

Outro soluto que pode produzir a mesma diminuição da temperatura que o $NaC\ell$ é:

a) cloreto de potássio.
b) cloreto de cálcio.
c) glicose.
d) sacarose.

**10.** (Uece) A purificação da água através do processo de osmose é citada, em 1624, na obra Nova Atlântida, de Francis Bacon (1561-1626). A dessalinização de uma solução de sulfato de alumínio pelo processo citado acima ocorre utilizando-se uma membrana semipermeável. Considerando a concentração em quantidade de matéria da solução 0,4 mol/L, admitindo-se o sal totalmente dissociado e a temperatura de 27 °C, a diferença da pressão osmótica que se estabelece entre os lados da membrana no equilíbrio, medida em atmosferas, é:

a) 39,36.
b) 49,20.
c) 19,68.
d) 29,52.

**11.** (UnB-DF) Um aluno, interessado em estudar as propriedades de soluções, colocou em uma caixa dois copos contendo volumes iguais de soluções aquosas de um mesmo soluto não volátil, fechando-a hermeticamente, conforme ilustra a figura a seguir.

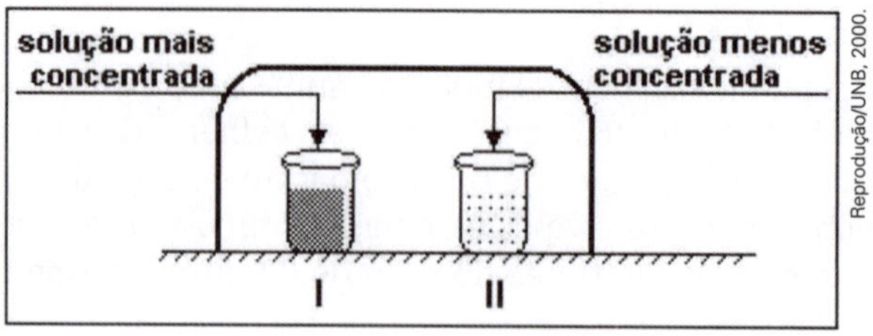


A solução contida no copo I era mais concentrada que a contida no copo II. A temperatura externa à caixa permaneceu constante durante o experimento. Acerca das observações que poderiam ser feitas a respeito desse experimento, julgue os itens seguintes.

(1) Após alguns dias, o volume da solução contida no copo I diminuirá.

(2) As concentrações das soluções nos dois copos não se alterarão com o tempo porque o soluto não é volátil.

(3) O ar dentro da caixa ficará saturado de vapor d'água.

(4) Após alguns dias, as duas soluções ficarão com a mesma pressão de vapor.

**12.** (UFG-GO) Alimentos desidratados apresentam maior durabilidade e mantêm a maioria das propriedades nutritivas. Observe o diagrama de fases da água, abaixo, sabendo-se que as setas verticais indicam processos isotérmicos e as horizontais, processos isobáricos.

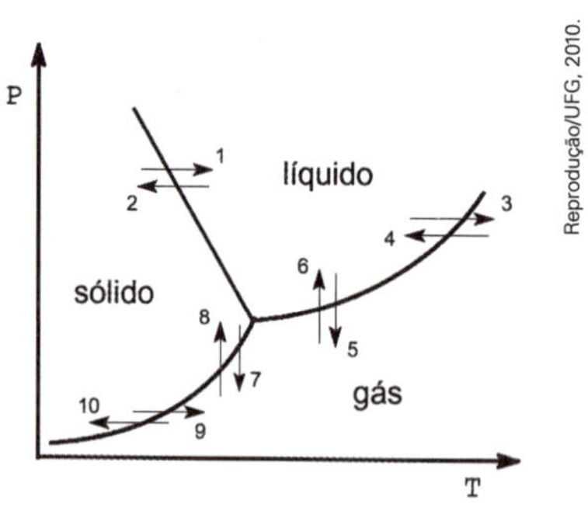


Com base no gráfico, o processo de remoção de água do alimento consiste na sequência das etapas:

a) 2 e 7.
b) 9 e 6.
c) 5 e 10.
d) 8 e 1.
e) 3 e 4.

**13.** (FMJ-SP) Considere os sistemas 1, 2 e 3 numa mesma temperatura e o comportamento de cada um desses sistemas representados no gráfico.

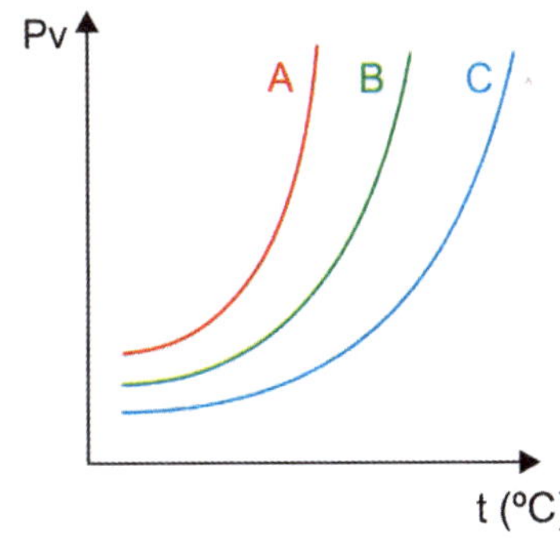

Reprodução/FMJ, 2016.

1. Água pura.
2. Solução aquosa 0,5 mol · $L^{-1}$ de glicose.
3. Solução aquosa 0,5 mol · $L^{-1}$ de $KC\ell$.

a) Associe cada um dos sistemas (1, 2 e 3) a cada uma das curvas (A, B e C) e indique qual o sistema mais volátil.

b) A adição de um soluto não volátil aumenta ou diminui a pressão máxima de vapor de um solvente? Justifique sua resposta.

**14.** (ITA-SP) Para cada conjunto de substâncias, escolha aquela que apresenta a propriedade indicada em cada caso. Justifique sua resposta.

a) Entre hidrogênio, metano e monóxido de carbono, qual deve apresentar o menor ponto de congelamento?

b) Entre flúor, cloro e bromo, qual deve apresentar maior ponto de ebulição?

c) Entre acetona, água e etanol, qual deve apresentar menor pressão de vapor nas condições ambientes?

**15.** (UEPB)

**Emissões veiculares são responsáveis por 80% da poluição na RMC, aponta estudo**

*Dados podem ser ferramenta para planejamento, manutenção e controle da qualidade do ar*

Estudo da qualidade do ar da Região Metropolitana de Campinas (RMC) concluiu que cerca de 80% da poluição atmosférica é resultante principalmente das emissões veiculares. A pesquisa considerou os poluentes monóxido de carbono (CO), óxidos de nitrogênio (NO), hidrocarbonetos (HC) e material particulado (MP). O trabalho foi aprofundado no monitoramento de Compostos Orgânicos Voláteis (COVs). Os COVs são constituídos principalmente de hidrocarbonetos, aldeídos e cetonas, entre outros compostos, que se encontram no estado gasoso à pressão e temperatura ambientes e participam pela ação da luz e de reações fotoquímicas, dando origem a compostos que podem ser mais nocivos que os originais. O monitoramento foi realizado inicialmente em dez locais e depois se concentrou em cinco deles, em vista da seleção entre os que revelaram características semelhantes.

Jornal da Unicamp (Campinas, 13 a 26 de junho de 2011 -- ANO XXV - Nº 498)

Os Compostos Orgânicos Voláteis (COVs) são emitidos, dentre outros, por veículos automotores e são a fração de compostos orgânicos total em uma amostra, os quais possuem alta pressão de vapor sob condições normais a tal ponto de vaporizar. Qual o conceito de pressão de vapor?

a) Pressão exercida por um vapor quando está em equilíbrio dinâmico com o líquido que lhe deu origem.
b) Pressão de um vapor na atmosfera.
c) Pressão de um líquido quando em contato com o vapor de seu próprio gás.
d) Pressão de um gás em equilíbrio dinâmico com o líquido que lhe deu origem.
e) Pressão de um gás na atmosfera.

**16.** (ITA-SP) Considere o diagrama de fase hipotético representado esquematicamente na figura abaixo:

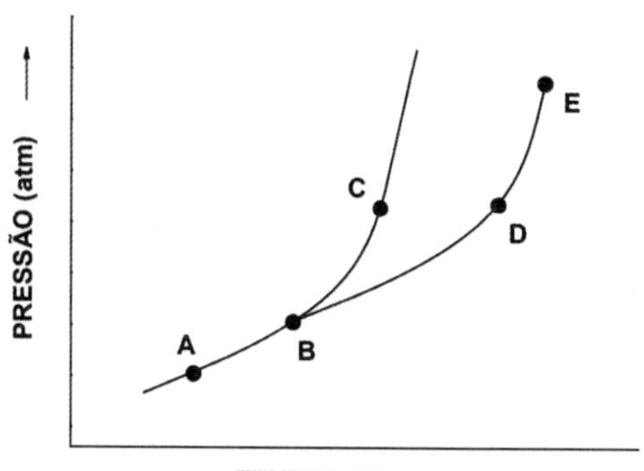


Reprodução/ITA, 2013.

O que representam os pontos A, B, C, D e E?

**17.** (IFSC)

A origem da palavra coligar provém do latim *colligare*, que significa unir, ligar, juntar, juntar para um fim comum. Na química das soluções, constantemente imaginamos qual interação ocorre entre o soluto e o solvente.

A correlação entre as propriedades físicas de soluções e a sua composição levou a um grande avanço no entendimento da química de soluções. Três cientistas, laureados com o prêmio Nobel de Química, contribuíram significativamente para esse desenvolvimento: Jacobus Henricus van't Hoff (1852-1911), Svante August Arrhenius (1859-1927) e Wilhelm Ostwald (1853-1932) laureado com o Nobel de Química, em 1909. Vários outros cientistas, não agraciados com a distinção, também colaboraram expressivamente para o atual estágio dessa área da Físico-Química, destacando-se entre esses, François-Marie Raoult (1830-1901) [...].

HIOKA, N.; SANTOS, R. A.; VIDOTTI, E. C. et al. Determinação da Massa mole por Crioscopia: Terc-Butanol, um solvente experimentalmente adequado. Química Nova. vol. 25 nº.5. São Paulo Oct 2002.

Com base no texto acima, assinale a alternativa correta.

a) Sob as mesmas condições de temperatura, uma solução salina apresenta pressão de vapor maior, quando comparada à pressão de vapor da água pura, pois o sal intensifica o efeito da pressão de vapor em relação ao solvente puro.

b) O abaixamento da pressão de vapor do solvente depende da natureza do soluto, em soluções moleculares com a mesma concentração o abaixamento observado será sempre o mesmo.

c) A passagem das moléculas do solvente para fase gasosa requer ganho de energia para que as mesmas ultrapassem a pressão atmosférica. Numa cidade localizada acima do nível do mar a pressão de vapor de uma solução aquosa será maior quando comparada à outra localizada no nível do mar (ambas as cidades encontram-se a mesma temperatura e as soluções são formadas pelo mesmo soluto e mesma concentração molar).

d) O fator Van't Hoff (i) é importante, pois analisa o aumento da intensidade do efeito coligativo de uma solução iônica em relação a uma solução molecular, esta leva apenas o número de íons formado pelo soluto em solução.

e) A temperatura de congelamento de uma solução iônica pode ser a mesma de uma solução molecular, porém o soluto iônico deve estar totalmente dissociado e ambas devem apresentar a mesma concentração molecular inicial.

**18.** (IME-RJ) O poli(metacrilato de butila) é um polímero solúvel em clorofórmio. A 100 kPa, o clorofórmio tem ponto de fusão (PF) igual a 210 K e ponto de ebulição (PE) igual a 334 K, e apresenta estados de agregação definidos conforme o diagrama de fases apresentado na Figura 1.

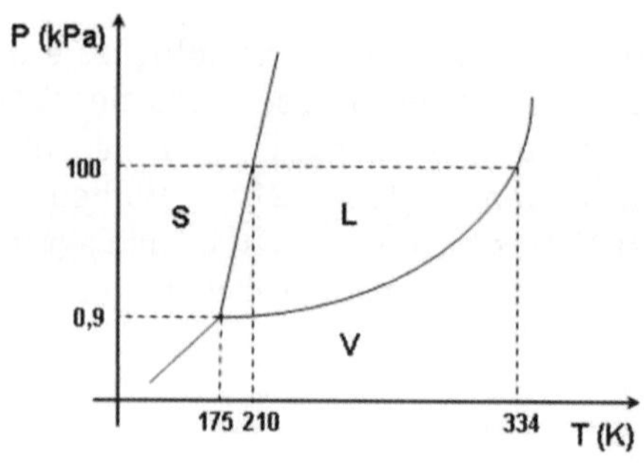


Reprodução/IME-RJ, 2015.

Figura 1

Observe agora a Figura 2, que representa o clorofórmio confinado em um dispositivo fechado imerso em um banho térmico na situação de equilíbrio térmico e mecânico, e a Figura 3, que apresenta o diagrama de fases de uma solução diluída de poli(metacrilato de butila) em clorofórmio.

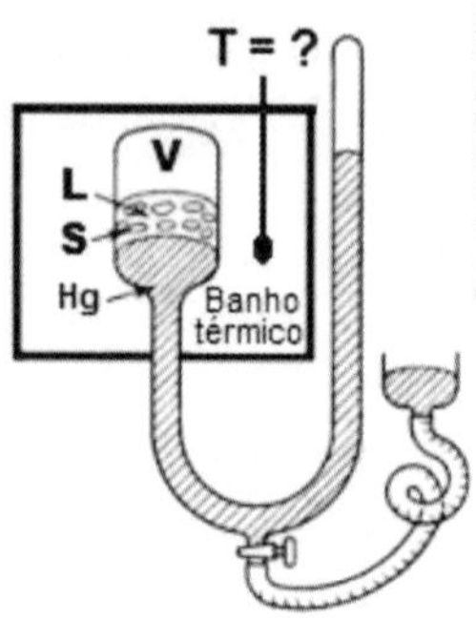


Reprodução/IME-RJ, 2015.

Figura 2

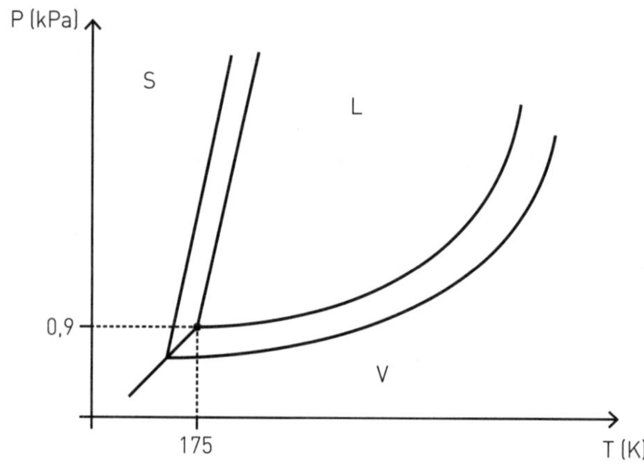


Reprodução/IME-RJ, 2015.

Figura 3

Com base nas informações acima:

a) determine a temperatura do banho térmico na Figura 2. Justifique sua resposta;

b) faça o esboço da Figura 3 e indique os pontos de fusão (PF) e de ebulição (PE) da solução diluída de poli(metacrilato de butila) em clorofórmio, a 100 kPa.

**19.** (ITA-SP) Foram realizadas duas experiências com dois ovos de galinha. Inicialmente, ambos foram imersos em vinagre até a dissolução total da casca, que pode ser considerada constituída prioritariamente por carbonato de cálcio. Os ovos envoltos apenas em suas membranas foram cuidadosamente retirados do vinagre e deixados secar por um breve período. A seguir, um ovo foi imerso em água pura e, o outro, numa solução saturada de sacarose, sendo ambos assim mantidos até se observar variação volumétrica de cada ovo.

a) Escreva a equação química balanceada que descreve a reação de dissolução da casca de ovo.

b) O volume dos ovos imersos nos líquidos deve aumentar ou diminuir? Explique sucintamente por que estas variações volumétricas ocorrem.

**20.** (Unifimes-GO) Analise o diagrama de fases registrado para uma substância obtida de um determinado extrato vegetal e as figuras de I a IV, que representam diferentes comportamentos das moléculas dessa substância.

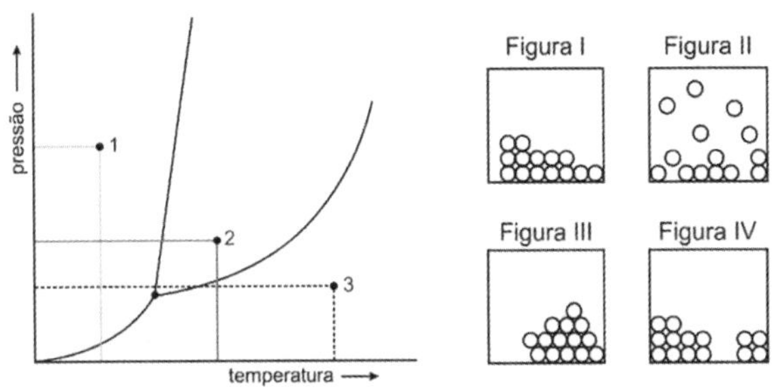

Reprodução/Unifimes, 2016.

a) Qual o estado físico da substância nas condições de pressão e temperatura indicadas no diagrama pelos números 1, 2 e 3, respectivamente?

b) Qual das figuras (I a IV) representa a substância em processo de fusão? Justifique sua escolha.

**21.** (Uece) O soro fisiológico e a lágrima são soluções de cloreto de sódio a 0,9% em água, sendo isotônicos em relação às hemácias e a outros líquidos do organismo. Considerando a densidade absoluta da solução 1 g/mL a 27 °C, a pressão osmótica do soro fisiológico será aproximadamente:

Dados: Na = 23; $C\ell$ = 35,5; R = 0,082 atm L $mol^{-1}$ $K^{-1}$.

a) 10,32 atm.
b) 15,14 atm.
c) 7,57 atm.
d) 8,44 atm.

**22.** (UFG-GO) As propriedades das soluções que dependem do solvente e da concentração do soluto são denominadas propriedades coligativas. O gráfico ao lado representa as variações de pressão de vapor e temperatura de fusão e ebulição causadas pela adição de um soluto não volátil à água. As linhas contínua e tracejada referem-se à água pura e à solução, respectivamente.

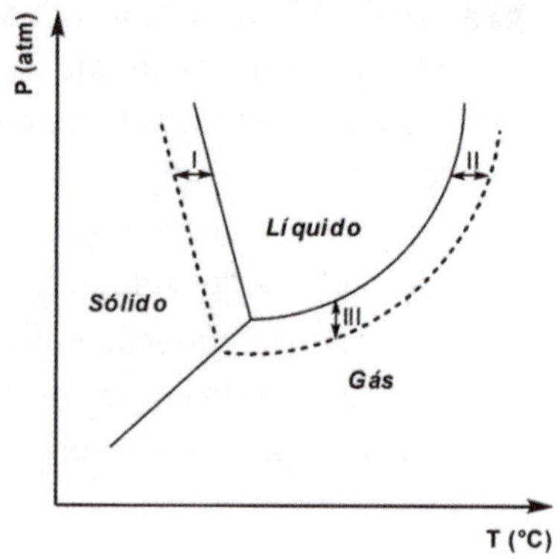


Reprodução/Unimontes, 2013.

Analisando-se o referido gráfico, conclui-se que as variações em I, II e III representam, respectivamente, as propriedades relacionadas a:

a) tonoscopia, crioscopia e ebulioscopia.
b) ebulioscopia, crioscopia e tonoscopia.
c) crioscopia, ebulioscopia e tonoscopia.
d) tonoscopia, ebulioscopia e crioscopia.
e) crioscopia, tonoscopia e ebulioscopia.

**23.** (UEG-GO) Leia abaixo a poesia de Antônio Gedeão e responda à questão.

Encontrei uma preta que estava a chorar, pedi-lhe uma lágrima para analisar. Recolhi-a com todo cuidado num tubo de ensaio bem esterilizado. Olhei-a de um lado, do outro e de frente: tinha um ar de gota muito transparente. Mandei vir os ácidos, as bases e os sais, as drogas usadas em casos que tais. Ensaiei a frio, experimentei ao lume, de todas as vezes deu-me o que é costume: nem sinais de negro, nem vestígios de ódio. Água (quase tudo) e cloreto de sódio.

Disponível em: <http://www.users.isr.ist.utl.pt/~cfb.Vds/v122.txt> Acesso em: 17 mai. 2007. [Adaptado].

Considerando que Gedeão disponha de amostra suficiente de lágrima, que a constante dos gases ideais valha 0,082 atm L $K^{-1}$ $mol^{-1}$ e que o fator de van't Hoff (i) seja igual a 2, é CORRETO afirmar:

a) Considerando que o sangue apresenta pressão osmótica média igual a 8,2 atm a 300 K, para que a lágrima se torne isotônica com ele, a concentração de $NaC\ell$ deverá estar entre 0,16 e 0,17 mol $L^{-1}$.
b) No trecho "Ensaiei a frio, experimentei ao lume", o poeta deve ter verificado pontos de fusão e ebulição superiores à água pura, nas mesmas condições de pressão. Comportamento diferente teria sido observado caso o soluto fosse substituído por um não eletrólito, como a glicose.
c) Caso Gedeão desejasse obter água pura por destilação, necessariamente deveria empregar uma destilação fracionada, pois a pressão de vapor torna-se menor com a presença do $NaC\ell$.
d) Gedeão poderia separar a água do $NaC\ell$ por *osmose reversa*, usando uma membrana semipermeável para separar dois compartimentos, o primeiro contendo solvente puro e o segundo, a solução. No processo, ao aplicar uma pressão inferior à osmótica do lado da solução, ocorre migração das moléculas do solvente, através da membrana, do meio mais concentrado para o menos concentrado.

**TOTAL DE ACERTOS** ____/23

TÓPICO

# 3 Termoquímica

## Reveja o que aprendeu

**Objetivos de aprendizagem:**

- Reconhecer o poder calorífico dos alimentos.
- Conhecer entalpia e calcular o $\Delta H$ de um processo.
- Expressar reações por meio de equações termoquímicas.
- Utilizar energia de ligação, entalpia de formação e a lei de Hess para calcular o $\Delta H$ de um processo.

### Poder calorífico dos alimentos

Em uma dieta balanceada, a quantidade de energia obtida através da ingestão de alimentos deve ser equivalente à quantidade de energia necessária para a manutenção do nosso organismo. Se ingerirmos uma quantidade de alimento superior à necessária, esse excesso será transformado em tecido gorduroso (adiposo), provocando aumento de "peso".

Os valores energéticos dos alimentos são estimados em função das suas porcentagens de carboidratos, proteínas e gorduras.

A energia consumida pelo organismo pode ser dividida, de maneira rudimentar, em duas categorias:

**Energia metabólica:** responsável pela manutenção da vida.
**Atividade muscular:** energia consumida em atividades musculares, variando de 50% a 100% do valor da energia metabólica.

**Balanço energético:** diferença entre a quantidade de energia ingerida nos alimentos e a consumida pelo organismo. Uma dieta balanceada deve ser constituída por alimentos ricos em carboidratos, proteínas e gorduras, os quais devem ser consumidos em diferentes proporções.

### Como medir a quantidade de calor

**Calor:** energia em transferência de um corpo a outro, devido à diferença de temperatura entre eles.
**Calorímetro:** aparelhagem que mede a quantidade de energia térmica absorvida por determinada quantidade de água após a combustão de uma amostra de alimento, o que, pensando em um sistema sem perdas de energia, pode ser considerado como quantidade de calor.

O calor envolvido na combustão é convertido e absorvido na forma de energia térmica pela água contida no calorímetro, a qual sofre aumento de temperatura. Conhecendo o aumento (variação) da temperatura e a massa da água, podemos calcular a quantidade de energia liberada na queima da amostra de alimento. Uma das unidades mais comuns é a caloria (cal).

$$Q = m \cdot c \cdot \Delta T$$

- Q = quantidade de calor envolvido no processo;
- m = massa de água (em grama);
- c = calor específico da água = $1\ cal \cdot g^{-1} \cdot {}^{o}C^{-1}$;
- $\Delta T$ = variação da temperatura ($T_{final} - T_{inicial}$).

**1 caloria (cal):** quantidade de calor necessária para elevar em 1 °C a temperatura de 1,0 grama de água.

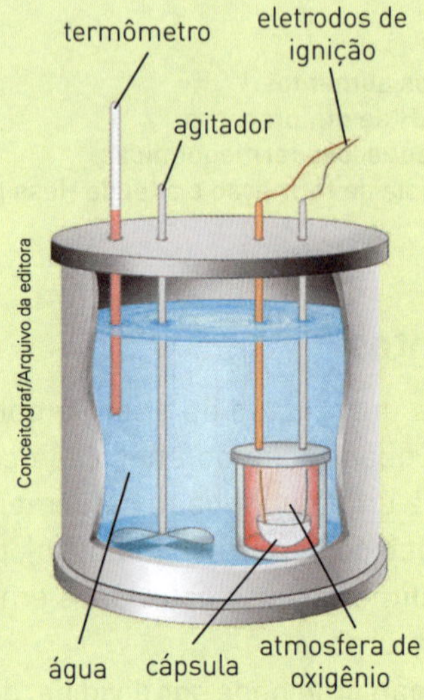


Calorímetro de água.

O Sistema Internacional de Unidades recomenda que se utilize o joule (J) ou o quilojoule (kJ) como unidade de medida da energia liberada ou absorvida em uma reação. A relação entre cal e joule é dada por:

$$1\ cal \Rightarrow 4{,}18\ J \text{ ou } 1\ kcal \Rightarrow 4{,}18\ kJ$$

## Termoquímica

### Processos exotérmicos e endotérmicos

**Processo exotérmico:** ocorre com liberação de energia térmica, com fluxo de calor do sistema para o meio.

- **Fenômeno químico exotérmico**

A combustão completa de 1,0 mol de metano libera 889,5 kJ:

$$CH_4\ (g) + 2\ O_2\ (g) \longrightarrow CO_2 + 2\ H_2O\ (v) + 889{,}5\ kJ$$

- **Fenômeno físico exotérmico**

A solidificação de 1,0 mol de água líquida libera 7,3 kJ:

$$H_2O\ (\ell) \longrightarrow H_2O\ (s) + 7{,}3\ kJ$$

**Processo endotérmico:** ocorre com a absorção de energia térmica, com fluxo de calor no sentido do meio para o sistema.

- **Fenômeno químico endotérmico**

A transformação de 1,0 mol de hematita ($Fe_2O_3$) em ferro metálico absorve 491,5 kJ:

$$Fe_2O_3\,(s) + 3\,C\,(s) + 491{,}5\text{ kJ} \longrightarrow 2\,Fe\,(s) + 3\,CO\,(g)$$

- **Fenômeno físico endotérmico**

A vaporização de 1,0 mol de água líquida absorve 44 kJ do ambiente:

$$H_2O\,(\ell) + 44\text{ kJ} \longrightarrow H_2O\,(v)$$

## Relação entre quantidades de matéria e de calor

A quantidade de energia térmica liberada ou absorvida na forma de calor é sempre proporcional à quantidade das substâncias envolvidas.

Exemplo: calcular a energia térmica liberada na forma de calor na transformação de 20 mol de $O_3$:

$$2\,O_3\,(g) \longrightarrow 2\,O_2\,(g) + 426{,}9\text{ kJ}$$

$$2\text{ mol} \xrightarrow{\text{liberam}} 426{,}9\text{ kJ}$$

$$20\text{ mol} \text{ ——— } x$$

$$x = 4\,269\text{ kJ}$$

## Entalpia

**Entalpia (H):** grandeza que corresponde à energia que é trocada (liberada ou absorvida) por um sistema à pressão constante e está associada à **energia interna (U)** desse sistema. É uma propriedade extensiva da matéria, isto é, depende da quantidade de cada substância do sistema.

**Energia interna (U):** pode ser interpretada como a soma das energias cinética e potencial das partículas que compõem a substância.

**Variação da entalpia (ΔH):** corresponde à quantidade de energia liberada ou absorvida, à pressão constante.

O cálculo da variação da entalpia é dado pela expressão genérica:

$$\Delta H = H_{final} - H_{inicial} \quad \text{ou} \quad \Delta H = H_{produtos} - H_{reagentes}$$

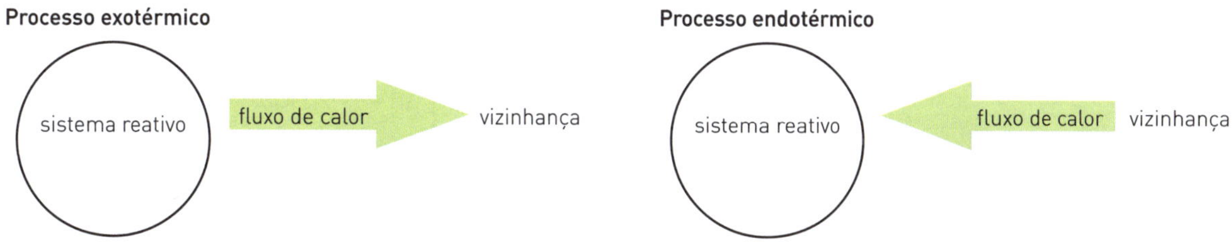


Em um processo endotérmico, a entalpia do sistema reativo aumenta, enquanto em um processo exotérmico, ela diminui.

### Variação da entalpia (ΔH) em reações endotérmicas

Nas reações **endotérmicas**, como ocorre absorção de energia na forma de calor, a entalpia dos produtos ($H_P$) é maior do que a entalpia dos reagentes ($H_R$).

- Genericamente, temos:

$$\text{reagente} + \text{energia} \longrightarrow \text{produto}$$

$$\underbrace{X}_{H_X} + \text{energia} \longrightarrow \underbrace{Y}_{H_Y}$$

$$H_X < H_Y$$

$$\Delta H = H_{produto} - H_{reagente}$$

$$\Delta H = H_Y - H_X$$

$$\Delta H > 0$$

- Graficamente, temos:

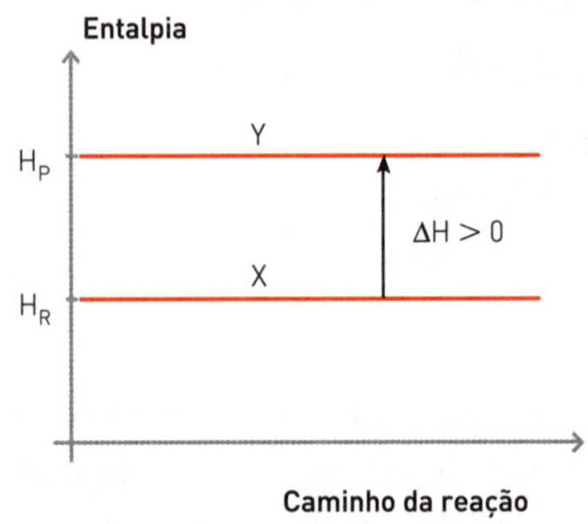


Ilustrações: Banco de imagevns/Arquivo da editora

Exemplo: decomposição térmica da amônia ($NH_3$), na qual são produzidos os gases $N_2$ e $H_2$.

$$2\ NH_3\ (g) + 92{,}2\ kJ \longrightarrow N_2\ (g) + 3\ H_2 (g)$$

A representação mais adequada indica a variação da entalpia (ΔH), que será positiva, pois a reação é endotérmica.

$$2\ NH_3\ (g) \longrightarrow N_2\ (g) + 3\ H_2\ (g) \qquad \Delta H = +92{,}2\ kJ$$

- Graficamente, temos a representação:

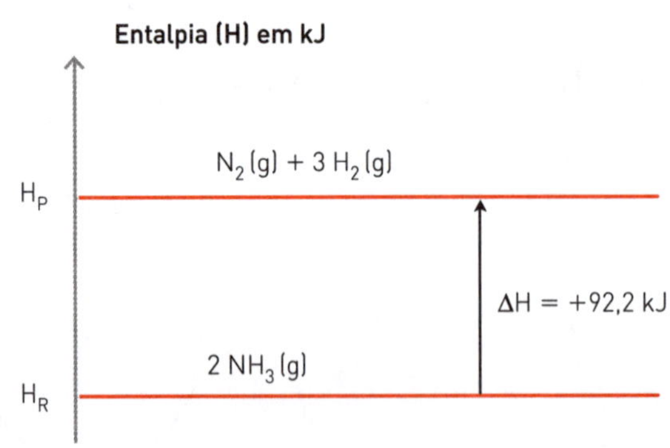


Na decomposição de 2 mol de gás amônia, produzindo 1 mol de gás nitrogênio e 3 mol de gás hidrogênio, são absorvidos 92,2 kJ.

## Variação da entalpia ($\Delta H$) em reações exotérmicas

Nas reações **exotérmicas**, em razão de liberação de energia na forma de calor, a entalpia dos produtos ($H_P$) é menor do que a entalpia dos reagentes ($H_R$).

- Genericamente, temos:

$$\text{reagente} \longrightarrow \text{produto} + \text{energia}$$

$$\underset{H_A}{A} \longrightarrow \underset{H_B}{B} \quad + \text{energia}$$

$$H_A > H_B$$

$$\Delta H = H_{produto} - H_{reagente}$$

$$\Delta H = H_B - H_A$$

$$\Delta H < 0$$

- Graficamente, temos:

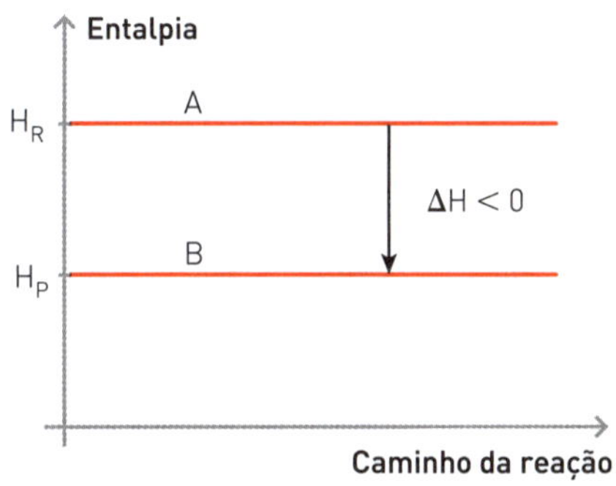


Ilustrações: Banco de imagens/Arquivo da editora

Exemplo: o processo industrial de produção de amônia ($NH_3$), denominado Haber-Bosch, feito a partir de $N_2$ (g) e $H_2$ (g).

$$N_2\,(g) + 3\,H_2\,(g) \longrightarrow 2\,NH_3\,(g) + 92{,}2\ kJ$$

A representação mais adequada é feita indicando-se a variação da entalpia ($\Delta H$), que será negativa, pois essa reação é exotérmica.

$$N_2\,(g) + 3\,H_2\,(g) \longrightarrow 2\,NH_3\,(g) \qquad \Delta H = -92{,}2\ kJ$$

- Graficamente, temos a representação:

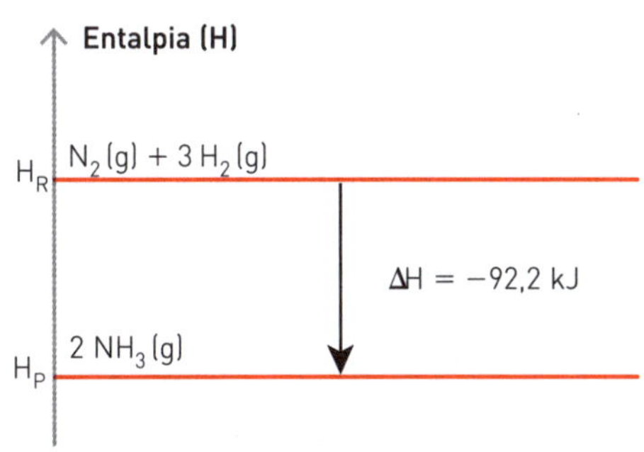


A quantidade de energia envolvida na reação direta e inversa é a mesma, isto é, a quantidade de energia liberada na síntese da amônia é numericamente igual à quantidade de energia absorvida na sua decomposição, em valores absolutos.

## ΔH nas mudanças de estado físico

**Calor ou entalpia de fusão:** quantidade de energia necessária para provocar a fusão de 1 mol de uma substância, à pressão constante. As quantidades de energia térmica envolvidas nas demais mudanças de estado são denominadas de maneira análoga.

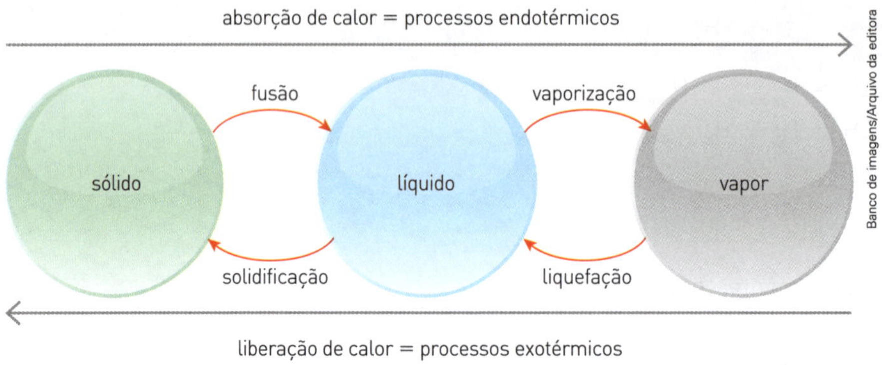


Exemplo: fusão do gelo, processo que ocorre por meio de absorção de energia térmica na forma de calor:

$$H_2O\ (s) \longrightarrow H_2O\ (\ell) \qquad \Delta H = +7{,}3\ kJ$$

A quantidade de calor necessária para provocar a fusão de 1 mol de $H_2O$ (s) é denominada **calor** ou **entalpia de fusão** e equivale a 7,3 kJ/mol.

Se considerarmos o processo inverso, teremos:

$$H_2O\ (\ell) \longrightarrow H_2O\ (s) \qquad \Delta H = -7{,}3\ kJ$$

A **entalpia de solidificação** da água líquida é de −7,3 kJ/mol.

As mudanças de estado podem ser representadas graficamente:

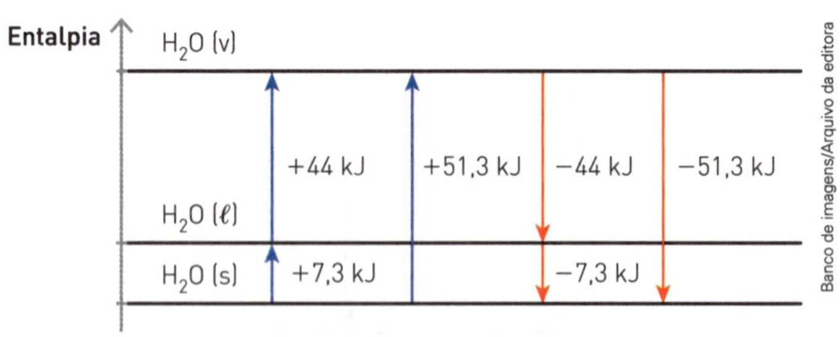


A análise do gráfico pode assim ser resumida:

$$1\ mol\ H_2O\ (s) \xrightarrow[7{,}3\ kJ]{absorve} 1\ mol\ H_2O\ (\ell) \xrightarrow[44\ kJ]{absorve} 1\ mol\ H_2O\ (v)$$

(1 mol $H_2O$ (s) → 1 mol $H_2O$ (v): absorve 51,3 kJ)

O mesmo raciocínio pode ser utilizado no processo inverso.

## Equações termoquímicas

### Entalpia padrão

É impossível determinar diretamente a entalpia das substâncias, por isso trabalhamos com a variação de entalpia ($\Delta H$). Porém, a variação de entalpia de uma reação depende da temperatura, da pressão, do estado físico, do número de mols e da variedade alotrópica das substâncias envolvidas.

**Entalpia padrão ($H^0$):** é um referencial criado para comparar a entalpia das substâncias; dessa maneira, as entalpias serão sempre avaliadas em relação à mesma condição (condição padrão ou estado padrão).
**Estado padrão de uma substância:** corresponde à sua forma pura, a 1,0 bar e 298,15 K.

O estado padrão de um soluto em solução líquida corresponde à concentração de 1,0 mol/L.

Por convenção, foi estabelecido que toda **substância simples**, no estado padrão e na sua forma alotrópica mais estável (mais comum), tem entalpia (H) igual a zero.

#### Entalpia de algumas substâncias no estado padrão

No estado padrão, ou seja, a 25 °C e 1,0 bar, teremos entalpia $H^0 = 0$ para:

- a substância pura simples hidrogênio no estado gasoso $H_2$ (g);
- a substância pura simples mercúrio no estado líquido Hg ($\ell$);
- a substância pura simples ferro no estado sólido Fe (s);
- para os elementos que apresentam o fenômeno da alotropia, ou seja, formam diferentes substâncias puras simples, foi atribuído o valor **zero** para a variedade alotrópica mais comum, mais estável a 1,0 bar e 25 °C.

  Exemplos:

  I. Carbono: Grafite, $C_{graf}$, $H^0 = 0$ e Diamante, $C_{diam}$, $H^0 \neq 0$.

  II. Oxigênio: $O_2$, $H^0 = 0$ e Ozônio, $O_3$, $H^0 \neq 0$.

  III. Enxofre: rômbico, $S_{rômb}$, $H^0 = 0$ e monoclínico, $S_{mono}$, $H^0 \neq 0$.

### Equação termoquímica

Uma **equação termoquímica** deve indicar:

- os coeficientes estequiométricos das substâncias puras participantes;
- os estados físicos de todos os participantes e as variedades alotrópicas, caso existam;
- a variação de entalpia ($\Delta H$);
- a temperatura e a pressão nas quais a reação ocorreu.

Exemplo: 1 mol de carbono grafita ($C_{graf}$) reage com 1 mol de gás oxigênio ($O_2$), produzindo 1 mol de gás carbônico ($CO_2$), liberando 394 kJ, a 25 °C e 1 bar.

$$1\ C_{graf} + 1\ O_2\ (g) \longrightarrow CO_2\ (g) \qquad \Delta H = -394\ kJ\ a\ 25\ °C\ e\ 1\ bar$$

Normalmente, não são indicadas a pressão e a temperatura em que a reação se realizou, pois se admite que ela ocorreu no estado padrão, ou seja, sob pressão constante de 1 bar e a 25 °C.

## Calor ou entalpia das reações químicas

**Calor de reação ou, simplesmente, entalpia:** variação de entalpia de uma reação química. É costume atribuir nomes específicos a alguns tipos de entalpia, tais como: de formação, de combustão, de neutralização, etc.

### Entalpia de formação

**Entalpia de formação:** calor envolvido na formação de 1 mol de uma substância a partir de substâncias simples, no estado padrão, com $H^0 = 0$.
**Reação de formação:** nome dado à formação (síntese) de 1 mol de uma substância a partir de substâncias simples, no estado padrão.
**Entalpia de formação, calor de formação, ΔH de formação ou entalpia padrão de formação:** variação de entalpia (ΔH) nessas reações.

Exemplo: água líquida — $H_2O\ (\ell)$

$$H_2\ (g) + \frac{1}{2}\ O_2\ (g) \longrightarrow 1\ H_2O\ (\ell) \qquad \Delta H = -286\ kJ/mol$$

Para determinar a entalpia da substância formada a 25 °C e 1 bar é preciso conhecer a equação de formação da substância, o valor do ΔH da reação e saber que a entalpia dos reagentes no estado padrão é igual a zero.

Exemplo: o gás carbônico ($CO_2$) pode ser obtido a partir da combustão do $C_{graf}$.

$$C_{graf}\ (g) + O_2\ (g) \longrightarrow CO_2\ (\ell) \qquad \Delta H = -394\ kJ$$

$$\Delta H = H_P - H_R$$

$$\Delta H = [H_{CO_2\ (g)}] - \underbrace{\left[H_{C_{graf}} + H_{O_2\ (g)}\right]}_{\text{substâncias simples no estado padrão } H\ =\ 0}$$

Logo:

$$\Delta H = H_{CO_2\ (g)}$$
$$-394\ kJ = H_{CO_2\ (g)} \Rightarrow H_{CO_2\ (g)} = -394\ kJ$$

Assim, $\Delta H_{\text{formação do } CO_2} = H_{CO_2} \Rightarrow$ entalpia de formação do $CO_2 = -394$ kJ/mol.

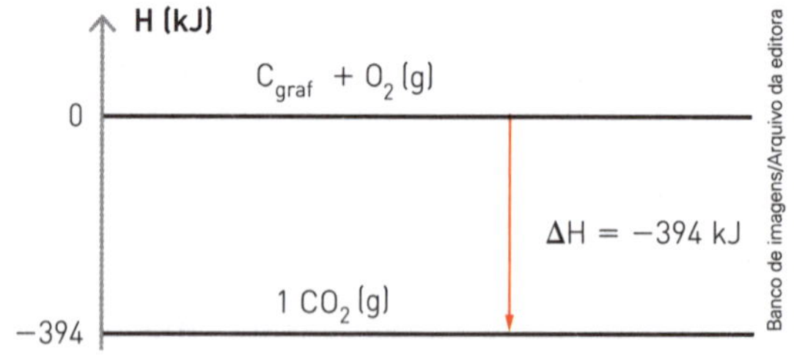


Generalizando, temos:

entalpia de formação = entalpia da substância
ΔH de formação = H da substância
$\Delta H = H_P - H_R$

### Determinação da entalpia de formação de uma substância a partir de uma equação termoquímica

Considere a equação de decomposição do mármore para calcular a entalpia de formação do $CaCO_3$ (s), dadas as entalpias de formação:

$$H_{CaO\,(s)} = -635{,}5 \text{ kJ/mol} \quad \text{e} \quad H_{CO_2\,(g)} = -393{,}5 \text{ kJ/mol}$$

$$\underbrace{\overset{CaCO_3\,(s)}{H_{CaCO_3\,(s)} = ?}}_{H_R} \longrightarrow \underbrace{\overset{CaO\,(s) \;+\; CO_2\,(g)}{(-635{,}5)\;\;(-395{,}5)}}_{H_P} \qquad \Delta H = +177{,}5 \text{ kJ/mol}$$

$$\Delta H = H_P - H_R$$
$$\Delta H = \left[(H_{CaO\,(s)}) + (H_{CO_2\,(g)})\right] - \left[(H_{CaCO_3\,(s)})\right]$$
$$+177{,}5 = \left[(-635{,}5) + (-393{,}5)\right] - H_{CaCO_3\,(s)}$$
$$+177{,}5 = \left[635{,}5 - 393{,}5\right] - H_{CaCO_3\,(s)}$$
$$H_{CaCO_3\,(s)} = -1\,029 - 177{,}5$$
$$H_{CaCO_3\,(s)} = -1\,206{,}5 \text{ kJ/mol}$$

### Entalpia de combustão

**Entalpia de combustão:** energia liberada na combustão completa de **1 mol** de uma substância no estado padrão.
**Reação de combustão:** ocorre entre um **combustível** e o gás oxigênio ($O_2$), denominado **comburente**. Por serem sempre exotérmicas, essas reações apresentam $\Delta H < 0$.

A variação de entalpia na combustão completa pode ser denominada **entalpia de combustão**, **$\Delta$H de combustão**, **calor de combustão** ou **entalpia padrão de combustão**.

Exemplo: combustão completa de 1 mol de $H_2$ (g), ocorrendo a liberação de 286 kJ:

$$1\,H_2\,(g) + \frac{1}{2}\,O_2\,(g) \longrightarrow 1\,H_2O\,(\ell) \qquad \Delta H = -286 \text{ kJ/mol}$$

entalpia de combustão do $H_2$ (g) = −286 kJ/mol

**Combustão completa:** quando os combustíveis são formados por carbono, hidrogênio e oxigênio, os produtos das reações serão sempre $CO_2$ (g) e $H_2O$ ($\ell$).

### Poder calorífico

**Poder calorífico de um combustível:** simplificadamente, corresponde à quantidade de energia liberada por unidade de massa (geralmente é adotada como referência a quantidade de 1 g ou ainda 1 kg do combustível).

Exemplo: comparar a energia liberada na queima de 1 kg de gás hidrogênio e de 1 kg de gasolina.

- Energia liberada (kJ/g) na combustão: hidrogênio = 142 e gasolina = 48.
- Gás hidrogênio.

142 kJ liberados ——— 1 g de gás hidrogênio
Q ——— 1 000 g de gás hidrogênio (1 kg)
Q = 142 000 kJ liberados

- Gasolina.

48 kJ liberados ——— 1 g de gasolina
Q ——— 1 000 g de gasolina (1 kg)
Q = 48 000 kJ liberados

Para uma mesma quantidade em massa, o gás hidrogênio libera cerca de 3 vezes mais calor do que a gasolina.

## Energia de ligação

> **Energia de ligação:** energia absorvida na quebra de 1 mol de ligações, no estado gasoso.

Em todas as reações químicas ocorrem quebra das ligações existentes nos reagentes (absorção de energia, processo endotérmico) e formação de novas ligações que darão origem aos produtos (liberação de energia, processo exotérmico).

A energia absorvida na quebra de uma ligação é numericamente igual à energia liberada na sua formação. No entanto, a energia de ligação é definida para a quebra de ligações e, por isso, sempre terá o valor positivo.

Exemplos:

I. A quebra de 1 mol de ligações H — H (g) absorve 436 kJ; dizemos, então, que a energia de ligação H — H (g) = +436 kJ/mol:

$$1\ H - H\ (g) \longrightarrow H\ (g) + H\ (g) \qquad \Delta H = +436\ kJ$$

II. A quebra de 4 mol de ligações (C — H) corresponde a 1 652 kJ e a energia média da ligação C — H é igual a +413,4 kJ/mol.

$$1\ \begin{array}{c} H \\ | \\ H-C-H \\ | \\ H \end{array} \longrightarrow 1\ C\ (g) + 4\ H\ (g) \qquad \Delta H = +1652\ kJ$$

Para determinar a variação de entalpia (ΔH) de uma reação química, devemos determinar quais ligações serão quebradas nos reagentes, originando átomos isolados, e quais átomos assim obtidos formarão novas ligações, originando os produtos.

Exemplo: calcular a variação de entalpia da reação

$$H_2\ (g) + C\ell_2\ (g) \longrightarrow 2\ HC\ell\ (g) \qquad \Delta H = ?$$

| energia **absorvida** na quebra da ligação | energia **liberada** na formação da ligação |
|---|---|
| Para romper 1 mol de ligação:<br>H — H = 436 kJ e<br>Cℓ — Cℓ = 242,6 kJ.<br>Ou seja:<br>energia total absorvida = 678,6 kJ | H — Cℓ = 431,8 kJ<br>Como são formados 2 mol de HCℓ, temos:<br>2 H — Cℓ = 863,6 kJ<br>energia total liberada = 863,6 kJ |

Como a energia liberada é maior que a energia absorvida, essa reação é **exotérmica** ($\Delta H < 0$). O valor absoluto pode ser calculado pela diferença entre o maior e o menor valor de energia. No caso:

$$\underset{\text{valor maior}}{863{,}6} - \underset{\text{valor menor}}{678{,}6} = 185 \text{ kJ}$$

Assim:

$$H_2\,(g) + C\ell_2\,(g) \longrightarrow 2\,HC\ell\,(g) \qquad \Delta H = -185 \text{ kJ}$$

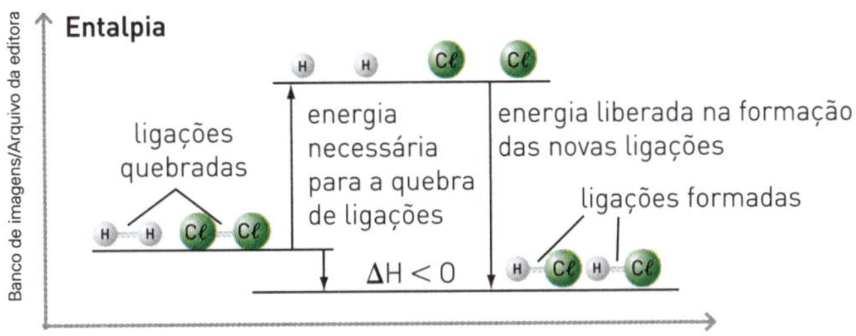


## Lei de Hess

**Lei de Hess:** estabelece que a variação de entalpia da reação que ocorre em uma única etapa é igual à soma das variações de entalpia das etapas nas quais ela pode ocorrer. A variação da entalpia depende somente dos estados inicial e final.

Lei de conservação da energia em termos das grandezas da Termoquímica, segundo Hess:

$$\Delta H = \Delta H_1 + \Delta H_2$$

Exemplo: passagem de 1 mol de $H_2O\,(\ell)$ para o estado gasoso nas condições do estado padrão.

Em uma única etapa: $H_2O\,(\ell) \longrightarrow H_2O\,(g) \qquad \Delta H = +44 \text{ kJ}$

Em duas etapas:

$$H_2O\,(\ell) \longrightarrow \cancel{H_2\,(g)} + \cancel{\tfrac{1}{2}O_2}\,(g) \qquad \Delta H = +286 \text{ kJ}$$

$$\cancel{H_2\,(g)} + \cancel{\tfrac{1}{2}O_2}\,(g) \longrightarrow H_2O\,(g) \qquad \Delta H = -242 \text{ kJ} \quad +$$

$$H_2O\,(\ell) \longrightarrow 1\,H_2O\,(g) \qquad \Delta H = +44 \text{ kJ}$$

Graficamente, as três equações podem ser representadas da seguinte maneira:

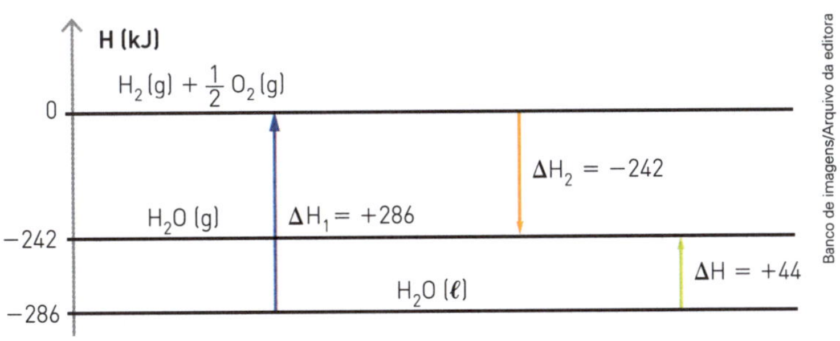

# Aplique o que aprendeu

## Exercício resolvido

(Vunesp-SP) Diariamente podemos observar que reações químicas e fenômenos físicos implicam em variações de energia. Analise cada um dos seguintes processos, sob pressão atmosférica.

I. A combustão completa do metano ($CH_4$) produzindo $CO_2$ e $H_2O$.

II. O derretimento de um *iceberg*.

III. O impacto de um tijolo no solo ao cair de uma altura h.

Em relação aos processos analisados, pode-se afirmar que:

a) I é exotérmico, II e III são endotérmicos.
b) I e III são exotérmicos e II é endotérmico.
c) I e II são exotérmicos e III é endotérmico.
d) I, II e III são exotérmicos.
e) I, II e III são endotérmicos.

**Solução:**

I. Analisando a equação da combustão completa do metano: $CH_4 + 2\,O_2 \rightarrow 2\,H_2O + CO_2 + \text{calor}$, concluímos que se trata de um processo exotérmico.

II. O derretimento de um *iceberg* é a mudança de estado físico da água do estado sólido para o estado líquido, processo que ocorre com absorção de calor, logo, um processo endotérmico.

III. A uma altura h, o tijolo tem energia potencial gravitacional que, durante a queda, é convertida em energia cinética. Ao colidir com o chão, parte da energia cinética é convertida em calor, portanto, trata-se de um processo exotérmico.

Alternativa correta: ***b***.

## Questões

**1.** (FCMSJF-MG) O uso de compressas de álcool para baixar a febre, por exemplo, é uma prática em algumas culturas, inclusive a brasileira, mas pode ser fatal principalmente quando não se conhece a composição do álcool. O álcool pode provocar queimaduras na pele, ser absorvido ou inalado, intoxicando o organismo. A evaporação do álcool quando em contato com a pele pode ser compreendida como:

a) Um processo endotérmico onde ocorre absorção de calor.
b) Um processo exotérmico onde ocorre liberação de calor.
c) Um processo endotérmico onde ocorre liberação de calor.
d) Um processo exotérmico onde ocorre absorção de calor.

**2.** (UPF-RS) Qual a quantidade de calor que devemos fornecer a 200 g de gelo a −20 °C para transformar em água a 50 °C?

(Considere: $c_{gelo} = 0{,}5$ cal/(g · °C); $c_{água} = 1$ cal/(g · °C); $L_{fusão} = 80$ cal/g).

a) 28 kcal
b) 26 kcal
c) 16 kcal
d) 12 kcal
e) 18 kcal

**3.** (CPS-SP) Para demonstrar a quantidade de calor envolvida em um processo físico, uma professora de Ciências propõe o seguinte experimento a seus alunos.

Em um recipiente de vidro deve-se colocar 100 g de água destilada e medir a temperatura da mesma. Posteriormente, o recipiente é aquecido até o início da ebulição, quando se mede novamente a temperatura da água, obtendo-se o valor de 100 °C.

A professora apresenta a equação que permite calcular a quantidade de calor envolvida no experimento:

$Q = m \cdot c \cdot \Delta T$

em que: Q = quantidade de calor (em cal)

m = massa (em g)

c = calor específico da água (c = 1 cal/g · °C)

$\Delta T$ = variação de temperatura (em °C)

Supondo que um grupo constatou que a temperatura inicial era de 20 °C, a quantidade de calor necessária para aquecer somente a referida massa de água deve ser de:

a) 1 000 cal.
b) 2 000 cal.
c) 4 000 cal.
d) 6 000 cal.
e) 8 000 cal.

**4.** (Uece) A energia necessária para aquecer uma certa massa de água é a mesma nos seguintes casos:

a) 2 kg, de 20 °C para 23 °C, ou 3 kg, de 20 °C para 23 °C.
b) 1 kg, de 20 °C para 21 °C, ou 2 kg, de 20 °C para 22 °C.
c) 2 kg, de 20 °C para 23 °C, ou 3 kg, de 20 °C para 22 °C.
d) 1 kg, de 20 °C para 21 °C, ou 3 kg, de 20 °C para 23 °C.

**5.** (Unicid-SP)

A sublimação é um processo que pode interferir na qualidade de produtos farmacêuticos. Considere um analgésico comercializado em pílulas que tem como princípio ativo o ibuprofeno ($C_{13}H_{18}O_2$) e os seguintes dados:

$$\Delta H_{vap} = 70{,}12\ kJ \cdot mol^{-1}$$
$$\Delta H_{fus} = 21{,}7\ kJ \cdot mol^{-1}$$

(www.chemeo.com)

a) Calcule a entalpia de sublimação do ibuprofeno e classifique-a como endotérmica ou exotérmica.

b) Por que se recomenda que comprimidos à base de ibuprofeno sejam mantidos a temperaturas entre 15 e 25 °C?

**6.** (Cefet-MG) Analise o diagrama de formação do cloreto de sódio:

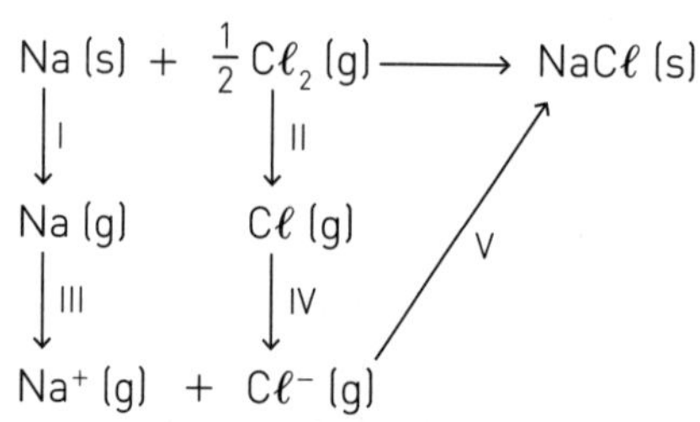


As etapas endotérmicas, ou seja, que absorvem calor, são apenas:

a) I, II e III.
b) I, II e V.
c) I, IV e V.
d) II, III e IV.

**7.** (PUC-RJ) O metanol é um álcool utilizado como combustível em alguns tipos de competição automotiva, por exemplo, na Fórmula Indy. A queima completa (ver reação termoquímica abaixo) de 1 L de metanol (densidade 0,80 g · mL$^{-1}$) produz energia na forma de calor (em kJ) e $CO_2$ (em gramas) nas seguintes quantidades respectivamente:

$$2\,CH_3OH\,(\ell) + 3\,O_2\,(g) \rightarrow 4\,H_2O\,(\ell) + 2\,CO_2\,(g) \qquad \Delta H = -1453\text{ kJ}$$

Considere: $M(CH_3OH) = 32\text{ g} \cdot \text{mol}^{-1}$; $M(CO_2) = 44\text{ g} \cdot \text{mol}^{-1}$.

a) $18{,}2 \cdot 10^3$ e $1{,}1 \cdot 10^3$.
b) $21{,}3 \cdot 10^3$ e $0{,}8 \cdot 10^3$.
c) $21{,}3 \cdot 10^3$ e $1{,}1 \cdot 10^3$.
d) $18{,}2 \cdot 10^3$ e $0{,}8 \cdot 10^3$.
e) $36{,}4 \cdot 10^3$ e $1{,}8 \cdot 10^3$.

**8.** (UEM-PR) Sabendo que a combustão completa de 1 mol de metano libera 802 kJ de energia; que a combustão completa de 1 mol de etanol libera 1350 kJ de energia e que o gás oxigênio representa 20% do volume total do ar, assinale o que for correto.

01) O etanol é uma fonte de energia não poluente, pois, quando queimado com oxigênio, produz apenas água e calor.
02) O metano pode ser obtido a partir da decomposição da matéria orgânica presente em restos de alimentos.
04) A combustão incompleta do metano pode levar à produção de fuligem devido à formação de carbono.
08) Estando os gases na CNPT, para a queima total de 45 L de metano são necessários aproximadamente 450 L de ar.
16) O metano produz maior quantidade de energia por quantidade de massa do que o etanol.

**9.** (PUC-RS) O isoctano líquido ($C_8H_{18}$) e o gás hidrogênio são importantes combustíveis. O primeiro está presente na gasolina; o segundo, na propulsão de foguetes. As entalpias aproximadas de formação do gás carbônico, do vapor de água e do isoctano líquido ($C_8H_{18}$) são, respectivamente, –393, –242 e –259 kJ/mol. A partir desses dados, o calor liberado na combustão de 1 kg de hidrogênio gasoso é, aproximadamente, ____________ vezes maior do que o calor liberado na combustão de 1 kg de isoctano líquido.

a) 0,4
b) 0,9
c) 2,7
d) 33,0
e) 53,2

**10.** (UEL-PR) Em um experimento, verifica-se que 1 kg de água, que se encontra na temperatura de 25 °C, recebe calor de uma reação química que libera 5 kcal.

Sabendo-se que o calor específico da água é de 1 cal /g °C e que 1 caloria corresponde a 4,18 Joules, responda:

Dado: $Q = m \cdot c \cdot \Delta T$

a) Qual a temperatura final da água?

b) Quantos Joules correspondem a 5 kcal?

**11.** (Espcex/Aman) Algumas viaturas militares administrativas possuem motores à combustão que utilizam como combustível a gasolina. A queima (combustão) de combustíveis como a gasolina, nos motores à combustão, fornece a energia essencial para o funcionamento dessas viaturas militares. Considerando uma gasolina na condição padrão (25 °C e 1 atm), composta apenas por n-octano ($C_8H_{18}$) e que a sua combustão seja completa (formação exclusiva de $CO_2$ e $H_2O$ gasosos como produtos), são feitas as seguintes afirmativas:

Dados:

| Entalpias de formação ($\Delta H_f^o$) | | |
|---|---|---|
| $H_2O$ (g) | $CO_2$ (g) | $C_8H_{18}$ ($\ell$) |
| −242 kJ/mol | −394 kJ/mol | −250 kJ/mol |

| Massas Atômicas | | |
|---|---|---|
| C | H | O |
| 12 u | 1 u | 16 u |

I. a combustão da gasolina ($C_8H_{18}$) é uma reação exotérmica;
II. na combustão completa de 1 mol de gasolina, são liberados 16 mol de gás carbônico ($CO_2$);
III. a entalpia de combustão (calor de combustão) dessa gasolina é −5 080 kJ/mol ($\Delta H_c$ = −5 080 kJ/mol);
IV. o calor liberado na combustão de 57 g de gasolina é de 1 270 kJ.

Das afirmativas apresentadas estão corretas apenas a:

a) I, II e III.
b) I, III e IV.
c) I e II.
d) II e IV.
e) I e III.

**12.** (UnB-DF)

**A Amazônia é o pulmão do mundo**

Militantes ambientalistas adoram dizer que a Amazônia é o pulmão do mundo. Porém a maior floresta tropical do planeta está mais para alvéolo pulmonar. Mesmo produzindo cerca de 95 toneladas de oxigênio por ano, a mata também precisa do gás para sobreviver. De fato, a floresta tem importância realmente ímpar não por ser pulmão do mundo, mas por conter inumeráveis espécies de plantas, animais e micro-organismos, bem como por ser importante no sequestro de carbono da atmosfera. Durante a fotossíntese, florestas tropicais armazenam mais $CO_2$ que outros tipos de bioma.

Correio Braziliense, 13/5/2012, p. 24 (com adaptações).

Considere a reação da fotossíntese apresentada a seguir.

$$6\,CO_2 + 6\,H_2O \xrightarrow[\text{clorofila}]{\text{luz}} C_6H_{12}O_6 + 6\,O_2$$

Sabendo-se que as entalpias padrão de formação do $CO_2$, da água e da glicose são, respectivamente, iguais a −427 kJ/mol, −280 kJ/mol e −1 036 kJ/mol, infere-se que essa reação é:

a) endotérmica, e a variação de energia é maior que 3 000 kJ/mol.

b) exotérmica, e a variação de energia é maior que −850 kJ/mol.

c) exotérmica, e a variação de energia é menor que −3 000 kJ/mol.

d) endotérmica, e a variação de energia é menor que 850 kJ/mol.

**13.** (UFJF-MG) A parafina é um hidrocarboneto ($C_{25}H_{52}$, massa molar = 352 g · mol$^{-1}$) derivado do petróleo que compõe as velas. A sua reação de combustão está representada a seguir:

$$C_{25}H_{52}\,(s) + 38\,O_2\,(g) \longrightarrow 26\,H_2O\,(\ell) + 25\,CO_2\,(g)$$

Considerando os dados de energia de ligação apresentados a seguir, calcule a energia liberada, em kJ, na combustão completa de uma vela de 35,2 g.

Dados: Energias de Ligação ($\Delta H_L$/kJ · mol$^{-1}$):

| Ligação | C — H | C — C | O = O | C = O | O — H |
|---|---|---|---|---|---|
| $\Delta H_L$/kJ · mol$^{-1}$ | 412 | 348 | 496 | 743 | 463 |

a) −1 260.

b) −12 600.

c) −61 226.

d) 48 624.

e) 50.

**14.** (Espcex/Aman) Uma das aplicações da trinitroglicerina, cuja fórmula é $C_3H_5N_3O_9$, é a confecção de explosivos. Sua decomposição enérgica gera como produtos os gases nitrogênio, dióxido de carbono e oxigênio, além de água, conforme mostra a equação da reação a seguir:

$$4\ C_3H_5N_3O_9\ (\ell) \longrightarrow 6\ N_2\ (g) + 12\ CO_2\ (g) + 1\ O_2\ (g) + 10\ H_2O\ (\ell).$$

Além de explosivo, a trinitroglicerina também é utilizada como princípio ativo de medicamentos no tratamento de angina, uma doença que acomete o coração. Medicamentos usados no tratamento da angina usam uma dose padrão de 0,6 mg de trinitroglicerina na formulação.

Dados:

- massas atômicas: C = 12 u; H = 1 u; N = 14 u; O = 16 u.
- $\Delta H_f^0(H_2O) = -286\ kJ/mol$; $\Delta H_f^0(CO_2) = -394\ kJ/mol$; $\Delta H_f^0(C_3H_5N_3O_9) = -353{,}6\ kJ/mol$.

Considerando os dados termoquímicos da reação a 25 °C e 1 atm e supondo que essa massa de trinitroglicerina contida no medicamento sofra uma reação de decomposição completa, a energia liberada seria aproximadamente de:

a) 4,1 J.
b) 789,2 J.
c) 1 432,3 J.
d) 5,3 J.
e) 362,7 J.

**15.** (UEG-GO) No gráfico, é apresentada a variação da energia durante uma reação química hipotética.

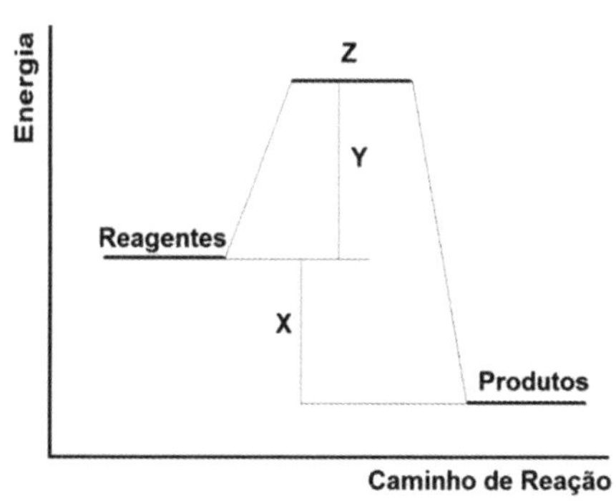


Reprodução/UEG-GO, 2018.

Com base no gráfico, pode-se correlacionar X, Y e Z, respectivamente, como:

a) intermediário da reação, energia de ativação e variação da entalpia.
b) variação da entalpia, intermediário da reação e complexo ativado.
c) complexo ativado, energia de ativação e variação de entalpia.
d) variação da entalpia, energia de ativação e complexo ativado.
e) energia de ativação, complexo ativado e variação da entalpia.

**16.** (UPF-RS) Analise a representação da equação simplificada e não balanceada da reação química do sequestro de oxigênio pela hidrazina.

$$H_2N - NH_2\ (g) + O_2\ (g) \longrightarrow N_2\ (g) + H_2O\ (g)$$

Pode-se realizar uma estimativa da variação da entalpia dessa reação a partir dos dados de entalpia das ligações químicas (energia de ligação) envolvidas no processo, a pressão constante, conforme informações apresentadas no quadro a seguir:

| Ligação | Energia de ligação ($kJ \cdot mol^{-1}$) |
|---|---|
| N — H | 389 |
| N — N | 163 |
| N = N | 514 |
| N ≡ N | 946 |
| O — O | 134 |
| O = O | 498 |
| O — H | 464 |

Acerca da reação de sequestro de oxigênio pela hidrazina e das informações apresentadas no quadro, analise as seguintes afirmativas:

I. A variação da entalpia para a reação, envolvendo um mol de hidrazina, é $-585\ kJ \cdot mol^{-1}$, tratando-se de uma reação exotérmica.

II. A hidrazina é classificada como uma base de Lewis devido ao fato de seus átomos de nitrogênio apresentarem pares de elétrons disponíveis.

III. A molécula de água apresenta geometria angular.

IV. A variação da entalpia para a reação, envolvendo um mol de hidrazina, é $+343\ kJ \cdot mol^{-1}$, tratando-se de uma reação endotérmica.

Está correto apenas o que se afirma em:

a) I e III.
b) I, II e III.
c) II e IV.
d) II, III e IV.
e) II e III.

**17.** (Unimontes-MG) O diagrama abaixo representa a entalpia de formação das substâncias, representada aleatoriamente por X e Y e variação da entalpia.

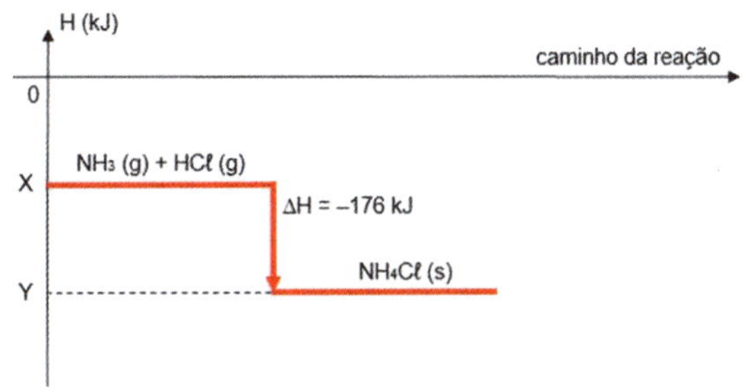


Reprodução/UNIMONTES, 2013.

Sabendo-se que a entalpia de formação dos reagentes equivale a −138,4 kJ, a entalpia dos produtos é igual a

a) +314,4 kJ.
b) −314,4 kJ.
c) +37,6 kJ.
d) −37,6 kJ.

**18.** (Faseh-MG) Suponha que lhe sejam dadas as seguintes reações hipotéticas:

$$A \rightarrow B \quad \Delta H = -40\ kJ$$
$$A \rightarrow C \quad \Delta H = +90\ kJ$$

Suponha também que a entalpia de formação de B seja o dobro da entalpia de formação de A. Nessas condições, é CORRETO afirmar que a entalpia de formação de C é:

a) +40 kJ.
b) +50 kJ.
c) +90 kJ.
d) +130 kJ.

**19.** (Ufac) Considerando o diagrama, qual das alternativas abaixo representa respectivamente o valor da energia de ativação e da energia do complexo ativado? Como essa reação pode ser classificada considerando as trocas de calor com o ambiente? A reação hipotética está indicada a seguir:

$$A + 2B \rightarrow C + D$$

a) 150 J, 120 J, reação exotérmica.
b) 60 J, 180 J, reação endotérmica.
c) 60 J, 120 J, reação endotérmica.
d) 60 J, 180 J, reação exotérmica.
e) 150 J, 120 J, reação endotérmica.

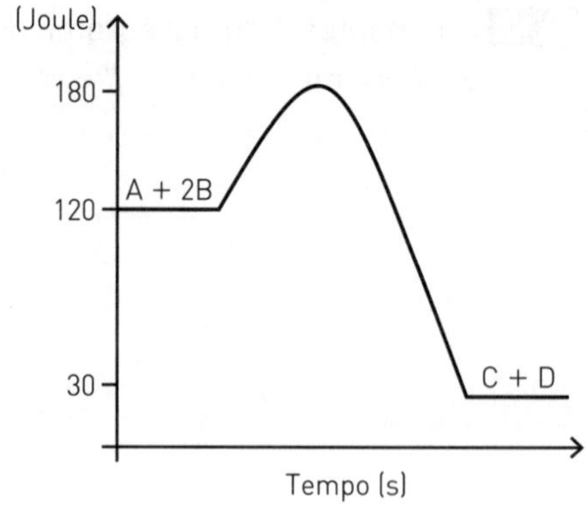


Reprodução/Arquivo da editora

**20.** (Uncisal) De acordo com a teoria cinética, moléculas de gases ou líquidos movimentam-se com rapidez e de forma caótica colidindo, frequentemente, umas com as outras. Ao colidirem, algumas dessas moléculas atingem um patamar de energia suficiente para ocorrer uma reação. Para a reação $2\ H_2O_2\ (aq) \rightarrow 2\ H_2O\ (\ell) + O_2\ (g)$, o diagrama de coordenada de reação é mostrado ao lado.

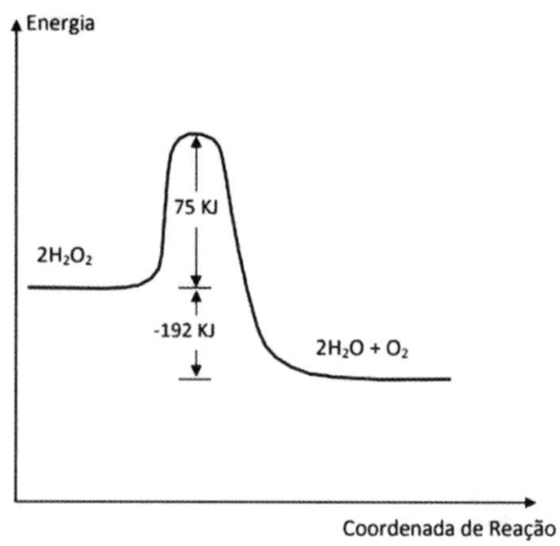


Reprodução/UNICSAL, 2012.

Analisando o diagrama, pode-se afirmar que está correto o item:

a) a reação $2\ H_2O\ (\ell) + O_2\ (g) \rightarrow 2\ H_2O_2\ (aq)$ é endotérmica.
b) a energia de ativação da reação $2\ H_2O_2\ (aq) \rightarrow 2\ H_2O\ (\ell) +$ $+\ O_2\ (g)$ é 117,0 kJ.
c) o $\Delta H$ da reação é 75 kJ.
d) a reação $2\ H_2O_2\ (aq) \rightarrow 2\ H_2O\ (\ell) + O_2\ (g)$ é endotérmica.
e) a energia de ativação da reação $2\ H_2O\ (\ell) + O_2\ (g) \rightarrow 2\ H_2O_2\ (aq)$ é 192,0 kJ.

**21.** (Unicentro-PR) A equação termoquímica para a combustão do carbono a monóxido de carbono é dada a seguir.

$$C\ (s) + \frac{1}{2}\ O_2\ (g) \longrightarrow CO\ (g)$$

Sabendo que

$C\ (s) + O_2\ (g) \longrightarrow CO_2\ (g)$ $\Delta H = -394\ kJ \cdot mol^{-1}$

$CO\ (g) + \frac{1}{2}\ O_2 (g) \longrightarrow CO_2\ (g)$ $\Delta H = -283\ kJ \cdot mol^{-1}$

Assinale a alternativa que apresenta, corretamente, o valor do calor envolvido na reação de combustão do carbono a monóxido de carbono.

a) $\Delta H = -677$ kJ
b) $\Delta H = -394$ kJ
c) $\Delta H = -283$ kJ
d) $\Delta H = -111$ kJ
e) $\Delta H = +111$ kJ

**22.** (Ufac) O dióxido de enxofre é um subproduto da queima de combustíveis fósseis, podendo combinar-se com a água para formar ácido sulfuroso. Alternativamente, o dióxido de enxofre pode reagir com o oxigênio da atmosfera para formar trióxido de enxofre, que, por sua vez, forma em água, o ácido sulfúrico. As reações de formação do dióxido de enxofre e do trióxido de enxofre e as respectivas variações de entalpia, $\Delta H$, são:

$SO_2\ (g) \longrightarrow S\ (s) + O_2\ (g)$ $\Delta H = 297$ kJ/mol

$S\ (s) + 1{,}5\ O_2\ (g) \longrightarrow SO_3\ (g)$ $\Delta H = -396$ kJ/mol

A formação de trióxido de enxofre a partir do dióxido de enxofre é dada pela reação:

$$x\ SO_2\ (g) + y\ O_2\ (g) \longrightarrow z\ SO_3\ (g) \qquad \Delta H = w$$

A alternativa que representa os valores indicados por x, y, z e w é:

a) x = 1; y = 1; z = 1 e w = −99 kJ/mol.
b) x = 1; y = 1/2; z = 1 e w = −99 kJ/mol.
c) x = 1; y = 1/2; z = 1 e w = 99 kJ/mol.
d) x = 1; y = 1/2; z = 1 e w = 693 kJ/mol.
e) x = 1; y = 1; z = 1 e w = − 693 kJ/mol.

**23.** (IFBA) Para transformar grafite em diamante, é preciso empregar pressão e temperatura muito elevadas, em torno de 105 atm e 2 000 °C. O carbono precisa ser praticamente vaporizado e, por isso, apesar de o processo ser possível, é difícil. Consideremos, então, as entalpias de combustão do grafite e do diamante:

I. $C(grafite) + O_2(g) \longrightarrow CO_2(g) \quad \Delta H = -394\ kJ$

II. $C(diamante) + O_2(g) \longrightarrow CO_2(g) \quad \Delta H = -396\ kJ$

Quantos kJ são necessários para transformar grafite em diamante?

a) +2
b) −790
c) +790
d) +10
e) −2

**24.** (Fuvest-SP) O "besouro bombardeiro" espanta seus predadores, expelindo uma solução quente. Quando ameaçado, em seu organismo ocorre a mistura de soluções aquosas de hidroquinona, peróxido de hidrogênio e enzimas, que promovem uma reação exotérmica, representada por:

$$\underset{\text{hidroquinona}}{C_6H_4(OH)_2\ (aq)} + H_2O_2\ (aq) \xrightarrow{\text{enzimas}} C_6H_4O_2\ (aq) + 2\,H_2O\ (\ell)$$

O calor envolvido nessa transformação pode ser calculado, considerando-se os processos:

$C_6H_4(OH)_2\ (aq) \rightarrow C_6H_4O_2\ (aq) + H_2\ (g) \qquad \Delta H^0 = +177\ kJ \cdot mol^{-1}$

$H_2O\ (\ell) + \frac{1}{2}\ O_2\ (g) \rightarrow H_2O_2\ (aq) \qquad \Delta H^0 = +95\ kJ \cdot mol^{-1}$

$H_2O\ (\ell) \rightarrow \frac{1}{2}\ O_2\ (g) + H_2\ (g) \qquad \Delta H^0 = +286\ kJ \cdot mol^{-1}$

Assim sendo, o calor envolvido na reação que ocorre no organismo do besouro é:

a) $-558\ kJ \cdot mol^{-1}$.
b) $-204\ kJ \cdot mol^{-1}$.
c) $+177\ kJ \cdot mol^{-1}$.
d) $+558\ kJ \cdot mol^{-1}$.
e) $+585\ kJ \cdot mol^{-1}$.

TOTAL DE ACERTOS ____ /24

TÓPICO

4

# Oxirredução

## Reveja o que aprendeu

**Objetivos de aprendizagem:**

- Determinar o número de oxidação em compostos iônicos e moleculares.
- Identificar reações de oxirredução.
- Caracterizar agente oxidante e redutor.
- Balancear equações por oxirredução.

### Oxirredução

O termo oxidação era usado originalmente para descrever reações nas quais uma substância se combina com o oxigênio, e o termo redução para indicar a retirada do oxigênio de uma substância.

Atualmente, **oxidação** e **redução** indicam, respectivamente, a perda e o ganho de um ou mais elétrons por átomos, íons ou moléculas. **Reação de oxirredução** é, simultaneamente, uma reação de oxidação e de redução.

**EXEMPLOS**

I. Combustão do gás metano ($CH_4$):

$$CH_4\,(g) + 2\,O_2\,(g) \longrightarrow CO_2\,(g) + 2\,H_2O\,(v).$$

II. Formação da ferrugem:

$$2\,Fe\,(s) + \frac{3}{2}\,O_2\,(g) + 3\,H_2O\,(v) \longrightarrow \underset{\substack{\text{ferrugem} \\ Fe_2O_3\,\cdot\,3\,H_2O}}{2\,Fe(OH)_3\,(s)}$$

As reações apresentadas ocorrem com a participação do oxigênio, mas existem muitas reações de oxirredução sem a presença desse gás, como no exemplo da reação entre ácido clorídrico e ferro:

$$Fe\,(s) + 2\,HC\ell\,(aq) \longrightarrow FeC\ell_2\,(aq) + H_2\,(g)$$

Considere o experimento:

Ao introduzirmos um fio de cobre (Cu) em uma solução aquosa de nitrato de prata ($AgNO_3$), verificamos, após certo tempo, que ocorre a formação de um depósito de prata no fio e que a solução adquire coloração azul, característica da presença de íons $Cu^{2+}$ em concentração elevada.

Luis Moura/Arquivo da editora

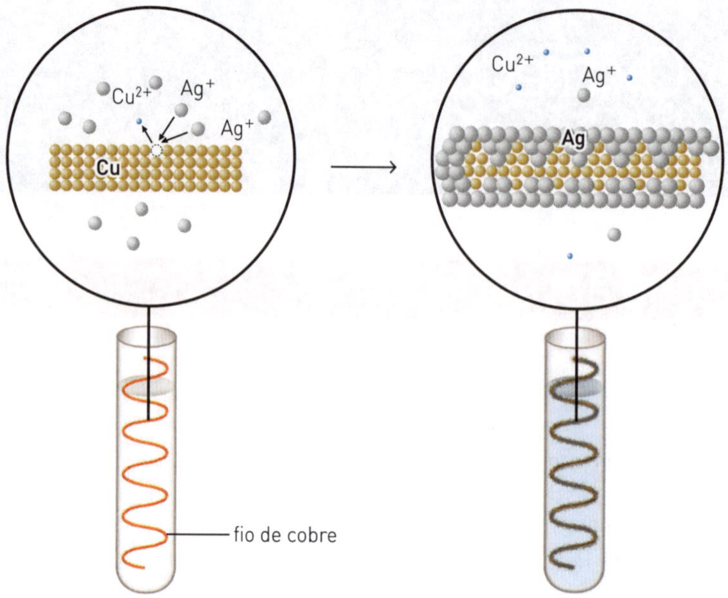


CORES FANTASIA

AUSÊNCIA DE PROPORÇÃO

As reações envolvidas podem ser representadas pelas equações:

$$Cu^0 \longrightarrow Cu^{2+} + 2\,e^- \quad \text{perda de elétrons}$$
$$2\,Ag^+ + 2\,e^- \longrightarrow 2\,Ag^0 \quad \text{ganho de elétrons}$$

**Semirreação:** representação das reações de oxidação e de redução, separadamente, considerando os elétrons perdidos ou recebidos.
**Número de oxidação (Nox):** número correspondente à carga elétrica das espécies químicas. Assim, na reação estudada:

| | |
|---|---|
| $Cu^0$ | Nox = zero |
| $Cu^{2+}$ | Nox = +2 |
| $Ag^+$ | Nox = +1 |
| $Ag^0$ | Nox = zero |

## Número de oxidação (Nox)

O Nox nos ajuda a entender como os elétrons estão distribuídos entre os átomos que participam de um composto iônico ou de uma molécula.

**Compostos iônicos:** o Nox corresponde à carga do íon de cada elemento. Essa carga equivale ao número de elétrons perdidos ou recebidos na formação do composto, sendo atribuído ao átomo de maior eletronegatividade o Nox negativo.

Exemplo: ligação iônica entre um átomo de sódio (Na) e um átomo de cloro ($C\ell$), quando ambos os átomos neutros isolados, em estado gasoso, entram em contato, originando o cloreto de sódio ($NaC\ell$).

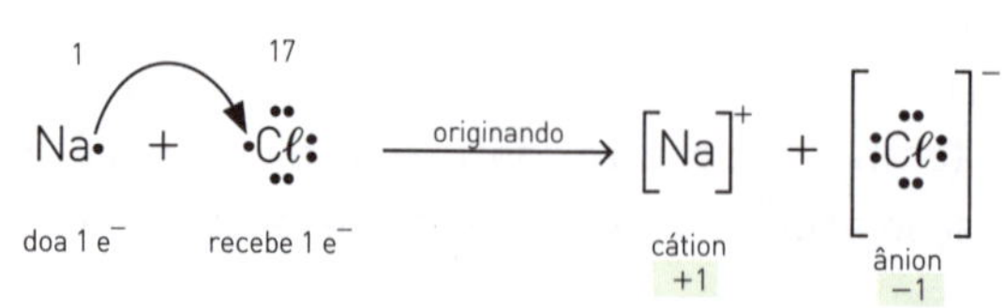

Nessa ligação ocorreu a transferência de um elétron do átomo de sódio para o átomo de cloro, originando um cátion sódio ($Na^+$) e um ânion cloreto ($C\ell^-$), que se unem por atração eletrostática.

O cátion sódio ($Na^+$) apresenta **Nox igual a +1**, pois sua carga é 1+.

O ânion cloreto ($C\ell^-$) apresenta **Nox igual a −1**, pois sua carga é 1−.

**Compostos moleculares:** o Nox corresponde a uma carga elétrica hipotética atribuída a cada átomo nas substâncias, em função das diferenças de eletronegatividade.

Como não ocorre transferência de elétrons nos compostos moleculares, o Nox corresponde à carga elétrica que o átomo iria adquirir se a ligação fosse rompida. Desse modo, o átomo de maior eletronegatividade receberia os elétrons do outro átomo.

Exemplo: a ligação covalente entre um átomo de hidrogênio (H) e um átomo de cloro ($C\ell$), originando o cloreto de hidrogênio ($HC\ell$):

Na molécula de $HC\ell$, um par de elétrons é compartilhado pelos dois átomos. Como o átomo de cloro é mais eletronegativo que o átomo de hidrogênio, o par eletrônico compartilhado está acentuadamente deslocado no sentido do átomo de cloro:

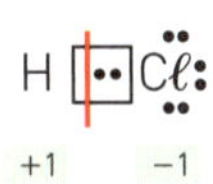


Devido a esse deslocamento, podemos "atribuir" esses elétrons ao átomo de cloro. Assim, o cloro possui um elétron "a mais" na sua camada de valência, passando a apresentar uma carga negativa 1−. O átomo de hidrogênio, por possuir um elétron "a menos" na sua camada de valência, apresenta uma carga positiva 1+. Logo:

O **Nox do cloro** será igual a **−1** e o **Nox do hidrogênio** será igual a **+1**.

## Regras para a determinação do Nox

A determinação dos números de oxidação sem a construção de fórmulas eletrônicas dos compostos pode ser feita por um conjunto de regras:

1. O Nox de cada átomo em uma substância simples é sempre **zero**.

   Por exemplo, a molécula do gás hidrogênio ($H_2$):

   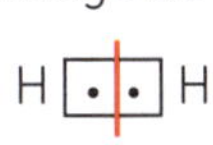

   Os átomos apresentam a mesma eletronegatividade, portanto, em uma eventual quebra da ligação nenhum deles perde ou ganha elétrons. Outros exemplos: $O_2$, $O_3$, $P_4$, $S_8$, $C_{graf}$, $C_{diam}$.

2. O Nox de um íon monoatômico é sempre igual à sua própria carga.

| $K^+$ | $Ba^{2+}$ | $F^-$ | $N^{3-}$ |
|---|---|---|---|
| +1 | +2 | −1 | −3 |

3. Existem elementos que apresentam Nox fixo em seus compostos.

| | Nox | Exemplos |
|---|---|---|
| **Metais alcalinos (Li, Na, K, Rb, Cs, Fr)** | +1 | $NaC\ell$ (+1)   $K_2SO_4$ (+1) |
| **Metais alcalinoterrosos (Be, Mg, Ca, Sr, Ba, Ra)** | +2 | $CaO$ (+2)   $MgC\ell_2$ (+2) |
| **Zinco (Zn)** | +2 | $ZnSO_4$ (+2)   $ZnO$ (+2) |
| **Prata (Ag)** | +1 | $AgC\ell$ (+1)   $Ag_2SO_4$ (+1) |
| **Alumínio (A$\ell$)** | +3 | $A\ell_2(SO_4)_3$ (+3)   $A\ell_2O_3$ (+3) |

4. O Nox do elemento hidrogênio (H) nas substâncias compostas é, geralmente, +1.

| $HBr$ | $H_2SO_4$ | $C_6H_{12}O_6$ |
|---|---|---|
| +1 | +1 | +1 |

Quando o hidrogênio estiver ligado a um metal, formando hidretos metálicos, seu Nox é −1.

| $NaH$ | $CaH_2$ |
|---|---|
| −1 | −1 |

5. O Nox do elemento oxigênio (O), na maioria dos seus compostos, é −2.

| $CO$ | $H_2O$ | $H_2SO_4$ | $C_6H_{12}O_6$ |
|---|---|---|---|
| −2 | −2 | −2 | −2 |

No composto fluoreto de oxigênio ($OF_2$), como o flúor é mais eletronegativo, o Nox do oxigênio é +2:

| $OF_2$ |
|---|
| +2 |

Nos **peróxidos**, $\mathbf{O_2^{2-}}$, o Nox do oxigênio é −1.

Veja a representação da fórmula eletrônica desse grupo:

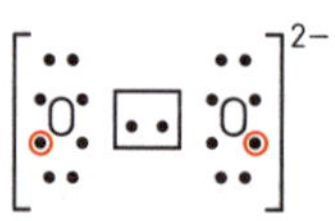

● = elétron recebido

Cada átomo de oxigênio recebeu um elétron e, por isso, o seu Nox é igual a −1.

6. Os halogênios apresentam Nox = −1 quando formam compostos binários (dois elementos), nos quais são mais eletronegativos.

| $HC\ell$ | $MnBr_2$ | $CF_4$ |
|---|---|---|
| −1 | −1 | −1 |

7. A soma dos Nox de todos os átomos constituintes de um composto iônico ou molecular é sempre zero.

| | $NaC\ell$ | $HC\ell$ | $CaO$ | $CO$ |
|---|---|---|---|---|
| | +1 −1 | −1 −1 | +2 −2 | +2 −2 |
| soma dos Nox: | zero | zero | zero | zero |

EXEMPLOS

- **Compostos moleculares**

Determinação do Nox do fósforo (P) no $H_3PO_4$:

$$\begin{array}{c|c|c} H_3 & P & O_4 \\ +1 & x & -2 \\ \hline +3 & x & -8 \end{array}$$

| Elemento | Atomicidade | Nox do átomo | Total |
|---|---|---|---|
| H | 3 | +1 | $3 \cdot +1 = +3$ |
| P | 1 | x | $1 \cdot x = x$ |
| O | 4 | −2 | $4 \cdot -2 = -8$ |

$(+3) + (x) + (8) = 0$

$x = +5$

O Nox do fósforo (P), no composto $H_3PO_4$, é +5.

- **Compostos iônicos**

Determinação do Nox do enxofre (S) no $A\ell_2(SO_4)_3$.

A notação $(SO_4)_3$ indica a presença de 3 grupos $SO_4$, ou seja, 3 átomos de S e 12 átomos de O, o que equivale a $S_3O_{12}$:

$$A\ell_2(SO_4)_3 \Rightarrow A\ell_2S_3O_{12}$$

$$\begin{array}{c|c|c} +3 & x & -2 \\ \hline +6 & 3x & -24 \end{array} \quad (+6) + (3x) + (-24) = 0 \qquad x = +6$$

O Nox do enxofre (S) é +6 no composto $A\ell_2(SO_4)_3$.

- **Agrupamentos iônicos**

Determinação do Nox do crômio (Cr) no $Cr_2O_7^{2-}$:

$$\begin{array}{c|c} Cr_2 & O_7^{2-} \\ x & -2 \\ \hline 2x & -14 \end{array}$$

| Elemento | Atomicidade | Nox do átomo | Total |
|---|---|---|---|
| Cr | 2 | x | $2 \cdot x = 2x$ |
| O | 7 | -2 | $7 \cdot -2 = -14$ |

$(2x) + (-14) = -2$ carga do íon

$x = +6$

O Nox do crômio (Cr) é: +6.

## Reações de oxirredução

**Reações de oxirredução:** reações que ocorrem simultaneamente com a perda e o ganho de elétrons, ou seja, conforme uma espécie se oxida, outra se reduz. Assim, o número total de elétrons perdidos por uma espécie é igual ao número total de elétrons recebidos pela outra.
**Oxidação:** perda de elétrons.
**Redução:** ganho de elétrons.

Exemplo: considere a reação entre zinco metálico (Zn) e uma solução aquosa de sulfato de cobre ($CuSO_4$), produzindo cobre metálico (Cu) e sulfato de zinco ($ZnSO_4$), conforme a equação:

$$Zn\,(s) + \underbrace{CuSO_4\,(aq)}_{\text{solução azul intenso}} \longrightarrow \underbrace{Cu\,(s)}_{\text{depósito avermelhado}} + ZnSO_4\,(aq)$$

Outra maneira de representar a reação é na forma iônica, que mostra as espécies que participam da reação:

$$Zn\,(s) + Cu^{2+}\,(aq) + SO_4^{2-}\,(aq) \longrightarrow Zn^{2+}\,(aq) + Cu\,(s) + SO_4^{2-}\,(aq)$$

Os íons sulfato, $SO_4^{2-}$, não sofreram alteração, assim, podemos concluir que eles não participaram da reação.

$$Zn\ (s) + Cu^{2+}\ (aq) + \cancel{SO_4^{2-}\ (aq)} \longrightarrow Zn^{2+}\ (aq) + Cu\ (s) + \cancel{SO_4^{2-}\ (aq)}$$

Portanto, a reação que ocorreu pode ser representada por:

$$Zn\ (s) + Cu^{2+}\ (aq) \longrightarrow Zn^{2+}\ (aq) + Cu\ (s)$$

Nessa reação estão ocorrendo simultaneamente dois fenômenos: a oxidação do zinco e a redução dos íons de cobre, que podem ser representadas pelas respectivas semirreações.

Semirreação de oxidação:

$$Zn\ (s) \longrightarrow Zn^{2+}\ (aq) + 2\ e^-$$

Semirreação de redução:

$$Cu^{2+}\ (aq) + 2\ e^- \longrightarrow Cu\ (s)$$

O total de elétrons recebidos por uma espécie deve sempre ser igual ao total de elétrons cedidos pela outra. Isso pode ser percebido analisando conjuntamente as duas semirreações:

| | |
|---|---|
| semirreação de oxidação: | $Zn\ (s) \longrightarrow Zn^{2+}\ (aq) + \cancel{2\ e^-}$ |
| semirreação de redução: | $Cu^{2+}\ (aq) + \cancel{2\ e^-} \longrightarrow Cu\ (s)$ |
| reação global: | $Zn\ (s) + Cu^{2+}\ (aq) \longrightarrow Cu\ (s) + Zn^{2+}\ (aq)$ |

## Agente redutor e agente oxidante

### Agente redutor

**Agente redutor:** substância que **sofre oxidação** e **provoca redução**.

Como o processo de oxidação ocorre simultaneamente ao de redução, os elétrons perdidos pela espécie que se oxida serão recebidos pela que sofre redução. Isso significa que a espécie oxidada provoca a redução da outra espécie, ou seja, é a **substância** ou o **agente redutor**.

#### EXEMPLO

Ferro (Fe) perde 2 elétrons e se transforma em $Fe^{2+}$, aumentando o Nox de 0 para +2.

agente redutor

$$\underset{0}{Fe} \xrightarrow{\text{oxidação}} \underset{+2}{Fe^{2+}} + 2\ e^-$$

Fe:
- sofre oxidação (Nox aumenta)
- perde elétrons
- é o agente redutor

### Agente oxidante

**Agente oxidante:** substância que **sofre redução** e **provoca oxidação**.

Como o processo de redução ocorre simultaneamente ao de oxidação, os elétrons recebidos pela espécie que se reduz são cedidos pela que sofre oxidação. Isso significa que a espécie reduzida provoca a oxidação da outra espécie, ou seja, é a **substância** ou o **agente oxidante**.

EXEMPLO

Hidrogênio ($H^+$) recebe 2 elétrons e se transforma em $H_2$, diminuindo o Nox de +1 para 0.

agente oxidante

$$2\,H^+ + 2\,e^- \longrightarrow H_2$$

+1 —— redução —— 0

$H^+$ { • sofre redução (Nox diminui) • ganha elétrons • é o agente oxidante }

## Reconhecimento de uma reação de oxirredução

O reconhecimento de uma reação de oxirredução é feito pela análise da variação do número de oxidação das espécies envolvidas.

Veja o exemplo:

$$Zn\,(s) + 2\,Ag^+\,(aq) \longrightarrow 2\,Ag\,(s) + 2\,Zn^{2+}\,(aq)$$

$Ag^+$: +1 —— redução —— 0 ($Ag$)

$Zn$: 0 —— oxidação —— +2 ($Zn^{2+}$)

Nesta reação, temos:

Zn (s) { sofre oxidação; agente redutor }

$Ag^+$ (aq) { sofre redução; agente oxidante }

Como nem sempre podemos perceber a ocorrência da variação do Nox, é conveniente determinar o Nox dos átomos de todas as espécies participantes da reação.

## Balanceamento das equações de reações de oxirredução

O balanceamento das equações de reações de oxirredução é feito igualando o número de elétrons perdidos e recebidos.

Para isso, devemos:

- determinar o número de elétrons perdidos ou recebidos para cada espécie química, que corresponde à variação do Nox ($\Delta$Nox);
- determinar a quantidade necessária de cada espécie para obter a igualdade do número de elétrons.

O número total de elétrons perdidos ou recebidos é igual ao produto do $\Delta$Nox da espécie pelo seu coeficiente (número de átomos ou íons):

$$\text{nº total de } e^- \text{ (perdidos ou recebidos)} = \Delta\text{Nox} \cdot \text{coeficiente}$$

Veja três exemplos.

I. Uma lâmina de alumínio ($A\ell$) foi mergulhada em uma solução aquosa de sulfato de cobre ($CuSO_4$) ocorrendo a formação de cobre metálico (Cu) e de sulfato de alumínio ($A\ell_2(SO_4)_3$):

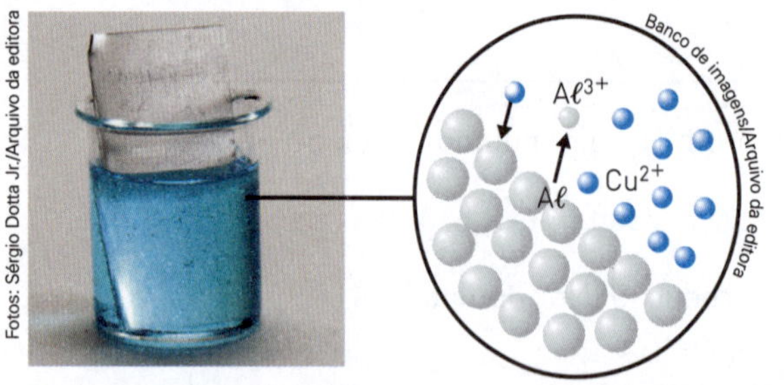

Lâmina de alumínio em solução aquosa de sulfato de cobre.

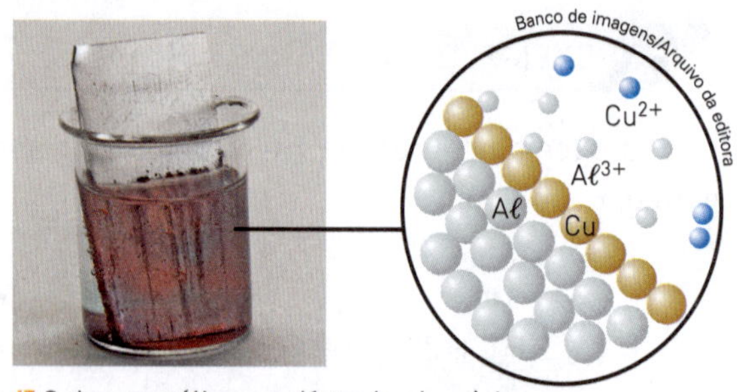

Cobre metálico e sulfato de alumínio.

- Representar a reação na forma iônica:

$$A\ell\,(s) + Cu^{2+}\,(aq) \longrightarrow A\ell^{3+}\,(aq) + Cu\,(s)$$

- Determinar o Nox de cada espécie e suas variações:

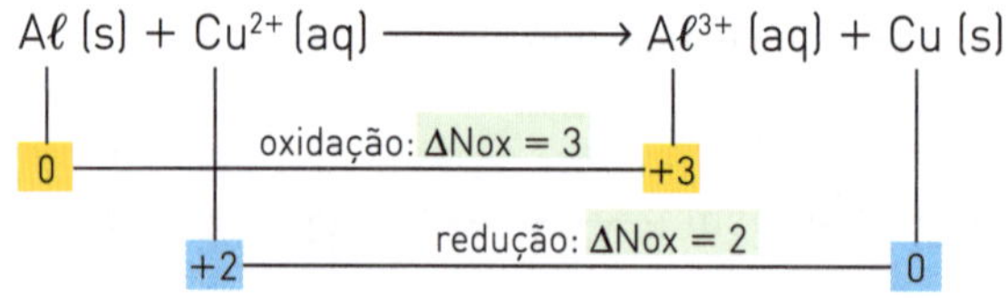


$$\text{cada } A\ell \text{ perde } 3\,e^- \Rightarrow \Delta Nox = 3$$
$$\text{cada } Cu^{2+} \text{ recebe } 2\,e^- \Rightarrow \Delta Nox = 2$$

- Igualar o número de elétrons. Para isso, multiplicamos o número de elétrons perdidos pelo número de elétrons recebidos:

$$3\,e^- \text{ perdidos} \cdot 2\,e^- \text{ recebidos} = 6\,e^- \text{ transferidos}$$

- Estabelecer quantos átomos ou íons são capazes de perder ou receber essa quantidade de elétrons transferidos:

$$1 \text{ átomo de } A\ell \text{ perde } 3\,e^- \Rightarrow 2 \text{ átomos de } A\ell \text{ perdem } 6\,e^-$$
$$1 \text{ íon de } Cu^{2+} \text{ recebe } 2\,e^- \Rightarrow 3 \text{ íons de } Cu^{2+} \text{ recebem } 6\,e^-$$

- Atribuir como coeficientes das espécies as respectivas quantidades de átomos ou íons estabelecidas e, a partir desses coeficientes, determinar os das demais espécies, obtendo a equação balanceada:

$$2\,A\ell\,(s) + 3\,Cu^{2+}\,(aq) \longrightarrow 2\,A\ell^{3+}\,(aq) + 3\,Cu\,(s)$$

II. Uma solução aquosa de permanganato de potássio, $KMnO_4$, de cor violeta, ao ser gotejada sobre uma solução de ácido clorídrico, $HC\ell$, sofre descoloração, ou seja, torna-se incolor.

- Representar a reação:

$$KMnO_4 + HC\ell \longrightarrow KC\ell + MnC\ell_2 + C\ell_2 + H_2O$$

- Determinar a variação do Nox de cada elemento:

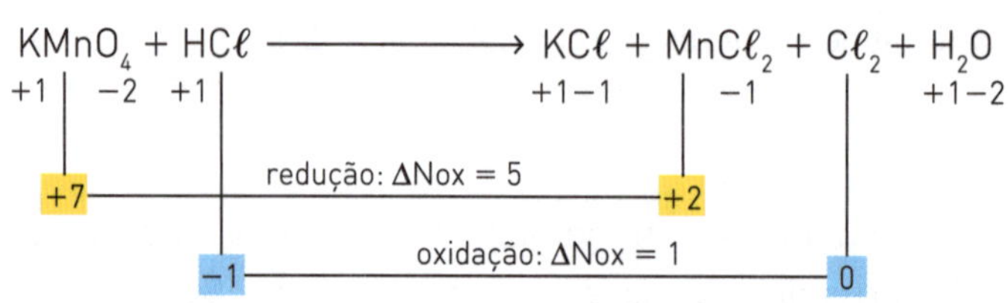

- Identificar a reação de redução e a de oxidação:

  Todo o manganês, Mn, presente no $KMnO_4$ se reduziu, originando o $MnC\ell_2$:

$$KMnO_4 \xrightarrow{\Delta Nox\ =\ 5} MnC\ell_2$$

  O cloro presente no $HC\ell$ originou $KC\ell$, $MnC\ell_2$ e $C\ell_2$, e somente uma parte dos seus átomos se oxidou, originando o $C\ell_2$, que é a parte que nos interessa:

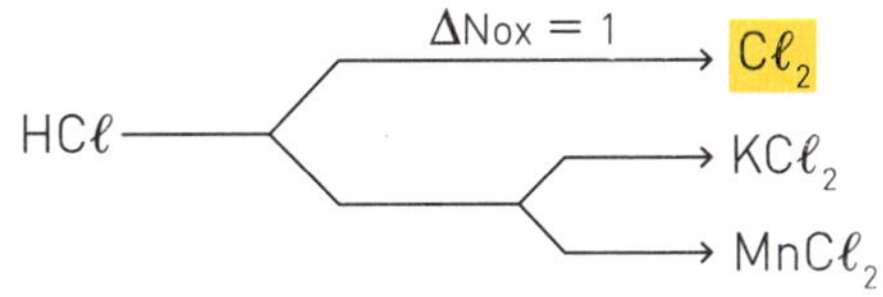


- Relacionar o ΔNox com a quantidade de $C\ell_2$ formada: cada cloro que forma $C\ell_2$ perde 1 elétron; como são necessários 2 átomos de cloro para formar cada $C\ell_2$, nessa formação foram perdidos 2 elétrons. Assim, temos:

$$C\ell_2 = 2 \cdot \Delta Nox = 2$$

- Determinar os coeficientes para cada espécie em que houve variação do Nox, atribuindo o ΔNox de uma espécie como coeficiente da outra espécie:
- $KMnO_4$: $\Delta Nox = 5 \Rightarrow$ 5 será o coeficiente do $C\ell_2$;
- $C\ell_2$: $2 \cdot \Delta Nox = 2 \Rightarrow$ 2 será o coeficiente do $KMnO_4$.

$$2\ KMnO_4 + HC\ell \longrightarrow KC\ell + MnC\ell_2 + 5\ C\ell_2 + H_2O$$

  Observe que o número total de elétrons perdidos é igual ao número total de elétrons recebidos:

| $e^-$ perdidos | $e^-$ recebidos |
|---|---|
| $1\ C\ell_2 = 2\ e^-$ | $1\ KMnO_4 = 5\ e^-$ |
| $5\ C\ell_2 = 10\ e^-$ | $2\ KMNO_4 = 10\ e^-$ |

- Determinar os coeficientes das demais espécies pelo método das tentativas para obter a equação balanceada:

$$2\ KMnO_4 + 16\ HC\ell \longrightarrow 2\ KC\ell + 2\ MnC\ell_2 + 5\ C\ell_2 + 8\ H_2O$$

III. Determinar os coeficientes da equação iônica:

$$MnO_4^- + H^+ + C_2O_4^{2-} \longrightarrow Mn^{2+} + CO_2 + H_2O$$

- Determinar o Nox de cada espécie a fim de verificar quais delas apresentam variação, ou seja, quais se oxidaram e quais se reduziram:

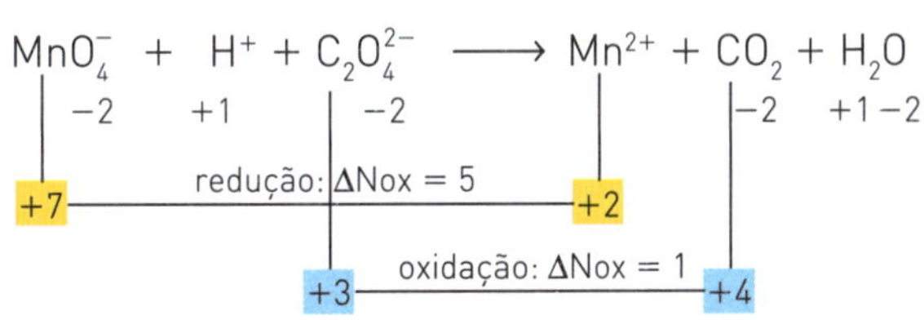


  Todo manganês presente no $MnO_4^-$ se reduziu, originando $Mn^{2+}$:

$$MnO_4^- \xrightarrow{\Delta Nox\ =\ 5} Mn^{2+}$$

  Todo carbono presente no $C_2O_4^{2-}$ se oxidou, originando $CO_2$:

$$C_2O_4^{2-} \xrightarrow{\Delta Nox\ =\ 1} CO_2$$

Cada carbono perdeu 1 elétron; como no $C_2O_4^{2-}$ existem 2 carbonos, o número total de elétrons perdidos é igual a 2:

$$C_2O_4^{2-} \longrightarrow 2 \cdot \Delta Nox = 2$$

- Determinar os coeficientes de cada espécie em que houve variação do Nox, atribuindo o ΔNox de uma espécie como coeficiente da outra espécie:

$$MnO_4^- \Rightarrow \Delta Nox = 5 \Rightarrow \boxed{5} \text{ será o coeficiente do } C_2O_4^{2-};$$

$$C_2O_4^{2-} \Rightarrow 2 \cdot \Delta Nox = 2 \Rightarrow \boxed{2} \text{ será o coeficiente do } MnO_4^-.$$

$$\boxed{2}\ MnO_4^- + H^+ + \boxed{5}\ C_2O_4^{2-} \longrightarrow Mn^{2+} + CO_2 + H_2O$$

- Determinar os demais coeficientes pelo método das tentativas para obter a equação balanceada:

$$2\ MnO_4^- + 16\ H^+ + 5\ C_2O_4^{2-} \longrightarrow 2\ Mn^{2+} + 10\ CO_2 + 8\ H_2O$$

- Verificar se o balanceamento está correto comparando o total de cargas dos reagentes e dos produtos. Esse total deve ser o mesmo:

$$\begin{array}{ccccccccccc} 2\ MnO_4^- & + & 16\ H^+ & + & 5\ C_2O_4^{2-} & \longrightarrow & 2\ Mn^{2+} & + & 10\ CO_2 & + & 8\ H_2O \\ 2(-1) & + & 16(+1) & + & 5(-2) & = & 2(+2) & + & 10(0) & + & 8(0) \end{array}$$

$$+4 = +4$$

# Aplique o que aprendeu

## Exercício resolvido

(IME-RJ) O alumínio é o metal mais empregado pelo homem depois do ferro. É o elemento metálico mais abundante na crosta terrestre (8,29% em massa) e não existe naturalmente na forma livre, sendo o minério silico-aluminato seu composto natural mais importante. Apresenta propriedade anfotérica, isto é, reage tanto com ácidos quanto com bases. Partindo da equação apresentada abaixo, responda o que se pede:

$$NaNO_3\ (aq) + A\ell\ (s) + NaOH\ (aq) + H_2O\ (\ell) \longrightarrow NH_3\ (aq) + Na[A\ell(OH)_4]\ (aq)$$

a) A equação da semirreação de oxidação iônica balanceada (carga e massa) com os menores coeficientes inteiros possíveis.

b) A equação da semirreação de redução iônica balanceada (carga e massa) com os menores coeficientes inteiros possíveis.

c) A equação total balanceada (carga e massa) com os menores coeficientes inteiros possíveis.

d) O íon oxidante.

e) A fórmula do redutor.

f) O nome da espécie resultante da oxidação.

**Solução:**

Equação iônica: $A\ell(OH)_4^-$

$$\overset{5+}{N}O_3^-\ (aq) + \overset{0}{A\ell}\ (s) + OH^-\ (aq) \longrightarrow \overset{3-}{N}H_3\ (aq) + \overset{3+}{A\ell}(OH)_4^-\ (aq)$$

oxidação 3 e⁻ ($A\ell \rightarrow A\ell(OH)_4^-$)

redução 8 e⁻ ($NO_3^- \rightarrow NH_3$)

a) Há a participação dos íons $OH^-$ e a liberação de 3 elétrons, portanto:

$$A\ell\ (s) + OH^-\ (aq) \longrightarrow A\ell(OH)_4^- + 3\ e^-$$

Para balancear a semirreação, basta corrigir o coeficiente do íon $OH^-$.

$Al (s) + 4\ OH^- (aq) \rightarrow Al(OH)_4^- + 3\ e^-$

b) Redução: Há a participação da água e o recebimento de 8 elétrons, portanto:

$NO_3^- (aq) + H_2O (\ell) + 8\ e^- \rightarrow NH_3 (aq)$

Para balancear a semirreação, devemos adicionar íon $OH^-$ aos produtos e corrigir os coeficientes do íon e da água.

$NO_3^- (aq) + 6\ H_2O (\ell) + 8\ e^- \rightarrow NH_3 (aq) + 9\ OH^- (aq)$

c) Oxidação: $Al(s) + 4\ OH^- (aq) \rightarrow Al(OH)_4^- (aq) + 3\ e^-$ $(\cdot 8)$

Redução: $NO_3^- (aq) + 6\ H_2O (\ell) + 8\ e^- \rightarrow NH_3 (aq) + 9\ OH^- (aq)$ $(\cdot 3)$

Oxidação: $8\ Al(s) + \cancel{32\ OH^- (aq)} \rightarrow 8\ Al(OH)_4^- (aq) + \cancel{24\ e^-}$

Redução: $3\ NO_3^- (aq) + 18\ H_2O (\ell) + \cancel{24\ e^-} \rightarrow 3\ NH_3 (aq) + \cancel{27}\ OH^- (aq)$

Eq. geral: $3\ NO_3^- (aq) + 8\ Al(s) + 18\ H_2O (\ell) \rightarrow 3\ NH_3 (aq) + 8\ Al(OH)_4^- (aq) + 5\ OH^- (aq)$

Agora, devemos balancear a equação total:

$\mathbf{3}\ NaNO_3 (aq) + \mathbf{8}\ Al (s) + NaOH (aq) + \mathbf{18}\ H_2O (\ell) \rightarrow \mathbf{3}\ NH_3 (aq) + \mathbf{8}\ Na[Al(OH)_4] (aq) + \mathbf{5}\ OH^- (aq)$

$3\ NaNO_3 (aq) + 8\ Al (s) + 5\ NaOH (aq) + 18\ H_2O (\ell) \rightarrow 3\ NH_3 (aq) + 8\ Na[Al(OH)_4] (aq)$

d) Íon oxidante (sofre redução): $NO_3^-$.

e) Íon redutor (sofre oxidação): $Al$.

f) Produto da oxidação: ânion aluminato.

## Questões

**1.** (Uece) Um objeto de prata em contato com sulfeto de hidrogênio do ar e de alguns alimentos adquire uma camada escura superficial. Para retirar a película escura, sugere-se introduzir o objeto em uma panela de alumínio com água e detergente, e aquecer o sistema até a ebulição do líquido. Baseando-se nessa informação, é correto afirmar que:

a) ao reagir com o sulfeto de hidrogênio, a prata ganha elétrons.

b) na panela ocorre uma reação química com catálise homogênea promovida pelo detergente.

c) a regeneração e a limpeza da prata são decorrentes de um processo de redução da prata.

d) não há reação química, porque a mancha escura, que é o sulfeto de prata, dissolve-se na água.

**2.** (Uepa)

As reações químicas constituem importantes ferramentas utilizadas na elucidação de crimes. Para revelar numerações em chassi de veículos adulterados, utiliza-se uma solução aquosa alcalina de Ferricianeto de potássio – $K_3[FeCN_6]$, denominado *reagente de Murikami*. O processo consiste na aplicação da referida solução à superfície metálica adulterada (que sofre oxidação mais rapidamente) possibilitando a revelação da numeração original. As equações I e II (não balanceadas) representam as reações envolvidas no processo:

I. $Fe + O_2 \rightarrow Fe_2O_3$

II. $\underset{\text{alaranjado}}{K_3[Fe(CN)_6]} + Fe_2O_3 \rightarrow \underset{\text{azul da Prússia}}{Fe[Fe(CN)_6]} + K_2O$

(Extraído e adaptado de: OLIVEIRA, Marcelo Firmino. Química Forense: A utilização da Química na pesquisa de vestígios de crime. In: Rev. *Química nova na escola on-line*, nº 24. Disponível em: http://qnesc.sbq.org.br/online/qnesc24/ccd2.pdf. Acessado em: 08/09/11)

A variação do nox do ferro na superfície que sofre oxidação é:

a) +2. b) +3. c) 0. d) −3. e) −2.

**3.** (UFRN) Os efluentes da indústria de curtume (beneficiamento de couros) lançados no rio Potengi são poluentes potencialmente perigosos pelo seu conteúdo em metais pesados. Esses metais são absorvidos por peixes e crustáceos consumidos pela população. O elemento cromo (Cr), por exemplo, dependendo do estado de oxidação e da quantidade absorvida, pode causar disfunções metabólicas ou alterações genéticas. O chamado licor de cromo, usado para curtir couros, é preparado no processo

$Na_2Cr_2O_7\,(aq) + 3\,SO_2\,(g) + H_2O\,(g) \rightarrow 2\,Cr(OH)SO_4\,(aq) + Na_2SO_4\,(aq)$.

Nessa reação, o oxidante e o redutor são, respectivamente:

a) $S^{4+}$ e $Cr^{6+}$. b) $Cr^{3+}$ e $S^{6+}$. c) $Cr^{6+}$ e $S^{4+}$. d) $S^{4+}$ e $Cr^{4+}$.

**4.** (Vunesp-SP) A hidrazina ($N_2H_4$) e o tetróxido de dinitrogênio ($N_2O_4$) formam uma mistura autoignitora que tem sido utilizada em propulsores de foguetes. Os produtos da reação são nitrogênio e água. Forneça a equação química balanceada para essa reação e a estrutura de Lewis para a molécula do reagente redutor.

Dados: Números atômicos: H = 1; N = 7; O = 8.

**5.** (Unifesp) Ligas metálicas são comuns no cotidiano e muito utilizadas nas indústrias automobilística, aeronáutica, eletrônica e na construção civil, entre outras. Uma liga metálica binária contendo 60% em massa de cobre foi submetida à análise para identificação de seus componentes. Uma amostra de 8,175 g da liga foi colocada em contato com excesso de solução de ácido clorídrico, produzindo 0,05 mol de gás hidrogênio. O que restou da liga foi separado e transferido para um recipiente contendo solução de ácido nítrico concentrado. As reações ocorridas são representadas nas equações, em que um dos componentes da liga é representado pela letra M.

$$M\,(s) + 2\,HC\ell\,(aq) \rightarrow MC\ell_2\,(aq) + H_2\,(g)$$

$$Cu\,(s) + 4\,HNO_3\,(aq) \rightarrow Cu(NO_3)_2\,(aq) + 2\,NO_2\,(g) + 2\,H_2O\,(\ell)$$

a) Determine a variação do número de oxidação das espécies que sofrem oxidação e redução na reação com ácido nítrico.

b) Identifique o componente M da liga, apresentando os cálculos utilizados.

**6.** (UEG-GO) A fotossíntese e a respiração são processos biológicos fundamentais na manutenção metabólica dos organismos. Esses processos envolvem a redução e a oxidação complementar do carbono e do oxigênio:

$$\text{Energia} + 6\,CO_2 + 6\,H_2O \rightleftharpoons C_6H_{12}O_6 + 6\,O_2$$

Sobre esses processos, é CORRETO afirmar:

a) o oxigênio, durante a respiração, é oxidado para formar água, e o carbono é reduzido para formar dióxido de carbono.

b) as plantas, quando realizam a fotossíntese, oxidam o átomo de carbono em dióxido de carbono, utilizando a energia luminosa.

c) o oxigênio, à medida que o carbono é reduzido durante a fotossíntese, é oxidado de sua forma na água para sua fórmula molecular, $O_2$.

d) os organismos, quando realizam a respiração, reduzem o carbono orgânico em dióxido de carbono, utilizando energia para sintetizar proteínas.

**7.** (Uema) O bafômetro é um instrumento que detecta álcool no ar exalado por meio de uma reação de transferência de elétrons. Esses dispositivos mais simples e descartáveis consistem num pequeno tubo que contém dicromato de potássio, $K_2Cr_2O_7$ umedecido com ácido sulfúrico, $H_2SO_4$, com coloração amarelo-alaranjada. Quando a pessoa sopra, por meio da mistura, provoca a reação dos íons dicromato, detectando a presença de álcool, devido à mudança da cor para verde, conforme equação abaixo. A mudança de cor ocorre pela diferença do número de oxidação, observada na reação, que indica o número de elétrons que um átomo ou íon perde ou ganha para adquirir estabilidade química.

$$\underset{\text{alaranjada}}{K_2Cr_2O_7} + 4\,H_2SO_4 + 3\,\underset{\text{incolor}}{CH_3CH_2OH} \rightarrow \underset{\text{verde}}{Cr_2(SO_4)_3} + 7\,H_2O + 3\,\underset{\text{incolor}}{CH_3CHO} + K_2SO_4$$

Os números de oxidação identificados nas espécies químicas responsáveis pela mudança de coloração são, respectivamente:

a) 6+ e 3+.
b) 6− e 3−.
c) 1+ e 2−.
d) 5+ e 2+.
e) 5− e 2−.

**8.** (Unicamp-SP) Um efluente industrial contaminado por $Cr^{6+}$ recebe um tratamento químico que consiste na sua acidificação e na adição de ferro metálico. O ferro metálico e o ácido reagem entre si, dando origem ao íon $Fe^{2+}$. Este, por sua vez, reage com o $Cr^{6+}$, levando à formação dos íons $Fe^{3+}$ e $Cr^{3+}$. Depois desse passo no tratamento, o pH do efluente é aumentado por adição de uma base, o que leva à formação dos correspondentes hidróxidos pouco solúveis dos íons metálicos presentes. Os hidróxidos sólidos formados podem, assim, ser removidos da água.

Em relação ao tratamento químico completo do efluente industrial acima descrito, dê um exemplo de reação em que não houve transferência de elétrons e um exemplo de reação em que houve transferência de elétrons.

**9.** (UEM-PR) Numa feira de ciências, os alunos resolveram mostrar o escurecimento da maçã ao ser exposta ao ar e ser fincada por um prego. Sabendo-se que a maçã é rica em ácido málico, analise as afirmativas a seguir.

I. O ácido reage com o ferro do prego, oxidando-o a $Fe^{2+}$.
II. A substância azulada formada pela reação do prego com a maçã é malato férrico.
III. Ao colocar limão ou açúcar, que funcionam como redutores, há oxidação no lugar da polpa.
IV. A cor escura da maçã, quando exposta ao ar, se deve à oxidação com o oxigênio.

Estão corretas apenas as afirmativas:

a) I, II e III.
b) I, II e IV.
c) I, III e IV.
d) II, III e IV.

**10.** (Fuvest-SP) Uma estudante de Química elaborou um experimento para investigar a reação entre cobre metálico (Cu) e ácido nítrico ($HNO_3$ (aq)). Para isso, adicionou o ácido nítrico a um tubo de ensaio (I) e, em seguida, adicionou raspas de cobre metálico a esse mesmo tubo. Observou que houve liberação de calor e de um gás marrom, e que a solução se tornou azul. A seguir, adicionou raspas de cobre a dois outros tubos (II e III), contendo, respectivamente, soluções aquosas de ácido clorídrico ($HC\ell$ (aq)) e nitrato de sódio ($NaNO_3$ (aq)). Não observou qualquer mudança nos tubos II e III, ao realizar esses testes. Sabe-se que soluções aquosas de íons $Cu^{2+}$ são azuis e que o gás $NO_2$ é marrom.

a) Escreva, nos espaços delimitados na página de respostas, as equações que representam a semirreação de oxidação e a semirreação de redução que ocorrem no tubo I.

| Semirreação de oxidação | |
|---|---|
| Semirreação de redução | |

b) Qual foi o objetivo da estudante ao realizar os testes com $HC\ell$ (aq) e $NaNO_3$ (aq)? Explique.

**11.** (UEFS-BA) Desde a antiguidade, o homem utiliza metais para a fabricação de utensílios diversos. A partir do século XVIII, a metalurgia tornou-se uma ciência, em que os processos metalúrgicos passaram a ser estudados e explicados, alavancando a obtenção dos metais a partir de minérios. A metalurgia é uma sequência de processos que visa à obtenção de um elemento metálico a partir de seu minério. Quanto maior a tendência do metal para sofrer corrosão, maior é a dificuldade de obtê-lo a partir do minério.

Sobre a obtenção de metais na metalurgia, é correto afirmar:

I. O alumínio é um metal de fácil obtenção a partir de seu minério, a bauxita, pois esse, por possuir baixa tendência em oxidar, é facilmente reduzido de $A\ell^{3+}$ para $A\ell^{0}$, se comparado a outros metais menos nobres, como o ferro e o chumbo.

II. Metais, como o ferro e o zinco, para serem obtidos a partir de seus minérios, devem ser aquecidos na presença de uma substância que vai provocar a redução desses metais, como o monóxido de carbono, que é um agente redutor.

III. O alumínio possui inúmeras aplicações, mas, por ser um metal pouco nobre, é difícil de ser obtido e sua redução é realizada em um processo denominado eletrólise.

IV. A prata é um metal nobre, sua principal fonte é o minério argentita ($Ag_2S$), sendo que o processo de obtenção da prata metálica é realizado pelo aquecimento desse minério, que reage com o oxigênio, provocando a oxidação da prata.

A alternativa em que **todas** as afirmativas indicadas estão corretas é a:

a) I e II. b) I e IV. c) II e III. d) III e IV. e) I, II e IV.

**12.** (UFRN) A quantidade de nitrogênio na água, sob suas diversas formas compostas (orgânico, amoniacal, nitritos e nitratos), pode indicar uma poluição recente ou remota (menor ou maior tempo de contaminação). O nitrogênio segue um ciclo desde a formação de compostos orgânicos, até a formação de compostos com estados de oxidação 3−, 3+ e 5+ (estado de oxidação máximo). Sendo assim, é possível avaliar-se o grau de poluição pela concentração e pelo número de oxidação do nitrogênio no composto presente na água, quando não existem outros efeitos de contaminação que não seja nitrogênio de origem orgânica. Desejando-se tratar as águas contaminadas de quatro rios, com prioridade para o rio cujas águas apresentavam maior tempo de contaminação, foram realizados testes em amostras de água dos quatro rios, cujos resultados se mostram no quadro abaixo:

| Rio | Forma da maior fração do nitrogênio total |
|---|---|
| I | $NH_3$ |
| II | $NO_2^-$ |
| III | $NO_3^-$ |
| IV | Nitrogênio orgânico |

De acordo com o texto e as informações do quadro, pode-se afirmar que o rio a ter primeiramente suas águas tratadas, por apresentar o maior tempo de contaminação, é o identificado como:

a) II.
b) III.
c) I.
d) IV.

**13.** (Uece) No laboratório de Química foi realizada uma experiência, cujo procedimento foi o seguinte:

1. Em dois tubos de ensaio, colocou-se 5 mL de água destilada em cada um.
2. Em seguida, acrescentou-se 3 gotas de lugol (solução de iodo em iodeto de potássio 1% em cada um dos tubos de ensaio. Por causa do iodo, a solução ficou de cor marrom amarelada.
3. Pulverizou-se um comprimido de vitamina C ($C_6H_8O_6$), usando-se um almofariz com pistilo, e adicionou-se em um dos tubos de ensaio.
4. Agitou-se o tubo de ensaio que continha o comprimido de vitamina C pulverizado e observou-se a descoloração da solução.

Com relação a essa experiência, assinale a afirmação correta.

a) A vitamina C promove a oxidação do iodo a iodeto de hidrogênio.
b) A descoloração da solução ocorre porque a vitamina C promove a redução do iodeto de hidrogênio a iodo.
c) A reação química da vitamina C com a solução de lugol é: $C_6H_8O_6 + 2\,HI \rightarrow C_6H_6O_6 + I_2 + 2\,H_2$.
d) Na reação química, a vitamina C atua como redutor.

**14.** (IME-RJ) São dadas as equações químicas, não ajustadas, a seguir:

I. $KC\ell O_3 + H_2SO_4 \rightarrow HC\ell O_4 + C\ell O_2 + K_2SO_4 + H_2O$

II. $KMnO_4 + HC\ell \rightarrow KC\ell + MnC\ell_2 + H_2O + C\ell_2$

Para cada uma dessas equações, determine:

a) os seus coeficientes, considerando os menores números inteiros possíveis.

b) o agente redutor.

c) o agente oxidante.

**15.** (Uece) O conhecimento dos conceitos de oxidação e redução é de fundamental importância no estudo da biologia molecular associado à fotossíntese e à respiração, na redução de minerais para a obtenção de metais, em cálculos estequiométricos, na prevenção da corrosão e no estudo da eletroquímica. Dada a equação não balanceada, $As_2S_3 + HNO_3 + H_2O \rightarrow H_3AsO_4 + H_2SO_4 + NO$, marque a única afirmação verdadeira.

a) Representa uma reação de auto-oxirredução.

b) Indica uma reação de oxidorredução parcial.

c) Quando balanceada, a soma de seus coeficientes é 76.

d) Dois elementos sofrem oxidação e um elemento sofre redução.

**16.** (Famema-SP) Soluções aquosas de permanganato de potássio não devem ser colocadas em contato com recipientes de alumínio, pois reagem com esse metal, corroendo-o, de acordo com a equação:

$$A\ell\ (s) + KMnO_4\ (aq) + 2\ H_2O\ (\ell) \rightarrow K[A\ell(OH)_4]\ (aq) + MnO_2\ (s).$$

a) Indique qual reagente atua como oxidante e qual reagente atua como redutor. Justifique sua resposta com base na variação dos números de oxidação.

b) Calcule a massa de alumínio que sofre corrosão quando uma solução contendo 10,0 g de permanganato de potássio reage completamente com esse metal.

**17.** (IFBA) Atualmente, o magnésio metálico é obtido após uma sequência de reações químicas que tem como ponto de partida a transformação do íon magnésio, presente na água do mar, em seu hidróxido. As equações químicas que demonstram as reações de obtenção do magnésio são:

I. $Ca(OH)_2(s) + Mg^{2+}\ (aq) \rightarrow Mg(OH)_2\ (s) + Ca^{2+}\ (aq)$

II. $Mg(OH)_2\ (s) + 2\ HC\ell\ (g) \rightarrow MgC\ell_2\ (s)\ 2\ H_2O\ (\ell)$

III. $MgC\ell_2\ (s) \rightarrow Mg\ (s) + C\ell_2\ (g)$

A partir das reações representadas e das propriedades dos elementos e substâncias, é correto afirmar:

a) A formação do Mg (s) ocorre com redução do $Mg^{2+}$ e oxidação do $C\ell^-$.

b) O raio do íon $Mg^{2+}$ é maior que o do íon $Ca^{2+}$.

c) Na reação global, um mol de $HC\ell$ (g) é consumido para cada mol de $Mg^{2+}$ (aq) que reage.

d) A substância oxidante na equação (II) é o hidróxido de magnésio.

e) Ao reagirem 7,5 mols de $Mg(OH)_2$ (s) e 10 mol de $HC\ell$ (g), o reagente em excesso é o ácido.

**18.** (PUC-RJ)

$$Na_3AsO_3\ (aq) + Ce(SO_4)_2\ (aq) + H_2O \rightarrow Na_3AsO_4\ (aq) + Ce_2(SO_4)_3\ (aq) + H_2SO_4\ (aq)$$

**Dado**: $M(Na_3AsO_3) = 192$ g/mol

Considere a reação de oxirredução, em meio aquoso, representada pela equação não balanceada acima, as espécies que participam da reação e aquelas que são íons espectadores para responder o que se pede:

a) Faça o balanço de massa da equação com os menores números inteiros e, a seguir, responda apenas qual é o valor do coeficiente estequiométrico da substância que atua como agente oxidante.

b) Indique os íons que não participam da reação, ou seja, os íons espectadores.

c) Indique a espécie que atua como agente redutor.

d) Calcule o volume de solução aquosa, 0,100 mol/L de $Ce(SO_4)_2$, que reage estequiometricamente com solução aquosa contendo 0,288 g de $Na_3AsO_3$.

**19.** (EBMSP-BA) Os rótulos de alguns produtos de limpeza, a exemplo da água sanitária, trazem como advertência "não misturar com outros produtos". Por ser constituída por uma solução aquosa de hipoclorito de sódio, $NaC\ell O(aq)$, a mistura da água sanitária com produtos à base de amônia, $NH_3$ (aq), leva à produção de hidrazina, $N_2H_4$ — uma substância química tóxica e corrosiva —, de acordo com a reação química representada de maneira simplificada pela equação.

$$NaC\ell O\ (aq) + 2\ NH_3\ (aq) \rightarrow N_2H_4\ (aq) + NaC\ell\ (aq) + H_2O\ (\ell)$$

Considerando-se as informações associadas aos conhecimentos de Química, é correto afirmar:

a) O agente redutor na reação química representada é o hipoclorito de sódio.

b) A amônia é uma substância química molecular na qual o nitrogênio apresenta seu menor número de oxidação.

c) A solução aquosa de amônia neutraliza a solução aquosa de hipoclorito de sódio que tem pH menor do que 7.

d) A hidrazina é um composto de caráter ácido, em solução aquosa, devido à presença de hidrogênio ionizável na molécula.

e) O estado de oxidação do cloro no ânion hipoclorito é menor do que o estado de oxidação desse elemento químico no íon cloreto.

**20.** (Ufop-MG) Pinturas a óleo tendem a escurecer com o tempo. Tal escurecimento é consequência da reação do PbO, usado como pigmento branco das tintas, com $H_2S$ proveniente da poluição do ar. Isso leva à formação de um produto de cor preta, o PbS. A recuperação das pinturas requer o tratamento com soluções de peróxido de hidrogênio, conforme a seguinte equação **não balanceada**:

$$PbS\ (s) + H_2O_2\ (aq) \rightarrow PbSO_4\ (s) + H_2O\ (\ell)$$

a) Faça o balanceamento dessa equação.

b) Indique:

Agente redutor:______________________________

Agente oxidante:______________________________

c) Calcule o volume de uma solução de peróxido de hidrogênio 20% v/v, necessário para remover completamente uma camada de 1,195g do PbS. (Dado: densidade $H_2O_2$ pura = 1,4 g/mL)

**21.** (UFMT) Uma reação de importância comercial e que emprega água é a redução do vapor por meio de coque a altas temperaturas: $C + HOH \rightarrow CO + H_2$ à temperatura de 1 000 °C.

A mistura de monóxido de carbono e gás hidrogênio denominada gás d'água constitui um combustível satisfatório no qual o gás natural não existe ou é mais caro.

Diante do exposto, julgue os itens.

( ) O coque (C) nesta importante reação está sendo reduzido, sendo, portanto agente oxidante.

( ) Na redução do vapor d'água a altas temperaturas pelo coque, além de produzir gás de importância comercial, reduz o hidrogênio de +1 para 0 (zero).

( ) Esta importante reação comercial trata-se de uma reação redox, pois está ocorrendo oxidação e redução ao mesmo tempo.

( ) O oxigênio é o único elemento nesta reação que não sofre variação no seu estado de oxidação.

**22.** (Unifesp) O cloreto de alumínio anidro, $A\ell C\ell_3$ (s), tem grande importância para a indústria química, pois é empregado como catalisador em diversas reações orgânicas. Esse composto pode ser obtido pela reação química entre cloro gasoso, $C\ell_2$ (g), e alumínio metálico, $A\ell$ (s).

a) Indique como variam os números de oxidação do cloro e do alumínio nessa reação e qual desses reagentes atua como agente redutor.

b) Escreva a equação balanceada dessa reação química e calcule a massa de cloreto de alumínio anidro que é obtida pela reação completa de 540 g de alumínio com cloro em excesso. Apresente os cálculos.

**23.** (Vunesp-SP) A reação entre alumínio metálico e cloreto de cobre (II) produz cloreto de alumínio e cobre metálico.

a) Escrever a equação balanceada da reação.

b) Qual é o agente oxidante e o agente redutor da reação?

**24.** (UFPE) A reação entre o íon permanganato $MnO_4^-$ e o íon oxalato $C_2O_4^{2-}$, em meio aquoso ácido, é utilizada para titulações em alguns laboratórios de análise química. Nesta reação encontram-se, além de outros produtos, o íon $Mn^{2+}$ e o dióxido de carbono. A propósito dessa questão, avalie as afirmativas abaixo.

( ) Nesta reação o íon permanganato é o agente oxidante.

( ) O carbono é oxidado, perdendo 1 elétron.

( ) Para balancear corretamente a reação química em questão (com coeficientes estequiométricos possuindo os menores valores inteiros possíveis), devemos adicionar 16 mol de íons $H^+$ no lado dos reagentes.

( ) O estado de oxidação do manganês no íon permanganato é +5.

( ) São produzidos 4 mol de moléculas de água para cada mol de íon permanganato consumido.

**TOTAL DE ACERTOS** ____ /24

TÓPICO 5

# Eletroquímica

## Reveja o que aprendeu

**Objetivos de aprendizagem:**

- Descrever o funcionamento das pilhas usando conceitos de oxirredução.
- Interpretar o potencial padrão de redução.
- Reconhecer a espontaneidade de uma reação redox.
- Analisar o processo da eletrólise.
- Conhecer a obtenção de algumas substâncias simples.

### Eletroquímica

**Eletroquímica** é a área da Química que estuda os fenômenos envolvidos na produção e utilização de corrente elétrica, a partir da transferência de elétrons, ocorrida em reações de oxirredução.

**Célula (ou cela) eletroquímica:** dispositivo capaz de gerar ou utilizar energia elétrica. Essas células são classificadas em galvânicas ou eletrolíticas.
**Célula galvânica:** dispositivo no qual reações espontâneas de oxirredução geram uma corrente elétrica.
**Célula eletrolítica:** dispositivo no qual a energia elétrica fornecida por uma fonte externa causa reações de oxirredução não espontâneas.

### Pilhas e baterias

**Pilhas e baterias:** dispositivos nos quais uma reação espontânea de oxirredução produz corrente elétrica, ocorrendo, portanto, conversão de energia química em energia elétrica.

#### Montagem de uma pilha

Alessandro Volta, em 1800, construiu a primeira pilha elétrica, constituída por um conjunto de placas metálicas de zinco e cobre, colocadas alternadamente e separadas por algodão embebido em uma **solução eletrolítica**.

**Solução eletrolítica:** solução capaz de conduzir corrente elétrica.

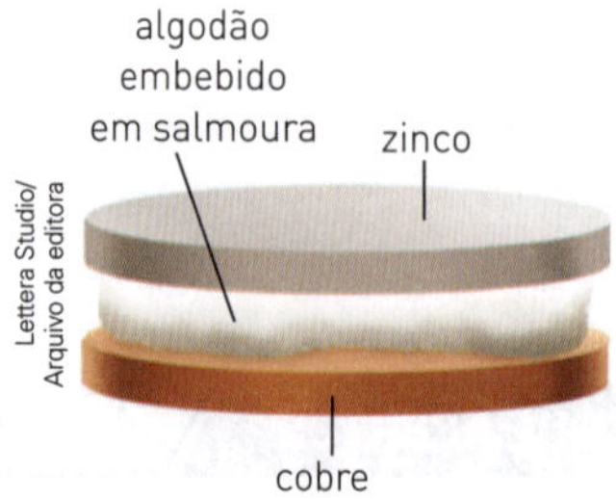


Cada conjunto formado por um disco de zinco, algodão embebido em salmoura e um disco de cobre constitui uma célula galvânica.

**Eletrodo:** do grego "percurso elétrico", é o nome dado a cada uma das placas metálicas que constituem uma pilha.
**Ânodo:** é o eletrodo onde ocorre a oxidação.
**Cátodo:** é o eletrodo onde ocorre a redução.

Na pilha de Daniell a cela eletrolítica da pilha foi dividida em duas partes, chamadas de **semicelas** ou **semicélulas**. Os dois eletrodos metálicos são unidos externamente por um fio condutor, e as duas semicelas são unidas por uma ponte salina.

O sistema montado está representado abaixo.

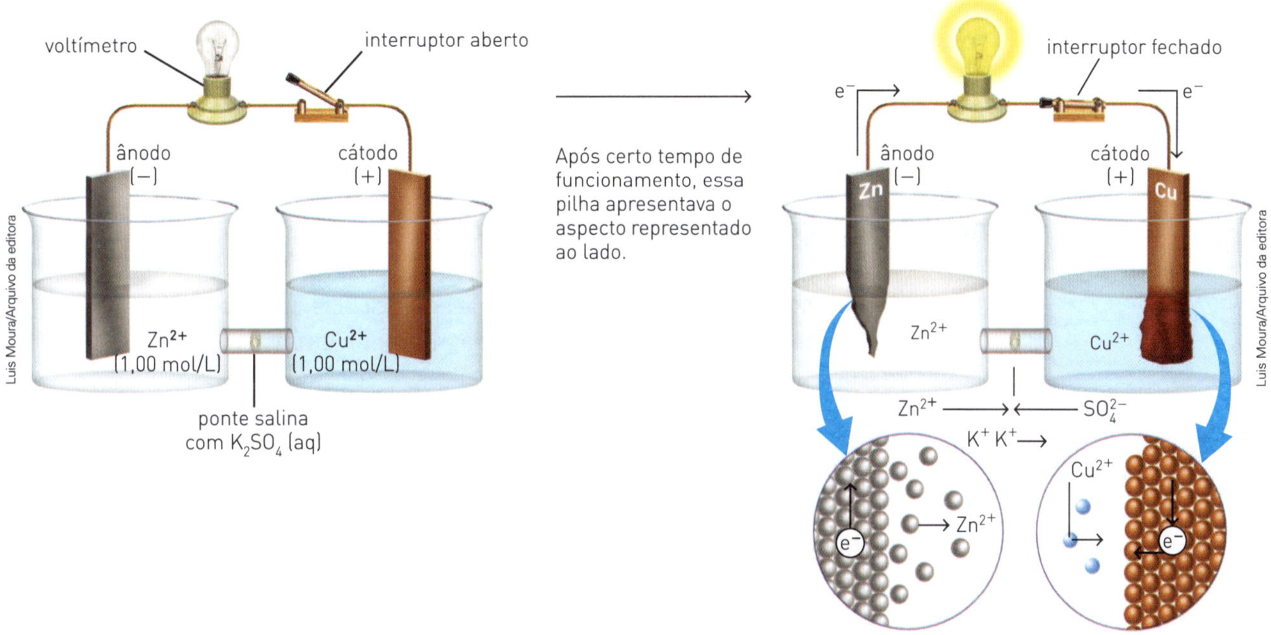


Na **semicela de zinco** ocorre a corrosão do eletrodo de zinco e a concentração de $Zn^{2+}$ (aq) na solução aumenta. Esses dois fatos podem ser explicados pela semirreação de oxidação:

$$\underset{\text{lâmina}}{Zn\,(s)} \longrightarrow \underset{\text{solução}}{Zn^{2+}(aq)} + 2\,e^-$$

Na **semicela de cobre** ocorre o espessamento do eletrodo de cobre e a diminuição da intensidade da cor da solução. Esses dois fatos podem ser explicados pela semirreação de redução:

$$\underset{\text{solução}}{Cu^{2+}(aq)} + 2\,e^- \longrightarrow \underset{\text{lâmina}}{Cu\,(s)}$$

Os elétrons fluem, no circuito externo, do eletrodo de zinco (**polo negativo**, **ânodo**) para o eletrodo de cobre (**polo positivo**, **cátodo**).

A equação global pode ser obtida pela soma das duas semirreações:

$$\text{ânodo: } Zn\,(s) \longrightarrow Zn^{2+}\,(aq) + \cancel{2\,e^-}$$
$$\text{cátodo: } Cu^{2+}\,(aq) + \cancel{2\,e^-} \longrightarrow Cu\,(s)$$
$$\text{reação global: } Zn\,(s) + Cu^{2+}\,(aq) \longrightarrow Zn^{2+}\,(aq) + Cu\,(s)$$

> A **ponte salina** tem a função de manter as duas semicelas eletricamente neutras, pela migração dos íons.

A **representação esquemática** para essa pilha é:

$$Zn\ (s)\ |\ Zn^{2+}\ (aq)\ (1\ mol/L)\ ||\ Cu^{2+}\ (aq)\ (1\ mol/L)\ |\ Cu\ (s)\ (a\ 25\ °C)$$

Genericamente, seguindo recomendação da IUPAC, as pilhas são representadas da seguinte maneira:

| ânodo onde ocorre a oxidação | | | | cátodo onde ocorre a redução | | |
|---|---|---|---|---|---|---|
| A (s) | \| | $A^+$ (aq) (1 mol/L) | \|\| | $B^+$ (aq) (1 mol/L) | \| | B (s) (a 25 °C) |
| | ↑ | | ↑ | | ↑ | |
| | barra que representa a separação das duas fases (sólida e aquosa) | | ponte salina | | barra que representa a separação das duas fases (aquosa e sólida) | |

## Potencial de redução e de oxidação das pilhas

> **Potencial de redução:** tendência que uma espécie química apresenta de sofrer redução, ou seja, receber elétrons.

Na pilha de Daniell os íons $Cu^{2+}$ (aq) têm maior tendência em sofrer redução do que os íons $Zn^{2+}$ (aq), ou seja, os íons $Cu^{2+}$ (aq) **têm maior potencial de redução ($E_{red}$)**.

$$Cu^{2+}\ (aq) + 2\ e^- \longrightarrow Cu\ (s)$$

$$E_{red}\ Cu^{2+} > E_{red}\ Zn^{2+}$$

Nessa pilha, o zinco sofrerá oxidação, o que nos permite concluir que ele apresenta maior **potencial de oxidação** ($E_{oxi}$).

$$Zn\ (s) \longrightarrow Zn^{2+}\ (aq) + 2\ e^-$$

$$E_{oxi}\ Zn > E_{oxi}\ Cu$$

> Em uma pilha, a espécie que apresenta maior $E_{red}$ sofre redução e, portanto, a outra espécie, de maior $E_{oxi}$, sofre oxidação.

## Potencial de uma pilha

Nas pilhas, os elétrons fluem do ânodo (eletrodo onde ocorre oxidação) para o cátodo (eletrodo onde ocorre redução), através do fio externo, onde se pode colocar um **voltímetro**, a fim de medir a **força eletromotriz** (**fem** ou **E**) da pilha. Em Química, a fem da pilha é considerada igual à sua diferença de potencial ou ddp ($\Delta E$).

A **diferença de potencial ou ddp ($\Delta$E)** de uma pilha depende das espécies químicas envolvidas, das suas concentrações e da temperatura.

> A **condição padrão** corresponde a espécies com concentração 1 mol/L e pressão dos gases de **1 bar** a 25 °C. Na condição padrão, a diferença de potencial da pilha será representada por $\Delta E^0$.

O $\Delta E^0$ de uma pilha corresponde à diferença entre os potenciais de redução das espécies envolvidas, e seu cálculo pode ser feito pela equação:

$$\Delta E^0 = E^0_{red}\ (\text{cátodo}) - E^0_{red}\ (\text{ânodo})$$

Não é possível medir diretamente o potencial de redução de uma semicela, por isso foi estabelecido, arbitrariamente, um padrão de referência, o eletrodo de hidrogênio, ao qual foi associado um $E^0_{red}$ = zero.

O eletrodo de hidrogênio é formado por um fio de platina (Pt) ligado a uma placa de platina em contato com o gás hidrogênio ($H_2$), adsorvido sobre a platina, a um 1 bar de pressão e a 25 °C, imerso em uma solução com $[H^+]$ = 1 mol/L.

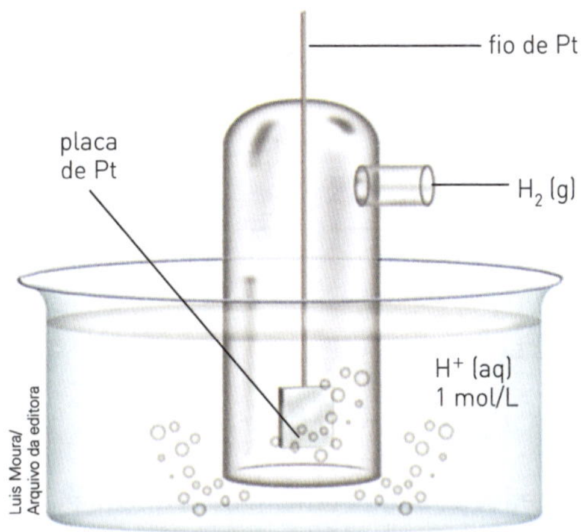


O eletrodo padrão de hidrogênio é usado como referência para a determinação dos potenciais de outras espécies.

Se o eletrodo padrão de hidrogênio funcionar como **cátodo**, o fio de platina receberá elétrons provenientes do circuito externo e, na sua superfície, os íons $H^+$ se transformarão em $H_2$ (g):

$$2\,H^+\,(aq) + 2\,e^- \longrightarrow H_2\,(g)$$

Se o eletrodo padrão de hidrogênio funcionar como **ânodo**, o gás hidrogênio será oxidado, formando íons $H^+$ (aq):

$$H_2\,(g) \longrightarrow 2\,H^+\,(aq) + 2\,e^-$$

## Pilha de zinco e hidrogênio

Na pilha de zinco e hidrogênio, o íon hidrogênio sofre redução, portanto funciona como cátodo, e o zinco sofre oxidação, portanto funciona como ânodo.

As semirreações e a reação global da pilha podem ser representadas pelas equações:

$$\begin{array}{rl} \text{oxidação:} & Zn\,(s) \longrightarrow Zn^{2+}\,(aq) + \cancel{2e^-} \\ \text{redução:} & 2\,H^+\,(aq) + \cancel{2e^-} \longrightarrow H_2\,(g) \\ \hline \text{reação global:} & Zn\,(s) + 2\,H^+\,(aq) \longrightarrow Zn^{2+}\,(aq) + H_2\,(g) \end{array}$$

A representação da pilha será:

$$Zn\,(s)\,|\,Zn^{2+}\,(aq)\,||\,H^+\,(aq)\,|\,H_2\,(g)\,|\,Pt\,(s)$$

Como o hidrogênio ($H^+$) se reduziu, seu potencial de redução é maior que o do Zn; aplicando o $\Delta E^0$ indicado pelo voltímetro (0,76 V), temos:

$$\Delta E^0 = \underbrace{E^0_{red}\text{ cátodo}}_{\text{eletrodo padrão de hidrogênio}} - \underbrace{E^0_{red}\text{ ânodo}}_{\text{eletrodo de zinco}}$$

$$\Delta E^0 = E^0_{red\,(H^+\,|\,H_2)} - E^0_{red\,(Zn^{2+}\,|\,Zn^0)}$$

$$0{,}76\text{ V} = 0 - E^0_{red\,(Zn^{2+}\,|\,Zn^0)}$$

$$E^0_{red\,(Zn^{2+}\,|\,Zn^0)} = -\,0{,}76\text{ V}$$

## Pilha de cobre e hidrogênio

Na pilha de cobre e hidrogênio, o hidrogênio sofre oxidação, portanto funciona como ânodo, e o íon de cobre sofre redução, portanto funciona como cátodo.

As semirreações e a reação global da pilha podem ser representadas pelas equações:

$$\begin{array}{rl} \text{oxidação:} & H_2\,(g) \longrightarrow 2\,H^+\,(aq) + \cancel{2e^-} \\ \text{redução:} & Cu^{2+}\,(aq) + \cancel{2e^-} \longrightarrow Cu\,(s) \\ \hline \text{reação global:} & Cu^{2+}\,(aq) + H_2\,(g) \longrightarrow 2\,H^+\,(aq) + Cu\,(s) \end{array}$$

A representação da pilha será:

$$H_2\,(g)\;|\;H^+\,(g)\;||\;Cu^{2+}\,(aq)\;|\;Cu\,(s)$$

Como o cobre ($Cu^{2+}$) se reduziu, seu potencial de redução é maior que o do $H_2$; aplicando o valor de $\Delta E$ indicado pelo voltímetro (0,34 V), temos:

$$\Delta E^0 = \underbrace{E^0_{red}\text{ cátodo}}_{\text{eletrodo de cobre}} - \underbrace{E^0_{red}\text{ ânodo}}_{\text{eletrodo padrão de hidrogênio}}$$

$$\Delta E^0 = E^0_{red\,(Cu^{2+}\,|\,Cu^0)} - E^0_{red\,(H^+\,|\,H_2)}$$

$$0{,}34\text{ V} = E^0_{red\,(Cu^{2+}\,|\,Cu^0)} - 0$$

$$E^0_{red\,(Cu^{2+}\,|\,Cu^0)} = +0{,}34\text{ V}$$

A partir de experimentos semelhantes a esses, foram determinados os potenciais de redução de várias espécies químicas.

Os valores dos $E^0$ não dependem do número de mol das espécies envolvidas e são sempre constantes nas condições padrão para cada espécie.

## Força de oxidantes e redutores

**Agente oxidante** é uma espécie química que apresenta alto potencial de redução, ou seja, sofre redução com facilidade, oxidando outras espécies.

**Agente redutor** é uma espécie química que apresenta alto potencial de oxidação, ou seja, sofre oxidação com facilidade, reduzindo outras espécies.

A espécie química com o maior potencial de redução (maior tendência em receber elétrons, ou seja, sofrer redução) será o **melhor agente oxidante**.

A redução é um processo inverso à oxidação, assim, quanto maior o $E^0_{red}$ de uma espécie, menor será o $E_{oxi}$. O $E_{oxi}$ é numericamente igual ao $E_{red}$; porém, com sinal contrário.

A espécie química com o maior potencial de oxidação (maior tendência em perder elétrons, ou seja, sofrer oxidação), será o **melhor agente redutor**.

### Cálculo da voltagem ($\Delta E^0$) das pilhas

O cálculo da diferença de potencial de uma pilha ($\Delta E$) pode ser feito com os potenciais padrão de redução:

$$\Delta E^0 = E_{\text{cátodo}} - E_{\text{ânodo}}$$

Exemplo: calcular o $\Delta E$ da pilha de Zn – Cu, conhecendo-se os potenciais de redução.

$$E_{red\ (Cu^{2+}\ |\ Cu^0)} = +0{,}34\ V$$
$$E_{red\ (Zn^{2+}\ |\ Zn^0)} = -0{,}76\ V$$

O **cobre**, por apresentar o maior potencial de redução, se reduz e constitui o **cátodo**.
O **zinco**, por apresentar o menor potencial de redução, se oxida e constitui o **ânodo**.

$$\Delta E^0 = E_{\text{cátodo}} - E_{\text{ânodo}}$$

$$\Delta E^0 = E_{\text{espécie que se reduz}} - E_{\text{espécie que se oxida}}$$
$$\Delta E^0 = E_{\text{espécie de maior potencial de redução}} - E_{\text{espécie de menor potencial de redução}}$$
$$\Delta E^0 = (+0{,}34\ V) - (-0{,}76\ V)$$
$$\Delta E^0 = +1{,}10\ V$$

**Espontaneidade de uma reação:** é caracterizada por um $\Delta E^0 > 0$.

Na pilha de Zn – Cu, o $\Delta E^0 > 0$ ($\Delta E^0 = +1{,}10$ V) caracteriza o funcionamento espontâneo da pilha. Todas as pilhas são processos espontâneos e, como qualquer reação espontânea, apresentam sempre um $\Delta E^0 > 0$.

## Espontaneidade de uma reação

Vamos analisar duas situações e prever qual delas é um processo espontâneo.

- Situação 1: placa de magnésio e solução aquosa de sulfato de níquel.
- Situação 2: placa de níquel e solução aquosa de sulfato de magnésio.

Para determinarmos qual dessas reações ocorre, devemos analisar os potenciais padrão de redução:

redução

$$Mg^{2+}\ (aq) + 2\ e^- \rightleftharpoons Mg\ (s) \qquad E^0 = -2{,}37\ V$$
$$Ni^{2+}\ (aq) + 2\ e^- \rightleftharpoons Ni\ (s) \qquad E^0 = -0{,}26\ V$$

O $Ni^{2+}$ (aq), por ter maior $E_{red}$, sofre redução, enquanto o Mg (s) é oxidado.
A soma das duas semirreações indica que o processo é espontâneo ($\Delta E^0 > 0$).

$$
\begin{array}{ll}
Ni^{2+}(aq) + \cancel{2e^-} \longrightarrow Ni(s) & E^0 = -0{,}26\ V \\
Mg(s) \longrightarrow Mg^{2+}(aq) + \cancel{2e^-} & E^0 = -2{,}37\ V \\
\hline
Mg(s) + Ni^{2+}(aq) \longrightarrow Mg^{2+}(aq) + Ni(s) & \Delta E^0 = -0{,}26\ V - (-2{,}37\ V) \\
 & \Delta E^0 = +2{,}11\ V
\end{array}
$$

Isso nos permite concluir que a situação 1 representa o processo espontâneo e que a situação 2 não ocorre espontaneamente.

Outra possibilidade para determinar a espontaneidade de uma reação seria calcular o valor de $\Delta E^0$ para cada situação.

- Situação 1: $Mg(s) + Ni^{2+}(aq) \longrightarrow Ni(s) + Mg^{2+}(aq)$

$$\Delta E^0 = \underset{\substack{\text{da espécie} \\ \text{que se reduz}}}{E^0_{red}} - \underset{\substack{\text{da espécie} \\ \text{que se oxida}}}{E^0_{red}}$$

$$\Delta E^0 = (-0{,}26\ V) - (-2{,}37\ V)$$

$$\Delta E^0 = +2{,}11\ V$$

Como o $\Delta E^0 > 0$, esse processo é espontâneo.

- Na situação 2, teoricamente temos: $Ni(s) + Mg^{2+}(aq) \longrightarrow Mg(s) + Ni^{2+}(aq)$

$$\Delta E^0 = \underset{\substack{\text{da espécie} \\ \text{que se reduz}}}{E^0_{red}} - \underset{\substack{\text{da espécie} \\ \text{que se oxida}}}{E^0_{red}}$$

$$\Delta E^0 = (-2{,}37\ V) - (-0{,}26\ V)$$

$$\Delta E^0 = -2{,}11\ V$$

Como o $\Delta E^0 < 0$, esse processo não é espontâneo.

## Corrosão e proteção de metais

**Corrosão:** deterioração de metais causada pelo processo eletroquímico (oxidação) que ocorre nas reações de oxirredução.

A corrosão de metais está relacionada com a capacidade que um metal tem de se oxidar (agente redutor) e com a capacidade de uma espécie, como o oxigênio ($O_2$), de se reduzir (agente oxidante).

### Corrosão do ferro

O ferro sofre corrosão se estiver na presença de ar ($O_2$) e água ($H_2O$).

As reações envolvidas na formação da ferrugem são:

oxidação do ferro (ânodo): $Fe(s) \longrightarrow Fe^{2+} + 2\,e^-$

redução do oxigênio (cátodo): $O_2 + 2\,H_2O + 4\,e^- \longrightarrow 4\,OH^-$

A reação global pode ser representada pela equação:

$$2\,Fe + O_2 + 2\,H_2O \longrightarrow 2\,Fe(OH)_2$$

O $Fe(OH)_2$ é normalmente oxidado a $Fe(OH)_3$:

$$4\,Fe(OH)_2 + O_2 + 2\,H_2O \longrightarrow 4\,Fe(OH)_3 \text{ (ferrugem)}$$

A ferrugem pode ser representada por $Fe(OH)_3$, $Fe_2O_3 \cdot 3\,H_2O$ ou pela fórmula $Fe_2O_3 \cdot x\,H_2O$ (s).

## Proteção contra a corrosão

A corrosão do ferro produz a ferrugem. Para evitá-la são usados revestimentos de proteção, como tintas, graxas, óleos, esmaltes ou alguns metais mais resistentes à corrosão. Outra possibilidade é o uso de um metal mais reativo que o ferro, que, ao se oxidar, forma um óxido que adere ao ferro, revestindo-o e protegendo-o.

### Revestimento do ferro com zinco

**Galvanização:** processo de revestimento do ferro com uma camada de zinco, impedindo o contato direto do ferro com o ar e a água.

Compare os potenciais de redução do ferro e do zinco representados pelas semirreações a seguir:

$$Fe^{2+} + 2\,e^- \longrightarrow Fe \qquad E^0_{red} = -0{,}44\ V$$
$$Zn^{2+} + 2\,e^- \longrightarrow Zn \qquad E^0_{red} = -0{,}76\ V$$

O zinco apresenta menor potencial de redução (−0,76 V), ou seja, ele sofrerá oxidação mais facilmente (perderá elétrons com mais facilidade que o ferro).

Se o objeto galvanizado sofrer algum "risco", o ferro ficará exposto ao ar e se oxidará:

$$Fe \longrightarrow Fe^{2+} + 2\,e^-$$

No entanto, imediatamente, o zinco do revestimento também se oxida, fazendo com que o íon $Fe^{2+}$ se reduza a Fe:

$$\begin{array}{rcl} Zn & \longrightarrow & Zn^{2+} + \cancel{2\,e^-} \\ Fe^{2+} + \cancel{2\,e^-} & \longrightarrow & Fe \\ \hline Zn + Fe^{2+} & \longrightarrow & Zn^{2+} + Fe \end{array}$$

Em contato com o ar e a água, o $Zn^{2+}$ origina o hidróxido de zinco, $Zn(OH)_2$, que se deposita sobre o ferro anteriormente exposto, impedindo que a corrosão do ferro prossiga.

### Revestimento do ferro com estanho

O revestimento do ferro com estanho é usado para a fabricação da **folha de flandres** ou **lata**, com a finalidade de proteger o ferro, impedindo-o de ficar exposto ao ar e à água.

Se a lata é riscada ou amassada, e parte do revestimento de estanho se perde, o ferro exposto ao ar se oxida, sofrendo corrosão rapidamente.

Analisando os potenciais $E^0_{red}$:

$$Fe^{2+} + 2\,e^- \longrightarrow Fe \qquad E^0_{red} = -0{,}44\ V$$
$$Sn^{2+} + 2\,e^- \longrightarrow Sn \qquad E^0_{red} = -0{,}14\ V$$

O potencial de redução do $Fe^{2+}$ é menor que o do $Sn^{2+}$. Assim, o potencial de oxidação do ferro é maior que o do estanho, ou seja, o ferro perde elétrons mais facilmente, o que acarreta sua corrosão.

### Proteção com eletrodo ou com metal de sacrifício

**Metal de sacrifício:** metal que sofre oxidação (menor potencial de redução), evitando a corrosão do ferro.

A condição para que um metal seja de sacrifício é que seu potencial de oxidação seja maior que o potencial de oxidação do metal a ser protegido.

Um metal normalmente utilizado com essa finalidade é o magnésio.

$$E^0_{oxi\,(Mg)} = +2{,}36\ V > E^0_{oxi\,(Fe)} = +0{,}44\ V$$

O magnésio sofre oxidação de acordo com a equação:

$$Mg\ (s) \longrightarrow Mg^{2+} + 2\ e^-$$

Ao se oxidar, o magnésio perde elétrons para o ferro, que permanece protegido. As placas de magnésio devem, portanto, ser substituídas por novas esporadicamente.

## Pilhas comerciais e baterias

### Pilha seca comum

A **pilha seca** foi inventada em 1866 pelo francês Leclanché. É utilizada, atualmente, em rádios portáteis, brinquedos, relógios, lanternas, etc.

A pilha de Leclanché é formada por:

- um invólucro de zinco (ânodo), separado das demais espécies químicas presentes na pilha por um papel poroso;
- um eletrodo central (cátodo), feito de grafita e envolvido por uma camada de dióxido de manganês ($MnO_2$), carvão em pó (C) e por uma pasta úmida contendo cloreto de amônio ($NH_4C\ell$), cloreto de zinco ($ZnC\ell_2$) e água ($H_2O$).

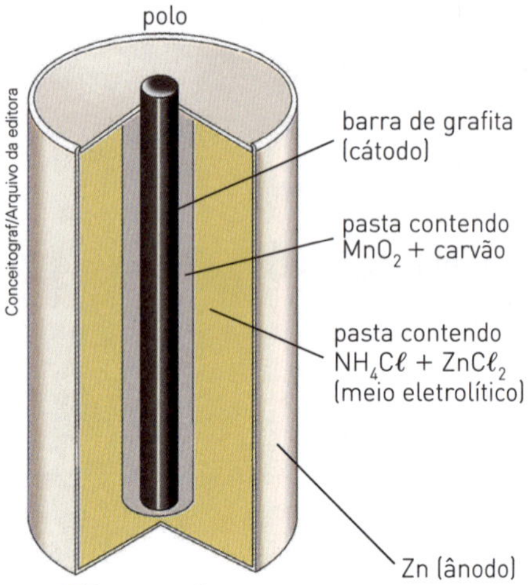


Esquema da pilha de Leclanché.

As reações que ocorrem quando o circuito está fechado são complexas; porém, as mais prováveis são:

ânodo: $Zn \longrightarrow Zn^{2+} + 2\ e^-$

cátodo:

$$2\ NH_4^+ + 2\ e^- \longrightarrow 2\ NH_3 + \cancel{H_2}$$

$$\cancel{H_2} + 2\ MnO_2 \longrightarrow Mn_2O_3 + H_2O$$

$$2\ NH_4^+ + 2\ MnO_2 + 2\ e^- \longrightarrow 2\ NH_3 + Mn_2O_3 + H_2O$$

Essa pilha para de funcionar quando todo o dióxido de manganês se transforma em óxido de manganês, já que não é recarregável.

### Pilha alcalina

A **pilha alcalina** substitui o $NH_4C\ell$ da pilha de Leclanché por hidróxido de potássio (KOH), uma base fortemente alcalina.

As reações que ocorrem nesse tipo de pilha são:

ânodo: $Zn + \cancel{2\,OH^-} \longrightarrow ZnO + \cancel{H_2O} + \cancel{2\,e^-}$

cátodo: $2\ MnO_2 + \cancel{H_2O} + \cancel{2\,e^-} \longrightarrow Mn_2O_3 + \cancel{2\,OH^-}$

reação global: $Zn + 2\ MnO_2 \longrightarrow ZnO + Mn_2O_3$

A pilha alcalina apresenta uma durabilidade maior que as pilhas comuns, mas também não é recarregável.

### Pilha de mercúrio

As **pilhas de mercúrio** são muito utilizadas em relógios, câmeras fotográficas, aparelhos para melhorar a audição, calculadoras, etc.

A reação global que ocorre na pilha de mercúrio é representada por:

$$Zn\ (s) + HgO\ (s) \longrightarrow ZnO\ (s) + Hg\ (\ell)$$

## Pilha de lítio-iodo

A **pilha de lítio** é leve e origina uma grande voltagem (≅ 2,8 até 3,4 V); foi desenvolvida inicialmente para ser usada em marca-passos.

A reação global da pilha de lítio com o cátodo de iodo pode ser representada por:

$$2\ Li\ (s) + 1\ I_2\ (s) \longrightarrow 2\ LiI\ (s)$$

## Pilha de combustíveis

**Pilha de combustível** utiliza combustíveis gasosos, como o gás hidrogênio ($H_2$) e o gás oxigênio ($O_2$), que vão reagir em um ambiente apropriado, podendo-se obter energia elétrica.

A pilha de combustíveis, usada atualmente em veículos elétricos, apresenta uma membrana entre os eletrodos, que permite a troca de prótons (íons $H^+$).

reação anódica: $2\ H_2\ (g) \longrightarrow \cancel{4\ H^+}\ (aq) + \cancel{4\ e^-}$ $E^0 = 0{,}0\ V$

reação catódica: $O_2\ (g) + \cancel{4\ H^+}\ (aq) + \cancel{4\ e^-} \longrightarrow 2\ H_2O\ (v)$ $E^0 = +0{,}68$

reação global: $2\ H_2\ (g) + O_2\ (g) \longrightarrow 2\ H_2O\ (v)$ $\Delta E = +0{,}68\ V$

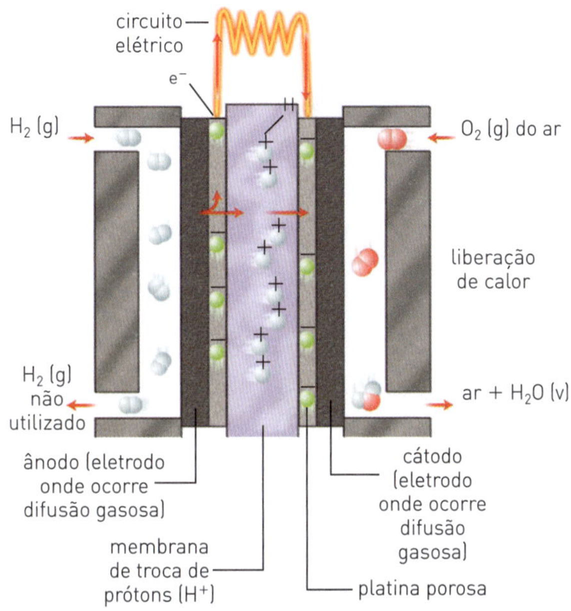


Paulo César Pereira/Arquivo da editora

As pilhas de combustíveis podem funcionar por longos períodos desde que recebam continuamente os reagentes.

## Baterias ou acumuladores de chumbo

A bateria comum de automóvel geralmente gera 6 ou 12 volts, dependendo do número de celas usadas em sua construção. Internamente, a bateria contém certo número de celas, ligadas em série, cada uma gerando 2 volts.

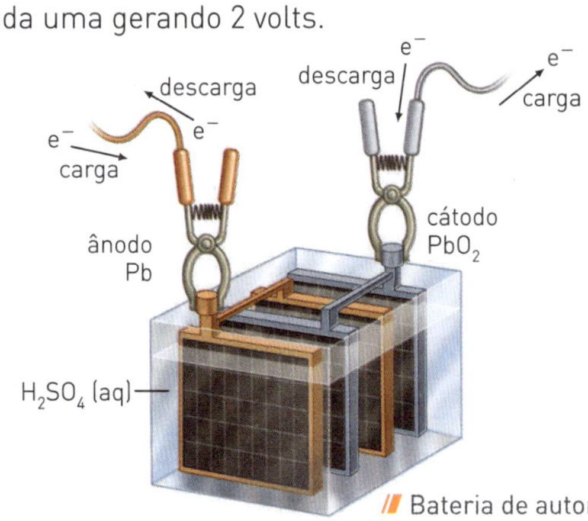


Paulo César Pereira/Arquivo da editora

Bateria de automóvel.

Quando o circuito externo está completo e a bateria está em operação (descarregando), ocorrem as seguintes reações:

$$\begin{array}{lrcl}
\text{ânodo:} & Pb + SO_4^{2-} & \longrightarrow & PbSO_4\,(s) + \cancel{2e^-} \\
\text{cátodo:} & \cancel{2e^-} + PbO_2 + 4\,H^+ + SO_4^{2-} & \longrightarrow & PbSO_4\,(s) + 2\,H_2O \\
\hline
\text{reação global na descarga} & Pb + PbO_2 + 4\,H^+ + 2\,SO_4^{2-} & \longrightarrow & 2\,PbSO_4\,(s) + 2\,H_2O
\end{array}$$

Assim, a reação global que apresenta a descarga e a carga da bateria pode ser representada pela equação:

$$Pb + PbO_2 + 4\,H^+ + 2\,SO_4^{2-} \underset{\text{carga}}{\overset{\text{descarga}}{\rightleftharpoons}} 2\,PbSO_4 + 2\,H_2O$$

Essa bateria pode ser recarregada usando-se uma corrente elétrica proveniente de uma fonte externa.

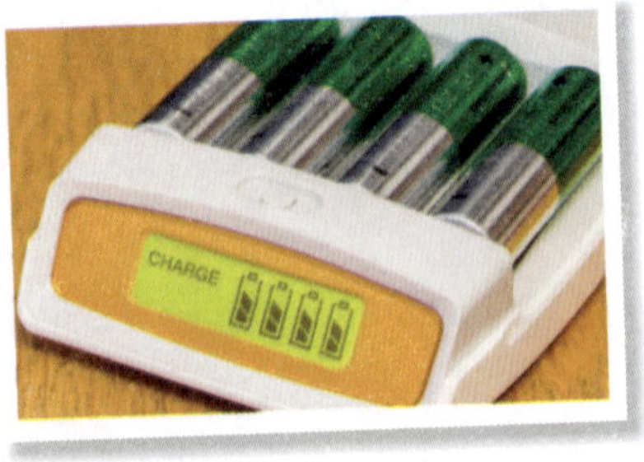

art_photo_sib/Shutterstock

Baterias de níquel-cádmio recarregáveis e recarregador.

### Bateria de níquel-cádmio

Este tipo de bateria é muito utilizado em filmadoras, *flashes*, aparelhos eletrônicos portáteis, telefones, etc.

A reação global dessa bateria durante a sua descarga é:

$$1\,Cd\,(s) + 2\,NiO(OH)\,(s) + 2\,H_2O\,(\ell) \longrightarrow 1\,Cd(OH)_2\,(s) + 2\,Ni(OH)_2\,(s)$$

Essa bateria é recarregável se fornecermos energia elétrica de uma fonte externa.

## Eletrólise

**Eletrólise:** processo **não espontâneo** no qual a passagem de corrente elétrica através de um sistema líquido, em que existem íons, produz reações químicas.

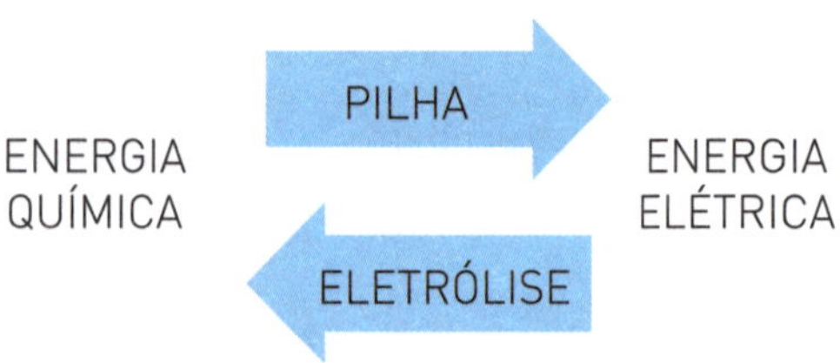


As eletrólises são realizadas em uma cela (ou célula) eletrolítica, na qual a corrente elétrica é produzida por um gerador (pilha) e os eletrodos são geralmente inertes: platina ou grafita (carvão).

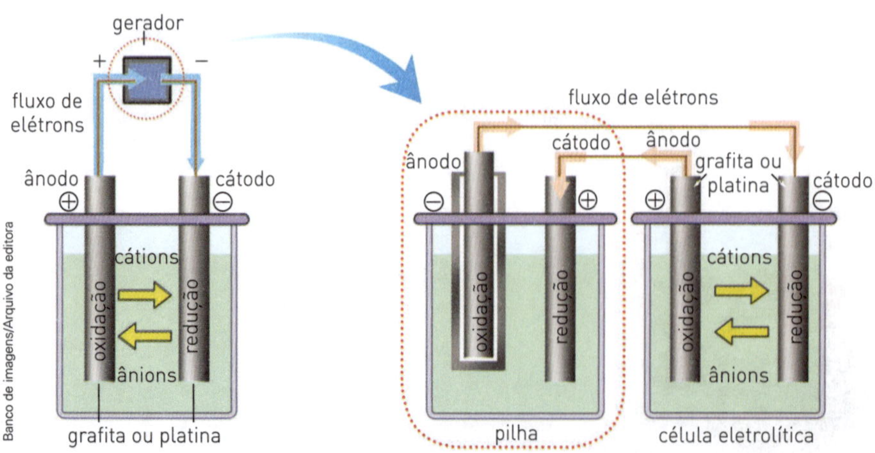

Banco de imagens/Arquivo da editora

No processo de eletrólise, os elétrons emergem da pilha (gerador) pelo ânodo ⊖ e entram na célula eletrolítica pelo cátodo ⊖, no qual ocorre a redução. Na célula eletrolítica, os elétrons emergem pelo ânodo ⊕, no qual ocorre a oxidação, e chegam à pilha pelo seu cátodo ⊕.

Na célula eletrolítica, temos:

- cátions (íons positivos) migrando para o cátodo (polo ⊖), no qual ocorre a redução;
- ânions (íons negativos) migrando para o ânodo (polo ⊕), no qual ocorre a oxidação.

As eletrólises podem ser feitas utilizando substâncias puras liquefeitas (fundidas) ou substâncias dissolvidas em água (meio aquoso).

## Eletrólise ígnea

**Eletrólise ígnea:** ocorre em um sistema no qual a passagem da corrente elétrica se dá através de uma substância pura liquefeita (fundida).

Exemplo: eletrólise ígnea com o cloreto de sódio ($NaC\ell$) fundido, utilizando eletrodos de platina.

As semirreações que ocorrem nos eletrodos são:

⊖ cátodo (redução): $Na^+ + e^- \longrightarrow Na$

⊕ ânodo (oxidação): $2\,C\ell^- \longrightarrow C\ell_2 + 2\,e^-$

Estabelecendo a igualdade entre o número de elétrons perdidos e recebidos e somando as semirreações, obtemos a reação global dessa eletrólise ígnea:

$$\begin{array}{rl} \text{cátodo:} & 2\,Na^+ + \cancel{2e^-} \longrightarrow 2\,Na \\ \text{ânodo:} & 2\,C\ell^- \longrightarrow C\ell_2 + \cancel{2e^-} \\ \hline \text{reação global:} & 2\,Na^+ + 2\,C\ell^- \longrightarrow 2\,Na + C\ell_2 \end{array}$$

## Eletrólise em meio aquoso

**Eletrólise aquosa:** ocorre em um sistema no qual a passagem da corrente elétrica se dá através da água.

Nessa eletrólise existem íons provenientes do soluto (cátions e ânions) e íons da reação de ionização da água ($H^+$ e $OH^-$).

Assim, na solução, teremos:

- cátions { provenientes da água = $H^+$; provenientes do soluto }
- ânions { provenientes da água = $OH^-$; provenientes do soluto }

Verificou-se, experimentalmente, que existe uma prioridade de descarga de cátions e ânions.

cátions:
- metais alcalinos ($Li^+$, $Na^+$, $K^+$, ...)
- metais alcalinoterrosos ($Be^{2+}$, $Mg^{2+}$, $Ca^{2+}$, ...)
- $A\ell^{3+}$

| $H^+$ |

demais metais ($Mn^{2+}$, $Zn^{2+}$, $Fe^{2+}$, $Ni^{2+}$, $Cu^{2+}$, $Ag^{2+}$, $Hg^{2+}$, $Au^{3+}$, ...)

**facilidade de descarga crescente** →

ânions:
- ânions oxigenados ($NO_3^-$, $SO_4^{2-}$, $C\ell O_3^-$, ...)
- fluoreto ($F^-$)

| $OH^-$ |

ânions não oxigenados ($C\ell^-$, $Br^-$, $I^-$)

## EXEMPLOS

**1. Eletrólise aquosa do cloreto de sódio: NaC$\ell$ (aq)**

Na solução existem cátions $Na^+$ e $H^+$ e ânions $C\ell^-$ e $OH^-$.

Pela tabela de prioridade de descarga, verificamos que:

- o $H^+$ (aq) tem prioridade de descarga sobre o $Na^+$ (aq).
  Assim, o cátion $H^+$ (aq) migra para o cátodo (polo ⊖), onde ocorrem sua redução e sua descarga.
- o $C\ell^-$ (aq) tem prioridade de descarga em relação ao $OH^-$ (aq).
  Assim, o ânion $C\ell^-$ (aq) migra para o ânodo (polo ⊕), onde ocorrem sua oxidação e sua descarga.

As equações do processo:

$$\begin{array}{lrcl} & 2\,NaC\ell & \longrightarrow & 2\,Na^+ + \cancel{2\,C\ell^-} \\ & 2\,H_2O & \longrightarrow & \cancel{2\,H^+} + 2\,OH^- \\ \text{cátodo: } \cancel{2\,H^+} + & \cancel{2\,e^-} & \longrightarrow & H_2 \\ \text{ânodo:} & \cancel{2\,C\ell^-} & \longrightarrow & C\ell_2 + \cancel{2\,e^-} \\ \hline \end{array}$$

$$2\,NaC\ell\,(aq) + 2\,H_2O\,(\ell) \longrightarrow \underbrace{2\,Na^+\,(aq) + 2\,OH^-\,(aq)}_{\text{solução}} + \underbrace{H_2\,(g)}_{\text{cátodo}} + \underbrace{C\ell_2\,(g)}_{\text{ânodo}}$$

**2. Eletrólise aquosa do sulfato de cobre, $CuSO_4$ (aq)**

Na solução existem os íons $Cu^{2+}$ (aq), $SO_4^{2-}$ (aq), $H^+$ (aq) e $OH^-$ (aq).

Pela tabela de prioridade de descarga, verificamos que o íon $Cu^{2+}$ tem prioridade de descarga sobre o $H^+$ e que o $OH^-$ tem prioridade de descarga sobre o $SO_4^{2-}$.

As equações do processo:

$$\begin{array}{lrcl} & CuSO_4 & \longrightarrow & \cancel{Cu^{2+}} + SO_4^{2-} \\ & \cancel{2}\,H_2O & \longrightarrow & 2\,H^+ + \cancel{2\,OH^-} \\ \text{cátodo: } \cancel{Cu^{2+}} + & \cancel{2\,e^-} & \longrightarrow & Cu \\ \text{ânodo:} & \cancel{2\,OH^-} & \longrightarrow & \cancel{H_2O} + \frac{1}{2}\,O_2 + \cancel{2\,e^-} \\ \hline \end{array}$$

$$\text{reação global: } CuSO_4\,(aq) + H_2O\,(\ell) \longrightarrow \underbrace{2\,H^+\,(aq) + SO_4^{2-}\,(aq)}_{\text{solução}} + \underbrace{Cu\,(s)}_{\text{cátodo}} + \underbrace{\frac{1}{2}\,O_2\,(g)}_{\text{ânodo}}$$

**3. Eletrólise aquosa do brometo de níquel, $NiBr_2$ (aq)**

Na solução existem os íons $Ni^{2+}$ (aq), $Br^-$ (aq), $H^+$ (aq) e $OH^-$ (aq).

Pela tabela de prioridade de descarga, verificamos que o íon $Ni^{2+}$ tem prioridade de descarga sobre o $H^+$ e que o $Br^-$ tem prioridade de descarga sobre o $OH^-$.

Somando as equações:

$$
\begin{array}{rrcl}
 & NiBr_2 & \longrightarrow & \cancel{Ni^{2+}} + \cancel{2\,Br^-} \\
 & H_2O & \longrightarrow & H^+ + OH^- \\
\text{cátodo:} & \cancel{Ni^{2+}} + \cancel{2\,e^-} & \longrightarrow & Ni \\
\text{ânodo:} & \cancel{2\,Br^-} & \longrightarrow & Br_2 + \cancel{2\,e^-} \\
\hline
\text{reação global:} & NiBr_2 + H_2O & \longrightarrow & \underbrace{H^+ + OH^-}_{H_2O} + \underbrace{Ni}_{\text{cátodo}} + \underbrace{Br_2}_{\text{ânodo}}
\end{array}
$$

Simplificadamente: $NiBr_2 \longrightarrow Ni + Br_2$

**4. Eletrólise aquosa do hidróxido de potássio, KOH (aq)**

Na solução aquosa existem os íons $K^+$, $OH^-$ e $H^+$.

Pela tabela de prioridade de descarga, verificamos que o íon $H^+$ tem prioridade de descarga sobre o $K^+$.

Somando as equações:

$$
\begin{array}{rrcl}
 & KOH & \longrightarrow & K^+ + OH^- \\
 & \cancel{2}\,H_2O & \longrightarrow & \cancel{2\,H^+} + \cancel{2\,OH^-} \\
\text{cátodo:} & \cancel{2\,H^+} + \cancel{2\,e^-} & \longrightarrow & H_2 \\
\text{ânodo:} & \cancel{2\,OH^-} & \longrightarrow & \cancel{H_2O} + \frac{1}{2}\,O_2 + \cancel{2\,e^-} \\
\hline
\text{reação global:} & KOH + H_2O & \longrightarrow & \underbrace{K^+ + OH^-}_{KOH} + \underbrace{H_2}_{\text{cátodo}} + \underbrace{\frac{1}{2}\,O_2}_{\text{ânodo}}
\end{array}
$$

ou, simplificadamente: $H_2O \longrightarrow H_2 + \frac{1}{2}\,O_2$

## Aspectos quantitativos da eletrólise

Na célula galvânica e na célula eletrolítica o número de elétrons que sai do ânodo é igual ao número de elétrons que chega ao cátodo e a quantidade de uma substância produzida é sempre proporcional à quantidade de carga elétrica que circula no circuito.

**Constante de Faraday:** a quantidade de carga transportada por 1 mol de elétrons que corresponde a $9{,}65 \cdot 10^4$ C ou 96 500 C.

A **quantidade de carga (Q)**, expressa em coulomb (C), que circula em um circuito elétrico está relacionada com a intensidade da corrente elétrica (i), expressa em ampère (A), e com o tempo, expresso em segundos (s).

A expressão matemática que mostra essa relação é:

$$
\begin{array}{ccccc}
Q\,(C) & = & i\,(A) & \cdot & t\,(s) \\
\text{carga} & = & \text{corrente} & \cdot & \text{tempo}
\end{array}
$$

EXEMPLOS

1. Determinação da massa de prata depositada na prateação (processo eletrolítico) com carga de 0,01 faraday. (Massa molar: Ag = 108 g · mol$^{-1}$.)

$$\begin{array}{ccccc} 1\ Ag^{+}\ (aq) & + & 1\ e^{-} & \longrightarrow & 1\ Ag\ (s) \\ 1\ mol & & 1\ mol & & 1\ mol \end{array}$$

$$1\ mol\ e^{-} \xrightarrow{\text{transporta}} 96\,500\ C = 1\ F$$

$$\begin{array}{rcl} 1\ mol\ e^{-} & \text{———} & 1\ mol\ Ag \\ 1\ faraday & \text{———} & 108\ g \\ 0{,}01\ faraday & \text{———} & x \end{array}$$

$$x = \frac{0{,}1\ \cancel{faraday} \cdot 108\ g}{1\ \cancel{faraday}}$$

$$x = 1{,}08\ g\ de\ Ag$$

2. Determinação da massa de Zn oxidada durante a descarga de uma pilha, por um período de 30 minutos, envolvendo uma corrente de 5,36 · 10$^{-1}$ A. (Massa molar: Zn = 65 g · mol$^{-1}$.)

$$\begin{array}{ccccc} Q\ (C) & = & i\ (A) & \cdot & t\ (s) \\ \downarrow & & \downarrow & & \downarrow \\ \text{carga} & & \text{corrente} & & \text{tempo} \end{array}$$

$$\begin{cases} t = 30\ min = 30\ \cancel{min} \cdot \dfrac{60\ s}{\cancel{min}} = 1\,800\ s \\ i = 5{,}36 \cdot 10^{-1}\ A \end{cases}$$

$$Q = 5{,}36 \cdot 10^{-1}\ A \cdot 1\,800\ s$$

$$Q = 965\ \underbrace{A \cdot s}$$

$$Q = 965\ \ C$$

$$Zn \longrightarrow Zn^{2+} + 2\ e^{-}$$

$$\begin{array}{rcl} 1\ mol & \text{——} & 2\ mol\ e^{-} \\ 65\ g & \text{——} & 2\ (96\,500\ C) \end{array}$$

$$x = \frac{965\ C \cdot 65\ g}{2 \cdot 96\,500\ C} \Rightarrow x = 3{,}25 \cdot 10^{-1}\ g\ de\ Zn$$

## Oxirredução na obtenção de substâncias simples

### Obtenção de metais na natureza

Alguns metais, por serem pouco reativos (potenciais de oxidação muito baixos), são encontrados relativamente puros, no estado nativo.

Exemplos: ouro (Au), prata (Ag), platina (Pt), cobre (Cu) e mercúrio (Hg).

A maioria dos metais, no entanto, aparece na crosta terrestre na forma de compostos, principalmente óxidos e sulfetos. Para obtê-los são necessários procedimentos como a eletrólise ígnea ou a redução com carvão.

Quanto maior for a reatividade do metal, maior será a dificuldade para obtê-lo.

| reatividade ↑ | | dificuldade de obtenção ↑ |
|---|---|---|
| potássio (K)<br>sódio (Na)<br>lítio (Li)<br>cálcio (Ca)<br>magnésio (Mg)<br>alumínio ($A\ell$) | eletrólise ígnea | |
| zinco (Zn)<br>ferro (Fe)<br>estanho (Sn)<br>chumbo (Pb) | redução com carvão<br>Exemplo: $ZnO + C \longrightarrow Zn + CO$ | |
| cobre (Cu)<br>prata (Ag)<br>ouro (Au)<br>platina (Pt) | encontrados livres | |

## Obtenção de metais por oxirredução

> **Metalurgia:** processo que utiliza várias reações de oxirredução para produzir um metal na sua forma elementar, a partir de seu minério.

Alguns metais, como Ag, Hg e Cu, podem ser obtidos por meio de uma reação de ustulação, representada genericamente por:

$$\underset{\text{sulfeto metálico}}{MS} + O_2 \xrightarrow{\Delta} \underset{\text{metal}}{M} + \underset{\text{dióxido de enxofre}}{SO_2}$$

### Ferro (Fe)

O ferro é obtido a partir da mistura formada por hematita, $Fe_2O_3$, carvão coque, C, e calcário, $CaCO_3$.

Uma corrente de ar quente é injetada produzindo CO:

$$2\,C + O_2 \xrightarrow{\Delta} 2\,CO$$

O CO (agente redutor) reage com a hematita, $Fe_2O_3$, reduzindo-a:

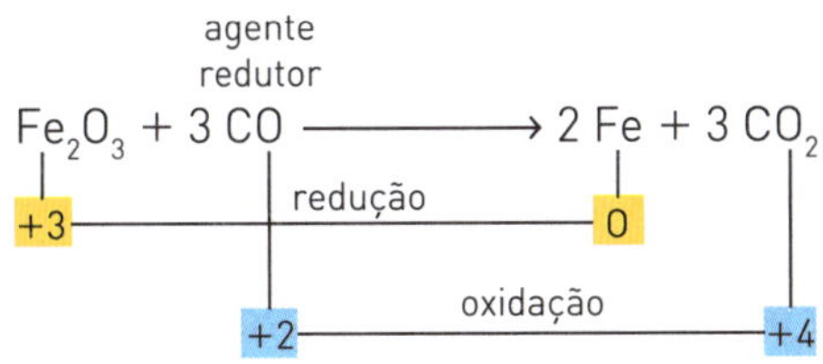

### Alumínio ($A\ell$)

O $A\ell$ é obtido pela eletrólise ígnea da bauxita ($A\ell_2O_3$), na presença da criolita ($Na_3A\ell F_6$), que atua como fundente. A cuba eletrolítica apresenta o cátodo de ferro e o ânodo de carbono (grafita), e eles são mergulhados na mistura fundida ($A\ell_2O_3 + Na_3A\ell F_6$).

As semirreações que ocorrem nos eletrodos são:

$$A\ell_2O_3 \xrightarrow{\Delta} 2\,A\ell^{3+} + 3\,O^{2-}$$

cátodo (redução): $2\,A\ell^{3+}\,(\ell) + 6\,e^- \longrightarrow 2\,A\ell\,(\ell)$

ânodo (oxidação): $3\,O^{2-}\,(\ell) \longrightarrow \frac{3}{2}\,O_2\,(g) + 6\,e^-$

À medida que o oxigênio se forma, ele reage com o carbono do ânodo, produzindo gás carbônico, $CO_2$:

$$C\,(s) + O_2\,(g) \longrightarrow CO_2\,(g)$$

## Obtenção de ametais

Os ametais encontrados livres na natureza são: carbono (C), nitrogênio (N), oxigênio (O) e enxofre (S).

Entre os ametais restantes, alguns são obtidos industrialmente através de processos eletrolíticos.

# Aplique o que aprendeu

## Exercício resolvido

(UEL-PR) Leia o texto a seguir e responda à questão.

A vida em grandes metrópoles apresenta atributos que consideramos sinônimos de progresso, como facilidades de acesso aos bens de consumo, oportunidades de trabalho, lazer, serviços, educação, saúde etc. Por outro lado, em algumas delas, devido à grandiosidade dessas cidades e aos milhões de cidadãos que ali moram, existem muito mais problemas do que benefícios. Seus habitantes sabem como são complicados o trânsito, a segurança pública, a poluição, os problemas ambientais, a habitação etc. Sem dúvida, são desafios que exigem muito esforço não só dos governantes, mas também de todas as pessoas que vivem nesses lugares. Essas cidades convivem ao mesmo tempo com a ordem e o caos, com a pobreza e a riqueza, com a beleza e a feiura. A tendência das coisas de se desordenarem espontaneamente é uma característica fundamental da natureza. Para que ocorra a organização, é necessária alguma ação que restabeleça a ordem. É o que acontece nas grandes cidades: despoluir um rio, melhorar a condição de vida dos seus habitantes e diminuir a violência, por exemplo, são tarefas que exigem muito trabalho e não acontecem espontaneamente. Se não houver qualquer ação nesse sentido, a tendência é que prevaleça a desorganização. Em nosso cotidiano, percebemos que é mais fácil deixarmos as coisas desorganizadas do que em ordem. A ordem tem seu preço. Portanto, percebemos que há um embate constante na manutenção da vida e do universo contra a desordem. A luta contra a desorganização é travada a cada momento por nós. Por exemplo, desde o momento da nossa concepção, a partir da fecundação do óvulo pelo espermatozoide, nosso organismo vai se desenvolvendo e ficando mais complexo. Partimos de uma única célula e chegamos à fase adulta com trilhões delas, especializadas para determinadas funções. Entretanto, com o passar dos anos, envelhecemos e nosso corpo não consegue mais funcionar adequadamente, ocorre uma falha fatal e morremos. O que se observa na natureza é que a manutenção da ordem é fruto da ação das forças fundamentais, que, ao interagirem com a matéria, permitem que esta se organize. Desde a formação do nosso planeta, há cerca de 5 bilhões de anos, a vida somente conseguiu se desenvolver às custas de transformar a energia recebida pelo Sol em uma forma útil, ou seja, capaz de manter a organização. Para tal, pagamos um preço alto: grande parte dessa energia é perdida, principalmente na forma de calor. Dessa forma, para que existamos, pagamos o preço de aumentar a desorganização do nosso planeta. Quando o Sol não puder mais fornecer essa energia, dentro de mais 5 bilhões de anos, não existirá mais vida na Terra. Com certeza a espécie humana já terá sido extinta muito antes disso.

(Adaptado de: OLIVEIRA, A. O Caos e a Ordem. *Ciência Hoje*. Disponível em: <http://cienciahoje.uol.com.br/colunas/fisica-sem-misterio/o-caos-ea-ordem>. Acesso em: 10 abr. 2015.)

Em sintonia com o que é mencionado no texto, também sob a perspectiva da termodinâmica, deve-se realizar trabalho não espontâneo para combater a desordem. Sistemas químicos que exploram reações químicas de oxidação e redução podem realizar trabalhos espontâneos ou não espontâneos.

Sobre reações químicas em pilhas e em processos de eletrólise de soluções aquosas e de compostos fundidos, assinale a alternativa correta.

a) Em um processo de eletrólise, os elétrons fluem do cátodo para o ânodo em um processo espontâneo.
b) Em um processo de eletrólise, a energia elétrica é convertida em energia química através de um processo não espontâneo.
c) Em uma pilha galvânica, a energia elétrica é convertida em energia química através de um processo não espontâneo.
d) Em uma pilha galvânica, a reação espontânea apresenta um valor negativo de $\Delta E^0$, com geração de energia sob a forma de trabalho.
e) Em uma pilha galvânica, há um processo não espontâneo, na qual o cátodo é o polo negativo e o ânodo é o polo positivo.

**Solução:**

a) Incorreta. A eletrólise não é um processo espontâneo, nela os elétrons fluem do ânodo para o cátodo.
b) Correta. Na eletrólise, um processo não espontâneo, a energia elétrica é convertida em energia química.
c) Incorreta. Em uma pilha galvânica, um processo espontâneo, temos a conversão de energia química em elétrica.
d) Incorreta. Sendo um processo espontâneo, em uma pilha galvânica temos $\Delta E^0 > 0$ com geração de trabalho.
e) Incorreta. Em uma pilha galvânica o processo sempre é espontâneo; o cátodo é o polo positivo e o ânodo é o polo negativo.

Alternativa correta: ***b***.

## Questões

**1.** (PUC-MG) Uma pilha magnésio-ferro foi constituída em condições padrão. É **INCORRETO** afirmar que, durante o funcionamento dessa pilha:

**Dados**: $E^0(Mg^{2+}/Mg) = -2{,}36$ V e $E^0(Fe^{2+}/Fe) = -0{,}44$ V.

a) acontece uma oxidação no eletrodo de magnésio.
b) o eletrodo de magnésio é o polo negativo da pilha.
c) os elétrons circulam do eletrodo de magnésio em direção ao eletrodo de ferro.
d) o eletrodo de ferro é consumido.

**2.** (Vunesp-SP) A pilha Ag-Zn é bastante empregada na área militar (submarinos, torpedos, mísseis), sendo adequada também para sistemas compactos. A diferença de potencial desta pilha é de cerca de 1,6 V à temperatura ambiente. As reações que ocorrem nesse sistema são:

No cátodo: $Ag_2O + H_2O + 2\,e^- \rightarrow 2\,Ag + 2\,OH^-$

No ânodo: $Zn \rightarrow Zn^{2+} + 2\,e^-$

$Zn^{2+} + 2\,OH^- \rightarrow Zn(OH)_2$

Reação global: $Zn + Ag_2O + H_2O \rightarrow 2\,Ag + Zn(OH)_2$

(Cristiano N. da Silva e Julio C. Afonso. "Processamento de pilhas do tipo botão". *Quím. Nova*, vol. 31, 2008. Adaptado.)

a) Identifique o eletrodo em que ocorre a semirreação de redução. Esse eletrodo é o polo positivo ou o negativo da pilha?

b) Considerando a reação global, calcule a razão entre as massas de zinco e de óxido de prata que reagem. Determine a massa de prata metálica formada pela reação completa de 2,32 g de óxido de prata.

**3.** (IFSP) Em uma pilha, quanto maior for a diferença de potencial (ddp) existente, maior será a tendência de ocorrer, espontaneamente, a reação de oxirredução. Cinco pilhas iguais colocadas em série resultam em uma ddp de 10 V.

Sabendo-se que o cátodo desta pilha possui um potencial de $E^0 = +0,34$ V, então pode-se afirmar que o ânodo terá:

a) +1,66 V.
b) +2,00 V.
c) −1,66 V.
d) −2,00 V.
e) +0,34 V.

**4.** (Acafe-SC) Recentemente uma grande fabricante de produtos eletrônicos anunciou o *recall* de um de seus produtos, pois estes apresentavam problemas em suas baterias do tipo íons lítio. Considere a ilustração esquemática dos processos eletroquímicos que ocorrem nas baterias de íons lítio retirada do artigo "Pilhas e Baterias: Funcionamento e Impacto Ambiental", da revista *Química Nova na Escola*, número 11, 2000, página 8.

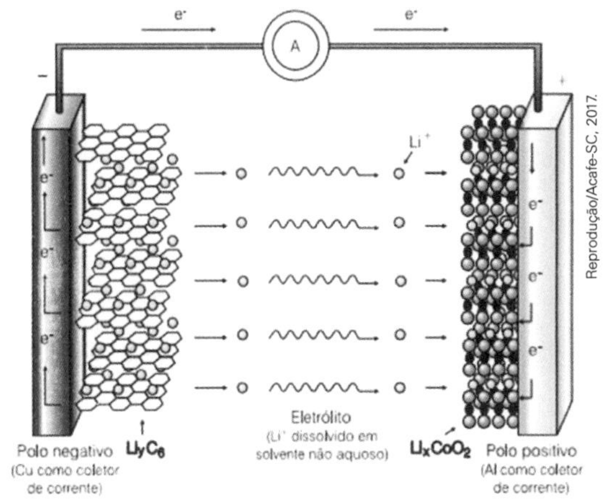


semirreação anódica (descarga da bateria):

$$Li_yC_6\ (s) \rightarrow C_6\ (s) + y\,Li^+\ (solv) + y\,e^-$$

semirreação catódica (descarga da bateria):

$$Li_xCoO_2\ (s) + y\,Li^+\ (solv) + y\,e^- \rightarrow Li_{x+y}CoO_2\ (s)$$

Analise as afirmações a seguir.

I. Durante a descarga da bateria, os íons lítio se movem no sentido do ânodo para o cátodo.

II. A reação global para a descarga da bateria pode ser representada por: $Li_xCoO_2\ (s) + Li_yC_6\ (s) \rightarrow Li_{x+y}CoO_2\ (s) + C_6\ (s)$.

III. Durante a descarga da bateria, no cátodo, o cobalto sofre oxidação na estrutura do óxido, provocando a entrada de íons lítio em sua estrutura.

Assinale a alternativa correta.

a) Todas as afirmações estão corretas.

b) Apenas I e II estão corretas.

c) Todas as afirmações estão incorretas.

d) Apenas I está correta.

**5.** (UFPE) Uma célula para produção de cobre eletrolítico consiste de um ânodo de cobre impuro e um cátodo de cobre puro (massa atômica de 63,5 g $mol^{-1}$, em um eletrólito de sulfato de cobre (II). Qual a corrente, em Ampère, que deve ser aplicada para se obter 63,5 g de cobre puro em 26,8 horas? Dado: F = 96 500 C $mol^{-1}$.

**6.** (UFG-GO) São fornecidos a um técnico de laboratório os seguintes materiais: fio de estanho, fio de prata, cloreto de estanho (sólido), cloreto de prata (sólido) e água. Além disso, há disponibilidade de uma balança, béqueres e uma ponte salina de cloreto de potássio.

Dados:

$Sn \rightarrow Sn^{2+} + 2\,e^-$ $E = +0{,}14\ V$

$Ag \rightarrow Ag^+ + e^-$ $E = -0{,}80\ V$

Considerando-se os materiais fornecidos e os dados apresentados:

a) desenhe uma célula galvânica padrão que contenha os materiais fornecidos ao técnico. Indique, no desenho, a direção do fluxo de elétrons.

b) calcule as massas dos sais que serão utilizadas para preparar 100 mL das soluções eletrolíticas utilizadas na célula galvânica.

c) escreva as equações químicas das semirreações, a reação global balanceada e, em seguida, calcule o potencial padrão da célula galvânica construída com os materiais fornecidos.

**7.** (Uece) Uma pilha é formada com eletrodos de alumínio e ouro que apresentam os potenciais de redução, respectivamente, –1,66 volts e 1,50 volts.

Após analisar as características dessa pilha, pode-se afirmar corretamente que:

a) a reação do cátodo é $A\ell \rightarrow A\ell^{3+} + 3\,e^-$.

b) a ddp da pilha é +3,16 V.

c) a reação global é $A\ell^{3+} + Au \rightarrow Au^{3+} + A\ell$.

d) a equação global da pilha é $Au^{3+}\ (aq)\ |\ Au\ ||\ A\ell^{3+}\ (aq)\ |\ A\ell$.

**8.** (Espcex/Aman) Células galvânicas (pilhas) são dispositivos nos quais reações espontâneas de oxirredução geram uma corrente elétrica. São dispostas pela combinação de espécies químicas com potenciais de redução diferentes. Existem milhares de células galvânicas possíveis. Considere as semirreações abaixo e seus respectivos potenciais de redução nas condições padrão (25 °C e 1 atm).

$$A\ell^{3+}\ (aq) + 3\,e^- \rightarrow A\ell\ (s) \qquad \Delta E^0_{red} = -1{,}66\ V$$
$$Au^{3+}\ (aq) + 3\,e^- \rightarrow Au\ (s) \qquad \Delta E^0_{red} = +1{,}50\ V$$
$$Cu^{2+}\ (aq) + 2\,e^- \rightarrow Cu\ (s) \qquad \Delta E^0_{red} = +0{,}34\ V$$

Baseado nas possibilidades de combinações de células galvânicas e suas representações esquemáticas recomendadas pela União Internacional de Química Pura e Aplicada (IUPAC), são feitas as seguintes afirmativas:

I. a diferença de potencial (d.d.p.) da pilha formada pelas espécies químicas alumínio e cobre e representada esquematicamente por $A\ell\ (s)\ |\ A\ell^{3+}\ (aq)\ ||\ Cu^{2+}\ (aq)\ |\ Cu\ (s)$ é de +1,52 V (nas condições-padrão);

II. na pilha formada pelas espécies químicas cobre e ouro e representada esquematicamente por $Cu\ (s)\ |\ Cu^{2+}\ (aq)\ ||\ Au^{3+}\ (aq)\ |\ Au\ (s)$, a reação global corretamente balanceada é:

$$3\,Cu\ (s) + 2\,Au^{3+}\ (aq) \rightarrow 3\,Cu^{2+}\ (aq) + 2\,Au\ (s);$$

III. na pilha formada pelas espécies químicas cobre e ouro e representada esquematicamente por $Cu\ (s)\ |\ Cu^{2+}\ (aq)\ ||\ Au^{3+}\ (aq)\ |\ Au\ (s)$, o agente redutor é o Cu (s);

IV. a representação IUPAC correta de uma pilha de alumínio e ouro ($A\ell$-Au) é $Au\ (s)\ |\ Au^{3+}\ (aq)\ ||\ A\ell^{3+}\ (aq)\ |\ A\ell\ (s)$.

Estão corretas apenas as afirmativas:

a) I e II.
b) II e III.
c) III e IV.
d) I, II e IV.
e) I, III e IV.

**9.** (UPE) No episódio 9 da segunda temporada do seriado *Breaking Bad*, Walter e Jesse se encontravam em um local distante e deserto quando a bateria do *trailer* falhou. Usando seus conhecimentos químicos, Walter montou um conjunto de seis células eletrolíticas, improvisadas em potes plásticos, para dar partida e fazer o motor do veículo funcionar novamente. Em cada pote, ele colocou de um lado parafusos, moedas, arruelas e roscas (porcas) metálicas galvanizadas; no meio, separando o cátodo e o ânodo, uma esponja embebida com uma solução aquosa, que pode ser utilizada para desentupir tubulações; e, no outro lado, uma mistura sólida de duas substâncias, coletada das pastilhas de freio do veículo. Depois ele desencapou um fio de outro tipo de metal e conectou os polos das células em série.

Dados:

$$Zn(s) \rightleftharpoons Zn^{2+}(aq) + 2\,e^- \qquad E^0_{red} = -0{,}76\ V$$
$$Cu(s) \rightleftharpoons Cu^{2+}(aq) + 2\,e^- \qquad E^0_{red} = +0{,}34\ V$$
$$2\,Hg \rightleftharpoons Hg_2^{2+}(aq) + 2\,e^- \qquad E^0_{red} = +0{,}85\ V$$

A alternativa que completa CORRETAMENTE o material para o conjunto montado por Walter é dada por:

| | Ânodo | Cátodo | Eletrólito | Fio condutor |
|---|---|---|---|---|
| a) | Metal galvanizado (zinco) | Grafite e óxido de mercúrio | KOH (50%) | Cobre |
| b) | Cobre | KOH (50%) | Grafite e óxido de mercúrio | Metal galvanizado (zinco) |
| c) | Grafite e óxido de mercúrio | Metal galvanizado (zinco) | KOH (50%) | Cobre |
| d) | KOH (50%) | Cobre | Grafite e óxido de mercúrio | Metal galvanizado (zinco) |
| e) | Cobre | Grafite e óxido de mercúrio | KOH (50%) | Metal galvanizado (zinco) |

**10.** (UPM-SP) Um estudante de química colocou, separadamente, barras de chumbo, níquel, ferro e cobre no interior de 4 béqueres, que continham solução aquosa de nitrato de estanho II de concentração 1 mol · $L^{-1}$ a 25 °C. As quatro possíveis reações de oxirredução, que ocorreriam espontaneamente, nos béqueres I, II, III e IV foram escritas abaixo:

I. $Pb\ (s) + Sn^{2+}\ (aq) \rightarrow Pb^{2+}\ (aq) + Sn\ (s)$

II. $Ni\ (s) + Sn^{2+}\ (aq) \rightarrow Ni^{2+}\ (aq) + Sn\ (s)$

III. $Fe\ (s) + Sn^{2+}\ (aq) \rightarrow Fe^{2+}\ (aq) + Sn\ (s)$

IV. $Cu\ (s) + Sn^{2+}\ (aq) \rightarrow Cu^{2+}\ (aq) + Sn\ (s)$

Dados:

$E^0(Pb^{2+}\ (aq)/Pb\ (s)) = -0,13\ V$

$E^0(Sn^{2+}\ (aq)/Sn\ (s)) = -0,14\ V$

$E^0(Ni^{2+}\ (aq)/Ni\ (s)) = -0,23\ V$

$E^0(Fe^{2+}\ (aq)/Fe\ (s)) = -0,44\ V$

$E^0(Cu^{2+}\ (aq)/Cu\ (s)) = +0,34\ V$

De acordo com as informações acima, os béqueres em que ocorreram, espontaneamente, as reações de oxirredução foram:

a) I, II e IV, apenas.
b) II e III, apenas.
c) I, II e III, apenas.
d) I e II, apenas.
e) I e IV, apenas.

**11.** (ITA-SP) Pode-se utilizar metais de sacrifício para proteger estruturas de aço (tais como pontes, antenas e cascos de navios) da corrosão eletroquímica. Considere os seguintes metais:

I. Alumínio
II. Magnésio
III. Paládio
IV. Sódio
V. Zinco

Assinale a opção que apresenta o(s) metal(is) de sacrifício que pode(m) ser utilizado(s).

a) Apenas I, II e V.
b) Apenas I e III.
c) Apenas II e IV.
d) Apenas III e IV.
e) Apenas V.

**12.** (UPE) Em um estaleiro, o casco de aço de um navio foi totalmente recoberto com novas placas de magnésio metálico.

Dados:

$$Mg(s) \rightleftharpoons Mg^{+2}(aq) + 2e^- \quad E^0_{red} = -2{,}37\ V$$
$$Fe(s) \rightleftharpoons Fe^{+2}(aq) + 2e^- \quad E^0_{red} = -0{,}44\ V$$

Sobre esse tipo de processo, qual alternativa está CORRETA?

a) O magnésio possui menor poder de redução que o principal constituinte da estrutura do navio, por isso é "sacrificado" para protegê-la.

b) O magnésio ganha elétrons para o ferro, que se mantém protegido, mesmo que exposto ao ar, pois a reação de oxirredução continua.

c) O revestimento de magnésio funciona como um ânodo em um circuito de eletrólise, evitando que o ferro se envolva em processos de oxirredução.

d) O metal de sacrifício vai reagir com a água do mar, protegendo o ferro da mesma forma que as tintas antiferrugem existentes no mercado da construção civil.

e) A reação que ocorre na presença do metal de sacrifício é denominada de pilha eletroquímica, uma vez que a diferença de potencial entre os reagentes é negativa.

**13.** (Vunesp-SP) Leia o texto para responder à questão.

Em um laboratório, uma estudante sintetizou sulfato de ferro (II) hepta-hidratado ($FeSO_4 \cdot 7\ H_2O$) a partir de ferro metálico e ácido sulfúrico diluído em água. Para tanto, a estudante pesou, em um béquer, 14,29 g de ferro metálico de pureza 98,00%. Adicionou água destilada e depois, lentamente, adicionou excesso de ácido sulfúrico concentrado sob agitação. No final do processo, a estudante pesou os cristais de produto formados.

A tabela apresenta os valores de potencial-padrão para algumas semirreações.

| Equação de semirreação | $E^0$ (V) (1 mol · $L^{-1}$; 100 kPa e 25 °C) |
|---|---|
| $2H^+(aq) + 2e^- \rightleftharpoons H_2(g)$ | 0,00 |
| $Fe^{2+}(aq) + 2e^- \rightleftharpoons Fe(s)$ | −0,44 |

Considerando que o experimento foi realizado pela estudante nas condições ambientes, escreva as equações das semirreações e a equação global da reação entre o ferro metálico e a solução de ácido sulfúrico. Tendo sido montada uma célula galvânica com as duas semirreações, calcule o valor da força eletromotriz da célula ($\Delta E^0$).

**14.** (Uneb-BA) Leia o texto a seguir e responda à seguinte questão.

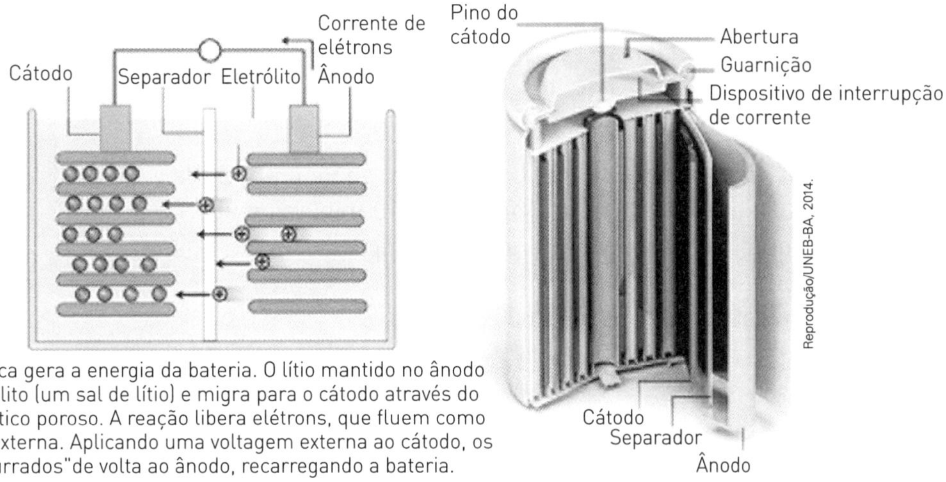


A reação química gera a energia da bateria. O lítio mantido no ânodo ioniza no eletrólito (um sal de lítio) e migra para o cátodo através do separador plástico poroso. A reação libera elétrons, que fluem como uma corrente externa. Aplicando uma voltagem externa ao cátodo, os íons são "empurrados"de volta ao ânodo, recarregando a bateria.

Grandes *recalls* de fabricantes de baterias de íons de lítio para *notebooks* suscitaram questões sobre como essas fontes de energia podem aquecer a ponto de pegar fogo. Igualmente válida é a dúvida sobre por que os acidentes não são mais frequentes: são poucos proporcionalmente às centenas de milhões de baterias vendidas anualmente.

As células eletroquímicas de íons de lítio empregam vários materiais, mas quase todas são recarregáveis, como as usadas em câmeras fotográficas e telefones celulares, que utilizam óxido de lítio-cobalto no cátodo e grafite no ânodo.

Embora essa formulação seja "de certo modo inerentemente insegura", a fabricação cuidadosa e os dispositivos de segurança embutidos limitaram os acidentes a poucas ocorrências. Mesmo assim, os fabricantes de baterias têm aumentado a capacidade de carga em determinada célula devido à demanda dos fabricantes de eletrônicos por maior durabilidade. Portanto, agora a margem de erros é ainda menor. Aumentando o número de íons na célula, os fabricantes quadruplicaram a capacidade energética desde seu lançamento comercial em 1991.

(FISCHETTI. 2013. p. 10-11).

O cátodo da célula eletroquímica é formado por óxido de lítio e de cobalto, $LiCoO_2$ (s), e o ânodo, por grafite, quando a bateria está descarregada. Durante a recarga, a corrente elétrica é invertida, e os íons de lítio são reduzidos no eletrodo do grafite. Na descarga, os íons de lítio, $Li^+$, deixam o grafite, após reação e voltam a formar óxido de lítio e de cobalto.

Com base nas informações do texto, das figuras e considerando-se o funcionamento de célula eletroquímica e a força eletromotriz de célula igual a 3,7 V, é correto afirmar:

a) O eletrólito é uma solução aquosa de sal de lítio.
b) O óxido de $LiCoO_2$ é oxidado a $CoO_2$, na recarga da pilha.
c) A oxidação e a redução ocorrem, respectivamente, no cátodo e no ânodo, durante a descarga da pilha.
d) A voltagem de bateria, formada a partir da ligação em paralelo de quatro células eletroquímicas de óxido de lítio-cobalto, é, aproximadamente, 15 V.
e) A ligação entre o cátodo e o ânodo através do separador, por meio de partículas metálicas, desvia o fluxo de corrente elétrica e causa resfriamento da célula eletroquímica.

**15.** (Fuvest-SP) Células a combustível são opções viáveis para gerar energia elétrica para motores e outros dispositivos. O esquema representa uma dessas células e as transformações que nela ocorrem.

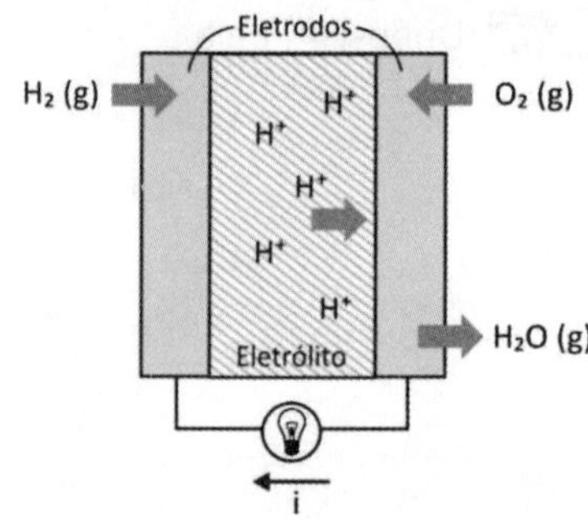


Reprodução/FUVEST, 2017.

$$H_2\ (g) + \frac{1}{2} O_2\ (g) \rightarrow H_2O\ (g) \quad \Delta H = -240\ \text{kJ/mol de}\ H_2$$

A corrente elétrica (i), em ampère (coulomb por segundo), gerada por uma célula a combustível que opera por 10 minutos e libera 4,80 kJ de energia durante esse período de tempo, é:

Note e adote:

Carga de um mol de elétrons = 96 500 coulomb.

a) 3,32.
b) 6,43.
c) 12,9.
d) 386.
e) 772.

**16.** (UFJF-MG) Para a fabricação de latas para armazenar alimentos, óleos, conservas, etc., são utilizadas as "folhas de flandres", as quais são compostas por chapas de aço revestidas com estanho através do processo de galvanização. A figura ao lado representa o processo de produção das "folhas de flandres".

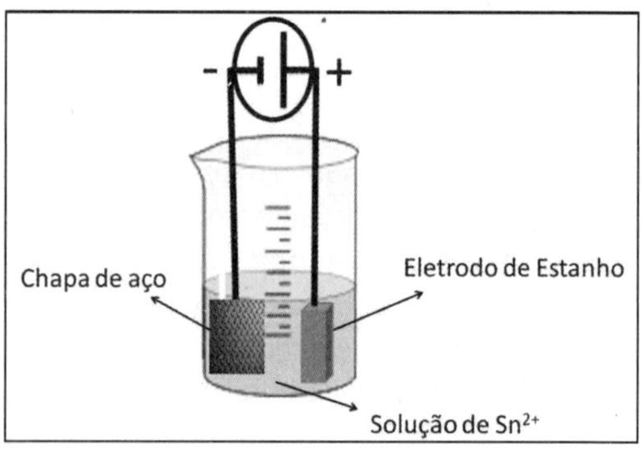


Reprodução/UFJF, 2016.

Marque a alternativa CORRETA com relação ao processo de galvanização descrito.

a) A redução do estanho ocorre na chapa de aço.
b) Os elétrons fluem da chapa de aço para o eletrodo de estanho.
c) O polo negativo corresponde ao ânodo.
d) Esse processo ocorre espontaneamente.
e) Neste processo ocorre a conversão da energia química em energia elétrica.

**17.** (UEPG-PR) A figura ao lado representa a eletrólise da água. Sobre o sistema apresentado, assinale o que for correto, considerando que as semirreações que ocorrem nos eletrodos são:

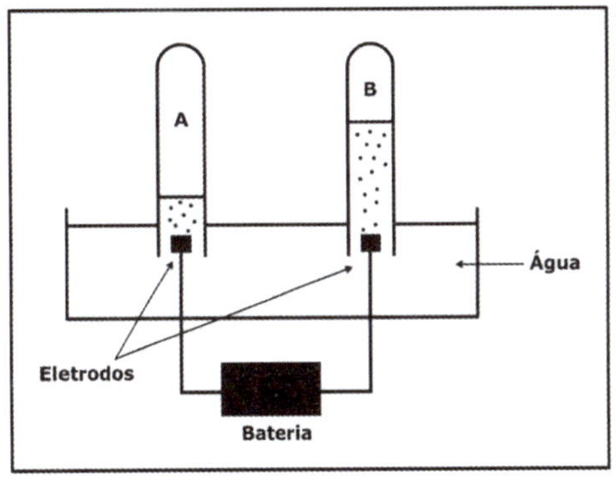


$$4\,OH^-\,(aq) \longrightarrow 2\,H_2O\,(\ell) + O_2\,(g) + 4\,e^-$$
$$4\,H_3O^+\,(aq) + 4\,e^- \longrightarrow 4\,H_2O\,(\ell) + 2\,H_2\,(g)$$

01) O gás A é o gás hidrogênio.
02) O eletrodo que libera o gás A é o cátodo da reação.
04) O eletrodo que libera o gás B é o polo positivo da eletrólise.
08) Na eletrólise, o processo químico não espontâneo ocorre devido a uma fonte de energia elétrica.
16) O gás B é água no estado gasoso.

**18.** (UPE)

Uma cientista da Universidade de Ohio nos Estados Unidos desenvolveu um sistema para transformar urina em combustível. A premissa parece simples e se baseia na decomposição da amônia e da ureia. A imersão de um eletrodo no líquido e a aplicação de uma corrente suave no sistema produzem uma substância que pode ser usada para alimentar uma célula de combustível.

Adaptado de: http://noticias.uol.com.br/ciencia/ultimas-noticias/bbc/2016/06/12/ (Acesso em: 20/06/2016)

A seguir, são feitas algumas afirmações sobre possíveis vantagens do sistema.

I. O gás nitrogênio produzido nessa eletrólise é um combustível menos poluente que o hidrogênio.
II. A ureia é decomposta em amônia que é vaporizada no sistema, antes de seguir para alimentar uma célula onde o gás é utilizado como combustível.
III. A energia fornecida para a produção do combustível pode ser menor que a utilizada na eletrólise da água, pois as ligações entre os átomos de hidrogênio e nitrogênio são mais fracas que as ligações entre os átomos da água.

Está CORRETO o que se afirma, apenas, em:

a) I.
b) II.
c) III.
d) I e II.
e) II e III.

**19.** (Enem) A eletrólise é um processo não espontâneo de grande importância para a indústria química. Uma de suas aplicações é a obtenção do gás cloro e do hidróxido de sódio, a partir de uma solução aquosa de cloreto de sódio. Nesse procedimento, utiliza-se uma célula eletroquímica, como ilustrado.

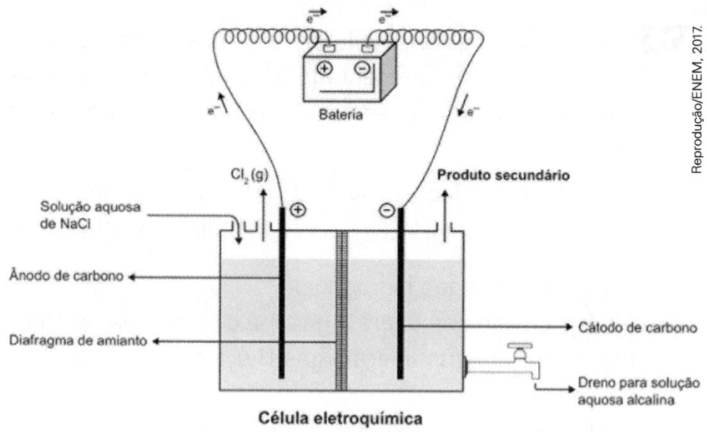


Reprodução/ENEM, 2017.

No processo eletrolítico ilustrado, o produto secundário obtido é o:

a) vapor de água.
b) oxigênio molecular.
c) hipoclorito de sódio.
d) hidrogênio molecular.
e) cloreto de hidrogênio.

**20.** (UCS-RS) Centenas de milhares de toneladas de magnésio metálico são produzidas anualmente, em grande parte para a fabricação de ligas leves. De fato, a maior parte do alumínio utilizado hoje em dia contém 5% em massa de magnésio para melhorar suas propriedades mecânicas e torná-lo mais resistente à corrosão. É interessante observar que os minerais que contêm magnésio não são as principais fontes desse elemento. A maior parte do magnésio é obtida a partir da água do mar, na qual os íons $Mg^{2+}$ estão presentes em uma concentração de 0,05 mol/L. Para obter o magnésio metálico, os íons $Mg^{2+}$ da água do mar são inicialmente precipitados sob a forma de hidróxido de magnésio, com uma solução de hidróxido de cálcio. O hidróxido de magnésio é removido desse meio por filtração, sendo finalmente tratado com excesso de uma solução de ácido clorídrico. Após a evaporação do solvente, o sal anidro obtido é fundido e submetido ao processo de eletrólise ígnea.

Considerando as informações do texto acima, assinale a alternativa correta.

a) A filtração é um processo físico que serve para separar misturas homogêneas de um sólido disperso em um líquido ou em um gás.
b) A massa de $Mg^{2+}$ presente em 500 mL de água do mar é de 2,025 g.
c) A eletrólise ígnea do sal anidro produz, além do magnésio metálico, um gás extremamente tóxico e de odor irritante.
d) O hidróxido de magnésio é uma monobase fraca, muito solúvel em água.
e) O processo de eletrólise é um fenômeno físico, em que um ou mais elementos sofrem variações nos seus números de oxidação no transcorrer de uma reação química.

**21.** (UPM-SP) Um dos modos de se produzirem gás hidrogênio e gás oxigênio em laboratório é promover a eletrólise (decomposição pela ação da corrente elétrica) da água, na presença de sulfato de sódio ou ácido sulfúrico. Nesse processo, usando para tal um recipiente fechado, migram para o cátodo (polo negativo) e ânodo (polo positivo), respectivamente, $H_2$ e $O_2$. Considerando-se que as quantidades de ambos os gases são totalmente recolhidas em recipientes adequados, sob mesmas condições de temperatura e pressão, é correto afirmar que:

Dados: massas molares ($g \cdot mol^{-1}$) H = 1 e O = 16.

a) o volume de $H_2$ (g) formado, nesse processo, é maior do que o volume de $O_2$ (g).
b) serão formados 2 mol de gases para cada mol de água decomposto.
c) as massas de ambos os gases formados são iguais no final do processo.
d) o volume de $H_2$ (g) formado é o quádruplo do volume de $O_2$ (g) formado.
e) a massa de $O_2$ (g) formado é o quádruplo da massa de $H_2$ (g) formado.

**22.** (UEMG) A eletroquímica é uma área da química com grande aplicação industrial, dentre elas, destacam-se a metalúrgica e a área de saneamento. Na metalurgia extrativa, utiliza-se um metal como agente redutor para obtenção de outro no estado elementar. Já na área de saneamento, o tratamento de águas residuárias utiliza o processo químico descrito para transformar um composto químico em outro por meio da aplicação de uma corrente elétrica através da solução.

Considere os seguintes potenciais de redução descritos abaixo:

| | $E^0$ (volt) |
|---|---|
| $Mg^{2+} + 2e^- \rightarrow Mg$ | −2,38 |
| $Zn^{2+} + 2e^- \rightarrow Zn$ | −0,76 |
| $Fe^{2+} + 2e^- \rightarrow Fe$ | −0,44 |
| $Ni^{2+} + 2e^- \rightarrow Ni$ | −0,25 |
| $Cu^{2+} + 2e^- \rightarrow Cu$ | +0,34 |
| $Ag^{2+} + 2e^- \rightarrow Ag$ | +0,8 |

O par de compostos que poderia ser utilizado na metalurgia extrativa, bem como o nome do processo aplicado na área de saneamento, está CORRETAMENTE descrito na opção:

a) Mg como redutor para obter Zn; eletrólise.
b) Cu como redutor para obter Ni; eletrólise.
c) Ag como redutor para obter Mg; destilação.
d) Fe como redutor para obter Ag; destilação.

**23.** (UPE) Para a produção de fios elétricos, o cobre deve possuir 99,9% de pureza. Para tanto, o cobre metalúrgico (impuro) passa por um processo, que gera o cobre eletrolítico, conforme está ilustrado na figura a seguir.

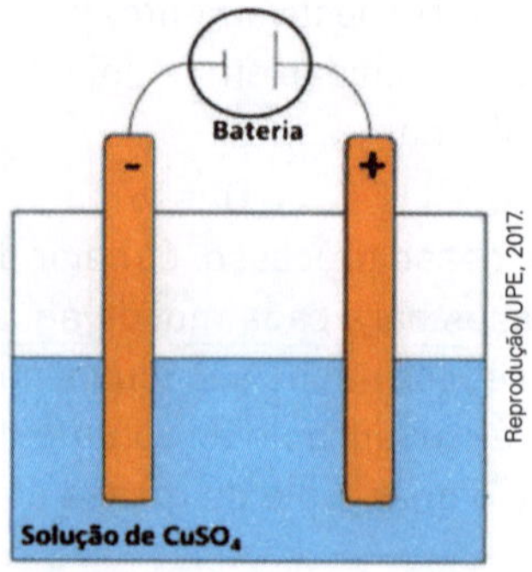


Adaptado de: http://www.acervodigital.unesp.br/bitstream/123456789/45363/4/2ed_qui_m4d7.pdf

Sobre esse processo, são feitas as afirmações a seguir:

I. No cátodo (−), que é o cobre puro, ocorre depósito de mais cobre em virtude da redução do $Cu^{2+}$.

II. A corrosão faz a solução aumentar a concentração de $Cu^{2+}$, que é atraído para o catodo, formando cobre metálico livre das impurezas.

III. Uma solução aquosa de $NiSO_4$ aumentaria a deposição de cobre puro no catodo.

IV. No ânodo (+), existe a oxidação do cobre metálico.

Está CORRETO, apenas, o que se afirma em:

a) I, II e III.
b) I, II e IV.
c) II, III e IV.
d) I e IV.
e) III.

**24.** (ITA-SP) Duas placas de platina são conectadas a um potenciostato e imersas em um béquer contendo uma solução aquosa de sulfato de cobre. Entre estas duas placas ocorre a passagem de corrente elétrica. Após certo tempo foi verificado que a cor azul, inicialmente presente na solução, desapareceu e que houve a liberação de um gás em uma das placas de platina. A solução, agora totalmente incolor, contém:

a) hidróxido de cobre.
b) sulfato de platina.
c) hidróxido de platina.
d) ácido sulfúrico.
e) apenas água.

TOTAL DE ACERTOS ____/24

TÓPICO

# 6 Cinética

## Reveja o que aprendeu

**Objetivos de aprendizagem:**

- Expressar a velocidade de reações químicas.
- Identificar os fatores que alteram a velocidade das reações.
- Expressar a lei da velocidade das reações.

### Estudo da velocidade (rapidez) das reações

Para entender o conceito de rapidez ou velocidade de uma reação, considere um único reagente se transformando em um único produto.

$$\text{reagente} \longrightarrow \text{produto}$$

$$A \longrightarrow B$$

Representação da transformação de uma molécula de A em uma molécula de B.

A ilustração a seguir representa o progresso de uma reação em que moléculas de A se transformam em moléculas de B.

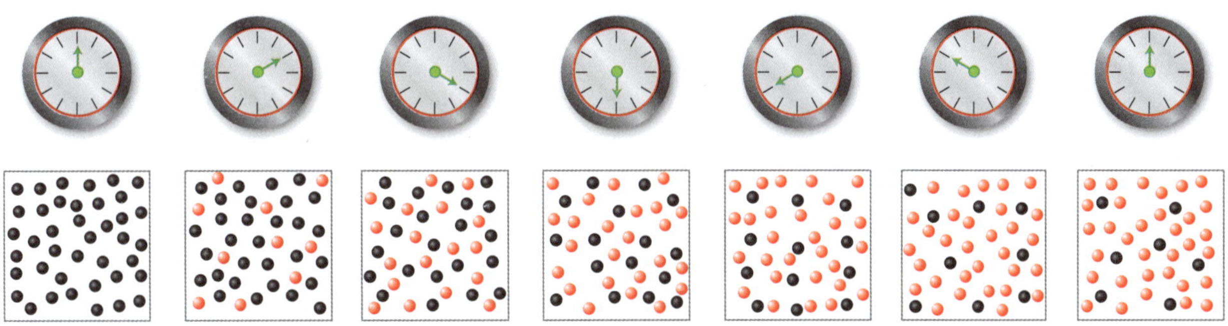

Luiz Fernando Rubio/Arquivo da editora

O progresso da reação hipotética foi acompanhado durante 60 segundos, sendo a quantidade de moléculas A e B determinada a cada 10 segundos. (Cada esfera representa esquematicamente uma molécula.)

Analisando as figuras no instante inicial:

- A quantidade de moléculas do reagente A é máxima e vai diminuindo com o decorrer do tempo.
- A quantidade de moléculas do produto B é igual a zero e vai aumentando com o decorrer do tempo.

A quantidade de moléculas indicada na ilustração foi colocada em um gráfico (quantidades de A e B em função do tempo).

No gráfico, a curva que mostra as quantidades de reagentes (A) é descendente, e a curva que mostra as quantidades de produtos (B) é ascendente.

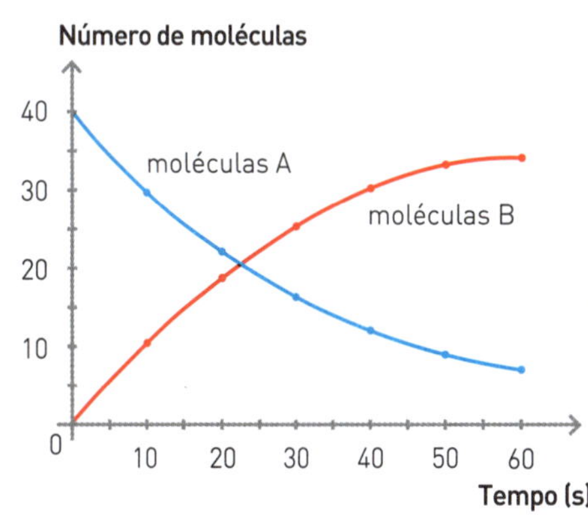


Banco de imagens/Arquivo da editora

## Rapidez ou velocidade de uma reação

A **velocidade** ou **rapidez** de uma reação está relacionada com a rapidez com que um reagente é consumido (taxa de consumo) ou com que um produto é formado (taxa de formação).

As quantidades de reagentes e produtos podem ser expressas em massa, volume (para gases), número de mol ou concentração em mol/L, enquanto o tempo pode ser expresso em hora, minuto e segundo.

Como a velocidade pode variar ao longo da reação, habitualmente trabalhamos com a velocidade média.

### Velocidade média

**Velocidade média** de uma reação é expressa pelo quociente entre a variação das quantidades dos reagentes ou dos produtos e o intervalo de tempo no qual essa variação ocorreu:

$$V = \frac{\Delta \text{quantidade}}{\Delta \text{tempo}} = \frac{\text{quantidade final} - \text{quantidade inicial}}{\text{tempo final} - \text{tempo inicial}}$$

A expressão da velocidade média usando concentração em mol/L será:

$$V_{\text{média}} = \frac{\Delta[\ ]}{\Delta \text{tempo}} = \frac{[\text{final}] - [\text{inicial}]}{\text{tempo final} - \text{tempo inicial}}$$

O valor do $\Delta$[reagentes] é menor do que zero, pois a concentração final é menor do que a inicial. Para não trabalhar com valores negativos, usamos $-\Delta$[reagentes] na expressão da velocidade média dos reagentes:

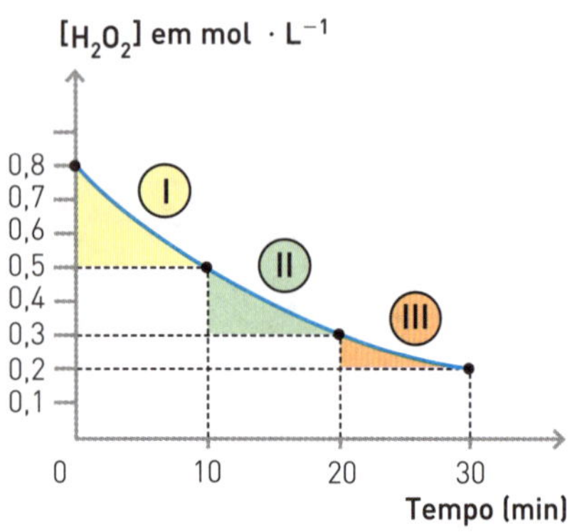

Banco de imagens/Arquivo da editora

$$V_m = \frac{-\Delta[\text{reagentes}]}{\Delta t} \text{ ou } V_m = \frac{\Delta[\text{produtos}]}{\Delta t}$$

A rapidez ou velocidade das reações é sempre obtida experimentalmente, como o gráfico da decomposição da água oxigenada:

A reação pode ser representada pela equação:

$$2\,H_2O_2\,(aq) \longrightarrow 2\,H_2O\,(\ell) + O_2\,(g)$$

A velocidade média de decomposição da água oxigenada é calculada, para cada trecho do gráfico, utilizando a expressão:

$$V_{m_{H_2O_2}} = \frac{-[H_2O_2]_{\text{final}} - [H_2O_2]_{\text{inicial}}}{t_{\text{final}} - t_{\text{inicial}}} \Rightarrow V_m = \frac{-\Delta[H_2O_2]}{\Delta t}$$

(I) $V_m = \frac{-(0,5 - 0,8)}{10 - 0} \Rightarrow V_m = \frac{-(-0,3)}{10} = 0,03 \text{ mol} \cdot L^{-1} \cdot \text{min}^{-1}$

(II) $V_m = \frac{-(0,3 - 0,5)}{20 - 10} \Rightarrow V_m = \frac{-(-0,2)}{10} = 0,02 \text{ mol} \cdot L^{-1} \cdot \text{min}^{-1}$

(III) $V_m = \frac{-(0,2 - 0,3)}{30 - 20} \Rightarrow V_m = \frac{-(-0,1)}{10} = 0,01 \text{ mol} \cdot L^{-1} \cdot \text{min}^{-1}$

A velocidade média diminui de acordo com a diminuição da concentração.

Para construir o gráfico que representa a formação dos produtos ($H_2O$ e $O_2$) devemos conhecer a proporção estequiométrica da reação:

$$2\ H_2O_2\ (aq) \longrightarrow 2\ H_2O\ (\ell) + O_2\ (g)$$

| | $H_2O_2$ | $H_2O$ | $O_2$ |
|---|---|---|---|
| proporção: | 2 mol | 2 mol | 1 mol |

**(I)**

| | $H_2O_2$ | $H_2O$ | $O_2$ |
|---|---|---|---|
| t = 0 | 0,8 mol/L | 0 | 0 |
| ↓ | gasto 0,3 mol/L | formado 0,3 mol/L | formado 0,15 mol/L |
| t = 10 min | 0,5 mol/L | 0,3 mol/L | 0,15 mol/L |

**(II)**

| | $H_2O_2$ | $H_2O$ | $O_2$ |
|---|---|---|---|
| t = 10 min | 0,5 mol/L | 0,3 mol/L | 0,15 mol/L |
| ↓ | gasto 0,2 mol/L | formado 0,2 mol/L | formado 0,1 mol/L |
| t = 20 min | 0,3 mol/L | 0,5 mol/L | 0,25 mol/L |

**(III)**

| | $H_2O_2$ | $H_2O$ | $O_2$ |
|---|---|---|---|
| t = 20 min | 0,3 mol/L | 0,5 mol/L | 0,25 mol/L |
| ↓ | gasto 0,1 mol/L | formado 0,1 mol/L | formado 0,05 mol/L |
| t = 30 min | 0,2 mol/L | 0,6 mol/L | 0,3 mol/L |

Com base nos dados obtidos, podemos construir o gráfico (abaixo, à esquerda) das concentrações em mol/L de $H_2O$ e de $O_2$, em função do tempo, e também representar as variações das concentrações das três substâncias em um único gráfico (abaixo, à direita).

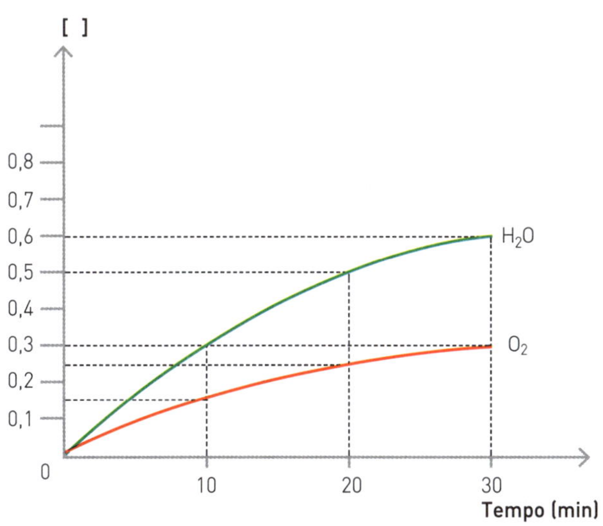


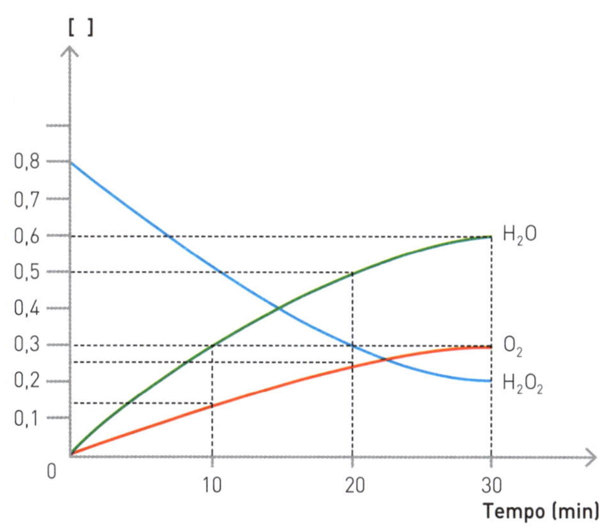


Ilustrações: Banco de imagens/Arquivo da editora

O cálculo da velocidade média das três substâncias envolvidas na reação de 0 a 10 min ($\Delta t$ = 10 min) fornecerá:

- Consumo de $H_2O_2$: $V_m = 0{,}03\ mol \cdot L^{-1} \cdot min^{-1}$
- Formação de $H_2O$: $V_m = 0{,}03\ mol \cdot L^{-1} \cdot min^{-1}$
- Formação de $O_2$: $V_m = 0{,}015\ mol \cdot L^{-1} \cdot min^{-1}$

Os valores das velocidades médias obedecem à proporção estequiométrica da reação: 2 : 2 : 1.

A velocidade média da reação pode ser obtida dividindo as velocidades médias pelos respectivos coeficientes estequiométricos.

$$V_{m\ reação} = \frac{V_{m\ H_2O_2}}{2} = \frac{V_{m\ H_2O}}{2} = \frac{V_{m\ O_2}}{1} = 0{,}015\ mol \cdot L^{-1} \cdot min^{-1}$$

Genericamente, para a reação: a A + b B $\longrightarrow$ c C, temos:

$$V_{m\ reação} = \frac{V_{m\ A}}{a} = \frac{V_{m\ B}}{b} = \frac{V_{m\ C}}{c}$$

Essa definição foi convencionada pela IUPAC e permite calcular a velocidade média de uma reação sem especificar as substâncias participantes.

## Condições para a ocorrência de reações

Existem vários fatores responsáveis pela ocorrência de uma reação, como a natureza dos reagentes, o contato entre eles, os choques eficazes e a energia de ativação.

### Teoria das colisões

Para que uma reação química ocorra, as partículas que compõem os reagentes vão colidir umas com as outras, e parte dessas colisões, dependendo da sua orientação e energia, poderá originar produtos.

**Choque eficaz ou efetivo:** nome dado à colisão que resulta em quebra e formação de novas ligações químicas, sendo necessárias orientação e energia adequadas.

**Complexo ativado:** estrutura intermediária entre os reagentes e os produtos no momento em que ocorre o choque em uma orientação favorável. É uma estrutura instável, conhecida como estado de transição.

**Energia de ativação ($E_a$):** a menor quantidade de energia necessária para que ocorra a formação do complexo ativado.

Veja o exemplo:

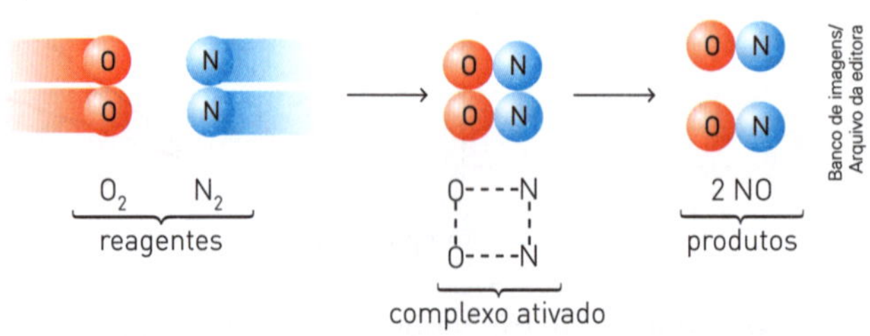

Esse fenômeno é observado tanto nas reações exotérmicas quanto nas endotérmicas, e seus diagramas, indicando o caminho da reação e a entalpia, podem ser representados por:

Ilustrações: Banco de imagens/Arquivo da editora

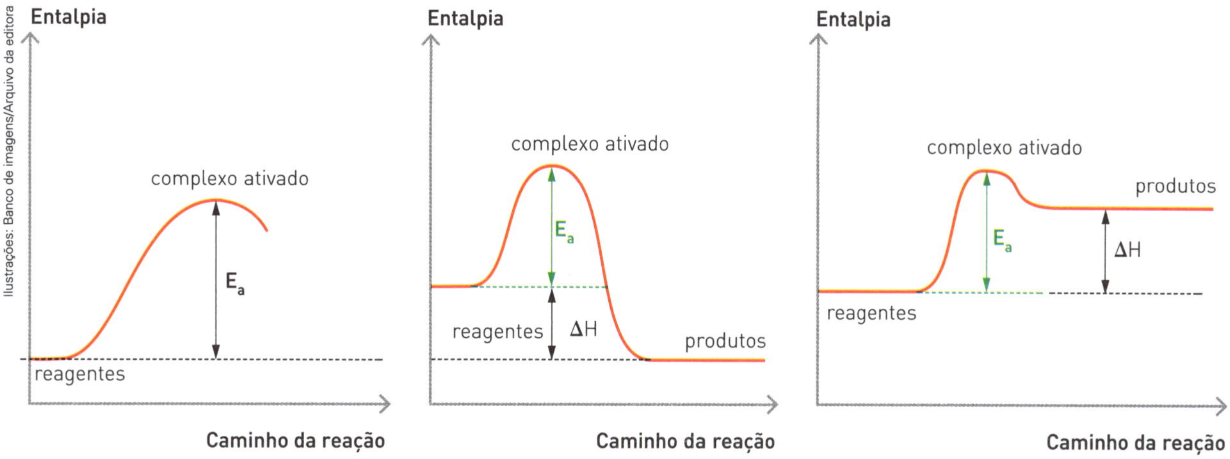


exotérmica: $\Delta H < 0$ endotérmica: $\Delta H > 0$

Para reações que podem ocorrer nos dois sentidos, temos:

$$CO + NO_2 \underset{\text{inversa}}{\overset{\text{direta}}{\rightleftharpoons}} CO_2 + NO$$

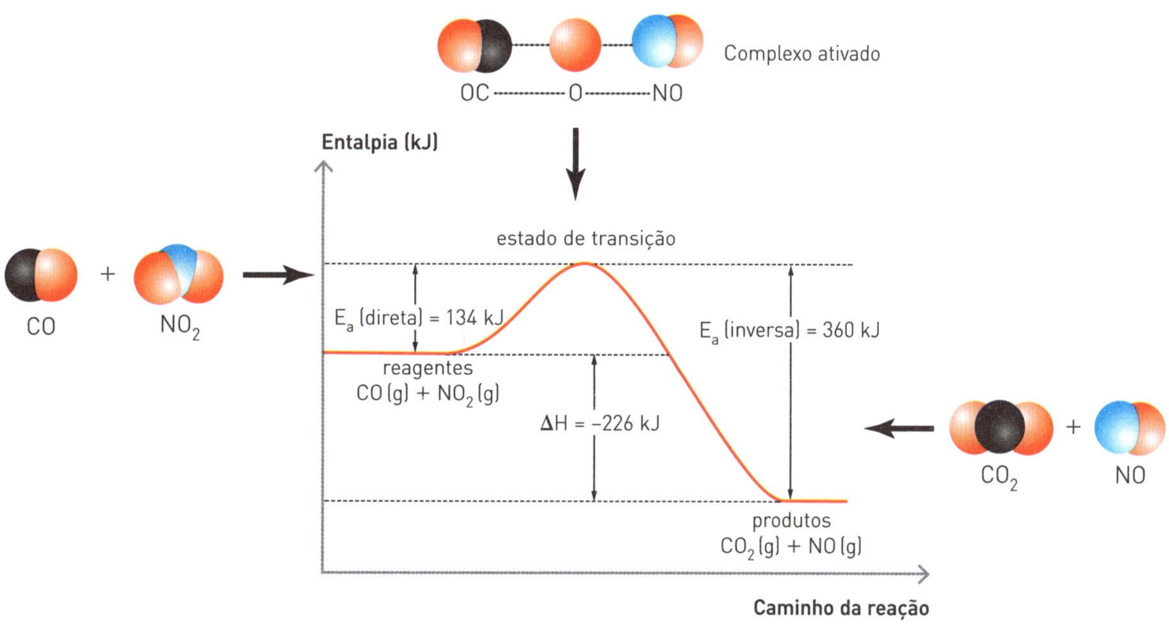


Fonte: HILL, John W.; PETRUCCI, Ralph H. *General Chemistry*. 2. ed.New Jersey: Prentice Hall, 2005. p. 549.

As reações que exigem **menor energia de ativação** ocorrem mais rapidamente, ou seja, com **maior rapidez**.

## Fatores que influem na rapidez das reações

Os fatores que influem na rapidez de uma reação química são: a superfície de contato, a temperatura, a presença de catalisadores e a concentração dos reagentes.

### Superfície de contato

As colisões entre as partículas dos reagentes acontecem sempre na superfície do sólido, portanto, quanto maior a **superfície de contato** (sólido mais fragmentado), maior será a quantidade de reagentes em contato, aumentando o número de colisões e, consequentemente, a rapidez da reação.

O aumento da superfície de contato **aumenta a velocidade da reação**, mas **não altera a quantidade do produto formado**.

Quanto **maior a superfície de contato** dos reagentes, **maior a rapidez** da reação.

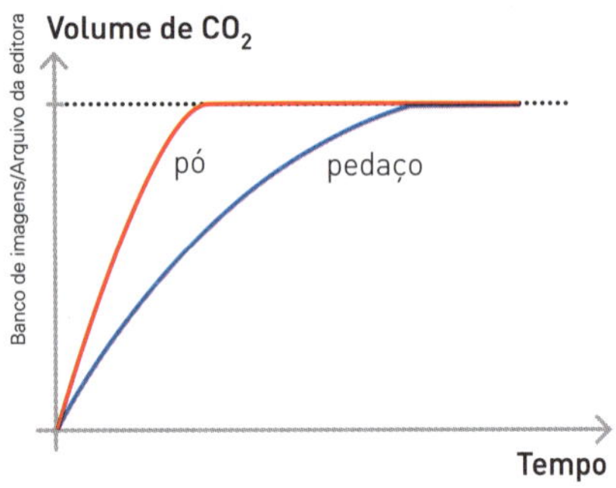


Exemplo: carbonato de cálcio reage com ácido clorídrico segundo a equação:

$$CaCO_3\,(s) + 2\,HC\ell\,(aq) \longrightarrow CaC\ell_2\,(aq) + H_2O\,(\ell) + CO_2\,(g)$$

Se colocarmos em dois recipientes o mesmo volume de ácido clorídrico de igual concentração, na mesma temperatura, e amostras com a mesma massa de carbonato de cálcio, porém uma delas em pó e a outra em pedaço, observaremos maior efervescência no recipiente contendo o pó, indicando maior rapidez da reação. O volume de $CO_2$ produzido será o mesmo, pois a quantidade dos reagentes foi a mesma para as duas reações.

O gráfico ao lado ilustra a situação descrita.

### Temperatura

O **aumento da temperatura** provoca o **aumento da energia cinética média** das moléculas, que passam a se movimentar mais rapidamente, colidindo com maior frequência e com maior energia, o que provoca um **aumento na rapidez** da reação química.

### Catalisadores

**Catalisador:** substância capaz de acelerar uma reação sem ser consumida durante sua ocorrência.
**Catalisadores biológicos ou biocatalisadores:** substâncias capazes de acelerar o metabolismo dos seres vivos sem serem consumidas. São um tipo de proteína altamente específica, denominada **enzima**.

Os catalisadores criam um caminho de reação alternativo, que exige menor energia de ativação, possibilitando maior rapidez da reação, como ilustrado no gráfico.

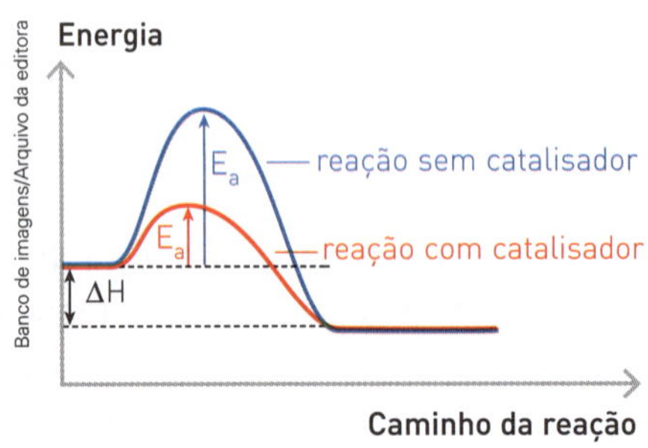

**Catálises:** reações que ocorrem na presença de catalisadores e podem ser homogêneas ou heterogêneas.

### Catálise homogênea

Na **catálise homogênea** os reagentes e o catalisador formam um sistema monofásico ou homogêneo. Veja os exemplos:

$$\underbrace{H_2O_2\ (aq) \xrightarrow{I^-\ (aq)}}_{\text{uma fase}} H_2O\ (\ell) + \frac{1}{2}\ O_2\ (g)$$

$$\underbrace{SO_2\ (g) + \frac{1}{2}\ O_2\ (g) \xrightarrow{NO_2\ (g)}}_{\text{uma fase}} SO_3\ (g)$$

### Catálise heterogênea

Na **catálise heterogênea** os reagentes e o catalisador formam um sistema com mais de uma fase. Veja os exemplos:

$$\underbrace{H_2O_2\ (aq) \xrightarrow{Pt\ (s)}}_{\text{duas fases}} H_2O\ (\ell) + \frac{1}{2}\ O_2\ (g)$$

$$\underbrace{N_2\ (g) + 3\ H_2\ (g) \xrightarrow{Fe\ (s)}}_{\text{duas fases}} 2\ NH_3\ (g)$$

Resumindo, os catalisadores:

- Aceleram a reação.
- Não alteram o rendimento da reação.
- Não alteram o valor da entalpia da reação.
- Aceleram tanto a reação direta quanto a inversa.

Veja o gráfico que ilustra o efeito do catalisador em uma reação.

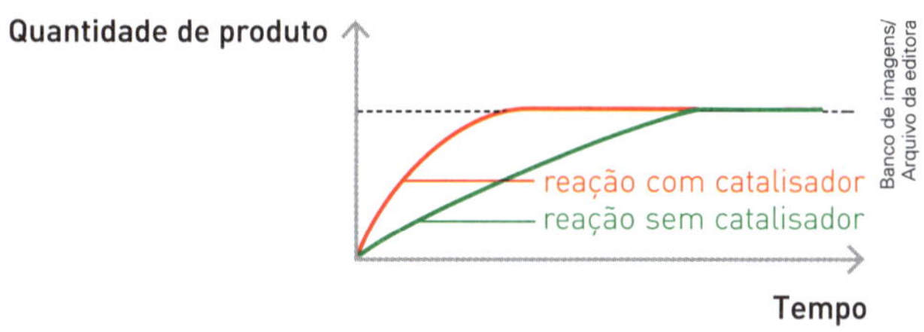


## Concentração de reagentes

A velocidade de uma reação depende da concentração dos reagentes. Quanto **maior for a concentração**, **maior será a rapidez** da reação, pois haverá um número maior de choques entre as moléculas. Vamos aplicar esse conceito na reação entre NO (g) e $O_2$ (g).

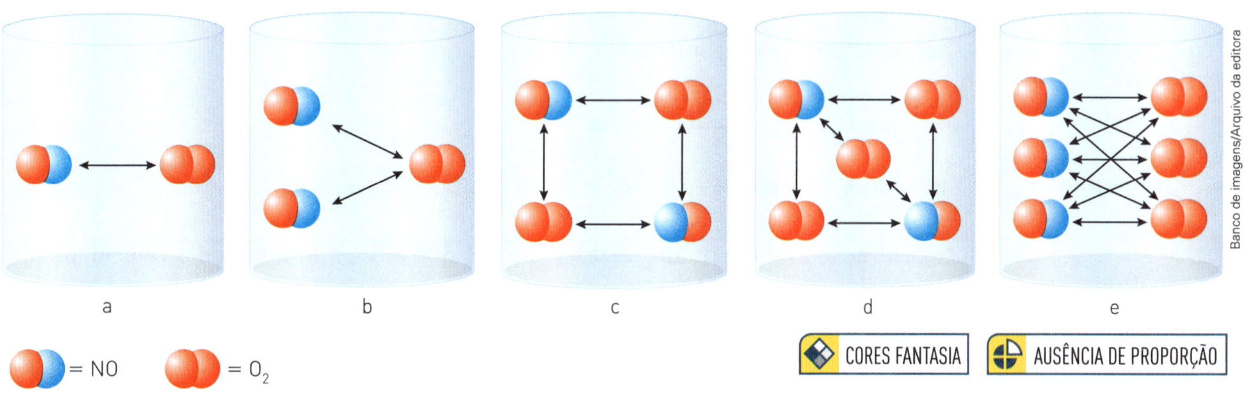


Fonte: GILBERT, Thomas R. et al. *Chemistry:* the science in context. 2. ed. New York: WW Norton, 2009. p. 685.

As ilustrações mostram como o aumento das concentrações de NO (g) e $O_2$ (g) aumentam o número de choques (indicados pelas setas ⟷), o que acarreta aumento na rapidez da reação.

## Lei da velocidade

A lei da velocidade é determinada experimentalmente.

Para uma reação genérica entre A e B, a fórmula geral da lei da velocidade ou **equação da velocidade** é dada por:

$$v = k \cdot [A]^n \cdot [B]^m \cdot (...)$$

em que:

- k é a constante de velocidade característica da reação e **varia com a temperatura**;
- n é a potência apropriada à qual se deve elevar a concentração de A;
- m é a potência à qual se deve elevar a concentração de B, e assim sucessivamente;
- [A] é a concentração em mol/L do reagente A elevada ao expoente n.

Para determinar a lei da velocidade vamos considerar os dados experimentais do quadro abaixo, da decomposição de $H_2O_2$, à temperatura constante (25 °C). A equação a seguir representa a reação:

$$2\ H_2O_2\ (aq) \longrightarrow 2\ H_2O\ (\ell) + O_2\ (g)$$

| Experimentos | $[H_2O_2]$ (em mol · $L^{-1}$) | Velocidade (em mol · $L^{-1}$ · $min^{-1}$) |
|---|---|---|
| I | 0,10 | $1{,}01 \cdot 10^{-3}$ |
| II | 0,20 | $2{,}02 \cdot 10^{-3}$ |
| III | 0,40 | $4{,}04 \cdot 10^{-3}$ |

A análise dos dados experimentais é feita comparando o efeito provocado pela alteração da concentração do reagente sobre a rapidez da reação.

- Comparando os experimentos I e II:

| | $[H_2O_2]$ | velocidade |
|---|---|---|
| I | 0,10 | $1{,}01 \cdot 10^{-3}$ |
| II | 0,20 | $2{,}02 \cdot 10^{-3}$ |
| | ·2 | ·2 |

A concentração em II é o dobro da concentração de $H_2O_2$ em I, ocasionando a duplicação da velocidade.

- Comparando os experimentos I e III:

| | $[H_2O_2]$ | velocidade |
|---|---|---|
| I | 0,10 | $1{,}01 \cdot 10^{-3}$ |
| III | 0,40 | $4{,}04 \cdot 10^{-3}$ |
| | ·4 | ·4 |

A concentração em III é quatro vezes maior do que em I, aumentando a velocidade em quatro vezes.

Assim, podemos concluir que a concentração em mol/L de $H_2O_2$ (aq) é proporcional à velocidade, e essa constatação pode ser expressa matematicamente por:

$$v = k \cdot [H_2O_2]$$

Essa equação é a **lei da velocidade** para a reação de decomposição da água oxigenada.

O valor de k pode ser determinado usando-se os dados de um dos experimentos do quadro, por exemplo, o experimento I:

experimento I ⇒

| $[H_2O_2]$, em $mol \cdot L^{-1}$ | velocidade, em $mol \cdot L^{-1} \cdot min^{-1}$ |
|---|---|
| 0,10 | $1{,}01 \cdot 10^{-3}$ |

$$r = k \cdot [H_2O_2]$$

$$k = \frac{r}{H_2O_2} \Rightarrow \frac{1{,}01 \cdot 10^{-3}\ \cancel{mol} \cdot \cancel{L^{-1}} \cdot min^{-1}}{0{,}10\ \cancel{mol} \cdot \cancel{L^{-1}}}$$

$$k = 1{,}01 \cdot 10^{-4}\ min^{-1}$$

## Ordem da reação

**Ordem da reação:** corresponde ao expoente da concentração em mol/L da espécie que reage, representada na lei da velocidade, sendo determinada experimentalmente.

Para uma reação genérica entre A e B, a fórmula geral da lei da velocidade ou **equação da velocidade** é dada por:

$$v = k \cdot [A]^n \cdot [B]^m$$

em que:

- n = ordem da reação em relação a A;
- m = ordem da reação em relação a B;
- m + n = ordem global da reação.

A **ordem da reação** nem sempre corresponde ao coeficiente da equação balanceada. Veja o exemplo da decomposição da água oxigenada, descrito anteriormente:

$$\underset{\text{coeficiente}}{\underset{\downarrow}{2}}\ H_2O_2\,(aq) \longrightarrow 2\ H_2O\,(\ell) + O_2(g)$$

O coeficiente do $H_2O_2$ é **2** e o expoente na equação da velocidade é **1**:

$$v = k \cdot [H_2O_2]^1 \longrightarrow \text{expoente}$$

Em que:

- a ordem da reação em relação ao $H_2O_2$ é **1** ou de **1ª ordem**;
- a ordem global da reação é **1** ou de **1ª ordem**.

Veja outro exemplo, com dois reagentes: reação do óxido nítrico (NO) com o bromo ($Br_2$), a 273 °C:

$$2\ NO\ (g) + 1\ Br_2\ (g) \longrightarrow 2\ NOBr\ (g)$$

Nesse caso existem dois reagentes, o NO e o $Br_2$. Para determinar a ordem da reação é preciso manter a concentração de um deles e modificar a outra.

| Experimentos | Concentração inicial (em $mol \cdot L^{-1}$) | | Velocidade inicial (em $mol \cdot L^{-1} \cdot s^{-1}$) |
|---|---|---|---|
| | NO | $Br_2$ | |
| I | 0,1 | 0,1 | 12 |
| II | 0,1 | 0,2 | 24 |
| III | 0,1 | 0,3 | 36 |
| IV | 0,2 | 0,3 | 144 |

Assim:

- Comparando os experimentos I e II (concentração de NO constante):

| | [NO] | [$Br_2$] | velocidade |
|---|---|---|---|
| I | 0,1 | 0,1 | 12 |
| II | 0,1 | 0,2 | 24 |
| | constante | ·2 | ·2 |

A concentração de NO não influenciou na variação da velocidade, pois foi mantida constante. A velocidade duas vezes maior é decorrente da duplicação da concentração de $Br_2$; logo, o expoente para o $Br_2$ na equação da velocidade será **1**:

$$v = k \cdot [Br_2]^1$$

1ª ordem em relação ao $Br_2$

- Comparando os experimentos III e IV (concentração de $Br_2$ constante):

| | [NO] | [$Br_2$] | velocidade |
|---|---|---|---|
| III | 0,1 | 0,3 | 36 |
| IV | 0,2 | 0,3 | 144 |
| | ·2 | constante | ·4 |

A concentração de $Br_2$ não influenciou na variação da velocidade, pois foi mantida constante. A velocidade quatro vezes maior é decorrente da duplicação da concentração do NO; logo, o expoente para o NO na equação da velocidade será **2**:

$$v = k \cdot [NO]^2$$

2ª ordem em relação ao NO

Assim, a **equação da velocidade** pode ser expressa por:

$$v = k \cdot [NO]^2 \cdot [Br_2]$$

e a ordem global da reação é **3** ou de **3ª ordem**.

Nesse exemplo os coeficientes da equação da reação coincidiram com os expoentes presentes na equação da velocidade, o que nem sempre ocorre.

$$2\ NO\ (g) + 1\ Br_2\ (g) \longrightarrow 2\ NOBr\ (g) \qquad v = k \cdot [NO]^2 \cdot [Br_2]^1$$

**Reações elementares:** reações que apresentam o mesmo valor para os coeficientes da equação e para a ordem da reação. Essas reações sempre ocorrem em **uma única etapa**.

No entanto, a maioria das reações não é elementar, ou seja, ocorre em mais de uma etapa.

**Mecanismo de reação:** conjunto de etapas por meio das quais uma reação ocorre.

A equação da velocidade, nesse caso, é determinada sempre pela **etapa lenta do mecanismo de reação**.

Considere a reação genérica entre 2 A e B e seu mecanismo:

$$2A + B \longrightarrow A_2B$$

**etapa lenta**: $A + A \longrightarrow A_2$

**etapa rápida**: $A_2 + B \longrightarrow A_2B$

A equação da velocidade será dada por:

$$v = k \cdot [A][A] \quad \text{ou} \quad v = k \cdot [A]^2$$

Em relação ao reagente A, a reação é de 2ª ordem e, em relação ao reagente B, é de ordem zero.

EXEMPLO

$$NO_2\,(g) + CO\,(g) \longrightarrow CO_2\,(g) + NO\,(g)$$

**etapa lenta**: $NO_2\,(g) + NO_2\,(g) \longrightarrow NO\,(g) + NO_3\,(g)$

**etapa rápida**: $NO_3\,(g) + CO\,(g) \longrightarrow CO_2\,(g) + NO_2\,(g)$

Equação da velocidade: $v = k \cdot [NO_2]^2$

# Aplique o que aprendeu

## Exercício resolvido

(UFPR) O ácido acetilsalicílico, analgésico largamente utilizado, submete-se a reações de hidrólise em meio ácido ou básico. A fim de estudar a estabilidade do ácido acetilsalicílico em meio básico, acompanhou-se a velocidade de sua hidrólise, que leva à produção de acetato e salicilato, em função do pH do meio e da sua concentração inicial. Os dados coletados estão na tabela a seguir.

| Velocidade inicial, $mol\,L^{-1}min^{-1}$ | pH | $[Aspirina]_{t=0}$, $mol\,L^{-1}$ |
|---|---|---|
| $1 \cdot 10^{-6}$ | 10 | $1 \cdot 10^{-3}$ |
| $1 \cdot 10^{-4}$ | 12 | $1 \cdot 10^{-3}$ |
| $2 \cdot 10^{-2}$ | 14 | $2 \cdot 10^{-3}$ |
| $1 \cdot 10^{-5}$ | 12 | $1 \cdot 10^{-4}$ |

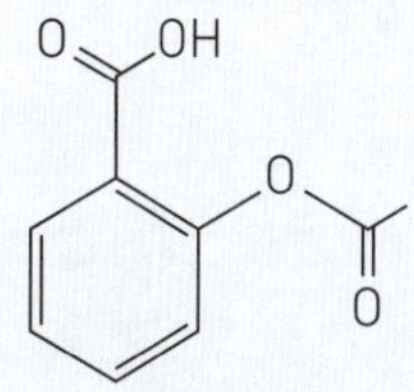

Aspirina

a) Qual é a lei de velocidade para a reação estudada?
b) Qual é o valor da constante (incluindo sua unidade) de velocidade para a reação?

**Solução:**

Considerando que a reação ocorre em meio básico, para resolver o exercício é preciso determinar a concentração de $OH^-$ em cada instante.
Temos: $[OH^-] = 10^{-(14 - pH)}$

| Velocidade inicial, $mol\,L^{-1}min^{-1}$ | pH | $[OH^-]$, $mol\,L^{-1}$ | $[Aspirina]_{t=0}$, $mol\,L^{-1}$ |
|---|---|---|---|
| $1 \cdot 10^{-6}$ | 10 | $10^{-4}$ | $1 \cdot 10^{-3}$ |
| $1 \cdot 10^{-4}$ | 12 | $10^{-2}$ | $1 \cdot 10^{-3}$ |
| $2 \cdot 10^{-2}$ | 14 | $10^{0}$ | $2 \cdot 10^{-3}$ |
| $1 \cdot 10^{-5}$ | 12 | $10^{-2}$ | $1 \cdot 10^{-4}$ |

a) Analisando as duas primeiras linhas da tabela, podemos observar que a concentração da aspirina se mantém constante, enquanto a concentração de $OH^-$ e a velocidade inicial são aumentadas em 100 vezes cada uma delas:
$[OH^-]$: $10^{-4} \Rightarrow 10^{-2}$
v: $10^{-6} \Rightarrow 10^{-4}$
Podemos concluir, portanto, que a concentração da aspirina não influenciou na variação da velocidade. Quanto à variação da concentração de $OH^-$, como esta foi igual à variação de velocidade, podemos concluir que a reação é de **1ª ordem em relação ao $OH^-$**: $v = k \cdot [OH^-]^1$

Agora, analisando a segunda e a terceira linhas da tabela, podemos observar que a concentração de $OH^-$ se mantém constante, enquanto a concentração de aspirina e a velocidade inicial são diminuídas em 100 vezes cada uma delas:

[Aspirina]: $10^{-3} \Rightarrow 10^{-4}$

v: $10^{-4} \Rightarrow 10^{-5}$

Podemos concluir, portanto, que a concentração da $OH^-$ não influenciou na variação da velocidade. Quanto à variação da concentração de aspirina, como esta foi igual à variação de velocidade, podemos concluir que a reação é de **1ª ordem em relação à aspirina**: $v = k \cdot [\text{aspirina}]^1$

Assim, a lei da velocidade é:

$\mathbf{v = k \cdot [OH^-] \cdot [aspirina]}$

b) Como sabemos a lei da velocidade, basta calcular o valor de k com os dados de uma mesma linha da tabela, por exemplo, a primeira:

$$v = k \cdot [OH^-] \cdot [\text{aspirina}]$$

$$k = \frac{v}{[OH^-] \cdot [\text{aspirina}]}$$

$$k = \frac{10^{-6}\,\text{mol} \cdot \text{L}^{-1} \cdot \text{min}^{-1}}{10^{-4}\,\text{mol} \cdot \text{L}^{-1} \cdot 10^{-3}\,\text{mol} \cdot \text{L}^{-1}}$$

$$k = 10\,\text{L} \cdot \text{mol}^{-1} \cdot \text{min}^{-1}$$

## Questões

**1.** (IFBA) A variação de entalpia de uma reação química, que ocorre à pressão constante, é representada pelo gráfico:

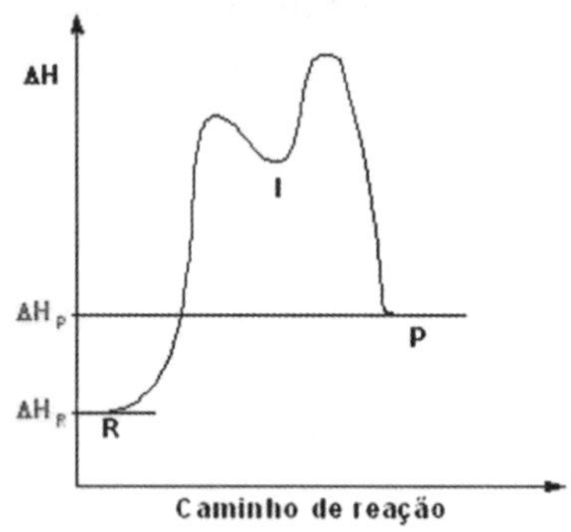


Reprodução/IFBA, 2016.

Admitindo que R corresponde aos reagentes, I ao intermediário e P aos produtos, é correto afirmar que:

a) a energia de ativação da segunda etapa da reação é maior que a energia de ativação da primeira etapa.

b) a variação de entalpia da reação é maior que zero. Desta forma, o processo global é endotérmico.

c) a adição de um catalisador aumenta a velocidade da reação, promovendo, também, aumento na variação de entalpia.

d) o calor de reação independe do estado de agregação dos reagentes e produtos.

e) a velocidade da reação depende apenas da concentração do intermediário I.

**2.** (Udesc) Na reação $2\ H_2O_2 \rightarrow 2\ H_2O + O_2$, a velocidade média dessa reação num certo intervalo de tempo é 8 mol/s em relação à água oxigenada. Qual a velocidade em relação ao oxigênio no mesmo intervalo de tempo?

**3.** (UFU-MG) De modo a diminuir a poluição e a concentração de gases nocivos à saúde e ao meio ambiente nos grandes centros urbanos, a indústria automobilística americana, em meados dos anos 1970, começou a fabricar os primeiros carros equipados com catalisadores como itens de série (no Brasil, os primeiros carros equipados com catalisadores surgiram em 1992 e, somente a partir de 1997, o equipamento foi adotado em todos os veículos produzidos no país). O catalisador também impulsionou a utilização da gasolina sem chumbo (chumbo tetraetila), visto que a gasolina com chumbo contamina o agente catalisador usado no conjunto, destruindo sua utilidade e levando-o a entupir, além dos danos que o chumbo provoca à saúde humana.

Em um catalisador automotivo, ocorrem várias reações químicas, sendo uma das mais importantes:

$CO\ (g) + \frac{1}{2}\ O_2\ (g) \rightarrow CO_2\ (g)$

Dados:

$C\ (grafite) + O_2\ (g) \rightarrow CO_2\ (g)\ \Delta H = -94,1\ kcal$

$C\ (grafite) + \frac{1}{2}\ O_2\ (g) \rightarrow CO\ (g)\ \Delta H = -26,4\ kcal$

Baseado no texto e na reação acima, responda:

a) Identifique se a reação é endotérmica ou exotérmica a partir do cálculo da variação de sua entalpia.
b) Explique qual a função do catalisador automotivo no desenvolvimento da reação (velocidade), na energia de ativação e na variação da entalpia da reação de decomposição do monóxido de carbono.
c) Cite e explique um impacto ambiental da liberação do gás carbônico pelos automóveis, apontando duas maneiras de minimizar tal impacto.

**4.** (UEG-GO) Considere a fase gasosa da reação entre o óxido nítrico e a molécula de bromo a 273 °C. A velocidade inicial de formação do NOBr foi determinada experimentalmente para várias concentrações iniciais de NO e $Br_2$. Os resultados podem ser vistos na tabela a seguir.

$$2\ NO\ (g) + Br_2\ (g) \rightarrow 2\ NOBr\ (g)$$

| Experimento | $[NO]/mol \cdot L^{-1}$ | $[Br_2]/mol \cdot L^{-1}$ | $V/mol \cdot L^{-1} \cdot s^{-1}$ |
|---|---|---|---|
| 1 | 0,10 | 0,20 | 24 |
| 2 | 0,25 | 0,20 | 150 |
| 3 | 0,10 | 0,50 | 60 |
| 4 | 0,35 | 0,50 | 735 |

a) Determine a ordem de reação em relação ao NO e ao $Br_2$.

b) Determine a constante de velocidade na temperatura considerada.

**5.** (UFC-CE) O óxido nítrico (NO), produzido pelo sistema de exaustão de jatos supersônicos, atua na destruição da camada de ozônio através de um mecanismo de duas etapas, a seguir representadas:

(1) $NO\ (g) + O_3\ (g) \rightarrow NO_2\ (g) + O_2\ (g)$; $\Delta H = -199,8\ kJ$

(2) $NO_2\ (g) + O\ (g) \rightarrow NO\ (g) + O_2\ (g)$; $\Delta H = -192,1\ kJ$

Assinale as alternativas corretas:

01) A reação total pode ser representada pela equação: $O_3\ (g) + O\ (g) \rightarrow 2\ O_2\ (g)$.

02) No processo total, o NO é um catalisador da reação.

04) Sendo $V = k\ [O_3][O]$ a expressão de velocidade para o processo total, a reação é dita de primeira ordem com relação ao ozônio.

08) Ambas as reações correspondentes às etapas do processo são endotérmicas.

16) A reação total fornecerá 391,1 kJ por mol de oxigênio formado.

**6.** (UFG-GO) Considere a reação de síntese que ocorre, simultaneamente, em dois recipientes idênticos e de paredes rígidas mantidos à mesma temperatura. Os recipientes contêm hidrogênio e oxigênio gasosos, na mesma proporção, porém, guardando uma relação (em massa) de um para dois, entre os recipientes.

a) Desenhe no quadrante, ao lado, a(s) curva(s) que representa(m) a(s) variação(ões) de energia dos sistemas em função do caminho da reação, indicando a energia em cada etapa.

b) Compare as velocidades da reação nos sistemas. Justifique.

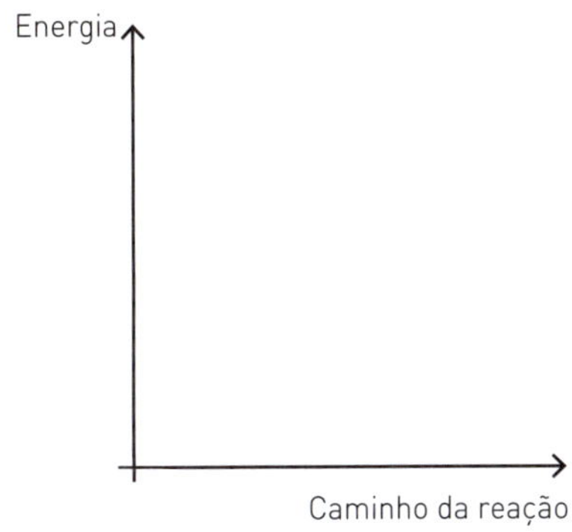


Banco de imagens/Arquivo da editora

**7.** (UFJF-MG) A oxidação do brometo de hidrogênio pode ser descrita em 3 etapas:

I. $HBr (g) + O_2 (g) \rightarrow HOOBr (g)$ (etapa lenta)

II. $HBr (g) + HOOBr (g) \rightarrow 2\ HOBr (g)$ (etapa rápida)

III. $HOBr (g) + Hbr (g) \rightarrow Br_2 (g) + H_2O (g)$ (etapa rápida)

a) Apresente a expressão da velocidade da reação de oxidação do brometo de hidrogênio.

b) Utilizando a equação global da oxidação do brometo de hidrogênio, determine o número de mol de $Br_2$ produzido quando são consumidos 3,2 g de $O_2$. Dados: O = 16, Br = 80.

**8.** (UFJF-MG) Na indústria química, uma das etapas de produção do ácido sulfúrico é a formação do trióxido de enxofre por meio da reação de combustão do dióxido de enxofre catalisada pelo dióxido de nitrogênio, conforme esquema abaixo.

Etapa 1 (Lenta): $SO_2\,(g) + NO_2\,(g) \longrightarrow SO_3\,(g) + NO\,(g)$

Etapa 2 (Rápida): $NO\,(g) + \frac{1}{2}\,O_2\,(g) \longrightarrow NO_2\,(g)$

---

Reação global: $SO_2\,(g) + \frac{1}{2}\,O_2\,(g) \rightleftharpoons SO_3\,(g)\ \Delta H = -23{,}4\ kcal$

Sobre o processo descrito e baseado no esquema acima, responda:

a) O que acontece, quimicamente, com o dióxido de nitrogênio no processo de formação do $SO_3$?

b) Qual a diferença fundamental entre a reação catalisada e a não catalisada?

c) A velocidade de uma reação global é dependente da velocidade da *etapa lenta*. Escreva a expressão da lei de velocidade para a reação global de formação do trióxido de enxofre.

d) Após a reação de produção de $SO_3$ (g) atingir o equilíbrio, represente qualitativamente no gráfico (ao lado) a variação da concentração do $SO_3$ com o aumento da temperatura em um experimento no qual a pressão total dos gases seja mantida constante.

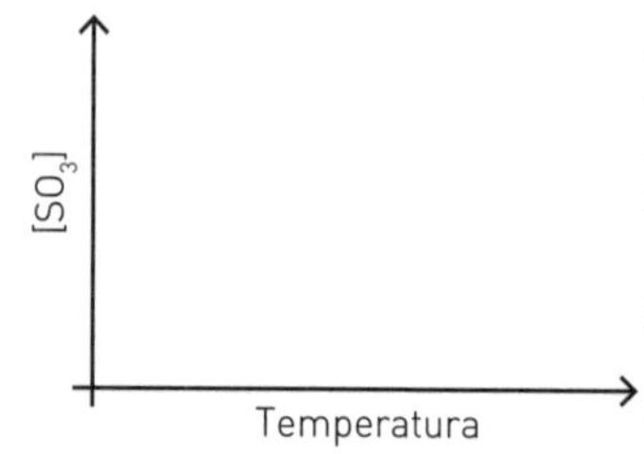


Banco de imagens/Arquivo da editora

**9.** (UFT-TO) O gráfico ao lado representa uma reação hipotética X → Y.

Com a análise do gráfico é CORRETO afirmar:

a) A reação hipotética X → Y representa um processo endotérmico.

b) A seta C representa a energia de ativação do composto X em uma reação em presença de catalisador.

c) As curvas A e B representam o ganho de energia da reação.

d) Apenas a curva B representa um processo exotérmico.

e) As setas C e D representam a energia liberada pela reação.

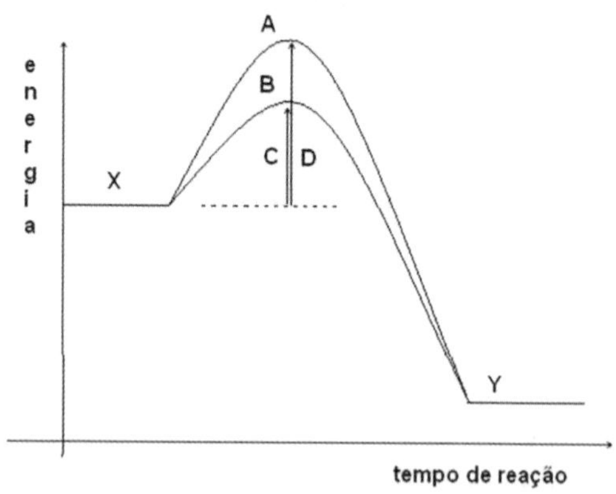


Reprodução/UFT-TO, 2011.

**10.** (UFPE) A produção de trióxido de enxofre durante a combustão de carvão em usinas termoelétricas (sistema aberto ao ar) causa problemas ambientais relacionados com a chuva ácida. Essa reação para a produção de trióxido de enxofre, na presença de óxido de nitrogênio, é descrita pelo mecanismo a seguir:

$$2\,NO\,(g) + O_2\,(g) \rightarrow 2\,NO_2\,(g)$$

$$2\,NO_2\,(g) + 2\,SO_2\,(g) \rightarrow 2\,SO_3\,(g) + 2\,NO\,(g)$$

$$2\,SO_2\,(g) + O_2\,(g) \rightarrow 2\,SO_3\,(g) \text{ (reação global)}$$

Qual dos gráficos abaixo melhor representa a concentração molar (eixo das ordenadas) das principais espécies envolvidas na produção de trióxido de enxofre em função do tempo (eixo das abscissas)?

a)

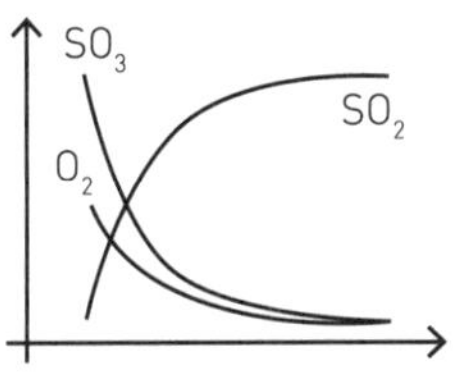


b)

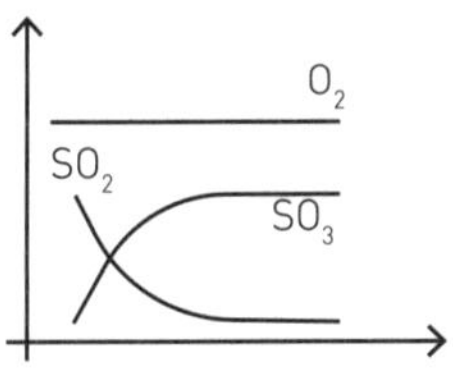


c)

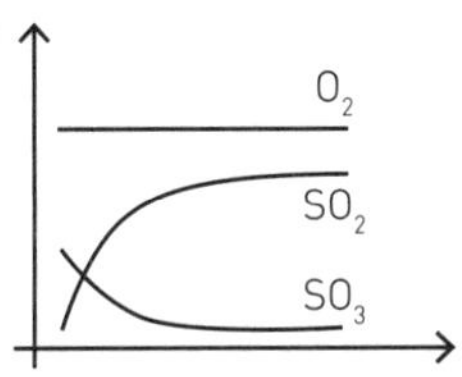


d)

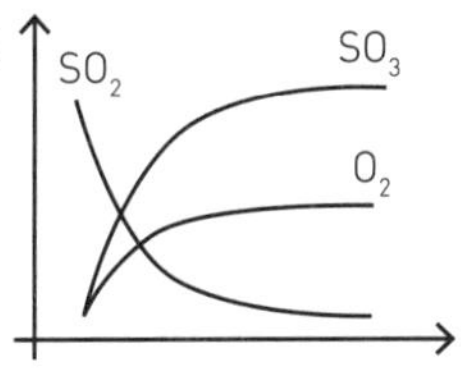


e)

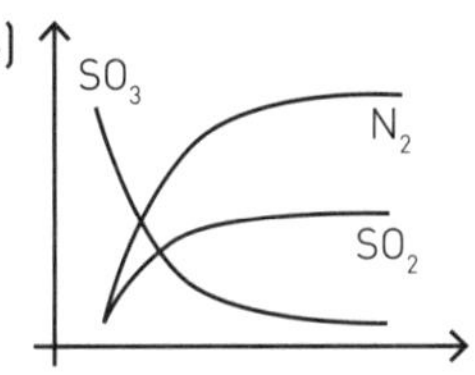


Ilustrações: Reprodução/Arquivo da editora

**11.** (UFRN) Leia o texto abaixo:

Para reciclar sucata de alumínio, basta aquecê-la até a temperatura de fusão do alumínio, que é de 660 °C. O alumínio derretido é transformado em lingotes, que são vendidos às indústrias que o usam. Às vezes, vem ferro junto com o alumínio. Para separá-lo, usa-se um ímã, antes de jogar a sucata de alumínio no forno de fusão. Quando a sucata de alumínio é de latas de refrigerante, a gente precisa prensar um monte de latas para formar um pacote menor. É que as latas são de alumínio muito fino e na temperatura do forno de fusão seriam atacadas pelo oxigênio do ar. O alumínio formaria óxido de alumínio e perderíamos todo o alumínio. Quando as latas estão prensadas, o oxigênio não chega lá tão facilmente e o alumínio derrete antes de ser atacado pelo oxigênio.

Texto adaptado: Tele-curso 2000, Química, Aula 24.

Do ponto de vista da Cinética, prensar as latas de alumínio diminui a velocidade da reação porque diminui:

a) a energia de ativação do complexo ativado da etapa lenta, no mecanismo da reação.
b) a concentração do alumínio na etapa lenta, no mecanismo da reação.
c) a superfície de contato entre o metal e o oxigênio.
d) a concentração de oxigênio.

**12.** (UFPR) Muitas reações que são extremamente lentas em condições "normais" tornam-se rápidas na presença de luz. Esse fenômeno consiste no estudo da fotoquímica. Num exemplo, uma certa molécula A é convertida num produto B, através da irradiação de luz ultravioleta ($h\nu$) e na presença de um catalisador, conforme indicado na equação ao lado.

$$A \xrightarrow[\text{cat.}]{h\nu} B$$

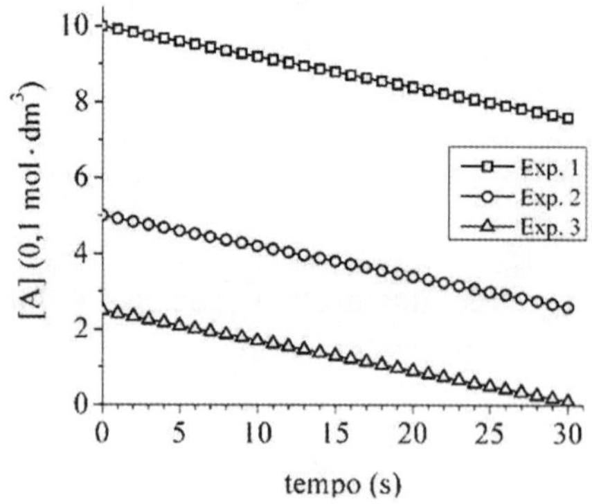


Reprodução/UFPR, 2012.

Numa sequência de três experimentos, a concentração inicial de A foi variada de 1,0 a 0,25 mol · dm$^{-3}$, mantendo-se a mesma quantidade de catalisador e a mesma potência da fonte de luz ultravioleta. O gráfico ao lado corresponde ao monitoramento da concentração de A nos três experimentos em função do tempo.

a) Escreva a equação da lei de velocidade para a reação de conversão de A em B. Qual a ordem em relação à espécie A?

b) A partir dos dados fornecidos, estime o valor da constante cinética k para essa reação.

**13.** (IFBA) Para remover uma mancha de um prato de porcelana, fez-se o seguinte: cobriu-se a mancha com meio copo de água a temperatura ambiente, adicionaram-se algumas gotas de vinagre e deixou-se por uma noite. No dia seguinte, a mancha havia clareado levemente. Usando apenas água e vinagre, qual a alternativa abaixo que apresenta a(s) condição(ões) para que a remoção da mancha possa ocorrer em menor tempo?

a) Adicionar meio copo de água fria.

b) Deixar a mancha em contato com um copo cheio de água e algumas gotas de vinagre.

c) Deixar o sistema em repouso por mais tempo.

d) Colocar a mistura água e vinagre em contato com o prato, mas lavá-lo rapidamente com excesso de água.

e) Adicionar mais vinagre à mistura e aquecer o sistema.

**14.** (FMJ-SP) O álcool isopropílico desempenha papel fundamental como antisséptico e desinfetante devido ao seu custo reduzido, baixa toxicidade e facilidade de aquisição e aplicação.

O álcool isopropílico pode ser convertido em acetona pelo processo descrito pela equação, com rendimento de 90%.

$$(CH_3)_2CHOH\ (g) \xrightarrow{Cu\ (s)} (CH_3)_2CO\ (g) + H_2\ (g)$$

| Experimentos | 1 | 2 | 3 | 4 | 5 | 6 |
|---|---|---|---|---|---|---|
| Tempo (min) | 0 | 30 | 60 | 90 | 120 | 150 |
| $[(CH_3)_2CHOH]$ ($mol \cdot L^{-1}$) | $5 \cdot 10^{-2}$ | $4 \cdot 10^{-2}$ | $2{,}5 \cdot 10^{-2}$ | $2 \cdot 10^{-2}$ | $1{,}5 \cdot 10^{-2}$ | $1 \cdot 10^{-2}$ |

a) Explique por que os valores da velocidade de consumo do álcool, em mol/L · min, são diferentes nos intervalos de 0 a 30 minutos e de 30 a 60 minutos.

b) Considere que as massas molares do álcool isopropílico e da acetona são, respectivamente, $60\ g \cdot mol^{-1}$ e $58\ g \cdot mol^{-1}$. A partir de 180 g de álcool isopropílico com 100% de pureza, calcule a massa, em gramas, de acetona obtida no processo descrito pela equação.

**15.** (Udesc) Um palito de fósforo pode se acender, ao ser atritado ligeiramente sobre uma superfície áspera, como uma lixa das caixas de fósforos, e entrar em combustão com emissão de luz e de calor. Uma análise dessas observações permite afirmar corretamente:

a) A reação de combustão do palito de fósforo é espontânea porque possui energia de ativação igual a zero.

b) A reação química mais rápida, entre duas reações, é aquela que apresenta menor energia de ativação.

c) A reação de combustão do palito de fósforo é endotérmica.

d) A energia de ativação deve ser muito grande para que a combustão do palito de fósforo ocorra.

e) O palito de fósforo só acende se a energia fornecida pelo atrito for menor quer a energia de ativação.

**16.** (UFC-CE) A tabela abaixo apresenta os resultados obtidos para o estudo cinético de uma reação química elementar genérica na forma $aA + bB + cC \rightarrow D + E$.

| Experimento | [A] | [B] | [C] | velocidade da reação / mol $L^{-1}s^{-1}$ |
|---|---|---|---|---|
| 1 | 0,10 | 0,10 | 0,10 | $8{,}0 \cdot 10^{-4}$ |
| 2 | 0,20 | 0,10 | 0,10 | $1{,}6 \cdot 10^{-3}$ |
| 3 | 0,10 | 0,20 | 0,10 | $1{,}6 \cdot 10^{-3}$ |
| 4 | 0,10 | 0,10 | 0,20 | $3{,}2 \cdot 10^{-3}$ |

A partir destes resultados, determine:

a) a lei de velocidade da reação.

b) o valor da velocidade da reação quando $[A] = [B] = [C] = 0{,}20$ mol $L^{-1}$.

**17.** (UnB-DF) Cerca de 90% do ácido nítrico, principal matéria-prima dos adubos à base de nitratos, são obtidos pela reação de oxidação da amônia pelo $O_2$, em presença de catalisador-platina com 5% a 10% de paládio ou de ródio (ou de ambos) – a uma temperatura de 950 °C. A reação é representada pela equação

$$6\ NH_3\ (g) + 9\ O_2\ (g) \rightleftharpoons 2\ HNO_3\ (g) + 4\ NO\ (g) + 8\ H_2O(g).$$

Essa reação ocorre nas seguintes etapas:

I. $6\ NH_3\ (g) + 15/2\ O_2\ (g) \rightleftharpoons 6\ NO\ (g) + 9\ H_2O\ (g)$ $\Delta H = -1\,359$ kJ

II. $3\ NO\ (g) + 3/2\ O_2\ (g) \rightleftharpoons 3\ NO_2\ (g)$ $\Delta H = -170$ kJ

III. $3\ NO_2\ (g) + H_2O\ (g) \rightleftharpoons 2\ HNO_3\ (g) + NO\ (g)$ $\Delta H = -135$ kJ

O conhecimento físico-químico acerca das reações apresentadas permite prever situações em que é possível afetar o rendimento da síntese de ácido nítrico e, consequentemente, prever ações para aumentar a sua produção. A respeito desse assunto, julgue os itens seguintes.

( ) De acordo com a lei de Hess, aumentando-se o número de etapas da reação para a obtenção do ácido nítrico, aumenta-se a energia liberada no sistema.

( ) O aumento da produção de ácido nítrico é proporcional ao consumo de ligas de platina.

( ) Considerando que as reações indicadas estão em estado de equilíbrio, é correto prever que o abaixamento de temperatura no sistema reacional aumenta a produção de ácido nítrico.

**18.** (UFPR) No gráfico ao lado, apresenta-se o perfil de concentração em função do tempo das espécies "A" e "B" envolvidas na reação global A ⟶ B. Esse tipo de gráfico é fundamental para prever o mecanismo da reação, bem como permite obter parâmetros cinéticos importantes. Considere os possíveis mecanismos:

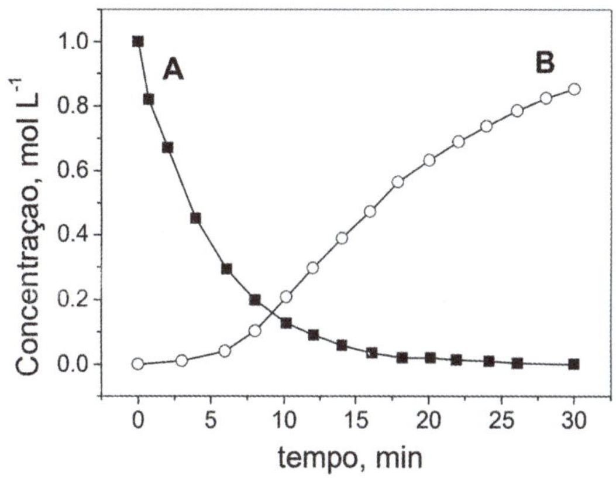

Reprodução/UFPR, 2015.

1. A ⟶ B
2. A ⟶ I ⟶ B
3. A ⇌ B

a) Qual desses três mecanismos – (1), (2) ou (3) – é descrito pelo gráfico? Justifique.

b) Explique em quais situações os mecanismos (1), (2) e (3) podem apresentar a mesma lei de velocidade experimental v = k [A].

**19.** (Vunesp-SP) O esquema apresentado descreve os diagramas energéticos para uma mesma reação química, realizada na ausência e na presença de um agente catalisador.

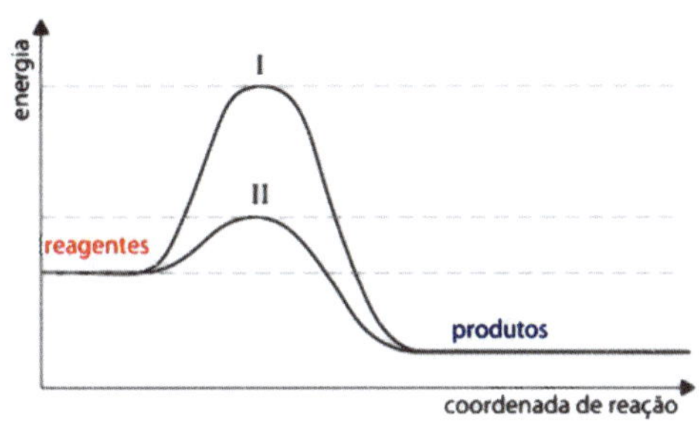

Reprodução/UNESP, 2013.

Com base no esquema, responda qual a curva que representa a reação na presença de catalisador. Explique sua resposta e faça uma previsão sobre a variação da entalpia dessa reação na ausência e na presença do catalisador.

**20.** (UnB-DF)

O ozônio ($O_3$) é uma das formas naturais de associação dos átomos de oxigênio. Sua alta reatividade o transforma em substância tóxica, capaz de destruir microrganismos e prejudicar o crescimento de plantas. Mas em estado puro e livre na estratosfera (camada atmosférica situada entre 15 e 50 quilômetros de altura), esse gás participa de interações essenciais para a defesa da vida, razão pela qual os cientistas têm alertado as autoridades para os riscos de destruição da camada de ozônio. O cloro liberado a partir da decomposição dos clorofluorcarbonetos destrói o ozônio conforme representado pelas equações abaixo.

I. $C\ell\,(g) + O_3\,(g) \rightarrow C\ell O\,(g) + O_2\,(g)$

II. $C\ell O\,(g) + O\,(g) \rightarrow C\ell\,(g) + O_2\,(g)$

$O\,(g) + O_3\,(g) \rightarrow 2\,O_2\,(g)$

Camada de Ozônio: um filtro ameaçado. In: *Ciência Hoje*, vol. 5, n. 28, 1987 (com adaptações).

A partir da análise dessas reações, julgue os itens seguintes.

( ) Pela Lei de Hess, se as equações I e II forem exotérmicas, a variação de entalpia de reação global apresentada será menor que zero.

( ) A velocidade da reação global de destruição do ozônio é inversamente proporcional à velocidade da etapa mais lenta.

( ) O gráfico da variação de energia para equação global mostra que, se essa equação for exotérmica, a entalpia do gás oxigênio será maior que a soma da entalpia do oxigênio atômico com a entalpia do ozônio.

( ) Segundo essas reações, a destruição do ozônio não ocorre por colisões efetivas entre átomos de oxigênio (O) e moléculas de ozônio ($O_3$).

( ) Em um sistema fechado, pode-se diminuir a velocidade de destruição do ozônio aumentando-se a pressão do sistema.

**21.** (Acafe-SC) Baseado nos conceitos sobre cinética das reações químicas, analise as afirmações a seguir.

I. Catálise heterogênea pode ser caracterizada quando existe uma superfície de contato visível entre os reagentes e o catalisador.

II. A energia de ativação (Ea) varia com a concentração dos reagentes.

III. A constante de velocidade (k) pode variar com a temperatura.

IV. A energia de ativação (Ea) varia com a temperatura do sistema.

Todas as afirmações corretas estão em:

a) I, II e IV. b) I, III e IV. c) I e III. d) II e III.

**22.** (UFRGS-RS) A possibilidade de reação de o composto A se transformar no composto B foi estudada em duas condições diferentes. Os gráficos ao lado mostram a concentração de A, em função do tempo, para os experimentos 1 e 2.

Experimento 1

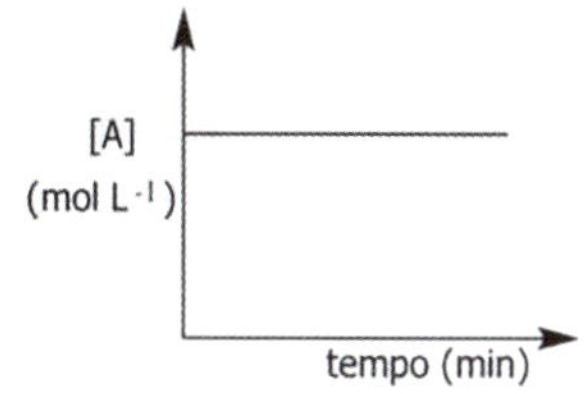


Experimento 2

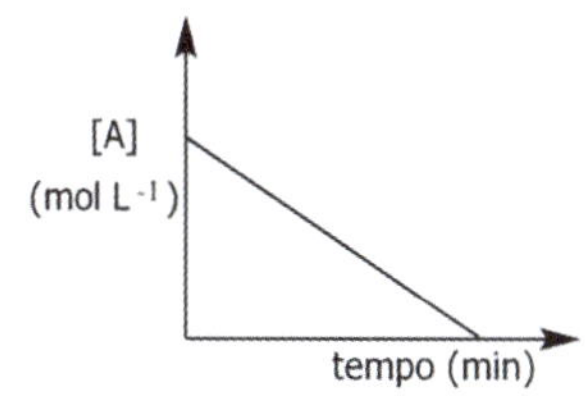


Reprodução/UFRGS-RS, 2015.

Em relação a esses experimentos, considere as afirmações abaixo.

I. No primeiro experimento, não houve reação.
II. No segundo experimento, a velocidade da reação diminui em função do tempo.
III. No segundo experimento, a reação é de primeira ordem em relação ao composto A.

Quais estão corretas?

a) Apenas I.
b) Apenas II.
c) Apenas III.
d) Apenas I e III.
e) I, II e III.

**23.** (UnB-DF) O estudo da teoria cinético-molecular permite ainda compreender processos relacionados à conservação e ao cozimento de alimentos, tais como:

I. divisão de alimentos em pequenos pedaços;
II. cozimento de alimentos por aquecimento em sistemas fechados de pressão elevada;
III. resfriamento de alimentos;
IV. salga de carne.

Com relação a esses processos, julgue os seguintes itens como verdadeiros ou falsos.

( ) O processo I, isoladamente, não é recomendado para a conservação de alimentos, pois aumenta a superfície de contato com o meio externo.
( ) O processo II está relacionado com a diminuição do movimento das partículas no sistema fechado.
( ) No processo III, a velocidade das reações químicas que ocorrem nos alimentos é diminuída.
( ) O processo IV está relacionado com a osmose.

**TOTAL DE ACERTOS** ____/23

TÓPICO

# 7 Equilíbrios químicos

## Reveja o que aprendeu

**Objetivos de aprendizagem:**

- Reconhecer equilíbrios químicos.
- Determinar constantes de equilíbrio.
- Interpretar gráficos e valores da constante de equilíbrio.
- Avaliar os fatores que deslocam um equilíbrio químico.
- Efetuar cálculos envolvendo pH e pOH.

### Processos reversíveis

**Reações irreversíveis** ocorrem até que pelo menos um dos reagentes seja totalmente consumido, enquanto nas **reações reversíveis** os reagentes e os produtos são consumidos e formados simultaneamente.

O **equilíbrio químico** é estabelecido quando a velocidade da reação direta iguala-se à velocidade da reação inversa. Na situação de equilíbrio, não ocorre mais variação na concentração dos reagentes e dos produtos, sendo constantes, mas não necessariamente iguais.

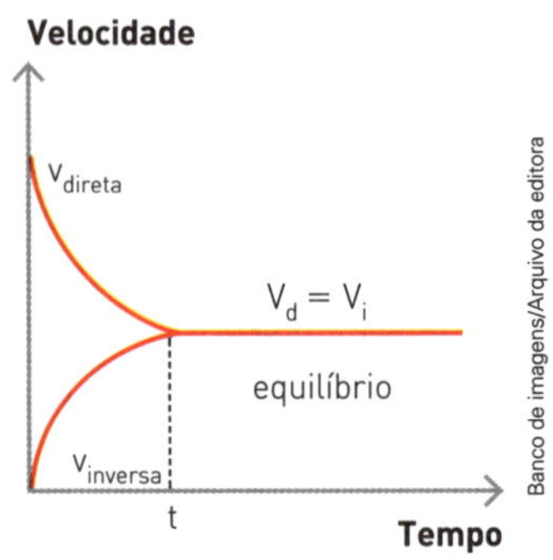


Veja o que ocorre, por exemplo, com o gás $N_2O_4$ em um frasco fechado, transformando-se em $NO_2$.

Inicialmente, a velocidade de decomposição do $N_2O_4$ é máxima, pois a velocidade é diretamente proporcional à concentração do reagente, porém, com o passar do tempo, a concentração diminui, diminuindo também sua velocidade de decomposição. A velocidade de formação do $NO_2$ é baixa no começo e aumenta conforme a reação prossegue. Assim, enquanto a velocidade da reação direta (decomposição do $N_2O_4$) diminui com o tempo, a velocidade da reação inversa (síntese do $N_2O_4$) aumenta até que ambas se igualem, estabelecendo o equilíbrio químico, representado pela equação:

$$N_2O_4\,(g) \rightleftharpoons 2\,NO_2\,(g)$$

As **duas setas** em sentidos opostos indicam a **reversibilidade da reação** e a **presença do equilíbrio químico**.

Dependendo das condições em que o equilíbrio foi estabelecido, podemos ter os seguintes gráficos de concentração em função do tempo:

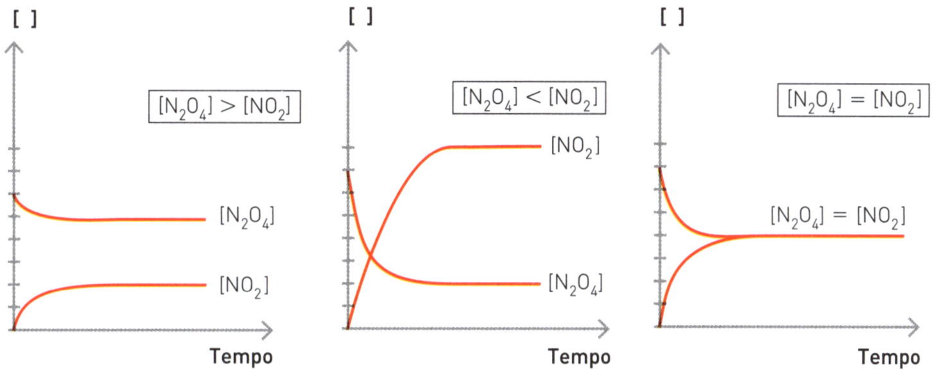


Ilustrações: Banco de imagens/Arquivo da editora

Em um sistema fechado, o equilíbrio é atingido quando:

- as reações direta e inversa ocorrem simultaneamente;
- a velocidade da reação direta é igual à velocidade da reação inversa;
- as concentrações no equilíbrio são constantes.

## Constante de equilíbrio

A **constante de equilíbrio em termos de concentração, $K_c$**, é calculada a partir das expressões de velocidade das reações direta e inversa. No caso da reação genérica:

$$a\,A + b\,B \underset{V_i}{\overset{V_d}{\rightleftharpoons}} c\,C + d\,D$$

$$V_d = k_1 \cdot [A]^a \cdot [B]^b \qquad \text{velocidade direta} = V_d$$

$$V_i = k_2 \cdot [C]^c \cdot [D]^d \qquad \text{velocidade inversa} = V_i$$

No equilíbrio, as velocidades são iguais, logo:

$$V_d = V_i$$

$$k_1 \cdot [A]^a \cdot [B]^b = k_2 \cdot [C]^c \cdot [D]^d$$

$$\frac{k_1}{k_2} = \frac{[C]^c \cdot [D]^d}{[A]^a \cdot [B]^b}$$

Como $k_1$ e $k_2$ são constantes, a relação $\frac{k_1}{k_2}$ também é constante.

**Constante de equilíbrio:** representada por $K_e$ ou ainda $K_c$ (constante de equilíbrio em termos de concentração), é o nome dado a essa nova constante.

$$a\,A + b\,B \underset{V_i}{\overset{V_d}{\rightleftharpoons}} c\,C + d\,D$$

$$K_c = \frac{k_1}{k_2} = \frac{[C]^c \cdot [D]^d}{[A]^a \cdot [B]^b}$$

Nos **equilíbrios heterogêneos**, os reagentes e os produtos estão em mais de uma fase. Os sólidos e os líquidos puros, apesar de participarem dos equilíbrios, apresentam concentrações constantes a determinada temperatura.

Exemplo: reação entre Fe (s) e $H_2O$ (v).

$$3\ Fe\ (s) + 4\ H_2O\ (v) \rightleftharpoons Fe_3O_4\ (s) + 4\ H_2\ (g)$$

- Inicialmente escrevemos a expressão da constante de equilíbrio, como apresentada em equilíbrios homogêneos, representando a constante por $K'_c$.

$$K'_c = \frac{[Fe_3O_4][H_2]^4}{[Fe]^3[H_2O]^4}$$

- Como os sólidos não participam da constante de equilíbrio, na expressão da constante de equilíbrio para sistemas heterogêneos, omitimos as concentrações dos participantes sólidos ou líquidos puros.

$$\underbrace{\frac{[Fe]^3}{[FeO_4]^3}}_{\text{constante}} \cdot K'_c = \frac{[H_2]^4}{[H_2O]^4}$$

$$\therefore K_c = \frac{[H_2]^4}{[H_2O]^4}$$

**Constante de equilíbrio em termos de pressões parciais dos gases ($K_p$):** constante de equilíbrio que tem pelo menos um dos participantes no estado gasoso.

Exemplo:

$$1\ CO\ (g) + O_2\ (g) \rightleftharpoons 2\ CO_2\ (g)$$

$$K_c = \frac{[CO_2]^2}{[CO]^2[O_2]}$$

$$K_p = \frac{(P_{CO_2})^2}{(P_{CO})^2(P_{O_2})}$$

em que $P_{CO}$, $P_{O_2}$ e $P_{CO_2}$ são as pressões parciais dos gases.

Resumindo:

- Na expressão de $K_c$ **não** devem ser representados os componentes **sólidos**.
- Na expressão de $K_p$ **só** devem ser representados os componentes **gasosos**.
- Tanto $K_c$ quanto $K_p$ (constantes de equilíbrio) **só variam com a temperatura**.

## Relação entre $K_c$ e $K_p$

Dada a equação de uma reação genérica a A (g) + b B (g) $\rightleftharpoons$ c C (g):

$$K_p = K_c \cdot (R \cdot T)^{\Delta n}$$

Em que $\Delta n$ indica a variação do número de mol das espécies no estado gasoso.

## Cálculo da constante de equilíbrio

Considere o experimento para determinar o valor da constante de equilíbrio, a 100 °C.

Inicialmente há 10 mol de $N_2O_4$ (g) em um frasco de 1,0 L, a 100 °C. Ao atingir o equilíbrio, existem no sistema 4 mol de $NO_2$ (g) a 100 °C.

Para determinar o valor de $K_c$:

- Considere a proporção estequiométrica para encontrar o consumo de $N_2O_4$ a partir de 4 mol de $NO_2$ no equilíbrio:

$$1\ N_2O_4 \rightleftharpoons 2\ NO_2$$

$$\text{proporção} \quad 1 \quad : \quad 2$$

Assim, temos:

| | $N_2O_4 \rightleftharpoons$ | $2\ NO_2$ |
|---|---|---|
| **Início** | 10 mol | 0 |
| **Proporção** | gasta 2 mol | forma 4 mol |
| **Equilíbrio** | 8 mol | 4 mol |

Logo, as concentrações em mol/L no equilíbrio são:

$$[N_2O_4] = \frac{8\ \text{mol}}{1\ \text{L}} = 8\ \text{mol} \cdot \text{L}^{-1}$$

$$[NO_2] = \frac{4\ \text{mol}}{1\ \text{L}} = 4\ \text{mol} \cdot \text{L}^{-1}$$

Se substituirmos esses valores na expressão de $K_c$, temos:

$$K_c = \frac{[NO_2]^2}{[N_2O_4]} \Rightarrow K_c = \frac{(4\ \text{mol} \cdot \text{L}^{-1})^2}{(8\ \text{mol} \cdot \text{L}^{-1})} \Rightarrow K_c = 2\ \text{mol} \cdot \text{L}^{-1}$$

Graficamente, temos:

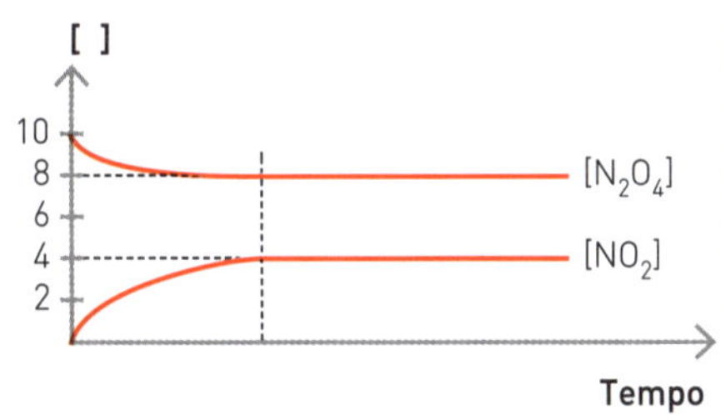


Banco de imagens/Arquivo da editora

## Interpretação do valor de $K_c$

O valor da constante de equilíbrio nos permite saber se no equilíbrio as concentrações dos produtos são maiores do que as dos reagentes, e vice-versa.

**Quociente da reação ($Q_c$):** relação entre as concentrações em mol/L dos participantes. É expresso de maneira análoga à constante de equilíbrio ($K_c$):

$$N_2O_4\ (g) \rightleftharpoons 2\ NO_2\ (g)$$

$$Q_c = \frac{[NO_2]^2}{[N_2O_4]}$$

O $Q_c$ pode ser determinado em qualquer instante da reação.

Relacionando a constante de equilíbrio ($K_c$) com o quociente da reação ($Q_c$), podemos determinar se os resultados dos experimentos correspondem ou não a uma situação de equilíbrio. Podem ocorrer três situações:

- se $\frac{Q_c}{K_c} = 1$, o sistema está em equilíbrio;
- se $\frac{Q_c}{K_c} > 1$, o sistema não está em equilíbrio;
- se $\frac{Q_c}{K_c} < 1$, o sistema não está em equilíbrio.

## Deslocamento de equilíbrio – Princípio de Le Chatelier

**Mistura reacional ou mistura em equilíbrio:** conjunto de espécies químicas presentes em um recipiente em que ocorra um equilíbrio químico. Nessa mistura, todas as espécies químicas presentes atuam simultaneamente como reagentes e produtos.

No sistema em equilíbrio a velocidade da reação direta é igual à velocidade da reação inversa e as concentrações molares de todos os participantes permanecem constantes.

**Princípio de Le Chatelier:** caso não ocorra a ação de nenhum agente externo sobre o equilíbrio, ele tende a permanecer nessa situação indefinidamente. Porém, se for exercida uma ação externa sobre o equilíbrio, ele tende a reagir de maneira a minimizar os efeitos dessa ação.

A **constante de equilíbrio depende somente da temperatura**, ou seja, a constante de equilíbrio não é alterada pelas variações das concentrações dos participantes, do volume ou da pressão exercida.

Os fatores que podem afetar a condição de equilíbrio de um sistema são: concentração, pressão e temperatura.

### Variação da concentração

Para estudar como a variação da concentração afeta o equilíbrio químico vamos considerar dois exemplos:

**EXEMPLO 1**

Reação entre C (s) e $CO_2$ (g):

$$C\,(s) + CO_2\,(g) \rightleftharpoons 2\,CO\,(g)$$

- **Adição de C (s) (reagente)**
  Adicionando C (s) ao equilíbrio, não ocorre alteração, pois a concentração de um sólido é constante e não depende de sua quantidade.
- **Adição de $CO_2$ (g) (reagente)**
  Adicionando $CO_2$ (g) à mistura em equilíbrio haverá um aumento em sua concentração e, consequentemente, um aumento do número de choques entre o C (s) e o $CO_2$ (g). A velocidade da reação direta aumenta, favorecendo a formação de CO (g), ou seja, o equilíbrio se desloca para o lado direito.

Com o decorrer da reação, a concentração de $CO_2$ (g) diminui, ao passo que a concentração de CO (g) aumenta até o sistema atingir uma nova situação de equilíbrio, conforme indicado no gráfico.

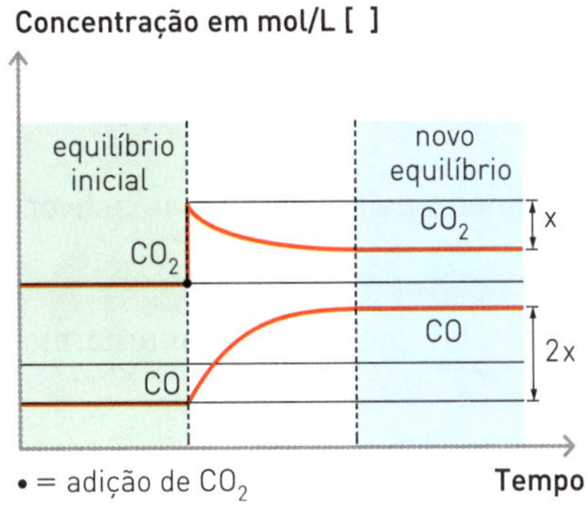


Ilustrações: Banco de imagens/Arquivo da editora

O deslocamento do equilíbrio pode ser feito também pela análise da expressão de $K_c$:

$$K_c = \frac{[CO]^2}{[CO_2]}$$

O aumento da concentração de $CO_2$ ($[CO_2]$) acarretará um aumento da concentração do CO ([CO]), pois a constante $K_c$ não varia.

- **Adição de CO (g) (produto)**

  Adicionando CO (g) à mistura em equilíbrio, imediatamente ocorre um aumento em sua concentração, transformando-o parcialmente em $CO_2$ (g) e em C (s). Nesse caso, o equilíbrio se desloca para a esquerda. Veja a representação gráfica:

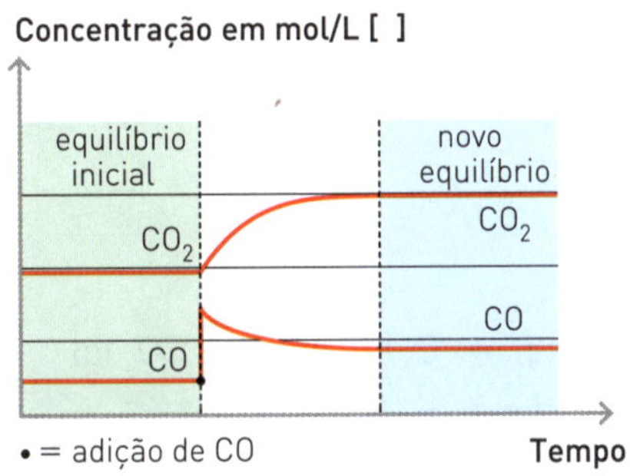


- **Remoção de CO (g) (produto)**

  A remoção de parte do CO (g) do sistema em equilíbrio diminuirá sua concentração, e a velocidade da reação inversa diminui. Logo, a velocidade da reação direta será maior, favorecendo a formação de CO (g), ou seja, o equilíbrio se desloca para a direita. Veja a representação gráfica:

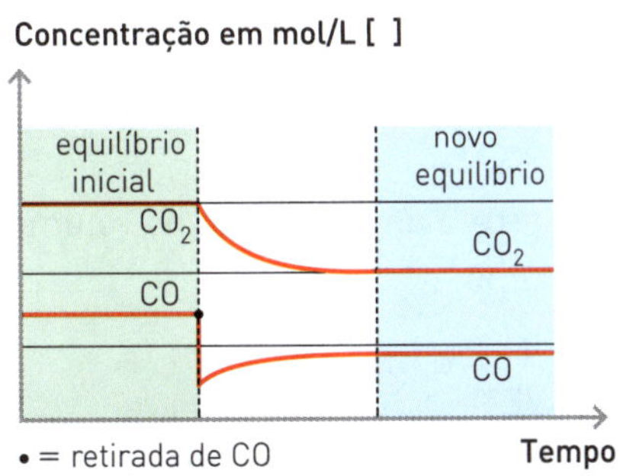


O termo **deslocamento para a direita** quer dizer que o sistema se desloca para o lado direito da equação fornecida (reação direta), ou seja, é deslocado no sentido da formação dos produtos. O lado esquerdo representa os reagentes.

EXEMPLO 2

Reação entre $CrO_4^{2-}$ (aq) e $H^+$ (aq).

$$\underbrace{2\,CrO_4^{2-}\,(aq)}_{\text{amarelo}} + 2\,H^+\,(aq) \rightleftharpoons \underbrace{Cr_2O_7^{2-}\,(aq)}_{\text{alaranjado}} + H_2O\,(\ell)$$

A cor da solução será determinada pela espécie que estiver em maior concentração em mol/L:

$$\underbrace{[CrO_4^{2-}]}_{\text{amarelo}} > \underbrace{[Cr_2O_7^{2-}]}_{\text{alaranjado}}\text{, prevalece a cor amarela}$$

$$\underbrace{[CrO_4^{2-}]}_{\text{amarelo}} < \underbrace{[Cr_2O_7^{2-}]}_{\text{alaranjado}}\text{, prevalece a cor alaranjada}$$

A adição de íons $OH^-$ provocará um deslocamento do equilíbrio para a esquerda, pois ocorre a reação dos íons $H^+$ da mistura com os íons $OH^-$ adicionados.

A adição de íons $H^+$, que é um íon já presente na mistura, provocará um deslocamento de equilíbrio para a direita.

**Pressão**

Aumentando a pressão sobre um equilíbrio gasoso, a uma temperatura constante, ele se deslocará no sentido da reação capaz de diminuir essa pressão, e vice-versa.

EXEMPLO 1

Reação entre $SO_2$ (g) e $O_2$ (g).

$$\underbrace{\underset{2\text{ mol}}{2\,SO_2\,(g)} + \underset{1\text{ mol}}{O_2\,(g)}}_{3\text{ mol}} \rightleftharpoons \underbrace{\underset{2\text{ mol}}{2\,SO_3\,(g)}}_{2\text{ mol}}$$

- **Aumento da pressão**

  O equilíbrio se desloca para a direita, favorecendo a formação do $SO_3$ (g), porque nesse sentido há uma diminuição do número de mol de gás e, consequentemente, uma diminuição da pressão.

- **Diminuição da pressão**

  O equilíbrio se desloca para a esquerda, favorecendo a formação de $SO_2$ (g) e $O_2$ (g), porque nesse sentido há um aumento do número de mol e, consequentemente, da pressão.

  A variação de pressão acarreta uma variação no volume, assim, podemos associar o número de mol ao volume:

  - 1 mol = 1 volume (1 V);
  - 2 mol = 2 volumes (2 V).

  O **aumento da pressão** provoca **contração do volume** e o equilíbrio será deslocado no sentido do menor volume.

  A **diminuição da pressão** provoca **expansão do volume**, deslocando o equilíbrio no sentido do maior volume.

### EXEMPLO 2

Reação envolvendo sólido e gás.

$$CaCO_3\ (s) \rightleftharpoons CaO(s) + CO_2\ (g)$$

A concentração molar dos sólidos não é afetada pela variação de pressão porque são incompressíveis.

$$\underbrace{\underset{0}{CaCO_2\ (s)}}_{0} \rightleftharpoons \underbrace{\underset{0}{CaO\ (s)} + \underset{1\,V}{CO_2\ (g)}}_{1\,V}$$

O aumento da pressão deslocará o equilíbrio para a esquerda (menor volume).

**Temperatura**

A **temperatura** é o **único fator** responsável **por alterar o valor da constante de equilíbrio**, provocando, também, o deslocamento do equilíbrio.

Em um sistema em equilíbrio, sempre temos duas reações: a endotérmica, que absorve calor; e a exotérmica, que libera calor.

- O **aumento da temperatura** favorece a reação que absorve calor, a fim de minimizar seus efeitos.
- A **diminuição da temperatura** favorece a reação que libera calor.

Veja os exemplos:

1. **Reação exotérmica**:

$$N_2\ (g) + H_2\ (g) \underset{\text{endotérmica}}{\overset{\text{exotérmica}}{\rightleftharpoons}} 2\ NH_3\ (g) \qquad \underbrace{\Delta H < 0}_{\text{a reação direta é exotérmica}}$$

- Aumento da temperatura: desloca o equilíbrio no sentido da reação endotérmica (para a esquerda);
- Diminuição da temperatura: desloca o equilíbrio no sentido da reação exotérmica (para a direita).

Considerando a constante de equilíbrio ($K_c$):

A elevação da temperatura favorece o aumento de $[N_2]$ e $[H_2]$ e a diminuição do $[NH_3]$; portanto, o valor de $K_c$ diminuirá.

$$K_c = \frac{[NH_3]^2 \downarrow}{[N_2][H_2]^3 \uparrow} \Rightarrow K_c \text{ diminui}$$

2. **Reação endotérmica**:

$$N_2\ (g) + O_2\ (g) \underset{\text{exotérmica}}{\overset{\text{endotérmica}}{\rightleftharpoons}} 2\ NO\ (g) \qquad \underbrace{\Delta H > 0}_{\text{a reação direta é endotérmica}}$$

- Aumento da temperatura: desloca o equilíbrio no sentido da reação endotérmica (para a direita).
- Diminuição da temperatura: desloca o equilíbrio no sentido da reação exotérmica (para a esquerda).

Considerando a constante de equilíbrio ($K_c$):

A elevação da temperatura favorece o aumento de [NO] e a diminuição de $[N_2]$ e $[O_2]$, portanto o valor de $K_c$ aumentará.

$$K_c = \frac{[NO]^2 \uparrow}{[N_2][O_2]^3 \downarrow} \Rightarrow K_c \text{ aumenta}$$

## Efeito dos catalisadores sobre o equilíbrio

**Catalisadores:** substâncias que aumentam a velocidade das reações químicas pela diminuição da energia de ativação ($E_a$). Em um equilíbrio, a diminuição da energia de ativação produzida pelo catalisador tem o mesmo valor para a reação direta e para a inversa.

**Catalisadores não deslocam equilíbrio**, apenas diminuem o tempo necessário para que o equilíbrio seja atingido.

Considere a reação genérica representada pela equação e pelo gráfico a seguir:

$$A \rightleftharpoons B$$

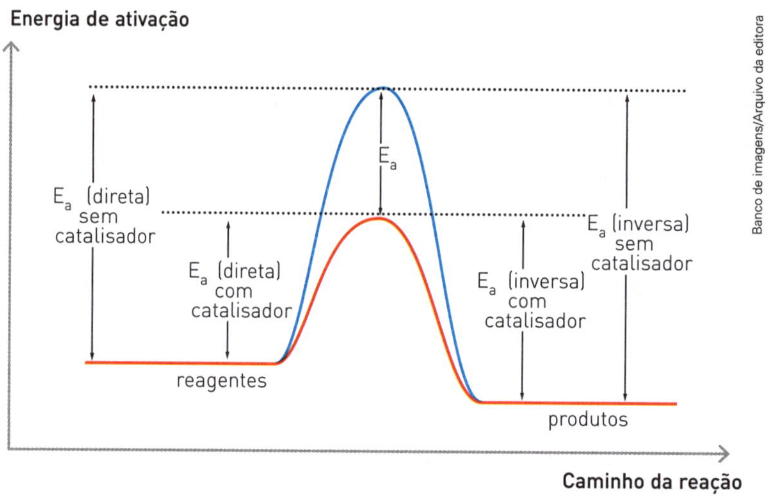


O catalisador aumenta a velocidade da reação direta e da inversa, portanto, não altera o equilíbrio.

Os gráficos abaixo evidenciam a diminuição do tempo para o equilíbrio ser atingido sem modificar o número de mol de A ou de B.

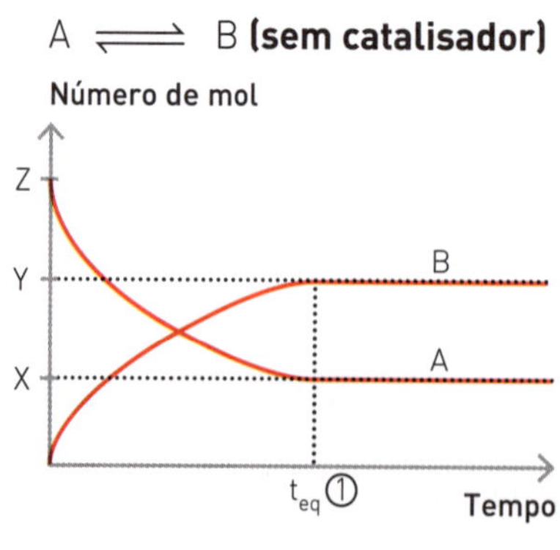


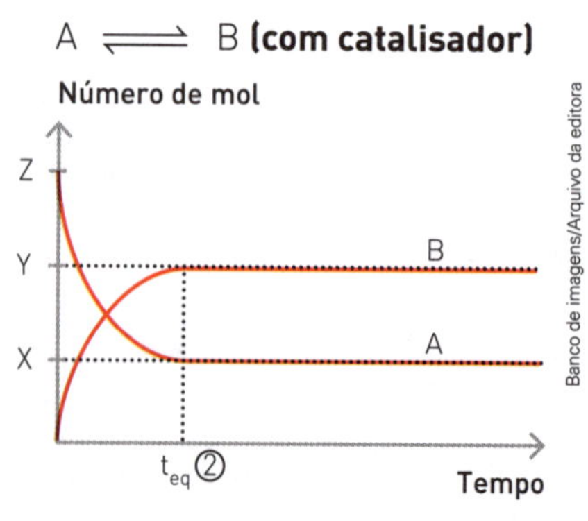


$$t_{eq}② < t_{eq}①$$

## Equilíbrio iônico

**Equilíbrio iônico:** equilíbrio químico que envolve a participação de íons.

As soluções aquosas de ácidos e bases são consideradas equilíbrios.

### Constante de ionização de ácidos ($K_a$)

A constante de ionização de ácidos está relacionada ao grau de ionização do ácido ($\alpha$).

Considere os equilíbrios existentes em duas soluções ácidas representados simplificadamente por:

$$HC\ell\ (aq) \rightleftharpoons H^+\ (aq) + C\ell^-\ (aq)$$
$$H_3CCOOH\ (aq) \rightleftharpoons H^+\ (aq) + H_3CCOO^-\ (aq)$$

O teste de condutibilidade elétrica da solução aquosa de ácido clorídrico apresentou maior brilho da lâmpada em relação à solução aquosa de ácido acético.

Podemos relacionar o teste de condutibilidade elétrica das soluções ácidas com o seu grau de ionização ($\alpha$).

$$\alpha = \frac{\text{n}^{\text{o}} \text{ de mol ionizado}}{\text{n}^{\text{o}} \text{ de mol inicial}}$$

Assim, podemos concluir que o ácido clorídrico tem maior grau de ionização do que o ácido acético em soluções de mesma concentração e na mesma temperatura, pois a condutibilidade do ácido clorídrico (maior $\alpha$) foi maior do que a do ácido acético (menor $\alpha$).

É possível estabelecer uma relação entre os resultados dos testes de condutibilidade e as constantes de equilíbrio, que nesse caso são chamadas de **constante de ionização** e, para os ácidos, são representadas por $\mathbf{K_a}$.

$$HC\ell\ (aq) \rightleftharpoons H^+\ (aq) + C\ell^-\ (aq)$$
$$K_a = \frac{[H^+][C\ell^-]}{[HC\ell]}$$

$$H_3CCOOH\ (aq) \rightleftharpoons H^+\ (aq) + H_3CCOO^-\ (aq)$$
$$K_a = \frac{[H^+][H_3CCOO^-]}{[H_3CCOOH]}$$

Quanto mais intenso o brilho da lâmpada, maior a concentração de íons e maior a condutibilidade elétrica da solução.

$$\frac{[H^+][C\ell^-]}{[HC\ell]} > \frac{[H^+][H_3CCOO^-]}{[H_3CCOOH]}$$

O comportamento de um ácido fraco e de um ácido forte, de mesma concentração em mol/L e à mesma temperatura, pode ser assim comparado:

- O **ácido fraco** está pouco ionizado, originando, no equilíbrio, uma pequena concentração de íons e uma grande quantidade de moléculas do ácido não ionizado. Por isso, ele é um eletrólito fraco e sua **constante de ionização é pequena**.
- O **ácido forte** está muito ionizado e quase a totalidade de suas moléculas se transforma, no equilíbrio, em íons. Por isso, ele é um eletrólito forte e sua **constante de ionização é elevada**.

Para um ácido qualquer (HA), generalizando, temos:

$$HA \rightleftharpoons H^+ + A^-$$

$$K_a = \frac{[H^+][A^-]}{[HA]}$$

Quanto maior é o valor de $K_a$, maior é sua força e maior é o $[H^+]$.

No caso de um ácido com mais de um hidrogênio ionizável – por exemplo, o ácido sulfídrico ($H_2S$) –, a ionização ocorrerá em duas etapas:

- 1ª etapa: $H_2S \rightleftharpoons H^+ + HS^-$.
- 2ª etapa: $HS^- \rightleftharpoons H^+ + S^{2-}$.

Com isso, teremos duas constantes de ionização:

- 1ª ionização: $K_1 = \frac{[H^+][HS^-]}{[H_2S]}$.
- 2ª ionização: $K_2 = \frac{[H^+][S^{2-}]}{[HS^-]}$.

Experimentalmente, podemos determinar também os valores dessas constantes:

$$K_1 = 1{,}1 \cdot 10^{-7} \qquad K_2 = 1{,}0 \cdot 10^{-19}$$

A primeira ionização ocorre mais facilmente do que a segunda ($K_1$ é muito maior que $K_2$); portanto, a concentração de íons $H^+$ presentes na solução aquosa de um poliácido é proveniente de sua primeira ionização.

Para poliácidos, generalizando, temos:

$$K_1 >>> K_2 >>> (...)$$

### $pK_a$ e $K_a$

A relação entre $pK_a$ e $K_a$ é dada pela expressão:

$$pK_a = -\log K_a$$

- Quanto **maior** o valor de $K_a$, **mais forte** é o ácido.
- Quanto **maior** o valor de $pK_a$, **mais fraco** é o ácido.

## Constante de ionização de bases ($K_b$)

Todo o raciocínio desenvolvido para os ácidos pode ser utilizado, analogamente, para as bases. Assim, podemos representar a constante de dissociação, ou ionização, para as bases por $K_b$.

Para uma base qualquer (BOH), generalizando, temos:

$$BOH \rightleftharpoons B^+ + OH^-$$

$$K_b = \frac{[B^+][OH^-]}{[BOH]}$$

Quanto maior é o valor de $K_b$, maior é sua força e maior é a $[OH^-]$.

## Lei de diluição de Ostwald

Ostwald deduziu pela primeira vez uma expressão matemática relacionando a constante de ionização, a concentração em mol/L e o grau de ionização para monoácidos e monobases.

Ao adicionarmos um ácido à água, podemos relacionar o número de mol adicionado com o número de mol ionizado.

$$\alpha = \frac{\text{n}^{\circ}\text{ de mol ionizado}}{\text{n}^{\circ}\text{ de mol inicial (n)}}$$

$$\text{n}^{\underline{\circ}}\text{ de mol ionizado} = \alpha \cdot \text{n}$$

| | $HA \rightleftharpoons$ | $H^+$ + | $A^-$ |
|---|---|---|---|
| **Início** | n mol | 0 | 0 |
| **Proporção** | gasta $\alpha \cdot n$ | forma $\alpha \cdot n$ | forma $\alpha \cdot n$ |
| **Equilíbrio** | $n - \alpha \cdot n$ | $\alpha \cdot n$ | $\alpha \cdot n$ |

Assim, no equilíbrio temos:

$$HA = n - \alpha n \text{ ou } n(1 - \alpha) \text{ mol}$$
$$H^+ = \alpha n \text{ mol}$$
$$A^- = \alpha n \text{ mol}$$

Logo, suas concentrações em mol/L são:

$$[HA] = \frac{n(1-\alpha)}{V} \text{ mol/L}$$
$$[H^+] = \frac{\alpha \cdot n}{V} \text{ mol/L}$$
$$[A^-] = \frac{\alpha \cdot n}{V} \text{ mol/L}$$

Usando esses valores, vamos determinar o valor de $K_i$:

$$K_i = \frac{\alpha^2}{1-\alpha} \cdot \mathcal{M}$$

Para monoácidos ou monobases fracas ($\alpha < 5\%$), esse valor é muito pequeno em relação a 1. Portanto, o valor $(1 - \alpha)$ pode ser considerado aproximadamente igual a 1.

Assim, para monoácidos e monobases fracas, a lei de Ostwald pode ser expressa por:

$$K_i = \alpha^2 \cdot \mathcal{M}$$

em que:

- o símbolo $K_i$ é utilizado para indicar $K_a$ e $K_b$;
- como toda constante de equilíbrio, $K_i$ só se altera com a variação de temperatura;
- a diluição provoca a diminuição da concentração em mol/L da solução; o ácido ou a base sofrerão uma maior ionização e seus graus de ionização aumentarão.

## Equilíbrio iônico da água

A água pura ou usada como solvente se ioniza muito pouco, segundo o equilíbrio:

$$H_2O\ (\ell) + H_2O\ (\ell) \rightleftharpoons H_3O^+\ (aq) + OH^-\ (aq)$$

$$\text{Ou: } H_2O\ (\ell) \rightleftharpoons H^+\ (aq) + OH^-\ (aq)$$

Portanto, $[H^+] = [OH^-] = 10^{-7}$ mol/L, a 25 °C.

## Produto iônico da água ($K_w$)

**Constante de ionização da água ou produto iônico da água ($K_w$):** constante de equilíbrio da água. A 25 °C, $K_w = 10^{-14}$.

$$H_2O\ (\ell) \rightleftharpoons H^+\ (aq) = OH^-\ (aq)$$

$$K_i = \frac{[H^+][OH^-]}{[H_2O]}, \text{ em que } [H_2O] = \text{constante}$$

$$K_i \cdot [H_2O] = [H^+] \cdot [OH^-]$$

$$K_w = [H^+] \cdot [OH^-]$$

$$K_w = [10^{-7}] \cdot [10^{-7}]$$

$$K_w = 10^{-14}$$

## $[H^+]$ e $[OH^-]$

A escala de **pH**, **potencial hidrogeniônico**, indica as concentrações de $H^+$ em cologaritmos na base 10, assim:

$$pH = \text{colog}_{10}\ [H^+] \text{ ou } pH = -\log\ [H^+] \text{ ou } pH = \log \frac{1}{[H^+]}$$

A escala de **pOH**, **potencial hidroxiliônico**, indica as concentrações de $OH^-$ em cologaritmos na base 10, assim:

$$pOH = \text{colog}_{10}\ [OH^-] \text{ ou } pOH = -\log\ [OH^-] \text{ ou } pH = \log \frac{1}{[OH^-]}$$

Se aplicarmos essa escala ao equilíbrio iônico da água, teremos:

$$H_2O\ (\ell) \rightleftharpoons H^+\ (aq) + OH^-\ (aq)$$

$$K_w = [H^+] \cdot [OH^-]$$

Aplicando log:

$$\log K_w = \log\ [H^+] + \log\ [OH^-]$$

Multiplicando por $(-1)$:

$$-\log K_w = -\log\ [H^+] + (-\log\ [OH^-])$$

$$pK_w = pH + pOH$$

A 25 °C, a constante de ionização da água ($K_w$) vale $10^{-14}$. Assim:

$$pH + pOH = 14$$

Na água pura e nas soluções neutras, $[H^+] = [OH^-] = 10^{-7}$ mol/L, a 25 °C, portanto, pH = pOH = 7.

A escala de pH varia de 0 a 14. Abaixo de 7, indica meio ácido, e acima de 7, meio básico.

## Determinação de $[H^+]$ e $[OH^-]$ nas soluções

### Soluções ácidas

Nas soluções ácidas há predomínio dos íons $H^+$.

Veja como calcular $[H^+]$ de uma solução 0,1 mol/L de $HC\ell$:

$$HC\ell \text{ —— } H^+ \quad + \quad C\ell^-$$
$$1 \text{ mol —— } 1 \text{ mol —— } 1 \text{ mol}$$
$$0{,}1 \text{ mol/L —— } 0{,}1 \text{ mol/L}$$
$$[H^+] = 0{,}1 \text{ mol/L} = 10^{-1} \text{ mol/L}$$

### Soluções básicas

Nas soluções ácidas há predomínio dos íons $OH^-$.

Para calcular a $[OH^-]$ de uma solução 2 mol/L de $NH_4OH$, com $\alpha = 0{,}5\%$:

$$NH_4OH \rightleftharpoons NH_4^+ \quad + \quad OH^-$$
$$1 \text{ mol —— } 1 \text{ mol —— } 1 \text{ mol}$$
$$2 \text{ mol/L —— } 2 \text{ mol/L —— } 2 \text{ mol/L} \xrightarrow{\text{se } \alpha = 100\%} \alpha = 100\%$$
$$x \text{ ———— } \alpha = 0{,}5\%$$

$$x = \frac{2 \text{ mol/L} \cdot 0{,}5\%}{100\%} \Rightarrow x = 0{,}01 \text{ mol/L}$$
$$[OH^-] = 0{,}01 \text{ mol/L} = 10^{-2} \text{ mol/L}$$

## Indicadores e pH

**Indicadores:** substâncias que mudam de cor em função da $[H^+]$ e da $[OH^-]$.

**Indicadores universais:** apresentam cores diferentes para cada valor de pH e são obtidos pela mistura adequada de vários outros.

## Hidrólise salina

**Hidrólise salina:** reação entre a água e um cátion ou ânion provenientes de um sal dissociado na água.

A hidrólise de cátions produz íons $H^+$ e a hidrólise de ânions produz íons $OH^-$, conforme as reações genéricas abaixo:

$$\underset{\text{cátion}}{X^+} + \underset{\text{água}}{HOH} \rightleftharpoons XOH + H^+$$

$$\underset{\text{ânion}}{A^-} + \underset{\text{água}}{HOH} \rightleftharpoons HA + OH^-$$

### Hidrólise de um sal de ácido forte e base fraca

Nesse caso, ocorre hidrólise do cátion, gerando solução ácida (pH < 7).

Veja o exemplo:

O sal $NH_4^+NO_3^-$ é proveniente de $\begin{cases} HNO_3 - \text{ácido forte} \\ NH_4OH - \text{base fraca} \end{cases}$.

Nesse caso, ocorre hidrólise do cáton $NH_4^+$.

$$NH_4^+ (aq) + H_2O (\ell) \rightleftharpoons NH_4OH (aq) + H^+ (aq)$$

### Hidrólise de um sal de ácido fraco e base forte

Nesse caso, ocorre hidrólise do ânion, gerando solução básica (pH > 7).

Veja o exemplo:

O sal $K^+CN^-$ é proveniente de $\begin{cases} KOH - \text{base forte} \\ HCN - \text{ácido fraco} \end{cases}$

$$CN^- (aq) + H_2O (\ell) \rightleftharpoons OH^- (aq) + HCN (aq)$$

### Hidrólise de um sal de ácido fraco e base fraca

Nesse caso, ocorre hidrólise do cátion e do ânion e duas soluções podem ser geradas, dependendo do valor de $K_a$ e de $K_b$:

Se $K_a > K_b$, a solução será ácida (pH < 7).

Se $K_a < K_b$, a solução será básica (pH >7).

Exemplo:

$$NH_4^+ (aq) + CN^- (aq) + H_2O (\ell) \rightleftharpoons NH_4OH (aq) + HCN (aq)$$

HCN: $K_a = 4,9 \cdot 10^{-10}$ $NH_4OH$: $K_b = 1,8 \cdot 10^{-5}$

$K_b > K_a$, portanto, a solução terá caráter básico.

### Solução de um sal de ácido forte e base forte

Nesse caso, não ocorre hidrólise, pois tanto o cátion como o ânion são provenientes de base e ácido fortes, originando solução neutra (pH = 7).

## Constante de hidrólise ($K_h$)

**Constante de hidrólise ($K_h$):** constante de equilíbrio para reações de hidrólise.

Veja o exemplo:

$$NH_4^+ (aq) + H_2O (\ell) \rightleftharpoons NH_4OH (aq) + H^+ (aq)$$

$$K_h = \frac{[NH_4OH][H^+]}{[NH_4^+]}$$

A relação matemática entre $K_h$, $K_w$ e $K_b$ (ou $K_a$) é:

Hidrólise do cátion:

$$K_h = \frac{K_w}{K_b}$$

Hidrólise do ânion:

$$K_h = \frac{K_w}{K_a}$$

## Constante do produto de solubilidade ($K_S$)

Vamos considerar um sistema contendo uma solução saturada de fosfato de cálcio, $Ca_3(PO_4)_2$, e um corpo de fundo desse mesmo sal.

$$Ca_3(PO_4)_2\ (s) \underset{V_p}{\overset{V_d}{\rightleftharpoons}} 3\ Ca^{2+}\ (aq) + 2\ PO_4^{3-}\ (aq)$$

No equilíbrio, a velocidade de dissolução (reação direta) é igual à velocidade de precipitação (reação inversa), por isso a quantidade de corpo de fundo não se altera.

**Constante do produto de solubilidade ou produto de solubilidade ($K_S$):** constante de equilíbrio de um sistema heterogêneo.

Sua expressão, para a solução do $Ca_3(PO_4)_2$, é dada por:

$$K_s = [Ca^{2+}]^3 \cdot [PO_4^{3-}]^2$$

A **solubilidade** de uma substância pode ser determinada a partir da constante do produto de solubilidade a uma dada temperatura.

Exemplo: Solubilidade do sulfeto de chumbo II, a 25 °C ($K_S = 2{,}5 \cdot 10^{-27}$).

$$PbS\ (s) \rightleftharpoons P^{2+}\ (aq) + S^{2-}\ (aq) \qquad K_S = 2{,}5 \cdot 10^{-27}$$

1 mol de PbS dissolvido $\xrightarrow{\text{produz}}$ 1 mol de $Pb^{2+}$ + 1 mol de $S^{2-}$

x mol/L ——— x mol/L ——— x mol/L

$$K_S = [Pb^{2+}] \cdot [S^{2-}]$$
$$2{,}5 \cdot 10^{-27} = x \cdot x$$
$$25 \cdot 10^{-28} = x^2$$
$$x = \sqrt{25 \cdot 10^{-28}}$$
$$x = 5 \cdot 10^{-14}\ mol/L$$

Portanto, a solubilidade do sal é $5 \cdot 10^{-14}$ mol/L, ou seja, a quantidade de $5 \cdot 10^{-14}$ mol de PbS satura 1,0 L de água.

Assim, podemos concluir que:

$[Pb^{2+}]\ [S^{2-}] = K_S$: solução saturada.

$[Pb^{2+}]\ [S^{2-}] < K_S$: solução não saturada.

## Efeito do íon comum e solubilidade

A adição de uma solução aquosa de ácido clorídrico (adição de $C\ell^-$, íon comum) a uma solução aquosa saturada de cloreto de prata formará um precipitado de cloreto de prata.

$$AgC\ell\ (s) \rightleftharpoons Ag^+\ (aq) + C\ell^-\ (aq)$$

A adição do íon comum ao equilíbrio faz aumentar a concentração de $C\ell^-$(aq), provocando um deslocamento do equilíbrio para a esquerda, favorecendo a formação do precipitado de $AgC\ell$ (s). Note que a constante do produto de solubilidade ($K_s$) não se altera; ela só se altera com a temperatura.

# Aplique o que aprendeu

## Exercício resolvido

(Unifesp) Indicadores ácido-base são ácidos orgânicos fracos ou bases orgânicas fracas, cujas dissociações em água geram íons que conferem à solução cor diferente da conferida pela molécula não dissociada. Considere os equilíbrios de dissociação de dois indicadores representados genericamente por HInd e IndOH.

INDICADOR 1

$$\underset{\text{amarelo}}{HInd(aq)} \rightleftharpoons H^+(aq) + \underset{\text{azul}}{Ind^-(aq)}$$

INDICADOR 2

$$\underset{\text{vermelho}}{IndOH(aq)} \rightleftharpoons \underset{\text{incolor}}{Ind^+(aq)} + OH^-(aq)$$

a) Qual desses indicadores é o ácido fraco e qual é a base fraca? Justifique sua resposta.

b) Que cor deve apresentar uma solução aquosa de ácido clorídrico diluído quando a ela for adicionado o indicador 1? Por que essa solução de ácido clorídrico mantém-se incolor quando a ela é adicionado o indicador 2 em vez do indicador 1.

**Solução**

a) Ácido fraco: HInd (indicador 1), pois libera cátions $H^+$ em solução aquosa.
Base fraca: IndOH (indicador 2), pois libera ânions $OH^-$ em solução aquosa.

b) Amarela, pois, com o aumento da concentração de íons $H^+$, o equilíbrio do indicador 1 será deslocado para a esquerda no sentido de HInd.

$$HC\ell + H_2O \rightleftharpoons \underbrace{H_3O^+}_{\text{presença de } H^+} + C\ell^-$$

$$\underbrace{HInd}_{\text{amarelo}} \rightleftharpoons \underbrace{H^+}_{\text{aumento de concentração}} + Ind^- \quad \text{(equilíbrio é deslocado para a esquerda)}$$

Os íons $H^+$ do ácido clorídrico neutralizam os íons $OH^-$ do indicador, deslocando o equilíbrio para a direita, no sentido do cátion $Ind^+$, incolor.

$$IndOH \rightleftharpoons \underbrace{Ind^+}_{\text{Incolor}} + \underbrace{OH^-}_{\text{diminuição da concentração devido à presença de íons } H^+} \quad \text{(equilíbrio é deslocado para a direita)}$$

## Questões

**1.** (UFRGS-RS) Considere as seguintes afirmações sobre o comportamento de ácidos em solução aquosa.

I. O grau de ionização de um ácido fraco, como o ácido acético, aumenta com o aumento da diluição.
II. A maior concentração de um ácido forte acarreta maior grau de ionização e maior constante de ionização.
III. A segunda constante de ionização de um ácido poliprótico é sempre menor que a primeira constante.

Quais estão corretas?

a) Apenas I.
b) Apenas II.
c) Apenas III.
d) Apenas I e III.
e) I, II e III.

**2.** (Unicamp-SP) Apesar de ser um combustível alternativo em relação aos combustíveis fósseis, o gás hidrogênio apresenta alguns problemas em seu uso direto. Uma alternativa é produzir o gás hidrogênio por eletrólise da água, para depois utilizá-lo na síntese do ácido fórmico, a partir da hidrogenação catalítica de gás carbônico. A possibilidade de utilizar o ácido fórmico como combustível tem feito crescer a demanda mundial por esse produto. A figura ao lado ilustra como seria o ciclo de produção e consumo do ácido fórmico, conforme indica o texto.

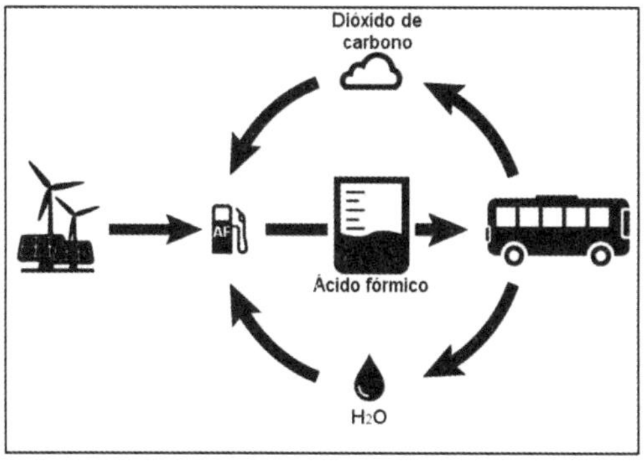


Reprodução/UNICAMP, 2018.

(Adaptado de Team Fast. Disponível em https://www.teamfast.nl/hydrozine/. Acessado em 10/08/2017.)

a) Considerando as informações do texto e a figura, cite duas vantagens em se adotar a alternativa descrita.

b) A reação de síntese do ácido fórmico a partir da hidrogenação catalítica de gás carbônico, em fase gasosa, apresenta um valor muito pequeno de constante de equilíbrio. Visando a aumentar o seu rendimento, imagine que sejam promovidos, separadamente, um aumento do volume e um aumento da temperatura da mistura reacional em equilíbrio. Preencha a tabela abaixo de modo a informar o que ocorre com a quantidade de ácido fórmico. Use as palavras aumenta ou diminui e justifique cada escolha no espaço correspondente.

| | Aumento de volume | Aumento de temperatura |
|---|---|---|
| Quantidade de ácido fórmico | | |
| Justificativa | | |

Na temperatura da síntese, considere que as entalpias de formação do gás carbônico, do ácido fórmico e do hidrogênio são (em $kJ \cdot mol^{-1}$) $-394$, $-363$ e 0, respectivamente.

**3.** (UFF-RJ) Considere a reação exotérmica de formação do trióxido de enxofre, a partir do dióxido:

$$2\ SO_2\ (g) + O_2\ (g) \rightleftharpoons 2\ SO_3\ (g)$$

A 900 K, $K_P = 40{,}5\ atm^{-1}$ e $\Delta H = -198\ kJ$

a) escreva a expressão de equilíbrio para essa reação.

b) será o valor da constante de equilíbrio para essa reação, em temperatura ambiente (300 K), maior, menor ou igual ao valor da constante de equilíbrio a 900 K? Justifique sua resposta.

c) se, enquanto a temperatura é mantida constante, uma quantidade a mais de $O_2$ é adicionada ao recipiente que contém os três gases em estado de equilíbrio, irá o número de mol de $SO_2$ aumentar, diminuir ou permanecer o mesmo?

d) qual o efeito causado ao sistema, quando se adiciona 1,0 mol de He (g) ao recipiente que contém os três gases em equilíbrio à temperatura constante?

**4.** (UFRGS-RS) Considere os dados termodinâmicos da reação abaixo, na tabela a seguir.

$$CO\ (g) + NO_2\ (g) \rightleftharpoons CO_2\ (g) + NO\ (g)$$

| Substância | CO | $NO_2$ | $CO_2$ | NO |
|---|---|---|---|---|
| $\Delta H_f\ (kJ \cdot mol^{-1})$ | −110,5 | 33,2 | −393,5 | 90,3 |

Com base nesses dados, considere as seguintes afirmações sobre o deslocamento do equilíbrio químico dessa reação.

I. O aumento da temperatura desloca no sentido dos produtos.

II. O aumento da pressão desloca no sentido dos produtos.

III. A adição de $CO_2$ desloca no sentido dos reagentes.

Quais estão corretas?

a) Apenas I.

b) Apenas II.

c) Apenas III.

d) Apenas I e II.

e) I, II e III.

**5.** (FMP-RJ) O galinho do tempo é um bibelô, na forma de um pequeno galo, que, dependendo das condições meteorológicas daquele instante, pode mudar de cor, passando de azul para rosa e vice-versa. O íon $CoC\ell_4^{2-}$ (aq) apresenta cor azul e o íon $Co(H_2O)_6^{2-}$ (aq) apresenta cor rosa. A equação envolvida nesse processo é representada por

$$CoC\ell_4^{2-}\ (aq) + 6\,H_2O\ (\ell) \rightleftharpoons Co(H_2O)_6^{2-}\ (aq) + 4\,C\ell^-\ (aq)$$

Segundo o Princípio de Le Chatelier, a cor do "galinho" em um dia de sol e a expressão da constante de equilíbrio de ionização são, respectivamente:

a) azul e $K = \dfrac{\left[CoC\ell_4^{2-}\right]}{\left[Co(H_2O)_6^{2-}\right] \cdot \left[C\ell^-\right]^4}$.

b) azul e $K = \dfrac{\left[Co(H_2O)_6^{2-}\right] \cdot \left[C\ell^-\right]^4}{\left[CoC\ell_4^{2-}\right]}$.

c) rosa e $K = \dfrac{\left[CoC\ell_4^{2-}\right] \cdot \left[H_2O\right]^6}{\left[Co(H_2O)_6^{2-}\right] \cdot \left[C\ell^-\right]^4}$.

d) rosa e $K = \dfrac{\left[Co(H_2O)_6^{2-}\right] \cdot \left[C\ell^-\right]^4}{\left[CoC\ell_4^{2-}\right] \cdot \left[H_2O\right]^6}$.

e) azul e $K = \dfrac{\left[Co(H_2O)_6^{2-}\right] \cdot \left[C\ell^-\right]^4}{\left[CoC\ell_4^{2-}\right] \cdot \left[H_2O\right]^6}$.

**6.** (Vunesp-SP) Em recipiente fechado, à temperatura constante, ocorre o seguinte equilíbrio em fase gasosa:

$$4\,NH_3 + 3\,O_2 \rightleftharpoons 2\,N_2 + 6\,H_2O$$

Explique os efeitos que provocam nesse equilíbrio:

a) a adição de $N_2$ gasoso ao recipiente.

b) o aumento da pressão sobre o sistema.

**7.** (UFPR)

Molécula-chave da vida é "vista" por radiotelescópio. A partir de observações feitas pelo Alma, o maior radiotelescópio do mundo, dois grupos internacionais de cientistas detectaram mais uma vez, no espaço, moléculas pré-bióticas – um dos ingredientes necessários para a existência de vida. Desta vez, os astrônomos observaram a presença do composto isocianato de metila em imensas nuvens de poeira. O isocianato de metila tem estrutura semelhante à unidade fundamental das proteínas. O isocianato de metila pode ser considerado derivado do ácido isociânico, de fórmula HNCO.

(Fonte: <http://ciencia.estadao.com.br>. Adaptado.)

O ácido isociânico (HNCO) é um isômero do ácido ciânico (HOCN). Ambos são considerados ácidos fracos e possuem o mesmo valor de pKa = 3,5 e constante ácida $Ka = 3,2 \cdot 10^{-4}$.

a) Escreva a equação balanceada da reação de neutralização do ácido isociânico por hidróxido de potássio (KOH), incluindo os estados físicos das espécies.

b) Escreva a equação balanceada de equilíbrio da reação de ionização do ácido isociânico em água, incluindo os estados físicos das espécies.

c) Considere uma solução aquosa $1\ mol \cdot L^{-1}$ de ácido isociânico. Monte um esquema indicando as concentrações das espécies na situação imediata após dissolução do ácido e na situação de equilíbrio ácido-base conjugada.

d) Calcule a concentração de íons $H_3O^+$ na condição de equilíbrio estabelecido do item anterior. Mostre os cálculos.

Dado: $\sqrt{3,2} = 1,8$

**8.** (ITA-SP) Considere as reações químicas reversíveis I e II:

I. $BrO_3^-(aq) + 3\,SO_3^{2-}(aq) \underset{k_2}{\overset{k_1}{\rightleftharpoons}} Br^-(aq) + 3\,SO_4^{2-}(aq)$

II. $O_2(g) + O(g) \rightleftharpoons O_3(g)$

A respeito das reações I e II responda às solicitações dos itens a e b, respectivamente:

a) Sabendo que a reação I ocorre em meio ácido e que a sua reação direta é sujeita à lei de velocidade dada por $v = k_1[BrO_3^-][SO_3^{2-}][H^+]$, expresse a lei de velocidade para a reação reversa.

b) Calcule a constante de equilíbrio da reação II dadas as seguintes reações e suas respectivas constantes de equilíbrio:

$NO_2(g) \overset{\Delta H}{\rightleftharpoons} NO(g) + O(g)$ $\quad K_{eq} = 4{,}0 \cdot 10^{-49}$

$O_3(g) + NO(g) \rightleftharpoons NO_2(g) + O_2(g)$ $\quad K_{eq} = 2{,}0 \cdot 10^{-34}$

**9.** (PUC-SP) Dados:

Constante de ionização ($K_a$) do $H_2CO_3 = 4 \cdot 10^{-7}$

Constante de ionização ($K_w$) do $H_2O = 1 \cdot 10^{-14}$

Constante de ionização ($K_b$) do $NH_3 = 2 \cdot 10^{-5}$

Os indicadores ácido-base são substâncias cuja cor se altera em uma faixa específica de pH. A tabela a seguir apresenta a faixa de viragem (mudança de cor) de alguns indicadores ácido-base.

| Indicador | Cor em pH abaixo da viragem | Intervalo aproximado de pH de mudança de cor | Cor em pH acima da viragem |
|---|---|---|---|
| Violeta de metila | Amarelo | 0,0 – 1,6 | Azul-púrpura |
| Alaranjado de metila | Vermelho | 3,1 – 4,4 | Amarelo |
| Azul de bromotimol | Amarelo | 6,0 – 7,6 | Azul |
| Fenolftaleína | Incolor | 8,2 – 10,0 | Rosa-carmim |
| Amarelo de alizarina R | Amarelo | 10,3 – 12,0 | Vermelho |

A partir da análise dessa tabela, um técnico executou um procedimento para distinguir algumas soluções. Para diferenciar uma solução de $HC\ell$ de concentração 1,0 mol · $L^{-1}$ de uma solução de $HC\ell$ de concentração 0,01 mol · $L^{-1}$ ele utilizou o indicador X. Para diferenciar uma solução de bicarbonato de sódio ($NaHCO_3$) de concentração 0,01 mol · $L^{-1}$ de uma solução de cloreto de amônio ($NH_4C\ell$) de concentração 0,01 mol · $L^{-1}$ ele utilizou o indicador Y. Para diferenciar uma solução de amoníaco ($NH_3$) de concentração $1{,}0 \cdot 10^{-3}$ mol · $L^{-1}$ de uma solução de hidróxido de sódio (NaOH) de concentração 0,1 mol · $L^{-1}$ ele utilizou o indicador Z.

A alternativa que apresenta os indicadores X, Y e Z adequados para cada um dos procedimentos propostos pelo técnico é:

| | X | Y | Z |
|---|---|---|---|
| a) | Violeta de metila | Azul de bromotimol | Amarelo de alizarina R |
| b) | Violeta de metila | Fenolftaleína | Azul de bromotimol |
| c) | Alaranjado de metila | Azul de bromotimol | Fenolftaleína |
| d) | Alaranjado de metila | Violeta de metila | Amarelo de alizarina R |

**10.** (Fuvest-SP) A hemoglobina (Hb) é a proteína responsável pelo transporte de oxigênio. Nesse processo, a hemoglobina se transforma em oxi-hemoglobina $[Hb(O_2)_n]$. Nos fetos, há um tipo de hemoglobina diferente da do adulto, chamada de hemoglobina fetal. O transporte de oxigênio pode ser representado pelo seguinte equilíbrio:

$$Hb + n\,O_2 \rightleftharpoons Hb(O_2)_n,$$

em que Hb representa tanto a hemoglobina do adulto quanto a hemoglobina fetal.

A figura mostra a porcentagem de saturação de Hb por $O_2$ em função da pressão parcial de oxigênio no sangue humano, em determinado pH e em determinada temperatura.

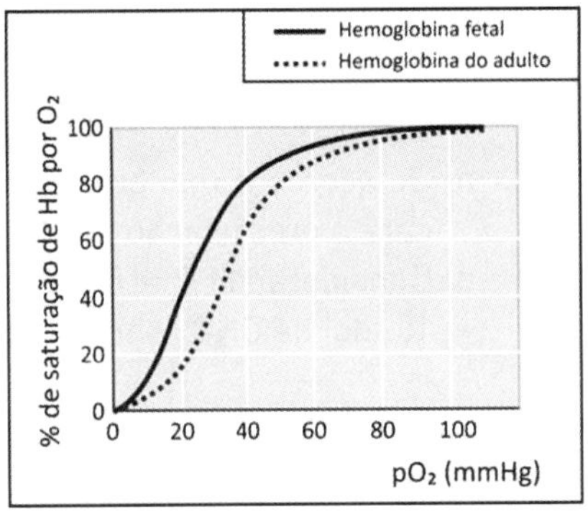


Reprodução/FUVEST, 2017.

A porcentagem de saturação pode ser entendida como:

$$\%\text{ de saturação} = \frac{[Hb(O_2)_n]}{[Hb(O_2)_n] + [Hb]} \cdot 100$$

Com base nessas informações, um estudante fez as seguintes afirmações:

I. Para uma pressão parcial de $O_2$ de 30 mmHg, a hemoglobina fetal transporta mais oxigênio do que a hemoglobina do adulto.

II. Considerando o equilíbrio de transporte de oxigênio, no caso de um adulto viajar do litoral para um local de grande altitude, a concentração de Hb em seu sangue deverá aumentar, após certo tempo, para que a concentração de $Hb(O_2)_n$ seja mantida.

III. Nos adultos, a concentração de hemoglobina associada a oxigênio é menor no pulmão do que nos tecidos.

Note e adote: $pO_2$ (pulmão) $> pO_2$ (tecidos)

É correto apenas o que o estudante afirmou em

a) I.
b) II.
c) I e II.
d) I e III.
e) II e III.

**11.** (Fasm-SP) Em indústrias de galvanização, os efluentes são comumente contaminados com íons metálicos provenientes das cubas eletrolíticas. Esses íons podem ser eliminados dos efluentes por precipitação, formando hidróxidos metálicos insolúveis.

A equação a seguir representa a precipitação de íons $Cu^{2+}$:

$$2\,[Cu(CN)_3]^{2-}\,(aq) + 7\,C\ell O^-\,(aq) + 2\,OH^-\,(aq) + H_2O\,(\ell) \rightleftharpoons 2\,Cu(OH)_2\,(s) + 6\,CNO^-\,(aq) + 7\,C\ell^-\,(aq)$$

Os íons fulminato ($CNO^-$) produzidos na reação podem ser eliminados do efluente por adição de íons hipoclorito, conforme a equação a seguir:

$$2\,CNO^-\,(aq) + 3\,C\ell O^-\,(aq) + H_2O\,(\ell) \longrightarrow N_2\,(g) + 3\,C\ell^-\,(aq) + 2\,HCO_3^-\,(aq)$$

a) De acordo com o princípio de Le Chatelier, a adição de um ácido ao efluente favorecerá ou prejudicará a precipitação dos íons $Cu^{2+}$? Justifique sua resposta.

b) Considerando $R = 0{,}082\ atm \cdot L \cdot mol^{-1} \cdot K^{-1}$, calcule o volume de gás nitrogênio produzido quando 10 mol de $CNO^-$ são eliminados de um efluente, a 1 atm e a uma temperatura de 300 K.

**12.** (UEM-PR) O oxigênio ($O_2$) do ar que respiramos, ao chegar aos pulmões, entra em contato com a hemoglobina (Hb) do sangue, dando origem à oxiemoglobina ($HbO_2$), que é responsável pelo transporte de $O_2$ até as células do organismo. Assim, ocorre no sangue o seguinte equilíbrio químico:

$$Hb\,(aq) + O_2\,(g) \rightleftharpoons HbO_2\,(aq)$$

Sobre estas informações e sobre os conceitos de equilíbrio químico, assinale o que for correto.

01) Em grandes altitudes, algumas pessoas podem sentir tonturas e fadiga, devido ao equilíbrio deslocar-se para a esquerda.

02) Pessoas com maior taxa de produção de hemoglobina tendem a sentir mais o efeito da altitude.

04) A reação química apresentada trata de um equilíbrio químico homogêneo.

08) A expressão algébrica do equilíbrio químico que representa a formação de oxiemoglobina é $K = \dfrac{[Hb] \cdot [O_2]}{[HbO_2]}$.

16) Podemos afirmar que a reação está em equilíbrio químico, pois a velocidade de formação da oxiemoglobina igualou-se à velocidade de formação da hemoglobina.

**13.** (EBMSP-BA) Os ácidos metanoico, etanoico e benzoico são substâncias químicas que, em soluções aquosas, ionizam-se transferindo o próton $H^+$ para a molécula de água. A reação de ionização é reversível e a maior ou menor capacidade na doação do próton pelo ácido carboxílico está relacionada à estabilidade da base conjugada e à polaridade e força da ligação O — H, fatores que dependem do átomo ou do grupo de átomos ligado ao carbono da carboxila. Os valores das constantes de equilíbrio dos ácidos, apresentados na tabela, servem para prever a força relativa dos ácidos.

| Ácido carboxílico | Fórmula condensada | Constante de equilíbrio, Ka, 25 °C |
|---|---|---|
| Ácido metanoico | HCOOH | $1{,}8 \cdot 10^{-4}$ |
| Ácido etanoico | $H_3CCOOH$ | $1{,}8 \cdot 10^{-5}$ |
| Ácido benzoico | $C_6H_5COOH$ | $6{,}3 \cdot 10^{-5}$ |

Considerando-se essas informações associadas aos conhecimentos sobre equilíbrio químico e admitindo-se o valor do produto iônico da água, $K_w$, igual a $1{,}0 \cdot 10^{-14}$, é correto afirmar:

a) A base conjugada do ácido metanoico é mais forte do que a base conjugada do ácido etanoico.
b) O ácido etanoico libera o próton $H^+$ mais facilmente do que os ácidos metanoico e benzoico.
c) A substituição do átomo de hidrogênio ligado ao carbono no ácido metanoico pelo grupo fenil, $-C_6H_5$, implica o aumento do caráter ácido.
d) O valor da constante de equilíbrio, $K_b$, para o ânion benzoato, $C_6H_5COO^-$ (aq), base conjugada do ácido benzoico, é de, aproximadamente, $1{,}6 \cdot 10^{-10}$.
e) A concentração de íons na solução aquosa do ácido benzoico é menor do que na do ácido etanoico, admitindo-se soluções com a mesma concentração molar.

**14.** (UPM-SP) Em um balão de capacidade igual a 10 L, foram adicionados 1 mol da espécie $A_2$ (g) e 2 mol da espécie $B_2$ (g). Tais reagentes sofreram transformação de acordo com a equação a seguir:

$$A_2\,(g) + B_2\,(g) \rightleftharpoons 2\,AB\,(g)$$

Considerando-se que, no estado de equilíbrio químico, a concentração da espécie AB (g) seja de $0{,}1\ mol \cdot L^{-1}$, a constante de equilíbrio ($K_c$), para esse processo, é aproximadamente igual a:

a) 0,25.
b) 1,33.
c) 5,00.
d) 6,66.
e) 7,50.

**15.** (Unisa-SP) Crômio hexavalente é uma forma oxidada do metal crômio com alto poder carcinogênico, além de possuir ação irritante e corrosiva no corpo humano. Ele pode existir em duas formas: íons cromato [$CrO_4^{2-}$] e íons dicromato [$Cr_2O_7^{2-}$]. A conversão de íons $CrO_4^{2-}$ em íons $Cr_2O_7^{2-}$ pode ser feita modificando-se o pH do meio, de acordo com a equação:

$$2\,CrO_4^{2-} + 2\,H^+ \rightleftharpoons Cr_2O_7^{2-} + H_2O$$

Por outro lado, a redução desses íons para a formação de $Cr^{3+}$ pode ocorrer em meio ácido ou neutro, conforme as reações:

$$Cr_2O_7^{2-} + 14\,H^+ + 6\,e^- \longrightarrow 2\,Cr^{3+} + 7\,H_2O \qquad E^0 = +1{,}33\ V$$

$$CrO_4^{2-} + 4\,H_2O + 3\,e^- \longrightarrow Cr(OH)_3 + 5\,OH^- \qquad E^0 = -0{,}12\ V$$

a) Explique, com base no princípio de Le Chatelier, o que deve ocorrer com o pH de uma solução para aumentar a porcentagem de íons $Cr_2O_7^{2-}$ em relação aos íons $CrO_4^{2-}$.

b) Para realizar a redução dos íons $Cr_2O_7^{2-}$, adicionam-se raspas de ferro metálico à solução desse íon. Considerando que o potencial de redução do par $Fe^{2+}/Fe$ seja igual a $-0{,}44$ V, equacione a reação global da redução do íon $Cr_2O_7^{2-}$ a $Cr^{3+}$, utilizando o ferro metálico, e calcule a ddp dessa reação.

**16.** (UFRGS-RS) O ácido fluorídrico, solução aquosa do fluoreto de hidrogênio (HF) com uma constante de acidez de $6{,}6 \cdot 10^{-4}$, tem, entre suas propriedades, a capacidade de atacar o vidro, razão pela qual deve ser armazenado em recipientes plásticos.

Considere as afirmações abaixo, a respeito do ácido fluorídrico.

I. É um ácido forte, pois ataca até o vidro.

II. Tem, quando em solução aquosa, no equilíbrio, concentração de íons fluoreto muito inferior à de HF.

III. Forma fluoreto de sódio insolúvel, quando reage com hidróxido de sódio.

Quais estão corretas?

a) Apenas I.
b) Apenas II.
c) Apenas III.
d) Apenas I e II.
e) I, II e III.

**17.** (PUC-SP) Durante uma transformação química as concentrações das substâncias participantes foram determinadas ao longo do tempo. O gráfico ao lado resume os dados obtidos ao longo do experimento.

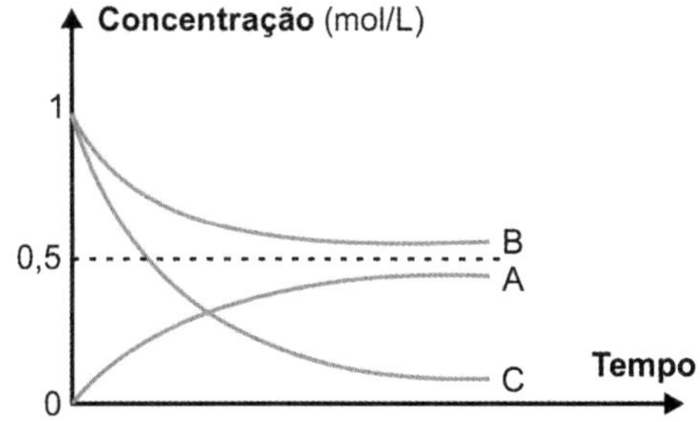


Reprodução/PUC, 2017.

A respeito do experimento, foram feitas algumas afirmações:

I. A e B são reagentes e C é o produto da reação estudada.

II. A reação química estudada é corretamente representada pela equação: B + 2 C → A.

III. Não houve consumo completo dos reagentes, sendo atingido o equilíbrio químico.

IV. A constante de equilíbrio dessa reação, no sentido da formação de A, nas condições do experimento é menor do que 1.

Estão corretas apenas as afirmações:

a) I e IV. b) II e III. c) II e IV. d) III e IV.

**18.** (PUC-SP) Uma das reações utilizadas para a demonstração de deslocamento de equilíbrio, devido à mudança de cor, é a representada pela equação a seguir:

$$2\,CrO_4^{2-}\,(aq) + 2\,H^+\,(aq) \rightleftharpoons Cr_2O_7^{2-}\,(aq) + H_2O\,(\ell)$$

sendo que o cromato $[CrO_4^{2-}]$ possui cor amarela e o dicromato $[Cr_2O_7^{2-}]$ possui cor alaranjada.
Sobre esse equilíbrio foram feitas as seguintes afirmações:

I. A adição de $HC\ell$ provoca o deslocamento do equilíbrio para a direita.
II. A adição de NaOH resulta na cor alaranjada da solução.
III. A adição de $HC\ell$ provoca o efeito do íon comum.
IV. A adição de dicromato de potássio não desloca o equilíbrio.

As afirmações corretas são:

a) I e II.
b) II e IV.
c) I e III.
d) III e IV.

**19.** (USCS-SP) Considere o seguinte equilíbrio químico, a 25 °C:

$$\underset{\text{laranja}}{Cr_2O_7^{2-}}\,(aq) + H_2O\,(\ell) \rightleftharpoons \underset{\text{amarelo}}{2\,CrO_4^{2-}}\,(aq) + 2\,H^+\,(aq)$$

a) Nesse equilíbrio ocorre oxirredução? Justifique sua resposta.
b) Considere uma solução aquosa de $K_2Cr_2O_7$ 0,1 mol/L. Ao ser adicionado $HC\ell$ (aq) a essa solução, qual a cor predominante da solução? Justifique sua resposta com base no princípio de Le Chatelier.

**20.** (UEL-PR) Maratonistas percorrem distâncias de 40 km, mas dependem de uma boa oxigenação nos músculos. Se isso não ocorre, o cansaço é extremo e pode causar desmaios. A utilização do oxigênio ($O_2$) pelas células ocorre, inicialmente, pela combinação do $O_2$ com a hemoglobina do sangue (Hb), formando a oxiemoglobina ($HbO_2$), conforme o equilíbrio a seguir.

$$Hb + O_2 \rightleftharpoons HbO_2$$

Esta $HbO_2$ é o agente de transporte do $O_2$ para as células dos músculos, já que o $O_2$ não se dissolve bem no plasma sanguíneo.

Sobre esse tema, responda aos itens a seguir.

a) Sabendo que o aumento da acidez no plasma sanguíneo favorece a dissociação da $HbO_2$, explique por que, para um indivíduo que possui elevada atividade respiratória (com grande produção de $CO_2$), a quantidade de $O_2$ liberada nos tecidos é elevada.

b) O desempenho de um atleta em uma maratona realizada em uma cidade com altos índices de monóxido de carbono (CO) é prejudicado. Se a constante de equilíbrio da reação entre $HbO_2$ (aq) e CO (g) é 200 e a pressão parcial de $O_2$ é 10 vezes maior que a de CO (g), determine quantas vezes a concentração de HbCO (aq) deve ser maior que a de $HbO_2$ (aq).

**21.** (UFRGS-RS) A tabela abaixo relaciona as constantes de acidez de alguns ácidos fracos.

| Ácido | Constante |
|---|---|
| HCN | $4,9 \cdot 10^{-10}$ |
| HCOOH | $1,8 \cdot 10^{-4}$ |
| $CH_3COOH$ | $1,8 \cdot 10^{-5}$ |

A respeito das soluções aquosas dos sais sódicos dos ácidos fracos, sob condições de concentrações idênticas, pode-se afirmar que a ordem crescente de pH é:

a) cianeto < formiato < acetato.
b) cianeto < acetato < formiato.
c) formiato < acetato < cianeto.
d) formiato < cianeto < acetato.
e) acetato < formiato < cianeto.

**22.** (Ifsul-RS)

O Potencial Hidrogeniônico, mais conhecido como pH, consiste num índice que indica a acidez, neutralidade ou alcalinidade de um meio qualquer. Os valores de pH variam de 0 a 14. As hortênsias são flores que se colorem obedecendo ao pH do solo. É como se o pH fosse o estilista desse tipo de flor. Em solos onde a acidez é elevada, as hortênsias adquirem a coloração azul, agora, nos solos alcalinos, elas ficam rosa.

Fonte: <http://mundoeducacao.bol.uol.com.br/quimica/o-ph-solo-coloracao-das-plantas.htm>.

Considerando as informações acima, em um solo com concentração de íons $OH^-$ de $10^{-12}$ mol · $L^{-1}$, o pH desse solo e a cor das hortênsias nele plantadas serão:

a) 2,0 e cor rosa.
b) 2,0 e cor azul.
c) 12,0 e cor rosa.
d) 12,0 e cor azul.

**23.** (Fepar-PR)

A **geleca**, também conhecida por **Amoeba** ou **Slime**, é uma massa gelatinosa utilizada como brinquedo. Com esse produto, pode-se fazer bolhas, esticar, grudar, fazer diversas brincadeiras. A geleca pode ser feita usando-se cola branca, bórax, corante e água. O bórax é conhecido como tetraborato de sódio deca-hidratado, e para fazer a geleca deve-se preparar uma solução aquosa de bórax **com título de 0,04 ou 4% em massa**. Quando colocamos o bórax em água para formar a solução, ele é dissociado e se obtém o ânion $B(OH)_4^-$, conforme o equilíbrio químico mostrado a seguir.

Reprodução/Fepar, 2016.

$$Na_2B_4O_7 \cdot 10\,H_2O(aq) \rightleftharpoons 2\,H_3BO_3(aq) + 2\,Na^+(aq) + 2\,B(OH)_4^-\,(aq) + 3\,H_2O(\ell)$$

O ânion, formado quando o bórax está em solução aquosa, liga-se às moléculas do PVA (cola branca), formando ligações cruzadas que dão o aspecto elástico da geleca.

(Dados: Na = 23 g · mol$^{-1}$; B = 11 g · mol$^{-1}$; O = 16 g · mol$^{-1}$; H = 1 g · mol$^{-1}$)

Considere as informações e avalie as afirmativas.

( ) A dissociação do bórax é um processo de oxirredução.

( ) O bórax apresenta apenas ligações iônicas.

( ) A massa necessária de bórax para preparar 500 mL de solução de tetraborato de sódio deca-hidratado 0,1 mol · L$^{-1}$ é igual a 19,1 g.

( ) O bórax é um sal hidratado sólido com alto ponto de fusão.

( ) A adição de mais água no sistema prejudica a formação da geleca porque desloca o equilíbrio apresentado para o lado esquerdo da equação.

24. (UFSC)

### Cientistas convertem um poluente em fonte de energia renovável

Cientistas no Laboratório Nacional de Oak Ridge, nos Estados Unidos, utilizaram técnicas de nanotecnologia para converter dióxido de carbono gasoso em etanol. A equipe criou um catalisador composto por carbono, cobre e nitrogênio, e uma descarga elétrica foi usada para desencadear a reação. A solução de dióxido de carbono em água foi convertida em etanol com um rendimento de 63% a 70%. A reação é representada abaixo:

$$2\ CO\ (g)\ 9\ H_2O(\ell) + 12e^- \rightarrow C_2H_6O(\ell)\ 12\ OH^-\ (aq)$$

Os pesquisadores agora trabalham para aumentar a eficiência do processo e investigar em detalhes as propriedades do catalisador.

Disponível em: <www.independent.co.uk/news/science/carbon-dioxide-ethanol-fuel-scientists-turn-greenhouse-gas-accidentally-reverse-combustion-a7369096.html>. [Adaptado]. Acesso em: 19 ago. 2017.

SONG, Y. et al. High-Selectivity Electrochemical Conversion of $CO_2$ to Ethanol using a Copper Nanoparticle/N-Doped Graphene Electrode. Chemistry Select, v. 1, p. 6056, 2016.

Dados: C = 12; H = 1; O = 16.

Com base no exposto acima, é correto afirmar que:

01) a reação representada no texto sugere que a formação de etanol é um processo que envolve a oxidação do dióxido de carbono.

02) ao sintetizar etanol a partir de dióxido de carbono, forma-se uma solução cujo pH é superior a 7,0.

04) considerando-se um rendimento de 63%, seria possível produzir 92 g de etanol a partir de 176 g de dióxido de carbono.

08) o catalisador utilizado para a produção do etanol possui a função de aumentar a corrente elétrica consumida no processo de conversão, resultando em um maior rendimento para a reação.

16) se a reação prosseguir com um rendimento de 70% cada 10,0 mol de $CO_2$ serão convertidos em 161 g de etanol.

32) na conversão de $CO_2$ em etanol, a água atua como agente oxidante.

**25.** (Vunesp-SP) No cultivo hidropônico, a composição da solução nutritiva deve ser adequada ao tipo de vegetal que se pretende cultivar. Uma solução específica para o cultivo do tomate, por exemplo, apresenta as seguintes concentrações de macronutrientes:

| Substância | Concentração (mmol/L) |
|---|---|
| $KNO_3$ | 1,00 |
| $MgSO_4$ | 0,11 |
| $Ca(NO_3)_2$ | 0,39 |
| $NH_4H_2PO_4$ | 0,26 |

(Maria C. L. Braccini *et al. Semina: Ciências agrárias*, março de 1999.)

Durante o desenvolvimento das plantas, é necessário um rígido controle da condutividade elétrica da solução nutritiva, cuja queda indica diminuição da concentração de nutrientes. É também necessário o controle do pH dessa solução que, para a maioria dos vegetais, deve estar na faixa de 5,0 a 6,5.

a) Por que a solução nutritiva para o cultivo hidropônico de tomate é condutora de eletricidade? Calcule a quantidade, em mmol, do elemento nitrogênio presente em 1,0 L dessa solução.

b) Considere que 1,0 L de uma solução nutritiva a 25 °C, inicialmente com pH = 6,0, tenha, em um controle posterior, apresentado o valor mínimo tolerável de pH = 4,0. Nessa situação, quantas vezes variou a concentração de íons $H^+$ (aq)? Sabendo que o produto iônico da água, $K_w$, a 25 °C, é igual a $1,0 \cdot 10^{-14}$, calcule as quantidades, em mol, de íons $OH^-$ (aq) presentes, respectivamente, na solução inicial e na solução final.

**TOTAL DE ACERTOS** ____ /25

TÓPICO

# 8 Radioatividade

## Reveja o que aprendeu

**Objetivos de aprendizagem:**

- Reconhecer o fenômeno da radioatividade.
- Aplicar a cinética das desintegrações radioativas.
- Classificar reações nucleares.
- Conhecer aplicações da radioatividade.

## Estudo das radiações

### Raios X

No final do século XIX, o físico alemão Roentgen, trabalhando com raios catódicos, percebeu que estes, ao se chocarem com vidros ou metais, produziam um novo tipo de radiação, posteriormente denominada de raios X.

### Radiações do urânio

Em 1896, o físico francês Becquerel percebeu que um sal de urânio, o sulfato duplo de potássio e uranila $[K_2(UO_2)(SO_4)_2$, era capaz de sensibilizar o negativo de um filme fotográfico, recoberto por papel preto ou ainda por uma fina lâmina de metal. As radiações emitidas pelo material apresentavam propriedade semelhante às dos raios X e foram denominadas **radioatividade**.

Em 1897, Marie Curie demonstrou que a intensidade da radiação é proporcional à quantidade de urânio na amostra e concluiu que a **radioatividade** é um **fenômeno atômico**.

Rutherford, em 1897, criou uma aparelhagem, esquematizada abaixo, para estudar a ação de um campo eletromagnético sobre as radiações.

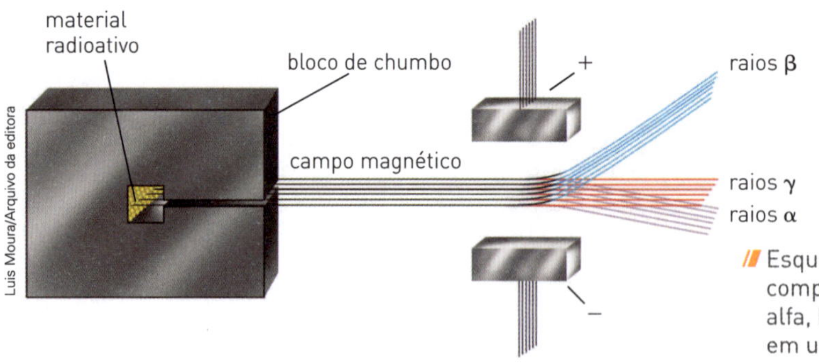


Esquematicamente, é esse o comportamento das radiações alfa, beta e gama ao passarem em um campo magnético.

Rutherford observou que parte do feixe de radiações, ao passar pelo campo, era atraído pela placa carregada negativamente, portanto devia apresentar cargas positivas na sua constituição: os **raios alfa ($\alpha$)**.

Outro feixe era atraído pela placa positiva, portanto devia apresentar cargas negativas: **raios beta ($\beta$)**.

Nesse mesmo ano, o físico Villard, repetindo as experiências de Rutherford, percebeu a existência de outros raios que não eram afetados pelo campo eletromagnético. Esses raios não apresentavam carga nem massa, eram constituídos por ondas eletromagnéticas e foram denominados **raios gama ($\gamma$)**.

As características dessas partículas e radiações estão resumidas no quadro abaixo.

| Radiação | Símbolo | Constituição | Carga | Massa (u) | Velocidade | Poder de penetração |
|---|---|---|---|---|---|---|
| $\alpha$ | ${}^{4}_{+2}\alpha$ | núcleo de He $\begin{cases} 2p \\ 2n \end{cases}$ | +2 | 4 | $\frac{1}{10}$ da velocidade da luz | baixo |
| $\beta$ | ${}^{0}_{-1}\beta$ | elétron | −1 | 0 | $\frac{9}{10}$ da velocidade da luz | médio (moderado) |
| $\gamma$ | ${}^{0}_{0}\gamma$ | onda eletromagnética de alta energia | 0 | 0 | velocidade da luz | elevado |

## Recordando algumas características dos átomos

- Z = número atômico; indica o número de prótons (p);
- A = número de massa; indica o número de prótons (p) + o número de nêutrons (n).

Genericamente, temos:

$$ {}^{A}_{Z}X \Rightarrow A - Z = n $$

- **Isótopos:** átomos com $\begin{cases} \text{A diferente} \\ \text{Z igual} \end{cases}$
- **Isóbaros:** átomos com $\begin{cases} \text{A igual} \\ \text{Z diferente} \end{cases}$

**Nuclídeo:** núcleo de um átomo, caracterizado por um Z e um A.
**Radionuclídeo ou radioisótopo:** núcleo de um átomo capaz de emitir radiação.

## Leis da radioatividade

### 1ª Lei: a emissão de partículas $\alpha$

A emissão de partículas $\alpha$ dá origem a um átomo de outro elemento, que apresenta número de massa A com 4 unidades a menos e número atômico Z com 2 unidades a menos.

Genericamente, temos:

$$ {}^{A}_{Z}X \xrightarrow{\text{emite}} {}^{4}_{+2}\alpha + {}^{A-4}_{Z-2}Y $$

**EXEMPLO**

$$ {}^{238}_{92}U \longrightarrow {}^{4}_{+2}\alpha + {}^{234}_{90}Th $$

Note que: $\begin{cases} 238 = 4 + 234 \\ 92 = 2 + 90 \end{cases}$

### 2ª lei: Lei de Soddy, Fajans e Russel

A emissão de uma partícula β dá origem a um átomo de outro elemento de mesmo número de massa, mas de número atômico com uma unidade a mais.

Genericamente, temos:

$${}^{A}_{Z}R \xrightarrow{\text{emite}} {}^{0}_{-1}\beta + {}^{0}_{Z+1}S$$

EXEMPLO

$${}^{14}_{6}C \longrightarrow {}^{0}_{-1}\beta + {}^{14}_{7}N \qquad \text{Note que: } \begin{cases} 14 = 0 + 14 \\ 6 = (-1) + 7 \end{cases}$$

Quando ocorre a emissão de uma partícula α, um nêutron presente no núcleo se decompõe e dá origem a um próton, a um elétron e a uma subpartícula atômica denominada antineutrino (ρ). O próton permanece no núcleo; o elétron e o antineutrino (com carga zero e massa, aproximadamente, zero) são emitidos:

$$\underset{\text{nêutron}}{{}^{1}_{0}n} \longrightarrow \underset{\text{próton}}{{}^{0}_{+1}p} + \underset{\substack{\text{elétron}\\(\beta)}}{{}^{0}_{-1}e} + \underset{\text{antineutrino}}{{}^{0}_{0}\rho}$$

## Detecção das radiações

A maneira mais antiga de detectar radiações consiste na utilização de um filme fotográfico, que é sensibilizado em maior ou menor escala quando atingido pelas radiações.

A maneira mais usada para detectar e medir a quantidade de radiações é por meio de um aparelho conhecido por contador Geiger.

## Séries radioativas

**Séries radioativas:** conjunto de elementos que têm origem na emissão alfa ou beta. Nessas séries, um átomo de dado elemento químico passa por transformações, e dá origem a um átomo de outro elemento.
**Reações de transmutações:** transformações que ocorrem pela emissão de partículas.

As **transmutações naturais** são processos espontâneos, enquanto as **transmutações artificiais** são obtidas por bombardeamento de núcleos estáveis com partículas alfa, prótons, nêutrons, etc.

### Transmutação artificial

Rutherford percebeu que, se átomos do isótopo de ${}^{14}_{7}N$ fossem bombardeados com partículas α, eles dariam origem ao isótopo de oxigênio ${}^{17}_{8}O$ e a um próton.

A representação dessa reação nuclear de transmutação artificial é:

$${}^{16}_{7}N + {}^{4}_{+2}\alpha \longrightarrow {}^{17}_{8}O + {}^{1}_{+1}p \qquad \text{Note que: } \begin{cases} 14 + 4 = 17 + 1 \\ 7 + 2 = 8 + 1 \end{cases}$$

Irene Curie e seu marido, Frédéric Joliot, perceberam, em um experimento, a existência de pósitrons, uma partícula de massa igual à do elétron, mas com carga positiva.

$$^{30}_{15}P \longrightarrow\ ^{0}_{+1}e + \ ^{31}_{14}Si \qquad \text{Note que: } \begin{cases} 30 = 0 + 30 \\ 15 = 1 + 14 \end{cases}$$

## Cinética das desintegrações radioativas

**Velocidade de desintegração radioativa:** é a rapidez com que ocorrem emissões de partículas do núcleo de um elemento radioativo por unidade de tempo.

### Meia-vida ou período de semidesintegração

**Meia-vida ou período de semidesintegração (P ou $t_{1/2}$):** intervalo de tempo necessário para que metade dos núcleos radioativos se desintegre.

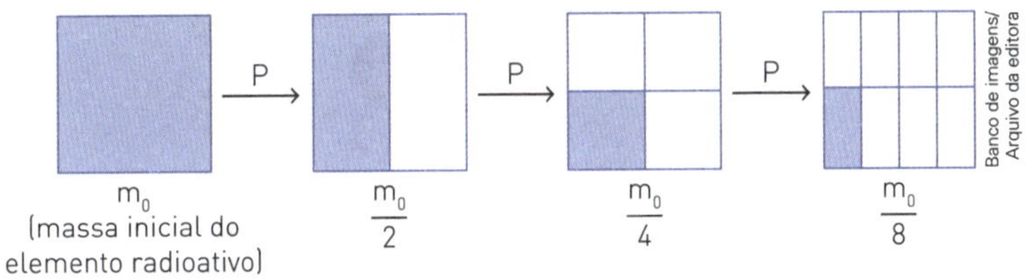


A relação matemática entre a massa inicial ($m_i$) e a massa final ($m_f$) de um decaimento radioativo com meia-vida (P) e o tempo de desintegração (T) é:

$$\frac{m_i}{m_f} = 2^x \text{ e } T = x \cdot P$$

Em que x = número de meias-vidas.

**EXEMPLO**

Gráfico do decaimento de uma amostra de $^{32}_{15}P$:

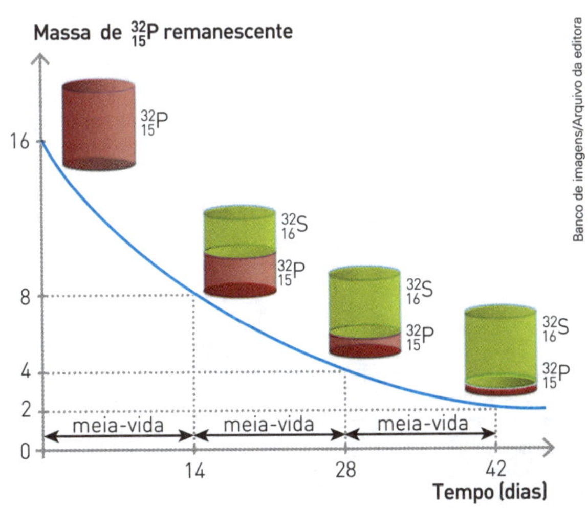

## Algumas aplicações da radioatividade

### Fissão nuclear

**Fissão nuclear:** reação de quebra de um núcleo radioativo grande em dois outros núcleos menores com grande liberação de energia e formação de nêutrons, que favorecem a reação em cadeia.

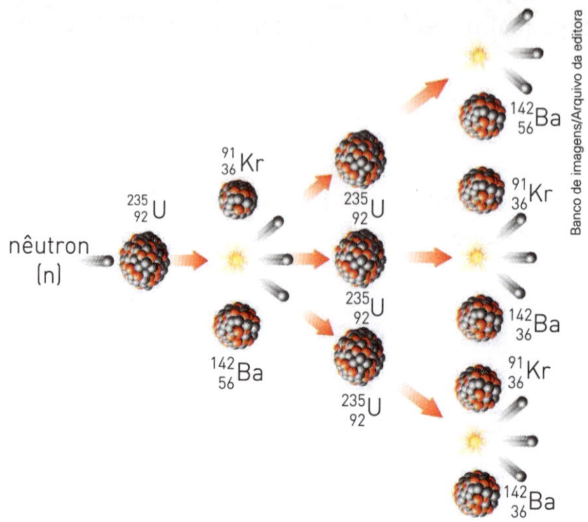


### Reatores nucleares

**Reator nuclear:** dispositivo que permite controlar o processo de fissão nuclear.

A energia liberada em um reator nuclear é usada para transformar água líquida em vapor, que faz girar uma turbina, o que, através de transformadores de energia, gera energia elétrica. Ao deixar a turbina, esse vapor passa por um trocador de calor, é resfriado por água de uma fonte externa (um rio, por exemplo) e volta na forma de água líquida ao circuito principal.

Veja o esquema simplificado de um reator nuclear:

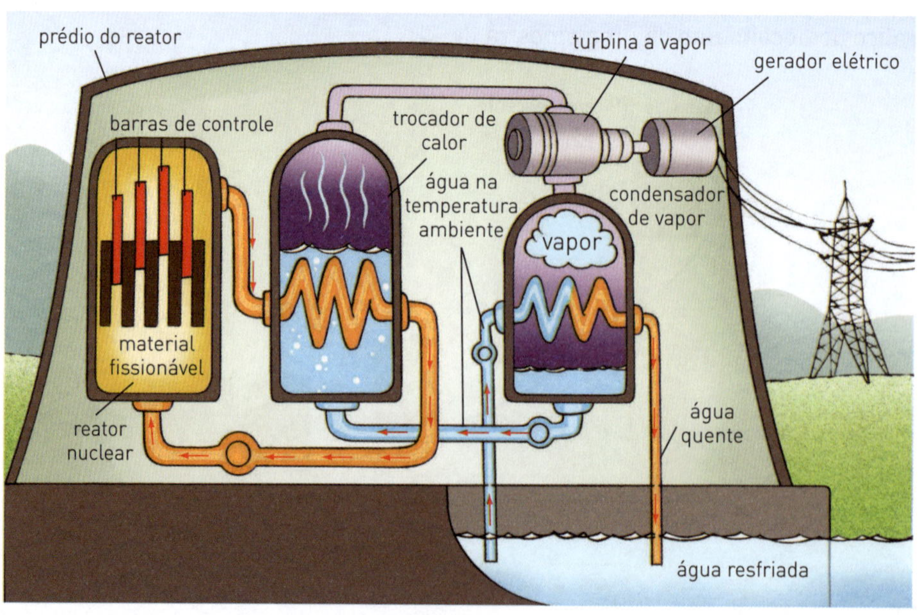

## Efeitos da precipitação radioativa

Na fissão nuclear, um número muito grande de isótopos radioativos é liberado, com meias-vidas bem diferentes.

Muitos deles apresentam uma meia-vida muito curta (menos do que 15 minutos) e, assim, seu decaimento radioativo impede que sejam fixados no solo, na vegetação ou nas águas.

Alguns deles, no entanto, apresentam uma meia-vida muito longa, o que permite sua fixação no meio ambiente, contaminando-o e tornando-o radioativo por longos espaços de tempo.

> **Radicais:** são espécies químicas com elétrons desemparelhados, obtidas quando uma radiação de alta energia atinge uma molécula.

Essas partículas podem ocasionar reações químicas nocivas, provocando alterações no material genético (DNA).

## Fusão nuclear

> **Fusão nuclear:** processo de união de átomos pequenos, como o hidrogênio, para formar um único núcleo maior, como o hélio. Esse processo libera quantidades de energia ainda maiores que a fissão nuclear.

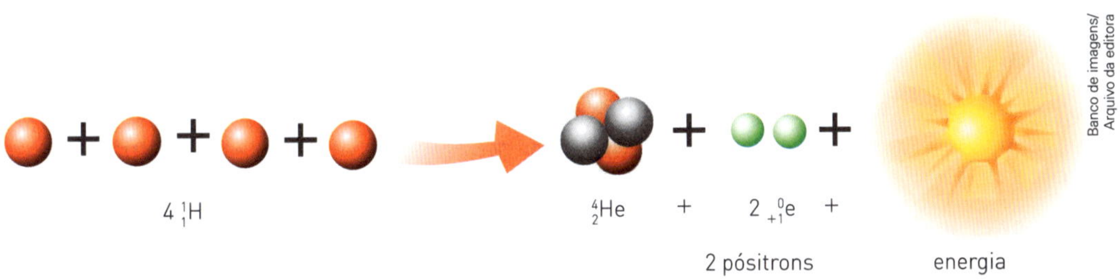


Para que o processo inicie, é preciso o fornecimento de energia de ativação muito alta, que pode ser obtida por uma reação de fissão nuclear.

## Aplicações da radioatividade em outras áreas

### Datação com o carbono-14

A datação de material orgânico usualmente envolve o **carbono-14**, que é formado nas camadas superiores da atmosfera pelo bombardeamento de nitrogênio por nêutrons cósmicos:

$$ {}^{14}_{7}N + {}^{1}_{0}n \longrightarrow {}^{14}_{6}C + {}^{1}_{1}H $$

As plantas e os animais incorporam o isótopo C-14 pelo $CO_2$ presente na atmosfera ou pela cadeia alimentar. Quando eles morrem, cessa a absorção do C-14 e, então, sua quantidade gradualmente diminui, de acordo com a equação de desintegração:

$$ {}^{14}_{0}C \longrightarrow {}^{0}_{-1}\beta + {}^{14}_{7}N $$

Conhecendo a meia-vida do C-14 (5 600 anos), podemos estimar, então, a idade dos artefatos (fóssil, pergaminho, documentos, etc.) em exame, pela determinação da quantidade desse isótopo presente neles.

A velocidade com que o C-14 se forma na atmosfera é igual à com que ele se desintegra, assim, sua concentração na Terra e nos organismos permanece constante: 10 ppb (em cada bilhão de átomos existem 10 átomos de C-14).

Assim, se um fóssil apresentar teor de C-14 de 2,5 ppb, essa concentração indica que ele possui 25% do teor de C-14 encontrado nos seres vivos, ou seja, desde a morte do animal, o C-14 completou duas meias-vidas, desse modo, podemos concluir que o fóssil tem 11 200 anos.

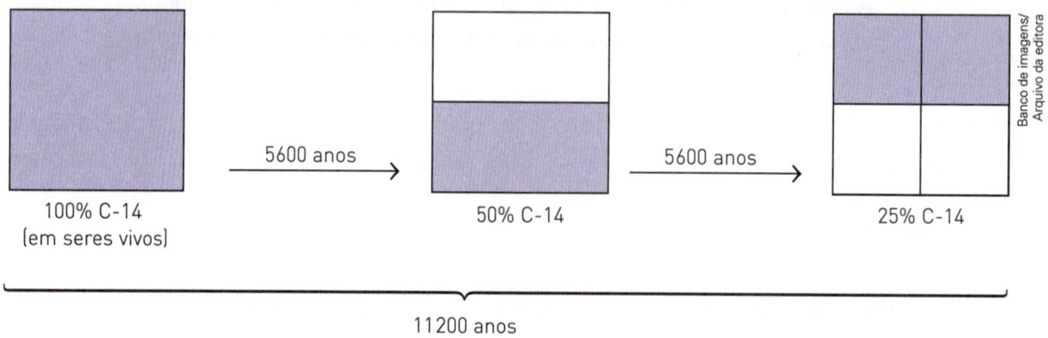


### Datação com urânio e potássio

A medição de outros radioisótopos, como o **urânio-238**, permite a datação de rochas.

A cada meia-vida do isótopo ${}^{238}_{92}U$ ($4,5 \cdot 10^9$ anos), metade de seus átomos desintegra-se, originando o isótopo Pb-206.

A relação entre o número de átomos Pb/U permite que estimemos a idade aproximada de uma rocha, ou de um meteorito, considerando que 1 átomo de U produz 1 átomo de Pb.

O **potássio-40** (meia-vida de $1,3 \cdot 10^9$ anos) decai pela captura de um elétron ou pela emissão de um pósitron, formando o argônio-40:

$${}^{60}_{19}K + {}^{0}_{-1}e \longrightarrow {}^{40}_{18}Ar$$

$${}^{60}_{19}K \longrightarrow {}^{40}_{18}Ar + {}^{0}_{-1}e$$

Para determinar a idade de uma rocha, mede-se a quantidade de gás argônio que é liberada dela. Assim como se faz quando se emprega o urânio-238, a comparação entre o número de átomos de potássio e o de átomos de argônio permite identificar a idade aproximada dessa rocha.

### Medicina

Vários isótopos radioativos são usados em Medicina. As células do corpo não diferenciam um isótopo radioativo de um não radioativo, pois os isótopos apresentam comportamentos químicos iguais, porém o isótopo radioativo pode ser detectado por emitir radiações, as quais permitem seu monitoramento ao ser transportado pelo corpo e se concentrar em determinado órgão.

# Aplique o que aprendeu

## Exercício resolvido

(UEG-GO) No dia 13 setembro de 2017, fez 30 anos do acidente radiológico Césio-137, em Goiânia – GO. Sabe-se que a meia-vida desse isótopo radioativo é de aproximadamente 30 anos. Então, em 2077, a massa que restará, em relação à massa inicial da época do acidente, será:

a) $\frac{1}{2}$.

b) $\frac{1}{4}$.

c) $\frac{1}{8}$.

d) $\frac{1}{24}$.

**Solução:**

Em 2077 terão se passado 90 anos do acidente, ou seja, o tempo de meia-vida foi transcorrido por 3 vezes (3 · 30 anos).

$$t_{30\ anos} = \frac{1}{2}\ m_{inicial}$$

$$t_{60\ anos} = \frac{1}{2}\left(\frac{1}{2}\ m_{inicial}\right) = \frac{1}{4}\ m_{inicial}$$

$$t_{90\ anos} = \frac{1}{2}\left(\frac{1}{4}\ m_{inicial}\right) = \frac{1}{8}\ m_{inicial}$$

Alternativa correta: ***c***.

## Questões

**1.** (EBMSP-BA) Movimentos como "Outubro Rosa" estimulam a associação entre empresas e profissionais de saúde com o objetivo de alertar a população sobre a prevenção e o tratamento do câncer de mama, causa mais frequente de morte por câncer em mulheres. Um dos tratamentos do câncer utiliza radioisótopos que emitem radiações de alta energia, como a gama, ${}^{0}_{0}\gamma$, eficientes na destruição de células cancerosas que são mais susceptíveis à radiação, por se reproduzirem rapidamente. Entretanto é impossível evitar danos às células saudáveis durante a terapia, o que ocasiona efeitos colaterais como fadiga, náusea, perda de cabelos, entre outros. A fonte de radiação é projetada para o uso das radiações gama, já que as radiações alfa, ${}^{4}_{2}\alpha$, e beta, ${}^{0}_{-1}\beta$, são menos penetrantes nos tecidos e nas células. Um dos radionuclídeos usados na radioterapia é o cobalto, ${}^{60}_{27}Co$.

Com base nas informações e nos conhecimentos sobre radioatividade:

a) apresente um argumento que justifique o maior poder penetrante das radiações gama em relação às radiações alfa e beta.

b) represente, por meio de uma equação nuclear, o decaimento radioativo do cobalto 60 com a emissão de uma partícula beta, indicando o símbolo, o número atômico e o número de massa do elemento químico obtido após emissão da partícula.

**2.** (Fuvest-SP) Em 1921, E. Rutherford e J. Chadwick relataram que, ao bombardear átomos de nitrogênio ($^{14}_{7}N$) com partículas alfa (núcleos de $^{4}_{2}He$), ocorria a liberação de prótons. Posteriormente, eles afirmaram: *Não há informação sobre o destino final da partícula alfa... É possível que ela se ligue, de alguma maneira, ao núcleo residual. Certamente ela não é reemitida pois, se assim fosse, poderíamos detectá-la.*

Anos mais tarde, P. Blackett demonstrou que, na experiência relatada por Rutherford e Chadwick, havia apenas a formação de um próton e de outro núcleo X. Também lembrou que, na colisão da partícula alfa com o átomo de nitrogênio, deveria haver conservação de massa e de carga nuclear.

a) Com base nas informações acima, escreva a equação nuclear representativa da transformação que ocorre ao se bombardear átomos de nitrogênio com partículas alfa.

b) O núcleo X formado na experiência descrita é um isótopo de nitrogênio? Explique sua resposta.

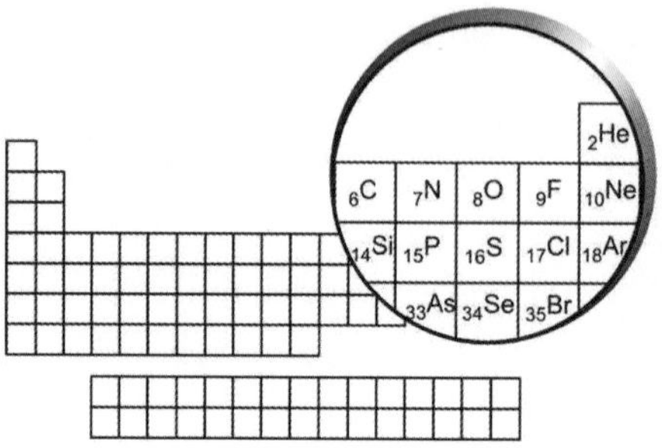


Reprodução/FUVEST, 2011.

**3.** (Uece) De acordo com a publicação *Química Nova na Escola*, vol. 33, de maio de 2011, no limiar do século XX, o conhecimento ainda incipiente sobre a radioatividade e seus efeitos atribuiu ao rádio poderes extraordinários, como a capacidade de ser responsável pela vida, pela cura de doenças tidas como irreversíveis e, ainda, pelo embelezamento da pele. A partir dessas concepções, foram criados cremes, xampus, compressas e sais de banho, com presença de rádio. Sobre os efeitos e aplicações da radiação, assinale a única afirmação FALSA.

a) A energia cinética das partículas $\alpha$ (alfa) oriundas da desintegração do rádio é convertida em energia térmica após as colisões.

b) A radioatividade está presente em todos os seres humanos, como, por exemplo, o isótopo radioativo carbono-14.

c) Os raios gama e os nêutrons não apresentam efeitos graves nos seres humanos, por conta de sua pequena capacidade de penetração.

d) As radiações nucleares provocam ionização com alterações moleculares, formando espécies químicas que causam danos às células.

**4.** (Uespi) O fósforo-32 é usado na forma de $Na_2HPO_4$ no tratamento, entre outras doenças, da leucemia mieloide crônica. A equação nuclear para o decaimento do $^{32}P$, como emissor $\beta$, é:

a) $^{32}_{15}P \rightarrow ^{36}_{13}A\ell + \beta$.
b) $^{32}_{15}P \rightarrow ^{32}_{14}Si + \beta$.
c) $^{32}_{15}P \rightarrow ^{32}_{16}S + \beta$.
d) $^{32}_{15}P \rightarrow ^{33}_{16}S + \beta$.
e) $^{32}_{15}P \rightarrow ^{36}_{17}C\ell + \beta$.

**5.** (UFG-GO) A datação arqueológica consiste na quantificação do carbono-14 ($_{14}C^6$), um isótopo radioativo do carbono, em um determinado corpo ou objeto em estudo. O $_{14}C^6$ é formado quando um nêutron proveniente dos raios cósmicos é capturado por um átomo de nitrogênio ($_{14}N^7$), expelindo um próton. O $_{14}C^6$ decai espontaneamente para $_{14}N^7$ com o tempo de meia-vida superior a 5 000 anos. Nesse processo de decaimento radioativo ocorre a emissão de:

a) neutros.
b) prótons.
c) partículas gama.
d) partículas beta.
e) partículas alfa.

**6.** (Uerj) A sequência simplificada a seguir mostra as etapas do decaimento radioativo do isótopo urânio-238:

$$_{92}U^{238} \xrightarrow{I} {}_{90}Th^{234} \xrightarrow{II} {}_{91}Pa^{234} \xrightarrow{III} {}_{84}Po^{210} \xrightarrow{IV} {}_{82}Pb^{206}$$

Determine o número de partículas $\alpha$ e $\beta$ emitidas na etapa III e identifique, por seus símbolos, os átomos isóbaros presentes na sequência.

**7.** (UFPE) Elementos radioativos são muito utilizados em medicina para procedimentos de radioterapia, para realização de diagnósticos por imagens e para rastreamento de fármacos. Um dos mais importantes radionuclídeos para geração de imagens é o $^{99}_{43}Tc$. Na radioterapia, podemos citar o uso de $^{131}_{53}I$ (emissor $\beta$ com meia-vida de 8 dias) no tratamento de câncer da tireoide. Para realização de imagens da tireoide, por outro lado, o $^{123}_{53}I$ é frequentemente empregado. Com base nessas informações, analise as proposições a seguir.

( ) Uma amostra contendo 10 g de $^{131}_{53}I$, após 16 dias, conterá 5 g de $^{131}_{53}I$.

( ) Uma amostra contendo 10 g de $^{131}_{53}I$, após 8 dias, conterá 5 g de um nuclídeo com número atômico 54 e número de massa 131.

( ) $^{131}_{53}I$ e $^{123}_{53}I$ são isótopos do iodo.

( ) $^{99}_{43}Tc$ possui 43 nêutrons e 56 prótons.

( ) A camada de valência do tecnécio neutro deve apresentar uma distribuição eletrônica semelhante à do manganês (Z = 25).

**8.** (Unemat-MT) Isótopos radioativos do iodo têm grande importância na medicina. São usados no diagnóstico e no tratamento de problemas da tireoide. O isótopo do iodeto ${}^{131}_{53}I^-$ usado para esse fim apresenta os seguintes números de prótons, nêutrons e elétrons, respectivamente:

a) 131; 53; 78.
b) 53; 53; 132.
c) 53; 78; 54.
d) 54; 131; 53.
e) 131; 78; 53.

**9.** (UEL-PR) Leia o texto a seguir.

A autenticidade do Santo Sudário, manto considerado sagrado pelos católicos, foi, muitas vezes, posta em dúvida. Recentemente, alguns estudos de laboratório parecem fornecer evidências de que a imagem no lençol não passava de uma fabricação feita para iludir os crentes ainda na Idade Média. Em 1988, pesquisadores tiveram acesso a retalhos do tecido e os submeteram ao exame de Carbono-14, constatando que o Santo Sudário foi criado entre 1260 e 1390. O Carbono-14 (${}_6C^{14}$) é um isótopo radioativo presente em todos os seres vivos e, enquanto existir vida, a taxa de ${}_6C^{14}$ permanece constante. Após a morte, a quantidade de ${}_6C^{14}$ tende a diminuir pela metade a cada 5 600 anos, pois ocorre a desintegração ${}_6C^{14} + {}_7N^{14} \rightarrow {}_{-}\beta^0$.

(Adaptado de: Veja, Editora Abril, 2263.ed., ano 45, n.14, 4 abr. 2012.)

Em relação ao processo de datação por meio do exame de Carbono-14, assinale a alternativa correta.

a) O nitrogênio ${}_7N^{14}$ proveniente da desintegração do ${}_6C^{14}$, presente no tecido, é um isóbaro do ${}_6C^{14}$ e possui 7 prótons e 7 nêutrons.
b) Na emissão de partículas ${}_{-}\beta^0$ 1 após 10 ciclos de meia-vida, a massa de ${}_6C^{14}$ permanece a mesma, portanto é inútil medir a massa do tecido como prova da sua idade.
c) A massa atômica do ${}_6C^{14}$ é a mesma do ${}_6C^{12}$, no entanto o átomo de ${}_6C^{14}$ faz duas ligações covalentes simples com átomos de hidrogênio, o que permite sua identificação no tecido.
d) Decorridos 750 anos, a amostra radioativa de ${}_6C^{14}$ no tecido teve sua massa reduzida a 25% da inicial. Logo, transcorreram-se 4 períodos de meia-vida.
e) Se um contador Geiger acusa 12% do segundo período de meia-vida do ${}_6C^{14}$ presente no tecido, conclui-se que sua idade é de aproximadamente 660 anos.

**10.** (UPE) Alguns radioisótopos são utilizados como traçadores na agricultura nuclear. O isótopo P-32 é um dos mais utilizados na agropesquisa, introduzido em fertilizantes na forma de fosfatos $PO_4^{3-}$ o que permite o estudo da absorção e do metabolismo das plantas. A meia-vida desse radioisótopo é igual a 14 dias e ele sofre decaimento β, produzindo um isótopo do enxofre.

Sobre esse processo, é CORRETO afirmar que:

a) o decaimento β produz um núcleo isótopo do núcleo emissor.

b) o núcleo formado após o decaimento β tem o mesmo número de massa do isótopo P-32.

c) um solo que foi tratado com 250 g de um fertilizante marcado com P-32 terá 62,5 g desse isótopo após 28 dias.

d) passado um período de semidesintegração, a massa de enxofre produzida é igual à massa de P-32 contida inicialmente no fertilizante utilizado.

e) o uso de radioisótopos que emitem radiação β causa prejuízo ao solo e ao produto agrícola, uma vez que eles passam a ser fonte de emissão radioativa.

**11.** (UPE)

Entre 13,2 °C e 161 °C, o estanho é estável e possui uma configuração conhecida como estanho branco ou Sn–β que é um sólido brilhante branco-prateado, maleável, moderadamente dúctil e bom condutor. Essa é a forma conhecida pela maioria das pessoas e tem uma variedade de aplicações domésticas e tecnológicas, como em ligas (bronze e soldas) e em revestimento de aço (folhas-deflandres). O Sn–β pode sofrer uma transição para uma estrutura conhecida como estanho cinzento, o Sn–α um sólido cinza-escuro, não metálico e na forma de pó. O Sn–α é semicondutor, não dúctil e sem aplicabilidade. Essas duas espécies podem reagir de modo diferente. Por exemplo, as reações realizadas a −14 ± 2 °C do Sn–β e do Sn–α com solução de ácido clorídrico concentrado, livre de oxigênio dissolvido, produzem $SnC\ell_2 \cdot H_2O$ e $SnC\ell_4 \cdot 5\ H_2O$, respectivamente.

(Disponível em: http://qnesc.sbq.org.br/online/qnesc34_3/04-AQ-45-11.pdf. Adaptado.)

As informações apresentadas indicam:

a) as aplicações dos átomos de um elemento químico radioativo.

b) a participação da radiação-α nas características físicas do estanho.

c) a influência da temperatura sobre as propriedades de isótonos do estanho.

d) a transformação do estanho em outro elemento químico por meio de aquecimento.

e) as propriedades físicas e químicas distintas de duas formas alotrópicas de um elemento químico.

TOTAL DE ACERTOS ____/11

# Rumo ao Ensino Superior

1. (Famema-SP) Considere duas soluções aquosas: uma de soro fisiológico (cloreto de sódio a 0,9% m/V) e outra de soro glicosado (glicose a 5% m/V).
   a) Qual dessas soluções é melhor condutora elétrica? Justifique sua resposta.
   b) Determine a quantidade, em mol, de moléculas de glicose, $C_6H_{12}O_6$, presentes em 100 mL de soro glicosado e a quantidade total, em mol, de íons $Na^+$ e $C\ell^-$ presentes em 100 mL de soro fisiológico.

2. (Vunesp-SP) A crioscopia é uma técnica utilizada para determinar a massa molar de um soluto através da diminuição da temperatura de solidificação de um líquido, provocada pela adição de um soluto não volátil. Por exemplo, a temperatura de solidificação da água pura é 0 °C (pressão de 1 atm), mas ao se resfriar uma solução aquosa 10% de cloreto de sódio, a solidificação ocorrerá a −2 °C. A adição de soluto não volátil a um líquido provoca:
   a) nenhuma alteração na pressão de vapor desse líquido.
   b) o aumento da pressão de vapor desse líquido.
   c) o aumento da temperatura de solidificação desse líquido.
   d) a diminuição da temperatura de ebulição desse líquido.
   e) a diminuição da pressão de vapor desse líquido.

3. (Fasm-SP) A cal virgem para uso culinário, óxido de cálcio (CaO) com alto grau de pureza, tem o poder de conferir aos doces de frutas uma fina camada de aspecto vítreo na superfície. São as famosas cristalizadas que causam reações de amor e ódio entre os comedores de *panetone*.

   (super.abril.com.br. Adaptado)

   O processo de formação dessa camada começa com a adição da cal virgem à água, formando uma base, conforme a equação a seguir:

   $CaO + H_2O \rightarrow Ca(OH)_2$ $\Delta H = -65\ kJ \cdot mol^{-1}$ de CaO

Em seguida, essa base reage com dióxido de carbono, liberando vapor d'água e formando um sal que, ao se cristalizar, forma a camada vítrea que recobre as frutas cristalizadas.

a) Escreva a equação que representa a formação da camada vítrea que recobre as frutas cristalizadas e dê o nome do composto que constitui essa camada.

b) Represente, no gráfico abaixo, a variação da entalpia da reação de hidratação da cal virgem. Calcule o valor do calor de formação do hidróxido de cálcio, em $kJ \cdot mol^{-1}$, considerando que a entalpia de formação da cal virgem seja $-635\ kJ \cdot mol^{-1}$ e que a da água seja $-286\ kJ \cdot mol^{-1}$.

Banco de imagens/Arquivo da editora

4. (Uece) Os extintores de incêndio à base de espuma contêm soluções aquosas de sulfato de alumínio e bicarbonato de sódio. Sobre a chama ocorre a reação cuja equação não balanceada é:

$$NaHCO_3 + A\ell_2(SO_4)_3 \rightarrow A\ell(OH)_3 + H_2O + CO_2 + Na_2SO_4.$$

Com relação a reação anterior e seus efeitos sobre a chama, assinale a afirmação **FALSA**.

a) A água resfria o local, diminuindo a velocidade da reação de combustão no foco do incêndio.

b) A introdução de $CO_2$ na atmosfera comburente diminui rapidamente a concentração de oxigênio.

c) A ação redutora do bicarbonato de sódio sobre o sulfato de alumínio produz o gás carbônico que ajuda a cortar o suprimento de oxigênio.

d) A espuma, formada do hidróxido de alumínio e a água, isola o incêndio do ar, interrompendo o suprimento de oxigênio para a combustão.

5. (Uerj) Os preços dos metais para reciclagem variam em função da resistência de cada um à corrosão: quanto menor a tendência do metal à oxidação, maior será o preço.

Na tabela, estão apresentadas duas características eletroquímicas e o preço médio de compra de dois metais no mercado de reciclagem.

| Metal | Semirreação de redução | Potencial-padrão de redução (V) | Preço (R$/kg) |
|---|---|---|---|
| cobre | $Cu^{2+}$ (aq) + + 2 $e^-$ → $Cu^0$ (s) | +0,34 | 13,00 |
| ferro | $Fe^{2+}$ (aq) + + 2 $e^-$ → $Fe^0$ | −0,44 | 0,25 |

Com o objetivo de construir uma pilha que consuma o metal de menor custo, um laboratório dispõe desses metais e de soluções aquosas de seus respectivos sulfatos, além dos demais materiais necessários.

Apresente a reação global da pilha eletroquímica formada e determine sua diferença potencial, em volts, nas condições padrão.

6. (Uece) Seja a reação: X → Y + Z. A variação na concentração de X, em função do tempo, é:

| X (mol/L) | 1,0 | 0,7 | 0,4 | 0,3 |
|---|---|---|---|---|
| Tempo (s) | 0 | 120 | 300 | 540 |

A velocidade média da reação, no intervalo de 2 a 5 minutos, é:

a) 0,3 mol/L · min.
b) 0,1 mol/L · min.
c) 0,5 mol/L · min.
d) 1,0 mol/L · min.

7. (Fuvest-SP) Recifes de coral são rochas de origem orgânica, formadas principalmente pelo acúmulo de exoesqueletos de carbonato de cálcio secretados por alguns cnidários que vivem em colônias. Em simbiose com os pólipos dos corais, vivem algas zooxantelas. Encontrados somente em mares de águas quentes, cujas temperaturas, ao longo do ano, não são menores que 20 °C, os recifes de coral são ricos reservatórios de biodiversidade. Como modelo simplificado para descrever a existência dos recifes de coral nos mares, pode-se empregar o seguinte equilíbrio químico:

$CaCO_3\ (s) + CO_2\ (g) + H_2O\ (\ell) \rightleftharpoons Ca^{2+}\ (aq) +$
$+ (HCO_3)^-\ (aq)$

a) Descreva o mecanismo que explica o crescimento mais rápido dos recifes de coral em mares cujas águas são transparentes.

b) Tomando como base o parâmetro solubilidade do $CO_2$ em água, justifique por que ocorre a formação de recifes de coral em mares de água quente.

**8.** (IFCE) Um dos campos da química, largamente utilizado pela medicina é a radiatividade, que é usada na quimioterapia e na radioterapia. Através destes processos, procura-se destruir as células cancerígenas e debelar a doença. Ao se desintegrar, o átomo ${}_{86}Rn^{222}$ consegue emitir 3 partículas do tipo ${}_{2}\alpha^{4}$ (**alfa**) e 4 partículas do tipo ${}_{-1}\beta^{0}$ (**beta**). Os números atômicos e de massa do átomo resultante serão, respectivamente:

a) Z = 211 e A = 82.
b) Z = 82 e A = 210.
c) Z = 82 e A = 211.
d) Z = 84 e A = 210.
e) Z = 211 e A = 84.

**9.** (UFPR) O bicarbonato de sódio é um produto químico de grande importância. Ele possui diversas aplicações, sendo largamente utilizado como antiácido, para neutralizar a acidez estomacal, e como fermento químico, na produção de pães, bolos, etc. Nos EUA, a produção industrial do bicarbonato de sódio utiliza o método de extração do mineral Trona. Já no Brasil e vários países da Europa, o bicarbonato de sódio é produzido industrialmente pelo Processo Solvay, um dos poucos processos industriais não catalíticos. Esse processo consiste em duas etapas. Na primeira, a salmoura é saturada com amônia. Na segunda, injeta-se gás carbônico na salmoura saturada, o que provoca a precipitação do bicarbonato de sódio. As duas etapas podem ser descritas pelas duas equações a seguir:

- $NH_3\ (g) + H_2O\ (\ell) \rightleftharpoons NH_4^+\ (aq) + OH^-\ (aq)$
  $\Delta H = -30{,}6\ kJ \cdot mol^{-1}$
- $CO_2\ (g) + OH^-\ (aq) + Na^+\ (aq) \rightleftharpoons NaHCO_3\ (s)$
  $\Delta H = -130\ kJ \cdot mol^{-1}$

Sobre essas etapas, responda:

a) Por que se adiciona amônia na primeira etapa do processo?

b) Utilizando as informações fornecidas e os conceitos do Princípio de Le Châtelier, que condições experimentais de temperatura e pressão favorecerão maior eficiência do processo nas duas etapas?

**10.** (UTFPR) O aumento populacional frequentemente é associado ao estudo do ciclo do nitrogênio, o qual está associado com o aumento da produtividade agrícola. Algumas etapas do ciclo do nitrogênio são representadas abaixo:

Etapa 1: $N_2 + 3H_2 \rightarrow 2NH_3$

Etapa 2: $2NH_3 + 3O_2 \rightarrow 2HNO_2 + 2H_2O$ + energia

Etapa 3: $2HNO_2 + O_2 \rightarrow 2HNO_3$ + energia

Etapa 4: $5\,C_6H_{12}O_6 + 24\,HNO_3 \rightarrow 30\,CO_2 +$
$+ 42\,H_2O + 12\,N_2$ + energia

Assinale a alternativa correta a respeito das etapas.

a) Na etapa 1 os reagentes são representados por substâncias simples, e o produto por uma substância composta.

b) Na etapa 2 ocorre a formação de duas substâncias simples.

c) Na etapa 3, considerando reagentes e produtos, estão representadas 4 moléculas diferentes.

d) Na etapa 4 é formada apenas uma substância encontrada naturalmente no estado gasoso no ambiente.

e) Considerando todas as etapas, são apresentadas as fórmulas de 15 substâncias diferentes.

**11.** (Vunesp-SP) As paredes dos glóbulos brancos e vermelhos do sangue são membranas semipermeáveis. A concentração de soluto no sangue é cerca de 0,60 M.

Os glóbulos brancos e vermelhos foram isolados de uma amostra de sangue.

Constante universal dos gases =
= 0,082 atm L $mol^{-1}$ $K^{-1}$.

a) O que acontecerá se as células sanguíneas forem colocadas em solução salina 1,0 M? Justificar.

b) Calcular a diferença de pressão existente entre o interior e o exterior das células do sangue, quando colocadas em água pura a 27 °C.

**12.** (UPM-SP) Em relação ao processo termoquímico equacionado por $\frac{1}{2}A_2\,(g) + \frac{1}{2}B_2\,(g) \rightarrow AB\,(g)$, que ocorre com absorção de energia, realizado no estado padrão, foram feitas as seguintes afirmações:

I. O valor da entalpia desse processo termoquímico corresponde ao valor da entalpia-padrão de formação da substância AB (g).

II. O valor da entalpia desse processo termoquímico é positivo.

III. Os reagentes do processo são substâncias simples.

É verdade afirmar que

a) são corretas apenas I e II.

b) são corretas apenas I e III.

c) são corretas apenas II e III.

d) I, II e III estão incorretas.

e) I, II e III estão corretas.

**13.** (UFBA)

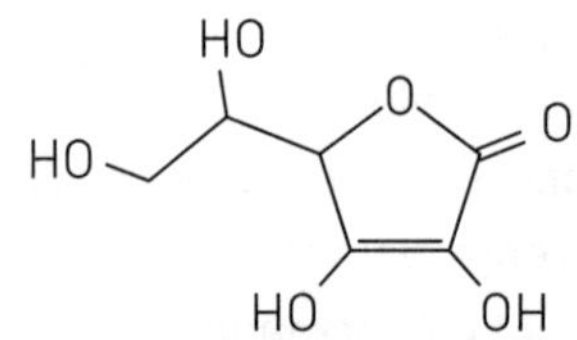


| | Constante de ionização, a 25 °C | |
|---|---|---|
| **Substância química** | $Ka_1$ | $Ka_2$ |
| Ácido ascórbico | $8{,}0 \cdot 10^{-5}$ | $1{,}6 \cdot 10^{-12}$ |
| Ácido carbônico | $4{,}3 \cdot 10^{-7}$ | $5{,}6 \cdot 10^{-11}$ |

A vitamina C, representada pela fórmula estrutural e encontrada em frutas cítricas e em algumas verduras, é um forte antioxidante que reage com radicais livres no organismo.

O ácido ascórbico, no meio intracelular, encontra-se predominantemente na forma ionizada de ascorbato, e reage com bicarbonato de sódio, $NaHCO_3$ (aq), produzindo apenas hidrogeno-ascorbato de sódio.

Com base nessas informações e nos valores das constantes de ionização dos ácidos ascórbico e carbônico:

- descreva a ação antioxidante exercida por uma espécie química.
- apresente um argumento que justifique a formação de hidrogeno-ascorbato de sódio, quando o ácido reage com excesso de bicarbonato de sódio, $NaHCO_3$ (aq), em solução.

**14.** (UFRGS-RS) Considere as seguintes semirreações de redução.

$$Ca^{2+} + 2e^- \rightleftharpoons Ca(s) \qquad \varepsilon^0_{red} = -2,87\ V$$
$$Zn^{2+} + 2e^- \rightleftharpoons Zn(s) \qquad \varepsilon^0_{red} = -0,76\ V$$
$$Co^{2+} + 2e^- \rightleftharpoons Co(s) \qquad \varepsilon^0_{red} = -0,28\ V$$

Assinale com **V** (verdadeiro) ou **F** (falso) as afirmações abaixo.

( ) O cálcio, em uma pilha de cálcio e cobalto, é o ânodo.

( ) Uma reação entre cálcio metálico e íons zinco é espontânea.

( ) O metal mais reativo, entre os três, é o cobalto.

A sequência correta de preenchimento dos parênteses, de cima para baixo, é:

a) V – V – V.
b) V – V – F.
c) V – F – V.
d) F – F – V.
e) F – F – F.

**15.** (UFJF-MG) O ozônio é um gás que existe em pequenas quantidades (cerca de 10%) na troposfera, mas em maior concentração na estratosfera, constituindo a camada de ozônio.

a) Na troposfera, o ozônio reage com o óxido de nitrogênio produzindo oxigênio e dióxido de nitrogênio, cuja constante de equilíbrio é $6,0 \cdot 10^{34}$. De acordo com as concentrações descritas abaixo, verifique se o sistema está em equilíbrio.

| Composto | $O_3$ | $NO$ | $O_2$ | $NO_2$ |
|---|---|---|---|---|
| Concentração ($mol \cdot L^{-1}$) | $1 \cdot 10^{-6}$ | $1 \cdot 10^{-5}$ | $8 \cdot 10^{-3}$ | $2 \cdot 10^{-4}$ |

b) Utilizando os dados para a reação do ozônio com o dióxido de nitrogênio na atmosfera, fornecidos abaixo, determine a expressão da velocidade e calcule o valor da constante de velocidade dessa reação.

$$NO_2\ (g) + O_3\ (g) \rightleftharpoons NO_3\ (g) + O_2\ (g)$$

| $[NO_2]$/mol $L^{-1}$ | $[O_3]$/mol $L^{-1}$ | Velocidade/ mol $L^{-1}$ $s^{-1}$ |
|---|---|---|
| $5 \cdot 10^{-5}$ | $1 \cdot 10^{-5}$ | $2,2 \cdot 10^{-2}$ |
| $5 \cdot 10^{-5}$ | $2 \cdot 10^{-5}$ | $4,4 \cdot 10^{-2}$ |
| $2,5 \cdot 10^{-5}$ | $2 \cdot 10^{-5}$ | $2,2 \cdot 10^{-2}$ |

**16.** (Uerj) O cianeto de hidrogênio (HCN) é um gás extremamente tóxico, que sofre ionização ao ser dissolvido em água, conforme a reação abaixo.

$$HCN\,(aq) \rightleftharpoons H^{+}\,(aq) + CN^{-}\,(aq)$$

Em um experimento, preparou-se uma solução aquosa de HCN na concentração de $0{,}1\ mol \cdot L^{-1}$ e grau de ionização igual a 0,5%.

A concentração de íons cianeto nessa solução, em $mol \cdot L^{-1}$, é igual a:

a) $2{,}5 \cdot 10^{-4}$.

b) $5{,}0 \cdot 10^{-4}$.

c) $2{,}5 \cdot 10^{-2}$.

d) $5{,}0 \cdot 10^{-2}$.

**17.** (Ufscar-SP) O uso de isótopos radioativos, em Medicina, tem aumentado muito nos últimos anos, sendo o tecnécio-99 o mais usado em clínicas e hospitais brasileiros. O principal fornecedor desse isótopo é o Canadá, e problemas técnicos recentes em seus reatores resultaram em falta desse material no Brasil. Uma proposta alternativa para solucionar o problema no país foi substituir o tecnécio-99 pelo tálio-201. O tálio-201 pode ser produzido a partir do tálio-203, bombardeado por próton ($^{1}_{1}p$) acelerado em acelerador de partículas. O tálio-203 incorpora o próton acelerado e rapidamente se desintegra, formando chumbo-201 e emitindo nêutrons no processo. Posteriormente, o chumbo-201 sofre nova desintegração, formando $^{201}T\ell$, um isótopo com meia-vida de 73 horas.

Pede-se:

a) Escreva a equação balanceada, que representa a reação nuclear para a produção de $^{201}Pb$, a partir do bombardeamento do $^{203}T\ell$ com prótons, segundo o processo descrito no enunciado dessa questão.

b) Considerando que na amostra inicial de radiofármaco contendo $^{201}T\ell$ tem uma atividade radioativa inicial igual a $A_0$, e que pode ser utilizada em exames médicos até que sua atividade se reduza a $A_0/4$, calcule o período de tempo, expresso em horas, durante o qual essa amostra pode ser utilizada para a realização de exames médicos.

Dados: $^{203}_{81}T\ell$ = tálio-203; $^{201}_{81}Pb$ = chumbo-204; $^{201}_{82}Pb$ = chumbo-201; $^{1}_{0}n$ nêutron; $^{1}_{1}p$ próton.

**18.** (UEFS-BA) O principal constituinte do esmalte dos dentes é a hidroxiapatita, $Ca_5OH(PO_4)_3$ (s), que é praticamente insolúvel em água, mas, por estar em contato com a saliva, ocorre o seguinte equilíbrio de dissociação de seus íons:

$$Ca_5OH(PO_4)_3\ (s) \rightleftharpoons 5\,Ca^{2+}\ (aq) + OH^-\ (aq) +$$
$$+ 3\left(PO_4\right)^{3-}\ (aq)$$

Sobre a equação de equilíbrio, analise as afirmativas e marque com **V** as verdadeiras e com **F**, as falsas.

( ) Ao consumir bebidas e/ou alimentos ácidos, a deterioração dos dentes é favorecida devido à fragilização do esmalte dos dentes, pois ocorre deslocamento do equilíbrio no sentido da dissociação da hidroxiapatita.

( ) Águas que contêm íons fluoreto, quando ingeridas, decrescem o pH da saliva, fazendo com que o equilíbrio se desloque no sentido da dissociação da hidroxiapatita e, com isso, favorece a formação de cáries.

( ) Se for adicionado hidróxido de magnésio ao creme dental, o equilíbrio será deslocado no sentido da formação da hidroxiapatita, ajudando a tornar os dentes mais resistentes.

( ) A hidroxiapatita é um sal ácido que tende a se dissolver em meio básico, produzindo íons fosfato, que contribuem para diminuir o pH do meio.

A alternativa que contém a sequência correta, de cima para baixo, é a

a) V – F – V – F.
b) V – V – F – F.
c) V – F – F – V.
d) F – F – V – V.
e) F – V – V – F.

**19.** (Fuvest-SP) Águas que apresentam alta concentração de íons $Ca^{2+}$ ou $Mg^{2+}$ dissolvidos são chamadas de "águas duras". Se a concentração total desses íons for superior a 100 mg/L, tais águas não podem ser utilizadas em tubulações de máquinas industriais, devido à obstrução dos tubos causada pela formação de sais insolúveis contendo esses íons. Um químico deverá analisar a água de uma fonte, isenta de íons $Mg^{2+}$, mas contendo íons $Ca^{2+}$, para verificar se é adequada para uso em uma indústria. Para tal, uma amostra de 200 mL de água dessa fonte foi misturada com uma solução de carbonato de sódio ($Na_2CO_3$), em quantidade suficiente para haver reação completta.

O sólido formado foi cuidadosamente separado, seco e pesado. A massa obtida foi 0,060 g.

a) Escreva a equação química, na forma iônica, que representa a formação do sólido.

b) A água analisada é adequada para uso industrial? Justifique, mostrando os cálculos.

> **Note e adote:**
> massas molares (g/mol)
> C....12 O....16 Na....23 Ca....40

**20.** (UPE) Leia.

— Bom dia, disse um senhor ao se sentar em um banco de um quiosque à beira-mar.

Depois, ele pediu:

— Um caldinho de feijão, uma porção de salada, uma caipirinha e um pão de alho. Enquanto saboreava o seu pedido, puxou uma conversa com o pessoal e, ao longo do papo, fez os comentários indicados a seguir:

I. As verduras de uma salada temperada com sal tendem a perder água e a murchar por causa do efeito osmótico.

II. O açúcar ($C_{12}H_{22}O_{11}$) adicionado nessa bebida é batido com cachaça, fatias de limão e gelo. Além de adoçá-la, por osmose, ele auxilia na extração do suco da fruta.

III. O fermento biológico utilizado na preparação de pães, como esse, tem, em sua composição, bicarbonato de sódio, que libera $CO_2$ no aquecimento do produto e faz a massa crescer.

IV. O uso de panela de pressão faz, na produção do caldinho, o cozimento do feijão ser mais rápido, porque, ao se aumentar a pressão do sistema, ocorre a redução do ponto de ebulição da água.

Após consumir todos os produtos, o cliente perguntou ao dono do quiosque:

— Gostou da aula? Como sabe, estou me preparando para entrar na universidade. (E emendou...) Posso deixar no pendura, dessa vez?

O dono do bar sorriu de ladinho e disse:

— Eu até poderia deixar no fiado, principalmente pelo fato de o senhor, como sempre, só ter tomado uma caipirinha. Mas, como nem todas essas suas afirmativas estão corretas, ou o senhor paga a conta ou chamo aquele policial ali! (E deu uma risada)

Depois, pegou uns livros, pediu que uma pessoa da cozinha assumisse o quiosque e, sorrindo, falou para o cliente: até mais, te espero na universidade. Boa sorte!

Quais dos comentários do cliente do quiosque, citados acima, estão CORRETOS?

a) I e II.
b) I e III.
c) I e IV.
d) II e III.
e) II e IV.

**21.** (Uerj) Considere os seguintes valores das entalpias-padrão de síntese do $HC\ell$, a partir dos mesmos reagentes no estado gasoso.

$HC\ell$ (g): $\Delta H^0 = -92{,}5\ kJ \cdot mol^{-1}$

$HC\ell$ ($\ell$): $\Delta H^0 = -108\ kJ \cdot mol^{-1}$

Calcule a entalpia-padrão, em $kJ \cdot mol^{-1}$, de vaporização do $HC\ell$ e nomeie duas mudanças de estado físico dessa substância que sejam exotérmicas.

**22.** (Acafe-SC) O oxigênio é um gás muito reativo. Interage com diferentes substâncias como, por exemplo, nas reações químicas expressas pelas equações não balanceadas:

I. $Fe\ (s) + O_2\ (g) \rightarrow Fe_2O_3\ (s)$

II. $NH_3\ (g) + O_2\ (g) \rightarrow N_2\ (g) + H_2O\ (\ell)$

Nesse sentido, analise as afirmações a seguir.

I. Os menores coeficientes inteiros que tornam a equação I corretamente balanceada são: 4, 3 e 2, respectivamente.

II. Moléculas de $NH_3$ apresentam ligações polares e geometria tetraédrica.

III. A coesão entre as moléculas da substância $H_2O$ pode ser explicada por interações do tipo ligações de hidrogênio.

IV. Íons $Fe^{2+}$ apresentam a seguinte configuração eletrônica: $1s^2 2s^2 2p^6 3s^2 3p^6 3d^6$.

V. O oxigênio é o agente redutor nas reações químicas representadas pelas equações I e II.

Todas as afirmações corretas estão em:

a) II – III – V.
b) II – IV – V.
c) I – III – IV.
d) I – II – III.

**23.** (UFJF-MG) Um aluno fez experimentos eletroquímicos com placas de cobre e soluções ácidas e salinas. No primeiro experimento, a placa de cobre foi mergulhada em uma solução de ácido clorídrico (pH = 1). No segundo experimento, outra placa de cobre foi mergulhada em uma solução de nitrato de prata. Com base nos valores de potencial apresentados abaixo, responda aos itens a, b, c, d.

$Ag^+\ (aq) + 1\ e^- \rightleftharpoons Ag(s)\ E^0 = +0{,}80\ V$

$Cu^{2+}\ (aq) + 2\ e^- \rightleftharpoons Cu(s)\ E^0 = +0{,}34\ V$

$Zn^{2+}\ (aq) + 2\ e^- \rightleftharpoons Zn(s)\ E^0 = -0{,}76\ V$

$2\ H^+\ (aq) + 2\ e^- \rightleftharpoons H_2\ (g)\ E^0 = +0{,}00\ V$

$Au^{3+}\ (aq) + 3\ e^- \rightleftharpoons Au\ (s)\ E^0 = +1{,}42\ V$

a) Ocorreu alguma reação no primeiro experimento? Explique.

b) Identifique os agentes redutor e oxidante do segundo experimento.

c) Calcule a ddp do processo, caso a placa de cobre seja trocada por uma placa de zinco no primeiro experimento.

d) Se a placa de cobre for trocada por uma placa de ouro, o que ocorreria no segundo experimento? Justifique.

**24.** (UFPA) Os automóveis modernos movidos a gasolina são equipados com dispositivos antipoluição, popularmente conhecidos como "catalisadores". Os gases que saem do motor são forçados a passar pelo conversor catalítico (catalisador), que contém metais apropriados como Pt e Rh, os quais aumentam a velocidade de uma série de reações. Dessa forma, alguns gases tóxicos são transformados em gases não tóxicos (ou menos tóxicos), o que diminui a poluição atmosférica.

Abaixo se tem a representação de reações químicas numeradas de I a V:

I. $2\ NH_3\ (g) + 2\ O_2\ (g) \rightarrow N_2O\ (g) + 3\ H_2O\ (g)$

II. $2\ CO\ (g) + 2\ NO\ (g) \rightarrow 2\ CO_2\ (g) + N_2\ (g)$

III. $CO_2\ (g) + 2\ NO_2\ (g) \rightarrow C\ (s) + 2\ NO\ (g) + 2\ O_2\ (g)$

IV. $2\ NO\ (g) \rightarrow N_2\ (g) + O_2\ (g)$

V. $2\ CO\ (g) + O_2\ (g) \rightarrow 2\ CO_2\ (g)$

Dessas reações, as que são catalisadas em um conversor catalítico automotivo são as de número:

a) I, II e IV.

b) I, III e IV.

c) II, III e V.

d) II, IV e V.

e) I, III, IV e V.

**25.** (IME-RJ) A constante de ionização de um ácido monocarboxílico de massa molecular 60 é $4{,}0 \cdot 10^{-5}$. Dissolvem-se 6,0 g desse ácido em água até completar 1 litro de solução.

Determine:

a) a concentração de $H^+$ na solução.

b) o pH da solução.

c) a expressão matemática da constante de ionização.

d) a concentração de $H^+$ se o ácido for totalmente dissociado.

**26.** (UFPA) Uma das consequências do tsunami ocorrido no Japão foi a contaminação radioativa, como mostra o trecho retirado de uma notícia da época.

"Na segunda-feira foram detectados índices de iodo-131 e de césio-134, 126,7 e 24,8 vezes mais elevados, respectivamente, que os fixados pelo governo, em análises das águas do mar próximas de Fukushima, 250 km ao norte da megalópole de Tóquio e de seus 35 milhões de habitantes."

http://noticias.terra.com.br/mundo/asia/terremotonojapao/noticias de 22/03/2011

Se uma amostra dessa água fosse coletada e isolada para acompanhar a atividade radioativa, seria correto afirmar que:

Dados: tempo de meia-vida ($t_{1/2}$)

césio-137 = 30 anos

iodo-131 = 8 dias

a) seriam necessários 744 anos para que a atividade devida ao césio-137 retornasse ao nível normal.

b) seriam necessários, para ambos os isótopos, entre seis e sete períodos de meia-vida para que os índices de um e outro ficassem próximos de 1% do valor inicial.

c) seriam necessários aproximadamente 3 anos para que a atividade devida ao iodo-131 retornasse ao nível normal.

d) o aquecimento da amostra aceleraria o decaimento radioativo de ambos os isótopos e assim haveria uma descontaminação mais rápida.

e) somente a contaminação por césio seria grave, devido ao seu maior tempo de meia-vida.

**27.** (Enem) A água consumida na maioria das cidades brasileiras é obtida pelo tratamento da água de mananciais. A parte inicial do tratamento consiste no peneiramento e sedimentação de partículas maiores. Na etapa seguinte, dissolvem-se na água carbonato de sódio e, em seguida, sulfato de alumínio. O resultado é a precipitação de hidróxido de alumínio, que é pouco solúvel em água, o qual leva consigo as partículas poluentes menores. Posteriormente, a água passa por um processo de desinfecção e, finalmente, é disponibilizada para o consumo.

No processo descrito, a precipitação de hidróxido de alumínio é viabilizada porque:

a) a dissolução do alumínio resfria a solução.

b) o excesso de sódio impossibilita sua solubilização.

c) a oxidação provocada pelo sulfato produz hidroxilas.

d) as partículas contaminantes menores atraem essa substância.

e) o equilíbrio do carbono em água torna o meio alcalino.

**28.** (Cefet-MG) O permanganato de potássio é uma substância sólida à temperatura ambiente e muito solúvel em água. Em sua composição, há três elementos químicos: o potássio (K), o manganês (Mn) e o oxigênio (O) na proporção de 1:1:4, respectivamente.

Sua dissolução em água gera uma mistura homogênea de cor violeta bem característica.

Durante o fenômeno de dissolução dessa substância em água ocorre

a) dispersão molecular.

b) dissociação dos seus íons.

c) fusão dos cátions e ânions.

d) separação de ligações covalentes.

**29.** (UFU-MG) Nas últimas décadas, a indústria de alimentos tem se movimentado para obter novas técnicas de produção e manutenção de alimentos em conserva. O picles, por exemplo, pode ser produzido pela imersão do pepino em salmoura (ideal no preparo do picles: solução aquosa de sal de cozinha, 15% m/m). Considere a densidade da água: 1 g/mL e:

a) explique quimicamente o que ocorre com o pepino após vários dias mergulhado na salmoura.

b) explique o que ocorreria se o picles fosse deixado imerso, por alguns dias, em água destilada.

c) responda – uma salmoura preparada com 100 g de sal de cozinha em 2 L de água é adequada no preparo do picles? Justifique sua resposta.

**30.** (UFG-GO) Em um recipiente com paredes perfeitamente condutoras de calor encontra-se uma solução altamente concentrada de ácido clorídrico à temperatura de 27 °C e à pressão atmosférica. Certa quantidade de pó de magnésio é colocada na solução e, imediatamente depois, o recipiente é tampado com um pistão de massa desprezível, que fica em contato com a superfície do líquido e que pode deslizar sem atrito ao longo do recipiente. Quando a situação de equilíbrio é alcançada observa-se que o magnésio reagiu completamente com o ácido e que o pistão levantou-se em relação à superfície da solução devido à produção de gás. Sabendo que no processo todo o sistema realizou um trabalho de 240 J, e considerando o gás produzido como ideal, conclui-se que a massa, em gramas, de magnésio inicialmente colocada na solução foi:

Dados: $R \cong 8,0$ J/K · mol; Mg = 24,30.

a) 0,243
b) 0,486
c) 0,729
d) 1,215
e) 2,430

**31.** (Fasm-SP) Compostos contendo íons dicromato $Cr_2O_7^{2-}$ ou cromato $CrO_4^{2-}$ são tóxicos e carcinogênicos. O equilíbrio químico estabelecido entre esses íons em fase aquosa está representado na equação:

$$\underset{\text{(laranja)}}{Cr_2O_7^{2-}\ (aq)} + H_2O\ (\ell) \rightleftharpoons \underset{\text{(amarelo)}}{2\ CrO_4^{2-}\ (aq)} + 2\ H^+\ (aq)$$

Soluções que contêm íons dicromato necessitam de tratamento prévio para serem descartadas diretamente no meio ambiente. Uma das etapas deste tratamento é a redução do íon dicromato para cromo (III).

a) Considere que em uma solução aquosa, com íons dicromato e cromato em equilíbrio, seja adicionado ácido clorídrico. Qual será a cor predominante desta solução? Justifique sua resposta.
b) Qual a variação do número de oxidação do cromo no processo de redução descrito no texto? Apresente os cálculos efetuados.

**32.** (PUC-SP) Dados:

$$Cu^{2+}\ (aq) + 2\ e^- \rightarrow Cu\ (s) \qquad E^0_{red} = +0,34\ V$$
$$A\ell^{3+}\ (aq) + 3\ e^- \rightarrow A\ell\ (s) \qquad E^0_{red} = -1,68\ V$$

Considerando uma pilha formada pelos eletrodos de alumínio e cobre, qual será o valor de $\Delta E^0$ da pilha?

a) +4,38 V
b) +2,02 V
c) −2,36 V
d) −1,34 V

**33.** (UFJF-MG) O $Ca^{2+}$ é o cátion mais comum em rios e lagos. Ele surge a partir da dissolução do mineral calcuta ($CaCO_3$) pela ação do $CO_2$ atmosférico solúvel em $H_2O$ formando bicarbonato e $Ca^{2+}$.

a) Escreva a equação química que representa o processo descrito acima.

b) A queima de combustíveis fósseis é um dos grandes emissores de dióxido de carbono na atmosfera, além de outros poluentes. Escreva as reações de combustão balanceadas do diesel e da gasolina, supondo que o diesel é composto por uma mistura de hidrocarbonetos de fórmula $C_{12}H_{26}$, enquanto a gasolina é composta por $C_8H_{18}$.

c) Sabendo-se que, após duas horas, a reação de combustão da gasolina produziu 48 mol de $CO_2$, calcule a velocidade média da reação (em mol de gasolina consumida por hora).

d) Os recifes de coral são formados principalmente por $CaCO_3$ e constituem o *habitat* de diversas espécies aquáticas. O que deve ocorrer com o equilíbrio químico escrito no item a e consequentemente aos recifes de coral caso ocorra um aumento da queima de combustíveis fósseis?

**34.** (IME-RJ) Considere a reação, em equilíbrio, de produção do alvejante gasoso dióxido de cloro, que ocorre em um sistema reacional:

$$C\ell_2\ (g) + 2\,NaC\ell O_2\ (s) \rightleftharpoons 2\,C\ell O_2\ (g) + 2\,NaC\ell\ (s)$$

Nessa situação, assinale a alternativa correta.

a) A adição de mais clorito de sódio ao sistema desloca o equilíbrio da reação, de forma a produzir mais alvejante gasoso.

b) A razão entre as constantes de equilíbrio $\frac{K_P}{K_C}$ é igual a 0,0820568 $T\ell$ em que T é a temperatura do sistema reacional, medida em kelvin.

c) A retirada parcial de cloreto de sódio do sistema desloca o equilíbrio da reação, de forma a produzir menos alvejante gasoso.

d) A constante de equilíbrio $K_P$ é igual à constante de equilíbrio $K_C$.

e) Para duas diferentes temperaturas do sistema reacional, desde que elevadas e compatíveis com a manutenção do equilíbrio, o valor numérico da constante de equilíbrio $K_P$ é o mesmo, mantendo inalterada a produção de alvejante gasoso.

**35.** (Vunesp-SP) O radioisótopo ${}_{27}Co^{60}$, usado na terapia de câncer, desintegra-se com o tempo de meia-vida $t = 2{,}7 \cdot 10^6$ minutos, para produzir ${}_{28}Ni^{60}$. A velocidade de desintegração de uma amostra contendo ${}_{27}Co^{60}$ como único isótopo radioativo é de 240 átomos · minuto$^{-1}$.

a) Escrever a equação do processo nuclear.

b) Sabendo-se que a constante de velocidade de desintegração, $\lambda$, relaciona-se com t através da equação $t = \frac{0{,}693}{\lambda}$, calcular o número de átomos de ${}_{27}Co^{60}$ presentes nessa amostra.

**36.** (UFF-RJ) Uma amostra contendo bicarbonato de sódio de massa 0,6720 g foi dissolvida e titulada com solução padrão de $HC\ell$, sendo necessários 40,00 mL do padrão. A solução de $HC\ell$ foi padronizada por titulação de 0,1272 g de carbonato de sódio que necessitaram de 24,00 mL da solução padrão, para a completa neutralização.

Com base nesses dados, informe, por meio de cálculos, o percentual de bicarbonato de sódio na amostra.

**37.** (UFC-CE) Admite-se que a sensação de cansaço, após a prática de exercícios físicos, é consequência do acúmulo de ácido láctico ($K_a = 1{,}0 \cdot 10^{-4}$) nos músculos. Tal substância se dissocia originando o seguinte equilíbrio químico:

$$\underset{\text{ácido lático}}{CH_3CH(OH)COOH\,(aq)} \rightleftharpoons \underset{\text{íon lactato}}{CH_3CH(OH)COO^-\,(aq)} + H^+\,(aq)$$

Assumindo o valor do pH da corrente sanguínea, pH = 7,0, qual a razão entre as concentrações do íon lactato e do ácido lático?

**38.** (UEL-PR) O eugenol, um composto de fórmula molecular $C_{10}H_{12}O_2$, é um ingrediente ativo do cravo-da-índia. O benzeno, um líquido inflamável e incolor, é um composto tóxico. O eugenol tem um ponto de ebulição de 256 °C e o benzeno, de 80,10 °C.

Sabendo que uma quantidade de eugenol foi dissolvida em 10,0 g de benzeno e que a constante ebuliométrica $K_E$ do benzeno é +2,53 (°C · molal$^{-1}$), considere as afirmativas a seguir.

I. O ponto de ebulição do benzeno continuará sendo 80,10 °C, mesmo com a adição de eugenol.

II. A quantidade de eugenol necessária para elevar a temperatura em 1,0 °C é de 0,648 g.

III. Se fossem dissolvidos 1,298 g de eugenol em 10,0 g de benzeno, a fração molar de benzeno nesta mistura seria de 0,942.

IV. A dissolução do eugenol no benzeno diminuirá a pressão de vapor do benzeno.

Assinale a alternativa correta.

a) Somente as afirmativas I e II são corretas.
b) Somente as afirmativas I e IV são corretas.
c) Somente as afirmativas III e IV são corretas.
d) Somente as afirmativas I, II e III são corretas.
e) Somente as afirmativas II, III e IV são corretas.

**39.** (Uerj) A equação química abaixo representa a reação da produção industrial de gás hidrogênio.

$$H_2O\ (g) + C\ (s) \rightarrow CO\ (g) + H_2\ (g)$$

Na determinação da variação de entalpia dessa reação química, são consideradas as seguintes equações termoquímicas, a 25 °C e 1 atm:

$$H_2\ (g) + \frac{1}{2}\ O_2\ (g) \rightarrow H_2O\ (g) \qquad \Delta H^0 = -242{,}0\ kJ$$

$$C\ (s) + O_2\ (g) \rightarrow CO_2\ (g) \qquad \Delta H^0 = -393{,}5\ kJ$$

$$O_2\ (g) + 2\ CO\ (g) \rightarrow 2\ CO_2\ (g) \qquad \Delta H^0 = -477{,}0\ kJ$$

Calcule a energia, em quilojoules, necessária para a produção de 1 kg de gás hidrogênio e nomeie o agente redutor desse processo industrial.

**40.** (Udesc) Um processo industrial muito importante usado para melhorar propriedades físicas, mecânicas e térmicas da borracha é o da vulcanização. Uma das variações existentes desse processo é a vulcanização a frio, em que o composto $S_2C\ell_2$ é usado como fonte de átomos de enxofre, que formam "pontes" entre as cadeias poliméricas da borracha inicial. O composto $S_2C\ell_2$ pode ser produzido pela reação entre enxofre fundido com gás cloro, cuja reação é representada pela equação (não balanceada):

$$x\ S_8\ (\ell) + y\ C\ell_2\ (g) \rightarrow z\ S_2C\ell_2\ (\ell)$$

Com relação à equação, assinale a alternativa correta.

a) A massa mínima de gás cloro necessária para reagir completamente com 128 g de $S_8$ $(\ell)$ é de 142 g.

b) Os coeficientes x, y e z são, respectivamente, 1, 2 e 4.

c) $S_8$ é uma das formas isotópicas com que o átomo de enxofre se apresenta na natureza.

d) Essa reação de oxirredução se processa com variação do estado de oxidação dos átomos de enxofre de 0 para +2 e o cloro de 0 para −2.

e) Misturando-se 200 g de $S_8$ ($\ell$) com 284 g de gás cloro obtém-se, no máximo, uma massa de 540 g de $S_2C\ell_2$.

**41.** (UFPR) Atualmente, parece ser impossível a vida cotidiana sem equipamentos eletrônicos, que nos tornam dependentes de energia e especificamente de baterias e pilhas para o funcionamento dos equipamentos portáteis. A seguir está esquematizado o corte de uma bateria de mercúrio, utilizada comumente em relógios e calculadoras.

No desenho está indicado também que um voltímetro foi conectado aos terminais da pilha, com o conector comum na parte superior (onde se encontra o eletrodo de zinco) e o conector de entrada na parte inferior (eletrodo que contém mercúrio).

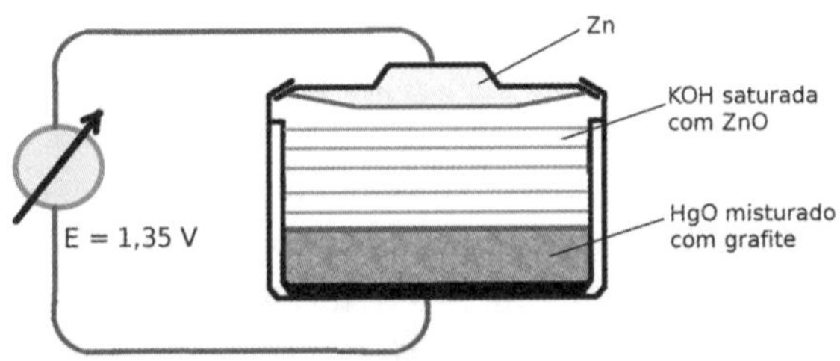


Reprodução/UFPR, 2012.

a) Com base na figura, indique quem é o ânodo, quem é o cátodo, quem sofre oxidação e quem sofre redução.

b) Considerando que o potencial de redução do par HgO/Hg, nas condições da pilha, é 0,0972 V, qual o valor do potencial de redução do par ZnO/Zn?

**42.** (UnB-DF) Um estudante, consultando um livro didático de Química, encontrou uma experiência que lhe chamou a atenção. Não dispondo dos reagentes em sua escola, ele solicitou, por meio da internet, no site http://www.unb.br/qui/lpeq/, informações sobre os resultados que poderiam ser obtidos na experiência. Tendo recebido, via internet, a tabela de dados, o aluno elaborou o seguinte relatório.

Experiência: estudo sobre a velocidade de reação.

Procedimento: preparando-se tubos de ensaio em diferentes concentrações de solução de tiossulfato de sódio e em diferentes condições de temperatura, conforme especificado na tabela de dados, adicionaram-se quatro gotas de ácido sulfúrico em cada tubo, medindo-se imediatamente o tempo durante o qual a solução ficou turva, não permitindo a visualização de um traço feito a lápis em uma tira de papel que estava atrás do tubo.

Tabela de dados:

| tubo | concentração solução de $Na_2S_2O_3$ (mol/L) | condição de temperatura da solução | tempo (s) |
|---|---|---|---|
| 1 | 0,5 | gelada | 20 |
| 2 | 0,5 | quente | 5 |
| 3 | 0,5 | ambiente | 10 |
| 4 | 0,4 | ambiente | 15 |
| 5 | 0,3 | ambiente | 20 |
| 6 | 0,2 | ambiente | 30 |

Análise de dados: o tiossulfato reage com o ácido sulfúrico, produzindo um precipitado — enxofre — o qual turva a solução. A variação das condições da reação afeta a velocidade de formação do produto.

Equação:

$Na_2S_2CO_3 + H_2SO_4 \rightarrow Na_2SO_4 + H_2O + SO_2\,(g) + S\downarrow$

$\Delta H < 0$

Com o auxílio das informações acima, julgue os itens a seguir.

(0) O aluno pode concluir corretamente que a concentração e a temperatura afetam a velocidade da reação.

(1) A entalpia da reação variou nos primeiros três tubos.

(2) A energia de ligação dos produtos é maior que a energia de ligação dos reagentes.

(3) No tubo 1, a energia cinética dos reagentes foi maior do que no tubo 2; por isso, o tempo da reação foi maior.

# Gabarito

## Aplique o que aprendeu (p. 16)

**Tópico 1 – Estudo das soluções**

1. c.
4. d.
5. a.
7. e.
8. 01, 04 e 08.
9. c.
14. 01, 02 e 04.

## Aplique o que aprendeu (p. 35)

**Tópico 2 – Propriedades coligativas**

2. 02 e 16.
4. 03.
6. c.
7. a.
9. a.
10. b.
11. F – F – V – V.
12. a.
15. c.
17. b.
21. c.
22. c.
23. a.

## Aplique o que aprendeu (p. 60)

**Tópico 3 – Termoquímica**

1. a.
2. a.
3. e.
4. c.
6. a.
7. a.
8. 02, 04, 08 e 16.
9. c.
11. e.
12. a.
13. a.
14. a.
15. d.
16. b.
17. b.
18. b.
19. d.
20. a.
21. d.
22. b.
23. a.
24. b.

## Aplique o que aprendeu (p. 82)

**Tópico 4 – Oxirredução**

1. c.
2. b.
3. c.
6. c.
7. a.
9. c.
11. c.
12. b.
13. d.
15. d.
17. a.
19. b.
21. F – V – V – V.
24. V – V – V – F – V.

## Aplique o que aprendeu (p. 110)

**Tópico 5 – Eletroquímica**

1. d.
3. c.
4. b.
7. b.
8. b.
9. a.
10. b.
11. a.

12. a.
14. b.
15. b.
16. a.
17. 01, 02, 04 e 08.
18. c.
19. d.
20. c.
21. a.
22. a.
23. b.
24. d.

## Aplique o que aprendeu (p. 135)

**Tópico 6 – Cinética**

1. b.
5. 01, 02 e 04.
9. b.
10. b.
11. c.
13. e.
15. b.
17. F – F – V.
20. V – F – F – V – F.
21. c.
22. a.
23. V – F – V – V.

## Aplique o que aprendeu (p. 164)

**Tópico 7 – Equilíbrios químicos**

1. d.
4. c.
5. b.
9. a.
10. c.
12. 01 e 16.
13. d.
14. b.
16. b.
17. b.
18. c.
21. c.
22. b.
23. F – F – V – V – V.
24. 02 e 16.

## Aplique o que aprendeu (p. 189)

**Tópico 8 – Radioatividade**

3. c.
4. c.
5. d.
7. F – V – V – F – V.
8. c.
9. a.
10. b.
11. e.

## Rumo ao Ensino Superior (p. 195)

2. e.
4. c.
6. b.
8. d.
10. a.
12. e.
14. b.
16. a.
18. a.
20. a.
22. c.
24. d.
26. b.
27. e.
28. b.
30. e.
32. b.
34. b.
38. e.
40. a.
42. V – V – V – F.

# Sumário

## Sumário – Parte II

CAPÍTULO 20

# Eletrólise

Nas pilhas, ocorrem algumas reações químicas capazes de produzir espontaneamente corrente elétrica. O processo inverso, em que a passagem de corrente elétrica através de um sistema líquido onde existem íons produz reações químicas, não é espontâneo e é denominado eletrólise, tendo sido estudado pela primeira vez por Michael Faraday (1791-1867), em meados do século XIX.

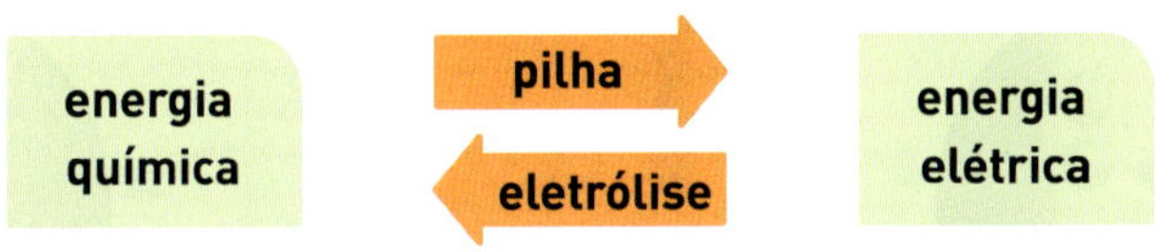


As eletrólises são realizadas em uma cela (ou célula) eletrolítica, na qual a corrente elétrica é produzida por um gerador (pilha), e os eletrodos são geralmente inertes: platina ou grafita (carvão).

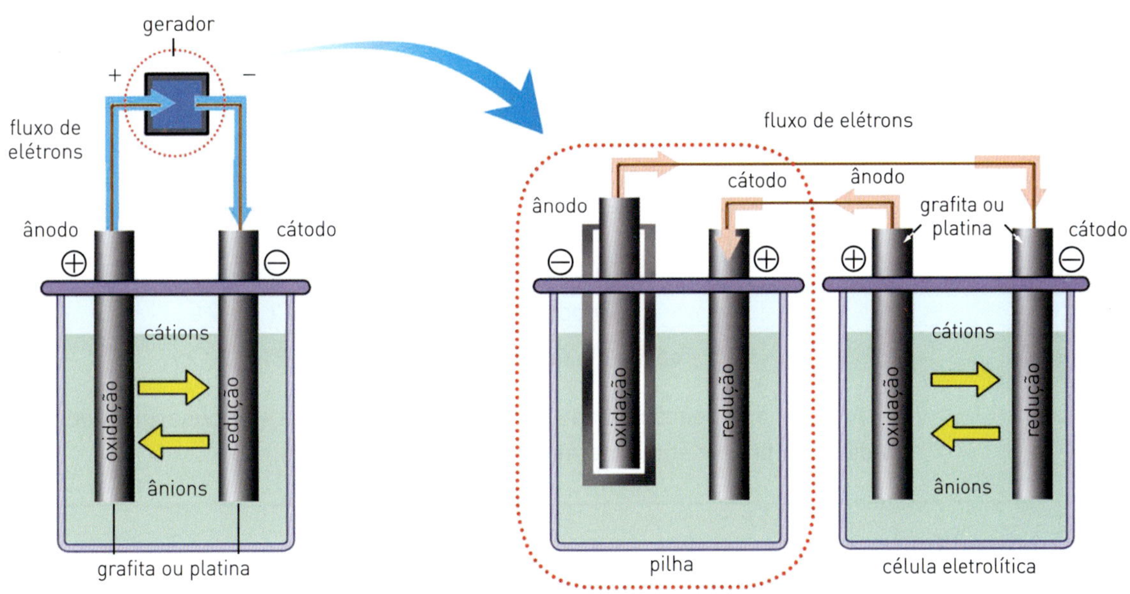


Luis Moura/Arquivo da editora

No processo de eletrólise, os elétrons emergem da pilha (gerador) pelo ânodo ⊕ e entram na célula eletrolítica pelo cátodo ⊖, no qual produzem redução. Na célula eletrolítica, os elétrons emergem pelo ânodo ⊕, no qual ocorre oxidação, e chegam à pilha pelo seu cátodo ⊖.

Na célula eletrolítica, temos:

- cátions (íons positivos) migrando para o cátodo (polo ⊖), onde ocorre sua redução;
- ânions (íons negativos) migrando para o ânodo (polo ⊕), onde ocorre sua oxidação.

As eletrólises podem ser feitas utilizando substâncias puras liquefeitas (fundidas) ou substâncias dissolvidas em água (meio aquoso).

A seguir você estudará esses dois tipos de eletrólise.

# Eletrólise ígnea

Na eletrólise ígnea, a substância pura está liquefeita (fundida) e não deve existir água no sistema. Veja como exemplo desse tipo de eletrólise a que ocorre com o cloreto de sódio ($NaC\ell$), utilizando eletrodos de platina.

Nesse sistema, temos o cloreto de sódio dissociado:

CORES FANTASIA

AUSÊNCIA DE PROPORÇÃO

$$NaC\ell \longrightarrow Na^+ + C\ell^-$$

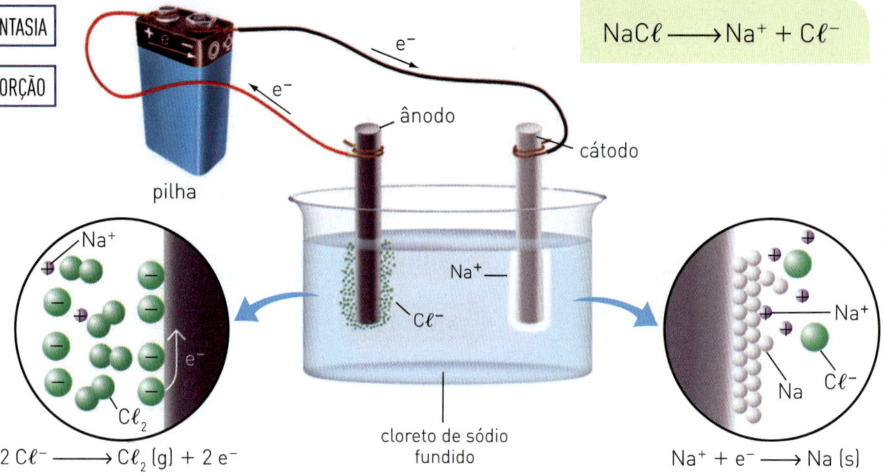


Ilustrações: Luis Moura/Arquivo da editora

As semirreações que ocorrem nos eletrodos são:

$\ominus$ cátodo (redução): $Na^+ + e^- \longrightarrow Na$

$\oplus$ ânodo (oxidação): $2\,C\ell^- \longrightarrow C\ell_2 + 2\,e^-$

Estabelecendo a igualdade entre o número de elétrons perdidos e recebidos e somando as semirreações, obtemos a reação global da eletrólise:

$$\begin{array}{lrcl} \text{cátodo:} & 2\,Na^+ + \cancel{2e^-} & \longrightarrow & 2\,Na \\ \text{ânodo:} & 2\,C\ell^- & \longrightarrow & C\ell_2 + \cancel{2e^-} \\ \hline \text{reação global:} & 2\,Na^+ + 2\,C\ell^- & \longrightarrow & 2\,Na + C\ell_2 \end{array}$$

Analisando a reação global, podemos concluir que a eletrólise ígnea do cloreto de sódio produz sódio metálico (Na) e gás cloro ($C\ell_2$).

## A obtenção do sódio

Geralmente, metais não ocorrem livres na natureza. As formas mais comuns desses materiais são óxidos ou sais.

O sal mais abundante presente na água do mar é o cloreto de sódio, encontrado na forma dissociada: $Na^+$ (aq) e $C\ell^-$ (aq). Esse sal é usado para a produção do sódio metálico, Na, e do gás cloro, $C\ell_2$, que não são encontrados livres na natureza.

Thinkstock/Getty Images

Sal de cozinha, cujo principal componente é o cloreto de sódio ($NaC\ell$).

Para produzir o sódio metálico, é necessário que o cátion $Na^+$ seja transformado em Na. Paralelamente, a produção do gás cloro é feita a partir dos íons $C\ell^-$. De que modo se combinam, industrialmente, esses dois processos?

A reação entre o cátion $Na^+$ e o ânion $C\ell^-$ que permite a obtenção de Na e $C\ell_2$ pode ser representada pela equação abaixo e não ocorre espontaneamente.

$$2\,Na^+ + 2\,C\ell^- \longrightarrow 2\,Na + C\ell_2$$

Para entender a não espontaneidade dessa reação, devemos lembrar que os íons $Na^+$ e $C\ell^-$ são mais estáveis que seus respectivos átomos (Na e $C\ell$) e também conhecer os potenciais de redução dos íons $Na^+$ e $C\ell^-$.

$$C\ell_2 + 2\,e^- \longrightarrow 2\,C\ell^- \qquad E^0_{red} = +1{,}36\ V$$
$$Na^+ + e^- \longrightarrow Na \qquad E^0_{red} = -2{,}71\ V$$

As semirreações que deveriam ocorrer para formar $Na^0$ e $C\ell_2$ são:

$$2\,C\ell^- \longrightarrow C\ell_2 + \cancel{2\,e^-} \qquad -1{,}36\ V$$
$$2\,Na^+ + \cancel{2\,e^-} \longrightarrow 2\,Na^0 \qquad -2{,}71\ V$$
$$2\,Na^+ + 2\,C\ell^- \longrightarrow 2\,Na^0 + C\ell_2 \qquad \Delta E = -4{,}07\ V$$

Como o $\Delta E$ é negativo (−4,07 V), a reação não é espontânea. No entanto, podemos provocá-la se submetermos o sistema a uma corrente elétrica proveniente de fonte externa – por exemplo, uma pilha – por meio de um processo chamado eletrólise.

# Eletrólise em meio aquoso

Para abordar esse tipo de eletrólise, vamos realizar o experimento a seguir.

## Atividade prática

### Eletrólise aquosa do NaCℓ

Siga sempre as orientações do professor.

As eletrólises são feitas com o auxílio de uma fonte externa de corrente elétrica. Para o experimento que faremos a seguir, utilizaremos uma bateria de 9 V, comumente usada em aparelhos de som, brinquedos, telefones etc.

Nesta eletrólise usaremos eletrodos inertes (grafita).

**Objetivo**: observar na prática os eventos que serão descritos adiante.

### Material

- bateria com 2 fios de cobre conectados a ela
- 2 lápis apontados nas duas extremidades (eletrodos inertes)
- 2 tiras de papelão
- frasco transparente
- água
- sal de cozinha (NaCℓ)
- fenolftaleína

### Procedimento

Conecte os fios da bateria aos dois lápis e introduza-os no frasco contendo a solução aquosa de NaCℓ. Os lápis devem estar distanciados, sem tocar as paredes do frasco.

Para manter os lápis na vertical, prepare duas tiras de papelão, fazendo um furo em cada uma delas. Nesses furos encaixe os eletrodos (lápis).

Observe o que acontece nos eletrodos, **tomando cuidado para não aspirar os gases formados**. Após certo tempo, adicione fenolftaleína. Observe a variação de cor e responda às questões:

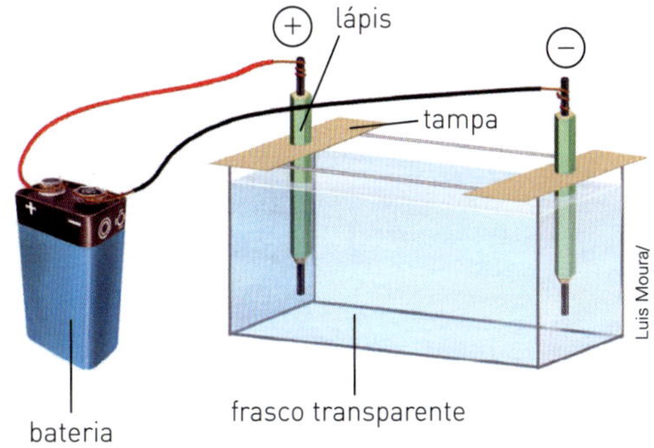

Luis Moura/ Arquivo da editora

1. Como o NaCℓ é encontrado nessa solução?
2. Quais íons são atraídos pelo ânodo?
3. Escreva a equação que representa essa semirreação.
4. Quais íons são atraídos pelo cátodo?

5. Escreva a equação que representa essa semirreação.

6. Escreva a equação que representa a reação global da eletrólise aquosa do $NaC\ell$.

7. Qual a finalidade do uso da fenolftaleína?

8. Em qual dos eletrodos — positivo ou negativo — a fenolftaleína reage visivelmente? Descreva a aparência dessa reação.

9. A solução final terá caráter ácido, básico ou neutro?

10. Qual gás liberado é nocivo à saúde? Cite alguns de seus usos industriais.

11. Qual a substância formada pela reação entre os dois gases liberados na eletrólise?

Como pode se observar a partir da nomenclatura, a eletrólise aquosa irá ocorrer em um sistema onde a passagem da corrente elétrica se dará através da água, sendo assim, nesse sistema há necessariamente a **presença de água**.

Na eletrólise em meio aquoso, devemos considerar não só os íons provenientes do soluto, mas também os da água, provenientes de sua ionização.

A ionização da água poderia ser representada simplificadamente por:

$$H_2O\ (\ell) \longrightarrow H^+\ (aq) + OH^-\ (aq)$$

A dissociação do soluto irá originar cátions e ânions.

Na solução, temos:

cátions { provenientes da água = $H^+$; provenientes do soluto }

ânions { provenientes da água = $OH^-$; provenientes do soluto }

Verificou-se experimentalmente que existe uma prioridade de descarga de cátions e ânions.

| | | | |
|---|---|---|---|
| cátions | metais alcalinos ($Li^+$, $Na^+$, $K^+$, ...)<br>metais alcalinoterrosos ($Be^{2+}$, $Mg^{2+}$, $Ca^{2+}$, ...)<br>$A\ell^{3+}$ | $H^+$ | demais metais<br>($Mn^{2+}$, $Zn^{2+}$, $Fe^{2+}$, $Ni^{2+}$, $Cu^{2+}$, $Ag^{2+}$, $Hg^{2+}$, $Au^{3+}$, ...) |
| | **facilidade de descarga crescente** → | | |
| ânions | ânions oxigenados ($NO_3^-$, $SO_4^{2-}$, $C\ell O_3^-$, ...)<br>fluoreto ($F^-$) | $OH^-$ | ânions não oxigenados ($C\ell^-$, $Br^-$, $I^-$)<br>hidrogenossulfato ($HSO_4^-$) |

Vamos analisar agora algumas eletrólises em meio aquoso.

**1. Eletrólise aquosa do cloreto de sódio: $NaC\ell$ (aq)**

Esse é o processo que você acompanhou na **Atividade prática** anterior.

Na solução, temos:

$$NaC\ell\ (aq) \longrightarrow Na^+\ (aq) + C\ell^-\ (aq)$$

Vamos inicialmente analisar as descargas dos cátions: $Na^+$ (aq) e $H^+$ (aq).

Pela tabela de prioridade de descarga, verificamos que o cátion $H^+$ (aq) tem prioridade de descarga sobre o $Na^+$ (aq).

Assim, o cátion $H^+$ (aq) migra para o cátodo (polo ⊖), onde ocorre sua redução e descarga:

$$\text{polo cátodo } \ominus \ \{\ 2\ H^+\ (aq) + 2\ e^- \longrightarrow H_2\ (g)$$

Estudando agora os ânions $C\ell^-$ (aq) e $OH^-$ (aq), verificamos que o $C\ell^-$ (aq) tem prioridade de descarga em relação ao $OH^-$ (aq).

Assim, o ânion $C\ell^-$ (aq) migra para o ânodo (polo ⊕), onde ocorre sua oxidação e sua descarga:

$$\text{polo ânodo } \oplus \left\{ 2\,C\ell^- \text{ (aq)} \longrightarrow C\ell_2 \text{ (g)} + 2\,e^- \right.$$

A partir das quatro equações representadas, podemos obter a equação global do processo:

$$\begin{array}{rcl} 2\,NaC\ell & \longrightarrow & 2\,Na^+ + \cancel{2\,C\ell^-} \\ 2\,H_2O & \longrightarrow & \cancel{2\,H^+} + 2\,OH^- \\ \text{cátodo: } \cancel{2\,H^+} + \cancel{2\,e^-} & \longrightarrow & H_2 \\ \text{ânodo: } \cancel{2\,C\ell^-} & \longrightarrow & C\ell_2 + \cancel{2\,e^-} \\ \hline 2\,NaC\ell \text{ (aq)} + 2\,H_2O\,(\ell) & \longrightarrow & \underbrace{2\,Na^+ \text{ (aq)} + 2\,OH^- \text{ (aq)}}_{\text{solução}} + \underbrace{H_2 \text{ (g)}}_{\text{cátodo}} + \underbrace{C\ell_2 \text{ (g)}}_{\text{ânodo}} \end{array}$$

A eletrólise do $NaC\ell$ (aq) é um processo que permite obter soda cáustica (NaOH), gás hidrogênio ($H_2$) e gás cloro ($C\ell_2$).

- Note que a presença de $OH^-$ na solução final da eletrólise caracteriza soluções básicas.
- Em vez de escrever a descarga do $H^+$ proveniente da água, podemos escrever a descarga da própria água, cuja reação é dada por:

$$\text{cátodo (redução) } \ominus \left\{ \begin{array}{rcl} 2\,H_2O\,(\ell) & \longrightarrow & \cancel{2\,H^+ \text{(aq)}} + 2\,OH^- \text{ (aq)} \\ \cancel{2\,H^+ \text{(aq)}} + 2\,e^- & \longrightarrow & H_2 \text{ (g)} \\ \hline 2\,H_2O\,(\ell) + 2\,e^- & \longrightarrow & H_2 \text{ (g)} + 2\,OH^- \text{ (aq)} \end{array} \right.$$

**2. Eletrólise aquosa do sulfato de cobre, $CuSO_4$ (aq)**

Na solução, temos:

$$CuSO_4 \longrightarrow Cu^{2+} \text{ (aq)} + SO_4^{2-} \text{ (aq)}$$

$$H_2O\,(\ell) \longrightarrow H^+ \text{ (aq)} + OH^- \text{ (aq)}$$

| | Cátodo | Ânodo |
|---|---|---|
| Migração de íons | $Cu^{2+}$ e $H^+$ | $OH^-$ e $SO_4^{2-}$ |
| Facilidade de descarga | $Cu^{2+} > H^+$ | $OH^- > SO_4^{2-}$ |
| Semirreação | $Cu^{2+} \text{ (aq)} + 2\,e^- \xrightarrow{\text{redução}} Cu \text{ (s)}$ | $2\,OH^- \text{ (aq)} \xrightarrow{\text{oxidação}} H_2O\,(\ell) + \frac{1}{2}\,O_2 + 2\,e^-$ |
| Íons presentes na solução | $H^+$ | $SO_4^{2-}$ |

Somando as quatro equações, temos:

$$\begin{array}{rcl} CuSO_4 & \longrightarrow & \cancel{Cu^{2+}} + SO_4^{2-} \\ \cancel{2}\,H_2O & \longrightarrow & 2\,H^+ + \cancel{2\,OH^-} \\ \text{cátodo: } \cancel{Cu^{2+}} + \cancel{2\,e^-} & \longrightarrow & Cu \\ \text{ânodo: } \cancel{2\,OH^-} & \longrightarrow & \cancel{H_2O} + \frac{1}{2}\,O_2 + \cancel{2\,e^-} \\ \hline \text{reação global: } CuSO_4 \text{ (aq)} + H_2O\,(\ell) & \longrightarrow & \underbrace{2\,H^+ \text{ (aq)} + SO_4^{2-} \text{ (aq)}}_{\text{solução}} + \underbrace{Cu \text{ (s)}}_{\text{cátodo}} + \underbrace{\frac{1}{2}\,O_2 \text{ (g)}}_{\text{ânodo}} \end{array}$$

- Note que, pela eletrólise do $CuSO_4$, obtivemos cobre metálico (Cu) e gás oxigênio ($O_2$) e que a solução final apresenta caráter ácido devido aos íons $H^+$ (aq).
- Em vez de escrever a descarga do $OH^-$ proveniente da água, podemos escrever a descarga da própria água, cuja reação é dada por:

$$\text{ânodo (oxidação)} \left\{ \begin{array}{l} \cancel{2}\,H_2O \longrightarrow 2\,H^+ + \cancel{2\,OH^-} \\ \cancel{2\,OH^-} \longrightarrow \cancel{H_2O} + \frac{1}{2}\,O_2 + 2\,e^- \\ \hline H_2O \longrightarrow 2\,H^+ + \frac{1}{2}\,O_2 + 2\,e^- \end{array} \right.$$

**3. Eletrólise aquosa do brometo de níquel, $NiBr_2$ (aq)**

Na solução, temos:

$$NiBr_2\ (aq) \longrightarrow Ni^{2+}\ (aq) + 2\ Br\ (aq)$$
$$H_2O\ (\ell) \longrightarrow H^+\ (aq) + OH^-\ (aq)$$

| | Cátodo | Ânodo |
|---|---|---|
| Migração de íons | $Ni^{2+}$ e $H^+$ | $Br^-$ e $OH^-$ |
| Facilidade de descarga | $Ni^{2+} > H^+$ | $Br^- > OH^-$ |
| Semirreação | $Ni^{2+} + 2\,e^- \xrightarrow{\text{redução}} Ni$ | $2\,Br^- \xrightarrow{\text{oxidação}} Br_2 + 2\,e^-$ |
| Permanece na solução | $H^+$ | $OH^-$ |

Somando as quatro equações, temos:

$$\begin{array}{rl} NiBr_2 & \longrightarrow \cancel{Ni^{2+}} + \cancel{2\,Br^-} \\ H_2O & \longrightarrow H^+ + OH^- \\ \text{cátodo: } \cancel{Ni^{2+}} + \cancel{2\,e^-} & \longrightarrow Ni \\ \text{ânodo: } \cancel{2\,Br^-} & \longrightarrow Br_2 + \cancel{2\,e^-} \\ \hline \text{reação global: } NiBr_2 + H_2O & \longrightarrow \underbrace{H^+ + OH^-}_{H_2O} + \underbrace{Ni}_{\text{cátodo}} + \underbrace{Br_2}_{\text{ânodo}} \end{array}$$

Simplificadamente: $NiBr_2 \longrightarrow Ni + Br_2$

Note que só o soluto brometo de níquel (NiBr) foi consumido durante a eletrólise, o que irá acarretar uma diminuição na concentração da solução à medida que ocorre a reação.

**4. Eletrólise aquosa do hidróxido de potássio, KOH (aq)**

Na solução, temos:

$$KOH \longrightarrow K^+ + OH^-$$

$$H_2O \longrightarrow H^+ + OH^-$$

| | Cátodo | Ânodo |
|---|---|---|
| **Migração de íons** | $H^+$ e $K^+$ | $OH^-$ da água e $OH^-$ da base |
| **Facilidade de descarga** | $H^+ > K^+$ | $OH^-$ |
| **Semirreação** | $2\,H^+\,(aq) + 2\,e^- \xrightarrow{\text{redução}} H_2\,(g)$ | $2\,OH^-\,(aq) \xrightarrow{\text{oxidação}} H_2O\,(\ell) + \frac{1}{2}\,O_2 + 2\,e^-$ |
| **Permanece na solução** | $K^+$ | $OH^-$ da água |

Somando as quatro equações, temos:

$$\begin{array}{rl}
 & KOH \longrightarrow K^+ + OH^- \\
 & \cancel{2}\,H_2O \longrightarrow \cancel{2\,H^+} + \cancel{2\,OH^-} \\
\text{cátodo:} & \cancel{2\,H^+} + \cancel{2\,e^-} \longrightarrow H_2 \\
\text{ânodo:} & \cancel{2\,OH^-} \longrightarrow \cancel{H_2O} + \frac{1}{2}\,O_2 + \cancel{2\,e^-} \\
\hline
\text{reação global:} & KOH + H_2O \longrightarrow \underbrace{K^+ + OH^-}_{KOH} + \underbrace{H_2}_{\text{cátodo}} + \underbrace{\frac{1}{2}\,O_2}_{\text{ânodo}}
\end{array}$$

Simplificadamente: $H_2O \longrightarrow H_2 + \frac{1}{2}\,O_2$

Note que o KOH não participa da eletrólise, que está realmente ocorrendo com a água, produzindo gás hidrogênio ($H_2$) e gás oxigênio ($O_2$). Logo, ao final da reação, a solução de hidróxido de potássio (KOH) estará mais concentrada do que no início.

**?** Quando realizamos uma eletrólise utilizamos uma corrente elétrica contínua. Por que não utilizamos uma corrente alternada?

## Exercícios resolvidos

1. (Fuvest-SP) Michael Faraday (1791-1867), eletroquímico cujo 2º centenário de nascimento foi comemorado em 1991, comentou que "uma solução de iodeto de potássio e amido é o mais admirável teste de ação eletroquímica" pelo aparecimento de uma coloração azul, quando da passagem de corrente contínua.

a) Escreva a equação que representa a ação da corrente elétrica sobre o iodeto.

b) Em que polo surge a coloração azul? Justifique sua resposta.

**Solução**

a) Considerando uma solução aquosa de iodeto de potássio (KI), temos:

$$KI \longrightarrow K^+ + I^-$$

$$H_2O \longrightarrow H^+ + OH^-$$

$$\left.\begin{array}{r} I^- \\ OH^- \end{array}\right\}\ \text{facilidade de descarga: } I^- > OH^-$$

Logo, a reação que ocorre no ânodo é:

$$\left.\begin{array}{l}\text{polo} \oplus \\ \text{ânodo} \\ \text{(oxidação)}\end{array}\right\} 2\,I^- \longrightarrow I_2 + 2\,e^-$$

b) A coloração azul no polo positivo é devida ao $I_2$ em presença do amido.

**2.** (Unicamp-SP) Observe o esquema ao lado, representativo da eletrólise da água.

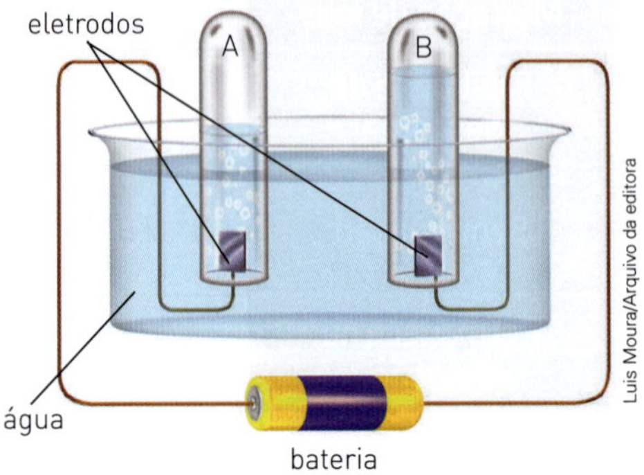


As semirreações que ocorrem nos eletrodos são:

$$2\,H_2O\,(\ell) + 2\,e^- \longrightarrow 2\,OH^-\,(aq) + H_2\,(g)$$

$$2\,H_2O\,(\ell) \longrightarrow 4\,H^+\,(aq) + O_2\,(g) + 4\,e^-$$

A partir dessas informações:

a) Identifique os gases A e B.

b) Indique se, após um certo tempo de eletrólise, o meio estará ácido, básico ou neutro. Por quê?

**Solução**

a) Uma maneira de resolver seria pela análise das semirreações, após estarem devidamente balanceadas, e da reação global, lembrando que:

nº de $e^-$ cedidos = nº de $e^-$ recebidos

$$\begin{array}{lrcl}\text{redução:} & 4\,H_2O\,(\ell) + \cancel{4\,e^-} & \longrightarrow & 4\,OH^-\,(aq) + 2\,H_2\,(g) \\ \text{oxidação:} & 2\,H_2O\,(\ell) & \longrightarrow & 4\,H^+\,(aq) + O_2\,(g) + \cancel{4\,e^-} \\ \hline \text{reação global:} & 6\,H_2O\,(\ell) & \longrightarrow & 4\,H^+\,(aq) + 4\,OH^-\,(aq) + 2\,H_2\,(g) + O_2\,(g)\end{array}$$

Note que são produzidos 2 $H_2$ (g) para 1 $O_2$ (g); logo, o volume de $H_2$ (A) produzido será maior que o de $O_2$ (B).

b) Observando a equação da reação global, notamos que a quantidade (concentração) de $H^+$ é igual à de $OH^-$.

Assim, **pela equação**, temos: 4 $H^+$ e 4 $OH^-$, ou seja, a solução final é **neutra**.

## Fundamentando seus conhecimentos

O esquema mostra uma representação da eletrólise ígnea do brometo de chumbo II ($PbBr_2$):

$$PbBr_2 \rightarrow Pb^{2+} + 2\,Br^-$$

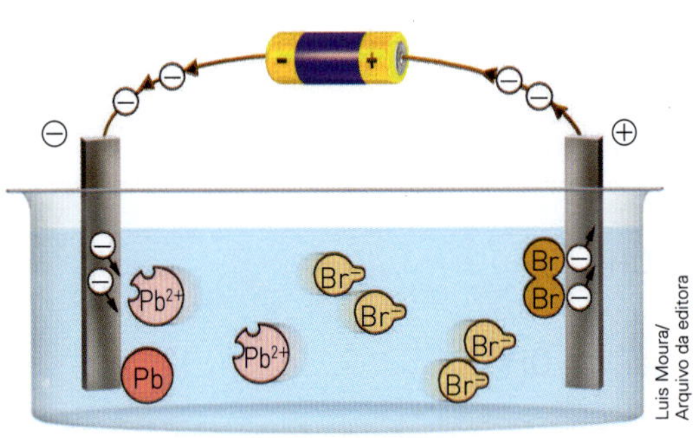


Com base na ilustração, responda às questões **1** a **7**.

**1.** Os cátions $Pb^{2+}$ migram para o polo ⊖. Qual é o nome desse eletrodo?

**2.** No polo ⊖ ocorre uma oxidação ou uma redução?

**3.** Equacione a descarga do $Pb^{2+}$.

**4.** Os ânions $Br^-$ migram para o polo ⊕. Qual é o nome desse eletrodo?

**5.** No polo ⊕ ocorre oxidação ou redução?

**6.** Equacione a descarga do $Br^-$.

**7.** Equacione a reação global dessa eletrólise.

A ilustração ao lado mostra uma eletrólise em meio aquoso do nitrato de cálcio:

$$Ca(NO_3)_2 \longrightarrow Ca^{2+} + 2\ NO_3^-$$

$$H_2O \longrightarrow H^+ + OH^-$$

Prioridade de descarga: $H^+ > Ca^{2+}$ e $OH^- > NO_3^-$.

Com base nessas informações e na ilustração, responda às questões **8** a **14**.

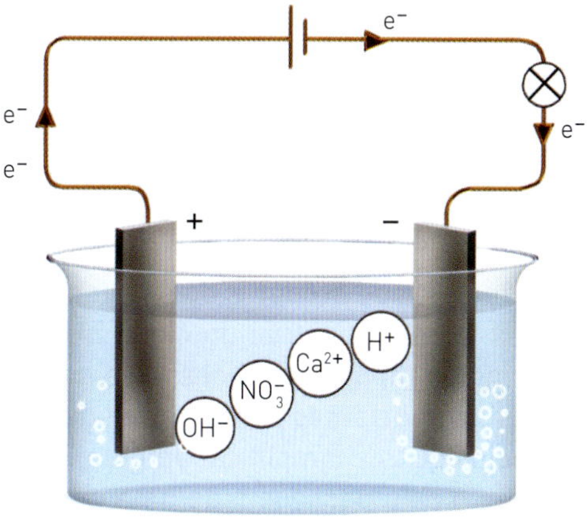


**8.** Quais espécies migram para o cátodo?

**9.** Qual espécie se reduz no cátodo?

**10.** Equacione a descarga que ocorre no cátodo.

**11.** Quais espécies migram para o ânodo?

**12.** Qual espécie se oxida no ânodo?

**13.** Equacione a descarga que ocorre no ânodo.

**14.** A solução ao final da eletrólise ficará mais diluída ou mais concentrada?

## Desenvolvendo seus conhecimentos

**1.** (UFRGS-RS) No cátodo de uma célula de eletrólise sempre ocorre:

a) Deposição de metais.

b) Uma semirreação de redução.

c) Produção de corrente elétrica.

d) Desprendimento de gás hidrogênio.

e) Corrosão química.

**2.** (FCC-BA) Na eletrólise ígnea do $CaC\ell_2$, obtiveram-se cloro no ânodo e cálcio no cátodo. Para representar apenas o processo de oxidação que ocorreu nessa eletrólise, escreve-se:

a) $Ca^{2+} + 2\ e^- \longrightarrow Ca$

b) $Ca^{2+} \longrightarrow Ca + 2\ e^-$

c) $C\ell^- + e^- \longrightarrow \frac{1}{2}\ C\ell$

d) $C\ell^- \longrightarrow \frac{1}{2}\ C\ell_2 + e^-$

e) $C\ell^- + e^- \longrightarrow C\ell_2$

**3.** (Fatec-SP) Obtém-se magnésio metálico por eletrólise do $MgC\ell_2$ fundido. Nesse processo, a semirreação que ocorre no cátodo é:

a) $Mg^{+2} + Mg^- \longrightarrow Mg$

b) $Mg^{+2} - 2\ e^- \longrightarrow Mg$

c) $2\ C\ell^- - 2\ e^- \longrightarrow C\ell_2$

d) $Mg^{+2} + 2\ e^- \longrightarrow Mg$

e) $2\ C\ell^- + 2\ e^- \longrightarrow C\ell_2$

**4.** Equacione as reações que ocorrem na eletrólise ígnea das substâncias seguintes:

a) KI;

b) $NiC\ell_2$.

**5.** (Enem) A obtenção do alumínio dá-se a partir da bauxita ($A\ell_2O_3 \cdot 3\ H_2O$) que é purificada e eletrolisada numa temperatura de 1000 °C. Na célula eletrolítica, o ânodo é formado por barras de grafita ou carvão, que são consumidas no processo de eletrólise, com formação de gás carbônico, e o cátodo é uma caixa de aço coberta de grafita.

A etapa de obtenção do alumínio ocorre no:

a) ânodo, com formação de gás carbônico.

b) cátodo, com redução do carvão na caixa de aço.

c) cátodo, com oxidação do alumínio na caixa de aço.

d) ânodo, com depósito de alumínio nas barras de grafita.

e) cátodo, com fluxo de elétrons das barras de grafita para a caixa de aço.

**6.** Equacione as reações que ocorrem na eletrólise aquosa das substâncias a seguir, indicando os produtos formados nos eletrodos e na solução:

a) $CuBr_2$.

b) $AgNO_3$.

c) $CaC\ell_2$.

d) $Na_2SO_4$.

**7.** (Unicamp-SP) O uso mais popular do cloreto de sódio é na cozinha, onde é utilizado para acrescentar sabor a uma infinidade de alimentos e também como conservante e material de limpeza. É na indústria química, no entanto, que ele é mais consumido. São inúmeros os processos que fazem uso de produtos do processamento desse sal. O uso industrial do cloreto de sódio se dá principalmente no processo de obtenção de alguns importantes produtos de sua eletrólise em meio aquoso. Simplificadamente, esse processo é feito pela passagem de uma corrente elétrica em uma solução aquosa desse sal. Pode-se afirmar que, a partir desse processo, seriam obtidos:

a) gás hidrogênio, gás oxigênio e ácido clorídrico.
b) gás hidrogênio, gás cloro e ácido clorídrico.
c) gás hidrogênio, gás cloro e hidróxido de sódio em solução.
d) gás hidrogênio, gás oxigênio e hidróxido de sódio em solução.

**8.** (Unicap-PE) A produção industrial de sódio metálico e gás cloro faz uso do processo de Downs, no qual cloreto de sódio fundido é eletrolisado. Julgue verdadeira ou falsa cada uma das alternativas seguintes:

a) O elemento produzido pela oxidação é o sódio.
b) A substância produzida no ânodo é o cloro.
c) A substância produzida no cátodo é o hidrogênio.
d) A substância produzida pela redução é o cloro.
e) A equação referente à eletrólise é:

$$Na^+ + C\ell^- \longrightarrow Na + \frac{1}{2}\ C\ell_2.$$

**9.** (FMP-RS) A galvanoplastia é uma técnica que permite dar um revestimento metálico a uma peça, colocando tal metal como polo negativo de um circuito de eletrólise. Esse processo tem como principal objetivo proteger a peça metálica contra a corrosão. Vários metais são usados nesse processo, como, por exemplo, o níquel, o cromo, a prata e o ouro. O ouro, por ser o metal menos reativo, permanece intacto por muito tempo.

Deseja-se dourar um anel de alumínio e, portanto, os polos são mergulhados em uma solução de nitrato de ouro III [$Au(NO_3)_3$].

Ao final do processo da eletrólise, as substâncias formadas no cátodo e no ânodo são, respectivamente:

a) $H_2$ e $NO_3^-$.
b) $N_2$ e Au.
c) Au e $O_2$.
d) Au e $NO_2$.
e) $O_2$ e $H_2$.

**10.** (UFPR) Um estudante montou um arranjo experimental para investigar a condutividade de algumas soluções aquosas. Para isso, ele usou água destilada, uma fonte de tensão (⊣|||⊢) e um amperímetro (A), conforme esquematizado a seguir:

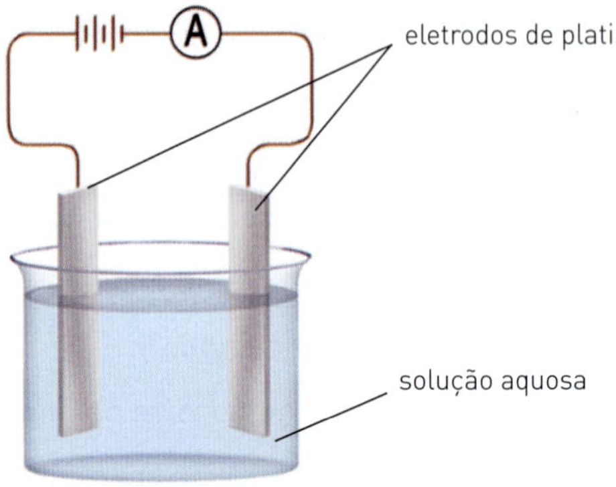


Reprodução/Arquivo da editora

Os resultados experimentais foram apresentados na seguinte tabela:

| Experimento | Soluto | Corrente medida | Observações visuais |
|---|---|---|---|
| A | açúcar | zero | Não houve alteração perceptível. |
| B | ácido sulfúrico | 0,5 A | Houve evolução de gases em ambos os eletrodos. |
| C | sulfato de cobre | 0,5 A | Houve evolução de gás em um eletrodo e houve deposição de cobre no outro eletrodo. |

Responda:

a) Por que o amperímetro não registrou corrente no experimento A e registrou nos experimentos B e C?
b) Qual foi o gás liberado no experimento B no eletrodo positivo? E no eletrodo negativo?
c) Qual foi o gás liberado no experimento C? Em qual eletrodo (ânodo ou cátodo) houve deposição de cobre?

**11.** (UFPB/PSS) O estanho, utilizado como revestimento interno em embalagens de produtos alimentícios e na fabricação de ligas metálicas, como a solda e o bronze, pode ser obtido a partir da eletrólise do cloreto de estanho (II) dissolvido em água, conforme a equação:

$Sn^{2+}$ (aq) + 2 $C\ell^-$ (aq) ⟶ Sn (s) + $C\ell_2$ (g)

A partir dessa equação, é correto afirmar que:

a) a redução do $C\ell^-$ (aq) a $C\ell_2$ (g) ocorre no ânodo.
b) a oxidação do $Sn^{2+}$ (aq) a Sn (s) ocorre no cátodo.
c) o $C\ell^-$ (aq) é o agente redutor, e o $Sn^{2+}$ (aq) é o agente oxidante.
d) $Sn^{2+}$ (aq) + 2 $e^-$ ⟶ Sn (s) corresponde à semirreação de oxidação.
e) 2 $C\ell^-$ (aq) ⟶ $C\ell_2$ (g) + 2 $e^-$ corresponde à semirreação de redução.

A eletrólise é a decomposição de uma substância por meio de corrente elétrica. Considere a cuba eletrolítica a seguir para responder às questões **12** e **13**.

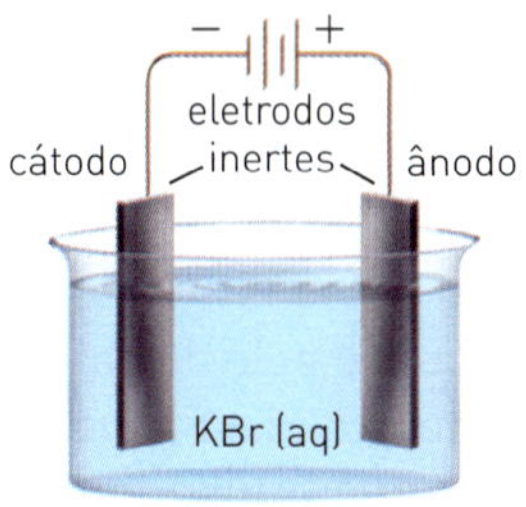


Reprodução/Arquivo da editora

**12.** (PUC-MG) É correto afirmar que no cátodo é produzido:

a) K.
b) $H_2$.
c) $O_2$.
d) $Br_2$.

**13.** (PUC-MG) Considere as afirmações apresentadas a seguir:

I. Os íons $Br^-$ se deslocam em direção ao ânodo, e os íons $K^+$ se deslocam em direção ao cátodo.
II. Os íons $OH^-$ se deslocam em direção ao ânodo, e os íons $H^+$, em direção ao cátodo.
III. Os íons $OH^-$ se deslocam em direção ao ânodo, e os íons $Br^-$, em direção ao cátodo.

A(s) afirmação(ões) está(ão) correta(s) em:

a) I apenas.
b) II apenas.
c) III apenas.
d) I e II.

Texto para as questões **14** e **15**.

Investigadores da Stanford University (Estados Unidos) estão desenvolvendo um processo para obtenção de energia que é praticamente o inverso do que acontece na dessalinização de água: O protótipo de dispositivo é formado por um elétrodo que atrai íons positivos como $Na^+$, e por outro que atrai íons negativos como $C\ell^-$. Quando os dois elétrodos são imersos em água salgada captam os respectivos íons presentes no sal, e o movimento destes íons cria corrente elétrica. Os elétrodos são em seguida recarregados através da drenagem da água salgada e da sua substituição por água doce, que é acompanhada de uma corrente elétrica de tensão relativamente baixa, o que permite libertar os íons dos elétrodos. Quando esta leva de água doce é por sua vez drenada, os já referidos elétrodos estão prontos para atrair mais íons da água salgada. Para alcançar elevadas eficiências de conversão, um elétrodo de prata foi utilizado para estabelecer uma boa ligação com os íons cloreto.

Fonte: http://www.technologyreview.com/news/423903/salty-solution-for-energy-generation/#/. Acesso: 3 abr. 2014.

**14.** (UEPB) Julgue as afirmativas a seguir, relativas à possibilidade de uso da tecnologia apresentada no texto, para a realidade paraibana. Considere que o sistema funciona perfeitamente.

I. Esse sistema é ideal para ser implantado em João Pessoa, onde há o encontro de rios com o mar.
II. O sistema seria perfeito para gerar água doce no sertão paraibano e, assim, solucionar o problema da seca.
III. Seria muito útil para geração de energia em Campina Grande.

Está(ão) **errada(s)**:

a) II e III.
b) I e II.
c) I e III.
d) Todas.
e) Nenhuma.

**15.** (UEPB) Com relação aos elétrodos do sistema é correto afirmar:

a) O elétrodo de prata só atrai pares $NaC\ell$ para garantir a neutralidade do sistema.
b) O elétrodo de prata é o polo negativo.
c) A prata foi utilizada como elétrodo por ser um material barato e pouco poluente.
d) O elétrodo de prata também atrai os $Na^+$.
e) O elétrodo de prata é o polo positivo.

**16.** (Fuvest-SP) Em uma aula de laboratório de Química, a professora propôs a realização da eletrólise da água. Após a montagem de uma aparelhagem como a da figura ao lado, e antes de iniciar a eletrólise, a professora perguntou a seus alunos qual dos dois gases, gerados no processo, eles esperavam recolher em maior volume. Um dos alunos respondeu: "O gás oxigênio deve ocupar maior volume, pois seus átomos têm oito prótons e oito elétrons (além dos nêutrons) e, portanto, são maiores que os átomos de hidrogênio, que, em sua imensa maioria, têm apenas um próton e um elétron".

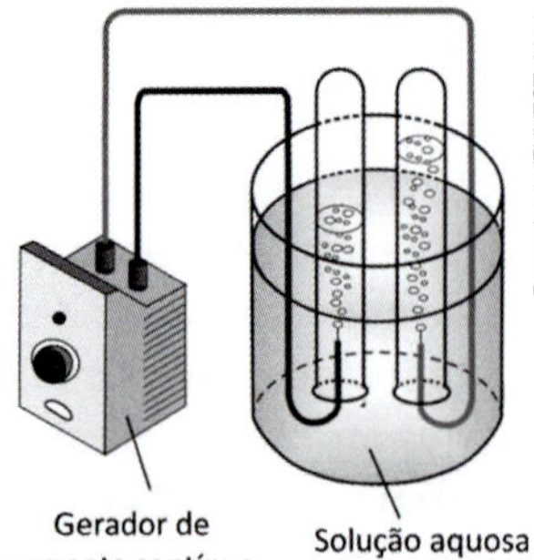

Reprodução/FUVEST, 2014.

Observou-se, porém, que, decorridos alguns minutos, o volume de hidrogênio recolhido era o dobro do volume de oxigênio (e essa proporção se manteve no decorrer da eletrólise), de acordo com a seguinte equação química:

$$2\ H_2O\ (\ell) \longrightarrow \underset{2\ \text{volts}}{2\ H_2\ (g)} + \underset{1\ \text{volt}}{O_2\ (g)}$$

a) Considerando que a observação experimental não corresponde à expectativa do aluno, explique por que a resposta dada por ele está incorreta.

b) Posteriormente, o aluno perguntou à professora se a eletrólise da água ocorreria caso a solução aquosa de $Na_2SO_4$ fosse substituída por outra. Em vez de responder diretamente, a professora sugeriu que o estudante repetisse o experimento, porém substituindo a solução aquosa de $Na_2SO_4$ por uma solução aquosa de sacarose ($C_{12}H_{22}O_{11}$). O que o aluno observaria ao realizar o novo experimento sugerido pela professora? Explique.

**17.** (UFU-MG) Observe o esquema abaixo, representativo da eletrólise da água, que é um processo eletroquímico com larga aplicação industrial.

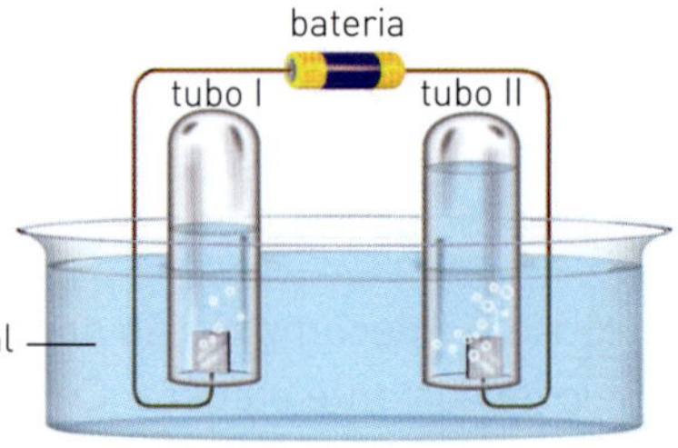

Reprodução/Arquivo da editora

As semirreações que ocorrem nos eletrodos são:

$$2\ H_2O\ (\ell) + 2\ e^- \longrightarrow 2\ OH^-\ (aq) + H_2\ (g)$$

$$2\ H_2O\ (\ell) + 4\ H^+\ (aq) \longrightarrow O_2\ (g) + 4\ e^-$$

Pede-se:

a) Quais são os gases formados nos tubos I e II?

b) Identifique qual o polo da bateria que está conectado no tubo II. Justifique sua resposta.

c) Explique por que o tubo II tem maior massa que o tubo I.

## Desafiando seus conhecimentos

**1.** (Unimontes-MG) A tabela abaixo apresenta informações sobre três células de $NaC\ell$, em estados diferentes.

| Estado | Produto | |
|---|---|---|
| | Ânodo | Cátodo |
| fundido | A | |
| solução aquosa concentrada | $C\ell_2$ | B |
| solução aquosa diluída | C | $H_2$ |

Dada a ordem decrescente de facilidade de descarga de alguns cátions, $Ag^+ > Cu^{2+} > Mn^{2+} > H_3O^+ > Mg^{2+} > Na^+ > Li^+$, e de ânions, ânions não oxigenados > $OH^-$ > ânions oxigenados, e o $F^-$, quais os produtos formados A, B e C? Justifique sua resposta para cada produto.

**2.** (Vunesp-SP)

Reprodução/UNESP, 2017.

Nas salinas, o cloreto de sódio é obtido pela evaporação da água do mar em uma série de tanques. No primeiro tanque, ocorre o aumento da concentração de sais na água, cristalizando-se sais de cálcio. Em outro tanque ocorre a cristalização de 90% do cloreto de sódio presente na água. O líquido sobrenadante desse tanque, conhecido como salmoura amarga, é drenado para outro tanque. É nessa salmoura que se encontra a maior concentração de íons $Mg^{2+}$ (aq), razão pela qual ela é utilizada como ponto de partida para a produção de magnésio metálico.

A obtenção de magnésio metálico a partir da salmoura amarga envolve uma série de etapas: os íons $Mg^{2+}$ presentes nessa salmoura são precipitados sob a forma de hidróxido de magnésio por adição de íons $OH^-$. Por aquecimento, esse hidróxido transforma-se em óxido de magnésio que, por sua vez, reage com ácido clorídrico, formando cloreto de magnésio que, após cristalizado e fundido, é submetido a eletrólise ígnea, produzindo magnésio metálico no cátodo e cloro gasoso no ânodo.

Dê o nome do processo de separação de misturas empregado para obter o cloreto de sódio nas salinas e informe qual é a propriedade específica dos materiais na qual se baseia esse processo. Escreva a equação da reação que ocorre na primeira etapa da obtenção de magnésio metálico a partir da salmoura amarga e a equação que representa a reação global que ocorre na última etapa, ou seja, na eletrólise ígnea do cloreto de magnésio.

**3.** (Enem) O alumínio é um metal bastante versátil, pois, a partir dele, podem-se confeccionar materiais amplamente utilizados pela sociedade. A obtenção do alumínio ocorre a partir da bauxita, que é purificada e dissolvida em criolita fundida ($Na_3A\ell F_6$) e eletrolisada a cerca de 1 000 °C. Há liberação do gás dióxido de carbono ($CO_2$) formado a partir da reação de um dos produtos da eletrólise com o material presente nos eletrodos. O ânodo é formado por barras de grafita submergidas na mistura fundida. O cátodo é uma caixa de ferro coberta de grafita. A reação global do processo é:

$$2\,A\ell_2O_3\,(\ell) + 3\,C\,(s) \longrightarrow 4\,A\ell\,(\ell) + 3\,CO_2\,(g)$$

Na etapa de obtenção do alumínio líquido, as reações que ocorrem no cátodo e ânodo são:

a) cátodo: $A\ell^{3+} + 3\,e^- \longrightarrow A\ell$

ânodo $\begin{cases} 2\,O^{2-} \longrightarrow O_2 + 4\,e^- \\ C + O_2 \longrightarrow CO_2 \end{cases}$

b) cátodo $\begin{cases} 2\,O^{2-} \longrightarrow O_2 + 4\,e^- \\ C + O_2 \longrightarrow CO_2 \end{cases}$

ânodo: $A\ell^{3+} + 3\,e^- \longrightarrow A\ell$

c) cátodo $\begin{cases} A\ell^{3+} + 3\,e^- \longrightarrow A\ell \\ 2\,O^{2-} \longrightarrow O_2 + 4\,e^- \end{cases}$

ânodo: $C + O_2 \longrightarrow CO_2$

d) cátodo $\begin{cases} A\ell^{3+} + 3\,e^- \longrightarrow A\ell \\ C + O_2 \longrightarrow CO_2 \end{cases}$

ânodo: $2\,O^{2-} + O_2 + 4\,e^-$

e) cátodo: $2\,O^{2-} \longrightarrow O_2 + 4\,e^-$

ânodo $\begin{cases} A\ell^{3+} + 3\,e^- \longrightarrow A\ell \\ C + O_2 \longrightarrow CO_2 \end{cases}$

**4.** (FGV-SP) O Brasil é o sexto principal país produtor de alumínio. Sua produção é feita a partir da bauxita, mineral que apresenta o óxido $A\ell_2O_3$. Após o processamento químico da bauxita, o óxido é transferido para uma cuba eletrolítica na qual o alumínio é obtido por processo de eletrólise ígnea. Os eletrodos da cuba eletrolítica são as suas paredes de aço, polo negativo, e barras de carbono, polo positivo.

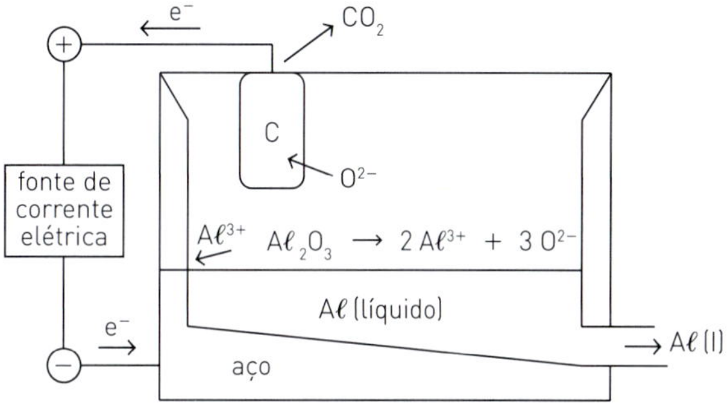


Reprodução/Arquivo da editora

O processo ocorre em alta temperatura, de forma que o óxido se funde e seus íons se dissociam. O alumínio metálico é formado e escoado na forma líquida.

As semirreações que ocorrem na cuba eletrolítica são:

$$\text{Polo +: } C + 2\,O^{2-} \longrightarrow CO_2 + 4\,e^-$$
$$\text{Polo −: } A\ell^{3+} + 3\,e^- \longrightarrow A\ell$$

A quantidade em mol de $CO_2$ que se forma para cada um mol de $A\ell$ e o polo negativo da cuba eletrolítica são respectivamente:

a) $\frac{4}{3}$ e ânodo, onde ocorre a redução.

b) $\frac{3}{4}$ e ânodo, onde ocorre a oxidação.

c) $\frac{4}{3}$ e cátodo, onde ocorre a redução.

d) $\frac{3}{4}$ e cátodo, onde ocorre a redução.

e) $\frac{3}{4}$ e cátodo, onde ocorre a oxidação.

**5.** (Fasm/MED-SP) A figura mostra a composição de uma pilha comum e apresenta algumas sugestões de aplicações de seus componentes em aulas de Química.

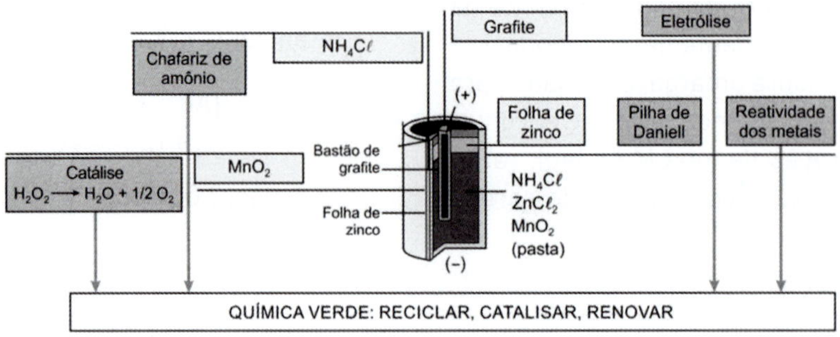


Reprodução/FASM, 2017.

a) Considere que a pasta interna da pilha seja colocada na água e que apenas os cloretos sejam solúveis nesse solvente. Complete o esquema abaixo com a técnica utilizada na separação dos componentes da pasta e as substâncias que devem estar presentes nos quadros 1 e 2.

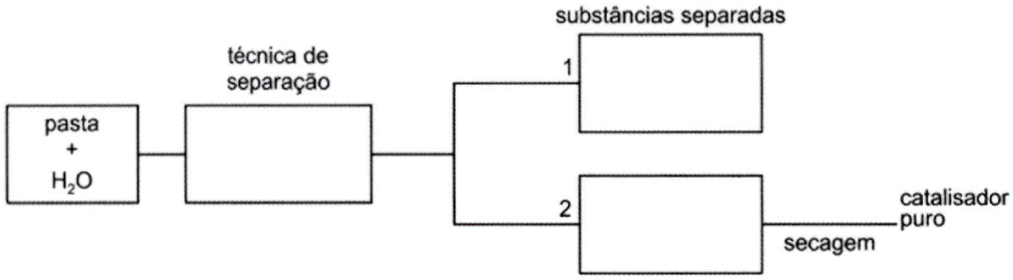


Reprodução/FASM, 2017.

b) Explique por que o grafite pode ser utilizado em procedimentos de eletrólise. Considerando que a folha de zinco é o polo negativo da pilha de Daniell, indique se ele sofre oxidação ou redução durante a descarga dessa pilha.

**6.** (Ufscar-SP) A figura apresenta a eletrólise de uma solução aquosa de cloreto de níquel (II), $NiC\ell_2$.

São dadas as semirreações de redução e seus respectivos potenciais:

$$C\ell_2\ (g) + 2\ e^- \longrightarrow 2\ C\ell_2\ (aq) \qquad E^0 = +1{,}36\ V$$

$$Ni^{2+}\ (aq) + 2\ e^- \longrightarrow Ni\ (s) \qquad E^0 = -0{,}24\ V$$

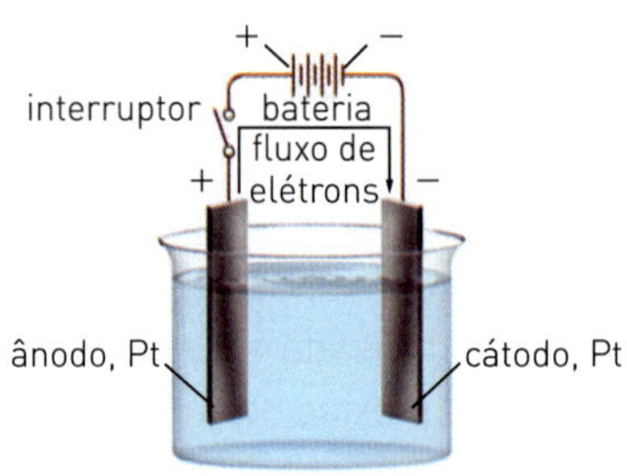


a) Indique as substâncias formadas no ânodo e no cátodo. Justifique.

b) Qual deve ser o mínimo potencial aplicado pela bateria para que ocorra a eletrólise? Justifique.

**7.** (Unifesp) A uma solução aquosa contendo KI suficiente para tornar o meio condutor, foram adicionadas algumas gotas do indicador fenolftaleína. A solução resultante foi eletrolisada com eletrodos inertes, no dispositivo esquematizado ao lado.

São fornecidos os potenciais padrão de redução das espécies químicas presentes na solução, que podem sofrer oxidorredução no processo.

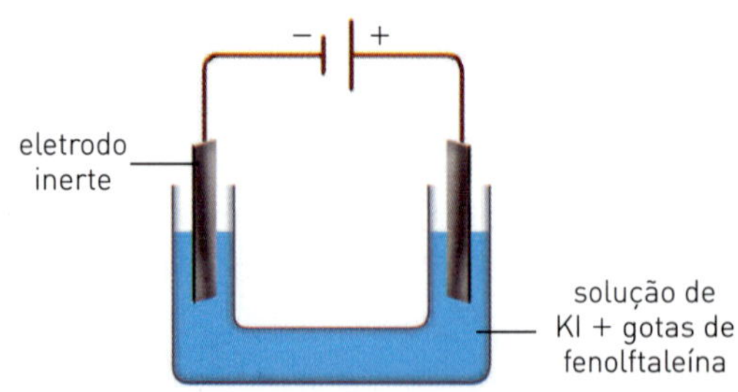


Ilustrações: Luis Moura/Arquivo da editora

$$K^+\ (aq) + e^- \longrightarrow K\ (s) \qquad E^0 = -2{,}93\ V$$

$$2\ H_2O\ (\ell) + 2\ e^- \longrightarrow H_2\ (g) + 2\ OH^-\ (aq) \qquad E^0 = -0{,}83\ V$$

$$I_2\ (s) + 2\ e^- \longrightarrow 2\ I^-\ (aq) \qquad E^0 = +0{,}54\ V$$

$$O_2\ (g) + 4\ H^+\ (aq) + 4\ e^- \longrightarrow 2\ H_2O\ (\ell) \qquad E^0 = +1{,}23\ V$$

Com base nesses dados, pode-se prever que, durante a eletrólise da solução, haverá desprendimento de gás:

a) em ambos os eletrodos, e aparecimento de cor vermelha apenas ao redor do eletrodo negativo.
b) em ambos os eletrodos, e aparecimento de cor vermelha apenas ao redor do eletrodo positivo.
c) em ambos os eletrodos, e aparecimento de cor vermelha também ao redor dos dois eletrodos.
d) somente do eletrodo positivo, e deposição de potássio metálico ao redor do eletrodo negativo.
e) somente do eletrodo negativo, e aparecimento de cor vermelha apenas ao redor do mesmo eletrodo.

**8.** (Unifesp) A figura representa uma célula de eletrólise de soluções aquosas com eletrodo inerte. Também são fornecidos os potenciais padrão de redução ($E^0$) de algumas espécies.

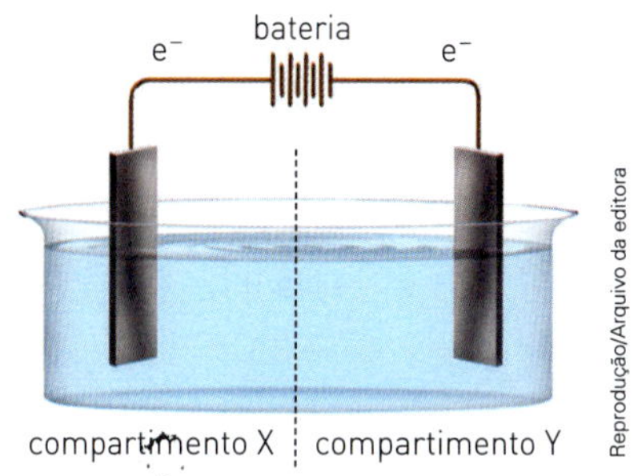


$Na^+ (aq) + e^- \longrightarrow Na (s)$ $\quad E^0 = -2,71$ V

$2 H^+ (aq) + 2 e^- \longrightarrow H_2 (g)$ $\quad E^0 = 0,00$ V

$H_2O (\ell) + \frac{1}{2} O_2 + 2 e^- \longrightarrow 2 OH^- (aq)$ $\quad E^0 = +0,40$ V

$C\ell_2 (g) + 2 e^- \longrightarrow 2 C\ell^- (aq)$ $\quad E^0 = +1,36$ V

Para essa célula, foram feitas as seguintes afirmações:

I. O polo positivo é o eletrodo do compartimento Y.
II. O ânodo é o eletrodo do compartimento X.
III. A ddp para a eletrólise de uma solução aquosa de $NaC\ell$ (aq) é positiva.
IV. Na eletrólise de solução aquosa de $NaC\ell$ (aq) há formação de gás hidrogênio no eletrodo do compartimento Y.
V. Na eletrólise da solução aquosa de $NaC\ell$ (aq) há formação de gás cloro no compartimento X.

São corretas somente as afirmações:

a) I, II, III e IV.
b) I, III e V.
c) I, IV e V.
d) II, III e IV.
e) II, IV e V.

**9.** (Unicamp-SP) A produção mundial de gás cloro é de 60 milhões de toneladas por ano. Um processo eletroquímico moderno e menos agressivo ao meio ambiente, em que se utiliza uma membrana semipermeável, evita que toneladas de mercúrio, utilizado no processo eletroquímico convencional, sejam dispensadas anualmente na natureza. Esse processo moderno está parcialmente esquematizado na figura abaixo.

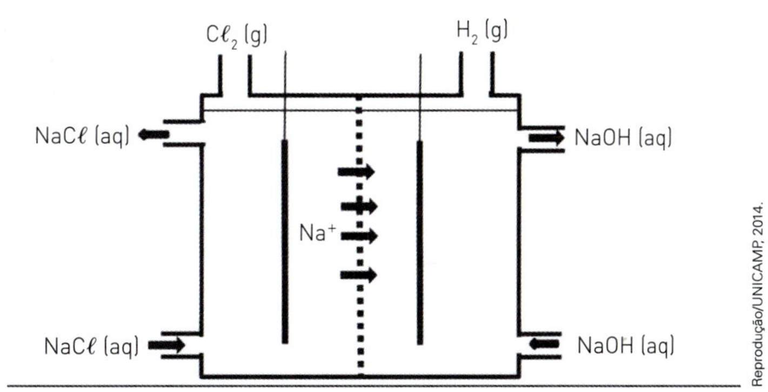


a) Se a produção anual de gás cloro fosse obtida apenas pelo processo esquematizado na figura acima, qual seria a produção de gás hidrogênio em milhões de toneladas?
b) Na figura, falta representar uma fonte de corrente elétrica e a formação de íons $OH^-$. Complete o desenho com essas informações, não se esquecendo de anotar os sinais da fonte e de indicar se ela é uma fonte de corrente alternada ou de corrente contínua.

**10.** (UPF-RS) O uso de cloro na desinfecção de águas foi iniciado com a aplicação do hipoclorito de sódio [$NaC\ell O$ (aq)] e, primeiramente, era empregado somente em casos de epidemias. A partir de 1902, a cloração foi adotada de maneira contínua na Bélgica, e, a partir de 1909, passou a ser utilizado o gás cloro [$C\ell_2$ (g)] armazenado em cilindros revestidos com chumbo. O gás cloro [$C\ell_2$ (g)] pode ser obtido por dois processos de eletrólise: eletrólise da água do mar ou de uma salmoura e eletrólise ígnea de cloreto de sódio fundido.

$Na^+ (\ell) + e^- \rightarrow Na (\ell)$ $\quad E^0_{red} = -2,71$ V

$C\ell_2 (g) + 2\ e^- \rightarrow 2\ C\ell^- (aq)$ $\quad E^0_{red} = -1,36$ V

Considerando os processos de eletrólise e as substâncias químicas relacionadas acima, analise as afirmativas e assinale a correta.

a) Para o preparo de 1 L de uma solução de $NaC\ell O$ (aq) com concentração em quantidade de matéria de 0,6 mol · $L^{-1}$ devem ser dissolvidos 4,466 g do soluto.

b) No processo de eletrólise do $NaC\ell$ ($\ell$) ocorre redução no compartimento do cátodo, sendo este ligado ao polo negativo.

c) Eletrólise é um processo de oxirredução espontâneo no qual ocorre conversão de energia química em energia elétrica.

d) A substância química $NaC\ell$ (s) conduz a corrente elétrica, mesmo no estado sólido, pois apresenta íons em sua estrutura cristalina.

e) A decomposição do cloreto de sódio é um processo espontâneo e sua reação pode ser descrita como: $2\ NaC\ell (\ell) \rightarrow 2\ Na (\ell) + C\ell_2 (g)$ sendo o potencial da célula negativo.

**11.** (UFG-GO) No esquema abaixo, está apresentada a decomposição eletrolítica da água. Nos tubos 1 e 2 formam-se gases incolores em volumes diferentes.

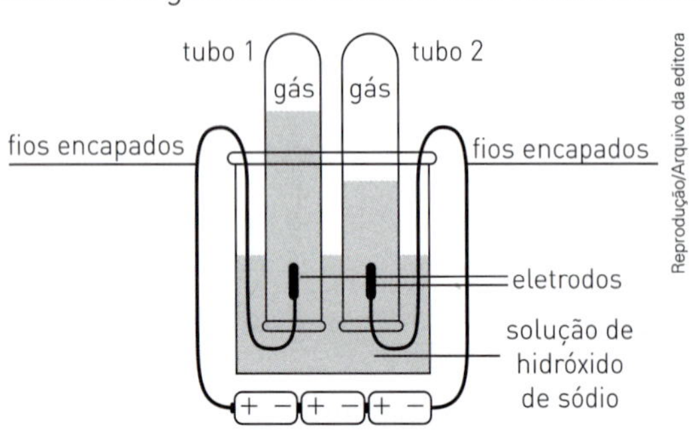


Tendo em vista os dados:

a) identifique os gases formados nos tubos 1 e 2 e calcule os respectivos volumes nas CNTP, considerando a eletrólise de 36 gramas de água;

b) escreva a reação de combustão do gás combustível formado em um dos tubos.

**12.** (Uerj) A eletrólise da ureia, substância encontrada na urina, está sendo proposta como forma de obtenção de hidrogênio, gás que pode ser utilizado como combustível. Observe as semirreações da célula eletrolítica empregada nesse processo, realizado com 100% de rendimento:

- reação anódica:
  $CO(NH_2)_2 + 6\ OH^- \rightarrow N_2 + 5\ H_2O + CO_2 + 6\ e^-$
- reação catódica: $6\ H_2O + 6\ e^- \rightarrow 3\ H_2 + 6\ OH^-$

Considere as seguintes informações:

**1 -** A ureia tem fórmula química $CO(NH_2)_2$ e sua concentração na urina é de 20 g · $L^{-1}$.

**2 -** Um ônibus movido a hidrogênio percorre 1 km com 100 g desse combustível.

Apresente a reação global da eletrólise da ureia. Em seguida, calcule a distância, em quilômetros, percorrida por um ônibus utilizando o combustível gerado na eletrólise de dez mil litros de urina.

**13.** (Fuvest-SP) Em uma oficina de galvanoplastia, uma peça de aço foi colocada em um recipiente contendo solução de sulfato de cromo (III) [$Cr_2(SO_4)_3$] a fim de receber um revestimento de cromo metálico. A peça de aço foi conectada, por meio de um fio condutor, a uma barra feita de um metal X que estava mergulhada em uma solução de um sal do metal X. As soluções salinas dos dois recipientes foram conectadas por meio de uma ponte salina. Após algum tempo, observou-se que uma camada de cromo metálico se depositou sobre a peça de aço e que a barra de metal X foi parcialmente corroída.

A tabela a seguir fornece as massas dos componentes metálicos envolvidos no procedimento:

| | Massa inicial (g) | Massa final (g) |
|---|---|---|
| **Peça de aço** | 100,00 | 102,08 |
| **Barra de metal X** | 100,00 | 96,70 |

a) Escreva a equação química que representa a semirreação de redução que ocorreu neste procedimento.

b) O responsável pela oficina não sabia qual era o metal X, mas sabia que podia ser magnésio (Mg), zinco (Zn) ou manganês (Mn), que formam íons divalentes em solução nas condições do experimento. Determine, mostrando os cálculos necessários, qual desses três metais é X.

CAPÍTULO 21

# Aspectos quantitativos da eletrólise

Tanto em uma célula galvânica como em uma célula eletrolítica, os elétrons são liberados no ânodo, através de um circuito externo, e atingem o cátodo. O número de elétrons que sai do ânodo é igual ao número de elétrons que chega ao cátodo, ou seja, o número de elétrons perdidos por uma espécie será igual ao número de elétrons recebidos por outra.

A relação entre o número de elétrons transferidos e a quantidade de matéria da espécie oxidada ou reduzida foi estabelecida experimentalmente em 1834 por Michael Faraday (1791-1867).

Georgios Kollidas/Shutterstock

Michael Faraday é conhecido por suas descobertas em eletricidade, em magnetismo e em eletroquímica. Após ter de abandonar a escola com apenas 14 anos de idade, foi trabalhar como ajudante de um encadernador de livros. Seu interesse pela ciência ocorreu pela leitura dos livros que encadernava. Foi considerado um dos melhores experimentalistas de todos os tempos. Retrato feito por J. Cook, em cerca de 1845.

Para entendermos essa relação, veja dois exemplos:

1. Na eletrólise em meio aquoso de nitrato de prata ($AgNO_3$) ocorre a deposição do metal prata (Ag), segundo a semirreação:

$$\underset{1\text{ mol}}{1\ Ag^{+}(aq)} + \underset{1\text{ mol}}{1\ e^{-}} \longrightarrow \underset{1\text{ mol}}{1\ Ag(s)}$$

   1 mol de $e^-$ provoca a deposição de 1 mol de Ag (s).

2. Na eletrólise em meio aquoso de nitrato de cobre ($Cu(NO_3)_2$) ocorre a deposição do metal cobre (Cu), segundo a semirreação:

$$\underset{1\text{ mol}}{1\ Cu^{2+}(aq)} + \underset{2\text{ mol}}{2\ e^{-}} \longrightarrow \underset{1\text{ mol}}{1\ Cu(s)}$$

   2 mol de $e^-$ provocam a deposição de 1 mol de Cu (s).

Pelos exemplos podemos notar que:

> A quantidade de uma substância produzida é **proporcional** à quantidade de carga elétrica que circula no circuito.

Em 1909, Robert Andreus Millikan (1868-1953) determinou que a carga elétrica de um elétron em módulo é igual a $1{,}6 \cdot 10^{-19}$ C e, como sabemos que 1 mol de elétrons corresponde a $6{,}02 \cdot 10^{-23}$ $e^-$, a quantidade de carga transportada pela passagem de 1 mol de elétrons é dada pelo produto entre esses dois valores, ou seja:

$$1{,}6 \cdot 10^{-19}\ C \cdot 6{,}02 \cdot 10^{-23} = 9{,}65 \cdot 10^{4}\ C$$

Assim, $9{,}65 \cdot 10^4$ C ou 96 500 C é a quantidade de carga transportada por 1 mol de elétrons, e essa quantidade é denominada **constante de Faraday** (1 F):

$$1\text{ mol de elétrons } (6{,}02 \cdot 10^{23}\ e^{-}) \xrightarrow{\text{transporta}} 9{,}65 \cdot 10^{4}\ C = 1\text{ faraday} = F$$

A quantidade de carga (Q), expressa em coulomb (C), que circula em um circuito elétrico, está relacionada com a intensidade da corrente elétrica (i), expressa em ampère (A), e ao tempo, expresso em segundos (s).

A expressão matemática que mostra essa relação é:

$$\begin{array}{ccccc} Q & = & i & \cdot & t \\ \text{carga} & = & \text{corrente} & \cdot & \text{tempo} \\ (C) & = & (A) & \cdot & (s) \end{array}$$

Veja alguns exemplos relacionados com os aspectos quantitativos da eletrólise.

Thinkstock/Getty Images

A prateação é feita, em geral, entre 60 °C e 80 °C, utilizando sais de prata, como o cianeto de prata (AgCN). Com um custo mais baixo, é possível dar aparência de prata a diversos objetos.

**1º exemplo**

Uma peça de bijuteria recebeu um "banho de prata" (prateação) por um processo eletrolítico. Sabendo que nessa deposição o $Ag^+$ se reduz a Ag e que a quantidade de carga envolvida no processo foi de 0,01 faraday, qual é a massa de prata depositada? (Massa molar: Ag = 108 g · $mol^{-1}$.)

$$Ag^+ + 1\ e^- \longrightarrow Ag$$

Ao receber 1 mol de $e^-$, 1 mol de $Ag^+$ produz 1 mol de Ag.

$$\underset{1\ \text{mol}}{1\ Ag^+}\ (aq) + \underset{1\ \text{mol}}{1\ e^-} \longrightarrow \underset{1\ \text{mol}}{1\ Ag}\ (s)$$

$$1\ \text{mol}\ e^- \xrightarrow{\text{transporta}} 96\,500\ C = 1\ F$$

$$1\ \text{mol}\ e^- \text{———} 1\ \text{mol Ag}$$

$$1\ \text{faraday} \text{———} 108\ g$$

$$0{,}01\ \text{faraday} \text{———} x$$

$$x = \frac{0{,}1\ \cancel{\text{faraday}} \cdot 108\ g}{1\ \cancel{\text{faraday}}}$$

$$x = 1{,}08\ g\ \text{de Ag}$$

**2º exemplo**

Se considerarmos que uma quantidade de carga igual a 9 650 C é responsável pela deposição de cobre quando é feita uma eletrólise de $CuSO_4$ (aq), qual será a massa de cobre depositada?

(Massa molar: Cu = 64 g · $mol^{-1}$.)

$$CuSO_4 \longrightarrow Cu^{2+} + SO_4^{2-}$$

$$Cu^{2-} + 2\ e^- \longrightarrow Cu$$

$$2\ \text{mol de}\ e^-$$

$$2 \cdot (96\,500\ C) \text{———} 64\ g$$

$$9\,650\ C \text{———} x$$

$$x = \frac{9\,650\ \cancel{C} \cdot 64\ g}{2 \cdot 96\,500\ \cancel{C}} \Rightarrow x = 3{,}2\ g\ \text{de Cu}$$

**3º exemplo**

Em uma pilha de *flash* antiga, o eletrólito está contido em uma lata de zinco, que funciona como um dos eletrodos. Que massa de Zn é oxidada a $Zn^{2+}$ durante a descarga desse tipo de pilha, por um período de 30 minutos, envolvendo uma corrente de $5{,}36 \cdot 10^{-1}$ A?

(Massa molar: Zn = 65 g · $mol^{-1}$.)

Inicialmente, como foram fornecidos o tempo e a corrente, devemos calcular a carga que circulou.

$$\underset{\substack{\text{carga}\\ C}}{\underset{\downarrow}{Q}} = \underset{\substack{\text{corrente}\\ A}}{\underset{\downarrow}{i}} \cdot \underset{\substack{\text{tempo}\\ s}}{\underset{\downarrow}{t}}$$

$$\begin{cases} t = 30\ \text{min} = 30\ \cancel{\text{min}} \cdot \dfrac{60\ s}{\cancel{\text{min}}} = 1800\ s \\ i = 5{,}36 \cdot 10^{-1}\ A \end{cases}$$

$$Q = 5{,}36 \cdot 10^{-1}\ A \cdot 1800\ s$$

$$Q = 965\ \underbrace{A \cdot s}$$

$$Q = 965\ C$$

Vamos relacionar a quantidade de carga com os mol de elétrons da equação.

$$Zn \longrightarrow Zn^{2+} + 2\ e^-$$
$$1\ mol \text{ —— } 2\ mol\ de\ e^-$$
$$65\ g \text{ —— } 2\ (96\,500\ C)$$
$$x = \frac{965\ C \cdot 65\ g}{2 \cdot 96\,500\ C} \Rightarrow x = 3{,}25 \cdot 10^{-1}\ g\ de\ Zn$$

## Exercícios resolvidos

1. (UFMG) Considere a eletrólise de 200 mL de solução 0,10 mol/L de sulfato de cobre II, numa cuba com eletrodos de platina, por uma corrente de 0,20 A. (1 faraday = 96 500 C/mol de $e^-$)

a) Escreva a equação da semirreação catódica.

b) Escreva a equação da semirreação anódica.

c) Calcule o tempo necessário para reduzir à metade a concentração dos íons $Cu^{2+}$.

**Solução**

Devemos inicialmente escrever a dissociação do $CuSO_4$ e a ionização da água:

$$CuSO_4 \longrightarrow Cu^{2+} + SO_4^{2-}$$
$$H_2O \longrightarrow H^+ + OH^-$$

| | Cátodo | Ânodo |
|---|---|---|
| **Migração de íons** | $Cu^{2+}$ e $H^+$ | $SO_4^{2-}$ e $OH^-$ |
| **Facilidade de descarga** | $Cu^{2+} > H^+$ | $OH^- > SO_4^{2-}$ |
| **Semirreação** | $Cu^{2+} + 2\ e^- \xrightarrow{\text{redução}} Cu$ | $2\ OH^- \xrightarrow{\text{oxidação}} H_2O + \frac{1}{2}\ O_2 + 2\ e^-$ |
| **Permanece na solução** | $H^+$ | $SO_4^{2-}$ |

a) $Cu^{2+} + 2\ e^- \longrightarrow Cu$

b) $2\ OH^- \longrightarrow H_2O + O_2 + 2\ e^-$

c) A solução inicial apresentava um volume de 200 mL (0,2 L) e concentração 0,10 mol/L de $CuSO_4$ por litro:

$$0{,}10\ mol\ de\ CuSO_4 = 0{,}10\ mol\ de\ Cu^{2+} \text{ ———— } 1\ L$$
$$x \text{ ———— } 0{,}2\ L$$
$$x = \frac{0{,}2\ \cancel{L} \cdot 0{,}10\ mol\ de\ Cu^{2+}}{1\ \cancel{L}}$$
$$x = 0{,}02\ mol\ de\ Cu^{2+}\ (\text{na solução inicial})$$

Para que a concentração de íons $Cu^{2+}$ se reduza à metade, deveremos ter o consumo de 0,01 mol de $Cu^{2+}$:

$$\underset{1\ mol}{Cu^{2+}} + \underset{2\ mol}{2\ e^-} \longrightarrow Cu$$
$$1\ mol \text{ ———— } 2 \cdot (96\,500\ C)$$
$$0{,}001\ mol \text{ ———— } x$$
$$x = \frac{0{,}001\ mol \cdot 2 \cdot 96\,500\ C}{1\ mol} \Rightarrow x = 1930\ C$$

Como: $Q = i \cdot t$ $\quad i = 0{,}20\ A$

$(C) = (A) \cdot (s)$ $\quad Q = 1930\ C$

temos: $t = \frac{Q}{i} = \frac{1930\ C}{0{,}20\ A} \Rightarrow t = 9\,650\ s$

**2.** (Vunesp-SP) No laboratório, foi feita a montagem esquematizada na figura, utilizando placas de crômio e de cobalto, dois eletrodos inertes, uma chave interruptora e uma bateria. Os dois recipientes contêm, respectivamente, soluções aquosas de sais de crômio e de cobalto.

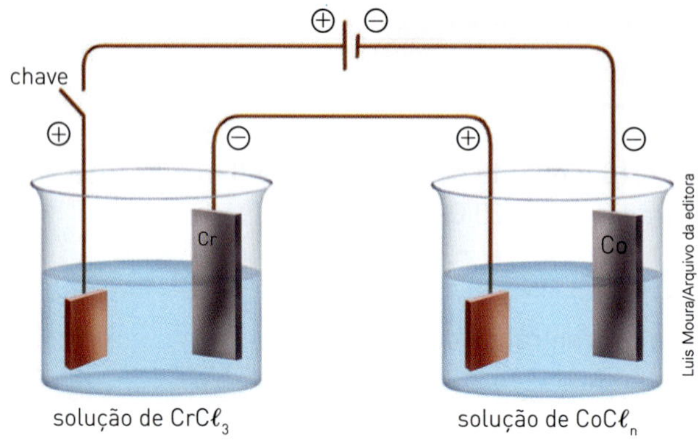


O circuito foi ligado durante certo tempo, após o qual se verificaram aumentos de massa de 0,3467 g na placa de crômio e de 0,5906 g na placa de cobalto. A partir desses resultados, um estudante fez as seguintes afirmações:

a) A carga do cobalto em seu sal é igual a +2.

b) Considerando a eficiência do processo igual a 100%, pode-se calcular que circulou uma carga igual a 1 930 coulombs pela montagem.

Com base nos dados fornecidos, discuta e justifique se as afirmações do estudante são verdadeiras ou falsas.

(1 faraday = 96 500 coulombs; massas molares, em g/mol: Cr = 52; Co = 59)

**Solução**

a) Como as cubas estão ligadas em série, a carga que circula é a mesma em ambas.

A respeito da deposição do crômio, temos que:

$$Cr^{3+} + 3\,e^- \longrightarrow Cr$$
$$3\text{ mol} \text{ — } 1\text{ mol}$$
$$3\text{ mol} \text{ — } 52\text{ g}$$
$$x \text{ — } 0{,}3467\text{ g}$$
$$x = 0{,}02\text{ mol de } e^-$$

Como a carga que circula é a mesma, o número de mol de $e^-$ também será o mesmo.

$$Co^{n+} + n\,e^- \longrightarrow Co$$
$$n\,e^- \text{ — } 1\text{ mol}$$
$$n\,e^- \text{ — } 59\text{ g}$$
$$0{,}02\text{ mol} \text{ — } 0{,}5906\text{ g}$$
$$n = 2 \Rightarrow \text{ o item a é correto}$$

b)
$$1\text{ mol de } e^- \text{ — } 96\,500\text{ C}$$
$$0{,}02\text{ mol de } e^- \text{ — } x$$
$$x = 1930\text{ C} \Rightarrow \text{ o item b é correto}$$

## Fundamentando seus conhecimentos

A respeito do processo abaixo, responda às questões **1** a **3**.

A ilustração mostra como um objeto pode ser recoberto por prata:

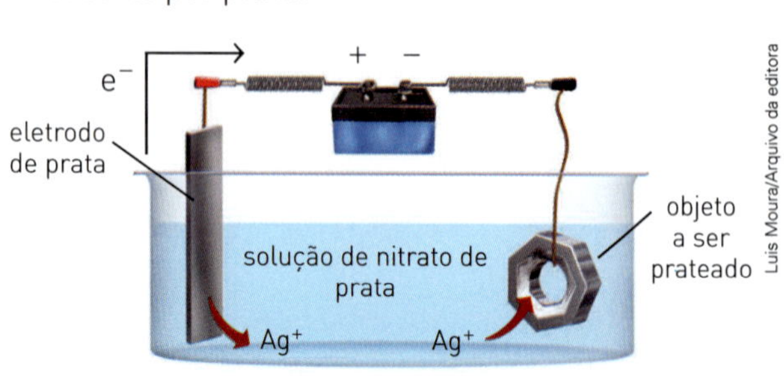


Uma das reações que ocorrem nesse processo pode ser representada por:

$$Ag^+\,(aq) + 1\,e^- \longrightarrow Ag\,(s)$$

**1.** O esquema seguinte relaciona o número de mol, a carga e a massa nesse processo.

(Massa molar Ag = 108 g · $mol^{-1}$.)

$$Ag^+ + 1\,e^- \longrightarrow Ag$$
$$1\text{ mol} \text{ — } 1\text{ mol}$$
$$x\text{ C} \text{ — } 1\text{ mol}$$
$$x\text{ C} \text{ — } 108\text{ g}$$
$$193\,000\text{ C} \text{ — } y\text{ g}$$

Determine os valores de x e y.

**2.** Foi feita uma prateação durante 1 000 s utilizando-se uma corrente de 0,965 A. Determine a carga que circulou no sistema.

**3.** Calcule a massa de prata depositada na prateação descrita no exercício anterior.

# Desenvolvendo seus conhecimentos

**1.** Calcule a massa de sódio metálico depositada por uma corrente de 9,65 A que atravessa, durante 10 minutos, uma massa de $NaC\ell$ fundido.
Dados: massa molar Na = 23 g · mol$^{-1}$;
1 F = 96 500 C.

$$Na^+ + e^- \longrightarrow Na$$

**2.** O cobre metálico utilizado como condutor elétrico apresenta um elevado grau de pureza. No processo de obtenção dessa pureza, por via eletrolítica, os íons cobre II são reduzidos a cobre metálico. Equacione a reação mencionada e calcule a massa de cobre depositada quando circula pela cuba eletrolítica um mol de elétrons.
Dado: massa molar Cu = 63,5 g · mol$^{-1}$.

**3.** Calcule o tempo aproximado, em horas, para que ocorra a deposição de 11,43 g de ferro metálico, quando circula em uma corrente de 9,65 A, através de uma solução aquosa de $FeC\ell_2$.
Dado: massa molar Fe = 56 g · mol$^{-1}$.

$$Fe^{2+} + 2\,e^- \longrightarrow Fe$$

**4.** Três cubas eletrolíticas estão ligadas em série, contendo, respectivamente, $AgNO_3$, $NiC\ell_2$ e $CuSO_4$. Sabendo que na primeira cuba foram depositados 2,16 g de prata metálica, calcule a massa de níquel metálico depositado na segunda cuba e a massa de cobre metálico na terceira cuba.
Dados: massas molares Ag = 108 g · mol$^{-1}$; Ni = 58,7 g · mol$^{-1}$; Cu = 63,5 g · mol$^{-1}$.

**5.** (Uepa) Um artesão de joias utiliza resíduos de peças de ouro para fazer novos modelos. O procedimento empregado pelo artesão é um processo eletrolítico para recuperação desse tipo de metal. Supondo que este artesão, trabalhando com resíduos de peças de ouro, solubilizados em solventes adequados, formando uma solução contendo íons $Au^{3+}$, utilizou uma cuba eletrolítica na qual aplicou uma corrente elétrica de 10 A por 482,5 minutos, obtendo como resultado ouro purificado.

Dados: Au = 197 g/mol; constante de Faraday = = 96 500 C/mol.

O resultado obtido foi:

a) 0,197 gramas de Au.
b) 1,97 gramas de Au.
c) 3,28 gramas de Au.
d) 197 gramas de Au.
e) 591 gramas de Au.

**6.** (Uern) Para cromar uma chave, foi necessário montar uma célula eletrolítica contendo uma solução aquosa de íon de cromo ($Cr^{2+}$) e passar pela célula uma corrente elétrica de 15,2 A. Para que seja depositada na chave uma camada de cromo de massa igual a 0,52 grama, o tempo, em minutos, gasto foi de, aproximadamente:
(Considere a massa atômica do Cr = 52 g/mol; 1 F = 96 500 C).

a) 1.
b) 2.
c) 63.
d) 127.

**7.** (UFRN) Já quase na hora da procissão, Padre Inácio pediu a Zé das Joias que dourasse a coroa da imagem da padroeira com meio grama de ouro. Pouco depois, ainda chegou Dona Nenzinha, também apressada, querendo cromar uma medalha da santa, para usá-la no mesmo evento religioso. Diante de tanta urgência, o ourives resolveu fazer, ao mesmo tempo, ambos os serviços encomendados. Então, ligou, em série, duas celas eletroquímicas que continham a coroa e a medalha, mergulhadas nas respectivas soluções de tetracloreto de ouro ($AuC\ell_4$) e cloreto crômico ($CrC\ell_3$), como se vê na figura abaixo.

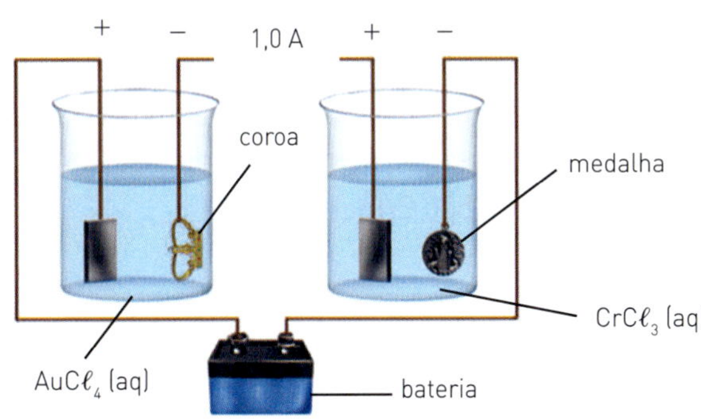


Reprodução/Arquivo da editora

Sabendo que durante a operação de galvanoplastia circulou no equipamento uma corrente de 1,0 A, responda às solicitações abaixo:

I. Escreva as semirreações de redução dos cátions as quais ocorreram durante os processos de douração e cromação.
II. Calcule quantos minutos serão gastos para dourar a coroa com meio grama de ouro.

**8.** (UFPE) Dário Belo, um torcedor fanático, no ano em que seu time foi campeão, ouviu seguidas vezes a narração do gol da vitória, narrado pelo saudoso e inigualável "Gandulão de Ouro". Admita que o desgaste sofrido pela cápsula de zinco da pilha, apenas para Dário Belo ouvir as várias repetições da narração do gol, foi de 0,327 g. Sabendo-se que a corrente elétrica fornecida pela pilha é constante e igual a 0,2 ampère, e que a narração do gol levou exatos 25 s, qual o número de vezes que o fanático Dário Belo ouviu a narração do gol? (Dado: Zn = 65,4 u.)

a) 100
b) 193
c) 1 000
d) 10 000
e) 300

**9.** (UCS-RS) Halogênios são muito reativos e por esse motivo não são encontrados na natureza na forma de substâncias simples. Entretanto, eles podem ser obtidos industrialmente a partir de um processo conhecido como eletrólise ígnea. No caso do cloro, esse processo é realizado em uma cuba eletrolítica com o cloreto de sódio fundido. Aproximadamente 12 milhões de toneladas de $C\ell_2$ são produzidas anualmente nos Estados Unidos. Cerca de metade desse cloro é utilizada na fabricação de compostos orgânicos halogenados, enquanto o restante é empregado como alvejante na indústria do papel e de tecidos. O volume de $C\ell_2$ medido nas CNTP quando uma corrente elétrica de intensidade igual a 10 ampères atravessa uma cuba eletrolítica contendo cloreto de sódio fundido durante 965 segundos é de:

Dado: F = 96 500 C/mol.

a) 0,71 L.
b) 1,12 L.
c) 2,24 L.
d) 3,55 L.
e) 4,48 L.

**10.** (UFRJ) Em uma aula demonstrativa, um professor fez passar, durante 60 minutos, uma corrente de 1,34 A por uma cuba eletrolítica que continha uma solução aquosa de cloreto de sódio; como resultado, obteve um gás em cada eletrodo.

Sabendo que a carga elétrica total que passa pela cuba durante a experiência é suficiente para produzir 0,05 g de gás no cátodo, calcule o volume em litros ocupado por este gás nas CNTP. (Massas molares em g/mol: H = 1; O = 16; $C\ell$ = 35,5.)

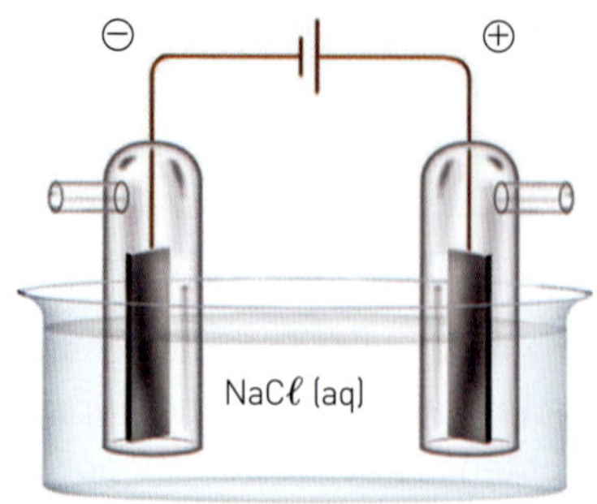


Reprodução/Arquivo da editora

**11.** (Unicamp-SP) A *Revista* nº 126 veiculou uma notícia sobre uma máquina de lavar que deixa as roupas limpas sem a necessidade de usar produtos alvejantes e elimina praticamente todas as bactérias dos tecidos. O segredo do equipamento é a injeção de íons prata durante a operação de lavagem. A corrente elétrica passa por duas chapas de prata, do tamanho de uma goma de mascar, gerando íons prata, que são lançados na água durante os ciclos de limpeza.

a) No seu *site*, o fabricante informa que a máquina de lavar fornece 100 quadrilhões ($100 \cdot 10^{15}$) de íons prata a cada lavagem. Considerando que a máquina seja utilizada 3 vezes por semana, quantos gramas de prata são lançados no ambiente em um ano (52 semanas)?

b) Considere que a liberação de íons $Ag^+$ em função do tempo se dá de acordo com o gráfico abaixo. Calcule a corrente em ampères (C/s) em que a máquina está operando na liberação dos íons. Mostre seu raciocínio.

Dados: F = 96 500 C · $mol^{-1}$; constante de Avogadro = $6,02 \cdot 10^{23}$ $mol^{-1}$.

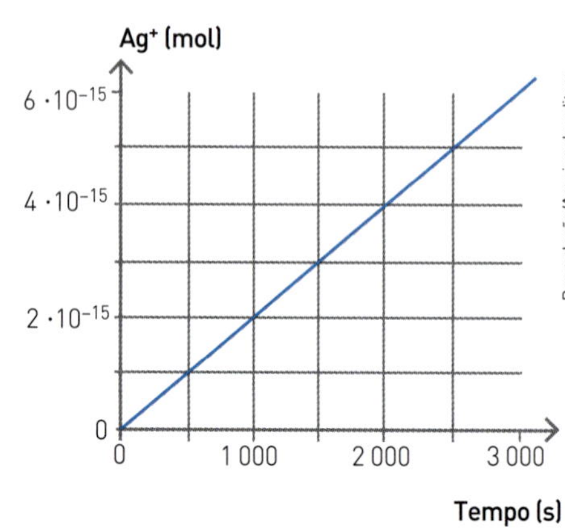


Reprodução/Arquivo da editora

## Desafiando seus conhecimentos

1. (Espcex/Aman) No ano de 2014, os alunos da Espcex realizaram um experimento de eletrólise durante uma aula prática no Laboratório de Química. Nesse experimento, foi montado um banho eletrolítico, cujo objetivo era o depósito de cobre metálico sobre um clipe de papel, usando no banho eletrolítico uma solução aquosa 1 mol $\cdot L^{-1}$ de sulfato de cobre II. Nesse sistema de eletrólise, por meio de uma fonte externa, foi aplicada uma corrente constante de 100 mA durante 5 minutos.
Após esse tempo, a massa aproximada de cobre depositada sobre a superfície do clipe foi de:
Dados: massa molar Cu = 64 g/mol;
1 faraday = 96 500 C.
a) 2,401g.
b) 1,245 g.
c) 0,987 g.
d) 0,095 g.
e) 0,010 g.

2. (Espcex/Aman) Algumas peças de motocicletas, bicicletas e automóveis são cromadas. Uma peça automotiva recebeu um "banho de cromo", cujo processo denominado cromagem consiste na deposição de uma camada de cromo metálico sobre a superfície da peça. Sabe-se que a cuba eletrolítica empregada nesse processo (conforme a figura abaixo), é composta de peça automotiva ligada ao cátodo (polo negativo), um eletrodo inerte ligado ao ânodo e uma solução aquosa de 1 mol $\cdot$ $L^{-1}$ de $CrC\ell_3$.

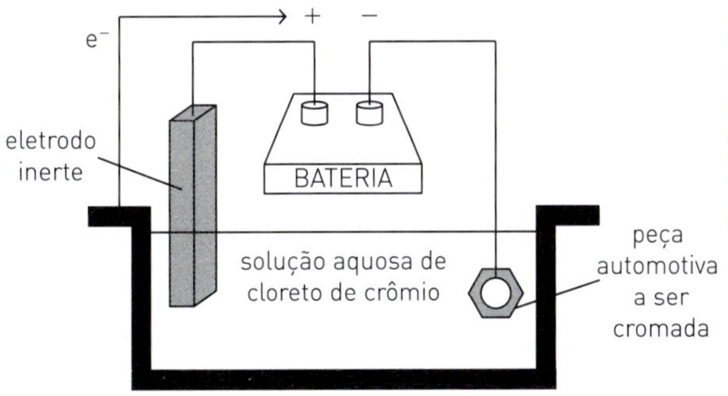

Reprodução/Arquivo da editora

Supondo que a solução esteja completamente dissociada e que o processo eletrolítico durou 96,5 min sob uma corrente de 2 A, a massa de cromo depositada nessa peça foi de:

$$Cr^{3+} (aq) + 3\,e^- \longrightarrow Cr^0$$

Dados: massas atômicas Cr = 52 u e $C\ell$ = 35,5 u;
1 faraday = 96 500 C/mol de $e^-$
a) 0,19 g.
b) 0,45 g.
c) 1,00 g.
d) 2,08 g.
e) 5,40 g.

3. (PUC-RJ) Considerando 1 F = 96 500 C (quantidade de eletricidade relativa a 1 mol de elétrons), na eletrólise ígnea do cloreto de alumínio, $A\ell C\ell_3$, a quantidade de eletricidade, em Coulomb, necessária para produzir 21,6 g de alumínio metálico é igual a:
a) 61 760 C.
b) 154 400 C.
c) 231 600 C.
d) 308 800 C.
e) 386 000 C.

4. (UPM-SP) Pode-se niquelar (revestir com uma fina camada de níquel) uma peça de um determinado metal. Para esse fim, devemos submeter um sal de níquel (II), normalmente o cloreto, a um processo denominado eletrólise em meio aquoso. Com o passar do tempo, ocorre a deposição de níquel sobre a peça metálica a ser revestida, gastando-se certa quantidade de energia. Para que seja possível o depósito de 5,87 g de níquel sobre determinada peça metálica, o valor da corrente elétrica utilizada, para um processo de duração de 1 000 s, é de:
Dados: Constante de Faraday = 96 500 C; massa molar em (g/mol): Ni = 58,7
a) 9,65 A.
b) 10,36 A.
c) 15,32 A.
d) 19,30 A.
e) 28,95 A.

5. (UFPR) As baterias são indispensáveis para o funcionamento de vários dispositivos do dia a dia. A primeira bateria foi construída por Alessandro Volta em 1800, cujo dispositivo consistia numa pilha de discos de zinco e prata dispostos alternadamente, contento espaçadores de papelão embebidos em solução salina. Daí vem o nome "pilha" comumente utilizado.

Dados:

| | | $E^0$ (V) |
|---|---|---|
| $Ag^+ + e^- \longrightarrow Ag$ | | 0,80 |
| $Zn^{2+} + 2\,e^- \longrightarrow Zn$ | | −0,76 |

$1\ A = C \cdot s^{-1}$; $1\ F = 96\,500\ C \cdot mol^{-1}$; Massa molar ($g \cdot mol^{-1}$): Ag = 108; Zn = 65.

a) De posse dos valores de potencial padrão de redução ($E^0$), calcule o potencial padrão da pilha de Zn/Ag.

b) Considere que, com uma pilha dessas, deseja-se manter uma lâmpada acesa durante uma noite (12 h). Admita que não haverá queda de tensão e de corrente durante o período. Para mantê-la acesa, a corrente que passa pela lâmpada é de 10 mA. Calcule a massa de zinco que será consumida durante esse período.

**6.** (Acafe-SC) O cromo é usado na galvanoplastia revestindo estruturas metálicas pelo processo de eletrodeposição. 867 mg de cromo metálico foram depositados sobre um metal em solução ácida que contém óxido de cromo VI sob corrente de 5 A.

$$CrO_3\ (aq) + 6\ H^+\ (aq) + 6\ e^- \rightarrow Cr\ (s) + 3\ H_2O$$

Assinale a alternativa que contém o tempo necessário para a realização desse processo.

Dados: 1 F = 96 500 C; Cr: 52 g/mol; O: 16 g/mol.

a) 16 minutos e 44 segundos.
b) 19 minutos e 30 segundos.
c) 5 minutos e 22 segundos.
d) 32 minutos e 10 segundos.

**7.** (IME-RJ) Uma empresa de galvanoplastia produz peças especiais recobertas com zinco. Sabendo que cada peça recebe 7 g de Zn, que é utilizada uma corrente elétrica de 0,7 A e que a massa molar do zinco é igual a 65 g/mol, qual o tempo necessário para o recobrimento dessa peça especial?

(Constante de Faraday: $1\ F = 96\,500\ C \cdot mol^{-1}$).

a) 4 h e 45 min
b) 6 h e 30 min
c) 8 h e 15 min
d) 10 h e 30 min
e) 12 h e 45 min

**8.** (ITA-SP) Deseja-se depositar uma camada de 0,85 g de níquel metálico no cátodo de uma célula eletrolítica, mediante a passagem de uma corrente elétrica de 5 A através de uma solução aquosa de nitrato de níquel. Assinale a opção que apresenta o tempo necessário para esta deposição, em minutos.

a) 4,3
b) 4,7
c) 5,9
d) 9,3
e) 17,0

**9.** (Vunesp-SP) Em um experimento, um estudante realizou, nas Condições Ambiente de Temperatura e Pressão (CATP), a eletrólise de uma solução aquosa de ácido sulfúrico, utilizando uma fonte de corrente elétrica contínua de 0,200 A durante 965 s. Sabendo que a constante de Faraday é 96 500 C/mol e que o volume molar de gás nas CATP é 25 000 mL/mol, o volume de $H_2$ (g) desprendido durante essa eletrólise foi igual a:

a) 30,0 mL.
b) 45,0 mL.
c) 10,0 mL.
d) 25,0 mL.
e) 50,0 mL.

**10.** (Acafe-SC) Sob condições apropriadas em uma cuba eletrolítica ocorreu a eletrólise de uma solução aquosa de sulfato de cobre II. Nesse processo ocorreram a formação de 6,35 g de cobre e o desprendimento de um gás.

Dados: O = 16 g/mol; Cu = 63,5 g/mol.

semirreação catódica: $Cu^{2+}\ (aq) + 2\ e^- \rightarrow Cu\ (s)$

semirreação anódica:

$$2\ H_2O\ (\ell) \longrightarrow O_2\ (g) + 4\ e^- + 4\ H^+\ (aq)$$

O volume do gás produzido quando medido nas CNTP é:

a) 2,24 L.
b) 1,12 L.
c) 6,35 L.
d) 3,2 L.

**11.** (Uece) Duas células galvânicas ligadas em série contêm, respectivamente, íons $Cu^{2+}$ e $Au^{3+}$. No cátodo da primeira são depositados 0,0686 g de cobre. A massa de ouro que será depositada, ao mesmo tempo, no cátodo da outra célula, em gramas, será, aproximadamente:

a) 0,140.
b) 0,280.
c) 0,430.
d) 0,520.

**12.** (FPP/MED-PR)

Eletrólise é uma reação não espontânea provocada pelo fornecimento de energia elétrica proveniente de um gerador (pilhas). A eletrólise possui muitas aplicações na indústria química, na produção de metais, como sódio, magnésio, potássio, alumínio etc., também na produção de não metais como cloro e o flúor e, ainda, substâncias como o hidróxido de sódio (soda cáustica) e peróxido de hidrogênio (água oxigenada) e a deposição de finas películas de metais sobre peças metálicas ou plásticas. Essa técnica de deposição em metais é conhecida como galvanização. Os mais comuns são as deposições de cromo (cromagem), níquel (niquelagem), prata (prateação), ouro (dourar), usadas em grades, calotas de carros, emblemas, peças de geladeira, joias, aparelhos de som. É utilizada também na purificação ou refino eletrolítico de muitos metais, como cobre e chumbo e no processo de anodização, que nada mais é do que uma oxidação forçada da superfície de um metal para que seja mais resistente à corrosão.

Disponível em: <http://www.soq.com.br/>.

Temos como exemplo a eletrólise em série, com três cubas eletrolíticas, contendo respectivamente as seguintes soluções químicas: na primeira cuba, sulfato de cobre; na segunda cuba, cloreto de alumínio; e na terceira cuba, clorato de prata. Analisando o texto, assinale a alternativa que mostra a massa total dos metais, em gramas, depositados nestas três cubas eletrolíticas, ligadas em série, quando submetidas a uma corrente de 6 A durante um tempo de 0,672 horas.

Dados: Cu = 63,5; Aℓ = 27; Ag = 108;

1 F = 96 500 C.

a) 22,366
b) 27,3
c) 28,4
d) 29,11
e) 30,15

**13.** (UPE) Segundo o Conselho Nacional do Meio Ambiente – CONAMA, a concentração de íons cobre, dissolvidos numa água classificada como doce, não pode ser superior a 0,009 mg de $Cu^{2+}$ por litro de água. Num determinado processo industrial, a concentração de íons $Cu^{2+}$ no efluente é igual a 350 mg/L.

A equipe técnica da indústria optou por usar um processo de eletrodeposição para reduzir a concentração de íons cobre no efluente. Para isso, utilizou corrente elétrica igual a 10 A por 2 horas 40 min e 50 s, considerando-se um volume de 100 litros de efluente.

Dados: Massa atômica: Cu = 63,5 u;

1 F = 96 500 C/mol; $Q = i \cdot t$

Considerando o processo de eletrodeposição descrito, assinale a alternativa que apresenta a afirmativa CORRETA.

a) 95% dos íons $Cu^{2+}$ presentes no efluente foram eletrodepositados.
b) Após a eletrodeposição, a concentração de íons $Cu^{2+}$ é igual a 32,5 mg/L.
c) A concentração de íons $Cu^{2+}$ é dez vezes maior que a estabelecida pelo CONAMA.
d) A concentração de íons $Cu^{2+}$ dissolvidos no efluente não é alterada pelo processo de eletrodeposição.
e) A equipe técnica atuou corretamente, uma vez que a concentração de íons $Cu^{2+}$ ficou abaixo da estabelecida pelo CONAMA.

**14.** (UPM-SP) Utilizando eletrodos inertes, foram submetidas a uma eletrólise aquosa em série duas soluções aquosas de nitrato, uma de níquel (II) e outra de um metal Z, cuja carga catiônica é desconhecida. Após 1 hora, 20 minutos e 25 segundos, utilizando uma corrente de 10 A, foram obtidos 14,500 g de níquel (II) e 25,875 g do metal Z.

Dados: massas molares (g/mol) Ni = 58 e Z = 207;

1 faraday = 96 500 C

De acordo com essas informações, é correto afirmar que a carga iônica do elemento químico Z é igual a:

a) +1.
b) +2.
c) +3.
d) +4.
e) +5.

Leia o texto para responder a próxima questão.

O valor da Constante de Avogadro é determinado experimentalmente, sendo que os melhores valores resultam da medição de difração de raios X de distâncias reticulares em metais e em sais. O valor obtido mais recentemente e recomendado é $6,02214 \cdot 10^{23}$ $mol^{-1}$.

Um modo alternativo de se determinar a Constante de Avogadro é utilizar experimentos de eletrólise. Essa determinação se baseia no princípio enunciado por Michael Faraday (1791-1867), segundo o qual a quantidade de produto formado (ou reagente consumido) pela eletrólise é diretamente proporcional à carga que flui pela célula eletrolítica.

Observe o esquema que representa uma célula eletrolítica composta de dois eletrodos de zinco metálico imersos em uma solução 0,10 mol · $L^{-1}$ de sulfato de zinco ($ZnSO_4$). Os eletrodos de zinco estão conectados a um circuito alimentado por uma fonte de energia (CC), com corrente contínua, em série com um amperímetro (Amp) e com um resistor (R) com resistência ôhmica variável.

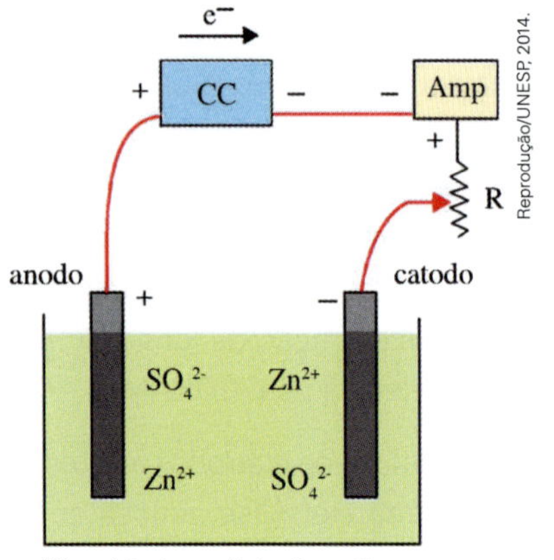


(Ilhami Ceyhun e Zafer Karagölge. www.tudes.org. Adaptado.)

**15.** (Vunesp-SP) Após a realização da eletrólise aquosa, o eletrodo de zinco que atuou como catodo no experimento foi levado para secagem em uma estufa e, posteriormente, pesado em uma balança analítica. Os resultados dos parâmetros medidos estão apresentados na tabela.

| parâmetro | medida |
|---|---|
| carga | 168 C |
| massa do eletrodo de Zn inicial (antes da realização da eletrólise) | 2,5000 g |
| massa do eletrodo de Zn final (após a realização da eletrólise) | 2,5550 g |

Escreva a equação química balanceada da semirreação que ocorre no catodo e calcule, utilizando os dados experimentais contidos na tabela, o valor da Constante de Avogadro obtida.

Dados: Massa molar, em g · $mol^{-1}$: Zn = 65,4.

Carga do elétron, em C · $elétron^{-1}$: $1{,}6 \cdot 10^{-19}$.

**16.** (Fuvest-SP) A determinação da carga do elétron pode ser feita por método eletroquímico, utilizando a aparelhagem representada na figura abaixo. Duas placas de zinco são mergulhadas em uma solução aquosa de sulfato de zinco ($ZnSO_4$). Uma das placas é conectada ao polo positivo de uma bateria. A corrente que flui pelo circuito é medida por um amperímetro inserido entre a outra placa de Zn e o polo negativo da bateria. A massa das placas é medida antes e depois da passagem de corrente elétrica por determinado tempo. Em um experimento, utilizando essa aparelhagem, observou-se que a massa da placa, conectada ao polo positivo da bateria, diminuiu de 0,0327 g. Este foi, também, o aumento de massa da placa conectada ao polo negativo.

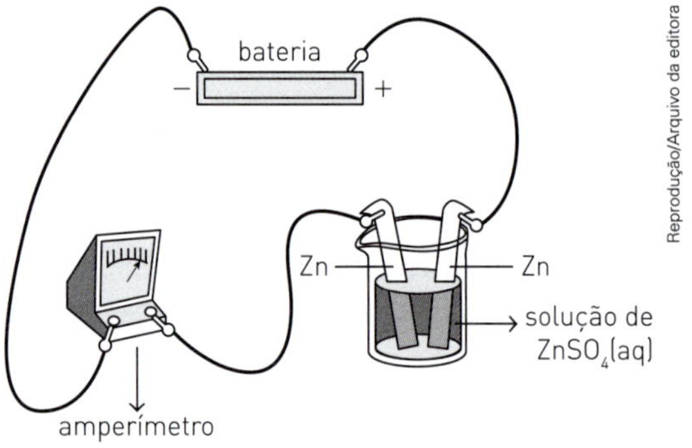


a) Descreva o que aconteceu na placa em que houve perda de massa e também o que aconteceu na placa em que houve ganho de massa.
b) Calcule a quantidade de matéria de elétrons (em mol) envolvida na variação de massa que ocorreu em uma das placas do experimento descrito.
c) Nesse experimento, fluiu pelo circuito uma corrente de 0,050 A durante 1 920 s. Utilizando esses resultados experimentais, calcule a carga de um elétron.

**17.** (UEL-PR) Em uma célula eletrolítica contendo solução de $NiSO_4$ foram imersos dois eletrodos inertes.

Determine a massa de níquel metálico e a de gás oxigênio produzidas após a passagem, pela célula, de uma corrente de 4,0 A durante 1,0 h.

Dados: 1 mol de Ni = 58,7 gramas; 1 mol de $O_2$ = 32,0 gramas.

$Ni^{2+} + 2\,e^- \longrightarrow Ni(s)$ $\quad E^0 = -0{,}26$ V

$4\,e^- + O_2(g) + 4\,H^+ \longrightarrow 2\,H_2O$ $\quad E^0 = 1{,}23$ V

Apresente os cálculos realizados na resolução da questão.

**18.** (Espcex/Aman) Duas cubas eletrolíticas distintas, uma contendo eletrodos de níquel (Ni) e solução aquosa de $NiSO_4$ e outra contendo eletrodos de prata (Ag) e solução aquosa de $AgNO_3$, estão ligadas em série, conforme mostra a figura a seguir.

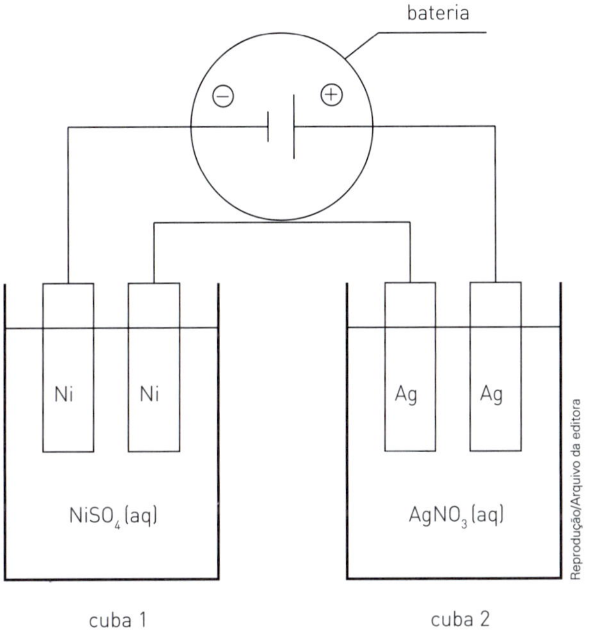


Esse conjunto de cubas em série é ligado a uma bateria durante um certo intervalo de tempo, sendo observado um incremento de 54 g de massa de prata em um dos eletrodos de prata. Desse modo, o incremento da massa de níquel em um dos eletrodos de níquel é de:

Dados: Constante de Faraday = 96 500 coulombs/mol de elétrons; Massa molar do níquel = 59 g/mol; Massa molar da prata = 108 g/mol.

a) 59,32 g.
b) 36,25 g.
c) 14,75 g.
d) 13,89 g.
e) 12,45 g.

**19.** (UFPR) Alternativas promissoras às pilhas e baterias para armazenamento de energia são os supercapacitores e ultracapacitores. Um supercapacitor é um dispositivo com capacidade de armazenamento de energia muito superior a capacitores comuns.

Enquanto capacitores comuns têm sua capacitância medida na ordem de mF (F = Farad), um supercapacitor possui capacitâncias da ordem de até 5 kF.

O desenvolvimento dos supercapacitores está intimamente ligado à nanotecnologia e os materiais empregados nesses dispositivos são nanotubos de carbono, polímeros condutores e hidrogéis inorgânicos.

Basicamente, um material supercapacitor deve ser capaz de absorver carga, que pode ser íons de um eletrólito em seu interior.

Considerando um hidrogel inorgânico capaz de atuar como supercapacitor, que apresenta capacidade de carga da ordem de $100 \text{ F} \cdot \text{g}^{-1}$, a uma tensão de 2,5 V, calcule quanta carga, em termos de quantidade de matéria de íons $Li^+$, 1 g desse material pode absorver.

Dados: $1 \text{ F} = \text{C} \cdot \text{V}^{-1}$; $1 \text{ F} = 96\,500 \text{ C} \cdot \text{mol}^{-1}$

**20.** (UFG-GO) As baterias recarregáveis de íons lítio são utilizadas nos aparelhos celulares modernos, por apresentarem uma capacidade de centenas de ciclos de carga e descarga. O potencial da célula de uma bateria de lítio é de 3,7 V e apresenta capacidade de carga de 1500 mAh. Essas características permitem a inclusão de várias funcionalidades tecnológicas nos celulares, como GPS, *bluetooth*, 3G, Wi-Fi, SMS, além da função de telefone.

O gráfico abaixo apresenta o consumo estimado de bateria para uso de cada uma dessas funcionalidades.

Com base nas informações fornecidas:

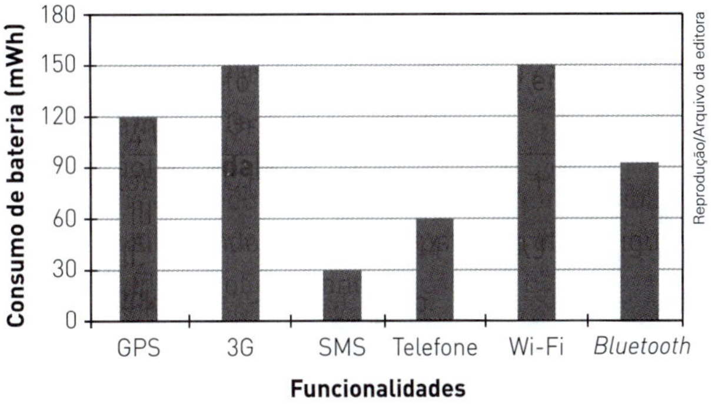


a) calcule o número de mol de elétrons envolvidos na descarga total da bateria. Considere a carga do elétron igual a $1{,}6 \cdot 10^{-19}$ C e o número de Avogadro igual a $6 \cdot 10^{23}$;

b) supondo-se que todas as funcionalidades representadas no gráfico estejam ativadas simultaneamente no celular, calcule o tempo de vida aproximado de um ciclo de carga da bateria.

## Complemento

# Eletrólise utilizando eletrodos não inertes

Se realizarmos uma eletrólise utilizando eletrodos de um metal não inerte, ele vai participar da reação química funcionando como eletrodo positivo, ou seja, o ânodo.

A reação que vai ocorrer no eletrodo pode ser representada por:

$$\underset{\text{(oxidação)}}{\overset{\oplus}{\text{ânodo}}} \begin{cases} \text{metal} \longrightarrow \text{cátion} + e^- \\ \text{Me (s)} \longrightarrow \text{Me}^+ \text{(aq)} + e^- \end{cases}$$

Vamos considerar a eletrólise de uma solução aquosa de sulfato de cobre ($CuSO_4$), com eletrodos de cobre (Cu):

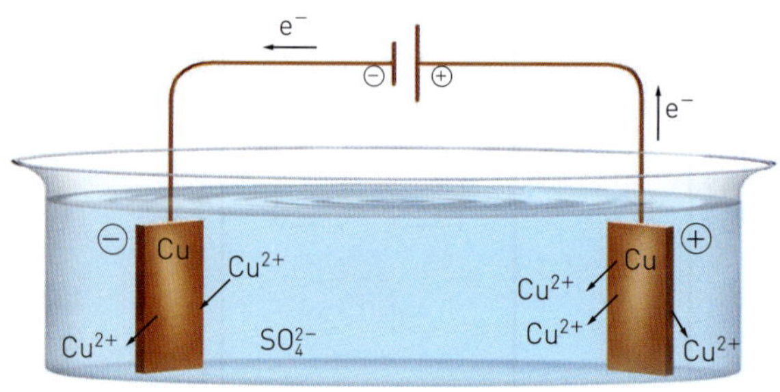


Luis Moura/Arquivo da editora

Para indicar um gerador, usamos a seguinte representação:

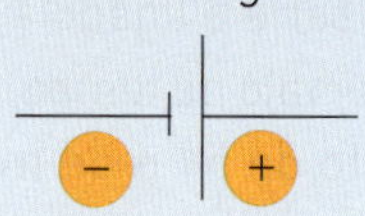


No ânodo, teremos a oxidação do cobre:

$$\underset{\text{(oxidação)}}{\text{ânodo}} \{\text{Cu (s)} \longrightarrow \text{Cu}^{2+} \text{(aq)} + 2\,e^-$$

Já no cátodo, os íons $Cu^{2+}$ presentes na solução se reduzem:

$$\underset{\text{(redução)}}{\text{cátodo}} \{\text{Cu}^{2+} \text{(aq)} + 2\,e^- \longrightarrow \text{Cu (s)}$$

Após o término da eletrólise, teremos:

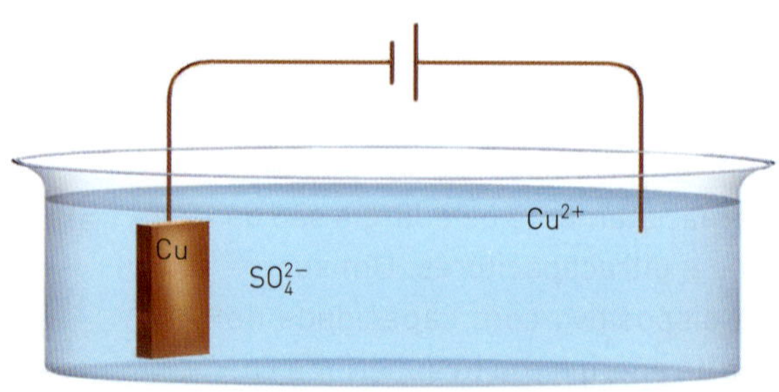


Luis Moura/Arquivo da editora

Esse processo, chamado **purificação eletrolítica**, pode ser utilizado para a purificação do cobre.

Para entender a purificação do cobre, vamos analisar uma célula eletrolítica contendo esse metal com diferentes impurezas.

Science Faction/Glow Images

Nas instalações industriais, a purificação do cobre é feita em células eletrolíticas constituídas de lâminas alternadas de cobre puro e cobre impuro.

• **Cobre impuro (Cu + Fe + Zn)**

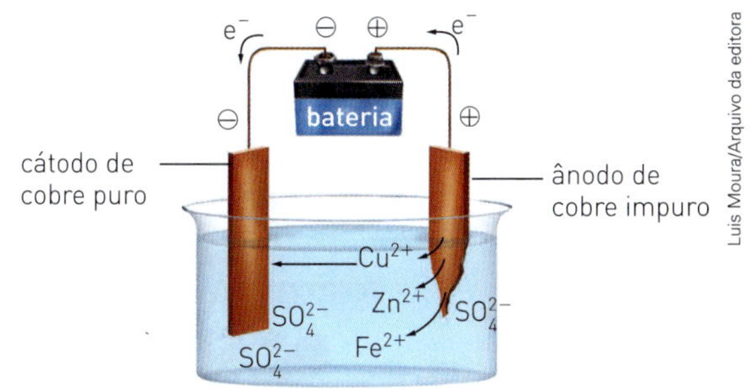


Devemos ligar a amostra de cobre impuro ao polo positivo do gerador para que ela constitua o ânodo, e uma lâmina de cobre puro vai constituir o cátodo, devendo os eletrodos estar mergulhados em uma solução aquosa de $CuSO_4$.

A reação que ocorre no polo negativo (cátodo) é a redução do $Cu^{2+}$:

$$Cu^{2+} + 2\,e^- \longrightarrow Cu$$

No ânodo ocorreu a oxidação tanto do cobre como do ferro e do zinco, por isso existem na solução $Cu^{2+}$, $Fe^{2+}$ e $Zn^{2+}$; porém, inicialmente, ocorre a redução do $Cu^{2+}$. Isso se deve ao fato de o $Cu^{2+}$ apresentar maior tendência de receber elétrons, ou seja, possui maior potencial de redução do que os outros dois metais:

$$Cu^{2+} + 2\,e^- \longrightarrow Cu \qquad E^0 = +0{,}34\ V$$
$$Fe^{2+} + 2\,e^- \longrightarrow Fe \qquad E^0 = -0{,}41\ V$$
$$Zn^{2+} + 2\,e^- \longrightarrow Zn \qquad E^0 = -0{,}76\ V$$

Enquanto existir cobre na solução, vai ocorrer sua deposição no ânodo. Quando o cobre da solução terminar, a eletrólise deverá ser interrompida, senão poderá ocorrer a deposição dos outros metais.

• **Cobre impuro (Cu + Ag + Au)**

Repetindo o procedimento feito com a amostra anterior, após certo tempo, teremos a situação a seguir.

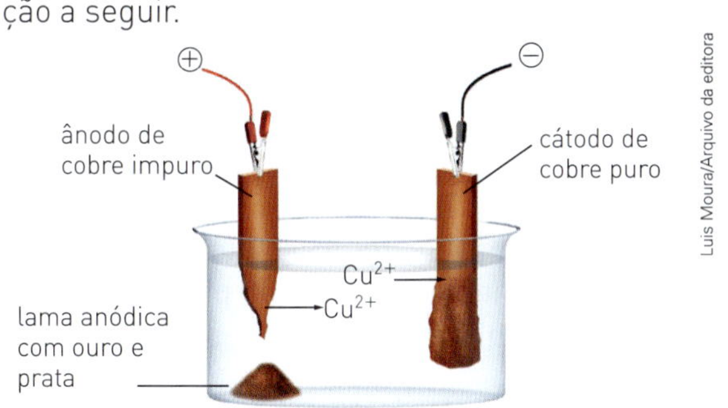


No ânodo ocorre só a oxidação do cobre, que passa a $Cu^{2+}$, enquanto nem a prata nem o ouro sofrem oxidação, por apresentarem elevado potencial de redução. À medida que ocorre a eletrólise, os íons $Cu^{2+}$ se reduzirão no cátodo (polo negativo):

$$Cu^{2+} + 2\,e^- \longrightarrow Cu$$

Os metais Ag e Au são depositados abaixo do ânodo, formando a "lama anódica".

## Eletrodeposição ou galvanoplastia

A eletrodeposição está relacionada ao revestimento de superfícies; é esse o processo utilizado na prateação, na douração, na niquelação, na cromação, etc.

O objeto a ser revestido, durante a eletrodeposição, deve estar ligado ao polo negativo do gerador, constituindo o cátodo.

Veja algumas aplicações:

mariyaermolaeva/Shutterstock

Joia banhada a ouro.

Seleznev valery/Shutterstock

Objetos são niquelados para evitar a corrosão.

## Cromação

É o processo utilizado para recobrir, geralmente, objetos de ferro ou de aço.

Para se obter uma cromação mais duradoura, inicialmente o objeto é recoberto com cobre; em seguida, com níquel; e, finalmente, com crômio.

$$\text{Objeto cromado } \{ Cr^{3+} + 3\,e^- \longrightarrow Cr$$

Thinkstock/Getty Images

Algumas partes de motocicletas, bicicletas e automóveis costumam ser cromadas.

## Prateação

A prata é um metal nobre e caro. Por esse motivo, muitos objetos de ferro ou de aço são recobertos por uma fina camada de prata, o que faz com que esses objetos apresentem um aspecto visual de prata pura.

$$\text{Objeto no cátodo } \{ Ag^{+} + e^- \longrightarrow Ag$$

hanohiki/Shutterstock

Utensílios de cozinha prateados.

## Banho de estanho

As latas que são produzidas a partir do ferro são revestidas por uma fina camada de estanho, com a finalidade de evitar a oxidação do ferro.

$$\text{Lata no cátodo } \{Sn^{2+} + 2\,e^- \longrightarrow Sn$$

Allan Shoemake/The Image Bank/Getty Images

Linha de produção de latas de ferro.

## Douração

Podemos, por exemplo, aplicar um banho de ouro (douração) em um anel feito de alumínio. O anel será o cátodo, que estará ligado ao polo negativo do gerador; ligada ao polo positivo, deverá haver uma lâmina de ouro. Esses eletrodos devem estar mergulhados em uma solução aquosa de um sal de ouro, como o nitrato de ouro III, $Au(NO_3)_3$.

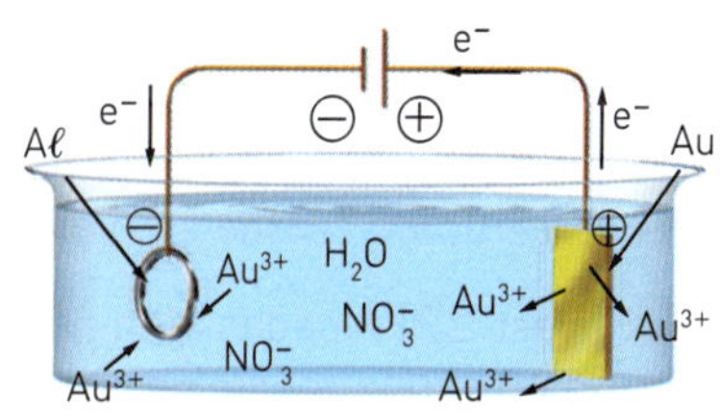


Luis Moura/Arquivo da editora

Polo ⊖ semirreação no cátodo (redução):

$Au^{3+} + 3\,e^- \longrightarrow Au$

Polo ⊕ semirreação no ânodo (oxidação):

$Au \longrightarrow Au^{3+} + 3\,e^-$

Também poderíamos usar um eletrodo inerte (platina) no ânodo, o anel de alumínio no cátodo e uma solução aquosa de $Au(NO_3)_3$:

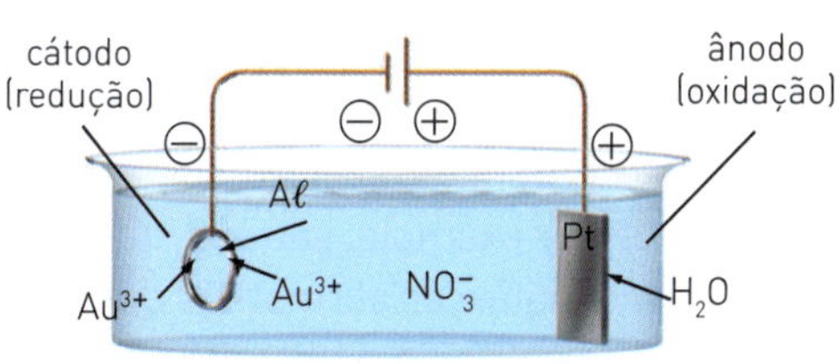


Luis Moura/Arquivo da editora

Nesse caso, a deposição de ouro sobre o anel não se origina no ânodo; o ouro está presente na solução e, então, é conveniente que ela esteja concentrada.

$$\text{Polo } \oplus \ \{H_2O \longrightarrow 2\,H^+ + \frac{1}{2}\,O_2 + 2\,e^-$$

semirreação no ânodo (oxidação)

$$\text{Polo } \ominus \ \{Au^{3+} + 3\,e^- \longrightarrow Au$$

semirreação no cátodo (redução)

## Exercícios

**1.** (PUC-PR) As semijoias são obtidas pelo revestimento de uma peça por ouro metálico, no processo conhecido como "banho de ouro". Esse processo consiste:

a) num mergulho em ouro fundido.
b) numa aplicação em *salt spray*.
c) numa eletrodeposição.
d) numa deposição catalítica.
e) numa pintura eletrostática.

**2.** Considere o esquema a seguir:

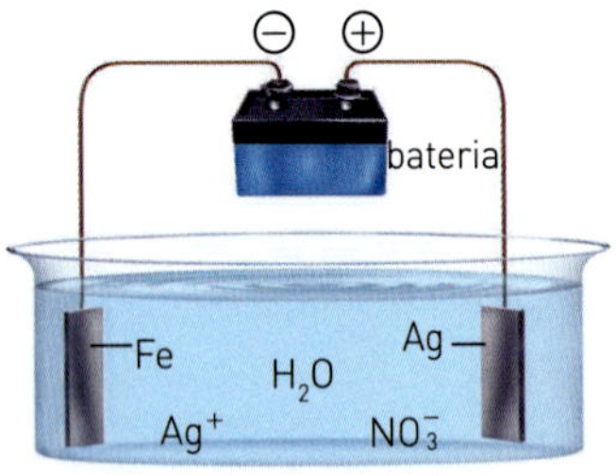


Luis Moura/Arquivo da editora

Deseja-se fazer a prateação de um garfo de ferro. Escreva em seu caderno as semirreações que ocorrerão no cátodo e no ânodo.

**3.** (Fuvest-SP) Moedas feitas com ligas de cobre se oxidam parcialmente pela ação do ambiente. Para "limpar" essas moedas, pode-se utilizar o arranjo esquematizado a seguir.

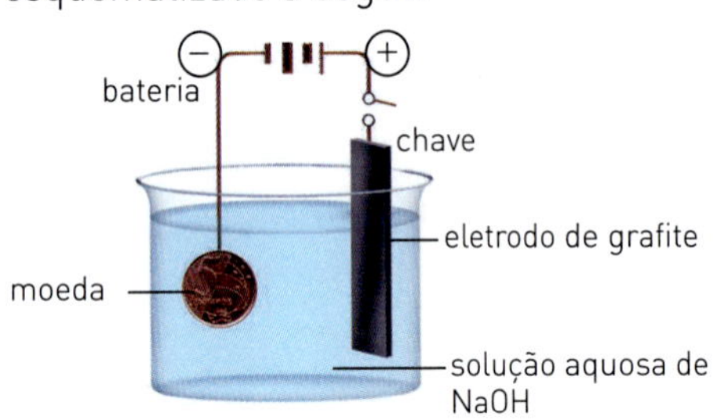


Reprodução/Arquivo da editora

Ao se fechar o circuito, a semirreação que ocorre na moeda é:

a) $Cu \longrightarrow Cu^{2+} + 2\ e^-$
b) $Cu \longrightarrow Cu_{+} + e^-$
c) $Cu^{2+} + 2\ e^- \longrightarrow Cu$
d) $Cu + Cu^{2+} \longrightarrow 2\ Cu^+$
e) $Cu^{2+} + 2\ OH^- \longrightarrow Cu(OH)_2$

**4.** (Ufal/PSS) Esquematize uma célula eletrolítica (eletrolisador), utilizada para o refino de cobre, em que os eletrodos são de cobre e a solução eletrolítica é solução aquosa de $CuSO_4$. O esquema deve indicar:

- o cátodo e o ânodo. Justifique;
- as reações que ocorrem nos eletrodos;
- as posições relativas dos componentes da célula, bem como a fonte de energia.

**5.** (Uesc-BA) A galvanização é um processo eletroquímico em que o metal que recobre o ferro funciona como um ânodo e o ferro, como um cátodo. Sobre os processos eletroquímicos, é correto afirmar:

a) No cátodo, ocorre a redução.
b) No ânodo, ocorre o ganho de elétrons.
c) Nas pilhas, o polo positivo é sempre o ânodo.
d) As pilhas transformam energia elétrica em energia química.
e) Na eletrólise, a massa de material depositada no cátodo é inversamente proporcional à corrente elétrica que atravessa o sistema.

**6.** (UFRGS-RS) A galvanoplastia é uma técnica utilizada para revestir peças com um determinado metal por meio da eletrólise. Para cromar um chaveiro de ferro, foram realizados os procedimentos a seguir.

I. Colocou-se o chaveiro de ferro como cátodo (eletrodo negativo).
II. Colocou-se um pedaço de cromo metálico como ânodo (eletrodo positivo).
III. Utilizou-se uma solução aquosa que continha sais de ferro.

Quais estão corretos?

a) Apenas I.
b) Apenas II.
c) Apenas III.
d) Apenas I e II.
e) I, II e III.

**7.** (UFPI) Galvanização é um dos processos industriais mais utilizados na proteção à corrosão de materiais metálicos, e se processa por meio eletrolítico. Em materiais ferrosos, como pregos e parafusos, por exemplo, são eletrodepositados íons de zinco. Analise as afirmativas que se seguem sobre o processo acima descrito e marque a opção correta.

I. A eletrodeposição é um processo espontâneo.
II. No par zinco-prego exposto em meio agressivo, o zinco atua como cátodo.
III. Durante a eletrólise, a massa de zinco eletrodepositada no prego é proporcional à carga elétrica.

a) Apenas I está correta.
b) I e II estão corretas.
c) Apenas II está correta.
d) II e III estão corretas.
e) Apenas III está correta.

**8.** (Puccamp-SP) O ferro galvanizado (ferro recoberto por camada de zinco) pode ser obtido mergulhando-se o ferro em banho de zinco metálico fundido, ou, então, por eletrodeposição, em que:

I. no cátodo ocorre a redução do $Zn^{2+}$.
II. na cuba eletrolítica, o banho deve conter um composto de zinco.
III. o ânodo é constituído por peças de ferro.

Dessas afirmações, *somente*:

a) I é correta.
b) II é correta.
c) III é correta.
d) I e II são corretas.
e) II e III são corretas.

**9.** (Fuvest-SP) Para pratear eletroliticamente um objeto de cobre e controlar a massa de prata depositada no objeto, foi montada a aparelhagem esquematizada na figura.

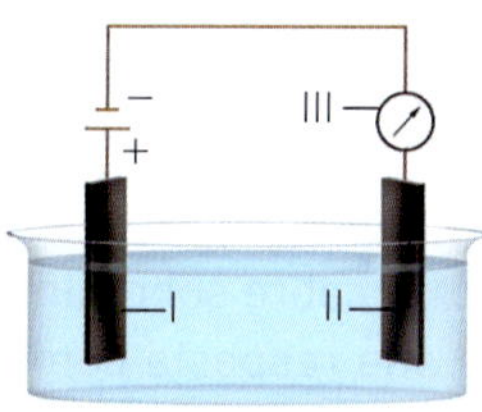


Reprodução/Arquivo da editora

solução aquosa de sal de prata

Nessa figura, I, II e III são, respectivamente:

a) o objeto de cobre, uma chapa de platina e um amperímetro.
b) uma chapa de prata, o objeto de cobre e um voltímetro.
c) o objeto de cobre, uma chapa de prata e um voltímetro.
d) o objeto de cobre, uma chapa de prata e um amperímetro.
e) uma chapa de prata, o objeto de cobre e um amperímetro.

**10.** (Fuvest-SP) Com a finalidade de niquelar uma peça de latão, foi montado um circuito, utilizando-se fonte de corrente contínua, como representado na figura.

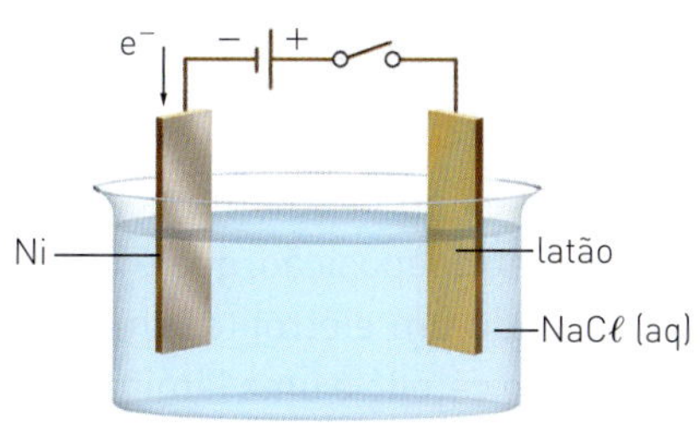


Reprodução/Arquivo da editora

latão = liga de cobre e zinco

No entanto, devido a erros experimentais, ao fechar o circuito, não ocorreu a niquelação da peça. Para que essa ocorresse, foram sugeridas as alterações:

I. Inverter a polaridade da fonte de corrente contínua.
II. Substituir a solução aquosa de NaCℓ por solução aquosa de $NiSO_4$.
III. Substituir a fonte de corrente contínua por uma fonte de corrente alternada de alta frequência.

O êxito do experimento requereria apenas:

a) a alteração I.
b) a alteração II.
c) a alteração III.
d) as alterações I e II.
e) as alterações II e III.

**11.** (Unicamp-SP) Um processo de purificação de cobre metálico consiste em se passar uma corrente elétrica por uma solução aquosa de sulfato de cobre (II), de cor azul, durante um determinado intervalo de tempo. Nessa solução são mergulhados dois eletrodos de cobre metálico, sendo um de cobre impuro. No transcorrer do processo, o cobre metálico vai se depositando sobre um dos eletrodos, ficando livre das impurezas. O desenho mostra esquematicamente a situação no início do processo.

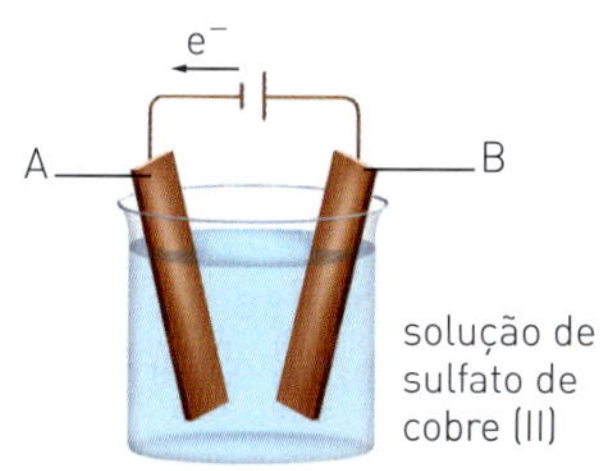


Reprodução/Arquivo da editora

a) Em qual dos eletrodos, A ou B, se depositará cobre metálico purificado? Justifique.
b) A intensidade da cor azul é diretamente proporcional à concentração de $Cu^{2+}$ na solução. Com base nessa informação e no processo de purificação acima descrito, responda se ao final do experimento a intensidade da cor azul terá aumentado, permanecido igual ou diminuído em relação à cor inicial. Justifique.

**12.** (Fuvest-SP) As etapas finais de obtenção do cobre a partir da calcosita, $Cu_2S$, são, sequencialmente:

I. ustulação (aquecimento ao ar);
II. refinação eletrolítica (esquema abaixo).

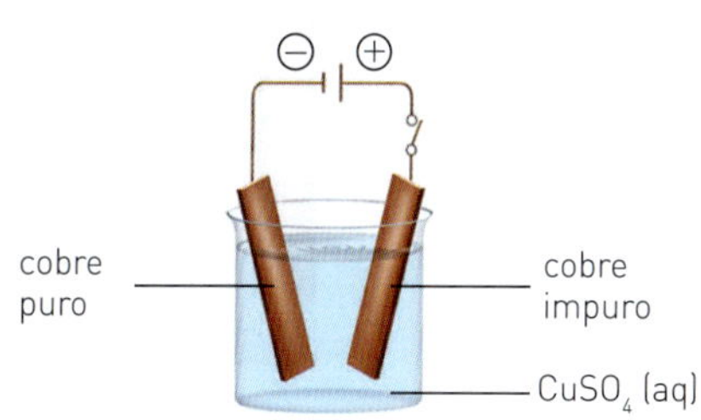


Reprodução/Arquivo da editora

a) Escreva a equação da ustulação da calcosita.
b) Descreva o processo da refinação eletrolítica, mostrando o que ocorre em cada um dos polos ao se fechar o circuito.
c) Reproduza o esquema dado e indique nele o sentido do movimento dos elétrons no circuito e o sentido do movimento dos íons na solução, durante o processo de eletrólise.

**13.** (UFV-MG) O processo de galvanização consiste no revestimento metálico de peças condutoras que são colocadas como eletrodos negativos em um circuito de eletrólise (observe o esquema).

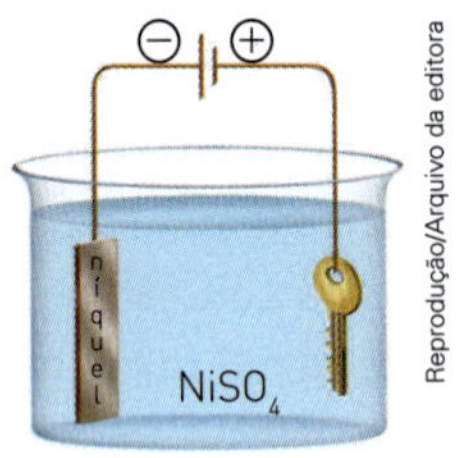

Reprodução/Arquivo da editora

Considere as seguintes afirmativas:

I. Na chave, ocorre a reação $Ni^{2+} + 2\ e^- \rightarrow Ni^0$.
II. No polo positivo, ocorre oxidação do níquel.
III. No polo positivo, ocorre a reação: $Ni^0 \rightarrow Ni^{2+} + 2\ e^-$.
IV. O eletrodo positivo sofre corrosão durante a eletrólise.
V. A chave é corroída durante o processo.

A alternativa que contém apenas as afirmativas corretas é:

a) I, II, III, IV e V.
b) I, II, III e IV.
c) I, II e III.
d) II e III.
e) I, II, III e V.

**14.** (UFMG) O cobre pode ser depositado sobre metais de forma espontânea (montagem I) ou não espontânea, com auxílio de uma fonte externa de energia elétrica (montagem II).

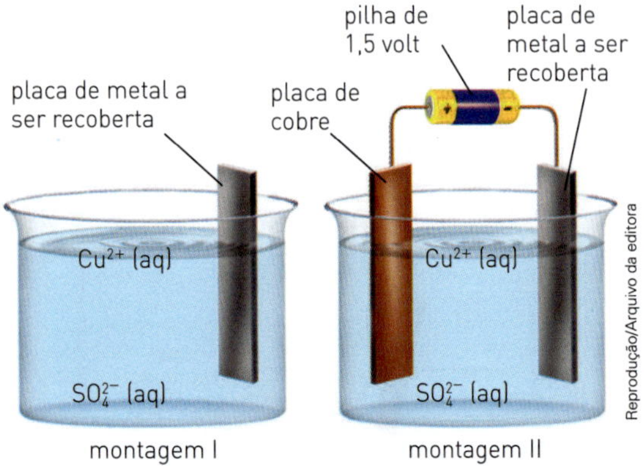

Reprodução/Arquivo da editora

Na montagem I, a placa de metal a ser recoberta está imersa numa solução aquosa de sulfato de cobre.

Na montagem II, a placa de metal a ser recoberta está imersa na solução de sulfato de cobre e ligada ao polo negativo da pilha de 1,5 volt; pelo polo positivo, a pilha está ligada a uma placa de cobre, também imersa na solução de sulfato de cobre, que será desgastada durante o processo de deposição.

Considere esta tabela:

| Potenciais-padrão de redução | |
|---|---|
| **Semirreação** | **Potencial/Volt** |
| $Ni^{2+}\ (aq) + 2\ e^- \longrightarrow Ni\ (s)$ | −0,23 |
| $Cu^{2+}\ (aq) + 2\ e^- \longrightarrow Cu\ (s)$ | +0,34 |
| $Ag^{+}\ (aq) + e^- \longrightarrow Ag\ (s)$ | +0,80 |

Com base nas informações contidas nessa tabela, faça o que se pede.

a) Indique se a montagem I pode ser usada para a deposição de cobre sobre uma placa de níquel. Justifique sua resposta com base nos potenciais-padrão de redução.
b) Indique se a montagem I pode ser usada para deposição de cobre sobre uma placa de prata. Justifique sua resposta com base nos potenciais-padrão de redução.
c) A montagem II pode ser usada para depositar cobre tanto sobre uma placa de níquel quanto sobre uma placa de prata. Considerando o caso da placa de prata, represente as equações balanceadas das semirreações de oxidação e redução que ocorrem nos eletrodos de cobre e de prata.

Leia as informações seguintes e responda às questões **15** e **16**.

A lata rígida, tradicionalmente constituída de aço com baixo teor de carbono e revestida de estanho, é conhecida como folha-de-flandres, sendo amplamente usada para molho de tomate, sardinha, milho, ervilha, entre outros.

O estanho utilizado para cobrir o aço é obtido a partir de um minério, a cassiterita.

O processo de obtenção de estanho pode ser representado pela equação seguinte:

$$SnO_2\ (s) + 2\ C\ (s) \longrightarrow Sn\ (s) + 2\ CO\ (g)$$

A aplicação do estanho sobre o aço ocorre por um processo de eletrodeposição, que é realizado em um tanque contendo um eletrólito, uma lâmina de aço que serve como cátodo e uma lâmina de estanho que serve como ânodo. Pela dissolução do ânodo, o estanho entra em solução e deposita-se sobre o aço. A densidade de corrente controla a espessura do revestimento. Sobre a camada de estanho depositada, aplica-se um verniz, para isolar o alimento do metal.

**15.** (UnB-DF) Considerando o texto, julgue os itens que se seguem.

a) No processo de eletrodeposição, a redução do estanho ocorre ao mesmo tempo que a oxidação do ferro presente no aço.

b) Na equação representativa do processo de produção do estanho, os reagentes apresentam-se no mesmo estado físico que os produtos.

c) A liga de aço é um material formado por interação entre, pelo menos, duas espécies diferentes de átomos, os de ferro e os de carbono.

d) Na molécula de monóxido de carbono, três pares de elétrons são compartilhados entre os dois átomos dessa molécula.

**16.** (UnB-DF) Considerando as informações do texto e sabendo que os potenciais de redução $Sn^{2+}/Sn$ e $Fe^{2+}/Fe$ são, respectivamente, iguais a $-0,14$ V e $-0,44$ V, julgue os itens seguintes.

a) Na equação representativa do processo de produção do estanho mostrada no texto, ocorre transferência de apenas 2 elétrons para cada espécie Sn (IV).

b) A eletrodeposição de estanho em aço é um processo de eletrólise, com oxidação do estanho no ânodo e redução dele no cátodo.

c) Uma lata de folha de flandres amassada, contendo milho em água salgada, em que o verniz da lata se tenha rompido, expondo os metais ao solvente, pode formar uma pilha de corrosão devido ao contato do ferro e do estanho com um meio eletrolítico.

d) O verniz é um meio material em que cargas elétricas têm facilidade de movimento.

**17.**

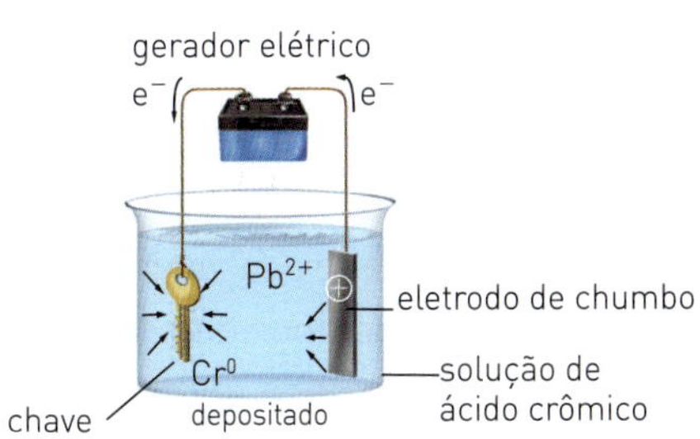


Luis Moura/Arquivo da editora

Indústrias de galvanização são responsáveis pela contaminação de milhares de trabalhadores por metais pesados. Um exemplo está na galvanização por crômio (Cr). O crômio (VI) passa facilmente pelas membranas celulares e se liga à hemoglobina, após ter sido reduzido ao estado trivalente. Todas as interações do crômio (VI) no corpo humano envolvem redução ao estado trivalente e formação de ligações com as proteínas do plasma. A eliminação do crômio (III) do corpo ocorre principalmente por via urinária. A galvanização por crômio ocorre em banhos metálicos, em que o metal a ser galvanizado é mergulhado em uma solução de ácido crômico, uma substância composta que contém crômio hexavalente, como mostra o exemplo de cromação ilustrado na figura. A primeira etapa desse processo corresponde à reação:

$$2\,H_2CrO_4\,(aq) + 12\,H^+\,(aq) + 3\,Pb\,(s) \rightleftharpoons 2\,Cr^{3+}\,(aq) + 3\,Pb^{2+}\,(aq) + 8\,H_2O\,(\ell)$$

Essa reação é espontânea e ocorre antes mesmo da aplicação de voltagem, a qual só é necessária para que ocorra a reação não espontânea entre o íon $Cr^{3+}$, produzido nessa etapa, e o chumbo, de acordo com a equação:

$$2\,Cr^{3+}\,(aq) + 3\,Pb\,(s) \rightleftharpoons 2\,Cr\,(s) + 3\,Pb^{2+}\,(aq)$$

No processo ilustrado, o Cr (s) produzido deposita-se sobre a chave, protegendo-a contra corrosão.

A seguir, são fornecidos alguns potenciais-padrão de redução, a 25 °C.

$$Pb^{2+}\,(aq) + 2\,e^- \rightleftharpoons Pb\,(s) \quad E^0 = -0,126\ V$$

$$Cr^{3+}\,(aq) + 3\,e^- \rightleftharpoons Cr\,(s) \quad E^0 = -0,740\ V$$

Considerando as informações do texto acima e que M(Cr) = 52,0 g/mol e 1 mol de elétrons corresponde a 96 500 C, julgue os itens a seguir, indicando verdadeiro (V) ou falso (F).

01. No processo de galvanização ilustrado, não há consumo de energia elétrica.

02. No processo ilustrado, a chave representa o ânodo.

04. No processo de galvanização ilustrado, após a cromação, a concentração de ácido crômico na solução em que a chave está imersa será superior à concentração inicial.

08. Para que o processo de galvanização ilustrado seja realizado corretamente, além do ácido crômico, um outro ácido poderá ser adicionado ao banho.

16. Nas condições padrão, 1,0 V aplicado no gerador elétrico é suficiente para que haja deposição de crômio sobre a chave.

32. Para que seja depositado 1,0 g de crômio sobre a chave, são suficientes 8 min de banho com uma corrente elétrica de 10 A.

CAPÍTULO 22

# Oxirredução na obtenção de substâncias simples

Red ivory/Shutterstock

Mina de extração de cobre, ouro, prata e outros minerais.

Phawat/Shutterstock

Minério de ouro puro.

Como é possível, a partir de um minério, obter o metal puro?

A crosta terrestre é a mais externa entre as camadas do planeta Terra e é composta por uma mistura heterogênea, muito complexa, formada por silicatos, carbonatos, óxidos, sulfetos.

Quando um desses materiais é encontrado em proporção constante e foi formado a partir de variados tipos de processos físico-químicos, ele é chamado **mineral** e, caso apresente uma porcentagem de certo elemento químico com interesse comercial e econômico, é denominado **minério**.

As demais substâncias que compõem a mistura são consideradas impurezas e denominadas, genericamente, **ganga**.

# Obtenção de metais na natureza

A maioria dos metais aparece na crosta terrestre na forma de compostos, principalmente óxidos e sulfetos. Somente alguns deles — por exemplo, ouro (Au), prata (Ag), platina (Pt), cobre (Cu) e mercúrio (Hg) — são encontrados relativamente puros, no estado nativo. Isso se deve ao fato de esses metais serem pouco reativos e de seus potenciais de oxidação serem muito baixos. Quanto maior é a reatividade do metal, maior é a dificuldade para obtê-lo. Veja alguns métodos utilizados para a obtenção de alguns metais:

| reatividade ↑ | Metais | Método | dificuldade de obtenção ↑ |
|---|---|---|---|
| | potássio (K)<br>sódio (Na)<br>lítio (Li)<br>cálcio (Ca)<br>magnésio (Mg)<br>alumínio ($A\ell$) | eletrólise ígnea | |
| | zinco (Zn)<br>ferro (Fe)<br>estanho (Sn)<br>chumbo (Pb) | redução com carvão<br>Exemplo: $ZnO + C \longrightarrow Zn + CO$ | |
| | cobre (Cu)<br>prata (Ag)<br>ouro (Au)<br>platina (Pt) | encontrados livres | |

Banco de imagens/Arquivo da editora

# Ouro (Au)

Na natureza, o ouro pode ser encontrado misturado na areia do quartzo, incrustado no quartzo ou, ainda, livre na forma de grãos, chamados **pepitas**.

Quando misturado à areia (ganga), ele é separado por meio de **levigação**. Nesse processo, a água arrasta as partículas de areia, menos densas, deixando depositados os grãos de ouro, mais densos, no fundo do recipiente (bateia).

A separação do ouro por levigação gera grande impacto ambiental. No processo, o fundo do rio é muito revolvido e suas águas ficam turvas. Com isso, diminui a passagem de luz e a fotossíntese de algas e plantas é dificultada, afetando a cadeia alimentar. Levada pela correnteza, a areia revolvida se acumula em outros pontos do rio, diminuindo seu leito e prejudicando os peixes. Com o uso de mercúrio para separar os fragmentos menores de ouro, o problema se agrava: parte dele é perdida na água e absorvida pelos seres vivos, contaminando toda a cadeia alimentar até o ser humano. Ao aquecer o mercúrio para separá-lo do ouro, o garimpeiro se contamina por respirar os gases produzidos pela reação (os quais também se disseminam na atmosfera).

Vladimir Mulder/Shutterstock

Separação do ouro por levigação, processo que gera impacto ambiental.

O ouro é um metal amarelo, brilhante, e suas principais características são:

- **maleabilidade** — podem-se obter lâminas finas, com espessura menor que 0,0002 mm;
- **ductibilidade** — com 1,0 grama de ouro pode-se obter um fio de 3,5 km.

Esse metal é muito utilizado na produção de joias, em ligas com prata (Ag) e cobre (Cu) e, ainda, em contatos elétricos, placas de computadores e circuitos elétricos em geral.

# Prata (Ag)

Em algumas minas na América do Sul e no Canadá, a prata é encontrada livre. É um metal mole, maleável e dúctil, sendo o melhor condutor de calor e eletricidade que se conhece.

Normalmente, a prata é utilizada na forma de ligas, principalmente com cobre, e é usada também para o revestimento de outros metais menos nobres, com a finalidade de torná-los mais resistentes à corrosão ou apenas mais atrativos.

Apesar de pouco reativa, a prata pode se oxidar quando em contato com o gás sulfídrico, o que provoca seu escurecimento devido à formação de sulfeto de prata ($Ag_2S$). A reação que escurece a prata pode ser representada por:

$$4\ Ag\ (s) + 2\ H_2S\ (g) + O_2\ (g) \longrightarrow 2\ Ag_2S\ (s) + 2\ H_2O\ (\ell)$$

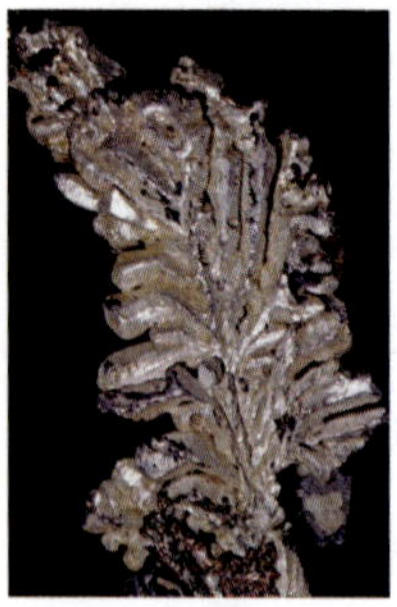

Ken Lucas/Getty Images

Prata nativa.

DEA Picture Library/DeAgostini/Getty Images

Bandeja de prata.

Maximilian Stock Ltd./SPL/LatinStock

Lingotes de prata.

# Platina (Pt)

DEA/R. Appiani/DeAgostini/Getty Images

Platina nativa.

A platina é encontrada livre, na forma de pepitas.

Na indústria, é utilizada na fabricação de peças resistentes à corrosão, como eletrodos, e na produção de catalisadores, pois acelera algumas reações, como a transformação de óleos vegetais em margarinas.

## Água-régia

Dos metais conhecidos, quatro são resistentes ao ácido nítrico ($HNO_3$): ouro (Au), platina (Pt), ródio (Rh) e irídio (Ir) e, por isso, são denominados **metais nobres**.

No entanto, desde o século XIV, os alquimistas já sabiam que a mistura de ácido nítrico e ácido clorídrico, na proporção de 1 : 3, poderia atacar qualquer metal nobre.

Essa mistura é conhecida como **água-régia**.

A reação entre a platina e a água-régia pode ser representada por:

$$3\ Pt + 4\ NO_3^- + 18\ C\ell^- + 16\ H^+ \longrightarrow 3\ Pt(C\ell)_6^{2-} + 4\ NO + 8\ H_2O$$

# Cobre (Cu)

O cobre é encontrado livre na natureza, na forma de pepitas. Foi o primeiro metal utilizado pelo ser humano, tanto puro como na forma de ligas, sendo as principais delas o bronze (Cu + Sn) e o latão (Cu + Zn).

É um metal de cor avermelhada, dúctil, maleável e tenaz, ou seja, que apresenta grande resistência a choques mecânicos. É, ainda, um excelente condutor de calor e eletricidade e, quando exposto ao ar seco, praticamente não se altera.

Na presença de ar úmido e gás carbônico, ocorre a formação de uma camada esverdeada de hidroxicarbonato de cobre II, $CuCO_3 \cdot Cu(OH)_2$, conhecida por azinhavre. Essa reação pode ser representada por:

$$2\ Cu\ (s) + CO_2\ (g) + H_2O\ (\ell) + O_2\ (g) \longrightarrow CuCO_3 \cdot Cu(OH)_2\ (s)$$

A principal aplicação do cobre é na fabricação de fios e cabos elétricos e também de aparatos industriais, como caldeiras e aparelhos de destilação.

photopixel/Shutterstock

Pesos para balanças feitos de latão.

P A/Shutterstock

Fios de cobre.

Ricardo Azoury/Pulsar Imagens

Aparelho de destilação antigo, chamado alambique, feito de cobre.

Erich Lessing/Album Art/LatinStock

Lâmina de machado cerimonial de cobre, feita na região do atual Afeganistão, por volta de 2000 a.C., recoberta por uma camada de azinhavre.

## Mercúrio (Hg)

O mercúrio algumas vezes pode ser encontrado livre em interstícios de rochas.

É o único metal líquido à temperatura ambiente, e sua aplicação mais comum é na fabricação de termômetros.

Uma das características mais notáveis do mercúrio é a sua capacidade de dissolver outros metais, originando ligas líquidas, chamadas amálgamas, ou, ainda, sólidas. Atualmente, é também utilizado para dissolver urânio (U), empregado em reações nucleares.

Nos garimpos de aluvião, o mercúrio é utilizado para dissolver o ouro. Em seguida, o amálgama formado é aquecido, e o mercúrio evapora, restando o ouro. Esse processo é muito perigoso, pois o mercúrio é altamente tóxico e pode ser introduzido no organismo através da respiração.

O amálgama de mercúrio, utilizado para o preenchimento de cavidades dentárias, é uma mistura formada por Hg (50 a 55%), Ag (23 a 35%), Sn (1 a 15%), Zn (1 a 20%) e Cu (5 a 20%).

Apesar de o mercúrio ser muito tóxico, a amalgamação com metais sólidos diminui a sua volatilidade, tornando sua toxicidade menor que a do mercúrio líquido.

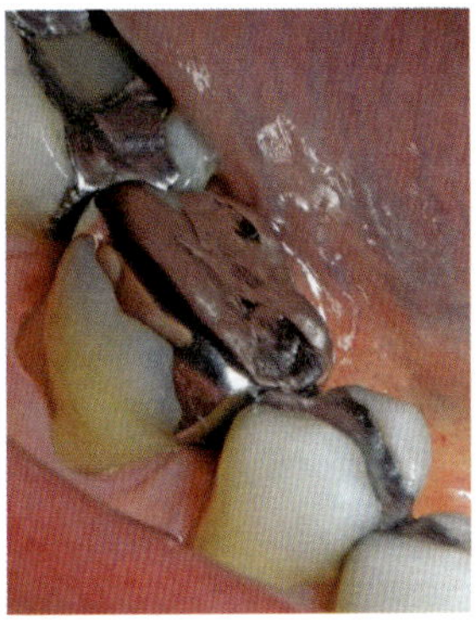

Rita Barreto/Fotoarena

Amálgama dentário.

MarcelClemens/Shutterstock

Mercúrio: metal líquido.

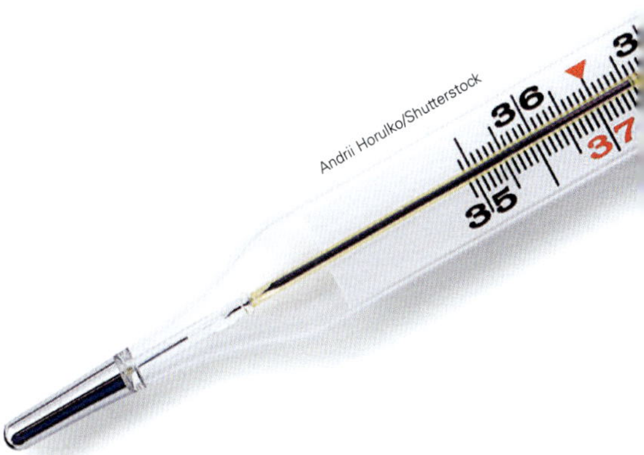


Andrii Horulko/Shutterstock

Termômetro de mercúrio.

O mercúrio ainda é utilizado em termômetros tradicionais, como o da página anterior. Porém, é altamente tóxico se liberado no ambiente, por exemplo, com a quebra do aparelho. Por isso, a OMS (Organização Mundial da Saúde) tem recomendado sua substituição por outros modelos, como o digital ou os que utilizam substâncias menos nocivas. Entretanto, o preço mais acessível do termômetro de mercúrio ainda é um complicador para essa substituição.

# Obtenção de metais por oxirredução

Geralmente os metais que utilizamos no cotidiano são obtidos a partir de seus minérios por meio de um processo chamado, genericamente, metalurgia. Na metalurgia, são utilizadas várias reações de oxirredução, sendo uma delas a ustulação, que consiste no aquecimento de sulfetos metálicos na presença de oxigênio ($O_2$), produzindo o metal na sua forma elementar e, ainda, dióxido de enxofre ($SO_2$).

Genericamente, essa reação pode ser representada por:

$$\underset{\text{sulfeto metálico}}{MS} + O_2 \xrightarrow{\Delta} \underset{\text{metal}}{M} + \underset{\text{dióxido de enxofre}}{SO_2}$$

Veja, a seguir, o nome e a fórmula de alguns sulfetos metálicos e os respectivos metais obtidos por meio da ustulação.

| Minério | | | |
|---|---|---|---|
| Nome | Fórmula | ustulação → | Metal obtido |
| argentita | $Ag_2S$ | | prata (Ag) |
| cinábrio | HgS | | mercúrio (Hg) |
| calcosita | $Cu_2S$ | | cobre (Cu) |
| calcopirita | $FeS \cdot Cu_2S$ | | cobre e ferro (Cu e Fe) |
| galena | PbS | | chumbo (Pb) |
| blenda* | ZnS | | zinco (Zn) |

* Na ustulação da blenda, obtém-se inicialmente monóxido de zinco (ZnO), que, em seguida, reage com carvão, produzindo zinco (Zn).

Para obter um metal por meio da ustulação, utiliza-se sempre o sulfeto desse mesmo metal; porém nem todos os minérios são sulfetos. Então, além da ustulação, usam-se outros processos para a obtenção de metais que também envolvem reações de oxirredução.

## Ferro (Fe)

Os principais minérios de ferro são:

- magnetita (pedra-ímã natural), $Fe_3O_4$;
- hematita, $Fe_2O_3$;
- limonita, $2\ Fe_2O_3 \cdot 3\ H_2O$;
- siderita, $FeCO_3$;
- pirita ("ouro dos tolos"), $FeS_2$.

Entre esses minérios, o mais utilizado para a obtenção do ferro é a hematita, e o processo mais empregado é o alto-forno. Nesse processo, deve-se inicialmente carregar o alto-forno com carvão-coque, que, pela combustão, vai aquecer o alto-forno antes de ele receber sucessivas camadas de minério.

O material que vai sofrer combustão é lançado no alto-forno pela parte superior e consiste em uma mistura formada por hematita, $Fe_2O_3$, carvão-coque, C, e calcário, $CaCO_3$, que tem a propriedade de diminuir a temperatura de fusão do minério.

Uma corrente de ar quente é injetada na parte inferior, o que favorece a combustão do carvão-coque:

$$2\,C + O_2 \xrightarrow{\Delta} 2\,CO$$

À medida que o monóxido de carbono, CO, se forma, ele reage com a hematita, $Fe_2O_3$, reduzindo-a. Dizemos, então, que o CO é o agente redutor do minério de ferro, e essa reação pode ser representada pela equação:

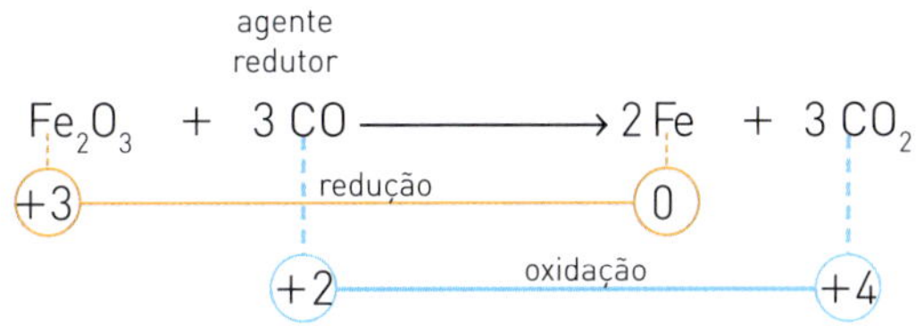


Durante a operação do alto-forno, na parte inferior formam-se duas camadas líquidas, com densidades diferentes:

1. A camada menos densa é a **escória**, constituída por várias impurezas e por metassilicato de cálcio, $CaSiO_3$, formado quando o calcário reage com a sílica (impureza do minério).

$$CaCO_3 \xrightarrow{\Delta} CaO + CO_2$$
$$CaO + SiO_2 \longrightarrow CaSiO_3$$

2. A camada mais densa é formada por **ferro** e contém uma pequena quantidade de carbono.

   Essas duas fases são retiradas por condutos separados.

   O ferro obtido diretamente do alto-forno é denominado ferro-gusa e contém de 2 a 5% de carbono. Para a fabricação do aço, que é uma liga contendo de 0,1 a 1,7% de carbono, o ferro-gusa deve ser purificado, ou seja, deve-se diminuir o seu teor de carbono.

Existem várias técnicas que possibilitam a purificação do **ferro-gusa**. Uma delas consiste em injetar gás oxigênio, $O_2$, puro, a altas pressões, no interior do alto-forno. Desse modo, o carbono é transformado em gás carbônico, $CO_2$, que se desprende na reação.

Quando todo o carbono e as outras impurezas são removidos, obtém-se o **ferro-doce**, que é praticamente puro (≅ 100%).

Omegafoto/Shutterstock

A transformação da hematita em ferro que ocorre nos altos-fornos.

O trabalho nos processos siderúrgicos em geral e nos altos-fornos, como o que você vê na imagem, envolve alto grau de insalubridade. Leia mais sobre isso no fim deste capítulo na seção **Conexão – Indústria**.

O quadro a seguir nos mostra a composição, a propriedade e o uso de alguns tipos de aço.

| Tipo de aço | Composição | Propriedade | Uso |
|---|---|---|---|
| inox | 73% Fe, 18% Cr, 8% Ni, 1% C | resistência à corrosão | faqueiros, panelas |
| tungstênio | 94% Fe, 5% W, 1% C | dureza extrema | ferramentas de corte |
| manganês | 86% Fe, 13% Mg, 1% C | dureza | trilhos |

A escória, $CaSiO_3$, pode ser usada na fabricação de cimento, que é uma mistura de silicatos e aluminatos anidros. Quando recebe água, essa mistura forma uma pasta, possibilitando a ocorrência de reações químicas que produzem compostos hidratados e formam uma massa rígida.

O tipo de cimento usado atualmente é chamado *portland*. O nome foi dado por seu inventor, Joseph Aspdin, no século XVIII, porque o material era semelhante, em cor e resistência, à pedra calcária de Portland (Inglaterra), muito usada em construções.

## Alumínio ($A\ell$)

O minério de alumínio mais comum é a **bauxita**, $A\ell_2O_3 \cdot x\ H_2O$ ou, simplesmente, $A\ell_2O_3$. Para sua produção é utilizado, principalmente, o processo de Hall, inventado e patenteado pelo engenheiro norte-americano Charles M. Hall (1863-1914), em 1886. Esse processo baseia-se na eletroquímica e consiste em fazer a eletrólise ígnea da bauxita ($A\ell_2O_3$), na presença da criolita ($Na_3A\ell F_6$), que atua como fundente. A cuba eletrolítica apresenta o cátodo de ferro e o ânodo de carbono (grafita), e eles são mergulhados na mistura fundida ($A\ell_2O_3 + Na_3A\ell F_6$).

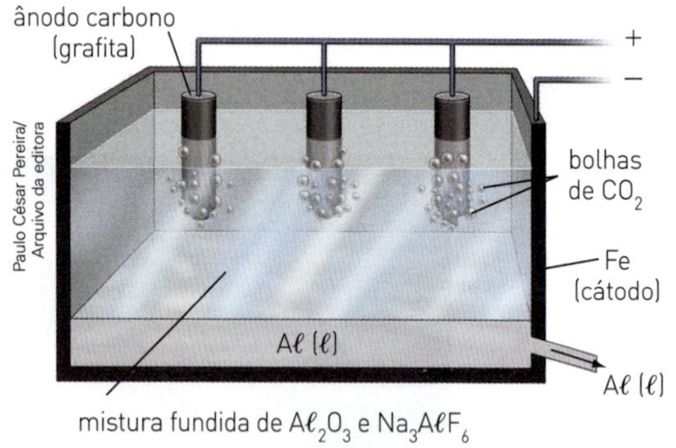


Cuba eletrolítica.

Fragmento de bauxita.

As semirreações que ocorrem nos eletrodos são:

$$A\ell_2O_3 \xrightarrow{\Delta} 2\ A\ell^{3+} + 2\ O^{2-}$$

$$\text{cátodo (redução): } 2\ A\ell^{3+}\ (\ell) + 6\ e^- \longrightarrow 2\ A\ell\ (\ell)$$

$$\text{ânodo (oxidação): } 3\ O^{2-}\ (\ell) \longrightarrow \frac{3}{2}\ O_2\ (g) + 6\ e^-$$

À medida que o oxigênio se forma, ele reage com o carbono do ânodo, produzindo gás carbônico, $CO_2$:

$$C\ (s) + O_2\ (g) \longrightarrow CO_2\ (g)$$

O alumínio é um metal muito utilizado em estruturas devido a sua alta resistência, baixa densidade e baixa corrosividade.

Quando exposto ao ar, o alumínio reage com o oxigênio, formando uma película fina de $A\ell_2O_3$. Essa película fica aderida ao alumínio e impede a continuação da oxidação.

Ele ainda faz parte de várias ligas, sendo a mais conhecida o duralumínio, constituída por 95% de alumínio e 5% de cobre, manganês e prata e que possui extrema maleabilidade, ductibilidade e tenacidade.

## Sódio (Na)

O processo utilizado para sua produção é a eletrólise ígnea do cloreto de sódio fundido, que é o sal mais comumente encontrado na água do mar.

$$2\ NaC\ell\ (\ell) \xrightarrow{\Delta} \cancel{2\ Na^+} + \cancel{2\ C\ell^-}$$

$$\text{cátodo (redução): } \cancel{2\ Na^+} + \cancel{2\ e^-} \longrightarrow 2\ Na\ (s)$$

$$\text{ânodo (oxidação): } \cancel{2\ C\ell^-} \longrightarrow C\ell_2\ (g) + \cancel{2\ e^-}$$

$$\text{reação global: } 2\ NaC\ell\ (\ell) \xrightarrow{\Delta} 2\ Na\ (s) + C\ell_2\ (g)$$

O sódio, assim como os demais metais alcalinos, é extremamente reativo. Deve ser guardado em frascos com querosene, pois reage facilmente com o oxigênio do ar, originando óxido de sódio.

$$2\ Na\ (s) + \frac{1}{2}\ O_2\ (g) \longrightarrow Na_2O\ (s)$$

O sódio reage também com a água. Essa reação é extremamente violenta, podendo até ser explosiva:

$$2\ Na\ (s) + 2\ H_2O\ (\ell) \longrightarrow 2\ NaOH\ (aq) + H_2\ (g)$$

Richard Megna/Fundamental Photographs

O sódio, um metal mole, é facilmente cortado.

Thales Trigo/Arquivo da editora

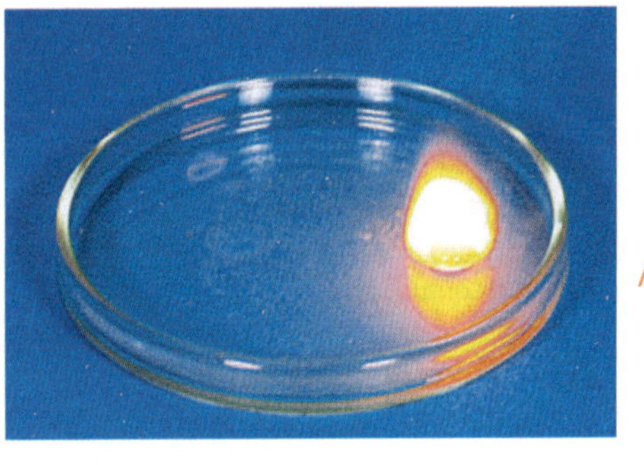

O sódio reage violentamente com a água, liberando gás hidrogênio.

## Magnésio (Mg)

Na água do mar encontramos o magnésio formando sais, como o cloreto de magnésio ($MgC\ell_2$) e o sulfato de magnésio ($MgSO_4$). Os minerais mais comumente encontrados que contêm magnésio são a magnesita ($MgCO_3$) e a dolomita ($MgCO_3 \cdot CaCO_3$).

A obtenção industrial do magnésio é feita pela eletrólise ígnea do cloreto de magnésio:

$$MgC\ell_2\ (\ell) \xrightarrow{\Delta} \cancel{Mg^{2+}} + \cancel{2\ C\ell^-}$$

$$\text{cátodo (redução): } \cancel{Mg^{2+}} + \cancel{2\ e^-} \longrightarrow Mg\ (s)$$

$$\text{ânodo (oxidação): } \cancel{2\ C\ell^-} \longrightarrow C\ell_2\ (g) + \cancel{2\ e^-}$$

$$\text{reação global: } MgC\ell_2\ (\ell) \xrightarrow{\Delta} Mg\ (s) + C\ell_2\ (g)$$

Richard Megna/Fundamental Photographs

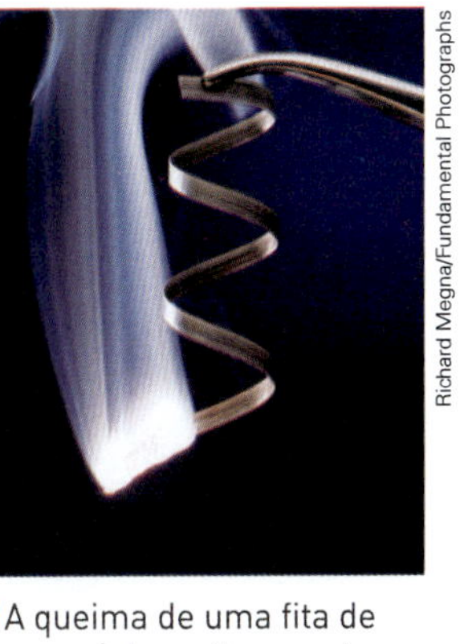

A queima de uma fita de magnésio emite grande quantidade de luz, sendo uma reação extremamente exotérmica.

O magnésio é um metal de baixa densidade que, quando exposto ao ar, se altera muito pouco, pois se cobre com uma fina película de óxido que o protege contra uma oxidação posterior.

# Obtenção de ametais

Os ametais que podem ser encontrados livres na natureza são:

- carbono (C) na forma de carvão, grafita, diamante;
- nitrogênio (N) na forma de gás nitrogênio ($N_2$ = 78% em volume do ar);
- oxigênio (O) na forma de gás oxigênio ($O_2$ = 21% em volume do ar) e gás ozônio ($O_3$);
- enxofre (S), na forma mais comum de enxofre rômbico (sólido amarelo).

Entre os ametais restantes, alguns são obtidos industrialmente através de processos eletrolíticos.

## Halogênios

Nas condições ambientes, temos:

- flúor ($F_2$), gás amarelo-pálido;
- cloro ($C\ell_2$), gás esverdeado;
- bromo ($Br_2$), líquido vermelho;
- iodo ($I_2$), sólido violeta.

Yoav Levy/Glow Images

Frascos contendo, respectivamente, $C\ell_2$, $Br_2$ e $I_2$ vaporizados (e não nas condições ambientes).

Os halogênios no estado gasoso têm um odor muito forte, e sua aspiração, mesmo em pequenas quantidades, provoca uma forte irritação nas vias respiratórias e consequente inflamação das mucosas.

O minério em que mais comumente se encontra o flúor 1 é a fluorita ($CaF_2$), mas a obtenção do $F_2$ (g) é feita pela eletrólise do ácido fluorídrico (HF) no estado líquido, na presença de fluoreto de potássio (KF) fundido. As semirreações que ocorrem nesse processo são:

$$\text{cátodo (redução): } 2\,H^+ + \cancel{2\,e^-} \longrightarrow H_2\ (g)$$
$$\text{ânodo (oxidação): } 2\,F^- \longrightarrow F_2 + \cancel{2\,e^-}$$
$$\text{reação global: } 2\,HF\ (\ell) \xrightarrow{\Delta} H_2\ (g) + F_2\ (g)$$

A obtenção industrial do cloro ($C\ell_2$) é feita por meio da eletrólise do cloreto de sódio ($NaC\ell$) e do cloreto de magnésio ($MgC\ell_2$) fundidos.

Em laboratório podemos obter $C\ell_2$ pela reação de ácido clorídrico ($HC\ell$) com dióxido de manganês ($MnO_2$):

$$MnO_2 + 4\,HC\ell \longrightarrow MnC\ell_2 + C\ell_2 + 2\,H_2O$$

O bromo (Br) e o iodo (I) podem ser obtidos de maneira semelhante, bastando substituir o $HC\ell$ (aq) por ácido bromídrico (HBr) ou ácido iodídrico (HI) aquosos. Outro método para a obtenção de $Br_2$ e $I_2$ são as reações de deslocamento, nas quais se pode utilizar, por exemplo, o cloro no estado gasoso por apresentar maior potencial de redução:

- obtenção do $Br_2$: $C\ell_2\ (g) + 2\,NaBr\ (aq) \longrightarrow 2\,NaC\ell\ (aq) + Br_2\ (\ell)$

  Essa reação pode ser representada na forma iônica:

  $$C\ell_2\ (g) + 2\,Br_2\ (aq) \longrightarrow 2\,C\ell^-\ (aq) + Br^-\ (\ell)$$

- obtenção do $I_2$: $C\ell_2\ (g) + 2\,I^-\ (aq) \longrightarrow 2\,C\ell^-\ (aq) + I_2\ (s)$

Entre os halogênios, o cloro é o de maior aplicação em diferentes indústrias, apresentando também maiores produção e consumo, o que o torna um dos produtos mais importantes na indústria química, junto com o ácido sulfúrico, a amônia e a soda.

Nas condições ambientes, o cloro ($C\ell_2$) é um gás. Por isso, ao lermos a propaganda "vende-se cloro líquido" — muito comum em lojas de materiais para piscina —, devemos entender que o produto anunciado é o cloro gasoso dissolvido em água.

Essa solução de cloro também é utilizada na produção de desinfetantes domésticos, que podem ser usados como alvejantes.

Outro exemplo de nome comercial é "cloro sólido", denominação dada aos sais hipoclorito de sódio ($NaC\ell O$) e hipoclorito de cálcio ($Ca(C\ell O)_2$).

Tanto no chamado "cloro líquido" como no "cloro sólido", o agente bactericida e alvejante é o hipoclorito ($C\ell O^-$).

## Fundamentando seus conhecimentos

1. Entre os metais: Na, Ag, Ca, Cu, Fe, Au, Pt, Al, Sn e Zn, quais são encontrados no estado natural (livres na natureza)?

2. A ustulação pode ser representada pela seguinte equação genérica:

$$\underset{\text{sulfeto do metal M}}{MS} + O_2 \xrightarrow{\Delta} \underset{\text{metal}}{M} + SO_2$$

Copie e complete as reações a seguir e faça o seu balanceamento:

I. $HgS + O_2 \rightarrow$

II. $Ag_2S + O_2 \rightarrow$

III. $PbS + O_2 \rightarrow$

IV. $Cu_2S + O_2 \rightarrow$

3. A equação global que ocorre no alto-forno durante a produção de ferro é:

$$Fe_2O_3 + 3\ CO \rightarrow 2\ X + 3\ Y$$

Escreva a fórmula de X e de Y.

4. Escreva as fórmulas da hematita e da bauxita.

5. Faça a associação correta:

| | |
|---|---|
| (I) Duralumínio | (A) Cu + Zn |
| (II) Bronze | (B) Fe + C |
| (III) Latão | (C) Cu + Sn |
| (IV) Aço | (D) $A\ell$ + Cu |

6. O cloro ($C\ell_2$) é um gás esverdeado em temperatura ambiente. Quando borbulhado em água, origina ácido clorídrico e ácido hipocloroso. Escreva a equação que representa essa reação.

## Desenvolvendo seus conhecimentos

1. (Fuvest-SP) Em um bate-papo na Internet, cinco estudantes de química decidiram não revelar seus nomes, mas apenas as duas primeiras letras, por meio de símbolos de elementos químicos. Nas mensagens, descreveram algumas características desses elementos.

- É produzido, a partir da bauxita, por um processo que consome muita energia elétrica. Entretanto, parte do que é produzido, após utilização, é reciclada.
- É o principal constituinte do aço. Reage com água e oxigênio, formando um óxido hidratado.
- É o segundo elemento mais abundante na crosta terrestre. Na forma de óxido, está presente na areia. É empregado em componentes de computadores.
- Reage com água, desprendendo hidrogênio. Combina-se com cloro, formando o principal constituinte do sal de cozinha.
- Na forma de cátion, compõe o mármore e a cal.

Os nomes dos estudantes, na ordem em que estão apresentadas as mensagens, podem ser:

a) Silvana, Carlos, Alberto, Nair, Fernando.
b) Alberto, Fernando, Silvana, Nair, Carlos.
c) Silvana, Carlos, Alberto, Fernando, Nair.
d) Nair, Alberto, Fernando, Silvana, Carlos.
e) Alberto, Fernando, Silvana, Carlos, Nair.

2. (PUC-SP) Os metais são conhecidos pela sua maleabilidade e ductilidade, por serem bons condutores térmicos e elétricos e apresentarem brilho característico. Propriedades mais específicas de alguns metais são descritas a seguir.

O metal I é líquido à temperatura ambiente e dissolve diversos outros metais, formando amálgamas que apresentam larga aplicação.

O metal II apresenta temperatura de fusão de 98 °C, é mole e reage violentamente com a água, liberando grande quantidade de energia.

O metal III é certamente o metal mais utilizado no mundo, sendo o principal constituinte das ligas metálicas conhecidas genericamente como aço.

O metal IV tem bastante aplicação na indústria civil e de embalagens. Além de pouco denso, tem a vantagem de ser coberto por uma fina camada de óxido que dificulta a sua corrosão pelo oxigênio.

Os metais I, II, III e IV são, respectivamente,

a) mercúrio, ouro, cobre e titânio.
b) césio, potássio, prata e alumínio.
c) mercúrio, sódio, ferro e alumínio.
d) mercúrio, sódio, cobre e estanho.
e) gálio, ouro, ferro e alumínio.

**3.** (Enem)

> Eu também podia decompor a água, se fosse salgada ou acidulada, usando a pilha de Daniell como fonte de força. Lembro o prazer extraordinário que sentia ao decompor um pouco de água em uma taça para ovos quentes, vendo-a separar-se em seus elementos, o oxigênio em um eletrodo, o hidrogênio no outro. A eletricidade de uma pilha de 1 volt parecia tão fraca, e, no entanto, podia ser suficiente para desfazer um composto químico, a água...
>
> SACKS, O. *Tio Tungstênio: memórias de uma infância química*. São Paulo: Cia. das Letras, 2002.

O fragmento do romance de Oliver Sacks relata a separação dos elementos que compõem a água. O princípio do método apresentado é utilizado industrialmente na:

a) obtenção de ouro a partir de pepitas.
b) obtenção de calcário a partir de rochas.
c) obtenção de alumínio a partir da bauxita.
d) obtenção de ferro a partir de seus óxidos.
e) obtenção de amônia a partir de hidrogênio e nitrogênio.

**4.** (ITA-SP) Qual das opções a seguir contém a equação que representa a produção de ferro num alto-forno convencional alimentado com hematita e coque?

a) $FeS (c) + H_2 (g) \rightarrow Fe (c) + H_2S (g)$
b) $Fe_2O_3 (c) + 2 A\ell (c) \rightarrow 2 Fe (c) + A\ell_2O_3 (c)$
c) $Fe_3O_4 (c) + 4 H_2 (g) \rightarrow 3 Fe (c) + 4 H_2O (g)$
d) $Fe_2O_3 (c) + 3 CO (g) \rightarrow 2 Fe (c) + 3 CO_2 (g)$
e) $4 FeS (c) + 2 CO (g) \rightarrow 4 Fe (c) + 2 CS_2 (g) + O_2 (g)$

**5.** Qual das substâncias abaixo é o redutor na produção do ferro?

a) $H_2O$
b) $CO_2$
c) $CO$
d) $NO$
e) $CH_4$

**6.** (Fuvest-SP) O alumínio é produzido a partir do minério bauxita, do qual é separado o óxido de alumínio que, em seguida, junto a um fundente, é submetido à eletrólise. A bauxita contém cerca de 50%, em massa, de óxido de alumínio. De modo geral, desde que o custo da energia elétrica seja o mesmo, as indústrias de alumínio procuram se estabelecer próximas a:

a) zonas litorâneas, pela necessidade de grandes quantidades de salmoura para a eletrólise.
b) centros consumidores de alumínio, para evitar o transporte de material muito dúctil e maleável e, portanto, facilmente deformável.
c) grandes reservatórios de água, necessária para separar o óxido de alumínio da bauxita.
d) zonas rurais, onde a chuva ácida, que corrói o alumínio, é menos frequente.
e) jazidas de bauxita, para não se ter de transportar a parte do minério (mais de 50%) que não resulta em alumínio.

**7.** (FEI-SP) O alumínio é obtido industrialmente pela eletrólise ígnea da alumina ($A\ell_2O_3$). Indique a alternativa falsa:

a) O íon alumínio sofre redução.
b) O gás oxigênio é liberado no ânodo.
c) O alumínio é produzido no cátodo.
d) O metal alumínio é agente oxidante.
e) O íon $O^{2-}$ sofre oxidação.

**8.** (UFF-RJ) As superfícies de alumínio, recentemente preparadas, reagem com o oxigênio para formar uma camada de óxido que protege o material de posterior corrosão.

A reação pode ser representada por:

$$A\ell (s) + O_2 (g) \rightleftharpoons A\ell_2O_3 (s)$$

a) Escreva a equação balanceada para a reação apresentada.
b) Calcule quantos gramas de oxigênio serão necessários para reagir com 0,30 mol de alumínio.

c) Calcule quantos gramas de óxido de alumínio poderão ser produzidos quando 12,50 g de oxigênio reagirem completamente com o alumínio. (Massas atômicas: $A\ell = 27$; $O = 16$.)

**9.** (UnB/PAS-DF) A siderurgia, que visa à obtenção do ferro metálico a partir de seus minérios, utiliza altos-fornos, nos quais se despeja uma mistura de coque (carvão com alto teor de carbono), minério de ferro e calcário ($CaCO_3$). A combustão do coque produz CO, que reage com o minério de ferro. O calcário sofre decomposição e produz CaO, o qual reage com as impurezas do minério. O ferro que sai do alto-forno — ferro-gusa —, após um processo de purificação, passa a ter cerca de 1,5% de carbono, quando então é chamado de aço. Com o auxílio dessas informações, julgue os seguintes itens:

a) O minério de ferro usado na siderurgia apresenta propriedades físicas cujos valores são constantes.

b) As equações abaixo representam, de forma simplificada, a obtenção do ferro em um alto-forno siderúrgico.

$2\,C\,(s) + O_2\,(g) \rightarrow 2\,CO\,(g)$ $Fe_2O_3\,(s) + 3\,CO\,(g) \rightarrow$
$\rightarrow 2\,Fe\,(s) + 3\,CO_2\,(g)$

c) Na reação da hematita com o monóxido de carbono, este exerce o papel de agente oxidante.

d) O aço é uma liga.

**10.** (Fuvest-SP) Em seu livro de contos *O sistema periódico*, o escritor italiano Primo Levi descreve características de elementos químicos e as relaciona a fatos de sua vida. Dois trechos desse livro são destacados a seguir:

I. "(Este metal) é mole como a cera e reage com a água onde flutua (um metal que flutua!), dançando freneticamente e produzindo hidrogênio."

II. "(Este outro) é um elemento singular: é o único capaz de ligar-se a si mesmo em longas cadeias estáveis, sem grande desperdício de energia, e para a vida sobre a Terra (a única que conhecemos até o momento) são necessárias exatamente as longas cadeias. Por isso, ... é o elemento-chave da substância viva."

O metal e o elemento referidos nos trechos (I) e (II) são, respectivamente,

a) mercúrio e oxigênio.

b) cobre e carbono.

c) alumínio e silício.

d) sódio e carbono.

e) potássio e oxigênio.

**11.** (PUC-MG) Com relação à eletrólise de uma solução aquosa de cloreto de potássio, feita com eletrodos inertes, indique a afirmativa correta:

a) Há liberação de gás hidrogênio no cátodo.

b) Há liberação de gás oxigênio no ânodo.

c) Forma-se ácido clorídrico.

d) A solução aquosa torna-se ácida, ficando incolor em presença do indicador fenolftaleína.

e) $2\,KC\ell + 4\,H_2O \rightarrow 2\,HC\ell + 2\,KOH + O_2 + 2\,H_2$ é a equação global da eletrólise.

**12.** (Fuvest-SP) Magnésio e seus compostos podem ser produzidos a partir da água do mar, como mostra o esquema a seguir:

Reprodução/Arquivo da editora

a) Identifique X, Y e Z, dando suas respectivas fórmulas.

b) Escreva a equação que representa a formação do composto X a partir do $Mg(OH)_2$ (s). Esta equação é de uma reação de oxirredução? Justifique.

**13.** (Vunesp-SP) Em qual das reações seguintes é produzido um gás esverdeado, oxidante e mais denso que o ar?

a) $C_2H_6 + \frac{7}{2}\,O_2 \rightarrow 2\,CO_2 + 3\,H_2O$

b) $N_2 + 3\,H_2 \rightarrow 2\,NH_3$

c) $2\,Na + 2\,H_2O \rightarrow 2\,NaOH + H_2$

d) $2\,KC\ell O_3 \rightarrow 2\,KC\ell + 3\,O_2$

e) $MnO_2 + 4\,HC\ell \rightarrow MnC\ell_2 + 2\,H_2O + C\ell_2$

**14.** (Fuvest-SP) Quando se classificam elementos químicos utilizando-se como critério o estado de agregação sob 1 atm e 25 °C, devem pertencer a uma mesma classe os elementos:

a) cloro, mercúrio e iodo.

b) mercúrio, magnésio e argônio.

c) mercúrio, argônio e cloro.

d) cloro, enxofre e iodo.

e) iodo, enxofre e magnésio.

**15.** (Fuvest-SP) Para exemplificar elementos químicos que à temperatura ambiente (~ 25 °C) reagem com a água, pode-se citar:

a) prata e lítio.

b) lítio e cloro.

c) cloro e nitrogênio.

d) nitrogênio e carbono.

e) carbono e prata.

**16.** (UnB-DF) O cobre, devido à sua baixa tendência à oxidação, é empregado na fabricação de tubulações para água quente, de utensílios domésticos, de moedas e de inúmeras ligas metálicas, entre as quais destacam-se o latão (cobre e zinco) e o bronze (cobre e estanho). No entanto, não é utilizado em embalagens de alimentos, pois, quando exposto ao ar úmido contendo gás carbônico, o cobre lentamente se oxida, ficando coberto por uma camada esverdeada, o azinhavre, cuja composição é uma mistura de $CuCO_3$ e $Cu(OH)_2$. Considerando essas informações, julgue os itens a seguir.

a) O cobre, a que se refere o texto, é uma substância simples.

b) No latão e no bronze, as ligações entre os átomos são covalentes, o que explica suas baixas tendências à oxidação.

c) O azinhavre contém as substâncias cobre (metal), água (umidade) e gás carbônico.

d) No carbonato de cobre e no hidróxido de cobre, o estado de oxidação do cobre é o mesmo.

e) A água presente no ar é um catalisador para a reação de oxidação do cobre.

## Desafiando seus conhecimentos

**1.** (Fuvest-SP) A exploração econômica de alumínio, carvão, ferro e ouro é feita pela retirada de depósitos naturais, seguida de processamento para purificação. Por já se apresentarem isolados na natureza, não é necessário fazer transformações químicas na fase de purificação de:

a) alumínio e ouro.

b) carvão e ouro.

c) ferro e ouro.

d) alumínio e ferro.

e) carvão e ferro.

**2.** (UFS-SE) Considere os processos de obtenção de alumínio a partir da alumina ($A\ell_2O_3$) e de ferro a partir da hematita ($Fe_2O_3$). Ambos:

I. envolvem oxirredução.

II. utilizam eletrólise.

III. requerem utilização de energia.

É correto afirmar somente:

a) I.

b) II.

c) III.

d) I e II.

e) I e III.

**3.** (Puccamp-SP) A hematita é um óxido natural, matéria-prima para a obtenção do aço. Dentre as seguintes fórmulas, qual corresponde à hematita?

a) $FeS_2$

b) $SnO_2$

c) $Fe_2O_3$

d) $MnO_2$

e) $A\ell_2O_3$

**4.** (Fuvest-SP) Dê a fórmula e o nome de um minério de ferro. Represente por meio de equações químicas a obtenção do metal a partir do minério citado.

**5.** (UFPR) O elemento químico alumínio é o terceiro mais abundante na Terra, depois do oxigênio e do silício. A fonte comercial do alumínio é a bauxita, um minério que, por desidratação, produz a alumina, $A\ell_2O_3$. O alumínio metálico pode então ser obtido pela passagem de corrente elétrica através da alumina fundida, processo que, devido ao seu elevado ponto de fusão (2 050 °C), requer um considerável consumo de energia. Acrescente-se ainda o alto custo envolvido na extração do alumínio de seu óxido e tem-se um processo energeticamente muito dispendioso. Somente a partir de 1886, quando Charles Hall descobriu que a mistura de alumina com criolita ($Na_3A\ell F_6$) fundia a 950 °C, o que tornava o processo de obtenção de alumínio menos dispendioso, foi possível a utilização desse elemento em maior escala.

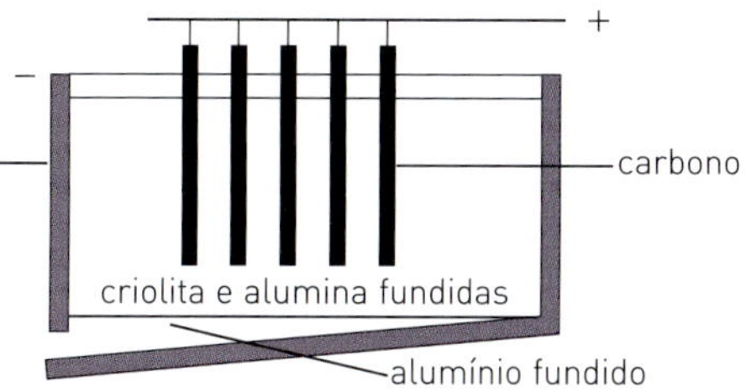


Reprodução/Arquivo da editora

A figura acima representa o dispositivo empregado para a extração do alumínio pela passagem de corrente elétrica.

As semirreações que ocorrem são:

I. $A\ell^{3+}$ (fund) + 3 $e^-$ $\rightarrow$ $A\ell$ (líq)

II. 2 $O^{2-}$ (fund) + C (s) $\rightarrow$ $CO_2$ (g) + 4 $e^-$
(Massa molar: $A\ell$ = 27,0 g.)

Com base nas informações acima, é correto afirmar:

01) A fusão dos minérios é necessária para permitir o deslocamento dos íons para os respectivos eletrodos.

02) A reação II indica que o cátodo é consumido durante o processo.

04) A redução do alumínio ocorre no eletrodo de aço.

08) O processo de obtenção do alumínio metálico é uma eletrólise.

16) A soma dos menores coeficientes estequiométricos inteiros na reação total de obtenção do alumínio é 20.

32) A produção de uma lata de refrigerante (13,5 g de alumínio) absorve 0,500 mol de elétrons.

**6.** (Fuvest-SP) Industrialmente, alumínio é obtido a partir da bauxita. Esta é primeiro purificada, obtendo-se o óxido de alumínio, $A\ell_2O_3$, que é, em seguida, misturado com um fundente e submetido a uma eletrólise ígnea, obtendo-se, então, o alumínio.

As principais impurezas da bauxita são: $Fe_2O_3$, que é um óxido básico, e $SiO_2$, que é um óxido ácido. Quanto ao $A\ell_2O_3$, trata-se de um óxido anfótero, isto é, de um óxido que reage tanto com ácidos quanto com bases.

a) Na primeira etapa de purificação da bauxita, ela é tratada com solução aquosa concentrada de hidróxido de sódio.
Neste tratamento, uma parte apreciável do óxido de alumínio solubiliza-se, formando $NaA\ell(OH)_4$.
Escreva a equação química balanceada que representa tal transformação.

b) Se a bauxita fosse tratada com solução aquosa concentrada de ácido clorídrico, quais óxidos seriam solubilizados? Justifique por meio de equações químicas balanceadas.

c) Na eletrólise do óxido de alumínio fundido, usam-se várias cubas eletrolíticas ligadas em série, através das quais passa uma corrente elétrica elevada. Se n cubas são ligadas em série e a corrente é I, qual deveria ser a corrente, caso fosse usada apenas uma cuba, para produzir a mesma quantidade de alumínio por dia? Justifique, com base nas leis da eletrólise.

**7.** (UFPA) O alumínio, uma raridade no século XIX, passou a ser um dos metais mais empregados no século XX. Entre as diversas formas de emprego, destaca-se a confecção de latas de cervejas e de refrigerantes. É extraído industrialmente por meio de eletrólise ígnea do minério bauxita ($A\ell_2O_3 \cdot x\,H_2O$) misturado com a criolita ($Na_3A\ell F_6$) fundida. A equação química simplificada representativa desse processo é:

$$A\ell_2O_3\ (s) + 3\ C\ (s) \rightarrow 2\ A\ell\ (\ell) + 3\ CO\ (g)$$

O processo industrial de extração do alumínio consome grande quantidade de energia e, por isso, não é barato.

Na obtenção de 27 gramas desse metal, são consumidos 297 kJ de energia. Portanto, é bastante vantajoso recuperá-lo por reciclagem, uma vez que nesse processo são consumidos somente 26,1 kJ de energia para a obtenção dessa mesma massa do metal.

No último *Parafolia*, foram descartadas ao lixo milhares de latas de cervejas e de refrigerantes que, após recicladas, levaram à obtenção de 135 kg de alumínio metálico.

Analise as informações e responda:

a) Que quantidade de energia, $kJ \cdot mol^{-1}$, é economizada quando se obtém essa massa (135 kg) de alumínio por reciclagem, em vez de extraí-la da bauxita?

b) É possível obter o alumínio metálico por meio da eletrólise de uma solução aquosa ácida contendo íons $A\ell^{3+}$, já que o potencial-padrão de redução ($E^0_{red}$) do $A\ell^{3+}$ é igual a −1,66 V e do $H^+$ é igual a 0,00 V? Justifique.

c) Qual o número de oxidação do alumínio no óxido de alumínio?

**8.** (UFPE) No processo Hall para a obtenção de alumínio a partir de seu óxido purificado (esquematizado abaixo), bastões de grafite são ligados ao terminal positivo de uma ponte de corrente enquanto o recipiente é ligado ao terminal negativo. A eletrólise é feita numa mistura de criolita ($Na_3A\ell F_6$) e $A\ell_2O_3$.

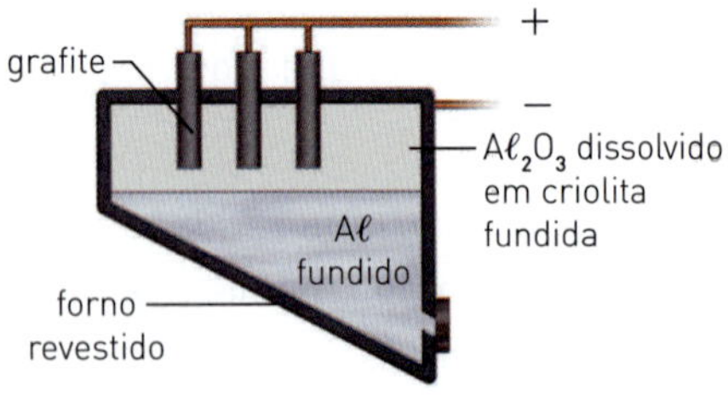


Reprodução/Arquivo da editora

Com base nesse esquema, podemos dizer que é correta:

| I | II | |
|---|---|---|
| 0 | 0 | O alumínio possui densidade menor que a mistura líquida de criolita e $A\ell_2O_3$. |
| 1 | 1 | O alumínio é oxidado durante esse processo, pois o produto final é alumínio metálico. |
| 2 | 2 | A grafite funciona como ânodo e ali deve ocorrer a reação de oxidação. |
| 3 | 3 | A criolita é um composto covalente e, por isso, quando fundida, é um bom condutor de eletricidade. |
| 4 | 4 | 2 700 kg de alumínio podem ser obtidos a partir de 7 500 kg de seu óxido. |

**9.** (UEL-PR) O município de Poços de Caldas, localizado no sul do estado de Minas Gerais, é um importante centro turístico, mas tem, na produção do alumínio, extraído do mineral bauxita, um outro suporte econômico. A paisagem faz parte dos atrativos turísticos da região, embora afetada atualmente pela mineração, que deixa o solo descoberto. Quando isso ocorre em floresta nativa, o desafio do retorno da paisagem é muito complicado.

O alumínio é obtido pela eletrólise ígnea de uma solução de óxido de alumínio puro ($A\ell_2O_3$), obtido da bauxita purificada, em criolita ($Na_3A\ell F_6$) fundida, mantendo a temperatura em aproximadamente 1 000 °C. Nessas condições, o óxido de alumínio se dissolve e a solução é boa condutora de eletricidade.

Durante a eletrólise, os elétrons migram do íon oxigênio para o íon alumínio.

Em relação ao método de obtenção do alumínio, são feitas as afirmações:

I. Na solução, o $A\ell_2O_3$ está totalmente na forma não dissociada.
II. Na solução, o $A\ell_2O_3$ é o soluto e o $Na_3A\ell F_6$ é o solvente.
III. O alumínio é depositado no cátodo.
IV. A reação que ocorre no ânodo é a oxidação do $O^{2-}$.

Indique a alternativa que contém todas as afirmativas corretas:

a) I e II.
b) I e IV.
c) II e III.
d) I, III e IV.
e) II, III e IV.

**10.** (Fuvest-SP) O íon magnésio está presente na água do mar em quantidade apreciável. O íon $Mg^{2+}$ é precipitado da água do mar como hidróxido, que é convertido a cloreto por tratamento com ácido clorídrico. Após a evaporação da água, o cloreto de magnésio é fundido e submetido à eletrólise.

a) Escreva as equações de todas as reações que ocorrem.
b) Quais os produtos da eletrólise e seus estados físicos?

**11.** (ITA-SP) A obtenção do magnésio a partir da água do mar envolve três reações principais:

I. Precipitação do hidróxido de magnésio com cal extinta.
II. Conversão do hidróxido em cloreto de magnésio.
III. Eletrólise ígnea do cloreto de magnésio.

São dadas as seguintes equações químicas:

a) $MgC\ell_2 + CaO \rightarrow MgO + CaC\ell_2$
b) $Mg^{++} + 2\,OH^- \rightarrow Mg(OH)_2$
c) $MgO + C\ell_2 \rightarrow MgC\ell_2 + \frac{1}{2}\,O_2$
d) $Mg(OH)_2 + 2\,HC\ell \rightarrow MgC\ell_2 + 2\,H_2O$
e) $MgC\ell_2 \rightarrow Mg + C\ell_2$
f) $MgC\ell_2 \rightarrow Mg^{++} + 2\,C\ell^-$

Quais as equações que melhor representam as três reações principais, na ordem dada?

**12.** (Fuvest-SP) Da água do mar podem ser obtidas grandes quantidades de um sal que é a origem das seguintes transformações:

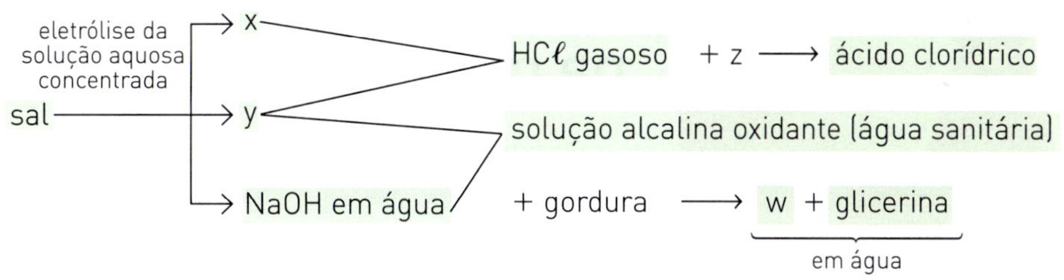


Nesse esquema, x, y, z e w representam:

| | x | y | z | w |
|---|---|---|---|---|
| a) | oxigênio | cloro | hidrogênio | sabão |
| b) | sódio | oxigênio | dióxido de carbono | triglicerídeo |
| c) | hidrogênio | cloro | água | sabão |
| d) | cloro | hidrogênio | água | carboidrato |
| e) | hidrogênio | cloro | dióxido de carbono | triglicerídeo |

**13.** (Fuvest-SP) É comum encontrar nas lojas de materiais para piscinas o anúncio: "Temos cloro líquido".

a) Há erro em tal anúncio? Explique.

b) Quando se obtém cloro por eletrólise de solução aquosa de cloreto de sódio, também se forma hidrogênio.
Mostre como se formam o cloro e o hidrogênio nessa eletrólise.

**14.** (Fuvest-SP) Amostras dos gases nitrogênio, oxigênio e cloro foram recolhidas, não necessariamente nessa ordem, em recipientes rotulados A, B e C. Cada recipiente contém apenas um desses gases. A fim de ilustrar algumas propriedades dessas substâncias, com cada recipiente foram feitas as seguintes experiências:

I. Introduziram-se raspas de ferro aquecidas ao rubro. Apenas nos recipientes A e B observaram-se transformações das raspas de ferro.

II. Cheiraram-se os conteúdos. O de A, assim como o de C, era inodoro. O de B provocou forte irritação na mucosa nasal.

a) Identifique os gases dos recipientes A, B e C. Justifique.

b) Escreva a equação balanceada da reação do conteúdo do recipiente B com o ferro.

**15.** (Fuvest-SP) Indique a afirmação incorreta sobre os elementos químicos cloro, bromo e iodo.

a) Os 3 elementos são halogênios.

b) Os 3 elementos são coloridos (cloro — verde; bromo — marrom; iodo — violeta).

c) Os 3 elementos têm o mesmo número de elétrons na camada externa.

d) Os 3 elementos reagem com metais alcalinos formando sais.

e) Os 3 elementos são líquidos à temperatura de 18 °C.

**16.** (UFBA) Entre suas características, o iodo ($I_2$) apresenta como propriedades químicas (a resposta é dada pela soma dos números associados aos itens corretos):

01) brilho metálico.

02) odor característico.

04) vapores de tonalidade violeta.

08) solubilidade em álcool.

16) baixa solubilidade em água.

32) não combustibilidade.

Conexão Indústria

TOPIC PHOTO AGENCY/AGB Photo Library

Indústria siderúrgica na Coreia do Sul.

# Os riscos envolvidos na metalurgia

Os processos de obtenção de metais, seja diretamente da natureza, seja por meio da metalurgia, envolvem riscos de graus variados, não apenas ambientais, mas também ao trabalhador que atua diretamente nesses processos. É o que se chama de insalubridade, que vai desde as condições ambientais inadequadas, como falta de ventilação, excesso de calor e excesso de barulho, passando pela fadiga por jornadas de trabalho excessivas, até as agressões diretas ao organismo, devido à inalação de poeiras, fumaça e vapores, além dos riscos de incêndios e explosões.

Os problemas ocasionados por esses e outros metais de interesse comercial são variados: o níquel provoca lesões cutâneas e dermatites; o cádmio afeta as vias respiratórias e os pulmões, levando a pneumonia, edemas pulmonares, enfisema pulmonar e câncer; o chumbo tem como porta de entrada as vias respiratórias, mas chegando ao sangue afeta a vida das hemácias e leva a um quadro de anemia; os sais de cobre podem causar forte irritação das vias respiratórias superiores; a inalação da fumaça ou do pó de óxido de ferro pode produzir um quadro respiratório conhecido como siderose; o óxido de magnésio pode provocar queimaduras de pele, irritação dos olhos, nariz e garganta, além de alterações musculares.

Há ainda os perigos provenientes de outras substâncias utilizadas em etapas do processo de metalurgia e siderurgia, como os acetilenos, o ácido cianídrico, o ácido sulfídrico, o ácido sulfúrico, o benzeno, o cloreto de amônia e o monóxido de carbono.

O alto-forno, considerado o "coração" do processo siderúrgico, também apresenta elevado grau de insalubridade para o operário. Há riscos físicos, como radiações, alta temperatura, ruído ensurdecedor, e riscos químicos, como a liberação de monóxido de carbono e de gases de enxofre.

As especificações técnicas para instalação e funcionamento de fornos e alto-fornos são regidas pela Norma Reguladora nº 14, do Ministério do Trabalho. Quanto aos EPIs (equipamentos de proteção individual), são regidos pela Norma Reguladora nº 6. É fundamental que as indústrias do setor cumpram as exigências legais, fornecendo a seus funcionários equipamentos que variam de acordo com a tarefa e o grau de exposição, como: capacete de segurança, protetor auricular, máscara de soldador, máscara para proteção respiratória, capa, entre outros.

Fontes: Cadernos de Atenção Básica – Saúde do trabalhador (http://bvsms.saude.gov.br); Coleção Cadernos de EJA – Segurança e Saúde no Trabalho (http://portal.mec.gov.br); Normas Reguladoras 6 e 14 (http://portal.mte.gov.br); Riscos à saúde do trabalhador – Ramo metalúrgico (http://www.simucad.dep.ufscar.br). Acesso em: 18 jul. 2018.

## Reflita

1. Qual o tema central do texto?

2. Debata com seus colegas: por que é importante que, como consumidores de produtos provenientes da metalurgia e de outros produtos industriais, conheçamos essa realidade?

UNIDADE 6

# Cinética química

A imagem de abertura dessa unidade mostra uma maçã em estado de decomposição. O tempo de decomposição depende de vários fatores que podem ser controlados para retardar o processo de deterioração da fruta.

Você sabe como os conhecimentos de Química podem ajudar a acelerar ou retardar o processo de decomposição das frutas? Esse conhecimento pode ser aplicado a qualquer tipo de reação química?

Constantine Pankin/Shutterstock

**NESTA UNIDADE VAMOS ESTUDAR:**

- Como expressar a velocidade de uma reação.
- Como calcular a taxa de consumo e de formação de componentes das reações.
- Os fatores que alteram a velocidade das reações.
- A lei da velocidade das reações.

CAPÍTULO

# 23

# Estudo da velocidade (rapidez) das reações

Kennedy Space Center/Nasa

O hidrogênio líquido é usado como combustível em alguns foguetes.

Fritz Poelking/Easypix Brasil

Estalactites (no teto da caverna) e estalagmites (no solo).

As reações químicas ocorrem com velocidades diferentes, e estas podem ser alteradas. O conhecimento e o estudo da velocidade das reações, além de muito importantes em termos industriais, estão relacionados ao nosso dia a dia, por exemplo, quando guardamos alimentos na geladeira, estamos retardando sua decomposição; quando usamos panela de pressão, estamos aumentando a velocidade de cozimento dos alimentos.

Outro exemplo são os foguetes que utilizam hidrogênio como combustível e oxigênio como comburente. Essas substâncias são armazenadas separadamente em tanques externos do tamanho de um prédio de 10 andares e são injetadas em três turbinas, nas quais sofrem ignição, o que provoca uma reação de combustão instantânea, liberando vapor de água à temperatura aproximada de 3000 °C. Se a mistura de hidrogênio e oxigênio não sofrer a ação de uma faísca elétrica ou de uma chama, a reação ocorre tão lentamente que é impossível determinar sua velocidade.

Em outros casos, uma reação química pode demorar meses ou anos para ocorrer: na formação das estalactites e estalagmites, a deposição do carbonato de cálcio ocorre ao longo de vários anos.

Para entendermos o conceito de rapidez ou velocidade de uma reação, vamos, inicialmente, estudar o exemplo mais simples de uma reação: quando um único reagente se transforma em um único produto.

reagente ⟶ produto

A ⟶ B

Representação da transformação de uma molécula de A em uma molécula de B.

A ilustração a seguir representa o progresso de uma reação em que moléculas de A se transformam em moléculas de B.

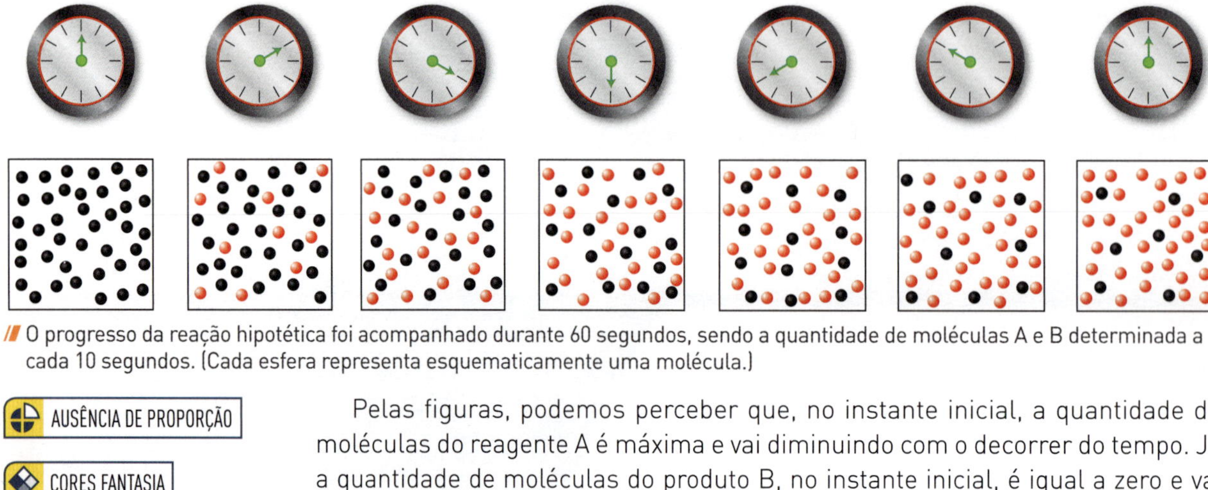

Ilustrações: Luiz Fernando Rubio/Arquivo da editora

O progresso da reação hipotética foi acompanhado durante 60 segundos, sendo a quantidade de moléculas A e B determinada a cada 10 segundos. (Cada esfera representa esquematicamente uma molécula.)

AUSÊNCIA DE PROPORÇÃO

CORES FANTASIA

Pelas figuras, podemos perceber que, no instante inicial, a quantidade de moléculas do reagente A é máxima e vai diminuindo com o decorrer do tempo. Já a quantidade de moléculas do produto B, no instante inicial, é igual a zero e vai aumentando com o decorrer do tempo.

Usando as quantidades de moléculas indicadas na ilustração, foi construído o gráfico ao lado, que mostra as quantidades de A e B em função do tempo.

Observando o gráfico, verificamos que a curva que mostra as quantidades de reagentes é descendente, e a curva que mostra as quantidades de produtos é ascendente.

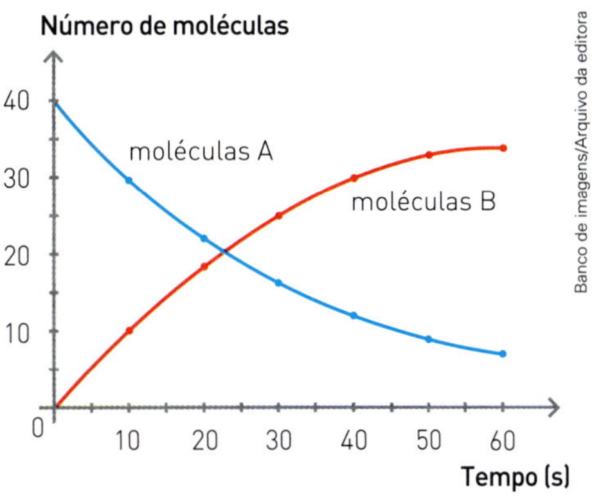


# Velocidade de uma reação

Quando estudamos a velocidade de uma reação, estamos interessados em conhecer a rapidez com que um reagente é consumido (taxa de consumo) ou com que um produto é formado (taxa de formação); ou seja, estamos interessados nas variações das quantidades dos reagentes ou dos produtos em determinado intervalo de tempo.

As quantidades de reagentes e produtos podem ser expressas em massa, volume (para gases), número de mol ou concentração em mol/L, enquanto o tempo pode ser expresso em hora, minuto e segundo.

Como a velocidade pode variar ao longo da ocorrência da reação, habitualmente trabalhamos com a velocidade média.

> Atualmente, vários autores preferem usar o termo "rapidez" para evitar confusão com a definição de velocidade usada em Física. Neste livro, usaremos os dois termos.

## Velocidade média

É o quociente entre a variação das quantidades, dos reagentes ou dos produtos, e o intervalo de tempo no qual essa variação ocorreu:

$$v = \frac{\Delta\text{quantidade}}{\Delta\text{tempo}} = \frac{\text{quantidade final} - \text{quantidade inicial}}{\text{tempo final} - \text{tempo inicial}}$$

Quando se trabalha com a concentração em mol/L, a expressão da velocidade média é representada por:

$$v_{\text{média}} = \frac{\Delta[\ ]}{\Delta\text{tempo}} = \frac{[\text{final}] - [\text{inicial}]}{\text{tempo final} - \text{tempo inicial}}$$

> Em físico-química, usa-se o símbolo [ ] (colchetes) para representar a concentração em mol/L.

Ao calcularmos o $\Delta$[reagentes], notamos que ele apresenta um valor menor do que zero, ou seja, um valor negativo, pois a concentração final é menor do que a inicial. Para não trabalhar com valores negativos, usamos $-\Delta$[reagentes] na expressão da velocidade média dos reagentes.

Assim, a velocidade média é expressa por:

$$v_m = \frac{-\Delta[\text{reagentes}]}{\Delta t} \quad \text{ou} \quad v_m = \frac{\Delta[\text{produtos}]}{\Delta t}$$

A rapidez ou velocidade das reações é sempre obtida experimentalmente, por diferentes métodos: para reações em soluções aquosas, as concentrações são medidas com um espectrógrafo, que analisa a absorbância ou transmitância da luz visível pela solução; em reações que envolvem íons, usam-se medidas de condutibilidade elétrica; já para gases, usam-se medidas de pressão.

A seguir, usando dados obtidos experimentalmente, vamos ver um exemplo do cálculo de velocidade média, estudando a decomposição da água oxigenada.

A decomposição da água oxigenada pode ser representada pela equação:

$$2\,H_2O_2\,(aq) \longrightarrow 2\,H_2O\,(\ell) + O_2\,(g)$$

A velocidade média de decomposição da água oxigenada pode ser calculada utilizando-se a expressão:

$$v_{mH_2O_2} = \frac{-([H_2O_2]_{final} - [H_2O_2]_{inicial})}{t_{final} - t_{inicial}} \Rightarrow v_m = \frac{-\Delta[H_2O_2]}{\Delta t}$$

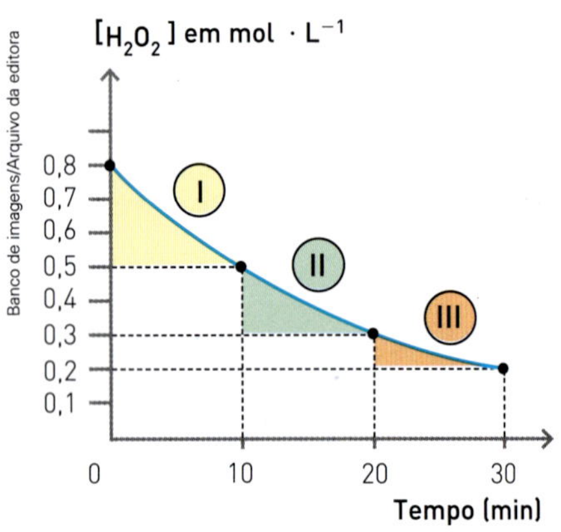


O gráfico ao lado mostra dados obtidos experimentalmente para a decomposição da água oxigenada.

Vamos determinar a velocidade média nos três trechos:

(I) $v_m = \frac{-(0,5 - 0,8)}{10 - 0} \Rightarrow v_m = \frac{-(-0,3)}{10} = 0,03\ mol \cdot L^{-1} \cdot min^{-1}$

(II) $v_m = \frac{-(0,3 - 0,5)}{20 - 10} \Rightarrow v_m = \frac{-(-0,2)}{10} = 0,02\ mol \cdot L^{-1} \cdot min^{-1}$

(III) $v_m = \frac{-(0,2 - 0,3)}{30 - 20} \Rightarrow v_m = \frac{-(-0,1)}{10} = 0,01\ mol \cdot L^{-1} \cdot min^{-1}$

Analisando os valores das velocidades médias de consumo do $H_2O_2$, podemos perceber que elas não são constantes e que o seu valor máximo é encontrado no início da reação. Esse fato permite concluir que a velocidade média diminui de acordo com a diminuição da concentração.

A partir desse gráfico, podemos construir um novo gráfico que represente a formação dos produtos ($H_2O$ e $O_2$). Para isso, devemos conhecer a proporção estequiométrica da reação:

| | $2\,H_2O_2\,(aq)$ | $\longrightarrow$ | $2\,H_2O\,(\ell)$ | + | $O_2\,(g)$ |
|---|---|---|---|---|---|
| Proporção: | 2 mol | | 2 mol | | 1 mol |

Interpretação: a decomposição de 2 mol de $H_2O_2$ produz 2 mol de $H_2O$ e 1 mol de $O_2$.

**I**

| | | | |
|---|---|---|---|
| t = 0 | 0,8 mol/L | 0 | 0 |
| ↓ | gasto<br>0,3 mol/L | formado<br>0,3 mol/L | formado<br>0,15 mol/L |
| t = 10 min | 0,5 mol/L | 0,3 mol/L | 0,15 mol/L |

**II**

| | | | |
|---|---|---|---|
| t = 10 min | 0,5 mol/L | 0,3 mol/L | 0,15 mol/L |
| ↓ | gasto<br>0,2 mol/L | formado<br>0,2 mol/L | formado<br>0,1 mol/L |
| t = 20 min | 0,3 mol/L | 0,5 mol/L | 0,25 mol/L |

**III**

| | | | |
|---|---|---|---|
| t = 20 min | 0,3 mol/L | 0,5 mol/L | 0,25 mol/L |
| ↓ | gasto<br>0,1 mol/L | formado<br>0,1 mol/L | formado<br>0,05 mol/L |
| t = 30 min | 0,2 mol/L | 0,6 mol/L | 0,3 mol/L |

Com base nos dados obtidos, podemos agora fazer a representação gráfica (abaixo, à esquerda) das concentrações em mol/L da $H_2O$ e do $O_2$, em função do tempo.

Podemos também representar as variações das concentrações das três substâncias em um único gráfico (abaixo, à direita).

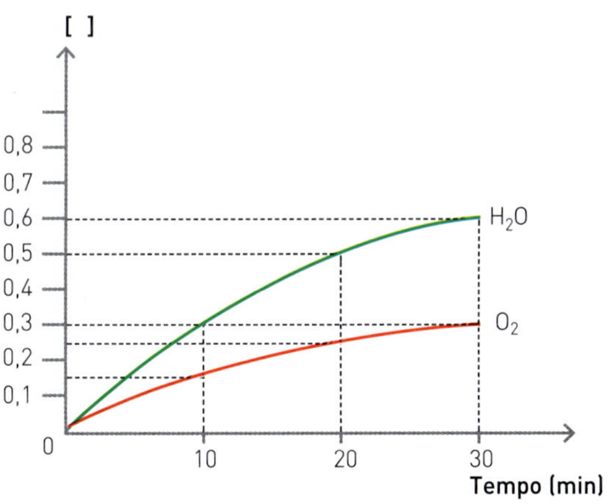


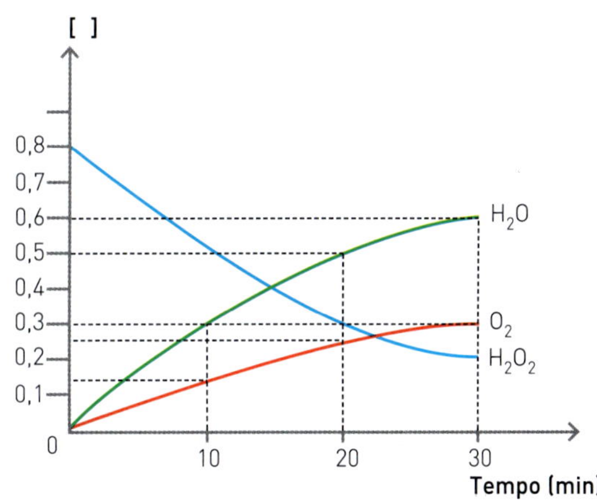


Ilustrações: Banco de imagens/Arquivo da editora

Analisando a velocidade média das três substâncias envolvidas na reação em um mesmo intervalo de tempo, por exemplo, de 0 a 10 min ($\Delta t$ = 10 min), temos:

$$\left.\begin{aligned} v_m &= \frac{-(0{,}5 - 0{,}8)}{10} \\ v_m &= 0{,}03 \text{ mol} \cdot L^{-1} \cdot \text{min}^{-1} \end{aligned}\right\} \text{consumo de } H_2O_2$$

$$\left.\begin{aligned} v_m &= \frac{-(0{,}3 - 0{,}0)}{10} \\ v_m &= 0{,}03 \text{ mol} \cdot L^{-1} \cdot \text{min}^{-1} \end{aligned}\right\} \text{consumo de } H_2O$$

$$\left.\begin{aligned} v_m &= \frac{(0{,}15 - 0{,}0)}{10} \\ v_m &= 0{,}015 \text{ mol} \cdot L^{-1} \cdot \text{min}^{-1} \end{aligned}\right\} \text{consumo de } O_2$$

Ao analisar os valores das velocidades médias, concluímos que eles obedecem à proporção estequiométrica da reação: 2:2:1.

Se dividirmos os valores das velocidades médias pelos respectivos coeficientes estequiométricos, encontraremos o mesmo valor, que será considerado o valor da velocidade média da reação.

$$v_{m\ reação} = \frac{v_{m\ H_2O_2}}{2} = \frac{v_{m\ H_2O}}{2} = \frac{v_{m\ O_2}}{1} = 0{,}015\ mol \cdot L^{-1} \cdot min^{-1}$$

Genericamente, para a reação dada:

$$a\,A + b\,B \rightarrow c\,C$$

temos:

$$v_{m\ reação} = \frac{v_{m\ A}}{a} = \frac{v_{m\ B}}{b} = \frac{v_{m\ C}}{c}$$

Essa definição foi convencionada pela IUPAC e permite calcular a velocidade média de uma reação sem especificar as substâncias participantes.

## Velocidade instantânea

Geralmente, usa-se determinar a velocidade média da reação. Porém, podemos calcular a velocidade em determinado momento ou em dada concentração. Isso pode ser feito por meio de um gráfico de variação de concentração, e a essa velocidade dá-se o nome de **velocidade instantânea**, que corresponde à velocidade da reação em um intervalo de tempo muito pequeno ($\Delta t \geqslant 0$).

Para determinar a velocidade instantânea em um ponto específico, devemos traçar uma tangente à curva nesse ponto.

No exemplo da decomposição da água oxigenada, a velocidade instantânea no tempo de 10 minutos pode ser determinada da seguinte maneira:

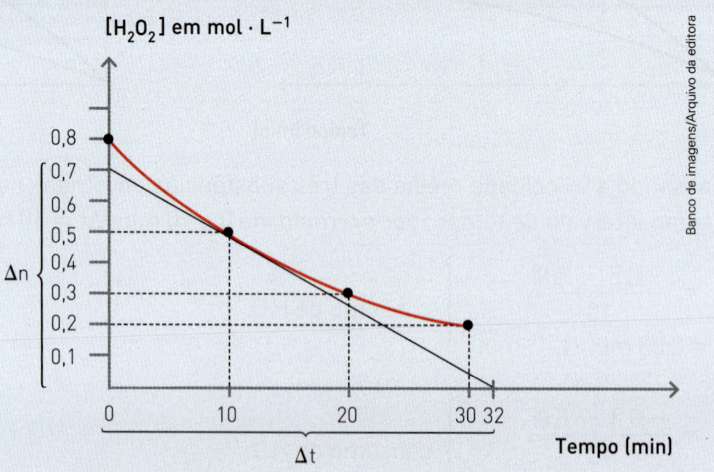


$$v_{inst} = \frac{\Delta[\ ]}{\Delta t}$$

$$v_{inst} = \frac{0{,}7\ mol \cdot L^{-1}}{32\ min} \cong 0{,}022\ mol \cdot L^{-1} \cdot min^{-1}$$

## Exercícios resolvidos

**1.** O composto pentóxido de dinitrogênio ($N_2O_5$) decompõe-se segundo a equação:

$$2\,N_2O_5\,(g) \longrightarrow 4\,NO_2\,(g) + 1\,O_2\,(g)$$

O gráfico abaixo mostra a variação da concentração em mol/L do $N_2O_5$ em determinado intervalo de tempo.

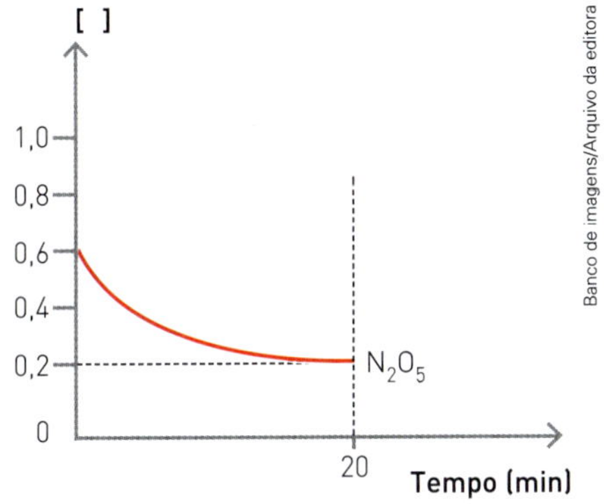


Com base nessas informações, responda:

a) Qual é o valor da velocidade média do $N_2O_5$ no intervalo de tempo indicado?

b) Qual é o valor das concentrações em mol/L do $NO_2$ e do $O_2$ após 20 minutos?

c) Qual é o valor da velocidade média de formação do $NO_2$ no intervalo de tempo indicado?

d) Sabendo que a pressão parcial é proporcional ao número de mols e que a pressão parcial do $O_2$ é igual a 0,5 atm, qual é a pressão parcial do $NO_2$, nas mesmas condições, após 20 minutos?

**Solução**

a) A velocidade do $N_2O_5$ pode ser calculada pela expressão:

$$v_{m\,N_2O_5} = \frac{-\Delta[N_2O_5]}{\Delta t} = \frac{-(0{,}2 - 0{,}6)\ \text{mol/L}}{20\ \text{min}}$$

$$v_{m\,N_2O_5} = 0{,}02\ \text{mol} \cdot L^{-1} \cdot \text{min}^{-1}$$

b) De acordo com a equação estequiométrica, para cada 2 mol de $N_2O_5$ consumidos são formados 4 mol de $NO_2$ e 1 mol de $O_2$:

| | $2\,N_2O_5$ | → | $4\,NO_2$ | + | $O_2$ |
|---|---|---|---|---|---|
| t = 0 | 0,6 mol/L | | 0 | | 0 |
| | consumidos 0,4 mol/L | | formados 0,8 mol/L | | formados 0,2 mol/L |
| t = 20 min | 0,2 mol/L | | 0,8 mol/L | | 0,2 mol/L |

Após 20 min $\begin{cases}[NO_2] = 0{,}8\ \text{mol/L}\\ [O_2] = 0{,}2\ \text{mol/L}\end{cases}$

c) A velocidade média de formação do $NO_2$ no intervalo de tempo indicado é dada por:

$$v_{m\,NO_2} = \frac{-\Delta[NO_2]}{\Delta t} = \frac{(0{,}8 - 0{,}0)\ \text{mol/L}}{20\ \text{min}}$$

$$v_{m\,NO_2} = 0{,}04\ \text{mol} \cdot L^{-1} \cdot \text{min}^{-1}$$

d) Como sabemos que:

0,2 mol $\xrightarrow{\text{exerce}}$ 0,5 atm

0,8 mol ——— x

x = 2,0 atm (pressão parcial do $NO_2$)

**2.** Uma reação genérica pode ser representada pela equação $x\,A \rightarrow y\,B + r\,C$ e graficamente conforme o diagrama a seguir.

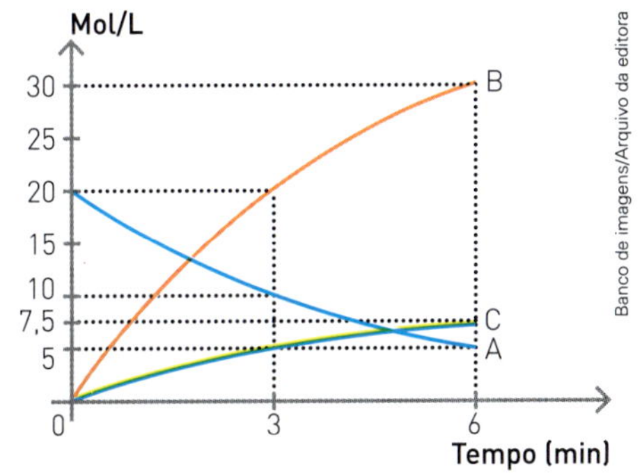


Determine os menores valores inteiros de x, y e r.

**Solução**

Os valores de x, y e r são os coeficientes estequiométricos e esses podem ser determinados estabelecendo uma relação, em mol, entre o que foi consumido e o que foi formado no mesmo intervalo de tempo.

Considerando os 6 minutos iniciais:

$$A\begin{cases}t = 0 \longrightarrow 20\ \text{mol/L}\\ t = 6\ \text{min} \longrightarrow 5\ \text{mol/L}\end{cases}$$

Foram consumidos 15 mol/L.

$$B\begin{cases}t = 0 \longrightarrow \text{zero}\\ t = 6\ \text{min} \longrightarrow 30\ \text{mol/L}\end{cases}$$

Foram consumidos 30 mol/L.

$$C\begin{cases} t = 0 \longrightarrow \text{zero} \\ t = 6\ \text{min} \longrightarrow 7{,}5\ \text{mol/L} \end{cases}$$

Foram consumidos 7,5 mol/L.

A relação entre as quantidades consumidas e formadas em mol/L em um mesmo intervalo de tempo é dada por:

| | A | | B | | C | |
|---|---|---|---|---|---|---|
| | 15 mol/L | | 30 mol/L | | 7,5 mol/L | |
| Proporção | 2 | : | 4 | : | 1 | |
| | ②A | $\longrightarrow$ | ④B | + | ①C | $\Rightarrow x = 2,\ y = 4$ e $r = 1$. |
| | x | | y | | r | |

## Fundamentando seus conhecimentos

Com base nos dados abaixo, responda às questões **1** a **7**.

Vários fatores contribuem para a destruição da camada de ozônio ($O_3$), que protege a superfície da Terra dos raios ultravioleta provenientes do Sol. Esse fenômeno consiste na transformação de ozônio em gás oxigênio:

$$2\ O_3 \longrightarrow 3\ O_2$$

O gráfico abaixo representa esse processo em determinadas condições.

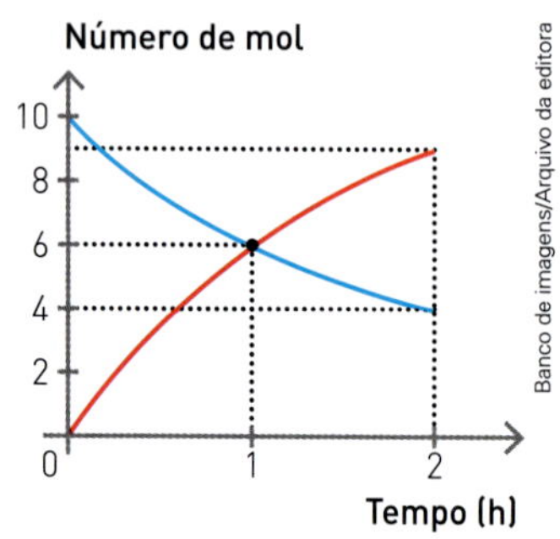


**1.** Associe as curvas do gráfico ao $O_3$ e ao $O_2$.

**2.** Após 5 horas, essa reação terminou? Justifique sua resposta.

**3.** Indique os valores de x, y e z:

| Tempo (h) | 0 | 1 | 2 |
|---|---|---|---|
| Nº de mol de $O_3$ | x | y | z |

**4.** Calcule a velocidade média (taxa de decomposição) do $O_3$ nos seguintes intervalos de tempo:
I. 0 h – 1 h; II. 1 h – 2 h; III. 0 h – 2 h.

**5.** Indique os valores de a, b e c:

| Tempo (h) | 0 | 1 | 2 |
|---|---|---|---|
| Nº de mol de $O_2$ | a | b | c |

**6.** Calcule a velocidade média (taxa de formação) do $O_2$ nos seguintes intervalos de tempo:

I. 0 h – 1 h;
II. 1 h – 2 h;
III. 0 h – 2 h.

**7.** Determine a velocidade média da reação no intervalo 0 h-2 h, lembrando que:

$$v_{m\ \text{reação}} = \frac{v_{m\ O_3}}{2} = \frac{v_{m\ O_2}}{3}$$

Utilizando as informações abaixo, responda às questões **8** a **11**.

Durante a realização de um experimento de decomposição da amônia ($NH_3$), um estudante montou uma tabela que apresenta o número de mol dos participantes em função do tempo:

| | $2\ NH_3$ | $\rightarrow$ | $N_2$ | + | $3\ H_2$ |
|---|---|---|---|---|---|
| t = 0 | 10 mol | $\rightarrow$ | a | | b |
| | consumidos (c) | | formados (d) | | formados (e) |
| t = 20 min | 6 mol | | f | | g |

**8.** Indique os valores numéricos correspondentes às letras a, b, c, d, e, f e g que completam corretamente a tabela.

**9.** Construa um gráfico representando o número de mol dos participantes da reação na ordenada e o tempo, em minutos, na abscissa.

**10.** Determine a velocidade média de consumo da amônia ($NH_3$) e de formação do $N_2$ e do $H_2$.

**11.** Determine a velocidade média da reação.

## Desenvolvendo seus conhecimentos

**1.** O gráfico abaixo mostra a variação das quantidades de três substâncias ao longo do tempo durante uma reação química:

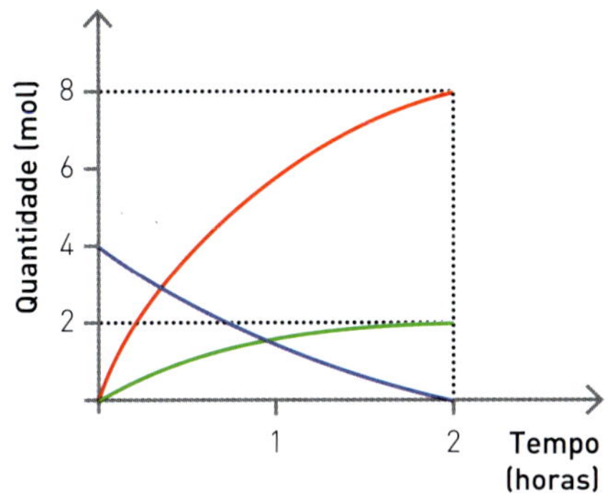


Banco de imagens/Arquivo da editora

Indique qual é a equação química coerente com o gráfico acima.

I. $2\ O_3 \longrightarrow 3\ O_2$

II. $N_2 + 3\ H_2 \longrightarrow 2\ NH_3$

III. $2\ N_2O_5 \longrightarrow 4\ NO_2 + O_2$

**2.** (FEI-SP) Um prego de ferro, em presença de umidade, reage com o oxigênio do ar produzindo óxido de ferro (III) hidratado e liberando hidrogênio. A reação acontece até consumir todo o prego. Dos gráficos abaixo, o que melhor representa a velocidade (v) dessa reação em função do tempo (t) é:

a)
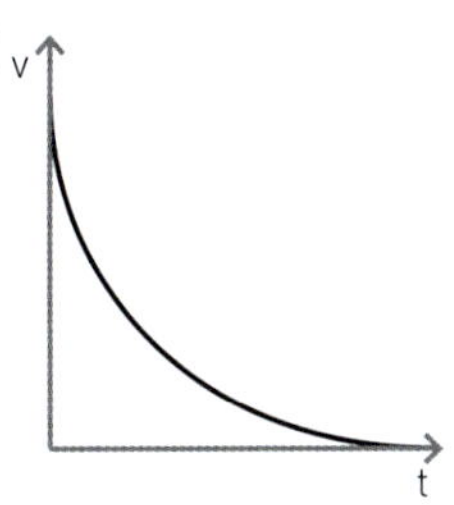


d)
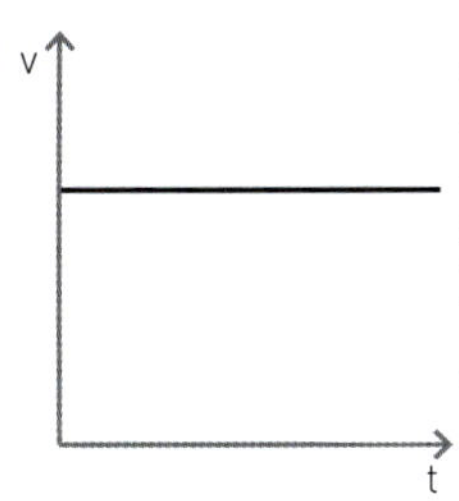


Reprodução/Arquivo da editora

b)
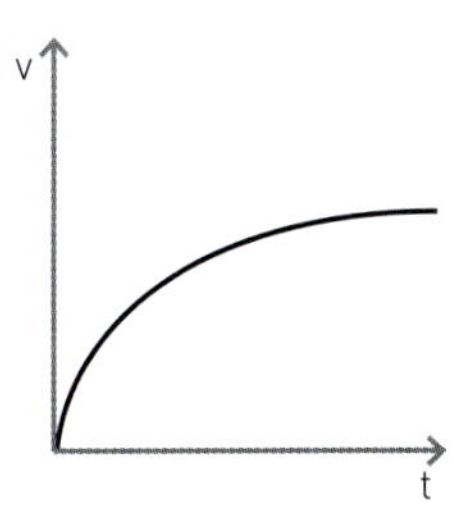


e)
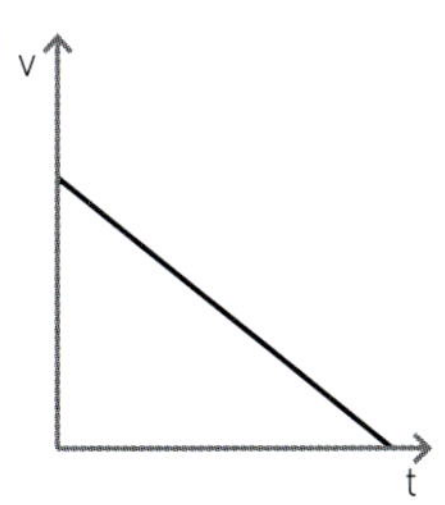


c)
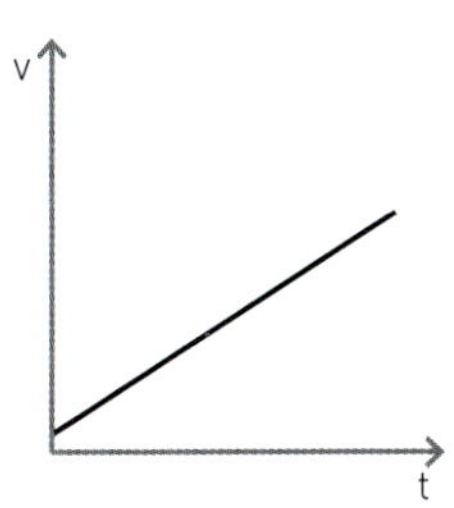


**3.** O gás metano, também chamado de biogás ou gás do lixo, uma fonte de energia menos poluente que a gasolina e o óleo *diesel*, é utilizado em várias cidades como combustível em veículos de transporte público. No interior do motor, o metano sofre combustão de acordo com a seguinte equação química:

$$CH_4\ (g) + 2\ O_2\ (g) \longrightarrow 2\ CO_2\ (g) + 2\ H_2O\ (\ell)$$

Sabendo que no motor foram consumidos 2 mol desse combustível em 10 minutos, calcule:

a) a velocidade média de consumo do metano, em mol/minuto;

b) a velocidade média de consumo do oxigênio, em mol/minuto.

**4.** (Uepa) Um dos grandes problemas ambientais na atualidade relaciona-se com o desaparecimento da camada de ozônio na atmosfera. É importante notar que, quando desaparece o gás ozônio, aparece imediatamente o gás oxigênio de acordo com a equação abaixo:

$$2\ O_3\ (g) \longrightarrow 3\ O_2\ (g)$$

Considerando a velocidade de aparecimento de $O_2$ igual a 12 mol/L · s, a velocidade de desaparecimento do ozônio na atmosfera em mol/L · s é:

a) 12. b) 8. c) 6. d) 4. e) 2.

**5.** (ITA-SP) A reação entre os íons brometo e bromato, em meio aquoso e ácido, pode ser representada pela seguinte equação química balanceada:

$$5\ Br_2\ (aq) + (BrO_3)^-\ (aq) + 6\ H^+\ (aq) \longrightarrow 3\ Br^-\ (aq) + 3\ H_2O\ (\ell)$$

Sabendo que a velocidade de desaparecimento do íon bromato é igual a $5{,}63 \cdot 10^{-6}$ mol · L $^{-1}$ · s $^{-1}$, assinale a alternativa que apresenta o valor correto para a velocidade de aparecimento do bromo, $Br_2$, expressa em mol · L $^{-1}$ · s $^{-1}$.

a) $1{,}69 \cdot 10^{-5}$

b) $5{,}63 \cdot 10^{-6}$

c) $1{,}90 \cdot 10^{-6}$

d) $1{,}13 \cdot 10^{-6}$

e) $1{,}80 \cdot 10^{-6}$

**6.** (ITA-SP) Considere a reação química representada pela seguinte equação:

$$4\ NO_2\ (g) + O_2\ (g) \longrightarrow 2\ N_2O_5\ (g)$$

Num determinado instante de tempo t da reação, verifica-se que o oxigênio está sendo consumido a uma velocidade de $2{,}4 \cdot 10^{-2}$ mol · L$^{-1}$ · s$^{-1}$.

Nesse tempo t, a velocidade de consumo de $NO_2$ será de:

a) $6{,}0 \cdot 10^{-3}$ mol · $L^{-1}$ · $s^{-1}$.
b) $2{,}4 \cdot 10^{-2}$ mol · $L^{-1}$ · $s^{-1}$.
c) $9{,}6 \cdot 10^{-2}$ mol · $L^{-1}$ · $s^{-1}$.
d) $1{,}2 \cdot 10^{-2}$ mol · $L^{-1}$ · $s^{-1}$.
e) $4{,}8 \cdot 10^{-2}$ mol · $L^{-1}$ · $s^{-1}$.

**7.** O bicarbonato de sódio é empregado como fermento químico porque se decompõe termicamente de acordo com a equação a seguir:

$$2\ NaHCO_3\ (s) \longrightarrow Na_2CO_3\ (s) + CO_2\ (g) + H_2O\ (g)$$

No preparo de uma massa foram utilizados 16,8 g desse fermento. Após 30 minutos ele sofreu decomposição total dentro do forno.

Dados:

Massas molares: $NaHCO_3$ = 84 g/mol e $H_2O$ = 18 g/mol

Volume molar nas condições do forno = 30 L/mol

a) Indique, usando a equação química a seguir, o volume de gás carbônico obtido e a massa de água produzida.

| $1\ NaHCO_3\ (s)$ | → | $Na_2CO_3\ (s)$ | + | $CO_2\ (g)$ | + | $H_2O\ (g)$ |
|---|---|---|---|---|---|---|
| 2 mol | | 1 mol | | 1 mol | | 1 mol |
| 2 · 84 g | | | | 30 L | | 18 g |
| 16,8 g | | | | X | | Y |

b) Calcule a velocidade média de formação do gás carbônico em L/minuto.

c) Calcule a velocidade média de formação da água em g/minuto.

**8.** Considere a decomposição do HCℓ representada pela equação abaixo.

$$2\ HC\ell \longrightarrow H_2 + C\ell_2$$

A concentração do HCℓ presente no sistema em função do tempo está apresentada na tabela a seguir.

| mol/L | 1,0 | 0,625 | 0,375 | 0,20 | 0,12 |
|---|---|---|---|---|---|
| Tempo (min) | 0 | 10 | 20 | 30 | 40 |

Com base nos dados, responda:

I. Qual é o valor da velocidade média do consumo de HCℓ entre 0 e 10 minutos?
II. Qual é o valor da velocidade média do consumo de HCℓ entre 30 e 40 minutos?
III. A velocidade média é constante? Justifique.

**9.** (Unisc-RS) Considerando que em uma reação hipotética $A \longrightarrow B + C$ observou-se a seguinte variação na concentração de A em função do tempo:

| A (mol $L^{-1}$) | 0,240 | 0,200 | 0,180 | 0,162 | 0,153 |
|---|---|---|---|---|---|
| Tempo (s) | 0 | 180 | 300 | 540 | 840 |

A velocidade média ($v_m$) da reação no intervalo de 180 a 300 segundos é:

a) $1{,}66 \cdot 10^{-4}$ mol · $L^{-1}$ · $s^{-1}$.
b) $3{,}32 \cdot 10^{-4}$ mol · $L^{-1}$ · $s^{-1}$.
c) $1{,}66 \cdot 10^{-2}$ mol · $L^{-1}$ · $s^{-1}$.
d) $0{,}83 \cdot 10^{-2}$ mol · $L^{-1}$ · $s^{-1}$.
e) $0{,}83 \cdot 10^{-4}$ mol · $L^{-1}$ · $s^{-1}$.

**10.** (Uepa) Preparar o sagrado cafezinho de todos os dias, assar o pão de queijo e reunir a família para almoçar no domingo. Tarefas simples e do cotidiano ficarão mais caras a partir desta semana. O preço do gás de cozinha será reajustado pelas distribuidoras pela segunda vez este ano, com isso, cozinhar ficará mais caro. A equação química que mostra a queima do butano (gás de cozinha) em nossas residências é:

$$C_4H_{10}\ (g) + \frac{13}{2}\ O_2\ (g) \longrightarrow 4\ CO_2\ (g) + 5\ H_2O\ (\ell)$$

O quadro abaixo ilustra a variação da concentração do gás butano em mol/L em função do tempo:

| [$C_4H_{10}$ (g)] (mol/L) | 22,4 | 20,8 | 18,2 | 16,6 | 15,4 | 14,9 |
|---|---|---|---|---|---|---|
| Tempo (horas) | 0 | 1 | 2 | 3 | 4 | 5 |

As velocidades médias da queima do gás de cozinha nos intervalos entre 0 a 5 e 1 a 3 horas são, respectivamente:

a) −1,5 mol/L · h e −2,1 mol/L · h.
b) 1,5 mol/L · h e 2,1 mol/L · h.
c) 1,5 mol/L · h e −2,1 mol/L · h.
d) 2,1 mol/L · h e 1,5 mol/L · h.
e) −1,5 mol/L · h e 2,1 mol/L · h.

**11.** (USCS/MED-SP) Um estudo para verificar o efeito da cinética de degradação e o tempo de prateleira de um suco de manga analisou a velocidade de decomposição da vitamina C em três temperaturas diferentes: 25 °C, 35 °C e 45 °C. O gráfico mostra o resultado da análise.

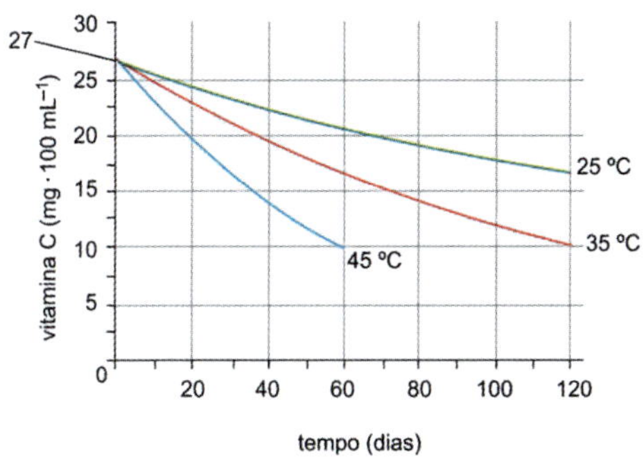


Reprodução/USCS, 2016.

(www.redalyc.org)

O estudo considerou o tempo de prateleira como sendo o tempo de meia-vida da concentração de vitamina C.

a) Determine, utilizando o gráfico ao lado, o tempo de prateleira aproximado para um suco de manga armazenado a uma temperatura de 35 °C.

b) Para o experimento cuja velocidade de degradação foi maior, calcule a velocidade média de degradação da vitamina C em $mg \cdot L^{-1} \cdot dia^{-1}$, nos primeiros 60 dias.

## Desafiando seus conhecimentos

**1.** (UFG-GO) A água oxigenada comercial é uma solução de peróxido de hidrogênio ($H_2O_2$) que pode ser encontrada nas concentrações de 3,6 ou 9% (m/v). Essas concentrações correspondem a 10, 20 e 30 volumes de oxigênio liberado por litro de $H_2O_2$ decomposto. Considere a reação de decomposição do $H_2O_2$ apresentada a seguir:

$$2\,H_2O_2\,(aq) \longrightarrow 2\,H_2O\,(aq) + O_2\,(g)$$

Qual gráfico representa a cinética de distribuição das concentrações das espécies presentes nessa reação?

a)

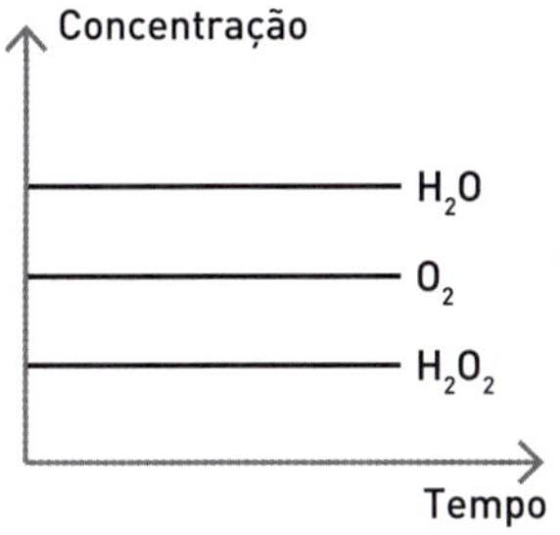


Ilustrações: Reprodução/Arquivo da editora

b)

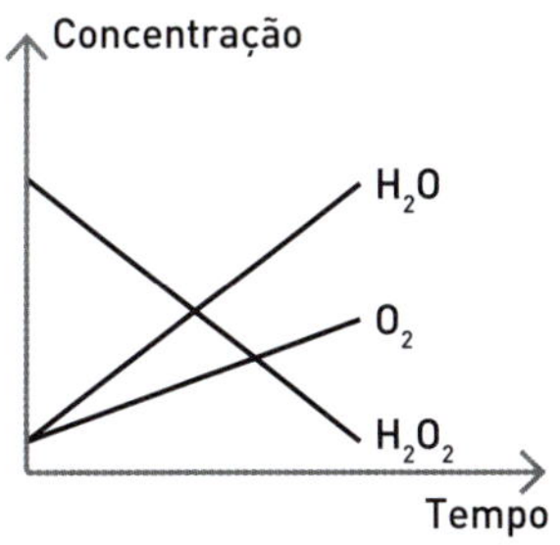


c)

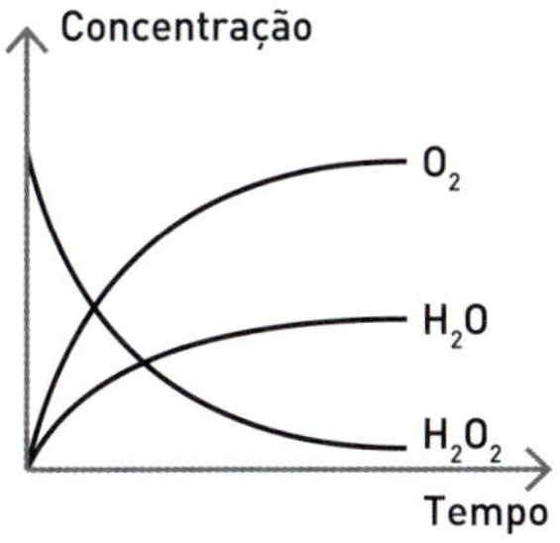


d)

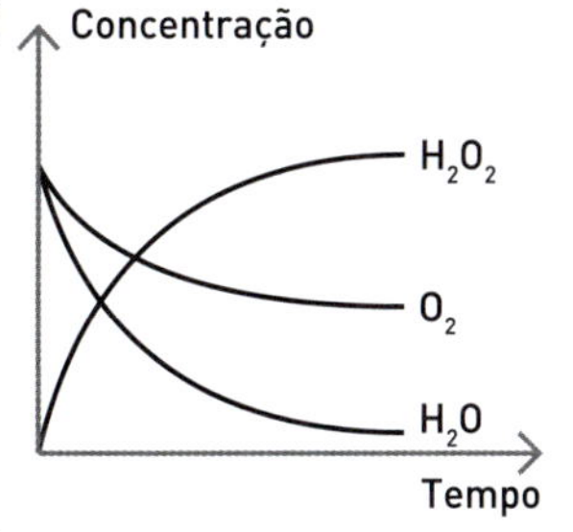


Ilustrações: Reprodução/Arquivo da editora

e)

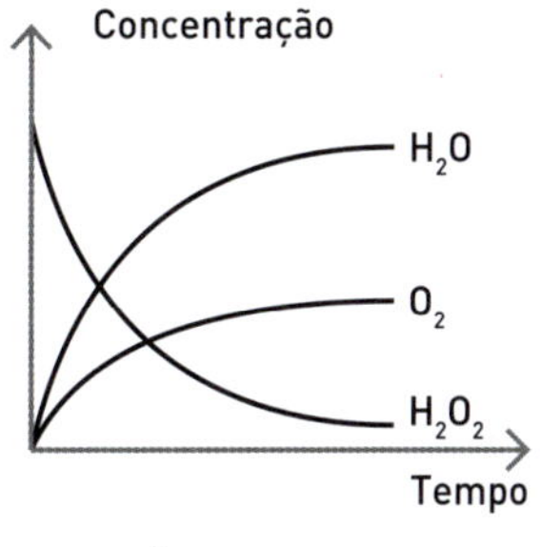


**2.** (PUC-MG) Considere o gráfico abaixo, no qual estão representados o tempo e a evolução das concentrações das espécies B, C, D e E, que participam de uma reação química.

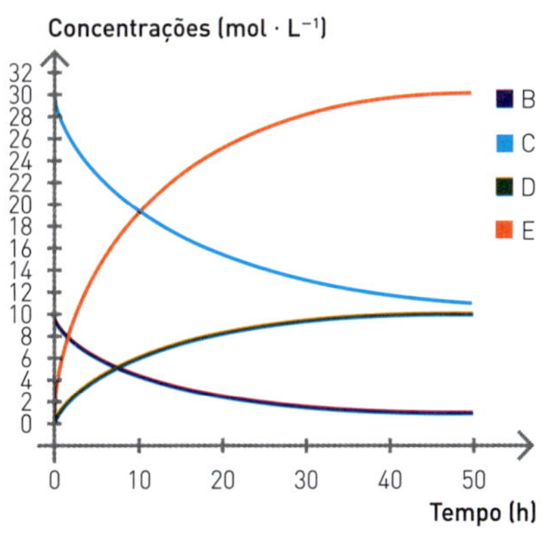


Reprodução/Arquivo da editora

A forma correta de representar essa reação é:

a) $B + 3\,C \longrightarrow D + 2\,E$

b) $D + 2\,E \longrightarrow B + 3\,C$

c) $B + 2\,C \longrightarrow D + 3\,E$

d) $D + 3\,E \longrightarrow B + 2\,C$

**3.** (PUC-RJ) Considere a reação de decomposição da substância A na substância B e as espécies a cada momento, segundo o tempo indicado na figura.

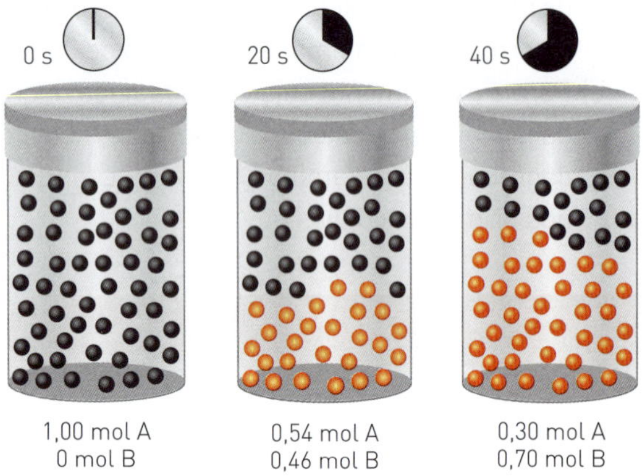


Reprodução/Arquivo da editora

Sobre a velocidade dessa reação, é correto afirmar que a velocidade de:

a) decomposição da substância A, no intervalo de tempo de 0 a 20 s, é 0,46 mol/s.

b) decomposição da substância A, no intervalo de tempo de 20 a 40 s, é 0,012 mol/s.

c) decomposição da substância A, no intervalo de tempo de 0 a 40 s, é 0,035 mol/s.

d) formação da substância B, no intervalo de tempo de 0 a 20 s, é 0,46 mol/s.

e) formação da substância B, no intervalo de tempo de 0 a 40 s, é 0,70 mol/s.

**4.** Alguns antibióticos se degradam com o passar do tempo conforme o diagrama a seguir.

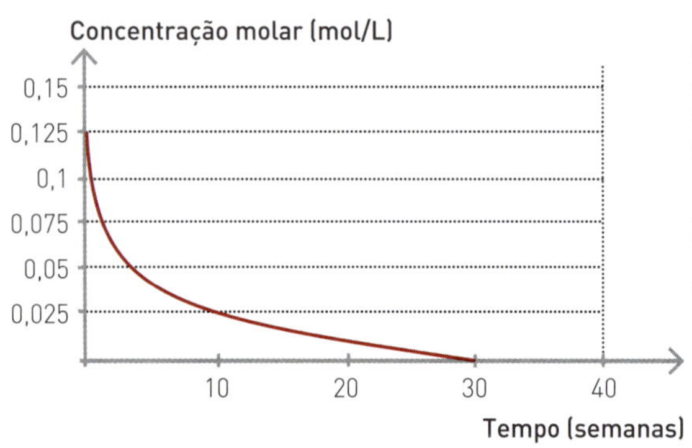


Banco de imagens/Arquivo da editora

Com base nas informações do diagrama, calcule a velocidade de degradação do antibiótico entre as semanas 10 e 30, em mol/L · semana.

**5.** (Acafe-SC) Considere a reação de decomposição do pentóxido de dinitrogênio:

$$2\ N_2O_5\ (g) \longrightarrow 4\ NO_2\ (g) + O_2\ (g)$$

Considerando que a velocidade de desaparecimento do pentóxido de dinitrogênio seja de $6 \cdot 10^{-3}$ mol · $L^{-1}$ · $s^{-1}$ assinale a alternativa que apresenta o valor correto para a velocidade de aparecimento de $NO_2$ expressa em mol · $L^{-1}$ · $s^{-1}$.

a) $18 \cdot 10^{-3}$

b) $24 \cdot 10^{-3}$

c) $6 \cdot 10^{-3}$

d) $12 \cdot 10^{-3}$

**6.** (UFG-GO) O hipoclorito de sódio (NaCℓO) é utilizado como alvejante. A ação desse alvejante sobre uma solução azul produz descoramento, devido à reação com o corante. O gráfico representa a variação na concentração do corante em função do tempo de reação com o alvejante. A concentração inicial do alvejante é mil vezes maior que a do corante.

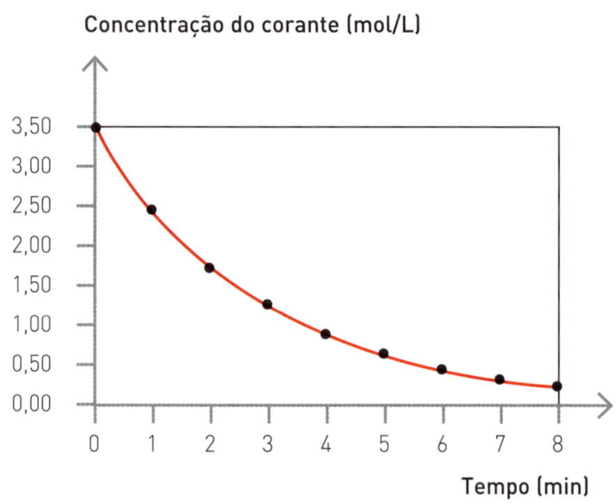


Reprodução/Arquivo da editora

Analisando esse gráfico, julgue as proposições a seguir:

1) A velocidade da reação aumenta com o tempo.

2) A velocidade média da reação, entre 0 e 3 minutos, é de 0,75 mol/L·min.

3) Em 4 minutos a concentração do corante é a metade da inicial.

4) Após 24 horas a solução permanece azul.

**7.** (IFBA) Os gases butano e propano são os principais componentes do gás de cozinha (GLP - Gás Liquefeito de Petróleo). A combustão do butano ($C_4H_{10}$) correspondente à equação:

$$C_4H_{10} + O_2 \longrightarrow CO_2 + H_2O + \text{Energia}$$

Se a velocidade da reação for 0,1 mol butano-minuto qual a massa de $CO_2$ produzida em 1 hora?

a) 1 056 g
b) 176 g
c) 17,6 g
d) 132 g
e) 26,4 g

**8.** (PUC-RS) Amostras de magnésio foram colocadas em soluções aquosas de ácido clorídrico de diversas concentrações e temperaturas, havendo total consumo do metal e desprendimento do hidrogênio gasoso.
Observaram-se os seguintes resultados:

| Amostra | Massa de magnésio consumida (g) | Tempo de reação (min) |
|---|---|---|
| I | 0,20 | 1 |
| II | 2,00 | 5 |
| III | 4,00 | 10 |
| IV | 4,00 | 20 |

Pela análise dos dados contidos na tabela anterior, é correto afirmar que:
a) a velocidade média da reação na amostra I é maior do que na amostra II.
b) a quantidade de hidrogênio desprendida na amostra II é maior do que na amostra IV.
c) a velocidade média da reação na amostra III é igual à da amostra IV.
d) a velocidade média de reação na amostra IV é a metade da velocidade média de reação na amostra II.
e) a quantidade de hidrogênio desprendida na amostra III é menor do que na amostra IV.

**9.** (UFRJ) Um dos métodos de preparação de iodeto de hidrogênio com alto grau de pureza utiliza a reação direta entre as substâncias iodo e hidrogênio. Num experimento, 20 mol de iodo gasoso e 20 mol de hidrogênio gasoso foram colocados em um reator fechado com um volume útil igual a 2 litros. A mistura foi aquecida até determinada temperatura, quando ocorreu a reação representada a seguir. Considere a reação irreversível.

$$H_2\,(g) + I_2\,(g) \longrightarrow 2\,HI\,(g)$$

No experimento, a variação da concentração de $H_2$ (g) com o tempo de reação foi medida e os dados foram representados no gráfico a seguir:

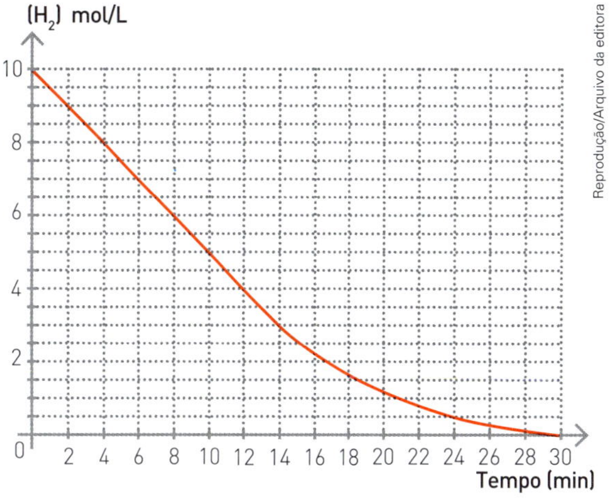


Reprodução/Arquivo da editora

a) Calcule a velocidade média da reação em relação ao $H_2$ em mol/L·min no intervalo de 0 a 14 min.
b) Calcule a concentração de iodeto de hidrogênio após 10 minutos de reação.

**10.** (Uece) Manchete do jornal *O Estado de São Paulo* em 23.04.2014:

"Gás metano produzido por vacas é usado para abastecer veículos". Cientistas argentinos desenvolveram tecnologia para aproveitar o gás metano gerado pelos bovinos, que tem efeito estufa na atmosfera do planeta.

$$CH_4 + 2\,O_2 \longrightarrow CO_2 + 2\,H_2O$$

Pesquisando o gás metano, um grupo de estudantes da UECE realizou, em laboratório, uma combustão e coletou os dados da tabela abaixo:

| Tempo (min) | $[CH_4]$ (mol/L) | $[CO_2]$ (mol/L) |
|---|---|---|
| 0 | 0,050 | 0 |
| 10 | 0,030 | 0,020 |
| 20 | 0,020 | ? |

Com os dados da tabela, a velocidade média da reação entre 0 e 20 minutos foi determinada com o valor:
a) $1,2 \cdot 10^{-3}$ mol · L$^{-1}$ · min$^{-1}$.
b) $0,8 \cdot 10^{-3}$ mol · L$^{-1}$ · min$^{-1}$.
c) $1,3 \cdot 10^{-3}$ mol · L$^{-1}$ · min$^{-1}$.
d) $1,5 \cdot 10^{-3}$ mol · L$^{-1}$ · min$^{-1}$.

**11.** (Vunesp-SP) Em um laboratório, nas condições ambientes, uma determinada massa de carbonato de cálcio ($CaCO_3$) foi colocada para reagir com excesso de ácido nítrico diluído. Os valores do volume de gás liberado pela reação com o transcorrer do tempo estão apresentados na tabela.

| tempo (min) | volume de gás ($cm^3$) |
|---|---|
| 1 | 150 |
| 2 | 240 |
| 3 | 300 |

Escreva a equação balanceada da reação e calcule a velocidade média da reação, em mol · · $min^{-1}$, no intervalo entre 1 minuto e 3 minutos.

Dado:

Volume molar do $CO_2$ nas condições ambientes = = 25,0 L · $mol^{-1}$

**12.** (Uerj) A água oxigenada é empregada, frequentemente, como agente microbicida de ação oxidante local. A liberação de oxigênio, que ocorre durante a sua decomposição, é acelerada por uma enzima presente no sangue. Na limpeza de um ferimento, esse microbicida liberou, ao se decompor, 1,6 g de oxigênio por segundo. Nessas condições, a velocidade de decomposição da água oxigenada, em mol/min, é igual a:

a) 6,0.
b) 5,4.
c) 3,4.
d) 1,7.

**13.** (Uerj) *Air-bags* são dispositivos de segurança de automóveis que protegem o motorista em caso de colisão. Consistem em uma espécie de balão contendo 130 g de azida de sódio em seu interior. A azida, submetida a aquecimento, decompõe-se imediata e completamente, inflando o balão em apenas 30 milissegundos.

A equação abaixo representa a decomposição da azida:

$$2\ NaN_3\ (s) \xrightarrow{\Delta} 3\ N_2\ (g) + 2\ Na\ (s)$$

Considerando o volume molar igual a 24 L/mol, calcule a velocidade da reação, em L/s, de nitrogênio gasoso produzido.

**14.** (UFG-GO) O diagnóstico de doenças tropicais pode ser realizado por meio do uso de biossensores. Esses dispositivos monitoram a reação entre antígenos e anticorpos, que normalmente resultam na formação de um complexo colorido. A tabela a seguir apresenta as concentrações do complexo AB formado em função do tempo em uma reação entre um antígeno A e um anticorpo B na proporção estequiométrica de 1:1.

| Tempo | 0 | 5 | 10 | 15 | 20 |
|---|---|---|---|---|---|
| [AB] ($\cdot 10^{-5}$ mol/L) | 0 | 40 | 65 | 80 | 87 |

A partir dos dados apresentados:

a) esboce o gráfico que represente a cinética de formação do complexo AB colorido;
b) calcule a velocidade média da reação.

(FMP-RS) Texto para a próxima questão:

### O Sonho de Mendeleiev

Djabir modificou a doutrina dos quatro elementos de Aristóteles, especialmente no tocante aos metais. Segundo ele, os metais eram formados de dois elementos: enxofre e mercúrio. O enxofre ("a pedra da queima") era caracterizado pelo princípio da combustibilidade. O mercúrio continha o princípio idealizado das propriedades metálicas. Quando esses dois princípios era combinados em quantidades diferentes, formavam metais diferentes. Assim o metal inferior chumbo podia ser separado em mercúrio e enxofre, os quais, se recombinados nas proporções corretas, podiam-se tornar ouro.

STRATHERN, Paul. *O Sonho de Mendeleiev*: a verdadeira história da química. Rio de Janeiro: Zahar, 2000. p. 42.

**15.** Na combustibilidade do enxofre, mencionada no texto, é obtido um produto que é amplamente utilizado nas indústrias como branqueador, desinfetante, conservante de alimentos e, principalmente, na produção de bebidas alcoólicas como na do vinho, atuando em sua esterilização com a finalidade de inibir a ação de leveduras.

Considerando-se que numa indústria de bebidas alcoólicas foram queimados 57,6 kg de enxofre em uma hora, a velocidade do produto gasoso formado, em mol · $s^{-1}$ será de

Dados: S = 32; O = 16.

a) 0,5.
b) 0,4.
c) 0,1.
d) 0,2.
e) 0,3.

## Leia, analise e responda

# Cinética das reações do alumínio

Por ser leve e muito resistente, o alumínio se mostra o metal ideal para uma série de aplicações, entre as quais se podem citar peças automotivas, revestimentos, embalagens e artefatos de cozinha.

Diante da ampla disponibilidade desse metal em nosso dia a dia, uma professora de Química do Ensino Médio elaborou uma atividade experimental sobre cinética química a partir do estudo dos fatores que afetam a velocidade da reação de oxidação do alumínio em meio ácido, utilizando materiais simples e de baixo custo.

Inicialmente, a professora informou aos alunos que nesse experimento iria utilizar dois anéis de alumínio com a mesma massa, encontrados nas latas de refrigerante, e dois tubos de ensaio identificados pelas letras A e B, contendo cada um deles 10 mL de solução aquosa de ácido clorídrico com concentrações de 1,25 mol/L e 1,0 mol/L, respectivamente.

A seguir, pediu aos alunos que começassem a contar o tempo do experimento, com o auxílio de um cronômetro, a partir do instante em que os anéis fossem mergulhados nas soluções. Os alunos deveriam observar o que estava ocorrendo e descrever o sistema nos tempos 2 e 5 minutos.

Fonte: *Química Nova na Escola*. Disponível em: <http://qnesc.sbq.org.br/online/qnesc23/a09.pdf>. Acesso em: 28 mar. 2018.

Fotos: Sérgio Dotta Jr./Arquivo da editora

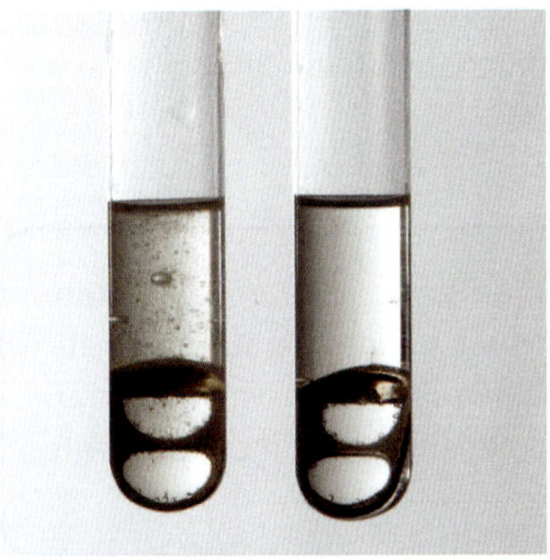

A fotografia mostra o aspecto dos sistemas A e B no tempo igual a 2 minutos.

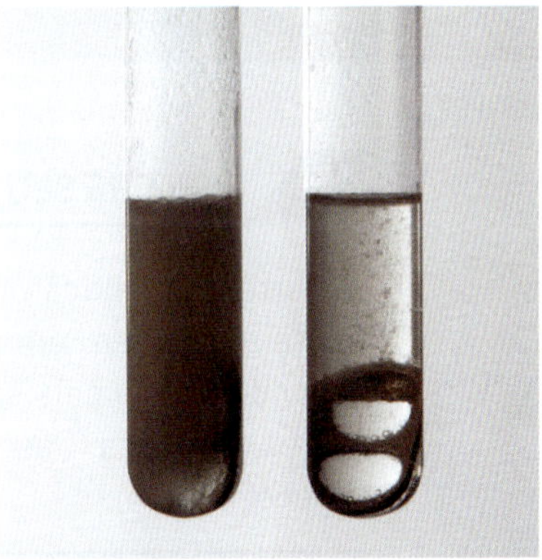

A fotografia mostra o aspecto dos dois sistemas no tempo igual a 5 minutos.

A respeito do experimento, responda às questões a seguir.

**1.** Qual evidência visual permite afirmar que ocorreu uma reação química?

**2.** Escreva a reação que ocorre em ambos os tubos de ensaio.

**3.** Qual substância é responsável pela efervescência observada nos tubos?

**4.** Descreva o aspecto dos tubos no tempo 2 minutos e indique se a maior liberação de gás ocorreu no tubo contendo a solução de maior ou de menor concentração.

**5.** No tempo 5 minutos, em qual dos tubos há maior quantidade de alumínio metálico? Justifique.

O quadro a seguir deve ser usado para responder às questões **6**, **7** e **8**.

| Tempo (minuto) | Número de mol de gás liberado (A) | Número de mol de gás liberado (B) |
|---|---|---|
| 2 | 0,0075 | 0,0040 |
| 5 | 0,0125 | 0,0100 |

**6.** Esboce um único gráfico demonstrando a formação de $H_2$ em função do tempo nos dois tubos.

**7.** Calcule a taxa de formação média de gás hidrogênio no tubo B nos 5 minutos iniciais da reação.

**8.** Considerando que, após certo tempo, ocorreu o fim das reações, nas quais os anéis de alumínio contidos em ambos os tubos foram totalmente consumidos, escreva o que se pode afirmar a respeito da quantidade de gás hidrogênio produzido em ambos os tubos.

CAPÍTULO

# 24 Condições para a ocorrência de reações

Sérgio Dotta Jr./ Arquivo da editora

O iodeto de potássio reage ao entrar em contato com o acetato de chumbo II, formando o iodeto de chumbo II ($PbI_2$), um precipitado amarelo.

Existem vários fatores responsáveis pela ocorrência de uma reação. Entre eles, temos: a natureza dos reagentes, o contato entre eles, os choques eficazes e a energia de ativação.

A condição mais evidente para que uma reação ocorra é que os reagentes estejam em contato; entretanto, mesmo quando estão em contato, substâncias diferentes podem ou não reagir.

Quando ocorre uma reação, dizemos que existe uma afinidade química entre os reagentes. Essa afinidade química, que é muito difícil de ser quantificada, depende da natureza dos reagentes.

EXPLORE SEU MUNDO

Corte uma maçã ou banana ao meio, coloque uma parte em um prato vazio e a outra em um prato com um pouco de suco de laranja ou limão, espalhando o suco pela superfície da fruta. No dia seguinte observe se ocorreu alguma mudança. Caso tenha ocorrido, qual é o papel da vitamina C presente no suco?

## Teoria das colisões

Quando os reagentes são colocados em contato para a ocorrência de uma reação química, as partículas que os compõem vão colidir (se chocar) umas com as outras, e parte dessas colisões, dependendo da sua orientação e energia, poderá originar produtos.

Nem todos os choques entre as partículas que compõem os reagentes dão origem a produtos: são os chamados **choques não eficazes**. Os choques que resultam em quebra e formação de novas ligações são denominados **eficazes** ou **efetivos**.

No momento em que ocorre o choque em uma orientação favorável, forma-se uma estrutura intermediária entre os reagentes e os produtos, denominada **complexo ativado**.

**Complexo ativado**: estado intermediário e instável (estado de transição) formado entre reagentes e produtos, em cuja estrutura existem ligações enfraquecidas (presentes nos reagentes) e formação de novas ligações (presentes nos produtos).

Veja a seguir um exemplo da formação do complexo ativado. Para que ocorra a formação do complexo ativado, além de ocorrer com orientação favorável, a colisão entre as moléculas dos reagentes deve ter energia suficiente. Essa energia é denominada **energia de ativação** ($E_a$).

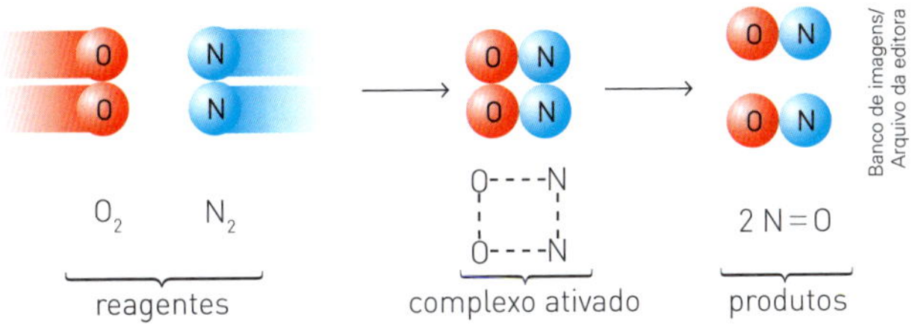


**Energia de ativação ($E_a$)**: a menor quantidade de energia necessária para a formação do complexo ativado e, consequentemente, para a ocorrência da reação.

Esse fenômeno é observado tanto nas reações exotérmicas quanto nas endotérmicas, e seus diagramas, indicando o caminho da reação e a entalpia, podem ser representados por:

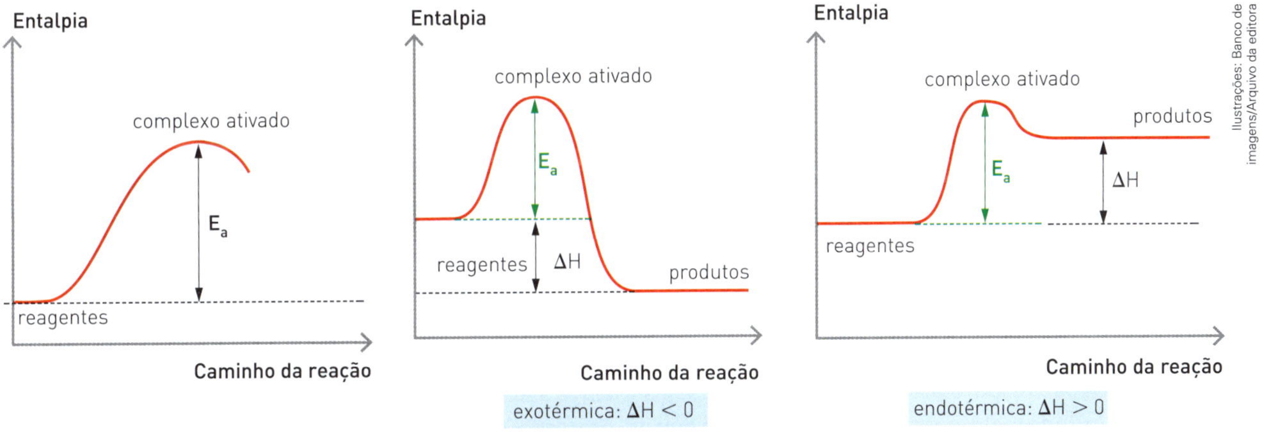


Para reações que podem ocorrer nos dois sentidos, temos:

$$CO + NO_2 \underset{\text{inversa}}{\overset{\text{direta}}{\rightleftharpoons}} CO_2 + NO$$

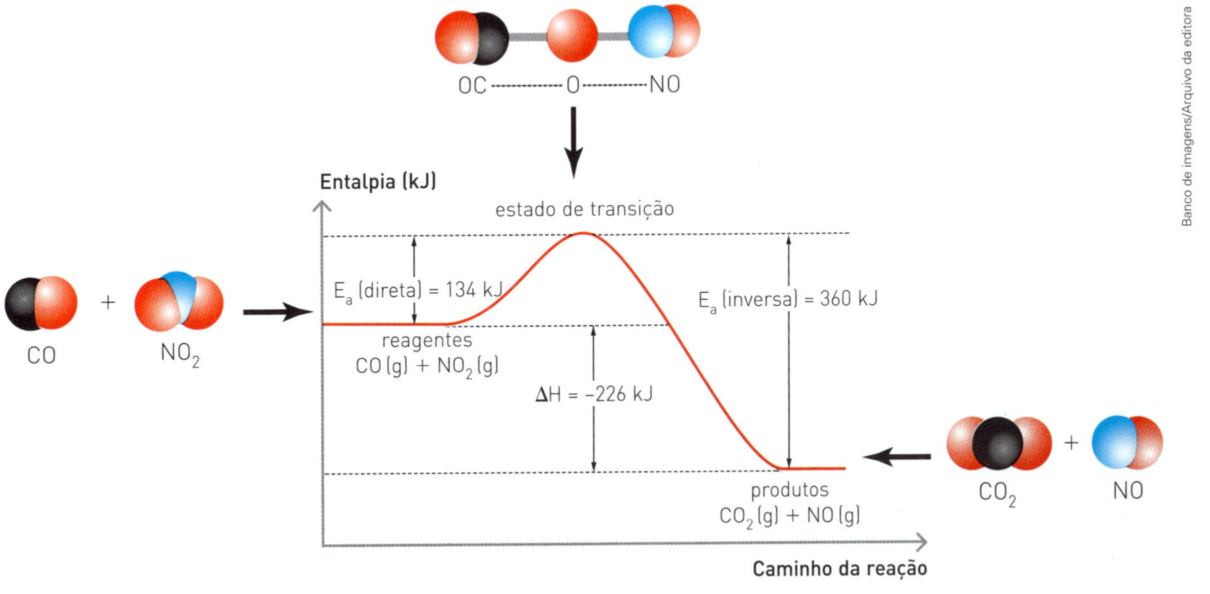


Fonte: HILL, John W.; PETRUCCI, Ralph H. *General Chemistry*. 2. ed. New Jersey: Prentice Hall, 2005. p. 549.

Experimentalmente, observamos que reações diferentes apresentam energias de ativação diferentes, e as reações que exigem **menor energia de ativação** ocorrem mais rapidamente, ou seja, com **maior rapidez**.

A única grandeza que indica o grau de dificuldade da ocorrência de uma reação é a energia de ativação; nem o valor, nem o sinal do $\Delta H$ têm influência nesse fato.

Como exemplo disso, podemos mencionar a transformação do $C_{grafita}$ em $C_{diamante}$. Embora o $\Delta H$ da reação seja muito pequeno (2,90 kJ), é muito difícil obter esse processo, já que exige uma $E_a$ muito elevada.

## A energia de ativação

Enrique Sol/Easypix Brasil

Para que uma reação química possa ocorrer, é necessário que os reagentes tenham certa quantidade de energia, chamada energia de ativação ($E_a$). A quantidade, assim como a forma da $E_a$, varia de uma reação para outra.

Na maioria das reações, a energia é adquirida pelos reagentes através de aquecimento (calor).

Algumas vezes, uma faísca é o suficiente para fornecer $E_a$ a um sistema. É o caso da reação entre os gases nitrogênio ($N_2$) e oxigênio ($O_2$), componentes do ar. Essa reação não ocorre em condições ambientes, embora exista um grande número de choques entre suas moléculas. A reação entre esses gases ocorre na atmosfera apenas quando associada às descargas elétricas dos relâmpagos, em dias chuvosos, e também no interior dos motores de explosões internas, quando a vela do automóvel libera uma faísca elétrica.

Caspar Benson/fStop/Diomedia

A $E_a$ necessária para a combustão do gás contido em um isqueiro, por exemplo, é proveniente de uma faísca.

A faísca também é usada para fornecer a $E_a$ a um dispositivo usado em carros para proteger os motoristas: o *air bag*. Esse dispositivo é inflado pelo gás nitrogênio ($N_2$) produzido em uma reação praticamente instantânea, que ocorre entre o nitreto de sódio e o óxido de ferro III:

$$6\ NaN_3 + Fe_2O_3 \xrightarrow{\text{faísca}} 3\ Na_2O + 2\ Fe + 9\ N_2$$

Já os fósforos que usamos diariamente só entram em combustão quando atritados; nesse caso, a $E_a$ é obtida a partir do atrito.

Thinkstock/Getty Images

Thinkstock/Arquivo da editora

Na natureza, os relâmpagos fornecem energia para que ocorra a reação entre $N_2$ e $O_2$, componentes do ar.

# Exercícios resolvidos

1. (UFC-CE) Dado o diagrama de entalpia para os processos de adsorção e dissociação de $O_2$, em superfície de platina:

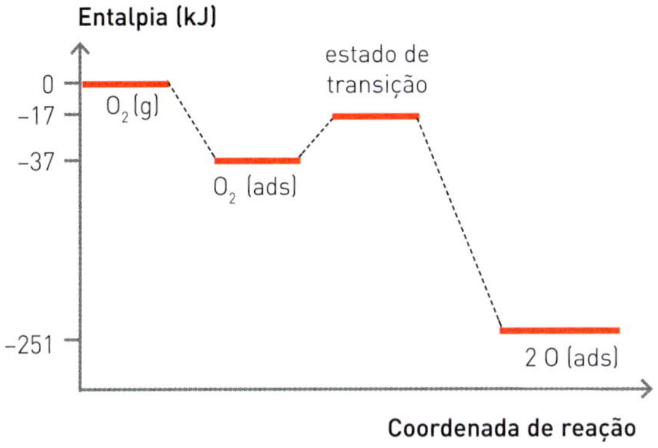


Banco de imagens/Arquivo da editora

a) Calcule os valores das variações de entalpia ($\Delta H$) para as seguintes etapas:

I. $O_2$ (g) $\longrightarrow$ $O_2$ (adsorvido)

II. $O_2$ (adsorvido) $\longrightarrow$ 2 O (adsorvido)

III. $O_2$ (g) $\longrightarrow$ 2 O (adsorvido)

b) Calcule o valor da energia de ativação da etapa:

$O_2$ (adsorvido) $\longrightarrow$ 2 O (adsorvido)

**Solução**

a) Para o cálculo do $\Delta H$, devemos conhecer a entalpia de cada espécie, observando o gráfico.

$$\Delta H = H_f - H_i$$

I. $O_2$ (g) $\longrightarrow$ $O_2$ (ads) $\Delta H = -37 - 0$

H: $0 - 37 \Rightarrow$ $\Delta H = -37$ kJ

II. $O_2$ (ads) $\longrightarrow$ 2 O (ads) $\Delta H = (-251) - (237)$

H: $237 - 251 \Rightarrow$ $\Delta H = -214$ kJ

III. $O_2$ (g) $\longrightarrow$ 2 O (ads) $\Delta H = (-251) - 0$

H: $0 - 251 \Rightarrow$ $\Delta H = -251$ kJ

b) A energia de ativação é a energia mínima necessária para a formação do complexo ativado (estado de transição). Logo, temos:

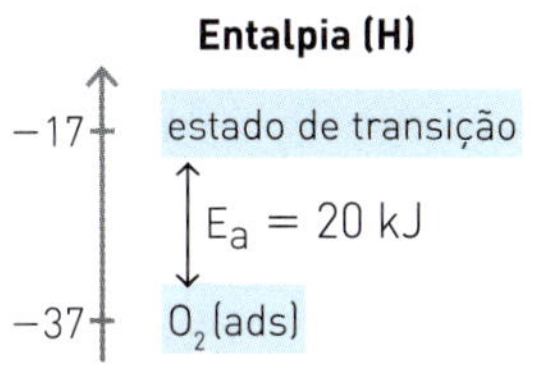


2. (Unifesp) Na tabela, são fornecidas as energias de ativação e as variações de entalpia, a 25 °C, de três reações do tipo A $\longrightarrow$ B.

| Reação | $E_a$ (kJ/mol) | $\Delta H$ (kJ/mol) |
|---|---|---|
| I | 85 | −20 |
| II | 50 | −30 |
| III | 25 | +20 |

Para a reação que apresenta maior velocidade de conversão de A em B, a diferença entre a energia de ativação do complexo ativado e a entalpia do produto deve valer:

a) 5 kJ.
b) 45 kJ.
c) 65 kJ.
d) 80 kJ.
e) 105 kJ.

**Solução**

A reação de maior velocidade apresenta a menor energia de ativação (25 kJ/mol): reação III.

Representando graficamente a reação III, temos:

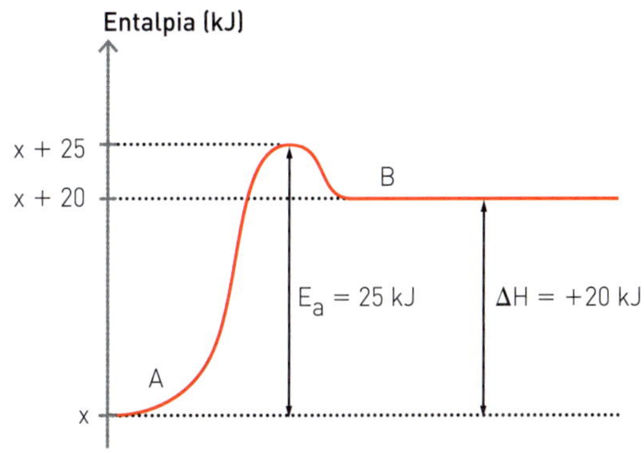


Banco de imagens/Arquivo da editora

Logo, a diferença entre a energia de ativação e a entalpia do produto (B) é igual a:

$$(x + 25) - (x + 20) = 5 \text{ kJ}$$

## Fundamentando seus conhecimentos

**1.** Considere a seguinte reação, entre hidrogênio e iodo:

$$H_2 + I_2 \longrightarrow 2\,HI$$

As figuras seguintes representam possíveis colisões entre os reagentes:

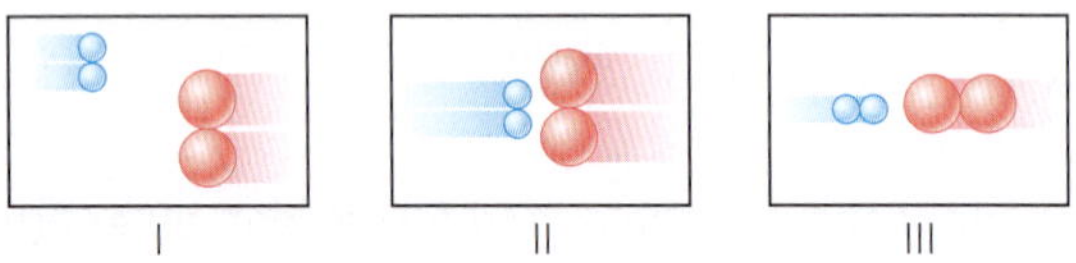


Ilustrações: Banco de imagens/Arquivo da editora

Indique qual(is) dessa(s) figura(s) representa(m) uma geometria apropriada para que a reação ocorra.

O diagrama representa uma reação: A + B → C

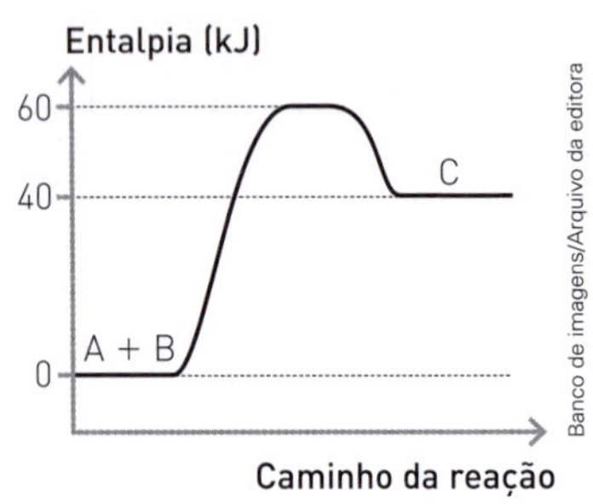


Banco de imagens/Arquivo da editora

Observando o diagrama, responda às questões **2** a **6**.

**2.** Dê o valor da entalpia dos reagentes.

**3.** Dê o valor da entalpia dos produtos.

**4.** Determine o ΔH da reação.

**5.** A reação é endotérmica ou exotérmica?

**6.** Dê o valor da energia de ativação da reação.

O diagrama representa as reações: $X \underset{\text{inversa}}{\overset{\text{direta}}{\rightleftharpoons}} Y$.

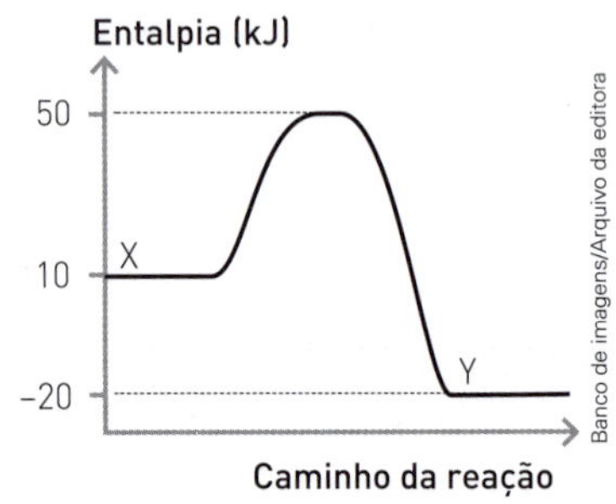


Banco de imagens/Arquivo da editora

Responda às questões **7** a **12**.

A respeito da **reação direta**:

**7.** A reação é exotérmica ou endotérmica?

**8.** Calcule o ΔH da reação.

**9.** Indique o valor da energia de ativação.

A respeito da **reação inversa**:

**10.** A reação é exotérmica ou endotérmica?

**11.** Calcule o ΔH da reação.

**12.** Indique o valor da energia de ativação.

## Desenvolvendo seus conhecimentos

**1.** (Unifor-CE) Para que a reação representada por

Ⓐ—Ⓑ + Ⓒ—Ⓓ → Ⓐ—Ⓒ + Ⓑ—Ⓓ

possa ocorrer:

- as moléculas AB devem colidir com as moléculas CD;
- as moléculas que colidem devem possuir um mínimo de energia necessária à reação;
- as colisões moleculares efetivas devem ocorrer com moléculas convenientemente orientadas.

Dentre as orientações a seguir, no momento da colisão, a que deve favorecer a reação em questão é:

a) 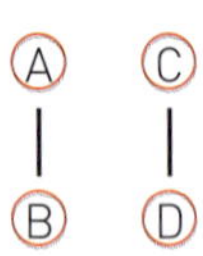

b) 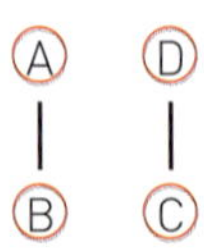

c) 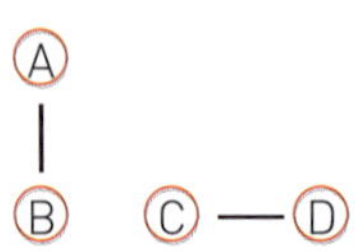

d) Ⓐ — Ⓑ Ⓒ — Ⓓ

e) Ⓐ — Ⓑ Ⓓ — Ⓒ

**2.** Qual dos diagramas representa a reação que ocorre mais facilmente?

Ilustrações: Banco de imagens/Arquivo da editora

a) 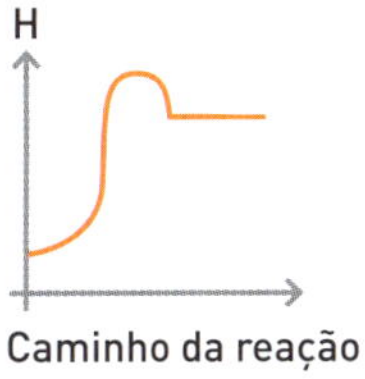


b) 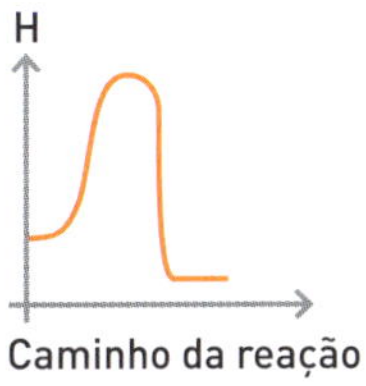


c) 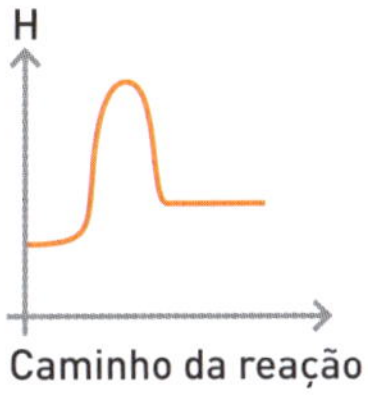


d) 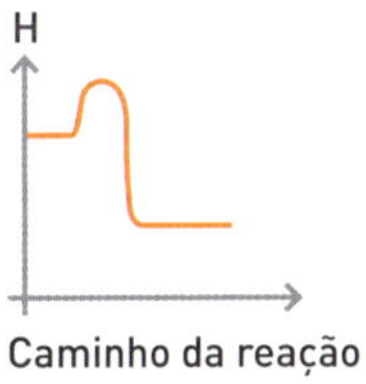


**3.** (UFMG) Um palito de fósforo não se acende, espontaneamente, enquanto está guardado. Porém, basta um ligeiro atrito com uma superfície áspera para que ele, imediatamente, entre em combustão, com emissão de luz e calor.

Tiago M Nunes/Shutterstock

Considerando-se essas observações, é correto afirmar que a reação:

a) é endotérmica e tem energia de ativação maior que a energia fornecida pelo atrito.

b) é endotérmica e tem energia de ativação menor que a energia fornecida pelo atrito.

c) é exotérmica e tem energia de ativação maior que a energia fornecida pelo atrito.

d) é exotérmica e tem energia de ativação menor que a energia fornecida pelo atrito.

**4.** (UFPE) O gráfico a seguir indica na abscissa o andamento de uma reação química desde os reagentes (A + B) até os produtos (C + D) e na ordenada as energias envolvidas na reação. Qual o valor da energia de ativação da reação

$$A + B \longrightarrow C + D?$$

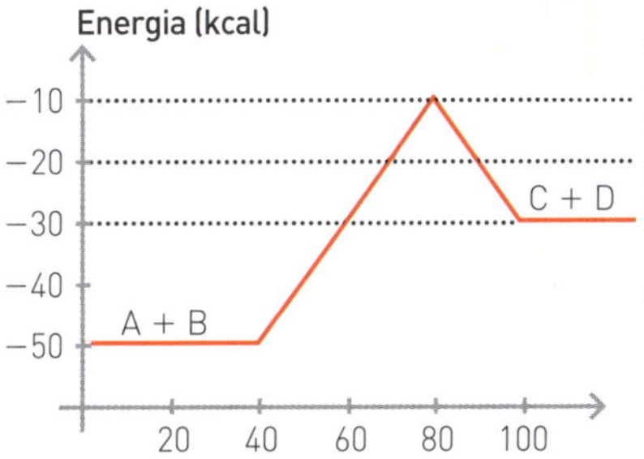


Reprodução/Arquivo da editora

**5.** (Ufal) Para a reação química representada por:

$$A + B \rightleftharpoons X \rightleftharpoons C + D$$

X = complexo ativado

foi obtida a curva da entalpia em função do caminho da reação (coordenada da reação ou avanço).

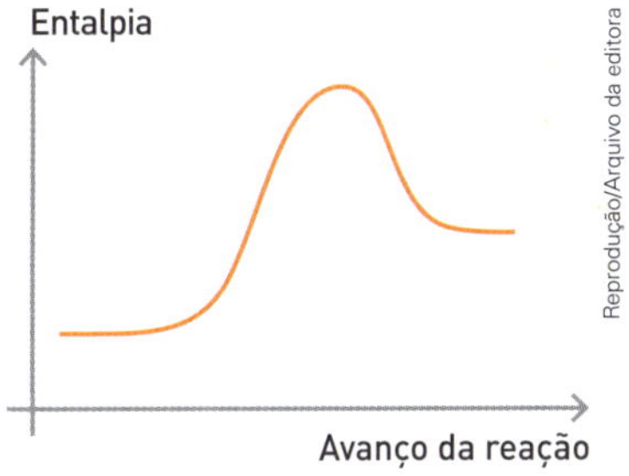


Reprodução/Arquivo da editora

Copie e complete esse diagrama parcial indicando:

a) posição de reagentes, produtos e complexo ativado;

b) energia de ativação, $E_a$;

c) energia liberada ou absorvida na reação, ΔH.

**6.** (PUC-MG) Considere que a energia de ativação de uma reação é 80 kJ e que a energia de ativação da sua reação inversa é 120 kJ. É correto afirmar que a variação de entalpia dessa reação é, em kJ:

a) +40.

b) +200.

c) −40.

d) −200.

## Desafiando seus conhecimentos

1. (UFRGS-RS) As figuras abaixo representam as colisões entre as moléculas reagentes de uma mesma reação em três situações.

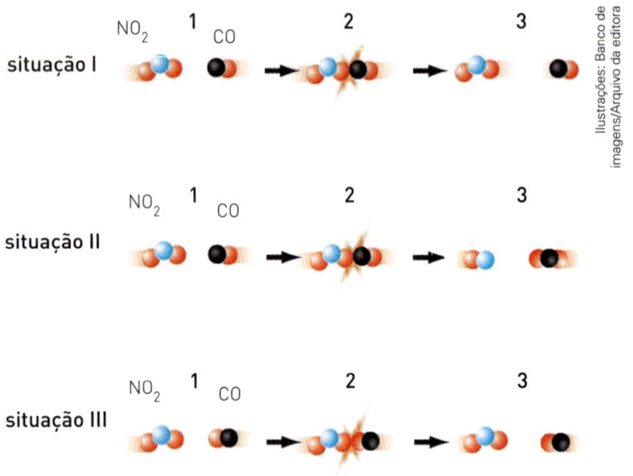


Pode-se afirmar que:

a) na situação I, as moléculas reagentes apresentam energia maior que a energia de ativação, mas a geometria da colisão não favorece a formação dos produtos.
b) na situação II, ocorreu uma colisão com geometria favorável e energia suficiente para formar os produtos.
c) na situação III, as moléculas reagentes foram completamente transformadas em produtos.
d) nas situações I e III, ocorreram reações químicas, pois as colisões foram eficazes.
e) nas situações I, II e III, ocorreu a formação do complexo ativado, produzindo novas substâncias.

2. (PUC-RS) A velocidade de uma reação química depende:

I. do número de colisões intermoleculares por unidade de tempo;
II. da energia cinética das moléculas que colidem entre si;
III. da orientação das moléculas na colisão, isto é, da geometria da colisão.

Está(ão) correta(s) a(s) alternativa(s):

a) I, II e III.
b) somente III.
c) somente II.
d) somente I e II.
e) somente I.

3. (UFBA) Considere o diagrama a seguir para a seguinte reação: $Br + H_2 \rightarrow HBr + H$.

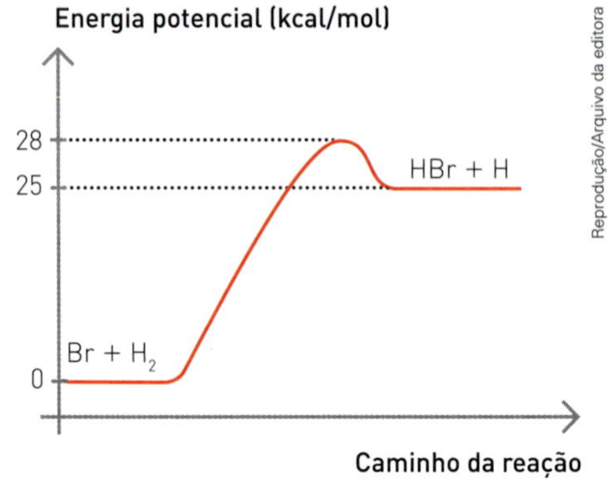


A entalpia da reação e a energia de ativação representadas são, respectivamente:

a) 3 kcal/mol e 28 kcal/mol.
b) 28 kcal/mol e 25 kcal/mol.
c) 28 kcal/mol e 3 kcal/mol.
d) 25 kcal/mol e 28 kcal/mol.
e) 25 kcal/mol e 3 kcal/mol.

4. (UFRGS-RS) Para a obtenção de um determinado produto, realiza-se uma reação em 2 etapas. O caminho dessa reação é representado no diagrama abaixo.

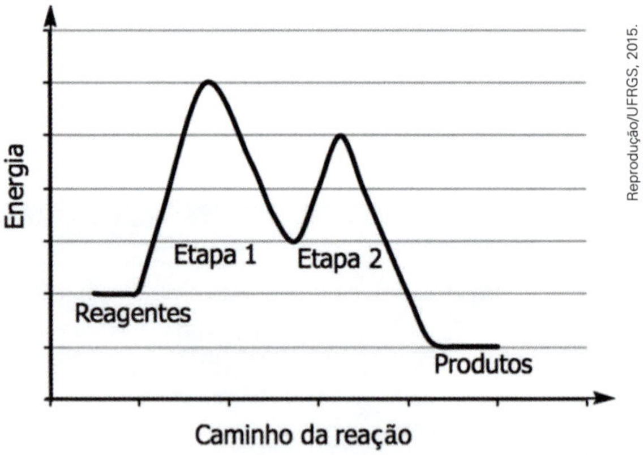


Considere as afirmações a seguir, sobre essa reação.

I. A etapa determinante da velocidade da reação é a etapa 2.
II. A reação é exotérmica.
III. A energia de ativação da etapa 1 é maior que a energia de ativação da etapa 2.

Quais estão corretas?

a) Apenas I.
b) Apenas II.
c) Apenas III.
d) Apenas II e III.
e) I, II e III.

**5.** (PUC-MG) Considere a reação

$$\frac{1}{2}\ H_2\ (g) + \frac{1}{2}\ I_2\ (g) \rightarrow HI\ (g),$$

que possui uma energia de ativação de 170 kJ e uma variação de entalpia $\Delta H = +30$ kJ.

A energia de ativação de decomposição do iodeto de hidrogênio é:

a) 30 kJ.
b) 110 kJ.
c) 140 kJ.
d) 170 kJ.

**6.** (ITA-SP) Considere as reações representadas pelas equações químicas abaixo:

$$A\ (g) \underset{-1}{\overset{+1}{\rightleftharpoons}} B\ (g) \underset{-2}{\overset{+2}{\rightleftharpoons}} C\ (g) \text{ e } A\ (g) \underset{-3}{\overset{+3}{\rightleftharpoons}} C\ (g)$$

O índice positivo refere-se ao sentido da reação da esquerda para a direita, e o negativo, ao da direita para a esquerda. Sendo $E_a$ a energia de ativação e $\Delta H$ a variação de entalpia, são feitas as seguintes afirmações, todas relativas às condições padrão:

I. $\Delta H_{+3} = \Delta H_{+1} + \Delta H_{+2}$
II. $\Delta H_{+1} = -\Delta H_{-1}$
III. $E_{a+3} = E_{a+1} + E_{a+2}$
IV. $E_{a+3} = -E_{a-3}$

Das afirmações acima está(ão) correta(s):

a) apenas I e II.
b) apenas I e III.
c) apenas II e IV.
d) apenas III.
e) apenas IV.

**7.** (Uerj) É proibido, por lei, o transporte de materiais explosivos e/ou corrosivos em veículos coletivos. Na Tijuca, bairro da Zona Norte do município do Rio de Janeiro, um sério acidente causou vítimas fatais quando uma caixa contendo explosivos foi arrastada pelo piso de um ônibus. A energia resultante do atrito iniciou uma reação de grande velocidade, que liberou calor e promoveu reações em cadeia nos explosivos, provocando incêndio e liberando muitos gases tóxicos.

Dentre os gráficos a seguir, aquele que melhor representa o fenômeno ocorrido com a caixa de explosivos no interior do coletivo é:

a) 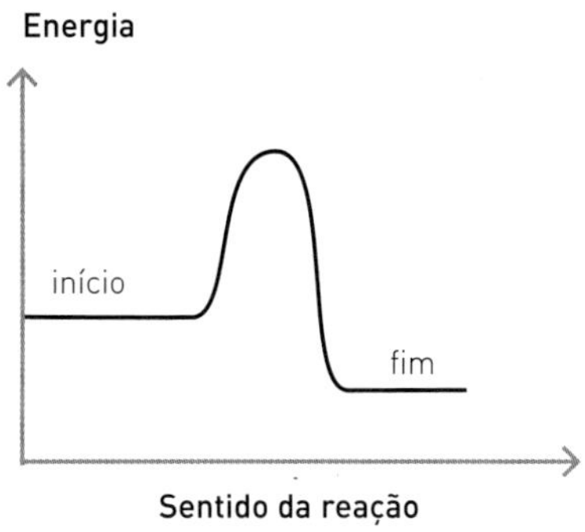


b) 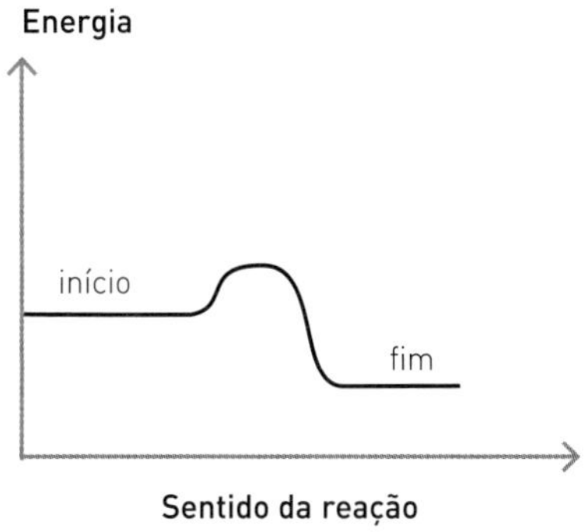


c) 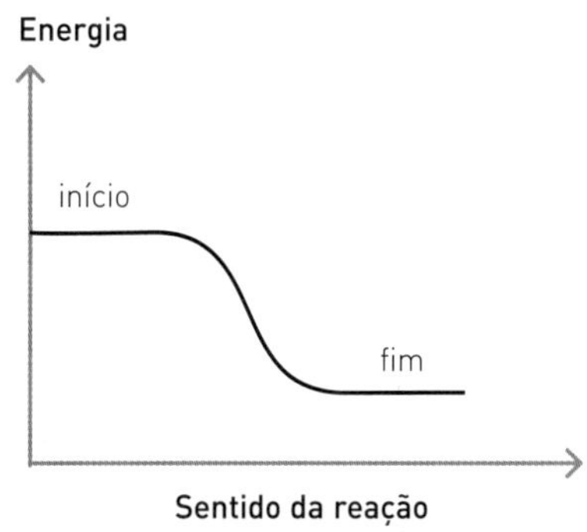


d) 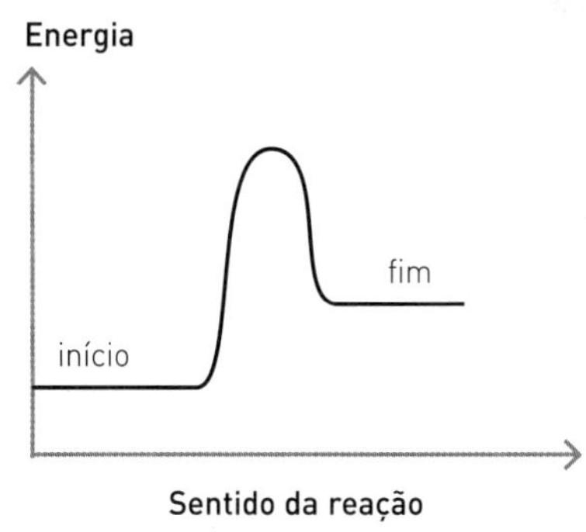


e) 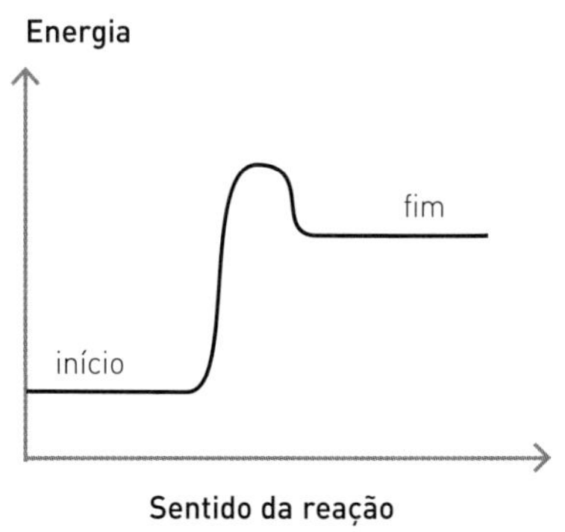


Ilustrações: Reprodução/Arquivo da editora

CAPÍTULO

25

# Fatores que influem na rapidez das reações

As situações apresentadas mostram dois fatores que influem na rapidez de uma reação química: a superfície de contato e a temperatura. Além desses, a utilização de catalisadores e a concentração dos reagentes são outros fatores que influenciam na rapidez das reações químicas.

A seguir, estudaremos cada um desses fatores.

John Rowley/Iconica/Getty Images

Alimentos sólidos devem ser mastigados várias vezes antes de ser ingeridos. A recomendação não é por acaso: ao triturar os alimentos na boca, aumentamos sua superfície de contato, o que torna a digestão mais rápida. Durante a digestão, íons $H^+$ são retirados do sangue para a produção de $HC\ell$. Essa retirada provoca o que se denomina **alcalose pós-prandial**, ou seja, um estado de sonolência após as refeições. Essa alcalose será mais intensa se os alimentos forem ingeridos em pedaços maiores, aumentando o tempo de digestão e a quantidade de íons $H^+$ retirados do sangue.

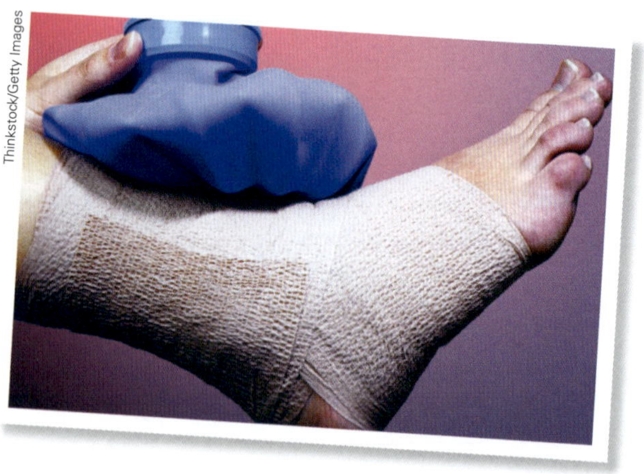

Thinkstock/Getty Images

As contusões de atletas frequentemente são tratadas com a aplicação imediata de gelo sobre o local atingido. As reações que causam inflamações ocorrem mais lentamente em temperaturas menores, causando, portanto, menos danos aos tecidos. Após um ou mais dias, costuma-se aplicar compressas quentes nas áreas afetadas, o que favorece a dispersão dos fluidos acumulados no edema.

## Superfície de contato

Para investigar o efeito da superfície de contato na velocidade, vamos considerar a reação a seguir.

$$CaCO_3\ (s) + 2\ HC\ell\ (aq) \longrightarrow CaC\ell_2\ (aq) + H_2O\ (\ell) + CO_2\ (g)$$

Observe os dois recipientes das imagens a seguir. Ambos contêm $CaCO_3$ (mármore), mas em situações diferentes: em pedaço (imagem **A**) e em pó (imagem **B**). Apesar de os dois recipientes conterem a mesma massa de $CaCO_3$ (s), o mesmo volume de $HC\ell$ (aq), de igual concentração, e estarem na mesma temperatura, a efervescência no recipiente contendo mármore em pó (**B**) foi mais intensa, indicando que a velocidade da reação também foi maior.

Fotos: Sérgio Dotta Jr./Arquivo da editora

Podemos observar como o mármore em pedaço (**A**) reagiu em velocidade menor que o mármore em pó (**B**).

Esse comportamento é observado porque as colisões entre as partículas dos reagentes acontecem sempre na superfície do sólido.

Quanto mais fragmentado o sólido, maior a quantidade de reagentes em contato, maior o número de colisões e maior a rapidez da reação.

Assim, podemos concluir que:

Quanto maior a superfície de contato dos reagentes, maior a **rapidez** da reação.

O aumento da superfície aumentou a velocidade da reação, mas **não alterou a quantidade do produto formado**. Portanto, o volume de $CO_2$ produzido será o mesmo ao final das duas reações, o que é representado pelo gráfico ao lado.

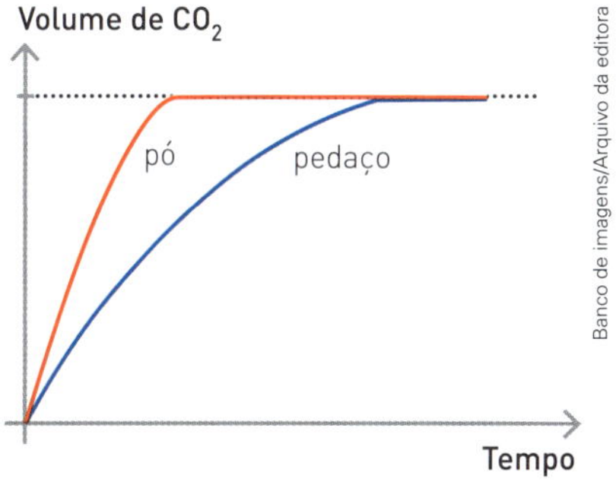


Banco de imagens/Arquivo da editora

# Temperatura

Muitos acontecimentos cotidianos podem servir para demonstrar a relação entre a mudança na rapidez das reações e a mudança de temperatura.

Thinkstock/Getty Images

Um alimento cozinha mais rapidamente em uma panela de pressão, porque nela a água ferve a uma temperatura maior.

Image Source/Photodisc/Getty Images

Para melhor conservação, os alimentos são guardados em refrigeradores ou *freezers*, que mantêm temperaturas menores que a do ambiente, diminuindo a rapidez das reações responsáveis pela decomposição.

Kari Greer/ US Forest Services /Corbis /Latinstock

Em uma queimada ocorre uma "concentração de calor" que provoca aumento na velocidade da reação de combustão, favorecendo a queima. É isso que torna os incêndios, especialmente os florestais, tão devastadores. O primeiro cientista a relacionar variação de temperatura e velocidade das reações foi Jacobus van't Hoff (1852-1911), no final do século XIX.

Um aumento da temperatura provoca um aumento da energia cinética média das moléculas. Como as moléculas se movimentam mais rapidamente, elas colidem com maior frequência e com maior energia, o que provoca um aumento na rapidez da reação química.

Um aumento na temperatura provoca um aumento na rapidez da reação química.

# Catalisadores

Nosso sistema digestório converte os nutrientes (proteínas, carboidratos e gorduras) em substâncias que podem ser absorvidas e aproveitadas pelas células. Essas transformações ocorreriam com uma velocidade muito menor se não existissem, em nosso organismo, substâncias capazes de acelerar o metabolismo, ou seja, as reações do organismo, sem serem consumidas nessas reações. Essas substâncias são um tipo de proteína altamente específica, denominada **enzima**, e constituem os **catalisadores biológicos** ou **biocatalisadores**.

Roy Morsch/Easypix Brasil

Uma amostra de açúcar exposta ao oxigênio do ar pode demorar séculos para reagir. Entretanto, em nosso organismo, o açúcar é consumido em poucos segundos quando entra em contato com o oxigênio. Isso se deve à presença de enzimas que agem sobre as moléculas do açúcar e criam estruturas que reagem mais facilmente com o oxigênio; ou seja, nesse novo processo, a energia de ativação é menor.

**Catalisador**: substância capaz de acelerar uma reação sem ser consumida durante sua ocorrência.

Os catalisadores criam um caminho de reação alternativo, que exige menor energia de ativação, possibilitando que a reação se processe de maneira mais rápida.

O primeiro cientista a explicar a ação de um catalisador foi Svante Arrhenius (1859-1927), em 1889. Ele constatou que o catalisador se combina com o reagente, originando um composto intermediário que, por sua vez, se transforma, originando o produto e se regenerando em seguida.

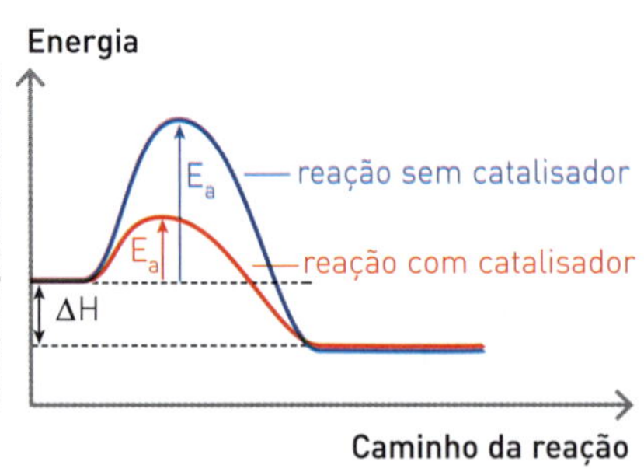


Banco de imagens/Arquivo da editora

Um exemplo do abaixamento da energia de ativação por catalisador é o que ocorre com o ozônio ($O_3$) na estratosfera, na presença de átomos de cloro. Os átomos de cloro provenientes do clorofluorcarbono (CFC), conhecidos por fréon, catalisam a decomposição do $O_3$, segundo as equações:

$$\cancel{C\ell\,(g)} + O_3\,(g) \longrightarrow \cancel{C\ell O\,(g)} + O_2\,(g) \quad E_a = 2{,}1\ kJ$$
$$\cancel{C\ell O\,(g)} + O\,(g) \longrightarrow \cancel{C\ell\,(g)} + O_2\,(g) \quad E_a = 0{,}4\ kJ$$

Reação global: $O_3\,(g) + O\,(g) \longrightarrow 2\,O_2\,(g)$

O gráfico ao lado mostra os caminhos da reação na presença e na ausência de catalisador.

Podemos notar que as energias de ativação correspondentes às duas etapas da reação catalisada (2,1 kJ e 0,4 kJ) são bem menores do que a energia de ativação da reação não catalisada:

$$O_3 + O \longrightarrow 2\,O_2 \qquad E_a = 17{,}1\text{ kJ}$$

Pelo gráfico também podemos deduzir que a segunda etapa da reação catalisada é mais rápida do que a primeira, pois apresenta menor energia de ativação (0,4 kJ < 2,1 kJ).

As reações que ocorrem na presença de catalisadores são denominadas **catálises** e podem ser de dois tipos: homogênea e heterogênea.

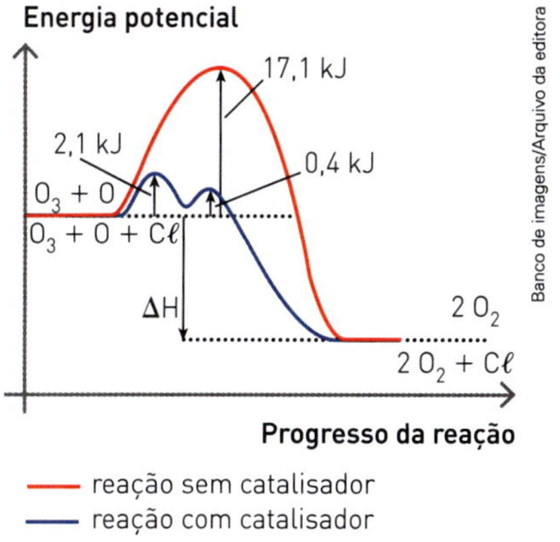


# Catálise homogênea

Nesse tipo de reação, os reagentes e o catalisador formam um sistema monofásico ou homogêneo. Veja os exemplos:

$$\underbrace{H_2O_2\,(aq) \xrightarrow{I^-\,(aq)} H_2O\,(\ell) + \frac{1}{2}\,O_2\,(g)}_{\text{uma fase}}$$

$$\underbrace{SO_2\,(g) + \frac{1}{2}\,O_2\,(g) \xrightarrow{NO_2\,(g)} SO_3\,(g)}_{\text{uma fase}}$$

A adição de uma solução aquosa de iodeto de potássio (KI) a uma solução aquosa de $H_2O_2$ origina um sistema homogêneo. Nesse processo, o iodeto atua como catalisador.

# Catálise heterogênea

Nesse tipo de reação, os reagentes e o catalisador formam um sistema com mais de uma fase. Veja os exemplos:

$$\underbrace{H_2O_2\,(aq) \xrightarrow{Pt\,(s)}}_{\text{duas fases}} H_2O\,(\ell) + \frac{1}{2}\,O_2\,(g)$$

$$\underbrace{N_2\,(g) + 3\,H_2\,(g) \xrightarrow{Fe\,(s)}}_{\text{duas fases}} 2\,NH_3\,(g)$$

Fotos: Sérgio Dotta Jr./Arquivo da editora

Um pedaço de platina em contato com uma solução de $H_2O_2$ forma um sistema heterogêneo. Nesse processo, a platina atua como catalisador.

- Um catalisador acelera a reação, mas não aumenta seu rendimento, ou seja, é produzida a mesma quantidade de produto do que na reação sem catalisador, mas em um intervalo de tempo menor.
- O catalisador não altera o $\Delta H$ da reação.
- Um catalisador acelera tanto a reação direta quanto a inversa, pois diminui a energia de ativação de ambas.

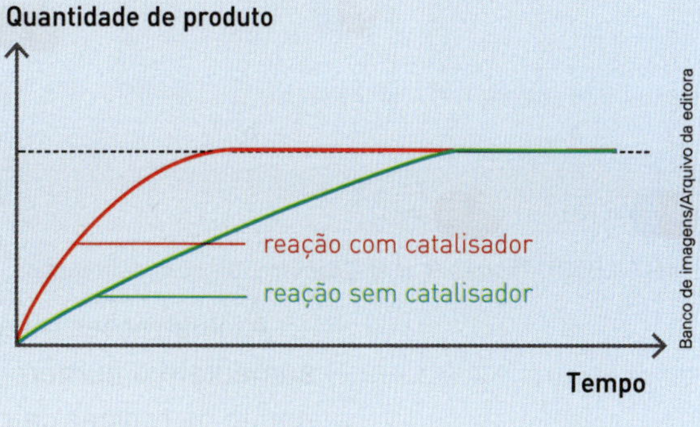

# Concentração de reagentes

Em um pedaço de carvão em brasa, as moléculas presentes no ar colidem com o carvão. No entanto, apenas 20% das moléculas presentes no ar são de $O_2$ (g); sendo assim, as demais moléculas também colidem com o carvão, mas não participam da reação. Nessa situação, o carvão queima lentamente.

Se colocarmos esse carvão em brasa em um frasco contendo gás oxigênio puro, ele se inflamará. Isso se deve ao fato de que, nesse caso, todas as moléculas que se chocam com o carvão são de $O_2$ (g), o que permite concluir que o aumento da concentração de oxigênio, que passou de 20% para 100%, provocou um aumento na velocidade da reação.

Queima de carvão em concentração de $O_2$ a 20%.

Queima de carvão em concentração de $O_2$ a 100%.

AUSÊNCIA DE PROPORÇÃO

CORES FANTASIA

A partir desse fato, podemos concluir que a velocidade de uma reação depende também da concentração dos reagentes, pois ela está relacionada com o número de choques entre as moléculas. Vamos aplicar esse conceito na reação entre NO (g) e $O_2$ (g).

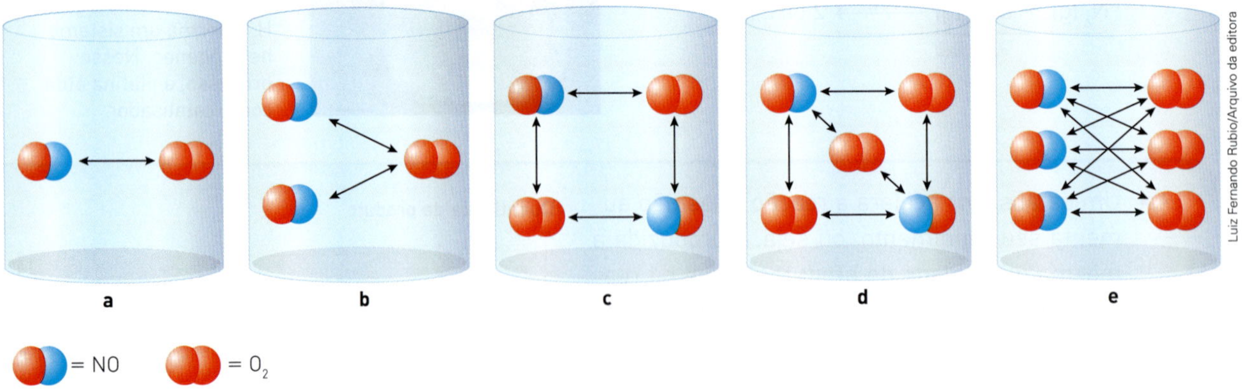


Fonte: GILBERT, Thomas R. et al. *Chemistry:* the science in context. 2. ed. New York: WW Norton, 2009. p. 685.

As ilustrações mostram como o aumento das concentrações de NO (g) e $O_2$ (g) aumentam o número de choques (indicados pelas setas ↔), o que acarreta aumento na rapidez da reação.

## Exercícios resolvidos

Texto e tabelas para as questões **1** e **2**.

A reação de decomposição do ânion tiossulfato ($S_2O_3^{2-}$), em soluções contendo ácido clorídrico (HCℓ), ocorre segundo a seguinte equação:

$$S_2O_3^{2-}\ (aq) + 2\ H^+\ (aq) \rightarrow S\ (s) + SO_2\ (g) + H_2O\ (\ell)$$

Para estudar a velocidade da formação do enxofre (sólido amarelo), a partir da decomposição do ânion tiossulfato [$(S_2O_3)^{2-}$], um aluno adicionou a mesma quantidade de solução de HCℓ em vários tubos de ensaio. Adicionou, em seguida, a cada tubo, diferentes volumes de solução de tiossulfato de sódio ($Na_2S_2O_3$). Completou o volume até 10 mL com água e cronometrou o tempo necessário para que se formasse uma mesma quantidade de enxofre em cada experimento (tabela 1). Também foram feitos experimentos para investigar o efeito da temperatura na velocidade da reação e, nesse caso, o aluno adicionou a cada um dos tubos de ensaio 2 mL de solução de HCℓ, 5 mL de solução de $Na_2S_2O_3$ e 3 mL de água, a dadas temperaturas, conforme mostra a tabela 2.

**Tabela 1**

| Volume de solução de HCℓ (mL) | Volume de solução de $Na_2S_2O_3$ (mL) | Volume de água (mL) | Tempo (s) |
|---|---|---|---|
| 2 | 1 | 7 | 410 |
| 2 | 2 | 6 | 355 |
| 2 | 3 | 5 | 241 |
| 2 | 4 | 4 | 115 |
| 2 | 5 | 3 | 61 |

**Tabela 2**

| Volume de solução de HCℓ (mL) | Volume de solução de $Na_2S_2O_3$ (mL) | Volume de água (mL) | Temperatura (°C) | Tempo (s) |
|---|---|---|---|---|
| 2 | 5 | 3 | 5 | 152 |
| 2 | 5 | 3 | 10 | 130 |
| 2 | 5 | 3 | 20 | 90 |
| 2 | 5 | 3 | 30 | 59 |
| 2 | 5 | 3 | 45 | 35 |

1. (Pasusp) A primeira série de experimentos, cujos dados são mostrados na tabela 1, permite concluir que:
   a) a velocidade da reação não depende da quantidade de tiossulfato adicionado.
   b) a velocidade de formação de enxofre depende da concentração de ácido clorídrico.
   c) a quantidade de enxofre formada depende da concentração de tiossulfato.
   d) a formação de enxofre somente ocorre na presença de ácido (HCℓ).
   e) o enxofre aparece mais rapidamente em soluções contendo mais tiossulfato.

**Solução**

Pela análise da tabela 1 e de acordo com o texto da questão, nota-se que, quanto maior é o volume da solução de tiossulfato de sódio usado, menor é o tempo para que seja formada a mesma quantidade de enxofre. Ou seja, o enxofre aparece mais rapidamente em soluções contendo mais tiossulfato.

Resposta: alternativa e.

2. (Pasusp) Analisando-se a influência da temperatura na velocidade de formação do enxofre (tabela 2), pode-se concluir que a primeira série de experimentos (representada pela tabela 1) foi realizada em temperatura mais próxima a:
   a) 5 °C.
   b) 10 °C.
   c) 20 °C.
   d) 30 °C.
   e) 45 °C.

**Solução**

Na tabela 2, mantiveram-se constantes as quantidades de HCℓ (2 mL), $Na_2S_2O_3$ (5 mL) e água (3 mL), variando a temperatura.

Na tabela 1, a 5ª linha apresenta as mesmas quantidades dessas substâncias, sendo que a reação demorou 61 s.

Voltando à tabela 2, a reação que ocorreu no espaço de tempo mais próximo de 61 s foi realizada em temperatura de 30 °C (4ª linha da tabela 2).

Isso sugere que a 1ª série de experimentos foi realizada em temperatura próxima de 30 °C.

Resposta: alternativa d.

**3.** (ITA-SP) A equação química hipotética $A \rightarrow D$ ocorre por um mecanismo que envolve as três reações unimoleculares abaixo (I, II e III). Nessas reações, $\Delta H$ representa as variações de entalpia, e $E_{a}$, as energias de ativação.

I. $A \longrightarrow B$; rápida, $\Delta H_{I}$, $E_{aI}$

II. $B \longrightarrow C$; lenta, $\Delta H_{II}$, $E_{aII}$

III. $C \longrightarrow D$; rápida, $\Delta H_{III}$, $E_{aIII}$

Trace a curva referente à energia potencial em função do caminho da reação $A \longrightarrow D$, admitindo que a reação global $A \longrightarrow D$ seja exotérmica e considerando que: $\Delta H_{II} > \Delta H_{I} > 0$; $E_{aI} > E_{aIII}$.

**Solução**

Vamos montar o gráfico de acordo com as etapas indicadas.

I. $A \longrightarrow B$

rápida $\Rightarrow$ pequena energia de ativação $(E_{aI})$

$\Delta H_{I} > 0 \Rightarrow$ endotérmica $\Rightarrow H_P > H_R$

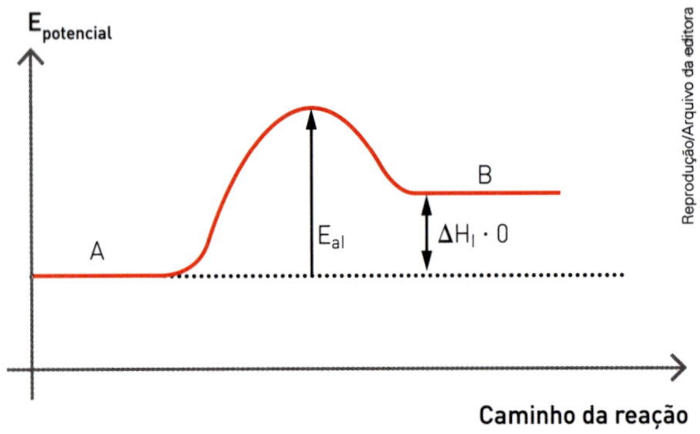


Reprodução/Arquivo da editora

II. $B \longrightarrow C$

lenta $\Rightarrow$ elevada energia de ativação $(E_{aII})$

$\Delta H_{II} > 0 \Rightarrow$ endotérmica $\Rightarrow H_P > H_R$

$\Delta H_{II} > \Delta H_{I}$

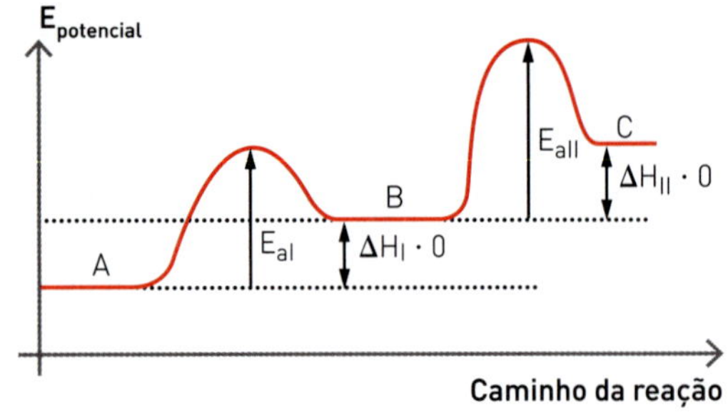


Reprodução/Arquivo da editora

III. $C \longrightarrow D$

rápida $\Rightarrow$ pequena energia de ativação $(E_{aI})$

$E_{aIII} < E_{aI}$

Como as etapas I e II são endotérmicas e a reação global é exotérmica, a etapa III ($C \longrightarrow D$) deve ser exotérmica, de tal maneira que $|\Delta H_{III}| > |\Delta H_{I}| + |\Delta H_{II}|$.

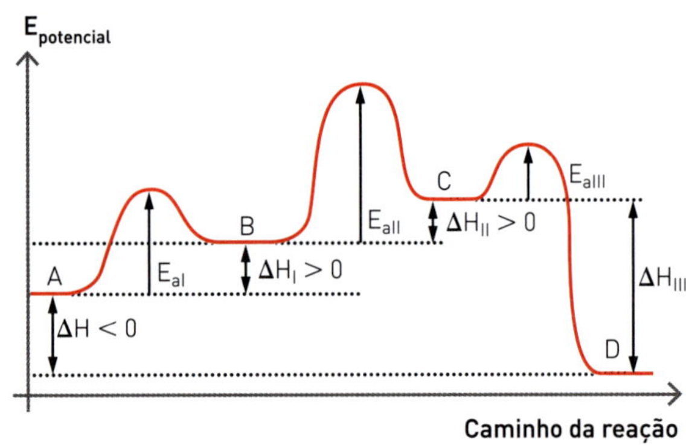


Reprodução/Arquivo da editora

## Fundamentando seus conhecimentos

Leia os dados a seguir e responda às questões **1** a **3**.

Nos experimentos representados a seguir, utiliza-se uma mesma massa de casca de ovo e de vinagre:

Experimento 1 — meia casca de ovo (1,0 g);

Experimento 2 — meia casca de ovo triturada (1,0 g).

Experimento 1

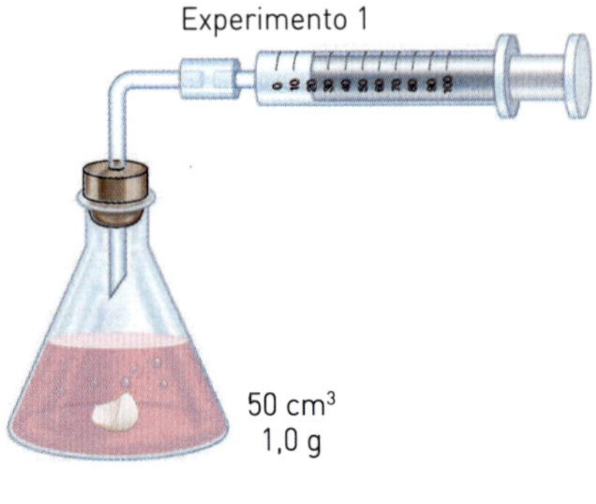


Experimento 2

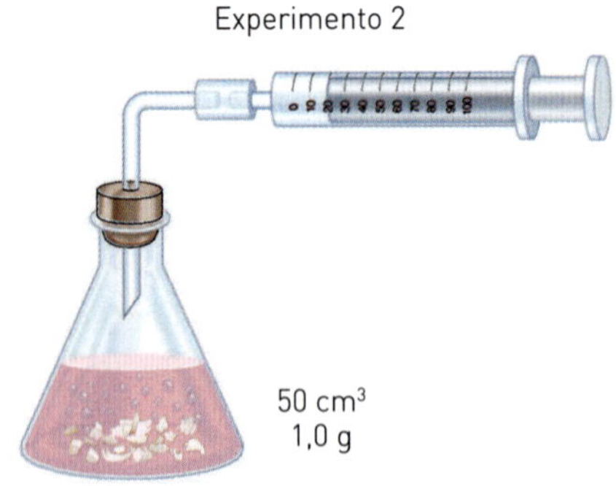


Ilustrações: Paulo César Pereira/Arquivo da editora

Sabe-se que ocorre a reação:

$$\underbrace{CaCO_3\,(s)}_{\text{casca do ovo}} + \underbrace{2\,H_3CCOOH\,(aq)}_{\text{vinagre}} \longrightarrow$$

$$\longrightarrow Ca(H_3CCOO)_2\,(aq) + CO_2\,(g) + H_2O\,(\ell)$$

**1.** Por que ocorre maior efervescência no experimento 2?

**2.** Admitindo-se que em ambos os experimentos a casca de ovo foi totalmente consumida, indique em qual experimento se obteve o maior volume de gás. Justifique sua resposta.

**3.** Associe as curvas representadas no gráfico abaixo com os dois experimentos apresentados.

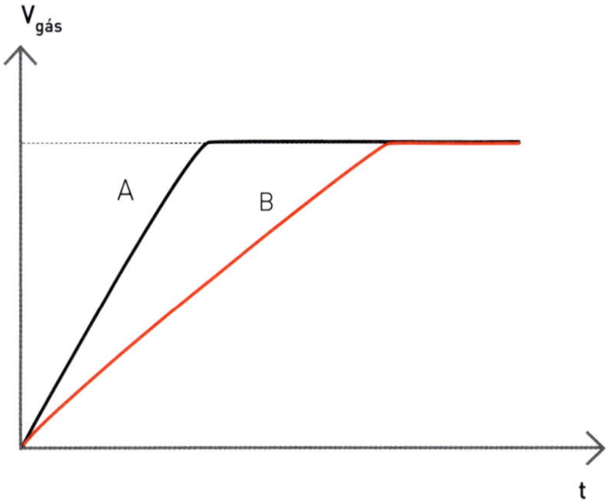


Banco de imagens/Arquivo da editora

Com base nas informações abaixo, responda às questões **4** a **9**.

Foram feitos dois experimentos, X e Y, utilizando-se fitas de magnésio (1,0 g) e solução aquosa de ácido clorídrico (0,1 mol/L), nos quais foram variadas as temperaturas. Em ambos os experimentos, o magnésio foi totalmente consumido.

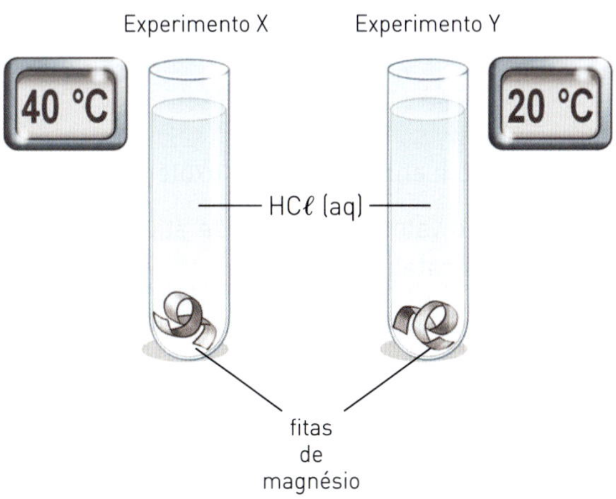


Hélio Senatore/Arquivo da editora

A reação pode ser representada pelas equações:

$$Mg\ (s) + 2\ HC\ell\ (aq) \longrightarrow MgC\ell_2\ (aq) + H_2\ (g)$$

$$Mg\ (s) + 2\ H^+\ (aq) + \cancel{2\ C\ell^-\ (aq)} \longrightarrow$$

$$\longrightarrow Mg^{2+}\ (aq) + \cancel{2\ C\ell^-\ (aq)} + 2\ H_2\ (g)$$

$$Mg\ (s) + 2\ H^+\ (aq) \longrightarrow Mg^{2+}\ (aq) + H_2\ (g)$$

**4.** Em qual dos experimentos é possível observar efervescência? Justifique sua resposta.

**5.** Em qual dos experimentos ocorre maior efervescência?

**6.** Se um experimento apresenta maior efervescência que o outro, isso significa que, ao final, a quantidade de gás produzida no primeiro experimento é maior do que a produzida no segundo? Justifique sua resposta.

**7.** Em qual experimento a rapidez da reação foi maior? Justifique sua resposta.

**8.** Associe as curvas do gráfico a seguir com os dois experimentos.

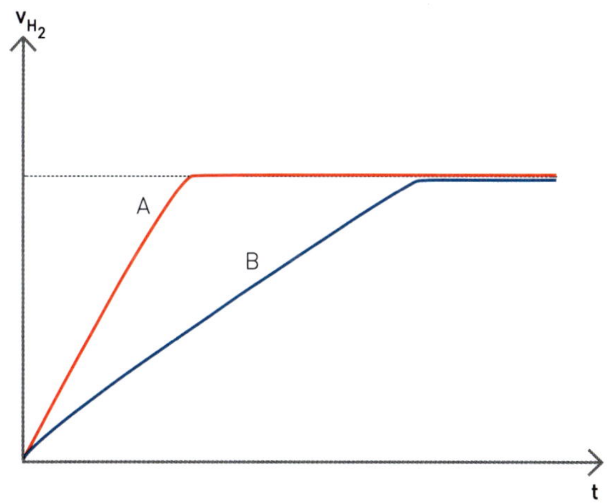


Banco de imagens/Arquivo da editora

**9.** Com base nas equações apresentadas, associe as curvas com as espécies $H^+$, $C\ell^-$ e $Mg^{2+}$:

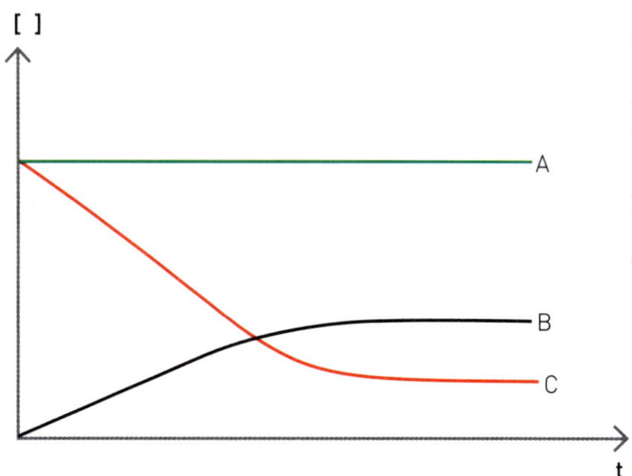


Banco de imagens/Arquivo da editora

Com base nas informações a seguir, responda às questões **10** a **13**.

Foram realizados três experimentos com o uso de três soluções aquosas de ácido clorídrico (0,05 mol/L, 0,1 mol/L e 0,2 mol/L), mergulhando nelas lâminas de zinco de, aproximadamente, 20 g cada uma, à mesma temperatura. Em todos esses experimentos o zinco não foi totalmente consumido.

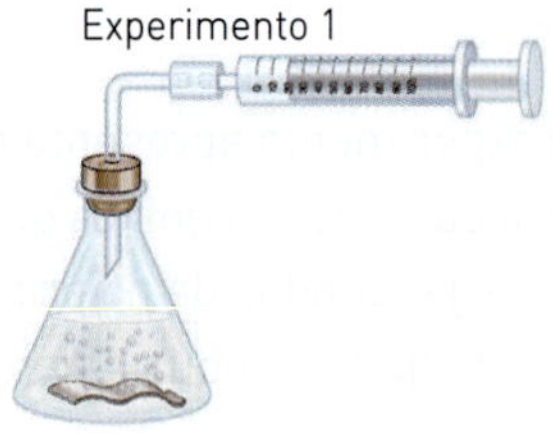


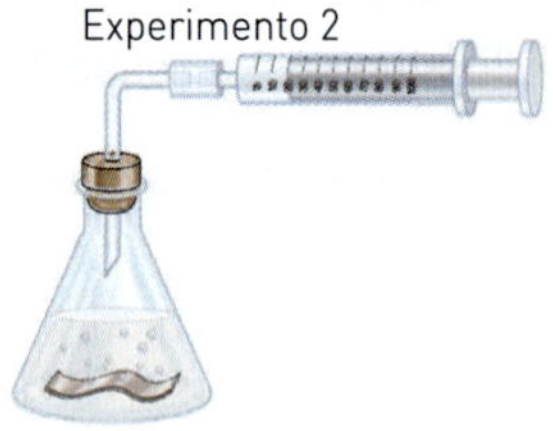

Ilustrações: Paulo César Pereira/Arquivo da editora

**10.** Equacione a reação que ocorreu.

**11.** Para recolher um mesmo volume de gás, as reações ocorreram em tempos diferentes. Associe os seguintes tempos com as concentrações do ácido utilizadas: 20 s, 30 s e 60 s.

**12.** Ao final dos experimentos, em qual deles foi produzido maior volume de gás?

**13.** Em qual deles a massa de zinco restante foi maior?

**14.** No estudo da reação abaixo, foram feitos três experimentos a 25 °C.

$$2\ NO\ (g) + 2\ H_2\ (g) \longrightarrow N_2\ (g) + 2\ H_2O\ (g)$$

O quadro a seguir mostra as concentrações iniciais de NO e $H_2$ (em mol/L):

| | [NO], em mol/L | $[H_2]$, em mol/L |
|---|---|---|
| Experimento I | 1 | 1 |
| Experimento II | 2 | 1 |
| Experimento III | 1 | 0,5 |

Com os resultados, foi construído o diagrama abaixo. Associe as retas A, B e C com os experimentos I, II e III.

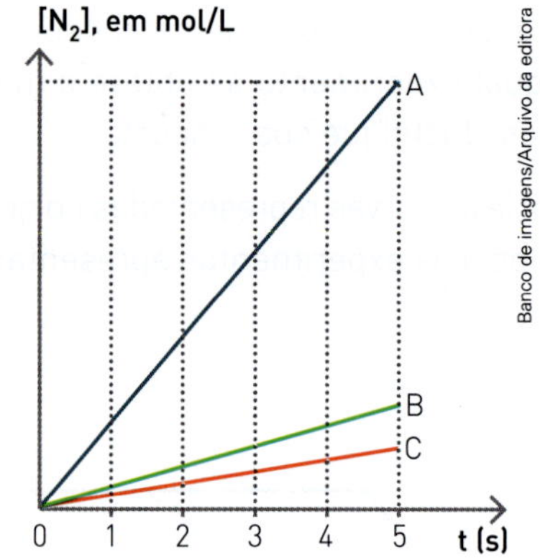


Banco de imagens/Arquivo da editora

**15.** Observe as equações a seguir.

$X + Y \longrightarrow XY$

$XY + R \longrightarrow XR + Y$

Entre as substâncias mencionadas, qual é o catalisador?

Com base no diagrama a seguir e considerando a reação direta $A + B \longrightarrow C + D$, responda às questões **16** a **19**.

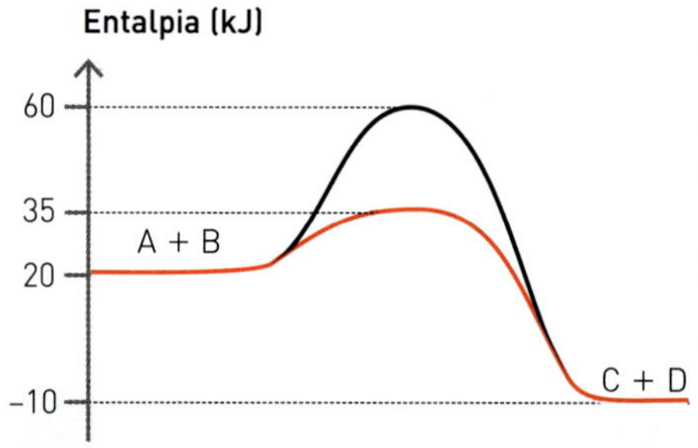


Banco de imagens/Arquivo da editora

**16.** Essa reação é endotérmica ou exotérmica?

**17.** Determine o valor da energia de ativação dessa reação sem catalisador.

**18.** Determine o valor da energia de ativação dessa reação com catalisador.

**19.** Qual é o $\Delta H$ da reação?

Agora considere a reação inversa $C + D \longrightarrow A + B$ e responda às questões **20** a **23**.

**20.** Essa reação é endotérmica ou exotérmica?

**21.** Determine o valor da energia de ativação dessa reação sem catalisador.

**22.** Determine o valor da energia de ativação dessa reação com catalisador.

**23.** Qual é o $\Delta H$ da reação?

# Desenvolvendo seus conhecimentos

**1.** (Uerj) A sabedoria popular indica que, para acender uma lareira, devemos utilizar inicialmente lascas de lenha e só depois colocarmos as toras. Em condições reacionais idênticas e utilizando massas iguais de madeira em lascas e em toras, verifica-se que madeira em lascas queima com mais velocidade.

O fator determinante, para essa maior velocidade de reação, é o aumento da:

a) pressão.
b) temperatura.
c) concentração.
d) superfície de contato.

**2.** (IFSP) Colocamos um pedaço de palha de aço em cima de uma pia e a seu lado um prego de mesma massa. Notamos que a palha de aço enferruja com relativa rapidez enquanto que o prego, nas mesmas condições, enferrujará mais lentamente. Os dois materiais têm praticamente a mesma composição, mas enferrujam com velocidades diferentes. Isso ocorre devido a um fator que influencia na velocidade dessa reação, que é:

a) temperatura.
b) concentração dos reagentes.
c) pressão no sistema.
d) superfície de contato.
e) presença de catalisadores.

**3.** (UFRJ)

**O Grito de Satanás nas Melancias in "Zé Limeira, Poeta do Absurdo", Orlando Tejo**

"Possantes candeeiros a carbureto iluminam a sala espaçosa pintada a óleo, refletindo a luz forte nas lentes escuras que protegem os grandes olhos firmes do poeta, sob as grossas pestanas negras."

Em duas lanternas idênticas, carregadas com a mesma massa de carbureto, goteja-se água, na mesma vazão, sobre o carbureto. Na lanterna I, o carbureto encontra-se na forma de pedras e, na lanterna II, finamente granulado.

a) Indique qual das lanternas apresentará a chama mais intensa.
b) Indique qual delas se apagará primeiro. Justifique sua resposta com base em seus conhecimentos de cinética química.

**4.** (UFMG) Em dois experimentos, massas iguais de ferro reagiram com volumes iguais de uma mesma solução aquosa de ácido clorídrico, à mesma temperatura. Num dos experimentos, usou-se uma placa de ferro; no outro, a mesma massa de ferro, na forma de limalha.

Nos dois casos, o volume total de gás hidrogênio produzido foi medido, periodicamente, até que toda a massa de ferro fosse consumida.

Indique a alternativa cujo gráfico melhor representa as curvas do volume total do gás hidrogênio produzido em função do tempo.

a)
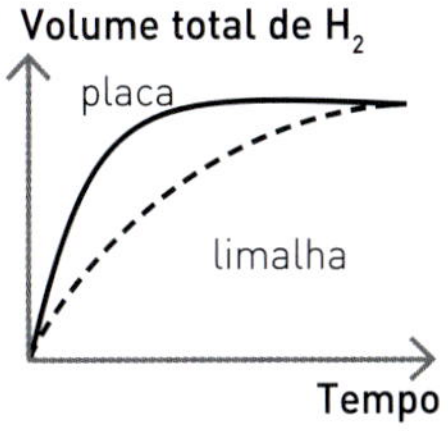


c)
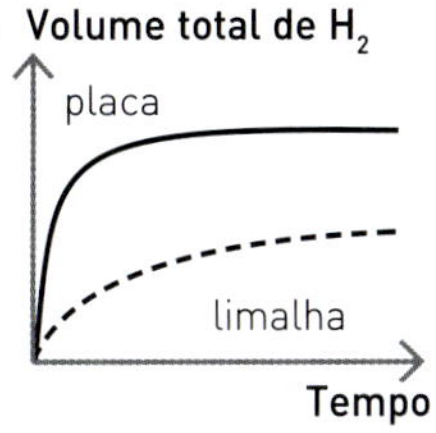


b)
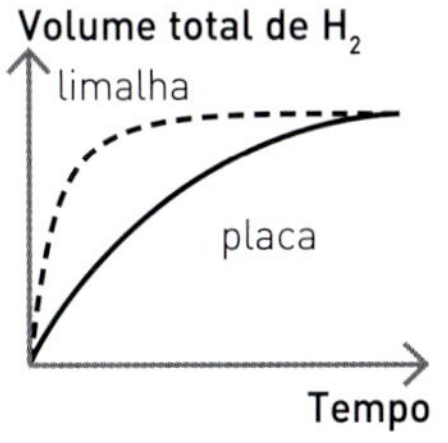


d)
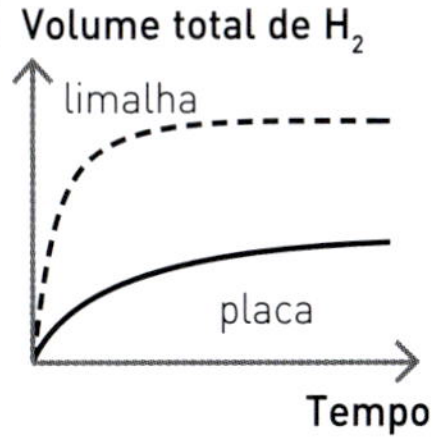


Ilustrações: Reprodução/Arquivo da editora

**5.** (UEL-PR) A conservação de alimentos pode ser feita de diferentes modos: pelo uso de um meio fortemente salgado, capaz de promover a desidratação dos microrganismos, como na carne-seca; pela utilização de conservantes, como o benzoato de sódio, que reduzem a velocidade de oxidação e decomposição; ou pela diminuição da temperatura, reduzindo a velocidade da reação, uma vez que o aumento de 10 °C aproximadamente duplica a velocidade da reação.

Supondo apenas o efeito da temperatura e considerando que, à temperatura ambiente (25 °C), a validade de um alimento seja de 4 dias, sobre a sua durabilidade, quando conservado em geladeira a 5 °C, é correto afirmar:

a) A velocidade de decomposição seria reduzida em aproximadamente um quarto.
b) A velocidade de decomposição seria reduzida pela metade.
c) O alimento teria um prazo de validade indeterminado.

d) A durabilidade desse alimento é imprevisível.

e) O alimento se deteriorará em uma semana.

Observe os diagramas abaixo e responda às questões **6** a **8**.

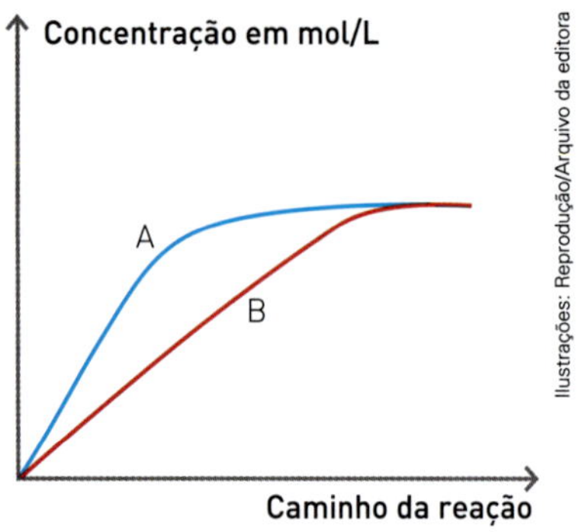


I

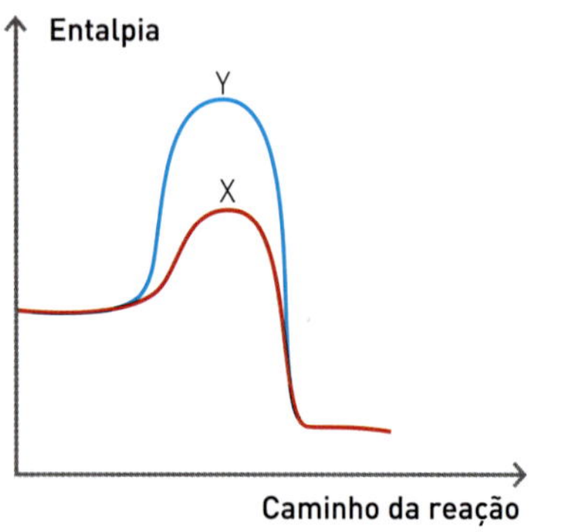


II

**6.** Para cada curva no diagrama I há uma correspondente no diagrama II. Quais representam reações catalisadas? Justifique.

**7.** No diagrama II, qual reação é a mais lenta e qual é a mais rápida: direta sem catalisador, direta com catalisador, inversa sem catalisador ou inversa com catalisador? Justifique.

**8.** A afirmação "o uso do catalisador aumenta o rendimento da reação" está correta? Justifique.

**9.** (Unioeste-PR) A ação de um catalisador sobre uma reação química é tão importante para a ciência e para a indústria que existe um ramo de pesquisas que se destina ao estudo de reações que são realizadas com catalisador. Um exemplo de utilização industrial de catalisadores está na produção do oxigênio ($O_2$) a partir do clorato de potássio ($KC\ell O_3$), utilizando como catalisador o dióxido de manganês ($MnO_2$).

$$2\,KCO_3\,(s) \xrightarrow{MnO_2} 2\,KC\ell\,(s) + 3\,O_2\,(g)$$

A respeito dos catalisadores e de suas reações, pode-se afirmar que:

a) as reações com catalisadores são reações que não podem ser realizadas sem a sua utilização.

b) as reações com catalisadores sempre fornecem maiores rendimentos.

c) o catalisador faz com que ocorra uma diminuição na energia de ativação, e com isso a reação ocorre mais rapidamente.

d) o catalisador faz com que ocorra um aumento na energia de ativação, e com isso a reação ocorre mais rapidamente.

e) os catalisadores também podem ser chamados de inibidores de produtos indesejados.

**10.** (UEPG-PR) Considere a seguinte reação genérica: A + B → C + D. Abaixo é representado o gráfico de variação da entalpia da reação genérica acima, na ausência e presença do catalisador.

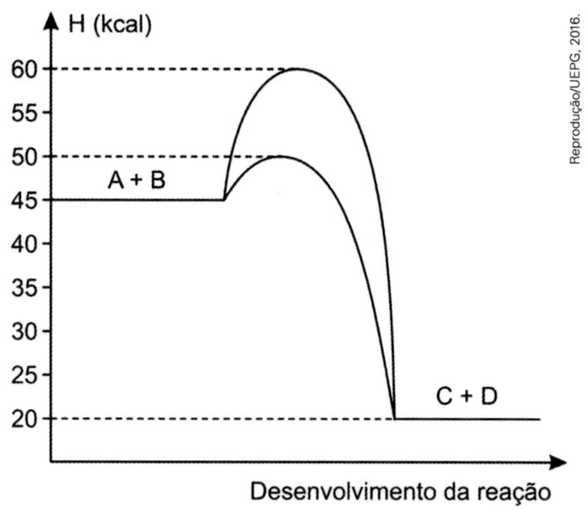


Sobre o gráfico, assinale o que for correto.

01) A energia de ativação na ausência do catalisador é 40 kcal.

02) A energia de ativação na presença do catalisador é 30 kcal.

04) A variação entre a energia de ativação na ausência e presença do catalisador é de 10 kcal.

08) A reação é exotérmica.

16) A variação de entalpia da reação é de −25 kcal.

**11.** (PUC-SP) Considere uma reação genérica em que os reagentes D e G transformam-se no produto J. A cinética dessa reação pode ser estudada a partir do gráfico a seguir que representa a entalpia de reagentes e produtos, bem como das espécies intermediárias formadas durante o processo. No gráfico, estão representados os caminhos da reação na presença e na ausência de catalisador.

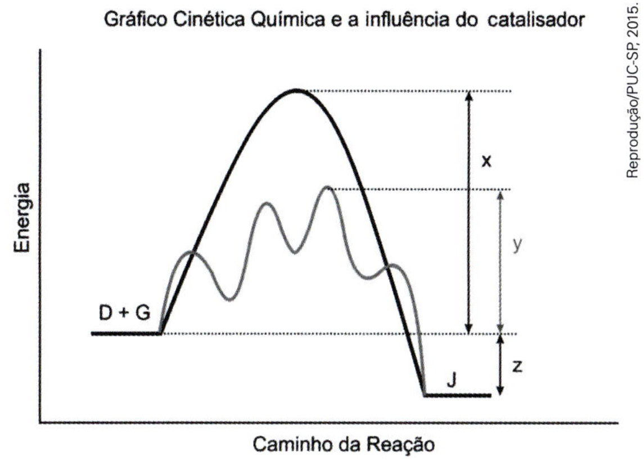

Reprodução/PUC-SP, 2015.

Um aluno ao analisar esse gráfico fez algumas afirmações a respeito da reação D + G → J:

I. z representa a variação de entalpia (ΔH) dessa reação.
II. y representa a energia de ativação dessa reação na presença de catalisador.
III. x + y representa a energia de ativação dessa reação na ausência de catalisador.
IV. Essa reação corresponde a um processo endotérmico.

Estão corretas apenas as afirmações:

a) I e II.
b) I e III.
c) II e III.
d) II e IV.
e) I, III e IV.

**12.** (Enem) Alguns fatores podem alterar a rapidez das reações químicas. A seguir, destacam-se três exemplos no contexto da preparação e da conservação de alimentos:

1. A maioria dos produtos alimentícios se conserva por muito mais tempo quando submetidos à refrigeração.
   Esse procedimento diminui a rapidez das reações que contribuem para a degradação de certos alimentos.
2. Um procedimento muito comum utilizado em práticas de culinária é o corte dos alimentos para acelerar o seu cozimento, caso não se tenha uma panela de pressão.
3. Na preparação de iogurtes, adicionam-se ao leite bactérias produtoras de enzimas que aceleram as reações envolvendo açúcares e proteínas lácteas.

Com base no texto, quais são os fatores que influenciam a rapidez das transformações químicas relacionadas aos exemplos 1, 2 e 3, respectivamente?

a) Temperatura, superfície de contato e concentração.
b) Concentração, superfície de contato e catalisadores.
c) Temperatura, superfície de contato e catalisadores.
d) Superfície de contato, temperatura e concentração.
e) Temperatura, concentração e catalisadores.

**13.** (Enem) Há processos industriais que envolvem reações químicas na obtenção de diversos produtos ou bens consumidos pelo homem. Determinadas etapas de obtenção desses produtos empregam catalisadores químicos tradicionais, que têm sido, na medida do possível, substituídos por enzimas. Em processos industriais, uma das vantagens de se substituírem os catalisadores químicos tradicionais por enzimas decorre do fato de estas serem:

a) consumidas durante o processo.
b) compostos orgânicos e biodegradáveis.
c) inespecíficas para os substratos.
d) estáveis em variações de temperatura.
e) substratos nas reações químicas.

**14.** (PUC-RS) Responder à questão com base no esquema a seguir, que representa situações em que comprimidos antiácidos efervescentes de mesma constituição reagem em presença de água.

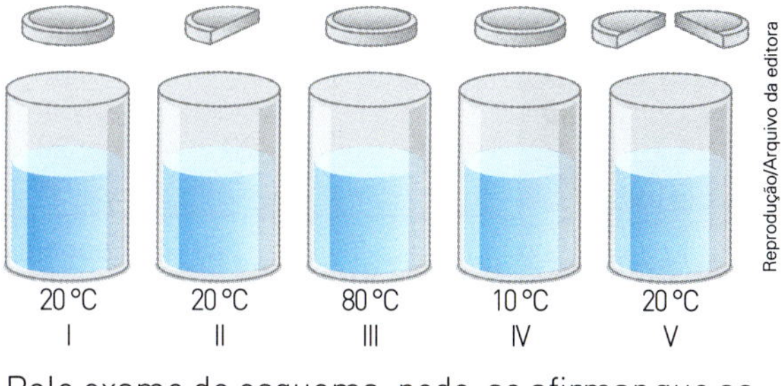

Reprodução/Arquivo da editora

Pelo exame do esquema, pode-se afirmar que as reações que ocorrem em menor tempo do que a do frasco I são as dos frascos:

a) II e III.
b) II e IV.
c) II e V.
d) III e IV.
e) III e V.

**15.** (Unifesp) Para investigar a cinética da reação representada pela equação

$NaHCO_3\ (s) + H^+X^-\ (s) \xrightarrow{H_2O}$

$\xrightarrow{H_2O} Na^+\ (aq) + X^-\ (aq) + CO_2\ (g) + H_2O\ (\ell)$

$H^+X^-$ = ácido orgânico sólido

foram realizados três experimentos, empregando comprimidos de antiácido efervescente, que contêm os dois reagentes no estado sólido. As reações foram iniciadas pela adição de iguais quantidades de água aos comprimidos, e suas velocidades foram estimadas observando-se o desprendimento de gás em cada experimento. O quadro a seguir resume as condições em que cada experimento foi realizado.

| Experimento | Forma de adição de cada comprimido (2 g) | Temperatura da água (°C) |
|---|---|---|
| I | inteiro | 40 |
| II | inteiro | 20 |
| III | moído | 40 |

Assinale a alternativa que apresenta os experimentos em ordem crescente de velocidade de reação.

a) I, II, III.
b) II, I, III.
c) III, I, II.
d) II, III, I.
e) III, I, II.

**16.** (UEMG) Ácidos fortes, ao entrarem em contato com metais, como o ferro, produzem gás hidrogênio.
O quadro a seguir apresenta os resultados de um experimento realizado com uma solução aquosa diluída de ácido clorídrico ($HC\ell$) e amostras de ferro.

| Sistema | 1 | 2 | 3 |
|---|---|---|---|
| Solução de $HC\ell$ diluído (mL) | 20 | 20 | 20 |
| Objeto feitos de ferro | Prego (2 g) | Prego (2 g) | Esponja de aço (2 g) |
| Temperatura (°C) | 20 | 40 | 40 |
| Número de bolhas de $H_2$ em 30 segundos | 4 | 12 | 40 |

Ao analisar os resultados, um estudante fez as seguintes observações:

I. A reação será mais lenta no sistema 2, pois a temperatura é maior.
II. A massa de ferro usada é um fator determinante para a variação da velocidade dessa reação.
III. A superfície de contato possibilita uma maior interação entre reagentes, em 3.
IV. O número de bolhas produzido ao final da reação será o mesmo para os três sistemas.

Assinale, abaixo, a alternativa que contém a(s) afirmação(ões) **correta(s)** formulada(s) pelo estudante:

a) Afirmação I.
b) Afirmações I e II.
c) Afirmações III e IV.
d) Afirmações II e IV.

**17.** (Fuvest-SP) Foram realizados quatro experimentos. Cada um deles consistiu na adição de solução aquosa de ácido sulfúrico de concentração 1 mol/L a certa massa de ferro. A 25 °C e 1 atm, mediram-se os volumes de hidrogênio desprendido em função do tempo. No final de cada experimento, sempre sobrou ferro que não reagiu. A tabela mostra o tipo de ferro usado em cada experimento, a temperatura e o volume da solução de ácido sulfúrico usado.
O gráfico mostra os resultados.

| Experimento | Material | Temperatura °C | Volume da solução de $H_2SO_4$/mL |
|---|---|---|---|
| A | pregos | 60 | 50 |
| B | limalha | 60 | 50 |
| C | limalha | 60 | 80 |
| D | limalha | 40 | 80 |

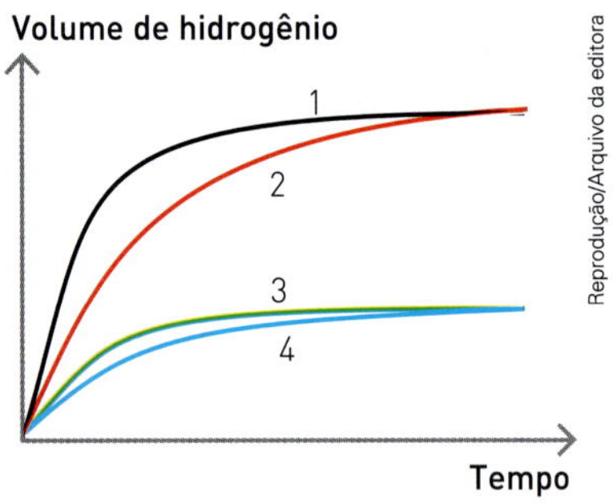


Reprodução/Arquivo da editora

As curvas de 1 a 4 correspondem, respectivamente, aos experimentos:

| | 1 | 2 | 3 | 4 |
|---|---|---|---|---|
| a) | D | C | A | B |
| b) | D | C | B | A |
| c) | B | A | C | D |
| d) | C | D | A | B |
| e) | C | D | B | A |

## Desafiando seus conhecimentos

1. (Uece) Alguns medicamentos são apresentados na forma de comprimidos que, quando ingeridos, dissolvem-se lentamente no líquido presente no tubo digestório, garantindo um efeito prolongado no organismo. Contudo, algumas pessoas, por conta própria, amassam o comprimido antes de tomá-lo.

   Esse procedimento é inconveniente, pois reduz o efeito prolongado devido:

   a) à diminuição da superfície de contato do comprimido, provocando redução na velocidade da reação.
   b) à diminuição da superfície de contato, favorecendo a dissolução.
   c) ao aumento da velocidade da reação em consequência do aumento da superfície de contato do comprimido.
   d) à diminuição da frequência de colisões das partículas do comprimido com as moléculas do líquido presente no tubo digestório.

2. (UFSM-RS) Os sais estão presentes nos *shows* pirotécnicos.

   Os fogos de artifício utilizam sais pulverizados de diferentes íons metálicos como, por exemplo, o sódio (cor amarela) e o potássio (cor violeta), misturados com material explosivo, como a pólvora. Quando a pólvora queima, elétrons dos metais presentes sofrem excitação eletrônica, liberando a energia na forma de luz.

   Sobre a cinética da reação, é correto afirmar:

   a) Quanto maior a superfície de contato entre os reagentes, mais rápida é a reação; assim, quanto mais dividido o reagente sólido, mais a reação será acelerada.
   b) A queima dos fogos de artifício é facilitada pelo uso de sais pulverizados, pois estes diminuem a energia de ativação da reação.
   c) A temperatura gerada na queima de fogos de artifício reduz a frequência dos choques entre as partículas de reagentes, tornando a reação mais rápida.
   d) A reação é mais rápida, pois, ao se utilizar o sal pulverizado, a frequência das colisões é menor, favorecendo, assim, a reação.
   e) A pólvora age como um catalisador, diminuindo a energia de ativação total da reação química.

3. (Udesc) Se um comprimido efervescente que contem ácido cítrico e carbonato de sódio for colocado em um copo com água, e mantiver-se o copo aberto, observa-se a dissolução do comprimido acompanhada pela liberação de um gás. Assinale a alternativa correta sobre esse fenômeno.

   a) A massa do sistema se manterá inalterada durante a dissolução.
   b) A velocidade de liberação das bolhas aumenta com a elevação da temperatura da água.
   c) Se o comprimido for pulverizado, a velocidade de dissolução será mais lenta.
   d) O gás liberado é o oxigênio molecular.
   e) O fenômeno corresponde a um processo físico.

4. (Enem) Ferramentas de aço podem sofrer corrosão e enferrujar. As etapas químicas que correspondem a esses processos podem ser representadas pelas equações:

   $$Fe + H_2O + \frac{1}{2}\,O_2 \longrightarrow Fe(OH)_2$$

   $$Fe(OH)_2 + \frac{1}{2}\,H_2O + \frac{1}{4}\,O_2 \longrightarrow Fe(OH)_3$$

   $$Fe(OH)_3 + n\,H_2O \longrightarrow Fe(OH)_3 \cdot n\,H_2O \text{ (ferrugem)}$$

   Uma forma de tornar mais lento esse processo de corrosão e formação de ferrugem é engraxar as ferramentas. Isso se justifica porque a graxa proporciona:

   a) lubrificação, evitando o contato entre as ferramentas.
   b) impermeabilização, diminuindo o contato com o ar úmido.
   c) isolamento térmico, protegendo-as do calor ambiente.
   d) galvanização, criando superfícies metálicas imunes.
   e) polimento, evitando ranhuras nas superfícies.

5. (UFJF-MG) As grandes vinícolas do mundo têm uma grande preocupação com a qualidade do fechamento das garrafas de vinho. O vinho pode sofrer alterações, transformando-se em "vinagre" (ácido acético). Esse processo pode acontecer mesmo em garrafas fechadas, mas muito lentamente. Deixando a garrafa aberta, esse processo ocorre rapidamente.

   Qual seria o fator responsável pelo aumento da velocidade dessa reação? Explique.

6. (Puccamp-SP) Para mostrar a diferença da rapidez da reação entre ferro e ácido clorídrico, foi utilizado o ferro em limalha e em barra.

Pingando dez gotas de ácido clorídrico 1,0 mol · $L^{-1}$ em cada material de ferro, espera-se que a reação seja:

a) mais rápida no ferro em barra porque a superfície de contato é menor.

b) mais rápida no ferro em limalha porque a superfície de contato é maior.

c) igual, pois a concentração e a quantidade do ácido foram iguais.

d) mais lenta no ferro em limalha porque a superfície de contato é menor.

e) mais lenta no ferro em barra porque a superfície de contato é maior.

7. (UPE/SSA) Em uma seleção realizada por uma indústria, para chegarem à etapa final, os candidatos deveriam elaborar quatro afirmativas sobre o gráfico apresentado a seguir e acertar, pelo menos, três delas.

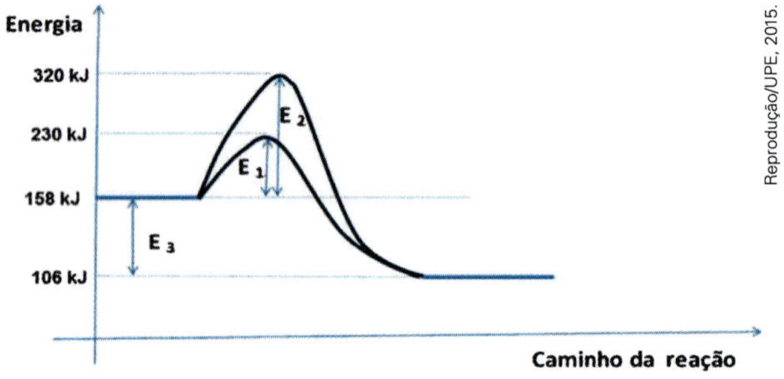

Reprodução/UPE, 2015.

Um dos candidatos construiu as seguintes afirmações:

I. A reação pode ser catalisada, com formação do complexo ativado, quando se atinge a energia de 320 kJ.

II. O valor da quantidade de energia $E_3$ determina a variação de entalpia ($\Delta H$) da reação, que é de $-52$ kJ.

III. A reação é endotérmica, pois ocorre mediante aumento de energia no sistema.

IV. A energia denominada no gráfico de $E_2$ é chamada de energia de ativação, que, para essa reação, é de 182 kJ.

Quanto à passagem para a etapa final da seleção, esse candidato foi:

a) aprovado, pois acertou as afirmações I, II e IV.

b) aprovado, pois acertou as afirmações II, III e IV.

c) reprovado, pois acertou, apenas, a afirmação II.

d) reprovado, pois acertou, apenas, as afirmações I e III.

e) reprovado, pois acertou, apenas, as afirmações II e IV.

8. (UPE) Analise o gráfico a seguir:

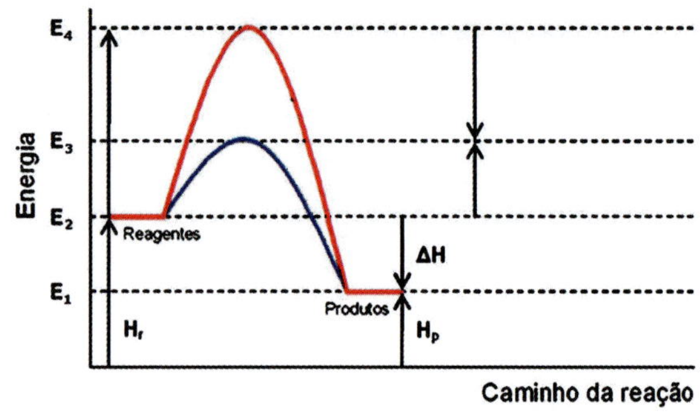

Reprodução/UPE, 2015.

Um gráfico desse tipo corresponde à:

a) reversibilidade da desidratação/hidratação de um álcool.

b) fusão do gelo produzido com água de coco e com água mineral.

c) ebulição da água destilada sob condições diferentes de pressão.

d) fotossíntese realizada com uma maior e uma menor incidência luminosa.

e) hidrólise da ureia em amônia e dióxido de carbono, com e sem a ação da enzima urease.

9. (Uema) A Fórmula Indy de automobilismo, realizada em Indianápolis — Estados Unidos, usa o metanol como combustível que, em combustão, possui chama invisível. Por isso são comuns acidentes nos quais os pilotos se queimam sem que o fogo seja visto.

Uma forma de obtenção desse composto pode ser reagir dióxido de carbono gasoso mais gás hidrogênio e utilizar como catalisador o CrO–ZnO (sólido branco e granular) numa temperatura na faixa de 320-380 °C e pressão de 340 atm.

Considerando o exposto, responda aos itens **a** e **b**.

a) Que tipo de catálise é usado no processo de obtenção do metanol?

Justifique sua resposta.

b) Identifique no gráfico a seguir a curva que representa a reação que utiliza um catalisador.

Explique sua opção.

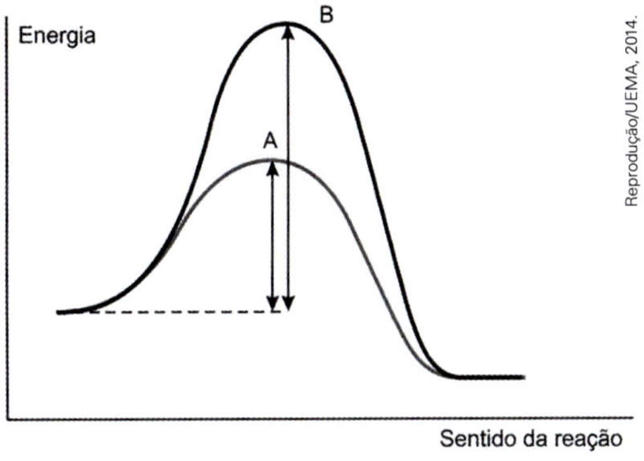


Reprodução/UEMA, 2014.

**10.** (UFPR) A reação de hidrólise da acetilcolina, esquematizada abaixo, é fundamental na transmissão de impulsos nervosos nos seres vivos. A reação é promovida pela enzima acetilcolinesterase (AChE).

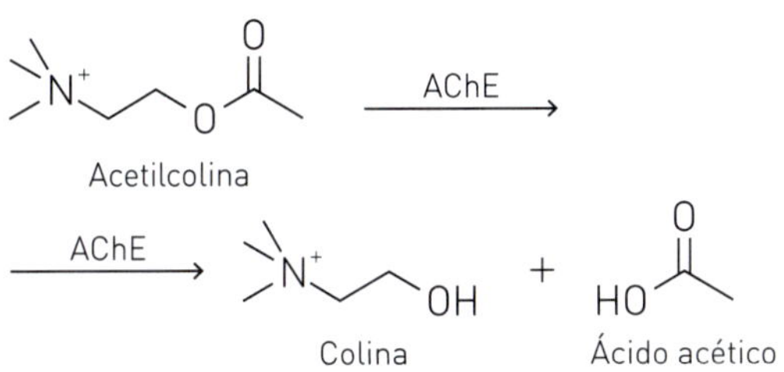


Considere as seguintes afirmativas sobre o papel de AChE nessa reação:

I. AChE é catalisador da reação.
II. AChE aumenta a energia de ativação da reação.
III. AChE promove caminhos reacionais alternativos.
IV. AChE inibe a formação de intermediários.

Assinale a alternativa correta.

a) Somente as afirmativas I, II e IV são verdadeiras.
b) Somente as afirmativas I, II e III são verdadeiras.
c) Somente as afirmativas III e IV são verdadeiras.
d) Somente as afirmativas II e IV são verdadeiras.
e) Somente as afirmativas I e III são verdadeiras.

**11.** (UFRGS-RS) Abaixo, está representado o perfil de energia ao longo do caminho da reação de isomerização do cis-but-2-eno para o trans-but-2-eno.

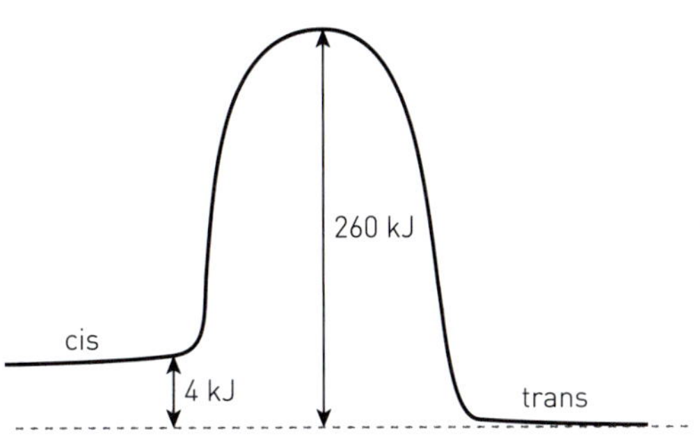


Reprodução/Arquivo da editora

Considere as seguintes afirmações a respeito da velocidade dessa reação.

I. A barreira de energia de ativação da reação direta é de 256 kJ.
II. Como a reação é exotérmica, sua velocidade diminuirá com o aumento da temperatura.
III. A presença de catalisador tornará a reação mais exotérmica.

Quais estão corretas?

a) Apenas I.
b) Apenas II.
c) Apenas III.
d) Apenas I e II.
e) I, II e III.

**12.** (IME-RJ) O gráfico abaixo ilustra as variações de energia devido a uma reação química conduzida nas mesmas condições iniciais de temperatura, pressão, volume de reator e quantidades de reagentes em dois sistemas diferentes.

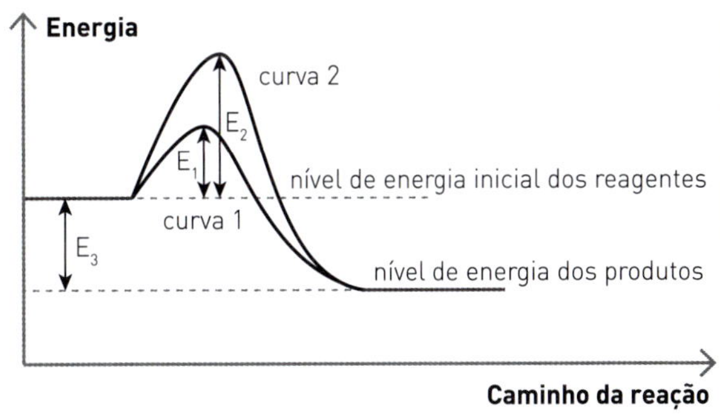


Reprodução/Arquivo da editora

Esses sistemas diferem apenas pela presença de catalisador. Com base no gráfico, é possível afirmar que:

a) A curva 1 representa a reação catalisada, que ocorre com absorção de calor.
b) A curva 2 representa a reação catalisada, que ocorre com absorção de calor.
c) A curva 1 representa a reação catalisada com energia de ativação dada por $E_1 + E_3$.
d) A curva 2 representa a reação não catalisada, que ocorre com liberação de calor e a sua energia de ativação é dada por $E_2 + E_3$.
e) A curva 1 representa a reação catalisada, que ocorre com liberação de calor e a sua energia de ativação é dada por $E_1$.

Leia o texto para responder à questão a seguir.

A bioluminescência é o fenômeno de emissão de luz visível por certos organismos vivos, resultante de uma reação química entre uma substância sintetizada pelo próprio organismo (luciferina) e oxigênio molecular, na presença de uma enzima (luciferase). Como resultado dessa reação bioquímica é gerado um produto em um estado eletronicamente excitado (oxiluciferina*). Este produto, por sua vez, desativa-se por meio da emissão de luz visível, formando o produto no estado normal ou fundamental (oxiluciferina). Ao final, a concentração de luciferase permanece constante.

$$\text{Luciferina} + O_2 \xrightarrow{\text{luciferase}} \text{Oxiluciferina}^* \longrightarrow$$

$$\longrightarrow \text{Oxiluciferina} + h\nu_{(450\ -\ 620\ \text{nm})}$$

O esquema ilustra o mecanismo geral da reação de bioluminescência de vagalumes, no qual são formados dois produtos diferentes em estados eletronicamente excitados, responsáveis pela emissão de luz na cor verde ou na cor vermelha.

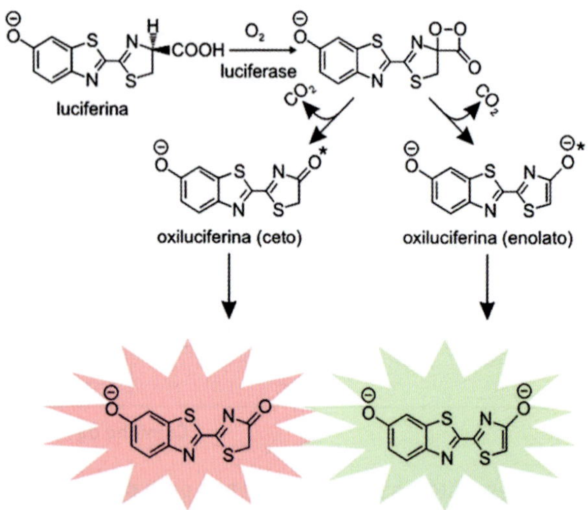

Reprodução/UNESP, 2016.

(Etelvino J. H. Bechara e Vadim R. Viviani. *Revista Virtual de Química*, 2015. Adaptado.)

**13.** (Vunesp-SP) A partir das informações contidas no texto, é correto afirmar que a enzima luciferase:

a) aumenta a energia de ativação da reação global de formação da oxiluciferina.

b) é um dos produtos da reação.

c) é responsável pela emissão de luz.

d) é o intermediário da reação, a partir do qual se originam os produtos.

e) atua como catalisador, pois interfere na reação sem ser consumida no processo.

**14.** (Espcex/Aman)

"Uma amostra de açúcar exposta ao oxigênio do ar pode demorar muito tempo para reagir. Entretanto, em nosso organismo, o açúcar é consumido em poucos segundos quando entra em contato com o oxigênio. Tal fato se deve à presença de enzimas que agem sobre as moléculas do açúcar, criando estruturas que reagem mais facilmente com o oxigênio..."

Adaptado de Usberco e Salvador, Química, vol. 2, Saraiva, SP, pág. 377, 2009.

Baseado no texto, a alternativa que justifica corretamente a ação química dessas enzimas é:

a) As enzimas atuam como inibidoras da reação, por ocasionarem a diminuição da energia de ativação do processo e, consequentemente, acelerarem a reação entre o açúcar e o oxigênio.

b) As enzimas atuam como inibidoras da reação, por ocasionarem o aumento da energia de ativação do processo e, consequentemente, acelerarem a reação entre o açúcar e o oxigênio.

c) As enzimas atuam como catalisadores da reação, por ocasionarem o aumento da energia de ativação do processo, fornecendo mais energia para a realização da reação entre o açúcar e o oxigênio.

d) As enzimas atuam como catalisadores da reação, por ocasionarem a diminuição da energia de ativação do processo, provendo rotas alternativas de reação menos energéticas, acelerando a reação entre o açúcar e o oxigênio.

e) As enzimas atuam como catalisadores da reação, por ocasionarem a diminuição da energia de ativação do processo ao inibirem a ação oxidante do oxigênio, desacelerando a reação entre o açúcar e o oxigênio.

**15.** (FSM/MED-CE) A urease é uma enzima que, em meio aquoso, catalisa a hidrólise da ureia em amônia e dióxido de carbono e ocorre em algumas sementes, tais como soja, melão, melancia, entre outras. A reação descrita está representada na equação:

$$\underset{\text{ureia}}{(H_2N)_2C{=}O} + H_2O \xrightarrow[\text{pH}]{\text{urease}} \underset{\text{amônia}}{2\ NH_3} + CO_2$$

O gráfico representa uma reação química que ocorre na presença e na ausência de um catalisador.

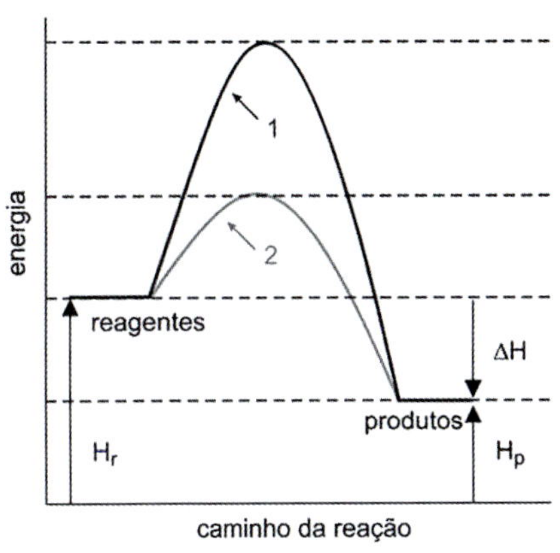

Reprodução/FSM MED-CE

(*Química Nova na Escola*, nº 28, 2008. Adaptado.)

a) Apresente a estrutura de Lewis da molécula de amônia e classifique-a quanto à sua polaridade.

b) Qual dos caminhos da reação (1 ou 2), indicados na figura, ocorre na presença de um catalisador? Justifique sua resposta.

**16.** (UFU-MG) Considere o gráfico da atividade catalítica de uma enzima (proteínas) e o aumento progressivo da temperatura da reação.

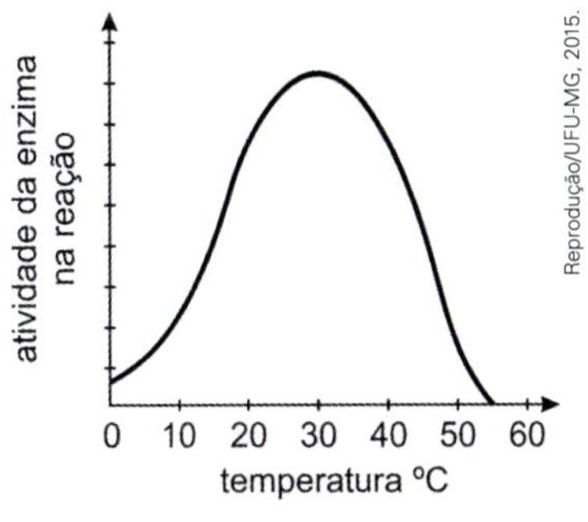

Reprodução/UFU-MG, 2015.

Sobre esta reação, faça o que se pede:

a) Indique a função da enzima nas reações bioquímicas.

b) Analise o gráfico e explique o que ocorre com a atividade catalítica da enzima e com a velocidade da reação à medida que se aumenta a temperatura.

c) Explique o que ocorre com a enzima quando a reação é aquecida continuamente.

**17.** (USCS/MED-SP) Uma liga de alumínio utilizada para aviação foi analisada para se verificar sua resistência à corrosão e a velocidade com que sofre desgaste, quando submetida a meios ácidos e alcalinos, utilizando-se, respectivamente, soluções de HCℓ e NaOH. Foram preparados quatro corpos de prova, sendo dois para avaliar a velocidade de corrosão, medida a partir da perda de espessura do corpo de prova, e dois para testar a resistência à corrosão, medida pela perda de massa relativa.

Os resultados obtidos estão representados nos gráficos.

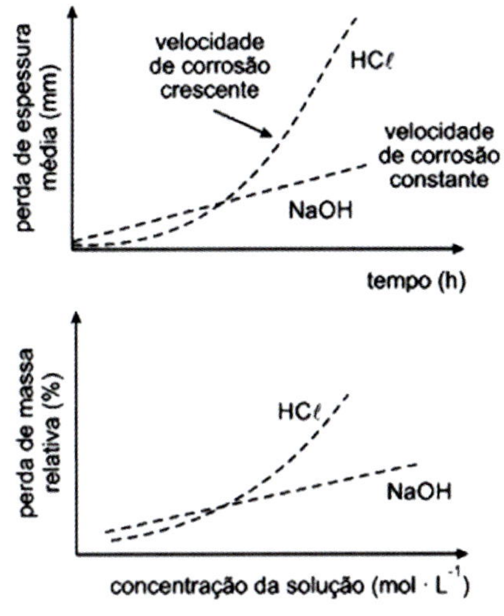

Reprodução/USCS, 2015.

- Qual dos meios, ácido ou básico, é menos agressivo para a liga analisada? Explique, com base em princípios de cinética química, por que a perda de massa relativa varia de forma crescente.

**18.** (IFSP) Um técnico de laboratório químico precisa preparar algumas soluções aquosas, que são obtidas a partir das pastilhas da substância precursora no estado sólido. A solubilização desta substância consiste em um processo endotérmico. Ele está atrasado e precisa otimizar o tempo ao máximo, a fim de que essas soluções fiquem prontas. Desse modo, assinale a alternativa que apresenta o que o técnico deve fazer para tornar o processo de dissolução mais rápido.

a) Ele deve triturar as pastilhas e adicionar um volume de água gelada para solubilizar.

b) Ele deve utilizar somente água quente para solubilizar a substância.

c) Ele deve utilizar somente água gelada para solubilizar a substância.

d) Ele deve triturar as pastilhas e adicionar um volume de água quente para solubilizar.

e) A temperatura da água não vai influenciar no processo de solubilização da substância, desde que esta esteja triturada.

**19.** (UFJF/Pism-MG) Um estudante resolveu fazer três experimentos com comprimidos efervescentes, muito utilizados no combate à azia, que liberam $CO_2$ quando dissolvidos em água.

**Experimento 1**: Em três copos distintos foi adicionada a mesma quantidade de $H_2O$, mas com temperaturas diferentes (−6, 25 e 100 °C). Em seguida, foi adicionado um comprimido efervescente inteiro em cada copo.

**Experimento 2**: Em dois copos distintos foi adicionada a mesma quantidade de $H_2O$ à temperatura ambiente. Ao primeiro copo foi adicionado um comprimido inteiro e ao segundo um comprimido triturado.

**Experimento 3**: Em três copos distintos foram adicionados a mesma quantidade de $H_2O$ à temperatura ambiente e $\frac{1}{2}$, 1 e $1\frac{1}{2}$ comprimido não triturado, respectivamente.

Com base nos parâmetros que influenciam a cinética de uma reação química, o estudante deve observar que:

a) No experimento 1 a temperatura da água não interfere no processo de liberação de $CO_2$.

b) No experimento 2 o aumento da superfície de contato favorece a liberação de $CO_2$.

c) No experimento 3 a massa de comprimido é inversamente proporcional à quantidade de $CO_2$ liberada.

d) No experimento 1 a água gelada (− 6 °C) favorece a dissolução do comprimido liberando mais $CO_2$.

e) Nos experimentos 2 e 3 a massa do comprimido e a superfície de contato não interferem no processo de liberação de $CO_2$.

**20.** (Fuvest-SP) Investigou-se a velocidade de formação de gás hidrogênio proveniente da reação de Mg metálico com solução aquosa de HCℓ. Uma solução aquosa de HCℓ foi adicionada em grande excesso, e de uma só vez, sobre uma pequena chapa de magnésio metálico, colocada no fundo de um erlenmeyer. Imediatamente após a adição, uma seringa, com êmbolo móvel, livre de atrito, foi adaptada ao sistema para medir o volume de gás hidrogênio produzido, conforme mostra o esquema abaixo.

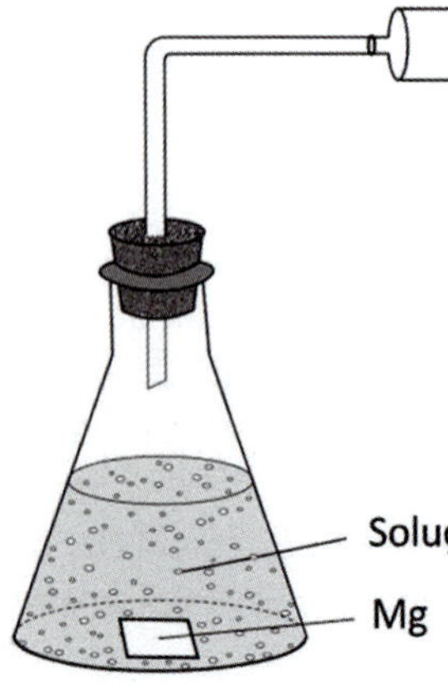


Reprodução/FUVEST, 2014.

Os dados obtidos, sob temperatura e pressão constantes, estão representados na tabela abaixo e no gráfico abaixo.

| Tempo (min) | Volume de $H_2$ acumulado ($cm^3$) |
|---|---|
| 0 | 0 |
| 1 | 15 |
| 2 | 27 |
| 3 | 36 |
| 4 | 44 |
| 5 | 51 |
| 6 | 57 |
| 7 | 62 |
| 8 | 66 |
| 9 | 69 |
| 10 | 71 |

a) Analisando os dados da tabela, um estudante de Química afirmou que a velocidade de formação do gás $H_2$ varia durante o experimento. Explique como ele chegou a essa conclusão.

Em um novo experimento, a chapa de Mg foi substituída por raspas do mesmo metal, mantendo-se iguais a massa da substância metálica e todas as demais condições experimentais.

b) No gráfico abaixo, esboce a curva que seria obtida no experimento em que se utilizaram raspas de Mg.

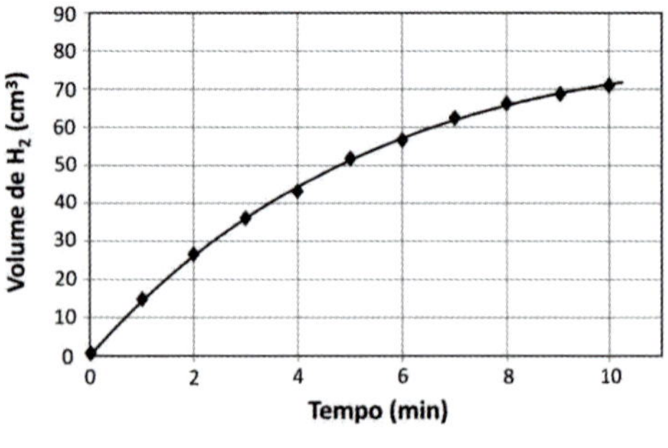


Reprodução/FUVEST, 2014.

**21.** (Fuvest-SP) Um estudante desejava estudar, experimentalmente, o efeito da temperatura sobre a velocidade de uma transformação química. Essa transformação pode ser representada por:

$$A + B \xrightarrow{\text{catalisador}} P$$

Após uma série de quatro experimentos, o estudante representou os dados obtidos em uma tabela:

| | Número do experimento | | | |
|---|---|---|---|---|
| | 1 | 2 | 3 | 4 |
| temperatura (°C) | 15 | 20 | 30 | 10 |
| massa de catalisador (mg) | 1 | 2 | 3 | 4 |
| concentração inicial de A (mol/L) | 0,1 | 0,1 | 0,1 | 0,1 |
| concentração inicial de B (mol/L) | 0,2 | 0,2 | 0,2 | 0,2 |
| tempo decorrido até que a transformação se completasse (em segundos) | 47 | 15 | 4 | 18 |

Que modificação deveria ser feita no procedimento para obter resultados experimentais mais adequados ao objetivo proposto?

a) Manter as amostras à mesma temperatura em todos os experimentos.
b) Manter iguais os tempos necessários para completar as transformações.
c) Usar a mesma massa de catalisador em todos os experimentos.
d) Aumentar a concentração dos reagentes A e B.
e) Diminuir a concentração do reagente B.

**22.** (FAE/MED-SP) Um comprimido efervescente, de 4,0 g de massa, contém bicarbonato de sódio, carbonato de sódio, ácido cítrico e ácido acetilsalicílico, todos sólidos brancos solúveis em água. Ao adicionar o comprimido à água, o ácido cítrico reage com o carbonato e o bicarbonato de sódio, gerando gás carbônico.

Foram realizados 4 experimentos para estudar a cinética da reação envolvendo os reagentes presentes no comprimido efervescente, sendo que a condição de cada experimento encontra-se descrita a seguir.

Experimento 1. O comprimido inteiro foi dissolvido em 200 mL de água a 25 °C.

Experimento 2. Dois comprimidos inteiros foram dissolvidos em 200 mL de água a 25 °C.

Experimento 3. O comprimido triturado (4,0 g) foi dissolvido em 200 mL de água a 25 °C.

Experimento 4. O comprimido inteiro foi dissolvido em 200 mL de água a 50 °C.

Em cada experimento recolheu-se gás carbônico produzido nas mesmas condições de temperatura e pressão, até se obter 100 mL de gás, registrando-se o tempo decorrido (t).

A alternativa que apresenta adequadamente a comparação entre esses tempos é:

a) $t_1 < t_2 \quad t_1 = t_3 \quad t_1 > t_4$
b) $t_1 = t_2 \quad t_1 > t_3 \quad t_1 < t_4$
c) $t_1 > t_2 \quad t_1 > t_3 \quad t_1 > t_4$
d) $t_1 > t_2 \quad t_1 < t_3 \quad t_1 = t_4$

**23.** (Uerj) No preparo de pães e bolos, é comum o emprego de fermentos químicos, que agem liberando gás carbônico, responsável pelo crescimento da massa. Um dos principais compostos desses fermentos é o bicarbonato de sódio, que se decompõe sob a ação do calor, de acordo com a seguinte equação química:

$$2\,NaHCO_3\,(s) \rightarrow Na_2CO_3\,(s) + H_2O\,(g) + CO_2\,(g)$$

Considere o preparo de dois bolos com as mesmas quantidades de ingredientes e sob as mesmas condições, diferindo apenas na temperatura do forno: um foi cozido a 160 °C e o outro a 220 °C. Em ambos, todo o fermento foi consumido.

O gráfico que relaciona a massa de $CO_2$ formada em função do tempo de cozimento, em cada uma dessas temperaturas de preparo, está apresentado em:

a)
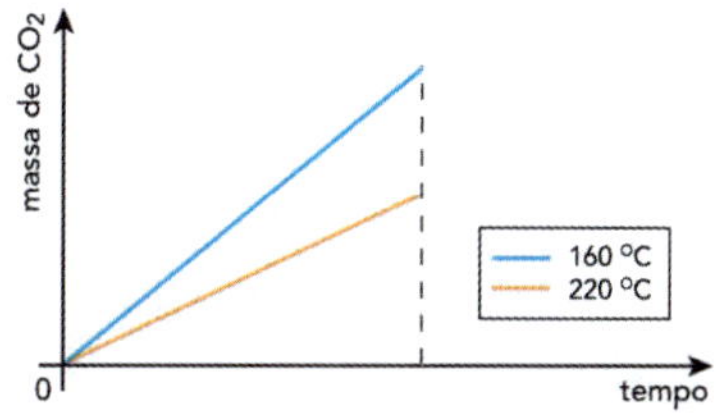


Reprodução/UERJ, 2016.

b)
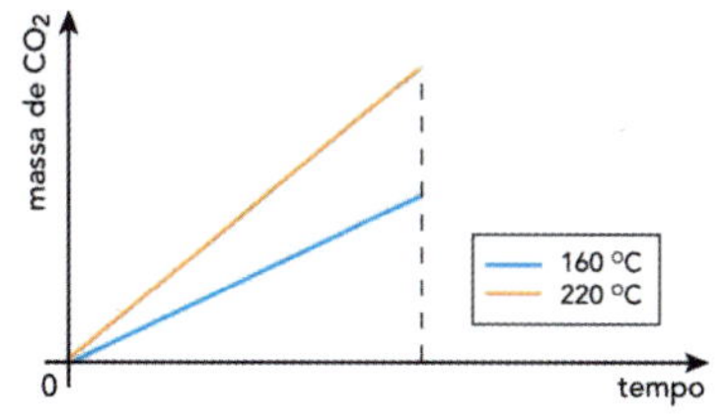


c)
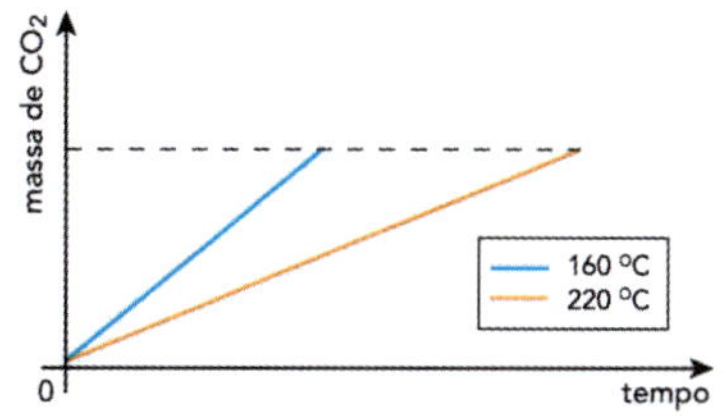


d)
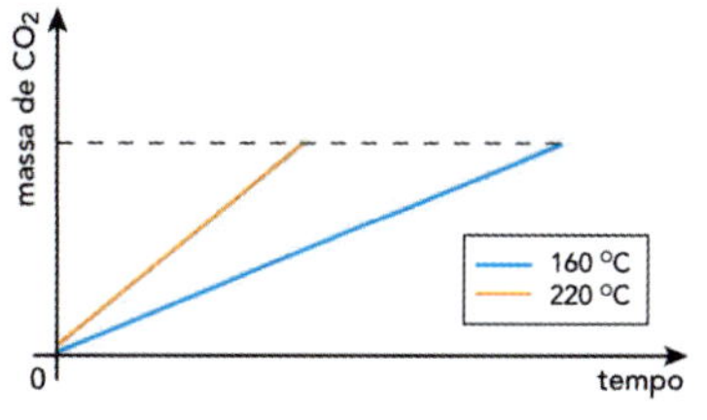

**24.** (Fuvest-SP) A vitamina C, presente em sucos de frutas como a manga, pode sofrer processos de degradação em certas condições. Um pesquisador fez um estudo sobre a degradação da vitamina C contida em sucos de manga comerciais, determinando a variação da concentração dessa vitamina com o tempo, em diferentes temperaturas.

O gráfico da figura 2 representa os dados de degradação da vitamina C em três diferentes temperaturas, 25 °C, 35 °C e 45 °C, estando identificada a curva referente ao experimento realizado a 35 °C.

a) No estudo a 35 °C, a velocidade média de degradação da vitamina C é a mesma nos intervalos de tempo correspondentes aos 30 primeiros dias e aos 30 últimos dias do estudo? Explique, apresentando cálculos das velocidades (em $mg \cdot L^{-1} \cdot dia^{-1}$) para esses dois intervalos de tempo.

O número de moléculas com uma determinada energia cinética varia com a temperatura, conforme está ilustrado na figura ao lado. Suponha que a figura se refira à energia das moléculas de vitamina C presentes no suco, cujo processo de degradação está sendo estudado nas temperaturas de 35 °C e de 45 °C. Na figura 1, está representada, também, a energia de ativação desse processo de degradação.

b) Identifique, no gráfico da figura 2, qual das curvas representa os dados da variação da concentração de vitamina C com o tempo, a 45 °C. Justifique sua escolha, utilizando a figura 1 para fundamentar sua explicação.

Figura 1

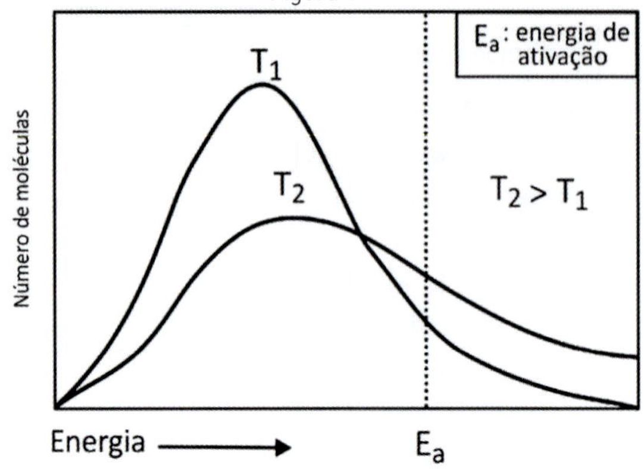


Reprodução/FUVEST, 2016.

Figura 2

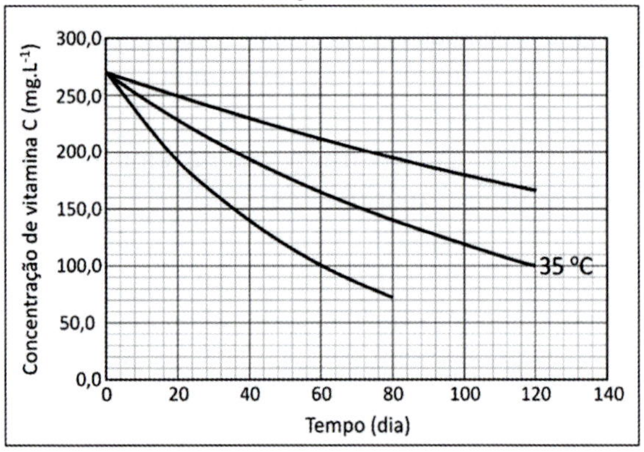


Reprodução/FUVEST, 2016.

**25.** (Fuvest-SP) Quando certos metais são colocados em contato com soluções ácidas, pode haver formação de gás hidrogênio. Abaixo, segue uma tabela elaborada por uma estudante de Química, contendo resultados de experimentos que ela realizou em diferentes condições.

| Experimento | Reagentes | | Tempo para liberar 30 mL de $H_2$ | Observações |
|---|---|---|---|---|
| | Solução de $HC\ell$ (aq) de concentração 0,2 mol/L | Metal | | |
| 1 | 200 mL | 1,0 g de Zn (raspas) | 30 s | Liberação de $H_2$ e calor |
| 2 | 200 mL | 1,0 g de Cu (fio) | Não liberou $H_2$ | Sem alterações |
| 3 | 200 mL | 1,0 g de Zn (pó) | 18 s | Liberação de $H_2$ e calor |
| 4 | 200 mL | 1,0 g de Zn (raspas) + + 1,0 g de Cu (fio) | 8 s | Liberação de $H_2$ e calor; massa de Cu não se alterou |

Após realizar esses experimentos, a estudante fez três afirmações:

I. A velocidade da reação de Zn com ácido aumenta na presença de Cu.

II. O aumento na concentração inicial do ácido causa aumento da velocidade de liberação do gás $H_2$.

III. Os resultados dos experimentos 1 e 3 mostram que, quanto maior o quociente superfície de contato/massa total de amostra de Zn, maior a velocidade de reação.

Com os dados contidos na tabela, a estudante somente podia concluir o que se afirma em:

a) I.
b) II.
c) I e II.
d) I e III.
e) II e III.

# Os catalisadores na indústria e no nosso dia a dia

As reações de catálise são de uso comum na indústria, além de ocorrerem em várias situações do dia a dia, no organismo humano e no meio ambiente. Os catalisadores diminuem a energia de ativação necessária para a ocorrência de uma reação e, assim, ela pode ocorrer mais rapidamente.

É fácil perceber as vantagens do uso de catalisadores. Basta lembrar que outra opção para aumentar a rapidez de uma reação é o fornecimento de energia térmica, mas isso implica um custo maior. Além disso, o fornecimento de energia térmica aos reagentes pode permitir a ocorrência de várias reações paralelas, que produziriam substâncias indesejáveis.

Um exemplo disso é o uso de conversores catalíticos em automóveis.

Nas últimas décadas têm ocorrido grandes progressos na redução do *smog* fotoquímico (nevoeiro contaminado por fumaças, devido à reação de compostos orgânicos voláteis e óxidos de nitrogênio sob a luz solar) em razão da diminuição da emissão de NO e de outros poluentes atmosféricos pelos escapamentos de veículos automotivos. Um dos responsáveis por essa diminuição é o conversor catalítico, acoplado ao sistema de exaustão dos veículos.

As fotografias mostram um conversor catalítico (**A**) e a sua parte interna (**B**), feita de cerâmica, em forma de colmeia, e recoberta por uma fina camada de platina (Pt) e ródio (Rh), que atuam como catalisadores.

O catalisador desempenha dois papéis importantes:

- acelera a oxidação do combustível não queimado, transformando-o em $CO_2$ e $H_2O$;
- acelera a redução dos óxidos de nitrogênio (NO e $NO_2$) a $N_2$ e $O_2$.

Nesse caso, não ocorre a formação de um composto intermediário constituído pelo catalisador. Há apenas uma interação entre as moléculas gasosas e a superfície do metal por meio da adsorção, que consiste na capacidade de alguns metais para reter gases na sua superfície. Convém lembrar que, para aumentar a eficiência desses metais, eles devem estar finamente divididos (em pó) para aumentar sua superfície de contato.

A adsorção provoca um enfraquecimento da ligação existente entre os átomos de nitrogênio e oxigênio, permitindo sua quebra a temperaturas mais baixas.

Formam-se, então, átomos livres de O e de N, que se liberam da superfície do catalisador e se unem formando os gases $N_2$ e $O_2$. O catalisador aumenta a rapidez da reação:

$$2\,NO\,(g) \longrightarrow N_2\,(g) + O_2\,(g)$$

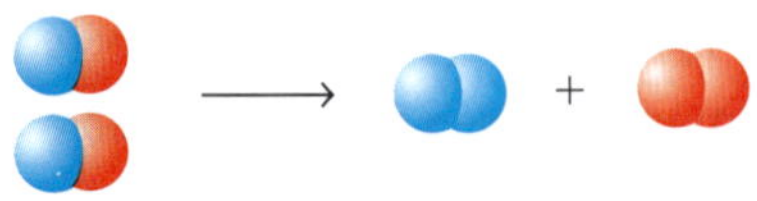

Ilustrações: Luis Moura/Arquivo da editora

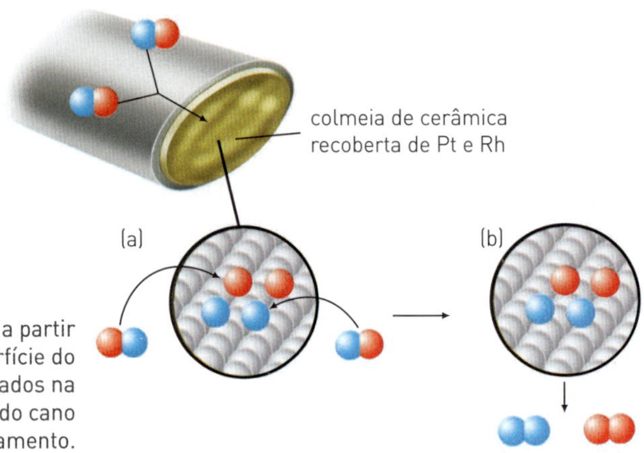


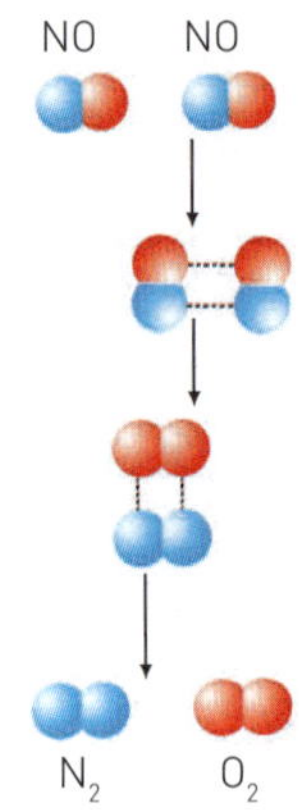


Os gases $O_2$ e $N_2$, formados a partir do gás NO, liberam-se da superfície do catalisador e são lançados na atmosfera através do cano de escapamento.

Outro exemplo da ação de catalisadores é o que acontece com a água oxigenada — $H_2O_2$ (aq) —, que se decompõe em água e $O_2$ com rapidez moderada no meio ambiente; porém, se adicionarmos a ela uma pequena quantidade de $MnO_2$, a decomposição ocorre com uma rapidez muito maior.

Acervo do autor/Arquivo da editora

$H_2O_2$ em decomposição moderada.

Acervo do autor/Arquivo da editora

$H_2O_2$ com $MnO_2$ em decomposição acelerada.

Lester V. Bergman/CORBIS/Getty Images

Uma gota de sangue foi adicionada à água (à esquerda) e à água oxigenada (à direita). Note a efervescência no frasco da direita.

O uso da água oxigenada como bactericida é muito difundido, e sua aplicação em ferimentos ou cortes produz uma intensa efervescência, o que evidencia o aumento na rapidez de sua decomposição.

Muitas pessoas acreditam que essa efervescência indica a presença de infecção. Na verdade, o aumento na rapidez de decomposição é provocado por uma enzima existente no sangue, a **catalase**, que não é consumida nessa reação. Uma prova disso é que a efervescência continua mesmo após a aplicação repetida de $H_2O_2$ (aq).

A catalase está presente também na batata, no fígado e em bactérias do tipo estafilococos. Em laboratórios de análise, costuma-se usar $H_2O_2$ (aq) para diferenciar dois tipos de bactérias: os estafilococos e os estreptococos. Apenas com o primeiro tipo, por conter catalase, ocorre reação (efervescência).

Bettmann/CORBIS/Getty Images

Durante a Segunda Guerra Mundial (1939-1945), engenheiros do exército alemão foram os primeiros a propor a criação de um equipamento portátil de voo: o foguete-cinto. Ele funcionava a partir da rápida decomposição da $H_2O_2$, catalisada pelo permanganato de sódio. A liberação de uma grande quantidade de $O_2$ (g) e de vapor de água produzidos sob grande pressão fornecia o impulso necessário para o voo.

## Reflita

1. Qual é a diferença entre adsorção e absorção?
2. Por que é comum colocar carvão dentro da geladeira?
3. De acordo com o texto, de que maneira a adsorção possibilita que a quebra das ligações entre os átomos de N e O ocorra com maior ou menor absorção de energia?
4. Qual é o efeito comum das enzimas e dos conversores catalíticos na rapidez das reações?

## Atividades práticas

### I. Testando a rapidez das reações

**Material**

- 3 comprimidos de antiácido efervescentes
- água
- vinagre
- 6 copos transparentes

**Procedimento 1**

Corte um comprimido de antiácido ao meio e triture uma das metades. Coloque volumes iguais de água, à mesma temperatura, em dois copos. Em um deles, coloque a metade não triturada; no outro, coloque a metade triturada. As duas ações devem ser executadas ao mesmo tempo. Observe a rapidez de liberação das bolhas.

**Procedimento 2**

Corte outro comprimido de antiácido ao meio. Coloque volumes iguais de água em dois copos. Em um deles, a água deve estar na temperatura ambiente; no outro, aquecida quase à ebulição. Coloque uma metade do comprimido em cada um dos copos, ao mesmo tempo, e observe atentamente.

**Procedimento 3**

Corte o terceiro comprimido de antiácido ao meio. Coloque volumes iguais de água em dois copos, à mesma temperatura. Em um dos copos, adicione uma colher de chá de vinagre; no outro, uma colher de sopa de vinagre. Agite o conteúdo dos dois copos para tornar a solução homogênea. Coloque uma metade de comprimido em cada copo, ao mesmo tempo, e observe atentamente.

**Responda:**

1. No procedimento 1, em qual dos copos a reação ocorreu com maior rapidez? Explique esse fato.
2. No procedimento 2, em qual dos copos a reação ocorreu com maior rapidez? Explique esse fato.
3. Dê o nome do primeiro cientista a relacionar a rapidez das reações com a temperatura e descreva a relação matemática por ele estabelecida.
4. Qual é o nome da substância encontrada na solução aquosa denominada vinagre? O vinagre é uma solução ácida ou básica?
5. Identifique o único fator que está sendo modificado no procedimento 3. Qual a sua influência na rapidez da reação?

### II. Testando a rapidez das reações

**Material**

- 1 frasco de água oxigenada, $H_2O_2$ (aq), a 10 volumes
- 2 copos transparentes
- pedaços de batata crua ou de fígado de boi cru

Siga as orientações de segurança do laboratório

**Procedimento**

A água oxigenada, que pode ser comprada em farmácias, deve ser colocada em dois copos, em quantidades iguais. Em um dos copos, coloque um ou mais pedaços de batata crua ou de fígado de boi cru. No outro copo, não acrescente nada. Observe atentamente a rapidez da liberação de bolhas que ocorre nos dois copos.

1. Qual o tipo de reação que ocorre com a substância $H_2O_2$?
2. Equacione essa reação.
3. Qual o gás constituinte das bolhas? Como você pode verificar isso?
4. Em qual dos copos a rapidez da reação foi maior? Explique esse fato.
5. O pedaço de batata usado poderia ser reaproveitado, com o mesmo efeito, em outra reação semelhante? Por quê?
6. Qual é o nome da enzima presente na batata e no sangue do fígado e que é responsável pelo aumento da rapidez da reação?
7. A formação de bolhas, quando colocamos água oxigenada em um ferimento, indica obrigatoriamente a existência de infecção?

CAPÍTULO 26

# Lei da velocidade

Um dos fatores que alteram a rapidez de uma reação é a concentração dos reagentes, e essa influência pode ser comprovada experimentalmente.

Vamos considerar, por exemplo, a reação representada pela equação a seguir:

$$2\ H_2O_2\ (aq) \longrightarrow 2\ H_2O\ (\ell) + O_2\ (g)$$

Determinamos, por meio de experimentos, a velocidade de decomposição da água oxigenada ($H_2O_2$), relacionando-a com sua concentração, à temperatura constante (25 °C). Veja o quadro com os valores:

| Experimentos | $[H_2O_2]$ (em mol · $L^{-1}$) | Velocidade (em mol · $L^{-1}$ · $min^{-1}$) |
|---|---|---|
| I | 0,10 | $1{,}01 \cdot 10^{-3}$ |
| II | 0,20 | $2{,}02 \cdot 10^{-3}$ |
| III | 0,40 | $4{,}04 \cdot 10^{-3}$ |
| IV | 0,60 | $6{,}06 \cdot 10^{-3}$ |

Analisando e relacionando os resultados, temos:

- **I** e **II**

| | $H_2O_2$ | velocidade |
|---|---|---|
| I | 0,10 | $1{,}01 \cdot 10^{-3}$ |
| II | 0,20 | $2{,}02 \cdot 10^{-3}$ |
| | (· 2) | (· 2) |

Notamos que a concentração em **II** é o dobro da concentração em **I**. O mesmo acontece com a velocidade.

- **I** e **III**

| | $H_2O_2$ | velocidade |
|---|---|---|
| I | 0,10 | $1{,}01 \cdot 10^{-3}$ |
| III | 0,40 | $4{,}04 \cdot 10^{-3}$ |
| | (· 4) | (· 4) |

Notamos que a concentração em **III** é quatro vezes maior do que em **I**. O mesmo acontece com a velocidade.

Com isso, podemos concluir que a concentração em mol/L de $H_2O_2$ (aq) é proporcional à velocidade, e essa constatação pode ser expressa matematicamente por:

$$v = k \cdot [H_2O_2]$$

Essa equação é conhecida como **Lei da velocidade** para uma reação, em que:

- k = constante de velocidade característica da reação e **varia com a temperatura**;
- $[H_2O_2]$ = concentração em mol/L do $H_2O_2$ (aq) elevada ao expoente 1.

Para determinar o valor de k podemos usar, por exemplo, os dados obtidos no experimento **I**:

Experimento I ⇒

| $[H_2O_2]$, em mol · $L^{-1}$ | velocidade, em mol · $L^{-1}$ · $min^{-1}$ |
|---|---|
| 0,10 | $1{,}01 \cdot 10^{-3}$ |

$$v = k \cdot [H_2O_2]$$

$$k = \frac{v}{[H_2O_2]} \Rightarrow \frac{1{,}01 \cdot 10^{-3}\ \cancel{mol} \cdot \cancel{L^{-1}} \cdot min^{-1}}{0{,}10\ \cancel{mol} \cdot \cancel{L^{-1}}}$$

$$k = 1{,}01 \cdot 10^{-4}\ min^{-1}$$

Genericamente, a fórmula geral da Lei da velocidade ou **equação da velocidade** é dada por:

$$v = k \cdot [A]^n \cdot [B]^m \cdot (...)$$

em que:

- n é a potência apropriada à qual se deve elevar a concentração de A;
- m é a potência à qual se deve elevar a concentração de B; e assim sucessivamente.

É importante observar que a Lei da velocidade é determinada experimentalmente.

# Ordem da reação

A ordem da reação, em relação à espécie que reage, corresponde ao expoente da concentração em mol/L dessa espécie, representada na Lei da velocidade.

Como a Lei da velocidade é determinada experimentalmente, a ordem da reação também é determinada experimentalmente e nem sempre corresponde aos coeficientes da equação balanceada.

No exemplo dado, temos:

$$\underset{\substack{\uparrow \\ \text{coeficiente}}}{\textcircled{2}}\,H_2O_2\,(aq) \longrightarrow 2\,H_2O\,(\ell) + O_2\,(g)$$

Note que o coeficiente do $H_2O_2$ é **2** e não consta como expoente na equação da velocidade:

$$v = k \cdot [H_2O_2]^{\textcircled{1}} \longleftarrow \text{expoente}$$

A única maneira de determinar com certeza o expoente na equação da velocidade é fazendo vários experimentos.

Os expoentes da equação da velocidade caracterizam a ordem da reação. Consideremos uma equação de velocidade genérica:

$$v = k \cdot [A]^n \cdot [B]^m$$

em que:

- n = ordem da reação em relação a A;
- m = ordem da reação em relação a B;
- m + n = ordem global da reação.

Analisando a equação da velocidade do $H_2O_2$:

$$v = k \cdot [H_2O_2]^{\textcircled{1}}$$

dizemos que:

- a ordem da reação em relação ao $H_2O_2$ é **1** ou de **1ª ordem**;
- a ordem global da reação é **1** ou de **1ª ordem**.

## Meia-vida de uma reação de 1ª ordem

A meia-vida de uma reação $\left(t_{\frac{1}{2}} \text{ ou } P\right)$ é o tempo necessário para que a concentração do reagente diminua para a metade do seu valor inicial.

Considerando a reação de 1ª ordem:

$$2\,N_2O\,(g) \longrightarrow 2\,N_2\,(g) + O_2\,(g),$$

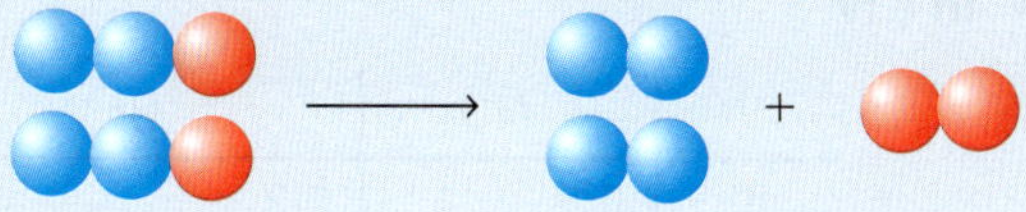

CORES FANTASIA

AUSÊNCIA DE PROPORÇÃO

a equação da Lei de velocidade experimental

$$v = k \cdot [N_2O]$$

e o gráfico que relaciona o número de moléculas de $N_2O$ em função do tempo:

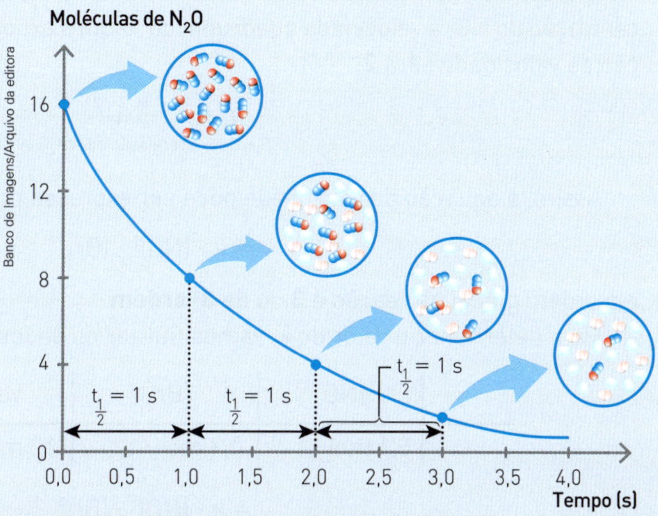


O número de moléculas está relacionado à concentração.

podemos notar que metade da quantidade de moléculas $N_2O$ reage em um intervalo de tempo de 1,0 s, ou seja, sua meia-vida é de 1,0 s.

A meia-vida não depende da concentração do reagente.

Considerando alguns dados coletados em uma série de experimentos com a reação do óxido nítrico (NO) e o bromo ($Br_2$), a 273 °C, temos:

$$2\,NO\,(g) + 1\,Br_2\,(g) \longrightarrow 2\,NOBr\,(g)$$

| Experimento | Concentração inicial (em $mol \cdot L^{-1}$) | | Velocidade inicial (em $mol \cdot L^{-1} \cdot s^{-1}$) |
|---|---|---|---|
| | NO | $Br_2$ | |
| I | 0,1 | 0,1 | 12 |
| II | 0,1 | 0,2 | 24 |
| III | 0,1 | 0,3 | 36 |
| IV | 0,2 | 0,3 | 144 |

Analisando os experimentos, temos:

- **I** e **II**

| | NO | $Br_2$ | velocidade |
|---|---|---|---|
| I | 0,1 | 0,1 | 12 |
| II | 0,1 (constante) | 0,2 (· 2) | 24 (· 2) |

Note que a concentração de NO não variou nos dois experimentos; logo, ela não influenciou na variação da velocidade. No entanto, quando se dobrou a concentração de $Br_2$, a velocidade também dobrou; logo, o expoente para o $Br_2$ na equação da velocidade será **1**:

$$v = k \cdot [Br_2]^1$$

1ª ordem em relação ao $Br_2$

- **III** e **IV**

| | NO | $Br_2$ | velocidade |
|---|---|---|---|
| III | 0,1 | 0,3 | 36 |
| IV | 0,2 (· 2) | 0,3 (constante) | 144 (· 4) |

Note que a concentração de $Br_2$ não variou nos dois experimentos; logo, ela não influenciou na variação da velocidade. No entanto, quando se dobrou a concentração do NO, a velocidade quadruplicou; logo, o expoente para o NO na equação da velocidade será **2**:

$$v = k \cdot [NO]^2$$

2ª ordem em relação ao NO

Assim, a equação da velocidade pode ser expressa por:

$$v = k \cdot [NO]^2 \cdot [Br_2]$$

e a ordem global da reação é **3** ou de **3ª ordem**.

Para determinar o valor de k, vamos utilizar os dados do experimento I:

| | [NO] | $[Br_2]$ | velocidade |
|---|---|---|---|
| I | $0{,}1\ mol \cdot L^{-1}$ | $0{,}1\ mol \cdot L^{-1}$ | $12\ mol \cdot L^{-1} \cdot s^{-1}$ |

$$v = k \cdot [NO]^2 \cdot [Br_2]$$

$$k = \frac{v}{[NO]^2 \cdot [Br_2]} \Rightarrow k = \frac{12\ \cancel{mol} \cdot \cancel{L^{-1}} \cdot s^{-1}}{(0{,}1\ mol \cdot L^{-1})^2\,(0{,}1\ \cancel{mol} \cdot \cancel{L^{-1}})} \Rightarrow$$

$$\Rightarrow k = 12\,000\ mol^{-2} \cdot L^2 \cdot s^{-1}$$

Um fato interessante nesse exemplo é que os coeficientes da equação da reação coincidiram (apenas coincidiram!) com os expoentes presentes na equação da velocidade.

$2\,NO\,(g) + 1\,Br_2\,(g) \longrightarrow 2\,NOBr\,(g)$ $\qquad v = k \cdot [NO]^2 \cdot [Br_2]^1$

Quando isso acontecer, as reações serão denominadas **reações elementares**, que sempre ocorrem em uma única etapa. Veja alguns exemplos de reações elementares e suas equações da velocidade.

- $2\,NO_2\,(g) \longrightarrow NO\,(g) + NO_3\,(g)$ $\qquad v = k \cdot [NO_2]^2$
- $1\,N_2\,(g) + 3\,H_2\,(g) \longrightarrow 2\,NH_3\,(g)$ $\qquad v = k \cdot [N_2]^1 \cdot [H_2]^3$

No entanto, a maioria das reações não é elementar, ou seja, ocorre em mais de uma etapa. A reação a seguir, por exemplo, envolve no mínimo duas etapas, sendo a primeira lenta e a segunda rápida:

$NO_2\,(g) + CO\,(g) \longrightarrow CO_2\,(g) + NO\,(g)$

**etapa lenta:** $NO_2\,(g) + NO_2\,(g) \longrightarrow NO\,(g) + NO_3\,(g)$

**etapa rápida:** $NO_3\,(g) + CO\,(g) \longrightarrow CO_2\,(g) + NO_2\,(g)$

O conjunto de etapas por meio das quais uma reação ocorre é denominado **mecanismo de reação**. Vejamos, com esse exemplo, qual das etapas do mecanismo mais influencia na velocidade. Isso pode ser feito comparando-se os resultados obtidos em três experimentos:

| Experimento | $NO_2$ (em mol · $L^{-1}$) | CO (em mol · $L^{-1}$) | Velocidade (em mol · $L^{-1}$ · $s^{-1}$) |
|---|---|---|---|
| I | 0,1 | 0,1 | $5{,}0 \cdot 10^{-2}$ |
| II | 0,1 | 0,2 | $5{,}0 \cdot 10^{-2}$ |
| III | 0,2 | 0,2 | $20 \cdot 10^{-2}$ |

Analisando os experimentos, temos:

- **I** e **II**

| | $[NO_2]$ | [CO] | velocidade |
|---|---|---|---|
| I | 0,1 | 0,1 | $5{,}0 \cdot 10^{-2}$ |
| II | 0,1 | 0,2 | $5{,}0 \cdot 10^{-2}$ |
| | constante | · 2 | constante |

Note que, mesmo se dobrando a concentração do CO, a velocidade não muda, o que permite concluir que ele não participa da equação da velocidade, ou seja, a sua ordem é **zero**.

- **II** e **III**

| | $[NO_2]$ | [CO] | velocidade |
|---|---|---|---|
| II | 0,1 | 0,2 | $5{,}0 \cdot 10^{-2}$ |
| III | 0,2 | 0,2 | $20 \cdot 10^{-2}$ |
| | · 2 | constante | · 4 |

Note que, quando dobramos a concentração de $NO_2$ e a do CO é mantida constante, a velocidade quadruplica; logo, o expoente para o $NO_2$ na equação da velocidade é igual a 2, ou seja, a sua ordem é **2**.

Assim, temos:

$$v = k \cdot [NO_2]^2$$

Isso permite concluir que a equação da velocidade é determinada pela **etapa lenta do mecanismo de reação**.

Genericamente, temos:

$$2\,A + B \longrightarrow A_2B$$

- mecanismo:

**etapa lenta:** $A + A \longrightarrow A_2$

**etapa rápida:** $A_2 + B \longrightarrow A_2B$

- equação da velocidade:

$$v = k \cdot [A][A] \quad \text{ou} \quad v = k \cdot [A]^2$$

Em relação ao reagente A, a reação é de 2ª ordem e, em relação ao reagente B, é de ordem zero.

A ordem da reação é uma medida experimental, pois está relacionada com a equação da velocidade.

Apenas em uma reação elementar a ordem será igual aos coeficientes estequiométricos. O número de mol (coeficientes) presente na equação que representa a reação é denominado molecularidade. Assim, para uma reação elementar, temos, por exemplo:

$$1\ H_2\ (g) + 1\ I_2\ (g) \longrightarrow 2\ HI\ (g)$$
$$v = k \cdot [H_2] \cdot [I_2]$$

Com base na equação da velocidade, temos:

- 1ª ordem em relação ao $H_2$;
- 1ª ordem em relação ao $I_2$;
- 2ª ordem na reação global.

Então, com base na equação e nos coeficientes, temos uma reação bimolecular ou de molecularidade igual a **2**.

Em 1889, Svante Arrhenius propôs uma expressão matemática que relaciona os fatores que alteram a constante de velocidade de uma reação:

$$k = A \cdot e^{-\frac{E_a}{RT}}$$

Nessa expressão, temos:

A = fator de frequência que relaciona o número de colisões por unidade de tempo e a geometria de colisão para a ocorrência de um choque efetivo;

e = base do logaritmo natural (ℓn);

R = constante universal dos gases em $J \cdot mol^{-1} \cdot K^{-1}$;

T = temperatura em Kelvin;

$E_a$ = energia de ativação.

Essa expressão nos permite concluir, por exemplo, que para uma mesma reação:

- se aumentarmos a temperatura, aumentará também o valor de k e, portanto, a velocidade da reação;
- se a energia de ativação diminuir, aumentará o valor de k e, portanto, a velocidade da reação.

Fontes: CHANG, Raymond. *Chemistry*. 9. ed. New York: McGraw Hill, 2007;
ATKINS, Peter; JONES, Loretta. *Princípios de Química*: questionando a vida moderna. Porto Alegre: Artmed, 2002.

## Exercícios resolvidos

**1.** Os dados do quadro a seguir referem-se ao processo químico A + B + C ⟶ X.

Com base no quadro, responda:

| | I | II | III | IV | V |
|---|---|---|---|---|---|
| [A], $mol \cdot L^{-1}$ | 0,5 | 0,5 | 0,5 | 1,0 | 1,0 |
| [B], $mol \cdot L^{-1}$ | 0,5 | 1,0 | 1,0 | 0,5 | 1,0 |
| [C], $mol \cdot L^{-1}$ | 0,5 | 0,5 | 1,0 | 0,5 | 1,0 |
| Velocidade da reação, $mol \cdot L^{-1} \cdot s^{-1}$ | 0,015 | 0,015 | 0,060 | 0,030 | 0,120 |

a) Qual é a ordem da reação em relação a A, B e C, respectivamente?

b) Qual é a ordem da reação?

c) Qual é a equação da velocidade?

d) Calcule o valor da constante de velocidade.

**Solução**

Vamos inicialmente relacionar os dados fornecidos nos experimentos I e II.

| | [A] | [B] | [C] | velocidade |
|---|---|---|---|---|
| I | 0,5 | 0,5 | 0,5 | 0,015 |
| II | 0,5 | 1,0 (· 2) | 0,5 | 0,015 (constante) |

Podemos notar que as concentrações de A e C são constantes e que a concentração de B dobrou, mas a velocidade não se alterou. Logo, podemos concluir que B não influencia na velocidade, ou seja, sua ordem é zero; portanto, ele não fará parte da equação da velocidade.

Vamos agora relacionar, por exemplo, os experimentos II e III sem nos preocuparmos com B, pois já sabemos que ele não influencia na velocidade da reação.

|  | [A] | [C] | velocidade |
|---|---|---|---|
| II | 0,5 | 0,5 | 0,015 |
| III | 0,5 | 1,0 (· 2) | 0,060 (· 4) |

Percebemos que a concentração de A se mantém constante, que a concentração de C em III é o dobro do que em II e também que a velocidade em III é quatro vezes maior do que em II.

Assim, se a velocidade é quatro vezes maior quando a concentração de C dobra, dizemos que a reação é de 2ª ordem em relação a C e seu expoente na equação da velocidade é 2:

$$v = k \cdot [C]^2 \cdot (...)$$

Falta, ainda, verificar a ordem de A:

|  | [A] | [C] | velocidade |
|---|---|---|---|
| III | 0,5 | 1,0 | 0,060 |
| V | 1,0 (· 2) | 1,0 | 0,120 (· 2) |

Analisando, por exemplo, os experimentos III e V, notamos que a concentração de C se mantém constante, que a concentração de A em V é o dobro do que em III e também que a velocidade em V é o dobro do que em III.

Notamos que, quando se dobra a concentração de A, a velocidade também dobra; então, dizemos que a reação é de 1ª ordem em relação a A e seu expoente na equação da velocidade é 1:

$$v = k \cdot [C]^2 \cdot [A]$$

Portanto, temos:

a) Ordem da reação em relação a:
- A = 1;
- B = 0;
- C = 2.

b) Ordem da reação é 3 ou de 3ª ordem.

c) $v = k \cdot [C]^2 \cdot [A]$

d) Para o cálculo da constante k, vamos usar os dados do experimento III, substituindo os valores na equação da velocidade:

$$v = k \cdot [C]^2 \cdot [A] \Rightarrow k = \frac{v}{[C]^2\,[A]} \Rightarrow$$

$$\Rightarrow k = \frac{0{,}060\ mol \cdot L^{-1} \cdot s^{-1}}{(1{,}0\ mol \cdot L^{-1})^2 \cdot (0{,}5\ mol \cdot L^{-1})} \Rightarrow$$

$$\Rightarrow k = \frac{0{,}060\ \cancel{mol} \cdot \cancel{L^{-1}} \cdot s^{-1}}{1{,}0\ mol^2 \cdot L^{-2} \cdot 0{,}5\ \cancel{mol} \cdot \cancel{L^{-1}}} \Rightarrow$$

$$\Rightarrow k = 0{,}120\ mol^{-2} \cdot L^{-2} \cdot s^{-1}$$

**2.** (Fuvest-SP) Para a transformação representada por

$$2\ NO\ (g) + 2\ H_2\ (g) \longrightarrow N_2\ (g) + 2\ H_2O\ (g),$$

a velocidade da reação, em função da pressão de hidrogênio ($P_{H_2}$), para duas diferentes pressões de óxido nítrico (PNO), à temperatura de 826 °C, está indicada no gráfico a seguir.

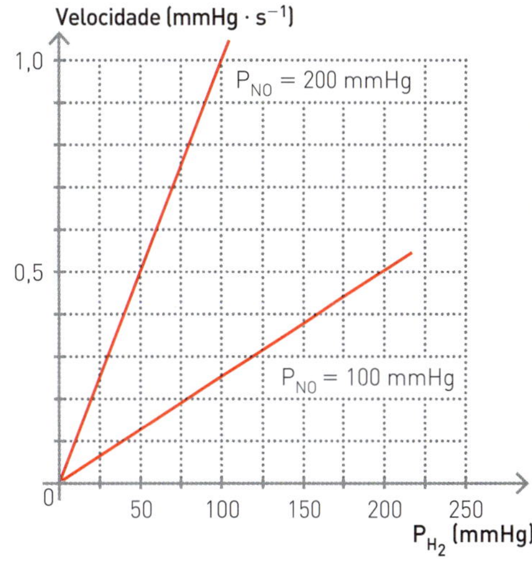


Reprodução/Arquivo da editora

Examinando o gráfico, pode-se concluir que as ordens da reação, em relação ao óxido nítrico e em relação ao hidrogênio, são, respectivamente:

a) 1 e 1.
b) 1 e 2.
c) 2 e 1.
d) 2 e 2.
e) 3 e 1.

**Solução**

Para a equação dada:

$2\ NO\ (g) + 2\ H_2\ (g) \longrightarrow N_2\ (g) + 2\ H_2O\ (g)$,

temos a seguinte equação de velocidade:

$v = k \cdot (PNO)^x \cdot (P_{H_2})^y$, em que:

- x é a ordem da reação com relação ao NO;
- y é a ordem da reação com relação ao $H_2$.

Fixando a pressão parcial do $H_2$ em 80 mmHg e analisando a velocidade da reação em função da pressão parcial do NO para os valores de 100 e 200 mmHg, temos:

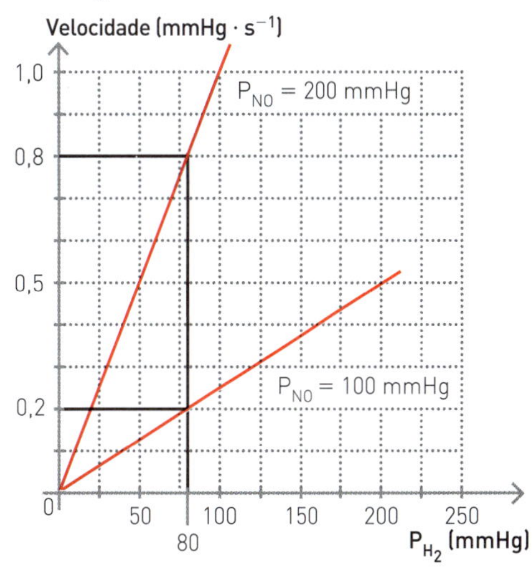


Reprodução/Arquivo da editora

$P_{NO} = 100\ mmHg \Rightarrow v = 0{,}2\ mmHg \cdot s^{-1}$

$P_{NO} = 200\ mmHg \Rightarrow v = 0{,}8\ mmHg \cdot s^{-1}$

Substituindo na equação de velocidade:

$$\frac{0{,}2\ \cancel{\text{mmHg} \cdot \text{s}^{-1}}}{0{,}8\ \cancel{\text{mmHg} \cdot \text{s}^{-1}}} = \frac{\cancel{k} \cdot (100\ \cancel{\text{mmHg}})^x \cdot \cancel{(80\ \text{mmHg})^y}}{\cancel{k} \cdot (200\ \cancel{\text{mmHg}})^x \cdot \cancel{(80\ \text{mmHg})^y}}$$

$\frac{1}{4} = \left(\frac{1}{2}\right)^x \therefore x = 2$; logo, a ordem da reação em relação ao NO vale 2.

De modo análogo, fixando a pressão parcial do NO em 100 mmHg e analisando as velocidades da reação em função da pressão parcial do $H_2$ para os valores de 80 e 160 mmHg, temos:

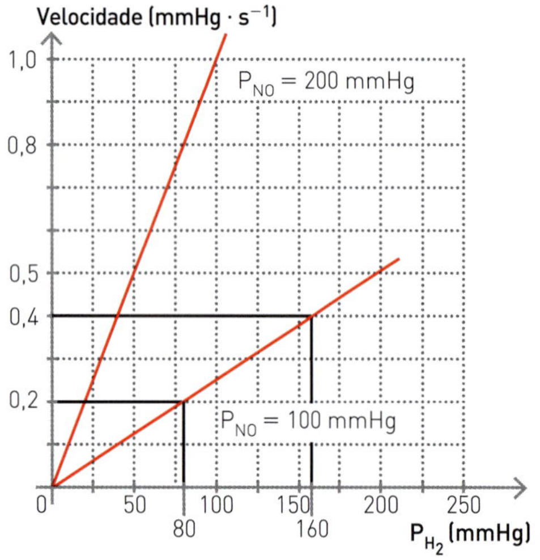

Banco de imagens/Arquivo da editora

$P_{H_2} = 80\ \text{mmHg} \Rightarrow v = 0{,}2\ \text{mmHg} \cdot \text{s}^{-1}$

$P_{H_2} = 160\ \text{mmHg} \Rightarrow v = 0{,}4\ \text{mmHg} \cdot \text{s}^{-1}$

Substituindo-se na equação de velocidade:

$$\frac{0{,}2\ \cancel{\text{mmHg} \cdot \text{s}^{-1}}}{0{,}4\ \cancel{\text{mmHg} \cdot \text{s}^{-1}}} = \frac{\cancel{k} \cdot \cancel{(100\ \text{mmHg})^x} \cdot (80\ \cancel{\text{mmHg}})^y}{\cancel{k} \cdot \cancel{(100\ \text{mmHg})^x} \cdot (160\ \cancel{\text{mmHg}})^y}$$

$\frac{1}{2} = \left(\frac{1}{2}\right)^y \therefore y = 1$

Logo, a ordem da reação em relação ao $H_2$ vale 1.

Assim, a equação de velocidade para a reação será:

$$v = k \cdot (P_{NO})^2 \cdot (P_{H_2})$$

As ordens da reação para o NO e para o $H_2$ são, respectivamente, 2 e 1.

Resposta: alternativa c.

> ? Será que a rapidez de uma reação será diferente ao se utilizar o reagente no estado sólido ou em uma solução aquosa concentrada?

## Fundamentando seus conhecimentos

Leia os dados abaixo e responda às questões **1** a **3**.

Considere a seguinte reação elementar: $x\,A \rightarrow B$.

Um estudo experimental da cinética dessa reação apresentou os seguintes resultados:

| [A] (mol · L⁻¹) | Velocidade inicial (mol · L⁻¹ · min⁻¹) |
|---|---|
| 0,1 | 0,02 |
| 0,4 | 0,08 |
| 0,8 | 0,16 |

**1.** Determine a expressão da velocidade da reação.

**2.** Determine o valor da constante de velocidade.

**3.** Determine a velocidade da reação quando [A] é igual a 0,5 mol · L⁻¹.

**4.** O gráfico seguinte é de uma reação de 1ª ordem, $X \rightarrow$ produtos:

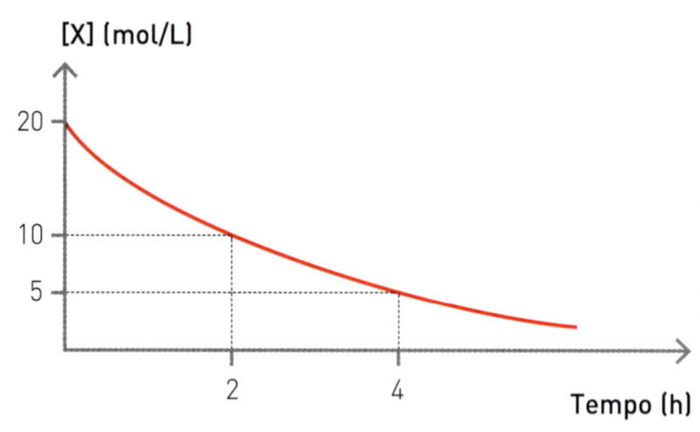

Banco de imagens/Arquivo da editora

Determine o valor da meia-vida de X.

**5.** O quadro a seguir indica valores da velocidade da reação e da concentração em mol/L dos reagentes nas mesmas condições.

| [A] | [B] | Velocidade inicial (mol · L⁻¹ · min⁻¹) |
|---|---|---|
| 5 | 10 | 10 |
| 10 | 10 | 40 |
| 10 | 20 | 40 |

A reação em estudo é representada por:

$$3\,A + 2\,B \longrightarrow C + 2\,D$$

Escreva a expressão da velocidade da reação.

**6.** No estudo cinético de uma reação representada por $2\,X + 3\,Y \longrightarrow 2\,D + 1\,E$, foram obtidos os seguintes resultados:

| [X] (mol · L⁻¹) | [Y] (mol · L⁻¹) | Velocidade inicial (mol · L⁻¹ · min⁻¹) |
|---|---|---|
| 0,10 | 0,10 | $2{,}5 \cdot 10^{-6}$ |
| 0,10 | 0,20 | $5{,}0 \cdot 10^{-6}$ |
| 0,20 | 0,10 | $20{,}0 \cdot 10^{-6}$ |

Escreva a expressão da velocidade dessa reação.

**7.** O gráfico a seguir ilustra uma reação não elementar:

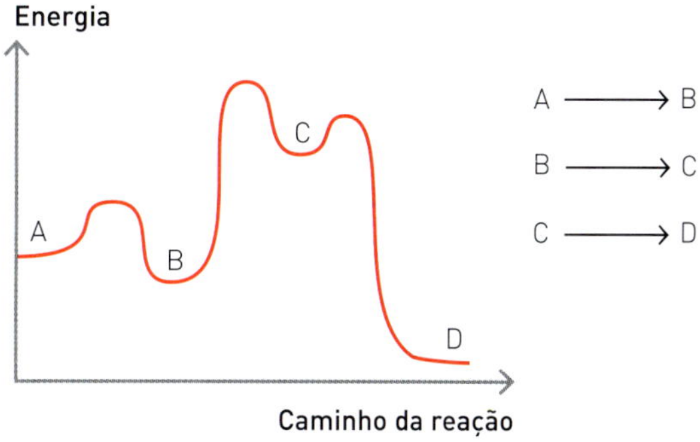


Banco de imagens/Arquivo da editora

I. Qual reação corresponde à etapa lenta? Justifique sua resposta.

II. A reação global é endotérmica ou exotérmica?

## Desenvolvendo seus conhecimentos

**1.** Considere as reações elementares:

a) $2\,HC\ell\,(g) \longrightarrow H_2\,(g) + C\ell_2\,(g)$

b) $H_2\,(g) + I_2\,(g) \longrightarrow 2\,HI\,(g)$

c) $2\,CO\,(g) + O_2\,(g) \longrightarrow 2\,CO_2\,(g)$

d) $2\,NH_3\,(g) \longrightarrow N_2\,(g) + 3\,H_2\,(g)$

e) $N_2\,(g) + 3\,H_2\,(g) \longrightarrow 2\,NH_3\,(g)$

Escreva em seu caderno as equações de velocidade dessas reações.

Considere a seguinte reação elementar:

$$2\,CO\,(g) + O_2\,(g) \rightarrow 2\,CO_2\,(g)$$

Responda às questões **2** a **7**.

**2.** Escreva em seu caderno a expressão da velocidade dessa reação.

**3.** Qual é a ordem dessa reação em relação ao CO?

**4.** Qual é a ordem dessa reação em relação ao $O_2$?

**5.** O que irá acontecer com a velocidade se a concentração do CO for dobrada e a concentração do $O_2$ permanecer constante?

**6.** O que irá acontecer com a velocidade se a concentração do $O_2$ for dobrada e a concentração do CO permanecer constante?

**7.** O que irá acontecer com a velocidade se ambas as concentrações, a do CO e a do $O_2$, forem dobradas?

**8.** (Unirio-RJ)

O anúncio da construção de uma usina termelétrica a carvão na ilha da Madeira, município de Itaguaí, Baixada Fluminense, acendeu a luz amarela para o que pode representar um novo problema ambiental para o estado do Rio de Janeiro. A consequência mais grave seria a chuva ácida, além da emissão de gases que atacam a camada de ozônio.

(Jornal do Brasil)

A qualidade da água da chuva pode variar em função do tipo de carga poluidora e das condições meteorológicas. O dióxido de nitrogênio é um dos principais poluentes da atmosfera. A reação entre o dióxido de nitrogênio e o ozônio, encontrado na troposfera, foi estudada a 231 K. A experiência mostrou que a reação é de primeira ordem em relação ao dióxido de nitrogênio e ao ozônio.

$$2\,NO_2\,(g) + O_3\,(g) \longrightarrow N_2O_5\,(g) + O_2\,(g)$$

a) Escreva a equação de velocidade da reação.

b) Como se alterará a velocidade da reação se a concentração de dióxido de nitrogênio for duplicada?

**9.** (UFC-CE) Considere as seguintes reações elementares:

etapa I: $HOOH + I^- \xrightarrow{\text{etapa lenta}} HOI + OH^-$

etapa II: $HOI + I^- \xrightarrow{\text{etapa rápida}} I_2 + OH^-$

etapa III: $2\,OH^- + 2\,H_3O^+ \xrightarrow{\text{etapa rápida}} 4\,H_2O$

reação global: $2\,I^- + HOOH + 2\,H_3O^+ \longrightarrow I_2 + 4\,H_2O$

a) Qual a etapa determinante da velocidade da reação?

b) Apresente a expressão da lei de velocidade para a reação global.

**10.** (UFRJ) A redução das concentrações de gases responsáveis pelo efeito estufa constitui o desafio central do trabalho de muitos pesquisadores. Uma das possibilidades para o sequestro do $CO_2$ atmosférico é sua transformação em outras moléculas. O diagrama a seguir mostra a conversão do gás carbônico em metanol.

Indique a etapa lenta do processo. Justifique sua resposta.

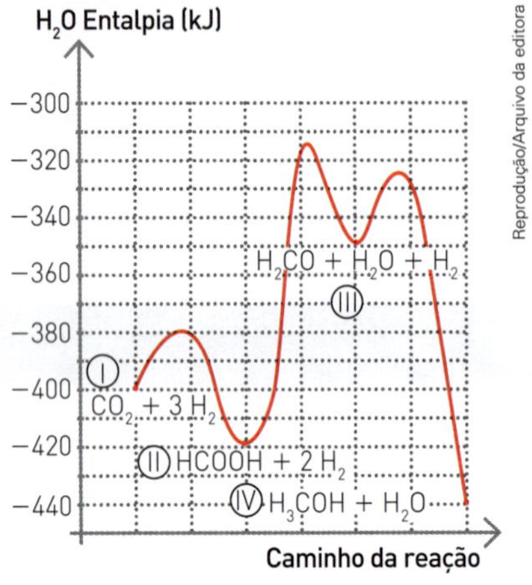


**11.** (UFRGS-RS) A reação

$NO\ (g) + O_3\ (g) \longrightarrow NO_2\ (g) + O_2\ (g)$

é uma reação elementar de segunda ordem. Se duplicarmos as concentrações do NO e do $O_3$, mantendo constante a temperatura, a velocidade da reação:

a) será reduzida à metade.
b) permanecerá constante.
c) será duplicada.
d) será triplicada.
e) será quadruplicada.

**12.** (Uern) Uma das formas para se obter o monóxido de dinitrogênio é reagindo óxido de nitrogênio II com gás hidrogênio, de acordo com a seguinte reação:

$$2\ NO\ (g) + H_2\ (g) \longrightarrow N_2O\ (g) + H_2O\ (g)$$

De acordo com os dados anteriores, é correto afirmar que a ordem global dessa reação é igual a:

a) 2.
b) 3.
c) 4.
d) 5.

**13.** (Unimontes-MG) A equação abaixo representa a reação **de primeira ordem em relação a cada reagente**.

$3\ I^-\ (aq) + H_3AsO_4\ (aq) + 2\ H^+\ (aq) \longrightarrow$
$\longrightarrow (I_3)^-\ (aq) + H_3AsO_3\ (aq) + H_2O\ (\ell)$

Considerando a equação e relacionando a ordem dos reagentes à lei da velocidade da reação, é correto afirmar que a ordem da reação global é igual a:

a) 3.
b) 6.
c) 1.
d) 5.

**14.** (PUC-RJ) A reação química entre dois reagentes ocorre de tal forma que, ao se triplicar a concentração do reagente A mantendo-se fixa a concentração do reagente B, observa-se o aumento de nove vezes na velocidade inicial de reação. Por outro lado, a variação da concentração do reagente B não acarreta mudança da velocidade inicial da reação. Assim, é correto afirmar que a equação geral da lei de velocidade da reação, onde v é a velocidade inicial e k é a constante de velocidade, é:

a) v = k.
b) v = k[reagente A].
c) v = k[reagente A]$^2$.
d) v = k[reagente A]$^3$.
e) v = k[reagente A][reagente B].

**15.** (UEL-PR) Os dados do gráfico estão relacionados às concentrações iniciais dos reagentes CO e $O_2$, presentes na combustão do CO à temperatura constante.

| Experimento | CO (mol/L) | $O_2$ (mol/L) | v (mol/L · s) |
|---|---|---|---|
| 1 | 1,0 | 2,0 | $4 \cdot 10^{-6}$ |
| 2 | 2,0 | 2,0 | $8 \cdot 10^{-6}$ |
| 3 | 1,0 | 1,0 | $1 \cdot 10^{-6}$ |

A equação de velocidade para essa reação pode ser escrita como $v = k \cdot [CO]^a[O_2]^b$, onde a e b são, respectivamente, as ordens de reação em relação aos componentes CO e $O_2$.

De acordo com os dados experimentais, é correto afirmar que, respectivamente, os valores de a e b são:

a) 1 e 2.
b) 2 e 1.
c) 3 e 2.
d) 0 e 1.
e) 1 e 1.

**16.** (Uepa) De um modo geral, a ordem de uma reação é importante para prever a dependência de sua velocidade em relação aos seus reagentes, o que pode influenciar ou até mesmo inviabilizar a obtenção de um determinado composto. Sendo assim, os dados da tabela a seguir mostram uma situação hipotética da obtenção do composto "C" a partir dos reagentes "A" e "B".

| Experimento | [A] $mol \cdot L^{-1}$ | [B] $mol \cdot L^{-1}$ | Velocidade inicial $(mol \cdot L^{-1} \cdot s^{-1})$ |
|---|---|---|---|
| 01 | 0,1 | 0,1 | $4,0 \cdot 10^{-5}$ |
| 02 | 0,1 | 0,2 | $4,0 \cdot 10^{-5}$ |
| 03 | 0,2 | 0,1 | $16,0 \cdot 10^{-5}$ |

A partir dos dados da tabela acima, é correto afirmar que a reação: $A + B \longrightarrow C$ é de:

a) 2ª ordem em relação a "A" e de ordem zero em relação a "B".

b) 1ª ordem em relação a "A" e de ordem zero em relação a "B".

c) 2ª ordem em relação a "B" e de ordem zero em relação a "A".

d) 1ª ordem em relação a "B" e de ordem zero em relação a "A".

e) 1ª ordem em relação a "A" e de 1ª ordem em relação a "B".

**17.** (Unimontes-MG) Os dados abaixo são relativos a uma série de experimentos envolvendo a reação entre óxido nítrico e bromo a 273 °C.

| $2\,NO\,(g) + Br_2\,(g) \longrightarrow 2\,NOBr\,(g)$ | | | |
|---|---|---|---|
| Experimentos | Concentração inicial $(mol/dm^3)$ | | Velocidade inicial $(mol/dm^3 \cdot s)$ |
| | NO | $Br_2$ | |
| 1 | 0,10 | 0,10 | 12 |
| 2 | 0,10 | 0,20 | 24 |
| 3 | 0,10 | 0,30 | 36 |
| 4 | 0,20 | 0,10 | 48 |
| 5 | 0,30 | 0,10 | 108 |

Em análise dos dados e da lei de velocidade da reação, é correto afirmar que a constante de velocidade k equivale a:

a) $1,2 \cdot 10^5$

b) $1,2 \cdot 10^4$

c) $1,0 \cdot 10^5$

d) $1,0 \cdot 10^{-4}$

**18.** (Ufla-MG) O estudo da cinética dos processos químicos determina, por exemplo, a rapidez com que um medicamento é capaz de agir no organismo. Considere o processo químico a seguir:

$$A + B \longrightarrow C + D$$

Foram medidas as velocidades dessa reação, variando as concentrações em mol/L de A e B, à mesma temperatura.

Os resultados obtidos estão apresentados no quadro abaixo.

| Experimento | [A] $mol \cdot L^{-1}$ | [B] $mol \cdot L^{-1}$ | Velocidade $(mol \cdot L^{-1} \cdot s^{-1})$ |
|---|---|---|---|
| 1 | 0,5 | 0,5 | 0,100 |
| 2 | 0,1 | 0,5 | 0,020 |
| 3 | 0,2 | 0,2 | 0,016 |

Nessa reação, é correto afirmar que a equação da velocidade da reação é:

a) $v = k[A]^2$.

b) $v = k[A]^2[B]$.

c) $v = k[A][B]$.

d) $v = k[A][B]^2$.

**19.** (UFRGS-RS) Considere o gráfico a seguir, correspondente a uma reação elementar de primeira ordem.

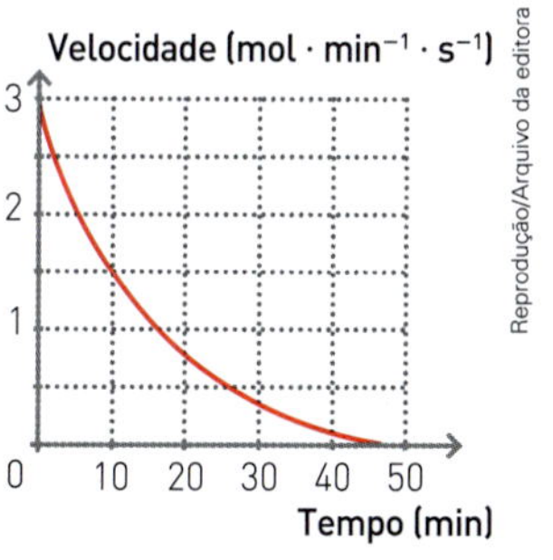


Com base nesse gráfico, é possível concluir que a meia-vida do reagente, expressa em minutos, é igual a:

a) 0,5.

b) 1,5.

c) 10.

d) 25.

e) 50.

**20.** (UFRGS-RS) Numa reação monomolecular de primeira ordem, a fração de reagente consumido depois de decorridas três meias-vidas é igual a:

a) 1/8.

b) 1/4.

c) 2/3.

d) 3/4.

e) 7/8.

**21.** (FGV-SP) Para otimizar as condições de um processo industrial que depende de uma reação de soluções aquosas de três diferentes reagentes para a formação de um produto, um engenheiro químico realizou um experimento que consistiu em uma série de reações nas mesmas condições de temperatura e agitação. Os resultados são apresentados na tabela:

| Experimento | I | II | III | IV |
|---|---|---|---|---|
| Reagente A $mol \cdot L^{-1}$ | x | 2x | x | x |
| Reagente B $mol \cdot L^{-1}$ | y | y | 2y | y |
| Reagente C $mol \cdot L^{-1}$ | z | z | z | 2z |
| Velocidade da reação $mol \cdot L^{-1} \cdot s^{-1}$ | v | 2v | 4v | v |

Após a realização dos experimentos, o engenheiro pôde concluir corretamente que a ordem global da reação estudada é igual a:

a) 1.
b) 2.
c) 3.
d) 4.
e) 5.

**22.** (UEPG-PR) No ar poluído pode ocorrer a reação representada abaixo entre o dióxido de nitrogênio ($NO_2$) e o ozônio ($O_3$):

$$NO_2\,(g) + O_3 \longrightarrow NO_3\,(g) + O_2\,(g)$$

Para essa reação, os seguintes dados foram obtidos a 25 °C:

| Experimento | 1 | 2 | 3 |
|---|---|---|---|
| Concentração inicial de $NO_2$ (mol/L) | $5{,}0 \cdot 10^{-6}$ | $5{,}0 \cdot 10^{-6}$ | $2{,}5 \cdot 10^{-6}$ |
| Concentração inicial de $O_3$ (mol/L) | $1{,}0 \cdot 10^{-6}$ | $2{,}0 \cdot 10^{-6}$ | $2{,}0 \cdot 10^{-6}$ |
| Velocidade inicial (mol/L · s) | $2{,}2 \cdot 10^{-3}$ | $4{,}4 \cdot 10^{-3}$ | $2{,}2 \cdot 10^{-3}$ |

De acordo com os dados da tabela, assinale o que for correto:

01) A ordem global da reação é 2.
02) A expressão da lei cinética da reação é $v = k[NO_2][O_3]$.
04) A ordem da reação em relação ao $O_3$ é 2, pois duplicando a sua concentração a velocidade também é duplicada.
08) Utilizando os dados do experimento 1, o valor da constante de velocidade para essa reação é de 4,4 · 108 mol/L · s.
16) A velocidade da reação independe da concentração de $NO_2$.

**23.** (Uerj) A reação química entre o gás hidrogênio e o monóxido de nitrogênio, representada a seguir, foi analisada em duas séries de experimentos.

$$2\,H_2\,(g) + 2\,NO\,(g) \longrightarrow N_2\,(g) + 2\,H_2O\,(g)$$

Na primeira série, a velocidade de reação foi medida em função da concentração de hidrogênio, mantendo-se a concentração de monóxido de nitrogênio constante em 1 mol/L. Na segunda série, determinou-se a velocidade em função da concentração de monóxido de nitrogênio, mantendo-se a concentração de hidrogênio constante em 1 mol/L. Os resultados dos experimentos estão apresentados nos gráficos.

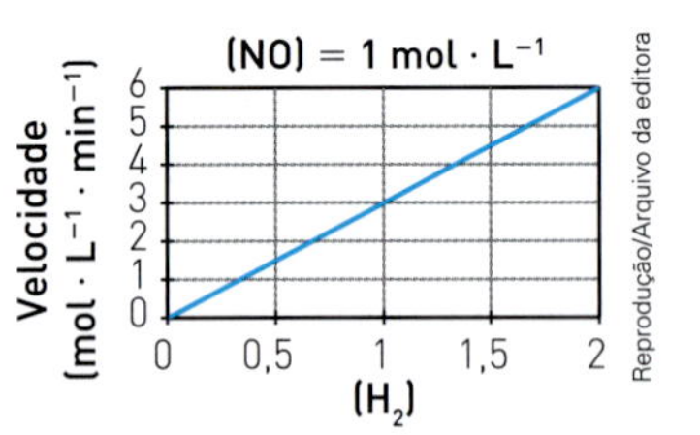


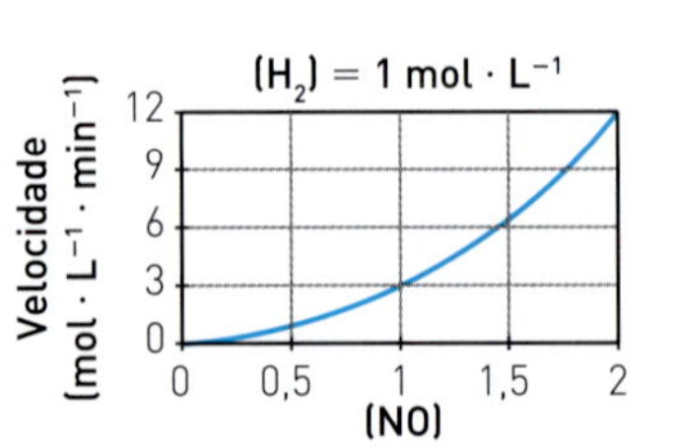


Determine a ordem de reação de cada um dos reagentes e calcule o valor da constante cinética.

# Desafiando seus conhecimentos

**1.** (Cefet-MG) Um estudante monta um experimento de química no qual, em um béquer de vidro, adiciona uma solução aquosa de hidróxido de cálcio e o indicador fenolftaleína. Em seguida, com o auxílio de um canudo de plástico, sopra e borbulha continuamente a mistura até que a cor rosa do indicador desapareça e surja um sólido insolúvel. Considerando a reação ocorrida nesse experimento, a equação de velocidade de formação dos produtos é:

$Ca(OH)_2\ (aq) + CO_2\ (g) \longrightarrow CaCO_3\ (s) + H_2O\ (\ell)$

a) $v_p = [CaCO_3]/[CO_2]$.
b) $v_p = [Ca(OH)_2] \cdot [CO_2]$.
c) $v_p = [Ca(OH)_2]/[CO_2]^2$.
d) $v_p = [Ca(OH)_2]^2 \cdot [H_{2+}O]$.
e) $v_p = [CaCO_3] \cdot [H_2O]/[Ca(OH)_2] \cdot [CO_2]$.

**2.** (UEPG-PR) Dada a equação genérica:

$a\,A + b\,B \longrightarrow c\,C + d\,D$

e aplicando-se a lei da ação das massas, tem-se a expressão abaixo para o cálculo da velocidade dessa reação. Sobre o assunto, assinale o que for correto.

$$v = k[A]^a \cdot [B]^b$$

01) [A] e [B] representam a concentração molar dos reagentes.

02) Quanto maior o valor de k, maior será a velocidade da reação.

04) Quanto maior a ordem da reação, menor será a influência da concentração dos reagentes sobre a velocidade.

08) A soma dos expoentes (a + b) indica a ordem da reação.

**3.** (UFRGS-RS) Observe a reação abaixo:

$$N_2O_4\ (g) \longrightarrow 2\ NO_2\ (g)$$

Nessa reação ocorre um processo que segue uma cinética de primeira ordem, e sua constante de velocidade, a 25 °C, é de $1{,}0 \cdot 10^{-3} \cdot s^{-1}$.

Partindo-se de uma concentração inicial de $2{,}00\ mol \cdot L^{-1}$ de $N_2O_4$, a taxa inicial de formação de $NO_2$ será:

a) $1{,}0 \cdot 10^{-3}\ mol \cdot L^{-1} \cdot s^{-1}$.
b) $2{,}0 \cdot 10^{-3}\ mol \cdot L^{-1} \cdot s^{-1}$.
c) $4{,}0 \cdot 10^{-3}\ mol \cdot L^{-1} \cdot s^{-1}$.
d) $8{,}0 \cdot 10^{-3}\ mol \cdot L^{-1} \cdot s^{-1}$.
e) $16{,}0 \cdot 10^{-3}\ mol \cdot L^{-1} \cdot s^{-1}$.

**4.** (UEMG) Uma reação química hipotética é representada pela seguinte equação:

$A\ (g) + B\ (g) \longrightarrow C\ (g) + D\ (g)$

e ocorre em duas etapas:

$A\ (g) \longrightarrow E\ (g) + D\ (g)$ (Etapa lenta)

$E\ (g) + B\ (g) \longrightarrow C\ (g)$ (Etapa rápida)

A lei da velocidade da reação pode ser dada por:

a) $v = k \cdot [A]$.
b) $v = k \cdot [A][B]$.
c) $v = k \cdot [C][D]$.
d) $v = k \cdot [E][B]$.

**5.** (Ifsul-RS) Os veículos emitem óxidos de nitrogênio que destroem a camada de ozônio. A reação em fase gasosa ocorre em duas etapas:

1ª etapa: $O_3 + NO_2 \longrightarrow O_2 + NO_3$ (lenta)

2ª etapa: $NO_2 + NO_3 \longrightarrow N_2O_5$ (rápida)

A lei de velocidade para a reação é:

a) $v = k[O_3][NO_2]$.
b) $v = k \cdot [NO_2][NO_3]$.
c) $v = k \cdot [O_2][NO_3]$.
d) $v = k \cdot [N_2O_5]$.

**6.** (Unifesp) Estudos cinéticos da reação entre os gases $NO_2$ e CO na formação dos gases NO e $CO_2$ revelaram que o processo ocorre em duas etapas:

I. $NO_2\ (g) + NO_2\ (g) \rightarrow NO\ (g) + NO_3\ (g)$

II. $NO_3\ (g) + CO\ (g) \rightarrow NO_2\ (g) + CO_2\ (g)$

O diagrama de energia da reação está esquematizado a seguir.

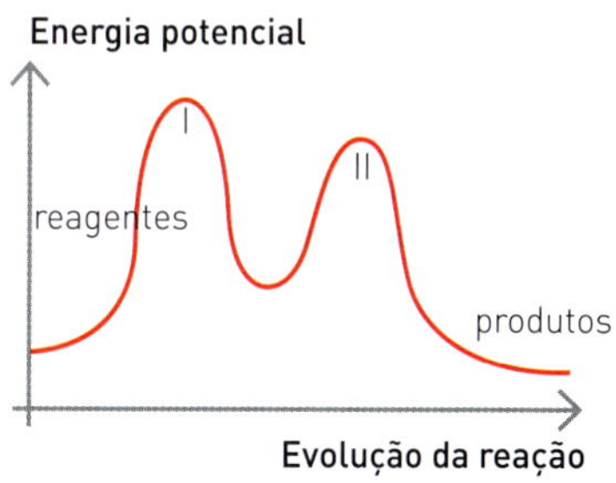


Reprodução/Arquivo da editora

a) Apresente a equação global da reação e a equação da velocidade da reação que ocorre experimentalmente.

b) Verifique e justifique se cada afirmação a seguir é verdadeira:

I. a reação em estudo absorve calor;

II. a adição de um catalisador aumenta a quantidade de gás carbônico.

**7.** (Ufop-MG) O gráfico abaixo refere-se à variação de energia de uma reação hipotética, ocorrendo no sentido direto, em duas etapas.

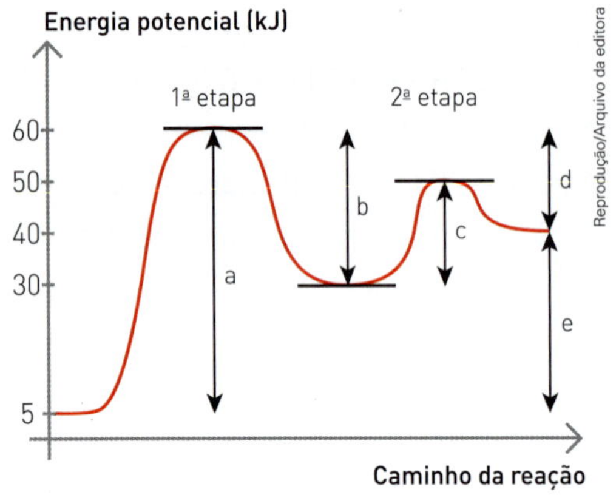


a) Qual das duas etapas é determinante da velocidade da reação hipotética global? Justifique.

b) Calcule o calor de reação, $\Delta H$, correspondente à etapa mais endotérmica da reação hipotética global.

c) Calcule o calor de reação, $\Delta H$, correspondente à reação hipotética global inversa.

**8.** (PUC-PR) Analisando as reações abaixo, as quais produzirão gás nitrogênio e água líquida, assinale a alternativa correta.

Etapa 1) $H_2\,(g) + 2\,NO\,(g) \longrightarrow N_2O\,(g) + H_2O\,(\ell)$ (lenta)

Etapa 2) $H_2\,(g) + N_2O\,(g) \longrightarrow N_2\,(g) + H_2O\,(\ell)$ (rápida)

a) A reação global é dada pela seguinte reação balanceada: $2\,H_2\,(g) + 2\,NO\,(g) \longrightarrow 3\,N_2\,(g) + 2\,H_2O\,(\ell) + N_2O\,(g)$.

b) Se mantivermos a concentração do $H_2$ (g) em quantidade de matéria e duplicarmos a concentração em quantidade de matéria do NO (g), a velocidade da reação duplicará.

c) Colocando-se na reação um catalisador, este aumentará a velocidade da reação e será consumido durante a reação.

d) A lei da velocidade é dada por:

$$v = k \cdot [H_2\,(g)] \cdot [NO\,(g)].$$

e) Se triplicarmos a concentração em quantidade de matéria do $H_2$ (g) e duplicarmos a concentração do NO (g), a velocidade da reação ficará 12 vezes maior.

**9.** (Uerj) Considere a equação química global entre os compostos HBr e $NO_2$.

$$2\,HBr + NO_2 \longrightarrow H_2O + NO + Br_2$$

Para desenvolver um estudo cinético, foram propostos os mecanismos de reação I e II, descritos na tabela, ambos contendo duas etapas.

| Etapa | Mecanismo I | Mecanismo II |
|---|---|---|
| lenta | $HBr + NO_2 \rightarrow HBrO + NO$ | $2\,HBr \rightarrow H_2 + Br_2$ |
| rápida | $HBr + HBrO \rightarrow H_2O + Br_2$ | $H_2 + NO_2 \rightarrow H_2O + NO$ |

Realizou-se, então, um experimento no qual foi medida a velocidade da reação em função da concentração inicial dos reagentes, mantendo-se constante a temperatura. Observe os resultados obtidos:

| Concentração inicial ($mol \cdot L^{-1}$) HBr | Concentração inicial ($mol \cdot L^{-1}$) $NO_2$ | Velocidade ($mol \cdot L^{-1} \cdot min^{-1}$) |
|---|---|---|
| 0,01 | 0,01 | 0,05 |
| 0,02 | 0,01 | 0,10 |
| 0,01 | 0,02 | 0,10 |

Determine a ordem global da reação. Em seguida, indique qual dos dois mecanismos propostos representa essa reação global, justificando sua resposta.

**10.** (UEPG-PR) Considerando a seguinte reação genérica:

$$3\,Z + 2\,Y \longrightarrow 4\,X$$

As etapas do mecanismo dessa reação estão abaixo representadas:

$$2\,Z + Y \longrightarrow W \text{ (lenta)}$$
$$Y + W \longrightarrow K \text{ (rápida)}$$
$$K + Z \longrightarrow 4\,X \text{ (rápida)}$$

01) Se duplicar a concentração de Z, a velocidade quadruplica.

02) Se duplicar a concentração de Y, a velocidade dobra.

04) A ordem da reação é 3.

08) Se triplicar simultaneamente as concentrações de Z e Y, a velocidade da reação ficará 27 vezes maior.

16) A expressão da lei da velocidade da reação é a seguinte: $v = k[Z] \cdot [Y]$.

**11.** (UFPR) Diagramas de energia fornecem informações importantes, tanto termodinâmicas quanto em relação ao mecanismo de reação, pois permitem determinar o número de etapas reacionais, presença de intermediários e ainda reconhecer qual etapa é mais lenta. A lei de velocidade é determinada pela etapa lenta de reação. A seguir são fornecidos diagramas de energia para três reações hipotéticas.

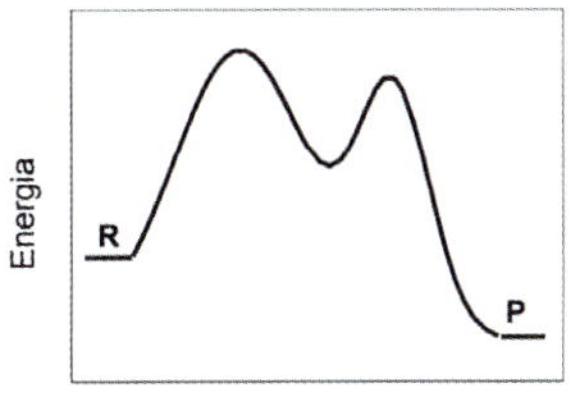


Caminho da reação (I)

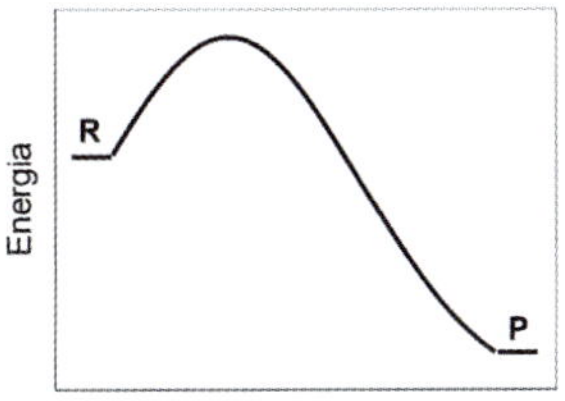


Caminho da reação (II)

Reprodução/UFPR, 2014.

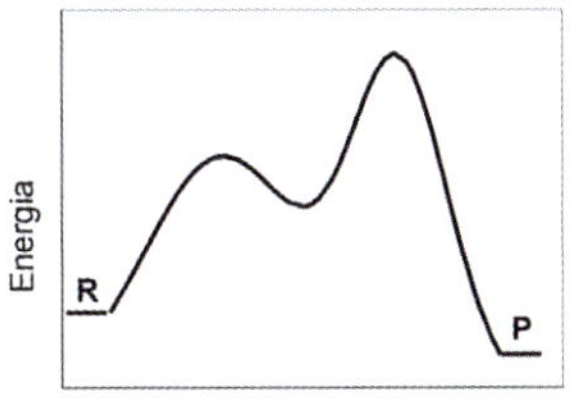


Caminho da reação (III)

a) Para cada diagrama de energia, indique se a reação libera (exergônica) ou absorve (endergônica) energia.

b) Para cada diagrama de energia, indique se a reação ocorre em uma ou mais etapas. Nesse último caso indique quantas etapas e qual etapa determinará a lei de velocidades.

**12.** (UEM-PR)

Hoje a preocupação sobre poluição atmosférica está voltada ao poluente ozônio troposférico ($O_3$), relacionado ao câncer, à pneumonia e à asma. Paulo Saldiva, do laboratório de poluição atmosférica da USP, afirma que os veículos melhoraram a queima e diminuíram a emissão de CO, entretanto o $O_3$ ainda não está regulamentado. Para Saldiva, o comprador deve checar a emissão de hidrocarbonetos e óxidos nitrosos – que reagem e produzem $O_3$ – se quiser um carro menos inimigo da natureza

(Revista Galileu, Ed. Globo, agosto de 2012).

Dadas abaixo algumas reações químicas envolvidas na formação do $O_3$ troposférico e com base no texto acima, assinale o que for correto.

$NO_2\,(g) \xrightarrow{\text{luz}} NO\,(g) + O\,(g)$ etapa 1

$O\,(g) + O_2\,(g) \longrightarrow O_3\,(g)$ etapa 2

01) O $NO_2$ liberado na queima de combustíveis fósseis é precursor da formação de $O_3$, e o O(g) é considerado um intermediário de reação.

02) Para a reação não elementar, mostrada no esquema reacional acima, a lei cinética é dada por $v = k[NO_2][O_2]$.

04) No ser humano, o ar penetra pelo nariz, passa pela faringe, pela laringe, pela traqueia, pelos brônquios e pelos bronquíolos. A asma alérgica, causada por inalação de $O_3$ ou por outros poluentes, está relacionada a um processo inflamatório nos brônquios e nos bronquíolos.

08) O $NO_2$ é um poluente atmosférico que, além de auxiliar na formação de $O_3$ troposférico, ainda pode gerar ácido nítrico na presença de água, causando chuvas ácidas.

16) As reações de formação de $O_3$ troposférico são favorecidas em cidades de clima quente, porque a elevação da temperatura propicia maior frequência de choques e com maior energia cinética entre as moléculas gasosas reagentes.

**13.** (FSM/MED-CE)

Um estudo publicado pela revista *Nature* aponta que a quantidade de metano ($CH_4$) liberada por alguns poços de gás de xisto (cuja composição química padrão apresenta, além de outros compostos, o óxido de ferro (III) e o óxido de alumínio) seria cerca de 4 vezes maior que o previsto, o que o tornaria uma fonte de energia emissora de gás de efeito estufa tão nociva quanto o carvão. A combustão completa do metano produz outro gás estufa, o $CO_2$, de acordo com a reação:

$$CH_4\,(g) + 2\,O_2\,(g) \longrightarrow CO_2\,(g) + 2\,H_2O\,(\ell)$$

(www.lqes.iqm.unicamp.br. Adaptado.)

a) Escreva as fórmulas químicas dos óxidos presentes na composição do xisto, sabendo que nesses compostos a carga do ferro e do alumínio é +3.

b) Supondo que a reação de combustão completa do metano seja elementar, escreva a expressão da lei de velocidade dessa reação. Explique o que irá acontecer com a velocidade se a concentração do metano for dobrada e a concentração do oxigênio permanecer constante.

**14.** (Uespi) Três experimentos foram realizados para estudar a cinética da reação:

$$2\,IC\ell\,(g) + H_2\,(g) \longrightarrow I_2\,(g) + 2\,HC\ell\,(g)$$

| | Concentração inicial (mol/L) | | Velocidade inicial ($mol \cdot L^{-1} \cdot s^{-1}$) |
|---|---|---|---|
| Experimento | $IC\ell$ | $H_2$ | |
| 1 | 1,5 | 1,5 | $3,7 \cdot 10^{-7}$ |
| 2 | 3,0 | 1,5 | $7,4 \cdot 10^{-7}$ |
| 3 | 3,0 | 4,5 | $22 \cdot 10^{-7}$ |

De acordo com os dados obtidos experimentalmente, a lei de velocidade para essa reação é:

a) $v = k[H_2]^2$

b) $v = k[IC\ell]^2$

c) $v = k[IC\ell][H_2]$

d) $v = k[IC\ell]$

e) $v = k[H_2]$

**15.** (Espcex/Aman) Os dados da tabela abaixo, obtidos experimentalmente em idênticas condições, referem-se à reação:

$$3\,A + 2\,B \longrightarrow C + 2\,D$$

| Experiência | Concentração de A [A] em mol · $L^{-1}$ | Concentração de B [B] em mol · $L^{-1}$ | Velocidade v em mol · $L^{-1}$ · $min^{-1}$ |
|---|---|---|---|
| 1 | 2,5 | 5,0 | 5,0 |
| 2 | 5,0 | 5,0 | 20,0 |
| 3 | 5,0 | 10,0 | 20,0 |

Baseando-se na tabela, são feitas as seguintes afirmações:

I. A reação é elementar.
II. A expressão da velocidade da reação é $v = k \cdot [A]^3 \cdot [B]^2$.
III. A expressão da velocidade da reação é $v = k \cdot [A]^2 \cdot [B]^0$.
IV. Dobrando-se a concentração de B, o valor da velocidade da reação não se altera.
V. A ordem da reação em relação a B é 1 (1ª ordem).

Das afirmações feitas, utilizando os dados citados, estão corretas apenas:

a) I e II.
b) I, II e III.
c) II e III.
d) III e IV.
e) III, IV e V.

**16.** (UFPA) Os resultados de três experimentos, feitos para encontrar a lei de velocidade para a reação $2\,NO\,(g) + 2\,H_2\,(g) \longrightarrow N_2\,(g) + 2\,H_2O\,(g)$, encontram-se na tabela abaixo.

| Velocidade inicial de consumo de NO (g) | | | |
|---|---|---|---|
| Experimento | [NO] inicial (mol · $L^{-1}$) | $[H_2]$ inicial (mol · $L^{-1}$) | Velocidade de consumo inicial de NO (mol · $L^{-1}$ · $s^{-1}$) |
| 1 | $4{,}0 \cdot 10^{-3}$ | $2{,}0 \cdot 10^{-3}$ | $1{,}2 \cdot 10^{-5}$ |
| 2 | $8{,}0 \cdot 10^{-3}$ | $2{,}0 \cdot 10^{-3}$ | $4{,}8 \cdot 10^{-5}$ |
| 3 | $4{,}0 \cdot 10^{-3}$ | $4{,}0 \cdot 10^{-3}$ | $2{,}4 \cdot 10^{-5}$ |

De acordo com esses resultados, é correto concluir que a equação de velocidade é:

a) $v = k[NO][H_2]^2$.
b) $v = k[NO]^2[H_2]^2$.
c) $v = k[NO]^2[H_2]$.
d) $v = k[NO]^4[H_2]^2$.
e) $v = k[NO]^{\frac{1}{2}}[H_2]$.

**17.** (UFJF-MG) Alguns óxidos gasosos de nitrogênio e carbono são poluentes atmosféricos. A reação de $NO_2$ com monóxido de carbono gera NO e dióxido de carbono. Em um estudo cinético dessa reação, foram obtidos os seguintes dados para a velocidade da reação química em função das concentrações iniciais dos reagentes:

| $[NO_2]$ (mol · $L^{-1}$) | [CO] (mol · $L^{-1}$) | Velocidade de reação (mol · $L^{-1}$ · $s^{-1}$) | Temperatura (K) |
|---|---|---|---|
| 0,002 | 0,002 | $1{,}0 \cdot 10^{-5}$ | 350 |
| 0,004 | 0,002 | $4{,}0 \cdot 10^{-5}$ | 350 |
| 0,004 | 0,004 | $4{,}0 \cdot 10^{-5}$ | 350 |
| 0,004 | 0,004 | $6{,}0 \cdot 10^{-5}$ | ? |

a) Escreva a equação química balanceada que representa essa reação.
b) Qual é a lei de velocidade para essa reação química?
c) Qual é o valor da constante de velocidade dessa reação a 350 K? Apresente os cálculos.
d) A temperatura da reação na última linha da tabela acima é maior, menor ou igual às outras três temperaturas de reação? Justifique sua resposta.

**18.** (PUC-SP) O ânion bromato reage com o ânion brometo em meio ácido gerando a substância simples bromo segundo a equação:

$$BrO_3^- (aq) + 5\ Br^- (aq) + 6\ H^+ (aq) \longrightarrow 3\ Br_2 (aq) + 3\ H_2O (\ell)$$

A cinética dessa reação foi estudada a partir do acompanhamento dessa reação a partir de diferentes concentrações iniciais das espécies $BrO_3^-$ (aq), $Br^-$ (aq) e $H^+$ (aq).

| Experimento | 1 | 2 | 3 | 4 |
|---|---|---|---|---|
| $[BrO_3^-]$ (mol · L⁻¹) | 0,10 | 0,20 | 0,10 | 0,20 |
| $[Br^-]$ (mol · L⁻¹) | 0,10 | 0,10 | 0,30 | 0,10 |
| $[H^+]$ (mol · L⁻¹) | 0,10 | 0,10 | 0,10 | 0,20 |
| Taxa relativa | v | 2 v | 3 v | 8 v |

Ao analisar esse processo foram feitas as seguintes observações:

I. Trata-se de uma reação de oxidorredução.
II. O ânion brometo ($Br^-$) é o agente oxidante do processo.
III. A lei cinética dessa reação é $v = k\ [BrO_3^-]\ [Br^-]\ [H]^2$.

Pode-se afirmar que estão corretas:

a) I e II, somente. b) I e III, somente. c) II e III, somente. d) I, II e III.

**19.** (UFRGS-RS) Uma reação genérica em fase aquosa apresenta a cinética descrita abaixo.

$3\ A + B \longrightarrow 2\ C \qquad v = k\ [A]^2\ [B]$

A velocidade dessa reação foi determinada em dependência das concentrações dos reagentes, conforme os dados relacionados a seguir.

| [A] (mol · L⁻¹) | [B] (mol · L⁻¹) | v (mol · L⁻¹ · s⁻¹) |
|---|---|---|
| 0,01 | 0,01 | $3,0 \cdot 10^{-5}$ |
| 0,02 | 0,01 | x |
| 0,01 | 0,02 | $6,0 \cdot 10^{-5}$ |
| 0,02 | 0,02 | y |

Assinale, respectivamente, os valores de x e y que completam a tabela de modo adequado.

a) $6,0 \cdot 10^{-5}$ e $9,0 \cdot 10^{-5}$
b) $6,0 \cdot 10^{-5}$ e $12,0 \cdot 10^{-5}$
c) $12,0 \cdot 10^{-5}$ e $12,0 \cdot 10^{-5}$
d) $12,0 \cdot 10^{-5}$ e $24,0 \cdot 10^{-5}$
e) $18,0 \cdot 10^{-5}$ e $24,0 \cdot 10^{-5}$

**20.** (Fepar-PR)

Reprodução/FEPAR-PR, 2017.

Um dos grandes problemas ambientais nas últimas décadas tem sido a redução da camada de ozônio. Uma das reações que contribui para a destruição dessa camada é expressa pela seguinte equação:

$$NO (g) + O_3 (g) \longrightarrow NO_2 (g) + O_2 (g)$$

Os dados abaixo foram coletados em laboratório, a 25 °C.

| Experiência | [NO]/ mol · L⁻¹ | $[O_3]$/ mol · L⁻¹ | Velocidade/ mol · L⁻¹ · s⁻¹ |
|---|---|---|---|
| 1 | $1 \cdot 10^{-6}$ | $3 \cdot 10^{-6}$ | $0,66 \cdot 10^{-4}$ |
| 2 | $1 \cdot 10^{-6}$ | $6 \cdot 10^{-6}$ | $1,32 \cdot 10^{-4}$ |
| 3 | $1 \cdot 10^{-6}$ | $9 \cdot 10^{-6}$ | $1,98 \cdot 10^{-4}$ |
| 4 | $2 \cdot 10^{-6}$ | $9 \cdot 10^{-6}$ | $3,96 \cdot 10^{-4}$ |
| 5 | $3 \cdot 10^{-6}$ | $9 \cdot 10^{-6}$ | $5,94 \cdot 10^{-4}$ |

Considere os dados e avalie as afirmativas.

( ) A expressão da lei da velocidade é $v = k\ [NO]\ [O_3]^2$.
( ) A reação é de segunda ordem.
( ) O valor da constante da velocidade é $7,3 \cdot 10^{14}$.
( ) A velocidade fica inalterada se variarmos igualmente as concentrações de NO e $O_3$.
( ) Se o uso de um catalisador provocasse o aumento de velocidade da reação, isso seria consequência da diminuição da energia de ativação do sistema.

**21.** (UPF-PR) Os dados da tabela abaixo foram obtidos experimentalmente, a certa temperatura e pressão constante, para a reação química genérica:

$$2\,A\,(g) + B\,(g) \longrightarrow 2\,C\,(g)$$

| [A] ($mol \cdot L^{-1}$) | [B] ($mol \cdot L^{-1}$) | Velocidade ($mol \cdot L^{-1} \cdot min^{-1}$) |
|---|---|---|
| 0,100 | 0,150 | $1{,}8 \cdot 10^{-5}$ |
| 0,100 | 0,300 | $7{,}2 \cdot 10^{-5}$ |
| 0,050 | 0,300 | $3{,}6 \cdot 10^{-5}$ |

Considerando-se os dados apresentados e a reação dada, analise as seguintes afirmações:

I. A equação de velocidade da reação é $v = k\,[A]\,[B]^2$.

II. O valor da constante de velocidade, k, é $8{,}0 \cdot 10^{-3}\ mol \cdot L^{-1} \cdot min^{-1}$.

III. A ordem global da reação é 3.

IV. A constante de velocidade, k, depende exclusivamente da concentração dos reagentes da reação.

V. A velocidade da reação quando $[A] = 0{,}010\ mol \cdot L^{-1}$ e quando $[B] = 0{,}010\ mol \cdot L^{-1}$ é: $v = 8{,}0 \cdot 10^{-9}\ mol \cdot L^{-1} \cdot min^{-1}$.

Está correto apenas o que se afirma em:

a) I, II, III e IV.
b) I, III e V.
c) I, II e V.
d) II, III e IV.
e) II, III e V.

**22.** (UPM-SP) No estudo cinético do processo químico equacionado por $A\,(g) + B\,(g) + C\,(g) \rightarrow D\,(g)$ foram realizados experimentos a uma dada temperatura T por meio dos quais foram obtidos os dados que se encontram na tabela abaixo:

| Experimento | [A] ($mol \cdot L^{-1}$) | [B] ($mol \cdot L^{-1}$) | [C] ($mol \cdot L^{-1}$) | v ($mol \cdot L^{-1} \cdot s^{-1}$) |
|---|---|---|---|---|
| I | $1 \cdot 10^{-1}$ | $1 \cdot 10^{-1}$ | $1 \cdot 10^{-1}$ | $1 \cdot 10^{-5}$ |
| II | $1 \cdot 10^{-1}$ | $1 \cdot 10^{-1}$ | $2 \cdot 10^{-1}$ | $1 \cdot 10^{-5}$ |
| III | $1 \cdot 10^{-1}$ | $2 \cdot 10^{-1}$ | $1 \cdot 10^{-1}$ | $2 \cdot 10^{-5}$ |
| IV | $2 \cdot 10^{-1}$ | $1 \cdot 10^{-1}$ | $1 \cdot 10^{-1}$ | $4 \cdot 10^{-5}$ |

A partir desses dados, foram feitas as seguintes afirmações:

I. Trata-se de um processo de ordem global igual a 3.

II. A expressão da velocidade cinética do processo é dada por $v = k \cdot [A] \cdot [B] \cdot [C]$.

III. O valor da constante de proporcionalidade k na temperatura T é de 0,01.

É correto dizer que

a) apenas I e III são verdadeiras.
b) apenas I e II são verdadeiras.
c) apenas I é verdadeira.
d) apenas II é verdadeira.
e) apenas III é verdadeira.

**23.** (UFPR)

O cromo é um metal bastante utilizado em processos industriais e seu descarte impróprio causa diversas preocupações devido à sua alta toxicidade, no estado de Cr (VI) em humanos, animais e plantas. Recentemente, pesquisadores propuseram uma forma de tratar resíduos de Cr (VI) utilizando um agente redutor natural, a epigalocatequina galato (EGCG), um polifenol presente nas folhas de chá verde. A EGCG reduz Cr (VI) a Cr (III) que é menos tóxico e tende a precipitar ou a se ligar ao solo em meio alcalino. O estudo cinético dessa reação foi realizado em três concentrações diferentes de Cr (VI), em pH = 6,86, temperatura ambiente e em concentração de EGCG muito superior à de Cr (VI), condição em que se pode considerar que [EGCG] permanece praticamente inalterada. Os dados de concentração inicial de cromo VI ($[Cr\,(VI)]_0$) e velocidade inicial ($v_0$) são mostrados na tabela:

| Experimento | $[Cr\,(VI)]_0/\mu M$ | $v_0/\mu M min^{-1}$ |
|---|---|---|
| 1 | 40 | 0,64 |
| 2 | 30 | 0,48 |
| 3 | 20 | 0,32 |

(Fonte: Liu, K., Shi, Z., Zhou, S., *Reduction of hexavalent chromium using epigallocatechin gallate in aqueous solutions*: kinetics and mechanism, RSC Advances, 2016, 6, 67196.)

a) Forneça a lei de velocidade para a reação mencionada.

b) Qual é a ordem de reação com relação a Cr (VI)? Por quê?

c) Qual é o valor da constante cinética observável $k_{obs}$ ($k_{obs} = k[EGCG]^y$) dessa reação? Mostre o cálculo.

**24.** (UFSC) Considere uma reação química na qual estão envolvidas três substâncias distintas, identificadas como X1, X2 e X3. A reação tem início no instante t1 e é dada por completa quando o tempo t3 é atingido. O diagrama que representa a variação nas concentrações das substâncias envolvidas na reação é mostrado abaixo:

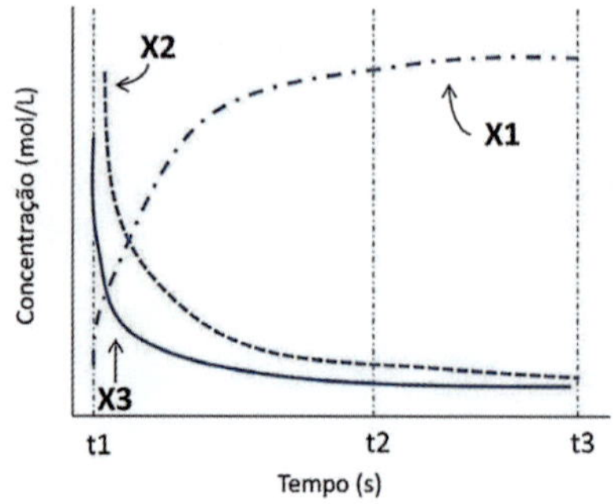


Reprodução/UFSC, 2015.

Com base nos dados, é correto afirmar que:

01) X1 e X2 são reagentes, ao passo que X3 é o produto da reação.

02) X3 é um catalisador para a reação.

04) X1 é produto da reação.

08) se fosse utilizado um catalisador para a reação, a concentração de X1 diminuiria com o tempo.

16) a reação em questão apresenta molecularidade um.

32) o uso de um catalisador reduziria a energia de ativação da reação entre X2 e X3, promovendo a formação mais rápida de X1.

**25.** (UEM-PR) Assinale o que for correto.

01) A rapidez de uma reação é também conhecida como velocidade média de uma reação, que é definida pela razão entre a massa de reagente de uma dada substância e o tempo.

02) Na formação do dióxido de carbono através da reação entre metano ($CH_4$ (g)) e oxigênio ($O_2$ (g)) observou-se que a taxa de consumo de oxigênio foi de $4 \text{ mol} \cdot \text{min}^{-1}$. Nesta avaliação, tem-se que a velocidade de consumo do metano é de $8 \text{ mol} \cdot \text{min}^{-1}$.

04) A energia de ativação pode ser também interpretada como uma "proteção" para evitar que muitas reações ocorram, como a reação de formação da água $H_2 (g) + 1/2\, O_2 (g) \rightarrow H_2O (g)$. Esta reação é explosiva e não se inicia espontaneamente devido à barreira da energia de ativação.

08) Em uma reação que ocorre em várias etapas, cada etapa tem a sua própria energia de ativação. A velocidade global da reação será igual à velocidade da etapa que tiver a maior energia de ativação, ou seja, a velocidade da etapa mais lenta.

16) Considere que a equação "$A + 2\,B \rightarrow$ produtos" represente uma reação cuja equação de velocidade é dada por $v = k[A][B]$. Considere ainda que, quando a concentração de A é igual a $2 \text{ mol} \cdot L^{-1}$ e a de B é $4 \text{ mol} \cdot L^{-1}$ a velocidade da reação seja $1 \text{ mol} \cdot L^{-1} \text{ min}^{-1}$. A partir desses valores, a constante de velocidade calculada é igual a $0{,}125\ 1 \text{ mol} \cdot L^{-1} \text{ min}^{-1}$.

**26.** (UEM-PR) Sobre os conceitos de cinética química, assinale o que for correto.

01) A reação $2\,A + D \rightarrow A_2D$ é classificada como elementar se $v = k[A][D]^2$.

02) Se a velocidade da reação $2\,A + 2\,D \rightarrow E + G$ duplicar ao duplicar-se [A] mantendo-se [D] constante, então a reação é de segunda ordem em relação a A.

04) Se a reação global $CaO + CO_2 \rightarrow CaCO_3$ possuir a etapa intermediária lenta $Ca(OH)_2 \rightarrow CaO + H_2O$, então a lei de velocidade é $v = k[CaO]^2[CO_2][H_2O]$.

08) Considerando que a reação $N_2 + O_2 \rightarrow 2\,NO$ é elementar, sua molecularidade é igual a 2.

16) É possível aumentar o rendimento da reação $N_2 (g) + 3\,H_2 (g) \rightarrow 2\,NH_3 (g)$ ($\Delta H < 0$) combinando-se um aumento da temperatura e da pressão do sistema, pois esse procedimento, feito com valores adequados de temperatura e pressão, afeta, neste caso, de forma favorável, o balanço entre a cinética e o equilíbrio químico da reação.

**27.** (PUC-RJ) A decomposição enzimática da ureia se dá pela ação da enzima urease em grande excesso de água.

$$(NH_2)_2CO + H_2O \xrightarrow{\text{urease}} 2\,NH_3 + CO_2$$

A lei de velocidade dessa reação é:

$$vel = k[(NH_2)_2CO]\,[urease]$$

Onde vel é a velocidade da reação, e os termos entre colchetes são as concentrações de ureia e urease num determinado instante, e k é a constante de velocidade.

Sobre a reação, a única opção incorreta é:

a) a urease é catalisador da reação.

b) a ordem global da reação é igual a 2.

c) a ordem de reação do reagente $H_2O$ é zero nessas condições de reação.

d) o valor da constante de velocidade da reação não varia em função da temperatura de reação.

e) quando as concentrações de ureia e de urease são diminuídas para metade dos valores inicias, a velocidade instantânea é quatro vezes menor em relação à inicial.

**28.** (UEM-PR) Assinale o que for correto.

01) Quanto maior a ordem de reação em relação a um reagente, menor é a dependência existente entre a concentração em quantidade de matéria desse reagente e a velocidade da reação global.

02) Um aumento de temperatura provoca um aumento da energia cinética das moléculas reagentes, fazendo que sua energia total se torne mais próxima, igual ou maior do que a energia de ativação.

04) Um aumento de temperatura provoca um aumento de velocidade de reações exotérmicas e endotérmicas.

08) Uma reação é dita de autocatálise quando um dos produtos atua como catalisador da reação.

16) As reações seguintes possuem molecularidades diferentes:

$$2\ NO\ (g) \longrightarrow N_2O_2\ (g)$$
$$N_2O_2\ (g) + H_2\ (g) \longrightarrow N_2O\ (g) + H_2O\ (\ell)$$

TEXTO PARA A PRÓXIMA QUESTÃO:

O gás ozônio, de fórmula molecular $O_3$, tem se tornado uma alternativa para o tratamento da água. O gás ozônio é produzido quando uma corrente alternada é descarregada na presença de oxigênio; entre suas aplicações estão a desinfecção de efluentes e a clarificação da água por remoção de metais em suspensão, como ferro e manganês. O $O_3$ é uma substância instável e o estudo da cinética de decomposição dessa substância resulta no gráfico de meia-vida a seguir.

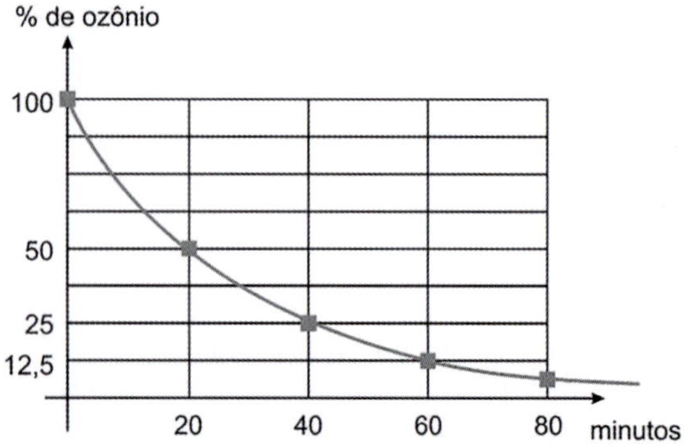


Reprodução/USCS, 2015.

**29.** (USCS/MED-SP) O ozônio deve estar presente em uma concentração mínima de 0,1 mg · $L^{-1}$ para ser eficiente na descontaminação de água que contenha coliformes fecais.

a) Escreva a equação balanceada que representa a formação do gás ozônio a partir do gás oxigênio.

b) Supondo que seja injetado no efluente uma quantidade de ozônio correspondente a $3{,}34 \cdot 10^{-5}$ mol de ozônio por litro e considerando que a massa molar do ozônio é igual a 48 g · $mol^{-1}$, determine, em minutos, por quanto tempo esse gás será eficiente no processo de descontaminação. Mostre os cálculos.

**30.** (Unicamp-SP) A 2,5-dimetoxi-4-bromoanfetamina, DOB, é um potente alucinógeno comercializado dentro de cápsulas, em doses de 1,5 mg. Essa quantidade é tão pequena que a droga é conhecida como "cápsula do vento" ou "cápsula da morte". A literatura não traz informações sobre valores de dose letal, mas a ingestão de duas cápsulas da droga tem grandes chances de levar o usuário a uma *overdose*.

a) Se o volume interno da cápsula em que se comercializa a droga é de 1,0 $cm^3$, quanto vale a relação $m_{DOB}/m_{ar}$ no interior da cápsula? Considere desprezível o volume ocupado pelo DOB sólido, considere a pressão interna de 100 000 Pa e a temperatura de 25 °C.

b) Imagine que um indivíduo ingere uma cápsula contendo 1,5 mg de DOB ao mesmo tempo que outro indivíduo ingere um comprimido contendo 10 mg de *ecstasy*. Baseando-se apenas no fato de que a meia-vida do DOB no organismo é de 12 horas e a do *ecstasy* é de 1,5 hora (uma hora e meia), **qual dos dois indivíduos teria maior massa do princípio ativo da droga após 12 horas**? Na figura apresentada no espaço abaixo, construa as curvas de decaimento das duas drogas no organismo para justificar sua resposta.

Dados: $m_{DOB}$ (massa de DOB); $m_{ar}$ (massa de ar no interior da cápsula); massa molar do ar = = 29 g $mol^{-1}$, R = 8,3 Pa $m^3K^{-1}mol^{-1}$, T/K = = 273 + t/°C.

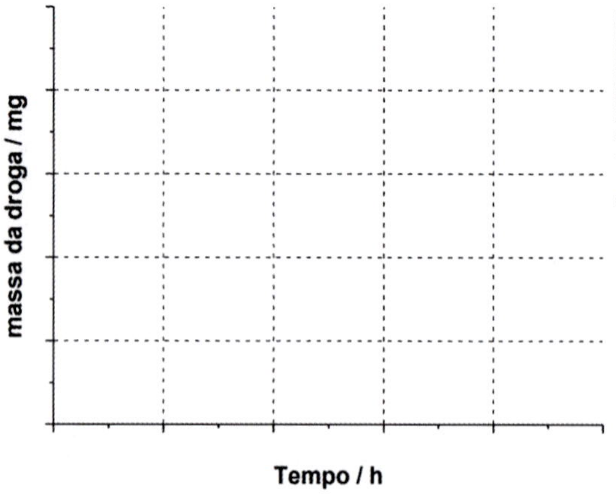


Reprodução/UNICAMP, 2016.

UNIDADE

# 7

# Equilíbrios químicos moleculares

A imagem de abertura desta unidade mostra uma pessoa se equilibrando em uma corda. Esse equilíbrio pode ser perdido por uma série de fatores, como um vento forte, um movimento errado ou a perda de concentração do equilibrista.

Será que equilíbrios físicos são iguais a equilíbrios químicos? Quais fatores podem alterar um equilíbrio químico?

Vaclav P3k/Shutterstock

**NESTA UNIDADE VAMOS ESTUDAR:**

- O que é um equilíbrio químico.
- Expressão da constante de equilíbrio.
- Determinação do valor da constante de equilíbrio.
- Interpretação do valor da constante de equilíbrio.
- Fatores que deslocam um equilíbrio químico.

CAPÍTULO

# 27 Processos reversíveis

Phototake Inc./Alamy/Glow Images

A queima do magnésio consiste na sua reação com o gás oxigênio presente no ar atmosférico, produzindo óxido de magnésio. Essa reação termina quando todo o magnésio é consumido.

Várias reações ocorrem mediante o consumo total dos reagentes envolvidos ou de pelo menos um deles.

No entanto, existem vários processos reversíveis. Um exemplo de um processo físico reversível é o que ocorre com a água líquida em um frasco fechado.

Quando montamos um sistema fechado com água líquida nas condições ambientes, notamos que o nível da água líquida no frasco vai diminuindo com o passar do tempo, até ficar constante.

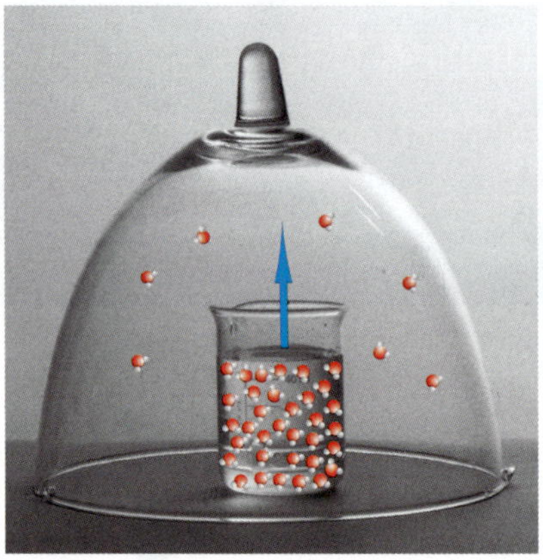

Ilustrações: Banco de imagens/Arquivo da editora
Fotos: Sérgio Dotta Jr./Arquivo da editora

Inicialmente, teremos somente a vaporização da água líquida. Com o passar do tempo, a quantidade de água líquida diminui e a quantidade de vapor de água aumenta, começando a ocorrer a condensação do vapor de água.

Quando a quantidade de água líquida permanece constante, o vapor de água atinge sua pressão máxima de vapor.

A representação $\rightleftharpoons$ indica processos reversíveis.

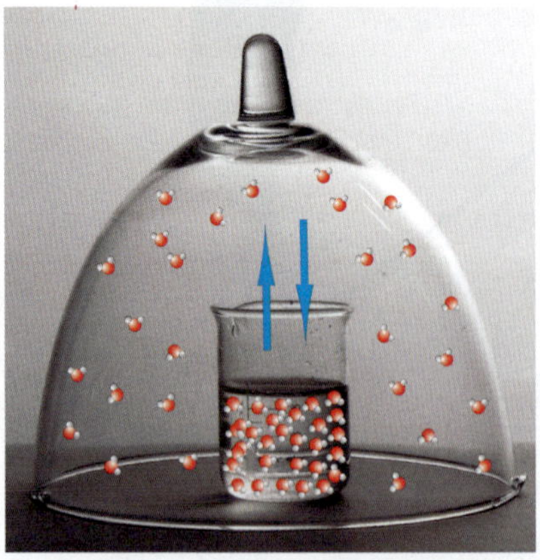

Nesse instante, a velocidade de vaporização se iguala à velocidade de condensação e se estabelece um equilíbrio.

$$H_2O\,(\ell) \underset{V_i}{\overset{V_d}{\rightleftharpoons}} H_2O\,(v)$$

$v_d$ = velocidade de vaporização
$v_i$ = velocidade de condensação

Após atingido o equilíbrio, as quantidades de água líquida e de vapor não se alteram mais, porém ainda estão ocorrendo simultaneamente a vaporização e a condensação.

Esse e outros equilíbrios podem ser representados pelo gráfico ao lado. Quando esses equilíbrios envolvem reações químicas reversíveis, são chamados **equilíbrios químicos**; já os equilíbrios químicos que envolvem substâncias moleculares são chamados **equilíbrios químicos moleculares**.

Uma consequência importante do fato de as duas velocidades serem iguais na situação de equilíbrio é que as quantidades dos participantes permanecem constantes, porém não obrigatoriamente iguais.

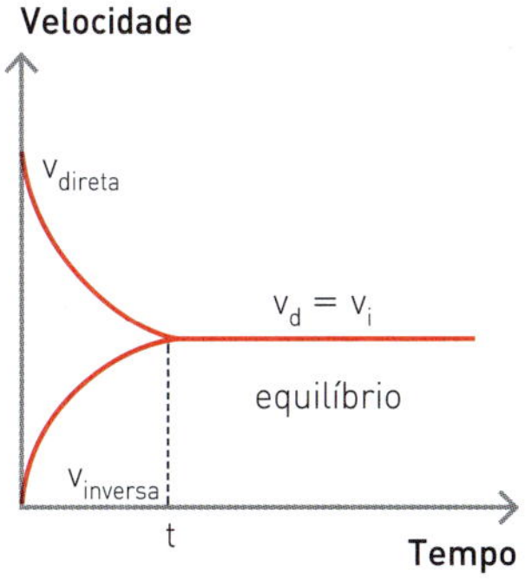


Banco de imagens/Arquivo da editora

CORES FANTASIA

AUSÊNCIA DE PROPORÇÃO

Veja agora um processo químico em que ocorre um equilíbrio:

$$N_2O_4\ (g) \rightleftharpoons 2\ NO_2\ (g)$$

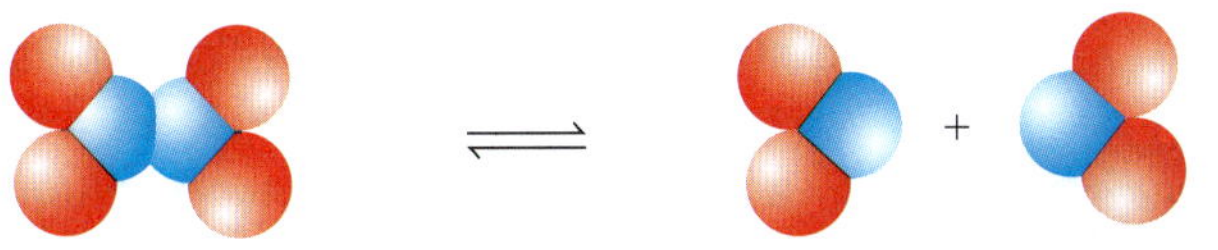

Marco Aurélio Sismotto/Arquivo da editora

Na verdade, essa equação corresponde à ocorrência simultânea de duas reações opostas:

- reação direta — decomposição do $N_2O_4$: $N_2O_4 \longrightarrow 2\ NO_2$
- reação inversa — associação do $NO_2$: $2\ NO_2 \longrightarrow N_2O_4$

Vamos estudar esse equilíbrio partindo de um frasco (A) contendo somente $N_2O_4$ (incolor). À medida que as moléculas de $N_2O_4$ se decompõem, originando $NO_2$, começa a aparecer uma coloração castanha no frasco (B).

Frasco contendo $N_2O_4$.

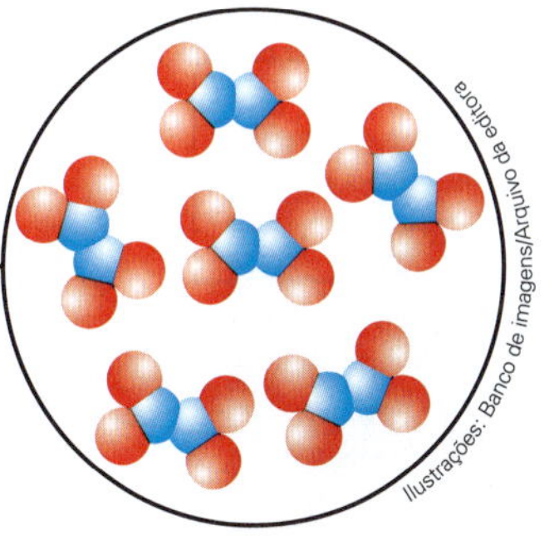

Frasco contendo $N_2O_4$ e $NO_2$.

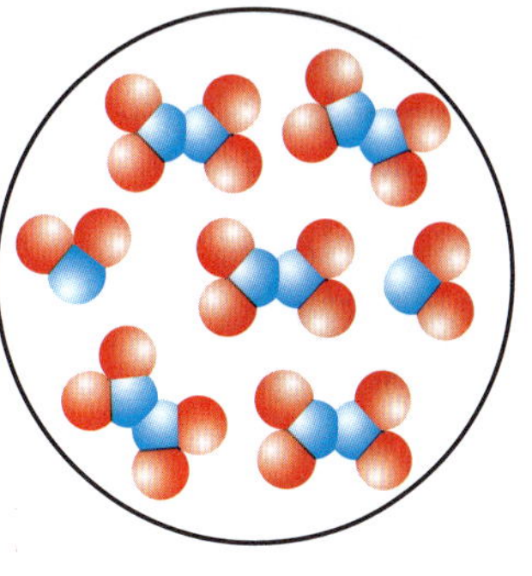

Fotos: Sérgio Dotta Jr./Arquivo da editora

Ilustrações: Banco de imagens/Arquivo da editora

No início, a velocidade de decomposição é máxima, pois temos a maior concentração de $N_2O_4$ (g). No entanto, à medida que sua concentração diminui, também diminui a sua velocidade de decomposição.

$$v_{direta} = k_d[N_2O_4]$$

Fotos: Sérgio Dotta Jr./Arquivo da editora

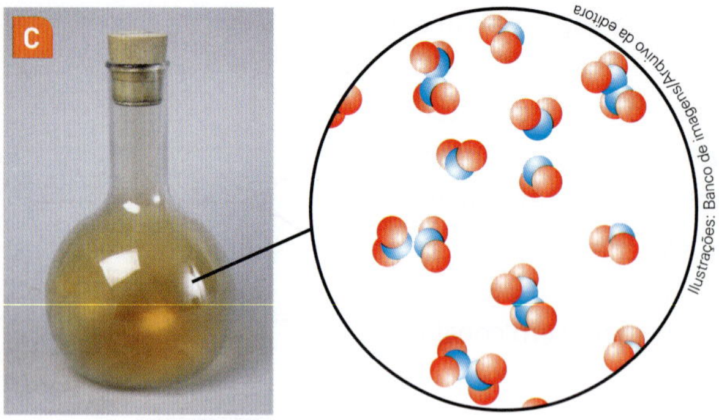


Reação em equilíbrio.

Ilustrações: Banco de imagens/Arquivo da editora

Com o passar do tempo, a concentração de $NO_2$, que era igual a zero no instante inicial, aumenta. Esse aumento é perceptível visualmente pelo aumento da intensidade da coloração castanha. Consequentemente, aumenta o número de choques entre suas moléculas, que, com isso, regeneram o $N_2O_4$.

$$v_{inversa} = k_i[NO_2]^2$$

Após certo tempo, notamos que a coloração do frasco (C) não mais se altera, o que se deve ao fato de a velocidade da reação direta ser igual à velocidade da reação inversa, ou seja, foi atingido o equilíbrio.

Dependendo das condições em que se estabelece o equilíbrio, podemos ter três possibilidades:

CORES FANTASIA

AUSÊNCIA DE PROPORÇÃO

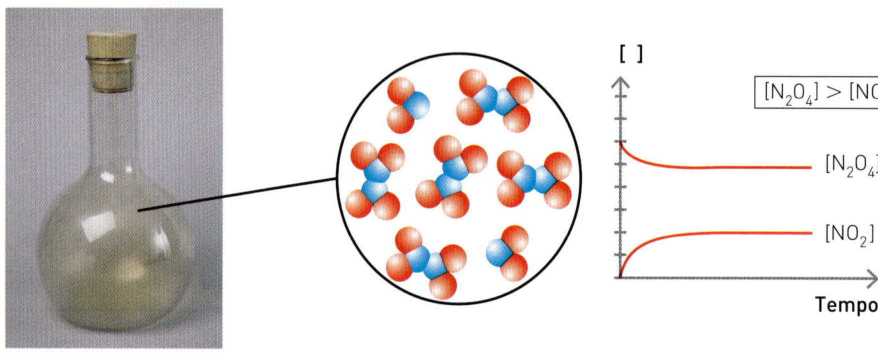


Nesta situação de equilíbrio, a concentração de $N_2O_4$ é maior do que a de $NO_2$.

Ilustrações: Banco de imagens/Arquivo da editora

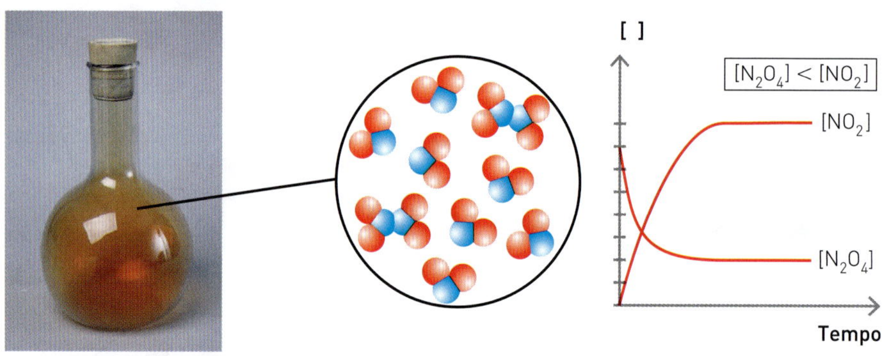


Nesta situação de equilíbrio, a concentração de $NO_2$ é maior do que a de $N_2O_4$.

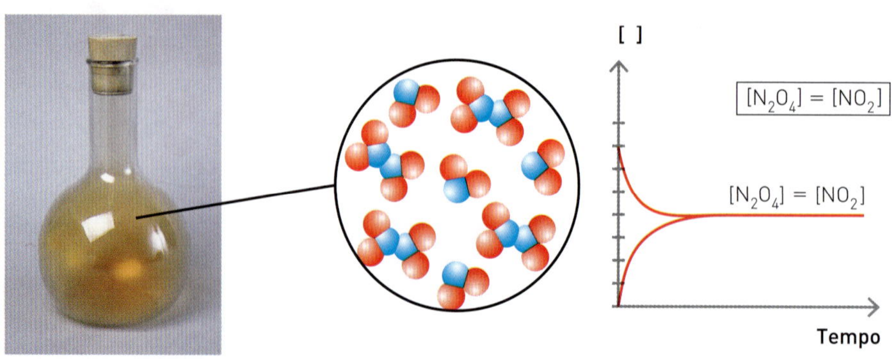


Nesta situação de equilíbrio, as concentrações de $N_2O_4$ e $NO_2$ são iguais.

Em qualquer uma das três situações de equilíbrio, temos algumas características gerais dos equilíbrios:

- as reações direta e inversa continuam ocorrendo simultaneamente, o que torna esse equilíbrio **dinâmico**;
- nos equilíbrios, a velocidade da reação direta é sempre igual à velocidade da inversa;
- a não ocorrência de mudança no sistema significa que as concentrações no equilíbrio permanecem constantes;
- esse tipo de equilíbrio somente é obtido em **sistema fechado**, a dada temperatura.

# Constante de equilíbrio

A expressão da constante de equilíbrio foi formulada pela primeira vez pelos noruegueses Cato Maximilian Guldberg (1836-1902) e Peter Waage (1833-1900), em 1863, e enunciada como **Lei da ação das massas**.

Para um equilíbrio em que todos os participantes formam um sistema homogêneo, isto é, um equilíbrio homogêneo, genericamente representado por:

$$a\,A + b\,B \underset{v_i}{\overset{v_d}{\rightleftharpoons}} c\,C + d\,D$$

a velocidade das reações pode ser expressa por:

$v_d = k_1 \cdot [A]^a \cdot [B]^b$ velocidade direta $= v_d$

$v_i = k_2 \cdot [C]^c \cdot [D]^d$ velocidade inversa $= v_i$

No equilíbrio, as velocidades são iguais, logo:

$$v_d = v_i$$

$$k_1\,[A]^a \cdot [B]^b = k_2 \cdot [C]^c \cdot [D]^d$$

$$\frac{k_1}{k_2} = \frac{[C]^c \cdot [D]^d}{[A]^a \cdot [B]^b}$$

Como $k_1$ e $k_2$ são constantes, a relação $\frac{k_1}{k_2}$ também é constante. A essa nova constante foi dado o nome **constante de equilíbrio**, representada por $K_e$ ou ainda $K_c$ (constante de equilíbrio em termos de concentração).

No equilíbrio, temos a expressão da $K_c$ em termos de concentração:

$$a\,A + b\,B \rightleftharpoons c\,C + d\,D \qquad K_c = \frac{[C]^c \cdot [D]^d}{[A]^a \cdot [B]^b}$$

Veja alguns exemplos da expressão da $K_c$ para equilíbrios homogêneos:

- $2\,SO_3\,(g) \rightleftharpoons 2\,SO_2\,(g) + O_2\,(g)$ $\qquad K_c = \frac{[SO_2]^2 \cdot [O_2]}{[SO_3]}$
- $H_2\,(g) + I_2\,(g) \rightleftharpoons 2\,HI\,(g)$ $\qquad K_c = \frac{[HI]^2}{[H_2] \cdot [I_2]}$
- $Fe^{2+}\,(aq) + Cu^{2+}\,(aq) \rightleftharpoons Fe^{3+}\,(aq) + Cu^{+}\,(aq)$ $\qquad K_c = \frac{[Fe^{3+}] \cdot [Cu^{+}]}{[Fe^{2+}] \cdot [Cu^{2+}]}$

Nos equilíbrios heterogêneos, os reagentes e os produtos estão em mais de uma fase.

Um exemplo de equilíbrio heterogêneo é a reação que ocorre entre o Fe (s) e o vapor de água [$H_2O$ (v)], produzindo magnetita [$Fe_3O_4$ (s)] e gás hidrogênio [$H_2$ (g)].

$$3\,Fe\,(s) + 4\,H_2O\,(v) \rightleftharpoons Fe_3O_4\,(s) + 4\,H_2\,(g)$$

Nesse equilíbrio temos duas fases sólidas, Fe (s) e $Fe_3O_4$ (s), e uma fase gasosa, constituída de $H_2O$ (v) e $H_2$ (g).

Vamos, inicialmente, escrever a expressão da constante de equilíbrio, como apresentada em equilíbrios homogêneos, representando a constante por $K'_c$.

$$K'_c = \frac{[Fe_3O_4][H_2]^4}{[Fe]^3[H_2O]^4}$$

Os sólidos e os líquidos puros, apesar de participarem dos equilíbrios, apresentam concentrações constantes a determinada temperatura. Considerando esse fato, podemos reescrever a expressão da constante de equilíbrio:

$$\underbrace{\frac{[Fe]^3}{[Fe_3O_4]}}_{\text{constante}} \cdot K'_c = \frac{[H_2]^4}{[H_2O]^4}$$

O produto $\frac{[Fe]^3}{[Fe_3O_4]} \cdot K'_c$ corresponde à constante de equilíbrio: $K_c$.

Dessa maneira, ao escrever a expressão da constante de equilíbrio para sistemas heterogêneos, omitimos as concentrações dos participantes sólidos ou líquidos puros.

Para esse equilíbrio, temos:

$$K_c = \frac{[H_2]^4}{[H_2O]^4}$$

Veja outros exemplos:

- $C\,(s) + O_2\,(g) \rightleftharpoons CO_2\,(g)$ $\qquad K_c = \frac{[CO_2]}{[O_2]}$
- $Zn\,(s) + Cu^{2+}\,(aq) \rightleftharpoons Cu\,(s) + Zn^{2+}\,(aq)$ $\qquad K_c = \frac{[Zn^{2+}]}{[Cu^{2+}]}$
- $CaO\,(s) + CO_2\,(g) \rightleftharpoons CaCO_3\,(s)$ $\qquad K_c = \frac{1}{[CO_2]}$

A concentração em mol/L de uma substância pura sólida ou líquida depende de sua densidade e massa molar:

$$\left.\begin{aligned} d = \frac{m}{V} &\Rightarrow m = dV \\ \mathcal{M} &= \frac{m}{MV} \end{aligned}\right\} \mathcal{M} = \frac{d\cancel{V}}{M\cancel{V}} \Rightarrow \mathcal{M} = \frac{d}{M}$$

Como a dada temperatura a densidade de uma substância pura sólida ou líquida é uma constante, sua concentração em mol/L também é uma constante.

No equilíbrio:

$$\underset{\text{sacarose}}{C_{12}H_{22}O_{11}} + \underset{\text{líquido puro}}{H_2O(\ell)} \rightleftharpoons \underset{\text{glicose}}{C_6H_{12}O_6(aq)} + \underset{\text{frutose}}{C_6H_{12}O_6(aq)}$$

o volume de uma solução aquosa diluída é praticamente igual ao volume da água. 1 L de água tem massa aproximada de 1 000 g.

Assim, podemos calcular a concentração em mol/L da água ($H_2O$: massa molar = 18 g · mol$^{-1}$):

$$\mathcal{m} = \frac{1000\ g}{18\ g \cdot mol^{-1} \cdot 1\ L} = 55{,}5\ mol \cdot L^{-1}$$

Esse valor é uma constante.

Logo, podemos concluir que o $H_2O$ ($\ell$) presente em qualquer equilíbrio em meio aquoso (aq) não fará parte da expressão da $K_c$. Assim, a expressão da $K_c$ é:

$$K_c = \frac{[C_6H_{12}O_6] \cdot [C_6H_{12}O_6]}{[C_{12}H_{22}O_{11}]}$$

# Constante de equilíbrio em termos de pressão

Até agora, a expressão do equilíbrio foi dada em termos de concentração mol/L ($K_c$). No entanto, em equilíbrios nos quais pelo menos um dos participantes é um **gás**, a constante de equilíbrio pode ser expressa em termos de pressões parciais dos gases envolvidos e, nesse caso, será representada por $K_p$.

Assim, as expressões de $K_c$ e $K_p$ para os equilíbrios a seguir, por exemplo, são dadas por:

- $2\ CO\ (g) + O_2\ (g) \rightleftharpoons 2\ CO_2\ (g)$ $\quad K_c = \frac{[CO_2]^2}{[CO]^2 \cdot [O_2]}$; $\quad K_p = \frac{(P_{CO_2})^2}{(P_{CO})^2 \cdot (P_{O_2})}$

em que $P_{CO}$, $P_{O_2}$ e $P_{CO_2}$ são as pressões parciais dos gases.

- $C\ (s) + O_2\ (g) \rightleftharpoons CO_2\ (g)$ $\quad K_c = \frac{[CO_2]}{[O_2]}$; $\quad K_p = \frac{(P_{CO_2})}{(P_{O_2})}$
- $Zn\ (s) + 2\ HC\ell\ (aq) \rightleftharpoons ZnC\ell_2\ (aq) + H_2$ $\quad K_c = \frac{[ZnC\ell_2] \cdot [H_2]}{[HC\ell]^2}$; $\quad K_p = P_{H_2}$
- $Zn\ (s) + Cu^{2+}\ (aq) \rightleftharpoons Zn^{2+}\ (aq) + Cu\ (s)$ $\quad K_c = \frac{[Zn^{2+}]}{[Cu^{2+}]}$; $\quad K_p$ não definida
- $CaCO_3\ (s) \rightleftharpoons CaO\ (s) + CO_2\ (s)$ $\quad K_c = [CO_2]$; $\quad K_p = P_{CO_2}$

- Na expressão de $K_c$ **não** devem ser representados os componentes **sólidos**.
- Na expressão de $K_p$ **só** devem ser representados os componentes **gasosos**.
- Tanto $K_c$ quanto $K_p$ (constantes de equilíbrio) **só variam com a temperatura**.

# Relação entre $K_c$ e $K_p$

Dada a equação de uma reação genérica:

$$a\,A\,(g) + b\,B\,(g) \rightleftharpoons c\,C\,(g)$$

temos:

$$K_c = \frac{[C]^c}{[A]^a \cdot [B]^b} \qquad K_p = \frac{(P_C)^c}{(P_A)^a \cdot (P_B)^b}$$

Lembrando que a equação geral dos gases é:

$$P \cdot V = n \cdot R \cdot T$$

e aplicando essa expressão para os componentes da reação genérica, obtemos:

$$P_A \cdot V = n_A \cdot R \cdot T \qquad P_B \cdot V = n_B \cdot R \cdot T \qquad P_C \cdot V = n_C \cdot R \cdot T$$

$$P_A = \frac{n_A}{V} \cdot R \cdot T \qquad P_B = \frac{n_B}{V} \cdot R \cdot T \qquad P_C = \frac{n_C}{V} \cdot R \cdot T$$

Como a concentração em mol/L do gás é $\frac{n}{V}$, temos:

$$P_A = [A] \cdot R \cdot T \qquad P_B = [B] \cdot R \cdot T \qquad P_C = [C] \cdot R \cdot T$$

Substituindo esses dados na expressão da $K_p$, obtemos:

$$K_p = \frac{([C] \cdot R \cdot T)^c}{([A] \cdot R \cdot T)^a \cdot ([B] \cdot R \cdot T)^b} \Rightarrow K_p = \frac{[C]^c \cdot (R \cdot T)^c}{[A]^a \cdot [B]^b \cdot (R \cdot T)^a \cdot (R \cdot T)^b}$$

$$K_p = \frac{[C]^c}{[A]^a \cdot [B]^b} \cdot (R \cdot T)^{(c) - (a + b)} \Rightarrow K_p = K_c \cdot (R \cdot T)^{\Delta n}$$

$\Delta n$ indica a variação do número de mol das espécies no estado gasoso.
Veja alguns exemplos da aplicação da relação $K_p = K_c$:

$$\text{mol de gás: } \underbrace{2\,NH_3\,(g)}_{2\text{ mol}} \rightleftharpoons \underbrace{N_2\,(g) + 3\,H_2\,(g)}_{4\text{ mol}}$$

$$\Delta n = 4 - 2 = 2$$

$$K_p = K_c \cdot (RT)^{\Delta n}$$

$$K_p = K_c \cdot (RT)^2$$

$$\text{mol de gás: } \underbrace{\underset{0}{CaCO_3\,(s)}}_{0\text{ mol}} \rightleftharpoons \underbrace{\underset{0}{CaO\,(s)} + \underset{1\text{ mol}}{CO_2\,(g)}}_{1\text{ mol}}$$

$$\Delta n = 1 - 0 = 1$$

$$K_p = K_c \cdot (RT)^{\Delta n}$$

$$K_p = K_c \cdot (RT)^1$$

## Fundamentando seus conhecimentos

Observe as ilustrações e responda às questões **1** a **3**.

$$H_2\ (g) + I_2\ (g) \rightleftharpoons 2\ HI\ (g)$$

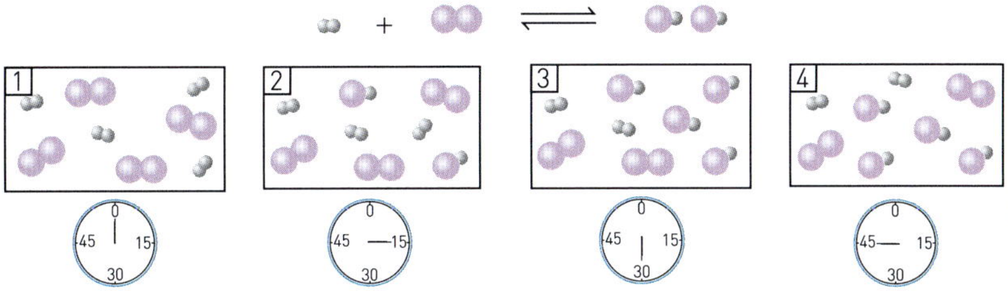


Ilustrações: Banco de imagens/Arquivo da editora

**1.** A partir de que instante o sistema atingiu o equilíbrio?

**2.** Escreva em seu caderno a expressão da $K_c$.

**3.** Esboce um gráfico, indicando o número de moléculas de todos os participantes nas ordenadas e o tempo em minutos, do início até 45 minutos, nas abscissas.

**4.** As substâncias A e B, inicialmente contidas em frascos separados,

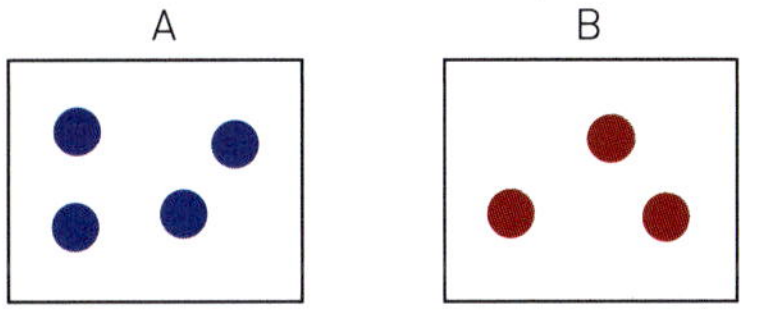


são colocadas em contato e reagem estabelecendo um equilíbrio:

$$a\ A + b\ B \rightleftharpoons c\ C\ (●)$$

Indique, entre os esquemas seguintes, o que melhor representa o equilíbrio:

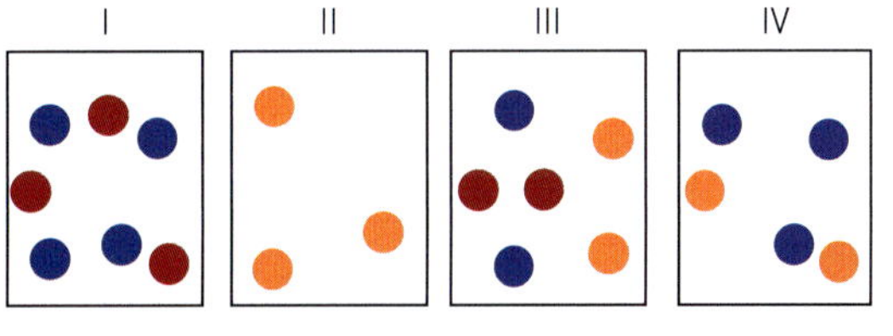


**5.** Escreva em seu caderno a expressão da constante de equilíbrio em termos de concentração ($K_c$) para os seguintes equilíbrios, classificando-os em homogêneos ou heterogêneos.

I. $2\ NO\ (g) + O_2\ (g) \rightleftharpoons 2\ NO_2\ (g)$

II. $PC\ell_5\ (g) \rightleftharpoons PC\ell_3\ (g) + C\ell_2\ (g)$

III. 1 ácido + 1 álcool $\rightleftharpoons$ 1 éster + 1 água

IV. $4\ HC\ell\ (g) + O_2\ (g) \rightleftharpoons 2\ H_2O\ (g) + 2\ C\ell_2\ (g)$

V. $C\ (s) + H_2O\ (g) \rightleftharpoons CO\ (g) + H_2\ (g)$

VI. $Mg\ (s) + 2\ H^+\ (aq) \rightleftharpoons Mg^{2+}\ (aq) + H_2\ (g)$

**6.** Escreva em seu caderno o equilíbrio apresentado pela seguinte $K_c$:

$$K_c = \frac{[SO_3]^2}{[SO_2]^2 \cdot [O_2]}$$

**7.** Escreva em seu caderno as expressões das constantes de equilíbrio em termos de concentração ($K_c$) e de pressão ($K_p$), classificando os equilíbrios em homogêneos ou heterogêneos.

a) $2\ NH_3\ (g) \rightleftharpoons N_2\ (g) + 3\ H_2\ (g)$

b) $3\ Fe\ (s) + 4\ H_2O\ (g) \rightleftharpoons Fe_3O_4\ (s) + 4\ H_2\ (g)$

c) $2\ BaO_2\ (s) \rightleftharpoons 2\ BaO\ (s) + O_2\ (g)$

**8.** Estabeleça uma relação entre as expressões de $K_c$ na mesma temperatura para os equilíbrios:

$$2\ SO_3\ (g) \rightleftharpoons 2\ SO_2\ (g) + O_2\ (g)$$
$$2\ SO_2\ (g) + O_2\ (g) \rightleftharpoons 2\ SO_3\ (g)$$

## Desenvolvendo seus conhecimentos

**1.** (Fatec-SP) Nas condições ambientes, é exemplo de sistema em estado de equilíbrio uma:

a) xícara de café bem quente.
b) garrafa de água mineral gasosa fechada.
c) chama uniforme de bico de Bunsen.
d) porção de água fervendo em temperatura constante.
e) tigela contendo feijão cozido.

**2.** (UFPA) O gráfico abaixo se refere ao comportamento da reação

$$A_2 + B_2 \rightleftharpoons 2\,AB$$

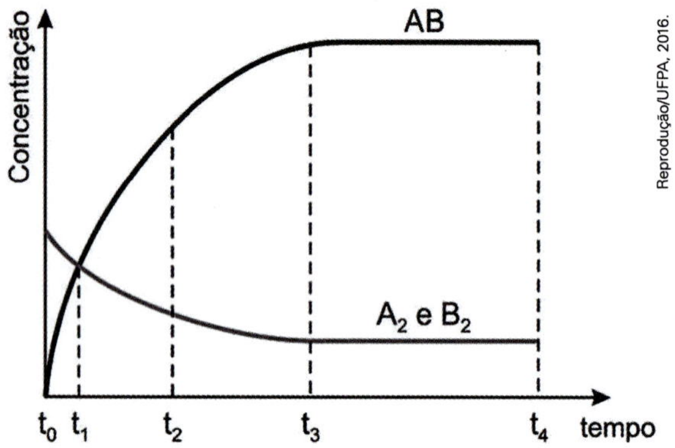

Reprodução/UFPA, 2016.

Pode-se afirmar que o equilíbrio dessa reação será alcançado quando o tempo for igual a:

a) $t_0$.
b) $t_1$.
c) $t_2$.
d) $t_3$.
e) $t_4$.

**3.** (UFG-GO) Os seguintes gráficos representam variáveis de uma reação química:

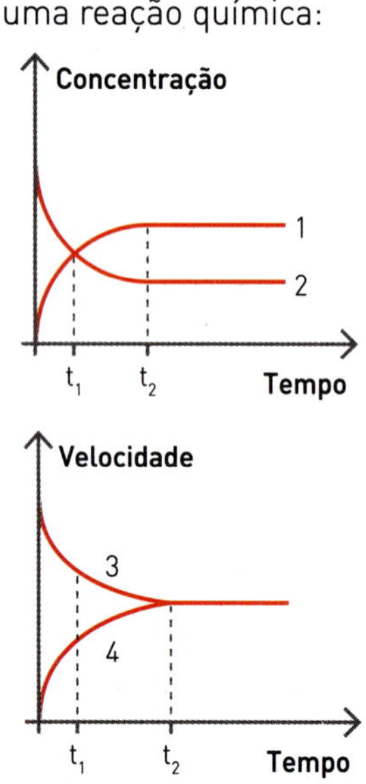

Ilustrações: Reprodução/Arquivo da editora

Os gráficos indicam:

a) No instante $t_1$, a velocidade da reação direta é igual à da inversa.
b) Após $t_2$, não ocorre reação.
c) No instante $t_1$, a reação atingiu o equilíbrio.
d) A curva 4 corresponde à velocidade da reação inversa.
e) No ponto de intersecção das curvas 3 e 4, a concentração de produtos é igual à de reagentes.

**4.** Considere o equilíbrio à temperatura constante:

$$COC\ell_2\,(g) \rightleftharpoons CO\,(g) + C\ell_2\,(g)$$

No quadro está representada a concentração de $COC\ell_2$.

| Tempo | Concentração de $COC\ell_2$ em mol/L |
|---|---|
| $t_1$ | 20 |
| $t_2$ | 10 |
| $t_3$ | 6 |
| $t_4$ | 6 |
| $t_5$ | 6 |

I. Escreva a expressão da constante de equilíbrio. Faça um gráfico a partir dos dados da tabela.
II. A partir de que instante o equilíbrio se estabelece? Justifique sua resposta.

**5.** (UFMA) Indique a expressão correta, com base na Lei da ação das massas, para a reação a seguir:

$$CS_2\,(g) + 4\,H_2\,(g) \rightleftharpoons CH_4\,(g) + 2\,H_2S\,(g)$$

a) $\dfrac{[CH_4]\cdot[H_2S]^2}{[CS_2]\cdot[H_2]^4}$

b) $\dfrac{[CS_2] + 4[H_2]}{[CH_4] + 2[H_2S]}$

c) $\dfrac{[CH_4]\cdot 2[H_2S]}{[CS_2]\cdot 4[H_2]}$

d) $\dfrac{[CS_2]\cdot 4[H_2]}{[CH_4]\cdot 2[H_2S]}$

e) $\dfrac{[CH_4] + 2[H_2S]}{[CS_2] + 4[H_2]}$

**6.** Escreva a expressão das constantes de equilíbrio para $K_c$ para as seguintes reações reversíveis:

I. $CO\ (g) + H_2O\ (g) \rightleftharpoons CO_2\ (g) + H_2\ (g)$

II. $H_2\ (g) + C\ell_2\ (g) \rightleftharpoons 2\ HC\ell\ (g)$

III. $H_2SO_4\ (aq) \rightleftharpoons 2\ H^+\ (aq) + (SO_4)^{2-}$

IV. $C\ (s) + CO_2\ (g) \rightarrow 2\ CO\ (g)$

V. $Zn\ (s) + 2\ H^+\ (aq) \rightarrow Zn^{2+}\ (aq) + H_2\ (g)$

**7.** (PUC-RS) É dada a seguinte expressão da constante de equilíbrio em termos de concentração de produtos e reagentes:

$$K_c = \frac{[NO]^2 \cdot [O_2]}{[NO_2]^2}$$

A equação química que pode ser representada por essa expressão é:

a) $2\ NO_2\ (g) \rightleftharpoons 2\ NO\ (g) + O_2\ (g)$

b) $2\ NO\ (g) + O_2\ (g) \rightleftharpoons 2\ NO_2\ (g)$

c) $NO_2\ (g) \rightleftharpoons 2\ NO\ (g) + O_2\ (g)$

d) $2\ NO_2\ (g) \rightleftharpoons NO\ (g) + O\ (g)$

e) $NO\ (g) + O_2\ (g) \rightleftharpoons 2\ NO_2\ (g)$

**8.** (Vunesp-SP) Estudou-se a cinética da reação

$$S\ (s) + O_2\ (g) \rightleftharpoons SO_2\ (g)$$

realizada a partir de enxofre e oxigênio em um sistema fechado. Assim as curvas I, II e III do gráfico abaixo representam as variações das concentrações dos componentes com o tempo desde o momento da mistura até o sistema atingir o equilíbrio.

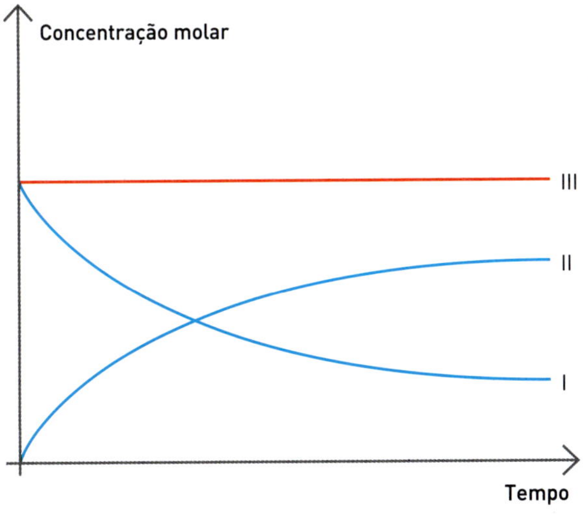


Reprodução/Arquivo da editora

As variações das concentrações de S, de $O_2$ e de $SO_2$ são representadas, respectivamente, pelas curvas:

a) I, II e III.

b) II, III e I.

c) III, I e II.

d) I, III e II.

e) III, II e I.

**9.** (Unifor-CE) O equilíbrio químico

$$N_2\ (g) + 3\ H_2\ (g) \rightleftharpoons 2\ NH_3\ (g)$$

tem constante em termos de pressões parciais, $K_p$, expressa pela relação:

a) $\dfrac{P_{N_2} + (P_{H_2})^2}{(P_{NH_3})^2}$.

b) $\dfrac{2\ P_{NH_3}}{P_{N_2} \cdot 3\ P_{H_2}}$.

c) $\dfrac{(P_{NH_3})^2}{P_{N_2} \cdot (P_{H_2})^3}$.

d) $\dfrac{(P_{NH_3})^2}{P_{N_2} + (P_{H_2})^3}$.

e) $\dfrac{P_{NH_3}}{P_{N_2} + P_{H_2}}$.

**10.** (Puccamp-SP) Para o sistema em equilíbrio

$$CaCO_3\ (s) \rightleftharpoons CaO\ (s) + CO_2\ (g)$$

o valor da constante de equilíbrio ($K_p$) é calculado pela expressão:

a) $K_p = \dfrac{P_{CaO}}{P_{CaCO_3}}$.

b) $K_p = P_{CO_2}$.

c) $K_p = P_{CaO} \cdot P_{CO_2}$.

d) $K_p = P_{CaCO_3}$.

e) $K_p = P_{CaO}$.

## Desafiando seus conhecimentos

**1.** (Fuvest-SP) Em condições industrialmente apropriadas para se obter amônia, juntaram-se quantidades estequiométricas dos gases $N_2$ e $H_2$:

$$N_2\,(g) + 3\,H_2\,(g) \rightleftharpoons 2\,NH_3\,(g)$$

Depois de alcançado o equilíbrio químico, uma amostra da fase gasosa poderia ser representada corretamente por:

a) 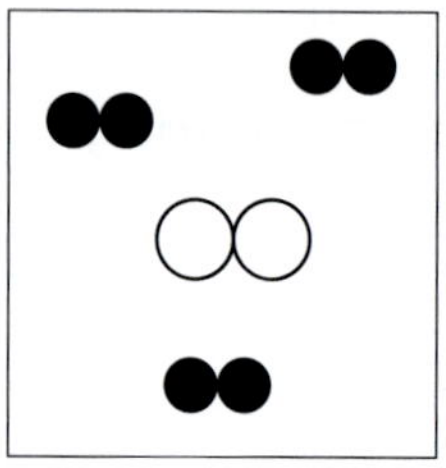

Ilustrações: Reprodução/ Arquivo da editora

b) 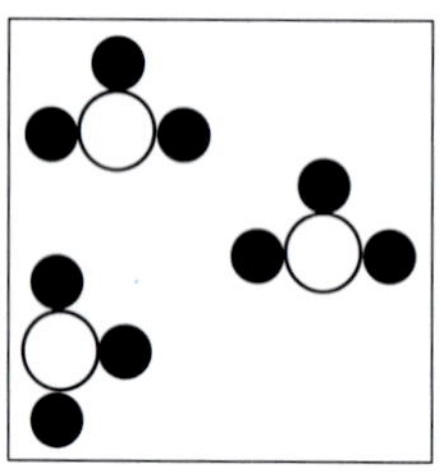

c) 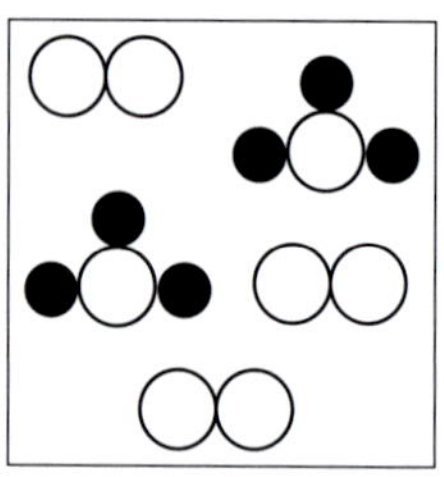

d) 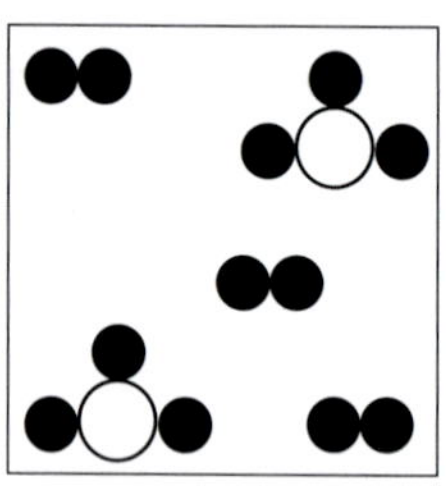

e) 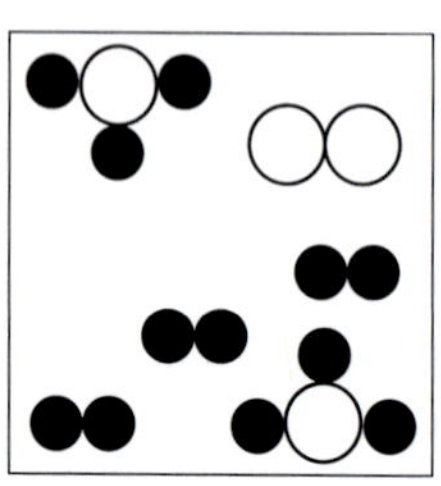

Legenda:
N ... 
H ...

**2.** (UFMG) A uma temperatura elevada, 10 mol de $PC\ell_5$ (g) foram adicionados a um recipiente que, imediatamente, foi fechado e mantido em temperatura constante.

$$PC\ell_5\,(g) \rightleftharpoons PC\ell_3\,(g) + C\ell_2\,(g)$$

Observou-se, então que o $PC\ell_5$ (g) se decompôs, transformando-se em $PC\ell_3$ (g) e $C\ell_2$ (g).
A quantidade de matéria de $PC\ell_5$ (g), em mol, variou com o tempo, até o sistema alcançar o equilíbrio, como mostrado neste quadro:

| Tempo | Quantidade de matéria de $PC\ell_5$/mol |
|---|---|
| $t_1$ | 10 |
| $t_2$ | 6 |
| $t_3$ | 4 |
| $t_4$ | 4 |

Considerando-se essas informações, é correto afirmar que,

a) em qualquer instante após $t_1$, a pressão do sistema é maior que em $t_1$.
b) em qualquer instante, as reações direta e inversa têm velocidades iguais.
c) no equilíbrio, a velocidade da reação direta é igual a zero.
d) no equilíbrio, a quantidade de matéria das três substâncias é igual.

**3.** (Vunesp-SP) Leia a notícia publicada em janeiro de 2013.

China volta a registrar níveis alarmantes de poluição atmosférica.

Névoa voltou a encobrir céu de cidades chinesas, como a capital Pequim.

Governo chinês emitiu alerta à população para os próximos dias.

(G1.globo.com)

O carvão mineral é a principal fonte de poluição do ar na China. Diariamente, o país queima milhões de toneladas de carvão para produzir energia elétrica, aquecer as casas e preparar alimentos. Além do carvão, o aumento do número de carros movidos a gasolina tem papel significativo no agravamento da poluição atmosférica.

Entre as substâncias que poluem o ar da China estão o $SO_2$ e compostos relacionados. Considere as equações seguintes:

$$(1)\ 2\ SO_2\ (g) \rightleftharpoons O_2\ (g) + 2\ SO_3\ (g)$$

$$(2)\ SO_3\ (g) + H_2O\ (g) \rightleftharpoons H_2SO_4\ (g)$$

Escreva a equação química que expressa a constante de equilíbrio para a reação (1).

Sabendo que uma usina de geração de energia elétrica movida a carvão liberou $SO_2$ suficiente para formar 1 kg de $SO_3$ e considerando a reação (2), calcule a massa de $H_2SO_4$, em g, que se forma quando há vapor de água suficiente para reagir completamente com a quantidade de $SO_3$ liberada pela usina.

**4.** (UFPA) A expressão da Lei do equilíbrio $K = \dfrac{1}{[O_2]^3}$ pertence à seguinte reação:

a) $3\ N_2\ (g) + 3\ O_2\ (g) \rightleftharpoons 6\ NO\ (g)$

b) $2\ A\ell_2O_3\ (g) \rightleftharpoons 4\ A\ell\ (s) + 3\ O_2\ (g)$

c) $C_3H_6O_3\ (\ell) + 3\ O_2\ (g) \rightleftharpoons 3\ CO_2\ (g) + 3\ H_2O\ (\ell)$

d) $2\ NO\ (g) + O_2\ (g) \rightleftharpoons 2\ NO_2\ (g)$

e) $4\ A\ell\ (s) + 3\ O_2\ (g) \rightleftharpoons 2\ A\ell_2O_3\ (s)$

**5.** (UFRN) Sabendo-se que $K_p = K_c(RT)^{\Delta n}$, podemos afirmar que $K_p = K_c$, para:

a) $CO_2\ (g) + H_2\ (g) \rightleftharpoons CO\ (g) + H_2O\ (g)$.

b) $H_2\ (g) + \frac{1}{2}\ O_2\ (g) \rightleftharpoons H_2O\ (\ell)$.

c) $N_2\ (g) + 3\ H_2\ (g) \rightleftharpoons 2\ NH_3\ (g)$.

d) $NO\ (g) + \frac{1}{2}\ O_2\ (g) \rightleftharpoons NO_2\ (g)$.

e) $4\ FeS\ (s) + 7\ O_2\ (g) \rightleftharpoons 2\ Fe_2O_3\ (s) + 4\ SO_2\ (g)$.

**6.** (Ucsal-BA) No sistema $2\ NO_2\ (g) \rightleftharpoons N_2O_4\ (g)$, a relação $\dfrac{K_c}{K_p}$ é:

a) RT.

b) $(RT)^{-1}$.

c) $(RT)^2$.

d) $(RT)^{-2}$.

e) $(RT)^3$.

# Cálculo da constante de equilíbrio

Vamos, agora, aprofundar os aspectos quantitativos de uma situação de equilíbrio considerando dois experimentos.

**1º experimento**

Nesse experimento foram colocados 10 mol de $N_2O_4$ (g) em um frasco de 1,0 L a 100 °C. Sabendo que, ao atingir o equilíbrio, no sistema existem 4 mol de $NO_2$ (g) a 100 °C, calcule o valor da $K_c$.

| início | após atingir o equilíbrio | equilíbrio |
|---|---|---|
| 10 mol de $N_2O_4$ | $\longrightarrow$ | $N_2O_4$ e 4 mol de $NO_2$ |
| 1 L a 100 °C | | 1 L a 100 °C |

Com base nesses dados, vamos construir uma tabela:

| | $N_2O_4 \rightleftharpoons$ | $2\ NO_2$ |
|---|---|---|
| **Início** | 10 mol | 0 |
| **Proporção** | gasta x mol | forma y mol |
| **Equilíbrio** | *z* mol | 4 mol |

Como a quantidade de $NO_2$ no início era igual a zero e no equilíbrio há 4 mol, podemos concluir que ocorreu um consumo de 2 mol de $N_2O_4$, pois a proporção estequiométrica é de:

| | $1\ N_2O_4$ | $\rightleftharpoons$ | $2\ NO_2$ |
|---|---|---|---|
| proporção | 1 | : | 2 |

Assim, temos:

| | $N_2O_4 \rightleftharpoons$ | $2\ NO_2$ |
|---|---|---|
| **Início** | 10 mol | 0 |
| **Proporção** | gasta 2 mol | forma 4 mol |
| **Equilíbrio** | 8 mol | 4 mol |

Logo, as concentrações em mol/L no equilíbrio são:

$$[N_2O_4] = \frac{8\ \text{mol}}{1\ \text{L}} = 8\ \text{mol} \cdot \text{L}^{-1} \qquad [NO_2] = \frac{4\ \text{mol}}{1\ \text{L}} = 4\ \text{mol} \cdot \text{L}^{-1}$$

Se substituirmos esses valores na expressão da $K_c$, temos:

$$K_c = \frac{[NO_2]^2}{[N_2O_4]} \Rightarrow K_c = \frac{(4\ \text{mol} \cdot \text{L}^{-1})^2}{(8\ \text{mol} \cdot \text{L}^{-1})} \Rightarrow K_c = 2\ \text{mol} \cdot \text{L}^{-1}$$

Graficamente, temos:

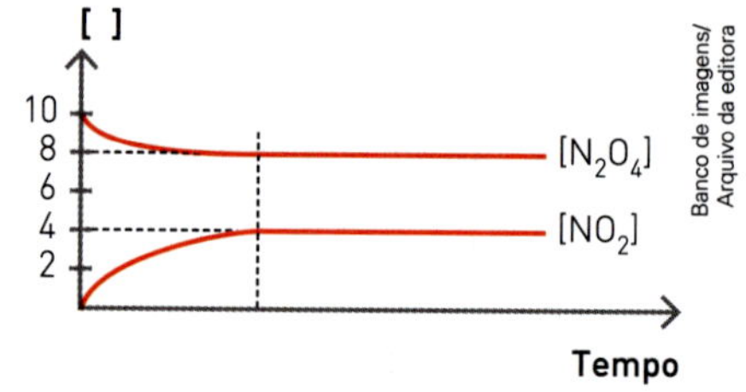


**2º experimento**

Nesse experimento, vamos partir de 20,0 mol de $N_2O_4$ (g) em um frasco de 1,0 L a 100 °C.

Após atingido o equilíbrio a 100 °C, foi constatada a presença de 5,86 mol de $NO_2$. Calcule o valor da $K_c$.

| início | | equilíbrio |
|---|---|---|
| 20,00 mol de $N_2O_4$ | após atingir o equilíbrio $\longrightarrow$ | $N_2O_4$ e 5,86 mol de $NO_2$ |
| 1 L a 100 °C | | 1 L a 100 °C |

Vamos construir uma tabela mostrando as variações de concentração durante a reação e determinar a concentração de $N_2O_4$ no equilíbrio:

| | $N_2O_4 \rightleftharpoons$ | $2\ NO_2$ |
|---|---|---|
| **Início** | 20,00 mol | 0 |
| **Proporção** | gasta 2,93 mol | forma 5,86 mol |
| **Equilíbrio** | 17,07 mol | 5,86 mol |

No equilíbrio, temos que:

$$K_c = \frac{[NO_2]^2}{[N_2O_4]} \Rightarrow K_c = \frac{(5{,}86\ \text{mol} \cdot \text{L}^{-1})^2}{(17{,}07\ \text{mol} \cdot \text{L}^{-1})} \Rightarrow K_c = 2\ \text{mol} \cdot \text{L}^{-1}$$

ou simplesmente $K_c = 2$

Note que nos dois experimentos envolvendo o mesmo equilíbrio, na mesma temperatura, o valor da $K_c$ é o mesmo.

O valor da constante para dado equilíbrio varia somente com a temperatura.

> No Ensino Superior, a dedução da $K_c$ envolve conceitos termodinâmicos mais profundos, que evidenciam que $K_c$ é adimensional (não tem unidade). Por isso, você notará que a $K_c$ aparecerá em vários exercícios como um número sem unidade (adimensional).

## A expressão de $K_c$ e a variação dos coeficientes

Um mesmo equilíbrio pode ser representado por equações balanceadas com diferentes coeficientes, como:

$$\text{(I) } 2\ NO\ (g) + O_2\ (g) \rightleftharpoons 2\ NO_2\ (g)$$

$$\text{(II) } NO\ (g) + \frac{1}{2}\ O_2\ (g) \rightleftharpoons NO_2\ (g)$$

Como a expressão da constante de equilíbrio deve ser escrita de acordo com a equação balanceada, teríamos duas expressões para a constante de equilíbrio da mesma reação:

$$K_{c_I} = \frac{[NO_2]^2}{[NO]^2 \cdot [O_2]} \qquad K_{c_{II}} = \frac{[NO_2]}{[NO] \cdot [O_2]^{\frac{1}{2}}}$$

Comparando as expressões, podemos perceber que a expressão II corresponde à raiz quadrada da expressão I.

$$K_{c_{II}} = \sqrt{K_{c_I}} \text{ ou } K_{c_I} = (K_{c_{II}})^2$$

$$\frac{[NO_2]}{[NO] \cdot [O_2]^{\frac{1}{2}}} = \sqrt{\frac{[NO_2]^2}{[NO]^2 \cdot [O_2]}}$$

Assim, se conhecermos, por exemplo, o valor da $K_{c_I}$, conseguiremos determinar o valor da $K_{c_{II}}$ na mesma temperatura.

Considere que o valor da $K_{c_I}$ seja igual a $1{,}48 \cdot 10^4$ a 184 °C; logo, o valor da $K_{c_{II}}$ na mesma temperatura será:

$$K_{c_{II}} = \sqrt{K_{c_I}}$$

$$K_{c_{II}} = \sqrt{1{,}48 \cdot 10^4}$$

$$K_{c_{II}} = 1{,}22 \cdot 10^2$$

Generalizando, temos:

$$\left.\begin{array}{ll} 1\ A\ (g) \rightleftharpoons 1\ B\ (g) & K_{c_I} = \dfrac{[B]}{[A]} \\ 2\ A\ (g) \rightleftharpoons 2\ B\ (g) & K_{c_{II}} = \dfrac{[B]^2}{[A]^2} \end{array}\right\} K_{c_{II}} = (K_{c_I})^2$$

## Interpretação do valor de $K_c$

Em alguns casos, o valor da constante de equilíbrio nos permite saber se no equilíbrio as concentrações dos produtos são maiores do que as dos reagentes e vice-versa.

Para entender essa relação, vamos estudar dois equilíbrios a 25 °C.

**I.** $H_2\ (g) + Br_2\ (g) \rightleftharpoons 2\ HBr\ (g)$

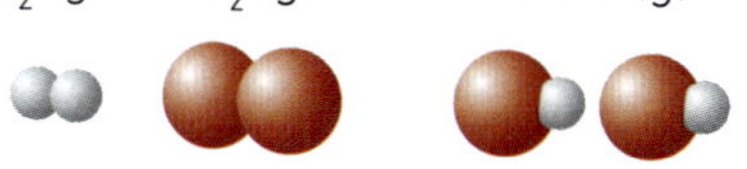

$$K_c = \frac{[HBr]^2}{[H_2][Br_2]} = 1{,}9 \cdot 10^{19}$$

O valor $1{,}9 \cdot 10^{19}$ é muito grande, o que nos permite concluir que a concentração em mol/L de HBr (numerador) é maior do que as concentrações em mol/L de $H_2$ e $Br_2$ (denominador).

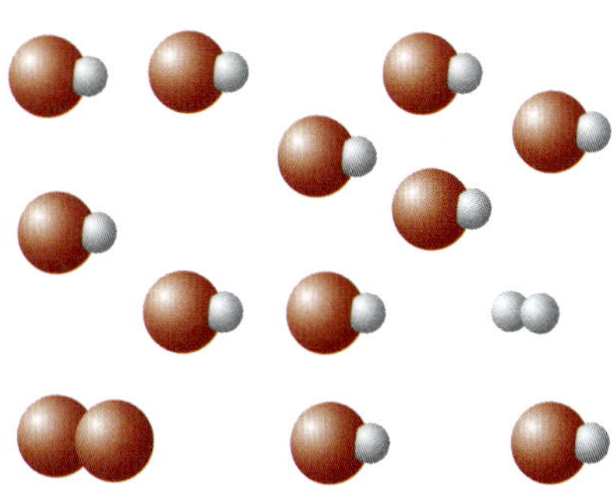

Ilustrações: Banco de imagens/Arquivo da editora

CORES FANTASIA

AUSÊNCIA DE PROPORÇÃO

Banco de imagens/Arquivo da editora

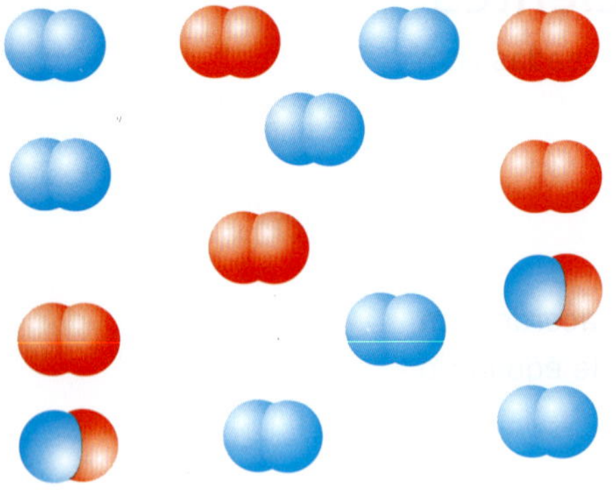

CORES FANTASIA

AUSÊNCIA DE PROPORÇÃO

**II.** $N_2\ (g) + O_2\ (g) \rightleftharpoons 2\ NO\ (g)$

$$K_c = \frac{[NO_2]^2}{[N_2][O_2]} = 4{,}1 \cdot 10^{-31}$$

O valor de $K_c$ muito pequeno indica que a concentração dos reagentes (denominadores) é maior que a dos produtos (numeradores), evidenciando que a reação inversa prevalece sobre a direta.

# Quociente da reação ($Q_c$)

O **quociente da reação ($Q_c$)** é a relação entre as concentrações em mol/L dos participantes e é expresso da mesma maneira que a constante de equilíbrio ($K_c$):

$$N_2O_4\ (g) \rightleftharpoons 2\ NO_2\ (g) \qquad Q_c = \frac{[NO_2]^2}{[N_2O_4]}$$

O $Q_c$ pode ser determinado em qualquer instante.

Relacionando a constante de equilíbrio ($K_c$) com o quociente da reação ($Q_c$), podemos determinar se os resultados dos experimentos correspondem ou não a uma situação de equilíbrio.

Quando estabelecemos a relação entre o quociente da reação e a constante de equilíbrio, podem ocorrer três situações:

- se $\frac{Q_c}{K_c} = 1$, o sistema está em equilíbrio;
- se $\frac{Q_c}{K_c} > 1$, o sistema não está em equilíbrio;
- se $\frac{Q_c}{K_c} < 1$, o sistema não está em equilíbrio.

Vamos considerar o seguinte equilíbrio a 0 °C:

$$N_2O_4\ (g) \rightleftharpoons 2\ NO_2\ (g)$$

O valor da sua constante é 0,2:

$$K_c = \frac{[NO_2]^2}{[N_2O_4]} = 0{,}2$$

Considerando três experimentos realizados à temperatura de 100 °C, temos:

| | $[NO_2]$ | $[N_2O_4]$ |
|---|---|---|
| **Experimento I** | 2 mol/L | 2 mol/L |
| **Experimento II** | 0,2 mol/L | 0,2 mol/L |
| **Experimento III** | 0,1 mol/L | 0,1 mol/L |

No experimento I, temos:

$$Q_c = \frac{[NO_2]^2}{[N_2O_4]} \Rightarrow Q_c = \frac{(2)^2}{2} \Rightarrow \left.\begin{matrix} Q_c = 2 \\ K_c = 0,2 \end{matrix}\right\} \frac{Q_c}{K_c} = \frac{2}{0,2} = 10$$

Logo, o sistema não está em equilíbrio. Para que o equilíbrio de

$$N_2O_4\ (g) \rightleftharpoons 2\ NO_2\ (g)$$

seja atingido, devemos ter uma diminuição na concentração em mol/L de $NO_2$ e um aumento na concentração em mol/L de $N_2O_4$, ou seja, a reação deve ocorrer em maior extensão para o lado esquerdo.

$Q_c = 2 \xrightarrow{\text{tende a}} K_c = 0,2$

$Q_c = \frac{[NO_2]^2 \downarrow}{[N_2O_4] \uparrow}$, em que a concentração de $NO_2$ tende a diminuir (↓), ocorrendo maior consumo de $NO_2$, e a de $N_2O_4$ deve aumentar (↑), ocorrendo maior formação de $N_2O_4$.

No experimento II, temos:

$$Q_c = \frac{[NO_2]^2}{[N_2O_4]} \Rightarrow Q_c = \frac{(0,2)^2}{0,2} \Rightarrow \left.\begin{matrix} Q_c = 0,2 \\ K_c = 0,2 \end{matrix}\right\} \frac{Q_c}{K_c} = \frac{0,2}{0,2} = 1$$

Logo, o sistema está em equilíbrio, e essas concentrações não vão se alterar com o decorrer do tempo.

No experimento III, temos:

$$Q_c = \frac{[NO_2]^2}{[N_2O_4]} \Rightarrow Q_c = \frac{(0,1)^2}{0,1} \Rightarrow \left.\begin{matrix} Q_c = 0,1 \\ K_c = 0,2 \end{matrix}\right\} \frac{Q_c}{K_c} = \frac{0,1}{0,2} = 0,5$$

$Q_c = 0,1 \xrightarrow{\text{tende a}} K = 0,2$

$Q_c = \frac{[NO_2]^2 \uparrow}{[N_2O_4] \downarrow}$, em que a concentração de $NO_2$ deve aumentar (↑), ocorrendo maior formação de $NO_2$, e a de $N_2O_4$ tende a diminuir (↓), ocorrendo maior consumo de $N_2O_4$.

Logo, o sistema não está em equilíbrio. Para que o equilíbrio seja atingido, devemos ter um aumento na concentração em mol/L de $NO_2$ e uma diminuição em mol/L de $N_2O_4$, ou seja, a reação deve ocorrer em maior extensão para o lado direito. Resumindo, temos:

| Razão | Sentido de deslocamento para atingir o equilíbrio |
|---|---|
| $\frac{Q_c}{K_c} = 1$ | está em equilíbrio = não há deslocamento |
| $\frac{Q_c}{K_c} > 1$ | ⟵ |
| $\frac{Q_c}{K_c} < 1$ | ⟶ |

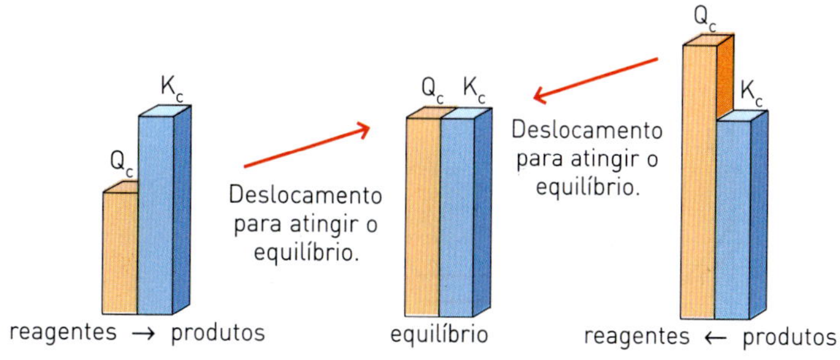

Banco de imagens/Arquivo da editora

# Exercícios resolvidos

**1.** (Vunesp-SP) Na precipitação de chuva ácida, um dos ácidos responsáveis pela acidez é o sulfúrico. Um equilíbrio envolvido na formação desse ácido na água da chuva está representado pela equação:

$$2\,SO_2\,(g) + O_2\,(g) \rightleftharpoons 2\,SO_3\,(g)$$

a) Calcule o valor da constante de equilíbrio nas condições em que, reagindo-se 6 mol · L$^{-1}$ de $SO_2$ com 5 mol · L$^{-1}$ de $O_2$, obtêm-se 4 mol · L$^{-1}$ de $SO_3$ quando o sistema atinge o equilíbrio.

b) Construa um gráfico para este equilíbrio representando as concentrações em mol/L na ordenada e o tempo na abscissa e indique o ponto onde foi estabelecido o equilíbrio.

**Solução**

a) Pelos dados, temos que:

- concentrações iniciais:
  $[SO_2] = 6$ mol · L$^{-1}$ e $[O_2] = 5$ mol · L$^{-1}$
- concentração no equilíbrio:
  $[SO_3] = 4$ mol · L$^{-1}$

Para que possamos determinar o valor da constante de equilíbrio ($K_c$), devemos conhecer as concentrações em mol/L de todos os participantes no equilíbrio. Para isso, construímos a tabela:

| | $2\,SO_2\,(g)$ + | $O_2\,(g)$ $\rightleftharpoons$ | $2\,SO_3\,(g)$ |
|---|---|---|---|
| **Início** | 6 mol | 5 mol | 0 |
| **Proporção** | gasta x mol | gasta y mol | forma 4 mol |
| **Equilíbrio** | ? | ? | 4 mol |

Como no início a quantidade de $SO_3$ era igual a zero e, no equilíbrio, a sua quantidade é de 4 mol, isso significa que foram formados 4 mol de $SO_3$. Para que isso aconteça, devem ser consumidos 4 mol de $SO_2$ e 2 mol de $O_2$, devido à proporção 2 : 1 : 2, dada pelos coeficientes da equação.

Assim, a tabela completa será:

| | $2\,SO_2\,(g)$ + | $O_2\,(g)$ $\rightleftharpoons$ | $2\,SO_3\,(g)$ |
|---|---|---|---|
| **Início** | 6 mol | 5 mol | 0 |
| **Proporção** | gasta 4 mol | gasta 2 mol | forma 4 mol |
| **Equilíbrio** | 2 mol | 3 mol | 4 mol |

O número de mol determinado corresponde às concentrações em mol/L dos componentes da reação, conforme dado no enunciado. Logo:

$$K_c = \frac{[SO_3]^2}{[SO_2]^2 \cdot [O_2]} \Rightarrow K_c = \frac{(4)^2}{(2)^2 \cdot (3)} \Rightarrow K_c = \frac{4}{3} = 1{,}33$$

b)

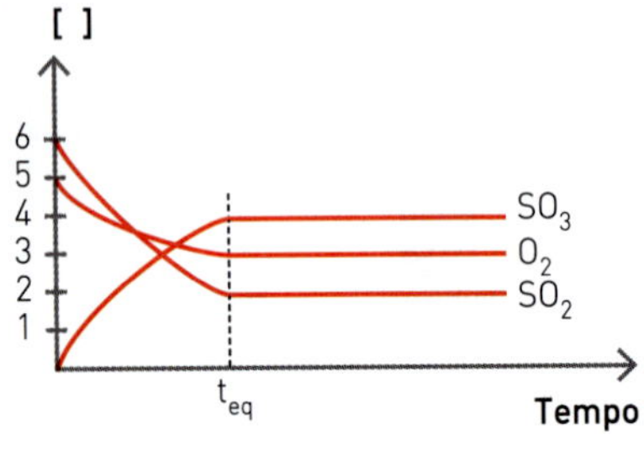


Banco de imagens/Arquivo da editora

**2.** (Fuvest-SP) A produção industrial de metanol envolve o equilíbrio representado por:

$$CO\ (g) + 2\ H_2\ (g) \rightleftharpoons CH_3OH\ (g)$$

Numa experiência de laboratório, colocaram-se 2 mol de CO e 2 mol de $CH_3OH$ num recipiente vazio de 1 L. Em condições semelhantes às do processo industrial foi alcançado o equilíbrio.

Quando a concentração de equilíbrio de $H_2$ for x mol/L, quais serão as concentrações de equilíbrio do CO e do $CH_3OH$?

**Solução**

São conhecidos:

- nº de mol no início $\begin{cases} CO = 2\ mol; \\ CH_3OH = 2\ mol; \\ H_2 = zero. \end{cases}$
- nº de mol no equilíbrio $\Rightarrow H_2 = x\ mol$; $[H_2] = x\ mol/L$.

Para determinar as concentrações em mol/L no equilíbrio, devemos construir uma tabela:

| | CO (g) + | 2 $H_2$ (g) ⇌ | $CH_3OH$ (g) |
|---|---|---|---|
| **Início** | 2 mol | 0 | 2 mol |
| **Proporção** | | | |
| **Equilíbrio** | | x mol | |

Note que no início não ocorrerá a reação direta, pois não existe $H_2$ (zero mol). Logo, devemos considerar que o $CH_3OH$ (g) é que deve ser consumido para formar o CO (g) e o $H_2$ (g).

Assim, a tabela será:

| | CO (g) + | 2 $H_2$ (g) ⇌ | $CH_3OH$ (g) |
|---|---|---|---|
| **Início** | 2 mol | 0 | 2 mol |
| **Proporção** | forma $\frac{x}{2}$ mol | forma x mol | gasta $\frac{x}{2}$ mol |
| **Equilíbrio** | $\left(2 + \frac{x}{2}\right)$ mol | x mol | $\left(2 - \frac{x}{2}\right)$ mol |

E as concentrações em mol/L serão:

$$[CO] = \frac{2 + \frac{x}{2} mol}{1\ L} = 2 + \frac{x}{z}\ mol \cdot L^{-1} \qquad [C_3OH] = \frac{2 - \frac{x}{2}\ mol}{1\ L} = 2 - \frac{x}{2}\ mol \cdot L^{-1}$$

**3.** (Faap-SP) Um recipiente fechado contém o sistema gasoso representado pela equação:

$$2\ SO_2\ (g) + O_2\ (g) \rightleftharpoons 2\ SO_3\ (g)$$

sob pressão de 6,0 atm e constituído por 0,4 mol de $SO_2$, 1,6 mol de $O_2$ e 2,0 mol de $SO_3$. Determine o valor da constante de equilíbrio do sistema em termos de pressões parciais.

**Solução**

Uma das maneiras para se resolver este exercício é determinando as frações molares (X):

$$X_{SO_3} = \frac{n_{SO_3}}{\Sigma n} = \frac{2}{4} = 0,5 \qquad X_{SO_2} = \frac{n_{SO_2}}{\Sigma n} = \frac{0,4}{4} = 0,1 \qquad X_{O_2} = \frac{n_{O_2}}{\Sigma n} = \frac{1,6}{4} = 0,4$$

Sabendo que $P_A = X_A \cdot P$ e que:

- $P_A$ = pressão parcial de A;
- $X_A$ = fração molar de A;
- P = pressão total;

temos:

$$K_p = \frac{(P_{SO_3})^2}{(P_{SO_2})^2 \cdot (P_{O_2})} \Rightarrow K_p = \frac{(X_{SO_3} \cdot P)^2}{(X_{SO_2} \cdot P)^2 \cdot (X_{O_2} \cdot P)}$$

$$K_p = \frac{(0,5 \cdot 6)^2}{(0,1 \cdot 6)^2 \cdot (0,4 \cdot 6)} \Rightarrow K_p = \frac{5 \cdot 5}{0,4 \cdot 6} \Rightarrow K_p = \frac{25}{2,4} \Rightarrow K_p = 10,4$$

**4.** Para o equilíbrio,

$$N_2\ (g) + O_2\ (g) \rightleftharpoons 2\ NO\ (g)$$

foram realizados, nas mesmas condições, dois experimentos:

**Frasco I**
10 mol de $N_2$
10 mol de $O_2$
1,0 L

**Frasco II**
20 mol de NO
1,0 L

Estabelecido o equilíbrio no frasco I, constata-se a existência de 8 mol de $N_2$.

Determine as concentrações $(mol \cdot L^{-1})$ de $N_2$, $O_2$ e NO no frasco II, ao ser estabelecido o equilíbrio.

**Solução**

Vamos calcular os números de mol de cada participante do equilíbrio no frasco I:

| | $N_2$ + | $O_2$ $\rightleftharpoons$ | 2 NO |
|---|---|---|---|
| **Início** | 10 mol | 10 mol | 0 |
| **Proporção** | gasta 2 mol | gasta 2 mol | forma 4 mol |
| **Equilíbrio** | 8 mol | 8 mol | 4 mol |

Se a reação do frasco I fosse irreversível, a quantidade de NO obtida no final seria 20 mol, o que equivale ao início do experimento do frasco II. Portanto, os experimentos I e II atingiram a mesma posição de equilíbrio com iguais quantidades de $N_2$, $O_2$ e NO.

Assim, no equilíbrio, as concentrações no frasco I serão:

$$[N_2] = [O_2] = 8\ mol \cdot L^{-1} \text{ e } [NO] = 4\ mol \cdot L^{-1}$$

Isso pode ser demonstrado matematicamente, determinando-se o valor da $K_c$:

$$\text{frasco I: } K_c = \frac{[NO]^2}{[N_2][O_2]} = \frac{(4\ mol/L)^2}{(8\ mol/L)(8\ mol/L)} = \frac{1}{4}$$

frasco II: por se tratar do mesmo equilíbrio, o valor da $K_c$ é o mesmo do frasco I.

| | $N_2$ + | $O_2$ $\rightleftharpoons$ | 2 NO |
|---|---|---|---|
| **Início** | 0 mol | 0 mol | 20 mol |
| **Proporção** | forma x | forma x | gasta 2x |
| **Equilíbrio** | x mol | x mol | (20 − 2x) |

$$K_c = \frac{[NO]^2}{[N_2][O_2]} \Rightarrow \frac{1}{4} = \frac{(20 - 2x)^2}{(x)(x)}$$

$$\sqrt{\frac{1}{4}} = \sqrt{\frac{(20 - 2x)^2}{x^2}} \Rightarrow \frac{1}{2} = \frac{20 - 2x}{x} \Rightarrow x = 8\ mol$$

Assim, nesse equilíbrio, temos:

$$[N_2] = [O_2] = x = 8\ mol/L \text{ e}$$
$$[NO] = 20 - 2x = 20 - 16 = 4\ mol/L$$

# Fundamentando seus conhecimentos

Para responder às questões **1** a **6**, considere que cada representação de molécula corresponda a 1 mol da substância.

Examine as ilustrações abaixo, referentes a três equilíbrios gasosos, a mesma temperatura, cada um deles em um frasco de 1,0 litro.

$$C_2H_4 + C\ell_2 \rightleftharpoons C_2H_4C\ell_2$$

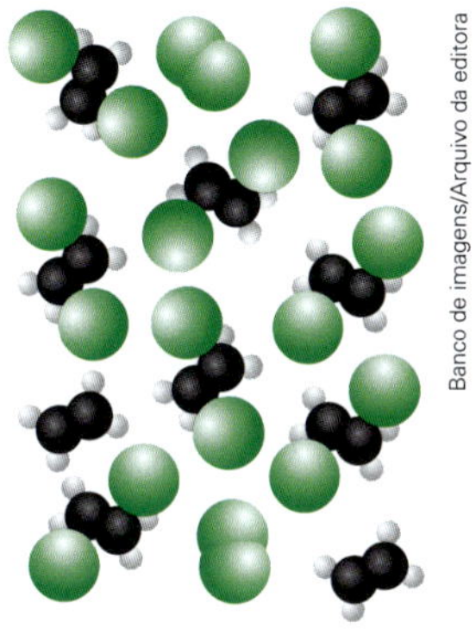


I

$$C_2H_4 + Br_2 \rightleftharpoons C_2H_4Br_2$$

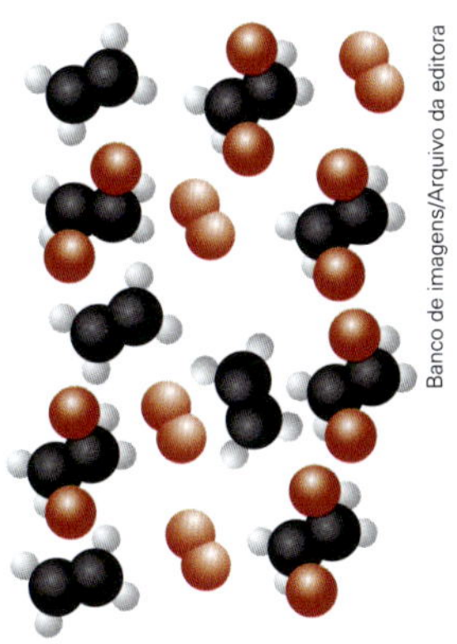


II

$$C_2H_4 + I_2 \rightleftharpoons C_2H_4I_2$$

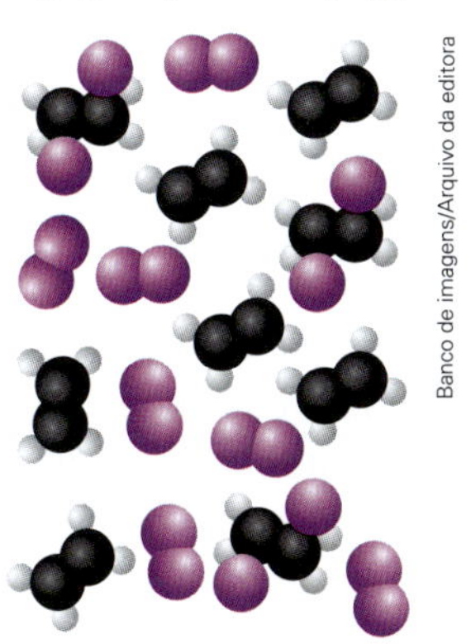


III

CORES FANTASIA | AUSÊNCIA DE PROPORÇÃO

**1.** Escreva a expressão da constante do equilíbrio I.

**2.** Determine o valor da $K_c$ do equilíbrio I.

**3.** Determine o valor da $K_c$ do equilíbrio II.

**4.** Determine o valor da $K_c$ do equilíbrio III.

**5.** Indique a ordem crescente da $K_c$ para os três equilíbrios.

**6.** Qual das três reações — cloração, bromação ou iodação — tem maior extensão?

Para o equilíbrio $H_2\,(g) + I_2\,(g) \rightleftharpoons 2\,HI\,(g)$, foram obtidos os seguintes resultados, a 445 °C em um volume de 1,0 L.

| | $H_2$ (g) + | $I_2$ (g) ⇌ | 2 HI (g) |
|---|---|---|---|
| **Início** | 0,50 mol | 0,50 mol | 0 |
| **Proporção** | gasta x | gasta x | forma 2x |
| **Equilíbrio** | 0,11 mol | y | z |

Responda às questões **7** e **8**.

**7.** Determine os valores de x, y e z.

**8.** Calcule o valor de $K_c$.

Em um frasco de 2,0 litros foi colocado 1,50 mol de $N_2O_4$, e se estabelece o seguinte equilíbrio:

$$N_2O_4\,(g) \rightleftharpoons 2\,NO_2\,(g)$$

Sabendo que no equilíbrio existe 0,12 mol de $NO_2$ e utilizando a tabela, responda às questões **9** e **10**.

| | $N_2O_4$ (g) ⇌ | 2 $NO_2$ (g) |
|---|---|---|
| **Início** | 1,50 mol | x |
| **Proporção** | y | 2y |
| **Equilíbrio** | z | 0,12 |

**9.** Determine os valores de x, y e z.

**10.** Determine o valor de $K_c$.

O gráfico a seguir deve ser utilizado para responder às questões **11** e **12**, referentes ao equilíbrio:

$$2\,CO_2\,(g) \rightleftharpoons 2\,CO\,(g) + O_2\,(g)$$

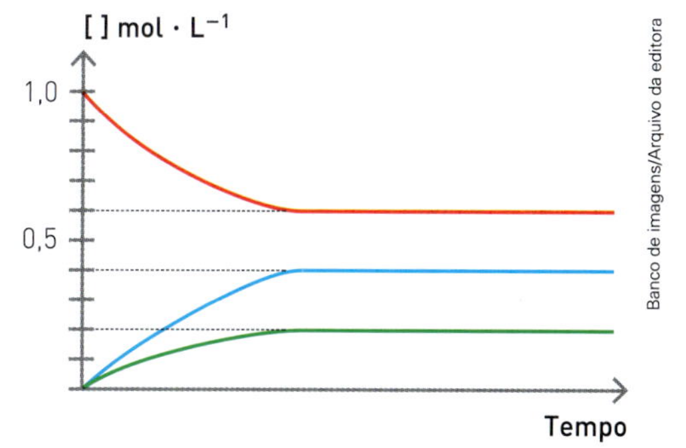

**11.** Calcule o valor de $K_c$.

**12.** A ilustração abaixo mostra um sistema em equilíbrio.

CORES FANTASIA

AUSÊNCIA DE PROPORÇÃO

Qual das ilustrações a seguir também mostra um equilíbrio entre A e B na mesma temperatura?

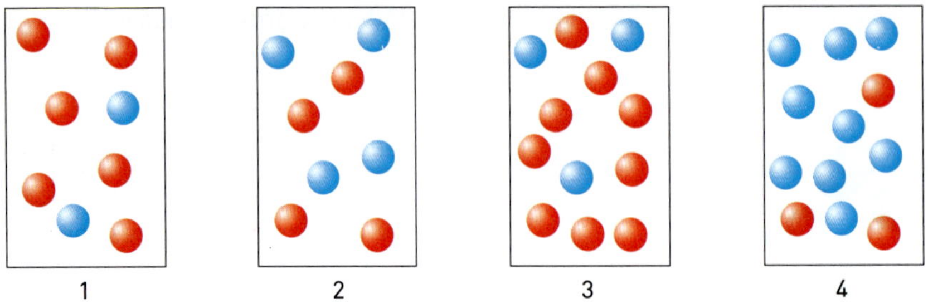


Ilustrações: Banco de imagens/Arquivo da editora

As informações a seguir devem ser utilizadas para responder às questões **13** a **15**:

Em determinada condição de pressão e temperatura, estabeleceu-se o equilíbrio:

$$2\ SO_3\ (g) \rightleftharpoons 2\ SO_2\ (g) + O_2\ (g) \qquad K_c = 5$$

A seguir, temos três situações que envolvem o mesmo equilíbrio nas mesmas condições:

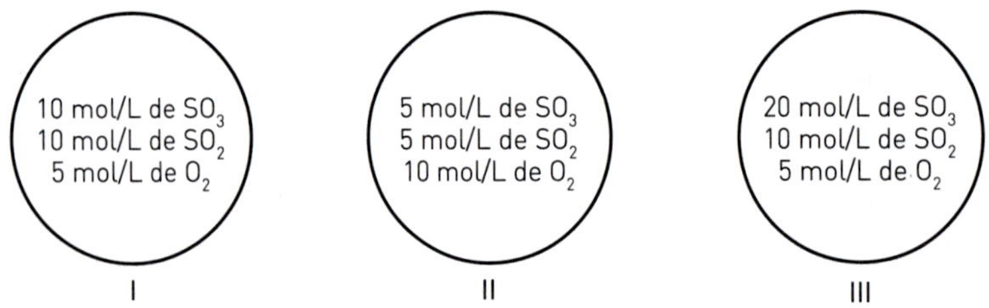


**13.** Determine o valor de $Q_c$ nas três situações.

**14.** Qual das situações está em equilíbrio?

**15.** O que deve acontecer às concentrações em mol/L das espécies $SO_3$, $SO_2$ e $O_2$ com o passar do tempo, nas três situações?

## Desenvolvendo seus conhecimentos

**1.** (PUC-MG) Na tabela abaixo, assinale a reação que favorece mais o produto.

| | Reação | $K_{eq}$ |
|---|---|---|
| a) | $2\ NO_2\ (g) \rightleftharpoons N_2O_4\ (g)$ | $1{,}0 \cdot 10^2$ |
| b) | $2\ NO\ (g) + O_2\ (g) \rightleftharpoons 2\ NO_2\ (g)$ | $6{,}4 \cdot 10^5$ |
| c) | $2\ NOBr\ (g) \rightleftharpoons 2\ NO\ (g) + Br_2\ (g)$ | $6{,}4 \cdot 10^{-2}$ |
| d) | $CH_4\ (g) + H_2O\ (g) \rightleftharpoons CO\ (g) + 3\ H_2\ (g)$ | 5,7 |

**2.** (PUC-RJ) Reações químicas dependem de energia e colisões eficazes que ocorrem entre as moléculas dos reagentes. Em sistema fechado, é de se esperar que o mesmo ocorra entre as moléculas dos produtos em menor ou maior grau até que se atinja o chamado "equilíbrio químico".

O valor da constante de equilíbrio em função das concentrações das espécies no equilíbrio, em quantidade de matéria, é um dado importante para se avaliar a extensão (rendimento) da reação quando as concentrações não se alteram mais.

Considere a tabela com as quantidades de reagentes e produtos no início e no equilíbrio, na temperatura de 100 °C, para a seguinte reação:

$$N_2O_4\ (g) \rightleftharpoons 2\ NO_2\ (g)$$

| Reagentes/ produtos | No início | No equilíbrio |
|---|---|---|
| $[N_2O_4]$ | $0{,}050\ mol \cdot L^{-1}$ | $0{,}030\ mol \cdot L^{-1}$ |
| $[NO_2]$ | $0{,}050\ mol \cdot L^{-1}$ | $0{,}090\ mol \cdot L^{-1}$ |

A constante de equilíbrio tem o seguinte valor:

a) 0,13. c) 0,50. e) 3,0.
b) 0,27. d) 1,8.

**3.** (PUC-RS) O ácido sulfúrico é um dos responsáveis pela formação da chuva ácida. O equilíbrio envolvido na formação desse ácido na água da chuva é representado pela equação:

$$2\ SO_2\ (g) + O_2\ (g) \rightleftharpoons 2\ SO_3\ (g)$$

O equilíbrio foi estabelecido em determinadas condições e está representado no gráfico, no qual as concentrações estão no eixo das ordenadas, em mol/L, e o tempo está na abscissa, em segundos.

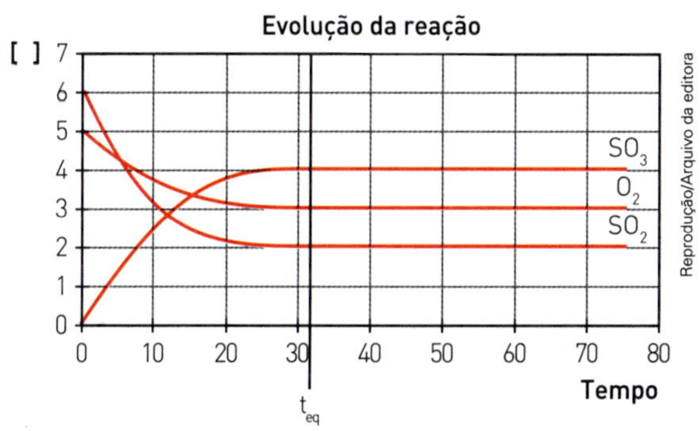


Pela análise do gráfico, é correto afirmar que a constante de equilíbrio para esse sistema é:

a) 0,66. c) 1,33. e) 3,00.
b) 0,75. d) 1,50.

**4.** (UFC-CE) Considerando um reservatório mantido à temperatura constante, tem-se estabelecido o equilíbrio químico $PC\ell_5\ (g) \rightleftharpoons PC\ell_3\ (g) + C\ell_2\ (g)$, sendo que as pressões parciais no equilíbrio são $p(PC\ell_5) = 0{,}15$ atm, $p(PC\ell_3) = 0{,}30$ atm e $p(C\ell_2) = 0{,}10$ atm. Indique a alternativa correta para o valor de $K_p$ (em atm) da reação.

a) 0,05 c) 0,15 e) 0,25
b) 0,10 d) 0,20

**5.** (UnB-DF) O pentacloreto de fósforo é um reagente muito importante em Química Orgânica. Ele é preparado em fase gasosa através da reação:

$$PC\ell_3\ (g) + C\ell_2\ (g) \rightleftharpoons PC\ell_5\ (g)$$

Um frasco de 3,00 L contém as seguintes quantidades de equilíbrio, a 200 °C: 0,120 mol de $PC\ell_5$; 0,600 mol de $PC\ell_3$; e 0,0120 mol de $C\ell_2$. Calcule o valor da constante de equilíbrio, em $(mol/L)^{-1}$, a essa temperatura.

**6.** (Ufla-MG) O gás fosgênio ($COC\ell_2$) foi utilizado como arma química na 1ª Guerra Mundial; em seguida, na Etiópia, durante o seu conflito com a Itália. Esse gás foi abandonado como arma em razão de sua baixa toxicidade e por apresentar odor característico. O fosgênio pode ser obtido pela reação:

$$CO\ (g) + C\ell_2\ (g) \rightleftharpoons COC\ell_2\ (g)$$

a) Represente a expressão da constante de equilíbrio da reação.
b) Represente o gráfico da concentração de CO (g) e $COC\ell_2$ (g) em função do tempo, considerando que a concentração do reagente é maior que a concentração do produto no equilíbrio.
c) A expressão da constante de equilíbrio para uma reação hipotética é $K\ (eq) = ([B] \cdot [C])/[A]^2$. Calcule a constante de equilíbrio. (As concentrações no equilíbrio são: $[A] = 0{,}1$; $[B] = 0{,}2$ e $[C] = 0{,}8$.)

**7.** (Udesc) Observe a reação de formação do ácido iodídrico:

$$H_2\ (g) + I_2\ (g) \rightleftharpoons 2\ HI\ (g)$$

(Dados: Concentração de $HI = 2{,}0 \cdot 10^{-3}\ mol \cdot L^{-1}$; concentração de $I_2 = 1{,}0 \cdot 10^{-3}\ mol \cdot L^{-1}$; na temperatura de 500 K, a constante de equilíbrio da reação é 160.)

Indique a alternativa que determina a concentração de $H_2$.

a) $9{,}4 \cdot 10^{-5}\ mol \cdot L^{-1}$ d) $5{,}2 \cdot 10^{-5}\ mol \cdot L^{-1}$
b) $2{,}5 \cdot 10^{-5}\ mol \cdot L^{-1}$ e) $9{,}4 \cdot 10^{-4}\ mol \cdot L^{-1}$
c) $2{,}5 \cdot 10^{-4}\ mol \cdot L^{-1}$

**8.** (Unifenas-MG) Na tabela abaixo estão mostrados os dados referentes à reação química.

$$2\ N_2H_4\ (g) + 2\ NO_2\ (g) \rightleftharpoons 3\ N_2\ (g) + 4\ H_2O\ (g)$$

| | $[N_2H_4]$ | $[NO_2]$ | $[N_2]$ | $[H_2O]$ |
|---|---|---|---|---|
| **Início** | 1,2 | 0,9 | – | – |
| **Equilíbrio** | X | Y | Z | 0,8 |

Os valores de X, Y e Z são, respectivamente:

a) 0,40; 0,40 e 0,60.
b) 0,80; 0,50 e 0,60.
c) 0,80; 0,40 e 0,50.
d) 0,40; 0,25 e 0,30.
e) 0,60; 0,30 e 0,60.

**9.** (PUC-MG) Considere o equilíbrio químico: A + 2 B $\rightleftharpoons$ C + 2 D e as seguintes concentrações iniciais:

| [A]/mol · $L^{-1}$ | [B]/mol · $L^{-1}$ | [C]/mol · $L^{-1}$ | [D]/mol · $L^{-1}$ |
|---|---|---|---|
| 1 | 1 | 0 | 0 |

A 25 °C, para 1 litro de reagente, o equilíbrio foi atingido quando 0,5 mol do reagente B foi consumido. Assinale o valor da constante de equilíbrio da reação.

a) 3

b) 4

c) $\frac{1}{4}$

d) $\frac{1}{3}$

**10.** (PUC-RJ) Para a síntese do metanol, foram utilizadas as seguintes concentrações das espécies em quantidade de matéria: [CO] = 1,75 mol · $L^{-1}$, [$H_2$] = 0,80 mol · $L^{-1}$ e [$CH_3OH$] = 0,65 mol · $L^{-1}$.

Ao se atingir o equilíbrio químico, numa dada temperatura, constatou-se que a concentração da espécie CO, em quantidade de matéria, estabilizou em 1,60 mol · $L^{-1}$.

$$CO\ (g) + 2\ H_2\ (g) \rightleftharpoons CH_3OH\ (g)$$

Pede-se:

a) a expressão da constante de equilíbrio em função das concentrações das espécies em quantidade de matéria;

b) o valor numérico da constante de equilíbrio mostrando o encaminhamento por meio dos cálculos necessários.

**11.** (UFRJ) O metanol pode ser obtido industrialmente pela reação entre o monóxido de carbono e o hidrogênio, conforme a equação adiante:

$$CO\ (g) + 2\ H_2\ (g) \rightleftharpoons CH_3OH\ (g)$$

A uma certa temperatura, em um recipiente de 2 L, são introduzidos 4,0 mol de monóxido de carbono e 4,0 mol de hidrogênio. Após um certo tempo, o processo atinge um equilíbrio quando é formado 1 mol de metanol.

Calcule a constante de equilíbrio ($K_c$) nas condições para a reação anterior.

**12.** (UFPE) Considere o sistema abaixo em equilíbrio:

$$2\ HI\ (g) \rightleftharpoons H_2\ (g) + I_2\ (g) \qquad K_c = 0{,}02$$

Qual a constante de equilíbrio da reação inversa nas mesmas condições?

**13.** (Unicamp-SP) Uma equação química é uma equação matemática no sentido de representar uma igualdade: todos os átomos e suas quantidades que aparecem nos reagentes também devem constar nos produtos. Considerando uma equação química e sua correspondente constante de equilíbrio, pode-se afirmar corretamente que, multiplicando-se todos os seus coeficientes por 2, a constante de equilíbrio associada a esta nova equação será:

a) o dobro da constante da primeira equação química, o que está de acordo com um produtório.

b) o quadrado da constante da primeira equação, o que está de acordo com um produtório.

c) igual à da primeira equação, pois ela é uma constante, o que está de acordo com um somatório.

d) a constante da primeira equação multiplicada por $\ell n\ 2$, o que está de acordo com um somatório.

**14.** (Uece) A 1 200 °C, $K_c$ é igual a 8 para a reação:

$$NO_2\ (g) \rightleftharpoons NO\ (g) + \frac{1}{2}\ O_2\ (g)$$

Calcule $K_c$ para:

$$2\ NO_2\ (g) \rightleftharpoons 2\ NO\ (g) + O_2\ (g)$$

a) 16

b) 4

c) 32

d) 64

**15.** (UFJP/Pism-MG) Considere os seguintes equilíbrios que envolvem $CO_2$ (g) e suas constantes de equilíbrio correspondentes:

$$CO_2\ (g) \rightleftharpoons CO\ (g) + \frac{1}{2}\ O_2\ (g) \quad K_1$$

$$2\ CO\ (g) + O_2\ (g) \rightleftharpoons 2\ CO_2\ (g) \quad K_2$$

Marque a alternativa que correlaciona as duas constantes de equilíbrio das duas reações anteriores.

a) $K_2 = \frac{1}{(K_1)^2}$
b) $K_2 = (K_1)^2$
c) $K_2 = K_1$
d) $K_2 = \frac{1}{K_1}$
e) $K_2 = (K_1)^{\frac{1}{2}}$

**16.** (UFRGS-RS) Abaixo estão mostradas duas reações em fase gasosa, com suas respectivas constantes de equilíbrio.

$$CO\ (g) + H_2O\ (g) \rightleftharpoons CO_2\ (g) + H_2\ (g) \quad K = 0{,}23$$

$$CH_4\ (g) + H_2O\ (g) \rightleftharpoons CO\ (g) + 3\ H_2\ (g) \quad K = 0{,}20$$

Pode-se concluir que, nessas mesmas condições, a constante de equilíbrio para a reação

$$CH_4\ (g) + 2\ H_2O\ (g) \rightleftharpoons CO_2\ (g) + 4\ H_2\ (g)$$

é de:

a) 0,030.
b) 0,046.
c) 0,230.
d) 0,430.
e) 1,150.

**17.** (Enem) Vários ácidos são utilizados em indústrias que descartam seus efluentes nos corpos-d'água, como rios e lagos, podendo afetar o equilíbrio ambiental. Para neutralizar a acidez, o sal carbonato de cálcio pode ser adicionado ao efluente, em quantidades apropriadas, pois produz bicarbonato, que neutraliza a água. As equações envolvidas no processo são apresentadas:

I. $CaCO_3\ (s) + CO_2\ (g) + H_2O\ (\ell) \rightleftharpoons Ca^{2+}\ (aq) + 2\ (HCO_3)\ (aq)$
II. $(HCO_3)^-\ (aq) \rightleftharpoons H^+\ (aq) + (CO_3)^{2-}\ (aq) \quad K_1 = 3{,}0 \cdot 10^{-11}$
III. $CaCO_3\ (s) \rightleftharpoons Ca^{2+}\ (aq) + (CO_3)^{2-}\ (aq) \quad K_2 = 6{,}0 \cdot 10^{-9}$
IV. $CO_2\ (g) + H_2O\ (\ell) \rightleftharpoons H^+\ (aq) + (HCO_3)^-\ (aq) \quad K_3 = 2{,}5 \cdot 10^{-7}$

Com base nos valores das constantes de equilíbrio das reações II, III e IV a 25 °C, qual é o valor numérico da constante de equilíbrio da reação I?

a) $4{,}5 \cdot 10^{-26}$
b) $5{,}0 \cdot 10^{-5}$
c) $0{,}8 \cdot 10^{-9}$
d) $0{,}2 \cdot 10^{5}$
e) $2{,}2 \cdot 10^{26}$

**18.** (Uerj) O programa brasileiro de produção de etanol já despertou o interesse de várias nações. O etanol, além de ser uma ótima alternativa de combustível, também é utilizado em várias aplicações industriais, como, por exemplo, a produção do etanoato de etila, um flavorizante de larga aplicação.

Em um experimento que verificava o estado de equilíbrio nos processos reversíveis, o etanoato de etila foi sintetizado por meio da seguinte reação química:

$$\text{etanoico} + \text{etanol} \rightleftharpoons \text{etanoato de etila} + \text{água}$$

Admita que, nesse experimento, T = 25 °C, P = 1 atm e $K_c = 4{,}00$.

Quatro amostras, retiradas aleatoriamente da mistura reacional, foram submetidas à análise para determinar a quantidade de matéria de cada uma das substâncias presentes. Os resultados em mol/L estão indicados na tabela a seguir:

| Amostra | Etanoico | Etanol | Etanoato de etila | Água |
|---|---|---|---|---|
| w | 0,04 | 0,01 | 0,08 | 0,02 |
| x | 0,01 | 0,05 | 0,06 | 0,01 |
| y | 0,04 | 0,01 | 0,04 | 0,04 |
| z | 0,01 | 0,02 | 0,04 | 0,02 |

A amostra que ainda não atingiu o estado de equilíbrio é:

a) w
b) x
c) y
d) z

# Desafiando seus conhecimentos

**1.** (Unicid/MED-SP) Considere os equilíbrios:

1. $2\ SO_2\ (g) + O_2\ (g) \rightleftharpoons 2\ SO_3\ (g)$
   $K_C = 9{,}9 \cdot 10^{25}$ a 25 °C
2. $O_2\ (g) + N_2\ (g) \rightleftharpoons 2\ NO\ (g)$
   $K_C = 4{,}0 \cdot 10^{-30}$ a 25 °C

a) Com base nos valores de $K_C$ informe a direção preferencial de cada um desses sistemas.

b) A que fenômeno ambiental a equação 1 pode ser corretamente relacionada? Explique como ela participa da formação desse fenômeno.

**2.** (UEL-PR) A figura a seguir representa a quantidade de moléculas de frutose e glicose, em solução aquosa, a 25 °C e em equilíbrio químico, de acordo com a equação:

Frutose (aq) $\rightleftharpoons$ Glicose (aq)

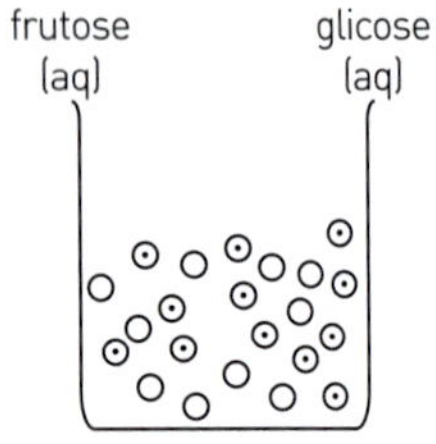

Reprodução/Arquivo da editora

(Dados: Volume da solução igual a 3,0 L;
○ representação de 1 molécula de frutose;
⊙ representação de 1 molécula de glicose.)

A constante de equilíbrio a 25 °C para a reação é igual a:

a) 0,40.
b) 0,83.
c) 0,28.
d) 1,20.
e) 1,00.

**3.** (Uece) O tetróxido de dinitrogênio gasoso, utilizado como propelente de foguetes, dissocia-se em dióxido de nitrogênio, um gás irritante para os pulmões, que diminui a resistência às infecções respiratórias.

$$N_2O_4\ (g) \rightleftharpoons 2\ NO_2\ (g)$$

Considerando que no equilíbrio a 60 °C a pressão parcial do tetróxido de dinitrogênio é 1,4 atm e a pressão parcial do dióxido de nitrogênio é 1,8 atm a constante de equilíbrio $K_P$ será, em termos aproximados:

a) 1,09 atm.
b) 1,67 atm.
c) 2,09 atm.
d) 2,31 atm.

**4.** (UFRGS-RS) A constante de equilíbrio da reação

$$CO\ (g) + 2\ H_2(g) \rightleftharpoons CH_3OH\ (g)$$

tem o valor de 14,5 a 500 K. As concentrações de metanol e de monóxido de carbono foram medidas nesta temperatura em condições de equilíbrio, encontrando-se, respectivamente, 0,145 mol · $L^{-1}$ e 1 mol · $L^{-1}$.

Com base nesses dados, é correto afirmar que a concentração de hidrogênio, em mol · $L^{-1}$, deverá ser:

a) 0,01
b) 0,1
c) 1
d) 1,45
e) 14,5

**5.** (Uespi) Um exemplo de impacto humano sobre o meio ambiente é o efeito da chuva ácida sobre a biodiversidade dos seres vivos. Os principais poluentes são ácidos fortes que provêm das atividades humanas. O nitrogênio e o oxigênio da atmosfera podem reagir para formar o NO, mas a reação, mostrada abaixo, endotérmica, é espontânea somente a altas temperaturas, como nos motores de combustão interna dos automóveis e centrais elétricas:

$$N_2\ (g) + O_2\ (g) \rightleftharpoons 2\ NO\ (g)$$

Sabendo que as concentrações de $N_2$ e $O_2$ no equilíbrio acima, a 800 °C, são iguais a 0,10 mol · $L^{-1}$ para ambos, calcule a concentração molar de NO no equilíbrio se $K = 4{,}0 \cdot 10^{-20}$ a 800 °C.

a) $6{,}0 \cdot 10^{-7}$
b) $5{,}0 \cdot 10^{-8}$
c) $4{,}0 \cdot 10^{-9}$
d) $3{,}0 \cdot 10^{-10}$
e) $2{,}0 \cdot 10^{-11}$

**6.** (PUC-RJ) O gráfico abaixo mostra o caminho da reação de conversão de um reagente (R) em um produto (P), tendo r e p como coeficientes estequiométricos. A cinética da reação é de primeira ordem.

$$1\ R \rightleftharpoons 1\ P$$

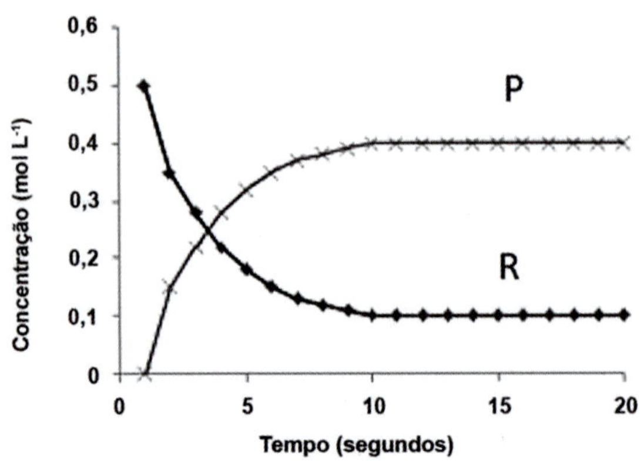

Reprodução/PUC-RJ, 2016.

A partir das informações do gráfico é certo que

a) a reação é completa.
b) o valor da constante de equilíbrio é 4.
c) o equilíbrio reacional é alcançado somente a partir de 15 s.
d) a velocidade da reação é maior em 10 s do que em 5 s.
e) a reação tem os coeficientes r e p iguais a 2 e 1 respectivamente.

**7.** (Fuvest-SP) Certas quantidades de água comum ($H_2O$) e de água deuterada ($D_2O$) — água que contém átomos de deutério em lugar de átomos de hidrogênio — foram misturadas. Ocorreu a troca de átomos de hidrogênio e de deutério, formando-se moléculas de HDO e estabelecendo-se o equilíbrio (estado I).

As quantidades, em mol, de cada composto no estado I estão indicadas pelos patamares, no diagrama.

$$H_2O + D_2O \rightleftharpoons 2\ HDO$$

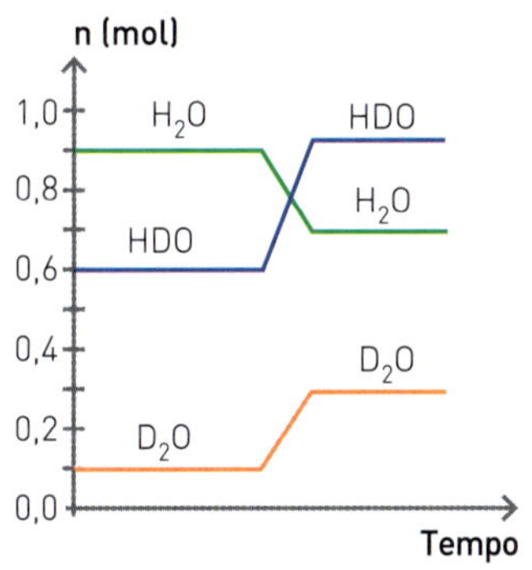


Reprodução/Arquivo da editora

Depois de certo tempo, mantendo-se a temperatura constante, acrescentou-se mais água deuterada, de modo que a quantidade de $D_2O$, no novo estado de equilíbrio (estado II), fosse o triplo daquela antes da adição. As quantidades, em mol, de cada composto envolvido no estado II estão indicadas pelos patamares, à direita, no diagrama.

A constante de equilíbrio, nos estados I e II, tem, respectivamente, os valores:

a) 0,080 e 0,25.
b) 4,0 e 4,0.
c) 6,6 e 4,0.
d) 4,0 e 12.
e) 6,6 e 6,6.

**8.** (FGV-SP)

Estudos ambientais revelaram que o ferro é um dos metais presentes em maior quantidade na atmosfera, apresentando-se na forma do íon de ferro 3+ hidratado, $[Fe(H_2O)_6]^{3+}$. O íon de ferro na atmosfera se hidrolisa de acordo com a equação

$$[Fe(H_2O)_6]^{3+} \rightleftharpoons [Fe(H_2O)_5OH]^{2+} \quad H^+$$

(*Química Nova*, vol. 25, nº 2, 2002. Adaptado)

Um experimento em laboratório envolvendo a hidrólise de íons de ferro em condições atmosféricas foi realizado em um reator de capacidade de 1,0 L. Foi adicionado inicialmente 1,0 mol de $[Fe(H_2O)_6]^{3+}$ e, após a reação atingir o equilíbrio, havia sido formado 0,05 mol de íons $H^+$. A constante de equilíbrio dessa reação nas condições do experimento tem valor aproximado igual a:

a) $2{,}5 \cdot 10^{-1}$.
b) $2{,}5 \cdot 10^{-3}$.
c) $2{,}5 \cdot 10^{-4}$.
d) $5{,}0 \cdot 10^{-2}$.
e) $5{,}0 \cdot 10^{-3}$.

**9.** (Fasm-SP) Analise os gráficos dos sistemas 1 e 2.

**SISTEMA 1**

Reprodução/FASM, 2017.

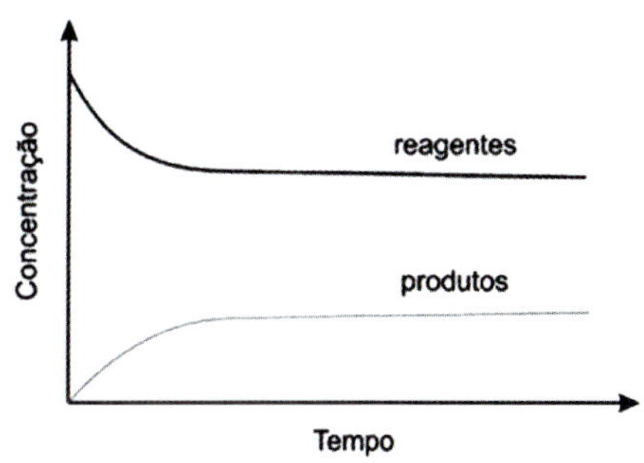


**SISTEMA 2**

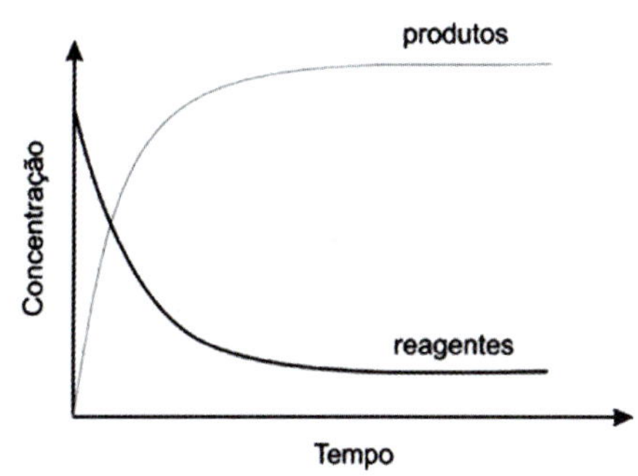


Os gráficos mostram a variação da concentração de reagentes e de produtos em dois sistemas, em que ocorrem, respectivamente, as reações genéricas $A \rightleftharpoons B$ e $X \rightleftharpoons Y$ até que ambos entrem em equilíbrio dinâmico.

a) Considerando que ambos os equilíbrios ocorrem na mesma temperatura, determine qual das reações apresenta a maior constante de equilíbrio. Justifique sua resposta.
b) Considere que, em um recipiente de 5 litros, foi adicionado 0,3 mol da substância A. Calcule a concentração da substância B no sistema em equilíbrio e a constante de equilíbrio para o sistema 1, sabendo que apenas 20% de A se converteu em B.

**10.** (Udesc) As reações químicas dependem de colisões eficazes que ocorrem entre as moléculas dos reagentes. Quando se pensa em sistema fechado, é de se esperar que as colisões ocorram entre as moléculas dos produtos em menor ou maior grau, até que se atinja o equilíbrio químico. À temperatura ambiente, o $NO_2$ (g), gás castanho-avermelhado, está sempre em equilíbrio com o seu dímero, o $N_2O_4$ (g), gás incolor. Em um experimento envolvendo a dissociação de $N_2O_4$ (g) em $NO_2$ (g) coletaram-se os seguintes dados: a amostra inicial de $N_2O_4$ (g), utilizada foi de 92 g em um dado momento a soma dos componentes $N_2O_4$ (g) e $NO_2$ (g) foi de 1,10 mol.

Com base nesses dados, pode-se dizer que a quantidade dissociada em mols de $N_2O_4$ (g) é:

a) 0,20.
b) 0,10.
c) 0,40.
d) 0,60.
e) 0,80.

**11.** (ITA-SP) Quantidades iguais de $H_2$ (g) e $I_2$ (g) foram colocadas em um frasco, com todo o sistema à temperatura T, resultando na pressão total de 1 bar. Verificou-se que a produção de HI (g) cuja pressão parcial foi de 22,8 kPa. Assinale a alternativa que apresenta o valor que mais se aproxima do valor correto da constante de equilíbrio desta reação.

Dado: 1 bar = 100 kPa.

a) 0,295.
b) 0,350.
c) 0,490.
d) 0,590.
e) 0,700.

**12.** (ITA-SP) Considere as seguintes reações químicas e respectivas constantes de equilíbrio:

$$N_2\,(g) + O_2\,(g) \rightleftharpoons 2\,NO\,(g) \qquad K_1$$
$$2\,NO\,(g) + O_2\,(g) \rightleftharpoons 2\,NO_2\,(g) \qquad K_2$$
$$NO_2\,(g) \rightleftharpoons \frac{1}{2}\,N_2\,(g) + O_2\,(g) \qquad K_3$$

Então, $K_3$ é igual a:

a) $\dfrac{1}{(K_1 \cdot K_2)}$.

b) $\dfrac{1}{(2 \cdot K_1 \cdot K_2)}$.

c) $\dfrac{1}{(4 \cdot K_1 \cdot K_2)}$.

d) $\left(\dfrac{1}{K_1 \cdot K_2}\right)^{\frac{1}{2}}$.

e) $\left(\dfrac{1}{K_1 \cdot K_2}\right)^{2}$.

**13.** (Acafe-SC) Considere os seguintes equilíbrios químicos hipotéticos e suas respectivas constantes de equilíbrio (K) sob temperatura de 400 K.

$$2\,A\,(g) + 3\,B_2\,(g) \rightleftharpoons 2\,AB_3\,(g) \qquad K_I$$
$$AB_3\,(g) + B_2\,(g) \rightleftharpoons AB_5\,(g) \qquad K_{II}$$
$$2\,A\,(g) + 5\,B_2\,(g) \rightleftharpoons 2\,AB_5\,(g) \qquad K_{III}$$

Assinale a alternativa que melhor representa o valor de $K_{III}$:

a) $K_{III} = 2 \cdot K_I \cdot K_{II}$.
b) $K_{III} = 2 \cdot K_I + K_{II}$.
c) $K_{III} = K_I \cdot (K_{II})^2$.
d) $K_{III} = (K_I)^2 + K_{II}$.

**14.** (Unifesp) Certo produto utilizado como "tira-ferrugem" contém solução aquosa de ácido oxálico, $H_2C_2O_4$ a 2% (m/V). O ácido oxálico é um ácido diprótico e em suas soluções aquosas ocorrem duas reações de dissociação simultâneas, representadas pelas seguintes equações químicas:

Primeira dissociação:

$H_2C_2O_4\,(aq) \rightleftharpoons (HC_2O_4)^-\,(aq) + H^+\,(aq)$;
$K_{a_1} = 5{,}9 \cdot 10^{-2}$

Segunda dissociação:

$(HC_2O_4)^-\,(aq) \rightleftharpoons (C_2O_4)^{2-}\,(aq) + H^+\,(aq)$;
$K_{a_2} = 6{,}4 \cdot 10^{-2}$

Equilíbrio global:

$H_2C_2O_4\,(aq) \rightleftharpoons (C_2O_4)^{2-}\,(aq) + 2\,H^+\,(aq)$; $K_a = ?$

a) Expresse a concentração de ácido oxálico no produto em g/L e em mol/L.
b) Escreva a expressão da constante $K_a$ do equilíbrio global e calcule seu valor numérico a partir das constantes $K_{a_1}$ e $K_{a_2}$.

Dados: C = 12; H = 1; O = 16.

**15.** (Fuvest-SP) Coloca-se para reagir, em um recipiente isolado e de volume constante, um mol de gás hidrogênio e um mol de vapor de iodo, ocorrendo a formação de HI (g), conforme representado pela equação química

$$H_2\,(g) + I_2\,(g) \rightleftharpoons 2\,HI\,(g)$$

Atingido o equilíbrio químico, a uma dada temperatura (mantida constante), as pressões parciais das substâncias envolvidas satisfazem a igualdade

$$\frac{\left(P_{HI}\right)^2}{P_{H_2} \cdot P_{I_2}} = 55.$$

a) Calcule a quantidade de matéria, em mol, de HI (g) no equilíbrio.
b) Expresse o valor da pressão parcial de hidrogênio como função do valor da pressão total da mistura, no equilíbrio.

CAPÍTULO 28

# Deslocamento de equilíbrio

## Princípio de Le Chatelier

Quando um sistema está em equilíbrio, a velocidade da reação direta é igual à velocidade da reação inversa e as concentrações molares de todos os participantes permanecem constantes.

Se, sobre esse equilíbrio, não ocorrer a ação de nenhum agente externo, ele tende a permanecer nessa situação indefinidamente. Porém, se for exercida uma ação externa sobre esse equilíbrio, ele tende a reagir de maneira a minimizar os efeitos dessa ação.

Esse é o tema do **Princípio de Le Chatelier**, publicado em 1884.

Este princípio é fácil de ser entendido quando se considera que **a constante de equilíbrio depende somente da temperatura**. Ou seja, a constante de equilíbrio não se altera com variações das concentrações dos participantes, do volume ou da pressão exercida.

Os fatores que podem afetar a condição de equilíbrio de um sistema são: concentração, pressão, temperatura.

A seguir, vamos analisar a influência de cada um dos fatores que podem afetar o equilíbrio.

Rita Barreto/Fotoarena

Os "galinhos do tempo", típicos de Portugal, são revestidos de material absorvente impregnado de cloreto de cobalto ($CoC\ell_2$). Esse composto tem a propriedade de mudar de cor quando entra em contato com água: em ambiente seco, tem coloração azul; já em ambiente úmido, fica rosa. Trata-se de um processo reversível: se o mudarmos para um ambiente com umidade diversa, ele muda de cor novamente.

O cloreto de cobalto tem aplicação na fabricação de alguns tipos de cartões indicadores de umidade, úteis, por exemplo, para verificar se embalagens contendo produtos eletrônicos foram armazenadas de forma apropriada antes da venda. Entretanto, compostos contendo cobalto são potencialmente tóxicos para o sistema respiratório e a pele.

## Influência da concentração

Uma analogia muito interessante para relacionar o comportamento de um equilíbrio pode ser representada pela ilustração a seguir. Considerando dois tanques conectados que contêm determinada quantidade de água, de modo que o conector esteja parcialmente preenchido, ao se adicionar água ao tanque A até preenchê-lo, será observado um intenso fluxo de água no sentido do tanque B, até que ambos os tanques apresentem o mesmo volume de água. Neste momento, dizemos que o equilíbrio foi atingido. É importante frisar que, a partir desse instante, o volume dos tanques permanecerá o mesmo, e a água continuará transitando constantemente entre os tanques.

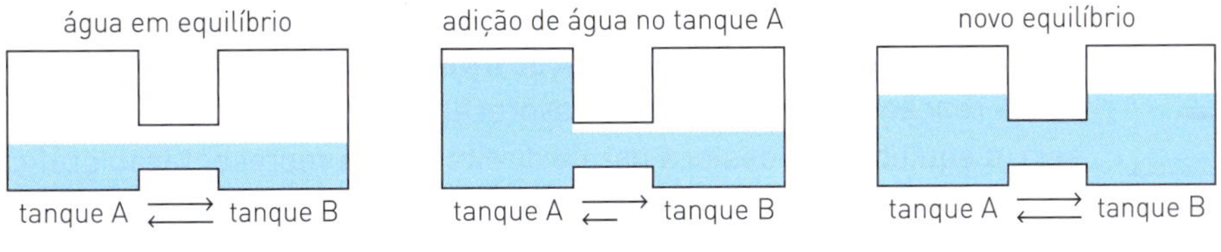


Banco de imagens/Arquivo da editora

Agora, ao retirarmos água do tanque A, observaremos um intenso fluxo de água no sentido do tanque A, até que, novamente, ambos os tanques apresentem o mesmo volume de água, atingindo assim um novo estado de equilíbrio.

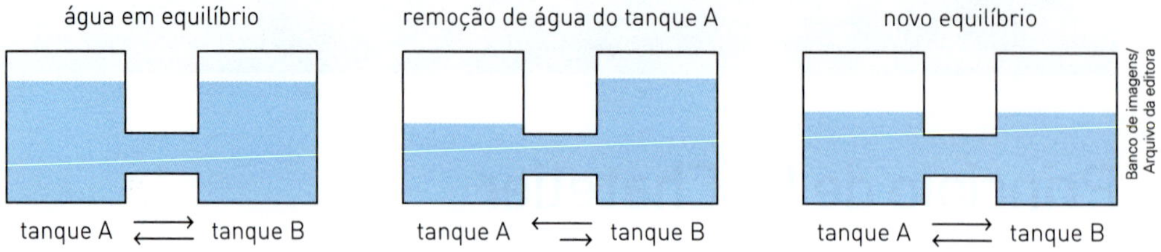


Vejamos como se comporta um equilíbrio químico, considerando o exemplo a seguir.

$$C\ (s) + CO_2\ (g) \rightleftharpoons 2\ CO\ (g)$$

Ele servirá de exemplo para nosso estudo, e vamos analisar o seu comportamento em três situações.

## 1ª situação

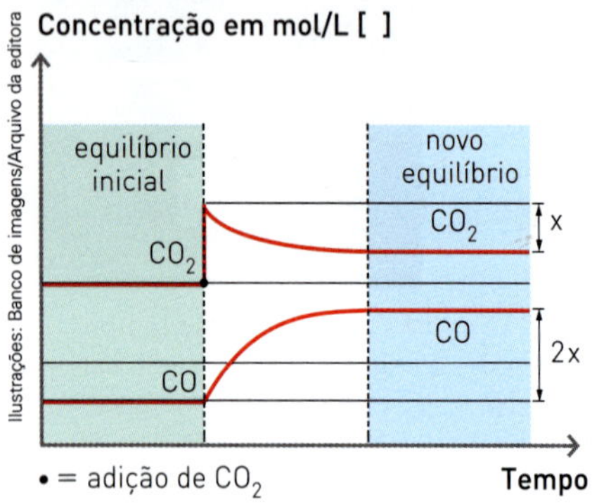


- **1ª situação — Adição de $CO_2$ (g)**

Quando adicionamos $CO_2$ (g) à mistura em equilíbrio, imediatamente ocorre um aumento em sua concentração, o que acarreta no consequente aumento do número de choques entre o C (s) e o $CO_2$ (g). Reagindo a essa mudança de condição, há um aumento na velocidade da reação direta, favorecendo a formação de CO (g), ou seja, o equilíbrio se desloca para o lado direito.

Com o decorrer da reação, a concentração de $CO_2$ (g) diminui, ao passo que a concentração de CO (g) aumenta até o sistema atingir uma nova situação de equilíbrio.

O gráfico ao lado pode representar essa situação.

Outra maneira de entendermos o deslocamento desse equilíbrio se dá por meio de uma análise da expressão de $K_c$.

$$K_c = \frac{[CO]^2}{[CO_2]}$$

Ao introduzir $CO_2$ (g) à mistura em equilíbrio, estamos aumentando sua concentração ($[CO_2]\uparrow$) e, como a constante $K_c$ não varia, a concentração do CO ($[CO]\uparrow$) também deve aumentar para manter a igualdade matemática.

Se tivéssemos adicionado C (s) ao equilíbrio, não haveria alteração, pois a concentração de um sólido é constante e não depende de sua quantidade.

## 2ª situação

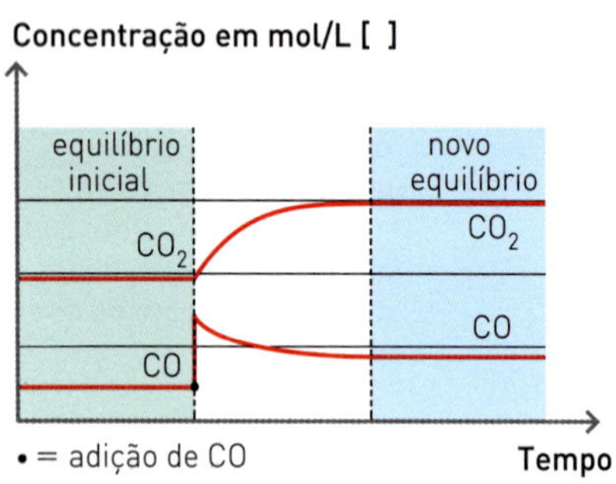


- **2ª situação — Adição de CO (g)**

Quando adicionamos CO (g) à mistura em equilíbrio, imediatamente ocorre um aumento em sua concentração, transformando-o parcialmente em $CO_2$ (g) e em C (s). Nesse caso, o equilíbrio se desloca para a esquerda. Veja a representação gráfica ao lado.

## 3ª situação

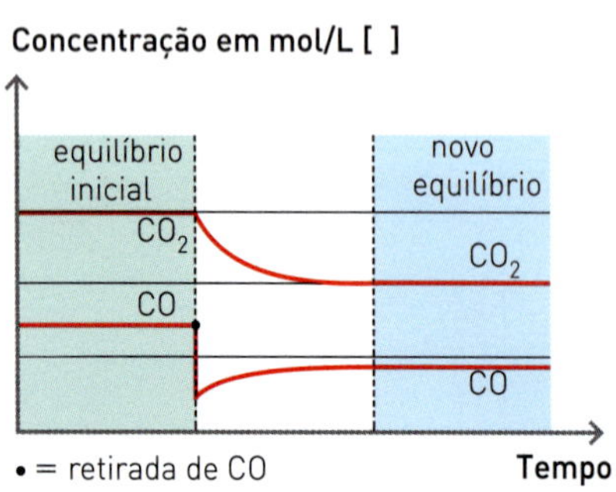


- **3ª situação — Remoção de CO (g)**

Quando retiramos parte do CO (g) presente no sistema em equilíbrio, imediatamente ocorre uma diminuição de sua concentração, e, como consequência, a velocidade da reação inversa diminui. Logo, a velocidade da reação direta será maior, favorecendo a formação de CO (g), ou seja, o equilíbrio se desloca para a direita. Veja a representação gráfica ao lado.

## O "lado" do deslocamento

Em um equilíbrio, todas as espécies estão em um mesmo recipiente, formando uma mistura que é chamada mistura reacional ou mistura em equilíbrio.

No desenvolvimento deste capítulo, quando nos referirmos a um "deslocamento para a direita", queremos dizer que o sistema se desloca para o lado direito da equação fornecida.

$$\underset{\text{lado esquerdo}}{A + B} \rightleftharpoons \underset{\text{lado direito}}{C + D}$$

É comum, em textos didáticos, referir-se ao lado direito como sendo o lado dos produtos e ao lado esquerdo como sendo o lado dos reagentes, ou seja, o lado que representa as substâncias que foram inicialmente misturadas para que a reação pudesse ocorrer.

Porém, em um equilíbrio químico, todas as espécies químicas presentes atuam simultaneamente como reagentes e produtos.

Se considerarmos, agora, o equilíbrio a seguir em meio aquoso:

$$\underbrace{2\,CrO_4^{2-}\,(aq)}_{\text{amarelo}} + 2H^+\,(aq) \rightleftharpoons \underbrace{Cr_2O_7^{2-}\,(aq)}_{\text{alaranjado}} + H_2O\,(\ell)$$

a cor da solução será dada pelo íon que estiver presente em maior concentração molar. Portanto, quando:

- $\underbrace{[CrO_4^{2-}]}_{\text{amarelo}} > \underbrace{[Cr_2O_7^{2-}]}_{\text{alaranjado}}$, prevalece a cor amarela;
- $\underbrace{[CrO_4^{2-}]}_{\text{amarelo}} < \underbrace{[Cr_2O_7^{2-}]}_{\text{alaranjado}}$, prevalece a cor alaranjada.

Nesse caso, o deslocamento do equilíbrio é perceptível visualmente pela mudança de cor.

Suponha, por exemplo, que em um equilíbrio predomine a coloração amarela, dada pelo $CrO_4^{2-}$ (aq). Quando adicionamos ao sistema algumas gotas de limão ou outra solução ácida qualquer, temos uma mudança de cor, conforme mostram as imagens ao lado.

Como qualquer ácido libera $H^+$ em meio aquoso, com a sua adição aumentamos a concentração de $H^+$ no meio, o que provoca um deslocamento do equilíbrio para a direita. Nessa nova situação, o equilíbrio em solução apresenta cor alaranjada devido ao aumento da concentração de $Cr_2O_7^{2-}$.

Nesse caso particular de deslocamento de equilíbrio, foi adicionada uma substância que originou um íon já presente no equilíbrio, um íon comum: o $\mathbf{H^+}$. A esse fato damos o nome **efeito do íon comum**.

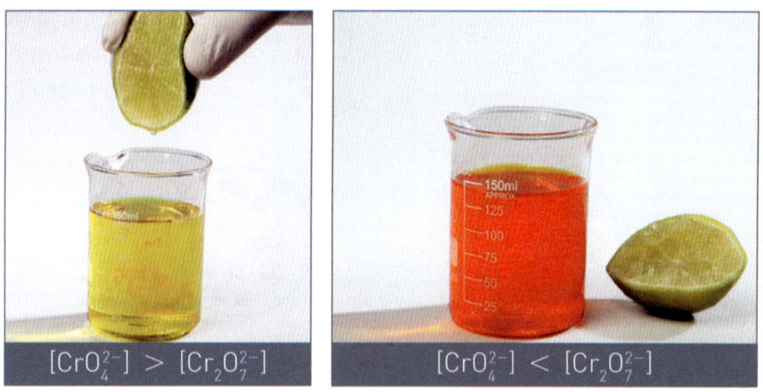


Fotos: Sérgio Dotta Jr./Arquivo da editora

A adição do suco de limão, que possui caráter ácido, provoca o deslocamento do equilíbrio e, consequentemente, a mudança de cor do sistema.

A adição de uma base (NaOH) provoca um novo deslocamento, e o sistema volta à cor amarela inicial.

Quando adicionamos uma solução aquosa de soda cáustica (NaOH) a essa mistura em equilíbrio, ocorre um novo deslocamento.

Na solução aquosa de NaOH, existem íons $OH^-$ que consomem os íons $H^+$ presentes no equilíbrio:

$$OH^- (aq) + H^+ (aq) \longrightarrow H_2O (\ell)$$

A remoção dos íons $H^+$ da mistura em equilíbrio provoca um deslocamento para a esquerda, resultando na cor amarela da solução.

# Influência da pressão

De acordo com o Princípio de Le Chatelier, um sistema em equilíbrio, quando submetido a uma ação externa, reage no sentido de minimizar os efeitos dessa ação. Quando, a uma temperatura constante, aumentamos a pressão sobre um equilíbrio gasoso, ele se desloca no sentido da reação capaz de diminuir essa pressão e vice-versa.

A fim de verificarmos os efeitos da variação de pressão em um equilíbrio, vamos considerar o equilíbrio seguinte, a uma temperatura constante:

$$\underbrace{\underset{2\ \text{mol}}{2\ SO_2\ (g)} + \underset{1\ \text{mol}}{O_2\ (g)}}_{3\ \text{mol}} \rightleftharpoons \underbrace{\underset{2\ \text{mol}}{2\ SO_3\ (g)}}_{2\ \text{mol}}$$

Se aumentamos a pressão, o equilíbrio se desloca para a direita, favorecendo a formação do $SO_3$ (g), porque nesse sentido há uma diminuição do número de mol de gás e, consequentemente, uma diminuição da pressão.

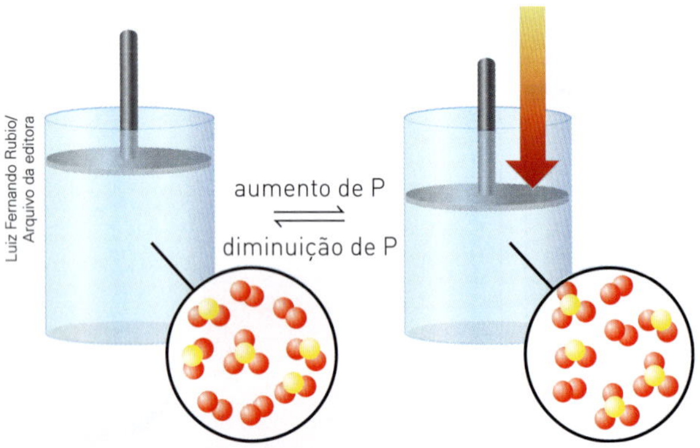


CORES FANTASIA

AUSÊNCIA DE PROPORÇÃO

Se, no entanto, ocorre uma diminuição da pressão, o equilíbrio se desloca para a esquerda, favorecendo a formação de $SO_2$ (g) e $O_2$ (g), porque nesse sentido há um aumento do número de mol e, consequentemente, da pressão.

Outra maneira, mais simples, de analisarmos o efeito produzido pela variação de pressão em um equilíbrio é associar o número de mol ao volume. Assim, nas mesmas condições, temos:

- 1 mol = 1 volume (1 V);
- 2 mol = 2 volumes (2 V).

Logo:

aumento de pressão ⇒ provoca contração de volume ⇒ o equilíbrio se desloca no sentido de menor volume (menor nº de mol)

diminuição de pressão ⇒ provoca expansão de volume ⇒ o equilíbrio se desloca no sentido de maior volume (maior nº de mol)

No exemplo dado, temos:

$$\underbrace{\underset{\substack{2\ \text{mol} \\ 2\ V}}{2\ SO_2\ (g)} + \underset{\substack{1\ \text{mol} \\ 1\ V}}{O_2\ (g)}}_{3\ V} \rightleftharpoons \underbrace{\underset{\substack{2\ \text{mol} \\ 2\ V}}{2\ SO_3\ (g)}}_{2\ V}$$

- **aumento de pressão** desloca o equilíbrio para a direita (menor volume);
- **diminuição de pressão** desloca o equilíbrio para a esquerda (maior volume).

Veja outro exemplo:

$$CaCO_3\ (s) \rightleftharpoons CaO\ (s) + CO_2\ (g)$$

Nesse equilíbrio, as concentrações molares dos sólidos $CaCO_3$ e CaO não são afetadas por variações de pressão porque são incompressíveis.

A variação de pressão somente afetará a substância no estado gasoso, no caso, o $CO_2$.

$$\underbrace{\underset{0}{CaCO_3\ (s)}}_{0} \rightleftharpoons \underbrace{\underset{0}{CaO\ (s)} + \underset{1\ V}{CO_2\ (g)}}_{1\ V}$$

Assim, podemos concluir que o aumento da pressão desloca o equilíbrio para a esquerda.

Agora, observe o equilíbrio a seguir:

$$\underbrace{\underset{\substack{1\ mol \\ 1\ V}}{H_2\ (g)} + \underset{\substack{1\ mol \\ 1\ V}}{I_2\ (g)}}_{2\ V} \rightleftharpoons \underbrace{\underset{\substack{2\ mol \\ 2\ V}}{2\ HI\ (g)}}_{2\ V}$$

Qualquer que seja o sentido considerado, o número de mol gasoso ou de volume é o mesmo. Logo, o equilíbrio não sofre nenhum deslocamento por variação de pressão.

Se adicionamos um **gás inerte**, ou seja, um gás que não reage, a um sistema em equilíbrio, ocorre aumento da pressão total do sistema. No entanto, como não há variação da concentração nem das pressões parciais de cada gás componente do equilíbrio, a adição do gás inerte não afeta o equilíbrio.

# Influência da temperatura

A temperatura é o único fator responsável por alterações na constante de equilíbrio ($K_c$), além de provocar um deslocamento do equilíbrio.

Em um sistema em equilíbrio, sempre temos duas reações: a endotérmica, que absorve calor; e a exotérmica, que libera calor. Quando aumentamos a temperatura, favorecemos a reação que absorve calor, a fim de minimizar seus efeitos. Como consequência, quando há diminuição da temperatura, favorecemos a reação que libera calor.

Observe o que ocorre com os dois equilíbrios dados como exemplos:

**1º exemplo**

$$N_2\ (g) + 3\ H_2\ (g) \underset{\text{endotérmica}}{\overset{\text{exotérmica}}{\rightleftharpoons}} 2\ NH_3\ (g) \qquad \underbrace{\Delta H < 0}_{\text{a reação direta é exotérmica}}$$

| Temperatura | |
|---|---|
| (K) | ($K_c$) |
| 300 | $2,6 \cdot 10^8$ |
| 400 | $3,9 \cdot 10^4$ |
| 500 | $1,7 \cdot 10^2$ |
| 600 | 4,2 |
| 700 | $2,9 \cdot 10^{-1}$ |
| 800 | $3,9 \cdot 10^{-2}$ |
| 900 | $8,1 \cdot 10^{-3}$ |
| 1 000 | $2,3 \cdot 10^{-3}$ |

- **aumento da temperatura** desloca o equilíbrio no sentido da reação endotérmica (para a esquerda);
- **diminuição da temperatura** desloca o equilíbrio no sentido da reação exotérmica (para a direita).

Se também desejamos relacionar a variação da temperatura com a constante de equilíbrio ($K_c$), devemos considerar que uma elevação da

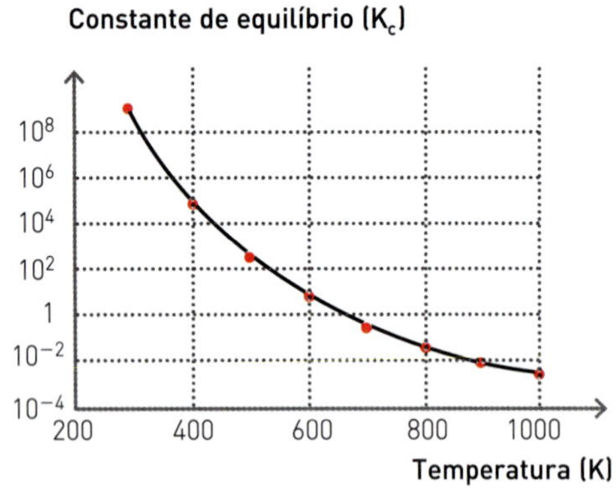


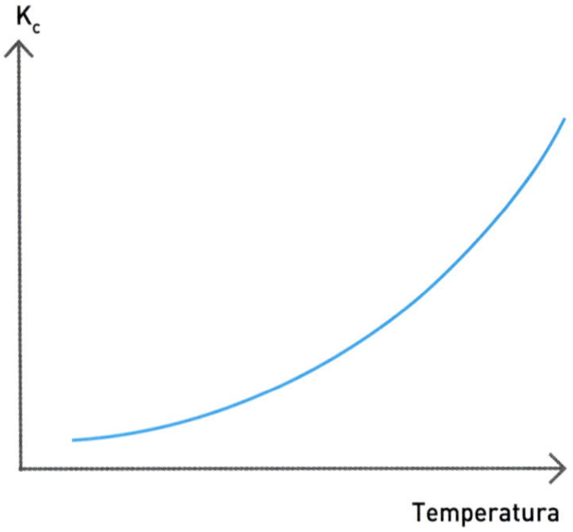


Ilustrações: Banco de imagens/Arquivo da editora

temperatura favorece a reação endotérmica. Então, $[N_2]$ e $[H_2]$ aumentam, e $[NH_3]$ diminui:

$$K_c = \frac{[NH_3]^2 \downarrow}{[N_2] \cdot [H_2]^3 \uparrow} \Rightarrow K_c \text{ diminui}$$

O gráfico ao lado mostra a variação da $K_c$ em função da temperatura para a reação:

$$N_2\,(g) + 3\,H_2\,(g) \rightleftharpoons 2\,NH_3\,(g) \quad \Delta H < 0$$

**2º exemplo**

$$N_2\,(g) + O_2\,(g) \underset{\text{exotérmica}}{\overset{\text{endotérmica}}{\rightleftharpoons}} 2\,NO(g) \qquad \underbrace{\Delta H > 0}_{\text{a reação direta é endotérmica}}$$

- **aumento da temperatura** desloca o equilíbrio no sentido da reação **endotérmica** (para a direita);
- **diminuição da temperatura** desloca o equilíbrio no sentido da reação **exotérmica** (para a esquerda).

Em relação à constante de equilíbrio ($K_c$), temos um aumento da temperatura, favorecendo a reação endotérmica. Então, [NO] aumenta, e $[N_2]$ e $[O_2]$ diminuem:

$$K_c = \frac{[NO]^2 \uparrow}{[N_2] \cdot [O_2] \downarrow} \Rightarrow K_c \text{ aumenta}$$

# Efeito dos catalisadores sobre o equilíbrio

Catalisadores são substâncias que aumentam a velocidade das reações químicas pela diminuição da energia de ativação ($E_a$). Em um equilíbrio, a diminuição da energia de ativação produzida pelo catalisador tem o mesmo valor para a reação direta e para a inversa.

Uma reação genérica está representada pela equação e pelo gráfico a seguir:

$$A \rightleftharpoons B$$

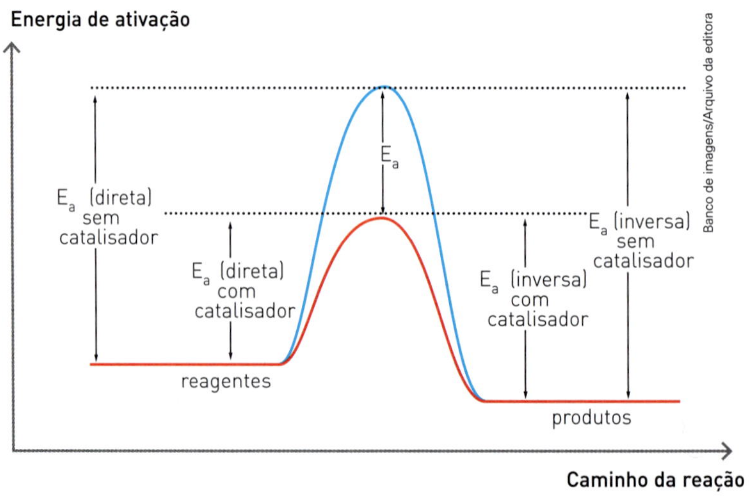


Banco de imagens/Arquivo da editora

Como o aumento de velocidade da reação produzido pelo catalisador é o mesmo tanto para a reação direta como para a inversa, ele não altera o equilíbrio.

Catalisadores não deslocam o equilíbrio.

Se o catalisador aumenta a velocidade das reações direta e inversa, o único efeito que ele provoca no equilíbrio é a diminuição do tempo necessário para que esse equilíbrio seja atingido.

Observe nos gráficos abaixo que, tanto em uma reação como na outra — sem e com catalisador —, o número de mol de A e de B, no equilíbrio, é igual:

$A \rightleftharpoons B$ **(sem catalisador)** $A \rightleftharpoons B$ **(com catalisador)**

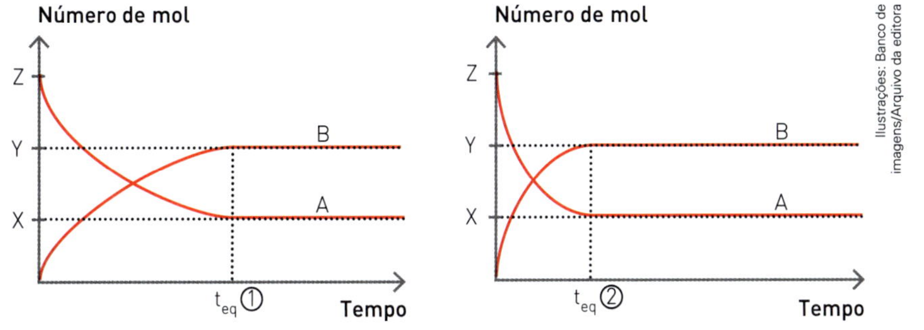


$t_{eq}$ ② < $t_{eq}$ ①

Em uma garrafa fechada contendo uma bebida gaseificada, temos um equilíbrio químico envolvendo $CO_2$ (g), $H_2O$ (ℓ), $H^+$ e $HCO_3^-$. Se a garrafa for aberta, esse equilíbrio se manterá indefinidamente?

## Exercícios resolvidos

**1.** (Ence-Uerj-Cefet-UFRJ) O gráfico representa alterações na concentração das espécies $N_2$, $H_2$ e $NH_3$ que estão em equilíbrio no instante $t_0$, sob pressão e temperatura constantes.

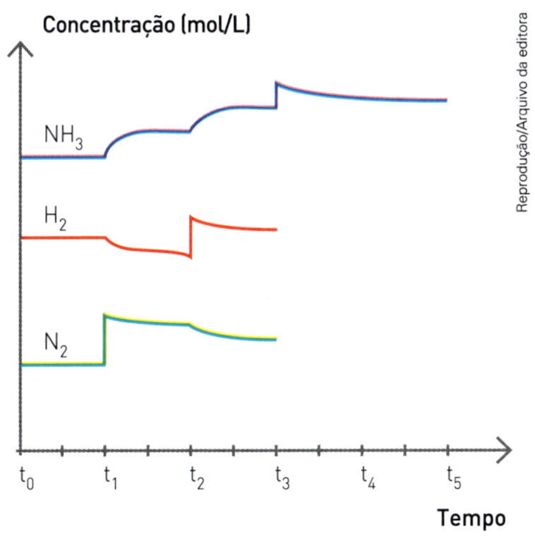


Analise o gráfico e responda:

a) Que substância foi adicionada ao sistema em $t_1$?

b) Que variação sofre a constante de equilíbrio ($K_c$) quando variam as concentrações em $t_2$?

c) Como variam as concentrações de $N_2$ e $H_2$ em $t_3$?

d) Como variam as concentrações de $NH_3$ e de $H_2$ em $t_4$, quando $N_2$ é retirado?

**Solução**

Considerando que, quando ocorre a adição de qualquer participante do equilíbrio, há um aumento brusco em s ua concentração (↑) nesse instante e que sua concentração diminui gradativamente até atingir uma nova situação de equilíbrio, demonstrada graficamente por uma reta paralela à abscissa:

a) No instante $t_1$, ocorreu um aumento brusco na concentração do $N_2$.

b) A variação de concentração não altera a constante de equilíbrio ($K_c$).

c) No instante $t_3$ ocorreu um aumento brusco na concentração de $NH_3$, o que provocou um deslocamento do equilíbrio para a esquerda:

$$N_2 + 3\,H_2 \rightleftharpoons 2\,NH_3$$

fazendo com que as concentrações de $N_2$ e $H_2$ aumentassem.

d) Se o $N_2$ for retirado no instante $t_4$, o equilíbrio se desloca para a esquerda e, com isso, a concentração de $NH_3$ diminui e a de $H_2$ aumenta.

**2.** (UFV-MG) O equilíbrio de qualquer sistema reativo é de natureza dinâmica, isto é, não existem reações 100% quantitativas. Por outro lado, conhecida a reação e aplicando o Princípio de Le Chatelier, poderíamos deslocar a condição de equilíbrio do lado das espécies químicas mais desejáveis.

A adição de $HNO_3$ concentrado sobre cobre metálico produz o gás $NO_2$, que, quando recolhido e fechado numa ampola, dimeriza-se de tal forma a apresentar o seguinte equilíbrio:

$$\underset{\text{alaranjado}}{2\,NO_2\,(g)} \rightleftharpoons \underset{\text{incolor}}{N_2O_4\,(g)}$$

a) Quando a ampola é resfriada num banho com gelo picado, a cor alaranjada tende a desaparecer. Com base nessa experiência, escreva a reação no sentido em que é deslocada, indicando se é endotérmica ($\Delta H > 0$) ou exotérmica ($\Delta H < 0$).

b) Imagine que nosso sistema seja transferido para uma outra ampola (inicialmente com vácuo) de capacidade maior, na mesma temperatura. Escreva a reação indicando o sentido em que é deslocada e a sua cor predominante. Justifique, também, a intensidade dessa cor.

c) Escreva a expressão da constante de equilíbrio da reação proposta anteriormente, em termos das pressões parciais.

**Solução**

Um aumento de temperatura favorece a reação endotérmica, enquanto uma diminuição favorece a exotérmica. A partir disso, temos:

a) Como a cor alaranjada tende a desaparecer quando a ampola é resfriada, o equilíbrio está se deslocando para a direita, pois a concentração de $NO_2$ (alaranjado) diminui, favorecendo a formação de $N_2O_4$. Assim, a reação direta foi favorecida por um abaixamento de temperatura, sendo, pois, exotérmica:

$$2\,NO_2 \underset{\text{endotérmica}}{\overset{\text{exotérmica}}{\rightleftharpoons}} N_2O_4$$

b) Se há um aumento de volume, temos uma diminuição de pressão, fazendo com que o equilíbrio se desloque no sentido do maior número de mol, ou seja, nesse caso, para a esquerda:

$$2\,NO_2\,(g) \rightleftharpoons N_2O_4\,(g)$$

$$2\,V \underset{\text{diminuição da pressão}}{\overset{\text{aumento do volume}}{\rightleftharpoons}} 1\,V$$

Devido à maior formação de $NO_2$ (g), a cor alaranjada tende a se intensificar.

c) $K_p = \dfrac{P_{N_2O_4}}{(P_{NO_2})^2}$

**3.** (Unifor-CE) São dados, na tabela abaixo, cinco valores de constantes de equilíbrio ($K_c$) para a reação:

$$N_2O_4\,(g) \rightleftharpoons 2\,NO_2\,(g)$$

a diferentes temperaturas.

| | Temperatura (°C) | $K_c$ |
|---|---|---|
| 1 | 50 | $2{,}0 \cdot 10^{-2}$ |
| 2 | 100 | $3{,}6 \cdot 10^{-1}$ |
| 3 | 150 | 3,2 |
| 4 | 200 | 19 |
| 5 | 250 | 78 |

Qual das temperaturas favorece a decomposição do $N_2O_4$ (g)?

a) 1
b) 2
c) 3
d) 4
e) 5

**Solução**

Se a intenção é favorecer a decomposição do $N_2O_4$ (g), o equilíbrio deve ser deslocado para a direita, ou seja, a concentração de $NO_2$ deve prevalecer:

$$N_2O_4 \rightleftharpoons 2\,NO_2$$

Assim, pela expressão da $K_c$, temos:

$$\uparrow K_c = \frac{\uparrow [NO_2]^2}{[N_2O_4]}$$

Quanto maior for o $[NO_2]$, maior será a $K_c$, o que se verifica a uma temperatura de 250 °C.

Resposta: alternativa *e*.

**4.** (Fuvest-SP) Na produção de hidrogênio por via petroquímica, sobram traços de CO e $CO_2$ nesse gás, o que impede sua aplicação em hidrogenações catalíticas, uma vez que CO é veneno de catalisador. Usando-se o próprio hidrogênio, essas impurezas são removidas, sendo transformadas em $CH_4$ e $H_2O$. Essas reações ocorrem a temperaturas elevadas, em que reagentes e produtos são gasosos, chegando a um equilíbrio de constante $K_I$ no caso do CO e a um equilíbrio de constante $K_{II}$ no caso do $CO_2$. O gráfico traz a variação dessas constantes com a temperatura.

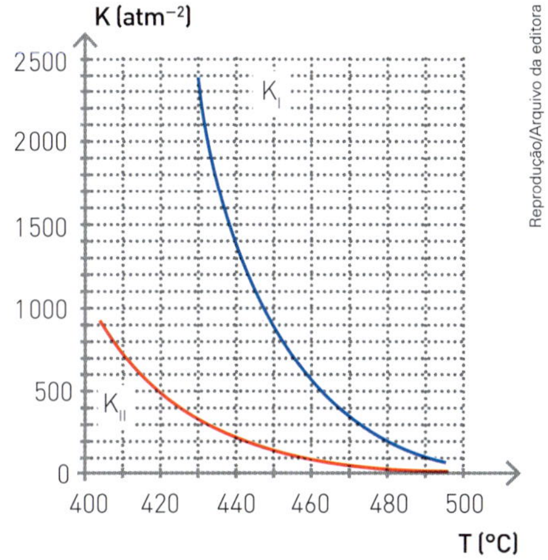


Reprodução/Arquivo da editora

a) Num experimento de laboratório, realizado a 460 °C, as pressões parciais de CO, $H_2$, $CH_4$ e $H_2O$ eram, respectivamente, $4 \cdot 10^{-5}$ atm, 2 atm, 0,4 atm e 0,4 atm.
Verifique se o equilíbrio químico foi alcançado. Explique.

b) As transformações de CO e $CO_2$ em $CH_4$ mais $H_2O$ são exotérmicas ou endotérmicas? Justifique sua resposta.

c) Em qual das duas transformações, na de CO ou na de $CO_2$, o calor desprendido ou absorvido é maior? Explique, em termos do módulo da quantidade de calor (|Q|) envolvida.

**Solução**

a) **Equilíbrio I**

$$CO\ (g) + 3\ H_2\ (g) \rightleftharpoons CH_4\ (g) + H_2O\ (v)$$

$$460\ °C \quad K_I = 500\ atm^{-2}$$

$$\left.\begin{array}{l} P_{CO} = 4 \cdot 10^{-5}\ atm \\ P_{H_2} = 2\ atm \\ P_{CH_4} = 0{,}4\ atm \\ P_{H_2O} = 0{,}4\ atm \end{array}\right\rangle \quad Q_P = \frac{(P_{CH_4}) \cdot (P_{H_2O})}{(P_{CO}) \cdot (P_{H_2})^3}$$

$$Q_P = \frac{0{,}4\ atm \cdot 0{,}4\ atm}{4 \cdot 10^{-5}\ atm \cdot (2\ atm)^3} = 500\ atm^{-2}$$

Como $Q_P = K_I$, o equilíbrio foi alcançado.

b) **Equilíbrio I**

$$CO\ (g) + 3\ H_2\ (g) \rightleftharpoons CH_4\ (g) + H_2O\ (v)$$

$$K_I = \frac{P_{CH_4} \cdot P_{H_2O}}{P_{CO} \cdot (P_{H_2})^3}$$

**Equilíbrio II**

$$CO_2\ (g) + 4\ H_2\ (g) \rightleftharpoons CH_4\ (g) + 2\ H_2O\ (v)$$

$$K_{II} = \frac{P_{CH_4} \cdot (P_{H_2O})^2}{P_{CO_2} \cdot (P_{H_2})^4}$$

Com a elevação da temperatura, tanto $K_I$ quanto $K_{II}$ têm seus valores diminuídos.

Logo, podemos concluir que as reações inversas são endotérmicas, portanto as transformações de CO e $CO_2$ em $CH_4$ e $H_2O$ são exotérmicas.

c) Observando o gráfico, para uma variação na temperatura de 430 °C a 460 °C, temos:

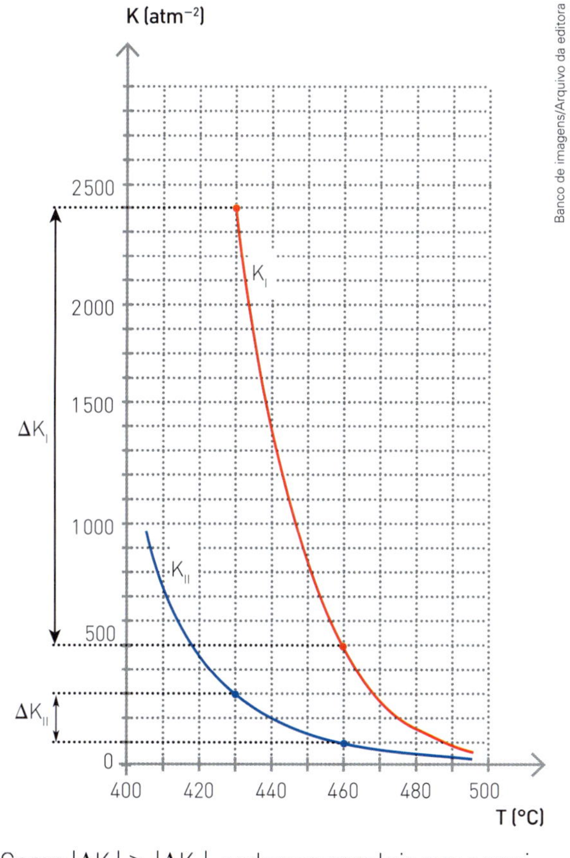


Banco de imagens/Arquivo da editora

Como $|\Delta K_I| > |\Delta K_{II}|$, podemos concluir que o equilíbrio I sofre maior influência da variação da temperatura; logo, o calor liberado em I será maior que em II:

$$|Q_I| > |Q_{II}|.$$

## Fundamentando seus conhecimentos

**1.** A figura abaixo representa um sistema gasoso em equilíbrio: $2\,A \rightleftharpoons A_2$.

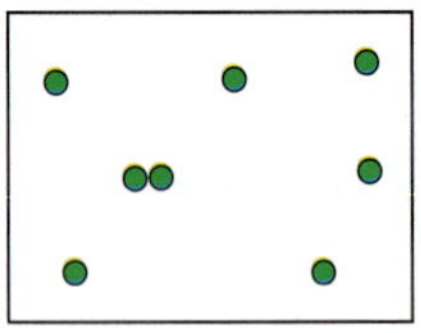

Banco de imagens/Arquivo da editora

A este sistema foi adicionada certa quantidade de A. Qual das figuras a seguir representa melhor, qualitativamente, a nova situação de equilíbrio?

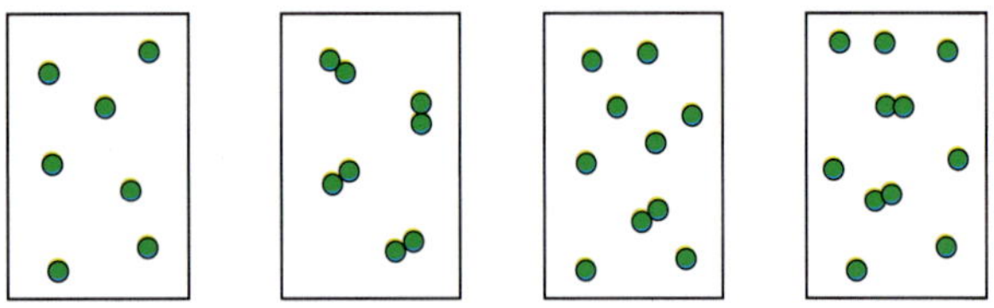

I II III IV

Banco de imagens/Arquivo da editora

AUSÊNCIA DE PROPORÇÃO | CORES FANTASIA

**2.** A respeito do equilíbrio:

$$PC\ell_5\,(g) \rightleftharpoons PC\ell_3\,(g) + C\ell_2\,(g)$$

indique para qual lado — direito (→) ou esquerdo (←) — ocorre o deslocamento do equilíbrio nos seguintes casos:

a) aumentando-se a concentração de $PC\ell_5$;
b) aumentando-se a concentração de $PC\ell_3$;
c) diminuindo-se a concentração de $C\ell_2$;
d) diminuindo-se a concentração de $PC\ell_5$.

**3.** Considere o equilíbrio existente em meio aquoso.

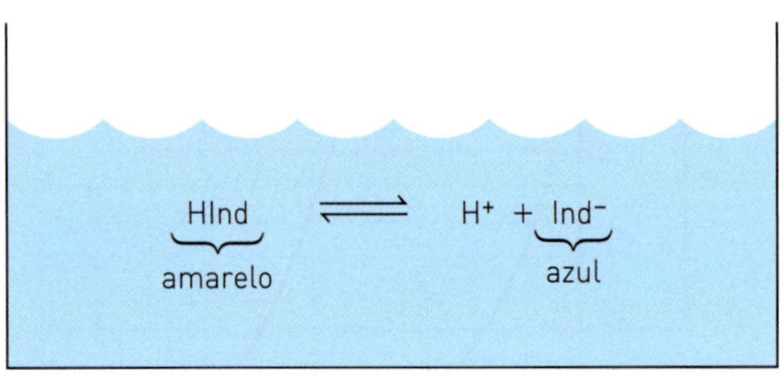


Banco de imagens/Arquivo da editora

A coloração da solução está relacionada às concentrações em mol/L das espécies HInd e $Ind^-$. Assim teremos:

$[HInd] > [Ind^-]$ – solução amarela
$[HInd] < [Ind^-]$ – solução azul
$[HInd] = [Ind^-]$ – solução verde

Indique qual a coloração da solução se a ela forem adicionados, separadamente, vinagre e leite de magnésia. Justifique sua resposta.

**4.** Considere o equilíbrio abaixo e responda aos itens a seguir.

$$CaCO_3\,(s) + H^+\,(aq) \rightleftharpoons Ca^{2+}\,(aq) + HCO_3^-\,(aq)$$

a) Se for adicionado vinagre ao equilíbrio, ele vai se deslocar para qual lado? Justifique sua resposta.
b) Se for adicionado NaOH ao equilíbrio, ele vai se deslocar para qual lado? Justifique sua resposta.

**5.** As figuras abaixo representam um equilíbrio heterogêneo.

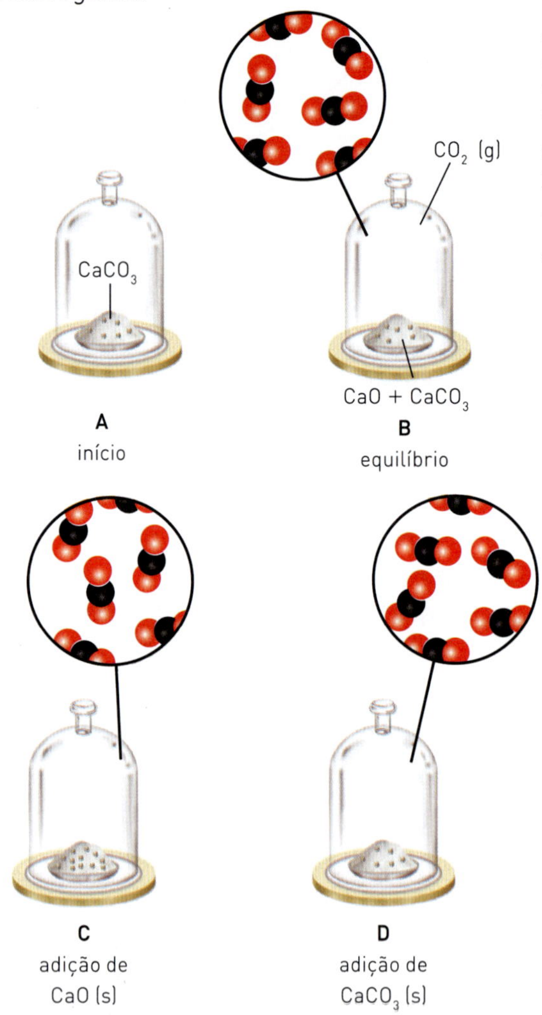


Ilustrações: Luis Moura/Arquivo da editora

I. Escreva a equação que representa o equilíbrio.
II. Escreva a expressão da constante de equilíbrio.
III. O que acontece com o sistema em equilíbrio após a adição de CaO (s) e/ou $CaCO_3$ (s)?
IV. Compare as pressões parciais do $CO_2$ em A, B e C.

A respeito da ilustração abaixo, responda às questões **6** a **9**.

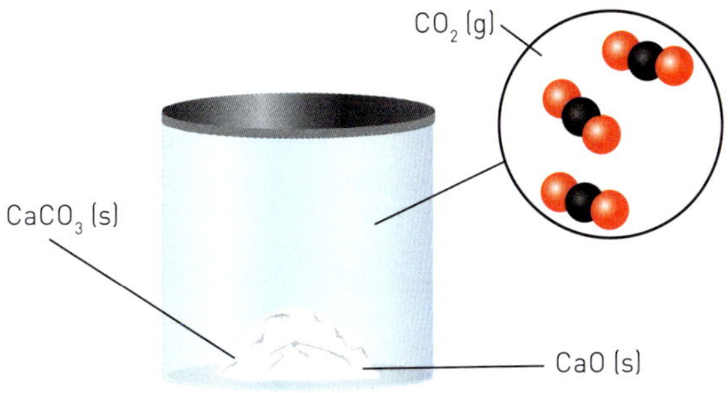


Luiz Fernando Rubio/Arquivo da editora

**6.** Se adicionarmos $CO_2$, em qual sentido ocorre o deslocamento do equilíbrio?

**7.** A adição de $CO_2$ altera o valor da $K_c$? Justifique sua resposta.

**8.** O que acontece com as quantidades de CaO (s) e $CaCO_3$ (s) como consequência da adição de $CO_2$ (g)?

**9.** Se aumentarmos a quantidade de $CaCO_3$ (s), ocorrerá um deslocamento nesse equilíbrio?

**10.** As figuras a seguir estão relacionadas a um equilíbrio gasoso.

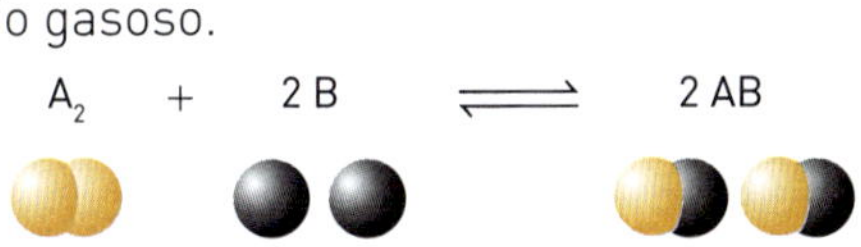


Banco de imagens/Arquivo da editora

Se esse equilíbrio sofrer um aumento de pressão, as concentrações de $A_2$, B e AB vão aumentar, diminuir ou permanecer constantes?

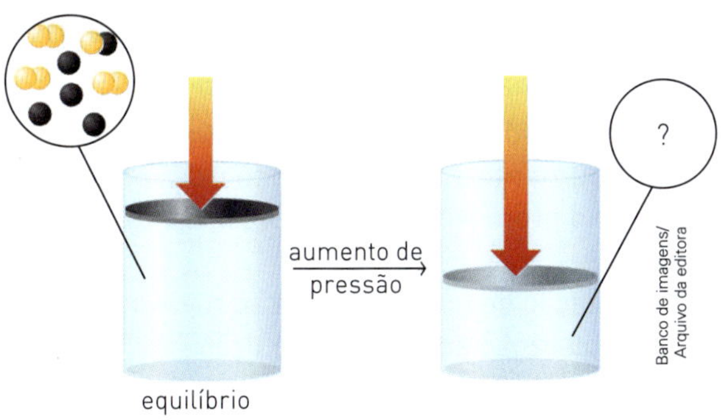


Banco de imagens/Arquivo da editora

**11.** O equilíbrio A + B $\rightleftharpoons$ AB está representado abaixo em duas temperaturas diferentes.

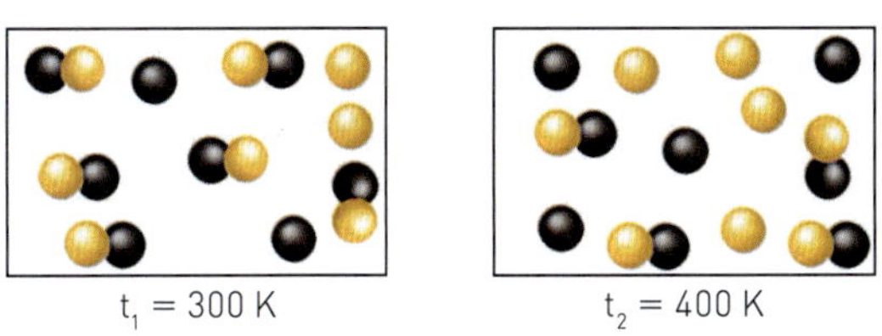


Banco de imagens/Arquivo da editora

(Ilustrações fora de escala e em cores-fantasia.)

A seu respeito, responda aos itens abaixo.

a) Escreva a expressão da $K_c$.

b) A reação direta é exotérmica ou endotérmica?

c) A elevação da temperatura provocou um aumento ou uma diminuição no valor de $K_c$?

Com base nas informações abaixo, responda às questões **12** a **16**.

A imagem abaixo mostra a mesma mistura em equilíbrio em duas temperaturas diferentes.

Sérgio Dotta Jr./Arquivo da editora

A temperatura é um fator que pode deslocar o equilíbrio de uma reação.

Esse equilíbrio pode ser representado por:

$$Co(H_2O)_6^{2+}\ (aq) + 4\ C\ell^-\ (aq) \rightleftharpoons$$
$$\rightleftharpoons CoC\ell_4^{2-}\ (aq) + 6\ H_2O\ (\ell)$$

As espécies responsáveis pela coloração são:

$$Co(H_2O)_6^{2+}\ (aq) = \text{rósea}$$
$$CoC\ell_4^{2-}\ (aq) = \text{azul}$$

**12.** Quais as espécies presentes no frasco de solução azulada?

**13.** Quais as espécies presentes no frasco de solução rósea?

**14.** Escreva a expressão da constante de equilíbrio.

**15.** Em qual das duas situações, na temperatura ambiente e em um banho de gelo, a $K_c$ apresenta maior valor? Justifique sua resposta.

**16.** A reação direta é endotérmica ou exotérmica?

**17.** Observe o seguinte equilíbrio:

$$CO\ (g) + 2\ H_2\ (g) \rightleftharpoons H_3COH\ (g) \qquad \Delta H < 0$$

Indique se o equilíbrio se desloca para a direita ($\longrightarrow$), para a esquerda ($\longleftarrow$) ou se ele não se desloca em cada uma das situações abaixo:

a) aumento da concentração do CO;

b) aumento da concentração do $H_3COH$;

c) diminuição da concentração do $H_2$;

d) diminuição da concentração do $H_3COH$;

e) aumento da pressão;

f) aumento do volume;

g) aumento da temperatura;

h) diminuição da temperatura;

i) adição de um catalisador.

## Desenvolvendo seus conhecimentos

**1.** (Unimontes-MG) Quatro substâncias gasosas, $HC\ell$, $I_2$, HI, $C\ell_2$, são misturadas em um balão fechado, deixadas em repouso, resultando no equilíbrio da reação à temperatura constante:

$$2\ HC\ell\ (g) + I_2\ (g) \rightleftharpoons 2\ HI\ (g) + C\ell_2\ (g)$$

Alterações realizadas nessa mistura podem ter efeitos que resultam em mudanças nesse equilíbrio. Ação e efeito estão corretamente relacionados em:

| | Ação | Efeito |
|---|---|---|
| a) | Adição de $HC\ell$ | Aumento da quantidade de HI |
| b) | Adição de $I_2$ | Redução da quantidade de $C\ell_2$ |
| c) | Remoção de $C\ell_2$ | Não altera o equilíbrio |
| d) | Remoção de HI | Aumenta o valor da $K_c$ |

Analise o diagrama a seguir e responda às questões **2** a **4**.

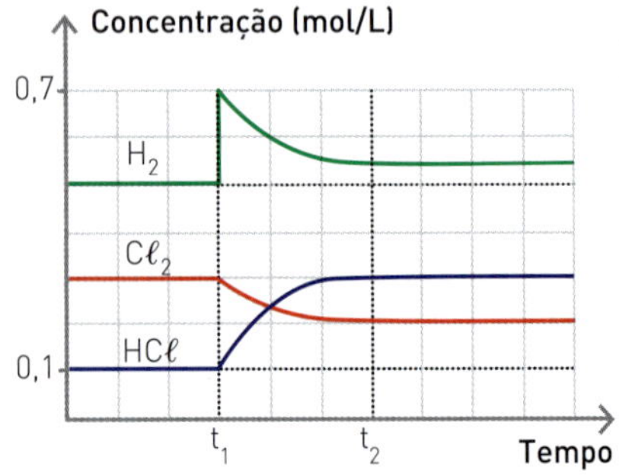


Reprodução/Arquivo da editora

O diagrama se refere ao equilíbrio abaixo, ao qual se aplica o Princípio de Le Chatelier.

$$H_2\ (g) + C\ell_2\ (g) \rightleftharpoons 2\ HC\ell\ (g)$$

**2.** Qual substância foi retirada ou adicionada no instante $t_1$? Como se comportou o sistema em equilíbrio?

**3.** O que aconteceu no instante $t_2$? Justifique.

**4.** O valor da constante do equilíbrio é maior, menor ou igual a 1? Justifique.

**5.** (Uece) Um estudante de química retirou água do seguinte sistema em equilíbrio:

$$2\ NO_2\ (g) + CH_4\ (g) \rightleftharpoons CO_2\ (g) + 2\ H_2O\ (\ell) + N_2\ (g)$$

Em seguida, esse aluno constatou acertadamente que:

a) a concentração de metano diminuiu.
b) o equilíbrio se desloca para a esquerda.
c) a concentração do dióxido de carbono diminuiu.
d) a concentração do nitrogênio gasoso diminuiu.

**6.** (Fatec) A fenolftaleína atua como um indicador ácido-base por ser um ácido fraco, que em solução alcoólica, apresenta a cor das moléculas não dissociadas, HInd diferente da cor dos respectivos íons, $Ind^-$.

$$\underset{\text{incolor}}{HInd} \rightleftharpoons H^+ + \underset{\text{vermelho}}{Ind^-}$$

A leitura da mensagem no experimento descrito é possível porque a presença de íons $OH^-$ na solução de fenolftaleína promove deslocamento do equilíbrio para a

a) direita, devido à diminuição do grau de ionização da fenolftaleína.
b) direita, devido ao aumento da concentração de íons $H^+$.
c) direita, devido ao consumo de íons $H^+$ pelos íons $OH^-$.
d) esquerda, devido ao consumo de íons $H^+$ pelos íons $OH^-$.
e) esquerda, devido à diminuição do grau de ionização da fenolftaleína.

**7.** (UFPR) O íon cromat o $CrO_4^{2-}$ de cor amarela e o íon dicromato $Cr_2O_7^{2-}$ de cor laranja podem ser utilizados em processos de eletrodeposição para produzir peças cromadas. A fórmula a seguir apresenta o equilíbrio químico dessas espécies em meio aquoso:

$$2\ CrO_4^{2-}\ (aq) + 2\ H^+\ (aq) \rightleftharpoons Cr_2O_7^{2-}\ (aq) + H_2O\ (\ell)$$

Com base no equilíbrio químico acima, considere as seguintes afirmativas:

1. O aumento na concentração de íons $H^+$ do meio promove a intensificação da cor laranja na solução.
2. A adição de um ácido forte ao meio intensifica a coloração amarela da solução.
3. A adição de íons hidroxila ($OH^-$) ao meio provoca uma reação com os íons $H^+$, formando água e intensificando a cor amarela da solução.
4. A cor exibida pela solução não apresenta dependência da concentração de íons $H^+$ do meio.

Indique a alternativa correta.

a) Somente a afirmativa 1 é verdadeira.
b) Somente as afirmativas 1 e 3 são verdadeiras.
c) Somente as afirmativas 2 e 4 são verdadeiras.
d) Somente as afirmativas 2 e 3 são verdadeiras.
e) Somente as afirmativas 2, 3 e 4 são verdadeiras.

**8.** (UCS-SP) O oxigênio presente no ar atmosférico, ao chegar aos pulmões, entra em contato com a hemoglobina (Hem) do sangue, dando origem à oxiemoglobina ($HemO_2$), que é responsável pelo transporte de $O_2$ até as células de todo o organismo. O equilíbrio químico que descreve esse processo pode ser representado simplificadamente pela equação química abaixo.

$$Hem\ (aq) + O_2\ (g) \rightleftharpoons HemO_2\ (aq)$$

À medida que uma pessoa se desloca para locais de ____________ altitude, a quantidade e a pressão parcial de $O_2$ no ar vai ____________ e esse equilíbrio vai se deslocando para a ____________. Em função disso, a pessoa sente fadiga e tontura, e pode até morrer em casos extremos. O corpo tenta reagir produzindo mais hemoglobina; esse processo, porém, é lento e somente se conclui depois de várias semanas de "ambientação" da pessoa com a altitude. É interessante notar que os povos nativos de lugares muito altos, como o Himalaia, desenvolveram, através de muitas gerações, taxas de hemoglobina mais elevadas que a dos habitantes à beira-mar. Esse fenômeno proporciona uma boa vantagem, por exemplo, aos jogadores de futebol da Bolívia, em relação aos seus adversários estrangeiros, quando disputam uma partida na cidade de La Paz, a mais de 3 600 m de altitude.

Assinale a alternativa que preenche correta e respectivamente, as lacunas acima.

a) maior – aumentando – esquerda
b) maior – diminuindo – esquerda
c) menor – diminuindo – esquerda
d) menor – diminuindo – direita
e) maior – aumentando – direita

**9.** (Vunesp-SP) Sob temperatura constante, acrescentou-se cloreto de sódio em água até sobrar sal sem se dissolver, como corpo de fundo. Estabeleceu-se assim o seguinte equilíbrio:

$$NaC\ell\ (s) \rightleftharpoons Na^+\ (aq) + C\ell^-\ (aq)$$

Mantendo a temperatura constante, foi acrescentada mais uma porção de $NaC\ell$ (s). Com isso, observa-se que a condutibilidade elétrica da solução sobrenadante ____________, a quantidade de corpo de fundo ____________ e a concentração de íons em solução ____________.

As lacunas do texto devem ser preenchidas, respectivamente, por:

a) não se altera – aumenta – não se altera
b) aumenta – diminui – aumenta
c) não se altera – não se altera – não se altera
d) diminui – aumenta – aumenta
e) não se altera – aumenta – aumenta

**10.** (Espcex/Aman) Os corais fixam-se sobre uma base de carbonato de cálcio ($CaCO_3$) produzido por eles mesmos. O carbonato de cálcio em contato com a água do mar e com o gás carbônico dissolvido pode estabelecer o seguinte equilíbrio químico para a formação do hidrogenocarbonato de cálcio:

$$CaCO_3\ (s) + CO_2\ (g) + H_2O\ (\ell) \rightleftharpoons Ca(HCO_3)_2\ (aq)$$

Considerando um sistema fechado onde ocorre o equilíbrio químico da reação mostrada acima, assinale a alternativa correta.

a) Um aumento na concentração de carbonato de cálcio causará um deslocamento do equilíbrio no sentido inverso da reação, no sentido dos reagentes.
b) A diminuição da concentração do gás carbônico não causará o deslocamento do equilíbrio químico da reação.
c) Um aumento na concentração do gás carbônico causará um deslocamento do equilíbrio no sentido direto da reação, o de formação do produto.
d) Um aumento na concentração de carbonato causará, simultaneamente, um deslocamento do equilíbrio nos dois sentidos da reação.
e) Um aumento na concentração do gás carbônico causará um deslocamento do equilíbrio no sentido inverso da reação, no sentido dos reagentes.

**11.** (UEMG) Zuenir Ventura, em sua crônica "Bonito por Natureza", coloca o seguinte texto sobre a Gruta do Lago Azul.

"O passeio vale todos os sacrifícios, se é que se pode falar assim. Porque o espetáculo de descida é quase alucinógeno: é um milagre que aquelas estalactites da finura de agulha que descem do teto da gruta possam se sustentar como se fossem gotas interrompidas."

VENTURA, 2012, p.127.

A equação química que mostra a formação das estalactites está representada a seguir.

$$Ca^{2+}\ (aq) + 2\,HCO_3^-\ (aq) \rightleftharpoons CaCO_3\ (s) + CO_2\ (g) + H_2O\ (\ell)$$

É CORRETO afirmar que a formação das estalactites é favorecida na seguinte condição:

a) Evaporação constante da água.
b) Diminuição da concentração de íons $Ca^{2+}$.
c) Retirada de íons de bicarbonato.
d) Abaixamento da temperatura no interior da caverna.

**12.** (PUC-RJ) Podemos afirmar que o equilíbrio químico da reação de obtenção de cloreto de hidrogênio a partir dos gases hidrogênio e cloro, dada abaixo,

$$H_2\,(g) + C\ell_2\,(g) \rightleftharpoons 2\,HC\ell\,(g)$$

pode ser deslocado no sentido da formação do produto pelo seguinte recurso:

a) aumentando-se a pressão do sistema.
b) diminuindo-se a pressão do sistema.
c) diminuindo-se a pressão parcial de $C\ell_2$.
d) aumentando-se a pressão parcial de $C\ell_2$.
e) adicionando-se um catalisador ao meio reacional.

**13.** (Udesc) O Princípio de Le Chatelier diz "Quando uma perturbação exterior for aplicada a um sistema em equilíbrio dinâmico, o equilíbrio tende a se ajustar, para minimizar o efeito da perturbação". Observe a reação química abaixo.

$$2\,HC\ell\,(g) + I_2\,(g) \rightleftharpoons 2\,HI\,(g) + C\ell_2\,(g)$$

Em relação a essa reação química, é correto afirmar:

a) Com o aumento da pressão, o equilíbrio se desloca para o sentido de formação do produto.
b) O equilíbrio se desloca no sentido de formação do produto, com o aumento da concentração HI (g).
c) Com o aumento da pressão, o equilíbrio se desloca para o sentido de formação dos reagentes.
d) Com o aumento da pressão, não ocorre deslocamento do equilíbrio da reação.
e) Quando o gás $I_2$ for consumido, o equilíbrio não se altera.

**14.** (Unicid/MED-SP)

O metanol, $CH_3OH$, é utilizado como solvente, anticongelante, material de partida para outros produtos químicos e também na produção de biodiesel. Considere a seguinte reação:

$$CO\,(g) + 2\,H_2\,(g) \rightleftharpoons CH_3OH\,(g) + \text{energia}$$

(http://qnint.sbq.org.br. Adaptado.)

a) Escreva a expressão que representa a constante de equilíbrio ($K_C$) dessa reação e calcule o seu valor para um sistema em que, nas condições de equilíbrio as concentrações de metanol, monóxido de carbono e hidrogênio sejam 0,145 mol · $L^{-1}$,1 mol · $L^{-1}$ e 0,1 mol · $L^{-1}$, respectivamente.
b) Considerando o Princípio de Le Chatelier, o que acontece no sistema em equilíbrio quando a pressão é aumentada? Justifique sua resposta.

**15.** (UFRGS-RS) Indique a alternativa que representa o equilíbrio que pode ser deslocado no sentido dos produtos por aumento de temperatura e de pressão.

a) $H_2\,(g) + C\ell_2\,(g) \rightleftharpoons 2\,HC\ell\,(g) \quad \Delta H < 0$
b) $SbC\ell_5\,(g) \rightleftharpoons SbC\ell_3\,(g) + C\ell_2\,(g) \quad \Delta H > 0$
c) $PC\ell_5\,(g) \rightleftharpoons PC\ell_3\,(g) + C\ell_2\,(g) \quad \Delta H > 0$
d) $2\,SO_2\,(g) + O_2\,(g) \rightleftharpoons 2\,SO_3\,(g) \quad \Delta H < 0$
e) $4\,NO\,(g) + 6\,H_2O\,(g) \rightleftharpoons 4\,NH_3\,(g) + 5\,O_2\,(g) \quad \Delta H > 0$

**16.** (UEL-PR) A obtenção industrial da amônia, utilizada na produção de fertilizantes, segue o processo idealizado pelo alemão Fritz Haber. O hidrogênio necessário é obtido pela reação do metano com vapor de água:

(Reação 1)

$$CH_4\,(g) + H_2O\,(g) \rightleftharpoons CO\,(g) + 3\,H_2\,(g)$$
$$\Delta H^0 = +323{,}5\ \text{kJ/mol de } CH_4$$

que faz reagir o nitrogênio proveniente do ar com o hidrogênio da reação anterior:

(Reação 2)

$$N_2\,(g) + 3\,H_2\,(g) \rightleftharpoons 2\,NH_3\,(g)$$
$$\Delta H^0 = -92{,}6\ \text{kJ}$$

Observando as reações, quais serão, respectivamente, as melhores condições das reações 1 e 2 a serem utilizadas para a produção industrial da amônia?

a) Baixa temperatura e baixa pressão.
b) Alta temperatura e baixa pressão.
c) Baixa temperatura e alta pressão.
d) Alta temperatura e alta pressão.
e) Temperatura e pressão médias.

**17.** (UFMG) O "galinho do tempo", abaixo representado, é um objeto que indica as condições meteorológicas, pois sua coloração muda de acordo com a temperatura e a umidade do ar.

Rita Barreto/Fotoarena

Nesse caso, a substância responsável por essa mudança de coloração é o cloreto de cobalto, $CoC\ell_2$, que, de acordo com a situação, apresenta duas cores distintas — azul ou rosa —, como representado nesta equação:

$$\underset{\text{rosa}}{CoC\ell_2 \cdot 6\,H_2O} \rightleftharpoons \underset{\text{azul}}{CoC\ell_2} + 6\,H_2O \quad \Delta H > 0$$

Considerando-se essas informações, é correto afirmar que as duas condições que favorecem a ocorrência, no "galinho do tempo", da cor azul são:

a) alta temperatura e alta umidade.
b) alta temperatura e baixa umidade.
c) baixa temperatura e alta umidade.
d) baixa temperatura e baixa umidade.

**18.** (Ufscar-SP) Em 1912, o químico alemão Fritz Haber desenvolveu um processo para sintetizar amônia diretamente dos gases nitrogênio e hidrogênio. Este processo é muito importante economicamente, porque a amônia é bastante utilizada, por exemplo, na indústria de fertilizantes. Considere a reação em equilíbrio químico num sistema fechado:

$$N_2\,(g) + 3\,H_2\,(g) \rightleftharpoons 2\,NH_3\,(g)$$

Mantendo-se a temperatura constante, algumas modificações podem ser realizadas nesse sistema:

I. introdução de $N_2$ (g);
II. aumento da pressão do sistema;
III. adição de catalisador.

As modificações que irão provocar o deslocamento do equilíbrio, favorecendo a formação de $NH_3$, são:

a) I e II, apenas.
b) I e III, apenas.
c) III, apenas.
d) II e III, apenas.
e) I, II e III.

**19.** (Vunesp-SP) Dada a reação exotérmica:

$$2\,H_2O_2\,(aq) \rightleftharpoons 2\,H_2O\,(\ell) + O_2\,(g)$$

a alteração que favorece a formação dos produtos é a elevação da:

a) temperatura.
b) pressão parcial de $O_2$.
c) concentração de $H_2O$.
d) pressão.
e) concentração de $H_2O_2$.

**20.** (Unisc-RS) Considerando a reação a seguir,

$$1\,N_2\,(g) + 1\,O_2\,(g) \underset{\text{exotérmica}}{\overset{\text{endotérmica}}{\rightleftharpoons}} 2\,NO\,(g)$$
$$\Delta H = +\,43{,}2\ \text{kcal}$$

o único fator que provoca seu deslocamento para a direita é:

a) a adição do gás NO.
b) o aumento de pressão sobre o sistema.
c) a retirada de $N_2$ gasoso do sistema.
d) a diminuição da pressão do sistema.
e) o aumento da temperatura sobre o sistema.

**21.** (Acafe-SC) Dado o equilíbrio químico abaixo e baseado nos conceitos químicos é correto afirmar, exceto:

$$2\,NO_2\,(g) + 7\,H_2\,(g) \rightleftharpoons 2\,NH_3\,(g) + 4\,H_2O\,(g)$$
$$\Delta H > 0$$

a) A presença de um catalisador altera a constante de equilíbrio.
b) Adicionando $H_2$ o equilíbrio é deslocado para a direita.
c) Diminuindo a pressão do sistema o equilíbrio é deslocado para a esquerda.
d) Diminuindo a temperatura do sistema o equilíbrio é deslocado para a esquerda.

**22.** (Uern) Considerando o seguinte equilíbrio químico:

$$Mg(OH)_2\,(s) \rightleftharpoons Mg^{+2}\,(aq) + 2\,OH^-\,(aq)$$
$$\Delta H = -\,40\ \text{kJ/mol}$$

marque (V) para as afirmativas verdadeiras e (F) para as falsas.

( ) Trata-se de um equilíbrio heterogêneo.
( ) Se aumentar a concentração de hidróxido de magnésio, o equilíbrio será deslocado para a direita.
( ) Aumentando a pressão do sistema, o equilíbrio será deslocado para a esquerda.
( ) Aumentando a concentração de íons magnésio, a reação será deslocada para a direita.
( ) Diminuindo a temperatura do sistema, a reação será deslocada para a direita.

A sequência está correta em:

a) F, V, F, V, F.
b) V, F, F, V, V.
c) V, V, V, F, F.
d) V, F, F, F, V.

**23.** (Uerj) O craqueamento é uma reação química empregada industrialmente para a obtenção de moléculas mais leves a partir de moléculas mais pesadas. Considere a equação termoquímica abaixo, que representa o processo utilizado em uma unidade industrial para o craqueamento de hexano.

$$H_3C - CH_2 - CH_2 - CH_2 - CH_2 - CH_3\,(g) \rightleftharpoons H_3C - CH_2 - CH_2 - CH_2\,(g) + H_2C = CH_2\,(g) \qquad \Delta H > 0$$

Em um experimento para avaliar a eficiência desse processo, a reação química foi iniciada sob temperatura $T_1$ e pressão $P_1$. Após seis horas, a temperatura foi elevada para $T_2$ mantendo-se a pressão em $P_1$. Finalmente, após doze horas, a pressão foi elevada para $P_2$ e a temperatura foi mantida em $T_2$.

A variação da concentração de hexano no meio reacional ao longo do experimento está representada em:

a)

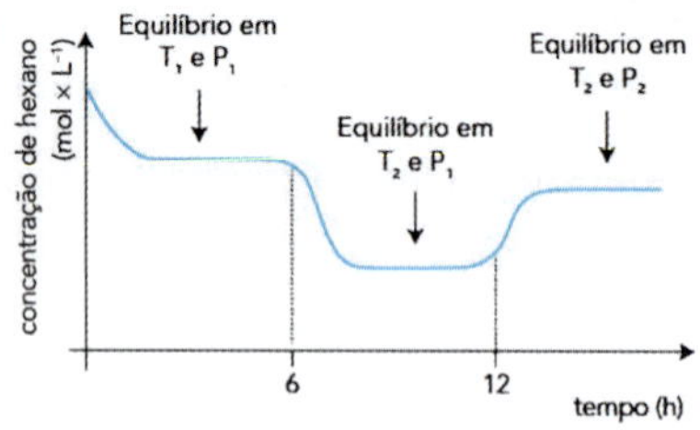


b)

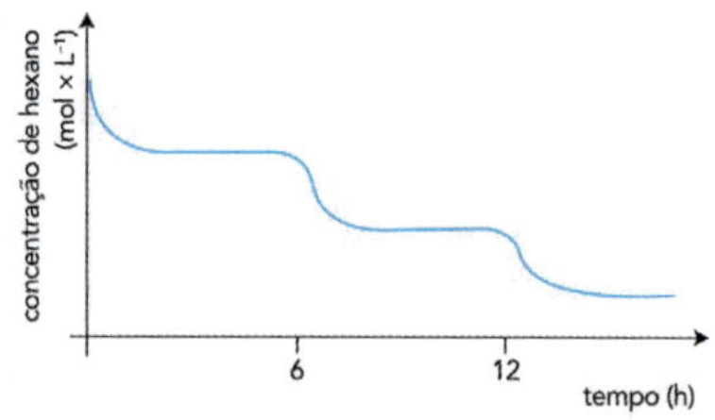


c)

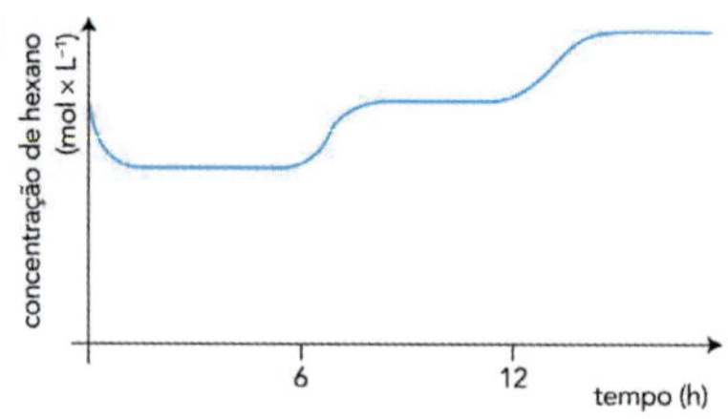


d)

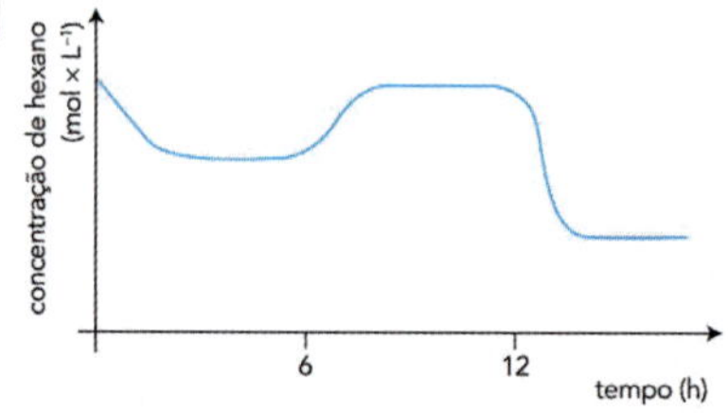


Reprodução/UERJ, 2015.

## Desafiando seus conhecimentos

**1.** (Unifenas-MG) Em geral, as reações químicas que ocorrem, simultaneamente, em dois sentidos, são denominadas reações reversíveis. Equilíbrio químico é uma reação reversível, na qual a velocidade da reação direta é igual à velocidade da reação inversa. Consequentemente, as concentrações de todas as substâncias participantes permanecem constantes. O gráfico a seguir refere-se à reação:

$$A + B \rightleftharpoons C$$

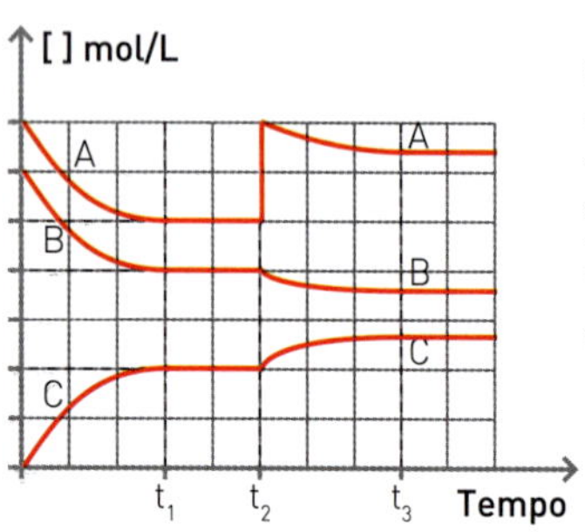


Reprodução/Arquivo da editora

Analisando-se o gráfico conclui-se que:

a) No início da reação química: [A] < [B].

b) O equilíbrio foi alterado em $t_1$.

c) Em $t_3$ a velocidade da reação direta é maior do que a inversa.

d) Em $t_2$ houve um acréscimo na concentração de A, sendo que a concentração de B diminui e a de C aumenta até atingir um novo equilíbrio.

e) Entre $t_2$ e $t_3$ (intervalo de tempo) as velocidades das reações direta e inversa são iguais.

**2.** (UFJF/Pism-MG) Segundo o princípio de Le Châtelier, se um sistema em equilíbrio é submetido a qualquer perturbação externa, o equilíbrio é deslocado no sentido contrário a esta perturbação. Assim, conforme o sistema se ajusta, a posição do equilíbrio se desloca favorecendo a formação de mais produtos ou reagentes. A figura abaixo mostra diferentes variações no equilíbrio da reação de produção de amônia de acordo com a perturbação que ocorre.

$$N_2\,(g) + 3\,H_2\,(g) \rightleftharpoons 2\,NH_3\,(g)$$

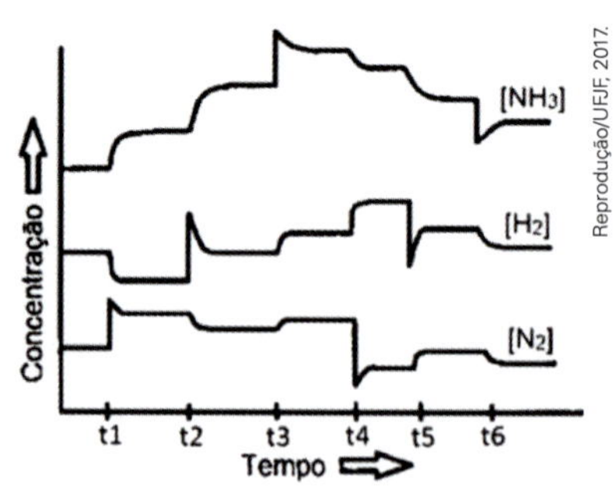


Reprodução/UFJF, 2017.

Em quais tempos verifica-se um efeito que desloca o equilíbrio favorecendo os reagentes?

a) $t_1$, $t_2$, $t_6$

b) $t_1$, $t_4$, $t_6$

c) $t_2$, $t_3$, $t_4$

d) $t_3$, $t_4$, $t_5$

e) $t_3$, $t_5$, $t_6$

**3.** (UPM-SP) Em uma aula prática, alguns alunos investigaram o equilíbrio existente entre as espécies químicas em solução aquosa. A equação química que representa o fenômeno estudado é descrita por

$$FeC\ell_3\ (aq) + 3\ NH_4SCN\ (aq) \rightleftharpoons 3\ NH_4C\ell\ (aq) + Fe(SCN)_3\ (aq)$$

Nessa investigação, os alunos misturaram quantidades iguais de solução de cloreto de ferro III e de tiocianato de amônio e a mistura produzida foi dividida em três frascos, **A**, **B** e **C**. A partir de então, realizaram os seguintes procedimentos:

I. no frasco **A**, adicionaram uma ponta de espátula de cloreto de amônio sólido e agitaram até completa dissolução desse sólido.
II. no frasco **B**, adicionaram algumas gotas de solução saturada de cloreto de ferro III.
III. no frasco **C**, adicionaram algumas gotas de solução saturada de tiocianato de amônio.

Considerando-se que em todas as adições tenha havido deslocamento do equilíbrio, é correto afirmar que esse deslocamento ocorreu no sentido da reação direta:

a) apenas no procedimento I.
b) apenas no procedimento II.
c) apenas nos procedimentos I e II.
d) apenas nos procedimentos II e III.
e) em todos os procedimentos.

**4.** (Unisa/MED-SP) Águas contendo íons ferro (II) apresentam-se límpidas, pois o ferro encontra-se solubilizado e incolor. No entanto, ao entrar em contato com o ar ou com gás cloro, os íons ferro (II) reagem, formando hidróxido de ferro (III), insolúvel e de coloração marrom. Roupas lavadas com essa água podem apresentar manchas de cor ferruginosa.

A equação a seguir representa uma das reações descritas.

$$2\ Fe^{2+}\ (aq) + C\ell_2\ (g) + 6\ H_2O\ (\ell) \rightleftharpoons 2\ Fe(OH)_3\ (s) + 2\ C\ell^-\ (aq) + 6\ H^+\ (aq)$$

a) Indique o agente oxidante do processo, justificando sua escolha.
b) Qual das substâncias de uso doméstico, vinagre ou leite de magnésia, pode ser utilizada na remoção de manchas de ferrugem das roupas? Justifique sua escolha com base no equilíbrio apresentado.

**5.** (Fuvest-SP) A Gruta do Lago Azul (MS), uma caverna composta por um lago e várias salas, em que se encontram espeleotemas de origem carbonática (estalactites e estalagmites), é uma importante atração turística. O número de visitantes, entretanto, é controlado, não ultrapassando 300 por dia. Um estudante, ao tentar explicar tal restrição, levantou as seguintes hipóteses:

I. Os detritos deixados indevidamente pelos visitantes se decompõem, liberando metano, que pode oxidar os espeleotemas.
II. O aumento da concentração de gás carbônico que é liberado na respiração dos visitantes, e que interage com a água do ambiente, pode provocar a dissolução progressiva dos espeleotemas.
III. A concentração de oxigênio no ar diminui nos períodos de visita, e essa diminuição seria compensada pela liberação de $O_2$ pelos espeleotemas.

O controle do número de visitantes, do ponto de vista da Química, é explicado por:

a) I, apenas.
b) II, apenas.
c) III, apenas.
d) I e III, apenas.
e) I, II e III.

**6.** (Enem)

Hipóxia ou mal das alturas consiste na diminuição de oxigênio ($O_2$) no sangue arterial do organismo. Por essa razão, muitos atletas apresentam mal-estar (dores de cabeça, tontura, falta de ar etc.) ao praticarem atividade física em altitudes elevadas. Nessas condições, ocorrerá uma diminuição na concentração de hemoglobina oxigenada ($HbO_2$) em equilíbrio no sangue, conforme a relação:

$$Hb\ (aq) + O_2\ (aq) \rightleftharpoons HbO_2\ (aq)$$

*Mal da montanha*. Disponível em: www.feng.pucrs.br. Acesso em: 11 fev. 2015 (adaptado).

A alteração da concentração de hemoglobina oxigenada no sangue ocorre por causa do(a):

a) elevação da pressão arterial.
b) aumento da temperatura corporal.
c) redução da temperatura do ambiente.
d) queda da pressão parcial de oxigênio.
e) diminuição da quantidade de hemácias.

**7.** (Unimontes-MG) Em um tubo de ensaio contendo solução aquosa saturada de cloreto de sódio foi adicionada uma solução concentrada de ácido clorídrico, ocorrendo o que pode ser observado na figura.

Dada a equação que representa o equilíbrio de solubilidade do cloreto de sódio,

$$NaC\ell\ (s) \rightleftharpoons Na^+\ (aq) + C\ell^-\ (aq),$$

assinale a alternativa correta.

a) A adição do íon comum cloreto favorece o equilíbrio para a esquerda.
b) O ácido clorídrico reage com cloreto de sódio formando um precipitado.
c) A solubilidade do cloreto de sódio é aumentada pela adição de HCℓ.
d) A adição do íon comum aumenta a solubilidade do cloreto de sódio.

**8.** (FSM/MED-CE) Compostos contendo íons dicromato $Cr_2O_7^{2-}$ ou cromato $CrO_4^{2-}$ são tóxicos e carcinogênicos. O equilíbrio químico estabelecido entre esses íons em fase aquosa está representado na equação:

$$\underset{\text{(laranja)}}{Cr_2O_7^{2-}\ (aq)} + H_2O\ (\ell) \rightleftharpoons \underset{\text{(amarelo)}}{2\ CrO_4^{2-}\ (aq)} + 2\ H^+\ (aq)$$

Soluções que contêm íons dicromato necessitam de tratamento prévio para serem descartadas diretamente no meio ambiente. Uma das etapas deste tratamento é a redução do íon dicromato para cromo (III).

a) Considere que em uma solução aquosa, com íons dicromato e cromato em equilíbrio, seja adicionado ácido clorídrico.
   Qual será a cor predominante dessa solução? Justifique sua resposta.
b) Qual a variação do número de oxidação do cromo no processo de redução descrito no texto? Apresente os cálculos efetuados.

**9.** (UCB-DF) Os óculos fotocromáticos possuem lentes que contêm cristais de cloreto de prata (AgCℓ) incorporados diretamente ao vidro. Quando a radiação ultravioleta do Sol atinge os cristais de AgCℓ, as lentes escurecem e, em ambientes escuros, elas clareiam, de acordo com a reação seguinte:

$$\underbrace{AgC\ell}_{\text{transparente}} + \text{energia luminosa} \rightleftharpoons \underbrace{Ag}_{\text{escuro}} + C\ell$$

De acordo com o texto e seus conhecimentos, assinale a alternativa incorreta.

a) O aumento de incidência de luz desloca o equilíbrio para a direita fazendo a lente escurecer.
b) Os átomos de prata se recombinam com átomos de cloro para formar AgCℓ, absorvendo energia.
c) Os óculos fotocromáticos representam um exemplo do Princípio de Le Chatelier.
d) Em ambientes escuros, há maior produção de cloreto de prata, clareando as lentes dos óculos.
e) O aumento da concentração de Ag desloca o equilíbrio, favorecendo a produção de cloreto de prata.

**10.** (PUC/MED-PR)

O Princípio de Le Chatelier infere que quando uma perturbação é imposta a um sistema químico em equilíbrio, este irá se deslocar de forma a minimizar tal perturbação.

Disponível em: <brasilescola.com/exercicios-quimica/exercicios-sobre-principio-le-chatelier.htm>.

O gráfico apresentado a seguir indica situações referentes à perturbação do equilíbrio químico indicado pela equação $H_2$ (g) + $I_2 \rightleftharpoons$ 2 HI (g).

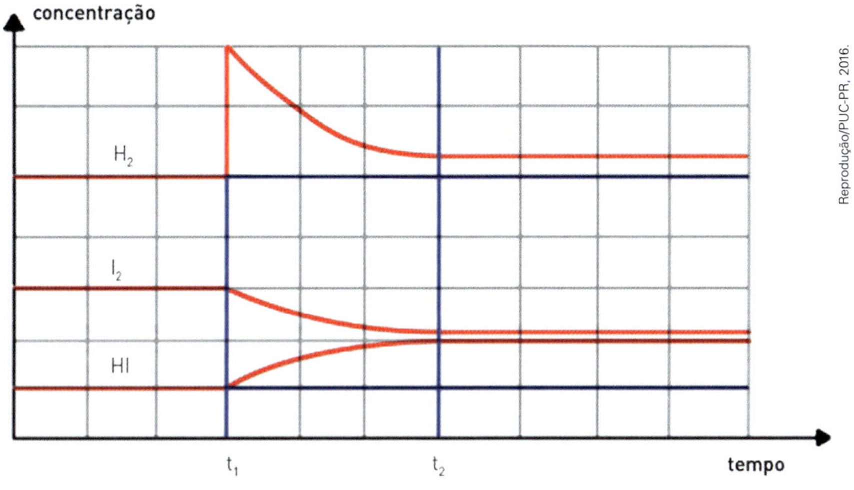


Reprodução/PUC-PR, 2016.

A partir da equação química apresentada e da observação do gráfico, considerando também que a reação é endotérmica em favor da formação do ácido iodídrico, a dinâmica do equilíbrio favorecerá:

a) a formação de iodo quando da adição de gás hidrogênio.
b) o consumo de iodo quando da adição de gás hidrogênio.
c) a diminuição na quantidade de ácido iodídrico quando do aumento da temperatura.
d) o aumento na quantidade das substâncias simples quando ocorrer elevação da pressão total do sistema.
e) formação de gás hidrogênio na reação direta a partir de $t_1$, em virtude da adição de ácido iodídrico.

**11.** (Enem) A formação de estalactites depende da reversibilidade de uma reação química. O carbonato de cálcio ($CaCO_3$) é encontrado em depósitos subterrâneos na forma de pedra calcária. Quando um volume de água rica em $CO_2$ dissolvido infiltra-se no calcário, o minério dissolve-se formando íons $Ca^{2+}$ e $HCO_3^-$. Numa segunda etapa, a solução aquosa desses íons chega a uma caverna e ocorre a reação inversa, promovendo a liberação de $CO_2$ e a deposição de $CaCO_3$, de acordo com a equação apresentada.

$$Ca^{2+} (aq) + 2\ HCO_3^- (aq) \rightleftharpoons CaCO_3 (s) + CO_2 (g) + H_2O (\ell) \qquad \Delta H = +\ 40{,}94\ kJ/mol$$

Considerando o equilíbrio que ocorre na segunda etapa, a formação de carbonato será favorecida pelo(a):

a) diminuição da concentração de íons $OH^-$ no meio.
b) aumento da pressão do ar no interior da caverna.
c) diminuição da concentração de $HCO_3^-$ no meio.
d) aumento da temperatura no interior da caverna.
e) aumento da concentração de $CO_2$ dissolvido.

**12.** (Vunesp-SP) O estireno, matéria-prima indispensável para a produção do poliestireno, é obtido industrialmente pela desidrogenação catalítica do etilbenzeno, que se dá por meio do seguinte equilíbrio químico:

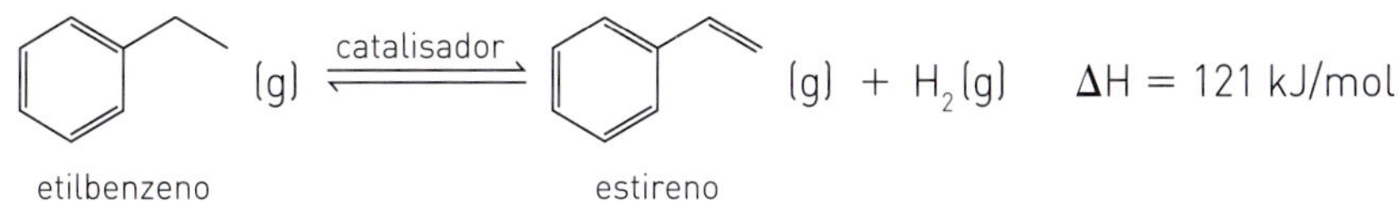

Analisando-se a equação de obtenção do estireno e considerando o princípio de Le Chatelier, é correto afirmar que:

a) a entalpia da reação aumenta com o emprego do catalisador.
b) a entalpia da reação diminui com o emprego do catalisador.
c) o aumento de temperatura favorece a formação de estireno.
d) o aumento de pressão não interfere na formação de estireno.
e) o aumento de temperatura não interfere na formação de estireno.

**13.** (PUC-MG) Considere o seguinte equilíbrio:

$H_3O^+ (aq) + C\ell^- (aq) \rightleftharpoons H_2O (\ell) + HC\ell (g)$
$\Delta H = -75 \text{ kJ} \cdot \text{mol}^{-1}$

É incorreto afirmar:

a) Quando é adicionada uma pequena quantidade de íons hidrônio, o equilíbrio é deslocado para a direita.
b) Se a pressão total é aumentada, o equilíbrio é deslocado para a esquerda.
c) Se a temperatura diminui, o equilíbrio é deslocado para a direita.
d) Quando é retirada uma pequena quantidade de ácido clorídrico, o equilíbrio é deslocado para a esquerda.

**14.** (UPM-SP) Considere o processo representado pela transformação reversível equacionada abaixo.

$$A_2 (g) + B_2 (g) \rightleftharpoons 2 AB (g) \quad \Delta H > 0$$

Inicialmente, foram colocados em um frasco com volume de 10 L, 1 mol de cada um dos reagentes. Após atingir o equilíbrio, a uma determinada temperatura T, verificou-se experimentalmente que a concentração da espécie AB (g) era de 0,10 mol/L.

São feitas as seguintes afirmações, a respeito do processo acima descrito.

I. A constante $K_C$ para esse processo, calculada a uma dada temperatura T, é 4.
II. A concentração da espécie $A_2$ (g) no equilíbrio é de 0,05 mol/L.
III. Um aumento de temperatura faria com que o equilíbrio do processo fosse deslocado no sentido da reação direta.

Assim, pode-se confirmar que

a) é correta somente a afirmação I.
b) são corretas somente as afirmações I e II.
c) são corretas somente as afirmações I e III.
d) são corretas somente as afirmações II e III.
e) são corretas as afirmações I, II e III.

**15.** (UFRGS-RS) Observe a figura abaixo, sobre o perfil de energia de uma reação em fase gasosa.

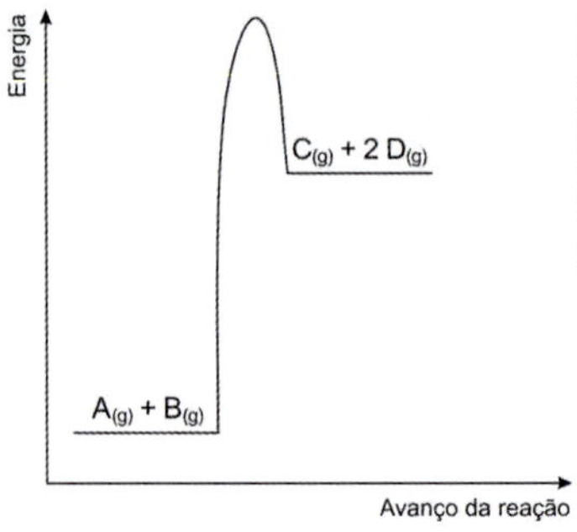


Reprodução/UFRGS, 2017.

Considere as seguintes afirmações a respeito dessa reação.

I. A posição de equilíbrio é deslocada a favor dos produtos, sob aumento de temperatura.
II. A posição de equilíbrio é deslocada a favor dos reagentes, sob aumento de pressão.
III. A velocidade da reação inversa aumenta com a temperatura.

Quais estão corretas?

a) Apenas I.
b) Apenas II.
c) Apenas III.
d) Apenas I e II.
e) I, II e III.

**16.** (UEPG-PR) O diagrama de entalpia abaixo fornece informações sobre uma reação química reversível. Considerando que o sistema está em equilíbrio, assinale o que for correto.

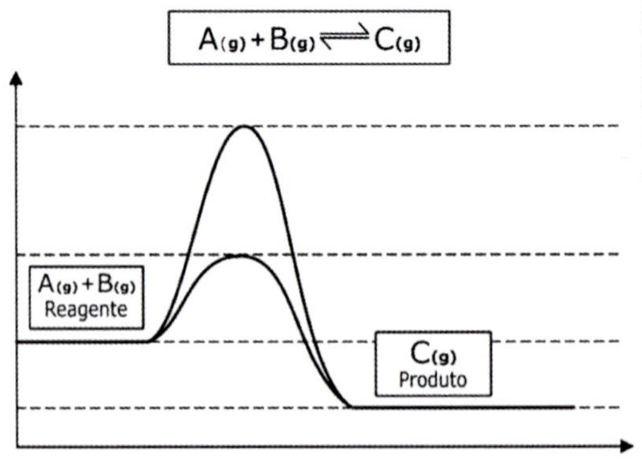


Reprodução/UEPG, 2015.

01) Esta é uma reação exotérmica, pois a entalpia dos produtos é menor que a dos reagentes.
02) A curva de maior energia de ativação ($E_a$) se refere à reação catalisada.

04) Um aumento na temperatura do sistema não favoreceria essa reação porque o equilíbrio seria deslocado no sentido dos reagentes.

08) A adição dos reagentes A ou B provocaria um deslocamento do equilíbrio para a direita e a formação de maior quantidade de C.

16) Se houver uma diminuição na pressão do sistema, o equilíbrio será deslocado no sentido dos produtos.

**17.** (Unifesp) Na indústria, a produção do ácido nítrico ($HNO_3$) a partir da amônia ($NH_3$) se dá em três etapas:

$$\text{etapa 1: } 4\ NH_3\ (g) + 5\ O_2 \rightleftharpoons 4\ NO\ (g) + 6\ H_2O\ (g) \qquad \Delta H < 0$$

$$\text{etapa 2: } 2\ NO\ (g) + O_2\ (g) \rightleftharpoons 2\ NO_2\ (g) \qquad \Delta H < 0$$

$$\text{etapa 3: } 3\ NO_2\ (g) + H_2O\ (\ell) \rightleftharpoons 2\ HNO_3\ (aq) + NO\ (g) \qquad \Delta H < 0$$

A fim de verificar as condições que propiciam maior rendimento na produção de NO na etapa 1, um engenheiro realizou testes com modificações nos parâmetros operacionais desta etapa, indicadas na tabela.

| Teste | Modificações da etapa 1 |
|---|---|
| 1 | aquecimento e aumento de pressão |
| 2 | aquecimento e diminuição de pressão |
| 3 | resfriamento e aumento de pressão |
| 4 | resfriamento e diminuição de pressão |

a) Com base nas três etapas, escreva a equação balanceada para a reação global de obtenção do ácido nítrico cujos coeficientes estequiométricos são números inteiros. Essa reação tem como reagentes $NH_3$ e $O_2$, e como produtos $HNO_3$, $H_2O$ e NO, sendo que o coeficiente estequiométrico para o $HNO_3$ é 8.

b) Qual teste propiciou maior rendimento na produção de NO na etapa 1? Justifique sua resposta.

**18.** (UFPR) Recentemente, a produção fotocatalítica de hidrogênio vem atraindo atenção devido ao processo que gera um combustível limpo, o qual é utilizado em células a combustível. O processo se baseia na separação da água nos seus componentes, conforme equilíbrio inserido no esquema, utilizando luz solar e um fotocatalisador (p. ex. $NaTO_3$:La). O processo é extremamente endotérmico, necessitando 1,23 eV para ocorrer. Num experimento, o processo foi realizado num sistema fechado, como esquematizado abaixo. Considerando essas informações, identifique as afirmativas a seguir como verdadeiras (V) ou falsas (F):

( ) A quantidade de fotocatalisador limita a conversão.

( ) O aumento da temperatura irá favorecer a conversão.

( ) A diminuição do volume do sistema irá favorecer a conversão.

( ) É condição necessária para a produção de hidrogênio que o fotocatalisador absorva energia solar superior a 1,23 eV.

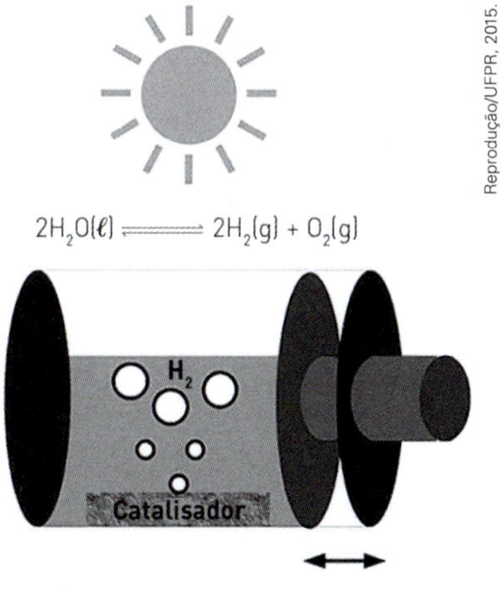


Reprodução/UFPR, 2015.

Assinale a alternativa que apresenta a sequência correta, de cima para baixo.

a) F – V – V – F.
b) V – V – F – V.
c) V – F – F – V.
d) V – V – V – F.
e) F – F – V – V.

**19.** (UPE/SSA) É comum ocorrer a eructação, mais conhecida por arroto, após a ingestão de refrigerante. A água gaseificada é um componente importante dos refrigerantes. Ela é produzida pela mistura de água e gás carbônico, sob baixa temperatura, em que se estabelece o seguinte equilíbrio químico:

$$2\ H_2O\ (\ell) + CO_2\ (g) \rightleftharpoons H_3O^+\ (aq) + HCO_3^-\ (aq)$$

Considerando o equilíbrio químico indicado, um dos fatores que NÃO influencia na eructação após a ingestão de refrigerantes é a(o):

a) elevação da temperatura no interior do estômago.

b) acréscimo da concentração de íons hidrônio por causa do suco gástrico.

c) presença do ácido clorídrico que funciona como catalisador para a reação inversa.

d) aumento do volume no interior do estômago em comparação com o refrigerante envasado.

e) diminuição da pressão no interior do estômago em comparação com o refrigerante envasado.

**20.** (UEPG-PR) Considerando a equação em equilíbrio, de síntese do $SO_3$:

$$2\,SO_2\,(g) + O_2\,(g) \rightleftharpoons SO_3$$

As constantes de equilíbrio, $K_C$, para essa reação em diferentes temperaturas são as seguintes:

| $K_C$ | Temperatura (K) |
|---|---|
| 100 | 1 000 |
| 2 | 1 200 |

Com base nessa equação e os fatores que podem afetar o seu equilíbrio, assinale o que for correto.

01) Para melhorar o rendimento dessa reação, pode-se diminuir a concentração de $SO_2$ (g) ou de $O_2$ (g).

02) Para que essa reação atinja o equilíbrio mais rapidamente, pode-se aumentar a concentração de $SO_2$ (g) ou de $O_2$ (g).

04) Para melhorar o rendimento dessa reação, pode-se aumentar o volume do recipiente em que a reação ocorre e, desta forma, diminuir a pressão.

08) A síntese do $SO_3$ é uma reação exotérmica.

16) Para melhorar o rendimento dessa reação, deve-se abaixar a temperatura.

**21.** (UFPR) Numa atividade física intensa, as células do tecido muscular de um atleta demandam energia. Essa energia é armazenada na forma de moléculas de ATP (adenosina trifosfato) e pode ser obtida através da conversão de ATP em ADP (adenosina difosfato), conforme mostrado na equação (I). Essa reação em condição intracelular fornece uma energia livre de Gibbs $\Delta G^0 = -11{,}5\ \text{kcal} \cdot \text{mol}^{-1}$.

A creatina ($M = 131\ \text{g} \cdot \text{mol}^{-1}$) é um dos suplementos mais populares utilizados atualmente por atletas. A ingestão de creatina faz com que aumente a concentração de fosfocreatina dentro da célula do tecido muscular. A fosfocreatina reage com ADP, produzindo ATP através de uma reação enzimática, mostrada na equação de equilíbrio (II).

$$\text{ATP} + H_2O \longrightarrow \text{ADP} + HPO_4^{2-} + H^+ \qquad \text{(I)}$$

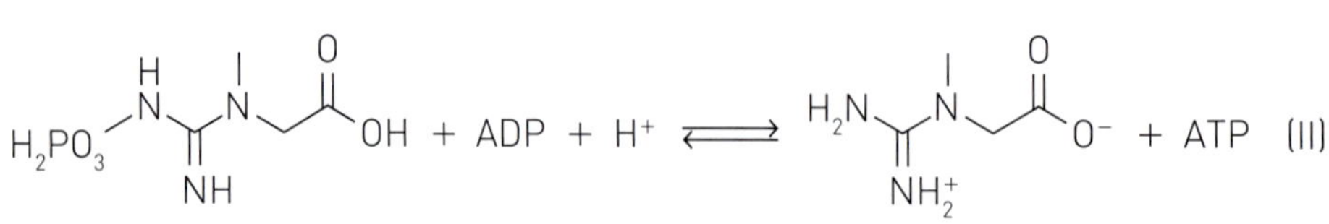

(fosfocreatina) (creatina)

a) Durante esforço físico intenso, o que acontece com a razão entre as concentrações [creatina]/[fosfocreatina] dentro da célula do tecido muscular?

b) Como se pode prever isso utilizando o Princípio de Le Chatelier?

c) Qual é a quantidade de energia gerada através da hidrólise de ATP proveniente exclusivamente da ingestão de 3 g de creatina, admitindo-se que toda essa creatina é acumulada na forma de fosfocreatina nas células? (Utilize uma casa decimal nos cálculos.)

## Leia, analise e responda

# O equilíbrio é mesmo necessário?

Em nosso cotidiano, é muito comum ouvirmos que é necessário ter equilíbrio em tudo. Essa recomendação surge, por exemplo, em programas de televisão, principalmente aqueles relacionados a autoajuda, saúde, dietas etc.

Na área esportiva, comentaristas falam que é preciso equilíbrio entre o ataque e a defesa nos times de futebol, senão a equipe pode ficar vulnerável durante as partidas que disputa.

Os economistas, por sua vez, afirmam que o equilíbrio entre receitas e despesas no orçamento do governo é fundamental para a estabilidade econômica. Já os políticos pregam o equilíbrio de forças militares entre países vizinhos para que não ocorram guerras.

Mas é realmente necessário que haja equilíbrio em tudo na natureza?

O conceito de equilíbrio está relacionado ao fato de um objeto (ou sistema) se manter constante, inalterado. Ou seja, seus parâmetros físicos não mudam com o tempo, não evoluem.

[...]

Estudar objetos da natureza em condições próximas à de equilíbrio é mais fácil do que quando eles não estão nessa situação.

Da mesma maneira, é mais fácil entender o comportamento das pessoas quando elas estão física e emocionalmente equilibradas. Lidar com mudanças bruscas de comportamento é mais difícil, assim como prever as propriedades dos sistemas quando eles saem bruscamente do equilíbrio.

Mas a ocorrência de desequilíbrios é a responsável pela modificação dos sistemas. E justamente quando isso acontece é que as coisas podem se tornar interessantes.

### Desequilíbrio vital

A vida na Terra deve ter surgido há cerca de 4 bilhões de anos. Por meio de algum processo do qual ainda não temos absoluta certeza, uma certa molécula aprendeu a fazer cópias de si mesma, ou seja, permitiu que as configurações nela existentes pudessem ser duplicadas. Assim, as informações dessa molécula foram propagadas com o passar do tempo.

Se isso ocorresse sempre da mesma maneira, não haveria nada de novo e essa molécula não evoluiria. Entretanto, devido a mudanças e desequilíbrios do ambiente, essa molécula se aprimorou ao longo do tempo e permitiu a formação de estruturas mais complexas. Esse processo levou ao aparecimento das primeiras bactérias e, passados bilhões de anos, resultou em formas de vida tão complexas como nós.

Todas as formas de vida somente sobrevivem devido ao constante recebimento de energia do meio exterior. Desde seres mais simples – como as plantas, que utilizam a luz do Sol como fonte direta de energia – aos mais complexos – como os humanos, que necessitam ingerir alimentos mais elaborados –, se não houver troca de energia, os organismos não funcionam.

Thinkstock/Getty Images

As plantas usam a luz do Sol como fonte direta de energia. Se não houver troca de energia, os organismos não funcionam.

Design Pics/Diomedia

"Um barco no meio de um lago onde não existe qualquer brisa ou movimento na água permanece parado." Para que o barco se movimente, é preciso quebrar as condições de equilíbrio existentes entre ele e o lago.

[...]

Como a temperatura do nosso corpo normalmente é maior que a do ambiente, há um fluxo de calor do nosso corpo para o ambiente. Se fosse o contrário, o nosso organismo não funcionaria. Por isso, o nosso corpo desenvolveu mecanismos mais sofisticados para poder controlar sua temperatura, permitindo que o calor saia do corpo em dias muito quentes. Um desses mecanismos é o suor, que, ao evaporar, ajuda a fazer a troca de calor com o ambiente.

**A física e o equilíbrio**

O desequilíbrio é essencial para modificar qualquer parâmetro físico de um sistema na natureza. Por exemplo: um barco no meio de um lago onde não existe qualquer brisa ou movimento na água permanece parado. Embora esteja em contato com um grande reservatório térmico (o lago), o barco não consegue absorver a energia térmica contida na água, para que, de alguma forma, ela seja usada para movimentá-lo, pois o barco está em equilíbrio térmico com o lago.

Para que ocorra movimento, é necessário quebrar esse equilíbrio. Por isso, o motor do barco transforma a energia química contida nas ligações entre as moléculas de combustível em calor. Essa energia térmica é liberada no interior dos pistões do motor, que empurram as turbinas e, assim, impulsionam o barco, realizando o que chamamos de trabalho (energia transferida pela força usada para movimentar o barco durante o seu deslocamento). Uma parte da energia produzida é transferida para o lago, aquecendo-o levemente.

[...]

Embora a procura pelo equilíbrio seja algo importante em nossa vida, são os desequilíbrios que promovem as transformações, seja nos processos físicos, seja em nosso cotidiano. No caso dos processos físicos, essas mudanças seguem leis naturais. Quanto a nós, temos a capacidade de escolher os caminhos que queremos tomar. Mas, se tudo no universo estivesse em equilíbrio, não estaríamos nem aqui para pensar sobre essas questões.

Fonte: Oliveira, A. *O equilíbrio é mesmo necessário?* Disponível em: <http://www.cienciahoje.org.br/noticia/v/ler/id/2778/n/o_equilibrio_e_mesmo_necessario>. Acesso em: 6 abr. 2018.

1. O texto trata dos conceitos de equilíbrio e desequilíbrio a partir de vários pontos de vista: biológico, físico e até "existencial". Pense em outros exemplos de equilíbrio, relembrando o que foi estudado nesta unidade, e elabore um parágrafo complementar ao texto que trate do equilíbrio químico.

2. A definição de equilíbrio apresentada no trecho "O conceito de equilíbrio está relacionado ao fato de um objeto (ou sistema) se manter constante, inalterado. Ou seja, seus parâmetros físicos não mudam com o tempo, não evoluem." pode ser aplicada ao conceito de equilíbrio químico? Explique.

3. Releia o parágrafo final do texto e discuta com seus colegas: vocês concordam com as afirmações do autor? Por quê?

UNIDADE

# 8

# Equilíbrio iônico

A imagem de abertura desta unidade apresenta alguns componentes do sangue, responsáveis por algumas funções essenciais para a manutenção da vida, como transporte de oxigênio, defesa e coagulação do sangue. Esses componentes só conseguem desempenhar tais funções porque no sangue existem vários sistemas-tampão que conseguem evitar variações bruscas de pH.

Você sabe o que é uma solução-tampão? Como ela se comporta?

Foto: Dennis Kunnel Microscopy/SPL/Latinstock

**NESTA UNIDADE VAMOS ESTUDAR:**

- Constante de ionização.
- Produto iônico da água.
- pH e pOH.
- Indicadores.
- Titulação.
- Sistemas-tampão.
- Hidrólise salina.
- Produto de solubilidade.

CAPÍTULO

29

# Constante de ionização ($K_i$)

Na Unidade 7 você estudou os equilíbrios químicos moleculares. Agora, estudará o equilíbrio químico que envolve a participação de íons, ou equilíbrio iônico. Antes, porém, é importante retomarmos alguns conceitos de Química que você viu no 1º ano.

A primeira conceituação de ácido e de base foi dada por Svante Arrhenius (1859-1927), que, em 1887, a partir de seus estudos, assim os definiu:

- **Ácidos**: substâncias que, em solução aquosa, se rompem e liberam o íon $H^+$ como único tipo de cátion.
- **Bases**: substâncias que, em solução aquosa, se dissociam e liberam o íon $OH^-$ como único tipo de ânion.

Na verdade, as soluções aquosas de ácidos e bases são consideradas equilíbrios. Vamos inicialmente estudar o comportamento dos ácidos.

A conceituação de Arrhenius para ácidos e bases foi revista e complementada em 1923, de modo independente, por Johannes N. Brönsted (1879-1947) e Thomas M. Lowry (1874-1936), em sua Teoria Brönsted-Lowry: "Ácido é a espécie química que doa prótons; base, a espécie química que recebe prótons". No mesmo ano, Gilbert Lewis (1875-1946) deu um passo além: "Ácido é um receptor de um par de elétrons; base é um doador de um par de elétrons". Nesta unidade, vamos nos ater ao conceito de Arrhenius.

## Constante de ionização de ácidos ($K_a$)

Considere um ácido genérico HA, cujo equilíbrio em solução aquosa pode ser representado de duas maneiras:

$$HA\ (aq) \rightleftharpoons H^+\ (aq) + A^-\ (aq)$$

$$HA\ (aq) + H_2O\ (\ell) \rightleftharpoons H_3O^+\ (aq) + A^-\ (aq)$$

Para entendermos essas ionizações, vamos preparar duas soluções aquosas diluídas de ácidos diferentes com a mesma concentração em mol/L a uma mesma temperatura.

Visualmente não conseguimos notar nenhuma diferença entre elas.

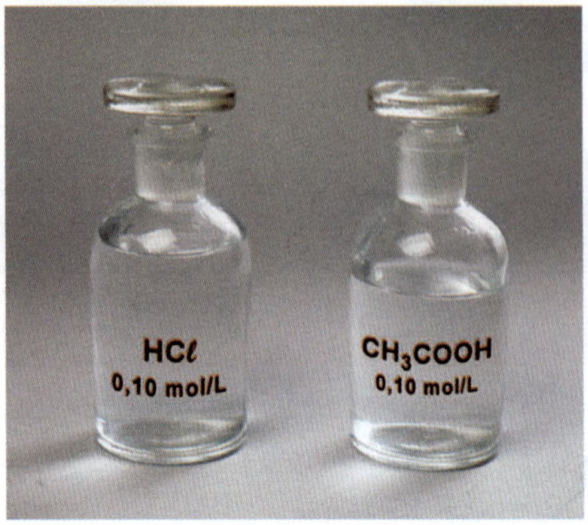


Sérgio Dotta Jr./Arquivo da editora

Solução de ácido clorídrico (HCℓ) e de ácido acético ($CH_3COOH$) de mesma concentração.

No entanto, com a utilização de uma aparelhagem simples, podemos perceber que elas apresentam uma condutibilidade elétrica diferente.

Fotos: Sérgio Dotta Jr./Arquivo da editora

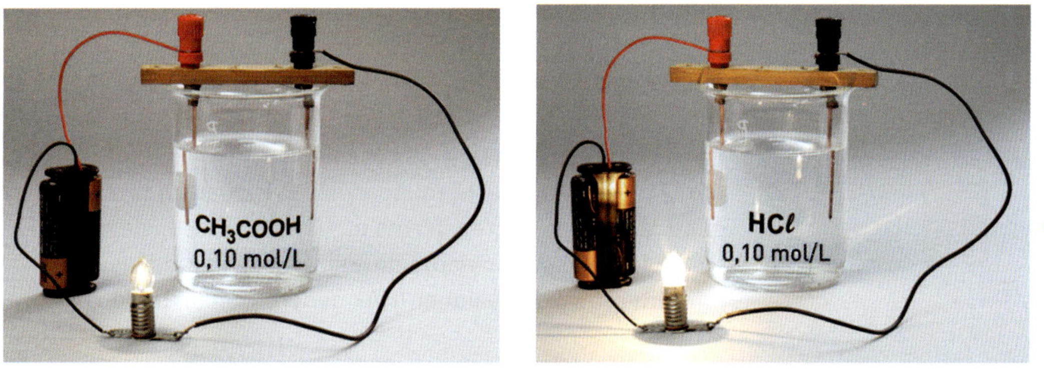


A intensidade do brilho da lâmpada indica a condutibilidade elétrica da solução.

Quanto mais intenso o brilho da lâmpada, maior a concentração de íons presentes e maior a condutibilidade elétrica da solução. Podemos concluir, então, que o ácido clorídrico ($HC\ell$) está mais ionizado do que o ácido acético ($H_3CCOOH$). Os equilíbrios existentes nas duas soluções ácidas podem ser representados simplificadamente por:

$$HC\ell\ (aq) \rightleftharpoons H^+\ (aq) + C\ell^-\ (aq)$$

$$H_3CCOOH\ (aq) \rightleftharpoons H^+\ (aq) + H_3CCOO^-\ (aq)$$

Podemos relacionar o teste de condutibilidade elétrica das soluções ácidas com o seu grau de ionização ($\alpha$).

$$\alpha = \frac{\text{nº de mol ionizado}}{\text{nº de mol inicial}}$$

Assim, podemos concluir que o grau de ionização do $HC\ell$ é maior do que o do ácido acético em soluções de mesma concentração e na mesma temperatura.

É possível estabelecer uma relação entre os resultados dos testes de condutibilidade e as constantes de equilíbrio, que neste caso são chamadas **constante de ionização** e, **para os ácidos**, são representadas por $\mathbf{K_a}$.

$$HC\ell\ (aq) \rightleftharpoons H^+\ (aq) + C\ell^-\ (aq) \qquad H_3CCOOH\ (aq) \rightleftharpoons H^+\ (aq) + H_3CCOO^-\ (aq)$$

$$K_a = \frac{[H^+] \cdot [C\ell^-]}{[HC\ell]} \qquad K_a = \frac{[H^+] \cdot [H_3CCOO^-]}{[H_3CCOOH]}$$

Generalizando, pela expressão podemos perceber que, quanto maior a concentração em mol/L de íons, maior será o valor de $K_a$.

Como descrito no experimento, o brilho da lâmpada na solução aquosa de $HC\ell$ é mais intenso, pois a maior concentração de íons nos permite concluir que sua constante de ionização é maior do que a do ácido acético.

$$\frac{[H^+] \cdot [C\ell^-]}{[HC\ell]} > \frac{[H^+] \cdot [H_3CCOO^-]}{[H_3CCOOH]}$$

Com o conhecimento das constantes de ionização dos ácidos ($K_a$), podemos comparar suas forças para soluções de mesma concentração em mol/L e na mesma temperatura. Assim, o ácido mais ionizado (maior $\alpha$) e, portanto, mais forte é o que apresenta a maior constante de ionização.

Generalizando:

Quanto maior for o valor da constante de ionização, mais ionizado estará o ácido ($\alpha$ maior), portanto, maior será sua força.

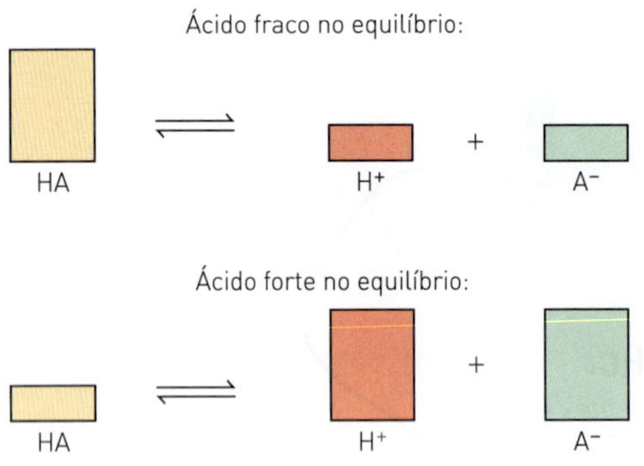

Banco de magens/Arquivo da editora

A ilustração ao lado mostra, esquematicamente, o comportamento de um ácido fraco e de um ácido forte, de mesma concentração em mol/L e à mesma temperatura.

O ácido fraco está pouco ionizado, originando, no equilíbrio, uma pequena concentração de íons e uma grande quantidade de moléculas do ácido não ionizado. Por isso, ele é um eletrólito fraco e sua constante de ionização é pequena.

Já o ácido forte está muito ionizado e quase a totalidade de suas moléculas se transforma em íons. Por isso, ele é um eletrólito forte e sua constante de ionização é elevada.

Para um ácido qualquer (HA), generalizando, temos:

$$HA \rightleftharpoons H^+ + A^- \qquad K_a = \frac{[H^+] \cdot [A^-]}{[HA]}$$

Quanto maior é o valor de $K_a$, maior é a sua força e maior é $[H^+]$.

Os valores das constantes de ionização de muitos ácidos já foram determinados experimentalmente e encontram-se tabelados à mesma concentração e temperatura. Por meio dos valores tabelados podemos comparar a força desses ácidos. Observe a tabela.

| Constante de ionização dos ácidos ($K_a$) em solução aquosa a 25 °C | | |
|---|---|---|
| Ácido clorídrico | $HC\ell \rightleftharpoons H^+ + C\ell^-$ | muito forte |
| Ácido sulfúrico | $H_2SO_4 \rightleftharpoons H^+ + HSO_4^-$<br>$HSO_4^- \rightleftharpoons H^+ + SO_4^{2-}$ | muito forte<br>$1{,}2 \cdot 10^{-2}$ (*) |
| Ácido fosfórico | $H_3PO_4 \rightleftharpoons H^+ + H_2PO_4^-$<br>$H_2PO_4^- \rightleftharpoons H^+ + HPO_4^{2-}$<br>$HPO_4^{2-} \rightleftharpoons H^+ + PO_4^{3-}$ | $7{,}5 \cdot 10^{-3}$<br>$6{,}2 \cdot 10^{-8}$ (*)<br>$4{,}4 \cdot 10^{-13}$ (*) |
| Ácido carbônico | $H_2CO_3 \rightleftharpoons H^+ + HCO_3^-$<br>$HCO_3^- \rightleftharpoons H^+ + CO_3^{2-}$ | $4{,}3 \cdot 10^{-7}$<br>$5{,}6 \cdot 10^{-11}$ (*) |
| Ácido sulfídrico | $H_2S \rightleftharpoons H^+ + HS^-$<br>$HS^- \rightleftharpoons H^+ + S^{2-}$ | $1{,}1 \cdot 10^{-7}$<br>$1{,}0 \cdot 10^{-19}$ (*) |
| Ácido cianídrico | $HCN \rightleftharpoons H^+ + CN^-$ | $6{,}2 \cdot 10^{-10}$ |

| **Valores de $K_a$** | | $10^{-7}$ | $10^{-2}$ | $10^{3}$ | |
|---|---|---|---|---|---|
| **Classificação** | muito fraco | fraco | | forte | muito forte |

(*) Os valores destacados são os obtidos na 2ª ou 3ª etapa de ionização dos poliácidos.

No caso de um ácido com mais de um hidrogênio ionizável – por exemplo, o ácido sulfídrico ($H_2S$) –, a ionização ocorrerá em duas etapas:

- 1ª etapa: $H_2S \rightleftharpoons H^+ + HS^-$
- 2ª etapa: $HS^- \rightleftharpoons H^+ + S^{2-}$

Com isso, teremos duas constantes de ionização:

- 1ª ionização: $K_1 = \frac{[H^+] \cdot [HS^-]}{[H_2S]}$
- 2ª ionização: $K_2 = \frac{[H^+] \cdot [S^{2-}]}{[HS^-]}$

Experimentalmente, podemos determinar também os valores dessas constantes:

$$K_1 = 1{,}1 \cdot 10^{-7} \qquad K_2 = 1{,}0 \cdot 10^{-19}$$

Note que o valor de $K_1$ é muito maior que o valor de $K_2$. Isso permite concluir que a primeira ionização ocorre mais facilmente do que a segunda, pois, na primeira, o íon $H^+$ se desprende da espécie eletricamente neutra ($H_2S$). Na segunda ionização, o íon $H^+$ deve desprender-se de uma espécie com carga negativa ($HS^-$), que naturalmente tende a atrair $H^+$, o que dificulta sua ionização.

Isso é verificado para todos os ácidos que apresentam mais de um hidrogênio ionizável. Assim, devemos considerar que a concentração de íons $H^+$ presentes na solução aquosa de um poliácido é proveniente de sua 1ª ionização.

Para poliácidos, generalizando, temos:

$$K_1 >>> K_2 >>> (...)$$

## $pK_a$ e $K_a$

A relação entre $pK_a$ e $K_a$ é dada pela expressão:

$$pK_a = -\log K_a$$

Vamos considerar três ácidos:

- $HC\ell O_3$ (ácido clórico): $K_a = 10^{-1}$
- $HC\ell O_2$ (ácido cloroso): $K_a = 10^{-2}$
- HF (ácido fluorídrico): $K_a = 10^{-3}$

Analisando as constantes na mesma temperatura, podemos concluir que:

- $HC\ell O_3$ é o mais forte $\Rightarrow$ maior $K_a$
- HF é o mais fraco $\Rightarrow$ menor $K_a$

Se analisarmos os valores de $pK_a$, teremos:

- $HC\ell O_3$ $K_a = 10^{-1}$ $pK_a = 1$
- $HC\ell O_2$ $K_a = 10^{-2}$ $pK_a = 2$
- HF $K_a = 10^{-3}$ $pK_a = 3$

Assim, podemos concluir que, quanto maior o valor de $pK_a$, mais fraco é o ácido.

$K_a$ maior $\Rightarrow$ $pK_a$ menor $\Rightarrow$ o ácido mais forte

# Constante de ionização de bases ($K_b$)

Assim como definimos a constante de ionização para ácidos ($K_a$), também podemos definir a constante de dissociação, ou ionização, para as bases: $K_b$.

Veja o exemplo:

$$NH_3\,(g) + H_2O\,(\ell) \rightleftharpoons NH_4^+\,(aq) + OH^-\,(aq) \qquad K_b = \frac{[NH_4^+] \cdot [OH^-]}{[NH_3]}$$

A 25 °C, a $K_b$ para a amônia é igual a $1{,}8 \cdot 10^{-5}$, o que nos permite concluir que essa é uma base fraca.

Note que a concentração da água, por ser uma constante, não aparece na expressão de $K_b$.

$$BOH \rightleftharpoons B^+ + OH^- \qquad K_b = \frac{[B^+] \cdot [OH^-]}{[BOH]}$$

Para uma base qualquer (BOH), generalizando, temos:

Quanto maior é o valor de $K_b$, maior é a sua força e maior é a $[OH^-]$.

# Lei de diluição de Ostwald

No final do século XIX, Friedrich Wilhelm Ostwald (1853-1932), químico de origem russo-germânica, deduziu pela primeira vez uma expressão matemática relacionando a constante de ionização, a concentração em mol/L e o grau de ionização para monoácidos e monobases.

Para compreendermos a expressão proposta por Ostwald, vamos elaborar o seguinte raciocínio: ao adicionarmos um ácido à água, podemos relacionar o número de mol adicionado com o número de mol ionizado.

$$\alpha = \frac{\text{nº de mol ionizado}}{\text{nº de mol inicial (n)}}$$

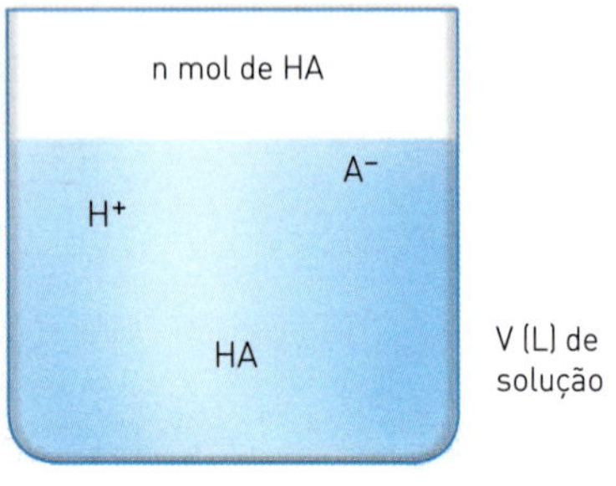


Conceitograf/Arquivo da editora

nº de mol ionizado $= \alpha \cdot n$

| | $HA \rightleftharpoons$ | $H^+$ + | $A^-$ |
|---|---|---|---|
| **Início** | n mol | 0 | 0 |
| **Proporção** | gasta $\alpha \cdot n$ | forma $\alpha \cdot n$ | forma $\alpha \cdot n$ |
| **Equilíbrio** | $n - \alpha \cdot n$ | $\alpha \cdot n$ | $\alpha \cdot n$ |

Assim, no equilíbrio temos:

$$HA = n - \alpha n \text{ ou } n(1 - \alpha) \text{ mol}$$
$$H^+ = \alpha n \text{ mol}$$
$$A^- = \alpha n \text{ mol}$$

Logo, suas concentrações em mol/L são:

$$[HA] = \frac{n(1-\alpha)}{V} \text{ mol/L} \qquad [H^+] = \frac{\alpha \cdot n}{V} \text{ mol/L} \qquad [A^-] = \frac{\alpha \cdot n}{V} \text{ mol/L}$$

Usando esses valores, vamos determinar o valor de $K_i$:

$$K_i = \frac{[H^+] \cdot [A^-]}{[HA]} \Rightarrow K_i = \frac{\frac{\alpha \cdot \cancel{n}}{\cancel{V}} \cdot \frac{\alpha \cdot n}{V}}{\frac{\cancel{n} \cdot (1-\alpha)}{\cancel{V}}} \Rightarrow K_i = \frac{\alpha^2}{1-\alpha} \cdot \overset{\mathfrak{m}}{\left(\frac{n}{V}\right)} \Rightarrow K_i = \frac{\alpha^2}{1-\alpha} \cdot \mathfrak{m}$$

Quando trabalhamos com monoácidos ou monobases fracas, com $\alpha \leq 5\%$, esse valor é muito pequeno em relação a 1. Portanto, o valor $(1 - \alpha)$ pode ser considerado aproximadamente igual a 1.

Assim, para monoácidos e monobases fracas, a Lei de Ostwald pode ser expressa por:

$$K_i = \alpha^2 \cdot \mathfrak{m}$$

em que:

- o símbolo $K_i$ é utilizado para indicar $K_a$ e $K_b$;
- como toda constante de equilíbrio, $K_i$ ($K_a$ ou $K_b$) só se altera com a variação de temperatura;
- se provocarmos uma diluição, diminuiremos a concentração em mol/L da solução. Com isso, o ácido ou a base sofrerão uma maior ionização, ou seja, seus graus de ionização (α) aumentarão:

$$\underbrace{K_i}_{\text{constante}} = \underbrace{\alpha^2 \uparrow}_{\text{o grau de ionização aumenta}} \cdot \underbrace{\mathcal{M} \downarrow}_{\text{na diluição a concentração em mol/L diminui}}$$

Se borbulharmos HCℓ (g) em álcool comum puro, o grau de ionização do HCℓ permanecerá o mesmo?

## Exercícios resolvidos

**1.** O ácido acetilsalicílico é um ácido orgânico fraco, cuja fórmula será representada por HAS. Uma solução aquosa é preparada dissolvendo-se 0,1 mol de HAS por litro. A concentração de $H^+$ nessa solução é igual a 0,0057 mol/L. Calcule $K_a$ para o HAS.

**Solução**

Inicialmente, devemos escrever a expressão da $K_a$ para o equilíbrio:

$$HAS\ (aq) \rightleftharpoons H^+\ (aq) + AS^-\ (aq)$$

$$K_a = \frac{[H^+] \cdot [AS^-]}{[HAS]}$$

Na ionização desse ácido, para cada íon $H^+$ produzido, também se forma um íon $AS^-$, suas concentrações são iguais e apresentam o valor igual a 0,0057 mol/L. A concentração do HAS no equilíbrio é praticamente igual a sua concentração inicial, por ser um ácido fraco, e apresenta valor igual a 0,1 mol/L. Substituindo os valores na expressão de Ka, temos:

$$K_a = \frac{[0{,}0057] \cdot [0{,}0057]}{[0{,}1]} \Rightarrow K_a = 3{,}2 \cdot 10^{-4}$$

Outra maneira de resolver é utilizar a Lei de Ostwald para ácidos fracos, expressa por:

$$K_a = \alpha^2 \cdot \mathcal{M}$$

A concentração molar ($\mathcal{M}$) é conhecida (0,1 mol/L) e o grau de ionização (α) pode ser calculado por:

$$[H^+] = \alpha \cdot \mathcal{M}, \text{ em que } [H^+] = 0{,}0057 \text{ mol/L}$$

$$\alpha = \frac{[H^+]}{\mathcal{M}} \Rightarrow \alpha = \frac{0{,}057}{0{,}1} \Rightarrow \alpha = 5{,}7 \cdot 10^{-2}$$

Substituindo os valores na expressão, temos:

$$K_a = \alpha^2 \cdot \mathcal{M}$$

$$K_a = (5{,}7 \cdot 10^{-2})^2 \cdot 0{,}1 \Rightarrow K_a = 3{,}2 \cdot 10^{-4}$$

**2.** Um ácido HX apresenta uma constante de ionização igual a $10^{-6}$, a 25 °C. Calcule o grau de ionização desse ácido em uma solução 0,01 mol/L a 25 °C.

**Solução**

Como o HX é um ácido fraco, podemos calcular seu grau de ionização (α) usando a expressão:

$$K_i = \alpha^2 \cdot \mathcal{M}, \text{ em que } \begin{cases} K_i = 10^{-6} \\ \mathcal{M} = 0{,}01 \text{ mol/L} = 10^{-2} \text{ mol/L} \end{cases}$$

$$\alpha^2 = \frac{K_i}{\mathcal{M}} \Rightarrow \alpha = \sqrt{\frac{10^{-6}}{10^{-2}}} \Rightarrow \alpha = 10^{-2} \Rightarrow \alpha = 0{,}01 \Rightarrow$$

$$\Rightarrow \alpha = 1\%$$

**3.** (Unicamp-SP) Antes das provas de 100 e 200 metros rasos, viu-se, como prática comum, os competidores respirarem rápida e profundamente (hiperventilação) por cerca de meio minuto. Essa prática leva a uma remoção mais efetiva do gás carbônico dos pulmões imediatamente antes da corrida e ajuda a aliviar as tensões da prova. Fisiologicamente, isso faz o valor do pH sanguíneo se alterar, podendo chegar a valores de até 7,6.

a) Mostre com uma equação química e explique como a hiperventilação faz o valor do pH sanguíneo se alterar.

b) Durante esse tipo de corrida, os músculos do competidor produzem uma grande quantidade de ácido lático, $CH_3CH(OH)COOH$, que é transferido para o plasma sanguíneo. Qual é a fórmula da espécie química predominante no equilíbrio ácido-base dessa substância no plasma, ao término da corrida? Justifique com cálculos.

Dados: $K_a$ do ácido lático $= 1,4 \cdot 10^{-4}$. Considerar a concentração de $H^+ = 5,6 \cdot 10^{-8}\ mol \cdot L^{-1}$ no plasma.

**Solução**

a) O gás carbônico, ao se dissolver no sangue, origina um equilíbrio que pode ser representado pela seguinte equação:

$$CO_2\ (g) + H_2O\ (\ell) \rightleftharpoons H^+\ (aq) + HCO_3^-\ (aq)$$

A hiperventilação faz com que o $CO_2$ seja removido, o que desloca o equilíbrio acima para a esquerda, diminuindo a concentração do íon $H^+$ e aumentando o pH sanguíneo.

b) No plasma, temos:

$$CH_3CH(OH)COOH\ (aq) \rightleftharpoons CH_3CH(OH)COO^-\ (aq) + H^+\ (aq)$$

$$K_a = \frac{[H^+] \cdot [CH_3CH(OH)COO^-]}{[CH_3CH(OH)COOH]}$$

$$1,4 \cdot 10^{-4} = \frac{5,6 \cdot 10^{-8} \cdot [CH_3CH(OH)COO^-]}{[CH_3CH(OH)COOH]}$$

$$\frac{1,4 \cdot 10^{-4}}{5,6 \cdot 10^{-8}} = \frac{[CH_3CH(OH)COO^-]}{[CH_3CH(OH)COOH]}$$

$$\frac{1}{4} \cdot 10^4 = \frac{[CH_3CH(OH)COO^-]}{[CH_3CH(OH)COOH]}, \text{ ou seja:}$$

No plasma, para uma concentração de $H^+$ igual a $5,6 \cdot 10^{-8}\ mol \cdot L^{-1}$, a espécie química predominante será o íon lactato, $CH_3CH(OH)COO^-$.

## Fundamentando seus conhecimentos

As ilustrações abaixo representam três soluções aquosas (a água foi omitida, para maior clareza) de três ácidos monopróticos, HX, HY e HZ, e suas ionizações podem ser representadas genericamente por:

$$HA + H_2O \rightleftharpoons H_3O^+ + A^-$$

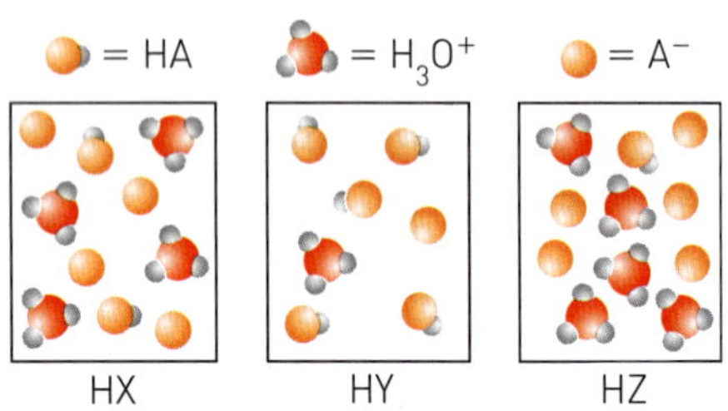


Ilustrações: Banco de imagens/Arquivo da editora

AUSÊNCIA DE PROPORÇÃO | CORES FANTASIA

Considere essas informações e responda às questões **1** a **4**.

**1.** Qual das soluções apresenta maior condutibilidade elétrica?

**2.** Indique a ordem crescente de $K_a$ para os três ácidos.

**3.** Qual deles pode ser considerado um ácido forte?

**4.** Em qual solução a concentração de $H_3O^+$ é maior?

**5.** Observe as reações de ionização a seguir e responda: qual das ilustrações melhor representa uma solução aquosa de ácido fraco diprótico ($H_2X$)? (As moléculas de água foram omitidas para facilitar a visualização.)

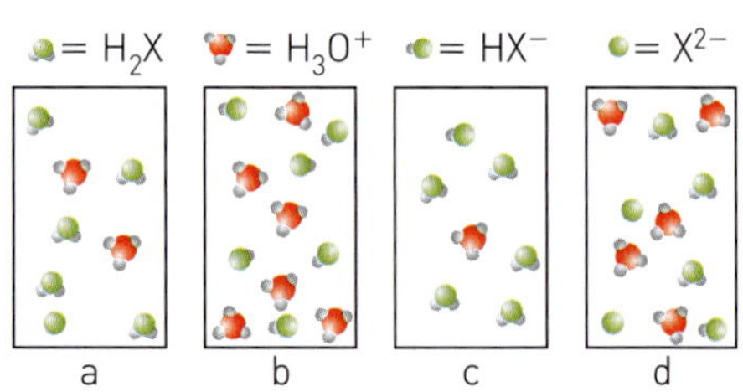


Ilustrações: Banco de imagens/Arquivo da editora

$$H_2X + H_2O \rightleftharpoons H_3O^+ + HX^- \qquad K_1$$

$$HX^- + H_2O \rightleftharpoons H_3O^+ + X^{2-} \qquad K_2$$

**6.** A respeito dos ácidos do quadro abaixo:

| Ácido | Constante de ionização |
|---|---|
| $HNO_2$ | $4,0 \cdot 10^{-4}$ |
| $H_3CCOOH$ | $1,8 \cdot 10^{-5}$ |
| HCN | $7,0 \cdot 10^{-10}$ |
| HF | $7,2 \cdot 10^{-4}$ |

a) equacione as suas ionizações;

b) escreva as expressões de suas constantes de ionização;

c) coloque-as em ordem crescente de força;

d) identifique qual apresenta o maior pKa.

## Desenvolvendo seus conhecimentos

**1.** (Udesc) O grau de ionização ($\alpha$) indica a porcentagem das moléculas dissolvidas na água que sofreram ionização, sendo que a constante de ionização $K_a$ indica se um ácido é forte, moderado ou fraco.

Partindo desses pressupostos, escolha a alternativa abaixo que apresenta a ordem crescente de ionização dos ácidos HCN ($K_a = 6{,}1 \cdot 10^{-10}$), HF ($K_a = 6{,}3 \cdot 10^{-4}$), $CH_3COOH$ ($K_a = 1{,}8 \cdot 10^{-5}$) e $HC\ell O_4$ ($K_a = 39{,}8$):

a) $HCN > CH_3COOH > HF > HC\ell O_4$

b) $HC\ell O_4 > CH_3COOH > HF > HCN$

c) $HF > CH_3COOH > HC\ell O_4 > HCN$

d) $HCN > HC\ell O_4 > HF > CH_3COOH$

e) $HC\ell O_4 > HF > CH_3COOH > HCN$

**2.** (Uepa) Os halogênios pertencem a uma classe de elementos com acentuada reatividade química, presentes na composição química de muitos ácidos, dentre os quais o $HC\ell$, o HF, o HI e o HBr. Tomando como base os dados fornecidos para esses compostos no quadro a seguir, é correto afirmar que:

| Reação de ionização em meio aquoso | Constante de ionização (a 25 °C) |
|---|---|
| $HF\ (aq) \xrightleftharpoons{H_2O} H_3O^+\ (aq) + F^-\ (aq)$ | $\cong 6{,}0 \cdot 10^{-4}$ |
| $HC\ell\ (aq) \xrightleftharpoons{H_2O} H_3O^+\ (aq) + C\ell^-\ (aq)$ | $\cong 1{,}0 \cdot 10^{7}$ |
| $HBr\ (aq) \xrightleftharpoons{H_2O} H_3O^+\ (aq) + Br^-\ (aq)$ | $\cong 1{,}0 \cdot 10^{9}$ |
| $HI\ (aq) \xrightleftharpoons{H_2O} H_3O^+\ (aq) + I^-\ (aq)$ | $\cong 3{,}0 \cdot 10^{9}$ |

a) O ácido iodídrico é o que apresenta menor ionização.

b) A ordem de acidez apresentada para essas substâncias é $HC\ell > HF > HI > HBr$.

c) O HI em meio aquoso é o ácido de maior condutibilidade elétrica.

d) A substância com maior capacidade de liberar $H_3O^+$ é o HBr.

e) O $HC\ell$, ao sofrer ionização, apresenta mais espécies não ionizadas.

**3.** (UPF-RS) Para os ácidos listados abaixo foram preparadas soluções aquosas de mesmo volume e concentração.

I. Ácido Cloroso ($HC\ell O_2$) $K_a = 1{,}1 \cdot 10^{-2}$
II. Ácido Fluorídrico (HF) $K_a = 6{,}7 \cdot 10^{-4}$
III. Ácido Hipocloroso ($HC\ell O$) $K_a = 3{,}2 \cdot 10^{-8}$
IV. Ácido cianídrico (HCN) $K_a = 4{,}0 \cdot 10^{-10}$

Considerando as constantes de ionização $K_a$ a concentração do íon $H_3O^+$ é:

a) menor na solução do ácido I.

b) maior na solução do ácido I.

c) igual nas soluções dos ácidos III e IV.

d) igual nas soluções dos ácidos I, II, III e IV.

e) maior na solução do ácido IV.

**4.** (Unioeste-PR) Na tabela abaixo são dadas as reações de ionização e os respectivos valores de $pK_a$ para alguns compostos aromáticos.

| | Reação | $pK_a$ |
|---|---|---|
| I. | 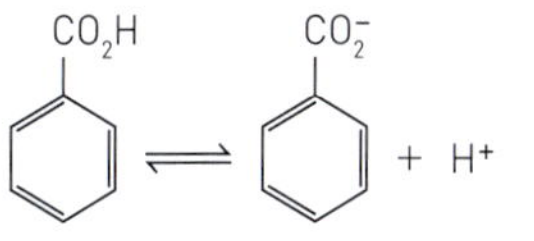 | 4,19 |
| II. | 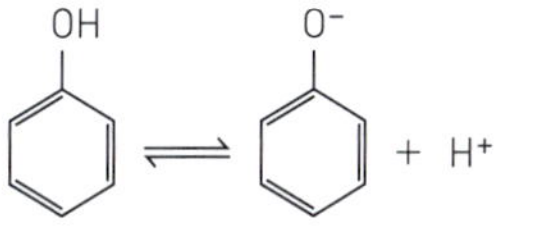 | 9,89 |
| III. | 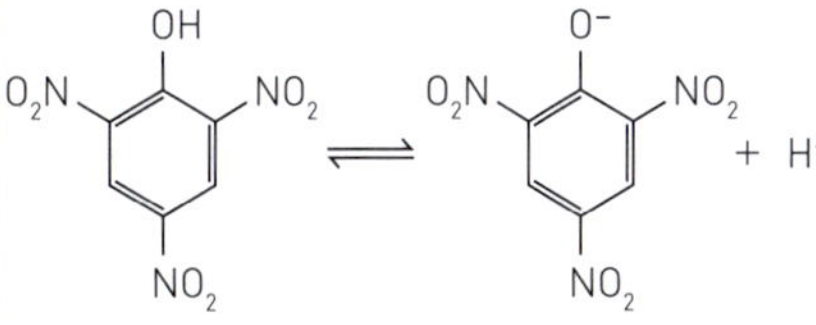 | 0,38 |
| IV. | 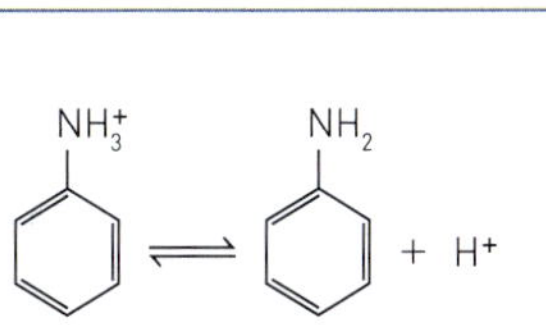 | 4,58 |

Fonte: Solomons & Fryhle, *Química Orgânica*, vols.1 e 2, 7ª edição. LTC.

Os compostos que apresentam a maior e a menor acidez são, respectivamente,

a) I e III.

b) II e III.

c) IV e I.

d) III e II.

e) III e IV.

Texto para a próxima questão:

Para responder a(s) questão(ões) considere as fórmulas estruturais e suas respectivas constantes de basicidades de quatro aminas cíclicas fornecidas abaixo.

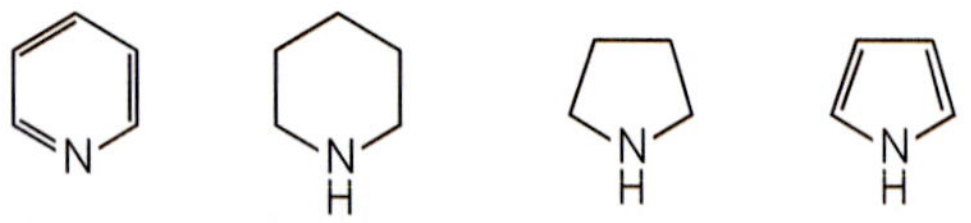

Piridina | Piperidina | Pirrolidina | Pirrol

Dados: Piridina: $K_b = 1,8 \cdot 10^{-9}$, Pirrolidina: $K_b = 1,9 \cdot 10^{-3}$, Piperidina: $K_b = 1,3 \cdot 10^{-3}$ e Pirrol: $K_b < 10^{-10}$.

**5.** (Acafe-SC) Assinale a alternativa que contém a ordem crescente de basicidade das aminas cíclicas citadas anteriormente:

a) pirrolidina < piperidina < piridina < pirrol
b) pirrol > piridina > piperidina > pirrolidina
c) pirrolidina > piperidina > piridina > pirrol
d) pirrol < piridina < piperidina < pirrolidina

**6.** (Cefet-PR) A constante de ionização do ácido acético, a 25 °C, numa solução $2 \cdot 10^{-2}$ molar, sabendo que nessas condições o seu grau de ionização é 30%, é:

a) $2,5 \cdot 10^{-3}$
b) $3,7 \cdot 10^{-2}$
c) $1,4 \cdot 10^{-3}$
d) $3,2 \cdot 10^{-4}$
e) $3,1 \cdot 10^{-1}$

**7.** Considere as duas soluções aquosas do ácido HA, cujo valor da constante de ionização é igual a $1,6 \cdot 10^{-7}$, a 20 °C:

a) solução 0,01 mol/L a 20 °C;
b) solução 0,0001 mol/L a 20 °C.

Determine o grau de ionização do ácido em ambas as soluções.

**8.** (UFRGS-RS) Há uma relação de dependência entre grau de dissociação e constante de ionização. Assim sendo, pode-se prever que a diluição de uma solução aquosa concentrada de $NH_4OH$ conduzirá ao seguinte comportamento daquelas quantidades, desde que se mantenha constante a temperatura:

| | Grau de dissociação | Constante de ionização |
|---|---|---|
| a) | permanece constante | aumenta |
| b) | diminui | aumenta |
| c) | diminui | diminui |
| d) | aumenta | diminui |
| e) | aumenta | permanece constante |

**9.** (Vunesp-SP) O ácido etanoico, popularmente chamado de ácido acético, é um ácido fraco e um dos componentes do vinagre, sendo o responsável por seu sabor azedo. Dada a constante de ionização, $K_a$, igual a $1,8 \cdot 10^{-5}$, assinale a alternativa que apresenta a concentração em $mol \cdot L^{-1}$ de $H^+$ em uma solução deste ácido de concentração $2,0 \cdot 10^{-2}\ mol \cdot L^{-1}$.

a) $0,00060\ mol \cdot L^{-1}$
b) $0,000018\ mol \cdot L^{-1}$
c) $1,8\ mol \cdot L^{-1}$
d) $3,6\ mol \cdot L^{-1}$
e) $0,000060\ mol \cdot L^{-1}$

A representação seguinte é de uma solução aquosa de ácido acético à qual foi adicionado acetato de sódio:

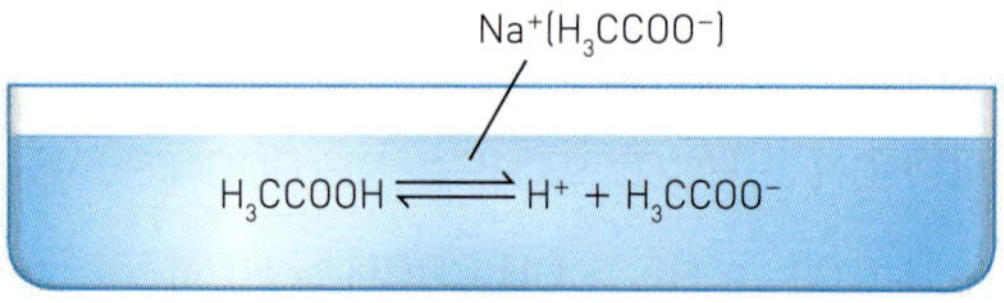


Conceitograf/Arquivo da editora

Responda às questões **10** a **13**.

**10.** Indique para qual lado o equilíbrio é deslocado.

**11.** O grau de ionização do ácido aumenta, diminui ou não se altera?

**12.** A $[H^+]$ aumenta, diminui ou não se altera?

**13.** A constante de ionização ($K_a$) aumenta, diminui ou não se altera?

**14.** (Uniube/PIAS-MG) Os ácidos podem ser classificados em fortes e fracos. Um ácido fraco é aquele que apresenta um baixo valor de constante de ionização ($K_i$). Os ácidos fortes são aqueles que se ionizam completamente, não possuindo, inclusive, constante de ionização. O ácido acético ($CH_3COOH$) é uma substância encontrada no vinagre, sendo responsável pelo seu gosto azedo. A reação de equilíbrio químico envolvida na ionização do ácido acético é a seguinte:

$$CH_3COOH \rightleftharpoons H^+ + CH_3COO^-$$

Sendo dado o valor da constante de equilíbrio desta reação a 25 °C: $K_a = 1,8 \cdot 10^{-5}$, responda qual é a alternativa correta:

a) Após a adição de um ácido forte, a reação de equilíbrio sofre um deslocamento para a direita, aumentando a ionização do ácido acético.
b) A variação da temperatura do meio reacional não altera o valor da constante de equilíbrio da reação.

c) Na expressão matemática da constante de equilíbrio, não aparecem os termos de concentração dos produtos, mas, sim, apenas dos reagentes.

d) De acordo com o valor da constante de equilíbrio ($K_a$), o ácido acético pode ser classificado como um ácido fraco.

A uma solução aquosa de amônia foi adicionado acetato de amônia:

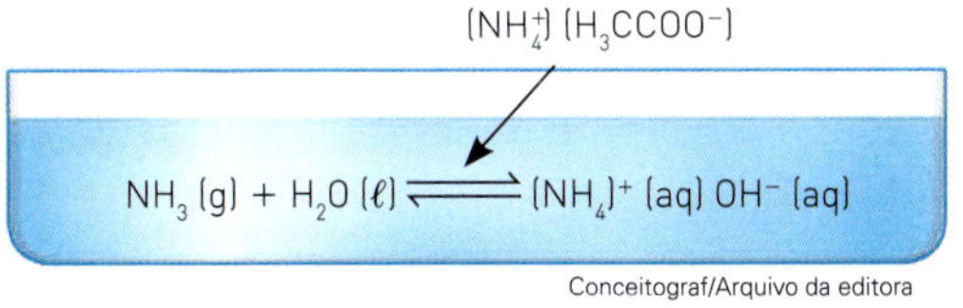


Conceitograf/Arquivo da editora

Responda às questões **15** a **19**.

**15.** Indique para qual lado o equilíbrio é deslocado.

**16.** O grau de ionização da base aumenta, diminui ou não se altera?

**17.** A concentração de $OH^-$ aumenta, diminui ou não se altera?

**18.** A constante de ionização ($K_b$) aumenta, diminui ou não se altera?

**19.** O cheiro de amônia, $NH_3$ (g), aumenta, diminui ou não se altera?

## Desafiando seus conhecimentos

**1.** (UPM-SP) Uma substância química é considerada ácida devido a sua tendência em doar íons $H^+$ em solução aquosa. A constante de ionização $K_a$ é a grandeza utilizada para avaliar essa tendência. Assim, são fornecidas as fórmulas estruturais de algumas substâncias químicas, com os seus respectivos valores de $K_a$, a 25 °C.

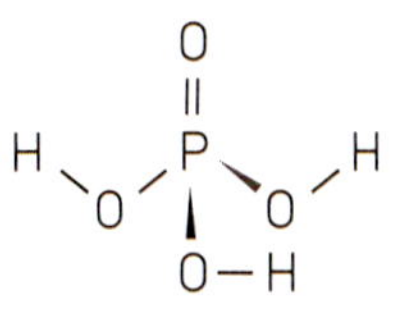

$K_a = 7{,}6 \cdot 10^{-3}$

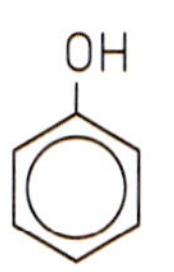

$K_a = 1{,}0 \cdot 10^{-10}$

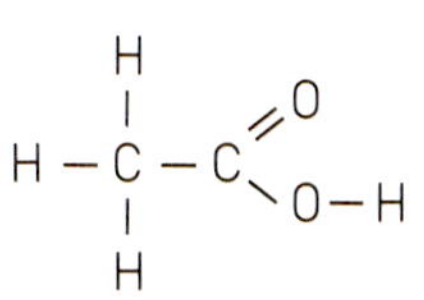

$K_a = 1{,}8 \cdot 10^{-5}$

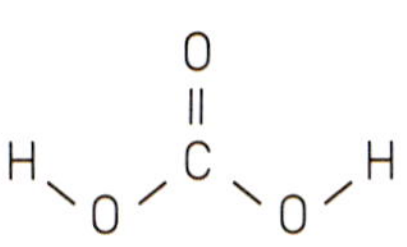

$K_a = 4{,}3 \cdot 10^{-7}$

A ordem crescente de acidez das substâncias químicas acima é:

a) ácido fosfórico < ácido etanoico < ácido carbônico < ácido fênico.

b) ácido fênico < ácido carbônico < ácido etanoico < ácido fosfórico.

c) ácido fosfórico < ácido carbônico < ácido etanoico < ácido fênico.

d) ácido fênico < ácido etanoico < ácido carbônico < ácido fosfórico.

e) ácido etanoico < ácido carbônico < ácido fênico < ácido fosfórico.

**2.** (UFPE) Analisando a tabela a seguir, com os valores constantes de basicidade, $K_b$, a 25 °C, para diversas bases, podemos afirmar que:

| Base | $K_b$ |
|---|---|
| dimetilamina, $(CH_3)_2NH$ | $5{,}4 \cdot 10^{-4}$ |
| amônia, $NH_3$ | $1{,}8 \cdot 10^{-5}$ |
| hidróxido de zinco, $Zn(OH)_2$ | $1{,}2 \cdot 10^{-7}$ |
| piridina, $C_5H_5N$ | $1{,}8 \cdot 10^{-9}$ |
| anilina, $C_6H_5NH_2$ | $4{,}3 \cdot 10^{-10}$ |

a) a amônia é uma base mais fraca que o hidróxido de zinco.

b) a anilina é a base mais forte.

c) a piridina e a amônia têm a mesma força básica.

d) a dimetilamina é a base mais forte.

e) a anilina é mais básica que a piridina.

**3.** (UPF-RS) No quadro, são mostradas diferentes soluções aquosas e seus respectivos valores de $K_a$, constante de ionização ácida.

| | |
|---|---|
| I. Ácido nitroso [$HNO_2$ (aq)] | $K_a = 5{,}0 \cdot 10^{-4}$ |
| II. Ácido hipocloroso [HCℓO (aq)] | $K_a = 3{,}2 \cdot 10^{-8}$ |
| III. Ácido hipobromoso [HBrO (aq)] | $K_a = 6{,}0 \cdot 10^{-9}$ |
| IV. Ácido carbônico [$H_2CO_3$ (aq)] | $K_a = 4{,}4 \cdot 10^{-7}$ |
| V. Ácido bromídrico [HBr (aq)] | $K_a > 1$ |

Analisando os valores de $K_a$ e considerando concentração em quantidade de matéria igual a 1 mol · $L^{-1}$ para as soluções listadas, assinale a alternativa correta.

a) A solução aquosa de ácido hipobromoso [HBrO (aq)] irá apresentar caráter ácido menos acentuado do que a solução aquosa de ácido bromídrico [HBr (aq)].

b) A solução aquosa de ácido hipocloroso [HCℓO (aq)] irá apresentar caráter ácido menos acentuado do que a solução aquosa de ácido hipobromoso [HBrO (aq)].

c) A solução aquosa de ácido carbônico [$H_2CO_3$ (aq)] irá apresentar caráter ácido mais acentuado do que a solução aquosa de ácido nitroso [$HNO_2$ (aq)].

d) O ácido carbônico [$H_2CO_3$ (aq)], entre as soluções listadas, apresenta maior grau de ionização e, portanto, irá apresentar carater ácido mais acentuado.

e) Dentre as soluções listadas, a solução aquosa de ácido bromídrico [HBr (aq)] é a que irá apresentar menor grau de ionização e a que será a melhor condutora de eletricidade.

**4.** (Uerj) A ionização do ácido cianídrico é representada pela equação química abaixo:

$$HCN\ (aq) \rightleftharpoons H^+\ (aq) + CN^-\ (aq)$$

Um experimento sobre esse equilíbrio químico, realizado à temperatura constante, analisou quatro parâmetros, apresentados na tabela:

| Parâmetro | Símbolo |
|---|---|
| Grau de ionização | A |
| Constante de equilíbrio | $K_a$ |
| Potencial hidrogeniônico | pH |
| Concentração de HCN | [HCN] |

Ao ser estabelecido o equilíbrio químico da ionização, foi adicionada certa quantidade de NaCN (s). Após a dissolução e dissociação completa desse composto, houve deslocamento do equilíbrio de ionização.

O parâmetro que sofreu redução, após a adição do composto, é representado pelo seguinte símbolo:

a) $\alpha$

b) $K_a$

c) pH

d) [HCN]

**5.** (UFPA) O grau de dissociação iônica do hidróxido de amônio em solução 2 mol/L é 0,283% a 20 °C. A constante de ionização da base, nesta temperatura, é igual a:

a) $1{,}6 \cdot 10^{-5}$

b) $1{,}0 \cdot 10^{-3}$

c) $4{,}0 \cdot 10^{-3}$

d) $4{,}0 \cdot 10^{-2}$

e) $1{,}6 \cdot 10^{-1}$

**6.** (UFPI) Qual o grau de dissociação de uma solução 1 mol/L de ácido acético?

Dado: a constante de ionização do ácido acético é $1{,}8 \cdot 10^{-5}$.

a) $\alpha < 0{,}5\%$

b) $0{,}5\% < \alpha < 1\%$

c) $1\% < \alpha < 5\%$

d) $5\% < \alpha < 20\%$

e) $\alpha > 20\%$

**7.** (UFSM-RS) Na construção de barragens, usa-se o concreto. Nos primeiros dias de confecção, o concreto tem pH alcalino, o que protege a ferragem da oxidação. Com o tempo, o pH diminui pela carbonatação do concreto, que se dá pela reação com o $H_2CO_3$.

Em um teste de carbonatação feito em laboratório, foi usada uma solução de $H_2CO_3$ de concentração 0,02 mol · $L^{-1}$, a qual apresenta um grau de dissociação de 0,45%, a 25 °C. O valor da primeira constante de ionização do $H_2CO_3$, nessa temperatura, é, aproximadamente,

a) $0{,}9 \cdot 10^{-5}$.

b) $9 \cdot 10^{-5}$.

c) $0{,}4 \cdot 10^{-7}$.

d) $9 \cdot 10^{-7}$.

e) $4 \cdot 10^{-7}$.

**8.** (Unicamp-SP) O alumínio é um dos metais que reagem facilmente com íons $H^+$, em solução aquosa, liberando o gás hidrogênio. Soluções em separado, dos três ácidos a seguir, de concentração 0,1 mol · $L^{-1}$, foram colocadas para reagir com amostras de alumínio, de mesma massa e formato, conforme o esquema abaixo.

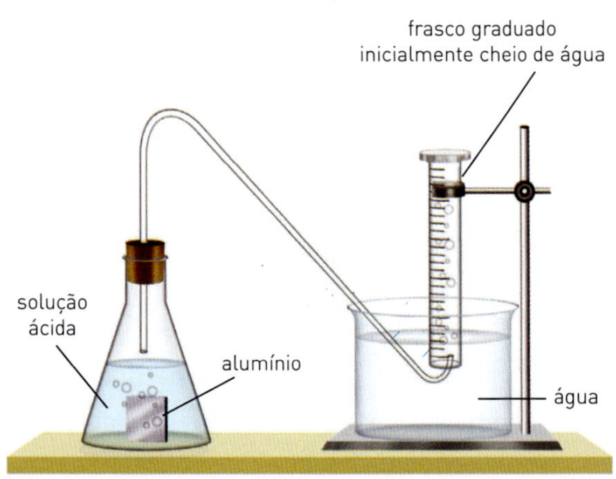

Reprodução/Arquivo da editora

Ácidos:

ácido acético, $K_a = 2 \cdot 10^{-5}$

ácido clorídrico, $K_a$ = muito grande

ácido monocloro acético, $K_a = 1,4 \cdot 10^{-3}$

a) Em qual das soluções a reação é mais rápida? Justifique sua resposta.

b) Segundo o esquema, como se pode perceber que uma reação é mais rápida do que outra?

9. (Enem) Após seu desgaste completo, os pneus podem ser queimados para a geração de energia. Dentre os gases gerados na combustão completa da borracha vulcanizada, alguns são poluentes e provocam a chuva ácida. Para evitar que escapem para a atmosfera, esses gases podem ser borbulhados em uma solução aquosa contendo uma substância adequada.

Considere as informações das substâncias listadas no quadro.

| Substância | Equilíbrio em solução aquosa | Valor da constante de equilíbrio |
|---|---|---|
| Fenol | $C_6H_5OH + H_2O \rightleftharpoons C_6H_5O^- + H_3O^+$ | $1,3 \cdot 10^{-10}$ |
| Piridina | $C_5H_5N + H_2O \rightleftharpoons C_5H_5NH^+ + OH^-$ | $1,7 \cdot 10^{-9}$ |
| Metilamina | $CH_3NH_2 + H_2O \rightleftharpoons CH_3NH_3^+ + OH^-$ | $4,4 \cdot 10^{-4}$ |
| Hidrogenofosfato de potássio | $HPO_2^{2-} + H_2O \rightleftharpoons H_2PO_4^- + OH^-$ | $2,8 \cdot 10^{-2}$ |
| Hidrogenossulfato de potássio | $HSO_4^- + H_2O \rightleftharpoons SO_4^{2-} + H_3O^+$ | $3,1 \cdot 10^{-2}$ |

Dentre as substâncias listadas no quadro, aquela capaz de remover com maior eficiência os gases poluentes é o(a)

a) fenol.

b) piridina.

c) metilamina.

d) hidrogenofosfato de potássio.

e) hidrogenossulfato de potássio.

10. (FMJ-SP) Considere o esquema de um sistema utilizado para demonstrar a condutividade elétrica de soluções e a tabela que apresenta três soluções aquosas, de mesma concentração, testadas nesse sistema.

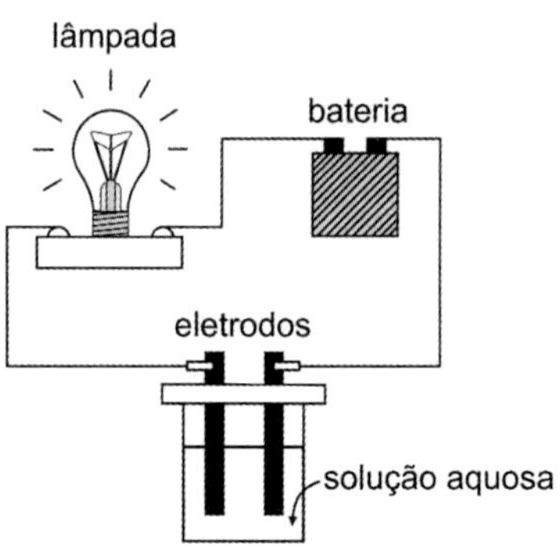


Reprodução/FMJ, 2016.

| | Soluções | Constante ácida 25 °C ($K_a$) |
|---|---|---|
| 1 | $HC\ell O_2$ | $1,1 \cdot 10^{-2}$ |
| 2 | $CH_3COOH$ | $1,8 \cdot 10^{-5}$ |
| 3 | $C_6H_5OH$ | $1,3 \cdot 10^{-10}$ |

O circuito elétrico desse sistema se fecha quando os eletrodos são imersos numa solução contendo íons livres, um material condutor. A lâmpada brilha com intensidade proporcional à passagem de corrente elétrica e à concentração de íons livres na solução.

a) A lâmpada apresentou menor intensidade luminosa quando qual solução foi testada? Justifique sua resposta.

b) O equilíbrio químico envolvido na ionização do composto presente na solução de número 2 pode ser representado pela equação:

$$CH_3COOH\ (aq) \rightleftharpoons H^+\ (aq) + CH_3COO^-\ (aq)$$

Considerando que uma amostra desse ácido foi diluída com água até se obter uma solução com concentração de íons $H^+$ igual a $10^{-4}$ mol · $L^{-1}$ a 25 °C, determine o valor da concentração, em mol · $L^{-1}$, do ânion e do ácido nessa solução. Apresente os cálculos efetuados.

# Complemento

## Teoria protônica de Brönsted-Lowry

Esse modelo foi proposto em 1923, independentemente, pelos cientistas Brönsted, na Dinamarca, e Lowry, na Inglaterra. É uma teoria muito mais ampla que a de Arrhenius, porque se aplica a qualquer solvente e também consegue classificar íons como ácidos ou bases.

**Ácido**: qualquer espécie química que libera ou doa prótons (íons $H^+$).

**Base**: qualquer espécie química que recebe prótons (íons $H^+$).

- átomo de H $\Rightarrow {}^1_1H \Rightarrow p = 1$, $n = 0$, $e = 1$
- cátion de $H^+ \Rightarrow {}^1_1H \Rightarrow p = 1$, $n = 0$, $e = 0$

$\therefore H^+$ corresponde a 1 próton

Considere a equação de dissociação do gás clorídrico (HCℓ) em água:

$$HC\ell\ (g) \rightleftharpoons H^+\ (aq) + C\ell^-\ (aq)$$

Representada dessa maneira, a equação mostra que o HCℓ é um doador de prótons ($H^+$), mas não indica quem estaria recebendo o próton $H^+$. De acordo com Brönsted-Lowry, essa equação deve ser escrita de uma forma que mostre a água como um reagente e não como um simples solvente onde ocorre a ionização.

$$HC\ell\ (g) + H_2O\ (\ell) \rightleftharpoons H_3O^+\ (aq) + C\ell^-\ (aq)$$

Usando as fórmulas eletrônicas das substâncias, tem-se melhor visão da reação:

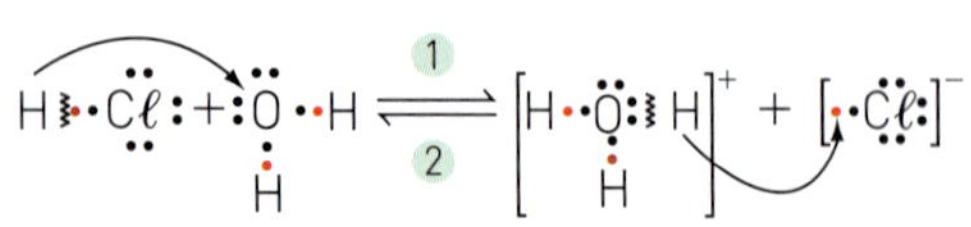

A reação no sentido 1:

$$H \nmid C\ell + H_2O \xrightarrow{1} H_3O^+ + C\ell^-$$

mostra que o HCℓ está doando um próton ($H^+$) para a água; portanto, o HCℓ está agindo como um ácido.

Como a água está recebendo um próton ($H^+$), ela é classificada como uma base.

A reação no sentido 2:

$$HC\ell\ (aq) + H_2O \xleftarrow{2} H_3O^+(aq) + C\ell^-\ (aq)$$

mostra que o íon hidroxônio ($H_3O^+$) está doando um próton ($H^+$) ao $C\ell^-$; portanto, o $H_3O^+$ está agindo como um ácido. Como o $C\ell^-$ está recebendo um próton ($H^+$), ele é classificado como uma base.

Resumindo, temos:

$$\underset{\text{ácido (doa } H^+)}{HC\ell\ (aq)} + \underset{\text{base (recebe } H^+)}{H_2O} \underset{2}{\overset{1}{\rightleftharpoons}} \underset{\text{ácido (doa } H^+)}{H_3O^+\ (aq)} + \underset{\text{base (recebe } H^+)}{C\ell^-\ (aq)}$$

Repare que:

a) quando o HCℓ doa um próton ($H^+$), origina o íon $C\ell^-$, e este, ao receber um próton ($H^+$), regenera o HCℓ.

$$\underset{\text{ácido}}{HC\ell} \underset{\text{quando recebe } H^+ \text{ forma}}{\overset{\text{quando doa } H^+ \text{ forma}}{\rightleftharpoons}} \underset{\text{base}}{C\ell^-}$$

b) fenômeno semelhante ocorre com $H_3O^+$ e $H_2O$.

$$\underset{\text{ácido}}{H_3O^+} \underset{\text{quando recebe } H^+ \text{ forma}}{\overset{\text{quando doa } H^+ \text{ forma}}{\rightleftharpoons}} \underset{\text{base}}{H_2O}$$

c) as espécies:

HCℓ e $C\ell^-$ e $H_3O^+$ e $H_2O$

diferem entre si por apenas um próton ($H^+$).

Essas espécies são chamadas de pares conjugados:

- HCℓ e $C\ell^-$: formam um par conjugado, onde HCℓ é o ácido conjugado da base $C\ell^-$; $C\ell^-$ é a base conjugada do ácido HCℓ.
- $H_3O^+$ e $H_2O$: formam um par conjugado, onde $H_3O^+$ é o ácido conjugado da base $H_2O$; $H_2O$ é a base conjugada do ácido $H_3O^+$.

$$\underset{\text{ácido}}{HC\ell\ (aq)} + \underset{\text{base}}{H_2O} \underset{2}{\overset{1}{\rightleftharpoons}} \underset{\text{ácido}}{H_3O^+\ (aq)} + \underset{\text{base}}{C\ell^-\ (aq)}$$

par conjugado (base $H_2O$ / ácido $H_3O^+$)

par conjugado (ácido HCℓ / base $C\ell^-$)

d)

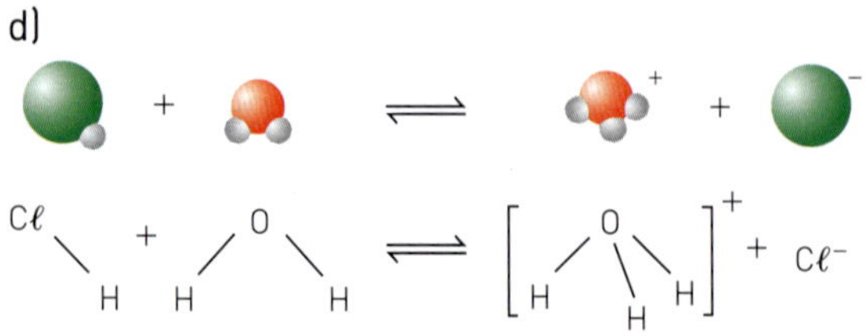

Ilustrações: Banco de imagens/ Arquivo da editora

Considere, agora, a equação de ionização da amônia ($NH_3$) em água:

$$NH_3\ (aq) + H_2O\ (\ell) \rightleftharpoons NH_4^+\ (aq) + OH^-\ (aq)$$

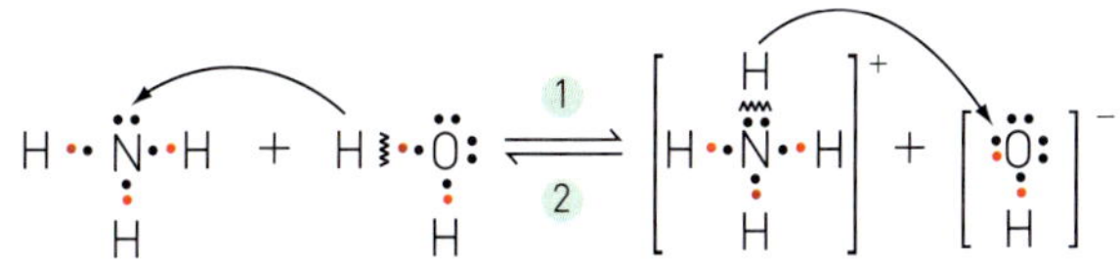

Na reação 1:

$$\underset{\substack{\text{base}\\ \text{(recebe } H^+)}}{NH_3} + \underset{\substack{\text{ácido}\\ \text{(doa } H^+)}}{H_2O} \xrightarrow{1} NH_4^+ + OH^-$$

Na reação 2:

$$NH_3 + H_2O \xleftarrow{2} \underset{\substack{\text{ácido}\\ \text{(doa } H^+)}}{NH_4^+} + \underset{\substack{\text{base}\\ \text{(recebe } H^+)}}{OH^-}$$

Então, temos:

$$\underset{\text{base}}{NH_3\ (aq)} + \underset{\text{ácido}}{H_2O\ (\ell)} \underset{2}{\overset{1}{\rightleftharpoons}} \underset{\text{ácido}}{NH_4^+\ (aq)} + \underset{\text{base}}{OH^-\ (aq)}$$

par conjugado

par conjugado

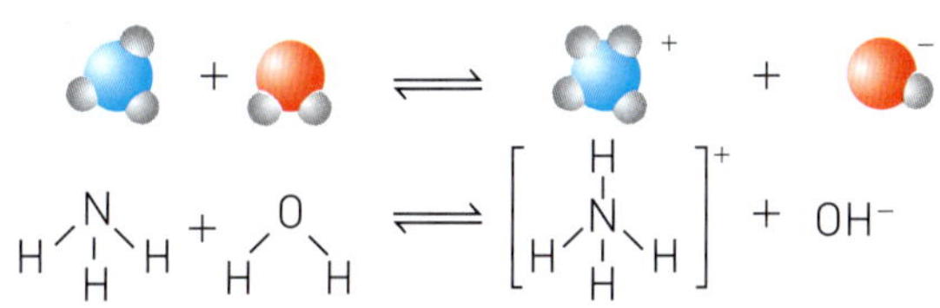

Ilustrações: Banco de imagens/Arquivo da editora

Comparando as duas reações:

$$\underset{\text{ácido}}{HC\ell\ (aq)} + \underset{\text{base}}{H_2O\ (\ell)} \underset{2}{\overset{1}{\rightleftharpoons}} \underset{\text{ácido}}{H_3O^+\ (aq)} + \underset{\text{base}}{C\ell^-\ (aq)}$$

$$\underset{\text{base}}{NH_3\ (aq)} + \underset{\text{ácido}}{H_2O\ (\ell)} \underset{2}{\overset{1}{\rightleftharpoons}} \underset{\text{ácido}}{NH_4^+\ (aq)} + \underset{\text{base}}{OH^-\ (aq)}$$

nota-se que a água se comporta como base na primeira e como ácido na segunda. Várias outras espécies químicas, assim como a água, podem funcionar ora como ácidos, ora como bases em reações diferentes. Tais espécies são chamadas de **anfipróticas**.

| Ácido | $K_a$ | Base |
|---|---|---|
| ácido sulfuroso ($H_2SO_3$) | $1{,}7 \cdot 10^{-2}$ | $HSO_3^-$ |
| íon hidrogenossulfato ($HSO_4^-$) | $1{,}2 \cdot 10^{-2}$ | $SO_4^{2-}$ |
| ácido fosfórico ($H_3PO_4$) | $7{,}5 \cdot 10^{-3}$ | $H_2PO_4^-$ |
| ácido fluorídrico (HF) | $7{,}0 \cdot 10^{-4}$ | $F^-$ |
| ácido acético ($HC_2H_3O_2$) | $1{,}8 \cdot 10^{-5}$ | $C_2H_3O_2^-$ |
| ácido carbônico ($H_2CO_3$) | $4{,}2 \cdot 10^{-7}$ | $HCO_3^-$ |
| sulfeto de hidrogênio ($H_2S$) | $1{,}0 \cdot 10^{-7}$ | $HS^-$ |
| íon di-hidrogenofosfato ($H_2PO_4^-$) | $6{,}2 \cdot 10^{-8}$ | $HPO_4^{2-}$ |
| íon amônio ($NH_4^+$) | $5{,}6 \cdot 10^{-10}$ | $NH_3$ |
| ácido cianídrico (HCN) | $4{,}0 \cdot 10^{-10}$ | $CN^-$ |
| íon hidrogenocarbonato ($HCO_3^-$) | $4{,}8 \cdot 10^{-11}$ | $CO_3^{2-}$ |
| íon hidrogenofosfato ($HPO_4^{2-}$) | $1{,}7 \cdot 10^{-12}$ | $PO_4^{3-}$ |
| íon hidrogenossulfeto ($HS^-$) | $1{,}0 \cdot 10^{-13}$ | $S^{2-}$ |

Para os ácidos

$$HA\ (aq) \rightleftharpoons H^+\ (aq) + A^-\ (aq) \qquad K_a = \frac{[H^+] \cdot [A^-]}{[HA]}$$

Pela tabela percebemos que o ácido sulfuroso é o mais forte, mais ionizado, pois apresenta a maior constante de ionização. A equação que representa o equilíbrio de sua ionização é dada por:

$$\underbrace{H_2SO_3\ (aq)}_{\text{ácido}} \rightleftharpoons H^+\ (aq) + \underbrace{HSO_3^-\ (aq)}_{\text{base}}$$

Por ser o ácido mais forte, ele se ioniza mais facilmente, e o seu equilíbrio está deslocado para a direita. Com isso, podemos concluir que a reação inversa é mais difícil de ocorrer; logo, sua base conjugada tem pequena afinidade por prótons ($H^+$), ou seja, é uma base fraca.

Observando, agora, o íon hidrogenossulfeto ($HS^-$), vemos que apresenta a menor constante de ionização; logo, podemos concluir que ele é o ácido mais fraco entre os apresentados. Seu equilíbrio de ionização pode ser representado por:

$$\underset{\text{ácido}}{HS^-} \rightleftharpoons H^+ + \underset{\text{base}}{S^{2-}}$$

Por ser um ácido fraco, ele está pouco ionizado, e seu equilíbrio está deslocado para a esquerda. Com isso, podemos concluir que sua base conjugada deve apresentar grande afinidade por prótons, ou seja, é uma base forte.

Generalizando, temos:

ácido forte $\rightleftharpoons$ base conjugada fraca

ácido fraco $\rightleftharpoons$ base conjugada forte

## Exercício resolvido

O íon bicarbonato, quando dissolvido em água, pode sofrer o seguinte processo:

$$HCO_3^- \text{ (aq)} + H_2O\ (\ell) \underset{2}{\overset{1}{\rightleftharpoons}} H_2CO_3 \text{ (aq)} + OH^- \text{ (aq)}$$

Classifique as espécies participantes utilizando o conceito de Brönsted-Lowry e indique os pares conjugados.

**Solução**

Analisando inicialmente a reação no sentido direto **(1)**:

$$\underset{\substack{\text{base} \\ \text{(recebe } H^+)}}{HCO_3^- \text{ (aq)}} + \underset{\substack{\text{ácido} \\ \text{(doa } H^+)}}{H_2O\ (\ell)} \xrightarrow{1} H_2CO_3 \text{ (aq)} + OH^- \text{ (aq)}$$

($H^+$ transferido da $H_2O$ para o $HCO_3^-$)

Pela análise da equação, podemos perceber que a água cede um próton $H^+$ ao íon $HCO_3^-$, isto é, a água se comporta como um ácido no conceito de Brönsted-Lowry. Como o íon bicarbonato $HCO_3^-$ está recebendo um próton $H^+$, ele é classificado como uma base.

Veja a seguir a reação no sentido inverso **(2)**:

$$\underset{\substack{\text{ácido} \\ \text{(doa } H^+)}}{H_2CO_3 \text{ (aq)}} + \underset{\substack{\text{base} \\ \text{(recebe } H^+)}}{OH^- \text{ (aq)}} \xrightarrow{2} HCO_3^- \text{ (aq)} + H_2O\ (\ell)$$

($H^+$ transferido do $H_2CO_3$ para o $OH^-$)

O ácido carbônico ($H_2CO_3$), por ceder um próton $H^+$ ao ânion $OH^-$, é classificado como um ácido de Brönsted-Lowry; assim, o ânion hidróxido funciona como uma base.

Quando o $HCO_3^-$ recebe um próton $H^+$, origina o $H_2CO_3$, que, ao liberar um próton $H^+$, regenera o $HCO_3^-$. Essas duas espécies formam o primeiro par conjugado.

Quando o $H_2O$ cede um próton $H^+$, origina o ânion $OH^-$, que, por sua vez, ao receber um próton $H^+$, regenera a água. Essas duas espécies formam o segundo par conjugado.

Resumindo, temos:

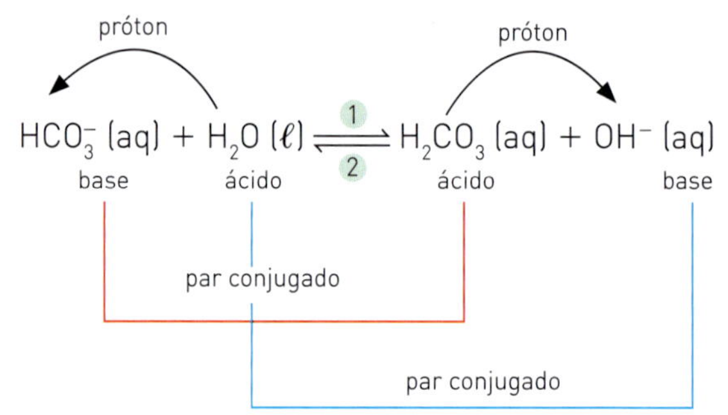


# Conceito de ácido-base de Lewis

Em 1923, Lewis propôs um novo conceito de ácido-base. Para ele:

**Ácido**: espécie química receptora de pares de elétrons (agente eletrófilo).

**Base**: espécie química doadora de pares de elétrons (agente nucleófilo).

Considerando a estrutura das substâncias envolvidas em uma reação do tipo ácido-base, o conceito de Lewis não é diferente do conceito de Brönsted-Lowry, só é mais amplo.

Para que uma espécie química possa receber um próton ($H^+$) e funcionar como uma base de Brönsted--Lowry, deve obrigatoriamente ter um par de elétrons disponíveis, não compartilhados. Veja a reação:

$$NH_3 \text{ (aq)} + H_2O\ (\ell) \rightleftharpoons NH_4^+ \text{ (aq)} + OH^- \text{ (aq)}$$

ou, mais especificamente, o que ocorreu com o $NH_3$:

$$NH_3 + H^+ \rightleftharpoons NH_4^+$$

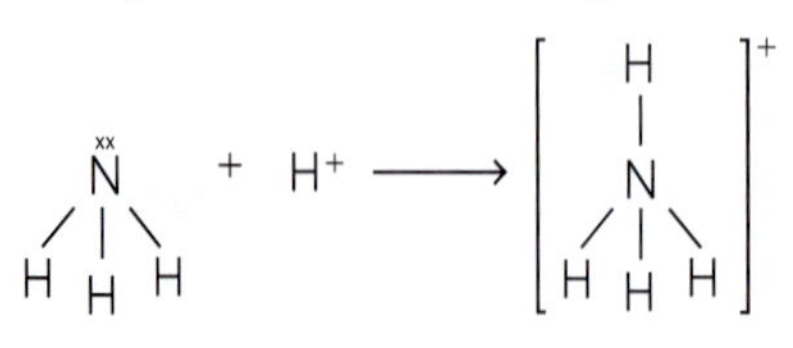

O $NH_3$, que nessa reação funciona como base de Brönsted-Lowry, apresenta um par de elétrons não compartilhados, que foi utilizado para receber um próton ($H^+$). Assim, o $NH_3$ também é uma base de Lewis.

O conceito de Lewis aumenta o número de espécies químicas que podem ser classificadas como ácidas ou como bases. Assim, um próton ou mesmo um cátion podem funcionar como ácidos, ou seja, podem receber um par de elétrons.

- **Exemplo 1:**

$$\underset{\text{base}}{H_2O\ (\ell)} + \underset{\text{ácido}}{H^+\ (aq)} \longrightarrow H_3O^+\ (aq)$$

- **Exemplo 2:**

$$\underset{\text{base}}{Ag^+\ (aq)} + \underset{\text{ácido}}{2\ \ddot{N}H_3\ (aq)} \longrightarrow Ag\ (NH_3)_2^+\ (aq)$$

- **Exemplo 3:**

$$\underset{\text{ácido}}{Zn^{2+}\ (aq)} + \underset{\text{base}}{4\ \ddot{N}H_3\ (aq)} \longrightarrow Zn(NH_3)_4^{2+}\ (aq)$$

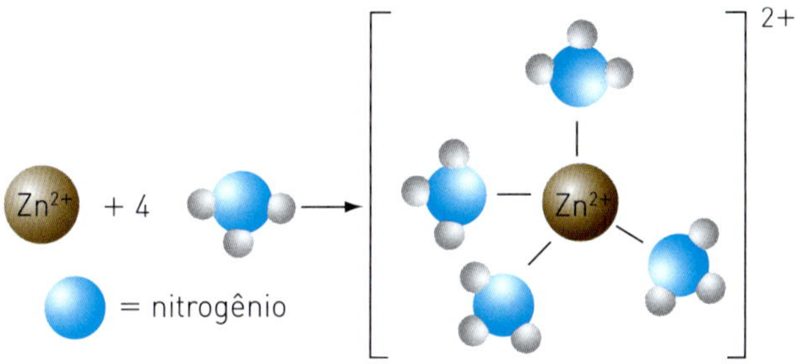


Banco de imagens/Arquivo da editora

O conceito de Lewis também pode ser aplicado para moléculas que apresentam o átomo central com o octeto incompleto. Veja, como exemplo, o trifluoreto de boro ($BF_3$), no qual o boro não tem o octeto completo:

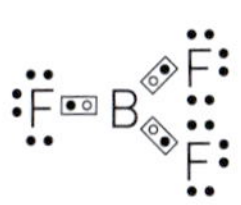

O $BF_3$ reage com a amônia ($NH_3$) e aceita um par de elétrons, funcionando como um ácido.

- **Exemplo 4:**

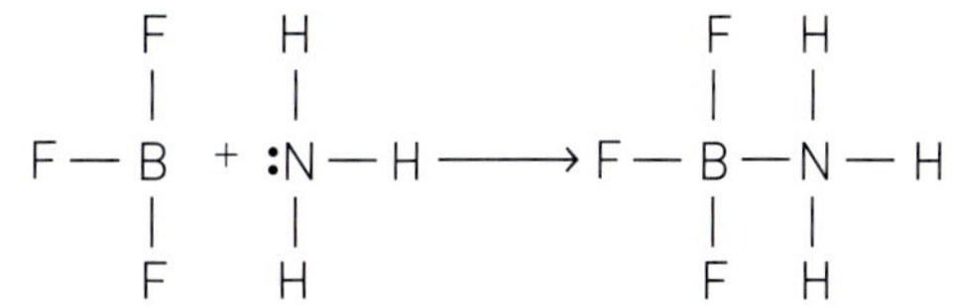

ácido base

Os exemplos 2, 3 e 4 mostram casos em que os reagentes não podem ser classificados pelo conceito de Brönsted-Lowry. No entanto, os ácidos de Brönsted-Lowry podem ser classificados de acordo com o conceito de Lewis.

Comparando esses dois conceitos de ácido-base, mais o conceito dado por Arrhenius, podemos dizer que o conceito de Lewis engloba o de Brönsted-Lowry, que, por sua vez, engloba o conceito de Arrhenius.

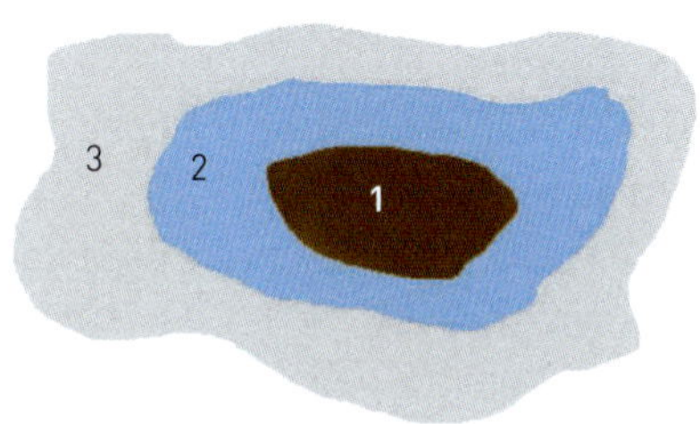


Banco de imagens/Arquivo da editora

**1.** Conceito de Arrhenius
**2.** Conceito de Brönsted-Lowry
**3.** Conceito de Lewis

Diante disso, uma substância que seja ácido de Brönsted-Lowry obrigatoriamente é um ácido de Lewis, mas não será necessariamente um ácido de Arrhenius.

## Exercícios

**1.** (Unirio-RJ) Identifique os pares conjugados ácido-base nas reações a seguir.

a) $HSO_4^-\ (aq) + NH_3\ (aq) \rightleftharpoons SO_4^{2-}\ (aq) + NH_4^+\ (\ell)$

b) $N_2H_4\ (aq) + HSO_4^-\ (aq) \rightleftharpoons N_2H_5^+\ (aq) + SO_4^{2-}\ (aq)$

c) $C_6H_5O^-\ (aq) + CH_3NH_2\ (aq) \rightleftharpoons C_6H_5OH\ (aq) + CH_3NH^-\ (aq)$

d) $[A\ell(H_2O)_6]^{3+}\ (aq) + OH^-\ (aq) \rightleftharpoons [A\ell(H_2O)_5OH]^{2+}\ (aq) + H_2O\ (\ell)$

**2.** (Ufal) De acordo com Brönsted-Lowry, "um ácido libera prótons para uma base e uma base aceita prótons de um ácido".

$$HC\ell\ (aq) + NH_3\ (aq) \rightleftharpoons NH_4^+\ (aq) + C\ell^-\ (aq)$$

Na equação acima, dentro do conceito de Brönsted-Lowry, são ácidos as espécies químicas:

a) $HC\ell$ (aq) e $NH_3$ (aq)
b) $HC\ell$ (aq) e $NH_4^+$ (aq)
c) $HC\ell$ (aq) e $C\ell^-$ (aq)
d) $NH_3$ (aq) e $NH_4^+$ (aq)
e) $NH_4^+$ (aq) e $C\ell^-$ (aq)

3. (PUC-RJ) Em 1923, Brönsted (Dinamarca) e Lowry (Inglaterra) apresentaram um novo conceito para ácidos e bases. Nesse conceito, as reações entre um ácido e uma base envolvem transferência de $H^+$ (o ácido doa e a base recebe) e, no equilíbrio, identifica-se a presença de dois pares ácido-base conjugados de maneira que, para cada par, o ácido tem um próton ($H^+$) a mais do que a sua base conjugada.
Considere o equilíbrio ácido-base a seguir:

$$HNO_3\ (aq) + H_2SO_4\ (aq) \rightleftharpoons H_2NO_3^+\ (aq) + HSO_4^-\ (aq)$$

De acordo com esse conceito, assinale a opção correta.

a) $HNO_3$ e $H_2SO_4$ são os ácidos conjugados de um sistema.
b) $H_2NO_3^+$ e $HSO_4^-$ são as bases conjugadas de um sistema.
c) $H_2SO_4$ e $HSO_4^-$ são o ácido e a base conjugados de um sistema.
d) $HNO_3$ e $H_2NO_3^+$ são o ácido e a base conjugados de um sistema.
e) $H_2SO_4$ e $H_2NO_3^+$ são o ácido e a base conjugados de um sistema.

4. (Puccamp-SP)

Mares absorvem grande parte de $CO_2$ concentrado na atmosfera, tornando-se mais ácidos e quentes, segundo cientistas. A Royal Society, do Reino Unido, começou um estudo para medir os níveis de acidez dos oceanos sob a influência do aumento da concentração de dióxido de carbono. O $CO_2$ concentrado na atmosfera é responsável pelo efeito estufa.

Na água, elevando a acidez, o gás interfere na vida de corais e seres dotados de concha, assim como diminui a reprodução do plâncton, comprometendo a cadeia alimentar de animais marinhos.

(*Estado de S. Paulo*, 24 ago. 2004.)

Ao dissolver-se o $CO_2$ em água, estabelecem-se os seguintes equilíbrios químicos:

$$CO_2\ (g) + H_2O\ (\ell) \rightleftharpoons CO_2\ (aq)$$
$$CO_2\ (aq) + H_2O\ (\ell) \rightleftharpoons H_2CO_3\ (aq)$$
$$H_2O\ (\ell) + H_2CO_3\ (aq) \rightleftharpoons H_3O^+\ (aq) + HCO_3^-\ (aq)$$
$$H_2O\ (\ell) + HCO_3^-\ (aq) \rightleftharpoons H_3O^+\ (aq) + CO_3^{2-}\ (aq)$$

Nesse conjunto de equações, entre as espécies que funcionam como bases ou bases conjugadas de Brönsted estão:

a) $H_2O\ (\ell)$ e $CO_2\ (g)$
b) $H_2O\ (\ell)$ e $HCO_3^-\ (aq)$
c) $H_3O^+\ (aq)$ e $HCO_3^-\ (aq)$
d) $H_2CO_3\ (aq)$ e $H_3O^+\ (aq)$
e) $CO_2\ (aq)$ e $H_3O^+\ (aq)$

5. (UFG-GO) A histidina, um aminoácido, é utilizada pelo organismo para a síntese da histamina, por meio de uma reação de descarboxilação.

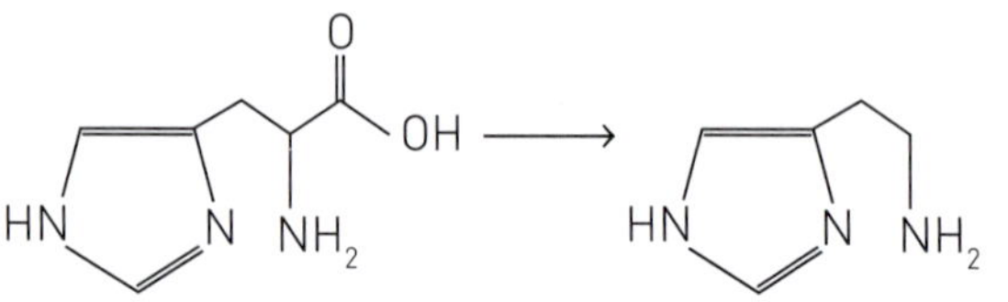


a) Explique qual das duas substâncias é mais solúvel em água.
b) Explique, de acordo com a teoria de Brönsted-Lowry, por que a histidina apresenta caráter anfótero em meio aquoso, enquanto seu derivado, a **histamina**, **não**.

6. (UFF-RJ) Plantas e animais, ao respirar, liberam gás carbônico ($CO_2$), que nas camadas elevadas da atmosfera reage com o vapor-d'água, produzindo ácido carbônico ($H_2CO_3$), que forma a chuva ácida de acordo com a equação:

$$CO_2\ (g) + H_2O\ (v) \rightleftharpoons H_2CO_3\ (aq)$$

Essa acidez natural da chuva é tão baixa que não faz mal algum aos seres vivos. A presença do ácido carbônico na chuva não se deve à poluição. Por se tratar de um ácido poliprótico, sua ionização em meio aquoso se dá em duas etapas. A primeira pode ser assim descrita:

$$H_2CO_3\ (aq) + H_2O\ (\ell) \rightleftharpoons H_3O^+\ (aq) + HCO_3^-\ (aq)$$

Com base nessas reações, assinale a opção que apresenta um óxido ácido e uma base de Brönsted-Lowry.

a) $CO_2$, $H_3O^+$
b) $H_2O$, $H_2CO_3$
c) $CO_2$, $HCO_3^-$
d) $H_2O$, $HCO_3^-$
e) $H_2CO_3$, $HCO_3^-$

7. (Uece) Considere as equações químicas a seguir, relacionadas aos conceitos de ácidos e bases,

I. $HC\ell\ (g) + H_2O\ (\ell) \rightarrow H_3O^+\ (aq) + C\ell^-\ (aq)$

II. $A\ell_2(SO_4)_3\ (s) + 12\ H_2O\ (\ell) \rightarrow 2\ A\ell(OH)_3\ (s) + 6\ H_3O^+\ (aq) + 3\ SO_4^{2-}\ (aq)$

III. $NH_3\ (g) + H_2O\ (\ell) \longrightarrow NH_4^+\ (aq) + OH^-\ (aq)$

e marque a alternativa **falsa**.

a) Na equação I o cloreto de hidrogênio pode ser considerado ácido de Arrhenius e de Brönsted-Lowry.

b) Dependendo da reação, uma determinada espécie química pode funcionar como ácido ou como base de Brönsted-Lowry.

c) Na equação II o sulfato de alumínio é um ácido de Arrhenius.

d) A amônia da equação III é uma base de Brönsted-Lowry.

**8.** (UFC-CE) A força dos ácidos e bases depende de uma série de propriedades das substâncias. Assim, a força de um ácido de Brönsted do tipo $H_2E$ é inversamente proporcional à força da ligação H—E. Com relação às espécies $H_2O$, $H_2S$ e $H_2Se$, é correto afirmar que:

a) a ligação H—O é mais fraca do que a ligação H—S, que é mais fraca do que a ligação H—Se.

b) o íon $HS^-$ é uma base mais forte do que o $HSe^-$ devido à maior densidade de carga.

c) as espécies $H_2O$, $H_2Se$ e $H_2S$ não são consideradas ácidos de Brönsted.

d) o íon $HS^-$ é um melhor receptor de próton do que o íon $HO^-$.

e) a ordem crescente de acidez é $H_2O$, $H_2Se$ e $H_2S$.

**9.** (Unicamp-SP) A população humana tem crescido inexoravelmente, assim como o padrão de vida. Consequentemente, as exigências por alimentos e outros produtos agrícolas têm aumentado enormemente e hoje, apesar de sermos mais de seis bilhões de habitantes, a produção de alimentos na Terra suplanta nossas necessidades. Embora um bom tanto de pessoas ainda morra de fome e um outro tanto morra pelo excesso de comida, a solução da fome passa, necessariamente, por uma mudança dos paradigmas da política e da educação.

Não tendo, nem de longe, a intenção de aprofundar nessa complexa matéria, essa prova simplesmente toca, de leve, em problemas e soluções relativos ao desenvolvimento das atividades agrícolas, mormente aqueles referentes à Química.

Sejamos críticos no trato dos danos ambientais causados pelo mau uso de fertilizantes e defensivos agrícolas, mas não nos esqueçamos de mostrar os muitos benefícios que a Química tem proporcionado à melhoria e continuidade da vida.

O nitrogênio é um macronutriente importante para as plantas, sendo absorvido do solo, onde ele se encontra na forma de íons inorgânicos ou de compostos orgânicos. A forma usual de suprir a falta de nitrogênio no solo é recorrer ao emprego de adubos sintéticos. O quadro a seguir mostra, de forma incompleta, equações químicas que representam reações de preparação de alguns desses adubos.

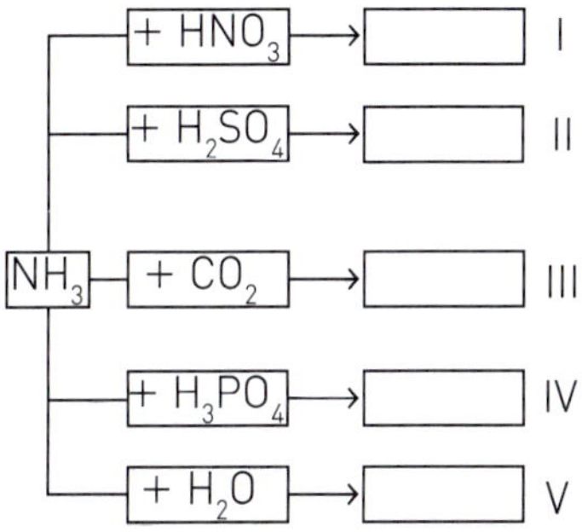


Reprodução/Arquivo da editora

a) Escolha no quadro as situações que poderiam representar a preparação de ureia e de sulfato de amônio e escreva as equações químicas completas que representam essas preparações.

b) Considerando-se apenas o conceito de Brönsted-Lowry, somente uma reação do quadro não pode ser classificada como uma reação do tipo ácido-base. Qual é ela (algarismo romano)?

c) Partindo-se sempre de uma mesma quantidade de amônia (reagente limitante), algum dos adubos sugeridos no quadro conteria uma maior quantidade absoluta de nitrogênio? Comece por *sim* ou *não* e justifique sua resposta. Considere todos os rendimentos das reações como 100%.

**10.** (UFRRJ) Tal como a água, o etanol líquido pode ser protonado por espécies ácidas.

$HNO_3 + H_2O \rightleftharpoons H_3O^+ + NO_3^-$

$(K_a \longrightarrow \text{elevado})$

$HNO_3 + C_2H_5OH \rightleftharpoons C_2H_5OH_2^+ + NO_3^-$

$(K_a \longrightarrow 1{,}0 \cdot 10^{-4}\ mol/L)$

$HC\ell O_4 + C_2H_5OH \rightleftharpoons C_2H_5OH_2^+ + C\ell O_4^-$

$(K_a \longrightarrow \text{elevado})$

Com base na observação desses equilíbrios, foram feitas as seguintes afirmações:

I. O $NO_3^-$ atua como base mais forte em etanol do que em água.

II. $HNO_3$ é ácido forte tanto em etanol quanto em água.

III. O etanol permite diferenciar as capacidades do $HNO_3$ e do $HC\ell O_4$ de doarem prótons.

IV. Nos equilíbrios dados o $HC\ell O_4$ é um ácido fraco.

Estão corretas as afirmativas:

a) I e II.
b) I e III.
c) II e IV.
d) III e IV.
e) II e III.

**11.** (UFRJ) Aminoácidos são monômeros que constituem as proteínas. A estrutura geral dos $\alpha$-aminoácidos é caracterizada pela presença de um grupo carboxila, de um grupo amino na posição $\alpha$ e de uma cadeia R.

As propriedades dos diferentes aminoácidos estão associadas à cadeia R, que pode ser classificada como polar ou apolar, ácida ou básica. Algumas cadeias presentes nos aminoácidos são apresentadas a seguir:

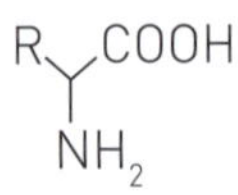


| Estrutura geral dos $\alpha$-aminoácidos | | |
|---|---|---|
| aminoácido<br>cadeia R | serina 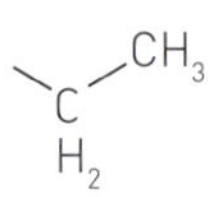 | lisina 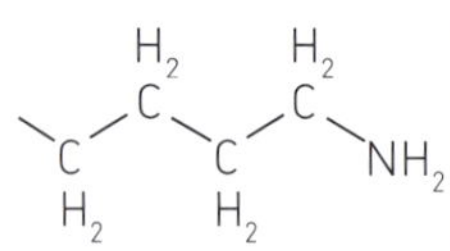 |
| fenilalanina  | aspártico 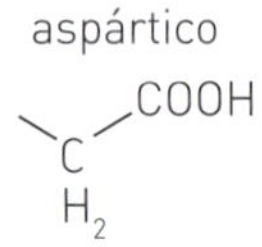 | valina 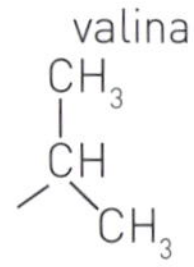 |

Entre esses aminoácidos apresentados, selecione um cuja cadeia R pode ser classificada como ácido de Arrhenius, outro como base de Brönsted-Lowry e outros dois cujas cadeias R podem ser classificadas como apolares.

**12.** (UFPE) O dióxido de enxofre é produzido como subproduto da queima de combustíveis fósseis. Pode-se combinar com água e formar ácido sulfuroso, um ácido fraco, que se dissocia em:

$$H_2SO_3\,(g) + H_2O\,(\ell) \rightleftharpoons H_3O^+\,(aq) + HSO_3^-\,(aq)$$

Julgue os itens em verdadeiros (V) e falsos (F).

I. $H_2SO_3$ é um ácido de Brönsted, e $HSO_3^-$ sua base conjugada.

II. O pH de uma solução aquosa de $H_2SO_3$ é maior que sete a 25 °C.

III. Uma solução aquosa 1 mol/L de $H_2SO_3$ contém íons hidrônio numa concentração 1 mol/L.

IV. O íon $HSO_3^-$ também pode ser considerado um ácido, pois em meio aquoso o mesmo pode produzir $H_3O^+$ e $SO_3^{2-}$.

V. O íon $SO_3^{2-}$ deve ser uma base mais fraca que o íon $HSO_3^-$.

**13.** (UFRN) O professor Reginaldo falava sobre tipos de reações orgânicas quando introduziu as definições de reagentes nucleófilos e eletrófilos. Daniel, aluno sempre atento, perguntou qual a relação entre esses conceitos e uma das teorias ácido-base. O professor, elogiando a percepção do estudante, respondeu que as substâncias eletrofílicas e nucleofílicas podem ser consideradas, respectivamente, como ácidos e bases de

a) Brönsted.
b) Arrhenius.
c) Lewis.
d) Lowry.

**14.** (UFSM-RS) Considere as seguintes equações químicas:

$$A\ell C\ell_3 + C\ell^- \rightleftharpoons A\ell C\ell_4^- \qquad \text{(I)}$$

$$H_3N + A\ell C\ell_3 \rightleftharpoons [H_3N - A\ell C\ell_3] \qquad \text{(II)}$$

$$A\ell C\ell_3 + CH_3\overset{\overset{\displaystyle O}{\|}}{C} - C\ell \longrightarrow A\ell C\ell_4^-\ CH_3\overset{\overset{\displaystyle O}{\|}}{C}{}^+ \qquad \text{(III)}$$

Segundo os critérios de Lewis, a substância $A\ell C\ell_3$ pode ser classificada como:

a) ácido em I e III, base em II.
b) base em I e III, ácido em II.
c) ácido em I, base em II e III.
d) ácido em I, II e III.
e) base em I, II e III.

**15.** (UFSM-RS) Considerando o conceito de Lewis para ácidos e bases nas equações químicas

$Zn^{2+} + 4\,H_2O \longrightarrow Zn(H_2O)_4^{2+}$

$BF_3 + NH_3 \longrightarrow BF_3NH_3$

$Fe^{2+} + 6\,CN^- \longrightarrow Fe(CN)_6^{4-}$

$Ca^{2+} + EDTA^{2-} \longrightarrow CaEDTA$

a alternativa correta é:

a) Os íons $Zn^{2+}$, $CN^-$, $Ca^{2+}$ e a molécula de $BF_3$ são ácidos.
b) Os íons $Zn^{2+}$, $Fe^{2+}$, $EDTA^{2-}$ e a molécula de $BF_3$ são ácidos.
c) Tanto as moléculas $H_2O$ e $NH_3$ quanto os íons $EDTA^{2-}$ e $CN^-$ são bases.
d) Tanto as moléculas $H_2O$ e $NH_3$ quanto os íons $Fe^{2+}$ e $Ca^{2+}$ são bases.
e) Tanto as moléculas $NH_3$ e $H_2O$ quanto os íons $Fe^{2+}$ e $Ca^{2+}$ são ácidos.

**16.** (UFRN) Os ácidos são temidos por sua capacidade de causar graves queimaduras. Contudo, nem todos apresentam tal comportamento. O ácido bórico ($H_3BO_3$), por exemplo, é usado na formulação de soluções antissépticas, pomadas, etc. Na realidade, ele não atua doando prótons pelo rompimento da ligação entre o oxigênio e o hidrogênio (O—H). Sua acidez, em solução aquosa, pode ser explicada pelas seguintes reações:

$$B(OH)_3 + H_2O \longrightarrow B(OH)_3(H_2O)$$

$$B(OH)_3(H_2O) + H_2O \longrightarrow B(OH)_4^- + H_3O^+$$

Baseado nas equações acima, pode-se afirmar que o $H_3BO_3$ é ácido de:

a) Lewis, em que o átomo de boro atua como nucleófilo.

b) Lewis, em que o átomo de boro atua como eletrófilo.

c) Arrhenius, em que o átomo de boro atua como eletrófilo.

d) Arrhenius, em que o átomo de boro atua como nucleófilo.

**17.** (UFRJ) Cerca de 38% do consumo mundial de sódio metálico estão vinculados à produção do corante índigo usado no vestuário *jeans*. A produção de boridreto de sódio para o branqueamento de celulose responde por cerca de 20% do consumo desse metal alcalino. As demais aplicações se concentram na área da química fina. O fluxograma a seguir descreve algumas reações envolvidas nessas aplicações.

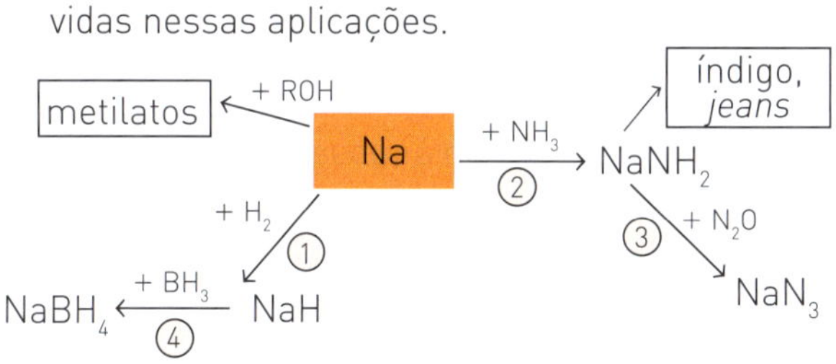


a) Dê o nome do óxido envolvido na reação 3.

b) Na reação 4, indique o ácido e a base de Lewis nos reagentes. Justifique sua resposta.

**18.** (Cefet-CE) As várias substâncias conhecidas na atualidade são possuidoras de várias propriedades que podem ser divididas em três grupos, a saber: gerais, específicas e funcionais. Na tentativa de classificar os diferentes materiais existentes nas funções ácidos e bases, várias teorias foram sendo propostas, como, por exemplo, a de Arrhenius, a de Brönsted e a de Lewis. Na reação $H_2O + NH_3 \longrightarrow NH_4^+ + OH^-$, corresponde ao ácido a substância:

a) $NH_3$

b) $H_2O$

c) $NH_4^+$

d) $OH^-$

e) $H_3O^+$

**19.** (Unicap-PE) Julgue verdadeira ou falsa cada uma das afirmações seguintes:

I. Os indicadores são substâncias que indicam se o meio é ácido ou básico. Se a fenolftaleína, adicionada a um meio, continuou incolor, é porque esse meio é ácido.

II. Segundo Arrhenius, ácido é toda substância que, fundida, libera íons $Na^+$.

III. A força de um ácido não é constante, pois varia de um solvente para o outro.

IV. Segundo Brönsted-Lowry, a ureia é um ácido, quando colocada em $NH_3$ líquida, segundo a reação

$$NH_2CONH_2 + NH_3 \longrightarrow NH_4^+ + NH_2CONH^-.$$

V. Um dos grandes poluentes dos rios amazônicos é o mercúrio. Esse metal é o único metal líquido à temperatura ambiente.

**20.** (Ufpel-RS) A ionização do ácido málico presente nas balas acontece na saliva, de acordo com a equação:

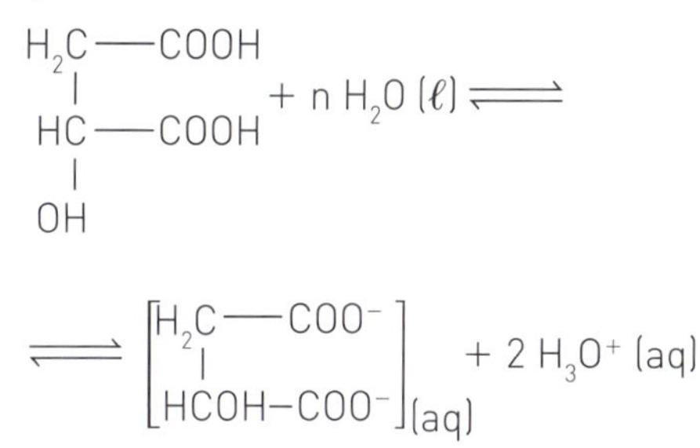

Sobre a atuação da água na reação acima representada, é correto afirmar que ela atua como

a) uma base de Brönsted-Lowry por ceder prótons $H^+$ para o ácido málico.

b) uma base de Lewis por receber prótons $H^+$ do ácido málico.

c) uma base de Brönsted-Lowry por receber prótons $H^+$ do ácido málico.

d) uma base de Lewis por ceder prótons $H^+$ para o ácido málico.

e) uma base de Arrhenius por ceder par de elétrons para o ácido málico.

**21.** (UFF-RJ) Um dos principais fármacos utilizados no Brasil para a terapia da malária é a cloroquina, cuja estrutura é representada por:

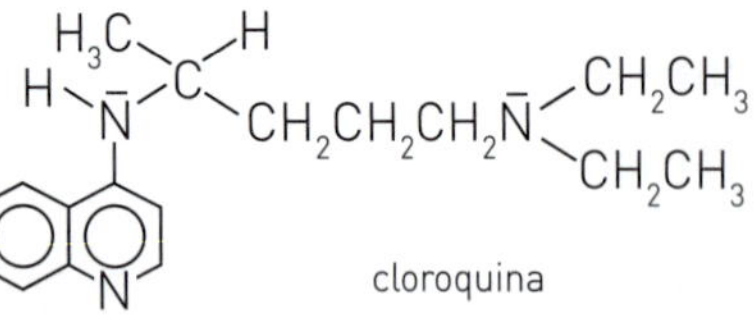

cloroquina

Com base na estrutura da cloroquina, pode-se afirmar que:

a) a cloroquina é uma base de Lewis, porque cada átomo de nitrogênio pode receber elétrons de um ácido;

b) a cloroquina é um ácido de Lewis, porque cada átomo de nitrogênio pode receber um par de elétrons de um ácido;

c) a cloroquina é um ácido de Arrhenius, porque em solução aquosa possui um excesso de íons $H^+$;

d) a cloroquina é um ácido de Brönsted, porque um de seus átomos de nitrogênio pode doar próton;

e) a cloroquina é uma base de Lewis, porque possui átomos de nitrogênio que podem doar elétrons para ácidos.

**22.** (UFPR) Considere as definições de ácidos e bases e as informações a seguir:

- ácido de Arrhenius — espécie química que contém hidrogênio e que, em solução aquosa, produz o cátion hidrogênio ($H^+$);
- ácido de Brönsted — espécie química capaz de ceder prótons;
- base de Lewis — espécie química capaz de ceder pares de elétrons para formar ligações químicas;
- ácido de Lewis — espécie química capaz de receber pares de elétrons para formar ligações químicas.

A dissolução do $A\ell C\ell_3$ em água produz uma solução com pH $< 7$. Durante a dissolução ocorre a interação dos pares de elétrons não ligantes da água com os íons $A\ell^{3+}$, formando ligações químicas (representadas na figura por linhas tracejadas). Essa interação produz diversas espécies químicas hidratadas, uma das quais está representada na figura 1.

(Números atômicos: H = 1; O = 8.)

A presença da carga iônica positiva do $A\ell^{3+}$ diminui a densidade eletrônica nas moléculas de água e, consequentemente, facilita a retirada de um próton, como é mostrado na figura 2.

**Figura 1**

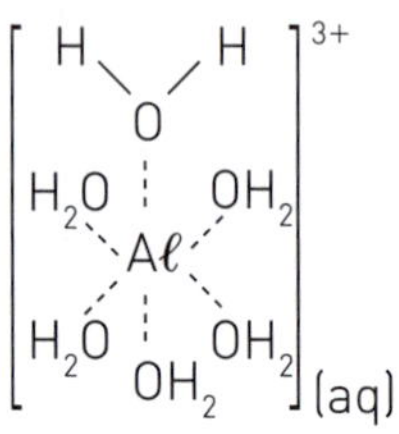

**Figura 2**

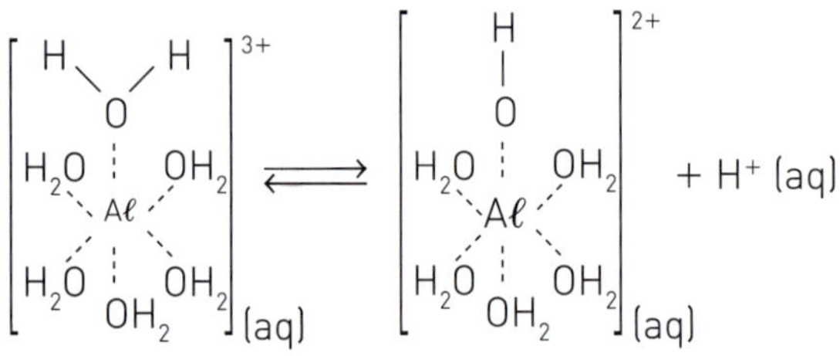

Com relação ao exposto acima, julgue falsa ou verdadeira cada uma das seguintes afirmações:

I. Na espécie $A\ell(H_2O)_6^{3+}$, as moléculas de água comportam-se como base de Lewis em relação ao $A\ell^{3+}$, o qual se comporta como ácido de Lewis.

II. Em uma solução aquosa de cloreto de alumínio, temos $[H^+] < 1{,}0 \cdot 10^{-7}$ mol $\cdot$ L$^{-1}$.

III. Uma solução aquosa de cloreto de alumínio apresenta caráter ácido.

IV. A espécie $A\ell(H_2O)_6^{3+}$ comporta-se como ácido de Brönsted e de Arrhenius em relação às moléculas do solvente.

V. O processo de interação entre espécies do soluto e espécies do solvente é chamado de solvatação.

Até agora aprendemos a nomear ácidos e bases segundo o conceito de Arrhenius. Será que essa nomenclatura se mantém se utilizarmos o conceito ácido-base de Lewis?

CAPÍTULO 30

# Produto iônico da água e pH

## Equilíbrio iônico da água

Medidas experimentais de condutibilidade elétrica e outras evidências mostram que a água, quando pura ou quando usada como solvente, ioniza-se em uma extensão muito pequena, originando o equilíbrio:

$$H_2O\ (\ell) + H_2O\ (\ell) \rightleftharpoons H_3O^+\ (aq) + OH^-\ (aq)$$

Simplificadamente:

$$H_2O\ (\ell) \rightleftharpoons H^+\ (aq) + OH^-\ (aq)$$

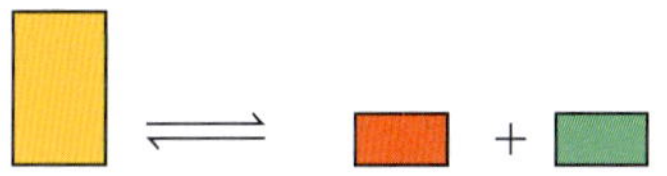

$H_2O\ (\ell)$ $H^+\ (aq)$ $OH^-\ (aq)$

Na água pura, a concentração de íons $H^+$ é sempre igual à concentração de íons $OH^-$, pois cada molécula de água ionizada origina um íon $H^+$ e um íon $OH^-$.

Em diferentes temperaturas, a condutibilidade da água varia, ou seja, um aumento da temperatura provoca aumento da ionização. Embora a quantidade de íons $H^+$ e $OH^-$ presentes no equilíbrio sofra variação em função da temperatura, as suas concentrações serão sempre iguais entre si.

$$\text{água pura} \Rightarrow [H^+] = [OH^-]$$

A 25 °C, as concentrações em mol/L de $H^+$ e $OH^-$ na água pura são iguais entre si e apresentam valor igual a $10^{-7}$ mol · $L^{-1}$.

$$\text{água pura a 25 °C} \Rightarrow [H^+] = [OH^-] = 10^{-7}\ \text{mol} \cdot L^{-1}$$

## Produto iônico da água ($K_w$)

Considerando o equilíbrio da água, podemos escrever a expressão da sua constante de equilíbrio.

$$H_2O\ (\ell) \rightleftharpoons H^+\ (aq) + OH^-\ (aq)$$

$$K_i = \frac{[H^+] \cdot [OH^-]}{[H_2O]}\text{, em que } [H_2O] = \text{constante}$$

$$K_i \cdot [H_2O] = [H^+] \cdot [OH^-]$$

$$K_w = [H^+] \cdot [OH^-]$$

Na expressão acima, $K_w$ corresponde à **constante de ionização da água**, cujo valor pode ser calculado a 25 °C, pois já conhecemos os valores de $[H^+]$ e $[OH^-]$ a essa temperatura.

$$K_w = [H^+] \cdot [OH^-]$$

$$K_w = (10^{-7}) \cdot (10^{-7})$$

$$K_w = 10^{-14}$$

- O produto iônico da água ($K_w$) sempre apresenta um valor constante a dada temperatura, tanto em água pura como em soluções. Mesmo em soluções nas quais as concentrações em mol/L de $H^+$ e $OH^-$ não são iguais entre si, o seu produto deverá permanecer constante. Se conhecemos a concentração em mol/L de $H^+$ de uma solução aquosa qualquer, podemos determinar a concentração em mol/L de $OH^-$.
- Como podemos perceber pelo gráfico, à medida que ocorre aumento de $[H^+]$, ocorre diminuição de $[OH^-]$.
- A variação da $K_w$, que só ocorre em função da temperatura, é apresentada na seguinte tabela:

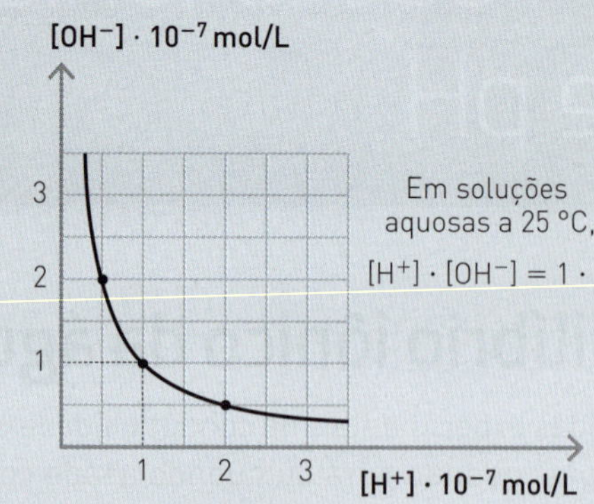

Banco de imagens/Arquivo da editora

**Variação da $K_w$**

| T (°C) | $K_w$ |
|---|---|
| 10 | $0,29 \cdot 10^{-14}$ |
| 20 | $0,68 \cdot 10^{-14}$ |
| 25 | $1,00 \cdot 10^{-14}$ |
| 30 | $1,47 \cdot 10^{-14}$ |
| 40 | $2,92 \cdot 10^{-14}$ |
| 60 | $9,40 \cdot 10^{-14}$ |

# $[H^+]$ e $[OH^-]$ em solução aquosa

Veja alguns exemplos da determinação de $[H^+]$ e de $[OH^-]$.

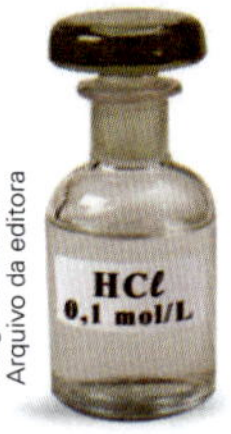

Sérgio Dotta Jr./Arquivo da editora

Solução de HCℓ:
0,1 mol/L
25 °C
$K_w = 10^{-14}$
HCℓ ⇒ ácido forte ⇒ $\alpha = 100\%$

$$\begin{array}{ccccc} HC\ell\,(aq) & \longrightarrow & H^+\,(aq) & + & C\ell^-\,(aq) \\ \downarrow & & \downarrow & & \downarrow \\ 0,1\text{ mol/L} & \xrightarrow[\text{total}]{\text{ionização}} & 0,1\text{ mol/L} & & 0,1\text{ mol/L} \end{array}$$

Logo: $[H^+] = 0,1\ mol \cdot L^{-1}$

Como: $K_w = [H^+] \cdot [OH^-]$

$10^{-14} = 0,1 \cdot [OH^-]$

$$[OH^-] = \frac{10^{-14}}{0,1}$$

$[OH^-] = 10^{-13}\ mol \cdot L^{-1}$

Nessa solução: $[H^+] > [OH^-]$, o que evidencia que ela é **ácida**.

Sérgio Dotta Jr./Arquivo da editora

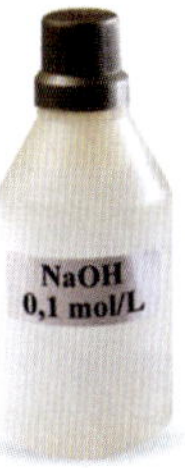


Solução de NaOH:
0,1 mol/L
25 °C
$K_w = 10^{-14}$
NaOH ⇒ base forte ⇒ $\alpha = 100\%$

$$\begin{array}{ccccc} NaOH\,(aq) & \longrightarrow & Na^{+}\,(aq) & + & OH^{-}\,(aq) \\ \downarrow & & \downarrow & & \downarrow \\ 0{,}1\ mol/L & \xrightarrow[\text{total}]{\text{dissociação}} & 0{,}1\ mol/L & & 0{,}1\ mol/L \end{array}$$

Logo: $[OH^-] = 0{,}1\ mol \cdot L^{-1}$

Como: $K_w = [H^+] \cdot [OH^-]$

$10^{-14} = [H^+] \cdot 0{,}1$

$[H^+] = \dfrac{10^{-14}}{0{,}1}$

$[H^+] = 10^{-13}\ mol \cdot L^{-1}$

Nessa solução: $[OH^-] > [H^+]$, o que evidencia que ela é **básica** (alcalina).

Dependendo das concentrações em mol/L de $H^+$ e $OH^-$, temos:

| | |
|---|---|
| **Solução neutra** | $[H^+] = [OH^-]$ |
| **Solução ácida** | $[H^+] > [OH^-]$ |
| **Solução básica** | $[H^+] < [OH^-]$ |

No entanto, como essas concentrações normalmente são indicadas por números de base decimal com expoente negativo (por exemplo: $10^{-3}$, $10^{-7}$, $10^{-14}$), trabalhar com esses números pode acarretar dificuldades matemáticas, fazendo com que um conceito simples de acidez ou basicidade pareça muito complicado.

Em 1909, o bioquímico dinamarquês Soren Sorensen (1868-1939) propôs uma nova notação, mais conveniente para trabalhar com as concentrações hidrogeniônicas $[H^+]$.

Nessa notação, utilizada até hoje e conhecida como **escala de pH** (potencial hidrogeniônico*), as concentrações de $[H^+]$ são expressas em cologaritmos na base 10.

Assim, o pH é definido como sendo o cologaritmo da concentração em mol/L de $H^+$.

$$pH = colog_{10}\,[H^+] \quad \text{ou} \quad pH = -\log\,[H^+] \quad \text{ou} \quad pH = \log \frac{1}{[H^+]}$$

* O nome **potencial hidrogeniônico** foi usado por Sorensen para indicar que as $[H^+]$ são expressas em **potências** de 10.
Fonte: HILL, John W.; PETRUCCI, Ralph. *General Chemistry*. 4. ed. New Jersey: Prentice Hall, 2005. p. 627.

Fotos: Thinkstock/Getty Images

As flores das hortênsias podem ser azuis ou rosadas, dependendo das características do solo em que são cultivadas. Em solo ácido, as suas flores são azuis; em solo básico (alcalino), são rosadas.

## Soren Peter Lauritz Sorensen

Soren Sorensen começou a estudar Medicina na Universidade de Copenhague, transferindo-se depois para a Química, em que se doutorou em 1881. Trabalhou no Laboratório Carlsberg, onde realizou diversas experiências em bioquímica relacionadas a aminoácidos, proteínas e enzimas. A percepção da importância da concentração hidrogeniônica nas reações enzimáticas despertou seu interesse em desenvolver um novo tratamento matemático, levando-o à descoberta da medição do pH (*pondus hydrogenii* = potencial do hidrogênio).

Sorensen nasceu em Havrebjerg e morreu em Copenhague (Dinamarca).

Veja como calcular o pH de uma solução conhecendo a sua concentração hidrogeniônica $[H^+]$.

$$[H^+] = 10^{-6}\ mol \cdot L^{-1}$$
$$pH = -\log [H^+]$$
$$pH = -\log 10^{-6}$$
$$pH = -(-6) \cdot \underbrace{\log 10}_{1}$$
$$pH = 6$$

Assim:

$$[H^+] = 10^{-6}\ mol \cdot L^{-1}$$
$$pH = 6$$

De maneira semelhante, podemos determinar o **pOH** (**potencial hidroxiliônico**) de uma solução.

$$pOH = colog_{10} [OH^-] \text{ ou } pOH = -\log [OH^-]$$
$$\text{ou } pOH = \log \frac{1}{[OH^-]}$$

Veja como calcular o pH de uma solução conhecendo a sua concentração hidroxiliônica $[OH^-]$.

$$[OH^-] = 10^{-5}\ mol \cdot L^{-1}$$
$$pOH = -\log [OH^-]$$
$$pOH = -\log 10^{-5}$$
$$pOH = -(-5) \cdot \underbrace{\log 10}_{1}$$
$$pOH = 5$$

Assim:

$$[OH^-] = 10^{-5}\ mol \cdot L^{-1}$$
$$pOH = 5$$

Se aplicarmos essa escala ao equilíbrio iônico da água, teremos:

$$H_2O\ (\ell) \rightleftharpoons H^+\ (aq) + OH^-\ (aq)$$

$$K_w = [H^+] \cdot [OH^-]$$

Aplicando log:

$$\log K_w = \log [H^+] + \log [OH^-]$$

Multiplicando por $(-1)$:

$$(-\log K_w) = (-\log [H^+]) + (-\log [OH^-])$$

$$pK_w = pH + pOH$$

A 25 °C, a constante de ionização da água ($K_w$) vale $10^{-14}$. Assim:

$$pH + pOH = 14$$

Na água e nas soluções neutras, a 25 °C, temos:

$$[H^+] = [OH^-] = 10^{-7}\ mol \cdot L^{-1}$$

$$pH = pOH = 7$$

Logo, soluções neutras apresentam $pH = 7$.

A escala de pH apresenta normalmente valores que variam de 0 a 14. O esquema a seguir mostra uma relação entre os valores de pH e as concentrações de $H^+$ e $OH^-$ em água, a 25 °C.

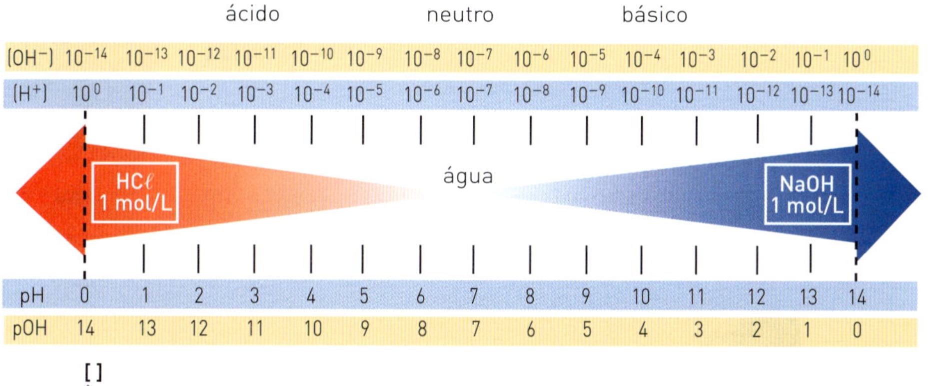


Ilustrações: Banco de imagens/Arquivo da editora

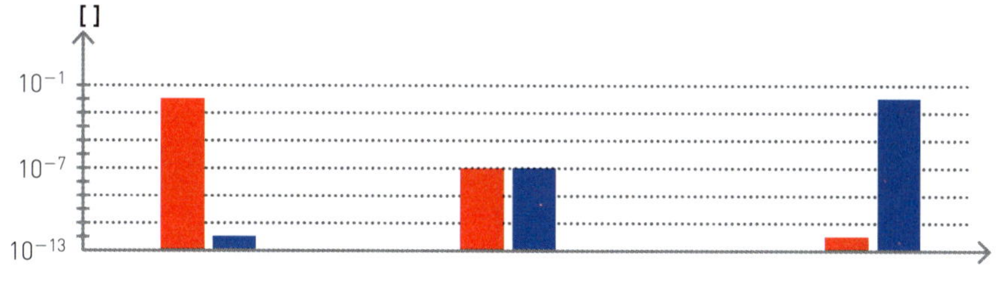


**solução ácida**
$[H^+] > 10^{-7}\ mol \cdot L^{-1}$
$[OH^-] < 10^{-7}\ mol \cdot L^{-1}$
$[H^+] > [OH^-]$
$pH < 7$

**solução neutra**
$[H^+] = [OH^-] = 10^{-7}\ mol \cdot L^{-1}$
$pH = pOH = 7$

**solução básica**
$[OH^-] > 10^{-7}\ mol \cdot L^{-1}$
$[H^+] < 10^{-7}\ mol \cdot L^{-1}$
$[OH^-] > [H^+]$
$pH > 7$

> O termo p indica o $-\log_{10}$:
> $pH = -\log [H^+]$
> $pOH = -\log [OH^-]$
> $pK_a = -\log K_a$
> $pK_w = -\log K_w$

A seguir, temos os pHs de alguns materiais encontrados em nosso dia a dia.

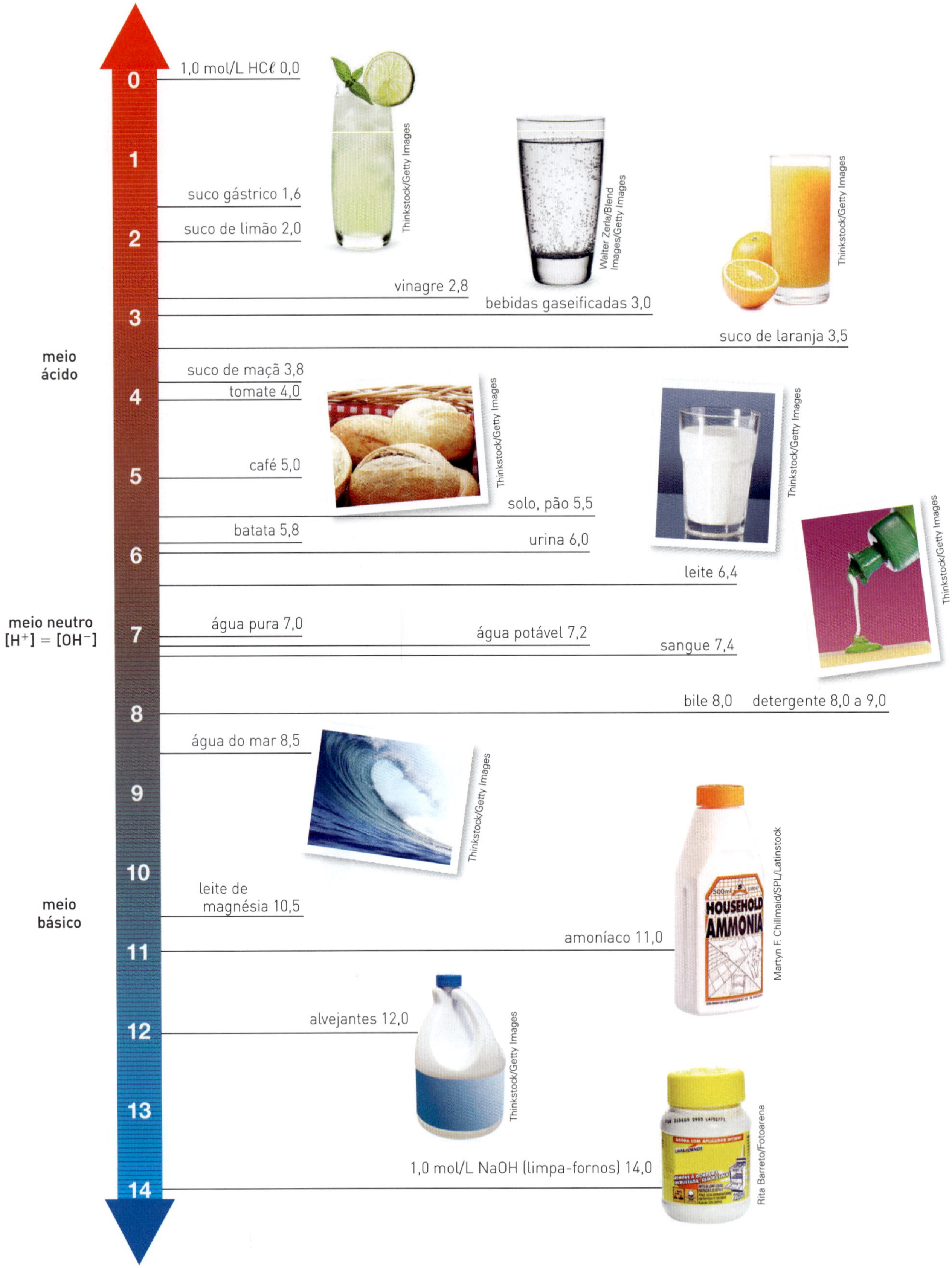

# Determinação de $[H^+]$ e $[OH^-]$ nas soluções

## Soluções ácidas

Nesse tipo de solução, o íon predominante característico é o $H^+$. Devemos, portanto, conhecer a sua concentração em mol/L para determinar, em seguida, o pH da solução.

Veja, a seguir, dois exemplos nos quais o grau de ionização é 100% (ácido totalmente ionizado).

Ilustrações: Conceitograf/ Arquivo da editora

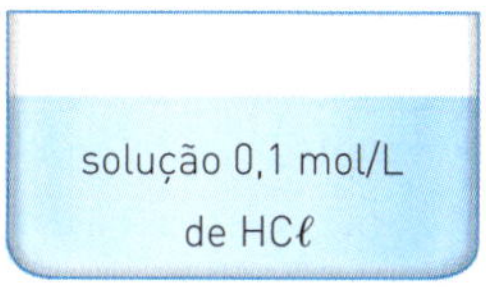


$$HC\ell \rightleftharpoons H^+ + C\ell^-$$

1 mol —— 1 mol —— 1 mol

0,1 mol/L —— 0,1 mol/L

$[H^+] = 0,1\ mol/L = 10^{-1}\ mol/L$

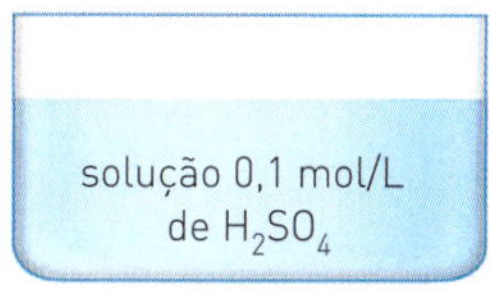


$$H_2SO_4 \rightleftharpoons 2\ H^+ + SO_4^{2-}$$

1 mol —— 2 mol —— 1 mol

0,1 mol/L —— 0,2 mol/L

$[H^+] = 0,2\ mol/L = 2 \cdot 10^{-1}\ mol/L$

Quando o ácido apresenta um grau de ionização ($\alpha$) menor do que 100% ($\alpha < 100\%$), ele não está totalmente ionizado e a concentração de $H^+$ está relacionada ao $\alpha$.

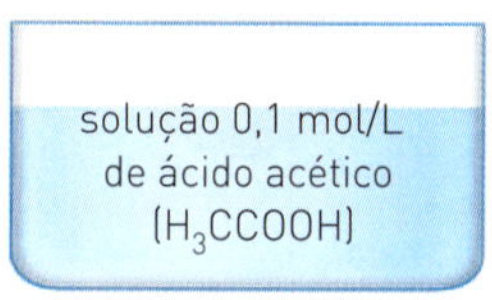


$$\alpha = 1\% = 0,01 \qquad H_3CCOOH \rightleftharpoons H^+ + H_3CCOO^-$$

Somente 1% das moléculas do ácido se ioniza ($\alpha = 1\%$); logo, a $[H^+]$ é igual a 1% de 0,1 mol/L.

$$H_3CCOOH \rightleftharpoons H^+ + H_3CCOO^-$$

1 mol —— 1 mol

0,1 mol —— 0,1 mol —— (se a ionização fosse 100%) —— $\alpha = 100\%$

x —— $\alpha = 1\%$

$$x = \frac{0,1\ mol/L \cdot 1\%}{100\%} \Rightarrow x = 0,001\ mol/L$$

$$[H^+] = 0,001\ mol/L \Rightarrow [H^+] = 10^{-3}\ mol/L$$

Para ácidos semifortes ou fracos com mais de um H ionizável, consideramos somente a primeira etapa de ionização. Assim, eles se comportam como se tivessem apenas um H ionizável.

## Soluções básicas

Nesse tipo de solução, o íon predominante característico é o $OH^-$. Assim, devemos determinar sua concentração em mol/L e, em seguida, o pOH da solução. Veja dois exemplos a seguir, com bases fortes, nas quais $\alpha = 100\%$.

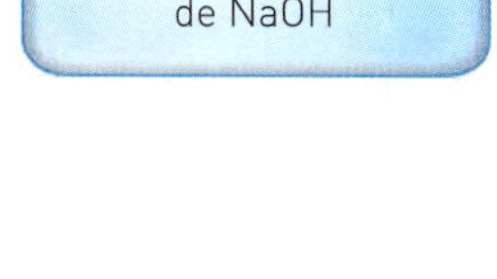


Como a dissociação é total ($\alpha = 100\%$), temos:

$$NaOH \rightleftharpoons Na^+ + OH^-$$

1 mol —— 1 mol —— 1 mol

0,1 mol/L —— 0,1 mol/L —— 0,1 mol/L

$[OH^-] = 0,1\ mol/L = 10^{-1}\ mol/L$

Se a concentração for menor que 100% ($\alpha < 100\%$), temos:

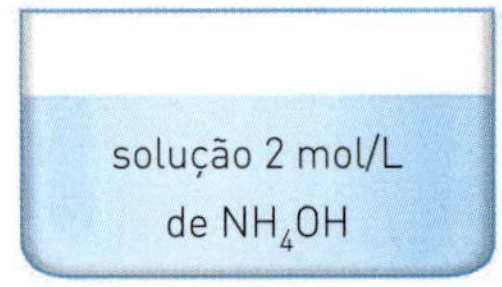


Conceitograf/Arquivo da editora

Somente 0,5% das moléculas se ionizam. Assim, temos:

$$
\begin{array}{lllll}
NH_4OH & \rightleftharpoons & NH_4^+ & + & OH^- \\
1 \text{ mol} & \text{——} & 1 \text{ mol} & \text{——} & 1 \text{ mol} \\
2 \text{ mol/L} & \text{——} & 2 \text{ mol/L} & \text{——} & 2 \text{ mol/L} \xrightarrow{\text{se } \alpha = 100\%} \alpha = 100\% \\
 & & & & x \text{ ——————} \ \alpha = 0{,}5\%
\end{array}
$$

$$x = \frac{2 \text{ mol/L} \cdot 0{,}5\%}{100\%} \Rightarrow x = 0{,}01 \text{ mol/L}$$

$$[OH^-] = 0{,}01 \text{ mol/L} \Rightarrow [OH^-] = 10^{-2} \text{ mol/L}$$

# Indicadores e pH

Uma maneira muito comum, mas menos precisa, de determinar o pH de uma solução é pelo uso de **indicadores**, substâncias que mudam de cor em função da $[H^+]$ e da $[OH^-]$, ou seja, de acordo com o pH.

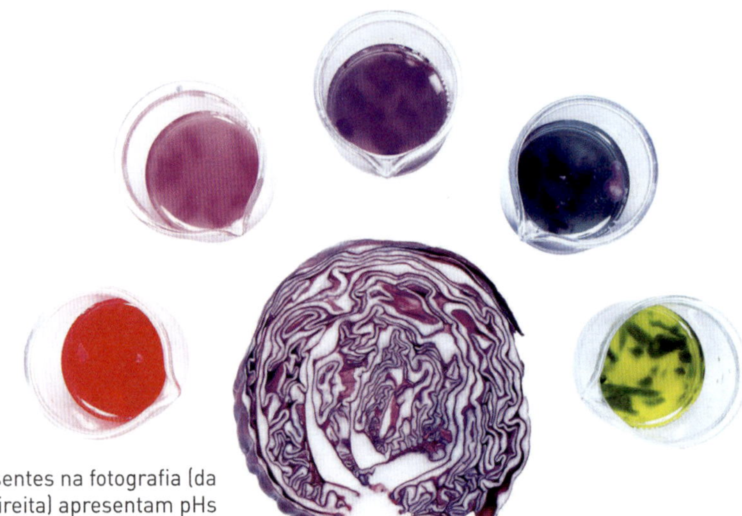

Andrew Lambert Photography/Science Photo Library/SPL DC/Latinstock

As soluções presentes na fotografia (da esquerda para a direita) apresentam pHs respectivamente iguais a 1, 4, 7, 10 e 13.

Existem vários indicadores ácido-base; muitos deles são naturais, por exemplo, o suco de repolho-roxo, que, em uma solução neutra, apresenta coloração roxa. No entanto, quando o pH muda, a sua coloração pode variar do vermelho ao amarelo-claro. Veja nas imagens a seguir as cores de três indicadores naturais em diferentes valores de pH.

Thinkstock/Getty Images

Amora.

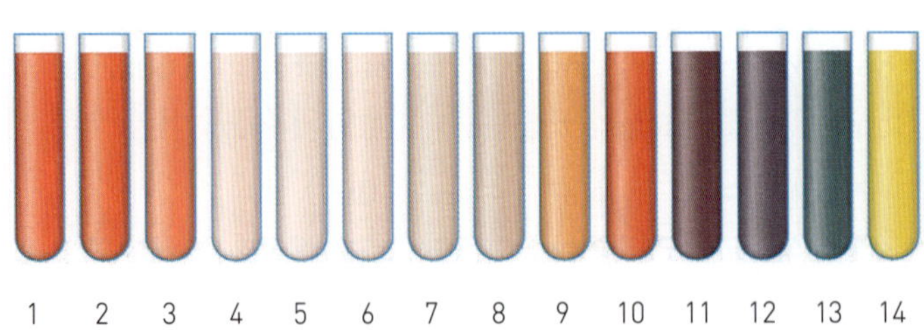


Conceitograf/Arquivo da editora

Escala de cores para diferentes pHs, obtida com o extrato de amora.

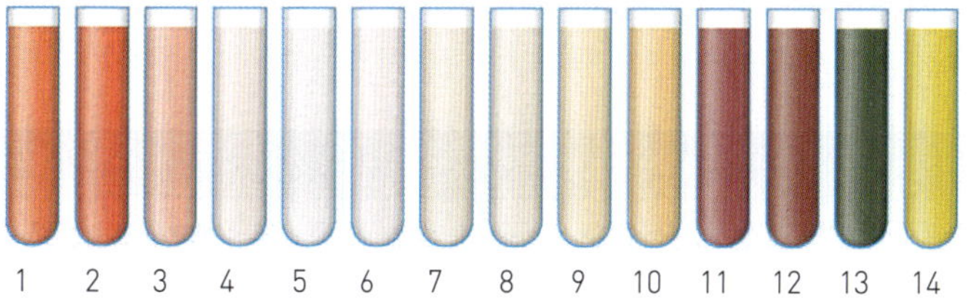


Escala de cores para diferentes pHs, obtida com o extrato de jabuticaba.

Jabuticaba.

Ilustrações: Conceitograf/ Arquivo da editora

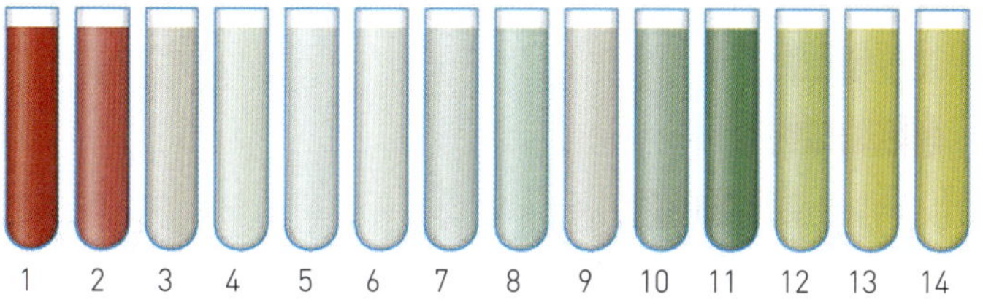


Escala de cores para diferentes pHs, obtida com o extrato de jambolão.

Jambolão.

Os indicadores mais comumente empregados em laboratório são sintéticos, como a fenolftaleína, que, como todos eles, quando dissolvida em água, ioniza-se e origina íons, estabelecendo um equilíbrio. O indicador e a sua forma ionizada apresentam cores diferentes.

Genericamente, o comportamento de um indicador pode ser representado por:

$$HInd \rightleftharpoons H^+ + Ind^-$$

Quando o indicador não está ionizado (HInd), ele apresenta uma coloração característica de cada indicador; quando ele está ionizado ($Ind^-$), apresenta uma nova coloração. Vamos considerar, por exemplo, a fenolftaleína, que em solução aquosa estabelece o seguinte equilíbrio:

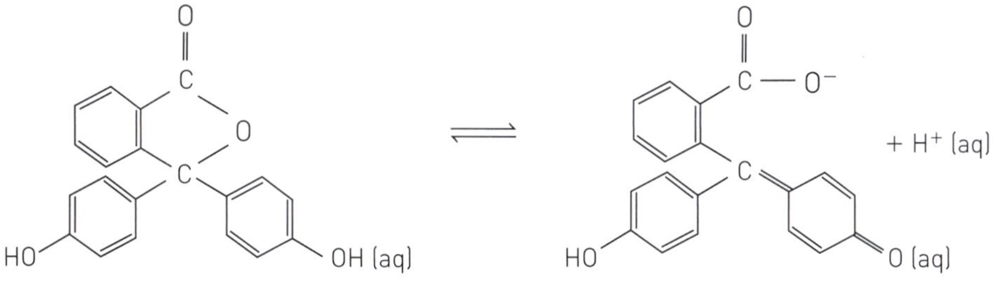


Quando no equilíbrio predomina a forma não ionizada, a solução é incolor, ao passo que, se predominar a forma ionizada, a solução tem cor rósea.

Se a esse equilíbrio adicionamos:

- **um ácido**: o aumento da concentração de $H^+$ desloca o equilíbrio para a esquerda, e a solução torna-se incolor;
- **uma base**: os íons $OH^-$ retiram $H^+$ do equilíbrio, que se desloca para a direita, e a solução torna-se vermelha.

A mudança de cor ocorre em determinados intervalos de pH, denominados **faixa** ou **intervalo de viragem**. Quando o valor do pH é inferior ao intervalo de viragem, temos uma cor; quando o valor é superior ao intervalo, temos outra cor; na faixa de viragem, temos uma cor intermediária às duas cores.

O quadro a seguir mostra alguns indicadores com os valores numéricos das suas faixas de viragem.

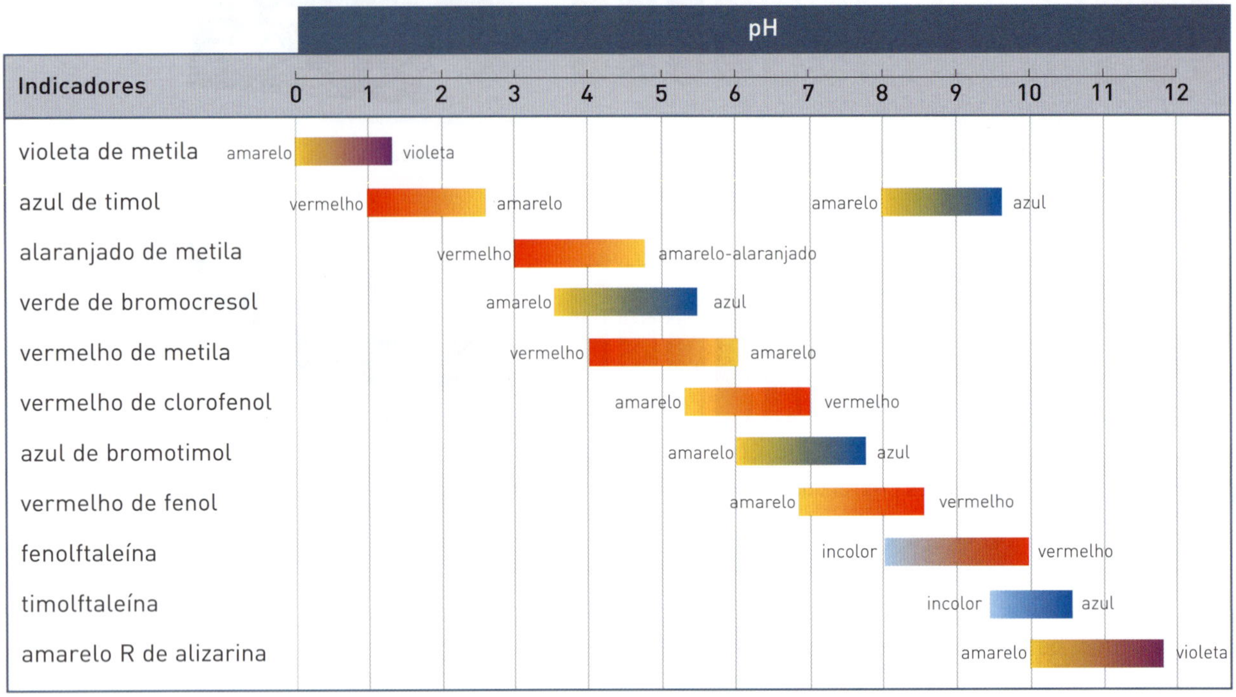


Existem indicadores que apresentam cores diferentes para cada valor de pH. Esses indicadores, denominados **indicadores universais**, são obtidos pela mistura adequada de vários outros. Na sua produção, tiras de papel são imersas em uma solução contendo uma mistura de indicadores e depois são secas. Essas tiras serão, posteriormente, introduzidas nas soluções das quais se quer determinar o pH, o que é feito comparando-se a cor obtida na tira com a escala que aparece impressa na embalagem do indicador.

Eduardo Santaliestra/Arquivo da editora

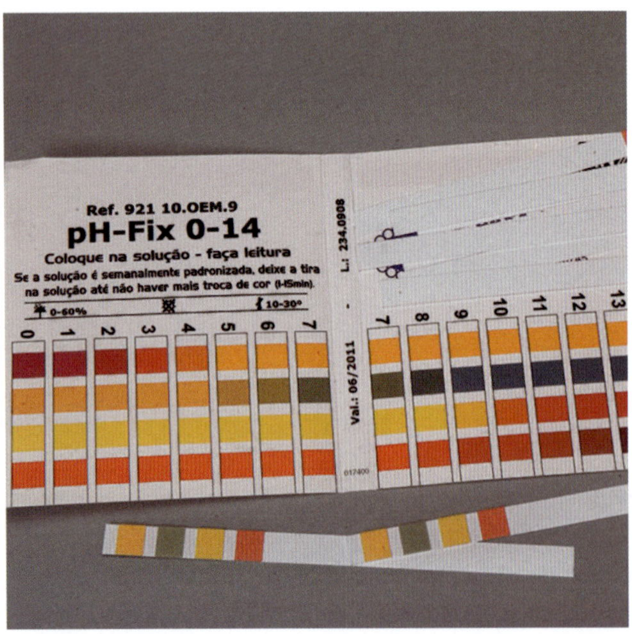


Tiras de papel usadas para medir o pH e a escala de cores que serve como referência.

Acervo do autor/Arquivo da editora

Utilização do indicador azul de bromotimol para identificar as soluções amarela, verde e azul como ácida, neutra e básica, respectivamente.

# Escolha do indicador

O uso de um indicador em particular depende de sua faixa de viragem. Supondo que temos duas soluções, x e y, uma delas com pH = 2 e a outra com pH = 6, e que dispomos dos indicadores fenolftaleína e alaranjado de metila para identificá-las, qual indicador devemos usar?

Quando gotejamos fenolftaleína nas duas soluções, não ocorre nenhuma mudança de cor, pois a sua faixa de viragem corresponde a um pH superior ao das duas soluções.

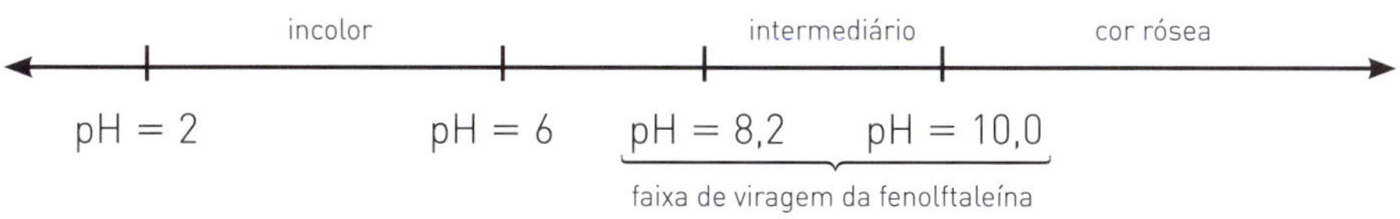


Nesse caso, a fenolftaleína não é o indicador apropriado.

Quando gotejamos alaranjado de metila nas soluções, ocorrem alterações de cor. Observe o esquema.

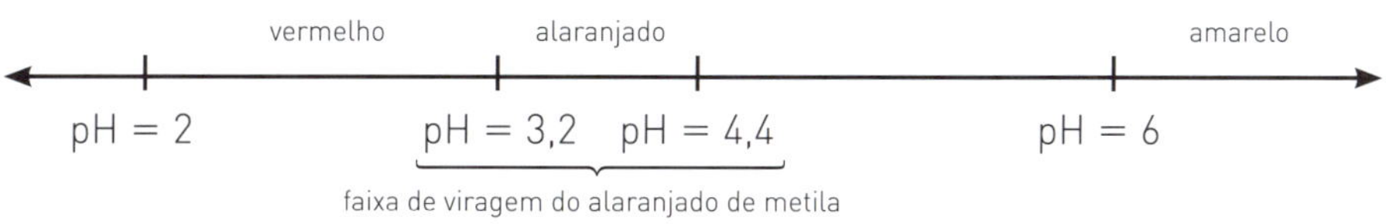


Como a faixa de viragem do alaranjado de metila se encontra entre 3,2 e 4,4, a solução com pH = 2 adquire uma coloração vermelha, e a solução de pH = 6 torna-se amarela.

Portanto, entre esses dois indicadores, o mais apropriado para identificar as soluções x e y é o alaranjado de metila.

Em laboratórios, a maneira mais precisa de se determinar o pH de uma solução é por meio da utilização de um aparelho elétrico denominado **pHmetro**.

Charles D. Winters/Science Source/Diomedia

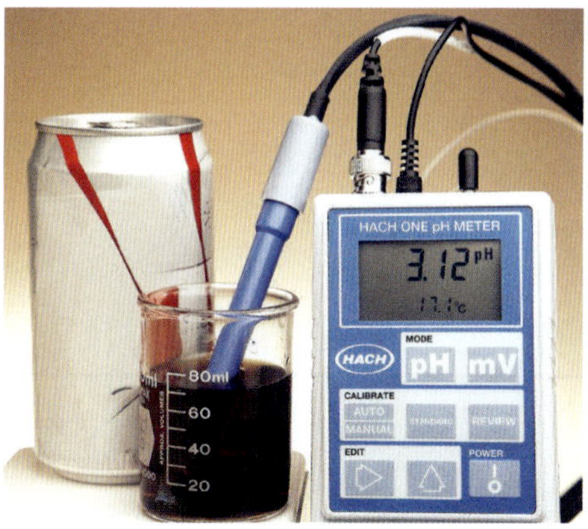


O pHmetro digital indica que o pH da amostra de refrigerante é 3,12. Todos os refrigerantes gaseificados apresentam pH $< 7$.

## EXPLORE SEU MUNDO

Coloque alguns pedaços de beterraba em um liquidificador, adicione um pouco de água e bata. Em seguida, coe e separe o suco em três copos.

Ao primeiro copo adicione uma pequena porção de pasta de dentes e agite; observe e anote a coloração adquirida. Ao segundo copo adicione vinagre branco; observe e anote a coloração adquirida.

Compare as colorações dos três copos. O suco de beterraba poderia ser utilizado como um indicador ácido-base? Qual é o caráter da pasta de dentes?

Conexão Saúde

# Condições de desequilíbrio no pH do sangue

Nas células do corpo humano, o $CO_2$ é continuamente produzido como um produto terminal do metabolismo. Parte desse $CO_2$ se dissolve no sangue, estabelecendo o equilíbrio:

$$CO_2 + H_2O \rightleftharpoons H_2CO_3 \rightleftharpoons H^+ + HCO_3^-$$

Esse é um exemplo dos diversos equilíbrios que mantêm o pH do nosso sangue entre 7,3 e 7,5. A gasometria é o exame que avalia o pH do sangue.

Quando a respiração é deficiente, essa hipoventilação acarreta o aumento da concentração de $CO_2$ no sangue, o que provoca o deslocamento do equilíbrio para a direita, aumentando a concentração de $H^+$ e diminuindo o pH sanguíneo. Essa situação é denominada **acidose**.

**Alguns sintomas**: falta de ar, diminuição ou supressão da respiração, desorientação com possibilidade de coma.

**Algumas causas**: ingestão de drogas, enfisema, pneumonia, bronquite, asma, alterações no sistema nervoso central, **overdose** de medicamento à base de ácido acetilsalicílico.

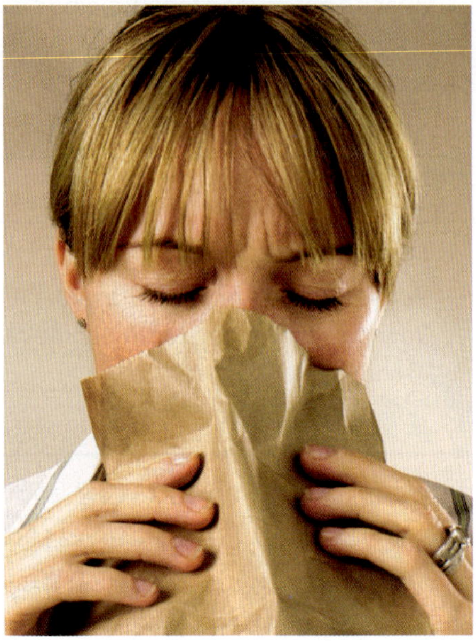

Peter Dazeley/Photographer's Choice/Getty Images

Um procedimento médico bastante comum é fazer com que o paciente em crise de ansiedade respire seu próprio ar. Desse modo, o ar inspirado apresenta maior concentração de $CO_2$.

Uma crise de ansiedade pode levar uma pessoa a respirar muito rapidamente. Essa hiperventilação acarreta a perda de uma quantidade maior de $CO_2$ pelos pulmões, o que provoca o deslocamento do equilíbrio para a esquerda, diminuindo a concentração de $H^+$ e aumentando o pH do sangue. Essa situação é denominada **alcalose**.

**Alguns sintomas**: respiração ofegante, entorpecimento, rigidez muscular, convulsões.

**Algumas causas**: ingestão de drogas, cirrose, exercícios físicos excessivos, doenças pulmonares.

Fontes: <www.ufrgs.br>; <www.uff.br>; <www.medicina.ufmg.br>; <http://revistas.pucsp.br>. Acessos em: 13 jun. 2018.

## Reflita

**1.** Qual substância é oxidada pelo gás oxigênio durante a respiração celular e produz o $CO_2$? Escreva a reação de oxidação dessa substância.

**2.** O aumento de ânions bicarbonato no sangue deslocará o equilíbrio, conforme mencionado no texto, para a esquerda ou para a direita? Isso acarretará uma alcalose ou uma acidose?

Um dos fatores que podem levar a um quadro de alcalose são as crises de ansiedade. É importante saber que a ansiedade é uma reação natural diante de situações que provoquem medo, dúvida ou expectativa. Um exemplo é a expectativa que antecede uma prova ou a realização de um procedimento cirúrgico. Há condições, porém, em que essa ansiedade assume níveis desproporcionais aos acontecimentos que a geraram, levando ao sofrimento. Nesse caso, é importante buscar ajuda de um profissional qualificado.

## Exercícios resolvidos

**1.** (Fuvest-SP) Compostos de enxofre (IV) podem ser adicionados ao vinho como conservantes. A depender do pH do meio, irão predominar diferentes espécies químicas de S (IV) em solução aquosa, conforme mostra a tabela abaixo.

| pH | Composto de S (IV) |
|---|---|
| $< 1,5$ | dióxido de enxofre hidratado, $SO_2$ (aq) |
| de 1,5 até 6,5 | íon hidrogenossulfito hidratado, $HSO_3^-$ (aq) |
| $> 6,5$ | íon sulfito hidratado, $SO_3^{2-}$ (aq) |

a) Em água, as espécies químicas $SO_2$ (aq) e $HSO_3^-$ (aq) estão em equilíbrio. Escreva a equação química balanceada que representa esse equilíbrio.

b) Explique por que, em soluções aquosas com pH baixo, predomina o $SO_2$ (aq) e não o $HSO_3^-$ (aq).

c) Analisou-se uma amostra de vinho a 25 °C, encontrando-se uma concentração de íons $OH^-$ igual a $1,0 \cdot 10^{-10}$ mol/L. Nessas condições, qual deve ser o composto de S (IV) predominante na solução? Explique sua resposta.

Dado: Produto iônico da água, a 25 °C: $K_w = 1,0 \cdot 10^{-14}$ (mol/L)$^2$.

**Solução**

a) $SO_2\,(aq) + H_2O\,(\ell) \rightleftharpoons H^+\,(aq) + HSO_3^-\,(aq)$

b) Soluções de baixo pH apresentam elevada concentração hidrogeniônica ($H^+$), o que irá deslocar o equilíbrio para a esquerda, favorecendo a formação de $SO_2$ (aq).

c) $K_w = [H^+] \cdot [OH^-]$

$1,0 \cdot 10^{-14} = [H^+] \cdot 1,0 \cdot 10^{-10}$

$[H^+] = 1,0 \cdot 10^{-4}$ mol/L

$pH = 4$

Nesse pH, de acordo com a tabela, a espécie que prevalece é o íon hidrogenossulfito hidratado ($HSO_3^-$ (aq)).

**2.** Em 1 litro de uma solução aquosa de ácido forte HA, de pH = 1,75, foram adicionados 99 L de água. Determine o pH dessa nova solução.

**Solução**

$$\underset{1\ L}{\boxed{pH = 1,75}} \xrightarrow{\text{99 L de água}} \underset{100\ L}{\boxed{pH = ?}}$$

Neste exercício, estamos provocando uma diluição de um ácido forte ($\alpha$ = 100%), que já está totalmente ionizado. Durante a diluição, a concentração em mol/L de íons $H^+$ vai diminuir; logo, o seu pH vai aumentar.

$$\underbrace{[H^+] = 10^{-1,75}\ mol/L}_{pH = 1,75} \xrightarrow{\text{diluição}} \text{nova } [H^+] = \frac{10^{-1,75}\ mol}{100\ L}$$

$[H^+] = 10^{-3,75}$ mol/L

$pH = 3,75$

**3.** (Fuvest-SP) Um estudante misturou todo o conteúdo de dois frascos A e B, que continham:

- frasco A: 25 mL de solução aquosa de $HC\ell$, 0,80 mol/L;
- frasco B: 25 mL de solução aquosa de KOH, 0,60 mol/L.

a) Calcule o pH da solução resultante.

b) A solução resultante é ácida, básica ou neutra? Justifique utilizando o produto iônico da água.

**Solução**

a) Devemos inicialmente determinar o número de mol de $H^+$ e $OH^-$:

- frasco A $\begin{cases} 25\ mL = 25 \cdot 10^{-3}\ L \\ 0,80\ mol/L \end{cases}$

$\left.\begin{matrix} 1\ L \text{ —— } 0,80 \text{ mol de } HC\ell \\ 25 \cdot 10^{-3}\ L \text{ —— } x \end{matrix}\right\}$ x = 0,020 mol de $HC\ell$

$HC\ell$ —— $H^+ + C\ell^-$

0,020 mol —— 0,020 mol

No frasco A, existe 0,020 mol de $H^+$.

- frasco B $\begin{cases} 25\ mL = 25 \cdot 10^{-3}\ L \\ 0,60\ mol/L \end{cases}$

$\left.\begin{matrix} 1\ L \text{ —— } 0,60 \text{ mol de KOH} \\ 25 \cdot 10^{-3}\ L \text{ —— } x \end{matrix}\right\}$ x = 0,015 mol de KOH

KOH —— $K^+ + OH^-$

0,015 mol —— 0,015 mol

No frasco B, existe 0,015 mol de $OH^-$.

Nas reações de neutralização, 1 mol de $H^+$ neutraliza 1 mol de $OH^-$. Assim:

$$\underbrace{\underset{0,020\ mol}{1\ H^+}}_{\text{excesso de } 0,005 \text{ mol de } H^+} + \underset{0,015\ mol}{1\ OH^-} \rightarrow 1\ H_2O$$

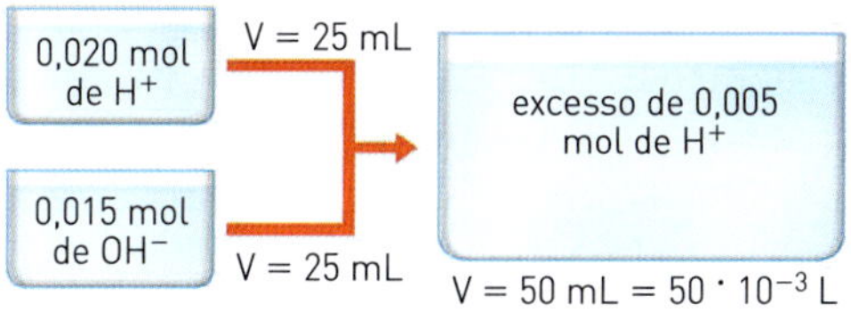


Conceitograf/ Arquivo da editora

$$[H^+] = \frac{0{,}005 \text{ mol}}{50 \cdot 10^{-3} \text{ L}} \Rightarrow [H^+] = \frac{5 \cdot 10^{-3}}{50 \cdot 10^{-3}}$$

$[H^+] = 10^{-1} \text{ mol} \cdot L^{-1}$

$pH = -\log [H^+] \Rightarrow pH = -\log 10^{-1} \Rightarrow pH = 1$

b) A solução final é ácida, pois seu $pH < 7$. Ou, então:

$$[H^+] = 10^{-1} \text{ mol} \cdot L^{-1}$$

$K_W = [H^+] \cdot [OH^-]$

$10^{-14} = 10^{-1} [OH^-] \Rightarrow [OH^-] = 10^{-13} \text{ mol} \cdot L^{-1}$

$[H^+] > [OH^-]$ = solução ácida

**4.** (ITA-SP) Uma solução aquosa de um ácido fraco monoprótico é mantida à temperatura de 25 °C. Na condição de equilíbrio, esse ácido está 2,0% dissociado. Assinale a opção correta que apresenta, respectivamente, os valores numéricos do pH e da concentração molar (expressa em $mol \cdot L^{-1}$) do íon hidroxila nessa solução aquosa. Dados: $pK_a$ (25 °C) = 4,0; log 5 = 0,7.

a) 0,7 e $5{,}0 \cdot 10^{-14}$
b) 1,0 e $1{,}0 \cdot 10^{-13}$
c) 1,7 e $5{,}0 \cdot 10^{-13}$
d) 2,3 e $2{,}0 \cdot 10^{-12}$
e) 4,0 e $1{,}0 \cdot 10^{-10}$

**Solução**

Seja o ácido fraco monoprótico HA.

Se $pK_a = 4$, então $K_a = 10^{-4}$.

Como o ácido está 2% ionizado, sua concentração inicial em $mol \cdot L^{-1}$ pode ser calculada a partir da equação:

$K_a = \alpha^2 \cdot \mathfrak{m}$

$10^{-4} = \left(\frac{2}{100}\right) \cdot 2 \cdot \mathfrak{m}$

$\mathfrak{m} = 0{,}25$ mol/L

| $HA(aq) \rightleftharpoons$ | $H^+(aq)$ + | $A^-(aq)$ | $K_a = 10^{-4}$ |
|---|---|---|---|
| 0,25 M | 0 | 0 | início |
| gasta (2%) 0,02 · 0,25 | forma 0,02 · 0,25 | forma 0,02 · 0,25 | reação |
| ≅ 0,25 M | 0,005 M | 0,005 M | equilíbrio |

No equilíbrio:

$[H^+] = 0{,}005 \text{ mol} \cdot L^{-1}$

$pH = -\log [H^+]$

$pH = -\log 5 \cdot 10^{-3}$

$pH = -(\log 5 + \log 10^{-3})$

$pH = -(0{,}7 - 3)$

$pH = 2{,}3$

Como a solução aquosa está a 25 °C, temos:

$[H^+] \cdot [OH^-] = 10^{-14}$

$5 \cdot 10^{-3} \cdot [OH^-] = 10^{-14}$

$[OH^-] = \frac{10^{-14}}{5 \cdot 10^{-3}} = 2 \cdot 10^{-12} \text{ mol} \cdot L^{-1}$

Resposta: alternativa d.

**5.** (ITA-SP) Adicionando um pouco de indicador ácido-base a uma solução aquosa inicialmente incolor, a solução irá adquirir uma cor que depende da natureza do indicador e do pH da solução original, conforme o esquema abaixo, válido para a temperatura ambiente:

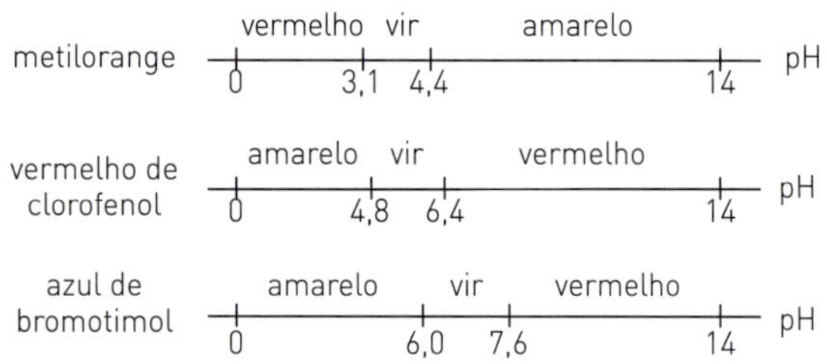


em que "vir" indica a faixa de pH em que a cor varia gradualmente entre as tonalidades extremas assinaladas. Utilizando estas informações, tentou-se descobrir o pH de uma solução-problema, inicialmente incolor, a partir dos ensaios seguintes:

- ao primeiro terço da solução-problema, foi adicionado um pouco de metilorange e a coloração ficou amarela;
- a outro terço da solução-problema, foi adicionado um pouco de vermelho de clorofenol e a coloração ficou laranja;
- ao último terço da solução-problema, foi adicionado um pouco de azul de bromotimol e a coloração ficou amarela.

Com base nessas observações, indique, entre as opções a seguir, aquela que tenha o limite superior e o limite inferior mais próximos do pH da solução-problema.

a) $1{,}0 < pH < 6{,}0$
b) $4{,}4 < pH < 6{,}0$
c) $4{,}4 < pH < 14$
d) $4{,}8 < pH < 6{,}0$
e) $4{,}8 < pH < 6{,}4$

**Solução**

No primeiro experimento, como a solução ficou amarela na presença do metilorange, podemos concluir que seu pH é superior a 4,4.

No segundo experimento, como a solução ficou alaranjada na presença de vermelho de clorofenol, podemos concluir que seu pH deve estar justamente na faixa de viragem do indicador, pois a cor alaranjada é intermediária entre amarelo e vermelho; logo, o pH da solução está na faixa entre 4,8 e 6,4.

No terceiro experimento, como a solução ficou amarela na presença de azul de bromotimol, podemos concluir que seu pH é inferior a 6.

Resumindo:

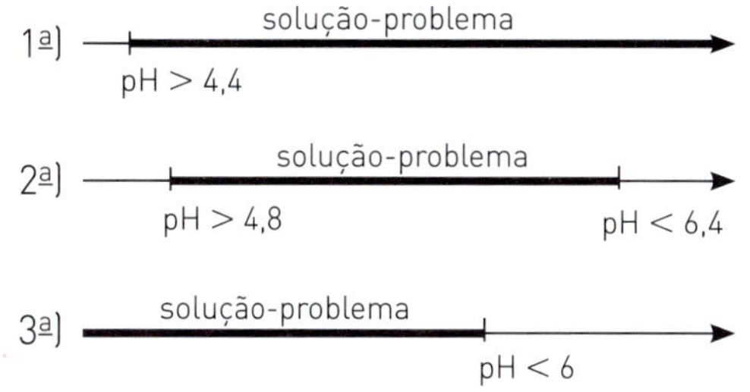


Logo, o pH da solução-problema está compreendido entre 4,8 e 6,0.

Resposta: alternativa d.

**6.** (Unicamp-SP) O sangue que circula por todo o nosso corpo é muito resistente a alterações, mas acaba sendo o depósito de muitos resíduos provenientes da ingestão de alguma substância. No caso dos fumantes, o contato com a nicotina após o consumo de um cigarro leva à variação de concentração de nicotina no sangue ao longo do tempo, como mostra o gráfico abaixo.

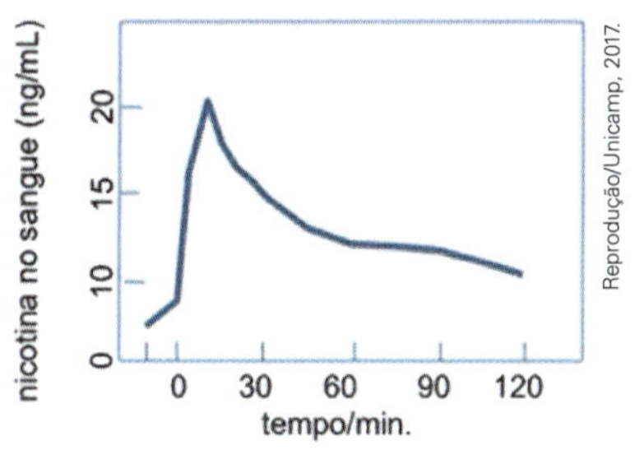


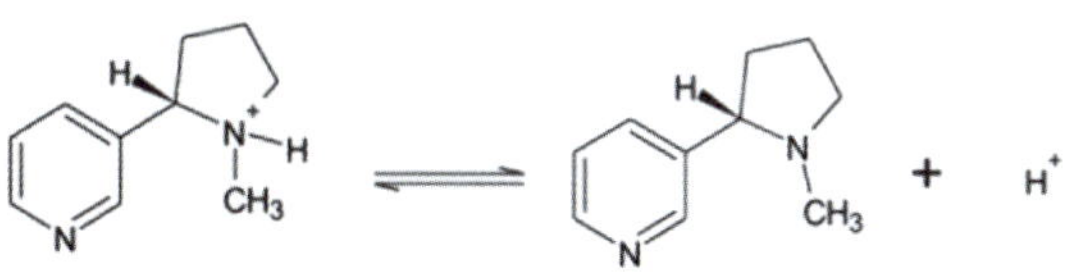

a) Considere o momento em que a quantidade de nicotina no sangue de um fumante atinge seu valor máximo. Se nesse momento o pH do sangue for de 7,4, qual espécie estará em maior concentração (mol/L): o $H^+$ ou a nicotina total? Justifique sua resposta.

b) A constante de equilíbrio da equação acima é $1,0 \cdot 10^{-8}$. Qual das formas da nicotina estará em maior concentração no sangue: a forma protonada ou a desprotonada? Justifique sua resposta.

Dados: massa molar da nicotina: $162,2\ g \cdot mol^{-1}$, $\log_{10} 4 = 0,6$.

**Solução**

a) A partir do gráfico, a máxima concentração de nicotina no sangue corresponde a 20 ng/mL. Convertendo-se essa concentração para mol/L, tem-se:

$$\begin{matrix} 1\ \text{mol de nicotina} & \text{——} & 162,2\ g \\ n & \text{——} & 20 \cdot 10^{-9}\ g \end{matrix} \Rightarrow$$

$$\Rightarrow n = 0,12 \cdot 10^{-9}\ mol$$

$$\begin{matrix} 1\ mL & \text{——} & 0,12 \cdot 10^{-9}\ mol \\ 1000\ mL & \text{——} & x \end{matrix} \Rightarrow$$

$$\Rightarrow x = 0,12 \cdot 10^{-6}\ mol$$

Logo, a concentração de nicotina será $0,12 \cdot 10^{-6}$ mol/L, ou $1,2 \cdot 10^{-7}$ mol/L.

Cálculo da concentração de $H^+$:

$$pH = -\log_{10} [H^+] \Rightarrow 7,4 = -\log_{10} [H^+] \Rightarrow$$

$$\Rightarrow \log_{10} [H^+] = -7,4 \Rightarrow [H^+] = 10^{-7,4}\ mol/L$$

Reescrevendo:

$$[H^+] = 10^{-8} \cdot \underbrace{\underbrace{10^{0,6}}_{4}}_{\log_{10} 4 = 0,6} \Rightarrow [H^+] = 4 \cdot 10^{-8}\ mol/L$$

Assim: [Nicotina] > $[H^+]$

b) Considerando o pH = 7,4, tem-se:

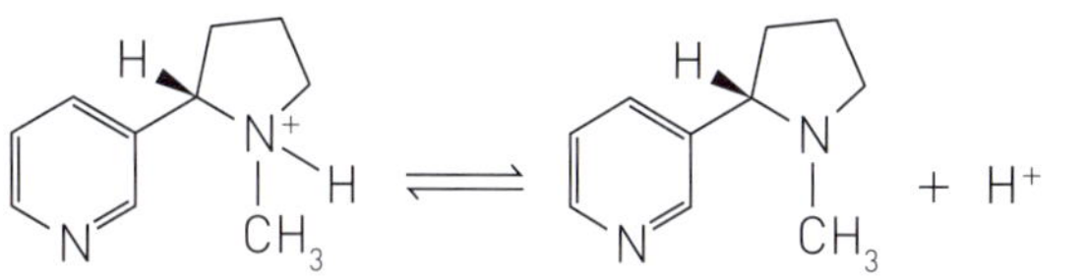

N+ (forma protonada) — N (forma desprotonada)

$$K_a = \frac{[N^+] \cdot [N]}{[N^+]} \Rightarrow 1 \cdot 10^{-8} = \frac{10^{-7,4} \cdot [N]}{[N^+]} \Rightarrow$$

$$\Rightarrow \frac{[N]}{[N^+]} = \frac{10^{-8}}{10^{-7,4}} \Rightarrow \frac{[N]}{[N^+]} = 10^{-0,6} \Rightarrow$$

$$\Rightarrow \frac{[N]}{[N^+]} = \frac{1}{\underbrace{10^{0,6}}_{4}} \Rightarrow \frac{[N]}{[N^+]} = \frac{1}{4}$$

Assim, a forma protonada possui maior concentração do que a forma desprotonada.

## Fundamentando seus conhecimentos

**1.** Sabendo que a 25 °C o $K_w = [H^+] \cdot [OH^-]$ apresenta o valor $10^{-14}$ em cada um dos produtos a seguir, indique a concentração em mol/L do íon ($H^+$ ou $OH^-$) não mencionado e dê o caráter do meio.

1

Thinkstock/Getty Images

$[H^+] = 10^{-3}$ mol/L

3

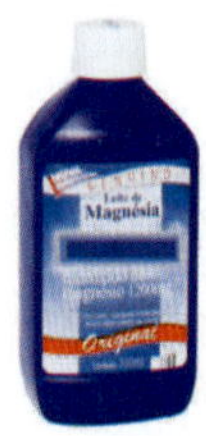

Rita Barreto/Fotoarena

$[OH^-] = 10^{-4}$ mol/L

2

Thinkstock/Getty Images

$[H^+] = 10^{-5}$ mol/L

**2.** Calcule o pH de cada um dos produtos do exercício 1.

Considere as informações seguintes e responda às questões **3** a **5**.

| | | |
|---|---|---|
| 25 °C | $K_w = 10^{-14}$ | pH = 0 — pH = 7 — pH = 14 |
| T (temperatura) | $K_w = 10^{-13}$ | pH = 0 — pH = 6,5 — pH = 13 |

**3.** Indique a concentração de $H^+$ e de $OH^-$ para uma solução neutra na temperatura T.

**4.** Uma solução que apresenta pH = 7 na temperatura T é ácida, básica ou neutra?

**5.** Na temperatura T, qual é o valor da soma do pH com o pOH?

**6.** Faça a associação correta entre os itens da coluna à esquerda e os da coluna à direita:

| | |
|---|---|
| (I) limpa-forno | (A) pH = 7 |
| (II) suco gástrico | (B) pH = 12,7 |
| (III) amoníaco | (C) pH = 3 |
| (IV) vinagre | (D) pH = 10 |
| (V) salmoura | (E) pH = 1,8 |

**7.** Determine o pH das três soluções:

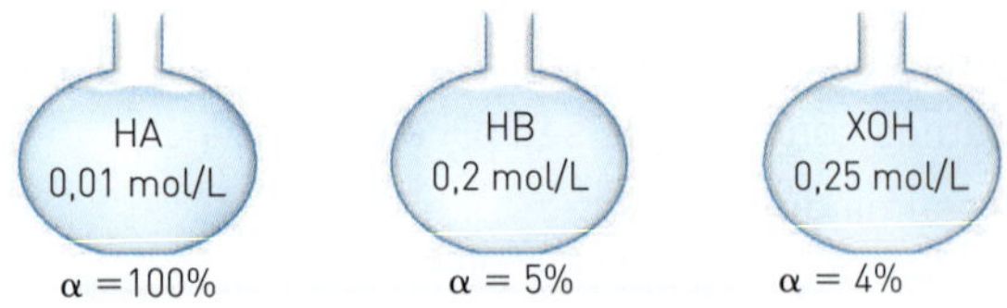


Conceitograf/Arquivo da editora

O gráfico a seguir mostra as concentrações em mol/L das espécies químicas presentes em solução aquosa em função do pH:

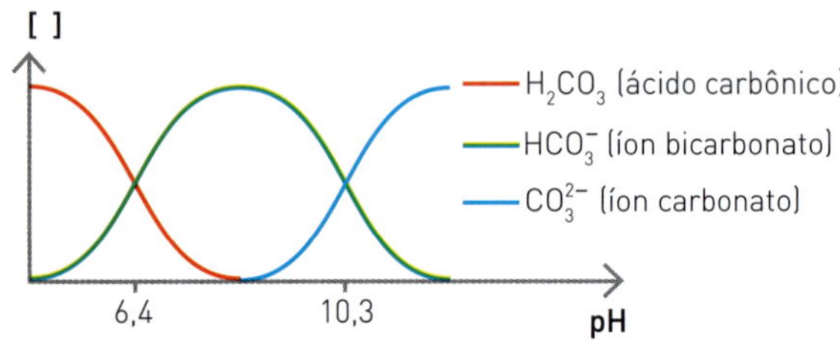


Banco de imagens/Arquivo da editora

A respeito do gráfico, responda às questões **8** a **12**.

**8.** Indique a espécie que predomina em pH = 5.

**9.** Indique a espécie que predomina em pH = 8.

**10.** Indique a espécie que predomina em pH = 11.

**11.** Indique o pH em que $[HCO_3^-] = [CO_3^{2-}]$.

**12.** Indique o pH em que $[H_2CO_3] = [HCO_3^-]$.

**13.** (Fuvest-SP) Considere um aquário tampado contendo apenas água e plantas aquáticas, em grande quantidade, e iluminado somente por luz solar. O gráfico que melhor esboça a variação de pH da água em função do horário do dia, considerando que os gases envolvidos na fotossíntese e na respiração das plantas ficam parcialmente dissolvidos na água, é:

a) 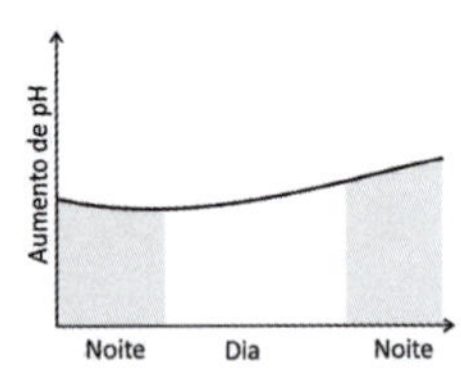


b) 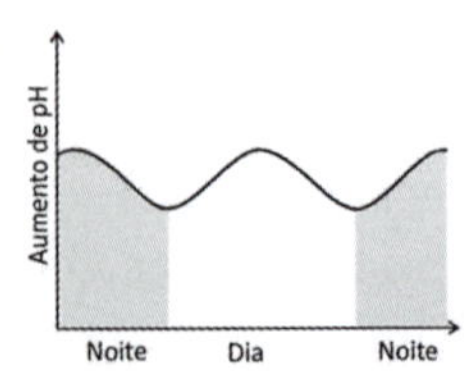


c) 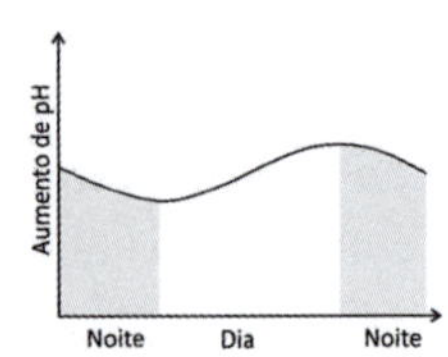


d) 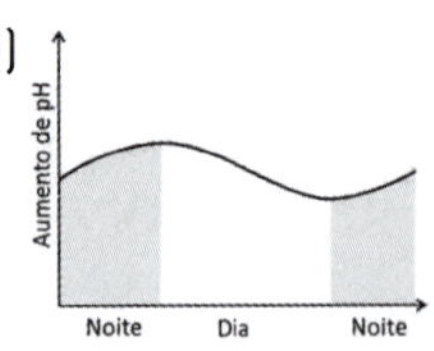


e) 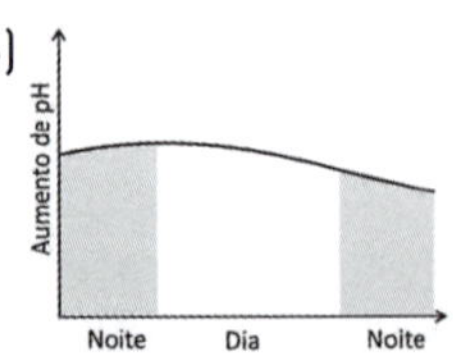


Reprodução/FUVEST, 2018.

## Desenvolvendo seus conhecimentos

**1.** (UPM-SP) Assinale, das misturas citadas, aquela que apresenta maior caráter básico.

a) Leite de magnésia, pH = 10
b) Suco de laranja, pH = 3,0
c) Água do mar, pH = 8,0
d) Leite de vaca, pH = 6,3
e) Cafezinho, pH = 5,0

**2.** (UFJF-MG) No cultivo de plantas um dos aspectos mais importantes é o pH do solo, o qual pode afetar o comportamento delas. As hortênsias, por exemplo, quando cultivadas em solos de características ácidas apresentam flores azuis e em solos de características básicas flores rosas. Sabe-se que o pH do solo varia de acordo com a sua origem/composição como descrito na tabela abaixo. Em que tipos de solos as hortênsias produzirão flores azuis?

| Origem | pH |
|---|---|
| Solos humíferos | 3,5 |
| Solos arenosos | 6,0 |
| Solos vulcânicos | 7,0 |
| Solos calcários | 9,0 |

a) Apenas nos solos calcários.
b) Nos solos humíferos e arenosos.
c) Apenas nos solos vulcânicos.
d) Apenas nos solos humíferos.
e) Nos solos vulcânicos e calcários.

**3.** (PUC-MG) Numere a segunda coluna de acordo com a primeira, relacionando o valor do Potencial de Hidrogênio com a substância.

1. pH = 2,5
2. pH = 6,5
3. pH = 7,4
4. pH = 11,5

( ) Sangue Humano
( ) Leite
( ) Suco de limão
( ) Água Sanitária

Assinale a sequência correta encontrada.

a) 3 – 2 – 1 – 4
b) 3 – 1 – 2 – 4
c) 4 – 1 – 2 – 3
d) 4 – 2 – 3 – 1

**4.** Faça a associação correta entre os itens ordenados numericamente e os que estão indicados por letras:

I. $[H^+] = [OH^-]$
II. $[H^+] > [OH^-]$
III. $[H^+] < [OH^-]$

a) refrigerante
b) água destilada
c) limpa-forno à base de soda cáustica
d) suco gástrico
e) amoníaco
f) suco de laranja
g) solução de bateria de automóvel
h) chuva ácida

**5.** (UEMS) As águas superficiais normalmente possuem um pH entre 4 e 9, podendo ser alterado conforme a quantidade de sais, como carbonatos e bicarbonatos, e pela quantidade de matéria morta a ser decomposta. Uma análise realizada em um determinado afluente mostrou que a concentração dos íons $H^+$ era igual $10^{-5}$ mol/L. O valor do pH dessa amostra é:

a) 3
b) 5
c) 7
d) 9
e) 11

**6.** (Covest-PE) O pH de várias soluções foi medido em um laboratório de hospital, e o resultado encontra-se na tabela a seguir:

| Amostra | pH |
|---|---|
| leite de magnésia | 10,5 |
| sangue | 7,4 |
| urina | 5,0 |
| suco de limão | 2,3 |

De acordo com essa tabela, a concetração de íons $H_3O^+$, em mol/L, na amostra de urina é:

a) 5,0
b) $1,0 \cdot 10^5$
c) $1,1 \cdot 10^{-3}$
d) $1,0 \cdot 10^{-5}$
e) $1,0 \cdot 10^{-11}$

**7.** (PUC-RJ) No tratamento da água, a coagulação envolve a adição do sulfato de alumínio, visando à precipitação do $A\ell(OH)_3$ e ao consequente arraste das pequenas partículas em suspensão. No entanto, uma elevada concentração de alumínio na água pode ser nociva à saúde humana. Assim, eleva-se o pH da água tratada para assegurar a precipitação do $A\ell(OH)_3$. Se a $[OH^-]$ na água for de $1,0 \cdot 10^{-6}$ mol/L, pode-se afirmar que o pH da água é:

a) 4,0.
b) 5,0.
c) 6,0.
d) 7,0.
e) 8,0.

**8.** As leis ambientais proíbem que as indústrias lancem, nos rios, efluentes com pH menor que 5 ou superior a 8, a 25 °C. Os efluentes de quatro indústrias apresentam as concentrações, em mol/L de $H^+$ ou $OH^-$, apresentadas no quadro abaixo.

| Indústria | Concentração do efluente em mol/L |
|---|---|
| A | $[H^+] = 10^{-2}$ |
| B | $[OH^-] = 10^{-3}$ |
| C | $[OH^-] = 10^{-8}$ |
| D | $[H^+] = 10^{-6,5}$ |

Considerando apenas o pH, indique quais indústrias podem lançar seus efluentes nos rios sem tratamento prévio. Justifique.

**9.** (Ufal) A maioria das soluções aquosas apresenta valor de pH no intervalo de 0 a 14. A escala de pH foi introduzida pelo químico dinamarquês Soren Sorensen, em 1909, no transcorrer do seu trabalho de controle de qualidade na preparação da cerveja, e hoje é usada nas ciências, na medicina e na engenharia.

Considere a tabela de pH a seguir:

| Soluções | pH a 25 °C |
|---|---|
| 1. suco gástrico | 2,0 |
| 2. urina | 5,0 |
| 3. clara de ovo | 8,0 |
| 4. preparado para tintura de cabelo | 10,0 |

Considerando os dados acima, é correto afirmar que:

a) 1, 2 e 3 são soluções básicas.
b) somente 4 é uma solução básica.
c) a concentração de íons $OH^-$ na solução 3 é igual a $10^{-6}$ mol/L.
d) a clara de ovo é neutra.
e) o preparado para tintura de cabelo é mais ácido que a clara de ovo.

**10.** O pH do suco de laranja pode variar entre 3,0 e 4,0, e o pH do suco de tomate, entre 4,0 e 4,4. Determine o valor da razão das concentrações de $[H^+]$ dos dois sucos, considerando os valores de maior acidez.

**11.** (Unicamp-SP) A tira tematiza a contribuição da atividade humana para a deterioração do meio ambiente. Do diálogo apresentado, pode-se depreender que os ursos já sabiam

Reprodução/UNICAMP 2016.

(Fonte: http://www.caglecartoons.com/viewimage.asp?ID={15E52E8D-3CE2-4DF6-B331-D109F2DD2BBC}.)

a) do aumento do pH dos mares e acabam de constatar o abaixamento do nível dos mares.
b) da diminuição do pH dos mares e acabam de constatar o aumento do nível dos mares.
c) do aumento do nível dos mares e acabam de constatar o abaixamento do pH dos mares.
d) da diminuição do nível dos mares e acabam de constatar o aumento do pH dos mares.

**12.** (UFF-RJ) Nas células do nosso corpo, o dióxido de carbono é produto final do metabolismo. Uma certa quantidade desse composto é dissolvida no sangue, e a reação que se processa é:

$$CO_2 + H_2O \rightleftharpoons H_2CO_3 \rightleftharpoons H^+ + HCO_3^-$$

Esses equilíbrios mantêm o valor do pH do sangue em torno de 7,5. Numa situação de incêndio, há um aumento na inalação de gás carbônico, acarretando elevação dos níveis de $CO_2$ no sangue. Nesse caso, o indivíduo sofre "acidose". O contrário é a "alcalose".

Com base nas informações, indique a opção correta.

a) O valor normal do pH do sangue é ácido.
b) A acidose é provocada quando o equilíbrio se desloca para a direita.
c) Tanto na alcalose quanto na acidose, a posição de equilíbrio não sofre alteração.
d) A alcalose tem como responsável o aumento do $[CO_2]$.
e) O pH normal do sangue independe dos valores do $[CO_2]$.

**13.** (Uerj) Em um reservatório contendo água com pH igual a 7, houve um descarte acidental de ácido sulfúrico. Em seguida, foi adicionada uma determinada substância de caráter básico, em quantidade suficiente para neutralizar a acidez.
O gráfico que representa o comportamento do pH durante esse processo é:

a)
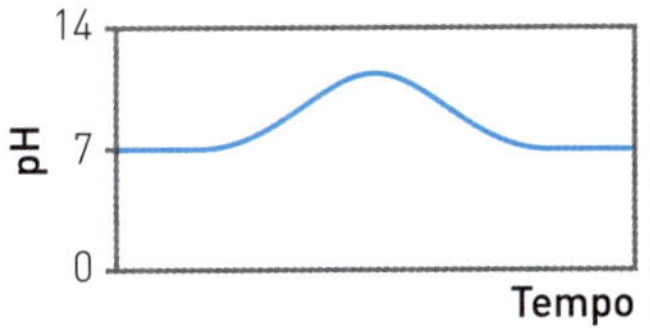


b)
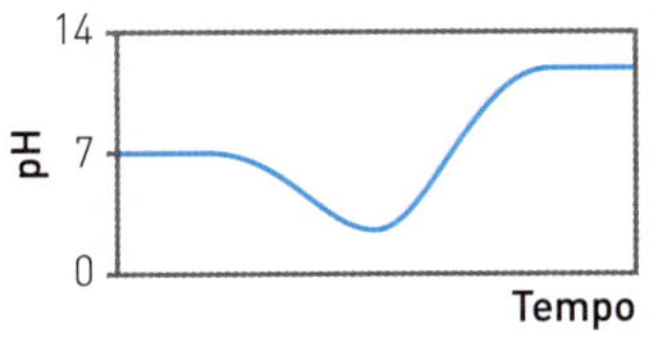


c)
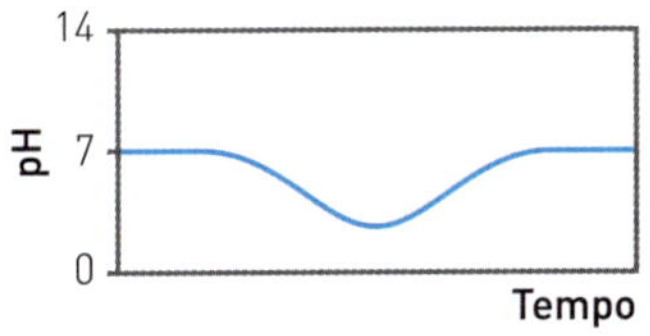


d)
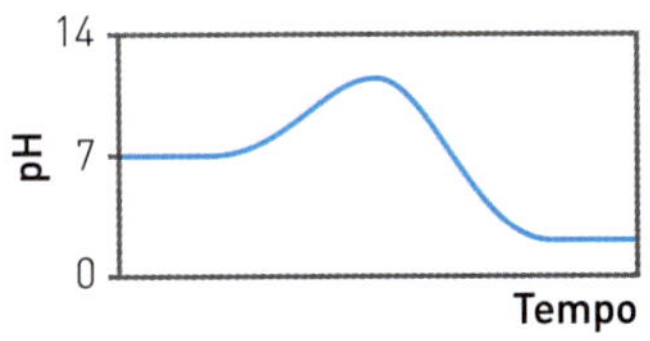


Ilustrações: Reprodução/Arquivo da editora

**14.** (USCS-SP) A tabela apresenta o pH de amostras de fluidos biológicos a 25 °C.

| | Amostra | pH a 25 °C |
|---|---|---|
| 1 | Saliva | 6,4 |
| 2 | Plasma sanguíneo | 7,4 |
| 3 | Urina | 5,0 |
| 4 | Suco gástrico | 3,0 |
| 5 | Suco pancreático | 8,0 |

(www.uff.br)

a) Distribua as amostras de 1 a 5 na escala de pH abaixo.

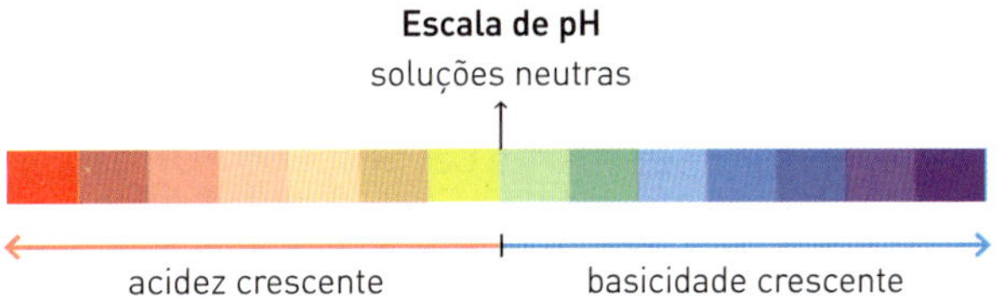


Reprodução/Arquivo da editora

b) Calcule a concentração de íons $H_3O^+$, em mol/L, na amostra que possui a acidez mais elevada.

**15.** (Fasm-SP) A tabela apresenta os valores da concentração de íons $H^+$, em mol/L, medidos a 25 °C, de um grupo de produtos.

| Produto | $[H^+]$ |
|---|---|
| Refrigerante | $10^{-3}$ |
| Alvejante caseiro | $10^{-12,5}$ |
| Vinho | $10^{-3,5}$ |
| Leite de magnésia | $10^{-10}$ |
| Cerveja | $10^{-4,5}$ |

a) Na tabela reproduzida abaixo, complete o valor medido de pH a 25 °C.

| Produto | $[H^+]$ | pH |
|---|---|---|
| Refrigerante | $10^{-3}$ | |
| Alvejante caseiro | $10^{-12,5}$ | |
| Vinho | $10^{-3,5}$ | |
| Leite de magnésia | $10^{-10}$ | |
| Cerveja | $10^{-4,5}$ | |

b) Determine a concentração de íons hidroxila, $[OH^-]$, em mol/L, no leite de magnésia, apresentando os cálculos. Apresente um produto da tabela com propriedades para neutralizar o pH do leite de magnésia.

**16.** (Enem) A tabela lista os valores de pH de algumas bebidas consumidas pela população.

| Bebida | pH |
|---|---|
| Refrigerante | 5,0 |
| Café | 3,0 |
| Vinho | 4,5 |
| Suco de limão | 2,5 |
| Chá | 6,0 |

O esmalte dos dentes é constituído de hidroxiapatita ($Ca_5(PO_4)_3OH$), um mineral que sofre desmineralização em meio ácido, de acordo com a equação química:

$$Ca_5\,(PO_4)_3\,OH\,(s) \rightleftharpoons 5\,Ca^{2+}\,(aq) + 3\,PO_4^{3-}\,(aq) + OH^-\,(aq)$$

Das bebidas listadas na tabela, aquela com menor potencial de desmineralização dos dentes é o

a) chá.
b) café.
c) vinho.
d) refrigerante.
e) suco de limão.

**17.** (Enem) A chuva em locais não poluídos é levemente ácida. Em locais onde os níveis de poluição são altos, os valores do pH da chuva podem ficar abaixo de 5,5, recebendo, então, a denominação de "chuva ácida". Este tipo de chuva causa prejuízos nas mais diversas áreas: construção civil, agricultura, monumentos históricos, entre outras.

A acidez da chuva está relacionada ao pH da seguinte forma: concentração de íons hidrogênio é igual a 10 elevado a −pH, sendo que o pH pode assumir valores entre 0 e 14.

Ao realizar o monitoramento do pH da chuva em Campinas (SP) nos meses de março, abril e maio de 1998, um centro de pesquisa coletou 21 amostras, das quais quatro têm seus valores mostrados na tabela:

| Mês | Amostra | pH |
|---|---|---|
| Março | 6ª | 4 |
| Abril | 8ª | 5 |
| Abril | 14ª | 6 |
| Maio | 18ª | 7 |

A análise da fórmula e da tabela permite afirmar que:

I. da 6ª para a 14ª amostra ocorreu um aumento de 50% na acidez.
II. a 18ª amostra é a menos ácida dentre as expostas.
III. a 8ª amostra é dez vezes mais ácida que a 14ª.
IV. as únicas amostras de chuvas denominadas ácidas são 6ª e a 8ª.

São corretas apenas as afirmativas:

a) I e II.
b) II e IV.
c) I, II e IV.
d) I, III e IV.
e) II, III e IV.

**18.** (Udesc) "Chuva ácida" é um termo que se refere à precipitação, a partir da atmosfera, de chuva com quantidades de ácidos nítrico e sulfúrico maiores que o normal. Os precursores da chuva ácida vêm tanto de fontes naturais, tais como vulcões e vegetação em decomposição, quanto de processos industriais, principalmente emissões de dióxido de enxofre e óxidos de nitrogênio resultantes da queima de combustíveis fósseis. O pH da água da chuva considerado normal é de 5,5 (devido à presença de ácido carbônico proveniente da solubilização de dióxido de carbono). Um químico monitorando uma região altamente industrializada observou que o pH da água da chuva era igual a 4,5.

Considerando que a acidez está relacionada com a concentração de $H_3O^+$, é correto afirmar que a água com pH 4,5 era:

a) duas vezes mais básica que o normal.
b) duas vezes mais ácida que o normal.
c) dez vezes mais básica que o normal.
d) dez vezes mais ácida que o normal.
e) cem vezes mais ácida que o normal.

**19.** (PUC-RJ) O estômago produz suco gástrico constituído de ácido clorídrico, muco, enzimas e sais. O valor de pH no interior do estômago deriva, principalmente, do ácido clorídrico presente.

Sendo o ácido clorídrico um ácido forte, a sua ionização é total em meio aquoso, e a concentração de $H^+$ em quantidade de matéria nesse meio será a mesma do ácido de origem. Assim, uma solução aquosa de ácido clorídrico em concentração 0,01 mol/L terá pH igual a:

a) 2.
b) 4.
c) 5.
d) 7.
e) 9.

**20.** (Uece) O conceito de pH foi introduzido na Química pelo químico dinamarquês Soren Peter Lauritz Sorensen, em 1909, para facilitar a caracterização da acidez de uma substância. Indique a alternativa que contém o pH da solução que se obtém ao ser feita a dissolução de 5,6 g de KOH em um litro de água.

Dado: Massa molar KOH = 56 g/mol.

a) 1,0
b) 3,0
c) 11,0
d) 13,0

**21.** (Espcex/Aman) Considere uma solução aquosa de $HC\ell$ de concentração 0,1 mol/L completamente dissociado (grau de dissociação: $\alpha = 100\%$). Tomando-se apenas 1,0 mL dessa solução e adicionando-se 9,0 mL de água pura, produz-se uma nova solução. O valor do potêncial hidrogeniônico (pH) dessa nova solução será de:

a) 1,0
b) 2,0
c) 3,0
d) 4,0
e) 5,0

**22.** (PUC-MG) Considere uma solução obtida a partir da mistura de 100 mL de uma solução aquosa de ácido clorídrico 0,1 mol · $L^{-1}$ com 900 mL de água pura. O pH dessa solução é:

a) 0,01
b) 0,1
c) 1
d) 2

**23.** (Fatec-SP) A conhecida escala de pH é logarítmica. A variação de uma unidade de pH nessa escala significa uma variação de 10 vezes da concentração de íons $H^+$ (aq). Sendo assim, considere amostras de água mineral adquiridas no comércio, que são provenientes de duas fontes naturais diferentes (tabela).

| Amostra | pH |
|---|---|
| fonte 1 | 4,6 |
| fonte 2 | 6,6 |

Para que uma amostra de 1 litro da água da fonte 1 origine uma solução aquosa com o mesmo pH da água mineral da fonte 2, a ela deverá ser acrescentada água destilada até atingir o volume de:

a) 2 litros.
b) 10 litros.
c) 20 litros.
d) 100 litros.
e) 200 litros.

**24.** Os intervalos de pH e as alterações de cor de três indicadores são dados abaixo.

| Indicador | Intervalo de pH | Mudança de cor |
|---|---|---|
| alaranjado de metila | 3,2-4,4 | vermelho--amarelo |
| azul de tornassol | 1,0-6,9 | vermelho-azul--violeta |
| fenolftaleína | 8,2-10,0 | incolor--vermelho |

Três tubos de ensaio (tubo 1, 2 e 3) contendo uma solução de pH = 7 foram testados com os indicadores mencionados.

No tubo 1 foi adicionado alaranjado de metila, no tubo 2, azul de tornassol e no tubo 3, fenolftaleína. Assinale a alternativa que apresenta as cores observadas nos tubos 1, 2 e 3, após a adição dos indicadores, respectivamente:

a) amarelo, azul-violeta, incolor.
b) vermelho, vermelho, incolor.
c) amarelo, verde, vermelho.
d) laranja, azul-violeta, vermelho.
e) amarelo, vermelho, incolor.

**25.** (Vunesp-SP) Considere a tabela, que apresenta indicadores ácido-base e seus respectivos intervalos de pH de viragem de cor.

| Indicador | Intervalo de pH de viragem | Mudança de cor |
|---|---|---|
| 1. púrpura de m-cresol | 1,2-2,8 | vermelho--amarelo |
| 2. vermelho de metila | 4,4-6,2 | vermelho--alaranjado |
| 3. tornassol | 5,0-8,0 | vermelho-azul |
| 4. timolftaleína | 9,3-10,5 | incolor-azul |
| 5. azul de épsilon | 11,6-13,0 | alaranjado--violeta |

Para distinguir uma solução aquosa 0,0001 mol/L de $HNO_3$ (ácido forte) de outra solução aquosa do mesmo ácido 0,1 mol/L, usando somente um desses indicadores, deve-se escolher o indicador

a) 1
b) 4
c) 2
d) 3
e) 5

**26.** (PUC-RJ) Assinale a alternativa que indica o volume de solução aquosa de ácido clorídrico 0,05 mol/L que, ao reagir com 30 mL de uma solução aquosa 1,0 mol/L de KOH, originará uma solução com pH igual a 7.

a) 200 mL
b) 350 mL
c) 600 mL
d) 1 600 mL
e) 500 mL

27. (FCMSCSP) Uma indústria de galvanoplastia tinha 100 L de um efluente de ácido sulfúrico ($H_2SO_4$) 0,01 mol/L. Para o tratamento desse efluente, o operador de processos químicos utilizou uma das soluções relacionadas na tabela.

| Solução | pH | pOH |
|---|---|---|
| 1 | 13 | 1 |
| 2 | 12 | 2 |
| 3 | 3 | 11 |

Para neutralizar completamente esse efluente foram utilizados

a) 100 L da solução 2.
b) 10 L da solução 1.
c) 200 L da solução 1.
d) 200 L da solução 2.
e) 100 L da solução 3.

28. (UFRRJ) Três soluções foram preparadas como descrito a seguir:

- Solução I:
15,00 mL de ácido clorídrico ($HC\ell$) 0,01 mol/L com 30,00 mL de hidróxido de sódio ($NaOH$) 0,05 mol/L.
- Solução II:
5,00 mL de ácido clorídrico ($HC\ell$) 0,01 mol/L com 5,00 mL de hidróxido de sódio ($NaOH$) 0,1 mol/L.
- Solução III:
30,00 mL de ácido clorídrico ($HC\ell$) 0,2 mol/L com 15,00 mL de hidróxido de sódio ($NaOH$) 0,2 mol/L.

Qual das três soluções tem o menor valor de pH? Justifique sua resposta.

29. (UFG-GO) O extrato de amora pode funcionar como um indicador natural de pH, apresentando diferentes colorações de acordo com o caráter ácido ou alcalino das soluções, conforme demonstrado na tabela a seguir.

| pH | Cor |
|---|---|
| 1 – 2 | Rosa |
| 3 – 6 | Lilás |
| 7 – 10 | Roxo |
| 11 – 12 | Roxo-azulado |
| 13 | Azul |
| 14 | Amarelo |

A partir das informações apresentadas,

a) calcule o pH e indique a cor de uma solução de $Ca(OH)_2$ preparada na concentração de $0,050\ mol \cdot L^{-1}$ na presença do indicador natural;
b) calcule o pH e indique a cor resultante após a mistura de 10 mL de $Ca(OH)_2$ $0,100\ mol \cdot L^{-1}$ com 30 mL de $H_2SO_4$ $0,100\ mol \cdot L^{-1}$ na presença do indicador natural.

## Desafiando seus conhecimentos

1. (PUC-RJ) Uma solução aquosa contendo hidróxido de potássio como soluto possui pH = 12. Sendo o produto iônico da água igual a $1,0 \cdot 10^{-14}$, a 25 °C, a concentração de $OH^-$ em quantidade de matéria (mol/L) nessa solução é:

a) $10^{-1}$
b) $10^{-2}$
c) $10^{-6}$
d) $10^{-8}$
e) $10^{-12}$

2. (Unisc-RS) O pH de uma solução cuja concentração hidroxiliônica é $1 \cdot 10^{-4}\ mol \cdot L^{-1}$ é:

a) 2
b) 4
c) 7
d) 9
e) 10

3. (Unisc-RS) Para conseguirmos aumentar o pH de uma solução aquosa, o gás que poderemos borbulhar será

a) o clorídrico.
b) o cianídrico.
c) o carbônico.
d) a amônia.
e) o hidrogênio.

4. (UFRGS-RS) A água mineral com gás pode ser fabricada pela introdução de gás carbônico na água, sob pressão de aproximadamente 4 atm.
Sobre esse processo, considere as afirmações a seguir.

I. Quando o gás carbônico é introduzido na água mineral, provoca a diminuição na basicidade do sistema.
II. Quando a garrafa é aberta, parte do gás carbônico se perde e o pH da água mineral fica mais baixo.

III. Como o gás carbônico é introduzido na forma gasosa, não ocorre interferência na acidez da água mineral.

Quais estão corretas?

a) Apenas I.
b) Apenas III.
c) Apenas I e II.
d) Apenas II e III.
e) I, II e III.

**5.** (UFRGS-RS) Uma solução diluída de $HC\ell$, utilizada para limpeza, apresenta pH igual a 3,0.

Quais são as concentrações de $OH^-$ e $C\ell^-$, em $mol \cdot L^{-1}$, respectivamente, nessa solução?

a) $11{,}0 \cdot 10^{-7}$ e $3{,}0 \cdot 10^{-7}$
b) $1{,}0 \cdot 10^{-7}$ e $1{,}0 \cdot 10^{-3}$
c) $1{,}0 \cdot 10^{-11}$ e $1{,}0 \cdot 10^{-3}$
d) $11{,}0 \cdot 10^{-12}$ e $1{,}0 \cdot 10^{-3}$
e) $1{,}0 \cdot 10^{-7}$ e $3{,}0 \cdot 10^{-1}$

**6.** (Fuvest-SP) Dependendo do pH do solo, os nutrientes nele existentes podem sofrer transformações químicas que dificultam sua absorção pelas plantas. O quadro mostra algumas dessas transformações, em função do pH do solo.

<table>
<tr><th rowspan="2">Elementos presentes nos nutrientes</th><th colspan="7">pH do solo</th></tr>
<tr><th>4</th><th>5</th><th>6</th><th>7</th><th>8</th><th>9</th><th>10 11</th></tr>
<tr><td>Fósforo</td><td colspan="2">Formação de fosfatos de ferro e de alumínio, pouco solúveis em água</td><td colspan="2"></td><td colspan="3">Formação de fosfatos de cálcio, pouco solúveis em água</td></tr>
<tr><td>Magnésio</td><td colspan="5"></td><td colspan="2">Formação de carbonatos pouco solúveis em água</td></tr>
<tr><td>Nitrogênio</td><td colspan="2">Redução dos íons nitrato a íons amônios</td><td colspan="5"></td></tr>
<tr><td>Zinco</td><td colspan="3"></td><td colspan="4">Formação de hidróxidos pouco solúveis em água</td></tr>
</table>

Reprodução/Arquivo da editora

Para que o solo possa fornecer todos os elementos citados na tabela, o seu pH deverá estar entre

a) 4 e 6.
b) 4 e 8.
c) 6 e 7.
d) 6 e 11.
e) 8,5 e 11.

**7.** (Enem-PPL) Cinco indústrias de ramos diferentes foram instaladas ao longo do curso de um rio. O descarte dos efluentes dessas indústrias acarreta impacto na qualidade de suas águas. O pH foi determinado em diferentes pontos desse rio, a 25 °C, e os resultados são apresentados no quadro.

| Pontos de coleta | Valor do pH |
|---|---|
| Antes da primeira indústria | 5,5 |
| Entre a primeira e a segunda indústria | 5,5 |
| Entre a segunda e a terceira indústria | 7,5 |
| Entre a terceira e a quarta indústria | 7,0 |
| Entre a quarta e a quinta indústria | 7,0 |
| Após a quinta indústria | 6,5 |

A indústria que descarta um efluente com características básicas é a

a) primeira.
b) segunda.
c) terceira.
d) quarta.
e) quinta.

**8.** (UFTM-MG) Os papéis indicadores universais são constituídos por misturas de diversos indicadores ácido-base que apresentam viragens de cor em diferentes faixas de pH. Esses papéis permitem uma avaliação do pH apresentado por uma solução aquosa.

Os resultados dos testes de pH realizados com duas águas minerais, A e B, a 25 °C, estão indicados por setas no papel indicador universal, representado a seguir.

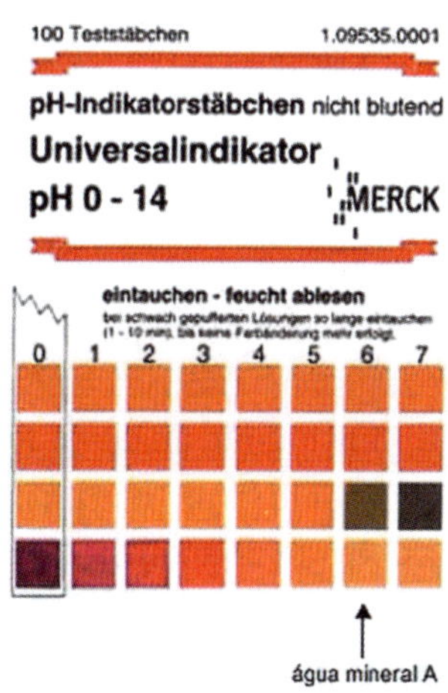


Reprodução/UFTM-MG, 2013.

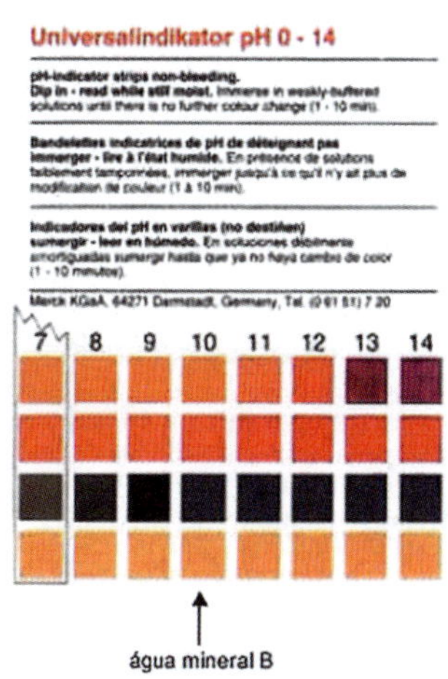

Considerando que $K_w = 1{,}0 \cdot 10^{-14}$ a 25 °C, responda:

a) Qual das duas águas minerais é alcalina? Justifique.

b) Qual a variação na concentração de íons $H^+$ (aq) de uma água mineral para outra? Justifique com cálculos.

**9.** (Vunesp-SP) Os gráficos ilustram a atividade catalítica de enzimas em função da temperatura e do pH.

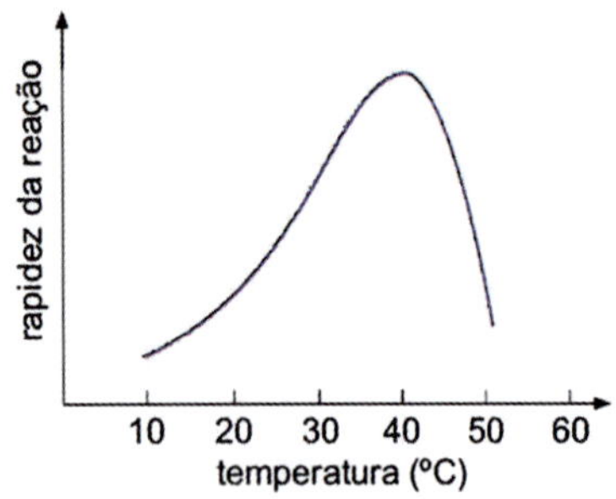


Reprodução/Unesp, 2016.

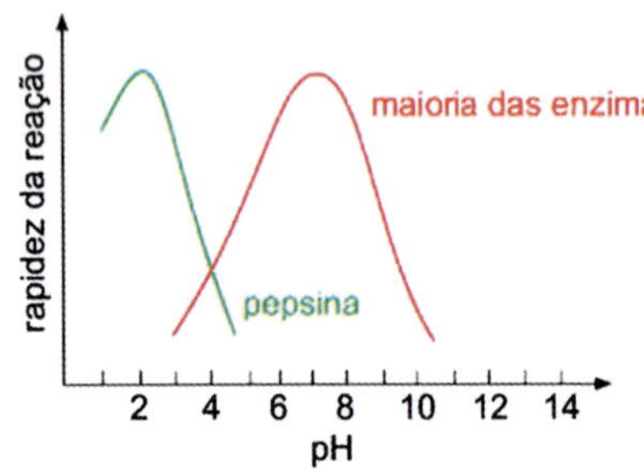


(http://docentes.esalq.usp.br. Adaptado.)

A pepsina é uma enzima presente no suco gástrico, que catalisa a hidrólise de proteínas, como a albumina, constituinte da clara do ovo.

Em um experimento foram utilizados cinco tubos de ensaio contendo quantidades iguais de clara de ovo cozida e quantidades iguais de pepsina. A esses tubos, mantidos em diferentes temperaturas, foram acrescentados iguais volumes de diferentes soluções aquosas.

Assinale a alternativa que indica corretamente qual tubo de ensaio teve a albumina transformada mais rapidamente.

a) 
pepsina + solução de NaOH $10^{-2}$
+
clara de ovo cozida
(temperatura = 40 °C)

Reprodução/UNESP, 2016.

b) 
pepsina + solução de NaOH $10^{-4}$ mol/L
+
clara de ovo cozida
(temperatura = 60 °C)

c) 
pepsina + solução de $HC\ell$ $10^{-2}$ mol/L
+
clara de ovo cozida
(temperatura = 40 °C)

Reprodução/UNESP, 2016.

d) 
pepsina + solução de $HC\ell$ $10^{-4}$ mol/L
+
clara de ovo cozida
(temperatura = 40 °C)

e) 
pepsina + solução de $HC\ell$ $10^{-2}$ mol/L
+
clara de ovo cozida
(temperatura = 60 °C)

**10.** (UFJF-MG) É recomendado que a água mineral, para ser ingerida, deve ser neutra ou alcalina. Foram feitas medidas de pH de três amostras de água mineral, e os resultados estão apresentados no quadro abaixo.

| Amostra | A | B | C |
|---|---|---|---|
| pH | 6 | 7 | 8 |

Analisando esses resultados, é correto afirmar:

a) todas as águas minerais analisadas são recomendadas para ingestão.

b) as concentrações de íons $H^+$ e $OH^-$ são iguais na amostra C.

c) a amostra A é dez vezes mais ácida do que a amostra B.

d) a concentração de íons $OH^-$ é maior na amostra A.

e) a concentração de íons $H^+$ na amostra B é $10^7$ mol · $L^{-1}$.

**11.** (Unicid-SP) De um estudo das propriedades físico-químicas de águas coletadas em 36 fontes naturais de água mineral, situadas nos estados do Rio de Janeiro, São Paulo, Minas Gerais, Espírito Santo e Bahia, foram selecionadas as informações:

| | pH a 25 °C | Composição aniônica (mg/L) | Resíduos após evaporação a 180 °C (mg/L) |
|---|---|---|---|
| **Água 1** | 4,1 | 16,9 | 29,9 |
| **Água 2** | 5,4 | 27,9 | 52,0 |
| **Água 3** | 6,0 | 33,9 | 32,0 |
| **Água 4** | 7,2 | 59,9 | 88,0 |

(M. A. P. Rebelo e N. C. Araujo. Rev Ass Med Brasil, 1999. Adaptado.)

a) A partir dos dados da tabela, qual a água de maior acidez? Estabeleça uma relação que mostre o quanto a água de maior acidez é mais ácida que a água de menor acidez.
b) Em qual dessas águas é esperada maior condutividade elétrica a 25 °C? Justifique sua resposta.

**12.** (Fuvest-SP) Dispõe-se de 2 litros de uma solução aquosa de soda cáustica que apresenta pH = 9. O volume de água, em litros, que deve ser adicionado a esses 2 litros para que a solução resultante apresente pH = 8 é
a) 2
b) 6
c) 10
d) 14
e) 18

**13.** (Acafe-SC) Sob temperatura de 25 °C, uma amostra de suco de limão apresenta
$[H^+] = 2,5 \cdot 10^{-4}$ mol/L.
Assinale a alternativa que contém o valor do pH dessa amostra.
Dados: log 2 = 0,3; log 5 = 0,7.
a) 3,6
b) 4,4
c) 5,0
d) 3,0

**14.** (UEG-GO) Uma solução de hidróxido de potássio foi preparada pela dissolução de 0,056 g de KOH em água destilada, obtendo-se 100 mL dessa mistura homogênea.
Dado: MM (KOH) = $56 \text{ g} \cdot \text{mol}^{-1}$
De acordo com as informações apresentadas, verifica-se que essa solução apresenta
a) pH = 2
b) pH < 7
c) pH = 10
d) pH = 12
e) pH > 13

**15.** (UPM-SP) Determine, respectivamente, o pH e a constante de ionização de uma solução aquosa de um ácido monocarboxílico 0,01 M, a 25 °C, que está 20% ionizado, após ter sido atingido o equilíbrio.
Dado: log 2 = 0,3
a) 3,3 e $5 \cdot 10^{-4}$
b) 2,7 e $2 \cdot 10^{-3}$
c) 1,7 e $5 \cdot 10^{-4}$
d) 2,7 e $5 \cdot 10^{-4}$
e) 3,3 e $2 \cdot 10^{-3}$

**16.** (UFG-GO) Um analista preparou um 1 L de uma solução aquosa de um ácido monoprótico (HX) na concentração de 0,2 mol/L. Após o preparo, descobriu-se que apenas 1% do ácido encontrava-se ionizado. A partir das informações fornecidas,
a) calcule o pH da solução. Considere log 2 = 0,30;
b) calcule a constante de ionização do ácido genericamente indicado como HX.

**17.** (UEPG-PR) A variação do pH em meio aquoso ocorre no intervalo de 0 a 14. Com base nisso, uma solução cujo pH seja 6,0:
01) É considerada alcalina.
02) Apresenta uma concentração de $H^+$ igual a $1,0 \cdot 10^{-6}$ mol/L.
04) Possui uma concentração de prótons 100 vezes maior que outra solução de pH 4,0.
08) Apresenta uma concentração de $OH^-$ igual a $1,0 \cdot 10^{-8}$ mol/L.
16) A concentração de prótons é 10 vezes maior que a da água pura, cujo pH 7,0.

**18.** (UEMG) O potencial hidrogeniônico (pH) é uma medida de acidez presente nos mais diversos sistemas químicos, sejam eles orgânicos ou não. A figura a seguir mostra alguns valores de pH encontrados em quatro partes do corpo humano, a 25 °C.

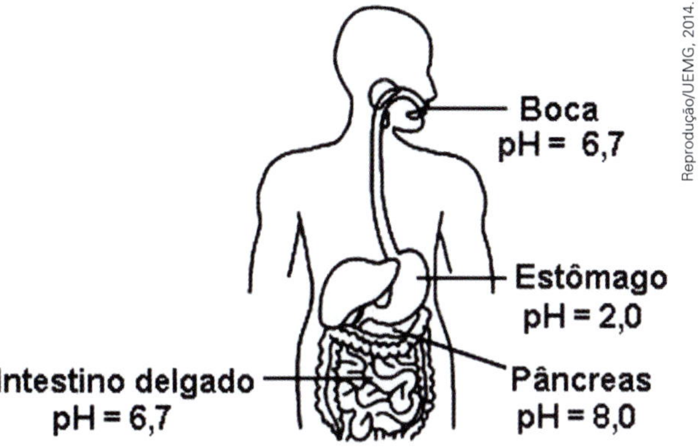


Reprodução/UEMG, 2014.

Com base nos sistemas dados (boca, estômago, pâncreas e intestino delgado) e nas informações fornecidas, é correto afirmar que
a) a acidez no estômago é decorrente da produção do ácido sulfúrico.
b) a boca é tão alcalina quanto o intestino delgado.
c) no intestino delgado, a concentração de íons hidrogênio é igual a 6,7 mol/L.
d) o estômago é cerca de um milhão ($10^6$) de vezes mais ácido que o pâncreas.

Para resolver a questão a seguir considere o rótulo de uma garrafa de água mineral.

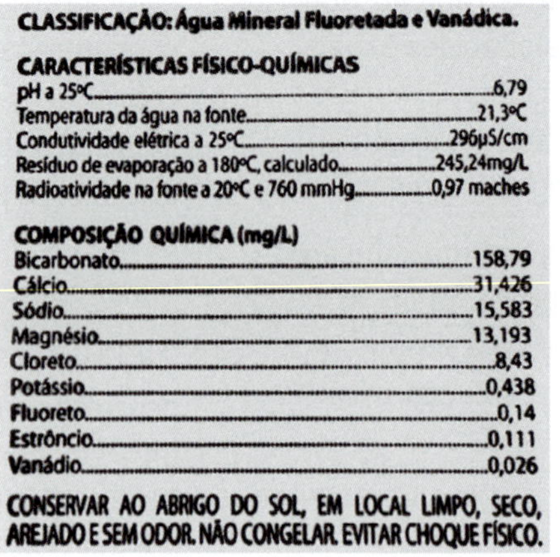
**CLASSIFICAÇÃO: Água Mineral Fluoretada e Vanádica.**

**CARACTERÍSTICAS FÍSICO-QUÍMICAS**

| | |
|---|---|
| pH a 25ºC | 6,79 |
| Temperatura da água na fonte | 21,3ºC |
| Condutividade elétrica a 25ºC | 296μS/cm |
| Resíduo de evaporação a 180ºC, calculado | 245,24mg/L |
| Radioatividade na fonte a 20ºC e 760 mmHg | 0,97 maches |

**COMPOSIÇÃO QUÍMICA (mg/L)**

| | |
|---|---|
| Bicarbonato | 158,79 |
| Cálcio | 31,426 |
| Sódio | 15,583 |
| Magnésio | 13,193 |
| Cloreto | 8,43 |
| Potássio | 0,438 |
| Fluoreto | 0,14 |
| Estrôncio | 0,111 |
| Vanádio | 0,026 |

**CONSERVAR AO ABRIGO DO SOL, EM LOCAL LIMPO, SECO, AREJADO E SEM ODOR. NÃO CONGELAR. EVITAR CHOQUE FÍSICO.**

Reprodução/ACAFE, 2016.

**19.** (Acafe-SC) Sob temperatura de 25 °C uma amostra de água de poço apresentou pOH = 8,21. Assinale a alternativa que corresponde à razão da concentração dos íons $[H^+]$ (em mol/L) entre a água mineral e a água de poço.

a) 0,1 b) 10 c) 1,17 d) $10^{1,42}$

**20.** (Fasm-SP) O azul de bromotimol é um indicador de pH que possui uma variação de cor específica de acordo com a concentração de íons $H^+$ da solução analisada. O intervalo de pH em que ocorre a mudança de cor desse indicador é 6,0-7,6.

Reprodução/Arquivo da editora

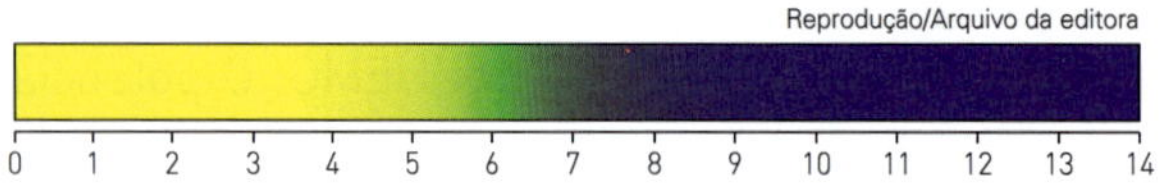


Em um tubo de ensaio foram colocados 20 mL de água com gás, cuja concentração de $H^+$ era igual a $10^{-5}$ mol · $L^{-1}$, e algumas gotas de azul de bromotimol. Em seguida, o tubo foi aquecido até que todo o gás presente na água fosse eliminado, verificando-se uma alteração na cor do indicador.

a) Qual o gás presente na água com gás? Como varia a cor da solução durante o aquecimento até a eliminação total desse gás?

b) Quantas vezes varia a concentração de $H^+$ desde o início do aquecimento até o início da mudança de cor do indicador? Apresente os cálculos.

**21.** (UFJF-MG) O ácido nítrico é um ácido forte, enquanto o ácido metanoico tem constante de ionização igual a $1,0 \cdot 10^{-4}$. Quais são as concentrações, em mol/L, das soluções desses ácidos que apresentam pH = 2,0, respectivamente?

a) 0,02 e 1,0 b) 0,02 e 0,02 c) 0,01 e 1,0 d) 0,01 e 0,01 e) 1,0 e 0,01

TEXTO PARA A PRÓXIMA QUESTÃO:

O ácido sórbico é um ácido orgânico, cuja fórmula molecular é $C_6H_8O_2$. Ele é uma substância utilizada como conservante de alimentos. Recentemente, em uma operação deflagrada pela Polícia Federal, foi constatado que, em algumas amostras de carne bovina, este ácido estava presente em quantidade superior à permitida pela Agência Nacional de Vigilância Sanitária (Anvisa).

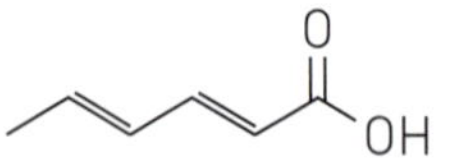


estrutura química do ácido sórbico

**22.** (PUC-RJ) O valor do $K_a$ do ácido sórbico (a 25 °C) é $1,6 \cdot 10^{-5}$, e a sua solubilidade, por 100 g de agua, é de 0,150 g (a 25 °C) e 0,340 g (a 40 °C). Considerando soluções aquosas desse ácido, faça o que se pede.

a) Calcule o pH de uma solução aquosa 0,010 mol · $L^{-1}$ desse ácido, a 25 °C.
Dado: log 4 = 0,6

b) Um volume de 50 mL de sobrenadante de uma solução aquosa, saturada de ácido sórbico (a 40 °C), foi transferido para um frasco, e se deixou resfriar até a temperatura ambiente (25 °C). Após uma agitação com bastão de vidro, observou-se a formação de precipitado, cuja massa você deve calcular, assumindo a massa específica da solução aquosa igual a $1{,}00\ g \cdot mL^{-1}$, independentemente da temperatura e da presença de soluto.

**23.** (PUC-RJ) Volumes iguais a 100 mL das bases fortes NaOH e KOH, ambas na concentração de $0{,}100\ mol \cdot L^{-1}$, são misturados a 105 mL de solução de ácido sulfúrico $0{,}100\ mol \cdot L^{-1}$. O volume da mistura foi levado a 1000 mL com água.
Considerando a dissociação total do NaOH e do KOH, e a ionização total do ácido sulfúrico em água (ou seja: $H_2SO_4 \longrightarrow 2\ H^+ + SO_4^{2-}$), o pH da solução aquosa final é

a) 1 b) 2 c) 3 d) 4 e) 5

**24.** (UFG-GO) Em um laboratório, um analista misturou 1 L de uma solução de ácido clorídrico 0,1 mol/L com 1 L de uma solução de hidróxido de sódio 0,2 mol/L.
A partir das informações fornecidas,

a) escreva a equação química balanceada.
b) calcule a concentração molar e o valor do pH da solução resultante.
Use log 5 = 0,70.

**25.** (Fuvest-SP) Algumas gotas de um indicador de pH foram adicionadas a uma solução aquosa saturada de $CO_2$, a qual ficou vermelha. Dessa solução, 5 mL foram transferidos para uma seringa, cuja extremidade foi vedada com uma tampa (Figura I). Em seguida, o êmbolo da seringa foi puxado até a marca de 50 mL e travado nessa posição, observando-se liberação de muitas bolhas dentro da seringa e mudança da cor da solução para laranja (Figura II). A tampa e a trava foram então removidas, e o êmbolo foi empurrado de modo a expulsar totalmente a fase gasosa, mas não o líquido (Figura III). Finalmente, a tampa foi recolocada na extremidade da seringa (Figura IV) e o êmbolo foi novamente puxado para a marca de 50 mL e travado (Figura V). Observou-se, nessa situação, a liberação de poucas bolhas, e a solução ficou amarela. Considere que a temperatura do sistema permaneceu constante ao longo de todo o experimento.

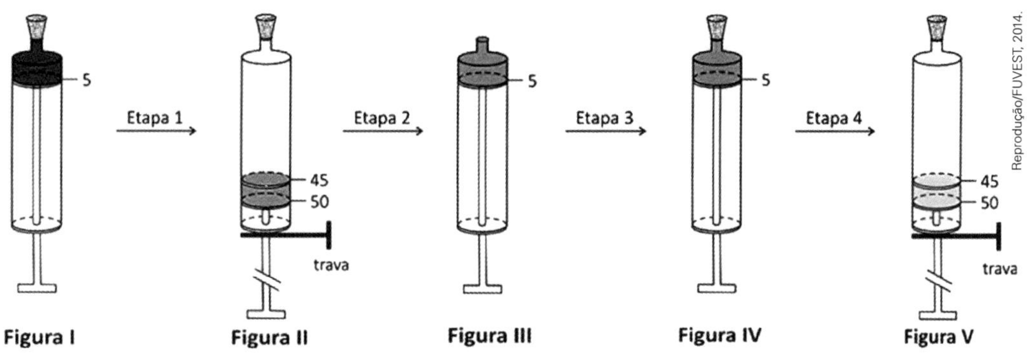


Reprodução/FUVEST, 2014.

a) Explique, incluindo em sua resposta as equações químicas adequadas, por que a solução aquosa inicial, saturada de $CO_2$, ficou vermelha na presença do indicador de pH.
b) Por que a coloração da solução mudou de vermelho para laranja ao final da Etapa 1?
c) A pressão da fase gasosa no interior da seringa, nas situações ilustradas pelas figuras II e V, é a mesma? Justifique.

<table>
<tr><th colspan="15">Dados:</th></tr>
<tr><th>pH</th><th>1,0</th><th>1,5</th><th>2,0</th><th>2,5</th><th>3,0</th><th>3,5</th><th>4,0</th><th>4,5</th><th>5,0</th><th>5,5</th><th>6,0</th><th>6,5</th><th>7,0</th><th>7,5</th></tr>
<tr><td>Cor da solução contendo o indicador de pH</td><td colspan="8">vermelho</td><td colspan="3">laranja</td><td colspan="3">amarelo</td></tr>
</table>

Reprodução/FUVEST, 2014.

**26.** (Unicamp-SP) A natureza fornece não apenas os insumos como também os subsídios necessários para transformá-los, de acordo com as necessidades do homem. Um exemplo disso é o couro de alguns peixes, utilizado para a fabricação de calçados e bolsas, que pode ser tingido com corantes naturais, como o extraído do crajiru, uma planta arbustiva que contém o pigmento natural mostrado nos equilíbrios apresentados a seguir. Esse pigmento tem a característica de mudar de cor de acordo com o pH. Em pH baixo, ele tem a coloração vermelha intensa, que passa a violeta à medida que o pH aumenta.

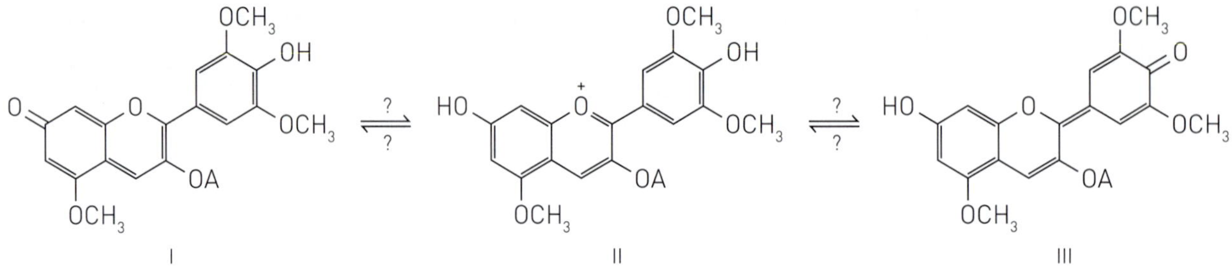

a) Complete o desenho no espaço abaixo, preenchendo os retângulos vazios com os símbolos $H^+$ ou $OH^-$, de modo a contemplar os aspectos de equilíbrio ácido-base em meio aquoso, de acordo com as informações químicas contidas na figura acima.

I $\rightleftharpoons$ II $\rightleftharpoons$ III

b) Dentre as espécies I, II e III, identifique aquela(s) presente(s) no pigmento com coloração violeta e justifique sua escolha em termos de equilíbrio químico.

**27.** (Fuvest-SP) O experimento descrito a seguir foi planejado com o objetivo de demonstrar a influência da luz no processo de fotossíntese. Em dois tubos iguais, colocou-se o mesmo volume de água saturada com gás carbônico e, em cada um, um espécime de uma mesma planta aquática. Os dois tubos foram fechados com rolhas. Um dos tubos foi recoberto com papel-alumínio e ambos foram expostos à luz produzida por uma lâmpada fluorescente (que não produz calor).

a) Uma solução aquosa saturada com gás carbônico é ácida. Como deve variar o pH da solução no tubo não recoberto com papel-alumínio, à medida que a planta realiza fotossíntese? Justifique sua resposta. No tubo recoberto com papel-alumínio, não se observou variação de pH durante o experimento.

b) Em termos de planejamento experimental, explique por que é necessário utilizar o tubo recoberto com papel-alumínio, o qual evita que um dos espécimes receba luz.

## Atividade prática

### Preparando um indicador a partir da amora

Utilizando os indicadores naturais mencionados, como o suco de repolho-roxo, o suco de amora ou o suco de jabuticaba, podemos verificar a acidez e a basicidade de alguns produtos.

Catalina M/Shutterstock

**Objetivo**

Preparar indicadores e medir a acidez e a basicidade de produtos caseiros sem precisar de um laboratório químico convencional.

**Material necessário**

- Uma xícara de amoras maduras
- Coador de pano ou papel-filtro
- Uma vasilha para macerar
- Copos ou tubos de ensaio
- Água

**Procedimento**

Macere (amasse) as amoras. Adicione água e deixe em repouso por 10 minutos, agitando de vez em quando.

Filtre a mistura, utilizando o coador de pano ou o papel-filtro. Ao final, divida o filtrado obtido em vários copos ou tubos de ensaio.

Observe a cor do filtrado e compare com as da ilustração que apresenta uma escala de cores do suco de amora para diferentes pHs (página 572).

**Discussão**

Agora explore qual deve ser o caráter (ácido, básico ou neutro) de produtos encontrados em sua casa, como refrigerante, vinagre branco, leite, leite de magnésia e fermento em pó. Coloque pequenas quantidades desses produtos em cada um dos copos previamente separados com o suco de amora. Observe as cores que cada solução assume, anote e compare as cores das misturas obtidas com as da figura da página 572.

Repita o experimento utilizando suco de repolho-roxo, beterraba e jabuticaba no lugar do suco de amora e compare seus resultados com os de seus colegas.

CAPÍTULO 31

# Hidrólise salina

Em laboratório, quando desejamos preparar uma solução aquosa ácida (pH < 7), podemos partir de um ácido ou de um óxido ácido:

$$\underset{\text{ácido}}{HC\ell\ (aq)} + H_2O\ (\ell) \rightleftharpoons H_3O^+\ (aq) + C\ell^-\ (aq)$$

ou, simplificadamente:

$$\underset{\text{ácido}}{HC\ell\ (aq)} \rightleftharpoons H^+\ (aq) + C\ell^-\ (aq)$$

$$\underset{\text{óxido ácido}}{CO_2\ (g)} + H_2O\ (\ell) \rightleftharpoons H_2CO_3\ (aq) \rightleftharpoons H^+\ (aq) + HCO_3^-\ (aq)$$

Da mesma maneira, quando queremos produzir uma solução básica (pH > 7), podemos partir de uma base ou de um óxido básico:

$$\underset{\text{base}}{NaOH\ (aq)} \rightleftharpoons Na^+\ (aq) + OH^-\ (aq)$$

$$\underset{\text{óxido básico}}{CaO\ (s)} + H_2O\ (\ell) \rightleftharpoons Ca(OH)_2\ (aq) \rightleftharpoons Ca^{2+}\ (aq) + 2\ OH^-\ (aq)$$

Outra maneira de obtermos soluções ácidas ou básicas é a partir dos sais. Quando um sal se dissolve em água, ele se dissocia totalmente para produzir cátions e ânions, que podem reagir com a água através de um processo denominado hidrólise salina.

Fabio Colombini/Acervo do fotógrafo

Parque Nacional da Chapada dos Veadeiros (GO), 2012. O Cerrado brasileiro ocupa uma área aproximada de 200 milhões de hectares, abrangendo dez estados do Brasil central. Seus solos são ácidos, e, em sua maioria, deficientes dos nutrientes fundamentais e ricos em ferro e alumínio. Assim, a correção do pH do solo é feita principalmente utilizando um sal, o carbonato de cálcio. Tais características, porém, não impedem que suas espécies vegetais nativas estejam adaptadas a essas condições.

**Hidrólise salina**: processo em que o(s) íon(s) proveniente(s) de um sal reage(m) com a água.

A reação de hidrólise de um cátion genérico ($X^+$) com a água pode ser representada pela equação a seguir:

$$\underset{\text{cátion}}{X^+} + \underset{\text{água}}{HOH} \rightleftharpoons XOH + H^+$$

Note que ocorreu a formação de íons $H^+$, o que caracteriza as soluções **ácidas**.

A hidrólise de cátions produz íons $H^+$.

A reação de hidrólise de um ânion genérico ($A^-$) com a água pode ser representada pela equação a seguir:

$$\underset{\text{ânion}}{A^-} + \underset{\text{água}}{HOH} \rightleftharpoons HA + OH^-$$

Note que ocorreu a formação de $OH^-$, o que caracteriza as soluções **básicas**.

A hidrólise de ânions produz íons $OH^-$.

O pH da solução obtida pela dissolução do sal depende das concentrações em mol/L de $H^+$ e $OH^-$ presentes na solução, as quais vão determinar se o pH será superior, inferior ou igual a 7.

A seguir, vamos estudar alguns processos de hidrólise.

Vamos comparar inicialmente a ionização dos ácidos $HC\ell$ e HCN em solução 0,1 mol/L.

$$HC\ell \rightleftharpoons H^+ + C\ell^- \qquad \text{ácido forte } (\alpha = 100\%)$$
$$HCN \rightleftharpoons H^+ + CN^- \qquad \text{ácido fraco } (\alpha < 1\%)$$

Como no equilíbrio do $HC\ell$ praticamente só existem íons, podemos concluir que o íon $C\ell^-$ não tem afinidade pelo $H^+$, logo a reação $H^+ + C\ell^- \longrightarrow HC\ell$ praticamente não ocorre.

Por outro lado, no equilíbrio do HCN, praticamente só existem moléculas, logo os íons $CN^-$ têm uma grande afinidade pelo $H^+$ e a reação $H^+ + CN^- \longrightarrow HCN$ ocorre em grande extensão.

Considere agora as dissoluções de NaCN em água. Como os íons $CN^-$ têm uma afinidade por $H^+$, eles vão retirar os íons $H^+$ das moléculas de água segundo a equação:

$$CN^- + HOH \longrightarrow HCN + OH^-$$

Essa é a hidrólise do íon cianeto.

Considere a dissolução do $NaC\ell$ em água. Como os íons $C\ell^-$ não têm afinidade por $H^+$, eles permanecem em solução, sem reagir com as moléculas de água, isto é, os íons $C\ell^-$ não sofrem hidrólise.

Podemos concluir que ânions de ácidos fracos se hidrolisam produzindo ácido e íons $OH^-$, que originam soluções alcalinas (pH > 7).

Vamos agora comparar a dissociação do NaOH e a ionização do $NH_4OH$ em soluções 0,1 mol/L.

$$NaOH \longrightarrow Na^+ + OH^- \qquad \text{base forte } (\alpha = 100\%)$$
$$NH_4OH \rightleftharpoons NH_4^+ + OH^- \qquad \text{base fraca } (\alpha = 1\%)$$

Como na solução de NaOH existem somente íons, podemos concluir que o íon $Na^+$ não tem afinidade pelo $OH^-$, logo a reação $Na^+ + OH^- \longrightarrow NaOH$ não ocorre.

Por outro lado, no equilíbrio de $NH_4OH$, praticamente só existe $NH_4OH$ não ionizado, logo os íons $NH_4^+$ têm grande afinidade pelo $OH^-$, pois a reação $NH_4^+ + OH^- \longrightarrow NH_4OH$ ocorre em grande extensão.

Vamos considerar a dissolução do $NH_4C\ell$ em água.

Como os íons $NH_4^+$ têm grande afinidade pelo $OH^-$, eles vão retirar íons $OH^-$ da água segundo a reação abaixo, que representa a hidrólise do cátion amônio.

$$NH_4^+ + HOH \rightleftharpoons NH_4OH + H^+$$

Vamos considerar agora a dissolução do $NH_4C\ell$ em água.

Como os íons $Na^+$ não têm afinidade por íons $OH^-$, não ocorre reação de hidrólise.

Podemos concluir que cátions de bases fracas se hidrolisam produzindo a respectiva base e íons $H^+$, que originam soluções ácidas (pH < 7).

Vejamos agora a acidez e a basicidade de soluções aquosas de sais.

# Hidrólise de um sal de ácido forte e base fraca

Ilustrações: Conceitograf/Arquivo da editora

O sal $NH_4^+ NO_3^-$ é proveniente de $\begin{cases} HNO_3 = \text{ácido forte} \\ NH_4OH = \text{base fraca} \end{cases}$

Nesse caso ocorre hidrólise do cátion $NH_4^+$

$$NH_4^+ (aq) + H_2O (\ell) \rightleftharpoons NH_4OH (aq) + H^+ (aq)$$

A presença do íon $H^+$ justifica a acidez da solução (pH < 7).
Note que a hidrólise foi do cátion, ou seja, do íon proveniente da base fraca.

# Hidrólise de um sal de ácido fraco e base forte

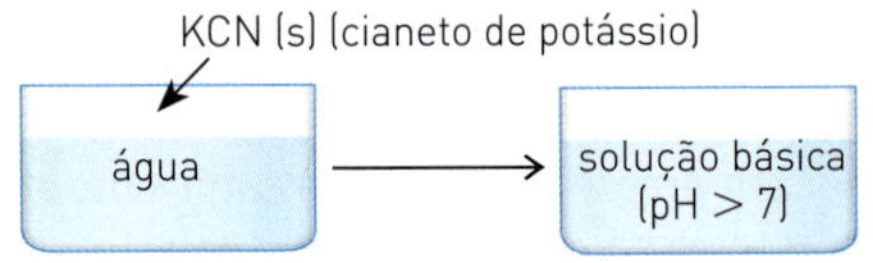


O sal $K^+CN^-$ é proveniente de $\begin{cases} KOH = \text{base forte} \\ HCN = \text{ácido fraco} \end{cases}$

Nesse caso ocorre hidrólise do ânion $CN^-$

$$CN^- (aq) + H_2O (\ell) \rightleftharpoons OH^- (aq) + HCN (aq)$$

A presença do íon $OH^-$ justifica a basicidade da solução (pH > 7).
Note que a hidrólise foi do ânion, ou seja, do íon proveniente do ácido fraco.

# Hidrólise de um sal de ácido fraco e base fraca

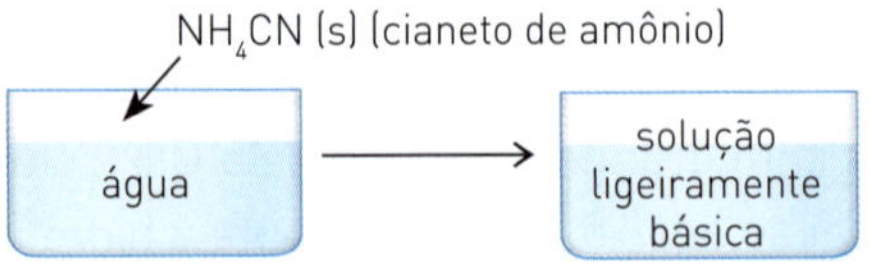


Veja o que ocorreu na preparação dessa solução:

$$NH_4CN (aq) + HOH (\ell) \rightleftharpoons \underset{\text{base fraca}}{NH_4OH (aq)} + \underset{\text{ácido fraco}}{HCN (aq)}$$

Sal proveniente de:

- $NH_4OH$
- HCN

} são ambos fracos e encontram-se praticamente não ionizados (pouco ionizados).

Assim, a reação pode ser representada por:

$$NH_4^+ (aq) + CN^- (aq) + H_2O (\ell) \rightleftharpoons NH_4OH (aq) + HCN (aq)$$

No entanto, comparando as constantes de ionização do ácido ($K_a$) e da base ($K_b$), temos:

$$HCN,\ K_a = 4{,}9 \cdot 10^{-10} \qquad NH_4OH,\ K_b = 1{,}8 \cdot 10^{-5}$$

Como o $K_b$ é maior que o $K_a$, podemos concluir que a base está mais ionizada do que o ácido; logo, a concentração de íons $OH^-$ é maior, o que atribui a essa solução certo caráter básico.

Note que os dois íons sofrem hidrólise, pois são provenientes de um ácido fraco e de uma base fraca.

Assim, soluções aquosas desse tipo de sal originam soluções ligeiramente ácidas ou básicas, dependendo do $K_a$ e do $K_b$:

$K_a > K_b \Rightarrow$ solução ligeiramente ácida ($pH < 7$)

$K_a < K_b \Rightarrow$ solução ligeiramente básica ($pH > 7$)

# Solução de um sal de ácido forte e base forte

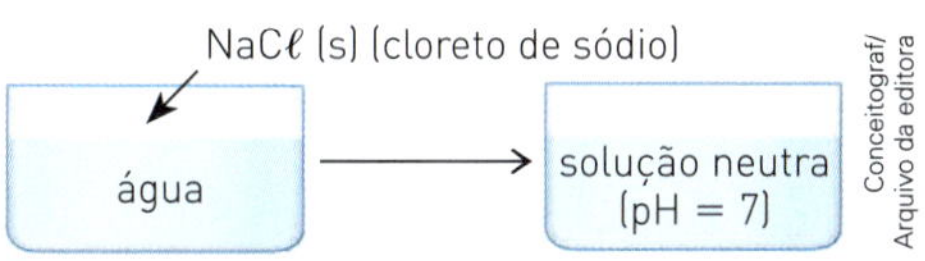


Quando dissolvemos NaCℓ (s) em água, ocorre a dissociação de seus íons:

$$NaC\ell (s) \xrightarrow{\text{água}} Na^+ (aq) + C\ell^- (aq),$$

sendo que nem os íons $Na^+$ nem os íons $C\ell^-$ sofrem hidrólise.

Note que, nesse caso, **não ocorre hidrólise**, pois tanto o cátion como o ânion são provenientes de base e ácido fortes. Como as concentrações de $H^+$ e $OH^-$ são iguais entre si e iguais às da água, a solução é neutra ($pH = 7$).

## Resumo

- **Sal de ácido fraco e base forte** $\Rightarrow$ caráter básico
  Hidrólise do ânion: $A^- + H_2O \rightleftharpoons HA + OH^-$
- **Sal de ácido forte e base fraca** $\Rightarrow$ caráter ácido
  Hidrólise do cátion: $C^+ + H_2O \rightleftharpoons COH + H^+$
- **Sal de ácido fraco e base fraca** $\Rightarrow$ caráter
  - ácido: $K_a > K_b$
  - básico: $K_a < K_b$

  Hidrólise do cátion e do ânion: $C^+ + A^- + H_2O \rightleftharpoons COH + HA$
- **Sal de ácido forte e base forte** $\Rightarrow$ caráter neutro
  Não há hidrólise.

Conexão **Agricultura**

# Hidrólise salina e solo

O pH do solo depende da sua composição. Terrenos pantanosos têm pH por volta de 3,5, devido à presença de grande quantidade de ácidos provenientes do húmus.

Terrenos sedimentares, formados por sílica ($SiO_2$), devido à formação em pequena quantidade de ácido silícico ($H_4SiO_4$), apresentam pH próximo de 6,0. Terrenos de origem vulcânica, ricos em silicatos de cálcio e de magnésio, devido à sua hidrólise, apresentam pH superior a 7.

$$SiO_4^{4-} + 4\ HOH \rightleftharpoons H_4SiO_4 + 4\ OH^-$$

Regiões de solo calcário (carbonatos de cálcio, magnésio, etc.) apresentam pH muito maior, por volta de 9.

Para corrigir a acidez dos solos, podemos adicionar CaO:

$$CaO + H_2O \rightleftharpoons Ca(OH)_2 \rightleftharpoons Ca^{2+} + 2\ OH^-$$

É muito mais barato, no entanto, adicionarmos $CaCO_3$, que, por hidrólise ácida, também produz $Ca(OH)_2$.

Cada tipo de planta cresce melhor em solos que possuem uma faixa específica de pH; fora dessa faixa, elas não se desenvolvem bem nem produzem a quantidade esperada de flores e frutos.

A tabela ao lado apresenta exemplos de faixa de "pH ótimo" para algumas plantas.

Assim, caso o pH do solo não se encontre na faixa da planta cultivada, podemos alterá-lo e melhorar a colheita.

Rita Barreto/Fotoarena

A casca do ovo (indicada na fotografia) é composta de $CaCO_3$, que aumenta o pH do solo ácido.

| | |
|---|---|
| maçã: 5,0-6,5 | ervilha: 6,0-7,5 |
| morango: 5,0-6,5 | rosa: 6,0-8,0 |
| tomate: 5,5-7,5 | feijão: 6,0-7,5 |

## Reflita

**1.** O óxido de silício, também chamado de sílica, é um óxido ácido, básico ou neutro? Justifique com uma reação.

**2.** A hidrólise dos silicatos de cálcio e magnésio origina soluções ácidas, alcalinas ou neutras? Justifique equacionando a hidrólise.

**3.** Qual o tipo de sal cuja hidrólise origina uma solução com pH $< 7$?

**4.** Qual das culturas mencionadas no texto poderá ser mais favorecida pela adição de carbonato de cálcio no solo?

## SAIBA MAIS

É importante saber que, ainda que seu solo possa não ter condições ideais para cultivo, muitos ecossistemas têm suas espécies nativas adaptadas a suas condições específicas. Leia mais sobre o Cerrado, cuja foto abre este capítulo:

> A elevada riqueza de espécies vegetais no bioma Cerrado é um fator que reforça a opinião de que os solos deste ecossistema não são pobres em nutrientes em relação às necessidades das plantas nativas. Atualmente, estão descritas e catalogadas mais de 12300 espécies nativas de plantas [...] e a porcentagem de espécies endêmicas (que não ocorrem em outros lugares) chega a 44% [...]. Estes fatores contribuíram para que o bioma Cerrado fosse incluído entre os 34 ecossistemas prioritários para a conservação no planeta Terra [...].
>
> Fonte: <http://envolverde.cartacapital.com.br/qualidade-nutricional-dos-solos-do-cerrado-um-outro-ponto-de-vista/> Acesso em: 10 abr. 2018.

Pesquise mais informações sobre esse ecossistema brasileiro e como vem sendo feito o manejo de seu solo. Você pode visitar a página da Embrapa Cerrados: <http://www.cpac.embrapa.br/#>. Acesso em: 10 abr. 2018.

# Constante de hidrólise ($K_h$)

**Constante de hidrólise ($K_h$):** é o nome dado à constante de equilíbrio para as reações de hidrólise.

Considerando que a $[H_2O]$ permanece constante nesses processos, temos, por exemplo:

$$NH_4^+ (aq) + H_2O (\ell) \rightleftharpoons NH_4OH (aq) + H^+ (aq) \qquad K_h = \frac{[NH_4OH]\,[H^+]}{[NH_4^+]}$$

Considerando, agora, a reação de hidrólise do $CN^-$ (aq), temos:

$$CN^- (aq) + H_2O (\ell) \rightleftharpoons HCN (aq) + OH^- (aq) \qquad K_h = \frac{[HCN]\,[OH^-]}{[CN^-]}$$

A hidrólise do cátion $NH_4^+$ também pode ser representada por:

$NH_4^+ + H_2O \rightleftharpoons H_3O^+ + NH_3$

Podemos relacionar matematicamente a constante de hidrólise ($K_h$), a constante de ionização da água ($K_w$) e as constantes de ionização de ácidos e bases ($K_a$ e $K_b$).

Vamos considerar o equilíbrio da hidrólise do cátion $NH_4^+$:

$$NH_4^+ (aq) + H_2O (\ell) \rightleftharpoons NH_4OH (aq) + H^+ (aq)$$

$$K_h = \frac{[NH_4OH]\,[H^+]}{[NH_4^+]}$$

$$K_w = [H^+] \cdot [OH^-] \Rightarrow \quad [H^+] = \frac{K_w}{[OH^-]}$$

Substituindo essa expressão na $K_h$, temos:

$$K_h = \frac{[NH_4OH] \cdot K_w}{NH_4^+ \cdot [OH^-]}$$

Note que o pontilhado corresponde ao inverso de $K_b$ do $NH_4OH$:

$$NH_4OH \rightleftharpoons NH_4^+ + OH^-$$

$$K_b = \frac{NH_4^+\,[OH^-]}{[NH_4OH]} \Rightarrow \frac{1}{K_b} = \frac{[NH_4OH]}{[NH_4^+][OH^-]}$$

Assim:

$$K_h = \frac{K_w}{K_b}$$

Essa relação pode ser aplicada para qualquer cátion que se hidrolisa.

Vamos deduzir a expressão da constante de hidrólise de outra maneira, agora para um ânion, como, por exemplo, o cianeto ($CN^-$).

Produto iônico da água:

$$H_2O (\ell) \rightleftharpoons H^+ (aq) + OH^- (aq) \qquad K_w = [H^+] \cdot [OH^-]$$

Ionização do ácido:

$$HCN (aq) \rightleftharpoons H^+ (aq) + CN^- (aq) \qquad K_a = \frac{[H^+] \cdot [CN^-]}{[HCN]}$$

Dividindo-se $K_w$ por $K_a$, temos:

$$\frac{K_w}{K_a} = \frac{\cancel{[H^+]} \cdot [OH^-]}{\frac{\cancel{[H^+]} \cdot [CN^-]}{[HCN]}} = \frac{[HCN] \cdot [OH^-]}{[CN^-]}$$

A expressão obtida corresponde à constante de hidrólise do íon cianeto $(CN^-)$.

$$CN^- \ (aq) + H_2O \ (\ell) \rightleftharpoons HCN \ (aq) + OH^- \ (aq)$$

$$K_h = \frac{[HCN^-] \cdot [OH^-]}{[CN^-]}$$

$$K_h = \frac{K_w}{K_a}$$

Generalizando:

hidrólise do **cátion**: $K_h = \frac{K_w}{K_b}$

hidrólise do **ânion**: $K_h = \frac{K_w}{K_a}$

Quando ocorrem as hidrólises do cátion e do ânion, temos: $K_h = \frac{K_w}{K_a \cdot K_b}$.

## Exercício resolvido

(UFPI) Uma solução aquosa de cloreto de amônio 0,2 mol/L apresenta um grau de hidrólise igual a 0,5%. Determine pOH, pH, $[H^+]$, $[OH^-]$ e $K_h$ para essa solução e $K_b$ para o $NH_4OH$. ($K_w$ a 25 °C = $10^{-14}$)

**Solução**

Como o cloreto de amônio ($NH_4C\ell$) é proveniente de ácido forte ($HC\ell$) e de base fraca ($NH_4OH$), ocorre a hidrólise do cátion $NH_4^+$.

Como o grau de hidrólise é igual a 0,5%, temos:

0,5 mol —— hidrolisa-se em —— 100 mol

x —————————— 0,2 mol

x = 0,001 mol de $NH_4^+$ que se hidrolisa

Como a concentração em mol/L de $H^+$ é igual a 0,001 mol/L:

$[H^+]$ = 0,001 mol/L = $10^{-3}$ mol/L

pH = 3

pOH = 11

$[OH^-] = 10^{-11}$ mol/L

Pela tabela abaixo, podemos escrever e calcular o valor da constante de hidrólise do $NH_4^+$.

$$K_h = \frac{[NH_4OH]\,[H^+]}{[NH_4^+]}$$

Substituindo pelos valores obtidos no equilíbrio, temos:

$$K_h = \frac{10^{-3} \cdot 10^{-3}}{0,2}$$

$$K_h = 5 \cdot 10^{-6}$$

Para determinar o valor de $K_b$, devemos aplicar a relação:

$$K_h = \frac{K_w}{K_b} \Rightarrow K_b = \frac{K_w}{K_h}$$

$$K_b = \frac{10^{-14}}{5 \cdot 10^{-6}} = 2 \cdot 10^{-9}$$

$$K_b = 2 \cdot 10^{-9}$$

| | $NH_4^+$ | + $H_2O$ | $\rightleftharpoons$ | $NH_4OH$ + | $H^+$ |
|---|---|---|---|---|---|
| Início | 0,2 mol/L | — | | 0 | 0 |
| Proporção | consumido (hidrolisado) 0,001 mol/L | — | | formado 0,001 mol/L | formado 0,001 mol/L |
| Equilíbrio | $(\underbrace{0,2 - 0,001}_{\cong\ 0,2\ mol/L})$ mol/L | — | | 0,001 mol/L | 0,001 mol/L |

## Fundamentando seus conhecimentos

A seguir, estão listados alguns ácidos e algumas bases:

| | Fortes | Fracos |
|---|---|---|
| **Ácidos** | $HC\ell$, $HNO_3$, $H_2SO_4$ | $H_2CO_3$, $H_3CCOOH$ |
| | **Fortes** | **Fracas** |
| **Bases** | NaOH, KOH, $Ca(OH)_2$ | $NH_4OH$, AgOH, $A\ell(OH)_3$, $Mg(OH)_2$ |

Com base nessas informações, responda às questões **1** a **9**.

Escreva a fórmula de cada um dos seguintes sais e indique se suas soluções aquosas apresentam pH igual, maior ou menor do que 7:

**1.** cloreto de amônio;

**2.** cloreto de sódio;

**3.** nitrato de potássio;

**4.** nitrato de prata;

**5.** bicarbonato de potássio;

**6.** acetato de cálcio.

Equacione a hidrólise dos seguintes sais:

**7.** acetato de sódio;

**8.** nitrato de prata;

**9.** sulfato de alumínio.

## Desenvolvendo seus conhecimentos

**1.** (UFMS) Certos sais podem produzir soluções básicas, quando dissolvidos em água. Escolha, dentre os sais abaixo, aquele que se enquadra na proposição acima.

a) $NaC\ell$
b) $Na_2CO_3$
c) $NaNO_3$
d) $Na_2SO_4$
e) $NH_4C\ell$

**2.** (ITA-SP) Indique a opção que apresenta um sal que, quando dissolvido em água, produz uma solução aquosa ácida.

a) $Na_2CO_3$
b) $CH_3COONa$
c) $NH_4C\ell$
d) $Mg(C\ell O_4)_2$
e) NaF

Dadas as soluções aquosas:

I. KCN
II. $AgNO_3$
III. $NH_4C\ell$
IV. $Na_2CO_3$
V. $KC\ell$
VI. $NH_4CN$

Responda às questões **3** a **8**.

**3.** Quais soluções apresentam caráter ácido?

**4.** Quais soluções apresentam caráter alcalino?

**5.** Em qual solução não ocorre hidrólise?

**6.** Em quais soluções somente o cátion se hidrolisa?

**7.** Em quais soluções somente o ânion se hidrolisa?

**8.** Em qual solução ocorre hidrólise do cátion e do ânion?

**9.** (Vunesp-SP) Em uma bancada de laboratório encontram-se três tubos de ensaio numerados de I a III, contendo volumes iguais de água. Alguns cristais de acetato de sódio (A), cloreto de sódio (B) e cloreto de amônio (C) são adicionados nos tubos I, II e III, respectivamente.

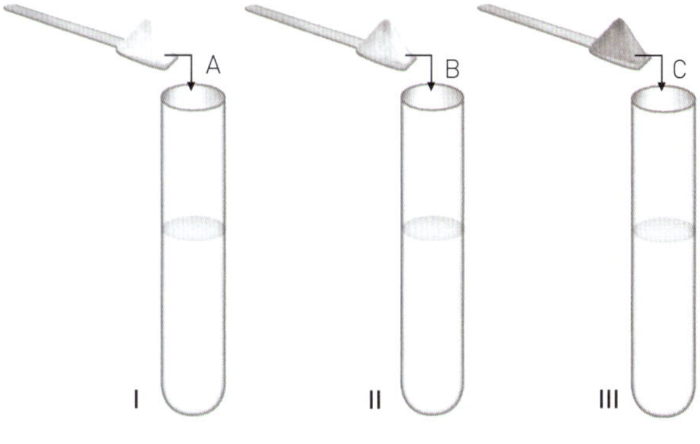


Reprodução/Arquivo da editora

Ao medir o pH das soluções aquosas resultantes nos tubos de ensaio I, II e III, deve-se verificar que:

a) $I < 7$; $II = 7$; $III > 7$.
b) $I < 7$; $II < 7$; $III = 7$.
c) $I > 7$; $II = 7$; $III < 7$.
d) $I = 7$; $II = 7$; $III > 7$.
e) $I > 7$; $II < 7$; $III = 7$.

TEXTO PARA A PRÓXIMA QUESTÃO:

Na apresentação de um projeto de química sobre reatividade de produtos caseiros, vinagre e bicarbonato de sódio ($NaHCO_3$) foram misturados em uma garrafa plástica; em seguida, uma bexiga vazia foi acoplada à boca da garrafa. A imagem apresenta o momento final do experimento.

**10.** (UEA-AM) O pH de soluções aquosas de vinagre e o pH de soluções aquosas de bicarbonato de sódio são, respectivamente,

a) menor que 7,0 e maior que 7,0.
b) maior que 7,0 e maior que 7,0.
c) maior que 7,0 e menor que 7,0.
d) 7,0 e maior que 7,0.
e) menor que 7,0 e 7,0.

**11.** (Cefet-MG) Um professor de Química propôs a manipulação de um indicador ácido-base que se comportasse da seguinte maneira:

| pH | Cor da solução |
|---|---|
| $< 7$ | amarela |
| $= 7$ | alaranjada |
| $> 7$ | vermelha |

As cores das soluções aquosas de NaCN, $NaC\ell$ e $NH_4C\ell$, na presença desse indicador, são, respectivamente

a) amarela, alaranjada e vermelha.
b) amarela, vermelha e alaranjada.
c) vermelha, alaranjada e amarela.
d) alaranjada, amarela e vermelha.
e) alaranjada, amarela e alaranjada.

**12.** (UPE) Em um aquário onde a água apresentava pH igual a 6,0, foram colocados peixes ornamentais procedentes de um rio cuja água tinha pH um pouco acima de 7,0. Em razão disso, foi necessário realizar uma correção do pH dessa água. Entre as substâncias a seguir, qual é a mais indicada para tornar o pH da água desse aquário mais próximo do existente em seu ambiente natural?

a) KBr
b) $NaC\ell$
c) $NH_4C\ell$
d) $Na_2CO_3$
e) $A\ell_2(SO_4)_3$

**13.** (UFSM-RS) No lugar de $Mg(OH)_2$, outros compostos da tabela a seguir poderiam ser usados para ter o mesmo efeito antiácido. São eles:

| | Composto |
|---|---|
| A | $NaHCO_3$ |
| B | $NaC\ell$ |
| C | $CaCO_3$ |
| D | $NH_4C\ell$ |

a) A e B.
b) A e C.
c) B e C.
d) B e D.
e) C e D.

**14.** (Vunesp-SP) Em um estudo sobre extração de enzimas vegetais para uma indústria de alimentos, o professor solicitou que um estudante escolhesse, entre cinco soluções salinas disponíveis no laboratório, aquela que apresentasse o mais baixo valor de pH. Sabendo que todas as soluções disponíveis no laboratório são aquosas e equimolares, o estudante deve escolher a solução de:

a) $(NH_4)_2C_2O_4$
b) $K_3PO_4$
c) $Na_2CO_3$
d) $KNO_3$
e) $(NH_4)_2SO_4$

**15.** (UFC-CE) Considere três soluções aquosas, A, B e C, todas a 25 °C. Medidas de pH destas soluções mostraram os seguintes resultados:

| Solução | pH |
|---|---|
| A | $> 7,0$ |
| B | 7,0 |
| C | $< 7,0$ |

Considerando as espécies $NaC\ell$, $NH_4C\ell$, NaF, $CH_3COONa$, NaCN, $NaNO_3$ e $LiSO_4$, é correto afirmar que as soluções A, B e C são respectivamente:

a) $NaC\ell$, $NaNO_3$ e NaCN
b) NaCN, $NaNO_3$ e $NH_4C\ell$
c) $NaNO_3$, $CH_3COONa$ e $NaC\ell$
d) $LiSO_4$, $NH_4C\ell$ e $NaNO_3$
e) NaF, NaCN e $CH_3COONa$

**16.** (UFPB) Os solos brasileiros, em uma maioria, são ácidos, dificultando a cultura de várias espécies de plantas, e são caracterizados por baixas concentrações de íons $Ca^{2+}$ e $Mg^{2+}$ e por valores elevados do cátion $A\ell^{3+}$.

Esse problema é corrigido mediante o processo conhecido como calagem, que consiste na incorporação ao solo de substâncias que se hidrolisam e corrigem a acidez.

Com base nessas informações, é correto afirmar que o sal apropriado para a redução da acidez do solo é:

a) $NH_4C\ell$
b) $CaCO_3$
c) $CaC\ell_2$
d) $MgSO_4$
e) $A\ell(NO_3)_3$

**17.** (Enem) A formação frequente de grandes volumes de pirita ($FeS_2$) em uma variedade de depósitos minerais favorece a formação de soluções ácidas ferruginosas, conhecidas como "drenagem ácida de minas".

Esse fenômeno tem sido bastante pesquisado pelos cientistas e representa uma grande preocupação entre os impactos da mineração no ambiente. Em contato com oxigênio, a 25 °C, a pirita sofre reação, de acordo com a equação química:

$$4\ FeS_2\ (s) + 15\ O_2\ (g) + 2\ H_2O\ (\ell) \rightarrow 2\ Fe_2(SO_4)_3\ (aq) + 2\ H_2SO_4\ (aq)$$

FIGUEIREDO, B. R. *Minérios e ambiente*. Campinas: Unicamp, 2000.

Para corrigir os problemas ambientais causados por essa drenagem, a substância mais recomendada a ser adicionada ao meio é o:

a) sulfeto de sódio.
b) cloreto de amônio.
c) dióxido de enxofre.
d) dióxido de carbono.
e) carbonato de cálcio.

**18.** (Uerj) A amônia gasosa reage com o cloreto de hidrogênio gasoso segundo a equação química a seguir:

$$NH_3\ (g) + HC\ell\ (g) \rightarrow NH_4C\ell\ (s)$$

Considere que o cloreto de amônio formado foi dissolvido em água. A essa solução foi adicionado um indicador, cuja cor varia em função do pH, conforme a tabela a seguir.

| cor | pH (a 25 °C) |
|---|---|
| amarelo | menor que 7 |
| verde | igual a 7 |
| azul | maior que 7 |

Indique a cor da solução após a adição do indicador e escreva a equação química que representa a hidrólise de cloreto de amônio.

**19.** (UFC-CE) Considere o equilíbrio químico que se estabelece a partir de uma solução de acetato de sódio 0,1 mol/L em meio aquoso, sabendo que o seu grau de hidrólise é 0,1%.

a) Copie e preencha corretamente a tabela a seguir com a concentrações em $mol \cdot L^{-1}$ de $CH_3COO^-$, $CH_3COOH$ e $OH^-$. Considere a constante de concentração de $H_2O$.

| | $CH_3COO^-$ | $CH_3COOH$ | $OH^-$ |
|---|---|---|---|
| **no início** | | | |
| **quantidade consumida ou formada** | | | |
| **no equilíbrio** | | | |

b) Qual é o valor da constante de hidrólise para a solução de acetato de sódio 0,1 mol/L na condição de equilíbrio?

**20.** (Unifesp) O nitrito de sódio, $NaNO_2$, é um dos aditivos mais utilizados na conservação de alimentos. É um excelente agente antimicrobiano e está presente em quase todos os alimentos industrializados à base de carne, tais como presuntos, mortadelas, salames, entre outros. Alguns estudos indicam que a ingestão desse aditivo pode proporcionar a formação no estômago de ácido nitroso e este desencadear a formação de metabólitos carcinogênicos.

Dada a constante de hidrólise: $K_h = K_w/K_a$ e considerando as constantes de equilíbrio $K_a\ (HNO_2) = 5 \cdot 10^{-4}$ e $K_w = 1 \cdot 10^{-14}$, a 25 °C, o pH de uma solução aquosa de nitrito de sódio $5 \cdot 10^{-2}$ mol/L nesta mesma temperatura tem valor aproximadamente igual a:

a) 10
b) 8
c) 6
d) 4
e) 2

## Desafiando seus conhecimentos

1. (UFJF-MG) Uma substância A é misturada a uma solução de fenolftaleína. Após a completa homogeneização, observa-se o aparecimento de uma coloração rosa, indicando a presença de base. Uma outra substância B é misturada a essa solução, e observa-se que a coloração rosa passou a incolor. Baseando-se nessas observações, pode-se inferir que:
   a) A = sal de cozinha ($NaC\ell$) e B = vinagre (ácido acético).
   b) A = bicarbonato de sódio ($NaHCO_3$) e B = ácido muriático ($HC\ell$).
   c) A = soda cáustica (NaOH) e B = antiácido Maalox ($A\ell(OH)_3$).
   d) A = amoníaco ($NH_4OH$) e B = leite de magnésia ($Mg(OH)_2$).
   e) A = suco de limão (ácido cítrico) e B = vitamina C (ácido ascórbico).

2. (UFRGS-RS) Uma solução de cor violeta obtida pela fervura das folhas de repolho-roxo pode ser utilizada como indicador ácido-base. Em soluções com pH menor que 6, esse indicador adquire coloração vermelha; em soluções com pH maior que 9, ele adquire coloração verde.
   Assinale a alternativa que apresenta corretamente as cores que as soluções aquosas de $NH_4C\ell$, $Na_2CO_3$ e $CaSO_4$ adquirem na presença desse indicador.

| | $NH_4C\ell$ | $Na_2CO_3$ | $CaSO_4$ |
|---|---|---|---|
| a) | vermelho | verde | violeta |
| b) | violeta | verde | vermelho |
| c) | verde | vermelho | violeta |
| d) | violeta | vermelho | verde |
| e) | vermelho | violeta | verde |

3. (UPM-SP) O pH dos solos varia de 3,0 a 9,0 e para a grande maioria das plantas a faixa de pH de 6,0 a 6,5 é a ideal, porque ocorre um ponto de equilíbrio no qual a maioria dos nutrientes permanecem disponíveis às raízes. A planta *Camellia japonica*, cuja flor é conhecida como camélia, prefere solos ácidos para o seu desenvolvimento. Uma dona de casa plantou, em seu jardim, uma cameleira e a mesma não se desenvolveu satisfatoriamente, pois o solo de seu jardim estava muito alcalino. Sendo assim, foi-lhe recomendado que usasse uma substância química que diminuísse o pH do solo para obter o desenvolvimento pleno dessa planta.
   De acordo com as informações anteriores, essa substância química poderá ser:
   a) $CaCO_3$
   b) $KNO_3$
   c) $(NH_4)_2SO_4$
   d) $NaNO_3$
   e) $MgCO_3$

4. (UPE)

Reprodução/UPE, 2014.

Há um lago na Tanzânia, África, com um segredo mortal: ele transforma qualquer animal que o toca em pedra. O raro fenômeno é causado pela composição química do lago. Suas águas possuem um pH extremamente alcalino, entre 9 e 10,5 sendo tão cáustico que pode queimar a pele e os olhos dos animais não adaptados a ele. A alcalinidade da água vem dos minerais que correm para o lago a partir das colinas circundantes.

(Disponível em: http://gizmodo.uol.com.br/lago-pedra. Adaptado)

Entre os componentes listados abaixo, qual se adapta como constituinte natural para contribuir com as características citadas no texto?
   a) NaBr
   b) $NaC\ell$
   c) $Na_2CO_3$
   d) $Na_2SO_4$
   e) $NaNO_3$

**5.** (UFJF-MG)

"Um caminhão (...), com 17,6 metros cúbicos de ácido sulfúrico colidiu com outro caminhão, (...), provocando o vazamento de todo o ácido. O produto percorreu o sistema de drenagem e atingiu o córrego Piçarrão. O ácido ficou contido em uma pequena parte do córrego, (...), o que possibilitou aos técnicos a neutralização do produto."

Fonte: http://www.cetesb.sp.gov.br/noticentro/2008/05/30_vazamento.pdf. Acesso em 26/Out/2016.

Para minimizar os problemas ambientais causados pelo acidente descrito acima, indique qual dos sais abaixo pode ser utilizado para neutralizar o ácido sulfúrico:

a) Cloreto de sódio.
b) Cloreto de amônio.
c) Carbonato de cálcio.
d) Sulfato de magnésio.
e) Brometo de potássio.

**6.** (Enem)

Em um experimento, colocou-se água até a metade da capacidade de um frasco de vidro e, em seguida, adicionaram-se três gotas de solução alcoólica de fenolftaleína. Adicionou-se bicarbonato de sódio comercial, em pequenas quantidades, até que a solução se tornasse rosa. Dentro do frasco, acendeu-se um palito de fósforo, o qual foi apagado assim que a cabeça terminou de queimar. Imediatamente, o frasco foi tampado. Em seguida, agitou-se o frasco tampado e observou-se o desaparecimento da cor rosa.

MATEUS. A. L. *Química na cabeça*. Belo Horizonte. UFMG, 2001 (adaptado)

A explicação para o desaparecimento da cor rosa é que, com a combustão do palito de fósforo, ocorreu o(a)

a) formação de óxidos de caráter ácido.
b) evaporação do indicador fenolftaleína.
c) vaporização de parte da água do frasco.
d) vaporização dos gases de caráter alcalino.
e) aumento do pH da solução no interior do frasco.

**7.** (Enem) Visando minimizar impactos ambientais, a legislação brasileira determina que resíduos químicos lançados diretamente no corpo receptor tenham pH entre 5,0 e 9,0. Um resíduo líquido aquoso gerado em um processo industrial tem concentração de íons hidroxila igual a $1,0 \cdot 10^{-10}$ mol/L. Para atender a legislação, um químico separou as seguintes substâncias, disponibilizadas no almoxarifado da empresa: $CH_3COOH$, $Na_2SO_4$, $CH_3OH$, $K_2CO_3$ e $NH_4C\ell$.

Para que o resíduo possa ser lançado diretamente no corpo receptor, qual substância poderia ser empregada no ajuste do pH?

a) $CH_3COOH$
b) $Na_2SO_4$
c) $CH_3OH$
d) $K_2CO_3$
e) $NH_4C\ell$

**8.** (UFRGS-RS) Para obter um bom azeite, são necessárias azeitonas de qualidade provenientes de um olival bem tratado. Portugal destaca-se por produzir excelentes azeitonas cujos olivais são plantados em um solo com valores de pH próximos de 8,0. Atualmente empresários gaúchos têm investido no plantio de oliveiras. No Rio Grande do Sul, onde o pH do solo varia entre 4,0 a 5,0, estudos indicaram a necessidade de elevar o pH do solo a no mínimo 6,5, a fim de viabilizar o plantio das oliveiras com boa produtividade.

Sobre esses dados, são feitas as seguintes afirmações.

I. A concentração de $OH^-$ em um solo português com pH = 8 é na ordem de $10^{-6}$ mol · $L^{-1}$.
II. O solo português é mais ácido que o solo gaúcho.
III. A correção do solo gaúcho pode ser feita através da adição de calcário, a fim de obter um solo com pH = 6,5.

Quais estão corretas?

a) Apenas I.
b) Apenas II.
c) Apenas I e III.
d) Apenas II e III.
e) I, II e III.

**9.** (Unisc-RS) A partir dos reagentes dispostos na coluna A relacione-os com os fenômenos descritos na coluna B.

| Coluna A | Coluna B |
|---|---|
| 1. Mg (s) + $H_2SO_4$ | ( ) formação de precipitado |
| 2. $CH_3COONa$ (s) + $H_2O$ | ( ) liberação de gás |
| 3. $NaC\ell$ (s) + NaOH | ( ) o pH da solução torna-se alcalino |
| 4. $NaC\ell$ + $AgNO_3$ | ( ) não há formação de novos compostos |

A sequência correta de preenchimento dos parênteses, de cima para baixo, é

a) 1 – 2 – 3 – 4.
b) 4 – 3 – 2 – 1.
c) 4 – 2 – 1 – 3.
d) 4 – 1 – 2 – 3.
e) 2 – 1 – 3 – 4.

**10.** (PUC-RJ) Sobre uma bancada, há cinco frascos de soluções aquosas de um ácido, bases e sais na temperatura de 25 °C. Nessa temperatura, o produto iônico da água ($K_w$) é $1,0 \cdot 10^{-14}$. Assim, a concentração de $H^+$, em $mol \cdot L^{-1}$, representada por $[H^+]$, na solução de

a) ácido acético é menor que $10^{-7}$
b) cloreto de amônio é maior que $10^{-7}$
c) hidróxido de amônio é maior que $10^{-7}$
d) cloreto de potássio é maior que $10^{-7}$
e) hidróxido de potássio é maior que $10^{-7}$

**11.** (Enem) Fertilizantes químicos mistos, denominados NPK, são utilizados para aumentar a produtividade agrícola, por fornecerem os nutrientes nitrogênio, fósforo e potássio, necessários para o desenvolvimento das plantas. A quantidade de cada nutriente varia de acordo com a finalidade do adubo. Um determinado adubo NPK possui, em sua composição, as seguintes substâncias: nitrato de amônio ($NH_4NO_3$), ureia ($CO(NH_2)_2$), nitrato de potássio ($KNO_3$), fosfato de sódio ($Na_3PO_4$) e cloreto de potássio ($KC\ell$).

A adição do adubo descrito provocou diminuição no pH de um solo. Considerando o caráter ácido/básico das substâncias constituintes desse adubo, a diminuição do pH do solo deve ser atribuída à presença, no adubo, de uma quantidade significativa de

a) ureia.
b) fosfato de sódio.
c) nitrato de amônio.
d) nitrato de potássio.
e) cloreto de potássio.

**12.** (Uerj) Hortênsias são flores cujas cores variam de acordo com o pH do solo, conforme indica a tabela:

| Faixa de pH do solo | Coloração |
|---|---|
| menor que 7 | azul |
| igual a 7 | vermelha |
| maior que 7 | rosa |

Considere os seguintes aditivos utilizados na plantação de hortênsias em um solo neutro:

$NaHCO_3$, $CaO$, $A\ell_2(SO_4)_3$ e $KNO_3$.

Indique a cor das flores produzidas quando se adiciona $KNO_3$ a esse solo e a fórmula química do aditivo que deve ser acrescentado, em quantidade adequada, para produzir hortênsias azuis.

Em seguida, dentre os aditivos, nomeie o óxido e apresente a equação química completa e balanceada da sua reação com a água.

**13.** (Fuvest-SP) Um botânico observou que uma mesma espécie de planta podia gerar flores azuis ou rosadas. Decidiu então estudar se a natureza do solo poderia influenciar a cor das flores. Para isso, fez alguns experimentos e anotou as seguintes observações:

I. Transplantada para um solo cujo pH era 5,6, uma planta com flores rosadas passou a gerar flores azuis.
II. Ao adicionar um pouco de nitrato de sódio ao solo em que estava a planta com flores azuis, a cor das flores permaneceu a mesma.
III. Ao adicionar calcário moído ($CaCO_3$) ao solo em que estava a planta com flores azuis, ela passou a gerar flores rosadas.

Considerando essas observações, o botânico pôde concluir que:

a) em um solo mais ácido do que aquele de pH 5,6, as flores da planta seriam azuis.
b) a adição de solução diluída de $NaC\ell$, ao solo, de pH 5,6, faria a planta gerar flores rosadas.
c) a adição de solução diluída de $NaHCO_3$ ao solo em que está a planta com flores rosadas, faria com que ela gerasse flores azuis.
d) em um solo de pH 5,0, a planta com flores azuis geraria flores rosadas.
e) a adição de solução diluída de $A\ell(NO_3)_3$ ao solo em que está uma planta com flores azuis, faria com que ela gerasse flores rosadas.

**14.** (Unifesp) Na agricultura, é comum a preparação do solo com a adição de produtos químicos, tais como carbonato de cálcio ($CaCO_3$) e nitrato de amônio ($NH_4NO_3$). A calagem, que é a correção da acidez de solos ácidos com $CaCO_3$, pode ser representada pela equação:

$$CaCO_3\ (s) + 2\ H^+\ (aq) \rightleftharpoons Ca^{2+}\ (aq) + H_2O\ (\ell) + CO_2\ (g)$$

a) Explique como se dá a disponibilidade de íons cálcio para o solo durante a calagem, considerando solos ácidos e solos básicos. Justifique.
b) Qual o efeito da aplicação do nitrato de amônio na concentração de íons $H^+$ do solo?

**15.** (Fac. Albert Einstein-SP) A lisozima é uma enzima presente nas lágrimas e nos mucos dos seres humanos. Ela apresenta uma função protetora muito importante, pois atua na hidrólise de carboidratos de alto peso molecular, destruindo a camada protetora da parede celular de muitas bactérias. A seguir são apresentados gráficos que relacionam a atividade da lisozima em função do pH e da temperatura.

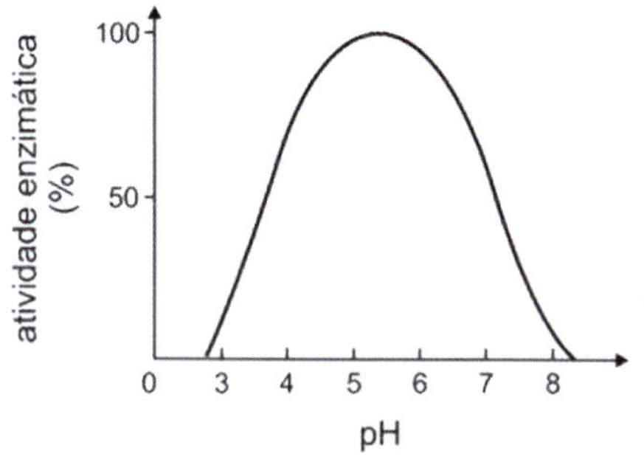


Reprodução/Albert Einstein, 2016.

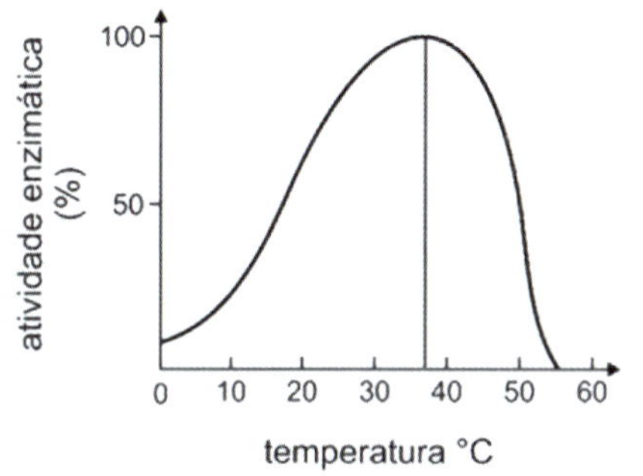


Considerando os gráficos, a condição em que a lisozima apresenta a maior atividade enzimática corresponde a

a) solução aquosa de $HC\ell$ 0,05 mol $\cdot$ $L^{-1}$ e temperatura 70 °C.
b) solução aquosa de $NH_4C\ell$ 0,05 mol $\cdot$ $L^{-1}$ e temperatura 37 °C.
c) solução aquosa de $H_2SO_4$ 0,05 mol $\cdot$ $L^{-1}$ e temperatura 37 °C.
d) solução aquosa de NaOH 0,05 mol $\cdot$ $L^{-1}$ e temperatura 10 °C.

**16.** (UFG-GO) Considere os três recipientes, contendo 100 mL das soluções a seguir, todas de concentração 0,1 mol/L.

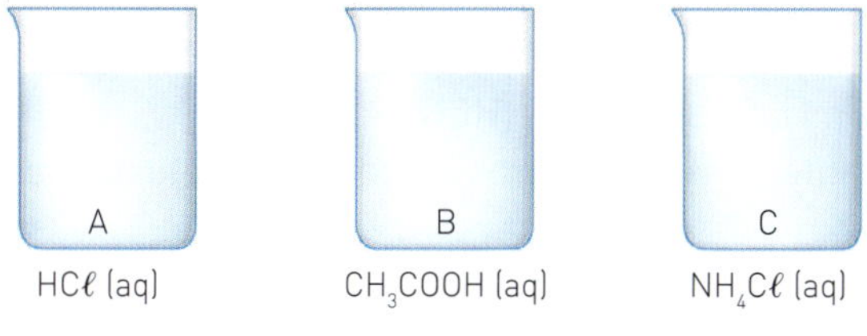


Reprodução/Arquivo da editora

Explique, utilizando equações químicas, o que ocorrerá com o pH em cada um dos recipientes, ao acrescentar 100 mL de $NaHCO_3$ 0,1 mol/L em cada um deles.

**17.** (UFMG) A amônia é um insumo para a indústria química.

a) Escreva a equação química balanceada que representa o sistema em equilíbrio resultante da reação do íon amônio, $NH_4^+$ (aq), com água, que forma amônia aquosa, $NH_3$ (aq).
b) Escreva a expressão da constante de equilíbrio, K, da reação indicada no item *a*, em função das concentrações das espécies nela envolvidas.
c) O valor da constante de equilíbrio, K, expressa no item b, é igual a $1 \cdot 10^{-9}$. Calcule o valor do pH em que a concentração de $NH_4^+$ e a de $NH_3$, em uma solução aquosa de cloreto de amônio, $NH_4C\ell$, são iguais.
d) Compare o valor da constante de equilíbrio, K, calculada no item c, com o da constante de equilíbrio, $K_w$, da reação

$$2\,H_2O\,(\ell) \rightleftharpoons H_3O^+\,(aq) + OH^-\,(aq);$$
$$K_w = 1 \cdot 10^{-14}$$

Responda se uma solução aquosa de $NH_4C\ell$ é ácida, neutra ou básica. Justifique sua resposta.

**18.** (Puccamp-SP)

Mares absorvem grande parte do $CO_2$ concentrado na atmosfera, tornando-se mais ácidos e quentes, segundo cientistas. A *Royal Society*, do Reino Unido, começou um estudo para medir os níveis de acidez dos oceanos sob a influência do aumento da concentração de dióxido de carbono. O $CO_2$ concentrado na atmosfera é responsável pelo efeito estufa.

Na água, elevando a acidez, o gás interfere na vida de corais e seres dotados de concha, assim como diminui a reprodução do plâncton, comprometendo a cadeia alimentar de animais marinhos.

(*O Estado de S. Paulo*, 24 ago. 2004.)

Em uma solução aquosa 0,10 mol/L de carbonato de sódio ocorre a hidrólise do íon carbonato:

$$CO_3^{2-}\,(aq) + H_2O\,(\ell) \rightleftharpoons HCO_3^-\,(aq) + OH^-\,(aq)$$

Constante de hidrólise, $K_h = 2{,}5 \cdot 10^{-4}$

Calculando-se, para essa solução, o valor de $[OH^-]$ em mol/L, encontra-se:

a) $5 \cdot 10^{-3}$
b) $4 \cdot 10^{-3}$
c) $3 \cdot 10^{-3}$
d) $2 \cdot 10^{-3}$
e) $1 \cdot 10^{-3}$

**19.** (UEM-PR) Assinale o que for correto.

01) Dados os $K_a$ dos ácidos HF ($K_a = 6,7 \cdot 10^{-4}$) e HCN ($K_a = 4 \cdot 10^{-10}$) pode-se afirmar que o ácido fluorídrico é mais forte que o ácido cianídrico.

02) Considerando equilíbrios iônicos, os valores de $K_a$ e $K_b$ somente variam com a temperatura nos casos de reações com variação de entalpia positiva (endotérmicas) e com a pressão no caso de reações em estado gasoso.

04) A lei da diluição de Ostwald estabelece que à medida que a concentração em quantidade de matéria por litro de solução, de uma dada substância, diminui, o grau de ionização dessa substância aumenta.

08) Na dissolução do NaCℓ em água ocorre uma hidrólise onde se forma o NaOH (aq).

16) Na hidrólise do NaCN (aq) forma-se uma solução de pH alcalino.

**20.** (Uerj) A equação balanceada a seguir representa a reação de dupla-troca entre o nitrato de prata e o sulfeto de sódio, na qual é formado o sal insolúvel sulfeto de prata.

$$2\,AgNO_3\,(aq) + Na_2S\,(aq) \longrightarrow Ag_2S\,(aq) + 2\,NaNO_3\,(aq)$$

Um experimento sobre análise quantitativa consistiu em gotejar uma solução de $AgNO_3$ sobre uma solução de $Na_2S$, mantendo agitação constante.

O volume da solução de $AgNO_3$ gotejado, em mililitros, e a massa de $Ag_2S$ obtida, em gramas, foram registrados no gráfico ao lado.

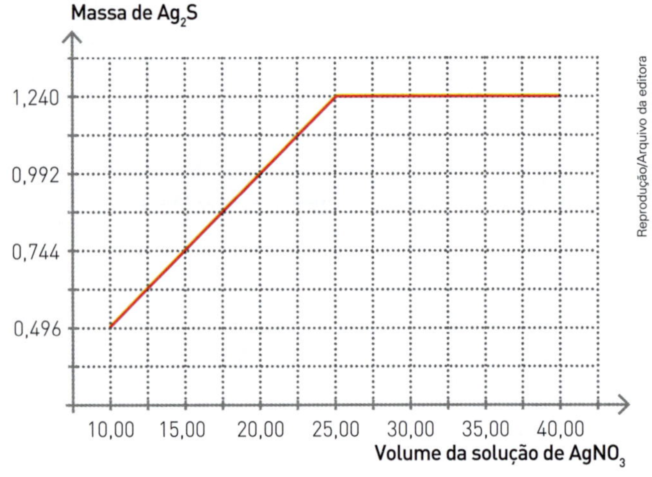


Reprodução/Arquivo da editora

a) Calcule a concentração da solução de $AgNO_3$, em $mol \cdot L^{-1}$.

b) Indique o caráter da solução de sulfeto de sódio em relação a seu pH e escreva uma equação química que comprova esse caráter.

**21.** (Ufal) Um indicador ácido-base é uma substância cuja coloração depende do pH da solução aquosa, na qual está dissolvido. Um indicador universal, cuja coloração depende do pH, é representado abaixo:

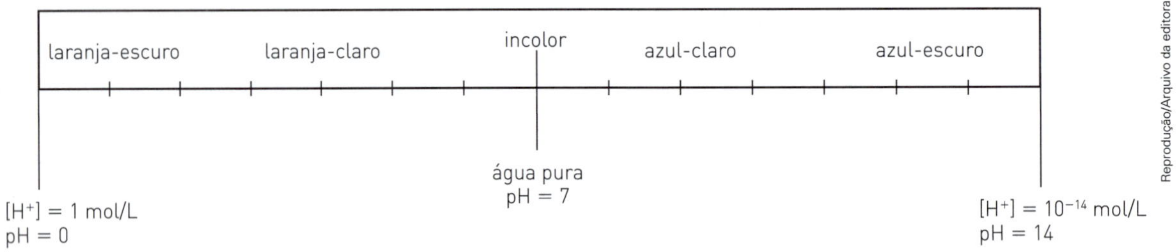


Reprodução/Arquivo da editora

Considere soluções aquosas 0,10 mol/L de:

- ácido acético: $CH_3COOH + H_2O \rightleftharpoons CH_3COO^- + H_3O^+$ $\quad K_{eq} = 1,8 \cdot 10^{-5}$
- acetato de amônio: $CH_3COONH_4 \rightleftharpoons CH_3COO^- + NH_4^+$

(Dado: $\log \sqrt{1,8} = 0,13$)

Sabendo que para $NH_3 + H_2O \rightleftharpoons NH_4^+ + OH^-$ a $K_{eq}$ é também igual a $1,8 \cdot 10^{-5}$, localize, em um indicador universal, as posições das soluções aquosas de ácido acético e acetato de amônio. Justifique.

**22.** (ITA-SP) Em um recipiente que contém 50,00 mL de uma solução aquosa 0,100 mol/L em HCN foram adicionados 8,00 mL de uma solução aquosa 0,100 mol/L em NaOH. Dado: $K_a$ (HCN) $= 6,2 \cdot 10^{-10}$.

a) Calcule a concentração de íons $H^+$ da solução resultante, deixando claros os cálculos efetuados e as hipóteses simplificadoras.

b) Escreva a equação química que representa a reação de hidrólise dos íons $CN^-$.

# Complemento

## Solução-tampão

A adição de pequenas quantidades de ácido ou base à água pode provocar grandes variações de pH.

Veja as variações que ocorrem quando adicionamos separadamente, a 1,0 L de água a 25 °C, 0,010 mol de HCℓ e 0,010 mol de NaOH:

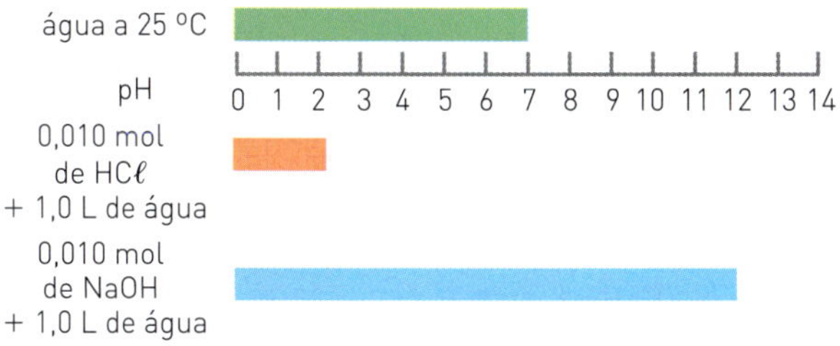


Existem soluções cujo pH não varia bruscamente com a adição de pequenas quantidades de ácido ou de base. Essas soluções são conhecidas por **soluções-tampão**.

Veja as variações de pH que ocorrem quando adicionamos separadamente, a 1,0 L de solução-tampão que apresenta pH = 4,6 a 25 °C, 0,010 mol de HCℓ e 0,010 mol de NaOH.

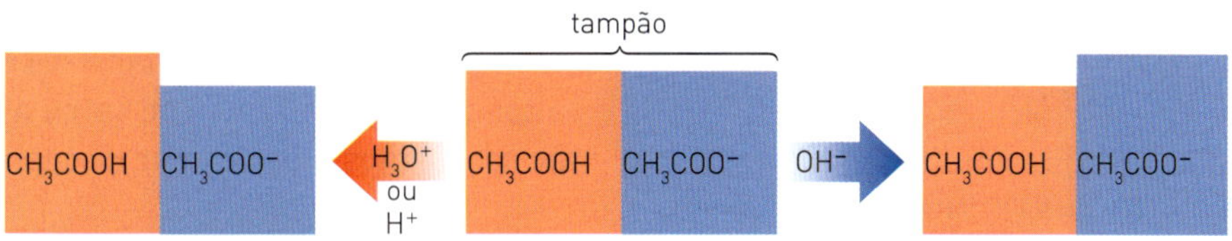


A adição de ácido ao tampão consome certa quantidade de acetato, formando uma pequena quantidade de ácido acético.

A adição de uma base neutraliza uma parte do ácido acético, produzindo uma pequena quantidade de acetato.

Banco de imagens/Arquivo da editora

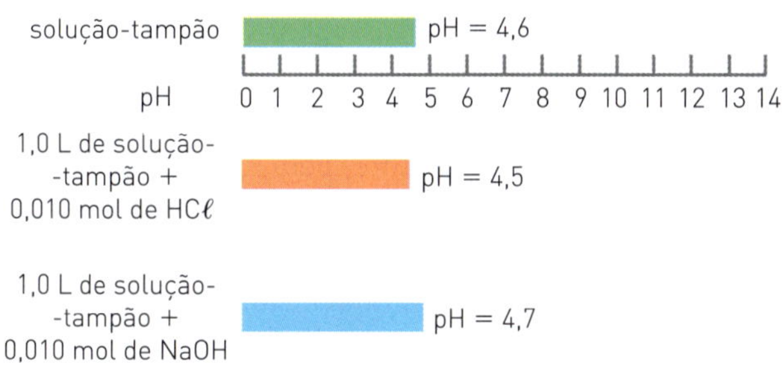


Esse tipo de solução é formado por duas substâncias:

a) ácido fraco e um sal desse ácido (tampão-ácido);

b) base fraca e um sal dessa base (tampão-básico).

Para entender como funciona uma solução-tampão, vamos estudar uma solução genérica formada por um ácido fraco (HA) e por um sal desse ácido (NaA), que podemos representar assim:

$$\underset{\text{ácido fraco}}{HA} \rightleftharpoons H^+ + A^-$$

$$NaA \longrightarrow Na^+ + A^-$$

Se a ela **adicionarmos uma base**, estaremos introduzindo $OH^-$. Esse $OH^-$ vai consumir o $H^+$ do equilíbrio, fazendo com que o ácido não ionizado se ionize, repondo o $H^+$ consumido e evitando grandes variações de pH.

Se a ela **adicionarmos um ácido**, estaremos introduzindo $H^+$. Esse $H^+$ vai consumir $A^-$ que provém principalmente do sal, originando o ácido não ionizado e evitando grandes variações de pH.

Um exemplo típico de solução-tampão que contém o ácido acético ($H_3CCOOH$) é o sal acetato de sódio ($H_3CCOO^-Na^+$). Esse tampão é formado por concentrações iguais de ácido acético e sua base conjugada, o íon acetato, proveniente do sal.

O pH de uma solução-tampão se mantém praticamente constante quando as quantidades de ácido ou base adicionadas forem menores que as concentrações dos componentes do tampão.

Em muitas soluções, inclusive nas presentes em nosso corpo, o pH deve ser mantido em determinada faixa de valores. Por exemplo: o nosso sangue deve apresentar pH entre 7,3 e 7,5.

Se o pH sanguíneo variar acima ou abaixo dessa faixa, essa variação, mesmo sendo pequena, poderá causar sérios distúrbios ao organismo ou até mesmo levá-lo à morte.

O nosso sangue apresenta três soluções-tampão:

1) $H_2CO_3/HCO_3^-$;
2) $H_2PO_4^-/HPO_4^{2-}$;
3) algumas proteínas.

Vamos estudar um dos tampões encontrados no sangue, formado por ácido carbônico ($H_2CO_3$) e bicarbonato de sódio ($NaHCO_3$).

A ação do tampão está relacionada aos equilíbrios existentes na solução. Observe:

$H_2CO_3 \rightleftharpoons H^+ + HCO_3^-$ ácido

$NaHCO_3 \rightleftharpoons Na^+ + HCO_3^-$ sal

Nessa solução, temos, simultaneamente, alta concentração de $H_2CO_3$, e $HCO_3^-$ proveniente da dissociação do sal.

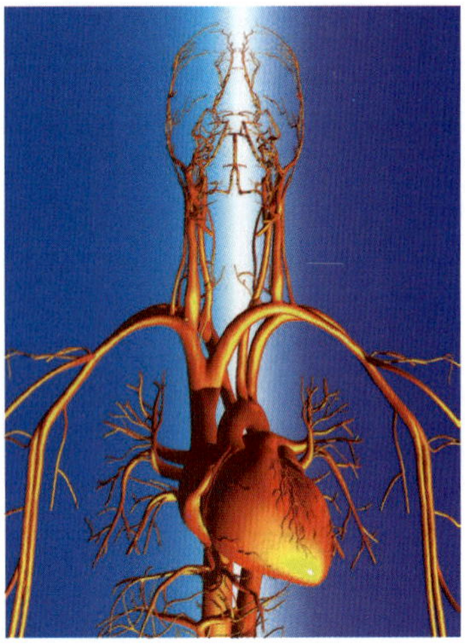

O sangue transportado pelo sistema circulatório é mantido com pH de 7,4 pela ação de soluções-tampão.

Pasieka/SPL/LatinStock

Vamos ver como a solução-tampão consegue controlar o pH quando ela sofre a adição de pequenas quantidades de ácido ou de base.

a) **Adição de ácido**: suponha que certa quantidade de íons $H^+$ tenha sido introduzida no sangue. Esses íons vão se combinar com o ânion $HCO_3^-$ proveniente do ácido e, principalmente, do sal, originando ácido carbônico ($H_2CO_3$) não ionizado.

b) **Adição de base**: suponha agora que certa quantidade de íons $OH^-$ tenha sido introduzida no sangue. Esses íons vão retirar $H^+$ do equilíbrio do ácido ($H_2CO_3$), fazendo com que esse ácido se ionize e produza quantidade de $H^+$ suficiente para neutralizar o $OH^-$ introduzido.

Em nenhum dos casos ocorre variação significativa de pH.

Diferentes soluções-tampão atuam em diferentes valores de pH. Para calcular o pH desses tampões, a concentração do ânion do sal ou a concentração do ácido, usamos a equação de Henderson-Hasselbach:

$$pH = pK_a + \log \frac{[\text{ânion do sal}]}{[\text{ácido}]}$$

Para a solução-tampão estudada no texto, teríamos:

$$pH = pK_a + \log \frac{[HCO_3^-]}{[H_2CO_3]}$$

O pH de uma solução-tampão é controlado, primeiramente, pela força do ácido ($K_a$) e, num segundo momento, pelas quantidades relativas do ânion proveniente do sal e do ácido. Essa equação é válida quando a relação [ânion do sal]/[ácido] for maior que 0,1 e menor que 10.

Para tampões formados por uma base fraca e um sal dessa base, o cálculo do pH da solução-tampão pode ser obtido pela expressão:

$$pH = pK_w - pK_a - \log \frac{[\text{sal}]}{[\text{base}]}$$

## Exercício resolvido

Qual deve ser a concentração de íons acetato ($H_3CCOO^-$) presentes em soluções de ácido acético ($H_3CCOOH$) 0,500 mol/L para produzir uma solução com pH = 5,00?

(Dados: $K_a = 1,8 \cdot 10^{-5}$; $-\log K_a = pK_a = 4,74$; $10^{0,26} = 1,8$.)

**Solução**

Uma das maneiras de se resolver esse tipo de exercício seria trabalhar com a constante de ionização do ácido e adequá-la ao tampão.

$$K_a = \frac{[H^+] \cdot [H_3CCOO^-]}{[H_3CCOOH]}$$

$pH = 5 \Rightarrow [H^+] = 10^{-5}$ mol/L

$$1{,}8 \cdot 10^{-5} = \frac{10^{-5} \cdot [H_3CCOO^-]}{0{,}5}$$

$[H_3CCOOH] = 0{,}500$ mol/L

$[H_3CCOO^-] = 0{,}9 \cdot$ mol/L

Outra maneira de resolver o exercício seria aplicar a equação de Henderson-Hasselbach:

$$pH = pK_a + \log \frac{[\text{ânion do sal}]}{[\text{ácido}]}$$

$$5{,}00 = 4{,}74 + \log = \frac{[H_3CCOO^-]}{0{,}500} \Rightarrow 5{,}00 - 4{,}47 = \log \frac{[H_3CCOO^-]}{0{,}500} \Rightarrow$$

$$\Rightarrow 0{,}26 = \log \frac{[H_3CCOO^-]}{0{,}500} \Rightarrow 10^{0{,}26} = \frac{[H_3CCOO^-]}{0{,}500} \Rightarrow$$

$$\Rightarrow [H_3CCOO^-] = 0{,}500 \cdot 1{,}8 \Rightarrow [H_3CCOO^-] = 0{,}9 \text{ mol/L}$$

## Exercícios

**1.** (Puccamp-SP) No plasma sanguíneo há um sistema-tampão que contribui para manter seu pH dentro do estreito intervalo 7,35-7,45.
Valores de pH fora deste intervalo ocasionam perturbações fisiológicas:
Entre os sistemas químicos a seguir, qual representa um desses tampões?

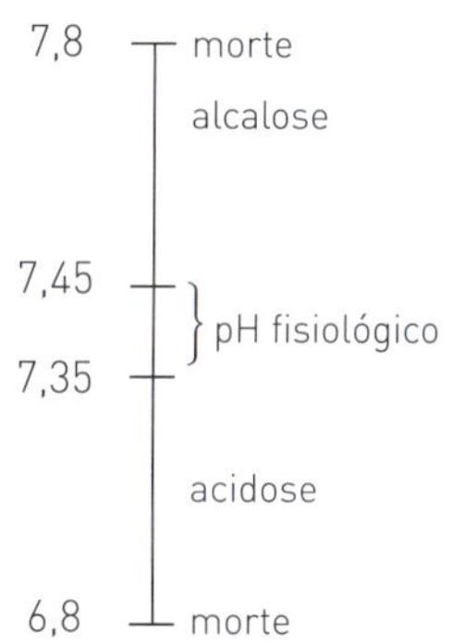


a) $H_2CO_3/HCO_3^-$
b) $H^+/OH^-$.
c) $HC\ell/C\ell^-$.
d) $NH_3/OH^-$.
e) glicose/frutose.

**2.** (UFPI) Qual dos pares seguintes é indicado para formar uma solução-tampão?
a) ácido sulfúrico/sulfato de sódio
b) ácido acético/acetato de sódio
c) hidróxido de amônio/hidróxido de sódio
d) ácido clorídrico/cloreto de sódio
e) ácido propiônico/ácido butanoico

**3.** (UFPA) A adição de uma pequena quantidade de ácido ou base produzirá uma variação desprezível no pH da solução de:
a) $NH_4C\ell$.
b) $NH_4C\ell/NaOH$.
c) $NH_4C\ell/HC\ell$.
d) $NH_4C\ell/NaC\ell$.
e) $NH_4C\ell/NH_4OH$.

**4.** (UFMG) Considere as seguintes experiências:
I. O pH de um litro de sangue ($\cong$7,5) sofre apenas pequena alteração quando lhe é adicionado 0,01 mol de NaOH (s).
II. O pH de um litro de água pura passa de 7 para 12, pela dissolução de 0,01 mol de NaOH (s).
A alternativa que apresenta a explicação para a diferença de comportamento entre o sangue humano e a água pura é:
a) As soluções fracamente ácidas resistem a variações de pH.
b) As soluções fracamente básicas resistem a variações de pH.
c) O NaOH (s) é insolúvel no sangue humano.
d) O sangue e uma solução 0,01 mol/L de NaOH têm o mesmo pH.
e) O sangue humano é uma solução tamponada.

**5.** (PUC-PR) Em um recipiente adequado são misturados 100 $cm^3$ de solução aquosa de ácido acético 0,1 M e 100 $cm^3$ de solução aquosa de acetato de sódio 0,1 M.
Sobre o sistema resultante são feitas as afirmações a seguir. Indique a correta:
a) A ionização do ácido acético não é afetada pelo acetato de sódio.
b) O acetato de sódio presente no sistema favorece a ionização do ácido acético.

c) A adição de 0,1 $cm^3$ de solução aquosa de NaOH 0,1 M não deve ocasionar variação significativa de pH no sistema.

d) A adição de 0,1 $cm^3$ de solução aquosa de HCℓ 0,1 M vai ocasionar uma variação significativa de pH no sistema.

e) O pH do sistema independe da quantidade de acetato de sódio presente.

**6.** (UFMG) 1,00 mol de ácido acético e 1,00 mol de acetato de sódio são dissolvidos em água. O volume da solução é de 1,00 L e seu pH igual a 4,74. Se à solução for adicionado 0,0500 mol de HCℓ, o pH passa a ser 4,27. A mesma quantidade de HCℓ adicionada a 1 L de água pura faria o pH variar de 7,00 para 1,30. O sistema de ácido acético e acetato de sódio constitui uma solução-tampão, na qual ocorre o equilíbrio representado pela equação:

$$CH_3CO_2H\ (aq) + H_2O\ (\ell) \rightleftharpoons H_3O^+\ (aq) + CH_3CO_2^-(aq)$$

1. Levando em conta esse equilíbrio, explique como a solução-tampão impede uma grande variação de pH, quando se adicionam a ela pequenas quantidades de ácido.
2. Explique como a solução-tampão reagirá à adição de pequenas quantidades de base.

**7.** (Unicap-PE) Suponha uma solução formada por 0,2 mol/litro de ácido acético e 0,2 mol/litro de acetato de sódio. (Dado: $K_a = 10^{-5}$.)

Decida quais das afirmações a seguir são verdadeiras e quais são falsas.

a) A solução constitui um sistema tamponado.

b) O pH da solução formada pelo ácido e o sal correspondente é 5.

c) O pH da solução, após a adição de pequenas quantidades de NaOH 0,1 M, é pouco maior que 5.

d) Se fossem adicionadas algumas gotas de um ácido forte, o pH seria pouco menor que 5.

e) Ao adicionar o NaOH, as hidroxilas são retiradas da solução pelas moléculas não ionizadas do ácido acético, evitando grande variação de pH.

**8.** (Unimontes-MG) O pH do sangue (7,35-7,45) é controlado inicialmente pelo sistema tamponante ácido carbônico/hidrogenocarbonato.

A razão $[HCO_3^-] : [H_2CO_3]$ normal no sangue é 20 : 1. Quando essa razão aumenta, o pH do sangue sobe acima da faixa normal e tem-se uma condição de alcalose. De modo contrário, quando a razão diminui, o pH do sangue decresce e tem-se a acidose.

As equações abaixo representam a dissolução do $CO_2$ em meio aquoso e a dissociação do ácido carbônico.

$$CO_2\ (g) + H_2O\ (\ell) \rightleftharpoons H_2CO_3\ (aq)$$

$$H_2CO_3\ (aq) \rightleftharpoons H^+\ (aq) + HCO_3^-\ (aq)$$

De acordo com essas informações, responda:

a) Uma vez que a concentração molar de ácido carbônico, $H_2CO_3$, é controlada pela respiração, o que acontece com o pH do sangue – aumenta, diminui ou não se altera – quando expiramos? Explique.

b) Supondo que, em determinada situação, as concentrações em mol/L de $HCO_3^-$ e $H_2CO_3$, no sangue, são $1,25 \cdot 10^{-2}$ e $2,50 \cdot 10^{-3}$, respectivamente, tem-se uma condição de alcalose ou de acidose? Justifique sua resposta.

**9.** (UFPB) Soluções-tampão são sistemas químicos muito importantes na Medicina e na Biologia, visto que muitos fluidos biológicos necessitam de um pH adequado para que as reações químicas aconteçam apropriadamente.

O plasma sanguíneo é um exemplo de um meio tamponado que resiste a variações bruscas de pH quando se adicionam pequenas quantidades de ácidos ou bases.

Se a uma solução 0,01 mol · $L^{-1}$ de ácido nitroso ($HNO_2$, $K_a = 5 \cdot 10^{-4}$) for adicionado igual volume de nitrito de sódio ($NaNO_2$) também 0,01 mol · $L^{-1}$, determine:

a) o pH da solução do ácido;

b) o pH da solução-tampão resultante depois da adição do sal à solução do ácido.

(Dado: log 5 = 0,7.)

**10.** (UFC-CE) Admite-se que a sensação de cansaço, após a prática de exercícios físicos, é consequência do acúmulo de ácido lático ($K_a = 1,0 \cdot 10^{-4}$) nos músculos. Tal substância se dissocia, originando o seguinte equilíbrio químico:

$$\underset{\text{ácido lático}}{CH_3CH\ (OH)\ COOH\ (aq)} \rightleftharpoons \underset{\text{íon lactato}}{CH_3CH\ (OH)\ COO^-\ (aq)} + H^+\ (aq)$$

Assumindo o valor do pH da corrente sanguínea, pH = 7,0, qual a razão entre as concentrações do íon lactato e do ácido lático?

**11.** (UPE) Adicionou-se a 1,0 L de um tampão, constituído por ácido acético e acetato de sódio, contendo 0,30 mol de ácido e 0,30 mol de sal, uma quantidade de hidróxido de sódio sólido, que provocou um aumento de 0,30 no pH do tampão. Adicionando-se a mesma quantidade de hidróxido de sódio a 1,0 L de água destilada, a 25 °C, o pH da solução alcalina será igual a:

Dados: $K_a = 1,8 \cdot 10^{-5}$, log 2 = 0,30 e log 1,8 = 0,26

a) 8,5.
b) 12,5.
c) 13,0.
d) 10,8.
e) 11,5.

**12.** (UPE) Preparou-se um tampão misturando-se X mL de uma solução de ácido acético 0,40 M com Y mL de uma solução de acetato de sódio 0,8 M. Os volumes em mL das soluções que devem ser misturadas para se obter 500,0 mL de um tampão de pOH = 8,96, são, respectivamente:

Dados:
$K_a = 1,8 \cdot 10^{-5}$, log 2 = 0,30 e log 1,8 = 0,26

a) 200,00 e 300,00.
b) 400,00 e 100,00.
c) 250,00 e 250,00.
d) 300,00 e 200,00.
e) 100,00 e 400,00.

**13.** (UPE) Adiciona-se 0,01 mol de NaOH (s) a um litro de um tampão HA/$A^-$, contendo 0,31 mol de HA e 0,59 mol de $A^-$. O pH da solução resultante será:

Dados: $K_a = 10^{-4}$ e log 2 = 0,30

a) 3,70.
b) 4,30.
c) 4,28.
d) 0,02.
e) 2,0.

**14.** (UPE) Preparou-se 1,0 L de um tampão, misturando-se 0,10 mol de um sal BA com 0,001 mol de um ácido fraco HA. O pH do tampão é igual a 5,85. Qual a $K_a$ do ácido utilizado na preparação do tampão?

Dado: $10^{0,15} = 1,41$

a) $1,51 \cdot 10^{-4}$
b) $1,41 \cdot 10^{-4}$
c) $1,85 \cdot 10^{-4}$
d) $1,85 \cdot 10^{-5}$
e) $1,51 \cdot 10^{-5}$

**15.** (Unirio-RJ) Uma solução-tampão é preparada a partir de 6,4 g de $NH_4NO_3$ e 0,10 L de solução aquosa 0,080 mol/L de $NH_4OH$. Sendo assim, determine:

a) o pH desta solução;
b) o pH após a adição de 700 mL de água destilada à solução-tampão, justificando com os cálculos. (Dados: $K_b = 1,8 \cdot 10^{-5}$; log 1,8 = 0,26; H = 1; N = 14; O = 16.)

**16.** (UFPR) A forma dos fios do cabelo (liso ou ondulado) se deve à forma das estruturas proteicas da queratina. Promovendo reações químicas nas ligações dissulfeto (RSSR) presentes na proteína, é possível alterar sua estrutura e com isso mudar a forma do cabelo. O método baseia-se na redução dos grupos RSSR a RSH, por uma solução do ácido tioglicólico (também conhecido como ácido 2-mercaptoacético ou ácido 2-mercaptoetanoico) em uma solução de amônia (pH 9). Feito isso, os fios de cabelo ficam "livres" para serem moldados na forma desejada. Na sequência, uma solução de água oxigenada (solução de peróxido de hidrogênio, $H_2O_2$) promove a oxidação dos grupos RSH novamente a RSSR, "congelando" a estrutura das proteínas na forma moldada.

Acerca das informações fornecidas, pede-se:

Sabendo que o pKa do ácido tioglicólico é 3,73, calcule a razão de concentração entre as espécies desprotonada e protonada do ácido tioglicólico em pH 9, condição da solução de amônia descrita no texto.

**17.** (UFPE) O ácido lático apresenta $pK_a = 3,82$. Qual o valor aproximado do pH de uma solução de ácido lático 0,1 mol $L^{-1}$ em água? Assinale o inteiro mais próximo de sua resposta após multiplicá-la por 10 (dez).

**18.** (UFF-RJ) A fenolftaleína, incolor, é um indicador ácido-base utilizado nas titulações com o objetivo de caracterizar a acidez da solução. Sua coloração muda de incolor para rósea em pH 8,00 e é completamente rósea quando o pH alcança o valor 9,80. Determine se a fenolftaleína assumirá coloração rósea permanente:

a) em uma solução que contém 1,0 mL de hidróxido de amônio 0,10 M, dissolvido em 25,0 mL de água pura.
b) na mesma solução anterior, sabendo-se que a ela foi adicionado 0,10 g de cloreto de amônio. Considere que $K_b = 1,00 \cdot 10^{-5}$ e despreze a adição de volumes.

# Titulação ácido-base

Vamos estudar três tipos de reações envolvendo neutralização, com a finalidade de construir as diferentes curvas de titulação.

Uma curva de titulação ácido-base é obtida utilizando-se um pHmetro e anotando-se os valores de pH e a quantidade de ácido adicionado à base, ou a quantidade de base adicionada ao ácido.

## Titulação de ácido forte e base forte

Vamos considerar a titulação envolvendo o HCℓ (aq) e o NaOH (aq).

A reação que ocorre pode ser representada por:

$$HC\ell\,(aq) + NaOH\,(aq) \longrightarrow NaC\ell\,(aq) + H_2O\,(\ell)$$

Adicionaremos nesse experimento uma solução 0,1 mol/L de NaOH, contida na bureta, a 25 mL de uma solução 0,1 mol/L de HCℓ, contida no erlenmeyer.

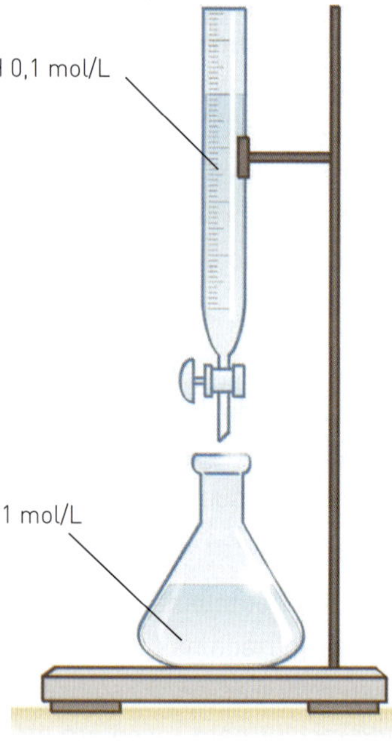


No início da titulação no erlenmeyer, temos somente HCℓ 0,1 mol/L. Portanto, o seu pH é igual a **1**. À medida que adicionamos NaOH, o pH da solução gradualmente aumenta. Quando o volume de NaOH adicionado chega a 25 mL, ocorre a neutralização total do ácido e da base, e é atingido o ponto de equivalência (pH = 7). A partir daí, a adição de mais uma gota de NaOH à solução neutra provocará aumento brusco do pH, pois a solução terá se tornado básica.

| Equilíbrio ácido-base e equilíbrio de solubilidade | |
|---|---|
| **Volume de NaOH adicionado (mL)** | **pH** |
| 0,0 | 1,00 |
| 5,0 | 1,18 |
| 10,0 | 1,37 |
| 15,0 | 1,60 |
| 20,0 | 1,95 |
| 22,0 | 2,20 |
| 24,0 | 2,69 |
| 25,0 | 7,00 |
| 26,0 | 11,29 |
| 28,0 | 11,75 |
| 30,0 | 11,96 |
| 35,0 | 12,22 |
| 40,0 | 12,36 |
| 45,0 | 12,46 |
| 50,0 | 12,52 |

Fonte: CHANG, Raymond. *Chemistry*. 10. ed. New York. McGraw-Hill, 2009.

A tabela da curva de titulação mostra os valores de pH da solução resultante da adição de NaOH à solução de HCℓ, para vários valores de NaOH adicionados.

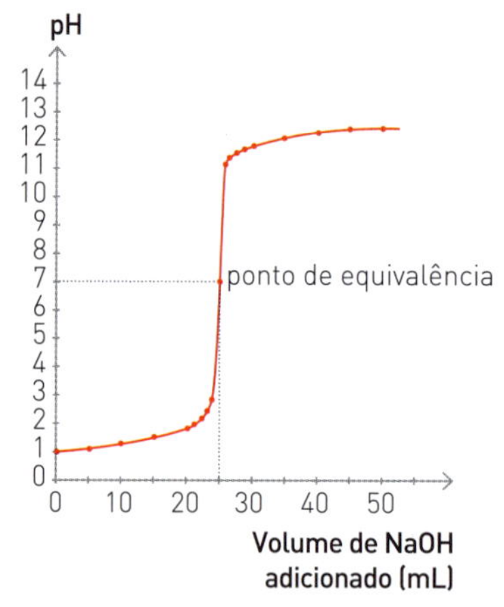


Em uma titulação ácido-base, dizemos que é atingido o ponto de equivalência no instante em que a reação ocorreu em proporção estequiométrica.

## Titulação de um ácido fraco e uma base forte

Vamos considerar a titulação envolvendo $H_3CCOOH$ (aq) e o NaOH (aq).

A reação que ocorre pode ser representada por:

$$H_3CCOOH\,(aq) + NaOH\,(aq) \longrightarrow H_3CCOO^-\,Na^+\,(aq) + H_2O\,(\ell)$$

Nesse experimento, adicionaremos uma solução 0,1 mol/L de NaOH, contida na bureta, a 25 mL de uma solução 0,1 mol/L de $H_3CCOOH$.

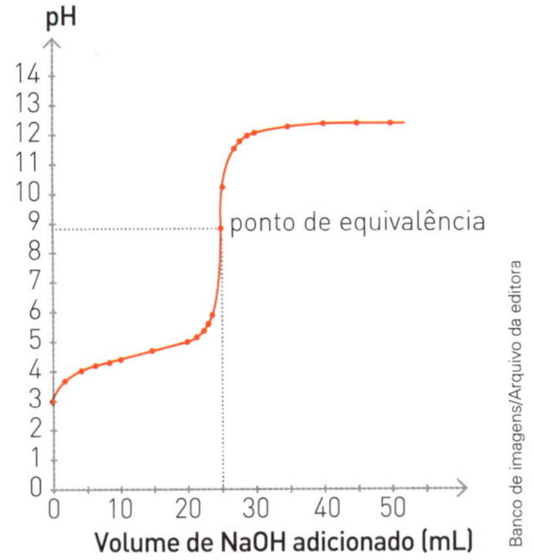


| Volume de NaOH adicionado (mL) | pH |
|---|---|
| 0,0 | 2,87 |
| 5,0 | 4,14 |
| 10,0 | 4,57 |
| 15,0 | 4,92 |
| 20,0 | 5,35 |
| 22,0 | 5,61 |
| 24,0 | 6,12 |
| 25,0 | 8,72 |
| 26,0 | 10,29 |
| 28,0 | 11,75 |
| 30,0 | 11,96 |
| 35,0 | 12,22 |
| 40,0 | 12,36 |
| 45,0 | 12,46 |
| 50,0 | 12,52 |

Fonte: CHANG, Raymond. *Chemistry*. 10. ed. New York. McGraw-Hill, 2009.

No erlenmeyer temos:

$25\ mL = 25 \cdot 10^{-3}\ L \quad H_3CCOOH = 0,1\ mol/L$

$1\ L$ ——— $0,1\ mol\ H_3CCOOH$

$25 \cdot 10^{-3}\ L$ ——— $x$

$x = 2,5 \cdot 10^{-3}\ mol\ H_3CCOOH$

Como nessa reação a proporção estequiométrica é de 1 : 1, para neutralizarmos $2,5 \cdot 10^{-3}$ mol de $H_3CCOOH$ são necessários $2,5 \cdot 10^{-3}$ mol de NaOH. Essa quantidade está presente em 25 mL de NaOH 0,1 mol/L. Nesse instante é atingido o ponto de equivalência.

No gráfico, notamos que no ponto de equivalência o pH é maior do que 7 (pH = 8,72). Isso se deve à hidrólise do sal proveniente de base forte e ácido fraco, o acetato de sódio ($H_3CCOO^-Na^+$).

$$H_3CCOO^-\ (aq) + H_2O\ (\ell) \rightleftharpoons H_3CCOOH\ (aq) + OH^-\ (aq)$$

# Titulação de ácido forte e base fraca

Vamos considerar a titulação envolvendo o $HC\ell$ (aq) e o $NH_4OH$ (aq).

A reação que ocorre pode ser representada por

$$HC\ell\ (aq) + NH_4OH\ (aq) \rightarrow NH_4C\ell\ (aq) + H_2O\ (\ell)$$

Nesse experimento, adicionaremos uma solução 0,1 mol/L de $HC\ell$, contida na bureta, a 25 mL de uma solução de $NH_4OH$ 0,1 mol/L contida no erlenmeyer.

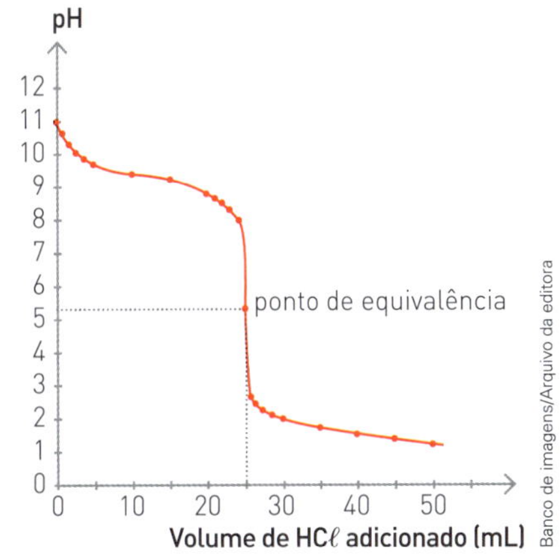


| Volume de $HC\ell$ adicionado (mL) | pH |
|---|---|
| 0,0 | 11,13 |
| 5,0 | 9,86 |
| 10,0 | 9,44 |
| 15,0 | 9,08 |
| 20,0 | 8,66 |
| 22,0 | 8,39 |
| 24,0 | 7,88 |
| 25,0 | 5,28 |
| 26,0 | 2,70 |
| 28,0 | 2,22 |
| 30,0 | 2,00 |
| 35,0 | 1,70 |
| 40,0 | 1,52 |
| 45,0 | 1,40 |
| 50,0 | 1,30 |

Fonte: Chang, Raymond. *Chemistry*. 10. ed. New York. McGraw-Hill, 2009.

Como nessa reação a proporção estequiométrica é de 1 : 1, e os reagentes apresentam a mesma concentração (0,1 mol/L), para neutralizar 25 mL de $NH_4OH$ 0,1 mol/L, isto é, atingir o ponto de equivalência, devemos adicionar 25 mL de $HC\ell$ 0,1 mol/L.

Notamos no gráfico que, no ponto de equivalência, o pH é menor do que 7 (pH = 5,28). Isso se deve à hidrólise do sal proveniente de um ácido forte e uma base fraca, o cloreto de amônio ($NH_4C\ell$):

$$NH_4^+ (aq) + H_2O (\ell) \rightleftharpoons NH_4OH (aq) + H^+ (aq)$$

- Não é comum estudar a titulação de ácido fraco e base fraca devido às hidrólises tanto do cátion como do ânion.

A determinação do ponto de equivalência pode ser feita utilizando um pH neutro ou um indicador apropriado, cuja faixa de viragem contenha o pH do ponto de equivalência. Veja alguns indicadores adequados aos três casos de titulações estudados.

**Titulação de ácido forte e base forte**

Ponto de equivalência pH = 7

Nesse caso, o indicador ideal deve ter uma faixa de viragem ao redor do pH = 7. Porém, como nessas titulações o pH muda rapidamente em uma grande faixa de valores, a maioria dos indicadores pode ser usada.

**Titulação de ácido fraco e base forte**

Ponto de equivalência pH > 7

Nesse caso, o indicador deve ter uma faixa de viragem com pH maior do que 7, como a fenolftaleína ( pH 8,2 – 10 ).

**Titulação de ácido forte e base fraca**

Nesse caso, o indicador deve ter uma faixa de viragem com pH menor do que 7, como o azul de bromotimol ( pH 6 – 7,6 ).

## Exercício resolvido

Considere a curva de titulação a seguir, de um ácido fraco com uma base forte.

a) Qual o valor do pH no ponto de equivalência?

b) Em qual(is) intervalo(s) de volume de base adicionado o sistema se comporta como tampão?

c) Em qual valor de volume de base adicionado o pH é igual a $pK_a$?

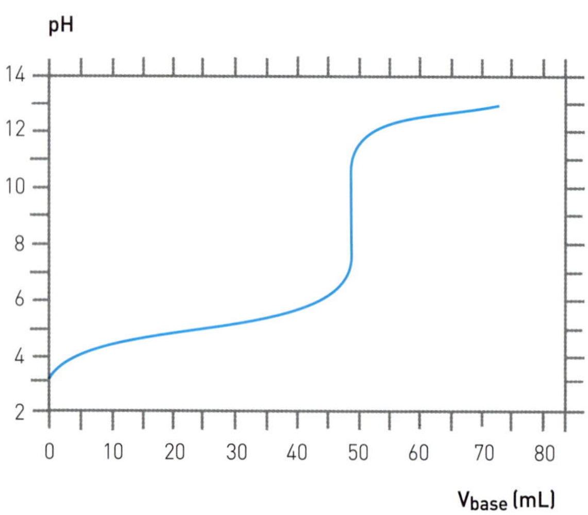


Ilustrações: Banco de imagens/Arquivo da editora

**Solução**

a) O ponto de equivalência ocorre em pH = 9

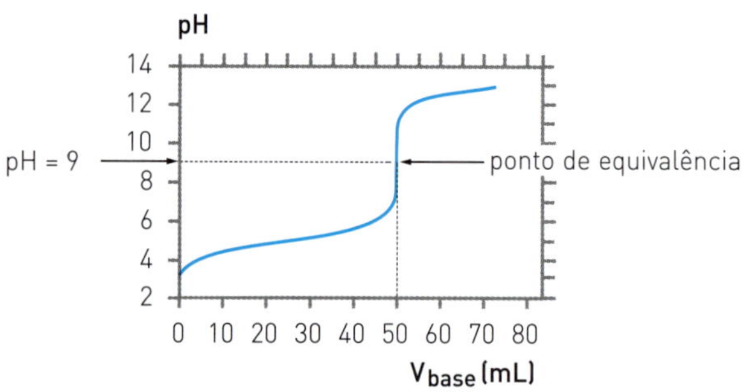


b) O sistema se comporta como tampão quando a relação entre as concentrações do ácido fraco e do seu sal fica entre 1 : 10 e 10 : 1, o que ocorre quando o volume adicionado de base varia de 5 a 45 mL.

c) Pela expressão: $pH = pK_a + \log \frac{[\text{ânion}]}{[\text{ácido}]}$

Quando o volume de base neutralizar a metade da quantidade de ácido, teremos em solução uma relação:

$$\frac{[\text{ânion}]}{[\text{ácido}]} = 1$$

Logo, $pH = pK_a$.

No ponto de equivalência (final da titulação), o volume da base fica igual a 50 mL. Na metade da titulação o volume da base é igual a 25 mL, e teremos $pH = pK_a$.

## Exercícios

**1.** (UFG-GO) O desenho a seguir representa um armário de um laboratório de química:

Escolha, entre os objetos do armário, o(s) equipamento(s) necessário(s) para se determinar, utilizando-se a técnica de titulação, o grau de pureza de 10 gramas de ácido cítrico, que é sólido na temperatura ambiente. Dê o(s) nome(s) e descreva o processo de utilização desse(s) equipamento(s).

**2.** (PUC-MG) Considere o gráfico que representa a variação do pH de uma solução 0,1 mol/L de NaOH, quando se adiciona gradualmente uma solução 0,1 mol/L de HCℓ.

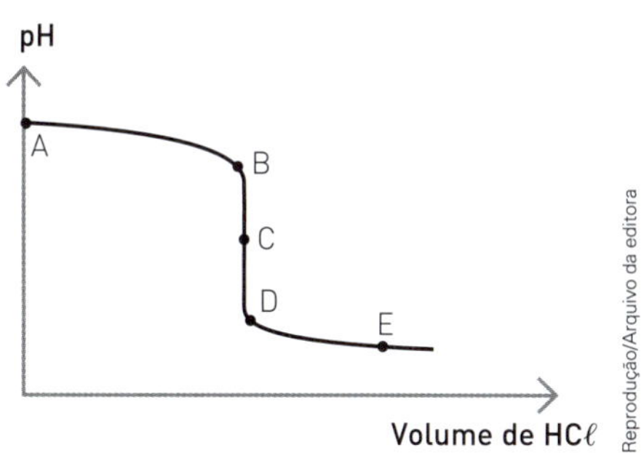


Analise as afirmações:

I. O ponto A corresponde ao pH inicial da base.
II. O ponto C corresponde ao pH de neutralização do NaOH pelo HCℓ.
III. O ponto B corresponde à neutralização parcial do NaOH.
IV. O ponto D corresponde ao pH da mistura com excesso de NaOH.
V. O ponto E corresponde à concentração final da base.

Responda qual é a alternativa correta:

a) somente I.
b) somente II e V.
c) somente I, II, III.
d) somente I, II, III e V.
e) todas as alternativas.

**3.** (UFPE) Considere o gráfico que representa a variação do pH de uma solução 0,1 M de HCℓ quando se adiciona gradualmente uma solução 0,1 M de NaOH.

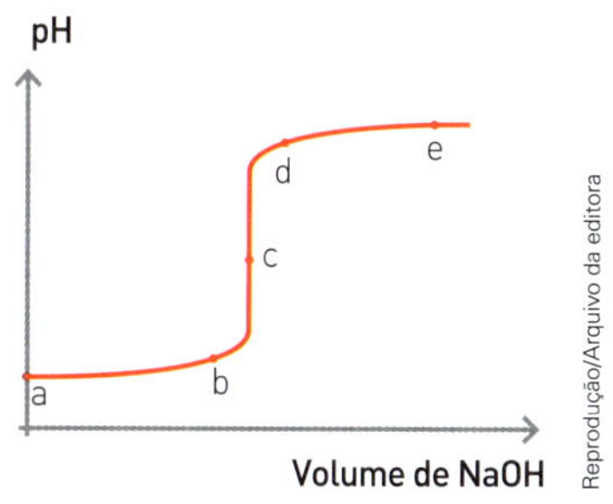


Identifique os itens corretos.

a) O ponto *e* corresponde ao pH inicial do ácido.
b) O ponto *c* corresponde ao pH de neutralização do HCℓ pelo NaOH.
c) O ponto *a* corresponde à concentração final do HCℓ.
d) O ponto *b* corresponde à neutralização parcial do HCℓ.
e) O ponto *d* corresponde ao pH da mistura com excesso de NaOH.

**4.** A curva de titulação refere-se à titulação de um ácido, HA, e KOH, 0,1 mol/L.

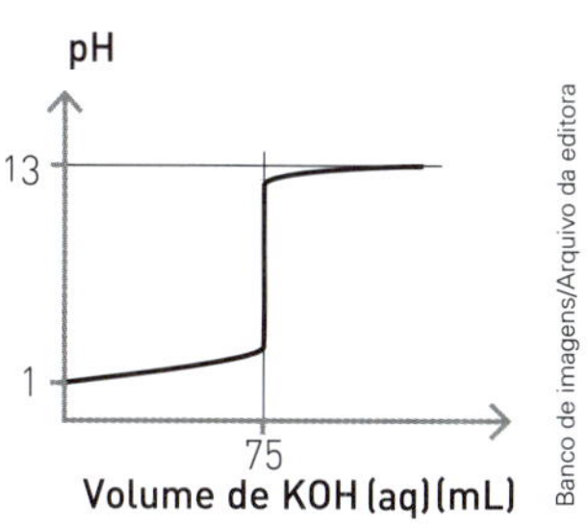


Classifique cada uma das afirmações seguintes em verdadeira ou falsa:

I. O ácido pode ser $HNO_3$ 0,1 mol/L.
II. O ácido pode ser HCN 0,1 mol/L.
III. No ponto de equivalência, o volume de $HNO_3$ 0,1 mol/L neutralizado é 75 mL.
IV. O pH no ponto de equivalência é igual a 4.

**5.** Observe os gráficos seguintes:

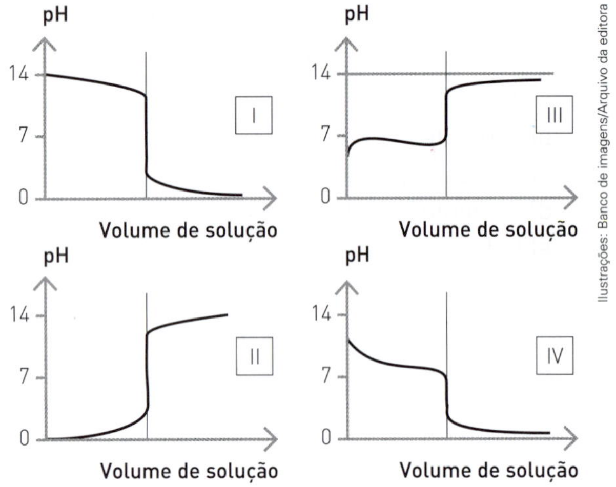


Faça a associação correta entre esses gráficos e os itens abaixo:

- Titulação de ácido forte por base forte (A);
- Titulação de ácido fraco por base forte (B);
- Titulação de base fraca por ácido forte (C);
- Titulação de base forte por ácido forte (D).

**6.** (Unifesp) Os resultados da titulação de 25,0 mililitros de uma solução 0,10 mol/L do ácido $CH_3COOH$ por adição gradativa de solução de NaOH 0,10 mol/L estão representados no gráfico.

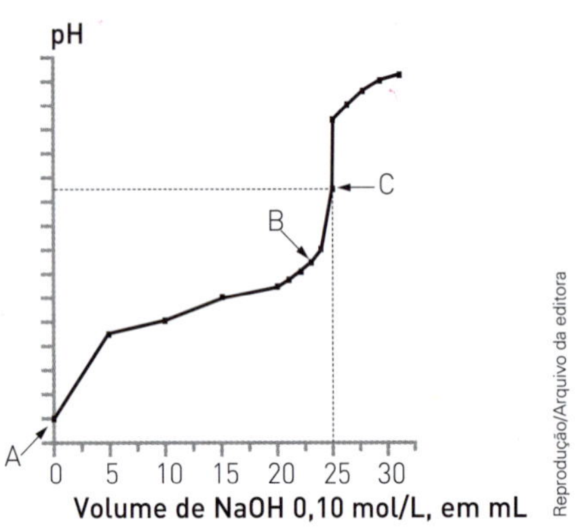


Com base nos dados apresentados nesse gráfico foram feitas as afirmações:

I. O ponto A corresponde ao pH da solução inicial do ácido, sendo igual a 1.
II. O ponto B corresponde à neutralização parcial do ácido, e a solução resultante é um tampão.
III. O ponto C corresponde ao ponto de neutralização do ácido pela base, sendo seu pH maior do que 7.

É correto o que se afirma em:

a) I, apenas.
b) II, apenas.
c) I e II, apenas.
d) II e III, apenas.
e) I, II e III.

**7.** (Fuvest-SP) Um indicador universal apresenta as seguintes cores em função do pH da solução aquosa em que está dissolvido:

A 25,0 mL de uma solução de ácido fórmico (HCOOH), de concentração 0,100 mol/L, contendo indicador universal, foi acrescentada, aos poucos, solução de hidróxido de sódio (NaOH), de concentração 0,100 mol/L. O gráfico mostra o pH da solução resultante no decorrer dessa adição. Em certo momento, durante a adição, as concentrações de HCOOH e de $HCOO^-$ se igualaram. Nesse instante, a cor da solução era:

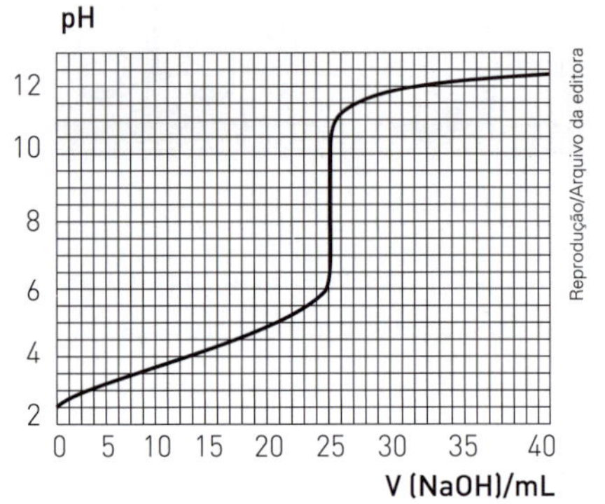


a) vermelha.
b) laranja.
c) amarela.
d) verde.
e) azul.

**8.** (UPE) Dispõe-se de 100,0 mL de uma solução 0,10 mol/L de hidróxido de sódio.
Um estudante gotejou, utilizando uma pipeta graduada, 36 gotas de uma solução de ácido clorídrico 5,0 mol/L sobre a solução alcalina.
Após o término da reação (despreze a variação de volume com a adição do ácido clorídrico), é de esperar que o pH da solução alcalina diminua de:

a) 2 para 1.
b) 13 para 12.
c) 10 para 8.
d) 9 para 8.
e) 13 para 11.

Dados:

Na = 23 u, H = 1 u, O = 16 u, Cℓ = 35,5 u

Volume de uma gota = 0,05 mL

**9.** (UFSC) Uma aplicação prática importante decorrente da mistura de soluções que reagem quimicamente entre si é a utilização da técnica de titulação. Essa técnica é empregada em laboratórios de pesquisa e de indústrias para determinar a concentração de soluções por meio da reação química entre volumes conhecidos de uma solução-problema com uma solução de concentração conhecida.

A figura abaixo mostra a variação do pH durante a titulação de uma solução de $HC\ell$ 0,10 mol · $L^{-1}$ com uma solução de NaOH 0,1 mol · $L^{-1}$, sendo utilizado um indicador ácido-base para sinalizar o ponto de equivalência da titulação.

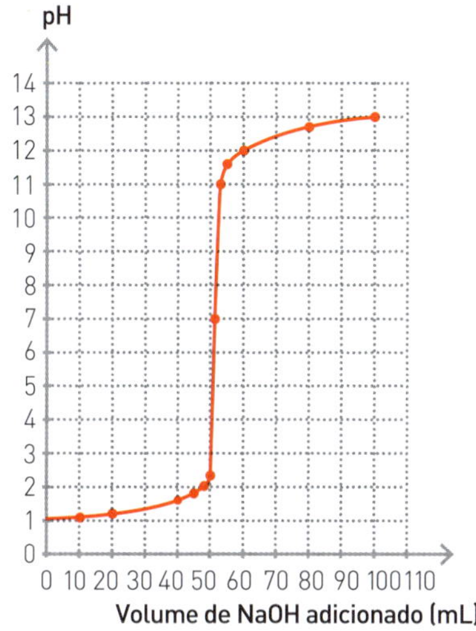


Reprodução/Arquivo da editora

De acordo com as informações indique a(s) proposição(ões) correta(s).

01) O pH da solução no ponto de equivalência é 7,0.

02) O pH da solução de $HC\ell$, antes do início da titulação, é igual a 2,0.

04) À medida que a base é adicionada à solução de ácido, a concentração de íons $H^+$ aumenta.

08) O pH aumenta muito rapidamente próximo do ponto de equivalência.

16) A figura indica que foram titulados 50 mL de $HC\ell$ 0,10 mol · $L^{-1}$.

32) Após o ponto de equivalência, a solução resultante adquire caráter básico.

64) No ponto de equivalência, há quantidades diferentes de mol de $HC\ell$ e de NaOH.

**10.** (ITA-SP) Considere as afirmações abaixo relativas à concentração (mol/L) das espécies químicas presentes no ponto de equivalência da titulação de um ácido forte (do tipo HA) com uma base forte (do tipo BOH):

I. A concentração do ânion $A^-$ é igual à concentração do cátion $B^+$.

II. A concentração do cátion $H^+$ é igual à constante de dissociação do ácido HA.

III. A concentração do cátion $H^+$ consumido é igual à concentração inicial do ácido HA.

IV. A concentração do cátion $H^+$ é igual à concentração do ânion $A^-$.

V. A concentração do cátion $H^+$ é igual à concentração do cátion $B^+$.

Das afirmações feitas, quais estão corretas?

a) Apenas I e III.
b) Apenas I e V.
c) Apenas I, II e IV.
d) Apenas II, IV e V.
e) Apenas III, IV e V.

**11.** (Cesgranrio-RJ) Considere o fosfato presente num solo sendo transformado em ácido fosfórico ($H_3PO_4$), e a análise do ácido fosfórico por solução padrão de hidróxido de sódio.

Reações que ocorrem:

I. $H_3PO_4 + NaOH \rightarrow NaH_2PO_4 + H_2O$
pH = 4,75

II. $NaH_2PO_4 + NaOH \rightarrow Na_2HPO_4 + H_2O$
pH = 9,75

III. $Na_2HPO_4 + NaOH \rightarrow Na_3PO_4 + H_2O$
pH = 12,2

Considere, ainda, a curva de neutralização do ácido fosfórico com a variação do pH a cada adição de solução de NaOH:

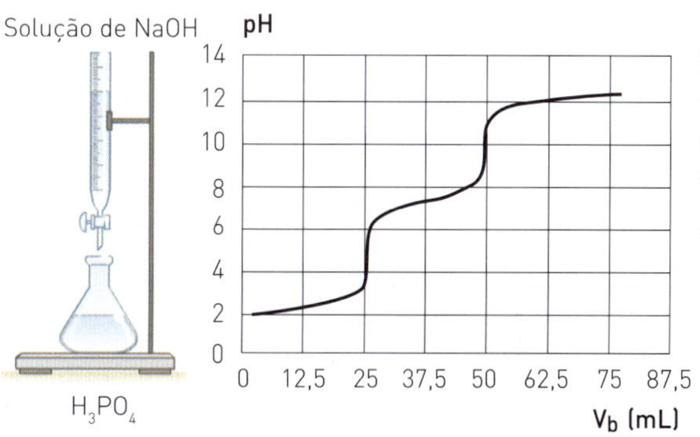


Ilustrações: Reprodução/Arquivo da editora

A respeito do que ocorre nessa análise, e considerando as informações fornecidas, está incorreto afirmar que:

a) na adição de 25 mL de solução de NaOH ocorre a reação estequiométrica representada pela equação **I**.

b) na adição de 50 mL de solução de NaOH ocorrem as reações estequiométricas representadas pelas equações **I** e **II**.

c) na adição de 75 mL de solução de NaOH ocorrem as reações estequiométricas representadas pelas equações **I**, **II** e **III**.

d) o volume de solução de NaOH gasto na 1ª reação é exatamente igual ao gasto na 2ª reação.

e) as três reações só se completam com a adição de exatamente 150 mL de solução de NaOH.

Conexão Indústria farmacêutica

# Um medicamento maravilhoso: aspirina

Desde épocas remotas, o ser humano tem procurado e usado substâncias para aliviar a dor. Já foram usados, com essa finalidade, álcool, ópio, cocaína, morfina e outras substâncias prejudiciais ao organismo.

Na Grécia antiga (século V a.C.), os gregos mascavam cascas de salgueiro para diminuir a dor e a febre. Por volta de 1860, a partir de extratos dessas cascas, os cientistas conseguiram determinar que o agente ativo era o **ácido salicílico**, que começou a ser usado intensamente.

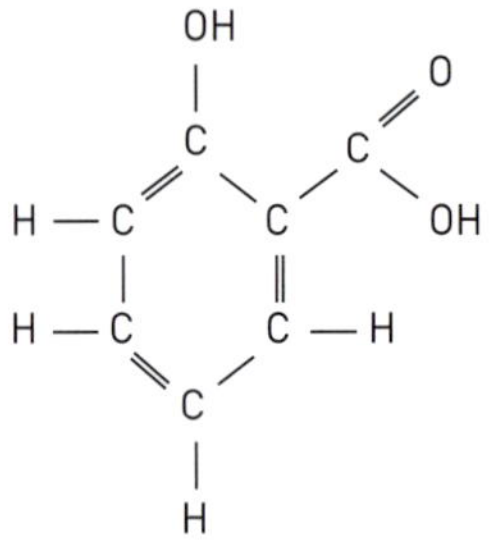

ou

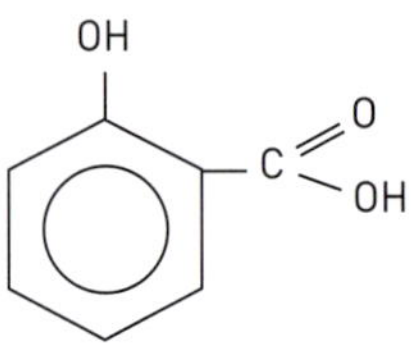

ácido salicílico

A aspirina começou a ser comercializada no dia 6 de março de 1899 e em pouco tempo tornou-se a droga escolhida nos casos que requeriam um analgésico e antipirético não muito forte. Hoje, a aspirina é o medicamento mais vendido no mundo.

No entanto, ao mesmo tempo que esse ácido era eficiente para o alívio da dor e da febre, ele apresentava gosto amargo e provocava irritação nas mucosas da boca e da garganta. Na década de 1890, a Bayer Company relatou que esses efeitos colaterais poderiam ser diminuídos usando-se uma nova substância, denominada **aspirina**, que foi obtida nos laboratórios da Bayer pela reação entre o ácido salicílico e o anidrido acético ($H_3CCOOCOCH_3$):

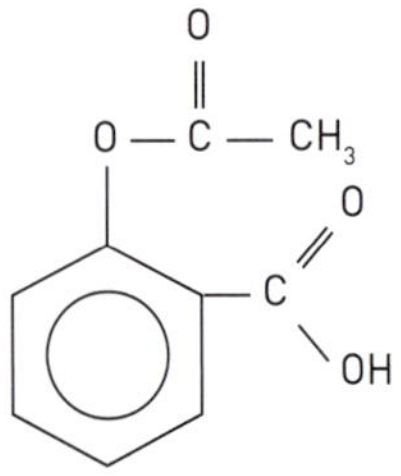

ácido acetilsalicílico
ou
aspirina (HAS ou AAS)

A aspirina reduz a dor, agindo de três maneiras diferentes:

- reduz a inflamação na região com infecção, o que diminui a pressão sobre as terminações nervosas, diminuindo a sensação de dor;
- diminui a temperatura aumentada pela inflamação devido à dilatação dos vasos sanguíneos, que sofrem constrição na região inflamada;
- impede a formação de prostaglandinas, substâncias causadoras da dor e da sua transmissão através do sistema nervoso.

No organismo, a absorção da aspirina ocorre na forma não ionizada, no estômago. Sua ionização é dificultada pelo pH do estômago, onde encontramos o ácido clorídrico ($HC\ell$), que é um ácido forte e, portanto, bastante ionizado:

$$HAS \rightleftharpoons AS^- + H^+$$
$$HC\ell \rightleftharpoons C\ell^- + H^+$$

A grande concentração de $H^+$ proveniente da ionização do $HC\ell$ dificulta a ionização do HAS, facilitando, assim, sua absorção pelas células do estômago. No interior das células, o HAS ioniza-se,

$$HAS \rightleftharpoons AS^- + H^+$$

o que dificulta sua passagem através das membranas das células gástricas e, consequentemente, seu retorno para o estômago.

Estudos médicos têm comprovado que o uso prolongado e intenso da aspirina altera as membranas gástricas, facilitando a volta de sua forma ionizada para o estômago, o que resulta em irritação, pequenos sangramentos e produção de ulcerações.

As melhores aspirinas disponíveis no comércio são chamadas **tamponadas**. Algumas delas contêm certa quantidade de $MgCO_3$, que é um sal básico:

$$\cancel{Mg^{2+}(aq)} + CO_3^{2-} + 2\,HOH\,(\ell) \rightleftharpoons \cancel{Mg^{2+}(aq)} + 2\,OH^- + H_2CO_3\,(aq)$$

ou, simplesmente:

$$CO_3^{2-}\,(aq) + 2\,HOH\,(\ell) \rightleftharpoons 2\,OH^-\,(aq) + H_2CO_3\,(aq)$$

Os íons $OH^-$ provenientes da hidrólise do $MgCO_3$, além de diminuírem a acidez do estômago e, consequentemente, a irritação da mucosa gástrica, deslocam o equilíbrio para a direita, aumentando a concentração da forma ionizada da aspirina no estômago:

$$HAS \rightleftharpoons H^+ + AS^-$$

Assim, devido à pequena superfície do estômago e ao fato de a forma ionizada não ser nele absorvida, a aspirina ingerida alcança o intestino delgado, onde ocorre a sua absorção e ela é lançada no sangue.

Nos seres humanos, somente 68% da aspirina comum ingerida via oral alcança o sistema circulatório. O uso de aspirinas tamponadas aumenta esse fator em aproximadamente 30%, chegando ao sangue cerca de 88% da aspirina ingerida.

Outras aspirinas tamponadas usam bases, como $Mg(OH)_2$ e $A\ell(OH)_3$, que agem da mesma maneira. Testes clínicos revelam que as aspirinas tamponadas são absorvidas mais rapidamente, diminuindo a dor num intervalo de tempo menor e diminuindo a irritação das mucosas do estômago.

As aspirinas tamponadas contêm antiácidos, mas não são realmente soluções-tampão, pois estas são formadas pela associação de um ácido fraco com um de seus sais e mantêm o seu pH constante, tanto em meio ácido como básico. Os antiácidos presentes nesse tipo de aspirina apenas neutralizam o ácido presente no estômago, mas não tamponam o meio.

Fonte: FU, Chauhwei J.; MELETHIL, Srikumaran; MASON, William D. *Journal of Pharmacokenetic and Biopharmaceutics*, v. 19, n. 2, 1991, p. 157-173.

## Por que o HC$\ell$ não "destrói" o estômago?

O estômago é um meio muito ácido, sendo sua acidez explicada pela presença do ácido clorídrico ($HC\ell$). Esse ácido é formado pelos íons cloreto ($C\ell^-$), encontrados nos alimentos ingeridos e no sal de cozinha, e pelos íons $H^+$ formados no sangue a partir do dióxido de carbono ($CO_2$):

$$CO_2 + H_2O \rightleftharpoons H_2CO_3 \rightleftharpoons H^+ + HCO_3^-$$

Os íons $H^+$ e $C\ell^-$ são transportados pelo sangue para o estômago através das paredes desse órgão, que não são atacadas pelo $HC\ell$ por serem revestidas por uma camada de células, a qual produz o muco. Essas células também impedem que os íons $H^+$ e $C\ell^-$ retornem para o sangue.

CAPÍTULO 32

# Constante do produto de solubilidade ($K_s$)

Muitos processos naturais dependem da precipitação e da dissolução de sais pouco solúveis. Os rins, por exemplo, excretam continuamente substâncias pouco solúveis, tais como fosfato de cálcio e oxalato de cálcio. Quando a urina se torna saturada por essas substâncias, elas se cristalizam, originando os cálculos renais. O tempo médio para a formação de um cálculo renal é de dois a três anos.

Dr. Allan Harris/Easypix Brasil

SGO/Easypix Brasil

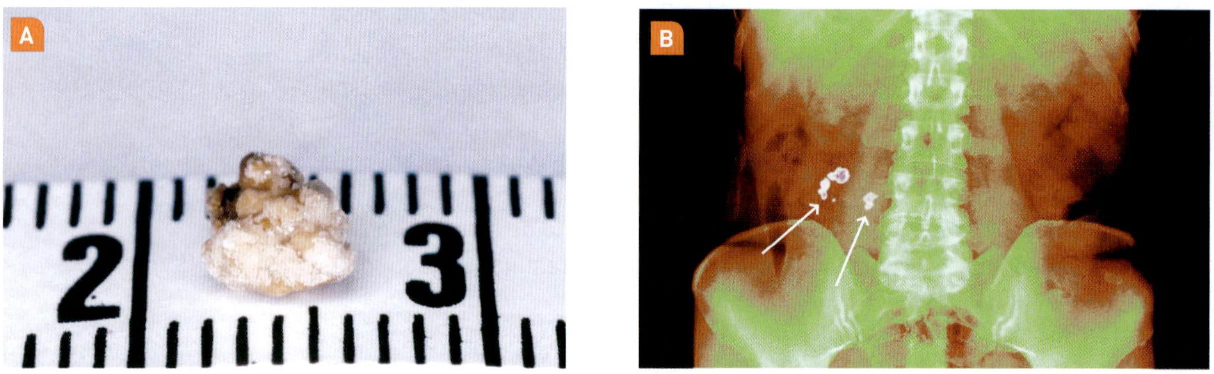


Na urina existem vários compostos dissolvidos em um equilíbrio que pode ser deslocado no sentido da formação de um precipitado ou da solubilização. Alguns fatores, como infecções, distúrbios metabólicos, baixa quantidade de água na urina, favorecem a precipitação e a consequente formação de cristais, por exemplo, o oxalato de cálcio, originando os chamados cálculos (A), indicados por setas em (B).

Fabio Colombini/Acervo do fotógrafo

No solo da caverna, as estalagmites se formam a partir de gotas de água contendo $HCO_3^-$ (aq) e $Ca^{2+}$ (aq) que caem das estalactites. O deslocamento do equilíbrio para a esquerda precipita o $CaCO_3$ (s).Tanto as estalactites como as estalagmites aumentam seu tamanho em 1 cm a cada 300 anos.

Os urologistas recomendam às pessoas propensas a apresentar cálculos renais a ingestão diária mínima de oito copos de água, para evitar a saturação da urina.

Outro processo natural relacionado com a precipitação de sais pouco solúveis é a formação de cavernas com estalactites e estalagmites, em regiões calcárias.

O calcário foi formado há milhões de anos a partir de depósitos de conchas no fundo do mar, que foram compactados e deslocados pelos movimentos da crosta terrestre.

O calcário é constituído principalmente de um sal pouco solúvel, o carbonato de cálcio ($CaCO_3$), cujo produto de solubilidade é pequeno: $3{,}8 \cdot 10^{-9}$. Esse sal, porém, é bastante solúvel em soluções ácidas.

Quando a água, contendo $CO_2$ e alguns ácidos provenientes da decomposição de vegetais, entra em contato com o calcário, presente no solo, ocorre a reação abaixo, que constitui um sistema reversível.

$$CaCO_3\,(s) + H_2O\,(\ell) + CO_2\,(aq) \rightleftharpoons Ca^{2+}\,(aq) + 2\,HCO_3^-\,(aq)$$

A água, contendo essas espécies em equilíbrio, infiltra-se pelas fissuras do solo e goteja pelo teto das cavernas. Com a evaporação da água, o equilíbrio se desloca para a esquerda, ocorrendo a liberação do $CO_2$ para o ar e a precipitação do $CaCO_3$, originando formações com aspecto visual característico no teto das cavernas: as estalactites.

# Produto de solubilidade

Vamos considerar um sistema contendo uma solução saturada de fosfato de cálcio, $Ca_3(PO_4)_2$, e um corpo de fundo desse mesmo sal.

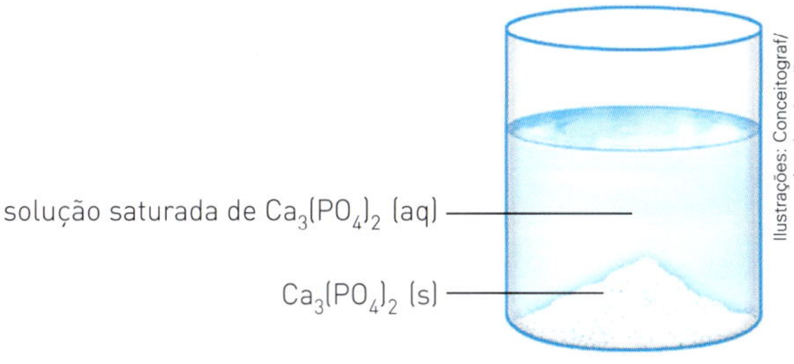


Ilustrações: Conceitograf/ Arquivo da editora

Por mais que agitemos a solução, à temperatura constante, a quantidade de corpo de fundo não se altera porque está estabelecido um equilíbrio entre o corpo de fundo e os íons presentes na solução:

$$Ca_3(PO_4)_2\ (s) \underset{v_p}{\overset{v_d}{\rightleftharpoons}} 3\ Ca^{2+}\ (aq) + 2\ PO_4^{3-}\ (aq)$$

- $v_d$ = velocidade de dissolução
- $v_p$ = velocidade de precipitação

Em um equilíbrio, a velocidade de dissolução (reação direta) é igual à velocidade de precipitação (reação inversa), por isso a quantidade de corpo de fundo não se altera.

A constante desse equilíbrio heterogêneo é denominada **constante do produto de solubilidade** e é representada por $K_s$. Sua expressão, para a solução do exemplo, é dada por:

$$K_s = [Ca^{2+}]^3 \cdot [PO_4^{3-}]^2$$

Uma vez que a concentração de sólidos não consta da expressão da constante de equilíbrio, é importante observar que as concentrações das espécies relacionadas a $K_s$ estão presentes na solução saturada e não dependem da quantidade de corpo de fundo. Assim, temos o **princípio do produto de solubilidade**:

> Em qualquer solução aquosa saturada de sal ou base (composto iônico) pouco solúvel, o produto das concentrações dos íons — cada um elevado a um expoente igual a seu coeficiente na equação devidamente balanceada — é uma constante representada por PS, $K_{ps}$ ou $K_s$.

O valor numérico de $K_s$, como qualquer constante de equilíbrio, deve ser obtido experimentalmente e, uma vez determinado, pode ser tabelado para utilização posterior. A tabela a seguir indica os valores de $K_s$ de algumas substâncias, a 25 °C.

| Constante do produto de solubilidade ($K_s$), a 25 °C | | |
|---|---|---|
| **Substância** | **Fórmula** | **$K_s$** |
| hidróxido de alumínio | $A\ell(OH)_3$ | $4,6 \cdot 10^{-33}$ |
| cromato de bário | $BaCrO_4$ | $1,2 \cdot 10^{-10}$ |
| fluoreto de bário | $BaF_2$ | $1,0 \cdot 10^{-6}$ |
| sulfato de bário | $BaSO_4$ | $1,1 \cdot 10^{-10}$ |
| oxalato de cádmio | $CdC_2O_4$ | $1,5 \cdot 10^{-8}$ |
| sulfeto de cádmio | $CdS$ | $8 \cdot 10^{-27}$ |
| carbonato de cálcio | $CaCO_3$ | $3,8 \cdot 10^{-9}$ |
| fluoreto de cálcio | $CaF_2$ | $3,4 \cdot 10^{-11}$ |
| oxalato de cálcio | $CaC_2O_4$ | $2,3 \cdot 10^{-9}$ |
| fosfato de cálcio | $Ca_3(PO_4)_2$ | $1 \cdot 10^{-28}$ |
| sulfato de cálcio | $CaSO_4$ | $2,4 \cdot 10^{-5}$ |
| sulfeto de cobalto II | $CoS$ | $4 \cdot 10^{-21}$ |
| hidróxido de cobre II | $Cu(OH)_2$ | $2,6 \cdot 10^{-19}$ |
| sulfeto de cobre II | $CuS$ | $6 \cdot 10^{-36}$ |
| hidróxido de ferro II | $Fe(OH)_2$ | $8 \cdot 10^{-16}$ |
| sulfeto de ferro II | $FeS$ | $6 \cdot 10^{-18}$ |
| hidróxido de ferro III | $Fe(OH)_3$ | $2,5 \cdot 10^{-39}$ |
| arseniato de chumbo II | $Pb_3(AsO_4)_2$ | $4 \cdot 10^{-36}$ |
| cloreto de chumbo II | $PbC\ell_2$ | $1,6 \cdot 10^{-5}$ |
| cromato de chumbo II | $PbCrO_4$ | $1,8 \cdot 10^{-14}$ |
| iodeto de chumbo II | $PbI_2$ | $6,5 \cdot 10^{-9}$ |
| sulfato de chumbo II | $PbSO_4$ | $1,7 \cdot 10^{-8}$ |
| sulfeto de chumbo II | $PbS$ | $2,5 \cdot 10^{-27}$ |
| arseneto de magnésio | $Mg_3(AsO_4)_2$ | $2 \cdot 10^{-20}$ |
| carbonato de magnésio | $MgCO_3$ | $1,0 \cdot 10^{-5}$ |
| hidróxido de magnésio | $Mg(OH)_2$ | $1,8 \cdot 10^{-11}$ |
| oxalato de magnésio | $MgC_2O_4$ | $8,5 \cdot 10^{-5}$ |
| sulfeto de manganês II | $MnS$ | $2,5 \cdot 10^{-10}$ |
| cloreto mercuroso I | $Hg_2C\ell_2$ | $1,3 \cdot 10^{-18}$ |
| sulfeto de mercúrio II | $HgS$ | $1,6 \cdot 10^{-52}$ |
| hidróxido de níquel II | $Ni(OH)_2$ | $2,0 \cdot 10^{-15}$ |
| sulfeto de níquel II | $NiS$ | $3 \cdot 10^{-19}$ |
| acetato de prata | $AgC_2H_3O_2$ | $2,0 \cdot 10^{-3}$ |
| brometo de prata | $AgBr$ | $5,0 \cdot 10^{-13}$ |
| cloreto de prata | $AgC\ell$ | $1,8 \cdot 10^{-10}$ |
| cromato de prata | $Ag_2CrO_4$ | $1,1 \cdot 10^{-12}$ |
| iodeto de prata | $AgI$ | $1 \cdot 10^{-16}$ |
| sulfeto de prata | $Ag_2S$ | $6 \cdot 10^{-50}$ |
| carbonato de estrôncio | $SrCO_3$ | $9,3 \cdot 10^{-10}$ |
| cromato de estrôncio | $SrCrO_4$ | $3,5 \cdot 10^{-5}$ |
| sulfato de estrôncio | $SrSO_4$ | $2,5 \cdot 10^{-7}$ |
| hidróxido de zinco | $Zn(OH)_2$ | $2,1 \cdot 10^{-16}$ |
| sulfeto de zinco | $ZnS$ | $1,1 \cdot 10^{-21}$ |

Fonte: EBBING, Darrell; GAMMON, Steven D. *General Chemistry*. 9. ed. New York: Houghfon Mifflin Company, 2009. p. 703.

Conhecendo o valor da constante do produto de solubilidade ($K_s$) a dada temperatura, podemos determinar a solubilidade de uma substância na mesma temperatura.

Veja, por exemplo, como determinar a solubilidade do sulfeto de chumbo II (PbS) a partir do valor da sua $K_s$ presente na tabela ($K_s = 2,5 \cdot 10^{-27}$).

$$PbS\ (s) \rightleftharpoons Pb^{2+}\ (aq) + S^{2-}\ (aq) \qquad K_s = 2,5 \cdot 10^{-27}$$

A expressão da $K_s$ é:

$$K_s = [Pb^{2+}] \cdot [S^{2-}]$$

A concentração dos íons $Pb^{2+}$ (aq) e $S^{2-}$ (aq), no equilíbrio, corresponde à concentração de PbS dissolvido.

$$\begin{array}{ccccc} 1 \text{ mol de PbS dissolvido} & \xrightarrow{\text{produz}} & 1 \text{ mol de } Pb^{2+} & + & 1 \text{ mol de } S^{2-} \\ x \text{ mol/L} & \text{———} & x \text{ mol/L} & \text{———} & x \text{ mol/L} \end{array}$$

em que x mol/L é a solubilidade do PbS (s).

Assim, temos:

$$\begin{aligned} K_s &= [Pb^{2+}] \cdot [S^{2-}] \\ 2,5 \cdot 10^{-27} &= x \cdot x \\ 25 \cdot 10^{-28} &= x^2 \\ x &= \sqrt{25 \cdot 10^{-28}} \\ x &= 5 \cdot 10^{-14} \text{ mol/L} \end{aligned}$$

A quantidade de $5 \cdot 10^{-14}$ mol de PbS satura 1,0 L de água, ou seja, sua solubilidade é $5 \cdot 10^{-14}$ mol/L.

Conhecendo a solubilidade do sal, podemos determinar a sua $K_s$. Vamos considerar, por exemplo, que a solubilidade do $Ca_3(PO_4)_2$, a 25 °C, vale $10^{-6}$ mol/L. Isso indica que, em uma solução saturada, há $10^{-6}$ mol do sal dissolvido para cada litro de solução. Logo:

$$\begin{array}{lcccc} & Ca_3(PO_4)_2 & \xrightarrow{\text{origina na dissociação}} 3\ Ca^{2+}\ (aq) & + & 2\ PO_4^{3-}\ (aq) \\ \text{proporção} \left\{ \begin{array}{l} \\ \\ \end{array} \right. & 1 \text{ mol} & 3 \text{ mol} & & 2 \text{ mol} \\ & \underbrace{10^{-6} \text{ mol/L}}_{\text{dissocia}} & 3\ (10^{-6} \text{ mol/L}) & & 2\ (10^{-6} \text{ mol/L}) \end{array}$$

A expressão da $K_s$ desse sal é:

$$\begin{aligned} K_s &= [Ca^{2+}]^3 \cdot [PO_4^{3-}]^2 \\ K_s &= (3 \cdot 10^{-6})^3 \cdot (2 \cdot 10^{-6})^2 \\ K_s &= 1,08 \cdot 10^{-28} \end{aligned}$$

É muito comum dizer que, quanto menor a $K_s$, menos solúvel é o sal ou a base. No entanto, isso só será verdade se os íons presentes na solução estiverem na mesma proporção quando da dissociação do sal ou da base, à mesma temperatura. Assim, por exemplo:

$$K_s \text{ do } BaSO_4 \Rightarrow K_s = [Ba^{2+}] \cdot [SO_4^{2-}] = 1,1 \cdot 10^{-10}$$

$$K_s \text{ do AgI} \Rightarrow K_s = [Ag^+] \cdot [I^-] = 1,5 \cdot 10^{-16}$$

Nesse caso, podemos dizer que o AgI é menos solúvel que o $BaSO_4$.

Se a proporção entre os íons provenientes das espécies comparadas não for a mesma, a mais solúvel será a que apresentar maior solubilidade. Assim, não se deve comparar as $K_s$.

Vamos agora considerar o seguinte equilíbrio:

$$AgI\ (s) \rightleftharpoons Ag^{+}\ (aq) + I^{-}\ (aq)$$

A expressão do seu produto de solubilidade é:

$$K_s = [Ag^{+}] \cdot [I^{-}]$$

O valor da $K_s$, obtido na tabela, é:

$$K_s = 10^{-16}\ (\text{a } 25\ °C)$$

Considerando também três sistemas obtidos pela dissolução de diferentes quantidades de AgI (s), em um mesmo volume de água, a 25 °C:

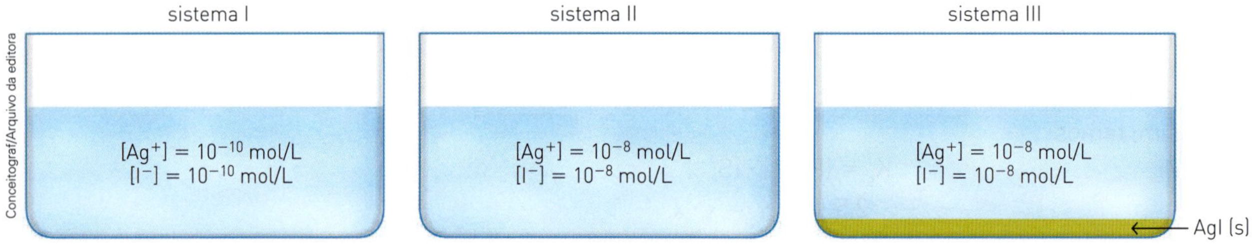


| sistema I | sistema II | sistema III |
|---|---|---|
| $[Ag^{+}] \cdot [I^{-}] = (10^{-10}) \cdot (10^{-10})$ | $[Ag^{+}] \cdot [I^{-}] = (10^{-8}) \cdot (10^{-8})$ | $[Ag^{+}] \cdot [I^{-}] = (10^{-8}) \cdot (10^{-8})$ |
| $[Ag^{+}] \cdot [I^{-}] = 10^{-20}$ | $[Ag^{+}] \cdot [I^{-}] = 10^{-16}$ | $[Ag^{+}] \cdot [I^{-}] = 10^{-16}$ |
| $10^{-20} < K_s = 10^{-16}$ | $10^{-16} = K_s = 10^{-16}$ | $10^{-16} = K_s = 10^{-16}$ |
| solução não saturada | solução saturada | solução saturada com corpo de fundo |

Assim, podemos concluir que:

$[Ag^{+}] \cdot [I^{-}] < K_s$: solução **não saturada**.

$[Ag^{+}] \cdot [I^{-}] = K_s$: solução **saturada**.

Graficamente, temos:

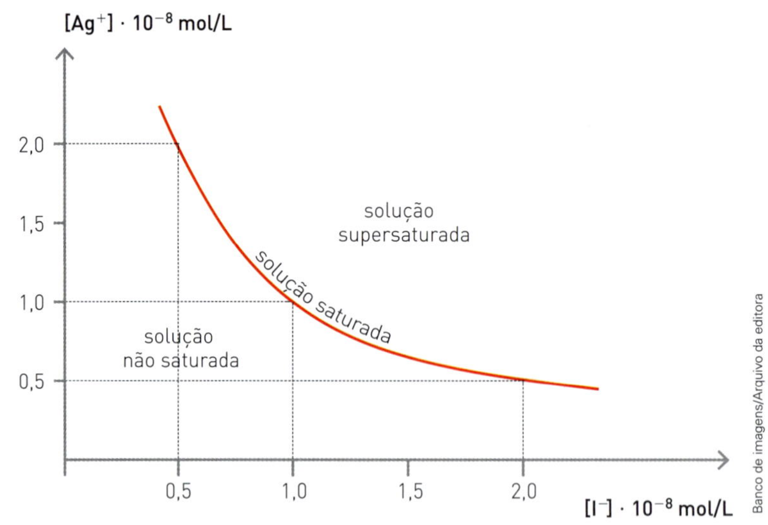


Somente em soluções supersaturadas, que são altamente instáveis, o produto das concentrações em mol/L resulta em um valor maior do que a $K_s$, ou seja:

$$[Ag^{+}] \cdot [I^{-}] > K_s$$

Qualquer alteração no sistema provoca a precipitação da quantidade de substância que ultrapassa o valor da $K_s$.

# Efeito do íon comum e solubilidade

Quando adicionamos uma solução aquosa de ácido clorídrico ($HC\ell$) a uma solução aquosa saturada de cloreto de prata ($AgC\ell$), ocorre a formação de um precipitado de cloreto de prata.

Isso acontece porque a solução saturada já apresentava a máxima quantidade de $AgC\ell$ que podia ser dissolvida nesse volume de água, à temperatura ambiente; logo, as concentrações em mol/L de $Ag^+$ e $C\ell^-$ eram as maiores possíveis.

Analisando o equilíbrio, temos:

$$AgC\ell\ (s) \rightleftharpoons Ag^+\ (aq) + C\ell^-\ (aq)$$

A adição de $HC\ell$ (aq) faz aumentar a concentração de $C\ell^-$ (aq), que é o íon comum ao equilíbrio, o que provoca um deslocamento do equilíbrio para a esquerda, favorecendo a formação do precipitado de $AgC\ell$ (s).

É importante lembrar que a constante do produto de solubilidade ($K_s$) **não se altera**: $K_s = \downarrow [Ag^+] \cdot [C\ell^-] \uparrow$

Isso se dá porque um aumento na concentração de $C\ell^-$ acarretará uma diminuição da concentração de $Ag^+$, que precipita na forma de $AgC\ell$ (s). Além disso, como $K_s$ é uma constante de equilíbrio, ela só se altera com a temperatura.

Sérgio Dotta Jr./Arquivo da editora

Cloreto de prata: precipitado de cor branca.

## Exercícios resolvidos

**1.** Considere-se a solubilidade de 13 mg/L de $CaCO_3$ em água a 25 °C. Determine o produto de solubilidade do $CaCO_3$ nessa temperatura.
(Massa molar do $CaCO_3$ = 100 g · mol$^{-1}$.)

**Solução**

Inicialmente, devemos determinar a solubilidade do $CaCO_3$ em mol/L:

$$\left.\begin{array}{r} 1 \text{ mol de } CaCO_3 \text{ — } 100\text{ g} \\ x \text{ — } 13 \cdot 10^{-3}\text{ g} \end{array}\right\} x = 13 \cdot 10^{-5}\text{ mol/L}$$

Assim, a solubilidade é dada por:

13 mg/L = $13 \cdot 10^{-3}$ g/L = $13 \cdot 10^{-5}$ mol/L

$$\underbrace{CaCO_3}_{\substack{13 \cdot 10^{-5} \\ \text{dissociação}}} \rightleftharpoons \underset{13 \cdot 10^{-5}}{Ca^{2+}} + \underset{13 \cdot 10^{-5}}{CO_3^{2-}}$$

$$K_s = [Ca^{2+}] \cdot [CO_3^{2-}]$$
$$K_s = 13 \cdot 10^{-5} \cdot 13 \cdot 10^{-5}$$
$$K_s = 169 \cdot 10^{-10} \Rightarrow K_s = 1{,}69 \cdot 10^{-8}$$

**2.** Os produtos de solubilidade do $Ag_2CrO_4$ e do $Hg_2CrO_4$ são, respectivamente, $1{,}2 \cdot 10^{-12}$ e $2{,}0 \cdot 10^{-9}$, ambos a 25 °C.

a) Qual a solubilidade do $Hg_2CrO_4$, a 25 °C, em mol/L?

b) Qual o sal mais solúvel?

**Solução**

a) Devemos inicialmente representar a dissociação do $Hg_2CrO_4$ e escrever a expressão da sua $K_s$:

$$Hg_2CrO_4 \rightleftharpoons 2\ Hg^+ + 1\ CrO_4^{2-}$$
$$K_s = [Hg^+]^2 \cdot [CrO_4^{2-}]$$

Como já conhecemos o valor da $K_s$ e desejamos descobrir a sua solubilidade em mol/L, vamos chamá-la de x e substituí-la na expressão:

$$\underbrace{Hg_2CrO_4}_{\substack{\text{solubilidade } x \\ \text{dissociação}}} \rightleftharpoons \underset{2x}{2\ Hg^+} + \underset{x}{CrO_4^{2-}}$$

$$K_s = [Hg^+]^2 \cdot [CrO_4^{2-}]$$
$$2{,}0 \cdot 10^{-9} = (2x)^2 \cdot (x)$$
$$2{,}0 \cdot 10^{-9} = 4x^3$$
$$\frac{2{,}0}{4} \cdot 10^9 = x^3 \Rightarrow 0{,}5 \cdot 10^{-9} = x^3$$
$$x^3 = 500 \cdot 10^{-12} \Rightarrow x = 8 \cdot 10^{-4}\text{ mol/L}$$

b) Na solução, a quantidade de íons proveniente da dissociação de ambos os sais é a mesma:

$$Ag_2CrO_4 \rightleftharpoons 2\ Ag^+ + 1\ CrO_4^{2-}$$
$$Hg_2CrO_4 \rightleftharpoons 2\ Hg^+ + 1\ CrO_4^{2-}$$

Portanto, o sal de maior $K_s$ será o mais solúvel. Logo, o mais solúvel é o $Hg_2CrO_4$.

**3.** Considere o esquema abaixo:

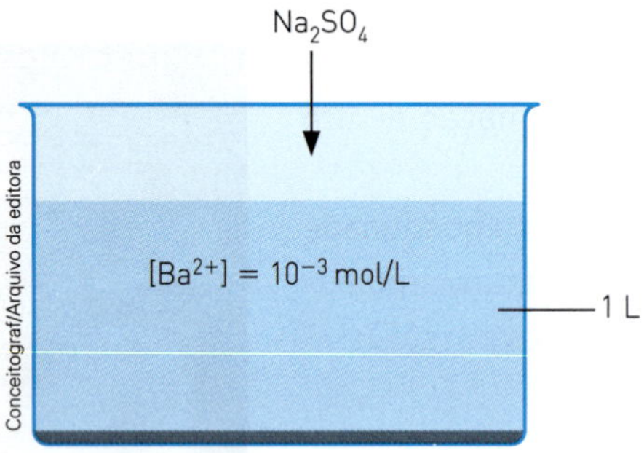


Qual é a concentração de $SO_4^{2-}$ que provoca a precipitação do sulfato de bário ($BaSO_4$)?
($K_s$ do $BaSO_4 = 1 \cdot 10^{-10}$.)

**Solução**

Devemos inicialmente calcular a $[SO_4^{2-}]$ capaz de saturar a solução:

$$K_s = [Ba^{2+}] \cdot [SO_4^{2-}]$$

presente na solução — está sendo adicionado

$$1 \cdot 10^{-10} = 10^{-3} \cdot [SO_4^{2-}]$$

$$[SO_4^{2-}] = \frac{1 \cdot 10^{-10}}{10^{-3}} \Rightarrow [SO_4^{2-}] = 1 \cdot 10^{-7}\ mol \cdot L^{-1}$$

A $[SO_4^{2-}] = 1 \cdot 10^{-7}$ mol/L satura a solução; logo, qualquer concentração superior a esse valor irá provocar a precipitação.

Precipita quando $[SO_4^{2-}] > 1 \cdot 10^{-7}\ mol \cdot L^{-1}$.

## Fundamentando seus conhecimentos

**1.** Considere os seguintes equilíbrios:

I. $BaSO_4\ (s) \rightleftharpoons Ba^{2+}\ (aq) + SO_4^{2-}\ (aq)$
II. $Fe(OH)_3\ (s) \rightleftharpoons Fe^{3+}\ (aq) + 3\ OH^-\ (aq)$
III. $Pb_3(PO_4)_2\ (s) \rightleftharpoons 3\ Pb^{2+}\ (aq) + 2\ PO_4^{3-}\ (aq)$

Escreva a expressão da constante do produto de solubilidade de cada um deles.

**2.** Escreva a equação que representa o equilíbrio de solubilidade e a expressão da constante do produto de solubilidade ($K_s$) para cada uma das substâncias a seguir:

a) AgBr;
b) $CaCO_3$;
c) $Ag_2SO_4$;
d) $PbI_2$;
e) $Ag_2S$;
f) $A\ell(OH)_3$;
g) $Mn(OH)_2$.

As informações a seguir devem ser utilizadas na resolução das questões **3** a **5**.

Certa quantidade de $AgC\ell$ foi dissolvida em água, originando uma solução saturada, que está representada pela ilustração abaixo.

Em uma solução saturada, o que é constante é o produto das concentrações dos íons presentes na solução, que é igual à $K_s$ da substância.

As ilustrações a seguir representam soluções aquosas de $AgC\ell$, em que a água e outros íons diferentes de $Ag^+$ e $C\ell^-$ foram omitidos.

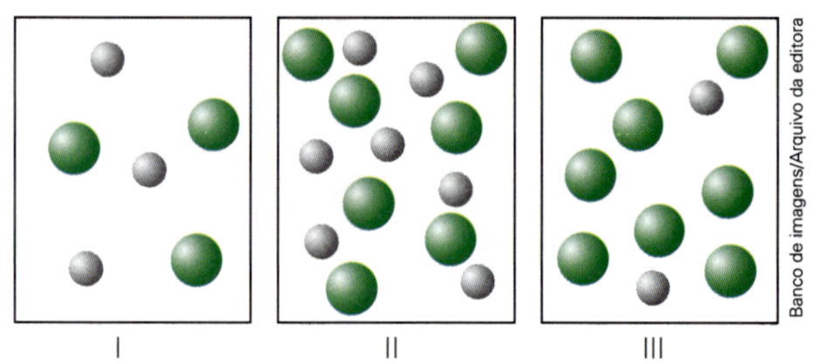


**3.** Classifique cada uma das soluções (I, II e III) em saturada, não saturada ou supersaturada.

**4.** Qual dessas soluções, submetida a uma agitação, irá precipitar?

**5.** Qual(is) dos seguintes sais, $NaNO_3$, $NaC\ell$ e $AgNO_3$, ao ser adicionado(s) à solução saturada de $AgC\ell$, provocaria(m) uma precipitação? Justifique sua resposta.

**6.** O hidróxido de ferro III é uma base fraca e pouco solúvel. Em certa temperatura, a sua $K_s$ é $2{,}7 \cdot 10^{-27}$. Determine a solubilidade do $Fe(OH)_3$ em mol/L.

**7.** O sulfato de bário é utilizado como contraste em radiografias gastrintestinais (fotografia abaixo). Sabendo que a solubilidade do $BaSO_4$, em certa temperatura, é $1{,}0 \cdot 10^{-5}$ mol/L, determine a sua $K_s$.

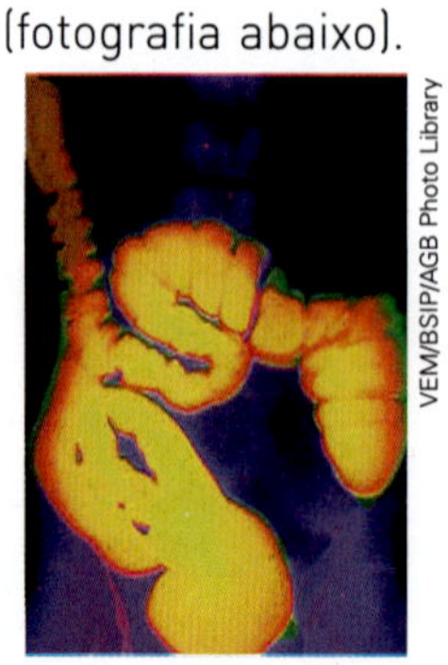


Radiografia do intestino grosso, que tem em média 1,5 m de comprimento.

# Desenvolvendo seus conhecimentos

**1.** (Uerj) A atividade humana tem sido responsável pelo lançamento inadequado de diversos poluentes na natureza. Dentre eles, destacam-se:

- amônia: proveniente de processos industriais;
- dióxido de enxofre: originado da queima de combustíveis fósseis;
- cádmio: presente em pilhas e baterias descartadas.

Em meio básico, o íon metálico do cádmio forma o hidróxido de cádmio ($Cd(OH)_2$), pouco solúvel na água. Sabendo que, a 25 °C, a solubilidade do hidróxido de cádmio é aproximadamente de $2 \cdot 10^{-5}$ mol · $L^{-1}$, determine a constante de seu produto de solubilidade.

Leia o texto para responder à questão.

**Experiência – Escrever uma mensagem secreta no laboratório**

**Materiais e Reagentes Necessários**

- Folha de papel
- Pincel fino
- Difusor
- Solução de fenolftaleína
- Solução de hidróxido de sódio 0,1 mol/L ou solução saturada de hidróxido de cálcio

**Procedimento Experimental**

Utilizando uma solução incolor de fenolftaleína, escreva com um pincel fino uma mensagem numa folha de papel.

A mensagem permanecerá invisível.

Para revelar essa mensagem, borrife a folha de papel com uma solução de hidróxido de sódio ou de cálcio, com o auxílio de um difusor.

A mensagem aparecerá magicamente com a cor vermelha.

**Explicação**

A fenolftaleína é um indicador que fica vermelho na presença de soluções básicas, nesse caso, uma solução de hidróxido de sódio ou de cálcio.

<http://tinyurl.com/o2vav8v> Acesso em: 31.08.15. Adaptado.

**2.** (Fatec-SP) Para obtermos 100 mL de uma solução aquosa saturada de hidróxido de cálcio, $Ca(OH)_2$, para um experimento, devemos levar em consideração a solubilidade desse composto.

Sabendo que o produto de solubilidade do hidróxido de cálcio é $5{,}5 \cdot 10^{-6}$, a 25 °C, a solubilidade dessa base em mol/L é, aproximadamente,

Dados: $Ca(OH)_2\ (s) \rightleftharpoons Ca^{2+}\ (aq) + 2\ OH^-\ (aq)$

$$K_{ps} = [Ca^{2+}] \cdot [OH^-]^2$$

a) $1 \cdot 10^{-2}$
b) $1 \cdot 10^{-6}$
c) $2 \cdot 10^{-6}$
d) $5 \cdot 10^{-4}$
e) $5 \cdot 10^{-6}$

**3.** (PUC-RJ) Carbonato de cobalto é um sal muito pouco solúvel em água e, quando saturado na presença de corpo de fundo, a fase sólida se encontra em equilíbrio com os seus íons no meio aquoso.

$$CoCO_3\ (s) \rightleftharpoons Co^{2+}\ (aq) + CO_3^{2-}\ (aq)$$

Sendo o produto de solubilidade do carbonato de cobalto, a 25 °C, igual a $1{,}0 \cdot 10^{-10}$, a solubilidade do sal, em mol · $L^{-1}$, nessa temperatura é

a) $1{,}0 \cdot 10^{-10}$
b) $1{,}0 \cdot 10^{-9}$
c) $2{,}0 \cdot 10^{-8}$
d) $1{,}0 \cdot 10^{-8}$
e) $1{,}0 \cdot 10^{-5}$

**4.** (Acafe-SC) Cálculo renal, também conhecido como pedra nos rins, são formações sólidas contendo várias espécies químicas, entre elas o fosfato de cálcio, que se acumula nos rins, causando enfermidades.

Assinale a alternativa que contém a concentração dos íons $Ca^{2+}$ em uma solução aquosa saturada de fosfato de cálcio ($Ca_3(PO_4)_2$).

Dado: Considere que a temperatura seja constante e o produto de solubilidade ($K_{ps}$) do fosfato de cálcio em água seja $1{,}08 \cdot 10^{-33}$.

$$Ca_3(PO_4)_2\ (s) \rightleftharpoons 3\ Ca^{2+}\ (aq) + 2\ PO_4^{3-}\ (aq)$$

a) $3 \cdot 10^{-7}$ mol/L
b) $1 \cdot 10^{-7}$ mol/L
c) $2 \cdot 10^{-7}$ mol/L
d) $27 \cdot 10^{-7}$ mol/L

**5.** (Uece) O sulfeto de cádmio é um sólido amarelo e semicondutor, cuja condutividade aumenta quando se incide luz sobre o material. É utilizado como pigmento para a fabricação de tintas e a construção de fotorresistores (em detectores de luz). Considerando o $K_{ps}$ do sulfeto de cádmio a 18 °C igual a $4 \cdot 10^{-30}$, a solubilidade do sulfeto de cádmio àquela temperatura será

Dado: Massa molar do sulfeto de cádmio = = 144,5 g/mol

a) $2{,}89 \cdot 10^{-13}$ g/L
b) $3{,}75 \cdot 10^{-13}$ g/L
c) $1{,}83 \cdot 10^{-13}$ g/L
d) $3{,}89 \cdot 10^{-13}$ g/L

6. (UFG-GO) O produto de solubilidade, $K_{ps}$, fornece informação sobre a solubilidade de sais em água. A tabela a seguir apresenta o $K_{ps}$ de dois sais de iodo.

| Sal | $K_{ps}$ |
|---|---|
| CuI | $1,0 \cdot 10^{-12}$ |
| $BiI_3$ | $2,7 \cdot 10^{-19}$ |

Considerando essas informações, justifique qual dos sais é mais solúvel em água.

7. (Unifesp) Um composto iônico, a partir da concentração de sua solução aquosa saturada, a 25 °C, pode ser classificado de acordo com a figura quanto à solubilidade em água.

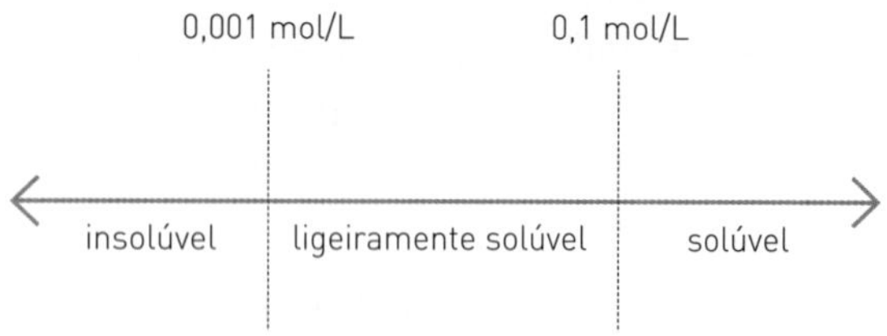


Reprodução/Arquivo da editora

Um litro de solução aquosa saturada de $PbSO_4$ (massa molar = 303 g/mol), a 25 °C, contém 45,5 mg de soluto. O produto de solubilidade do $CaCrO_4$ a 25 °C é $6,25 \cdot 10^{-4}$. Quanto à solubilidade em água a 25 °C, os compostos $PbSO_4$ e $CaCrO_4$ podem ser classificados, respectivamente, como:

a) Insolúvel e ligeiramente solúvel.
b) Insolúvel e solúvel.
c) Insolúvel e insolúvel.
d) Ligeiramente solúvel e insolúvel.
e) Ligeiramente solúvel e solúvel.

8. (UPE) O sulfato cúprico, CuS é um sal muito pouco solúvel em água. O número de cátions $Cu^{2+}$ existente em 10,0 mL de solução saturada desse sal é

Dados: $K_{ps} = 9,0 \cdot 10^{-36}$; $N = 6 \cdot 10^{23}$.

a) $10^4$
b) $1,8 \cdot 10^4$
c) $2 \cdot 10^{23}$
d) $1,5 \cdot 10^4$
e) $3 \cdot 10^{-18}$

TEXTO PARA A PRÓXIMA QUESTÃO:

Grande parte dos pacientes com hiperparatiroidismo brando exibe poucos sinais de doença óssea e raras anormalidades inespecíficas, em consequência da elevação do nível do cálcio, mas apresenta tendência extrema à formação de cálculos renais. Isso se deve ao fato de que o excesso de cálcio e fosfato absorvidos pelos intestinos ou mobilizados dos ossos no hiperparatiroidismo será finalmente excretado pelos rins, ocasionando aumento proporcional nas concentrações dessas substâncias na urina. Em decorrência disso, os cristais de oxalato tendem a se precipitar nos rins, dando origem a cálculos com essa composição.

9. (FMP-RJ)

a) O produto de solubilidade do oxalato de cálcio ($CaC_2O_4$) a 25 °C é $2,6 \cdot 10^{-9}$. Determine a concentração de íons $C_2O_4^{2-}$ eliminados pela urina, sabendo-se que a concentração dos íons cálcio presente no exame EAS (Elementos Anormais e Sedimentos) é de $4 \cdot 10^{-3}\ mol \cdot L^{-1}$ e que, nesse caso, a urina apresenta uma solução saturada de oxalato de cálcio.

b) A reação de hidrólise do oxalato de cálcio está abaixo representada.

$$C_2O_4^{2-} + 2\ H_2O \rightleftharpoons H_2C_2O_4 + 2\ OH^-$$

Se um paciente tem uma dieta rica em alimentos cítricos como, por exemplo, brócolis, repolho, fígado, couve-flor, couve, espinafre, tomate, etc., bem como rica em frutas como limão, morango, acerola e laranja dificultará a formação dos cristais de oxalato encontrados na urina.

Justifique essa dieta como tratamento alimentar com base no Princípio de Le Chatelier.

10. (UFF-RJ) O seguinte equilíbrio ocorre em meio aquoso:

$$PbI_2\ (s) \rightleftharpoons Pb^{2+}\ (aq) + 2\ I^-\ (aq)$$
$$K_{ps}\ (PbI_2) = 8,3 \cdot 10^{-9}$$

Pode-se afirmar que:

a) se $[Pb^{2+}] \cdot [I^-]^2 = K_{ps}$, então a solução é insaturada.
b) se $[Pb^{2+}] \cdot [I^-]^2 > K_{ps}$, então a solução é saturada.
c) se $[Pb^{2+}] \cdot [I^-]^2 < K_{ps}$, então a solução é supersaturada.
d) se $[Pb^{2+}] \cdot [I^-]^2 = K_{ps}$, então a solução é saturada.
e) se $[Pb^{2+}] \cdot [I^-]^2 > K_{ps}$, então a solução é insaturada.

**11.** (UFRN) Durante uma atividade de laboratório, Ana recebeu três frascos (I, II e III), cada qual contendo uma substância sólida não identificada. O professor informou que os frascos continham $Mg(OH)_2$, $Zn(OH)_2$ e $Ca(OH)_2$, cujas constantes de solubilidade, a 25 °C, eram:

- $Mg(OH)_2$ — $K_{ps} = 5{,}61 \cdot 10^{-12}$
- $Ca(OH)_2$ — $K_{ps} = 5{,}02 \cdot 10^{-6}$
- $Zn(OH)_2$ — $K_{ps} = 3{,}00 \cdot 10^{-17}$

Para identificar tais substâncias, Ana realizou o seguinte procedimento: inicialmente, usando água destilada, preparou soluções saturadas das substâncias I, II e III. Em seguida, mediu a condutividade elétrica (a 25 °C) de cada solução, verificando que os resultados obtidos satisfaziam a seguinte relação: $\sigma(I) > \sigma(II) > \sigma(III)$. Concluindo o experimento, Ana identificou corretamente as substâncias dos frascos I, II e III, respectivamente, como:

a) $Ca(OH)_2$, $Zn(OH)_2$ e $Mg(OH)_2$.
b) $Ca(OH)_2$, $Mg(OH)_2$ e $Zn(OH)_2$.
c) $Zn(OH)_2$, $Ca(OH)_2$ e $Mg(OH)_2$.
d) $Mg(OH)_2$, $Ca(OH)_2$ e $Zn(OH)_2$.

**12.** (UFPR) O hidróxido de magnésio atua na neutralização do suco digestivo estomacal, sendo por isso amplamente utilizado na formulação de antiácidos. Baseado no equilíbrio $Mg(OH)_2 \rightleftharpoons Mg^{2+} + 2\ OH^-$, com constante de produto de solubilidade ($K_{ps}$) igual a $1{,}2 \cdot 10^{-11}$, a solubilidade molar e a concentração de íons hidroxila presentes numa solução saturada de $Mg(OH)_2$ são, respectivamente (considere $\sqrt[3]{3} = 1{,}44$):

a) $1{,}44 \cdot 10^{-4}$ mol · L$^{-1}$; $1{,}44 \cdot 10^{-4}$.
b) $2{,}89 \cdot 10^{-4}$ mol · L$^{-1}$; $0{,}72 \cdot 10^{-4}$.
c) $1{,}44 \cdot 10^{-4}$ mol · L$^{-1}$; $2{,}88 \cdot 10^{-4}$.
d) $3{,}46 \cdot 10^{-6}$ mol · L$^{-1}$; $0{,}72 \cdot 10^{-4}$.
e) $1{,}2 \cdot 10^{-11}$ mol · L$^{-1}$; $1{,}44 \cdot 10^{-4}$.

**13.** (UEM-PR) A hidroxiapatita é um componente do esmalte dos dentes que se apresenta insolúvel na saliva. Com base no equilíbrio químico abaixo apresentado e considerando que o pH da saliva é de aproximadamente 7,0, assinale o que for **correto**:

$$Ca_5(PO_4)_3OH\ (s) + n\ H_2O\ (\ell) \rightleftharpoons 5\ Ca^{2+}\ (aq) + 3\ PO_4^{3-}\ (aq) + OH^-\ (aq)$$

01) Vinagre e limão podem fazer com que diminua a concentração de hidroxiapatita do esmalte dos dentes.
02) O produto de solubilidade da hidroxiapatita é representado por: $K_{ps} = [Ca^{2+}]^5 \cdot [PO_4^{3-}]^3 \cdot [OH^-]$.
04) Alimentos com pH > 7 favorecem a solubilização da hidroxiapatita.
08) Por efeito do íon comum, alimentos com altas concentrações de Cálcio favorecem o deslocamento do equilíbrio para direita.
16) As concentrações íons $OH^-$ e $H_3O^+$ na saliva são praticamente iguais.

## Desafiando seus conhecimentos

**1.** (UFRRJ) A busca para se obter um maior tempo de vida exige diversos cuidados. Entre eles está o de realizar visitas periódicas a médicos, com o objetivo de diagnosticar doenças precocemente. Entretanto, diversas pessoas morreram intoxicadas, quando uma indústria fabricante de produtos farmacêuticos vendeu sulfato de bário ($BaSO_4$) contaminado com carbonato de bário ($BaCO_3$), para uso como contraste radiográfico.

a) Uma das formas de sintetizar o sulfato de bário é através da reação entre carbonato de bário e sulfato de cálcio ($CaSO_4$) em meio aquoso. Escreva essa equação balanceada.
b) Sabendo que a solubilidade molar do carbonato de bário, em determinada temperatura, vale $5{,}0 \cdot 10^{-5}$ mol/L, determine a constante do produto de solubilidade ($K_{ps}$) desse composto nessa temperatura.

$$BaCO_3\ (s) \rightleftharpoons Ba^{2+} + CO_3^{2-}$$

**2.** (UFC-CE) Considere as seguintes semirreações a 25 °C:

$Zn^{2+}\ (aq) + 2\ e^- \rightarrow Zn\ (s)$ $\quad E^0 = -0{,}76$ V

$Ag^+\ (aq) + e^- \rightarrow Ag\ (s)$ $\quad E^0 = +0{,}80$ V

Uma diferença de potencial de 0,97 V se estabelece entre o eletrodo de zinco imerso em uma solução contendo $Zn^{2+}$ nas condições padrão e o eletrodo de prata imerso em uma solução de cromato de prata ($Ag_2CrO_4$) parcialmente solubilizado.

Considerando a concentração de cromato igual a 0,01 mol/L, o produto de solubilidade do $Ag_2CrO_4$ é:

Dado: $Ag_2CrO_4\ (s) \rightleftharpoons 2\ Ag^+\ (aq) + CrO_4^{2-}\ (aq)$

a) $10^{-14}$
b) $10^{-12}$
c) $10^{-10}$
d) $10^{-8}$
e) $10^{-6}$

**3.** (UFRGS-RS) Se o produto de solubilidade do cloreto de césio ($CsC\ell$) é $K_s$, a solubilidade desse sal será igual a

a) $\frac{(K_s)}{2}$
b) $\sqrt{K_s}$
c) $(K_s)^2$
d) $2\ K_s$
e) $K_s$

**4.** (Uerj) Um inconveniente no processo de extração de petróleo é a precipitação de sulfato de bário ($BaSO_4$) nas tubulações. Essa precipitação se deve à baixa solubilidade desse sal, cuja constante do produto de solubilidade é $10^{-10}\ mol^2 \cdot L^{-2}$, a 25 °C. Admita um experimento no qual foi obtido sulfato de bário a partir da reação entre cloreto de bário e ácido sulfúrico.

Apresente a equação química completa e balanceada da obtenção do sulfato de bário no experimento e calcule a solubilidade desse sal, em $mol \cdot L^{-1}$, em uma solução saturada, a 25 °C.

**5.** (UFG-GO) A dissolução do cloreto de prata em água pode ser representada pela equação:

$$AgC\ell\ (s) \rightleftharpoons Ag^+\ (aq) + C\ell^-\ (aq)$$

O gráfico da concentração de íons prata e íons cloreto, que satisfaz à expressão para a constante do produto de solubilidade, é representado a seguir.

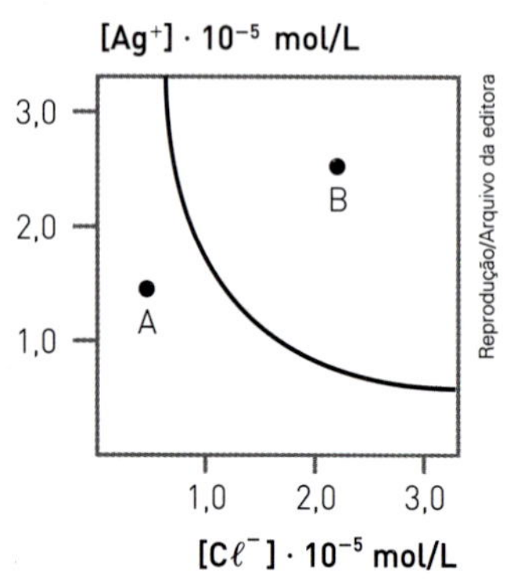


Analisando esse gráfico, julgue as proposições a seguir:

I. A curva representa a combinação de concentração de íons cloreto e íons prata, em que o equilíbrio é alcançado.
II. Partindo-se o ponto A até o ponto B (segmento AB), o sistema passa de solução para bifásico.
III. O valor da $K_{ps}$ está entre $1,5 \cdot 10^{-10}$ e $2,0 \cdot 10^{-10}$.
IV. O valor da $K_{ps}$ não varia acima da curva.

**6.** (UFPR)

Pesquisadores de Harvard desenvolveram uma técnica para preparar nanoestruturas auto-organizadas na forma que lembram flores. Para criar as estruturas de flores, o pesquisador dissolveu cloreto de bário e silicato de sódio num béquer. O dióxido de carbono do ar se dissolve naturalmente na água, desencadeando uma reação que precipita cristais de carbonato de bário. Como subproduto, ela também reduz o pH da solução que rodeia imediatamente os cristais, que então desencadeia uma reação com o silicato de sódio dissolvido. Esta segunda reação adiciona uma camada de sílica porosa que permite a formação de cristais de carbonato de bário para continuar o crescimento da estrutura.

("Beautiful 'flowers' self-assemble in a beaker". Disponível em <https://www.seas.harvard.edu/news/2013/05/beautiful-flowers-self-assemble-beaker>. Acesso em 10 ago. 2013)

Na tabela a seguir são mostrados valores de produto de solubilidade de alguns carbonatos.

| Sal | $K_{PS}$ (25 °C) |
|---|---|
| $BaCO_3$ | $8,1 \cdot 10^{-9}$ |
| $CaCO_3$ | $3,8 \cdot 10^{-9}$ |
| $SrCO_3$ | $9,4 \cdot 10^{-10}$ |

a) Suponha que num béquer foram dissolvidos cloretos de bário, cálcio e estrôncio de modo que as concentrações de cada sal é igual a 1 µmol/L. Com a dissolução natural do gás carbônico do ar, qual carbonato irá primeiramente cristalizar?
b) Num béquer há uma solução 1 µmol/L de cloreto de bário. Calcule qual a concentração de íons carbonato necessárias para que o cristal de carbonato de bário comece a se formar.
Dado 1 µmol = $10^{-6}$ mol

**7.** (Unifesp) Compostos de chumbo podem provocar danos neurológicos gravíssimos em homens e animais. Por essa razão, é necessário um controle rígido sobre os teores de chumbo liberado para o ambiente. Um dos meios de se reduzir a concentração do íon $Pb^{2+}$ em solução aquosa consiste em precipitá-lo, pela formação de compostos pouco solúveis, antes do descarte final dos efluentes. Suponha que sejam utilizadas soluções de sais de $Na^+$ com os ânions $X^{n-}$, listados na tabela a seguir, com concentrações finais de $X^{n-}$ iguais a $10^{-2}$ mol/L, como precipitantes:

| $X^{n-}$ ($10^{-2}$ mol/L) | Composto precipitado | Constante do produto de solubilidade a 25 °C |
|---|---|---|
| $CO_3^{2-}$ | $PbCO_3$ | $1,5 \cdot 10^{-13}$ |
| $CrO_4^{2-}$ | $PbCrO_4$ | $1,8 \cdot 10^{-14}$ |
| $SO_4^{2-}$ | $PbSO_4$ | $1,3 \cdot 10^{-19}$ |
| $S^{2-}$ | $PbS$ | $7,0 \cdot 10^{-29}$ |
| $PO_4^{3-}$ | $Pb_3(PO_4)_2$ | $3,0 \cdot 10^{-44}$ |

Indique a alternativa que contém o agente precipitante mais eficiente na remoção do $Pb^{2+}$ do efluente.

a) $CO_3^{2-}$
b) $CrO_4^{2-}$
c) $SO_4^{2-}$
d) $S^{2-}$
e) $PO_4^{3-}$

**8.** (UFG-GO) A figura a seguir apresenta quatro tubos de ensaio contendo diferentes soluções e informações sobre as constantes do produto de solubilidade.

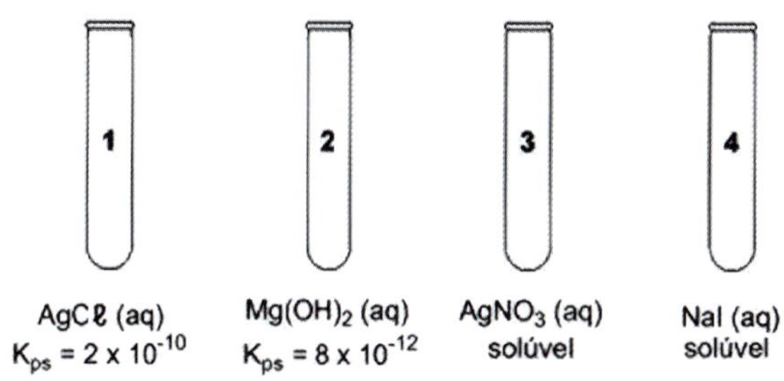


Reprodução/UFG-GO, 2014.

Dados: $K_{ps}$ para o $AgC\ell = 8 \cdot 10^{-17}$

$\sqrt{2} = 1,42$ $\sqrt[3]{2} = 1,26$

Considerando o exposto,

a) determine qual das substâncias presentes nos tubos 1 e 2 possui menor solubilidade. Justifique sua resposta utilizando o cálculo da solubilidade, em $mol \cdot L^{-1}$;
b) determine se haverá formação de precipitado após a mistura de alíquotas das soluções presentes nos tubos 3 e 4. Considere que, após a mistura, as concentrações dos íons $Ag^+$ e $I^-$ sejam iguais a $1,0 \cdot 10^{-4}$ $mol \cdot L^{-1}$.

**9.** (UFSM-RS) O sulfato de bário é um sal de grande importância na indústria farmacêutica. Ele é utilizado como contraste em radiografias do sistema digestório, permitindo que o intestino apareça no exame radiográfico, visto que esse sal absorve os Raios-X.

O sulfato de bário é industrialmente produzido por meio da reação a seguir, sendo o ácido adicionado em excesso para garantir a conversão total para o sal não tóxico (sulfato de bário).

$$BaCO_3\,(s) + H_2SO_4\,(\ell) \longrightarrow BaSO_4\,(s) + H_2O\,(\ell) + CO_2\,(g)$$

Para a produção do sal, foram misturados, no reator, 2 mol de carbonato de bário e 5 mol de ácido sulfúrico. Sabe-se que o produto de solubilidade dos sais é $8 \cdot 10^{-8}$ ($BaCO_3$) e $1 \cdot 10^{-10}$ ($BaSO_4$).

Afirma-se, então:

I. O sulfato de bário é menos solúvel que o carbonato de bário.
II. O volume de $CO_2$ liberado na produção do sal, nas condições normais de pressão e temperatura (CNTP), é igual a 22,4 L.
III. A massa de ácido sulfúrico em excesso, na produção do sal, é de 294 g.

Está(ão) correta(s)

a) apenas I.
b) apenas II.
c) apenas I e II.
d) apenas I e III.
e) apenas II e III.

**10.** (UFU-MG) Para verificar se em uma amostra de água existem traços de íon cloreto, um estudante, no laboratório de química, decidiu adicionar, lenta e continuamente, nitrato de prata, $AgNO_3$, 0,01 mol/L. É sabido que o produto de solubilidade do $AgC\ell$ é $2 \cdot 10^{-10}$. Teoricamente, o estudante previu que haveria:

a) Precipitação do cloreto de prata se a concentração do íon cloreto fosse maior ou igual a $2 \cdot 10^{-8}$ mol/L.
b) Efervescência, com liberação de gás carbônico, se a concentração do íon cloreto fosse menor ou igual a $2 \cdot 10^{-10}$ mol/L.
c) Liberação de odor característico, se o nitrato, ao reagir com o cloreto de concentração $10^{-2}$ mol/L, liberasse o gás amônia.
d) Mudança de cor da solução, indicando a presença de íon cloreto com concentração igual a 0,01 mol/L.

# Conexão Odontologia

## O pH, a solubilidade e a deterioração dos dentes

Os dentes são constituídos principalmente de um mineral conhecido por hidroxiapatita, cuja fórmula é $Ca_5(PO_4)_3OH$. A hidroxiapatita é insolúvel em água e parcialmente solúvel em soluções ácidas, que podem favorecer a deterioração dos dentes.

A carboidrato-proteína, mais conhecida por mucina, forma uma película sobre o dente denominada biofilme (placa). Se essa proteína não for removida pela escovação, o crescimento do biofilme (placa) retém as partículas dos alimentos, que irão nutrir as bactérias que fermentam carboidratos, os quais produzem ácido lático. Como a saliva não consegue dissolver a placa, a produção de ácido lático continua. Com isso, o pH fica abaixo de 4,5 (meio ácido). Os íons $H^+$ do meio reagem com a hidroxiapatita, neutralizando seus íons $OH^-$ e transformando os íons $PO_4^{3-}$ em $HPO_4^{2-}$. Veja a reação a seguir:

$$Ca_5(PO_4)_3OH\ (s) + 4\ H^+\ (aq) \rightleftharpoons 5\ Ca^{2+}\ (aq) + 3\ HPO_4^{2-}\ (aq) + H_2O\ (\ell)$$

O sal formado é solúvel em água e, por esse motivo, parte da hidroxiapatita se dissolve.

Se esse processo não for controlado, surgirão pequenas cavidades nos dentes, as cáries. A cárie é uma doença infectocontagiosa, assim, pode ser transmitida de um indivíduo para outro pela saliva. Os fatores que propiciam o aparecimento da cárie são: má higiene bucal, dieta alimentar incorreta, fluxo salivar, microrganismos, etc.

A corrosão dos dentes é mais rápida em pessoas com bulimia — distúrbio caracterizado pela ingestão de grandes quantidades de alimentos seguida de vômito provocado.

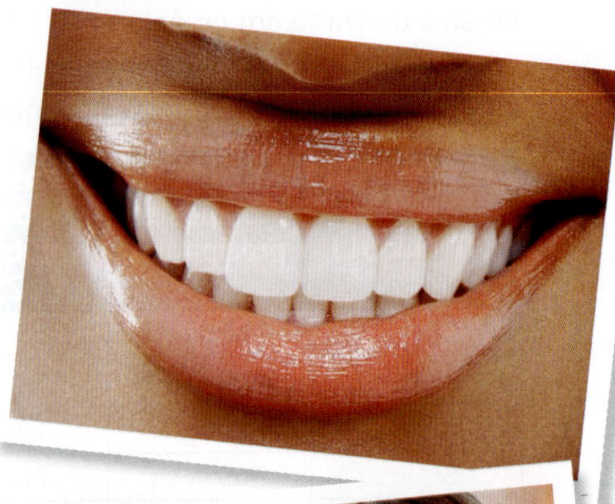

Kamira/Shutterstock

Os dentes são estruturas essenciais para a mastigação dos alimentos e, portanto, para a sobrevivência do ser humano. Por isso, devem ser muito bem cuidados.

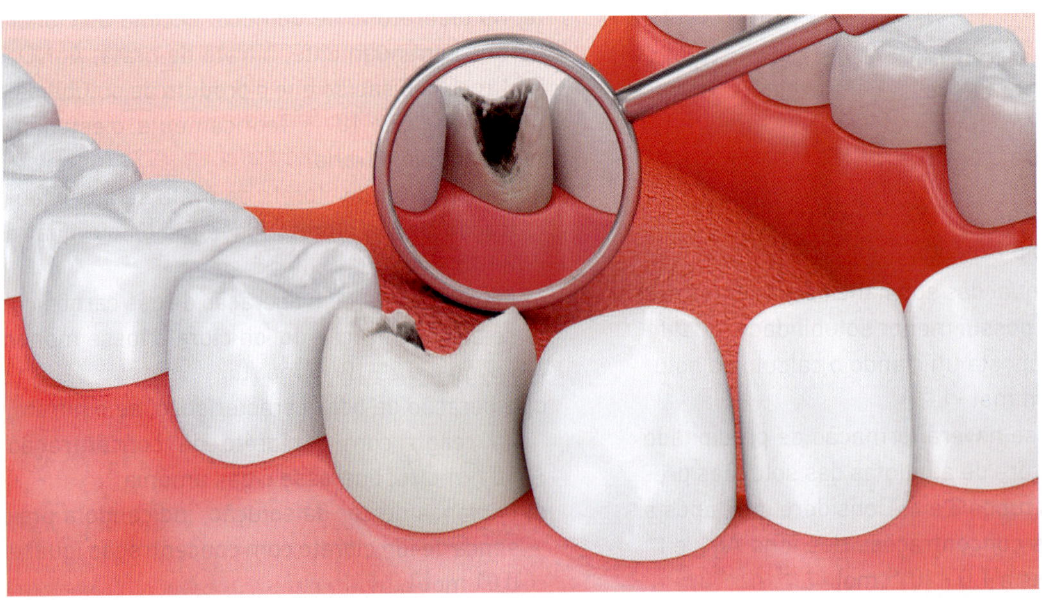

Alex Mit/Shutterstock

O surgimento de cáries nos dentes requer a intervenção de um dentista.

O ácido clorídrico do estômago, eliminado com o vômito, faz com que o pH da boca chegue ao redor de 1,5.

Além da escovação adequada e de consultas periódicas ao dentista, a adição de íons fluoreto ($F^-$) à água potável e a cremes dentais é um reforço importante no combate à deterioração dos dentes. O fluoreto transforma a hidroxiapatita em fluorapatita:

$$Ca_5(PO_4)_3OH\ (s) + F^-\ (aq) \rightleftharpoons Ca_5(PO_4)_3F\ (s) + OH^-\ (aq)$$

A fluorapatita é menos solúvel em ácidos do que a hidroxiapatita. Com isso, a deterioração dos dentes é menor.

Fontes das informações: <http://bvsms.saude.gov.br>; <http://qnint.snq.org.br>; <http://www.ascom.ufg.br>; <http://www.correiobraziliense.com.br>. Acesso em: 8 jun. 2018.

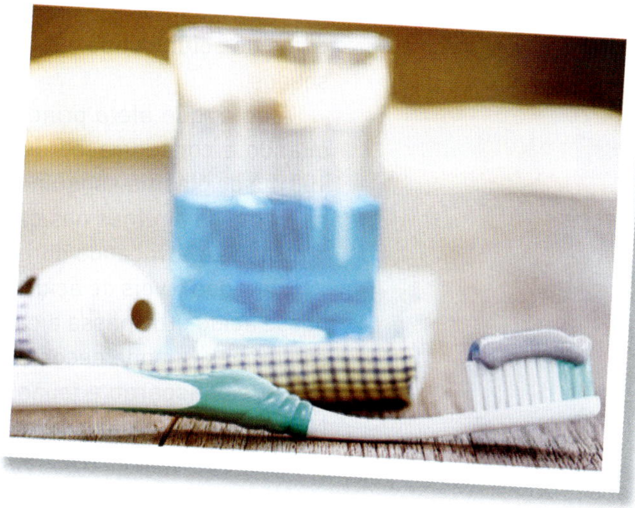

ong-photo9/Shutterstock

## Reflita

(Dados: massas molares: $Ca_5(PO_4)_3OH = 502\ g \cdot mol^{-1}$; $NaF = 42\ g \cdot mol^{-1}$; $F = 19\ g \cdot mol^{-1}$.)

**1.** Considere que 5,02 mg de hidroxiapatita estejam dissolvidos em 2 litros de água. Determine a concentração dessa solução em g/L e mol/L.

**2.** Uma amostra de água apresenta concentração de fluoreto ($F^-$) de 5 ppm. Determine a massa de fluoreto existente em 1 litro da amostra.

**3.** As duas equações apresentadas no texto são de oxirredução? Justifique.

**4.** Os íons fluoreto utilizados no tratamento da água são provenientes, principalmente, do fluoreto de sódio (NaF). Equacione a eletrólise ígnea desse sal.

**5.** A fadiga muscular é causada por acúmulo de ácido. Esse ácido foi mencionado no texto. Identifique-o.

**6.** Considere o equilíbrio:

$$Ca_5(PO_4)_3OH\ (s) + 4\ H^+\ (aq) \rightarrow 5\ Ca^{2+}\ (aq) + 3\ HPO_4^{2-}\ (aq) + H_2O\ (\ell) \qquad \Delta H < 0$$

a) Dê a expressão da $K_c$ e da $K_p$.

b) O que acontecerá com o equilíbrio se:

I. for aumentada a pressão?

II. for aumentada a temperatura?

III. for adicionado um ácido?

IV. for adicionada uma base?

V. for adicionado um catalisador?

**7.** No texto foram mencionados dois valores de pH. Indique para cada um deles os valores de pOH, $[OH^-]$ e $[H^+]$.

Conexão Saúde

# Gota

Tanto a gota como a formação de pedras nos rins estão relacionadas a substâncias presentes em nosso organismo, cujas concentrações excedem seus produtos de solubilidade e, como consequência, precipitam-se formando depósitos sólidos.

A gota, que afeta principalmente homens após os 40 anos de idade, ocorre quando a concentração de ácido úrico no plasma sanguíneo excede 7 mg por 100 mg de plasma sanguíneo a 37 °C. Formam-se depósitos insolúveis de cristais na forma de agulhas nas cartilagens, nos tendões e nos tecidos macios, incluindo os rins, provocando dores intensas na pessoa portadora desse mal.

Elevados níveis de ácido úrico (hiperuricemia) observados quando a produção desse ácido ultrapassa a capacidade que os rins têm de eliminá-lo. Essa produção excessiva pode decorrer de uma dieta muito rica em carne vermelha, peixe, cogumelo, aspargo e feijão, alimentos que apresentam altos teores de purina. No organismo, a purina é metabolizada com a formação de ácido úrico. Bebidas alcoólicas também contribuem para a produção excessiva desse ácido.

No tratamento da gota, além da mudança de hábitos alimentares, são empregados medicamentos que bloqueiam a produção e/ou aumentam a excreção de ácido úrico.

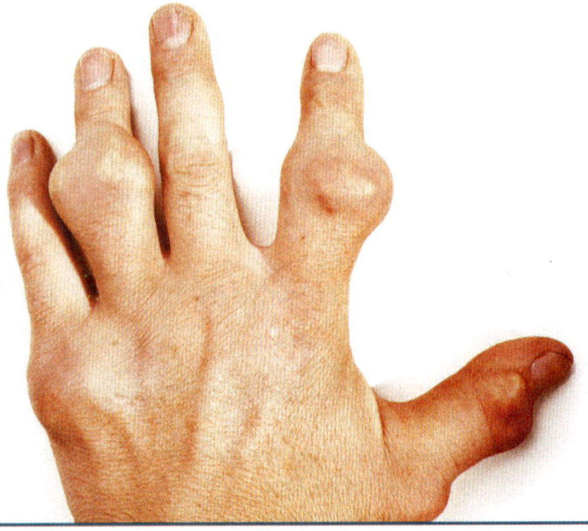

GIRAND/GJM/Easypix Brasil

Mão de uma pessoa com gota, doença que causa artrite e provoca muita dor.

## Reflita

1. Qual a classe de alimentos que pode gerar maior produção de ácido úrico?
   a) Carboidratos
   b) Gorduras
   c) Proteínas
   d) Vitaminas
   e) Fibras

2. O volume médio de sangue para uma pessoa adulta de 70 kg é 5 L. Sabe-se que a taxa normal de ácido úrico para essa pessoa é de 2,5 mg a 7 mg para cada 100 mL de plasma. Considerando que o plasma corresponda a 55% do volume sanguíneo e que a sua densidade é igual a 1 g/mL, responda:
   a) Qual a massa esperada de ácido úrico em 100 mg de plasma para uma pessoa adulta que tenha hiperuricemia?
   b) Qual a concentração normal esperada de ácido úrico no sangue dessa pessoa, em g/L, admitindo-se que ela se encontra com o valor máximo considerado para os padrões de normalidade?

UNIDADE

# 9

# Radioatividade

O estudo da radioatividade é de grande relevância nas investigações sobre a estrutura atômica e permite o constante desenvolvimento de técnicas para a produção de energia, a conservação de alimentos e, principalmente, para os tratamentos médicos.

Você sabe como são originados os fenômenos radioativos? Qual é a diferença entre os processos de fusão e fissão nuclear?

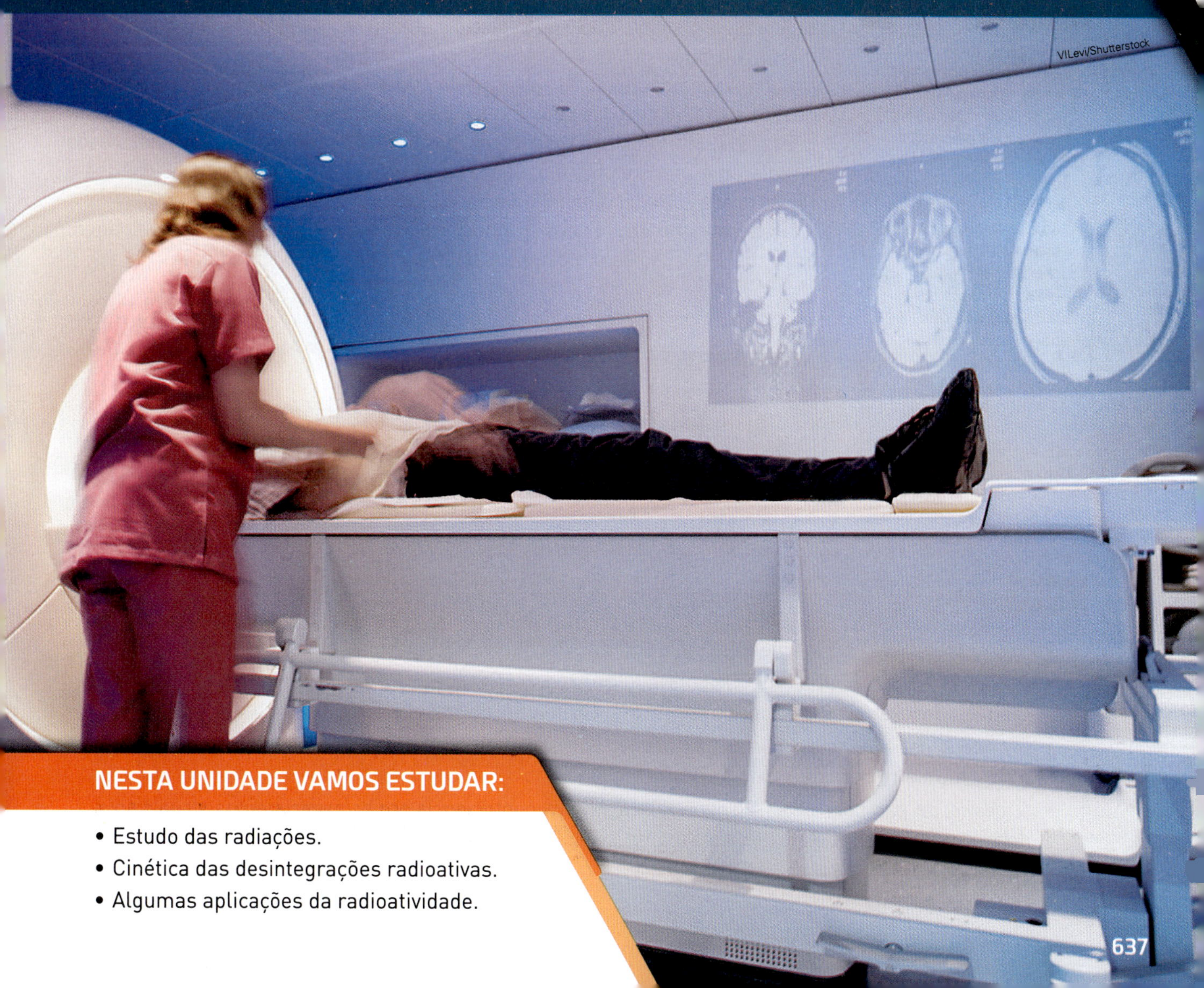

VILevi/Shutterstock

## NESTA UNIDADE VAMOS ESTUDAR:

- Estudo das radiações.
- Cinética das desintegrações radioativas.
- Algumas aplicações da radioatividade.

CAPÍTULO

33

# Estudo das radiações

## A descoberta dos raios X

No final do século XIX, quando cientistas de diversos países estudavam propriedades elétricas através de diferentes métodos e em diferentes materiais, o físico alemão Wilhelm Konrad Roentgen (1845-1923), trabalhando com raios catódicos, percebeu que estes, ao se chocarem com vidros ou metais, produziam um novo tipo de radiação. Estudos posteriores permitiram concluir que essas radiações não apresentam massa nem carga elétrica. Elas foram denominadas **raios X** e atualmente são utilizadas no diagnóstico de fraturas ósseas e de outras ocorrências médicas.

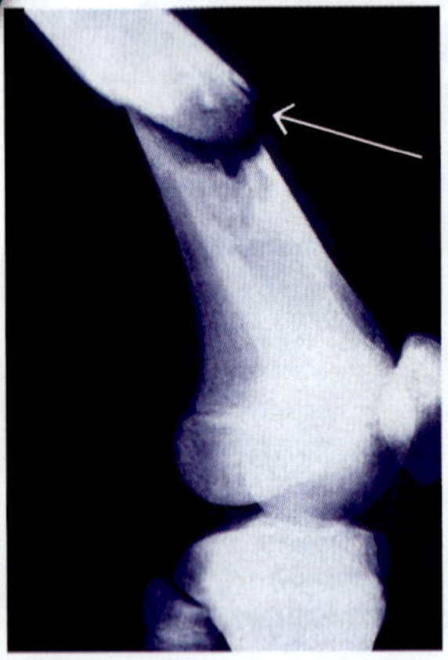

Cavallini James/Easypix Brasil

Nas radiografias, os raios X sensibilizam um filme radiográfico, formando imagens em diferentes tonalidades de cinza, dependendo da densidade dos tecidos. Os ossos, devido à sua densidade, não são atravessados por esses raios e aparecem brancos nas chapas radiográficas. Entre as utilizações dos raios X podemos citar: identificação de fraturas (como a indicada pela seta na fotografia), de pneumonia, de tumores, etc. Os raios X são também um recurso importante para o trabalho dos dentistas.

## Radiações do urânio

Em 1896, o físico francês Antoine-Henri Becquerel (1852-1908) percebeu que um sal de urânio, o sulfato duplo de potássio e uranila ($K_2(UO_2)(SO_4)_2$) era capaz de sensibilizar o negativo de um filme fotográfico, recoberto por papel preto ou ainda por uma fina lâmina de metal. As radiações emitidas pelo material apresentavam propriedade semelhante à dos raios X, que foi denominada **radioatividade**.

Em 1897, Marie Sklodowska Curie (1867-1934) demonstrou que a intensidade da radiação é proporcional à quantidade de urânio na amostra e concluiu que a radioatividade é um fenômeno atômico.

Nesse mesmo ano, Ernest Rutherford (1871-1937) criou uma aparelhagem para estudar a ação de um campo eletromagnético sobre as radiações.

Luis Moura/Arquivo da editora

Esquema do comportamento das radiações alfa, beta e gama ao passarem em um campo magnético.

**SAIBA MAIS**

Para compreender os experimentos realizados por Becquerel e Rutherford, assista aos vídeos:

- *O experimento de Becquerel*. Disponível em: <www.pontociencia.org.br/experimentos/visualizar/radioatividade-atraves-de-experimentos-o-experimento-de-becquerel/557>.
- *O mistério de Rutherford – Parte 2*. Disponível em: <www.pontociencia.org.br/experimentos/visualizar/o-misterio-de-rutherford/530>.
- *O desvio da partícula beta*. Disponível em: <www.pontociencia.org.br/experimentos/visualizar/o-desvio-da-particula-beta/528>. Acesso em: 9 abr. 2018.

Assim, Rutherford observou que, ao passarem pelo campo, algumas dessas radiações tinham sua trajetória desviada em direção à placa carregada negativamente; portanto, deviam apresentar cargas positivas na sua constituição e foram denominadas **raios alfa** ($\alpha$).

Outro feixe de radiações era atraído pela placa positiva; portanto, elas deviam apresentar cargas negativas e foram denominadas **raios beta** ($\beta$). Como tanto os raios $\alpha$ quanto os raios $\beta$ sofriam a ação do campo magnético, Rutherford concluiu que eles eram constituídos por partículas, chamadas $\alpha$ e $\beta$, respectivamente, e que elas apresentavam massa. Comparando o desvio sofrido pelas partículas, concluiu também que as partículas $\alpha$ possuíam massa muito maior e, posteriormente, descobriu que essas partículas $\alpha$ eram constituídas por 2 prótons e 2 nêutrons.

Em 1900, Becquerel comparou os desvios sofridos pelas partículas $\beta$ em um campo eletromagnético com os desvios sofridos pelos elétrons, descobertos em 1897 por Charles Thomson Rees Wilson (1869-1959). Dessa comparação, concluiu que as partículas $\beta$ e os elétrons eram iguais, ou seja, os raios $\beta$ eram constituídos por elétrons, o que possibilitou associá-los aos átomos e não mais à corrente elétrica proveniente dos experimentos com tubos de raios catódicos.

Nesse mesmo ano, o físico francês Paul Ulrich Villard (1860-1934), repetindo as experiências de Rutherford, percebeu a existência de outros raios que não eram afetados pelo campo eletromagnético. Esses raios não apresentavam carga nem massa, eram constituídos por ondas eletromagnéticas e foram denominados **raios gama** ($\gamma$). A radiação $\gamma$ apresentava algumas semelhanças com a dos raios X, mas era mais penetrante, possuía comprimento de onda menor e, por isso, mais energia.

O estudo das características dessas partículas e radiações foi feito por Rutherford, que percebeu que elas apresentavam diferentes penetrações.

As partículas $\alpha$ não conseguem sequer atravessar uma folha de papel; logo, elas apresentam o menor poder de penetração. As partículas $\beta$ atravessam o papel, mas não conseguem atravessar uma lâmina de alumínio de 1 mm; logo, seu poder de penetração é maior que o de $\alpha$. Já as radiações $\gamma$ atravessam o papel e a lâmina de alumínio, mas são bloqueadas por lâminas de chumbo com mais de 8 mm de espessura. Com isso, podemos concluir que o poder de penetração da radiação $\gamma$ é o maior.

**Poder de penetração das radiações ionizantes**

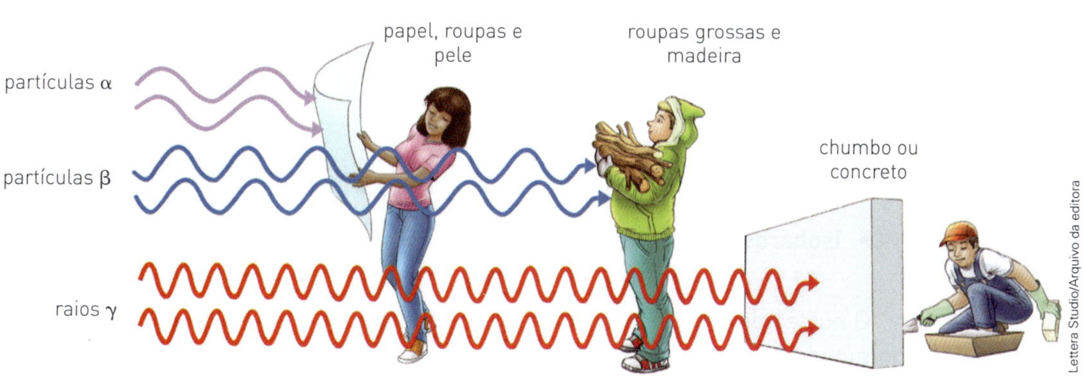


Emissões radioativas não são visíveis a olho nu. Esta é uma representação apenas para fins didáticos.

Estudos posteriores permitiram caracterizar os três tipos de radiação:

| Radiação | Símbolo | Constituição | Carga | Massa (u) | Velocidade | Poder de penetração |
|---|---|---|---|---|---|---|
| $\alpha$ | ${}^{4}_{+2}\alpha$ | núcleo de He $\begin{cases} 2p \\ 2n \end{cases}$ | +2 | 4 | $\frac{1}{10}$ da velocidade da luz | baixo |
| $\beta$ | ${}^{0}_{-1}\beta$ | elétron | −1 | 0 | $\frac{9}{10}$ da velocidade da luz | médio (moderado) |
| $\gamma$ | ${}^{0}_{0}\gamma$ | onda eletromagnética de alta energia | 0 | 0 | velocidade da luz | elevado |

Ainda em 1900, Becquerel observou que, quando se obtinha uma amostra de urânio puro, ela era inicialmente pouco radioativa e, com o passar do tempo, aumentava intensamente a sua emissão de radiação. Para explicar esse fenômeno, ele imaginou que o urânio, ao emitir radiação, se transformava em outro elemento químico, mais radioativo. Essa suposição levou os cientistas a admitirem que o átomo seria constituído de partículas menores, as quais, por sua vez, sofreriam um rearranjo ao emitir radiação, originando átomos de elementos químicos diferentes. O próximo passo foi dado pelo químico inglês Frederick Soddy (1877-1956), assistente de Rutherford, que elaborou a **Primeira Lei da Radioatividade**.

## Recordando algumas características dos átomos

- **Z** = nº atômico = indica o número de prótons (p);
- **A** = nº de massa = número de prótons (p) + número de nêutrons (n).

Genericamente, temos:

$${}^{A}_{Z}X \Rightarrow A - Z = n$$

Exemplo:

$${}^{35}_{17}C\ell \begin{cases} Z = 17 = 17 \text{ prótons} \\ A = 35 = p + n \\ 35 = 17 + n \\ n = 18 \Rightarrow \textbf{18 nêutrons} \end{cases} \quad \text{ou} \quad \begin{array}{l} A - Z = n \\ 35 - 17 = n \\ n = 18 \Rightarrow \textbf{18 nêutrons} \end{array}$$

- **Isótopos**: átomos com $\begin{cases} \text{A diferente} \\ \text{Z igual} \end{cases}$ Exemplo: ${}^{1}_{1}H$, ${}^{2}_{1}H$, ${}^{3}_{1}H$.
- **Isóbaros**: átomos com $\begin{cases} \text{A igual} \\ \text{Z diferente} \end{cases}$ Exemplo: ${}^{40}_{19}K$, ${}^{40}_{20}Ca$.

O núcleo de um átomo, caracterizado por um Z e um A, é genericamente denominado **nuclídeo**; quando esse núcleo é um emissor de radiação, pode ser chamado de **radionuclídeo** ou **radioisótopo**.

## A família Curie

Marie e Pierre Curie com a filha Irene em fotografia de 1899.

Marie Curie e seu marido Pierre Curie (1859-1906) verificaram que alguns minérios de urânio produziam uma quantidade de radiação muito maior do que o urânio puro. Deduziram, então, que nesses minérios deveriam existir um ou mais elementos mais radioativos em quantidades muito pequenas, pois, se assim não fosse, eles teriam sido descobertos antes.

Em 1898, Marie conseguiu detectar um novo elemento químico radioativo e o chamou de polônio, em homenagem a sua terra natal. No ano seguinte, descobriu outro: o rádio (do latim *radium* = raio).

Em 1903, o prêmio Nobel de Física foi concedido ao casal Curie e a Becquerel por seus trabalhos com radioatividade. Em 1911, Marie Curie recebeu sozinha o Nobel de Química pela descoberta dos elementos polônio e rádio, tornando-se a única pessoa a ganhar dois prêmios Nobel em duas áreas distintas das Ciências (Física e Química).

Irene Joliot-Curie (1897-1956), filha de Marie e Pierre, também dedicou sua carreira científica ao estudo de elementos radioativos, tendo recebido o prêmio Nobel de Química em 1935, juntamente com seu marido, Frédéric Joliot (1900-1958).

### A descoberta dos raios X

Wilhelm Roentgen, físico alemão.

O grande físico alemão Wilhelm Roentgen, apesar de ter feito outras contribuições para a ciência, tornou-se famoso por identificar os raios X, em 8 de novembro de 1895. Por essa descoberta, ele recebeu o Prêmio Nobel de Física em 1901 e doou o valor do prêmio à Universidade de Würzberg, na Alemanha, onde lecionou por muitos anos.

Apesar das dificuldades de comunicação na época, as notícias da descoberta dos raios X difundiram-se muito rapidamente em todo o mundo científico, despertando grande interesse. Na França, a Academia de Ciências dedicou sua reunião de 20 de janeiro de 1896 à discussão desse tema. O matemático francês Jules Henri Poincaré (1854-1912), que havia recebido de Roentgen uma correspondência sobre seus experimentos, foi encarregado de relatá-los.

A seguir, temos a transcrição de um trecho do relato de Poincaré:

"Tendo envolvido com um cartão preto um tubo de Crookes no qual se produzem raios catódicos, o professor Roentgen colocou-o em uma sala escura e o aproximou de uma lâmina de papel recoberto de platinocianeto de bário. Essa lâmina se tornou fluorescente, apesar de o cartão preto estar entre o tubo e a lâmina, e esta fluorescência se manteve mesmo com a lâmina colocada a 2 metros do tubo.

Roentgen percebeu imediatamente a extraordinária relevância dessa descoberta; tornando-se necessário admitir a existência de um novo agente, capaz de atravessar um cartão preto bastante opaco, diferente portanto da luz visível ou da ultravioleta.

Roentgen não tardou a descobrir que essas novas radiações impressionam uma placa fotográfica [...]."

RON, José Manuel Sanchez. *Marie Curie e seu tempo*. Barcelona: Ediciones Fólio, 2003. p. 53.

Por que um técnico de radiologia deve trabalhar no máximo 25 horas por semana?

# Leis da radioatividade

## 1ª lei: a emissão de partículas $\alpha$

O átomo de um elemento radioativo, ao emitir uma partícula $\alpha$, dá origem a um átomo de outro elemento, que apresenta número de massa A com 4 unidades a menos e número atômico Z com 2 unidades a menos.

Genericamente, temos:

$$^{A}_{Z}X \xrightarrow{\text{emite}} {}^{4}_{+2}\alpha + {}^{A-4}_{Z-2}Y$$

**Explicação**: uma partícula $\alpha$ é constituída de 2 prótons e 2 nêutrons, e a emissão de uma delas originará um novo átomo, com 2 prótons e 2 nêutrons a menos. Logo, o novo átomo irá apresentar:

- nº atômico novo = Z − 2
- nº de massa novo = A − 4

Quando um átomo de $^{238}_{92}U$ emite uma partícula $\alpha$, ele se transforma em $^{234}_{90}Th$:

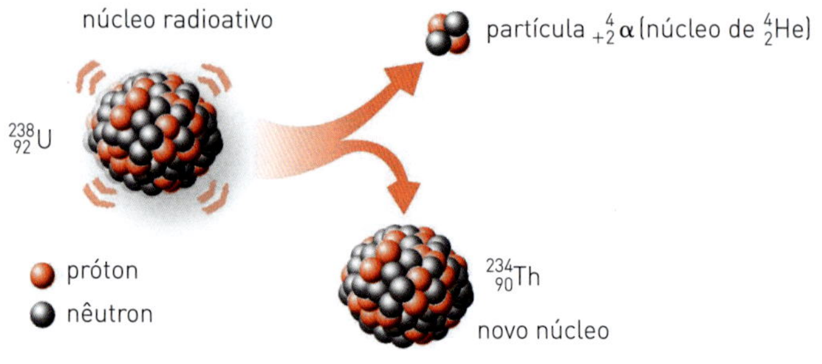


Banco de imagens/Arquivo da editora

A reação nuclear que representa essa transformação é dada por:

$$^{238}_{92}U \longrightarrow {}^{4}_{+2}\alpha + {}^{234}_{90}Th \qquad \text{Note que: } \begin{cases} 238 = 4 + 234 \\ 92 = 2 + 90 \end{cases}$$

## 2ª lei: Lei de Soddy, Fajans e Russel

Quando um átomo de um elemento radioativo emite uma partícula $\beta$, ele se transforma em um átomo de outro elemento de mesmo número de massa, mas o seu número atômico apresenta uma unidade a mais.

Genericamente, temos:

$$^{A}_{Z}R \xrightarrow{\text{emite}} {}^{0}_{-1}\beta + {}^{A}_{Z+1}S$$

**Explicação**: quando ocorre a emissão de uma partícula $\beta$, um nêutron presente no núcleo se decompõe e dá origem a um próton, a um elétron e a uma subpartícula atômica denominada **antineutrino ($\rho$)**. O próton permanece no núcleo; o elétron e o antineutrino (com carga zero e massa, aproximadamente, zero) são emitidos. Veja o esquema:

$$\underset{\text{nêutron}}{^{1}_{0}n} \longrightarrow \underset{\text{próton}}{^{1}_{+1}p} + \underset{\text{elétron }(\beta)}{^{0}_{-1}e} + \underset{\text{antineutrino}}{^{0}_{0}\rho}$$

**SAIBA MAIS**

*Curie e a radioatividade em 90 minutos*, de Paul Strathern. Jorge Zahar Editor. Marie Curie, ganhadora de dois prêmios Nobel, foi uma das maiores cientistas do século XX. Esse livro é um relato de sua vida e de seu trabalho com o elemento químico rádio, que permitiu progressos na Física nuclear e no tratamento do câncer.

Como as radiações $\gamma$ são ondas eletromagnéticas, sua emissão não altera o número atômico nem o número de massa do átomo. Por esse motivo, sua emissão não costuma ser representada por equações. As radiações $\gamma$ ocorrem geralmente com as emissões de $\alpha$ e de $\beta$.

Com isso, quando uma partícula $\beta$ é emitida, o número atômico (Z) aumenta em uma unidade, pois surge um novo próton; no entanto, o número de massa (A) não se altera, pois um nêutron desaparece, mas, em seu lugar, surge um próton e a soma n + p = A será a mesma.

Quando um átomo de ${}^{14}_{6}C$ emite uma partícula $\beta$, ele se transforma em ${}^{14}_{7}N$.

A reação nuclear pode ser representada por:

$${}^{14}_{6}C \longrightarrow {}^{0}_{-1}\beta + {}^{14}_{7}N \quad \text{Note que: } \begin{cases} 14 = 0 + 14 \\ 6 = (-1) + 7 \end{cases}$$

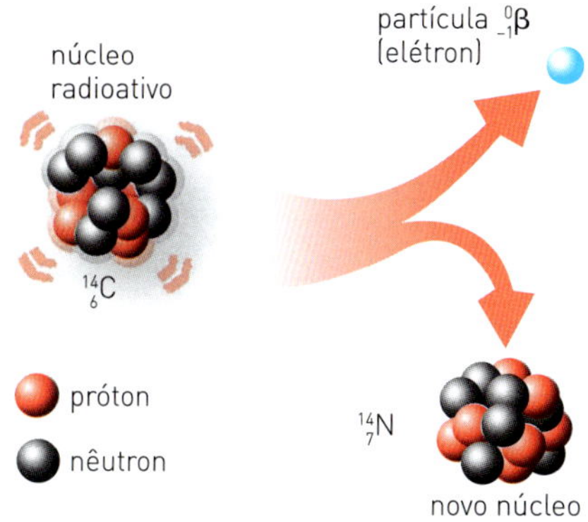


Banco de imagens/Arquivo da editora

# Detecção das radiações

A maneira mais antiga de se detectar radiações consiste na utilização de um filme fotográfico, que é sensibilizado em maior ou menor escala quando atingido pelas radiações.

A maneira mais usada para detectar e medir a quantidade de radiações é por meio de um aparelho conhecido por contador Geiger.

O tubo do contador Geiger é preenchido com o gás argônio.

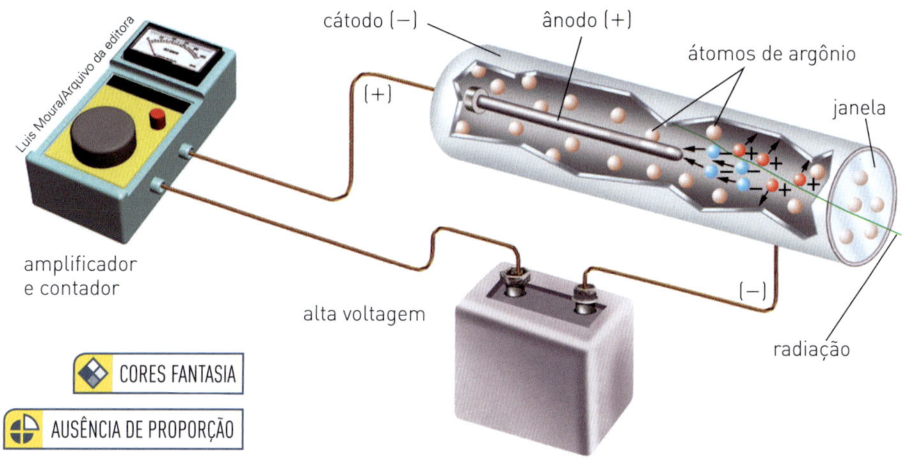


Luis Moura/Arquivo da editora

Quanto maior a quantidade de radiação que penetra no tubo, maior a intensidade do sinal sonoro e o valor indicado no mostrador.

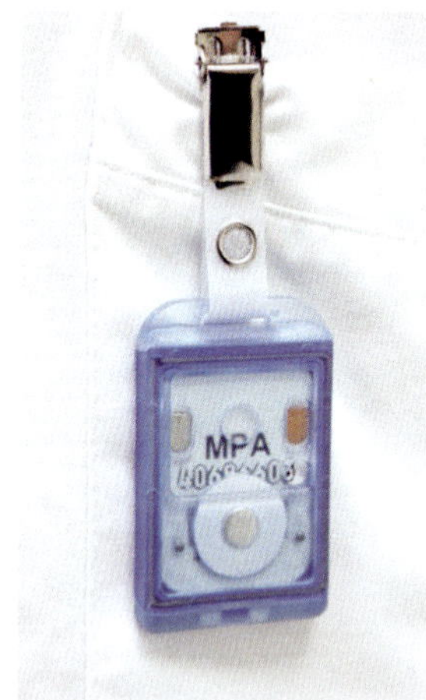


Jürgen Schulzki/Easypix Brasil

As pessoas que trabalham em locais onde se utilizam materiais radioativos usam um crachá que contém um filme fotográfico. A análise desse filme permite não só detectar, mas também medir o grau de exposição aos materiais e a quantidade de radiações, que é proporcional ao obscurecimento do filme.

Quando uma radiação penetra no tubo, provoca a ionização do gás argônio, originando íons positivos e elétrons.

Os elétrons migram para o polo positivo (ânodo), enquanto os íons migram para o polo negativo (cátodo), gerando um pulso elétrico.

Os pulsos elétricos são detectados pelo aparelho e transformados em um sinal sonoro; a medida da quantidade de pulsos, que é proporcional à quantidade de radiações, é indicada em um mostrador.

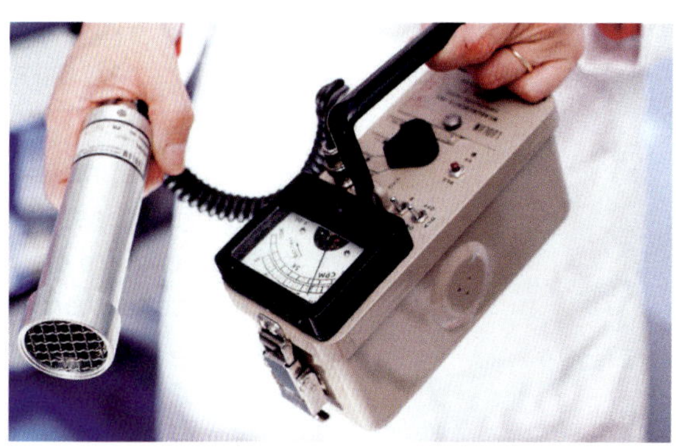

Morgan Hank/Photo Researchers RM/Getty Images

A fotografia mostra um contador Geiger. Esse tipo de instrumento de medida de radiações foi imaginado em 1913 por Geiger e aperfeiçoado em 1928 por Walther Müller (1905-1979).

# Séries radioativas

**Séries radioativas**: conjunto de elementos que têm origem na emissão de partículas $\alpha$ e $\beta$, resultando, como produto final, um isótopo estável do chumbo.

Soddy, trabalhando com urânio e tório, por meio de uma sequência de reações químicas, conseguiu determinar que esses elementos, durante o processo radioativo, originavam uma série de elementos intermediários. Assim, foi descoberta a existência de três séries radioativas naturais:

- **Série do urânio (U)**:

$$^{238}_{92}U \xrightarrow[\text{sucessivas de } \alpha \text{ e } \beta]{\text{emissões}} {}^{206}_{82}Pb$$

- **Série do tório (Th)**:

$$^{232}_{90}Th \xrightarrow[\text{sucessivas de } \alpha \text{ e } \beta]{\text{emissões}} {}^{208}_{82}Pb$$

- **Série do actínio (Ac)** (acreditava-se que o primeiro elemento da série era o actínio):

$$^{235}_{92}U \xrightarrow[\text{sucessivas de } \alpha \text{ e } \beta]{\text{emissões}} {}^{207}_{82}Pb$$

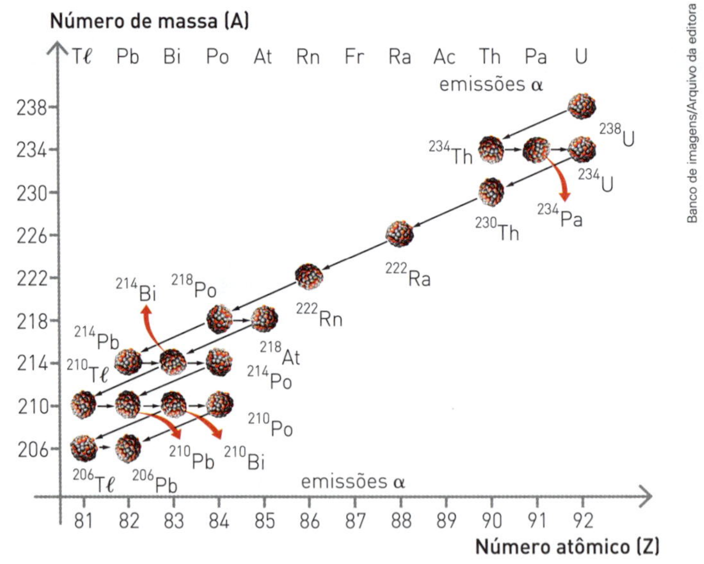


Nesta representação da série radioativa do $^{238}U$, as emissões $\alpha$ são representadas por setas longas, e as emissões $\beta$, por setas curtas.

Note que, nessas séries, um átomo de dado elemento químico passa por transformações, denominadas **reações de transmutações**, e dá origem a um átomo de outro elemento. Quando essas transformações ocorrem pela emissão de partículas, como acabamos de ver, são chamadas **transmutações naturais**. Quando são obtidas por bombardeamento de núcleos estáveis com partículas alfa, com prótons, nêutrons, etc., são chamadas **transmutações artificiais**, que estudaremos a seguir.

# Conexão Saúde e meio ambiente

## Uma série radioativa

Em muitas rochas do subsolo e mesmo no solo de algumas regiões estão presentes isótopos radioativos, como o urânio-238 ($^{238}U$) e o rádio-226 ($^{226}Ra$). Quando o urânio, naturalmente, sofre um decaimento radioativo, pela emissão de três partículas $\alpha$ e duas $\beta$, se converte em rádio.

$$^{238}_{92}U \longrightarrow 3\ ^{4}_{2}\alpha + 2\ ^{0}_{-1}\beta + ^{226}_{86}Ra$$

O rádio assim formado sofre decaimento, emitindo uma partícula $\alpha$, e se transforma no gás radônio:

$$^{226}_{88}Ra \longrightarrow ^{4}_{2}\alpha + ^{222}_{86}Rn$$

Muitos cientistas acreditam ser possível prever um terremoto a partir da observação dos níveis de radônio no ar de determinadas regiões, já que o processo de liberação desse elemento se inicia com o rompimento de rochas abaixo da superfície.

Nas condições ambiente, o radônio é um gás e, portanto, pode difundir-se através de fissuras existentes nas rochas e no solo. Em locais abertos e ventilados, ele espalha-se pelo ar e não chega a ser um perigo para a saúde.

Porém, quando um acúmulo de material radioativo, que libera Rn, se localiza diretamente abaixo de uma casa ou de um edifício, esse gás pode se acumular em recintos fechados, e a sua inalação pelos seres humanos pode tornar-se extremamente perigosa.

Nos pulmões, o Rn inalado rapidamente emite uma partícula $\alpha$, originando o polônio. Este, por sua vez, se transforma em um isótopo radioativo do chumbo, que, ao longo de muitos decaimentos com liberação de partículas $\alpha$, $\beta$ e radiações $\gamma$, se transforma em um isótopo estável do chumbo.

Marka/Alamy/Glow Images

No dia 6/4/2009, ocorreu um terremoto que causou aproximadamente trezentas mortes e muitos danos na cidade de L'Aquila e em outras cidades vizinhas, na região de Abruzzo (Itália). O físico italiano Giampaolo Giuliane afirmou na ocasião que as altas concentrações de radônio no ar, verificadas na região alguns dias antes do terremoto, seriam um indicador do terremoto. No entanto, ainda não existe uma comprovação científica da relação entre a concentração de Rn no ar e os terremotos.

Da Cane Medical Imaging LTD/ SPL/Latinstock

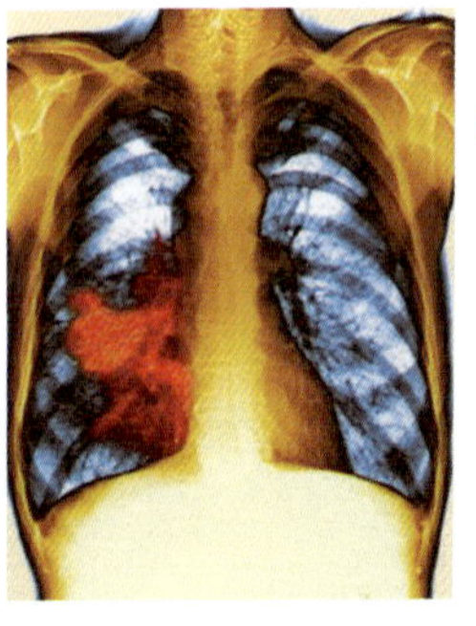

A Organização Mundial da Saúde estima que 10% das mortes causadas por câncer no pulmão, nos Estados Unidos, sejam provocadas pelo Rn e que os efeitos negativos do fumo aumentem o risco desse tipo de câncer em 25%.

O polônio, os elementos provenientes de sua desintegração e as radiações emitidas são uma das causas conhecidas de câncer no pulmão.

No Brasil, já existem vários estudos sobre a ação do Rn, como pesquisas quantitativas feitas na região metropolitana de Curitiba (PR), na região de Poços de Caldas (MG), que apresenta altas taxas de radioatividade natural nas minas subterrâneas de carvão e fluorita ($CaF_2$), em Santa Catarina e na Baixada Santista (Santos, SP).

### Reflita

**1.** Por que em locais abertos o escape do gás radônio não chega a ser um perigo?

**2.** Equacione a transformação do isótopo de radônio, mencionado no texto, no isótopo de polônio, que tem número atômico 84 e número de massa 210.

**3.** Quantas partículas alfa e beta são emitidas na transformação do isótopo de polônio em isótopo de chumbo? Dados: $Z = 82$; $A = 206$.

**4.** Em alguns lugares do mundo há uma detecção maior de radônio. Pesquise na internet ou na biblioteca de sua escola ou cidade quais são os três locais no mundo com maior concentração de radônio por metro cúbico de ar. Quais são as possíveis consequências disso para a população local?

# Transmutação artificial

Simultaneamente à realização de experiências para estudar a estrutura do átomo, Ernest Rutherford realizou uma reação de transmutação artificial. Ele percebeu que, se átomos do isótopo de $^{14}_{7}N$ fossem bombardeados com partículas $\alpha$, eles dariam origem ao isótopo de oxigênio $^{17}_{8}O$ e a um próton. A representação dessa reação nuclear de transmutação é:

$$^{14}_{7}N + ^{4}_{+2}\alpha \longrightarrow ^{17}_{8}O + ^{1}_{+1}p \quad \text{Note que: } \begin{cases} 14 + 4 = 17 + 1 \\ 7 + 2 = 8 + 1 \end{cases}$$

Outra reação de transmutação muito importante, responsável pelo descobrimento do nêutron, foi feita por James Chadwick (1891-1974) em 1932. Ao bombardear o isótopo de $^{9}_{4}Be$ com partículas $\alpha$, Chadwick percebeu que se formavam o $^{12}_{6}C$ e uma nova partícula, que ele denominou **nêutron** ($^{1}_{0}n$).

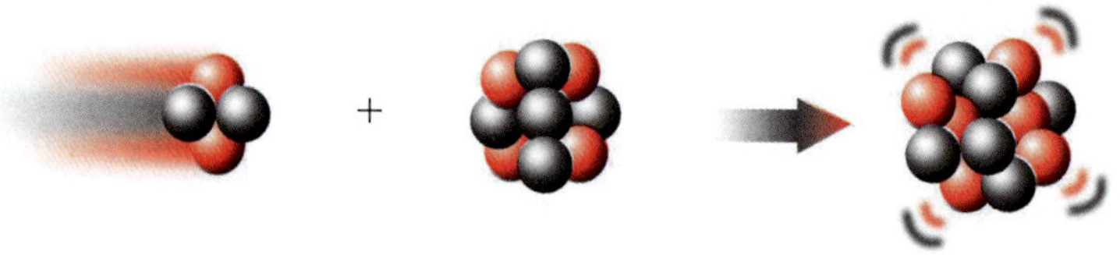
Banco de imagens/Arquivo da editora

Essa reação pode ser representada por:

$$^{4}_{+2}\alpha + ^{9}_{4}Be \longrightarrow ^{12}_{6}C + ^{1}_{0}n \quad \text{Note que: } \begin{cases} 9 + 4 = 12 + 1 \\ 4 + 2 = 6 + 0 \end{cases}$$

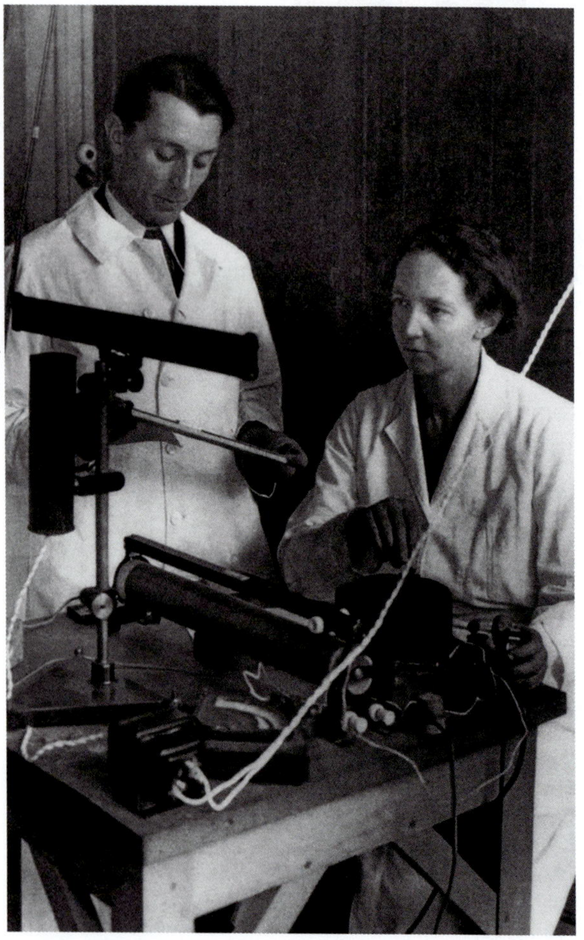
University of California/American Institute of Physics/SPL/Latinstock

Em 1935, Irene Joliot-Curie e Frédéric Joliot receberam o prêmio Nobel de Química pelos trabalhos de síntese de diversos radioisótopos.

Irene Joliot-Curie e seu marido, Frédéric Joliot, realizando experiências de bombardeamento de alumínio $^{27}_{13}A\ell$ com partículas $\alpha$, em 1934, perceberam que eram produzidos um isótopo de $^{30}_{15}P$ e um nêutron. A reação nuclear desse processo é representada por:

$$^{27}_{13}A\ell + ^{4}_{+2}\alpha \longrightarrow ^{30}_{15}P + ^{1}_{0}n$$

Eles perceberam também que esse isótopo do fósforo ($^{30}_{15}P$) era radioativo e emitia uma partícula de massa igual à do elétron, mas com carga positiva. A essa nova partícula foi dado o nome de **pósitron**, cuja representação é $^{0}_{+1}e$; ela originava um isótopo do silício $^{31}_{14}Si$. Essa reação nuclear é representada por:

$$^{30}_{15}P \longrightarrow ^{0}_{+1}e + ^{31}_{14}Si \quad \text{Note que: } \begin{cases} 30 = 0 + 30 \\ 15 = 1 + 14 \end{cases}$$

Atualmente, a maioria dos radioisótopos usados em diversas áreas, como medicina, indústria, agricultura, etc., é produzida a partir de transmutações artificiais.

# Aceleradores de partículas no Brasil

Os aceleradores são a forma de fazer com que as partículas estudadas atinjam altíssimas velocidades, a ponto de vencer as repulsões eletrostáticas.

Quando se menciona o nome "acelerador de partículas", é difícil não pensar no LHC (sigla do inglês *Large Hadron Collider*; em português, Grande Colisor de Hádrons), o maior desses aceleradores, pertencente à Organização Europeia para Pesquisa Nuclear (Cern).

O que poucas pessoas sabem é que o Brasil também conta com um acelerador desde 1997, do Laboratório de Luz Síncrotron (LNLS), em Campinas. O Síncrotron é o único na América Latina, e é capaz de emitir radiação de alto brilho em diversas frequências, desde infravermelho até raios X.

O LNLS é, hoje, subordinado ao Centro Nacional de Pesquisa em Energia e Materiais (CNPEM) e possui dezesseis estações experimentais.

Gustavo Tilio/Fotografia gentilmente cedida pelo LNLS

Acelerador circular do LNLS, que começou a operar em 1997 em Campinas, no interior de São Paulo.

No começo de 2013, foi anunciada a construção de mais um acelerador no LNLS: o Sirius. Esse acelerador, de terceira geração, será capaz de emitir radiação com maior brilho e gerar imagens com maior resolução que o de 1997, de segunda geração.

A expectativa é a de que o Sirius atraia pesquisadores do mundo todo e atenda às mais diversas áreas da Ciência, como Medicina, Biotecnologia, Biologia molecular, Nanotecnologia e Paleontologia.

Divulgação/CNPEM

Concepção artística do acelerador Sirius depois de finalizado.

Fontes: <www.cnpem.br>; <www.ifsc.usp.br>. Acesso em: 4 abr. 2014.

## Reflita

1. Pesquise na internet ou na biblioteca da sua escola ou cidade os seguintes temas:
   - Quais são as diferenças entre o funcionamento do LHC europeu e o do acelerador do LNLS de Campinas?
   - Que descoberta do LHC, anunciada em 2012, foi considerada revolucionária para os conhecimentos da Física e da Química? Qual é a importância dela?
   - Em que fase se encontra, no momento em que você está utilizando este livro, o projeto de construção do Sirius, o segundo acelerador brasileiro, anunciado no começo de 2013?

## Síntese nuclear dos elementos

Os elementos mais leves, como hidrogênio, hélio e pequenas porções de lítio e berílio, foram formados na expansão do Universo no momento logo após o *big-bang*. Todos os elementos pesados devem a sua existência às reações nucleares que ocorrem nas estrelas.

Esses elementos pesados não foram formados em quantidades iguais. Em nosso universo, por exemplo, carbono e oxigênio são milhões de vezes mais abundantes do que lítio e boro e até mesmo cerca de 100 milhões de vezes mais abundantes do que o berílio. Na verdade, considerando os elementos mais pesados do que o hélio, carbono e oxigênio são os mais abundantes.

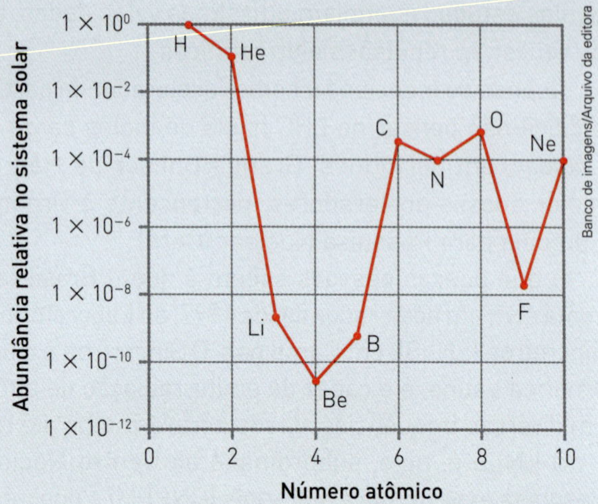


Esses fatos são mais do que uma curiosidade acadêmica, dado que esses elementos, com o hidrogênio, são os mais importantes para a vida na Terra. Vejamos qual é o fator responsável pela elevada abundância de carbono e oxigênio no universo.

Uma estrela é formada por uma nuvem de gás e poeira denominada nebulosa. Nas condições adequadas, forças gravitacionais promovem o colapso dessa nuvem, de modo que a densidade e a temperatura do objeto aumentam até que se inicie um processo de fusão nuclear.

Átomos de hidrogênio comuns sofrem fusão formando deutério, e esses posteriormente formam hélio, como pode ser representado pelas reações nucleares abaixo:

$$^{1}_{1}H + ^{1}_{1}H \rightarrow ^{2}_{1}H + ^{0}_{+1}e$$

$$^{1}_{1}H + ^{2}_{1}H \rightarrow ^{3}_{2}He$$

$$^{3}_{2}He + ^{3}_{2}He \rightarrow ^{4}_{2}He + 2\,^{1}_{1}H$$

$$^{3}_{2}He + ^{1}_{1}H \rightarrow ^{4}_{2}He + ^{0}_{+1}e$$

Esse processo, denominado queima do hidrogênio, é dominante durante a vida de uma estrela.

Uma vez que as reservas de hidrogênio da estrela estão quase exauridas, importantes mudanças ocorrem e a estrela entra na próxima fase de sua vida, sendo denominada gigante vermelha.

O decréscimo na taxa de fusão nuclear provoca uma contração do núcleo da estrela, provocando um aumento da temperatura e da pressão do núcleo. Simultaneamente, as regiões mais externas sofrem expansão e resfriam o suficiente para que a estrela possa emitir luz na região do vermelho, sendo por isso denominada gigante vermelha.

Nessa fase, a estrela passa a utilizar o He (Z = 2; A = 4) como combustível para a fusão nuclear, formando elementos mais pesados, como pode ser representado pelas equações abaixo:

$$^{4}_{2}He + ^{4}_{2}He \rightarrow ^{8}_{4}Be$$

$$^{8}_{4}Be + ^{4}_{2}He \rightarrow ^{12}_{6}C$$

$$^{12}_{6}C + ^{4}_{2}He \rightarrow ^{16}_{8}O$$

Esse estágio da fusão nuclear é denominado queima do hélio. Note que o carbono (Z = 6) é formado sem que ocorra a formação anterior dos elementos de números atômicos 3, 4 e 5, o que pode explicar em parte sua maior abundância. O nitrogênio é relativamente abundante pois pode ser formado a partir do carbono, em uma série de reações que envolvem a captura de prótons e a emissão de pósitrons.

A maior parte das estrelas sofre resfriamento, uma vez que o hélio foi convertido em carbono e oxigênio, terminando suas vidas como anãs brancas. Nessas fases, as estrelas tornam-se extremamente densas, cerca de um milhão de vezes mais densas do que o Sol.

A elevada densidade das anãs brancas é acompanhada por temperaturas e pressões extremamente elevadas no núcleo, de modo que ocorre a fusão de uma série de átomos, promovendo a formação de elementos do neônio até o enxofre. Esse estágio é chamado de fusão avançada.

Progressivamente, elementos mais pesados são formados de modo que no núcleo acaba ocorrendo o predomínio de ferro (Z = 26; A = 56). Esses núcleos mais estáveis acabam por consumir mais energia do que liberam. Nessa fase pode ocorrer um colapso gravitacional da estrela denominado explosão supernova. Uma série de sequências de radioativas em que ocorre a captura de nêutrons e prótons subsequente promove a formação de elementos mais pesados, como o ferro e o níquel.

Sem a explosão supernova, os elementos mais pesados que são tão familiares para nós, como prata, ouro, iodo, chumbo e urânio, não existiriam.

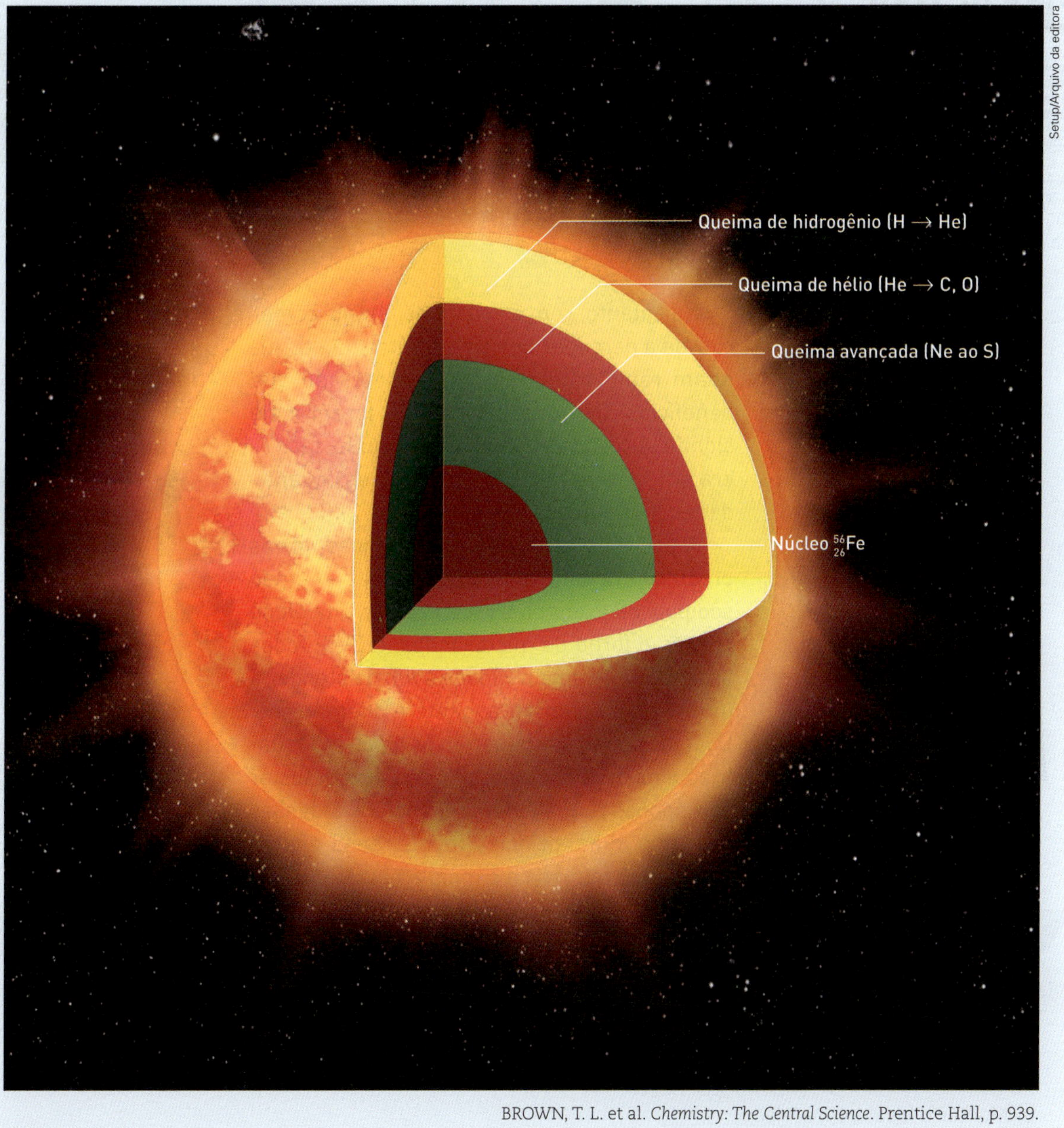


Setup/Arquivo da editora

BROWN, T. L. et al. *Chemistry: The Central Science*. Prentice Hall, p. 939.

# Pequena loja do rádio

Nos primeiros anos após a descoberta do elemento rádio, acreditava-se que essa fonte de grande energia poderia ser usada com múltiplas finalidades, tais como: rejuvenescer a pele, tornando-a mais bonita; curar problemas dermatológicos; fortificar o organismo; limpar objetos e até mesmo curar cânceres. O rádio, então considerado uma substância milagrosa, foi incorporado a uma série de produtos: cremes de beleza, pílulas, dentifrícios, navalhas usadas para barbear, compressas para contusões, esfregões, "fontes" de água radioativa, etc.

Reprodução/Arquivo da editora

Propaganda de creme de beleza.

Reprodução/Arquivo da editora

Propaganda de produto para acelerar o crescimento de plantas.

Reprodução/Arquivo da editora

Propaganda de isca brilhante para peixe.

Reprodução/Arquivo da editora

Propaganda de esfregão.

No entanto, com o passar do tempo, começou-se a perceber que os produtos que continham rádio causavam mais males do que benefícios. Os malefícios só não foram mais significativos porque o rádio — muito caro — era adicionado a esses produtos em quantidades muito pequenas.

A partir de descobertas científicas, novos produtos chegam aos consumidores — e não são poucos. Exemplos recentes são o telefone celular, o forno de micro-ondas, o DVD; todos os anos surge uma novidade a fim de atender a um mercado bem abrangente e diferenciado. Contudo, antes de chegarem às lojas, as indústrias e os órgãos de fiscalização devem testar não apenas a qualidade e a eficiência desses produtos, mas, principalmente, seus efeitos sobre o ser humano e o meio ambiente.

Health Protection Agency/SPL/Latinstock

Aparelho usado para a obtenção de água radioativa.

## Reflita

1. O rádio é um elemento muito mais radioativo do que o próprio urânio, e seu produto de decaimento natural, o gás radônio, também é radioativo. Dos três cuidados abaixo, qual deles é o mais adequado para armazenar o rádio? Justifique.
   a) Manter o local bem iluminado.
   b) Manter o local bem arejado.
   c) Manter o local completamente isolado.

**2.** Abaixo foi reproduzido o rótulo de uma garrafa de 500 mL de água mineral comercializada no Brasil.

Análise Nº 377/lamin/C.P.R.M de 11/06/99

Composição química provável (mg/L)

| | |
|---|---|
| bário | 0,084 |
| cálcio | 16,6 |
| magnésio | 6,56 |
| potássio | 2,60 |
| sódio | 7,90 |
| sulfatos | 1,38 |
| bicarbonato | 91,87 |
| nitrato de sódio | 8,21 |
| cloreto de sódio | 4,01 |

**Características físico-químicas**

- pH a 25 °C: 6,33
- Temperatura da água na fonte: 21,6 °C
- Condutividade elétrica a 25 °C: $1{,}94 \cdot 10^{-4}$ mhos/cm
- Resíduo de evaporação a 180 °C calculando 130,94 mg/L
- Radioatividade na fonte a 20 °C e 760 mm de Hg: 9,83 Maches

Segundo o Código de Águas Minerais (decreto-lei 7.841, de 8/8/1945), em seu artigo 35, as águas minerais radioativas podem conter radônio em dissolução, obedecendo aos seguintes limites:

| Classificação da água | Unidades Mache, por litro, a 20 °C e 760 mmHg de pressão |
|---|---|
| fracamente radioativa | 5 a 10 |
| radioativa | 10 a 50 |
| fortemente radioativa | superior a 50 |

A unidade Mache está obsoleta. Para se medir a quantidade de radônio emanada de um litro de água contendo urânio e seus descendentes radioativos, a unidade mais apropriada atualmente é a Becquerel/L (Bq/L). Sabendo-se que 1 Mache equivale a 12,802 Becquerel/L, responda aos itens abaixo.

a) Segundo as informações trazidas pelo rótulo, qual a classificação dessa água?

b) Qual a quantidade de radônio emanada por essa garrafa de 500 mL de água em Bq/L?

**3.** A radioatividade tem aplicações importantes na Medicina, por exemplo, o uso de radiotraçadores, que permitem identificar, no corpo, o local da emissão de radioatividade (como nos exames de cintilografia). De acordo com essa técnica, após o paciente receber uma dose de radiotraçador, a emissão realizada por esse material é detectada em filmes fotográficos, evidenciando a imagem do órgão que se pretende estudar. Como esses radiotraçadores se acumulam nos órgãos, é necessário que a dose introduzida no organismo seja pequena, para evitar contaminação. Quais seriam os possíveis efeitos da ingestão de uma dose maior de rádio, em solução de alta concentração?

**4.** Por que é permitida a ingestão de água mineral de fontes radioativas?

**5.** Em sua opinião, antes de um produto ser lançado, principalmente aqueles relacionados às descobertas recentes, seus efeitos sobre o ser humano e o meio ambiente são suficientemente verificados?

## EXPLORE SEU MUNDO

Vá ao supermercado e observe os rótulos de diferentes marcas de águas minerais obtidas de fontes radioativas naturais. Compare o nível de radiação emitida por cada uma delas.

## Fundamentando seus conhecimentos

**1.** Faça a associação correta:

(I) alfa ($\alpha$) (A) maior velocidade
(II) beta ($\beta$) (B) menor velocidade
(III) gama ($\gamma$) (C) corresponde a um elétron
(D) radiação (onda eletromagnética)
(E) núcleo de hélio

**2.** Indique as partículas $\alpha$, $\beta$ e a radiação $\gamma$ às letras X, Y e Z, relacionando seus poderes de penetração.

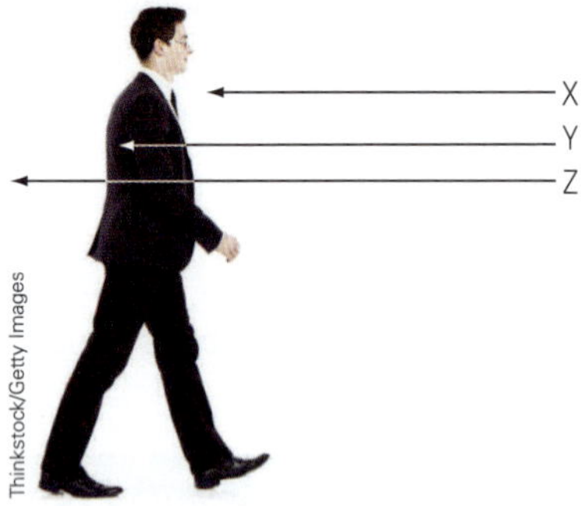


Thinkstock/Getty Images

As seguintes representações de partículas e radiação devem ser utilizadas para responder ao exercício **3**.

| | |
|---|---|
| **alfa** | ${}^{4}_{+2}\alpha$ |
| **beta** | ${}^{0}_{-1}\beta$ ou ${}^{0}_{-1}e$ |
| **gama** | ${}^{0}_{0}\gamma$ |
| **próton** | ${}^{1}_{+1}p$ |
| **nêutron** | ${}^{1}_{0}n$ |
| **pósitron** | ${}^{0}_{-1}e$ ou ${}^{0}_{+1}\beta$ |

**3.** Copie e complete as seguintes reações nucleares:

I. ${}^{222}_{86}Rn \rightarrow {}^{218}_{84}Po + x$

II. ${}^{99}_{43}Tc \rightarrow {}^{99}_{43}Tc + y$

III. ${}^{32}_{15}P \rightarrow {}^{32}_{16}S + z$

IV. ${}^{10}_{5}B + w \rightarrow {}^{10}_{4}B + {}^{1}_{1}H$

V. ${}^{121}_{51}Sb + a \rightarrow {}^{121}_{52}Te + n$

Nos exercícios **4** a **7** utilizaremos a convenção:

● próton ● nêutron

**4.** Considere a representação do núcleo de um isótopo radioativo do elemento carbono (C).

Ilustrações: Banco de imagens/Arquivo da editora

a) Escreva em seu caderno a representação desse isótopo, indicando o número atômico (Z) e o número de massa (A).

b) Escreva em seu caderno a equação que representa a emissão de um pósitron pelo isótopo do carbono, originando um elemento X.

**5.** Equacione o decaimento nuclear representado pelo esquema.

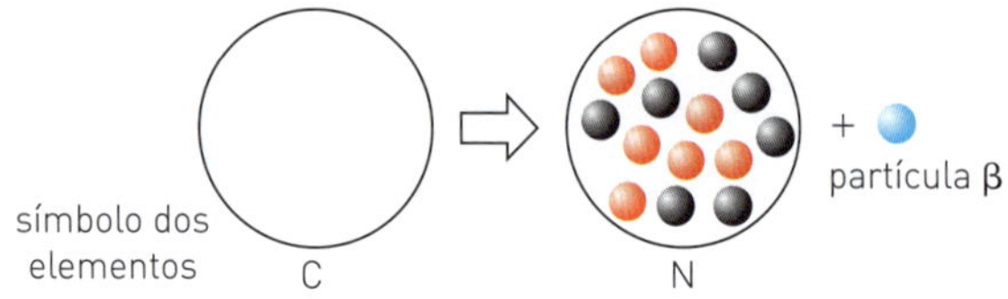


**6.** Equacione a transmutação artificial representada pelo esquema.

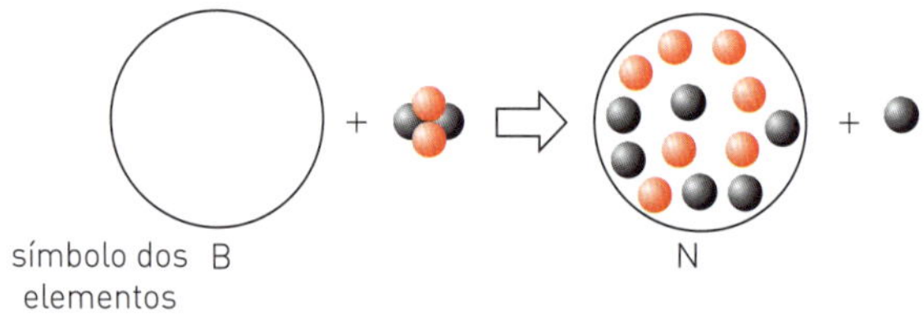


**7.** Equacione a transmutação artificial representada pelo esquema.

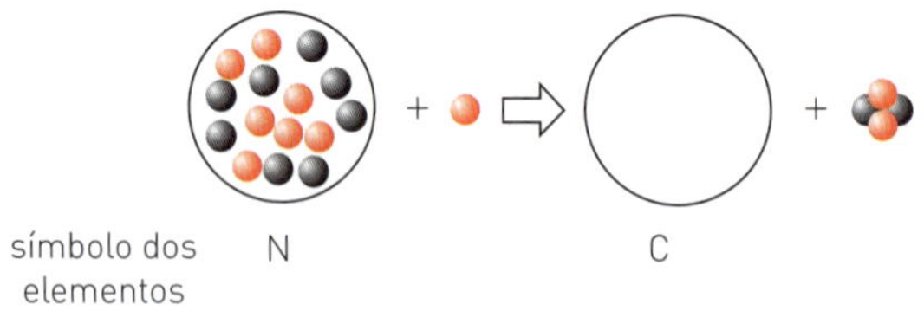


**8.** (UFV-MG) Ao emitir uma partícula alfa ($\alpha$), o isótopo radioativo de um elemento transforma-se em outro elemento com número atômico e número de massa menores, conforme ilustrado pela equação a seguir:

$$ {}^{238}_{92}U \rightarrow \text{partícula alfa} + {}^{234}_{90}Th $$

A emissão de uma partícula beta ($\beta$) por um isótopo radioativo de um elemento transforma-o em outro elemento de mesmo número de massa e número atômico uma unidade maior, conforme ilustrado pela equação a seguir:

$$^{234}_{91}\text{Pa} \rightarrow \text{partícula beta} + ^{234}_{92}\text{U}$$

Com base nas informações dadas acima, indique a alternativa correta relacionada às características das partículas $\alpha$ e $\beta$:

a) A partícula $\alpha$ tem 2 prótons e 4 nêutrons.
b) A partícula $\beta$ tem carga negativa e massa comparável à do próton.
c) A partícula $\alpha$ tem 2 prótons e 2 nêutrons.
d) A emissão da partícula $\beta$ é resultado da transformação de 1 próton em 1 nêutron.
e) A partícula $\beta$, por ter massa maior que a partícula $\alpha$, tem maior poder de penetração.

**9.** Determine o número atômico (Z) e o número de massa (A) do elemento X:

$$^{210}_{84}\text{Po} \rightarrow 2\,\alpha + 1\,\beta + \text{X}$$

**10.** Determine o número de partículas $\alpha$ e $\beta$ emitidas na transformação do $^{238}_{92}\text{U}$ em $^{226}_{88}\text{Ra}$:

$$^{238}_{92}\text{U} \rightarrow a\ ^{4}_{+2}\alpha + b\ ^{0}_{-1}\beta + ^{226}_{88}\text{Ra}$$

## Desenvolvendo seus conhecimentos

**1.** (Unimontes-MG) A figura abaixo representa a separação da radiação proveniente de um material radioativo (mineral de urânio) em I, II e III.

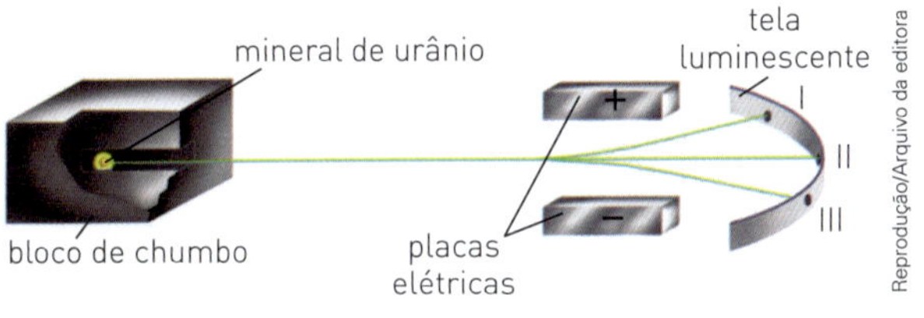


Assim, III corresponde à radiação:

a) alfa.
b) beta.
c) gama.
d) delta.

**2.** (Enem-PPL)

Partículas beta, ao atravessarem a matéria viva, colidem com uma pequena porcentagem de moléculas e deixam atrás de si um rastro aleatoriamente pontilhado de radicais livres e íons quimicamente ativos. Essas espécies podem romper ainda outras ligações moleculares, causando danos celulares.

HEWITT, P. G. Física conceitual. Porto Alegre: Bookman, 2002 (adaptado).

A capacidade de gerar os efeitos descritos dá-se porque tal partícula é um:

a) elétron e, por possuir massa relativa desprezível, tem elevada energia cinética translacional.
b) nêutron e, por não possuir carga elétrica, tem alta capacidade de produzir reações nucleares.
c) núcleo do átomo de hélio (He) e, por possuir massa elevada, tem grande poder de penetração.
d) fóton e, por não possuir massa, tem grande facilidade de induzir a formação de radicais livres.
e) núcleo do átomo de hidrogênio (H) e, por possuir carga positiva, tem alta reatividade química.

**3.** (UnB-DF) Ao acessar a rede internet, procurando algum texto a respeito do tema radioatividade, no "Cadê?" (http://www.cade.com.br), um jovem deparou-se com a seguinte figura, representativa do poder de penetração de diferentes tipos de radiação:

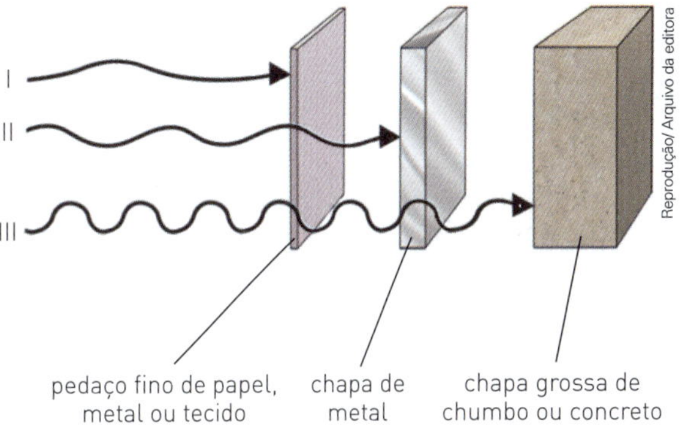


Com o auxílio da figura, julgue os itens a seguir:

a) A radiação esquematizada em II representa o poder de penetração das partículas beta.
b) A radiação esquematizada em III representa o poder de penetração das partículas alfa.
c) As partículas alfa e beta são neutras.
d) Quando um núcleo radioativo emite uma radiação do tipo I, o número atômico fica inalterado.

**4.** (UPF-RS) Radioatividade é a denominação recebida em razão da capacidade que certos átomos têm de emitir radiações eletromagnéticas e partículas de seus núcleos instáveis para adquirir estabilidade.

Reprodução/UPF, 2015.

(Disponível em: <http://mob77.photobucket.com/albums/j76/j_rosario/einstein.jpg?t=1242306642>. Acesso em: 23 set. 2014)

Considerando a informação apresentada, assinale a alternativa incorreta.

a) A emissão de partículas alfa ($\alpha$) e beta ($\beta$) pelo núcleo faz com que o átomo radioativo de determinado elemento químico se transforme num átomo de um elemento químico diferente.

b) Partículas alfa ($\alpha$) são partículas denominadas "pesadas", com carga elétrica positiva, constituídas de 2 prótons e de 2 nêutrons (como em um núcleo de hélio).

c) A radiação gama ($\gamma$) apresenta um pequeno poder de ionização, pois este depende quase exclusivamente da carga elétrica; assim, a radiação $\gamma$ praticamente não forma íons.

d) Os danos causados aos seres humanos pelas partículas alfa ($\alpha$) são considerados pequenos, uma vez que tais partículas podem ser detidas pelas camadas de células mortas da pele.

e) O poder de penetração da radiação gama ($\gamma$) é considerado pequeno e pode ser detido por uma folha de papel ou uma chapa de alumínio de espessura menor do que 1 mm.

**5.** (PUC-RJ) Na equação do processo nuclear, ${}^{14}_{7}N + {}^{1}_{1}H \rightarrow {}^{11}_{6}C + {}^{4}_{2}He$, constata-se que no núcleo do isótopo:

a) ${}^{14}_{7}N$ há 14 prótons.

b) ${}^{1}_{1}H$ há 1 nêutron.

c) ${}^{11}_{6}C$ há 5 elétrons.

d) ${}^{4}_{2}He$ há 2 nêutrons.

e) ${}^{14}_{7}N$ há 21 prótons.

**6.** (Puccamp-SP) O isótopo do elemento césio de número de massa 137 sofre decaimento segundo a equação:

$${}^{137}_{55}Cs \rightarrow X + {}^{0}_{-1}\beta$$

O número atômico do isótopo que X representa é igual a:

a) 54.
b) 56.
c) 57.
d) 136.
e) 138.

**7.** (PUC-RJ) Num processo de fissão nuclear, um nêutron colidiu com o núcleo de um isótopo do urânio levando à formação de dois núcleos menores e liberação de nêutrons que produziram reações em cadeia com liberação de grande quantidade de energia. Uma das possíveis reações nucleares nesse processo é representada por:

$${}^{235}_{92}U + {}^{1}_{0}n \rightarrow {}^{90}_{35}Br + X + 3\,{}^{1}_{0}n$$

O produto X formado na fissão nuclear indicada acima, é um isótopo do elemento químico:

a) Tório.
b) Xenônio.
c) Chumbo.
d) Lantânio.
e) Radônio.

**8.** (PUC-SP) No dia 13 de setembro desse ano, completaram-se 30 anos do acidente com o Césio-137.

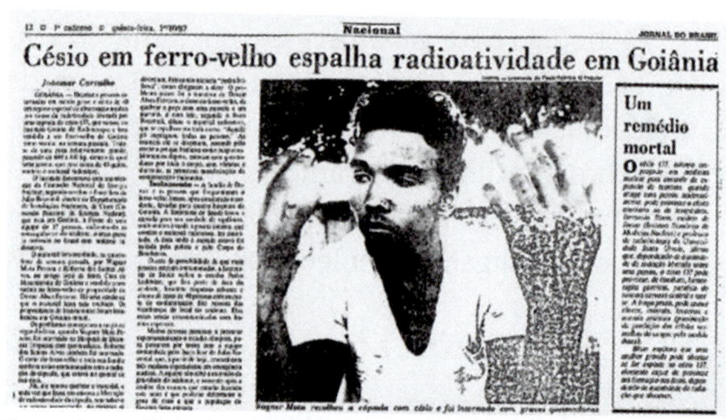
Nacional

Césio em ferro-velho espalha radioatividade em Goiânia

Um remédio mortal

Reprodução/PUC-SP, 2018.

Fonte: https://teledramaturgiaglobo.files.wordpress.com/2015/08/20121001-quinta-feira01101987.jpg?w=1200&h=644&crop=1

Observe a equação a seguir:

$${}^{137}_{55}Cs \rightarrow X + {}^{137}_{56}Ba$$

O X pode ser corretamente substituído por:

a) partícula $\alpha$.
b) partícula $\beta$.
c) radiação $\gamma$.
d) raio X.

**9.** (Vunesp-SP)

> Cientistas russos conseguem isolar o elemento 114 superpesado.
>
> ("Folha Online", 31/5/2006.)

Segundo o texto, foi possível obter o elemento 114 quando um átomo de plutônio-242 colidiu com um átomo de cálcio-48, a $\frac{1}{10}$ da velocidade da luz. Em cerca de 0,5 segundo, o elemento formado transforma-se no elemento de número atômico 112 que, por ter propriedades semelhantes às do ouro, forma amálgama com mercúrio. O provável processo que ocorre é representado pelas equações nucleares:

$$^{242}_{94}Pu + ^{48}_{20}Ca \rightarrow ^{a}_{114}X \rightarrow ^{286}_{112}Y + b$$

Com base nessas equações, pode-se dizer que a e b são, respectivamente:

a) 290 e partícula beta.
b) 290 e partícula alfa.
c) 242 e partícula beta.
d) 242 e nêutron.
e) 242 e pósitron.

**10.** (Vunesp-SP)

### Água coletada em Fukushima em 2013 revela radioatividade recorde

A empresa responsável pela operação da usina nuclear de Fukushima, Tokyo Electric Power (Tepco), informou que as amostras de água coletadas na central em julho de 2013 continham um nível recorde de radioatividade, cinco vezes maior que o detectado originalmente. A Tepco explicou que uma nova medição revelou que o líquido, coletado de um poço de observação entre os reatores 1 e 2 da fábrica, continha nível recorde do isótopo radioativo estrôncio-90.

(www.folha.uol.com.br. Adaptado.)

O isótopo radioativo Sr-90 não existe na natureza, sua formação ocorre principalmente em virtude da desintegração do Br-90 resultante do processo de fissão do urânio e do plutônio em reatores nucleares ou em explosões de bombas atômicas. Observe a série radioativa, a partir do Br-90, até a formação do Sr-90:

$$^{90}_{35}Br \rightarrow ^{90}_{36}Kr \rightarrow ^{90}_{37}Rb \rightarrow ^{90}_{38}Sr$$

A análise dos dados exibidos nessa série permite concluir que, nesse processo de desintegração, são emitidas:

a) partículas alfa.
b) partículas alfa e partículas beta.
c) apenas radiações gama.
d) partículas alfa e nêutrons.
e) partículas beta.

**11.** (UPF-RS) A charge apresentada a seguir, além de rememorar os tristes acontecimentos ocorridos há trinta anos, após o acidente na usina termonuclear de Chernobyl, na Ucrânia, lembra que seus efeitos ainda estão presentes. Na época, o teto do reator, que pesava mil toneladas, foi destruído na explosão, e uma nuvem de radiação tomou a cidade. A vegetação, o solo e a água foram contaminados, sendo necessária a evacuação dos moradores. A nuvem radioativa, representada na charge, contendo césio-137 e o iodo-131 (além de outros), estendeu-se por vários países da Europa e os impactos ambientais no continente europeu continuam a causar preocupação em escala mundial.

Reprodução/UPF, 2016.

(Disponível em: http://operamundi.uol.com.br/conteudo/opiniao/43943/charge+do+latuff+30+anos+do+desastre+de+chernobyl.shtml)

Entre os núcleos mencionados, o césio-137 sofre decaimento, emitindo partículas beta e radiação gama. A equação que representa adequadamente a emissão da partícula beta, por esse núcleo é:

a) $^{137}_{55}Cs \rightarrow ^{0}_{+1}\beta + ^{131}_{54}Xe + \gamma$.
b) $^{137}_{55}Cs + ^{0}_{-1}\beta \rightarrow ^{137}_{54}Xe + \gamma$.
c) $^{137}_{55}Cs + ^{0}_{-1}\beta \rightarrow ^{131}_{52}Te$.
d) $^{137}_{55}Cs \rightarrow ^{0}_{-1}\beta + ^{137}_{56}Ba + \gamma$.
e) $^{137}_{55}Cs + ^{0}_{+1}\beta \rightarrow ^{133}_{54}Xe + ^{4}_{2}\alpha$.

**12.** (UPF-RS) No último dia 9 de agosto, o Japão lembrou os 71 anos do bombardeio de Nagasaki. Uma fusão nuclear consiste na união de dois núcleos atômicos, com grande liberação de energia. A seguir, apresentam-se representações de duas equações de fusão nuclear.

$$a + {}^{2}_{1}H \rightarrow {}^{4}_{2}He + \text{energia}$$
$${}^{2}_{1}H + {}^{3}_{1}H \rightarrow {}^{4}_{2}He + b + \text{energia}$$

Assinale a alternativa que informa corretamente o que representam a e b respectivamente:

a) Partícula alfa e nêutron.
b) Núcleo de deutério e nêutron.
c) Núcleo de hidrogênio e próton.
d) Núcleo de deutério e neutrino.
e) Nêutron e fóton.

**13.** (ITA-SP) Suponha que um metal alcalinoterroso se desintegre radioativamente emitindo uma partícula alfa. Após três desintegrações sucessivas, em qual grupo (família) da tabela periódica deve-se encontrar o elemento resultante desse processo?

a) 13 (IIIA)
b) 14 (IVA)
c) 15 (VA)
d) 16 (VIA)
e) 17 (VIIA)

## Desafiando seus conhecimentos

Consulte a tabela periódica sempre que necessário.

**1.** (Uema) Leia o texto que se refere ao acidente, causado por uma reação nuclear que caracteriza o fenômeno da radioatividade.

"Um estudo publicado pela Organização Mundial de Saúde (OMS) concluiu que o acidente nuclear na usina japonesa de Fukushima, causado por um tsunami em 2011, oferece apenas riscos baixos para a população em geral, tanto no Japão quanto nos países vizinhos.

No entanto, para quem vivia em regiões muito próximas à usina, o risco estimado para alguns tipos de câncer é maior. Nas áreas que realmente foram contaminadas, o risco é alto, mas ele já reduz drasticamente mesmo em outros pontos do município de Fukushima.

O relatório da OMS destaca a necessidade de monitoramento de saúde em longo prazo para quem tem alto risco, assim como a provisão de controle médico e serviços de apoio, completou Maria Neira, diretora de saúde pública e meio ambiente da OMS. A organização destacou ainda que é preciso oferecer suporte psicossocial às populações afetadas pelo acidente."

Fonte: Disponível em: <http//:www.g1.globo.com>. Acesso em: 12 jul. 2013.

A radioatividade é a capacidade que os átomos de determinados elementos químicos apresentam de emitir espontaneamente energia sob a forma de partículas ou de radiação eletromagnéticas. Em uma reação nuclear, há:

a) participação somente de elétrons da última camada do átomo.
b) dependência da pressão e temperatura na velocidade do processo.
c) identificação da estabilidade do núcleo atômico por meio do número de prótons.
d) decomposição radioativa de núcleos e formação de novos núcleos mais estáveis.
e) modificação e formação de substâncias, ocorrendo apenas um reagrupamento de átomos.

**2.** (Enem) A energia nuclear é uma alternativa aos combustíveis fósseis que, se não gerenciada de forma correta, pode causar impactos ambientais graves. O princípio da geração dessa energia pode se basear na reação de fissão controlada do urânio por bombardeio de nêutrons, como ilustrado:

$${}^{235}U + n \rightarrow {}^{95}Sr + {}^{139}Xe + 2\,n + \text{energia}$$

Um grande risco decorre da geração do chamado lixo atômico, que exige condições muito rígidas de tratamento e armazenamento para evitar vazamentos para o meio ambiente.

Esse lixo é prejudicial, pois

a) favorece a proliferação de microrganismos termófilos.
b) produz nêutrons livres que ionizam o ar, tornando-o condutor.
c) libera gases que alteram a composição da atmosfera terrestre.
d) acentua o efeito estufa decorrente do calor produzido na fissão.
e) emite radiação capaz de provocar danos à saúde dos seres vivos.

**3.** (Cefet-RJ)

"O acidente nuclear de Fukushima alcançou o nível de gravidade 6, quase chegando ao nível do Chernobyl (7), afirmou nesta segunda-feira o presidente da Autoridade Francesa de Segurança Nuclear (ASN), André-Claude Lacoste."

"A exposição aos raios não é o único risco ao qual o corpo humano está sujeito em relação à radioatividade. É ainda mais importante evitar que as pessoas incorporem material radiativo. A forma mais comum de isto acontecer é pela inalação de gases que se misturam à atmosfera depois de um vazamento."

*Agência AFP: segunda-feira*, 14 de março de 2011.

Por apresentar um núcleo instável, o Urânio ($^{238}_{92}U$) emite radiações e partículas transformando-se sequencialmente até chegar a elementos mais estáveis como é mostrado abaixo:

$^{238}_{92}U$ (urânio) $\rightarrow$ $^{4}_{2}\alpha + ^{234}_{90}Th$ (tório)

$^{232}_{90}Th$ (tório) $\rightarrow$ $^{4}_{2}\alpha + ^{228}_{88}Ra$ (rádio)

$^{228}_{88}Ra$ (rádio) $\rightarrow$ .................. $^{208}_{82}Pb$ (chumbo)

Marque a alternativa que apresenta respectivamente o número de prótons do Urânio, o número atômico do Tório e o número de nêutrons do Chumbo.

a) 238, 90 e 82
b) 92, 234 e 126
c) 92, 90 e 126
d) 238, 234 e 82

**4.** (UPM-SP)

### 2011 — Ano Internacional da Química

A Unesco, em conjunto com a IUPAC, decidiu instituir, em 2011, o Ano Internacional da Química, tendo, como meta, promover, em âmbito mundial, o conhecimento e a educação química em todos os níveis. Além da celebração dos inúmeros benefícios da Química para a humanidade, o ano de 2011, também coincide com o centésimo aniversário do recebimento do prêmio Nobel de Química por Marie Curie, celebrando a contribuição das mulheres à ciência. Marie Curie e seu marido Pierre Curie descobriram, em 1898, o elemento químico radioativo Polônio, de número atômico 84, que foi batizado com esse nome em homenagem a Polônia, pátria de origem de Marie Curie. O elemento químico Polônio tem 25 isótopos conhecidos, com números de massa que variam de 194 a 218. O Po-210 é o isótopo natural mais comum, com um período de meia-vida de 134,8 dias, e sua reação de decaimento produz o chumbo (Pb-206).

O decaimento do Po-210 a Pb-206 é corretamente expresso pela equação:

a) $^{84}_{210}Po \rightarrow ^{82}_{206}Pb + \alpha$.
b) $^{84}_{210}Po \rightarrow ^{82}_{206}Pb + \beta$.
c) $^{84}_{210}Po \rightarrow ^{82}_{206}Pb + \alpha + \beta$.
d) $^{210}_{84}Po \rightarrow ^{206}_{82}Pb + \alpha$.
e) $^{210}_{84}Po \rightarrow ^{206}_{82}Pb + \beta$.

**5.** (PUC-RJ) Complete a equação da reação nuclear abaixo:

$$^{27}_{13}A\ell + ^{1}_{0}n \rightarrow \boxed{\phantom{X}} + \alpha$$

A opção que corresponde ao elemento químico obtido nessa reação é:

a) sódio.
b) cromo.
c) manganês.
d) argônio.
e) cálcio.

**6.** (Uern) "Não é apenas na medicina que a radioatividade encontra aplicações práticas. Ela pode ser utilizada também para esterilizar alimentos em geral, detectar vazamentos em tubulações, analisar a espessura de chapas e estudar o mecanismo de reações químicas e bioquímicas". São dadas três reações nucleares:

I. Iodo $^{120}_{52}Te + ^{1}_{0}n \rightarrow ^{131}_{53}I + X$

II. Fósforo $^{35}_{17}C\ell + ^{1}_{0}n \rightarrow ^{32}_{15}P + Y$

$^{32}_{15}P \rightarrow ^{32}_{16}S + Z$

III. Tecnésio $^{99}_{43}Tc \rightarrow ^{99}_{43}Tc + Q$

Assinale a alternativa que apresenta, respectivamente, os significados de X, Y, Z e Q nas reações I, II e III.

a) $\alpha, \beta, \alpha, \gamma$.
b) $\alpha, \beta, \alpha, \alpha$.
c) $\beta, \alpha, \beta, \beta$.
d) $\beta, \alpha, \beta, \gamma$.

**7.** (UPM-SP) O urânio-238 após uma série de emissões nucleares de partículas alfa e beta, transforma-se no elemento químico chumbo-206 que não mais se desintegra, pelo fato de possuir um núcleo estável. Dessa forma, é fornecida a equação global que representa o decaimento radioativo ocorrido.

$$^{238}_{92}U \rightarrow ^{206}_{82}Pb + \alpha + \beta$$

Assim, analisando a equação anterior, é correto afirmar-se que foram emitidas:

a) 8 partículas $\alpha$ e 6 partículas $\beta$.
b) 7 partículas $\alpha$ e 7 partículas $\beta$.
c) 6 partículas $\alpha$ e 8 partículas $\beta$.
d) 5 partículas $\alpha$ e 9 partículas $\beta$.
e) 4 partículas $\alpha$ e 10 partículas $\beta$.

**8.** (Unicid-SP) A figura mostra os três tipos de radiação resultantes da desintegração de elementos radioativos naturais.

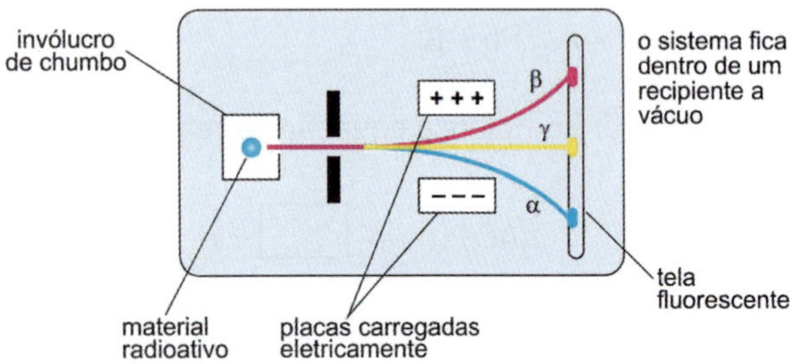


Reprodução/Unicid, 2016.

(www.quimica.seed.pr.gov.br)

a) Quais dessas radiações, alfa, beta ou gama, podem ser chamadas de partículas? Justifique sua resposta, caracterizando tais radiações quanto à carga elétrica.
b) O fósforo-32 é uma espécie radioativa utilizada no tratamento radioterápico de alguns tipos de câncer. Na desintegração radioativa deste radioisótopo, forma-se enxofre-32. Escreva uma equação que represente esse processo.

**9.** (USF-SP) O tecnécio ($_{43}Tc^{98}$) é um elemento artificial de alto índice de radioatividade. Suas principais aplicações estão voltadas principalmente para a produção de ligas metálicas e, em medicina nuclear, para a fabricação de radiofármacos. Com relação à distribuição eletrônica desse elemento e suas emissões radioativas, responda ao que se pede.

a) Qual a sua distribuição eletrônica por subníveis de energia?
b) Qual a fórmula dos compostos iônicos formados entre o tecnécio catiônico (+2) com:
 - oxigênio (Z = 8)?
 - cloro (Z = 17)?
c) Qual o valor do número de massa e do número atômico do átomo formado quando o tecnécio sofre três decaimentos alfa e um decaimento beta?

**10.** (Espcex/Aman) Considere as seguintes afirmativas:

I. O poder de penetração da radiação alfa ($\alpha$) é maior que o da radiação gama ($\gamma$).
II. A perda de uma partícula beta ($\beta$) por um átomo ocasiona a formação de um átomo de número atômico maior.
III. A emissão de radiação gama a partir do núcleo de um átomo não altera o número atômico e o número de massa deste átomo.
IV. A desintegração de $^{226}_{88}Ra$ a $^{214}_{83}Bi$ envolve a emissão consecutiva de três partículas alfa ($\alpha$) e duas betas ($\beta$).

Das afirmativas apresentadas estão corretas apenas:

a) I e II.
b) I e III.
c) I e IV.
d) II e III.
e) II e IV.

**11.** (PUC-RJ) As três primeiras etapas na série de decaimento radioativo do urânio 238 envolvem emissão sucessiva de uma partícula alfa, uma partícula beta e outra partícula beta. Sobre o elemento resultante do decaimento, é correto afirmar que:

a) na 1ª etapa, possui número de massa 234 e número atômico 92.
b) após as duas primeiras etapas, possui número de massa 234 e número atômico 91.
c) após as três etapas, possui 144 nêutrons em seu núcleo.
d) na 1ª etapa, possui 90 nêutrons em seu núcleo.
e) após as três etapas, possui 96 prótons em seu núcleo.

**12.** (UPM-SP) Os radiofármacos são radiotativos utilizados no diagnósticos ou tratamento de doenças e disfunções do organismo humano. O molibdênio-99 serve para produzir geradores de tecnécio-99, o radiofármaco usado em mais de 80% dos procedimentos adotados na medicina nuclear, cujo papel é fundamental no diagnóstico de doenças associadas ao coração, fígado, rim, cérebro, pulmão, tireoide, estômago e sistema ósseo, entre outras. Usando seus conhecimentos, a respeito das reações nucleares e dos símbolos dos elementos químicos, a alternativa que melhor representa, simplificadamente, a transformação de molibdênio-99 em tecnécio-99 é

a) $^{99}_{42}Mo \rightarrow ^{99}_{43}Tc + \beta$
b) $^{99}_{42}Mb \rightarrow ^{99}_{43}Tc + \alpha$
c) $^{99}_{42}Mb \rightarrow ^{99}_{43}Te + \alpha$
d) $^{99}_{42}Mo \rightarrow ^{99}_{43}Tc + \alpha$
e) $^{99}_{42}Mb \rightarrow ^{99}_{43}Te + \beta$

**13.** (UEL-PR) Os elementos radioativos têm muitas aplicações. A seguir, estão exemplificadas algumas delas.

I. O iodo é utilizado no diagnóstico de distúrbios da glândula tireoide, e pode ser obtido pela seguinte reação:

$$^{130}_{52}Te + ^{1}_{0}n \rightarrow ^{131}_{53}I + X$$

II. O fósforo é utilizado na agricultura como elemento traçador para proporcionar a melhoria na produção do milho, e pode ser obtido pela reação:

$$^{35}_{17}C\ell + ^{1}_{0}n \rightarrow ^{32}_{15}P + Y$$

Sua reação de decaimento é:

$$^{32}_{15}P \rightarrow ^{32}_{16}S + Z$$

III. O tecnécio é usado na obtenção de imagens do cérebro, fígado e rins, e pode ser representado ela reação:

$$^{99}_{43}Tc \rightarrow ^{99}_{43}Tc + Q$$

Assinale a alternativa que indica, respectivamente os significados de X, Y, Z e Q nas alternativas I, II e III.

a) $\alpha$, $\beta$, $\gamma$, $\alpha$.
b) $\alpha$, $\beta$, $\alpha$, $\gamma$.
c) $\gamma$, $\beta$, $\gamma$, $\alpha$.
d) $\beta$, $\alpha$, $\beta$, $\beta$.
e) $\beta$, $\alpha$, $\beta$, $\gamma$.

**14.** (Uece) A missão *Mars Science Laboratory*, que chegará a Marte em agosto deste ano, está levando consigo um robô movido a plutônio. Segundo a Nasa, o calor gerado pelo material nuclear produz 110 watts de eletricidade, o suficiente para alimentar o robô. O plutônio-239 sofre decaimento de acordo com a seguinte reação nuclear:

$$^{239}_{94}Pu \rightarrow ^{235}_{92}U + X$$

No que diz respeito a X, assinale a opção correta.

a) Pode ser encontrado no grupo 18 (8A).
b) É o núcleo de um átomo que se encontra no grupo 2 (2A).
c) Sua distribuição eletrônica é $1s^2 2s^2$.
d) Possui 4 nêutrons.

**15.** (Fatec-SP) Leia o texto.

Lise Meitner, nascida na Áustria em 1878 e doutora em Física pela Universidade de Viena, começou a trabalhar, em 1906, com um campo novo e recente da época: a radioquímica. Meitner fez trabalhos significativos sobre os elementos radioativos (descobriu o protactínio, Pa elemento 91) porém sua maior contribuição à ciência do século XX foi a explicação do processo de fissão nuclear. A fissão nuclear é de extrema importância para o desenvolvimento de usinas nucleares e bombas atômicas, pois libera grandes quantidades de energia. Neste processo, um núcleo de U-235 (número atômico 92) é bombardeado por um nêutron, formando dois núcleos menores, sendo um deles o Ba-141 (número atômico 56) e três nêutrons.

Embora Meitner não tenha recebido o prêmio Nobel, um de seus colaboradores disse: "Lise Meitner deve ser honrada como a principal mulher cientista deste século".

Fonte dos dados: KOTZ, J. e TREICHEL, P. *Química e Reações Químicas*. Rio de Janeiro. Editora LTC,1998. Adaptado.
FRANCO, Dalton. *Química, Cotidiano e Transformações*. São Paulo. Editora FTD,2015. Adaptado.

O número atômico do outro núcleo formado na fissão nuclear mencionada no texto é:

a) 34. b) 35. c) 36. d) 37. e) 38.

**16.** (Uerj) A reação nuclear entre o $^{242}Pu$ e um isótopo do elemento químico com maior energia de ionização localizado no segundo período da tabela de classificação periódica produz o isótopo $^{260}Rf$ e quatro partículas subatômicas idênticas.
Apresente a equação dessa reação e indique o número de elétrons do ruterfórdio (Rf) no estado fundamental.

**17.** (UEM-PR) Em uma reação de transmutação, na presença de um campo magnético uniforme, o átomo $^{216}_{84}A$ emite uma partícula $\alpha$ e se transforma no átomo B, que emite uma partícula $\beta$ para transmutar-se no átomo C. Por fim, o átomo C emite radiação $\gamma$, a fim de tornar-se estável. Com base nessas informações, analise as alternativas abaixo e assinale o que for correto.

01) O átomo A é isótopo de B, e a partícula $\alpha$ não interage com o campo magnético.

02) O átomo B é isóbaro de C, e a partícula $\beta$ interage com o campo magnético.

04) Ao emitir partícula $\beta$, o átomo B fica negativamente eletrizado.

08) A reação $^{216}_{84}A \rightarrow ^{2}_{4}\alpha + ^{212}_{82}B \rightarrow ^{212}_{83}C + ^{0}_{-1}\beta \rightarrow ^{212}_{83}C + n\gamma$ descreve a sequência das reações propostas, sendo n (um número inteiro) o número de fótons $\gamma$ emitidos até o átomo C atingir o equilíbrio.

16) O átomo B é isótopo de C, e a partícula $\gamma$ interage com o campo magnético.

**18.** (FMTM-MG) A ciência tem comprovado que o cigarro contém substâncias cancerígenas e que pessoas fumantes apresentam probabilidade muito maior de contrair o câncer quando comparadas com as não fumantes. Além dessas substâncias, o tabaco contém naturalmente o isótopo radioativo polônio de número de massa 210, cujo núcleo decai emitindo uma partícula alfa. O quadro apresenta alguns elementos químicos com os seus respectivos números atômicos.

| Ge<br>32 | As<br>33 | Se<br>34 | Br<br>35 | Kr<br>36 |
|---|---|---|---|---|
| Sn<br>50 | Sb<br>51 | Te<br>52 | I<br>53 | X<br>54 |
| Pb<br>82 | Bi<br>83 | Po<br>84 | At<br>85 | Rn<br>86 |

O núcleo resultante, após o decaimento do polônio 210, é um isótopo do elemento:

a) astato.
b) bismuto.
c) chumbo.
d) polônio.
e) radônio.

**19.** (UPF-RS) No fim do século XIX, o físico neozelandês Ernest Rutherford (1871-1937) foi convencido por J. J. Thomson a trabalhar com o fenômeno então recentemente descoberto: a radioatividade. Seu trabalho permitiu a elaboração de um modelo atômico que possibilitou o entendimento da radiação emitida pelos átomos de urânio, polônio e rádio. Aos 26 anos de idade, Rutherford fez sua maior descoberta. Estudando a emissão de radiação do urânio e do tório, observou que existem dois tipos distintos de radiação: uma que é rapidamente absorvida, que denominamos radiação alfa ($\alpha$), e uma com maior poder de penetração, que denominamos radiação beta ($\beta$).
Sobre a descoberta de Rutherford podemos afirmar ainda:

I. A radiação alfa é atraída pelo polo negativo de um campo elétrico.
II. O baixo poder de penetração das radiações alfa decorre de sua elevada massa.
III. A radiação de beta é constituída por partículas positivas, pois se desviam para o polo negativo do campo elétrico.
IV. As partículas alfa são iguais a átomos de hélio que perderam os elétrons.

Está(ão) correta(s) a(s) afirmação(ões):

a) I, apenas.
b) I e II.
c) III, apenas.
d) I, II e IV.
e) II e IV.

**20.** (Uerj) A quantidade total de astato encontrada na crosta terrestre é de 28 g, o que torna esse elemento químico o mais raro do mundo. Ele pode ser obtido artificialmente através do bombardeamento do bismuto por partículas alfa.
Escreva a equação nuclear balanceada de obtenção do $^{211}At$ a partir do $^{209}Bi$. Calcule, também, o número de átomos de astato na crosta terrestre.

**21.** (UFPR) As células cancerosas são mais sensíveis à radiação $\gamma$ que as células sadias. Por esse motivo, essa radiação pode ser empregada no tratamento do câncer. Uma das fontes de raios $\gamma$ é o isótopo 60 do elemento químico cobalto, que também emite partículas $\beta$. As equações nucleares a seguir descrevem um processo de obtenção do cobalto-60.

$$^{58}_{26}Fe + ^{1}_{0}n \rightarrow ^{x}_{26}Fe$$
$$^{x}_{26}Fe \rightarrow ^{0}_{-1}e + ^{59}_{y}Co$$
$$^{59}_{y}Co \ ^{w}_{0}K \rightarrow ^{59}_{y}Co$$

Com base nas informações acima, é correto afirmar:

I. Os isótopos $^{x}_{26}Fe$ e $^{59}_{y}Co$ contêm o mesmo número de prótons.
II. A partícula $^{w}_{0}K$ é um próton.
III. O isótopo 60 do cobalto contém 33 nêutrons no núcleo.
IV. A transformação do isótopo 58 do ferro em cobalto-60 absorve 2 nêutrons.
V. A emissão de uma partícula $\beta$ transforma o cobalto-60 no elemento de número atômico 28.
VI. $y = 27$.

**22.** (UFPE) Uma série de processos de decaimento radioativo natural tem início com o isótopo 238 de urânio ($Z = 92$). Após um processo de emissão de partículas alfa, seguido de duas emissões sucessivas de radiação beta, uma nova emissão de partícula alfa ocorre. Com base nessas informações analise as proposições a seguir.

( ) O isótopo 238 do urânio possui 148 nêutrons.
( ) O elemento que emite a segunda partícula alfa, na série, possui número de massa 230, e não é um isótopo do urânio.
( ) O elemento que resulta da emissão alfa do urânio 238 é o isótopo 234 do elemento de número atômico 90.
( ) O elemento que resulta da última emissão de partícula alfa, descrita acima, possui 90 prótons e 140 nêutrons.
( ) O elemento resultante da segunda emissão beta é isóbaro do elemento resultante da primeira emissão alfa.

CAPÍTULO

34

# Cinética das desintegrações radioativas

À medida que ocorre a emissão de partículas do núcleo de um elemento radioativo, ele está se desintegrando. A velocidade com que ocorrem essas desintegrações por unidade de tempo é denominada **velocidade de desintegração radioativa**. Verifica-se, experimentalmente, que a velocidade de desintegração (v), em dado momento, é diretamente proporcional ao número de núcleos radioativos (N), segundo a equação:

$$v = k \cdot N$$

em que $k$ = constante radioativa característica de cada isótopo.

A equação mostra que essa reação é de primeira ordem e que, transcorrendo conforme certo tempo, o número de núcleos radioativos se reduz à metade. Esse intervalo de tempo é denominado **meia-vida** ou **período de semidesintegração**.

## Meia-vida ou período de semidesintegração

**Meia-vida ou período de semidesintegração (P ou $t_{1/2}$)**: é o tempo necessário para que a metade dos núcleos radioativos se desintegre, ou seja, para que uma amostra radioativa se reduza à metade.

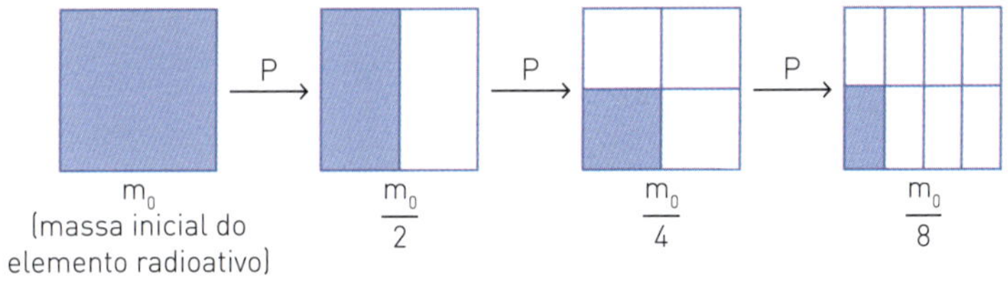


Essa relação de decaimento, feita para a massa de uma amostra, é verificada não só para o número de mols do isótopo radioativo, mas também para seu número de átomos e, consequentemente, para sua velocidade de desintegração (atividade radioativa).

O gráfico ao lado mostra o decaimento de uma amostra de 16 g de $^{32}_{15}P$, que se reduz a 8 g em 14 dias, originando o $^{32}_{16}S$. Assim, sua meia-vida é de 14 dias.

A relação matemática que permite relacionar a massa inicial ($m_i$) à massa final ($m_f$) de um decaimento radioativo com a meia-vida (P) e o tempo de desintegração (T) é dada pelas seguintes expressões:

$$\frac{m_i}{m_f} = 2^x \text{ e } T = x \cdot P$$

em que x = número de meias-vidas.

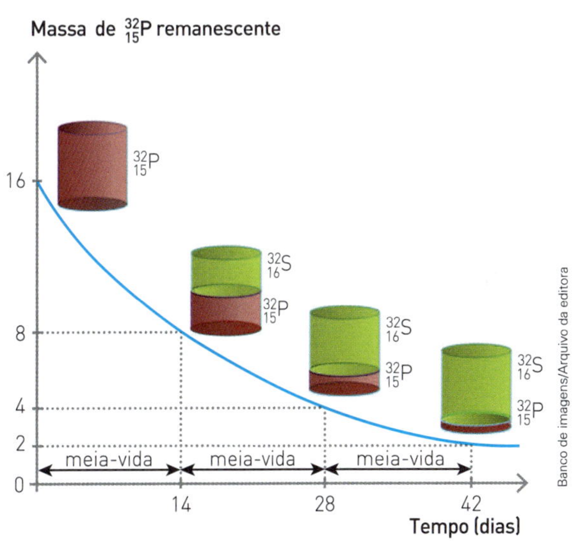

É importante observar que a meia-vida não depende da quantidade da amostra inicial nem é afetada por variações de pressão e temperatura, pois essas transformações envolvem um processo nuclear. As curvas de decaimento sempre apresentam o mesmo aspecto; porém, as meias-vidas variam desde bilhões de anos até frações de segundo.

A tabela a seguir indica a meia-vida de alguns isótopos radioativos:

| Isótopo | $^{13}O$ | $^{99}Tc$ | $^{90}Sr$ | $^{239}Pu$ | $^{238}U$ |
|---|---|---|---|---|---|
| Meia-vida | $8,7 \cdot 10^{-3}$ s | 6,0 horas | 28,1 anos | $2,44 \cdot 10^{4}$ anos | $4,5 \cdot 10^{9}$ anos |

Podemos estabelecer uma relação matemática entre a meia-vida (P) de um elemento radioativo e sua constante radioativa $k$:

$$k = \frac{0,693}{P} \quad \text{ou} \quad P = \frac{0,693}{k}$$

Assim, conhecendo a constante radioativa de decaimento dos elementos, podemos calcular sua meia-vida.

Por exemplo, para o $^{24}Na$, cuja $k = 4,63 \cdot 10^{-2}\ h^{-1}$, temos:

$$P = \frac{0,693}{4,63 \cdot 10^{-2}} = 15\ h$$

## Exercícios resolvidos

**1.** (Fuvest-SP) O radioisótopo $^{131}_{53}I$ emite radiação $\beta^-$ e perde 75% de sua atividade em 16 dias.

a) Qual o tempo de meia-vida de $^{131}_{53}I$?

b) Qual o elemento formado nessa desintegração?

Obs.: Foi fornecida a tabela periódica aos vestibulandos.

**Solução**

a) $100\% \xrightarrow{P} 50\% \xrightarrow{P} 25\%$

$$\underbrace{\text{início} \xrightarrow{\text{perde 75\%}} \text{restam}}_{\text{após 16 dias}}$$

2P = 16 dias

P = 8 dias = tempo da meia-vida

b) $^{131}_{53}I \rightarrow {}^{0}_{-1}\beta + {}^{131}_{54}X$

O elemento $^{131}_{54}X$ corresponde ao xenônio (Z = 54).

**2.** (UFPR) O polônio-210 é um emissor alfa com um tempo de meia-vida de 138 dias. Supondo que se coloquem, em um recipiente fechado, 21 g desse isótopo, ficando retidas, no recipiente, as partículas alfa que capturarão elétrons, transformando-se em hélio, teremos, ao fim de 276 dias, uma massa de hélio igual a (He = 4):

a) 0,10 g.
b) 0,20 g.
c) 0,35 g.
d) 0,30 g.
e) 0,40 g.

**Solução**

A massa inicial de polônio é 21 g, e o seu número de mol é dado por:

$$\frac{21\ g}{210\ g \cdot mol^{-1}} = 0,1\ mol$$

$$\underbrace{0,1\ \text{mol de Po} \xrightarrow[138\ \text{dias}]{\text{após}} 0,05\ \text{mol de Po} \xrightarrow[138\ \text{dias}]{\text{após}} 0,025\ \text{mol de Po}}_{276\ \text{dias}}$$

O número de mols de Po que se desintegrou é igual a 0,075 mol, que originou 0,075 mol de hélio.

$$\left.\begin{array}{l} 1 \text{ mol de He} \text{ ——— } 4 \text{ g} \\ 0{,}075 \text{ mol de He} \text{ ——— } x \end{array}\right\} x = 0{,}30 \text{ g de He}$$

Resposta: alternativa **d**.

**3.** (Unicap-PE) 20 g de um elemento radioativo são reduzidos a 1 mg após 143 dias. Qual a meia-vida do elemento radioativo, em dias?
(Dados: log 2 = 0,3 e log 3 = 0,4.)

**Solução**

$m_i = 20$ g

$m_f = 1$ mg $= 10^{-3}$ g

T = 143 dias

Sabendo que $\frac{m_i}{m_f} = 2^x$, calculamos:

$$\frac{20 \text{ g}}{10^{-3} \text{ g}} = 2^x \Rightarrow 20 \cdot 10^3 = 2^x \Rightarrow 2 \cdot 10^4 = 2^x$$

Aplicando-se logaritmo aos dois membros, chegamos a:

$$\log 2 + \log 10^4 = \log 2^x$$
$$\log 2 + 4 \cdot \log 10 = x \cdot \log 2$$
$$0{,}3 + 4 = x \cdot 0{,}3$$
$$\frac{4{,}3}{0{,}3} = x \text{ (número de meias-vidas)}$$

Da equação $T = x \cdot P$, obtemos a meia-vida desse elemento radioativo:

$$T = x \cdot P$$
$$143 = \frac{4{,}3}{0{,}3} \cdot P$$
$$P = 9{,}97 \cong 10 \text{ dias}$$

**4.** (Fuvest-SP) Um centro de pesquisa nuclear possui um cíclotron que produz radioisótopos para exames de tomografia. Um deles, o Flúor-18 ($^{18}F$), com meia-vida de aproximadamente 1h30, é separado em doses, de acordo com o intervalo de tempo entre sua preparação e o início previsto para o exame. Se o frasco com a dose adequada para o exame de um paciente A, a ser realizado 2 horas depois da preparação, contém $N_A$ átomos de $^{18}F$, o frasco destinado ao exame de um paciente B, a ser realizado 5 horas depois da preparação, deve conter $N_B$ átomos de $^{18}F$, com:

a) $N_B = 2\ N_A$.
b) $N_B = 3\ N_A$.
c) $N_B = 4\ N_A$.
d) $N_B = 6\ N_A$.
e) $N_B = 8\ N_A$.

A meia-vida de um elemento radioativo é o intervalo de tempo após o qual metade dos átomos inicialmente presentes sofreram desintegração.

**Solução**

Admitindo que ambos os pacientes receberão o mesmo número (N) de átomos de $^{18}F$, teremos:

**Paciente A**

$$N = \frac{N_A}{2^x} \qquad x = \frac{\text{tempo}}{\text{meia-vida}}$$

tempo: 2 h = 120 min
meia-vida = 1h30 = 90 min

$$x = \frac{120}{90} = \frac{4}{3}$$
$$N = \frac{N_A}{2^{\frac{4}{3}}}$$

**Paciente B**

$$N = \frac{N_B}{2^x}$$

Tempo = 5 h = 300 min

$$x = \frac{300}{90} = \frac{10}{3} \qquad N = \frac{N_B}{2^{\frac{10}{3}}}$$

Igualando, temos:

$$\frac{N_A}{2^{\frac{4}{3}}} = \frac{N_B}{2^{\frac{10}{3}}}$$
$$N_B = \frac{2^{\frac{10}{3}}}{2^{\frac{4}{3}}} \cdot N_A$$
$$N_B = 2^2\ N_A$$
$$N_B = 4\ N_A$$

Resposta: alternativa **c**.

## Fundamentando seus conhecimentos

O gráfico ao lado mostra o decaimento de uma amostra de determinado isótopo radioativo.

Com base nesse gráfico, responda às questões **1** a **6**.

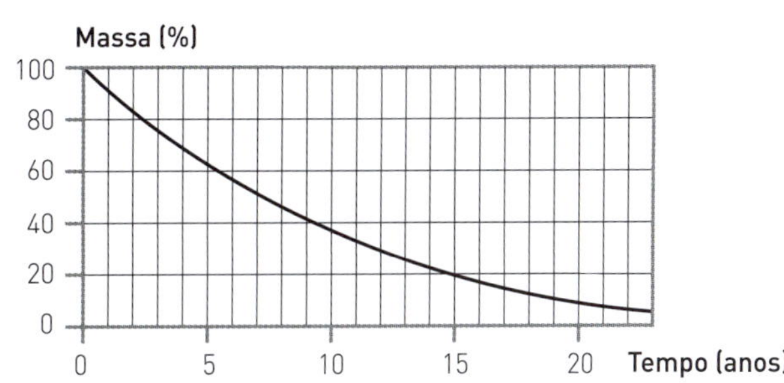


Banco de imagens/Arquivo da editora

**1.** Qual é a porcentagem, em massa, do isótopo após cinco anos?

**2.** Qual é a porcentagem, em massa, do isótopo após sete anos?

3. Qual é a porcentagem, em massa, do isótopo após dez anos?

4. Qual é a porcentagem, em massa, do isótopo após quinze anos?

5. Qual é o valor da meia-vida desse isótopo?

6. Determine a porcentagem, em massa, do isótopo após 28 anos.

7. Uma amostra de 20 g do isótopo $^{99}Tc$, cuja meia-vida é 6 horas, fica reduzida a 1,25 g após quanto tempo?

## Desenvolvendo seus conhecimentos

1. (UFG-GO) No acidente ocorrido na usina nuclear de Fukushima, no Japão, houve a liberação do iodo Radioativo 131 nas águas do Oceano Pacífico. Sabendo que a meia-vida do isótopo do iodo Radioativo 131 é de 8 dias, o gráfico que representa a curva de decaimento para uma amostra de 16 gramas do isótopo $^{131}_{53}I$ é:

a)

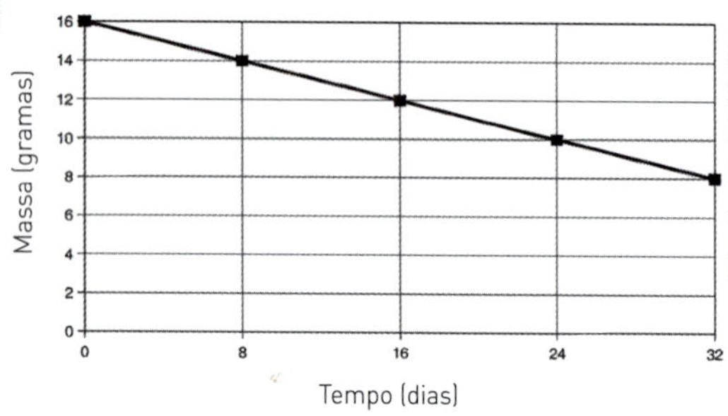


Fotos: Reprodução/UFG, 2014.

b)

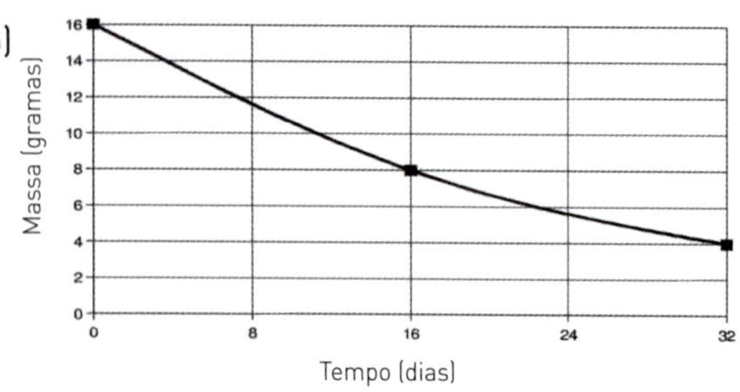


c)

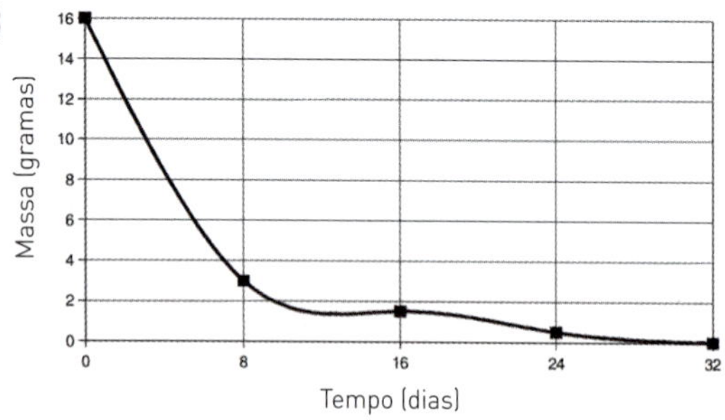


d)

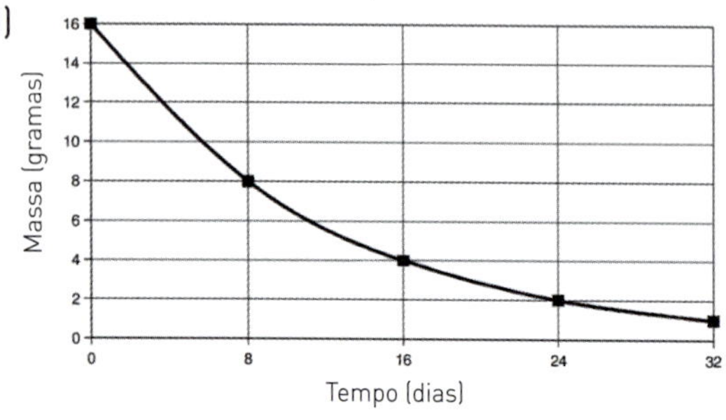


e)

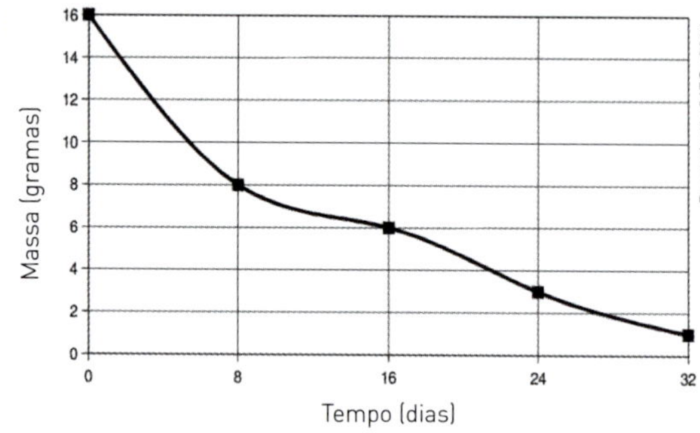


Reprodução/UFG, 2014.

2. (PUC-PR) Um certo isótopo radioativo apresenta um período de semidesintegração de 5 horas. Partindo de uma massa inicial de 400 g, após quantas horas a mesma ficará reduzida a 6,125 g?

a) 5 horas.
b) 25 horas.
c) 15 horas.
d) 30 horas.
e) 10 horas.

3. (Fuvest-SP) O ano de 2017 marca o trigésimo aniversário de um grave acidente de contaminação radioativa, ocorrido em Goiânia em 1987. Na ocasião, uma fonte radioativa, utilizada em um equipamento de radioterapia, foi retirada do prédio abandonado de um hospital e, posteriormente, aberta no ferro-velho para onde fora levada. O brilho azulado do pó de césio-137 fascinou o dono do ferro-velho, que compartilhou porções do material altamente radioativo com sua família e amigos, o que teve consequências trágicas. O tempo necessário para que metade da quantidade de césio-137 existente em uma fonte se transforme no elemento não radioativo bário-137 é trinta anos. Em relação a 1987, a fração de césio-137, em %, que existirá na fonte radioativa 120 anos após o acidente, será, aproximadamente:

a) 3,1.
b) 6,3.
c) 12,5.
d) 25,0.
e) 50,0.

**4.** (Fatec-SP) Leia o texto.

Um dos piores acidentes nucleares de todos os tempos completa 30 anos em 2016. Na madrugada do dia 25 de abril, o reator número 4 da Estação Nuclear de Chernobyl explodiu, liberando uma grande quantidade de Sr-90 no meio ambiente que persiste até hoje em locais próximos ao acidente. Isso se deve ao período de meia-vida do Sr-90 que é de aproximadamente 28 anos.

O Sr-90 é um beta emissor, ou seja, emite uma partícula beta, transformando-se em Y-90. A contaminação pelo Y-90 representa um sério risco à saúde humana, pois esse elemento substitui com facilidade o cálcio dos ossos, dificultando a sua eliminação pelo corpo humano.

<http://tinyurl.com/jzljzwc>. Acesso em: 30.08.2016. Adaptado.

Em 2016, em relação à quantidade de Sr-90 liberada no acidente, a quantidade de Sr-90 que se transformou em Y-90 foi, aproximadamente, de:

a) $\frac{1}{8}$.
b) $\frac{1}{6}$.
c) $\frac{1}{5}$.
d) $\frac{1}{4}$.
e) $\frac{1}{2}$.

**5.** (Uepa) Uma explosão na usina nuclear de Fukushima no Japão, devido a um tsunami, evidenciou o fenômeno da radiação que alguns elementos químicos possuem e à qual, acidentalmente, podemos ser expostos. Especialistas informaram que Césio-137 foi lançado na atmosfera.
Sabendo-se que o Césio-137 tem tempo de meia-vida de 30 anos, depois de 90 anos, em uma amostra de 1,2 g de Césio-137 na atmosfera, restam:

a) 0,10 g.
b) 0,15 g.
c) 0,25 g.
d) 0,30 g.
e) 0,35 g.

**6.** (UEG-GO) Considere que determinado sistema contenha uma massa A de um radioisótopo hipotético, cuja meia-vida seja de 45 segundos. Ao transcorrerem 5,25 minutos, a massa do elemento radioativo que estará presente nesse sistema será igual a:

a) $\frac{A}{8}$
b) $\frac{A}{16}$
c) $\frac{A}{64}$
d) $\frac{A}{128}$

**7.** (Uerj) Uma das consequências do acidente nuclear no Japão em março de 2011 foi o vazamento de isótopos radioativos que podem aumentar a incidência de certos tumores glandulares. Para minimizar essa probabilidade, foram prescritas pastilhas de iodeto de potássio à população mais atingida pela radiação. A meia-vida é o parâmetro que indica o tempo necessário para que a massa de uma certa quantidade de radioisótopos se reduza à metade de seu valor. Considere uma amostra de $^{133}_{53}I$, produzido no acidente nuclear, com massa igual a 2 g e meia-vida de 20 h. Após 100 horas, a massa dessa amostra, em miligramas, será de:

a) 62,5
b) 125
c) 250
d) 500

**8.** (Unifesp) O decaimento do tecnécio-99, um isótopo radioativo empregado em diagnóstico médico, está representado no gráfico fornecido a seguir

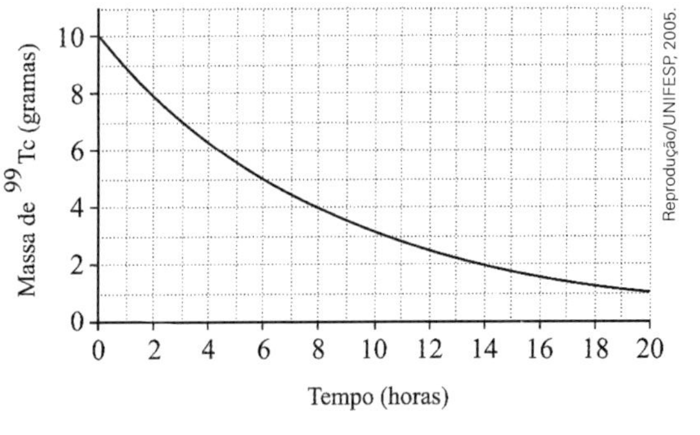


Uma amostra típica de tecnécio-99 usada em exames apresenta uma atividade radioativa inicial de $2 \cdot 10^7$ desintegrações por segundo. Usando as informações do gráfico, pode-se prever que essa amostra apresentará uma atividade de $2{,}5 \cdot 10^6$ desintegrações por segundo após aproximadamente:

a) 3,5 horas.
b) 7 horas.
c) 10 horas.
d) 18 horas.
e) 24 horas.

**9.** (FCMSCSP)

O radiofármaco citrato de gálio, contendo o radionuclídeo 67Ga, é utilizado em diagnóstico de processos inflamatórios e tumorais. Uma das formas de apresentação do radiofármaco é em ampolas com solução injetável de citrato de gálio.

(www.ipen.br. Adaptado.)

A atividade total da solução na ampola diminui continuamente, a partir da data de calibração (tempo 0), de acordo com o gráfico.

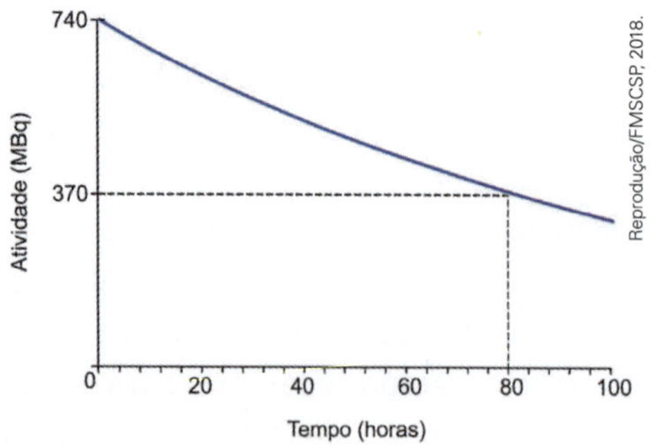


Reprodução/FMSCSP, 2018.

Um médico estipulou que, para determinada aplicação desse radiofármaco, a solução da ampola tem que ter atividade mínima de 92,5 MBq. Nesse caso, a ampola só poderá ser utilizada no paciente se for num prazo máximo, a partir da data de calibração, de:

a) 13,3 dias.
b) 6,7 dias.
c) 10,0 dias.
d) 16,7 dias.
e) 8,0 dias.

**10.** (Enem) O lixo radioativo ou nuclear é resultado da manipulação de materiais radioativos, utilizados hoje na agricultura, na indústria, na medicina, em pesquisas científicas, na produção de energia, etc. Embora a radioatividade se reduza com o tempo, o processo de decaimento radioativo de alguns materiais pode levar milhões de anos. Por isso, existe a necessidade de se fazer um descarte adequado e controlado de resíduos dessa natureza. A taxa de decaimento radioativo é medida em termos de um tempo característico, chamado meia-vida, que é o tempo necessário para que uma amostra perca metade de sua radioatividade original. O gráfico abaixo representa a taxa de decaimento radioativo do rádio-226, elemento químico pertencente à família dos metais alcalinoterrosos e que foi utilizado durante muito tempo na medicina.

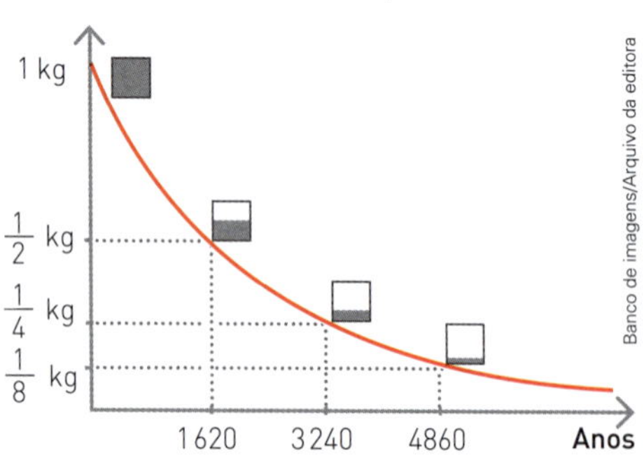


Banco de imagens/Arquivo da editora

As informações fornecidas mostram que

a) quanto maior é a meia-vida de uma substância mais rápido ela se desintegra.
b) apenas 1/8 de uma amostra de rádio-226 terá decaído ao final de 4 860 anos.
c) metade da quantidade original de rádio-226, ao final de 3 240 anos, ainda estará por decair.
d) restará menos de 1% de rádio-226 em qualquer amostra dessa substância após decorridas 3 meias-vidas.
e) a amostra de rádio-226 diminui a sua quantidade pela metade a cada intervalo de 1 620 anos devido à desintegração radioativa.

**11.** (USCS/MED-SP)

**Elemento químico é visto transformando-se em outro pela primeira vez**

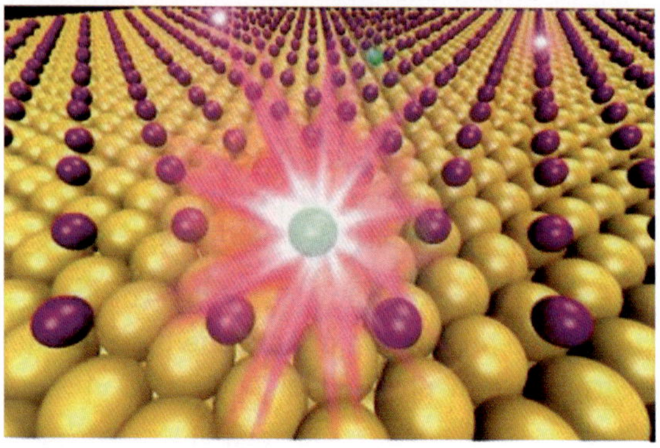

Reprodução/USCS, 2016.

Químicos da Universidade de Tufts, nos Estados Unidos, flagraram todo o processo durante o qual o iodo-125 um isótopo radioativo usado em terapias contra o câncer, se transformava em telúrio-125, um isótopo não radioativo do elemento telúrio.

A transformação de um elemento em outro foi documentada em um experimento no qual uma gota de água contendo o iodo-125 foi depositada sobre uma camada fina de ouro. Quando a água evaporou, a amostra foi observada ao microscópio, até finalmente ser flagrado o decaimento de um dos átomos de iodo presentes na amostra.

(www.inovacaotecnologica.com.br. Adaptado.)

a) Sabendo que, para gerar o $^{125}_{52}Te$, o decaimento do $^{125}_{53}I$ ocorre por captura de elétrons, apresente a equação que descreve essa reação nuclear.
b) Uma amostra de iodo foi colocada para secar em uma camada de ouro durante 10 dias. O gráfico registra a curva de decaimento dessa amostra depois da secagem.

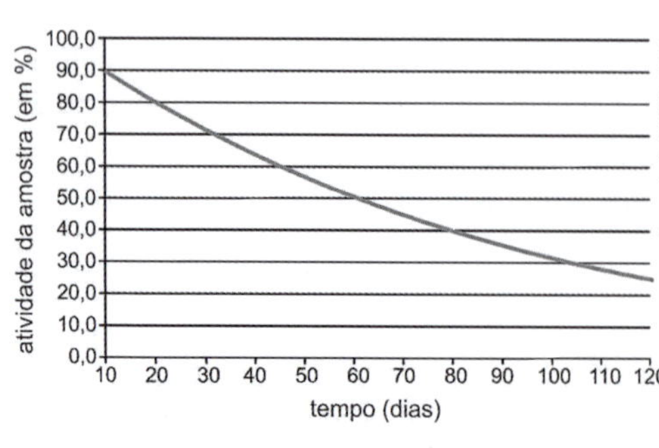


Reprodução/USCS, 2016.

Com base no gráfico, determine a meia-vida do iodo-125.

**12.** (Enem) Glicose marcada com nuclídeos de carbono-11 é utilizada na medicina para se obter imagens tridimensionais do cérebro, por meio de tomografia de emissão de pósitrons. A desintegração do carbono-11 gera um pósitron, com tempo de meia-vida de 20,4 min, de acordo com a equação da reação nuclear:

$$^{11}_{6}C \rightarrow ^{11}_{5}B + \underset{\text{(pósitron)}}{^{0}_{+1}e}$$

A partir da injeção de glicose marcada com esse nuclídeo, o tempo de aquisição de uma imagem de tomografia é cinco meias-vidas.

Considerando que o medicamento contém 1,00 g do carbono-11, a massa, em miligramas, do nuclídeo restante, após a aquisição da imagem, é mais próxima de:

a) 0,200
b) 0,969
c) 9,80
d) 31,3
e) 200

## Desafiando seus conhecimentos

Consulte a tabela periódica sempre que necessário.

**1.** (Espcex/Aman) Considere o gráfico de decaimento, abaixo, (Massa × Tempo) de 12 g de um isótopo radioativo. Partindo-se de uma amostra de 80,0 g deste isótopo, em quanto tempo a massa dessa amostra se reduzirá a 20,0 g?

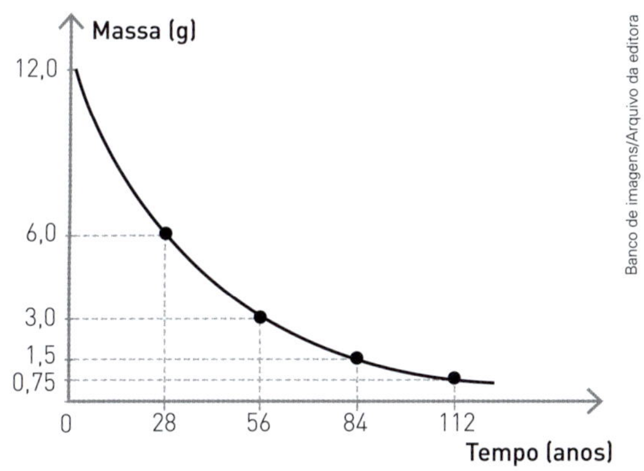


a) 28 anos
b) 56 anos
c) 84 anos
d) 112 anos
e) 124,5 anos

**2.** (UEM-PR) Com relação aos conceitos associados à radioatividade, assinale o que for correto.

01) Quando um átomo emite radiação $\gamma$ e/ou partículas $\alpha$ e/ou partículas $\beta$, diz-se que ele sofre decaimento radioativo.

02) Quando um núcleo atômico emite uma partícula $\alpha$, ele perde um próton e um nêutron.

04) A radiação gama é uma onda eletromagnética transversal.

08) O período de semidesintegração é o tempo necessário para que todos os átomos radioativos existentes em uma certa amostra transmutem-se em átomos estáveis.

16) A radioatividade consiste na emissão de partículas e radiações eletromagnéticas por núcleos atômicos instáveis.

**3.** (UFPR) Águas termais, exploradas em diversos destinos turísticos, brotam naturalmente em fendas rochosas. O aquecimento natural dessas águas, na sua grande maioria, deve-se ao calor liberado em processos radioativos de elementos presentes nos minerais rochosos que são transferidos para a água no fluxo pelas fendas. O gás radônio ($^{222}Rn$) é o provável responsável pelo aquecimento de diversas águas termais no Brasil. O $^{222}Rn$ se origina do rádio ($^{226}Ra$) na série do urânio ($^{238}U$) naturalmente presente em granitos. O tempo de meia-vida ($t_{1/2}$) do $^{222}Rn$ é de 3,8 dias, e esse se converte em polônio ($^{218}Po$) que por sua vez possui um $t_{1/2}$ de 3,1 minutos. Considerando as informações dadas, considere as seguintes afirmativas:

I. A conversão de $^{222}Rn$ em $^{218}Po$ é um processo exotérmico.

II. A conversão de $^{226}Ra$ em $^{222}Rn$ emite quatro partículas $\beta^-$.

III. Na série de decaimento, do $^{238}U$ ao $^{218}Po$ cinco partículas $\alpha$ são emitidas.

IV. Após 3,8 dias da extração da água termal, a concentração de $^{218}Po$ atingirá a metade do valor da concentração inicial de $^{222}Rn$.

Assinale a alternativa correta.

a) Somente a afirmativa I é verdadeira.
b) Somente as afirmativas II e IV são verdadeiras.
c) Somente as afirmativas I e III são verdadeiras.
d) Somente as afirmativas II e III são verdadeiras.
e) Somente as afirmativas I, III e IV são verdadeiras.

4. (PUC-SP) Foram estudados, independentemente, o comportamento de uma amostra de 100 mg do radioisótopo bismuto-212 e o de uma amostra de 100 mg do radioisótopo bismuto-214. Essas espécies sofrem desintegração radioativa distinta, sendo o bismuto-212 um emissor $\beta$, enquanto que o bismuto-214 é um emissor $\alpha$.
As variações das massas desses radioisótopos foram acompanhadas ao longo dos experimentos. O gráfico a seguir ilustra as observações experimentais obtidas durante as primeiras duas horas de acompanhamento.

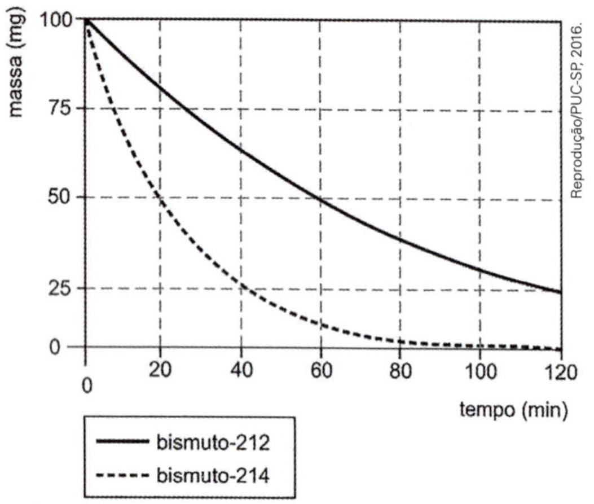


Sobre esse experimento é incorreto afirmar que

a) a meia-vida do $^{212}Bi$ é de 60 minutos.
b) após aproximadamente 25 minutos do início do experimento, a relação entre a massa de $^{212}Bi$ e a massa de $^{212}Po$ é igual a 3.
c) no decaimento do $^{214}Bi$ forma-se o isótopo $^{210}T\ell$.
d) após 4 horas do início do experimento, ainda restam 12,5 mg de $^{212}Bi$ sem sofrer desintegração radioativa.

5. (Uerj) Num experimento para a determinação do número de partículas emitidas pelo radônio, foi utilizada uma amostra contendo 0,1 mg desse radioisótopo. No primeiro dia do experimento, foram emitidas $4{,}3 \cdot 10^{16}$ partículas. Sabe-se que a emissão de um dia é sempre 16% menor que a do dia anterior.
O número total de partículas que essa amostra emite, a partir do primeiro dia do experimento, é aproximadamente igual a:

a) $4{,}2 \cdot 10^{18}$
b) $2{,}6 \cdot 10^{18}$
c) $4{,}3 \cdot 10^{17}$
d) $2{,}7 \cdot 10^{17}$

6. (Fasm-SP) Numa sequência de desintegração radioativa que se inicia com o $^{218}_{84}Po$, cuja meia-vida é de 3 minutos, a emissão de uma partícula alfa gera o radioisótopo X, que, por sua vez, emite uma partícula beta, produzindo Y.

a) Partindo-se de 40 g de Polônio-218 qual a massa, em gramas, restante após 12 minutos de desintegração? Apresente os cálculos.
b) Identifique os radioisótopos X e Y, indicando suas respectivas massas atômicas.

7. (Uerj) Recentemente, a imprensa noticiou o caso do envenenamento por polônio-210 de um ex-agente secreto soviético. Sabe-se, em relação a esse isótopo, que:

- ao se desintegrar, emite uma partícula alfa;
- em 420 dias, uma amostra de 200 mg decai para 25 mg;
- o isótopo formado nesse decaimento forma um íon divalente.

Admita que o sulfato desse íon divalente tenha sido submetido, em solução aquosa, ao processo de eletrólise com eletrodos inertes. Calcule o tempo de meia-vida do polônio-210 e escreva a equação global que representa o processo eletrolítico descrito.

8. (UCS-RS) Em cinco anos, se não faltarem recursos orçamentários, o Brasil poderá se tornar autossuficiente na produção de radioisótopos, substâncias radioativas que podem ser usadas no diagnóstico e no tratamento de várias doenças, além de ter aplicações na indústria, na agricultura e no meio ambiente. O ouro-198, por exemplo, é um radioisótopo que tem sido frequentemente empregado pela chamada "Medicina Nuclear" no diagnóstico de problemas no fígado.
Supondo que um paciente tenha ingerido uma substância contendo 5,6 mg de $^{198}Au$ a massa (em miligramas) remanescente no organismo do mesmo depois de 10,8 dias será igual a:
Observação: Admita que não tenha ocorrido excreção do radioisótopo pelo paciente durante o período de tempo descrito no texto.
Dado: $t_{1/2}$ do $^{198}Au$ = 2,7 dias.

a) 0,174.
b) 0,35.
c) 0,7.
d) 1,4.
e) 2,8.

**9.** (UFPA) Um hospital tem em seu estoque um medicamento à base de cromo-51 cuja atividade radioativa inicial era de 40 mCi. Sabendo que o cromo-51 tem tempo com meia-vida de 27,7 dias e que o medicamento está estocado há 80 dias, decorrido esse tempo, a atividade desse medicamento, em mCi será de aproximadamente:

a) 1,25.
b) 2,5.
c) 5,0.
d) 10.
e) 20.

**10.** (Fuvest-SP) A seguinte notícia foi veiculada por estadao.com.br/internacional na terça-feira, 5 de abril de 2011:

> TÓQUIO — A empresa Tepco informou, nesta terça-feira, que, na água do mar, nas proximidades da usina nuclear de Fukushima, foi detectado nível de iodo radioativo cinco milhões de vezes superior ao limite legal, enquanto o césio-137 apresentou índice 1,1 milhão de vezes maior. Uma amostra recolhida no início de segunda-feira, em uma área marinha próxima ao reator 2 de Fukushima, revelou uma concentração de iodo-131 de 200 mil becquerels por centímetro cúbico.

Se a mesma amostra fosse analisada, novamente, no dia 6 de maio de 2011, o valor obtido para a concentração de iodo-131 seria, aproximadamente, em $Bq/cm^3$,

Note e adote: Meia-vida de um material radioativo é o intervalo de tempo em que a metade dos núcleos radioativos existentes em uma amostra desse material decaem. A meia-vida do iodo-131 é de 8 dias.

a) 100 mil
b) 50 mil
c) 25 mil
d) 12,5 mil
e) 6,2 mil

**11.** (Enem)

> A técnica do carbono-14 permite a datação de fósseis pela medição dos valores de emissão beta desse isótopo presente no fóssil. Para um ser em vida, o máximo são 15 emissões beta/(min g). Após a morte, a quantidade de $^{14}C$ se reduz pela metade a cada 5 730 anos.
>
> A prova do carbono 14. Disponível em: http://noticias.terra.com.br. Acesso em: 9 nov, 2013 (adaptação).

Considere que um fragmento fóssil de massa igual a 30 g foi encontrado em um sítio arqueológico, e a medição de radiação apresentou 6 750 emissões beta por hora. A idade desse fóssil, em anos, é:

a) 450.
b) 1 433.
c) 11 460.
d) 17 190.
e) 27 000.

**12.** (UFPE) Elementos radioativos são muito utilizados em medicina para procedimentos de radioterapia, para realização de diagnósticos por imagens e para rastreamento de fármacos. Um dos mais importantes radionuclídeos para geração de imagens é $^{99}_{43}Tc$. Na radioterapia, podemos citar o uso de $^{123}_{53}I$ (emissor β com meia-vida de 8 dias) no tratamento de câncer da tireoide. Para realização de imagens da tireoide, por outro lado, $^{123}_{53}I$ é frequentemente empregado.

Com base nessas informações, analise as proposições a seguir.

0-0) Uma amostra contendo 10 g de $^{131}_{53}I$, após 16 dias conterá 5 g de $^{131}_{53}I$.

1-1) Uma amostra contendo 10 g de $^{131}_{53}I$, após 8 dias, conterá 5 g de um nuclídeo com número atômico 54 e número de massa 131.

2-2) $^{131}_{53}I$ e $^{123}_{53}I$ são isótopos do iodo.

3-3) $^{99}_{43}Tc$ possui 43 nêutrons e 56 prótons.

4-4) A camada de valência do tecnécio neutro deve apresentar uma distribuição eletrônica.

**13.** (UPE) Entre os elementos químicos produzidos pelo homem, a obtenção do mendelévio (Md, Z = = 101) a partir do einstênio (Es, Z = 99), talvez tenha sido a mais dramática. O Es foi obtido acidentalmente, pela explosão de uma usina nuclear no Oceano Pacífico, em 1952. Toda a quantidade existente desse elemento foi usada, para um bombardeamento com núcleos de hélio, no acelerador de partícula da Universidade de Berkeley. O resultado foi a formação de uma pequena quantidade do isótopo 256 do mendelévio, que tem meia-vida igual a 1,5 h.

Analise as afirmativas a seguir:

I. O einstênio produzido na explosão da usina foi o isótopo 252.

II. Se inicialmente foram produzidos 0,05 g do mendelévio, após três horas, restariam $1,25 \cdot 10^{-2}$ g do isótopo.

III. O mendelévio é um elemento químico hipotético, uma vez que faltam registros de reações químicas envolvendo os seus átomos.

IV. A fim de produzir novos elementos químicos, são necessários processos que envolvem uma pequena quantidade de energia, grande espaço físico e água para resfriamento do sistema.

Está correto o que se afirma apenas em

a) I e II.

b) I e III.

c) II e III.

d) II e IV.

e) I, III e IV.

**14.** (Unifesp) 2011 é o Ano Internacional da Química; neste ano, comemoram-se também os 100 anos do recebimento do Prêmio Nobel de Química por Marie Curie, pela descoberta dos elementos químicos rádio e polônio. Ela os obteve purificando enormes quantidades de minério de urânio, pois esses elementos estão presentes na cadeia de decaimento do urânio-238.

Vários radionuclídeos dessa cadeia emitem partículas alfa ($^{4}_{2}\alpha$) ou beta negativa ($\beta^-$).

a) O Po-210 decai por emissão alfa com meia-vida aproximada de 140 dias, gerando um elemento estável. Uma amostra de Po-210 de altíssima pureza foi preparada, guardada e isolada por 280 dias. Após esse período, quais elementos químicos estarão presentes na amostra e em que proporção, em números de átomos?

b) Qual o número de partículas alfa e o número de partículas beta negativa que são emitidas na cadeia de decaimento que leva de um radionuclídeo de Ra-226 até um radionuclídeo de Po-210? Explique.

**15.** (Fuvest-SP) Para determinar o volume de sangue de uma pessoa, injeta-se em sua corrente sanguínea uma solução aquosa radioativa de citrato de gálio e, depois de certo tempo, colhe-se uma amostra de sangue e mede-se sua atividade. Em uma determinação, a concentração do radioisótopo gálio-67 na solução era de $1{,}20 \cdot 10^{12}$ átomos por mililitro, no momento de sua preparação. Decorridas 24 horas de sua preparação, 1,00 mL dessa solução foi injetado na pessoa. A coleta de sangue foi feita 1 hora após a injeção, sendo que a amostra coletada apresentou $2{,}00 \cdot 10^{8}$ átomos de gálio-67 por mililitro. A diminuição da concentração do radioisótopo deveu-se apenas ao seu decaimento radioativo e à sua diluição no sangue.

a) Use o gráfico abaixo para determinar de quanto caiu a atividade do gálio-67, após 25 horas.

**Atividade relativa do gálio-67 em função do tempo**

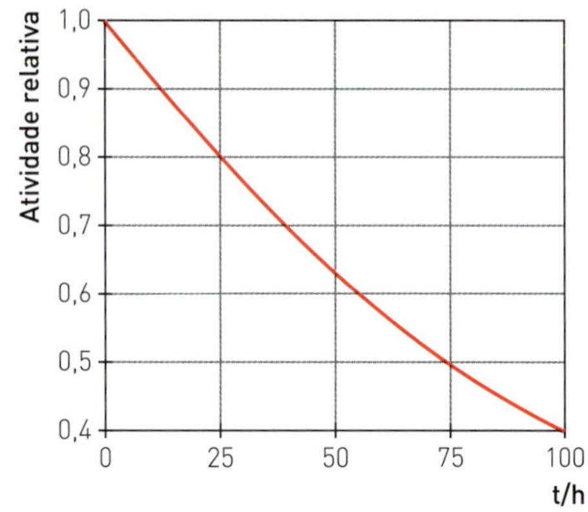


Banco de imagens/Arquivo da editora

b) Calcule o volume de sangue da pessoa examinada.

c) O gálio-67 emite radiação $\gamma$ quando seu núcleo captura um elétron de sua eletrosfera. Escreva a equação dessa reação nuclear e identifique o nuclídeo formado.

Dados:

| 29 | 30 | 31 | 32 | 33 |
|---|---|---|---|---|
| Cu | Zn | Ga | Ge | As |

**16.** (Fasm-SP) Analise a sequência que representa as emissões radioativas naturais para o nuclídeo $^{212}_{82}Pb$.

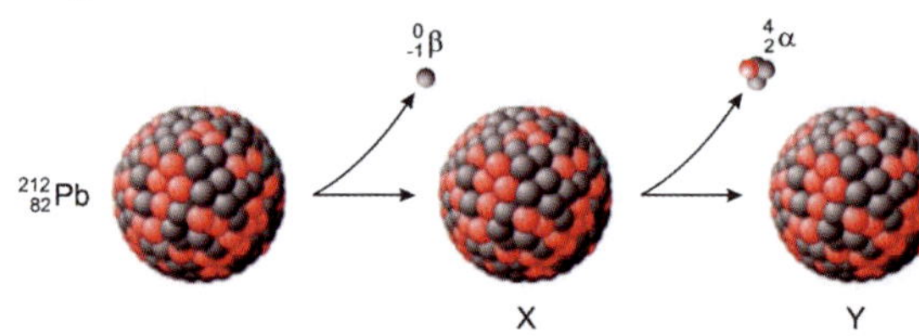


(commons.wikimedia.org. Adaptado.)

Reprodução/FSM, 2016.

Sabe-se que, ao emitir mais uma partícula beta, o nuclídeo Y forma um núcleo estável e que a diminuição da atividade do nuclídeo X ocorre de acordo com o gráfico.

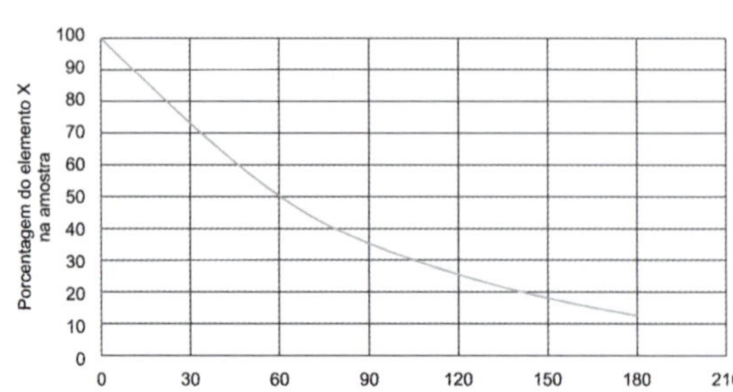


Reprodução/Faculdade Santa Marcelina, 2016.

a) Determine o número atômico e o número de massa do átomo formado na estabilização do nuclídeo Y. Qual a semelhança existente entre esse átomo formado e o átomo inicial?

b) Uma solução do nuclídeo X foi tratada com sulfeto de sódio ($Na_2S$), resultando em uma massa de 4,0 g do sal $X_2S_3$. Escreva a equação iônica que representa a formação desse sal e determine o tempo necessário para que ele se desintegre até restar 0,5 g de $X_2S_3$.

**17.** (UEPG-PR) O tempo de meia-vida do radioisótopo $_{55}Cs^{137}$ é de 30 anos. Sobre o radioisótopo $_{55}Cs^{137}$ assinale o que for correto.

01) Uma amostra de 100 g do radioisótopo vai levar 90 anos para diminuir para 12,5 g.

02) A emissão de uma partícula alfa do radioisótopo vai produzir o radioisótopo $_{53}X^{133}$.

04) A emissão de uma partícula beta do radioisótopo vai produzir o radioisótopo $_{56}Y^{137}$.

08) A emissão de radiação pelo radioisótopo $_{55}Cs^{137}$ não altera o seu número de elétrons.

16) O radioisótopo $_{55}Cs^{137}$ é instável porque possui um número elevado de prótons no seu núcleo.

**18.** (Unicamp-SP) Existem várias hipóteses quanto à origem da Terra e sobre os acontecimentos que geraram as condições físico-químico-biológicas dos dias de hoje.

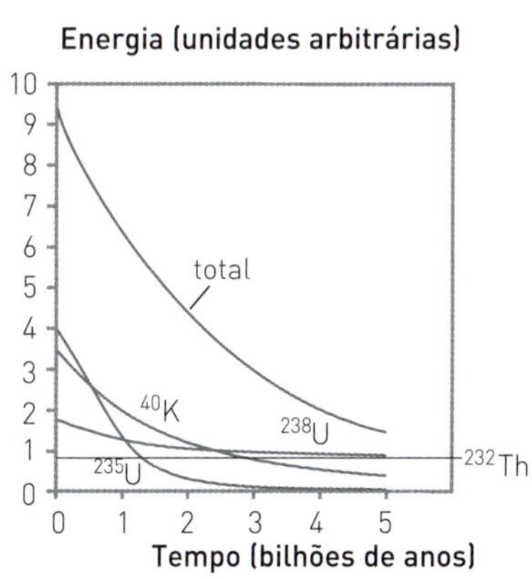


Banco de imagens/Arquivo da editora

Acredita-se que o nosso planeta tenha se formado há cerca de 4 550 milhões de anos. Um dos estágios, logo no início, deve ter sido o seu aquecimento, principalmente pela radioatividade. A figura mostra a produção de energia a partir de espécies radioativas e suas abundâncias conhecidas na Terra.

a) Quantas vezes a produção de energia radiogênica (radioativa) era maior na época inicial de formação da Terra, em relação aos dias atuais?

b) Quais foram os dois principais elementos responsáveis pela produção de energia radiogênica na época inicial de formação da Terra?

c) E nos dias de hoje, quais são os dois principais elementos responsáveis pela produção dessa energia?

**19.** (Fuvest-SP) A proporção do isótopo radioativo do carbono ($^{14}C$), com meia-vida de, aproximadamente, 5 700 anos, é constante na atmosfera. Todos os organismos vivos absorvem tal isótopo por meio de fotossíntese e alimentação. Após a morte desses organismos, a quantidade incorporada do $^{14}C$ começa a diminuir exponencialmente, por não haver mais absorção.

a) Balanceie a equação química da fotossíntese, reproduzida abaixo, e destaque nela o composto em que o $^{14}C$ foi incorporado ao organismo.

$$\_\_\_ \ CO_2 + \_\_\_ \ H_2O \xrightarrow{\text{luz solar}}$$

$$\xrightarrow{\text{luz solar}} \_\_\_ \ C_6H_{12}O_6 + \_\_\_ H_2O + \_\_\_ \ O_2$$

b) Por que um pedaço de carvão que contenha 25% da quantidade original de $^{14}C$ não pode ser proveniente de uma árvore do início da era cristã?

c) Por que não é possível fazer a datação de objetos de bronze a partir da avaliação da quantidade de $^{14}C$?

**20.** (Uerj) O berquélio (Bk) é um elemento químico artificial que sofre decaimento radioativo. No gráfico, indica-se o comportamento de uma amostra do radioisótopo $^{249}Bk$ ao longo do tempo.

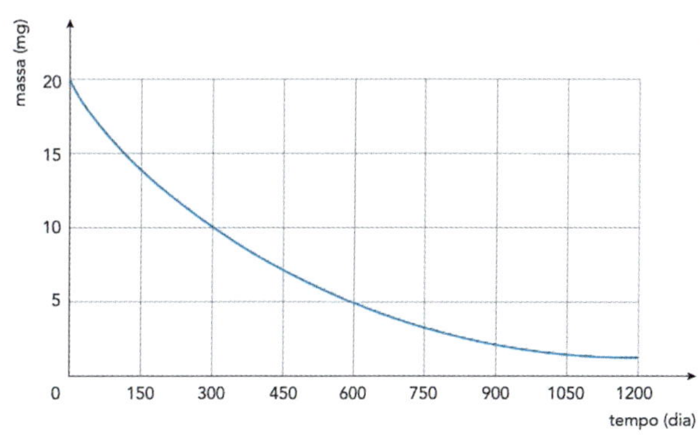


Reprodução/UERJ, 2017.

Sabe-se que a reação de transmutação nuclear entre o $^{249}Bk$ e o $^{48}Ca$ produz um novo radioisótopo e três nêutrons.

Apresente a equação nuclear dessa reação. Determine, ainda, o tempo de meia-vida, em dias, do $^{249}Bk$ e escreva a fórmula química do hidróxido de berquélio II.

**21.** (Uerj) Em um experimento, foi utilizada uma amostra de 200 mg contendo partes iguais dos radioisótopos bismuto-212 e bismuto-214. Suas respectivas reações nucleares de decaimento estão indicadas abaixo:

$$^{212}Bi \rightarrow {}^{212}Po + \beta$$
$$^{214}Bi \rightarrow {}^{210}T\ell + \alpha$$

Observe o gráfico, cujas curvas representam as variações das massas desses radioisótopos ao longo das duas horas de duração do experimento.

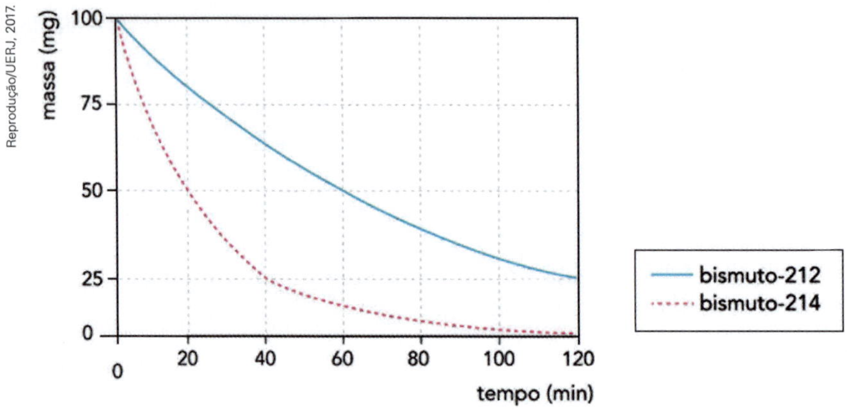


Determine o tempo de meia-vida do radioisótopo $^{214}Bi$. Calcule, também, a velocidade média de formação de partículas $\beta$ em partícula x $h^{-1}$ no tempo total do experimento.

**22.** (Unicamp-SP) A braquiterapia é uma técnica médica que consiste na introdução de pequenas sementes de material radiativo nas proximidades de um tumor. Essas sementes, mais frequentemente, são de substâncias como $^{192}Ir$, $^{103}Pd$ ou $^{125}I$. Estes três radioisótopos sofrem processos de decaimento através da emissão de partículas $_{-1}^{0}\beta$. A equação de decaimento pode ser genericamente representada por $_{p}^{A}X \rightarrow {}_{p'}^{A'}Y + {}_{-1}^{0}\beta$, em que X e Y são os símbolos atômicos, A e A' são os números de massa e p e p' são os números atômicos dos elementos.

a) Tomando como modelo a equação genérica fornecida, escolha apenas um dos três radioisótopos utilizados na braquiterapia, consulte a tabela periódica e escreva sua equação completa no processo de decaimento.

b) Os tempos de meia-vida de decaimento (em dias) desses radioisótopos são: $^{192}Ir$ (74,2), $^{103}Pd$ (17) e $^{125}I$ (60,2). Com base nessas informações, complete o gráfico abaixo, identificando as curvas A, B e C com os respectivos radioisótopos, e colocando os valores nas caixas que aparecem no eixo que indica o tempo.

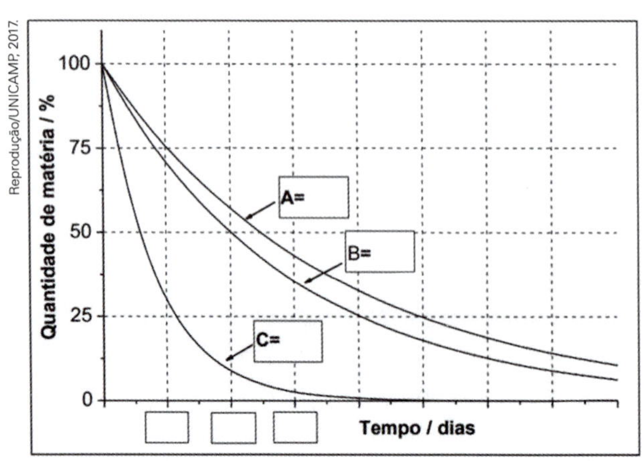


Dados: $_{46}Pd$; $_{47}Ag$; $_{53}I$; $_{54}Xe$; $_{77}Ir$; $_{78}Pt$.

CAPÍTULO

35

# Algumas aplicações da radioatividade

Science Source/Diomedia

Lise Meitner trabalhou com Otto Hahn e realizou importantes estudos sobre fissão nuclear. Foi, porém, deixada de fora do Prêmio Nobel de Química em 1944, que só premiou Hahn. Em 1966, recebeu com Hahn e Strassman o Prêmio Fermi, concedido nos Estados Unidos.

Nos primeiros anos após a descoberta da radioatividade, acreditava-se que essa fonte de energia pudesse ser utilizada com múltiplas finalidades: rejuvenescer a pele, fortificar o organismo, limpar objetos e até curar câncer. Com o tempo, novos estudos demonstraram que o uso de materiais radioativos envolvia grandes riscos. Felizmente, nesses produtos de consumo, a adição de tais materiais era feita em quantidades mínimas.

Neste capítulo, veremos algumas das aplicações da radioatividade, suas consequências e perspectivas futuras.

## Fissão nuclear

Poucos anos antes da Segunda Guerra Mundial, diversos cientistas tentaram obter novos elementos químicos de número atômico maior que o urânio (até então o de maior número atômico conhecido, $Z = 92$). Entre esses cientistas, destacam-se os italianos Enrico Fermi (1901-1954) e Emilio Segrè (1905-1989), em 1934, e, mais tarde, em 1938, os alemães Otto Hahn (1879-1968) e Fritz Strassman (1902-1980).

Hahn e Strassman, repetindo os experimentos de Fermi, conseguiram determinar átomos de bário (Ba) entre os produtos formados. Como esse elemento apresentava um número atômico maior que a metade do número atômico do urânio, concluíram que, nesse fenômeno, não estavam ocorrendo simples emissões de partículas, mas que os átomos de urânio, na realidade, estavam sendo divididos.

Como os núcleos de urânio estavam sendo fissionados, produzindo dois fragmentos ou dois outros núcleos, esse fenômeno foi denominado **fissão nuclear**.

A física austríaca Lise Meitner (1878-1968) repetiu os experimentos e determinou que no processo ocorria grande liberação de energia e, simultaneamente, formação de nêutrons, os quais produziam a fissão de outros átomos de urânio – e assim, sucessivamente, até o término de toda a massa de urânio. A fissão do urânio era, portanto, uma reação em cadeia.

CORES FANTASIA

AUSÊNCIA DE PROPORÇÃO

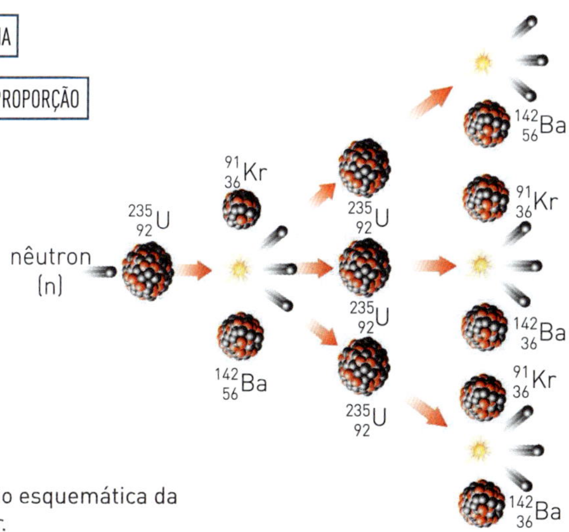

Banco de imagens/Arquivo da editora

Representação esquemática da fissão nuclear.

**SAIBA MAIS**

Para conhecer mais a história de Lise Meitner, leia o artigo "Mulheres na Física", de Salomon S. Mizrahi, disponível em: <www.sbfisica.org.br/rbef/pdf/v27_491.pdf>. Acesso em: 10 abr. 2018.

As descobertas de Meitner foram levadas para os Estados Unidos pelo físico dinamarquês Niels Böhr (1885-1962). A possibilidade de produção de energia em quantidades antes inimagináveis levou muitos cientistas a trabalharem com a fissão do urânio e, a partir desses trabalhos, foram feitas novas descobertas, que, como se verá a seguir, levaram à fabricação da primeira bomba atômica.

## Reatores nucleares

Reator nuclear é um dispositivo que permite controlar o processo de fissão nuclear. A energia liberada durante o processo é usada para transformar água líquida em vapor, que faz girar uma turbina, o que, através de transformadores de energia, gera energia elétrica. Ao deixar a turbina, esse vapor passa por um trocador de calor, é resfriado por água de uma fonte externa (um rio, por exemplo) e volta na forma de água líquida ao circuito principal.

O uso de usinas nucleares apresenta como principal vantagem o fato de a poluição da atmosfera ser, em geral, muito menor do que nas usinas onde a energia elétrica é produzida a partir de combustíveis fósseis (derivados de petróleo). Porém, seu uso deve ser bem avaliado, pois, apesar de a probabilidade de acidentes ser muito pequena, sua ocorrência pode provocar a morte de diversos seres vivos, incluindo os seres humanos, alterações genéticas nos organismos sobreviventes e, devido à contaminação radioativa tanto da atmosfera como do solo, dos rios e dos lençóis freáticos, tornaria grandes regiões inabitáveis.

Outro problema das usinas nucleares é a produção de **lixo nuclear**, pois os produtos obtidos na fissão são altamente radioativos e precisam ser acondicionados e isolados do meio ambiente por centenas de anos para evitar problemas de contaminação por radiação. Além disso, a utilização de cursos de água naturais, como rios, para o resfriamento da água utilizada nos reatores ocasiona um fenômeno de **poluição térmica**, o que pode prejudicar tanto a fauna quanto a flora locais.

Em algumas regiões dos Estados Unidos, o lixo radioativo é embalado em tambores de ferro, recobertos por uma camada de concreto e lançados em minas abandonadas ou em sítios geológicos apropriados.

Na França, que obtém a maior parte de sua energia elétrica a partir do processo de fissão nuclear, faz-se um reprocessamento do material fissionável. O urânio e o plutônio que ainda não sofreram fissão são separados e utilizados novamente. O restante do material, constituído por isótopos radioativos com meias-vidas muito longas (mais que 100 anos), é incorporado a um vidro de borossilicato (semelhante ao pírex), o qual possui a capacidade de absorver nêutrons. Esse vidro radioativo é acondicionado em contêineres e armazenado em silos construídos com especificações para abrigar o material radioativo por, no mínimo, 1 000 anos.

// Esquema simplificado de reator nuclear. Observe que ocorre a liberação de água quente no ambiente, o que provoca a denominada poluição térmica, responsável pela morte de várias espécies aquáticas.

João Anselmo/Arquivo da editora

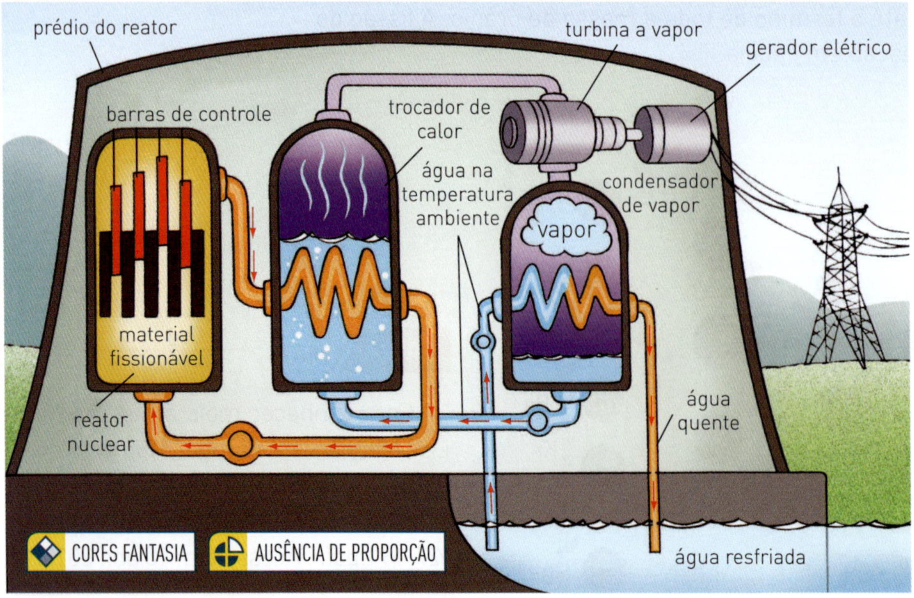

## A energia nuclear no Brasil

A energia elétrica é fator essencial para assegurar o crescimento econômico do país e a qualidade de vida da população. Porém, os recursos hídricos disponíveis nas proximidades dos principais centros consumidores estão se esgotando.

É cada vez mais difícil o licenciamento ambiental dos aproveitamentos hídricos remanescentes e economicamente viáveis. E, apesar de tudo isso, a demanda de energia continua crescente.

Rogério Reis/Pulsar Imagens

A usina nuclear Angra 2, no município de Angra dos Reis (RJ), gera energia elétrica a partir de fissão nuclear.

Isso assegura às usinas nucleares um importante papel na matriz energética nacional. Essa opção torna-se ainda mais atraente quando consideramos que o Brasil possui a 6ª maior reserva mundial de urânio, o que nos assegura a independência no suprimento de combustível.

Um dos motivos da escolha de Angra dos Reis para sede das usinas foi a proximidade com os grandes centros consumidores de energia do país: Rio de Janeiro, São Paulo e Belo Horizonte.

Atualmente, Angra 1 tem capacidade de produzir 640 megawatts e Angra 2, de produzir 1 350 megawatts.

**Produção de energia nuclear em 2010**

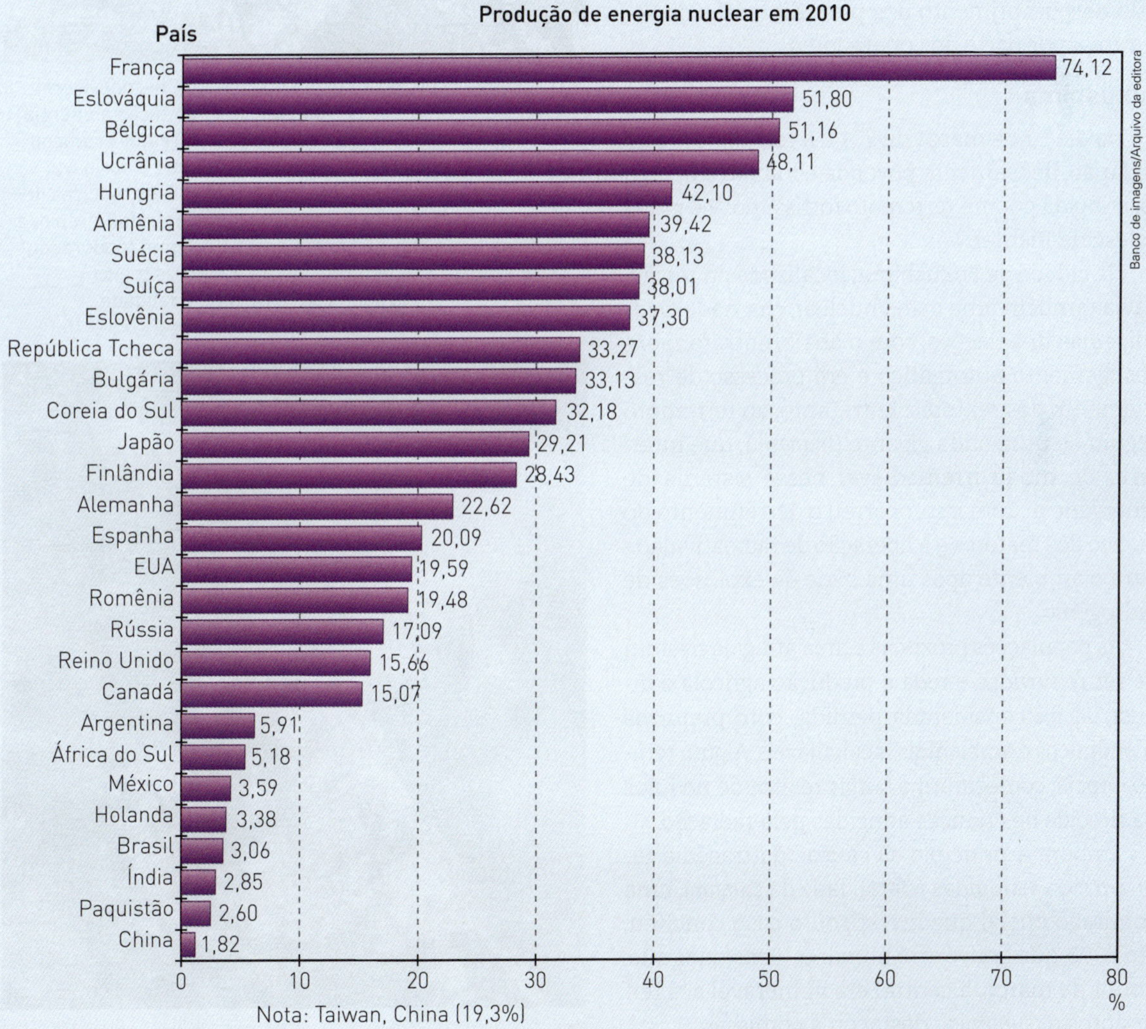


Banco de imagens/Arquivo da editora

Nota: Taiwan, China (19,3%)

Eletrobrás Termonuclear S.A. Disponível em: <www.eletronuclear.gov.br/Portals/0/matriz%20energetica%20energia%20nuclear.JPG>. Acesso em: 10 abr. 2018.

## Acidentes nucleares

Como já foi dito, a probabilidade de acontecerem acidentes em usinas nucleares é pequena, mas esse risco nunca deve ser negligenciado. Saiba mais lendo sobre os dois casos a seguir, de consequências gravíssimas.

### Chernobyl

Em 26 de abril de 1986, o coração do reator nuclear da usina situada em Chernobyl (Ucrânia), devido a um superaquecimento, sofreu uma avaria que provocou o vazamento de material radioativo. Um número grande de pessoas sofreu morte imediata e muitas outras morreram nas semanas e nos meses seguintes devido a doenças provocadas pela radiação. Milhares de pessoas foram retiradas do local, e a área ao redor da usina permanecerá contaminada por muitas décadas.

O acidente ocorreu por uma falha no reator e pelo descumprimento dos procedimentos de segurança por parte dos operadores.

Igor Kostin/Sygma/Corbis/Latinstock

O acidente ocorrido na usina nuclear de Chernobyl, em 1986, aumentou o temor do público em relação à energia nuclear. Devido ao superaquecimento, o reator provocou rachaduras no prédio super-resistente que o abrigava, destruindo-o parcialmente e liberando doses maciças de radioatividade. Nessa instalação, para controlar a rapidez de fissão, usavam-se barras de grafite como moderador, para absorção de nêutrons livres. Reatores mais modernos usam a água com a mesma finalidade.

### Fukushima

No dia 11 de março de 2011, a região nordeste do Japão, densamente povoada e industrializada, foi atingida por um terremoto fortíssimo: 9,0 graus na escala Richter.

Na cidade de Fukushima, localizada na região, havia também uma usina nuclear, chamada Daiichi, cujas instalações, com o abalo, entraram em desligamento automático e em processo de resfriamento dos reatores. Entretanto, ao terremoto seguiu-se uma onda gigante (*tsunami*), que interferiu de modo irremediável nesse sistema de emergência. Com isso, ocorreu o derretimento do núcleo dos reatores e a liberação de radioatividade para o ambiente após uma série de explosões de hidrogênio.

As populações próximas à área atingida tiveram de ser removidas e toda a produção agrícola e industrial foi considerada perdida, com prejuízos econômicos e ambientais incalculáveis. Algum tempo depois, começaram a surgir relatos de nódulos na tireoide de crianças atingidas pela radiação.

Embora a princípio as causas da tragédia tenham sido atribuídas à fatalidade da *tsunami*, uma comissão oficial que investigou o caso concluiu, em 2012, que houve erro humano. "Pensamos que, em 11 de março, a central era vulnerável aos terremotos e *tsunamis*", destacou a comissão.

Fontes: <www.cartacapital.com.br>; <www.cnen.gov.br>. Acesso em: 14 jun. 2018.

DigitalGlobe/Getty Images

Imagem de satélite mostrando as instalações da Usina Nuclear Daiichi, em Fukushima, três dias depois do acidente de 2011.

# Efeitos da precipitação radioativa

Tanto na explosão de uma bomba atômica como em um acidente com vazamento em uma usina nuclear, é liberado um número muito grande de isótopos radioativos. Muitos deles apresentam uma meia-vida muito curta (menos do que 15 minutos) e, assim, seu decaimento radioativo impede que sejam fixados no solo, na vegetação ou nas águas. Porém, alguns apresentam uma meia-vida muito longa, o que permite sua fixação no meio ambiente, contaminando-o e tornando-o radioativo por longos espaços de tempo. Entre esses isótopos radioativos predominam os da tabela a seguir.

| Isótopos radioativos | ${}^{137}_{55}Cs$ | ${}^{90}_{38}Sr$ | ${}^{95}_{40}Zr$ | ${}^{140}_{56}Ba$ | ${}^{131}_{53}I$ | ${}^{99}_{42}Mo$ |
|---|---|---|---|---|---|---|
| Meia-vida | 30 anos | 28 anos | 65 dias | 12,8 dias | 8 dias | 67 horas |

Além disso, devemos considerar que os nêutrons liberados no processo de fissão podem agir sobre os constituintes da atmosfera, produzindo espécies radioativas, como ${}^{14}_{6}C$, ${}^{3}_{1}H$ e muitas outras.

Entre os isótopos radioativos, um dos mais nocivos é o ${}^{90}Sr$, que pode substituir o cálcio, incorporando-se aos ossos, o que ocorre porque ambos são semelhantes e pertencem ao mesmo grupo de metais alcalinoterrosos. O processo de substituição ocorre por meio da ingestão de leite e vegetais contaminados. Dessa maneira, o corpo humano torna-se uma fonte de radiação interna por muitos anos.

CORES FANTASIA

AUSÊNCIA DE PROPORÇÃO

// As imagens mostram como os seres humanos incorporam os isótopos radioativos provenientes de uma precipitação radioativa. (Emissões radioativas não são visíveis a olho nu. Estas são representações apenas para fins didáticos.)

Embora a meia-vida do ${}^{131}I$ seja menor que a do ${}^{90}Sr$, sua produção ocorre em uma quantidade muito maior. Ele se acumula na glândula tireoide dos seres vivos que, assim, se tornam uma fonte de radiação que também se acumula na cadeia alimentar. Outro isótopo radioativo muito nocivo é o ${}^{137}Cs$, que substitui o potássio nos tecidos vivos devido ao fato de ambos serem semelhantes e pertencerem à mesma família dos metais alcalinos. No entanto, a nocividade do ${}^{137}Cs$, quando comparada à do ${}^{90}Sr$, é bem menor porque ele é eliminado do organismo mais rapidamente.

**SAIBA MAIS**

*O dia seguinte* (*The Day After*), Estados Unidos, 1983. Os Estados Unidos entram em guerra contra a União Soviética, e mísseis nucleares são trocados entre os dois países. O filme mostra as consequências de uma guerra nuclear para o ambiente e para as pessoas.

Quando uma radiação de alta energia atinge uma molécula, esta pode perder elétrons, originando íons, ou ainda ter suas ligações rompidas, produzindo espécies com elétrons desemparelhados, denominadas **radicais**:

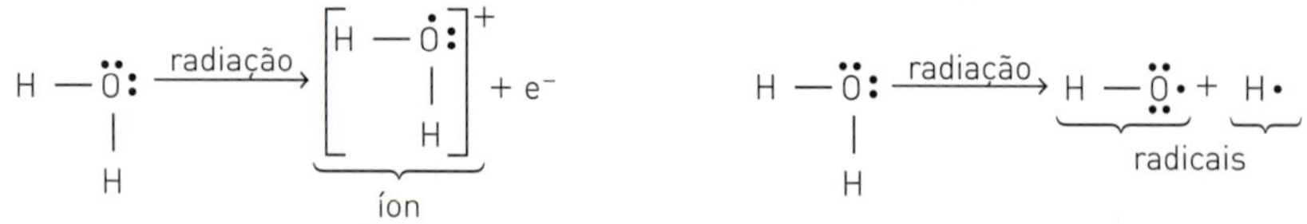


Essas partículas podem ocasionar reações químicas nocivas, provocando uma divisão celular acelerada, principalmente na medula óssea, nos órgãos reprodutores e nas células responsáveis pelo desenvolvimento em crianças, originando alterações no material genético (DNA).

Ao longo do tempo, os efeitos provocados pelas radiações de alta energia levam à formação de tumores malignos, anemias e mutações genéticas.

# Fusão nuclear

Praticamente toda a energia que a Terra recebe diariamente é proveniente do Sol, que libera essa energia por reações termonucleares.

As temperaturas altíssimas no centro do Sol fornecem a energia de ativação necessária para que átomos de hidrogênio (H) se unam, em um processo denominado **fusão nuclear**.

CORES FANTASIA

AUSÊNCIA DE PROPORÇÃO

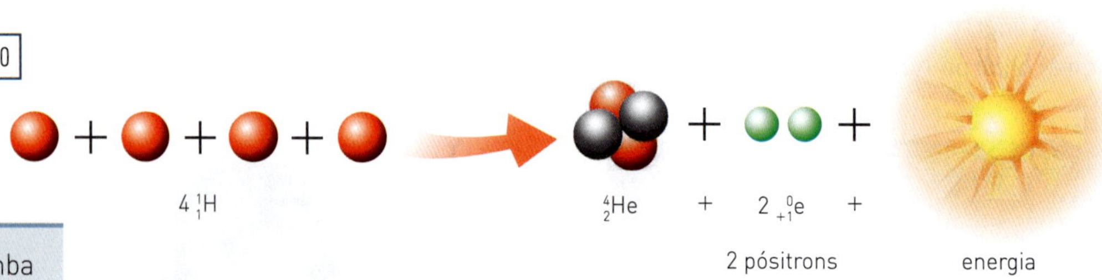


Ilustrações: Banco de imagens/Arquivo da editora

A primeira bomba de hidrogênio explodiu em 1952 no Atol de Bikini, Oceano Pacífico, produzindo uma nuvem característica na forma de cogumelo. Seu poder destrutivo é muito maior do que o de uma bomba atômica, que é usada para iniciar o processo de fusão dos isótopos do hidrogênio.

Bettmann/Corbis/Latinstock

Esse processo libera quantidades de energia ainda maiores que a fissão nuclear. Um grama de hidrogênio, através da fusão, libera uma quantidade de energia igual à liberada na queima de 20 toneladas de carvão.

O primeiro uso desse processo pelo ser humano foi a bomba de hidrogênio que, para explodir, necessitava de uma quantidade enorme de energia. Essa energia de ativação é fornecida pela explosão de uma bomba atômica, que serve de estopim.

Se a fusão for efetuada com os isótopos mais pesados do hidrogênio — deutério ($^{2}_{1}H$) e trítio ($^{3}_{1}H$) —, o processo ocorre com uma velocidade muito maior.

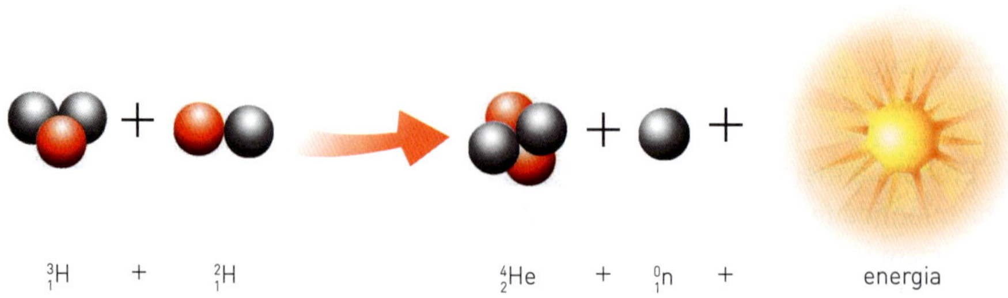


Atualmente, em países como Estados Unidos, Inglaterra e Rússia, muitos cientistas estão empenhados em desenvolver equipamentos nos quais a reação de fusão nuclear possa ser controlada e, assim, a gigantesca quantidade de energia liberada no processo venha a ser aproveitada. Porém, a construção desses reatores de fusão nuclear apresenta uma série de dificuldades. Uma delas é a adequação do material constituinte do recipiente onde a fusão deve ocorrer, pois a temperatura atinge valores tão elevados que não é possível a existência de metais no estado sólido ou mesmo líquido. Outro problema é a necessidade de escoamento rápido da energia liberada na fusão controlada do hidrogênio.

Conceitograf/Wilma Chianelli

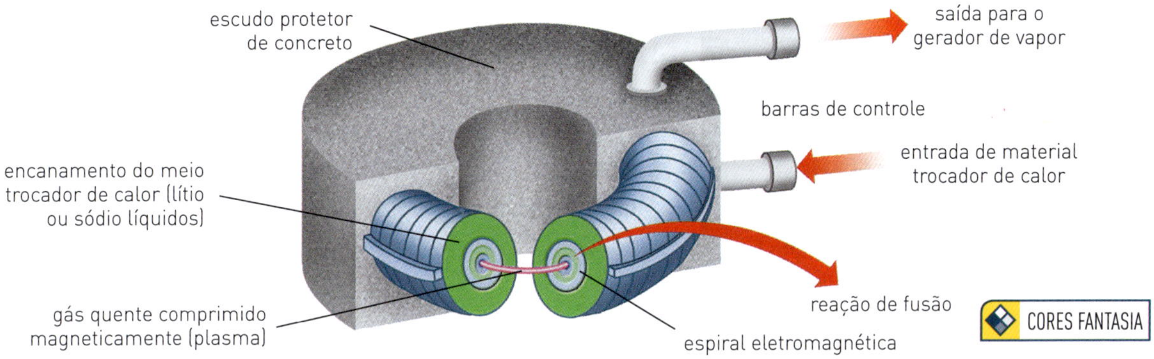


Representação simplificada de reator de fusão nuclear.

Esses reatores apresentam muitas vantagens em relação aos de fissão:

- os produtos da fusão não são radioativos; portanto, não causam alterações no meio ambiente;
- o material necessário ($^{2}_{1}H$, $^{3}_{1}H$, $^{6}_{3}Li$) é abundante na natureza ou de fácil obtenção:

  $^{2}_{1}H$: é encontrado como constituinte de moléculas de água;

  $^{3}_{1}H$: é obtido a partir do $^{6}_{3}Li$;

  $^{6}_{3}Li$: é um metal encontrado na natureza;
- a quantidade de energia produzida é maior do que a obtida em um reator de fissão nuclear.

Até 2018, 118 elementos químicos foram reconhecidos oficialmente pela IUPAC.

Somente 92 deles são encontrados na natureza. Todos os outros são artificiais, obtidos por meio de síntese radioativa.

Um elemento oficializado pela IUPAC em 2013, o roentgênio, em homenagem a Wilhelm Conrad Roentgen, descobridor dos raios X, foi obtido pela fusão de isótopos de níquel e bismuto.

Essa reação nuclear pode ser representada assim:

$$^{64}_{28}Ni + ^{209}_{93}Bi \longrightarrow ^{272}_{111}Rg + ^{1}_{0}n$$

Martin Ruegner/Photographer's Choice/Getty Images

A água constituinte dos oceanos contém $7 \cdot 10^{13}$ toneladas de $^{3}_{1}H$ que, se fossem usados em processos de fusão nuclear, produziriam $2 \cdot 10^{28}$ kJ de energia. Essa quantidade de energia corresponde às necessidades do ser humano por $4 \cdot 10^{9}$ anos.

# Aplicações da radioatividade em outras áreas

## Geologia, Arqueologia e História

Ria Novosti/SPL/Latinstock

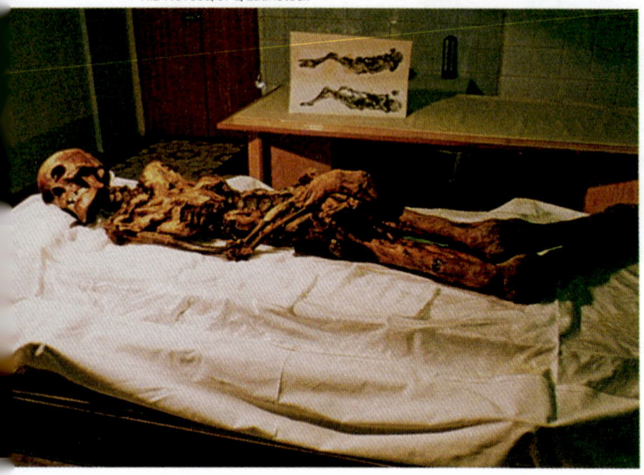

Datações do teor de C-14 indicam que este corpo foi preservado congelado por 2 500 anos.

### Datação com o carbono-14

A determinação da idade (datação) de algum material orgânico usualmente envolve o isótopo do carbono, o **carbono-14**, que é formado nas camadas superiores da atmosfera pelo bombardeamento de nitrogênio por nêutrons cósmicos:

$$^{14}_{7}N + ^{1}_{0}n \longrightarrow ^{14}_{6}C + ^{1}_{1}H$$

As plantas e os animais incorporam o isótopo C-14 pelo $CO_2$ presente na atmosfera ou pela cadeia alimentar. Quando eles morrem, cessa a absorção do C-14 e, então, sua quantidade gradualmente diminui, de acordo com a equação de desintegração:

$$^{14}_{6}C \longrightarrow ^{0}_{-1}\beta + ^{14}_{7}N$$

Conhecendo a meia-vida do C-14 (5 600 anos), podemos estimar, então, a idade dos artefatos (fóssil, pergaminho, documentos, etc.) em exame pela determinação da quantidade desse isótopo presente neles. Como a velocidade com que o C-14 se forma na atmosfera é a mesma com que ele se desintegra, sua concentração na Terra e nos organismos permanece constante: 10 ppb (em cada bilhão de átomos existem 10 átomos de C-14).

Assim, se um fóssil apresentar teor de C-14 de 2,5 ppb, essa concentração indica que ele possui 25% do teor de C-14 encontrado nos seres vivos, ou seja, desde a morte do animal, o C-14 completou duas meias-vidas:

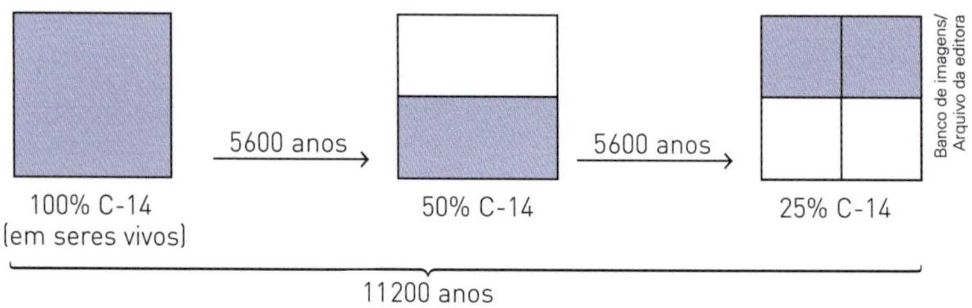


Desse modo, podemos concluir que o fóssil tem 11 200 anos.

### Datação com o urânio e o potássio

Assim como a medição da quantidade de C-14 permite determinar a idade de material orgânico, a medição de outros radioisótopos permite a datação de rochas.

A cada meia-vida do isótopo $^{238}_{92}U$ ($4{,}5 \cdot 10^9$ anos), metade de seus átomos desintegra-se, originando o isótopo $^{206}_{82}Pb$. A relação entre o número de átomos Pb/U permite que estimemos a idade aproximada de uma rocha, ou de um meteorito, considerando que 1 átomo de U produz 1 átomo de Pb.

Para demonstrar esse fato matematicamente, vamos considerar que o número inicial de átomos de U seja 64, conforme a tabela ao lado.

| Número de meias-vidas | Número de átomos $^{238}U$ | Número de átomos $^{206}Pb$ | Pb/U |
|---|---|---|---|
| 0 | 64 | 0 | 0 |
| 1 | 32 | 32 | 1 |
| 2 | 16 | 48 | 3 |
| 3 | 8 | 56 | 7 |
| 4 | 4 | 60 | 15 |

Assim, se uma rocha apresenta uma relação Pb/U igual a 15, isso significa que ela foi formada a 4 meias-vidas do $^{238}U$, ou seja, a $1,8 \cdot 10^{10}$ anos.

O $^{40}K$, que tem meia-vida de $1,3 \cdot 10^9$ anos, decai pela captura de um elétron ou pela emissão de um pósitron, formando o $^{40}Ar$:

$$^{40}_{19}K + ^{0}_{-1}e \longrightarrow ^{40}_{18}Ar$$

$$^{40}_{19}K \longrightarrow ^{40}_{18}Ar + ^{0}_{+1}e$$

Dessa forma, para determinar a idade de uma rocha, pode-se triturá-la e medir a quantidade de gás argônio que é liberada dela. Assim como se faz quando se emprega o urânio-238, a comparação entre o número de átomos de potássio e o de átomos de argônio permite identificar a idade aproximada dessa rocha.

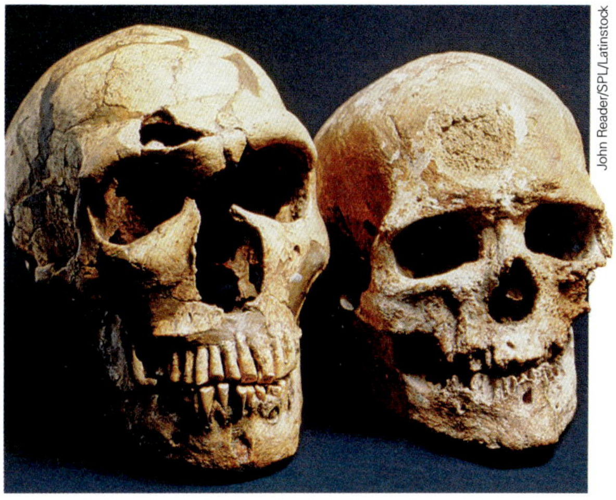

John Reader/SPL/Latinstock

O método de datação pelo potássio-40 também é útil para se estimar a idade de ossos. Datações feitas com potássio (K-40) indicam a idade aproximada destes crânios: o da esquerda, Neanderthal, 70 mil anos e o da direita, Cro-Magnon, 30 mil.

## Medicina

Vários isótopos radioativos são usados em Medicina. É muito comum introduzir no organismo uma pequena quantidade de material radioativo a fim de determinar as condições de órgãos. Isso é possível pelo conhecimento de que vários compostos radioativos se acumulam em determinado órgão.

As células do corpo não diferenciam um isótopo radioativo de um não radioativo, pois os isótopos apresentam comportamento químico igual. A única diferença entre eles é que o isótopo radioativo pode ser detectado por emitir radiações, as quais permitem seu monitoramento ao ser transportado pelo corpo e se concentrar em determinado órgão. Os isótopos que têm essa aplicação são denominados **radiotraçadores**.

A tabela a seguir apresenta alguns isótopos usados em Medicina nuclear.

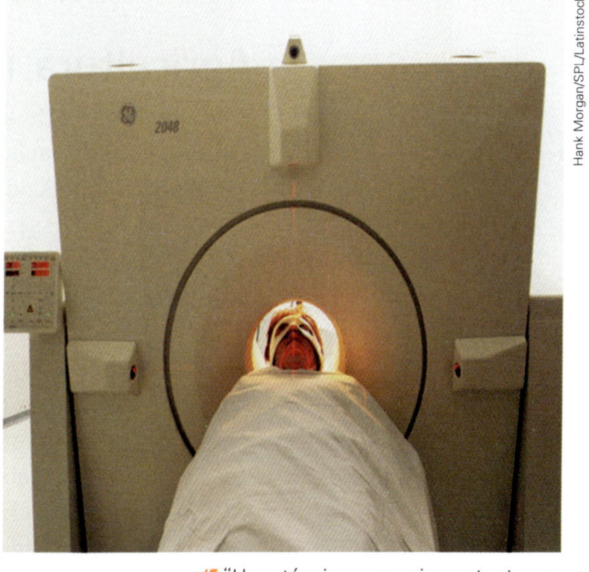

Hank Morgan/SPL/Latinstock

"Uma técnica nova e importante na Medicina Nuclear é a PET (sigla, em inglês, para tomografia por emissão de pósitrons e elétrons), que utiliza radioisótopos de meia-vida muito curta e que têm como característica o decaimento com a liberação de pósitrons, sendo considerada por muitos especialistas a melhor e mais precisa forma de radiodiagnóstico por imagem disponível hoje. Esses radioisótopos são produzidos em aceleradores de partículas específicos (cíclotrons), sendo o principal produto o flúor-18, injetado no sangue do paciente na forma de fluoredeoxiglicose (FDG)."
Disponível em: <www.biodieselbr.com/energia/nuclear/energia-nuclear-saude.htm>. Acesso em: 10 abr. 2018.

| Elemento | Radioisótopo | Radiação | Uso médico |
|---|---|---|---|
| Crômio | $^{51}Cr$ | $\gamma$ | Imagem do baço, volume das hemácias. |
| Tecnécio | $^{99}Tc$ | $\gamma$ | Estudo do cérebro, dos pulmões, do fígado, do baço e dos ossos. |
| Iodo | $^{131}I$ | $\beta, \gamma$ | Estudo da tireoide e tratamento de câncer na tireoide. |
| Estrôncio | $^{85}Sr$ | $\gamma$ | Imagem de ossos para diagnóstico de fraturas ou osteoporose. |
| Sódio | $^{24}Na$ | $\beta, \gamma$ | Estudo de lesões vasculares e determinação do volume do sangue. |

Para cada enfermidade ou avaliação médica, a escolha do radioisótopo, da quantidade aplicada e da forma como é utilizado deve ter como critério a relação risco-benefício.

Após o paciente receber uma dose do material radioativo, o radiologista determina o nível e a localização das radiações emitidas pelos isótopos. As radiações beta (β) ou gama (γ) incidem sobre filmes fotográficos, produzindo imagens do órgão que se pretende estudar.

As radiações gama provenientes do I-131 são usadas no tratamento de câncer da tireoide. Embora possam afetar qualquer célula do órgão, essas radiações agem muito mais sobre as células cancerosas, que se encontram debilitadas.

Alguns radioisótopos que emitem pósitrons ($_{+1}^{0}e$), por exemplo, $^{10}C$, $^{11}C$, $^{13}N$ e $^{15}O$, são usados para diagnóstico por imagem (tomografia).

O decaimento de um próton em nêutron se dá com a formação de um pósitron:

$$_{+1}^{1}p + _{0}^{1}n \longrightarrow _{+1}^{0}e$$

Essa reação pode ser usada para mapear regiões corpóreas em que se suspeita de alterações metabólicas. Pode-se administrar glicose contendo F-18 em pacientes. Os pósitrons colidem com elétrons em uma reação denominada **aniquilação**:

$$_{+1}^{0}e + _{-1}^{0}e \longrightarrow \text{energia}$$

Nessa reação, a massa é transformada totalmente em energia na forma de ondas eletromagnéticas. Tais radiações revelam regiões em que o metabolismo da glicose está alterado.

## Agricultura, indústria e alimentação

Os parâmetros de segurança para irradiação de alimentos são regulados pela Resolução (RDC) nº 21/2001, da Anvisa, segundo a qual qualquer alimento poderá ser tratado por radiação desde que a dose máxima absorvida seja inferior àquela que comprometeria as propriedades funcionais e/ou os atributos sensoriais do alimento.

A capacidade de as radiações produzirem danos aos organismos tem sido usada na preservação de alimentos, como o morango. A irradiação com raios gama provenientes do Co-60 destrói fungos e bactérias, principais causadores do apodrecimento. Esses raios atuam como esterilizantes.

O P-32 é utilizado como radiotraçador, permitindo verificar a absorção de fertilizantes pelas plantas e avaliar a eficácia do controle de insetos.

Para impedir o crescimento de agentes decompositores nos alimentos, costuma-se fazer a pasteurização térmica e a conservação refrigerada. Porém, muitos alimentos frescos não podem ser submetidos a esses processos, como carnes, peixes, mariscos, aves, etc. Esses alimentos são submetidos a radiações para se conservarem por mais tempo.

Em processos industriais, isótopos são usados em análise não destrutiva de materiais e como radiotraçadores. Veja alguns exemplos:

- Fe-59, na medida de desgaste de molas e êmbolos de motores;
- P-32, na medida de desgaste dos frisos de pneus;
- Na-24 e I-131, na localização de pequenos vazamentos em tubulações de água e medida da espessura de lâminas metálicas.

Os morangos ① tratados com raios gama permanecem frescos durante vários dias. Os morangos ② que não foram tratados com raios gama desenvolveram fungos no mesmo período.

Fotos: Acervo do autor/Arquivo da editora

## Conflito ético na aplicação bélica da fissão nuclear: bomba atômica

Em 1939, Albert Einstein (1879-1955), físico alemão radicado nos Estados Unidos, integrou-se à campanha promovida pelo físico Leo Szilard (1898-1964), que desenvolvia pesquisa visando fabricar a bomba atômica.

Albert Einstein em fotografia de 1933.

Tanto para os cientistas envolvidos nas pesquisas como para os demais membros da comunidade científica, a bomba atômica, uma vez construída, não seria usada como arma militar. Eles propuseram que a bomba fosse testada na presença de autoridades do governo japonês e dos governos aliados (Inglaterra, França e URSS), o que forçaria a rendição incondicional do Japão, evitando, assim, a morte de milhares de pessoas.

Mas não foi isso o que aconteceu. A ideia de apressar o término da guerra, evitando a morte de muitos soldados americanos e o gasto de milhões de dólares necessários para invadir o Japão, associada à demonstração de supremacia militar diante da União Soviética, marcando o início da Guerra Fria, levou o presidente estadunidense Harry Truman a ordenar o lançamento de bombas atômicas sobre o Japão. Em 6 de agosto de 1945 foi lançada sobre Hiroshima uma bomba atômica de urânio, chamada *Little Boy*.

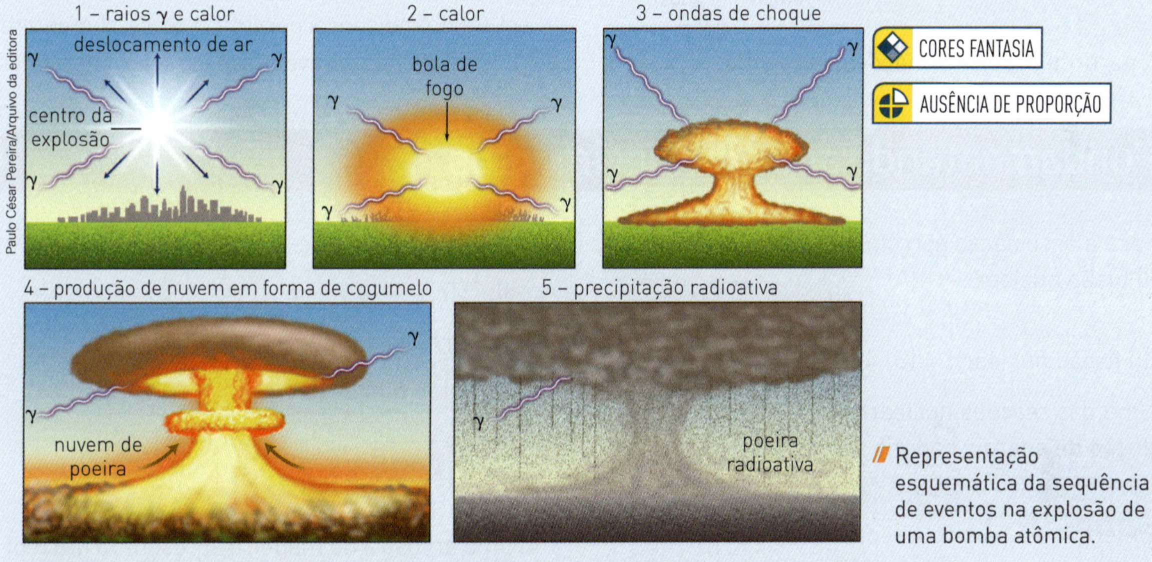


Representação esquemática da sequência de eventos na explosão de uma bomba atômica.

A bomba detonada sobre Hiroshima continha uma massa de 7 quilos de $^{235}_{92}U$ enriquecido, com um poder destrutivo equivalente a 20 mil toneladas de TNT, ou seja, uma bomba de 20 kiloton, que provocou a morte imediata de aproximadamente 100 mil pessoas. Três dias depois, foi lançada outra bomba atômica de plutônio, sobre a cidade de Nagasaki, provocando a morte imediata de 20 mil pessoas.

A guerra terminou em 14 de agosto de 1945 com a rendição incondicional do Japão e com a morte, imediata e posterior, de cerca de 200 mil pessoas, sem considerar as possíveis alterações genéticas transmitidas aos descendentes pelas pessoas que sobreviveram.

Para obter mais rapidamente a bomba atômica, os Estados Unidos montaram um esquema secreto denominado Projeto Manhattan. Em 1945, conseguiram obter as massas críticas de urânio e de plutônio necessárias para produzir a reação em cadeia. A primeira bomba atômica foi detonada em 16 de julho de 1945 no deserto do Novo México. O calor liberado vaporizou uma torre de ferro de 30 metros de altura, na qual a bomba estava colocada, e derreteu, vitrificando a areia ao redor.

## Exercício resolvido

(UFG-GO) A partir do momento em que uma planta ou animal morrem, deixam de incorporar átomo de carbono. O teor do isótopo $C^{14}$ decai com o tempo, de acordo com o gráfico abaixo.

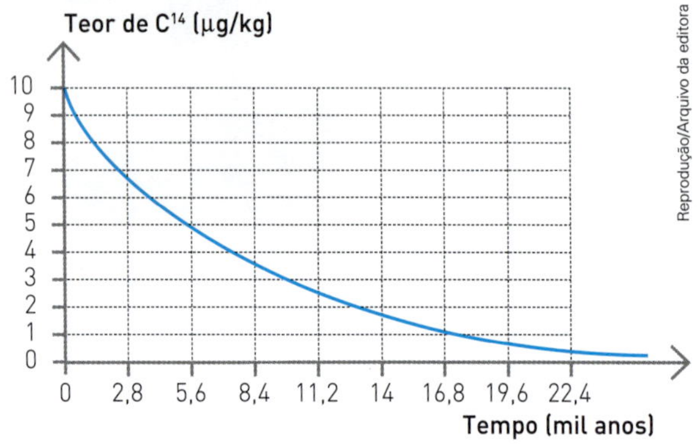


A partir dessas informações, responda:

a) Qual a meia-vida do $C^{14}$?

b) Na análise de um fóssil foi encontrado 2,5 μg/kg $C^{14}$. Qual a idade do fóssil?

c) Como animais e plantas incorporam $C^{14}$?

**Solução**

a) Note que, no tempo zero, a massa indicada na ordenada é igual a 10 μg/kg e que, após $5{,}6 \cdot 1\,000$ anos, a amostra se reduz a 5 μg/kg. Assim, podemos concluir que a meia-vida é igual a 5 600 anos.

b) Partindo de 10 μg/kg $C^{14}$, temos:

$$10 \xrightarrow{\text{após 5 600 anos}} 5 \xrightarrow{\text{após 5 600 anos}} 2{,}5$$

Logo, a idade do fóssil é de 11 200 anos.

c) Os animais incorporam $C^{14}$ ao se alimentarem, e as plantas, através da respiração (fotossíntese).

## Fundamentando seus conhecimentos

**1.** Faça a associação correta.

(I) fusão nuclear (A) $^{235}_{92}U + ^{1}_{0}n \longrightarrow ^{91}_{36}Kr + ^{142}_{56}Ba + 3\,^{1}_{0}n$

(II) fissão nuclear (B) $4\,^{1}_{1}H \longrightarrow ^{4}_{2}He + 2\,^{0}_{+1}e$

**2.** Uma das reações nucleares utilizadas para produção de energia poderia ser representada por:

$$^{1}_{0}n + ^{235}_{92}U \longrightarrow ^{144}_{55}Cs + ^{90}_{37}Rb + 2x + \text{energia}$$

Determine a partícula representada por x.

**3.** Complete as reações nucleares que são empregadas em Medicina e em datação.

I. $^{99}_{42}Mo \longrightarrow ^{99}_{43}Tc + x$

II. $^{99}_{43}Tc \longrightarrow y + \gamma$

III. $^{131}_{53}I \longrightarrow ^{131}_{54}Xe + z$

IV. $^{14}_{7}N + n \longrightarrow w + p$

V. $^{14}_{6}C \longrightarrow ^{14}_{7}N + t$

VI. $^{40}_{19}K + \beta \longrightarrow v$

**4.** Uma amostra de madeira apresentou um teor de C-14 de 12,5%. Sabendo que a meia-vida do C-14 é 5 600 anos, determine a idade da amostra.

## Desenvolvendo seus conhecimentos

**1.** (Uerj) O reator atômico instalado no município de Angra dos Reis é do tipo PWR — reator de água pressurizada. O seu princípio básico consiste em obter energia através do fenômeno "fissão nuclear", em que ocorre a ruptura de núcleos pesados em outros mais leves, liberando grande quantidade de energia. Esse fenômeno pode ser representado pela seguinte equação nuclear:

$$^{1}_{0}n + ^{235}_{92}U \longrightarrow ^{144}_{55}Cs + T + 2\,^{1}_{0}n + \text{energia}$$

Os números atômico e de massa do elemento T estão respectivamente indicados na seguinte alternativa:

a) 27 e 91.

b) 37 e 90.

c) 39 e 92.

d) 43 e 93.

**2.** (Enem) O debate em torno do uso da energia nuclear para produção de eletricidade permanece atual. Em um encontro internacional para a discussão desse tema, foram colocados os seguintes argumentos:

I. Uma grande vantagem das usinas nucleares é o fato de não contribuírem para o aumento do efeito estufa, uma vez que o urânio, utilizado como "combustível", não é queimado, mas sofre fissão.

II. Ainda que sejam raros os acidentes com usinas nucleares, seus efeitos podem ser tão graves que essa alternativa de geração de eletricidade não nos permite ficar tranquilos.

A respeito desses argumentos, pode-se afirmar que:

a) o primeiro é válido e o segundo não é, já que nunca ocorreram acidentes com usinas nucleares.
b) o segundo é válido e o primeiro não é, pois de fato há queima de combustível na geração nuclear de eletricidade.
c) o segundo é válido e o primeiro é irrelevante, pois nenhuma forma de gerar eletricidade produz gases do efeito estufa.
d) ambos são válidos para se compararem vantagens e riscos na opção por essa forma de geração de energia.
e) ambos são irrelevantes, pois a opção pela energia nuclear está se tornando uma necessidade inquestionável.

**3.** (Enem)

A bomba reduz neutros e neutrinos, e abana-se com o leque da reação em cadeia.

ANDRADE, C. D. *Poesia completa e prosa*. Rio de Janeiro. Aguilar, 1973 (fragmento).

Nesse fragmento de poema, o autor refere-se à bomba atômica de urânio. Essa reação é dita "em cadeia" porque na:

a) fissão do $^{235}U$ ocorre liberação de grande quantidade de calor, que dá continuidade à reação.
b) fissão de $^{235}U$ ocorre liberação de energia, que vai desintegrando o isótopo $^{238}U$ enriquecendo-o em mais $^{235}U$.
c) fissão do $^{235}U$ ocorre uma liberação de nêutrons, que bombardearão outros núcleos.
d) fusão do $^{235}U$ com $^{238}U$ ocorre formação de neutrino, que bombardeará outros núcleos radioativos.
e) fusão do $^{235}U$ com $^{238}U$ ocorre formação de outros elementos radioativos mais pesados, que desencadeiam novos processos de fusão.

**4.** (UFRRJ)

**Fim da 2ª Guerra Mundial – bomba atômica**
**Sessenta anos de terror nuclear**

Destruídas por bombas, Hiroshima e Nagasaki hoje lideram luta contra essas armas

Gilberto Scofield Jr.
Enviado especial a Hiroshima, Japão

"Shizuko Abe tinha 18 anos no dia 6 de agosto de 1945 e, como todos os jovens japoneses durante a Segunda Guerra Mundial, ela havia abandonado os estudos para se dedicar ao esforço de guerra. Era um dia claro e quente de verão e, às 8h, Shizuko e seus colegas iniciavam a derrubada de parte das casas de madeira do centro de Hiroshima para tentar criar um cordão de isolamento anti-incêndio no caso de um bombardeio incendiário aéreo. Àquela altura, ninguém imaginava que Hiroshima seria o laboratório de outro tipo de bombardeio, muito mais devastador e letal, para o qual os abrigos anti-incêndio foram inúteis."

"Hiroshima, Japão. Passear pelas ruas de Hiroshima hoje — 60 anos depois da tragédia que matou 140 mil pessoas e deixou cicatrizes eternas em outros 60 mil, numa população de 400 mil — é nunca esquecer o passado. Apesar de rica e moderna com seus 1,1 milhão de habitantes circulando em bem cuidadas ruas e avenidas, os monumentos às vítimas do terror atômico estão em todos os lugares."

*O Globo*, 31 jul. 2005.

Sessenta anos após o fim da Segunda Guerra Mundial, ainda nos indignamos com a tragédia lançada sobre Hiroshima e Nagasaki. A bomba que destruiu essas cidades marcou o início da era nuclear. O fenômeno se constitui de uma reação em cadeia, liberando uma grande quantidade de energia, muito maior do que aquela envolvida em reações químicas. Em virtude disso, a fissão nuclear é usada nas usinas termoelétricas, que visam transformar energia térmica em energia elétrica. O combustível principal é o urânio.

Considerando as equações a seguir,

$$^{1}_{0}n + ^{235}_{92}U \longrightarrow ^{140}_{56}Ba + X + 3\,^{1}_{0}n$$

$$^{1}_{0}n + ^{235}_{92}U \longrightarrow Y + ^{143}_{57}La + 3\,^{1}_{0}n$$

a) determine X e Y, com número atômico e número de massa de cada um.
b) sabendo-se que o tempo de meia-vida do urânio ($_{92}U^{235}$) é 4,5 bilhões de anos, calcule o tempo necessário para reduzir a $\frac{1}{4}$ uma determinada massa desse nuclídeo.

**5.** (UPE) Um hospital foi denunciado por realizar sessões de radioterapia com um equipamento cujo irradiador, denominado bomba de cobalto (cobalto-60), está vencido. O cobalto-60 é usado como fonte de radiação gama e possui um período de semidesintegração de 5,26 anos. Esse hospital realiza sessões de radioterapia para o tratamento contra o câncer, utilizando radiações ionizantes com o objetivo de destruir as células neoplásicas para obter uma redução ou o desaparecimento da lesão maligna. O equipamento lança feixes de radiação direcionados para o local contendo as células afetadas. A instituição alegou que as bombas de cobalto-60 foram adquiridas há 6 anos e atendem às especificações de tempo de utilização.

Nesse caso, a denúncia é infundada porque:

a) a fonte de irradiação manteve a massa de cobalto-60, em razão da reversibilidade da reação de desintegração.
b) a concentração de radioisótopo na bomba passa a tornar mais perigoso o trabalho do técnico responsável pelo manuseio do equipamento.
c) apesar da diminuição da massa da amostra radioativa, mantém-se a emissão de radiação gama; logo, o tratamento continua sendo eficaz.
d) a quantidade de cobalto radioativo presente na amostra no momento da denúncia é 50% menor que no período inicial de utilização do irradiador.
e) o cobalto-60 continua sofrendo reações de transmutação, ao ter seus núcleos bombardeados com radiações gama no interior do equipamento.

**6.** (UFRRJ)

**Plano B para a energia**

por W. Wayt Gibbs

Para manter este mundo tolerável à vida, a humanidade deve completar uma maratona de mudanças tecnológicas cuja linha de chegada está bem além do horizonte. Ainda que os planos de redução das emissões de gás carbônico funcionem, mais cedo ou mais tarde, o mundo vai precisar de um plano B: uma ou mais tecnologias fundamentalmente novas que, juntas, consigam fornecer 10 a 30 terawatts sem expelir uma tonelada sequer de dióxido de carbono.

Os reatores a fusão — que produzem energia nuclear juntando átomos, em vez de dividi-los — estão no topo de quase todas as listas de tecnologias energéticas definitivas para a humanidade. O reator não produziria gases de estufa e geraria quantidades relativamente baixas de resíduos radioativos de baixo nível. "Mesmo que a usina fosse arrasada [por acidente ou atentado], o nível de radiação a 1 km de distância seria tão pequeno que tornaria desnecessária a evacuação", diz Farrokh Najmabadi, especialista em fusão que dirige o Centro de Pesquisa de Energia da Universidade da Califórnia em San Diego.

(Extraída de *American Scientific Brasil*, Edição n. 53 – out. 2006.)

A reação de fusão dos isótopos do hidrogênio pode ser representada por:

$$_{1}H^{2} + {}_{1}H^{3} \rightarrow {}_{2}He^{4} + X$$

onde X é:

a) $_{-1}\beta^{0}$
b) $_{2}\alpha^{4}$
c) $_{1}p^{1}$
d) $_{0}n^{1}$
e) $_{+1}e^{0}$

Leia o texto para responder às questões **7** e **8**.

A energia liberada pelo Sol é fundamental para a manutenção da vida no planeta Terra. Grande parte da energia produzida pelo Sol decorre do processo de fusão nuclear em que são formados átomos de hélio a partir de isótopos de hidrogênio, conforme representado no esquema:

$$^{1}_{1}H + {}^{1}_{1}H \longrightarrow {}^{2}_{1}H + {}^{0}_{1}e$$
$$^{2}_{1}H + {}^{1}_{1}H \longrightarrow {}^{3}_{2}He$$
$$^{3}_{2}He + {}^{1}_{1}H \longrightarrow {}^{4}_{2}He + {}^{0}_{1}e$$

(John B. Russell. *Química geral*, 1994.)

**7.** (Vunesp-SP) A partir das informações contidas no esquema, é correto afirmar que os números de nêutrons dos núcleos do hidrogênio, do deutério, do isótopo leve de hélio e do hélio, respectivamente, são:

a) 1, 1, 2 e 2.
b) 1, 2, 3 e 4.
c) 0, 1, 1 e 2.
d) 0, 0, 2 e 2.
e) 0, 1, 2 e 3.

**8.** (Vunesp-SP) A partir das etapas consecutivas de fusão nuclear representadas no esquema, é correto afirmar que ocorre

a) formação de uma molécula de hidrogênio.
b) emissão de nêutron.
c) formação de uma molécula de hidrogênio e de dois átomos de hélio.
d) emissão de pósitron.
e) emissão de próton.

**9.** (UFG-GO) Em junho de 2013, autoridades japonesas relataram a presença de níveis de trítio acima dos limites tolerados nas águas subterrâneas acumuladas próximo à central nuclear de Fukushima. O trítio, assim como o deutério, é um isótopo do hidrogênio e emite partículas beta ($\beta$).

Ante o exposto:

a) escreva a equação química que representa a fusão nuclear entre um átomo de deutério e um átomo de trítio com liberação de um nêutron (n);

b) identifique o isótopo do elemento químico formado após o elemento trítio emitir uma partícula beta.

**10.** (UEM-PR) Identifique o que for correto sobre a radioatividade e sobre os métodos de datação radiométrica ao longo da história da humanidade.

01) A radioatividade é um fenômeno em que um núcleo instável emite, de modo espontâneo, determinadas partículas e ondas que são chamadas de radiações e que se transformam em um núcleo estável.

02) O período no qual metade dos átomos de uma amostra de rocha com elementos radioativos passa por um processo de desintegração natural é chamado tempo de meia-vida.

04) A idade da Terra foi estimada em aproximadamente 4,6 bilhões de anos com base na datação radiométrica de meteoritos que chegaram à superfície da Terra.

08) As rochas que incorporam material de origem orgânica são datadas por meio do método de desintegração do isótopo urânio-238.

16) Os fatores estado físico, pressão e temperatura não influenciam a radioatividade de um elemento químico.

**11.** (UEL-PR) O iodo-131 é um elemento radioativo utilizado em medicina nuclear para exames de tireoide e possui meia-vida de 8 dias. Para descarte de material contaminado com 1 g de iodo-131, sem prejuízo para o meio ambiente, o laboratório aguarda que o mesmo fique reduzido a $10^{-6}$ g de material radioativo.

Nessas condições, o prazo mínimo para descarte do material é de:

(Dado: $\log_{10} 2 \cong 0{,}3$.)

a) 20 dias.

b) 90 dias.

c) 140 dias.

d) 160 dias.

e) 200 dias.

## Desafiando seus conhecimentos

**1.** (Enem) A falta de conhecimento em relação ao que vem a ser um material radioativo e quais os efeitos, consequências e usos da irradiação pode gerar o medo e a tomada de decisões equivocadas, como a apresentada no exemplo a seguir.

"Uma companhia aérea negou-se a transportar material médico por este portar um certificado de esterilização por irradiação".

*Física na Escola*, v. 8, n. 2, 2007 (adaptado).

A decisão tomada pela companhia é equivocada, pois:

a) o material é incapaz de acumular radiação, não se tornando radioativo por ter sido irradiado.

b) a utilização de uma embalagem é suficiente para bloquear a radiação emitida pelo material.

c) a contaminação radioativa do material não se prolifera da mesma forma que as infecções por microrganismos.

d) o material irradiado emite radiação de intensidade abaixo daquela que ofereceria risco à saúde.

e) o intervalo de tempo após a esterilização é suficiente para que o material não emita mais radiação.

Leia o texto a seguir.

Pela 1ª vez, drogas contra intoxicação radioativa alcançam bons resultados. Remédios para tratar intoxicação por radiação devem ser aprovados nos próximos anos. Hoje não existe nenhuma terapia para o tratamento e a prevenção dos danos fisiológicos da radiação, cujo principal efeito é a produção de radicais livres. A radiação atinge as moléculas de água e oxigênio abundantes no organismo e produz os radicais livres, que ao reagir alteram diversas estruturas celulares. A maioria das novas drogas tem a finalidade de diminuir os estragos produzidos pelos radicais livres.

(*O Estado de S. Paulo*, 13.02.2012. Adaptado.)

**2.** (Vunesp-SP) Para mostrar os efeitos da exposição de células e tecidos do organismo a elevados níveis de radiação nuclear, um professor utilizou a figura de um pulmão humano e nela indicou o que pode ocorrer em consequência da ação de radicais livres.

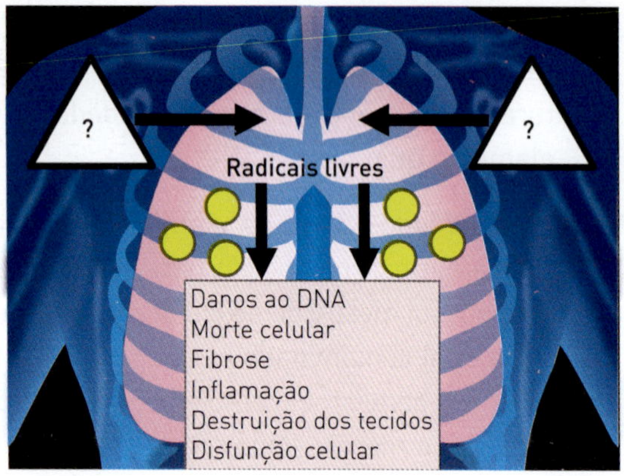

Reprodução/Arquivo da editora

O professor pediu aos seus alunos que o ajudassem a completar corretamente a figura, escolhendo um símbolo para representar a utilização da radiação nuclear nas posições assinaladas com os pontos de interrogação.

Para atender ao professor, os alunos devem escolher o símbolo:

a) , para informar que a radiação nuclear mata por asfixia.

b) , para avisar do perigo de choque elétrico, pois no local há eletricidade exposta.

c) , para indicar que se trata de processo que envolve o uso de substâncias radioativas.

d) , para informar que as substâncias utilizadas para gerar a radiação são recicláveis.

e) , para informar que a radiação nuclear é um processo que utiliza líquidos inflamáveis.

Ilustrações: Reprodução/Arquivo da editora

**3.** (Enem) Na música *Bye, bye, Brasil*, de Chico Buarque de Hollanda e Roberto Menescal, os versos

"puseram uma usina no mar
talvez fique ruim pra pescar"

poderiam estar se referindo à usina nuclear de Angra dos Reis, no litoral do Estado do Rio de Janeiro. No caso de tratar-se dessa usina, em funcionamento normal, dificuldades para a pesca nas proximidades poderiam ser causadas pelo quê?

a) Pelo aquecimento das águas, utilizadas pela refrigeração da usina, que alteraria a fauna marinha.

b) Pela oxidação de equipamentos pesados e por detonações, que espantariam os peixes.

c) Pelos rejeitos radioativos lançados continuamente no mar, que provocariam a morte dos peixes.

d) Pela contaminação por metais pesados dos processos de enriquecimento do urânio.

e) Pelo vazamento de lixo atômico colocado em tonéis e lançado ao mar nas vizinhanças da usina.

**4.** (Enem) O funcionamento de uma usina nucleoelétrica típica baseia-se na liberação de energia resultante da divisão do núcleo de urânio em núcleos de menor massa, processo conhecido como fissão nuclear. Nesse processo, utiliza-se uma mistura de diferentes átomos de urânio, de forma a proporcionar uma concentração de apenas 4% de material físsil. Em bombas atômicas, são utilizadas concentrações acima de 20% de urânio físsil, cuja obtenção é trabalhosa, pois, na natureza, predomina o urânio não físsil.

Em grande parte do armamento nuclear hoje existente, utiliza-se, então, como alternativa, o plutônio, material físsil produzido por reações nucleares no interior do reator das usinas nucleoelétricas. Considerando-se essas informações, é correto afirmar que:

a) a disponibilidade do urânio na natureza está ameaçada devido à sua utilização em armas nucleares.

b) a proibição de se instalarem novas usinas nucleoelétricas não causará impacto na oferta mundial de energia.

c) a existência de usinas nucleoelétricas possibilita que um de seus subprodutos seja utilizado como material bélico.

d) a obtenção de grandes concentrações de urânio físsil é viabilizada em usinas nucleoelétricas.

e) a baixa concentração de urânio físsil em usinas nucleoelétricas impossibilita o desenvolvimento energético.

**5.** (Unicamp-SP) Um filme de ficção muito recente destaca o isótopo $^{3}_{2}He$, muito abundante na Lua, como uma solução para a produção de energia limpa na Terra. Uma das transformações que esse elemento pode sofrer, e que justificaria seu uso como combustível, está esquematicamente representada na reação abaixo, em que o $^{3}_{2}He$ aparece como reagente.

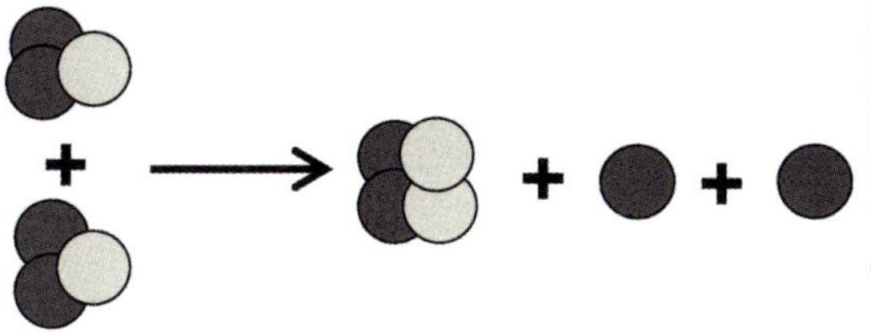

Reprodução/UNICAMP, 2017.

De acordo com esse esquema, pode-se concluir que essa transformação, que liberaria muita energia, é uma:

a) fissão nuclear, e, no esquema, as esferas mais escuras representam os nêutrons e as mais claras os prótons.
b) fusão nuclear, e, no esquema, as esferas mais escuras representam os nêutrons e as mais claras os prótons.
c) fusão nuclear, e, no esquema, as esferas mais escuras representam os prótons e as mais claras os nêutrons.
d) fissão nuclear, e, no esquema, as esferas mais escuras são os prótons e as mais claras os nêutrons.

**6.** (CPS-SP)

Os átomos de alguns elementos químicos apresentam a propriedade de, por meio de reações nucleares, transformar massa em energia. O processo ocorre espontaneamente em alguns elementos, porém, em outros precisa ser provocado por meio de técnicas específicas.

Existem duas formas de obter essa energia:

- fissão nuclear, em que o núcleo atômico se divide em duas ou mais partículas;
- fusão nuclear, na qual dois ou mais núcleos se unem para produzir um novo elemento.

A fissão do átomo de urânio é a principal técnica empregada para a geração de eletricidade em usinas nucleares e também pode ser usada em armas nucleares.

A fissão do urânio (U) pode ser provocada pelo bombardeamento de nêutrons (n) e pode ser representada pela equação:

$$^{235}_{92}U + ^{1}_{0}n \longrightarrow ^{140}_{56}Ba + ^{94}_{36}Kr + 2\ ^{1}_{0}n + \text{energia}$$

<http://tinyurl.com/z6aohek> Acesso em: 19.02.2016. Adaptado.

De acordo com o texto, assinale a alternativa correta.

a) Na fusão nuclear, o núcleo atômico se divide em duas ou mais partículas.
b) Na fissão do urânio, temos a formação de dois novos elementos químicos.
c) As usinas hidrelétricas usam a fissão nuclear para a obtenção de energia elétrica.
d) As reações nucleares só ocorrem quando provocadas através de técnicas específicas.
e) O bombardeamento de átomos de urânio por um próton leva a liberação de dois prótons.

**7.** (PUC-PR)

"Energia nuclear é toda a energia associada a mudanças da constituição do núcleo de um átomo, por exemplo, quando um nêutron atinge o núcleo de um átomo de urânio 235 dividindo-o, parte da energia que ligava os prótons e os nêutrons é liberada em forma de calor. Esse processo é denominado fissão nuclear. A central nuclear é a instalação industrial própria usada para produzir eletricidade a partir de energia nuclear, que se caracteriza pelo uso de materiais radioativos que, através de uma reação nuclear, produzem calor. Nessas centrais existe um alto grau de segurança, devido à matéria-prima radioativa empregada".

Fonte: <http://www.mundoeducacao.com/quimica/uso-energia-nuclear.htm>.

A respeito do assunto, assinale a alternativa correta.

a) Fissão nuclear é a junção de núcleos atômicos, liberando energia maior quando comparada à fusão nuclear.
b) Se um elemento radioativo, em 100 anos, sofrer uma desintegração de 93,75% da sua massa, este elemento químico tem, nestas condições, uma meia-vida de 25 anos.
c) Uma das vantagens do uso da radioatividade para produção de energia elétrica é o de não causar efeito estufa, e desvantagem, os gases tóxicos produzidos.
d) Temos três partículas naturais: Alfa, beta e gama.
e) A bomba atômica é um exemplo de fusão nuclear, enquanto a bomba de hidrogênio é um exemplo de fissão nuclear.

**8.** (UCS-RS)

A primeira explosão de uma bomba atômica na história da humanidade aconteceu no dia 6 de agosto de 1945. Ela continha 50 kg de urânio-235, com potencial destrutivo equivalente a 15 mil toneladas de TNT e foi lançada sobre o centro da cidade de Hiroshima, às 8h15min da manhã, horário local, causando a morte de mais de 140 mil pessoas. Nagasaki foi atingida três dias depois. Inicialmente, o plano do exército americano era jogar a bomba sobre Kokura. Mas o tempo nublado impediu que o piloto visualizasse a cidade, e decidiu-se pela segunda opção. A bomba, agora de plutônio-239, apresentava um potencial destrutivo equivalente a 22 mil toneladas de TNT. Cerca de 70 mil pessoas morreram.

Reprodução/UCS, 2016.

A nuvem de cogumelo sobre Hiroshima (à esquerda) e sobre Nagasaki (à direita), após a queda das duas bombas atômicas.

Pouco depois de a bomba atômica ser lançada sobre o Japão, cientistas inventaram outra arma, ainda mais poderosa: a bomba de hidrogênio. Em 1957, a bomba H explodia no Atol de Bikini, no Oceano Pacífico. Tinha um poder de destruição cinco vezes maior do que todas as bombas convencionais detonadas durante a Segunda Guerra Mundial.

Prevendo a corrida armamentista, Albert Einstein declarou em 1945: "O poder incontrolado do átomo mudou tudo, exceto nossa forma de pensar e, por isso, caminhamos para uma catástrofe sem paralelo".

Disponível em: <http://www.sitedecuriosidades.com/curiosidade/as-bombas-atomicas-lancadas-sobre-o-japao.html>; <http://www.nippo.com.br/4.hiroshima/>; <https://pt.wikipedia.org/wiki/Bombardeamentos_de_Hiroshima_e_Nagasaki>. Acesso em: 2 set. 15.

Em relação à temática e às informações apresentadas no texto, assinale a alternativa correta.

a) A fissão nuclear do urânio-235 se dá por um processo de reação em cadeia, com a liberação de uma grande quantidade de energia.
b) Um átomo de urânio-235 decai para plutônio-239 pela emissão de uma partícula alfa.
c) A energia gerada na explosão de uma bomba atômica se origina a partir de um processo de fusão nuclear.
d) A bomba de hidrogênio é uma aplicação bélica que visa causar destruição com base na enorme energia e no grande fluxo de nêutrons liberados nas reações de fissão nuclear.
e) As partículas beta possuem maior poder de penetração em tecidos biológicos que as radiações gama.

**9.** (EBMSP)

Há 70 anos, em 1945, a Segunda Guerra Mundial se encaminhava para o fim quando foram detonadas duas bombas atômicas, uma sobre Hiroshima e a outra em Nagasaki. A humanidade ainda guarda um trauma desse episódio, e a necessidade, ou não, de se construírem armas atômicas é um tema muito polêmico. As reações nucleares utilizadas nas bombas detonadas sobre as cidades japonesas envolveram processos de fissão nuclear de átomos dos elementos químicos urânio e plutônio. Na fissão do urânio, por exemplo, o átomo do radionuclídeo é bombardeado com um nêutron, e são formados átomos de outros elementos, a exemplo do estrôncio e do xenônio, e de mais nêutrons que, por sua vez, participam de uma nova reação, levando ao surgimento de um processo em cadeia e a liberação de uma grande quantidade de energia. A energia liberada no processo de fissão nuclear de 1,0 g do radionuclídeo $^{235}_{92}U$ é de $8 \cdot 10^7$ kJ. Nos reatores nucleares o processo é similar, porém a reação nuclear e a energia liberada são controladas.

OLIVEIRA, Adilson de. A equação e a bomba atômica. Disponível em: <http://cienciahoje.uol. com.br/colunas/fisica-sem-miséri/a-equacao-e-a-bomba-atomica> . Acesso em: 3 set. 2015. Adaptado.

Considerando-se essas informações e os conhecimentos da Química, é correto afirmar:

a) A energia liberada pela fissão nuclear de uma tonelada de urânio-235 é de $8 \cdot 10^7$ kJ.
b) O nêutron é uma partícula nuclear de massa menor do que a do próton representada por $^{0}_{1}n$.
c) O estrôncio e o xenônio são elementos químicos que pertencem a diferentes períodos da Tabela Periódica.
d) O número de nêutrons do átomo de urânio, $^{235}_{92}U$, é maior do que o do átomo de plutônio, $^{239}_{94}U$.
e) A fissão nuclear forma átomos de elementos químicos com números atômicos menores do que os dos átomos originais.

**10.** (UEL-PR) Observe a figura a seguir e responda à questão.

Reprodução/UEL, 2015.

Em 2000, o artista Eduardo Kac, carioca radicado nos Estados Unidos, criou GFP Bunny, um coelho geneticamente modificado que brilha em presença de luz azul graças à Proteína Fluorescente (GFP) inserida em seu DNA.

Disponível em: <http://www.museudavida.fiocruz.br/brasiliana/cgi/cgilua.exe/sys/start.htm?infoid=263&sid=19>. Acesso em: 21 maio 2015.

O desastre de Chernobyl ocorreu em 1986, lançando grandes quantidades de partículas radioativas na atmosfera. Usinas nucleares utilizam elementos radioativos com a finalidade de produzir energia elétrica a partir de reações nucleares.

Com base nos conhecimentos sobre os conceitos de radioatividade, assinale a alternativa correta.

a) A desintegração do átomo de $^{210}_{83}Bi$ em $^{210}_{84}Po$ ocorre após a emissão de uma onda eletromagnética gama.
b) A desintegração do átomo $^{235}_{92}U$ em $^{231}_{90}Th$ ocorre após a emissão de uma partícula beta.
c) A fusão nuclear requer uma pequena quantidade de energia para promover a separação dos átomos.
d) A fusão nuclear afeta os núcleos atômicos, liberando menos energia que uma reação química.
e) A fissão nuclear do átomo de $^{235}_{92}U$ ocorre quando ele é bombardeado por nêutrons.

**11.** (FGV-SP)

Deverá entrar em funcionamento em 2017, em Iperó, no interior de São Paulo, o Reator Multipropósito Brasileiro (RMB), que será destinado à produção de radioisótopos para radiofármacos e também para produção de fontes radioativas usadas pelo Brasil em larga escala nas áreas industrial e de pesquisas. Um exemplo da aplicação tecnológica de radioisótopos são sensores contendo fonte de amerício-241, obtido como produto de fissão. Ele decai para o radioisótopo neptúnio-237 e emite um feixe de radiação. Fontes de amerício-241 são usadas como indicadores de nível em tanques e fornos mesmo em ambiente de intenso calor, como ocorre no interior dos alto fornos da Companhia Siderúrgica Paulista (COSIPA).

A produção de combustível para os reatores nucleares de fissão envolve o processo de transformação do composto sólido $UO_2$ ao composto gasoso $UF_6$ por meio das etapas:

I. $UO_2\,(s) + 4\,HF\,(g) \longrightarrow UF_4\,(s) + 2\,H_2O\,(g)$
II. $UF_4\,(s) + F_2\,(g) \longrightarrow UF_6\,(g)$

(Adaptado de www.brasil.gov.br/ciencia-e-tecnologia/2012/02/reator-deve-garantir-autossuficiencia-brasileira-em-radiofarmacosa-partir-de-2017 e H. Barcelos de Oliveira, Tese de Doutorado, IPEN/CNEN, 2009, in: www.pelicano.ipen.br)

Considerando o tipo de reator mencionado no texto, classifique cada uma das afirmações em V (verdadeira) ou F (falsa).

( ) No processo de fissão nuclear, o núcleo original quebra-se em dois ou mais núcleos menores, e uma grande quantidade de energia é liberada.
( ) Os núcleos que podem sofrer fissão são denominados fissionáveis, e entre eles estão isótopos de urânio.
( ) No reator de fissão, ocorre uma reação em cadeia sustentada por prótons produzidos na quebra do isótopo fissionável.

Assinale a classificação correta, de cima para baixo.

a) F – F – V.
b) F – V – V.
c) F – V – F.
d) V – V – F.
e) V – F – V.

**12.** (UPE)

Todos os isótopos conhecidos do tecnécio são radioativos e incluem oito pares de isômeros nucleares, entre eles $^{99m}Tc$-$^{99}Tc$, que são nuclídeos diferenciáveis apenas pelo seu conteúdo energético. O nuclídeo no estado mais energético (metaestável) libera energia eletromagnética na transição para um estado isomérico de energia mais baixa. O Tc-99m apresenta meia-vida de 6 horas, sendo um produto do decaimento do molibdênio-99 que possui uma meia-vida de 66 horas.

$$^{99}Mo \xrightarrow[87,5\%]{\beta^-} {}^{99m}Tc \xrightarrow{\gamma} {}^{99}Tc \xrightarrow{\beta^-} \underset{\text{(estável)}}{^{99}Ru}$$

Os geradores de Tc-99m consistem em recipientes com pequenas esferas de alumina sobre as quais o Mo-99 produzido em um reator nuclear, liga-se firmemente. O Tc-99m é utilizado na composição de radiofármacos para diagnóstico, para a obtenção de mapeamentos (cintilografia) de diversos órgãos. O paciente recebe uma dose de um radiofármaco, sendo, posteriormente, examinado por um equipamento capaz de detectar a radiação oriunda do paciente e convertê-la em uma imagem que representa o órgão ou o sistema avaliado.

Adaptado de: http://qnesc.sbq.org.br/online/cadernos/06/a08.pdf. Acesso em: 10/07/2016.

Nesse processo, é correto afirmar que:

a) o molibdênio, o tecnécio e o rutênio são isótopos radioativos.
b) as imagens são produzidas pela conversão da energia gerada por um radioisótopo emissor de radiação gama.

c) a alta meia-vida do molibdênio-99 é uma das vantagens para a sua utilização como radiofármaco para diagnósticos.

d) o Tc-99m emite um tipo de onda eletromagnética que apresenta grande penetrabilidade nos tecidos e alto poder de ionização, quando comparada às radiações de partículas alfa ($\alpha$) ou de négatrons ($\beta^-$).

e) o tecnécio-99 apresenta excelentes características para a utilização em Medicina Nuclear Diagnóstica, pois possui tempo de meia-vida físico relativamente curto (6,02 h) e emite radiação do tipo particulada.

**13.** (FMP-RJ)

Para se determinar a idade de um fóssil, costuma-se usar carbono-14 com meia-vida de 5 730 anos, que emite radiação perdendo dois nêutrons. O C-14 assim como o C-12 é absorvido pelas plantas por meio da fotossíntese, e os animais, ao se alimentarem das plantas, fazem com que o C-14 entre na cadeia alimentar.

A proporção entre o carbono-12 e o carbono-14 nos seres vivos permanece constante durante toda sua vida, porém com a morte, não ocorre mais absorção do $^{14}C$ diminuindo sua concentração no organismo devido ao seu decaimento radioativo.

Disponível em: <https://mundopre-historico.blogspot.com.br/2011/07/como-se-descobre-idade-dos-fosseis.html>. Adaptado. Acesso em: 18 jul. 2016.

O aparelho que detecta a massa atômica exata de cada elemento químico encontrado no fóssil é o espectrômetro de massa. Considere que, a partir de um caixote de fragmentos de arqueologia fóssil, foram utilizados, no início do experimento, 320 g do carbono-14. Ao final do experimento, verificou-se que foram reduzidos de 310 g.

A idade estimada desse fóssil e a reação de decaimento radioativo do $^{14}C$ correspondem, respectivamente, a:

a) 28 650 anos; $_6C^{14} \rightarrow 2\ _0n^1 + {}_6C^{12}$.

b) 28 650 anos; $_6C^{14} \rightarrow 2\ _0n^1 + {}_6C^{16}$.

c) 5 730 anos; $_6C^{14} \rightarrow 2\ _0n^1 + {}_6C^{14}$.

d) 5 730 anos; $_6C^{14} \rightarrow 2\ _0n^1 + {}_8C^{14}$.

e) 5 730 anos; $_6C^{14} \rightarrow 2\ _1n^0 + {}_8C^{14}$.

**14.** (Enem)

Pesquisadores recuperaram DNA de ossos de mamute (*Mammuthus primigenius*) encontrados na Sibéria, que tiveram sua idade de cerca de 28 mil anos confirmada pela técnica do carbono-14.

FAPESP. *DNA do mamute é revelado*. Disponível em: http://agencia.fapesp.br. Acesso em: 13 ago. 2012 (adaptado).

A técnica de datação apresentada no texto só é possível devido à:

a) proporção conhecida entre carbono-14 e carbono-12 na atmosfera ao longo dos anos.

b) decomposição de todo o carbono-12 presente no organismo após a morte.

c) fixação maior do carbono-14 nos tecidos de organismos após a morte.

d) emissão de carbono-12 pelos tecidos de organismos após a morte.

e) transformação do carbono-12 em carbono-14 ao longo dos anos.

**15.** (PUC-SP) No final da década de 1930, Otto Hahn e Fritz Strassman observaram que átomos do isótopo $^{235}U$, ao serem bombardeados por nêutrons, passam por um processo de fissão nuclear, originando átomos mais leves. A primeira fissão identificada pode ser descrita pela equação nuclear

$$^{235}U + {}^1n \rightarrow {}^{141}Ba + {}^{92}Kr + 3\ {}^1n$$
$$\Delta E = -2 \cdot 10^{10}\ kJ/mol.$$

Posteriormente, foi observado que a fissão nuclear do $^{235}U$ pode gerar diversos produtos distintos. Além de dois isótopos radioativos, são liberados de 2 a 5 nêutrons capazes de atingir outros núcleos de urânio, o que resulta em uma reação em cadeia extremamente exotérmica.

Essa característica permitiu o desenvolvimento de artefatos militares como as bombas atômicas lançadas em Hiroshima e Nagasaki pelos EUA, durante a 2ª Guerra Mundial. Outra aplicação da fissão nuclear é a geração de eletricidade, que ocorre nas usinas atômicas (termonucleares).

Apesar da produção de grande quantidade de energia a partir do emprego de uma pequena massa de U, a fissão nuclear apresenta o inconveniente de produzir isótopos radioativos, resultando no lixo atômico. Os resíduos formados em um reator nuclear sofrem desintegração radioativa e emitem radiação ionizante, bastante nociva para os seres vivos. Esses resíduos devem ser armazenados em recipientes com paredes de concreto ou chumbo, evitando o vazamento da radiação para o ambiente.

Em 2011, houve um grande vazamento radioativo na usina japonesa de Fukushima, resultante de terremoto e tsunami que assolaram o país. Em consequência disso, 57 mil pessoas tiveram que abandonar suas casas por causa da radiação emanada da usina. Um dos principais radioisótopos citados pela mídia como responsável pela contaminação da água e do solo ao redor da usina é o $^{137}Cs$.

O vazamento do $^{137}Cs$ para as águas litorâneas do Japão também causou preocupação em virtude da contaminação do ecossistema aquático. A contaminação por esse isótopo radioativo foi constatada recentemente em diversos organismos marinhos, inclusive naqueles usualmente consumidos por humanos.

Utilizando os seus conhecimentos de química e biologia e consultando a tabela periódica, responda:

a) Determine o número de prótons e de nêutrons que constituem o núcleo do $^{137}Cs$ e faça a distribuição eletrônica em camadas desse átomo.
   Escreva a equação de fissão do $^{235}U$ que forma o $^{137}Cs$ e 3 nêutrons, além de um outro isótopo. Consulte a tabela periódica e, ao equacionar o processo, represente o outro isótopo gerado através de seu símbolo químico.

b) O $^{137}Cs$ decai emitindo uma partícula $\beta^-$ e radiação $\gamma$, resultando em um isótopo estável. A meia-vida $(t_{1/2})$ desse processo é de 30 anos. Escreva a equação do decaimento radioativo do $^{137}Cs$.
   Considerando uma amostra contendo 2,00 mg de $^{137}Cs$, determine a massa desse radioisótopo que ainda resta na amostra após 90 anos.

**16.** (Unicamp-SP) O homem, na tentativa de melhor compreender os mistérios da vida, sempre lançou mão de seus conhecimentos científicos e/ou religiosos. A datação por carbono quatorze é um belo exemplo da preocupação do homem em atribuir idade aos objetos e datar os acontecimentos.

Em 1946 a Química forneceu as bases científicas para a datação de artefatos arqueológicos, usando o $^{14}C$. Esse isótopo é produzido na atmosfera pela ação da radiação cósmica sobre o nitrogênio, sendo posteriormente transformado em dióxido de carbono. Os vegetais absorvem o dióxido de carbono e, através da cadeia alimentar, a proporção de $^{14}C$ nos organismos vivos mantém-se constante. Quando o organismo morre, a proporção de $^{14}C$ nele presente diminui, já que, em função do tempo, se transforma novamente em $^{14}N$. Sabe-se que, a cada período de 5 730 anos, a quantidade de $^{14}C$ reduz-se à metade.

a) Qual o nome do processo natural pelo qual os vegetais incorporam o carbono?

b) Poderia um artefato de madeira, cujo teor determinado de $^{14}C$ corresponde a 25% daquele presente nos organismos vivos, ser oriundo de uma árvore cortada no período do Antigo Egito (3200 a.C. a 2300 a.C.)? Justifique sua resposta.

c) Se o $^{14}C$ e o $^{14}N$ são elementos diferentes que possuem o mesmo número de massa, aponte uma característica que os distingue.

**17.** (UPE) O carbono é encontrado em três formas isotópicas $_6C^{12}$, $_6C^{13}$ e $_6C^{14}$, com diferentes percentuais de abundância na natureza. O isótopo C-14 forma-se na alta atmosfera através da transmutação nuclear causada pela colisão de nêutrons cósmicos com átomos de nitrogênio presentes no ar. A incorporação do carbono-14 à atmosfera se dá na forma de $CO_2$ (g). Através do processo de fotossíntese, os átomos de $C^{14}$ passam a fazer parte dos seres vivos. Descobriu-se que, com a mesma velocidade com que o $C^{14}$ se forma na alta atmosfera, desintegra-se por meio de decaimento radioativo:

$$^{14}_{6}C \rightarrow X + ^{14}_{7}N \qquad t_{1/2} = 5\,730 \text{ anos}$$

Assinale a alternativa *incorreta*.

a) X representa $_{-1}\beta^0$.

b) O $C^{14}$ é utilizado para datação de fósseis.

c) Um ser fossilizado cujo teor de $C^{14}$ corresponde a 6,25% da quantidade que havia quando estava vivo indica que sua idade deverá ser em torno de 22 920 anos.

d) A configuração eletrônica para cada um dos três isótopos do carbono será diferente.

e) A radioatividade é utilizada na medicina, especialmente no combate a células cancerosas.

# Gabarito da Parte II

## Unidade 5 – Eletroquímica

### Capítulo 20 – Eletrólise

#### Fundamentando seus conhecimentos (p. 378)

1. Cátodo.
2. Redução.
4. Ânodo.
5. Oxidação.
8. $H^+$, $Ca^{2+}$.
9. $H^+$.
11. $OH^-$, $NO_3^-$.
12. $OH^-$.
14. Mais concentrada.

#### Desenvolvendo seus conhecimentos (p. 379)

1. b.
2. d.
3. d.
5. e.
7. c.
8. F-V-F-F-V.
9. c.
11. c.
12. b.
13. d.
14. a.
15. e.

#### Desafiando seus conhecimentos (p. 382)

3. a.
4. d.
7. e.
8. e.
10. b.

### Capítulo 21 – Aspectos quantitativos da eletrólise

#### Fundamentando seus conhecimentos (p. 390)

1. $x = 96\,500$ C; $y = 216$ g.
2. 965 C.
3. 1,08 g.

#### Desenvolvendo seus conhecimentos (p. 391)

1. 1,38 g.
2. 31,75 g.
3. 1,13 h.
4. 0,0587 g de Ni e 0,635 g de Cu.
5. d.
6. b.
8. b.
9. b.
10. 0,56 L.
11. a) $3 \cdot 10^{-3}$ g.
    b) $1,875 \cdot 10^{-13}$ A.

#### Desafiando seus conhecimentos (p. 393)

1. e.
2. d.
3. c.
4. d.
6. d.
7. c.
8. d.
9. d.
10. b.
11. a.
12. a.
13. b.
14. d.
17. 1,19 g.
18. c.
20. a) 0,05625 mol.
    b) 9,25 h.

### Complemento – Eletrólise utilizando eletrodos não inertes (p. 398)

#### Exercícios (p. 402)

1. c.
3. c.
5. a.
6. d.
7. e.
8. d.
9. e.
10. d.
13. b.
15. F-F-V-V.
16. F-V-V-F.
17. F-F-F-V-V-F.

## Capítulo 22 – Oxirredução na obtenção de substâncias simples

### Desenvolvendo seus conhecimentos (p. 415)

1. b.
2. c.
3. c.
4. d.
5. c.
6. e.
7. d.
10. d.
11. a.
13. e.
14. e.
15. b.
16. V-F-F-V-F.

### Desafiando seus conhecimentos (p. 418)

1. b.
2. e.
3. c.
5. 01, 04, 08 e 16.
8. F-F-V-F-F.
9. e.
12. c.
15. e.
16. Soma = 01 + 02 + 04 + 08 + 16 = 31.

# Unidade 6 – Cinética química

## Capítulo 23 – Estudo da velocidade (rapidez) das reações

### Desenvolvendo seus conhecimentos (p. 431)

1. III.
2. a.
3. a) 0,2 mol/min.
   b) 0,4 mol/min.
4. b.
5. a.
6. c.
7. a) X = 3,0 L; Y = 1,8 g.
   b) 0,1 L/min.
   c) 0,06 g/min.
9. a.
10. b.

### Desafiando seus conhecimentos (p. 433)

1. e.
2. c.
3. b.
5. d.
6. F-V-F-F.
7. a.
8. d.
10. d.
12. a.
13. 2 400 L/s.
15. a.

## Capítulo 24 – Condições para a ocorrência de reações

### Fundamentando seus conhecimentos (p. 442)

1. II.
2. 0 kJ.
3. 40 kJ.
4. 40 kJ.
5. Endotérmica.
6. 60 kJ.
7. Exotérmica.
8. −30 kJ.
9. 40 kJ.
10. Endotérmica.
11. 30 kJ.
12. 70 kJ.

### Desenvolvendo seus conhecimentos (p. 442)

1. a.
2. d.
3. d.
4. 40 kcal.
6. c.

### Desafiando seus conhecimentos (p. 444)

1. b.
2. a.
3. d.
4. d.
5. c.
6. a.
7. b.

## Capítulo 25 – Fatores que influem na rapidez das reações

### Fundamentando seus conhecimentos (p. 452)

4. Nos dois experimentos.
5. Experimento X.
7. Experimento X.
15. Y.
16. Exotérmica.
17. 40 kJ.
18. 15 kJ.
19. −30 kJ.
20. Endotérmica.
21. 70 kJ.
22. 45 kJ.
23. 30 kJ.

### Desenvolvendo seus conhecimentos (p. 455)

1. d.
2. d.
4. b.
5. a.
9. c.
10. 04, 08 e 16.
11. a.
12. c.
13. b.
14. a.
15. b.
16. c.
17. e.

### Desafiando seus conhecimentos (p. 459)

1. c.
2. a.
3. b.
4. b.
6. b.
7. c.
8. e.
10. e.
11. a.
12. e.
13. e.
14. d.
18. d.
19. b.
21. c.
22. c.
23. d.
25. d.

## Capítulo 26 – Lei da velocidade

### Fundamentando seus conhecimentos (p. 478)

2. $0,2\ min^{-1}$.
3. $0,1\ mol \cdot L^{-1} \cdot min^{-1}$.

### Desenvolvendo seus conhecimentos (p. 479)

3. 2.
4. 1.
11. e.
12. b.
13. a.
14. c.
15. a.
16. a.
17. b.
18. c.
19. c.
20. e.
21. c.
22. 01, 02 e 08.

### Desafiando seus conhecimentos (p. 483)

1. b.
2. 01, 02 e 08.
3. c.
4. a.
5. a.
8. e.
10. 01, 02, 04 e 08.
12. 01, 04, 08 e 16.
14. c.

15. d.
16. c.
18. b.
19. d.
20. F-V-F-F-V.
21. b.
22. a.
24. 04 e 32.
25. 04, 08 e 16.
26. 01, 08 e 16.
27. d.
28. 02, 04 e 08.

# Unidade 7 – Equilíbrios químicos moleculares

## Capítulo 27 – Processos reversíveis

### Fundamentando seus conhecimentos (p. 499)

1. 30 min.
4. III.

### Desenvolvendo seus conhecimentos (p. 500)

1. b.
2. d.
3. d.
5. a.
7. a.
8. c.
9. c.
10. b.

### Desafiando seus conhecimentos (p. 502)

1. e.
2. a.
3. 1 225 g.
4. e.
5. a.
6. a.

### Fundamentando seus conhecimentos (p. 511)

2. 2.
3. 0,375.
4. 0,071.
5. $K_{III} < K_{II} < K_{I}$.
6. Cloração.
7. $x = 0{,}39$ mol; $y = 0{,}11$ mol; $z = 0{,}78$ mol.
8. 50,3.
9. $x = 0$; $y = 0{,}06$ mol; $z = 0{,}44$ mol.
10. 0,005.
11. 0,089.
12. 2.
14. I.

### Desenvolvendo seus conhecimentos (p. 512)

1. b.
2. b.
3. c.
4. d.
5. 50.
7. b.
8. b.
9. a.
11. 0,33.
12. 50.
13. b.
14. d.
15. a.
16. b.
17. b.
18. b.

### Desafiando seus conhecimentos (p. 516)

2. d.
3. d.
4. b.
5. e.
6. b.
7. b.
8. b.
10. b.
11. b.
12. d.
13. c.

## Capítulo 28 – Deslocamento de equilíbrio

### Desenvolvendo seus conhecimentos (p. 530)

1. a.
3. O sistema entrou em equilíbrio.
4. Menor que 1.
5. a.
6. c.
7. b.
8. b.
9. a.
10. c.
11. a.
12. d.
13. d.
15. e.
16. d.
17. b.
18. a.
19. e.
20. e.
21. a.
22. d.
23. a.

### Desafiando seus conhecimentos (p. 534)

1. d.
2. d.
3. d.
5. b.
6. d.
7. a.
9. b.
10. b.
11. d.
12. c.
13. d.
14. e.
15. a.
16. 01, 04 e 08.
18. b.
19. c.
20. 02, 08 e 16.

# Unidade 8 – Equilíbrio iônico

## Capítulo 29 – Constante de ionização ($K_i$)

### Desenvolvendo seus conhecimentos (p. 551)

1. e.
2. c.
3. b.
4. d.
5. d.
6. a.
7. a) 0,4%.
   b) 4%.
8. e.
9. a.
10. Para a esquerda.
11. Diminui.
12. Diminui.
13. Não se altera.
14. d.
15. Para a esquerda.
16. Diminui.
17. Diminui.
18. Não se altera.
19. Aumenta.

### Desafiando seus conhecimentos (p. 553)

1. b.
2. d.
3. a.
4. a.
5. a.
6. a.
7. e.
9. d.

## Complemento – Teoria protônica de Brönsted-Lowry/Conceito de ácido-base de Lewis (p. 556)

### Exercícios (p. 559)

2. b.
3. c.
4. b.

6. c.
7. c.
8. b.
10. b.
12. V-F-F-V-F.
13. c.
14. d.
15. c.
16. b.
18. b.
19. V-F-V-V-V.
20. c.
21. e.
22. V-F-V-V-V.

## Capítulo 30 – Produto iônico da água e pH

### Fundamentando seus conhecimentos (p. 580)

1. 1. $10^{-11}$ mol/L; 2. $10^{-9}$ mol/L; 3. $10^{-10}$ mol/L.
2. 1. 3; 2. 5; 3. 10.
3. $10^{-6,5}$ mol/L.
4. Básica.
5. 13.
6. I. B; II. E. III. D; IV. C; V. A.
8. $H_2CO_3$.
9. $HCO_3^-$.
10. $CO_3^{2-}$.
11. 10,3.
12. 6,4.
13. c.

### Desenvolvendo seus conhecimentos (p. 581)

1. a.
2. b.
3. a.
4. I. b; II. a, d, f, g, h; III. c, e.
5. b.
6. d.
7. e.
8. C, D.
9. c.
10. 10.
11. c.
12. b.
13. c.
16. a.
17. e.
18. d.
19. a.
20. d.
21. b.
22. d.
23. d.
24. a.
25. a.
26. c.
27. d.
28. III.
29. a) 13 (azul).
    b) 1 (rosa).

### Desafiando seus conhecimentos (p. 586)

1. b.
2. e.
3. d.
4. a.
5. c.
6. c.
7. b.
8. a) B.
   b) $10^4$ vezes.
9. c.
10. c.
11. a) Água 1.
    b) Água 4.
12. e.
13. a.
14. d.
15. d.
16. a) 2,70.
    b) $2{,}02 \cdot 10^{-5}$.

17. 02, 08 e 16.

18. d.

19. a.

20. a) $CO_2$; amarelo para verde.
b) 10 vezes.

21. c.

22. a) 3,4.
b) 0,095 g.

23. c.

27. a) Aumentar.
b) Para incidência de luz se manter constante.

# Capítulo 31 – Hidrólise salina

## Fundamentando seus conhecimentos (p. 601)

1. $NH_4C\ell$; menor.
2. $NaC\ell$; igual.
3. $KNO_3$; igual.
4. $AgNO_3$; menor.
5. $KHCO_3$; maior.
6. $Ca(H_3CCOO)_2$; maior.

## Desenvolvendo seus conhecimentos (p. 601)

1. b.
2. c.
3. II e III.
4. I e IV.
5. V.
6. II e III.
7. I e IV.
8. VI.
9. c.
10. a.
11. c.
12. d.
13. b.
14. e.
15. b.
16. b.
17. e.
18. Amarelada; $NH_4C\ell + H_2O \rightarrow NH_4OH + H^+ + C\ell^-$.
20. b.

## Desafiando seus conhecimentos (p. 604)

1. b.
2. a.
3. c.
4. c.
5. c.
6. a.
7. d.
8. c.
9. d.
10. b.
11. c.
12. Vermelha; $A\ell_2(SO_4)_3$; óxido de cálcio;
$CaO\ (s) + H_2O\ (\ell) \rightarrow Ca(OH)_2\ (aq)$.
13. a.
15. b.
16. A: neutro; B: básico; C: ligeiramente ácido ou básico.
17. a) $NH_4^+\ (aq) + H_2O\ (\ell) \rightleftharpoons NH_3\ (aq) + H_3O+\ (aq)$.
b) $K = \dfrac{[H_3O^+][NH_3]}{[NH_4^+]}$.
c) 9.
d) Ácida.
18. a.
19. 01, 04 e 16.
20. a) 0,4 mol.
b) Básico. $S^{2-}\ (aq) + 2\,H_2O\ (\ell) \rightleftharpoons H_2S\ (g) + 2\,OH^-\ (aq)$.
21. Ácido acético: laranja escuro; amônio: incolor.
22. a) $3{,}2 \cdot 10^{-9}$ mol/L.
b) $CN^-\ (aq) + H_2O\ (\ell) \rightleftharpoons HCN\ (aq) + OH^-\ (aq)$.

## Complemento – Solução-tampão/ Titulação ácido-base (p. 609)

### Exercícios (p. 611)

1. a.
2. b.
3. e.
4. e.

5. c.

7. V-V-V-V-F.

9. a) 2,65.
b) 3,3.

10. $10^3$.

11. c.

12. c.

13. b.

14. b.

15. a) 8,26.
b) 8,26.

16. 186 208,71.

17. 24.

18. a) Rósea.
b) Incolor.

### Exercícios (p. 617)

2. c.

3. b, d, e.

4. V-F-V-F.

6. d.

7. b.

8. b.

9. 01, 08, 16 e 32.

10. e.

11. e.

## Capítulo 32 – Constante do produto de solubilidade ($K_S$)

### Fundamentando seus conhecimentos (p. 628)

3. I. Não saturada; II. Supersaturada; III. Saturada.

4. II.

5. $NaC\ell$ e $AgNO_3$.

6. $10^{-7}$ mol/L.

7. $10^{-10}$.

### Desenvolvendo seus conhecimentos (p.629)

1. $3{,}2 \cdot 10^{-14}$.

2. a.

3. e.

4. a.

5. a.

6. CuI.

7. a.

8. b.

10. d.

11. b.

12. c.

13. 01, 02 e 16.

### Desafiando seus conhecimentos (p. 631)

2. e.

3. b.

4. $10^{-5}$ mol/L.

5. V-F-V-F.

6. a) $SrCO_3$.
b) $8{,}1 \cdot 10^{-3}$ mol/L.

7. d.

8. a) $AgC\ell$.
b) Haverá formação de precipitado.

9. d.

10. a.

# Unidade 9 – Radioatividade

## Capítulo 33 – Estudo das radiações

### Fundamentando seus conhecimentos (p. 652)

1. I. B, E; II. C; III. A, D.

2. $X = \alpha$; $Y = \beta$; $Z = \gamma$.

8. c.

9. $A = 202$; $Z = 81$.

10. $a = 3$; $b = 2$.

### Desenvolvendo seus conhecimentos (p. 653)

1. a.

2. a.

3. a.

4. c.

5. d.

6. b.

7. d.

8. b.

9. b.

10. e.

11. d.

12. b.

13. b.

## Desafiando seus conhecimentos (p. 656)

1. d.
2. e.
3. c.
4. d.
5. a.
6. d.
7. a.
10. d.
11. b.
12. a.
13. e.
14. a.
15. c.
17. 02 e 08.
18. c.
19. d.
21. III, IV, V e VI.
22. F-F-V-V-V.

# Capítulo 34 – Cinética das desintegrações radioativas

## Fundamentando seus conhecimentos (p. 663)

1. 60%.
2. 50%.
3. 37%.
4. 20%.
5. ≅ 7 anos.
6. 6,25%.
7. 24 horas.

## Desenvolvendo seus conhecimentos (p.664)

1. d.
2. d.
3. b.
4. e.
5. b.
6. d.
7. a.
8. d.
9. c.
10. e.
12. d.

## Desafiando seus conhecimentos (p. 667)

1. b.
2. 01, 04 e 16.
3. c.
4. d.
5. d.
8. b.
9. c.
10. d.
11. c.
12. F-V-V-F-F.
13. a.
14. a) 1 : 3.
    b) 4 partículas.
16. a) São isótopos.
    b) 180 dias.
17. 01, 02, 04, 08 e 16.
18. a) 5 vezes maior.
    b) $^{235}U$ e $^{40}K$.
    c) $^{235}U$ e $^{232}Th$.
21. 20 minutos; $1,06 \cdot 10^{20}$ partículas $\cdot$ $h^{-1}$.

# Capítulo 35 – Algumas aplicações da radioatividade

## Fundamentando seus conhecimentos (p. 684)

1. I. B; II. A.
2. Nêutron.
4. 16 800 anos.

## Desenvolvendo seus conhecimentos (p. 684)

1. b.
2. d.
3. c.
5. c.
6. d.
7. c.
8. d.
10. 01, 02, 04 e 16.
11. d.

## Desafiando seus conhecimentos (p. 687)

1. a.
2. c.
3. a.
4. c.
5. c.
6. b.
7. b.
8. a.
9. e.
10. e.
11. d.
12. b.
13. a.
14. a.
16. a) Fotossíntese.
    b) Não.
    c) Números atômicos.
17. d.

# Bibliografia


AMERICAN chemical society (ChemCom). *Chemistry in the community*. Dubuque: Kendall/Hunt Publishing Company, 1998.

AQUARONE, Eugênio; LIMA, Urgel de Almeida; BORZANI, Walter. *Alimentos e bebidas produzidos por fermentação*. São Paulo: Edgard Blücher/Edusp, 1983.

ASIMOV, Isaac. *Cronologia das ciências e das descobertas*. Rio de Janeiro: Civilização Brasileira, 1993.

ATKINS, P. W. *Moléculas*. São Paulo: Edusp, 2000.

BLOOMFIELD, Molly M.; STEPHENS, Lawrence J. *Chemistry and the living organism*. New York: John Wiley and Sons Inc., 1996.

BRADY, James E.; HUMISTON, Gerard E. *Química geral*. Rio de Janeiro: Livros Técnicos e Científicos, 1985.

BROWN, Theodore L. et al. *Química:* a ciência central. 9. ed. São Paulo: Pearson/Prentice Hall, 2005.

CAMPOS, Marcello M.; BLÜCHER, Edgard. *Química orgânica*. São Paulo: Edusp, 1976.

CAVALIERI, Ana Lúcia Ferreira; EGYPTO, Antonio Carlos. *Drogas e prevenção:* a cena e a reflexão. São Paulo: Saraiva, 2002.

CHANG, Raymond. *Chemistry*. New York: McGraw-Hill, 2007.

COMPANION, Audrey L. *Ligação química*. São Paulo: Edgard Blücher/Edusp, 1970.

CUEILLERON, Jean. *Histoire de la Chimie*. Paris: Presses Universitaires de France, 1979.

EBBING, D. Darrel; GAMMON, Steven D. *General Chemistry*. 9th edition. New York: Houghton Mifflin, 2009.

FELLENBERG, Günter. *Introdução aos problemas de poluição ambiental*. São Paulo: Edusp, 1980.

FERGUSSON, J. E. *Inorganic Chemistry and the Earth*. Oxford: Pergamon Press, 1985.

FIESER, Louis F.; FIESER, Mary. *Química orgânica fundamental*. Barcelona: Reverté, 1984.

FREEMANTLE, Michael. *Chemistry in action*. London: Macmillan Educations, 1987.

GEBELEIN, Charles G. *Chemistry and our world*. Dubuque: Wm. C. Brown Publishers, 1997.

GENTIL, Vicente. *Corrosão*. Rio de Janeiro: Guanabara, 1987.

GILBERT, Thomas R. et al. *Chemistry:* the science in context. 4th edition. London/New York: WW Norton, 2008.

GLINCKA, N. *Química geral*. Moscou: Mir, 1988.

HART, Harold; SCHUETZ, Robert D. *Química orgânica*. São Paulo: Campus, 1983.

HARWOOD, Peter; HUGHES, Mike; NICHOLLS, Lyn. *Further Chemistry*. London: Collins Educational, 1997.

HILL, John W. *Chemistry for changing times*. New York: Macmillan, 1992.

__________; PETRUCCI, Ralph H. *General Chemistry:* an integrated approach. New Jersey: Prentice Hall, 1999.

HOLMAN, John. *The material world*. Searborough: Thomas Nelson International/Thomson Publishing Company, 1996.

HOLUM, John R. *Fundamentals of general, organic, and biological Chemistry*. New York: John Wiley and Sons, 1998.

KEENAN, Charles W.; KLEINFELTER, Donald C.; WOOD, Jesse H. *General college Chemistry*. San Francisco: Harper & Row, 1980.

KOROLKOVAS, Andrejus; BURCKHALTER, Joseph H. *Química farmacêutica*. Rio de Janeiro: Guanabara, 1988.

LEMAY JR., H. Eugene et al. *Chemistry:* connections to our changing world. New Jersey: Prentice Hall, 1996.

MANO, Eloísa Biasotto. *Introdução a polímeros*. São Paulo: Edgard Blücher/Edusp, 1986.

MASTERTON, William L.; HURLEY, Cecile N. *Chemistry:* principles & reactions. Philadelphia: Saunders College, 1989.

MASTERTON, William L.; SLOWINSKI, Emil J.; STANITSKI, Conrad. *Princípios de Química*. Rio de Janeiro: Guanabara, 1985.

MCMURRY, John; CASTELLION, Mary E. *Fundamentals of general, organic, and biological Chemistry*. New Jersey: Pearson Education, 2003.

__________; FAY, Robert C. *Chemistry*. New Jersey: Pearson Education, 2004.

MCQUARRIE, Donald A.; ROCK, Peter A. *General Chemistry*. New York: W. H. Freeman, 1984.

MENGER, Frederic M.; GOLDSMITH, David J.; MANDELL, Leon. *Química orgânica*. Califórnia: Fondo Educativo Interamericano, 1976.

MOORE, W. J. *Físico-química*. São Paulo: Ao Livro Técnico/Edusp, 1968.

PANICO, R.; POWELL, W. H.; RICHER, Jean-Claude. *A guide to IUPAC nomenclature of organic compounds*. Oxford: Blackwell Science, 1993.

PARTINGTON, J. R. *A short history of Chemistry*. New York: Dover Publications, 1989.

RAMANATHAN, Lalgudi V. *Corrosão e seu controle*. São Paulo: Bisordi, 1978.

REGER, Daniel L.; GOODE, Scott R.; MERCER, Edward E. *Chemistry:* principles & practice. Philadelphia: Saunders College, 1993.

RICHEY JR., Herman G. *Química orgânica*. Rio de Janeiro: Prentice Hall do Brasil, 1983.

SCHWARTZ, A. Truman et al. *Chemistry in context*. New York: American Chemical Society, 1997.

SHREVE, R. Norris; BRINK JR., Joseph A. *Indústrias de processos químicos*. Rio de Janeiro: Guanabara, 1977.

SKOOG, Douglas A.; WEST, Donald M.; HOLLAR, James F. *Fundamentals of analytical Chemistry*. Philadelphia: Saunders College, 1992.

SNYDER, Carl H. *The extraordinary Chemistry of ordinary things*. New York: John Wiley and Sons, 1998.

SOLOMONS, T. W. Graham. *Organic Chemistry*. New York: John Wiley and Sons, 1996.

TIMBERLAKE, Karen C. *General, organic, and biological Chemistry:* structures of life. 12th edition. San Francisco: Pearson Education, 2015.

TRO, Nivaldo J. *Introductory Chemistry*. 3rd edition. New York: Prentice Hall, 2009.

UCKO, David A. *Química para as ciências de saúde*. São Paulo: Manole, 1992.

USBERCO, João; SALVADOR, Edgard; BENABOU, Joseph Elias. *A composição dos alimentos*. São Paulo: Saraiva, 2004.

__________. *Química e aparência*. São Paulo: Saraiva, 2004.

WEAST, Robert C. (Org.). *Handbook of Chemistry and Phisics*. Florida: CRC Press, 1988.

WILLIAMS, Arthur L.; EMBREE, Harland D.; DEBEY, Harold J. *Introduction to Chemistry*. California: Addison-Wesley, 1981.

WINGROVE, Alan S.; CARET, Robert L. *Organic Chemistry*. New York: Harper & Row, 1981.

ZUMDAHL, S. S.; ZUMDAHL, S. A. *Chemistry*. 9th edition. Belmont: Brooks/Cole, 2014.